ENCYKLOPÄDIE
DER
MATHEMATISCHEN WISSENSCHAFTEN
MIT EINSCHLUSS IHRER ANWENDUNGEN

FÜNFTER BAND:
PHYSIK

ENCYKLOPÄDIE
DER
MATHEMATISCHEN WISSENSCHAFTEN
MIT EINSCHLUSS IHRER ANWENDUNGEN

FÜNFTER BAND IN DREI TEILEN

PHYSIK

REDIGIERT VON

A. SOMMERFELD
IN MÜNCHEN

ERSTER TEIL

Springer Fachmedien Wiesbaden GmbH
1903—1921

Additional material to this book can be downloaded from http://extras.springer.com.

ISBN 978-3-663-15445-7 ISBN 978-3-663-16016-8 (eBook)
DOI 10.1007/978-3-663-16016-8
Softcover reprint of the hardcover 1st edition 1921

Vorrede zum fünften Bande.

Nachdem der Krieg die Arbeit an der mathematischen Encyklopädie auf Jahre hinaus gehemmt hatte, ist jetzt mit dem Artikel von *K. F. Herzfeld* der erste Teil des Bandes Physik zum Abschlusse gebracht. Der zweite Teil wird in kürzester Frist folgen. Der dritte Teilband, der außer dem Abschluß der Optik die Fülle des inzwischen nachgewachsenen Stoffes in Ergänzungsartikeln behandeln soll, rückt seinem Ziel langsamer entgegen. Das ganze Werk hat fast 25 Jahre in Anspruch genommen.

Aus der Geschichte seiner Entstehung möchte ich zunächst zwei Reisen erwähnen, im Jahre 1898 nach Holland und im Jahre 1899 nach England, beide in Gemeinschaft mit *F. Klein* und im Interesse der Vorbereitung der Encyklopädie unternommen. Die Hollandreise sicherte dem Werke die tätige Teilnahme von *H. A. Lorentz*, dessen Artikel über *Maxwell*sche Theorie und Elektronentheorie die schönsten Zierden der Encyklopädie bilden. Ich darf hervorheben, daß die Ratschläge von *H. A. Lorentz* auch der endgültigen Formgebung des Artikels *Bryan* über allgemeine Thermodynamik sehr wesentlich zugute gekommen sind. Bei der Englandreise traten wir in lebhaften Meinungsaustausch mit einer Reihe führender britischer Gelehrter Die Früchte davon sind sowohl in dem Bande IV wie im Bande V zu erkennen.

Dankbarst muß ich der Anteilnahme von *Ludwig Boltzmann* an dem Plane und Gedeihen des Werkes gedenken. Die mathematische Vertiefung der Physik lag ihm wie nichts anderes am Herzen; die Darstellung seines eigensten Werkes, der kinetischen Gastheorie, hat er selbst übernommen. Darüber hinaus hat er uns bei den fast jährlich stattfindenden Encyklopädiebesprechungen mit seinem Rate unterstützt.

Als Band V der Encyklopädie entworfen wurde, stand die Physik erst am Anfange der Entwicklung, die wir in den letzten Dezennien staunend erlebt haben. Insbesondere fehlten ihr zwei Eckpfeiler ihres Baues, die Relativitätstheorie und die Quantentheorie. Es war nicht überall möglich, den einmal angenommenen Plan so zu erweitern, daß alle die neuen Errungenschaften darin Platz fanden. Zum Beispiel wird die eigentliche Quantentheorie erst im Nachtrage zu Teil III die ihr gebührende Berücksichtigung finden. Was die Relativitätstheorie betrifft, so sind ihre ersten Anfänge mit der Bearbeitung des Encyklopädieartikels über Elektronentheorie aufs innigste verknüpft: in den Schlußparagraphen dieses Artikels (abgeschlossen Dezember 1903) wird nämlich bereits das deformierbare Elektron von *Lorentz* angekündigt und erscheint somit dort zum ersten Male in der Literatur. Darüber hinaus wird die Relativitätstheorie nach ihrem heutigen Stande im vorletzten Artikel des 2. Teiles dargestellt.

Wenn auch der Plan des Ganzen einheitlich gedacht war, sind doch die einzelnen Artikel von recht verschiedener Ausdehnung und Behandlung geworden. Dies war schon dadurch gegeben, daß es uns gelungen ist, gerade für Band V die hervorragendsten Forscher, zum Teil die eigentlichen Schöpfer der zu bearbeitenden Gebiete als Berichterstatter zu gewinnen; ihre Anschauungsweise und Darstellungsart verlangte natürlich freien Spielraum. Einzelne Artikel sind mehr historisch, andere mehr systematisch gehalten; der Artikel *Boltzmanns* über kinetische Gastheorie schildert mehr die mathematischen Hilfsmittel der Statistik, als daß er uns in die philosophischen Tiefen des *Boltzmann*schen Geistes einführt; der Artikel von *Kamerlingh Onnes* und *Keesom* andererseits stellt ein erschöpfendes physikalisches Lehrbuch der gesamten namentlich holländischen Forschung über die Zustandsgleichung dar.

Alles in allem haben wir in den Bänden IV, V und VI der Encyklopädie (Mechanik, Physik, Astronomie und Geophysik) eine Gesamtdarstellung von der Wirkung des mathematischen Denkens auf die Naturwissenschaften, wie sie in solcher Tiefe und Breite bisher kaum versucht worden ist.

Es ist mir ein Bedürfnis, allen Mitarbeitern an dem langwierigen Werke von Herzen zu danken. Möge ihnen die Förderung, welche gerade unser Band der weiteren wissenschaftlichen Entwicklung nachweisbar gebracht hat, der beste Lohn für ihre entsagungsvolle und sachkundige Mühewaltung sein. Besonderen Dank schulde ich Herrn *Klein*, der mich in den Anfängen meiner Herausgebertätigkeit vielfach geleitet hat und noch in jüngster Zeit beim Artikel über Relativitätstheorie den Schatz seiner wissenschaftlichen Erfahrung uns aufs freigebigste zur Verfügung gestellt hat. Auch dem Verlage B. G. Teubner gebührt warmer Dank für weitherziges Entgegenkommen

A. Sommerfeld.

Inhaltsverzeichnis zu Band V, 1. Teil.

A. Einleitende Artikel.

1. Maß und Messen. Von C. Runge in Hannover.

(Abgeschlossen im Januar 1902.)

2. Gravitation. Von J. Zenneck in Straßburg.

I. Bestimmungen der Gravitationskonstanten.

II. Astronomische und experimentelle Prüfung des Newtonschen Gesetzes.

B. Thermodynamik.

3. Allgemeine Grundlegung der Thermodynamik. Von G. H. Bryan in Bangor.

Seite

II. Allgemeine Begriffe und Methoden der Thermodynamik.

III. Anwendung der thermodynamischen Prinzipien auf besondere Systeme.

IV. Ableitung des zweiten Hauptsatzes aus den Prinzipien der Mechanik.

(Abgeschlossen im Januar 1903.)

4. Wärmeleitung. Von E. W. Hobson in Cambridge und H. Diesselhorst in Berlin.

I. Mathematischer Teil (Rechnungsmethoden).

II. Physikalischer Teil (Meßmethoden).

(Abgeschlossen im März 1904.)

5. Technische Thermodynamik. Von M. Schröter in München und L. Prandtl in Göttingen.

a) Technische Thermodynamik im engeren Sinne.

I. Die Grundlagen der technischen Thermodynamik.

II. Kreisprozesse der thermodynamischen Maschinen.

b) Strömende Bewegung der Gase und Dämpfe.

(Abgeschlossen im Juli 1905.)

C. Molekularphysik.

6. Chemische Atomistik. Von F. W. Hinrichsen in Aachen und L. Mamlock in Berlin. Nebst zwei Beiträgen von E. Study.

I. Die Grundbegriffe der chemischen Atomistik in historischer Entwicklung.

Seite

II. Stereochemie.

A. Die Stereochemie des Kohlenstoffs.

a) Das asymmetrische Kohlenstoffatom.

b) Die Gewinnung optisch aktiver Verbindungen.

c) Verbindungen mit mehreren asymmetrischen Kohlenstoffatomen.

d) Numerischer Wert des Drehungsvermögens.

I. Die Symmetriegesetze und die 32 Symmetriegruppen.

II. Die Strukturtheorien und die 230 Strukturgruppen.

C. Zur Prüfung der Strukturtheorien an der Erfahrung.

(Abgeschlossen im Oktober 1905.)

8. Kinetische Theorie der Materie. Von L. Boltzmann und J. Nabl in Wien.

A. Gasdruck.

B. Wärmegleichgewicht.

10. Die Zustandsgleichung. Von H. Kamerlingh Onnes und W. H. Keesom in Leiden.

(Abgeschlossen Ende 1920.)

Übersicht über die im vorliegenden Bande V, 1. Teil zusammengefaßten Hefte und ihre Ausgabedaten.

A. EINLEITENDE ARTIKEL.

V 1. MAASS UND MESSEN.

Von

C. RUNGE

IN HANNOVER.

Inhaltsübersicht.

Litteratur.

C. F. Gauss, Intensitas vis magneticae ad mensuram absolutam revocata. Göttingen 1832, Werke 5, p. 81—118 u. Erdmagnetismus und Magnetometer, 1836; ibid., p. 313—344, insbes. p. 325.

J. Clerk Maxwell, Treatise on Electricity and Magnetism 1, Art. 1 bis 6; 2, Art. 620 bis 629. 2. Aufl. Cambridge 1881.

F. W. Bessel, Darstellung der Untersuchungen und Maassregeln, welche in den Jahren 1835 bis 1838 durch die Einheit des preussischen Längenmaasses veranlasst worden sind, Berlin 1839.

Mechain et *Deslambre,* Base du système métrique décimal, Paris 1806, 1807, 1810, 3 Bde.

J. D. Everett, Units and physical Constants, London 1879.

G. Bigourdan, Le système métrique des poids et mesures, Paris 1901, 2 Bde.

F. Kohlrausch, Leitfaden der praktischen Physik, 9. Aufl. Leipzig 1900.

C. E. Guillaume, Les unités de mesure: Rapports présentés au congrès international de physique, p. 78—100. Paris 1900.

J. R. Benoît, De la précision dans la détermination des longueurs en métrologie. Rapports présentés au congrès international de physique, p. 30—77, Paris 1900.

B. Weinstein, Handbuch der physikalischen Maassbestimmungen, Berlin 1886, 1888, 2 Bde.

Die folgenden Zeitschriften sind der Hauptsache nach dem Gegenstande dieses Artikels gewidmet:

Comité international des Poids et Mesures. Procès-Verbaux des séances de 1875/76—1900, Paris, 22 Bde.

Travaux et Mémoires du Bureau international des Poids et Mesures, 11 Bde, 1. Bd. Paris 1881.

Metronomische Beiträge, herausg. von der kaiserlichen Normal-Aichungs-Kommission, Heft 1—7, Berlin 1870—1875.

Wissenschaftliche Abhandlungen der kaiserlichen Normal-Aichungs-Kommission (Fortsetzung der metronomischen Beiträge). Berlin, in zwanglosen Bdn.

Mitteilungen der kaiserlichen Normal-Aichungs-Kommission. 1886—1902. Berlin.

Verhandlungen der allgemeinen Konferenzen der internationalen Erdmessung, Berlin von 1884 an.

Veröffentlichungen des kgl. preussischen Geodätischen Institutes, Berlin.

---

1. Die Messungsskalen. Die Beschreibung wenig bekannter Erscheinungen besteht in ihrer Vergleichung mit besser bekannten. Wenn der Grad einer Eigenschaft mitgeteilt werden soll, so geschieht es dadurch, dass man einen bekannten Fall angiebt, bei dem die Eigenschaft in demselben oder nahezu demselben Grade auftritt oder besser zwei bekannte Fälle, wo die Eigenschaft das eine Mal in geringerem, das andere Mal in stärkerem Grade auftritt. Dazu müssen zwei Voraussetzungen erfüllt sein. Erstens muss man entscheiden können, in welchem von zwei gegebenen Fällen die Eigenschaft in höherem Grade vorhanden ist, und zweitens muss in den zum Vergleich herangezogenen Fällen der Grad der Eigenschaft unverändert festgehalten werden. Im allgemeinen wird keine der beiden Voraussetzungen in aller Strenge zutreffen. Die Unvollkommenheit unserer Sinne wird es verhindern, sehr geringe Unterschiede noch zu erkennen, und wir werden uns keine Sicherheit verschaffen können, dass bei dem Vergleichsobjekt eine Eigenschaft in unverändertem Grade beibehalten wird.

Ordnet man eine Reihe von Körpern nach dem Grade, in dem bei ihnen eine gewisse Eigenschaft auftritt, und denkt man sich die Unterschiede so gering, dass sie eben noch mit Sicherheit wahrnehmbar sind, so bietet sich für die Unveränderlichheit eine gewisse Gewähr darin, dass ein Körper seine Stellung in der Reihe unverändert beibehält. Ändert sich die Stellung eines Körpers in der Reihe, während alle übrigen sie unverändert beibehalten, so wird man, wenn keine andern Gründe vorliegen, die Annahme vorziehen, dass der eine Körper sich geändert hat.

Durch eine solche als unverändert angesehene Reihe von Körpern oder von Fällen, in denen eine Eigenschaft auftritt, ist es nun möglich, den Grad einer Eigenschaft durch Zahlen zu bezeichnen, indem man jener Reihe die Reihe der ganzen Zahlen zuweist und nun einen beliebig gegebenen Grad dadurch bezeichnet, dass man die beiden Zahlen angiebt, die den beiden benachbarten Fällen entsprechen, oder die Zahl des Falles, dessen Grad von dem gegebenen nicht mehr unterschieden wird.

So geschieht z. B. die Abschätzung der Intensitäten der Linien eines Spektrums, indem man in einem gegebenen Spektrum von der schwächsten zur stärksten Linie eine Reihenfolge von Linien verschiedener Intensitätsgrade auswählt und die übrigen in diese Reihe einordnet. Selbst wenn die Abstufungen nicht zahlreich und die Intensitätsvergleichung unsicher ist, so kann man einer solchen Bestimmung einen gewissen Wert für die Beschreibung der Erscheinungen doch nicht absprechen[1]). Ein anderes Beispiel bietet die *Mohs*'sche Härteskala[2]).

Diese Art den Grad einer Eigenschaft durch eine Zahl zu bezeichnen, ist jeder beliebigen Verfeinerung fähig. Sobald durch verbesserte Methoden noch geringere Abstufungen mit Sicherheit unterschieden werden, so lassen sich in die Reihe andere Fälle einschieben. Werden für die ursprüngliche Reihe die ganzen Zahlen beibehalten, so können wir etwa, wenn durch die neu eingeschobenen Fälle jedes der vorigen Intervalle in zehn kleinere zerlegt wird, diesen die ganzen Zahlen und das betreffende Zehntel zuweisen. Eine unbegrenzte Verfeinerung würde jedem Grade eine und nur eine bestimmte rationale oder irrationale Zahl zuweisen. Diese ein-eindeutige Abbildung ist nur darin nicht willkürlich, dass von zwei Graden dem stärkeren Grade auch die grössere Zahl entsprechen muss. Irgend eine andere Gradskala müsste also eine ein-eindeutige Abbildung der ersten Skala sein, die nur die Voraussetzung zu erfüllen braucht, *dass von zwei Zahlen der grösseren Zahl auch in der Abbildung die grössere entspricht.*

Man wird die Willkürlichkeit der Abbildung einschränken, wenn man nicht nur definieren kann, was darunter verstanden wird, dass ein Körper die Eigenschaft in stärkerem oder schwächerem Grade besitze als ein anderer, sondern auch definiert, was darunter verstanden sein soll, dass der Unterschied in den Graden zweier Fälle grösser oder kleiner sei als der Unterschied in den Graden zweier andern Fälle.

Sobald eine solche Definition vorliegt, kann man die Abbildung

1) *H. Kayser,* Handbuch der Spektroskopie. Einleitung, p. XXII. Leipzig 1900.

2) *F. Mohs,* Naturgeschichte des Mineralreiches, p. 331, Wien 1832. Härtegrade: 1. Talk, 2. Steinsalz oder Gyps, 3. Kalkspath, 4. Flussspath, 5. Apatit, 6. Orthoklas, 7. Quarz, 8. Topas, 9. Korund, 10. Diamant.

so einrichten, dass wenn die Unterschiede zweier Gradpaare einander gleich sind, auch die Unterschiede der entsprechenden Zahlenpaare einander gleich sind. Man lässt zu dem Ende zwei beliebigen Intensitätsgraden zwei willkürliche Zahlen A und B $(A < B)$ entsprechen nur so, dass dem stärkeren Grade die algebraisch grössere Zahl B zukommt. Ein dritter Intensitätsgrad werde dann mit Hülfe der gegebenen Definition ausgesucht, der gegen den stärkeren der ersten beiden denselben Unterschied aufweist wie diese. Diesem Intensitätsgrad wird die Zahl $B + (B - A)$ zugewiesen u. s. w. nach oben und nach unten. Auf diese Weise erhält man eine Reihe von äquidistanten Zahlen, denen Intensitätsgrade mit gleichen Unterschieden entsprechen. In ähnlicher Weise kann man durch die gegebene Definition des grösseren oder kleineren Unterschiedes zwischen je zwei aufeinander folgenden Graden eine beliebige Anzahl einschalten, von denen je zwei aufeinander folgende den gleichen Unterschied haben. Diesen lässt man die Zahlen entsprechen, die das betreffende Zahlenintervall in ebenso viel gleiche Teile teilen.

Durch die beiden Definitionen des stärkeren oder schwächeren Grades und des grösseren oder kleineren Gradunterschiedes ist die Willkürlichkeit der Abbildung bis auf die Wahl der beiden Zahlen A und B bestimmt. *Alle jetzt noch möglichen Abbildungen sind offenbar einander ähnlich* und unterscheiden sich nur noch durch die Lage des Nullpunktes und die Grösse des Maassstabes oder, was dasselbe ist, durch den Intensitätsunterschied, welcher dem Zahlenunterschiede 1 entspricht. Die Zahl, die einem beliebigen Intensitätsgrade entspricht, drückt seinen Unterschied gegen den der Null entsprechenden Intensitätsgrad aus, gemessen durch den Intensitätsunterschied 1.

In manchen Fällen ist die zweite Definition schon mit der ersten gegeben, wenn nämlich der Unterschied der beiden Grössen sich wieder als eine Grösse derselben Art darstellt, wie z. B. bei der Länge von graden Linien oder von Kreisbögen desselben Radius oder bei Drehungen (Winkeln).

2. Indirekte Vergleichung oder Messung. Es ist nicht notwendig, dass man im Stande sei, die Intensitätsgrade direkt zu vergleichen. Es kann auch *indirekt* geschehen, indem man irgend eine mit der zu messenden in Verbindung stehende Eigenschaft oder Wirkung beobachtet. Nur muss die Intensität der ersten eine eindeutige Funktion der Intensität der zweiten sein. Ebenso kann man die Definition des grösseren oder kleineren Intensitätsunterschiedes auf eine mit der ersten in Verbindung stehende Eigenschaft oder Wirkung gründen.

So kann z. B. die Definition für die Vergleichung von Temperaturen und Temperaturunterschieden auf die Ausdehnung des Quecksilbers gegründet werden. Zwei Temperaturen werden danach gleich genannt, wenn ein gegebenes Quantum Quecksilber bei beiden Temperaturen unter demselben Druck dasselbe Volumen besitzt. Zwei Temperaturunterschiede werden gleich genannt, wenn für beide die Volumänderung des Quecksilbers die gleiche ist. Diese Definition zeigt sich von dem Quantum des Quecksilbers unabhängig, weil ein gleiches Quantum sich unter den gleichen Bedingungen ebenso ausdehnt und das Zusammengiessen beider Quanta in ihrer Ausdehnung keine Änderung bewirkt. Willkürlich bleiben dann nur noch der Nullpunkt der Temperatur und die Einheit des Temperaturunterschiedes. Statt des Quecksilbers kann man auch einen anderen Körper z. B. Luft oder Wasserstoff bei irgend einem festgesetzten Druck wählen. Das würde aber eine andere Definition der Temperatur sein, und durch Versuche kann die eine Skala auf die andere abgebildet werden[3]). Die Luftskala würde einen grösseren Temperaturumfang definieren als die Quecksilberskala und die Wasserstoffskala abermals einen grösseren Umfang, wenn man das Quecksilber nur soweit es flüssig ist und Luft und Wasserstoff nur soweit sie gasförmig sind, verwendet. Wenn eine Skala gegen ihre Grenzen hin grössere Abweichungen von den umfassenderen Skalen zeigt, so wird man dazu neigen, die umfassenderen vorzuziehen. Das Comité international des poids et mesures hat im Jahre 1887 entschieden, das Wasserstoffthermometer zur Definition der Temperatur zu nehmen. Als feste Punkte dienen die Temperatur des schmelzenden Eises und die Temperatur des Dampfes von destilliertem Wasser unter dem normalen[4]) atmosphärischen Drucke. Der Druck des Wasserstoffs ist dabei auf ein Meter Quecksilbersäule festgesetzt. Statt durch das Volumen bei konstantem Druck kann man die Temperatur auch durch den Druck des Wasserstoffs bei konstantem Volumen definieren und erhält, wenn man bei 0^0 den Druck gleich ein Meter Quecksilbersäule macht[5]), nach den Versuchen von *Chappuis*[3]) dieselbe Skala. Eine noch umfassendere Skala würde Helium bilden[6]).

3) *P. Chappuis*, Rapports prés. au Congrès international de Physique 1, p. 131 u. f., Paris 1900.

4) Unter dem normalen atmosphärischen Drucke ist verstanden der Druck einer Quecksilbersäule von 760mm Höhe und der Dichte 13,5953, die der normalen Intensität der Schwere unterworfen ist. Die normale Intensität der Schwere ist gleich der Intensität im Bureau international dividiert durch 1,0003322.

5) Der Druck ist also 1000/760 des normalen atmosphärischen Druckes.

6) *J. Dewar*, Lond. R. Inst. Proc. 1899, p. 1.

Eine andere Definition der Temperatur kann man auf die Strahlungsenergie eines schwarzen Körpers gründen. Danach heissen zwei Temperaturen einander gleich, wenn die Energie der Strahlung, welche ein Oberflächenteil des schwarzen Körpers von gegebener Fläche in gegebener Zeit in einen gegebenen Raum entsendet, bei beiden Temperaturen die gleiche ist. Zwei Temperaturunterschiede sollen gleich heissen, wenn die Unterschiede der Strahlungsenergieen einander gleich sind. Damit ist die Temperaturskala bis auf den Nullpunkt und den Wert der Skaleneinheit definiert. Vergleicht man diese Skala mit der Skala des Wasserstoffthermometers, so ergiebt sich, dass sie keineswegs ähnliche Abbildungen von einander sind. Es zeigt sich aber, dass bei geeigneter Annahme der Nullpunkte die Abbildung durch eine einfache rechnerische Beziehung der entsprechenden Zahlen dargestellt wird, soweit die Beobachtungen reichen. Die Zahlen des Wasserstoffthermometers sind bei geeigneter Annahme der Nullpunkte sehr nahe proportional den vierten Wurzeln aus den Zahlen der Skala der Strahlungsenergieen. Wenn man hier also die vierten Wurzeln zur Definition der Temperatur verwendet, so bleibt man mit der Skala des Wasserstoffthermometers in Übereinstimmung und hat zugleich den Vorteil der umfassenderen Skala, welche die Beobachtung der Strahlungsenergieen gewährt. Die praktische Verwendung dieses Gedankens ist möglich geworden, seitdem man die Abhängigkeit der Strahlungsenergie von der Wellenlänge sowohl wie von der Temperatur kennt. Man kann darnach allein durch Helligkeitsmessungen in der gleichen Farbe die Temperatur des strahlenden Körpers bestimmen[7]).

Viele andere Wirkungen der Temperatur auf die Körper können zur Definition der Temperatur verwendet werden. So sind z. B. sehr zweckmässige Instrumente auf die Änderung gegründet, die der elektrische Widerstand eines Metalldrahtes durch die Temperatur erfährt[8]). Auch der Zusammenhang der Temperatur mit der Drehung der Polarisationsebene im Quarz, mit der Doppelbrechung von Krystallen, mit der Diffusion der Gase durch poröse Wände, mit dem Brechungsindex der Gase, mit der in einem Körper vorhandenen Wärmemenge, mit der elektromotorischen Kraft zwischen verschieden erwärmten Lötstellen sind zur Bestimmung der Temperatur verwendet worden[9]).

---

7) *F. Paschen* und *H. Wanner,* Berl. Ber. 1899, p. 5; *H. Wanner,* Ann. d. Physik 2 (1900), p. 141 und Physikal. Zeitschr. 1 (1900), p. 226 u. 3 (1901), p. 112; *L. Holborn* und *F. Kurlbaum,* Berl. Ber. 1901, p. 712.

8) *H. L. Callendar* und *E. H. Griffiths,* Lond. Trans. 182 A (1891), p. 43—71 und p. 119—157.

9) *C. Barus,* Rapp. prés. au Congrès internat. de Physique 1, Paris 1900, p. 148.

Die gleiche Bemerkung gilt von der Messung jeder beliebigen Eigenschaft. Ja man kann sagen, dass im allgemeinen nicht die Eigenschaft selbst in ihrer direkten Wirkung auf unsere Sinne zur Messung verwendet wird, sondern dass in der Regel ein Zustand wahrgenommen wird, der infolge der zu messenden Eigenschaften an einem andern Körper eintritt. Die Messung ist in der Regel mit einer *Längenmessung* verbunden, es wird gewöhnlich *das Resultat der eigentlichen Messung* an einer *linearen Skala abgelesen.* So wird z. B. bei einer feinen Wägung schliesslich die Ruhelage des Zeigers durch die Beobachtungen der Umkehrpunkte auf der Skala bestimmt, die Messung des Zeitpunktes, in dem ein Sternbild den Faden im Okular eines Fernrohrs passiert, geschieht nach der Registriermethode auf der Trommel des Chronographen durch Ausmessung von Längen, die Bestimmung eines elektrischen Widerstandes mit der Wheatstone'schen Brücke ergiebt sich aus der Stellung des Kontaktes auf dem Draht, der den veränderlichen Widerstand darstellt. Während der Messungsoperation können aber sehr wohl auch die Wahrnehmungen der übrigen Sinne ins Spiel kommen. Man kann z. B. im Telephon das Verschwinden eines Wechselstroms durch das Ohr bestimmen. Bei der Zeitbestimmung nach der „Aug' und Ohr"-Methode wird ein mit dem Auge wahrgenommenes Ereignis in die mit dem Ohr aufgefasste Zeitskala interpoliert; oder es wird umgekehrt die mit dem Ohr aufgefasste Skala in das Gesichtsfeld projiziert, indem man sich die entsprechenden Orte des Sternbildes als Skalenabteilungen vorstellt. Geruch und Geschmack werden bei chemischen Analysen unter Umständen verwendet, ebenso der Tastsinn z. B. um durch das seifige Gefühl einer Lösung das Auftreten einer Lauge festzustellen. Weitaus häufiger wird aber auch hier das Auge verwendet z. B. um an der Trübung oder Färbung einer Lösung die Gegenwart gewisser Stoffe zu erkennen.

3. Die Beziehungen zwischen den Einheiten verschiedenartiger Grössen. Durch den Umstand, dass man die Eigenschaft eines Körpers nicht unmittelbar misst, sondern durch eine sekundäre Wirkung, die durch sie verursacht wird, ergiebt sich eine Beziehung zwischen der für diese Eigenschaft festzusetzenden Einheit und der bei der Messung dieser Wirkung festgesetzten Einheit oder Einheiten. Eine Geschwindigkeit z. B., mit der ein Körper sich bewegt, kann gemessen werden durch die Länge des Weges, der in einer gewissen Zeit zurückgelegt wird. Indem man die Einheit der Geschwindigkeit so definiert, dass dabei in der Zeiteinheit die Einheit der Weglänge zurückgelegt wird, stellt man eine Beziehung zwischen diesen drei Einheiten auf, sodass nur zwei von ihnen willkürlich sind. *Eine Notwendigkeit so zu verfahren liegt nicht vor.* Man könnte, abgesehen von praktischen Schwierigkeiten, die Geschwindigkeit auch durch andere mit ihr verbundene Veränderungen messen, z. B. durch den Widerstand, den ein bestimmter Körper erfährt, wenn er sich mit der betreffenden Geschwindigkeit durch ein bestimmtes Medium bewegt oder durch den Stoss, den eine bestimmte Masse ausübt, wenn sie mit der betreffenden Geschwindigkeit auf eine andere ruhende Masse stösst, oder durch die Wärmemenge, welche von der Masseneinheit des Körpers entwickelt wird, wenn man ihn bremst. Vielmehr sind es praktische Gründe, die uns veranlassen, die Einheit der Geschwindigkeit auf die Einheit der Länge und der Zeit zurückzuführen. Erstens lässt sich auf diese Weise die Geschwindigkeit genau bestimmen und zweitens lässt sich die so bestimmte Einheit an einem andern Orte und zu einer andern Zeit mit Genauigkeit wiederherstellen, sodass auf diese Weise zwei Geschwindigkeiten auch an weit auseinanderliegenden Orten und zu weit auseinanderliegenden Zeiten mit Genauigkeit mit einander verglichen werden können. Als Einheiten, die sich besonders genau reproduzieren und unveränderlich aufheben lassen, hat man die Einheiten der Zeit, der Länge und der Masse erkannt. Sobald daher die Einheit irgend einer messbaren Grösse auf jene drei Einheiten genau bezogen werden kann, so ist sie auch genau reproduzierbar und unveränderlich aufzubewahren.

4. **Die Messung der Zeit.** Was zunächst die Zeit betrifft, so ist sie uns durch die Umdrehung der Erde gegeben, bei der wir keine Ungleichmässigkeit in der Dauer einer Umdrehung wahrzunehmen vermögen. Allerdings muss durch die Reibung der Flutwelle die kinetische Energie der Erde allmählich sich vermindern, während durch die Abkühlung der Erde eine Zusammenziehung eintritt. Das erste würde für sich eine Verminderung, das zweite eine Vergrösserung der Umdrehungsgeschwindigkeit zur Folge haben, und es ist unwahrscheinlich, dass beide Ursachen sich grade aufheben sollten. Eine Umdrehung wird durch die Beobachtung eines Gestirns erkannt, das relativ zur Erde nach Vollendung einer Umdrehung wieder dieselbe Stellung einnehmen muss, wenn man von der fortschreitenden Bewegung der Erde und des Gestirns absehen kann. Bruchteile einer Umdrehung werden bestimmt durch die Messung der Stundenwinkel eines Gestirns, d. i. der Winkel, welche eine durch die Erdaxe und das Gestirn gelegte Ebene mit der Meridianebene des Beobachtungsortes bildet. In dem sphärischen Dreieck, das von dem Gestirn, dem

Pol und dem Zenith des Ortes gebildet wird, ist dies der Winkel am Pol. Man hat von diesem Dreieck drei Bestimmungsstücke zu kennen, um die übrigen zu berechnen. Man misst z. B. die Polhöhe, den Polabstand des Gestirnes (am besten durch Beobachtung seiner Höhe beim Meridiandurchgang) und die Zenithdistanz des Gestirns zur Zeit der Beobachtung. Die Zeit einer Umdrehung kann auch durch eine Uhr in Unterabteilungen geteilt werden. Von der Genauigkeit, mit welcher dies durch eine gute Pendeluhr geschieht, giebt eine Untersuchung von *Tisserand*[10]) einen Begriff. Durch Beobachtung von Sterndurchgängen stellte er fest, dass die Hauptuhr des Pariser Observatoriums bei geeigneter Fehlerkorrektion die Zeit während 143 Tagen etwa auf 0,3 Sekunden genau abzulesen gestattet. Bei etwa 12 Millionen Pendelschwingungen beträgt also die Fehlergrenze nicht mehr als ein Drittel einer Pendelschwingung. Bei kleineren Zeiten können die von der Uhr herrührenden Fehler als wesentlich kleiner angenommen werden. Die Zeit zwischen den Kulminationen zweier Sterne, d. i. also die Differenz ihrer Rektascensionen, wird mit einer Genauigkeit von einigen Hundertsteln Sekunden gemessen[11]). Bei der Zeitbestimmung, wie sie bei der Bestimmung geographischer Längenunterschiede gemacht wird, erreicht man Genauigkeiten eines Sterndurchganges von $\pm 0{,}03^{\text{sec}}$ (mittlerer Fehler)[12]). Bei physikalischen Untersuchungen sowie im bürgerlichen Leben wird die Zeiteinheit von dem mittleren Sonnentag, d. i. der mittleren Zeit zwischen zwei Durchgängen der Sonne durch den Meridian abgeleitet. Wegen der Bewegung der Erde um die Sonne beobachtet man eine scheinbare Bewegung der Sonne relativ zu den Sternen. Dadurch kommt es, dass der mittlere Sonnentag nicht mit dem Sterntag identisch ist. Rechnet man ein Jahr von einer Frühlings-Tag- und Nachtgleiche bis zur nächsten, so ist die Zahl der mittleren Sonnentage, die auf ein Jahr gehen, um 1 geringer als die Zahl der Sterntage und im gleichen Verhältnis ist der mittlere Sonnentag länger. Bei der Messung kleiner Zeitintervalle ist der relative Fehler erheblich grösser, wenn auch natürlich der absolute Fehler herabgedrückt werden kann. Zeiten von etwa $2 \cdot 10^{-8}$ Sekunden sind von *E. Wiechert* mit Hülfe elektrischer Wellen noch mit einer Genauigkeit von etwa 30 Prozent gemessen worden[13]).

10) *F. Tisserand,* Paris C. R. 122 (1896), p. 646—651.

11) Vgl. z. B. *Fr. Cohn,* Astr. Nachr. 157 (1902), Nr. 3766—67.

12) Veröffentl. d. kgl. preuss. geodät. Inst., astronomisch-geodätische Arbeiten 1. Ordnung. Neue Folge 5 (1901), p. 54.

13) *E. Wiechert,* Ann. Phys. Chemie 69 (1899), p. 739; vgl. auch *H. Abraham* u. *J. Lemoine,* J. de Phys. (3) 9 (1900), p. 262.

5. Die Messung der Länge. Um die Einheit der Länge so zu definieren, dass sie unveränderlich erhalten bleibt, hat man daran gedacht, sie auf die Erddimensionen zu gründen und den zehnmillionsten Teil des Erdquadranten zur Einheit zu machen. Es hat sich indessen gezeigt, dass die Genauigkeit, mit der die Längen zweier geeigneten Strichmaasse mit einander verglichen werden können und die Sicherheit, mit der sie voraussichtlich ihre Länge bewahren, viel grösser ist, als die Genauigkeit, mit der man den zehnmillionsten Teil des Erdquadranten bis jetzt bestimmen kann. Infolge dessen wird jetzt die Einheit der Länge nicht durch die Erddimension, sondern durch ein bestimmtes Strichmaass definiert. Für die 22 Staaten, welche der Meterkonvention beigetreten sind, wird das Strichmaass in Sèvres bei Paris aufbewahrt. Seine Länge ist so genau wie möglich mit der Länge des „mètre des archives“ zur Übereinstimmung gebracht, des Längenmaasses, welches die französische Regierung am Ende des 18. Jahrhunderts als Verwirklichung des zehnmillionsten Teiles des Erdquadranten hat herstellen lassen. Es besteht aus einer Legierung von Platin mit 10 Prozent Iridium, einem Stoffe, der unveränderlich ist, grosse Härte, einen grossen Elastizitätsmodul und einen geringen Ausdehnungskoeffizienten besitzt. Der Querschnitt ist von der Form

und ist so eingerichtet, dass sein Schwerpunkt bei S liegt[14]). Mit dieser Form werden zwei Ziele erreicht. Erstens fällt, wenn der Stab auf zwei horizontalen Schneiden aufliegt, der ebene Teil der Oberfläche des Stabes, in der die Schwerpunkte der Querschnitte liegen, in die Schicht der neutralen Fasern, die ihre Länge bei der Verbiegung des Stabes durch seine eigene Schwere unverändert beibehalten, und zweitens ist das Trägheitsmoment in Bezug auf die neutrale Axe des Querschnitts im Verhältnis zur Fläche des Querschnitts gross, sodass der Widerstand gegen Verbiegung für die gegebene Masse des Stabes gross ist. Die Striche, deren Abstand die Länge definiert, sind auf die Fläche der neutralen Fasern geritzt. Wenn der Stab an zwei Stellen unterstützt ist, die gleich weit von seiner Mitte und 0,5594 seiner Länge von einander entfernt sind, so

14) *J. R. Benoît,* Rapp. présentés au Congrès internat. de Physique 1, p. 50, Paris 1900.

ist, wie *Bessel*[15]) gezeigt hat, die Durchbiegung am geringsten. Alsdann ist der Unterschied zwischen der Länge der neutralen Fasern und ihrer horizontalen Projektion für die Strecke des ganzen Meters auf $4 \cdot 10^{-7}$ mm berechnet, was auch für die feinsten jetzt ausführbaren Messungen vernachlässigt werden kann[16]). Zugleich mit diesem Maass sind dreissig andere in derselben Weise ausgeführt worden und sowohl unter einander als mit dem Definitionsmaass verglichen worden. Der wahrscheinliche Fehler, mit dem die Länge jedes dieser Maasse durch das Definitionsmaass ausgedrückt ist, beträgt $4 \cdot 10^{-5}$ mm[17]). Durch diese weiteren Kopieen, die an die verschiedenen Staaten verteilt sind, ist die Längeneinheit in alle Weltteile gebracht und zugleich ihre Erhaltung so gut wie möglich gewährleistet.

Die Vergleichung zweier Strichmaasse geschieht dadurch, dass die beiden Enden eines der beiden Maassstäbe unter zwei sehr fest fundierte mit Mikrometern versehene Mikroskope gebracht werden (Komparator). Die Mikrometer werden auf die die Länge definierenden Striche eingestellt und abgelesen. Unmittelbar darauf wird der zweite Maassstab unter dieselben beiden Mikroskope gebracht und die Mikrometer werden ebenso auf seine Striche eingestellt und abgelesen. Die Differenzen der Mikrometerablesungen geben die Differenz der Länge der beiden Maasse. Das messende Instrument besteht daher in den Schrauben der beiden Mikrometer. In den Mikrometern wendet man nicht mehr wie früher ein Fadenkreuz sondern zwei Parallelfäden an, zwischen die das Bild des Striches eingestellt wird. Man stellt ein auf die gleiche Helligkeit der beiden Zwischenräume zwischen Strich und Fäden. Wenn die Parallelfäden sehr nahe neben einander liegen, so ist das Auge sehr empfindlich für eine Ungleichheit in den Lichtmengen, die es von den beiden Zwischenräumen empfängt. Sehr wichtig ist bei dem ganzen Verfahren, dass die Temperatur der Stäbe dieselbe sei. Man kann zu dem Ende den ganzen Komparator bis auf die Okulare der Mikroskope in einem doppelwandigen Kasten anbringen, dessen Doppelwandung mit Wasser umspült wird. Es können auch die Maassstäbe selbst im Wasserbade liegen. In derselben Weise kann man auch Unterabteilungen desselben Stabes mit einander vergleichen und, indem man die gefundenen Korrekturen berücksichtigt, die genauen Unterabteilungen erhalten.

---

15) *F. W. Bessel*, Darst. der Untersuchungen u. Maassregeln, welche in den Jahren 1834 bis 1838 durch die Einheit des preussischen Längenmaasses veranlasst worden sind. Beilage 1, p. 132, Berlin 1839.

16) *J. R. Benoît*, vgl. Anm. 14, p. 50.

17) *J. R. Benoît*, vgl. Anm. 14, p. 64.

Die Messung von Drehungen (Winkeln) besteht in der Längenmessung von Kreisbögen, die von einem in gegebener Entfernung von der Drehungsaxe befindlichen Punkte des sich drehenden starren Körpers beschrieben werden. Zur praktischen Ausführung wird eine Kreisscheibe konzentrisch und senkrecht zur Drehungsaxe mit dem Körper fest verbunden, deren Rand eine Skala trägt. Da Kreisbögen desselben Radius ebenso wie grade Linien mit einander zur Deckung gebracht werden können, so ist die Art der Messung prinzipiell dieselbe. Man führt die zu vergleichenden Kreisbögen z. B. ebenso wie beim Komparator unter zwei feststehende Mikroskope, deren Mikrometer die Differenz bestimmen[18]). Die Maasseinheit der Drehung wird von dem Radius des Kreises unabhängig, indem man das Verhältnis des Kreisbogens zum ganzen Umfang einführt.

6. Die Wellenlänge als Längenmaass. Anstatt den Erdquadranten der Definition der Längeneinheit zu Grunde zu legen, wie es die französische Revolution gethan hatte, schlug *Fizeau*[19]) vor, an eine andere von der Natur gegebene Länge anzuknüpfen. Wenn man nämlich das von einer Lichtquelle ausgesandte Licht in zwei Strahlenbündel zerlegt, z. B. dadurch, dass man eine Glasplatte schräg in den Weg stellt, die das Licht zum Teil durchlässt, zum Teil reflektiert, so kann man Teile dieser beiden Strahlenbündel durch weitere Spiegelungen wieder in dieselbe Bahn und damit zur Interferenz bringen. Sie heben sich dabei genau auf, wenn der Gangunterschied der beiden Wellenzüge ein ungrades Vielfaches einer halben Wellenlänge beträgt. Ordnet man den Versuch so an, dass die zur Interferenz kommenden Wellenzüge ebene Wellen sind, die man in ein auf unendlich gestelltes Fernrohr eintreten lässt, so entspricht jedem Punkte des Gesichtsfeldes eine gewisse Richtung der Wellenzüge, und wenn die Gangunterschiede der beiden Wellenzüge in den verschiedenen Richtungen verschieden sind, so wird man im Gesichtsfelde helle und dunkle Stellen sehen. Wenn z. B. alle Wellenzüge, die gegen die Axe des Fernrohrs gleich geneigt sind, dem gleichen Gangunterschied entsprechen, so muss das Gesichtsfeld aus konzentrischen hellen und dunkeln Ringen bestehen. Ändert man nun den Gangunterschied der beiden Strahlenbündel, so ändert sich der Gangunterschied, der den verschiedenen Stellen des Gesichtsfeldes entspricht, und die konzentrischen Ringe vergrössern oder verkleinern ihren Radius. Ist die

---

18) *O. Schreiber,* Untersuchung von Kreisteilungen mit zwei und vier Mikroskopen, Zeitschr. für Instrumentenkunde 6 (1886), p. 1, 47 und 93.

19) *H. Fizeau,* Ann. Chim. Phys. (4) 2 (1864).

Änderung des Gangunterschiedes genau eine Wellenlänge, so muss der nächste benachbarte Ring genau an die Stelle des betrachteten Ringes gerückt sein. Denkt man sich die Änderung des Gangunterschiedes etwa dadurch bewirkt, dass ein ebener Spiegel, der das eine der beiden Strahlenbündel reflektiert, durch eine Schraube in einer Schlittenführung parallel verschoben wird, so kann man also durch Beobachtung der Interferenzstreifen die Verschiebung des Spiegels in Wellenlängen messen. Die Lichtwellen bilden, wie *Fizeau* sagt, ein natürliches Mikrometer von der höchsten Vollkommenheit. Solange es sich nur um sehr kleine Gangunterschiede der Wellenzüge handelt, ist es nicht wesentlich, dass das Licht rein monochromatisch sei. Sobald indessen die Gangunterschiede grösser werden, so liegen die den verschiedenen Wellenlängen entsprechenden Interferenzringe an merklich verschiedenen Stellen. Zunächst erscheint jeder Ring farbig; dann aber greifen sie immer mehr und mehr über einander und verwischen das Bild, sodass schliesslich keine Helligkeitsunterschiede mehr erkannt werden. Je vollkommener es gelingt, das Licht einfarbig zu machen, um so grösser sind die Gangunterschiede, die man messen kann, um so länger ist also das von den Lichtwellen gebildete natürliche Mikrometer. Bei grossen Gangunterschieden würde die Abzählung der Interferenzstreifen eine sehr mühsame Arbeit sein. Man umgeht sie dadurch, dass der Gangunterschied zunächst mit einem Maassstab angenähert bestimmt wird, und dann für mehrere Arten einfarbigen Lichtes der Bruchteil der Wellenlänge gemessen wird, um welchen der Gangunterschied vermindert werden muss, um durch die Wellenlänge teilbar zu sein[20]). *A. Michelson* hat auf diese Weise das Meter der internationalen Meterkonvention in Wellenlängen des roten, grünen und blauen Cadmiumlichtes gemessen[21]). Es ist dabei notwendig, die Dichte der Luft anzugeben, bei der beobachtet wird, weil die Wellenlängen sich mit der Dichte der Luft verändern. Auf diese Weise ist die Länge des Meters auf Wellenlängen bezogen. Die Unsicherheit beträgt dabei nach der Angabe von *Benoît*[22]) nicht mehr als ein tausendstel Millimeter. Die Genauigkeit ist danach immer noch nicht so gross, wie die Genauigkeit einer Vergleichung zweier Meterstäbe mit Hülfe des Komparators. Es scheint indessen gute Aussicht dafür vorhanden zu sein, dass man die Messung in Wellen-

20) Vgl. *J. Macé de Lépinay*, Rapp. prés. au Congrès internat. de Physique 1, p. 115, Paris 1900.

21) *A. Michelson,* Travaux et mémoires du bureau international des poids et mesures 11, 1894.

22) Vgl. Anm. 14, p. 70.

längen noch vervollkommnen wird[23]). Die Grenze der Genauigkeit ist hier durch die Grösse des Gangunterschiedes gegeben, bis zu welcher man die Interferenzfransen noch deutlich sieht. Könnte man Gangunterschiede bis zu einem Meter beobachten, so würde nach *Fizeau*'s Ausdruck das von den Wellenlänger gebildete Mikrometer die Länge eines Meters haben: die Fransen würden wie die Teilstriche einer Skala zu betrachten sein, und die Genauigkeit hinge von der Genauigkeit ab, mit der man eine Marke zwischen diesen Teilstrichen einstellen und den Abstand von einer Franse als Bruchteil des Fransenabstandes bestimmen könnte. Die Grösse des Gangunterschiedes, die man erreichen kann, hängt davon ab, bis zu welchem Grade das Licht monochromatisch ist. Mit dem Lichte der grünen Quecksilberlinie haben *Perot* und *Fabry*[24]) noch bei einem Gangunterschiede von 43 Centimetern deutliche Interferenzen beobachtet.

Ein anderes Naturmaass, welches, im Gegensatz zu den sehr kleinen Wellenlängen, eine sehr grosse Einheit der Länge darstellt, ist in der Astronomie gebräuchlich und wird als Lichtjahr bezeichnet. Ein Lichtjahr ist gleich dem Wege, den das Licht im leeren Raum in einem Jahre zurücklegt, also gleich $3 \cdot 10^{10} \cdot 365{,}25 \cdot 24 \cdot 60 \cdot 60$ cm. Die nächsten Fixsterne sind vier bis fünf Lichtjahre entfernt.

7. **Die Messung der Masse.** Die Einheit der Masse wird definiert durch die Masse eines bestimmten Körpers. Für die Staaten der internationalen Meterkonvention besteht dieser Körper aus einem Cylinder von kreisförmigem Querschnitt aus einer Legierung von Platin-Iridium, demselben Material, aus welchem die Meterprototype hergestellt sind. Die Masse des Körpers ist mit möglichster Genauigkeit der Masse desjenigen Körpers gleich gemacht, den die französische Revolution als Verwirklichung der Masse eines Kubikdezimeters Wasser im Zustande seiner grössten Dichte bei normalem Druck angenommen hatte (s. Nr. 8) und die das „kilogramme des archives" genannt wird. Der jetzt zur Definition der Masseneinheit dienende Körper heisst das internationale Kilogrammprototyp. Aus derselben Platin-Iridiumlegierung sind an die Staaten der internationalen Meterkonvention Kopieen des internationalen Prototyps, die nationalen Prototype, verteilt worden, die mit der äussersten erreichbaren Genauigkeit unter einander und mit dem internationalen Prototyp verglichen sind. So ist z. B. die Masse des dem deutschen Reiche überwiesenen nationalen Prototyps gleich

---

23) Vgl. *J. Macé de Lépinay,* Rapp. prés. au Congrès internat. de Physique 1, p. 108, Paris 1900.

24) *Ch. Fabry* und *A. Perot,* J. de phys. (3) (1900), p. 369.

1 kg + 0,053 mg gefunden worden mit einem wahrscheinlichen Fehler von 0,002 mg [25]).

Die Vergleichung zweier Massen geschieht durch Wägung im luftleeren Raum. Dieser Methode liegt eine Hypothese zu Grunde. Denn nach den Begriffen der Mechanik ist die Masse unabhängig von der Erdanziehung nur durch die Trägheit zu definieren. Zwei Massen gelten danach einander gleich, wenn die gleiche Kraft ihnen in der gleichen Zeit die gleiche Beschleunigung erteilt oder wenn sie bei gleicher Geschwindigkeit gleiche kinetische Energie aufweisen. Bei der Wägung sind die Gewichte einander gleich. Soll daraus folgen, dass nach den Begriffen der Mechanik auch die Massen einander gleich sind, so wird dabei vorausgesetzt, dass unter dem Einfluss ihres Gewichtes jede Masse in der gleichen Zeit die gleiche Beschleunigung erfährt. Diese Voraussetzung ist keineswegs mit derselben Genauigkeit geprüft worden, mit der sich Gewichte vergleichen lassen. Neuerdings hat *R. Eötvös* angegeben, dass er mit der Genauigkeit von 1 auf $2 \cdot 10^7$ die Gewichte gleicher Massen von Glas, Messing, Antimon und Kork einander gleich gefunden habe [26]). Andrerseits ist von *Landolt* und *Heydweiler* eine Änderung in dem Gewichte der gleichen Masse behauptet worden, wenn in der Masse gewisse chemische und physikalische Umsetzungen vor sich gehen [27]).

8. Die Beziehungen zwischen den Einheiten der Zeit, der Länge und der Masse. Der Gedanke, die Einheit der Masse durch die Masse der Volumeinheit des Wassers im Zustande seiner grössten Dichte bei normalem Druck zu definieren, den die von der französischen Revolution eingesetzte Kommission auszuführen strebte, ist wieder aufgegeben aus demselben Grunde, aus dem die Längeneinheit nicht durch die Länge des Meridians oder die Länge des Sekundenpendels definiert wird. Die Genauigkeit, mit der man die Masse eines Kubikdezimeters Wasser zu bestimmen vermag, ist erheblich geringer als die Genauigkeit, mit der die Prototype mit einander verglichen werden können und mit der sie die Einheit der Masse voraussichtlich unverändert erhalten. Nach neueren Messungen hat sich denn auch herausgestellt, dass die Masse des kilogramme des archives merklich von der Masse eines Kubikdezimeters Wasser abweicht, die vermutlich zwischen 0,99995 und 0,99996 Kilogramm liegt [28]). Die Schwierig-

25) Mitteilungen der kaiserl. Normal-Aichungskommission, Berlin, 1. Reihe, p. 146.

26) *R. Eötvös*, Rapp. prés. au Congrès internat. de Physique 3, p. 389, Paris 1900.

27) Vgl. Art. V 2, Nr. 13.

28) *C. E. Guillaume*, Rapp. prés. au Congrès internat. de Phys. 1, p. 99, Paris 1900.

keit liegt darin, das Volumen eines Körpers mit Genauigkeit auf die Längeneinheit zu beziehen. Ist dieses geschehen, so findet man durch Äquilibrieren des Gewichtsverlustes beim Eintauchen des Körpers in Wasser die Masse des gleichen Volumens Wasser und daraus die Masse der Volumeinheit. Die Bestimmung des Volumens ist sowohl durch die oben besprochene Methode der Interferenzfransen an einem durchsichtigen Würfel wie auch an Metallcylindern durch Kontaktmessungen einer grossen Anzahl von Durchmessern ausgeführt worden. Kontaktmessungen werden so ausgeführt, dass man von zwei Seiten Stäbe mit sphärischen Endflächen mit dem zu messenden Körper in Berührung bringt. Jeder Stab trägt im Kugelcentrum der sphärischen Endfläche einen Strich; den Abstand beider Striche bestimmt man auf die in Nr. 5 angegebene Weise unter dem Komparator. Danach wird der Körper entfernt, die Stäbe werden mit ihren sphärischen Endflächen zur Berührung gebracht und der Abstand der Striche von neuem unter dem Komparator bestimmt. Die Differenz der beiden Abstände giebt die Dicke des Körpers zwischen den Berührungspunkten[29]).

Selbst wenn man die Masse eines Kubikdezimeters Wasser mit derselben Genauigkeit zu bestimmen lernte, mit der man die Massen zweier Körper zu vergleichen im Stande ist, so würde man deshalb doch weder die Einheit der Masse noch die der Länge ändern. Denn für alle praktischen Zwecke kann die Abweichung der Dichtigkeit des Wassers von Eins vernachlässigt werden. Bei Messungen aber, deren Feinheit die Abweichung nicht zu vernachlässigen erlaubt, kann die etwas vermehrte Rechenarbeit ohne wesentlichen Nachteil aufgebracht werden. Der Vorteil bleibt bestehen, dass man durch die Bestimmung der Dichte des Wassers die Masse des Kilogramms, soweit die Genauigkeit jener Bestimmung geht, von der Aufbewahrung der Prototype der Länge allein abhängig machen kann oder umgekehrt die Länge des Meters von den Prototypen des Kilogramms. In ähnlicher Weise wird z. B. durch die Messung der Lichtgeschwindigkeit die Einheit der Länge mit der Einheit der Zeit in Beziehung gebracht. Indessen ist die Genauigkeit hier nur etwa ein Tausendstel des Betrages oder eine Grösse von dieser Ordnung[30]) und kommt daher gar nicht in Betracht gegenüber der Genauigkeit, mit der die Unveränderlichkeit der Einheiten von Zeit und Länge uns verbürgt erscheint, und mit welcher Zeiten und Längen gemessen werden

29) *Guillaume,* s. vorige Anm. p. 97.

30) *A. Cornu,* Rapp. prés. au Congrès internat. de Physique 2, p. 236, Paris 1900.

können. Genauer schon sind die Einheiten der Länge und der Zeit durch die Länge des Sekundenpendels an einem bestimmten Orte der Erde mit einander in Beziehung gebracht. Allerdings ist auch hier jene Genauigkeit nicht erreicht. Dazu kommt, dass wir hier die Annahme zu Grunde legen würden, die Schwerkraft ändere sich nicht mit der Zeit, eine Annahme, die hinfällig werden würde, wenn im Innern der Erde Massenverschiebungen vor sich gehen. Immerhin ist jede genaue Messung einer physikalischen Grösse, die auf Zeit, Länge und Masse zurückgeführt werden kann, für die Erhaltung der drei Maasseinheiten von Wert, sobald wir Grund haben, die betreffende Grösse für unveränderlich zu halten. Die Dichtigkeit wohl definierter chemischer Körper, die Wellenlängen im Spektrum chemischer Körper, die Schallgeschwindigkeit und die Lichtgeschwindigkeit in wohl definierten Körpern, die Kraft, mit der sich gegebene Massen in gegebenen Entfernungen anziehen, sind z. B. Grössen, die nach unsern jetzigen physikalischen Anschauungen unter gewissen uns wohlbekannten Bedingungen von der Zeit unabhängig sind.

Obgleich es hiernach möglich ist, die Einheiten der Zeit, Länge und Masse durch eine einzige dieser drei Einheiten zu definieren, so hat man dennoch davon abgesehen, weil die unabhängige Definition genauer ist. Dagegen sucht man soviel wie möglich die Einheiten anderer messbarer Grössen auf diese drei Einheiten zu beziehen. Sobald dies für eine Grösse mit einer gewissen Genauigkeit möglich ist, so ist die Einheit dieser Grösse mit entsprechender Genauigkeit definiert und die Vorteile, welche die Einheiten der Länge, Masse und Zeit durch ihre Unveränderlichkeit und Reproduzierbarkeit darbieten, sind dadurch auch für die Einheit der neuen Grösse gewonnen.

9. Das absolute Maasssystem. Man nennt das System der auf Zeit, Länge, Masse bezogenen Einheiten messbarer Grössen nach *Gauss*[31]) das *absolute Maasssystem.* Die Bezeichnung *absolut* ist nicht glücklich gewählt. Denn erstens sind die Einheiten der Zeit, Länge und Masse auch nicht absolut unveränderlich und mit absoluter Genauigkeit reproduzierbar und zweitens lässt sich sehr wohl der Fall denken, dass die Einheit einer messbaren Grösse, auch ohne sie auf Zeit, Länge und Masse zu beziehen, mit grosser Genauigkeit unveränderlich und reproduzierbar definiert werden kann. Eine solche Einheit würde man mit eben demselben Rechte eine absolute nennen

31) *C. F. Gauss,* Intensitas vis magneticae ad mensuram *absolutam* revocata, Gött. Abh. 1832 = Werke 5, p. 81—118.

können[32]). Drittens liegt eine gewisse Willkür darin, dass man die Einheiten der Zeit, Länge und Masse nicht auf einander bezieht. Übrigens braucht *Gauss* das Wort absolut nur als Gegensatz zu denjenigen „relativen Messungen", bei denen das Messungsergebnis von der Grösse der Magnetisierung einer gegebenen, als unveränderlich vorausgesetzten Nadel abhängt. Man hat, wie *F. Kohlrausch* richtig bemerkt, später in der Bezeichnung mehr zu finden geglaubt als sie besagen sollte.

In manchen Fällen giebt es verschiedene Möglichkeiten, eine Einheit durch das absolute Maasssystem zu definieren. Man kann z. B. die Einheit des Rauminhalts durch den Würfel definieren, dessen Seite gleich der Längeneinheit ist, man kann sie aber auch durch den Raum definieren, den die Masseneinheit Wasser im Zustande seiner grössten Dichte unter normalem Druck einnimmt[33]). Sobald die Einheit einer Grösse in bestimmter Weise auf die Einheiten von Zeit, Länge und Masse bezogen ist, so ist die „Dimension" der Grösse bestimmt, d. h. es ist bestimmt, in welcher Weise die Zahl, welche die betreffende Grösse bei der festgesetzten Beziehung der Einheiten misst, sich ändert, wenn man die Einheit von Zeit, Länge und Masse ändert[34]). Ist z. B. die Einheit des Rauminhalts durch den Würfel von der Länge 1 definiert, so hat der Rauminhalt die Dimension der dritten Potenz einer Länge, d. h. die Zahl, welche den Rauminhalt misst, ändert sich bei einer Änderung der Einheiten von Zeit, Länge und Masse in demselben Verhältnis, wie die dritte Potenz der Zahl, die eine Länge misst. Die Einheit ändert sich dabei im umgekehrten Verhältnis wie die Zahl. Wenn man dagegen die Einheit des Rauminhaltes durch den Raum definiert, den die Masseneinheit des Wassers im Zustand seiner grössten Dichte bei normalem Druck annimmt, so ist die Dimension des Rauminhalts gleich der einer Masse. Dieselbe Grösse kann also im absoluten Maasssystem ganz verschiedene Dimensionen haben, je nach der Art, wie man sie auf die Grundeinheiten bezieht. Diese Verschiedenheit würde man dadurch beseitigen können, dass man die Grundeinheiten vermindert, indem man hier z. B. die

---

32) z. B. die Siemens'sche Einheit des elektrischen Widerstandes, vgl. *W. Siemens,* Ann. Phys. Chem. 127 (1866), p. 328 u. 336.

33) So definiert das Comité international des poids et mesures: le litre est le volume occupé par 1 kilogramme d'eau pure à son maximum de densité et sous la pression normale, Rapp. prés. au Congrès internat. de Physique 1, p. 83, Paris 1900.

34) *J. Fourier,* Théorie de la chaleur (1822) und *C. F. Gauss* (1832), vgl. Anm. 31.

Einheit der Länge als Seite eines Wasserwürfels von der Masse 1 definiert. Dann erhielte die Länge die Dimension der dritten Wurzel aus einer Masse und der Rauminhalt würde auf beiden Wegen die gleiche Dimension erhalten. So lange man aber bei den drei Grundeinheiten bleibt, werden die beiden Zahlen, die einen Rauminhalt nach den beiden Einheiten messen, sich in verschiedener Weise mit den Grundeinheiten ändern und ihr Quotient wird also bei einer Änderung der Grundeinheiten nicht unverändert bleiben. Wir können von einer Dimension des Quotienten reden, um auszudrücken, dass er sich wie eine Zahl ändert, die eine Grösse dieser Dimension misst. Hier hat der Raum einmal die Dimension einer Masse, das andere Mal die Dimension der dritten Potenz einer Länge. Der Quotient hat daher die Dimension Masse durch Länge zur dritten Potenz, d. h. die Dimension einer Dichte, wenn man unter Dichte die Masse des Würfels von der Seite 1 versteht. Die Zahl, die einen Raum in Litern misst[35]), dividiert durch die Zahl, die denselben Raum in Kubikdezimetern misst, ergiebt die Dichte des Wassers, d. h. die in Kilogrammen angegebene Masse von einem Kubikdezimeter Wasser.

Ähnlich liegt der Fall bei den elektrischen Grössen, die man auf doppeltem Wege einmal durch Betrachtung der elektrostatischen Kräfte und andrerseits durch die elektromagnetischen Wirkungen auf die drei Grundeinheiten beziehen kann. Dieselbe Grösse erhält auf beiden Wegen verschiedene Dimensionen, wobei die Fortpflanzungsgeschwindigkeit elektrischer Störungen im reinen Äther dieselbe Rolle spielt, wie die Dichte des Wassers in dem eben betrachteten Beispiel[36]).

10. Abarten des absoluten Maasssystems. Das technische Maasssystem. Statt Zeit, Länge und Masse könnte man natürlich auch drei mit diesen zusammenhängende von einander unabhängige Grössen zu Grundeinheiten machen. *Gauss* selbst stellt als Grundeinheiten zunächst die Länge, die Masse und die Beschleunigung (vis acceleratrix) auf[37]). Die Kraft (vis motrix) ist für ihn das Produkt von Masse und Beschleunigung, sodass die Einheit der Kraft mit den Einheiten der Masse und Beschleunigung zugleich gegeben ist. Für die Beschleunigung giebt er zwei Möglichkeiten an. Entweder man wählt für ihre Einheit die Beschleunigung durch die Schwere am Orte der Beobachtung; damit würde die Einheit der Kraft gleich dem Gewicht der Masseneinheit. Oder man führt eine Einheit der

35) Vgl. Anm. 33, Definition des Liters.

36) *Maxwell,* Electricity and Magn. part. IV, chap. 10.

37) *Gauss,* vgl. Anm. 31.

Zeit ein und definiert die Einheit der Beschleunigung als diejenige, bei der in der Zeiteinheit der Geschwindigkeitszuwachs 1 entsteht, und unter der Einheit der Geschwindigkeit diejenige, bei der der Weg 1 in der Zeiteinheit zurückgelegt wird. In dem letzten Fall ist die Krafteinheit nicht gleich dem Gewicht der Masseneinheit. *Gauss* entscheidet sich für den letzteren Weg, der eben zu dem vorher besprochenen absoluten Maasssystem führt. Dieses ist in der theoretischen Physik sowie in der Elektrotechnik heutzutage das übliche. Der andere Weg würde zu einer aus der Einheit der Masse und der Einheit der Kraft abgeleiteten Einheit der Zeit führen, die recht unbequem wäre. Er ist daher von *Gauss* nicht weiter verfolgt worden. Dagegen hat *Gauss* in einer späteren Arbeit (vom Jahre 1836) ein Maasssystem zu Grunde gelegt, welches mit jenem anderen Wege die von der Schwere hergenommene Krafteinheit gemein hat. Er benutzt dort nämlich als Grundeinheiten die Länge, Zeit und die Gewichtseinheit. Dieses Maasssystem hat seine bemerkenswerten praktischen Vorteile und ist in der technischen Mechanik das allgemein übliche. Es liegt auch der allgemein üblichen Messung der Arbeitsgrössen in Meterkilogramm zu Grunde und wird vereinzelt auch von den Physikern z. B. in der Elastizitätstheorie angewandt, wo es üblich ist, einen Druck oder einen Elastizitätsmodul durch die Angabe so und soviel Kilogramm (d. h. Gewichtseinheiten) auf das Quadratzentimeter zu bestimmen. Im technischen Maasssystem *bedeutet das Wort Kilogramm eine Kraft.* Die Masseneinheit ist aus der Einheit der Kraft und der Beschleunigung abgeleitet. Sie ist diejenige Masse, der die Einheit der Kraft die Beschleunigung Eins erteilt. Die Masse m eines beliebigen Körpers vom Gewichte p Kilogramm ist $m = \frac{p}{g}$ Masseneinheiten, da sein Gewicht ihm die Beschleunigung g erteilt. Die Einheit der Masse kommt also hier dem Gewichte von g kg zu, d. h. einem Körper, welcher 9,8 oder 981 kg wiegt, je nachdem man das Meter oder das Centimeter als Längeneinheit benutzt; die Dimension der Masse ist $\mathrm{kg\,sec^2\,m^{-1}}$ oder $\mathrm{kg\,sec^2\,cm^{-1}}$. Ein kleiner Missstand bei den technischen Einheiten liegt in der Veränderlichkeit der Schwere. Dieser bringt es mit sich, dass man die Beobachtungsdaten von einem Beobachtungsort genau genommen erst korrigieren müsste, um sie mit denen an einem andern Beobachtungsorte vergleichen zu können. Jedoch pflegt die Genauigkeit derjenigen Messungen, auf die man das technische System anwendet, nicht so gross zu sein, dass diese Korrektion ins Gewicht fällt. Es ist kaum wahrscheinlich, dass das physikalische Maasssystem das technische verdrängen wird oder umgekehrt. Für die technische Mechanik steht der Begriff der Kraft so sehr im Vordergrunde, dass hier ein Wechsel der üblichen Einheiten nicht wünschenswert ist, während die theoretische Physik ihre ebenfalls in die Praxis eingedrungenen Maasseinheiten auch nicht wird aufgeben wollen. Wünschenswert wäre es dagegen, wenn in der technischen Mechanik für die dort übliche Masseneinheit ein Name eingeführt würde, ähnlich wie die Kräfteeinheit des physikalischen Systems einen eignen Namen hat (eine Dyne gleich der Kraft, die einem Gramm die Beschleunigung 1 cm/sec^2 erteilt).

11. Die praktischen Einheiten. In der Regel sind gleichartige Grössen mit geringerer Mühe und mit grösserer Genauigkeit unter einander zu vergleichen als auf die Grundeinheiten zu beziehen. Wenn sie zugleich unveränderlich und reproduzierbar dargestellt werden können, so wird man unter solchen Umständen vorziehen, ihre Einheit nicht durch die Grundeinheiten zu definieren, sondern durch eine Darstellung der betreffenden Grösse, die so genau wie möglich gleich der durch die Grundeinheiten bestimmten Einheit gemacht wird. So hat der internationale Kongress in Chicago 1893 die Einheit des elektrischen Widerstandes definiert: „Das internationale Ohm ist dargestellt durch den Widerstand einer Quecksilbersäule von gleichförmigem Querschnitt, von 106,3 Centimeter Länge und 14,4521 Gramm Masse bei der Temperatur des schmelzenden Eises". Die Genauigkeit, mit welcher diese Einheit mit der auf die Grundeinheiten bezogenen von 10^7 Meter pro Sekunde übereinstimmt, hat nach *Dorn*[38]) einen wahrscheinlichen Fehler von etwa zwei bis drei Zehntausendstel ihres Betrages. Eben wegen dieser Unsicherheit ist es wichtig, eine Einheit des Widerstandes zu definieren, von der genaue Verwirklichungen oder Kopieen mit grösserer Leichtigkeit hergestellt werden können. Wenn eine Verbesserung der Methoden es ermöglichen wird, den Widerstand mit grösserer Genauigkeit auf die Grundeinheiten zu beziehen, so ist es desshalb doch nicht notwendig, die Einheit zu ändern, sondern es ist nur notwendig, in denjenigen Fällen, wo die Abweichung eine Rolle spielt, die betreffende kleine Korrektur anzubringen. Ebenso wird die Definition der Einheit des Stromes durch einen Strom, der Einheit der elektromotorischen Kraft durch eine elektromotorische Kraft, der Einheit des Druckes durch einen Druck[39])

38) *E. Dorn*, Über den wahrscheinlichsten Wert des Ohm nach den bisherigen Messungen, Wiss. Abhandl. der physik.-techn. Reichsanstalt Berlin, 2 (1895), p. 355.

39) *Guillaume*, vgl. Anm. 28, p. 87.

vorgeschlagen und nicht durch den Bezug auf die Grundeinheiten. Ebenso ist die praktische Einheit einer Wärmemenge wieder eine Wärmemenge, die hier allerdings auch nicht annähernd der auf die Grundeinheiten bezogenen Einheit der Energie gleich gemacht, sondern, in letzterer gemessen, gleich dem sogenannten mechanischen Wärmeäquivalent ist. Diese praktischen Einheiten hindern die theoretische Physik nicht, alle Maasseinheiten auf den Grundeinheiten aufzubauen, deren Abweichung von den praktischen Einheiten erst in Frage kommt, wo die Ergebnisse der Theorie durch den Versuch geprüft werden.

(Abgeschlossen im Januar 1902.)

V 2. GRAVITATION.

Von

J. ZENNECK

IN STRASSBURG.

Inhaltsübersicht.

Zusammenfassende Litteratur

findet sich zu Beginn jeden Abschnittes in den Anmerkungen 1, 2, 36, 47, 48, 77, 82, 107.

Vorbemerkung. In diesem Artikel müssen mehrfach astronomische Fragen berührt werden, die ausführlich erst in Bd. VI zur Behandlung kommen. Der gegenwärtige Artikel erstrebt in dieser Hinsicht keine Vollständigkeit, sondern zieht nur soviel astronomisches Material heran, als für die Behandlung des Gegenstandes unumgänglich ist.

---

1. Das Newton'sche Gesetz. Das Fundamentalgesetz der Gravitation ist bekanntlich zuerst[1]) von *Newton* klar erkannt und im dritten Buch seiner „Philosophiae naturalis principia mathematica", propositiones I—VII, ausgesprochen worden.

1) Über die Vorläufer *Newton*'s vgl. *F. Rosenberger,* Isaac Newton und seine physikalischen Prinzipien, Leipzig 1895. Eine Zusammenstellung von fast allen Arbeiten (bis 1869), die in irgend einer Beziehung zur *mathematischen* Durchführung des Attraktionsgesetzes stehen, findet sich bei *J. Todhunter,* History of the mathematical theories of attraction and the figure of the earth, 2 Bde., London 1873.

Es sagt aus: Befinden sich in einem bestimmten Zeitpunkt zwei Massenelemente mit den Massen m_1 und m_2 in der Entfernung r von einander, so wirkt in demselben Zeitpunkt auf jedes der beiden Elemente in der Richtung des anderen eine Kraft vom Betrage

$$G \frac{m_1 m_2}{r^2}.$$

In diesem Ausdruck bedeutet G eine universelle, d. h. nur vom Maasssystem abhängige Konstante, die sogenannte Gravitationskonstante.

I. Bestimmungen der Gravitationskonstanten[2]).

2. Bedeutung dieser Bestimmung. Zu der Bedeutung, welche die absolute Bestimmung jeder beliebigen physikalischen Konstanten hat, kommen bei der Bestimmung der Gravitationskonstanten noch zwei Punkte hinzu.

1) Ist die Gravitationskonstante bekannt, so ergiebt sich aus der Erdbeschleunigung g einerseits, den Dimensionen der Erde andererseits die Erdmasse und die mittlere Dichte der Erde[3]). Diese letztere war das Endziel der meisten Bestimmungen: sie gehen deshalb meist unter dem Namen von *Bestimmungen für die mittlere Dichte der Erde.*

2) Kennt man die Erdmasse, so folgt daraus auch die Masse der

---

2) Zusammenfassende Litteratur über absolute Bestimmungen in erster Linie: *J. H. Poynting,* The mean density of the earth, London 1894; *F. Richarz* und *O. Krigar-Menzel,* Berl. Abh. 1898, Anhang; *C. V. Boys,* Rapp. congrès internat. phys. 3, Paris 1900, p. 306—349. Dann *Gehler*'s physikalisches Handwörterbuch, Leipzig 1825, Artikel Anziehung, Drehwage, Erde, Materie; *S. Günther,* Lehrbuch der Geophysik 1, 2. Aufl., Stuttgart 1879; *F. Richarz,* Leipzig, Vierteljahrschr. astr. Ges. 24 (1887), p. 18—32 u. 184—186.

3) Bezeichnet Δ die mittlere Dichte der Erde, R ihren Radius, so ist in erster Annäherung

$$g = \frac{4}{3} R \pi \Delta G.$$

Zieht man die Korrektionen, welche durch Abplattung, Centrifugalkraft und deren Verschiedenheit in den verschiedenen Breiten bedingt werden, in Betracht, so gelangt man in der von *F. Richarz* und *O. Krigar-Menzel*[2]) näher auseinandergesetzten Weise zu der Beziehung

$$9{,}7800 \frac{\mathrm{m}}{\mathrm{sec}^2} = \frac{4}{3} \cdot R_p \pi \Delta G \left(1 + \mathfrak{a} - \frac{3}{2} \mathfrak{c}\right),$$

worin

R_p = Erdradius am Pol = 6356079 m,
$\mathfrak{a}$ = Abplattung = 0,0033416,
$\mathfrak{c}$ = Verhältnis der Centrifugal- zur Schwerkraft am Äquator = 0,0034672.

übrigen Planeten und der Sonne, da das Verhältnis dieser Masse zur Erdmasse durch astronomische Beobachtungen geliefert wird[4]).

3. Übersicht über die verschiedenen Methoden. Die verschiedenen Methoden, die man wählte, um zu dem Wert der Gravitationskonstanten G in absolutem Maasse zu gelangen, lassen sich im wesentlichen in drei Hauptklassen einteilen:

1) Es wurde direkt die Kraft bestimmt, welche Massen bekannter Grösse in bekannter Entfernung auf einander ausüben: Bestimmungen mit der Drehwage, dem Doppelpendel, der gewöhnlichen Wage[5]).

2) Es wurde die Veränderung gemessen, die in der Richtung oder Grösse der Erdbeschleunigung g durch Massen bekannter Grösse hervorgerufen wird: Ablenkung der Lotlinie, Pendelbeobachtungen.

3) Es wurde versucht, die mittlere Erddichte und damit die Gravitationskonstante aus der Dichte an der Oberfläche zu berechnen auf Grund eines mehr oder weniger hypothetischen Gesetzes über die Zunahme der Dichte nach dem Erdinnern.

4. Bestimmungen mit der Drehwage. a) Statische Methode. Die auf dem Wagebalken befestigten Gewichte werden durch Massen, welche sich *neben* dem Wagebalken befinden, angezogen. Die dadurch hervorgebrachte Drehung des Wagebalkens giebt ein Maass für die Grösse der Anziehungskraft.

Verwandt wurde diese Methode, die wohl zuerst von Reverend *J. Michell*[6]) vorgeschlagen wurde, von *H. Cavendish*[7]), *F. Reich*[8]), *F. Baily*[9]), *A. Cornu* und *J. Baille*[10]), *C. V. Boys*[11]) und endlich *C. Braun*[12]).

Der Fortschritt von *Reich* gegenüber *Cavendish* besteht hauptsächlich in der Verwendung der Spiegelablesung. *Baily*'s Messungen sind besonders dadurch wertvoll, dass sie auf eine grosse Reihe von Stoffen ausgedehnt und auch sonst in der mannigfaltigsten Weise variiert wurden. *Cornu* und *Baille* haben gezeigt, dass man dieselbe

---

4) Vgl. aber Nr. **11**.

5) Bei der letzteren Methode geht g in das Resultat ein.

6) Citiert von *Cavendish,* Lond. Trans. 88 (1798).

7) S. die vorige Anmerkung.

8) „Versuche über die mittlere Dichtigkeit der Erde mittelst der Drehwage", Freiberg 1838 und „Neue Versuche mit der Drehwage", Leipzig 1852.

9) Lond. Astr. Soc. Mem. 14 (1843).

10) Paris, C. R. 76 (1873), p. 954—58.

11) Lond. Trans. 186 (1889), p. 1—72.

12) Wien. Denkschr. 64 (1897), p. 187—285. Referat darüber: *F. Richarz,* Leipzig Vierteljahrsschr. astr. Ges. 33 (1898), p. 33—44.

Genauigkeit (denselben Ablenkungswinkel) erreichen kann trotz beliebiger Reduktion des Maasstabs, wenn man nur durch passende Wahl der Aufhängung dafür sorgt, dass die Schwingungsdauer der Drehwage dieselbe bleibt. Sie haben demgemäss viel geringere Dimensionen bei ihren Apparaten angewandt und dadurch eine Reihe von Störungen vermieden. *Boys*[13]) trieb diese Reduzierung auf kleinen Maassstab noch weiter und machte es dadurch möglich, bei der Aufhängung die Metalldrähte durch die viel günstigeren Quarzfäden zu ersetzen. *Braun* verwendet eine Drehwage im Vacuum, um die schlimmste Störung bei Messungen mit der Drehwage, die Luftströmungen, radikal zu vermeiden.

Die Mängel extrem kleiner Dimensionen, wie sie *Boys* benützte, hat dieser zum Teil durch geschickte Anordnung seiner Drehwage umgangen; bestehen bleibt aber bei kleinen Dimensionen der Nachteil, dass, abgesehen von der starken Dämpfung der Schwingungen, Fehler in den Längenbestimmungen und mangelhafte Homogenität des Materials die Genauigkeit des Resultats sehr stören können[14]). Um diesen Mangel kleiner Dimensionen zu vermeiden und trotzdem sehr hohe Empfindlichkeit zu erreichen, hat *F. R. Burgess*[15]) vorgeschlagen, die Verwendung grosser Massen und gleichzeitig dünner Aufhängedrähte dadurch zu ermöglichen, dass man die Gewichte auf Quecksilber schwimmen lässt. Er erhielt in einem Vorversuch bei 10×2 kg Gewicht jederseits 12^0 Ausschlag, hat aber seine Bestimmungen zur Zeit noch nicht durchgeführt.

b) Dynamische Methode. Die anziehenden Massen befinden sich *in der Verlängerung* des Wagebalkens. Ihre Anziehung dient dazu, das Direktionsmoment der Aufhängung zu verstärken. Die dadurch hervorgerufene Verkürzung der Schwingungsdauer giebt ein Maass für die Grösse der anziehenden Kraft.

C. Braun erhielt mit dieser Methode einen Wert von G, der mit dem Resultate seiner Messungen nach der statischen Methode sehr gut übereinstimmt. *R. von Eötvös*[16]) hat eine Modifizierung dieser

---

13) *Boys* erhielt bei einer Länge des Wagebalkens von 2,3 cm belastet jederseits mit 1,3 bis 3,98 g und abgelenkt auf jeder Seite durch 7,4 kg ca. 370 Skalenteile Ausschlag. Bei *Cavendish* betrugen die betreffenden Grössen 194 cm, 730 g, 158 kg; er bekam 6—14 Skalenteile Ausschlag.

14) Vgl. *F. Richarz,* in dem Anm. 12 zitierten Referat.

15) Paris, C. R. 129 (1899), p. 407—409. Einen ähnlich angeordneten Versuch hat schon *Poynting*[2]) gemacht, diese Anordnung aber wegen störender Strömungen in der Flüssigkeit verlassen.

16) Ann. Phys. Chem. 59 (1896), p. 354—400.

Methode vorgeschlagen, aber noch keine endgültigen Resultate veröffentlicht.

5. Bestimmung mit dem Doppelpendel. Bei dem vertikalen Doppelpendel von *J. Wilsing*[17]) — vertikaler Wagebalken, an dessen Enden sich je ein Gewicht befindet, welches durch seitlich davon angebrachte Massen angezogen wird — wird nicht die Torsion von Drähten, sondern die Schwere als Direktionskraft benützt. Das Drehmoment wird auf ein Minimum reduziert dadurch, dass der Schwerpunkt des Doppelpendels nur ca. 0,01 mm unter der Schneide liegt. Diese Anordnung vereinigt grosse Empfindlichkeit[18]) mit bedeutender Stabilität und besitzt ausserdem gegenüber der Drehwage den Vorteil, viel weniger durch Luftströmungen beeinflusst zu werden.

6. Bestimmungen mit der gewöhnlichen Wage. Das Prinzip dieser, wie es scheint, schon von *Descartes*[19]) angegebenen Methode ist das folgende: Auf die Wagschalen einer Wage werden zwei gleiche Gewichte m gelegt. Unter eine der beiden Wagschalen — eventuell auch gleichzeitig über die andere — wird nun eine Masse M gebracht. Die jetzt beobachtete Gewichtsdifferenz giebt ein Maass für die Anziehung von M auf m.

Zum Zweck der absoluten Bestimmung der Gravitationskonstanten wurde diese Methode wohl zuerst durch *Ph. von Jolly*[20]), später durch *J. H. Poynting*[2]) und dann durch *F. Richarz* und *O. Krigar-Menzel*[2]) benützt.

Die *Jolly*'sche Anordnung, die in ganz ähnlicher Weise schon zur Zeit *Newton*'s von *Hooke*[21]) zur Bestimmung einer Abnahme von g mit der Höhe verwandt wurde, hat den Nachteil, dass vertikale durch Temperaturdifferenzen hervorgerufene Luftströmungen durch Reibung an den langen Aufhängedrähten die Wägung stören können. *Poynting* hat diesen Missstand vermieden, ausserdem dafür gesorgt, dass der Winkel, um den sich der Wagebalken dreht, sehr genau abgelesen und die anziehenden Gewichte entfernt oder genähert werden können, ohne dass die Wage arretiert zu werden brauchte oder Erschütterungen ausgesetzt wäre. Die Methode von *Richarz* und *Krigar-Menzel* hat den Vorteil, ohne all zu grosse Schwierigkeit die Verwendung ausserordentlich grosser anziehender

---

17) Potsdam. Astr.-physik. Obs. 6 (1887), Nr. 22 u. 23.

18) Bei $325 \times 0{,}54$ kg $1''$ bis $10'$ Ablenkung.

19) Citiert in Observ. sur la physique, 2, Paris 1773.

20) Münchn. Abh. (2) 14 (1881); Ann. Phys. Chem. 14 (1881), p. 331—335.

21) Citiert bei *Rosenberger*, Anm. 1.

Massen (100000 kg Blei) zu gestatten und ausserdem noch die vierfache Anziehung dieser Masse wirksam werden zu lassen. Sie leidet aber an dem Übelstand, dass ein Entlasten und Arretieren der Wage im Verlauf derselben Bestimmung notwendig wird.

7. Bestimmungen mit Lot und Pendel. a) Statische Methode (Lotablenkung). Die ablenkenden Massen waren stets Berge und die Ablenkung des Lots durch dieselben wurde derart bestimmt, dass von zwei Punkten, die womöglich im Norden und Süden des ablenkenden Berges angenommen wurden, der Unterschied der geographischen Breite einmal astronomisch — dabei geht die Richtung des Lots ein — und dann trigonometrisch gemessen wurde. Die Differenz der beiden Bestimmungen liefert die doppelte durch den Berg hervorgerufene Ablenkung. Die Masse des Berges wird aus den Dimensionen und dem spezifischen Gewicht der Gesteine bestimmt.

Bestimmungen dieser Art wurden ausgeführt durch *Bouguer*[22]) am Chimborazo, durch *N. Maskelyne* und *C. Hutton*[23]), später durch *James*[24]) und *Clarke* an Bergen des schottischen Hochlands, durch *E. Pechmann*[25]) in den Alpen und unter besonders günstigen Bedingungen durch *E. D. Preston*[26]) auf den Hawaiinseln.

An Stelle eines Berges das Meer bei Ebbe und Flut[27]) oder einen ablassbaren See[28]) zu verwenden, wurde vorgeschlagen, aber es scheint nie eine Bestimmung auf diesem Wege gemacht worden zu sein, obwohl derselbe vor Benützung eines Berges bedeutende Vorteile hätte.

b) Dynamische Methode (Pendelbeobachtung). Das Schema der Bestimmungen dieser Art ist das folgende. Entweder am Fusse und auf der Spitze eines Berges, oder an der Erdoberfläche und in der Tiefe eines Bergwerks wird die Schwingungsdauer desselben Pendels beobachtet. Der an den beiden Punkten festgestellte Unterschied in der Schwingungsdauer und damit der Erdbeschleunigung

22) La figure de la terre, Paris 1749, VII. sect., chap. IV.

23) Lond. Trans. 1775, p. 500—542; 1778, p. 689—788; 1821, p. 276—292.

24) Phil. Mag. (4) 12 (1856), p. 314—316; 13 (1856), p. 129—132 und Lond. Trans. 1856, p. 591—607.

25) Wien. Denkschr. (math.-naturw. Kl.) 22 (1864), p. 41—88.

26) Washington, Bull. Phil. Soc. 12 (1895), p. 369—395.

27) Durch *Robison* 1804 (cit. von *Richarz* und *Krigar-Menzel*, s. Anm. 2), *Boscowich* 1807 (cit. in monatl. Korrespondenz z. Beförd. d. Erd- u. Himmelskunde 21 (1810)), ferner durch *von Struve* (cit. Astr. Nachr. 22 (1845), p. 31 f.)

28) *F. Keller,* Linc. Rend. 3 (1887), p. 493.

ergiebt die Anziehung des Berges bezw. der Erdschichte über dem Bergwerk[29]).

Bestimmungen der ersten Art rühren her von *Bouguer*[22]) (Cordilleren), *Carlini*[30]) [und *Plana*] (Mont Cenis), unter besonders günstigen Bedingungen von *Mendenhall*[31]) (Fusijama, Japan) und *E. D. Preston*[26]) (Hawaiinseln).

Bestimmungen der zweiten Art wurden zuerst vorgeschlagen von *Drobisch*[32]), später ausgeführt durch *G. B. Airy*[33]) und in grosser Zahl durch *R. v. Sterneck*[34]).

Eine dritte, im Prinzip entschieden günstigere Methode hat *A. Berget*[35]) versucht: künstliche Änderung von g durch einen ablassbaren See bei verschiedenem Niveau. Er hat sich jedoch seine Bestimmung durch ungeeignete Messung dieser Änderung von g verdorben.

8. Berechnungen der Gravitationskonstanten[36]).

1) Die Voraussetzungen, welche *Laplace*[37]) ähnlich wie *Clairaut* und *Legendre* seiner Berechnung zu Grunde legt, sind die folgenden:

a) Die Erde bestehe aus einzelnen ellipsoidischen Schichten. Die Dichte innerhalb jeder Schicht sei konstant.

b) Die Rotation sei so langsam, dass die Abweichung von der Kugelgestalt klein wird, ebenso der Einfluss der Centrifugalkraft gegenüber g.

c) Die Substanz der Erde soll als flüssig betrachtet werden dürfen.

Unter diesen Voraussetzungen rechnet *Laplace* die Gleichgewichtsbedingungen aus, in die ausser der Elliptizität der Erde noch das

29) Vgl. hierzu und zu den folgenden Nummern Bd. VI der Encyklop., Geophysik.

30) Milano Effem. 1824. Vgl. dazu *E. Sabine*, Quart. J. 2 (1827), p. 153 und *C. J. Giulio*, Torino Mem. 2 (1840), p. 379.

31) Amer. J. of scienc. (3) 21 (1881), p. 99—103.

32) De vera lunae figura etc., Lipsiae 1826.

33) Lond. Trans. 1856, p. 297—342 und 343—352. Zur Berechnung vgl. *S. Haughton*, Phil. Mag. (4) 12 (1856), p. 50—51 und *F. Folie*, Bruxelles Bull. (2) 33 (1872), p. 389—409.

34) Wien. Mitteil. d. milit.-geogr. Inst. 2—6, 1882—1886 und Wien. Ber. 108 (2a), p. 697—766.

35) Paris C. R. 116 (1893), p. 1501—1503. Vgl. den Einwand *Gouy*'s (Paris C. R. 117 (1893), p. 96), dass die Temperatur auf wenigstens $0{,}2 \cdot 10^{-6}$ Grad hätte konstant sein müssen.

36) Vgl. *F. Tisserand*, Mécan. cél. 2, Paris 1891, chap. XIV und XV.

37) Méc. cél. 5 (1824), Livr. 11, cap. 5.

Gesetz eingeht, welches die Dichte einer Erdschicht als Funktion ihres Abstands vom Mittelpunkt ausdrückt. Für dieses Gesetz macht *Laplace* zwei Annahmen:

$$\varrho = \varrho_0[1 + e(1 - a)], \tag{1}$$

$$\varrho = \frac{A}{a} \sin(an), \tag{2}$$

worin ϱ die Dichte, a den Abstand einer Schicht vom Erdmittelpunkt (Erdradius $= 1$) und ϱ_0, e ebenso A, n Konstante bedeuten. Diese Konstanten werden durch den Wert von ϱ an der Erdoberfläche einerseits, die entwickelten Gleichgewichtsbedingungen andererseits bestimmt. Man erhält dann eine Beziehung zwischen der mittleren Dichte der Erde (und damit der Gravitationskonstanten) und der Oberflächendichte ϱ_0; und zwar folgt aus der ersten Annahme über die Zunahme der Dichte nach dem Erdinnern

$$\Delta_1 = 1{,}587 \cdot \varrho_0,$$

aus der zweiten Annahme

$$\Delta_2 = 2{,}4225 \cdot \varrho_0,$$

wenn die Erdelliptizität gleich 0,00326 angenommen wird.

2) Unter wesentlich denselben Voraussetzungen, mit Benützung der zweiten Annahme von *Laplace* über die Zunahme der Dichte nach dem Erdinnern, der Formel von *Clairaut* für das Gleichgewicht der rotierenden als flüssig gedachten Erde und des Werts 0,00346 für die Elliptizität der Erde, gelangt *J. Ivory*[38]) zu der Beziehung:

$$\Delta = 1{,}901 \cdot \varrho_0.$$ [39])

3) Die neuere umfangreiche Litteratur dieser Frage (*Lipschitz*, *Stieltjes*, *Tisserand*, *Roche*, *Maurice Lévy*, *Saigey*, *Callandreau*, *Radau*, *Poincaré*, *Tumlirz* kann hier nicht besprochen werden; wir verweisen dieserhalb auf die angezogenen Kapitel bei *Tisserand*[40]) oder auf Bd. VI der Encyklopädie.

9. Das Ergebnis der Bestimmungen. Für die Frage, was man als wahrscheinlichsten Wert der Gravitationskonstanten zu betrachten hat, muss von den Ergebnissen der unter Nr. 7 und 8 besprochenen Methoden von vornherein abgesehen werden.

---

38) Phil. Mag. 66 (1825), p. 321 f.

39) Nimmt man als durchschnittliche Dichte der gesamten Erdoberfläche den Wert von *S. Haughton*[33]) $= 2{,}059$, so würde man erhalten nach

Laplace $\Delta_1 = 3{,}268$,
$\Delta_2 = 4{,}962$,
Ivory $= 3{,}914$.

40) Vgl. Anm. 46.

Die thatsächlich ausgeführten terrestrischen Methoden (Nr. 7) haben zwar vor den Laboratoriumsmethoden (Nr. 4—6) den Vorteil, dass die anziehenden Massen und damit auch die zu beobachtenden Differenzen relativ bedeutende Grösse haben. Allein dieser Vorteil wird mehr als aufgewogen dadurch, dass die Dimensionen und die Dichte der anziehenden Massen nur unvollkommen bekannt sind und die der Beobachtung unzugängliche Massenverteilung unter dem Beobachtungsort eine wesentliche, aber völlig unkontrollierbare Rolle spielt[41]).

Diejenigen terrestrischen Methoden aber, die Aussicht auf Erfolg hätten, da sie nicht nur die Verwendung sehr grosser Massen gestatten, sondern auch die Grösse der anziehenden Masse bei ihnen mit ausreichender Genauigkeit zu bestimmen wäre und ausserdem der Einfluss der Umgebung herausfallen würde — Veränderung der Grösse oder Richtung von g durch einen See oder das Meer bei verschiedenem Niveau —, sind nicht oder nicht einwurfsfrei ausgeführt worden.

Die Versuche zur Berechnung der Gravitationskonstanten (Nr. 8) können ebenfalls kein einigermassen zuverlässiges Resultat liefern. Abgesehen von anderen Bedenken geht in diese Rechnungen die durchschnittliche Oberflächendichte der Erde ein und diese ist bei weitem nicht mit derjenigen Genauigkeit bekannt, als die Gravitationskonstante selbst durch die Laboratoriumsbestimmungen erhalten wurde.

Es bleiben also nur die Resultate der Laboratoriumsbestimmungen (Nr. 4—6). Berücksichtigt man von jeder Methode nur die zwei neuesten Bestimmungen, so erhält man folgende Zusammenstellung:

		Δ	G	
Drehwage	*Boys*	5,527	$6{,}658 \cdot 10^{-8}\ \mathrm{cm}^3\,\mathrm{sec}^{-2}\,\mathrm{gr}^{-1}$	
	Braun	5,5270[42])		
[Doppelpendel	*Wilsing*	5,577	$6{,}596 \cdot 10^{-8}$	"]
Wage	*Poynting*	5,4934	$6{,}698 \cdot 10^{-8}$	"
	Richarz u. *Krigar-Menzel*	5,5050	$6{,}685 \cdot 10^{-8}$	"
Mittel aus diesen Bestimmungen		5,513[43])	$6{,}675 \cdot 10^{-8}$	"

41) Vgl. darüber *W. S. Jacob*, Phil. Mag. (4) 13 (1857), p. 525—528. Umgekehrt können derartige Bestimmungen von Bedeutung sein, weil sie einen Schluss auf die Massenverteilung in der Nähe des Beobachtungsorts gestatten. Vgl. *R. v. Sterneck*'s Messungen[34]).

42) In später ausgegebenen Exemplaren hat *Braun* als wahrscheinlichstes Resultat seiner Beobachtungen $\Delta = 5{,}52725$ angenommen (Mitteilung von Herrn Prof. *F. Richarz*).

43) Bekanntlich hat *Newton* (Principia lib. III, propos. X) die mittlere

Die gute Übereinstimmung[44]) der Werte, welche nach derselben Methode erhalten wurden einerseits, die relativ bedeutenden Differenzen zwischen den Resultaten der verschiedenen Methoden[45]) andererseits zeigen, dass diese Differenzen nur in prinzipiellen Mängeln der Methoden ihren Grund haben können. Solange diese aber nicht aufgedeckt sind, kann wohl kaum einem dieser Resultate mehr Gewicht beigelegt werden als dem anderen. Bei der Methode von *Wilsing* ist nur zu bedauern einmal, dass sie bis jetzt nicht von einem zweiten Beobachter angewandt und dadurch das Resultat von *Wilsing* kontrolliert wurde, und dann, dass bis jetzt der Einfluss der magnetischen Permeabilität des Doppelpendels einer Prüfung nicht unterzogen wurde[46]). Bei der Bildung des Mittelwertes oben ist deshalb das Resultat *Wilsing*'s nicht berücksichtigt.

II. Astronomische und experimentelle Prüfung des Newton'schen Gesetzes.

10. Allgemeines. Dass das *Newton*'sche Gesetz, falls es nicht absolut richtig sein sollte, jedenfalls eine so weit gehende Annäherung an die thatsächlichen Verhältnisse darstellt, wie kaum ein anderes Gesetz, ist auf zwei von einander unabhängigen Gebieten sicher gestellt.

Auf *astronomischem*[47]) Gebiet ergeben sich aus diesem Gesetz nicht nur die Planetenbewegungen in erster Annäherung (*Kepler*'sche Gesetze); sondern auch die zweite Näherung, die Abweichungen von dieser Bewegung infolge der Störung durch andere Planeten, folgen aus dem *Newton*'schen Gesetz noch so richtig, dass aus beobachteten Störungen die Bahn und relative Masse eines bis dahin unbekannten Planeten (Neptun) vorhergesagt werden konnte.

Andererseits liegen aber eine Reihe von astronomischen Beob-

Erddichte auf 5—6 geschätzt. Das Mittel 5,5 stimmt also mit dem Mittel aus den neuesten Messungen bis auf $1/4$ % überein.

44) Zwischen den Drehwagebestimmungen $\gtrless$ 0,012 %, zwischen den Wagebestimmungen ca. 0,2 %.

45) Grösste Differenz zwischen Wage- und Doppelpendelbestimmung ca. 1,5 %.

46) Nach *F. Richarz* und *O. Krigar-Menzel* (Bemerkungen zu dem . . . von Herrn *C. V. Boys* über die Gravitationskonstante . . erstatteten Bericht. Greifswald 1901) könnte die Abweichung des *Wilsing*'schen Resultats von den anderen durch einen solchen Einfluss bedingt sein.

47) Diskussion der Gültigkeit des *Newton*'schen Gesetzes auf astronomischem Gebiet bei *Tisserand*, Méc. cél. 4 (1896), cap. 29 und *S. Newcomb*[48]).

achtungen vor, die gegenüber der Berechnung auf Grund des *Newton*schen Gesetzes Differenzen zeigen. Diese Differenz beträgt[48])

1) in der Perihelbewegung des Merkur: ca. 40″ im Jahrhundert;
2) in der Bewegung des Knotens der Venusbahn: 5mal wahrscheinlicher Fehler;
3) in der Perihelbewegung des Mars: 3mal wahrscheinlicher Fehler;
4) in der Excentricität der Merkurbahn: 2mal wahrscheinlicher Fehler (unsicher!).

Dazu kommen

5) bedeutende Anomalien in der Bewegung des *Encke*'schen Kometen und
6) kleine Unregelmässigkeiten in der Mondbahn.

Kleine Korrektionen am *Newton*'schen Gesetz sind also auf Grund der astronomischen Erfahrung nicht ausgeschlossen[49]), wenn auch — insbesondere in den unter 5 und 6 aufgeführten Fällen, in denen die Verhältnisse komplizierter und unsicherer liegen als bei den Planetenbahnen — keineswegs ausgemacht ist, dass die angegebenen Differenzen in einer Ungenauigkeit des Gravitationsgesetzes ihren Grund haben[48]).

Auf *experimentellem* Gebiet haben die besten Bestimmungen der Gravitationskonstanten, die sämtlich auf der Annahme der Gültigkeit des *Newton*'schen Gesetzes fussen, ziemlich gut übereinstimmende Resultate ergeben[50]). Da diese Bestimmungen mit Massen der verschiedensten Grösse, des verschiedensten Materials und in den verschiedensten Entfernungen ausgeführt wurden, so schliesst diese Übereinstimmung eine irgendwie beträchtliche Ungenauigkeit des

---

48) *S. Newcomb,* The elements of the four inner planets etc., Washington 1895. Auf p. 109 ff. sind die möglichen Erklärungen dieser Abweichungen diskutiert.

49) *Th. von Oppolzer* (Tagebl. d. 54. Vers. d. Naturf. u. Ärzte, Salzburg 1881) kommt sogar zu dem etwas sehr apodiktischen Schluss: „Die Theorie des Mondes lässt mit einiger Wahrscheinlichkeit vermuten, die des Merkur weist mit Bestimmtheit darauf hin, die des *Encke*'schen Kometen erhebt es zur unumstösslichen Sicherheit, dass die allein auf das *Newton*'sche Attraktionsgesetz *in der gegenwärtigen Form* aufgebauten Theorieen zur Erklärung der Bewegungen der Himmelskörper nicht ausreichend sind."

50) Man vergleiche die besten terrestrischen und Laboratoriumsmethoden:

	Beobachter	anziehende Masse	Δ
Laboratoriums-methoden	*Boys*	7,4 kg	5,527
	Braun	9,1 „	5,5270
	Poynting	154 „	5,4934
	Wilsing	325 „	5,577
	Richarz u. *Krigar-Menzel*	100000 „	5,5050

Newton'schen Gesetzes aus und lässt höchstens *kleine* Korrektionen desselben zu.

11. Abhängigkeit von der Masse. Astronomische Prüfung. Dass die Kraft, welche zwei Körper auf einander ausüben, der Masse jedes der Körper proportional sei, hat *Newton* auf folgende Weise abgeleitet.

a) Die Beobachtung zeigt, dass Jupiter seinen Trabanten, die Sonne den Planeten, die Erde dem Mond und Körpern an ihrer Oberfläche, die Sonne dem Jupiter und seinen Trabanten *Beschleunigungen* erteilt, welche gleich sind bei gleicher Entfernung. Daraus folgt: in diesen Fällen muss die *Kraft* proportional sein der Masse des *angezogenen* Körpers.

b) Daraus liefert das Prinzip von Wirkung und Gegenwirkung, dass sie auch proportional sein muss der Masse des *anziehenden* Körpers.

Gegen diese Schlussweise hat *M. E. Vicaire*[51]) folgenden Einwand, der aber wohl noch der Diskussion bedürfte[52]), erhoben. In den angeführten Beispielen liegt ein ganz spezieller Fall vor: die Anziehung eines sehr grossen auf einen im Verhältnis dazu sehr kleinen Körper. Dann liefert aber schon die Voraussetzung, dass bei gleicher Entfernung die Anziehungskraft überhaupt nur Funktion der beiden Massen ist, das Resultat, dass die Anziehungskraft der Masse des kleinen Körpers annähernd proportional sein muss.

Denn die Funktion A_{Mm}, welche die Anziehung der grossen Masse M auf die kleine m ausdrückt, ist jedenfalls homogen in M und m. Man kann demnach setzen:

	Beobachter	anziehende Masse	Δ	
Terrestrische Methoden	*Mendenhall*	Berg von 3800 m Höhe	5,77	
	E. D. Preston	„ „ 3000 „ „	5,57	5,35
	„	„ „ 4000 „ „	5,13	
	von Sterneck	Erdschichten von	5,275	
	(Wien. Ber. 108)	verschiedener Dicke	5,56	
	„	„ „	5,3	
	„	„ „	5,35	

51) Paris, C. R. 78 (1874), p. 790—794.

52) Dagegen spricht, dass die Massenbestimmungen der Planeten aus den Störungen, welche sie auf andere Planeten ausüben, stets innerhalb der wahrscheinlichen Fehler übereinstimmen mit den Massenbestimmungen derselben Planeten aus den Bewegungen ihrer eventuellen Monde. Z. B. ergiebt sich die Masse des Mars aus Jupiterstörungen = 1/2812526, aus Elongationsbewegungen seiner Monde = 1/3093500. Vgl. übrigens auch *F. W. Bessel*, Berl. Abh. 1824 und Ges. Werke 1, p. 84.

$$A_{Mm} = M^k \cdot f\left(\frac{m}{M}\right)$$
$$= M^k\left[\frac{m}{M}\cdot f'(0) + \left(\frac{m}{M}\right)^2 \frac{f''(0)}{1\cdot 2} + \cdots\right]$$
$$= M^{k-1}\cdot m \cdot f'(0) \text{ approx.},$$

also die Anziehung in erster Näherung proportional m. Daraus also dass diese Proportionalität durch die Beobachtung bestätigt wird, darf nicht geschlossen werden, dass die Anziehung auch proportional der Masse des anziehenden grossen Körpers ist. Daraus würde sich aber ergeben, dass die auf das dritte *Kepler*'sche Gesetz gegründeten Berechnungen der Planetenmassen im Verhältnis zur Sonnenmasse prinzipiell verfehlt sind.

Vicaire wendet sich dann auch dagegen, dass diese Berechnungen sich durch die gewöhnlichen Berechnungen aus den Planetenstörungen stützen lassen. Die *säkularen* Störungen eines Planeten m durch einen anderen m', die man in erster Linie beobachte und für jene Berechnungen herbeiziehe, geben überhaupt nicht die relative Masse des Planeten m', sondern das Verhältnis $A_{mm'} : A_{Mm}$, was nach dem obigen nicht identisch mit $m' : M$ zu sein brauche. Über $m' : M$ könnten nur die *periodischen* Störungen Aufschluss geben.

12. Abhängigkeit von der Masse. Experimentelle Prüfung für Massen desselben Materials. Für die Frage, wie weit die Proportionalität der Anziehungskraft mit der Masse für Massen desselben Materials garantiert ist, sind von besonderem Wert die G-Bestimmungen von *Poynting*[2]) und von *Richarz* und *Krigar-Menzel*[2]). Beides sind einwurfsfreie Laboratoriumsmethoden mit der grössten Sorgfalt ausgeführt. Bei beiden Bestimmungen wurden dasselbe Material (Blei) und dieselbe Messmethode, aber Massen sehr verschiedener Grösse (154 bezw. 100 000 kg) verwandt. Trotzdem die Masse im einen Fall das 650fache derjenigen im anderen betrug, stimmen die Resultate bis auf ungefähr 0,2 % überein.

13. Abhängigkeit von der Masse. Experimentelle Prüfung für Massen verschiedener chemischer Zusammensetzung. Ob die Proportionalität der Anziehungskraft mit der Masse auch für Massen verschiedener chemischer Zusammensetzung streng gültig sei, ist nach drei verschiedenen Methoden geprüft worden.

a) Es wurde für Massen verschiedenen Materials die Gravitationskonstante bestimmt.

Eine grosse Anzahl von Messungen dieser Art hat *F. Baily*[9]) ausgeführt. Ordnet man seine Resultate nach dem spezifischen Gewicht der Masse, die an der Drehwage aufgehängt war[53]), und nimmt man für jedes Material das Mittel aus allen Messungen, so zeigt sich folgendes. Die Werte von Δ nehmen immer mehr zu — diejenigen von G also immer mehr ab — je kleiner das spezifische Gewicht der Masse war[54]). Es ist indes Grund zu der Annahme vorhanden, dass es sich bei diesen Differenzen um einen prinzipiellen Fehler in seiner Anordnung oder Berechnung handelt[55]).

Gegen die Annahme, dass diese verschiedenen Resultate ihren Grund in einem verschiedenen Wert der Gravitationskonstanten für die verschiedenen Substanzen habe, würde jedenfalls ins Gewicht fallen, dass die Resultate von *Boys*[11]) und *Braun*[12]) bis auf ca. 0,01% übereinstimmen, obwohl sie sich auf verschiedenes Material beziehen. Ebenso giebt *v. Eötvös*[16]) an, mit Hülfe einer besonders empfindlichen Drehwage festgestellt zu haben, dass der Unterschied in der Anziehung von Glas, Antimonit, Korkholz gegenüber derjenigen von Messing kleiner als $\frac{1}{2} \cdot 10^{-7}$ und von Luft gegenüber derjenigen von Messing kleiner als $1 \cdot 10^{-5}$ der ganzen Anziehung sei.

b) Es wurden Pendel aus verschiedenem Material hergestellt und ihre Schwingungsdauer verglichen.

Diese schon von *Newton*[56]) angewandte Methode ist insbesondere von *F. W. Bessel*[57]) verfeinert worden. Während *Newton* aus seinen Versuchen nur schliessen konnte, dass der Unterschied in der Anziehung, welche die Erde auf Körper der verschiedensten Beschaffenheit ausübe, kleiner als $1 \cdot 10^{-3}$ der ganzen Anziehung sei, war es *Bessel* möglich, diese Grenze auf $\frac{1}{6} \cdot 10^{-4}$ herunterzudrücken.

c) Ein zugeschmolzenes Gefäss, welches zwei verschiedene chemische Substanzen getrennt enthält, wird gewogen, dann werden die Substanzen vereinigt und nach Vollendung der chemischen Reaktion wird das Gefäss wieder gewogen.

---

53) Anziehende Substanz überall dieselbe = Blei.

54)

Substanz	spez. Gew.	Δ	
Platin	21	5,609	
Blei	11,4	5,622	
Messing	8,4	5,638	
Zink	7	5,691	
Glas	ca. 2,6	5,748	Ausnahme.
Elfenbein	1,8	5,745	

55) Vgl. auch *F. Reich* in der Anm. 8 genannten Schrift „Neue Versuche etc.“, p. 190.

56) Principia lib. III, propos. VI.

57) Astr. Nachr. 10 (1833), p. 97.

Die ersten Versuche dieser Art von *D. Kreichgauer*[58]) an Quecksilber und Brom und an Quecksilber und Jod führten zu dem Ergebnis, „dass bei den verwendeten Körpern eine Änderung der Anziehung durch die Erde infolge chemischer Kräfte unterhalb 1/20000000 der ganzen Anziehung bleiben müsste“. Allein *H. Landolt*[59]) hat unter möglichst einfachen Verhältnissen — ausser Reaktionen, bei denen eine Änderung des Gewichts nicht mit Sicherheit zu konstatieren war — folgendes gefunden:

1) Bei der Reduktion von Silbersulfat durch Ferrosulfat in drei Versuchsreihen Gewichtsabnahme um 0,167, 0,131 und 0,130 mg.

2) Bei Jodsäure und Jodwasserstoff in sechs Versuchsreihen Gewichtsabnahmen, die zwischen 0,01 und 0,177 mg schwanken.

Diese Gewichtsabnahmen übersteigen nicht nur die wahrscheinlichen Fehler der Wägungen, sondern zum Teil auch die grössten Abweichungen, welche die einzelnen Wägungen unter einander ergaben. *A. Heydweiller*[60]) hat diese Wägungen wieder aufgenommen, nachdem durch *M. Hänsel*[61]) festgestellt worden war, dass die von *Landolt* in dem ersten Beispiel beobachteten Abweichungen nicht durch die Einwirkung magnetischer Kräfte zu erklären sind. Er erhält in einer Reihe von Fällen ebenfalls Gewichtsabnahme und kommt zu dem Ergebnis: „als sicher festgestellt kann man also die Gewichtsänderung betrachten: bei der Wirkung von Eisen auf Kupfersulfat in saurer oder basischer Lösung ..., bei der Auflösung von saurem Kupfersulfat ..., und bei der Wirkung von Kaliumhydroxyd auf Kupfersulfat ...“.

Es handelt sich also in den angegebenen Fällen um *gut konstatierte aber vorerst völlig unaufgeklärte Abweichungen von der Proportionalität der Gravitationswirkung mit der Masse.*

14. Abhängigkeit von der Masse. Experimentelle Prüfung für Massen verschiedener Struktur. Die Vermutung, dass die Anziehung zweier Massen von ihrer Struktur abhängen könnte, ist durch manche Theorieen zur Erklärung der Gravitation nahe gelegt. Sie wurde nach zwei Richtungen einer experimentellen Prüfung unterzogen.

---

58) Berl. physik. Ges. 10 (1891), p. 13—16.

59) Zeitschr. physik. Chem. 12 (1894), p. 11. Er citiert, dass *J. S. Stas* bei der Synthese von Jod- und Bromsilber immer weniger erhielt, als den angewandten Mengen entsprach und zwar betrug die Differenz im Mittel aus fünf Versuchen $\frac{1}{4} \cdot 10^{-4}$ der Gesamtmasse.

60) Ann. Phys. 5 (1901), p. 394—420.

61) Diss. Breslau 1899.

a) *Kreichgauer*[58]) untersuchte, ob ein Körper (essigsaures Natrium) sein Gewicht ändere, wenn er krystallisiere, fand aber, dass eine etwaige Gewichtsänderung jedenfalls unter $\frac{1}{2} \cdot 10^{-7}$ der ganzen Anziehung liege[62]).

b) *A. S. Mackenzie*[63]) und andererseits *J. H. Poynting* und *P. L. Grey*[64]) behandeln die Frage, ob die Gravitationswirkung eines krystallinischen Körpers nach verschiedenen Richtungen verschieden sei. *Mackenzie* prüfte Kalkspath gegen Blei, auch Kalkspath gegen Kalkspath, fand aber den Unterschied jedenfalls kleiner als $\frac{1}{200}$ der ganzen Anziehung. *Poynting* und *Grey* gelangen zu dem Resultat, dass die Anziehung von Quarz gegen Quarz bei parallelen und bei gekreuzten Axen sich um weniger als $\frac{1}{16500}$ der ganzen Anziehung unterscheide und dass bei parallelen Axen, wenn aber der eine Krystall um 180^0 gedreht werde, die Anziehung sich um weniger als das $\frac{1}{2850}$ des ganzen Betrags ändere.

15. Abhängigkeit von der Entfernung. Astronomische Prüfung (vgl. Bd. VI). *S. Newcomb*[65]) hat die Frage, wie weit das $\frac{1}{r^2}$ im *Newton*'schen Gesetz durch astronomische Daten sicher gestellt sei, einer Diskussion unterzogen. Er kommt zu folgendem Ergebnis:

a) Die Übereinstimmung der beobachteten Mondparallaxe mit der aus der Grösse von g an der Erdoberfläche berechneten zeigt, dass für Grössen von r, die zwischen dem Erdradius und dem Radius der Mondbahn liegen, die 2 in r^2 bis auf 1/5000 ihres Betrags garantiert ist.

b) Die Übereinstimmung der beobachteten Störung des Mondes durch die Sonne mit der auf Grund des *Newton*'schen Gesetzes berechneten beweist mit ungefähr derselben Genauigkeit die Gültigkeit des r^2 bis zu Entfernungen von der Grössenordnung des Radius der Erdbahn, d. h. bis zum ungefähr 24 000-fachen des Erdradius.

c) Aus der Gültigkeit des dritten *Kepler*'schen Gesetzes folgt die Gültigkeit des *Newton*'schen Gesetzes bis zur Grenze des Planetensystems überhaupt, also bis zu Entfernungen, die ungefähr das 20-fache des Radius der Erdbahn betragen. Doch ist für diesen Bereich die

62) Schon *Bessel*[57]) und neuerdings *von Eötvös*[16]) haben bei ihren Versuchen keinen Unterschied zwischen krystallinischen und amorphen Körpern gefunden.

63) Phys. Rev. 2 (1895), p. 321—343.

64) Lond. Trans. A 192 (1899), p. 245—256.

65) In der in Anm. 48 cit. Schrift.

Genauigkeit, mit der das $1/r^2$ aus den Beobachtungen zu ermitteln ist, nicht sicher angebbar.

Einen weiteren Prüfstein derselben Frage liefert, wie schon *Newton*[66]) hervorgehoben hat, der Umstand, dass eine Abweichung des Exponenten der Entfernung von 2 *Perihelbewegungen* der Planeten zur Folge haben würde. Während also eine solche Abweichung einerseits nicht gross sein kann, weil sich sonst der Beobachtung widersprechende Perihelbewegungen ergeben würden, könnten andererseits die beobachteten anomalen Perihelbewegungen in einer geringen Ungenauigkeit des Gravitationsgesetzes ihren Grund haben. *M. Hall*[67]) hat in der That nachgewiesen, dass das schon von *G. Green*[68]) untersuchte Gesetz, welches $1/r^{2+\lambda}$ an Stelle von $1/r^2$ setzt, worin λ eine kleine Zahl bedeutet, genügt, um die anomale Perihelbewegung des Merkur zu erklären, wenn man $\lambda = 16 \cdot 10^{-8}$ nimmt. Dieselbe Zahl für λ würde auch die beobachtete anomale Perihelbewegung des Mars richtig liefern, für Venus und Erde allerdings etwas zu grosse Perihelbewegungen zur Folge haben[69]). *Newcomb* sagt aber noch Diskussion der einschlägigen Verhältnisse, die Annahme von *Hall* scheine ihm „provisionally not inadmissible".

16. Abhängigkeit von der Entfernung. Experimentelle Prüfung. Die Frage wurde direkt durch *Mackenzie*[63]) geprüft, indem er mit der Drehwage die Anziehung derselben Körper bei verschiedenen Entfernungen maass. Er stellte fest, dass die Abweichung zwischen dem beobachteten und dem aus dem *Newton*'schen Gesetz berechneten Resultat jedenfalls kleiner als $\frac{1}{500}$ der ganzen Anziehung sei.

In theoretischer Hinsicht rührt unsere Zuversicht zu der 2 im Exponenten des *Newton*'schen Gesetzes wohl wesentlich daher, dass vom Standpunkte der Feldwirkungstheorie (Nr. **34**) nur dieses Gesetz mit der Annahme einer im allgemeinen quellenfreien Verteilung der Feldstärke verträglich ist, dass also nur bei genauer Gültigkeit dieses Gesetzes der Kraftlinienbegriff im Gravitationsfelde einen Inhalt hat.

17. Einfluss des Mediums auf die Gravitation. Die Analogie der elektrischen und magnetischen Massen, deren Wirkung in hohem Maasse von dem Medium abhängt, in welchem sie sich befinden, lässt es als durchaus möglich erscheinen, dass auch bei der Gravitation

66) Principia lib. I, sect. IX.

67) Astr. Journ. 14, p. 45.

68) Cambr. Trans. 1835, p. 403.

69) Vgl. *Newcomb* in der in Anm. 48 cit. Schrift, p. 109.

ein solcher Einfluss sich geltend macht, dass also die Gravitationskonstante nicht, wie *Newton* annahm, eine universelle, sondern eine Konstante des Mediums sei. Allein schon die relativ gute Übereinstimmung der G-Bestimmungen, trotzdem die *Form* der verwandten Massen eine ganz verschiedene war, schliesst einen einigermassen erheblichen Einfluss von Körpern, die sich zwischen den anziehenden Massen befinden, aus[70]). Ausserdem wurde die Frage, ob ein Körper existiere, der für die Gravitation eine andere Permeabilität habe als die Luft, von *L. W. Austin* und *C. B. Thwing*[71]) auch direkt mit der Drehwage untersucht. Sie schoben zwischen die beiden einander anziehenden Körper Platten der verschiedensten Substanzen, deren Dicke $\frac{1}{3}$ des Abstands der anziehenden Massen betrug. Das Resultat war, dass der Unterschied jedenfalls kleiner als 0,2 % der ganzen Anziehung sein müsste.

In anderer Richtung hat *Laplace*[72]) die Frage nach einem möglichen Einfluss des Mediums diskutiert. Er nimmt an, die Körper ausser Luft mögen für die Gravitation einen kleinen Absorptionskoeffizienten α besitzen, so dass das Gravitationsgesetz für zwei in einem solchen Medium eingebettete Massenelemente m_1 und m_2 wäre:

$$K = G\frac{m_1 \cdot m_2}{r^2} \cdot e^{-\alpha r}.$$

Die Anwendung dieses Gesetzes auf die Verhältnisse von Sonne-Mond-Erde führt ihn aber zu dem Ergebnis, dass für die Erde (Radius R)

$$\alpha R < \frac{1}{10^6}$$

sein müsste[73]).

18. Einfluss der Temperatur. Manche mechanische Theorien über das Wesen der Gravitation[74]) lassen es als durchaus möglich erscheinen, dass die Gravitationswirkung von der Temperatur des

70) Bei *Wilsing* lange Cylinder, bei *Boys* und *Braun* Kugeln, bei *Richarz* und *Krigar-Menzel* Würfel, trotzdem gute Übereinstimmung, nämlich:

Wilsing	$\Delta = 5{,}577$	Differenz 0,9 %
Boys u. *Braun*	$\Delta = 5{,}527$	
Richarz u. *Krigar-Menzel*	$\Delta = 5{,}505$	" 0,4 %.

Vgl. besonders auch Anm. 50.

71) Phys. Rev. 5 (1897), p. 294—300.

72) Méc. cél. 5, livre XVI, cap. IV, § 6.

73) Einen indirekten Beweis gegen die Existenz einer spezifischen Gravitations-Permeabilität führt *Poynting* an: es sei nie eine Ablenkung (Brechung) der Gravitationswirkung beobachtet worden. Indess scheint diese Frage bis jetzt überhaupt nie genau untersucht worden zu sein.

74) Vgl. Abschnitt V dieses Artikels.

Mediums modifiziert wird. Eine direkte Prüfung dieser Frage wurde bis jetzt nicht angestellt, *von Jolly* macht aber darauf aufmerksam, dass bei seinen absoluten Bestimmungen die Temperaturdifferenz im Maximum 29,6° betrug, ohne dass die Differenz im Resultate die Grösse der Versuchsfehler überschritten hätte.

19. Abhängigkeit von der Zeit. Constanz. Die im *Newton*schen Gesetz stillschweigend vorausgesetzte Unabhängigkeit der Gravitationswirkung von der Zeit ist nach zwei Richtungen angefochten worden. Es wurde die Frage aufgeworfen:

a) Ist die Gravitationskonstante auch eine Konstante bezüglich der Zeit, oder ändert sie sich im Verlauf der Zeit?

b) Braucht die Gravitation Zeit, um in Wirksamkeit zu treten, besitzt sie eine endliche Fortpflanzungsgeschwindigkeit, oder ist die Gravitationswirkung eine momentane?

Die erste Frage hat *R. Pictet*[75]) diskutiert auf Grund der Anschauung, dass die Gravitation eine Wirkung von Stössen der Ätherteilchen sei[74]). Seine Überlegung ist folgende. Die Gesamtenergie des Sonnensystems setzt sich aus zwei Teilen zusammen: 1) der lebendigen Kraft der Planeten und Sonne; 2) der lebendigen Kraft der Ätherteilchen. Nun ist die lebendige Kraft der Planeten sehr verschieden, je nach ihrer augenblicklichen Stellung zur Sonne. Ist also die gesamte Energie des Sonnensystems konstant, so folgt, dass die lebendige Kraft der Ätheratome und damit die Gravitationskonstante sich im Verlauf der Zeit ändern muss.

Versuche, um eine solche zeitliche Änderung der Gravitationskonstanten nachzuweisen, hätten nach *R. Pictet* und *P. Cellérier*[76]) Aussicht auf Erfolg, da die Differenz in der lebendigen Kraft der Planeten — ausschlaggebend sind Jupiter und Saturn — z. B. zwischen dem Minimum vom Jahre 1898—99 und dem Maximum von 1916—17 ca. 18 % beträgt.

20. Abhängigkeit von der Zeit. Endliche Fortpflanzungsgeschwindigkeit[77]). Die zweite Frage, ob die Gravitation momentan wirkt oder eine endliche Fortpflanzungsgeschwindigkeit besitzt, ist auf Grund der *Planeten*bewegungen in neuerer Zeit von *R. Lehmann-Filhès*[78]) und *J. v. Hepperger*[79]) untersucht worden.

75) Genève Bibl. (6 sér., 3 période) 7 (1882), p. 513—521.

76) Genève Bibl. (6 sér., 3 période) 7 (1882), p. 522—535.

77) Referat über diese Frage: *S. Oppenheim,* Jahresber. kais. kgl. akad. Gymn. Wien 1894—1895, p. 3—28; *F. Tisserand,* Méc. cél. 4 (1896), chap. 28; *P. Drude,* Ann. Phys. Chem. 62 (1897).

78) Astr. Nachr. 110 (1885), p. 208. 79) Wien. Ber. 97 (1888), p. 337—362.

Die Art, in welcher die endliche Fortpflanzungsgeschwindigkeit eingeführt wird, ist bei beiden dieselbe. In dem Moment, in welchem der Planet (Masse m) sich im Abstand r von der Sonne (Masse M) befindet, geht die dem *Newton*'schen Gesetz entsprechende Kraft $G \cdot \frac{M \cdot m}{r^2}$ von der Sonne aus mit einer gewissen endlichen Geschwindigkeit. Diese Kraft wirkt dann auf den Planeten zu einer Zeit, in welcher sein Abstand von der Sonne sowohl der Richtung als der Grösse nach von r verschieden ist. Dasselbe gilt von der Kraft, welche der Planet auf die Sonne ausübt.

Etwas verschieden sind bei *Lehmann-Filhès* und *von Hepperger* die Bewegungsgleichungen, da ersterer die Geschwindigkeit der Sonne, letzterer die Geschwindigkeit des Schwerpunkts von Sonne und Planeten als konstant annimmt.

Beide kommen zu dem Resultat, dass die einflussreichste Änderung der Planetenbewegung eine säkulare Änderung der mittleren Länge wäre. Daraus folgt einmal, dass die Einführung einer endlichen Fortpflanzungsgeschwindigkeit *unter Beibehaltung des Newtonschen Gesetzes* zur Hebung der p. 36 angeführten Schwierigkeiten bezüglich der Planetenbahnen nichts beiträgt; und dann, dass die hypothetische Fortpflanzungsgeschwindigkeit sehr viel grösser als die Lichtgeschwindigkeit sein müsste, da sich sonst eine säkulare Änderung der mittleren Länge in einem den Beobachtungen widersprechenden Betrag ergeben würde. Liegt die Eigengeschwindigkeit der Sonne zwischen 1 und 5 km/sec[80]), so müsste die Fortpflanzungsgeschwindigkeit der Gravitation nach *v. Hepperger* wenigstens 500mal grösser als die Lichtgeschwindigkeit sein.

Eine schärfere Prüfung der Annahme einer zeitlichen Fortpflanzungsgeschwindigkeit liefert ihre Anwendung auf die *Mond*bewegung, die von *R. Lehmann-Filhès*[81]) durchgeführt ist. Er kommt zu dem Schluss, dass man, um unter Beibehaltung des *Newton*'schen Gesetzes die Störung der Länge des Mondes auf ein erträgliches Mass herabzudrücken, der Fortpflanzungsgeschwindigkeit der Gravitation einen ungeheueren Wert, vielleicht das Millionenfache der Lichtgeschwindigkeit beilegen müsste. Auch stimmt das Vorzeichen der Störung nicht mit der beim Monde gefundenen Abweichung zwischen Beobachtung und Theorie überein.

Auf ähnliche Schwierigkeiten stösst *Th. v. Oppolzer*[49]) bei der An-

---

80) Nach neueren Untersuchungen soll dieselbe aber ca. 15 km/sec betragen (vgl. *H. C. Vogel,* Astr. Nachr. 132 (1893), p. 80 f.).

81) Münch. Ber. 25 (1896), p. 371.

wendung der Annahme einer endlichen Fortpflanzungsgeschwindigkeit auf die Berechnung der Kometenbahnen.

III. Erweiterung des Newton'schen Gesetzes für bewegte Körper[82]).

21. Übertragung der elektrodynamischen Grundgesetze auf die Gravitation. Das Ergebnis der Versuche, unter Beibehaltung des *Newton*'schen Gesetzes auch für bewegte Körper eine endliche Fortpflanzung der Gravitation einzuführen und dadurch die bestehenden Differenzen zwischen Beobachtung und Berechnung zu heben, muss als ein wenig befriedigendes bezeichnet werden. Es ist deshalb nicht zu verwundern, wenn versucht wurde, die Giltigkeit des *Newton*'schen Gesetzes für bewegte Körper überhaupt in Zweifel zu ziehen, es nur als Spezialfall für ruhende Körper zu betrachten und für bewegte Körper ein erweitertes Gesetz an seine Stelle zu setzen.

Vor allem wurde untersucht, ob nicht die schon bekannten elektrodynamischen Grundgesetze dem genannten Zwecke genügen.

Das *Weber*'sche Grundgesetz, das *Zöllner* bekanntlich für das Grundgesetz aller Fernkräfte hielt, wonach für zwei Massenelemente m_1 und m_2 im Abstand r das Potential

$$P = \frac{G \cdot m_1 \cdot m_2}{r}\left[1 - \frac{1}{c^2} \cdot \left(\frac{dr}{dt}\right)^2\right] \qquad (c = \text{Lichtgeschwindigkeit})$$

ist, wurde von *C. Seegers*[83]) und *G. Holzmüller*[84]) auf die Planetenbewegungen im allgemeinen durchgeführt, von *F. Tisserand*[85]) und *H. Servus*[86]) numerisch durchgerechnet. Es würde für den Merkur eine anomale säkulare Perihelbewegung von ca. 14″ geben.

Die Übertragung des *Gauss*'schen[87]) elektrodynamischen Grundgesetzes auf die Gravitation in der Form, dass als Anziehungskraft K zweier Massenelemente mit den Koordinaten x_1, y_1, z_1 bezw. x_2, y_2, z_2,

---

82) Referate über einen Teil der Arbeiten aus diesem Gebiet bei *S. Oppenheim*[77]), *P. Drude*[77]) und *F. Tisserand*[77]).

83) Diss. Göttingen 1864.

84) Zeitschr. Math. Phys. 1870, p. 69—91.

85) Paris, C. R. 75 (1872), p. 760 und 110 (1890), p. 313.

86) Diss. Halle 1885. *F. Zöllner* citiert, *W. Scheibner* habe nach brieflicher Mitteilung auf Grund des *Weber*'schen Gesetzes 6,7″ säkulare Perihelbewegung für Merkur berechnet. Den Grund für die Abweichung dieser Zahl von der im Texte angegebenen doppelt so grossen liegt darin, dass *Scheibner* die Konstante c im *Weber*'schen Gesetz gleich dem $\sqrt{2}$fachen der Lichtgeschwindigkeit setzt.

87) Ges. Werke 5, p. 616 f., Nachlass.

$$K = \frac{G \cdot m_1 m_2}{r^2} \left\{ 1 + \frac{2}{c^2} \left[\left(\frac{d(x_1 - x_2)}{dt} \right)^2 + \left(\frac{d(y_1 - y_2)}{dt} \right)^2 + \left(\frac{d(z_1 - z_2)}{dt} \right)^2 - \frac{3}{2} \left(\frac{dr}{dt} \right)^2 \right] \right\}$$

angenommen wird, liefert nach der Berechnung von *F. Tisserand*[88]) für den Merkur auch nur eine säkulare Perihelbewegung von 28″.

Aus dem *Riemann*'schen[89]) Grundgesetz:

$$P = \frac{G \cdot m_1 \cdot m_2}{r} \left\{ 1 - \frac{1}{c^2} \left[\left(\frac{dx}{dt} \right)^2 + \left(\frac{dy}{dt} \right)^2 + \left(\frac{dz}{dt} \right)^2 \right] \right\}$$

(x, y, z Koordinaten von m_1 relativ zu m_2)

würde nach *M. Lévy*[90]) gerade die doppelte Perihelbewegung des Merkur, wie aus dem *Weber*'schen Gesetze folgen.

Lévy hat deshalb vorgeschlagen, das *Riemann*'sche und *Weber*'sche Gesetz zu kombinieren in der Form:

$$\begin{aligned} P &= P_{Weber} + \alpha (P_{Riemann} - P_{Weber}) \\ &= \frac{G \cdot m_1 \cdot m_2}{r} \left\{ 1 - \frac{1}{c^2} \left[(1 - \alpha) \left(\frac{dr}{dt} \right)^2 + \alpha \left(\left(\frac{dx}{dt} \right)^2 + \left(\frac{dy}{dt} \right)^2 + \left(\frac{dz}{dt} \right)^2 \right) \right] \right\} \end{aligned}$$

und nun α aus der beobachteten säkularen Perihelbewegung des Merkur zu bestimmen. Nimmt man als beobachtete Perihelbewegung 38″, als durch das *Weber*'sche Gesetz geliefert 14,4″[91]), so folgt $\alpha = 1{,}64$ $=$ approx. $^5/_3$.[90]) Wird die durch andere Beobachter angegebene Perihelbewegung des Merkur 41,25″, als durch das *Weber*'sche Gesetz gegeben 13,65″[91]) zu Grunde gelegt, so wird $\alpha = 2{,}02$.

Das Gesetz, zu welchem man auf diese Weise gelangt, hat den entschiedenen Vorteil, in der Elektrodynamik genau das gleiche zu leisten wie das *Riemann*'sche und *Weber*'sche, für die Gravitation aber eine Erweiterung des *Newton*'schen Gesetzes für bewegte Körper darzustellen, welche die schlimmste Differenz, die bisher zwischen Beobachtung und Berechnung bestand, wegschafft.

22. Übertragung der Lorentz'schen elektromagnetischen Grundgleichungen auf die Gravitation. *H. A. Lorentz*[92]) hat den Versuch gemacht, die von ihm auf bewegte Körper ausgedehnten *Maxwell*'schen Gleichungen[93]) auf die Gravitation anzuwenden. In der Vorstellung

---

88) Paris, C. R. 110 (1890), p. 313.

89) Schwere, Elektrizität und Magnetismus, ed. *Hattendorf,* Hannover 1896, p. 313 ff.

90) Paris, C. R. 110 (1890), p. 545—551. Für die Bewegung von zwei Massen wurde das Gesetz allgemein schon von *O. Limann* (Diss. Halle 1886) behandelt.

91) *Tisserand*[85]) (Paris, C. R. 75) und *Servus*[86]).

92) Amsterdam Versl., April 1900.

93) Harlem, Arch. Néerl. 25 (1892), p. 363.

über die Konstitution der gravitierenden Moleküle schliesst er sich dabei im wesentlichen, wenn auch in etwas modernisierter Form, an *F. Zöllner* an. Über die Begründung des *Lorentz*'schen Ansatzes wird in Nr. **36** berichtet werden.

Die Zusatzkräfte, welche *Lorentz* ausser den vom *Newton*'schen Gesetz gelieferten bekommt, enthalten als Faktor entweder $\left(\frac{p}{c}\right)^2$ oder $\frac{p \cdot w}{c^2}$, worin p die konstant angenommene Geschwindigkeit des Centralkörpers, w die Geschwindigkeit des Planeten relativ zum Centralkörper und c die Lichtgeschwindigkeit bedeutet. Diese Zusatzkräfte sind also so klein, dass sie wohl in allen Fällen sich der Beobachtung entziehen werden, im Falle des Merkur, wie die Rechnung von *Lorentz* zeigt, sicher unter dem Beobachtbaren liegen. Daraus folgt, dass die *Lorentz*'schen Gleichungen, verbunden mit der *Zöllner*'schen Anschauung über die Natur der gravitierenden Moleküle, auf die Gravitation zwar angewandt werden können[94]), aber zur Beseitigung der bestehenden Differenzen zwischen Beobachtung und Berechnung nichts beitragen.

23. Die Laplace'sche Annahme. In ganz anderer Weise hat schon *Laplace*[95]) eine Erweiterung des *Newton*'schen Gesetzes für bewegte Körper ins Auge gefasst. Er scheint sich die vom anziehenden Körper m_1 ausgehende Kraft als eine Art Welle vorzustellen, die auf jeden Körper m_2, den sie trifft, eine Anziehungskraft vom Betrage $G \cdot \frac{m_1 m_2}{r^2}$ in der Richtung, in welcher sie fortschreitet, ausübt. Nun kommt es bei der Wirkung einer solchen Welle auf einen in Bewegung befindlichen Körper m_2 nur an auf die *relative* Bewegung von Welle und Körper. Man kann sich also den Körper m_2 im Raum ruhend denken, wenn man der Welle ausser ihrer Geschwindigkeit in der Richtung von r noch eine Geschwindigkeitskomponente, gleich und entgegengesetzt der Geschwindigkeit von m_2, erteilt. Der Körper m_2 erhält also nicht nur eine Kraftkomponente in der Richtung von r, sondern auch noch eine andere, entgegen der Richtung seiner Bahn und vom Betrage $\frac{m_1 m_2}{r^2} \cdot \frac{v}{c}$[96]), wenn $v =$ Geschwindigkeit von m_2, c Fortpflanzungsgeschwindigkeit der Gravitation bezeichnet.

---

94) Das schliesst die Möglichkeit in sich, dass *die Fortpflanzungsgeschwindigkeit der Gravitation gleich der Lichtgeschwindigkeit* ist.

95) Méc. cél. 4, livre X, chap. VII, § 19 u. 22.

96) Die Verhältnisse würden also ganz denen bei der Aberration des Lichts entsprechen.

Die Durchführung dieser Anschauung liefert für die Planeten wenig Befriedigendes: sie ergiebt eine Perihelbewegung überhaupt nicht, wohl aber eine säkulare Änderung der mittleren Länge und zwar z. B. für den Mond von solchem Betrage, dass als unterste Grenze von c ungefähr 100 000 000 mal die Lichtgeschwindigkeit angenommen werden müsste. Nicht uninteressant ist aber, dass die Anschauung von *Laplace* dieselbe Wirkung ergiebt, wie ein der Geschwindigkeit des Planeten proportionaler *Widerstand des Mediums.*

Ein — allerdings dem *Quadrat* der Geschwindigkeit proportionaler — Widerstand des Mediums könnte vielleicht nach *Encke*[97]) und *v. Oppolzer*[98]) die p. 36 aufgeführten Unregelmässigkeiten des *Encke*'schen Kometen erklären. Die von *Oppolzer* vorausgesetzten und auf dieselbe Weise erklärten Anomalien des *Winnecke*'schen Kometen sind inzwischen durch Rechnungen *E. v. Haerdtl*'s[99]) als nicht vorhanden nachgewiesen worden.

24. Die Annahme von Gerber. Die beiden Voraussetzungen von *P. Gerber*[100]) sind die folgenden.

a) Das von einer Masse μ nach einer zweiten m ausgesandte Potential P ist $\frac{\mu}{r}$, wo r den Abstand von μ und m *im Moment der Aussendung* des Potentials bedeutet. Dieses Potential pflanzt sich mit der endlichen Geschwindigkeit c fort.

b) Es ist eine gewisse Dauer nötig, damit das Potential „bei m angelangt, dieser Masse sich mitteile, d. h. den ihm entsprechenden Bewegungszustand von m hervorrufe". „Wenn die Massen ruhen, geht die Bewegung des Potentials mit ihrer eigenen Geschwindigkeit an m vorüber; dann bemisst sich sein auf m übertragener Wert nach dem umgekehrten Verhältnis zum Abstande. Wenn die Massen aufeinander zueilen, verringert sich die Zeit der Übertragung, mithin der übertragene Potentialwert im Verhältnis der eigenen Geschwindigkeit des Potentials zu der aus ihr und der Geschwindigkeit der Massen bestehenden Summe, da das Potential in Bezug auf m diese Gesamtgeschwindigkeit hat."

Zu dem Wert, den das Potential unter diesen Annahmen haben muss, gelangt *Gerber* auf folgende Weise:

„Das Potential bewegt sich ausser mit seiner Geschwindigkeit c noch mit der Geschwindigkeit der anziehenden Masse. Der Weg

97) Citiert bei *von Oppolzer.*

98) Astr. Nachr. 97, p. 150—154 u. 228—235.

99) Wien. Denkschr. 56 (1889), p. 179 f.

100) Zeitschr. Math. Phys. 43 (1898), p. 93—104.

$r - \Delta r$[101]), den die beiden sich entgegenkommenden Bewegungen, die des Potentials und die der angezogenen Masse, in der Zeit Δt zurücklegen, beträgt daher

$$\Delta t\left(c - \frac{\Delta r}{\Delta t}\right),$$

während $r = c\,\Delta t$ ist. Also erhält man für den Abstand, bei dem sich das Potential zu bilden anfängt und dem es umgekehrt proportional ist,

$$r - \Delta r = r\left(1 - \frac{1}{c}\frac{\Delta r}{\Delta t}\right).$$

Weil ferner die Geschwindigkeit, mit der die Bewegungen aneinander vorbeigehen, den Wert

$$c - \frac{\Delta r}{\Delta t}$$

hat, fällt das Potential wegen des Zeitverbrauchs zu seiner Mitteilung an m auch proportional

$$\frac{c}{c - \frac{\Delta r}{\Delta t}}$$

aus. Man findet so

$$P = \frac{\mu}{r\left(1 - \frac{1}{c}\frac{\Delta r}{\Delta t}\right)^2}.$$

Solange der Weg Δr kurz und deshalb $\frac{\Delta r}{\Delta t}$ gegen c klein ist, darf man dafür $\frac{dr}{dt}$ setzen. Dadurch wird

$$P = \frac{\mu}{r\left(1 - \frac{1}{c}\frac{dr}{dt}\right)^2},$$

woraus mit Hülfe des binomischen Satzes bis zur zweiten Potenz folgt:

$$P = \frac{\mu}{r}\left[1 + \frac{2}{c}\frac{dr}{dt} + \frac{3}{c^2}\left(\frac{dr}{dt}\right)^2\right].\text{“}$$

Die Anwendung dieser Gleichung auf die Planetenbewegungen ergiebt das bemerkenswerte Resultat: Bestimmt man aus der beobachteten Perihelbewegung des Merkur die Fortpflanzungsgeschwindigkeit c, so erhält man $c = 305\,500$ km/sec, also überraschend genau die Lichtgeschwindigkeit oder: *Setzt man in der Gerber'schen Gleichung als Fortpflanzungsgeschwindigkeit der Gravitation die Lichtgeschwindigkeit ein, so ergiebt diese Gleichung genau die beobachtete anomale Perihelbewegung des Merkur.*

Für die anderen Planeten folgen aus der *Gerber*'schen Annahme

101) $\Delta r > 0$ bei wachsendem r.

keine Schwierigkeiten, ausgenommen für Venus, wo der *Gerber*'sche Ansatz die etwas zu grosse säkulare Perihelbewegung von 8″ ergiebt.

Die *Gerber*'sche Annahme zeigt also, ebenso wie diejenige von *Lévy*, dass eine Fortpflanzungsgeschwindigkeit der Gravitation von derselben Grösse wie die Lichtgeschwindigkeit nicht nur möglich ist, sondern sogar dazu dienen kann, die schlimmste Differenz, welche bisher zwischen astronomischer Beobachtung und Berechnung vorhanden war, aus der Welt zu schaffen. Allerdings ist dies nur erreicht worden dadurch, dass die Gültigkeit des *Newton*'schen Gesetzes auf ruhende Körper beschränkt und für bewegte Körper ein erweitertes Gesetz zu Grunde gelegt wurde.

IV. Erweiterung des Newton'schen Gesetzes für unendlich grosse Massen.

25. Schwierigkeit des Newton'schen Gesetzes bei unendlich grossen Massen. Gegen die Allgemeingültigkeit des *Newton*'schen Gesetzes sind noch nach einer ganz anderen Richtung Bedenken geäussert und ist die Notwendigkeit einer Erweiterung in Betracht gezogen worden.

Im Falle, dass der Weltraum unendlich viele Massen enthält, hätte man, um die in irgend einem Punkt wirkende Kraft zu bekommen, streng genommen die Aufgabe zu lösen: die Wirkung unendlich vieler Massen von endlicher Grösse in einem bestimmten Punkte anzugeben.

C. Neumann[102]) hat wohl zuerst darauf hingewiesen, dass in diesem Falle die aus dem *Newton*'schen Gesetz sich ergebenden Kräfte unbestimmt werden können. *H. Seeliger*[103]) hat diese Frage allgemeiner durchgeführt und gezeigt, dass bei unendlichen Massen das *Newton*'sche Gesetz sowohl unendlich grosse Kräfte liefern als dieselben auch ganz unbestimmt lassen kann.

26. Beseitigung der Schwierigkeit durch Änderung des Attraktionsgesetzes. Zur Beseitigung dieser Schwierigkeit schlägt *Seeliger* vor, das *Newton*'sche Gesetz etwas zu modifizieren und diskutiert verschiedene Möglichkeiten.

Die schon von *Laplace* besprochene Form

$$K = \frac{G \cdot m_1 \cdot m_2}{r^2} \cdot e^{-\alpha r}$$

102) Leipz. Abh. 1874.

103) Astr. Nachr. 137 (1895), p. 129—136; Münchn. Ber. 26 (1896), p. 373—400. Kontroverse von *J. Wilsing* und *H. Seeliger* über den Gegenstand, Astr. Nachr. 137 u. 138.

lässt, da sie der Annahme einer Absorption des Mediums entspricht, schon aus physikalischen Gründen erwarten, dass sie dem genannten Zweck genügen wird. Sie thut das thatsächlich, hätte ausserdem den Vorteil, dass sie eine Perihelbewegung der Planeten liefern würde. Allein der aus der beobachteten Perihelbewegung des Merkur entnommene Wert $\alpha = 0{,}000\,000\,38$ ergiebt für die anderen Planeten Perihelbewegungen, die nur schwer mit den Beobachtungen zu vereinigen sind[104]).

Denselben Zweck erfüllen auch die von *C. Neumann* behandelten Gesetze, nach denen das Potential P die Form hat

$$P = G \cdot m_1 m_2 \left(\frac{A e^{-\alpha r}}{r} + \frac{B e^{-\beta r}}{r} + \cdots \right),$$

allein die aus ihnen folgenden Perihelbewegungen der Planeten stehen in grobem Widerspruch mit den Beobachtungen.

Dagegen ergiebt das früher besprochene Gesetz von *Green-Hall*

$$P = \frac{G \cdot m_1 m_2}{r^{1+\lambda}},$$

welches zur Darstellung der Perihelbewegungen der Planeten geeignet wäre, bei unendlichen Massen dieselbe Schwierigkeit wie das *Newton*'sche.

27. Beseitigung der Schwierigkeit durch Einführung negativer Massen. Der Gedanke, die von *Neumann* und *Seeliger* hervorgehobene Schwierigkeit des *Newton*'schen Gesetzes nicht durch Änderung der Form des Gesetzes, sondern unter Beibehaltung des Gesetzes durch Einführung „negativer Massen“ zu heben, rührt von *A. Föppl*[105]) her. Wie aus den bekannten positiven Massen die Gravitationskraftlinien ausströmen, so sollen in die negativen Massen die Kraftlinien einmünden. Nimmt man die Summe der negativen Massen gleich derjenigen der positiven, so würde die Gesamtsumme gleich 0: es wären, wie auf elektrischem und magnetischem Gebiet, eben so viele Einmündungs- wie Ausströmungsstellen vorhanden.

Bei dieser Annahme darf als Ausdruck für die Energie des Feldes nicht der gewöhnliche

$$\frac{1}{2} a \,|\mathfrak{R}|^2 dS$$

zu Grunde gelegt werden, in welchem a eine Konstante des Mediums, $\mathfrak{R}$ der das Gravitationsfeld definierende Vektor der Feldstärke, $|\mathfrak{R}|$ sein

---

104) Münchn. Ber. 26 (1896), p. 388.
105) Münchn. Ber. 27 (1897), p. 93—99.

absoluter Betrag und dS ein Volumelement ist. Man hat diesen Ausdruck vielmehr, worauf schon *Maxwell* aufmerksam machte, zu ersetzen durch

$$\left(C - \frac{1}{2} a |\mathfrak{R}|^2\right) dS$$

(C = Konstante), um eine Anziehung von Massen gleichen Vorzeichens zu erhalten. Über die Bedeutung der Konstanten C vgl. Nr. **34**.

Der Vorschlag, negative Massen von derselben Grösse wie die bekannten positiven überhaupt einzuführen, ist schon vor *Föppl* durch *C. Pearson*[122]) gemacht worden. Er ist eine Folge seiner Theorie, welche den Versuch macht, die elektrischen, optischen, chemischen und Gravitationserscheinungen aus geeignet gewählten Ätherbewegungen abzuleiten.

Schwierigkeiten ergiebt die Einführung negativer Massen kaum. Denn die Thatsache, dass nie Abstossung zwischen zwei Massen nachgewiesen, also nie eine negative Masse konstatiert wurde, lässt sich dahin deuten, dass es möglich — wenn auch nicht notwendig — ist, dass solche Massen vermöge der Abstossung durch die positiven Massen unseres Systems in Räume, welche der Beobachtung nicht mehr zugänglich sind, fortgetrieben worden wären. Andererseits könnte die Einführung negativer Massen nach *A. Schuster*[106]), der diesen Gedanken ebenfalls — allerdings nur in einem „Holiday Dream“ — ausgeführt hat, vielleicht dazu dienen, auf manche Erscheinungen, z. B. die Kometenschweife, ein ganz neues Licht zu werfen.

V. Versuche einer mechanischen Erklärung der Gravitation[107]).

28. Druckdifferenzen und Strömungen im Äther[108]). Die Vermutung, dass die Gravitation verursacht sein könnte durch *Druckdifferenzen* in dem homogen gedachten Äther, der die gravitierenden

106) Nature 58 (1898), p. 367 u. 618.

107) Zusammenfassende Arbeiten: *W. B. Taylor,* Smithson. Inst. Rep. for 1876 (1877), p. 205—282: Ausführliche Besprechung der Arbeiten bis 1873. *C. Isenkrahe,* a) Isaac Newton und die Gegner seiner Gravitationstheorie etc., Progr. Gymn. Crefeld, 1877—1878. b) das Rätsel von der Schwerkraft, Braunschweig 1879. c) Zeitschr. Math. Phys. 37, Suppl. (1892), p. 161—204; *P. Drude*[77]); zum Teil auch *H. Gellenthin,* „Bemerkungen über neuere Versuche, die Gravitation zu erklären etc.“, Progr. Realgymn. Stettin 1884 und *Gehler*[2]), Artikel Anziehung, Materie.

108) Das Wort „Äther“ ist im folgenden nicht immer in demselben Sinne gebraucht und wird auch in den einschlägigen Arbeiten durchaus nicht immer genügend definiert. Was in jedem Falle ungefähr gemeint ist, ergiebt sich aus dem Zusammenhang.

Massen umgiebt, rührt von *Newton*[109]) selbst her. Der Äther soll nach ihm um so dichter werden, je weiter er von den Massen entfernt ist. Da nun jeder Körper das Bestreben habe — er spricht später von einer elastischen Kraft des Mediums — von den dichteren Teilen des Mediums nach den weniger dichten zu gehen, so müssen zwei Körper jeder in der Richtung des anderen sich bewegen.

Ähnliche Vorstellungen sind von *Ph. Villemot*[110]), *L. Euler*[111]), *J. Herapath*[110]) und in etwas anderer Weise von *J. Odstrčil*[112]) ausgearbeitet worden.

Die Annahme von Druckdifferenzen im Äther verbunden mit der Vorstellung, dass der Äther sich wie eine Flüssigkeit oder ein Gas verhalte, hat zur Folge, dass *Ätherströme* in die Körperatome hinein stattfinden müssen. Nach *J. Bernoulli*[110]), *B. Riemann*[113]), *J. Yarkovski*[114]) sollen diese Ätherströme es sein, welche die Körper mit sich führen und dadurch die Gravitation verursachen. Zu einer ähnlichen Vorstellung ist *G. Helm*[152]) bei dem Versuche „die Gravitation durch Energieübertragung im Äther zu erklären", ebenso *C. Pearson*[115]) gelangt.

Mit der Frage nach der *Ursache* der Ätherströme hat sich *Yarkovski* beschäftigt, dafür aber eine physikalisch nicht haltbare Erklärung gegeben.

Unter den vielen Bedenken, welche gegen diese Theorieen vorliegen, befindet sich auch die Frage, was mit dem Äther geschieht, der in die Körperatome einströmt. Für ihre Beantwortung giebt es nur zwei Möglichkeiten, entweder: der Äther sammelt sich in ihnen an, oder: er verschwindet in denselben. Für die erstere haben sich *Bernoulli*, *Helm*, *Yarkovski*, für die letztere *Riemann* entschieden, der in den ponderabeln Körpern beständig Stoff „aus der Körperwelt in die Geisteswelt" treten lässt.

29. Ätherschwingungen. Die Idee, dass Ätherschwingungen nicht nur die Licht- und Wärmeerscheinungen, sondern in Form von Longitudinalwellen auch die Gravitation veranlassen könnten, wurde nach zwei Richtungen ausgebildet.

---

109) Nach *W. B. Taylor*[107]) hat Newton diese Anschauung in einem Brief ausgesprochen und sie in seiner Optice wiederholt.

110) Vgl. *Taylor*[107]).

111) Vgl. *Taylor*[107]) und besonders *Isenkrahe*[107]).

112) Wien. Ber. 89 (1884), p. 485—491.

113) Ges. Werke, 2. Aufl. 1853, p. 529.

114) Hypothèse cinétique de la gravitation universelle etc., Moscou 1888.

115) Amer. J. of math. 13 (1898), p. 419.

1. Nach der einen Anschauung sollen der anziehende Körper, bezw. dessen Atome sich selbst in Schwingungen befinden; diese Schwingungen sollen sich dem Äther mitteilen, bis zum angezogenen Körper sich fortpflanzen und dessen Annäherung bewirken.

Schon *Hooke*[116]), der originelle Rivale *Newton*'s, hat diese Anschauung ausgesprochen, die dann von *J. Guyot* und *F. Guthrie* wieder aufgenommen wurde. Die beiden letzteren scheinen dazu durch die Erfahrung gelangt zu sein, dass in der Nähe eines in Schwingungen befindlichen Körpers leichte Gegenstände zu demselben hingedrängt werden. Indes die Thatsache, dass die Annäherung nur unter ganz bestimmten Bedingungen erfolgt, dass unter anderen Bedingungen eine scheinbare Abstossung beobachtet wird — eine solche wurde von *F. A. E.* und *E. Keller*[117]) zur Erklärung der Gravitation auch beigezogen — beweist, dass die Annahme eines elastischen Äthers und schwingender Körperatome zur Erklärung der Gravitation nicht genügt. Es muss wenigstens noch eine Annahme dazukommen, welche die Bedingungen schafft, die unter allen Umständen eine *Anziehung* garantieren.

Um diese Bedingungen kennen zu lernen, hat *J. Challis*[118]) in ausführlicher Weise analytisch die Frage behandelt: Wie wirken Longitudinalwellen in einem Fluidum, dessen Druckänderungen den Dichtigkeitsänderungen proportional sind, auf unelastische, glatte Kügelchen, die in das elastische Fluidum eingebettet sind? Er kommt zu dem Resultat, dass die Kügelchen dann nach dem Centrum der Kugelwelle gedrängt werden, wenn die Wellenlänge gross ist gegen den Radius der Kügelchen; dass man also für eine Erklärung der Gravitation solche Schwingungen anzunehmen hätte, deren Wellenlängen im Äther gross sind gegen die Dimensionen der gravitierenden Atome.

Ungenügend an dieser Behandlung ist die Voraussetzung, dass nur der anziehende Körper Wellen aussende. Eine solche prinzipielle Unterscheidung zwischen anziehendem und angezogenem Körper ist dem Wesen der Gravitation nach unzulässig. Die Fragestellung darf nicht die sein: wie wirken Kugelwellen auf einen ruhenden, sondern: wie wirken sie auf einen selbst in Schwingungen befindlichen Körper.

Diese vollständige Fragestellung ist wohl zuerst von *C. A.*

---

116) Vgl. *W. B. Taylor*[107]) und *F. Rosenberger*[1]).

117) Paris, C. R. 56 (1863), p. 530—533; vgl. auch *Taylor*[107]).

118) z. B. Phil. Mag. (4) 18 (1859), p. 321—334 u. 442—451, über andere Arbeiten von *Challis* vgl. *Taylor*[107]).

Bjerknes[119]) mathematisch durchgeführt worden unter der Voraussetzung eines inkompressibeln Äthers und reiner Pulsationen der Kugeln (Körperatome). Er hat nachgewiesen, dass zwei pulsierende Kugeln, deren Radius klein ist gegen ihre Entfernung, eine scheinbare Anziehung zeigen, und dass diese Anziehung proportional ist der Intensität der Pulsationen und umgekehrt proportional dem Quadrat der Entfernung, wenn ihre Pulsationen übereinstimmen nach Schwingungszahl und Phase. Soll also die Gravitation auf Pulsationen der Körperatome und -moleküle zurückgeführt werden, so sind jedenfalls noch folgende Annahmen nötig:

a) Die Pulsationen aller Atome oder Moleküle müssen nach Schwingungszahl und Phase übereinstimmen.

b) Die Intensitäten der Pulsationen müssen der Masse proportional gesetzt werden.

Dazu kommt noch eines. *A. H. Leahy*[120]) hat darauf aufmerksam gemacht, dass bei Annahme einer *kompressibeln* Flüssigkeit die Wirkung von zwei mit gleicher Phase und Schwingungsdauer pulsierenden Kugeln ihr Zeichen umkehrt, wenn die Entfernung derselben eine halbe Wellenlänge überschreitet. Wenn man also die *Bjerknes*'schen Ergebnisse für die Gravitation verwenden will, so muss man entweder den Äther als *vollkommen* inkompressibel (*Bjerknes*) oder wenigstens als so wenig kompressibel voraussetzen, dass die halbe Wellenlänge der Ätherschwingungen grösser ist als diejenigen Entfernungen, für welche die Giltigkeit des *Newton*'schen Gesetzes durch die Beobachtung gesichert ist (*A. Korn*[121]). Nur dann ist in Übereinstimmung mit der Beobachtung stets Anziehung garantiert.

Eine weitere Ausbildung hat die *Bjerknes*'sche Anschauung erfahren durch *C. Pearson*[122]) und die eben genannte Arbeit von *A. Korn*. Letzterer hat diese Anschauungen hauptsächlich auf elektromagnetische Erscheinungen, ersterer auf diejenigen der Optik und Molekularphysik unter der Annahme komplizierterer Schwingungsformen der Körperatome ausgedehnt. In seiner letzten Arbeit hat *Pearson* indess für die Gravitation die Annahme von Oscillationen verlassen und diese nur für die Optik und Molekularphysik beibehalten, aber die pul-

---

119) Vgl. die Zusammenstellung in *V. Bjerknes*, „Vorlesungen über hydrodynamische Fernkräfte nach C. A. Bjerknes' Theorie", Leipzig 1900.

120) Cambr. Trans. 14 (1) (1885), p. 45, 188.

121) „Eine Theorie der Gravitation und der elektrischen Erscheinungen auf Grundlage der Hydrodynamik", 2. Aufl. Berlin 1898.

122) Quart. J. 20 (1883), p. 60, 184; Cambr. Trans. 14 (1889), p. 71 ff.; Lond. math. Proc. 20 (1888—1889), p. 38—63; Amer. J. of math. 13 (1898).

sierenden Körperatome ersetzt durch Stellen im inkompressibeln Äther, in denen fortgesetzt Äther oscillatorisch aus- und einströmt („Ether squirts“). Für die Gravitation nimmt er dann an den betreffenden Stellen ausser der oscillatorischen noch eine konstante Strömung an. Bei dieser Voraussetzung führt die Annahme der Inkompressibilität des Äthers unmittelbar zu der Folgerung, dass ausser den Einströmungsstellen (Quellpunkten, den Massen im gewöhnlichen Sinn), eben so viele Ausströmungsstellen (Sinkstellen, „negative Massen“) vorhanden sein müssen[123]).

Die Verwendung der *Bjerknes*'schen Resultate für die Erklärung der Gravitation leidet an dem offenbaren Mangel, dass dabei Annahmen erforderlich sind, die erst selbst erklärt werden müssten. Nur bei *einer* dieser Annahmen, der synchronen Pulsation der Körperatome, ist der Versuch gemacht worden, sie wirklich zu begründen. *J. H. Weber*[124]) weist darauf hin, dass bei dem Versuch zur Demonstration der *Bjerknes*'schen Resultate der Synchronismus der beiden Kugeln sich in kürzester Zeit „von selbst“ d. h. in Folge der Kräfte, welche in der Flüssigkeit durch die Schwingungen geweckt werden, herstellt, auch wenn die Pulsationen anfänglich nicht synchron waren. Er schliesst daraus, dass wenn die Körperatome überhaupt pulsieren, die Pulsationen „von selbst“ (in dem angegebenen Sinne) synchron werden müssten.

Ersetzen lässt sich nach *Korn* die Annahme der synchronen Pulsationen durch die andere, dass das ganze Sonnensystem einem periodischen Druck ausgesetzt sei, eine Annahme, die vor der *Bjerknes*'schen den Vorzug grösserer Einfachheit, aber auch nur diesen voraus hat.

2. Die zweite Klasse von Versuchen, auf Ätherschwingungen eine Erklärung der Gravitation zu gründen, nimmt an, dass die Körperatome sich nicht selbst in Schwingungen befinden, sondern ihre Thätigkeit nur in einer Art Schirmwirkung oder Absorption der Ätherschwingungen bestehe.

Vertreter dieser Anschauung sind *F.* und *E. Keller*[117]), *Lecoq de Boisbaudran*[125]) und in etwas anderer Weise *N. von Dellingshausen*[126]).

30. Ätherstösse. Die ursprünglichen Ideen von Le Sage. Den Ausgangspunkt aller Ätherstosstheorieen bildet die Vorstellung, die

123) S. Nr. 27 dieses Art.

124) Prometheus 9 (1898), p. 241—244, 257—262.

125) Vgl. Paris, C. R. 69 (1869), p. 703—705; vgl. *Taylor*[107]).

126) „Die Schwere oder das Wirksamwerden der potentiellen Energie“, Kosmos 1, Stuttgart 1884. Vgl. *C. Isenkrahe*[107]).

in besonders klarer und geschickter Weise *Le Sage*[127]) ausgearbeitet hat. Nach ihm soll der die Körperatome umgebende Gravitationsäther aus diskreten Teilchen — „corpuscules ultramondains" — bestehen, die mit derselben ausserordentlich hohen Geschwindigkeit nach allen Richtungen durcheinander schwirren. Ein einziges in diesen Äther eingebettetes Körperatom erfährt durch die Stösse dieser Ätherteilchen keine fortschreitende Bewegung, da die Wirkung der von allen Seiten erfolgenden Ätherstösse sich aufhebt. Werden aber zwei Körperatome A_1 und A_2 in diesen Äther hineingebracht, so tritt eine Änderung der Verhältnisse in doppelter Beziehung ein.

a) Es wird A_1 durch A_2 gegen einen Teil der Ätheratome geschützt: es treffen auf A_1 auf der A_2 zugewandten Seite weniger Ätherteilchen auf als auf der A_2 abgewandten. Die Folge müsste sein, dass A_1 in der Richtung auf A_2 durch die Wirkung der Ätherstösse getrieben würde und umgekehrt A_2 in der Richtung auf A_1.

Dass diese *Schirmwirkung* eines Körperatoms auf ein anderes mit dem Quadrat der Entfernung abnimmt, ergiebt sich ohne Schwierigkeit, wenn die Körperatome im Vergleich zu den Ätherteilchen als sehr gross vorausgesetzt werden. Um zu der Proportionalität der Schirmwirkung mit der Masse zu gelangen, führt *Le Sage* die Annahme ein, dass die gravitierenden Massen für die Ätherteilchen ausserordentlich porös[128]) sind, so dass dann die Wirkung des ganzen Körpers der Anzahl der in ihm enthaltenen Atome proportional wird[129]).

b) Infolge der *Reflexion* der Ätherteilchen an A_2 treffen nun auch eine Anzahl von Ätherteilchen das Körperatom A_1, die es ohne die Anwesenheit von A_2 nicht getroffen hätten[130]). Würden diese reflektierten Ätheratome dieselbe Geschwindigkeit haben wie die A_1 direkt treffenden, so würden sie die durch die Schirmwirkung von A_2 hervorgerufene Annäherung von A_1 gegen A_2 gerade aufheben, eine Gravitation würde also nicht zustande kommen.

Deshalb macht *Le Sage* die weitere Annahme, dass die Ätherteilchen *absolut unelastisch* — „privé de toute élasticité" — seien und

---

127) Berlin Mém. 1782 und in *P. Prévost,* Deux traités de Physique mécanique, Paris 1818. In letzter Arbeit wird citiert, dass ähnliche Theorieen schon vorher (von *Nicolas Fatio* und *F. A. Redecker*) aufgestellt waren.

128) Seltsamerweise dehnt *Le Sage* die Annahme sehr hoher Porosität auf jedes einzelne Körperatom aus und kommt dadurch zu der Vorstellung der eigentümlichen „Kastenatome".

129) Vgl. aber Nr. **32**, c).

130) Bei *P. Drude*[77]) findet sich die Angabe, dass *Le Sage* von der Reflexion einfach absehe und seine Betrachtung deshalb unstreng sei. Das ist wohl ein Versehen: *Le Sage* widmet der Reflexion Kap. IV in *P. Prévost.*

sagt, dass unter dieser Annahme die mittlere Geschwindigkeit der reflektierten Atome = $^2/_3$ der nicht reflektierten sei[131]).

Die Differenz der Wirkungen *a* und *b* ergiebt also doch eine Annäherung der beiden Körperatome gegen einander.

31. Ätherstösse. Weitere Ausbildung der Le Sage'schen Theorie. Die *Le Sage*'sche Theorie ist in neuerer Zeit hauptsächlich von *C. Isenkrahe* verfochten worden mit besonderer Betonung der Annahme, dass für Stösse der Äther- und Körperatome die Gesetze des *unelastischen* Stosses gelten. Der Fortschritt gegenüber *Le Sage* besteht bei *Isenkrahe* in folgenden Punkten.

a) Er schreibt dem Gravitationsäther die Eigenschaften eines Gases im Sinne der kinetischen Gastheorie zu, giebt also die Annahme einer *gleichen* Geschwindigkeit[132]) der Ätheratome auf.

b) Die Porosität der Körper gegenüber den Ätherteilchen begründet er nicht durch eine Porosität der Körperatome selbst, sondern durch die Annahme, dass der Abstand der Atome[133]) eines Körpers gross sei gegen ihre Dimensionen.

c) Um Proportionalität der Anziehung mit der Masse zu bekommen, die durch die *Le Sage*'sche Annahme nur für Körper desselben Stoffs garantiert ist, nimmt er an, dass „die letzten Bestandteile der Materie alle gleich gross, dass es vielleicht die Ätheratome selber seien".

Ganz ähnlich sind die Voraussetzungen von *A. Rysánek*[134]). Sein Verdienst besteht in einer exakten[135]) Durchführung der Vorstellungen der kinetischen Gastheorie. Er nimmt bei seinen Rechnungen wirklich darauf Rücksicht, dass die Geschwindigkeiten der Ätheratome nach dem *Maxwell*'schen Gesetz verteilt sind, während z. B. auch *Isenkrahe* zwar eine verschiedene Geschwindigkeit der Ätheratome annimmt, sie aber bei allen seinen Überlegungen durch *eine* mittlere Geschwindigkeit ersetzt.

Schon etwas vor *Isenkrahe* machte *S. T. Preston*[136]) darauf auf-

---

131) Über Begründung und Gültigkeit dieser Angabe vgl. *C. Isenkrahe*[107]) in der Arbeit b), p. 155 ff.

132) die aber auch bei *Le Sage* nur der Einfachheit halber gewählt wurde, da er bei der Reflexion der Äther- und Körperatome ausdrücklich auf die *verschiedene* Geschwindigkeit aufmerksam macht.

133) denen der Einfachheit wegen kugelförmige Gestalt zugeschrieben wird.

134) Repert. Exp.-Phys. 24 (1887), p. 90—115.

135) Vgl. aber Nr. **33**.

136) Phil. Mag. (5) 4 (1877); Wien. Ber. 87 (1882); Phil. Mag. (5) 11 (1894); Diss. München 1894.

merksam, dass man die Anschauungen von *Le Sage* zweckmässig durch die Vorstellungen der kinetischen Gastheorie ersetzen könne, wenn man die mittlere Weglänge der Ätheratome von der Grössenordnung der Planetenentfernungen annehme. Er hat diesen Gedanken in einer Reihe von Arbeiten ausgeführt, ohne aber auf die Einzelheiten eben so sorgfältig einzugehen wie *Isenkrahe* und *Rysáneck*.

32. Ätherstösse. Schwierigkeiten dieser Theorieen.

a) Notwendige Bedingung für das Zustandekommen einer Gravitationswirkung ist, dass die Ätheratome beim Stoss gegen die Körperatome an Translationsgeschwindigkeit verlieren, was am einfachsten durch die Annahme des unelastischen Stosses erreicht wird.

Diese Annahme führt aber zu der Schwierigkeit, wo die beim Stoss verloren gegangene Energie bleiben soll. Sie zu vermeiden, haben *P. Leray*[137]) und später *P. A. Secchi*[138]), *W. Thomson*[139]), *S. T. Preston*[136]), dann *A. Vaschy*[140]), *Isenkrahe* selbst, und *Rysáneck* auf den verschiedensten Wegen versucht. Keiner dieser Versuche ist indess selbst einwurfsfrei[141]).

b) *J. Croll*[142]) wendet sich gegen die bei den meisten Ätherstosstheorieen gemachte Annahme, dass der Abstand zweier Körpermoleküle sehr gross ist gegen ihre Dimensionen oder besser gegen ihre Wirkungssphären. Er bemerkt, dass diese Annahme in grobem Widerspruche stehe mit den Schätzungen von *W. Thomson* über die Grösse der Moleküle und deren Anzahl in der Volumeinheit.

c) Gegen die Annahme einer hohen Porosität der Körper für die Ätheratome erheben sich auch noch von anderer Seite Bedenken. Setzt man die Porosität so gross voraus, dass die Ätheratome, welche eine Körperschicht passiert haben, mit vollkommen ungeschwächter Geschwindigkeit auf die nächste Schicht auftreffen, so würde man zwar streng die Proportionalität der Anziehung mit der Masse erhalten, aber diese Voraussetzung schliesst zugleich eine Anziehung überhaupt aus. Man muss also annehmen, dass die Ätheratome beim Passieren einer Körperschicht einen merkbaren Betrag ihrer Energie einbüssen. Dass diese Annahme mit der erforderlichen strengen Pro-

---

137) Paris, C. R. 69 (1869), p. 615—621; vgl. auch *Taylor*.

138) cit. bei *Isenkrahe*[107b]).

139) Phil. Mag. (4) 45 (1871), p. 321—332.

140) J. de Phys. (2) 5 (1886), p. 165—172.

141) Vgl. *C. Isenkrahe*[107b]); *Maxwell,* Encycl. Brit., 9. edit., Artikel Atom und Scient. Pap. 2, p. 445, Cambridge 1890.

142) Phil. Mag. (5) 5 (1877), p. 45—46.

portionalität zwischen Anziehung und Masse nicht unvereinbar ist, hat *A. M. Bock*[143]) gezeigt.

d) *Bock* hat auf eine weitere Schwierigkeit hingewiesen. Tritt zwischen zwei Massen eine dritte, so wird, wie eine mathematische Behandlung dieses Falls auf Grund der Ätherstosstheorieen zeigt, die Anziehung der beiden Massen wesentlich modifiziert und zwar so, als ob die dritte Masse grössere Permeabilität hätte. Da dieser Fall z. B. für Mond, Erde, Sonne nicht selten eintritt, so müsste das im Laufe der Zeit Störungen von beobachtbarem Betrage geben. Thatsächlich sind aber derartige Störungen nie beobachtet worden.

e) Einen anderen Einwand gegen die Ätherstosstheorien hat schon *Le Sage* besprochen. Bewegt sich irgend ein Körper z. B. ein Planet in einem Äther von der vorausgesetzten Beschaffenheit, so muss er einen Widerstand finden. Ein solcher ist aber bei Planeten nicht beobachtet worden.

Genauer ist die letzte Frage behandelt worden von *Rysánek*, *Bock* und *W. Browne*[144]) auf Grund astronomischer Daten[145]). Da die säkularen Änderungen der Planetenbahnen eine obere Grenze für diesen hypothetischen Widerstand liefern, so gelangt man auf Grund der Ätherstosstheorieen zu einer unteren Grenze für die Geschwindigkeit der Ätheratome, wenn deren Dichte als bekannt angenommen wird. Nimmt man die Dichte von derselben Grössenordnung, wie sie für den Lichtäther geschätzt wurde, so erhält man für die untere Grenze der mittleren Geschwindigkeit enorme Zahlen, *Rysánek* z. B. auf Grund von Berechnungen an der Neptunbahn die Zahl $5 \cdot 10^{19}$ cm/sec.

f) Von den Einwänden, die *P. du Bois-Reymond*[146]) gegen die Ätherstosstheorieen vorgebracht hat, ist besonders einer beachtenswert.

Man denke sich einen ponderabeln abgestumpften Kreiskegel (Querschnitt $ABCD$) und nahe der Spitze desselben eine Molekel α. Die Beschleunigung, welche α gegen den Kegelstumpf erhält, ist nach den Ätherstosstheorieen die Differenz der Wirkung, welche die Ätheratome des Winkelraums ω_1, und derjenigen, welche die Ätheratome des Winkelraums ω_2 auf das Molekül ausüben. Die erstere Wirkung bleibt ungeändert, die zweite wird immer kleiner, wenn R, der Abstand der Grundfläche CD von der Kegelspitze O, grösser wird.

---

143) Diss. München 1891. Schon *Isenkrahe*[107b]) hat diese Frage, aber nicht vollständig, behandelt.

144) Phil. Mag. (5) 10 (1894), p. 437—445.

145) Vgl. auch Nr. **23**.

146) Naturw. Rundschau 3 (1888), p. 169—178.

Die Gesamtwirkung bleibt also stets kleiner als die Wirkung der Ätheratome des Winkelraums ω_1.

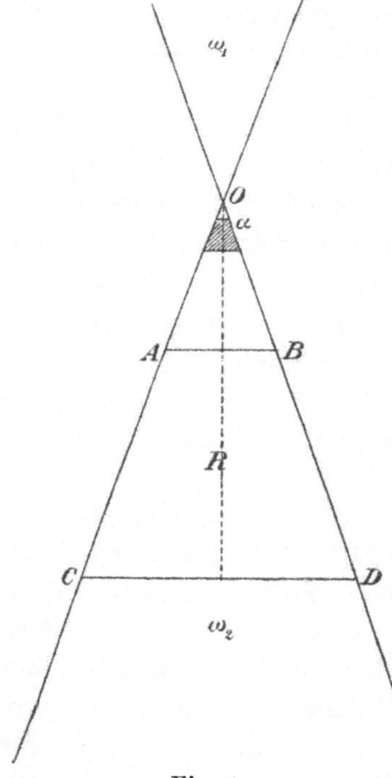

Fig. 1.

Da nun andererseits nach dem *Newton*'schen Gesetz die Anziehung des Kegelstumpfs auf α um so grösser wird, je grösser R ist und über jede angebbare Grösse wächst, wenn von R dasselbe angenommen wird, so giebt es nur zwei Möglichkeiten: entweder vorauszusetzen, dass die Wirkung der Ätheratome im Raum ω_1 auf das Molekül α unendlich gross ist, oder anzunehmen, dass das *Newton*'sche Gesetz nicht mehr gilt für unendlich ausgedehnte Massen[147]).

Diese letztere Annahme hat *Isenkrahe*[148]) dem Einwand von *P. du Bois-Reymond* entgegengehalten. Es bleibt aber die Schwierigkeit, dass man der Wirkung der Ätheratome wenn auch keine unendliche, so doch enorme Grösse zuschreiben muss, was nach anderer Richtung Übelstände im Gefolge hat[149]).

33. Ätherstösse. Einwände und Theorie von Jarolimek. Einen Mangel aller derjenigen Ätherstosstheorieen, welche sich den Äther als ein Gas im Sinne der kinetischen Gastheorie vorstellen, hat *A. Jarolimek*[150]) hervorgehoben. Diese Theorieen rechnen bei Ableitung des Gravitationsgesetzes ohne weiteres mit einer gewissen mittleren Weglänge der Ätheratome und nehmen auf die Verschiedenheit in den Weglängen keine Rücksicht.

Demgegenüber bemerkt *Jarolimek*, dass *für die gegenseitige Anziehung zweier Körpermoleküle nur diejenigen Ätheratome in Betracht kommen können, deren thatsächliche Weglänge grösser ist als der Abstand der beiden Körpermoleküle.* Es kommt also gerade auf die *ab-*

147) Vgl. Abschnitt **IV**.

148) In dem Buche: Über die Fernkraft und das durch *P. du Bois-Reymond* aufgestellte etc., Leipzig 1889.

149) Auf eine ähnliche Schwierigkeit führt die Felddarstellung (s. Nr. **34**).

150) Wien. Ber. 88² (1883), p. 897—911.

solute, nicht auf die mittlere Weglänge an. Nimmt man aber auf die Verschiedenheit der absoluten Weglängen Rücksicht, so erhält man unter den sonstigen Voraussetzungen der Ätherstosstheorieen überhaupt nicht das *Newton*'sche Gesetz.

Bezüglich der Annahme von *Isenkrahe*[151]), dass die Körperatome selbst noch ein Aggregat der äusserst feinen Ätheratome seien, macht *Jarolimek* auf eine weitere Schwierigkeit aufmerksam: diese Annahme widerspreche einer mit dem Quadrat der Entfernung abnehmenden Schirmwirkung zweier Körperelemente. Sind nämlich diese identisch mit den Ätheratomen, so kann ein Körperelement ein anderes nur schützen gegen diejenigen Ätheratome, deren Centrum genau in der Verbindungslinie der beiden Körperelemente liegt; die Schirmwirkung würde also von der Entfernung überhaupt nicht mehr abhängen, wenn letztere so gross ist gegen den Radius der Körperelemente, dass diese als dimensionslos betrachtet werden können.

Auf Grund solcher Überlegungen stellt *Jarolimek* folgende Theorie auf. Er behält die Annahme von *Isenkrahe* — die letzten Elemente der Körperatome sind mit den Schwereäther-Atomen identisch — bei. Dadurch wird er von einer Schirmwirkung praktisch überhaupt frei. Zu der Abnahme der Gravitationswirkung nach dem Quadrat der Entfernung gelangt er dann auf folgende Weise: „In dem Weltenraume muss man sich die unendliche Zahl der *herumschwirrenden* Ätheratome in jedem Moment gleichförmig verteilt denken, und muss sich vorstellen, dass von einem Punkte aus die *abprallenden* Atome nach allen Richtungen in geraden Bahnen wegfliegen. Betrachtet man dann ein Kegelbündel, dessen Scheitel in diesem Ausgangspunkte steht und dessen Querschnitt also im quadratischen Verhältnisse mit der Entfernung vom Scheitel steigt, und demnach bei steigender Entfernung auch im quadratischen Verhältnisse *mehr von den gleichverteilten Ätheratomen enthält*, so muss man einsehen, dass die Wahrscheinlichkeit der abprallenden Atome (wovon eine *bestimmte* Zahl das betrachtete Kegelbündel vom Scheitel aus durchfliegt) ein anderes Atom im Weltraum zu treffen, im quadratischen Verhältnisse zu der Entfernung beider steigen muss.

Hieraus folgt aber unmittelbar, dass sich die Anzahl der geradlinig fortschreitenden Atome mit dem Wachsen der Entfernung im quadratischen Verhältnisse vermindert oder mit anderen Worten: *dass der Äther* n^2 *mal so viel Atome mit den Weglängen* r *als Atome mit den Weglängen* nr *enthält*“. Es ist also „*in der Ungleichheit der Weg-*

151) Vgl. Nr. **31**.

längen der Äthermoleküle die einfachste Erklärung für das Gravitationsgesetz gegeben".

VI. Zurückführung der Gravitation auf elektromagnetische Erscheinungen.

34. Die Gravitation als Feldwirkung. Bevor wir über die elektromagnetischen Erklärungsversuche berichten, mögen die in dem *Newton*'schen Gesetz enthaltenen Erfahrungsthatsachen durch die Beschreibung des „Gravitationsfeldes" unter Absehung von jeder speziellen Vorstellung über die Natur desselben mathematisch wiedergegeben werden [152]).

Man ist gewohnt, das *Newton*'sche Gesetz als das vornehmste Beispiel einer Fernwirkung anzusehen. Demgegenüber muss betont werden, dass der Inhalt desselben ebenso gut in die folgende, dem Feldwirkungsstandpunkt entsprechende Aussage gefasst werden kann: *„Die Feldstärke der Gravitation ist wirbellos und in denjenigen Raumgebieten, wo keine Massen vorhanden sind, quellenfrei verteilt. Wo aber Massen vorhanden, ist die Divergenz der Feldstärke proportional der dort befindlichen Massendichte* ϱ."

Unter Feldstärke ist dabei die auf die *Masseneinheit* ausgeübte Anziehungskraft verstanden; die auf die *Masse* m_1 ausgeübte Kraft ist m_1-mal so gross wie die Feldstärke. Der Proportionalitätsfaktor für die Divergenz der Feldstärke ist mit $4\pi G$ identisch. Der formelmässige [153]) Ausdruck unserer Beschreibung des Gravitationsfeldes lautet, wenn etwa $\mathfrak{R}$ den Vektor der Feldstärke bedeutet:

$$\operatorname{rot} \mathfrak{R} = 0, \quad \operatorname{div} \mathfrak{R} = 0 \text{ bezw.} = -4\pi G\varrho.$$

Diese Formulierung und die in Nr. **1** gegebene klassische Formulierung sind mathematisch genau äquivalent; insbesondere folgt aus den vorstehenden Differentialgleichungen nach den Sätzen der Potentialtheorie, dass die von einer einzelnen Masse m_2 in der Entfernung r hervorgerufene Feldstärke sich berechnet zu

$$\mathfrak{R} = \operatorname{grad} \frac{m_2 G}{r}.$$

Hieraus ergiebt sich als Grösse der Feldstärke (oder als Betrag derselben in der Richtung von r) in Übereinstimmung mit dem *Newton*'schen Gesetz:

$$|\mathfrak{R}| = \frac{d}{dr} \frac{m_2 G}{r}.$$

152) Felddarstellungen besonderer Art geben *G. Helm,* Ann. Phys. Chem. 14 (1881), p. 149; *O. Heaviside,* Electrician 31 (1893), p. 281 u. 359.

153) Wegen der Bedeutung der Vektorensymbole rot, div, grad vgl. den Anfang des 2. Halbbandes V der Encyklopädie.

Insofern bietet die Feldauffassung der Gravitation gegenüber der Fernwirkungsauffassung keinen Vorteil und keinen Nachteil dar. Einen Vorteil würde jene dann gewähren, wenn sich eine endliche Fortpflanzungsgeschwindigkeit für die Gravitationswirkungen mit Sicherheit nachweisen liesse und wenn sich diese insbesondere gleich der Lichtgeschwindigkeit herausstellte. Dann würden die vorstehenden Differentialgleichungen der stationären Gravitationswirkung auf den Fall einer zeitlich veränderlichen Gravitationswirkung zu erweitern sein, was nach dem Vorbilde der elektromagnetischen Gleichungen ungezwungen geschehen könnte. Andererseits bringt die Feldauffassung auch eine ernstliche Schwierigkeit mit sich, auf welche *Maxwell*[154]) aufmerksam gemacht hat. Fragt man nämlich nach der Gravitationsenergie, welche in einem Volumenteilchen dS des Feldes enthalten ist, so muss diese, damit man *Anziehung* gleichnamiger Massen erhält, in der Form angesetzt werden

$$\left(C - \frac{1}{2} a |\mathfrak{R}|^2\right) dS;$$

die Konstante a ist dabei mit $1/4\pi G$ identisch. Die Konstante C müsste, damit sich für die Gravitationsenergie durchweg ein positiver Wert ergiebt, grösser gewählt werden als $\frac{a}{2}|\mathfrak{R}'|^2$, wo $|\mathfrak{R}'|$ den grössten Betrag der Feldstärke an irgend einer Stelle des Weltalls bedeutet. Hieraus aber würde folgen, dass an den Stellen verschwindender Feldstärke, also z. B. zwischen Erde und Sonne an derjenigen Stelle, wo sich Sonnen- und Erdanziehung gerade kompensieren, der Energieinhalt des Raumes die enorme Grösse C pro Volumeinheit haben müsste. *Maxwell* fügt hinzu, dass er sich unmöglich ein Medium von dieser Eigenschaft vorstellen könnte.

35. Elektromagnetische Schwingungen. Die schon unter Nr. 29 besprochene Vermutung, die Gravitation könnte ihre Ursache in Ätherschwingungen haben, ist von *H. A. Lorentz*[92]) geprüft worden unter folgenden Annahmen:

a) Die gravitierenden Moleküle bestehen aus Ionen, welche eine elektrische Ladung besitzen.

b) Die Ätherschwingungen sind elektromagnetische Schwingungen, deren Wellenlänge klein ist gegen alle diejenigen Abstände, in denen das *Newton*'sche Gesetz noch gültig ist.

Lorentz kommt zu dem Resultat: eine Anziehung ist unter diesen Voraussetzungen nur dann möglich, wenn fortgesetzt elektromagne-

---

154) Lond. Trans. 155 (1865), p. 492 = Scient. Papers 1, p. 570, Cambridge 1890.

tische Energie in die Volumelemente, in welchen sich gravitierende Moleküle befinden, einströmt. Werden die Annahmen so abgeändert, dass ein solches Verschwinden elektromagnetischer Energie vermieden wird, so erhält man auch keine anziehenden Kräfte. Aus diesem Grunde verwirft *Lorentz* selbst diese Theorie und schliesst sich im weiteren Verlauf seiner Betrachtung der *Mossotti-Zöllner*'schen Auffassung an (s. u.).

36. Die Mossotti'sche Annahme und ihre moderne Ausbildung. In ganz anderer Richtung ist von *O. F. Mossotti*[155]) im Anschluss, wie es scheint, an Aepinus, versucht worden die Gravitation auf elektrische Kräfte zurückzuführen. Er nimmt an, dass zwischen zwei Körpermolekülen und ebenso zwischen zwei „Ätheratomen" eine Abstossung stattfindet, dass aber zwischen einem Körpermolekül und einem Ätheratom eine Anziehungskraft besteht, welche die Abstossung zweier Körpermoleküle oder zweier Ätheratome überwiegt. Diese Annahme liefert eine Anziehung von zwei in Äther eingebetteten Körpermolekülen, wie sie das *Newton*'sche Gesetz verlangt.

Vereinfacht wurde diese Idee von *F. Zöllner*[156]). Er denkt sich jedes gravitierende Molekül oder Atom aus einem negativ und einem positiv geladenen Teilchen bestehend und nimmt an, dass die Abstossung von zwei gleichartigen Ladungen geringer sei als die Anziehung von zwei gleich grossen ungleichartigen.

Eine mathematische Behandlung hat diese *Zöllner*'sche Anschauung durch *W. Weber*[157]) auf Grundlage von dessen elektrodynamischem Grundgesetz gefunden. Sie ist erst kürzlich durch *H. A. Lorentz*[92]), mit Benutzung der von ihm verallgemeinerten *Maxwell*'schen Gleichungen, für bewegte Körper durchgeführt worden (vgl. Nr. 22). An die *Lorentz*'sche Anschauung schliesst sich eine Arbeit von *W. Wien*[158]) an. Vgl. über diese neueste Phase des Gravitationsproblems den Schluss von Art. 14 dieses Bandes.

So sympathisch man heutzutage gerade den elektromagnetischen Erklärungsversuchen gegenüberstehen wird, so muss man, zumal der Gegenstand noch wenig durchgearbeitet ist, zunächst abwarten, ob sich von hieraus greifbare Vorteile für das Verständnis der Gravi-

---

155) Sur les forces qui régissent la constitution intérieure des corps, Turin 1836.

156) Erklärung der universellen Gravitation aus den statischen Wirkungen der Elektrizität, Leipzig 1882.

157) Vgl. *F. Zöllner*[156]).

158) Über die Möglichkeit einer elektromagnetischen Begründung der Mechanik, Arch. Néerl. 1900.

tationswirkung und für die Hebung noch bestehender Schwierigkeiten ergeben. Nach Nr. 22 hat es nicht den Anschein, als ob in dieser Richtung durch die elektromagnetische Auffassung viel gewonnen werden könnte.

Einstweilen wird man die vorstehenden Betrachtungen dahin zusammenfassen müssen, dass alle Versuche, die Gravitation in befriedigender Weise an andere Erscheinungsgebiete anzuschliessen, als misslungen oder als noch nicht hinreichend gesichert anzusehen sind. Damit ist man aber am Anfang des 20. Jahrhunderts wieder zum Standpunkt des 18. Jahrhunderts zurückgekehrt, zu dem Standpunkt, die Gravitation als eine Fundamentaleigenschaft aller Materie anzusehen.

(Abgeschlossen im August 1901.)

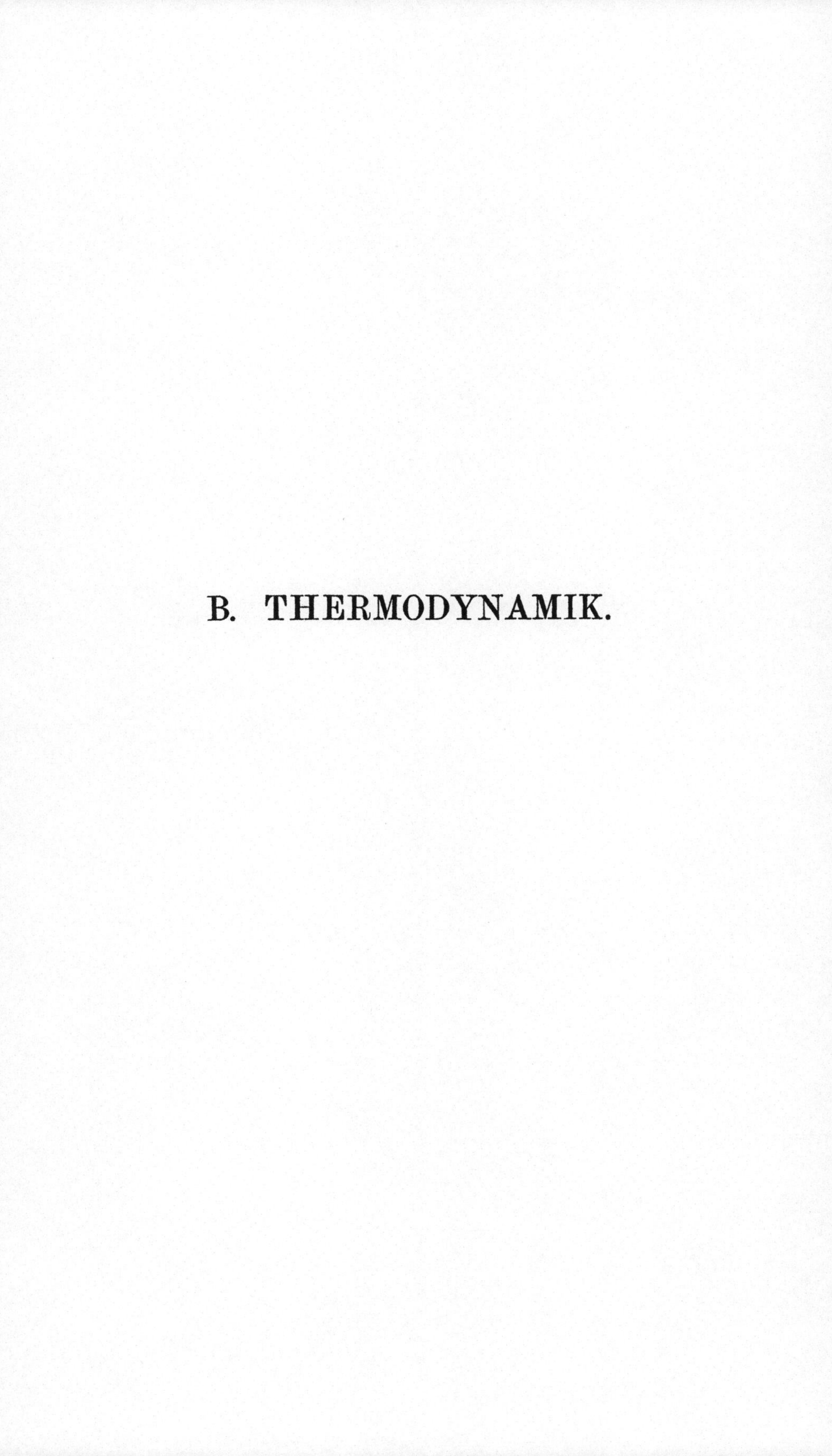

B. THERMODYNAMIK.

V 3. ALLGEMEINE GRUNDLEGUNG DER THERMODYNAMIK.

Von

G. H. BRYAN

IN BANGOR.

Inhaltsübersicht.

Litteratur.

Lehrbücher.

P. Alexander, Treatise on Thermodynamics, London 1892.
R. E. Baynes, Thermodynamics, Oxford 1878.
J. Bertrand, Thermodynamique, Paris 1887.
E. Buckingham, Outlines of the Theory of Thermodynamics, New York 1900.
S. Carnot, Réflexions sur la puissance motrice du feu et les moyens propres à la développer, Paris 1824. Deutsch von *W. Ostwald* (Ostwald's Klassiker Nr. 37), Leipzig 1892.
R. Clausius, Abhandlungen über die mechanische Wärmetheorie, Braunschweig 1864—1867.
— Die Mechanische Wärmetheorie, Braunschweig 1876—1891, zweite Aufl. der „Abhandlungen".
P. Duhem, Le Potentiel thermodynamique, Paris 1886.
— Introduction à la mécanique chimique, Paris 1893.
— Traité élémentaire de mécanique chimique, Paris 1897—1899.
J. W. Gibbs, Elementary principles in statistical mechanics, New York 1902.
— Thermodynamische Studien. Übersetzt von *W. Ostwald*, Leipzig 1902; die unter Monographien genannten Abhandlungen zusammenfassend.
G. Helm, Die Lehre von der Energie, historisch-kritisch dargestellt, Leipzig 1887.
— Grundzüge der mathematischen Chemie, Leipzig 1894.
— Die Energetik, Leipzig 1898.
G. A. Hirn, Théorie mécanique de la chaleur. 3. Édit. Paris 1875/6.
G. Kirchhoff, Vorlesungen über die Theorie der Wärme, Leipzig 1894.
G. Lippmann, Cours de Thermodynamique, Paris 1889.
E. Mach, Die Prinzipien der Wärmelehre, Leipzig 1896.
R. Mayer, Die Mechanik der Wärme in gesammelten Schriften, Stuttgart 1863, 3. Aufl. von *J. Weyrauch*, Stuttgart 1893.
J. C. Maxwell, Theory of Heat, London 1883.
C. Neumann, Theorie der Wärme, Leipzig 1875.
W. Nernst, Theoretische Chemie, Stuttgart 1893. 2. Aufl. Stuttgart 1898.
J. Parker, Elementary Thermodynamics, Cambridge 1892.
— Thermodynamics treated with Elementary Mathematics, London 1894.
M. Planck, Das Prinzip der Erhaltung der Energie, Leipzig 1887.
— Grundriss der allgemeinen Thermochemie, Breslau 1893.
— Vorlesungen über Thermodynamik, Leipzig 1897.
T. Preston, Theory of Heat, London 1894.
H. Poincaré, Thermodynamique, Paris 1892. Deutsch von *W. Jäger* und *E. Grumlich,* Berlin 1893.
P. G. Tait, Sketch of Thermodynamics, Edinburgh 1877.

J. J. Thomson, Applications of Dynamics to Physics and Chemistry, London 1888, deutsche Übersetzung Leipzig 1890.

J. Tyndall, Heat a Mode of Motion, London 1863, deutsch von *A. v. Helmholtz* und *Cl. Wiedemann.* 4. Aufl. Braunschweig 1894.

W. Voigt, Compendium der theoretischen Physik, 1, Leipzig 1895.

F. Wald, Die Energie und ihre Entwertung, Leipzig 1889.

B. Weinstein, Thermodynamik und Kinetik der Körper, Braunschweig 1901.

G. Zeuner, Grundzüge der mechanischen Wärmetheorie, Leipzig 1859.

— Technische Thermodynamik, vierte Aufl. der Grundzüge, Leipzig 1900.

Monographien.

J. S. Ames, L'Équivalent mécanique de la chaleur. Rapports Congrès de Physique, Paris 1900.

G. H. Bryan, Report on Thermodynamics. Report British Association (Cardiff), London 1891.

E. Clapeyron, Mémoire sur la puissance motrice de la chaleur. J. école polyt. Tome 14, Cahier 23, Paris 1834, deutsch von *R. Mewes,* Berlin 1893.

P. Duhem, Traité thermodynamique de la Viscosité, du Frottement et des faux Équilibres chimiques, Paris 1896.

— Commentaire aux principes de la Thermodynamique. J. de math. (4) 8 (1892), p. 269; 9 (1893), p. 293; 10 (1894), p. 207.

J. W. Gibbs, Equilibrium of heterogeneous substances, Connecticut Ac. Trans. 3, New Haven 1876 und 1878, p. 188, 343. Ins Französ. übersetzt von *H. Le Chatelier,* Paris 1899.

— Graphical methods in the thermodynamics of fluids. Connecticut Ac. Trans. 2, New Haven 1873, p. 309.

— A method of geometrical representation of the thermodynamic properties of substances by means of surfaces. Connecticut Ac. Trans. 2, 1873, p. 382.

H. v. Helmholtz, Über die Erhaltung der Kraft, Berlin 1847. *Ostwald's* Klassiker Nr. 1, Leipzig 1889. Wiss. Abhandlungen, Leipzig 1882, 1, p. 12.

— Statik der monocyklischen Systeme. J. f. Math. 97 (1884). Wiss. Abhandlungen 3, p. 119, 179.

Lord Kelvin (W. Thomson), Dynamical Theory of Heat, Edinburgh Trans. 1851. Mathem. and Phys. Papers 1, p. 174.

E. F. J. Love, Thermodynamics of the Voltaic Cell. Report Austral. Ass., Sydney 1898.

O. Reynolds, The Bakerian Lecture on the Mechanical Equivalent of Heat, London Trans. 190 A (1897). Collected Papers, Cambridge 1901, 2, p. 601.

Bezeichnungen.

Vorbemerkung. Volumen, Entropie und thermodynamische Potentiale sind, für jeden Teil eines homogenen Stoffes berechnet, der Masse dieses Teiles proportional; dagegen sind Druck und Temperatur von der Abgrenzung der Masse unabhängig. Als Zeichen für die erstgenannten Begriffe werden wir gewöhnlich grosse Buchstaben benutzen, um anzudeuten, dass sie sich auf den ganzen Körper, kleine Buchstaben, um anzudeuten, dass sie sich auf die Masseneinheit des Körpers beziehen. Bei den thermodynamischen Potentialen wird diese Unterscheidung in den Indices vorgenommen werden, z. B. $\mathfrak{F}_P$, $\mathfrak{F}_p$.

Die folgende Übersicht giebt die in diesem Artikel und die von anderen Autoren benutzten Bezeichnungen. Die beigefügten Formeln beziehen sich hauptsächlich auf „einfache thermodynamische Systeme“.

Name	Zeichen	Andere Bezeichnungen	Formeln
Volumen	V v		
Dichte	ϱ		$\varrho = \frac{1}{v}$
Druck	p		
Absolute Temperatur	T [1]	θ, t [2]	
Wärmezuwachs	dQ [1] dq	dH	
Entropie	S [1] s	η [2], φ [3]	$dS = dQ/T$
Äussere Arbeit	dW dw		z. B. $dW = pdV$
Energie (innere Arbeit)	U [1] u	ε [2], E [3]	$dU = dQ - pdV$
Nutzbare Energie (Arbeitsfähigkeit, Wirkungsfähigkeit)	A		
Thermodynamische Potentiale	$\mathfrak{F}_V$ $\mathfrak{F}_v$	ψ [2], F [4] [5], $-H$ [6]	$\mathfrak{F}_V = U - TS$
	$\mathfrak{F}_P$ $\mathfrak{F}_p$	ζ [2], Φ [4], $-H'$ [6]	$\mathfrak{F}_P = U - TS + pV$
	$\mathfrak{F}_S$ $\mathfrak{F}_s$	χ [2]	$\mathfrak{F}_S = U + pV$
Allgemeine Zustandskoordinaten	$x_1, x_2, \ldots$		
Zugehörige Kraftkomponenten	$X_1, X_2, \ldots$		$dW = \sum X dx$
Differentialquotient von y nach x bei festgehaltenem z	$\left(\frac{dy}{dx}\right)_z$	$\frac{d_z y}{dx}$	
Spezifische Wärme oder Wärmekapazität (allgemein)	Γ γ		
Spezifische Wärme bei konst. Volumen	γ_v	c [1], k, c_v	$\gamma_v = \left(\frac{dq}{dT}\right)_v$
Spezifische Wärme bei konst. Druck	γ_p	c' [1] N [3], K, c_p	$\gamma_p = \left(\frac{dq}{dT}\right)_p$

Name	Zeichen	Andere Bezeichnungen	Formeln
Verhältnis der spezifischen Wärmen	$\varkappa$	k[1], γ	$\varkappa = \frac{\gamma_p}{\gamma_v}$
Latente Wärme der Volumänderung bei konst. Temperatur	l_v	M[3] c_θ	$\begin{cases} l_v = \left(\frac{dq}{dv}\right)_T \\ dq = \gamma_v dT + l_v dv \end{cases}$
Latente Wärme der Druckänderung bei konst. Temperatur	l_p	γ_θ	$\begin{cases} l_p = \left(\frac{dq}{dp}\right)_T \\ dq = \gamma_p dT + l_p dv \end{cases}$
Kubischer Ausdehnungskoefficient bei konst. Druck	α_p		$\alpha_p = \frac{1}{v}\left(\frac{dv}{dT}\right)_p$
Kubischer Ausdehnungskoeffizient bei konst. Entropie	α_s		$\alpha_s = \frac{1}{v}\left(\frac{dv}{dT}\right)_s$
Elastizitätsmodul bei konst. Temperatur	e_T		$e_T = -v\left(\frac{dp}{dv}\right)_T$
Elastizitätsmodul bei konst. Entropie . .	e_s		$e_s = -v\left(\frac{dp}{dv}\right)_s$
Mechanisches Wärmeäquivalent oder spezifische Wärme des Wassers	J	$1/A$[1], E[4]	
In der Masseneinheit der Mischung zweier Phasen befindet sich in der höheren Phase die Masse..........	x	m_1	
In der niederen Phase die Masse	$1 - x$	m_2	
Spezifisches Volumen für die höhere und niedere Phase	v', v''		$v = xv' + (1-x)v''$

Name	Zeichen	Andere Bezeichnungen	Formeln
Spezifische Wärme im Sättigungszustande für die höhere und niedere Phase..........	γ', γ''	c_1, c_2 [1], h_1, h_2 [1]	$\begin{cases} \gamma' = \left(\frac{dq'}{dT}\right)_{\varphi=0}, \\ \gamma'' = \left(\frac{dq''}{dT}\right)_{\varphi=0}, \end{cases}$ wo $\varphi(p, T) = 0$ die Gleichung der Sättigungskurve
Latente Wärme des Überganges aus der höheren in die niedere Phase...	λ	r [1]	$\lambda = \left(\frac{dq}{dx}\right)_T$
Die Massen der Komponenten eines chemischen Gemisches.......	$m_a, m_b, \ldots m_k$		
Ihre Potentiale....	$\mu_a, \mu_b, \ldots\ldots \mu_k$ [2]		$dU = TdS - pdV + \sum \mu dm$

Bedeutung der Ziffern in den mittleren Rubriken:

1) *Clausius* und die meisten deutschen Schriftsteller. 2) *Gibbs* und die Amerikaner. 3) *Thomson, Tait* und andere englische Forscher. 4) *Duhem* und andere Franzosen. 5) *Helmholtz.* 6) *Massieu.*

I. Der erste und zweite Hauptsatz.

1. Äquivalenz von Arbeit und Wärme. In der theoretischen Dynamik ist es üblich, die Begriffe Kraft und Arbeit an die Spitze zu stellen. Die lebendige Kraft oder die kinetische Energie des Systems kann dann als diejenige Arbeitsmenge definiert werden, die das System in Folge seiner Bewegung zu verrichten im Stande ist, und als Ausdruck der lebendigen Kraft ergiebt sich von da aus der Wert $\sum\left(\frac{1}{2}mv^2\right)$. Sind die im System wirksamen Kräfte „konservativ“, d. h. lassen sie sich in bekannter Weise aus dem Begriffe der potentiellen Energie ableiten, so bleibt die Summe der potentiellen und kinetischen Energie dauernd ungeändert. Dies ist der *Satz der* *lebendigen Kraft*, ein Ausfluss des allgemeinen *Gesetzes von der Erhaltung der Energie.*

In Wirklichkeit, unter irdischen Verhältnissen, sind aber die Kräfte, auf die es ankommt, keineswegs konservativ. Man denke an die Reibung rauher Körper gegeneinander, die Zusammenstösse unvollkommen elastischer Körper, die Bewegung zäher Flüssigkeiten, den Luftwiderstand, an schnelle Verdichtungen von Gasen, an Explosionswirkungen und so fort. Alle diese Vorgänge können die Gesamtenergie der sichtbaren Bewegungen eines Systems abändern, d. h. denjenigen Energiebetrag, den wir in der Form von kinetischer oder potentieller Energie wahrnehmen. In vielen derartigen Fällen lässt sich aber nachweisen, dass in dem Maasse, wie Energie verloren geht, Wärme entsteht. Man wird so zu der Vermutung geführt, dass die verlorene Energie in Wärme verwandelt wird, *dass Wärme eine Erscheinungsform der Energie ist.*

Bis zum Ende des 18. Jahrhunderts hielt man die Wärme im allgemeinen für einen Stoff, den man Feuerstoff, Phlogiston, calorisches Fluidum nannte, wenngleich sich Ansätze zu einer kinetischen Theorie der Wärme, in der die Wärme als Molekularbewegung aufgefasst wurde, bereits in den Schriften von *Hooke*[1]), *Descartes*[2]), *Locke*[3]) u. a. finden. Im Jahre 1798 beschrieb Graf *Rumford*[4]) seine in München angestellten Beobachtungen über die beim Kanonenbohren entstehende Wärme. Da die Bohrspäne gleiche Temperatur und gleiche spezifische Wärme besassen wie das Metall, aus denen das Kanonenrohr gebohrt wurde, so schloss er, dass die Wärme nicht von den Bohrspänen herkam und kein Stoff sein könne; er kam so zu der Ansicht, dass Wärme nichts anderes wie Bewegung sei. Ungefähr gleichzeitig erzeugte *Davy*[5]) Wärme, indem er zwei Eisstücke aufeinander rieb und sie zum Schmelzen brachte, trotzdem die spezifische Wärme des Wassers grösser ist wie die des Eises. Die neue Auffassung drang aber so wenig durch, dass z. B. *J. Fourier* in seiner Théorie de la chaleur (1822) an der stofflichen Vorstellung der Wärme festhielt.

---

1) *Hooke,* Micrographia, London 1665, p. 12.

2) *Cartesius,* Principia philosophiae, Amsterdam 1656; hier ist (IV. p. 157) die im Text genannte Auffassung der Wärme ausgesprochen und (II p. 37, 41, III, p. 65) das Prinzip von der Erhaltung der Energie aufgestellt.

3) *Locke,* A Collection of several pieces never before printed, London 1720, p. 224.

4) *Rumford,* London Phil. Trans. 1798, p. 80—202. Kleine Schriften II², p. 353—388.

5) *Davy,* Collected works 2, p. 5, London 1839.

Die ersten zahlenmässigen Bestimmungen des Verhältnisses zwischen verlorner Arbeit und erzeugter Wärme[6]) verdankt man *Robert Mayer*[7]) in Heilbronn (Mai 1842) und *James Prescott Joule*[8]) in Manchester (August 1843 und die folgenden Jahre). *Mayer* ging von den seiner Zeit vorliegenden Werten der spezifischen Wärmen der Luft bei konstantem Druck und konstantem Volumen aus und *errechnete* das fragliche Verhältnis, während *Joule* darauf zielende direkte *Messungen* unternahm. Z. B. setzte *Joule* das in einem geschlossenen Gefäss enthaltene Wasser durch ein rotierendes Schaufelrad in Bewegung, das seinerseits durch ein herabfallendes Gewicht getrieben wurde. Dadurch konnte er die Arbeitsmenge bestimmen, die zu einer gegebenen Temperaturerhöhung des Wassers erforderlich ist. *Joule* hat noch eine ganze Reihe anderer Bestimmungen jenes Verhältnisses ausgeführt (aus der bei der Kompression von Gasen erzeugten Wärme, aus der Wärmewirkung elektrischer Ströme etc.).

Die Resultate, die auf verschiedenen Wegen von *Mayer*, *Joule* und späteren Forschern[9]) erhalten wurden, stimmen unter sich so gut überein, wie man es mit Rücksicht auf die Beobachtungsfehler nur erwarten kann. Sie führen zu dem *ersten Hauptsatz der Thermodynamik*, dessen weltumspannende Bedeutung von seinem Entdecker, *Robert Mayer*, bereits voll gewürdigt wurde. Dieser Satz lautet: *Wenn Arbeit in Wärme oder umgekehrt Wärme in Arbeit übergeführt wird, ist die dabei gewonnene oder verlorene Wärmemenge proportional der dabei verlorenen oder gewonnenen Arbeitsmenge.*

2. Wärmeeinheiten. So wie *Newton*'s Bewegungsgesetze ein zahlenmässiges Kraftmaass festlegen, so liefert der erste Hauptsatz der Thermodynamik ein Wärmemaass. *Die dynamische Wärmeeinheit ist diejenige Wärmemenge, die der Arbeitseinheit äquivalent ist*[10]). Im C-G-S-System ist daher die dynamische Wärmeeinheit das *Erg*.

Bei Experimentaluntersuchungen ist es oft bequemer, als Wärmeeinheit die *Calorie* zu benutzen (kleine Calorie, Grammcalorie), d. i. diejenige Wärmemenge, die die Temperatur von 1 gr Wasser von 0^0

6) Mit teilweisem Erfolg wurde diese Frage auch von *Séguin* (Études sur l'influence des chemins de fer..., Paris 1839) und *Colding* (Forhandlinger Skand. Naturforsk, Stockholm 1851, p. 76) behandelt.

7) Bemerkungen über die Kräfte der unbelebten Natur, Ann. Chem. Pharm. 42 (1842), p. 233 = Ges. Werke. 3. Aufl., Stuttgart 1893, p. 23.

8) Phil. Mag. (3) 23 (1843), p. 442.

9) z. B. *G. A. Hirn*, Recherches sur l'équivalent mécanique de la chaleur, Colmar 1858, 1, p. 58; *Edlund*, Ann. Phys. Chem. 126 (1865), p. 539.

10) Von *Rankine* eingeführt, London Trans. 144 (1854), p. 115; Misc. scient. papers, London 1881, art. 20, p. 340.

auf 1^0 C. oder, wie man sie heutzutage aus experimentellen Gründen zu definieren vorzieht[11]), von $14\frac{1}{2}{}^0$ auf $15\frac{1}{2}{}^0$ steigert[12]). Die grosse Calorie (Kilogrammcalorie) ist diejenige Wärmemenge, durch die 1 kg Wasser von 0^0 auf 1^0 C. erwärmt wird; sie ist gleich 1000 kleinen Calorien.

Das sog. *mechanische Wärmeäquivalent* ist die Zahl der Arbeitseinheiten, die in Wärme umgesetzt werden müssen, um eine Wärmeeinheit zu erzeugen. Sein Wert hängt von den Einheiten ab, die man zur Messung von Arbeit und Wärme benutzen will. Die gewöhnliche Bezeichnung ist J. Aus den Messungen von *Joule, Hirn* und anderen ergiebt sich $J = 426$, wenn die Wärme in grossen Calorien, die Arbeit in Kilogrammmetern gemessen wird, bez. $J = 4{,}18 \cdot 10^7$, wenn die Wärme in kleinen Calorien, die Arbeit aber in Erg gemessen wird[13]).

Bei theoretischen Untersuchungen scheint es indessen angemessener, die Wärme selbst in Arbeitseinheiten zu messen. So soll es durchgehends in diesem Artikel geschehen, wenn nicht das Gegenteil hervorgehoben wird. *Das mechanische Wärmeäquivalent wird dann gleich* 1; gleichzeitig nehmen die thermodynamischen Gleichungen eine einfachere und symmetrischere Form an.

Man beachte, dass von diesem Standpunkt aus die Messungen des Wärmeäquivalentes eine andere Bedeutung gewinnen. Versteht man nämlich unter der spezifischen Wärme eines Stoffes die Wärmemenge, die die Temperatur der Masseneinheit des Stoffes um 1^0 steigert und misst man diese Wärmemenge ebenfalls in Arbeitseinheiten, so erkennt man, dass die *Mayer-Joule*'sche Maasszahl, welche eine Calorie in Erg ausdrückt, *gleich der spezifischen Wärme des Wassers wird.*

---

11) Vgl. *Warburg,* Bericht über die Wärmeeinheit. D. Naturf. u. Ä.-Versammlung in München 1899.

12) In einer durchaus konsequenten Behandlung der Thermodynamik wird der Begriff der Temperatur erst auf Grund des zweiten Hauptsatzes eingeführt. Die vorherige Benutzung der Calorie setzt eine von den Beobachtungen hergenommene Kenntnis des Temperaturbegriffes voraus.

Zuweilen wird die Calorie etwas unbestimmt als diejenige Wärmemenge erklärt, die ein Gramm Wasser um 1^0 erwärmt, ohne Angabe der Anfangstemperatur. Es ist aber die Wärmemenge, die Wasser von 20^0 auf 21^0 erwärmt, nicht genau dieselbe, wie die normale Calorie, durch die das Wasser von 0^0 auf 1^0 erwärmt wird. So definiert ist daher die Calorie keine absolute Wärmeeinheit, sondern variiert etwas mit der Temperatur, ähnlich wie die technische Krafteinheit (kg) wegen der Schwereverteilung auf der Erdoberfläche variiert.

13) Die einschlägigen experimentellen Arbeiten sind zusammengestellt in *J. S. Ames,* L'équivalent mécanique de la chaleur, Rapports Congrès de physique, Paris 1900. Die genaueren Resultate liegen zwischen $4{,}171 \cdot 10^7$ und $4{,}190 \cdot 10^7$.

3. Thermodynamik einfacher und zusammengesetzter Systeme. Auf den ersten Hauptsatz gründet sich die Wissenschaft der Thermodynamik. Sie befasst sich allgemein mit den Änderungen, die in einem Körper oder einem System von Körpern Platz greifen, wenn demselben Wärmeenergie zugeführt oder entzogen wird.

Als *einfaches thermodynamisches System* definieren wir ein System, dessen Zustand vollständig durch Angabe *einer* Variabeln bestimmt ist, solange ihm keine Wärme zugeführt oder entzogen wird. Ein homogenes Gas oder eine homogene Flüssigkeit bildet das bekannteste Beispiel eines solchen Systems. Wenn man eine Gasmenge zusammendrückt oder sich ausdehnen lässt, ohne dass sie Wärme gewinnt oder verliert, so hängt der Druck allein von der augenblicklichen Grösse des Volumens ab; wir können daher ein Gas bezeichnen als ein *System von einem mechanischen Freiheitsgrade.* Das Volumen spielt dabei im Sinne der allgemeinen Mechanik die Rolle der Lagenkoordinate des Systems. Wenn indessen ein Gas in einem geschlossenen Gefäss erwärmt oder abgekühlt wird, so ändert sich sein Druck, ohne dass sich das Volumen ändert. Insofern sind zwei Variable erforderlich, um den Zustand des Gases zu definieren. Wir können provisorisch als diese zwei Variabeln bei einer beliebigen homogenen (tropfbaren oder gasförmigen) Flüssigkeit den Druck p und je nach Bedürfnis entweder das Gesamtvolumen V oder das Volumen der Masseneinheit v wählen. Wenn das Volumen V zunimmt um dV, so leistet die Flüssigkeit nach aussen die Arbeit $dW = pdV$. Insofern ist p im Sinne der allgemeinen Mechanik die Kraftkoordinate, die zu der Lagenkoordinate V gehört.

Unter einem *zusammengesetzten thermodynamischen System* werden wir ein System verstehen, welches mehr als einen mechanischen Freiheitsgrad besitzt; die Anzahl der mechanischen Freiheitsgrade wird dabei gemessen durch die Anzahl der Variabeln, die erforderlich sind, um den Zustand des Systems für den Fall festzulegen, dass dem System keine Wärme zugeführt oder entzogen wird. Diese Variabeln können die mechanischen Koordinaten des Systems heissen.

Sätze, welche allgemein für eine Flüssigkeit ohne Bezugnahme auf ihre etwaigen besonderen Eigenschaften bewiesen sind, dürfen ohne weiteres auf jedes einfache System, in dem V und p die Lagen- und Kraftkoordinate bedeuten, übertragen werden; sie sind auch anwendbar auf solche Zustandsänderungen zusammengesetzter Systeme, bei denen nur eine der mechanischen Koordinaten variabel ist.

In der Thermodynamik werden als einzige Energieformen Wärmeenergie und mechanische potentielle Energie in Betracht gezogen, während von der kinetischen Energie im allgemeinen abgesehen wird. Es bedeutet dieses, dass alle Änderungen der mechanischen Koordinaten als hinreichend langsam vorausgesetzt werden. Soll dagegen ein Fall untersucht werden, wo Wärme oder Arbeit in kinetische Energie oder umgekehrt diese in jene umgesetzt wird, so reicht die Thermodynamik nicht aus, sondern muss durch die Prinzipien der gewöhnlichen Dynamik ergänzt werden.

4. Innere Energie. In der Dynamik lernt man, dass die Energie eines Körpers, an dem eine Kraft eine Arbeit leistet, um den Betrag der geleisteten Arbeit wächst. Da nun Wärme und Arbeit gleichartig sind, so muss auch eine Erwärmung des Körpers seine Energie steigern und es muss, wenn der Körper bei der Erwärmung keine Arbeit verrichtet, die Zunahme der Energie gleich der in mechanischen Einheiten gemessenen Wärmemenge sein. Die Gesamtenergie, die ein Körper enthält, heisst seine *innere Energie*[14]).

Die innere Energie einer Gasmasse wird z. B. vermehrt, wenn man das Gas komprimiert oder wenn man es in einem geschlossenen Gefäss erwärmt; dieselbe wird vermindert, wenn man das Gas sich ausdehnen oder sich abkühlen lässt. Jede Änderung der inneren Energie des Gases ist von einer Änderung seines Zustandes begleitet: es ändert sich entweder Druck oder Volumen oder beide gleichzeitig.

Wir sprechen daher das folgende Axiom aus, welches von vielen Schriftstellern[15]) als die grundsätzliche Fassung des ersten Hauptsatzes angesehen wird: *Die innere Energie eines jeden materiellen Körpers oder materiellen Systems, welches entweder nach aussen hin abgeschlossen ist, also keinen äusseren Einwirkungen unterliegt, oder dessen Begrenzung mechanischen und thermischen Einflüssen (Oberflächendrucken und Wärmezufuhren) seitens der unmittelbaren Umgebung ausgesetzt ist, hängt nur von dem augenblicklichen Zustande des Systems ab: wenn das System eine Reihe von Zustandsänderungen erfährt und schliesslich zu seinem Anfangszustande zurückkehrt, kehrt auch die innere Energie zu ihrem ursprünglichen Betrage zurück.*

Wenn das System aus zwei Teilen besteht, deren innere Energie

14) Dies ist Lord *Kelvin*'s „mechanische Energie" (vgl. On the dynamical theory of heat, Edinburgh Trans. 20. März 1851, p. 475; Phil. Mag. 4 (1852) § 20; Papers 1, p. 186, 222) oder mit Umkehrung des Vorzeichens *Kirchhoff*'s „Wirkungsfunktion" (Ann. Phys. Chem. 103 (1858), p. 177 oder *Zeuner*'s „innere Wärme" (Grundzüge), oder *C. Neumann*'s „Postulat" (Die elektr. Kräfte 1, Leipzig 1873). Die jetzt gebräuchliche Bezeichnung „innere Energie" rührt von *Clausius* her, Abhd. zur mechan. Wärmeth. 1, p. 280 (Braunschweig 1864).

15) Vgl. z. B. *Buckingham,* Outlines of Thermodynamics, p. 58.

bezw. U_1 und U_2 heisst, so ist die innere Energie des ganzen Systems

$$U = U_1 + U_2,$$

falls die Teile von einander vollständig abgeschlossen sind oder falls sie nur durch Druckübertragung an der gemeinsamen Berührungsfläche aufeinander wirken. Finden dagegen Fernwirkungen zwischen den Teilen statt, so nimmt der Ausdruck für die Gesamtenergie die Form an[16])

$$U = U_1 + U_2 + U_{12},$$

wo U_{12} die gegenseitige potentielle Energie ist, die den Fernwirkungen zwischen den Teilen des Systems entspricht.

Ähnlich hängt die innere Energie des Systems, wenn dasselbe Fernwirkungen von Körpern ausserhalb desselben ausgesetzt ist, nicht nur von dem Zustand des Systems selbst, sondern auch von der relativen Lage dieser Körper zum System ab. Im Folgenden wird das Vorhandensein solcher Fernwirkungen ausgeschlossen werden.

Es werde einem System die Wärme dQ mitgeteilt, gleichzeitig möge es die Arbeit dW verrichten; dann ist der Zuwachs der inneren Energie[17]) gegeben durch

$$dU = dQ - dW. \tag{1}$$

Infolge dieser Definitionsgleichung ist die innere Energie nur bis auf eine Integrationskonstante bestimmt. Der Wert der letzteren hängt

---

16) Vgl. *C. Neumann*, Leipz. Ber. 43 (1891), p. 98—103. *W. Voigt*, Compendium I. p. 517—520.

17) *Clausius* und *Rankine* haben versucht, die innere Energie zu zerspalten 1) in „wirkliche Wärme", „merkliche Wärme" oder „kinetische Energie der Molekularbewegung" und 2) in potentielle Energie der Moleküle, herrührend von ihrer gegenseitigen Gruppierung. Vgl. *Clausius,* Abhandl. 1, p. 252; *Rankine,* London Trans. 1854, § 3 u. 5 oder Misc. scient. pap., p. 342, 345. Indem er die beiden Bestandteile H und J nennt und $dQ = dH + dJ + dW$ setzt, bezeichnet *Clausius* den Term $dJ + dW$ als Arbeit der „Disgregation" des Körpers (Ann. Phys. Chem. 116 (1862), p. 73; Phil. Mag. (4) 24 (1862), p. 81). Diese Unterscheidung lässt sich indessen nicht strenge durchführen. Von einem allgemeineren Standpunkt aus wird man sich daher begnügen, rein formal diejenigen Teile von dU zu unterscheiden, die man erhält, indem man dU durch die Differentiale der zur Festlegung des Zustandes gewählten unabhängigen Variabeln ausdrückt; da diese Grössen aber keine vollständigen Differentiale sind, kann man nicht zugleich von den entsprechenden Teilen der inneren Energie selbst reden. Im übrigen unterscheidet man, je nach dem besonderen, gerade vorliegenden Problem 1) die nutzbare Energie (vgl. Nr. **15**), die aber nicht allein von dem Zustande des Körpers selbst, sondern auch von der Temperatur der Umgebung abhängt; 2) die freie Energie (vgl. Nr. **16**), die auch als thermodynamisches Potential bezeichnet wird.

von dem Nullpunkte der Energie ab und bleibt daher unbekannt, solange wir keine experimentelle Kenntnis von einem Zustande haben, der keine Energie enthält. Bezeichnet U_A und U_B die innere Energie des Systems in zwei verschiedenen Zuständen A und B, so folgt:

$$U_B - U_A = \int_A^B dQ - \int_A^B dW. \tag{2}$$

Geht das System vom Zustande A zum Zustande B über und kehrt dann event. durch eine andere Reihe von Zwischenzuständen hindurch zu A zurück, so sagt man, das System habe einen *Kreisprozess* oder einen *Cyklus* ausgeführt. Bezeichnet man die Integration über einen Kreisprozess durch $\left(\int\right)$, so gilt für einen solchen:

$$\left(\int\right) dQ = \left(\int\right) dW. \tag{3}$$

Die aufgenommene Wärme ist also beim Kreisprozess gleich der geleisteten Arbeit.

In einem einfachen System ist $dW = p\,dV$; aus (1) folgt also

$$dU = dQ - p\,dV. \tag{4}$$

Unser obiges Axiom berechtigt uns zu behaupten, dass wenn auch dQ und dW selbst keine vollständigen Differentiale sind, jedenfalls $dU = dQ - dW$ das Differential einer Funktion derjenigen unabhängigen Variabeln x und y ist, durch welche wir den jeweiligen Zustand des in Rede stehenden einfachen Systems festlegen. *Clausius* schliesst daher, dass[18])

$$\frac{d}{dx}\frac{dQ}{dy} - \frac{d}{dy}\frac{dQ}{dx} = \frac{d}{dx}\frac{dW}{dy} - \frac{d}{dy}\frac{dW}{dx} \tag{5}$$

oder, indem er p und V als Variable wählt,

$$\frac{d}{dp}\frac{dQ}{dV} - \frac{d}{dV}\frac{dQ}{dp} = 1. \tag{6}$$

Jede der vorangehenden Gleichungen (1) bis (3) kann als vollwertiger analytischer Ausdruck des ersten Hauptsatzes angesehen werden, ebenso Gl. (5) und (6) für den Fall eines einfachen Systems.

5. Das Carnot-Clausius'sche Prinzip. Während eine jede Arbeitsmenge (etwa durch Reibung) in Wärme verwandelt werden kann, ist es im allgemeinen unmöglich, die so erzeugte gesamte Wärmemenge

18) Die hier vorkommenden Quotienten zusammengehöriger Zuwächse dQ und dx etc. sind nicht partielle Differentialquotienten im gewöhnlichen Sinne, da Q und W nicht Funktionen von x und y im gewöhnlichen Sinne sind; trotzdem haben jene Quotienten für jeden Zustand x, y einen bestimmten Sinn und sind bestimmte Funktionen von x und y.

rückwärts in Arbeit umzusetzen; man nennt daher den erstgenannten Vorgang *irreversibel, nicht umkehrbar.* Als Beispiel kann die gewöhnliche Dampfmaschine dienen, wo ein Teil der durch Verbrennen der Kohle erzeugten Wärme durch den auspuffenden Dampf fortgeführt wird, oder bei einer Kondensationsmaschine im Kühler verloren geht; dieser Teil der Wärme wird also nicht in Arbeit verwandelt.

Das scharfe Gesetz zur Bestimmung des grössten Wärmebetrages, der in irgend einer Maschine noch in Arbeit verwandelt werden kann, beruht auf einem Prinzip, welches vom Standpunkte der stofflichen Wärmetheorie aus zuerst von *Sadi Carnot*[19]) im Jahre 1824 ausgesprochen und von demselben Standpunkte aus von *Clapeyron*[20]) im Jahre 1834 näher untersucht worden ist. Seine genaue Form und Bedeutung für die mechanische Wärmetheorie wurde durch *Clausius*[21]) in Deutschland in einer Arbeit vom Jahre 1850 und durch *W. Thomson* (Lord *Kelvin*)[22]) in England in einer Arbeit vom Jahre 1851 klargestellt.

Das so entdeckte Prinzip ist der *zweite Hauptsatz der Thermodynamik* (auch *Carnot*'sches Prinzip, *Clausius*'sches Prinzip etc. genannt). Er ist virtuell in dem folgenden Axiom[23]) enthalten: *Es kann nie Wärme aus einem kälteren in einen wärmeren*[24]) *Körper übergehen, wenn nicht gleichzeitig eine andere damit zusammenhängende Änderung eintritt.*

Dieses Axiom führt sofort zur Definition des Begriffes

6. Gleiche und ungleiche Temperaturen. Von zwei Massenelementen sagt man[25]), das eine habe eine *höhere* oder *niedrigere*

---

19) Réflexions sur la puissance motrice du feu et sur les moyens propres à la développer, Paris 1824. Insbesondere p. 38: „La puissance motrice de la chaleur est indépendante des agens mis en oeuvre pour la réaliser; sa quantité est fixée uniquement par les températures des corps, entre lesquels se fait en dernier résultat le transport du calorique.

20) J. éc. polyt. 14 (1834), cah. 23.

21) Ann. Phys. Chemie 79 (1850), p. 500; Phil. Mag. (4) 2 (1851), p. 102; Abhandlg. I, p. 16.

22) Edinb. Proc. 1851; Phil. Mag. (4) 4 (1852), p. 13; Math. Phys. Papers 1, p. 174.

23) *R. Clausius,* Ann. Phys. Chem. 93 (1854), p. 488; Phil. Mag. (4) 12, p. 81; Abhdlg. 1, p. 134. *W. Thomson* (s. vorige Anm.) sagt: „It is impossible by means of unanimate material agency to derive effect from any portion of matter by cooling it below the temperature of the coldest of the surrounding objects."

24) Es empfiehlt sich, wenigstens äusserlich das Wort Temperatur bei der Fassung dieses Axioms zu vermeiden, da es erst durch den zweiten Hauptsatz möglich wird, den Begriff Temperatur zu definieren.

25) Lord *Kelvin,* Edinb. Trans. 21^1 (1854), p. 125, oder Math. Phys. Papers 1, p. 235.

Temperatur wie das andere, das eine sei *wärmer* oder *kälter* wie das andere, je nachdem Wärme vom einen zum anderen oder vom anderen zum einen überzugehen strebt. Findet kein Wärmeübergang statt, trotzdem die Massenelemente in solche gegenseitige Lage gebracht sind, dass ein Wärmeübergang möglich wäre, so sagt man: die Elemente haben *gleiche Temperatur*, sie sind *gleich warm*.

Wir schliessen noch auf die folgenden Eigenschaften der Temperatur: Wenn A eine höhere Temperatur hat wie B, und B eine höhere wie C, so hat A eine höhere Temperatur wie C. Es kann nämlich Wärme von A nach B und von B nach C, also auch von A durch B nach C übergehen, was unmöglich ist, wenn nicht A höher temperiert ist wie C. Geht man zum Grenzfall über, so erkennt man, dass, wenn A und B einerseits, B und C andererseits dieselbe Temperatur haben, auch A und C gleiche Temperatur besitzen. Die Bedingung des Wärmegleichgewichtes zwischen drei Massenelementen lautet also:

$$T_A = T_B = T_C;$$

hier bedeutet T_A, T_B, T_C eine Grösse, die nur von dem physikalischen Zustand des Elementes A, B, C abhängt und die seine Temperatur genannt wird.

Es folgt also: Jedes Massenelement besitzt eine gewisse qualitative[26]) Eigenschaft, Temperatur genannt, welche nur von seinem eigenen physikalischen Zustande abhängt und unabhängig ist von den Zuständen anderer Massen.

Wenn alle Massenelemente eines Körpers im Wärmegleichgewicht mit einander stehen, so folgt dass sie alle dieselbe Temperatur haben. Diese Temperatur heisst auch die Temperatur des Körpers und man sagt von dem Körper, dass er *gleichmässige Temperatur* habe oder dass er *thermisch homogen* sei.

Als weitere Folgerung aus dem *Clausius*'schen Axiom ergiebt sich noch, dass der Übergang der Wärme von einem wärmeren zu einem kälteren Körper durch Leitung oder Strahlung irreversibel ist.

7. Wirkungsgrad der Wärmemaschinen. Es handelt sich jetzt um die Frage, unter welchen Bedingungen Wärme in Arbeit umgesetzt werden kann.

Man nehme einen Stoff, den *Arbeitsstoff* und dehne ihn durch Wärme aus. Die dabei geleistete Arbeit ist $\int p\,dV$, wo p den Druck, V das Volumen des Stoffes bedeutet. Soll dieser Stoff fortgesetzt

26) Wegen der quantitativen Definition der Temperatur vgl. Nr. 9.

Arbeit leisten, so muss er fortgesetzt in seinen Anfangszustand zurückgebracht werden, er muss also einen Kreisprozess ausführen. Soll ferner die bei der Ausdehnung geleistete Arbeit bei der Zusammendrückung nicht vollständig verbraucht werden, so muss der Arbeitsstoff abgekühlt werden. Fortgesetzte Arbeitsleistung verlangt also Wärmeaufnahme von einem warmen Körper, der *Quelle*, und Wärmeabgabe an einen kälteren Körper, den *Kühler*, deren Temperaturen als unveränderlich vorausgesetzt werden. Zusammenfassend werden beide als *Wärmereservoire* bezeichnet. Es kann zunächst vorausgesetzt werden, dass der Arbeitsstoff, während er mit der Quelle oder dem Kühler im Wärmeaustausch sich befindet, gleiche Temperatur mit diesen hat. Unter *Wirkungsgrad* versteht man nun das Verhältnis der erzeugten Arbeitsmenge zu der aus der Quelle entnommenen Wärmemenge. Nennt man die letztere Q_1 und die an den Kühler abgegebene Wärmemenge Q_2, beide gemessen in Arbeitseinheiten, so ist die geleistete Arbeit $Q_1 - Q_2$ und der Wirkungsgrad

$$\frac{Q_1 - Q_2}{Q_1}.$$

Unter einer *vollkommen umkehrbaren Maschine* versteht man eine solche, die einen Kreisprozess in direkter und in umgekehrter Richtung ausführen kann, derart, dass die erzeugte Arbeit im ersten Fall gleichkommt der verbrauchten Arbeit im zweiten, dass die der Quelle entnommene Wärme im ersten Falle gleich ist der an die Quelle im zweiten Falle abgegebenen, dass endlich die an den Kühler im ersten Falle abgegebene Wärme gleich ist der vom Kühler entnommenen Wärme im zweiten Falle.

Aus dem *Clausius*'schen Axiom folgt nun: *Unter allen Wärmemaschinen, die zwischen gegebenen Temperaturen arbeiten, hat die vollkommen umkehrbare den grössten Wirkungsgrad.*

Von den beiden Wärmemaschinen M und N sei nämlich N vollkommen umkehrbar und man nehme an, dass M einen grösseren Wirkungsgrad wie N habe. Beiden Maschinen mögen Quelle und Kühler gemeinsam sein und es möge M Wärme in Arbeit, N bei dem umgekehrten Prozess diese Arbeit in Wärme verwandeln[27]). Da der Wirkungsgrad von M der grössere sein sollte, so entnimmt M aus der Quelle weniger Wärme, wie N nötig haben würde, um im gleichen Sinne wie M arbeitend die gleiche Arbeit zu verrichten.

27) Dieses Beweisverfahren, nämlich durch eine nicht umkehrbare Maschine eine umkehrbare im entgegengesetzten Sinne treiben zu lassen, ist zuerst von *Carnot* (Réflexions, p. 20) benutzt und später von *Clausius* und Lord *Kelvin* übernommen worden.

Jene Wärmemenge ist daher auch kleiner wie diejenige, die N an die Quelle beim umgekehrten Prozess abgiebt. Also empfängt die Quelle mehr Wärme als sie abgiebt. Diese Wärme kommt aber aus dem Kühler, da im Ganzen keine Arbeit verrichtet ist. Also geht Wärme von dem kälteren Kühler zu der wärmeren Quelle ohne Arbeitsaufwand über, entgegen dem *Clausius*'schen Prinzip. Also kann der Wirkungsgrad von M nicht grösser sein wie der von N.

Zugleich zeigt dies, dass *alle umkehrbaren Maschinen, die zwischen den gleichen Temperaturen arbeiten, den gleichen Wirkungsgrad haben.*

8. Carnot's Kreisprozess. Derselbe wird definiert als ein vollkommen umkehrbarer Kreisprozess, in welchem ein zwischen gegebenen Temperaturen T_1 und T_2 ($T_1 > T_2$) wirkender Körper Arbeit erzeugt. Der Prozess besteht aus vier Teilen:

1) Der Körper befindet sich auf der Anfangstemperatur T_2 und wird, ohne Wärme abzugeben oder aufzunehmen, durch geeignete äussere Einwirkungen auf die Temperatur T_1 gebracht.

2) Der Körper nimmt von der Quelle eine gewisse Wärmemenge Q_1 auf, während seine Temperatur T_1 festgehalten wird.

3) Man lässt die Temperatur des Körpers bis T_2 abnehmen, ohne dass er Wärme aufnimmt oder abgiebt.

4) Der Zustand des Körpers wird, bei festgehaltener Temperatur T_2, solange geändert, bis der Anfangszustand (d. h. gleiches Volumen etc. wie zu Anfang) erreicht ist. Dabei wird eine gewisse Wärmemenge Q_2 an den Kühler abgegeben werden.

Ist der Körper ein einfaches System (vgl. Nr. 3), so kann der Kreisprozess geometrisch dargestellt werden, indem man Druck und Volumen als Koordinaten eines den jeweiligen Zustand charakterisierenden Punktes der Zeichenebene wählt.

Während des Teilprozesses 1) bewegt sich dieser Punkt auf der Linie AB (s. Fig. 1).

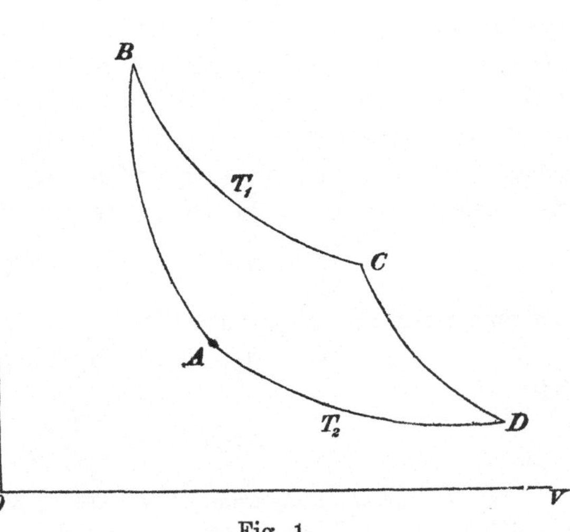

Fig. 1.

Man nennt eine Zustandsänderung, bei welcher Wärme weder aufgenommen noch abgegeben wird, eine *adiabatische Zustandsänderung*; AB heisst daher eine *Adiabate*. Bei dem Teilprozess 2) bewegt sich der Punkt auf BC. Man nennt eine Zustandsänderung bei festgehaltener Temperatur eine *isothermische Änderung*. BC heisst daher eine *Isotherme*. Bei 3) beschreibt der Punkt wieder eine Adiabate CD, bei 4) eine Isotherme DA, die zum Anfangspunkte A zurückkehrt.

Da die ganze Arbeit des Kreisprozesses gleich $\int p\,dV$ ist, wird sie durch den Inhalt des krummlinigen Vierecks $ABCD$ gemessen. Unser Diagramm heisst ein *Indikatordiagramm* des Kreisprozesses[28]).

Bei den wirklichen Prozessen muss die Quelle beträchtlich höher wie T_1 und der Kühler beträchtlich niedriger wie T_2 temperiert sein, damit ein Wärmeübergang überhaupt stattfindet; dieser Übergang ist aber nicht umkehrbar. In dem Grenzfall, wo die Leitfähigkeit zwischen dem Körper und der Quelle bez. dem Kühler vollkommen ist, kann man dagegen die Temperaturen T_1 und T_2 mit den Temperaturen von Quelle und Kühler identisch annehmen. *Der Prozess wird dann vollkommen umkehrbar.*

Nach Nr. 7 war der Wirkungsgrad aller umkehrbaren Prozesse bei gleichen Temperaturen T_1 und T_2 der gleiche; es ist also $1 - Q_2/Q_1$ eine Funktion dieser Temperaturen allein und man kann schreiben:

$$(7) \qquad \frac{Q_2}{Q_1} = f(T_1, T_2).$$

Man nehme jetzt statt eines zwei Körper, welche je einen Kreisprozess zwischen den Temperaturen T_1, T_3 bez. T_3, T_2 ausführen, sodass Wärme von dem ersten zu dem zweiten Körper bei der Temperatur T_3 übergeht. Der Wirkungsgrad dieses Doppelprozesses ist derselbe wie vorher; die Darstellung der beiden Einzelprozesse ($ABCD$ und $ADEF$) ist in Fig. 2 gegeben; Q_1 und Q_2 möge wieder die der Quelle entzogene bez. an den Kühler abgegebene Wärme und Q_3 diejenige Wärme sein, die vom ersten zum zweiten Körper bei der Zwischentemperatur T_3 übergeht. Es gilt dann neben (7)

$$\frac{Q_3}{Q_1} = f(T_1, T_3), \quad \frac{Q_2}{Q_3} = f(T_3, T_2)$$

und daher für alle möglichen Werte von T_1, T_2 und T_3:

$$f(T_1, T_2) = f(T_1, T_3) \cdot f(T_3, T_2)$$

oder

$$f(T_3, T_2) = \frac{f(T_1, T_2)}{f(T_1, T_3)}.$$

28) Das Indikatordiagramm ist von *James Watt* bei der Dampfmaschine eingeführt und von *Clapeyron* weiter ausgebildet.

Der letztgenannte Quotient ist also unabhängig von T_1 und kann mit $\varphi(T_2)/\varphi(T_3)$ bezeichnet werden. Solcherweise ergiebt sich:

$$\frac{Q_2}{Q_3} = \frac{\varphi(T_2)}{\varphi(T_3)}, \quad \frac{Q_3}{Q_1} = \frac{\varphi(T_3)}{\varphi(T_1)}, \quad \frac{Q_1}{Q_2} = \frac{\varphi(T_1)}{\varphi(T_2)}. \tag{8}$$

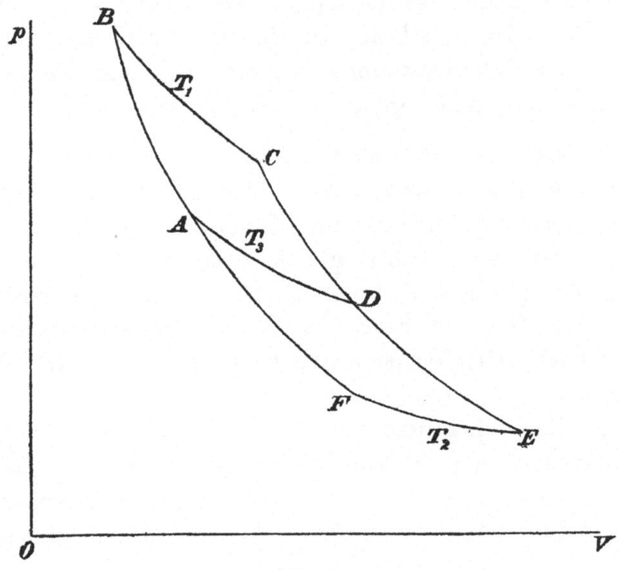

Fig. 2.

9. Absolute Temperatur. Bis jetzt ist von den Eigenschaften der Temperatur nur die Definition gleicher und ungleicher Temperaturen benutzt. Diese Definition ist nur eine qualitative und lässt das quantitative Maass von Temperaturunterschieden unbestimmt. Die Form der Funktion $\varphi(T)$ hängt aber von der Wahl dieses Maasses ab. Wir können daher die Temperaturskala so einrichten, dass $\varphi(T)$ der Temperatur T proportional wird, $\varphi(T) = kT$, wo k konstant ist, und dass mithin die Gleichungen (8) übergehen in

$$Q_1 : Q_2 : Q_3 = T_1 : T_2 : T_3. \tag{9}$$

Alsdann heisst T die *absolute Temperatur* und es gilt die folgende Definition: *Die absoluten Temperaturen zweier Körper verhalten sich wie die Wärmemengen, welche von den Körpern verloren oder gewonnen werden, wenn in einem vollkommen umkehrbaren Kreisprozess der eine die Rolle der Quelle, der andere die des Kühlers spielt*[29]).

Die Einheit der absoluten Temperatur ist hierdurch noch nicht festgelegt. Als solche wird gewöhnlich die *Einheit der Celsiusskala*

29) Diese Definition rührt von Lord *Kelvin* her; vgl. die Arbeit „On thermoelectric currents", Edinb. Trans. 21 (1854), p. 125; Math. Phys. Papers 1, p. 235.

gewählt, indem der Unterschied der absoluten Temperaturen am Gefrierpunkte und Siedepunkte des Wassers gleich 100 gesetzt wird Da aus den Beobachtungen folgt, dass sich die absoluten Temperaturen des Gefrier- und Siedepunktes etwa wie 273 zu 373 verhalten, so sind sie auf Grund der genannten Festsetzung selbst annähernd gleich 273 bez. 373 zu setzen. In diesem Sinne sagt man in den Lehrbüchern der Experimentalphysik gewöhnlich, dass die Temperatur des absoluten Nullpunktes gleich — 273° C. sei.

10. Die Carnot'sche Funktion μ ist dadurch definiert, dass man den Wirkungsgrad einer umkehrbaren Maschine, die zwischen den unendlich benachbarten Temperaturen T und $T - \delta T$ arbeitet, gleich $\mu \delta T$ setzt. Sie wird daher gleich dem Verhältnis $\varphi'(T)/\varphi(T)$ (s. Gl. (8)) oder gleich $1/T$, wenn T absolut gemessen wird[30]). Der hierbei benutzte Grenzfall eines *Carnot*'schen Kreisprozesses zwischen unendlich benachbarten Temperaturen möge ein *Carnot'scher Elementarprozess* heissen.

In den älteren Schriften von *Carnot*, *Clapeyron*, *Thomson*, *Tait* und *Rankine* wird die folgende Berechnungsweise der *Carnot*'schen Funktion benutzt. Man betrachtet einen *Carnot*-schen Elementarprozess, dessen Indikatordiagramm $ABCD$ ein unendlich kleines Parallelogramm wird. Die Seiten BC, DA desselben entsprechen den Temperaturen T und $T - \delta T$; die der Quelle entnommene Wärme heisse δQ und man definiere eine Grösse l_v („latente Wärme der Volumänderung", vgl. „Bezeichnungen" pag. 75) dadurch, dass man die Wärmemenge, welche erforderlich ist, um das Volumen des Arbeitsstoffes bei festgehaltener Temperatur T um δV

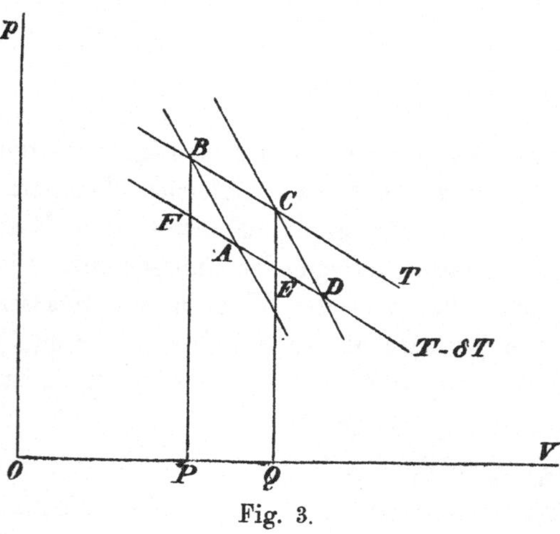

Fig. 3.

30) Im Anschluss hieran hat Lord *Kelvin* 1848 eine absolute Temperaturskala vorgeschlagen, bei welcher $\mu = 1$ genommen wird. Die Temperaturen dieser Skala sind die Logarithmen der Temperaturen der jetzt gebräuchlichen Skala. (Vgl. Cambridge Phil. Proc. 1 (1848), p. 66; Phil. Mag. 33 (1848), p. 313; Math. Phys. Papers 1, p. 100).

zu vermehren, $l_v \delta V$ nennt. Dann wird die bei dem ganzen Kreisprozess verrichtete Arbeit (vgl. Fig. 3) gleich

$$\text{Fläche } ABCD = \text{Fläche } BCEF = FB \cdot PQ.$$

Es ist aber $FB = (\partial p / \partial T) \delta T$, wo V bei der Bildung von $(\partial p / \partial T)$ festgehalten wird, und $PQ = \delta Q / l_v$; also wird die genannte Arbeit

$$\frac{\partial p}{\partial T} \delta T \frac{\delta Q}{l_v}$$

oder mit Rücksicht auf die Definition von μ auch gleich:

$$\mu \, \delta T \delta Q.$$

Durch Gleichsetzen der beiden vorangehenden Ausdrücke folgt[31])

$$(10) \qquad \frac{\partial p}{\partial T} = \mu l_v.$$

Nach dem zweiten Hauptsatz ist μ eine Funktion von T allein. Wird die Temperaturskala wieder so gewählt, dass $\mu = 1/T$ ist, so schreibt sich die vorstehende Gleichung:

$$(10') \qquad \frac{\partial p}{\partial T} = \frac{l_v}{T} \quad \text{oder} \quad \frac{\partial p}{\partial \log T} = l_v.$$

Dies Resultat werden wir später aus einer allgemeineren analytischen Betrachtung wiederfinden.

11. Die Entropie eines einfachen Systems. Durch den zweiten Hauptsatz wird eine neue thermodynamische Grösse eingeführt, welche die *Entropie*[32]) heisst. Wir beschränken uns zunächst auf Flüssigkeiten oder andere einfache Systeme, deren Zustandsänderungen durch ein Indikatordiagramm dargestellt werden können. Gleichung (9) aus Nr. 9 liefert für ein System, das zwischen den absoluten Temperaturen T_1 und T_2 einen *Carnot*'schen Kreisprozess ausführt, die Beziehung

$$(11) \qquad \frac{Q_1}{T_1} - \frac{Q_2}{T_2} = 0,$$

wo Q_2 die bei der Temperatur T_2 verlorene Wärme bedeutet und auch

---

31) Diese Formel rührt von *Clapeyron* her (J. éc. polyt. 14 (1834) cah. 23, p. 173; Ann. Phys. Chem. 59 (1843), p. 568); sie geht in England unter dem Namen der *Thomson*'schen Gleichung (Edinb. Trans. R. Soc. 20 (1851), p. 270; Math. Phys. Papers 1, p. 187). Schreibt man C (*Carnot*'sche Funktion) statt μ, bezeichnet mit M die in Calorien gemessene Wärmemenge l_v und nennt J das mechanische Wärmeäquivalent, so lautet sie $\frac{dp}{dt} = J \cdot C \cdot M$. Die Buchstaben rechter Hand sind die Initialien von *James Clerk Maxwell*, der daher $\frac{dp}{dt}$ als Schriftstellernamen benutzte.

32) Vgl. *Clausius*, Ann. Phys. Chem. 125 (1865), p. 390. Die Entropie ist identisch mit *Rankine*'s „thermodynamischer Funktion"; *Clausius* benutzte früher dafür das Wort „Äquivalenzwert".

aufgefasst werden kann als eine negative Wärmemenge $-Q_2$, welche bei der Temperatur T_2 gewonnen wird. Diese Gleichung kann auf einen beliebigen umkehrbaren Kreisprozess übertragen werden, wenn

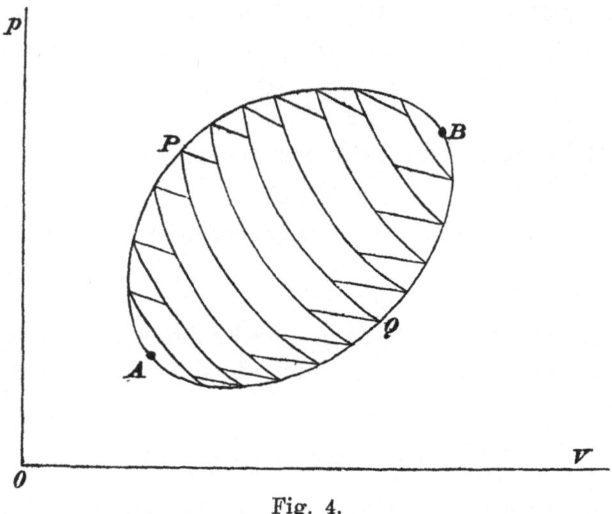

Fig. 4.

man denselben als Grenze eines Netzwerkes von *solchen Carnot*'schen Prozessen ansieht, bei welchen die in jedem Prozess aufgenommene und abgegebene Wärmemenge unendlich klein ist (vgl. Fig. 4; die das Indikatordiagramm durchsetzenden Linien bedeuten Adiabaten, die kürzeren Verbindungslinien Bögen von Isothermen). Bezeichnet allgemein dQ die (positive oder negative) Wärmemenge, die bei der Temperatur T aufgenommen wird, so gilt

$$(12) \qquad \left(\int\right)\frac{dQ}{T} = 0.$$

Es sei A der Anfangszustand (p_1, V_1) und B der Endzustand (p_2, V_2) des Systems. Der Übergang von A nach B kann entweder auf dem Wege APB oder auf dem Wege AQB erfolgen. Nach (12) muss der Wert des Integrals

$$\int_A^B \frac{dQ}{T}$$

derselbe sein für die beiden Wege APB und AQB. Dieses Integral hängt also nur von den Koordinaten der Punkte A und B, d. h. von Anfangs- und Endzustand ab, und wir können schreiben:

$$(13) \qquad \int_A^B \frac{dQ}{T} = f(p_2, V_2) - f(p_1, V_1) = S_B - S_A.$$

S bedeutet eine nur von dem augenblicklichen Zustand des Körpers abhängige Grösse und S_A, S_B ihre Werte in den Zuständen A und B. Wird die Zustandsänderung unendlich klein, so ergiebt sich

$$\frac{dQ}{T} = dS. \tag{14}$$

S heisst die *Entropie* des Systems. Ihre Definition ist in der Aussage enthalten: *Wenn ein System eine Wärmemenge dQ bei der absoluten Temperatur T in einem umkehrbaren Prozesse aufnimmt, so wächst die Entropie um den Betrag dQ/T.*

Diese Überlegung gilt auch in dem Falle, wo das betrachtete System Wärme von Körpern erhält, deren Temperatur von seiner eigenen verschieden ist, vorausgesetzt, dass man unter T die beim Wärmeaustausch dQ im System selbst, nicht die in den umgebenden Körpern statthabende Temperatur versteht. Denn für das System selbst macht es keinen Unterschied, ob man sich die umgebenden Körper durch Körper von der Temperatur des Systems T ersetzt und von diesen die Wärmemenge dQ hergenommen denkt. Bei dieser Auffassung wird die ganze Folge von Zustandsänderungen, die z. B. durch Fig. 4 dargestellt wird, völlig umkehrbar[33]).

Die Entropie enthält ebenso wie die innere Energie eine unbestimmte Integrationskonstante; um sie festzulegen, müsste man irgend einen bestimmten Zustand A des Systems als „Entropie-Nullpunkt" definieren.

12. Übertragung des Entropiebegriffes auf zusammengesetzte Systeme. Um die Definition der Entropie auf ein thermodynamisches System von gleichförmiger Temperatur mit einer beliebigen Anzahl von Freiheitsgraden auszudehnen, muss gezeigt werden, dass für ein solches System $(\int) dQ/T$ für jeden Kreisprozess verschwindet, gleichviel wie die verschiedenen Koordinaten des Systems während des Prozesses variiert werden. Ein allgemeiner Beweis hierfür lässt sich folgendermassen führen:

Ein beliebiges System M mache einen beliebigen umkehrbaren Kreisprozess K durch; es seien dQ die dem System nach einander zugeführten Wärmemengen, T seine Temperatur. Um dem System die Wärmemenge dQ zuzuführen, benutzen wir einen Hilfskörper (etwa

33) Man hat hierin ein Beispiel dafür, was gelegentlich als *bedingt irreversibler* Prozess bezeichnet ist, worunter man einen Prozess versteht, der durch Abänderung der Umstände *ausserhalb* des betrachteten Systems zu einem umkehrbaren gemacht werden kann. Im Gegensatz dazu bezeichnet man als *wesentlich irreversibel* einen Prozess, bei welchem nichtumkehrbare Veränderungen *innerhalb* des betrachteten Systems stattfinden.

eine Gasmasse), der einen *Carnot*'schen Prozess durchläuft; für diesen Prozess sei das System M das eine Wärmereservoir und diene als zweites Reservoir irgend ein hinreichend grosser Körper M_0 von der konstanten Temperatur T_0. Letzterer ist für alle die unendlich vielen Hilfsprozesse derselbe; er ist gleichsam die Quelle, aus der alle für den Prozess K erforderlichen Wärmemengen geschöpft werden. Um nun dem System M die Wärmemenge dQ zuzuführen, hat man der Quelle M_0 die Menge dQ_0 zu entnehmen, wobei nach Gl. (11)

$$dQ_0 = T_0 \frac{dQ}{T}.$$

Im ganzen ist also aus M_0 die Wärmemenge

$$T_0 \left(\int\right) \frac{dQ}{T}$$

verschwunden.

Wäre dieselbe positiv, so müsste ein entsprechender Arbeitsbetrag aus dieser Wärme gewonnen sein, was (da alle Körper in den Anfangszustand zurückgekehrt sind) dem *Clausius*'schen Grundsatze widerspricht. Also wird für jeden Kreisprozess im allgemeinen:

$$\left(\int\right) \frac{dQ}{T} \leqq 0.$$

Denken wir uns aber den als reversibel vorausgesetzten Kreisprozess K in der umgekehrten Folge durchlaufen, so würde die vorstehende Gleichung nunmehr ergeben

$$\left(\int\right) \frac{dQ}{T} \geqq 0.$$

Für einen umkehrbaren Prozess gilt daher notwendig:

$$\left(\int\right) \frac{dQ}{T} = 0. \tag{15}$$

Auf diesem Satz, der damit ganz allgemein (z. B. auch für elastische Körper, chemische Systeme etc.) bewiesen ist, beruht die allgemeine Definition der Entropie:

Sind A und B zwei Zustände des Systems, welche durch eine umkehrbare Folge von Zustandsänderungen verbunden werden können, *so wird die Entropiedifferenz in den Zuständen A und B definiert durch den Wert des bestimmten Integrals*

$$S_B - S_A = \int_A^B \frac{dQ}{T}, \tag{16}$$

berechnet für einen umkehrbaren Übergang von A nach B. Dagegen ist die Entropie für den einzelnen Zustand A nur bis auf eine Integrations-

konstante C festgelegt[34]) *und durch das unbestimmte Integral gegeben:*

$$S_A = \int^A \frac{dQ}{T} + C. \tag{17}$$

Für einen isothermischen Kreisprozess nimmt Gl. (15) die Form an $(\int) dQ = 0$.

Offenbar muss, wenn eine bestimmte Zustandsänderung in einem homogenen Stoffe von gleichmässiger Temperatur hervorgebracht werden soll, die hierzu erforderliche Wärmemenge verdoppelt werden, wenn die Masse die doppelte ist. Die Entropie eines Körpers in einem bestimmten Zustande ist also (ebenso wie die Energie) seiner Masse proportional.

Die *Gesamtentropie* S eines Systems von gleichtemperierten Massen $m_1, m_2, \ldots$ setzt sich daher aus den Entropien $s_1, s_2, \ldots$ der Masseneinheiten der fraglichen Stoffe derart zusammen, dass

$$S = m_1 s_1 + m_2 s_2 + \cdots \quad \text{oder} \quad S = \Sigma m s.$$

13. Die Entropie eines thermisch inhomogenen Systems. Die Clausius'sche Ungleichung bei irreversibeln Vorgängen. Wenn sich die verschiedenen Teile eines Systems auf verschiedenen Temperaturen befinden, wird man die Gesamtentropie dadurch bestimmen, dass man das System in Bestandteile zerlegt, die klein genug sind, um als gleichförmig temperiert angesehen werden zu können und dass man die Entropie jedes Bestandteiles mittels eines Hülfskörpers wie in der vorigen Nr. definiert. Die Differenz der Gesamtentropie in zwei verschiedenen Zuständen A und B ist alsdann gegeben durch

$$S_B - S_A = \sum \int_A^B \frac{dQ}{T}, \tag{18}$$

wo sich die Summation auf die verschiedenen Bestandteile des Systems erstreckt und wo zunächst jeder Bestandteil für sich auf umkehrbarem Wege aus dem Zustande A in den Zustand B überzuführen ist. Ein gegenseitiger Wärmeaustausch zwischen den Teilen des Systems braucht bei dieser gedachten Überführung nicht zugelassen zu werden.

Will man dagegen bei der Überführung von A nach B thermische Wechselwirkungen zwischen den Teilen des Systems nicht ausschliessen, so müssen bei der Berechnung der Gesamtentropie die durch solche

34) Sind die Integrationskonstanten für irgend welche n Stoffe bestimmt, so sind sie auch für jedwede aus jenen Stoffen gebildete Mischung oder Verbindung völlig bekannt, wie unmittelbar aus den Gleichgewichtsbedingungen der Nr. **26** folgt. Vgl. hierzu *C. Neumann,* Anm. 16.

Wärmeaustausche hervorgebrachten Entropieänderungen in Rechnung gesetzt werden. Es bestehe z. B. das System aus den beiden Teilen M_1, M_2 von den Temperaturen T_1, T_2 und es seien dQ_{01}, dQ_{02} diejenigen Wärmemengen, welche sie von ausserhalb aufnehmen. Um auch die Wärmestrahlung zu berücksichtigen, denke man sich in üblicher Weise die Wärmemenge dQ_{21} von M_2 nach M_1 und gleichzeitig die Wärmemenge dQ_{12} von M_1 nach M_2 transportiert. Dann ist $dQ_{01} + dQ_{21} - dQ_{12}$ die gesamte Wärmezufuhr nach M_1 und $dQ_{02} + dQ_{12} - dQ_{21}$ die nach M_2. Der Zuwachs der Entropie beträgt daher im ganzen

$$dS = \frac{dQ_{01} + dQ_{21} - dQ_{12}}{T_1} + \frac{dQ_{02} + dQ_{12} - dQ_{21}}{T_2}.$$

Wollte man dagegen nur die Wärmezufuhr von ausserhalb berücksichtigen, so erhielte man

$$dS_0 = \frac{dQ_{01}}{T_1} + \frac{dQ_{02}}{T_2}.$$

Der Unterschied beträgt

$$dS - dS_0 = (dQ_{21} - dQ_{12})\left(\frac{1}{T_1} - \frac{1}{T_2}\right)$$
$$= (dQ_{12} - dQ_{21})\left(\frac{1}{T_2} - \frac{1}{T_1}\right).$$

Hierin bedeutet $dQ_{21} - dQ_{12}$ den Wärmereingewinn von M_1 bei der Strahlung; derselbe ist positiv, falls $T_1 < T_2$, da Wärme niemals von einem wärmeren zu einem kälteren Körper übergeht. Deshalb sind auch die Produkte in der vorstehenden Gleichung positiv und $dS > dS_0$. Die gesamte Entropieänderung ergiebt sich auch bei dieser Betrachtung gleich der Summe der Entropieänderungen der Teile[35]), wird aber nicht mehr gemessen durch

$$\frac{dQ_{01}}{T_1} + \frac{dQ_{02}}{T_2}.$$

Wenn sich die beiden Zustände A und B des Systems, deren Entropien miteinander verglichen werden sollen, nur dadurch voneinander unterscheiden, dass eine Wärmemenge dQ_i im Zustande A sich in einem Teile des Systems befand, dessen Temperatur T_1 ist, während sie sich im Zustande B, sei es durch Leitung oder Strahlung

35) Im Gegensatz hierzu giebt *C. Neumann* an, dass nur bei Ausschluss von Wärmestrahlungen die Gesamtentropie eines gleichförmig temperierten Systems gleich der Summe der Entropien seiner Teile ist (Leipz. Ber. 43 (1891), p. 112, 113). In Wirklichkeit aber behandelt *C. Neumann* nur die Frage, unter welchen Bedingungen der Zuwachs der Gesamtentropie gleich $\frac{dQ_{01}}{T_1} + \frac{dQ_{02}}{T_2}$ ist, und zwar nur in dem besonderen Falle $T_1 = T_2$.

transportiert, in einem Teile vorfindet, dessen Temperatur T_2 ist, wobei $T_2 < T_1$, so ergiebt sich nach (18)

$$S_B - S_A = dQ_i\left(\frac{1}{T_2} - \frac{1}{T_1}\right).$$

Ein irreversibler Wärmetransport durch Leitung oder Strahlung zwischen den Teilen des Systems bewirkt also eine Zunahme der Entropie.

Wenn das System andererseits einen vollständigen Kreisprozess beschreibt, so können wir die Wärmemenge dQ, die ein Element des Systems bei der Temperatur T aufnimmt, in zwei Teile teilen, einen dQ_i, welcher ihm durch Leitung oder Strahlung von anderen Elementen des Systems übermittelt wird, den anderen dQ_a, welcher von Körpern ausserhalb des betrachteten Systems herkommt.

Für den Kreisprozess gilt nun:

$$\sum\left(\int\right)\frac{dQ}{T} = \sum\left(\int\right)\frac{dQ_i}{T} + \sum\left(\int\right)\frac{dQ_a}{T}.$$

Hier ist die linke Seite Null, weil die Entropie nach Durchlaufung des Kreisprozesses dieselbe wie am Anfange ist; andererseits ist das erste Glied der rechten Seite positiv; mithin wird das zweite Glied

$$\sum\left(\int\right)\frac{dQ_a}{T} < 0. \tag{19}$$

Diese Beziehung stellt einen besonderen Fall einer Formel dar, die als *Clausius*'sche *Ungleichung* bekannt ist.

Wenn durch Reibung innerhalb des Systems oder durch andere Umstände eine Arbeitsmenge dQ' in Wärme von der Temperatur T verwandelt wird, so ist es am einfachsten, die Sache so aufzufassen, als ob das System nach aussen hin die Arbeit dQ' leistet und dafür eine gleichgrosse Menge an Wärmeenergie von aussen her aufnimmt. *Die Entropie des Systems ist in diesem Falle um dQ'/T angewachsen.*

Wenn das System einen Kreisprozess durchläuft, bei dem Arbeitsmengen dQ' in Wärme von der Temperatur T verwandelt, Wärmeaustausche dQ_i im Innern des Systems stattfinden und Wärmemengen dQ_a von aussen dem System zugeführt oder nach aussen von dem System abgegeben werden, so kehrt die Entropie zu ihrem Ausgangswerte zurück; es wird daher wie oben

$$\sum\left(\int\right)\frac{dQ}{T} = 0 = \sum\left(\int\right)\frac{dQ_i}{T} + \sum\left(\int\right)\frac{dQ_a}{T} + \sum\left(\int\right)\frac{dQ'}{T};$$

da auf der rechten Seite das erste und letzte Integral positiv ist, gilt auch jetzt die *Clausius*'sche Ungleichung

$$\sum \left(\int\right) \frac{d\,Q_a}{T} < 0.$$

In den meisten Fällen (z. B. wenn ein Gas plötzlich in ein Vacuum stürzt, wenn sich zwei Gase rasch mischen, wenn ein gespannter Draht zerreisst, wenn eine Salzlösung plötzlich krystallisiert) ist der Übergang von Arbeit in Wärme nur zum Teil nicht-umkehrbar, sodass ein Teil der erzeugten Wärme dadurch wieder in Arbeit zurückverwandelt werden kann, dass man den Vorgang durch einen umkehrbaren Prozess schliesst und zu dem Anfangsstadium zurückleitet. In solchen Fällen[36]) kann man wie in Nr. **12** annehmen, dass das betrachtete Element des Systems die Wärme $d\,Q_a$ bei der Temperatur T von einem Hülfskörper empfängt, welcher einen *Carnot*'schen Kreisprozess zwischen der jeweiligen Temperatur T des Elementes und der konstanten Temperatur T_0 eines Wärmereservoirs M_0 ausführt. Die gesamte Wärmemenge, welche durch diesen Hülfskörper auf das System von M_0 übertragen wird, ist $T_0 \sum (\int)\, d\,Q_a/T$. Wäre dieses positiv, so müsste nach dem ersten Hauptsatz eine entsprechende Arbeit geleistet sein, was nach dem zweiten Hauptsatz unmöglich ist, da alle Körper in den Anfangszustand zurückgekehrt sind. Auch kann dieser Ausdruck nicht verschwinden, weil sonst gegen die Voraussetzung der Prozess reversibel wäre. Mithin gilt wieder die *Clausius*'sche Ungleichung.

Denkt man sich einen beliebigen Übergang von dem Zustande A nach dem Zustande B durch einen umkehrbaren Übergang von B nach A zu einem Kreisprozess geschlossen, so wird $\sum \int d\,Q/T$, für den letzteren Übergang berechnet, gleich der Änderung der Entropie des Systems. Man hat daher, wenn der Übergang von A nach B und daher auch der Kreisprozess im ganzen betrachtet irreversibel ist:

$$\text{(20)} \qquad \sum \left(\int\right) \frac{d\,Q_a}{T} < 0 \quad \text{und} \quad \sum \int_A^B \frac{d\,Q_a}{T} < S_B - S_A,$$

wo $d\,Q_a$ nur die von aussen her bei der Temperatur T aufgenommenen Wärmemengen bedeutet.

14. Anwendungen der Clausius'schen Ungleichung, insbesondere auf das Universum. a) *Nach aussen abgeschlossenes System.* Wir wenden die Ungleichung (20) auf ein System an, welches nach aussen

36) Einen interessanten Beweis giebt *E. Carvallo*, J. de Phys. 8 (1899), p. 161.

hin abgeschlossen ist, also auch keine Wärmemengen $d\,Q_a$ von aussen empfangen kann. Sie besagt dann

$$S_B > S_A. \tag{21}$$

Das heisst: *Welcher Art auch die Vorgänge sein mögen, die im Innern eines nach aussen abgeschlossenen Systems stattfinden mögen, jedenfalls findet die Entwickelung in dem Sinne statt, das das System von Zuständen kleinerer Entropie (A) zu Zuständen grösserer Entropie (B) übergeht.*

Die Welt, als Ganzes betrachtet, ist jedenfalls ein derartiges System, welches von aussen her keine Wärme empfangen kann. Dürften wir die Welt als ein endliches System auffassen (als ein System von endlicher Gesamtmasse, endlicher Ausdehnung etc.), so wird die Übertragung unseres Satzes keine Schwierigkeit haben. Neigen wir dagegen zu der Auffassung, dass die Welt unendlich sei, so wäre zunächst die Frage zu entscheiden, ob oder unter welchen Annahmen sich die Sätze der Thermodynamik auf unendliche Systeme ausdehnen lassen. Da wir uns nicht in philosophische Spekulationen verlieren können, müssen wir diese Frage unerörtert lassen. Vielmehr wollen wie die (an sich bedenkliche) Annahme ausdrücklich als solche formulieren, dass es erlaubt sei, die Welt thermodynamisch wie ein endliches System zu behandeln.

Alsdann können wir auf Grund unserer Entropie-Ungleichung, wenn wir noch den Inhalt des ersten Hauptsatzes hinzunehmen, mit *Clausius* die beiden stolzen Sätze[37]) aussprechen:

Die Energie der Welt ist konstant.

Die Entropie der Welt strebt einem Maximum zu.

b) *System in einer gleichförmig temperierten Umgebung.* Ist T_a die Temperatur der Umgebung und geht $d\,Q_a$ von der Temperatur T_a zur Temperatur T über, so muss $d\,Q_a/T_a - d\,Q_a/T$ stets negativ sein und kann Null nur in dem Grenzfalle $T_a = T$ werden. Daraufhin lassen sich die Ungleichungen (20) ohne Summenzeichen in der Form schreiben

$$\left(\int\right)\frac{d\,Q_a}{T_a} \leqq 0, \tag{22}$$

$$\int_A^B \frac{d\,Q_a}{T_a} \leqq S_B - S_A, \tag{23}$$

in der sich das Gleichheitszeichen auf umkehrbare Änderungen bezieht.

Ist überdies T_a unabhängig von der Zeit, so kann (22) geschrieben werden

$$\left(\int\right) d\,Q_a \leqq 0. \tag{24}$$

37) *R. Clausius.* Über den zweiten Hauptsatz. Braunschweig 1867, Abhandlg. 1 p. 50.

Leistet das System keine Arbeit nach aussen, so wird dQ_a gleich dem Zuwachs der inneren Energie dU; Gl. (23) ergiebt dann

$$U_B - U_A \leqq T_a(S_B - S_A)$$

oder

$$U_B - T_a S_B \leqq U_A - T_a S_A. \tag{25}$$

c) *Die Umgebung habe die gleichförmige, konstante Temperatur* T_a *und übe den gleichförmigen, konstanten Druck* p_a *senkrecht gegen die Begrenzung des Systems aus;* dann beträgt die Arbeitsleistung nach aussen $p_a dV$ und es wird $dQ_a = dU - p_a dV$; Gl. (23) ergiebt jetzt

$$U_B - T_a S_B + p_a V_B \leqq U_A - T_a S_A + p_a V_A. \tag{26}$$

d) *Hat das System selbst konstante gleichmässige Temperatur und konstanten gleichmässigen Druck,* so kann man in (25) und (26) T_a durch T und p_a durch p ersetzen. Die dort vorkommenden Ausdrücke werden dann mit den thermodynamischen Potentialen bei gegebenem Volumen oder bei gegebenem Druck (vgl. Nr. **16**) identisch und unsere Ungleichungen besagen alsdann, dass unter den angegebenen Umständen *das System nur solche Übergänge von Zuständen A zu Zuständen B ausführen kann, bei denen die genannten Potentiale nicht wachsen.*

15. Nutzbare Energie oder Wirkungsfähigkeit. Ein Körper M befinde sich auf der absoluten Temperatur T und es sei T_0 die niedrigste Temperatur, die für den Kühler einer mit dem Körper M als Quelle konstruierten Wärmemaschine in Betracht kommt. Wenn dem Körper die Wärmemenge dQ entzogen und wenn gleichzeitig dem Kühler die Wärmemenge dQ_0 mitgeteilt wird, so beträgt die mechanische Arbeit, die in einem vollkommen umkehrbaren Prozess im Maximum geleistet werden kann:

$$dA = dQ - dQ_0, \quad \text{wobei} \quad \frac{dQ}{T} = \frac{dQ_0}{T_0}.$$

Hieraus folgt

$$dA = dQ\left(1 - \frac{T_0}{T}\right). \tag{28}$$

Bedeutet dT den Temperaturabfall, der durch Entziehen der Wärmemenge dQ in dem Körper M bewirkt wird, und Γ die Wärmekapazität des Körpers, so wird die Gesamtarbeit, die aus dem Körper gezogen werden kann, wenn man seine Temperatur bis T_0 erniedrigt:

$$A = \int_{T_0}^{T} \Gamma\left(1 - \frac{T_0}{T}\right) dT.$$

Diese Grösse heisst die *nutzbare Energie des Körpers* oder *seine Wirkungsfähigkeit*[38]).

Ist der Körper kälter als seine Umgebung, so kann man die Sache so auffassen, als ob er ebenfalls ein Quantum nutzbarer Energie besitzt, welches gegeben ist durch

$$Q = \int_T^{T_1} \Gamma\left(\frac{T_1}{T} - 1\right) dT,$$

wo T_1 die für den Prozess in Betracht kommende höchste Temperatur der Umgebung und $T < T_1$ ist. Der Prozess würde jetzt darin bestehen, dass dem Körper von aussen her Wärme zugeführt wird, bis er die Temperatur T_1 angenommen hat[39]).

Wenn die Wärmemenge dQ durch Leitung von der Temperatur T_1 zu der Temperatur T_2 übertragen wird, nimmt die mit Hülfe eines Kühlers von der Temperatur T_0 verfügbar werdende Nutzarbeit um den Betrag

$$T_0 dQ\left(\frac{1}{T_2} - \frac{1}{T_1}\right)$$

ab; wenn ausserdem die Arbeit dW (etwa durch Reibung) bei der Temperatur T in Wärme verwandelt wird, nimmt die nutzbare Energie ferner ab um

$$T_0 dW \frac{1}{T}$$

und nur der Rest von dW kann rückwärts in Arbeit verwandelt werden.

In allen solchen Fällen sagt man, dass die genannten Energiebeträge zerstreut worden sind. Da in Wirklichkeit Reibung und Wärmeabgabe durch Leitung nie völlig zu vermeiden sind, tritt eine Zerstreuung der nutzbaren Energie überall auf. Man spricht daher von dem *Prinzip der Energiezerstreuung* oder *Dissipation*[40]).

Betrachten wir ein System von Körpern, welches sich in einem unendlichen gleichförmig temperierten Medium befindet, so können wir über die nutzbare Energie des Systems die folgenden Sätze aussprechen:

---

38) Lord *Kelvin*, Phil. Mag. 7 (1879), p. 348; Math. Phys. Papers 1, p. 456.

39) Der umgekehrte Prozess, bei dem ein Körper unter die Temperatur seiner Umgebung abgekühlt werden soll, verbraucht Nutzarbeit; man denke an die Erzeugung von künstlichem Eis in einer Eismaschine, die durch eine Dampfmaschine bethätigt wird.

40) Lord *Kelvin,* Edinb. Proc. 3 (1852); Phil. Mag. (4) 4 (1852) p. 304 und (4) 5 (1853), p. 102; Math. Phys. Papers 1, p. 511 u. 554.

1) *Sie hängt von der Temperatur T_0 des umgebenden Mediums ab.*

2) *Sie ist, für jeden Körper einzeln berechnet, um so grösser, je mehr seine Temperatur von T_0 verschieden ist.*

3) *Sie nimmt bei allen nicht umkehrbaren Prozessen ab.*

4) *Ihre Abnahme beträgt bei jedem solchen Prozesse das T_0-fache der Zunahme der Entropie.*

Wenn man die Arbeit berechnet, die jeder Körper beim Abkühlen auf die Temperatur T_0 der Umgebung zu leisten vermag, ergiebt sich der folgende einfache Ausdruck[41]) der nutzbaren Energie:

Angenommen, es werde dem Körper die Wärmemenge dQ entzogen, und es betrage dabei die Änderung des Volumens dV, die Änderung der inneren Energie dU. Die Arbeit, welche die Wärmemenge dQ zwischen den Temperaturen T und T_0 leisten kann, ist $dQ(1-T_0/T)$ und die Arbeit, welche der Körper vermöge seiner Volumänderung leistet, ist $-pdV$. Daher beträgt die gesamte verfügbar werdende mechanische Arbeit

$$dA = dQ\left(1 - \frac{T_0}{T}\right) - pdV;$$

da aber

$$dU = dQ - pdV$$

war, kann man schreiben

$$dA = dU - T_0\frac{dQ}{T} = dU - T_0 dS.$$

Die gesamte nutzbare Energie des Körpers ergiebt sich so zu

$$(29) \qquad A = \int_{T_0}^{T} (dU - T_0 dS) = U - U_0 - T_0(S - S_0).$$

Handelt es sich um ein nach aussen hin isoliertes System ungleich erwärmter Körper von endlicher Grösse, so ist die innerhalb des Systems nutzbar zu machende Energie gleich derjenigen Arbeit, die man erhält, wenn man durch vollkommen umkehrbare Prozesse das ganze System auf eine gemeinsame Temperatur bringt[42]).

Die gemeinsame Temperatur sei T_0. Das Endergebnis wird durch die Annahme nicht geändert, dass die Vorgänge zwischen den Körpern des Systems einerseits und einem Hülfskörper andererseits stattfinden, der selbst die Temperatur T_0 besitzt, vorausgesetzt, dass die algebraische Summe der vom Hülfskörper aufgenommenen Wärme-

---

41) Einen geometrischen Beweis desselben giebt *Maxwell,* Theory of heat, chap. 12, 10. Aufl. (1891), p. 188.

42) Lord *Kelvin,* Edinb. Proc. 3 (1852), p. 139; Phil. Mag. (4) 4 (1852), p. 304 und (4) 5 (1853), p. 102; *Tait,* Sketch of thermodynamics, p. 124; Edinb. Proc. 1867—1868.

mengen gleich Null ist. Bedeutet T_r die Anfangstemperatur, Γ_r die Wärmekapazität des r^{ten} Körpers, so wird nach dem zweiten Hauptsatz die von dem r^{ten} Körper auf den Hülfskörper übertragene Wärme

$$T_0 \int_{T_0}^{T_r} \Gamma_r \frac{dT}{T};$$

da aber der Hülfskörper im ganzen keine Wärmezufuhr erhalten soll, muss sein:

$$\sum^{(r)} \int_{T_0}^{T_r} \Gamma_r \frac{dT}{T} = 0. \tag{30}$$

Diese Gleichung dient zur Bestimmung der Endtemperatur T_0. Ist letztere bekannt, so berechnet sich die nutzbare Energie als die während des Temperaturausgleichs freigewordene Wärmemenge zu

$$A = \sum^{(r)} \int_{T_0}^{T_r} \Gamma_r dT. \tag{31}$$

Ist die Wärmekapazität der Körper insbesondere unabhängig von der Temperatur, so lauten die beiden letzten Gleichungen einfach:

$$\log T_0 = \frac{\Sigma \Gamma_r \log T_r}{\Sigma \Gamma_r} \tag{32}$$

und

$$A = \Sigma \Gamma_r T_r - T_0 \Sigma \Gamma_r. \tag{33}$$

Besteht das System nur aus zwei Körpern von gleicher Wärmekapazität ($\Gamma_1 = \Gamma_2 = \Gamma/2$, wo Γ die Wärmekapazität des ganzen Systems bedeutet), so ergiebt sich

$$T_0 = \sqrt{T_1 T_2}; \quad A = \frac{\Gamma}{2} (\sqrt{T_1} - \sqrt{T_2})^2.$$

Auch im allgemeinen Falle von beliebig vielen Körpern und beliebigen Wärmekapazitäten lässt sich ein ähnlich einfaches Resultat erzielen, wenn man das System in eine Anzahl von Teilen zerlegt denkt, deren Wärmekapazitäten unter sich gleich sind. Die Voraussetzung, dass die Wärmekapazitäten nicht von der Temperatur abhängen sollen, wird dabei aufrecht erhalten. Ist n die Anzahl der so unterschiedenen Teile des Systems und heissen die Anfangstemperaturen derselben $T_1, T_2, \ldots, T_n$, so ergiebt sich wegen $\Gamma_1 = \Gamma_2 = \cdots = \Gamma_n = \Gamma/n$:

$$T_0 = (T_1 T_2 \ldots T_n)^{1/n} = \boldsymbol{G}(T) \tag{34}$$

und

$$A = \frac{\Gamma}{n}(T_1 + T_2 + \cdots + T_n) - \Gamma T_0 = \Gamma(\boldsymbol{A}(T) - \boldsymbol{G}(T)). \tag{35}$$

Hier bedeutet $G(T)$ das geometrische, $A(T)$ das arithmetische Mittel der Anfangstemperaturen $T_1, \ldots, T_n$. *Die nutzbare Energie eines nach aussen hin isolierten Systems erweist sich so gleich dem Produkt aus der Wärmekapazität des Systems in die Differenz aus dem arithmetischen und geometrischen Mittel der Anfangstemperaturen.*

II. Allgemeine Begriffe und Methoden der Thermodynamik.

16. Thermodynamische Potentiale. Der erste und zweite Hauptsatz kann in die Aussagen[43]) zusammengefasst werden, dass

$$dU = dQ - dW \tag{36}$$

und

$$dS = \frac{dQ}{T} \tag{37}$$

die vollständigen Differentiale zweier Funktionen sind, deren Werte durch den augenblicklichen Zustand des Systems bestimmt werden; diese beiden Funktionen heissen *Energie* und *Entropie* des Systems.

Wir gehen jetzt dazu über, diese Gleichungen auf die Frage nach dem Gleichgewicht eines thermisch-homogenen idealen thermodynamischen Systems von n mechanischen Freiheitsgraden anzuwenden. Der Zustand eines solchen Systems ist durch n allgemeine Koordinaten $x_1; x_2, \ldots, x_n$ und durch *eine* absolute Temperatur T völlig festgelegt. Nennt man $X_1, X_2, \ldots, X_n$ die allgemeinen Komponenten der Kraft nach den Koordinaten $x_1, x_2, \ldots, x_n$, so wird die bei irgend einer „Verrückung" oder Zustandsänderung $dx_1, dx_2, \ldots, dx_n$ des Systems geleistete äussere Arbeit gleich

$$dW = X_1 dx_1 + X_2 dX_2 + \cdots + X_n dx_n.$$

Aus der vorangestellten analytischen Formulierung des ersten und zweiten Hauptsatzes schliessen wir, dass

$$dU = TdS - X_1 dx_1 - X_2 dx_2 - \cdots - X_n dx_n. \tag{38}$$

Nun hingen Energie und Entropie nur von dem augenblicklichen Zustand des Systems ab; sie sind also bekannt, wenn $T, x_1, \ldots, x_n$ gegeben sind. Andrerseits kann der Zustand des Systems auch durch $S, x_1, \ldots, x_n$ festgelegt werden; dann müssen sich Energie und Tem-

43) Die zweite dieser Aussagen ist mit der Behauptung gleichwertig, dass T ein „integrierender Nenner" des Differentials dQ ist. Vgl. *Zeuner,* Grundzüge der mechan. Wärmeth., 2. Aufl., p. 74, wo die fragliche Eigenschaft für den reziproken Wert der *Carnot*'schen Funktion μ ausgesprochen wird, der mit T identisch ist.

peratur durch eben diese Grössen ausdrücken lassen. Gl. (38) entspricht dieser Wahl der unabhängigen Koordinaten und zeigt, dass

$$(39)\qquad \frac{\partial U}{\partial S}=T,\quad \frac{\partial U}{\partial x_1}=-X_1,\quad \ldots,\quad \frac{\partial U}{\partial x_n}=-X_n,$$

wo U als Funktion der Grössen $S, x_1, \ldots, x_n$ gedacht ist. Mithin sind alle thermodynamischen Eigenschaften des Systems durch die Differentialquotienten einer einzelnen Funktion U ausgedrückt. *Diese Funktion U kann als das thermodynamische Potential des Systems angesehen werden, sofern als unabhängige Variable die allgemeinen Koordinaten $x_1, \ldots, x_n$ und die Entropie S benutzt werden.*

Es ist unter Umständen praktischer, statt der eben benutzten andere unabhängige Variable zu Grunde zu legen; dann übernehmen andere Funktionen diejenige Rolle, die soeben U spielte. Wir bezeichnen diese Funktionen allgemein mit $\mathfrak{F}$ und unterscheiden sie durch Indices, welche auf die Wahl der unabhängigen Koordinaten hinweisen, sodass die Energiefunktion U hiernach mit $\mathfrak{F}_{S,x}$ zu bezeichnen wäre.

1) Die unabhängigen Variabeln seien T und $x_1, \ldots, x_n$. Wir setzen

$$(40)\qquad \mathfrak{F}_{Tx}=U-TS;$$

dann wird mit Rücksicht auf (38)

$$(41)\qquad \begin{aligned} d\mathfrak{F}_{Tx} &= dU-TdS-SdT\\ &= -SdT-X_1dx_1-\cdots-X_ndx_n. \end{aligned}$$

Ist also $\mathfrak{F}_{Tx}$ durch die Grössen $T, x_1, \ldots, x_n$ ausgedrückt, so folgt:

$$(42)\qquad \frac{\partial \mathfrak{F}_{Tx}}{\partial T}=-S,\quad \frac{\partial \mathfrak{F}_{Tx}}{\partial x_1}=-X_1,\quad \ldots,\quad \frac{\partial \mathfrak{F}_{Tx}}{\partial x_n}=-X_n.$$

2) Die unabhängigen Variabeln seien die Kraftkomponenten $X_1, \ldots, X_n$ und die Temperatur. Wir definieren eine neue Funktion $\mathfrak{F}_{TX}$, indem wir setzen:

$$(43)\qquad \mathfrak{F}_{TX}=\mathfrak{F}_{Tx}+X_1x_1+\cdots+X_nx_n;$$

nun wird

$$(44)\qquad \begin{aligned} d\mathfrak{F}_{TX} &= d\mathfrak{F}_{Tx}+X_1dx_1+x_1dX_1+\cdots+X_ndx_n+x_ndX_n\\ &= -SdT+x_1dX_1+\cdots+x_ndX_n. \end{aligned}$$

Ist also $\mathfrak{F}_{TX}$ durch $T, X_1, \ldots, X_n$ allein ausgedrückt, so ergiebt sich

$$(45)\qquad \frac{\partial \mathfrak{F}_{TX}}{\partial T}=-S,\quad \frac{\partial \mathfrak{F}_{TX}}{\partial X_1}=+x_1,\quad \ldots,\quad \frac{\partial \mathfrak{F}_{TX}}{\partial X_n}=+x_n.$$

3) Schliesslich kann man auch $X_1, \ldots, X_n$ und S als unabhängige Variable einführen. Dann ist die geeignete Funktion $\mathfrak{F}$ die folgende:

$$\mathfrak{F}_{SX} = U + X_1 x_1 + \cdots + X_n x_n. \tag{46}$$

Die partiellen Differentialquotienten der durch die Variabeln $S, X_1, \ldots, X_n$ ausgedrückten Funktion $\mathfrak{F}_{SX}$ lauten:

$$\frac{\partial \mathfrak{F}_{SX}}{\partial S} = T, \quad \frac{\partial \mathfrak{F}_{SX}}{\partial X_1} = x_1, \quad \ldots, \quad \frac{\partial \mathfrak{F}_{SX}}{\partial X_n} = x_n. \tag{47}$$

Die Grössen U und $\mathfrak{F}$ sind genau genommen sämtlich thermodynamische Potentiale des Systems. Da indessen $\mathfrak{F}_{Tx}$ und $\mathfrak{F}_{TX}$ am meisten vorkommen, werden diese insbesondere unter der Bezeichnung „thermodynamische Potentiale" verstanden. $\mathfrak{F}_{Tx}$ wird von *Helmholtz*[44]) als *freie Energie* bezeichnet; sie ist gleichbedeutend mit dem *inneren thermodynamischen Potential* von *Duhem*[45]) und der *mittleren Lagrangeschen Funktion* von *J. J. Thomson*[46]). $\mathfrak{F}_{TX}$ ist das *totale thermodynamische Potential* von *Duhem*.

Von besonderer Wichtigkeit ist der Fall eines einfachen Systems (z. B. einer Flüssigkeit). Hier tritt neben S oder T als einzige zur Festlegung des Zustandes noch erforderliche Koordinate das Volumen der Flüssigkeit V auf; da die Arbeit einer Volumvermehrung dV gleich $p\,dV$ ist, so wird die zugehörige Kraftkomponente gleich dem Flüssigkeitsdrucke p. Die thermodynamischen Potentiale lauten jetzt

$$\mathfrak{F}_{SV} = U, \quad \mathfrak{F}_{TV} = U - TS, \quad \mathfrak{F}_{Tp} = U - TS + pV, \quad \mathfrak{F}_{Sp} = U + pV.$$

Zur Abkürzung der etwas schwerfälligen Bezeichnung soll für diese vier Funktionen der Reihe nach geschrieben werden:

$$U, \quad \mathfrak{F}_V, \quad \mathfrak{F}_P, \quad \mathfrak{F}_S. \tag{48—51}$$

Sie liefern die Beziehungen:

$$\left\{\begin{array}{llll}
\dfrac{\partial U}{\partial S} = +T, & \dfrac{\partial U}{\partial V} = -p & \ldots & (\text{Variable } S \text{ und } V), \\
\dfrac{\partial \mathfrak{F}_V}{\partial T} = -S, & \dfrac{\partial \mathfrak{F}_V}{\partial V} = -p & \ldots & (\quad „ \quad T \quad „ \quad V), \\
\dfrac{\partial \mathfrak{F}_P}{\partial T} = -S, & \dfrac{\partial \mathfrak{F}_P}{\partial p} = +V & \ldots & (\quad „ \quad T \quad „ \quad p), \\
\dfrac{\partial \mathfrak{F}_S}{\partial S} = +T, & \dfrac{\partial \mathfrak{F}_S}{\partial p} = +V & \ldots & (\quad „ \quad S \quad „ \quad p).
\end{array}\right. \tag{52—55}$$

44) *H. von Helmholtz,* Zur Thermodynamik chemischer Vorgänge, Berl. Ber. 1882¹, p. 30; Wiss. Abhandlungen, Leipzig 1883, 2, p. 958.

45) *P. Duhem,* Traité élém. de méc. chim., Paris 1897, 1, p. 88.

46) *J. J. Thomson,* Applications of Dynamics, London 1888, cap. 10. Wegen des Bildungsgesetzes dieser Funktionen vgl. Encykl. 4, Artikel *Stäckel*: Analytische Mechanik.

Dabei kann $\mathfrak{F}_V$ und $\mathfrak{F}_P$ als *thermodynamisches Potential bei gegebenem Volumen* bez. *bei gegebenem Druck* bezeichnet werden, indem man in beiden Fällen im Gedächtnis behält, dass in der Form von $\mathfrak{F}$ auch die Abhängigkeit von der Temperatur mit gegeben ist. *Duhem* sagt statt dessen thermodynamische Potentiale bei *konstantem* Volumen (*konstantem* Druck), weil alle Zustandsänderungen, die bei konstantem Volumen (Druck) vor sich gehen, besonders einfach durch $\mathfrak{F}_V$ ($\mathfrak{F}_P$) beschrieben werden können.

Die grundlegende gemeinsame Eigenschaft aller dieser Grössen, *dass nämlich die sämtlichen physikalischen und mechanischen Koeffizienten des Körpers* (Ausdehnungskoeffizienten, Elastizitätskoeffizienten etc.) *bekannt sind, wenn eine dieser Grössen als Funktion der zur Festlegung des Zustandes gewählten unabhängigen Variabeln gegeben ist,* wurde zuerst von *F. Massieu*[47]) in den Jahren 1869—1876 ausgesprochen; dieser nannte solche Funktionen *charakteristische Funktionen.* Seine Funktionen H und H' sind in unserer Bezeichnungsweise gegeben durch $H = -\mathfrak{F}_V$, $H' = -\mathfrak{F}_P$. *J. W. Gibbs*[48]) benutzt den Buchstaben ψ für $\mathfrak{F}_V$, ζ für $\mathfrak{F}_P$, χ für $\mathfrak{F}_S$; das Wort Potential gebraucht *Gibbs* bei chemischen Systemen in einem etwas anderen Sinne (vgl. Nr. 26). *M. Planck*[49]) u. a. führen eine Funktion $-\mathfrak{F}_p/T$ ein, der aber nicht die Eigenschaft eines thermodynamischen Potentials im obigen Sinne zukommt.

17. Stabilitätsbedingungen. Die Gleichungen der vorigen Nummer können als die Bedingungen des Gleichgewichts eines thermodynamischen Systems angesehen werden; dabei kann das durch diese Bedingungen definierte Gleichgewicht, ähnlich wie in der Mechanik, *stabil, labil,* (*instabil*) oder *indifferent* (*neutral*) sein.

Ein Zustand A soll *stabil* genannt werden, wenn das System nicht imstande ist, von selbst aus diesem Zustande in irgend einen möglichen benachbarten Zustand B überzugehen, während es wohl von B nach A übergehen kann. Wenn der Übergang von A nach B möglich, der von B nach A unmöglich, so ist der Zustand A notwendig *labil.* Die Stabilität ist also dann gesichert, wenn der Übergang von A zu jedem benachbarten Zustande B die aus der *Clausius*'schen Un-

---

47) *F. Massieu,* Paris, C. R. 69 (1869), p. 858, 1057; Paris, Mém. sav. étr. 22 (1876); J. phys. 6 (1877), p. 216.

48) *J. W. Gibbs,* Equil. of heterog. subst., Connect. Ac. Trans. 3 (1876, 1878) p. 108—248 und p. 343—524.

49) Ann. Phys. Chem. 19 (1883), p. 359. *Gibbs* führt (s. vorige Anm.) den Gebrauch von $-\mathfrak{F}_P/T$ und $-\mathfrak{F}_V/T$ auf *Massieu* (Paris C. R. 69 (1869), p. 858, 1057) zurück.

gleichung in Nr. **14** gezogenen Folgerungen verletzen würde. Die Bedingung der Neutralität eines Gleichgewichts ergiebt sich aus der der Stabilität durch Verwandlung des Zeichens der Ungleichheit in das einer Gleichheit. Um Weitläufigkeiten zu vermeiden, wird dies bei den folgenden Kriterien nicht jedesmal hervorgehoben werden.

a) *Nach aussen abgeschlossenes System.* Die Bedingung dafür, dass ein solches System im Zustande A stabil sei, ergiebt sich durch Umkehrung des Sinnes von Ungleichung (21) und lautet:

$$S_B \leqq S_A. \tag{56}$$

Dies ist die erste Hälfte derjenigen Gleichgewichtsbedingungen, welche *Gibbs* seinen Untersuchungen[50]) zu Grunde legt und in der folgenden Form ausspricht: Damit bei einem nach aussen hin abgeschlossenen System ein Gleichgewichtszustand stabil sei, ist es notwendig und hinreichend, dass

I. *bei allen Zustandsänderungen, bei denen die Energie des Systems ungeändert bleibt, die Entropie nicht zunehme;* oder dass

II. *bei allen Zustandsänderungen, bei denen die Entropie ungeändert bleibt, die Energie nicht abnehme.*

In Zeichen heisst dies, dass

$$\text{entweder} \quad (\delta S)_U \leqq 0 \quad \text{oder} \quad (\delta U)_S \geqq 0.$$

Die zweite Hälfte des Kriteriums ist dabei eine unmittelbare Folge der ersten.

b) *Das System befindet sich in einer Umgebung von der konstanten Temperatur T und leistet keine Arbeit nach aussen.* Durch Umkehrung des Sinnes von Ungleichung (25) findet man als Stabilitätsbedingung:

$$U_B - TS_B \geqq U_A - TS_A. \tag{57}$$

Dieses Kriterium findet eine häufige Anwendung in den Untersuchungen von *Van der Waals* (vgl. den folgenden Art.).

Es ist zu beachten, dass, während die Temperatur des Systems selbst im Gleichgewichtszustande A mit der der Umgebung T übereinstimmen muss, dies für den Nachbarzustand B nicht der Fall zu sein braucht, da ebensowohl Übergänge zu Zuständen B in Betracht gezogen werden müssen, bei denen ein Temperaturunterschied zwischen der Umgebung und dem System oder Teilen des Systems auftritt, wie isothermische Übergänge. Die rechte Seite von (57) bedeutet daher die freie Energie des Systems im Zustande A; aber die linke Seite stimmt im allgemeinen nicht mit der freien Energie im Zustande B überein, weil die Temperatur in B nicht gleich T zu sein braucht.

---

50) *J. W. Gibbs*, Connect. Ac. Trans. 3 (1896), p. 109.

c) *Das System befindet sich in einer Umgebung von der konstanten Temperatur T und dem konstanten Drucke p.* In diesem Falle liefert die Umkehrung der Ungleichung (26) die Stabilitätsbedingung:

$$U_B - TS_B + pV_B \geqq U_A - TS_A + pV_A; \tag{58}$$

T und p sind zugleich Temperatur und Druck im Zustande A, aber nicht notwendigerweise im Zustande B. Die rechte Seite von (58) ist daher das thermodynamische Potential des Systems bei gegebenem Druck im Zustande A, aber die linke Seite ist nicht ein thermodynamisches Potential für den Zustand B, wenn dieser Zustand hinsichtlich Temperatur oder Druck von der Umgebung verschieden ist.

d) *Einfaches homogenes System.* Soll ein solches homogen bleiben und sich nicht in mehrere, ihren mechanischen oder thermischen Eigenschaften nach verschiedene Teile zerspalten, so muss jeder Teil des Stoffes im stabilen Gleichgewicht sein, wenn Temperatur und Druck der umgebenden Teile festgehalten werden. Daher findet die Bedingung des vorigen Falles z. B. Anwendung auf die Masseneinheit des Stoffes und liefert mit Rücksicht auf die p. 73 eingeführte Bezeichnungsweise:

$$u_B - Ts_B + pv_A \geqq u_A - Ts_A + pv_A \tag{59}$$

oder wenn $u_B - u_A = \delta u$, $s_B - s_A = \delta s$, $v_B - v_A = \delta v$ gesetzt wird:

$$\delta u - T\delta s + p\delta v \geqq 0. \tag{60}$$

Diese Form der Stabilitätsbedingung ist ebenfalls von *Gibbs*[51]) benutzt und geometrisch gedeutet worden (vgl. den folgenden Art.).

Entwickelt man δu nach Potenzen von δs und δv, so muss die Summe der linearen Glieder in (60) verschwinden, die der quadratischen Glieder positiv definit sein. Erstere Forderung führt auf die mit (52) übereinstimmenden Gleichungen:

$$\frac{\partial u}{\partial s} = T, \quad \frac{\partial u}{\partial v} = -p; \tag{61}$$

letztere liefert die folgenden Stabilitätsbedingungen:

$$\frac{\partial^2 u}{\partial s^2} > 0, \quad \frac{\partial^2 u}{\partial v^2} > 0, \tag{62}$$

$$\frac{\partial^2 u}{\partial v^2}\frac{\partial^2 u}{\partial s^2} - \left(\frac{\partial^2 u}{\partial s\,\partial v}\right)^2 > 0. \tag{63}$$

Bedingung (63) wurde in einer Prüfung zu Cambridge vorgelegt[52]) in der Form:

$$\frac{\partial T}{\partial v}\frac{\partial p}{\partial s} - \frac{\partial T}{\partial s}\frac{\partial p}{\partial v} > 0.$$

---

51) *J. W. Gibbs*, Connect. Ac. Trans. 2 (1873), p. 388—392.

52) Mathematical Tripos 1880. *H. H. Turner*, Examples in Heat and Electricity, London 1885, p. 26, exemple 71.

Wird die linke Seite im besonderen Null, so befindet sich der Zustand an der Grenze zwischen Stabilität und Labilität.

Die Bedingungen (62) und (63) sind ferner äquivalent mit den folgenden Bedingungen:

$$(64)\qquad \left(\frac{dp}{dv}\right)_T < 0, \quad \left(\frac{dp}{dv}\right)_s < 0, \quad \left(\frac{ds}{dT}\right)_p < 0, \quad \left(\frac{ds}{dT}\right)_v < 0.$$

Die ersten beiden drücken die Thatsache aus, dass die Elastizitätsmoduln bei konstanter Temperatur und Entropie positiv sind (vgl. Bezeichnungen p. 75); die letzten beiden fordern, dass die spezifischen Wärmen für konstanten Druck und konstantes Volumen positiv seien. Die letztere Forderung bildet eine Spezialisierung des sogenannten *Helmholtz*'schen Postulates[53]), welches für ein System von allgemeinem Charakter wie folgt ausgesprochen werden kann:

Wenn ein System auf Normalkoordinaten bezogen ist, werden seine spezifischen Wärmen positiv.

Eingehender behandelt *Duhem*[54]) die thermodynamische Stabilität eines allgemeinen Systems, indem er sich auf das *Dirichlet*'sche[55]) Stabilitätskriterium der Dynamik stützt. Ebenso wie in dem zuletzt betrachteten Falle hängt die Stabilität von den unendlich kleinen Änderungen zweiter Ordnung der thermodynamischen Potentiale ab, falls die Variabeln, die den Zustand des Systems definieren, sich um unendlich kleine Grössen erster Ordnung ändern. Die analytische Formulierung der Stabilitätsbedingungen betrifft daher die zweiten partiellen Differentialquotienten der Potentiale. Steht das System unter dem Einfluss äusserer Kräfte, die ein Potential Ω haben, so findet *Duhem*, dass das System stabil ist gegenüber allen adiabatischen Änderungen, wenn $U + \Omega$ ein Minimum ist, und dass es stabil ist gegenüber allen isothermischen Änderungen, wenn $U - TS + \Omega$ ein Minimum ist. Dabei wird ein System, welches bei isothermischen Änderungen stabil ist, auch stabil bei adiabatischen Änderungen, falls es dem *Helmholtz*'schen Postulate genügt.

18. Wechsel der unabhängigen Variabeln. Da von den drei Variabeln p, v und T irgend zwei genügen, um den Zustand einer homogenen (tropfbaren oder gasförmigen) Flüssigkeit festzulegen, so muss es für jede solche Substanz eine Gleichung von der Form

$$(65)\qquad f(p, v, T) = 0$$

53) *H. von Helmholtz*, Zur Thermodynamik chemischer Vorgänge, Berl. Ber. 1882, p. 30; Wiss. Abhandlgn. 2, p. 958.

54) *P. Duhem,* J. de Math. (4) 2 (1894), p. 262—285.

55) *Lejeune Dirichlet,* J. f. Math. 32 (1846), p. 85.

geben, welche jene drei Variabeln mit einander verknüpft und die aus Versuchen zu bestimmen ist. Es gilt daher

$$\frac{\partial f}{\partial p} dp + \frac{\partial f}{\partial v} dv + \frac{\partial f}{\partial T} dT = 0,$$

hieraus folgt z. B. bei festgehaltenem T

$$\left(\frac{dp}{dv}\right)_T = -\frac{\partial f}{\partial v} \Big/ \frac{\partial f}{\partial p}$$

und zwei entsprechende Gleichungen. Man schliesst aus ihnen, dass

$$(66) \qquad \left(\frac{dp}{dv}\right)_T \cdot \left(\frac{dv}{dp}\right)_T = 1$$

und dass[56])

$$(67) \qquad \left(\frac{dp}{dv}\right)_T \cdot \left(\frac{dv}{dT}\right)_p \cdot \left(\frac{dT}{dp}\right)_v = -1.$$

Die der Masseneinheit zugeführte Wärme dq kann in einer der folgenden Formen geschrieben werden:

$$(68) \qquad dq = \gamma_v dT + l_v dv,$$

$$(69) \qquad dq = \gamma_p dT + l_p dp,$$

$$(70) \qquad dq = M dv + N dp,$$

wo γ_v und γ_p die Wärmekapazitäten der Masseneinheit (spezifische Wärmen) bei konstantem Volumen oder konstantem Druck, l_v und l_p die latenten Wärmen der Masseneinheit bei konstanter Temperatur für eine Änderung des Volumens oder des Druckes bedeuten (vgl. hierzu den vorausgeschickten Abschnitt „Bezeichnungen“) und die Zeichen M und N gewisse Funktionen der in Gleichung (70) zu unabhängigen Variabeln gewählten Grössen v und p bedeuten. Wenn man die unabhängigen Veränderlichen in einer dieser Formeln ändert, muss sich eine der anderen Formeln ergeben. So erhält man

$$\gamma_v dT + l_v dv = \gamma_v dT + l_v \left\{ \left(\frac{dv}{dT}\right)_p dT + \left(\frac{dv}{dp}\right)_T dp \right\};$$

vergleicht man dieses mit (69), so ergiebt sich

$$(71) \qquad l_p = l_v \left(\frac{dv}{dp}\right)_T, \quad \gamma_p = \gamma_v + l_v \left(\frac{dv}{dT}\right)_p.$$

Ähnlich erhält man:

$$(72) \qquad l_v = l_p \left(\frac{dp}{dv}\right)_T, \quad \gamma_v = \gamma_p + l_p \left(\frac{dp}{dT}\right)_v.$$

Durch Elimination von dT aus (68) und (69) folgt ferner

$$(73) \qquad dq = \frac{\gamma_p l_v dv - \gamma_v l_p dp}{\gamma_p - \gamma_v}.$$

---

56) *Clausius,* Abhandl. 2, p. 15, Gleichung (27).

und durch Vergleichung mit (70)

(74) $$M = \frac{\gamma_p l_v}{\gamma_p - \gamma_v}, \quad N = \frac{\gamma_v l_p}{\gamma_v - \gamma_p}.$$

Für eine adiabatische Zustandsänderung ($dq = 0$) können die Quotienten der Differentiale von p, v und T hiernach bestimmt werden. Führt man die Elastizitätsmoduln e_s und e_T bei konstanter Entropie und konstanter Temperatur ein, nämlich (vgl. den Abschnitt „Bezeichn.")

$$e_s = -v\left(\frac{dp}{dv}\right)_s, \quad e_T = -v\left(\frac{dp}{dv}\right)_T,$$

so ergiebt sich aus (70), (74) und (72)

$$e_s = v\frac{M}{N} = -v\frac{\gamma_p l_v}{\gamma_v l_p} = -v\frac{\gamma_p}{\gamma_v}\left(\frac{dp}{dv}\right)_T = \frac{\gamma_p}{\gamma_v} e_T$$

oder

(75) $$\frac{e_s}{e_T} = \frac{\gamma_p}{\gamma_v} = \varkappa.$$

In Worten heisst dieses: *Die Elastizitätsmoduln für adiabatische und isotherme Zustandsänderungen verhalten sich ebenso wie die spezifischen Wärmen bei konstantem Druck und konstanter Temperatur.*

Für adiabatische Änderungen erhält man ferner aus ((68), (71)) bez. ((69), (72)) die folgenden Formeln:

(76) $$\left(\frac{dv}{dT}\right)_s = -\frac{\gamma_v}{l_v} = -\frac{\gamma_v}{\gamma_p - \gamma_v}\left(\frac{dv}{dT}\right)_p,$$

(77) $$\left(\frac{dp}{dT}\right)_s = -\frac{\gamma_p}{l_p} = -\frac{\gamma_p}{\gamma_v - \gamma_p}\left(\frac{dp}{dT}\right)_v.$$

Wenn neben Temperatur, Volumen und Druck auch Entropie und Energie s und u der Masseneinheit in Betracht gezogen werden, hat man im ganzen *fünf* Variable. Irgend zwei von ihnen können als unabhängige Variable oder als „Koordinaten des Zustandes" betrachtet werden; die übrigen sind dann für die gleiche Substanz abhängige Variable und Funktionen jener Koordinaten. Ferner wird der partielle Differentialquotient einer Variabeln nach einer anderen verschieden ausfallen, je nachdem man von den übrigen Variabeln die eine oder die andere oder die dritte beim Differenzieren festgehalten hat. Bei 5 Variabeln ergeben sich auf solche Weise $5 \cdot 4 \cdot 3 = 60$ verschiedene partielle Differentialquotienten; jeder derselben ist, je nach der Wahl der unabhängigen Koordinaten, in $\frac{5 \cdot 4}{1 \cdot 2} = 10$ verschiedenen Formen auszudrücken; im Ganzen sind $60 \cdot 10 = 600$ Formeln erforderlich, um alle diese partiellen Differentialquotienten durch jedes Koordinatenpaar auszudrücken.

In manchen Lehrbüchern werden solche Formeln in tabellarischer Anordnung gegeben. Um Weitläufigkeiten zu vermeiden, kann man die Resultate unter die folgenden fünf Rubriken bringen:

Es seien x, y die unabhängigen, α, β, γ die abhängigen Variabeln. Dann hat man[57])

$$\left(\frac{d\alpha}{dx}\right)_y = \frac{1}{\left(\frac{dx}{d\alpha}\right)_y} = \frac{\partial\alpha}{\partial x}, \tag{78}$$

$$\left(\frac{d\alpha}{dx}\right)_\beta = \frac{1}{\left(\frac{dx}{d\alpha}\right)_\beta} = \frac{\frac{\partial(\alpha,\beta)}{\partial(x,y)}}{\frac{\partial\beta}{\partial y}} = \frac{\frac{\partial\alpha}{\partial x}\frac{\partial\beta}{\partial y} - \frac{\partial\alpha}{\partial y}\frac{\partial\beta}{\partial x}}{\frac{\partial\beta}{\partial y}}, \tag{79}$$

$$\left(\frac{dx}{dy}\right)_\alpha = \frac{1}{\left(\frac{dy}{dx}\right)_\alpha} = -\frac{\frac{\partial\alpha}{\partial y}}{\frac{\partial\alpha}{\partial x}}; \tag{80}$$

$$\left(\frac{d\alpha}{d\beta}\right)_x = \frac{1}{\left(\frac{d\beta}{d\alpha}\right)_x} = \frac{\frac{\partial\alpha}{\partial y}}{\frac{\partial\beta}{\partial y}}, \tag{81}$$

$$\left(\frac{d\alpha}{d\beta}\right)_\gamma = \frac{1}{\left(\frac{d\beta}{d\alpha}\right)_\gamma} = \frac{\frac{\partial(\alpha,\gamma)}{\partial(x,y)}}{\frac{\partial(\beta,\gamma)}{\partial(x,y)}} = \frac{\frac{\partial\alpha}{\partial x}\frac{\partial\gamma}{\partial y} - \frac{\partial\alpha}{\partial y}\frac{\partial\gamma}{\partial x}}{\frac{\partial\beta}{\partial x}\frac{\partial\gamma}{\partial y} - \frac{\partial\beta}{\partial y}\frac{\partial\gamma}{\partial x}}. \tag{82}$$

Indem man für $x, y, \alpha, \beta, \gamma$ die Werte v, p, T, s, u in irgend einer passenden Reihenfolge einsetzt, kann jeder partielle Differentialquotient durch jedes Paar von Zustandskoordinaten ausgedrückt und kann jede thermodynamische Formel, welche die in Rede stehenden Differentialquotienten enthält, gewonnen werden.

Ähnlich liegen die Dinge bei einem System von beliebig vielen Freiheitsgraden; die partiellen Differentialquotienten lassen sich dann in der Form von Funktionaldeterminanten darstellen[58]).

19. Folgerungen aus den Integrabilitätsbedingungen. Die Bedingung dafür, dass $Xdx + Ydy$ ein vollständiges Differential ist,

57) Die Gleichungen (78) bis (82) können leicht nach bekannten analytischen Methoden gefunden werden; ausserdem ergeben sich die ersten vier Gleichungen auch, wenn man in der (x, y)-Ebene ein krummliniges Viereck konstruiert, das von den Kurven $\alpha = \text{const.}$, $\alpha + d\alpha = \text{const.}$, $\beta = \text{const.}$, $\beta + d\beta = \text{const.}$ begrenzt wird, und die verschiedenen Ausdrücke für dessen Inhalt nach Forthebung des gemeinsamen Faktors $d\alpha\, d\beta$ einander gleichsetzt. Die fünfte Gleichung folgt dann durch Division zweier vorhergehender durch einander. Dies geometrische Verfahren wurde durch die Arbeiten von *Rankine* ausgebildet.

58) Vgl. z. B. *B. Weinstein,* Thermodynamik, p. 107.

lautet bekanntlich $\partial X/\partial y = \partial Y/\partial x$. Nach dem ersten Hauptsatz ist

$$du = dq - p\,dv$$

ein vollständiges Differential. Benutzt man hier die in der vorigen Nummer angegebenen drei Formen von dq (Gleichung (68) bis (70)), so ergeben sich die folgenden Identitäten:

$$\frac{\partial(l_v - p)}{\partial T} = \frac{\partial \gamma_v}{\partial v}, \tag{83}$$

$$\frac{\partial(l_p + v)}{\partial T} = \frac{\partial \gamma_p}{\partial p}, \tag{84}$$

$$\frac{\partial N}{\partial v} = \frac{\partial M}{\partial p} - 1. \tag{85}$$

Nach dem zweiten Hauptsatz ist andererseits

$$ds = \frac{dq}{T}$$

ein vollständiges Differential. Daher gelten auch die folgenden Beziehungen:

$$\frac{\partial l_v}{\partial T} - \frac{l_v}{T} = \frac{\partial \gamma_v}{\partial v}, \tag{86}$$

$$\frac{\partial l_p}{\partial T} - \frac{l_p}{T} = \frac{\partial \gamma_p}{\partial p}, \tag{87}$$

$$\frac{\partial N}{\partial v} - \frac{N}{T}\frac{\partial T}{\partial v} = \frac{\partial M}{\partial p} - \frac{M}{T}\frac{\partial T}{\partial p}. \tag{88}$$

Durch Zusammenfassung des ersten und zweiten Gleichungstripels erhält man:

$$(89)\ \left(\frac{\partial p}{\partial T}\right)_v = \frac{l_v}{T}, \quad (90)\ \left(\frac{\partial v}{\partial T}\right)_p = -\frac{l_p}{T}, \quad (91)\ N\frac{\partial T}{\partial v} - M\frac{\partial T}{\partial p} = -T,$$

sowie die weiteren Beziehungen

$$(92)\ \left(\frac{\partial \gamma_v}{\partial v}\right)_T = T\left(\frac{\partial^2 p}{\partial T^2}\right)_v, \quad (93)\ \left(\frac{\partial \gamma_p}{\partial p}\right)_T = -T\left(\frac{\partial^2 v}{\partial T^2}\right)_p,$$

welche bei der Bestimmung von γ_p und γ_v von Nutzen sind.

Die Gleichungen (89) und (90) gehören zu einem Satz von vier Gleichungen, welche gewöhnlich als die *„vier Maxwell'schen thermodynamischen Relationen"* bezeichnet werden[60]). Wir leiten dieselben bequemer mit Hülfe der thermodynamischen Potentiale ab (vgl. Nr. **16**, p. 106). Dieselben mögen, wenn sie sich auf die Masseneinheit der Flüssigkeit beziehen,

$$u, \mathfrak{F}_v, \mathfrak{F}_p, \mathfrak{F}_s$$

(vgl. den Abschnitt „Bezeichn." am Anfange des Art.) heissen.

---

60) *J. C. Maxwell*, Theory of heat, 1. Aufl., London (1871), p. 167; 10. Aufl. (1891), p. 169.

Nun gelten die selbstverständlichen Beziehungen:

$$\frac{\partial^2 u}{\partial s \partial v} = \frac{\partial^2 u}{\partial v \partial s}, \quad \frac{\partial^2 \mathfrak{F}_v}{\partial T \partial v} = \frac{\partial^2 \mathfrak{F}_v}{\partial v \partial T}, \text{ etc.};$$

aus ihnen ergiebt sich mit Rücksicht auf die Gleichungen (52) bis (55):

$$\left(\frac{\partial T}{\partial v}\right)_s = - T \left(\frac{\partial p}{\partial q}\right)_v, \tag{94}$$

$$\left(\frac{\partial q}{\partial v}\right)_T = + T \left(\frac{\partial p}{\partial T}\right)_v, \tag{95}$$

$$\left(\frac{\partial q}{\partial p}\right)_T = - T \left(\frac{\partial v}{\partial T}\right)_p, \tag{96}$$

$$\left(\frac{\partial T}{\partial p}\right)_s = + T \left(\frac{\partial v}{\partial q}\right)_p. \tag{97}$$

Die somit gewonnenen *Maxwell*'schen Relationen sind experimentell geprüft und bestätigt. Gleichung (95) wurde zuerst von *Clapeyron* gefunden (vgl. Nr. **10**); sie ist mit Gleichung (10) und (89) identisch.

Die *Maxwell*'schen Relationen führen zu den folgenden qualitativen Folgerungen, sowie zu entsprechenden quantitativen Ergebnissen:

Wenn ein Stoff adiabatisch gedehnt wird, nimmt seine Temperatur mit zunehmendem Volumen zu oder ab, je nachdem eine Wärmezufuhr bei konstantem Volumen den Druck verkleinert oder vergrössert.

Wenn ein Stoff isothermisch gedehnt wird, nimmt er mit zunehmendem Volumen Wärme auf oder giebt Wärme ab, je nachdem der Druck bei konstantem Volumen mit steigender Temperatur zu- oder abnimmt.

Wenn ein Stoff isothermisch gedrückt wird, nimmt er mit wachsendem Druck Wärme auf oder giebt sie ab, je nachdem das Volumen bei konstantem Druck mit steigender Temperatur ab- oder zunimmt.

Wenn ein Stoff adiabatisch gedrückt wird, nimmt seine Temperatur mit wachsendem Druck zu oder ab, je nachdem eine Wärmezufuhr bei konstantem Druck das Volumen vergrössert oder verkleinert.

Ein Beispiel liefert das Verhalten des Wassers unterhalb der Temperatur der grössesten Dichte; wir verweisen dieserhalb auf den folgenden Artikel.

20. Die thermodynamischen Koeffizienten, ausgedrückt durch die thermodynamischen Potentiale. Die Gesamtheit der thermodynamischen Koeffizienten, die in den vorhergehenden Nummern vorkamen, lassen sich durch die thermodynamischen Potentiale $\mathfrak{F}_v$ und $\mathfrak{F}_p$ der Masseneinheit in einfacher Weise ausdrücken. Indem wir die zusammengehörigen Ausdrücke einander gegenüberstellen, sehen wir, dass zwischen ihnen eine Art Dualitätsprinzip besteht.

$\mathfrak{F}_v$-Formeln.

Spezifische Wärme bei konstantem Volumen: (98)

$$\gamma_v = \left(\frac{\partial q}{\partial T}\right)_v = T\left(\frac{\partial s}{\partial T}\right)_v = -T\frac{\partial^2 \mathfrak{F}_v}{\partial T^2}.$$

Spezifische Wärme bei konstantem Druck:

$$\begin{aligned}\gamma_p &= T\left(\frac{\partial s}{\partial T}\right)_p \\ &= T\left\{\left(\frac{\partial s}{\partial T}\right)_v + \frac{\partial s}{\partial v}\left(\frac{\partial v}{\partial T}\right)_p\right\} \\ &= -T\left\{\frac{\partial^2\mathfrak{F}_v}{\partial T^2} + \frac{\partial^2 \mathfrak{F}_v}{\partial T\partial v}\left(\frac{\partial v}{\partial T}\right)_p\right\}.\end{aligned}$$

Nun ist aber $p = -\frac{\partial \mathfrak{F}_v}{\partial v}$; also giebt $p=$ const.:

$$0 = \frac{\partial^2\mathfrak{F}_v}{\partial v\partial T} + \frac{\partial^2\mathfrak{F}_v}{\partial v^2}\cdot\left(\frac{\partial v}{\partial T}\right)_p;$$

indem man diesen Wert von $\partial v/\partial T$ oben einsetzt, folgt (99)

$$\gamma_p = -T\frac{\frac{\partial^2\mathfrak{F}_v}{\partial T^2}\frac{\partial^2\mathfrak{F}_v}{\partial v^2} - \left(\frac{\partial^2\mathfrak{F}_v}{\partial v\partial T}\right)^2}{\frac{\partial^2\mathfrak{F}_v}{\partial v^2}},$$

mithin (100)

$$\begin{aligned}\gamma_p - \gamma_v &= T\left(\frac{\partial^2\mathfrak{F}_v}{\partial v\partial T}\right)^2 \Big/ \frac{\partial^2\mathfrak{F}_v}{\partial v^2} \\ &= -T\left(\frac{\partial p}{\partial T}\right)^2 \Big/ \frac{\partial p}{dv}.\end{aligned}$$

Der Ausdehnungskoeffizient bei konstantem Druck

$$\alpha = \frac{1}{v}\left(\frac{\partial v}{\partial T}\right)_p.$$

Bei konstantem p ist

$$d\frac{\partial\mathfrak{F}_v}{\partial v} = \frac{\partial^2\mathfrak{F}_v}{\partial v^2}dv + \frac{\partial^2\mathfrak{F}_v}{\partial v\partial T}dT = 0;$$

mithin wird (101)

$$\alpha = -\frac{\partial^2\mathfrak{F}_v}{\partial v\partial T} \Big/ v\frac{\partial^2\mathfrak{F}_v}{\partial v^2}.$$

Andererseits ist (102)

$$\alpha' = \frac{1}{p}\left(\frac{\partial p}{\partial T}\right)_v = +\frac{\partial^2\mathfrak{F}_v}{\partial v\partial T} \Big/ \frac{\partial\mathfrak{F}_v}{\partial v}.$$

$\mathfrak{F}_p$-Formeln.

Spezifische Wärme bei konstantem Druck: (98′)

$$\gamma_p = \left(\frac{\partial q}{\partial T}\right)_p = T\left(\frac{\partial s}{\partial T}\right)_p = -T\frac{\partial^2 \mathfrak{F}_p}{\partial T^2}.$$

Spezifische Wärme bei konstantem Volumen:

$$\begin{aligned}\gamma_v &= T\left(\frac{\partial s}{\partial T}\right)_v \\ &= T\left\{\left(\frac{\partial s}{\partial v}\right)_p + \frac{\partial s}{\partial p}\left(\frac{\partial p}{\partial T}\right)_v\right\} \\ &= -T\left\{\frac{\partial^2\mathfrak{F}_p}{\partial T^2} + \frac{\partial^2 \mathfrak{F}_p}{\partial T\partial p}\left(\frac{\partial p}{\partial T}\right)_v\right\}.\end{aligned}$$

Nun ist aber $v = +\frac{\partial \mathfrak{F}_p}{\partial p}$; also giebt $v=$ const.:

$$0 = \frac{\partial^2\mathfrak{F}_p}{\partial p\partial T} + \frac{\partial^2\mathfrak{F}_p}{\partial p^2}\left(\frac{\partial p}{\partial T}\right)_v;$$

indem man diesen Wert von $\partial p/\partial T$ oben einsetzt, folgt (99′)

$$\gamma_v = -T\frac{\frac{\partial^2\mathfrak{F}_p}{\partial T^2}\frac{\partial^2\mathfrak{F}_p}{\partial p^2} - \left(\frac{\partial^2\mathfrak{F}_p}{\partial p\partial T}\right)^2}{\frac{\partial^2\mathfrak{F}_p}{\partial p^2}},$$

mithin (100′)

$$\begin{aligned}\gamma_v - \gamma_p &= T\left(\frac{\partial^2\mathfrak{F}_p}{\partial p\partial T}\right)^2 \Big/ \frac{\partial^2\mathfrak{F}_p}{\partial p^2} \\ &= +T\left(\frac{\partial v}{\partial T}\right)^2 \Big/ \frac{\partial v}{\partial p}.\end{aligned}$$

Der Temperaturkoeffizient des Druckes bei konstantem Volumen

$$\alpha' = \frac{1}{p}\left(\frac{\partial p}{\partial T}\right)_v.$$

Bei konstantem v ist

$$d\frac{\partial\mathfrak{F}_p}{\partial p} = \frac{\partial^2\mathfrak{F}_p}{\partial p^2}dp + \frac{\partial^2\mathfrak{F}_p}{\partial p\partial T}dT = 0;$$

mithin wird (101′)

$$\alpha' = -\frac{\partial^2\mathfrak{F}_p}{\partial p\partial T} \Big/ p\frac{\partial^2\mathfrak{F}_p}{\partial p^2}.$$

Andererseits ist (102′)

$$\alpha = \frac{1}{v}\left(\frac{\partial v}{\partial T}\right)_p = \frac{\partial^2\mathfrak{F}_p}{\partial p\partial T} \Big/ \frac{\partial\mathfrak{F}_p}{\partial p}.$$

Entsprechendes liesse sich für andere thermodynamische Koefficienten durchführen; doch möge die vorstehende Liste genügen.

21. **Thermo-Elastizität.** Als Beispiel eines Systems, dessen Zustand im Gegensatz zu dem der Flüssigkeiten von mehr als einer mechanischen Koordinate abhängt, möge die *Thermodynamik des elastischen festen Körpers*[61]) in allgemeinen Umrissen skizziert werden; nähere Ausführungen hierzu bringt der folgende Artikel.

In der Elastizitätstheorie wird die Formänderung eines Körpers durch sechs Komponenten beschrieben, welche $\varepsilon_x, \varepsilon_y, \varepsilon_z, \gamma_x, \gamma_y, \gamma_z$ heissen mögen und welche mit den Verrückungen ξ, η, ζ des Punktes x, y, z durch Gleichungen von der Form

$$\varepsilon_x = \frac{\partial \xi}{\partial x}, \cdots, \quad \gamma_x = \frac{1}{2}\left(\frac{\partial \eta}{\partial z} + \frac{\partial \zeta}{\partial y}\right), \cdots$$

zusammenhängen. Andererseits wird der Spannungszustand durch die Angabe der sechs Komponenten $\sigma_x, \sigma_y, \sigma_z, \tau_x, \tau_y, \tau_z$ beschrieben, welche so gewählt sind, dass bei einer hinzukommenden Formänderung $(d\varepsilon, d\gamma)$ die am Körper geleistete Arbeit, pro Volumeinheit des nicht deformierten Körpers berechnet, beträgt:

$$\sigma_x d\varepsilon_x + \cdots + \tau_x d\gamma_x + \cdots$$

Bedeutet ϱ die Dichte im ursprünglichen, nicht-deformierten Zustande, so folgt aus den thermodynamischen Grundgesetzen als zugehörige Anderung du der inneren Energie pro Masseneinheit:

$$(103) \qquad du = Tds + \frac{1}{\varrho}(\sigma_x d\varepsilon_x + \cdots + \tau_x d\gamma_x + \cdots).$$

Führt man daneben das thermodynamische Potential $\mathfrak{F}_\varepsilon$ bei gegebener Formänderung ein, nämlich

$$\mathfrak{F}_\varepsilon = u - Ts,$$

so wird

$$(104) \qquad d\mathfrak{F}_\varepsilon = -sdT + \frac{1}{\varrho}(\sigma_x d\varepsilon_x + \cdots + \tau_x d\gamma_x + \cdots).$$

Hiernach bedeuten die Produkte ϱu und $\varrho \mathfrak{F}_\varepsilon$ die in üblicher Weise definierten, auf die ursprüngliche Volumeinheit bezogenen elastischen Potentiale, ausgedrückt als Funktionen der Formänderungen einerseits, der Entropie oder der Temperatur andererseits.

Die Integrabilitätsbedingungen liefern Beziehungen[62]) von der Form:

$$(105) \quad \frac{1}{\varrho}\left(\frac{\partial \sigma_x}{\partial s}\right)_{\varepsilon,\gamma} = \left(\frac{\partial T}{\partial \varepsilon_x}\right)_{s,\varepsilon',\gamma}, \quad \frac{1}{\varrho}\left(\frac{\partial \sigma_x}{\partial T}\right)_{\varepsilon,\gamma} = -\left(\frac{\partial s}{\partial \varepsilon_x}\right)_{T,\varepsilon',\gamma} \text{etc.},$$

61) Lord *Kelvin*, Quart. Math. Journ. 1 (1857), p. 57.

62) Erläuterungen hierzu giebt *P. G. Tait*, Sketch of thermodynamics. Edinburgh 1868, p. 114.

wo die den Differentialquotienten beigefügten Indices wieder die beim Differenzieren festgehaltenen Variabeln angeben und ε' im vorliegenden Falle die beiden Grössen ε_y und ε_z vertritt. Die Grösse ϱ wird bei der Differentiation als konstant angesehen, da sie die ursprüngliche Dichte bedeutet.

Wenn die Spannungskomponenten $\sigma_x, \sigma_y, \sigma_z, \tau_x, \tau_y, \tau_z$ bei den zu betrachtenden Zustandsänderungen gegeben sind, werden die alsdann zu benutzenden Potentiale erhalten, indem man von u und $\mathfrak{F}_\varepsilon$ den Ausdruck

$$\frac{1}{\varrho}(\sigma_x \varepsilon_x + \sigma_y \varepsilon_y + \sigma_z \varepsilon_z + \tau_x \gamma_x + \tau_y \gamma_y + \tau_z \gamma_z)$$

subtrahiert; die so erhaltenen Potentiale, welche den Bildungen $\mathfrak{F}_{SX}$ bez. $\mathfrak{F}_{TX}$ in der allgemeinen Theorie der Nr. **16** entsprechen, sind als Funktionen der Spannungen einerseits, der Entropie oder Temperatur andererseits aufzufassen. Dieselben mögen der Kürze halber $\mathfrak{F}_s$ und $\mathfrak{F}_T$ heissen. $\mathfrak{F}_s$ ist wieder bei adiabatischem Spannungsverlauf (z. B. schnelle Schwingungen), $\mathfrak{F}_T$ bei isothermischem (z. B. stationäre Beanspruchung) zu benutzen. Handelt es sich im besonderen um eine stationäre einfache Zugbeanspruchung parallel zur x-Axe bei konstanter Temperatur, so gilt

$$\varepsilon_x = -\frac{1}{\varrho}\left(\frac{\partial \mathfrak{F}_T}{\partial \sigma_x}\right)_T$$

und es bedeutet σ_x/ε_x den gewöhnlichen Elasticitätsmodul.

Weiter führt der Umstand, dass $d\mathfrak{F}_s$ und $d\mathfrak{F}_T$ vollständige Differentiale sind, zu den Folgerungen:

$$(106) \qquad \frac{1}{\varrho}\left(\frac{\partial \varepsilon_x}{\partial s}\right)_{\sigma_x} = -\left(\frac{\partial T}{\partial \sigma_x}\right)_s, \quad \frac{1}{\varrho}\left(\frac{\partial \varepsilon_x}{\partial T}\right)_{\sigma_x} = +\left(\frac{\partial v}{\partial \sigma_x}\right)_T.$$

Diese Gleichungen können ebenso wie die *Maxwell*'schen Relationen in Nr. **19** gedeutet und an Hand des Experimentes[63]) geprüft werden. Z. B. besagt die vorletzte Gleichung, dass eine plötzliche (d. h. adiabatische) Zunahme der Spannung die Temperatur eines Drahtes erhöhen oder erniedrigen wird, je nachdem eine Wärmezufuhr bei konstanter Spannung Verkürzung oder Verlängerung des Drahtes bewirkt. Ersteres ist der Fall bei Kautschuk. Wir verweisen wegen näherer Ausführungen auf den folgenden Art.

---

63) *J. P. Joule,* Lond. Trans. 149 (1859), p. 91; Scientific papers 1, p. 143; *Edlund,* Ann. Phys. Chem. 114 (1861), p. 1; 126 (1865), p. 539.

III. Anwendung der thermodynamischen Prinzipien auf besondere Systeme.

22. Vollkommene Gase. Die Mehrzahl der Gase genügt, wie man gefunden hat, mit grösserer oder geringerer Näherung den folgenden Gesetzen, vorausgesetzt, dass ihr Zustand hinsichtlich Druck und Temperatur genügend weit von demjenigen Zustande entfernt ist, in dem sie tropfbar-flüssig werden.

1) *Das Boyle'sche Gesetz*[64]) (auch *Mariotte*'sches Gesetz genannt). Wenn die Temperatur konstant ist, ändert sich das Volumen umgekehrt wie der Druck. Es ist also $pv = \text{const.}$, wenn $T = \text{const.}$, oder allgemeiner ausgedrückt:

$$pv = f(T) = \text{Funktion von } T \text{ allein.}$$

2) *Das Gay-Lussac-Joule'sche Gesetz*[65]). Bei der isothermischen Kompression eines Gases wird die ganze Kompressionsarbeit in Wärme umgesetzt; umgekehrt ist bei der isothermischen Expansion eines Gases die geleistete Arbeit der aufgenommenen Wärme äquivalent.

3) *Die Clausius'sche Annahme*[66]). Die spezifische Wärme bei konstantem Volumen ist von der Temperatur unabhängig.

Ein vollkommenes Gas ist eine ideale Substanz, welche auf zwei Weisen definiert werden kann. Nach der einen Definition ist ein vollkommenes Gas eine Substanz, welche den beiden ersten Gesetzen genau genügt; nach der anderen, von *Clausius* zu Grunde gelegten Definition ist es eine Substanz, die allen drei Gesetzen genau genügt.

Wir leiten zunächst aus der ersten Definition die hauptsächlichen Gasgesetze ab. Wenn ein Gas bei konstanter Temperatur langsam

---

64) *R. Boyle,* New experiments touching the Spring of Air. London 1660; *Mariotte*, Second Essai de Physique 1679, Ges. Werke. Haag 1740, p. 151.

65) Dasselbe wurde durch den folgenden Versuch festgestellt. Man nimmt zwei gleiche Kupfergefässe A und B, welche durch einen Hahn verbunden und in Wasser getaucht sind. Gefäss A enthält komprimiertes Gas, Gefäss B ist leer. Lässt man das Gas von A nach B übergehen, so darf das Wasser nicht erwärmt werden, wenn das Gesetz richtig ist. In dieser Weise wurde der Versuch von *Joule* bei seinen Untersuchungen zum ersten Hauptsatz angestellt. Vgl. Phil. Mag. (3) 26 (1845), p. 376; Papers 1, p. 172. Indessen ist zu bemerken, dass ein im wesentlichen gleiches Verfahren schon 1806 von *Gay-Lussac* mit Erfolg angewandt wurde. Vgl. Mém. Soc. d'Arceuil 1 (1807), p. 202. Gewöhnlich verbindet man den Namen *Gay-Lussac*'s mit derjenigen Folgerung dieses Gesetzes, die wir unten als *Charles*'sches Gesetz aufführen werden. Weitere Versuche wurden von *Hirn* gemacht (Th. mécanique de la chaleur (3e Ausg.) Paris (1875) 1, p. 298).

66) Dieselbe wird durch Versuche von *Regnault* gerechtfertigt.

expandiert, so gilt wegen $dT = 0$ (vgl. Gleichung (68)) $dq = l_v dv$. Andrerseits ist nach dem *Joule*'schen Gesetze $dq = p dv$. Hieraus folgt

$$l_v = p. \tag{107}$$

Nach der *Clapeyron*'schen Gleichung (89) ist aber

$$\left(\frac{\partial p}{\partial T}\right)_v = \frac{l_v}{T} = \frac{p}{T}.$$

Durch Integration folgt, dass p *proportional mit* T wird. Mit Hinzunahme des *Boyle*'schen Gesetzes folgt hieraus, dass pv *proportional mit* T ist, oder dass

$$pv = BT. \tag{108}$$

Der Wert der Integrations-Konstanten B ist offenbar umgekehrt proportional der Dichte des Gases bei dem betreffenden Druck und der betreffenden Temperatur.

In der kinetischen Gastheorie wird gezeigt, dass bei gegebener Temperatur der Gasdruck nur von der Anzahl n der Moleküle in der Volumeinheit abhängt (*Avogadro*'sche *Regel*). Bedeutet M das sog. Molekulargewicht, d. h. das Verhältnis der Masse eines Moleküls des betr. Gases zur Masse eines Wasserstoffatoms, so ist die Masse der Volumeinheit proportional zu Mn und daher das Volumen der Masseneinheit proportional zu $1/Mn$; also wird n für alle Gase proportional mit $1/Mv$. Daraus folgt, dass B umgekehrt proportional mit M ist. Setzt man also $B = R/M$, so wird R eine universelle Konstante, d. h. R hat für alle Gase den gleichen Wert[67]). Setzt man $v' = Mv$, so ist v' das sog. Molekularvolumen. Gl. (108) kann nun auch so geschrieben werden, dass sie nur die universelle Konstante R enthält, nämlich

$$pv' = RT. \tag{109}$$

Die absolute Temperatur eines Gases ist sowohl nach Gl. (108) wie nach (109) bei festgehaltenem Druck dem Volumen und bei unveränderlichem Volumen dem Druck proportional. Das erste dieser beiden Ergebnisse ist unter dem Namen *Charles*'sches oder *Gay-Lussac*-sches Gesetz bekannt[68]).

---

67) In den Bezeichnungen folgen wir dem Vorgange von *Zeuner* und unterscheiden demgemäss konsequent zwischen der für das einzelne Gas charakteristischen *Gaskonstanten* B und der *universellen Gaskonstanten* $R = BM$.

68) Aus diesem Gesetz folgt, dass der kubische Ausdehnungskoeffizient eines vollkommenen Gases bei konstantem Druck

$$\alpha_p = \frac{1}{v}\left(\frac{dv}{dT}\right)_p = \frac{1}{T}$$

bei gleicher Temperatur für alle vollkommenen Gase der gleiche ist. *Gay-*

Mithin stellt ein vollkommenes Gas, von dem entweder der Druck oder das Volumen konstant gehalten wird, ein *Thermometer* dar, indem sein Volumen oder sein Druck der absoluten Temperatur proportional ist. Ist das Gas gewöhnliche Luft, so erhält man das sogenannte *Luftthermometer* von konstantem Druck oder konstantem Volumen, welches leicht experimentell zu realisieren ist. Nach den vorausgehenden Erörterungen giebt ein Luftthermometer eine *angenäherte* absolute Temperaturskala. Um eine genaue Skala zu erhalten, müsste man die Abweichungen der Luft von dem *Boyle*'schen und *Joule*'schen Gesetz durch den Versuch bestimmen; hierüber wird in der folgenden Nummer berichtet werden.

Aus (71), (107) und (108) ergiebt sich noch die zu (107) analoge Gleichung:

$$(107') \qquad l_p = l_v \left(\frac{dv}{dp}\right)_T = p \cdot \left(-\frac{v}{p}\right) = -v.$$

Weiter ist

$$(110) \qquad du = dq - p\,dv = \gamma_v dT + (l_v - p)\,dv = \gamma_v dT,$$

letzteres wegen Gleichung (107). Nun ist aber du ein vollständiges Differential. Daher wird γ_v eine Funktion von T allein. Das heisst: *die spezifische Wärme bei konstantem Volumen ist eine Funktion der Temperatur allein. Das Gleiche gilt von der inneren Energie u.*

Nach Nr. **18** Gleichung (71) ist für ein vollkommenes Gas:

$$(111) \qquad \gamma_p - \gamma_v = l_v \left(\frac{\partial v}{\partial T}\right)_p = p\,\frac{B}{p} = B,$$

das heisst: *Die Differenz der spezifischen Wärmen ist für ein und dasselbe Gas eine Konstante.* Für verschiedene Gase verhalten sich die Differenzen der spezifischen Wärmen umgekehrt wie die Molekulargewichte.

Genügt das Gas auch noch der *Clausius*'schen Annahme, *so werden beide spezifischen Wärmen Konstante.*

Lussac (Ann. de chimie 43 (1802), p. 157) bespricht diese Thatsache und bemerkt, dass sie schon früher von *Charles* durch Zufall gefunden, aber nicht publiziert sei. Die *Gay-Lussac*'schen Versuchsergebnisse genügen bereits zu zeigen, dass die durch verschiedene Gasthermometer gelieferten Temperaturskalen identisch sind, und den Nullpunkt der Gastemperaturen als denjenigen Punkt zu definieren, bei dem das Volumen aller vollkommenen Gase bei konstantem Druck verschwinden würde, wenn im Verlauf der Abkühlung das Verhalten der Gase ungeändert bleiben würde. Die historisch vorangehende Kenntnis dieser Temperaturskala erleichterte wesentlich die Einführung der mit ihr zusammenfallenden absoluten Temperaturskala und gab den Ausschlag für die jetzt allgemein angenommene Definition derselben im Gegensatz zu der von Lord Kelvin ursprünglich vorgeschlagenen (vgl. Nr. **10**, Anm. 30).

Die *Gleichungen der Adiabaten* ausgedrückt in den Koordinaten p und v ergeben sich am leichtesten aus der Beziehung zwischen den Elastizitätsmoduln und den spezifischen Wärmen (Nr. **18**, Gleichung (75)). Hiernach ist

$$\left(\frac{\partial p}{\partial v}\right)_s = \varkappa\left(\frac{\partial p}{\partial v}\right)_T = -\varkappa\frac{BT}{v^2} = -\varkappa\frac{p}{v}.$$

Durch Integration folgt das von *Poisson*[69]) aufgestellte und nach ihm benannte Gesetz:

$$pv^{\varkappa} = \text{const.} \tag{112}$$

Man hat diese Formel angewandt[70]), um die Verhältniszahl $\varkappa$ für irgend ein Gas innerhalb derjenigen Grenzen der Annäherung zu bestimmen, die durch den Begriff des vollkommenen Gases gesteckt sind. Beziehen sich die Indices 1 und 2 auf zwei Zustände, die derselben Adiabate angehören, so gilt nämlich

$$\varkappa = \frac{\log p_2 - \log p_1}{\log v_1 - \log v_2}.$$

Noch möge auf den Zusammenhang dieser Zahl mit der Schallgeschwindigkeit hingewiesen werden, der des Näheren in Enc. IV (Art. *Lamb*: Akustik) erläutert ist. Allgemein gilt für die Schallgeschwindigkeit a in einem beliebigen (vollkommenen oder nicht-vollkommenen) Gase, dass $a^2 = (dp/d\varrho)_s = -v^2(dp/dv)_s = ve_s$ ist. Für vollkommene Gase berechnet man andererseits $ve_T = -v^2(dp/dv)_T = BT$ und erhält mit Rücksicht auf Gl. (75) $a^2 = \varkappa BT$. Bei den wirklichen Gasen ist der Wert von $(dp/dv)_T$ oder, was auf dasselbe herauskommt, der Wert von e_T aus der direkten Beobachtung zu entnehmen und man erhält $a^2 = \varkappa ve_T$. Wird ausserdem die Schallgeschwindigkeit (oder die Wellenlänge des Schalls) in dem betr. Gase beobachtet, so ist $\varkappa$ bekannt[71]). Es ergiebt sich (für Luft oder Wasserstoff) $\varkappa = 1{,}40$.

Um Entropie, Energie und thermodynamische Potentiale eines

---

69) *S. D. Poisson,* Ann. chim. phys. (2) 33 (1823), p. 15; Traité de Mécanique 2e édit. 2 (1833), p. 646, 647.

70) *Clément* und *Désormes*, J. phys. 89 (1819), p. 428; *Gay-Lussac* und *Welter,* Ann. chim. phys. (1) 19 (1821), p. 436, (2) 20 (1821), p. 206; *Cazin,* Ann. chim. phys. (3) 66 (1862), p. 206; *R. Kohlrausch*, Ann. Phys. Chem. 136 (1869), p. 618; *Röntgen,* Ann. Phys. Chem. 141 (1870), p. 552, 148 (1873), p. 580; *Massau,* Ann. chim. phys. (3) 53 (1858), p. 268; *Hirn,* Th. Mécanique de la chaleur 1 (2te Aufl.), p. 69.

71) Wir verweisen insbesondere auf die Arbeiten von *W. Kundt*, Ann. Phys. Chem. 128 (1866), p. 337, 135 (1868), p. 548 und *J. J. Miller,* Ann. Phys. Chem. 154 (1875), p. 113. Wegen weiterer Litteratur s. den im Text genannten Art. aus Bd. IV.

vollkommenen Gases unter Zugrundelegung der *Clausius*'schen Definition zu bestimmen, schreiben wir der Reihe nach:

$$dq = \gamma_v dT + p dv,$$

$$ds = \frac{\gamma_v}{T} dT + \frac{p}{T} dv = \gamma_v \frac{dT}{T} + B\frac{dv}{v},$$

$$s = \gamma_v \log T + B \log v + s_0, \tag{113}$$

wo s_0 eine Konstante. Ferner ist nach Gleichung (110):

$$du = \gamma_v dT, \text{ also } u = \gamma_v T + u_0, \tag{114}$$

wo u_0 ebenfalls eine Konstante. Nach den Definitionen in Nr. **16** ergiebt sich aus (113) und (114):

$$\left\{\begin{aligned} \mathfrak{F}_v &= u - Ts \\ &= \gamma_v T + u_0 - T(\gamma_v \log T + B \log v + s_0) \\ &= u_0 - Ts_0 + \gamma_v T(1 - \log T) - BT \log v \end{aligned}\right. \tag{115}$$

und

$$\left\{\begin{aligned} \mathfrak{F}_p &= \mathfrak{F}_v + pv \\ &= u_0 - Ts_0 + \gamma_v T(1 - \log T) - BT \log\left(\frac{BT}{p}\right) + BT \\ &= u_0 - T(s_0 + B \log B) + (\gamma_v + B)\, T(1 - \log T) + BT \log p. \\ &= u_0 - T\sigma_0 + \gamma_p T(1 - \log T) + BT \log p, \end{aligned}\right. \tag{116}$$

wo die Konstante σ_0 den Wert $s_0 + B \log B$ hat. —

Wir gliedern hier die Behandlung der *Gasgemische* an und drücken ihre thermodynamischen Eigenschaften durch die ihrer konstituierenden Bestandteile aus.

Als Definition dessen, was wir unter einem Gasgemisch verstehen wollen, schicken wir die folgende z. B. bei Luft durch die Erfahrung bestätigte Annahme voran: *Wenn wir zwei oder mehr Gase sich langsam mischen lassen, nachdem wir sie auf gleichen Druck und gleiche Temperatur gebracht haben, bleibt ihr Gesamtvolumen bei der Mischung ungeändert.* Ein Corollar dieser Annahme ist unter dem Namen des *Dalton*'schen *Gesetzes* bekannt und lautet: *Der Druck eines Gasgemisches, welches sich in einem gegebenen Volumen V bei gegebener Temperatur T befindet, ist die Summe der Partialdrucke, welche die einzelnen Bestandteile in dem Volumen V bei der Temperatur T hervorbringen würden.*

Es seien m' und m'' die Massen der beiden Bestandteile des Gemisches und es mögen ebenso die übrigen thermodynamischen Grössen durch Accente unterschieden werden. Dann ist, wenn die Mischung bei gleichem Druck und gleicher Temperatur vor sich geht:

$$pv' = B'T, \qquad pv'' = B''T$$

und

$$V = m'v' + m''v'' = (m' + m'')v,$$

also

$$pv = \frac{m'B' + m''B''}{m' + m''} T;$$

mithin wird die Gaskonstante des Gemisches

(117)
$$B = \frac{m'B' + m''B''}{m' + m''}.$$

Wenn sich die Gase bei der Temperatur T und dem Drucke p *ohne Wärmeentwickelung*[72]) mischen, wird, da bei ungeändert bleibendem Gesamtvolumen keine Arbeit geleistet wird, die innere Energie die Summe der Energie der Bestandteile sein, also

(118)
$$(m' + m'')\, u = m'u' + m''u''.$$

Wir benutzen den Energieausdruck $u = \gamma_v T + u_0$ (Gl. (114)) und erhalten:

$$(m' + m'')(\gamma_v T + u_0) = m'(\gamma_v' T + u_0') + m''(\gamma_v'' T + u_0''),$$

also

(119)
$$\gamma_v = \frac{m'\gamma_v' + m''\gamma_v''}{m' + m''},$$

eine Beziehung, welche besagt, dass die gesamte Wärmekapazität der beiden Bestandteile durch ihre Mischung nicht geändert wird und dass auch die spezifische Wärme eines Gasgemisches von Druck und Temperatur unabhängig ist.

Tragen wir die Werte (117) und (119) in die Entropiegleichung (113) ein, so ergiebt sich

(120)
$$s = \frac{m'\gamma_v' + m''\gamma_v''}{m' + m''} \log T + \frac{m'B' + m''B''}{m' + m''} \log v + s_0.$$

Schreibt man wieder s', s'' für die Entropie der Masseneinheit der beiden Bestandteile bei der Temperatur T und dem spezifischen Volumen v, so sagt die vorige Gleichung aus, dass bis auf eine Integrationskonstante

(121)
$$(m' + m'')\, s = m's' + m''s'';$$

d. h. die Gesamtentropie einer Mischung ist (bis auf eine Konstante) gleich der Summe der Entropien ihrer Komponenten bei gleicher Temperatur und gleichem spezifischen Volumen.

Nimmt man an, dass die genannte Konstante verschwindet, so erhält man die thermodynamischen Potentiale der Masseneinheit der Mischung, ausgedrückt durch die ihrer Komponenten:

---

72) In diesem Falle sagt man, dass keine chemischen Wirkungen bei der Mischung auftreten; nur an solche Gemische ist im Folgenden gedacht. *C. Neumann* zitiert die aus der im Text gemachten Annahme folgende Gl. (118) als *Kirchhoff'sche Hypothese.* Vgl. Theorie der Wärme, Leipzig 1875, p. 166 oder Leipz. Ber. 48 (1891), p. 112.

$$(122)\qquad (m' + m'')\,\mathfrak{F}_v = m'\mathfrak{F}_v' + m''\mathfrak{F}_v'',$$

$$(123)\qquad (m' + m'')\,\mathfrak{F}_p = m'\mathfrak{F}_p' + m''\mathfrak{F}_p'';$$

d. h. die thermodynamischen Potentiale der Gesamtmasse der Mischung sind gleich der Summe derjenigen Potentiale, welche die beiden Komponenten für sich bei gleicher Temperatur und gleichem spezifischen Volumen bezw. gleichem Druck haben würden.

Diese Ergebnisse decken sich sachlich mit denen von *Gibbs*[73]) und Anderen.

23. Bestimmung der absoluten Temperatur. Nachdem in Nr. 9 eine rein theoretische Definition der absoluten Temperatur gegeben war, mag nun gezeigt werden, wie man absolute Temperaturen experimentell bestimmen kann. Die diesbezüglichen Methoden knüpfen an die *Clapeyron*'sche Gleichung (89) oder die analoge Gleichung (90)

$$\left(\frac{dp}{dT}\right)_v = \frac{l_v}{T}, \quad \left(\frac{dv}{dT}\right)_p = -\frac{l_p}{T}$$

an, welche in integrierter Form lauten (die Integration bei festgehaltenem Volumen bez. bei festgehaltenem Druck ausgeführt):

$$(124)\qquad \log T = \int \frac{dp}{l_v} + C, \quad \log T = -\int \frac{dv}{l_p} + C.$$

Bei der weiteren Verwertung dieser Formel muss die latente Wärme l_v bez. l_p als Funktion des Druckes bez. des Volumens auf Grund experimenteller Daten bekannt sein. Die Integrationskonstante C, die natürlich von v bez. von p abhängt, bestimmt die Einheit der abso-

---

73) Connect. Ac. Trans. 3 (1876), p. 210—215. Da die Diffusion zweier Gase bei gleicher Temperatur und gleichem Druck irreversibel ist, wird man erwarten, dass sie von einer Zunahme der Entropie begleitet ist. Die obige Annahme nun ist gleichbedeutend mit der Behauptung, dass diese Entropiezunahme dieselbe ist, wie sie beobachtet werden würde, wenn sich die Gase von ihrem ursprünglichen Volumen $m'v'$, $m''v''$ jedes für sich im Vakuum auf das Volumen $V = m'v' + m''v''$ ausdehnen würden, und kann nach Gibbs durch die folgenden Erfahrungsthatsachen gerechtfertigt werden: Wenn verschiedene Flüssigkeiten oder feste Körper mit einer Mischung ihrer Dämpfe im Gleichgewicht sind, so ist der Druck des Gemisches gleich der Summe der Dampfdrucke der Komponenten bei gleicher Temperatur. Die Gase eines Gemisches können daher voneinander getrennt werden, indem man eines von ihnen bei dem spezifischen Volumen v der Mischung verflüssigt, von den übrigen abscheidet und nachträglich bei der gleichen Temperatur wieder verdampft. Dann ist das spezifische Volumen wieder v. Aus dem Umstande, dass dieses Verfahren umkehrbar ist, darf man schliessen, dass die Entropie des Gemisches gleich der Summe der Entropien seiner in solcher Weise voneinander getrennten Bestandteile ist.

luten Temperatur oder die Grösse von 1°. Statt (124) kann man auch schreiben

$$(125)\qquad \log\frac{T_2}{T_1} = \int_{p_1}^{p_2}\frac{dp}{l_v}, \quad \text{bez.} \quad \log\frac{T_2}{T_1} = -\int_{v_1}^{v_2}\frac{dv}{l_p}.$$

Wir haben nun an berühmte Versuche von *Joule* und *Kelvin*[74]) zu erinnern, durch welche die Auswertung der rechten Seite unserer Gleichung ermöglicht wird. Die Anordnung dieser Versuche war, soweit sie für uns in Betracht kommt, folgende:

Man lässt das Gas durch eine Röhre strömen, welche einen Verschluss mit einer Anzahl Durchbohrungen oder einen porösen Stopfen enthält. Beim Passieren derselben erleidet das Gas durch die Reibung im Stopfen eine Abnahme des Druckes. Es bieten sich nun zwei Beobachtungsmethoden dar, je nachdem man den Vorgang isothermisch oder adiabatisch leitet:

a) Das Gas wird in einem Kalorimeter auf seiner ursprünglichen Temperatur gehalten und es wird die Wärme gemessen, die das Kalorimeter abgiebt, während die Masseneinheit des Gases durch den Stopfen strömt. Schliesslich wird diese Wärmemenge durch Multiplikation mit dem mechanischen Wärmeäquivalent auf Arbeitseinheiten reduziert.

b) Dem Gase wird weder Wärmeenergie von aussen zugeführt, noch entzogen; man misst die Temperaturänderung, die durch den Stopfen hervorgerufen wird, an einem gewöhnlichen Thermometer.

a) Im ersten Falle sei p, v und p', v' Druck und Volumen der Masseneinheit des Gases vor und nach dem Durchgang durch den Stopfen, q die Wärmemenge, die dem Kalorimeter durch die Masseneinheit des Gases entzogen wird. Um eine konstante Gasmenge in Betracht zu ziehen, kann man annehmen, dass vorne und hinten in der Röhre bewegliche Kolben angebracht sind, durch die der Druck auf beiden Seiten konstant gehalten wird. Geht eine Gasmenge dm durch den Stopfen, so rückt der hintere Kolben um $v\,dm/F$ nach, während der vordere Kolben um $v'dm/F$ vorwärts getrieben wird, wo F den Querschnitt der Röhre bedeutet. Mithin bedeutet $(pv - p'v')\,dm$ die mechanische Arbeit, die an der Masse dm von den Kolben geleistet wird, und $pv - p'v'$ die entsprechende Arbeit pro Masseneinheit. Dieselbe Arbeit, die hier als Arbeit der fingierten Kolben be-

74) Lord *Kelvin,* Edinb. Trans. 20 (1851), p. 294; *Joule* und *Thomson,* Phil. Mag. (4) 4 (1852), p. 481; Lond. Trans. 143 (1853), p. 357; 144 (1854), p. 321; Lond Proc. 10 (1860), p. 502; Lond. Trans. 152² (1862), p. 579; *H. L. Callendar,* Phil. Mag. Januar 1903, p. 48.

rechnet ist, wird in Wirklichkeit an der hinteren bez. vorderen Begrenzung der betrachteten Gasmenge von den an sie angrenzenden, nachdrückenden bez. entgegenwirkenden Gasteilchen geleistet.

Im übrigen wird im Innern der Gasmenge selbst, da sie sich beim Passieren des Stopfens isothermisch dehnt, die Expansionsarbeit $\int_v^{v'} p\,dv$ geleistet. Die Gesamtarbeit ist daher $(pv - p'v') + \int_v^{v'} p\,dv$. Diese Arbeit wird in Wärmeenergie verwandelt; es kommt ausserdem die dem Kalorimeter entzogene (in Arbeitseinheiten gemessene) Wärmemenge q zu ihr hinzu. Die so entstehende Gesamtwärme wird von dem Gase bei der isothermischen Expansion von dem Volumen v auf das Volumen v' verbraucht und ist deshalb gleich $\int_v^{v'} l_v\,dv$, also wird:

$$\int_v^{v'} l_v\,dv = q + (pv - p'v') + \int_v^{v'} p\,dv.$$

Somit hat man schliesslich

$$q = (p'v' - pv) + \int_v^{v'} (l_v - p)\,dv \tag{126}$$

oder auch, indem man die Differenz $v' - v = \delta v$ als hinreichend klein voraussetzt und $\delta(pv)$ für $p'v' - pv$ schreibt,

$$q = \delta(pv) + (l_v - p)\,\delta v. \tag{127}$$

Die vom Kalorimeter abgegebene Wärmemenge ist hiernach dargestellt durch zwei Terme, von denen der erste von der Abweichung des Versuchsgases vom *Boyle*'schen Gesetz herrührt, während der zweite Term, welcher $l_v - p$ zum Faktor hat, seinen Ursprung in der Abweichung des Gases vom *Joule*'schen Gesetze hat (s. Gleichung (107), welche eine direkte Folge jenes Gesetzes war). Wäre das Versuchsgas ein vollkommenes Gas, so wäre die fragliche Wärmemenge null; unterscheidet es sich von einem vollkommenen Gas nur wenig, so sind beide Terme in Gleichung (127) klein.

Nun kann die genaue Gleichung der Isothermen und damit zugleich die Differenz $\delta(pv)$ durch geeignete Versuche bestimmt und als bekannt angesehen werden; misst man also die Wärmemenge q, so lässt sich nach Gleichung (127) die Differenz $l_v - p$ berechnen. Jedenfalls ergiebt sich so ein Wert von l_v, der wenig von p abweichen wird. Wir schreiben etwa

$$\frac{1}{l_v} = \frac{1}{p} + \varepsilon,$$

wo ε klein ist und gehen nunmehr auf die Gleichung (125) zurück. Dieselbe schreibt sich jetzt

$$\log \frac{T_2}{T_1} = \log \frac{p_2}{p_1} + \int_{p_1}^{p_2} \varepsilon dp$$

oder auch

(128) $$T = Ape^{\int \varepsilon dp},$$

wo A eine Konstante bedeutet.

Nun wird durch ein Luftthermometer von konstantem Volumen die Temperatur dahin definiert, dass sie dem Drucke der Luft proportional, also etwa gleich Ap sei. *Mithin liefert Gleichung* (128) *diejenige Korrektion, welche an den Ablesungen eines Luftthermometers von konstantem Volumen anzubringen ist, um sie auf absolute Temperaturen zu reduzieren.*

b) Im zweiten der oben unterschiedenen Fälle sei δt die Temperaturzunahme des Gases, die durch Reibung am Stopfen hervorgerufen ist, gemessen an einem ganz beliebigen Thermometer. Die Arbeit, die an der Oberfläche der betrachteten Gasmenge von den angrenzenden Gasteilchen bez. im Innern derselben bei der Expansion geleistet wird, ist wieder

$$pv - p'v' + \int_v^{v'} p dv.$$

Benutzen wir wie oben die Abkürzungen $\delta v = v' - v$, $\delta(pv) = p'v' - pv$, so können wir hierfür schreiben:

$$p\delta v - \delta(pv) = -v\delta p.$$

Diese Arbeit tritt abermals als Wärmeenergie auf und wird teils in die latente Wärme der Expansion verwandelt, teils bewirkt sie die Temperaturänderung des Gases. Benutzt man zunächst Gl. (69) aus Nr. **18**, so erhält man durch Gleichsetzen

$$-v\delta p = l_p \delta p + \gamma_p \delta T.$$

Führt man nun statt δT die an einem Thermometer mit konventioneller Skala gemessene Temperaturänderung δt ein, so hat man die vorige Gleichung zu ersetzen durch

$$-v\delta p = l_p \delta p + c_p \delta t;$$

hier bedeutet c_p die spezifische Wärme des Gases bei konstantem Druck, *bezogen auf das gerade gewählte Thermometer*, d. h. die in Arbeitseinheiten gemessene Wärmemenge, die die Temperatur des

Gases bei konstantem Druck um einen Skalenteil jenes Thermometers erhöht. Man findet so

$$(129) \qquad l_p = -v - c_p \frac{\delta t}{\delta p}.$$

Bei einem vollkommenen Gase ist nach Gl. (107′) l_p gleich $-v$; mithin wird bei einem wirklichen Gase, dessen Verhalten von dem der vollkommenen Gase nicht zu sehr abweicht, das Zusatzglied $c_p \delta t/\delta p$ in Gl. (129) klein sein. Man kann also, ähnlich wie oben, setzen:

$$(130) \qquad -\frac{1}{l_p} = \frac{1}{v} + \varepsilon.$$

Gl. (125) giebt daraufhin:

$$\log \frac{T_2}{T_1} = \log \frac{v_2}{v_1} + \int_{v_2}^{v_1} \varepsilon \, dv$$

oder auch

$$(131) \qquad T = A v e^{\int \varepsilon \, dv},$$

wo A abermals eine Konstante.

Wie der Vergleich von (130) und (129) zeigt, ist die Bedeutung von ε diese:

$$\varepsilon = -\frac{c_p}{v^2} \frac{\delta t}{\delta p}.$$

Die Versuche von *Joule* und *Thomson* und anderen Beobachtern zeigten, dass δt ungefähr proportional war mit δp, selbst dann, wenn beträchtliche Druckdifferenzen δp bei der Beobachtung vorkamen. Man kann daher das Verhältnis $\delta t/\delta p$ (den sogenannten „Abkühlungseffekt“) leicht und genau bestimmen, indem man die Anordnung so wählt, dass δt und δp nicht zu klein werden. Somit ist auch die in (131) vorkommende Grösse ε einer genauen Messung zugänglich und kann als eine bekannte Funktion von v gelten. Die Exponentialgrösse in (131) kann daraufhin ausgewertet werden. *Sie liefert diejenige Korrektion, welche an den Ablesungen eines Luftthermometers von konstantem Druck anzubringen ist, um dieselben auf absolute Temperatur zu reduzieren.*

Eine erschöpfende Behandlung des Problems unter Berücksichtigung der experimentellen Verhältnisse giebt *H. L. Callendar* [74]).

24. Phasenänderungen, insbesondere Änderungen des Aggregatzustandes. Der feste, flüssige und gasförmige Aggregatzustand liefert ein Beispiel dafür, dass ein und derselbe Stoff in verschiedenen Erscheinungsformen oder *Phasen* vorkommen kann. Die allgemeinen Gesetze, welche den Übergang einer Phase in eine andere beherrschen, sollen hier an dem Beispiel der Aggregatzustände entwickelt werden; sie gelten aber allgemeiner für beliebige Phasenänderungen. Im folgenden Artikel werden Beispiele von Phasenänderungen allgemeinerer Art behandelt werden.

Ist die Temperatur gegeben und so beschaffen, dass bei dieser Temperatur zwei verschiedene Phasen des Stoffes im Gleichgewicht neben einander bestehen können, so muss gleichzeitig der Druck einen bestimmten Wert haben („Gleichgewichtsdruck"); entsprechend muss, wenn der Druck gegeben ist, beim Gleichgewicht beider Phasen die Temperatur eine geeignete sein („Gleichgewichtstemperatur"). Z. B. ist der Siedepunkt des Wassers diejenige Temperatur, bei der Wasser in dem flüssigen und gasförmigen Zustande zusammen bestehen kann, wenn der Druck der normale Atmosphärendruck ist. Druck und Temperatur, bei denen Gleichgewicht zwischen beiden Phasen herrscht, sind also durch eine Gleichung von der Form $\varphi(p, T) = 0$ verbunden. Ein System, in dem beide Phasen vertreten und im Gleichgewicht mit einander sind, heisst ein *gesättigter Komplex beider Phasen* [75]), die Kurve, welche die Gleichung $\varphi(p, T) = 0$ graphisch veranschaulicht, heisst die *Sättigungskurve.*

Ist ein gesättigter Komplex z. B. in einem Cylinder mit beweglichem Kolben enthalten, so kann man sein Volumen vergrössern und zugleich die Temperatur konstant halten; dann wird ein Teil des Stoffes von der Phase grösserer zu der geringerer Dichte übergehen, bis der Druck der ursprüngliche geworden ist; das Umgekehrte wird eintreten, wenn man das Volumen verkleinert. Bei diesem Übergange wird eine gewisse Wärmemenge verbraucht oder abgegeben. Die Wärmemenge λ, die erforderlich ist, um die Masseneinheit von der einen in die andere Phase überzuführen, heisst die *latente Wärme der Überführung* oder die *spezifische Reaktionswärme* (von *Zeuner* der *Wärmeinhalt* des Prozesses genannt). Man sagt, dass der Stoff von der *niederen* zu der *höheren* Phase oder von der *höheren* zu der *niederen* übergeht, je nachdem latente Wärme aufgenommen oder abgegeben wird. Wenn einem gesättigten Komplex bei konstantem Druck Wärme zugeführt wird und gleichzeitig die Temperatur den durch Gleichung $\varphi(p, T) = 0$ bestimmten Wert beibehält, wird alle Wärme dazu verbraucht, um eine gewisse Menge des Stoffes von der niederen in die höhere Phase

---

75) Das Wort Mischung (Gemisch), welches ebenfalls vielfach zur Bezeichnung eines aus mehreren Phasen bestehenden, *heterogenen* Systems benutzt wird, soll hier für die *homogenen* wirklichen Mischungen verschiedener Stoffe oder verschiedener Phasen desselben Stoffes reserviert werden, in welchem Sinne es bereits in der Nr. **22** benutzt wurde.

überzuführen; dies dauert so lange, bis der ganze Stoff in die höhere Phase übergegangen ist. Entsprechend geht, wenn einem gesättigten Komplex in derselben Weise Wärme entzogen wird, ein Teil des Stoffes von der höheren in die niedere Phase über. Ändern sich Druck und Temperatur in Übereinstimmung mit der Gleichung $\varphi(p, T) = 0$, so werden die Werte von dq/dT, für die Masseneinheit der beiden Phasen berechnet, die spezifischen Wärmen der Phasen im Sättigungszustande genannt und mit γ' und γ'' bezeichnet.

Man betrachte die Masseneinheit des gesättigten Komplexes und bezeichne die darin enthaltenen Massen der beiden Phasen bez. mit x und $1 - x$. Volumen, Energie und Entropie v, u, s der Masseneinheit des Komplexes sind dann mit den entsprechenden, für die Masseneinheit der beiden Phasen berechneten Grössen $v', u', s'; v'', u'', s''$ durch die Gleichungen verbunden:

$$v = xv' + (1 - x)v'', \tag{132}$$

$$u = xu' + (1 - x)u'', \tag{133}$$

$$s = xs' + (1 - x)s''. \tag{134}$$

Die Zuführung einer Wärmemenge dq wird im allgemeinen einen Temperaturzuwachs dT bewirken und ausserdem eine gewisse Menge dx von der niederen in die höhere Phase überführen. Dabei hängen dq, dT und dx durch die Gleichung zusammen:

$$dq = \{x\gamma' + (1 - x)\gamma''\}dT + \lambda dx. \tag{135}$$

Andererseits wird eine Temperaturänderung dT im allgemeinen mit einer Volumänderung dv verbunden sein; gleichzeitig wird eine gewisse Menge dx aus der einen in die andere Phase übergehen. Nach (132) hängen dv, dT und dx folgendermassen zusammen:

$$dv = \left\{x \frac{\partial v'}{\partial T} + (1 - x) \frac{\partial v''}{\partial T}\right\} dT + (v' - v'')dx. \tag{136}$$

Bei festgehaltener Temperatur ergiebt sich hieraus:

$$(dv)_T = (v' - v'')dx;$$

Gleichung (135) besagt in diesem Falle

$$(dq)_T = \lambda dx.$$

Durch Division folgt also

$$\left(\frac{dq}{dv}\right)_T = l_v = \frac{\lambda}{v' - v''}. \tag{137}$$

Die *latente Wärme der Volumänderung* ist sonach mit der *latenten Wärme der Phasenänderung* in Zusammenhang gebracht.

Ziehen wir noch die *Clapeyron*'sche Gleichung heran, so können wir weiter schliessen

$$\frac{dp}{dT} = \frac{l_v}{T} = \frac{\lambda}{(v' - v'')T}; \tag{138}$$

hier wurde in der Schreibweise von dp/dT der Hinweis auf das festzuhaltende Volumen als überflüssig fortgelassen; da nämlich, solange der Komplex gesättigt ist, p eine Funktion von T allein ist, entsprechend der Gleichung $\varphi(p, T) = 0$, hängt der Wert des Differentialquotienten nicht von der Annahme $v = \text{const.}$ ab.

Es handle sich ferner um einen adiabatischen, durch plötzliche Druckänderung hervorgerufenen Prozess. Setzt man in (135) $dq = 0$, so ergiebt sich:

$$\left(\frac{dx}{dT}\right)_s = -\frac{x\gamma' + (1-x)\gamma''}{\lambda}$$

und nach (138)

$$\left(\frac{dx}{dp}\right)_s = \left(\frac{dx}{dT}\right)_s \Big/ \frac{dp}{dT} = -\frac{x\gamma' + (1-x)\gamma''}{\lambda} \cdot \frac{v' - v''}{\lambda} T.$$

Somit bestimmt das Vorzeichen der rechten Seite, ob bei einem adiabatischen Prozess Substanz in die höhere oder niedere Phase übergeführt wird.

Sind γ' und γ'' beide positiv, so ist $(dx/dp)_s$ *positiv, wenn* $v' < v''$, *negativ, wenn* $v' > v''$. Mithin bewirkt eine plötzliche Kompression, dass Substanz aus derjenigen Phase, in der sie das grössere Volumen, zu derjenigen Phase, in der sie das kleinere Volumen hat, transformiert wird. Z. B. bewirkt Kompression beim Gleichgewicht zwischen Eis und Wasser $(v' < v'')$ Verflüssigung, bei dem zwischen festem und flüssigem Schwefel $(v' > v'')$ Verfestigung.

Ist γ' negativ, so bleibt die Unterscheidung dieselbe, falls nur $\gamma' x + \gamma''(1 - x)$ positiv ist, d. h. falls

$$x > \frac{\gamma''}{\gamma'' - \gamma'}.$$

In dem Grenzfalle

$$x = \frac{\gamma''}{\gamma'' - \gamma'}$$

bewirkt eine hinreichend geringe Kompression δp keine Phasenänderung oder nur eine solche, welche mit δp verglichen von der zweiten Ordnung ist.

Ist dagegen

$$x < \frac{\gamma''}{\gamma'' - \gamma'},$$

so kehrt sich die Erscheinung um; eine Kompression bewirkt jetzt, dass Substanz von der Phase kleineren zu der grösseren Volumens übergeht. *Allgemein gesprochen, hängt im Falle $\gamma' < 0$ die Wirkung einer plötzlichen Kompression von den Mengen x, $1 - x$ der beiden Komponenten des Komplexes ab.*

Nach dem ersten Hauptsatz gilt mit Rücksicht auf Gl. (135)

$$\begin{aligned} du &= dq - p\,dv \\ &= \{x\gamma' + (1-x)\gamma''\}\,dT + \lambda\,dx - p\frac{\partial v}{\partial x}dx - p\frac{\partial v}{\partial T}dT. \end{aligned}$$

Da du ein vollständiges Differential und p im Zustande der Sättigung eine Funktion von T allein ist, schreiben wir die Integrabilitätsbedingung für die rechte Seite folgendermassen[76]):

$$\gamma' - \gamma'' - p\frac{\partial^2 v}{\partial x \partial T} = \frac{\partial \lambda}{\partial T} - \frac{dp}{dT}\frac{\partial v}{\partial x} - p\frac{\partial^2 v}{\partial x \partial T}$$

oder

$$\frac{\partial \lambda}{\partial T} - (\gamma' - \gamma'') = \frac{dp}{dT}\frac{\partial v}{\partial x} = \frac{dp}{dT}(v' - v'').$$

Nach Gl. (138) wird hieraus

$$\frac{\partial \lambda}{\partial T} - \frac{\lambda}{T} = \gamma' - \gamma''. \tag{139}$$

Diese Formel ist von *Clausius*[77]) gegeben worden; noch einfacher wie auf dem angegebenen Wege folgt sie daraus, dass

$$\frac{dq}{T} \quad \text{d. h.} \quad \frac{x\gamma' + (1-x)\gamma''}{T}dT + \frac{\lambda}{T}dx$$

ein vollständiges Differential ist. Im folgenden Artikel werden von dieser *Clausius'schen Formel* eine Reihe wichtiger Anwendungen gegeben werden.

Ersetzen wir in der obigen Überlegung, welche zu Gl. (137) führte, v durch s, so erhalten wir für eine isothermische Zustandsänderung:

$$\left(\frac{dq}{ds}\right)_T = \frac{\lambda}{s' - s''}.$$

Es ist aber nach der Definition der Entropie $dq/ds = T$, so dass sich das einfache Resultat ergiebt:

$$s' - s'' = \frac{\lambda}{T}. \tag{140}$$

Wir wollen nunmehr die Bedingung für das Gleichgewicht zweier Phasen oder, was auf dasselbe herauskommen wird, die Gleichung der Sättigungskurve $\varphi(p, T) = 0$ in einer übersichtlichen Form aufstellen. Wenn die Masseneinheit des Stoffes von der niederen in die höhere Phase bei konstantem Druck und konstanter Temperatur übergeführt

76) *Lord Kelvin*, Edinb. Trans 20 (1851), p. 389; Phil. Mag. (4) 4 (1852), p. 174; sowie *Clausius* (s. folg. Anm.).

77) *R. Clausius*, Ann. Phys. Chem. 79 (1850), p. 368, 500.

wird, beträgt die dabei aufgenommene Wärmemenge $T(s' - s'')$; die geleistete Arbeit ist $p(v' - v'')$. Nach dem ersten Hauptsatz wird daher die Änderung der inneren Energie der Masseneinheit:

$$u' - u'' = T(s' - s'') - p(v' - v''),$$

woraus

$$u' - Ts' + pv' = u'' - Ts'' + pv''.$$

Mit Rücksicht auf die Definition der thermodynamischen Potentiale können wir hierfür einfach schreiben:

$$\mathfrak{F}'_p = \mathfrak{F}''_p. \tag{141}$$

Soll also Gleichgewicht zwischen beiden Phasen bestehen, so müssen die thermodynamischen Potentiale bei gegebenem Druck für beide Phasen einander gleich sein. Da diese Potentiale als Funktionen von p und T zu denken sind, so liefert (141) zugleich die *gesuchte Darstellung der Sättigungskurve* in den Koordinaten p und T.

Es ist indessen zu der hier abgeleiteten Gleichheit noch folgendes zu bemerken. Die Definitionen der Energie und der Entropie enthalten je eine willkürliche Integrationskonstante (s. Nr. **4** und Nr. **11**); infolge dessen wäre unsere obige Gleichung nur bis auf ein unbestimmtes Zusatzglied von der Form $A + BT$ richtig, wenn es lediglich möglich wäre, Phasenänderungen auf *diskontinuierlichem Wege* vorzunehmen. Dem gegenüber zeigt die Theorie des kritischen Punktes (s. den folgenden Art.), dass man bei vielen, wenn nicht bei allen Stoffen von der einen zu der anderen Phase durch eine *kontinuierliche Folge von Zustandsänderungen* übergehen kann (nämlich auf einem Wege, welcher in der p, v-Ebene den kritischen Punkt umfasst). Es ist klar, dass auf diese Weise die Unbestimmtheit des Zusatzgliedes gehoben und unsere Gleichung als genau giltig erwiesen werden kann.

Die Sättigungskurve trennt solche Gebiete der (p, T)-Ebene, wo $\mathfrak{F}'_p > \mathfrak{F}''_p$ von solchen Gebieten, wo $\mathfrak{F}'_p < \mathfrak{F}''_p$ ist. Handelt es sich um ein System, in dem beide Phasen vorhanden sind, ohne dass die Gleichgewichtsbedingung erfüllt ist, so findet bei festgehaltenen Werten von p und T eine Umsetzung in dem Sinne statt, dass der Stoff derjenigen Phase zustrebt, in der der Wert von $\mathfrak{F}$ der kleinere ist (vgl. Nr. **14** c). Man kann hiernach im Sinne von Nr. **17** c auch sagen: der Stoff ist in demjenigen Gebiet der (p, T)-Ebene, wo $\mathfrak{F}'_p > \mathfrak{F}''_p$ ist, *in der niederen Phase stabil,* dagegen in demjenigen Gebiet, wo $\mathfrak{F}'_p < \mathfrak{F}''_p$, *in der höheren Phase.*

25. Der Tripelpunkt. Es sind viele Stoffe bekannt, welche in allen drei Aggregatzuständen, in der gasförmigen, flüssigen und festen Phase bestehen können. Man denke z. B. an Wasser. Fälle von

Koexistenz desselben Stoffes in drei verschiedenen Phasen, von denen z. B. zwei fest sind, bringt der nächste Artikel. Auch die folgenden Sätze gelten nicht nur für die drei Aggregatzustände, sondern für drei beliebige koexistierende Phasen.

$\mathfrak{F}_p'$, $\mathfrak{F}_p''$, $\mathfrak{F}_p'''$ mögen die Potentiale bei gegebenem Druck für die Masseneinheit in den drei Phasen bedeuten. Aus der vorigen Nr. folgt, dass der Stoff gleichzeitig in der zweiten und dritten Phase im Gleichgewicht sein kann, wenn Druck und Temperatur so beschaffen sind, dass sie der Gleichung $\mathfrak{F}_p'' = \mathfrak{F}_p'''$ genügen, dass der Stoff gleichzeitig in der dritten und ersten Phase im Gleichgewichtszustande vorkommen kann, wenn die Gleichung $\mathfrak{F}_p''' = \mathfrak{F}_p'$ erfüllt ist, und endlich in der ersten und zweiten Phase, wenn $\mathfrak{F}_p' = \mathfrak{F}_p''$ gilt. *Infolgedessen kann er in allen drei Phasen zugleich bestehen, wenn*

$$\mathfrak{F}_p' = \mathfrak{F}_p'' = \mathfrak{F}_p'''. \tag{142}$$

Diese Doppelgleichung bestimmt die beiden Variabeln p und T vollständig. Es giebt daher nur ein oder eine endliche Anzahl von Wertepaaren p, T, bei denen alle drei Phasen zugleich Bestand haben. In der pT-Ebene bestimmen diese Wertepaare ein oder mehrere Punkte. Dieselben heissen *Tripelpunkte*[78]).

Bei Wasser giebt es einen Tripelpunkt für die Phasen der drei Aggregatzustände und dieser kann leicht experimentell untersucht werden[79]). Hier werden die drei Kurven $\mathfrak{F}_p' = \mathfrak{F}_p''$, $\mathfrak{F}_p'' = \mathfrak{F}_p'''$, $\mathfrak{F}_p''' = \mathfrak{F}_p'$ als *Dampf-*, *Eis-* und *Rauhfrost-Kurve* bezeichnet. Alle drei Kurven schneiden sich notwendig in einem gemeinsamen Punkte, dem Tripelpunkte.

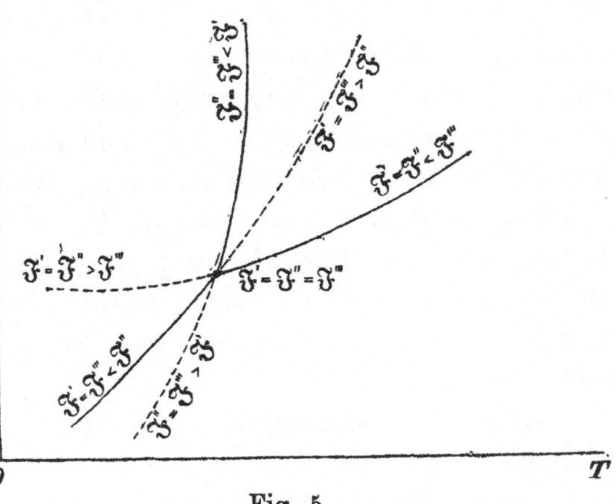

Fig. 5.

Konstruiert man die drei Kurven (Fig. 5) und bedenkt, dass diejenige Phase stabil ist, welcher der kleinste Wert von $\mathfrak{F}$ zukommt,

---

78) Die Möglichkeit des Tripelpunktes wurde von *Regnault* ausgesprochen (Paris, Mém. 16 (1847), p. 751) und seine Existenz von *James Thomson* nachgewiesen (Phil. Mag. (4) 47 (1874), p. 447).

79) Bei Wasser entspricht der Tripelpunkt einer Temperatur von 0,0074° C. und einem Druck von 0,00614 atm.

so erkennt man, dass die punktierten Linien der Figur labilen und nur die ausgezogenen stabilen Zuständen entsprechen.

Die Verteilung dieser Kurven in der Nähe des Tripelpunktes[80]) kann dadurch untersucht werden, dass man ihre Schnittpunkte mit einer zur Axe OP parallelen Geraden bestimmt, die zu einer von der Temperatur des Tripelpunktes um den kleinen Betrag ΔT abweichenden Temperatur gehört. Bedeutet Δp_{23} den Betrag, um welchen der Druck im Schnittpunkte jener Geraden mit der Trennungslinie $\mathfrak{F}_p'' = \mathfrak{F}_p'''$ von dem Druck im Tripelpunkte abweicht und haben Δp_{31}, Δp_{12} die entsprechende Bedeutung für die anderen Trennungslinien, so gilt

$$\left(\frac{\partial \mathfrak{F}_p''}{\partial p} - \frac{\partial \mathfrak{F}_p'''}{\partial p}\right) \Delta p_{23} + \left(\frac{\partial \mathfrak{F}_p''}{\partial T} - \frac{\partial \mathfrak{F}_p'''}{\partial T}\right) \Delta T = 0$$

und zwei entsprechende Gleichungen für die Schnittpunkte unserer zu OP parallelen Geraden mit den beiden anderen Trennungslinien. Nun ist aber $\partial \mathfrak{F}'/\partial p = v'$ das Volumen der Masseneinheit in der höchsten Phase etc.; substituiert man diesen Wert und addiert die drei genannten Gleichungen, so ergiebt sich

$$(143) \quad (v'' - v''')\Delta p_{23} + (v''' - v')\Delta p_{31} + (v' - v'')\Delta p_{12} = 0.$$

Diese Gleichung ist der Gleichung von *Moutier*

$$(143') \quad (\Delta p_{31} - \Delta p_{23})(v''' - v') = (\Delta p_{12} - \Delta p_{23})(v'' - v')$$

äquivalent, der sich durch cyklische Vertauschung der Indices zwei gleichwertige Ausdrücke, z. B.

$$(143'') \quad (\Delta p_{12} - \Delta p_{31})(v' - v'') = (\Delta p_{23} - \Delta p_{31})(v''' - v'')$$

an die Seite stellen lassen. Ist $v' > v'' > v'''$, so folgt aus der letzten Gleichung wegen der entgegengesetzten Vorzeichen von $v' - v''$ und $v''' - v''$, dass auch $\Delta p_{12} - \Delta p_{31}$ und $\Delta p_{23} - \Delta p_{31}$ entgegengesetzte Vorzeichen haben. Es liegt also Δp_{31} zwischen Δp_{12} und Δp_{23} und man hat die Regel: *Wenn man in der (p, T)-Ebene in der Nähe des Tripelpunktes eine Parallele zur p-Axe zieht und sie zum Schnitt mit den drei Trennungskurven bringt, so entspricht der mittelste Schnittpunkt derjenigen Phasenänderung, die mit der grössten Volumänderung verbunden ist*[81]).

Nehmen wir schliesslich einen Stoff, der in mehr als drei Phasen vorkommt, sagen wir z. B. in vier Phasen, so verlangt die Bedingung dafür, dass alle vier Phasen bei gleichem Druck und gleicher Tem-

80) Die folgenden Auseinandersetzungen gründen sich auf die Arbeiten von *J. Moutier*, Paris, Bull. soc. phil. (6) 13 (1876), p. 60; (7) 1 (1877), p. 7; 2 (1878), p. 247; 3 (1879), p. 233; 5 (1880), p. 31.

81) Im übrigen sei verwiesen auf *G. Kirchhoff*, Ann. Phys. Chem. 103 (1858), p. 206; *J. Moutier*, Ann chim. phys. (5) 1 (1874), p. 343.

peratur nebeneinander möglich sind, dass die vier Potentiale $\mathfrak{F}_p'$, $\mathfrak{F}_p''$, $\mathfrak{F}_p'''$, $\mathfrak{F}_p^{IV}$ durch die Gleichung verknüpft sind:

$$\mathfrak{F}_p' = \mathfrak{F}_p'' = \mathfrak{F}_p''' = \mathfrak{F}_p^{IV}.$$

Da aber diese dreifache Gleichung nur zwei Variable p und T enthält, so ist es im allgemeinen unmöglich, ihr zu genügen und wir schliessen, *dass im allgemeinen nicht mehr wie drei Phasen desselben Stoffes bei gleichem Druck und gleicher Temperatur koexistieren können.*

Allgemein erkennen wir, solange wir es mit einem einzelnen Stoff zu thun haben: 1) Es können drei Phasen in einem oder mehreren *Punkten* der (p, T)-Ebene zusammen bestehen. 2) Zwei Phasen können längs einer oder mehrerer *Linien* der (p, T)-Ebene nebeneinander bestehen. 3) In allen übrigen Punkten der (p, T)-Ebene ist nur eine Phase im Gleichgewicht und zwar im stabilen Gleichgewicht nur in den Punkten gewisser *Flächenräume,* welche durch die unter 2) genannten Kurven begrenzt werden.

Im ersten Falle heisst das System *invariant,* da weder sein Druck noch seine Temperatur variiert werden können, ohne dass sich die Phasenzahl verringert. Im zweiten Falle nennt man das System *univariant,* da entweder p oder T geändert werden können, wenn nur die andere dieser beiden Variabeln entsprechend so geändert wird, dass der Punkt (p, T) auf der vorgenannten Kurve verbleibt. Im dritten Falle spricht man von einem *bivarianten* System, da sowohl p wie T unabhängig von einander variiert werden dürfen, vorausgesetzt, dass der Punkt p, T nicht die Grenzen desjenigen Gebietes verlässt, in dem sich die betrachtete Phase im stabilen Gleichgewicht befindet.

Die Verallgemeinerung dieser Ergebnisse auf den Fall, wo eine Reihe von Stoffen an die Stelle des bisher betrachteten einzelnen Stoffes tritt, bildet die *Phasentheorie* von *Gibbs,* zu der wir nun übergehen.

26. Gleichgewicht chemischer Systeme[82]). Unser System sei aus den Massen $m_a, m_b, \ldots, m_k$ von k verschiedenen Stoffen zusammengesetzt, die wir $A, B, \ldots, K$ nennen mögen, und stehe unter dem gleichmässigen Drucke p; die gemeinsame Temperatur des Systems sei T. Wir setzen das System zunächst als homogene Mischung der k Stoffe voraus. Die gesamte Energie U hängt jetzt nicht nur von dem Gesamtvolumen V und der Entropie S ab, sondern auch von den Massen $m_a, m_b, \ldots, m_k$. Man füge die Menge dm_k des Stoffes K hinzu und nenne den Zuwachs der gesamten Energie bei gleich blei-

82) *J. W. Gibbs,* Connect. Ac. Trans. 3 (1876—1878), p. 108, 343.

bender Grösse des Gesamtvolumens und der Entropie $\mu_k dm_k$; dann wird μ_k von *Gibbs* als *das Potential des Stoffes K* innerhalb des betrachteten chemischen Systems bezeichnet. Das Differential des Energieausdrucks wird nach dieser Einführung:

$$dU = TdS - pdV + \sum \mu dm \tag{144}$$

$$\frac{\partial U}{\partial S} = T, \quad \frac{\partial U}{\partial V} = -p, \quad \frac{\partial U}{\partial m} = \mu.$$

Betrachtet man verschiedene Systeme derselben Zusammensetzung, bei gleicher Temperatur, gleichem Druck und gleichen Verhältnissen der verschiedenen Bestandteile, so werden die Grössen $U, S, V, m_a, \ldots, m_k$ sämtlich der Gesamtmasse des betr. Systems proportional sein; es wird daher U eine homogene Funktion ersten Grades von $S, V, m_a, \ldots, m_k$ sein und nach dem *Euler*'schen Theorem über homogene Funktionen erhält man[83]):

$$U = S\frac{\partial U}{\partial S} + V\frac{\partial U}{\partial V} + \sum m_k \frac{\partial U}{\partial m_k} = ST - pV + \sum m\mu. \tag{145}$$

Nach der Definition des thermodynamischen Potentials bei gegebenem Druck folgt für letzteres unmittelbar der einfache Ausdruck:

$$\mathfrak{F}_P = U - TS + pV = \sum m\mu. \tag{146}$$

Spezialisieren wir dies für den Fall eines einfachen Systems ($k = 1$), so ergiebt sich einfach $\mathfrak{F}_P = m\mu$, $\mathfrak{F}_p = \mu$. Die *Gibbs*'schen Potentiale μ erweisen sich also als Verallgemeinerungen des für die Masseneinheit eines chemisch einheitlichen Systems berechneten Potentials bei gegebenem Druck. Im allgemeinen Falle sind die Potentiale μ Funktionen der Temperatur, des Druckes und der *prozentualen* Zusammensetzung des Systems, d. h. sie hängen nicht von den absoluten sondern nur von den verhältnismässigen Massen der Bestandteile ab.

Berechnet man dU aus Gleichung (145) und vergleicht diesen Wert mit (144), so ergiebt sich:

$$SdT - Vdp + \sum m d\mu = 0. \tag{147}$$

---

83) Dies kann auch wie folgt bewiesen werden. Man nehme an, dass das Volumen, die Entropie sowie die Masse eines jeden Bestandteiles des Systems um den kleinen Bruchteil $d\varepsilon$ ihrer ursprünglichen Beträge vergrössert wurden:

$$dV = Vd\varepsilon, \quad dS = Sd\varepsilon, \quad dm_k = m_k d\varepsilon.$$

Durch Einsetzen in (144) folgt alsdann

$$dU = (ST - pV + \sum \mu m)\, d\varepsilon.$$

Das so entstehende System ist dem ursprünglichen in allen Stücken gleich, nur dass seine Gesamtmasse im Verhältnis $1 + d\varepsilon : 1$ grösser ist. Deshalb hat man $U + dU = (1 + d\varepsilon)\, U$ oder $dU = U d\varepsilon$. Aus den beiden angegebenen Werten von dU folgt durch Gleichsetzen der obige Ausdruck von U.

Die physikalische Bedeutung dieser Gleichung ist von *L. Natanson*[84]) und *J. E. Trevor*[85]) untersucht worden. Nach der Auffassung von *Trevor* stellt Gleichung (144) die Energieänderung eines chemischen Systems dar, soweit sie direkt von äusseren Einwirkungen herrührt, und entsprechend bedeuten die einzelnen Terme in Gleichung (147) diejenigen Energieänderungen, die innerhalb des Systems bei äusseren Einwirkungen Platz greifen und sich wechselseitig kompensieren. Die einzelnen Terme der linken Seite von (147) können dann passend als diejenigen Energiemengen angesprochen werden, die während einer Temperatur- oder Druckänderung von dem einen Potential des Systems auf ein anderes transformiert werden.

Die Gleichungen dieser Nr. enthalten $2k+5$ Variable, nämlich:

$$U, S, V, m_a, m_b, \ldots, m_k,$$
$$T, p, \mu_a, \mu_b, \ldots, \mu_k;$$

andrerseits erkennt man aus physikalischen Überlegungen, dass der Zustand des Systems durch $k+2$ Variable festgelegt ist. Wir werden jetzt zeigen, dass die Kenntnis eines geeigneten Funktionalausdruckes genügt, um die zugehörigen Werte der übrigen Variabeln zu bestimmen.

In der That: sind z. B. die Massen $m_a, \ldots, m_k$, das Volumen V und die Entropie S gegeben und ist der Ausdruck der inneren Energie in der Form

$$U = f(S, V, m_a, \ldots m_k) \tag{148}$$

bekannt, so bestimmen sich die übrigen Variabeln durch die partiellen Differentialquotienten von U aus den Gleichungen (144).

Sind andrerseits die Massen $m_a, \ldots, m_k$, Volumen und Temperatur gegeben, so bildet man nach der Regel von Nr. **16** den Ausdruck

$$\mathfrak{F}_V = U - TS = f(T, V, m_a, \ldots, m_k) \tag{149}$$

und erhält die Variabeln S, p und μ durch die Ableitungen:

$$S = -\frac{\partial \mathfrak{F}_V}{\partial T}, \quad p = -\frac{\partial \mathfrak{F}_V}{\partial V}, \quad \mu_i = -\frac{\partial \mathfrak{F}_V}{\partial m_i}. \tag{150}$$

Sind wiederum die Massen $m_a, \ldots, m_k$ und ausserdem Temperatur und Druck als unabhängige Variable anzusehen, so bildet man das bereits genannte thermodynamische Potential bei gegebenem Druck, nämlich:

$$\mathfrak{F}_P = U - TS + pV = \sum m\mu = f(T, p, m_a, \ldots, m_k); \tag{151}$$

84) *L. Natanson,* Ann. Phys. Chem. 42 (1891), p. 178.

85) *J. E. Teror,* J. physical Chem. (1897), p. 205—220.

die Variabeln S, V und μ ergeben sich dann aus den Gleichungen

$$(152) \qquad S = -\frac{\partial \mathfrak{F}_p}{\partial T}, \quad V = +\frac{\partial \mathfrak{F}_p}{\partial p}, \quad \mu_i = +\frac{\partial \mathfrak{F}_p}{\partial m_i}.$$

Sind endlich V, T und die Potentiale $\mu_a, \ldots, \mu_k$ gegeben, so ist es notwendig und hinreichend, eine funktionale Beziehung zwischen $T, \mu_a, \ldots, \mu_k$ und p zu kennen, sagen wir

$$(153) \qquad p = \varphi(T, \mu_a, \ldots, \mu_k);$$

alsdann bestimmen sich nämlich die übrigen Variabeln nach Gleichung (147) durch die Formeln:

$$(154) \qquad \frac{S}{V} = \frac{\partial p}{\partial T}, \quad \frac{m_i}{V} = \frac{\partial p}{\partial \mu_i}.$$

Die gleichen Beziehungen sind auch in dem Falle zu gebrauchen, wo an Stelle des Gesamtvolumens die Gesamtmasse $\sum m_i$ gegeben ist. Denn in diesem Falle erhält man das Volumen aus der Gleichung:

$$(154') \qquad V \sum \frac{\partial p}{\partial \mu_i} = \sum m_i.$$

Während wir bisher eine einzelne Phase eines chemischen Systems betrachteten, wollen wir jetzt die Bedingungen für das Gleichgewicht eines Komplexes verschiedener koexistierender Phasen $\varphi', \varphi'', \ldots, \varphi^{(n)}$ aufsuchen, deren jede aus allen oder aus einem Teil der k Stoffe $A, B, \ldots, K$ besteht. Wie in dem Beispiel der Aggregatzustände aus Nr. **24** besteht ein solcher Komplex aus verschiedenen diskreten Teilen, die sich ihrem physikalischen Zustande nach unterscheiden und im Gleichgewichtsfalle neben einander koexistieren können, ohne sich zu einer einzigen Phase zu vereinigen. Als Beispiel für koexistierende Phasen kann uns der Fall dienen, wo kohlensaurer Kalk, Kalk und freie Kohlensäure ($CaCO_3$, CaO, CO_2) im Gleichgewicht stehen; wir haben hier *drei Phasen,* die aus den *zwei Bestandteilen* CaO und CO_2 gebildet sind. Bei der Behandlung solcher Komplexe werden wir mit *Gibbs* von dem Einflusse der Gravitation, von capillaren Spannungen, elektrischen Kräften etc. absehen, werden das System als ein nach aussen abgeschlossenes betrachten und überdies voraussetzen, was keine Beeinträchtigung der Allgemeinheit ist, dass das System in eine unnachgiebige Hülle eingeschlossen ist.

In Nr. **24** fanden wir bei einem einzigen Stoff als Bedingung der Koexistenz zweier Phasen, dass ausser Temperatur und Druck die thermodynamischen Potentiale $\mathfrak{F}_p$ für beide Phasen gleich sein mussten. Bei mehreren Stoffen verallgemeinert sich diese Bedingung in der Weise, dass an die Stelle von $\mathfrak{F}_p$ die *Gibbs*'schen Potentiale μ treten, die ja für den Fall eines einzelnen Stoffes in jenes Potential $\mathfrak{F}_p$ übergehen. Genauer gesagt: Wenn derselbe Stoff (z. B. K) in irgend zwei Phasen (z. B. φ' und φ'') vorkommt und wenn μ_k' und μ_k'' seine Potentiale in diesen Phasen bedeuten, dann ist für das Gleichgewicht der beiden Phasen erforderlich, dass

$$\mu_k' = \mu_k''\,; \tag{155}$$

ausserdem muss auch jetzt Druck und Temperatur in allen Phasen gleich sein.

Zum Beweise bildet *Gibbs* die Variation δU der Energie für die Summe der verschiedenen Phasen φ', φ'', ..., nämlich

$$\begin{aligned} \delta U = {} & T'\delta S' - p'\delta V' + \sum \mu'\delta m' \\ & + T''\delta S'' - p''\delta V'' + \sum \mu''\delta m'' \\ & + \cdots . \end{aligned}$$

Diese Variation muss (vgl. Nr. **17** a) positiv sein oder verschwinden für alle Änderungen der Variabeln, welche die gesamte Entropie des Systems, das Gesamtvolumen und die Gesamtmasse jedes einzelnen Bestandteiles ungeändert lassen; also unter den Bedingungen

$$\begin{aligned} &\delta S' + \delta S'' + \cdots = 0, \\ &\delta V' + \delta V'' + \cdots = 0, \\ &\cdot\quad\cdot\quad\cdot\quad\cdot\quad\cdot\quad\cdot\quad\cdot\quad\cdot\quad\cdot\quad\cdot \\ &\delta m_k' + \delta m_k'' + \cdots = 0. \end{aligned}$$

Alsdann ergiebt sich aber mit Notwendigkeit:

$$T' = T'' = \cdots, \quad p' = p'' = \cdots, \quad \mu_k' = \mu_k'' \cdots$$

Es entsteht nun die Frage nach der grössten Zahl der Phasen, die aus einer bestimmten Anzahl von Bestandteilen gebildet werden können und deren jede mit jeder anderen im Gleichgewicht stehen kann.

Wir haben gezeigt

1) dass die Existenz irgend einer Phase eine Beziehung zwischen Druck, Temperatur und den Potentialen der chemischen Komponenten des Systems mit sich bringt (Gl. (153));

2) dass wenn verschiedene Phasen dieselbe Komponente enthalten und im Gleichgewicht stehen, die Potentiale der Komponenten in allen Phasen dieselben sein müssen (Gl. 155). Endlich

3) dass Druck und Temperatur in allen Phasen beim Gleichgewichtszustande gleich sein müssen.

Hat man nun k Komponenten, so wird die Zahl der verschiedenen Phasen, die im Gleichgewicht neben einander bestehen können, durch die Anzahl der Gleichungen von der Form

$$p = \varphi(T, \mu_a, \ldots, \mu_k)$$

gegeben, die durch *dieselben* Werte der Variabeln $p, T, \mu_a, \ldots, \mu_k$ befriedigt werden können. Durch blosse Abzählung der Variabeln folgt nun:

1) Es können nicht mehr als $k+2$ Phasen im Gleichgewicht neben einander bestehen, weil sonst die Zahl der Gleichungen die Zahl der willkürlichen Variabeln übertreffen würde.

2) Wenn $k+2$ Phasen thatsächlich koexistieren, so bestimmen die Gleichgewichtsbedingungen die Werte der Variabeln vollständig; daher kann dieser Fall nur eintreten, wenn Druck, Temperatur sowie die Potentialwerte μ je einen oder mehrere bestimmte diskrete Werte haben. Solch ein System heisst ein *invariantes*, weil keine Zustandsänderung vorgenommen werden kann, ohne dass das Gleichgewicht einer oder mehrerer Phasen unmöglich wird. Der fragliche Zustand wird als *$(k+2)$-facher Punkt* oder auch als *Multipelpunkt* bezeichnet. Der Tripelpunkt der vorhergehenden Nr. bildet die Spezialisierung für $k=1$.

3) Bestehen nur $k+1$ Phasen neben einander, so besitzt das System noch einen Grad der Freiheit und heisst *univariant*. Giebt man entweder Druck oder Temperatur, so sind die Gleichgewichtswerte der übrigen Variabeln dadurch vollständig bestimmt.

4) Wenn k Phasen koexistieren, hat das System zwei Grade der Freiheit und heisst *bivariant*. Jetzt können sowohl Druck als Temperatur willkürlich vorgeschrieben werden.

5) Wenn weniger als k Phasen im Gleichgewicht sind, nämlich etwa i, so heisst das System *multivariant* und die Anzahl der Freiheitsgrade beträgt $k+2-i$.

Diese Sätze bilden die *Phasenregel von Gibbs*[86]). Dass die Regel auf wirkliche chemische Prozesse anwendbar ist, ist durch experimentelle Untersuchungen sicher gestellt.

Wenn eine Komponente in einer besonderen Phase gänzlich fehlt, so verlangt der Schluss, der oben zu Gl. (155) führte, dass das Potential dieser Komponente in denjenigen Phasen, an denen sie beteiligt ist, kleiner sein muss, als das Potential sein würde, wenn die Komponente in derjenigen Phase, wo sie fehlt, in einer unendlich kleinen Menge anwesend wäre. Man kann beweisen, dass die Regel über die Anzahl der möglichen Phasen durch die Abwesenheit einer Komponente in einer oder mehreren Phasen nicht hinfällig wird. Hinsichtlich der Unbestimmtheit, die vermöge der unbestimmten Integra-

86) Einen möglichst allgemein gehaltenen Beweis giebt *C. H. Wind*, Ztschr. phys. Chem. 31 (1899), Jubelband für *Van 't Hoff* p. 390.

tionskonstanten in den Ausdrücken für Energie und Entropie verursacht wird, gilt dasselbe wie in Nr. **24**. Wenn zwei verschiedene Phasen durch eine *kontinuierliche* Folge von Zustandsänderungen mit einander verbunden werden können, fällt die Unbestimmtheit fort.

Es kommt indessen öfters vor, dass Stoffe neben einander auch dann Bestand haben können, wenn die Gleichgewichtsbedingungen der „klassischen" oder konventionellen Thermodynamik umkehrbarer Vorgänge überhaupt nicht genau erfüllt sind. So kann Wasserstoff und Sauerstoff bei gewöhnlicher Temperatur gemischt werden, ohne dass sie sich vereinigen, während sich unter der Wirkung eines elektrischen Funkens die beiden Bestandteile explosiv vereinigen. Solche Fälle eines „falschen Gleichgewichtes" sind von *Duhem*[87]) durch die Annahme eines Widerstandes erklärt, ähnlich dem Reibungswiderstande der Statik, welcher dem Übergange der Komponenten von einer Phase in die andere entgegenwirkt. Ist der Potentialunterschied des Stoffes in den beiden Phasen kleiner als der Grenzwert der Reibung, so tritt kein Übergang ein; ist der Potentialunterschied grösser, so bricht das falsche Gleichgewicht zusammen. Wird der Potentialunterschied dem Vorzeichen nach umgekehrt, so wirkt die „Reibung" im entgegengesetzten Sinne. Eine Trennungskurve für ein wahres Gleichgewicht, wie sie bei nicht vorhandener Reibung gelten würde, wird beiderseits von einem Gebiete falschen Gleichgewichtes begleitet. Überschreitet der den Zustand des Systems repräsentierende Punkt gerade dieses Gebiet, so kann es vorkommen, dass eine Explosion stattfindet. Wie *Duhem* gezeigt hat, lassen die Bedingungen, unter denen dies zu erwarten ist, eine einfache geometrische Deutung zu.

Ein weiteres interessantes Feld der Untersuchung bilden die Reziprozitätssätze, die man erhält, wenn man die verschiedenen Ausdrücke für die zweiten Differentialquotienten der Funktion $\mathfrak{F}_p$ einander gleichsetzt, d. h. die Bedingung dafür hinschreibt, dass $d\mathfrak{F}_p$ ein vollständiges Differential ist. Man erhält so aus (152)

$$(156)\quad \frac{\partial S}{\partial p} = -\frac{\partial V}{\partial T}, \qquad (157)\quad \frac{\partial S}{\partial m} = -\frac{\partial \mu}{\partial T},$$

$$(158)\quad \frac{\partial V}{\partial m} = \frac{\partial \mu}{\partial p}, \qquad (159)\quad \frac{\partial \mu_1}{\partial m_2} = \frac{\partial \mu_2}{\partial m_1} \text{ etc.}$$

Gl. (158) wurde von *Gibbs* benutzt; Gl. (159) ist von *W. Lash Miller*[88]) studiert, im Zusammenhang mit dem Dampfdruck, dem Siedepunkt und Schmelzpunkt von ternären Mischungen.

87) *P. Duhem*, Théorie thermodynamique de la viscosité etc. Paris 1896; Traité élémentaire de méc. chim. Paris 1897, tome 1, livre 2, p. 201—293.

88) *W. Lash Miller*, J. physical Chem. 1 (1897), p. 633—642.

27. Thermodynamik des galvanischen Elementes[89]). Die Anwendung der Thermodynamik auf das galvanische Element wurde zuerst von Lord *Kelvin*[90]) vorgeschlagen, indessen verdankt man die strenge Durchführung der Theorie *Helmholtz*[91]) und seinen Nachfolgern. Um den Gegenstand unter den Gesichtspunkt der Thermodynamik umkehrbarer Vorgänge[92]) zu bringen, muss man langsame Vorgänge mit schwachem Strom betrachten, bei denen die nicht umkehrbare Verwandlung von Arbeit in Wärme, die beim Durchgange des Stromes durch einen unvollkommenen Leiter stattfindet, zu vernachlässigen ist; man definiert daher ein *umkehrbares Element* dahin, dass sein physikalischer und chemischer Zustand der ursprüngliche wird, wenn man eine Elektrizitätsmenge m das eine Mal in der einen Richtung durch das Element hindurchgehen lässt, und dann die gleiche Menge in der entgegengesetzten Richtung hindurchschickt.

Der Zustand des Elements hängt daher von denselben Variabeln (Temperatur, Druck etc.) ab, welche die sonstigen Systeme der Thermodynamik kennzeichnen, zu denen hier noch die Variable m hinzukommt; m bedeutet dabei die gesamte, mit geeignetem Vorzeichen versehene Elektrizitätsmenge, die durch das Element in der positiven Richtung von einer gegebenen Anfangszeit an hindurchgeflossen ist. E sei die elektromotorische Kraft und es werde der Zuwachs dm positiv gerechnet, wenn die Elektrizität im Elemente von der negativen zur positiven Elektrode strömt. Sind die Elektroden beispielsweise mit einem Motor verbunden, so wird die Elektrizitätsmenge dm, indem sie von der positiven zu der negativen Elektrode übergeht, die äussere Arbeit Edm verrichten. Es entspricht daher der allgemeinen Koordinate m als zugehörige allgemeine Kraftkomponente E; m und E spielen hier dieselbe Rolle wie Volumen und Druck in den gewöhnlichen thermodynamischen Gleichungen.

Wenn der Zustand des Elementes nur von zwei Variabeln, z. B. den Werten von T und m abhängt, haben wir

$$dU = TdS - Edm; \tag{160}$$

bilden wir das thermodynamische Potential $\mathfrak{F}_m$, welches hier durch $\mathfrak{F}_m = U - TS$ zu definieren ist, so wird

$$d\mathfrak{F}_m = - SdT - Edm.$$

89) *E. F. J. Love,* Thermodynamics of the voltaic cell, Austral. Assoc. Rep. Sydney 1898.

90) Lord *Kelvin,* Phil. Mag. (4), 2 (1851), p. 429; Papers 1, p. 472.

91) *H. v. Helmholtz,* Berl. Ber. 1882, pp. 22, 825; 1883, p. 647; 1887, p. 749; Abhdlg. 2, 3.

92) *F. Braun,* Ann. Phys. Chem. 5 (1878), p. 182.

Hieraus folgt, da $d\mathfrak{F}_m$ ein vollständiges Differential ist, mit Rücksicht auf (160):

$$\left(\frac{\partial E}{\partial T}\right)_m = \left(\frac{\partial S}{\partial m}\right)_T = \frac{1}{T}\left(\left(\frac{\partial U}{\partial m}\right)_T + E\right). \tag{161}$$

Mit Benutzung eines neuen Zeichens λ erhält man:

$$\lambda = -\left(\frac{\partial U}{\partial m}\right)_T = E - T\left(\frac{\partial E}{\partial T}\right)_m. \tag{162}$$

Das Interesse dieser Gleichung, welche als *Helmholtz*'sche Gleichung bekannt ist, liegt in der physikalischen Bedeutung von λ. λ bedeutet nämlich den Verlust an innerer Energie infolge von chemischen Umsetzungen, die in dem Stromkreise bei festgehaltener Temperatur von der Einheit der hindurchgehenden Elektrizitätsmenge bewirkt werden. Diese Energieänderung ist genau ebenso gross, als ob dieselben Mengen der verschiedenen im Element vorhandenen Stoffe dieselben Reaktionen unter irgend welchen anderen Umständen eingingen, wobei sich die Energie als Wärme entwickeln würde. Da nun die Mengen der verschiedenen Stoffe, welche sich verbinden, wenn der Strom Eins während der Zeit Eins durch das Element fliesst, die elektrochemischen Äquivalente dieser Stoffe genannt werden, so können wir sagen: *λ ist gleich der algebraischen Summe der Bildungswärmen für je ein elektrochemisches Äquivalent der in der Zelle wirksamen Stoffe* (die Bildungswärmen natürlich in Arbeitseinheiten gerechnet).

In dem (durch eine Gasbatterie realisierten) Falle, wo die Zelle eine Ausdehnung eines Stoffes unter äusserem Druck bewirkt, ist Gl. (160) zu ersetzen durch:

$$dU = TdS - Edm - pdV;$$

das thermodynamische Potential bei gegebenem Druck lautet jetzt

$$\mathfrak{F}_{m,p} = U - TS + pV$$

und liefert

$$d\mathfrak{F}_{m,p} = -SdT - Edm + Vdp.$$

Wegen der Integrabilitätsbedingung haben wir jetzt

$$-\frac{\partial E}{\partial p} = \frac{\partial V}{\partial m}, \quad \frac{\partial E}{\partial T} = \frac{\partial S}{\partial m}, \quad -\frac{\partial V}{\partial T} = \frac{\partial S}{\partial p}. \tag{163}$$

Die erste dieser Gleichungen zeigt, dass die elektromotorische Kraft einer Zelle mit dem Druck wächst oder abnimmt, je nachdem das Volumen der Zelle durch die Erzeugung des elektrischen Stromes verkleinert oder vergrössert wird.

Da nach dem *Faraday*'schen Gesetz der Elektrolyse $\partial V/\partial m$ konstant ist, hat man

$$\frac{\partial V}{\partial m} = \frac{V_0 - V_1}{m},$$

wo m diejenige Elektrizitätsmenge bedeutet, bei deren Durchgang das Volumen von V_1 auf V_0 zunimmt. Man erhält dann

$$(164) \qquad E_1 - E_0 = \int \frac{V_0 - V_1}{m} dp,$$

einen Ausdruck, der sich leicht integrieren lässt a) für feste Körper und Flüssigkeiten, wo V nahezu unabhängig von p ist, b) für Gase, die dem *Boyle*'schen Gesetze genügen. Die Ergebnisse sind von *Gilbault*[93]) mit der Erfahrung verglichen.

Einen etwas anderen Weg hat *Gibbs*[94]) eingeschlagen. Dieser leitet, indem er den *Carnot*'schen Kreisprozess auf das *Galvani*'sche Element anwendet, die Formel

$$(165) \qquad E = \lambda \frac{T_0 - T}{T_0}$$

ab, in der T_0 die „Übergangstemperatur" bedeutet, d. h. diejenige Temperatur, bei der die chemischen Reaktionen, die den Strom erzeugen, in beiderlei Richtung vor sich gehen können. Die letztere Gleichung ist experimentell durch *Cohen*[95]), *van 't Hoff* und *Bredig*[96]) bestätigt worden.

IV. Ableitung des zweiten Hauptsatzes aus den Prinzipien der Mechanik[97]).

28. Übersicht über die verschiedenen Methoden. Die Molekularphysik ist innig mit der Vorstellung verknüpft, dass das, was wir Wärmeenergie nennen, nichts anderes als Bewegungsenergie der Körpermoleküle ist. Diese Vorstellung erklärt leicht den ersten Hauptsatz, der dann nichts anderes als das Energieprinzip der rationellen Mechanik wird; aber die Stellung des zweiten Hauptsatzes innerhalb der Molekularphysik ist nicht so einfach. Viele Schriftsteller haben durch dynamische Überlegungen Gleichungen abgeleitet, welche der thermodynamischen Gleichung $dQ = TdS$ ähneln; indessen während man auf solche Weise verstehen kann, wie Wärmeerscheinungen in einem System von Molekülen auftreten können, deren Einzelbewegungen den Gleichungen der rationellen Mechanik genügen, kann man doch

---

93) *H. Gilbault,* Toulouse, Ann. 5 (1891), p. 5; Paris, C. R. 113 (1891), p. 465.

94) *J. W. Gibbs,* Brit. Assoc. Rep. 1886, p. 388; 1888, p. 343; *Lodge,* Brit. Assoc. Rep. 1887, p. 340.

95) *Cohen,* Ztschr. physikal. Chem. 14 (1894), p. 53, 535.

96) *Cohen, van 't Hoff* und *Bredig,* Ztschr. physikal. Chem. 16 (1895), p. 453.

97) Ausführlicher berichten über diesen Gegenstand *G. H. Bryan* und *J. Larmor,* Brit. Assoc. Rep. Part 1 1891, p. 85, Part 2 1894, p. 64. Vgl. auch Enc. IV Art. *Voss:* Die Prinzipien der rationellen Mechanik, insbes. Nr. 48.

nicht sagen, dass irgend eine jener Überlegungen es uns ermöglicht hätte, den zweiten Hauptsatz zu entdecken, wenn wir nicht auf Grund der Erfahrung von seiner Gültigkeit gewusst hätten.

Die frühesten dynamischen Erklärungen des zweiten Hauptsatzes scheinen zu sein: die Untersuchungen von *Rankine*[98]), die auf der sog. Hypothese der Molekularwirbel beruhen, die statistischen Betrachtungen von *L. Boltzmann*[99]), die auf der kinetischen Gastheorie fussen, die Beweise von *R. Clausius*[100]) und *C. Szily*[101]), die sich auf das *D'Alembert*'sche oder *Hamilton*'sche Prinzip gründen, verbunden mit einer, gewöhnlich nicht klar ausgesprochenen Annahme, die wir die „Hypothese der stationären oder quasi-periodischen Bewegungen" nennen werden. Eine andere Methode, die auf der Betrachtung monocyklischer und verwandter Systeme beruht, rührt von *H. v. Helmholtz*[102]) her, während der Grundgedanke dieser Methode wenn auch in weniger bestimmter Form wohl schon früher, z. B. in den vorher genannten Arbeiten von *Rankine* auftritt.

Was insbesondere das historische Verhältnis der Arbeiten von *Clausius* und *Szily* angeht, sei die folgende Bemerkung vorangeschickt: Im Jahre 1872 wies *C. Szily*[101]) darauf hin, dass der zweite Hauptsatz der mechanischen Wärmetheorie nichts anderes sei als das *Hamilton*sche Prinzip der variierenden Wirkung. Demgegenüber machte *Clausius* geltend, dass die üblichen Formen des *Hamilton*'schen Prinzipes sich nur auf Systeme mit konservativen Kräften beziehen, während der zweite Hauptsatz seinem Wesen nach auf die Umwandlung von Wärme in Arbeit und umgekehrt angewandt werden soll, wobei die äusseren, auf den Arbeitsstoff wirkenden Kräfte nicht aus einem einwertigen Potential abgeleitet werden können. *Szily*'s Untersuchung enthielt manche Fehler; namentlich unterschied er nicht deutlich zwischen dem Wärmezuwachs dQ und dem Energiezuwachs dU. Andrerseits scheint *Clausius*, der die *Hamilton*'schen Arbeiten wohl nur aus zweiter Hand kannte, den Begriff des *Hamilton*'schen Prinzipes zu eng gefasst und bei seinen Arbeiten das *Hamilton*'sche Prinzip

98) *W. J. M. Rankine* Phil. Mag. (4) 10 1855), p. 354, 411; 1875, p. 241; Papers London 1881 p. 16.

99) *L. Boltzmann*, Analytischer Beweis des zweiten Hauptsatzes, Wiener Ber. 63 (2).

100) *R. Clausius*, Bonn. Sitz. Ber. (1869—70) p. 167; Phil. Mag. (4) 42 (1871) p. 161.

101) *C. Szily*, Ann. Phys. Chem. 145 (1872), p. 339; 149 (1873), p. 74; Phil. Mag. (4) 43 (1872), p. 339; (5) 1 (1876), p. 21.

102) *H. von Helmholtz*, J. f. Math. 97 (1884), p. 111, 317.

implicite neu abgeleitet zu haben. Die Darstellung in den früheren Arbeiten von *Clausius* war äusserst mühsam und undurchsichtig; es bedurfte einer langen Reihe von Schriften zum Teil polemischen Inhalts, die während der Jahre 1871—76 von *Clausius* und *Szily* publiziert wurden, bis der Gegenstand einigermassen klargestellt war.

Die einschlägigen Untersuchungen zerfallen in zwei Klassen, nämlich in solche, welche hinsichtlich der Molekularbewegungen ein bestimmtes Verteilungsgesetz, z. B. das *Boltzmann-Maxwell*'sche Gesetz der kinetischen Gastheorie zu Grunde legen, und in solche, welche von einem derartigen Gesetz unabhängig sind, dafür aber andere Annahmen einführen. Die Untersuchungen der ersten Klasse beziehen sich spezieller auf Gase und werden in dem Art. V 9 besprochen werden; wir werden uns hier auf die Arbeiten der zweiten Klasse beschränken.

Die Unterscheidung zwischen Wärme- und Arbeits-Energie bringt die Einführung von zwei verschiedenen Sorten von Koordinaten mit sich, nämlich der *kontrollierbaren Koordinaten*, deren Abänderung sichtbare Änderungen im System hervorbringt, und der *unkontrollierbaren Koordinaten*, welche die Stellung des einzelnen Moleküls definieren. Die letzteren Koordinaten befinden sich in fortgesetzter Veränderung, aber die einzigen wahrnehmbaren Veränderungen finden statt, wenn dem Körper als Ganzem Energie durch diese Koordinaten mitgeteilt wird, eine Energie, die wir Wärme nennen und mit dQ bezeichnen. Die Energie, die dem Körper durch Abänderung der kontrollierbaren Koordinaten mitgeteilt wird, ist in unserer Bezeichnung $-dW$.

29. Stationäre oder quasi-periodische Bewegungen[103]). Das zu betrachtende System bestehe aus den Molekülen $m_1, m_2, \ldots$, die sich in den Punkten $(x_1, y_1, z_1), (x_2, y_2, z_2), \ldots$ befinden. Die kontrollierbaren Koordinaten seien $p_1, p_2, \ldots$ L sei die lebendige Kraft speziell der Molekularbewegung und V die gesamte potentielle Energie für beide Arten von Koordinaten, so dass

$$(166)\quad \begin{cases} L = \frac{1}{2}\sum m(\dot{x}^2 + \dot{y}^2 + \dot{z}^2), \\ \delta V = \sum\left(\frac{\partial V}{\partial x}\delta x + \frac{\partial V}{\partial y}\delta y + \frac{\partial V}{\partial z}\delta z\right) + \sum\frac{\partial V}{\partial p}\delta p. \end{cases}$$

Man beweist leicht, dass[104])

103) *R. Clausius*, „Abhandl." 2, p. 299 ff.; Ann. Phys. Chem. 142 (1871), p. 433; Suppl. 7 (1876), p. 215; 146 (1872), p. 585 und Phil. Mag. (4) 44 (1872), p. 365; (4) 46 (1873), p. 236 etc.

104) Vgl. z. B. *Thomson* und *Tait*, Natural Philosophy, 2. Aufl., Cambridge 1883 1 § 327.

$$(167)\quad \begin{cases} \delta \int\limits_{t_1}^{t_2} 2L\,dt = \left[\sum m(\dot{x}\delta x + \dot{y}\delta y + \dot{z}\delta z)\right]_{t_1}^{t_2} \\ \qquad + \int\limits_{t_1}^{t_2} \left\{\delta L - \sum m(\ddot{x}\delta x + \ddot{y}\delta y + \ddot{z}\delta z)\right\} dt. \end{cases}$$

Nach dem *D'Alembert*'schen Prinzip ist aber

$$\sum m(\ddot{x}\delta x + \ddot{y}\delta y + \ddot{z}\delta z) + \sum \left(\frac{\partial V}{\partial x}\delta x + \frac{\partial V}{\partial y}\delta y + \frac{\partial V}{\partial z}\delta z\right) = 0;$$

da nun V sowohl von den kontrollierbaren wie von den molekularen Koordinaten abhängt, kann man mit Rücksicht auf (166) statt (167) schreiben:

$$(167')\quad \begin{cases} \delta \int\limits_{t_1}^{t_2} 2L\,dt = \left[\sum m(\dot{x}\delta x + \dot{y}\delta y + \dot{z}\delta z)\right]_{t_1}^{t_2} \\ \qquad + \int\limits_{t}^{t_2} \left(\delta L + \delta V - \sum \frac{\partial V}{\partial p}\delta p\right) dt. \end{cases}$$

In der Thermodynamik vernachlässigt man allgemein die kinetische Energie der sichtbaren Bewegung eines Körpers, d. h. die kinetische Energie, die der Änderung der kontrollierbaren Koordinaten entspricht. Schliessen wir uns dem an, so wird

$$\sum \frac{\partial V}{\partial p}\delta p = -\delta W,$$

wo δW die gesamte äussere Arbeit bedeutet, die bei einer Veränderung der kontrollierbaren Koordinaten geleistet wird. Nach dem ersten Hauptsatz gilt aber

$$\delta Q = \delta U + \delta W = \delta L + \delta V + \delta W.$$

Mithin ergiebt sich aus (167')

$$\delta \int\limits_{t_1}^{t_2} 2L\,dt = \left[\sum m(\dot{x}\delta x + \dot{y}\delta y + \dot{z}\delta z)\right]_{t_1}^{t_2} + \int\limits_{t_1}^{t_2} \delta Q\,dt.$$

Setzt man noch das Zeitintervall $t_2 - t_1$ gleich ni, unter n eine ganze Zahl verstanden, und deutet man die Bildung von Mittelwerten durch einen über dem fraglichen Buchstaben angebrachten Strich an, so folgt

$$\delta(2ni\overline{L}) = \left[\sum m(\dot{x}\delta x + \dot{y}\delta y + \dot{z}\delta z)\right]_{t_1}^{t_2} + ni\,\overline{\delta Q}$$

oder

$$(168)\quad \frac{\overline{\delta Q}}{\overline{L}} = \delta \log (i\overline{L})^2 - \frac{\left[\sum m(\dot{x}\delta x + \dot{y}\delta y + \dot{z}\delta z)\right]_{t_1}^{t_2}}{ni\overline{L}}.$$

Wir wollen nun als Definition einer quasiperiodischen Molekularbewegung festsetzen: *i soll so gewählt werden können, dass*

$$\frac{\left[\sum m(\dot{x}\,\delta x + \dot{y}\,\delta y + \dot{z}\,\delta z)\right]_{t_1}^{t_2}}{n i \overline{L}} \tag{169}$$

entweder gleich Null wird oder unbegrenzt abnimmt, wenn man n unbegrenzt wachsen lässt; i definieren wir in diesem Falle als *Quasi-Periode des Systems.* Trifft unsere Bedingung zu, so gilt einfach

$$\frac{\overline{\delta Q}}{\overline{L}} = \delta \log (i\overline{L})^2. \tag{170}$$

Folgen die Quasi-Perioden rasch aufeinander, während die Änderungen der kontrollierbaren Koordinaten und der Wärmefluss hinreichend langsam vor sich gehen, so kann man δQ an Stelle von $\overline{\delta Q}$ schreiben. Die vorige Gleichung sagt nun aus, *dass $\overline{L}$ ein integrierender Nenner von δQ ist* und ist mithin dem thermodynamischen Satze analog, *dass T ein integrierender Nenner von δQ ist.* Manche physikalische Überlegungen lassen es glaubhaft erscheinen, dass die absolute Temperatur eines und desselben Körpers dauernd der kinetischen Energie seiner Moleküle proportional sei; wenn dies allgemein richtig wäre, so würde Gl. (170) sich mit dem *zweiten Hauptsatz der Thermodynamik* decken.

Man beachte, dass die Endgleichung (170) unabhängig von n ist und daher durch Vergrösserung von n nicht geändert wird, dass man ferner statt i irgend ein Vielfaches von i setzen kann, ohne den Wert von $\delta \log (i\overline{L})^2$ zu beeinflussen, so dass eine genaue Kenntnis von i nicht erforderlich ist. Unzweifelhaft liegt in der Definition von i eine begriffliche Schwierigkeit[105]). Im Falle der monocyklischen Systeme (s. u.) oder rein periodischer Bewegungen ist die Bedeutung von i leicht zu verstehen; nicht so in allgemeineren Fällen.

Die Annahme der Quasi-Periodizität in der obigen Form lässt sich allgemein rechtfertigen, wenn man es mit einem System zu thun hat, welches nach der Ausdrucksweise von *Boltzmann* „molekular ungeordnet" ist. Bei der stationären Bewegung eines solchen Systems sind entgegengesetzte Geschwindigkeitsrichtungen gleich wahrscheinlich; überdies führt der Umstand, dass die Bewegungen der einzelnen Moleküle unkontrollierbar sind, zu dem Schlusse, dass bei allen in Wirklichkeit vorkommenden Lagenänderungen die Verschiebungen

---

105) Am deutlichsten spricht sich *Clausius* hierüber in der Arbeit: Über einen neuen mechanischen Satz, Bonn. Ber. (1873), p. 137; Ann. Phys. Chem. 150 (1873), p. 106; Phil. Mag. (4) 46 (1873), p. 236, aus.

δx, δy, δz unabhängig sind von den Geschwindigkeitskomponenten $\dot{x}, \dot{y}, \dot{z}$[106]). Alsdann ist $\sum m(\dot{x}\delta x + \dot{y}\delta y + \dot{z}\delta z)$ eine Grösse, die mit der Zeit fluktuiert und im Mittel Null ist; die Fluktuationen, die den Bewegungsänderungen der einzelnen Moleküle entsprechen, werden klein sein und werden in der Zeit nicht systematisch anwachsen. Nimmt man also die Zeit ni hinreichend gross im Verhältnis zu derjenigen Zeit i, in der sich diese Fluktuationen abspielen, so kann man in der That behaupten, dass der Ausdruck (169) beliebig klein gemacht werden kann. Man bemerke noch, dass der Begriff der Unkontrollierbarkeit die Annahme einschliesst, dass die Molekularbewegungen sehr rasche sind und dass die Zeitintervalle, die wir bei den Zustandsänderungen des Körpers als Ganzes zu betrachten haben, gross sind gegenüber der Zeit der Fluktuation der Molekularbewegungen.

30. Monocyklische Systeme. Ganz ähnliche Folgerungen hat *Helmholtz*[102]) aus der Betrachtung der monocyklischen Systeme abgeleitet.

Ein System heisst monocyklisch oder polycyklisch, wenn es eine oder mehrere in sich zurücklaufende Bewegungen enthält, entsprechend einer oder mehreren „cyklischen" Koordinaten. Die besonderen Eigenschaften, die einer cyklischen Koordinate zukommen, sind folgende:

1) Die kinetische und potentielle Energie hängt nicht von den cyklischen Koordinaten q_b selbst ab; in die kinetische Energie gehen nur die Geschwindigkeitskoordinaten $\dot{q}_b$ ein.

2) Bei Zustandsänderungen des Systems sind die Geschwindigkeiten der nichtcyklischen kontrollierbaren Koordinaten (q_a), sowie die Beschleunigungen der cyklischen und nichtcyklischen Koordinaten klein.

Bedeutet H die *Lagrange*'sche Funktion $H = L - V$, so geben die allgemeinen *Lagrange*'schen Gleichungen:

$$P = \frac{d}{dt}\left(\frac{\partial H}{\partial \dot{q}}\right) - \frac{\partial H}{\partial q}$$

für die allgemeinen Kraftkoordinaten P_b auf Grund der Festsetzungen 1) und 2):

$$P_b = \frac{d}{dt}\left(\frac{\partial H}{\partial \dot{q}_b}\right) = \frac{dp_b}{dt}, \tag{171}$$

wo p_b die zu q_b gehörige allgemeine Impulskoordinate ist.

106) Hätte man es andererseits in der Hand die Bewegungen der einzelnen Moleküle in dem Sinne zu beeinflussen, dass ihre Verschiebungen in Beziehung treten zu ihren Geschwindigkeiten, so würde ersichtlich die gesamte Energie der Molekularbewegung in mechanische Energie verwandelt werden können und der zweite Hauptsatz würde hinfällig werden.

Infolgedessen wird die an den Koordinaten q_b geleistete Arbeit

$$dQ = \Sigma P_b \dot{q}_b dt = \Sigma \dot{q}_b \frac{dp_b}{dt} dt = \Sigma \dot{q}_b dp_b \tag{172}$$

und der cyklische Teil der kinetischen Energie lautet als homogene Funktion der Geschwindigkeitskoordinaten:

$$2L_b = \Sigma \dot{q}_b p_b.$$

Für ein monocyklisches System gilt insbesondere:

$$dQ = \dot{q}_b dp_b, \quad 2L_b = \dot{q}_b p_b,$$

woraus man schliesst

$$\frac{dQ}{\dot{q}_b} = dp_b \quad \text{sowie} \quad \frac{dQ}{L_b} = 2d(\log p_b). \tag{173}$$

Es sind also sowohl $\dot{q}_b$ wie L_b integrierende Nenner von dQ. Dies entspricht der bekannten Thatsache, dass ein Differentialausdruck stets unendlich viele integrierende Faktoren zulässt, wenn er einen solchen Faktor besitzt. So ist auch in der Thermodynamik die Temperatur nicht der einzige integrierende Nenner von dQ. *Helmholtz* betont daher, dass der zweite Hauptsatz nicht durch die Angabe erschöpft wird, dass dQ überhaupt einen integrierenden Nenner besitzt; vielmehr ist in die Aussage des zweiten Hauptsatzes aufzunehmen, dass der integrierende Nenner die Eigenschaft der Temperatur besitze, die in dem Satze enthalten ist, dass „Wärme von dem wärmeren nach dem kälteren Körper überzugehen strebt".

In dem allgemeinen Fall eines polycyklischen Systems wird dQ im allgemeinen keinen integrierenden Nenner besitzen, es sei denn, dass besondere Bedingungen erfüllt sind. Eine solche Bedingung wäre die folgende: Man nehme hinsichtlich der Zustandsänderungen des Systems an, dass die cyklischen Geschwindigkeitskoordinaten beständig ihren Anfangswerten proportional sind. Bezeichnet man den Proportionalitätsfaktor mit n und deutet Anfangswerte durch den Index ^{0} an, so wird

$$\dot{q}_b = n\dot{q}_b^0, \quad p_b = np_b^0, \quad L = n^2 L^0,$$

wobei jetzt n die einzige Variable ist, und

$$dQ = \Sigma n\dot{q}_b^0 d(np_b^0) = n\,dn\,\Sigma \dot{q}_b^0 p_b^0 = 2n\,dn\,L^0,$$

mithin

$$\frac{dQ}{L} = 2d\log n. \tag{174}$$

Diese Gleichung steht wieder in Übereinstimmung mit dem zweiten Hauptsatz und den Überlegungen von *Clausius* und *Szily*.

Eine andere Ableitung desselben Resultats giebt *J. J. Thomson*[107]). Bei dieser scheinen die notwendigen Voraussetzungen die folgenden zu sein:

1) Die kinetische Energie enthält keine Produkte $\dot{q}_a \dot{q}_b$ von kontrollierbaren in unkontrollierbare Geschwindigkeitskoordinaten, sie ist vielmehr von der Form

$$L = L_a + L_b.$$

2) Wenn die kinetische Energie der Molekularbewegung L_b eine der kontrollierbaren Koordinaten q_a enthalten sollte, so muss dieses in einem dem ganzen Ausdruck L_b gemeinsamen Faktor geschehen, oder mit anderen Worten, L_b muss die Form haben $f(q_a) \cdot \varphi(q_b)$. Träfe dieses nämlich nicht zu, so würden die wahrnehmbaren Erscheinungen von einzelnen Molekülgruppen mehr wie von anderen beeinflusst werden.

31. Mechanische und statistische Bilder. Eine Anzahl von Beispielen für monocyklische Systeme sind von *Boltzmann*[108]) u. a. angegeben. Ein *Watt*'scher Regulator an der Dampfmaschine ist ein einfaches Beispiel dieser Art, aber eine noch einfachere Verwirklichung eines monocyklischen Systems liefert eine Welle mit einem radial von ihr auslaufenden Arm, beide massenlos gedacht. Auf diesem Arm kann ein Knopf von der Masse m entlanggleiten und die Lage des Knopfes lässt sich durch einen in geeigneter Weise über eine Rolle geführten Faden regulieren oder „kontrollieren" (vgl. den mittleren Teil der Fig. 6). Den Abstand r des Knopfes von der Wellenmittellinie hat man als die kontrollierbare Koordinate anzusehen, der Umdrehungswinkel θ der Welle bildet die cyklische Koordinate. Man zeigt leicht, dass für langsame Bewegungen des Knopfes, bei denen die kinetische Energie der radialen Bewegung vernachlässigt werden kann:

$$\frac{dQ}{L} = 2d \log(r^2\dot{\theta}),$$

wo dQ die an der Koordinate θ geleistete Arbeit bezeichnet. Bedeutet p den zu θ gehörigen Drehimpuls, i die Dauer einer vollen Umdrehung, so ist die rechte Seite gleich $d \log(p^2)$; dafür kann man auch, da $r^2\dot{\theta} = 2L/m\dot{\theta} = Li/m\pi$ ist, schreiben $d\log(iL)^2$. Die erstere Schreibweise entspricht den Entwickelungen von Nr. **30**, die letztere denen von Nr. **29**.

---

107) *J. J. Thomson*, Applications of Dynamics chap. VI, p. 94 der engl. Ausgabe.

108) *L. Boltzmann*, J. f. Math. 98 (1885), p. 85; Vorlesungen über *Maxwell*'s Theorie, 1, Leipzig 1891, p. 8—23.

Eine Abänderung[109]) dieses Mechanismus entsteht, wenn man die Welle mit zwei Scheiben C und D versieht, welche nacheinander in Berührung mit zwei Scheiben A und B gebracht werden können (vgl. Fig. 6). Die Scheiben A und B mögen sich mit den unveränderlichen Winkelgeschwindigkeiten ω_1 und ω_2 umdrehen und übertragen, wenn sie nach einander mit den Scheiben C oder D in Berührung sind, diese Geschwindigkeiten auf die Welle. Dieses System kann man ein genaues Gegenstück eines *Carnot*'schen Kreisprozesses ausführen lassen, wobei die Scheiben A und B die Rolle von Quelle und Kühler, die Winkelgeschwindigkeit die Rolle der Temperatur, und der zugehörige Drehimpuls die Rolle der Entropie spielt. Den Isothermen des Kreisprozesses, längs denen der Arbeitsstoff in Berührung mit Quelle oder Kühler ist, entsprechen hier diejenigen Vorgänge, bei denen die Welle gleichförmig rotiert und sich bezw. mit ihrer oberen oder unteren Scheibe gegen A oder B gegenlegt, während gleichzeitig der Drehimpuls mit der Stellung des Knopfes sich verändert. Den adiabatischen Linien des Kreisprozesses entspricht die freie Umdrehung der Welle, welche bei konstantem Drehimpuls verläuft, während gleichzeitig die Winkelgeschwindigkeit von ω_1 nach ω_2 abnimmt oder umgekehrt von ω_2 bis ω_1 zunimmt, in dem Maasse wie der Knopf an seiner Führung entlang gleitet. Sind Q_1 und Q_2 die Energiemengen, die das System von der schneller laufenden Scheibe aufnimmt oder die es an die langsamer laufende abgiebt, so lässt sich zeigen, dass $Q_1/\omega_1 = Q_2/\omega_2$, entsprechend der thermodynamischen Gleichung $Q_1/T_1 = Q_2/T_2$.

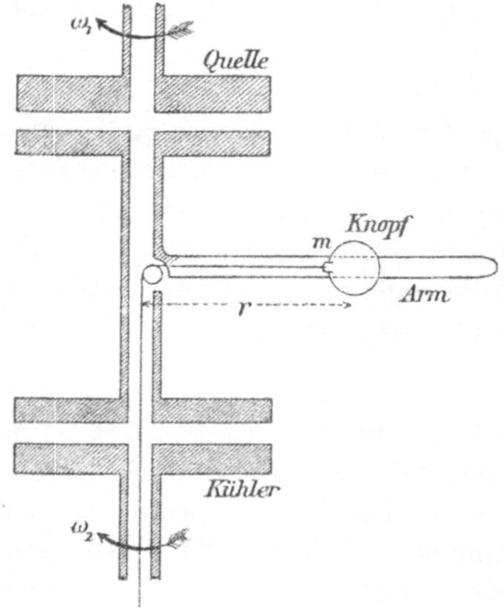

Fig. 6.

Boltzmann[110]) hat ferner gezeigt, dass man von einem einzelnen Teilchen ausgehend, dessen Bewegung monocyklische Eigenschaften nicht zu haben braucht, allemal ein monocyklisches System konstruieren kann, indem man eine grosse Anzahl solcher Teilchen oder Körper hintereinander anordnet.

109) *G. H. Bryan,* Rep. Brit. Assoc. 1891 p. 108.
110) *L. Boltzmann,* J. f. Math. 98, (1885) p. 68.

Z. B. ist ein einzelnes Teilchen, welches eine Ellipse unter einer vom Brennpunkte ausgehenden Kraft a/r^2 beschreibt, für sich nicht monocyklisch; wohl aber bildet ein Strom von solchen Teilchen, dessen Dichtigkeit an jeder Stelle unabhängig von der Zeit ist — also eine Art Saturnsring — ein monocyklisches System. Hier findet *Boltzmann*

$$dQ = L d \log \frac{a^2}{L};$$

als cyklische Koordinate kann dabei diejenige Massensumme gewählt werden, die durch irgend einen Querschnitt bis zur Zeit t hindurchgeht.

Ein anderes Beispiel liefert ein Strom von Teilchen von der Gesamtmasse m, welche geradlinige Schwingungen unter dem Einfluss eines konservativen Kraftfeldes ausführen. Hierbei wird $dQ = 2 L d \log(iL)$, wo i die Schwingungsdauer. Die allgemeinen Geschwindigkeits- und Impulskoordinaten können dabei wie folgt gewählt werden

$$\dot{q}_b = \frac{m}{i}, \quad p_b = \frac{2iL}{m}.$$

In dem besonderen Fall, wo ein Strom von Teilchen zwischen zwei parallelen elastischen Wänden im Abstand a voneinander, hin und her reflektiert wird, sei v die Geschwindigkeit des Stromes, $\frac{1}{2}m$ die ganze Masse, die sich in der einen oder anderen Richtung bewegt; dann sind die allgemeinen Geschwindigkeits- und Impulskoordinaten sowie die kinetische Energie in Übereinstimmung mit den vorhergehenden Festsetzungen gegeben durch

$$\dot{q}_b = \frac{mv}{2a}, \quad L = \frac{2a^2\dot{q}_b{}^2}{m}, \quad p_b = \frac{\partial L}{\partial \dot{q}_b} = 2av.$$

Dieses System ist strenge monocyklisch. Betrachtet man aber einen Strom von Teilchen, der von den vier Seiten eines rechtwinkligen Kastens unter den Winkeln D und $90^0 - D$ zurückgeworfen wird, so erhält man ein System, welches nicht monocyklisch ist, sofern Änderungen in der Grösse des Winkels D in Betracht gezogen werden.

Boltzmann hat schliesslich gezeigt, dass ein Gas, dessen Molekeln nach dem *Boltzmann-Maxwell*'schen Gesetz verteilt sind, ähnliche Eigenschaften besitzt, wie die monocyklischen Systeme von *Helmholtz*, und dass die mittlere kinetische Energie der Translationsbewegung seiner Teilchen ein integrierender Nenner von dQ wird. Näheres hierüber vgl. Art. V 9.

32. Analogien zum Wärmegleichgewicht. Der Satz, dass die absolute Temperatur ein integrierender Nenner von dQ ist, setzt uns nur in den Stand, *verschiedene Temperaturen an dem gleichen Körper* zu vergleichen. Will man den zweiten Hauptsatz auf dynamischem

Wege vollständig beweisen, so hat man (a) zu definieren, wann zwei verschiedene Körper im Wärmegleichgewicht sind, um so zu einer Definition des Begriffes „*gleiche Temperaturen in verschiedenen Körpern*" zu gelangen und (b) die nichtumkehrbaren Prozesse in die Mechanik einzuordnen. In beiden Richtungen lässt der augenblickliche Stand der Wissenschaft noch viel zu wünschen übrig.

Helmholtz [111]) hat ein dynamisches Bild des Wärmegleichgewichts zwischen zwei Körpern ausgearbeitet, indem er die Bedingung dafür aufstellte, dass zwei monocyklische Systeme miteinander gekoppelt werden können, ohne dass Energie von dem einen zu dem andern System übergeht; als Beispiel denke man an zwei rotierende Wellen, die bei gleicher Umdrehungsgeschwindigkeit miteinander gekoppelt werden. Lautet die genannte Bedingung dahin, dass die integrierenden Divisoren von dQ für beide Systeme gleich sein müssen, so heisst die Koppelung *isomor*. *Helmholtz* findet nun, dass die allgemeinsten Formen η_1, η_2 des integrierenden Nenners bei isomorer Koppelung für beide Systeme diese sind:

$$\eta_1 = L_1 \left(\frac{\alpha}{p_1}\right)^{2c}, \quad \eta_2 = L_2 \left(\frac{\beta}{p_2}\right)^{2c}$$

(α, β und c Konstante, p_1, p_2 die cyklischen Impulskoordinaten, L_1, L_2 die lebendigen Kräfte der cyklischen Koordinaten in beiden Systemen).

Um weiterhin der Bedingung zu genügen, dass, wenn zwei Körper im Wärmegleichgewicht mit einem dritten sind, sie auch im Wärmegleichgewicht miteinander stehen, muss man verlangen, dass die Koppelungsbedingungen die Form haben

$$\varphi_1 = \psi_2 = \chi_3,$$

wo φ_1 nur von den Koordinaten und Zustandsgrössen des ersten, ψ_2 von denen des zweiten, χ_3 von denen des dritten Körpers abhängt. Die allgemeinste Form der Grösse S, welche der Entropie des Systems entspricht, nachdem das erste und zweite System miteinander gekoppelt sind, wird mittels der allgemeinen Impulskoordinaten p_1 und p_2 durch eine Gleichung der folgenden Form bestimmt:

$$X(S) = \Phi(p_1) + \Psi(p_2) + C,$$

wo Φ, Ψ, X willkürliche Funktionen bedeuten.

Nimmt man an, dass Energie von der Form dQ nur dadurch einem monocyklischen System mitgeteilt oder entzogen werden kann, dass es mit einem andern monocyklischen System gekoppelt wird (man vergleiche das oben beschriebene Modell eines *Carnot*'schen

111) *H. von Helmholtz*, J. f. Math. 97 (1884), p. 134.

Kreisprozesses), so ergiebt sich das dynamische Gegenbild für die begrenzte Arbeitsfähigkeit der Wärme in umkehrbaren Prozessen unmittelbar.

Analogieen für das Wärmegleichgewicht, die auf der kinetischen Gastheorie beruhen, sind von *J. J. Thomson* [112]), sowie gemeinsam von *Boltzmann* und dem Ref. [113]) untersucht.

33. Nichtumkehrbare Erscheinungen. Diese aus der reinen Dynamik zu erklären ist unmöglich, denn die dynamischen Gleichungen stellen stets nur umkehrbare Bewegungen dar [114]). Widerstände nach Art der Reibung oder Viskosität in diese Gleichungen einzuführen, verbietet sich hier von selbst. Denn das Vorhandensein von solchen Widerständen setzt die Umwandlung von mechanischer Energie in Wärme voraus, während es doch umgekehrt die eigentliche Aufgabe der mechanischen Wärmetheorie ist, die Wärmeenergie auf Mechanik zurückzuführen. Andrerseits würde es dem ersten Hauptsatz widersprechen, die von den Widerständen verzehrte Arbeit als verlorene Arbeit anzusehen.

Es giebt zwei Wege, um diese Schwierigkeit zu überwinden:

1) Bekanntlich wird Wärme in ausgiebigem Maasse durch Strahlung fortgepflanzt; eine vollständige Wärmetheorie müsste also nicht nur die Dynamik der Moleküle, sondern auch die des umgebenden Äthers in Rechnung ziehen. Die Nichtumkehrbarkeit wird alsdann durch die Annahme eingeführt, dass Wellenbewegungen von dem Sitze der Gleichgewichtstörung ausstrahlen und nur teilweise dahin zurück konvergieren.

Wir verfolgen diesen Weg nicht, weil er in die Physik des Äthers gehört und in Art. 23 besprochen werden wird.

2) Die Einführung von *Wahrscheinlichkeitsbetrachtungen*, die übrigens auch auf dem ersten Wege zu Hülfe genommen werden, eröffnet einen zweiten Ausweg aus diesen Schwierigkeiten. Wenn wir sagen, dass ein wärmerer Körper A mit einem kälteren B in Berührung gebracht wird, so meinen wir, dass durch künstliche Mittel zwei Gruppen von Molekülen A und B derart gekoppelt werden, dass die Verteilung der Energie zwischen ihnen merklich von der durchschnittlichen Verteilung abweicht. Die Wahrscheinlichkeit dafür, dass eine solche Abweichung bestehen bleibt, ist eine Grösse von solch ungeheurer Kleinheit, dass wir ruhig behaupten können: sie bleibt nicht bestehen,

---

112) *J. J. Thomson,* Applications of Dynamics, London 1888, p. 91.

113) *L. Boltzmann* und *G. H. Bryan,* Wien. Ber. 103, Abt. 2a (1894), p. 1125.

114) Diesen Punkt bespricht *H. Poincaré,* Paris, C. R. 108 (1889), p. 550.

oder: Temperaturdifferenzen müssen sich ausgleichen, die Energieverteilung strebt nach einem statistischen Gleichgewicht hin.

Die *Clausius-Szily*'sche Gleichung (168) führt sofort zu der Formel

$$\left(\int\right)\frac{dQ}{L}<0,$$

wenn aus Wahrscheinlichkeitsbetrachtungen gefolgert werden dürfte, dass bei den wirklichen Zustandsänderungen

$$[\Sigma m(\dot{x}\delta x+\dot{y}\delta y+\dot{z}\delta z]_t^{t+i}>0;$$

in der That kann diese Annahme bis zu einem gewissen Grade durch die Betrachtung einfacher Beispiele gerechtfertigt werden, so durch das obige Bild eines Stromes von Partikeln, die zwischen zwei parallelen Wänden hin und her fliegen, falls eine der Wände mit endlicher Geschwindigkeit verrückt wird.

Allgemein wird man durch das Heranziehen der Wahrscheinlichkeit auf die Methoden der kinetischen Gastheorie geführt, wegen deren wir auf Art. V 9 verweisen. Wir wollen hier nur die *Boltzmann*schen[115]) Untersuchungen nennen, welche die Entropie eines Systems mit dem Wahrscheinlichkeitsindex der fraglichen Verteilung in Zusammenhang bringen und ein jüngst erschienenes Werk von *Gibbs*[116]), in dem nachgewiesen wird, dass eine „Mannigfaltigkeit" von dynamischen Systemen statistische Eigenschaften von der Art der Temperatur und Entropie besitzt und dass eine Koppelung von solchen Mannigfaltigkeiten zu nichtumkehrbaren Erscheinungen Anlass giebt.

Ref. hat im Jahre 1900 ein davon wesentlich verschiedenes Verfahren vorgeschlagen[117]), indem er den Begriff von *Energiebeschleunigungen* einführte. Bedenkt man, dass nach der dynamischen Theorie die Temperatur der kinetischen Energie der Moleküle proportional und mithin eine quadratische Funktion der Geschwindigkeitskoordinaten ist, so wird man zu der Vermutung geführt, dass beim Wärmegleichgewicht zwischen verschiedenen Körpern stets eine Bedingung für die Energie der Körper erfüllt sein müsse, die sich als Gleichheit zweier quadratischer Ausdrücke zwischen den Geschwindigkeitskoordinaten darstellt. Weiter wird, wenn die Gleichheit durch eine Ungleichheit ersetzt wird, die letztere den Sinn des Energieflusses bestimmen.

---

115) *L. Boltzmann,* Wien. Ber. 76^2 (1877), p. 373, 78^2 (1878), p. 7.

116) *J. W. Gibbs,* Elementary principles in statistical mechanics, New York 1902.

117) *G. H. Bryan*, Haarlem Arch. néerl. (2) 5 (Livre Jubilaire, dédié à *H. A. Lorentz*), Haag 1900, p. 279.

Wir betrachten ein System von Massen m in den Punkten (x, y, z) von den Geschwindigkeiten (u, v, w) mit der potentiellen Energie V. Die Bewegungsgleichung für die x-Richtung

$$m\frac{du}{dt} = m\frac{d^2x}{dt^2} = -\frac{\partial V}{\partial x}$$

liefert

$$\frac{d}{dt}\left(\frac{1}{2}mu^2\right) = -u\frac{\partial V}{\partial x}.$$

Bei nochmaligem Differentiieren wird speciell für den Massenpunkt 1

$$\frac{d^2}{dt^2}\left(\frac{1}{2}m_1u_1^2\right) = \frac{1}{m_1}\left(\frac{\partial V}{\partial x_1}\right)^2 - u_1\sum\left(u\frac{\partial}{\partial x} + v\frac{\partial}{\partial y} + w\frac{\partial}{\partial z}\right)\frac{\partial V}{\partial x_1}, \tag{175}$$

wobei sich die Summation über alle Massenpunkte 1, 2, ... n erstreckt.

Es möge nun die Wahrscheinlichkeit dafür eingeführt werden, dass die Koordinaten zwischen gegebenen Grenzen liegen; dieselbe sei dargestellt durch die Funktion $f(x_1, \ldots z_n)\,dx_1, \ldots dz_n$ und es sei $\varphi(u_1, \ldots w_n)\,du_1, \ldots dw_n$ die entsprechende Wahrscheinlichkeit für die Geschwindigkeiten. Multipliziert man die vorige Gleichung mit $f\varphi$ und integriert sie, so ergiebt sich, wenn eckige Klammern Mittelwerte bedeuten:

$$\left\{\begin{aligned} \left[\frac{d^2}{dt^2}\left(\frac{1}{2}m_1u_1^2\right)\right] &= \frac{1}{m_1}\left[\left(\frac{\partial V}{\partial x_1}\right)^2\right] \\ &\quad -[u_1^2]\left[\frac{\partial^2 V}{\partial x_1^2}\right] - [u_1v_1]\left[\frac{\partial^2 V}{\partial x_1\,\partial y_1}\right] - [u_1w_1]\left[\frac{\partial^2 V}{\partial x_1\,\partial z_1}\right] \\ &\quad -\sum_{r=2}^{r=n}\left\{[u_1u_r]\left[\frac{\partial^2 V}{\partial x_1\,\partial x_r}\right] + [u_1v_r]\left[\frac{\partial^2 V}{\partial x_1\,\partial y_r}\right] + [u_1w_r]\left[\frac{\partial^2 V}{\partial x_1\,\partial z_r}\right]\right\}. \end{aligned}\right. \tag{176}$$

Befindet sich die Energieverteilung im statistischen Gleichgewicht, so müssen die durchschnittlichen „Energiebeschleunigungen" d. h. die Glieder linkerhand Null sein. Weil aber die so entstehenden Gleichungen die Mittelwerte auch der Produkte der Geschwindigkeiten enthalten, so muss man ebenfalls die Ausdrücke für die zweiten Differentialquotienten oder die Beschleunigungen all dieser Geschwindigkeitsprodukte hinschreiben[118]). Bei der Untersuchung des Energiegleichgewichtes bringen wir also die Beschleunigungen der Quadrate und Produkte der Geschwindigkeiten zum Verschwinden, gerade so wie wir bei den Fragen des gewöhnlichen Gleichgewichtes die Beschleunigungen der Koordinaten zum Verschwinden bringen.

118) Bei der Untersuchung von Flüssigkeiten und isotropen Körpern können die Gleichungen aus Symmetrierücksichten erheblich vereinfacht werden, bei einem Krystall dagegen lässt sich a priori nicht behaupten, dass irgend eines von den Gliedern verschwinden müsste.

Bisher ist dies Verfahren nur auf wenige Beispiele angewandt und es bleibt späteren Untersuchungen vorbehalten zu prüfen, ob oder unter welchen Umständen die Gleichungen des Energiegleichgewichtes der Systeme oder der Paare von gekoppelten Systemen auf diejenigen einfachen Formen gebracht werden können, die in der Wärmelehre die Bedingung der *gleichmässigen* und der *gleichen Temperaturen* darstellen.

(Abgeschlossen im Januar 1903.)

Berichtigung.

Die in dem vorstehenden Artikel Bryan enthaltenen Hinweise auf den „folgenden Artikel" (p. 115, 118, 130, 133) beziehen sich nicht auf den hier zunächst abgedruckten Artikel Hobson-Dießelhorst, sondern auf den Artikel Kamerlingh-Onnes, welcher erst später erscheinen kann.

V 4. WÄRMELEITUNG.

Von

E. W. HOBSON und **H. DIESSELHORST**

in Cambridge. in Berlin.

Inhaltsübersicht.

Litteratur.

J. B. Biot, Traité de physique 4, Paris 1816.

J. B. J. Fourier, Théorie analytique de la chaleur, Paris 1822. (Oeuvres 1.) Englisch von *Freeman,* Cambr. 1878, deutsch von *Weinstein,* Berlin 1884.

S. D. Poisson, Théorie mathématique de la chaleur, Paris 1835; supplément Paris 1837.

Ph. Kelland, Theory of Heat, Cambridge and London 1837.

G. Lamé, Leçons sur les fonctions inverses des transcendantes et les surfaces isothermes, Paris 1857.

— Leçons sur les coordonnées curvilignes et leurs diverses applications, Paris 1859.

— Leçons sur la théorie analytique de la chaleur, Paris 1861.

B. Riemann, Partielle Differentialgleichungen und deren Anwendung auf physikalische Fragen, von *Hattendorff* herausgegeben, 2. Aufl. Braunschweig 1876, 3. Aufl. 1882.

E. Mathieu, Cours de physique mathématique, Paris 1873.

E. Heine, Theorie der Kugelfunktionen und der verwandten Funktionen, Berlin 1861. 2. Aufl. Bd. 1, 1878, Bd. 2, 1881.

A. Dronke, Einleitung in die analytische Theorie der Wärmeverbreitung, nach *A. Beer* und *J. Plücker,* Leipzig 1882.

J. C. Maxwell, Theory of Heat, London 1883, neue Aufl. 1894.

Th. Liebisch, Physikalische Krystallographie, Kap. 3, Leipzig 1891.

F. Pockels, Über die partielle Differentialgleichung $\Delta u + k^2 u = 0$ und deren Auftreten in der mathematischen Physik, Leipzig 1891.

G. Kirchhoff, Vorlesungen über die Theorie der Wärme, herausgegeben von *M. Planck,* Leipzig 1894.

J. Boussinesq, Théorie analytique de la chaleur, Paris 1901.

H. Poincaré, Théorie analytique de la propagation de la chaleur, Paris 1895.

B. Riemann, Die partiellen Differentialgleichungen der mathematischen Physik, nach *Riemann*'s Vorlesungen neu bearbeitet von *Heinrich Weber,* Bd. 1 (1900), Bd. 2 (1901), Braunschweig.

H. v. Helmholtz, Vorlesungen über Theorie der Wärme, Leipzig 1903.

H. Burkhardt, Entwicklungen nach oscillierenden Funktionen, Bericht erstattet der D. Math.-Ver. (im Erscheinen begriffen in dem Jahresber. der D. Math.-Ver. 1903).

Bezeichnungen.

Q Wärmemenge.

$\mathfrak{Q}$ Vektor des Wärmestromes.

$\mathfrak{Q}_x, \mathfrak{Q}_y, \mathfrak{Q}_z$ Komponenten desselben.

u Temperatur.

$\varkappa$ Wärmeleitfähigkeit.

γ spezifische Wärme.

ϱ Dichte.

$k = \frac{\varkappa}{\varrho \gamma}$ Temperaturleitfähigkeit.

H äussere Wärmeleitfähigkeit (Konstante des *Newton*'schen Abkühlungsgesetzes).

$h = \frac{H}{\varkappa}$. äussere Temperaturleitfähigkeit.

h' äussere Temperaturleitfähigkeit eines linearen Leiters (im Teil II mit h bezeichnet; vgl. Nr. **5** und **15**).

$\varkappa_{11}, \varkappa_{12}, \ldots$ Konstanten der Wärmeleitung in einem Krystall.

$\varkappa_1, \varkappa_2, \varkappa_3$ die Hauptwärmeleitfähigkeiten.

k_1, k_2, k_3 die Haupttemperaturleitfähigkeiten.

$\omega_1, \omega_2, \omega_3$ die Konstanten des rotatorischen Wärmeflusses.

I. Mathematischer Teil (Rechnungsmethoden).

1. Allgemeines über Dissipation der Energie. Alle physikalischen Prozesse, welche ein System durchmachen kann, sind entweder 1) umkehrbare oder reversible Prozesse, oder 2) nicht umkehrbare oder irreversible Prozesse. Unter 1) versteht man solche Prozesse, die sich vollständig rückgängig machen lassen, derart, dass nicht nur der Endzustand des betreffenden Systems genau gleich ist dem Anfangszustand, sondern dass auch ausserhalb des Systems keine bleibende Änderung eingetreten ist. Unter 2) versteht man solche Vorgänge, welche keine derartige Umkehrung zulassen; bei diesen kann das System nicht in seinen früheren Zustand zurückgebracht werden, ohne dass ausserhalb des Systems eine dauernde Änderung verursacht worden ist. Die Erfahrung lehrt, dass alle Prozesse, welche in der Natur stattfinden, unter 2) fallen, nämlich, dass alle wirklichen Vorgänge nach einer bestimmten Richtung hin verlaufen, und dass die Mittel, welche uns zur Verfügung stehen, nicht hinreichen, irgend ein materielles System so zu leiten, dass es einen streng reversibeln Prozess durchmacht; ein reversibler Prozess ist also ein idealer Begriff, der nur als Grenzfall eines natürlichen Vorgangs zu betrachten ist.

Bei Zugrundelegung der beiden Prinzipien der Erhaltung der Energie und der Erhaltung der Masse, hat eine mechanische Beschreibung der Natur zum Ziel, die verschiedenen Formen, welche die Energie annimmt, zu klassifizieren und die Gesetze, welchen die Umwandlung der Energie von einer Form in eine andere unterworfen sind, zu ergründen. Die Erfahrung lehrt, dass unser thatsächliches Vermögen Energie zu leiten und für unsere Zwecke nutzbar zu machen, ein sehr verschiedenes ist, je nach der Form, in welcher die Energie auftritt;

namentlich über die Energie solcher verborgener Bewegungen, welche in den Molekülen der Materie stattfinden, ist unsere Macht viel geringer als über die Energie der Molarbewegungen. Prozesse, bei welchen die Quantität Energie, worüber wir verfügen können, beständig abnimmt, heissen dissipative Prozesse; die Verwandlung der Energie von einer Form in eine andere weniger nutzbare, oder auch eine Änderung in der Verteilung der Energie unter Beibehaltung ihrer Form, derart, dass ihre Nutzbarkeit abnimmt, heisst Dissipation der Energie[1]). Die Dissipation wird durch die quantitative Abnahme der nutzbaren Energie gemessen; bei jedem natürlichen Vorgang findet, wenn man die ganze Erscheinung in Betracht zieht, Dissipation in grösserem oder kleinerem Mass statt; eben deswegen kommt kein vollkommen reversibler Prozess in der Natur vor.

Der Begriff der Dissipation ist ein rein relativer; er bezieht sich nämlich auf unsere thatsächliche Macht über die Dinge[2]). Dissipirte Energie ist solche, die wir nicht beherrschen; nutzbare Energie ist hingegen solche, die wir in irgend eine erwünschte Bahn leiten können. In der mechanischen Wärmetheorie, aus welcher der Begriff der Dissipation entstanden ist, tritt das Prinzip der Dissipation im zweiten Hauptsatz der Thermodynamik auf, und nimmt in der Lehre von der Entropie (vgl. den vorangehenden Art. *Bryan*, Nr. **11**—**13**) eine bestimmte Form an.

Einer der wichtigsten dissipativen Prozesse ist die Wärmeleitung,

---

1) Die Erfahrungsthatsache der Dissipation hat Lord *Kelvin* (*W. Thomson*) in den folgenden Sätzen formuliert — siehe den Aufsatz „On a Universal Tendency in Nature to the Dissipation of Energy", Edinb. Proc. 3 (1852), p. 139 und Phil. Mag. 4 (1852), p. 258, 304, auch „Mathematical and Physical papers" 1, p. 511.

(1) There is at present in the material world a universal tendency to the dissipation of mechanical energy.

(2) Any restoration of mechanical energy, without more than an equivalent of dissipation, is impossible in inanimate material processes, and is probably never effected by means of organized matter, either endowed with vegetable life or subjected to the will of an animated creature.

(3) Within a finite period of time past, the earth must have been, and within a finite period of time to come the earth must again be unfit for habitation of man as at present constituted, unless operations have been or are to be performed, which are impossible under the laws to which the known operations going on at present in the material world are subject.

2) Über die Relativität des Begriffs der Dissipation vgl. eine Bemerkung von *Helmholtz,* J. f. Math. 100 (1887), p. 142, auch *Maxwell,* Encyclopaedia Britannica, 9. Aufl., Diffusion, p. 220. Siehe auch *Maxwell's* „Theory of Heat", p. 192.

bei welcher eine nicht umkehrbare Änderung in der Verteilung einer gewissen Art molekularer kinetischer Energie unter dem Bild einer Wärmeströmung aufgefasst wird. Die Erzeugung der Wärme durch Reibung und die Absorption von Wärme- oder Lichtstrahlen sind ebenfalls dissipative Vorgänge; die Dissipation tritt auch bei der Diffusion der Gase auf, einer Erscheinung, die sich nach den Prinzipien der kinetischen Gastheorie erklären lässt. Der Hauptgegenstand, der in diesem Artikel behandelt wird, ist die Wärmeleitung; die Verfolgung der anderen zahlreichen dissipativen Prozesse gehört in die verschiedenen Einzelgebiete der Physik und Chemie, welche sich mit diesen Prozessen befassen.

Ihrer mathematischen Behandlung nach weisen die verschiedenen dissipativen Vorgänge eine gewisse „Familienähnlichkeit" auf, so dass ihre Theorie mehr oder minder enge an die Theorie der Wärmeleitung als den am längsten und besten bekannten Typus der dissipativen Prozesse angeschlossen werden kann. Dies gilt namentlich von der Elektrizitätsleitung und der Diffusion, welche letztere hier anhangweise zur Sprache kommen wird.

2. Die Grundlagen der Theorie der Wärmebewegung. Die der Hauptsache nach von *Fourier* begründete[3]) Theorie der Wärmebewegung befasst sich mit der aus der Erfahrung bekannten Thatsache, dass zwei Teile desselben Körpers, oder zwei mit einander in Berührung stehende Körper von verschiedener Temperatur, den bestehenden Temperaturunterschied allmählich ausgleichen, indem der wärmere Körper oder Körperteil kühler und der kühlere wärmer wird. Diese Erscheinung stellt man sich als eine Bewegung der Wärme vom wärmeren zum kühleren Körper vor. Man unterscheidet drei wesentlich verschiedene Vorgänge, durch welche der Übergang der Wärme von einer wärmeren an eine kühlere Stelle geschehen kann: 1) Strahlung, wenn die Körper von einander getrennt sind und das dazwischen liegende Medium von der Art ist, die man diatherman nennt; 2) Leitung, wenn die Körper sich berühren oder wenn die Wärmebewegung in einem athermanen Körper stattfindet; 3) Konvektion, wo in einem flüssigen Körper Strömungen der Materie durch die Temperaturunterschiede verursacht werden.

3) Als Vorgänger *Fourier*'s ist namentlich *J. B. Biot* zu nennen, der für den Fall des stationären Wärmeflusses den heutzutage meist nach *Fourier* benannten Ansatz bereits vollständig entwickelt hatte. Vgl. Mémoire sur la propagation de la chaleur, lu à la classe des sciences math. et phys. de l'Institut national (Bibl. britann. Sept. 1804, 27, p. 310), sowie Traité de phys. 4, p. 669, Paris 1816.

Der mechanischen Wärmelehre gemäss werden die Wärmeerscheinungen in einem athermanen Körper auf Bewegungen der Moleküle oder der Atome zurückgeführt; die Wärmeleitungstheorie wäre also innerhalb der mechanischen Naturauffassung als Theorie der Fortpflanzung der betreffenden molekularen Bewegungen zu klassifizieren; mit etwaiger Ausnahme der gasförmigen Körper reichen aber unsere gegenwärtigen Kenntnisse über die molekulare Beschaffenheit der Körper nicht aus, um einen solchen Weg gangbar erscheinen zu lassen. Als *Fourier*[4]), *Poisson*[5]) und andere die Wärmeleitungstheorie begründeten, existierte die mechanische Wärmetheorie im modernen Sinn noch nicht, und trotzdem diese seither eine in vielen Hinsichten recht erfolgreiche Entwickelung durchgemacht hat, sind wir doch nicht im Stande, eine rein mechanische Theorie der Wärmeleitung in festen oder in flüssigen Körpern aufzustellen. (Höchstens könnte man in diesem Zusammenhange darauf hinweisen, dass die „Hauptlösung" der Wärmleitungsgleichung (s. Nr. 6 und 7 dieses Art.) aufs Lebhafteste an die Verteilungsgesetze der Wahrscheinlichkeitsrechnung erinnert, auf welche ja fraglos die Fortpflanzung der Molekularbewegungen zu basieren sein würde.) Dementsprechend hat man in dieser Theorie verschiedene Hilfsbegriffe nötig, wenn man die betreffenden Erscheinungen überhaupt einer mathematischen Behandlung zugänglich machen will, d. h. wenn man viele Fälle einheitlich zusammenfassen und allgemeine Sätze aufstellen will. Ausserdem werden in der mathematischen Behandlung der Erscheinungen verschiedene Voraussetzungen gemacht[6]), welche sogar bei mässigen

---

4) *Fourier*'s Schriften über die Wärmetheorie nehmen ihren Anfang in einem im Jahre 1808 im Bull. des Sci. veröffentlichten Auszug aus einer im vorangehenden Jahre eingereichten Denkschrift (vgl. Oeuvres 2, p. VII). Im Jahre 1811 fasste *Fourier* eine Abhandlung mit dem Titel „Théorie du mouvement de la chaleur dans les corps solides" ab; dieselbe wurde aber erst in den Jahren 1824, 1826 in Par. Mém. 4, 5 veröffentlicht; weitere Schriften erschienen in Par. Mém. 7 (1827); 8 (1829); 12 (1833). Eine Reihe Schriften über die Wärmetheorie befinden sich auch in Ann. Chim. Phys. 3 (1816); 4 (1817); 6 (1817); 13 (1820); 27 (1824); 28 (1825); 37 (1828). In seinem im Jahre 1822 erschienenen Werke „Théorie analytique de la chaleur" hat *Fourier* den mathematischen Teil seiner Untersuchungen über Wärmeleitung zusammengefasst; seinen Plan, eine ergänzende „théorie physique" zu schreiben, hat er nicht ausgeführt.

5) *Poisson*'s Untersuchungen sind in seinem Werke „Théorie mathématique de la chaleur", Paris 1835, enthalten. Siehe auch J. éc. polyt. 12, cah. 19 (1823).

6) Eine Kritik der der *Fourier-Poisson*'schen Wärmeleitungstheorie zu Grunde liegenden Voraussetzungen giebt *W. Hergesell,* Ann. Phys. Chem. 15 (1882), p. 19; daselbst wird die Dehnung eines leitenden Körpers unter gewissen Voraussetzungen in Betracht gezogen. Ansätze zu einer solchen Kritik schon

Temperaturänderungen nur annähernd der wirklichen Erfahrung entsprechen; der Grad, in welchem die theoretischen Resultate den wirklichen Vorgängen entsprechen, kann nur durch Beobachtungen bestimmt werden; dass wir thatsächlich in vielen Fällen die erforderlichen Mittel besitzen, solche Vergleiche auszuführen, und den physikalischen Wert der höchstens nur annähernd richtigen mathematischen Theorie zu schätzen, wird im zweiten Teile dieses Artikels dargethan werden.

Der erste Begriff mit dem wir es zu thun haben, ist der der *Temperatur*, als Grösse betrachtet. Begrifflich wird die Temperatur in einem jeden Punkt eines Körpers durch ein unendlich kleines Thermometer ohne Wärmekapazität gemessen, welches an den betreffenden Punkt gebracht wird; die Temperatur in einem Punkt wird als Funktion sowohl der Lage des Punktes als auch der Zeit betrachtet.

Andere Begriffe, welche eine Hauptrolle in der Theorie spielen, sind die der *Wärmemenge* und die der *spezifischen Wärme.*

In der mechanischen Wärmelehre wird eine *Wärmemenge* durch eine Energiegrösse gemessen; wenn sie einem Körper oder Körperteilchen zugeführt wird, so wird ein Teil davon auf Temperaturerhöhung verwandt, der andere Teil wird aber in irgend eine andere Energieform verwandelt, oder auf Arbeitsleistung verbraucht, indem das Volumen des Körpers geändert wird. In der Wärmeleitungslehre hingegen wird vorläufig angenommen, dass, wenn eine Wärmemenge einem Körperteilchen zugeführt wird, ihre einzige Wirkung in einer Temperaturerhöhung des betreffenden Körperteilchens besteht, dass also keine Änderung des Volumens stattfindet und kein Umsatz in andere Energieformen Platz greift. Das Mass für die Wärmemenge ist in der Theorie der Wärmeleitung das kalorimetrische.

Wenn ein Körperteilchen von der Masse m eine unendlich kleine Wärmemenge δQ gewinnt, so bezeichnen wir die dadurch verursachte Temperaturerhöhung durch δu, wo u die ursprüngliche Temperatur des Teilchens darstellt; dann besteht die Gleichung $\delta Q = m\gamma\delta u$, wo

---

bei *Duhamel,* J. éc. polyt. cah. 25 (1837), p. 1; *J. Liouville,* J. de math. 2 (1837), p. 439; *Duhamel*, Par. sav. [étr.] 5 (1838), p. 440; J. éc. polyt. cah. 36 (1856), p. 1; *J. Amsler,* Schweiz. N. Denkschr. 12 (1852) (abgedr. J. f. Math. 42 (1851), p. 327).

Wärmeleitung unter Zugrundelegung des Dulong-Petit'schen (vgl. Anm. 12) statt des Newton'schen Erkaltungsgesetzes (s. Gl. (4)) für den Wärmeaustausch zwischen benachbarten Molekeln bei *G. Libri,* J. f. Math. 7 (1831), p. 116; *J. Liouville,* J. de math. 3 (1838), p. 350.

der Wert von γ im allgemeinen von u und von der Beschaffenheit des Stoffs abhängt. Die Grösse γ heisst die *spezifische Wärme* des Körperteilchens; es wurde von *Fourier* und seinen Nachfolgern angenommen, dass sie unabhängig von der Temperatur u sei; obgleich wir nun wissen, dass dies in Wirklichkeit nicht der Fall ist, nicht einmal unter der obigen Voraussetzung, dass das Volumen des Teilchens keine Änderung erleidet, wird *Fourier*'s Annahme doch meistens in der mathematischen Theorie beibehalten[7]).

Wenn eine Platte[8]) von isotropem homogenen Stoff durch zwei Ebenen von grosser Ausdehnung begrenzt ist, und die Temperaturen u_0, u_1 in diesen Ebenen konstant erhalten werden, so fliesst Wärme von der wärmeren (u_1) nach der kälteren Seite (u_0) durch die Platte; die Wärmemenge Q, die in der Zeit t durch die Platte hindurchgeht, ist proportional mit der Oberfläche F der Platte, proportional mit der Zeit t, und umgekehrt proportional mit der Dicke der Platte; da sie überdies verschwindet, wenn $u_0 = u_1$, so setzt man

$$Q = \varkappa \frac{u_1 - u_0}{d} F t, \tag{1}$$

worin $\varkappa$ ein Faktor ist, der im allgemeinen eine Funktion der beiden Grenztemperaturen u_0, u_1 ist. Es wird nun als annähernd richtig angenommen, dass $\varkappa$ unabhängig ist von den Grenztemperaturen, und nur vom Material der Platte abhängt; $\varkappa$ heisst die (innere) Leitungsfähigkeit der Substanz der Platte.

Im Falle eines athermanen Stoffes macht man weiter die Annahme, dass ein Wärmeaustausch nur zwischen unmittelbar an einander grenzenden Teilen des Körpers stattfindet, man schliesst also die Wärmestrahlung auf endliche Entfernungen gänzlich aus. Wenn δF eine kleine ebene Fläche ist, welche einen Punkt P eines solchen Körpers enthält, und δQ die Wärmemenge bezeichnet, welche in der Zeit δt durch δF hindurchfliesst, so heisst der Grenzwert von

$$\frac{\delta Q}{\delta F \, \delta t},$$

wenn δQ, δt, δF unendlichklein werden, der *Wärmestrom im Punkt P senkrecht zur Oberfläche* δF. Durch Betrachtung der Wärmemengen, welche durch die Oberflächen eines unendlich kleinen Tetraeders fliessen, in Verbindung mit der Annahme, dass Wärme weder zerstört noch in andere Energieformen umgewandelt wird, kann man sodann zeigen, dass der Wärmestrom ein *Vektor* ist, dass also der Wärme-

7) Ein Ansatz zur Behandlung des allgemeinen Falles bei *Fourier*, Par. mém. 8 (1829), Oeuvres 2, p. 180.

8) Vgl. *Fourier*, „Théorie", chap. I, sect. IV, sowie *Biot* (l. c. Anm. 3).

strom in der Richtung (l, m, n) gleich $l\mathfrak{Q}_x + m\mathfrak{Q}_y + n\mathfrak{Q}_z$ ist, worin $\mathfrak{Q}_x, \mathfrak{Q}_y, \mathfrak{Q}_z$ die Wärmeströme in den Richtungen der Koordinaten und l, m, n die Richtungskoeffizienten bezeichnen. Man nennt die Resultante von $\mathfrak{Q}_x, \mathfrak{Q}_y, \mathfrak{Q}_z$ *den Wärmestrom* $\mathfrak{Q}$ *im Punkte* (x, y, z); die absolute Grösse dieses Vektors misst die Intensität des Wärmestromes; $\mathfrak{Q}_x, \mathfrak{Q}_y, \mathfrak{Q}_z$ heissen die *Komponenten des Wärmestroms.*

Es wird vorausgesetzt, dass die Temperatur u im Punkte (x, y, z) zur Zeit t im allgemeinen eine stetige Funktion der Koordinaten x, y, z, t ist, welche stetige differentiierbare Derivierte nach diesen Koordinaten besitzt[9]); daraus folgt, dass zu einer jeden bestimmten Zeit t stetige Flächen existieren, auf welchen die Temperatur konstante Werte hat; diese Flächen heissen isotherme Flächen. Weiter folgt aus der Annahme, dass der Wärmestrom in einem Punkte nur von der Verteilung der Temperatur in der Umgebung des Punktes abhängt, dass in einem isotropen Körper der Wärmestrom immer senkrecht zu derjenigen isothermen Fläche gerichtet ist, auf welcher der betreffende Punkt liegt, und ferner, dass die Grösse des Wärmestroms durch $-\varkappa \partial u/\partial n$ ausgedrückt wird, wo dn ein Element der Normalen zur isothermen Fläche bezeichnet. Der Ausdruck $-\partial u/\partial n$ misst das Temperaturgefälle; *der Wärmestrom kommt also dem Produkt aus Temperaturgefälle und Leitungsfähigkeit gleich.* Da auch das Temperaturgefälle ein Vektor ist, so sind die Komponenten des Wärmestroms $\mathfrak{Q}$:

$$(2) \qquad (\mathfrak{Q}_x, \mathfrak{Q}_y, \mathfrak{Q}_z) = \left(-\varkappa \frac{\partial u}{\partial x}, \quad -\varkappa \frac{\partial u}{\partial y}, \quad -\varkappa \frac{\partial u}{\partial z}\right).$$

Wenn zwei verschiedene Körper sich an einer Grenzfläche berühren, erleiden im allgemeinen die Komponenten des Wärmestromes einen Sprung an der Grenzfläche, aber die Komponenten in der Richtung der Normale haben in beiden Körpern denselben Wert. Von *Fourier* wird ausserdem angenommen, dass die Temperatur an der Grenzfläche keinen Sprung macht; die beiden Grenzbedingungen sind unter dieser Voraussetzung

$$(3) \quad u = u', \quad l\varkappa \frac{\partial u}{\partial x} + m\varkappa \frac{\partial u}{\partial y} + n\varkappa \frac{\partial u}{\partial z} = l\varkappa' \frac{\partial u'}{\partial x} + m\varkappa' \frac{\partial u'}{\partial y} + n\varkappa' \frac{\partial u'}{\partial z},$$

worin $\varkappa, \varkappa'$ die Leitungsfähigkeit der beiden Körper, u, u' ihre Tempe-

9) Selbstverständlich ist diese Voraussetzung mit der Vorstellung vom molekularen Aufbau der Materie strenge genommen unvereinbar, wie überhaupt die Behandlung der physikalischen Erscheinungen in ponderabeln Körpern mittels partieller Differentialgleichungen gewisse prinzipielle Schwierigkeiten aufweist. Vgl. hierzu *G. Prasad,* Constitution of Matter and Analytical Theories of Heat. Göttinger Abhdlgen. (Neue Folge) 2 (1903) Nr. 4; insbesondere Part. II und III.

raturen, l, m, n die Richtungskoeffizienten der Normale im Punkte (x, y, z) der Grenzfläche bedeuten. Von *Poisson*[10]) wird die erste der obigen Bedingungen allgemeiner gefasst; er nimmt an, dass an der Grenzfläche zweier fester Körper, ähnlich wie man für die Grenzfläche eines festen Körpers und einer Flüssigkeit (vgl. Gl. (4)) anzusetzen pflegt:

$$l\varkappa\frac{\partial u}{\partial x}+m\varkappa\frac{\partial u}{\partial y}+n\varkappa\frac{\partial u}{\partial z}=l\varkappa'\frac{\partial u'}{\partial x}+m\varkappa'\frac{\partial u}{\partial y}+n\varkappa'\frac{\partial u}{\partial z}=q(u-u'),$$

wo q eine von der Beschaffenheit der beiden Körper in der Nähe der Grenzfläche abhängige Grösse ist. Mit $q=\infty$ folgen hieraus im besonderen die Gl. (3).

Wenn ein fester Körper von Luft oder von einer anderen Flüssigkeit umgeben ist, so wird die Wärmemenge, welche vom Körper an die Flüssigkeit oder umgekehrt abgegeben wird, zum Teil durch Leitung, zum Teil durch Strahlung an der Grenzfläche bedingt; es werden aber auch Bewegungen in der Flüssigkeit entstehen, und daher die Temperaturänderungen in der Nähe der Fläche zum Teil durch Konvektion hervorgerufen werden. Diese komplizierten Vorgänge der Berechnung zu unterwerfen wäre unmöglich ohne eine Hypothese, die die Wirkung aller drei Prozesse einigermassen richtig zusammenfasst. Man macht die Hypothese, dass die Wärmemenge, welche durch ein Flächenelement δF in der Zeit δt strömt, proportional mit $(u-u_0)\delta F\delta t$ ist, wo u die Temperatur des festen Körpers, u_0 diejenige der Flüssigkeit in der Nähe des Elements δF bedeutet; dieser Hypothese gemäss lautet die Bedingung an der Grenzfläche[11])

$$-\varkappa\frac{\partial u}{\partial n}=H(u-u_0), \tag{4}$$

worin dn ein Element der nach der Flüssigkeit gerichteten Normale bedeutet, und H eine von der Beschaffenheit der beiden Substanzen abhängige Grösse ist, welche die äussere Leitungsfähigkeit des Körpers genannt wird. Diese Gleichung soll die Gesamtwirkung von Leitung, Strahlung und Konvektion darstellen, und drückt das sogenannte *Newton'sche Gesetz der Abkühlung* aus; dasselbe kann jedoch nur als eine erste Näherung bei hinreichend kleinem Temperaturunterschiede $u-u_0$ gelten. *Dulong* und *Petit* haben zuerst versucht, dasselbe unter Ausschluss von Wärmestrahlung durch eine auf Beobachtung basierte Formel zu ersetzen[12]). Die Wärmeabgabe durch Strahlung

10) *Poisson,* „Théorie", p. 127; J. éc. polyt. cah. 19, p. 107.

11) *Fourier,* „Théorie", chap. II, sect. VII.

12) *Dulong* und *Petit,* Annal. chim. phys. 7 (1817), p. 225, 337; Einführung

andrerseits wird nach dem heutigen Stande der Wissenschaft durch das *Stefan*'sche Gesetz[13]) gegeben, wobei man der Wärmeabgabe nach *Dulong* und *Petit* diejenige nach *Stefan* zu überlagern hat. (Vgl. hierzu Nr. 21 dieses Art.)

3. Die partielle Differentialgleichung der Wärmebewegung in einem isotropen festen Körper. Allgemeine Sätze. Bei Berücksichtigung der in Nr. 2 angegebenen Voraussetzungen und Definitionen ist es nun möglich, die partielle Differentialgleichung aufzustellen, welcher die Temperatur $u(x, y, z, t)$ im Inneren eines isotropen festen Körpers Genüge leistet. Es sei σ eine innerhalb des leitenden Körpers liegende geschlossene Fläche, γ die spezifische Wärme, ϱ die Dichtigkeit der Materie in einem Punkt auf oder innerhalb der Fläche σ. Da keine Wärme innerhalb σ erzeugt wird, so besteht die Gleichung

$$\frac{\partial}{\partial t}\iiint \gamma\varrho u\, dx\, dy\, dz = \iint \varkappa\left(l\frac{\partial u}{\partial x} + m\frac{\partial u}{\partial y} + n\frac{\partial u}{\partial z}\right) d\sigma,$$

worin l, m, n die Richtungskoeffizienten der auf $d\sigma$ nach innen gerichteten Normale bedeuten, das dreifache Integral sich auf den Raum innerhalb σ bezieht, und das doppelte Integral auf die Oberfläche von σ. Indem man das Flächenintegral durch ein Volumenintegral ersetzt, erhält man

$$\iiint\left\{\gamma\varrho\frac{\partial u}{\partial t} - \frac{\partial}{\partial x}\left(\varkappa\frac{\partial u}{\partial x}\right) - \frac{\partial}{\partial y}\left(\varkappa\frac{\partial u}{\partial y}\right) - \frac{\partial}{\partial z}\left(\varkappa\frac{\partial u}{\partial z}\right)\right\} dx\, dy\, dz = 0.$$

Da die Fläche σ eine willkürliche ist, so muss in jedem Punkt innerhalb des leitenden Körpers die Gleichung

$$\gamma\varrho\frac{\partial u}{\partial t} - \frac{\partial}{\partial x}\left(\varkappa\frac{\partial u}{\partial x}\right) - \frac{\partial}{\partial y}\left(\varkappa\frac{\partial u}{\partial y}\right) - \frac{\partial}{\partial z}\left(\varkappa\frac{\partial u}{\partial z}\right) = 0 \tag{5}$$

erfüllt werden. Falls der Körper homogen ist, nimmt (5) die Form an

$$\frac{\partial u}{\partial t} = k\left(\frac{\partial^2 u}{\partial x^2} + \frac{\partial^2 u}{\partial y^2} + \frac{\partial^2 u}{\partial z^2}\right). \tag{6}$$

Die Konstante

$$k = \frac{\varkappa}{\gamma\varrho} \tag{7}$$

bezeichnet man als Temperaturleitvermögen, weil bei gegebenen Oberflächentemperaturen die räumliche und zeitliche Temperaturverteilung im Innern nur von ihr abhängt.

---

dieses Gesetzes in die Theorie der Wärmeleitung schon bei *Kelland*, Theory of heat, Nr. 73, p. 69.

13) *J. Stefan*, Wien. Ber., Math. phys. Kl. 79 (1879), p. 391.

Die Gleichung (5) resp. (6) ist die zuerst von *Fourier* aufgestellte *Bewegungsgleichung der Wärme* in einem leitenden Körper.

In der mathematischen Wärmeleitungstheorie handelt es sich hauptsächlich darum, ein Integral dieser partiellen Differentialgleichung zu finden, welches gegebenen Oberflächenbedingungen an der Grenze des Körpers genügt, wobei die Form des betreffenden Körpers und der thermische Anfangszustand desselben vorgeschrieben wird.

Wenn bei der Wärmebewegung die Temperatur in jedem Punkt (x, y, z) unabhängig von der Zeit ist, so heisst die Bewegung stationär; in diesem Falle lautet die Differentialgleichung

$$(8) \qquad \frac{\partial}{\partial x}\left(\varkappa \frac{\partial u}{\partial x}\right) + \frac{\partial}{\partial y}\left(\varkappa \frac{\partial u}{\partial y}\right) + \frac{\partial}{\partial z}\left(\varkappa \frac{\partial u}{\partial z}\right) = 0,$$

oder, wenn der Körper homogen ist,

$$(9) \qquad \frac{\partial^2 u}{\partial x^2} + \frac{\partial^2 u}{\partial y^2} + \frac{\partial^2 u}{\partial z^2} = \Delta u = 0.$$

Die Differentialgleichung (8) resp. (9) ist dieselbe, wie sie auch in der Elektrostatik vorkommt, und die spezielle Form (9) ist die Grundgleichung in der Theorie des Gravitationspotentials. Die Bestimmung der stationären Temperatur in einem Körper bei gegebener Oberflächentemperatur fällt also mit der *Green'schen Aufgabe der gewöhnlichen Potentialtheorie* zusammen.

Für die allgemeinere Gleichung (6) der veränderlichen Wärmebewegung lassen sich *allgemeine Sätze* aufstellen, welche bekannten Sätzen der gewöhnlichen Potentialtheorie entsprechen. Es seien u, u' beliebige Funktionen, welche der Beschränkung unterliegen, innerhalb eines gegebenen Raumes S nebst ihren ersten Derivierten nach x, y, z von $t = 0$ bis $t = t_1$ (mit ev. Ausschluss dieser Grenzen selbst) stetig zu sein; es lässt sich leicht beweisen, dass[14])

$$\int_0^{t_1} dt \int dS \left[u'\left(\frac{\partial u}{\partial t} - k\Delta u\right) + u\left(\frac{\partial u'}{\partial t} + k\Delta u'\right)\right]$$
$$= \int \{(uu')_{t_1} - (uu')_0\}\, dS + \int_0^{t_1} dt \int k\left(u'\frac{\partial u}{\partial n} - u\frac{\partial u'}{\partial n}\right) d\sigma;$$

die Integration nach S ist durch den Raum S zu erstrecken, dn ist

14) Diese Formel und die nachfolgenden Anwendungen bei *B. Minnigerode* „Über Wärmeleitung in Krystallen", Diss. Göttingen 1862. Vgl. auch *J. Amsler,* J. f. Math. 42 (1851), p. 316, 327; *E. Beltrami,* Mem. Acc. Bologna (4) 8 (1887), p. 291; *E. Betti,* Mem. Soc. Ital. 40 (3), 1^2; *A. Sommerfeld,* Math. Ann. 45 (1899), p. 263. Über den stationären Temperaturzustand siehe *K. von der Mühll,* Math. Ann. 2 (1870), p. 643.

ein nach dem Inneren von S gezogenes Element der Normale zum Oberflächenelement $d\sigma$.

Wenn nun u der Differentialgleichung (6) genügt, und wenn u' die „adjungierte" Gleichung[15])

$$\frac{\partial u'}{\partial t} + k\Delta u' = 0$$

erfüllt und sich für $\lim t = t_1$ dem Wert

$$\frac{1}{\left(2\sqrt{\pi k(t_1 - t)}\right)^3} e^{-\frac{(x-x')^2+(y-y')^2+(z-z')^2}{4k(t_1-t)}}$$

nähert, so lässt sich beweisen, indem man den Punkt (x', y', z') durch eine kleine Oberfläche umhüllt und den von ihr eingeschlossenen Raum von der Integration S ausschliesst, dass der Wert $u(x', y', z', t_1)$ von u im Punkt (x', y', z') durch

$$u(x', y', z', t_1) = \int (uu')_{t=0}\, dS + \int_0^{t_1} dt \int k\left(u\frac{\partial u'}{\partial n} - u'\frac{\partial u}{\partial n}\right) d\sigma$$

dargestellt wird. Anstatt u' führe man die Funktion $v(t) = u'(t_1 - t)$ ein; v genügt der Gleichung (6) und nähert sich für $\lim t = 0$ dem Wert

$$\frac{1}{\left(2\sqrt{\pi k t}\right)^3} e^{-\frac{(x-x')^2+(y-y')^2+(z-z')^2}{4kt}}.$$

Um nun die Temperatur $u(x', y', z', t_1)$ im Punkte $(x'\ y'\ z')$ zu bestimmen, wenn die Temperatur U der Oberfläche σ von S gegeben ist, muss man den Bedingungen, welchen v genügt, noch diejenige hinzufügen, dass v an der Oberfläche σ verschwinden soll. In diesem Fall erhalten wir

$$(10) \qquad u(x', y', z', t_1) = \int u_0 v(t_1)\, dS + \int_0^{t_1} dt \int U \frac{\partial}{\partial n} v(t_1 - t)\, d\sigma;$$

diesem Resultat gemäss reduziert sich die Bestimmung von u auf die Bestimmung einer Funktion v, welche den obigen einfacheren Bedingungen zu genügen hat. Ist an der Oberfläche von S nicht die Temperatur des Körpers selbst, sondern die Temperatur U der Umgebung gegeben, so dass u der Gleichung

$$\frac{\partial u}{\partial n} = h(u - U), \quad h = \frac{H}{\varkappa}$$

---

15) In Bezug auf Randwertaufgaben im allgemeinen, sowie wegen des Begriffs der adjungierten Differentialgleichung vgl. Art. *Sommerfeld* (II A 7c, Nr. **4**, **9**, **10**, **14**).

zu genügen hat, so bestimme man v derart, dass an der Oberfläche

$$\frac{\partial v}{\partial n} = hv;$$

in diesem Fall wird u durch die Gleichung

$$(10') \quad u(x', y', z', t_1) = \int u_0 v(t_1)\, dS + \int_0^{t_1} dt \int h\, U v(t_1 - t)\, d\sigma$$

ausgedrückt.

Die Funktion v spielt hier eine ähnliche Rolle, wie die *Green'sche Funktion in der gewöhnlichen Potentialtheorie*; sie stellt die Temperatur dar, die zur Zeit t_1 an der Stelle (x', y', z') vorhanden ist, wenn zur Zeit $t = 0$ die Temperatur von S überall Null war und nur an der Stelle (x, y, z) einen unendlich grossen Wert hatte, vorausgesetzt, dass im ersten der obigen Fälle die Temperatur der Oberfläche, im zweiten die der Umgebung stets gleich Null ist.

Aus diesen Resultaten folgt leicht, dass es nicht zwei verschiedene Funktionen u geben kann, welche den ihnen auferlegten gleichen Bedingungen genügen, dass also die Lösung des Problems durch jene Bedingungen eindeutig festgelegt ist. Übrigens lässt sich der Eindeutigkeitsbeweis auch führen, ohne dass dabei, wie es im Vorstehenden geschah, die Existenz der „Green'schen Funktion“ v vorausgesetzt wird[16]).

Aus der partiellen Differentialgleichung (6) schliesst man, wenn die Oberflächentemperatur von S stets Null ist:

$$\frac{1}{2}\frac{\partial}{\partial t}\int u^2\, dS = -\int k \left\{ \left(\frac{\partial u}{\partial x}\right)^2 + \left(\frac{\partial u}{\partial y}\right)^2 + \left(\frac{\partial u}{\partial z}\right)^2 \right\} dS;$$

ist nicht die Oberflächentemperatur selbst, sondern die Temperatur der Umgebung Null, so gilt dieselbe Gleichung bei Hinzufügung von $-h\int u^2\, dS$ auf der rechten Seite. Daraus folgt, dass $\int u^2\, dS$ in beiden Fällen beständig abnimmt, wenn t ins Unendliche wächst; die Grenze, der sich diese positive Grösse dabei nähert, *kann keine andere als Null sein.*

Die lineare Form der Wärmebewegungsgleichung zeigt unmittelbar, dass eine Summe von Lösungen abermals eine Lösung der Gleichung ist; wenn man also Lösungen so zusammensetzen kann, dass ihre Summe den Grenzbedingungen Genüge leistet, so ist letztere die (eindeutig bestimmte) Lösung der betreffenden Aufgabe. Man darf

16) Vgl. z. B. *Riemann-Weber,* Part. Differentialgl. II, p. 86; *Heine,* Kugelfunktionen 2, p. 307—312.

dabei den einzelnen Gliedern der Summe irgend welche Grenzbedingungen auferlegen, welche mit den Bedingungen verträglich sind, denen die Summe genügen soll. Ein wichtiges Beispiel dieser *Methode der Zusammensetzung von Lösungen* besteht darin, dass die Temperatur u in der Form einer Reihe $\sum u_r f_r(t)$ dargestellt wird, worin die Funktionen u_r unabhängig von t sind; aus der Differentialgleichung folgt dann, dass die Funktionen $f(t)$ die Form haben müssen $Ae^{-\alpha t}$, wo A und α Konstante, und dass die Funktionen u_r der Differentialgleichung

$$k\Delta u + \alpha u = 0$$

genügen müssen. Diese Darstellung eignet sich besonders für den Fall, in welchem der Körper seine Wärme an ein umgebendes Medium abgiebt, dessen Temperatur konstant und, was keine weitere Beschränkung der Allgemeinheit bedeutet, gleich Null angenommen werden möge; schreibt man in diesem Falle

$$u = \sum A_r e^{-\alpha_r t} u_r,$$ [17])

so müssen die Konstanten $\alpha_1, \alpha_2, \ldots, \alpha_r, \ldots$ aus der Oberflächenbedingung

$$\frac{\partial u_r}{\partial n} - h u_r = 0$$

bestimmt werden. Es lässt sich durch Anwendung der Differentialgleichung leicht beweisen, dass

$$(11) \qquad (\alpha_r - \alpha_s)\iiint \gamma \varrho u_r u_s \, dx\, dy\, dz = \iint \varkappa \left(u_s \frac{\partial u_r}{\partial n} - u_r \frac{\partial u_s}{\partial n}\right) d\sigma;$$

da nun die rechte Seite durch Wahl der α zum Verschwinden gebracht ist, so wird

$$\iiint \gamma \varrho u_r u_s \, dx\, dy\, dz = 0;$$

auch den Wert von

$$\iiint \gamma \varrho u_r^2 \, dx\, dy\, dz$$

kann man in speziellen Fällen aus Gl. (11) entnehmen, indem man zur Grenze $\alpha_r = \alpha_s$ übergeht. Wenn die Anfangstemperatur $\Phi(x, y, z)$ gegeben ist, so lässt sie sich unter gewissen zu ermittelnden Beschränkungen in die Form entwickeln

---

17) Lösungen von der Form $e^{-\alpha t}u$ nennt *Kelvin* (*W. Thomson*) „harmonic solutions", Mathematical and physical Papers 2, p. 50. Die Funktionen u_r heissen Normalfunktionen, vgl. das Buch von *F. Pockels*, „Über die partielle Differentialgleichung $\Delta u + k^2 u = 0$", Leipzig 1891, p. 93. Siehe auch *H. Poincaré*, Par. C. R. 107 (1888), p. 967 und Par. C. R. 104, p. 1754.

$$\Phi(x, y, z) = A_1 u_1 + A_2 u_2 + \cdots + A_r u_r + \cdots,$$

wo A_r den Wert

$$\frac{\iiint \gamma \varrho u_r \Phi(x, y, z)\, dx\, dy\, dz}{\iiint \gamma \varrho u_r^2\, dx\, dy\, dz}$$

hat[18]). Unter der angegebenen Grenzbedingung kann man mit Hilfe des Lehrsatzes

$$\iiint \gamma \varrho u_r u_s\, dx\, dy\, dz = 0$$

beweisen, dass alle α reell sind[19]), da ja, wenn komplexe und daher auch konjugiert komplexe α möglich wären, die linke Seite der vorigen Gleichung positiv ausfallen müsste, wenn man für u_r, u_s die zu konjugierten α gehörigen Funktionen u wählt. Ist dagegen die Temperatur des umgebenden Mediums variabel, so werden bei einem analogen Ansatz der Lösung die α im allgemeinen komplex.

Es habe ein leitender Körper die Anfangstemperatur Null und die Oberflächentemperatur $\Phi(t)$; wenn $\Phi(t) = 1$, so sei die Lösung der Wärmeleitungsgleichung

$$u = \Psi(x, y, z, t).$$

Dann lässt sich die Temperatur für allgemeine Werte von $\Phi(t)$ durch Zusammensetzung finden. *Es gilt nämlich*[20])

$$u = \Phi(0)\, \Psi(x, y, z, t) + \int_0^t \Phi'(t')\, \Psi(x, y, z, t - t')\, dt'$$

oder anders geschrieben

$$u = \int_0^t \Phi(t') \frac{d}{dt}\, \Psi(x, y, z, t - t')\, dt'. \tag{12}$$

Man kann auf ähnliche Weise verfahren, wenn der Körper sich durch Strahlung in ein umgebendes Medium mit der Temperatur $\Phi(t)$ abkühlt.

Bei vielen Aufgaben ist es zweckmässig, drei geeignet gewählte *orthogonale Koordinaten* h_1, h_2, h_3 als Raumkoordinaten anstatt der cartesischen anzuwenden; h_1, h_2, h_3 sind Parameter von drei Flächen,

18) Derartig allgemeine Koeffizientenbestimmungen scheinen zuerst von *J. R. Merian* bei einem hydrodynamischen Problem ausgeführt zu sein, Basel 1828, umgearbeitet von *K. Vondermühll,* Math. Ann. 27 (1886), p. 575.

19) *Poisson,* „Théorie", p. 178, 179; auch *Duhamel,* J. éc. polyt. 14, cah. 22 (1833).

20) Diese Methode hat im Anschluss an *Fourier,* Par. mém. 8 (1829) (Oeuvres 2, p. 161) im wesentlichen *Duhamel* gegeben J. éc. polyt. 14, cah. 22 (1833), p. 34; vgl. auch *Heine,* „Kugelfunktionen" 2, p. 311—314.

die sich im Punkt (x, y, z) orthogonal schneiden und welche je einer Flächenschar angehören. Die umgestaltete partielle Differentialgleichung der Wärmebewegung lautet[21]), wenn h_1, h_2, h_3, t als unabhängige Variabele gewählt werden,

$$\gamma\varrho\frac{\partial u}{\partial t} = H_1 H_2 H_3 \left\{\frac{\partial}{\partial h_1}\left(\varkappa\frac{H_1}{H_2 H_3}\frac{\partial u}{\partial h_1}\right)\right.$$
$$\left. + \frac{\partial}{\partial h_2}\left(\varkappa\frac{H_2}{H_3 H_1}\frac{\partial u}{\partial h_2}\right) + \frac{\partial}{\partial h_3}\left(\varkappa\frac{H_3}{H_1 H_2}\frac{\partial u}{\partial h_3}\right)\right\},$$

worin H_1 den Wert von

$$\left\{\left(\frac{\partial h_1}{\partial x}\right)^2 + \left(\frac{\partial h_1}{\partial y}\right)^2 + \left(\frac{\partial h_1}{\partial z}\right)^2\right\}^{\frac{1}{2}}$$

bedeutet, und H_2, H_3 entsprechende Werte in Bezug auf h_2, h_3 haben; die Länge des Linienelementes

$$ds = \{(dx)^2 + (dy)^2 + (dz)^2\}^{\frac{1}{2}}$$

lässt sich in der Form

$$\left\{\left(\frac{dh_1}{H_1}\right)^2 + \left(\frac{dh_2}{H_2}\right)^2 + \left(\frac{dh_3}{H_3}\right)^2\right\}^{\frac{1}{2}}$$

ausdrücken.

Bei Aufgaben der Wärmeleitungslehre mag in Bezug auf die Grenzbedingungen bemerkt werden, dass man es an einer Grenzfläche im allgemeinen nicht mit dem Funktionswert selbst, sondern mit dem *Grenzwert der Funktion* zu thun hat. Wenn z. B. die Temperatur an der Oberfläche eines leitenden Körpers gegeben ist, so ist zu bewirken, dass $\lim u(x, y, z, t)$, wenn x, y, z gegen ihre Werte in einem Punkt der Oberfläche konvergieren, dem gegebenen Oberflächenwert gleich wird. Ebenso ist bei gegebener Anfangstemperatur $u_0(x, y, z)$ lediglich zu verlangen, dass $\lim u(x, y, z, t)$ für $t = 0$ gleich der Anfangstemperatur u_0 werde, während $u(x, y, z, 0)$ gegebenenfalls von u_0 verschieden ausfallen kann. Die Funktion $u_0(x, y, z)$ kann an einzelnen Flächen oder in einzelnen Punkten Unstetigkeiten erleiden, während die Funktion $u(x, y, z, t)$ für alle positive Werte von t doch stetig ist[22]).

Wenn der Temperaturzustand eines leitenden Körpers zu einer bestimmten Zeit gegeben ist, so kann man die Frage aufwerfen, *ob*

21) Diese Transformation rührt von *Lamé* her, J. éc. polyt. 14, cah. 23 p. 191, auch „Leçons sur les coordonnées curvilignes et leurs applications", Paris 1857. Sie wurde auch von *Kelvin* (*W. Thomson*) gefunden Cambr. Math. J. 4 (1843), p. 33, und „Mathematical and physical Papers" 1, p. 25. Vgl. auch *Heine*, „Kugelfunktionen", p. 303—308.

22) *K. Weierstrass*, Berl. Sitzungs-Ber. (1885) p. 803; speziell mit Rücksicht auf die Wärmeleitung: *A. Sommerfeld*, Die willkürlichen Funktionen in der mathem. Physik. Diss. Königsberg 1891, *G. Prasad*, Göttinger Abhdlgn. (Neue Folge) 2 (1903) Nr. 4.

diese Temperaturverteilung aus einer früheren Verteilung durch Wärmeleitung entstanden sein kann. Die Antwort auf diese Frage ist, dass eine solche frühere Wärmeverteilung nicht immer existiert, aber dass sie sich in sehr allgemeinen Fällen eindeutig bestimmen lässt. Im Fall der linearen Leitung hat *P. Appell*[23]) eine hinreichende aber nicht notwendige Bedingung für die Existenz einer solchen vorhergehenden Wärmeverteilung aufgestellt. Jedenfalls lässt sich die Temperaturfunktion, wenn sie nicht konstant ist, niemals unendlich weit in die Vergangenheit zurückführen, ohne dass sie aufhört zu existieren oder endlich zu sein.

4. Die Wärmeleitung in krystallinischen Körpern. Wenn die Wärmeleitung in einem Krystall[24]) stattfindet, darf man im allgemeinen nicht annehmen, dass die Richtung des Wärmestromes senkrecht zu der isothermen Fläche liegt. Mit Rücksicht auf die Erfahrungsthatsache, dass der Wärmestrom durch jedes Flächenelement nur von der Temperaturverteilung in der nächsten Umgebung desselben abhängt, ist die einfachste Annahme die, dass die Komponenten des Wärmestroms sich als lineare Funktionen der Komponenten des Temperaturgefälles ausdrücken lassen, dass also

$$\mathfrak{Q}_x = -\varkappa_{11}\frac{\partial u}{\partial x} - \varkappa_{12}\frac{\partial u}{\partial y} - \varkappa_{13}\frac{\partial u}{\partial z},$$

$$\mathfrak{Q}_y = -\varkappa_{21}\frac{\partial u}{\partial x} - \varkappa_{22}\frac{\partial u}{\partial y} - \varkappa_{23}\frac{\partial u}{\partial z},$$

$$\mathfrak{Q}_z = -\varkappa_{31}\frac{\partial u}{\partial x} - \varkappa_{32}\frac{\partial u}{\partial y} - \varkappa_{33}\frac{\partial u}{\partial z}.$$

Hierin bedeuten ($\mathfrak{Q}_x$, $\mathfrak{Q}_y$, $\mathfrak{Q}_z$) die Komponenten des Wärmestromes, und die $\varkappa$ Konstanten, welche von der Beschaffenheit des Mediums abhängen; es wird gewöhnlich angenommen, dass diese Konstanten unabhängig sind von der Temperatur u; diese neun Konstanten heissen Konstanten der Wärmeleitungsfähigkeit. Die obigen Gleichungen haben

---

23) J. de math. (4) 8 (1892), p. 187. Siehe auch *Kelvin,* Cambr. Math. J. 4 (1843), p. 67, oder „Mathematical and physical Papers“ 1, p. 39.

24) Die Wärmeleitung in Krystallen hat *Duhamel* zuerst behandelt, J. éc. polyt. 13, cah. 21 (1832), p. 356; 19 (1848), p. 155; Par. C. R. 25 (1842), p. 842; ebenda 27 (1848), p. 27. Siehe auch *P. O. Bonnet,* Par. C. R. 27 (1848), p. 49; *B. Minnigerode,* N. Jahrb. f. Mineralogie 1 (1886), p. 1; *P. Morin,* Par. C. R. 66 (1868), p. 1332; *M. J. Moutier,* Bull. soc. phil. (7) 8 (1884), p. 134; *Kelvin,* Math. and phys. Papers 1, p. 282. Eine gute Darstellung des Gegenstandes ist im Lehrbuch von *Liebisch,* „Physikalische Krystallographie“, Leipzig 1891, zu finden.

Duhamel und *Lamé*[25]) durch Betrachtung des Austausches der Wärme unter benachbarten Molekülen begründet. Schreiben wir

$$\lambda_1 = \tfrac{1}{2}(\varkappa_{23} + \varkappa_{32}), \quad \lambda_2 = \tfrac{1}{2}(\varkappa_{31} + \varkappa_{13}), \quad \lambda_2 = \tfrac{1}{2}(\varkappa_{12} + \varkappa_{21}),$$
$$\mu_1 = \tfrac{1}{2}(\varkappa_{23} - \varkappa_{32}), \quad \mu_2 = \tfrac{1}{2}(\varkappa_{31} - \varkappa_{13}), \quad \mu_2 = \tfrac{1}{2}(\varkappa_{12} - \varkappa_{21}),$$
$$X = -\frac{\partial u}{\partial x}, \quad Y = -\frac{\partial u}{\partial y}, \quad Z = -\frac{\partial u}{\partial z},$$

so erhalten[26]) wir

$$(\mathfrak{Q}_x, \mathfrak{Q}_y, \mathfrak{Q}_z) = (\mathfrak{P}_x, \mathfrak{P}_y, \mathfrak{P}_z) + (\mathfrak{R}_x, \mathfrak{R}_y, \mathfrak{R}_z),$$

worin

$$\mathfrak{P}_x = \varkappa_{11}X + \lambda_3 Y + \lambda_2 Z, \qquad \mathfrak{R}_x = \mu_3 Y - \mu_2 Z,$$
$$\mathfrak{P}_y = \lambda_3 X + \varkappa_{22} Y + \lambda_1 Z, \qquad \mathfrak{R}_y = \mu_1 Z - \mu_3 X,$$
$$\mathfrak{P}_z = \lambda_2 X + \lambda_1 Y + \varkappa_{33} Z, \qquad \mathfrak{R}_z = \mu_2 X - \mu_1 Y.$$

Der Vektor $\mathfrak{P}$ hat die Richtung der Normale im Punkt (X, Y, Z) an das Ellipsoid

$$\varkappa_{11}x^2 + \varkappa_{22}y^2 + \varkappa_{33}z^2 + 2\lambda_1 yz + 2\lambda_2 zx + 2\lambda_3 xy = \text{const.};$$

die Grösse des Vektors ist gleich dem reziproken Werte des Abstands der Tangentialebene im Punkte X, Y, Z vom Mittelpunkte des Ellipsoids. Dieses Ellipsoid heisst das *Ellipsoid der linearen Leitungsfähigkeit*[27]); seine Hauptaxen liefern ein System ausgezeichneter Koordinatenaxen, welche als *Hauptaxen der Leitungsfähigkeit* bezeichnet werden können[28]). Der „rotatorische Vektor" $\mathfrak{R}$ ist gleich dem vektoriellen Produkt aus dem Radiusvektor (X, Y, Z) und dem durch

25) „Leçons sur la théorie anal. de la chal." In seiner Behandlung meint *Lamé* nicht angenommen zu haben, dass das Medium nach zwei entgegengesetzten Richtungen gleiche Wärmeleitungsfähigkeit besitzt; dass die Meinung irrig sei, hat *Minnigerode* in seiner Dissertation „Über Wärmeleitung in Krystallen", Göttingen 1862, bewiesen. Die Theorien von *Duhamel* und *Lamé* basieren auf einer Betrachtung des Wärmeaustausches unter benachbarten Molekülen. Dieselben Gleichungen kommen in den Theorien der Elektrizitätsströmungen, der dielektrischen und magnetischen Polarisation vor. Vgl. *Maxwell*'s „Theory of electricity" 1, p. 418; 2, p. 63, 3. Aufl.

26) *G. G. Stokes*, Cambr. and Dubl. Math. J. (2) 6 (1851), p. 215, oder „Math. and phys. Papers" 3, p. 203, hat die Wirkung der Koeffizienten μ_1, μ_2, μ_3 bez. ω_1, ω_2, ω_3 (s. folgende S.) auf die Form der Strömungskurven in einem Körper untersucht, welcher einen Quellenpunkt enthält; er zeigt, dass eine gewisse spiralförmige Bewegung bei Krystallen auftritt, welche keine oder nur eine einzige Symmetrieaxe besitzen. Über die spiralförmige Bewegung siehe auch *Boussinesq*, Par. C. R. 66 (1868), p. 1194.

27) Siehe *Boussinesq*, Par. C. R. 65 (1867), p. 104; 66 (1868), p. 1194; J. de math. (2) 14 (1869), p. 265. Auch *Lamé*, „Leçons sur la théorie de la chal.", p. 35 u. ff.

28) *Duhamel*, J. éc. polyt. 13, cah. 21 (1832), p. 377.

die Werte der μ gegebenen Vektor (μ_1, μ_2, μ_3). Er hat demnach die Richtung senkrecht zur Ebene durch den Radiusvektor (X, Y, Z) und die Gerade, deren Richtungskoeffizienten mit (μ_1, μ_2, μ_3) proportional sind; die absolute Grösse dieses Vektors ist

$$(X^2 + Y^2 + Z^2)^{\frac{1}{2}} (\mu_1{}^2 + \mu_2{}^2 + \mu_3{}^2)^{\frac{1}{2}} \sin \varphi,$$

worin φ den zwischen (X, Y, Z) und (μ_1, μ_2, μ_3) enthaltenen Winkel bedeutet. Wählt man die Hauptaxen der Leitungsfähigkeit als Koordinatenaxen, so verschwinden die λ; für $\varkappa_{11}, \varkappa_{22}, \varkappa_{33}$ schreiben wir kürzer $\varkappa_1, \varkappa_2, \varkappa_3$. Bezeichnen wir noch die Komponenten des Vektors (μ_1, μ_2, μ_3) im neuen Koordinatensystem mit $\omega_1, \omega_2, \omega_3$, so haben wir den Vektor $\mathfrak{Q}$ nunmehr durch die folgenden Formeln zu bestimmen:

$$\mathfrak{Q}_x = \varkappa_1 X + \omega_3 Y - \omega_2 Z,$$
$$\mathfrak{Q}_y = \varkappa_2 Y + \omega_1 Z - \omega_3 X,$$
$$\mathfrak{Q}_z = \varkappa_3 Z + \omega_2 X - \omega_1 Y;$$

es hat sich also herausgestellt, dass nur sechs unabhängige Konstanten der Leitungsfähigkeit existieren, zu denen die drei Richtungsgrössen hinzukommen, welche die Lage der Hauptaxen definieren. Die Konstanten $\varkappa_1, \varkappa_2, \varkappa_3$ heissen die *Hauptleitungsfähigkeiten des Krystalls*; mit Rücksicht auf die Symmetrie der einzelnen Krystallgruppen lässt sich zeigen, dass in gewissen Fällen die Konstanten $\omega_1, \omega_2, \omega_3$ Null sein müssen.

Geradeso wie bei einem isotropen Körper ergiebt sich jetzt, dass die Temperaturfunktion in einem leitenden Krystall der Gleichung

$$\gamma\varrho \frac{\partial u}{\partial t} + \frac{\partial \mathfrak{Q}_x}{\partial x} + \frac{\partial \mathfrak{Q}_y}{\partial y} + \frac{\partial \mathfrak{Q}_z}{\partial z} = 0$$

Genüge leistet; nimmt man die Hauptaxen der Leitungsfähigkeit als Koordinatenaxen, so lässt sich die partielle Differentialgleichung der Wärmebewegung in der einfachen Form schreiben

$$\frac{\partial u}{\partial t} = k_1 \frac{\partial^2 u}{\partial x^2} + k_2 \frac{\partial^2 u}{\partial y^2} + k_3 \frac{\partial^2 u}{\partial z^2},$$

worin

$$k_1 = \frac{\varkappa_1}{\gamma\varrho}, \quad k_2 = \frac{\varkappa_2}{\gamma\varrho}, \quad k_3 = \frac{\varkappa_3}{\gamma\varrho}$$

als Haupttemperaturleitfähigkeiten bezeichnet werden können. Diese Form gilt, gleichviel ob die Konstanten ω verschwinden oder nicht, indem sich die mit diesen Konstanten behafteten Glieder in der Differentialgleichung der Wärmebewegung gegenseitig zerstören. Schreibt man schliesslich noch, indem man unter k eine ganz beliebige Grösse von der Dimension der Temperaturleitfähigkeit versteht:

$$x' = \sqrt{\frac{k}{k_1}}\, x, \quad y' = \sqrt{\frac{k}{k_2}}\, y, \quad z' = \sqrt{\frac{k}{k_3}}\, z,$$

so reduziert sich die Gleichung auf dieselbe Form wie bei einem isotropen Körper, nämlich

$$\frac{\partial u}{\partial t} = k \Delta u;$$

die in Nr. 3 enthaltenen Sätze über Lösungen dieser Gleichung lassen sich daher unmittelbar auf den vorliegenden Fall übertragen.

5. Die lineare Wärmeleitung. Wenn die Wärmebewegung solcher Art ist, dass die isothermischen Flächen parallele Ebenen sind, so hängt die Temperatur ausser von der Zeit nur von einer Raumkoordinate ab. In diesem Fall, wo die Bewegung *linear* genannt wird, reduziert sich die Gleichung der Wärmeleitung auf die Form

$$(13) \qquad \gamma \varrho \frac{\partial u}{\partial t} = \frac{\partial}{\partial x}\left(\varkappa \frac{\partial u}{\partial x}\right);$$

wenn $\varkappa$ als konstant angenommen und wieder $k = \frac{\varkappa}{\gamma \varrho}$ gesetzt wird, hat die Gleichung die Form[29])

$$(14) \qquad \frac{\partial u}{\partial t} = k \frac{\partial^2 u}{\partial x^2}.$$

Diese Annahme einer konstanten Leitungsfähigkeit wird den Untersuchungen von *Fourier*, *Poisson* und anderen zu Grunde gelegt. Um die Differentialgleichungen (13) oder (14) anwenden zu können, wird vorausgesetzt, entweder dass der Leiter in der Richtung der yz-Ebene unendlich ausgedehnt ist, oder dass der leitende Körper aus einem Stab besteht, der vor seitlicher Ausstrahlung geschützt ist.

Hat man es andrerseits mit einem Stabe zu thun, der in ein Medium von konstanter Temperatur (die wir gleich Null annehmen können) seitlich ausstrahlt, so lässt sich, unter den Voraussetzungen, dass der Querschnitt und die äussere Leitungsfähigkeit konstant sind, die Differentialgleichung für die Wärmebewegung auf die Form (2) reduzieren. Die Gleichung lautet nämlich in diesem Fall zunächst:

$$(15) \qquad \frac{\partial u}{\partial t} = k \frac{\partial^2 u}{\partial x^2} - h' u,$$

---

29) Mit der Integration dieser Gleichung haben sich viele Mathematiker beschäftigt; u. a. *Laplace,* J. éc. polyt. cah. 15 (1809), p. 255; *Fourier,* „Théorie“; *Poisson,* „Théorie“; *Ampère,* J. éc. polyt. 10, p. 587; *L. Schläfli,* J. f. Math. 72 (1870), p. 263; *A. Harnack,* Zeitschr. Math. Phys. 32 (1887), p. 91; *S. v. Kowalewski,* J. f. Math. 80 (1875), p. 22; *G. Darboux,* Par. C. R. 106, p. 651; *P. Appell,* J. de math. (4) 8 (1892), p. 187. Siehe auch *Jordan,* „Cours d'Analyse“ 3; *Boussinesq,* „Cours d'Analyse infinitésimale“; *Riemann-Hattendorff* und *Riemann-Weber,* „Part. Differentialgl.“

wo h' eine von dem Umfang des Querschnitts und der äusseren Leitungsfähigkeit abhängige Konstante ist; (genauere Definition derselben in Nr. **15**, wo indessen wieder einfacher h statt h' geschrieben ist); setzt man

$$(16) \qquad u = e^{-h't} v,$$

so genügt v einer Gleichung, die mit (14) der Form nach übereinstimmt[30]).

Eine einfache Lösung der Differentialgleichung (14) ist

$$u = Ae^{\alpha x + k\alpha^2 t},$$

wo A, α willkürliche reelle oder komplexe Zahlen darstellen; schreibt man $\alpha = p \pm iq$, so ergibt sich als Lösung

$$u = Ae^{px + k(p^2 - q^2)t} \frac{\cos}{\sin}(qx + 2kpqt),$$

oder als besonderer Fall derselben

$$u = Ae^{-km^2 t} \frac{\cos}{\sin} mx.$$

Durch Zusammensetzung solcher Lösungen, in denen den Konstanten p, q, resp. m, eine unendliche Anzahl verschiedener Werte zugeschrieben wird, haben *Fourier*, *Poisson* und *Duhamel* Ausdrücke in der Form von unendlichen Reihen und bestimmten Integralen erhalten, welche die Temperatur in speziellen Fällen der linearen Wärmeleitung ausdrücken. Indem sich *Fourier* die Aufgabe stellte, die einem *willkürlich* gegebenen Anfangstemperaturzustand entsprechende Lösung in der angegebenen Form zu erhalten, wurde er auf seine bahnbrechenden Untersuchungen der sogenannten *Fourier*'schen Reihen und Integrale geführt, welche in ihrer späteren Entwicklung einen so grossen Einfluss auf die reine Mathematik ausgeübt und so viele Anwendungen in der mathematischen Physik gefunden haben. Die wichtigsten auf diese Weise erhaltenen Resultate führen wir hier an.

a) Es sei ein unendlich ausgedehnter Leiter durch die beiden Ebenen $x = 0$, $x = a$ begrenzt; wenn die Ebenen die konstanten Temperaturen u_0, u_1 haben, und dieser Zustand so lange gedauert hat, dass der Anfangszustand keinen Einfluss mehr hat, so ist die Bewegung eine stationäre, und die Temperatur wird ausgedrückt durch[31])

$$u = u_0 + (u_1 - u_0)\frac{x}{a}.$$

b) Ein Stab von der Länge a gebe Wärme durch Strahlung an

30) *Poisson*, „Théorie", p. 265.

31) *Fourier*, „Théorie", chap. VII.

ein Medium ab, welches die konstante Temperatur Null hat, und es gelten sonst die gleichen Bedingungen wie unter a), so ergiebt sich für die Temperatur im Zustand des Gleichgewichts[32])

$$u = \left[u_0 \operatorname{Sin}\left\{\sqrt{\frac{h'}{k}}(a-x)\right\} + u_1 \operatorname{Sin}\left(\sqrt{\frac{h'}{k}}x\right)\right] / \operatorname{Sin}\left(a\sqrt{\frac{h'}{k}}\right).$$

Wenn a unendlich gross gesetzt wird, so erhält man die Lösung

$$u = u_0 e^{-\sqrt{\frac{h'}{k}}x}$$

für den Fall eines unendlich langen Stabes, dessen Ende $x = 0$ die konstante Temperatur u_0 hat, und welcher die an diesem Ende eintretende Wärme durch laterale Strahlung verliert.

c) Es sei die Anfangstemperatur eines Leiters durch

$$f(x) = \sum_{n=1}^{n=\infty} A_n \sin\frac{n\pi x}{a}$$

ausgedrückt und die Temperatur der beiden Grenzflächen $x = 0$, $x = a$ Null. Die Lösung[33]) ist in diesem Fall gegeben durch die *Fourier*sche Reihe:

$$u = \sum A_n e^{-\frac{k n^2 \pi^2}{a^2}t} \sin\frac{n\pi x}{a}$$

oder

$$u = \frac{2}{a}\sum e^{-\frac{k n^2 \pi^2}{a^2}t} \sin\frac{n\pi x}{a}\int_0^a f(x')\sin\frac{n\pi x'}{a}\,dx'.$$

Wenn a unendlich gross wird, so erhalten wir das *Fourier*'sche Integral:

$$u = \frac{2}{\pi}\int_0^\infty\int_0^\infty e^{-k\alpha^2 t} f(x')\sin\alpha x \sin\alpha x'\,d\alpha\,dx'.$$

d) Für den in c) beschriebenen Leiter ist, wenn die Grenzebenen verschiedene konstante Temperaturen u_0, u_1 haben[34]),

$$u = u_0 + (u_1 - u_0)\frac{x}{a} - \frac{2}{\pi}\sum_1^\infty \frac{1}{n}\{u_0 - u_1(-1)^n\} e^{-\frac{k n^2 \pi^2}{a^2}t} \sin\frac{n\pi x}{a}$$

$$+ \frac{2}{a}\sum e^{-\frac{k n^2 \pi^2}{a^2}t} \sin\frac{n\pi x}{a}\int_0^a f(x')\sin\frac{n\pi x'}{a}\,dx'.$$

---

32) *Fourier*, „Théorie", chap. I, sect. V. Wegen der experimentellen Bestätigung dieser Formel vgl. Nr. **20** dieses Art.

33) *Fourier*, „Théorie", chap. IX.

34) *Duhamel*, J. éc. polyt. 14, cah. 22 (1833).

Hier ergiebt sich die Bedeutung der beiden ersten Terme der rechten Seite aus a), die des letzten aus c). Der dritte Term bedeutet diejenige Temperatur, die unser Leiter haben würde, wenn seine Anfangstemperatur gleich $-u_0-(u_1-u_0)\frac{x}{a}$ ist und seine Grenzebenen auf der Temperatur Null gehalten werden.

e) Die Lösung für denselben Leiter wie in d), wobei aber jetzt die Temperaturen der Grenzebenen vorgeschriebene Funktionen der Zeit $\varphi_0(t)$, $\varphi_1(t)$ sein mögen, lässt sich nach Gl. (12) aus der Lösung in d) durch Zusammensetzung ableiten; sie lautet[35])

$$u=\frac{2k\pi}{a^2}\sum n\sin\frac{n\pi x}{a}\int\limits_0^t e^{-\frac{kn^2\pi^2}{a^2}(t-t')}\{\varphi_0(t')-(-1)^n\varphi_1(t')\}\,dt'$$

$$+\frac{2}{a}\sum e^{-\frac{kn^2\pi^2}{a^2}t}\sin\frac{n\pi x}{a}\int\limits_0^a f(x')\sin\frac{n\pi x'}{a}\,dx'.$$

Dieser Ausdruck stellt die Temperatur an den Grenzflächen selbst ersichtlich nicht dar, ergiebt aber die richtigen Oberflächenwerte $\varphi_0(t)$, $\varphi_1(t)$, wenn man, von $x>0$ oder $x<a$ kommend, den Limes von u für $x=0$ oder $x=a$ bildet.

Setzen wir $\varphi_0(t)=\varphi_1(t)=\varphi(t)$, so wird der erste Teil des obigen Ausdrucks

$$\frac{4k\pi}{a^2}\sum(2n+1)\sin\frac{(2n+1)\pi x}{a}\int\limits_0^t e^{-\frac{k(2n+1)^2\pi^2}{a^2}(t-t')}\varphi(t')\,dt'.$$

Diese Formel lässt sich auf den Fall eines dünnen, ringförmigen[36]) Leiters von der Länge a mit konstantem Querschnitt anwenden, unter der Voraussetzung, dass der Querschnitt $x=0$ die vorgeschriebene Temperatur $\varphi(t)$ hat, und dass keine laterale Strahlung stattfindet.

f) Die Temperatur eines Ringes, dessen Anfangstemperatur Null ist, von dem ein Querschnitt ($x=0$) auf der konstanten Temperatur u_0 gehalten wird und der in ein umgebendes Medium von der konstanten Temperatur Null ausstrahlt, ist mit Rücksicht auf den letzten Ausdruck und die Transformation (16) durch die Formel gegeben:

---

35) *Poisson,* J. éc. polyt. cah. 19, p. 69; *Fourier,* Par. mém. 8 (1829), p. 581 (Oeuvres 2, p. 145); *Dirichlet,* J. f. Math. 5 (1830), p. 287 (Werke 1, p. 161).

36) Die Wärmeleitung in einem dünnen Ring hat *Fourier* behandelt, siehe „Théorie", chap. IV.

$$u = u_0 \frac{4\pi}{a^2} \sum (2n+1) \sin \frac{(2n+1)\pi x}{a} \left\{ \frac{1 - e^{-\left[h' + k\frac{(2n+1)^2\pi^2}{a^2}\right]t}}{\frac{h'}{k} + \frac{(2n+1)^2\pi^2}{a^2}} \right\}.$$

g) Betrachten wir nun den Fall eines durch die Ebenen $x = 0$, $x = a$ begrenzten Leiters, bei welchem Strahlung über die beiden Grenzebenen stattfindet (vgl. auch Nr. **23**). Wenn die Temperatur der Umgebung in beiden Fällen Null ist, so lassen sich Lösungen von der Form

$$u = \sum e^{-k\lambda^2 t}(A_\lambda \cos \lambda x + B_\lambda \sin \lambda x)$$

anwenden, wo λ eine der unendlich vielen reellen Wurzeln der beiden Gleichungen

$$\operatorname{tg} \frac{\lambda a}{2} = +\frac{h}{\lambda}, \quad \operatorname{tg} \frac{\lambda a}{2} = -\frac{\lambda}{h}$$

bezeichnet. *Fourier* hat die Entwicklung einer willkürlich gegebenen Funktion in der Form einer Reihe $\sum(A_\lambda \cos \lambda x + B_\lambda \sin \lambda x)$ untersucht[37]). Wenn $f(x)$ die Anfangstemperatur ist, so lautet das Resultat[38])

$$u = 2 \sum_{r=1}^{r=\infty} e^{-k\lambda_r^2 t} \frac{\lambda_r \cos \lambda_r x + h \sin \lambda_r x}{2h + a(h^2 + \lambda_r^2)} \int_0^a (\lambda_r \cos \lambda_r x' + h \sin \lambda_r x') f(x') dx'.$$

Im Fall $a = \infty$ wird die entsprechende Formel

$$u = \frac{2}{\pi} \int_0^\infty \int_0^\infty f(x') e^{-k\lambda^2 t} \frac{(\lambda \cos \lambda x + h \sin \lambda x)(\lambda \cos \lambda x' + h \sin \lambda x')}{h^2 + \lambda^2} d\lambda\, dx'.$$

Im letzteren Falle braucht man, wenn die Temperatur der Umgebung $\varphi(t)$ anstatt Null ist, nur den Ausdruck

$$\frac{2h}{\pi} \int_0^t dt' \int_0^\infty \int_0^\infty \varphi(t') \lambda^2 e^{-k\lambda^2(t-t')} \frac{(\lambda \cos \lambda x + h \sin \lambda x)(\lambda \cos \lambda x' + h \sin \lambda x')}{h^2 + \lambda^2} d\lambda\, dx'$$

hinzuzufügen, um die nunmehrige Temperaturverteilung im Innern des Leiters zu erhalten.

h) Es sei ein unendlich ausgedehnter Leiter durch die Ebene $x = 0$ begrenzt und die Temperatur der Grenzebene sei $A \cos(\lambda t + \beta)$, so lässt sich leicht verifizieren oder auch aus der Formel in e) ableiten, dass die Temperatur im leitenden Körper

$$A e^{-\sqrt{\frac{\lambda}{2k}}x} \cos\left(\lambda t - x\sqrt{\frac{\lambda}{2k}} + \beta\right)$$

---

37) *Fourier*, „Théorie", chap. VII.

38) *Poisson*, „Théorie", p. 267, 323. *Poisson* behandelt auch den allgemeinen Fall der Ausstrahlung in einen Raum von beliebiger Temperatur, ebenda p. 264.

ist[39]), vorausgesetzt, dass der Zustand schon so lange gedauert hat, dass alle Spuren der Anfangstemperatur verschwunden sind. Diese Formel findet Anwendung auf die Temperatur der Erde, wobei das in Betracht kommende Stück der Erdoberfläche als eben angesehen wird[40]). Es geht aus der Formel hervor, dass die Amplitude einer Temperaturschwankung nach der Tiefe hin schnell abnimmt und in einer gewissen Tiefe unmerklich wird. Die Maxima pflanzen sich mit der Geschwindigkeit $\sqrt{2k\lambda}$ in die Tiefe fort; diese Geschwindigkeit nimmt ab, wenn die Periode wächst; insbesondere pflanzen sich die Tagesmaxima schneller fort als die Jahresmaxima.

Wenn Strahlung an der Grenzfläche $x = 0$ in ein Medium stattfindet, dessen Temperatur $A\cos(\lambda t + \beta)$ ist, so ergibt sich[41]) für die Temperatur in einem Punkt des Leiters

$$Ah\left\{h^2 + h\sqrt{\frac{2\lambda}{k}} + \frac{\lambda}{k}\right\}^{-\frac{1}{2}} e^{-\sqrt{\frac{\lambda}{2k}}x} \cos\left(\lambda t - x\sqrt{\frac{\lambda}{2k}} + \beta - \varepsilon_\lambda\right),$$

wo

$$\operatorname{tg} \varepsilon_\lambda = \frac{\sqrt{\lambda}}{h\sqrt{2k} + \sqrt{\lambda}}.$$

Wenn die Temperatur der Umgebung $\varphi(t)$ ist und die Anfangstemperatur des Leiters $f(x)$, kann die Temperatur des Körpers durch[42])

$$\frac{h}{\pi}\int_0^\infty dt' \int_0^\infty \frac{\varphi(t') e^{-\sqrt{\frac{\lambda}{2k}}x} \cos\left\{\lambda(t-t') - \sqrt{\frac{\lambda}{2k}}x - \varepsilon_\lambda\right\}}{\left\{h^2 + h\sqrt{\frac{2\lambda}{k}} + \frac{\lambda}{k}\right\}^{\frac{1}{2}}} d\lambda$$

$$+ \frac{2}{\pi}\int_0^\infty\int_0^\infty f(x') e^{-k\varrho^2 t} \frac{(\varrho\cos\varrho x + h\sin\varrho x)(\varrho\cos\varrho x' + h\sin\varrho x')}{h^2 + \varrho^2} d\varrho\, dx'$$

dargestellt werden; dieses Resultat ist mit dem am Ende von g) angegebenen äquivalent.

i) Aus dem *Fourier*'schen Integrale folgt, dass die Temperatur in einem Punkt eines unendlich ausgedehnten Körpers, dessen Anfangstemperatur $f(x)$ ist, durch die Formel[43])

39) *Poisson*, „Théorie", p. 346.

40) Den entsprechenden Fall der Kugeloberfläche behandelt *Fourier* in der Preisschrift von 1811, Par. mém. 5 (1821/22), p. 153, Oeuvres 2, p. 1.

41) *Poisson*, „Théorie", p 330 und supplément; siehe auch *Kelvin*, Cambr. Math. J. 3 (1842), p. 206 oder „Math. and phys. Papers" 1, p. 10—21.

42) *Poisson*, „Théorie", p. 334.

43) *Fourier*, „Théorie", chap. IX, wo die anderen Formen auch angegeben werden.

$$\frac{1}{\pi}\int\limits_{-\infty}^{\infty} d\alpha \int\limits_{0}^{\infty} f(x')e^{-k\alpha^2 t}\cos\alpha(x-x')\,dx'$$

dargestellt ist. Dieses Resultat lässt sich auf die folgenden beiden Formen bringen, von denen die zweite schon vor *Fourier* von *Laplace*[44]) behandelt worden ist:

$$\frac{1}{2\sqrt{\pi k t}}\int\limits_{-\infty}^{\infty} f(x')\, e^{-\frac{(x-x')^2}{4kt}}\, dx',$$

$$\frac{1}{\sqrt{\pi}}\int\limits_{-\infty}^{\infty} e^{-q^2} f(x+2q\sqrt{kt})\,dq.$$

Im besonderen sei $f(x)=u_1$ für $x>0$, $f(x)=u_2$ für $x<0$; dann erhält man aus der zweiten Form für die Temperatur zur Zeit t an der Stelle x:

$$\frac{u_1+u_2}{2}+\frac{u_1-u_2}{\sqrt{\pi}}\int\limits_{0}^{\frac{x}{2\sqrt{kt}}} e^{-q^2}\,dq.$$ [45]) [46])

Nimmt man z. B. $u_1=0$, $u_2=2$, so wird an der Stelle $x=0$ dauernd die Temperatur $u=(u_1+u_2)/2=1$ herrschen. Die vorige Formel geht in diesem Falle über in

$$\frac{2}{\sqrt{\pi}}\int\limits_{\frac{x}{2\sqrt{kt}}}^{\infty} e^{-q^2}\,dq.$$

6. Die Behandlung der linearen Wärmebewegung nach der Methode der Quellpunkte. Wenn in einem unendlich ausgedehnten leitenden Körper die Anfangstemperatur $\varphi(x)$ überall verschwindet, mit Ausnahme der Umgebung einer einzelnen Ebene x', so ist die Temperatur zur Zeit t im Punkte x

$$\frac{Q}{2\sqrt{\pi k t}}\, e^{-\frac{(x-x')^2}{4kt}},$$

44) *Laplace*, J. éc. polyt. cah. 15 (1809), p. 255 (Oeuvres 13).

45) *Kelvin* hat diese Formel benutzt, um die Zeit abzuschätzen, die verstrichen ist, seit die Erdoberfläche fest wurde, siehe Edinb. Trans. 23 (1862) oder „Math. and phys. Papers" 3, p. 295; „On the secular cooling of the earth"; auch *Thomson* und *Tait*, Natural philosophy, appendix D.

46) Tafeln zur Berechnung dieses in der Wärmeleitung ebenso wie in der Gastheorie und der Wahrscheinlichkeitsrechnung wichtigen Integrales finden sich in jedem grösseren Handbuch über Wahrscheinlichkeitsrechnung. Näheres hierüber in Encykl. I D 1, Art. *Czuber*, Anm. 123, und I D 2, Art. *Bauschinger*, Nr. 4.

vorausgesetzt, dass $\int \varphi(x')\,dx'$ eine endliche Grenze Q besitzt. Indem wir die Aufmerksamkeit auf eine der x-Achse parallele Gerade beschränken, nennen wir den Punkt x' einen momentanen *Quellpunkt*[47]) von der Stärke Q. Mit $Q = 1$ ergiebt sich die sogenannte Hauptlösung

$$\frac{1}{2\sqrt{\pi k t}}\, e^{-\frac{(x-x')^2}{4kt}}$$

der Differentialgleichung der linearen Wärmebewegung; dieselbe spielt hier eine ähnliche Rolle, wie die Lösung $1/r$ in der gewöhnlichen Potentialtheorie.

Wenn Wärme im Punkt x' kontinuierlich erzeugt wird und die in der Zeit dt' erzeugte Wärmemenge $\varphi(t')\,dt'$ beträgt, so ist die Temperatur zur Zeit t

$$\int_0^t \frac{1}{2\sqrt{\pi k(t-t')}}\, \varphi(t')\, e^{-\frac{(x-x')^2}{4k(t-t')}}\, dt';$$

in diesem Fall heisst der Punkt x' ein kontinuierlicher Quellpunkt.

Wenn zwei momentane Quellpunkte von der Stärke Q resp. $-Q$ in den Punkten $x' + dx'$, x' existieren, so zwar, dass „ihr Moment“ $Q \cdot dx' = P$ einen endlichen Wert hat, so entsteht im Punkt x' ein *Doppelquellpunkt*, welcher die Temperatur

$$\frac{P}{4\sqrt{\pi}\,(kt)^{\frac{3}{2}}}\,(x - x')\, e^{-\frac{(x-x')^2}{4kt}}$$

im Punkte x verursacht; die Grösse P heisst die Stärke des Doppelquellpunktes.

Die von einem kontinuierlichen Doppelquellpunkt verursachte Temperatur ist

$$\frac{1}{4\sqrt{\pi}\,k^{\frac{3}{2}}} \int_0^t \frac{x - x'}{(t - t')^{\frac{3}{2}}}\, e^{-\frac{(x-x')^2}{4k(t-t')}}\, \varphi(t')\, dt',$$

47) Der Gebrauch von Quellpunkten in dieser Theorie rührt in der Hauptsache von *Kelvin* her; siehe „Encycl. Britann.“, 9. Aufl., 11, p. 587, oder „Math. and phys. Papers“ 2, p. 41, wo viele Anwendungen gemacht werden. Die sogleich zu nennende „Hauptlösung“ war indessen schon *Poisson* bekannt; Par. mém. 2 (1818), p. 151; Bull. soc. philom. 1822, p. 83. Ihre Deutung als Wirkung eines Quellpunktes findet sich gelegentlich bei *Fourier*, „Théorie“, Nr. 374 und 378.

wo $\varphi(t')$ die Stärke zur Zeit t' bezeichnet; wenn x sich dem Wert x' nähert, so hat dieser Ausdruck den Grenzwert $\frac{1}{2k}\varphi(t)$, falls $x > x'$, oder $-\frac{1}{2k}\varphi(t)$, falls $x < x'$.

Besonders fruchtbar erweist sich die Methode der Quellpunkte im Zusammenhang mit dem *Symmetrieprinzip* (*Spiegelungsprinzip*). Nach diesem Prinzip verfährt man, um die Temperaturfunktion in einem begrenzten Raum zu bestimmen, allgemein gesprochen so, dass man den betr. Raum und zugleich die Temperaturfunktion ins Unendliche fortsetzt. Der Gesamtverlauf der Temperaturfunktion wird durch ihre singulären Punkte bestimmt, welche, wenn in dem ursprünglich gegebenen Raum Quellpunkte vorgeschrieben waren, teilweise aus diesen, teilweise aus Quellpunkten in der Fortsetzung des Raumes bestehen. Die letzteren sucht man in solcher Weise zu bestimmen, dass den Grenzbedingungen an der Oberfläche des Raumes Genüge geleistet wird. In einfachen Fällen, z. B. wenn der Leiter durch eine oder mehrere Ebenen begrenzt wird, lassen sich die erforderlichen neuen Quellpunkte als Spiegelbilder der ursprünglich gegebenen, ohne Anwendung von Rechenoperationen, unmittelbar konstruieren. Insbesondere kann man in solchen Fällen, indem man in dem ursprünglichen Gebiet *einen* Quellpunkt von beliebiger Lage annimmt, die „Green'sche Funktion" v (vgl. Nr. 3) für das betr. Gebiet herstellen. Auch Doppelquellpunkte können an den Grenzebenen auf ähnliche Weise gespiegelt werden wie einfache Quellpunkte.

Übrigens ist das Symmetrieprinzip nicht notwendig an die Vorstellung der Quellpunkte gebunden, in welchem Falle seine Verwendung nur besonders anschaulich wird. Es ergiebt sich dieses schon daraus, dass man jede beliebige Temperaturverteilung als Verteilung von Quellpunkten ansehen kann. In der That handelt *Lamé*, der als Erster das Spiegelungsverfahren in der Wärmeleitungstheorie systematisch anwendete (vgl. Nr. 7g) stets von kontinuierlichen Temperaturverteilungen, die er in den Aussenraum des fraglichen Gebietes symmetrisch fortsetzt.

a) Der nach der positiven Richtung unendlich ausgedehnte Körper sei durch die Ebene $x = 0$ begrenzt, und diese Grenzebene habe die Nulltemperatur; die anfängliche Temperaturverteilung betrachte man als eine Verteilung von Quellpunkten von der Stärke $f(x')\,dx'$ an der Stelle x'. Ihr Spiegelbild besteht aus einer Verteilung von Quellpunkten in der Fortsetzung des Körpers nach der negativen Richtung der x-Achse, so dass im Punkte $-x'$ die Stärke $-f(x')\,dx'$ beträgt. Die Temperaturverteilung zur Zeit t ist durch

$$\frac{1}{2\sqrt{\pi k t}}\int_0^\infty \left\{e^{-\frac{(x-x')^2}{4kt}} - e^{-\frac{(x+x')^2}{4kt}}\right\} f(x')\,dx',$$

oder die äquivalente Formel

$$\frac{1}{\sqrt{\pi}}\int_{\frac{-x}{2\sqrt{kt}}}^\infty f(2\beta\sqrt{kt}+x)e^{-\beta^2}d\beta - \frac{1}{\sqrt{\pi}}\int_{\frac{x}{2\sqrt{kt}}}^\infty f(2\beta\sqrt{kt}-x)e^{-\beta^2}d\beta$$

ausgedrückt.

Wenn die Temperatur an der Grenzebene gleich $\varphi(t)$ vorgeschrieben ist, so denken wir uns einen kontinuierlichen Doppelquellpunkt von der Stärke $2k\varphi(t')\,dt'$ an der Grenzebene; die durch denselben verursachte Temperaturverteilung[48]) wird durch

$$\frac{x}{2\sqrt{\pi k}}\int_0^t \frac{1}{(t-t')^{\frac{3}{2}}} e^{-\frac{x^2}{4k(t-t')}}\varphi(t')\,dt',$$

oder den äquivalenten Ausdruck

$$\frac{2}{\sqrt{\pi}}\int_{\frac{x}{2\sqrt{kt}}}^\infty e^{-q^2}\varphi\left(t-\frac{x^2}{4kq^2}\right)dq$$

dargestellt.

b) Der Ausdruck

$$\frac{1}{2\sqrt{\pi k t}}\int_0^a f(x')\sum_{n=-\infty}^{n=+\infty}\left\{e^{-\frac{(x-x'-2na)^2}{4kt}} - e^{-\frac{(x+x'-2na)^2}{4kt}}\right\}dx'$$

stellt die Temperaturverteilung in einem durch $x=0$, $x=a$ begrenzten Körper dar, wenn die Grenzebenen die Temperatur Null haben und $f(x)$ die Anfangstemperatur ist. Hier werden Quellpunkte von der Stärke $f(x')\,dx'$ an den Stellen $x'+2na$, und von der Stärke $-f(x')\,dx'$ an den Stellen $-x'+2na$ in Betracht gezogen.

Wenn die Grenzebene $x=0$ die Temperatur $\varphi(t)$ hat, und die andere Grenzebene die Temperatur Null, so erhalten wir den hinzukommenden Ausdruck durch eine Verteilung von Doppelquellpunkten von abwechselnden Zeichen in den Punkten $2na$, wo n alle positiven und negativen ganzen Zahlwerte hat. Der hinzuzufügende Ausdruck lautet:

48) Siehe *Kelvin,* Lond. Proc. R. S. 7 (1855), p. 382, oder „Math. and phys. Papers“ 2, p. 61: „On the theory of the electric telegraph“.

$$\frac{1}{2\sqrt{\pi k}}\int_0^t \varphi(t')\sum_{n=-\infty}^{n=+\infty}\left\{(-1)^n(x+2na)e^{-\frac{(x+2na)^2}{4k(t-t')}}\right\}\frac{dt'}{(t-t')^{\frac{3}{2}}}.$$

Ein entsprechender Ausdruck ist hinzuzufügen, wenn die Grenzebene $x=a$ nicht die Temperatur 0, sondern eine beliebig wechselnde Temperatur hat. Durch Addition der drei vorangehenden Ausdrücke erhalten wir eine andere Form der in Nr. 5 e) angegebenen Lösung.

c) Wenn einem Ringe von der Länge a und der gleichmässigen Anfangstemperatur Null eine Wärmemenge Q zur Zeit $t=0$ im Punkte $x=0$ zugeführt wird und sich im Ringe ausbreitet, so ist die Temperaturverteilung durch

$$\frac{Q}{2\sqrt{\pi k t}}\sum_{-\infty}^{\infty} e^{-\frac{(x+na)^2}{4kt}}$$

ausgedrückt. Diese Formel erhält man, wenn man sich den Ring in fortgesetzter Wiederholung auf eine unendliche Gerade abgebildet denkt und auf dieser eine Verteilung von momentanen Quellpunkten in den Punkten $x=na$, alle von der gleichen Stärke Q, anbringt. Der vorstehende Ausdruck ist, bis auf einen konstanten Faktor, identisch mit einer der in der Theorie der elliptischen Funktionen vorkommenden θ-Funktionen. Löst man dieselbe Aufgabe nach der *Fourier*'schen Methode der Reihenentwickelung und vergleicht die entstehenden Resultate, so erhält man eine wichtige Formel aus der Transformationstheorie der θ-Funktionen[49]).

d) Wenn der von der Ebene $x=0$ begrenzte Körper von einem Medium umgeben ist, dessen Temperatur durch $\varphi(t)$ ausgedrückt wird, so ist der von der Anfangstemperatur unabhängige Teil der Temperaturverteilung im Körper[50])

$$\frac{2h}{\sqrt{\pi}}\int_0^\infty dz\int_{\frac{x+z}{2\sqrt{kt}}}^\infty e^{-q^2-hz}\varphi\left\{t-\frac{(x+z)^2}{4kq^2}\right\}dq;$$

hier sind Doppelquellpunkte von der Stärke $he^{-hz}dz\cdot\varphi(t)$ in jedem Punkt $-z$ auf der negativen Seite der x-Axe verteilt. Der vom Anfangszustand abhängige Teil der Temperaturverteilung[51]) ist

49) Vgl. z. B. *H. Poincaré*, „Th. de la propagation de la chaleur", p. 91 ähnlich schon bei *Poisson*, „Théorie", suppl. p. 51.

50) *E. W. Hobson*, Cambr. Proc. 6 (1888), p. 184; eine andere äquivalente Formel hat *Boussinesq* durch eine allgemeine Methode der Integration erhalten; siehe das Buch „Applications des potentiels", Paris 1885, p. 404.

51) *G. H. Bryan*, Cambr. Phil. Soc. Proc. 7 (1889), p. 246.

$$\frac{1}{2\sqrt{\pi k t}}\int\limits_0^\infty \left\{e^{-\frac{(x-x')^2}{4kt}}+e^{-\frac{(x+x')^2}{4kt}}\right\} f(x')\,dx'$$

$$-\frac{2h}{2\sqrt{\pi k t}}\int\limits_0^\infty dz\int\limits_0^\infty e^{-hz-\frac{(x+x'+z)^2}{4kt}} f(x')\,dx'.$$

Dabei wird der Quellpunkt $f(x')\,dx'$ durch eine gleich starke Quelle im Punkte $-x'$ und eine Verteilung von Quellpunkten von der Stärke $-2he^{-hz}dz\,f(x')\,dx'$ in den Punkten $-(x'+z)$ abgebildet.

Im Fall $\varphi(t)=0$, $f(x)=C$ ist die Temperatur in einem Punkte des sich abkühlenden Körpers

$$\frac{C}{2\sqrt{\pi k t}}\left\{\int\limits_0^\infty \left\{e^{-\frac{(x-x')^2}{4kt}}+e^{-\frac{(x+x')^2}{4kt}}\right\}dx'-2h\int\limits_0^\infty dz\int\limits_0^\infty e^{-hz}\cdot e^{-\frac{(x+x'+z)^2}{4kt}}\,dx'\right.$$

Die semikonvergente Reihe[52])

$$\frac{C}{h\sqrt{\pi k t}}\left\{1-\frac{1}{2h^2kt}+\frac{1\cdot 3}{(2h^2kt)^2}-\frac{1\cdot 3\cdot 5}{(2h^2kt)^3}+\cdots\right\},$$

welche aus der obigen Formel für $x=0$ hervorgeht, eignet sich zur Berechnung der Temperatur an der Grenzfläche, wenn t einen nicht zu kleinen Wert hat; für grosse Werte von t ist $\frac{C}{h\sqrt{\pi k t}}$ der approximative Ausdruck für die Oberflächentemperatur.

e) Es sei der unendliche Raum von zwei Substanzen erfüllt, die an der Ebene $x=0$ zusammenstossen; bei einem gegebenen Anfangszustand lässt sich die Temperaturverteilung zur Zeit t in den beiden Körpern durch die Methode der Spiegelbilder ermitteln. Es genügt als Anfangszustand im besonderen zu Grunde zu legen: eine Quelle im Punkte $x=x'$ (z. B. $x'>0$), sonst überall die Anfangstemperatur Null.

Wenn k_1, k_2 die Werte der Temperaturleitfähigkeit k und $\varkappa_1$, $\varkappa_2$ diejenigen der Wärmeleitfähigkeit $\varkappa$ in den beiden Substanzen sind, so kann man leicht verifizieren, dass die Lösung[53])

$$u_1=\frac{1}{\sqrt{t}}\left\{e^{-\frac{(x-x')^2}{4k_1t}}+\frac{\varkappa_1\sqrt{k_2}-\varkappa_2\sqrt{k_1}}{\varkappa_1\sqrt{k_2}+\varkappa_2\sqrt{k_1}}\,e^{-\frac{(x+x')^2}{4k_1t}}\right\},\quad x>0,$$

$$u_2=\frac{1}{\sqrt{t}}\,\frac{2\varkappa_1\sqrt{k_2}}{\varkappa_1\sqrt{k_2}+\varkappa_2\sqrt{k_1}}\,e^{-\frac{\left(x-\sqrt{\frac{k_2}{k_1}}x'\right)^2}{4k_2t}},\quad x<0$$

---

52) Vgl. wegen ähnlicher asymptotischer Formeln: *Fourier,* „Théorie", Nr. 380; *Poisson,* „suppl.", Note B.

53) *A. Sommerfeld,* Math. Ann. 45 (1894), p. 266; ohne Benützung von Quell-

den beiden Bedingungen

$$\varkappa_1 \frac{\partial u_1}{\partial x} = \varkappa_2 \frac{\partial u_2}{\partial x}, \quad u_1 = u_2$$

an der Grenzebene genügt; die Stärke der erforderlichen Spiegelbilder ist also hier nach Massgabe des Verhältnisses der Temperaturleitfähigkeiten k_1, k_2 und der Wärmeleitfähigkeiten $\varkappa_1, \varkappa_2$ zu wählen. Die Aufgabe lässt sich auch lösen, wenn die allgemeineren Bedingungen

$$\varkappa_1 \frac{\partial u_1}{\partial x} + H_1(u_1 - u_2) = 0, \quad \varkappa_2 \frac{\partial u_2}{\partial x} + H_2(u_1 - u_2) = 0$$

an der Grenzebene angenommen werden, oder wenn der Leiter nicht aus zwei, sondern aus drei oder mehr thermisch heterogenen Teilen besteht.

Die Untersuchung der Wärmeleitung in einem Medium von kontinuierlich variabler Leitfähigkeit haben *Sturm* und *Liouville* zu ihren allgemeinen, mathematisch wertvollen Untersuchungen angeregt[54]). Die Differentialgleichung (14) ist dabei durch die allgemeinere (13) zu ersetzen. Der Methode nach schliessen sich diese Untersuchungen an die der vorigen Nummer an, wobei an die Stelle der *Fourier*'schen Entwickelungen nach trigonometrischen Funktionen solche nach *Sturm-Liouville'schen Funktionen* treten.

7. Die Wärmeleitung in zwei oder drei Dimensionen. Elementare Lösungen der Gleichungen der Wärmebewegung für drei oder zwei Dimensionen sind

$$\begin{matrix}\sin\\ \cos\end{matrix} px \begin{matrix}\sin\\ \cos\end{matrix} qy \begin{matrix}\sin\\ \cos\end{matrix} rz \cdot e^{-k(p^2+q^2+r^2)t}$$

resp.

$$\begin{matrix}\sin\\ \cos\end{matrix} px \begin{matrix}\sin\\ \cos\end{matrix} qy \cdot e^{-k(p^2+q^2)t}.$$

Solche Lösungen lassen sich unmittelbar in denjenigen Fällen verwenden, wo der Körper durch Ebenen begrenzt ist, die den Koordinatenebenen parallel laufen.

a) Der Körper sei durch die drei Ebenen $x = 0$, $y = l$, $y = -l$ begrenzt, und es sei $u = 0$ an den Grenzen $y = \pm l$, $u = U$ an der Grenze $x = 0$. Der stationäre Wärmezustand lässt sich in diesem Fall durch den Ausdruck[55]) darstellen

---

punkten behandelt von *H. Weber,* Gött. Nachr. 1893, p. 722, und Vierteljahrschr. der naturf. Ges. in Zürich, Mai 1871.

54) *J. Liouville,* Gergonne ann. 21 (1830/31), p. 133; *Sturm* und *Liouville,* J. de math. 1, 2, 3 (1836—38). Vgl. auch *M. W. Stekloff,* Ann. de Toulouse (2) 2 (1901), p. 281. Näheres hierüber s. Encykl. II, Art. *Bôcher,* II A 7 a und Art. *Burkhardt,* II A 11.

55) *Fourier,* „Théorie", chap. III, sect. 4, 5.

$$u = \frac{4U}{\pi}\left\{e^{-\frac{\pi x}{2l}}\cos\frac{\pi y}{2l} - \frac{1}{3}e^{-\frac{3\pi x}{2l}}\cos\frac{3\pi y}{2l} + \frac{1}{5}e^{-\frac{5\pi x}{2l}}\cos\frac{5\pi y}{2l} - \cdots\right\}$$

oder

$$u = \frac{2U}{\pi}\,\mathrm{arc\,tang}\left(\cos\frac{\pi y}{2l}\Big/\mathfrak{Sin}\,\frac{\pi x}{2l}\right).$$

b) Ein unendlich langer Stab von rechteckigem Querschnitt sei durch die vier Ebenen $x = 0$, $x = a$, $y = \beta$, $y = -\beta$ begrenzt; die Temperatur an den Ebenen $x = 0$, $x = a$ werde durch $f(y)$, $F(y)$ gegeben, und an den Ebenen $y = \pm\beta$ sei vorausgesetzt, dass der Körper an ein Medium grenze, dessen Temperatur Null ist und in welches er Wärme durch Strahlung abgiebt. Die stationäre Temperaturverteilung erfüllt die Bedingungen

$$\frac{\partial^2 u}{\partial x^2} + \frac{\partial^2 u}{\partial y^2} = 0, \quad \frac{\partial u}{\partial y} - hu = 0 \text{ für } y = -\beta,$$

$$\frac{\partial u}{\partial y} + hu = 0 \text{ für } y = +\beta, \quad u = f(y) \text{ für } x = 0, \quad u = F(y) \text{ für } x = a.$$

Die Lösung[56]) dieser Aufgabe lautet

$$u = 4\sum \lambda(2\lambda\beta + \sin 2\lambda\beta)^{-1}\,\mathfrak{Cos}\,\lambda\pi\left\{\mathfrak{Sin}\,\lambda(\pi - x)\int_0^\beta f_1(y)\cos\lambda y\,dy\right.$$
$$\left. + \mathfrak{Sin}\,\lambda x\int_0^\beta F_1(y)\cos\lambda y\,dy\right\}\cos\lambda y$$
$$+ 4\sum \mu(2\mu\beta - \sin 2\mu\beta)^{-1}\,\mathfrak{Cos}\,\mu\pi\left\{\mathfrak{Sin}\,\mu(\pi - x)\int_0^\beta f_2(y)\sin\lambda y\,dy\right.$$
$$\left. + \mathfrak{Sin}\,\mu x\int_0^\beta F_2(y)\sin\mu y\,dy\right\}\sin\mu y;$$

in diesem Ausdruck ist zur Abkürzung gesetzt

$$2f_1(y) = f(y) + f(-y), \qquad 2f_2(y) = f(y) - f(-y),$$
$$2F_1(y) = F(y) + F(-y), \qquad 2F_2(y) = F(y) - F(-y);$$

λ bezeichnet eine positive Wurzel der Gleichung

$$\lambda\beta\,\mathrm{tg}\,\lambda\beta = h\beta,$$

und μ eine positive Wurzel der Gleichung

$$\mu\beta\,\mathrm{cotg}\,\mu\beta = -h\beta.$$

c) Die stationäre Wärmebewegung in einem rechtwinkligen Parallelepipedon unter den Bedingungen

56) *Stokes*, „Math. and phys. Papers“ 1, p. 292, wo mehrere ähnliche Aufgaben gelöst werden.

$$u = f_1,\ x = 0, \qquad u = F_1,\ x = a,$$
$$u = f_2,\ y = 0, \qquad u = F_2,\ y = b,$$
$$u = f_3,\ z = 0, \qquad u = F_3,\ z = c$$

lässt sich in ähnlicher Form aus den vorangestellten elementaren Lösungen aufbauen.

d) Die in einem unbegrenzten homogenen (zwei- oder dreidimensionalen) Körper durch einen Quellpunkt von der Stärke Q versachte Temperatur wird durch[57])

$$\frac{Q}{(2\sqrt{\pi k t})^2} e^{-\frac{(x-x')^2+(y-y')^2}{4kt}} \quad \text{resp.} \quad \frac{Q}{(2\sqrt{\pi k t})^3} e^{-\frac{(x-x')^2+(y-y')^2+(z-z')^2}{4kt}}$$

ausgedrückt. Wenn Wärme im Punkte $x'y'$ resp. $x'y'z'$ kontinuierlich erzeugt wird, sodass die in der Zeit dt' erzeugte Wärmemenge $\varphi(t')dt'$ beträgt, so ist die Temperatur zur Zeit t

$$\int_0^t \frac{1}{(2\sqrt{\pi k(t-t')})^2} \varphi(t') e^{-\frac{(x-x')^2+(y-y')^2}{4k(t-t')}} dt'$$

resp.

$$\int_0^t \frac{1}{(2\sqrt{\pi k(t-t')})^3} \varphi(t') e^{-\frac{(x-x')^2+(y-y')^2+(z-z')^2}{4k(t-t')}} dt'.$$

Wenn der Anfangszustand $u = f(x, y)$ resp. $u = f(x, y, z)$ in einem unbegrenzten Körper gegeben ist, so lautet der Ausdruck, welcher die Temperatur zur Zeit t darstellt,

$$\frac{1}{\pi} \int_{-\infty}^{\infty}\int_{-\infty}^{\infty} e^{-(p^2+q^2)} f(x + 2p\sqrt{kt},\ y + 2q\sqrt{kt})\, dp\, dq$$

resp.

$$\frac{1}{\pi^{\frac{3}{2}}} \int_{-\infty}^{\infty}\int_{-\infty}^{\infty}\int_{-\infty}^{\infty} e^{-(p^2+q^2+r^2)} f(x+2p\sqrt{kt},\ y+2q\sqrt{kt},\ z+2r\sqrt{kt})\, dp\, dq\, dr.$$

Diese Ausdrücke erhält man dadurch, dass man z. B. im dreidimensionalen Falle den Punkt x', y', z' als Quellpunkt von der Stärke $f(x', y', z')\,dx'\,dy'\,dz'$ betrachtet. Wenn die Anfangstemperatur nur in einem endlichen, den Punkt (0, 0, 0) umgebenden Teil des Körpers von Null verschieden ist, so wird die Temperatur nach längerer Zeit durch den Ausdruck

---

57) *Fourier*, „Théorie", chap. IX, sect. 2. Den Temperaturzustand, welcher von einem beweglichen Quellpunkt verursacht wird, hat *Boussinesq*, Par. C. R. 110, p. 1242 untersucht.

$$\frac{A}{8\pi^{\frac{3}{2}}k^{\frac{3}{2}}t^{\frac{3}{2}}}e^{-\frac{x^2+y^2+z^2}{4kt}}$$

bestimmt, wo A die zu Anfang vorhandene totale Wärmemenge bezeichnet.

e) Im zweidimensionalen Fall sei ein sonst unendlich ausgedehnter Wärmeleiter durch die Axe $y = 0$ begrenzt; die von einer Doppelquelle im Punkt $(x', 0)$ verursachte Temperatur ist

$$\frac{Py}{8\pi k^2 t^2}e^{-\frac{(x-x')^2+y^2}{4kt}},$$

wo P die Stärke des Doppelquellpunktes bezeichnet, dessen Axe zur x-Axe senkrecht liegt. Wenn der Doppelquellpunkt ein kontinuierlicher von der Stärke $2kf(x')\,dx'\,dt'$ ist, so haben wir als Ausdruck für die Temperatur zur Zeit t

$$\frac{1}{4\pi k}f(x')\,dx'\int\limits_0^t \frac{y}{(t-t')^2}e^{-\frac{(x-x')^2+y^2}{4k(t-t')}}dt';$$

indem wir dieses Integral auswerten, erhalten wir[58])

$$\frac{1}{\pi}\,\frac{y}{(x-x')^2+y^2}f(x')\,e^{-\frac{(x-x')^2+y^2}{4kt}}dx',$$

welcher Ausdruck überall in der x-Axe mit Ausnahme des Elements dx' verschwindet, und in diesem Element den Grenzwert $f(x')$ annimmt. Daraus ersieht man, dass der Ausdruck

$$\frac{1}{\pi}\int\limits_{-\infty}^{\infty}\frac{y}{(x-x')^2+y^2}e^{-\frac{(x-x')^2+y^2}{4kt}}f(x')\,dx'$$

die Temperatur darstellt, wenn die Anfangstemperatur in der Ebene überall Null ist und die Temperatur der Grenzlinie stets den gegebenen von der Zeit unabhängigen Wert $f(x)$ hat.

Wenn die Anfangstemperatur nicht Null sondern $\varphi(x, y)$ ist, so muss man dem obigen den Ausdruck hinzufügen

$$\frac{1}{4\pi kt}\int\limits_{-\infty}^{\infty}\int\limits_0^{\infty}\left[e^{-\frac{(x-x')^2+(y-y')^2}{4kt}}-e^{-\frac{(x-x')^2+(y+y')^2}{4kt}}\right]\varphi(x', y')\,dx'\,dy',$$

den man erhält, indem man die Quellpunkte $\varphi(x', y')\,dx'\,dy'$ gegen die Grenzlinie $y = 0$ spiegelt.

f) Wenn ein unendlich ausgedehnter dreidimensionaler Körper

58) *E. W. Hobson*, Lond. Math. Soc. Proc. 19 (1887), p. 279.

durch die Ebene $z = 0$ begrenzt ist und von einem Punkte dieser Ebene aus erwärmt wird, so betrachte man einen in der Begrenzungsebene gelegenen und senkrecht gegen diese gerichteten kontinuierlichen Doppelquellpunkt; die von ihm herrührende Temperatur beträgt

$$\frac{Pz}{16\pi^{\frac{3}{2}}k^{\frac{5}{2}}}\int_0^t \frac{dt'}{(t-t')^{\frac{5}{2}}} e^{-\frac{(x-x')^2+(y-y')^2+z^2}{4k(t-t')}} \quad \text{oder} \quad \frac{Pz}{k\pi^{\frac{3}{2}}r^3}\int_{\frac{r}{\sqrt{4kt}}}^{\infty} \alpha^2 e^{-\alpha^2} d\alpha,$$

wo $r^2 = (x-x')^2 + (y-y')^2 + z^2$. Dieser Ausdruck wird für $x = x'$, $y = y'$ im Limes $z = 0$ unendlich gross und verschwindet sonst überall in der Grenzebene $z = 0$.

g) Durch die Methode der Spiegelbilder in ihrer Anwendung auf Quellpunkte oder kontinuierliche Temperaturverteilungen lassen sich Aufgaben auch für solche Gebiete lösen, die durch wiederholte Abspiegelung den ganzen Raum einfach und lückenlos erfüllen[59]). *G. Lamé*[60]) hat auf diese Weise Wärmeleitungsaufgaben ausser für das rechteckige Parallelepipedon, das Prisma mit regulär dreieckiger Basis etc., welche ersichtlich bei symmetrischer Wiederholung zu einer regulären Raumeinteilung Anlass geben, auch für einige Tetraeder behandelt („Tetraeder 1/6“ und „Tetraeder 1/24“), welche den 6. oder den 24. Teil des Würfels bilden. Diesen Tetraedern ist von *A. Schönflies*[61]) ein weiteres hinzugefügt, welches ebenfalls den Fundamentalbereich einer regulär-symmetrischen Raumeinteilung bildet und für welches daher Wärmeleitungsaufgaben ebenfalls nach dem Spiegelungsverfahren unmittelbar gelöst werden können. Auch wenn Strahlung an den Grenzebenen stattfindet, lässt sich das Spiegelungsverfahren bei solchen Gebieten anwenden[62]).

8. Wärmeleitung in einer Kugel. Wenn die Differentialgleichung der Wärmebewegung auf Polarkoordinaten $r\theta\varphi$ transformiert wird, so nimmt sie die Form an

59) Solche Gebiete könnte man mit Benutzung eines funktionentheoretischen Terminus als ebenflächig begrenzte symmetrische „automorphe Fundamentalbereiche“ bezeichnen.

60) Siehe seine beiden Bücher „Leçons sur les fonctions inverses des transcendentes et les surfaces isothermes“, Paris 1857, „Leçons sur la théorie analytique de la chaleur“, Paris 1861. Über die Wärmebewegung in einem Tetraeder siehe *Cotton*, Ann. de Toul. (2) 2 (1900). Eine Arbeit, die noch nicht erwähnt wurde, ist die von *Betti*, „Sopra la determinazione delle temperatura variabili di una lastra terminata“, Ann. di mat. (2) 1 (1867), p. 371.

61) *A. Schönflies*, Math. Ann. 34 (1889), p. 172.

62) *G. H. Bryan*, Lond. Math. Soc. Proc. 22 (1891), p. 424.

$$\frac{\partial}{\partial t}(ru) = k\left[\frac{\partial^2}{\partial r^2}(ru) + \frac{1}{r^2 \sin\theta}\frac{\partial}{\partial\theta}\left(\sin\theta\frac{\partial}{\partial\theta}ru\right) + \frac{1}{r^2\sin^2\theta}\frac{\partial^2}{\partial\varphi^2}ru\right].$$

Betrachten wir zunächst den Fall[63]), dass u unabhängig von θ und φ ist, dann wird unsere Gleichung

$$\frac{\partial}{\partial t}(ru) = k\frac{\partial^2}{\partial r^2}(ru),$$

hat also dieselbe Form, wie im Fall der linearen Bewegung, nur dass ru anstatt u die abhängige Variable ist.

Wenn eine Kugel vom Radius c, deren Anfangstemperatur gleich $F(r)$ ist, von einem Medium umgeben ist, dessen Temperatur Null ist, und sich durch Strahlung abkühlt, so muss u die Nebenbedingungen erfüllen:

$$u = F(r) \text{ für } t = 0, \quad \frac{\partial u}{\partial r} + hu = 0 \text{ für } r = c.$$

Insbesondere genügt der zweiten dieser Nebenbedingungen der Ausdruck

$$u = e^{-k\lambda^2 t}\frac{\sin\lambda r}{r},$$

falls λ eine Wurzel der Gleichung

$$\lambda c \cos\lambda c = (1 - hc)\sin\lambda c.$$

ist. Setzen wir $\lambda c = \psi$, $hc - 1 = p$, so wird λ durch die Gleichung $\psi\cos\psi + p\sin\psi = 0$ bestimmt; diese Gleichung hat keine komplexen Wurzeln, und wenn $p > -1$ ist, auch keine rein imaginären. Ist $-1 < p < 0$, so liegt eine Wurzel in jedem der Intervalle

$$\left(0, \frac{\pi}{2}\right), \left(\pi, \frac{3\pi}{2}\right), \left(2\pi, \frac{5\pi}{2}\right)\cdots;$$

ist $p > 0$, so liegt eine Wurzel in jedem der Intervalle

$$\left(\frac{\pi}{2}, \pi\right), \left(\frac{3\pi}{2}, 2\pi\right), \left(\frac{5\pi}{2}, 3\pi\right)\cdots.$$

Die Wurzeln $\lambda_1, \lambda_2, \ldots, \lambda_n \ldots$ lassen sich bequem mit Hülfe der trigonometrischen Tafeln berechnen.

Entwickelt man nun die Funktion $F(r)$ in der Form

63) Den symmetrischen Fall hat *Fourier* behandelt, siehe „Théorie", chap. V sowie *Poisson,* J. éc. polyt. cah. 19, p. 112. Die Konvergenz der Reihen ist von *Cauchy* u. A. sowie neuerdings von *Fugisawa* untersucht, Diss. Strassburg 1885 „Über eine in der Wärmeleitungstheorie auftretende, nach den Wurzeln einer transcendenten Funktion fortschreitende unendliche Reihe"; auch J. of College of Scienc. of Japan 2 (1889). Im übrigen verweisen wir wegen der Konvergenzfragen auf Encykl. II A 9, Art. *Burkhardt* über Reihenentwickelungen.

$$F(r) = \sum_{n=1}^{n=\infty} \frac{\sin \lambda_n r}{r} \cdot \frac{2}{c} \cdot \frac{\lambda_n^2 + \left(h - \frac{1}{c}\right)^2}{\lambda_n^2 + h^2 - \frac{h}{c}} \int_0^c r F(r) \sin \lambda_n r \, dr,$$

so ergiebt sich für die Temperatur selbst die Formel

$$u = \sum_{n=1}^{n=\infty} \frac{\sin \lambda_n r}{r} \cdot e^{-k\lambda_n^2 t} \cdot \frac{2}{c} \cdot \frac{\lambda_n^2 + \left(h - \frac{1}{c}\right)^2}{\lambda_n^2 + h^2 - \frac{h}{c}} \int_0^c r F(r) \sin \lambda_n r \, dr.$$

Nach längerer Zeit wird die Temperatur durch das erste Glied dieser Reihe mit genügender Annäherung dargestellt.

Eine allgemeinere Lösung der Differentialgleichung ist[64])

$$e^{-k\lambda^2 t} V_n(\theta, \varphi) \frac{J_{n+\frac{1}{2}}(\lambda r)}{r^{\frac{1}{2}}} \quad \text{oder} \quad e^{-k\lambda^2 t} \cdot r^n V_n(\theta, \varphi) \frac{d^n}{d(r^2)^n} \frac{\sin \lambda r}{r},$$

worin $V_n(\theta, \varphi)$ eine Kugelfunktion vom Grade n bedeutet, und $J_{n+\frac{1}{2}}(\lambda r)$ die *Bessel*'sche Funktion mit der Ordnungszahl $n + \frac{1}{2}$ ist. Diese Lösung findet Anwendung, wenn die Temperatur an der Oberfläche vorgeschrieben ist, oder wenn der Körper sich durch Ausstrahlung abkühlt. Die gegebene Oberflächen- oder Aussentemperatur ist dabei in eine Reihe nach Kugelfunktionen in der Form $\sum V_n(\theta, \varphi)$ zu entwickeln.

9. Wärmeleitung in einem Kreiscylinder. Hat der leitende Körper die Form eines Kreiscylinders, so verwendet man die partielle Differentialgleichung der Wärmebewegung in der Form

$$\frac{\partial u}{\partial t} = k\left(\frac{\partial^2 u}{\partial \varrho^2} + \frac{1}{\varrho}\frac{\partial u}{\partial \varrho} + \frac{1}{\varrho^2}\frac{\partial^2 u}{\partial \varphi^2} + \frac{\partial^2 u}{\partial z^2}\right),$$

hierin bedeutet ϱ die Entfernung von der Axe des Cylinders, φ das Azimuth und z die der Axe parallele Koordinate. Dieser Gleichung genügt die Lösung

$$u = e^{-k\lambda^2 t} \frac{\cos}{\sin} m\varphi \cdot e^{\pm pz} \cdot J_m\left(\varrho \sqrt{p^2 + \lambda^2}\right),$$

wo $J_m(x)$ die *Bessel*'sche Funktion m^{ter} Ordnung bezeichnet, welche der gewöhnlichen Differentialgleichung zweiter Ordnung genügt:

$$\frac{d^2 u}{dx^2} + \frac{1}{x}\frac{du}{dx} + \left(1 - \frac{m^2}{x^2}\right) u = 0.$$

---

64) *Poisson,* „Théorie", p. 363; *Laplace,* Connaissance des temps 1823, p. 245; Mécanique céleste, livre 11, chap. 4, 1823; *Duhamel,* J. éc. polyt. 14, chap. 22, p. 36. Siehe auch *Langer,* Habilit.-Schr. Jena (1875) „Über die Wärmeleitung in einer homogenen Kugel"; *K. Baer,* Diss. Halle 1878 „Über die Bewegung der Wärme in einer homogenen Kugel".

Zunächst werde ein Cylinder von unendlicher Länge und vom Radius a betrachtet; die Anfangstemperatur sei unabhängig von z und φ und der Cylinder von einem Medium umgeben, welches die Temperatur Null hat[65]); in diesem Fall gebrauchen wir die Lösung

$$u = e^{-k\lambda^2 t} J_0(\lambda\varrho).$$

Die Grenzbedingung laute $hu + \frac{\partial u}{\partial \varrho} = 0$; die Konstante λ lässt sich durch die Gleichung

$$h J_0(\lambda a) + \lambda J_0'(\lambda a) = 0$$

bestimmen. *Fourier* hat nun gezeigt, dass diese Gleichung unendlich viele reelle positive Wurzeln $\lambda_1, \lambda_2, \ldots$ besitzt, und dass eine willkürlich gegebene Funktion $F(\varrho)$ sich in eine Reihe

$$\sum_{r=1}^{r=\infty} A_r J_0(\lambda_r \varrho)$$

entwickeln lässt; man findet

$$A_r = \frac{\int\limits_0^a F(\varrho)\, J_0(\lambda_r\varrho)\, \varrho\, d\varrho}{\frac{1}{2} a^2 \{J_0(\lambda_r a)\}^2 \left(1 + \frac{4h^2}{\lambda_r^2}\right)}$$

Identifiziert man die hier vorkommende willkürliche Funktion $F(\varrho)$ mit der Anfangstemperatur des Cylinders, so ist die Temperatur zur Zeit t

$$u = \sum_{r=1}^{r=\infty} A_r e^{-k\lambda_r^2 t} J_0(\lambda_r \varrho).$$

Im Falle die Anfangstemperatur sowohl von ϱ als von φ abhängt, sowie im Falle eines Cylinders von endlicher Länge, kann die Lösung aus den obigen allgemeineren Lösungen zusammengesetzt werden.

Die Hauptlösung (vgl. Nr. 6) im Fall von zwei Dimensionen

$$\frac{1}{(2\sqrt{\pi k t})^2} e^{-\frac{R^2}{4kt}}$$

ist mit dem Ausdruck

$$\frac{1}{4\pi} \int\limits_{-\infty}^{\infty} e^{-\lambda^2 k t} \lambda\, d\lambda \sum_{-\infty}^{\infty} J_m(\lambda\varrho) J_m(\lambda\varrho') \cos m(\varphi - \varphi')$$

äquivalent; hierin bedeutet R die Entfernung

65) *Fourier,* „Théorie", chap. VI, wo die Funktion J_0 auftritt. Die Funktionen J_m zuerst bei *Poisson,* J. éc. polyt. cah. 19 (1823), p. 239, 335. Siehe auch *Melchior,* Programm Realgymn. Fulda 1884—85.

$$\{\varrho^2 + \varrho'^2 - 2\varrho\varrho' \cos(\varphi - \varphi')\}^{\frac{1}{2}}$$

der beiden Punkte (ϱ, φ), (ϱ', φ').

Für eine ebene (*Riemann*'sche) Fläche mit einem r-fachen Windungspunkt[66]) lautet die entsprechende Lösung der partiellen Differentialgleichung

$$u = \frac{1}{4\pi} \int_{-\infty}^{\infty} e^{-\lambda^2 k t} \lambda \, d\lambda \sum_{-\infty}^{\infty} J_{\frac{m}{r}}(\lambda\varrho) J_{\frac{m}{r}}(\lambda\varrho') \cos \frac{m}{r} (\varphi - \varphi').$$

Im Falle $r = 2$ findet man hieraus durch Summation der Reihe

$$u = \frac{1}{\sqrt{\pi}} \frac{1}{(2\sqrt{\pi k t})^2} e^{-\frac{R^2}{4kt}} \int_{-\infty}^{\sqrt{\frac{\varrho\varrho'}{kt}} \cos \frac{\varphi - \varphi'}{2}} e^{-\tau^2} d\tau.$$

Diese Lösung lässt sich auf den Fall anwenden, dass die Ebene (x, y) längs eines vom Nullpunkte auslaufenden Halbstrahles aufgeschnitten ist und die Wärmebewegung in dieser aufgeschnittenen Ebene untersucht werden soll.

10. Wärmeleitung in Körpern von verschiedenen speziellen Formen. Die Aufgabe, den stationären Wärmezustand eines Ellipsoides zu ermitteln, dessen Oberfläche auf gegebener Temperatur erhalten wird, hat *G. Lamé*[67]) unter Zugrundelegung der *elliptischen Koordinaten* zuerst gelöst. Wenn

$$\frac{x^2}{a^2} + \frac{y^2}{b^2} + \frac{z^2}{c^2} = 1$$

die Oberfläche darstellt, sind diese Koordinaten im Punkte (x, y, z) die drei positiven Wurzeln der Gleichung

$$\frac{x^2}{\lambda^2} + \frac{y^2}{\lambda^2 - e^2} + \frac{z^2}{\lambda^2 - f^2} = 1,$$

worin

$$e^2 = a^2 - b^2, \quad f^2 = a^2 - c^2;$$

66) *A. Sommerfeld,* Math. Ann 45 (1894), p. 276.

67) *G. Lamé,* J. de math. 4 (1839), p. 126. Andere Arbeiten von *Lamé*, die sich auf diesen Gegenstand beziehen, befinden sich in den sechs ersten Bänden und im Band 8 desselben Journals. Eine Übersicht über die ersten Resultate Ann. Chim. Phys. 53 (1833), p. 190. Die erste Einführung der isothermen Koordinaten geschah in einem Mémoire in den Savans étrangers 5, 1838, abgedruckt J. de math. 2 (1837), p. 147; siehe auch J. éc. polyt. cah. 23 sowie die beiden Werke „Leçons sur les fonctions inverses", Paris 1857, und „Leçons sur les coordonnées curvilignes et leurs applications", Paris 1859.

bezeichnet man diese Koordinaten durch ϱ, μ, ν, so genügen sie im Inneren des Ellipsoids den Bedingungen

$$a \geqq \varrho \geqq f, \quad f \geqq \mu \geqq e, \quad e \geqq \nu \geqq 0.$$

Wenn man die drei *elliptischen Integrale*

$$\xi = \int_f^\varrho \frac{d\varrho}{\sqrt{\varrho^2 - f^2}\sqrt{\varrho^2 - e^2}}, \quad \eta = \int_e^\mu \frac{d\mu}{\sqrt{\mu^2 - e^2}\sqrt{f^2 - \mu^2}},$$

$$\zeta = \int_0^\nu \frac{d\nu}{\sqrt{f^2 - \nu^2}\sqrt{e^2 - \nu^2}}$$

einführt, so nimmt die Differentialgleichung der Wärmebewegung die Form an

$$(\mu^2 - \nu^2)\frac{\partial^2 u}{\partial \xi^2} + (\varrho^2 - \nu^2)\frac{\partial^2 u}{\partial \eta^2} + (\varrho^2 - \mu^2)\frac{\partial^2 u}{\partial \zeta^2} = 0.$$

Es wird nun gezeigt, dass diese Gleichung durch das Produkt

$$E(\varrho)\,E(\mu)\,E(\nu)$$

erfüllt wird, wo $E(\varrho)$ eine ganze Funktion vom Grade n in ϱ, $\sqrt{\varrho^2 - e^2}$, $\sqrt{\varrho^2 - f^2}$ ist, und $E(\mu)$, $E(\nu)$ dieselben Funktionen von μ, $\sqrt{\mu^2 - e^2}$, $\sqrt{f^2 - \mu^2}$, resp. ν, $\sqrt{f^2 - \nu^2}$, $\sqrt{e^2 - \nu^2}$ sind. Die Funktion E heisst eine *Lamé'sche Funktion*, und $E(\varrho)$ erfüllt die Gleichung

$$(\varrho^2 - e^2)(\varrho^2 - f^2)\frac{d^2 E}{d\varrho^2} + \varrho\,(2\varrho^2 - e^2 - f^2)\frac{dE}{d\varrho}$$
$$+ [(e^2 + f^2)p - n(n+1)\varrho^2]E = 0,$$

worin p einen Parameter bezeichnet, der so zu bestimmen ist, dass die vorstehende Gleichung eine Lösung der erwähnten Art besitzt, nämlich eine ganze Funktion des n^{ten} Grades in ϱ, $\sqrt{\varrho^2 - e^2}$, $\sqrt{\varrho^2 - f^2}$. Es wird weiter gezeigt, dass es $2n + 1$ reelle verschiedene Werte von p giebt, welche der obigen Bedingung genügen, und dass daher $2n + 1$ verschiedene Funktionen $E(\varrho)$ des Grades n existieren. Dementsprechend hat man $2n + 1$ verschiedene Produkte $E(\varrho)\,E(\mu)\,E(\nu)$ zur Verfügung, die der Gleichung der Wärmeleitung Genüge leisten, und welche eindeutig und endlich im ganzen Ellipsoid sind. (Näheres über *Lamé*'sche Funktionen in Bd. II der Encykl.)

Die Aufgabe des stationären Wärmeflusses wird nun dadurch gelöst, dass die gegebene Oberflächentemperatur in eine (im allgemeinen unendliche) Summe

$$\sum_{n=0}^{n=\infty} \sum_{m=1}^{m=2n+1} A_{n,m}\,E_{n,m}(\mu)\,E_{n,m}(\nu)$$

entwickelt wird; der Temperaturzustand in einem jeden Punkte im Innern des Ellipsoids wird alsdann durch den Ausdruck

$$\sum_{n=0}^{n=\infty} \sum_{m=1}^{m=2n+1} A_{n,m} \frac{E_{n,m}(\varrho)}{E_{n,m}(a)} E_{n,m}(\mu) E_{n,m}(\nu)$$

dargestellt.

Die Lösung des Problems der nicht stationären Wärmebewegung in einem Ellipsoid hat *Mathieu*[68]) auf die Integration einer gewöhnlichen Differentialgleichung reduziert. Im Fall des Rotationsellipsoids[69]) reduziert sich das *Lamé*'sche Produkt auf das Produkt einer trigonometrischen Funktion und zweier Kugelfunktionen. Die nicht stationäre Wärmebewegung in einem Rotationsellipsoid hat *C. Niven*[70]) behandelt.

Die Bestimmung der Wärmebewegung in einem elliptischen Cylinder kommt auf die Lösung der Gleichung

$$\frac{\partial^2 u}{\partial x^2} + \frac{\partial^2 u}{\partial y^2} - \lambda^2 u = 0$$

hinaus; setzt man $x = \mathfrak{Cof}\, \omega \cos \varphi$, $y = \mathfrak{Sin}\, \omega \sin \varphi$, so wird diese Gleichung

$$\frac{\partial^2 u}{\partial \omega^2} + \frac{\partial^2 u}{\partial \varphi^2} + \lambda^2 (\cos^2 \varphi - \mathfrak{Cof}^2\, \omega) u = 0.$$

Eine Lösung derselben ist $u = \mathsf{E}(\omega)\mathsf{E}(\varphi)$, wo $\mathsf{E}(\omega)$, $\mathsf{E}(\varphi)$ den gewöhnlichen Differentialgleichungen

$$\frac{d^2\mathsf{E}}{d\omega^2} - (\lambda^2 \mathfrak{Cof}^2\, \omega - p)\mathsf{E} = 0, \quad \frac{d^2\mathsf{E}}{d\varphi^2} + (\lambda^2 \cos^2 \varphi - p)\mathsf{E} = 0$$

Genüge leisten; der Parameter p muss dabei so bestimmt werden, dass $\mathsf{E}(\varphi)$ in φ mit der Periode 2π periodisch wird. Diese Funktionen heissen *Funktionen des elliptischen Cylinders*[71]); durch Zusammensetzung der Produkte $e^{-\alpha t} \cos mz \cdot \mathsf{E}(\omega)\mathsf{E}(\varphi)$ mit $\alpha = k(m^2 + \lambda^2)$ kann der Temperaturzustand unter gegebenen Bedingungen theoretisch

68) *E. Mathieu*, Cours de physique, p. 269.

69) *G. Lamé*, J. de math. 4 (1839), p. 351; *Heine*, J. f. Math. 26 (1843), p. 185; *J. Liouville*, J. de math. 11 (1846), p. 217, 261.

70) *C. Niven*, Lond. Phil. Trans. 171 (1879), p. 117. Für den Fall des Rotationsparaboloids siehe *K. Baer*, Diss. Halle 1881.

71) *E. Mathieu* hat den ersten Versuch gemacht, diese Gleichung zu lösen, J. de math. (2) 13 (1868), p. 137—203; auch „Cours de physique mathématique", 1873, p. 122—164. In *Heine*'s „Kugelfunktionen" 1, p. 401 und 2, p. 202 findet man eine Behandlung dieser Funktionen. Siehe auch *Besser*, Zeitschr. Math. Phys. 30 (1885), p. 257, 305; *Maclaurin*, Cambr. Phil. Trans. 17 (1899), p. 41; *Lindemann*, Math. Ann. 22 (1883), p. 117.

ermittelt werden. Die entsprechenden Funktionen für den parabolischen Cylinder hat *H. Weber*[72]) entwickelt.

Der stationäre Temperaturzustand in einem von zwei nicht konzentrischen Kugeln begrenzten Raum wurde von *C. Neumann*[73]) untersucht. Derselbe Forscher[74]) hat auch die nicht-stationäre Wärmebewegung in demselben Falle behandelt; es kommen dabei die sogenannten peripolaren Koordinaten und gewisse Kugelfunktionen zur Anwendung, deren Grad die Hälfte einer ganzen Zahl ist. *Mathieu*[75]) hat sich mit dem Wärmeproblem in einem von zwei nicht-konzentrischen Kreiscylindern begrenzten Gebiet und in Cylindern mit lemniskatischem Querschnitt beschäftigt.

11. Theorie des Schmelzens und des Gefrierens bei Wärmeleitung. Man kann die Wärmeleitungstheorie auf eine Art von Problemen anwenden, bei denen die Wärmebewegung eine Änderung im Aggregatzustand des Leiters verursacht[76]).

Wenn ein Eisprisma durch die beiden Ebenen $x = 0$, $x = c$ begrenzt ist, und die Temperatur der unteren Ebene $x = 0$ konstant gleich $U (> 0)$ erhalten wird, so wird bei der Wärmebewegung das Eis allmählich in Wasser verwandelt, und es handelt sich darum, die Höhe h des geschmolzenen Teils des Prismas zu irgend einer Zeit t zu bestimmen, nachdem das Schmelzen angefangen hat. Es bezeichne λ die Schmelzwärme der Volumeneinheit des Eises, so wird in der Zeit dt die Wärmemenge $-\varkappa \frac{\partial u}{\partial x} dt$ darauf verwendet, das Eis auf einer Länge dh des Prismas in Wasser zu verwandeln, wobei die Temperatur zunächst den Nullwert beibehält; wir erhalten also

$$-\varkappa \frac{\partial u}{\partial x} dt = \lambda\, dh, \quad \text{für } x = h.$$

Nun genügt der Ausdruck

---

72) *H. Weber,* Math. Ann. 1 (1869), p. 31, siehe auch *K. Baer,* Progr. Realgymn. Küstrin, 1883.

73) *C. Neumann,* Allgemeine Lösung des Problems über den stationären Temperaturzustand eines homogenen Körpers, welcher von irgend zwei nicht konzentrischen Kugelflächen begrenzt wird, Halle 1862. Vgl. *Heine,* „Kugelfunktionen" 2, p. 261. Siehe auch *Frosch,* Zeitschr Math. Phys. 17 (1872), p. 498.

74) *C. Neumann,* Theorie der Elekrizitäts- und Wärmeverteilung in einem Ringe, Halle 1864. Siehe auch *Hicks,* „Toroidal functions", Lond. Phil. Trans. 172 (1882), p. 609.

75) *E. Matthieu,* Par. C. R. 68 (1869), p. 590; J. de math. (2) 14 (1869), p. 65.

76) *L. Saalschütz,* Astr. Nachr. Nr. 1321 (1861), § 12 ff.; *J. Stefan,* Wien. Ber. 98[2a] (1889), p. 473, 616, 965 und Monatshefte f. Math. u. Phys., 1. Jahrg. 1890, p. 1.

$$u = A \int_{\frac{x}{2\sqrt{kt}}}^{\alpha} e^{-z^2}\, dz$$

einerseits der partiellen Differentialgleichung der Wärmebewegung, andererseits lässt er sich bei geeigneter Bestimmung von A und α den Nebenbedingungen unseres Problems anpassen, wobei das vom Wasser erfüllte Gebiet durch die Bedingung $0 \leqq \frac{x}{2\sqrt{kt}} \leqq \alpha$ zu umgrenzen ist. Da $u = U$ für $x = 0$ und $u = 0$ für $x = h$, so ist zu setzen:

$$h = 2\alpha\sqrt{kt}, \qquad U = A \int_0^{\alpha} e^{-z^2}\, dz,$$

und die obige Bedingung für die Stelle $x = h$ giebt

$$A\varkappa e^{-\alpha^2} = 2k\alpha\lambda.$$

Die Höhe $h = 2\alpha\sqrt{kt}$ lässt sich daher aus der Gleichung

$$\alpha e^{\alpha^2} \int_0^{\alpha} e^{-z^2}\, dz = \frac{\varkappa U}{2k\lambda}$$

bestimmen; es ist dies eine transcendente Gleichung für α, deren Wurzeln mit Hülfe von numerischen Tafeln[77]) berechnet werden können.

Wenn die Ebene $x = 0$ eine gegebene unter dem Gefrierpunkt liegende Temperatur U_1 hat, und in unendlicher Tiefe die über dem Gefrierpunkt liegende Temperatur U_2 gleichfalls gegeben ist[78]), so dringt der Frost in das Wasser allmählich vor; die Geschwindigkeit, mit welcher dieses geschieht, lässt sich alsdann durch eine ähnliche Methode bestimmen, wie die soeben angedeutete.

12. Wärmeleitung und innere Reibung in einer bewegten Flüssigkeit. Sind die Teilchen einer Flüssigkeit in relativer Bewegung, so wird Wärme durch die innere Reibung erzeugt und in der Flüssigkeit fortgeleitet. In diesem Fall[79]) muss noch besonders festgesetzt werden, was man unter der Temperatur in einem Punkt der Flüssigkeit zu verstehen hat, da die Temperatur hier nicht auf die gleiche Weise gemessen werden kann, wie bei einem Körper, dessen Teilchen

77) Vgl. Anm. 46.

78) Die Lösung dieser Aufgabe befindet sich im *Riemann-Weber*'schen Buch 2, p. 118—122.

79) Diese Theorie hat *Kirchhoff* aufgestellt, siehe seine „Vorlesungen über die Theorie der Wärme", Leipzig 1894, p. 113.

sich in relativer Ruhe befinden. Die Temperatur wird nun durch den Satz definiert, dass die Energie einer bewegten unendlich kleinen Flüssigkeitsmasse gleich ist ihrer lebendigen Kraft plus der Energie, die sie in der Ruhe bei gleicher Dichtigkeit und gleicher Temperatur haben würde. Es sei ϱ die Dichtigkeit, u, v, w die Komponenten der Geschwindigkeit des Flüssigkeitsteilchens an der Stelle (x, y, z), T die Temperatur daselbst, γ_v die spezifische Wärme bei konstantem Volumen, M eine Konstante der Flüssigkeit, die wir „Dilatationswärme" nennen können und die das Verhältnis $dQ/d\varrho$ bei konstant gehaltener Temperatur bedeutet; dann besteht die Gleichung

$$-M\frac{\partial \varrho}{\partial t}+\gamma_v\frac{\partial T}{\partial t}=\frac{1}{\varrho}\left\{\frac{\partial}{\partial x}\left(\varkappa\frac{\partial T}{\partial x}\right)+\frac{\partial}{\partial y}\left(\varkappa\frac{\partial T}{\partial y}\right)+\frac{\partial}{\partial z}\left(\varkappa\frac{\partial T}{\partial z}\right)\right\}$$
$$+\frac{1}{\varrho}\left[\mu\left\{2\left(\frac{\partial u}{\partial x}\right)^2+2\left(\frac{\partial v}{\partial y}\right)^2+2\left(\frac{\partial w}{\partial z}\right)^2+\left(\frac{\partial v}{\partial z}+\frac{\partial w}{\partial y}\right)^2\right.\right.$$
$$\left.\left.+\left(\frac{\partial w}{\partial x}+\frac{\partial u}{\partial z}\right)^2+\left(\frac{\partial u}{\partial y}+\frac{\partial v}{\partial z}\right)^2\right\}-2\mu'\left(\frac{\partial u}{\partial x}+\frac{\partial v}{\partial y}+\frac{\partial w}{\partial z}\right)^2\right],$$

worin μ, μ' zwei von der Beschaffenheit der Flüssigkeit (Viskosität und Kompressibilität) abhängende Konstanten bedeuten; ist die Flüssigkeit inkompressibel, so verschwindet μ' aus der Gleichung; $\varkappa$ bezeichnet wie sonst die Wärmeleitungsfähigkeit.

An der Grenzfläche, wo zwei Flüssigkeiten, oder eine Flüssigkeit und ein fester Körper sich berühren, müssen Grenzbedingungen durch besondere Voraussetzungen aufgestellt werden; diese bestehen zum Teil aus Annahmen über die Druckkomponenten in den beiden Substanzen und die Art und Weise, wie sie von der relativen Bewegung der beiden Substanzen an der Grenzfläche abhängen. Die Temperaturbedingungen, die an der Grenzfläche zu erfüllen sind, lauten

$$T=T',$$
$$\varkappa\frac{\partial T}{\partial n}-\varkappa'\frac{\partial T'}{\partial n}=-\lambda\{(u-u')^2+(v-v')^2+(w-w')^2\},$$

worin λ eine Konstante, welche die sogenannte äussere Reibung misst, und dn ein zur Grenzfläche senkrechtes Linienelement bezeichnet. Die Theorie der Wärmeleitung in Gasen hat ihre Stelle in der kinetischen Gastheorie.

13. Diffusion. Wenn sich zwei verschiedene Flüssigkeiten oder Gase in demselben Gefässe befinden, und die beiden Substanzen anfangs getrennt waren, so durchdringen sie sich allmählich, so dass nach theoretisch unendlicher Zeit eine homogene Mischung der beiden Substanzen entstanden ist; dieser Vorgang heisst Diffusion.

Die Theorie der Diffussion zweier Flüssigkeiten, von welchen die eine etwa eine Salzlösung und die andere das Lösungsmittel ist, hat zuerst *Fick*[80]) durch die Annahme zu begründen gesucht, dass die freie Diffusion (d. h. eine solche, die ohne Scheidewand vor sich geht) nach demselben Gesetz stattfindet, wie die Verbreitung der Wärme in Leitern. Wenn das Gefäss ein cylindrisches ist, mit vertikaler Axe, und die Flüssigkeiten übereinander geschichtet sind, so befinden sie sich in allen Punkten einer Horizontalebene im gleichen Zustand prozentualer Mischung. Es wird angenommen, dass die Salzmenge dS, die in der Zeit dt einen Horizontalschnitt F durchsetzt, proportional mit $F dt$ und mit dem Konzentrationsgefälle $\partial u/\partial x$ an der betreffenden Stelle sei; unter der Konzentration u versteht man dabei die Gewichtsmenge Salz in der Volumeinheit der Lösung; die Koordinate x ist in einem cylindrischen Gefäss parallel der Axe desselben zu messen. Man erhält unter dieser Annahme

$$dS = kF\frac{\partial u}{\partial x}dt,$$

worin die „Diffusionskonstante“ k von der Natur des Salzes und des Lösungsmittels abhängt. Der Salzzuwachs in einer Schicht von der Dicke dx während der Zeit dt wird entsprechend

$$kF\frac{\partial^2 u}{dx^2}dt\,dx.$$

Da dieser Zuwachs andererseits gleich der zeitlichen Konzentrationsänderung $\frac{\partial u}{\partial t}dt$ multipliziert in das Volumen $F dx$ der Schicht ist, so erhalten wir dieselbe Gleichung wie in der Theorie der linearen Wärmeleitung, nämlich

$$\frac{\partial u}{\partial t} = k\frac{\partial^2 u}{\partial x^2}.$$

Die mathematische Behandlung des beschriebenen Diffusionsvorganges ist daher im wesentlichen ähnlich dem der Wärmeleitung; nur sind die Oberflächenbedingungen andere, da sie vom osmotischen Druck abhängen.

Dass der *Fick*'sche Ansatz annähernd richtig ist, hat *H. F. Weber*[81]) nachgewiesen. Eine Molekulartheorie der Diffusion, auf dem Begriff des osmotischen Drucks basiert, hat *Nernst*[82]) aufgestellt. *Maxwell*[83]) leitete aus der kinetischen Gastheorie ab, dass die freie Diffusion der Gase sich durch dieselbe Differentialgleichung wie bei den Flüssig-

80) Ann. Phys. Chem. 49 (1855), p. 59. Über Diffusion siehe auch *Maxwell*'s „Theory of heat“, p. 273.

81) Ann. Phys. Chem. 7 (1879), p. 469, 536.

82) Zeitschr. f. phys. Chemie 2 (1888), p. 611.

83) Phil. Mag. (4) 35 (1868), p. 129, 185.

keiten darstellen lässt; dasselbe hat *Stefan*[84]) auf Grund der Prinzipien der Hydrodynamik gezeigt. Auch hat *Stephan* die Diffusion eines Gases durch eine Flüssigkeit behandelt.

Eine der Wichtigkeit des Gegenstandes angemessene, ausführliche Behandlung der Diffusion muss an dieser Stelle unterbleiben; vgl. dazu den Art. *Van't Hoff* über physikalische Chemie.

II. Physikalischer Teil (Messmethoden).

14. Zweck der Messungen. Mit den ersten Messungen, welche *Biot*, *Fourier* und deren Nachfolger über den Vorgang der Wärmeleitung anstellten, bezweckten ihre Urheber eine Prüfung der formalen Theorie der Wärmeleitung und zugleich eine Orientierung über das Verhalten der verschiedenen Substanzen bei dem Durchgang von Wärme. Dieser doppelte Zweck ist heute nicht mehr in gleicher Weise massgebend.

Die formale Theorie, d. h. die ihr zu Grunde liegende *Biot-Fourier*'sche Voraussetzung über die Proportionalität zwischen Wärmefluss und Temperaturgefälle, ist durch zahlreiche und nach sehr verschiedenen Methoden durchgeführte Versuche in weiten Grenzen sicher gestellt. Auch die mathematische Durchführung ist so weit fortgeschritten, dass die formale Wärmeleitungstheorie als eine in der Hauptsache abgeschlossene Disziplin angesehen werden kann.

Ein erhöhtes Interesse hat dafür der andere Zweck erhalten, in den gemessenen Wärmeleitungskonstanten charakteristische Eigenschaften bestimmter Substanzen zu gewinnen. Während nämlich die formale Wärmeleitungstheorie für den Fortschritt der allgemeinen Physik, d. h. für die Erkenntnis des Zusammenhanges der Erscheinungen nicht direkt, sondern nur als ein allerdings sehr vorzügliches Hülfsmittel Bedeutung hat, sind heute nicht nur für Gase in der kinetischen Theorie, sondern auch für Metalle in der Elektronentheorie Anfänge zu tiefer begründeten Vorstellungen über die Natur der Wärmeströmung enthalten, die ein ausgedehntes und sicheres Zahlenmaterial wünschenswert machen. Für diesen Zweck sind nun die meisten älteren Beobachtungen nicht zu verwenden, weil nur selten die Definition der Substanz ausreichend gegeben ist. Erst in neuester Zeit hat sich herausgestellt, dass die Wärmeleitung der Metalle gegen geringe Beimengungen eine ebensolche Empfindlichkeit zeigt, wie sie für das elektrische Leitvermögen seit den Versuchen *Matthiessen*'s

---

84) Wien. Ber. 77 (1878), p. 371.

bekannt ist, sodass selbst eine sorgfältige chemische Analyse zur Definition häufig nicht ausreicht (vgl. Nr. **31**). Im allgemeinen sind daher solche Methoden vorzuziehen, welche es gestatten, alle für die Theorie in Betracht kommenden, insbesondere also die elektrischen Eigenschaften, an demselben Stück und in möglichst weiten Temperaturgrenzen zu bestimmen.

Im Zusammenhang mit den physikalischen Untersuchungen über Wärmeleitung stehen manche aus Anforderungen der Technik entstandene Fragen, wie die nach dem Wärmedurchgang durch Heizflächen (s. Nr. **18**), nach dem Wärmeschutz von Dampfrohren, auch wohl das Problem der Wärmeverluste im Cylinder der Dampfmaschine, die vor allem auf einer nicht gewünschten periodischen Condensation und Wiederverdampfung an der Cylinderwand beruhen[85]).

15. Grundlagen und Voraussetzungen. Wie in Nr. **2** dargelegt ist, kann der Übergang der Wärme in dem zu untersuchenden Medium durch Strahlung, Leitung und Konvektion erfolgen. Die innere Ausstrahlung erreicht nun bei den gewöhnlichen Wärmeleitungsproblemen keinen bemerkenswerten Betrag; daher lässt sich die durchgehende Strahlung, sofern nicht bei manchen Gasen Absorption in Frage kommt, als einfach superponierter Vorgang behandeln[86]). Die Wärmeübertragung durch Konvektion wird, wo dies nötig ist, durch die Versuchsanordnung auf einen nicht mehr störenden Betrag herabgemindert. So kann man im allgemeinen und insbesondere stets bei festen Körpern den Methoden zur Bestimmung der Wärmeleitfähigkeit einen reinen Leitungsvorgang zu Grunde legen.

Der bequemeren Bezugnahme wegen stellen wir die Grundlagen der Wärmeleitungstheorie, die in Nr. **2** und **3** entwickelt wurden, hier nach den Gesichtspunkten zusammen, die für das Folgende maassgebend sind.

Nach dem grundlegenden *Biot-Fourier'schen Ansatze* fliesst in einem homogenen isotropen Medium in der Zeit dt durch das auf der Richtung n senkrechte Flächenelement dF, wenn u die Temperatur angiebt, eine Wärmemenge

$$\text{(I)} \qquad dQ = -\varkappa \frac{\partial u}{\partial n} dF\, dt;$$

(s. Gl. (1) und (2) in Nr. **2**). Durch diesen Ansatz ist die Wärmeleitungskonstante $\varkappa$ (Wärmeleitfähigkeit, Wärmeleitvermögen) definiert.

85) *H. L. Callendar* und *J. T. Nicolson,* Engineering 64 (1897), p. 678.

86) Ein Versuch zur Aufstellung einer gemeinsamen Theorie der Leitung und Strahlung ist von *R. A. Sampson* und ausführlicher von *A. Schuster* unternommen (Phil. Mag. 5 (1903), p. 243).

Durch Hinzunahme des Begriffs der spezifischen Wärme γ erhält man aus (I) mit *Fourier* die Differentialgleichung der Wärmeleitung (Gl. (5) in Nr. **3**)

$$\text{(II)} \qquad \gamma\varrho\frac{\partial u}{\partial t}=\frac{\partial}{\partial x}\left(\varkappa\frac{\partial u}{\partial x}\right)+\frac{\partial}{\partial y}\left(\varkappa\frac{\partial u}{\partial y}\right)+\frac{\partial}{\partial z}\left(\varkappa\frac{\partial u}{\partial z}\right),$$

wo ϱ die Dichte bedeutet. Zur Vereinfachung der Rechnung werden meist, aber keineswegs immer, die Konstanten $\varkappa$, γ und ϱ als unabhängig von der Temperatur angenommen, wodurch die Differentialgleichung unter Einführung des Temperaturleitvermögens (Gl. (7) in Nr. **3**)

$$\text{(III)} \qquad k=\frac{\varkappa}{\gamma\varrho}$$

die Form erhält (Gl. (6) in Nr. **3**)

$$\text{(IV)} \qquad \frac{\partial u}{\partial t}=k\left\{\frac{\partial^2 u}{\partial x^2}+\frac{\partial^2 u}{\partial y^2}+\frac{\partial^2 u}{\partial z^2}\right\}.$$

Die Annahme der Konstanz von $\varkappa$ und γ ist für genauere Untersuchungen nicht ohne weiteres zulässig. Während sie bei reinen Metallen meist ziemlich nahe zutrifft, kann bei Legierungen die Änderung von $\varkappa$ leicht 2 bis 3 Tausendstel pro 1^0 betragen (vgl. Nr. **31**). Häufig führt man für beide Grössen eine lineare Abhängigkeit von der Temperatur in die Rechnung ein. Dagegen kann die Berücksichtigung der Wärmeausdehnung wohl stets ohne merklichen Fehler unterbleiben.

Bei der praktischen Durchführung kann man im allgemeinen nicht verhindern, dass Wärmeströmung aus der Umgebung den zu messenden Vorgang stört. Man ist deswegen genötigt, über den Wärmeaustausch zwischen dem Versuchskörper und seiner Umgebung eine neue Voraussetzung zu machen, was gewöhnlich durch die Annahme des *Newton*'schen Abkühlungsgesetzes geschieht. Darnach wird die von dem Körper an das umgebende Medium (etwa eine lebhaft bewegte Flüssigkeit) abgegebene Wärme proportional der Temperaturdifferenz zwischen der Oberfläche des Körpers und dem Medium gesetzt. Die Proportionalitätskonstante und eventuell eine genauere Beziehung muss durch besondere Hülfsmessungen ermittelt werden. Durch Verbindung mit dem *Biot-Fourier*'schen Ausdruck für den Wärmefluss liefert das *Newton*'sche Abkühlungsgesetz die Oberflächenbedingung (Gl. (4) in Nr. **2**)

$$\text{(V)} \qquad -\varkappa\frac{\partial u}{\partial n}=H(u-u_0),$$

wo n die Richtung der Normale von der Oberfläche nach aussen, u_0 die Aussentemperatur und H die äussere Wärmeleitfähigkeit ist.

In einem wichtigen Fall, nämlich wenn der Leiter die zur Messung der Wärmeleitfähigkeit und zugleich des elektrischen Leitvermögens besonders günstige Stabform besitzt, ist zumeist mit grosser Näherung eine Voraussetzung erfüllt, welche es ermöglicht, das *Newton*sche Abkühlungsgesetz direkt in die Differentialgleichung der Wärmeleitung aufzunehmen, sodass keine besondere Oberflächenbedingung für die Seiten des Stabes zu erfüllen bleibt. Diese Voraussetzung ist, dass innerhalb des Stabquerschnittes nur geringe Temperaturunterschiede vorkommen. Man erhält dann aus der ursprünglichen die neue Differentialgleichung auf folgende Weise[87]).

Die Axe des Stabes sei die x-Axe des Koordinatensystems. Man multipliziere die Gleichung (IV) mit $dy\,dz$ und integriere über den Stabquerschnitt q, dessen Randelement ds ist. Dabei wird

$$\int\left(\frac{\partial^2 u}{\partial y^2}+\frac{\partial^2 u}{\partial z^2}\right)dy\,dz=\int\frac{\partial u}{\partial n}ds=-\frac{H}{\varkappa}\int(u-u_0)\,ds$$

und, wenn u' die Mitteltemperatur im Querschnitt, u'' die Mitteltemperatur auf dem Umfang p des Querschnitts, $h=\frac{Hp}{\gamma\varrho q}$ eine Konstante bedeutet,

$$\frac{\partial u'}{\partial t}=k\frac{\partial^2 u'}{\partial x^2}-h(u''-u_0)\,.$$

Wenn angenähert $u''=u'$ ist, kann für die Mitteltemperatur des Querschnitts die Differentialgleichung der linearen Wärmeleitung (s. Nr. 5, Gl. (15)) angenommen werden:

$$\text{(VI)}\qquad \frac{\partial u}{\partial t}=k\frac{\partial^2 u}{\partial x^2}-h(u-u_0)\,,$$

wobei sich die Konstante

$$\text{(VII)}\qquad h=\frac{Hp}{\gamma\varrho q}$$

als „äussere Temperaturleitfähigkeit eines linearen Leiters“ definieren lässt[88]). Der relative Einfluss der äusseren Wärmeleitung (und damit zugleich der erforderliche Grad der Annäherung $u''=u'$) wird um so geringer, je grösser das erste Glied auf der rechten Seite von (VI) gegen das zweite ist, und dies ist unter sonst gleichen Bedingungen um so mehr der Fall, je grösser $\frac{\partial u}{\partial t}$ ist, je mehr also der augenblick-

87) *Kirchhoff,* Vorlesungen über die Theorie der Wärme, Leipzig 1894, p. 33.

88) In Teil I ist dafür h' gesetzt zur Unterscheidung von der äusseren Temperaturleitfähigkeit eines körperlichen Leiters $h=\frac{H}{\varkappa}$.

liche Zustand vom stationären Endzustand abweicht. Bei den Messungen ist dieser Umstand wohl zu beachten.

Zu diesen Grundlagen der nachfolgenden Methoden treten da, wo die Grenzfläche zweier Leiter (1) und (2) in Betracht kommt, die *Fourier*'schen Stetigkeitsbedingungen (Gl. (3) in Nr. **2**), dass längs der Grenzfläche (mit der Normalen n) gilt:

$$\text{(VIII)} \qquad u_1 = u_2 \quad \text{und} \quad \varkappa_1 \frac{\partial u_1}{\partial n} = \varkappa_2 \frac{\partial u_2}{\partial n}.$$

Für nicht isotrope Medien endlich bilden den Ausgangspunkt die allgemeineren Gesetze der Wärmebewegung, welche *Duhamel* aufgestellt hat (vgl. Nr. **4**).

16. Allgemeine Übersicht über die Methoden. Die Definition der Wärmeleitungskonstante vermittelst der *Biot-Fourier*'schen Grundannahme enthält vier verschiedene Grössen: Wärmemenge, Temperatur, Länge und Zeit. Zur absoluten Bestimmung des Wärmeleitvermögens sind diese vier Grössen absolut zu messen. Will man nur das Verhältnis der Leitfähigkeiten zweier Medien haben, so brauchen die genannten vier Grössen bei beiden Substanzen ebenfalls nur relativ zueinander bekannt zu sein.

Die Methoden schliessen sich an spezielle Lösungen der Gleichung (II) bezw. (IV) oder (VI) an. Eine Gruppe entspricht den Lösungen für $\partial u / \partial t = 0$, d. h. dem stationären Zustand. Da hier die Wärmeleitungskonstante aus der Gleichung (IV) fortfällt, müssen diese Methoden zugleich auf die Definition von $\varkappa$ (Gl. I) zurückgehen (*Péclet*), oder von $\varkappa$ abhängige Grenzbedingungen, wie (V), bezw. die dadurch entstandene Gleichung (VI) benutzen (*Despretz*). Bei den hierher gehörenden absoluten Methoden werden die vier Definitionsgrössen direkt gemessen.

Eine zweite Gruppe von Methoden (*Forbes*, *Angström*, *Neumann* u. a.) benutzt von der Zeit abhängende Lösungen, welche den Vorteil geringer Abhängigkeit von der äusseren Wärmeleitung selbst bei Stabform besitzen (vgl. Nr. **15**). Die absolute Bestimmung liefert dabei aus Temperatur-, Zeit- und Längenmessung das Temperaturleitvermögen $k = \varkappa / \gamma \varrho$. Die direkte Messung der Wärmemenge fällt fort und an ihre Stelle tritt eine gesonderte Bestimmung der spezifischen Wärme, wenn man aus dem Temperaturleitvermögen das Wärmeleitvermögen erhalten will. Auch die Temperaturmessung ist bei diesen Methoden vereinfacht, da man zur Berechnung von k nur das Verhältnis zweier Temperaturen zu kennen braucht, also irgend eine der Temperatur proportionale Grösse, wie die elektromotorische Kraft eines Thermoelementes, zur Messung ausreicht. Die *absolute* Temperaturbestimmung ist gleichfalls in der Bestimmung der spezifischen Wärme enthalten.

Als Nullpunkt der Temperaturskala wird bei diesen Methoden zweckmässig die Umgebungstemperatur genommen, d. h. die Temperaturdifferenz gegen diese in Rechnung gesetzt. Die Differentialgleichung (VI) reduziert sich dann auf

$$\text{(IX)} \qquad \frac{\partial u}{\partial t} = k\frac{\partial^2 u}{\partial x^2} - hu.$$

In neuerer Zeit hat *F. Kohlrausch* eine Beziehung zwischen Temperatur und Potential bei elektrischer Heizung angegeben und gezeigt, wie sie zur Messung der Wärmeleitung benutzt werden kann. Die Methoden, welche hierauf beruhen, liefern das Verhältnis des Wärmeleitvermögens zum elektrischen Leitvermögen und erfordern keine Ausmessung der Dimensionen.

Als Grundlage relativer Wärmeleitungsmethoden sind von *Voigt* die Stetigkeitsbedingungen (VIII) an der Grenzfläche zweier Medien benutzt.

Naturgemäss sind die Methoden sehr verschieden, je nachdem sie sich auf feste, flüssige oder gasförmige Körper beziehen. Nur bei den Methoden für feste Körper, besonders für die gutleitenden Metalle, tritt die mathematische Seite in den Vordergrund, während bei den übrigen das Interesse sich vorwiegend an experimentelle Fragen heftet. Daher sollen hier nur die ersteren Methoden besprochen werden und auch von diesen nur solche aus dem Gebiete der reinen Wärmeleitung. Die oben erwähnten elektrischen Methoden werden im Zusammenhang mit den zugehörigen theoretischen Betrachtungen in dem Art. „Beziehungen der elektrischen Strömung zu Wärme und Magnetismus" behandelt.

17. Methode von Péclet (1841). Die erste Methode, welche geeignet erschien, absolute Werte des Wärmeleitvermögens zu liefern, ist von *Péclet* angegeben[89]). Dieser untersuchte den Wärmedurchgang durch Platten, welche durch Wasserspülung auf beiden Seiten auf verschiedener Temperatur gehalten wurden. Die äussere Wärmeleitung durch den Rand der dünnen Platte ist dabei so gering, dass sie ausser Betracht bleiben kann. Dem Vorgang entspricht das einfache Integral von (IV) $u = Ax + B$, wo die x-Axe normal zur Platte ist. Bedeuten u_1 und u_2 die Temperaturen der Endflächen und d die Dicke

89) *E. Péclet,* Ann. chim. phys. (3) 2 (1841), p. 107; Ann. Phys. Chem. 55 (1842), p. 167.

der Platte, so folgt darnach aus (I) für die in der Zeit t durch den Querschnitt F tretende Wärmemenge

$$Q = -\varkappa \frac{u_2 - u_1}{d} F t.$$

Diese Menge fand *Péclet* aus der Temperaturänderung und Menge des Spülwassers. Das Temperaturgefälle berechnete er aus der Temperaturdifferenz des Wassers auf beiden Seiten und der Dicke der Platte, indem er annahm, dass jede Plattenoberfläche die Temperatur des Spülwassers besitze. Diese Annahme trifft jedoch, selbst wenn man die wirksamste Rührvorrichtung benutzt, nicht einmal angenähert zu (vgl. Nr. **18**).

Um von dem unbekannten Grenzvorgang unabhängig zu werden, hat *E. H. Hall* bei der Anordnung *Péclet*'s die Temperaturdifferenz der Oberflächen thermoelektrisch bestimmt, indem er die Platte selbst als Glied der Thermokette benutzte[90]).

Insbesondere für schlechte Wärmeleiter hat die im Prinzip so einfache Methode mannigfaltige experimentelle Ausgestaltung erfahren.

18. Wärmedurchgang durch Heizflächen. Der störende Grenzvorgang bei den *Péclet*'schen Versuchen kommt dadurch zustande, dass die an eine feste Wand grenzenden Wasserschichten infolge der Reibung nur langsam und parallel der Wand fliessen und daher nur wenig Wärme durch Konvektion fortführen können. Der Hauptteil der Wärme muss durch Leitung hindurchdringen, was wegen der schlechten Leitfähigkeit des Wassers nur geschehen kann, wenn ein starkes Temperaturgefälle und daher eine erhebliche Temperaturdifferenz zwischen der festen Oberfläche und der Hauptmasse des Wassers vorhanden ist. Dieser komplizierte Vorgang an der Grenze von Metall und Flüssigkeit ist lange Zeit übersehen oder an Einfluss unterschätzt worden; er hat nicht nur die Resultate *Péclet*'s völlig entstellt, sondern auch sehr viele spätere und nach anderen Methoden angestellte Beobachtungen fehlerhaft gemacht. Zum eigentlichen Gegenstand der Untersuchung wurde er bei der Frage nach dem Wärmedurchgang durch Heizflächen. Dabei hat sich ergeben, dass bei starkem Rühren der Temperatursprung zwischen Metalloberfläche und Hauptflüssigkeitsmasse proportional ist der hindurchtretenden Wärmemenge, dass man also von einem durch die letzten Wasserschichten gebildeten Übergangswiderstand reden kann. Nach den Versuchen von *Austin*[91]) ist dieser Übergangswiderstand bei nicht gerührtem

90) *E. H. Hall*, Proc. of the Americ. Acad. of Arts a. Sciences 31 (1896), p. 271.
91) *L. Austin*, Zeitschr. des Ver. Deutsch. Ing. 46 (1902), p. 1890.

siedenden Wasser äquivalent einer Eisenschicht von 1,2 bis 2 cm Dicke. Durch starkes Rühren wurde er auf 0,75 cm Eisen vermindert. Nicht gerührtes und nicht siedendes Wasser gab einen Widerstand bis zu 10 cm Eisen.

19. Methode von Berget (1887). *A. Berget*[92]) ging von derselben Formel aus wie *Péclet*, benutzte aber als Versuchskörper einen längeren Cylinder und umgab ihn zur Vermeidung der Wärmeabgabe durch die Mantelflächen mit einem konzentrischen Hohlcylinder, der ebenso wie der zur Messung benutzte innere Cylinder von Wärme durchströmt wurde.

20. Methode von Despretz (1822) und Forbes (1852). Lange ehe *Péclet* die erste Methode zur *absoluten* Bestimmung der Wärmeleitfähigkeit angab, hatte *Despretz*[93]) die erste exakte Methode für *relative* Messungen gebracht, die später von *Forbes*[94]) zu einer absoluten ergänzt wurde. Das Wärmeleitungsproblem, welches *Despretz* benutzte, ist zugleich das erste, welches eine mathematische Behandlung und zwar schon vor *Fourier* von *Biot* erfahren hat.

Ein Stab wird an beiden Enden auf konstanter Temperatur gehalten und eine konstante Aussentemperatur hergestellt. Dem entspricht die Lösung der Differentialgleichung (IX) für stationären Zustand (vgl. Nr. 5b)

$$u = C_1 e^{x\sqrt{\frac{h}{k}}} + C_2 e^{-x\sqrt{\frac{h}{k}}}.$$

Man misst in drei äquidistanten Querschnitten die Temperaturdifferenzen u_1, u_2, u_3 gegen die Umgebung, setzt $n = \frac{u_1 + u_3}{2u_2}$ und erhält, wenn l den Abstand zwischen den Querschnitten 1, 2 oder 2, 3 bezeichnet,

$$\text{(X)} \qquad l^2 \frac{h}{k} = [\log \operatorname{nat}(n + \sqrt{n^2 - 1})]^2,$$

oder[95]) nach der Definition von k und h (III und VII),

$$l^2 \frac{Hp}{q\varkappa} = [\log \operatorname{nat}(n + \sqrt{n^2 - 1})]^2.$$

Für einen Stab aus anderem Material, aber von denselben Dimensionen und derselben Oberflächenbeschaffenheit (z. B. Vernickelung), erhält man eine analoge Gleichung, in welcher der Faktor $\frac{l^2 Hp}{q}$ unverändert

---

92) *A. Berget,* Par. C. R. 105 (1887), p. 224.

93) *C. M. Despretz,* Ann. chim. phys. 19 (1822), p. 97; 36 (1828), p. 422; Ann. Phys. Chem. 12 (1828), p. 281.

94) *J. D. Forbes,* Rep. of Brit. Assoc. (1852); Edinburg Trans. 23 (1862), p. 133; 24 (1865), p. 75.

ist. Die Elimination desselben liefert das Verhältnis der Wärmeleitfähigkeiten $\varkappa$ für die beiden Stäbe.

Der Wert n, welcher beobachtet wird und die Abweichung der Temperatur der Mitte von der Mitteltemperatur der Enden darstellt, ist nach (X) unabhängig davon, ob die beiden Enden auf gleicher oder verschiedener Temperatur gehalten werden. Am günstigsten ist es, gleiche Temperatur zu wählen, weil dann nur kleine Temperaturunterschiede im Stabe vorkommen und daher sowohl für die innere als für die äussere Wärmeleitfähigkeit die Abhängigkeit von der Temperatur nicht in Frage kommt[96]).

Die Methode von *Forbes* lässt sich so darstellen, dass man zu der von *Despretz* benutzten Lösung der Differentialgleichung (IX) eine zweite hinzunimmt. Diese betrifft den Fall, dass die Temperatur stets in allen Querschnitten gleich ist, d. h. die einfache Erwärmung oder Abkühlung des ganzen Stabes. Dann fällt das Glied mit $\frac{\partial^2 u}{\partial x^2}$ aus (IX) fort und man erhält das Integral

$$u = Ce^{-ht}.$$

Die Beobachtung der Temperatur als Funktion der Zeit liefert den Wert h, den man in die *Despretz*'sche Formel (X) einsetzen muss, um das Temperaturleitvermögen k absolut zu erhalten[97]).

Die äussere Wärmeleitung, die bei den meisten Methoden nur als störender Faktor auftritt und in einer Korrektion berücksichtigt

---

95) Mit grosser Annäherung kann auch geschrieben werden

$$l^2 \frac{h}{k} = \frac{u_1 + u_3 - 2u_2}{u_2 + \frac{1}{12}(u_1 + u_3 - 2u_2)}.$$

96) *Biot* und *Despretz* erwärmten bei ihren Versuchen nur ein Ende des Stabes; dadurch sind auch die nachfolgenden Experimentatoren zu derselben nicht zweckmässigsten Anordnung gekommen.

97) Nach den Methoden von *Despretz* und *Forbes* sind mehrfach wichtige Bestimmungen ausgeführt, die zugleich ein Bild der fortschreitenden experimentellen Verbesserung geben. Zunächst bilden *Despretz*'s eigene Versuche (l. c.) die erste quantitative Vergleichung der Wärmeleitung verschiedener Substanzen. Zur Temperaturmessung wurden dabei Quecksilberthermometer in entsprechend grosse Ausbohrungen der Stäbe gesetzt. Eine weit präzisere Definition des Ortes erlaubt die von *Chr. Langberg* (Ann. Phys. Chem. 66 (1845), p. 1) bei der Messung der Wärmeleitung eingeführte Benutzung von Thermoelementen, zu denen man heute Drähte von $\frac{1}{10}$ bis $\frac{1}{20}$ mm Durchmesser verwendet.

G. Wiedemann und *R. Franz* fanden mit einer verbesserten Anordnung der *Despretz*'schen Methode das nach ihnen benannte Näherungsgesetz von der Proportionalität der metallischen Leitvermögen für Wärme und Elektrizität (vgl. Nr. **31**).

wird, ist bei der *Despretz-Forbes*'schen Methode zur Grundlage der Messung gemacht und muss daher bei der experimentellen Ausführung sehr sorgfältig definiert sein, wenn die Methode brauchbare Resultate liefern soll (vgl. Nr. 21).

21. Äussere Wärmeleitung. Die Erscheinungen, an welchen *Péclet*'s Versuche scheiterten und die in Nr. **18** als „Wärmedurchgang durch Heizflächen" besprochen sind, lassen sich als äussere Wärmeleitung zwischen einem Metall und einer lebhaft bewegten Flüssigkeit auffassen und treten als solche in den Methoden Nr. **24** und **26**a auf, jedoch ohne dort in der entsprechenden Weise Berücksichtigung zu finden. Die bei den Methoden vorhandenen Mängel mögen hierauf zurückzuführen sein.

Die äussere Wärmeleitung zwischen einem festen Leiter und einem Gas, auf welcher *Despretz*'s Versuche beruhen, und die bei den meisten Methoden von Wichtigkeit ist, setzt sich aus Leitung, Strahlung und Konvektion zusammen. Versuche, den Einfluss der Konvektion rechnerisch zu bestimmen, sind von *Oberbeck*[98]) und *Lorenz*[99]) gemacht. Der letztere kommt zu dem einfachen Resultat, dass für eine vertikale Platte vom Temperaturüberschuss u über die Umgebung der von Leitung und Konvektion herrührende Betrag der äusseren Wärmeleitung proportional $u^{\frac{5}{4}}$ gesetzt werden kann[100]). Bei Berücksichtigung der Strahlung nach dem *Stefan-Boltzmann*'schen Gesetz ergiebt sich für den Gesamtbetrag der äusseren Wärmeleitung, wenn T und T_0 die absoluten Temperaturen der Oberfläche und der Umgebung sind,

$$\sigma(T^4 - T_0^4) + \eta(T - T_0)^{\frac{5}{4}}.$$

Experimentell lässt sich die Konvektion durch hinreichendes Evakuieren der Umgebung beseitigen. Der Betrag der übrig bleibenden Leitung und Strahlung kann dann für gegebene Räume berechnet werden.

Aus einer Kugel vom Radius R und der absoluten Temperatur T gelangt zu einer umgebenden konzentrischen Hohlkugel vom Radius R_0 und der Temperatur T_0 in der Zeiteinheit durch Leitung die Wärmemenge

$$Q_L = 4\pi\varkappa \frac{R R_0}{R_0 - R}(T - T_0)$$

98) *A. Oberbeck*, Ann. Phys. Chem. 7 (1879), p. 271.

99) *L. Lorenz*, Ann. Phys. Chem. 13 (1881), p. 582.

100) *Dulong* und *Petit* (Ann. chim. phys. 7 (1817), p. 225 u. 337) hatten experimentell eine ähnliche Formel mit dem Exponenten 1,23 gefunden.

und durch Strahlung

$$Q_S = 4\pi\sigma R^2 (T^4 - T_0^4).$$

Für die Längeneinheit eines Cylinders in einem umgebenden Hohlcylinder betragen die entsprechenden Mengen

$$Q_L = \frac{2\pi\varkappa(T - T_0)}{\log \frac{R_0}{R}} \quad \text{und} \quad Q_S = 2\pi\sigma R(T^4 - T_0^4).$$

Bei abnehmendem Radius R verschwindet Q_S schneller als Q_L. Sehr kleine Körper in luftverdünnter Umgebung verlieren also ihre Wärme vornehmlich durch Leitung[101]), sehr grosse durch Strahlung. Als Zahlenwerte kann man annehmen: für σ nach den absoluten Messungen von *Kurlbaum*[102]) bei einer Oberfläche, deren Reflexionsvermögen r beträgt, $\sigma = (1 - r)\, 1{,}28 \cdot 10^{-12} \frac{\text{gr. cal}}{\text{cm}^2\,\text{sec}}$ und für $\varkappa$ bei Luft von der Temperatur u^0 Cels. $\varkappa = 50 \cdot 10^{-6}(1 + 0{,}002\, u) \frac{\text{gr. cal}}{\text{cm sec} \times \text{Grad}}$.

22. Methode von Angström (1861)[103]). Die erste Methode, welche keinen stationären Zustand, sondern die zeitliche Änderung der Temperaturverteilung benutzt, rührt von *Angström* her. Ein langer Stab in einer Umgebung von der Temperatur 0 wird an einem Ende ($x = 0$) periodisch erwärmt und abgekühlt (Periodendauer T). Der Vorgang wird dargestellt durch das Integral der Gleichung (IX)

$$\text{(XI)} \qquad u = \sum_{n=0}^{\infty} A_n e^{-\alpha_n x} \cos\left(\frac{2n\pi t}{T} - \beta_n x + \gamma_n\right),$$

wo die α_n und β_n aus den Gleichungen

$$\text{(XII)} \qquad \alpha_n \beta_n = \frac{n\pi}{kT}; \quad \alpha_n^2 - \beta_n^2 = \frac{h}{k}$$

zu berechnen und die A_n und γ_n von dem zeitlichen Ablauf der dem einen Ende zugeführten Erwärmung abhängen.

Für zwei Stellen (x und $x + l$) wird der Temperaturverlauf als Funktion der Zeit beobachtet und als Kosinusreihe mit der Periode T dargestellt:

---

101) Hiernach lässt sich erwarten, dass die von *Schleiermacher* u. a. benutzte Methode, die Wärmeleitung eines Gases aus der Temperatur und dem Energieverbrauch eines elektrisch erwärmten Drahtes zu finden, bei Anwendung sehr dünner Drähte bis zu relativ hohen Temperaturen brauchbar bleibt.

102) *F. Kurlbaum,* Ann. Phys. Chem. 65 (1898), p. 753.

103) *A. J. Angström,* Ann. Phys. Chem. 114 (1861), p. 513; 123 (1864), p. 628.

$$u(x) = \sum_{n=0}^{\infty} a_n \cos\left(\frac{2n\pi t}{T} + b_n\right),$$

$$u(x+l) = \sum_{n=0}^{\infty} a_n' \cos\left(\frac{2n\pi t}{T} + b_n'\right).$$

Für die so gefundenen Koeffizienten a, b, a', b' gelten, da die Reihen in der Form (XI) enthalten sein müssen, die Gleichungen

$$\frac{a_n}{a_n'} = e^{\alpha_n l}; \quad b_n - b_n' = \beta_n l.$$

Sind hieraus für irgend ein n die Werte α_n und β_n gefunden, so erhält man aus (XII) die Grössen h und k.

Eine Abänderung der *Angström*'schen Methode in der Weise, dass beide Stabenden abwechselnd erwärmt und abgekühlt werden, hat *Fr. Neumann* in seinen Vorlesungen gegeben und *H. Weber*[104]) durchgeführt. Hier ist jedoch die nicht zutreffende Annahme gemacht, dass die Endflächen durch Wasserspülung plötzlich auf eine andere Temperatur gebracht werden (vgl. Nr. **18**), die bei *Angström* nicht zu Grunde gelegt ist.

Die Unabhängigkeit von unsicheren Voraussetzungen bildet einen wesentlichen Vorzug der *Angström*'schen Methode. Den Temperaturverlauf als Funktion der Zeit zu bestimmen ist mit Thermoelement, Spiegelgalvanometer und Chronograph, ev. photographisch, leicht und genau ausführbar. Bei der Berechnung können die harmonischen Analysatoren (s. II A 2, Nr. **60**) gute Dienste leisten.

23. Methoden von Fr. Neumann (1862)[105]). Gute Leiter untersucht *Neumann* in Stabform. Der Stab wird an Fäden aufgehängt, an einem Ende erwärmt und dann sich selbst überlassen. Durch die Endflächen findet ebenso wie durch die Seitenflächen Ausstrahlung statt. Darnach treten zu Differentialgleichung (IX) die Grenzbedingungen:

$$\text{für } x = 0 \text{ ist } \varkappa \frac{\partial u}{\partial x} = Hu,$$

$$\text{„} \quad x = l \quad \text{„} \quad \varkappa \frac{\partial u}{\partial x} = -Hu.$$

Ein Integral, welches diesen Bedingungen genügt und sich einem beliebigen Anfangszustande anpassen lässt, ist (s. Nr. **5g**)

$$u = \sum_{n=1}^{\infty} A_n e^{-\beta_n t}\left(\cos \lambda_n x + \frac{b}{\lambda_n} \sin \lambda_n x\right),$$

---

104) *H. Weber*, Ann. Phys. Chem. 146 (1872), p. 257.

105) *F. Neumann*, Ann. chim. phys. 66 (1862), p. 183; *Kirchhoff*, Vorl., p. 35.

wo

(XIII) $$b = \frac{H}{\varkappa}; \quad \beta_n = k\lambda_n^2 + h$$

ist und die λ_n aus der Gleichung

(XIV) $$\operatorname{tg} \lambda_n l = \frac{2\lambda_n b}{\lambda_n^2 - b^2}$$

berechnet werden. Dabei ist

$$0 < \lambda_1 l < \pi < \lambda_2 l < 2\pi \ldots.$$

Sind u_0 und u_l die Temperaturen in den beiden Endquerschnitten, so folgt

$$\frac{u_0 + u_l}{2} = A_1 e^{-\beta_1 t} + A_3 e^{-\beta_3 t} + \cdots,$$

$$\frac{u_0 - u_l}{2} = A_2 e^{-\beta_2 t} + A_4 e^{-\beta_4 t} + \cdots.$$

Die Reihen konvergieren so schnell, dass für nicht zu kleine Zeiten das erste Glied ausreicht. Nun werden u_0 und u_l als Funktion der Zeit beobachtet, β_1 und β_2 berechnet, woraus nach den Gleichungen (XIII), (XIV) und (VII) h und k durch eine Näherungsmethode gefunden werden können. Dabei lässt sich (XIV) ersetzen durch

$$\operatorname{tg} \frac{\lambda_1 l}{2} = \frac{b}{\lambda_1} \quad \text{und} \quad \operatorname{tg} \frac{\lambda_2 l}{2} = -\frac{\lambda_2}{b}.$$

Die Rechnung gestaltet sich wesentlich einfacher, wenn die Temperatur ausser an den Enden auch in der Mitte des Stabes beobachtet wird.

Die Ausdehnung der vorstehenden Methode auf einen ringförmigen Körper ist gleichfalls von *Neumann* gegeben[106]) und von *H. F. Weber*[107]) unter Annahme linearer Abhängigkeit der Koeffizienten von der Temperatur durchgeführt.

Für schlechte Leiter benutzt *Neumann* Kugel- oder Würfelform[108]). Der Leiter wird mit konstanter oder nahe konstanter Anfangstemperatur in eine Umgebung von anderer Temperatur gebracht, mit welcher er gemäss der Grenzbedingung (V) Wärme austauscht. Ist der Leiter eine Kugel vom Radius c, so wird die Temperatur als Funktion der Zeit durch eine Reihe dargestellt (vgl. Nr. 8)

$$u = \sum_{n=1}^{\infty} A_n e^{-k\lambda_n^2 t} \frac{\sin \lambda_n r}{r},$$

wo die λ_n Wurzeln der Gleichung

---

106) *G. Kirchhoff*, Vorl., p. 38.

107) *H. F. Weber*, Berl. Ber. 1880, p. 457.

108) Vgl. *H. Hecht*, Diss. Königsberg 1903.

$$\lambda c = \left(1 - \frac{Hc}{\varkappa}\right) \operatorname{tg} \lambda c$$

sind. Für nicht zu kleine Zeiten genügt das erste Glied

$$u = A_1 e^{-k\lambda_1^2 t} \frac{\sin \lambda_1 r}{r}.$$

Bei einem Würfel von der Kantenlänge l hat man (vgl. Nr. **7** c)

$$u = \{\sum A_n e^{-k\lambda_n^2 t} \cos \lambda_n x\} \{\sum A_n e^{-k\lambda_n^2 t} \cos \lambda_n y\} \{\sum A_n e^{-k\lambda_n^2 t} \cos \lambda_n z\},$$

wo die λ_n aus der Gleichung

$$\lambda \operatorname{tg} \frac{\lambda l}{2} = \frac{H}{\varkappa}$$

zu berechnen sind. Wiederum ist für nicht zu kleine Zeiten das erste Glied ausreichend

$$u = A_1^3 e^{-3k\lambda_1^2 t} \cos \lambda_1 x \cos \lambda_1 y \cos \lambda_1 z.$$

Beobachtet man die Temperatur an zwei Stellen und zu zwei Zeiten, so lässt sich A_1 und λ_1 eliminieren und k berechnen.

Die letzte *Neumann*'sche Methode erfordert ebenso wie die von *Despretz* eine sorgfältige experimentelle Definition der äusseren Wärmeleitung.

24. Methode von Kirchhoff und Hansemann (1879)[109]. Ausgangspunkt der Methode ist das folgende in Nr. **6**a behandelte ideale Problem der Wärmeleitung: Ein unendlich ausgedehnter durch die Ebene $x = 0$ begrenzter Leiter von der Temperatur 0 erfährt eine Störung des Temperaturgleichgewichtes, indem in der Grenzebene plötzlich die Temperatur 1 erzeugt und erhalten wird. Diesem Problem entspricht die Lösung der Differentialgleichung (IV) (vgl. Nr. **5** i)

$$u = \frac{2}{\sqrt{\pi}} \int_{\frac{x}{2\sqrt{kt}}}^{\infty} e^{-q^2} dq.$$

Lässt sich das Problem experimentell verwirklichen, so kann man die an irgend einer Stelle x zu den Zeiten t beobachteten Temperaturen u durch die obige Funktion darstellen, den Parameter $\frac{x}{2\sqrt{k}}$ entnehmen und daraus das Temperaturleitvermögen k berechnen[110].

---

109) *G. Kirchhoff* und *G. Hansemann*, Berl. Ber. 20. Nov. 1879 und 12. Mai 1881; Ann. Phys. Chem. 9 (1880), p. 1; 13 (1881), p. 406; *Kirchhoff*, Ges. Abh., p. 495 und Nachtrag, p. 1.

110) Wegen der Tabellen des Integrals $\int_q^{\infty} e^{-q^2} dq$ s. Anm. 46. Über die Art der Berechnung vgl. Nr. **26** c.

Kirchhoff und *Hansemann* benutzten, um den Einfluss der äusseren Wärmeleitung herabzudrücken, als Versuchskörper einen Würfel von 14 cm Kantenlänge, der zu Anfang die gleich Null gesetzte Temperatur der Umgebung besass. Die eine Seite wurde der plötzlichen Temperaturänderung unterworfen, für die anderen Seiten gilt die Oberflächenbedingung (V). Die zugehörige Lösung der Differentialgleichung (IV) kann man sich als Reihe nach Potenzen von h entwickelt denken. *Kirchhoff* und *Hansemann* beschränkten sich auf die beiden ersten Glieder, setzten also

$$u = U_0 + h\,U_1.$$

U_0 ist die Lösung ohne Rücksicht auf äussere Wärmeleitung und hängt nur von der einen Koordinate x ab. Man erhält U_0 durch eine Superposition von Lösungen des idealen Problems nach der Spiegelungsmethode (vgl. Nr. **6**)

$$U_0 = U\left(\frac{x}{2\sqrt{kt}}\right) + U\left(\frac{2l-x}{2\sqrt{kt}}\right) - U\left(\frac{2l+x}{2\sqrt{kt}}\right) - U\left(\frac{4l-x}{2\sqrt{kt}}\right) + \cdots,$$

wobei

$$U(\lambda) = \frac{2}{\sqrt{\pi}}\int_{\lambda}^{\infty} e^{-\lambda^2}\,d\lambda$$

gesetzt ist. U_1 wird in Näherung durch ein System von Reihen dargestellt. Mittels der Ausdrücke für U_0 und U_1 wird ein beobachteter Temperaturverlauf $u = f(t)$ auf den Fall des idealen Problems reduziert und aus der Darstellung $f(t)_{\text{red}} = U\left(\frac{x}{2\sqrt{kt}}\right)$ der Koeffizient k berechnet.

Die vorausgesetzte Grenzbedingung einer plötzlichen Temperaturänderung der Grenzfläche suchten *Kirchhoff* und *Hansemann* durch Anspritzen mit Wasser zu verwirklichen, überzeugten sich aber, dass dies nicht gelang, und führten dann als Temperatur der Grenzfläche $C + \varphi(t)$ in die Rechnung ein, indem sie $\varphi(t)$ als klein gegen die Konstante C annahmen. Durch Hinzufügen einer Beobachtungsreihe in einem der Grenzfläche nahe gelegenen Punkte wurde $\varphi(t)$ eliminiert.

Im allgemeinen genügt freilich die Annahme, dass $\varphi(t)$ klein sei, dem wirklichen Vorgang an der Grenzfläche nicht (vgl. Nr. **18** und **21**).

25. Methode von L. Lorenz (1881)[111]. *Lorenz* gründete seine Methode nicht auf ein explicites Integral der Wärmeleitungsgleichung, sondern führte an dem untersuchten Stabe experimentell eine mecha-

111) *L. Lorenz*, Ann. Phys. Chem. 13 (1881), p. 422 u. 582.

nische Quadratur derselben aus, indem er eine grosse Anzahl von Thermoelementen verwandte. Das untersuchte Stück des Stabes werde in n Teile von der Länge l zerlegt gedacht; ferner werde die Gleichung (IX) mit dx multipliziert und an ihr die doppelte Integration $\int\limits_0^{(n-1)l} dx \int\limits_x^{x+l} dx$ ausgeführt. Benutzt man dabei, dass für eine beliebige Funktion $f(x)$

$$\int\limits_0^{(n-1)l} dx \int\limits_x^{x+l} f(x)\,dx = l^2\{f(l) + f(2l) + \cdots + f((n-1)l)\}$$
$$+ \tfrac{1}{12} l^2 \{f(0) - f(l) - f((n-1)l) + f(nl)\} + \cdots,$$ [112])

oder auch

$$= l^2\{f(\tfrac{11}{12}l) + f(2l) + \cdots + f((n-2)l) + f((n-\tfrac{11}{12})l)\} + \cdots$$

ist, und setzt

$$\Sigma = u_{\frac{11}{12}l} + u_{2l} + \cdots + u_{(n-2)l} + u_{\left(n-\frac{11}{12}\right)l},$$
$$\Delta = u_0 - u_l - u_{(n-1)l} + u_{nl},$$

wo u_a die Temperatur im Querschnitt $x = a$, so erhält man

$$l^2 \frac{d\Sigma}{dt} = k\Delta - hl^2\Sigma.$$

Σ und Δ sind durch geeignete Kombination von Thermoelementen direkt messbar. Nun führt man zwei verschiedene Vorgänge herbei, indem man zunächst die Stange von einem Ende aus erwärmt und dann mit der Erwärmung aufhört, sodass im ersten Teil Σ wächst und im zweiten die früheren Werte rückwärts durchläuft, während Δ nach Aufhören der Erwärmung bald in einen sehr kleinen Wert Δ' übergeht. Für den ersten Vorgang gilt die letzte Gleichung; für den zweiten folgt ebenso

$$l^2 \frac{d\Sigma'}{dt} = k\Delta' - hl^2\Sigma'$$

und durch Subtraktion für je zwei Werte $\Sigma = \Sigma'$

$$l^2\left(\frac{d\Sigma}{dt} - \frac{d\Sigma'}{dt}\right) = k(\Delta - \Delta'),$$

woraus k berechnet wird.

Lorenz bildete die Methode noch weiter aus, indem er die Abhängigkeit der Koeffizienten von der Temperatur berücksichtigte. Die Erwärmung des Stabes leitete er so, dass Δ während der Beobachtung konstant blieb.

112) Die Formel ergiebt sich, wenn $f(x)$ in jedem der Intervalle $(0, l)$ $(l, 2l) \cdots ((n-2))\, l$, $(n-1)l)$ mittels Differenzenreihen durch die in I D 3 (Art. *Bauschinger,* Interpolation) Gl. (5) gegebene Interpolationsformel dargestellt und die Integration ausgeführt wird.

26. Methoden aus dem Berliner physikalischen Institut (1898—1903). In dem von *Warburg* geleiteten physikalischen Institut der Berliner Universität sind in einer Reihe von Arbeiten[113]) zwei Methoden entwickelt, welche beide darauf beruhen, dass das ursprüngliche Temperaturgleichgewicht eines stabförmigen Leiters von einer Endfläche aus plötzlich gestört wird. Die erste Methode, welche von *Schulze* in Angriff genommen und von *Grüneisen* fortgeführt wurde, schliesst sich direkt an die von *Kirchhoff* und *Hansemann* an einem Würfel vorgenommenen Versuche an, indem die Temperaturänderung der Endfläche ebenso wie dort durch Wasserspülung bewirkt wurde. Bei der zweiten, von *Giebe* bei der Temperatur der flüssigen Luft durchgeführten Methode geschah diese Temperaturänderung nach dem Vorgange von *Grüneisen* durch Bestrahlung mit einem glühenden Platinblech.

Um von einer mangelhaften Definition der Temperaturstörung unabhängig zu werden, wurde bei diesen Methoden folgendes Verfahren eingeschlagen. Man beobachtete den Temperaturverlauf nicht nur, wie sonst genügen würde, in einem, sondern in zwei Querschnitten. Kennt man nun irgend ein Integral der Differentialgleichung (IX), welches beide Beobachtungen darstellt, so ist dies jedenfalls die richtige Lösung, aus der das Wärmeleitvermögen berechnet werden kann. Die eigentlichen Grenzbedingungen an der Endfläche $x = 0$ wurden nur dazu benutzt, eine geeignete mathematische Form für das Integral zu erhalten. Durch geeignete Wahl der verfügbaren Konstanten wurde dann diese schon angenähert richtige Lösung den Beobachtungen angepasst. Die Form des Integrals ist bei beiden Methoden entsprechend den Grenzbedingungen verschieden.

a. Bespülung der Endfläche mit einem Wasserstrahl.

Die in Wirklichkeit nicht ganz zutreffende Grenzbedingung, dass für $x = 0$ $u = C$ ist[114]), liefert zu (IX) das Integral

$$u = \frac{1}{2} C \left\{ e^{x\sqrt{\frac{h}{k}}} U\left(\frac{x}{2\sqrt{kt}} + \sqrt{ht}\right) + e^{-x\sqrt{\frac{h}{k}}} U\left(\frac{x}{2\sqrt{kt}} - \sqrt{ht}\right) \right\},$$

wo, wie früher,

113) *F. A. Schulze,* Ann. Phys. Chem. 66 (1898), p. 207; *F. Grüneisen,* Ann. Phys. 3 (1900), p. 43; *E. Giebe,* Diss. Berlin 1903, Verh. d. Deutsch. Phys. Ges. 1903, p. 60.

114) Über die Ersetzung dieser Grenzbedingung durch eine andere vgl. Nr. 21.

$$U(\lambda) = \frac{2}{\sqrt{\pi}} \int_{\lambda}^{\infty} e^{-\lambda^2} d\lambda$$

gesetzt ist. Dies Integral lässt sich nach Potenzen von h entwickeln, was bei Beschränkung auf die erste Potenz ergiebt

$$\text{(XV)} \qquad u = C \cdot U\left(\frac{x}{2\sqrt{kt}}\right)\left[1 - \varphi\left(\frac{x}{2\sqrt{kt}}\right) x^2 \frac{h}{k}\right],$$

mit

$$\varphi(\lambda) = \frac{\dfrac{e^{-\lambda^2}}{2\lambda} - \displaystyle\int_{\lambda}^{\infty} e^{-\lambda^2} d\lambda}{2\displaystyle\int_{\lambda}^{\infty} e^{-\lambda^2} d\lambda}.$$

Die Lösung bleibt ein Integral der Differentialgleichung (IX), wenn zwei willkürliche Konstanten ξ und τ eingeführt werden, indem man x durch $x + \xi$ und t durch $t + \tau$ ersetzt. Diese beiden Konstanten hat man zur Verfügung, um die Formel den Beobachtungen anzupassen.

b. Bestrahlung der Endfläche mit einem glühenden Platinblech.

Sehr viel exakter, als sich die Grenzbedingung der vorigen Methode verwirklichen lässt, kann man bei Bestrahlung der Endfläche mit einem glühenden Platinblech den wirklichen Grenzvorgang mit der mathematischen Form in Übereinstimmung bringen, indem man annimmt, dass der Endfläche des Stabes durch die Bestrahlung eine zeitlich konstante Wärmemenge zugeführt wird. Darnach erhält man zu Gleichung (IX) die Grenzbedingungen

$$\text{für } t = 0 \text{ ist } u = 0,$$
$$\text{für } x = 0 \text{ ist } \frac{\partial u}{\partial x} = -C$$

und dazu das Integral

$$u = \frac{C}{2\sqrt{\frac{h}{k}}}\left\{e^{-x\sqrt{\frac{h}{k}}} U\left(\frac{x}{2\sqrt{kt}} - \sqrt{ht}\right) - e^{x\sqrt{\frac{h}{k}}} U\left(\frac{x}{2\sqrt{kt}} + \sqrt{ht}\right)\right\},$$

oder nach Potenzen von h entwickelt

$$\text{(XVI)} \qquad u = Cx\, J\left(\frac{x}{2\sqrt{kt}}\right)\left[1 - \psi\left(\frac{x}{2\sqrt{kt}}\right) x^2 \frac{h}{k}\right],$$

wo

$$J(\lambda) = \frac{2}{\sqrt{\pi}} \left\{ \frac{e^{-\lambda^2}}{2\lambda} - \int_{\lambda}^{\infty} e^{-\lambda^2} d\lambda \right\}$$

und

$$\psi(\lambda) = \frac{1}{6} \left(\frac{e^{-\lambda^2}}{2\lambda^3 \sqrt{\pi} J(\lambda)} \right) - 1 .$$

Wenn es erforderlich ist, kann ebenso wie bei der vorigen Methode durch Einführung zweier Konstanten ξ und τ die Lösung dem wirklichen Vorgange besser angepasst werden.

c. Berechnung der nach diesen Methoden angestellten Versuche.

Wenn der Temperaturverlauf in zwei Querschnitten x_1 und x_2 beobachtet und durch eine Hülfsmessung, etwa nach der *Despretz*'schen Methode, der Wert von $\frac{h}{k}$ gefunden ist, werden zunächst die beobachteten Temperaturen u nach den Formeln (XV) bezw. (XVI) durch Division mit dem in [ ] stehenden Faktor auf den idealen Fall ohne äussere Wärmeleitung reduziert, wozu Näherungswerte von k und ev. ξ und τ ausreichen. Die so erhaltenen verbesserten Temperaturen, die mit ϑ bezeichnet seien, müssen als Funktion der Zeit durch die Formel

(XVII) $$\vartheta(t) = C U \left(\frac{x + \xi}{2\sqrt{k(t+\tau)}} \right)$$

bezw.

(XVIII) $$\vartheta(t) = C(x+\xi) J \left(\frac{x + \xi}{2\sqrt{k(t+\tau)}} \right)$$

dargestellt werden, indem man τ und der Grösse

$$\gamma = \frac{x + \xi}{\sqrt{k}}$$

einen passenden Zahlenwert giebt. Aus zwei Wertepaaren (x_1, γ_1) und (x_2, γ_2) erhält man das Resultat

$$k = \left(\frac{x_2 - x_1}{\gamma_2 - \gamma_1} \right)^2 .$$

Das Auffinden des Parameters γ geschieht zweckmässig auf folgende Weise. Man zeichnet zunächst auf Koordinatenpapier die Kurve aus der bekannten mathematischen Funktion $\log U(z)$ bezw. $\log J(z)$ als Ordinate zu $\log \frac{1}{z^2}$ als Abscisse, welche zur Berechnung aller nach der Methode angestellten Versuche benutzt wird. Sodann trägt man aus den (wegen der äusseren Wärmeleitung reduzierten) Beobachtungen die Werte $\log \vartheta$ als Ordinate zu $\log (t + \tau)$ als Abscisse auf Pauspapier in dasselbe Koordinatensystem ein, ev. für mehrere Werte τ, von denen der passendste ausgewählt wird. Durch Parallelverschieben des Pauspapiers müssen die beiden Kurven zur Deckung gebracht werden können, und die Verschiebung in Richtung der Abscissenaxe liefert den Wert $\log \frac{\gamma^2}{4}$. Nach den Formeln (XVII) und (XVIII) ist nämlich

$$z = \frac{x + \xi}{2\sqrt{k(t+\tau)}} = \frac{\gamma}{2\sqrt{t+\tau}},$$

also

$$\log \frac{1}{z^2} = \log(t+\tau) - \log \frac{\gamma^2}{4}.$$

27. Isothermen-Methode von Voigt (1897)[115]. Eine Wärmeströmung durchsetze die Grenzfläche zweier Körper mit dem Wärmeleitvermögen $\varkappa_1$ und $\varkappa_2$. Die äussere Oberfläche sei normal zur Grenzfläche. Bedeuten dann φ_1 und φ_2 die Winkel zwischen den Isothermen auf der Oberfläche und der Grenzlinie, so folgt aus den Stetigkeitsbedingungen (VIII) für jede Art der Strömung, also unabhängig von der äusseren Wärmeleitung,

$$\text{(XIX)} \qquad \varkappa_1 : \varkappa_2 = \operatorname{tg} \varphi_1 : \operatorname{tg} \varphi_2 .$$

Kann man die Isothermen sichtbar machen[116], so liefert die Messung der Winkel φ das Verhältnis $\varkappa_1/\varkappa_2$. Bei logarithmischem Variieren folgt aus (XIX)

$$\frac{\delta(\varkappa_1/\varkappa_2)}{\varkappa_1/\varkappa_2} = \frac{2\,\delta\varphi_1}{\sin 2\varphi_1} - \frac{2\,\delta\varphi_2}{\sin 2\varphi_2}.$$

Darnach üben Messfehler den geringsten Einfluss, wenn die Winkel φ nahe an 45^0 gebracht sind.

28. Wärmeleitung in Krystallen, Allgemeines. Anstatt einer einzigen Konstanten, wie bei isotropen Körpern, ist in krystallinischen Medien die Grösse und Richtung der drei aufeinander senkrechten Hauptleitfähigkeiten zu bestimmen. Doch sind hiermit die Aufgaben der Messung noch nicht erschöpft. Die drei Hauptleitfähigkeiten genügen zwar zur Lösung aller die Temperaturverteilung betreffenden Probleme, aber die Richtung des Wärmeflusses bleibt unbekannt. In (Nr. 4) ist gezeigt, dass der den Wärmefluss darstellende Vektor im allgemeinen ausser einem von den Hauptleitfähigkeiten abhängenden

---

115) *W. Voigt*, Gött. Nachr. (1897), p. 184; Ann. Phys. Chem. 64 (1898), p. 95.

116) Mittel dazu sind die Schmelzkurven an Überzügen mit geeigneten Substanzen (Wachs-Terpentingemische, oder die bei 45^0 erstarrende Elaidinsäure), ferner thermoskopische Substanzen, die bei bestimmten Temperaturen einen Farbenwechsel zeigen (die Doppelsalze Jodsilber-Jodquecksilber bei 45^0, Jodkupfer-Jodquecksilber bei 70^0), endlich Behauchen und Bestreuen mit Lykopodium.

noch einen rotatorischen Bestandteil enthält, welcher beim Aufstellen der für die Temperaturverteilung geltenden Differentialgleichung fortfällt. Daher lässt sich die Frage nach der Existenz rotatorischer Wärmeströmungen durch Temperaturbeobachtung allein nicht entscheiden. Man muss ausserdem auf irgend einem anderen Wege über die Richtung der Wärmeströmung Kenntnis erlangen.

29. Methode von H. de Sénarmont (1847)[117]. Nachdem von *Duhamel* die Theorie der Wärmeleitung in Krystallen begründet war, wurde zum ersten Mal von *H. de Sénarmont* die Verschiedenheit der Leitfähigkeit in verschiedenen Richtungen experimentell gezeigt. Er erwärmte dünne Krystallplatten von der Mitte aus (z. B. mittels eines hindurchgesteckten Drahtes) und beobachtete an einer auf die Oberfläche gebrachten Wachsschicht die Schmelzkurve, welche eine Isotherme darstellt. Er bekam ellipsenförmige Kurven. Von *Duhamel* (1847) und *Stokes* (1851) wurde die Theorie der *Sénarmont*'schen Versuche entwickelt. Darnach sind bei sehr dünnen und grossen Krystallplatten die Isothermen in der That Ellipsen, deren Axen sich wie die Wurzeln aus den Leitfähigkeiten verhalten. Es lässt sich also nach der *Sénarmont*'schen Methode sowohl das Verhältnis als die Lage der drei Hauptleitfähigkeiten zwar nur mit geringer Genauigkeit, aber in einfacher und anschaulicher Weise bestimmen.

30. Methode von Voigt (1896)[118]. Die Messung des Verhältnisses der Hauptleitfähigkeiten und auch eine Untersuchung der rotatorischen Eigenschaften gestattet die von *W. Voigt* angegebene Methode, welche freilich eine thermische Symmetriebene am Krystall als bekannt voraussetzt. *Voigt* benutzt eine Wärmeströmung von bekannter Richtung. Um eine solche zu erhalten, stellt man nach ihm einen künstlichen Zwillingskrystall her, indem man eine rechteckige Platte durch einen parallel zu einer Kante geführten Schnitt halbiert, die eine Hälfte um 180° um die Normale zu jenem Schnitt dreht und die beiden Teile wieder zusammenkittet. Dann wird der Schnitt eine Symmetrieebene der Platte, sodass bei symmetrischer Anordnung die Wärmeströmung in der Nähe des Schnittes diesem parallel verlaufen muss. Auf der Platte werden Isothermen nach dem Schmelzkurvenverfahren hergestellt.

Es sei zunächst ein Krystall ohne rotatorische Eigenschaften vorausgesetzt. Das Koordinatensystem x, y, z falle mit den Haupt-

117) *H. de Sénarmont,* Par. C. R. 25 (1847), p. 459 u. 707; Ann. chim. phys. 21 (1847), p. 457 u. 32 (1848), p. 179; Ann. Phys. Chem. 73—75 (1848).

118) *W. Voigt,* Gött. Nachr. (1896), p. 236; Ann. Phys. Chem. 60 (1897), p. 350.

leitfähigkeitsaxen zusammen, die z-Axe sei normal zu der bekannten Symmetrieebene. Das Koordinatensystem ξ, η, ζ sei um den Winkel φ um die gemeinsame z-Axe gegen das vorige gedreht. Die Wärmeströmungskomponenten in der Symmetrieebene sind im ersten Koordinatensystem

$$\mathfrak{Q}_x = -\varkappa_1 \frac{\partial u}{\partial x}; \quad \mathfrak{Q}_y = -\varkappa_2 \frac{\partial u}{\partial y}$$

und im zweiten

$$\mathfrak{Q}_\xi = -\varkappa_{11} \frac{\partial u}{\partial \xi} - \varkappa_{12} \frac{\partial u}{\partial \eta}; \quad \mathfrak{Q}_\eta = -\varkappa_{22} \frac{\partial u}{\partial \eta} - \varkappa_{12} \frac{\partial u}{\partial \xi},$$

wo

$$\text{(XX)} \qquad \begin{cases} \varkappa_{11} = \varkappa_1 \cos^2 \varphi + \varkappa_2 \sin^2 \varphi \\ \varkappa_{22} = \varkappa_1 \sin^2 \varphi + \varkappa_2 \cos^2 \varphi \\ \varkappa_{12} = (\varkappa_2 - \varkappa_1) \sin \varphi \cos \varphi . \end{cases}$$

Wird nun eine Wärmeströmung erzeugt, die keine Komponente nach der ξ-Axe besitzt, so gilt

$$0 = -\varkappa_{11} \frac{\partial u}{\partial \xi} - \varkappa_{12} \frac{\partial u}{\partial \eta}.$$

Dieser Strömung entspricht eine Isotherme, deren durch Messung zu findender Neigungswinkel α gegen die ξ-Axe die Tangente

$$\operatorname{tg} \alpha = \frac{\partial u}{\partial \xi} \Big/ \frac{\partial u}{\partial \eta} = -\frac{\varkappa_{12}}{\varkappa_{11}}$$

hat. Für eine Strömung ohne Komponente nach der η-Axe findet man an einer zweiten Platte ebenso

$$\operatorname{tg} \beta = -\frac{\varkappa_{12}}{\varkappa_{22}}$$

und aus beiden Gleichungen mittels (XX) das Verhältnis $\varkappa_1/\varkappa_2$ und den Winkel φ.

Für die Gültigkeit der obigen Formeln ist es einerlei, ob an dem Zustandekommen der benutzten Wärmeströmung äussere Wärmeleitung oder das Schmelzen des Überzuges beteiligt ist oder nicht.

Was das Erkennen etwaiger rotatorischer Qualitäten betrifft, so sei hier nur folgendes bemerkt. Sind keine solchen vorhanden, so wird, falls man $\varphi = 0$ macht, auch $\alpha = 0$, während bei Existenz rotatorischer Eigenschaften an der Schnittlinie ein Knick im Verlauf der Isotherme vorhanden sein muss. Die Versuche zur Auffindung (*Soret* und *Voigt*[119])) haben bisher stets ein negatives Resultat gehabt.

31. Messungsergebnisse. Um mit Hilfe der hier entwickelten formalen Theorie ein anschauliches Bild von den in der Natur vorkommenden Wärmeleitungsvorgängen zu gewinnen, ist es erforderlich,

119) *W. Voigt,* Gött. Nachr. (1903), p. 87.

die absolute Grösse der in den Gleichungen auftretenden, jedem Stoff eigentümlichen Konstanten $\varkappa$ und k zu kennen. Einige Werte sollen hier zusammengestellt werden[120]).

Die Einheit des Wärmeleitvermögens $\varkappa$ lässt sich nicht in das C. G. S.-System einordnen, weil ihre Definition (vgl. I) die ausserhalb des Systems stehende Temperatur enthält. Gebräuchlich ist es, die Temperatur nach Graden der *Celsius*skala zu rechnen und ausserdem als Einheit der Wärmemenge die Wasser-Grammkalorie (vgl. Art. 3, Nr. 2) zu benutzen. Dann erhält die Einheit von $\varkappa$ die Form $\left[\frac{\text{gr cal}}{\text{cm sec} \times \text{Grad}}\right]$. Wird die Wärmemenge in absoluten Arbeitseinheiten (Erg.) gemessen, so lautet die Einheit $\left[\frac{\text{cm gr}}{\text{sec}^3\,\text{Grad}}\right]$. Der Zahlenwert von $\varkappa$ wird dabei $4{,}18 \cdot 10^7$ mal grösser. Die Einheit des Temperaturleitvermögens ist im C. G. S.-System enthalten und lautet $\left[\frac{\text{cm}^2}{\text{sec}}\right]$.

Wärmeleitvermögen und Temperaturleitvermögen einiger Substanzen bei Zimmertemperatur.

Substanz	Bemerkungen	Wärmeleitvermögen $\varkappa$	Temperaturleitvermögen k
		$\left[\frac{\text{gr cal}}{\text{cm sec Grad}}\right]$	$\left[\frac{\text{cm}^2}{\text{sec}}\right]$
Silber	rein	1,00	1,74
Kupfer	„	0,92	1,14
Gold	„	0,70	1,17
„	mit 0,2 Proc. Fe u. Cu	0,43	0,71
Zink	rein	0,26	0,40
Cadmium	„	0,22	0,47
Platin	„	0,166	0,24
Eisen	technische Sorten	0,14 bis 0,17	0,16 bis 0,20
Stahl	„	0,06 bis 0,12	0,06 bis 0,13
Zinn	rein	0,145	0,38
Blei	„	0,083	0,24
Wismut	„	0,018	0,07
Marmor	weiss	0,005	0,009
Glas	verschiedene Sorten	0,0015 bis 0,0025	0,003 bis 0,005
Schwefel		0,0006	0,0017
Wasser		0,0013	0,0013
Öl	verschiedene Sorten	0,0003 bis 0,0004	0,0007 bis 0,0010
Wasserstoff		0,00032	
Luft		0,00005	

120) Ausführliche Angaben finden sich in den Handbüchern der Experimentalphysik und in den „Physikalisch-Chemischen Tabellen“ von Landolt und Börnstein.

Über die Beziehung der Wärmeleitfähigkeit von Metallen zur elektrischen Leitfähigkeit sind einige Näherungsgesetze bekannt. *Wiedemann* und *Franz*[121]) fanden das erste derartige Gesetz, welches besagt, dass beide Leitvermögen bei verschiedenen Metallen proportional sind. Das zweite Gesetz wurde von *L. Lorenz*[122]) gefunden und ergänzt jenes dahin, dass die Proportionalitätskonstante der absoluten Temperatur proportional ist (vgl. in diesem Bande Art. *Diesselhorst*, Beziehungen der elektrischen Strömung zu Wärme und Magnetismus). Für reine Metalle (mit Ausnahme von Wismut) gelten beide Gesetze ziemlich nahe. Bei allen Ausnahmen, insbesondere Legierungen ist stets das Verhältnis des Wärmeleitvermögens zum elektrischen Leitvermögen grösser, als bei den reinen Metallen.

Ferner scheinen die Sätze, welche *Matthiessen*[123]) für die elektrische Leitfähigkeit von Legierungen aufgestellt hat, auch für die Wärmeleitfähigkeit zu gelten[124]). Hiernach würden Legierungen, welche nur die Metalle „Zink, Zinn, Blei, Cadmium" enthalten, die Wärme im Verhältnis der Volumina leiten, alle anderen Legierungen schlechter als diesem Verhältnis entspricht. Wie stark der Einfluss selbst sehr geringer Beimengungen sein kann, zeigen die Zahlen für das reine und unreine Gold in der Tabelle.

Eine Abhängigkeit des Wärmeleitvermögens von der Temperatur (zwischen 0° und 100°) ist bei den reinen Metallen mit Ausnahme des Wismuts, das bei steigender Temperatur schlechter leitend wird, kaum merklich. Die Leitfähigkeit der Legierungen nimmt mit der Temperatur zu. Das unreine Gold der Tabelle ändert sein Leitvermögen pro Grad um 0,0012, das reine um 0,0000 des Betrages. Bei anderen Legierungen sind Temperaturkoeffizienten bis etwa 0,003 gefunden.

121) *G. Wiedemann* und *R. Franz*, Ann. Phys. Chem. 89 (1853), p. 530.

122) *L. Lorentz*, Ann. Phys. Chem. 13 (1881), p. 599.

123) *A. Matthiessen*, Ann. Phys. Chem. 110 (1860), p. 190.

124) *F. A. Schulze*, Ann. Phys. 9 (1902), p. 555.

(Abgeschlossen im März 1904.)

V 5. TECHNISCHE THERMODYNAMIK.

Von

M. SCHRÖTER und **L. PRANDTL**

in München. in Göttingen.

Inhaltsübersicht.

Litteraturübersicht.

(Ohne Anspruch auf Vollständigkeit.) Diejenigen Schriften, in denen auch auf die Abteilung b) Bezügliches enthalten ist, sind durch einen * gekennzeichnet.

1) Lehrbücher.

J. W. Macquorn Rankine, Manual of the Steam Engine and other Prime Movers. 1. Aufl. 1859, 2. Aufl. London 1861, 4. Aufl. 1869, 9. Aufl. 1878 u. s. f.

G. Zeuner, Grundzüge der mechanischen Wärmetheorie, 1. Aufl. Freiberg 1860, *2. Aufl. (völlig umgearbeitet) Leipzig 1866.

*— Technische Thermodynamik, 2 Bde., Leipzig, 1. Aufl. 1881, 1890, 2. Aufl. 1900, 1901 (zugleich 3. u. 4. Auflage der „Grundzüge").

G. Hirn, Exposition analytique et expérimentale de la théorie mécanique de la chaleur, 1. Aufl. 1862, 2. Aufl. 1863, 3. Aufl. 1875.

**F. Grashof,* Theoretische Maschinenlehre 1, Leipzig, Voss, 1875.

A. Witz, Thermodynamique à l'usage des Ingénieurs, Paris 1892.

J. Boulvin, Cours de mécanique appliquée, 3ième fascicule: Moteurs thermiques, Paris, Bernard, 1893.

J. A. Ewing, The steame engine and other heat-engines, Cambridge 1. Aufl. 1894.

Cotterill, The Steam Engine considered as a thermodynamic Machine, London 1896, 3rd edition.

V. Wood, Thermodynamics. Heat motors and Refrigerating machines, New-York 1900, 8. Aufl.

A. Musil, Grundlagen der Theorie und des Baues der Wärmekraftmaschinen (erweiterte Übersetzung von *Ewing*, steam-engine), Leipzig 1902.

**H. Lorenz,* Technische Wärmelehre, 2. Bd. der „Technischen Physik"), München, Oldenbourg, 1904.

J. J. Weyrauch, Grundriss der Wärmetheorie, Stuttgart 1904.

2) Fachzeitschriften.

Arbeiten aus dem Gebiet der technischen Thermodynamik finden sich in allen Jahrgängen der bedeutenderen deutschen und ausländischen technischen Zeitschriften; es seien nur genannt:

Zeitschrift des Vereins deutscher Ingenieure (Berlin).

Mitteilungen über Forschungsarbeiten auf dem Gebiete des Ingenieurwesens (Berlin).

Der Civilingenieur (erscheint nicht mehr) (Leipzig).

Dingler's Polytechnisches Journal (Berlin).

Zeitschrift für die gesamte Kälteindustrie (München).

Zeitschrift für komprimierte Gase (Berlin).

Engineering (London).

The Engineer (London).

Bulletin d'Encouragement de l'industrie nationale (Paris).

Bulletin de la société industrielle de Mulhouse (Mülhausen i/Elsass).

Revue de Mécanique (Paris).

3) Monographieen.

a) Von historischem Interesse.

S. Carnot, Réflexions sur la puissance motrice du feu, Paris, Gauthier-Villars, 1878. (Wiederabdruck der 1824 erschienen Originalarbeit); deutsch in Ostwald's Klassikern.

E. Clapeyron, Sur la puissance motrice de la chaleur, Journal de l'école polytechnique, Paris 1834; deutsch 1843 in Poggendorff's Annalen Bd. 59. In neuerer Zeit wieder herausgegeben von *Mewes,* Berlin 1893 unter dem Titel: Über die bewegende Kraft der Wärme.

**G. Zeuner,* Das Lokomotivblasrohr, Zürich 1863.

J. W. Macquorn Rankine, Miscellaneous Scientific Papers, London, Griffin, 1878, eine höchst wertvolle Sammlung der zerstreut erschienenen Originalabhandlungen *Rankine*'s, herausgegeben von *Tait* und *Millar.*

C. v. Linde, Theorie der Kälteerzeugungsmaschinen, Verhandl. d. Vereins z. Beförderung d. Gewerbfleisses 1875 und 1876.

b) Neuere Arbeiten.

E. G. Kirsch, Bewegung der Wärme in den Cylinderwandungen der Dampfmaschinen, Leipzig 1886.

A. Witz, Traité théorique et pratique des moteurs à gaz e à pétrole, 3. Aufl., Paris 1892—95.

R. Mollier, Das Wärmediagramm, Berlin, Simion, 1893.

R. Diesel, Theorie und Konstruktion eines rationellen Wärmemotors, Berlin, *Springer,* 1893.

A. Slaby, Calorimetrische Untersuchungen über den Kreisprozess der Gasmaschine, Berlin 1894.

J. Boulvin, Le diagramme entropique et ses applications, Paris, Dunod, 1897.

C. v. Linde, Artikel „Kälteerzeugung" in *Lueger*'s Lexikon der gesamten Technik, Stuttgart 1895—99.

E. Hausbrand, Verdampfen, Kondensieren und Kühlen, Berlin 1899.

A. Witz, Les progrès de la théorie des machines thermiques, Rapports Congrès intern. de Physique, Paris 1900, tome 3, p. 296.

H. Lorenz, Neuere Kühlmaschinen, 3. Aufl. München, Oldenbourg, 1901.

R. Schöttler, Die Gasmaschine, 4. Aufl. Braunschweig, Góritz, 1902.

**A. Stodola,* Die Dampfturbinen, Berlin, Springer, 1. Aufl. 1903, 3. Aufl. 1905.

R. Mollier, Kapitel „Wärmelehre" in dem Taschenbuch des Ingenieurs, herausgegeben vom Verein Hütte, 19. Aufl. 1904.

**R. Pröll,* Artikel „Dampfturbinen" in *Lueger*'s Lexikon der gesamten Technik, Stuttgart 1905.

---

a) Technische Thermodynamik im engeren Sinne. Von M. Schröter.

Vorbemerkung. Die technische Thermodynamik, wie sie *hier* verstanden wird, umfasst die Anwendung der Sätze und Methoden der allgemeinen Thermodynamik auf technische Prozesse mit ausdrücklicher Ausschliessung des Gebietes der Thermochemie, aber einschliesslich der Verbrennungsmotoren. Die stetige Entwicklung der Technik bringt es mit sich, dass von einer festen Abgrenzung der technischen Thermodynamik nicht die Rede sein kann; es war deshalb geboten, im folgenden eine *Auswahl* zu treffen unter besonderer Berücksichtigung der für die Encyklopädie in ihren angewandten Teilen geltenden Grundsätze sowie des verfügbaren Raumes. Die dem Techniker unentbehrliche graphische Darstellung ist als für den Mathematiker besonders instruktiv ausführlich behandelt, da sie ausser der damit erreichten Anschaulichkeit und Durchsichtigkeit des Verfahrens in den meisten Fällen dem Genauigkeitsbedürfniss der Praxis vollständig genügt.

Die Bezeichnungsweise der technischen Thermodynamik ist leider so wenig wie die der allgemeinen Wärmetheorie bis heute eine einheitliche, so dringend dies auch zu wünschen wäre; im Interesse der Leser der Encyklopädie ist im folgenden möglichst enger Anschluss an die im Artikel V 3 (*Bryan*) benutzte Bezeichnungsweise gesucht, wie aus der folgenden Übersicht hervorgeht. Bezüglich der Masseinheiten sei im allgemeinen bemerkt, dass in der ganzen Technik (wie auch in den folgenden Ausführungen) das Kilogramm als Kraft- (oder Gewichts-) Einheit, nicht als Masseneinheit angesehen wird. Unter „spezifischem Volumen“, „spezifischer Wärme“ sind hier das Volumen der Gewichtseinheit, bezw. die der Gewichtseinheit zuzuführende Wärme verstanden. Da man aber denselben Körper (1 Liter Wasser) zur Definition der Krafteinheit im technischen und der Masseneinheit im physikalischen System benutzt, so hat dieser Unterschied der Masseinheiten keinen Einfluss auf die Zahlenwerte (wenn man von der kleinen Veränderlichkeit von g mit der Breite absieht und beim Übergang von kg zum gr den Faktor $^1/_{1000}$ hinzufügt). Ferner sei bemerkt, dass Wärmemengen hier nicht wie in Artikel 3 in Arbeitseinheiten, sondern in der Wärmeeinheit (W. E.) der grossen Kalorie gemessen werden, so dass in vielen Formeln jenes Artikels jetzt der Faktor A (reziproker Wert des Wärmeäquivalentes) beizufügen ist.

Die Gleichungen jenes Artikels werden im folgenden in [ ] zitiert werden, während wir auf die Gleichungen des vorliegenden Artikels durch ( ) hinweisen.

Bezeichnungen.

a) Allgemeine.

Benennung	Zeichen im folgenden verwendet	Zeichen in der Technik gebräuchlich	Masseinheiten	Formeln	Gleichwertige Benennungen
Volumen	V	V	cbm	—	
Gewicht des Arbeitsstoffes	G	G	kg		
Spezifisches Volumen	v	v	cbm/kg	$v = \frac{V}{G}$	Volumen der Gewichtseinheit
Spezifischer Druck	p	p	kg/qcm neue (techn.) Atmosphäre		Spannung, Kraft pro Flächeneinheit
Temperatur	t	t	⁰ Celsius		
Absolute Temperatur	T	T	⁰ Celsius	$T = 273 + t$	
Von aussen zugeführte Wärmemenge	Q	Q	kg-Kalorie = W. E.		

Benennung	Zeichen im folgenden verwendet	Zeichen in der Technik gebräuchlich	Masseinheiten	Formeln	Gleichwertige Benennungen
Dasselbe pro Gewichtseinheit . . .	q	Q	kg-Kalorie = W. E.		
Gesamte innere Arbeit	U	—	„		Innere Energie, Energie
Innere Arbeit für die Gewichtseinheit . .	u	U	W. E./kg	$u = \frac{U}{G}$	
Äussere Arbeit . .	W	L	m kg		Arbeit der äusseren Kräfte
Äussere Arbeit für die Gewichtseinheit	w		m		
Mechanisches Wärmeäquivalent . . .	$1/A$	$1/A$	W. E./mkg	$A = \frac{1}{428}$	
Entropie	S	P	Entropieeinheiten	$S = \int \frac{dQ}{T}$	Wärmegewicht
„ für die Gewichtseinheit . . .	s	—	Ent.-Einh./kg	$s = \frac{S}{G}$	
Erzeugungswärme bei konst. Druck .	J	—	W. E.		Gesamtwärme; Thermodynamisches Potential bei gegeb. Entropie und Druck ($\mathfrak{F}_s$ in Artikel 3, ζ nach *J. W. Gibbs*)
Spezifische Erzeugungswärme bei konst. Druck . . .	i	—	W. E./kg	$i = \frac{J}{G}$	
Spezifische Wärme bei einer beliebigen Zustandsänderung.	γ	c	„	$\gamma = \frac{dq}{dT}$	
Spezifische Wärme bei konst. Volumen	γ_v	c_v	„	$\gamma_v = \left(\frac{dq}{dT}\right)_v$	
Spezifische Wärme bei konst. Druck .	γ_p	c_p	„	$\gamma_p = \left(\frac{dq}{dT}\right)_p$	
Verhältnis der spezifischen Wärmen	$\varkappa$	k	unbenannt	$\varkappa = \frac{\gamma_p}{\gamma_v}$	
Gaskonstante für die Gewichtseinheit. .	B	B, R		$pv = BT$	
Absolute Gaskonstante (für das Kilogramm-Molekül μ)	R	—		$pv\mu = RT$	

b) Für gesättigte Dämpfe.

Benennung	Zeichen im folgenden verwendet	Zeichen in der Technik gebräuchlich	Masseinheiten	Formeln	Gleichwertige Benennungen
Spezifisches Volumen der Flüssigkeit beim Druck p	v''	σ	cbm/kg		

Benennung	Zeichen im folgenden verwendet	Zeichen in der Technik gebräuchlich	Masseinheiten	Formeln	Gleichwertige Benennungen
Spezifisches Volumen des trocken gesättigten Dampfes beim Druck p.	v'	s	cbm/kg		
Volumzunahme von 1 kg bei der Verdampfung	$v'-v''$	u	cbm/kg		
Flüssigkeitswärme pro 1 kg bei konstantem Druck . .	q_p	q	W. E./kg	$q_p=\int_0^t \gamma_p dt$	Wärmemenge zur Erhöhung der Temperatur von 1 kg Flüssigkeit unter dem konst. Druck p v. 0° auf die Sättigungstemperatur t°
Aussere Verdampfungswärme pro 1 kg.	$Ap(v'-v'')$	Apu	W. E./kg		
Innere Verdampfungswärme pro 1 kg.	λ_i	ϱ	W. E./kg		
Latente Wärme der Verdampfung pro 1 kg bei konst. Druck	λ	r	W. E./kg	$\lambda=\lambda_i+Ap(v'-v'')$	Verdampfungswärme beim Druck p zur Verwandlung von 1 kg Flüssigkeit von t° in gesättigten Dampf von t°
Spezifische Wärme der Flüssigkeit . .	γ''	c	W. E./kg		
Spezifische Wärme des Dampfes . . .	γ'	h	W. E./kg		
Entropie der Flüssigkeit pro 1 kg .	s''	τ	Entropieeinheiten	$s''=\int_0^t \frac{dq}{T}$	
Entropie des gesättigten Dampfes pro 1 kg.	s'	$\tau+\frac{r}{T}$	Entropieeinheiten	$s'=s''+\frac{\lambda}{T}$	
Spezifische Dampfmenge	x		unbenannt	. . . .	Verhältnis des in 1 kg Mischung von Dampf und Flüssigkeit enthaltenen Dampfgewichts zum Totalgewicht

I. Die Grundlagen der technischen Thermodynamik.

1. Historische Übersicht. Die technische Thermodynamik umfasst die Anwendung der Sätze der allgemeinen Thermodynamik auf technische Probleme; während es für die Darstellung ganz gerechtfertigt ist, die allgemeine Wärmelehre vorauszuschicken und die technische Wärmelehre nachfolgen zu lassen, ist die geschichtliche Entwicklung nicht etwa in der Weise vor sich gegangen, dass der abgeschlossenen Arbeit der theoretischen Forscher die Anwendung auf technische Probleme seitens der praktischen Ingenieure nachgefolgt wäre. Vielfach hat das Umgekehrte stattgefunden, indem die Praxis in der Ausführung thermodynamischer Arbeitsprozesse durch Maschinen um ein beträchtliches der wissenschaftlichen Forschung vorausgeeilt ist, und es kann an vielen Stellen nachgewiesen werden, dass mindestens ebensoviele wissenschaftliche Ergebnisse der Anregung von seiten der Praxis zu verdanken sind als umgekehrt.

Jedenfalls ist die Geschichte der technischen Thermodynamik streng genommen ganz unzertrennlich von der Geschichte der thermodynamischen Technik und es kann daher die Aufgabe der folgenden Skizze nur die sein, einige Hauptpunkte und Richtungslinien der Entwicklung der technischen Thermodynamik an Hand der Arbeiten ihrer hervorragendsten Förderer herauszuheben.

Als erster derselben hat *James Watt* zu gelten, dessen hauptsächlicher Beitrag zur technischen Thermodynamik — die Erforschung des Verdampfungsprozesses durch Bestimmung der Verdampfungswärme bei verschiedenen Pressungen — ein typisches Beispiel dafür ist, wie durch praktisch-technische Probleme der Anstoss zur Beantwortung wissenschaftlicher Fragen gegeben wird. Im Anfang reichte die geistige Kraft eines einzelnen zur Lösung aus, später trat naturgemäss eine Differenzierung ein und schon die beiden nächsten Marksteine auf dem Weg der technischen Thermodynamik rühren von Männern her, welche nicht in erster Linie ausübende Ingenieure waren; es sind dies *Carnot*'s „Réflexions sur la puissance motrice du feu" (1824) und *Clapeyron*'s Abhandlung „Sur la puissance motrice de la chaleur" (1834) — beides grundlegende Werke, das erstere durch die der Zeit vorauseilende Darlegung des inneren Wesens der Wärmekraftmaschinen (freilich noch ohne den ersten Hauptsatz) und durch die Klarstellung der Bedingungen für beste ökonomische Wirkung; das letztere durch seine mathematisch-graphische Formulierung der Grundbegriffe, die für alle späteren Behandlungsweisen des Gegenstandes massgebend geblieben ist.

Beide Werke wurden vollständig ignoriert und vergessen; sie waren dem Bedürfnis und Verständnis ihrer Zeit weit vorangeeilt und mussten Jahrzehnte später wieder neu entdeckt werden. Zunächst war die von *Watt* mit unzulänglichen Hilfsmitteln begonnene Arbeit fortzusetzen, die Natur musste befragt werden, um eine sichere Grundlage für die Theorie zu gewinnen — diese klaffende Lücke ausgefüllt und damit die Befruchtung der thermodynamischen Technik durch die Wissenschaft ermöglicht zu haben, ist das Verdienst *Regnault's*, der im Jahr 1847 den ersten Band seiner „Relations des expériences etc." erscheinen liess, dem 1862 der zweite und 1870 der dritte folgte; dass diese unschätzbaren Experimentaluntersuchungen auf Veranlassung und auf Kosten der französischen Regierung unternommen wurden, bildet für alle Zeiten einen Ruhmestitel derselben.

Fast gleichzeitig traten nach der Veröffentlichung des ersten Bandes der „Relations" in England, Deutschland und Frankreich die Männer auf, welche man als Begründer der technischen Thermodynamik von heute mit Recht feiert: der Schotte *J. W. Macquorn Rankine* (1820—72), Professor für Mechanik und Ingenieurwissenschaft an der Universität Glasgow; *Gustav Zeuner* (geb. 1828 zu Döbeln in Sachsen), damals Professor für theoretische Maschinenlehre am Eidgenössischen Polytechnikum in Zürich und der Elsässer *Gustave Adolphe Hirn* (1815—89), Fabrikbesitzer in Logelbach im Elsass, welchen trotz seines deutschen Namens die Franzosen als den ihrigen betrachten dürfen.

1859 erschien nach vielen vorausgegangenen technisch-thermodynamischen Abhandlungen die erste Auflage von *Rankine*'s „Manual of the Steam Engine and other Prime Movers", in dessen Vorrede der Verfasser mit berechtigtem Selbstgefühl sagen durfte:

„The principles of thermodynamics or the Science of the mechanical action of heat are explained in the third chapter of the third part more fully than would have been necessary but for the fact, that this is the first systematic treatise on that science, which has ever appeared, the only previous sources of information regarding it being detached memoirs in the transactions of learned Societies and in scientific journals." 1860 trat *Zeuner* mit den „Grundzügen der mechanischen Wärmetheorie" an die Öffentlichkeit und 1862 erschien die erste Auflage von *Hirn*'s „Exposition analytique et expérimentale de la théorie mécanique de la chaleur".

Ohne an dieser Stelle in Einzelheiten eintreten zu können, mag nur zu kurzer Charakteristik angeführt werden, dass *Rankine*'s Arbeiten auf thermodynamischem Gebiet sich durch eine überquellende Fülle originaler Gedanken auszeichnen, die in der knappsten und manchmal schwer verständlicher Sprache zusammengedrängt sind; er geht ohne grossen mathematischen Apparat, aber vielfach eigenartige graphische Darstellungen benützend, auf sein Ziel los, eine auf den ersten und zweiten Hauptsatz aufgebaute rationelle Theorie der Wärmekraftmaschinen zu geben, zu deren praktischer Anwendung er die *Regnault*schen Versuchswerte zu Tabellen verarbeitet. *Zeuner* entwickelt in eleganter, mathematisch ausgefeilter Form die beiden Hauptsätze und geht dann besonders auf die Eigenschaften des Wasserdampfes ein; seine auf *Regnault*'s Versuchen beruhenden, praktisch angeordneten Dampftabellen sind heute jedem Maschineningenieur geläufig. In der ersten Auflage verfolgt *Zeuner* vor allem den Zweck, den Technikern eine neue Wissenschaft zu vermitteln, wobei gleichfalls eine Menge originaler Darstellungsweisen in Formeln und Diagrammen das Verständnis wesentlich erleichtern. Im Gegensatz zu beiden und gleichzeitig beide ergänzend beruht *Hirn*'s Werk hauptsächlich auf experimenteller Grundlage; *Hirn* ist ein Meister des technisch-wissenschaftlichen Versuches nicht nur in Bezug auf Durchführung, sondern auch in der Diskussion und Kritik. Dass heute die technische Thermodynamik wesentlich experimenteller Natur geworden ist, ist vornehmlich auf die Anregung zurückzuführen, welche *Hirn* durch seine von der sogenannten „elsässischen Schule“[1]) weiter geführten Studien auf dem Gebiet der von ihm sogenannten „praktischen Theorie“ der Dampfmaschine gegeben hat.

Neben jene grundlegenden Werke, von welchen in erster Linie das *Zeuner*'sche Buch in seinen späteren Auflagen durch fortwährende Erweiterung den so ausserordentlich vervielfältigten Fortschritten der Technik gerecht wird, stellt sich die Bearbeitung der Wärmetheorie im ersten Band (1875) des *Grashof*'schen gross angelegten Werkes „Theoretische Maschinenlehre“ als eine Zusammenfassung des damaligen gesicherten Bestandes der Thermodynamik in ihrer Anwendung auf das Verhalten von Gasen und Dämpfen, während erst im dritten Band desselben Werkes (1890) die Wärmekraftmaschinen behandelt werden. *Grashof* geb. 1826 in Düsseldorf, gest. 1893 in Karlsruhe. Abgesehen von originalen Beiträgen liegt die Besonderheit des *Grashof*'schen Werkes in der durchdringenden Schärfe der Kritik, mit welcher die Genauigkeitsgrenzen und die Zulässigkeit der Annahmen diskutiert werden und der Kern eines Problems blosgelegt wird; weder

---

1) Vgl. die Gedächtnisrede von *A. Slaby* auf Hirn, Verh. des Ver. z. Beförderung des Gewerbfleisses 69 (1890), p. 236 = Calorimetr. Untersuchungen, p. 235.

die englische noch die französische Litteratur der neueren Zeit haben dem *Grashof*'schen Werke ein gleich umfassendes an die Seite zu stellen.

Aus der gleichen Zeit (1875) stammt die Abhandlung von *C. Linde* „Theorie der Kälteerzeugung“ in den Verhandlungen des Vereins zur Beförderung des Gewerbfleisses in Preussen; die von dem Verfasser für den günstigsten Arbeitsprozess der Kompressions-Kältemaschinen aus der Umkehrung des *Carnot*'schen Prozesses der Dampfmaschine abgeleiteten Grundsätze werden durch den vollkommenen Erfolg der danach konstruierten Ammoniak-Kompressionsmaschine bestätigt; auf keinem Gebiet der praktischen Anwendung ist der Einfluss der theoretischen Thermodynamik so unmittelbar nachgewiesen wie bei der Kältetechnik.

Die Entwicklung der technischen Thermodynamik war durch die oben genannten klassischen Werke ihrer Begründer vorgezeichnet und so begann etwa seit 1875 eine emsige Einzelarbeit auf ihren verschiedenen Gebieten, hauptsächlich in experimenteller Richtung, welche auch heute noch nicht als abgeschlossen gelten kann, wenn schon in den letzten Jahren wieder versucht wird, das grosse Material zusammenfassend zu verarbeiten wie in der „Technischen Wärmelehre“ von *H. Lorenz* und dem „Grundriss der Wärmelehre“ von *Weyrauch*. Natürlich beteiligen sich alle Kulturnationen an dieser Arbeit; hier können nur die allgemeinen Arbeitsrichtungen angedeutet werden; Einzelheiten würden zu weit führen.

Die schon von *Rankine* und *Clausius*, namentlich aber von *Zeuner* besonders klar formulierten Forderungen für den Idealprozess der Dampfmaschine liessen die Grenzen, welche der zweite Hauptsatz ihrer Ökonomie steckt, erkennen — es galt nun, innerhalb derselben wenigstens nach Möglichkeit den störenden Einflüssen zu begegnen; den Weg dazu hatte *Hirn* gebahnt, indem er die Wirkung der Cylinderwandungen nachwies und durch die Überhitzung des Dampfes zu bekämpfen suchte. Damit war ein freilich wieder lange Zeit unbeachtet bleibender Anstoss zur Erforschung der Eigenschaften des überhitzten Dampfes gegeben, dessen Zustandsgleichung und spezifische Wärme von praktischem Interesse wurden. Die Gewinnung umfassenderen Versuchsmateriales nach dieser Richtung beschäftigt gegenwärtig eine Anzahl von Forschern, ohne endgültig abgeschlossen zu sein. Nachdem die Praxis festgestellt hatte, dass die Überhitzung nicht über gewisse Grenzen hinaus getrieben werden darf, richtete man auf Grund der Lehren der Thermodynamik sein Augenmerk auf die untere Temperaturgrenze, welche durch die Hinzufügung einer zweiten, mit SO_2 (oder NH_3) arbeitenden Dampfmaschine (Abwärmemaschine) auf das niedrigst-mögliche Mass reduziert werden kann. Ja es fehlte nicht an Vorschlägen, auch die obere Temperaturgrenze durch Hinzunahme einer dritten, in dieser Beziehung günstigeren Flüssigkeit noch hinauszurücken; eine gründliche Untersuchung der Frage bietet die Arbeit von *Schreber*, Theorie der Mehrstoff-Dampfmaschinen.

Einen weiteren Anstoss zu wissenschaftlichen Untersuchungen verdankt die technische Thermodynamik der Dampfturbine, durch welche das alte Problem der Ausströmung von Dämpfen in den Vordergrund des Interesses getreten ist; die Grundlagen dafür waren ja auch schon in *Zeuner*'s Werk enthalten, sie bedurften aber der Erweiterung und Vertiefung namentlich durch experimentelle Untersuchung; die bemerkenswertesten experimentellen Beiträge hierzu finden sich in den Arbeiten von *Fliegner*, *Stodola*, *Lewicky* und *Büchner*, um nur die wichtigere deutsche Litteratur zu nennen. Näheres hierüber in der Abteilung b) dieses Artikels.

Durch die rasche Entwicklung der Verbrennungsmotoren ist die technische Thermodynamik mehrfach vor neue Aufgaben gestellt worden; gelegentlich des Auftretens des Dieselmotors ergab sich die Notwendigkeit, die Frage nach dem Idealprozess dieser Maschinen zu beantworten, woran sich besonders *Lorenz* und *E. Meyer* beteiligt haben; es war die Veränderlichkeit der spezifischen Wärme der Verbrennungsprodukte mit Temperatur und Druck zu untersuchen (*Mallard-Lechatelier*, *Langen* u. a.), eine Arbeit, die noch nicht zu vollem Abschluss gelangt ist. Namentlich aber erwies es sich als notwendig, Sätze der Thermochemie mit heranzuziehen, worauf schon 1898 von *Stodola* in einer Abhandlung über die Kreisprozesse der Gasmaschinen hingewiesen worden war. Doch sind nach dieser Richtung erst Anfänge zu verzeichnen (*Lorenz*, Technische Wärmelehre).

Ein hervorragendes Beispiel der Verwertung wissenschaftlicher Forschung zu praktischen Zwecken rührt abermals von *Linde* her, dessen Methode der Luftverflüssigung, auf dem unscheinbaren Drosselungsversuch von *Thomson* und *Joule* aufgebaut, sich nicht nur zu technischen, sondern namentlich auch zu wissenschaftlichen Zwecken als ausserordentlich fruchtbar erwiesen hat.

Aus den obigen, ganz kurzen Andeutungen geht wohl zur Genüge hervor, dass die technische Thermodynamik keineswegs eine abgeschlossene Wissenschaft ist, vielmehr fortwährend ihre Grenzen erweitert, alte Gebiete abstösst und vor allem danach strebt und streben muss, der rastlos schaffenden Technik feste, wissenschaftlich begründete Richtungslinien zu geben und das kostspielige, zeitraubende empirische Tasten immer mehr durch rationelle Vorausbestimmungen zu ersetzen.

2. Die allgemeinen Gleichungen der Thermodynamik. In der Anwendung der allgemeinen Gleichungen der Thermodynamik auf spezielle Probleme ist die Technik darauf angewiesen, dass die experimentelle Physik ihr die unentbehrlichen Daten bezüglich der Konstanten für die in Betracht kommenden Körper liefert. Insofern kann man sagen, dass die monumentale Arbeit *Regnault*'s[2]) die Grundlage der technischen Thermodynamik bildet. Auf der anderen Seite aber verdankt die allgemeine Thermodynamik der Technik ganz wesentliche Anregung und Förderung. Im Auge zu behalten ist dabei stets, dass das Genauigkeitsbedürfnis der Technik in manchen Fällen durch gröbere Annäherung befriedigt wird als das der Physik.

Im folgenden sind die allgemeinen Gleichungen der Thermodynamik in der Form zusammengestellt, die in der Technik gebräuchlich ist[3]) und die, sofern sie von der in der Physik üblichen Formulierung abweicht, hauptsächlich durch die Arbeiten *Zeuner*'s begründet ist.

1) Zustandsgleichung eines Körpers (genauer gesagt: eines einfachen thermodynamischen Systems, s. Art. V 3, Nr. **3**)

$$f(p, v, t) = 0.$$

2) Gleichung der inneren Arbeit pro kg

$$u = F(p, v) = \varphi(p, t) = \psi(v, t).$$

3) Wärmegleichung (erster Hauptsatz), auf 1 kg bezogen,

$$dq = du + Apdv.$$

4) Andere Form der Wärmegleichung mit Einführung der Entropie (zweiter Hauptsatz)

$$dq = Tds = du + Apdv.$$

5) Dritte Form der Wärmegleichung mit Einführung der Erzeugungswärme bei konstantem Druck, i:

$$dq = Tds = di - Avdp$$

$$\text{mit} \quad i = u + Apv.$$

Die Einführung der Grösse i, welche nichts anderes ist als das thermodynamische Potential $\mathfrak{F}_s$ (Art. 3, Nr. **16**), in die technische Thermodynamik verdankt man *Mollier*[3]); von den übrigen thermo-

2) *V. Regnault*, Relation des expériences etc. etc. Paris 1847—70, 3 Bde.

3) Nach der vorzüglichen knappen Darstellung *R. Mollier*'s in dem Abschnitt III des Kapitels über die Wärme in der 18. Auflage der „Hütte", Berlin 1903. Wegen der Einführung von i vgl. p. 284.

dynamischen Potentialen, namentlich dem in der Physik und physikalischen Chemie so überaus fruchtbaren $\mathfrak{F}_v = u - Ts$ („freie Energie“ nach *Helmholtz*), hat die Technik bislang noch keinen Gebrauch gemacht.

Aus den Gleichungen unter 3, 4 und 5 sowie aus den Betrachtungen Nr. **18** und **19** des Art. 3 folgen sodann die Beziehungen:

$$6)\quad \gamma_v = \left(\frac{dq}{dT}\right)_v = \left(\frac{dq}{dt}\right)_v = T\left(\frac{ds}{dt}\right)_v$$

$$7)\quad \gamma_p = \left(\frac{dq}{dT}\right)_p = \left(\frac{dq}{dt}\right)_p = T\left(\frac{ds}{dt}\right)_p \cdot$$

$$8)\quad \gamma_p - \gamma_v = AT \cdot \left(\frac{dv}{dt}\right)_p \cdot \left(\frac{dp}{dt}\right)_v \cdots [71] \text{ und } [95].$$

$$9)\quad ds = A\left(\frac{dp}{dt}\right)_v dv + \gamma_v \frac{dT}{T} \cdots [95]; = -A\left(\frac{dv}{dt}\right)_p dp + \gamma_p \frac{dT}{T} \cdots [96].$$

$$10)\quad A\left(\frac{dp}{dt}\right)_v = \left(\frac{ds}{dv}\right)_t \cdots [95]; \quad -A\left(\frac{dv}{dt}\right)_p = \left(\frac{ds}{dp}\right)_t \cdots [96].$$

$$11)\quad \left(\frac{du}{ds}\right)_v = T; \quad \left(\frac{du}{dv}\right)_s = -Ap; \quad \left(\frac{du}{dt}\right)_v = \gamma_v;$$

$$\left(\frac{du}{dv}\right)_t = AT\left(\frac{dp}{dt}\right)_v - Ap \cdots [95].$$

$$12)\quad \left(\frac{di}{ds}\right)_p = T, \quad \left(\frac{di}{dp}\right)_s = Av; \quad \left(\frac{di}{dt}\right)_p = \gamma_p;$$

$$\left(\frac{di}{dp}\right)_t = -AT\left(\frac{dv}{dt}\right)_p + Av \cdots [96]$$

$$13)\quad \left(\frac{d\gamma_v}{dv}\right)_t = AT\left(\frac{d^2p}{dt^2}\right)_v \cdots [92]; \quad \left(\frac{d\gamma_p}{dp}\right)_t = -AT\left(\frac{d^2v}{dt^2}\right)_p \cdots [93].$$

3. Graphische Darstellungen. Die technische Thermodynamik macht in ausgedehntestem Masse Gebrauch von graphischen Darstellungen, für welche meist ebene, rechtwinklige Koordinaten benutzt werden und zwar

im Spannungs- oder Arbeitsdiagramm v als Absc., p als Ordinate,
„ Entropie- „ Wärmediagramm s „ „ T „ „
„ Diagramm der Erzeugungswärme[4]) s „ „ i „ „

Bemerkenswerte Beziehungen bestehen zwischen dem Arbeits- und Wärmediagramm; einer Zustandsänderung 1—2 im ersteren (Fig. 1) entspricht eindeutig im Wärmediagramm eine Kurve 1′—2′ (Fig. 2); *Zeuner* nennt daher letztere die Abbildung der ersteren. Der Zusammenhang ist dadurch gegeben, dass aus der Zustandsgleichung 1) für jeden Punkt der Kurve 1—2 die Temperatur be-

4) Nach *Mollier* a. a. O. (Anm. 2) S. 285.

stimmt ist und dass daher aus der Verbindung der Wärmegleichung mit der Gleichung der inneren Arbeit für jeden Punkt in Fig. 1 die Entropie berechnet werden kann:

$$s = \int \frac{dq}{T} + \text{const.},$$

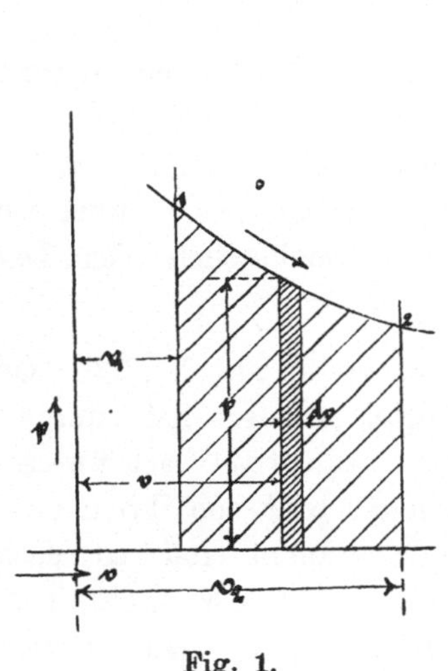

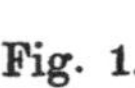

Fig. 1.

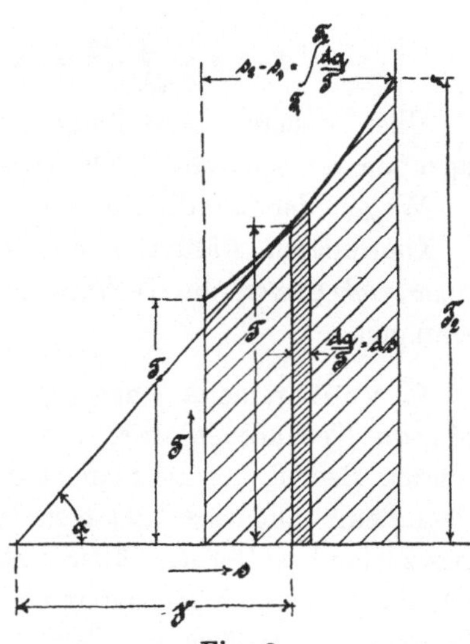

Fig. 2.

wobei die Konstante wegfällt, wenn man jedesmal den Nullpunkt von dem aus s gerechnet wird, geeignet wählt. Das Flächenelement in Fig. 1 stellt das Differential der äusseren Arbeit für die Gewichtseinheit dar, indem

$$pdv = dw; \quad \int pdv = w,$$

das Flächenelement der Fig. 2 dagegen entspricht dem zugeführten Wärmeelement, da ja:

$$Tds = T\frac{dq}{T} = dq; \quad \int T\frac{dq}{T} = q = A(u_2 - u_1) + Aw,$$

mithin stellt die Fläche zwischen der Abscissenaxe, den Endordinaten und der Kurve in Fig. 2 die gesamte von der Gewichtseinheit aufgenommene (oder abgegebene) Wärmemenge dar; das Vorzeichen wird so festgesetzt, dass ein Anwachsen der Entropie, also Wärmezufuhr von aussen, der Bewegung von links nach rechts entspricht.

Ausserdem besteht noch die Beziehung, dass in einem beliebigen Punkt des Wärmediagrammes die Subtangente gleich der spezifischen Wärme γ ist:

$$\gamma = \frac{dq}{dT} = \frac{Tds}{dT} = \frac{T}{\operatorname{tg}\alpha}.$$

Die Adiabaten und Isothermen erscheinen im Wärmediagramm als vertikale bezw. horizontale Gerade; wenn, wie dies bei technischen Anwendungen sehr häufig vorkommt, die Wärmezufuhr der Temperaturänderung proportional ist, hat man:

$$dq = \lambda \cdot dT$$

$$s = \int \frac{dq}{T} = \lambda \log T + \text{const.}\ ^{*)}$$

Über andere Darstellungsweisen, von welchen unser Wärmediagramm ein spezieller Fall ist, s. *Mollier*[5]).

Wegen der räumlichen Darstellung, bei welcher man z. B. p, v, T als Koordinaten wählen kann, verweisen wir auf den Artikel von *Kamerlingh-Onnes*; die Technik benutzt fast ausschliesslich ebene Darstellungen.

4. Vollkommene Gase (vgl. auch V 3, Art. *Bryan*, Nr. 22). Obwohl die Technik es war, welche die Mittel geliefert hat, um den früheren Begriff des permanenten Gases als unhaltbar nachzuweisen, indem heute alle Gase als mehr oder weniger weit von ihrem Sättigungszustand entfernte, überhitzte Dämpfe erkannt sind, so macht doch die technische Thermodynamik von den auf die Kontinuität des flüssigen und gasförmigen Zustandes aufgebauten, das ganze Bereich umfassenden Gleichungen von *van der Waals* u. a. bislang keinen Gebrauch. Das Genauigkeitsbedürfnis der Technik wird vollkommen befriedigt und gleichzeitig dem in technischen Anwendungen stets auftretenden Wunsch nach möglichst einfachen und durchsichtigen Beziehungen Rechnung getragen, wenn in hergebrachter Weise der Unterschied zwischen vollkommenen (permanenten) Gasen und überhitzten Dämpfen in den zu verwendenden Zustandsgleichungen festgehalten wird und für erstere mit dem vollen Bewusstsein der, für technische Zwecke eben belanglosen Ungenauigkeit das Gesetz von *Boyle* und *Gay-Lussac* in der klassischen Form

$$pv = BT$$

zur Anwendung kommt. Hierin ist B die sogenannte Gaskonstante, bei Mischungen $B_m = \frac{\Sigma(BG)}{\Sigma(G)}$.

Dieselbe ist umgekehrt proportional der Dichte oder dem Molekulargewicht μ des Gases[6]); setzt man also $B = R/\mu$, so ist R eine

---

*) „log" bedeutet hier und im Folgenden stets den natürlichen Logarithmus.

5) *R. Mollier*, Das Wärmediagramm, Berlin, bei Simion 1893.

6) Setzt man für Wasserstoff als Bezugsgas $B = B_0 = 422{,}85$ und $\mu = \mu_0 = 2$, so ist für ein beliebiges Gas

für alle Gase gemeinsame, universelle Konstante. Die Zustandsgleichung des Gases geht alsdann über in

$$pv\mu = RT,$$

d. h. bezogen auf eine Gewichtsmenge von so viel kg, als das Molekulargewicht angiebt (Kilogramm-Molekül), haben alle Gase eine und dieselbe Zustandsgleichung[7]).

Benutzt man in (11) die *Boyle-Gay-Lussac*'sche Gleichung als Zustandsgleichung zur Bestimmung des partiellen Differentialquotienten, so folgt für Gase:

$$\left(\frac{du}{dv}\right)_t = AT\left(\frac{dp}{dt}\right)_v - Ap = 0,$$

d. h. die innere Arbeit der vollkommenen Gase ist nur eine Funktion der Temperatur, was für die technischen Rechnungen im allgemeinen als genügend genau angesehen wird[8]).

Setzt man ferner für vollkommene Gase innerhalb mässiger Temperaturgrenzen $\gamma_v = \text{const.}$ und $\gamma_p = \text{const.}$, so ergeben sich der Reihe nach aus (8), (11) und (12) mit der Abkürzung $\gamma_p/\gamma_v = \varkappa$ die für technische Rechnungen benutzten Beziehungen:

$$\gamma_p - \gamma_v = AB = \gamma_v(\varkappa - 1) = \gamma_p\frac{\varkappa - 1}{\varkappa},$$

$$du = \gamma_v dT = \frac{A}{\varkappa - 1}d(pv),$$

$$di = \frac{A\varkappa}{\varkappa - 1}d(pv) = \gamma_p dT,$$

$$dq = \gamma_v dT + Apdv = \gamma_p dT - Avdp$$

$$= \frac{A}{\varkappa - 1}(vdp + \varkappa pdv)$$

und nach (9)

$$s = \gamma_v \log(pv^\varkappa) + \text{const.} = \gamma_v \log p + \gamma_p \log v + \text{const.},$$

$$= \gamma_v \log(Tv^{\varkappa-1}) + \text{const.} = \gamma_v \log T + AB \log v + \text{const.},$$

$$= \gamma_p \log \frac{T}{p^{\frac{\varkappa-1}{\varkappa}}} + \text{const.} = \gamma_p \log T - AB \log p + \text{const.}$$

$$\frac{B}{B_0} = \frac{\mu_0}{\mu}; \quad B = \frac{2 \cdot 422{,}85}{\mu} = \frac{845{,}7}{\mu},$$

wofür häufig mit praktisch genügender Annäherung gesetzt wird

$$B = \frac{2 \cdot 428}{\mu} \text{ oder, mit } A = \frac{1}{428}, \quad AB = \frac{2}{\mu}.$$

7) S. darüber z. B. *A. Stodola,* Z. d. Vereins Deutscher Ingenieure 42 (1898), p. 1045.

8) *W. Thomson* und *Joule* haben aus ihren Drosselungsversuchen mit Luft eine genauere Beziehung abgeleitet (s. Art. 3, Nr. **23**); auf dieselbe hat später *Linde* sein Verfahren zur Verflüssigung der Luft gegründet; vgl. diesen Art. Nr. **22**.

5. Zustandsänderungen der Gase. Alle technisch in Betracht kommenden Zustandsänderungen permanenter Gase lassen sich auf die Form der sogenannten polytropischen Kurve zurückführen, für welche, unter n einen beliebigen Exponenten verstanden,

$$pv^n = \text{const.}$$

Zur zeichnerischen Darstellung derselben sind zwei Methoden gebräuchlich. Entweder zieht man bei gegebenem Anfangszustand p_1, v_1 die unter dem Winkel α gegen die Abscissenaxe geneigte Gerade durch O, berechnet den Winkel β aus der Gleichung

$$1 + \operatorname{tg}\beta = (1 + \operatorname{tg}\alpha)^n$$

und zieht nun, wie die Fig. 3 zeigt, von den Punkten C und D ausgehend abwechselnd Senkrechte und unter 45^0 geneigte Linien, so

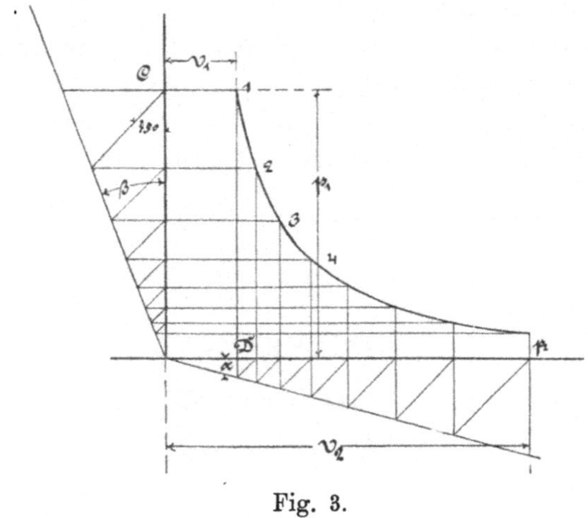

Fig. 3.

sind die Punkte 2, 3, 4 Punkte der Kurve (nach *Brauer*[9]). Oder man geht davon aus, dass

$$p_1 v_1^n = C, \quad p_2 v_2^n = C, \quad \text{also} \quad \sqrt{p_1 p_2} \cdot \left(\sqrt{v_1 v_2}\right)^n = C,$$

d. h. das geometrische Mittel je zweier zusammengehöriger Koordinaten liefert einen weiteren Punkt der Kurve, was seinen graphischen Ausdruck in dem Verfahren der Fig. 4 (nach *Tolle*[10]) findet.

Aus der Gleichung der Polytrope im Verein mit der *Gay-Lussac*schen Gleichung folgen unmittelbar die Beziehungen

$$T v^{n-1} = \text{const.}, \quad \frac{T}{p^{\frac{n-1}{n}}} = \text{const.},$$

9) *E. A. Brauer,* Z. d. Vereins Deutscher Ingenieure 29 (1885), p. 433.

10) *M. Tolle,* Z. d. Vereins Deutscher Ingenieure 38 (1894), p. 1456.

$$w = \int_{(1)}^{(2)} p\,dv = \frac{1}{n-1}(p_1 v_1 - p_2 v_2) = \frac{B}{n-1}(T_1 - T_2),$$

$$Aw = \gamma_v \frac{\varkappa - 1}{n-1}(T_1 - T_2),$$

$$q = \gamma_v (T_2 - T_1) + Aw = \gamma_v (T_2 - T_1)\left(1 - \frac{\varkappa - 1}{n-1}\right)$$

$$= \gamma_v \frac{n-\varkappa}{n-1}(T_2 - T_1) = \gamma_n (T_2 - T_1),$$

$$\gamma_n = \gamma_v \frac{n-\varkappa}{n-1}.$$

Die Beziehung zwischen Temperatur und Volumen $Tv^{n-1} = \text{const.}$ führt sofort auf die graphische Darstellung des Verlaufes der Temperaturen durch die sogenannte *Charakteristik*, eine polytropische Kurve mit einem um 1 kleineren Exponenten, deren Konstruktion aus Fig. 5 hervorgeht. Man projiziert alle Kurvenpunkte durch Horizontale auf

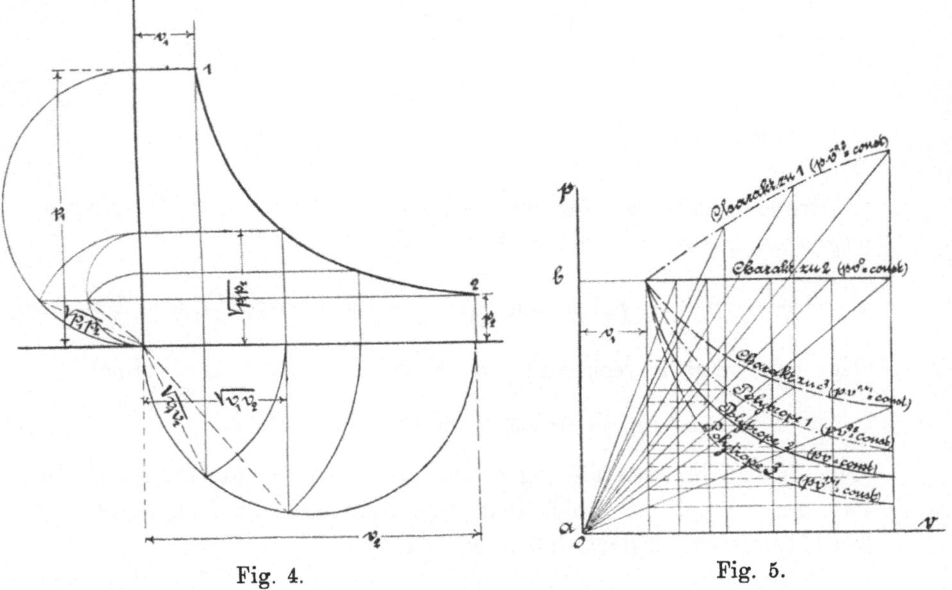

Fig. 4. Fig. 5.

die zur Abscisse v_1 gehörige Ordinate p_1 und zieht durch die erhaltene Punktreihe ein Büschel aus O; dessen Schnittpunkte mit den zugehörigen Ordinaten liegen auf der gesuchten Kurve $pv^{n-1} = \text{const.}$, deren Ordinaten in dem Massstab $ab = T_1$ die Temperaturen darstellen. (Bei konstanter Temperatur z. B. geht die Charakteristik in eine horizontale, die Polytrope in eine gleichseitige Hyperbel über.)

Häufig liegt bei Anwendungen ein Diagramm, wie solche durch

besondere Instrumente (Indikatoren) an Maschinen aufgenommen werden, in natura vor und es handelt sich um die Bestimmung des Exponenten n der als Polytrope vorausgesetzten Kurve. Das Diagramm giebt den thatsächlichen Zusammenhang zwischen dem Gesamtvolumen V des Arbeitsstoffes und seinem Druck p an. Man verfährt dabei entweder nach Fig. 6 mit Hilfe des Planimeters; zufolge der Gleichung der

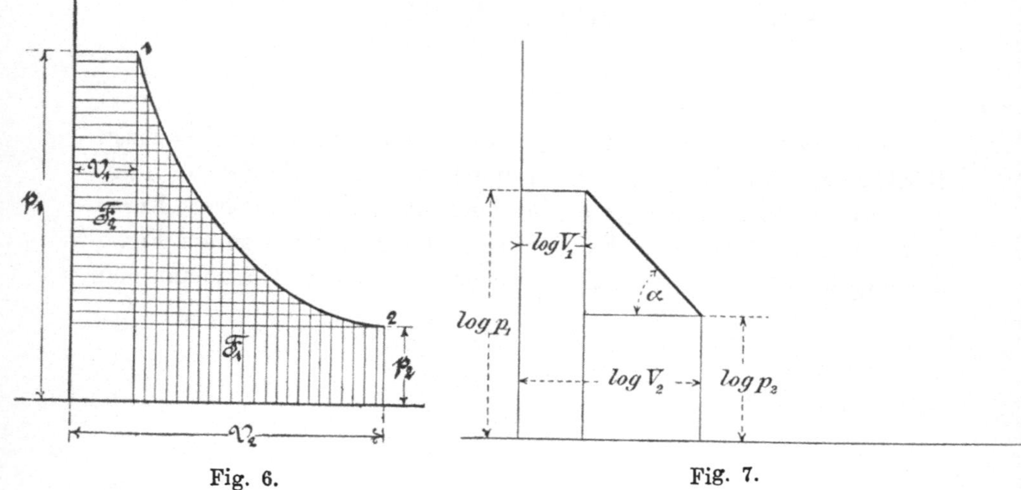

Fig. 6. Fig. 7.

Polytrope erhält man für die zwischen der Kurve und den Koordinatenaxen gelegenen Flächen F_1 und F_2:

$$F_1 = \frac{1}{n-1}(p_1 V_1 - p_2 V_2) \text{ und } F_2 = \frac{n}{n-1}(p_1 V_1 - p_2 V_2), \text{ also } \frac{F_2}{F_1} = n.$$

Oder man trägt in rechtwinkligen Koordinaten nach der Formel

$$n \log V_2 + \log p_2 = n \log V_1 + \log p_1$$

(Fig. 7) als Abscissen die $\log V$ und als Ordinaten die $\log p$ auf; im Fall einer Polytrope erhält man eine Gerade, deren Neigungswinkel den Exponenten ergiebt, indem $n = \operatorname{tg} \alpha$.

Sehr einfach ist die Abbildung der Polytrope im Wärmediagramm, indem

$$s = \int \frac{dq}{T} = \gamma_n \log \frac{T_2}{T_1}$$

wird (Fig. 8). Die Subtangente der Kurve ist nach früherem $= \gamma_n$, also constant.

Wenn n spezielle Werte annimmt, so ergeben sich alle technisch wichtigen besonderen Zustandsänderungen, z. B.

für $n = \mp \infty$ die Zustandsänd. bei const. Volumen; $\gamma_n = \gamma_v$,
$n = 0$ „ „ „ „ Druck; $\gamma_n = \gamma_p$,
$n = 1$ „ „ const. Temperatur (Isotherme),
$n = 1{,}41 = k$, adiabatische Zustandsänd. $\gamma_n = 0$.

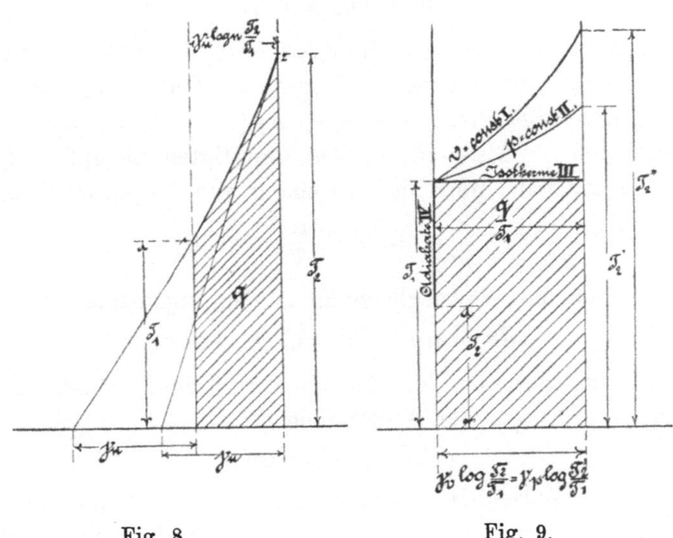

Fig. 8. Fig. 9.

Im Wärmediagramm entsprechen diesen vier Fällen die charakteristischen Kurven I—IV (Fig. 9).

6. Gesättigte Dämpfe (vgl. auch V 3, Art. *Bryan*, Nr. 23). Da in dem Zustand der Sättigung bei einer verdampfenden oder sich kondensierenden Flüssigkeit sowohl die Temperatur als auch das spezifische Volumen des dampfförmigen wie des flüssigen Teiles erfahrungsgemäss Funktionen des Druckes allein sind, so kommt eine Zustandsgleichung wie für die Gase hier nicht in Frage; die genannten Funktionen des Druckes werden in der technischen Thermodynamik gewöhnlich nicht in analytischer sondern in Tabellenform gegeben und zwar mittelst der nach *Regnault*'s Versuchen berechneten *Zeuner*schen Dampftabellen. Neben dem Druck führt man als zweite unabhängige Veränderliche in der Regel den spezifischen Dampfgehalt x (Dampfgewicht dividiert durch Gesamtgewicht von Dampf und Flüssigkeit) ein. Man bezeichnet als „nassen Dampf“ ein Gemisch von Dampf und Flüssigkeit in gesättigtem Zustand, für welches das specifische Volumen durch die Beziehung gegeben ist:

$$v = x(v' - v'') + v''$$

mit den Grenzwerten

$$v = v'' \text{ für } x = 0 \quad \text{(Flüssigkeit)},$$
$$v = v' \quad \text{„} \quad x = 1 \quad \text{(trocken gesättigter Dampf)}.$$

Die Gleichung für die innere Arbeit lautet dann

$$du = dq_p + d(x\lambda_i),$$
$$u = q_p + x\lambda_i,$$

wobei die Konstante dadurch eliminiert wird, dass alle Wärmemengen von 0° C. ab gezählt werden. (Wegen der Bedeutung von q_p, λ_i, λ sowie wegen der Beziehung $\lambda = \lambda_i + Ap(v' - v'')$ vgl. den Abschnitt „Bezeichnungen".) Als weitere, den gesättigten Dämpfen eigentümliche Gleichung tritt hinzu die Gleichung von *Clapeyron-Clausius*:

$$\frac{\lambda}{v' - v''} = AT\frac{dp}{dT} \cdots [138]$$

und schliesslich die Wärmegleichung in der allgemeinen Form:

$$dq = dq_p + d(x\lambda_i) + Ap\,dv;$$

für Wasser im speziellen, die technisch wichtigste Flüssigkeit, kann innerhalb der Grenzen der Anwendung

$$v'' = 0{,}001 = \text{const.}$$

gesetzt werden, sodass $dv = d(x(v' - v''))$ wird. Damit ergiebt sich für dq weiter, wenn man noch $Apdv = Ad(pv) - Avdp$ setzt:

$$dq = dq_p + d(x \cdot \lambda_i) + Ad(x \cdot p[v' - v'']) - Ax(v' - v'')dp$$

und mit Benützung der Beziehung $\lambda = \lambda_i + Ap(v' - v'')$

$$dq = dq_p + d(x\lambda) - Ax(v' - v'')dp.$$

Das letzte Glied lässt sich mit Benützung der Gleichung von *Clapeyron-Clausius* schreiben:

$$Ax(v' - v'')dp = \frac{x \cdot \lambda}{T} \cdot dT$$

und nach leichter Umformung hieraus:

$$dq = dq_p + T \cdot d\left(\frac{x\lambda}{T}\right),$$

eine Form der Wärmegleichung, die zuerst von *Clausius* gegeben wurde und sich sehr gut zur Berechnung der Entropie der gesättigten Dämpfe eignet, indem

$$\frac{dq}{T} = ds = \frac{dq_p}{T} + d\left(\frac{x\lambda}{T}\right)$$

$$s = \int_{273}^{T} \frac{dq_p}{T} + \frac{x\lambda}{T} = s'' + x(s' - s'') \ldots [140]$$

wobei s'' die Entropie der Flüssigkeit und s' diejenige des ganzen kg (Gemisch von Dampf und Flüssigkeit) bezeichnet.

Endlich wird die Erzeugungswärme bei konstantem Druck pro 1 kg des Gemisches:

$$i = q_p + x\lambda.$$

Alle Eigenschaften der gesättigten Dämpfe, welche für die tech-

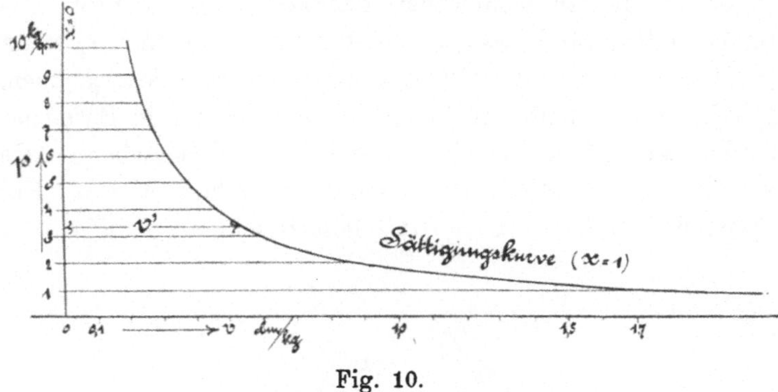

Fig. 10.

nische Thermodynamik in Betracht kommen, lassen sich mit Hilfe einer graphischen Darstellung sowohl im pv-Diagramm als im Ts-Diagramm ableiten; charakteristisch für diese Körper sind vor allem

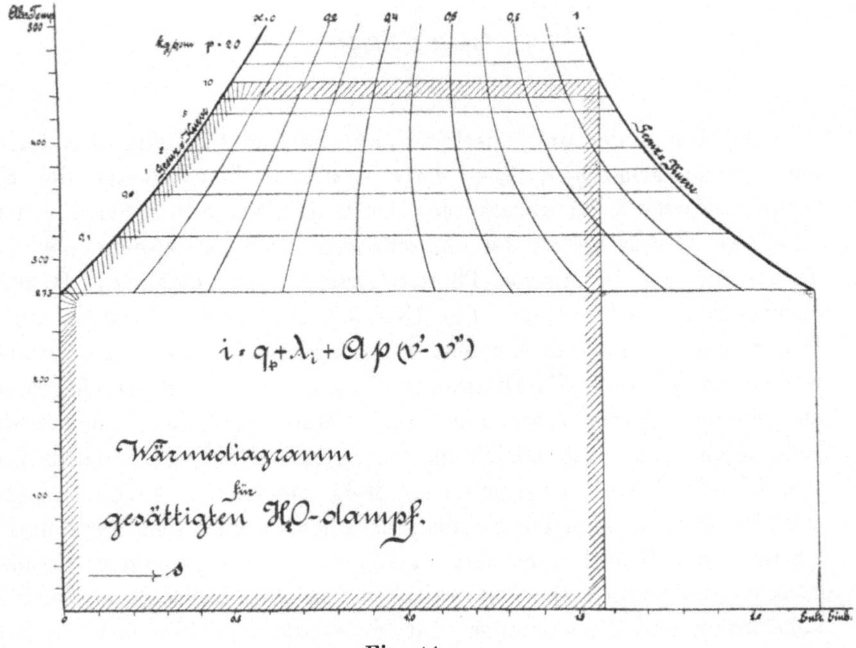

Fig. 11.

in beiden Diagrammen die sogenannten *Grenzkurven* oder *Sättigungskurven*, welche erhalten werden, wenn man einmal für gesättigte Flüssigkeit ($x = 0$) und sodann für trockenen gesättigten Dampf ($x = 1$) den geometrischen Ort der zusammengehörigen Werte von p und v beziehungsweise von T und s darstellt — wozu die erwähnten Dampftabellen das erforderliche Zahlenmaterial, die unentbehrliche Grundlage der ganzen technischen Thermodynamik, liefern. Die Fig. 10 und 11 stellen für Wasser die betreffenden Kurven dar; für $x = 0$ fällt die Grenzkurve in Fig. 10 mit der Ordinatenaxe zusammen, weil v'' bei Wasser innerhalb der für gesättigten Dampf in Betracht kommenden Drücke so klein ist, dass es sich der zeichnerischen Darstellung entzieht; in Fig. 11 ist die Ordinatenaxe so gelegt, dass die Entropie des flüssigen H_2O bei 0^0 C. = Null gesetzt ist.

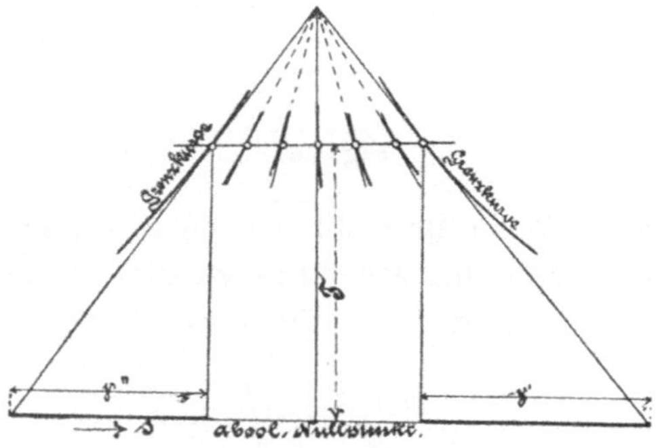

Fig. 12.

Der Inhalt der umränderten Fläche in Fig. 11 stellt in Kalorien die Gesamtwärme $q_p + \lambda_i + Ap(v' - v'')$ beziehungsweise die Erzeugungswärme i bei konstantem Druck dar; trägt man den Flächeninhalt als Ordinate i zu dem betreffenden s auf, so ergiebt sich das dritte, für die technische Thermodynamik der gesättigten Dämpfe charakteristische Diagramm Fig. 13 (nach *Mollier*[11])). In jedes dieser Diagramme ist ein Netz von Kurven konstanten Druckes eingezeichnet, welche im pv- und Ts-Diagramm als horizontale, im si-Diagramm als geneigte Gerade erscheinen; für letztere wird die Tangente des Neigungswinkels nach Gleichung (12) gleich T. Ebenso leicht lässt sich in jedes dieser Diagramme ein Netz von Kurven konstanter spezifischer Dampfmenge einzeichnen, da solche immer den horizontalen Abstand der Grenzkurven (im si-Diagramm die geneigten geraden Strecken konstanten Druckes zwischen den Grenzkurven) in gleichem konstantem Verhältnis x teilen. Infolge dessen schneiden sich die Tangenten im Ts-Diagramme (vgl. Fig. 11 oder Fig. 12, welche eine etwas

11) *R. Mollier,* Neue Diagramme zur technischen Wärmelehre, Z. d. Vereins Deutscher Ingenieure 48 (1904), p. 271.

abgeänderte Wiederholung von Fig. 11 darstellt) an alle Kurven konstanter Dampfmenge für einen bestimmten Druck in einem Punkte, wodurch sofort (als Subtangenten) die spezifischen Wärmen auf den Kurven konstanter spezifischer Dampfmenge gegeben sind, da $\gamma_x = \left(\frac{dq}{dT}\right)_x$. Man sieht auch, dass beim Durchlaufen aller Werte von x auf einer Kurve konstanten Druckes (oder konstanter Temperatur) die spezifische Wärme ihr Vorzeichen wechselt, um in dem Fusspunkte des

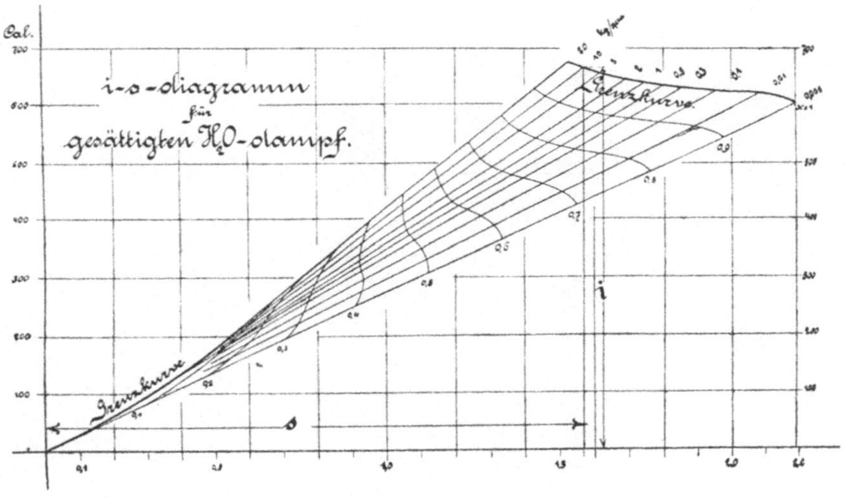

Fig. 13.

Lotes aus dem gemeinsamen Tangentenschnittpunkte zu Null zu werden. Der geometrische Ort dieser Fusspunkte heisst daher die *Nullkurve.* Man erkennt ferner aus dem Diagramm Fig. 12 ohne weiteres, dass bei Wasser γ' negativ ist, mit steigender Temperatur aber gegen Null hin wächst.

Äusserst einfach gestaltet sich im Wärmediagramm die Verfolgung der Vorgänge bei adiabatischer Expansion oder Kompression von gesättigtem Dampf — die Vertikalen zeigen sofort die dabei auftretenden Änderungen der spezifischen Dampfmenge; man sieht in Fig. 11, welchen Einfluss die anfängliche spezifische Dampfmenge auf den Umstand hat, ob im Verlauf der adiabatischen Expansion Verdampfung oder Kondensation eintritt u. s. w.

Den Vorgang der Abbildung eines pv-Diagrammes in das System des Ts Diagrammes hat *Boulvin*[12]) in sehr eleganter und höchst einfacher Weise in ein und demselben Axenkreuz durchgeführt mit Be-

12) *J. Boulvin,* Cours de mécanique appliquée, Paris 1893, fasc. 3, p. 76. Vgl. auch Revue de mécanique 1900.

nutzung der Spannungskurve $p = f(T)$, sodass die Übertragung mit dem Lineal allein ausgeführt werden kann (s. Fig. 14).

Im oberen Quadranten rechts ist das Wärmediagramm verzeichnet, für Wasserdampf so, dass die Temperatur 0° C. mit der horizontalen

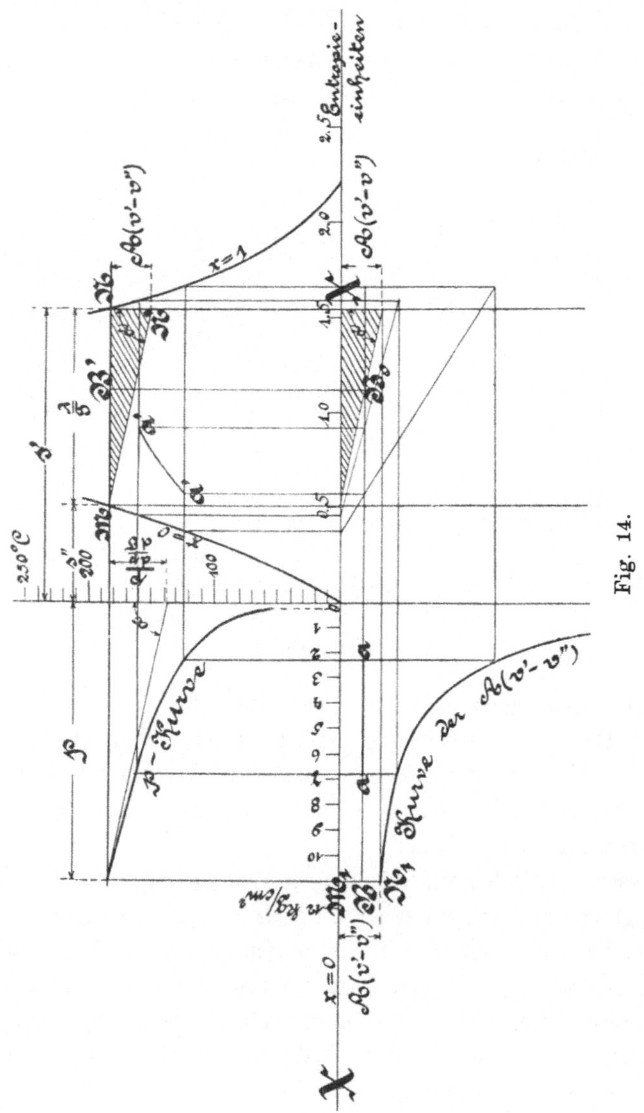

Fig. 14.

Axe X—X zusammenfällt. Im zweiten Quadranten (oben links) wird die Spannungskurve $p = f(T)$ eingetragen; zieht man eine beliebige Horizontale M—N und legt durch den Punkt M derselben (auf der Grenzkurve $x = 0$ gelegen) eine Parallele zur Tangente an die Spannungskurve, so schneidet diese auf der Vertikalen durch N eine Strecke ab, welche $= A(v' - v'')$; es ist nämlich

$$\operatorname{tg} \alpha = \frac{dp}{dT} = \frac{\lambda}{T} : A(v' - v'')$$

oder $$\frac{\lambda}{v' - v''} = AT \cdot \frac{dp}{dT} \text{ (Gleichung von } \textit{Clapeyron-Clausius}).$$

Legt man das Dreieck MNN', wie die Schraffur andeutet, an die Axe $X—X$ an und überträgt man die Strecke $A(v' - v'')$ in den dritten Quadranten (links unten) als Abscisse zur Ordinate p, so erhält man die Kurve der $A(v' - v'')$. Wegen der ausserordentlichen Kleinheit von v'' bei Wasser kann man die Ordinatenaxe dieser Kurve, welche eigentlich um Av'' über der Axe $X—X$ liegt, zeichnerisch gar nicht von letzterer unterscheiden und es stellt somit die Kurve der $A(v' - v'')$ nichts anderes dar als die Sättigungskurve ($x = 1$) im Koordinatensystem p, v; sie entspricht der rechten Grenzkurve $x = 1$ im Wärmediagramm, während der Grenzkurve $x = 0$ des letzteren die Axe $X—X$ entspricht. Sucht man nun zu irgend einem Punkt B im Spannungsdiagramm den entsprechenden Punkt B' im Wärmediagramm, so hat man nur zu beachten, dass demselben ein bestimmter Wert der spezifischen Dampfmenge x zugehört, d. h., dass B' die Strecke $M—N$ im gleichen Verhältnis teilen muss, wie B die Strecke $M_1—N_1$; durch Ziehen der Geraden $B—B_0—B'$ ist also B, d. h. ein beliebiger Punkt im Sättigungsgebiet des Spannungsdiagramms, in das Wärmediagramm übertragen. Irgend eine Kurve, welche im Spannungsdiagramm gezeichnet vorliegt, z. B. die Linie konstanten Volumens $a—a$, lässt sich so punktweise, wie angedeutet, ins Wärmediagramm (Linie $a'—a'$) umsetzen. Dabei ist einleuchtend, dass die Zeichnung der Tangenten an die Spannungskurve beziehungsweise der Parallelen dazu gar nicht nötig ist — die Methode bleibt richtig, auch wenn die Sättigungskurve im p, v-System in irgend einem beliebigen Massstab (durch Auftragen der den Tabellen zu entnehmenden Werte $v' - v''$ gezeichnet wurde.

Die Darstellungsweise der Eigenschaften der gesättigten Dämpfe durch ihr Wärmediagramm giebt auch sehr anschaulichen Aufschluss über das Verhalten im kritischen Punkt und seiner Umgebung, für welchen $\left(\frac{dv}{dt}\right)_p = \infty$, $\left(\frac{dv}{dp}\right)_t = \infty$, $\left(\frac{ds}{dt}\right)_p = \infty$, $\gamma_p = \infty$. Für die *technisch* zur Zeit allein in dieser Region in Betracht kommende CO_2 nehmen die Grenzkurven im pv- und Ts-System folgende Gestalt an[13]) (Fig. 15 und Fig. 16):

13) Nach *R. Mollier*, Zeitschr. f. d. ges. Kälteindustrie 1896, p. 65; s. auch Z. d. Vereins Deutscher Ingenieure 48 (1904), p. 271.

Kr. Pkt.
Spannungs-
diagramm für
CO_2.
x=0
v''
v'
x=1
p
v cbm/kg

Fig. 15.

Kr. Pkt.
60 kg/qcm
Wärmedia-
gramm für
CO_2.

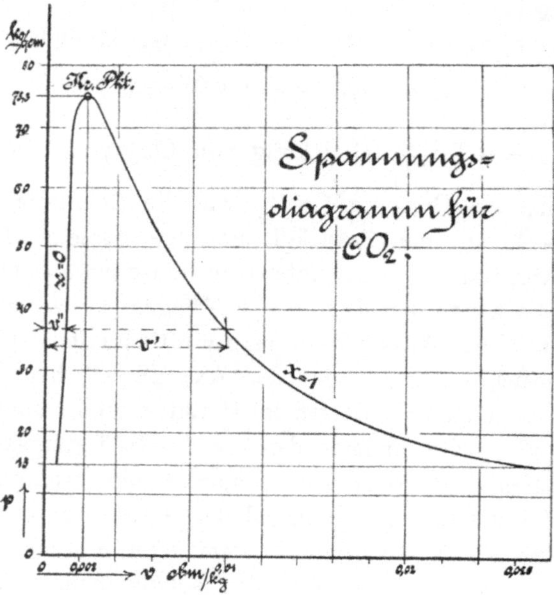

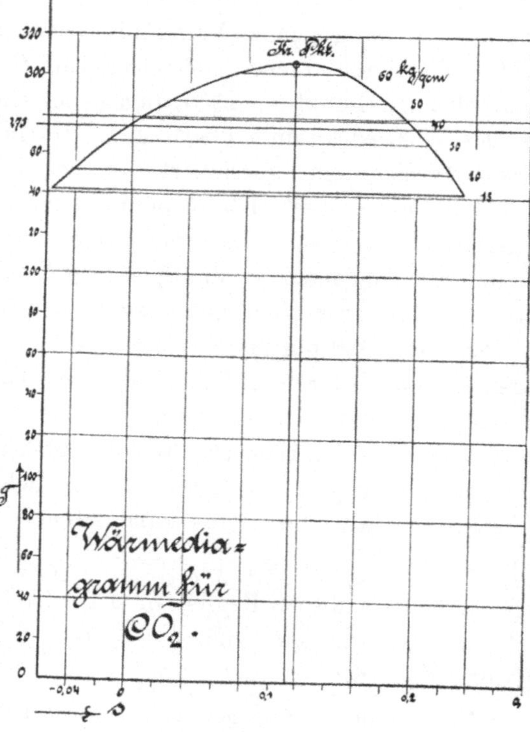

Fig. 16.

7. Überhitzte Dämpfe. Für *technische Zwecke* ist[14]) festzuhalten, dass die Zustandsgleichung der überhitzten Dämpfe nur dann brauchbar ist, wenn sie in einfacher Weise zu gegebenem p und T das Volumen zu berechnen gestattet; dies gilt von der, in der technischen Thermodynamik bislang am häufigsten verwendeten *Zeuner*'schen Gleichung[15]), welche für Wasserdampf in der Absicht aufgestellt ist, einerseits noch für die Grenzkurve $x = 1$ die Beobachtungswerte richtig wiederzugeben und andererseits die technisch verwerteten, höchstens 500° C. erreichenden Überhitzungen mit zu umfassen. Die Gleichung lautet

$$pv = BT - Cp^{\frac{n-1}{n}} \quad (\textit{Zustandsgleichung}),$$

wo B, C und n die Konstanten des Dampfes sind. Man kann die beiden letzteren aus der Gleichung eliminieren, wenn man dafür die zum Drucke p gehörige Sättigungstemperatur T' und das zu p gehörige spezifische Volumen v' im gesättigten Zustande einführt. Schreibt man nämlich die obige Gleichung einmal für überhitzten Dampf, das andere Mal für gesättigten Dampf hin, wobei in Betracht kommt, dass dieselbe ja den letzteren Zustand noch mit umfassen soll, und subtrahiert beide von einander, so ergiebt sich:

$$v = v' + \frac{B}{p}(T - T').$$

Für die Dampfkonstante B folgt hieraus die Bedeutung

$$B = p\left(\frac{\partial v}{\partial t}\right)_p.$$

Die oben benutzte Konstante n hat für Wasserdampf den Wert 4/3.

Der Zuwachs der inneren Arbeit berechnet sich nach *Zeuner*[16]) zu

$$du = \frac{d(pv)}{n-1}.$$

Ferner ist die Erzeugungswärme bei konstantem Druck

$$i = q_p + \lambda + \gamma_p(T' - T),$$

und die Wärmegleichung

14) Die Experimentalphysik ist gegenwärtig (1904) am Werke, unsere noch sehr lückenhaften Kenntnisse in Bezug auf das Verhalten der überhitzten Dämpfe zu vervollständigen, namentlich in Bezug auf Zustandsgleichung und spezifische Wärme (letztere in Abhängigkeit von Temperatur und Druck) — die Rücksicht auf den Raum verbot hier, über das im Text gegebene hinauszugehen.

15) *Zeuner,* Techn. Thermodynamik 2, Leipzig 1901, p. 221.

16) Ebenda, p. 213 ff.

$$
\begin{aligned}
dq &= \frac{A}{n-1}(v\,dp + np\,dv)\\
&= \gamma_v\left(dT + (n-1)\,T\frac{dv}{v}\right)\\
&= \gamma_p\left(dT - \frac{n-1}{n}\,T\frac{dp}{p}\right).
\end{aligned}
$$

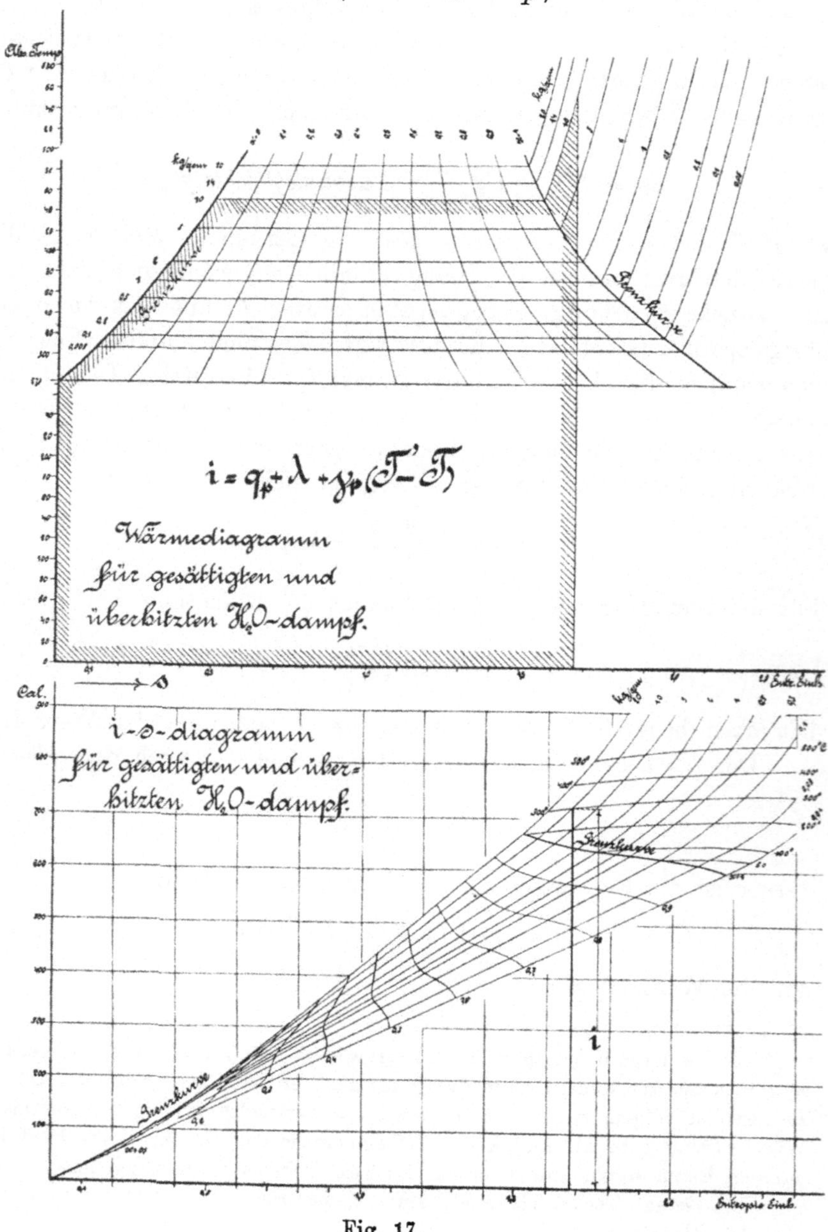

Fig. 17.

Zur Ableitung der Entropie kann man wieder von der Grenzkurve ausgehen und den Zuwachs der Entropie gegenüber dem gesättigten Zustande berechnen, indem man entweder den Druck oder das Volumen konstant hält. Mit konstanten Werten von γ_v und γ_p hat man dann

$$\text{(a)} \quad s = s' + \gamma_p \log \frac{T'}{T} \quad \text{oder} \quad \text{(b)} \quad s = s' + \gamma_v \log \frac{T'}{T};$$

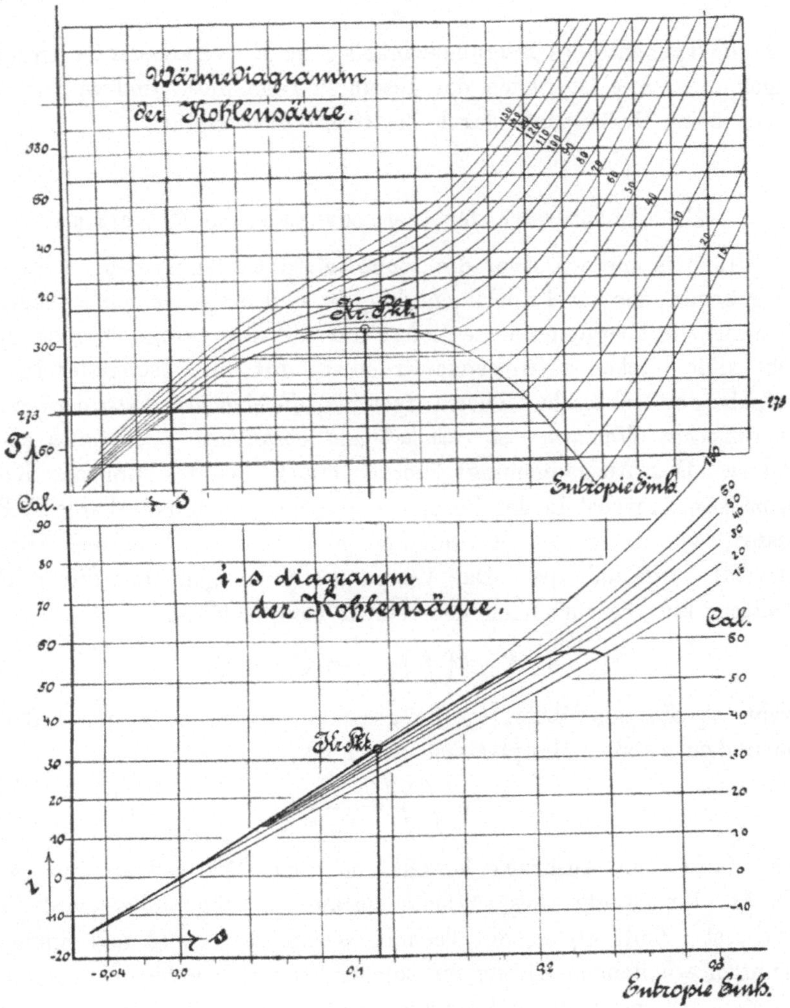

Fig. 18.

in der technischen Thermodynamik benutzt man einfach das Wärmediagramm, in welches die Kurven konstanten Druckes nach der vorstehenden Formel (a) eingezeichnet werden. Für H_2O-Dampf ist dies in Fig. 17, für CO_2 in Fig. 18 geschehen; beidemal ist das zugehörige *is*-Diagramm hinzugefügt. Fig. 17 schliesst sich an Fig. 11 und 13, Fig. 18 an Fig. 16 an. Was die *is*-Diagramme betrifft, so beachte man, dass in ihnen die Kurven konstanten Druckes beim Übergange aus dem Sättigungszustand in das Gebiet der Überhitzung keine Diskontinuität der Tangentenrichtung zeigen; es ist nämlich nach Gl. (12)

$$\left(\frac{\partial i}{\partial s}\right)_p = T,$$

d. h. die Tangente des Neigungswinkels einer Kurve konstanten Druckes gegen die s-Axe ist gleich der absoluten Temperatur und verhält sich daher beim Durchgange durch die Grenzkurve stetig.

II. Kreisprozesse der thermodynamischen Maschinen.

8. Allgemeines über die technischen Kreisprozesse. Alles vorhergehende, aus der Experimentalphysik und der allgemeinen Thermodynamik herübergenommene liefert nur die notwendige, freilich noch sehr viele Lücken aufweisende Grundlage für die Lösung der Hauptaufgabe der technischen Thermodynamik, *die Arbeitsprozesse der thermodynamischen Maschinen so rationell und vorteilhaft als möglich zu gestalten.* Den Ausgangspunkt hierfür bildet das Studium des Kreisprozesses, zunächst in der Form des allgemeinen, umkehrbaren[17]) Prozesses, wie er in den Koordinaten p, V und T, S in den Fig. 19 und 20 dargestellt ist. Das Wesen desselben geht aus dieser Darstellung klar hervor: nach dem ersten Hauptsatz ist

$$AW = \left(\int\right) dQ = Q_1 - Q_2,$$

wenn Q_1 die zugeführte, Q_2 die gesamte entzogene Wärme bedeutet, nach dem zweiten Hauptsatz dagegen ist

$$\left(\int\right) \frac{dQ}{T} = 0,$$

was darin zum Ausdruck kommt, dass das Wärmediagramm, wenn Punkt für Punkt des Arbeitsdiagrammes abgebildet wird, sich schliesst. Soll, wie es die Technik verlangt, *dauernd* mit einem beliebigen arbeitenden Körper ein solcher Prozess beliebig oft ausgeführt werden, so muss einer Volumvergrösserung bei hohem Druck (ge-

17) Die Umkehrbarkeit des Prozesses, die in Wirklichkeit nicht statt hat, wird bei den allgemeinen Überlegungen im Sinne einer Idealisierung und Vereinfachung des Problems stets vorausgesetzt. Man denkt also bei diesen Überlegungen nicht eigentlich an die wirklichen Prozesse in den Maschinen, sondern an ideale Grenzfälle derselben.

leistete Expansionsarbeit) eine Volumverminderung bei niederem Druck (aufgewendete Kompressionsarbeit) beziehungsweise einer Wärmezufuhr bei höherer Temperatur eine Wärmeentziehung bei niederer Temperatur gegenüberstehen — die gewonnene Arbeit ist immer die *Differenz* von positiver und negativer Arbeit, ihr Wärmeäquivalent die *Differenz* zwischen zugeführter und entzogener Wärme.

Denkt man sich die Richtung, in der der Prozess durchlaufen wird (in der Fig. 19 und 20 durch Pfeile angedeutet), *umgekehrt*, so ist auch das Resultat das entgegengesetzte: es wird nicht Arbeit gewonnen, sondern es muss solche aufgewendet werden, die sich in

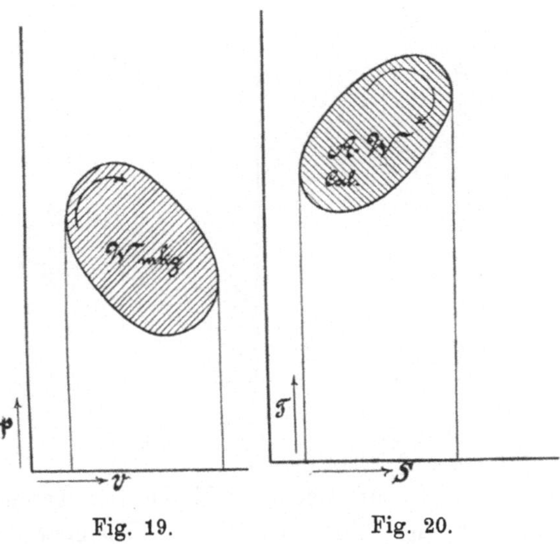

Fig. 19. Fig. 20.

Wärme verwandelt und, zu der zugeführten Wärme addiert, bewirkt, dass bei höherer Temperatur eine grössere Wärmemenge abgegeben wird als bei niederer Temperatur aufgenommen wurde. Während der direkte Prozess in den *Wärmekraftmaschinen* verwirklicht wird, bezieht sich der umgekehrte auf die *Kältemaschinen* (bei welchen der Hauptnachdruck auf der Wärmezufuhr bei *niederer* Temperatur liegt). Kennzeichnend für die Ökonomie des Prozesses ist im einen wie im andern Falle der *Wirkungsgrad*, d. h. das Verhältnis des Erzeugnisses der Maschine (bei den Wärmekraftmaschinen: mechanische Arbeit; bei der Kältemaschine: erzeugte Kälte) zu dem dafür zu leistenden Aufwand (bei der Wärmekraftmaschine: zugeführte Wärme; bei der Kältemaschine: aufgewendete mechanische Arbeit); der Prozess ist jederzeit so zu leiten, dass der Wirkungsgrad unter den gegebenen Bedingungen ein Maximum wird.

9. Die Wärmekraftmaschinen und ihr Wirkungsgrad. Eine allgemeine Formulierung der Bedingungen des maximalen Wirkungsgrades gewinnt man durch Zerlegung des Diagrammes in Elementarprozesse besonderer Art, wie sie von *Carnot* betrachtet worden sind[18]); man legt eine Schar von unendlich benachbarten adiabatischen Kurven durch das Diagramm (vgl. Fig. 21 und 22) und denkt sich mit verschwindend kleinem Fehler die Stücke der Diagrammkurve zwischen je zwei aufeinander folgenden Adiabaten durch unendlich kleine Stücke

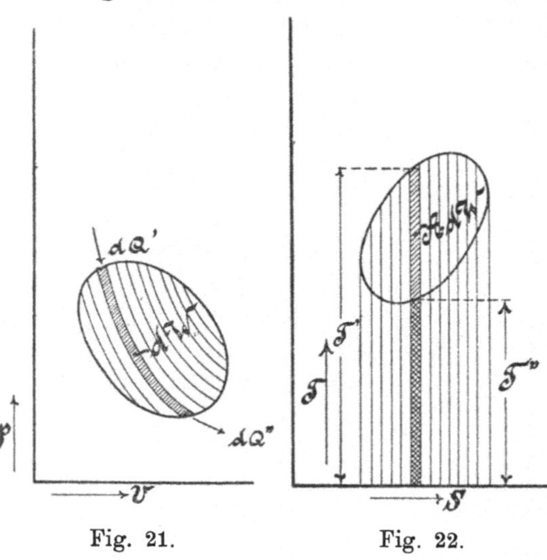

Fig. 21. Fig. 22.

von Isothermen ersetzt, auf welchen z. B. bei der Temperatur T' das Wärmeelement dQ' zugeführt, bei T'' das Element dQ'' abgeleitet wird. Für einen solchen elementaren *Carnot*'schen Prozess gilt die Beziehung für den Wirkungsgrad (vgl. Art. 3, Nr. 7):

$$\eta = \frac{T' - T''}{T'}, \quad A\,dW = \frac{dQ'}{T'}(T' - T'');$$

hieraus leitet man als Grundregel für Wärmekraftmaschinenprozesse ab: *Jedes zugeführte Wärmeelement muss bei der höchstmöglichen Temperatur zugeführt, jedes abzuleitende bei möglichst tiefer Temperatur abgeleitet werden.*

Danach ergiebt sich die Bedeutung des zweiten Hauptsatzes für die Technik, indem er darüber aufklärt, wie ein Kreisprozess mit Rücksicht auf ökonomische Verwertung der Wärme eingerichtet werden

18) *Sadi Carnot,* Reflexions sur la puissance motrice du feu 1824. Wiederabdruck 1878 Paris, Gauthier-Villars. Auch in *Ostwald*'s Klassikern, Nr. 37, Leipzig 1892.

muss und welchen Grenzwert die überhaupt mögliche Ausnützung einer gegebenen Wärmemenge besitzt. Von besonderer Wichtigkeit ist die mit Hilfe des zweiten Hauptsatzes für einen *Carnot*'schen Elementarprozess gewonnene Einsicht, dass das Wärmeäquivalent der nach aussen abgegebenen Arbeit dW ein Produkt aus zwei Faktoren ist: Entropie $\left(\frac{dQ}{T}\right)$ mal Temperaturdifferenz $(T_1 - T_2)$. Man kann dies so aussprechen: Die aus Wärme zu gewinnende mechanische Energie hat zwei Faktoren, einen *Extensitäts-* und einen *Intensitätsfaktor*; denkt man sich im Wärmediagramm die in der Natur ein für allemal fest gegebene tiefste Temperatur T_2 eingetragen und zählt man die Ordinaten von dieser Axe aus, so ist der geometrische Ort aller Punkte, welche gleichen Arbeitsleistungen entsprechen, eine gleichseitige Hyperbel; einer Abnahme des Intensitätsfaktors entspricht bei festgehaltener Arbeitsleistung eine solche Zunahme des Extensitätsfaktors, dass das Produkt das gleiche bleibt.

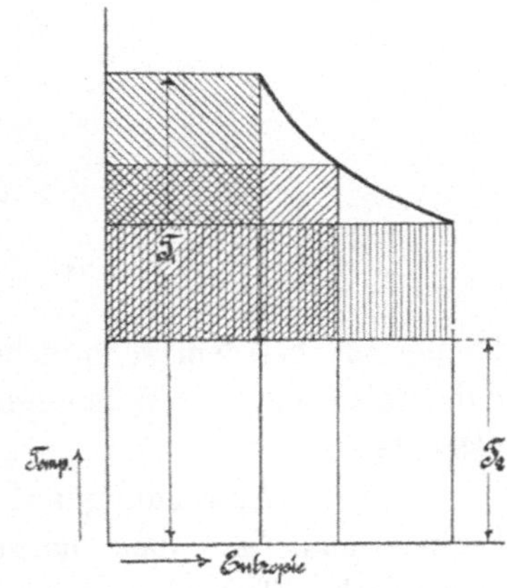

Fig. 23.

In Fig. 23 sind drei endliche *Carnot*'sche Prozesse von der gleichen Arbeitsleistung eingetragen, die sich also im Wärmediagramm der Fig. 23 durch inhaltsgleiche Rechtecke darstellen; allein diese verschiedenen, endlichen *Carnot*'schen Prozesse sind nicht etwa *gleichwertig*, denn der Wirkungsgrad nimmt mit zunehmendem Extensitätsfaktor ab, weil

$$\eta = \frac{T_1 - T_2}{(T_1 - T_2) + T_2} = \frac{1}{1 + \frac{T_2}{T_1 - T_2}}.$$

Ist also, wie angenommen, T_2 gegeben, so wird der Wirkungsgrad desjenigen *Carnot*'schen Prozesses am günstigsten, für den T_1 möglichst gross ist. In Fig. 23 ist dies derjenige Prozess, der durch das Rechteck von grösster Höhe dargestellt wird.

Aus Fig. 24 und 25 ist leicht ersichtlich, dass und warum irgend ein Kreisprozess (1 — 2 — 3 — 4 — 1), bei welchem während des Überganges von T_1 nach T_2 die Entropie sich verändert, einen kleineren Wirkungsgrad haben muss als ein Prozess, bei welchem sie konstant bleibt, d. h. als ein Prozess mit adiabatischem Übergang. Nimmt die Entropie auf dem Wege 1 — 2 zu (Fig. 24), so wird bei gleicher zugeführter Wärme ($a4bca = a412da$) die entzogene Wärme bei einem *Carnot*'schen Prozess ($a3b'ca$) kleiner, als bei dem Prozess mit zunehmender Entropie ($a32da$), daher der Wirkungsgrad des letzteren kleiner; bei abnehmender Entropie (Fig. 25) auf dem Wege 1—2 wird bei gleicher zugeführter Wärme ($a41ba$) die Arbeit (34123)

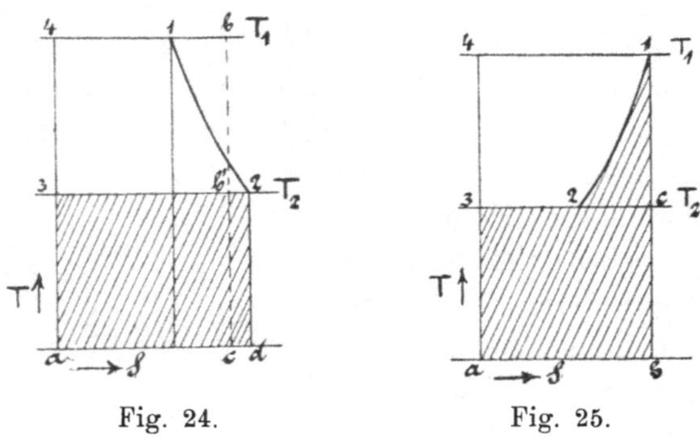

Fig. 24. Fig. 25.

kleiner als bei dem entsprechenden *Carnot*'schen Prozess ($341c3$) und daher abermals der Wirkungsgrad jenes Prozesses kleiner wie der des *Carnot*'schen.

Für die Anwendung auf thermodynamische Maschinen folgt nun freilich aus der oben dargestellten Zerlegung eines Prozesses in *Carnot*'sche Elementarprozesse nicht, dass man *unter allen Umständen* dahin streben müsse, jedes zuzuführende Wärmeelement dQ' bei *einer und derselben* höchsten Temperatur zuzuführen und *sämtliche* Wärmeelemente dQ'' bei *konstanter* tiefster Temperatur abzuleiten, also einen endlichen *Carnot*'schen Prozess als Idealprozess einer *jeden* thermodynamischen Maschine anzustreben. Aus den für die Ausführung solcher Maschinen massgebenden Bedingungen geht vielmehr ein etwas anderer Prozess als *allgemein giltiges* Ideal hervor.

Bedenkt man nämlich, dass Wärmemitteilung und -entziehung in Wirklichkeit nur durch Vermittlung von wärmeren, beziehungsweise kälteren Körpern möglich ist, so wird sofort klar, dass zum Prozess der Wärmekraftmaschinen ausser dem „arbeitenden" Körper noch ein oder mehrere „Heizkörper", welche Wärme liefern, sowie ein oder mehrere „Kühlkörper", welche Wärme aufnehmen, gehören. Erstere müssen notwendigerweise während der Wärmeabgabe sich abkühlen, letztere während der Wärmeaufnahme sich erwärmen, da beide nur eine endliche Wärmekapazität haben. Wenn die Wärmeübertragung aber vollkommen wäre, so müsste in jedem Moment Gleichheit der Temperatur zwischen wärmeaufnehmendem und wärmeabgebendem Körper bestehen — der Übergang von den hohen Temperaturen der

Wärmeaufnahmeperiode zu den tiefen der Wärmeentziehungsperiode müsste durch adiabatische Arbeit (Expansion und Kompression) erfolgen. Während derselben muss der arbeitende Körper sowohl vom Kühlkörper als vom Heizkörper vollständig getrennt bleiben, damit die Temperaturerniedrigung bis zur tiefsten Temperatur des Kühlkörpers beziehungsweise die Temperaturerhöhung auf die höchste Temperatur des Heizkörpers in der günstigsten Weise d. h. bei konstanter Entropie erfolgen kann, wie es auch der *Carnot*'sche Prozess verlangt.

Mit Recht hat *Lorenz*[19]) hervorgehoben, dass der auf obiger Überlegung beruhende, von ihm eingeführte Prozess, aus zwei Adiabaten und zwei polytropischen Kurven bestehend, besser als der *Carnot*'sche, zwischen zwei Isothermen und zwei Adiabaten verlaufende Prozess geeignet sei, den Idealprozess der thermodynamischen Maschinen allgemein darzustellen, weil er nicht, wie jener, die Forderung unendlich grosser Mengen des Heiz- beziehungsweise Kühlkörpers erhebt, sondern sich an die in Wirklichkeit bestehenden Verhältnisse besser anschliesst, ohne den oben dargelegten Grundsatz zu verläugnen.

Im pV- und TS-System ist in Fig. 26 und 27 dieser Prozess

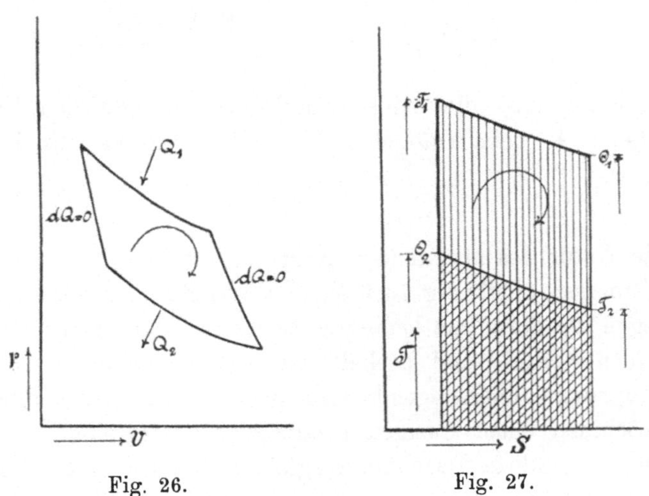

Fig. 26. Fig. 27.

dargestellt; sei H die Gewichtsmenge des Heizkörpers, die zur Verfügung steht, γ_h seine spezifische Wärme, so ist ein von dem Heizkörper abgegebenes Wärmeelement $dQ_1 = \gamma_h H dT$; mit K und γ_k für den Kühlkörper wird ein von dem Kühlkörper aufgenommenes Wärmeelement $dQ_2 = \gamma_k K dT$; bedeuten dS_1 und dS_2 die zugehörigen

19) *H. Lorenz,* Die Grenzwerte der thermodynamischen Energieumwandlung. Diss. München, Oldenbourg 1895.

Entropieänderungen bei der Wärmezufuhr bezw. Wärmeabgabe, so gilt für diese:

$$dS_1 = \gamma_h H d \log T; \quad dS_2 = \gamma_k K d \log T$$

Nach Nr. **4** entsprechen diese Werte in der That dem Gesetz je einer polytropischen Kurve bezw. ihrem Abbild im Wärmediagramm. Mit den Bezeichnungen der Fig. 26 und 27 ergiebt sich sodann für die Gesamtwärme Q_1 oder Q_2, die der Heizkörper abgiebt oder der Kühlkörper aufnimmt:

$$Q_1 = \gamma_h H(T_1 - \Theta_1); \quad Q_2 = \gamma_k K(\Theta_2 - T_2);$$

wobei nach dem zweiten Hauptsatz sein muss

$$\int_{\Theta_1}^{T_1} \frac{\gamma_h H d T}{T} = \int_{T_2}^{\Theta_2} \frac{\gamma_k K d T}{T}$$

d. h.

$$\left(\frac{T_1}{\Theta_1}\right)^{\gamma_h H} = \left(\frac{\Theta_2}{T_2}\right)^{\gamma_k K},$$

Der Wirkungsgrad dieses Prozesses berechnet sich nun zu

$$\eta = \frac{Q_1 - Q_2}{Q_1} = 1 - \frac{\gamma_k K(\Theta_2 - T_2)}{\gamma_h H(T_1 - \Theta_1)}.$$

In dem Falle, dass die beiden Polytropen den gleichen Exponenten haben (so z. B. beim *Otto*'schen Viertaktprozess, vgl. Nr. **13**) wird

$$\eta = \frac{T_1 - \Theta_2}{T_1} = \frac{\Theta_1 - T_2}{\Theta_1}.$$

Die Natur des arbeitenden Körpers tritt hier, wie beim Carnotschen Prozess vollständig zurück; in Wirklichkeit spielt dieselbe freilich wegen der durch sie bedingten Druck- und Volumverhältnisse eine entscheidende Rolle und deshalb ist man heute in der technischen Thermodynamik überwiegend dazu gelangt, nicht für alle Wärmekraftmaschinen einen einzigen Idealprozess aufzustellen, mit welchem man die ausgeführte Maschine vergleicht, sondern man leitet für jede Kategorie solcher Maschinen (Dampfmaschinen, Gasmaschinen etc.) aus den besonderen Eigenschaften des arbeitenden Körpers einen abstrakten „verlustlosen Prozess" ab und misst an diesem das Ergebnis des wirklich ausgeführten Prozesses.

Unter den verschiedenen Arten von Wärmekraftmaschinen sind die technisch wichtigsten die Dampfmaschinen und die Verbrennungsmotoren (Gasmotoren u. s. w.). Diese beiden Gattungen sollen hier allein Behandlung finden. Über Heissluftmaschinen, die heute technisch bedeutungslos sind, existieren aus älterer Zeit eine Reihe schöner

Arbeiten, hinsichtlich derer aber hier ein Hinweis auf die Lehrbücher genügen mag: Man findet sie behandelt in *Zeuner*, Thermod. 1, § 49—65, *Weyrauch* § 51—57. Die Theorie der Arbeitsübertragung mit Druckluft, in die auch die Thermodynamik hineinspielt, ist bei *Weyrauch* § 58 dargestellt.

10. Die Dampfmaschine im besonderen. Für die *Dampfmaschine* ist, so lange sie mit gesättigten Dämpfen arbeitet, durch die Natur der Sache isothermische Wärmezufuhr (während der Dampfbildung) und Wärmeableitung (während der Kondensation) gegeben — es ist hier überhaupt gar nicht möglich, polytropische Kurven anzuwenden, sodass der verlustlose ideale Prozess *in diesem Falle* allerdings der *Carnot*'sche wird (Fig. 28 und 29). Die obere Temperatur T_1 ist dabei die dem Kesseldruck entsprechende Siedetemperatur, die untere Temperatur T_2 ist bei Auspuffmaschinen die atmosphärische

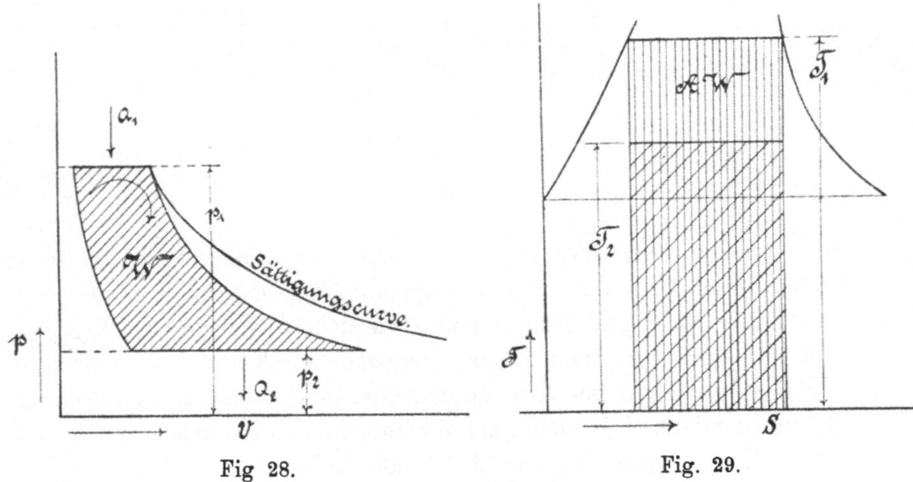

Fig 28. Fig. 29.

Siedetemperatur, bei Maschinen mit Kondensator[20]) die im Kondensator herrschende Temperatur. In diesem Referat ist weiterhin immer dieser letztere Fall angenommen; er ist der thermodynamisch vollkommenere, und nur dann dem ersten wirtschaftlich unterlegen, wenn die Wärme Q_2 des Auspuffdampfes zu irgend welchen Heizzwecken Verwendung findet. In letzterem Falle wird die Auspuffmaschine die wirtschaftlichste Wärmekraftmaschine.

---

20) Über die Theorie des Kondensators vgl. z. B. *Zeuner*, Thermod. 2, § 18 und 19. Reiches Zahlenmaterial findet man in dem Buche von *E. Hausbrand* (vgl. Litteraturübersicht).

Zur Verwirklichung dieses Idealprozesses müsste, in Anlehnung an die ausgeführte Konstruktion, aber unter Abstraktion von allen auftretenden Unvollkommenheiten, die in Fig. 30 dargestellte Anordnung getroffen werden. *AA* ist ein Röhrenkessel, mit Wasser und Dampf vom Druck p_1 gefüllt und von einem Gefäss *B* umgeben, in welchem sich eine Heizflüssigkeit (die Heizgase der Feuerung) befindet, welche fortwährend Wärme an das Wasser in *A* abgiebt

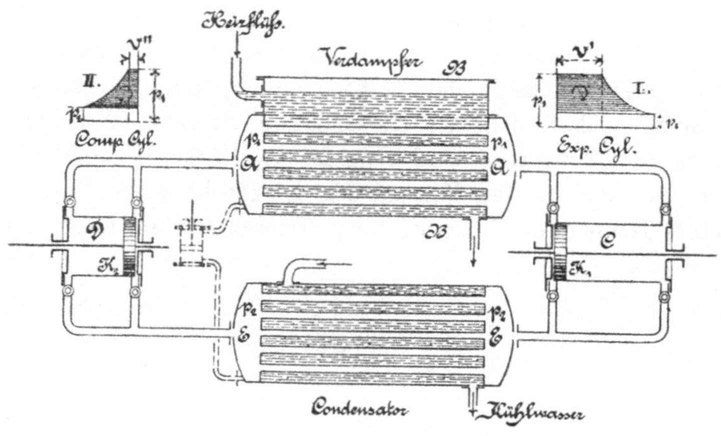

Fig. 30.

und dasselbe beim Druck p_1 in Dampf verwandelt. Ein ähnlicher Röhrenkessel *EE* bildet den Kühlapparat (Kondensator); er ist ebenfalls mit Wasser und Dampf aber von dem niedrigen Druck p_2 gefüllt und wird von einem Gefäss umgeben, durch welches Kühlwasser getrieben wird, welches fortwährend dem in *EE* befindlichen Gemisch Wärme entzieht, d. h. den Dampf beim konstanten Druck p_2 kondensiert. Beide Apparate sind durch die Cylinder *C* und *D* mit den Arbeitskolben K_1 und K_2 verbunden, wobei *C* Expansionscylinder, *D* Kompressionscylinder ist. Durch die Rohrleitungen und Ein- sowie Auslassorgane wird nun ermöglicht, dass bei jedem Spiel oder Prozess *G* kg im Kessel *A* gebildeter Dampf in den Cylinder *C* eintreten, dort bei Hin- und Rückgang des Kolbens das Diagramm I liefernd, während gleichzeitig aus *E* ebenfalls *G* kg Mischung nach *D* übertreten, dort komprimiert und verflüssigt werden unter Aufwand der durch das Diagramm II dargestellten, von aussen in die Maschine einzuführenden Arbeit und schliesslich in flüssigem Zustand mit dem Druck p_1 nach *A* zurückgelangen, um abermals verdampft zu werden und das Spiel von neuem zu beginnen. Man hat es also mit einer sogenannten geschlossenen Maschine zu thun, bei der ein und dasselbe

Quantum des arbeitenden Körpers immer wieder den Prozess vollführt. Man kann Fig. 28 so auffassen, dass in ihr die Diagramme I und II aufeinander gezeichnet sind, wobei dem Diagramme I das bis an die Ordinatenaxe heran horizontal verlängerte schraffierte Gebiet der Fig. 28, dem Diagramme II die Fläche zwischen Ordinatenaxe und schraffiertem Gebiet entspricht. Die Differenz von I und II ergiebt in der schraffierten Fläche der Fig. 28 die sogenannte „indizierte Leistung".

Der Wirkungsgrad einer solchen vollkommenen Dampfmaschine ist lediglich eine Funktion der Temperaturgrenzen

$$\eta = \frac{T_1 - T_2}{T_1}$$

und wird im idealen Fall auch dadurch nicht geändert, dass man den ganzen Prozess teilt, d. h. dass man z. B. zwischen T_1 und T' eine erste Maschine mit einer bestimmten Arbeitsflüssigkeit A_1 zwischen T' und T'' eine zweite mit B und zwischen T'' und T_2 eine dritte Maschine mit einer dritten Arbeitsflüssigkeit C wirken lässt; es sind dann drei solche Kombinationen, wie Fig. 30 deren eine zeigt, nötig;

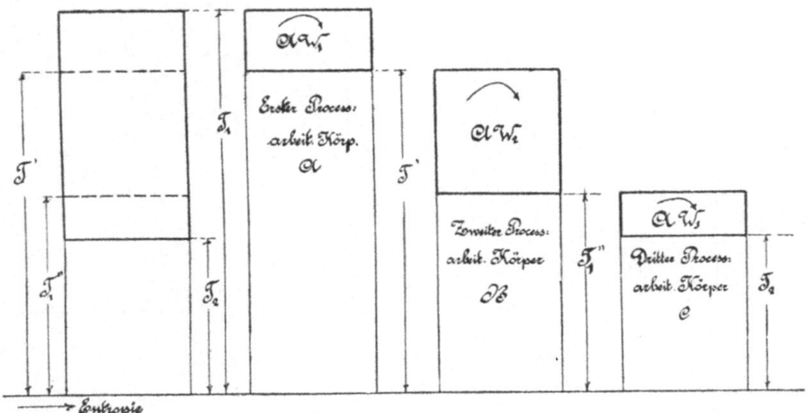

Fig. 31.

die im ersten Prozess entzogene Wärme dient im zweiten als zugeführte (an Stelle der durch die Heizgase abgegebenen) und ähnliches gilt für den Zusammenhang des zweiten und dritten Prozesses. Solche Kombinationen sind als „mehrstoffige Dampfmaschinen"[21]), auch „Abwärmekraftmaschinen"[22]) ausgeführt; das *Carnot*'sche Diagramm einer dreistoffigen Maschine zeigt Fig. 31.

21) *K. Schreber,* Die Theorie der Mehrstoffdampfmaschinen, Leipzig 1903.

22) *E. Josse*, Neuere Erfahrungen mit Abwärmekraftmaschinen, München und Berlin, Oldenburg 1901.

Während Wirkungsgrad und Arbeitsverhältnis in der idealisierten Betrachtung durch die Unterteilung des ganzen Prozesses nicht geändert werden und daher eine solche Unterteilung scheinbar zwecklos ist, kann dieselbe unter den thatsächlichen Verhältnissen der Praxis dennoch Vorteile gewähren.

Die wirklich ausgeführte Dampfmaschine unterscheidet sich von der Anordnung in Fig. 30 dadurch, dass der Kompressionscylinder nicht ein Gemisch von Dampf und Flüssigkeit dem Kondensator entnimmt, sondern nur Flüssigkeit und diese in den Kessel A hinüberdrückt, ohne ihre Temperatur zu ändern; hierzu muss im Kessel noch die Flüssigkeitswärme zugeführt werden. Der Cylinder D reduziert sich also in der Praxis auf eine Speisepumpe (punktiert gezeichnet in Fig. 30) und sein Diagramm auf das Rechteck $(p_1 - p_2)v''$. Dies

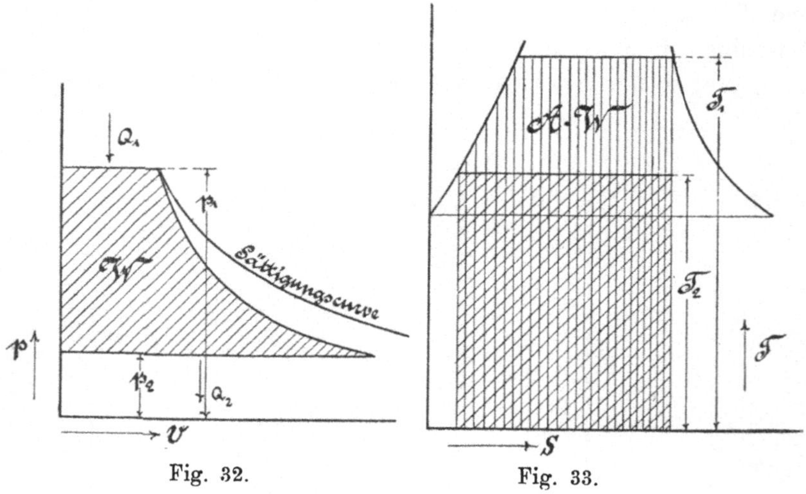

Fig. 32. Fig. 33.

hat zur Folge, dass das Diagramm einer Idealdampfmaschine nunmehr die Gestalt annimmt, wie sie in Fig. 32 und 33 dargestellt ist; man bezeichnet diesen Prozess als den *Rankine-Clausius*'schen Prozess[23]) und betrachtet die vorliegende Abweichung vom reinen *Carnot*'schen Prozess nicht als eine Unvollkommenheit der ausgeführten Dampfmaschine.

Die in neuester Zeit in den Vordergrund des Interesses getretenen *Dampfturbinen* stellen nicht etwa eine prinzipielle Verbesserung der Wärmeausnützung dar — es lässt sich leicht zeigen, dass das Diagramm des *Clausius-Rankine*'schen Prozesses auch für diese Maschinen

23) *Rankine,* The Steam Engine, IX. Edition, p. 376; *Clausius,* Mech. Wärmetheorie 2, Abschnitt XI, § 4.

das Ideal darstellt und die Erfahrung hat gezeigt, dass auch die Annäherung der ausgeführten Dampfturbine an den vollkommenen Prozess im Grossen und Ganzen dieselbe ist wie bei der Kolbendampfmaschine. Vgl. hierzu Nr. **23** dieses Artikels.

Die Wirkungsgrade der vollkommenen Dampfmaschine nach Fig. 32 und 33 sind sehr niedrig, weil die Spannungskurve des Wasserdampfes (der einzigen Flüssigkeit, die bis heute für die obere Temperaturgrenze in Betracht kommt) verhältnismässig niedere Werte von T_1 bedingt; man erhält z. B. für

$$p_2 = 0{,}1 \text{ kg/qcm}, \quad T_2 = 318{,}6^0 \text{ abs.}$$

bei

p_1	= 6	7	8	10	12 kg/qcm
η	= 0,239	0,247	0,253	0,266	0,276

und die wirklich ausgeführte Dampfmaschine erreicht im allergünstigsten Fall mit allen modernen Errungenschaften höchstens 73 Prozent dieser Werte, also bei $p_1 = 12$ Atm. rund 0,20!

11. Verbundmaschine. Anwendung von überhitztem Dampf. Die zuletzt genannten Errungenschaften beziehen sich bei der Kolbendampfmaschine auf die Anwendung von Mitteln, um den *Wärmeaustausch zwischen Dampf und Cylinderwandungen* möglichst unschädlich zu machen. Die weitaus wichtigste und für die Ökonomie nachteiligste Abweichung der Wirklichkeit von den Voraussetzungen des *Rankine-Clausius*-Prozesses ist nämlich die Unmöglichkeit, in einem metallischen Cylinder, dessen Wandungen eine niedrigere Temperatur haben, als die Sättigungstemperatur, die dem Druck des eintretenden Dampfes entspricht, die teilweise Kondensation des letzteren durch Berührung mit den Wänden zu verhindern. Hierdurch geht natürlich diejenige Wärmemenge für den Arbeitsprozess zum grössten Teil verloren, die man ursprünglich zur Erzeugung des an den Wandungen wieder verflüssigten Dampfes aufgewendet hat.

Das Verdienst diese Verlustquelle zuerst erkannt zu haben, gebührt *A. Hirn* (vgl. Nr. **1**, p. 241). Eine analytische Untersuchung der Wärmewirkung der Cylinderwandungen ist von *E. G. Kirsch* gegeben worden (vgl. Litteraturübersicht).

Die erfolgreichsten Einrichtungen der Neuzeit zur Verminderung der durch die geschilderten Umstände bewirkten Abweichung vom Idealprozess der Dampfmaschine sind: die Verteilung der gesamten Expansion auf mehrere Cylinder (*Compound-* oder *Verbundmaschine, Mehrfach-Expansionsmaschine*) und die *Überhitzung des Dampfes.*

Der Grundgedanke der *ersteren* besteht darin, die Abkühlung der Wandungen, die bei der Eincylindermaschine durch die Berührung der Wände mit dem unter dem niedrigen Kondensatordruck p_2 austretenden

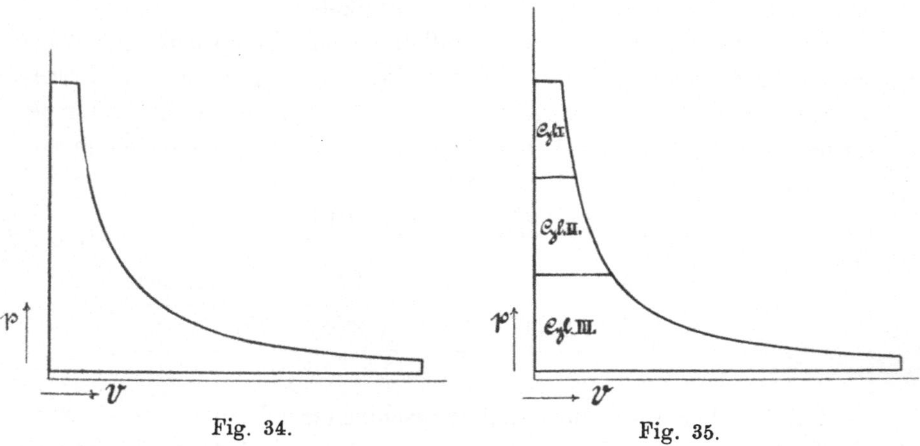

Fig. 34. Fig. 35.

Dampf hervorgerufen wird, dadurch zu verringern, dass man das ganze Temperatur- bezw. Druckgefälle in mehrere Teile teilt, von denen jeder in einem besonderen Cylinder ausgenützt wird, wie dies schematisch durch die Fig. 34 und 35 dargestellt ist. Natürlich sind durch das not-

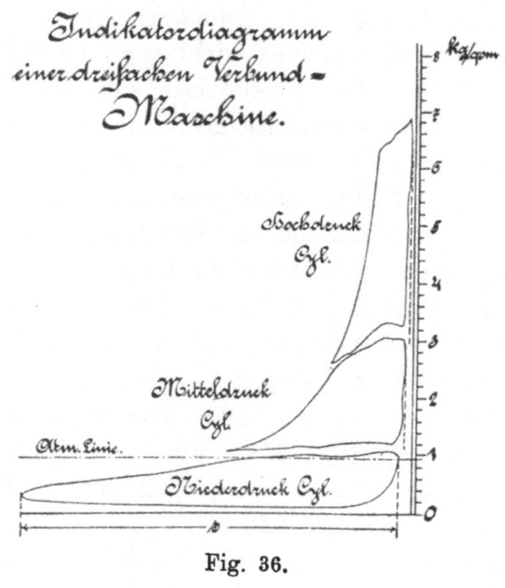

Fig. 36.

wendige Hinüberschieben des Dampfes in den jeweils folgenden Cylinder Verluste an Spannung unvermeidlich, die in Fig. 36 durch die Zwischenräume zwischen den Einzeldiagrammen dieser Figur und den unvollkommenen gegenseitigen Anschluss derselben dargestellt werden, aber die Erfahrung hat längst gezeigt, dass die Vorteile überwiegen. Fig. 36 zeigt auch, dass man in Wirklichkeit nicht, wie es in der schematischen Fig. 35 geschehen, die gesamte Druckdifferenz, sondern etwa die gesamte Arbeitsleistung, d. h. die Diagrammfläche in drei gleiche Teile zerlegt und gleichförmig auf die drei Kolben verteilt.

Wenn man den Dampf von T_1 auf T' *überhitzen* will, so kann dies praktisch nur so geschehen, dass man ihm auf dem Wege vom Kessel zur Maschine pro 1 kg bei konstantem Druck p_1 die Wärme zuführt

$$\gamma_p(T' - T_1);$$

im Arbeitsprozess ändert sich dann bei der Idealmaschine nur die Wärmezufuhrperiode, die jetzt aus zwei Teilen, einem isothermischen (wie bei gesättigtem Dampf) und einem bei konstantem Druck aber steigender Temperatur erfolgenden, besteht; das Diagramm des vollkommenen Prozesses sieht dann so aus wie die Fig. 37 und 38 zeigen.

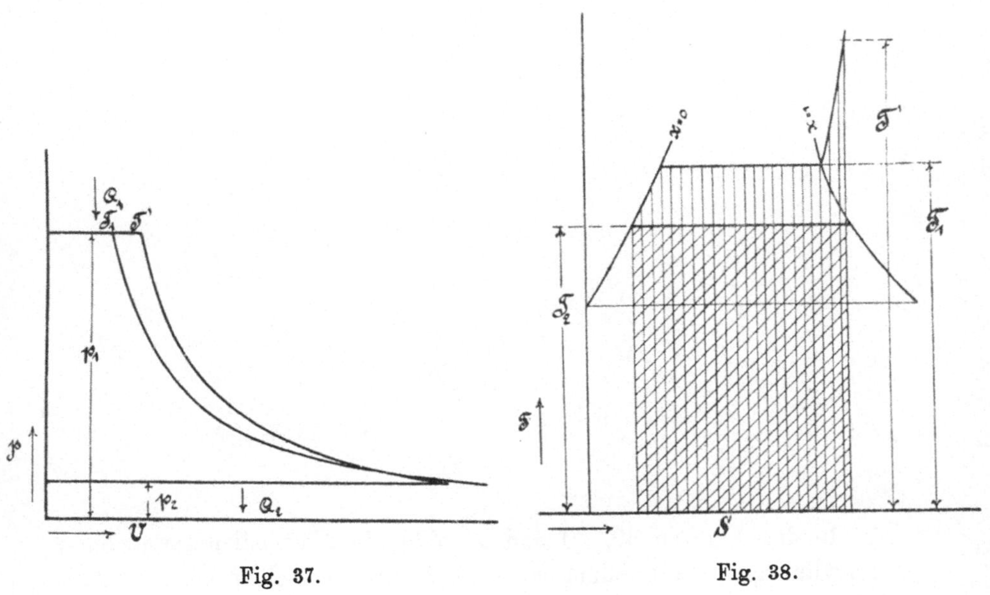

Fig. 37. Fig. 38.

Der Gewinn ist für den *verlustlosen Prozess* äusserst gering; man erhält z. B. für

$p_1 = 10$ kg/qcm	$p_2 = 0{,}1$ kg/qcm	$T' = 300 + 273 = 573$
η ohne Überhitzung	0,266	
η mit „	0,277	

in *Wirklichkeit* aber reduziert die Überhitzung des Dampfes den Wärmeaustausch mit den Wandungen (wegen der geringen Wärmeleitungsfähigkeit des überhitzten Dampfes) erheblich, sodass der thatsächliche Vorteil den theoretischen weit übertrifft.

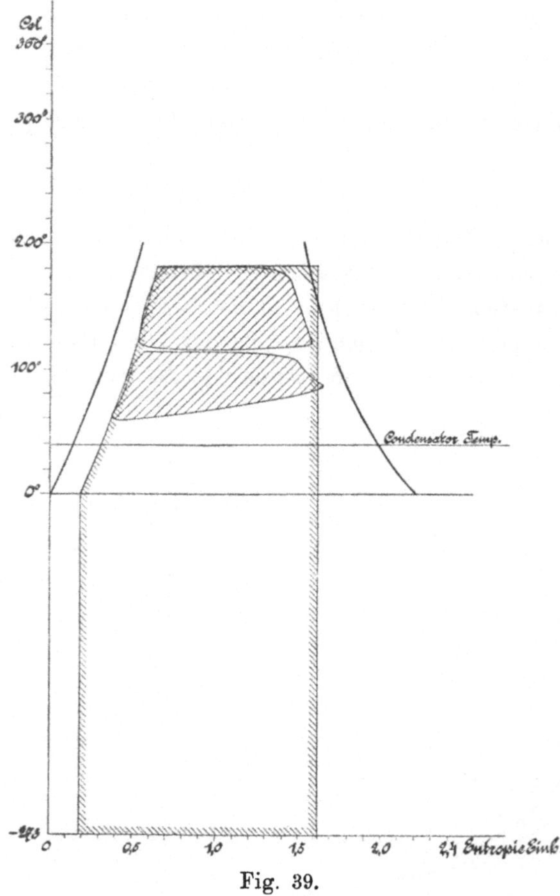

Fig. 39.

In den Figuren 39, 40 und 41 sind die Wärmediagramme einer zweicylindrigen Verbundmaschine unter drei verschiedenen Betriebsverhältnissen dargestellt.

Fig. 39 bezieht sich auf gesättigten Dampf, die beiden andern Figuren auf schwach und stark überhitzten Dampf. Der Flächeninhalt der ganz schraffierten Diagramme stellt die Wärmeäquivalente der in den beiden Cylindern geleisteten Arbeiten dar; die gesamte zugeführte Wärme ist durch den Flächeninhalt der umränderten Konturen dargestellt. Man erhält also den Wirkungsgrad des Arbeitsprozesses jeweilig als Quotient der erstgenannten dividiert durch die letztgenannten Flächen. In den Figuren 39 bis 41 ist auch die Kondensatortemperatur eingezeichnet; da diese die Fläche des Wärmeäquivalentes der Arbeit bei dem Prozess einer vollkommenen Dampf-

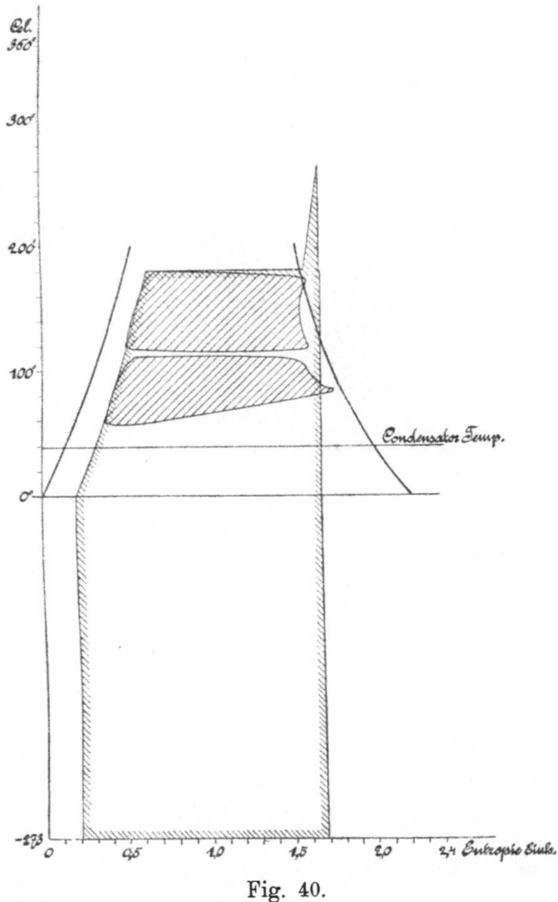

Fig. 40.

maschine nach unten hin abgrenzt, so giebt unsere Darstellung auch darüber Aufschluss, wie weit die ausgeführte Maschine sich dem Idealprozess nähert[24]).

12. Der Gesamt- oder wirtschaftliche Wirkungsgrad der Dampfmaschine. Vom technischen Standpunkt aus genügen die bis-

24) Wegen aller Einzelheiten, in welche hier nicht eingetreten werden kann, vgl. *M. Schröter* und *A. Koob*, Untersuchung einer von *Van den Kerchove* in Gent gebauten Tandemmaschine, Z. d. Vereins Deutscher Ingenieure 47 (1903), p. 1281, 1405, 1488.

herigen Betrachtungen über den Prozess der Dampfmaschine allerdings noch nicht zur erschöpfenden Beurteilung derselben — die Erzeugung der Wärme aus dem Brennmaterial und der Übergang von der im Cylinder geleisteten zu der effektiv abgegebenen Arbeit fehlen

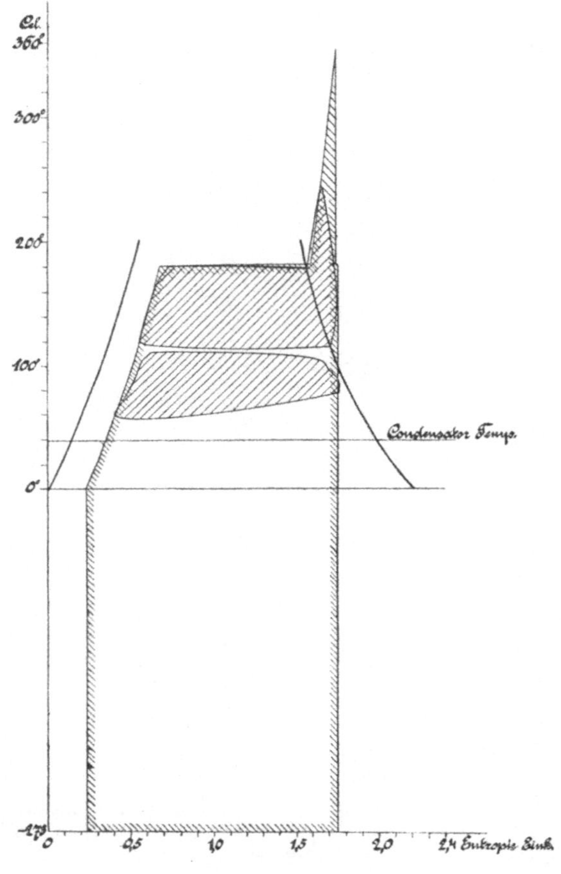

Fig. 41.

noch zur Charakterisierung der technischen Wirtschaftlichkeit der Umwandlung der chemischen Energie der Kohle in die Form der an der Dampfmaschinenwelle abgegebenen mechanischen Arbeit. Nur der Vollständigkeit halber sei angeführt, dass durch Aufstellung des wirtschaftlichen Wirkungsgrades η als Produkt von drei Einzelwirkungsgraden η_1, η_2, η_3 die Technik diesem Umstand Rechnung trägt, indem man setzt:

$$\eta_1 = \frac{Q_1}{H} = \frac{\text{dem arbeitenden Körper zugeführte Wärme}}{\text{absoluter Heizwert des dafür verbrauchten Brennmaterials}}$$
$$= \text{Wirkungsgrad der Erzeugung und Übertragung der Wärme},$$

$$\eta_2 = \frac{A W_i}{Q_1} = \frac{\text{Äquivalent der indizierten Arbeit}}{\text{dem arbeitenden Körper zugeführte Wärme}} =$$
$$= \text{Wirkungsgrad des thermodynamischen Prozesses im Cylinder},$$

$$\eta_3 = \frac{A W_e}{A W_i} = \frac{\text{Äquivalent der effektiven Arbeit an der Welle}}{\text{Äquivalent der indizierten Arbeit im Cylinder}}$$
$$= \text{Wirkungsgrad der mechanischen Einrichtung}.$$

Somit $\eta = \eta_1 \cdot \eta_2 \cdot \eta_3 = \frac{A W_e}{H}$.

Massgebend ist allerdings von den drei Faktoren η_1, η_2, η_3 der in den vorangehenden Nummern betrachtete Wirkungsgrad η_2; denn die beiden andern erreichen als idealen Grenzwert die Einheit und in Wirklichkeit bei guten Ausführungen Werte bis 0,80 bezw. 0,93, während η_2 seine obere Grenze in dem Wirkungsgrad des *Rankine-Clausius*-Prozesses findet.

Was den Wirkungsgrad η_1 betrifft, so bleibt es fraglich, ob man bei seiner Definition als disponible Wärme einfach den absoluten Heizwert des Brennmateriales oder vielleicht eine daraus abgeleitete Grösse (nach *Zeuner* den „Arbeitswert der Brennstoffe“) anzusehen hat[25]).

13. Die Verbrennungsmotoren (Gasmaschine, Dieselmotor) als zweite Klasse der thermodynamischen Kraftmaschinen unterscheiden sich von den Dampfmaschinen vor allem dadurch, dass es durch Verwendung von gasförmigem oder flüssigem (entsprechend fein verteiltem) Brennmaterial möglich ist, *den Prozess der Wärmeerzeugung in den Arbeitscylinder hinein* zu verlegen, die Wärmeübertragung an den arbeitenden Körper (das Gemisch aus Verbrennungsprodukten und überschüssiger Luft) also *ohne Zuhilfenahme von Heizflächen* direkt auszuführen und die dabei entstehenden hohen Temperaturen (bis 1800° C. und darüber) für den Dauerbetrieb dadurch unschädlich zu machen, dass die Cylinderwandungen von aussen durch Kühlwasser auf beliebig niedriger Temperatur erhalten werden. Der weitaus verbreitetste Arbeitsvorgang zur Realisierung eines solchen Prozesses besteht in dem sogenannten *Viertaktverfahren*, nach welchem bei seiner ursprünglichen Ausführung ein auf der Vorderseite offener, stets mit der Atmosphäre in Verbindung stehender Cylinder benutzt wird, dessen Kolben auf der Hinterseite die folgenden vier Phasen des Prozesses vollzieht:

25) S. *Zeuner*, Techn. Thermodynamik 1, § 77.

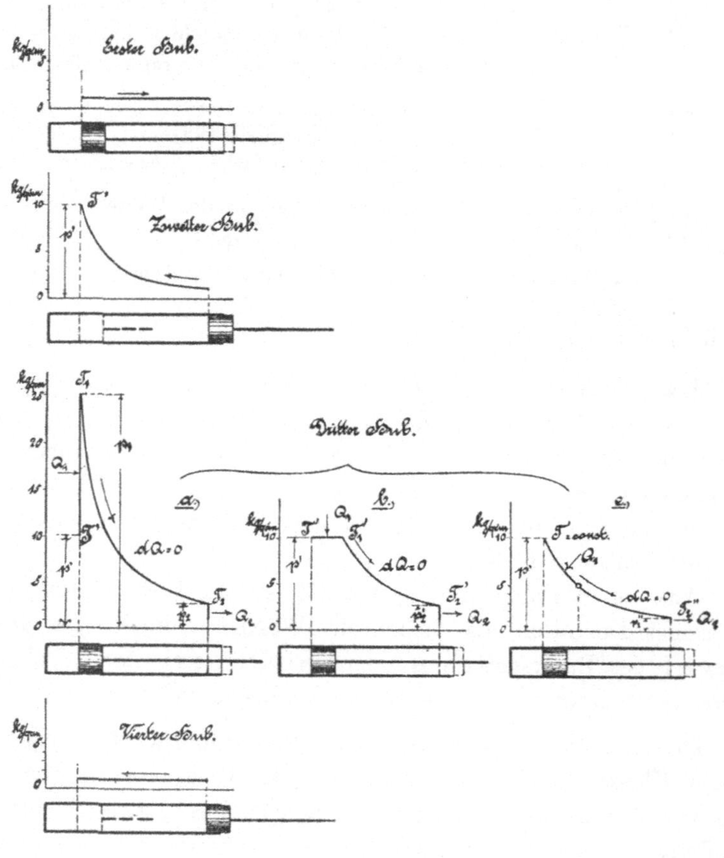

Fig. 42.

Beim ersten Hub wird das Verbrennungsgemisch in den Cylinder bei atmosphärischem Druck und atmosphärischer Temperatur, p_0 und T_0, eingeführt, beim zweiten Hub wird dasselbe verdichtet, im Idealfall adiabatisch auf p' und T. Die Wärmezufuhr kann nunmehr auf drei verschiedene Arten geschehen: entweder im Totpunkt, *bei konstantem Volumen* mit Druck- und Temperatursteigung auf p_1 und T_1 (Diagramm a) und nachfolgender adiabatischer Expansion auf p_2 und T_2; oder bei *konstantem Druck* p' mit Temperaturerhöhung auf T_1' (Diagramm b) und nachfolgender Expansion auf T_2' und p_2', oder endlich (Diagramm c) *bei konstanter Temperatur* T_1 mit sinkendem Druck und nachheriger adiabatischer Expansion auf T_2'' und p_2''. Prozess a) ist der Idealprozess der sogenannten *Otto*'schen Gasmaschine, b) derjenige des *Diesel*motors, c) wird praktisch nicht benutzt. Der vierte Hub dient dem Ausstossen der Verbrennungsgase in die Atmosphäre.

Die Arbeit des ersten und vierten Hubes lässt sich auch durch besonders angebrachte Lade- und Ausspülpumpen ersetzen; dadurch wird es ermöglicht, den Arbeitscylinder, der nunmehr den zweiten und dritten Hub zu verrichten hat, im *Zweitakt* arbeiten zu lassen (System *v. Öchelhäuser*, *Körting* u. a.). Da der Lade- und Ausspülhub thermodynamisch keine Rolle spielt, ist weiterhin eine gemeinsame Betrachtung von Zweitakt- und Viertakt-Verfahren zulässig.

Wie ersichtlich, besteht gegenüber dem Arbeitsprozess der Dampfmaschine noch der weitere, fundamentale Unterschied, dass der arbeitende Körper nicht wirklich einen Kreisprozess mit Rückkehr in den Anfangszustand ausführt, sondern dass derselbe durch den chemischen Prozess der Verbrennung seine Natur insofern ändert, als damit eine Änderung des spezifischen Volumens verbunden ist. Ausserdem muss bei jedem Spiel eine neue Menge eines Körpers eingeführt werden, der von dem den Prozess verlassenden verschieden ist.

Es genügt jedoch *für die Zwecke der Technik zunächst* noch[26]) diese an und für sich nicht bedeutenden Unterschiede zu vernachlässigen und den Idealprozess so aufzustellen, als ob es sich nur um *Erwärmung der Luft in einem geschlossenen umkehrbaren Kreisprozess handeln würde* — die beschriebenen drei Prozesse bilden sich dann im TS-System ab wie Fig. 43 zeigt. Dieselbe ist so gezeichnet, dass für die Fälle a) und b) die gleiche zugeführte Wärmemenge ins Spiel kommt; man sieht auf den ersten Blick, dass der Prozess a) den besten, c) den niedrigsten Wirkungsgrad liefert und dass der *Carnot*'sche Prozess hier *überhaupt nicht in Frage kommen kann*, weil derselbe bei der ihm entsprechenden Forderung, die höchste Temperatur durch adiabatische Kompression zu erreichen, auf enorme Pressungen führt, welche niemals realisierbar sind.

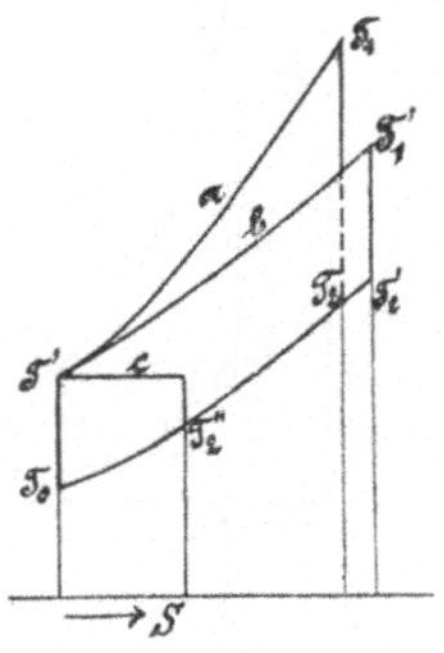

Fig. 43.

Bei den mit Gemischen aus Luft und Gas arbeitenden Motoren, welche das zur Verbrennung fertig bereitete Gemenge ansaugen und komprimieren, bildet für den Kompressionsdruck diejenige Pressung, bei welcher Gefahr der Selbstentzündung des Gemenges vor Erreichung

26) Eingehende Würdigung finden die thatsächlichen Verhältnisse in der Arbeit von *A. Stodola*, Die Kreisprozesse der Gasmaschinen, Z. d. Vereins Deutscher Ingenieure 1899 und bei *A. Fliegner*, Thermodynamische Maschinen ohne Kreisprozess, Vierteljahrsschrift d. naturforsch. Gesellschaft, Zürich 1901.

des Totpunktes vorliegt, eine unüberschreitbare Grenze — für diese ist also der Prozess a) als Idealprozess anzusehen, wenn man die Verhältnisse so wählt, dass p_1 keine unzulässige Höhe erreicht.

Derselbe ist in Fig. 44 und 45 noch einmal besonders dargestellt und zwar sowohl für den Fall der vollständigen Expansion auf atmosphärischen Druck (ausgezogen), als auch für die Arbeitsweise im Viertakt (punktiert).

Kann man aber, wie dies beim *Diesel*-Motor, der mit flüssigem Brennstoff arbeitet, der Fall ist, Luft und Brennstoff während der Kompression *getrennt* halten, dann liefert der Prozess b) das Maximum des Wirkungsgrades, indem man die adiabatische Kompression bis auf den höchsten zulässigen Druck treibt.

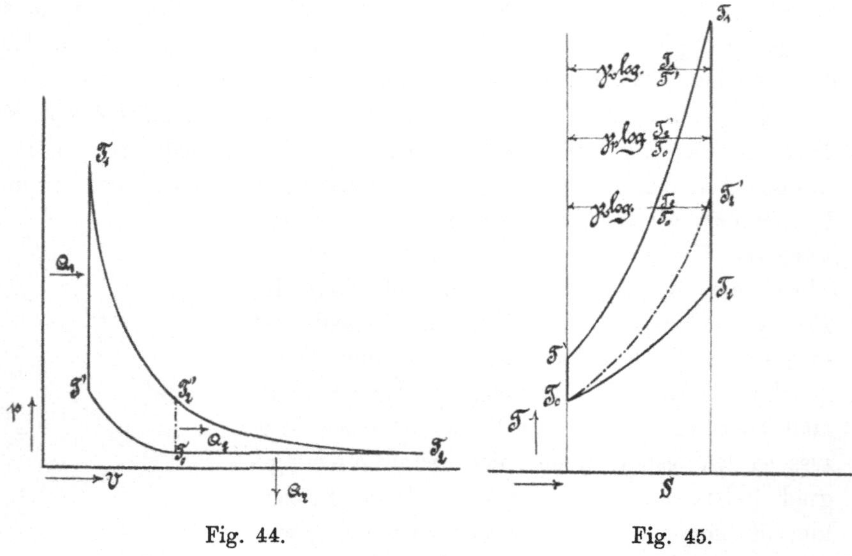

Fig. 44. Fig. 45.

In Figur 46 und 47 ist derselbe sowohl im Spannungs- als im Wärmediagramm noch besonders dargestellt und zwar gilt auch hier das zu Fig. 44 und 45 Gesagte, sodass die ausgezogene Linie der vollständigen Expansion, die punktierte dem Viertakt entspricht.

Aus den Wärmediagrammen des Idealprozesses erkennt man augenfällig, welch entscheidende Bedeutung unter den für denselben gemachten Voraussetzungen (s. oben) für die Beurteilung der Verbrennungsmotoren dem Wert der spezifischen Wärme (γ_v und γ_p) zukommt. Ist dieselbe konstant, so sind die Kurven der Wärmezufuhr und Wärmeentziehung bei konstantem Volumen oder Druck solche mit konstanter Subtangente; nimmt dagegen die spezifische Wärme, wie vielfach angenommen wird, mit der Temperatur zu, so sind jene

Kurven (wegen Zunahme der Subtangente) unter immer kleiner werdenden Winkeln gegen die Abscissenaxe geneigt, d. h. bei der Wärmezufuhr bei konstantem Volumen oder konstantem Druck erreicht man bei gleicher Wärmemenge nicht so hohe Temperaturen und bei der Wärmeentziehung fallen letztere langsamer — auch die Endtemperaturen adiabatischer Zustandsänderungen werden beeinflusst: kurz, das ganze Bild des Idealprozesses verschiebt sich gegenüber der Annahme konstanter spezifischer Wärme. Die bezüglichen Verhältnisse sind aber noch nicht genügend geklärt[27]).

Obwohl kein *Carnot*'scher Prozess, so ist doch der Idealprozess des Verbrennungsmotors demjenigen der Dampfmaschine an Wirkungs-

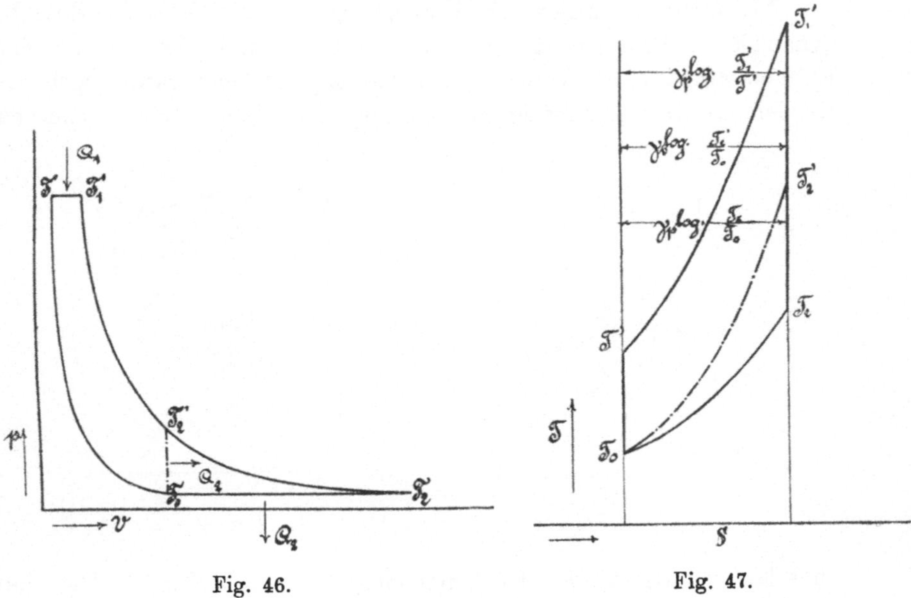

Fig. 46. Fig. 47.

grad meist überlegen; letzterer beträgt bei Begrenzung des Diagrammes durch zwei Kurven konstanten Volumens oder zwei Kurven konstanten Druckes unter Annahme konstanter spezifischer Wärmen und einer bei der Verbrennung unveränderlichen Gaskonstanten B

$$\eta = \frac{T' - T_0}{T'},$$

ist also gleich dem eines Carnotprozesses zwischen Anfangs- und Endtemperatur der *Kompression*. Diese Überlegenheit zeigt sich auch bei

27) S. z. B. *E. Meyer,* Untersuchungen am Gasmotor, Z. d. Vereins Deutscher Ingenieure, 1902, p. 1303.

den ausgeführten Verbrennungsmotoren, weil deren Annäherung an ihren Idealprozess ungefähr die gleiche ist wie bei der Dampfmaschine.

Thatsächlich steht der *Diesel*-Motor heute in bezug auf Wirkungsgrad an der Spitze aller Wärmekraftmaschinen, im günstigsten Falle hat man $\eta = 0{,}40$, also das Doppelte der Dampfmaschinen erreicht. Die Praxis darf sich natürlich mit dieser thermodynamischen Vergleichung nicht begnügen, sondern muß eine ökonomische Vergleichung durchführen. Nach letzterer verdient der Dieselmotor nur in solchen Gegenden vor der Dampfmaschine den Vorzug, wo eine aus Petroleum gewonnene Wärmeeinheit billiger ist als zwei aus Kohle gewonnene Wärmeeinheiten.

14. Kältemaschinen. Die Umkehrung des arbeitliefernden thermodynamischen Prozesses liefert den arbeitkonsumierenden Prozess der Kältemaschine, deren Aufgabe darin besteht, die Temperatur gegebener Körper auf tiefere Wärmegrade zu bringen (oder auf solchen dauernd

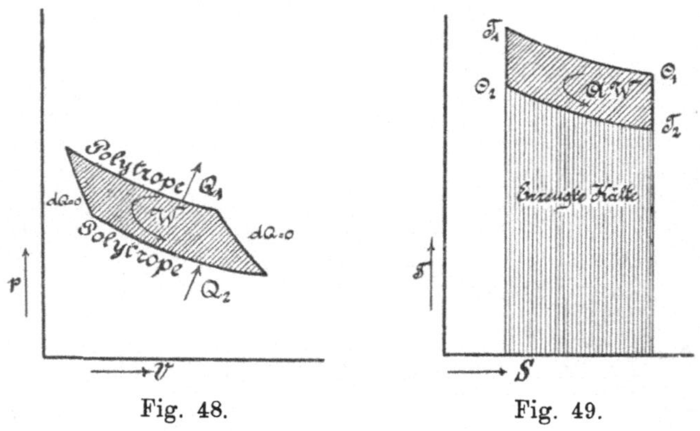

Fig. 48. Fig. 49.

zu erhalten) als sie in der Umgebung sich vorfinden[28]). Die Umkehrung des *Lorenz*'schen Diagrammes ergibt auch hier den allgemeinsten Fall; während bei der Wärmekraftmaschine aber die polytropischen Kurven möglichst weit auseinander liegen sollen, siehe Fig. 26 und 27, handelt es sich hier darum, dieselben einander *möglichst nahe* zu bringen, einer *möglichst kleinen* zu leistenden Arbeit entsprechend, siehe Fig. 48 und 49; dieselbe Zerlegung eines beliebigen Kreisprozesses in Elementarprozesse wie sie in Fig. 21, 22 ausgeführt wurde, ergibt für Kältemaschinen die Grundregel: *Das Maximum der Ökonomie tritt ein, wenn der arbeitende Körper zur Aufnahme von Wärme (Kälte-*

28) *S. Luegers* Lexikon der gesamten Technik, 5. Artikel: Kältemaschinen von *C. v. Linde*; ferner *H. Lorenz*, Neuere Kühlmaschinen, 3. Aufl., München, Oldenbourg.

erzeugung) an keiner Stelle des Prozesses auf tiefere Temperaturen, bezw. zur Wärmeabgabe (an das Kühlwasser) niemals auf höhere Temperaturen gebracht wird, als sie durch die der Kältemaschine gestellte Aufgabe bedingt sind.

Auch bei dem umgekehrten Prozess kann, wie bei dem direkten entweder ein verdampfender Körper oder atmosphärische Luft als arbeitender Körper Verwendung finden — ersteres entspricht den *Kaltdampfmaschinen*, letzteres den *Kaltluftmaschinen*. Bei ersteren, den technisch weitaus wichtigsten, ist der Prozess der verlustlosen Maschine wieder, wie bei den Dampfmaschinen, soweit er im Sättigungsgebiet verläuft, ein *Carnot*'scher; häufig greift er etwas in's Überhitzungsgebiet über.

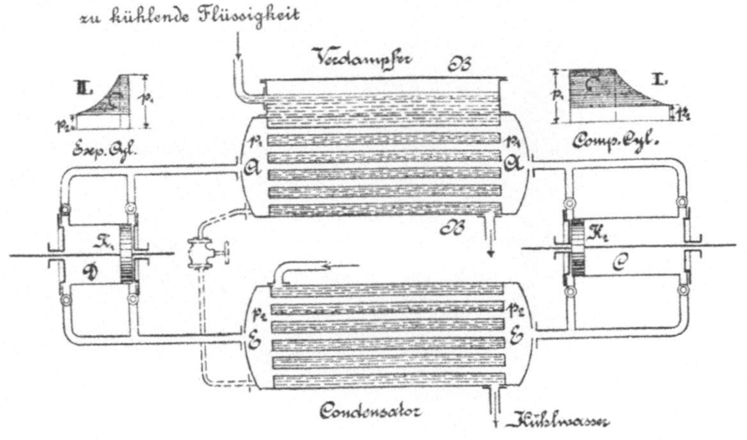

Fig. 50.

Die Flüssigkeiten, welche sich für den Kältemaschinenprozess als arbeitende Körper eignen, sind Ammoniak (NH_3), schweflige Säure (SO_2), Kohlensäure (CO_2) u. s. f.; ihre Natur und Eigenschaften bringen es mit sich, dass man hier den Prozess als einen wirklich geschlossenen, mit fortwährender Zirkulation einer und derselben Füllung der Maschine ausführen muss. Die ideale Anordnung (Fig. 50) entspricht vollkommen der Umkehrung von Fig. 30 und, wie dort die wirklich ausgeführte Dampfmaschine durch Weglassung des Kompressionscylinders charakterisiert war, so entsteht hier die wirklich ausgeführte Kältemaschine aus der idealen durch Weglassung des Expansionscylinders, an dessen Stelle das sog. Regulierventil tritt, ein Drosselventil, durch welches der Übergang der Flüssigkeit aus dem Kondensator *E*—*E* nach dem Verdampfer *A*—*A* geregelt wird.

Fig. 51 stellt ein Idealdiagramm der Maschine mit Expansionscylinder, Fig. 52 das einer Maschine mit Drosselventil dar (für

Ammoniak als arbeitenden Körper). Der Drosselungsvorgang wird als ohne Wärmemitteilung vor sich gehend betrachtet und vollzieht sich dann als Zustand konstanter Erzeugungswärme: $i = u + Apv = \text{const.}$ (vgl. hierüber Nr. 22).

In Fig. 51 und 52 bedeuten die weitschraffierten Flächen die Kälteleistungen, d. h. die der zu kühlenden Substanz entzogenen Wärmemengen Q_2, die engschraffierten Teile die Wärmeäquivalente der aufzuwendenden Arbeiten W; die in Fig. 52 angewandte Darstellung

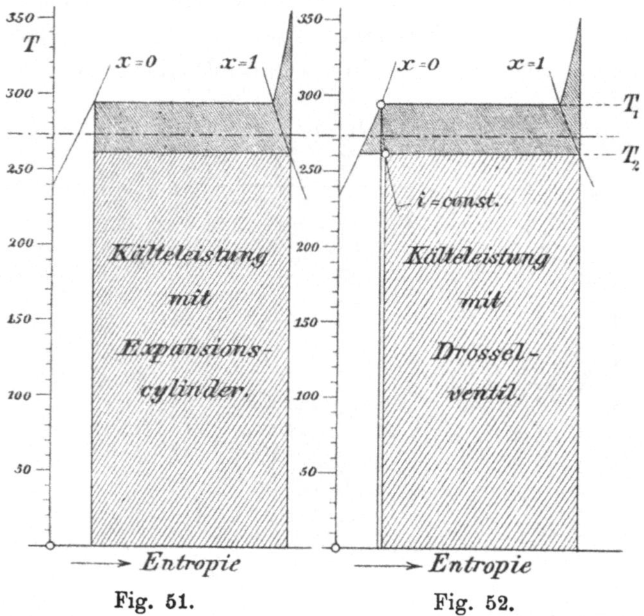

Fig. 51. Fig. 52.

des nicht umkehrbaren Drosselungsvorgangs ist nach der in Nr. **16** auseinandergesetzten Art erfolgt; die in Wärme zurückverwandelte Arbeit ist dabei durch das Dreieck zwischen den Linien $x = 0$, $i = \text{const.}$ und $T = T_2$ dargestellt.

Der Wirkungsgrad der Kältemaschine (vgl. Nr. 8) ist durch die Flächen für Q_2 und W mit gegeben; er ist

$$\eta = \frac{Q_2}{AW}.$$

Man kann wohl sagen, dass die Kältemaschine von heute im Prinzip nicht mehr verbesserungsfähig ist — sie verdankt dies dem Umstand, dass ihre Konstruktion von Anfang an (durch *C. v. Linde*) auf die Grundsätze der Thermodynamik aufgebaut wurde.

(Abgeschlossen im Dezember 1904.)

b) Strömende Bewegung der Gase und Dämpfe. Von L. Prandtl.

Vorbemerkung. Die *Bezeichnung der Formelgrössen* ist gemäss der Zusammenstellung von p. 235 gewählt. Folgende Grössen kommen neu hinzu:

Zeichen	Benennung	Dimension
w	Geschwindigkeit	$\frac{\text{m}}{\text{sec}}$
a	Schallgeschwindigkeit	$\frac{\text{m}}{\text{sec}}$
g	Erdbeschleunigung	$= 9{,}81 \frac{\text{m}}{\text{sec}^2}$
$\varrho = \frac{1}{gv}$	Dichtigkeit, Masse der Volumeinheit	$\frac{\text{kg sec}^2}{\text{m}^4}$
G	Sekundliche Gewichtsmenge, „Ausflussgewicht"	$\frac{\text{kg}}{\text{sec}}$
F	Strömungsquerschnitt	m^2
α	Kontraktionsziffer	unbenannt
μ	Ausflussziffer	„
z	Widerstandsarbeit pro 1 kg Flüssigkeit, „Widerstandshöhe"	m
ζ, ζ_1	Widerstandskoeffizienten	unbenannt, $\frac{1}{\text{m}}$.

Masseinheiten. Als Masssystem ist ebenso wie in dem ersten Teil des Artikels das „technische" benutzt, d. h. jenes, in dem Länge, Zeit und Kraft die Fundamentaleinheiten sind. Es bedeuten hiermit also die Grössen u, v die innere Energie und das Volumen der *Gewichts*einheit. Die Formeln sind fast durchgängig in den Dimensionen homogen, wo nicht, sind als Einheiten das Meter, die Sekunde und das Kilogramm gewählt; die Wärmemengen sind in der Regel im Arbeitsmass gemessen, d. h. das Wärmeäquivalent A ist $= 1$ gesetzt (vgl. V 3, 2, *Bryan*); nur in den für den numerischen Gebrauch bestimmten Formeln ist das Wärmeäquivalent besonders bezeichnet.

Abkürzungen in den Zitaten:

Zeuner, Therm. = Technische Thermodynamik, 1. und 2. Aufl. (Leipzig 1887, 1900).

Grashof, Masch.-L. = Theoretische Maschinenlehre (Leipzig 1875).

Stodola, Dampfturb. = Die Dampfturbinen, 3. Aufl. (Berlin 1905); (in Klammern sind die §§ der 1. Aufl. beigefügt).

Forschungsarb. = Mitteilungen über Forschungsarbeiten auf dem Gebiete des Ingenieurwesens (herausgeg. vom Ver. deutscher Ing., Berlin).

Anmerkung. Eine Darstellung der geschichtlichen Entwicklung des Gebietes findet sich in Nr. **18**.

---

15. Abgrenzung des Stoffes. Die Bewegungserscheinungen der Gase zeigen, so lange die Geschwindigkeiten und die Druckdifferenzen in mässigen Grenzen bleiben, wesentlich dasselbe Gepräge, wie die der volumenbeständigen Flüssigkeiten[29]), deren Theorie im Band IV dieser Encyklopädie in den Artikeln 15 und 16 (Hydrodynamik) von *Love*, und 20 (Hydraulik) von *Forchheimer* behandelt ist. Handelt es sich indes um grosse Druckdifferenzen und Geschwindigkeiten[30]), so ist die Veränderlichkeit des Volumens von grossem Einfluss auf die Bewegungserscheinungen. Der Umstand, dass diese Druck- und Volumen-Änderungen nur im Zusammenhalt mit den thermischen Vorgängen in dem Gase oder Dampfe richtig beurteilt werden können, gab die Veranlassung dazu, diesen Abschnitt in Band V in die Wärmetheorie einzuordnen, während derjenige Teil, der sich mit den mässigen Geschwindigkeiten befasst, die sogenannte Aërodynamik, sich als Artikel 17 von *Finsterwalder* in Band IV bei den hydrodynamischen Abhandlungen befindet.

Viele von den hier behandelten Aufgaben gehen in der Problemstellung, wie in der Art der Behandlung völlig parallel mit entsprechenden Aufgaben der Hydraulik. An derartigen Stellen des Textes finden sich Hinweise auf die entsprechenden Abschnitte des Artikels von *Forchheimer*.

Mit Ausnahme von Nr. **22** beziehen sich die nachstehend zu behandelnden Aufgaben nur auf *stationäre* Bewegungen; die Ergebnisse sind indes ohne grossen Fehler auch für langsam veränderliche Bewegungen verwendbar[31]), wie sie sich z. B. beim Ausströmen aus einem Gefäss mit einer nicht zu grossen Öffnung ergeben.

---

29) Zur Illustration dieser Bemerkung sei erwähnt, dass für Luft zur Erzeugung einer Geschwindigkeit von 40 $\frac{\mathrm{m}}{\mathrm{sec}}$ eine Druckdifferenz von 1% des absoluten Druckes genügt; die entsprechende Dichtigkeitsdifferenz ist dann (unter Zugrundelegung der Adiabate) 0,7 %. Rechnet man statt mit der veränderlichen Dichte mit einer mittleren konstanten Dichte, so wird bei der obigen, etwa einem starken Sturme entsprechenden Geschwindigkeit dieser Fehler gegenüber anderen, schwerer zu berücksichtigenden Einflüssen ganz bedeutungslos.

30) Eine Geschwindigkeit oder Druckdifferenz kann als gross oder klein angesehen werden, je nachdem sie im Vergleich mit der Schallgeschwindigkeit bezw. mit dem absoluten Druck in Betracht kommt oder nicht.

31) Als langsam veränderlich kann eine Bewegung so lange gelten, als $\frac{\partial w}{\partial t}$

Die *Helmholtz*'schen Wirbelgesetze[32]), insbesondere der Satz, dass eine anfänglich ruhende Flüssigkeitsmasse sich dauernd wirbelfrei bewegt, sind unter Annahme der Reibungslosigkeit auch auf Gase anwendbar; ausgenommen sind allerdings diejenigen Bewegungsformen, bei denen endliche Drucksprünge[33]) auftreten. Diese Überlegung ist von Nutzen, wenn man sich Rechenschaft darüber ablegen will, in wie weit man berechtigt ist, die Aufgaben über Gasströmung — wie das bisher durchaus üblich war — als eindimensionale Probleme zu behandeln[34]). Man kann die Sache so auffassen, dass man aus der ganzen Strömung *einen* „Stromfaden", etwa den mittelsten, willkürlich zur Behandlung herausgreift, und hernach Druck und Geschwindigkeit für die korrespondierenden (im selben „Querschnitt" gelegenen) Punkte der übrigen Stromfäden gleich den gefundenen Werten setzt. Für ein Rohr von veränderlichem Querschnitt enthalten die hierdurch begangenen Vernachlässigungen bei Wirbelfreiheit die Krümmung der Rohrwand in der Strömungsrichtung in der ersten Potenz, die Neigung der Rohrwand gegen die Achse in der zweiten Potenz. Bei den turbulenten Bewegungen[35]), die bei längeren Rohren die Regel bilden, ist man von vornherein zur Einführung von Mittelwerten gezwungen, so dass man hier von selbst auf das eindimensionale Problem geführt wird.

16. Allgemeine Theorie der stationären Strömungen. — *Problemstellung.* Eine zusammendrückbare („elastische") Flüssigkeit sei in stationärer Bewegung begriffen. Untersucht wird der Bewegungszustand eines mittleren Stromfadens, der als Repräsentant für alle übrigen Stromfäden betrachtet wird. Es soll, unter Berücksichtigung der Wirkung von äusseren Kräften, von Strömungswiderständen und Wärmemitteilung durch die Wandungen, das Verhalten von Druck, Volumen und Geschwindigkeit in der strömenden Flüssigkeit untersucht werden, unter der Voraussetzung, dass für irgend einen Querschnitt diese Grössen (p, v, w) gegeben sind. Die thermodynamischen Eigenschaften der Flüssigkeit werden dabei als gegeben vorausgesetzt, ebenso die — meist durch feste Wände gebildete — Begrenzung des Flüssigkeitsstromes.

---

gegen $w\dfrac{\partial w}{\partial x}$ u. s. w. und $gv\dfrac{\partial p}{\partial x}$ u. s. w. (Euler'sche Gleichungen IV 15, 8) nicht in Betracht kommt.

32) IV 16, **3**, auch **2**, (*Love*).

33) Vgl. Nr. **20** u. IV 19, **11** (*Zemplén*).

34) Diese Behandlungsart ist auch hier in Nr. **16**—**20** festgehalten.

35) IV 15, **17** (*Love*).

Zur Behandlung des vorstehenden Problems dienen die im Folgenden zu gewinnenden Gleichungen.

Im stationären Strömungszustand muss durch jeden Querschnitt des Stromes in der Zeiteinheit dasselbe Flüssigkeitsgewicht G hindurchtreten; es muss also sein:

$$\text{(a)} \qquad \frac{F \cdot w}{v} = G = \text{const.}$$

(*kinematische* oder Kontinuitäts-Gleichung).

Die Aussage, dass jedes Massenelement in der Bewegungsrichtung nach Massgabe der dort wirkenden äusseren Kräfte beschleunigt wird, führt zu der *mechanischen Gleichung*:

$$\text{(b)} \qquad \frac{w\,dw}{g} + v\,dp + dh + dz = 0.$$

Hierin bedeutet dh eine der Schwererichtung entgegengesetzte, also nach oben positive Höhenveränderung, dz einen durch Reibung u. dgl. verursachten Bewegungswiderstand, gemessen durch die sog. Widerstandshöhe. Die einzelnen Terme der Gl. (b), wie auch der folgenden Gleichungen stellen Energieänderungen (Arbeiten) pro Gewichtseinheit des Gases vor.

Als dritte Gleichung hat man die Aussage, welche der erste Hauptsatz der Thermodynamik (Gl. 3, p. 243) für den Zustand im Innern des Massenelements liefert. Zu beachten ist dabei, dass die Widerstandsarbeit dz in Gl. (b) hier als zugeführte Wärme neben der von aussen zugeführten Wärme dq wieder auftritt. Die *Wärmegleichung* lautet also:

$$\text{(c)} \qquad dq + dz = du + p\,dv.$$

Durch Verbindung von Gl. (c) mit (b) erhält man die Gleichung

$$du + d(pv) + \frac{w\,dw}{g} + dh = dq,$$

die integrabel ist und in dieser Form:

$$\text{(d)} \qquad u + pv + \frac{w^2}{2g} + h = \text{const.} + q$$

als *Gleichung der Gesamtenergie* angesprochen werden darf. (Mit $G = F\frac{w}{v}$ multipliziert, giebt die linke Seite der Gl. den gesamten sekundlichen Energietransport durch den Querschnitt F; Gq ist dabei die bis zum Querschnitt F dem Gas zugeführte Wärme.) Die Widerstandsarbeit z kommt in dieser Gleichung nicht vor, da die verschwundene Arbeit als Wärme in der Gesamtenergie enthalten bleibt.

Durch Einführung der „Erzeugungswärme“ $i = u + pv$ (thermodynam. Potential $\mathfrak{F}_s$ in Art. V 3)[36]) gewinnt Gl. (d) die im folgenden gebrauchte, etwas einfachere Gestalt

$$i + \frac{w^2}{2g} + h = \text{const.} + q.$$

Ist von der strömenden Flüssigkeit das Gesetz der inneren Energie

$$u = f(p, v)$$

bekannt, ferner das Gesetz für den Bewegungswiderstand z und die Wärmemitteilung q, so reichen die Gleichungen (a) bis (d) aus, um für vorgegebene geometrische Verhältnisse der Strömung (Angabe über F und h an jeder Stelle des Stromfadens) die Lösung des Problems völlig bestimmt zu machen, falls ein Anfangszustand (p_0, v_0, w_0) oder äquivalente Daten gegeben sind. Wird die Wärmemitteilung als von Temperaturdifferenzen abhängig dargestellt, so muss zur Festlegung der Temperatur in der strömenden Flüssigkeit noch die „Zustandsgleichung"

$$F(p, v, T) = 0$$

hinzugenommen werden.

Die vorstehende strenge Grundlegung des Problems findet sich — allerdings nicht genau in obiger Fassung, und gleich für permamente Gase spezialisiert — bei *F. Grashof* 1863[37]). Ausführliche Darstellungen finden sich in *Grashof*, Masch.-L. § 75; *Zeuner*, Therm. § 40.

Wirklich durchgeführte Rechnungen mit diesen allgemeinen Voraussetzungen existieren nicht. Die Höhenunterschiede h, die praktisch sehr wenig Bedeutung besitzen, sind durchweg vernachlässigt. Meist bleibt auch die Wärmemitteilung unberücksichtigt. (Eine Lösung mit Wärmeleitung bei Rohrleitungen von konstantem Querschnitt giebt *Grashof*[38]), eine Behandlung des Ausflussproblems *Fliegner*[39])).

Eine graphische Darstellung der in Gl. (b) bis (d) enthaltenen Beziehungen, die sich zuerst bei *Zeuner*[40]) findet, möge in der etwas veränderten Fassung, die ihr *Stodola*[41]) und *Büchner*[42]) gegeben haben, hier Erwähnung finden.

---

36) Vgl. p. 243, Ziff. 5, ferner p. 254 und 260.

37) „Über die Bewegung der Gase im Beharrungszustande in Röhrenleitungen und Kanälen", Zeitschr. d. Ver. deutsch. Ing. 7 (1863), p. 243, 273, 335.

38) Masch.-L. § 109 u. 115.

39) Civiling. 23 (1877), p. 433.

40) Civiling. 17 (1871), p. 71.

41) Zeitschr. d. Ver. deutsch. Ing. 47 (1903), p. 1 u. f. = Dampfturb. § 21 u. 22 (§ 2 u. 3).

42) Zur Frage der Laval'schen Turbinendüsen. Diss. Dresden 1903 =

In Fig. 53 soll in einem p-v-Koordinatensystem die Geschwindigkeitserzeugung in einem Gase (oder Dampfe) verfolgt werden, das von dem Zustand p_1, v_1, wo die Geschwindigkeit $w = 0$ ist, beginnend, längs der Kurve 1-2 expandiert. Höhendifferenzen und Wärmemitteilung sollen ausser Betracht bleiben. Gleichung (b) und (d) lauten somit in der Integralform

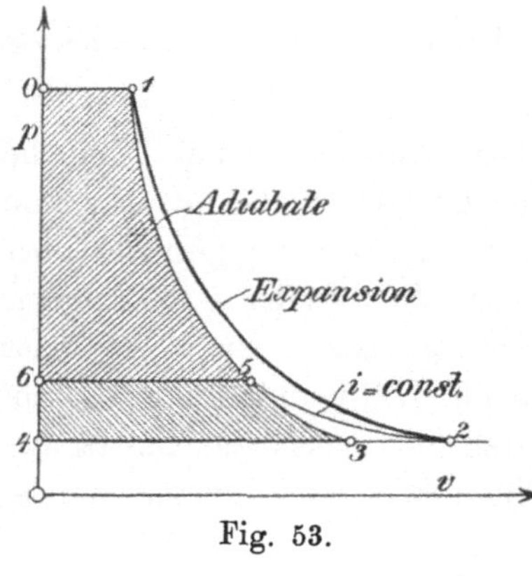

Fig. 53.

$$\text{(b')} \qquad \frac{w^2}{2g} = \int_2^1 v\,dp - z;$$

$$\text{(d')} \qquad \frac{w^2}{2g} = i_1 - i_2.$$

Zieht man durch 1 eine Adiabate bis zum Druck p_2 herab (1-3), so hat man, da diese das Zustandsgesetz bei widerstandsloser Bewegung ist (vgl. den nächsten Abschnitt), in der Fläche 0-1-3-4-0 ein Mass für die verfügbare kinetische Energie:

$$\text{(b'')} \qquad \frac{w'^2}{2g} = \int_3^1 v\,dp.$$

Die wirklich erreichte kinetische Energie ergiebt sich, wenn man durch 2 eine Kurve $i =$ const. bis zum Schnittpunkt 5 mit der Adiabate legt; nach (d') und (b'') wird sie durch die Fläche 0-1-5-6-0 dargestellt. Somit repräsentiert die Fläche 5-6-4-3-5 den durch die Widerstände verursachten Energieverlust.

Durch Vergleich von (b') mit (b'') findet man, dass die Widerstandsarbeit z durch die Fläche 1-2-4-6-5-1 dargestellt ist; dass diese Fläche um den nicht schraffierten Teil 1-2-3-1 grösser ist als die des Energieverlustes, ist damit zu erklären, dass ein Teil der in Wärme verwandelten Widerstandsarbeit zur weiteren Expansion nutzbringend Verwendung findet.

Eine ähnliche Darstellung lässt sich in Temperatur-Entropiekoordinaten (dem sog. Wärmediagramm) durchführen (Fig. 54). Die Flächen ∞-1-1'-∞ und ∞-2-2'-∞ stellen i_1 und i_2 dar, 1-3 ist die Adiabate, die verfügbare Energie $\frac{w'^2}{2g} = i_1 - i_3$ ist durch ∞-1-3-∞ dargestellt, der Energieverlust durch 1'-3-2-2'-1', die Widerstandsarbeit z durch 1'-1-2-2'-1'.

Forschungsarb. Heft 18, p. 47 u. f.; Auszug Zeitschr. d. Ver. deutsch. Ing. 48 (1904), p. 1029 u. 1097.

Noch einfacher, aber weniger eindrucksvoll wird die Darstellung im i-s-System (Fig. 55); die Strecke 1-3 stellt die verfügbare, 1-5 die erreichte kinetische Energie, 5-3 den Verlust dar.

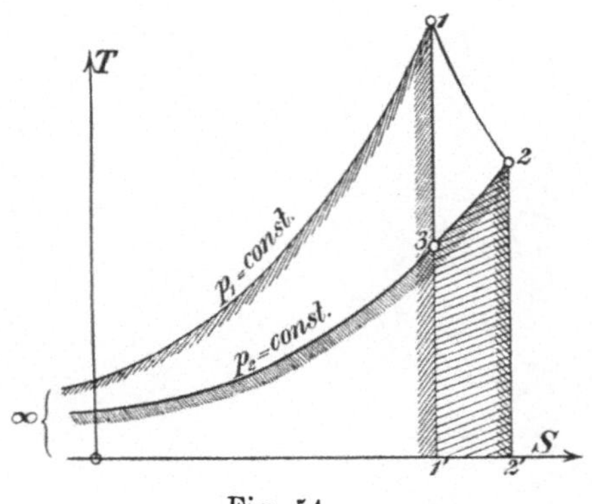

Fig. 54.

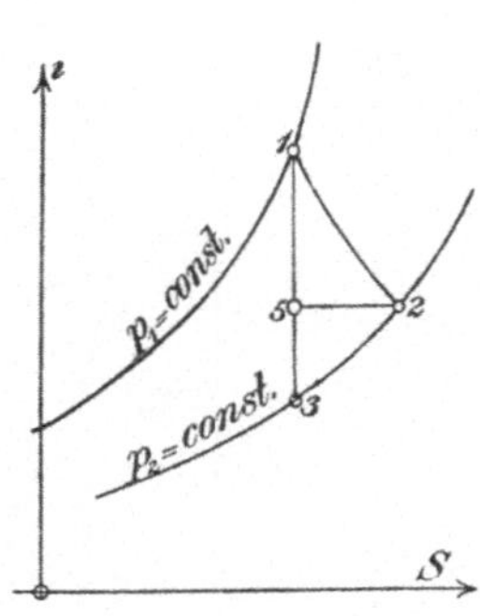

Fig. 55.

Ist am Ende des Strömungsvorgangs die Geschwindigkeit wieder $= 0$, so ist nach (d') $i_1 = i_2$. Dies ist die Beziehung, welche beim Überströmen mit Vernichtung der Strömungsgeschwindigkeit eintritt (vgl. Nr. 22).

17. Bewegung ohne Widerstände und Wärmemitteilung. Gleichung (c) lautet hier: $du + pdv = 0$; sie liefert mit $u = f(p, v)$ einfach das Gesetz einer adiabatischen Zustandsänderung:

$$v = \varphi(p, p_1, v_1),$$

hiermit wird Gl. (b) integrabel; es wird

$$\text{(b}_1\text{)} \qquad \frac{w^2 - w_1^2}{2g} = \int_p^{p_1} v\,dp;$$

p_1, v_1, w_1 sind dabei die Werte von p, v und w in einem gegebenen Anfangsquerschnitt. Gleichung (a) ordnet jetzt mit Hilfe der vorstehenden Beziehungen jedem Querschnitt F eine bestimmte Geschwindigkeit und einen bestimmten Druck zu.

Ist p_1 der Druck in dem Raume, von dem die Flüssigkeitsströmung ausgeht, und kann dort $w_1^2 = 0$ gesetzt werden, so wird

$$\frac{w^2}{2g} = \int_p^{p_1} v\,dp.$$

Betrachtet man für diesen Fall den Verlauf des Strömungsquerschnitts $F = \frac{Gv}{w}$, der zu einem bestimmten sekundlichen Gewicht G gehört, als

Funktion von p, so findet man, dass nicht nur für $p = p_1$ (wegen $w = 0$), sondern auch für $p = 0$ (wegen $v = \infty$) $F = \infty$ ist (vgl. Fig. 56). Für das zwischen beiden Grenzen liegende Minimum von F findet man die Bedingung

$$w^2 = - g v^2 \cdot \frac{dp}{dv} = \frac{dp}{d\varrho},$$

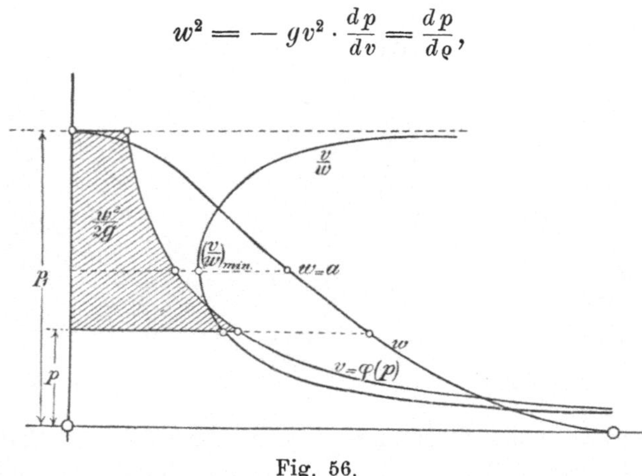

Fig. 56.

wo ϱ die Dichte ist. Diese Gleichung besagt nichts anderes, als dass die Geschwindigkeit im engsten Querschnitt des Stromfadens gleich der dem dortigen Zustande entsprechenden Schallgeschwindigkeit $a = \sqrt{\frac{dp}{d\varrho}}$ [43]) ist.

Dieses Ergebnis scheint zuerst von *Hugoniot*[44]) allgemein bewiesen worden zu sein, nachdem es etwas früher *O. Reynolds*[45]) für permanente Gase als zutreffend erkannt hatte.

Der innere Grund dieses eigenartigen Resultates lässt sich etwa folgendermassen einsehen: Eine mässige Druckschwankung irgend welcher Art rollt in einem cylindrischen Rohr mit Schallgeschwindigkeit über die darin befindliche Flüssigkeit hinweg; lässt man die Flüssigkeit mit Schallgeschwindigkeit fliessen, so wird es dadurch möglich, dass die Druckdifferenzen an Ort und Stelle stehen bleiben. Da man den Stromfaden an der engsten Stelle (Stetigkeit von $\frac{dF}{dx}$ vorausgesetzt) als Cylinder ansehen darf, fordern hier die stationären Pressungsunterschiede eine Strömungsgeschwindigkeit gleich der Schallgeschwindigkeit.

Nach dem Vorstehenden giebt es für jeden Querschnitt, der

43) Vgl. Encykl. IV, Art. 24 Akustik, von *Lamb*.

44) Paris C. R. 103 (1886), p. 1178.

45) Phil. Mag. V, 21 (1886), p. 185. = Pap. II, p. 311.

grösser ist, als der engste Querschnitt, je zwei Werte von p und w. Für den Verlauf von p ist dies in Fig. 57 angedeutet (die stark gezeichneten Linien). Welche Kombination der Kurvenzweige in einem bestimmten Fall eintreten wird, richtet sich nach dem Druck an den Enden des Rohres.

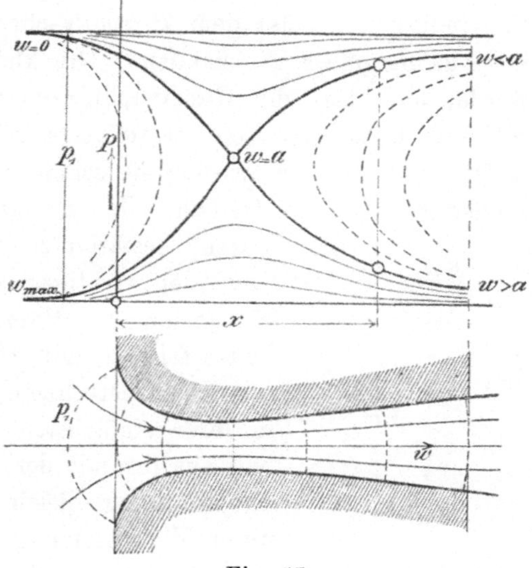

Fig. 57.

Untersucht man für eine fest vorgegebene Röhre die den verschiedenen Strömungsvorgängen mit gleichem p_1 und v_1 entsprechende sekundliche Ausflussmenge G, so zeigt sich als Folgerung aus dem Vorstehenden, dass diese einen Grösstwert erreicht, wenn im engsten Querschnitt Schallgeschwindigkeit eintritt.

Verschiedene Druckverteilungen, die kleineren Werten von G entsprechen, sind in Fig. 57 durch die dünn ausgezogenen Linien dargestellt. Die gestrichelten Linien beziehen sich auf Ausflussmengen grösser als $G_{\max.}$; sie führen nicht von einem Rohrende zum andern, entsprechen daher keiner hier möglichen Strömung.

18. Ausströmen aus Öffnungen und Mundstücken. Die Beantwortung der Frage, welche Luftmenge bei vorgegebener Druckdifferenz pro Zeiteinheit durch eine gegebene Öffnung hindurchtritt, entspricht einem alten Bedürfnis der Technik. Dies ist offenbar der Grund dafür, dass sich die älteren Arbeiten aus dem Gebiete des vorliegenden Referates gerade um diese Frage gruppieren. Es mag also wohl passend erscheinen, an dieses Thema eine Schilderung der historischen Entwicklung der hier auftretenden Gedankenreihen anzuknüpfen.

Die älteste Notiz über den Ausfluss „elastischer Flüssigkeiten" scheint bei *Daniel Bernoulli*[46]) 1738 zu stehen. Er giebt die Anweisung, die Berechnung wie bei einer inkompressiblen Flüsssigkeit vorzunehmen; die Geschwindigkeit sei zu setzen:

46) Hydrodynamica, Strassburg 1738, p 224.

$$w = \sqrt{2g(p_1 - p_2)v_1};^{48)}$$

die Ausflussmenge wird mit $G = F \cdot \frac{w}{v_1}$ berechnet. Diese Berechnungsweise, der die Vorstellung zu Grunde lag, dass die Geschwindigkeit gemäss dem *Torricelli*'schen Theorem einfach durch die im Ausflussgefäss „vorhandene" Druckhöhe $h = v_1(p_1 - p_2)$ erzeugt werde, und dass die Geschwindigkeitserzeugung für jedes Teilchen plötzlich beim Verlassen des Gefässes erfolge, findet sich bei *d'Alembert*[49]) und anderen wieder; sie schien auch durch verschiedene Versuchsreihen[50]), die freilich alle mit kleinen Pressungen angestellt waren, bestätigt zu werden. Erst *Navier*[51]) fand 1829 den richtigen Weg, die unter allmählicher Expansion des Gases stattfindende Geschwindigkeitserteilung mit Hilfe von Differentialbetrachtungen zu berechnen. Er besitzt die Beziehung (b) in ihrer einfachsten Form (vgl. p. 293) und erhält aus ihr mit der Annahme, dass der Druck in der Mündung gleich dem äusseren Druck p_2 ist, unter Voraussetzung des *Mariotte*'schen Gesetzes: $pv = C$ für eine der Fig. 58 entsprechende Mündung

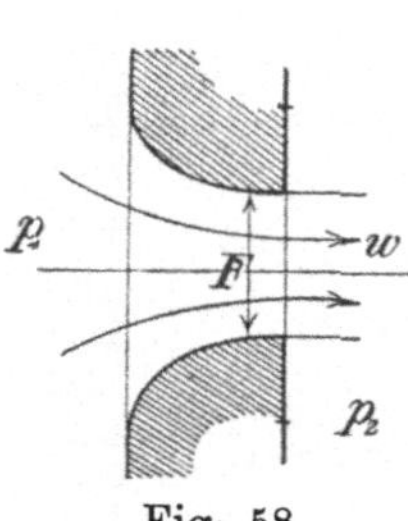

Fig. 58.

$$G = \frac{Fw}{v_2} = \frac{F}{v_2}\sqrt{2gC\log\frac{p_1}{p_2}}.^{52)}$$

Er diskutiert die Gleichung nach verschiedenen Richtungen, zeigt auch, dass sie für sehr kleine Pressungsunterschiede in die bei inkompressiblen Flüssigkeiten gebräuchliche übergeht. Er findet auch bereits, dass (für konstantes G) der Querschnitt F als Funktion von p ein Minimum besitzt, zieht aber daraus falsche Schlussfolgerungen. Des

48) Im folgenden bezeichnet der Index 1 immer die Zustände in dem Raume, aus dem die Flüssigkeit ausfliesst; der Index 2 die Zustände in dem Raume, in den sie eintritt.

49) Traité de l'équilibre et du mouvement des fluides, Paris 1744, p. 165 u. f.

50) Die bemerkenswerteren Arbeiten über Ausflussversuche bei geringem Überdruck sind *G. Schmidt,* Ann. Phys. Chem. (1) 66 (1820), p. 39; *Lagerhjelm,* Stockholm Akad. 1822; Bericht hierüber von *Girard,* Journ. génie civil 1829; *K. L. Koch,* Versuche über die Geschwindigkeit ausströmender Luft, Göttingen 1824; Bericht hierüber von *G. Schmidt,* Ann. Phys. Chem. (2) 2 (1824), p. 39; *Aubuisson,* Ann. des mines 13 (1826), p. 483; *H. Buff,* Ann. Phys. Chem. (2) 37 (1836), p. 277 u. 40 (1837), p. 14; (Neuberechnung der *Koch*'schen Versuche und Bericht über eigene Versuche).

51) Mémoire sur l'écoulement des fluides élastiques, Paris, Mém. de l'Acad. 9 (1830), p. 311.

52) Die sehr verschiedenen Formelbezeichnungen und Bezugsgrössen sind überall in die unsrigen umgeschrieben.

weiteren werden nach den Methoden der Hydraulik Ausströmung aus Öffnungen in dünner Wand, Energieverluste durch plötzliche Erweiterung und Kontraktion in Rohren, und ähnliches behandelt.

Um einen grossen Schritt wurde die Theorie zehn Jahre später, 1839, von den Ingenieuren *B. de Saint-Venant* und *L. Wantzel*[53]) gefördert. Sie berücksichtigen durch Verwendung des *Laplace-Poisson*schen Adiabatengesetzes $pv^{\varkappa} = \text{const.}$ die bei der Expansion eintretende Abkühlung des Gases und erhalten so die Formeln:

$$w = \varphi \sqrt{\frac{2g\varkappa}{\varkappa-1} p_1 v_1 \left(1 - \left(\frac{p_2}{p_1}\right)^{\frac{\varkappa-1}{\varkappa}}\right)},$$

$$G = \mu F_0 \left(\frac{p_2}{p_1}\right)^{\frac{1}{\varkappa}} \sqrt{\frac{2g\varkappa}{\varkappa-1} \frac{p_1}{v_1} \left(1 - \left(\frac{p_2}{p_1}\right)^{\frac{\varkappa-1}{\varkappa}}\right)}$$

(φ und μ sind durch Versuche zu ermittelnde Korrektionsziffern). *De Saint-Venant* und *Wantzel* diskutieren die Beziehungen und finden, dass G als Funktion von p_2 (bei festgehaltenem p_1 und μ) ein Maximum bei dem Werte

$$p' = \left(\frac{2}{\varkappa+1}\right)^{\frac{\varkappa}{\varkappa-1}} \cdot p_1$$

besitzt. Der Gedanke, dass es widersinnig ist, dass die Ausflussmenge abnehmen soll, wenn der Druck auf der Ausströmseite erniedrigt wird, führt sie auf den Gedanken, dass der Druck p in der Mündung bei grösseren Druckdifferenzen höher sein müsse, als der Aussendruck p_2, und jedenfalls nie unter den eben definierten Wert p' heruntersinken könne. Ihre Experimente (Einströmen der Luft in den Recipienten einer Luftpumpe) zeigen, obwohl die Messungen wegen Nichtbeachtung der auftretenden Temperaturdifferenzen mangelhaft sind, diese Annahmen bestätigt. (Zwischen $p_2 = 0$ und $p_2 = 0{,}4\, p_1$ war die Ausflussmenge konstant, nahm dann bei grösserem p_2 erst langsam, dann rascher ab.) Spätere Versuche von 1843[54]) an einem Dampfkessel gaben ähnliche Resultate.

Die Arbeit von *de Saint-Venant* und *Wantzel* geriet merkwürdiger Weise wieder in Vergessenheit. Zum Teil war daran wohl die schroffe Ablehnung schuld, welche ihr von *Poncelet*[55]) zu Teil wurde, der, auf Versuche von *Pecqueur* gestützt, die alte *Bernoulli*'sche Hypothese

---

53) Mémoire et expériences sur l'écoulement de l'air, Journ. éc. polyt. 27 (1839), p. 85.

54) Paris C. R. 18 (1843), p. 1140.

55) Paris C. R. 21 (1845), p. 178; Replik und Duplik p. 366 u. 387.

verteidigte. Ein anderer Grund mag darin liegen, dass *de Saint-Venant* und *Wantzel* zur Diskussion ihrer Versuchsergebnisse nicht ihre rationelle Formel verwendeten, sondern aus ihnen eine ziemlich willkürliche empirische Formel ableiteten.

Die rationellen Formeln für w und G wurden erst 1855 von *Jul. Weisbach*[56]) wieder gefunden und führten lange seinen Namen. *M. Herrmann*[57]) diskutierte 1860 das Maximum von G und deutete es, wie *de St. Venant* und *Wantzel*: der Mündungsdruck sinkt nie unter p' herab und die Geschwindigkeit steigt erst ausserhalb der Mündung unter Ausdehnung des Strahls auf den p_2 entsprechenden Wert.

In derselben Zeit (1856) kamen — wieder unabhängig von den bisherigen — *W. Thomson* und *Joule*[58]) von der Seite der Thermodynamik her zu einer Lösung des Ausflussproblems. Sie besitzen die Gleichung (d) in der auch bei beliebigen Widerständen giltigen Form

$$\frac{w^2}{2g} = u_1 - u_2 + p_1 v_1 - p_2 v_2 = \frac{\gamma p}{A}(T_1 - T_2)$$

und gewinnen hieraus ebenfalls die Formeln für w und G bei adiabatischer Expansion; sie bemerken dabei auch das Maximum von G.

Inzwischen war auch das adiabatische Ausströmen des Wasserdampfes in Angriff genommen. Nach der ersten Theorie von *Redtenbacher*[59]), 1855, die wegen fehlender Berücksichtigung der Condensation im expandierenden Dampf unrichtig war, wies 1860 *F. Grashof*[60]) auf den richtigen Weg. Durchgeführt wurde die Rechnung auf Grund unserer Formel (d) aus den Gesetzen für nasse Dämpfe (vgl. Nr. **6**) von *G. Zeuner* 1863[61]). Er erhält

$$A\frac{w^2}{2g} = \frac{x_1\lambda_1}{T_1}(T_1 - T_2) + q_{p_1} - q_{p_2} - T_2(s_1'' - s_2'') + Av''(p_1 - p_2),\,^{62})$$

wofür er für Überschlagsrechnungen noch die Näherungsformel

$$\frac{w^2}{2g} = \frac{x_1\lambda_1}{AT_1}(T_1 - T_2)$$

angiebt.

Das zur Berechnung des Ausflussgewichtes nötige Dampfvolumen wird aus der Gleichung der Adiabate ermittelt. Die Formeln werden

56) Lehrbuch der Ingenieur- und Maschinenmechanik, 3. Aufl. 1855, § 431.

57) Zeitschr. d. österr. Ing.-Ver. 12 (1860), p. 34.

58) London Proc. Roy. Soc. 8 (1856), p. 178.

59) Gesetze des Lokomotivbaues, Mannheim 1855, p. 34.

60) Zeitsch. d. Ver. deutsch. Ing. 4 (1860), S. 95.

61) Das Lokomotivblasrohr, Zürich 1863, p. 76 u. f.

62) In dieser Weise findet sich die Formel erst etwas später in der 2. Aufl. der „Grundzüge", p. 411.

für den Ausfluss von trocken gesättigtem Dampf, sowie von heissem Wasser (Kesselwasser)[63]) spezialisiert und durch Tabellen erläutert. Für letzteres findet er das merkwürdige Resultat, dass für Ausströmen in die Atmosphäre das sekundliche Ausflussgewicht für 1 qcm Öffnung fast unabhängig vom Kesseldruck ungefähr 0,11 kg betrage[64]).

Die *Theorie* des Ausströmens wurde nach der thermodynamischen Seite hin weiter gefördert von *Grashof*, der 1863 in der bereits zitierten grundlegenden Arbeit[37]) den Einfluss der durch die Widerstände hervorgerufenen Erwärmung des Gases richtig einschätzen lehrte, des weiteren von *Zeuner* 1871 in seiner „Neuen Darstellung der Vorgänge beim Ausfluss der Gase und Dämpfe aus Gefässmündungen“[65]). *Zeuner* berücksichtigt hier (bei Luft) den Einfluss der Widerstandsarbeit unter der Annahme, dass sie der Temperatursenkung, d. h. dem Zuwachs der kinetischen Energie proportional wäre:

$$dz = \zeta d\left(\frac{w^2}{2g}\right) = \zeta \frac{\gamma_p}{A} dT \quad \text{(vgl. p. 298).}$$

Er erhält so als Gesetz der Zustandsänderung statt $pv^{\varkappa} = \text{const.}$ die Beziehung $pv^n = \text{const.}$, worin der „Ausflussexponent“ n mit dem Widerstandskoeffizienten ζ durch die Gleichung

$$n = \frac{(1+\zeta)\varkappa}{1+\zeta\varkappa}$$

zusammenhängt. Das Ausflussgewicht ergiebt sich hiernach zu

$$G = \alpha F_0 \left(\frac{p_2}{p_1}\right)^{\frac{1}{n}} \sqrt{\frac{2g\varkappa}{\varkappa-1}\frac{p_1}{v_1}\left(1-\left(\frac{p_2}{p_1}\right)^{\frac{n-1}{n}}\right)}.$$

Der Koeffizient α ist dabei durch den Zusammenhang zwischen dem freien Strahlquerschnitt F und dem Mündungsquerschnitt F_0 gegeben: $F = \alpha F_0$. *Zeuner* empfiehlt unterhalb

$$\frac{p_1}{p_2} = \left(\frac{n+1}{2}\right)^{\frac{n}{n-1}} \quad \text{(kritisches Druckverhältnis),}$$

bei gut abgerundeten Mündungen $\alpha = 1$ zu setzen. Bei grösserem Druckverhältnis ist $\alpha > 1$ und es wird hierfür G unabhängig vom Aussendruck gleich dem Maximalwert

$$G = \alpha' F_0 \left(\frac{2}{n+1}\right)^{\frac{1}{n-1}} \sqrt{\frac{2g\varkappa}{\varkappa-1}\,\frac{n-1}{n+1}\cdot\frac{p_1}{v_1}},$$

63) Zuerst im Civilingenieur 10 (1864), p. 87.

64) Neuere Untersuchungen führten zu andern Ergebnissen. Vgl. hierzu den Schluss dieser Nummer.

65) Civiling. 17 (1871), p. 71.

worin der neue Koeffizient α' für abgerundete Mündungen $= 1$ zu setzen ist. Für gesättigte Dämpfe, sowie auch für überhitzte schlägt er denselben Rechnungsgang vor[66]). Es ist dazu nur nötig, für die adiabatische Expansion einen mittleren Exponenten $\varkappa$ anzunehmen. Für gesättigten Wasserdampf giebt er an: $\varkappa = 1{,}035 + 0{,}10\, x_1$, wo x_1 die spezifische Dampfmenge beim Druck p_1 ist.

Für Ausfluss von trocken gesättigtem Dampf erhält man aus obiger Formel, wenn man das Volumen v_1 durch den Druck ausdrückt ($pv^{1,063} = \text{const.}$), nach *Grashof*[67]) die einfache Beziehung

$$G/\alpha' F_0 = C p^{0,96965};$$

die Konstante C ist für $\zeta = 0$, wenn F_0 in m^2, p in kg/m², G in kg/sec gemessen wird, $C = 0{,}02018$.

Inzwischen waren von Verschiedenen *Versuche* zur Prüfung der Theorie und zur Gewinnung von Korrektionskoeffizienten unternommen worden.

Voranzustellen sind die vorzüglichen Versuche *Weisbach*'s von 1856, über die er 1859[68]) berichtet, deren Zahlenmaterial er aber erst 1866[69]) ausführlich mitgeteilt und bearbeitet hat. Seine Versuche, mit in einem Kessel komprimierter Luft angestellt, waren dadurch wesentlich vollkommener als die der früheren Experimentatoren, dass *Weisbach* bei den Druckablesungen, aus denen die Ausflussmengen bestimmt wurden, jedesmal den Ausgleich der bei der Expansion entstehenden Temperaturdifferenzen abwartete. Ein Teil seiner Versuchsresultate, die sich auf sehr verschiedene Arten von Mündungen, mit und ohne Ansatzrohr, beziehen, wurde von *Grashof*[70]) einer verbessernden Neuberechnung unterzogen. Die Änderung des Ausflussgesetzes bei Überschreitung des kritischen Druckverhältnisses war *Weisbach* unbemerkt geblieben, seine Versuche reichten nur eben bis an diese Grenze. Das Verdienst, diese Dinge zuerst einwandfrei nachgewiesen zu haben, gebührt *R. D. Napier*[71]) (1866). Er stellt die Ergebnisse seiner Ausflussversuche mit Wasserdampf (abgerundete Mündungen) in folgenden zwei Formeln zusammen:

---

66) Vgl. auch die Darstellung in Therm. II, 1. Aufl. § 20 u. 22; 2. Aufl. § 21 u. 23.

67) Masch.-L. § 111.

68) Civiling. 5, p. 1.

69) Civiling. 12, p. 1 u. 77.

70) Zeitschr. d. Ver. deutsch. Ing. 7 (1863), p. 279; Masch.-L. 1875, p. 580.

71) On the velocity of steam and other gases, London 1866; Engineer 23 1867), p. 11.

$$\text{für } p_2 > \tfrac{1}{2} p_1 \text{ ist } \frac{G}{F_0} = \sqrt{\frac{2g}{1+\zeta} \cdot \frac{(p_1 - p_2) p_2}{p_1 v_1}},$$

$$\text{für } p_2 < \tfrac{1}{2} p_1 \text{ ist } \frac{G}{F_0} = \frac{1}{2} \sqrt{\frac{2g}{1+\zeta} \frac{p_1}{v_1}}.$$ [72])

Er hat auch zuerst[73]) den Druck in der Mündung experimentell ermittelt (durch Druckmessung an einer feinen Bohrung in der Ausflussmündung, vgl. Fig. 59) und damit die Annahme von *de Saint-Venant* und *Wantzel*, die er selbst nicht kannte, wohl bestätigt.

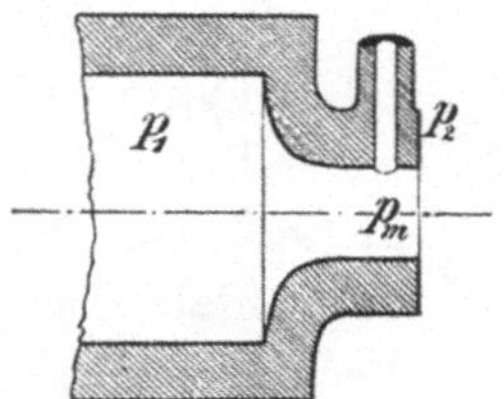

Fig. 59.

Als weitere Versuche über *Luft*ausfluss sind vor allem zu nennen die umfangreichen Versuche von *Zeuner* 1871[74]) und *Fliegner* 1874 und 1877[75]). In der letzteren Arbeit untersucht *Fliegner* auch den Einfluss der Wärmeleitung im Mundstück theoretisch sowohl als auch experimentell, er findet bei einem Mundstück aus Messing den Ausflussexponenten $n = 1{,}37$ ($\zeta = 0{,}077$), bei Buchsbaumholz $n = 1{,}395$ ($\zeta = 0{,}027$); aus diesen Zahlen schliesst er auf eine bedeutende Wirkung der Wärmeleitung. In sorgfältigen Beobachtungen des Mündungsdruckes p_m findet er, dass dieser nie unter den „kritischen Druck" herabgeht, und immer etwas höher als p_2 liegt. Als Näherungsformeln für gut abgerundete Metallmündungen empfiehlt er (p in kg/m², F in m²)

$$\frac{G}{F_0} = 0{,}76 \sqrt{\frac{(p_1 - p_2) p_2}{T_1}} \quad \text{für } p_2 > \frac{1}{2} p_1,$$

$$\frac{G}{F_0} = 0{,}38 \frac{p_1}{\sqrt{T_1}} \quad \text{für } p_2 < \frac{1}{2} p_1,$$

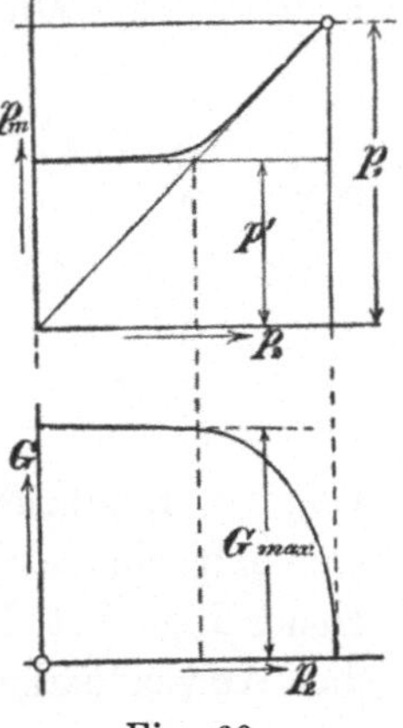

Fig. 60.

In Fig. 60 findet man die Ergebnisse der *Fliegner*schen Versuche veranschaulicht; es sind die Grössen p_m und G in ihrer Abhängigkeit von p_2 bei festgehaltenem p_1 dargestellt.

Erwähnenswert sind auch die sorgfältigen Versuche, die *G. A. Hirn* 1884[76]) mit Luft bei gewöhnlichen und höheren Temperaturen, sowie mit Kohlensäure und Wasserstoff angestellt hat. Er liess die Gase aus einem Gasometer

72) So sind die Formeln von *Zeuner* (Therm. II, § 24) umgeschrieben worden.

73) Engineer 28 (1869), p. 287. Vgl. auch *Rankine*, Engineer 28 (1869), p. 352 u. 358 = Civiling. 16 (1870), p. 35.

74) Vorläuf. Bericht Civiling. 20 (1874), p. 1. (Dort ist auch die Priorität von *de Saint-Venant* und *Wantzel* wieder aufgedeckt.) Ausführlicher in Therm. I (1. Aufl.), § 49—51.

75) Civiling. 20, p. 13 und Civiling. 23, p. 443.

76) Brüssel Mem. Acad. Roy. 156 (1886), Nr. 3; Ann. chim. phys. (6) 7

in einen evakuierten Raum einströmen und erreichte dadurch eine sehr einwandfreie Messung der Ausflussmengen. Die *Hirn*'schen Versuche bestätigen die früheren Ergebnisse; sonderbarer Weise glaubte *Hirn* selbst, indem er die Geschwindigkeit auch über das kritische Druckverhältnis hinaus mit der Formel $w = Gv_2/F$ berechnete, einen Widerspruch zwischen Theorie und Versuch nachgewiesen zu haben; seine Ansicht wurde von *Hugoniot*[77]) und *Parenty*[78]) 1886 widerlegt.

Parenty hat später[79])[80]), auf den *Hirn*'schen Versuchen fussend, eine empirische Näherungsformel von grosser Allgemeinheit angegeben. Er stellte fest, dass die Ausflussmenge G in ihrer Abhängigkeit von p_2 (vgl. Fig. 60) sehr nahe durch einen Ellipsenquadranten und dessen horizontale Tangente dargestellt werden kann. Es möge nun das Verhältnis $(p_1 - p_2)/p_1 = \delta$ und $(p_1 - p')/p_1 = \delta'$ gesetzt werden (p' = kritischer Mündungsdruck), ferner sei α_0 der Kontraktionskoeffizient, der der Mündung für Wasserausfluss unter Wasser zukommt; dann ist nach *Parenty* für beliebige Mündungen das Produkt $\delta' \cdot \alpha_0$ eine Konstante, ferner $G_{\max}$ proportional $\sqrt{\alpha_0}$; die Konstanten werden so bestimmt, dass für $\alpha_0 = 1$ der adiabatische Ausfluss erhalten wird. Mit

$$\delta' \cdot \alpha = \delta_0' = 1 - \left(\frac{\varkappa + 1}{2\varkappa}\right)^{\frac{\varkappa}{\varkappa - 1}} \quad \text{(vgl. p. 297)}$$

wird

$$\text{für } \delta < \delta' : \frac{G}{F} = 2\alpha_0 \sqrt{g\delta_0' p_1 v_1 \cdot \delta \left(1 - \frac{\alpha_0}{2}\frac{\delta}{\delta_0'}\right)},$$

$$\text{für } \delta > \delta' : \frac{G}{F} = \delta_0' \cdot \sqrt{2\alpha_0 g p_1 v_1};$$

von den Koeffizienten δ_0' und α_0 der vorstehenden Formeln hängt der eine nur von der Gasart ab, der andere nur von der Mündungsform. Neuerdings hat *Parenty* an Hand der *Rateau*'schen Versuche (s. u.) die Anwendbarkeit seiner Formeln für Dampfausfluss gezeigt[81]). Ferner hat *Boussinesq*[82]) gezeigt, dass — für adiabatischen Ausfluss — eine Reihenentwicklung nach δ die *Parenty*'sche Ellipsenformel als zweite, bereits sehr befriedigende Näherung ergiebt.

(1886), p. 289; Recherches expérimentales sur la limite de vitesse que prend un gaz etc., Paris 1886.

77) Paris C. R. 102 (1886), p. 1545.

78) Paris C. R. 103 (1886), p. 125.

79) Paris C. R. 113 (1891), p. 184; 116 (1893), p. 1120; 119 (1894), p. 419.

80) Ann. chim. phys. (7) 8 (1896), p. 5.

81) Ann. des mines (10) 2 (1902), p. 403.

82) J. des Mathem. (5) 10 (1904), p. 79.

In neuerer Zeit (1897) hat auch *Zeuner*[83]) Luftausflussversuche mit einem Vakuumkessel gemacht, die ihn zu einer neuen Hypothese geführt haben; besonders Versuche mit grossen Widerständen führen ihn auf die Beziehung, „dass die Luft in den leeren Raum mit der dem Zustande der Luft in der Mündung entsprechenden Schallgeschwindigkeit $w_s = \sqrt{\varkappa g p v}$ ausströmt, welche Widerstände hierbei auch beim Hinströmen nach der Mündung vorliegen mögen". Diese Geschwindigkeit ergiebt sich aus (d) zu

$$w_s = \sqrt{\frac{2g\varkappa}{\varkappa+1} p_1 v_1}.$$

Die Ausflussmenge wird hierbei

$$G = F_0 \left(\frac{2}{\varkappa+1}\right)^{\frac{1}{n-1}} \sqrt{\frac{2g\varkappa}{\varkappa+1} \frac{p_1}{v_1}}.$$

Wie *W. Schüle*[84]) nachwies, ist das Maximum der älteren *Zeuner*'schen Formel, die unter dem kritischen Druckverhältnis weiter gelten sollte, grösser als der vorstehende Wert; man kann indes diesen Wert durch verschiedenes n in beiden Formeln mit dem Maximum zusammenfallen lassen. — *Zeuner*'s Versuche ergaben — für Druckverhältnisse über dem kritischen Wert — den Ausflussexponenten n zu 1,375 bis 1,38; dieses entspricht Werten von $\zeta = 0{,}065$ bis $0{,}055$.

Über den Ausfluss von *Dampf*[85]) sind nach *Napier* von Verschiedenen Versuche angestellt worden. So hat *Zeuner* 1870 Ausflussversuche mit Hilfe eines Injektors (Dampfstrahlpumpe) gemacht (erst 1890 veröffentlicht[86])). Ferner sind zu erwähnen die Versuche von *C. H. Peabody* und *L. H. Kuhnhardt*[87]) (mit Messung des Mündungsdruckes), von *Parenty*[80]), von *Rosenhain*[88]) (mit Messung der Reaktion der ausfliessenden Strahlen, bei verschiedenen Mündungen, auch konisch erweiterten Rohren, vgl. Nr. **20**), von *Gutermuth* und *Blaess*[89]) (mit verschiedenen Mündungen, Röhren und Düsen, wie sie bei Dampf-

83) Therm. I (2. Aufl.), p. 242 u. 256.

84) *Dingler*'s Polyt. Journ. 318 (1903), p. 355, 369 u. 388.

85) Ein zusammenfassender Bericht über ältere Versuche (auch solche mit Luft) findet sich bei *R. Kolster,* Zeitschr. d. Ver. deutsch. Ing. 11 (1867), p. 433 u. 711 u. 12, p. 97. Besonders genannt seien die Versuche von *Tremery,* Ann. des mines (3) 20 (1841), p. 343) und von *Minary* und *Résal,* Ann. des mines (5) 19 (1861), p. 379 (deutsch im Civiling. 8 (1862), p. 101).

86) Therm. II, § 25.

87) Trans. Am. Soc. of Mec. Ing. 1890; Bericht im Engineering 49 (1890), p. 64.

88) Proc. Instit. of Civ. Ing. 140 (1900), p. 199.

89) Phys. Ztschr. 4 (1902), p. 82; Zeitschr. d. Ver. deutsch. Ing. 48 (1904), p. 75 = Forschungsarb. Heft 19 (1904), p. 45.

turbinen und bei den Schiebern der Dampfmaschinen in Verwendung stehen). Diesen Versuchen, bei denen die Ausflussmengen durch die kondensierten Wassermengen gemessen wurden, stehen Versuche von *A. Rateau*[90]) gegenüber, bei denen die Dampfmengen durch die an das Kühlwasser abgegebenen Wärmemengen bestimmt wurden. Durch gleichzeitige Messung der Dampffeuchtigkeit können diese Versuche für besonders zuverlässig gelten; sie liefern das Resultat, dass die Ausflussmengen für abgerundete Mündungen bei grossen Druckunterschieden sehr gut durch die Formeln für verlustlose Strömung dargestellt werden; die *Rateau*'sche Formel

$$G/\alpha' F_0 = p_1 (0{,}01904 - 0{,}00096 \log^{10} p_1),$$

wo p und F_0 auf Metermass bezogen sind, stimmt sehr genau mit der *Grashof*'schen Formel p. 300 überein; die älteren Versuche hatten, wohl durch mangelnde Trockenheit des Dampfes entstellt, grössere Werte ergeben. Für mässige Druckunterschiede liegen die *Rateau*schen Zahlen bis zu $5\,\%_0$ unter den theoretischen Werten.

Bemerkenswert ist auch die von *Rateau* gefundene Thatsache, dass der Kontraktionskoeffizient für Öffnungen in dünner Wand, dargestellt durch das Verhältnis der hier auftretenden Ausflussmenge zu der bei abgerundeter Öffnung, sowohl für Dampf als auch für Gase (Versuche von *Hirn*) bis zu Drucken $p_2 = 0{,}45\, p_1$ herab sehr genau eine lineare Funktion des Druckverhältnisses ist, z. B. für Dampf

$$\alpha_1 = 0{,}645 + 0{,}35 (p_1 - p_2)/p_1 .$$

Ausfluss von heissem Wasser. Über den Ausfluss von Wasser aus dem Wasserraum eines Dampfkessels — also Wasser von der dem Druck p_1 entsprechenden Siedetemperatur — wurden von den Ingenieuren *Pulin* und *Bonnin* 1890 Versuche angestellt, über die *Sauvage*[91]) berichtet hat. Die Ergebnisse weichen vollständig von den theoretischen Resultaten *Zeuner*'s[68]) ab, die Ausflussmengen waren 10—12 mal so gross, als die theoretischen. *Zeuner*[92]) erklärte später die Differenz durch die Annahme einer verzögerten Verdampfung des Wassers, wodurch der Ausflussvorgang sich mehr dem Ausfluss kalten Wassers nähere.

Neuerdings haben unabhängig voneinander *A. Rateau*[93]) und *A. Fliegner*[94]) nachgewiesen, dass man unter Beachtung des *de Saint-*

---

90) Rev. de mécanique 7 (1900), p. 167; Ann. des mines (10) 1 (1902), p. 5.

91) Ann. des mines (9) 2 (1892), p. 192.

92) Therm., 2. Aufl., § 22.

93) Rev. de mécanique 9 (1901), p. 660 = Ann. des mines (10) 1 (1902), p. 59.

94) Schweiz. Bauztg. 45 (1905), p. 282 und 306.

Venant-Wantzel'schen Prinzipes bedeutend höhere Ausflussmengen erhält, als *Zeuner* gefunden hatte. Nach *Fliegner* ergiebt sich z. B. für $p_1 = 6$ atm (absolut) das Maximum der Ausflussmenge für 1 qcm Öffnungsquerschnitt zu 0,42 kg/sec bei einem Mündungsdruck $p' = 5{,}4$ atm, während *Zeuner* unter Annahme eines Mündungsdruckes von 1 atm die Zahl 0,108 erhalten hatte.

Beide Autoren zeigen ferner, dass sich noch viel grössere Ausflussmengen ergeben, wenn man annimmt, dass die Temperatur des ausfliessenden Wassers um einige Grade unter dem dem Kesseldruck entsprechenden Siedepunkt liegt; *Rateau* und *Fliegner* verwerten dieses Ergebnis zu einer Erklärung der auch gegen ihre Zahlen noch dreimal grösseren Versuchswerte von *Pulin* und *Bonnin*. *Fliegner* berechnet u. a., dass bei 6 atm Dampfspannung für die Verdreifachung der Ausflussmenge 6^0 Temperaturerniedrigung ausreichend sind. Indes zeigen neue, noch unveröffentliche Versuche von *J. Adam*[95]), dass die *Zeuner*'sche Erklärung durch verzögerte Verdampfung die zutreffendere ist. *Adam* findet bei vergleichenden Versuchen mit heissem und kaltem Wasser, dass das Verhältnis der Ausflussmengen von heissem und kaltem Wasser (bei 6 atm) von 0,91 bei Öffnungen in dünner Wand bis auf 0,56 bei kurzer abgerundeter Mündung und weiter auf 0,44 bei einem mässig langen Ansatzrohr herabsinkt.

19. Strömungswiderstände. Man pflegt die bei den Strömungsbewegungen auftretenden Widerstände in kontinuierlich verteilte und in konzentrierte einzuteilen, je nachdem es sich um die hemmende Wirkung eines längeren Rohres oder einer örtlichen Unregelmäßigkeit (plötzliche Verengung, Erweiterung, Richtungsänderung usw.) handelt. Das übliche Mass für den Widerstand bildet die durch Gl. (b) definierte Widerstandshöhe z, bezw. ein durch Vergleich mit der Geschwindigkeitshöhe $w^2/2g$ gewonnener Widerstandskoeffizient.

a) Über die *konzentrierten Widerstände* ist, abgesehen von den im vorigen Abschnitt behandelten Ausflusswiderständen, wenig Litteratur vorhanden. Ein Versuch, die Vorgänge bei plötzlichen Verengungen und Erweiterungen eines Rohres zu berechnen, findet sich bereits bei *Navier*[51]). Er glaubt jedoch, die Widerstandshöhe bei plötzlicher Rohrerweiterung einfach, wie bei inkompressiblen Flüssigkeiten[96]), als *Carnot*'schen Stossverlust

$$z = \frac{(w_1 - w_2)^2}{2g}$$

95) Ausgeführt im Laboratorium für technische Physik zu München.

96) Vgl. Encykl. IV 20, 7 (*Forchheimer*).

setzen zu dürfen. Erst *Grashof*[97]) zeigte 1875, dass man bei kompressiblen Flüssigkeiten im Falle einer plötzlichen Rohrerweiterung

$$z = \frac{(w_1 - w_2)^2}{2g} + p_1(v_1 - v_2) + \int_1^2 p\,dv$$

setzen müsse. Im besonderen entwickelte er[98]) unter Berücksichtigung der Wärmevorgänge die Formeln für einen Widerstandskoeffizienten, der nach dem Muster der Hydraulik

$$\zeta = \frac{2gz}{w^2}$$

gesetzt wird, unter der vereinfachenden Annahme, dass die Zustandsänderung während der Einwirkung des Widerstands als eine Polytrope $pv^m = \text{const.}$ angenommen werden darf. Mit diesen Formeln unterzieht er einige Versuche von *Weisbach*[68])[69]) über Knieröhren usw. einer Neuberechnung. Er entwickelt auch die Beziehungen für den Widerstand einer plötzlichen Verengung mit darauffolgender Erweiterung und erläutert die ziemlich verwickelten Formeln durch Zahlenbeispiele.

Anmerkung. Mit der eben besprochenen Aufgabe ist durch die Art der Behandlung (Anwendung des Satzes von der Bewegungsgrösse[99])) die Theorie der *Strahlapparate* verwandt. Es gehört zu diesen das Lokomotivenblasrohr (vgl. hierüber die Monographie von *Zeuner*[61])), ferner das Dampfstrahlgebläse; grosses theoretisches Interesse bietet auch die Dampfstrahlpumpe von *Giffard* (der sogenannte Injektor, dessen wärmetheoretische Analyse auch von *Zeuner*[100]) gegeben worden ist), sowie der Strahlkondensator von *Körting.*

Die Behandlung dieser Dinge musste hier unterbleiben, da eine Anzahl Beziehungen, die besser in die Referate über Hydraulik passen, hierzu hätten erörtert werden müssen. Die Eigenart der vorgenannten Apparate erlaubt fast durchgängig, die wärmetheoretische Bestimmung der in ihnen auftretenden Mischungsvorgänge, ohne Hinzunahme der Dynamik, vorweg zu behandeln. In dynamischer Beziehung unterscheiden sie sich in nichts anderem von den im Artikel IV **21** (*Grübler*) zu behandelnden Strahlpumpen, als dass das Mischungsvolumen nicht gleich der Summe der zuströmenden Volumina ist, sondern sich durch die vorhergehende thermische Untersuchung bestimmt.

---

97) Masch.-L. § 76.

98) Masch.-L. § 108.

99) Encykl. IV **20**, **2** b (*Forchheimer*).

100) Civiling. 6 (1860), p. 311; vgl. auch p. 322.

b) Die *kontinuierlichen Widerstände* werden hier durchgängig nach dem in der Hydraulik üblichen Ansatze[101])

$$dz = \zeta_1 \frac{w^2}{2g} dx$$

in Rechnung gesetzt; dx bedeutet dabei ein Längenelement in der Rohraxe gemessen, ζ_1 einen Widerstandskoeffizienten, der zumeist als Funktion des Rohrquerschnitts angesehen wird, manchmal aber als auch von der Geschwindigkeit abhängig betrachtet wird. *Girard*[102]), *Navier*[51]) und andere setzten, ganz entsprechend den Ansätzen in der Hydraulik $\zeta_1 = \beta \times$ Umfang : Fläche des Querschnitts, also für den Kreisquerschnitt (Durchmesser d)

$$\zeta_1 = \frac{4\beta}{d}.$$

Bezüglich der Werte von β (eine reine Zahl) ergeben die verschiedentlich angestellten Versuchsreihen sehr widersprechende Resultate. Während ältere Experimente[103]) sowie auch neuere von *Zeuner*[104]) für Rohrdurchmesser von $0{,}5 \sim 3$ cm β ziemlich konstant $= 0{,}00594 \sim 0{,}0064$ ergeben, zeigen andere Versuche merkliche Abhängigkeit vom Durchmesser und von der Geschwindigkeit; die von *Grashof*[105]) neuberechneten Versuche von *Weisbach*[68])[69])

$$(d = 1 \sim 2{,}5 \text{ cm}, \quad w = 30 \sim 110 \text{ m/sec})$$

werden gut durch die Formel

$$\beta = \frac{0{,}0028}{d^{0{,}36}\, w^{0{,}1675}}$$

dargestellt (d und w in Metern). Die Versuche an technischen Druckluftleitungen[106]) ($d = 7 \sim 30$ cm) ergaben β unabhängig von w, nämlich

$$\beta = \frac{0{,}00242}{d^{0{,}31}}.$$

Ein ähnliches Gesetz wurde übrigens auch schon früher (für $d = 1 \sim 3$ cm) von *Pecqueur*[55]) gefunden: $\beta = \text{const}/d^{\frac{1}{3}}$. In den theoretischen Arbeiten über die Strömung mit Widerständen (vgl. hierüber den folgenden Abschnitt), wird ζ_1 ausnahmslos als unabhängig von der Geschwindigkeit, also als Funktion des Durchmessers allein eingeführt.

---

101) Encykl. IV 20, 4 (*Forchheimer*).

102) Ann. chim. phys. 16 (1821), p. 129 = Ann. Phys. Chem. (2) 2 (1824), p. 59.

103) Vgl. [50]) (*Aubuisson, Buff*), [55]) (*Pecqueur*).

104) Therm. I, 2. Aufl., § 48.

105) Masch.-L., § 106.

106) Eine Zusammenstellung davon findet sich bei *H. Lorenz*, Zeitschr. d. Ver. deutsch. Ing. 36 (1892), p. 621 u. 835.

20. Strömung durch Röhren und Düsen[107]. Die verlustfreie Strömung durch Röhren von veränderlichen Querschnitt ist bereits in Nr. **17** besprochen. Hier handelt es sich also um das Studium der durch Widerstände beeinflussten Bewegungen. Die kontinuierlichen Widerstände werden in der in voriger Nummer dargelegten Weise in Ansatz gebracht; der Koeffizient ζ_1 pflegt dabei als eine im übrigen beliebige Funktion des Rohrdurchmessers betrachtet zu werden.

Schliesst man Wärmeleitung aus[108], so lauten die Grundgleichungen (a), (b) und (d) hier:

$$\text{(a)} \qquad Gv = Fw,$$

$$\text{(b)} \qquad w\,dw + gv\,dp + \zeta_1 \frac{w^2}{2} dx = 0,$$

$$\text{(d)} \qquad w^2 = 2g(i_1 - i);$$

i_1 ist dabei die Erzeugungswärme im Anfangszustand $p_1 v_1$, bei welchem $w = 0$ ist. Ist i als Funktion von p und v gegeben, so lassen sich aus Gl. (a) und (d) bei bekanntem p, F und G die Grössen v und w bestimmen, eine für Auswertung von Versuchen sehr nützliche Beziehung[109]. Hat man hierdurch v und w kennen gelernt, so liefert Gl. (b) Aufschluss über ζ_1.

Durch Elimination von dv und dw kann $\frac{dp}{dx}$ als Funktion von p, v, ζ_1 und $\frac{1}{F}\frac{dF}{dx}$, oder, nach Vorstehendem, wenn noch F und ζ_1 als Funktionen von x gegeben sind, als Funktion von p, x und G erhalten werden. Für ein gegebenes G lässt sich also die Aufgabe auf die Lösung einer Differentialgleichung $\frac{dp}{dx} = f(p, x)$ zurückführen.

Diesen Weg haben *H. Lorenz*[110] und *L. Prandtl*[111] — unter der vereinfachenden Annahme des Gasgesetzes — beschritten. In seiner allgemeinen Bedeutung scheint er von *A. Stodola*[112] zuerst klar erkannt worden zu sein. Auf demselben Gedanken beruht auch das

107) Vgl. hiermit Encykl. IV 20 (*Forchheimer*) **5** b) und d).

108) Auf die *Grashof*'sche Theorie der Luft- und Dampfbewegung in Röhren mit Wärmeleitung ist schon hingewiesen worden[38]. Die Besprechung der ziemlich verwickelten Rechnungen mag hier unterbleiben, da sich weitere Arbeiten nicht daran angeknüpft haben.

109) Anscheinend unabhängig von *Stodola*[112] und *Büchner*[42] gefunden; in etwas anderer Weise von *A. Fliegner*[115] benutzt.

110) Phys. Zeitschr. 4 (1903), p. 333 = Zeitschr. d. Ver. deutsch. Ing. 47, p. 1600.

111) Zeitschr. d. Ver. deutsch. Ing. 48 (1904), p. 348.

112) Dampfturb. § 26 (§ 7).

zeichnerische Verfahren von *G. Fanno*[113]), der im T-s-System mit Hilfe der Kurven $i = \text{const.}$ und $v = \text{const.}$ unter Anwendung von Gl. (a) und (d) Kurven $\frac{G}{F} = \text{const.}$ ermittelt, und dann für eine gegebene Röhre u. s. w. die zu einem bestimmten G gehörige Zustandskurve durch schrittweises Vorgehen gewinnt.

Für permanente Gase findet man mit $i = \frac{\varkappa}{\varkappa - 1} pv$, dass hier w einfach als Funktion von $\frac{pF}{G}$ dargestellt werden kann. Zur Diskussion von $\frac{dp}{dx}$ wird zweckmässig die dem jeweiligen Zustande p, v entsprechende Schallgeschwindigkeit $a = \sqrt{\varkappa g p v}$ eingeführt.

Erreicht die Strömungsgeschwindigkeit irgendwo die Schallgeschwindigkeit, so ist dies immer für den aus (d) erhältlichen unveränderlichen Wert

$$w = a' = \sqrt{\frac{2\varkappa}{\varkappa + 1} g p_1 v_1}$$

der Fall (*Zeuner*[83]), *Lorenz*[110])). Das am meisten Ausschlag gebende Glied der Formel für $\frac{dp}{dx}$ hat den Faktor

$$\frac{\frac{2}{F}\frac{dF}{dx} - \varkappa\zeta_1 \frac{w^2}{a^2}}{a^2 - w^2};$$

man sieht, dass $\frac{dp}{dx}$ sein Vorzeichen wechselt, je nachdem w kleiner oder grösser ist als die Schallgeschwindigkeit. Für $w = a$ wird $\frac{dp}{dx} = \infty$, wenn nicht gleichzeitig der Zähler des Bruches $= 0$ wird. Dies trifft indes regelmässig zu, wenn in einem Rohr mit stetig veränderlichem $\frac{dF}{dx}$ die Schallgeschwindigkeit im Sinne wachsender Geschwindigkeit überschritten wird. Die Einzelheiten dieses Wertes $\frac{0}{0}$ wurden von *R. Proell*[114]) einer genaueren Feststellung unterzogen. (Vgl. auch p. 312.)

Die vorstehenden Beziehungen haben spezielle Anwendung gefunden, einmal auf das gerade cylindrische Rohr, dann in neuester Zeit auf das kegelförmige Rohr und die *Laval*'sche Dampfturbinendüse. Um diese Beispiele sei deshalb die weitere Besprechung gruppiert.

a) *Cylindrisches Rohr.* Diese Aufgabe wurde, soweit es bei dem damaligen Stande der Kenntnisse möglich war, bereits von *Navier*[51]) 1829 gelöst. Er verwendet — neben den Gleichungen (a) und (b) —

113) Dampfturb. § 28.

114) Zeitschr. d. Ver. deutsch. Ing. 48, p. 349.

an Stelle der ihm unbekannten Gleichung (d) das einfache *Mariotte*sche Gesetz $pv = \text{const.}$ Seine Formeln sind übrigens auch nach dem heutigen Standpunkte noch richtig, wenn man die Aufgabe so stellt, dass durch einen vollkommenen Wärmeaustausch mit der Umgebung das Gas in der Röhre auf konstanter Temperatur gehalten wird. *Navier* findet $p \cdot w = \text{const.}$ und erhält durch Integration

$$g(p_1^2 - p^2) = \left(\frac{G}{F}\right)^2 p_1 v_1 \left(\zeta_1 x + 2 \log \frac{p_1}{p}\right) \quad (p = p_1 \text{ für } x = 0),$$

woraus sich das Ausflussgewicht bei gegebener Druckdifferenz ergiebt. Für sehr lange Leitungen erhält man nach Unterdrückung von $\log \frac{p_1}{p}$ die Näherungsformel

$$p = p_1 \sqrt{1 - \frac{w_1^2}{g p_1 v_1} \zeta_1 x}.$$

Die Strömung der Luft in einem Rohr ohne Wärmemitteilung wurde von *Grashof*[37]) 1863 untersucht. Mit der von *Zeuner*[83]) eingeführten Schallgeschwindigkeit $a' = \sqrt{\frac{2 g \varkappa p_1 v_1 + (\varkappa - 1) w_1^2}{\varkappa + 1}}$ erhält man

$$\frac{2\varkappa}{\varkappa + 1} \zeta_1 (l - x) = \frac{a'^2}{w^2} - 1 + 2 \log \frac{w}{a'}.$$

Die Integrationskonstante l bedeutet die maximale beim Strömungszustand p_1, v_1, w_1 mögliche Rohrlänge. Für $x = l$ wird $w = a'$ und $\frac{dw}{dx} = \infty$. Der obiger Formel entsprechende Druckverlauf (aus Gl. (a) und (d) zu gewinnen) ist in Fig. 61 dargestellt; er ist durch Versuche von *Fliegner*[115]) und *Zeuner*[83]) gut bestätigt. Sobald der Aussendruck p_2 hinter dem Rohrende $\leqq p'$ ist, ist im Endquerschnitt $w = a'$.

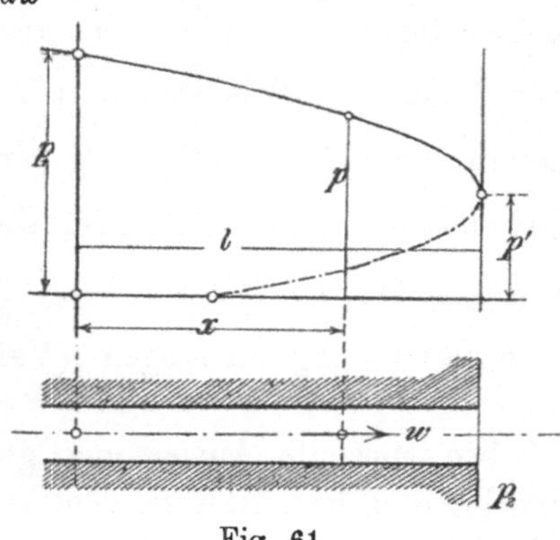

Fig. 61.

b) *Kegelförmiges Rohr.* Die Strömung eines Gases durch ein kegelförmig erweitertes Rohr wurde unter der Annahme eines konstanten Widerstandskoeffizienten β (vgl. Nr. **19** b) von *R. Proell*[116]) theoretisch behandelt. Ist der Radius eines Querschnitts $r = r_1 + \alpha x$, so ergiebt sich die Geschwindigkeitsverteilung aus der Formel

$$\frac{a'^2}{w^2} \left(\frac{w^2}{a'^2} - \varepsilon\right)^{1-\varepsilon} = \text{const.}\, r^4,$$

115) Schweiz. Bauzeitg. 31 (1898), p. 68, 78, 84.

116) Zeitschr. f. d. gesamte Turbinenwesen 1 (1904), p. 161 u. 2 (1905), p. 151.

wobei a' dieselbe Bedeutung wie im vorigen Absatz hat, und

$$\varepsilon = \frac{\alpha(\varkappa + 1)}{\alpha(\varkappa - 1) + \beta\varkappa}$$

ist. Eine Diskussion der *Proell*'schen Formeln ergiebt das bemerkenswerte Resultat, dass (bei hinreichend schlanken Kegeln) jedem Erweiterungsverhältnis α eine Geschwindigkeit $w' = a'\sqrt{\varepsilon}$ entspricht, die sich in der ganzen Erstreckung des Rohres konstant erhält. Ist $\alpha < \frac{1}{2}\beta\varkappa$, so ist $w' < a'$ und es treten für $w > w'$ ähnliche Verhältnisse auf wie beim cylindrischen Rohr (Zustreben der Geschwindigkeit auf die Schallgeschwindigkeit u. s. w.). Für $\alpha > \frac{1}{2}\beta\varkappa$, also $w' > a'$, nähert sich die Geschwindigkeit asymptotisch dem Wert w' oder Null, je nachdem sie grösser oder kleiner als a' ist. Für $\alpha = \frac{1}{2}\beta\varkappa$ $(w' = a')$ ergiebt sich bemerkenswerter Weise ein solcher Geschwindigkeitsverlauf, dass die Geschwindigkeit der Querschnittsfläche umgekehrt proportional ist; die zugehörige Zustandsänderung ist eine Kompression bei konstantem Volumen.

c) *Dampfturbinendüse von De Laval.* Um die im Dampf verfügbare Arbeit in möglichst regelmässiger Expansion in die kinetische Energie eines Dampfstrahls zu verwandeln, hat der schwedische Ingenieur *De Laval* 1889 eine Düse (Strahlrohr) angewandt, die hinter dem engsten Querschnitt kegelförmig erweitert ist.

Die Theorie der verlustfreien Strömung in derartigen Düsen ist bereits in Nr. **17** enthalten; vergl. auch *Zeuner*, Theorie der Turbinen[117]).

Für die praktische Berechnung der mit gesättigtem und überhitztem Wasserdampf betriebenen Düsen hat *R. Proell*[118]) eine nach *d'Ocagne*'schen Methoden[119]) entworfene graphische Rechentafel herausgegeben. Eine graphische Konstruktion mit Hilfe des T-s-Diagramms, die auch eine summarische Berücksichtigung der Widerstände erlaubt, wurde von *A. Koob*[120]) angegeben.

Zur Untersuchung der Strömung mit Widerständen kann man (nach *Prandtl*[111]) in dem Koordinatensystem von p und x die zu einem bestimmten Wert von G gehörigen Kurven gleicher Geschwindigkeit zeichnen (vgl. p. 308) — die gestrichelten Linien in Fig. 62 — und dann für eine Anzahl über die Ebene verteilter Punkte die Richtung

117) Leipzig 1899, p. 267 u. f.

118) Zeitschr. d. Ver. deutsch. Ing. 48 (1904), p. 1418.

119) Vgl. Encykl. I F **46** von *Mehmke.*

120) Zeitschr. d. Ver. deutsch. Ing. 48 (1904), p. 275, 660, 754.

$\operatorname{tg} \alpha = \frac{dp}{dx}$ auftragen, woraus sich die Strömungskurven — die ausgezogenen Linien — ergeben.

Für den Doppelpunkt dieser Kurvenschar tritt der p. 309 erwähnte Fall $\frac{0}{0}$ ein. Für den Anfangsdruck p_1, dem kleinsten, bei dem die Menge G noch durch die Düse getrieben werden kann, ergeben sich wieder zwei verschiedene Enddrücke p_o und p_u.

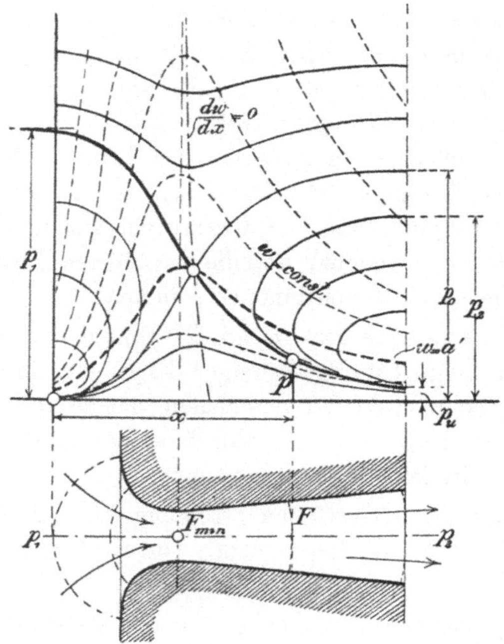

Fig. 62.

Versuche von *A. Fliegner*[115]), *A. Stodola*[41])[121]) und *K. Büchner*[122]) haben gezeigt, dass sich bei Gegendrücken p_2 zwischen p_o und p_u ein Übergang von der stark gezeichneten Linie zu der auf p_2 führenden einstellt. Dieser Übergang wurde von *Stodola*[121]) als *„Verdichtungsstoss"* gedeutet (entsprechend den *Riemann*'schen Diskontinuitäten bei Luftwellen mit endlichen Druckunterschieden)[123]).

Ist bei einem *stationären Verdichtungsstoss* der Zustand vor der Diskontinuität (p', v', w') gegeben, so ergiebt sich daraus nach *Stodola* der Zustand nach dem Stoss (p'', v'', w'') aus den Gleichungen:

---

121) Dampfturb. § 24 (§ 4).

122) Dessen Abhandlung [42]) enthält auch eine Zusammenstellung verschiedener früherer Versuche.

123) Encykl. IV 19, 8 (Art. *Zemplén*)

(a*) $$\frac{w'}{v'} = \frac{w''}{v''},$$

(b*) $$\frac{w'^2}{v'} - \frac{w''^2}{v''} = g(p'' - p'),$$

(d*) $$w'^2 - w''^2 = 2g(i'' - i').$$ [124]

In ihrer Anwendung auf permanente Gase wurde die Theorie des Verdichtungsstosses von *Prandtl*[111]) und *Proell*[125]) weiter ausgearbeitet; u. a. ergibt sich, bei Einführung der Schallgeschwindigkeit a' (vgl. p. 309) die einfache Beziehung: $w'w'' = a'^2$; da immer $w' > w''$ ist, so folgt hieraus, dass zum Zustandekommen eines Verdichtungsstosses $w' > a'$ sein muss.

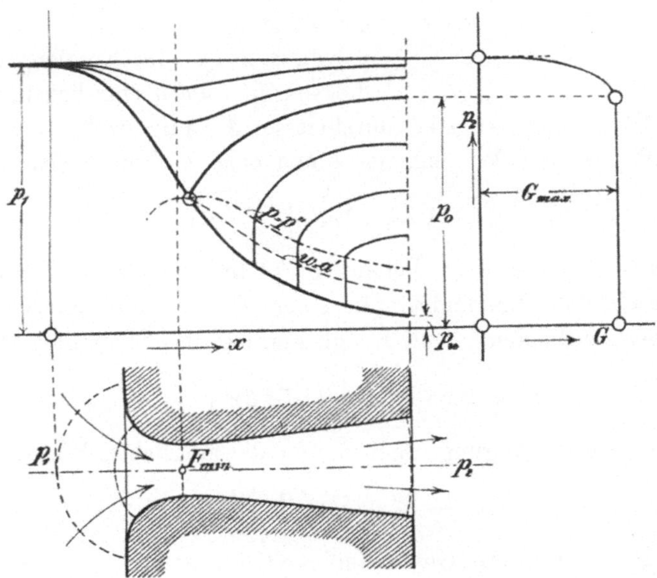

Fig. 63.

Die nach der vorstehenden Theorie für eine Lavaldüse bei einem bestimmten Anfangszustand p_1, v_1 sich ergebenden Druckkurven sind in Fig. 63 dargestellt. Das Ausflussgewicht G ist zwischen $p_2 = p_1$ und $p_2 = p_0$ veränderlich, für $p_2 < p_0$ konstant $= G_{\max}$ (was durch Versuche[89]) gut bestätigt ist).

Anm.: In cylindrischen Rohren sind für $w > a'$ ebenfalls Verdichtungsstösse möglich.

---

124) Bei *Riemann* selbst ist statt Gl. (d*) die Beziehung $p = \varphi(v)$ angenommen, was vom Standpunkt der Wärmetheorie aus unzulässig ist.

125) Zeitschr. f. d. ges. Turbinenwesen 1 (1904), p. 161.

21. Stationäre Wellen in einem freien Gasstrahl. *E. Mach* und *P. Salcher*[126]) entdeckten 1889 bei der optischen Untersuchung von Strahlen ausströmender Druckluft (Schlierenmethode) deutlich ausgeprägte stationäre Wellen. Die Erscheinung wurde später an Luft und anderen Gasen von *L. Mach*[127]) und *R. Emden*[128]), an Wasserdampf von *P. Emden*[129]), ebenfalls mit Hilfe von optischen Methoden genauer untersucht. Druckbeobachtungen sind von *Parenty*[130]) und *Stodola*[131]) gemacht worden. *Parenty* fand die Strahlform abhängig von dem Verhältnis $\frac{p'}{p_2}$ der Drücke in und vor der Mündung (über den Mündungsdruck p' vgl. p. 297). Im Einklang damit ist die von *R. Emden* (für kegelförmig verengte Mündungen, engster Durchmesser d') aufgestellte Gesetzmässigkeit zwischen der Wellenlänge λ und obigem Druckverhältnis:

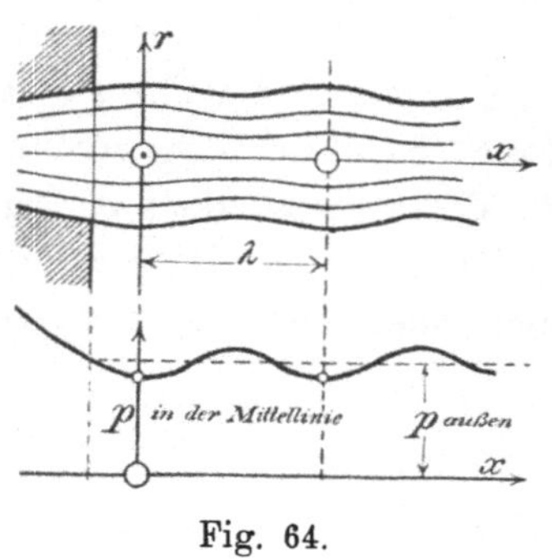

Fig. 64.

$$\lambda = 1{,}24\, d' \sqrt{\frac{p'}{p_2} - 1}.$$

Eine Theorie der Wellen mit sehr kleinen Amplituden gab *L. Prandtl*[132]). Er findet für einen Strahl von Kreisquerschnitt (Cylinderkoordinaten r und x, vgl. Fig. 64) das Strömungspotential

$$\varphi = \bar{w} x + a \sin \beta x J_0\left(\beta r \sqrt{\frac{\bar{w}^2}{a^2} - 1}\right).$$

Aus der Grenzbedingung ergeben sich die möglichen Wellenlängen zu

$$\lambda_n = \frac{2\pi}{\beta_n} = \bar{d}\, \frac{\pi}{\alpha_n} \sqrt{\frac{\bar{w}^2}{a^2} - 1},$$

wobei $\bar{w}$ die mittlere Geschwindigkeit im Strahl, $\bar{d}$ den mittleren Strahldurchmesser und α_n die n^{te} Wurzel der *Bessel*'schen Funktion J_0 bedeutet. β_n ist mittels der letzten Gleichung durch α_n erklärt und für β ist in der vorletzten Gleichung einer der Werte β_n einzutragen.

---

126) Wien Ber. 98[2a] (1889), p. 1303; Ann. d. Phys. (3) 41, p. 144.

127) Wien Ber. 106[2a] (1897), p. 1025.

128) Über die Ausströmungserscheinungen permanenter Gase, Leipzig 1899. Auszüglich in Ann. d. Phys. (3) 69 (1899), p. 264.

129) Die Ausströmungserscheinungen des Wasserdampfes, Diss. Basel (München) 1903.

130) Paris C. R. 118 (1894), p. 183; Ann. chim. phys. 12 (1897), p. 289.

131) Dampfturb. § 35 (§ 11).

132) Phys. Zeitschr. 5 (1904), p. 599.

Aus dem Auftreten von stationären Wellen haben *Parenty*[130]), *R. Emden*[128]) und *A. Fliegner*[133]), indem sie dieselben als ebene Schallwellen betrachteten, geschlossen, dass der Strahl sich mit Schallgeschwindigkeit bewege und dass überhaupt die Geschwindigkeit eines stationären Gasstromes nicht über die Schallgeschwindigkeit hinauskommen könne[134]). Die Expansionsarbeit von p' (Mündungsdruck) bis p_2 (Aussendruck) sollte dabei vollständig in „Wellenenergie" verwandelt werden. Dem gegenüber lehrt die vorstehende Beziehung für die Wellenlänge, dass diese stationären Wellen, die im Gegensatz zu Schallwellen auch Transversalbewegung aufweisen, nur möglich sind, wenn die Strahlgeschwindigkeit $\overline{w}$ grösser als die Schallgeschwindigkeit ist.

Bei den beobachteten Wellen finden sich meist gut ausgeprägte Diskontinuitäten vor, die mit den *Mach*'schen Geschosswellen[135]) Ähnlichkeit haben. Aus ihren Winkeln lassen sich wie dort Schlüsse auf die Geschwindigkeit $w\,(> a)$ ziehen[126])[127])[111]). Dass die von der Theorie geforderten hohen Geschwindigkeiten wirklich erreicht werden (auch bei gewöhnlichen Mündungen durch Expansion hinter dem Ausflussrohr), ergiebt sich auch aus den Beobachtungen des Stossdruckes von Dampfstrahlen von *Delaporte*[136]) und *E. Lewicki*[137]).

Bemerkung. An dieser Stelle möge eine Untersuchung von *A. Stodola* und *A. Hirsch*[138]) über zweidimensionale Strömung eines Gases Erwähnung finden, in der unter der Annahme $pv =$ const. das Problem behandelt wird, dem bei inkompressiblen Flüssigkeiten die Strömung $X + iY = (x + iy)^n$ entspricht.

22. Überströmen. a) *Überströmen im Beharrungszustande.* Zur Herabminderung des Druckes eines Gases oder Dampfes beim Überströmen von einem Raum in einen zweiten (zum „*Drosseln*" desselben) werden Verengungen des Strömungsquerschnitts (durch Ventile, Klappen u. s. w.) angewandt. Ist die Geschwindigkeit weiter ab von der

---

133) Zürich Vierteljahrschr. Naturf. Ges. 47 (1902), p. 21; Schweiz. Bauzeitg 43 (1904), p. 104 u. 140.

134) Die Ansicht, dass die Luft keine größere Geschwindigkeit als Schallgeschwindigkeit annehmen könne, wurde schon früher von *C. Holtzmann* (Lehrbuch des theor. Mechanik, Stuttgart 1861, p. 376) vertreten, mit der gleichfalls unzutreffenden Begründung, dass die Aussenluft nicht schneller als mit Schallgeschwindigkeit ausweichen könne.

135) Encykl. IV 18, 4, Fussnote 52 (*Cranz*).

136) Rev. de mécanique 10 (1902), p. 466.

137) Zeitschr. d. Ver. deutsch. Ing. 47 (1903), p. 441, 491, 525 = Forschungsarb. Heft 12, p. 73 u. f.

138) Dampfturb. § 95 (§ 35).

Verengung diesseits und jenseits gering genug, so dass die kinetische Energie dort ausser Betracht bleiben darf, so giebt Gleichung (d), wenn noch von Wärmezufuhr und Höhendifferenzen abgesehen wird:

$$i_1 = i_2.$$

Über den Anteil der „Drosselung" am Kreisprozess der Kaltdampfmaschine vgl. Nr. **14**.

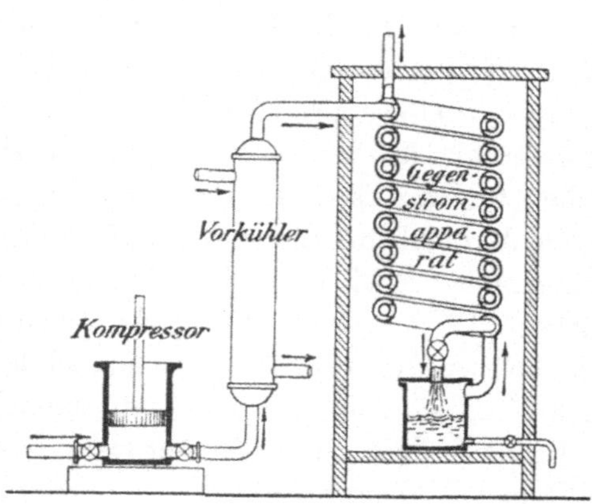

Fig. 65.

Bei idealen Gasen ergiebt sich mit $i = \gamma_p T$ aus dem Vorstehenden $T_1 = T_2$. *Joule* und *W. Thomson*[139]) fanden diese Beziehung in ihren bekannten „Versuchen mit dem Wattepfropfen" bei den wirklichen Gasen nicht genau bestätigt; sie erhielten eine Abkühlung nach der Formel

$$\frac{dT}{dp} = \frac{C}{T^2}.$$

Für p in kg/m² ist bei Luft $C = 2$ zu setzen.

Diese Abkühlung bei Drosselung ist in dem Luftverflüssigungsverfahren von *Linde*[140]) technisch verwertet. Es wird hierbei (vgl. die Fig. 65) in einem Gegenstromapparat (Wärmeaustauscher) die unter einem sehr hohen Druck ankommende Luft durch die ihr entgegenkommende bereits entspannte Luft abgekühlt, so dass sich die Temperatur am untern Ende des Gegenstromapparates allmählich bis auf die Verflüssigungstemperatur erniedrigt.

b) *Überströmen bei konstantem Gefässvolumen.* Die Vorgänge beim Überströmen eines Gases oder Dampfes aus einem Gefäss in ein anderes, in dem der Druck geringer ist, wurden unter der Annahme, dass durch die Gefässwände keine Wärmeleitung stattfindet, und dass der augenblicklich mit wesentlicher kinetischer Energie behaftete Teil des Gases jederzeit nur einen zu vernachlässigenden Bruchteil der ganzen Gasmenge ausmacht, von *J. Bauschinger*[141]) 1863 einer ausführlichen Behandlung unterzogen (vgl. auch *Zeuner*, Therm. I,

---

139) Encykl. V 3, **23** (*Bryan*).

140) Zeitschr. d. Ver. deutsch. Ing. 39 (1895), p. 1157 (Vortrag von Schröter); Ann. Phys. Chem. (3) 57 (1896), p. 328, „Erzielung niedrigster Temperaturen".

141) Zeitschr. f. Math. u. Phys. 8 (1863), p. 81 u. 153 (Überströmen von Gasen), p. 429 (Überströmen von Wasserdampf). Dort findet sich weitere Litteratur.

§ 35, 37). Es seien V_1 und V_2 die beiden Volumina, G_1 und G_2 die anfänglichen Gas- (oder Dampf-) Gewichte[142]) in den Gefässen, G_x und G_y die augenblicklichen Gewichte.

Dann gelten die Beziehungen, dass das Gesamtgewicht und der gesamte Energiegehalt der beiden Gefässe konstant sind:

$$G_x + G_y = G_1 + G_2,$$
$$G_x u_x + G_y u_y = G_1 u_1 + G_2 u_2.$$

Ferner ist $G_x v_x = V_1$ und $G_y v_y = V_2$.

Im Ausflussgefäss findet adiabatische Expansion des jeweils zurückgebliebenen Gasquantums statt; hierdurch bestimmt sich sehr einfach die zu einem gegebenen augenblicklichen Druck gehörige Energie dieses Gefässes und damit nach obigem auch die zugehörige des zweiten Gefässes. In diesem wird die Energie durch das Einströmen der Menge $d G_y$ um $d G_y \left(u' + p_y v' + \frac{w'^2}{2g}\right)$ vermehrt (u', v' im Strahl hinter der Mündung). Für die Veränderung von u in beiden Gefässen erhält man so (mit $dG = dG_y = - dG_x$)

$$du_x = - p_x v_x \frac{dG}{G_x}; \quad du_y = (p_x v_x + u_x - u_y) \frac{dG}{G_y}.$$

Ist $u = f(p, v)$ gegeben, so ergeben sich Gleichungen für p_x und p_y als Funktionen der Gewichte G. Die Einführung der Zustandsgleichung (Berechnung von T) lehrt, dass als Kompensation zu der adiabatischen Abkühlung im ersten Gefäss im zweiten eine erhebliche Temperatursteigerung eintritt.

Für das Ende des Überströmens, das sich in endlicher Zeit vollzieht (bei kleineren Druckunterschieden ist diese Zeit dem Ausdruck $\frac{V}{\mu F_0 \bar{p}} \sqrt{\frac{p_1 - p_2}{2 g \bar{v}}}$ proportional[143])), wird $p_x = p_y$; für permanente Gase stellt sich hierbei als Enddruck ein

$$p = \frac{p_1 V_1 + p_2 V_2}{V_1 + V_2}.$$

---

142) Hier nicht Gewichte pro Zeiteinheit, sondern einfach Gewichte!

143) Über den zeitlichen Verlauf der Ausfluss- und Einströmungsvorgänge findet man Notizen bei *de Saint-Venant* und *Wantzel*[53]), *Weisbach*[56]), § 428, besonders aber bei *Grashof*, Masch.-L. § 121 u. 122; neuerdings bei *Schüle*[84]). An dieser Stelle mag auch Erwähnung finden, dass *Zeuner* in seinem „Lokomotivenblasrohr"[61]), p. 199 u. f. den zeitlichen Verlauf des Auspuffvorganges bei einem Dampfcylinder theoretisch verfolgt hat, unter Berücksichtigung der Veränderlichkeit der von der Steuerung dem Dampf dargebotenen Ausströmungsöffnung. — Der zeitliche Verlauf des Einströmens des Kesseldampfes in den Cylinder wurde neuerdings von *V. Blaess* (Zeitschr. d. Ver. deutsch. Ing. 49 (1905), p. 697) und

Als Spezialfälle des Vorstehenden sind besonders das Ausströmen eines komprimierten Gases in die freie Atmosphäre und das Eindringen von Luft in ein evakuiertes Gefäss von Bedeutung; im letzteren Falle wird die Temperatur im Gefäss

$$T_y = \varkappa T_1 - \frac{G_2}{G_y}(\varkappa T_1 - T_2);$$

ist das Gefäss zuerst luftleer ($G_2 = 0$), so ergiebt sich das bemerkenswerte Resultat, dass T_y während des Einströmens konstant $= \varkappa T_1$ ist.

23. Dampfturbinen. Hier mögen einige Worte über diese Maschinen Platz finden, in denen die kinetische Energie des strömenden Dampfes nutzbar gemacht wird. Man unterscheidet wie bei den Wasserturbinen[144]) Reaktions- und Aktions-Turbinen (Überdruck- und

Fig. 66. Fig. 67.

Druck-Turbinen), je nachdem im Laufrade eine wesentliche Geschwindigkeitsvermehrung stattfindet oder nicht (vgl. Fig. 66 und 67). Eine weitere Unterscheidung ist die in einstufige und mehrstufige Turbinen, je nachdem das ganze Druckgefälle in *einem* Rad verarbeitet wird, oder der Dampf nach einander durch eine Reihe von Rädern tritt, und so seine Energie stufenweise abgiebt.

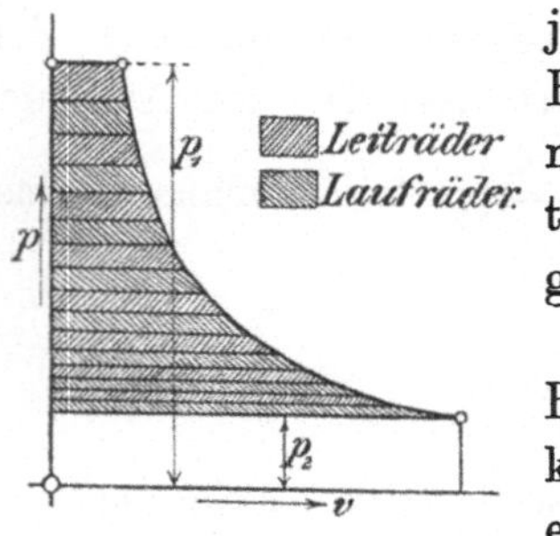

Fig. 68.

Neben Druckabstufung (Expansion von Rad zu Rad) findet man auch Geschwindigkeitsabstufung, wobei die in den Düsen erzeugte Geschwindigkeit in mehreren Rädern schrittweise verringert wird. Die Stufen werden angewandt, um die sonst sehr hohen Schaufelgeschwindigkeiten (200—400 m/sec) zu ermässigen.

Die Dampfarbeit lässt sich an der Hand der Diagramme von

P. Debye (Ber. d. Aachener Bez.-Ver. deutsch. Ing. 7. Juni 1905) behandelt und zu einer Theorie der Abmessungen der Steuerungskanäle verwertet.

144) Encykl. IV 21 (*Grübler*).

Nr. **16** zeichnerisch verfolgen; für verlustlosen Arbeitsvorgang entsprechen diese Diagramme genau denen für eine verlustlose Kolbendampfmaschine. Fig. 68 giebt das Diagramm einer vielstufigen Reaktionsturbine.

Die ersten technisch verwertbaren Turbinen waren die von *C. A. Parsons* (1885) — eine vielstufige Reaktionsturbine — und die von *G. De Laval* (1893)[145]) — eine einstufige Aktionsturbine. In neuerer Zeit sind als vielstufige Aktionsturbinen mit Druckstufen die *Rateau-* und *Zoelly*turbine hinzugekommen. Eine Aktionsturbine mit Geschwindigkeitsabstufung ist die von *Curtis*.

Die Litteratur über Dampfturbinen, erst sehr spärlich, ist in den letzten Jahren stark im Zunehmen begriffen; den Lesern der Encyklopädie sei besonders das *Stodola*'sche Buch empfohlen, in dessen dritter Auflage (1905) die meisten neueren Arbeiten Berücksichtigung gefunden haben. Als kürzere zusammenfassende Aufsätze seien noch genannt die Abhandlung von *A. Rateau* in der Revue de mécanique 7 (1900), p. 167, ferner der Artikel „Dampfturbinen" in *Lueger*'s Lexikon der gesamten Technik, 2. Aufl. Stuttgart 1905, Bd. II, p. 624, von *R. Proell*. Besonders dieser letztere Aufsatz enthält zahlreiche Litteraturnachweise.

145) Die Jahreszahlen beziehen sich auf die erste Ausstellung der Maschinen.

(Abgeschlossen im Juli 1905.)

C. MOLEKULARPHYSIK.

Vorbemerkung der Redaktion.

Vom mathematischen Standpunkte kann man im Zweifel sein, ob eine Darstellung der chemischen Atomistik (Art. 6) in den Rahmen einer mathematischen Encyklopädie gehört, da es sich bei den chemischen Grundgesetzen nur um einfachste arithmetische Beziehungen und bei den Strukturformeln (ebenen und räumlichen) nur um reichlich elementargeometrische Bilder handelt. Vom Standpunkte der allgemeinen Naturerkenntnis aber wird man eine Darstellung der mathematischen Grundlagen der Chemie nicht vermissen wollen. Denn es giebt in der gesamten Physik der Materie schwerlich ein Kapitel, welches sich an Tragweite und zahlenmässiger Präzision mit der chemischen Atomistik vergleichen liesse. Ausserdem bildet dieses Kapitel die notwendige Grundlage für die mathematisch weiter ausgearbeitete physikalische Chemie und für die kinetische Theorie der Materie. Es kommt hinzu, dass die chemische Atomistik überall das Walten tieferer mathematischer Gesetze ahnen lässt — man denke z. B. an das periodische System der Elemente — und dass uns die neueste Entwickelung der Dinge hoffen lässt, diese latente Mathematik in nicht allzu ferner Zeit zu aktueller Mathematik ausreifen zu sehen.

V 6. CHEMISCHE ATOMISTIK.

VON

F. W. HINRICHSEN UND **L. MAMLOCK**

IN AACHEN IN BERLIN.

NEBST ZWEI BEITRÄGEN VON **E. STUDY.**

Inhaltsübersicht.

I. Die Grundbegriffe der chemischen Atomistik in historischer Entwickelung. Von F. W. Hinrichsen.

II. Stereochemie. Von L. Mamlock.

A. Die Stereochemie des Kohlenstoffs.

a. Das asymmetrische Kohlenstoffatom.

b. Die Gewinnung optisch aktiver Verbindungen.

20. Spaltung durch Anwendung aktiver Verbindungen.
21. Spaltung durch Anwendung von Organismen.
22. Spontane Spaltung (Umwandlungstemperatur).
23. Spaltung durch fraktionierte Veresterung und Verseifung.
24. Zusammenhang zwischen der Konfiguration und der Enzymwirkung.
25. Die gegenseitige Umwandlung optischer Antipoden.
26. Die Bildung von Körpern mit asymmetrischem Kohlenstoff.

c. Verbindungen mit mehreren asymmetrischen Kohlenstoffatomen.

27. Verbindungen mit zwei asymmetrischen Kohlenstoffatomen.
28. Verbindungen mit drei und vier asymmetrischen Kohlenstoffatomen.
29. Allgemeine Regeln über die Anzahl der Stereomeren.
30. Umlagerungen aktiver Verbindungen mit mehreren asymmetrischen Kohlenstoffatomen.
31. Konfigurationsbestimmung bei Stereomeren.

d. Numerischer Wert des Drehungsvermögens.

32. Allgemeines.
33. Die Hypothese von *Guye* und *Crum Brown*.
34. Die optische Superposition.
35. Das Gesetz von *Oudemans-Landolt*.

e. Ungesättigte Kohlenstoffverbindungen.

36. Geometrische Isomerie.
37. Konfigurationsbestimmung geometrisch Isomerer.

f. Ringförmige Kohlenstoffverbindungen.

38. Bildung und Stabilität ringförmiger Verbindungen.
39. Die Stereochemie des Kamphers.
40. Die Stereochemie des Benzols.

B. Die Stereochemie des Stickstoffs, Schwefels etc.

41. Dreiwertiger Stickstoff.
42. Fünfwertiger Stickstoff.
43. Das asymmetrische Stickstoffatom.
44. Das asymmetrische Schwefel-, Selen- und Zinnatom.

III. Anhang. Von E. Study.

45. Spekulationen über die Atomgewichte.
46. Kombinatorische Fragen.

Litteraturübersicht.

Lehrbücher. Zu I.

H. Kopp, Geschichte der Chemie, Braunschweig 1844.
E. v. Meyer, Geschichte der Chemie, Leipzig 1894.
A. Ladenburg, Vorträge über die Entwickelungsgeschichte der Chemie, Braunschweig 1887, 2. Aufl.

W. Ostwald, Lehrbuch der allgemeinen Chemie 2 (2) 1902/3.

W. Nernst, Theoretische Chemie, 1900, 3. Aufl., Stuttgart.

Lothar Meyer, Die modernen Theorien der Chemie, Breslau 1862; 6. Aufl., besorgt von *Rimbach* 1904.

G. Rudorf, Das periodische System, deutsch von *H. Riesenfeld,* Hamburg und Leipzig 1904.

Lehrbücher. Zu II.

J. H. van't Hoff, La chimie dans l'espace, Rotterdam 1875, deutsch von *F. Herrmann*, Braunschweig 1877.

J. H. van't Hoff, Dix années dans l'histoire d'une théorie, Rotterdam 1887.

K. Auwers, Die Entwickelung der Stereochemie, Heidelberg 1890.

J. H. van't Hoff u. *W. Meyerhoffer,* Stereochemie, Leipzig u. Wien 1892.

J. H. van't Hoff, Die Lagerung der Atome im Raume, Braunschweig 1894, 2. Aufl.

A. Hantzsch, Grundriss der Stereochemie, Breslau 1893. 2. Aufl. Leipzig 1904.

C. A. Bischoff u. *P. Walden*, Handbuch der Stereochemie, Frankfurt a. M. 1894.

Ed. G. Monod, Stéréochimie, Paris 1895.

H. Landolt, Das optische Drehungsvermögen organischer Substanzen, Braunschweig 1898.

A. Werner, Lehrbuch der Stereochemie, Jena 1904.

I. Die Grundbegriffe der chemischen Atomistik in historischer Entwickelung[1]. Von F. W. Hinrichsen.

1. Die Atomistik bis zum Ende des 18. Jahrhunderts[2]. Die atomistische Hypothese ist auf chemischem Boden erstanden. Schon in den ältesten Zeiten hat man die Annahme gemacht, dass die Materie nicht bis in das Unendliche teilbar sei, sondern nur bis zu einer bestimmten Grenze. Jedoch sind die klassischen Anschauungen wesentlich von den heutigen chemischen Theorien verschieden. Man setzte wohl voraus, dass alle Körper aus diskreten kleinsten Teilchen zusammengesetzt wären, aber diese sollten aus einer hypothetischen, indifferenten Urmaterie bestehen, welche erst durch die Aufnahme bestimmter Mengen der zuerst von *Empedokles* angegebenen, später von *Aristoteles* aufgenommenen und meist nach ihm benannten Grundelemente Feuer, Wasser, Luft und Erde die Eigenschaften eines bestimmten Stoffes erhielt. Das Feuer war wesentlich für den Zustand warm und trocken, das Wasser für kalt und feucht, die Luft vereinigte in sich die Eigenschaften warm und feucht, die Erde endlich kalt und trocken. Die Thatsache, dass allen Körpern dieselbe indifferente Urmaterie gemeinsam war, sowie der Umstand, dass die

---

1) Unter teilweiser Benutzung meiner Monographie „Über den gegenwärtigen Stand der Valenzlehre", Stuttgart 1902.

2) S. die in der Litteraturübersicht zitierten Werke über die Geschichte der Chemie, sowie *K. Lasswitz,* Geschichte der Atomistik 1890.

beiden letzteren Elemente des *Aristoteles* mit den beiden ersten immer je eine Eigenschaft teilten, liess von vornherein die gegenseitige Umwandlung chemischer Substanzen als möglich erscheinen, eine Anschauungsweise, die den Bestrebungen der gesamten Alchimie ihr charakteristisches Gepräge gab.

Auch während dieser grossen Periode in der Geschichte unserer Wissenschaft blieb die alte Anschauung in vollem Maasse bestehen, nur die Namen wechselten. An die Stelle der vier Elemente Feuer, Wasser, Luft und Erde traten mit *Geber* Quecksilber und Schwefel, mit *Basilius Valentinus* als drittes noch das Salz, Grundstoffe, welche mit den heute so bezeichneten nur den Namen gemeinsam hatten und oft direkt als „philosophisches Quecksilber" u. s. w. von den betreffenden chemischen Individuen unterschieden wurden. Das Quecksilber war wesentlich für metallische Eigenschaften, der Gehalt an Schwefel bestimmend für Geruch und Brennbarkeit, das Salz endlich bedingte die Löslichkeit und den Geschmack der Verbindungen.

Der erste, der die Begriffe Element und chemische Verbindung schärfer präzisierte, war *Robert Boyle.* Dieser eigentliche Begründer der modernen Chemie verurteilt auf das schärfste die Bestrebungen seiner Zeitgenossen, nur in Verfolgung alchemistischer und iatrochemischer Tendenzen sich mit der Wissenschaft zu beschäftigen, und stellt die Forderung auf, als Philosoph nur um der Erkenntnis willen chemische Versuche anzustellen und einzig und allein auf die Thatsachen des Experimentes gestützt Theorien zu bilden. Er versteht unter Elementen die unzerlegbaren Komponenten der Substanzen. Durch Vereinigung mehrerer solcher Elemente zu größeren Komplexen entstehen die Verbindungen, die er zuerst von mechanischen Gemengen und Lösungen unterscheidet. Nach seiner Korpuskulartheorie sind alle Körper aus kleinen Partikelchen zusammengesetzt, die unter dem Einflusse gegenseitiger Anziehung zu neuen Substanzen zusammenzutreten vermögen. Aber auch *Boyle* noch nahm als Stoff dieser Partikeln dieselbe indifferente Urmaterie wie seine Vorgänger an.

Erst um die Wende des 18. und 19. Jahrhunderts begann sich jener vollständige Wandel in den chemischen Anschauungen vorzubereiten, der zur Aufstellung der auch heute noch gültigen Theorien führte. Unter den Begründern der modernen Auffassungen ist neben *Lavoisier* [3]), der als erster die Natur der Verbrennungserscheinungen aufklärte und genaue quantitative Messungen anstellte, vornehmlich *Richter* zu nennen, der Vater der chemischen Stöchiometrie.

---

3) *Lavoisier,* Oeuvres, 4 vol. 1864—1868.

2. B. J. Richter[4]). Bei seinen stöchiometrischen Bestimmungen geht *Richter* von der Beobachtung aus, dass beim Vermischen zweier neutral reagierender Salze, auch wenn chemische Umsetzung zwischen ihnen eintritt, die Neutralität der Lösung doch erhalten bleibt. Er zieht aus dieser Thatsache den Schluss, dass zur Neutralisation bestimmter Mengen a und b von zwei Basen dieselbe Menge c einer Säure, ebenso aber auch eine bestimmte Menge d einer anderen Säure nötig sei. Mit anderen Worten: Säure und Base verbinden sich zu neutralem Salz in ganz bestimmten Gewichtsverhältnissen, dieselbe Säuremenge c, die eine bestimmte Basenmenge a zu neutralisieren vermag, ist auch erforderlich, um eine bestimmte Menge b einer anderen Base zu neutralisieren, und umgekehrt. Indem *Richter* die relativen Mengen von Säure und Base bestimmt, welche zur Neutralisation erforderlich sind, gelangt er zu der „Massenreihe" der Säuren und Basen. In seiner mathematisch alchemistischen Art drückt er diesen „Lehrsatz, die quantitative chymische Ordnung betreffend"[5]) folgendermassen aus: „Wenn P die Masse eines determinierenden Elementes, wo die Massen seiner determinierten Elemente a, b, c, d, e u. s. w. sind, Q aber die Masse eines anderen determinierenden Elementes ist, wo die Massen seiner determinierten Elemente $\alpha, \beta, \gamma, \delta, \varepsilon$ u. s. w. sind, doch so, dass jederzeit a und α, b und β, c und γ d und δ, e und ε einerlei Element bezeichnen, und sich die neutralen Massen $P+a$ und $Q+\beta$, $P+a$ und $Q+\gamma$, $P+c$ und $Q+\alpha$ u. s. w, so durch die doppelte Verwandtschaft zerlegen, dass die daraus entstandenen Produkte wiederum neutral sind, so haben die Massen a, b, c, d, e u. s. w. eben das quantitative Verhältnis unter einander als die Massen $\alpha, \beta, \gamma, \delta, \varepsilon$ u. s. w. oder umgekehrt."

Unter determinierendem bez. determiniertem Elemente ist Base bez. Säure zu verstehen.

In einem anderen Teile seiner stöchiometrischen[6]) Untersuchungen beschäftigt sich *Richter* mit der Ausfällung eines Metalles durch ein anderes und berechnet aus den so erhaltenen Äquivalenten die in den Oxyden enthaltenen Sauerstoffmengen.

Wie gross und unbestreitbar aber auch die Verdienste *Richter*'s

---

4) *B. J. Richter,* „Über die neueren Gegenstände der Chemie", I—IX. Stück Breslau und Hirschberg, 3 Bde., 1791—1798.

5) l. c. Bd. 2, p. 66, IV. Stück, 1795.

6) *Richter* selbst erdachte den Namen „Stöchiometrie" von „στοιχεῖον, welches ein Etwas bedeutet, was sich nicht weiter zergliedern lässt, und μετρεῖν, welches Grössenverhältnisse finden heisst". *E. v. Meyer,* Geschichte der Chemie, 2. Aufl., Leipzig 1895, p. 160.

um das Gesetz der konstanten Proportionen sein mögen, so fanden sie doch zu seinen Lebzeiten wenig Beachtung und Anerkennung. Der Grund hierfür lag einmal in seiner unbeholfenen, schwer verständlichen Ausdrucksweise, von der oben ein Beispiel gegeben wurde, andererseits darin, dass er ausgehend von dem Satze, dass die Chemie nur ein Teil der angewandten Mathematik sei, mathematische Gesetzmässigkeiten auch dort aufzufinden bemüht war, wo in der That keine vorhanden waren. So glaubte er, dass die Massenreihe der Basen eine arithmetische, die der Säuren eine geometrische Reihe darstelle. Diese unrichtige Behauptung hielt er selbst für bedeutsamer als sein Neutralitätsgesetz, wenngleich er andererseits auch dessen Bedeutung wohl erkannte und mehrfach ausdrücklich betonte. Durch seine wiederholten vergeblichen Versuche seine Hypothese zu halten, untergrub er selbst seinen wissenschaftlichen Ruf. So konnte es geschehen, dass das Gesetz der konstanten Proportionen noch nach *Richter*'s klassischen Untersuchungen erst wieder von neuem entdeckt werden musste. Dieses Verdienst kommt *Proust*[7]) zu und ist um so höher anzuschlagen, als gerade gleichzeitig die auf entgegengesetzter Grundlage fussenden Lehren *Berthollet*'s vermöge der Autorität ihres Urhebers die Wissenschaft beherrschten.

3. Proust und Berthollet[8]). Im Jahre 1803 erschien das berühmte Buch *Cl. L. Berthollet*'s „Essai de statique chimique“, in welchem zuerst die chemische Verwandtschaft nicht als etwas Konstantes, sondern von den Versuchsbedingungen Abhängiges aufgefasst wurde. Indem *Berthollet* die chemische Verwandtschaft als der Gravitation analog betrachtete, konnte er die physikalischen Grundbegriffe auf die Chemie übertragen und gelangte so zu dem Begriffe der chemischen Masse als Mass der Verwandtschaft, welche sich ihrerseits als Produkt von Affinität und vorhandener Menge darstellen liess. Auch die Begriffe der umkehrbaren Reaktionen und des chemischen Gleichgewichtes führte er in die Wissenschaft ein und zeigte, dass z. B. bei doppelter Umsetzung zwischen zwei Salzen der Reaktionsverlauf in erster Linie von der Löslichkeit der einzelnen Salze, mithin, da die Löslichkeit eine Funktion der Temperatur ist, von letzterer abhänge. Haben wir z. B. in einer Lösung die Bestandteile Natrium, Magnesium, Schwefelsäure und Salzsäure, so scheidet sich bei niedriger Temperatur, 0^0, Natriumsulfat ab, während Chlormagnesium in Lösung bleibt, bei höherer Temperatur dagegen tritt der umgekehrte Vorgang

7) J. de phys. 51 (1799), p. 173; Ann. de chim. 32 (1799), p. 26 ff.

8) *Berthollet,* „Essai de statique chimique“, 2 vols, Paris 1803.

ein, indem sich Chlornatrium und Magnesiumsulfat bilden. Dadurch, dass hier die Abhängigkeit der chemischen Verwandtschaft von der Temperatur erwiesen war, wurde gleichzeitig die Unbrauchbarkeit der damals üblichen Affinitätstabellen dargethan.

Insoweit enthielten *Berthollet*'s Anschauungen durchaus richtige Prinzipien, die denn auch später in *Guldberg* und *Waage*'s[9]) Gesetz der chemischen Massenwirkung wieder aufgenommen wurden. Dagegen beging er den Fehler, die Lösungen und Legierungen ebenfalls zu den chemischen Verbindungen zu rechnen, und gelangte dadurch zu der Annahme, dass die chemischen Verbindungen innerhalb bestimmter Grenzen variable Zusammensetzung haben könnten, eine Folgerung, die er namentlich an Oxyden und basischen Salzen nachzuweisen suchte. Indem *J. L. Proust* streng zwischen Verbindungen und Gemengen unterschied, gelang es ihm, die Richtigkeit des Gesetzes der konstanten Verbindungsverhältnisse und damit die Hinfälligkeit der *Berthollet*'schen Hypothese zu erweisen.

Der Streit zwischen *Proust* und *Berthollet* über die Konstanz der Verbindungsgewichte dauerte volle sieben Jahre — das klassische Beispiel einer wissenschaftlichen Diskussion, charakterisiert ebensowohl durch den sachlichen Ernst wie durch die zuvorkommende Höflichkeit, mit der sie von beiden Gegnern geführt wurde — und endete mit einem vollen Siege *Proust*'s und der endgültigen Anerkennung des *Gesetzes der konstanten Proportionen*. Es gelang ihm nachzuweisen dass die von *Berthollet* angeführten Gegengründe bei scharfer Unterscheidung von Gemengen und Verbindungen hinfällig werden. Allerdings konnte *Proust* selbst für diese beiden Körperklassen keine absolut einwandsfreien Definitionen geben, aber dazu sind wir auch heute noch nicht imstande. Es giebt eben Gemenge, welche den Kriterien für das Vorhandensein von Verbindungen vollkommen genügen, z. B. konstanter Schmelzpunkt bei isomorphen Mischungen oder konstanter Siedepunkt bei gewissen Lösungen (Salzsäure in Wasser u. s. w.), so dass auch heutigen Tages noch häufig genug Verwechslungen vorkommen. Aber *Proust* konnte doch in vielen Fällen zeigen, wie man beide Körperklassen von einander trennen kann, und vor allem an den beiden Oxydationsstufen des Zinns wie den beiden Sulfiden des Eisens nachweisen, dass die Eigenschaften von chemischen Verbindungen sich nicht kontinuierlich, sondern *sprungweise* ändern. Er hatte bereits das Material zusammen, dessen man

9) *Guldberg* und *Waage*, „Études sur les affinités chimiques“, Christiania 1867. Ostwald's Klassiker Nr. 104.

zur Aufstellung der Atomhypothese bedurft hätte. Aber wie so oft in derartigen Fällen, begnügte sich der *kontinentale* Forscher damit, zur Erklärung von Naturerscheinungen eine mathematische Formulierung gefunden zu haben, während *englische* Forscher eine Thatsache erst „erklärt" zu haben glauben, wenn sie ein anschauliches mechanisches Bild dafür herangezogen haben. So war es denn kein Zufall, dass auch die Atomhypothese von einem *Engländer* zuerst zur „Erklärung" der Gesetze der chemischen Verbindungen verwertet wurde. Dieser englische Forscher war *John Dalton*.

4. **Dalton**[10]). Zur gleichen Zeit wie *Proust* war auch *Dalton* mit ähnlichen Untersuchungen beschäftigt. Die Analyse der beiden Kohlenwasserstoffe Methan und Äthylen gab ihm auf die gleiche Menge Kohlenstoff berechnet im Falle des Methans doppelt so viel Wasserstoff als im Falle des Äthylens. Das gleiche Verhältnis zeigte sich bei den entsprechenden Sauerstoffverbindungen, dem Kohlenoxyd CO und der Kohlensäure CO_2. Aus diesen Beobachtungen folgerte er, dass bei verschiedenen Verbindungen der gleichen Elemente mit einander die Gewichtsmengen des einen Grundstoffes, berechnet auf die stets gleiche Menge des anderen immer in einfachen ganzzahligen Verhältnissen stehen. Das *Gesetz der multipeln Proportionen* war gefunden.

Eine Bestätigung dieser Anschauungen ergaben seine weiteren Untersuchungen über die verschiedenen Oxyde des Stickstoffes. Vergleicht man die auf die gleiche Menge Stickstoff berechneten Mengen Sauerstoff in den Verbindungen Stickoxydul N_2O, Stickoxyd NO, salpetrige Säure N_2O_3, Stickstoffdioxyd NO_2 bez. N_2O_4 und endlich das Salpetersäureanhydrid N_2O_5, so erhält man die rationalen Verhältniszahlen 1 : 2 : 3 : 4 : 5.

Aber *Dalton* ging noch einen Schritt weiter, indem er zur Erklärung dieser Gesetzmässigkeiten die alte Atomhypothese in neuer, präzisierter Fassung heranzog. Zu diesem Zwecke sucht er zunächst nachzuweisen, dass die einzelnen Atome ein und desselben Stoffes unter einander vollkommen gleich sein müssten. „Ob die letzten Teilchen der Körper, z. B. des Wassers, alle gleich sind, d. h. dieselbe Gestalt, dasselbe Gewicht u. s. w. besitzen, ist eine Frage von einiger Wichtigkeit. Aus dem, was wir hierüber wissen, geht kein Grund hervor, in diesen Stücken eine Verschiedenheit anzunehmen. Findet dies aber im Wasser statt, so muss dies gleichfalls bei den

10) *J. Dalton*, „Ein neues System des chemischen Teiles der Naturwissenschaft", übersetzt von *F. Wolff*, 2 Bände, Berlin 1812.

Elementen, welche das Wasser bilden, nämlich beim Wasserstoff und Sauerstoff stattfinden. Nun ist es kaum möglich zu begreifen, wie die Aggregate so unähnlicher Teilchen so gleichförmig dieselben sein können. Wären einige Teilchen des Wassers schwerer als die anderen, und bestände ein Teil dieser Flüssigkeit bei irgend einer Veranlassung vorzüglich aus diesen schweren Teilchen, so müsste man annehmen, dass dadurch das spezifische Gewicht der Masse affiziert werde, ein Umstand, welcher keineswegs bemerkt worden ist. Ähnliche Bemerkungen lassen sich bei anderen Substanzen machen. Man kann demnach schliessen: *dass die letzten Teilchen aller homogenen Körper vollkommen gleich in Gewicht, Figur* u. s. w. sind. Mit anderen Worten: jedes Teilchen Wasser ist gleich jedem anderen Teilchen Wasser, jedes Teilchen Wasserstoff ist gleich jedem anderen Teilchen Wasserstoff u. s. w.“ [11]).

Diese Schlussfolgerung ist von ausserordentlicher Bedeutung, denn erst durch sie war die Gelegenheit geboten, die relativen *Atomgewichte* aus den Verbindungsgewichten der Elemente abzuleiten. Die Atome stellen die letzte Grenze der Teilbarkeit mit chemischen Hilfsmitteln dar. „Die chemische Analysis und Synthesis gehen nicht weiter als auf die Trennung eines Teilchens von dem anderen und auf ihre Wiedervereinigung. Nun liegt aber eine neue Schöpfung oder Zerstörung der Materie ausserhalb der Grenze chemischer Wirksamkeit.“

„Mit Recht hat man bei allen chemischen Untersuchungen es als einen wichtigen Gegenstand angesehen, das relative Gewicht der einfachen Körper, welche einen zusammengesetzten bilden, auszumitteln. Allein unglücklicherweise endigte die Untersuchung hier; obgleich man aus den relativen Gewichten in der Masse die relativen Gewichte der letzten Teilchen oder Atome hätte schliessen können, woraus sich ihre Anzahl und Gewicht in verschiedenen anderen Zusammensetzungen würde ergeben haben, um künftige Untersuchungen zu unterstützen und zu leiten und ihre Resultate zu berichtigen. Nun ist es eine der Hauptrücksichten dieses Werkes, zu zeigen, wie wichtig und vorteilhaft es sei auszumitteln: die relativen Gewichte der letzten Teilchen sowohl der einfachen wie der zusammengesetzten Körper, die Anzahl der einfachen, elementarischen Teilchen, welche ein zusammengesetztes Teilchen bilden, und die Anzahl von weniger zusammengesetzten Teilchen, welche in die Bildung eines mehr zusammengesetzten Teilchens eingehen“ [12]).

---

11) *Dalton*, a. a. O. 1, p. 161.

12) *Dalton* l. c., p. 237.

Um nun die relativen Atomgewichte wirklich berechnen zu können, bedurfte es noch der Kenntnis der Anzahl, in welcher die Elementaratome in eine Verbindung eintraten. *Dalton* definiert dementsprechend als *zweifache* Verbindung eine solche, die durch Zusammentreten von *einem* Atom A und *einem* Atom B entsteht, analog eine aus zwei Atomen A und einem Atom B oder aus einem Atom A und zwei Atomen B gebildete Verbindung als *dreifache* u. s. w. und stellt zur Berechnung der Atomgewichte folgende Regeln auf:

„1. Wenn nur eine Verbindung aus zwei Körpern erhalten werden kann, so muss man vermuten, dass dieselbe eine *zweifache* sei, es sei denn, dass sich eine Ursache zur Annahme des Gegenteiles vorfindet.

2. Werden zwei Verbindungen bemerkt, so muss man vermuten, dass es eine *zweifache und dreifache* sei.

3. Werden drei Verbindungen erhalten, so kann man erwarten, dass die eine eine zweifache, die beiden anderen dreifache sein werden.

4. Werden vier Verbindungen bemerkt, so sollte man eine zweifache, zwei dreifache und eine vierfache Verbindung erwarten u. s. w.

5. Eine zweifache Verbindung muss stets spezifisch schwerer sein als ein blosses Gemenge aus ihren Bestandteilen“[13]).

Eine Folgerung aus diesen Regeln war z. B. die Annahme, dass im Wasser, der einzigen damals bekannten Verbindung von Wasserstoff und Sauerstoff, ein Atom Sauerstoff mit einem Atom Wasserstoff zusammengetreten sei, mithin die Atomgewichte, bezogen auf $H = 1$ als Einheit sich wie $1 : 7$ verhalten müssten. Abgesehen von der Ungenauigkeit der Analysen — *Dalton* stand z. B. *Proust* beträchtlich in experimenteller Geschicklichkeit nach — lag es auf der Hand, wie viel Willkürlichkeiten die oben zitierten Regeln aufwiesen. Man bedurfte daher zur Ermittelung der wahren Atomgewichte noch anderer Kriterien. Solche boten sich zunächst dar in den von *Gay-Lussac* eingehend studierten Volumverhältnissen bei gasförmigen Substanzen.

5. Gay-Lussac's gasvolumetrische Messungen[14]). Nachdem *Gay-Lussac* bereits im Jahre 1805 in Gemeinschaft mit *A. v. Humboldt*[15]) nachgewiesen hatte, dass bei der Bildung von Wasser aus Wasserstoff und Sauerstoff genau zwei Raumteile des ersteren mit einem des letzteren sich vereinigen, legte er im Jahre 1808 in einer umfangreicheren Abhandlung dar, dass ganz allgemein Gase nur nach einfachsten Volumenverhältnissen miteinander reagieren und dass auch

13) *Dalton*, l. c., p. 238.

14) *Gay-Lussac,* Mém. de la soc. d'Arcueil 2 (1808), p. 207.

15) J. de phys. 60 (1805), p. 129.

das Volumen der entstehenden Verbindung, im Gaszustande gemessen, in einfachster Beziehung zu den Komponenten steht. So treten je ein Volumen Wasserstoff und Chlor oder Ammoniak und Salzsäure zu zwei Volumina Chlorwasserstoffsäure bez. einem Volumen Salmiak zusammen, so bilden ferner zwei Volumina Wasserstoff und ein Volumen Sauerstoff zwei Volumina Wasser (als Dampf), und das gleiche Verhältnis gilt für die Vereinigung von Kohlenoxyd und Sauerstoff zu Kohlendioxyd oder von Schwefeldioxyd und Sauerstoff zu Schwefelsäureanhydrid. Ein Volumen Stickstoff endlich giebt mit drei Volumina Wasserstoff zwei Volumina Ammoniak.

Das gleiche Verhalten der Gase in physikalischer Hinsicht gegen Änderungen von Druck, Volum oder Temperatur, wie es durch das *Boyle-Mariotte*'sche und *Gay-Lussac*'sche Gesetz geregelt wird, glaubte *Gay-Lussac* unter Zuhülfenahme der atomistischen Hypothese am einfachsten in der Weise deuten zu können, dass er bei allen Körpern im Gaszustande im gleichen Volum die gleiche Anzahl kleinster Teilchen annahm. Dem gegenüber machte *Dalton* mit Recht den folgenden Grund geltend: Im Stickoxyd NO sind zwei Volume aus einem Volum Stickstoff und einem Volumen Sauerstoff entstanden. Wäre die Voraussetzung, die *Gay-Lussac* macht, richtig, so dürfte sich nur ein Volumen Stickoxyd bilden, da sonst die entstehende Verbindung NO nur halb so viel Teilchen im gleichen Volumen enthalten könnte als elementarer Stickstoff oder Sauerstoff. Es ist *Avogadro*'s Verdienst, diese Schwierigkeit überwunden und die nahen Beziehungen zwischen Atomtheorie und Volumgesetz aufgefunden zu haben.

6. Die Avogadro'sche Hypothese[16]). Der italienische Physiker *Avogadro* konnte die Hypothese, dass gleiche Gasvolumina verschiedener Substanzen die gleiche Anzahl kleinster Teilchen enthalten, mit den Resultaten *Gay-Lussac*'s dadurch vereinen, dass er als erster streng zwischen den kleinsten Partikelchen einer Verbindung, die physikalisch nicht mehr, wohl aber chemisch noch teilbar sind, den *molécules intégrantes* und den auch chemisch nicht mehr zerlegbaren Partikelchen der Elemente, den *molécules élémentaires*, oder in unserer heutigen Ausdrucksweise zwischen *Molekülen* und *Atomen* unterschied. Da sich aus einem Volum Stickstoff und einem Volum Sauerstoff zwei Volumina Stickoxyd bilden, das Volumen also vor und nach der Vereinigung dasselbe bleibt, so müssen, wenn anders die Anzahl der Teilchen in beiden Fällen die gleiche sein soll, die Atome nicht nur zusammengetreten sein, sondern sich gegenseitig ersetzt haben. Die

16) J. de phys. 73 (1811), p. 58.

einfachste Hypothese ist dann die, dass die physikalisch nicht mehr teilbaren Moleküle des Sauerstoffes und Stickstoffes aus je zwei auch chemisch nicht mehr teilbaren Atomen bestehen, und das Gleiche muss ceteris paribus für die Elemente Chlor und Wasserstoff gelten, wie aus den Volumverhältnissen bei der Bildung der Salzsäure hervorgeht.

Die *Avogadro*'sche Hypothese lässt sich auch in der Form aussprechen: Der von dem Grammmolekül[17]) eines Gases eingenommene Raum ist praktisch für alle Gase unter gleichen äusseren Bedingungen der gleiche und zwar beträgt er bei 0^0 und 760 mm Druck 22,42 Liter.

Damit war einerseits die Möglichkeit gegeben, die relativen Atomgewichte frei von Willkür zu bestimmen, da jetzt die Anzahl der in einer Verbindung enthaltenen Atome einwandsfrei zu messen war, andererseits, die Molekulargewichte von gasförmigen Substanzen direkt aus den spezifischen Gewichten, den Gasdichten, zu ermitteln. Da nämlich im gleichen Volum die gleiche Anzahl von Molekülen (im heutigen Sinne des Wortes gebraucht) vorhanden war, mussten sich die Gewichte gleicher Volumina verhalten wie die Gewichte der einzelnen Teilchen, d. h. wie die Molekulargewichte. Diese sind also den Gas- bez. Dampfdichten direkt proportional. Die Bestimmung des Molekulargewichtes einer Substanz war damit bei gegebener Einheit zurückgeführt auf die Ermittelung des Volumens eines bekannten Gewichtes oder des Gewichtes eines bekannten Volumens der betreffenden Substanz.

Trotz ihrer einleuchtenden Vorzüge blieb die *Avogadro*'sche Hypothese zunächst unbekannt. Erst durch die bewunderswerten Untersuchungen von *Berzelius* gelangten einwandsfreiere Werte der Atomgewichte zur Anwendung.

7. Berzelius' Atomgewichtsbestimmungen und elektrochemische Theorie der chemischen Verbindungen. Auch *Berzelius*[18]) erhob gegen die von *Dalton* aufgestellten Regeln über die Anzahl der in einer Verbindung vereinigten Atome den Einwand der Willkürlichkeit. Indem er bei einfachen Gasen die Volumverhältnisse als Mass für die relative Anzahl der in Reaktion tretenden Atome ansah, konnte er die Resultate *Gay-Lussac*'s für Atomgewichtsbestimmungen ver-

---

17) Unter Grammmolekül versteht man die dem Molekulargewicht gleiche Anzahl von Grammen bez. die Gewichtsmenge, die im Gaszustande unter gleichen äusseren Bedingungen dasselbe Volumen einnimmt, wie 32 g Sauerstoff.

18) *J. J. Berzelius,* Versuch über die Theorie der chemischen Proportionen und über die chemischen Wirkungen der Elektrizität, übersetzt von *K. A. Blöde,* Dresden 1820.

werten. So schliesst er aus der Thatsache, dass zwei Volume Wasserstoff sich mit einem Volum Sauerstoff zu Wasser verbinden, dass ein „Atom“ Wasser aus zwei Atomen Wasserstoff und einem Atom Sauerstoff besteht. Als Basis der Atomgewichtszahlen nimmt er nicht wie *Dalton* den Wasserstoff = 1, sondern den Sauerstoff = 100. „Die Atomgewichte mit dem des Wasserstoffes zu vergleichen, bietet nicht nur keine Vorteile, sondern geradezu viele Ungelegenheiten, weil der Wasserstoff sehr leicht ist und selten in anorganische Verbindungen eingeht. Dagegen vereinigt der Sauerstoff alle Vorteile. Er ist sozusagen der Mittelpunkt, um den sich die ganze Chemie dreht“[19]). Diese Stelle verdient besondere Beachtung, da auch heutzutage wieder der Streit um die Wasserstoff- bezw. Sauerstoffeinheit als Basis der Atomgewichte von neuem entbrannt ist.

Ausser den volumetrischen Messungen *Gay-Lussac*'s, deren Anwendbarkeit nach *Berzelius* nur auf elementare Gase beschränkt war, nicht aber auf Verbindungen sich übertragen liess, kamen zur Entscheidung über die Grösse von Atomgewichten zwei weitere Kriterien zu Hilfe: die beiden fast gleichzeitig aufgefundenen Gesetze der Konstanz der Atomwärme von *Dulong* und *Petit*[20]) sowie der Erscheinung der Isomorphie von *Mitscherlich*[21]) (1819).

Nach dem Gesetze von *Dulong* und *Petit* sind die Atomwärmen, das heisst die Produkte von Atomgewicht und spezifischer Wärme der Elemente in festem Zustande gleich, etwa = 6,4. Man brauchte nur die spezifische Wärme eines Grundstoffes zu ermitteln und fand durch Division in die Zahl 6,4 das betreffende Atomgewicht. Damit war eine Methode gewonnen, die zum mindesten erlaubte, zwischen verschiedenen möglichen Werten, die in einfachen rationalen Verhältnissen zu einander stehen mussten, eine Entscheidung zu treffen, wenn auch namentlich bei einigen Nichtmetallen der Satz nicht allgemein zutrifft[22]).

Auch der von *Mitscherlich* entdeckte Satz vom Isomorphismus war vornehmlich auf Metalle anwendbar. Danach krystallisieren nur solche Substanzen miteinander, bilden also Mischkrystalle derart, dass ein Krystall ohne Änderung der Form in der Lösung der anderen Substanz weiterwächst, welche gleiche chemische Konstitution haben. Er beweist diesen Satz zunächst an einigen Salzen der Phosphor-

---

19) *Berzelius*, l. c. p. 123.

20) Ann. chim. phys. (2) 10 (1819), p. 395.

21) Ebenda 14 (1819), p. 172; 19 (1821), p. 350.

22) Vgl. hierzu die Kurve in Nr. **11**, wo die Gültigkeitsgrenze des Gesetzes von *Dulong* und *Petit* eingetragen ist, sowie *Rudorf*, Das periodische System l. c.

und Arsensäure von gleichem Wassergehalt, ferner an den neutralen Sulfaten von Magnesium- und Zinkoxyd, Eisen- und Nickeloxydul. Umgekehrt führte also die Beobachtung des Isomorphismus dazu, gleiche chemische Zusammensetzung der miteinander krystallisierenden Körper vermuten zu lassen. Die Gewichtsmengen zweier sich gegenseitig in isomorphen Verbindungen ersetzender Elemente müssen daher im Verhältnis der Atomgewichte stehen.

Wenn auch das System der Atomgewichte von *Berzelius* noch nicht durchaus zuverlässig war, vor allem da er den von *Avogadro* eingeführten Unterschied zwischen Molekülen und Atomen nicht annahm und daher nicht die Dampfdichtebestimmung zur Ermittelung der Molekulargrösse von Verbindungen verwerten konnte, so zeichnet es sich doch vor allen vorhergehenden Versuchen durch weitaus grössere Genauigkeit sowohl in den Analysen selbst wie in der Auswahl der einzelnen Werte auf Grund allgemeinerer Kriterien aus. Die Verdienste von *Berzelius* um die chemische Wissenschaft liegen aber ausserdem noch auf einem anderen Gebiete, denn von ihm stammt auch die erste konsequent durchgeführte Theorie der chemischen Verbindungen, aufgebaut auf den Gegensatz der elektrochemischen Polarität

Nach der dualistischen Theorie von *Berzelius* besitzt jedes Elementaratom von vornherein einen positiven und einen negativen Pol, die Elektrizitätsmenge an beiden Polen ist jedoch im allgemeinen nicht gleich gross, sondern die meisten Substanzen erscheinen in höherem oder geringerem Grade unipolar, je nachdem die eine oder andere Polarität überwiegt. Ist der positive Pol stärker, so erscheint das Atom elektropositiv, im anderen Falle elektronegativ. Chemische Verbindungen entstehen, indem zwei entgegengesetzt elektrinche Atome unter Ausgleich ihrer Elektrizitäten sich neben einander lagern. Auch die Verbindungen können noch unipolar erscheinen. So bildet der Sauerstoff mit den Metallen die positiv erscheinenden Basen, mit den Metalloiden die negativen Säuren, durch deren Vereinigung erst die elektrisch neutralen Salze entstehen, z. B. $\overset{+}{\mathrm{Cu}}\mathrm{O} + \overset{-}{\mathrm{S}}\mathrm{O}_3 = \mathrm{CuSO}_4$. Es überwiegt also in den Basen der positive Charakter des Metalls, in den Säuren der negative des Sauerstoffs. Dementsprechend zerfällt auch wieder das Salz bei der Elektrolyse, also unter der Einwirkung des elektrischen Stromes, in Säure und Base.

Aber nicht nur die qualitativen, sondern auch die quantitativen elektrischen Verhältnisse sind von Bedeutung für das Zustandekommen einer Verbindung. So vermag z. B. der für gewöhnlich elektronegative Schwefel leichter mit dem Sauerstoff zusammenzutreten als das elektropositive Blei, weil der positive Pol des Schwefels mehr negative Elektrizität zu neutralisieren vermag als der des Bleies. Es können demnach sämtliche Elemente mit Ausnahme des stets elektronegativen Sauerstoffes bald positiv, bald negativ auftreten. Das Gleiche gilt auch für das Wasser, das z. B. in dem Hydrate des Kupferoxydes den negativen, in dem der Schwefelsäure den positiven Bestandteil bildet: $\overset{+}{Cu}O + \overset{-}{H_2}O$, $\overset{-}{SO_3} + \overset{+}{H_2}O$.

Es ist daher möglich, mit dem Sauerstoff beginnend alle chemischen Grundstoffe derart in eine „Spannungsreihe“ einzuordnen, dass jedes Element sich gegen die vorhergehenden Glieder positiv, gegen die nachfolgenden negativ verhält.

Aber so stattlich und auf den ersten Blick bestechend auch das Gebäude war, das *Berzelius* errichtet hatte, sein System war doch nicht ohne Fehler. Die vornehmlich auf dem Boden der unorganischen Chemie erstandene dualistische Auffassung der chemischen Verbindungen konnte nicht mehr genügen, als beim eingehenderen Studium der Substanzen der organischen Chemie die ersten Fälle der Isomerie und die nicht elektrolysierbaren Körper aufgefunden wurden.

8. **Entwickelung der organischen Chemie.** Eine Folgerung der Auffassung, dass die Säuren die Oxyde der Metalloide darstellen, war gewesen, dass der Hauptbestandteil der Säuren der Sauerstoff sein müsse. Diese Anschauung wurde erschüttert, als es *Davy*[23]) gelang die elementare Natur des Chlors nachzuweisen und damit in der Salzsäure die erste sauerstofffreie Säure kennen zu lehren. Sie musste vollends aufgegeben werden, als *Liebig*[24]) an den mehrbasischen Säuren vornehmlich der organischen Chemie zeigte, dass durchaus nicht, wie es die Theorie von *Berzelius* verlangte, stets auf einen Teil Säureanhydrid nur ein Teil Base zur Absättigung erforderlich war. *Liebig* fasste daher die Säuren richtig als Wasserstoffverbindungen auf, deren typische Wasserstoffatome durch Metalle ersetzbar sind und so die Salze bilden.

Aber auch als sich jetzt das Hauptinteresse der organischen Chemie zuzuwenden begann, blieb die dualistische Auffassung zunächst noch bestehen. Auch die älteren Anschauungen über die Zusammensetzung der organischen Substanzen waren rein dualistisch. In den klassischen Untersuchungen von *Gay-Lussac*[25]) über das Cyan

23) London Phil. Trans. 1810, p. 231; 1811, p. 1.
24) Ann. d. Chem. u. Pharm. 26 (1838), p. 113.
25) Ann. de chimie 95 (1815), p. 136.

$(CN)_2$, von *Liebig* und *Wöhler*[26]) über das Benzoyl (C_7H_5O) und von *Bunsen*[27]) über das Kakodyl hatte sich ergeben, dass in den organischen Verbindungen gewisse Radikale, die durch Zusammentreten mehrerer Elementaratome entstanden waren, durchaus dieselbe Rolle spielten, wie die Elementaratome selbst in den Körpern der anorganischen Chemie. Man fasste demgemäss die organischen Verbindungen in derselben Weise wie die anorganischen, also dualistisch auf.

Schwieriger war es, die Thatsachen der *Isomerie* im Rahmen der alten Auffassung zu erklären. Der erste Fall dieser Art bot sich dar, als *Liebig*[28]) bei der Analyse des knallsauren Silbers genau die gleichen Zahlen erhielt, wie sie *Wöhler* kurz vorher bei der Untersuchung des entsprechenden cyansauren Salzes erhalten hatte. Damit waren zwei Substanzen gefunden, die bei gleicher prozentischer Zusammensetzung durchaus verschiedene Eigenschaften besassen. Bald darauf isolierte *Faraday*[29]) bei der Destillation des Steinkohlenteeres das Butylen, welches bei gleichem Gehalt an Kohlenstoff und Wasserstoff wie das Äthylen sich doch von diesem in seinem Verhalten wesentlich unterschied. *Wöhler*[30]) endlich beobachtete im Jahre 1828 die Umlagerung des cyansauren Ammoniums in den isomeren Harnstoff, jene folgenschwere Entdeckung, bei der zum ersten Male die Darstellung eines spezifischen Stoffwechselproduktes des lebenden Organismus auf rein chemischem synthetischen Wege gelungen war. Auf Grund dieser Thatsachen schloss *Berzelius* selbst als erster auf eine verschiedene Anordnung der Atome im Molekül und unterschied zwischen den beiden besonderen Arten der Isomerie, der Metamerie und Polymerie, die er ganz im heutigen Sinne der Worte definierte. Danach sind *metamer* solche Körper, die bei gleicher Art und Anzahl der zusammensetzenden Atome nur durch ihre Lagerung verschieden sind, *polymer* die, welche die Atome zwar im gleichen Verhältnis aufweisen, aber verschiedenes Molekulargewicht besitzen.

Durch alle diese Beobachtungen, die sich durch die Theorie von *Berzelius* schwer erklären liessen, wurde die dualistische Auffassung stark erschüttert, sie erhielt den Todesstoss, als es *Dumas*[31]) gelang, durch die Einwirkung von Chlor auf die Essigsäure in letzterer ein Wasserstoffatom durch Chlor zu ersetzen, also ein typisch elektro-

---

26) Ann. d. Pharm. 3 (1832), p. 249.

27) Ann. d. Chem. u. Pharm. 31 (1839), p. 175 ff.

28) Ann. chim. phys. (2) 24 (1823), p. 264.

29) Phil. Trans. 1825; Ann. of philos. 11 (1825), p. 44, 95.

30) Pogg. Ann. 12 (1828), p. 253.

31) Ann. chim. phys. (2) 73 (1839). p. 73.

positives Atom durch ein solches elektronegativer Natur zu substituieren, ohne dass der Gesammtcharakter der Substanz wesentlich geändert wurde. Auf Grund dieser Erscheinung musste die einseitig dualistische Anschauung von *Berzelius* definitiv der allerdings nicht minder einseitigen unitären Betrachtungsweise weichen. Jede Verbindung bildet danach ein in sich geschlossenes Ganze. Das Verhalten eines Körpers ist gegeben durch Zahl und Lagerung der Atome und hängt nur unwesentlich von der chemischen Natur der Substituenten ab.

Zur Klassifizierung der organischen Verbindungen schuf *Gerhardt*[32]) die rein formale Typentheorie, wonach sich sämtliche Körper gewissen Typen unterordnen lassen. Es wurden folgende typische Verbindungen verwandt: Wasserstoff H—H zur Erklärung der Kohlenwasserstoffe, H—Cl für die organischen Halogenide, H_2O für Alkohole, Äther und Säuren, NH_3 für Amine u. s. w. Die Typenlehre war nichts weiter als eine zweckmässige *Gruppierung* der organischen Verbindungen, eine *Erklärung* war erst ermöglicht durch die Aufstellung der Lehre von der *Valenz* oder *Wertigkeit* der chemischen Elemente durch *Frankland*.

9. Valenztheorie und Strukturchemie. Durch den Vergleich der von ihm entdeckten metallorganischen Verbindungen, d. h. der Substanzen, welche organische Reste mit Metall verbunden enthalten, mit Körpern der anorganischen Chemie wurde *Frankland*[33]) zu dem Schlusse geführt, dass jedes Elementaratom durch die Fähigkeit ausgezeichnet sei, sich stets mit einer *ganz bestimmten Anzahl* anderer Elementaratome oder Reste zu verbinden. Die Valenzlehre stellt sich somit als Erklärung des Gesetzes der multipeln Proportionen dar. Dass z. B. bei den Derivaten des Stickstoffes, Phosphors, Arsens und Antimons die Anzahl der mit dem betreffenden Grundstoff verbundenen Atome in der Regel 3 oder 5 beträgt, ist auf eine Fundamentaleigenschaft dieser Elementaratome, ihr *Sättigungsvermögen* (Valenz, Wertigkeit, Atomigkeit) zurückzuführen.

Allgemeine Anerkennung fand jedoch die Lehre *Frankland*'s erst, als *Kekulé*[34]) in seiner denkwürdigen Abhandlung „Über die Konstitution und die Metamorphosen der chemischen Verbindungen und die chemische Natur des Kohlenstoffs“ zuerst aus der Valenztheorie die

---

32) Ann. chim. phys. (3) 37 (1851), p. 331; Traité de chimie organique, 4, Paris 1856.

33) Ann. d. Chemie 85 (1853), p. 329.

34) Ebenda 106 (1858), p. 129.

Konsequenzen für die organische Chemie zog und aus der Zusammensetzung der einfachsten organischen Substanzen die Vierwertigkeit des Kohlenstoffes folgerte. „Betrachtet man die einfachsten Verbindungen dieses Elementes CH_4, CH_3Cl, CCl_4, $CHCl_3$, $COCl_2$, CO_2, CS_2 und CNH, so fällt es auf, dass die Menge Kohlenstoff, welche die Chemiker als geringst mögliche, als Atom erkannt haben, stets vier Atome eines ein- oder zwei eines zweiatomigen Elementes bindet, dass allgemein die Summe der chemischen Einheiten der mit einem Atom Kohlenstoff verbundenen Elemente gleich vier ist. Dies führt zu der Ansicht, dass der Kohlenstoff vieratomig ist.“ Indem *Kekulé* ferner die Annahme machte, dass auch mehrere Kohlenstoffatome mit einander in direkte Bindung treten können, war der Grund zur Strukturchemie gelegt.

Stellt man die einfache Bindung zweier Valenzen durch einen Strich, die sogenannte „doppelte Bindung“, wie sie z. B. zwischen Kohlenstoff und Sauerstoff angenommen wurde, durch einen doppelten Strich dar, so gelangt man beispielsweise für das Methan CH_4, die Kohlensäure CO_2 und das Äthan C_2H_6 zu folgenden Konstitutionsformeln:

$$\begin{array}{c}\text{H}\\ |\\ \text{H—C—H}\\ |\\ \text{H}\end{array},\quad \text{C}\begin{array}{l}=\text{O}\\ =\text{O}\end{array},\quad \begin{array}{c}\text{H}\ \ \text{H}\\ |\ \ \ |\\ \text{H—C—C—H}\\ |\ \ \ |\\ \text{H}\ \ \text{H}\end{array}.$$

Die Isomerie zwischen z. B. Methyläther und Äthylalkohol (C_2H_6O) findet folgendermassen ihren Ausdruck: Da im Äthylalkohol bei der Einwirkung von Salzsäure ein Chlorid C_2H_5Cl entsteht, bei dem mithin eine OH-Gruppe durch Cl ersetzt ist, muss von vornherein ein Sauerstoffatom mit einem Wasserstoffatom in direkter Bindung gestanden haben. Von den bei Vierwertigkeit des Kohlenstoffes, Zweiwertigkeit des Sauerstoffes und Einwertigkeit des Wasserstoffes möglichen beiden Strukturformeln für eine Substanz C_2H_6O:

$$\text{I.}\ \begin{array}{c}\text{H}\qquad\ \ \text{H}\\ |\qquad\quad |\\ \text{H—C—O—C—H}\\ |\qquad\quad |\\ \text{H}\qquad\ \ \text{H}\end{array}\ \text{und II.}\ \begin{array}{c}\text{H}\ \ \text{H}\\ |\ \ \ |\\ \text{H—C—C—O—H}\\ |\ \ \ |\\ \text{H}\ \ \text{H}\end{array}$$

muss demnach Formel **II** dem Alkohol, Formel I dem Äther zukommen, womit in der That sämtliche Reaktionen der beiden Isomeren durchaus übereinstimmen.

Die Frage nach der Anzahl der möglichen Isomeren hat gelegentlich eine weitergehende mathematische Behandlung erfahren. Vgl. hierzu den folgenden Beitrag von *E. Study* in Nr. **46**.

Die Valenzlehre feierte ihre grössten Triumphe auf dem Gebiete der organischen Chemie, zumal nachdem *Kekulé* auch die aromatischen Verbindungen auf Grund seiner Benzolformel

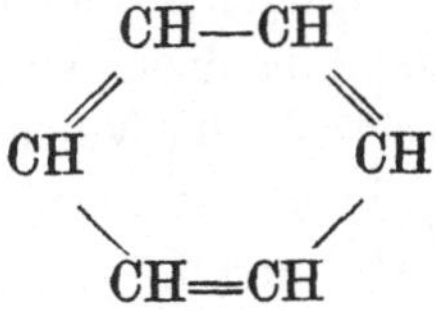

zu erklären gewusst hatte. Dagegen war ihre Anwendbarkeit auf anorganischem Gebiete nur beschränkt, und zwar aus folgendem Grunde: die aus der rein formalen, unitären Typentheorie *Gerhardt*'s hervorgegangene Lehre von der Wertigkeit der Elemente berücksichtigte nicht die elektrochemischen, qualitativen Verhältnisse, die ja gerade in der anorganischen Chemie die Hauptrolle spielen. Trotzdem sind diese Beziehungen auch für die Valenz von grosser Bedeutung. So kann der Stickstoff nur drei Atome des elektropositiven Wasserstoffes im Ammoniak NH_3 binden, während er im Salpetersäureanhydrid N_2O_5 mit fünf Atomen des elektronegativen Sauerstoffes verbunden ist. Die Wertigkeit des Stickstoffes beträgt daher je nach den Umständen 3 oder 5, und gerade derartige Beobachtungen veranlassten den auch heute noch nicht vollständig beendigten Streit um das Problem, ob das Sättigungsvermögen eines Elementes konstant ist oder eine veränderliche Grösse darstellt.

Kekulé selbst fasste die Valenz als Fundamentaleigenschaft der chemischen Grundstoffe, daher als konstant, als ebenso unveränderlich wie die übrigen Eigenschaften der Atome, z. B. die Atomgewichte, auf. Als massgebend für die Grösse der Atomigkeit betrachtete er nur die Verbindungen eines Elementes, welche in dampfförmigem Zustande beständig sind. So folgerte er aus dem Zerfall des Salmiaks in Ammoniak und Salzsäure, $NH_4Cl = NH_3 + HCl$, sowie der Spaltung des Phosphorpentachlorides in Trichlorid und Chlor, $PCl_5 = PCl_3 + Cl_2$, Reaktionen, die bei höherer Temperatur eintreten, dass die normale, konstante Wertigkeit des Stickstoffes und Phosphors drei betrage. Zur Deutung derjenigen Derivate, in denen die Elemente anscheinend eine höhere Valenz bethätigten, nahm er besondere von Molekül zu Molekül wirkende Kräfte an. Derartige Substanzen wurden als „Molekülverbindungen“ von den atomistischen unterschieden.

In dieser Form konnte sich die Theorie einer konstanten Wertigkeit nicht lange halten. Bald wurde das Phosphorpentafluorid bekannt, eine auch in Gasform beständige Substanz, in welcher der

Phosphor unzweifelhaft mit fünf Affinitäten fungiert. Ferner war es ja lange bekannt, dass sich der Stickstoff in den Oxyden NO, N_2O_3, NO_2 und N_2O_5 je nachdem als zwei-, drei-, vier- und fünfwertig erweist. Der Kohlenstoff bethätigt im Kohlenoxyd CO zwei, im Kohlendioxyd CO_2 vier Affinitäten. Alle diese Thatsachen führten zur Aufstellung der Lehre eines Wechsels der Valenz. Danach sollte dasselbe Atom bald mit der einen, bald mit einer anderen Wertigkeit auftreten. Die Verbindungen CO und CO_2 z. B. finden leicht ihre Erklärung in der Annahme, dass der Kohlenstoff in dem ersten Derivate zwei-, im anderen Falle vierwertig ist.

Demgegenüber muss freilich betont werden[35]), dass die Hypothese einer wechselnden Valenz in dieser Form überhaupt kein wissenschaftlicher Erklärungsversuch ist, sondern nichts weiter als eine blosse Umschreibung des Gesetzes der multipeln Proportionen. Von einer wirklichen Theorie kann erst die Rede sein, wenn man ausgeht von der Annahme eines konstanten maximalen Sättigungsvermögens und die Gründe aufsucht, weshalb in bestimmten Fällen das Maximum nicht erreicht ist. Als solche Gründe kommen in erster Linie die rein qualitativen, elektrochemischen Beziehungen in Betracht, und hier ist in der That der Punkt, an dem die lange vernachlässigte dualistische Theorie von *Berzelius* wieder einsetzen kann. Wirklich liegen aus der neuesten Zeit eine Reihe von Arbeiten vor, die auf Grund dieser Prinzipien die alte Lehre von der Wertigkeit der Elemente zu erneuern und erweitern suchen[36]). Der Streit um konstante oder wechselnde Valenz ist eigentlich nur ein Streit um Worte, indem man mit dem Worte „Valenz" zwei verschiedene Begriffe bezeichnet: 1) das Sättigungsvermögen, d. h. die grösste Anzahl von Atomen, die ein bestimmtes Atom zu binden vermag, die natürlich eine konstante Grösse ist; 2) den in einer Verbindung erreichten Substitutionswert, d. h. die Anzahl, die in eine Verbindung gerade eingetreten ist. Diese ist von äusseren Bedingungen (Temperatur, elektrochemischer Charakter u. s. w.) abhängig, mithin wechselnd.

Immerhin war aus den angeführten Gründen die Theorie einer wechselnden Valenz bei ihrer Einführung nicht imstande, ein genügendes Klassifizierungssystem auch für die anorganischen Verbindungen abzugeben. Man war infolgedessen auf einen andern Weg angewiesen. Ein solcher bot sich dar in dem periodischen System der Elemente.

---

35) *F. W. Hinrichsen,* Über den gegenwärtigen Stand der Valenzlehre, Stuttgart 1902, p. 15.

36) S. z. B. *Abegg,* Ztschr. f. anorg. Chem. 39 (1904), p. 330; *Hinrichsen,* Ann. d. Chem. 336 (1904), p. 168.

10. Das periodische System der Elemente[37]**).** Noch auf einem anderen Gebiete als dem der chemischen Verbindungen wurde die Autorität von *Berzelius* in der Folgezeit stark erschüttert; nämlich auf dem seiner Atomgewichtsbestimmungen. Schon im Jahre 1815 hatte *Prout*[38]) eine Hypothese aufgestellt, nach welcher die Atomgewichte aller Elemente ganze Zahlen darstellten und so Wasserstoff gleich 1 gesetzt, als Multipla dieses Wertes erschienen. Er schloss daraus, dass der Wasserstoff das schon von den Alten gesuchte Urelement sei, durch dessen verschiedenartige Kondensation sich die übrigen Grundstoffe gebildet hätten. Der Streit um diese Hypothese führte zu einer grossen Reihe von Neubestimmungen der Verbindungsgewichte. Gegen die Annahme der *Prout*'schen Hypothese sprachen in erster Linie die Atomgewichtsbestimmungen von *Berzelius*, der beispielsweise für den Kohlenstoff den Wert 12,12 erhalten hatte. Es erregte daher nicht geringes Aufsehen, als *Liebig* und *Redtenbacher*[39]) für dieses Element nachwiesen, dass die Analyse von *Berzelius* gewisse Fehlerquellen enthielt nnd der wahre Wert des Verbindungsgewichtes genau 12,00 betrüge. Diese Zahl wurde sodann durch die folgenden Bestimmungen von *Erdmann* und *Marchand*[40]) sowie von *Dumas* und *Stas*[41]) bestätigt. Man brachte daher auch den übrigen Zahlen von *Berzelius* grosses Misstrauen entgegen, wie sich aber bald zeigte, durchaus zu unrecht, denn weitere Fehler waren in seinen Messungen nicht nachzuweisen. Die *Prout*'sche Hypothese musste daher wieder fallen gelassen werden, zumal nachdem *Stas*[42]) in seinen klassischen Untersuchungen über die Verbindungsgewichte der wichtigsten Elemente gezeigt hatte, dass die Annahme von ganzen Zahlen für die Atomgewichte keineswegs allgemein statthaft sei. Immerhin ist die Annäherung an ganze Zahlen bei einer Reihe von Elementen doch so gross, dass sie kaum auf Zufall beruhen kann. Vgl. hierzu den Beitrag von *E. Study* in Nr. **45**.

Trotzdem finden wir, nachdem einmal in der *Prout*'schen Hypothese das Problem der relativen Beziehungen von Atomgewichten gegeben war, zahlreiche Versuche, die dahin zielten, genetische Zu-

---

37) *G. Rudorf,* Das periodische System, deutsch von *H. Riesenfeld,* Hamburg u. Leipzig 1904.

38) Ann. of philos. 6 (1815), p. 321; 7 (1816), p. 111.

39) Ann. d. Chemie 38 (1841), p. 113; Jahresber. über d. Fortschr. d. Chem. 22 (1843), p. 73.

40) Jahresber. über d. Fortschr. d. Chem. 22 (1843), p. 73.

41) Ann. d. Chemie 38 (1841), p. 141.

42) *Stas,* Oeuvres complètes, 3 Bände, Brüssel 1894.

sammenhänge zwischen den Elementen der anorganischen Chemie aufzufinden. So zeigte, um nur ein Beispiel anzuführen, *Döbereiner*[43]) im Jahre 1829 in Fortsetzung früherer Studien, dass es gewisse „Triaden“ von Grundstoffen giebt, deren charakteristisches Merkmal darin bestehe, dass die Eigenschaften des mittleren Elementes, z. B. das Atomgewicht, das arithmetische Mittel zwischen den Eigenschaften der beiden endständigen Elemente bilde. Solche Triaden sind z. B. die Halogene Chlor, Brom und Jod, ferner die Alkalien Lithium, Natrium und Kalium, die Erdalkalien Calcium, Strontium und Baryum, endlich die Elemente Schwefel, Selen und Tellur. Nehmen wir beispielsweise die Alkalien mit den Atomgewichten Li = 7, Na = 23, K = 39, so ist $Na = \frac{7+39}{2} = 23$. Eine umfassende Gesetzmässigkeit wurde jedoch erst erkannt, als *Lothar Meyer*[44]) und *Mendelejeff*[45]) unabhängig voneinander und gleichzeitig das periodische System der Elemente in seiner auch heute noch gültigen Gestalt veröffentlichten.

Die Prinzipien, die dem periodischen System zu Grunde liegen, lassen sich kurz in folgenden Sätzen zusammenfassen: Ordnet man die chemischen Elemente nach steigenden Atomgewichten, so findet periodisch nach Verlauf einer bestimmten Anzahl anderer Elemente eine Wiederholung der charakteristischen Eigenschaften des typischen Grundstoffes der betreffenden Gruppe statt. Mit anderen Worten: die Eigenschaften eines Elementes sind periodische Funktionen des Atomgewichtes.

Dies geht aus der folgenden Tabelle hervor, der zweiten, die *Mendelejeff* aufgestellt hat und die mit der gleichzeitigen *Lothar Meyer*'s so gut wie identisch ist. Um die Analogien gewisser Grundstoffe nicht zu verwischen, war es erforderlich, an einigen Stellen des Systemes Lücken zu lassen, die möglicherweise durch später zu entdeckende Elemente ausgefüllt werden konnten. Solche Lücken befinden sich z. B. hinter Bor, Aluminium und Silicium.

Mendelejeff wagte es daraufhin, neue Elemente Ekabor (Eb), Ekaaluminium (Ea) und Ekasilicium (Es) vorauszusagen, deren Eigenschaften er aus ihrer Stellung im System bis in Einzelheiten erschloss. In der That stimmten die bald darauf entdeckten neuen

---

43) Ann. d. Phys. u. Chem. 15 (1829), p. 301.

44) *Lothar Meyer,* Die modernen Theorien der Chemie, 1. Aufl. Breslau 1864, p. 135—139; Ann. d. Chem. u. Pharm., 7. Suppl. 1870, p. 354—364; Ostwald's Klassiker der exakten Wissenschaften Nr. 68.

45) *Mendelejeff*, Ann. d. Chem. u. Pharm., 8. Suppl. 1871, p. 133—229; Ostwald's Klassiker Nr. 68.

Elemente *Scandium* (aufgefunden von *Nilson*[46]) 1879) mit dem Ekabor, *Gallium* (entdeckt 1875 von *Lecoq de Boisbaudran*[47]) mit Ekaaluminium, endlich *Germanium* (entdeckt 1886 von *Winkler*[48]) mit Ekasi-

Reihe	Gruppe I	Gruppe II	Gruppe III	Gruppe IV	Gruppe V	Gruppe VI	Gruppe VII	Gruppe VIII
	—	—	—	RH_4	RH_3	RH_2	RH	—
	R_2O	RO	R_2O_3	RO_2	R_2O_5	RO_3	R_2O_7	RO_4
1.	H							
2.	Li	Be	B	C	N	O	Fl	
3.	Na	Mg	Al	Si	P	S	Cl	
4.	K	Ca	—	Ti	V	Cr	Mn	Fe Co Ni
5.	Cu	Zn	—	—	As	Se	Br	
6.	Rb	Sr	Yt	Zr	Nb	Mo	—	Ru, Rh, Pd
7.	Ag	Cd	In	Sn	Sb	Te	J	
8.	Cs	Ba	Di	Ce	—	—	—	
9.	—	—	—	—	—	—	—	
10.	—	—	Er	La	Ta	W	—	Os Ir Pt
11.	Au	Hg	Tl	Pb	Bi	—	—	
12.	—	—	—	Th	—	Ur	—	

licium in überraschender Weise überein. Als Beispiel seien die Voraussagen von *Mendelejeff* für das Germanium und die gefundenen Werte für dieses Element zusammengestellt.

Ekasilicium:		Germanium:	
Atomgewicht	72	Atomgewicht	72,3
Spez. Gewicht	5,5	Spez. Gewicht	5,469

vorhergesagt:		aufgefunden:	
Atomvolumen	13	Atomvolumen	13,2
Zusammensetzung d. *Oxydes*	EsO_2	Zus. d. Oxydes	GeO_2
Spez. Gewicht	4,7	Spez. Gew.	4,703
Chlorid	$EsCl_4$	Chlorid	$GeCl_4$
flüssig, Siedep. wohl unter	100°	flüssig, Siedep.	86°
Dichte des Chlorids	1,9	Dichte	1,9
Fluorid	$EsFl_4$	Fluorid	$GeFl_4.3H_2O$
nicht gasförmig		weisse feste Masse	
Äthylverbindung	$EsAe_4$	Äthylverbindung	$Ge(C_2H_5)_4$
Siedepunkt	160°	Siedepunkt	160°
Spez. Gewicht	0,96	Spez. Gew. etwas unter dem des Wassers	

46) Ber. d. deutsch. chem. Ges. 12 (1879), p. 554.
47) Paris C. R. 81 (1875), p. 493.
48) Ber. d. deutsch. chem. Ges. 19 (1886), p. 210.

Waren so einerseits die Lücken im ursprünglichen System berechtigt, so mussten andererseits, ebenfalls um natürliche Gruppen nicht auseinanderzureissen, manche alte Atomgewichte verdoppelt bezw. halbiert werden. So bot also die Stellung eines Elementes im periodischen System ein neues sehr wesentliches Kriterium für die wahre Grösse des relativen Atomgewichtes eines Grundstoffes dar. Ferner war dadurch die Anregung gegeben, einzelne Elemente, die nicht in das System hineinpassten, auf die Verbindungsgewichte hin von neuem zu untersuchen. So hatte nach den früheren Bestimmungen das Tellur, dessen Zugehörigkeit zum Schwefel und Selen wohl kaum fraglich ist, ein höheres Atomgewicht als das Jod, das wegen seiner Analogie zum Chlor und Brom unzweifelhaft hinter das Tellur gehört. Infolgedessen sind in neuerer Zeit eine grosse Anzahl von Neubestimmungen der Atomgewichte gerade dieser beiden Grundstoffe ausgeführt worden, allerdings bisher, ohne zu dem gewünschten Ziele geführt zu haben. Die letzten Werte $Te = 127{,}6$ und $J = 126{,}97$ rechtfertigen nicht die Umstellung der beiden Elemente im System. Hier liegt also ein schwacher Punkt der Anordnung der Grundstoffe nach ihren Verbindungsgewichten vor. Daraus scheint hervorzugehen, dass das periodische System zum mindesten in seiner heutigen Fassung noch kein streng gültiges Naturgesetz, sondern nur eine annähernde Regelmässigkeit darstellt. Immerhin weisen in weitaus den meisten Fällen die Eigenschaften der Elemente durchaus regelmässige Beziehungen zu ihrer Stellung im Systeme auf.

11. Abhängigkeit der Eigenschaften von Elementen von ihrer Stellung im periodischen System. Die deutlichste Abhängigkeit einer Eigenschaft vom Atomgewicht zeigt sich, wie schon aus der vorher mitgeteilten Tabelle *Mendelejeff's* hervorgeht, bei der Valenz. Wählen wir, wie früher betont, als Mass für die Wertigkeit das maximale Sättigungsvermögen, wie es sich von der vierten Gruppe an in der Valenz gegen Sauerstoff zeigt, so bemerken wir, dass die Wertigkeit von der ersten bis zur achten Gruppe kontinuierlich ansteigt, derart, dass die Gruppennummer gleichzeitig die Valenz gegen Sauerstoff angiebt. Dagegen nimmt die Wertigkeit gegen Wasserstoff von der vierten Gruppe an stetig ab, so, dass die Summe der Wertigkeiten gegen elektropositive und elektronegative Elemente von der vierten Gruppe ab stets acht beträgt. Es wäre danach zu erwarten, dass in der letzten, der achtwertigen Familie, die Valenz ausser 8 auch 0 betragen müsste. In der That hat sich in neuester Zeit diese Lücke durch die Entdeckung der nullwertigen Elemente der Argonreihe durch

Rayleigh und *Ramsay*[49]) (1895) in befriedigender Weise ausfüllen lassen. Da ein näheres Eingehen auf diese Frage hier zu weit führen würde, sei auf die unten citierten Arbeiten verwiesen. Erwähnt sei nur noch, dass das Argon (Atomgewicht 40) vor dem Kalium (Atomgewicht 39) bei dieser Anordnung steht, somit hier ein Analogon zu der Unregelmässigkeit Tellur—Jod vorliegt.

Mit Einschluss der Edelgase der Argonreihe und des Radiums, das auch seinem Verbindungsgewichte nach als das nächst höhere Homologe des Baryums erscheint, stellt sich das periodische System der Elemente demnach heute in folgender Form dar:

	0	I		II		III		IV		V		VI		VII		VIII		
1.	He 4	Li 7.03		Be 9.1		B 11		C 12.00		N 14.04		O 16.00		F 19			—	
2.	Ne 20		Na 23.05		Mg 24.36		Al 27.10		Si 28.40		P 31.0		S 32.06		Cl 35.45		—	
3.	A 39.9	K 39.15		Ca 40.1		Sc 44.1		Ti 48.1		V 51.2		Cr 52.1		Mu 55.0		Fe 55.9	Ni 58.7	Co 59.0
4.	—		Cu 63.6		Zn 65.4		Ga 70		Ge 72.5		As 75		Se 79.2		Br 79.96		—	
5.	Kr 81.8	Rb 85.5		Sr 87.6		Y 89		Zr 90.6		Nb 94		Mo 96.0		—		Ru 101.7	Rh 103.0	Pd 106.5
6.	—		Ag 107.93		Cd 112.4		In 115		Sn 119.0		Sb 120.2		Te 127.6		J 126.97		—	
7.	X 128	Cs 132.9		Ba 137.4		La 138.9		Ce 140.25				—		—			—	
8.	—		—		—		—		—		—		—		—		—	
9.	—	—		—		Yb 173		—		Ta 183		W 184		—		Os 191	Ir 193	Pt 194.8
10.	—		Au 197.2		Hg 200.0		Tl 204.1		Pb 206.9		Bi 208.5		—		—			
11.	—	—		Ra 225		—		Th 232.5		—		U 238.5		—				

Der stetige Übergang der einzelnen Familien ineinander zeigt sich noch deutlicher, wenn man sich mit *Lothar Meyer* die Grundstoffe auf einer um einen Cylinder beschriebenen Schraubenlinie aufgetragen denkt, wobei die achte Gruppe zwischen der siebenten und ersten liegt.

Die nahen Beziehungen nicht nur in den Vertikal-, sondern auch in den Horizontalreihen treten besonders in der stetigen Änderung des elektrochemischen Charakters der Elemente hervor. Die Positivität, die in den Alkalien am stärksten ausgeprägt ist, nimmt in den folgenden Vertikalreihen allmählich ab bis zum Kohlenstoff, der selbst elektrochemisch nahezu indifferent ist. Von hier aus nimmt die Nega-

49) Chem. News 71, 1895. S. *Hinrichsen,* Valenzlehre, p. 49 ff.

tivität zu bis zu den Halogenen. Zu betonen ist ferner, dass in den mit einem negativen Grundstoffe beginnenden Vertikalreihen die Negativität mit steigendem Atomgewicht ebenfalls abnimmt und in den letzten Gliedern mitunter sogar wieder der Positivität Platz macht. So zeigt in der Reihe des Stickstoffes das letzte Glied, das Wismuth, ausgesprochen metallischen Charakter. Besonders interessant ist die elektrochemische Indifferenz des Kohlenstoffes. Denn sie giebt erstens eine Erklärung für die gleichmässige Bindefähigkeit für positive und negative Elemente (Substitution), andererseits für das grosse Selbstverkettungsvermögen, das wieder die Sonderstellung gerade dieses Elementes in der organischen Chemie bedingt.

Von anderen Eigenschaften, die besonders auffällig die Periodizität zeigen, wie sie sich in dem System von *Lothar Meyer* zu erkennen giebt, sei nur noch die Dichte bezw. das damit in naher Beziehung stehende Atomvolumen genannt. In der beifolgenden Kurve (*Lothar Meyer* 1870) sind als Ordinaten die Atomvolumina[50]) (Atomgewichte : spezifische Gewichte) A/D, als Abscissen die Atomgewichte selbst aufgetragen. Analoge Elemente finden sich stets an korrespondierenden Stellen der einzelnen Kurvenabschnitte, teils, wie Li, Na, K bezw. K, Rb, Cs annähernd auf einer Geraden.

Trotzdem das periodische System der chemischen Elemente in seiner heutigen Form sicherlich noch nicht vollkommen ist, liegen doch schon eine Reihe von Versuchen vor, die darin ausgesprochenen Gesetzmässigkeiten in eine mathematische Formel zusammenzufassen. Am aussichtsreichsten scheint die Behandlung dieses Problemes durch *Rydberg*[51]) in Angriff genommen zu sein, der die Abhängigkeit mehrerer physikalischer Eigenschaften von der Grösse des Atomgewichtes studierte und periodisch verlaufende Kurven erhielt.

12. Weitere Entwickelung der chemischen Atomistik. Eine Erweiterung der Strukturchemie erwies sich als erforderlich, als auf dem Gebiete der organischen Chemie neue Isomerieerscheinungen bekannt wurden, welche sich im Rahmen der alten Anschauung nicht mehr erklären liessen. Es handelte sich hierbei um eine spezielle Art der physikalischen Isomerie, das Auftreten optischer Antipoden bei

---

50) Die Regelmässigkeiten werden noch deutlicher, wenn man anstatt des Atomvolumens das Äquivalentvolumen, d. h. Atomvolumen geteilt durch Maximalwertigkeit, benutzt. Vgl. *W. Borchers,* „Äquivalentvolumen und Atomgewicht", Halle 1904.

51) Bihang till k. Svenska Vet. Akad. Handl. 12 (1885), p. 31. S. *Rudorf,* Period. System, p. 97.

optisch aktiven Verbindungen. Sie fanden ihre Deutung in der unabhängig von einander durch *Le Bel*[52]) und *van't Hoff*[53]) aufgestellten Stereochemie, d. h. in der Hypothese der räumlichen Konfiguration des asymmetrischen Kohlenstoffatomes, welches mit vier verschiedenen Atomen oder Radikalen verknüpft ist. Auch bei anorganischen Verbindungen, also bei anderen Elementen als dem Kohlenstoff, sind in neuester Zeit Fälle von Asymmetrie und optischer Aktivität beobachtet worden. Vgl. dazu das folgende Kapitel von *Mamlock*.

Ein weiterer wesentlicher Fortschritt lag in der Übertragung der *Avogadro*'schen Hypothese auf Lösungen. Nach *van't Hoff*[54]) verhalten sich gelöste Körper wie gasförmige. Die Gasgesetze behalten ihre Gültigkeit, wenn man an Stelle des Gasdruckes den osmotischen Druck der gelösten Substanz setzt. Der osmotische Druck, die Ursache der Diffusion gelöster Körper, kann gemessen werden, wenn man durch eine „halbdurchlässige" Wand Lösung und Lösungsmittel trennt. Die semipermeable Membran gestattet wohl dem Lösungsmittel, nicht aber der gelösten Verbindung den Durchgang, letztere übt infolgedessen einen Druck auf die Wand aus, der nach *Pfeffer*[55]) direkt messbar ist. Überträgt man die Hypothese *Avogadro*'s auf Lösungen, so gelangt man zu dem Satze: Isotonische Lösungen, d. h. Lösungen von gleichem osmotischem Druck, enthalten im gleichen Volum die gleiche Anzahl kleinster Teilchen. Daraus folgt: Äquimolekulare Lösungen, d. h. solche, bei denen die Gewichtsmengen der gelösten Substanzen im Verhältnis ihrer Molekulargewichte stehen, sind isotonisch. Man kann also aus dem osmotischen Druck einer Lösung, bezw. aus der damit proportionalen Dampfspannungsverminderung, gemessen durch Gefrierpunktserniedrigung oder Siedepunktserhöhung, einen Schluss auf die Molekulargrösse ziehen. Während man also früher bei den Dampfdichtebestimmungen nur auf *vergasbare* Substanzen angewiesen war, kann man jetzt das Molekulargewicht jeder *löslichen* Verbindung ermitteln.

Die anormalen Werte der Gefrierpunktserniedrigung bei anorganischen Salzen, Säuren und Basen führten im Verein mit den bei dem Studium der Elektrolyse gemachten Erfahrungen zur Aufstellung

---

52) Bull. de la soc. chim. (2) 22 (1874), p. 337.

53) La chimie dans l'espace, 1875; deutsch von *Herrmann* 1877, 2. Aufl. 1894, Braunschweig.

54) Vorlesungen über physikalische und theoretische Chemie, Braunschweig, 3 Bände, 1898/1900; Über die Theorie der Lösungen, Stuttgart 1900.

55) Osmotische Untersuchungen, Leipzig 1877.

der Theorie der elektrolytischen Dissoziation durch *Arrhenius*[56]) (1887), von welcher ebenfalls in einem folgenden Kapitel ausführlicher die Rede sein wird. Die Einführung des Begriffes der in wässerigen Lösungen enthaltenen freien Ionen drohte anfänglich mit der Atomhypothese nicht recht vereinbar zu sein. Auch diese Schwierigkeit wurde jedoch behoben, als in neuerer Zeit der Begriff des Elektrons in die Physik eingeführt wurde.

Nach dem *Faraday*'schen[57]) Gesetze scheidet derselbe elektrische Strom in Elektrolyten stets äquivalente Mengen ab. *Faraday* selbst folgerte daraus, dass äquivalente Mengen stets mit ein und derselben Elektrizitätsmenge (96 540 Coulomb pro Grammäquivalent) verbunden seien. Die atomistische Auffassung dieses Elementarquantums der Elektrizität durch *H. A. Lorentz*[58]) und *Helmholtz*[59]) führte zu dem heutigen Begriffe des Elektrons als elektrischen Atomes. Die Ionen in wässeriger Lösung stellen sich demnach dar gewissermassen als gesättigte Verbindungen von Atom und Elektron. Der verschiedene Grad der Positivität bezw. Negativität ist nicht bedingt durch eine verschiedene Grösse der Ladung, sondern durch die verschiedene Festigkeit, mit der das Elektron von dem Atom gebunden wird, von der Haftintensität, der Elektroaffinität. Da diese Eigenschaft für die anorganischen Verbindungen wesentlich ist, suchten in neuester Zeit *Abegg* und *Bodländer*[60]) auf diesem Prinzip eine neue Klassifikation der unorganischen Verbindungen zu begründen. In der That gelang es ihnen, hierbei eine Reihe gesetzmässiger Beziehungen aufzufinden.

13[61]). Die absolute Grösse der Atome[62]). Wenn auch bei den weitaus meisten physikalischen und chemischen Messungen die *absoluten* Dimensionen der Moleküle und Atome nicht in Betracht kommen, so hat es doch nicht an Spekulationen gefehlt, welche bezweckten, Anhaltspunkte auch für die *absoluten* Grössen und Dimensionen der Moleküle und Atome zu liefern. Die erste darauf hinzielende Be-

---

56) Zeitschr. f physikal. Chemie 1 (1887), p. 631.

57) Ostwald's Klassiker Nr. 81, 86, 87, Leipzig.

58) Vgl. *G. C. Schmidt,* Die Kathodenstrahlen, Braunschweig 1904; *H. A. Lorentz,* Sichtbare u. unsichtbare Bewegungen, Braunschweig 1902.

59) J. chem. Soc. June 1881; Vorträge u. Reden 2, p. 275.

60) Zeitschr. f. anorg. Chem. 20 (1899), p. 453.

61) Diese Nr. ist von Hrn. *L. Boltzmann* gütigst durchgesehen und wesentlich vervollständigt worden.

62) *Nernst,* Theoretische Chemie, 2. Aufl. 1898, p. 390; *J. Traube,* Grundriss d. physikal. Chemie, Stuttgart 1904, p. 96; *Maxwell,* Scientific papers 2, p. 460, Art. „Atom“.

rechnung stammt wohl aus dem Jahre 1805 von *Young*[63]). Dieser fand für den Durchmesser d der Wirkungssphäre der Molekularkräfte den Wert $3H/K$, wobei K und H die beiden Konstanten der *Laplace*schen Kapillartheorie sind, von denen die erste der von der Krümmung unabhängige Teil des Kapillardruckes ist. Durch die letztere ist der der Krümmung proportionale Anteil dieses Druckes charakterisiert. Indem *Young* H aus der Steighöhe des Wassers in Kapillarröhren berechnet, K aber ohne Angabe des Grundes für Wasser auf 23000 Atmosphären schätzt, findet er für Wasser d gleich dem 250millionten Teile eines englischen Zolls (d. i. etwa 10^{-8} cm). K kann aus der Verdampfungswärme des Wassers[64]) oder aus der Konstanten a der *van der Waals*'schen Formel[65]) berechnet oder schätzungsweise gleich der Zerreissungsfestigkeit fester Substanzen gesetzt werden[66]).

Mittelst der Annahmen, dass die Moleküle im flüssigen Wasser sich berühren und dass die Kondensation des Wasserdampfes beginnt, sobald der Abstand der Mittelpunkte zweier Nachbarmoleküle gleich ihrer Wirkungssphäre wird, wovon die letztere Annahme unseren heutigen Anschauungen wohl nicht mehr entspricht, findet *Young* dann für den Abstand der Mittelpunkte zweier Nachbarmoleküle flüssigen Wassers den 100000millionten Teil eines englischen Zolls (d. i. $2{,}5 \cdot 10^{-10}$ cm), welche Zahl zwar bei weitem zu klein ist, aber doch nicht gänzlich von der Grössenordnung der jetzt angenommen abweicht.

Eine *obere Grenze* für den Durchmesser der Moleküle liess sich aus der Bestimmung der Schichtdicke dünnster Häutchen ableiten. So fanden *Reinold* und *Rücker*[67]) durch Untersuchungen über den schwarzen Fleck von Seifenblasen den Durchmesser zu 12×10^{-7} cm, während *Drude*[68]) in gleicher Weise den Wert 17×10^{-7} cm erhielt.

Röntgen[69]) und unabhängig von ihm *Rayleigh*[70]) stellten Ölhäutchen auf Wasser dar, deren Dicke sie zu $10{,}6 \times 10^{-8}$ bezw. $5{,}6 \times 10^{-8}$ cm feststellten.

---

63) On the cohesion of fluids, London Phil. Trans. 1805; vgl. *Rayleigh,* Phil. Mag. 30 (1890), p. 474.

64) *Dupré,* Théorie mécanique de la chaleur 1869, p. 152.

65) *van der Waals,* Die Kontinuität des flüssigen und gasförmigen Zustandes, 2. Aufl., 1. Teil, 9. Kapitel (über a siehe 10. Kap.). Deutsche Ausgabe, 1. Aufl. Leipzig 1881.

66) *Boltzmann,* Wien. Ber 66, Juli 1872; Lord *Rayleigh,* Phil. Mag. (5) 30 (1890), p. 473.

67) London Phil. Trans. 2 (1883), p. 645; Rep. Brit. Assoc. 1885, p. 986.

68) Ann. Phys. Chem. 43 (1891), p. 158.

69) Ann. Phys. Chem. 41 (1890), p. 321.

70) London Proc. Roy. Soc. 47 (1890), p. 364

In seiner Abhandlung über die Grösse der Moleküle[71]) hat dann Lord *Kelvin* diese ebenfalls durch Vergleichung der zur Vergrösserung der Wasseroberfläche und zur Verdampfung des Wassers erforderlichen Arbeit also wieder mit Hülfe der Kapillarkonstanten H und K (letztere aus der Verdampfungswärme geschätzt) gefunden[71]).

Die erste genauere Messung der absoluten Grösse der Moleküle wurde von *Loschmidt* (1865)[72]) und später von *Stoney* (1868) mit Hülfe der kinetischen Gastheorie ausgeführt. Aus dieser folgt die Gleichung $L = \frac{1}{\pi\sqrt{2ns^2}}$, wobei L die mittlere Weglänge eines Moleküls, s dessen Durchmesser, n die Anzahl der Moleküle in der Volumeneinheit bedeutet. L kann aus dem Reibungs, Diffusions- und Wärmeleitungskoeffizienten nach *Maxwell, Clausius, Stefan* u. a. berechnet werden. Eine zweite Gleichung zwischen den beiden Grössen n und s erhält *Loschmidt*, indem er aus den Versuchen *Kopp*'s über die Molekularvolumina siedender Flüssigkeiten einen Schluss auf das Volumen des von den Molekülen in der Volumeneinheit wirklich erfüllten Raumes zieht. Da letzterer gleich $4\pi ns^3/3$ ist, so hat man jetzt zwei Gleichungen zwischen n und s, aus denen *Loschmidt* für Luft (Stickstoff) findet $s = 10^{-7}$ cm, $n = 10^{21}$ bezogen auf den ccm flüssigen Stickstoff.

Die zweite Gleichung zwischen n und s erhält Lord *Kelvin*[73]), indem er Argon zu Grunde legt und annimmt, dass das Volumen des flüssigen Argons gleich dem Volumen q^3s^3n wäre, welches dessen Moleküle einnähme, wenn ihre Mittelpunkte in Würfeln von der Seitenlänge qs angeordnet wären. Unter q ist eine von der Einheit wenig verschiedene Zahl zu verstehen. L resp. ns^2 wird dabei durch Schätzung des Koeffizienten der Diffusion in sich selbst berechnet. Es ergiebt sich für flüssiges Argon pro cm³ $n = 8{,}9.10^{19}$, wenn q gleich eins gesetzt wird.

Die zweite Gleichung zwischen n und s erhält *van der Waals* aus seiner Theorie. In der *van der Waals*'schen Zustandsgleichung der Gase

$$\left(p + \frac{a}{v^2}\right)(v - b) = RT$$

bedeutet b das Vierfache des von den Molekülen eines Mols wirklich eingenommenen Volumens. Es ist also $b = 16\pi ns^3/3$. Zur Bestimmung

71) Nature, März 1870; *Thomson* and *Tait,* Treatise on natural philosophy appendix F, p. 499; Phil. Mag. (6) 4 (1902), p. 182.

72) Wien. Ber. 52 (1865), p. 395.

73) *Kelvin,* Phil. Mag. (6) 4 (1892), p. 197.

von b sind eine Reihe von Methoden anwendbar, z. B. die Messung der Abweichungen eines Gases von den Gasgesetzen. Am meisten experimentelle Bearbeitung hat die Bestimmung aus kritischem Druck π_0 und kritischer Temperatur ϑ_0 erfahren:

$$b = \frac{1}{8} \cdot \frac{\vartheta_0}{273 \cdot \pi_0}.$$

Van der Waals findet für Luft $s = 2{,}7 \cdot 10^{-8}$ cm.[74])

Über Bestimmung der Grösse der Moleküle aus Betrachtungen über Gastheorie oder Kapillarität vergleiche ferner *Jäger*[75]), *Mache*[76]), *Müller-Erzbach*[77]), *Galitzine*[78]), *Wilson*[79]).

Aus den alten *Volta*'schen Anschauungen über die Kontaktelektrizität folgerte Lord *Kelvin*[80]), dass der Abstand zweier benachbarter Moleküle für Kupfer und Zink zwischen 10^{-8} und 10^{-9} cm liegen müsse.

Die Grösse der Moleküle wurde bestimmt unter Zuziehung der *Clausius-Mosotti*'schen Formel für die Dielektrizitätskonstante von *Franz Exner*[81]), aus Betrachtungen über die elektromotorische Kraft sehr dünner Gasschichten auf Metallen von *H. Kohlrausch*[82]), über kapillar-elektrische Versuche von *J. Bernstein*[83]), durch Vergleich der Lösungswärme von Zuckerstaub und massivem Zucker von *Gerstmann*[84]).

Rayleigh[85]) hat auf Grund seiner Theorie der blauen Farbe des Himmels aus der Beziehung zwischen Grösse der kleinsten in der Luft befindlichen Teilchen und deren Brechungsvermögen ebenfalls derartige Schlüsse gezogen. Aus den Beobachtungen von *Zettwuch*[86]), *Majorana*[87]) u. a. lassen sich folgende Werte erhalten: Es beträgt das Gewicht eines Atomes Wasserstoff (flüssig): $0{,}45 \times 10^{-24}$ g, Sauer-

74) Die Kontinuität etc., 2. Aufl., 1. Teil, p. 115.

75) Wien. Ber. 99, p. 679, 860; 100, p. 245, 493, 1122, 1233; 108 (1891), p. 54; Wien. Monatsh. 3, p. 235.

76) Wien. Ber. 111 (1902), p. 381.

77) Wien. Ber. 109 (1900), p. 9; Ann. Phys. Chem. 67 (1899), p. 899.

78) Ztschr. f. phys. Chemie 4 (1889), p. 417.

79) Chem. News 73 (1896), p. 63.

80) Lord *Kelvin,* Proc. Manchester literary and phil. soc., Januar 1862; Lord *Kelvin* and *Tait,* Treatise on natural philosophy, 2, App. F, 1895, p. 494.

81) Wien. Ber. 91 (1885), p. 850

82) Gött. Nachr. 25. Sept. 1872, p. 453.

83) Ann. Phys. 14 (1904), p. 172.

84) Verh. d deutsch. phys. Ges. 28. Okt. 1899.

85) *Rayleigh,* Collected papers 1, p. 87.

86) Ricerche sul Bleu del Cielo, Dissertation Rom 1901; Phil. Mag. (4) 6 (1902), p. 199.

87) Phil. Mag. 1901; vgl. Lord *Kelvin* l. c.

stoff (flüssig) $7{,}15 \times 10^{-24}$ g, Stickstoff $6{,}29 \times 10^{-24}$ g, Gold: $88{,}52 \times 10^{-24}$ g. Diese Grössen stimmen mit den Berechnungen Lord *Kelvin*'s vorzüglich überein.

Mit Hülfe einer elektrischen Methode gelangte *Ridout*[88]) auf nicht näher angegebenem Wege für den Durchmesser des Wasserstoffatomes zu dem gleichen Werte.

In jüngster Zeit endlich hat *Planck*[89]) aus der Theorie der elektromagnetischen Strahlung abgeleitet, dass die Masse einer Molekel das $1{,}62 \times 10^{-24}$-fache der Masse des gr-Moleküles beträgt. Diese Ableitung mag noch Hypothetisches enthalten; sie ist aber bisher die einzige, die nicht nur die Grössenordnung, sondern auch einen numerisch ziemlich exakten Wert zu liefern im Stande ist.

14. Bedeutung der chemischen Atomistik in erkenntnistheoretischer und systematischer Beziehung. In erkenntnistheoretischer Hinsicht sind gegen die Atomhypothese einige Einwände zu erheben. Zunächst ist die Annahme von über 70 Elementen dem monistischen Gefühl zuwider. Der alte Wunsch, sämtliche chemischen Grundstoffe auf ein einziges Urelement zu beziehen, ist wohl auch heute noch nach der Widerlegung der *Prout*'schen Hypothese durch *Stas* in jedem Chemiker lebendig. Dieses Problem erscheint in jüngster Zeit in neuem Lichte. Man nimmt vielfach an, dass die Elektronen, die Quelle der optischen und elektrischen Erscheinungen, gleichzeitig die lange gesuchte Urmaterie selbst darstellen.

Schwierig ist ferner die Vorstellung, warum die Materie nur bis zu einer bestimmten Grenze teilbar sein sollte. Auch wenn sich die angedeutete elektrische Auffassung der Materie bewähren sollte, würde damit das Problem doch nur auf das elektrische Gebiet hinausgeschoben, aber noch keineswegs gelöst sein.

Noch grösseren Schwierigkeiten begegnet man, wenn man sich überlegt, wie es möglich ist, dass in einer Verbindung durch die blosse Nebeneinanderlagerung der Atome deren Eigenschaften vollständig verschwinden und durchaus neuen Platz machen können. Zudem ist nicht recht zu verstehen, was denn überhaupt von einem Atome übrig bleibt, wenn man ihm seine Eigenschaften nimmt, da diese doch das einzige sind, woran wir ein Element erkennen und von anderen trennen können. Auf diese und ähnliche Überlegungen gestützt wird in neuerer Zeit vornehmlich von *Ostwald*[90]) versucht,

---

88) Nature 67 (1902), p. 45.

89) Ann. Phys. (4) 9 (1902), p. 629.

90) Grundlinien der anorg. Chemie, Leipzig 1900.

die Thatsachen der Chemie frei von der atomistischen Hypothese zu entwickeln.

Demgegenüber ist jedoch hervorzuheben, dass die atomistische Hypothese sich als Forschungsprinzip bisher stets bewährt hat, wir daher auch keinen Grund haben, vorläufig davon abzugehen. Nur müssen wir uns stets bewusst bleiben, dass wir nur ein Bild gebrauchen, nur eine Analogie mit den thatsächlichen Verhältnissen ausdrücken. Vor allem auf dem Gebiete der organischen Chemie dürfte vorderhand nicht daran zu denken sein, ohne Atomhypothese und ihre Konsequenzen, Valenzlehre und Stereochemie, auszukommen. Zudem muss man sich stets vor Augen halten, dass ja im Grunde genommen in jeder chemischen Formel, die wir benutzen, implicite die ganze Atomhypothese darinsteckt.

Sobald freilich irgend welche Thatsachen erkannt sind, welche mit unserer jetzigen Anschauung nicht vereinbar sind, müssen wir bereit sein, die Hypothese fallen zu lassen, jedoch scheint dazu die Zeit noch keineswegs gekommen. Denn bisher hat die atomistische Auffassung in staunenswerter Anpassungsfähigkeit noch sämtlichen Fortschritten der chemischen Wissenschaft zu folgen vermocht und sich in allen Fällen als denkbar einfachste, anschaulichste und brauchbarste Hypothese erwiesen.

II. Stereochemie. Von L. Mamlock.

15. Einleitung. Als Stereochemie bezeichnet man die Lehre von der räumlichen Anordnung der Atome im Molekül.

Die Stereochemie stellt eine Entwickelungsstufe der chemischen Atomistik, speziell der Strukturchemie dar, die sich ihrerseits mit der wechselseitigen Verknüpfung der Molekularatome beschäftigt. Während die Strukturlehre sich in ihren Formeln damit begnügte, sämtliche Teile des Moleküls als in einer Ebene liegend anzunehmen, *stellt die Stereochemie das Molekül als ein dreidimensionales Gebilde dar.*

Ihren Ursprung verdankt die Stereochemie der Thatsache, dass die Strukturchemie sich ausser Stande erwies, gewisse Erscheinungen auf dem Gebiete der Isomerie zu erklären.

Unter *isomeren Körpern* versteht man solche, die bei vollkommen gleicher atomistischer Zusammensetzung verschieden sind in ihren Eigenschaften.

Eine Fülle von Isomeriefällen liess sich auf Grund der Strukturlehre durch die Annahme erklären, dass die einzelnen Atome oder Gruppen der betreffenden Verbindungen in verschiedener Reihenfolge miteinander verknüpft sind, bis einzelne, allmählich zahlreicher werdende Fälle bekannt wurden, in denen die vorhandene Isomerie anderen Ursprungs sein musste, da zweifellos strukturidentische Gebilde vorlagen. Es handelt sich hierbei um die Erscheinung der *optischen Isomerie. Pasteur*[91]) hatte im Jahre 1848 gefunden, dass neben der schon bekannten Rechts-Weinsäure eine mit ihr isomere Säure, die Links-Weinsäure existiert, die mit ersterer in allen chemischen Punkten völlig übereinstimmt. Der einzige Unterschied bestand darin, dass *ihre Lösungen die Ebene des polarisierten Lichtes nach entgegengesetzten Richtungen drehten* und zwar ceteris paribus um den gleichen Betrag. Hand in Hand mit der entgegengesetzten Rotationsrichtung ging bei den Salzen dieser Säuren das Vorhandensein je einer *rechts- resp. links-hemiedrischen Krystallfläche.*

Pasteur erkannte nun, dass die optische Aktivität der Lösung und die mit ihr verbundene Hemiedrie der Krystalle auf eine gemeinsame Ursache zurückzuführen ist, nämlich auf eine *asymmetrische Gruppierung im Molekül*, denn nur ein asymmetrisches Gebilde kann die Polarisationsebene ablenken.

Die Möglichkeit einer asymmetrischen Anordnung im Molekül schien aber vom Standpunkte der Strukturchemie, die sich nur ebener Formelbilder bediente, unverständlich, da jedes ebene Gebilde eine Symmetrieebene besitzt.

Zur Erklärung molekularer Asymmetrie zog *Pasteur*[92]) selbst bereits die Möglichkeit einer *räumlichen Atomanordnung* in Betracht:

„Sind die Atome der Weinsäure nach den Windungen einer rechtsdrehenden Schraube angeordnet, oder befinden sie sich an den Ecken eines irregulären Tetraeders, oder bieten sie sonstige bestimmte asymmetrische Gruppierung dar? Wir müssen auf diese Frage die Antwort schuldig bleiben. Was aber keinem Zweifel unterliegen kann, ist, dass dort die Atome eine unsymmetrische Anordnung nach Art der keiner gegenseitigen Deckung fähigen Spiegelbilder besitzen. Ebenso sicher ist es, dass die Atome der linken Säure genau die entgegengesetzte dissymmetrische Anordnung haben."

Einen ganz ähnlichen Fall von optischer Isomerie bei strukturell zweifellos identischen Verbindungen boten die von *Wislicenus* studierten

---

91) Ann. chim. phys. (3) 24 (1848), p. 442; Paris C. R. 26 (1848), p. 535; 27 (1848), p. 367, 401.

92) Leçons de chimie 1860, p. 25. Citiert nach *van't Hoff*, Die Lagerung der Atome im Raume 1894, p. 9.

Milchsäuren. Die hier entdeckten Thatsachen veranlassten *Wislicenus*[93]) zu dem Satze:

„Wird einmal die Möglichkeit gleich zusammengesetzter, strukturidentischer, aber in ihren Eigenschaften etwas abweichender Moleküle zugegeben, so kann dieselbe nicht wohl anders als durch die Annahme erklärt werden, dass die Verschiedenheit ihren Grund nur in einer verschiedenartigen räumlichen Lagerung der in gleichbleibender Reihenfolge mit einander verbundenen Atome besitze (physikalische Isomerie)."

Im Jahre 1874 haben nun fast gleichzeitig *van't Hoff*[94]) und *Le Bel*[95]) durch Einführung *bestimmter räumlicher Vorstellungen* die Strukturchemie in eine Stereochemie (Chemie des Raumes) umgestaltet.

Beide Theorien stimmen, speziell bezüglich der Erklärung der optischen Aktivität durch molekulare Asymmetrie, mit einander überein. Auf die sonstigen Unterschiede wollen wir hier nicht näher eingehen, sondern uns im folgenden ausschliesslich mit *van't Hoff*'s Theorie beschäftigen.

Die Betrachtungen über die räumliche Lagerung der Molekularatome haben ihren Ausgang genommen von den Verbindungen des Kohlenstoffs, zu denen z. B. auch Weinsäure und Milchsäure gehören. *Van't Hoff*'s Theorie basiert nun auf dem *Kekulé*'schen Satz von der Kohlenstoffquadrivalenz, d. h. der Annahme, dass das Kohlenstoffatom mit vier gesonderten Valenzkräften ausgestattet ist, von denen jede ein (einwertiges) Element oder Radikal zu binden vermag.

Auch bei anderen Elementen, dem Stickstoff, Schwefel, Selen, Zinn, ferner bei anorganischen Salzen (*Werner*) sind in neuerer Zeit stereochemische Betrachtungen mit grossem Erfolge angestellt worden.

Wahrscheinlich wird der der Chemie ferner Stehende den etwas groben und willkürlichen geometrischen Konstruktionen der Stereochemie einigen Zweifel entgegenbringen. Wenn man aber mit *H. Hertz*[96]) die Aufgabe der Naturwissenschaft dahin abgrenzt, dass sie lediglich Bilder des wirklichen Geschehens von solcher Art zu entwerfen hat, dass die denknotwendigen Folgen der Bilder stets wieder die Bilder der naturnotwendigen Folgen der abgebildeten Gegenstände sind, so wird man nicht umhin können, der Stereochemie einen hohen erkenntnistheoretischen Wert zuzusprechen (vgl. Nr. **14** des vor-

93) Liebig's Ann. d. Chem. 167 (1873), p. 343.

94) Voorstel tot uitbreiding der tegenwoordig in de scheikunde gebruikte struktuurformules in de ruimte etc., 5 Sept. 1874.

95) Bull. soc. chim. (2) 22, p. 337, Novemb. 1874.

96) Prinzipien der Mechanik, Einleitung, p. 1.

hergehenden Kapitels). Der orientierende und heuristische Wert der Raumvorstellungen für die chemische Forschung ist längst über jeden Zweifel erhoben werden.

A. Die Stereochemie des Kohlenstoffs.

a. Das asymmetrische Kohlenstoffatom.

16. Das Kohlenstofftetraeder. *Die vier Valenzen des Kohlenstoffatoms C sind nach den Ecken eines Tetraeders gerichtet, dessen Schwerpunkt das Kohlenstoffatom selbst einnimmt. Die vier mit dem Kohlenstoffatom verbundenen Gruppen* ($R_1R_2R_3R_4$) *befinden sich an den Ecken des Tetraeders* (Fig. 1).

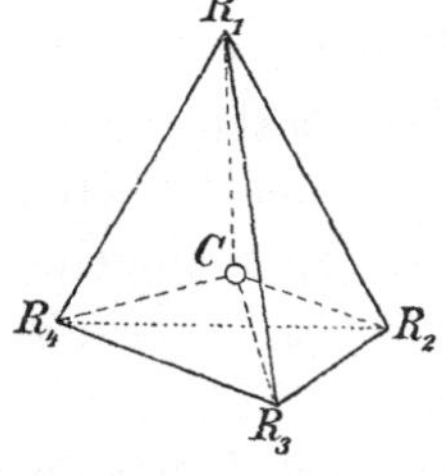

Fig. 1.

17. Symmetrieebenen im Kohlenstofftetraeder. Ein mit vier gleichen Gruppen behaftetes Kohlenstoffatom, $C(R)_4$, besitzt ebenso viele Symmetrieebenen wie das reguläre Tetraeder selbst. Deren Anzahl verringert sich jedoch, wenn die Gruppen *R* von einander verschieden werden. Bei einer Verbindung vom Typus $CR_1R_2(R_3)_2$ (Fig. 2) ist noch eine einzige Symmetrieebene möglich, und zwar halbiert dieselbe die Kante R_3R_3, um auf ihr senkrecht stehend durch das Kohlenstoffatom C hindurchzugehen. Sind aber alle vier mit dem Kohlenstoffatom verbundenen Gruppen verschieden, wie bei dem Typus $CR_1R_2R_3R_4$, so ist keine Symmetrieebene mehr vorhanden.

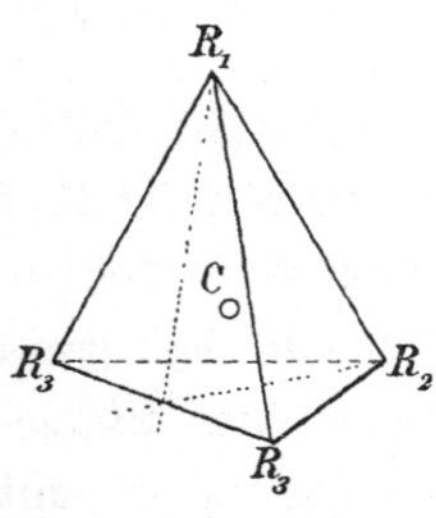

Fig. 2.

18. Enantiomorphe Formen. Man überzeugt sich leicht an der Hand eines Modells, dass bei Gleichheit zweier von den vier mit dem Kohlenstoffatom verbundenen Gruppen, $CR_1R_2(R_3)_2$ isomere Formen nicht auftreten können, d. h. dass eine Verbindung solcher Zusammensetzung nur in *einer* Form existiert. Zwei Tetraeder, deren vier Ecken in beliebiger Reihenfolge mit diesen Gruppen verbunden sind, lassen sich zufolge der hier noch bestehenden Symmetrie stets zur Deckung bringen, wie man aus der Figur 3 leicht ersieht, wenn man die beiden Tetraeder so ineinander ge-

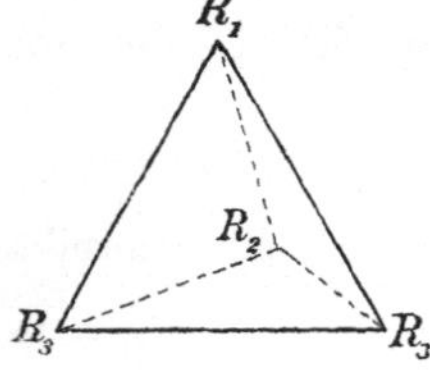

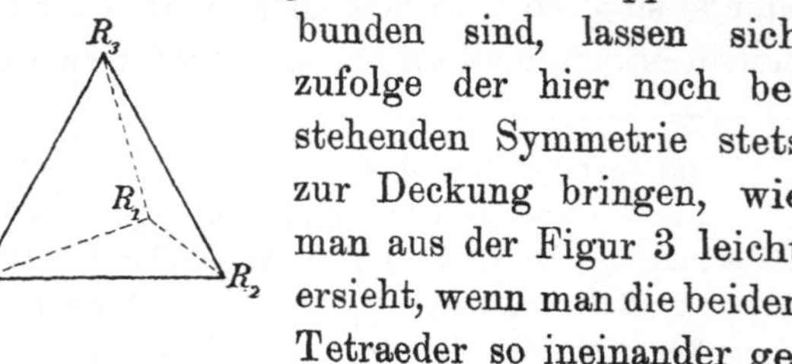

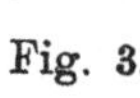
Fig. 3.

setzt denkt, dass R_1R_2 auf R_1R_2 fällt. In solchen Fällen ist also nach der Tetraedertheorie in Übereinstimmung mit allen bisherigen Erfahrungen keine Isomerie zu erwarten, während die Strukturlehre hier isomere Formen möglich erscheinen liess.

Anders dagegen, wenn das Kohlenstoffatom mit vier verschiedenen Gruppen verbunden ist ($CR_1R_2R_3R_4$).

Stellt man eine solche Verbindung an der Hand eines Tetraedermodells dar, und vertauscht die Plätze zweier beliebiger Substituenten miteinander, so kann das hierdurch entstehende Tetraeder mit dem ursprünglichen nicht mehr zur Deckung gebracht werden, *sie verhalten sich vielmehr wie Gegenstand zu Spiegelbild* (Fig. 4). Um z. B. von R_4 über R_3, R_2 nach R_1 zu gelangen, muss man sich in dem einen Fall im Sinne einer Rechtsschraube, im andern im Sinne einer Linksschraube bewegen. Im übrigen sind an beiden Tetraedern sämtliche Atome in Bezug auf ihre wechselseitige Lage völlig gleich angeordnet, so dass irgend welche chemische Verschiedenheit der beiden Verbindungen undenkbar ist. *Dagegen steht die verschiedene schraubenförmige Anordnung im Einklang mit einer Drehung der Ebene des polarisierten Lichtes; denn eine solche tritt nur in asymmetrischen Medien auf.*

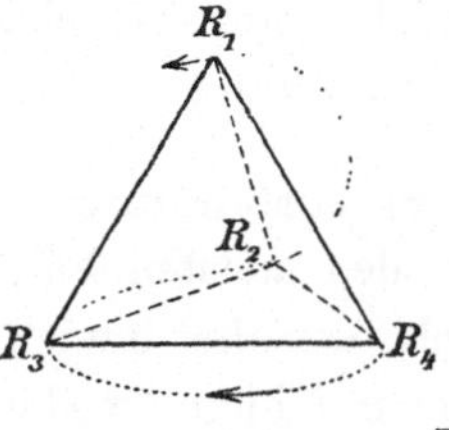

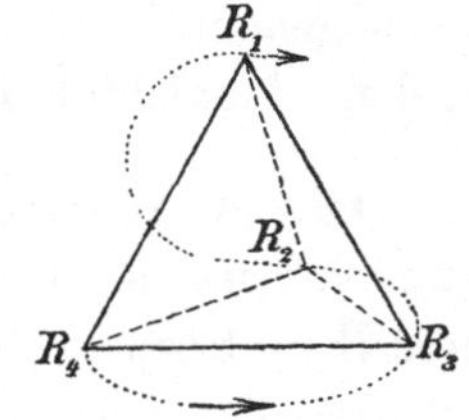

Fig. 4.

Man bezeichnet ein mit vier verschiedenen Gruppen verbundenes Kohlenstoffatom nach *van't Hoff* als *„asymmetrisches“ Kohlenstoffatom.*

Wo also ein asymmetrisches Kohlenstoffatom vorliegt, wird man je zwei räumlich isomere (*stereomere*) Modifikationen zu erwarten haben, die sich zu einander wie Gegenstand zu Spiegelbild verhalten. Zufolge ihrer molekularen Asymmetrie lenken sie die Ebene des polarisierten Lichtes ab, und zwar in entgegengesetzter Richtung. In diesem Sinne betrachtet man die obigen Symbole als die *„Konfiguration“* der rechts- und linksdrehenden Form. Die beiden aktiven Formen bezeichnet man als *enantiomorph.*

Die Erfahrung hat nun gelehrt, dass, wo immer ein asymmetrisches Kohlenstoffatom vorhanden ist, auch eine *Rechts-* und *Linksform* (*d-* und *l-Form*) existiert, und dass mit dem Verschwinden der Asymmetrie, d. h. bei Gleichheit von mindestens zwei Substituenten des Kohlenstoffatoms, auch die optische Aktivität und Isomerie verschwindet.

Andererseits ist zum Zustandekommen enantiomorpher Formen nicht immer die Anwesenheit eines asymmetrischen Kohlenstoffatoms erforderlich. In einzelnen Fällen wird ohne Mitwirkung eines asymmetrischen Kohlenstoffatoms durch eine ganz besondere Gruppierung im Molekül das Auftreten enantiomorpher, d. h. optisch aktiver Formen ermöglicht. Doch handelt es sich hierbei nur um Ausnahmefälle; praktisch kommen für molekulare Asymmetrie fast ausschliesslich die Verbindungen des asymmetrischen Kohlenstoffs in Betracht.

Von den überaus zahlreichen, asymmetrischen Kohlenstoff enthaltenden, optisch aktiven Verbindungen seien hier nur einige Beispiele genannt: Weinsäure, Milchsäure, Äpfelsäure, Mandelsäure, Traubenzucker, Amylalkohol, Coniin, Chinin.

19. Die racemische (r) Verbindung. Neben den beiden optisch aktiven Formen ist nun in den meisten Fällen eine dritte Modifikation desselben Körpers bekannt, der die beiden charakteristischen Eigenschaften der aktiven Formen fehlen: weder dreht sie in Lösung die Ebene des polarisierten Lichtes, noch besitzt sie im krystallisierten Zustande hemiedrische Flächen. Eine solche Verbindung kann durch Zusammenbringen gleicher Teile der d- und l-Modifikation erhalten werden, und ist umgekehrt nach später zu beschreibenden Methoden in die beiden optisch aktiven Formen spaltbar. Dementsprechend rührt ihre optische Inaktivität davon her, dass die beiden gleich grossen, aber entgegengesetzt gerichteten Drehungen der aktiven Formen sich paralysieren. Aus dem analogen Grunde heben sich die hemiedrischen Krystallflächen der aktiven Formen auf, um einer höheren Symmetrieform Platz zu machen. Das klassische Beispiel hierfür bietet die Traubensäure, entstanden aus gleichen Teilen d- und l-Weinsäure, von der auch die Bezeichnung Racemverbindung entlehnt ist (acide racémique = Traubensäure).

b. Die Gewinnung optisch aktiver Verbindungen.

Wie man durch Vereinigung der beiden optischen Antipoden die inaktive (racemische) Verbindung gewinnt, so kann man umgekehrt aus einer racemischen Verbindung durch Spaltung die aktiven Formen des betreffenden Körpers erhalten. Eine solche Spaltung aber erfordert wegen der Übereinstimmung der beiden Komponenten in den chemischen und physikalischen Eigenschaften ganz besondere Mittel.

Von den hierzu dienenden Methoden seien hier die wichtigsten genannt:

1) Spaltung durch Anwendung aktiver Verbindungen,
2) „ „ „ von Organismen,
3) Spontane Spaltung (Umwandlungstemperatur),
} Methoden von *Pasteur*.
4) Spaltung durch fraktionierte Veresterung und Verseifung.

20. Spaltung durch Anwendung aktiver Verbindungen. Das Prinzip dieser Methode ist das folgende: Kombiniert man eine inaktive (Racem-)Verbindung, bestehend aus den beiden optischen Antipoden dA und lA mit ein und derselben optisch aktiven Substanz z. B. dB, so erhält man offenbar ein Gemisch der beiden optisch aktiven Verbindungen dAdB und lAdB. Die Raumformeln dieser beiden Körper verhalten sich ihrerseits natürlich nicht mehr wie Gegenstand zu Spiegelbild. In Übereinstimmung hiermit zeigen auch diese beiden Verbindungen in ihrem gesamten Verhalten wesentliche Differenzen. So besitzen solche Verbindungen z. B. sehr oft eine derartig verschiedene Löslichkeit, dass man sie durch fraktionierte Krystallisation von einander trennen kann. Hat man nun dAdB von lAdB auf diese Weise gesondert, so kann man durch einfache Spaltungsreaktionen dA und lA, jedes für sich, isolieren.

Diese von *Pasteur*[97]) entdeckte und zuerst zur Zerlegung von Traubensäure in d- und l-Weinsäure benutzte Methode findet sehr häufig Anwendung. Ursprünglich auf die Spaltung inaktiver Säuren oder Basen beschränkt, ist sie neuerdings durch *Erlenmeyer*[98]) und *Neuberg*[99]) auch auf andere Körperklassen ausgedehnt worden.

21. Spaltung durch Anwendung von Organismen[100]). Lässt man in der Lösung einer optisch inaktiven (Racem-)Verbindung gewisse Organismen, Hefearten, Spaltpilze vegetieren, so findet in vielen Fällen eine Aktivierung der Lösung statt, die dadurch verursacht wird, dass der betreffende Organismus resp. die in ihm wirksame Substanz, sein „Enzym“, die eine aktive Modifikation zerstört, während die enantiomorphe Form nahezu intakt bleibt.

Die Verschiedenheit im Verhalten solcher Organismen gegen die stereomeren (d- und l-)Formen eines Körpers ist darauf zurückzuführen, dass die Eiweisssubstanz der Organismen selbst asymmetrische, optisch aktive Moleküle besitzt. Einer optisch aktiven Substanz gegenüber sind aber die beiden enantiomorphen Formen nicht mehr gleichwertig.

---

97) Ann. chim. phys. (3) 38 (1853), p. 437.

98) Ber. d. deutsch. chem. Ges. 36 (1903), p. 976.

99) Ber. d. deutsch. chem. Ges. 36 (1903), p. 1192.

100) *Pasteur*, Paris C. R. 46 (1858), p. 615; 51 (1860), p. 298.

22. Spontane Spaltung (Umwandlungstemperatur). In einigen Fällen gelingt die Spaltung eines Racemkörpers in die optischen Antipoden ohne Zuhülfenahme einer aktiven Verbindung, lediglich durch Krystallisation. Aus einer Lösung von traubensaurem Natrium-Ammonium scheiden sich beim Verdunsten neben einander die enantiomorphen Krystalle des d-weinsauren und des l-weinsauren Salzes ab, sodass sie mechanisch durch Auslesen von einander getrennt werden können (*Pasteur*)[101]). Bemerkenswert ist hierbei, dass die Abscheidung der beiden aktiven weinsauren Salze neben einander nur bei Temperaturen unter 27° erfolgt (*Umwandlungstemperatur*), während oberhalb 27° das inaktive Salz, das Racemat, auskrystallisiert. Von den Fällen, in denen diese Methode angewandt worden ist, sei die Spaltung des Methylmannosids[102]) und des Isohydrobenzoins[103]) genannt.

23. Spaltung durch fraktionierte Veresterung und Verseifung[104]). Die Basis für diese von *Marckwald* und *McKenzie*[105]) entdeckte Spaltungsmethode bildet die Thatsache, dass zwei optische Antipoden einer und derselben optisch aktiven Substanz gegenüber mit verschieden grosser Geschwindigkeit reagieren, vorausgesetzt, dass „der Verlauf der betreffenden Reaktion ihrer chemischen Natur nach von der räumlichen Lagerung der Atome im Molekül abhängig ist“. Dies ist erfahrungsgemäss bei der Esterbildung in hohem Masse der Fall. Indem man nun die betreffende Reaktion nach einiger Zeit unterbricht, kann man den einen, schneller in Reaktion getretenen Antipoden von dem anderen, der an der Reaktion gar nicht oder erst in geringerem Masse Teil genommen hat, bis zu einem gewissen Grade trennen.

24. Zusammenhang zwischen der Konfiguration und der Enzymwirkung. Im Anschluss an die Methode der Spaltung von Racemkörpern durch Organismen sei hier einiges über den Zusammenhang zwischen räumlicher Anordnung im Molekül (*Konfiguration*) und der Enzymwirkung mitgeteilt, worüber besonders die Untersuchungen *E. Fischer*'s die interessantesten Aufschlüsse gegeben haben.

So zeigte sich bei den Verbindungen der Zuckergruppe, die infolge der Anwesenheit mehrerer asymmetrischer Kohlenstoffatome im Molekül

---

101) Ann. chim. phys. (3) 24 (1848), p. 442; 28 (1850), p. 56; 38 (1853), p. 437.

102) *E. Fischer* und *Beensch,* Ber. d. deutsch. chem. Ges. 29 (1896), p. 2927.

103) *Erlenmeyer,* Ber. d. deutsch. chem. Ges. 30 (1897), p. 1531.

104) Unter „Veresterung“ versteht man die Kombinierung eines Alkohols mit einer Säure, unter „Verseifung“ die Spaltung eines „Esters“ in Alkohol und Säure.

105) Ber. d. deutsch. chem. Ges. 32 (1899), p. 2130; 34 (1901), p. 469.

sehr komplizierte Gebilde im Sinne der Stereochemie darstellen, ein bemerkenswerter Parallelismus zwischen sterischer Ähnlichkeit und Enzymwirkung: sterisch einander sehr nahestehende Körper reagieren gewissen Enzymen, z. B. Hefe gegenüber mit gleicher Geschwindigkeit, während sterisch von einander sehr verschiedene Körper auch wesentlich von einander abweichende Reaktionsgeschwindigkeiten aufweisen[106]), sodass andererseits das Verhalten gegen Enzyme zur Erkennung stereochemischer Differenzen dienen kann.

Eine Erklärung für das verschiedene Verhalten eines Enzyms gegen sterisch verschiedene Körper, worunter keineswegs nur Spiegelbildisomere zu verstehen sind, liegt nach *E. Fischer* in dem asymmetrischen Bau des Enzymmoleküls: wenn ein Angriff eines Enzyms auf ein Molekül erfolgen soll, muss eine Ähnlichkeit der molekularen Konfiguration des Enzyms und des Angriffsobjektes bestehen wie zwischen „Schloss und Schlüssel“[107]).

25. Die gegenseitige Umwandlung optischer Antipoden. Allen optisch aktiven Verbindungen ist die Fähigkeit gemeinsam, unter gewissen Bedingungen ihre Aktivität einzubüssen und in das Racemat überzugehen.

Eine solche Inaktivierung (*Racemisierung*) wird in erster Linie durch die Wärme, ferner durch gewisse katalytisch wirkende Agentien, wie Säuren oder Basen bewirkt. Zum Verständnis dieser Thatsache hat man sich zu vergegenwärtigen, dass die Stabilität der beiden aktiven Modifikationen nur eine geringe ist. „Kinetisch ist vorauszusehen, dass, wenn die Stabilität eine geringe ist und zu Umwandlung führt, Gleichgewicht bei der inaktiven Mischung liegen muss. Da in Anbetracht der vollständigen mechanischen Symmetrie das Streben nach Umwandlung bei beiden Isomeren gleich ist, wird stets von dem im Überschuss vorhandenen Isomeren mehr zur Umwandlung gelangen, bis also gleiche Quantitäten beider Modifikationen vorhanden sind“[108]).

Hierin liegt zugleich die Erklärung für die experimentell bewiesene Thatsache, dass aus einer Racemverbindung durch Erhitzen oder andere katalytische Einflüsse niemals ein optisch aktiver Körper entstehen kann. Die direkte Umwandlung einer optisch aktiven Verbindung in ihren Antipoden unter Vermeidung des Racemats gelang

---

106) *E. Fischer* u. *Thierfelder,* Ber. d. deutsch. chem. Ges. 27 (1894), p. 2036; *E. Fischer,* Ztschr. physiol. Chem. 26 (1898), p. 60.

107) Ztschr. physiol. Chem. 26 (1898), p. 82; Ber. d. deutsch. chem. Ges. 27 (1894), p. 2992.

108) *van't Hoff,* Die Lagerung der Atome im Raume, 1894, p. 32; Ber. d. deutsch. chem. Ges. 10 (1877), p. 1620.

Walden[109]) in einer Reihe von Fällen dadurch, dass er in der betreffenden optisch aktiven Verbindung $CR_1R_2R_3R_4$ einen der am asymmetrischen Kohlenstoffatom stehenden Substituenten durch einen andern (R_5) ersetzte, wodurch, unter bestimmten Bedingungen, eine neue optisch aktive Substanz entstand; wurde sodann diese Substitution durch gewisse Agentien wieder rückgängig gemacht, so resultierte die Verbindung $CR_1R_2R_3R_4$ in Form des optischen Antipoden des Ausgangsmaterials.

26. Die Bildung von Körpern mit asymmetrischem Kohlenstoff. Beim Aufbau einer Verbindung des asymmetrischen Kohlenstoffatoms aus symmetrischem Material wird niemals direkt ein optisch aktives Produkt erhalten. Eine so gewonnene Verbindung ($CR_1R_2R_3R_4$) stellt stets ein optisch inaktives, äquimolekulares Gemenge der beiden enantiomorphen Formen dar.

Die Erklärung hierfür bietet nach *Le Bel* das „Gesetz der grossen Zahlen": „Kann ein Ereignis sich auf zweierlei Weise vollziehen und liegt keinerlei Grund vor, dass die erste Art vor der zweiten den Vorzug verdient, so wird, wenn das Ereignis m-mal nach der ersten und m'-mal nach der zweiten Art stattgefunden hat, das Verhältnis m/m' sich der Einheit nähern, wenn $m + m'$ über alle Grenzen wächst. Wenn nun aus einem symmetrischen Körper ein asymmetrischer durch Substitution entstanden ist, so ist die Asymmetrie durch die stattgehabte Substitution eingeführt. Das Radikal oder das Atom, dessen Substitution die Dissymmetrie bewirkt hat, besass früher eine Homologe, welche mit ihm symmetrisch war in Bezug auf einen Punkt oder eine Ebene der Symmetrie. Da diese Radikale sich in ganz ähnlichen dynamischen und geometrischen Bedingungen vorfinden, so muss, falls m und m' angeben, wie oft jedes von ihnen substituiert worden ist, m/m' sich der Einheit nähern, wenn die Zahl dieser Substitutionen über jede messbare Grenze hinauswächst. Wenn daher die Substitution eines dieser homologen Radikale den rechtsdrehenden Körper erzeugt, so wird das andere den linksdrehenden bilden, und beide werden demnach in gleichen Mengen anwesend sein"[110]).

Der künstliche Aufbau optisch aktiver Verbindungen gelingt daher nur auf dem Umwege über die Racemkörper, aus denen dann die aktiven Formen durch Spaltung erhalten werden.

Im Gegensatze hierzu ist der lebende Organismus zur direkten

---

109) Ber. d. deutsch. chem. Ges. 28 (1895), p. 2766; 29 (1896), p. 133; 30 (1897), p. 3146; 32 (1899), p. 1833 u. s. w.

110) Bull. soc. chim. (2) 22 (1874), p. 346.

Bildung aktiver Substanzen aus inaktivem Material in hohem Grade befähigt. So bildet die Pflanze aus Kohlensäure und Wasser die grosse Zahl der optisch aktiven Kohlenhydrate.

Die Erklärung hierfür liegt nach *E. Fischer's* Theorie darin, dass die Kohlensäure von den komplizierten optisch aktiven Substanzen des Chlorophyllkornes resp. der assimilierenden Pflanzenzelle gebunden wird, und dass dann unter dem Einfluss der einmal bestehenden Asymmetrie auch die synthetische Umwandlung in Zucker sich asymmetrisch vollzieht[111]).

Mit dieser Erklärung war zugleich für die direkte künstliche Synthese eines aktiven Körpers der Weg vorgezeichnet: Wenn man von einer Verbindung AB, bestehend aus dem optisch aktiven Teil A und dem inaktiven B ausgeht, in B ein asymmetrisches Kohlenstoffatom einführt, und den ursprünglichen aktiven Teil A nunmehr abspaltet, so sollte die aus B synthetisch erhaltene Verbindung B' eventuell optisch aktiv sein.

Nachdem eine Reihe von Forschern vergebliche Versuche nach dieser und ähnlicher Richtung hin angestellt hatten, gelang es kürzlich *Marckwald*, dies interessante Problem zu lösen. Das Wesentliche seiner Methode ist die direkte Bildung einer optisch aktiven Substanz aus inaktivem Material unter Mitwirkung einer anderen optisch aktiven Verbindung. Für die, hierdurch noch nicht aufgeklärte *Primärentstehung* optisch aktiver Substanz in der Natur sucht neuerdings *Byk* eine experimentell begründete Erklärung zu geben[112]).

c. Verbindungen mit mehreren asymmetrischen Kohlenstoffatomen.

27. Verbindungen mit zwei asymmetrischen Kohlenstoffatomen. Betrachten wir im folgenden solche Verbindungen, in denen zwei oder mehr asymmetrische Kohlenstoffatome vorhanden sind. Einen Körper, der zwei asymmetrische Kohlenstoffatome in direkter Bindung enthält, können wir, wie die Figur 5 zeigt, durch zwei in einer Ecke zusammenstossende Tetraeder darstellen. Genau so gut wie die in der Figur dargestellte Konfiguration entspricht nun aber den Voraussetzungen der Theorie jede andere, durch Drehung der beiden Tetraeder um ihre Verbindungsaxe erhaltene Stellung. Hieraus würde sich eine zahllose Menge von Isomeren ergeben. Dem aber wider-

---

111) Ber. d. deutsch. chem. Ges. 27 (1894), p. 3230; s. auch *van't Hoff,* Die Lagerung der Atome im Raume 1894, p. 29.

112) *Marckwald,* Ber. d. deutsch. chem. Ges. 37 (1904), p. 349; *Byk,* Ztschr. physik. Chem. 49 (1904), p. 641.

sprechen die experimentellen Erfahrungen. Man muss vielmehr annehmen, dass von allen möglichen Konfigurationen eine die stabilste ist. „Bei der durch die Grundauffassung zugelassenen 'freien Drehung' wird die gegenseitige Wirkung der Gruppen $R_1R_2R_3$ einer- und $R_4R_5R_6$ andererseits zu einer einzigen 'bevorzugten Konfiguration' führen. Deren Wahl ist vorläufig einerlei und wir nehmen als solche die von der Figur vorgestellte Lage, wo R_1 über R_4, R_2 über R_5, R_3 über R_6 befindlich ist“[113]).

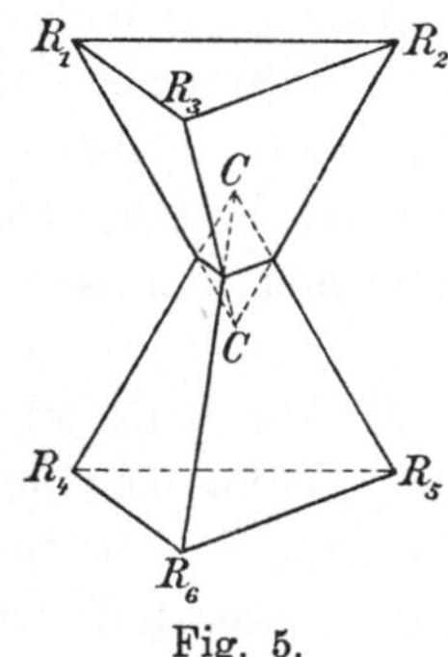

Fig. 5.

Ermitteln wir nunmehr, wieviel Stereomere bei Wahrung der „bevorzugten Konfiguration“ möglich sind. Zu diesem Zwecke stellen wir uns die Kombination der beiden Tetraeder durch eine Art Projektion in der Ebene nach *E. Fischer* folgendermassen dar:

$$\begin{array}{c} R_3 \\ | \\ R_1-C-R_2 \\ | \\ R_4-C-R_5 \\ | \\ R_6 \end{array}$$

aus der man die entsprechenden räumlichen Tetraedersymbole leicht rekonstruieren kann.

Vertauscht man nun R_1 mit R_2 oder R_4 mit R_5, so erhält man neben der obigen Form I. die folgenden drei Stereomeren[114]):

$$\begin{array}{cccc} R_3 & R_3 & R_3 & R_3 \\ | & | & | & | \\ R_1-C-R_2 & R_2-C-R_1 & R_1-C-R_2 & R_2-C-R_1 \\ | & | & | & | \\ R_4-C-R_5 & R_4-C-R_5 & R_5-C-R_4 & R_5-C-R_4 \\ | & | & | & | \\ R_6 & R_6 & R_6 & R_6 \\ \text{I.} & \text{II.} & \text{III.} & \text{IV.} \end{array}$$

Dagegen führt z. B. die Vertauschung von R_1 und R_3 in I. zu keinem neuen Isomeren. Denn im Sinne der Voraussetzung einer „bevorzugten Konfiguration“ würde sich das obere Tetraeder so drehen, dass II. resultiert.

---

113) *van't Hoff,* Die Lagerung der Atome im Raume, 1894, p. 36; cf. 1877, p. 6.

114) Durch Vertauschung zweier an *verschiedene* Kohlenstoffatome gebundenen Gruppen, z. B. R_1 und R_4 würden keine Stereomere, sondern Strukturisomere resultieren.

Von diesen vier Symbolen verhalten sich je zwei wie Gegenstand zu Spiegelbild, und zwar I und IV, II und III. Sie stellen je zwei zueinander gehörige optische Antipoden dar.

28. Verbindungen mit drei und vier asymmetrischen Kohlenstoffatomen. Bei Körpern, die drei asymmetrische Kohlenstoffatome enthalten, wächst die Zahl der Stereomeren auf acht. Eine Verbindung des Typus:

$$\begin{array}{c} R_3 \\ | \\ R_1-C-R_2 \\ | \\ R_4-C-R_5 \\ | \\ R_6-C-R_7 \\ | \\ R_8 \end{array}$$

wird durch Vertauschung von R_1 mit R_2, R_6 mit R_7 zunächst vier Stereomere geben, deren Zahl sich verdoppelt, wenn man in ihnen R_4 mit R_5 vertauscht:

$$\begin{array}{cccc} R_3 & R_3 & R_3 & R_3 \\ | & | & | & | \\ R_1-C-R_2 & R_2-C-R_1 & R_1-C-R_2 & R_2-C-R_1 \\ | & | & | & | \\ R_4-C-R_5 & R_4-C-R_5 & R_4-C-R_5 & R_4-C-R_5 \\ | & | & | & | \\ R_6-C-R_7 & R_6-C-R_7 & R_7-C-R_6 & R_7-C-R_6 \\ | & | & | & | \\ R_8 & R_8 & R_8 & R_8 \\ \text{I.} & \text{II.} & \text{III.} & \text{IV.} \end{array}$$

$$\begin{array}{cccc} R_3 & R_3 & R_3 & R_3 \\ | & | & | & | \\ R_1-C-R_2 & R_2-C-R_1 & R_1-C-R_2 & R_2-C-R_1 \\ | & | & | & | \\ R_5-C-R_4 & R_5-C-R_4 & R_5-C-R_4 & R_5-C-R_4 \\ | & | & | & | \\ R_6-C-R_7 & R_6-C-R_7 & R_7-C-R_6 & R_7-C-R_6 \\ | & | & | & | \\ R_8 & R_8 & R_8 & R_8 \\ \text{V.} & \text{VI.} & \text{VII.} & \text{VIII.} \end{array}$$

Hier stellen I. und VIII., II. und VII., III. und VI., IV. und V. optische Antipoden dar.

Die entsprechende Aufzählung zeigt unmittelbar, dass bei Anwesenheit von vier asymmetrischen Kohlenstoffatomen die Anzahl der aktiven Formen 16 beträgt, von denen wieder je zwei optische Antipoden darstellen.

29. Allgemeine Regeln über die Anzahl der Stereomeren. Allgemein beträgt daher bei Verbindungen mit n asymmetrischen Kohlenstoffatomen die Anzahl der stereomeren Formen

$$2^n.$$

Für die Richtigkeit dieser Formel sind zahlreiche experimentelle Belege vorhanden. In vielen Fällen sind die hiernach zu erwartenden Stereomeren bereits vollzählig, oder zum grossen Teil bekannt.

Der für die Anzahl der Stereomeren gegebene Ausdruck 2^n bedarf nun aber gewisser Einschränkungen, weil nämlich bei Kongruenz mehrerer im Molekül vorhandener asymmetrischer Kohlenstoffatome

1) die Asymmetrie sich innerhalb des Moleküls selbst aufheben kann, und

2) mehrere der sonst denkbaren aktiven Formen einander gleich werden.

1. Es giebt Körper, bei denen trotz des Vorhandenseins asymmetrischer Kohlenstoffatome eine Spaltung in aktive Formen unmöglich ist. Solche Verbindungen treten da auf, *wo zwei oder eine andere gerade Anzahl von asymmetrischen Kohlenstoffatomen vorhanden, im übrigen aber das Molekül derart symmetrisch gebaut ist, dass die untereinander verschiedenen Gruppen, die an dem einen asymmetrischen Kohlenstoffatom haften, dieselben sind wie an einem korrespondierenden andern:*

$$\begin{array}{c} R_3 \\ | \\ R_1\text{—}C\text{—}R_2 \\ | \\ R_1\text{—}C\text{—}R_2 \\ | \\ R_3 \end{array} \quad \text{z. B.} \quad \begin{array}{c} H \\ | \\ HO\text{—}C\text{—}CO_2H \\ | \\ HO\text{—}C\text{—}CO_2H \\ | \\ H \end{array} \quad \text{(Mesoweinsäure).}$$

Beide Kohlenstoffatome, das obere wie das untere, sind bei der Mesoweinsäure asymmetrisch, denn sie sind mit vier verschiedenen Substituenten (H, OH, CO_2H und $\begin{array}{c} | \\ OH\text{—}C\text{—}CO_2H \\ | \\ H \end{array}$) verbunden.

Die Gruppierung dieser Substituenten ist aber eine solche, dass oberhalb und unterhalb einer zwischen den beiden asymmetrischen Kohlenstoffatomen gedachten Ebene Symmetrie herrscht.

Im allgemeinen Schema der vier, bei Anwesenheit von zwei asymmetrischen Kohlenstoffatomen möglichen Stereomeren, stellen sich die isomeren Weinsäuren folgendermassen dar.

```
  CO2H          CO2H          CO2H          CO2H
   |             |             |             |
H—C—OH       HO—C—H        H—C—OH       HO—C—H
   |             |             |             |
H—C—OH        H—C—OH      HO—C—H        HO—C—H
   |             |             |             |
  CO2H          CO2H          CO2H          CO2H
   1.            2.            3.            4.
```

Symb. 1 ist offenbar mit der obigen Formel identisch. Symb. 2 und 3 besitzen keine Symmetriebenen, sie sind durch Drehung in der Papierebene nicht zur Deckung zu bringen, verhalten sich vielmehr wie Spiegelbilder zu einander. Sie repräsentieren die beiden aktiven Formen, die l- und d-Weinsäure. 1. und 4. dagegen sind mit einander identisch, denn sie können durch Drehung um 180° in der Papierebene zur Deckung gebracht werden. Sie stellen den inaktiven, nicht spaltbaren Typus der Weinsäure, die Mesoweinsäure dar. Die Inaktivität wird hervorgerufen durch intramolekulare Kompensation zweier asymmetrischer Komplexe, resp. die Symmetrie der Formel.

Die Zahl der Stereomeren beträgt demnach hier nur drei.

2. Der unter 2) genannte Fall, in dem die Zahl der aktiven Formen 2^n sich verringert, liegt z. B. bei den Zuckersäuren vor. Schreiben wir dieselbe:

```
  CO2H
   |
H—C—OH
   |
H—C—OH
   |
H—C—OH
   |
H—C—OH
   |
  CO2H
```

so sollten nach der allgemeinen Regel zufolge der Anwesenheit von vier asymmetrischen Kohlenstoffatomen zunächst 16 Isomere resultieren. Bezeichnen wir die Gruppierung H—C—OH mit +, die daraus durch Umtausch gewonnene HO—C—H mit —, so lassen sich die 16 Isomeren durch folgende acht Typen darstellen[115]):

1	2	3	4	5	6	7	8
+ —	+ —	+ —	+ —	— +	+ —	+ —	+ —
+ —	+ —	+ —	— +	+ —	+ —	— +	— +
+ —	+ —	— +	+ —	+ —	— +	+ —	— +
+ —	— +	+ —	+ —	+ —	— +	— +	+ —

115) *van't Hoff,* Die Lagerung der Atome im Raume, 1894, p. 56.

Nun können die beiden Formen 1 durch Drehung um 180° in der Papierebene zur Deckung gebracht werden, da hierbei + in — und — in + übergeht. Sie sind also identisch. Ferner sind sie infolge ihres symmetrischen Baues durch intramolekulare Kompensation inaktiv und unspaltbar. Dasselbe gilt von den beiden identischen Formen 8. Identisch sind ferner die (aktiven) Formen 2 mit 5, und endlich 3 mit 4, denn auch diese können durch Drehung um 180° in der Papierebene zur Deckung gebracht werden. Es bleiben demnach in diesem Fall acht aktive und zwei inaktive unspaltbare Formen.

Diese sämtlichen zehn Stereomeren sind bei den Zuckersäuren experimentell gefunden worden.

Wenn demnach, wie in 1) und 2), eine gerade Anzahl von Kohlenstoffatomen vorliegt, von denen jedes asymmetrisch, aber mit einem andern kongruent ist, so erleidet die Formel 2^n folgende Einschränkung:

$$N = 2^{n-1} + 2^{\frac{n}{2}-1}$$

$$Na = 2^{n-1} \qquad Ni = 2^{\frac{n}{2}-1},$$

wo n die Anzahl der asymmetrischen Kohlenstoffatome,
N die Gesamtzahl der möglichen Stereomeren,
Na die Anzahl der optisch aktiven, Ni die der inaktiven, nicht spaltbaren Formen darstellt[116]).

Die Anzahl der Racemformen ergiebt sich aus folgender einfacher Überlegung: Da einer jeden optisch aktiven Verbindung eine solche von gleich grossem, aber entgegengesetzt gerichtetem Drehungsvermögen entspricht, und da beide zu einer Racemform zusammentreten, so ist, wenn Na die Zahl der aktiven Formen bedeutet, die Zahl der Racemverbindungen

$$r = \tfrac{1}{2} Na.$$

30. Umlagerungen aktiver Verbindungen mit mehreren asymmetrischen Kohlenstoffatomen. Eine optisch aktive Verbindung mit einem asymmetrischen Kohlenstoffatom liefert als einziges Umlagerungsprodukt (z. B. beim Erhitzen) ihren optischen Antipoden, der mit dem ursprünglich vorhandenen Körper ein inaktives Gemenge bildet (s. Nr. 25). Bei Verbindungen mit mehreren asymmetrischen Kohlenstoffatomen sind die Verhältnisse komplizierter.

In einem Molekül, das zwei asymmetrische Kohlenstoffatome enthält, kann eine Konfigurationsänderung sowohl an dem einen, wie an

116) Bezüglich einer weiteren Einschränkung der Formel 2^n bei „Pseudoasymmetrie" vgl. *E. Fischer*, Ber. d. deutsch. chem. Ges. 24 (1891), p. 1839 u. 4214.

dem anderen asymmetrischen Kohlenstoffatom vor sich gehen. In diesem Falle wird offenbar der Körper:

$$\begin{array}{ccc} \begin{array}{c} R_3 \\ | \\ R_1—C—R_2 \\ | \\ R_4—C—R_5 \\ | \\ R_6 \end{array} & \text{in} & \begin{array}{c} R_3 \\ | \\ R_2—C—R_1 \\ | \\ R_5—C—R_4 \\ | \\ R_6 \end{array} \end{array}$$

übergehen und somit das Spiegelbild des ursprünglichen Körpers, sein optischer Antipode, resultieren. Die Umwandlungsgeschwindigkeit braucht aber nicht für beide asymmetrische Kohlenstoffatome die gleiche zu sein. Vielmehr kann sich eine der beiden asymmetrischen Gruppierungen umlagern, während die andere noch unverändert bleibt. Hierbei geht z. B.

$$\begin{array}{ccc} \begin{array}{c} R_3 \\ | \\ R_1—C—R_2 \\ | \\ R_4—C—R_5 \\ | \\ R_6 \end{array} & \text{in} & \begin{array}{c} R_3 \\ | \\ R_2—C—R_1 \\ | \\ R_4—C—R_5 \\ | \\ R_6 \end{array} \end{array}$$

über. Wie man sieht, verhalten sich diese beiden Symbole nicht wie Gegenstand zu Spiegelbild. Sie stellen demnach keine optischen Antipoden, sondern optisch aktive Stereomere im allgemeinen Sinne dar.

31. Konfigurationsbestimmung bei Stereomeren. Eine Entscheidung, welches von zwei Spiegelbildsymbolen der d-, und welches der l-Form einer aktiven Verbindung entspricht, lässt sich nicht erbringen. Die Wahl zwischen den beiden Spiegelbildern für eine bestimmte aktive Form, z. B. die d-Zuckersäure, muss willkürlich getroffen werden. „Nachdem das geschehen", sagt *E. Fischer*[117]), „hört aber jede weitere Willkür auf; vielmehr sind nun die Formeln für alle optisch aktiven Verbindungen, welche jemals mit der Zuckersäure experimentell verknüpft worden, festgelegt."

Hieran anknüpfend hat *Fischer* für die d-Weinsäure die Konfiguration

$$\begin{array}{c} CO_2H \\ | \\ H—C—OH \\ | \\ HO—C—H \\ | \\ CO_2H \end{array}$$

ermittelt[118]).

117) Ber. d. deutsch. chem. Ges. 27 (1894), p. 3217.
118) Ber. d. deutsch. chem. Ges. 29 (1896), p. 1377.

Von einer solchen Willkür unabhängig aber ist die Wahl des „Typus“, zu dem die aktiven Formen einer, mehrere asymmetrische Kohlenstoffatome enthaltenden Verbindung gehören, wobei unter „Typus“ der für eine Racemform in Betracht kommende Komplex zweier Spiegelbildsymbole zu verstehen ist.

Finden wir z. B., dass eine optisch aktive Verbindung $CR_1R_2R_3-CR_1R_2R_4$ beim Ersatz von R_4 durch R_3 einen inaktiven, unspaltbaren Körper $CR_1R_2R_3-CR_1R_2R_3$ liefert, so muss diese Verbindung dem Typus 1. angehören;

$$\underbrace{\begin{array}{cc} R_2 & R_2 \\ | & | \\ R_1-C-R_3 & R_3-C-R_1 \\ | & | \\ R_1-C-R_4 & R_4-C-R_1 \\ | & | \\ R_2 & R_2 \end{array}}_{1.} \qquad \underbrace{\begin{array}{cc} R_2 & R_2 \\ | & | \\ R_1-C-R_3 & R_3-C-R_1 \\ | & | \\ R_4-C-R_1 & R_1-C-R_4 \\ | & | \\ R_2 & R_2 \end{array}}_{2.}$$

Denn aus dem Typus 1. entsteht offenbar beim Ersatz von R_4 durch R_3 eine symmetrische Formel von der Art der durch intramolekulare Kompensation inaktiven Mesoweinsäure, während Typus 2. hierbei eine aktive Verbindung von der Art der d- oder l-Weinsäure ergeben müsste.

d. Numerischer Wert des Drehungsvermögens.

32. Allgemeines. Der numerische Wert des optischen Drehungsvermögens einer Substanz wird ausgedrückt durch die Molekularrotation $[M]$, d. h. das Produkt aus dem Molekulargewicht und der spezifischen Rotation $[\alpha]$, dividiert durch 100.

Die spezifische Drehung ist für flüssige, im reinen Zustand untersuchte Körper

$$[\alpha] = \frac{\alpha}{l \cdot d},$$

wo α den bei der Versuchstemperatur beobachteten Drehungswinkel, l die Länge der drehenden Schicht in Dezimetern, und d die Dichte bezeichnet.

Für Körper, die in einem indifferenten Lösungsmittel untersucht werden, ist

$$[\alpha] = \frac{\alpha \cdot 100}{l \cdot p \cdot d},$$

wo p die Anzahl Gramme aktiver Substanz in 100 g Lösung, d die Dichte der Lösung bezeichnet.

Die spezifische Drehung eines aktiven Körpers wird von verschiedenen Faktoren beeinflusst.

Bei flüssigen, in reinem Zustande untersuchten Körpern hängt sie von der Temperatur und der angewandten Lichtart ab. Man fügt daher dem Zeichen $[\alpha]$ eine diesbezügliche Angabe zu, z. B. $[\alpha]_D^{20}$ für 20^0 und die D-Linie im Natriumspektrum.

Bei gelösten Körpern kommen hierzu noch als sehr wesentliche Momente das Lösungsmittel und die Konzentration.

Da die Art dieser Einflüsse mit der geometrischen Konfiguration in keinem innigen Zusammenhange steht, so dürfen wir hier von ihrer Behandlung absehen und auf die Darstellung von *Landolt* [119]) verweisen.

Dagegen mögen hier einige Gesetzmässigkeiten besprochen werden, die die Grösse des Drehungsvermögens mit der Massenverteilung im Molekül und mit dem Drehungsvermögen der einzelnen Bestandteile des Moleküls verbinden.

33. Die Hypothese von Guye und Crum Brown. Ersetzt man an einem asymmetrischen Kohlenstoffatom einen der Substituenten durch irgend ein anderes Element oder Radikal, so findet ganz allgemein eine mehr oder weniger grosse Änderung der Drehung, eventuell auch eine Umkehrung der Drehungsrichtung statt.

Die Gesetze, nach denen sich diese Änderungen vollziehen, sucht die Hypothese von *Guye* [120]) und *Crum Brown* [121]) zu fixieren. Die Auffassung *Guye*'s ist im wesentlichen die folgende: Im Tetraeder $C(R)_4$ befindet sich das Kohlenstoffatom im Schnittpunkte der sechs einander schneidenden Symmetrieebenen, d. h. im Schwerpunkte. Betrachten wir irgend eine dieser Ebenen und dasjenige Eckenpaar, dessen Verbindungslinie diese Ebene senkrecht schneidet, so wird man annehmen dürfen, dass bei Verschiedenheit der Gewichte g_1 und g_2 zweier Gruppen, die an dem Eckenpaar haften, das Kohlenstoffatom vermöge der verschieden grossen Anziehung von g_1 und g_2 aus der Symmetrieebene heraustreten wird.

Die Differenz der Gruppengewichte $g_1 - g_2$ giebt somit ein gewisses Mass für den Abstand des Kohlenstoffatoms von der ursprünglichen Symmetrieebene.

Bildet man nun für ein asymmetrisches Kohlenstoffatom das Produkt der sechs Differenzen

119) *Landolt*, Das optische Drehungsvermögen, 1898.

120) Paris C. R. 110 (1890), p. 714; 111 (1891), 745; 114 (1892), p. 473; 116 (1893), p. 1133, 1378, 1451, 1454, etc.

121) Edinb. Proc. Roy. Soc. 17 (1890), p. 181.

$$P = (g_1 - g_2)(g_1 - g_3)(g_1 - g_4)(g_2 - g_3)(g_2 - g_4)(g_3 - g_4),$$

so schien es denkbar, dass dieses „Asymmetrieprodukt" P ein vergleichbares Mass für die Grösse der Drehung liefert.

Zunächst entspricht es den beiden Hauptbedingungen, dass nämlich

1) bei Gleichheit zweier Gruppen $P = 0$, d. h. das Molekül symmetrisch, resp. optisch inaktiv wird;

2) bei Vertauschung zweier Gruppen mit einander das Vorzeichen von P sich umkehrt, d. h. der optische Antipode entsteht.

Mit den Änderungen des „Asymmetrieproduktes" sollten nun die Änderungen des Drehungsvermögens Hand in Hand gehen; es sollte z. B.

1) dem Maximum der Asymmetrie ein Maximum der optischen Drehung entsprechen;

2) bei gleicher Grösse der Gewichte zweier am asymmetrischen Kohlenstoff stehender Gruppen Inaktivität herrschen, u. s. w.

Die Versuche haben aber diese Hypothese nur in relativ beschränktem Masse bestätigt, vielmehr zeigten sie, dass es keineswegs nur auf die Masse der am asymmetrischen Kohlenstoffatom haftenden Gruppen ankommt, sondern auch auf ihre chemische Natur, ihre gegenseitige Lage, ihre Konfiguration u. s. w.[122]). Von den innerhalb dieser Grenzen gefundenen Gesetzmässigkeiten sei nur das von *Tschugaeff*[123]) aus zahlreichen Beobachtungen abgeleitete „Stellungsgesetz" genannt, welches besagt, dass der optische Einfluss einer Gruppe um so grösser ist, je näher sie dem asymmetrischen Kohlenstoffatome steht, dass derselbe dagegen sinkt, wenn die betreffende Gruppe durch Zwischenglieder von dem asymmetrischen Kohlenstoffatom getrennt wird.

34. Die optische Superposition. Die Drehungsgrösse einer Verbindung, die mehrere asymmetrische Kohlenstoffatome enthält, steht zu den Drehungswerten (optischen Effekten) der einzelnen, das Molekül bildenden asymmetrischen Gruppen in einem einfachen mathematischen Verhältnis. Wie nämlich *van't Hoff*[124]) schon im Jahre 1875 angenommen, und *Guye*[125]) und *Walden*[126]) in neuerer Zeit experimentell bewiesen haben, ist *die Drehungsgrösse einer solchen Verbindung gleich der Summe resp. Differenz der optischen Effekte der einzelnen asymmetrischen Kohlenstoffatome (Gesetz der optischen Superposition).*

---

122) *Guye* u. *Chavanne,* Bull. soc. chim. (3) 15 (1895), p. 195.

123) Ber. d. deutsch. chem Ges. 31 (1898), p. 1775.

124) Bull. soc. chim. (2) 23 (1875), p. 298.

125) *Guye* u. *Gautier,* Paris C. R. 119 (1894), p. 740, 953; *Guye* u. *Jordan,* Paris C. R. 120 (1895), p. 632; *Guye,* Paris C. R. 121 (1895), p. 827; *Guye* u. *Goudet,* Paris C. R. 122 (1896), p. 932.

126) Ztschr. physik. Chem. 15 (1894), p. 638; 17 (1895), p. 721.

Die experimentellen Ergebnisse haben dies Gesetz in allen untersuchten Fällen bestätigt.

35. Das Gesetz von Oudemans-Landolt. Eine besondere Betrachtung erfordert das Verhalten von Salzen aktiver Säuren oder Basen. Nach den Beobachtungen von *Oudemans* und *Landolt* ist die molekulare Drehung verschiedener Salze derselben aktiven Säure oder Base in verdünnter wässriger Lösung die gleiche[127]).

Die Erklärung hierfür liegt in der Theorie der elektrolytischen Dissoziation, nach welcher Salze in verdünnter wässriger Lösung in Säure- und Base-Ion gespalten sind.

Die beobachtete Drehung ist also in derartigen Fällen nur von dem aktiven Säure- oder Base-Ion abhängig, und demgemäss für verschiedene Salze derselben aktiven Säure oder Base die gleiche.

Nach den Untersuchungen von *H. Hädrich*[128]) kann das *Oudemans-Landolt*'sche Gesetz dahin ausgedehnt werden, dass es lautet:

„Das Drehungsvermögen nicht allein von Salzen, sondern überhaupt von Elektrolyten, ist in annähernd vollständig dissoziierten Lösungen unabhängig von dem inaktiven Ion.“

e. Ungesättigte Kohlenstoffverbindungen[129]).

36. Geometrische Isomerie. Eine neue Art von Raumisomerie lernen wir bei den Kohlenstoffverbindungen mit doppelter Bindung, den Derivaten des Äthylens

H—C—H
‖
H—C—H

kennen. Zur räumlichen Darstellung solcher Verbindungen denken wir uns zwei Tetraeder so miteinander verknüpft, dass sie sich mit je zwei Ecken resp. einer ganzen Kante durchdringen oder berühren (Fig. 6). Dadurch fallen an jedem Tetraeder zwei Ecken fort und es bleiben im ganzen vier übrig, entsprechend den vier an den beiden Kohlenstoffatomen haftenden Gruppen.

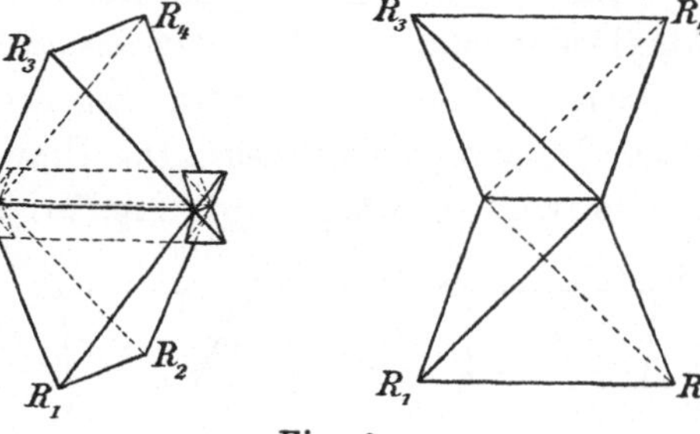

Fig. 6.

127) *Landolt*, Ber. d. deutsch. chem. Ges. 6 (1873), p. 1077; *Oudemans*, Liebig's Ann. d. Chem. 197 (1879), p. 48, 66.

128) Ztschr. physik. Chem. 12 (1893), p. 489.

129) Unter „ungesättigten“ Kohlenstoffverbindungen versteht man solche, in denen zwei Kohlenstoffatome durch je zwei resp. drei Valenzen an einander gebunden sind.

Nach dieser Darstellung liegen also die vier Substituenten in einer Ebene mit den Äthylenkohlenstoffatomen.

Verbindungen des Typus $CR_1R_2{=}CR_3R_4$ können nun wie Fig. 7 zeigt, in zwei stereomeren Formen auftreten, die sich dadurch von einander unterscheiden, dass in dem einen Falle R_1 und R_3, im anderen R_1 und R_4 sich gegenüberstehen.

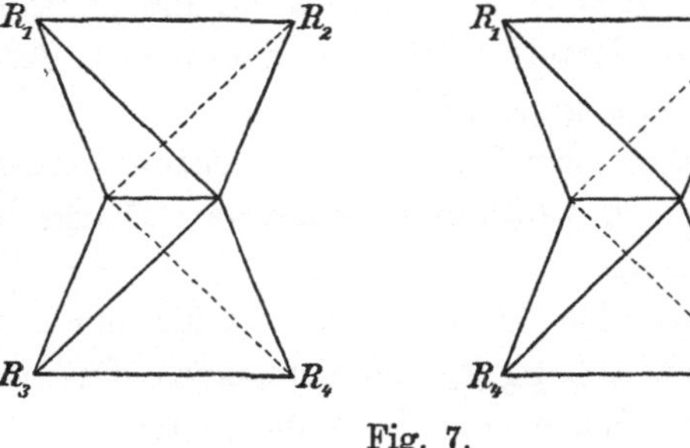

Fig. 7.

Zum Zustandekommen einer solchen Stereomerie ist aber nicht einmal eine Verschiedenheit sämtlicher vier Gruppen erforderlich. Auch Verbindungen des Typus $CR_1R_2{=}CR_1R_2$ sind dieser Isomerie fähig, je nachdem R_1 und R_1, oder R_1 und R_2 einander gegenüberstehen. (Geometrische Isomerie.)

Es handelt sich demnach hier nicht um Spiegelbildisomerie, wie bei den Verbindungen des asymmetrischen Kohlenstoffatoms. *Da sämtliche Atome einer solchen Verbindung in einer Ebene liegen, fehlt hier die Grundbedingung für die Enantiomorphie, nämlich die Asymmetrie. Demgemäss besitzen solche Verbindungen auch keine optische Aktivität.*

Einen neuerdings beobachteten Fall von optischer Aktivität bei Äthylenderivaten erklärt *Erlenmeyer* [130]) durch die Annahme von Zwischenstellungen, die beim gegenseitigen Übergang zweier geometrisch Isomerer resultieren. Die Umwandlung der einen Form in die andere wird nämlich (vgl. Fig. 7) durch eine Drehung, z. B. des oberen Tetraeders um die Vertikale durch einen Winkel von 180° bewirkt, so dass nach der Drehung die ursprünglich gemeinsamen Kanten beider Tetraeder wieder zusammenfallen. Zwischen Anfangs- und Endlage giebt es eine Zwischenstellung, in der diese Kanten unter 90° gekreuzt sind, und welche eine labile Gleichgewichtsform der beiden Tetraeder darstellt. In diesem Falle liegen die einzelnen Atome und Gruppen des Moleküls nicht mehr in einer Ebene; viel-

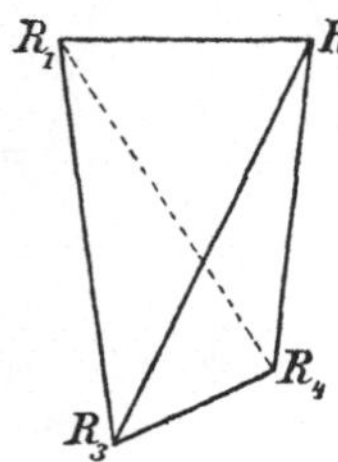

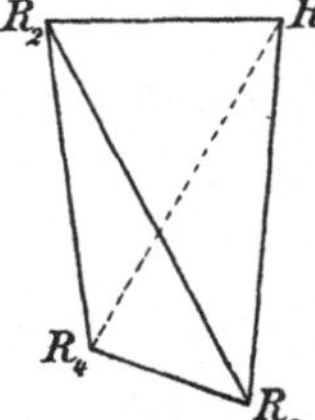

Fig. 8.

130) Ber. d. deutsch. chem. Ges. 36 (1903), p. 2340.

mehr befinden sich $R_1\,R_2\,R_3\,R_4$ auf den Ecken eines langgezogenen Tetraeders. Je nachdem man nun die Drehung im einen oder anderen Sinne ausgeführt denkt, erhält man in den entgegengesetzten Zwischenstellungen enantiomorphe Formen, und somit die Möglichkeit der Aktivität[131]) (Fig. 8).

Die Unterschiede zwischen geometrisch Isomeren sind wesentlich andere und wesentlich grössere als die zwischen Spiegelbildisomeren. *Während optische Antipoden zufolge der Gleichheit aller molekularer Dimensionen in allen chemischen und physikalischen Eigenschaften, von der Krystallform und der optischen Drehungsrichtung abgesehen, übereinstimmen, zeigen geometrisch Isomere wegen der verschiedenen gegenseitigen Lage der Atome zu einander in chemischer wie physikalischer Hinsicht ein völlig verschiedenes Verhalten.*

Das klassische Beispiel für die geometrische Isomerie bildet die Äthylendicarbonsäure $CO_2H.C.H = H.C.CO_2H$ in ihren beiden Formen: der Maleïnsäure (I) und der Fumarsäure (II).

$$\begin{array}{ccc} \begin{array}{l} H{-}C{-}CO_2H \\ \quad \| \\ H{-}C{-}CO_2H \\ \quad \text{I.} \end{array} & \qquad & \begin{array}{l} HO_2C{-}C{-}H \\ \qquad \| \\ \quad H{-}C{-}CO_2H \\ \qquad \text{II.} \end{array} \end{array}$$

Die Maleïnsäure wird als „plansymmetrische“, die Fumarsäure als „centrisch symmetrische“ Form bezeichnet. Die relative Stellung der unter einander gleichen Substituenten (z. B. der CO_2H-Gruppen) kommt zum Ausdruck in der Benennung der Maleïnsäure als cis-, der Fumarsäure als trans-Modifikation.

Charakteristisch für geometrisch Isomere ist ihre verschiedene Stabilität; diese ist abhängig von der mehr oder weniger grossen Anziehung, die die in Nachbarstellung befindlichen Gruppen (in diesem Falle CO_2H und CO_2H resp. CO_2H und H) auf einander ausüben. Im engsten Zusammenhange hiermit steht die Überführbarkeit der einen Modifikation in die andere, der labilen in die stabile. Im vorliegenden Falle stellt die cis-Form, die Maleïnsäure, die labile, die trans-Form, die Fumarsäure, die stabile Modifikation dar.

37. Konfigurationsbestimmung geometrisch Isomerer[132]). Für die Konfigurationsbestimmung geometrisch Isomerer sind im wesentlichen zwei Prinzipien massgebend, der Additionsmechanismus und

---

131) Das von *Erlenmeyer* l. c. untersuchte Äthylenderivat entspricht dem Typus $CR_1R_2{=}CR_1R_3$.

132) Vgl. *Wislicenus*, Abhandl. d. Königl. Sächs. Ges. 1887; *van't Hoff*, Die Lagerung der Atome im Raume, 1894, p. 77.

die gegenseitige Beeinflussung der Gruppen innerhalb des Moleküls. Die auf dem Additionsmechanismus basierende Methode macht die Voraussetzung, „dass bei einem chemischen Vorgange, in diesem Falle einer Addition, die atomistische Struktur soweit als möglich unverändert bleibt“. Wenn nun bei der Anlagerung von zwei OH-Gruppen an Maleïn- und Fumarsäure (unter gleichzeitiger Umwandlung der Kohlenstoffdoppelbindung $\begin{array}{c} C \\ \| \\ C \end{array}$ in eine einfache $\begin{array}{c} -C \\ | \\ -C \end{array}$) im ersteren Falle Mesoweinsäure (1.) im zweiten Traubensäure (2.) entsteht, so folgt hieraus für Maleïnsäure die obige Formel I, für Fumarsäure Formel II.

$$\begin{array}{ccc}
\begin{array}{c} OH \\ | \\ H-C-CO_2H \\ | \\ H-C-CO_2H \\ | \\ OH \end{array}
&
\begin{array}{c} OH \\ | \\ HO_2C-C-H \\ | \\ H-C-CO_2H \\ | \\ OH \end{array}
&
\begin{array}{c} OH \\ | \\ H-C-CO_2H \\ | \\ HO_2C-C-H \\ | \\ OH \end{array}
\\
1. & \multicolumn{2}{c}{\underbrace{\qquad\qquad\qquad\qquad}_{2.}}
\end{array}$$

In welcher Weise die wechselseitige Beeinflussung zweier Gruppen im Molekül eine Konfigurationsbestimmung ermöglicht, zeigt gleichfalls das Beispiel der Maleïn- und Fumarsäure. Beide Verbindungen verdanken ihren Säurecharakter den CO_2H-Gruppen. Da nun erfahrungsgemäss zwei benachbarte CO_2H-Gruppen sich in ihrer Wirkung verstärken, so dürfen wir schliessen, dass in der stärkeren Säure, der Maleïnsäure, die beiden CO_2H-Gruppen in Nachbarstellung vorhanden sind, während sich in der schwächeren Fumarsäure die CO_2H-Gruppen in Gegenstellung befinden. Massgebend für diese Auffassung der Konfiguration beider Körper ist ferner der Umstand, dass in der Maleïnsäure die beiden CO_2H-Gruppen leicht mit einander in Reaktion treten, nicht dagegen in der Fumarsäure.

f. Ringförmige Kohlenstoffverbindungen.

38. Bildung und Stabilität ringförmiger Verbindungen. Mit Hülfe der Tetraedertheorie gelingt es leicht, die merkwürdigen Verhältnisse der Bildung und Stabilität ringförmiger Kohlenstoffverbindungen zu erklären.

Bei Verbindungen von mehreren Kohlenstoffatomen, sogenannten Kohlenstoffketten, ist sehr häufig die Beobachtung gemacht worden, dass gerade solche Gruppen, die an scheinbar entfernten Kohlenstoffatomen (z. B. dem ersten und vierten) haften, mit besonderer Leichtigkeit in chemische Wechselwirkung mit einander treten.

Stellen wir uns nun auf Grund der Tetraedertheorie eine Verbindung von vier Kohlenstoffatomen dar, so erkennen wir, dass unter Wahrung des Prinzips der freien Drehbarkeit der Kohlenstoffatome um ihre Verbindungsaxe eine Stellung möglich ist, bei der die Gruppen A und B an den Kohlenstoffatomen 1. und 4. sich sehr nahe stehen (Fig. 9). Noch geringer ist die Entfernung zweier end-

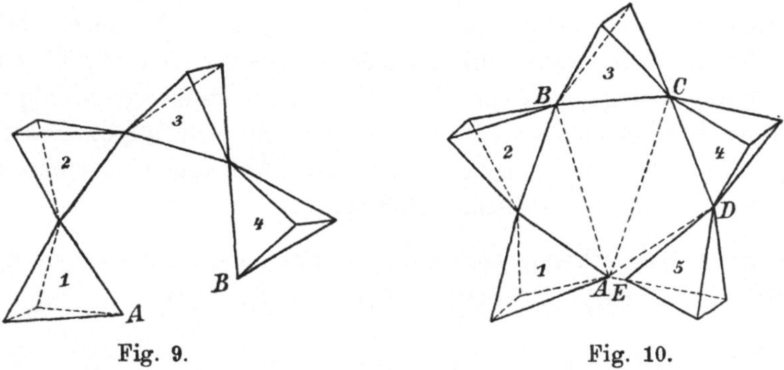

Fig. 9. Fig. 10.

ständiger Gruppen bei fünf, grösser dagegen bei drei Kohlenstoffatomen. Zahlenmässig verhalten sich in den aus 2, 3, 4 und 5 Kohlenstoffatomen bestehenden Systemen die Entfernungen der korrespondierenden Bindestellen $AB : AC : AD : AE$ wie:

$$1{,}000 : 1{,}022 : 0{,}667 : 0{,}068.$$ [133]) (Fig. 10.)

Denken wir uns nun die Kohlenstoffringe cyklisch geschlossen, wie es Fig. 11 für den Dreiring, Fig. 12 für den Vierring, Fig. 13 für

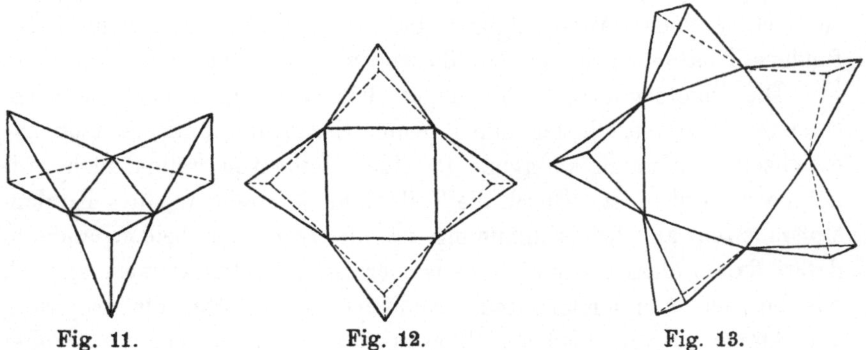

Fig. 11. Fig. 12. Fig. 13.

den Fünfring zeigt. Dann erkennen wir, dass es zur Bildung eines Fünfrings einer wesentlich geringeren Ablenkung bedarf, als zur

133) *Wislicenus*, Über die räumliche Anordnung der Atome in organischen Molekülen etc., Leipzig 1887, p. 72.

Bildung eines Vierrings, und zu der des Vierrings wieder einer geringeren Ablenkung, als zu der des Dreirings. In Übereinstimmung mit einer solchen Darstellung steht z. B. die Thatsache, dass die Bildung eines Vierrings erheblich leichter erfolgt als die eines Dreirings.

Zum Zustandekommen eines solchen Ringes ist, wie ersichtlich, eine jeweils verschiedene Ablenkung der Kohlenstoffvalenzen aus ihrer natürlichen Richtung erforderlich. Die Kohlenstoffvalenzen bilden nach der Tetraedertheorie mit einander Winkel von je 109° 28′. Unter der Voraussetzung, dass die Valenzen zweier Atome geradlinig und nicht im Winkel auf einander wirken, ergeben sich für die verschiedenen Kohlenstoffringe folgende Werte der „Ablenkung" der einzelnen Valenzen aus ihrer natürlichen Richtung:

Dimethylen	Trimethylen	Tetramethylen	Pentamethylen	Hexamethylen
CH_2 ‖ CH_2	CH_2 / \\ CH_2—CH_2	CH_2 — CH_2 | | CH_2 — CH_2	CH_2 — CH_2 | | CH_2 CH_2 \\ / CH_2	CH_2 / \\ CH_2 CH_2 | | CH_2 CH_2 \\ / CH_2
+ 54° 44′	+ 24° 44′	+ 9° 44′	+ 0° 44′	— 5° 16′

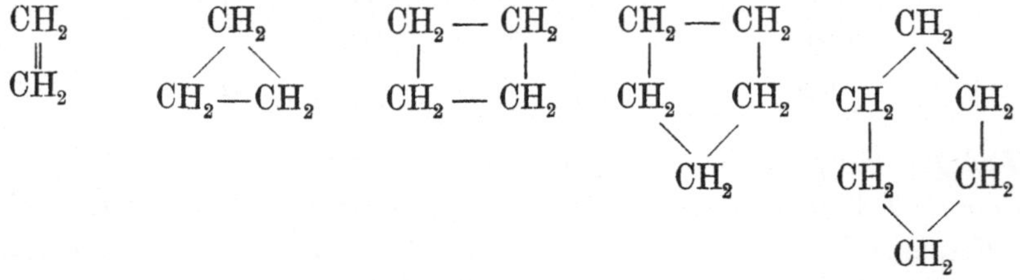

Die durch die Ablenkung der Valenzen bewirkte Spannung bietet nach *von Baeyer*'s „Spannungstheorie"[134]) ein Mass für die Stabilität des Ringes; je grösser die in einem Ringe vorhandene Spannung, um so leichter findet Aufsprengung statt. Zahlreiche experimentell gefundene Thatsachen stehen mit dieser Theorie durchaus im Einklang.

Die ringförmigen Verbindungen beanspruchen insofern ein besonderes Interesse, als bei ihnen geometrische und optische Isomerie gleichzeitig auftreten kann und in einer Reihe von Fällen auch aufgefunden worden ist. Durch die Teilnahme je zweier von den Kohlenstoffvalenzen an der Ringbildung ist die Lage der beiden anderen derart fixiert, dass cis- und trans-Isomerieen auftreten können, ähnlich wie bei den Äthylenderivaten. Andererseits gestattet die Lagerung der Atome in verschiedenen Ebenen das Auftreten enantiomorpher Formen, d. h. optischer Antipoden.

Unter den hierher gehörigen Untersuchungen sind in allererster Linie die von *von Baeyer* über den Sechsring zu nennen.

---

134) Ber. d. deutsch. chem. Ges. 18 (1885), p. 2278.

39. Die Stereochemie des Kamphers. Spezielle Erwähnung möge von den cyklischen Verbindungen seiner eigenartigen stereochemischen Verhältnisse wegen der Kampher finden. Der Kampher ist in zwei optisch aktiven, enantiomorphen Formen bekannt, als d-Kampher (Japankampher) und als l-Kampher (Matricariakampher), deren Formeln nach *Bredt*[135]) die folgenden sind (Fig. 14):

Hiernach enthält der Kampher zwei asymmetrische Kohlenstoffatome mit ungleichen Substituenten (1 u. 4). Nach der Regel von *van't*

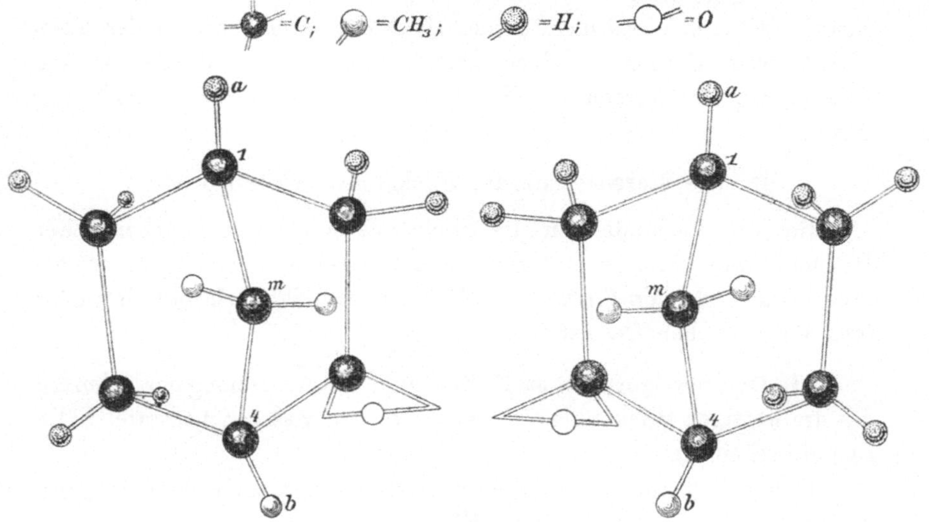

Fig. 14.

Hoff sollte man also vier optische Isomere erwarten, nämlich zwei Racemverbindungen, die mit einander geometrisch isomer sind. Die Betrachtung der Bindungsverhältnisse in obigen Formeln führt indessen, in Übereinstimmung mit den Thatsachen, nur zu zwei optisch Isomeren. Sie zeigt nämlich, dass durch das Vorhandensein eines Brückenkohlenstoffatoms *m* im Sechsring die Lage der für das Zustandekommen von geometrischer Isomerie massgebenden Atome resp. Gruppen *a* und *b* in einer Weise festgelegt ist, dass neben den beiden optisch Isomeren keine geometrisch Isomeren auftreten können[136]).

40. Die Stereochemie des Benzols. Entsprechend seiner Bedeutung für die organische Chemie sei ferner unter den cyklischen Verbindungen das Benzol erwähnt.

---

135) Ber. d. deutsch. chem. Ges. 26 (1893), p. 3047.

136) Vgl. hierzu *Jacobson,* Ber. d. deutsch. chem. Ges. 35 (1902), p. 3984.

Die *Kekulé*'sche Benzolformel wurde p. 341 mitgeteilt. Unter den später vorgeschlagenen Formeln befinden sich zahlreiche, in denen eine räumliche Verteilung der Atome angenommen wird. Allein alle Versuche, „die Atome des Benzolmoleküls anders als in einer Ebene gelagert darzustellen", sind zu verwerfen[137]), denn solche Formeln lassen bei gewissen Substitutionsprodukten das Auftreten enantiomorpher, d. h. optisch aktiver Formen erwarten[138]), was mit den bisherigen Versuchsergebnissen in Widerspruch steht.

Dem gegenüber befürwortet *Graebe*[139]) eine auf der Tetraedertheorie basierende Formel, in der sämtliche Atome wie in der alten *Kekulé*'schen Formel in einer Ebene liegen und somit das Fehlen enantiomorpher Formen bei Substitutionsprodukten seine Erklärung findet.

B. Die Stereochemie des Stickstoffs, Schwefels, etc.

Bei den Verbindungen des Stickstoffs sind in stereochemischer Hinsicht zwei Fälle zu unterscheiden, je nachdem der Stickstoff als dreiwertiges oder als fünfwertiges Element auftritt, d. h. mit drei oder fünf Valenzen behaftet ist.

41. Dreiwertiger Stickstoff. Bezüglich der Anordnung der Valenzen des dreiwertigen Stickstoffs sind wiederum im wesentlichen zwei Fälle zu unterscheiden:

1) der Stickstoff ist mit drei einwertigen Elementen oder Gruppen verbunden, wie in dem Typus: $NR_1R_2R_3$;

2) der Stickstoff ist einerseits an ein Element (z. B. Kohlenstoff) doppelt gebunden, während die dritte Valenz durch ein einwertiges Radikal oder Element gesättigt ist: $=C=N-R$.

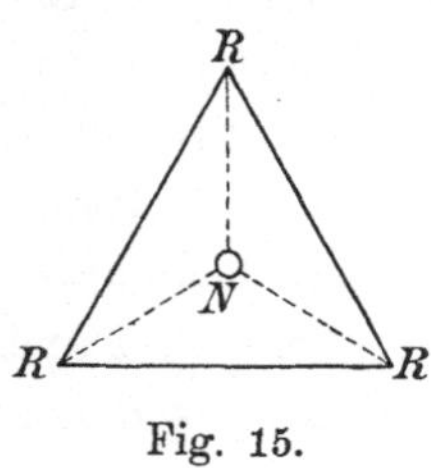

Fig. 15.

Im Falle 1) darf man annehmen, dass alle drei Valenzen in einer Ebene liegen[140]). Die Annahme einer Lagerung in zwei Ebenen würde nämlich bei Verbindungen dieses Typus Spiegelbildisomerie resp. optische Aktivität erwarten lassen, eine Vorhersagung, die durch das Experiment bisher nicht bestätigt worden ist[141]). Man kann sich

137) *van't Hoff,* Dix années dans l'histoire d'une théorie 1887; vgl. auch *Marckwald,* Die Benzoltheorie, Stuttgart 1897, p. 14.

138) Vgl. dagegen *Vaubel,* Stereochemische Forschungen, München 1898, p. 66.

139) Ber. d. deutsch. chem. Ges. 35 (1902), p. 526.

140) *van't Hoff,* Die Lagerung der Atome im Raume, 1894, p. 128.

141) *Hantzsch* u. *Kraft,* Ber. d. deutsch. chem. Ges. 23 (1890), p. 2780; *Behrend,* Liebig's Ann. d. Chem. 257 (1890), p. 203.

demnach das dreiwertige Stickstoffatom im Mittelpunkte eines gleichseitigen Dreiecks vorstellen, an dessen Ecken die Substituenten stehen (Fig. 15). Bei Gleichheit der drei Substituenten wird die entstehende Konfiguration die Symmetrie eines gleichseitigen Dreiecks haben, bei Verschiedenheit diejenige eines ungleichseitigen Dreiecks. Hiernach sind räumlich Isomere nicht denkbar.

Fall 2) dagegen giebt Veranlassung zu Isomerie. Man erklärt diese Isomerie nach *Hantzsch* und *Werner*[142]) unter Zuhülfenahme räumlicher Vorstellungen folgendermassen: Denkt man sich das Stickstoffdreieck mit dem Kohlenstofftetraeder so kombiniert, dass beide Elemente mit einander in Doppelbindung stehen, so resultiert Fig. 16. Der am Stickstoff stehende Substituent A wird sich nun unter dem Einfluss der Anziehung, die X und Y auf ihn ausüben, nach X oder nach Y hinneigen, so dass zwei Isomere möglich sind. Von diesen beiden Stereomeren ist zufolge der verschieden grossen Anziehung, die X und Y auf A ausüben, das eine stabil, das andere labil.

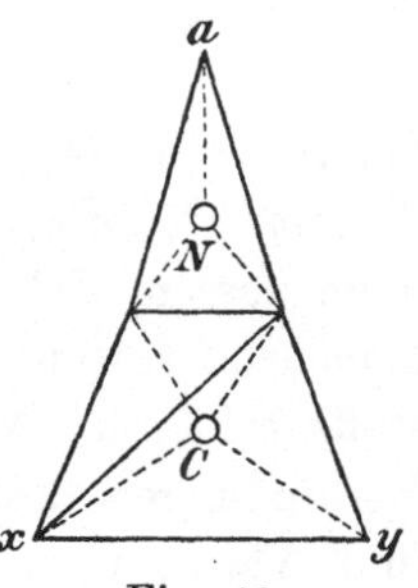

Fig. 16.

Nach *Hantzsch* und *Werner* wird die hier vorliegende Isomerie durch folgende Formelbilder veranschaulicht:

```
  N—A        A—N
  ‖          ‖
X—C—Y      X—C—Y
```

Man unterscheidet solche Isomeren als syn- und anti-Körper. Als Beispiel seien die beiden „Benzaldoxime" genannt:

$$\begin{array}{cc} \begin{array}{c} \mathrm{N{-}OH} \\ \| \\ \mathrm{C_6H_5{-}C{-}H} \\ \text{syn.} \end{array} & \qquad \begin{array}{c} \mathrm{HO{-}N} \\ \| \\ \mathrm{C_6H_5{-}C{-}H} \\ \text{anti.} \end{array} \end{array}$$

42. Fünfwertiger Stickstoff. Beim fünfwertigen Stickstoffatom sind räumliche Vorstellungen von der Anordnung der Valenzen gerade in neuester Zeit zur Erklärung der Bildungs-, Stabilitäts- und Isomerieverhältnisse mit grossem Erfolge angewandt worden.

Von den für das fünfwertige Stickstoffatom vorgeschlagenen Raumformeln seien folgende genannt:

142) Ber. d. deutsch. chem. Ges. 23 (1890), p. 11.

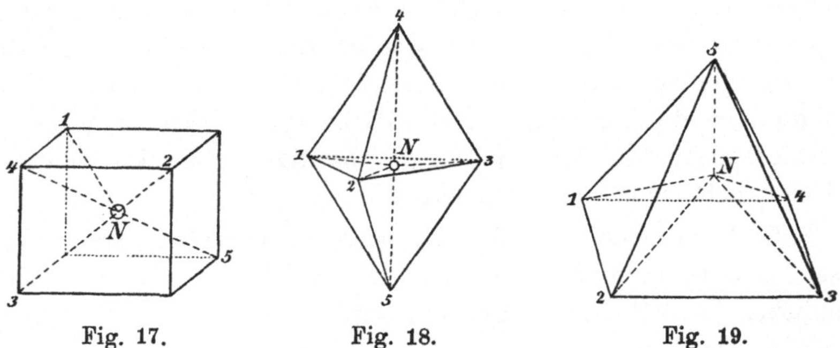

Fig. 17. Fig. 18. Fig. 19.

die von *van't Hoff*[143]) (Fig. 17), von *Willgerodt*[144]) (Fig. 18), und von *Bischoff*[145]) (Fig. 19) herrühren. Auf Grund der *Bischoff*'schen Pyramide lassen sich nach *Wedekind*[146]) Modelle konstruieren, die die Isomerien sowohl des dreiwertigen als auch des fünfwertigen Stickstoffs erklären. Nach *Wedekind*'s Annahme ist der Stickstoff in allen Verbindungen fünfwertig, nur vermag er nicht in allen Fällen seine fünf Valenzen zu äussern. So können von den fünf Valenzen der *Bischoff*'schen Pyramide zwei, z. B. *N*4 und *N*5, latent werden, wobei die in den stereomeren Verbindungen des dreiwertigen Stickstoffs angenommene Valenz-Gruppierung resultiert.

43. Das asymmetrische Stickstoffatom. Unter einem asymmetrischen Stickstoffatom versteht man ein mit fünf verschiedenen Elementen oder Gruppen verbundenes. Derartige Stickstoffverbindungen können, wie *Wedekind*[147]) gefunden hat, in stereomeren Formen erhalten werden, wenn man die mit dem Stickstoff zu verbindenden Gruppen in verschiedener Reihenfolge einführt.

Die so erhaltenen optisch inaktiven Verbindungen lassen sich nach den üblichen Methoden in optisch aktive Komponenten spalten, wie dies zuerst *Le Bel*[148]) und neuerdings *Pope* und *Peachey*[149]) und *Pope* und *Harvey*[150]) gezeigt haben.

44. Das asymmetrische Schwefel-, Selen- und Zinnatom. Das Schwefelatom tritt in gewissen Verbindungen als vierwertiges Element auf, entsprechend dem Typus $SR_1R_2R_3R_4$.

143) Ansichten über die organische Chemie, Braunschweig 1881.

144) J. f. prakt. Chemie 37 (1888), p. 450.

145) Ber. d. deutsch. chem. Ges. 23 (1890), p. 1970.

146) Zur Stereochemie des fünfwertigen Stickstoffs, Leipzig 1899, p. 124.

147) l. c. (Anm. 146), p. 32.

148) Paris C. R. 112 (1891), p. 725.

149) Paris C. R. 129 (1899), p. 767; J. chem. soc. 75 (1899), p. 1127.

150) Proc. chem. soc. 17 (1901), p. 120.

Es schien a priori möglich, dass hier die vier Gruppen in ähnlicher Weise räumlich angeordnet sind, wie beim Kohlenstoffatom. Danach hätte man sich also auch das vierwertige Schwefelatom als Mittelpunkt eines Tetraeders zu denken, an dessen Eckpunkten die vier Gruppen stehen. Bei Verschiedenheit aller vier Gruppen sollten dann solche Verbindungen, genau wie die des asymmetrischen Kohlenstoffatoms, in zwei enantiomorphen Formen auftreten, d. h. in optisch aktive Komponenten spaltbar sein.

Die Versuche von *Pope* und *Peachey*[151]) und *Smiles*[152]) haben nun in der That die Spaltbarkeit solcher Verbindungen ergeben und damit die Berechtigung der Annahme einer räumlichen Atomgruppierung erwiesen.

Genau das Gleiche gilt, wie *Pope* und *Neville*[153]) gezeigt haben, für die Verbindungen des vierwertigen asymmetrischen Selenatoms.

Schliesslich sei bemerkt, dass *Pope* und *Peachey*[154]) auch bei einer Verbindung des vierwertigen asymmetrischen Zinnatoms durch Spaltung zu einem optisch aktiven Produkt gelangten. Die genannten Autoren knüpfen hieran die Vermutung, dass ebenso wie das Zinn, auch die übrigen der Kohlenstoffgruppe des periodischen Systems angehörenden Elemente zur Bildung optisch aktiver Verbindungen befähigt sind.

III. Anhang. Von E. Study.

45. Spekulationen über die Atomgewichte. Die auffallende Annäherung der kleineren auf H = 1 oder O = 16 bezogenen Atomgewichte an ganze Zahlen (vgl. Nr. **10**) und deren Anordnung im periodischen System mussten den Gedanken nahe legen, die Atomgewichte durch ein mathematisches Gesetz darzustellen. Es ist das eine Frage von der grössten theoretischen Bedeutung, und von nicht geringerem praktischem Wert. Gelänge es, von den vorhandenen Daten aus ein solches Gesetz wahrscheinlich zu machen, so hätte man in der Ausgleichungsrechnung ein Mittel, sämtliche Atomgewichte mit einem bisher nicht erhörten Grade von Genauigkeit zu bestimmen und jede neue stöchiometrische Messung würde diese Genauigkeit bei allen Elementen zugleich steigern. Man würde auch ein Mittel haben, konstante sog. Verunreinigungen zweifelhafter Elemente zu entdecken,

151) J. chem. soc. 77 (1900), p. 1072.
152) J. chem. soc. 77 (1900), p. 1174.
153) Proc. chem. soc. 18 (1902), p. 198; J. chem. soc. 81 (1902), p. 1552.
154) Proc. chem. soc. 16 (1900), p. 42.

wie sie z. B. beim Tellur schon vermutet worden sind, und würde überhaupt den schwierigen Elementen ganz anders gegenüberstehen als gegenwärtig. Nach bisherigen Untersuchungen kann indessen nur die Existenz eines solchen Gesetzes als gesichert gelten, während dessen Form noch unbekannt ist. Es ist schwer, die Grenzen zu beurteilen, innerhalb deren die Spekulation sich bewegen darf. Von der Ausgleichungsrechnung ist bei Bestimmung der Atomgewichte bis jetzt nur wenig Gebrauch gemacht worden, und zum Teil wohl mit Recht, da die konstanten Fehler, die sicher in einer grösseren Zahl von Beobachtungen stecken, die veränderlichen Beobachtungsfehler öfter bei weitem übersteigen werden[155]). — Die Tafeln der internationalen Atomgewichts-Kommission bieten nur eine Anzahl von Dezimalen, womit Unsicherheiten sehr verschiedener Grössenordnungen in eine Klasse geworfen werden, und sie geben überdies bei mehreren Elementen verschiedene Dezimalstellen je nach der Wahl der Basis $H = 1$ oder $O = 16$, lassen also bei einem und demselben Element die Schätzung des Fehlers im Verhältnis von $1:10$ variieren!

R. J. Strutt[156]) geht von acht der bestbekannten Atomgewichte aus und findet, unter Benutzung einer von *Laplace* angegebenen Formel der Wahrscheinlichkeitsrechnung und unter der Annahme $O = 16$ die Wahrscheinlichkeit der beobachteten Annäherung an ganze Zahlen — wenn sie auf Zufall beruhen sollte — kleiner als 0,0012.

Umfassendere Überlegungen ähnlicher Art hatte zuvor schon *J. R. Rydberg*[157]) angestellt, um darauf eine weitere Ausgestaltung des periodischen Systems zu gründen. Er findet bei Berücksichtigung einer grösseren Zahl von Elementen noch sehr viel kleinere Wahrscheinlichkeiten. Die Atomgewichte werden in der Form $P = N + D$ geschrieben ($O = 16$), wobei N eine ganze Zahl bedeutet, und D bei kleineren Werten von P stark hinter der Einheit zurückbleibt. Bei grösseren Werten von P geschieht die Bestimmung von N unter vor-

---

155) Bearbeitungen der *Stas*'schen — und zum Teil auch anderer — Experimente haben vorgenommen *W. Ostwald, van der Plaats, J. Thomsen, F. W. Clarke* (Zusammenstellung und Litteratur bei *Rudorf,* Periodisches System, p. 316), ferner *F. W. Clarke,* The Calculation of Atomic Weights, Chem. News 86 (1902), p. 78—79, wo 30 sieben Elemente involvierende Messungen ausgeglichen werden. Vgl. auch *Jul. Meyer,* Ztschr. f. anorg. Chem. 43 (1905), p. 242—250, wo noch einige weitere Litteratur angeführt wird. — Einen Bericht über — grösstenteils dilettantische — Versuche, Gesetzmässigkeiten in den Atomgewichtszahlen zu finden, giebt *Rudorf* a. a. O.

156) Phil. Mag. (6) 1 (1901), p. 311.

157) Seit 1886. Die Hauptarbeit: Studien über Atomgewichtszahlen, Ztschr. f. anorg. Chem. 14 (1897), p. 66—102.

sichtiger Anlehnung an das periodische Gesetz. D kann dann den Betrag von mehreren Einheiten erreichen. N hat bei den Elementen ungerader Valenz im allgemeinen die Form $4n - 1$, und bei denen gerader Valenz die Form $4n$, wo n wieder eine ganze Zahl ist. Ausgenommen sind in der Reihe H ... Fe nur die Elemente H, N, Sc, sowie Be, diese Ausnahmen sind also so wenig zahlreich, dass die ganze Anordnung nicht auf Zufall beruhen kann[158]). Ausserdem treten Gesetzmässigkeiten hervor, wenn die Elemente nach Werten von N in eine Reihe geordnet werden, und der Gang der D-Werte lässt in jeder der grossen Perioden (44 in den N-Werten) bei den Elementen gerader wie ungerader Valenz zwei Maxima und zwei Minima erkennen.

Der Wasserstoff nimmt, wie auch im periodischen System, eine Sonderstellung ein, und zwischen H und He würde *ein* hypothetisches Element (Coronium?) einzuschieben sein. Die sonstigen Lücken sind mit dem periodischen System Valigstens nicht unvereinbar.

Die einfach der Grösse nach geordneten Atomgewichte hat *J. H. Vincent* unter der Annahme H = 1 durch die Formel N^q, wo N eine *ganze* Zahl und q eine Konstante ist (= 1,21) angenähert darzustellen gesucht[159]). Es muss dann eine Lücke zwischen H und He, und eine zweite zwischen He und Li angenommen werden, die folgende Reihe wird lückenlos bis zu den seltenen Erden hin. Die Abweichungen, die in extremen Fällen (Jod) bis zu vier Einheiten, und bis zu 4% des Atomgewichts (He, C, S u. s. w.) betragen, lassen ein deutliches Gesetz nicht hervortreten.

Mit der hier behandelten Frage stehen spektralanalytische Gesetzmässigkeiten im Zusammenhang. Vgl. den Beitrag von *C. Runge* im zweiten Halbbande.

46. Kombinatorische Fragen. Nimmt man für jedes Element eine bestimmte Maximalvalenz an, setzt man voraus, dass jedes mit jedem sich verbinden kann, und sieht man von stereometrischen Überlegungen ab, so wird die Bestimmung der formal-denkbaren Verbindungen und Radikale aus n Atomen eine rein kombinatorische Aufgabe (vgl. Nr. 9). Der Wert solcher Betrachtungen ist indessen im allgemeinen gering angesichts der Unwahrscheinlichkeit schon so ein-

158) *R.* giebt an, dass die Wahrscheinlichkeit der thatsächlichen Verteilung der N-Werte auf die vier Gruppen $4n$, $4n+1$, $4n+2$, $4n+3$ über sieben Millionen mal kleiner sei als „die wahrscheinlichste Verteilung" derselben Werte.

159) Phil. Mag. (6) 4 (1902), p. 103—115. Daselbst auch ein Referat über einige ältere Versuche angenäherter Darstellung der Atomgewichte.

facher Verbindungen wie $C \equiv C$[160]) und der Thatsache, dass stereochemische Isomere eben nicht als äquivalent erachtet werden dürfen. Indessen sind bei Ketten- und Ringbildungen der organischen Chemie die Voraussetzungen für die Anwendung der reinen Kombinatorik zum Teil günstiger. Als Beispiel betrachten wir kurz die Paraffine. Ein Kohlenwasserstoff der Formel $C_n H_{2n+2}$ ist, wenn Stereomere (die von $n = 7$ an auftreten können) nicht unterschieden werden, völlig bestimmt durch die Verkettung seiner Kohlenstoffatome. Von diesen ist jedes an ein, zwei, drei oder vier andere einfach gebunden, und zwar so, dass die ganze Figur keinen Ring enthält. Alle sog. Heptane $C_7 H_{16}$ z. B. werden durch die folgenden Figuren erschöpft:

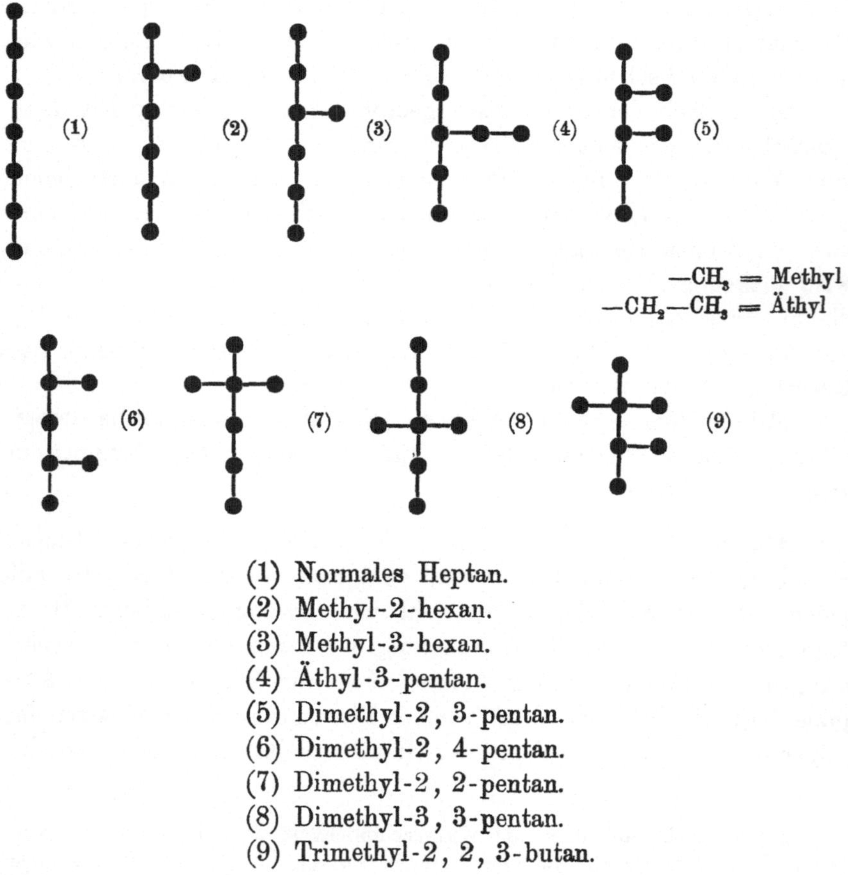

(1) Normales Heptan.
(2) Methyl-2-hexan.
(3) Methyl-3-hexan.
(4) Äthyl-3-pentan.
(5) Dimethyl-2, 3-pentan.
(6) Dimethyl-2, 4-pentan.
(7) Dimethyl-2, 2-pentan.
(8) Dimethyl-3, 3-pentan.
(9) Trimethyl-2, 2, 3-butan.

---

160) Wie weit das wirklich Gefundene hinter solchem Phantasiespiel zurückbleibt, zeigt bei aller seiner Reichhaltigkeit das grosse Werk von *M. M. Richter* Lexikon der Kohlenstoffverbindungen (Hamburg u. Leipzig, 1900—1901).

(3) und (5) sind in je zwei enantiomorphen Formen anzunehmen (s. Nr. 18). Bekannt sind bis jetzt die Heptane (1), (2), (3) — dieses als racemisches Gemisch, vgl. Nr. **19** — (4), (7), (8); ausserdem ist noch ein Heptan von unbekannter Struktur dargestellt worden. Dagegen kennt man alle Paraffine, die Werten $n < 7$ entsprechen. (Vgl. das in Anm. 160 citierte Lexikon von *M. M. Richter.*)

Die Anzahl N der einem gegebenen Werte von n entsprechenden Figuren der bezeichneten Art, die „Bäume" (trees) genannt werden, hat *A. Cayley* behandelt[161]). Entsprechende Werte von n und N sind

$$n = 1, 2, 3, 4, 5, 6, 7, 8, 9, 10, 11, 12, 13, \ldots$$

$$N = 1, 1, 1, 2, 3, 5, 9, 18, 35, 75, 159, 355, 802, \ldots$$

Die Anzahlen der entsprechenden Alkohole $C_nH_{2n+1}(OH)$ sind[162])

$$N_1 = 1, 1, 2, 4, 8, 17, 39, 89, 211, 507, 1238, 3057, 7638$$

(wobei wieder die hier von $n = 5$ an auftretenden Stereomeren nicht unterschieden sind).

Es liegt in der Natur der Sache, dass solche kombinatorische Aufgaben auch in ganz anderem Zusammenhang sich darbieten können; so ist *Cayley* thatsächlich durch rein-mathematische Spekulationen zur Betrachtung der „Bäume" veranlasst worden. Formale Analogieen zu den chemischen Strukturformeln, die in der Theorie der Invarianten binärer (und anderer) algebraischer Formen (Art. I B, 2) auftreten, haben zu der phantastischen Hoffnung Anlass gegeben, die Chemie könne aus diesem Zweige der Algebra Gewinn ziehen[163]). Mit Recht hat indessen schon *M. Noether* in einem Referate über solche Bemühungen[164]) auf das Äusserliche des ganzen Zusammenhanges und auf das Fehlen einer wirklichen Analogie aufmerksam gemacht. Gleichwohl ist der erwähnte Gedanke neuerdings wieder aufgetaucht. Ein Fortschritt in der Chemie soll angeblich dadurch herbeigeführt werden, dass man

---

161) Die Hauptarbeit: On the Analytical Forms called Trees, with Application to the Theory of Chemical Combinations, Rep. Brit. Assoc. 1875, p. 257—305 = Coll. Math. Papers 9, Nr. 610. (Vgl. ebenda Nr. 586.) Dazu — insbesondere wegen der Fälle $n = 12, 13$: *F. Herrmann,* Ber. d. deutsch. chem. Ges. 13 (1880), p. 792; *Delannoy,* Bull. Soc. chim. Paris (3) 11 (1894), p. 239—248; ferner *S. M. Losanitzsch,* Ber. d. deutsch. chem. Ges. 30 (1897), p. 2423.

162) *A. Cayley,* Coll. Pap. 9, Nr. 621; *F. Flavitzky,* Ber. d. deutsch. chem. Ges. 9 (1876), p. 267. S. ferner *R. Anschütz,* ebenda 35 (1902), p. 3457, u. a. m.

163) *J. J. Sylvester,* On an Application of the New Atomic Theory etc., Amer. Journal of Math. 1 (1878), p. 64; *Clifford,* ebenda p. 126.

164) Fortschr. d. Math. 10 (1878, Berlin 1880), p. 91.

die graphischen Strukturformeln durch verwickeltere Zeichen ersetzt, z. B. die Strukturformel HOOH in der Form schreibt: $(oo')(oh)(o'h')$.[165])

165) *P. Gordan* und *W. Alexejeff*, Übereinstimmung der Formeln der Chemie und der Invariantentheorie, Sitzgsber. der phys.-med. Societät zu Erlangen 1900 = Ztschr. phys. Chem. 35 (1900), p. 610—633. Referat darüber Beibl. Ann. Phys. 25 (1901), p. 87; *Alexejeff*, Ztschr. phys. Chem. 36 (1901), p. 740; *E. Study*, ebenda 37 (1901), p. 546. Erwiderung von *Alexejeff*, ebenda 38 (1901), p. 750.

(Abgeschlossen im März 1905.)

V 7. KRYSTALLOGRAPHIE.

Von

TH. LIEBISCH, A. SCHÖNFLIES und O. MÜGGE

in Göttingen. in Königsberg. in Königsberg.

Inhaltsübersicht.

I. Die Symmetriegesetze und die 32 Symmetriegruppen.

II. Die Strukturtheorien und die 230 Strukturgruppen.

C. Zur Prüfung der Strukturtheorien an der Erfahrung.
Von **O. Mügge** in Königsberg.

Litteratur.

Lehrbücher zu Teil A.

R. J. Hauy, Traité de Minéralogie, 4 Bde., Paris 1801; 2. Aufl. 1822. Übersetzt von *D. L. G. Karsten* und *Chr. S. Weiss.* 4 Bde., Paris und Leipzig, 1804—1810.

J. Fr. L. Hausmann, Handbuch der Mineralogie, 3 Bde., Göttingen 1813; 2. Aufl. 1828—1847.

R. J. Hauy, Traité de cristallographie, 2 Bde., Paris 1822.
Fr. Mohs, Grundriss der Mineralogie, 2 Bde., Dresden 1822—1824. Ins Englische übersetzt von *W. Haidinger*, 3 Bde., Edinburgh 1825.
C. Fr. Naumann, Lehrbuch der reinen und angewandten Krystallographie, 2 Bde., Leipzig 1829. 1830.
G. Rose, Elemente der Krystallographie, Berlin 1830; 3. Aufl. 1873.
A. T. Kupffer, Handbuch der rechnenden Krystallonomie, Petersburg 1831.
W. H. Miller, A treatise on crystallography, Cambridge 1839. Übersetzt und erweitert von *H. de Senarmont*, Paris 1842, und *J. Grailich*, Wien 1856.
H. Kopp, Einleitung in die Krystallographie, Braunschweig 1849; 2. Aufl. 1862.
F. A. Schröder, Elemente der rechnenden Krystallographie, Clausthal 1852.
W. Philipps, An elementary introduction to mineralogy. New edit. by *H. J. Brooke* and *W. H. Miller*, London 1852.
Fr. Pfaff, Grundriss der mathematischen Verhältnisse der Krystalle, Nördlingen 1853.
Fr. A. Quenstedt, Handbuch der Mineralogie, Tübingen 1854; 3. Aufl. 1877.
C. Fr. Naumann, Elemente der theoretischen Krystallographie, Leipzig 1856.
H. Karsten, Lehrbuch der Krystallographie, Leipzig 1861 (Encykl. d. Phys., Bd. 2).
A. Des Cloizeaux, Leçons de cristallographie, lith., Paris 1861.
W. H. Miller, A tract on crystallography, Cambridge 1863. Übersetzt von *P. Joerres*, Bonn 1864.
A. Schrauf, Lehrbuch der physikalischen Mineralogie, 2 Bde., Wien 1866, 1868.
V. v. Lang, Lehrbuch der Krystallographie, Wien 1866.
Qu. Sella, Lezioni di cristallografia, Torino 1867; 2. Aufl. 1877.
Fr. A. Quenstedt, Grundriss der bestimmenden und rechnenden Krystallographie, Tübingen 1873.
C. Klein, Einleitung in die Krystallberechnung, Stuttgart 1876.
A. Sadebeck, Angewandte Krystallographie, Berlin 1876.
P. Groth, Physikalische Krystallographie, Leipzig 1876; 4. Aufl. 1905.
E. Mallard, Traité de cristallographie géométrique et physique, I, Paris 1879.
Th. Liebisch, Geometrische Krystallographie, Leipzig 1881.
A. Brezina, Methodik der Krystallbestimmung, Wien 1884.
F. Henrich, Lehrbuch der Krystallberechnung, Stuttgart 1886.
M. Websky, Anwendung der Linearprojektion zum Berechnen der Krystalle, Berlin 1887.
G. Wyrouboff, Manuel pratique de cristallographie, Paris 1889.
G. H. Williams, Elements of crystallography, New York 1890.
B. Hecht, Anleitung zur Krystallberechnung, Leipzig 1893.
Ch. Soret, Eléments de cristallographie physique, Genève, Paris 1893.
N. St. Maskelyne, Crystallography. A Treatise on the morphology of crystals, Oxford 1895.
A. Nies, Allgemeine Krystallbeschreibung auf Grund einer vereinfachten Methode des Krystallzeichnens, Stuttgart 1895.
Th. Liebisch, Grundriss der physikalischen Krystallographie, Leipzig 1896.
G. Link, Grundriss der Krystallographie, Jena 1896.
G. La Valle, Corso di cristallografia teoretica con applicazione al calcolo dei cristalli, Messina 1896.
E. v. Fedorow, Cursus der Krystallographie, Petersburg 1897. (Russisch.)
W. J. Lewis, Treatise on crystallography, Cambridge 1899.

W. J. Vernadsky, Grundlagen der Krystallographie, I, 1, Moskau 1903. (Russisch.)
C. M. Viola, Grundzüge der Krystallographie, Leipzig 1904.
G. Wulff, Grundzüge der Krystallographie, Warschau 1904. (Russisch.)
E. Sommerfeld, Geometrische Krystallographie, Leipzig 1906.

Lehrbücher zu Teil B und C (vgl. auch die unter A genannten).[1]

L. Sohncke, Entwickelung einer Theorie der Krystallstruktur, Leipzig 1879.
E. v. Fedorow[2]), Elemente der Lehre von den Figuren, St. Petersburg 1885 (russisch).
Th. Liebisch, Physikalische Krystallographie, Leipzig 1891.
A. Schönflies, Krystallsysteme und Krystallstruktur, Leipzig 1891.
H. Hilton, Mathematical crystallography and the theory of groups of movements, Oxford 1903.

Monographieen zu Teil A.

F. E. Neumann, Beiträge zur Krystallonomie, Heft I, Berlin u. Posen 1823.
J. G. Grassmann, Zur physischen Krystallonomie und geometrischen Kombinationslehre, I, Stettin 1829.
H. Grassmann, Ableitung der Krystallgestalten aus dem allgemeinen Gesetz der Krystallbildung. Progr. Otto-Schule in Stettin, 1839. (Ges. math. u. phys. Werke, II, 2, p. 115, Leipzig 1902.)
Fr. A. Quenstedt, Methode der Krystallographie, Tübingen 1840.
— Beiträge zur rechnenden Krystallographie, Tübingen 1848.
J. Weisbach, Anleitung zum axonometrischen Zeichnen, Freiberg 1857.
Fr. v. Kobell, Zur Berechnung der Krystallformen, München 1867.
A. Knop, Molekularconstitution und Wachsthum der Krystalle, Leipzig 1867.
G. Uzielli, Studi di cristallografia teorica, Roma 1877.
E. Reusch, Die stereographische Projektion, Leipzig 1881.
Qu. Sella, Memorie di cristallografia, Roma 1885.
V. Goldschmidt, Über Projektion und graphische Krystallberechnung, Berlin 1887.
— Krystallographische Projektionsbilder, Berlin 1887
— Einleitung in die formbeschreibende Krystallographie. Abdruck aus: Index der Krystallformen der Mineralien, 3 Bde., Berlin 1886—1891.
— Krystallographische Winkeltabellen, Berlin 1897.

Monographieen zu Teil B und C (vgl. auch die unter A genannten).

R. J. Hauy, Essai d'une théorie de la structure des cristaux, Paris 1784.
J. Fr. Chr. Hessel[3]), Krystallometrie oder Krystallonomie und Krystallographie, Leipzig 1831.
— Über gewisse merkwürdige statische und dynamische Eigenschaften des Raumes, Universitätsschrift, Marburg 1862.

1) Eine ausführliche historische Darstellung der Entwickelung der Krystallstruktur findet sich in dem oben genannten Buch von *Sohncke.*

2) *Fedorow* hat eine kurze Inhaltsangabe dieser Schrift in der Zeitschr. f. Krystallographie 21 (1895), p. 679 veröffentlicht.

3) Abdruck eines Artikels über Krystallographie aus Gehlers physikalischem Wörterbuch 5 (1830), p. 1062 ff.

M. L. Frankenheim, System der Krystalle, Nova Acta Leopoldina 19, 2 (1842), p. 471 ff.

G. Delafosse, Recherches sur la cristallisation considérée sous les rapports physiques et mathématiques, Mém. Sav. étrang. Paris 8 (1843).

A. Bravais[4]), Mémoire sur les polyèdres de forme symétrique, Journ. de math. 14 (1849), p. 141 ff.

— Mémoire sur les systèmes de points distribués régulièrement sur un plan ou dans l'espace, Journ. éc. polyt. Heft 33 (1850), p. 1 ff.

— Études crystallographiques, Journ. éc. polyt. Heft 34 (1851), p. 229 ff.

A. F. Möbius, Über das Gesetz der Symmetrie der Krystalle, Sächs. Ber. Leipzig 1 (1849), p. 65.

C. Jordan, Mémoire sur les groupes de mouvements, Ann. di mat. (2) 2 (1868/9), p. 167 u. 322.

Chr. Wiener, Grundzüge der Weltordnung, 2. Aufl. Leipzig 1869.

A. Gadolin, Mémoire sur la déduction d'un seul principe de tous les systèmes crystallographiques, Acta soc. fenn. Helsingfors 9 (1871), p. 1.

P. Curie, Sur les questions d'ordre, Bull. soc. min. de France 7 (1884), p. 89 u. 418.

B. Minnigerode, Untersuchungen über die Symmetrieverhältnisse und die Elasticität der Krystalle, Nachr. Ges. d. Wiss. Göttingen (1884), p. 195, 374, 488.

— Untersuchungen über die Symmetrieverhältnisse der Krystalle, Neues Jahrb. f. Min. Beilageband 5 (1887), p. 145.

E. v. Fedorow[5]), Symmetrie der regelmässigen Systeme von Figuren, St. Petersburg 1890 (russisch).

H. Fletcher, Recent progress in mineralogy and crystallography, Report of the British Assoc. Oxford 1894.

Lord *Kelvin*, The molecular Tactics of a Crystal. Second Boyle Lecture Oxford 1894.

W. Barlow, A mechanical cause o homogenity of structure and symmetry, geometrically investigated, Proc. Roy. Soc. Dublin 8 (N. S.) 1898, p. 527.

— *H. A. Miers* and *Herbert Smith*, The structure of crystals, Report Brit. Assoc. Glasgow 1901. Sect. C. London 1901.

G. Friedel, Études sur les groupements cristallins, Bull. soc. de l'industrie minérale (4) 3 u. 4. Saint-Étienne 1904.]

A. Das krystallographische Grundgesetz und seine Anwendung auf die Berechnung und Zeichnung der Krystalle.

Von **Th. Liebisch** in Göttingen.

Einheitliche und schwebend gebildete Krystalle bieten polyedrische Formen dar, deren charakteristische geometrische Eigenschaft ausgesprochen wird in dem durch die Erfahrung gegebenen *krystallographischen Grundgesetz* — Gesetz der Zonen, der rationalen Indices oder der rationalen Doppelverhältnisse. (Vgl. hierzu Teil B, Nr. 25.)

4) Die Arbeiten von *Bravais* erschienen 1866 in Paris als Études cristallographiques.

1. Einfache konvexe Polyeder. Ist die Einwirkung äusserer Agentien, die eine Störung der natürlichen homogenen Beschaffenheit der Krystalle erzeugen können, ausgeschlossen, und bleiben die Temperatur und der äussere allseitig gleiche Druck konstant, so sind die *Richtungen* der Begrenzungsebenen eines Krystallpolyeders unveränderlich. Daher ist ein solches Polyeder durch seine *Flächenwinkel* vollständig bestimmt.

Erfahrungsgemäss bilden die Begrenzungsebenen (Krystallflächen) ein einfaches, im gewöhnlichen Sinne konvexes Polyeder. Jede Krystallfläche besitzt also in Bezug auf das Polyeder, zu dem sie gehört, eine äussere und eine innere Seite. Werden von einem Punkte im Innern des Polyeders Normalen auf die Flächen gefällt, so sollen die nach aussen zeigenden Richtungen als positiv angesehen werden. Unter einem Flächenwinkel soll der am Reflexionsgoniometer messbare Aussenwinkel verstanden werden. Er wird beschrieben, wenn eine der beiden Flächen aus ihrer ursprünglichen Lage um die Schnittgerade gedreht wird, bis sie, ohne dabei das Innere des Polyeders zu bestreichen, in die Verlängerung der anderen Fläche fällt. Einen gleichen Winkel beschreibt die Normale der Fläche.

Als positive Richtung einer Kante in Beziehung auf eine Fläche, in der sie nicht enthalten ist, soll die Richtung verstanden werden, die mit der positiven Richtung der Flächennormale einen Winkel $< \pi/2$ einschliesst. Dieser Winkel soll der Einfallswinkel der Kante in Beziehung auf die Fläche genannt werden.

2. Gesetz der Zonen. Eine auffallende Eigenschaft der Krystallpolyeder besteht darin, dass an ihnen Scharen von Kanten auftreten, die untereinander parallel laufen. *Chr. S. Weiss*, der zuerst die Bedeutung dieser Thatsache für die geometrische Krystallographie erkannt hat, nannte die Gesamtheit der Flächen, die sich in parallelen Kanten schneiden, eine *Zone* von Flächen.

Häufig werden Flächen beobachtet, die gleichzeitig in zwei oder mehr Zonen liegen. Zur Bestimmung ihrer Lage gegen die übrigen Flächen sind Winkelmessungen nicht erforderlich. Denn eine Ebene ist ihrer Richtung nach bestimmt, wenn sie gleichzeitig zwei Kanten von verschiedenen Richtungen parallel laufen soll.

Gehen wir nun dazu über, aus je zwei Zonen schon vorhandener Flächen eines Krystallpolyeders eine neue Flächenrichtung abzuleiten, die beiden Zonen angehört, so erhebt sich die Frage, ob stets die auf solche Weise mit beobachteten Flächen in Beziehung stehenden Ebenen mögliche Krystallflächen sind. Die Erfahrung hat gelehrt, dass dieses Ableitungsverfahren in der That berechtigt ist. Da zur geometrischen

Ableitung einer unbegrenzten Zahl von Flächen aus Zonen vier Flächen, die ein im allgemeinen unregelmässiges Tetraeder bilden, notwendig und ausreichend sind, so können wir die charakteristische geometrische Eigenschaft der Gesamtheit von Flächen, die als Begrenzungsebenen der polyedrischen Formen eines krystallisierten Körpers auftreten können, durch folgenden Satz aussprechen: *Aus vier Flächen eines Krystallflächenkomplexes, die ein Tetraeder bilden, lassen sich alle übrigen Flächen der Reihe nach dadurch ableiten, dass parallel zu jedem Paare von Durchschnittslinien der bereits vorhandenen Flächen eine neue Fläche gelegt wird*[1]).

Da krystallographische Begrenzungselemente nur ihrer Richtung nach völlig bestimmt sind, so können wir durch ein Zentrum C das Bündel der Ebenen und Geraden gelegt denken, die den Flächen und Kanten eines Krystallflächenkomplexes parallel gehen. Dann ist nach dem Gesetz der Zonen jede Gerade der Träger eines Büschels von möglichen Flächen und jede Ebene der Träger eines Büschels von möglichen Kanten. Flächen- und Kantenrichtungen stehen sich *dualistisch* gegenüber[2]).

Vier der Ableitung zu Grunde liegende Flächen $e_0\, e_1\, e_2\, e_3$ bilden ein vollständiges Vierflach mit drei Paaren von Gegenkanten (Fig. 1, 5):

$$e_2e_3 = \varepsilon_1;\; e_3e_1 = \varepsilon_2;\; e_1e_2 = \varepsilon_3$$

$$e_0e_1 = \varepsilon_4;\; e_0e_2 = \varepsilon_5;\; e_0e_3 = \varepsilon_6.$$

Je zwei einander gegenüberliegende Kanten werden durch eine Diagonalfläche verbunden:

$$\varepsilon_1\varepsilon_4 = b_1;\; \varepsilon_2\varepsilon_5 = b_2;\; \varepsilon_3\varepsilon_6 = b_3.$$

Diese drei Flächen schneiden sich in den drei Diagonalkanten des Vierflaches:

$$b_2b_3 = \beta_1;\; b_3b_1 = \beta_2;\; b_1b_2 = \beta_3.$$

Durch jede Diagonalkante kann ein Paar Gegenflächen nach den beiden mit ihr noch nicht verbundenen Gegenkanten gelegt werden:

Vier der Ableitung zu Grunde liegende Kanten $\delta_0\, \delta_1\, \delta_2\, \delta_3$ bilden ein vollständiges Vierkant mit drei Paaren von Gegenflächen (Fig. 1, 5):

$$\delta_2\delta_3 = d_4;\; \delta_3\delta_1 = d_5;\; \delta_1\delta_2 = d_6$$

$$\delta_0\delta_1 = d_1;\; \delta_0\delta_2 = d_2;\; \delta_0\delta_3 = d_3.$$

Diese sechs Flächen schneiden sich ausser in den vier Kanten δ noch in den drei Diagonalkanten:

$$d_1d_4 = \beta_1;\; d_2d_5 = \beta_2;\; d_3d_6 = \beta_3.$$

Durch je zwei dieser Kanten geht eine Diagonalfläche des Vierkants:

$$\beta_2\beta_3 = b_1;\; \beta_3\beta_1 = b_2;\; \beta_1\beta_2 = b_3.$$

Auf jeder Diagonalfläche erzeugen die drei Paare von Gegenflächen ausser den Diagonalkanten noch ein Paar Gegenkanten:

1) *F. E. Neumann,* Beitr. z. Krystallon. 1823. De lege zonarum 1826; *A. F. Möbius,* Der barycentrische Calcül 1827, p. 266; Ber. Verh. sächs. Ges. d. Wiss. Math. phys. Cl. 1849, p. 45; *F. Blasius,* Ann. Phys. Chem. 41 (1890), p. 538.

2) *H. Grassmann,* Ausdehnungslehre von 1844, § 171; *Liebisch,* Zeitschr. d. geol. Ges. 1877, p. 515.

$\beta_1 \varepsilon_1 = d_1;\ \beta_2 \varepsilon_2 = d_2;\ \beta_3 \varepsilon_3 = d_3$ $\beta_1 \varepsilon_4 = d_4;\ \beta_2 \varepsilon_5 = d_5;\ \beta_3 \varepsilon_6 = d_6.$	$b_1 d_1 = \varepsilon_1;\ b_2 d_2 = \varepsilon_2;\ b_3 d_3 = \varepsilon_3$ $b_1 d_4 = \varepsilon_4;\ b_2 d_5 = \varepsilon_5;\ b_3 d_6 = \varepsilon_6.$
Diese sechs Flächen schneiden sich zu je dreien in vier Kanten:	Diese sechs Kanten liegen zu je dreien auf vier Flächen:
$d_1 d_2 d_3 = \delta_0$ $d_1 d_5 d_6 = \delta_1$ $d_2 d_6 d_4 = \delta_2$ $d_3 d_4 d_5 = \delta_3,$	$\varepsilon_4 \varepsilon_5 \varepsilon_6 = e_0$ $\varepsilon_4 \varepsilon_2 \varepsilon_3 = e_1$ $\varepsilon_5 \varepsilon_3 \varepsilon_1 = e_2$ $\varepsilon_6 \varepsilon_1 \varepsilon_2 = e_3,$
welche ein vollständiges Vierkant bilden.	welche ein vollständiges Vierflach bilden.
In jeder Diagonalfläche b bilden die auf ihr liegenden Gegenkanten ε und Diagonalkanten β ein harmonisches Büschel:	Die in einer Diagonalkante β sich schneidenden Gegenflächen d und Diagonalflächen b bilden ein harmonisches Büschel:
$(\beta_2 \beta_3 \varepsilon_1 \varepsilon_4) = -1$ $(\beta_3 \beta_1 \varepsilon_5 \varepsilon_2) = -1$ $(\beta_1 \beta_2 \varepsilon_6 \varepsilon_3) = -1.$	$(b_2 b_3 d_4 d_1) = -1$ $(b_3 b_1 d_5 d_2) = -1$ $(b_1 b_2 d_6 d_3) = -1.$

Die Fläche e_i und die Kante δ_i, $i = 1, 2, 3, 4$, werden an allen Kanten des Dreikants $\beta_1 \beta_2 \beta_3$ und auf allen Flächen des Dreiflachs $b_1 b_2 b_3$ voneinander harmonisch getrennt.

Auf diese Weise kann die geometrische Ableitung neuer Flächen und Kanten unbegrenzt fortschreiten.

3. Raumgitter. Der Zonenzusammenhang der Flächen eines krystallisierten Körpers wird veranschaulicht durch das geometrische Bild der Struktur einheitlicher Krystalle, das durch die weitere Entwicklung der *Hauy*schen Hypothese über die Krystallstruktur entstanden ist. (Näheres hierüber in Teil B, Art. *Schönflies.*)

In einem unbegrenzt gedachten einheitlichen Krystall sind unzählig viele Punkte vorhanden von der Beschaffenheit, dass um jeden Punkt die Massenverteilung nach parallelen Richtungen dieselbe ist, wie um jeden anderen Punkt. Diese Stellen müssen angeordnet sein nach Raumgittern, d. h. nach den Schnittpunkten dreier Scharen von parallelen äquidistanten Ebenen. Jede durch irgend zwei Punkte des Gitters gelegte Gerade (Punktreihe) ist mit unendlich vielen Gitterpunkten äquidistant besetzt; der Abstand zweier benachbarter Punkte wird der Parameter dieser Punktreihe und der zu ihr parallelen Punktreihen genannt. Legt man durch irgend drei Punkte des Gitters, die nicht einer Geraden angehören, eine Ebene (Netzebene), so ist sie mit unendlichen vielen Punkten parallelogrammatisch besetzt.

Die Raumgitterstruktur veranschaulicht das Gesetz der Zonen, wenn die Annahme hinzugefügt wird, *dass als Krystallflächen nur Netzebenen des Gitters auftreten können.*

4. Polfiguren. Wir stellen uns vor, dass die Flächen eines Krystallpolyeders um die Strecke r von einem Punkte C im Innern entfernt seien. Dann kann dem Polyeder eine Kugel um C mit dem Radius r eingeschrieben werden. Der Berührungspunkt einer Fläche mit der Kugel wird der Pol dieser Fläche, die Gesamtheit der Flächenpole die Polfigur des Polyeders genannt. Die Flächen einer Zone liefern Pole, die in einem Hauptkreise (Zonenkreise) liegen; die durch den Mittelpunkt gelegte Kantenrichtung der Zone schneidet die Kugel in den Polen des Zonenkreises.

Da der sphärische Abstand zweier Flächenpole ein Mass ist für den äusseren Winkel der zugehörigen Flächen, so gewährt die Polfigur eine auf anderem Wege nicht erreichbare Übersicht der Flächenwinkel und damit die zweckmässigste Grundlage für die Ermittlung der zur Beschreibung der Krystallpolyeder erforderlichen Grössen.

In der Polfigur sind einer Fläche und ihrer parallelen Gegenfläche verschiedene (diametral gegenüberliegende) Punkte zugeordnet. Soll die entsprechende Unterscheidung auch in dem Bündel der von C ausgehenden Flächennormalen, das die Kugel in den Polen der Fläche schneidet, festgehalten werden, so müssen wir den Flächennormalen die auf S. 396 eingeführten positiven Richtungssinne beilegen. In der Untersuchung projektivischer Beziehungen zwischen einem Krystallflächenkomplex und seiner Polfigur wird hierauf verzichtet; dann entspricht einer Flächenrichtung ein Polpaar[3]).

5. Projektionen. Hülfsmittel für die geometrische Untersuchung der Krystallpolyeder bieten die von *F. E. Neumann* 1823 eingeführten Verfahren zur übersichtlichen Darstellung des Zonenverbandes in einer Ebene dar[4]). Man gewinnt diese Darstellungen, indem man I. das durch ein Zentrum C gelegte Bündel von Ebenen eines Krystallflächenkomplexes mit einer nicht durch C gehenden Ebene $\mathfrak{E}$ schneidet

3) Über die Einführung der Normalen der Krystallflächen und der Polfiguren vgl. *F. E. Neumann,* Beiträge zur Krystallonomie 1 (1823), p. 5, 55; Ann. Phys. Chem. 4 (1825), p. 63; *J. G. Grassmann,* Zur physischen Krystallonomie 1 (1829), p. X, 5, 50; *J. F. Chr. Hessel,* Krystallometrie 1831, p. 223.

4) *F. E. Neumann,* Beiträge zur Krystallonomie 1 (1823). Wesentlich kompliziertere graphische Methoden sind von *L. Ditscheiner* vorgeschlagen worden Sitz.-Ber. Wien. Akad. Math. Kl. 26 (1857), p. 279. 28 (1858), p. 93, 134, 201. 32 (1858), p. 3.

oder II. das Bündel der Flächennormalen a) mit einer nicht durch C gehenden Ebene $\mathfrak{E}'$ oder b) mit einer konzentrischen Kugel schneidet.

I. *Linienprojektion eines Flächenbündels.* Da in dem Bündel jedem Paare einer Fläche und ihrer parallelen Gegenfläche eine einzige Ebene entspricht, so ist deren Schnittgerade mit der Projektionsebene $\mathfrak{E}$ einer Flächen*richtung* zugeordnet. Die Spuren der Flächenrichtungen einer Zone bilden ein Büschel von Geraden durch die Spur der gemeinsamen Kante (Zonenpunkt). Jeder Kanten*richtung* des Krystalls ist also ein Punkt in $\mathfrak{E}$ zugeordnet. Aus der perspektivischen Lage des Bündels und seiner Projektion folgt die Gleichheit der Doppelverhältnisse von vier Elementen eines Büschels im Bündel und der vier entsprechenden Elemente in der Projektion.

Die Linienprojektion (Fig. 1) veranschaulicht den Zonenverband der auf S. 397—398 genannten Flächen $e_0 \ldots d_6$.

Linienprojektionen wurden von *Fr. A. Quenstedt*, *F. H. Schröder* und *M. Websky* in umfassender Weise für die Zwecke der geometrischen Krystallographie verwertet[5]).

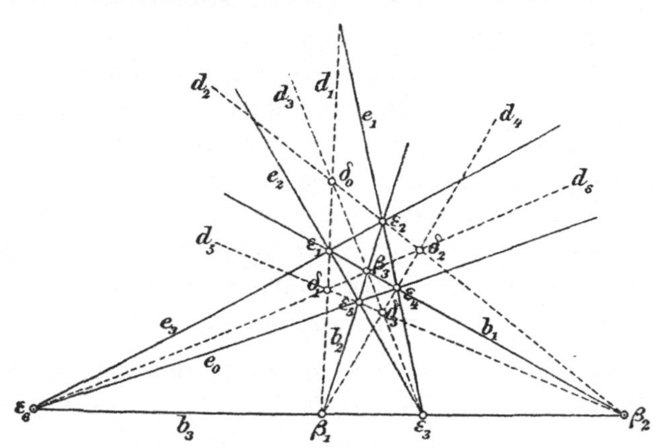

Fig. 1. Linienprojektion.

IIa. *Punktprojektion eines Bündels von Flächennormalen; gnomonische Projektion einer Polfigur.* In der Projektionsebene $\mathfrak{E}'$ erzeugen die Flächennormalen ein System von Schnittpunkten. Hierdurch wird jeder Flächenrichtung des Krystalls ein Punkt (Flächenort) in $\mathfrak{E}'$ zu-

5) *Fr. A. Quenstedt*, Ann. Phys. Chem. 34 (1835), p. 503, 561; 36 (1835), p. 245, 379; Methode der Krystallographie 1840, Beiträge zur rechn. Krystallogr. 1848, Handbuch der Min. 1855, Grundriss d. bestimm. u. rechn. Krystallogr. 1873; *F. H. Schröder*, Elemente d. rechn. Krystallogr. 1852; *M. Websky*, Ann. Phys. Chem. 118 (1863), p. 240; Anwendung d. Linearprojektion z. Berechn. d. Krystalle 1887.

geordnet. Den Flächenrichtungen einer Zone entsprechen Punkte einer Geraden; jeder Kantenrichtung des Krystalls ist also eine Gerade (Zonenlinie) in $\mathfrak{E}'$ zugeordnet.

Betrachtet man in Fig. 1 die Punkte $\delta_0, \delta_1, \delta_2, \delta_3$ als Flächenorte eines vollständigen Vierflachs, so wird der Zonenverband der abgeleiteten Flächen $\beta_1 \ldots \varepsilon_6$ veranschaulicht.

Die Projektion eines Bündels von Flächenormalen ist identisch mit der *gnomonischen Projektion* der zu dem Bündel der Flächen gehörigen Polfigur auf die Ebene $\mathfrak{E}'$, wenn man den Radius der Kugel gleich dem Abstand des Zentrums C von $\mathfrak{E}'$ wählt[6]).

Den Hauptkreis, in welchem die Kugel von der parallel $\mathfrak{E}'$ gelegten Diametralebene geschnitten wird, nennen wir Grundkreis. Den Berührungspunkt O' von $\mathfrak{E}'$ mit der Kugel, der im allgemeinen nicht

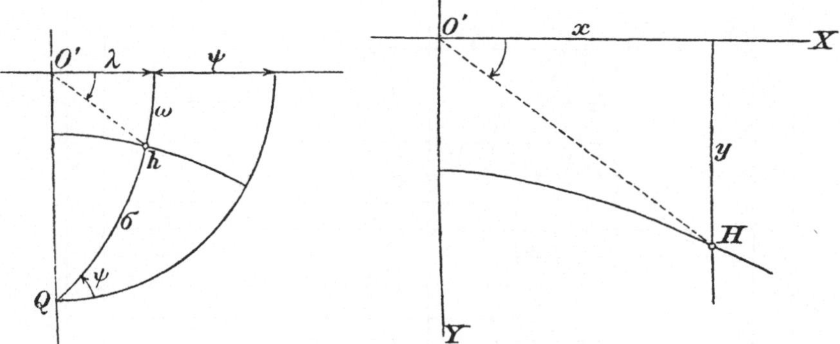

Fig. 2. Polarkoordinaten σ, ψ des Poles h.

Fig. 3. Gnomonische Projektion H des Poles h.

mit dem Pol einer Krystallfläche zusammenfällt, bezeichnen wir als Projektionszentrum. Zu Polarkoordinaten eines Poles h seien gewählt der sphärische Abstand $(Qh) = \sigma$ von dem im Grundkreise gelegenen Pole Q und das Azimut ψ der Zone Qh in Bezug auf diesen Kreis (Fig. 2). Dann hat das Projektionszentrum O' die Koordinaten $\sigma = \psi = 90^0$.

Die Kugel sei mit einem Netz von Längenkreisen und Breiten-

6) Nach dem Vorgange von *F. E. Neumann* wurde die gnomonische Projektion verwertet von: *J. Fr. Chr. Hessel,* Krystallometrie (1831), p. 225 f. (Lehre von der Zeigerfläche); *W. H Miller,* Phil. Mag. (4) 18 (1859), p. 37; *M. Websky,* Monatsber. Berlin. Akad. 1876, p. 3, 1879, p. 124; *E. Mallard,* Traité de crist. 1 (1879); *H. A. Miers,* Min. Mag. 7 (1887), p. 145; *V. Goldschmidt,* in den auf p. 394 genannten Schriften und Zeitschr. f. Kryst. 17 (1890), p. 97, 191; 19 (1891), p. 35, 352; 20 (1892), p. 143; 21 (1893), p. 210; 22 (1894), p. 20; 25 (1896), p. 538; 30 (1899), p. 346; *E. v. Fedorow,* Zeitschr. f. Kryst. 21 (1893), p. 574; *G. F. H. Smith,* Min. Mag. 13 (1903), p. 309; *H. Hilton,* Min. Mag. 14 (1904), p. 18.

kreisen in der Weise bedeckt, dass die Längenkreise durch Q hindurchgehen und O' der Nullpunkt der Länge λ ist. Die Breite sei bezeichnet mit ω. Es ist $\lambda + \psi = \omega + \sigma = 90^0$. Wählt man jetzt in der Projektionsebene $\mathfrak{E}'$ (Fig. 3) die Schnittgeraden mit der Äquatorebene und der Ebene des Längenkreises QO' zu Koordinatenaxen X, Y, so gilt für die Projektion H des Poles h:

$$x = r \cdot \operatorname{cotg} \psi,$$

$$y = r \cdot \frac{\operatorname{cotg} \sigma}{\sin \psi}.$$

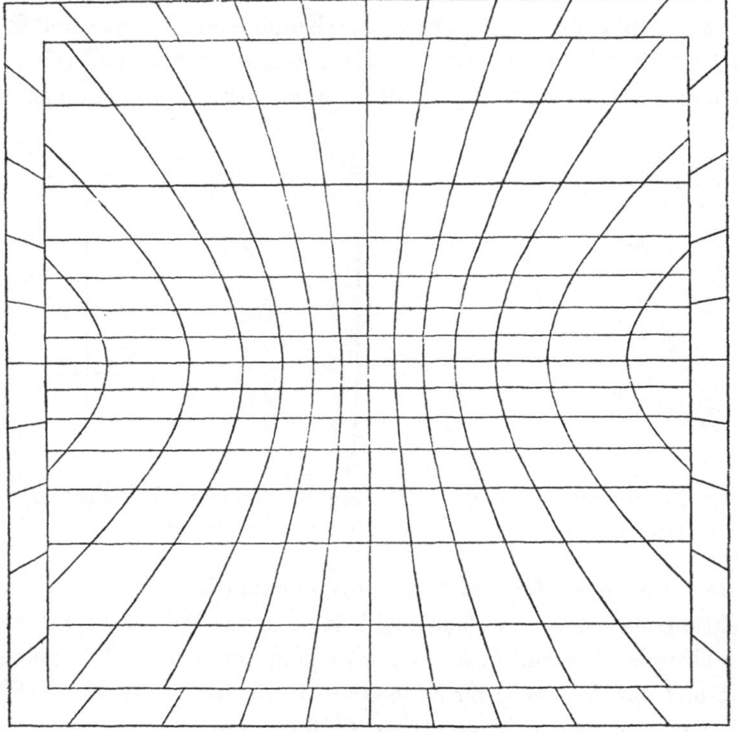

Fig. 4. Gnomonisches Netz.

Um die Herstellung gnomonischer Projektionen mit Hülfe dieser Koordinaten zu erleichtern, hat *G. T. H. Smith*[7]) eine Tabelle der mit 10 multiplizierten Werte von $\operatorname{cotg} \sigma / \sin \psi$ in dem Gebiete von 90^0 bis 25^0 angelegt. Umgekehrt findet man mit der Tabelle und einem Transporteur aus der Projektion den Winkel zwischen zwei Flächenpolen oder zwei Zonenkreisen.

7) *G. F. H. Smith*, Min. Mag. 13 (1903), p. 309.

Zu demselben Zweck kann das von *H. Hilton*[8]) entworfene *gnomonische Netz* (Fig. 4) benutzt werden, worin die Längenkreise abgebildet sind durch die Schar der zu Y parallelen Geraden:

$$x = r \cdot \operatorname{tang} \lambda$$

und die Breitenkreise durch die Hyperbeln:

$$-x^2 + y^2 \operatorname{cotg}^2 \omega = r^2.$$

IIb. *Stereographische Projektion einer Polfigur.* Zur Abbildung einer Polfigur auf eine Ebene ist besonders geeignet die stereographische Projektion der Kugeloberfläche. Es ist zweckmässig die Projektionsebene $\mathfrak{E}''$ durch den Mittelpunkt C der Kugel und in einen Zonenkreis (Grundkreis) zu legen, wobei die Symmetrieeigenschaften der Krystalle zu berücksichtigen sind (vgl. in Fig. 5 die stereographische Projektion der Polfigur des Oktaeders, Hexaeders und Dodekaeders mit den der Fig. 1 entsprechenden Bezeichnungen der Flächen). Die Projektionsstrahlen gehen dann von einem Endpunkte O des zu $\mathfrak{E}''$ senkrechten Durchmessers aus. Im allgemeinen genügt die Abbildung der dem Punkte O gegenüberliegenden Halbkugel, die das Innere des Grundkreises erfüllt. Indessen ist es z. B. bei der Untersuchung von Symmetrieeigenschaften nützlich, die Projektion auf das benachbarte Gebiet ausserhalb des Grundkreises zu erweitern[9]).

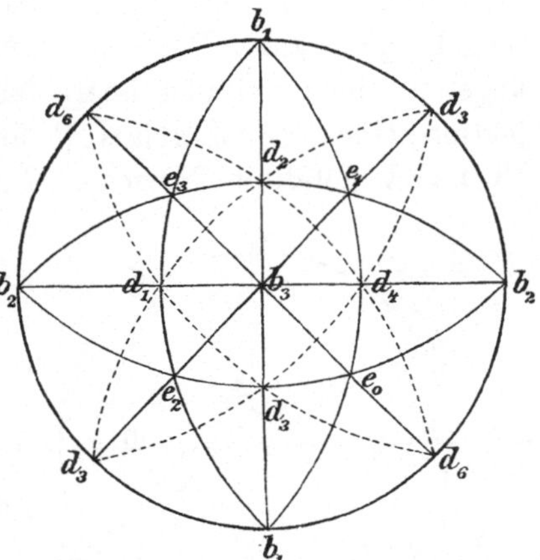

Fig. 5. Stereographische Projektion der Polfigur des Oktaeders, Hexaeders und Dodekaeders.

Die stereographische Projektion einer Polfigur kann mit Zirkel und Lineal konstruiert werden, wenn der Zonenverband und die Flächenwinkel des Polyeders gegeben sind. Dabei werden folgende Eigenschaften der Projektion benutzt. Bezeichnet man mit O' den

8) *H. Hilton*, Min. Mag. 14 (1904), p. 18.

9) Über die Verwertung der stereographischen Projektionen von Polfiguren vgl. *W. H. Miller*, A Treatise on Cryst. 1839; Phil. Mag. (4) 19 (1860), p. 325; *V. v. Lang*, Lehrb. d. Kryst. 1866, p. 299; *E. Reusch*, Ann. Phys. Chem. 142 (1871), p. 46; 147 (1872), p. 569; Die stereogr. Proj. 1881; *Th. Liebisch*, Geom. Kryst. 1881; *A. Brezina*, Methodik d. Krystallbestimmung 1884; *St. Jolles*, Zeitschr. f. Kryst. 18 (1891), p. 24; *G. Wulff*, Zeitschr. f. Kryst. 21 (1893), p. 249; 36 (1902),

Gegenpunkt von O, mit $\mathfrak{h}$ die Projektion des Flächenpoles h, mit r den Radius der Kugel und mit u den Winkel $(O'Ch)$, so ist (Fig. 6):

$$C\mathfrak{h} = r \cdot \operatorname{tang} \frac{u}{2}. \tag{1}$$

Die Projektionen aller Kugelkreise sind wieder Kreise. Die Projektion eines grössten Kugelkreises schneidet den Grundkreis in zwei einander diametral gegenüberliegenden Punkten; geht der Kreis durch O, so wird er abgebildet durch die Schnittlinie seiner Ebene mit der Projektionsebene. Der Mittelpunkt der Projektion eines Kugelkreises ist die Projektion der Spitze des Tangentenkegels, den man in diesem Kreise an die Kugel legen kann. Für einen grössten Kugelkreis geht der Tangentenkegel in einen Zylinder über; daher liegt der Mittelpunkt $\mathfrak{m}$ der Projektion eines Zonenkreises $\mathfrak{Z}$ im Schnittpunkt der von O auf die Ebene $\mathfrak{Z}$ gefällten Normale $O\mathfrak{m}$ mit der Projektionsebene $\mathfrak{E}''$. In

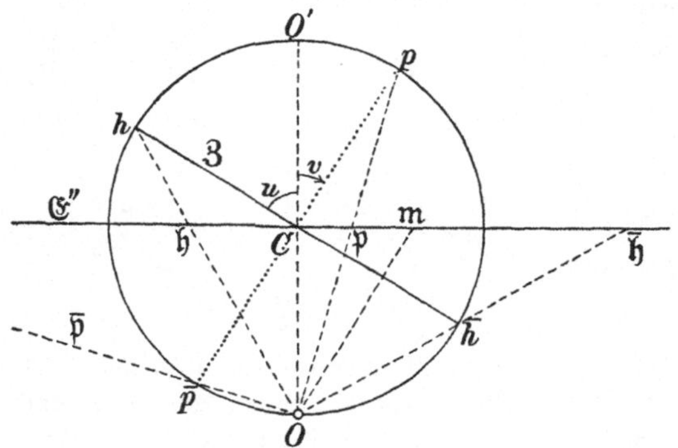

Fig. 6. Stereographische Projektionen $\mathfrak{h}$, $\bar{\mathfrak{h}}$, $\mathfrak{p}$ der Pole h, $\bar{h}$, p.

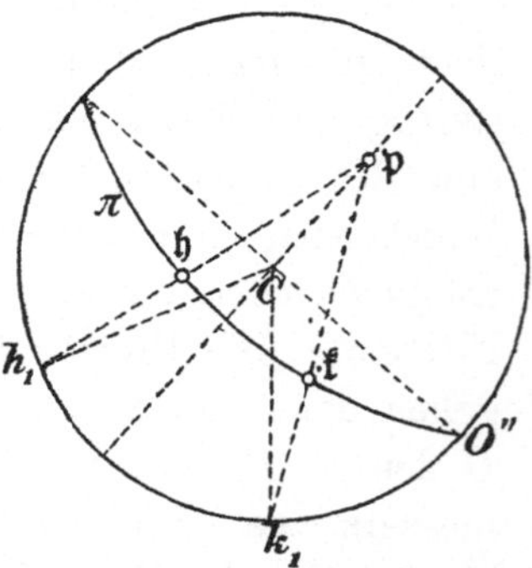

Fig. 7. Konstruktion der sphärischen Entfernung zweier Punkte $\mathfrak{h}\mathfrak{k}$ der Kugeloberfläche.

Fig. 6 bedeutet $p\bar{p}$ den auf $\mathfrak{Z}$ senkrechten Durchmesser; der durch O' und p gelegte Meridian schneidet $\mathfrak{Z}$ in h und $\bar{h}$, deren Projektionen $\mathfrak{h}$ und $\bar{\mathfrak{h}}$ sind. Bezeichnet man den Radius der Projektion von $\mathfrak{Z}$ mit $\mathfrak{r}$ und den Winkel $(O'Cp)$ mit v, so ist:

$$\mathfrak{r} = \mathfrak{h}\mathfrak{m} = \mathfrak{m}\bar{\mathfrak{h}} = O\mathfrak{m} = \frac{r}{\cos v} \tag{2}$$

$$C\mathfrak{m} = r \cdot \operatorname{tang} v.$$

Von den Endpunkten des Durchmessers $p\bar{p}$ wird der auf der Halb-

p. 14; *E. v. Fedorow,* Zeitschr. f. Kryst. 20 (1892), p. 357; 21 (1893), p. 617; 29 (1898), p. 639; 33 (1900), p. 589; 37 (1903), p. 138; *V. Goldschmidt,* Zeitschr. f. Kryst. 30 (1899), p. 260; *S. L. Penfield,* Amer. J. of Sc. (4) 11 (1901), p. 2, 115; 14 (1902), p. 249; *H. Hilton,* Phil. Mag. (6) 6 (1903), p. 66; *E. Sommerfeldt,* Zeitschr. f. Kryst. 41 (1905), p. 164.

kugel um O' gelegene Punkt p der Pol des Zonenkreises $\mathfrak{Z}$ genannt; seine Projektion besitzt folgende Eigenschaft: Sind $\mathfrak{h}$, $\mathfrak{k}$ die Projektionen der Flächenpole h, k, so bestimmen die Verbindungslinien $\mathfrak{p}\,\mathfrak{h}$ und $\mathfrak{p}\,\mathfrak{k}$ auf dem Grundkreise einen Bogen $h_1 k_1$, der gleich dem Bogen hk ist (Fig. 7).

Die Ausführung einer Projektion wird wesentlich erleichtert durch eine Hülfsprojektion, die man gewinnt, indem man ein Netz von Längenkreisen und Breitenkreisen in der Weise stereographisch projiziert, dass ein Längenkreis mit dem Grundkreise zusammenfällt (stereographische Meridianprojektion Fig. 8). *B. Hecht*[10]) benutzt Netze auf Pauspapier, die über der Zeichnung gedreht werden, in Verbindung mit einer Tabelle, in der neben den Winkeln u die Strecken:

$$r \cdot \operatorname{tang} \frac{u}{2}, \quad \frac{r}{\sin u}, \quad r \cdot \sin u$$

angegeben sind.

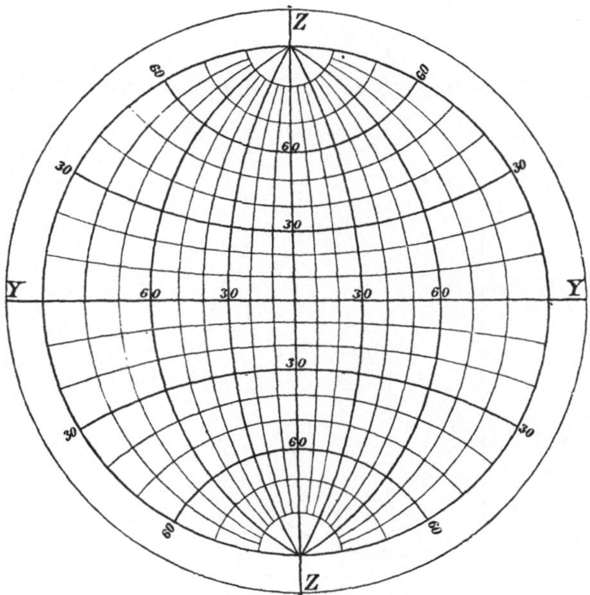

Fig. 8. Stereographische Meridianprojektion.

Zwischen den drei Projektionen bestehen einfache *Beziehungen*, wenn wir voraussetzen, dass die Projektionsebenen $\mathfrak{E}$ der Linienprojektion eines Flächenbündels und $\mathfrak{E}'$ der Punktprojektion des Normalenbündels zusammenfallen und parallel zur Projektionsebene $\mathfrak{E}''$ der stereographischen Projektion der Polfigur liegen, derart dass sie

10) *B. Hecht,* Anleitung zur Krystallberechnung, 1893, p. 64.

die Kugel im Gegenpunkte O' von O berühren (Fig. 9, 10). Es bedeute $\mathfrak{B}$ eine Flächenrichtung, β ihre Linienprojektion, b ihren Pol, B die Punktprojektion der Flächennormale (oder die gnomonische Projektion des Poles b), $\mathfrak{b}$ die stereographische Projektion dieses Poles,

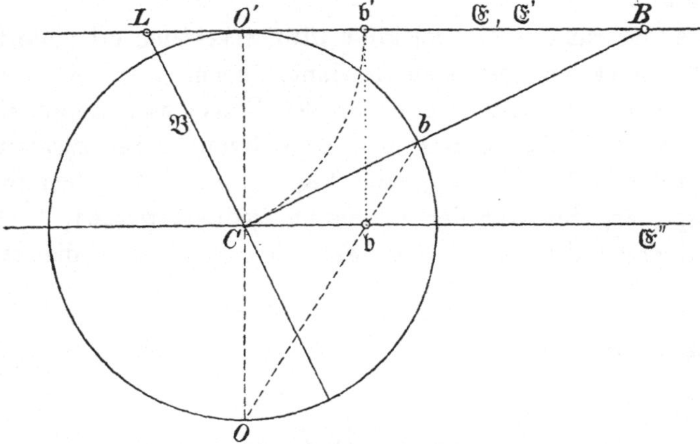

Fig. 9. Verbindungsebene der Projektionsstrahlen CB und Ob.

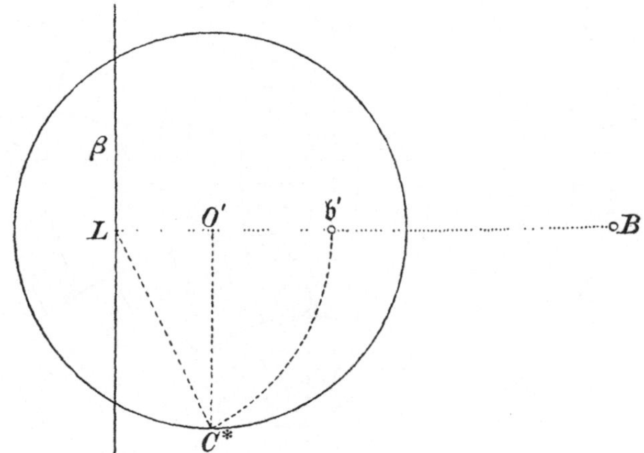

Fig. 10. Projektionsebene der Linienprojektion und der gnomonischen Projektion.

Fig. 9, 10. Zusammenhang zwischen der Linienprojektion β einer Flächenrichtung $\mathfrak{B}$, der stereographischen Projektion $\mathfrak{b}$ und der gnomonischen Projektion B ihres Poles b.

$\mathfrak{b}'$ die senkrechte Projektion von $\mathfrak{b}$ auf $\mathfrak{E}$. Dann steht die Gerade $B\mathfrak{b}'O'$ senkrecht auf β in L und es ist $LC = L\mathfrak{b}'$. Denken wir uns nun $\mathfrak{E}''$ nach $\mathfrak{E}$ verschoben, und beschreiben wir um O' den Distanzkreis mit dem Radius r, so ist *die Linienprojektion* β *der Flächenrichtung* $\mathfrak{B}$ *die Polare der gnomonischen Projektion* B *des Poles* b *in Bezug auf den imaginären Kreis mit dem Radius* $-r$ und *die stereographische Projektion* $\mathfrak{b}'$ *des Poles* b *liegt auf dem zu* β *senkrechten Durchmesser des Distanzkreises im Abstande* $LC = LC^*$ *von* β.

6. Ableitung des Gesetzes der rationalen Indices aus dem Gesetz der Zonen[11]**.** Von den Flächen p_1, p_2, p_3, e eines Tetraeders, das zur Ableitung eines Krystallflächenkomplexes nach dem Gesetz der Zonen dient, sollen p_1, p_2, p_3 zu Axenebenen gewählt werden (Fig. 11). Ihre Schnittgeraden π_1, π_2, π_3 bilden ein im allgemeinen schiefwinkliges Axensystem. Die Fläche e bestimme die Verhältnisse der Axeneinheiten $OE_1 : OE_2 : OE_3 = a_1 : a_2 : a_3$. Man bezeichnet die Winkel zwischen den Axen und die Verhältnisse der Einheiten als *Axenelemente.*

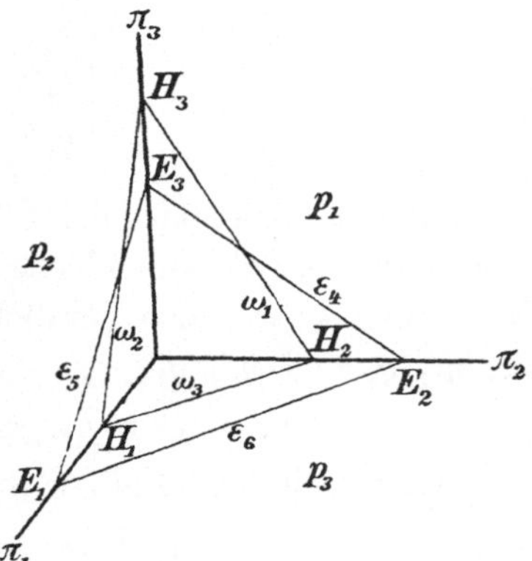

Fig. 11. Zur Definition der Indices der Fläche $H_1 H_2 H_3$.

In dem Komplex befinde sich die Fläche h mit den Axenabschnitten OH_1, OH_2, OH_3, dann *verhalten sich die Quotienten aus den Axeneinheiten und den Axenabschnitten dieser Fläche wie ganze Zahlen* h_1, h_2, h_3:

$$(1)\qquad \frac{OE_1}{OH_1} : \frac{OE_2}{OH_2} : \frac{OE_3}{OH_3} = h_1 : h_2 : h_3.$$

Man nennt sie die *Indices der Fläche* h.

Der Beweis ergibt sich aus folgender Überlegung. Da nur die Richtung der Fläche h in Betracht kommt und die Verhältnisse der Richtungscosinus ihrer Normale μ gegeben sind durch:

$$\cos \mu\pi_1 : \cos \mu\pi_2 : \cos \mu\pi_3 = \frac{1}{OH_1} : \frac{1}{OH_2} : \frac{1}{OH_3} = \frac{h_1}{a_1} : \frac{h_2}{a_2} : \frac{h_3}{a_3},$$

so ist die Gleichung der Fläche h in Punktkoordinaten:

$$(2)\qquad x_1 \cdot \frac{h_1}{a_1} + x_2 \cdot \frac{h_2}{a_2} + x_3 \cdot \frac{h_3}{a_3} = 0.$$

Die Koordinaten eines Punktes der Schnittgeraden η zweier Flächen h' und h'' verhalten sich wie:

---

11) *F. E. Neumann,* De lege zonarum 1826; *A. F. Möbius,* Der barycentrische Calcul, 1827, p. 266; Ber. Verh. sächs. Ges. d. Wiss. math.-phys. Kl. 1849, p. 45; *W. v. Bezold,* Sitz.-Ber. Akad. München, math.-phys. Kl. 1863, p. 350.

$$x_1 : x_2 : x_3 = a_1 \eta_1 : a_2 \eta_2 : a_3 \eta_3 \tag{3}$$

$$\eta_1 = \begin{vmatrix} h_2' & h_3' \\ h_2'' & h_3'' \end{vmatrix} = (h'h'')_1, \quad \eta_2 = \begin{vmatrix} h_3' & h_1' \\ h_3'' & h_1'' \end{vmatrix} = (h'h'')_2$$

$$\eta_3 = \begin{vmatrix} h_1' & h_2' \\ h_1'' & h_2'' \end{vmatrix} = (h'h'')_3.$$

Man nennt die Zahlen η_1, η_2, η_3 die *Indices der Kante* η. Die Bedingung dafür, dass die Flächen h, h', h'' einer Zone angehören:

$$\begin{vmatrix} h_1 & h_2 & h_3 \\ h_1' & h_2' & h_3' \\ h_1'' & h_2'' & h_3'' \end{vmatrix} = 0 \tag{4}$$

enthält nur die Indices der Flächen und ist unabhängig von den Axenelementen. Liegt eine Fläche h gleichzeitig in den Zonen der Flächen h', h'' und k', k'', also parallel den Kanten η und η' mit den Indices η_1, η_2, η_3 und $\eta_1', \eta_2', \eta_3'$:

$$\eta_1' = (k'k'')_1, \quad \eta_2' = (k'k'')_2, \quad \eta_3' = (k'k'')_3,$$

so setzen sich ihre Indices in folgender Weise zusammen:

$$h_1 : h_2 : h_3 = (\eta\eta')_1 : (\eta\eta')_2 : (\eta\eta')_3. \tag{5}$$

Mit Hülfe von (3) und (5) können die Indices aller Flächen h berechnet werden, die sich nach dem Gesetz der Zonen aus den vier zu Grunde liegenden Flächen ableiten lassen. Nun sind die Indices dieser vier Flächen:

p_1	p_2	p_3	e
100	010	001	111.

Hieraus sind die Indices aller übrigen Flächen durch die Operationen der Multiplikation und Subtraktion zu bilden. Auf solche Weise können aber nur *ganze Zahlen* entstehen: *Die Indices der in einem Krystallflächenkomplex möglichen Flächen und Kanten verhalten sich wie ganze Zahlen, wenn die Richtungen der Koordinatenaxen und die Verhältnisse der Axeneinheiten durch vier Flächen des Komplexes bestimmt werden.*

Zur geometrischen Beschreibung eines Krystallpolyeders sind also notwendig: 1. die Axenelemente, 2. die Indices der Flächen. Diese Grössen müssen aus Messungen der Flächenwinkel berechnet werden.

Die Zusammenstellung der Indices h_1, h_2, h_3 wird nach einem Vorschlage von *W. Whewell*[12]) (1825) zur *Bezeichnung* der Fläche h benutzt und das Symbol von h genannt. Dieselbe Methode der Flächen-

---

12) *W. Whewell*, London Phil. Trans. 1825, p. 87.

bezeichnung haben *J. G. Grassmann*[13]) und *L. Frankenheim*[14]) im Jahre 1829 und bald darauf auch *C. Fr. Gauss*[15]) ersonnen und angewandt; eine weitere Verbreitung erlangte sie erst durch die krystallographischen und mineralogischen Schriften von *W. H. Miller*[16]).

Aus Fig. 11 ist ersichtlich, dass die Indices einer Fläche h auch definiert werden können als Verhältnisse der Dreiecke, die von der Fläche h und der Einheitsfläche e auf den Axenebenen bestimmt werden[17]):

$$h_1 : h_2 : h_3 = \frac{OH_2H_3}{OE_2E_3} : \frac{OH_3H_1}{OE_3E_1} : \frac{OH_1H_2}{OE_1E_2}.$$

Aus den Gleichungen (2) und (3) ergiebt sich eine in dem Gesetz der rationalen Indices enthaltene Beziehung zwischen den Flächen und den Kanten eines Krystalls. Betrachten wir das Ellipsoid, in welchem π_1, π_2, π_3 nach Richtung und Länge konjugierte Durchmesser sind. Zu der Diametralebene, die parallel der Krystallfläche mit den Indices h_1, h_2, h_3 liegt, gehöre der konjugierte Durchmesser nach dem Punkte y_1', y_2', y_3' des Ellipsoids; dann ist die Gleichung dieser Ebene:

$$\frac{y_1 y_1'}{a_1^2} + \frac{y_2 y_2'}{a_2^2} + \frac{y_3 y_3'}{a_3^2} = 0.$$

Demnach verhalten sich nach (2) die Indices der Krystallfläche wie:

$$h_1 : h_2 : h_3 = \frac{y_1'}{a_1} : \frac{y_2'}{a_2} : \frac{y_3'}{a_3}.$$

13) *J. G. Grassmann,* Zur physischen Krystallonomie u. geometr. Kombinationslehre 1 (1829). Vgl. Ann. Phys. Chem. 30 (1833), p. 1.

14) *M. L. Frankenheim,* De crystallorum cohaesione, Vratisl. 1829.

15) *C. Fr. Gauss,* Werke 2 (1863), p. 308.

16) *W. H. Miller,* Phil. Mag. (3) 6 (1835), p. 105; A treatise on crystallography 1839; A tract on crystallography 1863; An elementary introduction to mineralogy by *W. Philipps*; new edit. by *H. J. Brocke* and *W. H. Miller* 1852.

17) *H. Grassmann,* Ausdehnungslehre von 1844, § 171. [Vgl. *G. Junghann,* N. Jahrb. f. Min. Beil.-Bd. 1 (1881), p. 334.] Die *H. Grassmann*'sche Fassung des Gesetzes der rationalen Indices lautet: „Wenn man vier Flächen eines Krystalles ohne Änderung ihrer Richtungen so legt, dass sie einen Raum einschliessen, und die Stücke, welche dadurch von dreien derselben abgeschnitten werden, zu Richtmassen macht, so lässt sich jede andere Fläche des Krystalles als Vielfachensumme dieser Richtmasse rational ausdrücken." Oder: „Wenn man drei Kanten eines Krystalles, welche nicht in derselben Ebene liegen, ohne Änderung ihrer Richtung an einen gemeinschaftlichen Anfangspunkt legt, und als ihre Endpunkte ihre Durchschnitte mit irgend einer Krystallfläche setzt, so lässt sich jede andere Kante des Krystalles als Vielfachensumme dieser Strecken rational ausdrücken." Wie sich diese Fassung aus dem Gesetz der Zonen ergiebt mit Hülfe der Regeln über die Multiplikation von Strecken und Flächenräumen hat *Fr. Engel* gezeigt in: *H. Grassmann,* Ges. math. u. phys. Werke 1, 1 (1894), p. 411.

Andererseits verhalten sich nach (3) die Koordinaten des konjugierten Durchmessers mit den Indices η_1, η_2, η_3 wie:

$$y_1' : y_2' : y_3' = a_1\eta_1 : a_2\eta_2 : a_3\eta_3.$$

Daraus folgt:

$$h_1 : h_2 : h_3 = \eta_1 : \eta_2 : \eta_3,$$

d. h. *in einem Ellipsoid, in welchem die Krystallaxen nach Richtung und Länge konjugierte Durchmesser sind, gehört zu jeder Diametralebene, die einer Krystallfläche parallel liegt, ein konjugierter Durchmesser, der die Richtung einer Krstallkante und dieselben Indices wie jene Fläche besitzt*[18]).

7. Topische Parameter. Setzt man das Volumen des Elementarparallelepipeds eines triklinen Raumgitters gleich dem Molekularvolumen V des Stoffes, so werden die Kantenlängen χ, ψ, ω des Parallelepipeds *topische Parameter* genannt. Sie dienen zur Vergleichung der Krystallformen verschiedener Stoffe[19]). Bezeichnet man das Verhältnis der Axeneinheiten:

$$\frac{a_1}{a_2} = a, \quad \frac{a_3}{a_2} = c,$$

die Winkel $\pi_3\pi_1 = \beta$, $\pi_1\pi_2 = \gamma$ und den inneren Winkel der Ebenen $\pi_3\pi_1$, $\pi_1\pi_2$ an π_1 mit A, so ist:

$$a : 1 : c = \chi : \psi : \omega,$$

$$V = \chi\psi\omega \sin\beta \sin\gamma \sin A,$$

$$\chi^3 = a^3\psi^3 = \frac{a^2 V}{c \sin\beta \sin\gamma \sin A},$$

$$\psi^3 = \frac{V}{ac \sin\beta \sin\gamma \sin A},$$

$$\omega^3 = c^3\psi^3 = \frac{c^2 V}{a \sin\beta \sin\gamma \sin A}.$$

8. Transformation der Indices. Eine Veränderung der Axenebenen und der Einheitsfläche führt wieder auf rationale Indices, wie aus folgenden Relationen hervorgeht[20]).

Erteilt man den Flächen f^1, f^2, f^3, k mit den ursprünglichen Indices:

---

18) *Qu. Sella,* Nuovo Cimento 4 (1856), p. 93.

19) *F. Becke,* Anzeiger Wien. Akad. 30 (1893), p. 204; *W. Muthmann,* Zeitschr. f. Kryst. 22 (1894), p. 497; *A. E. Tutton,* Zeitschr. f. Kryst. 24 (1895), p. 1; 27 (1897), p. 113, 266; 29 (1898), p. 54.

20) *A. T. Kupffer,* Ann. Phys. Chem. 8 (1826), p. 61, 215; Handb. d. rechn. Krystallon. 1831, p. 497; *J. F. Chr. Hessel,* Krystallometrie 1831, p. 214; *H. Grassmann,* Ausdehnungslehre von 1844, § 171; *Th. Liebisch,* Geom. Kryst. 1881, p. 48.

$$f_1^1 f_2^1 f_3^1, \quad f_1^2 f_2^2 f_3^2, \quad f_1^3 f_2^3 f_3^3, \quad k_1 k_2 k_3$$

die neuen Indices

$$100, \quad 010, \quad 001, \quad 111$$

so erhält eine beliebige Fläche h jetzt folgende Indices:

$$(1) \qquad t_1 : t_2 : t_3 = \frac{|hf^2f^3|}{K_1} : \frac{|f^1hf^3|}{K_2} : \frac{|f^1f^2h|}{K_3},$$

worin z. B. $|hf^2f^3|$ gesetzt ist für:

$$\begin{vmatrix} h_1 & f_1^2 & f_1^3 \\ h_2 & f_2^2 & f_2^3 \\ h_3 & f_3^2 & f_3^3 \end{vmatrix}$$

und:

$$K_1 = |kf^2f^3|, \quad K_2 = |f^1kf^3|, \quad K_3 = |f^1f^2k|.$$

Eine Kante η ist nun zu bezeichnen durch:

$$(2) \qquad \begin{cases} t_1 = K_1K_1(f_1^1\eta_1 + f_2^1\eta_2 + f_3^1\eta_3) \\ t_2 = K_2K_2(f_1^2\eta_1 + f_2^2\eta_2 + f_3^2\eta_3) \\ t_3 = K_3K_3(f_1^3\eta_1 + f_2^3\eta_2 + f_3^3\eta_3). \end{cases}$$

Die Relation (1) ist ein spezieller Fall von (3).

Sollen die Flächen f^1, f^2, f^3, k die Indices:

$$q_1^1 q_2^1 q_3^1, \quad q_1^2 q_2^2 q_3^2, \quad q_1^3 q_2^3 q_3^3, \quad r_1 r_2 r_3$$

annehmen, so ergeben sich die neuen Indices m_1, m_2, m_3 der Fläche h aus:

$$(3) \qquad \begin{cases} m_1 = \dfrac{|rq^2q^3|\cdot|hf^2f^3|}{|kf^2f^3|} q_1^1 + \dfrac{|q_1^1rq_3^3|\cdot|f_1^1hf^3|}{|f^1kf^3|} q_1^2 + \dfrac{|q^1q^2r|\cdot|f^1f^2h|}{|f_1^1f_2^2k|} q_1^3 \\ m_2 = \dfrac{|rq^2q^3|\cdot|hf^2f^3|}{|kf^2f^3|} q_2^1 + \dfrac{|q^1rq^3|\cdot|f^1hf^3|}{|f^1kf^3|} q_2^2 + \dfrac{|q^1q^2r|\cdot|f^1f^2h|}{|f_1^1f^2k|} q_2^3 \\ m_3 = \dfrac{|rq^2q^3|\cdot|hf^2f^3|}{|kf^2f^3|} q_3^1 + \dfrac{|q^1rq^3|\cdot|f^1hf^3|}{|f^1kf^3|} q_3^2 + \dfrac{|q^1q^2r|\cdot|f^1f^2h|}{|f^1f^2k|} q_3^3. \end{cases}$$

9. Koordinaten von Flächen und Kanten. In einem krystallographischen Ebenenbündel mit dem Zentrum C seien π_1, π_2, π_3 die zu Koordinatenaxen gewählten Kanten, ν_1, ν_2, ν_3 die Normalen der Axenebenen p_1, p_2, p_3. Nach der Definition der Flächenwinkel (S. 396) sind die Aussenwinkel (π_i) der Ecke $\pi_1\pi_2\pi_3$ und (ν_i) der Ecke $\nu_1\nu_2\nu_3$ gleich folgenden Winkeln[21]) (Fig. 12):

$$(\pi_1) = \nu_2\nu_3, \quad (\pi_2) = \nu_3\nu_1, \quad (\pi_3) = \nu_1\nu_2,$$
$$(\nu_1) = \pi_2\pi_3, \quad (\nu_2) = \pi_3\pi_1, \quad (\nu_3) = \pi_1\pi_2,$$

21) *H. Grassmann,* Lehrbuch d. Trigonometrie 1865, p. 100.

und es gilt:

$$\frac{1}{\cos \pi_1 \nu_1} : \frac{1}{\cos \pi_2 \nu_2} : \frac{1}{\cos \pi_3 \nu_3}$$
$$= \sin \pi_2 \pi_3 : \sin \pi_3 \pi_1 : \sin \pi_1 \pi_2 = \sin \nu_2 \nu_3 : \sin \nu_3 \nu_1 : \sin \nu_1 \nu_2 .$$

Bezeichnet man die Cosinus der Einfallswinkel der Koordinatenaxen in Bezug auf die Fläche h oder die Richtungscosinus ihrer Normale

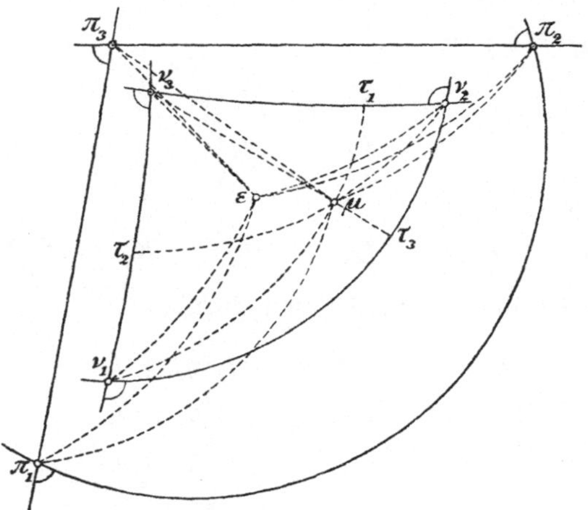

Fig. 12. Stereographische Projektion der Pole der Axenebenen, der Einheitsfläche und einer beliebigen Fläche.

μ als *Koordinaten* u_1, u_2, u_3 *dieser Fläche*, so besteht die Beziehung (S. 407):

$$u_1 : u_2 : u_3 = \cos \mu \pi_1 : \cos \mu \pi_2 : \cos \mu \pi_3 = \frac{h_1}{a_1} : \frac{h_2}{a_2} : \frac{h_3}{a_3} .$$

Die durch einen Punkt P einer Kante η parallel zu den Axenebenen gelegten Ebenen mögen die Koordinatenaxen schneiden in Π_1, Π_2, Π_3 und die Normalen der Axenebenen in N_1, N_2, N_3. Dann ist:

$$CN_i = C\Pi_i \cdot \cos \pi_i \nu_i = CP \cdot \cos \eta \nu_i .$$

Bezeichnet man jetzt die Koordinaten $C\Pi_1$, $C\Pi_2$, $C\Pi_3$ des Punktes P mit ξ_1, ξ_2, ξ_3, so folgt mit Rücksicht auf (3) S. 408:

$$\xi_1 : \xi_2 : \xi_3 = \sin \pi_2 \pi_3 \cdot \cos \eta \nu_1 : \sin \pi_3 \pi_1 \cdot \cos \eta \nu_2 : \sin \pi_1 \pi_2 \cdot \cos \eta \nu_3$$
$$= a_1 \eta_1 : a_2 \eta_2 : a_3 \eta_3 .$$

Die *Koordinaten einer Kante* verhalten sich also wie die Cosinus der Einfallswinkel der Kante in Bezug auf die Axenebenen, jeder Cosinus multipliziert mit dem Sinus des in der Axenebene gelegenen Axenwinkels[22]).

22) *Th. Liebisch*, Zeitschr. f. Kryst. 1 (1877), p. 138.

Hiernach verhalten sich die Quotienten entsprechender Indices zweier Flächen h, h' wie die Quotienten aus den Cosinus der Einfallswinkel der Koordinatenaxen in Bezug auf diese Flächen:

$$\frac{h_1}{h_1'} : \frac{h_2}{h_2'} : \frac{h_3}{h_3'} = \frac{\cos \mu\pi_1}{\cos \mu'\pi_1} : \frac{\cos \mu\pi_2}{\cos \mu'\pi_2} : \frac{\cos \mu\pi_3}{\cos \mu'\pi_3}$$

und die Quotienten entsprechender Indices zweier Kanten η, η' wie die Quotienten aus den Cosinus der Einfallswinkel dieser Kanten in Bezug auf die Axenebenen:

$$\frac{\eta_1}{\eta_1'} : \frac{\eta_2}{\eta_2'} : \frac{\eta_3}{\eta_3'} = \frac{\cos \eta\nu_1}{\cos \eta'\nu_1} : \frac{\cos \eta\nu_2}{\cos \eta'\nu_2} : \frac{\cos \eta\nu_3}{\cos \eta'\nu_3}.$$

Wählt man nach *J. G. Grassmann*[23]) die Normalen ν_1, ν_2, ν_3 der ursprünglichen Axenebenen zu Koordinatenaxen, so verhalten sich die Koordinaten m_1, m_2, m_3 der Normale μ einer Fläche h wie:

$$m_1 : m_2 : m_3 = \sin \nu_2\nu_3 \cdot \cos \mu\pi_1 : \sin \nu_3\nu_1 \cdot \cos \mu\pi_2 : \sin \nu_1\nu_2 \cdot \cos \mu\pi_3$$

oder, wenn die Abschnitte von h auf den ursprünglichen Koordinatenaxen nach S. 407 eingeführt werden:

$$m_1 : m_2 : m_3 = \frac{\sin \nu_2\nu_3}{OH_1} : \frac{\sin \nu_3\nu_1}{OH_2} : \frac{\sin \nu_1\nu_2}{OH_3}$$

oder, wenn:

$$\frac{\sin \nu_2\nu_3}{a_1} = \alpha_1, \quad \frac{\sin \nu_3\nu_1}{a_2} = \alpha_2, \quad \frac{\sin \nu_1\nu_2}{a_3} = \alpha_3$$

als Längeneinheiten auf den Normalen ν_1, ν_2, ν_3 eingeführt werden:

$$m_1 : m_2 : m_3 = \alpha_1 h_1 : \alpha_2 h_2 : \alpha_3 h_3.$$

Demnach erhält in dem J. G. Grassmann'schen Koordinatensystem die Normale μ einer Fläche h dieselben Indices h_1, h_2, h_3, die in dem ursprünglichen Koordinatensystem der Fläche gegeben werden.

10. Gesetz der rationalen Doppelverhältnisse. Die Lage der Einheitsfläche gegen die Axenebenen p_1, p_2, p_3 kann beschrieben werden durch Angabe der Sinusverhältnisse, nach denen die von e auf den Axenebenen erzeugten Kanten ε_4, ε_5, ε_6 die Axenwinkel teilen. Wird in analoger Weise die Lage einer beliebigen Fläche h bestimmt, welche mit den Axenebenen die Kanten ω_1, ω_2, ω_3 bildet (Fig. 11), so ist das Doppelverhältnis:

$$(\pi_3\,\pi_2\,\varepsilon_4\,\omega_1) = \frac{\sin \pi_3\varepsilon_4}{\sin \pi_2\varepsilon_4} : \frac{\sin \pi_3\omega_1}{\sin \pi_2\omega_1} = \frac{OE_2}{OE_3} : \frac{OH_2}{OH_3} = h_2 : h_3$$

$$(\pi_1\,\pi_3\,\varepsilon_5\,\omega_2) = h_3 : h_1$$

$$(\pi_2\,\pi_1\,\varepsilon_6\,\omega_3) = h_1 : h_2.$$

---

23) *J. G. Grassmann,* Zur physischen Krystallonomie 1 (1829), p. X, 5, 50; *J. Fr. Chr. Hessel,* Krystallometrie 1831, p. 223; *M. L. Frankenheim,* J. f. Math. 8 (1832), p. 172; *W. H. Miller,* Proc. Cambridge Phil. Soc. 5 (1868), § 5.

Die projektivischen Koordinaten[24]) *einer Krystallfläche sind also identisch mit deren Indices*[25]).

Setzt man an Stelle der Geraden, die in diesen Doppelverhältnissen auftreten, die zu ihnen senkrechten Ebenen, so erhält man das Grundgesetz in der Form, in der es von *C. Fr. Gauss* 1831 ausgesprochen wurde[26]). Zur direkten Ableitung dient die Polfigur (Fig. 12), in der ε den Pol der Einheitsfläche e und μ den Pol der Fläche h bedeutet. Die rechtseitigen Dreiecke $\mu\pi_1\nu_2$, $\mu\pi_1\nu_3$, u. s. w., die den Eckpunkt μ gemein haben, liefern:

$$\begin{aligned} \cos\mu\pi_1 &= \sin\nu_2\mu\sin\mu\nu_2\nu_3 = \sin\nu_3\mu\sin\mu\nu_3\nu_2 \\ \cos\mu\pi_2 &= \sin\nu_3\mu\sin\mu\nu_3\nu_1 = \sin\nu_1\mu\sin\mu\nu_1\nu_3 \\ \cos\mu\pi_3 &= \sin\nu_1\mu\sin\mu\nu_1\nu_2 = \sin\nu_2\mu\sin\mu\nu_2\nu_1. \end{aligned} \tag{1}$$

Hieraus folgt z. B.

$$\frac{h_2}{h_3}\cdot\frac{a_3}{a_2} = \frac{\cos\mu\pi_2}{\cos\mu\pi_3} = \frac{\sin\mu\nu_1\nu_3}{\sin\mu\nu_1\nu_2}. \tag{2}$$

Für die Einheitsfläche gilt:

$$\frac{a_3}{a_2} = \frac{\cos\varepsilon\pi_2}{\cos\varepsilon\pi_3} = \frac{\sin\varepsilon\nu_1\nu_3}{\sin\varepsilon\nu_1\nu_2}. \tag{3}$$

Demnach ist:

$$\frac{h_2}{h_3} = \frac{\sin\varepsilon\nu_1\nu_2}{\sin\varepsilon\nu_1\nu_3} : \frac{\sin\mu\nu_1\nu_2}{\sin\mu\nu_1\nu_3}. \tag{4}$$

Der rechtsstehende Quotient ist das Doppelverhältnis der vier Zonenkreise $\nu_1\nu_2$, $\nu_1\nu_3$, $\nu_1\varepsilon$, $\nu_1\mu$, die durch den Pol ν_1 der Axenebene p_1 gehen[27]).

Den allgemeinen Ausdruck für das Doppelverhältnis von vier Flächen h, h', h'', h''' einer Zone als Funktion ihrer Indices hat *W. H. Miller* 1839 angegeben[28]). Bedeuten 1, 2, 3, 4 vier Punkte einer Kugeloberfläche, von denen 1, 2, 3 auf einem Hauptkreise liegen, so besteht die Beziehung:

$$\cos 41\cdot\sin 23 + \cos 42\cdot\sin 31 + \cos 43\cdot\sin 12 = 0.$$

Wendet man sie der Reihe nach an auf die Pole h, h', h'' und den Schnittpunkt der Kugel der Polfigur mit je einer der Axen π_1, π_2, π_3, so erhält man für die Koordinaten u_λ, u_λ', u_λ'' $(\lambda = 1, 2, 3)$ die Gleichungen:

---

24) *W. Fiedler,* Vierteljahrsschr. naturf. Ges. zu Zürich 15 (1870), p. 152; Darstellende Geometrie, 3. Aufl. 3 (1888), p. 69, 642.

25) *Liebisch,* Geom. Krystallogr. 1881, p. 16.

26) *C. Fr. Gauss,* Werke 2 (1863), p. 308; aus dem Nachlass d. J. 1831. Vgl. *Liebisch,* Zeitschr. f. Kryst. 3 (1878), p. 28.

27) *W. H. Miller,* Proc. Cambridge Phil. Soc. 1866—67, p. 75.

28) *W. H. Miller,* A treatise on crystallography, 1839, p. 14.

$$u_\lambda \cdot \sin h'h'' + u_\lambda' \cdot \sin h''h + u_\lambda'' \cdot \sin hh' = 0,$$

aus denen sich ergiebt ($\alpha = 1, 2, 3$):

$$\sin h'h'' : \sin h''h : \sin hh' = (u'u'')_\alpha : (u''u)_\alpha : (uu')_\alpha .$$

Analog gilt für die Flächen h, h', h''' ($\beta = 1, 2, 3$):

$$\sin h'h''' : \sin h'''h : \sin hh' = (u'u''')_\beta : (u'''u)_\beta : (uu')_\beta .$$

Bezeichnen wir mit $\varrho, \varrho', \varrho'', \varrho'''$ Proportionalitätsfaktoren, so können wir nun die Koordinaten ersetzen durch die entsprechenden Indices und Axeneinheiten:

$$u_\lambda = \varrho \cdot \frac{h_\lambda}{a_\lambda}, \quad u_\lambda' = \varrho' \cdot \frac{h_\lambda'}{a_\lambda}, \quad u_\lambda'' = \varrho'' \cdot \frac{h_\lambda''}{a_\lambda}, \quad u_\lambda''' = \varrho''' \cdot \frac{h_\lambda'''}{a_\lambda}.$$

Dann drückt sich das Doppelverhältnis der vier Flächen in folgender Weise durch deren Indices aus:

$$(h h' h'' h''') = \frac{\sin h h''}{\sin h'h''} : \frac{\sin h h'''}{\sin h'h'''} = \frac{(h h'')_\alpha}{(h'h'')_\alpha} : \frac{(h h''')_\beta}{(h'h''')_\beta}.$$

Das Doppelverhältnis von vier Flächen einer Zone ist also eine rationale Zahl.

Hieraus ergiebt sich, dass eine Zone bekannt ist, wenn man in ihr zwei aufeinanderfolgende Winkel kennt.

Das Gesetz der rationalen Doppelverhältnisse enthält die Lösungen der folgenden fundamentalen Aufgaben (*W. H. Miller* 1839).

I. Wenn die Winkel zwischen vier Flächen h, h', h'', h''' einer Zone und die Indices von drei Flächen h, h', h'' gegeben sind, so berechnet man die Indices der vierten Fläche aus:

$$h_1''' : h_2''' : h_3''' = \mathfrak{G} h_1 - h_1' : \mathfrak{G} h_2 - h_2' : \mathfrak{G} h_3 - h_3'$$

$$\mathfrak{G} = (h h' h'' h''') \cdot \frac{(h'h'')_\alpha}{(h h'')_\alpha}.$$

II. Wenn die Indices der vier Flächen und zwei ihrer Winkel, z. B. hh' und hh'' gegeben sind, so findet man den Winkel hh''' aus:

$$\operatorname{cotg} hh''' = (1 - \mathfrak{A}) \operatorname{cotg} hh' + \mathfrak{A} \operatorname{cotg} hh''$$

$$\mathfrak{A} = (h h' h'' h''').$$

Zur logarithmischen Berechnung bequemer ist:

$$\operatorname{tang} (hh'' - \tfrac{1}{2} hh') = \operatorname{tang} \tfrac{1}{2} hh' \cdot \operatorname{tang} (45^0 + \Theta)$$

$$\operatorname{tang} \Theta = \mathfrak{A} \cdot \frac{\sin (h'h + hh'')}{\sin hh''}.$$

Zwischen den Winkeln von vier harmonischen Flächen ($\mathfrak{A} = -1$) besteht die Relation:

$$2 \operatorname{cotg} hh' - \operatorname{cotg} hh'' - \operatorname{cotg} hh''' = 0.$$

Ist $hh''' = 90^0$ und $h'h''$ bekannt, so ergiebt sich hh' aus:

$$\frac{\sin(2\,hh' + h'h'')}{\sin h'h''} = \frac{\mathfrak{A}+1}{\mathfrak{A}-1}.$$

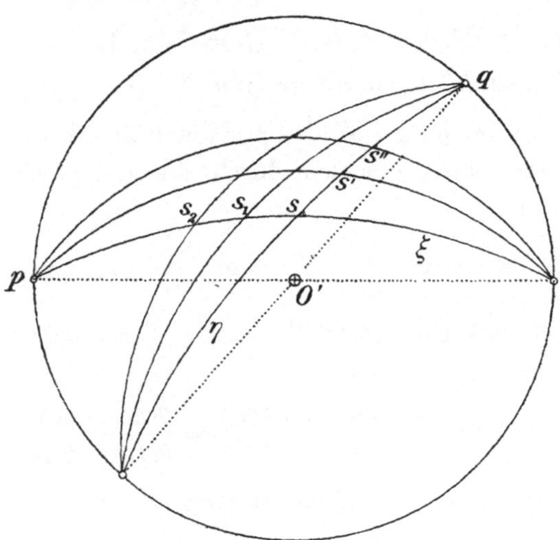

Fig. 13. Stereographische Projektion.

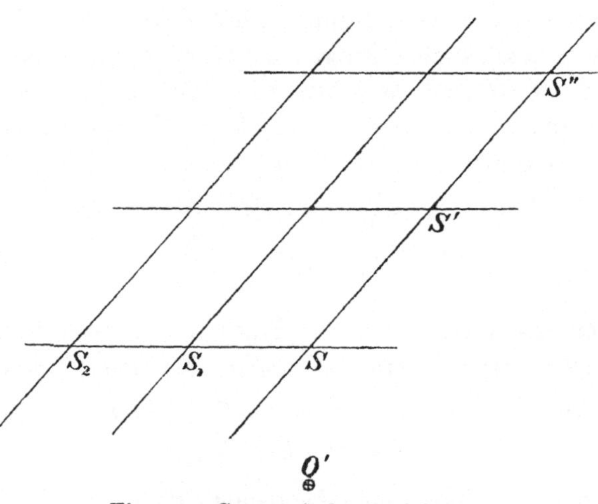

Fig. 14. Gnomonische Projektion.

Aus dem Gesetz der rationalen Doppelverhältnisse folgt, dass die gnomonische Projektion einer Polfigur auf unendlich viele Arten in ein Netz von kongruenten Parallelogrammen geteilt werden kann[29]). Es seien ξ, η zwei Zonenkreise durch den Pol s (Fig. 13).

29) *G. F. H. Smith,* Min. Mag. 13 (1903), p. 314.

In ξ seien p der Pol, der gleichzeitig dem Grundkreis angehört, und s_1, s_2 zwei beliebig gewählte Pole. Die gnomonischen Projektionen von s, s_1, s_2 seien bezeichnet mit S, S_1, S_2 (Fig. 14). Dann wird das Doppelverhältnis $(s_2 s_1 s p)$ durch die Projektion auf das einfache Verhältnis der Strecken $S_2 S$ und $S_1 S$ zurückgeführt:

$$(s_2 s_1 s p) = (S_2 S_1 S \infty) = \frac{S_2 S}{S_1 S}.$$

Da sein Wert eine rationale Zahl sein muss, so können wir die Strecke $S_1 S$ zur Einheit wählen und auf der Zonenlinie die Pole S_2 markieren, für die das Verhältnis $S_2 S : S_1 S$ eine ganze Zahl ist. In analoger Weise verfahren wir in der Zone η:

$$(s'' s' s q) = (S'' S' S \infty) = \frac{S'' S}{S' S}.$$

Nun kann durch p und q je ein Büschel von Zonenkreisen gelegt werden, deren Projektionen zwei zu den Kugeldurchmessern nach p und q parallele Büschel von Zonenlinien sind. Da die Zonenlinien jedes Büschels äquidistant sind, so ergiebt sich der oben angeführte Satz.

11. Allgemeine Beziehungen zwischen Winkeln, Axeneinheiten und Indices[30]. Sie ergeben sich aus der Relation zwischen den Winkeln, die von fünf Geraden oder Ebenen eingeschlossen werden:

$$(1) \qquad \begin{vmatrix} \cos 45 & \cos 41 & \cos 42 & \cos 43 \\ \cos 15 & 1 & \cos 12 & \cos 13 \\ \cos 25 & \cos 21 & 1 & \cos 23 \\ \cos 35 & \cos 31 & \cos 32 & 1 \end{vmatrix} = 0,$$

oder wenn:

$$\begin{vmatrix} 1 & \cos 12 & \cos 13 \\ \cos 21 & 1 & \cos 23 \\ \cos 31 & \cos 32 & 1 \end{vmatrix} = \Delta$$

gesetzt wird und die Unterdeterminanten von Δ mit Δ_{ik} bezeichnet werden,

$$(2) \qquad \Delta \cos 45 = \sum_{ik=1}^{3} \Delta_{ik} \cos 4i \cos 5k.$$

Fällt 4 mit 5 zusammen, so erhält man eine Beziehung zwischen den

30) *H. de Senarmont* in: Traité de cristallographie par *W. H. Miller*, 1842, Note p. 198; *Th. Liebisch*, Zeitschr. f. Kryst. 1 (1877), p. 132; 4 (1880), p. 263; Geometr. Krystallogr. 1881, p. 63—98.

sechs Flächenwinkeln eines vollständigen Vierflachs oder den sechs Kantenwinkeln eines vollständigen Vierkants:

$$\Delta = \sum_{ik=1}^{3} \Delta_{ik} \cos 4i \cos 4k. \tag{3}$$

Es seien 1, 2, 3 die Axen π_1, π_2, π_3 und 4, 5 die Normalen μ, μ' der Flächen h, h'. Dann sind die Koordinaten dieser Flächen nach (S. 412):

$$\cos \mu\pi_i = \varrho \cdot \frac{h_i}{a_i}, \quad \cos \mu'\pi_i = \varrho' \cdot \frac{h_k'}{a_k},$$

worin ϱ und ϱ' Proportionalitätsfaktoren bedeuten. Führen wir noch die Bezeichnungen:

$$\sum_{ik=1}^{3} \frac{\Delta_{ik}}{a_i a_k} h_i h_k = \varphi(h), \quad \sum_{ik=1}^{3} \frac{\Delta_{ik}}{a_i a_k} h_i h_k' = \varphi(h, h')$$

ein, so ergiebt sich aus (2) und (3):

$$\begin{aligned} &\Delta \cos hh' = \varrho\varrho' \cdot \varphi(h, h') \\ &\Delta = \varrho\varrho \cdot \varphi(h) = \varrho'\varrho' \cdot \varphi(h'). \end{aligned} \tag{4}$$

Demnach erhalten wir folgenden Wert für den *Cosinus eines Flächenwinkels* hh' ausgedrückt durch die Axenelemente und die Indices der Flächen h und h':

$$\cos hh' = \frac{\varphi(h, h')}{\sqrt{\varphi(h) \cdot \varphi(h')}}. \tag{5}$$

Es seien 1, 2, 3 die Normalen p_1, p_2, p_3 der Axenebenen und 4, 5 die Kanten η, η'. Multipliziert man in (1) die zweite, dritte, vierte Zeile und die zweite, dritte, vierte Reihe mit

$$\sin \pi_2\pi_3, \quad \sin \pi_3\pi_1, \quad \sin \pi_1\pi_2,$$

so ergiebt sich:

$$\begin{vmatrix} \cos \eta\eta' & \sin\pi_2\pi_3 \cos\eta\nu_1 & \sin\pi_3\pi_1 \cos\eta\nu_2 & \sin\pi_1\pi_2 \cos\eta\nu_3 \\ \sin\pi_2\pi_3 \cos\nu_1\eta' & \Delta_{11} & \Delta_{12} & \Delta_{13} \\ \sin\pi_3\pi_1 \cos\nu_2\eta' & \Delta_{21} & \Delta_{22} & \Delta_{23} \\ \sin\pi_1\pi_2 \cos\nu_3\eta' & \Delta_{31} & \Delta_{32} & \Delta_{33} \end{vmatrix} = 0 \tag{6}$$

oder, wenn $\cos \pi_i\pi_k$ mit c_{ik} bezeichnet wird:

$$\Delta \cos \eta\eta' = \sum_{ik=1}^{3} c_{ik} \sin(\nu_i) \sin(\nu_k) \cos \eta\nu_i \cos \eta'\nu_k. \tag{7}$$

Die Koordinaten der Kanten η, η' sind nach S. 412:

$$\begin{aligned} \sin(\nu_i) \cos \eta\nu_i &= \sigma \cdot a_i\eta_i \\ \sin(\nu_k) \cos \eta'\nu_k &= \sigma' \cdot a_k\eta_k', \end{aligned}$$

worin σ und σ' Proportionalitätsfaktoren bedeuten. Führen wir noch die Bezeichnungen:

$$\sum_{ik=1}^{3} c_{ik} a_i a_k \eta_i \eta_k = f(\eta), \quad \sum_{ik=1}^{3} c_{ik} a_i a_k \eta_i \eta_k' = f(\eta, \eta')$$

ein, so ergiebt sich aus (7):

$$\text{(8)} \quad \begin{aligned} \Delta \cos \eta\eta' &= \sigma\sigma' \cdot f(\eta, \eta') \\ \Delta &= \sigma\sigma \cdot f(\eta) = \sigma'\sigma' \cdot f(\eta'). \end{aligned}$$

Demnach erhalten wir für den *Cosinus eines Kantenwinkels* $\eta\eta'$, ausgedrückt durch die Axenelemente und die Indices der Kanten η und η':

$$\text{(9)} \quad \cos \eta\eta' = \frac{f(\eta, \eta')}{\sqrt{f(\eta) \cdot f(\eta')}}.$$

Die Identitäten, zu denen eine quadratische Form und die zu ihr adjungierte Form Anlass geben, lauten in dem vorliegenden Falle:

$$\text{(10)} \quad \begin{aligned} f(\eta) f(\eta') - f(\eta, \eta') f(\eta, \eta') &= a_1^2 a_2^2 a_3^2 \cdot \varphi((\eta\eta')) \\ \varphi(h) \varphi(h') - \varphi(h, h') \varphi(h, h') &= \frac{\Delta}{a_1^2 a_2^2 a_3^2} \cdot f((hh')). \end{aligned}$$

Mit ihrer Hülfe bildet man die Ausdrücke für den *Sinus* und die *Tangente* eines Flächenwinkels:

$$\text{(11)} \quad \begin{aligned} \sin hh' &= \frac{\sqrt{\Delta}}{a_1 a_2 a_3} \cdot \sqrt{\frac{f((hh'))}{\varphi(h) \cdot \varphi(h')}} \\ \tan hh' &= \frac{\sqrt{\Delta}}{a_1 a_2 a_3} \cdot \frac{\sqrt{f((hh'))}}{\varphi(h, h')} \end{aligned}$$

und eines Kantenwinkels:

$$\text{(12)} \quad \begin{aligned} \sin \eta\eta' &= a_1 a_2 a_3 \cdot \sqrt{\frac{\varphi((\eta\eta'))}{f(\eta) \cdot f(\eta')}} \\ \tan \eta\eta' &= a_1 a_2 a_3 \cdot \frac{\sqrt{\varphi((\eta\eta'))}}{f(\eta, \eta')}. \end{aligned}$$

Mit den Werten von ϱ aus (4) und σ aus (8) erhalten wir für die *Koordinaten einer Fläche* h:

$$\text{(13)} \quad \cos \mu\pi_i = \frac{\sqrt{\Delta}}{a_i} \cdot \frac{h_i}{\sqrt{\varphi(h)}},$$

und für die *Koordinaten einer Kante* η:

$$\text{(14)} \quad \sin(\nu_i) \cos \eta\nu_i = \frac{\sqrt{\Delta} \cdot a_i \eta_i}{\sqrt{f(\eta)}}.$$

12. Eigenschaften der Büschel von Flächen oder Kanten. Sind h, h', h'' die Flächen einer Zone, so kann man nach (4) S. 408 die Verhältnisse der Indices von h'' darstellen durch die Indices der Flächen h, h' und eine *rationale Zahl* τ, die mit h'' variiert:

$$(15)\qquad \begin{aligned} h_1'' : h_2'' : h_3'' &= h_1 + \tau h_1' : h_2 + \tau h_2' : h_3 + \tau h_3' \\ \tau &= -\frac{(h h'')_\alpha}{(h' h'')_\alpha} \qquad (\alpha = 1, 2, 3). \end{aligned}$$

Gehen wir zu den Koordinaten der Fläche über, so ergiebt sich mit Rücksicht auf S. 415:

$$\begin{aligned} u_1'' : u_2'' : u_3'' &= u_1 + t u_1' : u_2 + t u_2' : u_3 + t u_3' \\ t = \frac{\varrho}{\varrho'} \cdot \tau &= -\frac{(u u'')_\alpha}{(u' u'')_\alpha} = -\frac{\sin h h''}{\sin h' h''}. \end{aligned}$$

t ist das *negative Teilungsverhältnis*, das die Lage der Fläche h'' in der Zone der Flächen h, h' bestimmt durch Angabe des Sinusverhältnisses, nach welchem h'' den Winkel hh' teilt. Wir können jetzt t und τ auch ausdrücken durch die Indices der Flächen h, h', h'' und die Axenelemente, denn nach (4) ist[31]):

$$(16)\qquad \begin{aligned} t &= -\frac{(h h'')_\alpha}{(h' h'')_\alpha} \cdot \sqrt{\frac{\varphi(h')}{\varphi(h)}} \\ \tau &= -\frac{\sin h h''}{\sin h' h''} \cdot \sqrt{\frac{\varphi(h)}{\varphi(h')}}. \end{aligned}$$

In analoger Weise lassen sich die Indices einer Kante η'', die mit η und η' in einem Büschel liegt, darstellen durch die Indices von η, η' und eine rationale Zahl d:

$$(17)\qquad \begin{aligned} \eta_1'' : \eta_2'' : \eta_3'' &= \eta_1 + d\eta_1' : \eta_2 + d\eta_2' : \eta_3 + d\eta_3' \\ d &= -\frac{(\eta \eta'')_\alpha}{(\eta' \eta'')_\alpha} \qquad (\alpha = 1, 2, 3). \end{aligned}$$

Hieraus folgt für die Koordinaten dieser Kante nach S. 412, 415:

$$\begin{aligned} \xi_1'' : \xi_2'' : \xi_3'' &= \xi_1 + \delta \xi_1' : \xi_2 + \delta \xi_2' : \xi_3 + \delta \xi_3' \\ \delta = \frac{\sigma}{\sigma'} \cdot d &= -\frac{(\xi \xi'')_\alpha}{(\xi' \xi'')_\alpha} = -\frac{\sin \eta \eta''}{\sin \eta' \eta''}, \end{aligned}$$

worin nach (8):

$$(18)\qquad \delta = -\frac{(\eta \eta'')_\alpha}{(\eta' \eta'')_\alpha} \cdot \sqrt{\frac{f(\eta')}{f(\eta)}}, \quad d = -\frac{\sin \eta \eta''}{\sin \eta' \eta''} \cdot \sqrt{\frac{f(\eta)}{f(\eta')}}.$$

Sind gegeben die Axenelemente des Krystalls, die Indices der Flächen h, h' und deren Winkel, so findet man in der *Zone* dieser Flächen diejenige Fläche h'', für welche τ den Wert ± 1 hat, aus:

$$(19)\qquad h_1'' : h_2'' : h_3'' = h_1 \pm h_1' : h_2' \pm h_2' : h_3 \pm h_3'$$

und den Winkel zwischen h'' und h oder h' aus:

$$(20)\qquad \frac{\sin h h''}{\sin h' h''} = \frac{\sin h h' + h' h''}{\sin h' h''} = \frac{\sin h h''}{\sin h' h + h h''} = \mp \sqrt{\frac{\varphi(h')}{\varphi(h)}}.$$

---

31) *Th. Liebisch,* Zeitschr. f. Kryst. 1 (1877), p. 149; Geom. Kryst. 1881, p. 82, 75, 77, 85.

Zur logarithmischen Berechnung führt man den Hülfswinkel Θ ein durch:

$$\tan\Theta = \mp\sqrt{\frac{\varphi(h')}{\varphi(h)}}.$$

Dann ergiebt sich der Winkel $h'h''$ aus:

$$\tan(h'h'' - \tfrac{1}{2}h'h) = \tan\tfrac{1}{2}h'h \cdot \tan(\Theta + 45^0).$$

Ein analoger Satz gilt für Kantenbüschel.

Auf die Beziehungen (19) und (20) gründet sich die *krystallographische Entwicklung* von Flächen oder Kanten eines Büschels aus zwei gegebenen Flächen oder Kanten durch fortgesetzte Addition gleichstelliger Indices[32]). Sie lässt sich veranschaulichen mit Hülfe der Raumgitterstruktur (Nr. 3). Denn in einem Raumgitter[33]) ist der Abstand $\mathfrak{P}$ benachbarter Punkte auf einer Punktreihe η gegeben durch:

$$\mathfrak{P} = \sqrt{f(\eta)} \tag{21}$$

und der Flächeninhalt $\mathfrak{S}$ des Elementarparallelogramms einer Netzebene η durch:

$$\mathfrak{S} = a_1 a_2 a_3 \sqrt{\varphi(h)}. \tag{22}$$

13. Flächendichte von Netzebenen. Der Flächeninhalt $\mathfrak{S}$ und der Abstand der Ebene h von der nächsten benachbarten Netzebene sind umgekehrt proportional; denn das Produkt beider ist das konstante Volumen $\mathfrak{V}$ des Elementarparallelepipeds des Raumgitters:

$$\mathfrak{V} = a_1 a_2 a_3 \sqrt{\Delta}. \tag{23}$$

Der Abstand benachbarter Netzebenen ist um so grösser, je dichter sie mit Gitterpunkten besetzt sind; die Flächendichte $\mathfrak{r}$ ist gleich dem reziproken Werte des Flächeninhaltes $\mathfrak{S}$:

$$\mathfrak{r} \cdot \mathfrak{S} = 1. \tag{24}$$

Nach einer Hypothese von *A. Bravais* und *E. Mallard* treten die

---

32) *J. F. Chr. Hessel*, Krystallometrie 1831, p. 210; *H. Grassmann*, Ableitung der Krystallgestalten aus dem allg. Gesetz der Krystallbildung, Progr. Ottoschule in Stettin 1839; Ges. math. u. phys. Werke 2^2 (1902), p. 115; *Fr. A. Quenstedt*, Beitr. z. rechn. Kryst. 1848; Grundr. d. best. u. rechn. Kryst. 1873; *E. Weiss*, Über die kryst. Entwicklung des Quarzsystems u. über kryst. Entw. im allgemeinen, Abh. naturf. Ges. Halle 5 (1860); *G. Junghann*, Ann. Phys. Chem. 152 (1874), p. 68; *V. Goldschmidt*, Zeitschr. f. Kryst. 28 (1897), p. 1, 414; 29 (1898), p. 38; *E. v. Fedorow*, Zeitschr. f. Kryst. 35 (1902), p. 25; *H. Baumhauer*, Zeitschr. f. Kryst. 38 (1904), p. 628; *E. Sommerfeldt*, Zentralblatt f. Min. 1903, p. 537; 1905, p. 427.

33) *A. Bravais*, J. éc. polyt. 19 (1850), cah. 33; 20 (1851) cah. 34; wieder abgedruckt in: Études cristallogr. 1866; *E. Mallard*, Traité de crist. 1 (1879), p. 12, 298.

Netzebenen in dem Masse seltener als Krystallflächen auf, als sie weniger dicht besetzt sind. Diese Annahme dient dazu, das Raumgitter zu bestimmen, nach dem wahrscheinlich die Molekelschwerpunkte angeordnet sind[34]). (Näheres hierüber in Teil C, Art. *Mügge.*)

14. Einfallswinkel einer Kante in Bezug auf eine Fläche. Aus (2) ist der *Zusammenhang der Indices* $h_1 h_2 h_3$ *einer Fläche* h *mit den Indices* $\mu_1 \mu_2 \mu_3$ *ihrer Normale* μ zu entnehmen. Wir verstehen jetzt unter den Geraden 1 bis 5 die Axen $\pi_1 \pi_2 \pi_3$, die Normale μ und die Normale ν_i einer Axenebene; dann folgt mit Rücksicht auf:

$$\cos \nu_k \pi_k \sin (\nu_k) = \sqrt{\Delta}$$

aus (2) die Relation:

$$\sqrt{\Delta} \sin (\nu_k) \cos \mu \nu_k = \Delta_{k1} \cos \mu \pi_1 + \Delta_{k2} \cos \mu \pi_2 + \Delta_{k3} \cos \mu \pi_3 \tag{25}$$

oder wenn nach (13) und (14) die Indices der Fläche h und ihrer Normale μ eingeführt werden:

$$\mathsf{P} \cdot a_k \mu_k = \Delta_{k1} \frac{h_1}{a_1} + \Delta_{k2} \frac{h_2}{a_2} + \Delta_{k3} \frac{h_3}{a_3} \tag{26}$$

$$\mathsf{P} = \sqrt{\frac{\Delta \cdot \varphi(h)}{f(\mu)}}.$$

Wir können nun den *Cosinus des Einfallswinkels* $\eta \mu$ *einer Kante* η *in Bezug auf die Fläche* h durch die Axenelemente und die Indices von h und η ausdrücken. Denn die Formel (7):

$$\Delta \cos \eta \mu = \sum_{ik=1}^{3} c_{ik} \sin (\nu_i) \cos (\eta \nu_i) \sin (\nu_k) \cos (\mu \nu_k)$$

geht nach (14) und (25) über in:

$$\sqrt{\Delta \cdot f(\eta) \varphi(h)} \cdot \cos \eta \mu = \sum_{\lambda, i=1}^{3} a_i \eta_i \frac{h_\lambda}{a_\lambda} \sum_{k=1}^{3} c_{ik} \Delta_{k\lambda}.$$

Die letzte Summe ist gleich 0 für $i \gtrless \lambda$ und gleich Δ für $i = \lambda$; demnach bleibt:

$$\cos \eta \mu = \sqrt{\frac{\Delta}{f(\eta) \varphi(h)}} (\eta_1 h_1 + \eta_2 h_2 + \eta_3 h_3). \tag{27}$$

Diese Beziehung gestattet, bei einer *Transformation* der Indices die *neuen Axeneinheiten* b_1, b_2, b_3 zu berechnen. Bezeichnet man die Schnittgeraden der auf S. 410 eingeführten Axenebenen f^1, f^2, f^3 mit ψ_1, ψ_2, ψ_3 und die Normale der Einheitsfläche k mit $\varkappa$, so verhalten sich die Axeneinheiten:

$$b_1 : b_2 : b_3 = \frac{1}{\cos \varkappa \psi_1} : \frac{1}{\cos \varkappa \psi_2} : \frac{1}{\cos \varkappa \psi_3}.$$

---

34) *L. Sohncke,* Zeitschr. f. Kryst. 13 (1887), p. 209, 214.

Nun ist nach (27):

$$\cos \varkappa\psi_1 = \sqrt{\frac{\Delta}{f(\psi_1)\cdot\varphi(\varkappa)}}\cdot|\varkappa f^2 f^3|$$

u. s. w., demnach[35]):

$$b_1 : b_2 : b_3 = \frac{\sqrt{f(\psi_1)}}{|\varkappa f^2 f^3|} : \frac{\sqrt{f(\psi_2)}}{|f^1 \varkappa f^2|} : \frac{\sqrt{f(\psi_3)}}{|f^1 f^2 \varkappa|}. \tag{28}$$

15. Aufeinander senkrechte Flächen und Kanten. Besitzt ein Krystall *zwei aufeinander senkrechte Flächenrichtungen* h, h', so besteht nach (5) die Gleichung:

$$\sum_{ik=1}^{3} \frac{\Delta_{ik}}{a_i a_k} h_i h_k' = 0, \tag{29}$$

d. h. die sechs Grössen:

$$z_{ik} = \frac{\Delta_{ik}}{a_i a_k}$$

sind verbunden durch eine lineare homogene Gleichung mit ganzzahligen Koeffizienten r_{ik}:

$$\sum_{ik=1}^{3} z_{ik} r_{ik} = 0 \tag{30}$$

$$2 r_{ik} = h_i h_k' + h_k h_i'.$$

Umgekehrt ist das Bestehen einer solchen Relation zwar eine notwendige, nicht aber eine hinreichende Bedingung für das Vorhandensein von zwei aufeinander senkrechten Flächenrichtungen, denn die Zahlen r_{ik} sind der *Bedingung* unterworfen, dass die aus ihnen gebildete Determinante verschwindet und die den Koeffizienten r_{11}, r_{22}, r_{33} adjungierten Unterdeterminanten vollständige Quadrate sind. Ein analoger Satz gilt für zwei aufeinander senkrechte Kanten[36]).

16. Krystallberechnung. Um die zur Beschreibung eines Krystallpolyeders notwendigen und ausreichenden Grössen zu gewinnen, muss ein der Symmetrie des Krystalls entsprechendes Axensystem gewählt werden. Dann reduziert sich die Beschreibung auf die Angabe der Symmetrieeigenschaften, der Axenelemente und der Indices je einer Fläche der vorhandenen einfachen Krystallformen. Im Folgenden sind zur Erläuterung der Berechnung nur trikline Krystalle berück-

35) *A. T. Kupffer,* Handb. d. rechn. Krystallonomie 1831, p. 494.; *H. de Senarmont* in: Traité de crist. par *W. H. Miller,* 1842, Note p. 198.

36) *H. St. Smith,* Proc. Math. Soc. London 8 (1877), p. 83. Hier sind auch die Fälle, in denen die Grössen z_{ik} durch zwei, drei, vier oder fünf homogene Gleichungen des ersten Grades mit ganzzahligen Koefficienten verknüpft sind, ausführlich behandelt.

sichtigt, in denen zu Axen irgend drei in einer Ecke zusammenstossende Kantenrichtungen gewählt werden können[37]).

Da es sich bei der geometrischen Untersuchung der Krystallpolyeder um Beziehungen zwischen Axenelementen, Indices und Winkeln handelt, so ordnen sich die Aufgaben der Krystallberechnung in drei Gruppen.

17. Berechnung der Axenelemente. Zur Berechnung der fünf *Axenelemente* eines triklinen Krystalls: der drei Winkel zwischen den Axen und der beiden Verhältnisse der Axeneinheiten, sind mindestens fünf von einander unabhängige Winkel zu messen. Hierzu können benutzt werden:

A. vier Flächen, von denen nicht drei einer Zone angehören, oder

B. fünf Flächen, von denen die eine zugleich eine der Diagonalflächen des vollständigen Vierflachs ist, das von den anderen bestimmt wird.

Die *einfachsten* Fälle (A) und (B) liegen vor, wenn drei dieser Flächen, die eine Ecke bilden, zu Axenebenen p_1, p_2, p_3 gewählt werden[38]). Dann ergeben sich die Winkel zwischen den Axen π_1, π_2, π_3 aus dem sphärischen Dreieck der Pole ν_1, ν_2, ν_3 der Axenebenen (Fig. 12).

(A) Werden nun die Verhältnisse der Axeneinheiten $a_1 : a_2 : a_3$ dadurch definiert, dass einer Fläche h, welche die Axen in endlichen Entfernungen schneidet, die Indices h_1, h_2, h_3 erteilt werden, so dienen zur Berechnung jener Verhältnisse nach (2) S. 414:

$$\frac{a_1}{a_2} = \frac{h_1}{h_2} \cdot \frac{\sin \mu \nu_3 \nu_1}{\sin \mu \nu_3 \nu_2}, \quad \frac{a_2}{a_3} = \frac{h_2}{h_3} \cdot \frac{\sin \mu \nu_1 \nu_2}{\sin \mu \nu_1 \nu_3}, \quad \frac{a_3}{a_1} = \frac{h_3}{h_1} \cdot \frac{\sin \mu \nu_2 \nu_3}{\sin \mu \nu_2 \nu_1}.$$

Sind z. B. die Winkel $\mu \nu_2$ und $\mu \nu_3$ gemessen, so findet man aus dem Dreieck $\mu \nu_2 \nu_3$, dessen Seiten gegeben sind, die Winkel $\mu \nu_2 \nu_3$ und $\mu \nu_3 \nu_2$. Daher sind auch die Winkel $\mu \nu_2 \nu_1$ und $\mu \nu_3 \nu_1$ bekannt.

(B) Werden die Axeneinheiten definiert mit Hülfe von zwei Flächen, von denen jede in die Zone einer Axe fällt, so benutzt man zu ihrer Berechnung die Relationen (1) auf S. 414. Es ist z. B. für eine Fläche t_1 aus der Zone der Axe π_1 mit den Indices $0 h_2 h_3$ und dem Pol τ_1 (Fig. 12):

$$\frac{h_2 a_3}{h_3 a_2} = \frac{\cos \tau_1 \pi_2}{\cos \tau_2 \pi_3} = \frac{\sin \nu_3 \tau_1 \cdot \sin \tau_1 \nu_3 \nu_1}{\sin \nu_2 \tau_1 \cdot \sin \tau_1 \nu_2 \nu_1} = \frac{\sin \nu_3 \tau_1 \cdot \sin (\nu_3)}{\sin \nu_2 \tau_1 \cdot \sin (\nu_2)}$$

oder

$$\frac{a_2}{a_3} = \frac{h_2}{h_3} \cdot \frac{\sin \pi_3 \pi_1}{\sin \pi_1 \pi_2} \cdot \frac{\sin \nu_2 \tau_1}{\sin [\nu_2 \nu_3 - \nu_2 \tau_1]}.$$

---

37) Über die Vereinfachungen, die in der Berechnung höher symmetrischer Krystalle eintreten, geben die Lehrbücher der Krystallographie Auskunft.

38) *W. H. Miller*, Treatise 1839, chapt. VII.

Diese Beziehung und die analogen Gleichungen ergeben sich auch aus dem allgemeinen Ausdruck (11) S. 419 für die Tangente eines Flächenwinkels; zugleich ist ersichtlich, dass durch Auflösung von (11) *einwertige* Verhältnisse der Axeneinheiten nur in dem hier vorliegenden besonderen Falle zu erhalten sind.

In einem rechtwinkligen Koordinatensystem geht die letzte Formel über in:

$$\frac{a_2}{a_3} = \frac{h_2}{h_3} \cdot \tan \tau_1 \nu_2 .$$

A. Die Axenelemente eines triklinen Krystalls können allgemein dadurch definiert werden, dass vier Flächen, von denen nicht drei einer Zone angehören, beliebige ganze Zahlen als Indices erhalten; dabei ist zu beachten, dass die Determinante der Indices von drei Flächen in ihrem Vorzeichen mit dem Drehungssinn der von den Flächennormalen gebildeten Ecke übereinstimmen muss[39]). Hierdurch sind, da es nur auf die Verhältnisse der Indices ankommt, acht Grössen willkürlich gewählt. In der That erfordern die Richtungen der drei Axen und die Verhältnisse der Axeneinheiten zu ihrer Bestimmung je zwei Grössen.

Sind von den sechs Winkeln zwischen vier derartigen Flächen fünf gegeben, so liefert die Relation (3) S. 418 zur Bestimmung des sechsten Winkels eine quadratische Gleichung; die Entscheidung über die beiden möglichen Fälle ist erst mit Hülfe des sechsten Winkels herbeizuführen.

Zur Berechnung der Axenelemente aus den sechs Winkeln dient nun der Ausdruck (5) S. 418 für den Cosinus eines Flächenwinkels, der mit Benutzung der Bezeichnung z_{ik} (S. 423) lautet:

$$\cos hh' = \frac{\sum_{i,k=1}^{3} z_{ik} h_i h'_k}{\sqrt{\sum_{i,k=1}^{3} z_{ik} h_i h_k \cdot \sum_{i,k=1}^{3} z_{ik} h'_i h'_k}} .$$

Man findet also zunächst die sechs Grössen z_{ik}, auf deren Verhältnisse es allein ankommt, und darauf aus ihnen die Axenelemente[40]).

Diese Berechnung ist von *B. Hecht* allgemein in der Weise durch-

39) *B. Hecht,* N. Jahrb. f. Min. Beil.-Bd. 5 (1887), p. 587, 589, 590.

40) Eine ausführliche Darstellung spezieller Fälle gab *H. Dufet,* Bull. soc. franç. de min. 26 (1903), p. 190.

geführt worden, dass die Winkel und die Indices der Ausgangsflächen in den Endformeln symmetrisch auftreten[41]).

M. Websky hat gezeigt, wie der Fall A mit Hülfe der Gesetze der Zonen und der rationalen Doppelverhältnisse trigonometrisch auf (B) zurückgeführt werden kann[42]).

B. Das soeben erwähnte Verfahren von *M. Websky* gestattet auch in diesem Falle, auf trigonometrischem Wege die Bedingungen von (B) zu erfüllen.

18. Berechnung der Indices. Zur Berechnung der *Indices* einer Krystallfläche ist die Kenntnis der Axenelemente nicht erforderlich in den folgenden Fällen:

Liegt eine Fläche h in zwei bekannten Zonen η, η', so ergeben sich ihre Indices nach (5) S. 408 aus:

$$h_1 : h_2 : h_3 = (\eta\eta')_1 : (\eta\eta')_2 : (\eta\eta')_3.$$

Fällt eine Fläche h''' in die Zone von drei bekannten Flächen, an die sie durch einen gemessenen Winkel angeschlossen ist, so ist das Doppelverhältnis der vier Flächen bekannt. Daher gelten die Beziehungen unter I, S. 415:

$$h_1 : h_2 : h_3 = \mathfrak{G}h_1' - h_1'' : \mathfrak{G}h_2' - h_2'' : \mathfrak{G}h_3' - h_3'',$$

$$\mathfrak{G} = (h'h''h'''h) \cdot \frac{(h''h''')_\alpha}{(h'h''')_\alpha}, \quad (\alpha = 1, 2, 3).$$

Auf die Benutzung dieser Beziehungen lässt sich auch die Lösung der Aufgabe zurückführen, die Indices einer Fläche h zu bestimmen, die mit den bekannten Flächen h', h'', h''' in einer Zone liegt und mit einer dieser Zone nicht angehörenden Fläche k einen gegebenen Winkel einschliesst[43]). Denn man findet z. B. den Winkel hh' mit Hülfe der Relation:

$$\cos kh \sin h'h'' + \cos kh' \sin h''h + \cos kh'' \sin hh' = 0,$$

oder:

$$\mathfrak{L} \sin hh' + \mathfrak{M} \cos hh' = \mathfrak{N},$$

worin:

$$\mathfrak{L} = \cos kh'' - \cos kh' \cos h''h',$$
$$\mathfrak{M} = \cos kh' \sin h''h',$$
$$\mathfrak{N} = \cos kh \sin h''h'$$

41) *B. Hecht,* N. Jahrb. f. Min. Beil.-Bd. 7 (1891), p. 488; Anleitung zur Krystallberechnung 1893, p. 15—17.

42) *M. Websky,* Monatsber. Berlin. Akad. 1879, p. 339; *Th. Liebisch,* Geom. Kryst. 1881, p. 161.

43) *Th. Liebisch,* Geometr. Kryst. 1881, p. 176.

gesetzt ist, indem man die Zahl m und den Hülfswinkel ψ einführt durch:

$$\mathfrak{L} = m \cos \psi, \quad \mathfrak{M} = m \sin \psi,$$

so dass:

$$\sin (hh' + \psi) = \frac{\mathfrak{N} \sin \psi}{\mathfrak{M}} = \frac{\mathfrak{N} \cos \psi}{\mathfrak{L}}.$$

Hieraus ergeben sich zwei Werte für den gesuchten Winkel hh'; der Anblick des Krystalls entscheidet, welcher von ihnen in Betracht kommt. —

Die Kenntnis der Axenelemente wird bei der Berechnung von Indices vorausgesetzt in folgenden Fällen.

Gehört eine Fläche h'' einer Zone an, in der nur zwei Flächen h, h' bekannt sind, und ist ihre Neigung gegen h oder h' gemessen, so kann man zunächst das Teilungsverhältnis jener Fläche (S. 420) und darauf ihre Indices ermitteln:

$$\tau = -\frac{\sin hh''}{\sin h'h''} \cdot \sqrt{\frac{\varphi(h)}{\varphi(h')}},$$

$$h_1'' : h_2'' : h_3'' = h_1 + \tau h_1' : h_2 + \tau h_2' : h_3 + \tau h_3'.$$

Um die Indices einer Fläche h zu berechnen, wenn zwei der Winkel bekannt sind, die sie mit den Axenebenen einschliesst (Fig. 12), beachte man die Beziehung S. 424:

$$\frac{h_2 a_3}{h_3 a_2} = \frac{\sin \mu \nu_1 \nu_3}{\sin \mu \nu_1 \nu_2} = \frac{\sin [(\nu_1) + \mu \nu_1 \nu_2]}{\sin \mu \nu_1 \nu_2}$$

und die analogen Gleichungen. Wird auf beiden Seiten die Einheit addiert und subtrahiert, so erhält man durch Division:

$$\tan \left[\mu \nu_1 \nu_2 + \frac{(\nu_1)}{2}\right] = \tan \frac{(\nu_1)}{2} \tan (135^0 - \vartheta_1),$$

$$\tan \vartheta_1 = \frac{h_2 a_3}{h_3 a_2}.$$

Sind z. B. $\mu \nu_2$ und $\mu \nu_3$ gegeben, so findet man im Dreieck $\mu \nu_2 \nu_3$ die Winkel $\mu \nu_2 \nu_3$, $\mu \nu_3 \nu_1$ und darauf die Werte von ϑ_2, ϑ_3, so dass für die gesuchten Indices gilt:

$$\frac{h_1}{h_2} = \frac{a_1}{a_2} \operatorname{tang} \vartheta_3, \quad \frac{h_1}{h_3} = \frac{a_1}{a_3} \operatorname{cotg} \vartheta_2.$$

Bei dieser Berechnung ist auf den Sinn der mit ihren Scheiteln in ν_2 und ν_3 liegenden Winkel zu achten[44]).

19. Berechnung der Flächenwinkel und Kantenwinkel. Die Berechnung der *Flächenwinkel* und *Kantenwinkel* eines Krystalls, von dem die Axenelemente und die Indices der Flächen gegeben sind,

44) *Th. Liebisch,* Geom. Kryst. 1881, p. 181.

kann immer ausgeführt werden mit Hülfe der allgemeinen Ausdrücke für die trigonometrischen Funktionen jener Winkel (5), (9), (11), (12) auf S. 418—419.

Wie eine nach Zonen vorschreitende Winkelberechnung durchgeführt werden kann, hat *M. Websky* dargelegt[45]).

20. Berechnung der wahrscheinlichsten Werte der Axenelemente. Zwischen den auf solche Weise berechneten Werten der Flächenwinkel und den durch Messung erhaltenen Werten bestehen Differenzen, die aus Störungen des Krystallisationsvorganges und aus Beobachtungsfehlern entspringen. Die berechneten Werte sind Funktionen der Näherungswerte der Axenelemente, die aus den fünf Fundamentalwinkeln nach Nr. **17** abgeleitet wurden. Es sollen nun mit Hülfe aller Winkelmessungen *die wahrscheinlichsten Werte der Axenelemente* berechnet werden, d. h. die Werte, für welche die Summe der mit den zugehörigen Gewichten p multiplizierten Quadrate der Differenzen zwischen den beobachteten und den berechneten Flächenwinkeln ein Minimum ist. Diese Rechnung ist zuerst von *F. E. Neumann*[46]) durchgeführt worden. Ihre praktische Ausführung wurde vereinfacht von *B. Hecht*[47]), indem er an Stelle der Axenelemente die sechs Grössen (S. 423):

$$z_{ik} = \frac{\Delta_{ik}}{a_i a_k} = z_{ki} = \frac{\Delta_{ki}}{a_i a_k}$$

einführte, deren Verhältnisse allein in Betracht kommen.

Es seien z_{ik}^0 die aus fünf Fundamentalwinkeln abgeleiteten Näherungswerte von z_{ik}, ω^0 der mit ihrer Hülfe berechnete Wert des Winkels der Flächen h, h', dessen gemessener Wert mit ω' bezeichnet sei; p bedeute das Gewicht der Beobachtung. Ferner seien dz_{ik} die zu berechnenden Korrektionen von z_{ik}^0 und ω der mit den korrigierten Werten $z_{ik}^0 + dz_{ik}$ berechnete Winkel. Bezeichnet man nun:

$$\left(\frac{\partial \omega}{\partial z_{ik}}\right)^0 = Q_{ik},$$

so ist:

$$\omega = \omega^0 + Q_{11} dz_{11} + Q_{22} dz_{22} + Q_{33} dz_{33} + Q_{23} dz_{23} + Q_{31} dz_{31} + Q_{12} dz_{12}.$$

Die Grössen Q_{ik} findet man durch Differentiation von (5) S. 418:

$$\cos \omega = \frac{\varphi(h, h')}{\sqrt{\varphi(h)\varphi(h')}},$$

worin:

45) *M. Websky,* Berlin Ber. 1879, p. 339.

46) *F. E. Neumann,* Berlin Abhdl. 1830, p. 189 (Krystallsystem des Albites).

47) *B. Hecht,* N. Jabrb. f. Min. Beil.-Bd. 5 (1887), p. 601, 614, 622, 627, 633, 637.

$$\varphi(h, h') = \sum_{ik=1}^{3} z_{ik} h_i h_k', \quad \varphi(h) = \sum_{ik=1}^{3} z_{ik} h_i h_k, \quad \varphi(h') = \sum_{ik=1}^{3} z_{ik} h_i' h_k'.$$

Es ergibt sich:

$$-\frac{\sin\omega\, d\omega}{\cos\omega} = \frac{d\varphi(h, h')}{\varphi(h, h')} - \frac{1}{2}\frac{d\varphi(h)}{\varphi(h)} - \frac{1}{2}\frac{d\varphi(h')}{\varphi(h')},$$

oder:

$$d\omega = \frac{\operatorname{cotg}\omega}{2}\left[\frac{d\varphi(h)}{\varphi(h)} + \frac{d\varphi(h')}{\varphi(h')} - 2\frac{d\varphi(h, h')}{\varphi(h, h')}\right].$$

Setzt man hierin:

$$d\varphi(h) = \sum_{ik=1}^{3} h_i h_k dz_{ik}, \quad d\varphi(h') = \sum_{ik=1}^{3} h_i' h_k' dz_{ik}, \quad d\varphi(h, h') = \sum_{ik=1}^{3} h_i h_k' dz_{ik},$$

so erhält man für die Koeffizienten von dz_{ik}:

$$Q_{ii} = \left(\frac{\partial\omega}{\partial z_{ii}}\right)^0 = \frac{\operatorname{cotg}\omega^0}{2}\left[\frac{h_i^2}{\varphi^0(h)} + \frac{h_i'^2}{\varphi^0(h')} - 2\frac{h_i h_i'}{\varphi^0(h, h')}\right],$$

$$Q_{ik} = \left(\frac{\partial\omega}{\partial z_{ik}}\right)^0 = \frac{\operatorname{cotg}\omega^0}{2}\left[\frac{h_i h_k}{\varphi^0(h)} + \frac{h_i' h_k'}{\varphi^0(h')} - \frac{h_i h_k' + h_k h_i'}{\varphi^0(h, h')}\right].$$

Es sind nun die Größen dz_{ik} so zu bestimmen, dass:

$$\sum p(\omega' - \omega)^2,$$

oder:

$$\sum p(\omega' - \omega^0 - Q_{11}dz_{11} - Q_{22}dz_{22} - Q_{33}dz_{33} - Q_{23}dz_{23} \\ - Q_{31}dz_{31} - Q_{12}dz_{12})^2$$

ein Minimum wird. Dabei kann eine der Grössen dz_{ik} gleich Null gesetzt werden. Ein bequemes Schema für die Rechnung hat *Hecht* a. a. O. mitgeteilt[48]).

21. Anwendung mehrkreisiger Reflexionsgoniometer. Abweichend gestaltet sich die Krystallberechnung, wenn die Flächenwinkel nicht mit *einkreisigen Reflexionsgoniometern*[49]), sondern mit *zweikreisigen Theodolithgoniometern*[50]) gemessen werden. Diese In-

48) Über Ausgleichungsmethoden in der Krystallberechnung vgl. *H. Dauber,* Sitzungsber. Wien Akad. 39 (1860), p. 685; *A. Schrauf,* Lehrb. d. physik. Min. 1 (1866), p. 223; *V. von Lang,* Lehrb. d. Kryst. 1866, p. 351; *J. Beckenkamp,* Zeitschr. f. Kryst. 5 (1881), p. 463; 22 (1893), p. 376; *A. Brezina,* Methodik der Krystallbestimmung 1884, p. 223; *A. Sella,* Riv. min. crist. 10 (1892), p. 33; *C. Viola,* Zeitschr. f. Kryst. 23 (1894), p. 333; *G. Wulff,* Zeitschr. f. Kryst. 38 (1903), p. 1.

49) Vgl. namentlich *M. Websky,* Zeitschr. f. Kryst. 4 (1880), p. 545.

50) *S. Czapski,* Zeitschr. f. Instr. 13 (1893), p. 1, 242; *V. Goldschmidt,* Zeitschr. f. Kryst. 21 (1893), p 210; 24 (1895), p. 610; 29 (1898), p. 333; *E. v. Fedorow,* Zeitschr. f. Kryst. 21 (1893), p. 574; 32 (1900), p. 464; *G. Wulff,* Zeitschr. f. Kryst. 37 (1903), p. 50. — Das erste zweikreisige Goniometer wurde von *W. H. Miller* konstruiert Proc. Cambr. Phil. Soc. 4 (1882), p. 236.

strumente gestatten die wiederholten Justierungen eines Krystalls, die bei jenen Apparaten für jede einzelne Zone erforderlich sind, zu vermeiden; sie bestimmen die Lage jeder Fläche durch zwei Winkel, die der geographischen Länge und Breite entsprechen (Polarkoordinaten Fig. 2). Die Vorzüge beider Messungsverfahren vereinigen die *dreikreisigen Reflexionsgoniometer*[51]). Über den Gang der Berechnung, der durch geeignete Justierung der Krystalle bedeutend vereinfacht werden kann, handelt die unten angegebene Litteratur[52]).

22. Rechtwinklige Hülfsaxensysteme. Zur Berechnung eines triklinen Krystalls kann an Stelle des schiefwinkligen Systems krystallographischer Axen π_1, π_2, π_3 ein Hülfsachsensystem π_1^*, π_2^*, π_3^* von *rechtwinkligen gleich langen* Axen mit demselben Anfangspunkt eingeführt werden, dessen Vorteil darin besteht, dass wie bei den Krystallen des regulären Systems die Ausdrücke für die trigonometrischen Funktionen eines Winkels zwischen Flächen oder Kanten die einfachste Gestalt annehmen und die Indices einer Ebene und ihrer Normale einander gleich sind. Das Hülfsaxensystem ist so zu wählen, dass z. B. π_3 mit π_3^* und die Ebene $\pi_3\pi_1$ mit $\pi_3\pi_1^*$ zusammenfällt[53]). Die auf das Hülfsaxensystem bezogenen Werte der Indices von Flächen oder Kanten erhält man unter Berücksichtigung der Definition der Koordinaten in Nr. 9 mit Hülfe der Transformationsformeln, die den Übergang von einem schiefwinkligen Koordinatensystem in ein rechtwinkliges Koordinatensystem mit demselben Anfangspunkte vermitteln.

23. Perspektivische Krystallzeichnungen. Nach dem Gesetz der Zonen ist das Auftreten von Scharen paralleler Kanten charakteristisch für die Krystallpolyeder. Daher sind die perspektivischen Krystallzeichnungen stets Parallelprojektionen. Im Folgenden sollen orthogonale Projektionen benutzt werden. Zu ihrer Herstellung bieten sich zwei Verfahren dar.

I. Sind die Axenelemente und die Indices der Flächen eines Krystallpolyeders gegeben, so projiziert man zunächst das Axensystem auf die Bildebene $\mathfrak{B}$ und findet dann die Projektionen der Kanten-

---

51) *G. J. H. Smith,* Min. Mag. 12 (1899), p. 175; 14 (1904), p. 1.

52) *E. v. Fedorow,* Zeitschr. f. Kryst. 32 (1900), p. 131, 446; *G. Wulff,* Zeitschr. f. Kryst. 36 (1902), p. 29; *A. J. Moses* u. *A. F. Rogers,* Zeitschr. f. Kryst. 38 (1903), p. 209, 506; *K. Stöckl,* Zeitschr. f. Kryst. 39 (1904), p. 23; *L. Borgström* u. *V. Goldschmidt,* Zeitschr. f. Kryst. 41 (1906), p. 63.

53) *C. Neumann,* Ann. Phys. Chem. 114 (1861), p. 492; *E. v. Fedorow,* Zeitschr. f. Kryst. 21 (1893), p. 632, 709; *G. Wulff,* Zeitschr. f. Kryst. 24 (1895), p. 505.

richtungen mit Hülfe einer, in einer Axenebene entworfenen, perspektivischen Linienprojektion des dem Polyeder entsprechenden Flächenbündels.

Die *indirekten* Projektionen der Axensysteme setzen voraus, dass eine Projektion von drei gleichen, aufeinander senkrechten Axen OA, OB, OC hergestellt sei. Wir nehmen an, dass in der Anfangslage die Ebene BOC in die Bildebene $\mathfrak{B}$ falle und OC vertikal stehe. Darauf werde das System gedreht um OC um den Winkel ϱ im Sinne der Uhrzeigerbewegung und nach vorn geneigt, um die in $\mathfrak{B}$ liegende Normale OE von OC um den Winkel σ. In dieser Stellung sind OF, OG, OH die senkrechten Projektionen der Axen auf $\mathfrak{B}$ (Fig. 15). Bezeichnet man die Verkürzungsmassstäbe auf den Axen mit $\mathfrak{a}$, $\mathfrak{b}$, $\mathfrak{c}$ und die Winkel $GOH=\varphi$, $HOF=\psi$, so bestehen folgende Beziehungen:

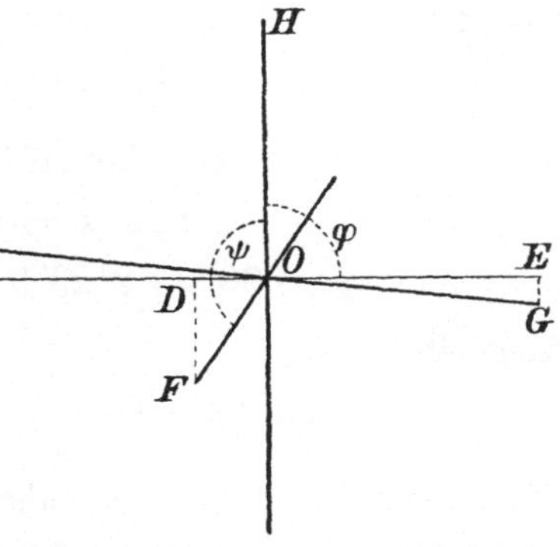

Fig. 15. Projektion von drei gleichen, aufeinander senkrechten Axen.

$$\mathfrak{a}:\mathfrak{b}:\mathfrak{c} = OF:OG:OH$$

$$= \sqrt{1-\cos^2\varrho\cos^2\sigma} : \sqrt{1-\sin^2\varrho\cos^2\sigma} : \cos\sigma .$$

$$\sin^2\varrho = \frac{\mathfrak{a}^2-\mathfrak{b}^2+\mathfrak{c}^2}{2\mathfrak{c}^2}, \quad \sin^2\sigma = \frac{\mathfrak{a}^2+\mathfrak{b}^2-\mathfrak{c}^2}{\mathfrak{a}^2+\mathfrak{b}^2+\mathfrak{c}^2}.$$

$$\tan(\varphi-90^0) = \tan\varrho\sin\sigma = \sqrt{\frac{\mathfrak{a}^2-\mathfrak{b}^2+\mathfrak{c}^2}{-\mathfrak{a}^2+\mathfrak{b}^2+\mathfrak{c}^2}\cdot\frac{\mathfrak{a}^2+\mathfrak{b}^2-\mathfrak{c}^2}{\mathfrak{a}^2+\mathfrak{b}^2+\mathfrak{c}^2}}$$

$$\tan(\psi-90^0) = \cot\varrho\sin\sigma = \sqrt{\frac{-\mathfrak{a}^2+\mathfrak{b}^2+\mathfrak{c}^2}{\mathfrak{a}^2-\mathfrak{b}^2+\mathfrak{c}^2}\cdot\frac{\mathfrak{a}^2+\mathfrak{b}^2-\mathfrak{c}^2}{\mathfrak{a}^2+\mathfrak{b}^2+\mathfrak{c}^2}}.$$

Soll nach der Drehung um ϱ die Projektion der vorderen Axe OA gleich $1/\mathfrak{r}$ der Projektion OE der seitlichen Axe OB und nach der Neigung um σ die Abweichung DF von A unter die horizontale Gerade gleich $1/\mathfrak{s}$ von OE sein, so finden die Beziehungen statt[54]):

$$\mathfrak{r} = \frac{OE}{OD} = \cot\varrho, \quad \mathfrak{s} = \frac{OE}{OF} = \frac{1}{\sin\sigma}$$

$$\mathfrak{a}^2:\mathfrak{b}^2:\mathfrak{c}^2 = \mathfrak{r}^2+\mathfrak{s}^2 : \mathfrak{r}^2\mathfrak{s}^2+1 : (\mathfrak{r}^2+1)(\mathfrak{s}^2-1)$$

$$\tan(\varphi-90^0) = \frac{1}{\mathfrak{r}\mathfrak{s}}, \quad \tan(\psi-90^0) = \frac{\mathfrak{r}}{\mathfrak{s}}.$$

54) *V. v. Lang*, Lehrb. d. Krystallogr. 1866, § 71.

Die vielbenutzte *Mohs*'sche orthogonale Parallelprojektion[55]) fordert, dass in der Projektion des Hexaeders die rechte Seitenfläche $^1/_3$ so breit als die linke und die obere Endfläche, $^1/_6$ so hoch als die linke Seitenfläche breit oder, was dasselbe bedeutet, $^1/_8$ so hoch als das ganze Hexaeder breit erscheinen soll. In diesem Falle ist $\mathfrak{r} = 3$, $\mathfrak{s} = 8$ und:

$$\tan \varrho = \frac{1}{3}, \quad \sin \sigma = \frac{1}{8};$$

$$\varrho = 18^0\,26'\,6'', \quad \sigma = 7^0\,10'\,51'';$$

$$\mathfrak{a} : \mathfrak{b} : \mathfrak{c} = 8{,}54 : 24{,}02 : 25{,}10.$$

$$\varphi - 90^0 = 2^0\,23'\,9'', \quad \psi - 90^0 = 20^0\,33'\,22''.$$

Angenähert ist:

$$\tan(\varphi - 90^0) = \frac{1}{25}, \quad \tan(\psi - 90^0) = \frac{9}{25}.$$

Die Projektion steht sehr nahe der anisometrischen Projektion:

$$\mathfrak{a} : \mathfrak{b} : \mathfrak{c} = 8 : 23 : 24$$

und der monodimetrischen Projektion:

$$\mathfrak{a} : \mathfrak{b} : \mathfrak{c} = 1 : 3 : 3.$$

Fr. Naumann[56]) wählte $\mathfrak{r} = 3$, $\mathfrak{s} = 9$, so dass:

$$\varrho = 18^0\,26'\,6'', \quad \sigma = 6^0\,22'\,46'';$$

$$\mathfrak{a} : \mathfrak{b} : \mathfrak{c} = 7 : 19 : 20;$$

$$\varphi - 90^0 = 2^0\,7'\,16'', \quad \psi - 90^0 = 18^0\,26'\,6''.$$

Die Projektion ungleich langer schiefwinkliger Axen π_1, π_2, π_3 mit den Axenelementen:

$$OA : OB : OC = a : b : c,$$

$$\pi_2\pi_3 = \alpha, \quad \pi_3\pi_1 = \beta, \quad \pi_1\pi_2 = \gamma$$

ist nun in folgender Weise auszuführen:

Die Richtungen von OF, OG, OH in Fig. 15 seien bezeichnet mit X^*, Y^*, Z^*. π_3 falle mit Z^* zusammen und π_2 liege in der Ebene Y^*Z^* (Fig. 16). Bezeichnen wir noch den nach vorn rechts sich öffnenden Winkel der Ebenen $\pi_1\pi_3$ und $\pi_2\pi_3$ mit C:

$$\cos \frac{1}{2} C = \sqrt{\frac{\sin \frac{1}{2}(\alpha + \beta + \gamma) \cdot \sin \frac{1}{2}(\alpha + \beta - \gamma)}{\sin \alpha \cdot \sin \beta}},$$

so erhalten wir aus den rechtwinkligen Koordinaten der Punkte A, B, C:

---

55) *W. Haidinger*, Mem. of the Wernerian Nat. Hist. Soc. 1821—23. Frei übersetzt in Ann. Phys. Chem. 5 (1825), p. 507.

56) *Fr. Naumann*, Lehrb. d. rein. u. angew. Krystallogr. 2 (1830), p. 403.

$$OA_1 = a \sin\beta \sin C, \quad A_1A_3 = -a \sin\beta \cos C, \quad AA_3 = a \cdot \cos\beta,$$
$$OB_1 = b \sin\alpha, \quad BB_1 = b \cdot \cos\alpha,$$
$$OC = c,$$

durch Multiplikation mit den entsprechenden Verkürzungsmassstäben $\mathfrak{a}, \mathfrak{b}, \mathfrak{c}$ die zur Konstruktion der Endpunkte A^*, B^*, C^* der Axen in der Bildebene erforderlichen Koordinaten:

$$OA_1^* = OA_1 \cdot \mathfrak{a}, \quad A_1^*A_3^* = A_1A_3 \cdot \mathfrak{b}, \quad A^*A_3^* = AA_3 \cdot \mathfrak{c},$$
$$OB_1^* = OB_1 \cdot \mathfrak{b}, \quad BB_1^* = BB_1 \cdot \mathfrak{c},$$
$$OC^* = c \cdot \mathfrak{c}.$$

Zuweilen ist es zur Gewinnung möglichst anschaulicher perspektivischer Zeichnungen zweckmässig, das Axensystem um andere Winkel

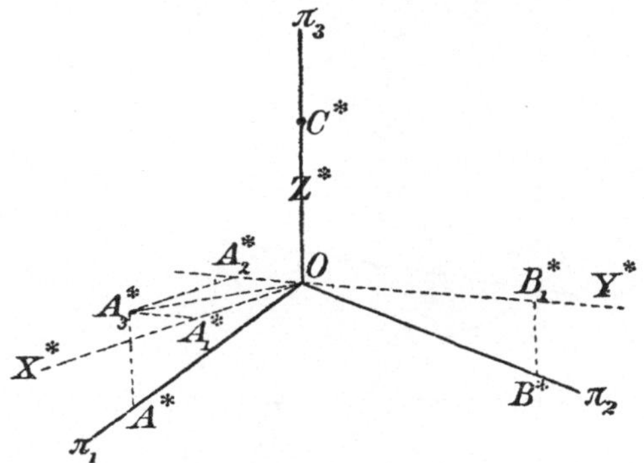

Fig. 16. Projektion ungleicher langer schiefwinkliger Axen.

gegen die Bildebene $\mathfrak{B}$ zu drehen und ohne Vermittelung von drei gleichen, aufeinander senkrechten Axen *direkt* auf $\mathfrak{B}$ zu projizieren. Eine Anleitung hierzu hat *St. Jolles* gegeben[57]). —

Es handelt sich nun um die *Konstruktion der Kantenrichtungen*[58]). Zu diesem Zwecke entwirft man in einer der Axenebenen eine perspektivische Linienprojektion des Flächenbündels, dessen Zentrum in den Endpunkt der gegenüberliegenden Axe gelegt wird. Die Verbindungsgeraden der Zonenpunkte der Linienprojektion mit dem Zentrum liefern die Gesamtheit der gesuchten Richtungen. Die Zeichnung des Kantennetzes eines Polyeders kann man an einem Eckpunkte beginnen, indem man der Reihe nach die Kanten parallel zu den entsprechenden Richtungen des Bündels aneinander fügt.

57) *St. Jolles,* Zeitschrift f. Kryst. 22 (1893), p. 1.

58) *F. H. Schröder,* Elem. d. rechn. Krystallographie 1852, p. 100.

II. Perspektische Krystallzeichnungen können auch aus den drei in Nr. 5 beschriebenen Projektionen abgeleitet werden. Wir setzen wieder voraus, dass die Projektionsebenen 𝔈, 𝔈′, 𝔈″ zusammenfallen. Die Bildebene 𝔅 der perspektivischen Zeichnung gehe durch das Zentrum C des Bündels der Flächen, Kanten und Flächennormalen. Dann ist ihre Lage gegeben in 𝔈 durch ihre Schnittgerade β, in 𝔈′ durch die stereographische Projektion des Hauptkreises, in dem sie die Kugel der Polfigur schneidet. Die Zeichnung soll ausgeführt werden in den Projektionsebenen, in die wir die Bildebene durch Drehung um β umlegen. Dabei gelangt das Zentrum C nach dem Punkt 𝔟′, den wir

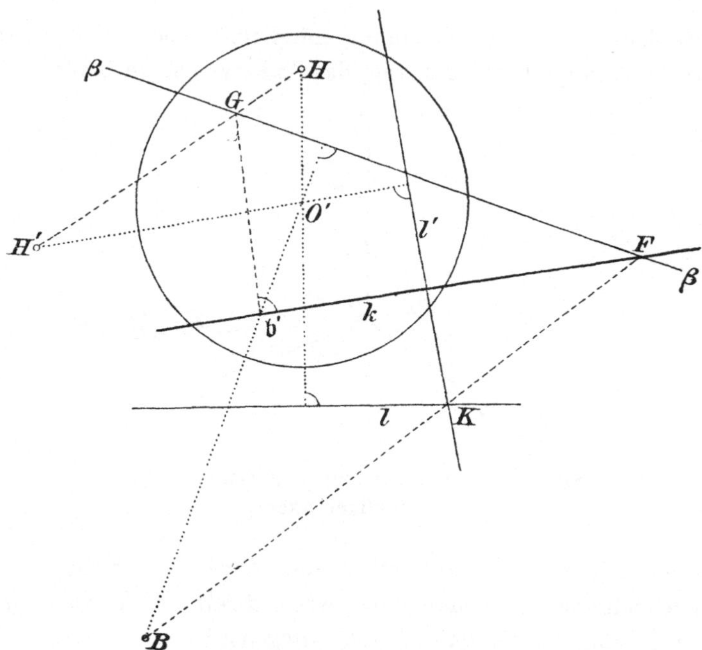

Fig. 17. Projektion der Kantenrichtungen mit Hülfe einer Linienprojektion der Flächen oder einer Punktprojektion der Flächennormalen.

erhalten, indem wir die stereographische Projektion 𝔟 des Poles b von 𝔅 auf die Ebene 𝔈 senkrecht projizieren (vgl. Fig. 9).

a) Es sei gegeben in 𝔈 die *Linienprojektion der Flächen* eines Krystallpolyeders. Wir suchen in 𝔅 die Projektion k der Kantenrichtung $\varkappa$, in der sich die Flächen h, h' schneiden. Die Schnittgeraden dieser Flächen in 𝔈 seien bezeichnet mit l, l'; ihr Schnittpunkt K ist die Spur von $\varkappa$ (Fig. 17). Die Gerade $\varkappa$ des Bündels wird auf 𝔅 senkrecht projiziert durch ihre Verbindungsebene mit der

Normale CB von $\mathfrak{B}$; daher geht die Spur dieser Ebene in $\mathfrak{E}$ durch B und K. Es sei F der Schnittpunkt von BK mit β. Wird nun die Bildebene in die Projektionsebene umgelegt, so bleibt F fest und C gelangt nach $\mathfrak{b}'$. Folglich giebt die Verbindungsgerade $\mathfrak{b}'F$ die Richtung der gesuchten Projektion[59]).

b) Gegeben sei in $\mathfrak{E}'$ die *Punktprojektion der Flächennormalen.* Die Schnittpunkte der Normalen der Flächen h, h' seien bezeichnet mit H, H' (Fig. 17). In dem Bündel steht die Kante $\varkappa$ senkrecht auf der Verbindungsebene von CH und CH'. Diese Ebene schneide die Bildebene in CG und β in G. Wird nun die Bildebene umgelegt in die Projektionsebene $\mathfrak{E}'$, so bleibt G fest und C gelangt nach $\mathfrak{b}'$. Daher gibt die Senkrechte auf $G\mathfrak{b}'$ in $\mathfrak{b}'$ die Richtung der gesuchten Projektion[60]).

c) Gegeben sei in $\mathfrak{E}''$ die *stereographische Projektion der Polfigur* und des Hauptkreises $\mathfrak{B}$, in dem die Bildebene die Kugel der Polfigur schneidet. Wir bezeichnen die Pole zweier Flächen, die sich

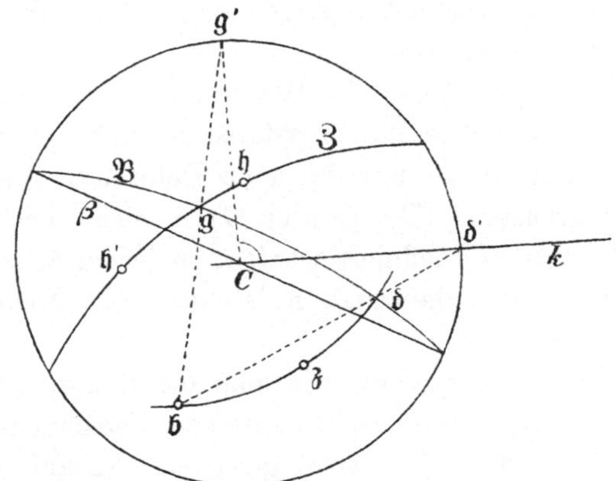

Fig. 18. Projektion der Kantenrichtungen mit Hülfe einer stereographischen Projektion der Polfigur.

in der Kante $\varkappa$ schneiden, mit h, h', den Zonenkreis hh' mit $\mathfrak{Z}$, den Schnittpunkt von $\mathfrak{B}$ und $\mathfrak{Z}$ mit g, die Pole von $\mathfrak{B}$ und $\mathfrak{Z}$ mit b und z, so dass z der Schnittpunkt der Kante $\varkappa$ mit der Kugeloberfläche ist. Dann wird $\mathfrak{B}$ von dem Hauptkreise bz in d derart geschnitten, dass der Winkel $gd = 90^0$ ist. Die stereographischen Projektionen von

59) *E. v. Fedorow,* Zeitschr. f. Kryst. 30 (1899), p. 9.

60) *H. Dauber,* Sitz.-Ber. Wien. Akad., math.-naturw. Kl. 42 (1860), p. 78; *V. Goldschmidt,* Über Projektion etc. 1887, p. 80; Zeitschr. f. Kryst. 19 (1891), p. 352; *G. F. H. Smith,* Min. Mag. 13 (1903), p. 309.

h, h', g, z, d seien bezeichnet mit 𝔥, 𝔥', 𝔤, 𝔷, 𝔡 (Fig. 18). Wird nun die Bildebene in die Projektionsebene durch Drehung um β umgelegt, so gelangen nach einem auf S. 404 angeführten Satze (vgl. Fig. 7) die Pole *g, d* in die Schnittpunkte 𝔤', 𝔡' der Geraden 𝔥𝔤, 𝔥𝔡 mit dem Grundkreise. Daher ist 𝔤'𝔡' = 90°. Folglich giebt die Senkrechte auf 𝔤'*C* in *C* die Richtung der gesuchten Projektion [61]).

24. Homogene Deformationen. Die in Nr. **11**—**15** angeführten Beziehungen zwischen Winkeln, Axeneinheiten und Indices gelten nur unter der in Nr. **1** betonten Voraussetzung, dass die Temperatur und der äussere allseitig gleiche Druck konstant bleiben.

Erfährt ein homogener Krystall bei konstantem, allseitig gleichem Druck eine in seiner ganzen Ausdehnung gleichmässige *Änderung der Temperatur*, durch die eine Zerstörung des krystallisierten Zustandes nicht bewirkt wird, so findet eine homogene Deformation statt, bei der die Symmetrie, der Zonenverband und die Indices der Flächen erhalten bleiben. Sie ist vollständig bestimmt, wenn das Deformationsellipsoid bekannt ist, dessen Hauptaxen nach *F. E. Neumann* [62]) *thermische Axen* genannt werden.

In den Fällen, in denen die Richtungen der thermischen Axen eine durch die Symmetrie des Krystalls bedingte permanente Lage nicht besitzen, können sie nur für eine Deformation aus einem bestimmten Anfangszustand (Temperatur Θ) in einen bestimmten Endzustand (Temperatur Θ') definiert werden; in jedem anderen Zustande, also auch während der Deformation, stehen diese Richtungen nicht aufeinander senkrecht.

C. Neumann [63]) hat gezeigt, wie man die Richtungen der Hauptaxen und die Werte der Hauptdilatationen berechnen kann, wenn ausser der Volumendilatation eine geeignete Anzahl von Flächenwinkeln vor und nach der Deformation gemessen sind. Da bei der thermischen Ausdehnung fester Körper die Änderungen der Koordinaten eines Punktes und der Richtungscosinus einer Geraden sehr klein sind, hat *C. Neumann* ihre zweiten Dimensionen vernachlässigt [64]). Für eine beliebig grosse homogene Deformation eines triklinen Krystalls ist die entsprechende Aufgabe von *B. Hecht* [65]) gelöst worden.

---

61) *F. Stöber,* Bull. soc. fr. min. 22 (1899), p. 42; *G. Wulff,* Zeitschr. f. Kryst. 36 (1902), p. 16; *S. L. Penfield,* Amer. J. of Sc. 19 (1905), p. 68.

62) *F. E. Neumann,* Ann. Phys. Chem. 27 (1833), p. 245.

63) *C. Neumann,* Ann. Phys. Chem. 114 (1861), p. 492; vgl. *J. Beckenkamp,* Zeitschr. f. Kryst. 5 (1881), p. 436.

64) Vgl. *L. Fletcher,* Phil. Mag. (5) 16 (1883), p. 275.

65) *B. Hecht,* Zeitschr. f. Kryst. 11 (1886), p. 531; 14 (1888), p. 333.

Die Hauptaxen einer homogenen Deformation bilden einen besonderen Fall der *gleichwinkligen Geraden*, d. h. der doppelt unendlich vielen Tripel von Geraden, die vor und nach der Deformation dieselben Winkel miteinander einschliessen[66]).

Auch die durch einen *allseitig gleichen Druck* bei konstanter Temperatur erzeugte Kompression eines einheitlichen Krystalls ist im allgemeinen mit einer Änderung der Gestalt verbunden. Nur unter der Annahme, dass die Elastizitätsmoduln von der Grösse des Druckes unabhängig sind, bewahren die Hauptaxen des Deformationsellipsoids (von *F. E. Neumann*[67]) *Hauptdruckaxen* genannt) auch in triklinen Krystallen ihre Richtungen, wenn der Druck geändert wird.

Die durch eine gleichmässige Erwärmung hervorgerufene Deformation kann nur bei regulären Krystallen durch einen allseitig gleichen Druck kompensiert werden[68]).

B. Symmetrie und Struktur der Krystalle.

Von **A. Schönflies** in Königsberg.

25. Einleitende Erläuterungen, insbesondere zum krystallographischen Grundgesetz. Von den grundlegenden Eigenschaften der Krystalle sind wesentlich zwei für das Folgende von Wichtigkeit; die eine bezeichnen wir kurz als das *krystallographische Symmetriegesetz*, die andere ist das *Gesetz der rationalen Indices*, auch *krystallographisches Grundgesetz*[69]) genannt.

Im *Symmetriegesetz* kommt diejenige physikalische Eigenschaft der Krystallsubstanz zum Ausdruck, die sie von den amorphen Körpern unterscheidet. Während ein amorpher Körper sich längs verschiedener Richtungen im allgemeinen *physikalisch gleichartig* verhält,

---

66) *H. J. S. Smith*, Proc. Math. Soc. London. 2 (1869), p. 196; *L. Fletcher*, Phil. Mag. (5) 9 (1880), p. 81; 16 (1883), p. 275; *E. Blasius*, Ann. Phys. 22 (1883), p. 526; Zeitschr. f. Kryst. 11 (1885), p. 140; *L. Burmester*, Zeitschr. f. Math. u. Phys. 23 (1878), p. 108; 47 (1902), p. 128.

67) *F. E. Neumann*, Ann. Phys. Chem. 31 (1834), p. 177.

68) *Liebisch*, Physikal. Krystallogr. 1891, p. 576.

69) Die neueren Erörterungen über die Frage, worin das oberste Merkmal der Krystallsubstanz zu erblicken sei, haben zu den Problemen dieses Artikels keine nähere Beziehung und bleiben daher ausser Betracht. Vgl. darüber *v. Fedorow*, Zeitschr. f. Kryst. 23 (1894), p. 99, 24 (1895), p. 245; *Goldschmidt*, 28 (1897), p. 1 u. 414; *Viola*, 34 (1901), p. 353; 35 (1902), p. 229; *G. Friedel*, Bull. soc. franc. de miner. 28 (1905), p. 95, sowie die Litteratur von Anm. 102.

zeigt ein Krystall nach *verschiedenen* von demselben inneren Punkt O ausgehenden Richtungen im allgemeinen *verschiedenes* Verhalten. Giebt es unter den von O ausgehenden Richtungen solche, längs deren der Krystall in jeder Hinsicht die gleichen physikalischen Eigenschaften besitzt (*gleichwertige* Richtungen), so sind diese nicht etwa regellos um den Punkt O gelagert, bilden vielmehr stets eine mit *geometrischen Symmetrieeigenschaften* (Nr. 27) behaftete Figur[70]), d. h. eine solche, die durch einfache Operationen, wie *Drehung, Spiegelung* u. s. w mit sich zur Deckung gelangt (Nr. 29), und zwar mit der Massgabe, dass nur *2-, 3-, 4- oder 6-zählige Symmetrieaxen* auftreten. Das gleiche gilt von der sogenannten *einfachen Krystallform*[71]), d. h. von den Ebenen, die auf den bezüglichen Geraden in gleichem Abstand von O senkrecht stehen, resp. von dem von ihnen gebildeten konvexen Polyeder.

Andere Symmetriearten, als die eben genannten, kommen in der Natur nicht vor; insbesondere wird eine fünfzählige Symmetrieaxe nie beobachtet. Das Symmetriegesetz ist daher ein *unmittelbares* Ergebniss der Erfahrung.

Unter dem *Gesetz der rationalen Indices* (oder der rationalen Doppelverhältnisse vgl. Nr. 6) versteht man bekanntlich das Folgende: Wenn man zu drei nicht in einer Ebene gelegenen Krystallkanten ein paralleles Dreikant konstruiert und als Masseinheit auf jeder der drei Axen des Dreikants eine Länge wählt, welche von einer alle drei Axen schneidenden, sonst aber beliebig ausgewählten Krystallfläche abgeschnitten wird, so schneidet jede andere Krystallfläche von jenen Axen Stücke ab, deren Verhältnisse durch rationale Zahlen gemessen werden.

Ob und inwiefern auch dieses Gesetz als eine *wirkliche Erfahrungstatsache* anzusehen ist, bedarf der näheren Erläuterung. Ersichtlich sagt es mehr aus, als durch unmittelbare Erfahrung je bestätigt werden kann. Denn die Frage, ob eine Zahl rational oder irrational sei, entzieht sich dem Genauigkeitsgrade jeder Messmethode. Es kommt hinzu, dass die Bildung der Krystalle kleinen Störungen unterworfen ist, die sich auch an den vollkommensten Krystallpolyedern durch geringe Winkel-

70) Lange Zeit wurde die geometrische Form als das wesentliche Kennzeichen der Krystallsymmetrie angesehen. Die Wichtigkeit des physikalischen Verhaltens wurde zuerst von *F. Neumann*, Beiträge zur Krystallonomie (1823), Vorrede, p. 3 u. 4, betont und wird seitdem allgemein anerkannt. In letzter Zeit ist man teilweise wieder zu stärkerer Berücksichtigung der morphologischen Verhältnisse zurückgekehrt. Vgl. auch die in Anm. 102 genannte Litteratur.

71) Diese soll im Folgenden kurz als „Krystallform" bezeichnet werden.

schwankungen verraten (vgl. Nr. 20). Der gewöhnlichen Auffassung des Grundgesetzes und seiner vorwiegenden Anwendung in der praktischen Krystallographie entspricht es, wenn wir seine Aussage enger fassen, wenn wir nämlich unter den rationalen Zahlen, von denen das Gesetz spricht, die Verhältnisse *kleiner* ganzer Zahlen verstehen. In der Tat bewegen sich die ganzen Zahlen, welche bei den Indices der zumeist vorkommenden und am besten ausgebildeten Krystallflächen auftreten, in sehr engen Grenzen; sie überschreiten im allgemeinen nicht die Grösse 10. Wir hätten daraufhin nicht von dem „Gesetz der rationalen Indices“ schlechtweg, sondern von einem „*Gesetze der durch kleine ganze Zahlen ausdrückbaren rationalen Indices*“ zu sprechen. In dieser engeren Fassung würde das Gesetz offenbar direkt durch die Erfahrung bestätigt und zwar (mit Rücksicht auf die schon genannten Störungen beim Bildungsprozess der Krystalle) als angenähert gültig erwiesen werden können — wenn es in dieser Fassung überhaupt allgemein zutreffend wäre. Letzteres ist indessen nicht der Fall. Es kommen nämlich, wenn auch gewissermassen als Ausnahmen, Flächen vor (z. B. die sog. Vicinalflächen), deren Indices weit über die vorhergenannten Grenzen hinausgehen. Hieraus geht hervor, dass sich die Grösse der bei den Indices auftretenden ganzen Zahlen nicht allgemein gültig einschränken lässt.

Es bleibt also nichts anderes übrig, als an der ursprünglichen Fassung, nämlich der blossen Aussage von der Rationalität der Indices, festzuhalten. Damit verzichtet man aber zugleich auf die Möglichkeit einer *direkten* Bestätigung durch die Erfahrung, und muss sich, wie bei vielen andern physikalischen Gesetzen, mit einem *indirekten* Beweis begnügen, d. h. mit der *empirischen* Bestätigung der aus der Rationalität der Indices fliessenden *theoretischen Folgerungen*. Unter allen diesen ist keine umfassender und prinzipieller als diejenige, die die Symmetrie der Krystalle betrifft. Hier aber werden die aus dem Gesetz der rationalen Indices fliessenden Folgerungen durch die Beobachtung vollinhaltlich bestätigt. Das Gesetz der rationalen Indices schliesst nämlich ebenfalls das Auftreten von anderen als 2-, 3-, 4- oder 6-zähligen Symmetrieaxen absolut aus. Z. B. ist die 5-zählige Symmetrieaxe mit diesem Gesetz unverträglich, weil sie Flächen mit irrationalen Axenabschnitts-Verhältnissen zur Folge haben würde. Indem man alle mit dem Gesetz der rationalen Indices verträglichen Symmetrieklassen aufstellt, gewinnt man ein vollständiges Einteilungsprinzip, dem sich die wirklich vorkommenden Krystalle unterordnen (vgl. Nr. 31).

In dieser Übereinstimmung dürfen wir einen vom naturwissenschaftlichen Standpunkte aus höchst befriedigenden Beweis des Gesetzes der rationalen Indices erblicken[72]).

Eine letzte wichtige Eigenschaft der Krystallsubstanz, die hier in Frage kommt, die sie allerdings mit jeder homogenen Substanz teilt, ist die *physikalische Gleichwertigkeit aller parallelen Richtungen.* Diese muss sich als Folge einer jeden molekularen Strukturtheorie ergeben.

26. Formulierung der mathematischen Probleme. Aus dem vorstehend geschilderten Sachverhalte entspringen zwei Aufgaben.

Die eine knüpft an die Thatsache an, dass die Symmetrieeigenschaften, die einem Krystall, wie überhaupt einem *Polyeder*, insbesondere einem *konvexen Polyeder* zukommen können, *sich gegenseitig bedingen;* ihre Art und Zahl ist durch *mathematische Gesetze* bestimmt, und es resultiert daher die Aufgabe, alle *theoretisch möglichen* Verbindungen von Symmetrieigenschaften aufzustellen. Die Lösung dieser Aufgabe schliesst die Aufzählung und Ableitung aller Krystallsysteme und ihrer Unterabteilungen in sich ein (Nr. **31**). Der erste, der in dieser Aufgabe ein geometrisches Problem erkannte und seine vollständige Lösung gegeben hat, war *C. Hessel*[73]).

Das zweite Problem knüpft an die Forderung an, eine *Hypothese* über die *molekulare Struktur* der Krystalle aufzustellen, aus der sich die obengenannten Grundgesetze als *notwendige Konsequenzen* ableiten lassen. Alle Strukturtheorien gehen davon aus, eine *regelmässige Anordnung der Krystallmolekeln* anzunehmen. Die mathematische Formulierung dieser Hypothese operiert mit einer sich nach allen

---

72) Es verdient bemerkt zu werden, dass das Symmetriegesetz und das Gesetz der rationalen Indices, wenn sie auch in der oben genannten Beziehung zu einander stehen, doch nicht aus einander gefolgert werden können. Einerseits kann aus dem Gesetz der rationalen Indices nicht entnommen werden, dass die Lage der N mit einander gleichwertigen Richtungen eines Krystalles gerade eine solche sein muss, dass sie, wie oben erwähnt, stets eine mit Symmetrie behaftete Figur bildet. Ebensowenig ist das Umgekehrte der Fall, und zwar deshalb, weil sich das Symmetriegesetz nur auf solche Flächen eines Krystalls bezieht, die durch das Symmetriegesetz mit einander verbunden sind, also als mögliche Flächen einer und derselben einfachen Krystallform auftreten können. Über die gegenseitige Beziehung der Indices solcher Krystallflächen, die verschiedenen einfachen Krystallformen angehören, kann es daher nichts aussagen.

73) Vgl. den Artikel über Krystallographie in *Gehler*'s physikalischem Wörterbuch, p. 1062 ff. Eine zweite Darstellung giebt die Marburger Universitätsschrift: Über gewisse merkwürdige statische und mechanische Eigenschaften der Raumgebilde (1862). Vgl. auch *L. Sohncke,* Die Entdeckung des Einteilungsprinzips der Krystalle durch *J. F. C. Hessel*, Zeitschr. f. Kryst. 18 (1891). p. 486.

Richtungen unbegrenzt ausdehnenden Krystallmasse, ersetzt die Krystallmolekeln zunächst durch Punkte (z. B. die Schwerpunkte) und gelangt so dazu, in dem unbegrenzten *regelmässigen Punktsystem* die charakteristische Struktur der Krystallsubstanz zu erblicken. Die erste Strukturtheorie dieser Art hat *A. Bravais*[74]) aufgestellt. Seine grundlegende Vorstellung wurde später durch *Ch. Wiener*[75]) und *L. Sohncke*[76]) verallgemeinert, in neuester Zeit endlich durch die Arbeiten von *E. v. Fedorow*[77]) und unabhängig von ihm durch *A. Schoenflies*[78]), im Anschluss an einen von *F. Klein* ausgesprochenen Gedanken[79]).

Die Vorstellung, dass um alle Krystallmolekeln herum die Krystallmasse in gleicher Weise gelagert ist, kann kaum durch eine einfachere ersetzt werden. Andererseits kann eine molekulare Theorie, mit *H. Hertz* zu reden, immer nur ein *Bild* der Naturvorgänge geben. Inwieweit das Bild den wirklichen Bau der Stoffe und die Wirkungsweise der Kräfte wiederspiegelt, ist in allen Fällen eine offene Frage. Auch wird ein solches Bild im allgemeinen einfachere Annahmen machen, als es der Natur der Dinge entspricht. Andererseits besteht wieder in der Einfachheit des Bildes sein methodischer Vorzug, und die in ihm enthaltene Hypothese wird um so wertvoller sein, je leichter sie die Hauptgesetze des bezüglichen Gebietes abzuleiten gestattet. In dieser Hinsicht lässt die Strukturtheorie nichts zu wünschen übrig; denn sowohl die Symmetriegesetze und die Gleichwertigkeit paralleler Richtungen, wie auch das Gesetz der rationalen Indices sind *unmittelbare* und *prinzipielle Folgerungen der Strukturhypothesen* (Nr. **38**); auch die übliche Systematik der Krystalle (Nr. **28**) findet durch sie ihre Begründung. Was allerdings die *speziellen* gestaltlichen und physikalischen Eigenschaften der Krystalle betrifft, so sind bisher nur wenige zu nennen, die aus den Strukturhypothesen ihre Erklärung gefunden haben oder für die eine solche versucht wurde — allerdings ist auch kaum eine Erscheinung bekannt, die gegen sie spräche[80]) (vgl. Nr. **49** ff.).

---

74) Mémoire sur les systèmes formés etc. und Études crystallographiques.

75) Grundzüge der Weltordnung, 2. Ausgabe (1869), p. 82 ff.

76) Vgl. besonders Entwickelung einer Theorie der Krystallstruktur, Leipzig 1879, in der sich auch eine eingehende historische Darstellung findet.

77) Gestaltenlehre, Petersburg 1885, und Symmetrie der regelmässigen Systeme von Figuren, ebenda 1890. Für die weitere Litteratur vgl. Anm. 151.

78) Krystallsysteme und Krystallstruktur, Leipzig 1891, und die vorher erschienenen Arbeiten in Math. Ann. 28 (1887), p. 319; 29 (1887), p. 50; 34 (1889), p. 172.

79) Vgl. auch *W. Barlow*, Zeitschr. f. Kryst. 23 (1894), p. 1 u. 25; (1896), p. 86

80) Als merkliche Abweichungen sind möglicherweise die von *Beckenkamp*

In jedem Falle wird man die Vorstellung eines regelmässigen Aufbaues der Krystallmolekeln als eine erste Annäherung an die wirklichen Zustände der krystallinischen Substanz ansehen dürfen, ähnlich wie die Mechanik der sogenannten starren Körper eine erste Annäherung für das wirkliche Verhalten der in der Natur vorkommenden festen Körper liefert[81]).

I. Die Symmetriegesetze und die 32 Symmetriegruppen.

27. Die Symmetrieeigenschaften und ihre Gesetze. Die Gesamtheit derjenigen N Richtungen, längs deren sich ein Krystall in *jeder* Hinsicht, also auch in seinen *sämtlichen* physikalischen Eigenschaften gleichartig verhält (vgl. Nr. **34**), bezeichnen wir kurz als Figur F. Die Figur F solcher N gleichwertigen Richtungen ist, wie wir bereits oben (Nr. **25**) erwähnten, identisch mit den N Loten, die man vom Mittelpunkt der *allgemeinen einfachen Krystallform* auf deren Seitenflächen fällen kann.

Für die in Nr. **25** erwähnten geometrischen *Symmetrieeigenschaften* der Figur F giebt es *vier einfachste Typen;* sie entsprechen der Art und Weise, auf die man die Figur F mit sich zur Deckung bringen kann[82]). Dies kann so geschehen, dass man 1) sie um eine durch O gehende Axe a dreht — a heisst *Symmetrieaxe,* genauer Symmetrieaxe *erster Art*[83]) —, 2) dass man sie gegen eine durch O gehende Ebene σ spiegelt — *Symmetrieebene* —, 3) dass man jede Richtung durch die entgegengesetzte ersetzt — O heisst *Symmetriezentrum*[84]) —, 4) dass man sie um eine durch O gehende Axe a dreht und ausserdem gegen eine zu dieser Axe senkrechte Ebene spiegelt — a heisst *Symmetrie-*

---

und anderen beobachteten anomalen Ätzfiguren zu betrachten. Vgl. Zeitschr. f. Kryst. 14 (1888), p. 375 u. ff.

81) Damit erledigen sich die Ausführungen von *Goldschmidt*, Zeitschr. f. Kryst. 29 (1898), p. 38; *Beckenkamp*, 32 (1900), p. 45; *Viola*, 34 (1901), p. 388. Vgl. auch die dynamischen Vorstellungen von Lord *Kelvin* in Nr. **33**.

82) D. h. jede Richtung kommt in eine Lage, in der sich ursprünglich ebenfalls eine der N Richtungen befand.

83) Solche Axen sollen im Folgenden meist als Symmetrieaxen schlechthin bezeichnet werden. Die Axen werden als *einseitig* oder *zweiseitig* unterschieden, je nachdem ihre beiden entgegengesetzten Richtungen gleichwertig sind oder nicht. Im letzten Fall heissen sie auch *polar*.

84) *v. Fedorow* sagt „Inversionszentrum“ und versteht unter einem Symmetriezentrum den Schnittpunkt der Symmetrieelemente (Axen, Ebenen), Zeitschr. f. Kryst. 20 (1892), p. 28.

axe zweiter Art[85]). Eine Symmetrieaxe erster oder zweiter Art heisst *n-zählig*, wenn der kleinste Drehungswinkel, der die Deckung von F mit sich herbeiführt, der $n$te Teil von 2π ist.

Besitzt die Figur F eine Symmetrieaxe erster Art, so ist sie mit sich selbst auf mehrfache Art *kongruent;* besitzt sie eine der drei anderen Symmetrieeigenschaften, so ist sie sich selbst *spiegelbildlich gleich*[86]).

Die Symmetrieeigenschaften, die ein Krystall resp. seine Figur F besitzen kann, sind, wie in Nr. **26** erwähnt, nicht unabhängig voneinander. Die krystallographisch wichtigsten Gesetze, die hier bestehen, sind folgende[87]): 1) Die Schnittlinie von zwei Symmetrieebenen ist eine Symmetrieaxe; der zugehörige Winkel ist das Doppelte desjenigen, den die beiden Ebenen einschliessen. Insbesondere ist die Schnittlinie von zwei senkrechten Symmetrieebenen eine zweizählige Axe. 2) Besitzt umgekehrt ein Krystall eine n-zählige Axe und eine durch sie gehende Symmetrieebene, so besitzt er n solcher Ebenen, die gleiche Winkel miteinander einschliessen. 3) Von den drei Eigenschaften: Symmetrieebene, Symmetriezentrum und zweizählige Symmetrieaxe bedingen je zwei die dritte, wenn Axe und Ebene senkrecht aufeinander stehen. 4) Eine n-zählige Symmetrieaxe zweiter Art ist zugleich Symmetrieaxe erster Art und zwar vom doppelten Winkel. 5) Enthält ein Krystall mehrere Symmetrieaxen, die mehr als zweizählig sind, so müssen seine Symmetrieaxen mit denjenigen eines der bekannten regelmässigen *Euler*'schen Polyeder identisch sein.

28. Historische Entstehung der Krystallsysteme. Die Einteilung der Krystalle in Systeme ist ursprünglich unter wesentlicher Anlehnung an die äusseren Formen der Krystallindividuen erfolgt[88]). Man pflegte solche Krystalle zu einem System zusammenzufassen, deren Flächen sich mit rationalen Indices auf gleichartige Koordinatensysteme beziehen lassen (Nr. 8). Als Koordinatenebenen und Koordinatenaxen benutzte man einerseits die *Symmetrieebenen*, die sich anschaulich am unmittelbarsten darboten, andererseits solche Richtungen *(Axen)*,

---

85) Auch axe de symétrie alterne [*Curie*, Bull. de la soc. min. 7 (1884), p. 450]. *v. Fedorow* spricht von „zusammengesetzter Symmetrie": Zeitschr. f. Kryst. 20 (1892), p. 28.

86) Solche Auffassungen des Symmetriebegriffes, die von dem obigen verschieden sind [vgl. z. B. *Beckenkamp*, Zeitschr. f. Kryst. 32 (1900), p. 45 u. 48; 33 (1900), p. 613], müssen hier unberücksichtigt bleiben. Vgl. auch Anm. 124.

87) Für den Beweis vgl. Nr. **29**.

88) Die Arbeiten von *Hessel*, *Gadolin* u. s. w. (s. Litteraturübersicht, p. 394 u. 395) kamen erst in neuester Zeit zur Geltung.

die auf Symmetrieebenen senkrecht stehen, oder sonst im Krystall ausgezeichnet sind, die aber nicht in allen Fällen Symmetrieaxen waren. Erst in neuerer Zeit ist die Benutzung von Symmetrieaxen, sowie überhaupt die Charakterisierung der Krystalle durch ihre Symmetrie, allgemeiner geworden. Demgemäss pflegen die Krystallographen die Krystalle folgendermassen in Systeme zu teilen:

1) *Reguläre* (*kubische, tesserale*) Krystalle; vier dreizählige Axen. 2) *Hexagonale* Krystalle; eine dreizählige oder sechszählige Axe. 3) *Tetragonale* Krystalle; eine vierzählige Axe. 4) *Rhombische* Krystalle; drei zueinander senkrechte ungleiche Axen. 5) *Monokline* Krystalle; eine ausgezeichnete Axe. 6) *Trikline* Krystalle; keine ausgezeichnete Richtung.

Im hexagonalen System werden die Krystalle mit dreizähliger Axe vielfach auch als *rhomboedrisches Krystallsystem* oder doch als *rhomboedrische Unterabteilung* des hexagonalen Systems bezeichnet.

Was die *Symmetrie* dieser Systeme betrifft, so ist die des rhombischen und monoklinen Systems nicht mehr einheitlich bestimmt. Die drei Axen des rhombischen Systems sind nicht für alle Krystalle zugleich zweizählige Symmetrieaxen, ebenso ist im monoklinen System nicht bei allen Krystallen eine zweizählige Symmetrieaxe vorhanden. (Vgl. Nr. **32**.)

Die vorstehende Einteilung in sechs resp. sieben Systeme findet übrigens in den Strukturtheorien eine wesentliche Stütze (Nr. **36**).

29. Die Deckoperationen und ihre Zusammensetzung. Die *mathematische* Theorie fasst, zumal mit Rücksicht auf die Strukturtheorien, ausser den Symmetrieeigenschaften auch die *Deckoperationen* ins Auge, in denen die Symmetrieeigenschaften gemäss dem Vorstehenden ihren Ausdruck finden. Der Symmetrieaxe entspricht eine *Drehung*; wir bezeichnen sie, falls sie um die Axe a stattfindet, durch $\mathfrak{A}(\alpha)$, wo α der Drehungswinkel ist; falls die Axe n-zählig ist, durch $\mathfrak{A}\left(\frac{2\pi}{n}\right)$; ist insbesondere $n = 2$, also π der Drehungswinkel, so bezeichnen wir die Drehung auch als *Umwendung* $\mathfrak{U}$. Die drei anderen bezüglichen Deckoperationen heissen *Spiegelung*, *Inversion* und *Drehspiegelung*[89]), wir bezeichnen sie durch $\mathfrak{S}$, $\mathfrak{J}$ und $\overline{\mathfrak{A}}\left(\frac{2\pi}{n}\right)$, wenn a

89) Vgl. *A. Schoenflies*, Krystallsysteme und Krystallstruktur, p. 29. Für $n = 2$ ist die Drehspiegelung mit der Inversion identisch. Eine zweizählige Axe zweiter Art ist daher einem Symmetriecentrum äquivalent.

Statt der Drehspiegelung kann auch eine Drehung in Verbindung mit einer Inversion benutzt werden; vgl. *Minnigerode*, Neues Jahrb. f. Min. Beilagebd. 5 (1887), p. 145, u. 1894, 1, p. 92.

wieder eine n-zählige Axe ist. Sie heissen auch Deckoperationen *zweiter Art*, während man die Drehung auch *Deckbewegung* oder Deckoperation *erster Art* nennt.

Theoretisch ist es wichtig, auch diejenigen Deckoperationen zu betrachten, bei denen jede Richtung von F mit sich selbst zur Deckung gelangt. Man bezeichnet sie als *Identität* und hat dafür das Zeichen 1 eingeführt; es deutet an, dass diese Deckungsart auch so herstellbar ist, dass F in Ruhe bleibt.

Die zur Figur F zugehörige einfache Krystallform kann man in N Teilfiguren zerlegen, die bei jeder Deckoperation ineinander übergeführt werden. Sind alle Deckoperationen Drehungen, so sind alle Teilfiguren kongruent, im andern Fall sind sie teils kongruent, teils spiegelbildlich gleich.

Seien nun $\mathfrak{L}$ und $\mathfrak{M}$ irgend zwei Deckoperationen der Figur F. Wird dann auf F zunächst die Operation $\mathfrak{L}$ und dann die Operation $\mathfrak{M}$ angewandt, so wird F in der Endlage ebenfalls mit sich zur Deckung gelangt sein. Wir haben damit eine *neue* Deckoperation $\mathfrak{N}$ von F definiert, die in der Aufeinanderfolge resp. in der Verbindung von $\mathfrak{L}$ und $\mathfrak{M}$ besteht, die man *Produkt* von $\mathfrak{L}$ und $\mathfrak{M}$ nennt und durch $\mathfrak{L}\mathfrak{M}$ bezeichnet[90]). Diese Definition soll auch in dem Fall gelten, dass $\mathfrak{L}$ und $\mathfrak{M}$ die gleiche Deckoperation bedeuten; alsdann bezeichnet man $\mathfrak{L} \cdot \mathfrak{L} = \mathfrak{L}^2$, $\mathfrak{L} \cdot \mathfrak{L} \cdot \mathfrak{L} = \mathfrak{L}^3$ u. s. w. und nennt $\mathfrak{L}^2, \mathfrak{L}^3, \ldots$ *Potenzen* von $\mathfrak{L}$.[91])

Für die durch $\mathfrak{L}$ und $\mathfrak{M}$ bestimmte Operation $\mathfrak{N}$ bestehen in den einfachsten Fällen folgende Sätze, die sich unmittelbar ergeben, wenn man eine von O ausgehende Gerade nacheinander den bezüglichen Operationen unterwirft und die Endlage mit der Anfangslage vergleicht.

1) Sind $\mathfrak{S}$ und $\mathfrak{S}_1$ zwei Spiegelungen an den Ebenen σ und σ_1, ist a ihre Schnittlinie und $\sphericalangle(\sigma\sigma_1) = \alpha$, so ist $\mathfrak{S}\mathfrak{S}_1 = \mathfrak{A}(2\alpha)$. 2) Ist die Ebene σ senkrecht zur Axe u, so ist $\mathfrak{S}\mathfrak{J} = \mathfrak{U}$, $\mathfrak{S}\mathfrak{U} = \mathfrak{J}$, $\mathfrak{J}\mathfrak{U} = \mathfrak{S}$. 3) Ist a eine Symmetrieaxe zweiter Art und σ die zu ihr senkrechte Ebene, so ist gemäss der Definition $\overline{\mathfrak{A}}(\alpha) = \mathfrak{A}(\alpha)\mathfrak{S}$; auch ist $\overline{\mathfrak{A}}^2(\alpha) = \mathfrak{A}(2\alpha)$.

Diese Sätze bilden zugleich die Quelle derjenigen Gesetze, die wir oben (Nr. 27) für die Symmetrieeigenschaften ausgesprochen haben.

---

90) Die Operationen, die durch $\mathfrak{L}\mathfrak{M}$ und $\mathfrak{M}\mathfrak{L}$ dargestellt werden, sind im allgemeinen verschieden.

91) Ist $\mathfrak{L}$ eine Drehung, so stellen also $\mathfrak{L}^2$ und $\mathfrak{L}^3$ eine Drehung um den doppelten und dreifachen Winkel dar.

Ferner bestehen folgende Sätze allgemeiner Art, die unmittelbar evident sind: 1) Das Produkt von zwei Operationen erster Art oder zwei Operationen zweiter Art ist eine Operation erster Art. 2) Das Produkt aus einer Operation erster Art und einer Operation zweiter Art ist eine Operation zweiter Art.

Endlich erwähne ich noch folgendes:

Für jede Deckoperation giebt es eine endliche Zahl von Wiederholungen, die die Figur F in ihre Anfangslage zurückführt; anders ausgedrückt, es existiert für jede Deckoperation eine gewisse *Potenz*, die die *Identität* liefert. Insbesondere ist:

$$\mathfrak{S}^2 = 1, \quad \mathfrak{J}^2 = 1, \quad \mathfrak{U}^2 = 1. \tag{1}$$

Ist ferner a eine n-zählige Axe, so hat man um a die Drehungen

$$\mathfrak{A}, \quad \mathfrak{A}^2, \ldots, \quad \mathfrak{A}^{n-1}, \quad \mathfrak{A}^n = 1,$$

und wenn a eine $2n$-zählige Axe zweiter Art ist, so hat man die Drehspiegelungen

$$\overline{\mathfrak{A}}, \quad \overline{\mathfrak{A}}^3, \ldots, \quad \overline{\mathfrak{A}}^{2n-1}$$

und die Drehungen

$$\overline{\mathfrak{A}}^2, \quad \overline{\mathfrak{A}}^4, \ldots, \quad \overline{\mathfrak{A}}^{2n-2}, \quad \overline{\mathfrak{A}}^{2n} = 1.$$

30. Der Gruppenbegriff. Bezeichnet man durch

$$\mathfrak{L}, \mathfrak{M}, \mathfrak{N}, \ldots \tag{2}$$

die *sämtlichen* voneinander verschiedenen Deckoperationen einer Figur F, so muss die Deckoperation, die durch das Produkt aus zweien oder mehreren von ihnen dargestellt wird, ebenfalls in der Reihe (2) auftreten. Die Reihe enthält also auch jede Potenz der Operationen $\mathfrak{L}, \mathfrak{M}, \mathfrak{N}, \ldots$ und daher auch (Nr. **29**) die Identität. Dies ist diejenige Eigenschaft, die man als *Gruppeneigenschaft* bezeichnet; man sagt, dass die obigen Operationen eine *Gruppe G* bilden[92]). Geht man zu den Symmetrieeigenschaften zurück, so heisst dies, dass jede Symmetrieeigenschaft in der Reihe auftritt, die durch irgend zwei von ihnen gemäss Nr. **27** bedingt wird.

Für die Beziehung der Figur F resp. der allgemeinen Krystallform zu der vorstehenden Gruppe gilt der Satz: Wird irgend eine durch den Mittelpunkt der Krystallform gehende Richtung den N Operationen der Gruppe unterworfen, so entstehen stets N gleichwertige Richtungen; analog entstehen sämtliche Flächen der Krystallform, wenn eine von ihnen allen Operationen der Gruppe unterworfen wird. Das Gleiche gilt für die N Teile, in die man die Krystallform gemäss Nr. **29** zerlegen kann.

92) Näheres findet man in Bd. I 1 6 dieser Encyklopädie.

Hat die durch die Reihe (2) definierte Gruppe G die Eigenschaft, dass ein Teil ihrer Operationen gleichfalls die Gruppeneigenschaft besitzt, so bilden diese eine *Untergruppe* von G. Die Zahl dieser Operationen ist stets ein genauer Teiler von N. Eine Untergruppe von G bilden gemäss Nr. **29** insbesondere die in der Reihe (2) enthaltenen Bewegungen.

31. Mathematische Ableitung aller Symmetriegruppen[93]). Die Aufgabe, alle möglichen Krystallklassen abzuleiten, ist gemäss dem Vorigen in der *allgemeineren* Aufgabe enthalten, *alle überhaupt möglichen* Gruppen von Deckoperationen einer Figur F abzuleiten. Diese sollen *Symmetriegruppen* oder *Punktgruppen* heissen; aus ihnen werden wir die krystallographischen dadurch ausscheiden, dass in ihnen nur 2-, 3-, 4- oder 6-zählige Axen auftreten dürfen (Nr. **25**). Man scheidet sie in Gruppen *erster Art* und Gruppen *zweiter Art*, je nachdem in ihnen nur Deckoperationen erster Art oder auch solche zweiter Art vorkommen.

Die Gruppen *erster Art* kann man so ableiten, dass man nach allen möglichen Verbindungen von Symmetrieaxen fragt, die ein *Polyeder* gemäss den Sätzen von Nr. **27** besitzen kann[94]). Es ergeben sich die folgenden:

---

93) Die Ableitung aller Symmetriegruppen resp. nur derjenigen, die krystallographische Bedeutung haben, ist von den verschiedensten Seiten nach den verschiedensten Methoden ausgeführt worden; sowohl von Krystallographen, wie von Mathematikern. Ausser *Hessel* (Anm. 3) ist zu erwähnen: *Bravais*, Journ. de math. Paris 14 (1849), p. 141 und Études cristallographiques, Journ. de l'éc. polyt. Heft 34 (1851), p. 229. In der ersten Arbeit zählt *Bravais* nur 31 Arten auf; die fehlende Art wird aber in der zweiten Arbeit p. 275 nebst Anm. doch erwähnt; vgl. Anm. 31. Ausserdem vgl. *Gadolin*, Acta soc. Fenn. Helsingfors 9 (1871), p. 1; *v. Fedorow*, Verhandl. d. russ. min. Ges. 20 (1884), p. 334; *P. Curie*, Bull. de la soc. min. de France 7 (1884), p. 89 u. 418; *H. Minnigerode*, Neues Jahrb. f. Min. Beilageband 5 (1887), p. 145; *F. Becke*, Zeitschr. f. Kryst. 25 (1896), p. 73; *Viola*, N. Jahrb. f. Min. Beilageband 10 (1896), p. 167 und 497, wo die Ableitung mit Hilfe der Quaternionen geschieht; *V. v. Lang*, Wiener Berichte 105^{2a} (1896), p. 362; vgl. auch dessen Krystallographie 1866; *K. Rohn*, Abh. d. naturw. Ges. Isis, Dresden 1896, p. 72; *Viola*, Zeitschr. f. Kryst. 27 (1897), p. 1; *v. Fedorow*, 28 (1897), p. 468; *G. Wulf*, Annuaire géol. et minéral. de la Russie, 2 (1897); *A. Schmidt*, Zeitschr. f. Kryst. 33 (1900), p. 620; *V. de Souza Brandão*, Neues Jahrb. f. Min. 1901, 2, p. 37; *G. Tschermak*, 39 (1904), p. 433. Vgl. auch Anm. 140.

H. Schoute giebt eine Ableitung aller Unterabteilungen des regulären Systems für den vierdimensionalen Raum: Assoc. franç. pour l'avanc. des sciences, Bordeaux 1895.

94) Geht man von anderen Symmetrieaxen aus, als solchen, die ein Polyeder haben kann, so folgen daraus notwendig *unendlich viele* andere Axen, die

1) Die *zyklische Gruppe.* Sie entspricht einer Figur F, die nur *eine einzige* n-zählige Symmetrieaxe besitzt. Die Gruppe, die durch C_n bezeichnet werde, besteht aus den Potenzen derselben Operation $\mathfrak{A} = \mathfrak{A}\left(\frac{2\pi}{n}\right)$ und enthält die Operationen

$$(3) \qquad \mathfrak{A},\ \mathfrak{A}^2, \ldots, \mathfrak{A}^{n-1},\ \mathfrak{A}^n = 1.$$

Die Gruppe existiert für *jedes n.*[95])

2) Die *Diedergruppe*, ebenfalls für jedes n existierend. Die Figur F besitzt *eine* n-zählige Symmetrieaxe a (*Hauptaxe*) und n zu ihr senkrechte zweizählige Axen $u_1, u_2, \ldots, u_n$ (*Nebenaxen*)[96]); die Axen sind also identisch mit den sämtlichen Symmetrieaxen einer *Doppelpyramide.* Die Gruppe, die wir mit D_n bezeichnen, enthält die $2n$ Operationen

$$(4) \qquad \begin{array}{l} \mathfrak{A},\ \mathfrak{A}^2, \ldots, \mathfrak{A}^{n-1},\ \mathfrak{A}^n = 1, \\ \mathfrak{U}_1,\ \mathfrak{U}_2, \ldots, \mathfrak{U}_{n-1},\ \mathfrak{U}_n. \end{array}$$

3) Die *Gruppen der regelmässigen Körper*, deren Symmetrie mit derjenigen der regelmässigen Körper identisch ist. Solcher giebt es drei: die *Tetraedergruppe T*, die dem Tetraeder entspricht und vier dreizählige und drei zweizählige Axen enthält; die *Oktaedergruppe O*, die dem Oktaeder und Würfel entspricht und drei vierzählige, vier dreizählige und sechs zweizählige Axen enthält; endlich die *Ikosaedergruppe J*, die dem Ikosaeder und Dodekaeder entspricht und deren Symmetrieaxen besitzt. Sie hat jedoch keine krystallographische Bedeutung[97]).

Für *Gruppen zweiter Art* sind zunächst folgende allgemeine Sätze zu erwähnen: 1) In jeder Gruppe zweiter Art giebt es gleich viele Deckoperationen erster wie zweiter Art. 2) Die Deckoperationen zweiter Art kann man erhalten, indem man die Deckoperationen erster Art mit einer und derselben, übrigens beliebigen Operation zweiter Art multipliziert. 3) Jede Gruppe zweiter Art entsteht, indem man zu einer Gruppe erster Art noch eine geeignete Symmetrieeigenschaft zweiter Art hinzufügt; sie muss der Bedingung genügen, dass die zugehörige Operation zweiter Art die Axen der Gruppe in

---

entweder der Symmetrie eines Kegels oder der einer Kugel entsprechen. Vgl. Anm 105.

95) Für $n = 1$ besteht die Gruppe nur aus der Identität, was mit einer einzähligen Axe identisch ist (Nr. 29).

96) Für $n = 2$ wird die Gruppe als *Vierergruppe* bezeichnet. Sie enthält drei zweizählige, zueinander senkrechte Axen. Wegen der Bezeichnungen vgl. *F. Klein*, Vorlesungen über das Ikosaeder, Leipzig 1884.

97) Für ihre mathematischen Eigenschaften vgl. das Citat in Anm. 96.

sich überführt. In dieser Weise sind alle Gruppen zweiter Art aus den Gruppen erster Art ableitbar[98]). Man erhält folgende Typen:

1) Solche, die aus den Gruppen erster Art durch Hinzufügung eines Symmetriezentrums oder einer Symmetrieebene entstehen; und zwar muss die Symmetrieebene zugleich Symmetrieebene für die Axen der bezüglichen Gruppe erster Art sein. So entstehen aus C_n die Gruppen C_n^h mit n-zähliger Axe und horizontaler, zur Axe senkrechter Symmetriebene[99]), die Gruppen C_n^v mit n vertikalen, durch die Axe gehenden Symmetrieebenen, und für *ungerades* n die Gruppen C_n^i mit n-zähliger Axe und einem Symmetriezentrum[100]). Aus D_n entstehen die Gruppen D_n^h mit einer horizontalen Symmetrieebene und n vertikalen, die durch die Nebenaxen gehen, und die Gruppen D_n^d mit n vertikalen Symmetrieebenen, die die Winkel der n Nebenaxen halbieren. Aus T entstehen zwei Gruppen T^h und T^d; die erste besitzt drei Symmetrieebenen, deren jede zwei zweizählige Axen verbindet, die zweite besitzt sechs Symmetrieebenen, die durch je zwei dreizählige Axen gehen. Endlich entsteht aus O eine Gruppe O^h, der sämtliche eben genannten Symmetrieebenen zukommen; eine analoge Gruppe entsteht aus J.

2) Solche, die eine *einzige* Symmetrieaxe zweiter Art enthalten. Sie entstehen, indem man die n-zählige Axe einer zyklischen oder Diedergruppe in eine $2n$-zählige Axe *zweiter Art* verwandelt. Sie existieren nur für *gerades* n und sollen durch S_{2n} resp. S_{2n}^u bezeichnet werden. Die so definierten Gruppen S_{2n}^u sind aber mit den Gruppen D_n^d identisch. Die Gruppen S_{2n} sind für *ungerades* n mit C_n^i identisch; neue Gruppen ergeben sich also nur für *gerades* n.[101])

Ein Symmetriezentrum enthalten die Gruppen $C_n^i = S_{2n}$ für *ungerades* n, die Gruppen C_n^h und D_n^h für *gerades* n, die Gruppen $D_n^d = S_{2n}^u$ für *ungerades* n und die Gruppen T^h und O^h. In allen diesen Gruppen sind wegen des Symmetriezentrums beide Richtungen einer jeden Axe gleichwertig[83]).

32. Gruppentheoretische Systematik der Krystalle. Mit Rücksicht auf das Gesetz der rationalen Indices können von den vorstehenden Symmetriegruppen nur solche die Symmetrie eines wirk-

98) Dies kann auf verschiedene Weise geschehen. Daher ergeben sich manche Gruppen zweiter Art im Folgenden mehrfach.

99) Die n-zählige Axe von C_n und D_n denke man sich vertikal.

100) Für *gerades* n ist C_n^i mit C_n^h identisch; vgl. Anm. 98.

101) Die Gruppen S_{2n} für gerades n sind diejenigen, die bei *Bravais* fehlen. Dies liegt daran, dass er meinte, mit den damals bekannten Symmetrieeigenschaften (Punkt, Axe, Ebene der Symmetrie) auszukommen. Vgl. Anm. 93.

lichen Krystalles darstellen, in denen 2-, 3-, 4- und 6-zählige Axen auftreten. Die Zahl der so definierten möglichen Krystallklassen ist 32.

Die Krystallklassen lassen sich auch in der Weise in *Systeme* einteilen, dass man diejenigen zusammenfasst, die in gewissen Symmetrieaxen übereinstimmen. Gegenüber der historisch und praktisch entstandenen Einteilung, die sich übrigens auch an der Hand der Gittertheorien einstellt (Nr. **36**), ist diese Systematik insofern eine einheitliche, als sie nach einem einzigen Prinzip erfolgt. Doch ist zu bemerken, dass keine Systematik etwas absolut zwingendes besitzt, da die Art, wie man Krystalle verschiedener Symmetrie zu einer Gesamtklasse vereinigen will, teilweise subjektivem Ermessen unterliegt. Die Einteilung in Systeme ist daher auch nicht überall die gleiche[102]).

Von dem eben genannten Standpunkt aus kommt man zu folgenden *sechs* einheitlich definierten Systemen:

1) *Reguläres System*; die Symmetrie ist durch die Axen der Tetraeder- und Oktaedergruppe charakterisiert. Ihm gehören die Gruppen O^h, O, T^h, T^d und T an.

2) *Hexagonales System,* durch eine sechszählige Hauptaxe charakterisiert; zu ihm gehören die Gruppen D_6^h, D_6, C_6^h, C_6^v, C_6, S_6^u, S_6.

3) *Tetragonales System,* mit vierzähliger Hauptaxe und den Gruppen D_4^h, D_4, C_4^h, C_4^v, C_4, S_4^u, S_4.

4) *Trigonales System,* mit dreizähliger Hauptaxe und den Gruppen D_3^h, D_3, C_3^h, C_3^v, C_3.

5) *Digonales System,* mit nur zweizähligen Axen und den Gruppen D_2^h, D_2, C_2^h, C_2^v, C_2, S_2 [103]).

6) *Monogonales System,* ohne jede Axe, mit den Gruppen C_1^h und C_1, wo C_1^h nur eine Symmetrieebene enthält und C_1 eine Gruppe ohne jede Symmetrie ist (die also nur die Identität enthält) [95]).

Der Unterschied zwischen der vorstehenden Einteilung und der historischen ist folgender:

Von den Gruppen des vorstehenden hexagonalen und trigonalen Systems pflegt man die Gruppen D_6^h, D_6, C_6^h, C_6^v, C_6, D_3^h, D_3 dem

---

102) Von neueren Arbeiten über Abgrenzung und Definition der Krystallsysteme, bei denen übrigens die Symmetrie nicht mehr den alleinigen Einteilungsgrund abgiebt, und für eine damit zusammenhängende Bevorzugung des Syngoniebegriffs vgl. *Fedorow,* Zeitschr. f. Kryst. 23 (1894), p. 107; 24 (1895), p. 605; 28 (1897), p. 36; 29 (1898), p. 654; *Goldschmidt,* 31 (1899), p. 135; 32 (1900), p. 49; *de Souza Brandão,* Neues Jahrb. f. Min. 1901, 2 p. 37; *G. Friedel,* Bull. soc. franc. de minéral. 28 (1905), p. 142.

103) Die Gruppe S_2 besitzt nur ein Symmetriezentrum, das gemäss Anm. 19 mit einer zweizähligen Axe zweiter Art identisch ist.

hexagonalen System zuzurechnen, und die Gruppen D_3^d, D_3, C_3^h, C_3^v, C_3 als *rhomboedrisches System* zusammenzufassen resp. als rhomboedrische Unterabteilung des hexagonalen Systems. Ferner teilt man die Gruppen des digonalen und monogonalen Systems in *drei* Systeme, in das *rhombische* mit den Gruppen D_2^h, D_2, C_2^v, das *monokline* mit den Gruppen C_2^h, C_2, C_1^h und das *trikline* mit den Gruppen S_2 und C_1.

33. Die Unterabteilungen der Krystallsysteme. Für jede dieser Einteilungen giebt es in jedem System eine Gruppe höchster Symmetrie; sie heisst die *Hauptgruppe* oder *Holoedrie*; die andern Gruppen sind Untergruppen der Hauptgruppe (Nr. **30**) und enthalten entweder die Hälfte oder nur den vierten Teil der Deckoperationen der Hauptgruppe. Sie heissen demgemäss *Hemiedrie* resp. *Tetartoedrie.* Die zugehörigen Krystallformen besitzen ebenfalls nur die Hälfte resp. den vierten Teil der Flächen der holoedrischen Krystallform. Werden die rhomboedrischen Krystalle als Unterabteilung des hexagonalen Systems betrachtet, so giebt es eine Gruppe des hexagonalen Systems, nämlich C_3, die nur den achten Teil der Operationen der Hauptgruppe D_6^h enthält; sie wird als *Ogdoedrie* bezeichnet. Die den einzelnen Untergruppen zukommenden Bezeichnungen stimmen nicht bei allen Forschern überein und hängen teilweise von der Gestalt der Krystallform ab.

Hemiedrien und Tetartoedrien, die nur aus Deck*bewegungen* bestehen, insbesondere also diejenigen Hemiedrien, die *alle* Deckbewegungen der Hauptgruppe enthalten, pflegt man *enantiomorph* zu nennen. Den zugehörigen Krystallklassen kommt nur *Axensymmetrie* zu, aber keine Symmetrieeigenschaft zweiter Art, und die zugehörige allgemeine Krystallform ist sich daher nicht selbst spiegelbildlich gleich. Hier können daher Krystallindividuen auftreten, von denen das eine das Spiegelbild des anderen ist, die sich also durch einen Links- resp. Rechtssinn unterscheiden.

34. Die Symmetrie der einzelnen physikalischen Erscheinungen. Die physikalischen Erscheinungen eines Krystalles stimmen jedenfalls längs je N gleichwertiger Richtungen überein. Sie zerfallen überdies in zwei verschiedene Klassen, je nachdem sie ihrer Natur nach in entgegengesetzten Richtungen übereinstimmen oder nicht; im letzten Fall werden sie auch als Erscheinungen *polarer* Natur bezeichnet. Beispiele der ersten Art sind die Ausdehnungserscheinungen, Beispiele der zweiten Art die pyroelektrischen. Im ersten Fall besitzen sie ein Symmetriezentrum, auch wenn die für den Krystall charakteristische Symmetrie ein solches nicht enthält. Die Symmetriegruppe derjenigen physikalischen Eigenschaften, denen ausser der Krystallgruppe noch ein Symmetriezentrum zukommt, ergiebt sich, indem man die Krystallgruppe mit einer Inversion multipliziert (Nr. **31**). Für solche physikalischen Eigenschaften werden sich daher mehrere Krystallklassen auf eine einzige reduzieren; es bleiben nur diejenigen übrig, die bereits in Nr. **31** als mit einem Symmetriezentrum behaftet aufgeführt wurden, nämlich die Gruppen O^h und T^h vom regulären System, D_6^h und C_6^h vom hexagonalen, D_4^h und C_4^h vom tetragonalen, D_3^d und C_3^i vom rhomboedrischen, D_2^h und C_2^h vom rhombischen und die Gruppe S_2 vom monoklinen System.

In mancher physikalischen Hinsicht können sich die 32 Klassen noch weiter reduzieren. So ist für gewisse optische Erscheinungen die Krystallsymmetrie stets mit der Symmetrie einer zentrischen Fläche zweiter Ordnung, nämlich eines Ellipsoids, identisch. Ein solches ist entweder eine Kugel, ein Rotationsellipsoid oder ein dreiaxiges Ellipsoid. Demgemäss besitzen in dieser Hinsicht die Krystalle des regulären Systems die Kugelsymmetrie, die des hexagonalen, tetragonalen und rhomboedrischen Systems die Symmetrie eines Rotationsellipsoids und die übrigen die Symmetrie eines dreiaxigen Ellipsoids[104]).

Allgemein gilt der Satz, dass die Symmetriegruppe, die einem Krystall in Bezug auf eine gewisse physikalische Eigenschaft zukommt, immer dann mit der spezifischen Symmetriegruppe des Krystalles identisch ist, wenn die physikalische Eigenschaft *keine* Eigensymmetrie besitzt, was z. B. für die pyroelektrischen Erscheinungen der Fall ist. Wenn aber der physikalischen Eigenschaft eine gewisse Eigensymmetrie zukommt, so besitzt der Krystall bezüglich dieser Eigenschaft diejenige Symmetrie, die aus der Verbindung dieser spezifischen Symmetrie mit der Krystallsymmetrie besteht[105]).

II. Die Strukturtheorien und die 230 Strukturgruppen.

35. Die Raumgitter und die Gruppen von Translationen. Wie in Nr. **26** erwähnt wurde, führen die Strukturtheorien auf das mathematische Problem, alle möglichen *regelmässigen Molekelanordnungen* resp. alle *regelmässigen Punktsysteme* zu bestimmen.

---

104) Nach der Lage des Ellipsoids zum Krystall hat man *fünf* Klassen zu unterscheiden. Für weitere Beispiele vgl. *Schoenflies,* Krystallsysteme, p. 227 ff.; *Hilton,* Cristallography, p. 98 ff.

105) Diese Symmetrie braucht nicht immer eine der 32 Klassen zu sein, wie es in dem obigen Beispiel der Fall ist, wo die Symmetrie einer Kugel auftritt. Vgl. Anm. 94.

Die einfachsten regelmässigen Punktsysteme sind die *Raumgitter*, bestimmt durch die sämtlichen Schnittpunkte dreier Scharen äquidistanter paralleler Ebenen, die den Raum in lauter kongruente Parallelepipeda Π zerlegen[106]). Jede dieser Ebenen enthält unendlich viele Punkte des Gitters, die ein Netz kongruenter Parallelogramme darstellen, und heisst deshalb *Netzebene*. Desgleichen enthält auch *jede* Ebene, die drei Gitterpunkte verbindet, ein Netz kongruenter Parallelogramme und wird demgemäss als Netzebene bezeichnet. Ferner enthält jede Gerade, die zwei Gitterpunkte verbindet, unendlich viele Gitterpunkte in gleichen Abständen. Der Abstand von zwei benachbarten Punkten dieser *Punktreihe* heisst ihr *Parameter*. Ausser dem Raumgitter betrachten wir noch die sämtlichen eben erwähnten kongruenten Parallelepipeda Π. Augenscheinlich ist jedes von ihnen von der Gesamtheit der übrigen auf gleiche Art umgeben; man sagt deshalb, dass sie eine *reguläre Raumteilung* bestimmen (Nr. **44**). Auch erfüllen sie den Raum *lückenlos*.

Wird als *Deckbewegung* des Raumgitters resp. der Raumteilung eine solche Bewegung bezeichnet, die jeden Gitterpunkt in einen Gitterpunkt, also auch die Parallelepipeda ineinander überführt, so giebt es für ein Raumgitter unendlich viele *Schiebungen* oder *Translationen*, die Deckbewegungen sind. Übt man nämlich auf ein Parallelepipedon Π diejenige Translation aus, die es in irgend ein anderes Parallelepipedon überführt, so gehen alle Parallelepipeda ineinander, und das Raumgitter in sich über. Es ist daher jede Translation eine Deckbewegung, die nach Länge und Richtung gleich der Verbindungslinie zweier Gitterpunkte ist.

Unter allen diesen Translationen giebt es drei einfachste, nämlich diejenigen, die nach Länge und Richtung durch die Kanten von Π dargestellt werden; wir bezeichnen sie durch τ_x, τ_y, τ_z.[107]) Diese heissen *primitive* Translationen[108]) des Gitters. Wendet man nämlich den im Gebiet der Zusammensetzung der Strecken üblichen Begriff

---

106) Die Raumgitter und ihre Eigenschaften werden zuerst von *C. F. Gauss*, Gött. gelehrte Anzeigen 1831, Juli 9. und Journ. f. Math. 20 (1831), p. 318 erwähnt. Vgl. auch Werke 2 (1863), p. 188.

107) Die Bezeichnung setzt die Kanten von Π als Koordinatenaxen voraus.

108) Weitere Sätze über solche Translationen ergeben sich durch Verallgemeinerung derjenigen, die man über die Perioden der elliptischen Funktionen ableitet (vgl. Encykl. Bd. II B Art. *Harkness*, Elliptische Funktionen). Z. B. giebt es für ein Gitter unendlich viele Tripel primitiver Translationen. Dasselbe Gitter kann also auf mannigfache Art als Schnitt von drei Scharen paralleler Ebenen erhalten werden. Das von je drei primitiven Translationen gebildete Parallelepipedon hat konstantes Volumen u. s. w.

der *geometrischen Summe* an, so ist jede Translation τ, die zwei Gitterpunkte verbindet, in der Form

$$\tau = m_1 \tau_x + m_2 \tau_y + m_3 \tau_z \tag{5}$$

darstellbar, wo m_1, m_2, m_3 irgendwelche positive oder negative ganze Zahlen sind. Diese Gleichung besagt, dass die Lagenänderung, die durch die Translation τ herbeigeführt wird, mit derjenigen äquivalent ist, die durch m_1-malige Folge der Translation τ_x, m_2-malige von τ_y und m_3-malige von τ_z entsteht.

Es ist klar, dass alle Translationen, die ein Gitter in sich überführen, eine Gruppe bilden; zu jedem Gitter gehört also eine Translationsgruppe. Es ist aber auch das Umgekehrte der Fall. Geht man nämlich von irgend drei Translationen τ_x, τ_y, τ_z aus, die ein Parallelepipedon Π bestimmen und unterwirft dies den sämtlichen durch die Gleichung (5) definierten Translationen, so bilden die Ecken aller aus ihm hervorgehenden Parallelepipeda dasjenige Raumgitter, dessen drei erzeugende Ebenenscharen den Seitenflächen von Π parallel sind, und sämtliche Translationen, die dies Raumgitter in sich überführen, sind mit denen von Gleichung (5) identisch.

36. Einteilung der Raumgitter nach der Symmetrie. Man kann den Raumgittern Symmetrieeigenschaften erteilen, wenn man das Parallelepipedon Π geeignet wählt, und zwar so, dass es selbst eine gewisse Symmetrie besitzt. Wir bezeichnen es als das *charakteristische* Parallelepipedon. Wählt man z. B. Π als gerade quadratische Säule und legt durch die Mitte dieser Säule alle ihre Symmetrieaxen und Symmetrieebenen, so sind sie zugleich Symmetrieaxen und Symmetrieebenen des Raumgitters; das Gleiche gilt für die Mitte einer jeden derartigen Säule und sogar auch für ihre Eckpunkte.

Die Aufgabe, alle in Bezug auf die Symmetrie zu unterscheidenden Raumgitter zu finden[109]), führt zu folgenden *vierzehn* Typen.

1) Die Gitter vom *regulären Typus.* Deren giebt es drei Arten. Die einfachste besteht aus lauter Würfeln, deren Ecken die Gitterpunkte bilden. Die andern ergeben sich, wenn man noch die Mitten der Würfel oder die Mitten der Seitenflächen hinzufügt; das charakteristische Parallelepipedon ist in beiden Fällen ein Rhomboeder[110]).

109) Diese Aufgabe wurde zuerst von *M. L. Frankenheim* behandelt; vgl. die Lehre von der Cohäsion, Breslau, 1835, p. 311, und System der Krystalle, Nova Acta Leopoldina 29 (1842), p. 483. Eine zweite elegante Lösung gab *A. Bravais*, Journ. éc. polyt. 19, Heft 33 (1850), p. 1. Die Lösung von *Frankenheim* enthält ein Versehen, vgl. Anm. 42. Vgl. auch *L. Sohncke,* Ann. Phys. Chem. 132 (1867), p. 75.

110) Damit ist gemeint, dass alle Flächen von Π Rhomben sind; ein reguläres Rhomboeder ist es nicht.

2) Die Gitter vom *hexagonalen Typus*. Es giebt nur eine Art. Das charakteristische Parallelepipedon ist eine gerade rhombische Säule; die in eine und dieselbe Ebene fallenden Grundflächen bilden ein rhombisches Netz, das zugleich ein Netz von regulären Dreiecken oder auch von zentrirten regulären Sechsecken darstellt.

3) Die Gitter vom *tetragonalen Typus*. Es giebt zwei Arten. Die einfachste ist aus quadratischen Säulen aufgebaut, die andere entsteht, wenn man noch die Säulenmitten hinzufügt. Für sie ist das charakteristische Parallelepipedon wieder ein Rhomboeder.

4) Gitter vom *rhomboedrischen Typus*. Es giebt nur eine Art, das Gitter ist aus regulären Rhomboedern aufgebaut.

5) Gitter vom *rhombischen Typus*. Es giebt vier Arten. Die einfachste ist aus lauter rechtwinkligen Parallepipeden aufgebaut. Zwei andere entstehen aus ihr, indem man die Mitten der Parallelepipeda oder die Mitten ihrer Seitenflächen hinzufügt, und die vierte Art ist aus geraden rhombischen Säulen aufgebaut.

6) Gitter vom *monoklinen Typus*. Es giebt zwei Arten. Die einfachste ist aus geraden Parallelepipeden mit beliebiger Grundfläche aufgebaut, die andere entsteht aus ihm durch Hinzufügung der Mitten oder auch der Mitten der Seitenflächen[111]). Im ersten Falle heisst das charakteristische Parallelepipedon eine rhomboidische Säule, im zweiten eine klinorhombische Säule.

7) Gitter vom *triklinen Typus*, die aus beliebigen Parallelepipeden aufgebaut sind.

Jedem dieser Gitter kommt als spezifische Symmetrie die holoedrische Symmetrie desjenigen Krystallsystems zu, dem sein Name entspricht, was man am Aufbau des Gitters unmittelbar erkennt.

Die Raumgitter zerfallen also ihrer Symmetrie nach in die nämlichen sieben Klassen, die die empirisch gewonnene Einteilung der Krystalle geliefert hat. Diese bemerkenswerte Thatsache hat den Ausgangspunkt der neueren Strukturtheorien abgegeben. Es war *Bravais*, der es verstand, dies zunächst rein geometrische Resultat krystallographisch zu verwerten und darauf eine für alle 32 Klassen gleichmässig angelegte molekulare Theorie zu gründen.

37. Die Bravais'sche Theorie. *R. J. Haüy*[112]) ging von der Vorstellung aus, dass die kleinsten individuellen Teile der Krystalle (molécules intégrantes) eine Form haben, die durch ihre Hauptspaltungs-

111) Dies Gitter ist bei *Frankenheim* doppelt gezählt; vgl. Anm. 40.

112) Essai d'une théorie sur la structure des cristaux, Paris 1784, sowie Traité de minéralogie, Paris 1801.

ebenen bestimmt wird, und sich mit ihren Flächen lückenlos an einander schliessen[113]). Diese Formen waren entweder parallelepidedisch oder tetraedrisch oder prismatisch. In den beiden letzten Fällen lassen sie sich gemäss der Annahme *Haüy*'s aber gleichfalls zu Gruppen zusammenschliessen, die ein Parallelepipedon bilden, und zwar so, dass ihre Schwerpunkte ein Raumgitter bilden. Er dachte sich nämlich die parallelepipedischen Bausteine schichtenweise in der Art gelagert, dass der Rand einer jeden Schicht gegen die benachbarte (z. B. die untere) um einen, zwei oder mehr Bausteine zurückbleibt (*molécules soustractives*). Annäherungsweise bilden dann diese Schichten von parallelepipedischen Bausteinen gewisse Pyramiden, deren Flächen geometrisch durch die äusseren Kanten der Bausteine der einzelnen Schichten definiert sind, und die so definierten Pyramidenflächen liefern nach *Haüy* die Krystallflächen.

Die Idee, dass die *Schwerpunkte* von *Haüy*'s Molekeln ein *Raumgitter* darstellen, wurde in präziser Form allerdings erst von *Seeber*[114]) und *Delafosse*[115]) ausgesprochen. An sie knüpfte *Bravais*[116]) an, der von der *Einteilung der Gitter nach der Symmetrie* ausging und so die erste organische Strukturhypothese aufstellte. Seine Theorie läuft darauf hinaus, dass die unbegrenzte Krystallmasse aus lauter diskreten und *kongruenten* Molekeln besteht, die *gitterartig* im Raum verteilt sind und sich *sämtlich in paralleler Lage* befinden. Hat nun die Molekel die gleiche Symmetrie, wie das bezügliche Raumgitter, und wird sie so in das Gitter eingesetzt, dass ihre Symmetrieaxen und Symmetrieebenen mit denen des Gitters übereinstimmen, so wird auch das so gebildete Molekelgitter die holoedrische Symmetrie des bezüglichen Krystallsystems besitzen. Setzt man ferner in die Gitterpunkte Molekeln, deren Symmetrie einer Unterabteilung dieses Krystallsystems entspricht, so wird den so konstruierten Molekelgittern gerade die Symmetrie dieser Unterabteilung zukommen. In der That geht das Molekelgitter in diesem Fall ausser durch die Translationen auch durch alle diejenigen Deckoperationen in sich über, die eine Molekel in sich überführen, also der bezüglichen Krystallklasse entsprechen.

Die Verallgemeinerung des Vorstehenden besagt, dass, welcher Art auch die Molekeln sein mögen, die man parallel orientiert in die

113) Er liess allerdings gewisse Ausnahmen zu; vgl. *Sohncke*, Krystallstruktur, p. 11.

114) Ann. Phys. Chem. 76 (1824), p. 229, 349.

115) Mémoires présentés par divers savants à l'Acad. roy. de Paris 8 (1843), p. 649.

116) Vgl. die in der Litteraturübersicht genannten Schriften.

sämtlichen Punkte eines Gitters einsetzt, dem Molekelgitter entweder die *gesamte* Symmetrie des Gitters oder nur *ein Teil* dieser Symmetrie zukommt. Seine Symmetrie ist daher stets mit der Symmetrie einer der 32 Krystallklassen identisch. Die *Bravais*'schen Molekelgitter zerfallen also rücksichtlich ihrer Symmetrie in die nämlichen 32 Klassen wie die Krystalle.

38. Ableitung der krystallographischen Grundtatsachen aus der Bravais'schen Theorie. Die eben genannte Thatsache, der wir auch bei den andern Strukturtheorien begegnen werden, bildet unser theoretisches Hauptresultat. Das gesamte Symmetriegesetz, insbesondere auch der fundamentale Satz, dass Symmetrieaxen nur 2-, 3-, 4- oder 6zählig sein können, erscheint also als *notwendige und prinzipielle Folgerung der zu Grunde gelegten Hypothese.*

Dasselbe gilt aber auch von den beiden andern oben (Nr. **26**) genannten Grundeigenschaften der Krystallsubstanz, nämlich von der *Gleichwertigkeit paralleler Richtungen* und dem *Gesetz der rationalen Indices.* Die Gleichwertigkeit paralleler Richtungen ist eine unmittelbare Folge der gitterartigen Struktur. Genau genommen trifft dies allerdings nur für diejenigen zu, die irgend zwei Parallelepipeda der Raumteilung (Nr. **35**) in der gleichen Weise durchdringen. Da aber die Dimensionen der Parallelepipeda gleich den Abständen der Krystallmolekeln sind, so ist dies praktisch mit der Gleichwertigkeit aller parallelen Richtungen gleichbedeutend[117]).

Um endlich das Gesetz der rationalen Indices abzuleiten, hat man von der unmittelbar einleuchtenden Auffassung auszugehen, dass als Krystallflächen nur solche Flächen auftreten können, die Netzebenen des Gitters sind. Jede derartige Ebene ist durch drei Punkte bestimmt, und diese sind immer Endpunkte dreier von demselben Gitterpunkt ausgehender Translationen. Ihre Koordinaten sind daher ganzzahlige Vielfache der Translationen τ_x, τ_y, τ_z (Nr. **35**), die bezügliche Ebene hat daher rationale Indices[118]). Die Indices ergeben sich insbesondere als kleine Zahlen, wenn man die weitere Voraussetzung macht, dass sich diejenigen Netzebenen im allgemeinen am leichtesten als

117) Die Konstatierung ungleichwertiger paralleler Richtungen liegt jenseits der Grenzen der Beobachtung. Damit erledigen sich die Bemerkungen von *Viola,* Zeitschr. f. Kryst. 31 (1899), p. 97 u. 34 (1901), p. 353. Sie könnten in gleicher Weise gegen jede atomistische Theorie homogener Substanzen gerichtet werden.

118) Eine Ableitung giebt auch *F. Haag,* Programm des Gymn. Rottweil 1887. Auch behandelt er die Aufgabe, auf Grund der Strukturtheorieen die Indices aller in einer gegebenen Zone liegenden Flächen zu finden. Zeitschr. f. Kryst. 15 (1883), p. 585.

Krystallflächen ausbilden, die am dichtesten mit Gitterpunkten besetzt sind[119]).

Aus dem Umstand, dass jede Netzebene als mögliche Krystallfläche zu betrachten ist, folgt übrigens, dass jede Verbindungslinie zweier Gitterpunkte eine mögliche Krystallkante sein kann[120]).

39. Die Bravais'sche Grenzbedingung und die Mallard'sche Strukturauffassung. Für den Aufbau eines einzelnen Krystalles aus seinen Bausteinen giebt es in der *Bravais*'schen Theorie noch einigen Spielraum. Im allgemeinen hat man für dasselbe Krystallsystem mehrere Gitter zur Verfügung[121]), andererseits ist die Molekel nur der Beschränkung unterworfen, genau die Symmetrie der bezüglichen Krystallklasse zu besitzen. *Bravais* ging nämlich von der Ansicht aus, dass die Symmetrie der Molekel diejenige des Gitters *mechanisch bedingt,* so dass das Gitter dem Krystallsystem entspricht, zu dem der Krystall gehört[122]). Die Molekelsymmetrie darf alsdann nicht unter eine gewisse Grenze sinken; sie muss nämlich mit derjenigen einer Unterabteilung des bezüglichen Krystallsystems identisch sein. Man spricht demgemäss von einer Grenzbedingung, die die *Bravais*'sche Theorie der Molekel auferlegt.

Man kann aber auch von der Ansicht *Bravais*' absehen, zumal sie durch besondere Gründe nicht gestützt wird. Dies haben insbesondere *Mallard*[123]) und seine Schüler gethan. An und für sich ist es nämlich auch möglich, Gitter von symmetrischem Typus mit Molekeln ohne Symmetrie oder von sehr niedriger Symmetrie zu verbinden, ebenso umgekehrt Molekeln hoher Symmetrie in ein Gitter von niedriger Symmetrie einzusetzen. Endlich kann man auch die Molekeln so in die Gitterpunkte einsetzen, dass die Symmetrieaxen und Symmetrieebenen der Molekel nicht mit denen des Gitters zusammenfallen. Wie dem auch sei, so wird jedes so gebildete Molekelgitter im streng mathematischen Sinn nur diejenigen Symmetrieeigen-

---

119) Über Netzdichtigkeit vgl. auch *E. v. Fedorow,* Zeitschr. f. Kryst. 36 (1902), p. 209.

120) Dadurch erledigt sich auch die mehrfach erörterte Frage, ob eine dreizählige Symmetrieaxe eine Krystallkante sein kann, in positivem Sinne.

121) *L. Wulff* hat darauf die Einführung verschiedener Hemiedrien und Tetartoedrien gleicher Symmetrie gestützt, Zeitschr. f. Kryst. 13 (1888), p. 474 ff. Die Einteilung nach der Symmetrie ist damit allerdings verlassen. Vgl. auch *Blasius,* Münch. Ber. 1889, p. 47, sowie Anm.

122) So heisst es Journ. éc. polyt. 20 (1851), p. 201 ff.: „Polyeder, zu einem Krystall zusammentretend, bilden dasjenige Raumgitter, das mit ihnen die meisten Symmetrieelemente gemein hat.“

123) Ann. d. mines 10 (1876), p. 60 ff. u. 19 (1881), p. 259.

schaften besitzen, die sowohl der Molekel als auch dem Gitter zukommen. Es giebt nun aber Krystalle, die man zwar einem System niederer Symmetrie zurechnen muss, die sich aber von den Krystallen höherer Symmetrie nur wenig unterscheiden (wie die *pseudosymmetrischen*) und in ihrem Verhalten denen des höheren Krystallsystems sehr nahe kommen. *Mallard* hat daher pseudoreguläre Krystalle in der Weise aufgebaut, dass er in ein reguläres Gitter eine Molekel setzt, die nahezu regulär ist, so dass auch das Molekelgitter selbst nahezu als eine sich regulär verhaltende Anordnung zu betrachten ist. In ähnlicher Weise verfährt auch *Wallérant*[124]); er benutzt überdies auch Gitter geringer Symmetrie mit Molekeln hoher Symmetrie, um durch sie gewisse physikalische Erscheinungen zu erklären (vgl. Nr. **48**).

Die *Mallard*'schen Modifikationen der *Bravais*'schen Auffassung sind hiermit nicht erschöpft; wir werden ihnen unten (Nr. **41**) noch einmal begegnen. Ihm und allen denen, die sich ihm in der Strukturauffassung anschliessen, ist aber das Bestreben gemeinsam, möglichst eng an die *Bravais*'schen Ideen anzuknüpfen und das Gitter als Grundlage beizubehalten. Ist doch sowohl der Begriff des Gitters, wie auch die Symmetrie des mit Molekeln besetzten Gitters der Anschauung fast unmittelbar einleuchtend. Thatsächlich führen jedoch auch die *Mallard*'schen Vorstellungen schon teilweise über die *Bravais*'sche Theorie hinaus und liefern Beispiele der allgemeineren Auffassung, die sich nicht auf gitterartigen Aufbau und parallele Orientierung beschränkt, sondern mit dem allgemeinsten Begriff regelmässiger Punktsysteme und Molekelanordnungen operiert.

40. Die Verallgemeinerung der Bravais'schen Strukturhypothese. Es scheint verständlich, wenn sich die mathematischen und die krystallographischen Vorstellungen im Gebiete der Strukturtheorien nicht völlig decken. Die mathematische Problemstellung muss naturgemäss nach den *allgemeinsten* regelmässigen Molekelanordnungen fragen, aus denen die Grundgesetze der Krystallsubstanz als unmittelbare Folgerungen sich ergeben; der Krystallograph wird bestrebt sein, von allen derartigen Anordnungen die *einfachsten* auszusuchen, und das sind unbestreitbar diejenigen, deren Molekeln parallele Lage haben.

---

124) Bull. de la soc. min. de France 27 (1898), p. 625; vgl. auch *Beckenkamp*, Zeitschr. f. Kryst. 32 (1900), p. 48 u. 34 (1901), p. 596, der allerdings meint, dass eine „rhomboedrisch ogdoedrische" Molekel sehr wohl gesetzmässige Symmetrie besitze, wenn sie auch nicht durch die bisher üblichen Symmetrieelemente definierbar sei! Vgl. auch Anm. 86.

Wenn insbesondere *Bravais* der einzelnen Molekel genau die Symmetrie zuweist, die der Krystall besitzt, und so die zu erklärende Eigenschaft direkt in die kleinsten Teilchen verlegt, so kann dieser Grundgedanke sicher an Einfachheit nicht übertroffen werden. Umgekehrt wird man es aber als einen methodischen Fortschritt betrachten können, wenn man im Stande ist, für die Erklärung der Symmetrie ganz auf die Qualität der Molekel zu verzichten. Vielleicht wird sich der Krystallograph zu der *Bravais*'schen Auffassung, der Mathematiker zu der allgemeineren hingezogen fühlen. Übrigens hat die allgemeinere Auffassung auch unter den Krystallographen Anhänger gefunden. *Sohncke*, dem wir sie in erster Linie verdanken, wies insbesondere darauf hin, dass in der *Bravais*'schen Theorie solche Anordnungen der Molekeln ausgeschlossen sind, bei denen ihre Centra ebene Netze von lückenlos aneinander liegenden Sechsecken (wie Bienenzellen) bilden[125]). Dazu kommen noch physikalische Erwägungen. Die Erscheinungen der Cirkularpolarisation, die man an gewissen Krystallen beobachtet, legen es nahe Strukturen in Betracht zu ziehen, bei denen die Molekeln eine schraubenförmige Anordnung besitzen, also nicht parallel orientiert sein können[126]). Zu dieser Auffassung kommt übrigens auch *Mallard*; auch er konstruiert für denselben Zweck Molekelanordnungen schraubenförmiger Art, bei denen die Gitteranordnung verlassen ist, und die bereits spezielle Fälle von regelmässigen Molekelanordnungen allgemeinster Art sind[127]).

Zu diesen Molekelanordnungen kann man übrigens auch so gelangen, dass man von einem *Bravais*'schen Molekelgitter ausgeht und die in den Gitterpunkten sitzenden symmetrischen Krystallmolekeln in N kongruente resp. spiegelbildlich gleiche Bestandteile zerlegt, die durch die Deckoperationen der Krystallklasse in einander übergehen (Nr. **29**). Man kann dies auch so thun, dass diese N Bestandteile räumlich getrennt sind[128]). Wird dies für alle Molekeln eines Molekelgitters in gleicher Weise ausgeführt, so werden offenbar seine Deckoperationen, also auch seine Symmetrie, nicht geändert. Nichts

---

125) Entwickelung einer Theorie der Krystallstruktur, p. 23.

126) *Sohncke* zeigt, dass für jede Krystallklasse, in der man optisch drehende Krystalle kennt, solche Punktsysteme vorhanden sind, die ihrer Struktur nach optisch drehend sein müssen; Zeitschr. f. Kryst. 19 (1891), p. 529 u. 25 (1896), p. 529; vgl. auch *Barlow,* ebenda 27 (1897), p. 468 ff.

127) Ann. d. mines 10 (1876), p. 181 u. 19 (1881), p. 273.

128) In dieser Weise hat sich übrigens *Bravais* seine Molekeln vorgestellt, jeder der N Teile kann dann noch aus weiteren physikalischen oder chemischen Elementen bestehen. Vgl. hierzu auch *G. Friedel,* Bull. soc. de l'industr. minéral. 3, 4 (1904).

hindert nun, in den N einzelnen Bestandteilen der Molekeln die konstituierenden Krystallbausteine zu erblicken. Thut man dies, so gelangt man zu einem Molekelhaufen allgemeinerer Struktur, bei dem die Bausteine nicht mehr sämtlich parallel orientiert sind und der die gleiche Krystallsubstanz darzustellen vermag, wie das Molekelgitter, von dem wir ausgingen.

Der prinzipielle Unterschied zwischen den so gebildeten Strukturen und den *Bravais*'schen Gittern besteht darin, dass hier die konstituierenden Bausteine eine beliebige Form haben können, während sie in der *Bravais*'schen Theorie gewisse Symmetrieeigenschaften besitzen müssen. Geht man diesem Gedanken nach, so kommt man zu der Forderung, alle Strukturen aufzusuchen, bei denen die Symmetrie *nur* von der *Anordnung* abhängt und eine *besondere Qualität* der Molekel *nicht* mehr nötig ist. Eine mit solchen Strukturen operierende Theorie kann als *reine* Strukturtheorie bezeichnet werden. Die erste Anregung hierzu ist von *Chr. Wiener*[75]) und *L. Sohncke*[76]) ausgegangen. Sie gelangten dazu, indem sie den Begriff der regelmässigen Anordnung dahin ausdehnten, dass sie nur verlangten, jede *Molekel, resp. der sie geometrisch vertretende Punkt soll von der Gesamtheit aller übrigen auf die gleiche Art umgeben sein.* Die Aufsuchung aller derartigen Punktsysteme, die sich nach allen Seiten unbegrenzt erstrecken, ist das allgemeine mathematische Problem (Nr. **26**), das sich hier ergiebt.

41. Die Deckoperationen und Symmetrieeigenschaften der allgemeinsten regelmässigen Strukturen. Die eben definierten allgemeinen Punktsysteme sind vollständig durch die Eigenschaft charakterisiert, dass wenn A und B irgend zwei seiner Punkte sind, das Punktsystem so Punkt für Punkt mit sich zur Deckung gebracht werden kann, dass A auf B fällt. Die Gitter stellen den einfachsten Typus dieser Punktsysteme dar.

Wie in Nr. **29** hat man auch hier *zwei verschiedene* Arten von Deckoperationen zu unterscheiden. Eine Operation, die einen Molekelhaufen, Molekel für Molekel mit sich zur Deckung bringt, kann wieder entweder eine *Bewegung* oder aber eine *Operation zweiter Art* sein. Im ersten Fall ist der Molekelhaufen sich selbst mehrfach *kongruent*, im zweiten ist er sich selbst auch *spiegelbildlich gleich.*

Abgesehen von den *Translationen* giebt es noch zwei Arten *einfachster* Bewegungen, die einen Molekelhaufen mit sich zur Deckung bringen, *Drehungen* und *Schraubungen.* Die Schraubungsaxe soll ebenfalls *n-zählig* heissen, wenn ihr Drehungswinkel der n^{te} Teil von 360^0 ist; die zugehörige Gleitungskomponente t hat immer eine solche Länge, dass ihr n-faches eine Decktranslation des Molekelhaufens ist. Auch die so definierte Schraubungsaxe muss als eine n-zählige *Symmetrieaxe* des Molekelhaufens angesehen werden, da der Molekelhaufen als allseitig unbegrenzt angenommen wird (vgl. Nr. **26**). Es giebt Fälle, in denen Drehungsaxen überhaupt fehlen und nur Schraubenaxen auftreten.

Von Operationen zweiter Art kann ausser den drei in Nr. **29** erwähnten noch eine *Spiegelung* an einer Ebene auftreten, die mit einer *Gleitung* längs dieser Ebene verbunden ist. (*Ebene gleitender Symmetrie.*) Die Gleitung t ist immer die Hälfte einer dem Molekelhaufen zukommenden Decktranslation τ. Auch diese Ebene muss als *Symmetrieebene* von ihm betrachtet werden; es kann vorkommen, dass Symmetrieebenen ganz fehlen und nur Ebenen gleitender Symmetrie auftreten.

Ist $\mathfrak{S}(t)$ die eben definierte Operation, so ist $\mathfrak{S}^2 = 2t = \tau$; ist ferner $\mathfrak{A}$ die Schraubung um eine n-zählige Axe, so ist $\mathfrak{A}^n = nt = \tau$. In diesen Gleichungen finden die vorstehenden Definitionen ihren mathematischen Ausdruck.

42. Die Bewegungsgruppen und die Gruppen zweiter Art. Deckoperationen giebt es bei einem regulären Punktsystem immer unendlich viele. Die Zahl der zugehörigen Symmetrieaxen und Symmetrieebenen ist gleichfalls unendlich gross, und von der Art und Verteilung dieser Axen und Ebenen im Raum wird offenbar die Symmetrieart des Punktsystems resp. des Molekelhaufens abhängen. Die genauere Analyse dieser Frage führt wieder auf den Gruppenbegriff. Werden nämlich zwei Deckoperationen eines Punktsystems hintereinander ausgeführt, so stellen sie offenbar wieder eine Deckoperation dar; die Deckoperationen besitzen daher *Gruppencharakter* (Nr. **30**), und es giebt auch für jedes regelmässige Punktsystem eine *ihm zugehörige Gruppe von Deckoperationen.* Auch hier besteht der Satz, dass man alle Punkte eines regelmässigen Punktsystems erhält, wenn man irgend einen Raumpunkt den sämtlichen Operationen der bezüglichen Gruppe unterwirft. Die Begriffe des regelmässigen Punktsystems resp. des regelmässigen Molekelhaufens und der Gruppe von Deckoperationen sind also *äquivalent*, und die Aufgabe, alle Gattungen regelmässiger Molekelhaufen zu finden, ist daher gleichwertig mit der Aufgabe, *alle räumlichen Gruppen von Deckoperationen* zu bestimmen.

Selbstverständlich sind nur solche Raumgruppen krystallographisch brauchbar, deren Punktsysteme sich allseitig unbegrenzt erstrecken und deren Punkte nicht unendlich nahe aneinander kommen können[129]).

129) D. h. der Abstand zweier Punkte muss oberhalb einer endlichen Grösse bleiben, nämlich der Dimension der Molekeln.

Die Punkte sind ja Vertreter der Molekeln und je zwei Molekeln müssen ausserhalb von einander liegen.

Alle Punkte, die aus einem Ausgangspunkt durch alle Operationen der Gruppe hervorgehen, sollen *homologe* Punkte heissen.

Die *Bewegungsgruppen*, d. h. diejenigen, die nur Bewegungen enthalten, sind zuerst von *C. Jordan*[130]) abgeleitet worden, später nochmals von *Sohncke*[76]), der verschiedene Irrtümer der *Jordan*'schen Resultate berichtigte. Solcher Gruppen giebt es 65.[131]) Die Gruppen, die auch Deckoperationen zweiter Art enthalten, wurden von *A. Schoenflies*[132]) und *v. Fedorow*[133]) bestimmt. Solcher giebt es 165, so dass es insgesamt 230 krystallographisch verwendbare Gruppen giebt, d. h. solche, die den beiden am Ende der Nr. **41** aufgestellten Bedingungen genügen[134]). Für diese Gruppen und die zu ihnen gehörigen Molekelhaufen gelten folgende Sätze[135]).

1) Jeder zu einer der 230 Gruppen $\mathfrak{G}$ gehörige Molekelhaufen entsteht, indem man eine beliebige Molekel den sämtlichen Operationen der Gruppe unterwirft.

2) Jede der 230 Gruppen enthält unter ihren Deckoperationen unendlich viele Translationen, die eine Gruppe bilden und ein Raumgitter bestimmen[136]). In jedem regelmässigen Molekelhaufen sind daher auch solche Molekeln enthalten, deren Centra ein Gitter bilden. Diese Translationsgruppe heisse $\mathfrak{T}$.

3) Jede der 230 Gruppen ist einer der 32 Punktgruppen *isomorph*, worunter folgendes zu verstehen ist. Sei G eine dieser 32 Gruppen und $\mathfrak{G}$ eine ihr isomorphe Raumgruppe. Enthält dann G irgend eine n-zählige Symmetrieaxe a, so giebt es in $\mathfrak{G}$ unendlich viele zu a *parallele* n-zählige Symmetrieaxen, die gemäss Nr. **41** Drehungsaxen wie Schraubenaxen sein können. Enthält G ferner eine Symmetrieebene, so enthält $\mathfrak{G}$ unendlich viele ihr *parallele* Symmetrieebenen,

---

130) Ann. di matemat. (2) 2 (1869), p. 167 u. 322.

131) Bei *Sohncke* treten noch 66 Gruppen auf, da eine doppelt gezählt ist.

132) Math. Ann. 28 (1887), p. 319; 29 (1887), p. 50 u. 34 (1889), p. 173.

133) Symmetrie der regelmässigen Systeme von Figuren, Petersburg 1890 (russisch). Die Notwendigkeit, auch diese Gruppen in Betracht zu ziehen, wurde von *Fedorow* schon in seiner Gestaltenlehre (1885) betont.

134) Eine Aufzählung und Beschreibung der Gruppen sowie ihrer Symmetrieelemente giebt auch *Barlow*, Zeitschr. f. Kryst. 23 (1894), p. 1; eine vergleichende Zusammenstellung giebt *H. Hilton,* Centralbl. f. Mineral. 1901, p. 746.

135) Für diese Sätze vgl. *Schoenflies,* Krystallsysteme, und *H. Hilton,* Cristallography.

136) Vgl. auch *K. Rohn,* Ber. d. sächs. Ges. d. Wiss. 51 (1899), p. 445 u. Math. Ann. 53 (1900), p. 440.

die (Nr. **41**) auch Ebenen gleitender Symmetrie sein können. Enthält G ein Symmetriecentrum, oder eine n-zählige Axe zweiter Art a', so enthält $\mathfrak{G}$ unendlich viele Symmetriecentren resp. unendlich viele zu a' *parallele* n-zählige Axen zweiter Art.

4) Dies lässt sich auch so ausdrücken. Seien

$$(6) \qquad \mathfrak{L}, \mathfrak{M}, \mathfrak{N}, \ldots$$

die Operationen von G, an Zahl N, so entsprechen jeder einzelnen von ihnen unendlich viele gleichartige Operationen von $\mathfrak{G}$. Ist z. B. $\mathfrak{L}$ eine Drehung $\mathfrak{A}(\alpha)$, so giebt es in $\mathfrak{G}$ unendlich viele Drehungen oder Schraubungen vom gleichen Winkel um parallele Axen, und zwar erhält man *alle* diese Drehungen oder Schraubungen, indem man irgend eine von ihnen mit sämtlichen Translationen, die in $\mathfrak{G}$ enthalten sind, multipliziert (Nr. **29**). Wählt man nun je unter diesen unendlich vielen gleichartigen Operationen von $\mathfrak{G}$ *je eine einzelne* aus, und sind

$$(7) \qquad \mathfrak{L}', \mathfrak{M}', \mathfrak{N}' \ldots$$

N derartige Operationen, so erhält man dem Vorstehenden gemäss *alle* Operationen von $\mathfrak{G}$, indem man noch jede der Operationen (7) mit den *sämtlichen* Translationen der in $\mathfrak{G}$ enthaltenen Translationsgruppe $\mathfrak{T}$ multipliziert.

5) Sei m die der Gruppe G entsprechende symmetrische *Bravais*'sche Molekel, so kann man sie gemäss Nr. **30** so entstehen lassen, dass man irgend einen ihrer N Teile den Operationen (6) unterwirft. Wenn man nun irgend eine Molekel zunächst den Operationen 7) unterwirft, so ergiebt sich dadurch gemäss 4) ein Komplex von N Molekeln, dessen Individuen zu den N Teilen von m parallel orientiert sind[137]). Unterwirft man nun diesen Komplex noch den sämtlichen Translationen von $\mathfrak{T}$, so dass er sich gitterartig im Raum wiederholt, so entstehen alsdann gemäss 4) die *sämtlichen* Molekeln des zu $\mathfrak{G}$ gehörigen Molekelhaufens. Die *Orientierung* der Molekeln ist daher für alle Gruppen $\mathfrak{G}$, die derselben Punktgruppe G isomorph sind, die *gleiche* und zwar diejenige, die bei der Auflösung eines Molekelgitters in einen allgemeineren Molekelhaufen entsteht.

Da der zu $\mathfrak{G}$ gehörige Molekelhaufen so erzeugt werden kann, dass man von einem gewissen Komplex von N Molekeln ausgeht und ihn allen Translationen von T unterwirft, sagt man auch, dass der

---

137) Der Komplex entsteht also immer dadurch aus den N Individuen einer symmetrischen Molekel *Bravais'*, dass man diese N Individuen parallel mit sich um geeignete kleine Strecken verschiebt. Bei den einfachsten Gruppen $\mathfrak{G}$ reduzieren sich diese Verschiebungen auf Null, und der Komplex ist mit der Molekel von *Bravais* identisch.

Molekelhaufen resp. das zugehörige Punktsystem aus N *ineinander gestellten Gittern* besteht.

6) Die in Nr. **31** abgeleiteten Sätze über Punktgruppen übertragen sich auf die räumlichen Gruppen. In jeder Raumgruppe $\mathfrak{G}$, die auch Operationen zweiter Art enthält, bilden die in sie eingehenden Bewegungen eine Untergruppe $\mathfrak{G}'$, und auch hier können die Deckoperationen zweiter Art von $\mathfrak{G}$ so erhalten werden, dass man zu ihren Bewegungen noch eine geeignete Operation zweiter Art hinzufügt. Der Hauptwert dieses Satzes besteht darin, dass man an ihm eine Methode hat, um sämtliche Gruppen $\mathfrak{G}$ zweiter Art abzuleiten. Um nämlich aus einer der 65 Bewegungsgruppen $\mathfrak{G}'$ eine Gruppe zweiter Art zu erhalten, kann man zu ihr jede Operation zweiter Art hinzufügen, die die sämtlichen Axen der Gruppe $\mathfrak{G}'$ ineinander überführt[138]).

43. Die reine Strukturtheorie. Aus den vorstehenden Gruppensätzen ergeben sich für die zu ihnen gehörigen Molekelhaufen die folgenden Eigenschaften.

1) Die Ausgangsmolekeln, aus denen sie gebildet sind, sind durchaus beliebig. Die konstituierenden Bausteine der Krystallsubstanz unterliegen also keinerlei geometrischer oder physikalischer Beschränkung. Sie können durchaus asymmetrisch sein[139]) und auch selbst wieder atomistisch aus einzelnen Teilchen bestehen u. s. w. (Vgl. auch Nr. **45**.)

2) Die in jeder Gruppe $\mathfrak{G}$ enthaltene Translationsgruppe $\mathfrak{T}$ bewirkt, dass der für die *Bravais*'sche Theorie abgeleitete Satz von der *krystallographischen Gleichwertigkeit aller parallelen Richtungen*, sowie die Geltung des Gesetzes der rationalen Indices auch hier zutrifft.

3) Aus dem Isomorphismus zwischen der Gruppe $\mathfrak{G}$ und der Gruppe G folgt, dass dem zu $\mathfrak{G}$ gehörigen Molekelhaufen genau die *Symmetrie der Gruppe G zukommt.* Dazu betrachte man die Figur F der N gleichwertigen Richtungen der Gruppe G und bezeichne die Geraden, die aus einer Richtung g durch die Operationen $\mathfrak{L}, \mathfrak{M}, \mathfrak{N}, \ldots$ von G hervorgehen, mit $g_l, g_m, g_n, \ldots$ Ist dann g' irgend eine zu g parallele Gerade des Raumes, so werden die unendlich vielen Geraden

138) Diese Methode kann man auch benutzen, um die 65 Bewegungsgruppen zu erhalten. Ist $\mathfrak{G}'$ eine solche von niederer Symmetrie, so erhält man eine von höherer Symmetrie, indem man zu $\mathfrak{G}'$ eine Axe hinzufügt, die Symmetrieaxe für *alle* Axen von $\mathfrak{G}'$ ist.

139) Dies wird neuerdings auch von den Krystallographen mehrfach gefordert. Vgl. z. B. *Viola,* Zeitschr. f. Kryst. 31 (1899), p. 109 und *Beckenkamp,* 32 (1900), p. 48.

g_l', die aus g' durch die unendlich vielen Operationen $\mathfrak{L}'$ hervorgehen, zu g_l parallel sein, ebenso alle Geraden g_m' zu g_m u. s. w. Die zu einander krystallographisch gleichwertigen Richtungen des Molekelhaufens sind also genau den N Richtungen der Gruppe G parallel.

Als Hauptergebnis der Theorie ergiebt sich also auch hier, *dass die Symmetrie jedes regelmässigen Molekelhaufens einer der 32 Klassen entspricht*[140]).

4) Ist $\mathfrak{G}$ eine Gruppe zweiter Art, so enthält der zugehörige Molekelhaufen *zwei* Arten von konstituierenden Molekeln, die einander *spiegelbildlich gleich* sind[141]). Jede Deckbewegung von $\mathfrak{G}$ führt jede Molekel in eine ihr kongruente über, jede Operation zweiter Art in eine solche, die ihr spiegelbildlich gleich ist. Den Krystallen, die in enantiomorphen Formen auftreten können, die also zu den 65 Gruppen erster Art gehören, entsprechen Molekelhaufen mit nur kongruenten Molekeln und zwar ist die eine Form aus Molekeln der einen Art, die andere Form aus Molekeln der andern Art aufgebaut[142]).

Es bleibt die Frage offen, welche der 230 Gattungen von Molekelhaufen auch in praktischer Hinsicht brauchbar sind. *L. Wulff*[143]) hält nur diejenigen für zulässig, in denen je N Molekeln sich zu einer *natürlichen Einheit* zusammenfassen lassen und zwar soll diese natürliche Einheit wieder ein symmetrischer Komplex sein. Diese Zusammenfassung stellt den umgekehrten Prozess dar, durch den wir in Nr. 48 von dem *Bravais*'schen Gitter zu den allgemeinen Strukturen übergingen, und so sind die *Wulff*'schen Strukturen mit den *Bravais*'schen Gittern. gleichwertig; geometrisch unterscheiden sie sich von ihnen nur in der Bezeichnung und krystallographisch nur in der Frage, was man als die Einheit des krystallographischen Aufbaus betrachten will.

140) Eine Ableitung der 32 Klassen auf Grund der Strukturtheorie giebt *Barlow*, Zeitschr. f. Kryst. 34 (1901), p. 1. Der analoge Beweis von *Viola*, ebenda (1902) 35, p. 236 ist irrig.

141) Die Notwendigkeit, beide Arten von Molekeln zu berücksichtigen, wurde zuerst von *Fedorow* betont in seinen russischen Schriften, vgl. auch Zeitschr. f. Kryst 20 (1892), p. 39. Eine eigentliche Beschränkung der Molekelqualität ist hierin übrigens nicht enthalten. Die Gleichberechtigung der Begriffe kongruent und spiegelbildlich gleich geht durch die ganze Krystallographie, sie muss deshalb auch in den Grundlagen der Theorie *notwendig* zum Ausdruck kommen. Auch führt die *Bravais*'sche Auffassung, die die Molekel in N Elemente auflöst[128]), zu der gleichen Konsequenz. Hierin liegt also *keine Hypothese*, sondern eine *mathematische Folgerung* vor. Vgl. hierzu *Sohncke*, Zeitschr. f. Kryst. 20 (1892), p. 447 und *Schönflies*, Zeitschr. f. phys. Chemie 10 (1892), p. 517.

142) Diese Konsequenz trifft übrigens auch für die *Bravais*'sche Theorie zu.

143) Zeitschr. f. Kryst. 13 (1888), p. 503.

44. Reguläre Raumteilungen von gitterartiger Struktur. In der Theorie der Raumgitter sahen wir, dass einem Raumgitter eine reguläre Raumteilung entspricht, gebildet von den sämtlichen Parallelepipeden, die das Gitter ausmachen. Sie stellen unendlich viele parallel orientierte Polyeder dar, die den Raum *regelmässig und lückenlos* erfüllen. Dieser Begriff, dessen krystallographische Wichtigkeit offenbar ist, lässt sich verallgemeinern; man kann die Aufgabe stellen, den Raum in allgemeinster Weise mit kongruenten Polyedern in paralleler Lage regelmässig und lückenlos zu erfüllen. In dieser Form ist die Aufgabe allerdings noch unbestimmt; bestimmt wird sie erst, wenn man die Polyeder als *konvex* annimmt.

Die vorstehende Frage hat zuerst *E. v. Fedorow* gestellt und beantwortet[144]). Es giebt fünf Gattungen solcher Polyeder. Sie haben sämtlich einen Mittelpunkt, ihre Flächen paaren sich in kongruente parallele Polygone, die selbst parallele Kanten und einen Mittelpunkt haben. *Fedorow* bezeichnet sie deshalb als *Paralleloeder* (Parallelflächner). Sie können 3, 4, 6 und 7 parallele Flächenpaare besitzen, und stellen in den einfachsten Fällen einen Würfel, eine gerade sechsseitige Säule, ein Rhombendodekaeder, einen von vier Sechsecken und acht Rhomben begrenzten Körper[145]), endlich ein Kubooktaeder dar, d. h. die Durchdringungsfigur eines Würfels mit einem Oktaeder. Die übrigen Polyeder dieser Art entstehen aus ihnen durch affine Änderung.

Bei jeder Raumteilung, die aus derartigen Polyedern besteht, bilden die Centra der Polyeder ein Raumgitter, wie es auch oben für die Parallelepipeda der Fall ist. Ferner geht die ganze Raumteilung in sich über, d. h. jedes Polyeder in ein anderes, falls man eine diesem Gitter zugehörige Translation ausführt.

45. Allgemeinster Begriff der regulären Raumteilung und der Fundamentalbereich. Der wichtige Begriff der regulären Raumteilung lässt sich auf folgende Art, die auch auf Gitter anwendbar ist, verallgemeinern. Man gehe von irgend einem regulären Punktsystem aus und lege um alle seine Punkte kongruente Kugeln, die ausserhalb von einander liegen, so giebt es zu jedem Punkt einer dieser Kugeln in allen andern die *homologen* (Nr. **42**). Dies bleibt bestehen, wenn wir die Kugeln wachsen lassen. Dabei werden die Kugeln einander allmählich durchdringen, und den ganzen Raum lückenlos ausfüllen.

---

144) Gestaltenlehre 1885. Vgl. auch Zeitschr. f. Kryst. 25 (1896), p. 115. Vgl. auch Lord *Kelvin*, Proc. Lond. Roy. Soc. 55 (1894), p. 1.

145) Diesen benutzt *Fedorow* für seine krystallographische Theorie nicht; vgl. Nr. 46 und Anm. 155.

Auf Grund dieser Vorstellung lässt sich für jeden Punkt, resp. jede Kugel ein gewisses Polyeder definieren, das *Fundamentalbereich* heisst und zwar auf folgende Weise.

Seien p und p' zwei Punkte des Punktsystems, S und S' die um sie gelegten Kugeln und sei S' die resp. eine erste Kugel, in die die Kugel S eindringt. Dann durchdringen sich S und S' in einem Kreise k, und es sei ε die Ebene dieses Kreises. Wir ersetzen dann die Kugeln für das weitere Wachstum durch diejenigen Teile, die auf der einen resp. der andern Seite von ε liegen, dann wird, wenn S und S' um p resp. p' wachsen, zwar der Kreis k wachsen, aber so, dass die Ebene ε sich der Lage nach nicht ändert. Diese Ebene ε liefert also eine Grenzebene des um p resp. p' sich bildenden Polyeders. Die übrigen Grenzebenen werden von den Ebenen gebildet, die sich bei der weiteren Durchdringung von S mit andern Nachbarkugeln ergeben.

Alle sich so um $p, p', \ldots$ bildenden Polyeder enthalten in ihrem Innern lauter homologe Punkte. Ist nun $\mathfrak{G}$ die Raumgruppe, zu der das betrachtete Punktsystem gehört, so ist klar, dass alle diese Polyeder durch jede Operation von $\mathfrak{G}$ mit einander zur Deckung gelangen; sie sind entweder sämtlich kongruent oder teils kongruent, teils spiegelbildlich gleich, je nachdem $\mathfrak{G}$ eine Gruppe erster oder zweiter Art ist. Diese Polyeder bilden also wieder eine *reguläre Raumteilung* und stellen deren *Fundamentalbereiche* dar[146]; wir bezeichnen sie durch φ.

In jedem Fundamentalbereich φ liegt je eine, die Krystallsubstanz bildende Molekel und zwar an homologer Stelle. Dieser Bereich bildet also den *Spielraum*, in dem die Molekel an *beliebiger* Stelle und von *beliebiger* Qualität angenommen werden kann; *in ihm kann der Krystallograph nach Belieben schalten und walten.* Die in ihm enthaltene Substanz stellt daher die *kleinste krystallographische Einheit* des Aufbaues dar[147].

Der auf die vorstehende Weise sich bildende Fundamentalbereich ist immer ein *konvexes* Polyeder; insbesondere bilden sich für die Gitter resp. die Translationsgruppen die soeben in Nr. **44** abgeleiteten Paralleloedertypen. Wir bezeichnen sie in ihrer Bedeutung als Fundamentalbereiche der Gitter durch φ_τ. Bei den andern Gruppen $\mathfrak{G}$

146) Dieser Fundamentalbereich deckt sich im wesentlichen mit dem, was *Fedorow* als *Stereoder* bezeichnet.

147) Das Verhältnis der krystallographischen Molekel zur physikalischen und chemischen bleibt hier ausser Betracht. Über die Form der Molekeln und die mit ihnen möglichen dynamisch geschlossenen Gruppen, die räumliche Polygone sind, hat kürzlich *A. Nold* spezielle Hypothesen aufgestellt und näher erörtert; vgl. Zeitschr. f. Kryst. 40 (1904), p. 13 und 433.

kann der Fundamentalbereich φ noch mannigfache Formen annehmen; das zu $\mathfrak{G}$ gehörige Punktsystem hängt nämlich von der Wahl des Ausgangspunktes ab, und dieser ist beliebig wählbar.

Was den *rein geometrischen* Begriff des zu einer Gruppe $\mathfrak{G}$ gehörigen Fundamentalbereichs betrifft, so ist seine *allgemeinste* Definition *wesentlich allgemeiner*, als die vorstehende[148]). Diese Definition besagt, dass das Innere des Bereichs keine zwei homologen Punkte (Nr. **42**) enthält, aber von jeder Art homologer Punkte mindestens einen, im Innern oder auf der Oberfläche[149]). Er kann im übrigen beliebig begrenzt sein, geradflächig und krummflächig[150]), konkav oder konvex, er kann auch in mehrere Teile zerfallen, und dies gilt, was auch $\mathfrak{G}$ für eine Gruppe ist[151]). Es gilt sogar auch für die Translationsgruppen. Insbesondere stellen immer N Fundamentalbereiche φ von $\mathfrak{G}$, die sich aus einem solchen durch die Operationen 7) von Nr. **42** ergeben, einen Fundamentalbereich φ_τ der in $\mathfrak{G}$ enthaltenen Translationsgruppe dar, und man kann sie immer so wählen, dass sie zusammen ein Polyeder bilden, das freilich nicht immer konvex zu sein braucht.

46. Die Strukturauffassung von E. v. Fedorow[152]). *Fedorow* legt den von ihm abgeleiteten Parallelflächnern eine grundlegende Bedeutung für die Struktur der Krystallsubstanz bei, besonders mit Rücksicht darauf, dass ihrer nur eine sehr beschränkte Zahl existiert. Seine Auffassung kann als eine tiefere Ausgestaltung der Ideen von *Haüy* bezeichnet werden[153]). Wesentlich für sie sind zwei grundlegende Vorstellungen. Erstens geht auch er davon aus, dass die Krystallmolekeln parallel orientiert sind; er erblickt insbesondere in seinen konvexen Parallelflächnern die natürlichen Einheiten des Krystallaufbaues, und nimmt an, dass die Krystallsubstanz eine lückenlose und regelmässige Wiederholung solcher Bereiche bildet, innerhalb deren sich die Molekeln in ebenfalls paralleler Orientierung befinden. Er be-

148) Vgl. *Schönflies*, Krystallsysteme u. Krystallstruktur, p. 569 ff.

149) Die Punkte der Oberfläche paaren sich im allgemeinen zu je zweien, die einander homolog sind.

150) Man erhält solche, wenn man z. B. die Kugeln durch Ellipsoide ersetzt. Vgl. Lord *Kelvin*, The molecular tactics of a cristall, Oxford 1894.

151) *Fedorow* nahm ursprünglich an, dass dies nur für seine asymmorphen Gruppen zutrifft, nnd sah hierin einen der Gründe, die gegen ihre krystallographische Wahrscheinlichkeit sprechen; vgl. z. B. Zeitschr. f. Kryst. 20 (1892), p. 65 und 24 (1895), p. 239. Diese Annahme trifft aber dem Obigen gemäss nicht zu; sie beruht auf einer irrtümlichen Auffassung der Arbeiten von *Schoenflies*.

152) Zeitschr. f. Kryst. 20 (1892), p. 28; 24 (1895), p, 209; 25 (1896), p. 113; 28 (1898), p. 238; 37 (1903), p. 22; vgl. auch den Schluss von Nr. **37**.

153) Vgl. Zeitschr. f. Kryst. 21 (1893), p. 587.

zeichnet die Bereiche als *Molekelsphäre.* Er betrachtet sie jedoch nicht als die Molekeln selbst oder als deren Wirkungssphäre, sondern als Bereiche, die sozusagen die Krystallsubstanz bei der Bildung des Krystalles respektiert. Die physikalische Bedeutung des Wortes ist also etwas unbestimmt.

Es sind aber nicht alle Parallelflächner als Molekelsphären zulässig. Bei der grossen Bedeutung, die der Begriff der *Affinität* in der geometrischen und physikalischen Krystallographie besitzt, und da insbesondere alle Krystallformen mit denen höchster Symmetrie affin sind, soll die Molekelsphäre — und dies ist die zweite Grundvorstellung — immer ein solcher Parallelflächner sein, der aus einem höchster Symmetrie durch affine Veränderung hervorgehen kann[154]), d. h. aus einem Würfel, einer sechsseitigen regulären Säule, dem regulären Rhombendodekaeder und dem regulären Kubooktaeder[155]). Diese bezeichnet er deshalb als *normale* Paralleloeder; ich bezeichne sie im Folgenden durch Φ. Hierzu kommt endlich noch die durch die Erfahrung geforderte Annahme, dass die Molekeln aus zwei Arten bestehen, die einander spiegelbildlich gleich sind.

Im Anschluss hieran hat *Fedorow* für jede der 230 Gruppen alle diejenigen Raumteilungen bestimmt, bei denen die Fundamentalbereiche entweder normale Paralleloeder Φ sind, oder sich doch zu solchen zusammenschliessen lassen, und teilt darnach die Gruppen resp. die Strukturen in *symmorphe, hemisymmorphe* und *asymmorphe.* Die symmorphen Strukturen sind mit den *Bravais*'schen in der Sache identisch; bei ihnen ist nämlich die Zusammenfassung der Fundamentalbereiche (Stereoder) φ in Paralleloeder so möglich, dass diese direkt mit den Fundamentalbereichen φ_τ der in $\mathfrak{G}$ enthaltenen Translationsgruppe, resp. des zugehörigen Gitters identisch sind; ihre Centra sind die Gitterpunkte, und es werden sich also im Centrum von Φ alle für $\mathfrak{G}$ resp. für die bezügliche Krystallklasse charakteristischen Symmetrieelemente schneiden. Die Centra aller Bereiche Φ bilden also *ein einziges* Raumgitter.

Hemisymmorph nennt *Fedorow* die Gruppe $\mathfrak{G}$ resp. die zugehörige Struktur, wenn sich die Fundamentalbereiche φ von $\mathfrak{G}$ nur so zu Paralleloedern Φ zusammenfassen lassen, dass sich in den Centren der Paralleloeder nur die Axen der Symmetrie schneiden. Die Symmetriecentren und Symmetrieebenen fallen hier in die Oberfläche dieser

154) *Fedorow* sagt, durch Zug resp. Schiebung.

155) Ausser diesen konvexen Paralleloedern giebt es nur noch ein anderes und zwar einen Zwölfflächner, der von 8 Parallelogrammen und 4 Sechsecken begrenzt ist. Zeitschr. f. Kryst. 20 (1892), p. 66.

Paralleloeder. Je zwei solche Paralleloeder sind einander spiegelbildlich gleich, und erst beide zusammen liefern den Fundamentalbereich φ_τ der in 𝔊 enthaltenen Translationsgruppe, und bilden damit einen Raumteil, aus dem durch parallel orientierte Wiederholung die ganze Raumteilung sich ergiebt. Dieser Bereich ist aber selbst kein konvexes Polyeder. Die Centra der Bereiche Φ bilden in diesem Fall *zwei* Raumgitter, von denen jedes das Spiegelbild des andern ist; je eines wird von den Centren solcher Paralleloeder Φ gebildet, die unter sich kongruent sind.

Bei den asymmorphen Gruppen lassen sich aus den Fundamentalbereichen φ keine Paralleloeder Φ bilden, durch deren Centra alle für die Gruppe charakteristischen Axen gehen. Paralleloederteilungen können allerdings auch hier möglich sein, aber die Paralleloeder gehen nur durch Drehungen oder Schraubungen in einander über. Ihre Centra bilden *mehr als zwei* Raumgitter. Solche Strukturen hält aber *Fedorow* für nicht wahrscheinlich; sie verstossen gegen seine obige Annahme. Er verwirft also alle diejenigen, die nur Schraubenaxen enthalten[156]), während gerade sie es waren, die *Sohncke* veranlassten, über die *Bravais*'sche Theorie und die Idee der parallelen Orientierung hinauszugehen.

Übrigens ist die *Fedorow*'sche Vorstellung in sich nicht völlig konsequent. Er postuliert einerseits, dass der Krystall sich aus parallel orientierten konvexen Paralleloedern aufbaut, andererseits sind die beiden Paralleloeder, die bei den hemisymmorphen Systemen zusammen den Fundamentalbereich der Translationsgruppe bilden, nicht parallel orientiert; erst ihre Verbindung stellt einen Bereich dar, der sich in paralleler Lage durch den ganzen Raum wiederholt; dieser aber ist nicht mehr konvex. Allerdings lässt sich diese Inkonsequenz im Rahmen der *Fedorow*'schen Vorstellungen nicht vermeiden[157]).

Gemäss dem Vorstehenden ist nach *Fedorow* für die Struktur der Krystallsubstanz nicht allein die *Symmetrie* sondern auch die *Form der bezüglichen Paralleloeder* und ihre *Teilung in Stereoder*[146]) charakteristisch. Die Struktur ist also ausser durch die Symmetrie auch durch die Art der Raumteilung bedingt; erkennbar ist sie an der Symmetrie, an den Wachstumsrichtungen und den „polymorphen Varia-

156) Hiergegen polemisiert *Barlow*, Zeitschr. f. Kryst. 27 (1896), p. 449.

157) *Fedorow* bezeichnet die Gesamtmolekel auch als zusammengesetztes Paralleloeder und sagt, dass hier nur die untergeordneten Molekeln einfache Paralleloeder sind; die Paralleloeder „im strengen Sinn des Worts“ seien überall parallel orientiert. Vgl. Zeitschr. f. Kryst. 25 (1896), p. 116.

tionen"[158]). Er gelangt so zu so vielen verschiedenen Strukturarten, als es Raumteilungen der eben genannten Art giebt und zwar zu 353 symmorphen, zu 287 hemisymmorphen und zu 1725 asymmorphen[159]). Er unterscheidet schliesslich noch ordinäre und extraordinäre. Diese Unterscheidung kommt nur für symmorphe und hemisymmorphe in Frage; extraordinär sind die Strukturen, resp. Raumteilungen, wenn die Paralleloeder Φ, die man aus den Fundamentalbereichen bilden kann, nicht so sind, dass alle charakteristischen Axen durch ihre Centra gehen, sondern wenn sie teilweise auf der Oberfläche liegen. Auch diese hält *Fedorow* nicht für krystallographisch wahrscheinlich[160]).

Die Analogie zu *Haüy* tritt auch in *Fedorow*'s Ansichten über Spaltbarkeit zu Tage[161]). Die Spaltung soll immer so eintreten, dass sich alle Paralleloeder längs der gleichen Flächen von ihren benachbarten trennen; dies kann längs einer, zweier und dreier Flächen geschehen. Als Spaltungsebenen treten daher solche auf, die zu den Grenzflächen oder Diagonalflächen der Paralleloeder Φ parallel sind.

47. Die Kugelpackungen. *W. Barlow*[162]) ist der erste gewesen, der die regelmässigen Kugelpackungen ableitete und sie benutzte, um mit ihnen ein Bild gewisser symmetrischer Strukturen zu gewinnen. Auch hat er sie bereits in Bezug auf ihre Dichte untersucht.

Ausführlicher hat sich Lord *Kelvin* mit derartigen Packungen beschäftigt. Seine Vorstellungen berühren sich mit denjenigen von *Fedorow*, ohne jedoch vorläufig nähere Beziehung zu den Symmetriefragen zu besitzen[163]). Lord *Kelvin* geht von der *Bravais*'schen Theorie

---

158) Vgl. besonders Zeitschr. f. Kryst. 20 (1892), p. 66, 21 (1893), p. 590.

159) Zeitschr. f. Kryst. 25 (1896), p. 218.

160) Die Ansichten *Fedorow*'s laufen darauf hinaus, dass er nicht allein die Form der Bereiche, sondern auch ihre Lage zu den Axen und Ebenen der Gruppe, d. h. also, ihre gegenseitige Lage in Betracht zieht. Es gibt Gruppen, die die gleiche Axenverteilung enthalten, und zwar in der Weise, dass alle Axen bei der einen Gruppe Drehungsaxen, bei der anderen Schraubenaxen sind. Die möglichen Paralleloeder sind in beiden Fällen die gleichen, z. B. quadratische oder sechsseitige Säulen, sie haben auch gleiche Lage zu den einzelnen Axen, ihre Lage zueinander ist aber verschieden. Im ersten Falle bilden ihre Grundflächen horizontale Schichten, im zweiten sind sie schraubenartig gelagert. Nur die erste Lagerung hält *Fedorow* für krystallographisch möglich, die zweite, die einer asymmorphen Struktur entspricht, nicht.

161) Zeitschr. f. Kryst. 20 (1892), p. 70.

162) Nature 1883, Nr. 738, p. 186 und 205. Vgl. auch Zeitschr. f. Kryst. 21 (1893), p. 692 sowie die ausführliche Darstellung in den Proc. Roy. Soc. Dublin N. S. 8 (1898), p. 527.

163) Proceed. Roy. Soc. Edinburgh 16 (1889), p. 693; Proc. Roy. Soc. London

aus, hat sie aber so umgebildet, dass er zum Gitter ebenfalls die Bereiche Φ konstruiert, und in ihnen die Krystallbausteine sieht. Er hat insbesondere auch solche regelmässigen Strukturen aufgestellt, bei denen die gitterartig angeordneten Bausteine einander in Punkten berühren, und geprüft, wann sie die höchste mechanische Stabilität besitzen. Die einfachsten Strukturen dieser Art sind die oben erwähnten Kugelpackungen[164]). Die Centra der Kugeln, die eine und dieselbe Kugel berühren, bilden immer eines der vier regulären Paralleloeder Φ; die Zahl dieser Kugeln kann 6, 8 und 12 betragen. Die am wenigsten dichte und stabile Packung ist diejenige, bei der jede Kugel von 6 andern berührt wird, so dass Φ ein Würfel ist; die dichteste und stabilste ist diejenige, bei der es 12 sind, die ein reguläres Rhombendodekaeder bestimmen; je 8 Kugeln treten für die sechsseitige Säule und das Kubooktaeder auf[165]).

Durch affine Veränderung kann man derartige Packungen aus Ellipsoiden erhalten, die sich je nur in einem Punkt berühren; dabei gehen die regulären Paralleloeder in diejenigen über, die *Fedorow* als normale (Nr. **46**) bezeichnet. Man kann also Kugeln und geeignete Ellipsoide so lagern, dass ihre Symmetrie und Struktur mit derjenigen eines der 14 Raumgitter, d. h. also mit der Holoedrie eines der sieben Krystallsysteme identisch ist[166]).

Die dynamischen Vorstellungen über das molekulare Verhalten der Krystallsubstanz, die Lord *Kelvin* auf Grund dieser Strukturhypothese ausgebildet hat, beruhen wesentlich darauf, dass die Molekeln von anziehenden und abstossenden Kräften bewegt werden, die in den Molekelcentren ihren Sitz haben, und deren Intensität von der Entfernung abhängt[166]). Für manche Erscheinungen benutzt er auch die Vorstellung, dass man zwei Molekelsysteme, die der dichtesten Packung entsprechen, bei denen also jede Molekel von 12 andern rhombendodekaedrisch umgeben ist, in gewisser Weise kombiniert, und zwar so, dass jede Molekel des einen Systems von je vieren des andern Systems in der Weise umgeben ist, dass diese ein reguläres Tetraeder bilden, und jene dessen Mittelpunkt innehat[167]).

---

55 (1894), p. 1 u. The Molecular Tactics of a Crystal, Oxford 1894. Vgl. auch Math. u. phys. papers 3, p. 395.

164) Sie werden auch schon in *Fedorow*'s Gestaltenlehre (1885) erwähnt. Vgl. auch Zeitschr. f. Kryst. 28 (1897), p. 232. Vgl. auch *E. Everett,* Proc. Lond. Math. Soc. (2) 1 (1904), p. 437.

165) Rein geometrisch sind es beim Kubooktaeder 14 Kugeln; diese durchdringen aber einander. Materielle Kugeln giebt es daher nur acht.

166) Phil. Mag. (5) 36 (1893), p. 414 u. Proc. Roy. Soc. London 54 (1894), p. 59.

167) Phil. Mag. (6) 4 (1902), p. 139. Vgl. auch ähnliche Vorstellungen in

Barlow[168]) und im Anschluss an ihn *W. J. Sollas*[169]) haben die Strukturen Lord *Kelvin*'s so verallgemeinert, dass sie auch Kugeln von zwei und drei verschiedenen Grössen benutzen, einerseits um möglichst dichte Lagerungen herbeizuführen, andererseits um Bilder solcher Substanzen zu gewinnen, bei denen man die Molekel (um dem verschiedenen Molekularvolumen der einzelnen chemischen Bestandteile gerecht zu werden) als aus zwei und drei verschiedenen Atomen oder Atomgruppen bestehend betrachten muss. *Barlow* macht überdies für ihre Wirkung aufeinander solche Annahmen, dass die Molekeln dem Ziel der dichtesten Lagerung zustreben.

Der Problem der dichtesten Kugelpackungen ist einer mathematischen Verallgemeinerung fähig, indem man die Kugeln durch irgend welche kongruente *konvexe*, sich nirgends durchdringende Körper ersetzt. Eine erste Lösung desselben, die jedoch nicht fehlerfrei ist, gab Lord *Kelvin*[170]). Nach ihm giebt es nur solche Packungen, bei denen sich jeder einzelne Körper entweder auf die Oberfläche von 12 anderen stützt, die ein Rhombendodekaeder bilden, oder aber von 14, die ein Kubooktaeder bilden. Eine abschliessende Behandlung verdankt man *H. Minkowski*[171]). Er bestimmt, falls der konvexe Körper K — den man übrigens als Körper mit Mittelpunkt voraussetzen darf — *beliebig* gegeben ist, dasjenige aus den Körpermitten bestehende Gitter, das für ihn die dichteste Lagerung bewirkt; er findet insbesondere, dass dieses auf *drei* verschiedene typische Arten möglich ist; darunter eine, die Lord *Kelvin* entgangen ist[172]). Es bleibt noch die Frage, ob, wenn der Ausgangskörper symmetrisch ist, auch das zugehörige Raumgitter symmetrisch ist, und zwar so, dass auch das *Molekelgitter*

3 (1902), p. 257. Dies stimmt mit gewissen analogen Resultaten über isomorphe Körper überein. Die *Cauchy*'sche Molekulartheorie, die mit Centralkräften zwischen punktuellen Molekeln operiert, führt im Gebiet der Elastizitätstheorie zu einer unrichtigen Gleichung zwischen den beiden Elastizitätskonstanten. Dies wird durch den *Poisson*'schen Ansatz, der den Molekeln ihre Körperform lässt, und demgemäss mit Kräften und Kräftepaaren operiert, vermieden. Vgl. auch die ausführliche Darstellung von *W. Voigt*, Abhandl. d. Gött. Ges. d. Wiss. Bd. 34 (1887).

168) Report of the British Assoc. 1891, p. 581 u. Zeitschr. f. Kryst. 29, p. 433 (1898).

169) Proc. Roy. Soc. London 63 (1898), p. 270 u. 67 (1900), p. 495.

170) The Baltimore Lectures on molecular dynamics, 2. Aufl., London 1904, p. 618 ff.

171) Nachr. d. Gött. Ges. d. Wiss. 1904.

172) Lord *Kelvin* geht bei seinem Ansatz von der nicht zutreffenden Annahme aus, dass bei der dichtesten Lagerung immer vier sich gegenseitig berührende Körper auftreten, wie bei den Kugeln.

selbst Symmetrie besitzt; insbesondere ob man zu Molekelgittern für jede der 32 Symmetrieklassen gelangt. Erst dann würden diese Packungen im Sinne der Strukturtheorien der Symmetrie der Krystalle entsprechen. Diese Frage ist bisher nicht untersucht worden.

Fedorow, der in seiner Gestaltenlehre die Kugelpackungen ebenfalls abgeleitet hat, hält die Vorstellung von Lord *Kelvin* deshalb für nicht wahrscheinlich[173]), weil die Krystalle nicht die Tendenz zeigten, die rhombendodekaedrischen Formen auszubilden, die den dichtesten Packungen entsprechen, sondern vielmehr solche Formen, die bei einem Minimum der Oberfläche den grössten Inhalt haben, nämlich die kubooktaedrischen[174]).

48. Beziehungen der verschiedenen Strukturtheorien zu einander. *L. Sohncke* hat in seinen Arbeiten dem Begriff der regelmässigen Anordnung nicht die in Nr. **41** erörterte allgemeine Bedeutung gegeben. Er ging von der beschränkenden Annahme aus, dass die Regelmässigkeit in Deck*bewegungen* resp. in der *Kongruenz* des Molekelhaufens mit sich zum Ausdruck kommt[175]) und operiert deshalb nur mit *Bewegungsgruppen.* Die Bewegungsgruppen führen jedoch, wenn man die Molekel *beliebig* annimmt, ihrer Natur nach nur zu Molekelhaufen mit *Axensymmetrie.* Dies tritt in *Sohncke*'s ersten Arbeiten nicht deutlich hervor, weil er in ihnen nicht mit den Molekelhaufen, sondern mit den Punktsystemen operierte und im Punkt gelegentlich nicht den *formalen,* sondern den *wirklichen* Vertreter der Molekel sah. Punktsysteme, deren Symmetrie über diejenige der bezüglichen Bewegungsgruppe hinausgeht, kann man dann, wenn überhaupt, nur so ableiten, dass man dem konstituierenden Punkt eine *besondere Lage* zu den Axen der Gruppe anweist[176]). Die Symmetrie der Struktur beruht aber dann nicht ausschliesslich auf der Anordnung, sondern auch auf der Symmetrie der Molekel, ähnlich wie es bei den *Bravais*'schen Gittern der Fall ist.

Sohncke hat deshalb, als die Arbeiten von *Fedorow* und *Schönflies* erschienen waren, seine Theorie etwas erweitert[177]). Er meinte, alle

173) Zeitschr. f. Kryst. 28 (1898), p. 232.

174) Vgl. auch Zeitschr. f. Kryst. 27 (1897), p. 43, wo *Fedorow* zeigt, dass bei gegebenen Volumen mit höherer Symmetrie die Oberfläche kleiner wird.

175) Entwicklung einer Theorie der Krystallstruktur, p. 28. Es muss auffallen, dass *Sohncke* im Gegensatz hierzu bei der Ermittlung aller regelmässigen ebenen Punktsysteme die Regelmässigkeit im Sinne von Nr. **41** gefasst hat. Vgl. J. f. Math. 77 (1873), p. 48.

176) Für die Verwendung der 65 Gruppen zur Erzeugung von Punktsystemen bestimmter Symmetrie vgl. *L. Wulff,* Zeitschr. f. Kryst. 13 (1888), p. 503 ff.

177) Zeitschr. f. Kryst. 14 (1888), p. 426 u. 25 (1896), p. 529

Fälle zu umfassen, wenn n den erzeugenden Raumpunkt durch eine Gruppe von n Punkten ersetzt, die nunmehr zusammen die erzeugende Molekel versinnbildlichen. Die Einführung dieser n-Punktner hat übrigens einen doppelten Zweck. Ein aus einer Raumgruppe abgeleitetes Punktsystem kann nämlich infolge der Symmetrie des Punktes, die derjenigen einer *Kugel* gleich ist, unter Umständen eine höhere Symmetrie erhalten, als der bezüglichen Raumgruppe entspricht[178]); in einem solchen Fall soll der unsymmetrische n-Punktner die Symmetrie des Punktsystems *negativ* beeinflussen. Er soll sie zweitens auch *positiv* beeinflussen, was natürlich nur bei besonderer Wahl der n Punkte möglich ist[179]).

Zu diesem Behuf genügt es aber Zwei-Punktner zu verwenden, und zwar ist dies für alle diejenigen Krystalle nötig, die einer Gruppe zweiter Art entsprechen. Ist nämlich $\mathfrak{G}$ irgend eine Gruppe zweiter Art und $\mathfrak{G}'$ die in ihr enthaltene Bewegungsgruppe, so hat man zu dem Punktsystem, das mit $\mathfrak{G}'$ gebildet ist, nur diejenigen Punkte hinzuzufügen, die sich aus ihnen durch die in $\mathfrak{G}'$ enthaltenen Operationen zweiter Art ergeben. Dabei sind die Punkte von $\mathfrak{G}'$ Vertreter von kongruenten Molekeln, die übrigen Punkte vertreten Molekeln, die ihnen spiegelbildlich gleich sind; je zwei von ihnen zusammen bilden die erzeugende Molekel im Sinne *Sohncke*'s. Beschränkt man also *Sohncke*'s erweiterte Theorie auf den vorstehend genannten Fall, so ist sie von der reinen Strukturtheorie geometrisch nur in der Bezeichnung unterschieden. Allerdings ist die Frage, wie der zweite Raumpunkt anzunehmen ist, gerade die Hauptsache, und ihre volle Beantwortung ist nichts anderes als die Ableitung der 165 Gruppen zweiter Art.

Die Beziehung der *Bravais*'schen Theorie zu den allgemeineren Strukturtheorien ist bereits in Nr. **40** angedeutet worden. Konstruiert man um die Gitterpunkte die Paralleloeder Φ, so enthält jedes von ihnen je eine *Bravais*'sche Molekel. Löst man die *Bravais*'schen Molekeln in ihre N gleichartigen Bestandteile auf, so liegen diese N Bestandteile symmetrisch um die Gitterpunkte herum und man kann Φ in N einander teils kongruente, teils spiegelbildliche Teile zerlegen, so dass jeder dieser Teile einen dieser Bestandteile einschliesst. Jeder dieser Teile stellt überdies einen Fundamentalbereich φ derjenigen

---

178) Ein einfaches Beispiel liefert die cyklische Gruppe C_n, die zu n Ecken eines regulären n-Ecks als zugehörigem Punktsystem führt. Dieses Punktsystem gestattet *stets* auch Umwendungen um die Symmetrieaxen des Polygons.

179) Einzelne Systeme obiger Struktur gab bereits *T. Haag* an, Programm d. Gymn. Rottweil, 1887.

Gruppe $\mathfrak{G}$ dar, die den allgemeineren Molekelhaufen in sich überführt, der durch Auflösung jeder *Bravais*'schen Molekel in ihre N Bestandteile entstanden ist.

Ist dagegen $\mathfrak{G}$ *irgend eine andere* Raumgruppe, so existiert zwar für sie (Nr. **42**) immer noch eine Gruppe von Translationen und man kann zu ihr resp. um die Gitterpunkte immer noch die Fundamentalbereiche Φ des Gitters konstruieren. Auch jetzt noch liegen in jedem Φ die N Punkte, die den N Molekeln entsprechen, aber sie liegen nicht mehr symmetrisch gegen die Mittelpunkte von Φ, sondern haben allgemeinere Lage. Demgemäss bilden auch die zu ihnen gehörigen N Fundamentalbereiche φ nicht mehr das konvexe Parallеloeder Φ, sondern ein komplizierteres konkav-konvexes Paralleloeder, das ebenfalls ein Fundamentalbereich φ_τ des Gitters ist; und dieses Paralleloeder füllt ebenfalls in gleicher Orientierung lückenlos den Raum aus. Man hat also auch hier lauter parallel orientierte Molekelkomplexe[180]).

Für die Anschauung ist es einfacher, auch in diesen Fällen von den Bereichen Φ und ihrer Anordnung auszugehen, in jeden von ihnen die N Molekeln hineinzusetzen[181]) und mit N in einander stehenden Gittern zu operieren (Nr. **42**). Man darf aber nicht vergessen, dass eine *beliebige* Wahl dieser N Molekeln in Φ die Symmetrie der Struktur nicht verbürgt, und dass dies nur dann der Fall ist, wenn ihre Lage eine solche ist, wie sie einer der 230 Gruppen $\mathfrak{G}$ entspricht[182]).

Um endlich die *Fedorow*'schen Strukturen in dieser Hinsicht zu charakterisieren, ist zunächst folgendes zu bemerken. Man kann die ganz allgemeine Frage stellen, wie man überhaupt die Krystallsymmetrie zerlegen kann, so dass ein Teil durch die Molekelsymmetrie repräsentiert wird, während der andere Teil in der Anordnung, also der eigentlichen Struktur zum Ausdruck kommt. Die mathematische Erörterung dieser Frage führt zu folgendem Resultat[183]). Ist $\mathfrak{G}$ irgend eine der 230 Raumgruppen, so kann es vorkommen, dass

---

180) Es kann hier nicht erörtert werden, ob es krystallographisch zweckmässiger ist, die Molekeln oder die Molekelkomplexe als die individuellen Einheiten aufzufassen.

181) In dieser Weise hat *Mallard* die von ihm benutzten allgemeinen Strukturen konstruiert; vgl. Anm. 57.

182) Die Krystallographen haben hierauf nicht immer Rücksicht genommen; vgl. *Mallard* a. a. O. u. Lord *Kelvin* a. a. O.

183) *Schönflies*, Krystallsysteme, p. 601 und Nachr. d. Götting. Ges. d. Wiss. 1890, p. 239.

𝔊 eine der 32 Punktgruppen als Untergruppe enthält; sie sei G'. Es giebt dann unendlich viele Punkte des Raumes, durch die alle für G' charakteristischen Symmetrieelemente hindurchgehen; um diese Punkte herum ordnen sich die Fundamentalbereiche zu symmetrischen Polyedern P zusammen, die die Symmetrie der Gruppe G' besitzen, und die sich ebenfalls lückenlos durch den Raum fortsetzen. Man könnte daher auch in diesen Polyedern P, resp. in den in ihnen enthaltenen Molekelkomplexen, deren Symmetrie der Gruppe G' entspricht, die Einheit des Aufbaues erblicken.

Die Strukturen, die *Fedorow* allein als krystallographisch wahrscheinlich hält, sind nun dadurch definirbar, dass bei ihnen die Gruppe G' entweder geradezu diejenige Gruppe G ist, die mit 𝔊 isomorph ist, oder diejenige Untergruppe von G, die aus allen Bewegungen von G besteht. Dem ersten Fall entsprechen die symmorphen Systeme, dem zweiten Fall die hemisymmorphen. Im ersten Fall ist also wie bei *Bravais* die Symmetrie der Krystallmolekel mit der spezifischen Krystallsymmetrie identisch; im zweiten zerfällt der Krystall in zwei Arten spiegelbildlich gleicher Molekeln, deren Axensymmetrie mit der spezifischen Krystallsymmetrie übereinstimmt und deren Centra zwei Raumgitter bilden. Dies sind diejenigen Strukturen, die *Fedorow* zu den *Bravais*'schen hinzufügt. Eine weitere Eigenschaft der *Fedorow*'schen Vorstellungen ist dann noch die für ihn charakteristische Bevorzugung der vier obengenannten Parallelflächner und ihre Bedeutung für die Ausbildung der Krystallflächen.

C. Zur Prüfung der Strukturtheorien an der Erfahrung.

Von **O. Mügge** in Königsberg.

49. Einleitung. Nachdem die 32 Symmetrieklassen der endlichen Figuren bekannt geworden waren, sind mit Hilfe von Winkelmessungen und Beobachtung der Ätzfiguren, des pyroelektrischen Verhaltens, Untersuchung auf Zirkularpolarisation u. a. unter den natürlichen und künstlichen Krystallen Vertreter von 29 jener Klassen aufgefunden, während von drei Klassen (tetragonal-sphenoidische Tetartoedrie; hexagonal-trigonale Hemiedrie[184]) und Tetartoedrie) solche bisher nicht oder nicht mit Sicherheit bekannt geworden sind. Diejenigen Elemente dagegen, welche geeignet wären für Krystalle derselben Symmetrieklasse G die jedem einzelnen zukommende Raum-

184) Hierher gehört nach den Untersuchungen von *H. Dufet* (Bull. soc. franç. de min. 9 (1886), p. 36) das zweibasische Silberorthophosphat.

klasse 𝔊 zu bestimmen, nämlich die Zahl der Arten der parallel denselben Richtungen verlaufenden Axen und Ebenen der einfachen und zusammengesetzten Symmetrie und die Grösse der Deckschiebungen, sind bisher in keinem Falle vollständig und unzweifelhaft bekannt, vielmehr nur z. T. und mit einiger Wahrscheinlichkeit und auch dies nur für wenige Krystalle ermittelt. Auch nach Bestimmung der Raumgruppe würde zur vollständigen Kenntnis der Struktur noch erforderlich sein die Fixierung der Lage der Kristallmoleküle zum Axensystem der Gruppe bezw. zum Fundamentalbereich (vgl. *Schoenflies* Nr. **20**) wie die Bestimmung von Form und Beschaffenheit der Moleküle[185]), Aufgaben, deren Lösung noch kaum in Angriff genommen ist.

50. Formen der Krystalle. Vielfache Versuche sind gemacht worden, aus der Art und Grösse der auftretenden Formen wenigstens die Art des Raumgitters, d. h. das primitive Tripel der drei kleinsten Deckschiebungen festzustellen. Aus dem Umstande, dass Flächen mit komplizierten Indizes nur selten auftreten, solche aber nur sehr dünn mit Netzpunkten besetzt sein würden[186]), hat man geschlossen, dass an jedem Krystall diejenigen Flächen vorherrschen werden, welche am dichtesten mit Teilchen besetzt sind[187]). Damit steht in guter Übereinstimmung, dass, wie zuerst *P. Curie*[188]) dargelegt hat, an einem Krystall ceteris paribus diejenigen Flächen zur Ausbildung gelangen werden, für welche die Oberflächenspannung im Kontakt mit der Mutterlauge ein Minimum ist, was dann eintritt, wenn die Oberfläche so dicht wie möglich mit Teilchen besetzt ist[189]). Die Anwendung

185) *Schoenflies,* Krystallsyst. u. Krystallstruktur 1891, p. 609.

186) Da eine jede Ebene eines regelmässigen Punktsystems, welche unendlich viele Punkte desselben enthält, einer Ebene, welche durch drei Punkte eines seiner Raumgitter geht, parallel ist, gilt das Rationalitätsgesetz auch für jede solche Ebene (*Sohncke,* Ann. Phys. Chem. 16 (1882), p. 489).

187) *Schoenflies* Nr. **38**, Anm. 119.

188) *P. Curie,* Bull. soc. franç. de min. 8 (1885), p. 145.

189) Nach *Mallard* (Traité de cristallographie 1 (1879), p. 303) sind die inneren Kräfte, die auf einen in seiner Mutterlauge wachsenden Krystall an der Oberfläche einwirken, im allgemeinen erheblich grösser als die äusseren, namentlich von der Lösung ausgehenden. Gleichgewicht zwischen beiden kann nur bestehen, wenn erstere hinreichend klein werden, was dann am ehesten eintreten soll, wenn die Maschen der Grenzflächen möglichst eng werden. — Für die Berechnung der Netzdichten bestimmter Ebenen in den Raumgittern hat *Bravais* (Études cristall. in Journ. de l'éc. polyt. 20, Paris 1851, p. 156) Formeln entwickelt; die Lage der Punkte in beliebigen Ebenen einiger Sohncke'scher Punktsysteme regulärer Symmetrie ist von *Fr. Haag* untersucht (Zeitschr. f. Kryst. 15 (1889), p. 589). Das von *Fr. Haag* (Die regulären Krystallkörper, Progr. Gymn. Rottweil 1887) für reguläre Krystallformen berechnete Verhältnis zwischen

dieses Grundsatzes wird, abgesehen davon, dass eine *quantitative* Beziehung zwischen Netzdichte und Flächen-Häufigkeit und -Grösse dadurch nicht gegeben ist, durch folgende, z. T. schon von *Bravais*[190]) selbst hervorgehobene Umstände sehr erschwert bezw. unmöglich gemacht:

a) Die Indices der Krystallflächen sind nicht immer einfache Zahlen[191]); auch bei den an den Krystallen vorherrschenden Flächen sind sie vielfach nur vicinal zu solchen[192]).

b) Welche Flächen für Krystalle einer Art als die herrschenden zu betrachten sind, wäre nur durch eine umfangreiche statistische Untersuchung aller an *allen* Krystallen dieser Art bekannten Flächen zu ermitteln. Das Resultat einer solchen Untersuchung wäre gleichwohl von geringem Gewicht, denn es ist bekannt, wie auch nach *P. Curie*'s Hypothese zu erwarten, dass der Habitus der Krystalle in hohem Grade von den Umständen bei ihrer Bildung abhängt, derart, dass z. B. bei künstlichen Krystallen durch bestimmte Zusätze zur Mutterlauge ein vollständiger Wechsel der auftretenden Formen bewirkt werden kann, ohne dass die Struktur, soweit sie in den physikalischen Eigenschaften zum Ausdruck kommt, eine merkliche Änderung erfährt[193]).

c) Die Raumgitter sind ihrem Begriffe nach zentrisch-symmetrisch, daher Fläche und Gegenfläche gleichartig erscheinen, während dies bei Krystallen durchaus nicht allgemein der Fall ist.

Die schon von *Frankenheim*[194]) und *Bravais*[195]) angestellten, dann

---

Oberfläche und Volumen ist ebenfalls von physikalischer Bedeutung, u. a. für die absolute Grösse der Krystalle.

190) *Bravais*, l. c. 20, p. 168.

191) Solche mit komplizierten Indizes sind z. B. beobachtet am Anatas (*Seligmann*, Zeitschr. f. Kryst. 11 (1886), p. 337), am Wolfsbergit (*Penfield* und *Frenzel*, Amer. Journ. of sc. 4 (4) (1897), p. 27) u. a.

192) Vgl. *M. Schuster*, Tschermaks min. u. petr. Mitteil. 5 (1883), p. 397, u. 6 (1885), p. 301 (Danburit), ferner *Miers*, London, Phil. Trans. Roy. Soc. 202 A (1903), p. 459. Danach ändern sich die Indices der Vicinalflächen der Alaunoktaeder während des Wachstums derselben und zwar bemerkenswerterweise nicht stetig, sondern sprungweise.

193) Z. B. Steinsalz, Alaun. Wird die Formänderung durch Aufnahme von Farbstoffen hervorgerufen, so können diese in sonst farblosen Krystallen Pleochroismus bewirken (*Gaubert*, Bull. soc. franç. de min. 23 (1900), p. 211; 25 (1902), p. 223; 28 (1905), p. 180), mit welchem öfter geringe Änderungen der Brechungsexponenten Hand in Hand gehen (*Dufet*, Bull. soc. franç. de min. 13 (1890), p. 271; *Blawatsch*, Zeitschr. f. Kryst. 27 (1897), p. 605).

194) System der Krystalle in Leopoldina, Nova Acta Acad. nat. cur. 19 (1842), p. 471. Die Ordnungen, in welchen dort die bis dahin bekannten natür-

von *Sohncke*[196]), *Mallard*[197]), *v. Fedorow*[198]), *Muthmann*[199]) und *Tutton*[200]) u. a. wiederholten Versuche, die Krystallen bestimmter Art zukommende Struktur aus der Art, Häufigkeit und Grösse der auftretenden Krystallflächen zu ermitteln, sind daher alle mit grosser Unsicherheit behaftet und haben gerade für die wenigen Krystalle, über deren Struktur, wenn man sie als raumgitterartig annimmt, sich etwas Sicheres aussagen lässt, meist zu Ergebnissen geführt, welche mit den nach anderen, sichereren Methoden gewonnenen in Widerspruch stehen. Ebenso können die Betrachtungen von *G. Friedel*[201]), der den Zwillingsflächen eine besonders grosse Bedeutung für die Struktur zuschreibt, nicht befriedigen. Er geht von der Thatsache aus, dass manche Krystalle (sog. mimetische) Zwillingsbildung namentlich nach solchen Flächen und Kanten eingehen, welche für ihren Flächenkomplex nahezu, aber im allgemeinen nicht ganz, Symmetrieebenen bezw. Symmetrieaxen sind, gewisse Flächen des einen Krystalls daher gewissen (im allgemeinen physikalisch ungleichwertigen) des zweiten nahezu parallel werden. Schreibt man den Krystallen also Raumgitterstruktur zu, so wird nahezu in der Verlängerung gewisser Punktreihen des einen Gitters über die Grenzfläche beider hinaus eine Punktreihe des zweiten liegen; dasselbe gilt von den Netzebenen. *Friedel* macht nun die Annahme, dass allgemein dieser Umstand wesentlich für das Zustandekommen einer Zwillingsverwachsung sei, dass man daher unter den für eine Krystallart möglichen und nach ihrem

---

lichen und künstlichen Krystalle zusammengefasst sind, entsprechen je einer seiner Strukturarten.

195) Études 1, p. 171—191. Es werden dort als Beispiele für die Raumgitter einzelne Minerale namhaft gemacht; *Br.* giebt aber keine eingehende Begründung, sondern empfiehlt seine Annahmen mehr den Beobachtungen der Mineralogen.

196) Namentlich Zeitschr. f. Kryst. 13 (1888), p. 230.

197) Traité de crist. 1, cap. XVI, 1879.

198) Zeitschr. f. Kryst. 20 (1892), p. 74. Die hier für die als Metaleucit und Metaboracit bezeichneten Modifikationen des Leucit bezw. Boracit angegebenen Strukturen sind mit ihrem optischen Verhalten in Widerspruch; auch ist nicht ersichtlich, worauf sich die Annahme dieser Strukturen und der für Perowskit angenommenen gründet.

199) Zeitschr. f. Kryst. 22 (1894), p. 520. Die dort für das Monokaliumphosphat und Verwandte zum Zweck der Berechnung des sog. topischen Axenverhältnisses angenommene Struktur erscheint sehr unsicher, abgesehen davon, dass die angenommene Symmetrieklasse sich als nicht richtig erwiesen hat.

200) Zeitschr. f. Kryst. 24 (1895), p. 26.

201) Études sur les groupements cristallins (Bull. soc. de l'industrie minérale (4) 3 u. 4, Saint-Étienne 1904).

Habitus wahrscheinlichen Gittern dasjenige wählen müsse, bei welchem möglichst viele Punktreihen des einen Gitters und möglichst nahe in die Verlängerung des damit verzwillingten fallen. Abgesehen davon aber, dass das Gitter eines Krystalls so nicht eindeutig zu bestimmen ist, muss es sehr zweifelhaft erscheinen, ob die Annahme *Friedel*'s *allgemein* berechtigt ist. In Wirklichkeit ist z. B. das nach diesem Gesichtspunkte für ein mimetisches Mineral, nämlich Aragonit, angenommene Raumgitter mit den einfachen Schiebungen desselben nicht verträglich (vgl. S. 489 u. Anmerkung 226).

Nach *v. Fedorow*[202]) entsprechen die „Wachstumsrichtungen" eines Krystalls den Flächen seiner Paralleloeder, welche die Form der Molekülsphäre für ihn vorstellen. Zu einer jeden Fläche des Paralleloeders gehört eine (dazu im allgemeinen nicht senkrechte) Wachstumsrichtung, deren Indices bei geeigneter Orientierung die gleichen sind und nur die Werte 0 und 1 annehmen. Die Paralleloeder sind nach seinen Beobachtungen über das Wachstum[203]) in allen Fällen die durch die kleinste Oberfläche bei gleichem Volumen ausgezeichneten Heptaparalleloeder. Später[204]) ist *v. Fedorow* durch die Diskussion der Indices der Flächen von acht flächenreichen regulären Krystallen zu dem Schluss geführt, dass sämtlichen regulären Krystallen hexaedrische Struktur zugeschrieben werden muss; indessen ist er neuerdings[205]) zu der Überzeugung gekommen, dass das bis jetzt von ihm „angewandte Verfahren nicht imstande ist, auf festem Boden die Strukturart aufzuklären".

F. Becke[206]) schliesst aus der wichtigen Rolle, welche die Oktaederflächen bei der Ätzung des Flussspates, und zwar unabhängig von der Natur des Ätzmittels spielen, dass ihnen eine besondere strukturelle Bedeutung zukomme, welche sich vermutlich auch in der oktaedrischen Spaltung zeigt und auf eine Verwandtschaft mit einem *Bravais*'schen oktaedrischen Gitter (Würfel mit zentrierten Flächen) schliessen lässt.

---

202) *v. Fedorow*, Zeitschr. f. Kryst. 20 (1892), p. 69.

203) *F.*'s Mitteilungen (auch diejenigen in Zeitschr. f. Kryst. 28 (1897), p. 235) reichen nicht aus, das Gewicht seiner Beobachtungen zu beurteilen. Er betont, dass die Heptaparalleloeder nicht der dichtesten Kugelpackung entsprechen.

204) *v. Fedorow*, Zeitschr. f. Kryst. 36 (1902), p. 223.

205) *v. Fedorow*, Zeitschr. f. Kryst. 40 (1905), p. 530.

206) *F. Becke*, Tschermaks min. u. petr. Mitteil. 11 (1890), p. 421. Ähnlich *H. Baumhauer* am Anatas, Zeitschr. f. Kryst. 24 (1895), p. 255; er betont mit Recht, dass ein Schluss aus Form und Lage der Ätzfiguren auf die Struktur im allgemeinen nicht statthaft ist, da beide mit der Natur, Konzentration und Temperatur des Ätzmittels veränderlich sind.

51. Die Spaltung. Die Fähigkeit der Krystalle, nach ebenen Flächen von bestimmter Lage, nicht aber mit annähernd gleicher Vollkommenheit auch nach den ihnen nächst benachbarten Ebenen spaltbar zu sein, weist, wie neuerdings u. a. *v. Fedorow*[207]) und namentlich *G. Friedel*[208]) betont haben, auf sprungweise Änderung der Kohäsion und damit auf die Unstetigkeit der Krystallsubstanz hin. Sie hat zuerst *Torbern Bergman*[209]), dann *Haüy* auf die Idee geführt, die Krystalle sich aus kleinen Teilchen von der Form der Spaltungskörper aufgebaut zu denken; diese Teilchen wurden schliesslich von *Bravais*[209]) durch diskrete Massenpunkte ersetzt. Er berücksichtigte, wie auch schon *Frankenheim*[210]) und später fast alle Autoren, die Spaltungsebenen namentlich bei der Aufstellung der Krystalle, indem er ihnen die einfachsten Indices beilegte. Diese erscheinen dann in den Raumgittern als die am dichtesten besetzten Ebenen, haben gleichzeitig den grössten Abstand, und in ihnen ist daher die zur Ebene parallele (tangentiale) Kohäsion ein Maximum, die dazu senkrechte ein Minimum. Im Einklang damit steht in der Tat, dass alsdann auch die meisten und namentlich die häufigsten Krystallflächen in der Regel einfache Indices erhalten, dass ferner bei Krystallen mit sehr vollkommener monotomer Spaltbarkeit (z. B. glimmerähnliche Substanzen) die sonst noch auftretenden Krystallflächen meist *steil* zu der Spaltfläche geneigt sind, was also auf grossen Abstand der der Spaltfläche parallelen Netzebenen schliessen lässt; dass endlich bei regulären Krystallen, wo das Verhältnis zwischen Netzdichte und Abstand der Netzebenen für Flächen von einfachen Indices (wie es die Spaltflächen regulärer Krystalle stets sind) keine so extremen Werte annehmen kann wie in Systemen niederer Symmetrie, auch Beispiele so vollkommener Spaltbarkeit wie in letzteren kaum bekannt sind und Analoges auch zutrifft beim Vergleich der Vollkommenheit der Spaltung nach Flächen prismatischer und pyramidaler einfacher Formen mit der nach pinakoidalen. Indessen bemerkte schon *Bravais*, dass die Vollkommenheit der Spaltung nach einer Fläche und die Häufigkeit ihres Vorkommens als Krystallfläche keineswegs stets Hand in Hand gingen, wie es nach seiner Theorie zu erwarten war. In der Tat ist anzunehmen, dass für die Spaltbarkeit beiderseits der Spalt-

---

207) *v. Fedorow,* Zeitschr. f. Kryst. 15 (1889), p. 116.

208) *G. Friedel,* Bull. soc. franç. de min. 28 (1905), p. 95.

209) Litteratur bei *Sohncke,* Entw. einer Theorie d. Krystallstruktur, 1879, p. 8.

210) *Frankenheim,* Syst. d. Krystalle in Leopoldina, Nova Acta etc. 19^2 (1842), p. 471.

ebene dieselben Kräfte in Frage kommen, für die Bildung der Krystallflächen ganz verschiedene.

Im Speziellen wäre gegen *Bravais'* Annahme hinsichtlich der Ursache der Vollkommenheit der Spaltung namentlich geltend zu machen, dass danach die Vollkommenheit der Spaltung bei allen nach derselben Form spaltbaren regulären Krystallen genau dieselbe sein müsste, nur undeutlich spaltbare, wie Granat, Analcim, Spinelle etc. neben so vollkommen spaltbaren wie Bleiglanz, Zinkblende etc. dürften nicht vorkommen; auch müsste die Vollkommenheit der hexaedrischen Spaltbarkeit zu der der oktaedrischen und dodekaedrischen allemal in einem konstanten Verhältnis stehen, wenn es, wie angenommen, auf die Qualität der Moleküle nicht ankäme. Das ist indessen kaum zulässig; so ist es denn auch kaum gelungen, durch die Annahme bestimmter Gitter das Vorkommen vollkommener Spaltbarkeit gleichzeitig nach verschiedenen Flächen dem Verständnis näher zu bringen und die Resultate von Versuchen, aus der Spaltbarkeit auf die Art des Gitters zu schliessen, sind z. T. sehr zweifelhaft[211]), z. T. unrichtig[212]).

Wie *Sohncke*[213]) gezeigt hat, fallen in den regelmässigen Punktsystemen die Bedingungen grössten Abstandes zweier paralleler Nachbarebenen und dichtester Besetzung derselben nicht zusammen, und die Vollkommenheit der Spaltung kann auch bei regulären Krystallen sehr verschiedene Grade annehmen. Dieser Umstand würde also in der Tat regelmässige Punktsysteme zur Erklärung der Spaltbarkeit besser geeignet erscheinen lassen als die Raumgitter, indessen fehlt es jetzt zugleich an einem Kriterium für die Vollkommenheit der Spaltung, weil der Begriff der Netzdichtigkeit wie des Abstandes der Spaltebenen zunächst seinen Sinn verliert. Die von *Sohncke* darüber (l. c.) gemachten Annahmen sind im Grunde willkürlich, auch auf bestimmte Krystalle nicht anwendbar, da bei keinem über die das Punktsystem bestimmenden Konstanten auch nur Vermutungen berechtigt sein würden[214]).

---

211) Vgl. z. B. *W. Muthmann,* Zeitschr. f. Kryst. 15 (1889), p. 73.

212) So an dem krystallographisch und physikalisch von *Tutton* so ausserordentlich sorgfältig untersuchten Kaliumsulfat, das nach seinen einfachen Schiebungen nur ein pseudohexagonales Gitter haben kann (vgl. unt. S. 487, Anm. 226), während ihm *Tutton* (Zeitschr. f. Kryst. 24 (1895), p. 30) auf Grund der Flächenhäufigkeit und Spaltbarkeit ein Gitter nach rechtwinkligen rhombischen Parallelopipeden zuweist.

213) *Sohncke,* Zeitschr. f. Kryst. 13 (1888), p. 220.

214) *Sohncke*'s Beispiele (l. c.) sind z. T. wenig glücklich, denn die Spaltbar-

Während nach der Annahme *Bravais'* Spaltbarkeit nach beliebigen rationalen Flächen, wenn auch mit ungleicher Vollkommenheit, miteinander verträglich erscheinen, hält *v. Fedorow*[215]) Spaltbarkeit in demselben Krystall nur nach gewissen Ebenen für möglich. Er macht die Annahme, dass, wenn Spaltung eintritt, sämtliche Paralleloeder des einen Teiles sich nach einem und demselben Gesetze von denen des andern, wenigstens in der nächsten Umgebung des Stosspunktes, trennen. Sind z. B. die Paralleloeder Hexaeder und trennen sie sich nur nach *einer* Fläche, so herrscht Spaltbarkeit nach dem Hexaeder, trennen sie sich nach zweien, so ist Spaltbarkeit nach dem Rhombendodekaeder, bei Trennung nach dreien nach dem Oktaeder vorhanden. Da aber die Paralleloeder eines Krystalls im allgemeinen noch mannigfaltige Formen haben können, auch die Umstände, von welchen es abhängt, ob Trennung nach 1, 2 oder 3 Flächen desselben gleichzeitig eintritt, nicht bekannt sind, wird auch bei der *v. Fedorow*'schen Annahme nicht ersichtlich, welche Spaltbarkeiten in demselben Krystall miteinander verträglich sind[216]).

52. Translationsvermögen. Zur Bestimmung der Deckschiebungen, welche für jede Strukturart charakteristisch sind, lassen sich die als *Translationen*[217]) bezeichneten Vorgänge bisher nicht verwenden. Sie bestehen zwar in Bewegungen ganz gleicher Art wie jene gedachten, indem sie keinerlei Änderung in der physikalischen Orientierung der verschobenen Teile nach sich ziehen, indessen ist ihr Betrag naturgemäss stets ein so grosses Vielfaches der kleinsten Deckschiebung, dass auf diese selbst kein Schluss möglich ist. In Einklang mit der Raumgitterstruktur steht aber die Rationalität der Translationsrichtung, und die Thatsache, dass deren Indices stets sehr einfache Zahlen sind, lässt analog wie für die Spaltflächen vermuten, dass der Abstand der Teilchen längs ihnen besonders klein ist; nicht ersichtlich ist aber, weder weshalb nicht auch nach anderen Richtungen von einfachen Indices als den beobachteten Translation möglich ist, noch weshalb die verschobenen Teile gegenüber den in Ruhe gebliebenen längs bestimmten Ebenen, den Translationsebenen, sich abgrenzen, noch weshalb Translation zuweilen nur in *einem* Sinne, nicht auch

---

keit des Quarzes ist kaum sicher bekannt, die des Orthoklases nach {110} vermutlich nur eine Absonderung.

215) *v. Fedorow,* Zeitschr. f. Kryst. 20 (1892), p. 70.

216) Auch die Annahmen von *Barlow* (Zeitschr. f. Kryst. 29 (1898), p. 485), u. *Liveing* (das. 30 (1899), p. 513) erscheinen willkürlich und geben keine Handhabe zur Ermittlung der Struktur.

217) *O. Mügge,* Neues Jahrb. f. Min. etc. 1 (1889), p. 145.

im entgegengesetzten möglich ist. Letzterer Umstand macht es besonders wahrscheinlich, dass auch hier die Form (Qualität) der kleinsten Teilchen von erheblicher Bedeutung ist[218]). — *Sollas'*[219]) an die Translation des Steinsalzes anknüpfende Vorstellungen über dessen Struktur tragen der Thatsache nicht Rechnung, dass die Translationen keine Änderungen der physikalischen Orientierung nach sich ziehen.

53. Einfache Schiebungen. Die den Translationen ähnlichen und vielfach auch an Krystallen derselben Art beobachteten einfachen Schiebungen nach Gleitflächen sind, wie *v. Fedorow*[220]) gezeigt hat, die einzigen mit der Raumgitterstruktur verträglichen mechanischen Deformationen der Krystalle, bei welchen dieselben ihrer Art nach unverändert bleiben, und zwar können dieselben nach *v. Fedorow* nur so erfolgen, dass der deformierte Teil *in Zwillingsstellung* zum ursprünglichen entweder nach einer rationalen Fläche oder nach einer rationalen Kante gelangt. Im ersten Falle ist jene rationale Fläche die Gleitfläche, und zugleich erfährt dann eine ausserhalb derselben liegende rationale Richtung keine Änderung ihrer physikalischen Bedeutung; im zweiten Falle ist jene Kante die Gleitrichtung, und eine ausserhalb ihrer Zone gelegene rationale Fläche ändert dann ihre physikalische Bedeutung nicht.

Dies ist in vollständiger Übereinstimmung mit den von *Mügge*[221]) angestellten Beobachtungen an Krystallen aller Systeme, speziell auch des triklinen. Nachdem die Theorie dieser Deformationen von *Liebisch*[222]) unter der Beschränkung behandelt war, dass die Ebene der Schiebung eine Symmetrieebene sei, in welchem Falle die Deformation am einfachsten durch die beiden dann rationalen Kreisschnittebenen des Deformationsellipsoides (vgl. Nr. **24**) zu charakterisieren ist, ergab sich aus den Beobachtungen von *Mügge*[223]), dass dies im allgemeinen nicht der Fall sei, vielmehr zweierlei einfache Schiebungen zu unterscheiden seien. Er charakterisierte die eine durch die rationale Gleitfläche und eine ausser ihr gelegene rationale Richtung, die er „Grundzone“ nannte, die andere durch die rationale Schiebungsrichtung und

---

218) Auch die (stets mit Translation verknüpften) unelastischen Biegungen und Drillungen haben bisher eine Erklärung aus der Struktur nicht gefunden.

219) *Sollas,* Proc. Royal Soc. London 63 (1898), p. 285.

220) *v. Fedorow,* Verhandlg. der k. russischen mineralog. Gesellschaft zu St. Petersburg 26 (1890), p. 433.

221) *O. Mügge,* Neues Jahrb. f. Mineralogie etc. seit 1883.

222) *Th. Liebisch,* Nachr. d. kgl. Ges. d. Wiss. in Göttingen Nr. 15 (1887), p. 435, u. Neues Jahrb. f. Min. etc. Beil.-Bd. 6 (1889), p. 105.

223) *O. Mügge,* Neues Jahrb. f. Min. etc. Beil.-Bd. 6 (1889), p. 274.

die nicht in ihrer Zone gelegene rationale zweite Kreisschnittebene[224]).

Bei einer derartigen Deformation wird die physikalische Bedeutung der den deformierten Teil des Krystalls begrenzenden Flächen und Kanten im allgemeinen eine andere, und unter der Voraussetzung, dass eine Netzreihe $[hkl]$, welche in $[h'k'l']$ übergeht, zugleich eine solche Verlängerung oder Verkürzung erfährt, wie sie dem Verhältnis der Abstände der Teilchen in den Richtungen $[hkl]$ und $[h'k'l']$ entspricht, dass also die *Zahl* der Teilchen für eine Strecke von gegebener Länge bei der Deformation dieselbe bleibt, *sind bestimmte Schlüsse auf die Beschaffenheit des Raumgitters möglich*[225]).

Danach können bei Krystallen des rhombischen Systems mit einfachen Schiebungen nach $\{110\}$, wenn die zweite Kreisschnittebene $\{1\bar{3}0\}$ ist, die Teilchen in der Ebene der Schiebung, $\{001\}$, nur angeordnet sein nach Rhomben, und zwar müssen deren Seiten entweder $\{110\}$ oder $\{1\bar{3}0\}$ parallel laufen; das Raumgitter würde also gebildet von Säulen oder zentrierten Säulen mit rhombischer Basis[226]). Dieselbe Anordnung der Teilchen gilt für monokline Krystalle, wenn sie einfache Schiebungen nach $[110]$ mit $\{h.3h.l\}$ als zweiter Kreisschnittsebene eingehen für die durch $[110]$ gelegte orthodomatische Ebene[227]), die Struktur solcher Krystalle entspricht der nach klinorhombischen Säulen. Analoge Anordnung wie für die genannten

224) Die Vorstellungen von Sir *Will. Thomson* (Edinburgh, Proc. Roy. Soc. 1889/90, auch Math. and phys. papers 3 (1890), p. 422) über die einfachen Schiebungen am Kalkspat beruhen auf der Annahme, dass der Kalkspat sich aus Teilchen von der Form abgeplatteter Rotationsellipsoide aufbaut, welche sich im allgemeinen nicht nur längs ihres Äquators berühren und deren Drehung daher ein vorübergehendes Zusammensacken des Ellipsoidhaufens bewirkt, das aber durch eine gleichfalls vorübergehende Deformation der Ellipsoide in dreiaxige aufgehoben wird. Danach wäre zu erwarten, dass derartige Deformationen bei regulären Krystallen, da deren kleinste Teilchen kugelförmig anzunehmen wären, nicht stattfinden könnten. Dem widersprechen die Beobachtungen an den Krystallen des Eisens (*O. Mügge*, Neues Jahrb. f. Min. etc. 2 (1899), p. 67).

225) *O. Mügge,* Neues Jahrb. f. Min. etc. Beil.-Bd. 14 (1901), p. 289.

226) Derartige Deformationen sind besonders häufig bei pseudohexagonalen Krystallen (Typus Aragonit), d. h. solchen, welche nach ihren Winkeln und ihrem Habitus hexagonaler Symmetrie sich nähern und vielfach bei Temperaturänderung in wirklich hexagonale (rhomboedrische) sich umwandeln. Die Pseudosymmetrieflächen, welche meist gleichzeitig Zwillingsflächen sind, fallen mit den Kreisschnittebenen zusammen, und die herrschenden Flächen werden meist solche von grosser Netzdichte. Je grösser die Annäherung an hexagonale Symmetrie, desto geringer die Grösse der Schiebung.

227) Auch für derartige Krystalle gilt die Anm. 226 (Typus Leadhillit).

rhombischen Krystalle in {001} gilt auch für solche tetragonale in {010}, bei welchen einfache Schiebungen mit den Kreisschnittebenen {101} und $\{30\bar{1}\}$ möglich sind (z. B. Rutil).

Wenn dagegen die beiden Kreisschnittebenen rhombischer Krystalle gleichartige Flächen sind, etwa (110) und $(1\bar{1}0)$, so ist die *Art* des Netzes in der Schiebungsebene {001} zwar nicht zu bestimmen, indessen müssen die Teilchen in {001} jetzt entweder nach den Seiten oder den Diagonalen der durch die Kreisschnittebenen bestimmten Rhomben angeordnet sein[228]). Schiebungen mit zwei gleichartigen Kreisschnittebenen gehen auch die regulären Krystalle des Eisens ein, und zwar nach (112) und $(\bar{1}\bar{1}2)$; daraus folgt, dass seine Teilchen nicht nach Würfeln mit zentrierten Flächen angeordnet sein können.

Eine *vollständige* Bestimmung der Struktur eines Krystalls hinsichtlich der Art des zu Grunde liegenden Raumgitters würde nach dem Vorigen für manche Krystalle möglich werden durch die Bestimmung der Elemente von zweierlei einfachen Schiebungen, und zwar müssten dieselben im allgemeinen zueinander weder symmetrisch noch reziprok[229]), sondern voneinander unabhängig sein. Derartige Schiebungen sind bisher nur von Krystallen des Leucit bekannt, und zwar dreierlei. Da indessen dabei die Paare der Kreisschnittebenen höchstwahrscheinlich[230]) jedesmal aus zwei gleichwertigen Flächen, nämlich (110) und $(1\bar{1}0)$, (101) und $(\bar{1}01)$, (011) und $(01\bar{1})$ bestehen, kann nach obigem nicht auf die *Art* des Raumgitters, sondern nur darauf geschlossen werden, dass seine Maschen in der jedesmaligen Schiebungsebene, nämlich {001}, bezw. {010}, bezw. {100} entweder den Seiten oder den Diagonalen der durch die obigen Flächenpaare bestimmten Rhomben parallel sind. Da je zwei solche Flächen hier nahezu aufeinander senkrecht stehen, bedeutet dies, dass das Raumgitter nahezu ein reguläres ist, was wieder mit dem Habitus der Krystalle und ihrer Umwandlung in wahrhaft reguläre bei höherer Temperatur in guter Übereinstimmung ist.

Bei einigen Krystallen lässt sich aus der Bestimmung der ein-

228) Die hierher gehörigen Krystalle sind z. T. pseudotetragonal und es gilt Analoges wie in Anm. 226), p. 487. Ähnliche Verhältnisse kehren auch hier wahrscheinlich bei monoklinen pseudorhombischen und zugleich pseudotetragonalen Krystallen wieder.

229) Zwei einfache Schiebungen heissen nach *O. Mügge* (Neues Jahrb. f. Min. etc. 1 (1894), p. 108) „reziprok", wenn die Gleitfläche und Grundzone der einen gleichzeitig zweite Kreisschnittebene bezw. Schiebungsrichtung der anderen ist.

230) *O. Mügge,* Neues Jahrb. f. Min. Beil.-Bd. 14 (1901), p. 286.

fachen Schiebungen der Schluss ziehen, dass das nach andern Merkmalen für sie als das wahrscheinlichste angenommene Raumgitter mit den Elementen der Schiebung nicht verträglich ist. So ist das von *G Friedel*[231]) dem Aragonit zugeschriebene Gitter nach rechtwinkeligen Parallelopipeden für ihn nicht möglich; ebensowenig das analoge, dem Kaliumsulfat von *Tutton*[232]) zugewiesene; beiden kann vielmehr nur eine der oben (p. 487, Anm. 226) erwähnten pseudohexagonalen Strukturen zukommen.

Auch die Fähigkeit mancher Krystalle (z. B. Diopsid, Chlor- und Brombaryum, Rutil) zwillingsgemäss nach zwei verschiedenen Gesetzen zu verwachsen, bei deren einem die Zwillingsfläche zugleich Gleitfläche ist, während die Zwillingsebene (bezw. Zwillingsaxe) des zweiten Gesetzes die zweite Kreisschnittebene (bezw. Grundzone) der dabei vor sich gehenden einfachen Schiebung ist, steht in Einklang damit, dass in jedem Raumgitter, soweit seine geometrischen Verhältnisse in Frage kommen, stets auch die zu einer Schiebung reziproke möglich ist, und diese Zwillingsbildung nach dem zweiten Gesetze bewirken würde.

Während so die einfachen Schiebungen geeignet sind, über die Form der Raumgitter gewisse Aufschlüsse zu geben, vermögen sie die Frage, ob einem Krystall Raumgitter- oder andersartige Struktur zukommt, nicht zu entscheiden.

54. **Zirkularpolarisation.** Wie *Sohncke*[233]) hervorgehoben hat, ist nach seiner Theorie im Gegensatz zur Raumgitterstruktur[234]) das Vorkommen von Krystallen derselben Art in zwei enantiomorphen, strukturell verschiedenen Modifikationen vorauszusehen, und speziell lässt sich danach eine manchen derartigen Krystallen zukommende Eigenschaft, nämlich die Zirkularpolarisation, dem Verständnis näher bringen, indem man dieselben auffasst als Aggregate krystalliner Lamellen niederer Symmetrie von analoger Anordnung wie in den *Reusch*'schen Glimmerkombinationen. Er zeigte, dass das Verhalten solcher Kombinationen um so mehr mit dem optisch einaxiger zirkularpolarisierender Krystalle qualitativ übereinstimmt, je geringer die Dicke der ange-

---

231) *G. Friedel,* Étude sur les groupements cristallins, Bull. Soc. de l'Industrie minérale (4) 3 u. 4, St. Étienne 1904, Sonderabdruck p. 325.

232) *Tutton,* Zeitschr. f. Kryst. 24 (1895), p. 30; 27 (1897), p. 276.

233) *Sohncke,* Entw. einer Theorie etc. p. 259, Litt. das. p. 242.

234) Für trigonal-trapezoedrische Krystalle mit *Raumgitter*struktur hat *Beckenkamp* (Zeitschr. f. Kryst. 30 (1899), p. 335) eine auf der Annahme elektrisch umkreister Moleküle gegründete kinetische Theorie des optischen Drehungsvermögens entwickelt.

wandten Lamellen ist[235]). Eine Struktur ähnlich der jener Glimmerkombinationen ist daher namentlich jenen aktiven optisch-einaxigen Krystallen zuzuschreiben, deren Substanz nur im krystallinen, nicht auch im amorphen Zustande dreht, und als deren Repräsentant der Quarz gelten kann. Unter Berücksichtigung seiner Symmetrie, sowie des Umstandes, dass am Quarz vorwiegend rhomboedrische, nicht aber pyramidale Gestalten auftreten[236]), kann für seine Struktur nur das abwechselnde Dreipunkt-Schraubensystem (Nr. 23 seiner Theorie, p. 133) in Frage kommen. Dieses wird dem von *Mallard*[237]) für den Quarz angenommenen gleichartig, wenn seine Doppelpunkte in einfache übergehen. Man erhält dann je drei, in der Richtung der dreizähligen Axe übereinander liegende, um 120° um die Axe gedrehte Moleküle. *Mallard* verlässt damit aber die von ihm selbst angenommene Raumgitterstruktur[238]), da die Moleküle sich nicht mehr in Parallelstellung befinden, und während er genötigt ist, jedem einzelnen Molekül eine bestimmte, nämlich monokline, Symmetrie zuzuschreiben, kommt in der *Sohncke*'schen Theorie erst dem Aggregat von je vier Teilchen monokline Struktur und zwar von der Art schiefer rhombischer Säulen zu[239]).

Später zeigte *Sohncke*[240]), dass man sich einen Krystall von der Symmetrie des Quarzes auch aufgebaut denken kann aus *zweierlei* verschiedenartigen monoklinen Blättchen, von welchen jedes entsprechend

235) *Sohncke,* Math. Ann. 9 (1875), p. 504.

236) *Sohncke,* Zeitschr. f. Kryst. 13 (1888), p. 230.

237) *Mallard,* Traité de cristallogr. 2 (1884), p. 313.

238) Ein Modell mit raumgitterartiger Anordnung der Bausteine, bei welchem diese lückenlos aneinanderschliessen, enantiomorph sind und speziell der Symmetrie des Quarzes auch in piezoelektrischer Hinsicht genügen, hat Lord *Kelvin* erdacht (The molecular tactics of a crystal, Robert Boyle Lecture, Oxford 1894, p. 54).

239) *A. C. Gill* (Zeitschr. f. Kryst. 22 (1894), p. 126) denkt sich das Punktpaar in der *Sohncke*'schen Anordnung ersetzt durch ein Molekül SiO_2 von der Gestalt eines regulären Tetraeders (dessen vier Ecken der Vierwertigkeit des Siliciums entsprechen), an welchem die beiden Sauerstoffatome etwa stabförmig (ihrer Zweiwertigkeit entsprechend) sich längs zweier auf einander senkrechten Kanten befinden. In den einzelnen Bausteinen sind die Siliciumatome dann nur seitlich, nicht aber nach unten und oben von Sauerstoffatomen umgeben, und da bei der Ätzung durch Flusssäure der chemische Angriff sich vermutlich wesentlich auf das Silicium, nicht aber auf den Sauerstoff richtet, wäre eine besonders starke Ätzung in der Richtung nach der dreizähligen Axe, eine besonders schwache in Richtungen senkrecht dazu zu erwarten, was mit der Erfahrung übereinstimmt.

240) *Sohncke,* Zeitschr. f. Kryst. 19 (1891), p. 530.

der Dreizähligkeit der Schraubenaxen in drei Orientierungen vorkommt; dass ferner auch in allen andern Symmetrieklassen, in denen optisch drehende Krystalle zu jener Zeit bekannt waren, solche Punktsysteme vorkommen, die Drehung der Polarisationsebene zur Folge haben können. Speziell lassen sich auch einige Punktsysteme von tetragonaler Symmetrie auffassen als zusammengesetzt aus zwei Arten monokliner Punktgruppen, von welchen je zwei in der Richtung der vierzähligen Axe auf einander folgende *gleichartige* um 90°, dagegen zwei auf einander folgende *ungleichartige* nur um 45° um die vierzählige Axe gegen einander gedreht sind, also einer Glimmerkombination mit 45°-Stellung der Blättchen entsprechen[241]). Dass derartige Packete, aufgebaut aus abwechselnd dünneren und dickeren Glimmerblättchen, sich den *Reusch*'schen Glimmerkombination ganz gleich verhalten, davon hat sich *Sohncke* durch Experiment und theoretische Untersuchung der Lichtbewegung überzeugt; letztere ergiebt speziell bei hinreichend dünnen Blättchen in Übereinstimmung mit der Beobachtung die Grösse der Drehung als proportional der Dicke des Packetes, nahezu umgekehrt proportional dem Quadrat der Wellenlänge, dabei unabhängig von der Schwingungsrichtung des einfallenden Lichtes[242]).

Regulär-tetartoedrischen Krystallen mit Zirkularpolarisation können nach *Sohncke* zweierlei Punktsysteme mit Schraubenstruktur zugeschrieben werden, bei welchen die Drehung in den Richtungen der drei zweizähligen Axen gleich gross sein muss, während diese Strukturen allerdings eine Gleichheit der Drehung in *allen* Richtungen solcher Krystalle, wie sie die Beobachtung ergiebt, nicht erwarten lassen.

Unter den Strukturarten rhombischer, monokliner und trikliner Krystalle enthält nach *Sohncke* (l. c. p. 541) keine die Bedingungen zur Hervorrufung einer Drehung der Polarisationsebene, da etwa vorhandene Schraubenaxen stets nur zweizählig sind. Falls also Krystalle

241) Unter den tetragonalen enantiomorphen Punktsystemen mit Schraubenstruktur giebt es noch eines in der hemimorph-tetartoedrischen Klasse (Nr. 26, 27 der *Sohncke*'schen Tabelle, p. 175), dessen Krystalle aus (im allgemeinen triklinen) aber *unter 90°* gedrehten Blättchen aufgebaut gedacht werden können. Das in diese Klasse gehörige weinsaure Antimonylbaryum zeigt in der Tat keine Zirkularpolarisation (*Sohncke,* Zeitschr. f. Kryst. 25 (1896), p. 530).

242) Eine theoretische Untersuchung der Lichtbewegung in aufeinandergeschichteten Krystalllamellen gab auch *Mallard* in Explications des phénomènes optiques anomaux etc. Paris 1877 und eine Verallgemeinerung derselben auf Packete ungleich dicker Lamellen und mit wechselndem Azimuth ihrer Schwingungsrichtungen in Bull. soc. min. de France 4 (1881), p. 71, auch Ann. des mines 19 (1881), p. 256, und Traité de crist. 2 (1884), p. 313.

dieser Systeme zirkular polarisieren, könnte dies *nur* im Bau der Moleküle selbst begründet sein, womit bei einigen Substanzen dieser Art in Übereinstimmung ist, dass sie Drehung auch im amorphen Zustande zeigen (Zucker, Kali- und Ammoniak-Seignettesalz, d-Methyl-α-Glukosid, Weinsäure, Rhamnose); indessen sind neuerdings auch solche bekannt geworden, welche in Lösung inaktiv sind (Bittersalz, Natriummonophosphat $NaH_2PO_4.2H_2O$)[243]). Hier müsste also die Ursache der Drehung doch in der Krystallstruktur gesucht werden, und *mehr als zweizählige Schraubenaxen erscheinen damit nicht mehr als unumgängliche Bedingung für das Drehungsvermögen*[244]).

55. Schlusswort. Wie aus diesem nur das Wichtigste enthaltenden Überblick hervorgeht, lassen die bisherigen Erfahrungen, abgesehen von der bereits unter B hervorgehobenen Übereinstimmung der beobachteten Symmetrieklassen mit den aus der Theorie folgenden, noch nicht erkennen, wie weit das von den Strukturtheorieen entworfene Bild der Krystalle der Wirklichkeit entspricht. Es liegt das vielleicht daran, dass die bisher vorzugsweise untersuchten Vorgänge in Krystallen (Fortpflanzung und Absorption der Lichtstrahlung, Leitung von Wärme und Elektrizität, elastische und thermische Deformation u. a.) nicht so unmittelbar von der Struktur abhängig zu sein scheinen, wie die bisher weniger genau bekannten Vorgänge des Wachstums, der Umwandlung von Krystallen ineinander und überhaupt ihrer Entstehung. Darauf weist wenigstens der Umstand hin, dass die Symmetrie der erstgenannten Vorgänge im allgemeinen erheblich höher ist, als diejenige der Symmetriegruppe, der ein Krystall nach der *Gesamtheit* seiner Eigenschaften und namentlich nach den Vorgängen des Wachstums angehört. Es kommt daher in den ersteren die die Symmetrie bedingende Struktur gewissermassen nur verhüllt zum Ausdruck und weitere Aufklärungen über die Struktur sind deshalb vermutlich am ehesten von Fortschritten in der Erkenntnis der zu zweit genannten Vorgänge zu erwarten.

243) *H. Dufet*, Soc. franç. de phys. Nr. 213 (1904), p. 1, auch Bull. soc. franç. de min. 27 (1904), p. 162.

244) *v. Fedorow* hält die Analogie zwischen schraubenförmig angeordneten Krystalllamellen und Krystallstrukturen mit Schraubenaxen überhaupt für irreführend, vgl. Zeitschr. f. Kryst. 25 (1896), p. 220, und die daselbst angeführte russische Litteratur.

(Abgeschlossen im Oktober 1905.)

V 8. KINETISCHE THEORIE DER MATERIE.

Von

L. BOLTZMANN und **J. NABL**

in Wien.

Inhaltsübersicht.

Litteratur.

Lehrbücher und zusammenfassende Darstellungen:

R. Clausius, Abhandlungen über die mechanische Wärmetheorie, Braunschweig 1867. 2. Aufl. unter dem Titel „Die kinetische Theorie der Gase" als 3. Bd. der Mechanischen Wärmetheorie, Braunschweig 1889—1891.

H. W. Watson, A treatise on the kinetic theory of gases, Oxford 1876. 2. ed. Oxford 1893.

O. E. Meyer, Die kinetische Theorie der Gase, Breslau 1877. 2. Aufl. Breslau 1899.

Van der Waals, Die Kontinuität des gasförmigen und flüssigen Zustandes, Leipzig 1881. 2. Aufl. Leipzig 1899—1900.

B. Stankewitsch, Kinetische Theorie der Gase, Moskau 1885.

G. Kirchhoff, Vorlesungen über die Theorie der Wärme, Leipzig 1894.

Winkelmann, Handbuch der Physik, Breslau 1896. 2. Bd. II. Abt. Die kinetische Theorie der Gase, bearbeitet von *G. Jäger.*

L. Boltzmann, Vorlesungen über Gastheorie, I. T., Leipzig 1896. II. T. Leipzig 1898.

S. H. Burbury, A treatise on the kinetic theory of gases, Cambridge 1899.

B. Weinstein, Thermodynamik und Kinetik der Körper, I. Bd. Braunschweig 1901.

J. H. Jeans, The dynamical theory of gases, Cambridge 1904.

---

1. Grundanschauungen der Gastheorie. Die kinetische Theorie der Materie nimmt an, dass auch in den für das Auge ruhenden Körpern die kleinsten Teilchen in steter unregelmässiger Bewegung begriffen sind, und zwar entfernt sich in festen Körpern jedes Teilchen nur wenig von seiner ursprünglichen Lage (oder Ruhelage), in tropfbaren Flüssigkeiten kriechen die Teilchen neben einander vorbei, an der Oberfläche eines verdampfenden Körpers aber reissen sie sich ganz aus dem Anziehungsbereiche der übrigen los. Falls sich der verdampfende Körper in einem grossen und allseitig geschlossenen Raume befindet, füllt sich der letztere mit kleinsten Teilchen (den Molekülen), welche durchschnittlich so weit von einander entfernt sind, dass sie keine merkliche Wirkung auf einander ausüben. Nur wenn sich zwei Moleküle zufällig ungewöhnlich nahe kommen, üben sie bemerkbare Kräfte auf einander aus, so dass die Bahn eines jeden durch das andere wesentlich verändert wird, welchen Vorgang man einen *Zusammenstoss* der beiden Moleküle nennt. Eine detailliertere Schilderung dieser Ansichten giebt *Clausius*[1]).

Da auch die Schwere nur eine ganz unmerkliche Krümmung erzeugt, so ist die Bahn jedes Moleküles von dem Momente eines Zusammenstosses bis zum Momente des nächsten Zusammenstosses, welchen dieses Molekül erleidet, fast genau eine geradlinige, die mit gleichförmiger Geschwindigkeit durchlaufen wird. Die gesamte Bahn eines Moleküles während längerer Zeit aber besteht aus ausserordentlich vielen sehr kleinen derartigen geradlinigen Strecken, welche ein Zickzack bilden und im allgemeinen mit verschiedenen Geschwindigkeiten durchlaufen werden[2]).

Unter diesem Bilde denkt sich die kinetische Gastheorie sowohl die Dämpfe als auch die Gase. In den Momenten, wo sich zwei Moleküle genügend nahe kommen, denkt man sich deren Wechselwirkung behufs Erleichterung der Vorstellungen meist genau nach den Gesetzen des Stosses vollkommen elastischer Kugeln erfolgen. Dies kann mechanisch durch die Vorstellung ersetzt werden, dass die Moleküle, so lange die Entfernung ihrer Schwerpunkte grösser als eine gewisse gegebene Distanz ist, keine Wirkung zeigen, in dem Momente aber, wo dieselbe nur im mindesten kleiner wird, sofort eine ausserordentlich grosse (unendliche) in die Richtung der Verbindungslinie ihrer Schwerpunkte fallende Abstossung auf einander ausüben. Letztere Ausdrucksweise ist mathematisch exakter, da man die inneren Schwingungen, welche beim Stosse elastischer Kugeln durch die Zusammenstösse entstehen mussten, nicht berücksichtigt.

Man denkt sich die Moleküle aber auch manchesmal allgemeiner als materielle Punkte, deren Wirkung erst in sehr kleiner Entfernung merklich wird und dann irgend eine passend gewählte Funktion der Entfernung ist, oder aus zwei oder mehreren solchen materiellen

---

1) Gastheorie, p. 3; *Warburg,* Festrede, Berlin bei A. Hirschfeld 1901.

2) Die Wirkung, welche die fortschreitende Bewegung der Gasmoleküle vermöge des *Doppler*'schen Prinzips auf die Wärme und Lichtstrahlung eines Gases ausübt, wurde mehrfach mathematisch untersucht ausser in den älteren, von *Galitzin,* Ann. Phys. Chem. 56 (1895), p. 78 zitierten Arbeiten von *Michelson,* Astroph. Journ. 2 (1895), p. 251 und *Rayleigh,* London Proc. Roy. Soc. A. 76 (1905), p. 440.

Punkten zusammengesetzt, welche unter einander durch starke Anziehungskräfte zusammengehalten werden, oder als ponderable Kerne, die von Ätherhüllen umgeben sind. Die Kraft zwischen je zwei Molekülen wird im Falle, dass diese materielle Punkte sind, manchesmal nur als eine abstossende gedacht (vgl. Nr. **22**) oder in den kleinsten Entfernungen abstossend in grösseren anziehend oder zwar immer anziehend aber so, dass den Molekülen ein elastischer Kern beigelegt wird (vgl. Nr. **30**). *Boltzmann*[3]) zeigte, dass die Eigenschaften der Gase auch erklärt werden können, wenn man den Molekülen nur anziehende Kräfte und keine elastischen Kerne beilegt. Er erwähnt jedoch nicht, dass dann die quantitative Erklärung der Erscheinungen, welche sich bei der Verflüssigung bieten, auf nahezu unüberwindliche Schwierigkeiten zu stossen scheint.

Zu erwähnen ist noch die besondere Vorstellung, welche sich, einer Idee Lord *Kelvin*'s folgend, *J. J. Thomson*[4]) von der Beschaffenheit der Gasmoleküle macht, indem er sich den Lichtäther unter dem Bilde einer inkompressiblen Flüssigkeit und die Gasmoleküle als kleine sich in derselben fortbewegende Wirbelringe denkt. Aus chemischen Gründen muss angenommen werden, dass die Moleküle der meisten Gase aus zwei oder noch mehr Atomen bestehen müssen. Berücksichtigt man noch, dass die Gasmoleküle, wie die Spektralanalyse zeigt, ohne Ausnahme sehr komplizierter elektromagnetischer Schwingungen fähig sein müssen, so sieht man ein, *dass alle diese Vorstellungen über die Beschaffenheit der Moleküle nur rohe Bilder der noch gänzlich unbekannten Natur jener Individuen sind,* durch deren zickzackförmige Durcheinanderbewegung in der That so viele Eigenschaften der in der Natur gegebenen Gase erklärt werden können.

Man nennt die Distanz der Schwerpunkte zweier Moleküle, bei welcher die bemerkbare Wirkung derselben aufhört, die *Wirkungsdistanz* und eine um den Schwerpunkt eines Moleküles mit diesem Radius geschlagene Kugel dessen *Wirkungssphäre.* Wenn die Summe der Wirkungssphären aller Moleküle gegenüber dem Gesamtvolumen des Gases verschwindet, so wird dieses als ein *ideales* bezeichnet. Im folgenden ist bis Nr. **29** nur von Abhandlungen die Rede, welche sich auf ideale Gase beziehen, und zwar enthalten die Nrn. **2**—**5**, welche sich mit der Ableitung des Gasdrucks beschäftigen, auch Sätze, bei denen innere Bewegungen der Moleküle nicht ausgeschlossen sind. Dagegen beziehen sich die folgenden Nummern durchaus auf Abhand-

3) *Boltzmann,* Wien Ber. 89^2 (1884), p. 714.

4) *J. J. Thomson,* London Proc. Roy. Soc. 38, p. 464; 39, p. 23.

lungen, welche diese inneren Bewegungen nicht in den Kreis ihrer Betrachtung ziehen und zwar Nr. **7—21** einschliesslich auf solche, welche die Moleküle als elastische Kugeln betrachten, wogegen dieselben in den Nrn. **22—25** als Anziehungszentra angesehen werden. In den Nrn. **26—28** wird dann über Abhandlungen referiert, welche sich mit der innern Bewegung der Moleküle der Gase beschäftigen, wobei aber letztere noch immer als ideale aufgefasst werden, welche Voraussetzung dann erst in dem weiter folgenden aufgegeben wird.

A. Gasdruck.

2. Einfachste Berechnung des Gasdruckes. Der Druck der Gase entsteht nach den Vorstellungen der kinetischen Gastheorie durch die Stösse der Moleküle auf die Gefässwände. Die ersten neueren Berechnungen desselben wurden geliefert von *Herapath*[5]), *Joule*[6]), *Krönig*[7]), *Clausius*[8]), *Jochmann*[9]). Über ältere Berechnungen sowie Entwicklungen von Ansichten, welche der kinetischen Gastheorie ähnlich sind, vgl. *Clausius*[10]) und *Maxwell*[11]).

Denken wir uns ein cylindrisches Gefäss vom Querschnitt q und vertikaler Axe. Dasselbe sei oben von einem Stempel om Gewichte P verschlossen, der einzig durch die Stösse der darunter befindlichen Moleküle schwebend erhalten werden soll. Es soll sich zunächst eine einzige sehr kleine Kugel von der Masse m und dem Durchmesser σ mit der Geschwindigkeit c zwischen dem Boden des Cylinders und dem Stempel in vertikaler Richtung hin und her bewegen und an beiden nach den Gesetzen des vollkommen elastischen Stosses abprallen. In demselben Momente, wo sie vom Boden ausgeht, soll der Stempel frei zu fallen beginnen. Wenn seine untere Fläche die Entfernung h vom Boden hat, so soll er mit der Kugel so zusammenstossen, dass sowohl seine Geschwindigkeit als auch die der Kugel gerade um-

---

5) Mathematical physics etc; by John Herapath, Esq. 2 vols, London, Whitaker and Co., and Herapath's Railway journal Office, 1847; Annals of philosophy, New series 1 (1821), p. 273, 340, 401.

6) *Joule*, Mem. of the Manchester lit. and phil. society, 2^d series 9 (1851), p. 107; Phil. mag. (4) 14 (1857), p. 211.

7) *Krönig*, Ann. Phys. Chem. 99 (1856), p. 315.

8) *Clausius*, Ann. Phys. Chem. 100 (1857), p. 353; Phil. mag. (4) 14 (1857), p. 108; Ges. Abh. 2, p. 229.

9) *Jochmann*, Osterprogramm des Kölnischen Gymnasiums zu Berlin 1859; Zeitschr. f. Math. 1860, p. 24, 96; Ann. Phys. Chem. 108 (1860), p. 153.

10) *Clausius*, Ges. Abh. 2, p. 230; Gastheorie, p. 2.

11) *Maxwell*, Papers 2, p. 28; Phil. Trans. 157; Phil. mag. (4) 35, p. 132.

gekehrt wird. Wiederholt sich dieser Prozess beliebig oft, so wird in der That der Stempel durch die Stösse der Kugel schwebend erhalten, und man findet leicht, dass dann

$$mc^2 = P(h - \sigma)$$

sein muss.

Wenn σ gegen h verschwindet, reduziert sich dies auf

(1) $$mc^2 = Ph.$$

Bewegen sich n Kugeln von verschwindendem Durchmesser statt einer in der Axe des Cylinders, welche sich sowohl unter einander als auch mit Boden und Stempel in äquidistanten Zeiten vollkommen elastisch stossen, so wird

(2) $$nmc^2 = Ph.$$

Dieselbe Gleichung gilt auch im Mittel, wenn sich die Kugeln in verschiedenen zur Axe parallelen Geraden bewegen und die Zeitintervalle zwischen den Stössen bald etwas kürzer, bald etwas länger sind.

Joule und *Krönig* nahmen nun l. c. an, dass, wenn in einem Gase die Moleküle nach allen möglichen Richtungen unregelmässig herumfliegen der Druck derselbe ist, als ob sich ein Drittel der Moleküle parallel der Axe, ein anderes Drittel parallel einer darauf senkrechten und das dritte Drittel parallel einer zu beiden vorhergehenden senkrechten Geraden hin- und herbewegen würden. Da dann die letzten beiden Drittel nicht stossend auf den Stempel wirken würden, so wäre

$$\frac{nmc^2}{3} = Ph,$$

wenn n die Gesamtzahl der Moleküle im Cylinder ist.

Setzt man das Volumen $q \cdot h$ des Cylinders gleich V und bezeichnet mit $p = \frac{P}{q}$ den auf die Flächeneinheit wirkenden Druck des Gases, so wird

(3) $$\frac{nmc^2}{3} = pV.$$

Clausius betrachtet in seiner ersten Abhandlung l. c. ein Gefäss, das die Gestalt eines sehr niedrigen geraden Cylinders von der, gegen die mittlere Weglänge der Moleküle kleinen, Höhe h hat. Darin bewegen sich n Moleküle, alle mit derselben Geschwindigkeit c, aber gleichmässig nach allen Richtungen im Raume, so dass die Bewegungsrichtungen von $\nu = n \sin\vartheta d\vartheta$ Molekülen mit der Axe des Cylinders einen Winkel bilden, welcher zwischen den Grenzen ϑ und $\vartheta + d\vartheta$ liegt. Diese, zwischen Basis und Decke hin- und herfliegenden,

ν Moleküle stossen in der Zeiteinheit $\frac{\nu c \cos \vartheta}{2h}$ mal auf die Decke des Gefässes, wobei ein stossendes Molekül jedesmal die Bewegungsgrösse $mc \cos \vartheta$ an dieselbe abgiebt und beim Zurückprallen wieder von ihr empfängt, so dass alle ν Moleküle in der Zeiteinheit der Decke des Gefässes die Bewegungsgrösse

$$\frac{nmc^2}{h} \cos^2 \vartheta \sin \vartheta d\vartheta$$

mitteilen. Die gesamte an die Decke abgegebene Bewegungsgrösse erhält man durch Integration dieses Ausdruckes bezüglich ϑ von 0 bis $\frac{\pi}{2}$. *Clausius* setzt dieselbe gleich dem Gesamtdrucke pq, der auf die Decke des Gases wirkt, und erhält so wieder die Formel (3). Hierbei sind die Zusammenstösse der Moleküle unter einander und der Umstand, dass die Moleküle verschiedene Geschwindigkeiten haben, nicht berücksichtigt.

3. Allgemeinere Ableitung des Gasdruckes. In sehr allgemeiner Weise kann das Problem der Berechnung des Gasdruckes auf folgende Art gelöst werden (vgl. *Stefan*[12]), *Boltzmann*[13]), *Clausius*' Gastheorie[14]), sowie die Anmerkung, welche er der in Anm. 8 zitierten Abhandlung in den gesammelten Abhandlungen beifügt).

In einem Gefässe vom Volumen V seien beliebige Gasmoleküle vorhanden, zwischen denen sich ein stationärer Bewegungszustand herausgebildet hat. Die Summe der Wirkungssphären der Moleküle verschwinde gegenüber V. Wir betrachten ein endliches oder unendlich kleines ebenes Stück der Gefässwand vom Flächeninhalte q, welches wir den Stempel nennen, und ziehen senkrecht dazu aus dem Gefässe heraustretend die Abszissenaxe. Im Gefässe seien n_1 Moleküle (jedes von der Masse m_1), deren Schwerpunkte in den Koordinatenrichtungen die Geschwindigkeitskomponenten ξ_1, η_1, ζ_1 haben, ebenso n_2 Moleküle, je mit der Masse m_2 und den Schwerpunktsgeschwindigkeitskomponenten ξ_2, η_2, ζ_2 u. s. f. im Durchschnitte gleichförmig verteilt. Von den n_1 Molekülen stossen in der Zeiteinheit $\frac{n_1 \xi_1 q}{V}$ auf den Stempel. Sie prallen jedenfalls durchschnittlich mit der gleichen Geschwindigkeit davon zurück. Bezeichnet daher X_1 die Kraft, welche der Stempel während irgendeines Momentes der Wechselwirkung auf eines dieser Moleküle in der Abszissenrichtung ausgeübt

12) *Stefan*, Wien Ber. (2) 65 (1872), p. 360.
13) *Boltzmann*, Gastheorie 1, p. 9.
14) *Clausius*, Gastheorie, p. 26.

hat, so ist der gesamte Antrieb $\int X_1 dt$ über die ganze Zeit der Wechselwirkung zwischen dem Stempel und diesem Moleküle erstreckt gleich $2m_1\xi_1$.

Diese Grösse wurde oft nur halb in Rechnung gesetzt, indem statt der Summe $2m_1\xi_1$ der Bewegungsmomente, welche das Molekül an den Stempel abgiebt und beim Rückprall wieder von ihm erhält, bloss das erstere in Rechnung gesetzt wurde, so schon von *Krönig* l. c., ferner von *Puschl*[15]), *Hansemann*[16]); dadurch erhält man statt der Formel (1) die äusserlich der Gleichung der lebendigen Kraft entsprechendere, aber falsche Formel

$$\frac{mc^2}{2} = Ph. \tag{4}$$

Noch einen anderen Koeffizienten findet *Böhnert*[17]), dessen Rechnungen von *O. E. Meyer*[18]) widerlegt werden.

Die Summe der Antriebe aller Kräfte, welche der Stempel während der Zeiteinheit auf alle ihn treffenden Moleküle ausübt, immer erstreckt auf die ganze Zeit der Wechselwirkung zwischen dem Stempel und dem betreffenden Moleküle, ist also

$$\int dt\, \Sigma X = \frac{2q}{V} \Sigma n m \xi^2.$$

Nun ist aber für den stationären Zustand ΣX konstant gleich dem auf dem Stempel lastenden Drucke pq, wenn p der auf die Flächeneinheit bezogene Druck ist; daher folgt

$$pV = 2\Sigma n m \xi^2,$$

wobei die Summe bloss über alle im Gefässe enthaltenen Moleküle zu erstrecken ist, für welche ξ einen positiven Wert hat.

Da sich durchschnittlich ebensoviel Moleküle in der positiven wie mit gleicher Geschwindigkeit in der negativen Abszissenrichtung bewegen, so kann man auch schreiben

$$pV = \Sigma m n \xi^2, \tag{5}$$

wobei jetzt die Summe über alle im Gefässe enthaltenen Moleküle zu erstrecken ist. Wenn die Moleküle alle gleichbeschaffen sind, so hat m für alle denselben Wert. Wir wollen ferner die Grösse $\frac{\Sigma n \xi^2}{N}$ den Mittelwert von ξ^2 nennen und mit $\overline{\xi^2}$ bezeichnen, wobei $N = \Sigma n$ die Gesamtzahl der Moleküle ist. Dann folgt also

15) *Puschl,* Wien Ber. 45 (1862), p. 357.

16) *Hansemann,* Ann. Phys. Chem. 144 (1871), p. 82.

17) *Böhnert,* Naturw. Wochenschr. 6 (1891), p. 319.

18) *O. E. Meyer,* Naturw. Wochenschr. 6 (1891), p. 346.

$$pV = Nm\overline{\xi^2}.$$

Nun ist Nm die gesamte Masse, daher $\frac{Nm}{V}$ die Dichte ϱ des Gases. Ferner ist

$$\overline{c^2} = \overline{\xi^2} + \overline{\eta^2} + \overline{\zeta^2},$$

daher, wenn das Gas isotrop ist, $\overline{\xi^2} = \frac{1}{3}\overline{c^2}$, und man erhält

$$p = \frac{Nm}{3V}\overline{c^2} = \frac{\varrho}{3}\overline{c^2}. \tag{6}$$

Der Grund, warum man auch numerisch den richtigen Wert erhält, wenn man statt der wirklichen Molekularbewegung eine solche substituiert, wobei sich nach jeder der Koordinatenrichtungen ein Drittel der Moleküle bewegt, liegt also darin, dass gerade die Grösse $\overline{\xi^2}$ für den Druck ausschlaggebend ist und sich die Mittelwerte der Quadrate der Geschwindigkeitskomponenten einfach addieren.

4. Die Gasgesetze. Wählt man ein ideales Gas bei konstantem Volumen, also auch konstanter Dichte, als thermometrische Substanz, d. h. setzt man dem Drucke eines solchen die Temperatur proportional, welche man dann als die absolute bezeichnet, so folgt aus der Gleichung (6), dass die Grösse $\overline{c^2}$ der absoluten Temperatur T proportional sein muss. Bezüglich der Übereinstimmung dieser Temperaturskala mit der Lord *Kelvin*'schen absoluten Temperatur vgl. Nr. **26**, p. 543. Setzt man $\overline{c^2} = 3BT$, so folgt

$$p = B\varrho T, \tag{7}$$

also das *Boyle-Charles*'sche (*Gay-Lussac-Mariotte*'sche) Gesetz.

Dies wird noch näher bestimmt durch das zuerst empirisch von *Avogadro* aufgestellte Gesetz, dass bei allen Gasen bei gleicher Temperatur und gleichem Drucke auf gleiche Volumina gleich viele Moleküle entfallen. Der mittlere Ausdruck in Formel (6) zeigt, dass dasselbe erfordert, dass bei gleicher Temperatur für alle Gase das Produkt $m\overline{c^2}$, also die mittlere lebendige Kraft der Schwerpunktsbewegung oder Progressivbewegung der Moleküle denselben Wert hat.

Bezeichnet M das sog. Molekulargewicht, d. h. die Masse des Moleküls des betr. Gases, geteilt durch die Masse m_H eines Wasserstoffatoms, so ist $m = Mm_H$ und es wird $m\overline{c^2} = Mm_H 3BT$. Da diese Grösse nach *Avogadro* von der Natur des Gases unabhängig ist, so muss $R = MB$ eine universelle Konstante sein. Gl. (7) schreibt sich dann

$$p = \frac{R}{M}\varrho T. \tag{7a}$$

Was den Zahlenwert der Konstanten R anlangt, so findet *D. Berthelot*[18a]), anlässlich einer kritischen Zusammenstellung früherer und neuerer Gasdichtebestimmungen, als wahrscheinlichsten Wert:

$$R = 0{,}08207 \text{ [Liter-Atmosph. } T^{-1}\text{]}.$$

Unter Zugrundelegung dieses Wertes berechnet dann *Nernst*[18b])

$$R = 0{,}83155 \cdot 10^8 \text{ [Erg. } T^{-1}\text{]} = 1{,}98507 \text{ [g.-cal. } T^{-1}\text{]}.$$

Wendet man die Formel (5) auf ein Gemisch mehrerer Gase an, so sieht man sofort, dass der Gesamtdruck desselben gleich der Summe der Partialdrucke der einzelnen Gase ist, d. h. derjenigen Drucke, welche die Moleküle jedes Gases ausüben würden, wenn dieselben in gleicher Zahl und mit gleichem Werte von $\overline{c^2}$ allein im Gefässe vorhanden wären. Dies Gesetz, welches sich bei Ausschluss chemischer Wirkung erfahrungsmässig bestätigt, heisst das *Dalton*'sche. Es erfordert also, dass auch in einem Gasgemische $\overline{c^2}$ denselben Wert hat, den es bei gleicher Temperatur für das betreffende einfache Gas besitzt.

Alle diese Gasgesetze sind daher in Übereinstimmung mit der kinetischen Theorie, wenn aus derselben gefolgert werden kann, dass für beliebige Gase, welche unter beliebigen Drucken durch eine Scheidewand getrennt mit einander in Temperaturgleichgewicht stehen, die mittlere lebendige Kraft der fortschreitenden Bewegung eines Moleküles denselben Wert haben muss, und dass diese Bedingung auch gilt, wenn die Gase unter einander gemischt sind. Dass das letztere Gesetz aus den Anschauungen der kinetischen Theorie folgt, wird in Nr. **9**, p. 510 gezeigt werden. Das erstere lässt sich wenigstens an gewissen vereinfachten Modellen ebenfalls mechanisch nachweisen, vgl. Nr. **13**.

Verbindet sich ein Volumen Chlor mit einem gleichen Volumen Wasserstoff zu Chlorwasserstoff, so hat das entstandene letztere Gas bei gleicher Temperatur und gleichem Drucke dasselbe Volumen, welches das aufgewandte Chlor und der aufgewandte Wasserstoff zusammen hatten. Es ist daher nach dem *Avogadro*'schen Gesetze die Gesamtzahl der Moleküle unverändert geblieben. Daraus schliesst *Clausius*[19]), dass sowohl im Chlor als auch im Wasserstoff jedes Molekül aus zwei einfacheren Bestandteilen, den Atomen besteht, und dass ein Molekül Chlorwasserstoff nur aus einem Atome Chlor und

---

18a) *D. Berthelot*, Ztschr. f. Elektrochemie 10 (1904), p. 621.

18b) *W. Nernst*, Ztschr. f. Elektrochemie 10 (1904), p. 629; vgl. auch Jahrb. d. Elektrochemie 11 (1904), p. 8.

19) *Clausius*, Ann. Phys. Chem. 100, p. 368; Gastheorie, p. 20.

einem Atome Wasserstoff besteht, so dass ein Molekül Chlor und ein Molekül Wasserstoff zusammen zwei Moleküle Chlorwasserstoff liefern. Ebenso sind die Moleküle der meisten einfachen Gase zweiatomig. Die Bildung des Ozons erklärt *Clausius*[20]) dadurch, dass mehrere Sauerstoffmoleküle in ihre Atome zerfallen. Da jedoch die Dichte des Ozons bei gleicher Temperatur und gleichem Drucke $^3/_2$ mal so gross als die des Sauerstoffes ist, so nimmt er an, dass jedes der freigewordenen Sauerstoffatome sich mit einem Sauerstoffmoleküle zu einem dreiatomigen Moleküle vereinigt.

5. Andere Berechnungsarten des Gasdruckes. Es wurde bei Berechnung des Druckes vorausgesetzt, dass die Moleküle immer wenigstens im Durchschnitte mit derselben Geschwindigkeit vom Stempel zurückprallen, mit welcher sie darauf stossen. Dies ist selbstverständlich, wenn der Stempel als eine vollkommen glatte elastische Wand betrachtet wird, könnte aber zweifelhaft werden, wenn der Stempel selbst aus Molekülen besteht, welche in Wärmebewegung begriffen sind. Dass dadurch die früher entwickelten Formeln für den Gasdruck nicht unrichtig werden können, sieht man ein, wenn man den Druck auf eine beliebige im Innern des Gases gelegene Fläche berechnet. Wenn sich z. B. das Gas in einem cylindrischen Gefässe befindet, so muss im stationären Zustande der gesamte auf irgend eine der zur Cylinderaxe senkrecht gedachten Endflächen lastende Druck gleich sein der Summe der in der Richtung der Cylinderaxe geschätzten Bewegungsmomente, welche in der Zeiteinheit durch einen beliebigen zur Axe senkrechten Querschnitt des Cylinders infolge der Molekularbeweguug hindurchgetragen werden. Man kann daher den Druck wie oben berechnen, indem man statt eines Flächenelementes des Stempels ein Flächenelement eines beliebigen solchen Querschnittes substituiert. An Stelle der zurückprallenden Moleküle treten dann die nach der andern Seite durch das Flächenelement hindurchgehenden, und da das Gas in seinem Inneren jedenfalls isotrop ist, so muss nach der einen Seite ebensoviel Bewegungsmoment hindurchgetragen werden als nach der entgegengesetzten. Unter einem noch allgemeineren Gesichtspunkte erscheint der Druck, wenn man aus der kinetischen Gastheorie die hydrodynamischen Gleichungen ableitet. Konstruiert man im Gase ein parallelepipedisches Volumelement, dessen Kanten den Koordinatenaxen parallel sind, so ist nach den hydrodynamischen Gleichungen die Beschleunigung der darin enthaltenen Gasmasse infolge des Gasdruckes gleich der Summe der

20) *Clausius,* Gastheorie, p. 157—184.

Druckkomponenten, welche auf die Seitenflächen wirken. Nach der Gastheorie entsteht diese Beschleunigung dadurch, dass der im Parallelepiped enthaltenen Gasmasse durch die von den Seitenflächen ein- und austretenden Moleküle Bewegungsmoment zugeführt wird. Der Druck, welcher auf die der YZ-Ebene parallele Seitenfläche des Parallelepipedes wirkt, muss also gleich dem in der Abszissenrichtung geschätzten Bewegungsmomente sein, welches die Moleküle in der Zeiteinheit durch diese Fläche hindurchtragen, wozu natürlich das entgegengesetzte Bewegungsmoment zu addieren ist, welches die austretenden Moleküle heraustragen.

Maxwell[21]) bestimmt in seiner ersten gastheoretischen Abhandlnng bei Berechnung des Gasdruckes die Anzahl der auf den Stempel treffenden Moleküle, indem er jedes, wie er es bei Berechnung der Gasreibung thut, daraufhin prüft, in welcher zum Stempel parallelen Schichte es zum letztenmale mit einem andern zusammengestossen ist.

Über die Berechnung des Gasdruckes aus dem *Clausius*'schen Satze vom Virial und in dem Falle, dass die Moleküle elastische Kugeln sind, deren Wirkungssphäre nicht gegen das Volumen des Gases verschwindet, werden wir in Nr. **29** sprechen.

B. Wärmegleichgewicht.

6. Begriff des Wärmegleichgewichtes. Wenn das Gefäss, welches das Gas umschliesst, absolut glatte elastische Wände und eine einfache geometrische Form, z. B. die eines Parallelepipedes hat, so werden unter entsprechenden Anfangsbedingungen allerdings Bewegungen der Moleküle möglich sein, welche ausserordentliche Regelmässigkeiten zeigen. Es können sich z. B. alle Moleküle in Geraden bewegen, welche einer Kante des parallelepipedischen Gefässes parallel sind. Allein nach allen Erfahrungen, welche sich auf Ereignisse beziehen, deren Eintreffen durch das Zusammenwirken ausserordentlich vieler sich in der mannigfaltigsten Weise durchkreuzender Wirkungen bedingt sind, können wir erwarten, dass dies nur vereinzelte Ausnahmefälle sind.

Sobald die Gestalt des Gefässes und der Anfangszustand der Moleküle keine einander angepassten Regelmässigkeiten zeigen und obendrein die Gefässwände aus Molekülen bestehen, welche ebenfalls in Wärmebewegung begriffen sind, wird sich im Gase mit der Zeit ein Zustand herausbilden, welchen wir einen molekular ungeordneten

21) *Maxwell,* Scientific papers 1, p. 389; Phil. mag. (4) 19 (1860), p. 30.

nennen wollen und in welchem die verschiedensten Geschwindigkeiten und Geschwindigkeitsrichtungen in der regellosesten Weise unter den Molekülen verteilt sind.

Sei do ein Raumteil innerhalb des Gases, so wird man für die Anzahl der Moleküle, für welche der Schwerpunkt innerhalb do liegt und dessen Geschwindigkeitskomponenten zwischen den Grenzen

$$\begin{matrix} \xi \text{ und } \xi + d\xi \\ \eta \text{ und } \eta + d\eta \\ \zeta \text{ und } \zeta + d\zeta \end{matrix} \tag{9}$$

liegen, einen Ausdruck von der Form

$$f(\xi, \eta, \zeta)\, d\xi\, d\eta\, d\zeta\, do$$

erhalten. Ist das Gas an allen Stellen innerhalb des Gefässes gleichbeschaffen, so wird die Funktion f dieselbe bleiben, wie immer der Raumteil do innerhalb des Gases gewählt werden mag. Ist jedoch das Gas an verschiedenen Stellen verschieden beschaffen, wie es z. B. eintreten muss, wenn die Schwere einen erheblichen Einfluss darauf ausübt, so kann die Funktion f verschieden ausfallen, wenn der Raumteil do an verschiedenen Stellen innerhalb des Gases gewählt wird. Man kann aber, wenn die Anzahl der Gasmoleküle genügend gross ist, noch immer an jeder Stelle des Gases einen Raum Ω von der Beschaffenheit konstruieren, dass er ausserordentlich viele Moleküle enthält, dessen Dimensionen aber noch immer sehr klein gegenüber den experimentell zugänglichen Längen sind, und von dem man annehmen kann, dass die Funktion f unverändert bleibt, wenn man den oben mit do bezeichneten Raumteil innerhalb des Raumes Ω beliebig wählt.

Nimmt man noch an, dass der Weg, den ein Molekül von einem Zusammenstosse bis zum nächsten zurücklegt, gross ist gegenüber der Distanz zweier Nachbarmoleküle, so werden die Verhältnisse an der Stelle, wo es das erstemal zum Zusammenstoss gelangte, vollkommen unabhängig sein von denen an der Stelle, wo es das nächstemal zum Zusammenstoss gelangt. Man kann daher die Anzahl der Zusammenstösse, welche im Gase innerhalb einer gegebenen Zeit in gegebener Weise stattfinden, mit genügender Annäherung nach den Gesetzen der Wahrscheinlichkeitsrechnung berechnen. Durch alle diese Umstände ist derjenige Zustand des Gases bestimmt, welchen wir einen molekular ungeordneten nennen.

Sein Eintreten lässt sich aus den allgemeinen Bewegungsgleichungen der Mechanik nicht mit mathematischer Notwendigkeit beweisen, ja er lässt sich vielleicht nicht einmal scharf gegen andere

Zustände abgrenzen, in denen noch gewisse Regelmässigkeiten vorhanden sind, welche molekular geordnet sind. Dagegen sind die Versuche, zu zeigen, dass der definierte Zustand des Gleichgewichtes der lebendigen Kraft auf Widersprüche führe oder mit den Gesetzen der Mechanik unvereinbar sei, ebenfalls erfolglos geblieben.

Die Voraussetzung dieses Zustandes muss also vorläufig als eine Hypothese betrachtet werden, welche mathematisch einwandfrei ist, deren Zulässigkeit nach allen Erfahrungen über Anwendbarkeit der Wahrscheinlichkeitsrechnung sehr plausibel ist und deren praktische Brauchbarkeit durch die mannigfaltigen Übereinstimmungen des mit ihrer Hilfe konstruierten Bildes mit der Erfahrung bewiesen wird.

Nimmt man aber einmal an, dass ein Gas unter unveränderten äusseren Bedingungen während sehr langer Zeit in einem molekular ungeordneten Zustande bleibt, so lässt sich beweisen (vgl. Nr. **12** und **13**), dass sich die Funktion f einer gewissen Form immer mehr nähern muss, welche sie dann unverändert beibehält. Den durch diese Form bedingten Zustand, der sich also gemäss den Wahrscheinlichkeitsgesetzen im Gase stationär erhält, nennt man den des Gleichgewichtes der lebendigen Kraft oder des Wärmegleichgewichtes.

7. Erster Beweis Maxwell's für sein Geschwindigkeitsverteilungsgesetz. Die Form dieser Funktion wurde zuerst von *Maxwell* bestimmt. Derselbe setzte bei seiner ersten Ableitung[22]) der Form dieser Funktion voraus, dass sich das Gas nach allen Richtungen im Raume vollkommen gleich verhält, dass daher für die Richtung der Geschwindigkeit eines Moleküles jede Richtung im Raume gleich wahrscheinlich ist. Diese Voraussetzung ist wohl unbedenklich, wenn der Einfluss der Schwere oder sonstiger äusserer Kräfte auf das Gas vernachlässigt werden kann. Berücksichtigt man jedoch den Einfluss der Schwere, so bedarf sie eines besonderen Beweises.

Maxwell nimmt hierzu noch die zweite Annahme, dass die Wahrscheinlichkeit, dass die x-Komponente der Geschwindigkeit eines Moleküles zwischen bestimmten Grenzen liegt, vollkommen unabhängig ist von der y- und z-Komponente der Geschwindigkeit desselben Moleküles. Letztere Annahme, von welcher später ausführlicher gesprochen werden soll, wollen wir die Annahme A nennen. Aus ihr folgt, dass sich der Ausdruck für die Anzahl der Moleküle, deren Schwerpunkte in den Richtungen der Koordinatenaxen Geschwindigkeitskomponenten haben, welche zwischen den in voriger Nummer mit (9) bezeichneten Grenzen liegen, in der Form darstellt

---

22) *Maxwell,* Phil. mag. (4) 19 (1860), p. 22; Papers 1, p. 380.

$$f(\xi) f(\eta) f(\zeta)\, d\xi\, d\eta\, d\zeta.$$

Da aber anderseits die Wahrscheinlichkeit einer bestimmten Geschwindigkeit nur von deren Grösse, nicht von ihrer Richtung im Raume abhängen soll, so muss sich das Produkt $f(\xi) f(\eta) f(\zeta)$ für beliebige Werte von ξ, η, ζ auf eine Funktion von $\xi^2 + \eta^2 + \zeta^2$ reduzieren, woraus sofort folgt

$$f(\xi) = a e^{b \xi^2},$$

wobei a und b Konstanten sind. Die letztere muss einen negativen Wert haben, wenn sich die Anzahl der Moleküle als eine endliche ergeben soll.

Maxwell bemerkt jedoch selbst[23]), dass es nicht gerechtfertigt ist, a priori die besprochene Annahme zu machen, dass dieselbe vielmehr erst bewiesen werden kann, wenn sein Geschwindigkeitsverteilungsgesetz schon in anderer Weise abgeleitet worden ist, welche andere Ableitung in nächster Nummer besprochen werden wird. Dieselbe Bemerkung wurde nachher noch oft wiederholt[24]). Trotzdem ging dieser erste *Maxwell*'sche Beweis seiner ausserordentlichen Einfachheit wegen in sehr viele Lehrbücher und Darstellungen der Gastheorie über und wurde besonders auch von *Tait*[25]) wieder eingehend diskutiert. Ja *Bertrand* und *Poincaré*[26]) scheinen das *Maxwell*'sche Gesetz nur aus jenen Darstellungen gekannt zu haben, da sie dasselbe widerlegt zu haben glauben, indem sie unter Ignorierung seiner späteren Beweise wieder neuerdings auf den besprochenen schon von *Maxwell* selbst und nachher so oft erkannten Mangel seines ersten Beweises hinwiesen. Andere ebenfalls nicht ganz einwandfreie Beweise des *Maxwell*'schen Geschwindigkeitsverteilungsgesetzes wurden von *Meyer*[27]) und *Buchanan*[28]) gegeben.

8. Zweiter Beweis Maxwell's für sein Geschwindigkeitsverteilungsgesetz. Der zweite Beweis[29]), den *Maxwell* für sein Geschwin-

23) *Maxwell*, Phil. mag. (4) 35 (1868), p. 145; Papers 2, p. 43; Phil. Trans. 157.

24) *Kirchhoff*, Wärmetheorie, 13. Vorles., § 6, p. 140; *Voigt*, Theor. Phys. 2, p. 801; *Boltzmann*, Ann. Phys. Chem. 53 (1895), p. 958.

25) *Tait*, Edinb. Trans. 33, p. 66 und 252; *Burbury*, Phil. mag. (5) 21, p. 481; *Boltzmann*, ebenda 23, p. 305; *Burnside*, Edinb. Trans. 33, p. 501.

26) *Bertrand*, Paris C. R. 122 (1896), p. 963, 1083, 1314; *Boltzmann*, Paris C. R. 122 (1896), p. 1173; *Bertrand*, Calcul des probabilités, p. 29—32; *Poincaré*, Calcul des probabilités, p. 21.

27) *O. E. Meyer*, Ann. Phys. Chem. 7 (1879), p. 317; 10 (1880), p. 296; Theorie der Gase, 1. Aufl. math. Anhang; *Boltzmann*, Ann. Phys. Chem. 8 (1879), p. 653; 11, p. 529.

28) *Buchanan*, Phil. mag. (5) 25 (1888), p. 165.

29) *Maxwell*, Papers 2, p. 44; Phil. mag. (4) 35 (1868), p. 186; *Boltzmann*, Gastheorie, p. 32.

digkeitsverteilungsgesetz liefert, bezieht sich in der Form, die ihm *Maxwell* giebt, auf den Fall, dass die Moleküle vollkommen elastische Kugeln oder materielle Punkte sind, welche eine Kraft auf einander ausüben, deren Richtung in ihre Verbindungslinie fällt und deren Grösse eine solche Funktion ihrer Entfernung ist, welche nur für sehr kleine Entfernungen erhebliche Werte annimmt.

Im Falle des Wärmegleichgewichtes eines homogenen Gases kann der Ausdruck für die auf die Volumeneinheit entfallende Zahl der Gasmoleküle, für welche die Komponenten der Geschwindigkeit in den drei Koordinatenrichtungen zwischen den Grenzen liegen, welche in Nr. 7 als die Grenzen (9) bezeichnet wurden, nach dem Gesagten in die Form gebracht werden

$$f(\xi\eta\zeta)\, d\xi\, d\eta\, d\zeta. \tag{10}$$

Wir wollen nun die Anzahl $d\nu$ der Zusammenstösse berechnen, welche diese Moleküle während irgend einer Zeit δt mit solchen Molekülen erfahren, deren Zustand vor dem Zusammenstosse durch die folgenden zwei Bedingungen bestimmt ist: Die eine Bedingung soll der Bedingung (9) vollkommen analog lauten, nur dass sämtliche darin vorkommenden Grössen im allgemeinen irgend welche andere Werte haben, welche wir mit dem Index 1 bezeichnen wollen. Wir wollen diese erste Bedingung die Bedingung (11) nennen. Unsere zweite Bedingung, welche (11a) heissen möge, soll verlangen, dass die Länge der kürzesten Entfernung OO' der beiden Geraden, in denen sich die Centra der Moleküle vor dem Stosse bewegten, zwischen b und $b + db$ liegen und dass die Richtung der Geraden OO' mit einer bestimmten Richtung G einen Winkel bilde, welcher zwischen ε und $\varepsilon + d\varepsilon$ liegt. Als letztere Gerade kann man die Durchschnittslinie einer auf der Richtung der relativen Geschwindigkeit V der Moleküle vor dem Stosse senkrechten und einer beliebigen fixen Ebene wählen.

Da der Zustand des Gases unserer Annahme gemäss molekular ungeordnet ist, so kann die Anzahl $d\nu$ der Zusammenstösse, welche wir berechnen wollen, nach den Gesetzen der Wahrscheinlichkeitsrechnung gefunden werden. Wir ziehen durch den Mittelpunkt jedes der Moleküle, deren Anzahl durch die Formel (10) gegeben ist, eine Ebene senkrecht zu V, konstruieren in jeder dieser Ebenen den Kreisring, welcher von den dem Moleküle konzentrischen Kreisen mit den Radien b und $b + db$ begrenzt ist. Aus jedem solchen Kreisring schneiden wir durch die beiden Radien, welche mit der Geraden G die Winkel ε und $\varepsilon + d\varepsilon$ bilden, ein Flächenelement heraus und konstruieren über jedem solchen Flächenelemente ein rechtwinkliges

Parallelepiped von der Höhe $V\delta t$, also dem Volumen $b\,db\,d\varepsilon V\delta t$. — Da die Anzahl dieser Parallelepipeda ebenfalls durch die Formel (10) gegeben ist, so erhalten wir das gesamte Volumen aller dieser Parallelepipeda, indem wir das Volumen eines derselben mit dem Ausdrucke (10) multiplizieren. Die Anzahl der Moleküle, welche sich in einem dieser Parallelepipeda zu Anfang der Zeit δt befinden und für welche die Geschwindigkeitskomponenten innerhalb der Grenzen (11) liegen, wird nach den Wahrscheinlichkeitsgesetzen gefunden, indem man dieses Produkt noch mit $f(\xi_1, \eta_1, \zeta_1)\,d\xi_1\,d\eta_1\,d\zeta_1$ multipliziert, und man sieht leicht, dass alle diese Moleküle während der Zeit δt an einem Moleküle, dessen Geschwindigkeitskomponenten zwischen den Grenzen (9) liegen, so vorübergehen würden, dass dabei zugleich b und ε zwischen den Grenzen b und $b + db$ und ε und $\varepsilon + d\varepsilon$ liegen, wenn zwischen den Molekülen keine Wechselwirkung stattfinden würde, d. h. dass alle diese Moleküle zugleich unserer Bedingung (11a) genügen.

Nun ist die Anzahl der so berechneten Vorübergänge gleich der früher mit $d\nu$ bezeichneten Zahl der Zusammenstösse und man hat

$$d\nu = f(\xi\eta\zeta)f(\xi_1\eta_1\zeta_1)Vb\,d\xi\,d\eta\,d\zeta\,d\xi_1\,d\eta_1\,d\zeta_1\,db\,d\varepsilon\,\delta t. \tag{12}$$

Für alle diese Zusammenstösse sollen nun die Geschwindigkeitskomponenten der beiden Moleküle nach dem Stosse zwischen den Grenzen

$$\begin{array}{ccc} \xi_2 & \text{und} & \xi_2 + d\xi_2 \\ \eta_2 & \text{und} & \eta_2 + d\eta_2 \\ \zeta_2 & \text{und} & \zeta_2 + d\zeta_2 \end{array} \tag{13}$$

und

$$\begin{array}{ccc} \xi_3 & \text{und} & \xi_3 + d\xi_3 \\ \eta_3 & \text{und} & \eta_3 + d\eta_3 \\ \zeta_3 & \text{und} & \zeta_3 + d\zeta_3 \end{array} \tag{14}$$

liegen. Dann ist die Zahl der Zusammenstösse, welche in der Volumeneinheit des Gases während der Zeit δt umgekehrt so erfolgen, dass vor denselben die Geschwindigkeitskomponenten der beiden stossenden Moleküle zwischen den Grenzen (13) und (14) liegen, während b und ε, deren Werte durch die Zusammenstösse so wenig wie der von V verändert werden, zwischen denselben Grenzen liegen,

$$d\nu_1 = f(\xi_2\eta_2\zeta_2)f(\xi_3\eta_3\zeta_3)Vb\,d\xi_2\,d\eta_2\,d\zeta_2\,d\xi_3\,d\eta_3\,d\zeta_3\,db\,d\varepsilon\,\delta t. \tag{15}$$

Für die letzteren Zusammenstösse liegen aber umgekehrt die Geschwindigkeitskomponenten der beiden stossenden Moleküle nach dem Stosse zwischen den Grenzen (9) und (11), und man sieht sofort, dass die Zustandsverteilung durch die Zusammenstösse nicht verändert wird, wenn für alle möglichen Zusammenstösse $d\nu = d\nu_1$ ist. Nun ist aber, wie wir sogleich in Nr. **10** sehen werden, stets

$$(16) \qquad d\xi\, d\eta\, d\zeta\, d\xi_1\, d\eta_1\, d\zeta_1 = d\xi_2\, d\eta_2\, d\zeta_2\, d\xi_3\, d\eta_3\, d\zeta_3,$$

daher ist die Gleichung $d\nu = d\nu_1$ erfüllt, wenn man für alle möglichen Werte der Variabeln hat

$$(17) \qquad f(\xi\eta\zeta)f(\xi_1\eta_1\zeta_1) = f(\xi_2\eta_2\zeta_2)f(\xi_3\eta_3\zeta_3).$$

Hieraus folgt, wenn, wie wir bisher vorausgesetzt haben, alle Moleküle gleichartig sind, mit Rücksicht darauf, dass die Energie beim elastischen Stoss erhalten bleibt und dass die Funktion f nur von der Verbindung $\xi^2 + \eta^2 + \zeta^2$ abhängen kann,

$$(18) \qquad f(\xi, \eta, \zeta) = Ae^{-\frac{1}{\alpha^2}(\xi^2+\eta^2+\zeta^2)},$$

welche Gleichung das *Maxwell*'sche Geschwindigkeitsverteilungsgesetz ausdrückt. Ist n die Anzahl der Moleküle in der Volumeneinheit, so erhält man durch Integration über alle Werte von ξ, η, ζ, $A = \frac{n}{\alpha^3\sqrt{\pi^3}}$. Aus Formel (18) kann nun allerdings die Richtigkeit der in Nr. 8 mit A bezeichneten Annahme *Maxwell*'s bewiesen werden, nicht aber darf dieselbe zur Ableitung der Form des Geschwindigkeitsverteilungsgesetzes benutzt werden.

9. Bemerkungen zu Nr. 8. Ist das Gas ein Gemisch mehrerer einfacher Gase, so gilt für die Zusammenstösse zweier verschiedenartiger Moleküle eine der Gleichung (17) vollkommen analoge Gleichung, nur dass in derselben die beiden Funktionen f, die sich auf verschiedene Gase beziehen, von einander verschieden sein können. Man sieht sofort, dass dieselbe erfüllt ist, wenn jede dieser Funktionen die Form (18) hat und die Werte der Konstanten α^2 sich verkehrt wie die Massen eines Moleküles des betreffenden Gases verhalten. Daraus beweist man leicht, dass die mittlere lebendige Kraft der fortschreitenden Bewegung eines Moleküles für alle Gasarten denselben Wert hat, wodurch eine der zur Erklärung des *Avogadro*'schen und *Dalton*'schen Gesetzes erforderlichen Voraussetzungen (vgl. Nr. 4) gastheoretisch begründet ist.

Dass in einem Gemische verschiedenartiger Gasmoleküle durch die Zusammenstösse Gleichheit der mittleren lebendigen Kraft aller Moleküle bewirkt wird, wurde schon in einer früheren Abhandlung[30]) *Maxwell*'s und später von *Stefan*[31]) und *Tait*[32]) bewiesen. Letzterer

30) *Maxwell,* Papers 1, p. 383; Phil. mag. (4) 19 (1860), p. 25.

31) *Stefan,* Wien. Ber. (2) 65 (1872), p. 354.

32) *Tait,* Edinb. Trans. 33 (1886), p. 79; Edinb. Proc. 13, p. 21.

sowie auch *Natanson*[33]) berechneten auch die Geschwindigkeit, mit welcher der Ausgleich der lebendigen Kraft vor sich geht. Erwähnt sei noch eine allerdings einen Spezialfall behandelnde Arbeit *Rayleigh's*[34]). Auch *Waterston*[35]) hat diesen Satz in einer schon 1845 überreichten, aber erst 47 Jahre später abgedruckten Abhandlung erwähnt, wenn auch nicht zureichend begründet. Letztere Abhandlung enthält noch vieles Interessante, so eine gastheoretische Ableitung der Schallgeschwindigkeit, des Gasdruckes auf eine bewegte Wand u. s. w.

Aus dem bisher Entwickelten folgt bloss, dass die *Maxwell*'sche Geschwindigkeitsverteilung, wenn sie unter den Gasmolekülen besteht durch die Zusammenstösse den Gesetzen der Wahrscheinlichkeit gemäss nicht geändert wird. *Maxwell*[36]) hat auch schon eine Schlussweise angedeutet, aus welcher hervorgeht, dass sie die einzige ist, welche diese Bedingung erfüllen kann. Dieselbe wurde weiter ausgearbeitet durch *Planck*[37]) und *Boltzmann*[38]) und läuft darauf hinaus, dass eine Geschwindigkeitsverteilung, welche dem Wärmegleichgewicht entspricht, sich den Wahrscheinlichkeitsgesetzen gemäss durch sehr lange Zeit erhalten muss. Kehrt man am Ende dieser Zeit die Richtungen der Geschwindigkeiten aller Moleküle um, ohne deren Grösse zu ändern, so muss sie daher wieder in eine dem Wärmegleichgewichte entsprechende übergehen. Dabei treten aber an Stelle der Moleküle, für welche die Variabeln zwischen den Grenzen (9) und (11) liegen, diejenigen für welche sie zwischen den Grenzen (13) und (14) liegen und umgekehrt, was dann direkt zur Gleichung (17) führt.

Der gesamte soeben dargestellte *Maxwell*'sche Beweis für dessen Geschwindigkeitsverteilungsgesetz wurde in etwas anderer Weise dargestellt von *Kirchhoff*[39]).

10. Der Satz bezüglich der gastheoretischen Funktionaldeterminante. Der Beweis der Gleichung (16), welche auch so geschrieben werden kann

$$\Sigma \pm \frac{\partial \xi_2}{\partial \xi} \frac{\partial \eta_2}{\partial \eta} \frac{\partial \zeta_2}{\partial \zeta} \frac{\partial \xi_3}{\partial \xi_1} \frac{\partial \eta_3}{\partial \eta_1} \frac{\partial \zeta_3}{\partial \zeta_1} = 1,$$

33) *Natanson,* Ann. Phys. Chem. 34 (1888), p. 970.

34) *Rayleigh,* Phil. mag. (5) 32 (1891), p. 424.

35) *Waterston,* London Phil. Trans. 183 (1892), p. 1—81.

36) *Maxwell,* Papers 2, p. 45; Phil. mag. (4) 35 (1868), p. 187.

37) *Planck,* Münch. Ber. 24, Nov. 1894.

38) *Boltzmann,* Ann. Phys. Chem. 55 (1895), p. 223; Gastheorie 1, p. 44.

39) *Kirchhoff,* Vorles. über Wärmetheorie, 14. Vorles.; vgl. auch *Boltzmann,* Ann. Phys. Chem. 53 (1894), p. 955; 55 (1895), p. 223; *Planck,* Münch. Ber. 24, Nov. 1894.

($\xi_3 \eta_3 \ldots \zeta_3$ als Funktionen von $\xi \eta \ldots \zeta_1$ und den früher gebrauchten Variabeln b und ε gedacht), wurde von *Maxwell* selbst nur flüchtig angedeutet. Ein ausführlicher Beweis dieser Gleichung, sowie anderer, welche teils spezielle Fälle derselben, teils allgemeiner sind, wurde zuerst von *Boltzmann*[40]) erbracht. Die Gleichung selbst erwies sich als spezieller Fall eines von *Liouville* aufgestellten Prinzipes[41]).

Dieselbe wurde später in ziemlich umständlicher Weise von *Stankewitsch*[42]) bewiesen. Am einfachsten und klarsten jedoch von *H. A. Lorentz*[43]).

Letzterer belässt in dem Differentialausdrucke $d\xi\, d\eta\, d\zeta\, d\xi_1\, d\eta_1\, d\zeta_1$ zunächst die drei ersteren Variabeln, führt aber statt der drei letzteren die Komponenten u, v, w des gemeinsamen Schwerpunktes der Moleküle in den drei Koordinatenrichtungen ein. Sind m_1 und m_2 die Massen der möglicherweise verschiedenartigen Moleküle, so verwandelt sich hier zunächst der Differentialausdruck in

$$\left(\frac{m_1 + m_2}{m_2}\right)^3 d\xi\, d\eta\, d\zeta\, du\, dv\, dw\,.$$

In dem letzteren Differentialausdruck werden nun statt ξ, η, ζ die Geschwindigkeitskomponenten ξ_2, η_2, ζ_2 desselben Moleküles nach dem Stosse eingeführt, u, v, w aber belassen. Man sieht unmittelbar aus der geometrischen Konstruktion, durch welche die Geschwindigkeitskomponenten vor und nach dem Stosse, sowie die des Schwerpunktes dargestellt werden, dass dann

$$d\xi\, d\eta\, d\zeta = d\xi_2\, d\eta_2\, d\zeta_2$$

ist. Hierauf wird bei konstantem ξ_2, η_2, ζ_2 an Stelle von u, v, w wieder ξ_3, η_3, ζ_3 eingeführt, was liefert

$$du\, dv\, dw = \left(\frac{m_2}{m_1 + m_2}\right)^3 d\xi_3\, d\eta_3\, d\zeta_3,$$

womit die Gleichung (16) erwiesen ist. Diese Gleichung ist übrigens nur ein ganz spezieller Fall der viel allgemeineren, welche wir in Nr. 28 kennen lernen werden.

11. Das *H*-Theorem. Es soll nun untersucht werden, unter welchen Annahmen sich beweisen lässt, dass der Zustand des Gases sich dem von *Maxwell* angegebenen Zustand des Wärmegleichgewichtes nähern und in diesem sehr lange verharren muss.

---

40) *Boltzmann,* Wien. Ber. (2) 58 (1868), p. 517.

41) *Kirchhoff,* Vorles. über mathem. Phys.: Theorie der Wärme, p. 144.

42) *Stankewitsch,* Ann. Phys. Chem. 29 (1886), p. 153.

43) *H. A. Lorentz,* Wien. Ber. (2) 95 (1887), p. 115.

Die allgemeinste Aufgabe, welche man sich da stellen könnte, wäre folgende: Es herrsche in einem Gase anfangs nicht die *Maxwell*'sche Zustandsverteilung, sondern es habe zu Anfang jedes Molekül eine gegebene Lage Geschwindigkeit und Bewegungsrichtung. Es soll nun der ganze zeitliche Verlauf der allmählichen Zustandsveränderungen berechnet werden. In dieser Allgemeinheit lässt sich nun die Aufgabe freilich nicht in übersichtlicher Weise mathematisch lösen; man muss vielmehr, um zu verwendbaren Formeln zu gelangen, voraussetzen, dass der Anfangszustand des Gases molekular ungeordnet ist und es auch im Verlaufe der Zeit bleibt. Das Gesamtvolumen des Gases lässt sich also in Volumenelemente zerlegen, welche noch ausserordentlich viele Moleküle enthalten, aber doch noch sehr klein sind gegenüber den sichtbaren Räumen, mit denen wir es während der Beobachtung zu thun haben. In jedem Volumenelemente sind ferner Moleküle mit allen möglichen Geschwindigkeiten und Bewegungsrichtungen unter einander gemischt, so dass der Anfangszustand des Gases, sowie auch jeder folgende genügend definiert ist, wenn man den Wert einer Funktion $f(xyz\xi\eta\zeta t)$ für die betreffende Zeit und alle möglichen Werte der übrigen Variabeln kennt. Das Produkt dieser Funktion in den Differentialausdruck $dx\,dy\,dz\,d\xi\,d\eta\,d\xi$ stellt dabei die Anzahl der Moleküle dar, deren Mittelpunkte zur Zeit t in dem Volumelemente liegen, welches alle Punkte umfasst, deren Koordinaten zwischen den Grenzen

$$(19) \qquad x \text{ und } x + dx, \qquad y \text{ und } y + dy, \qquad z \text{ und } z + dz$$

eingeschlossen sind und für welche gleichzeitig die Komponenten der Geschwindigkeit in den Koordinatenrichtungen zwischen den Grenzen

$$(20) \qquad \xi \text{ und } \xi + d\xi, \qquad \eta \text{ und } \eta + d\eta, \qquad \zeta \text{ und } \zeta + d\zeta$$

liegen.

Die Verhältnisse an der Stelle, wo ein Molekül zum Zusammenstosse gelangt ist, sind ausserdem unabhängig von denen an der Stelle, wo es das nächstemal zusammenstösst, so dass die Häufigkeit der Zusammenstösse von irgend einer Beschaffenheit nach den Gesetzen der Wahrscheinlichkeitsrechnung bestimmt werden kann[44]).

---

44) Diese Voraussetzung der Ungeordnetheit der Bewegung wird teilweise aufgegeben von *Burbury*, dessen zitiertes Buch, sowie Phil. mag. (5) 50 (1900), p. 584; (6) 2 (1901), p. 403; 7 (1904), p. 467; Ann. Phys. 3 (1900), p. 355. Vgl. auch *Zemplen Gyözö*, Ann. Phys. 2 (1900), p. 404; 3 (1900), p. 761. Mathematisch durchgearbeitet wird der Begriff der Ungeordnetheit der Bewegung von *Jeans*, Phil. mag. (6) 5 (1903), p. 597; Quart. journ. of pure and appl. math. 1904, n. 139;

Die Gasmoleküle können dabei als elastische Kugeln oder als Kraftzentra betrachtet werden, zwischen denen Zentralkräfte wirken. Äussere Kräfte wie die Schwere sollen nicht von der Betrachtung ausgeschlossen werden, ihre Grösse nnd Richtung soll sich jedoch von Volumelement zu Volumelement kontinuierlich ändern, und es seien X, Y, Z die Komponenten der beschleunigenden (auf die Masseneinheit des Gases wirkenden) äusseren Kraft an der Stelle mit den Koordinaten x, y, z.

Dann reduziert sich das Problem, die Zustandsänderung des Gases zu finden, auf die Aufgabe, die zeitliche Veränderung der oben eingeführten Funktion f zu finden. Dieselbe wird hervorgerufen erstens dadurch, dass die Moleküle vermöge ihrer Bewegung aus einem Volumelemente in das andere wandern; zweitens dadurch, dass durch die äusseren Kräfte ihre Geschwindigkeitskomponenten verändert werden; drittens durch die Zusammenstösse der Moleküle. Fasst man alle diese Änderungen zusammen, so erhält man für die Funktion f die folgende Differentialgleichung:

$$(21)\quad \begin{aligned} &\frac{\partial f}{\partial t} + \xi\frac{\partial f}{\partial x} + \eta\frac{\partial f}{dy} + \zeta\frac{\partial f}{\partial z} + X\frac{\partial f}{\partial \xi} + Y\frac{\partial f}{\partial \eta} + Z\frac{\partial f}{\partial \zeta} \\ &= \int (f_2 f_3 - f f_1) V b\, d\xi_1\, d\eta_1\, d\zeta_1\, db\, d\varepsilon. \end{aligned}$$

Die Bedeutung der Buchstaben ist hier dieselbe wie in Nr. **9.** f, f_1, f_2, f_3 sind Abkürzungen für

$$f(xyz\,\xi\eta\zeta t), \quad f(xyz\,\xi_1\eta_1\zeta_1 t) \quad \text{u. s. w.}$$

Die Integration erstreckt sich auf alle Werte von ξ_1, η_1, ζ_1, zwischen $-\infty$ und $+\infty$, auf alle Werte $0 > \varepsilon > 2\pi$ und alle diejenigen Werte von b, welche kleiner als der Radius der molekularen Wirkungssphäre sind.

Ist ein Gemisch mehrerer Gase gegeben, so gilt für jedes einzelne Gas eine analoge Gleichung, nur dass noch andere dem letzten Gliede gleichgebaute auftreten, welche die Veränderung von f durch die Zusammenstösse mit den Molekülen anderer Art darstellen. Das Resultat, welches man erhält, wenn man diese Gleichung mit dem Produkte von $d\xi\, d\eta\, d\zeta$ und einer beliebigen Funktion von ξ, η, ζ multipliziert und über alle ξ, η, ζ integriert, hat schon *Maxwell*[45]) gegeben, die Gleichung selbst findet sich zuerst bei *Boltzmann*[46]). Will man bloss

---

Pannekoek, Proc. Amst. Ak. 6 (1903), p. 42; Versl. (1903), p. 63; *Liénard,* Journ. d. phys. (4) 2 (1903), p. 677.

45) *Maxwell,* Papers 2, p. 56; Phil. mag. (4) 35 (1868), p. 197.

46) *Boltzmann,* Wien. Ber. (2) 66 (1872), p. 324.

das *Maxwell*'sche Geschwindigkeitsverteilungsgesetz beweisen, so kann man sie natürlich dadurch vereinfachen, dass man die äusseren Kräfte weglässt und f von x, y, z unabhängig annimmt.

Aus der Gleichung (21) lässt sich der Beweis liefern, dass die Grösse

$$H = \int f \log f \, dx\, dy\, dz\, d\xi\, d\eta\, d\zeta \tag{22}$$

durch die fortschreitende Bewegung der Moleküle und durch die äusseren Kräfte gar nicht geändert wird, sobald die Gestalt des das Gas umschliessenden Gefässes unverändert bleibt. log bedeutet den natürlichen Logarithmus, die Integration ist so wie in dem letzten Gliede der Formel (21) über alle möglichen Werte der Variabeln zu erstrecken. Hat man es mit einem Gasgemische zu thun, so tritt an die Stelle der durch Gleichung (22) gegebenen Grösse H eine Summe gleichgebauter, auf jede einzelne Gasart sich beziehender Glieder. Bezüglich der Veränderung, welche H durch die Bewegung der Gefässwände erleidet, vgl. *Boltzmann*, Gastheorie 1, p. 126.

Die Veränderung der Grösse H infolge der Zusammenstösse der Moleküle stellt bei unveränderlichen Gefässwänden überhaupt die gesamte Veränderung dieser Grösse dar. Man findet für dieselbe mit Hilfe der Gleichung (21) zunächst den Ausdruck

$$\frac{dH}{dt} = \int \log f\, (f_2 f_3 - f f_1) V b\, do\, d\omega\, d\omega_1\, db\, d\varepsilon.$$

Hierbei wurde zur Abkürzung do, $d\omega$ und $d\omega_1$ für $dx\,dy\,dz$, $d\xi\,d\eta\,d\zeta$ und $d\xi_1\,d\eta_1\,d\zeta_1$ geschrieben. Die Integration ist wieder über alle möglichen Werte der Variabeln zu erstrecken. Vertauscht man einmal die Rollen der beiden zusammenstossenden Moleküle, dann in beiden Fällen den Beginn und das Ende des Zusammenstosses, so kann man unter Benutzung des in voriger Nummer entwickelten Funktionaldeterminantensatzes der Gastheorie diesen Ausdruck in drei andere transformieren, welche sich nur dadurch vom ursprünglichen unterscheiden, dass an Stelle von $\log f$ tritt $\log f_1$ respektive $-\log f_2$ oder $-\log f_3$. Setzt man $\frac{dH}{dt}$ gleich dem arithmetischen Mittel dieser vier gleichen Ausdrücke, so folgt

$$\frac{dH}{dt} = \tfrac{1}{4} \int [\log (f f_1) - \log (f_2 f_3)] \cdot (f_2 f_3 - f f_1) V b\, do\, d\omega\, d\omega_1\, db\, d\varepsilon.$$

Da dieser Ausdruck wesentlich negativ ist, so kann die Grösse H nur abnehmen, und da sie nicht $-\infty$ werden kann, so muss sie sich einem Minimumwerte nähern, für welchen für alle möglichen Zusammenstösse

(23) $$ff_1 = f_2 f_3$$

sein muss, wozu für ein Gasgemisch noch analoge Gleichungen für die Zusammenstösse verschiedener Moleküle treten. Dieser Minimumwert von H entspricht dem Wärmegleichgewicht. Das H-Theorem wird entwickelt von *Boltzmann*[47]) und *Lorentz*[48]).

12. Konsequenzen des H-Theorems. Aus der Gleichung (23) folgt unmittelbar das *Maxwell*'sche Geschwindigkeitsverteilungsgesetz und für ein Gasgemisch die Gleichheit der mittleren lebendigen Kraft der Moleküle je zweier Gasarten.

Sobald äussere Kräfte wirken, folgt zudem aus der Gleichung (21), in welcher für den Fall des Wärmegleichgewichtes $\frac{\partial f}{\partial t} = 0$ wird und welche für alle möglichen Werte von ξ, η, ζ erfüllt sein muss, dass die Dichte in jedem Volumelement denjenigen Wert annimmt, welcher den gewöhnlichen aerostatischen Gleichungen entspricht (für ein schweres Gas der Formel für das barometrische Höhenmessen), und dass sich bei einem Gasgemische jedes Gas unabhängig vom andern verteilt. In jedem Volumelemente aber ist unabhängig von den äusseren Kräften jede Bewegungsrichtung eines Moleküles gleich wahrscheinlich, und es herrscht die *Maxwell*'sche Geschwindigkeitsverteilung, wobei die mittlere lebendige Kraft eines Moleküles (die Temperatur) an allen Stellen des Gases und für alle Moleküle gleich ist. In einem speziellen Falle wurde dies schon von *Maxwell*[49]) nachgewiesen. Über die Berechnung des Wärmegleichgewichtes in einem schweren Gase vom Standpunkte der kinetischen Gastheorie ist eine ausgebreitete Litteratur vorhanden[50]).

Die Sätze über das Wärmegleichgewicht von Gasen hat *Bryan*[51]) benützt, um den gastheoretischen Beweis des *Avogadro*'schen Gesetzes zu vervollständigen. Er denkt sich zwei ebene Wände A und B. Zwischen beiden befindet sich ein Gemisch zweier Gase. B übt auf

---

47) *Boltzmann,* Wien. Ber. (2) 66 (1872), p. 296; Gastheorie 1, p. 124.

48) *Lorentz,* Wien. Ber. (2) 95 (1887), p. 127; Amsterd. Versl. 5 (1896), p. 252.

49) *Maxwell,* Papers 2, p. 75; Phil. mag. (4) 35 (1868), p. 215.

50) *Loschmidt,* Wien. Ber. 73 (1876), p. 128 und 136; 75 (1877), p. 287; 76 (1878), p. 209; *Robida,* Zeitschr. Math. Phys. 1864, p. 218; *Clausius,* Zeitschr. Math. Phys. 1864, p. 376; *Guthrie,* Nature 8 (1873), p. 67, 486; *Hansemann,* Ann. Phys. Chem. Suppl. 6 (1874), p. 417; *Murphy,* Nature 12, p. 26; *Houllevigue,* Journ. de phys. (3) 4 (1895), p. 130; *Ritter,* Zahlreiche Monographien und Abhandl. in Ann. Phys. Chem. speziell über die Atmosphären der Himmelskörper; *F. M. Exner,* Ann. Phys. 7 (1902), p. 683.

51) *Bryan,* Wien. Ber. (2) 103, p. 1127.

die Moleküle des einen und A auf die Moleküle des anderen Gases eine bei unendlicher Annäherung unendlich gross werdende Abstossung aus, so dass rechts von B nur Moleküle der zweiten und links von A nur solche der ersten Gasart vorhanden sein können, während B für die Moleküle der zweiten und A für die der ersten Gasart permeabel ist. Die Schicht zwischen A und B ist dann ein mechanisches Bild einer zwei Gase trennenden wärmeleitenden Wand, für welche die Gleichheit der mittleren lebendigen Kraft beider Molekülgattungen aus den gastheoretischen Sätzen bewiesen werden kann.

13. Die Entropie. Berechnet man den Ausdruck H für ein im Wärmegleichgewicht befindliches einfaches oder zusammengesetztes Gas, so findet man, abgesehen von einem konstanten negativen Faktor und einem konstanten Addenden, einen Ausdruck, welcher mit der Grösse identisch ist, die man in der Wärmetheorie als die Entropie des betreffenden Gases bezeichnet. Der Satz also, dass durch alle Naturvorgänge die Entropie eines abgeschlossenen Systems nur zunehmen kann, ist vom gastheoretischen Standpunkte aus identisch mit dem Satze, dass die Grösse H für beliebige in Bewegung begriffene und diffundierende, fest umgrenzte Systeme von Gasen nur abnehmen kann.

Dieser Satz erhält noch eine Illustration durch die folgenden Betrachtungen[52]). Wir nehmen an, wir hätten eine gegebene, sehr grosse, aber endliche lebendige Kraft L unter eine sehr grosse, aber endliche Zahl N von Molekülen (materiellen Punkten oder nicht rotierenden Kugeln) zu verteilen. Wir betrachten es als gleich mögliche Fälle, dass die Komponenten der Geschwindigkeit eines bestimmten Moleküles in den Koordinatenrichtungen zwischen den Grenzen

$$0 \text{ und } \varepsilon, \quad 0 \text{ und } \varepsilon, \quad 0 \text{ und } \varepsilon$$

oder

$$0 \text{ und } \varepsilon, \quad 0 \text{ und } \varepsilon, \quad \varepsilon \text{ und } 2\varepsilon \quad \text{u. s. w.}$$

liegen. Die Anzahl der Moleküle, die sich im ersten Falle befinden, bezeichnen wir mit ω_{000}, die Anzahl derjenigen, welche sich im zweiten Falle befinden, mit ω_{001} u. s. w. Sind die Werte von ω_{000}, ω_{001} gegeben, so sagen wir, es ist eine bestimmte Geschwindigkeitsverteilung G im Gase gegeben.

Jede Geschwindigkeitsverteilung kann in verschiedener Weise hergestellt werden, je nachdem sich die einen oder anderen Moleküle

52) Vgl. *Boltzmann,* Wien. Ber. (2) 76, Oktober 1877; Gastheorie 1, p. 38; Wien. Ber. (2) 76 (1877), p. 373; vgl. auch das zit. Lehrbuch von *Jeans.*

unter den ω_{000} oder ω_{001} u. s. w. Molekülen befinden, und da es als gleich möglich betrachtet wurde, dass sich ein bestimmtes Molekül unter den ω_{000} oder ω_{001} u. s. w. Molekülen befindet, so ist die Anzahl der gleich möglichen Fälle, unter denen die Geschwindigkeitsverteilung G eintritt (die Wahrscheinlichkeit dieser Geschwindigkeitsverteilung) gleich der Zahl, welche angiebt, wievielmal sich n Elemente so in Gruppen verteilen lassen, dass der ersten Gruppe ω_{000}, der zweiten ω_{001} Elemente u. s. w. angehören. Diese Anzahl ist aber gleich

$$\frac{N!}{\omega_{000}!\,\omega_{001}!\,\ldots}. \tag{24}$$

Wir wollen nun ω_{000}, ω_{001} u. s. w. als sehr grosse Zahlen betrachten und für die Faktorielle die bekannte Annäherungsformel gebrauchen. Ferner führen wir statt ω wieder die Bezeichnung $f(\xi\eta\zeta)$ ein, welche Funktion wir vorläufig unabhängig von x, y, z voraussetzen. Dann geht der allein veränderliche Nenner des Ausdruckes (24), abgesehen von einem konstanten Faktor und Addenden, in den durch die Gleichung (22) der Nr. **12** gegebenen Ausdruck H über. Da aber der Ausdruck (24) die Wahrscheinlichkeit der betreffenden Zustandsverteilung angiebt, so besagt der in Nr. **12** entwickelte Satz, dass der Ausdruck H nur abnehmen kann, nichts anderes, als dass die Zustandsverteilung stets von einer unwahrscheinlicheren zu einer wahrscheinlicheren übergeht und dass die Entropie mit dem Ausdrucke der Wahrscheinlichkeit für die betreffende Zustandsverteilung identisch ist.

Man würde daher irren, wenn man glauben würde, die *Maxwell*'sche Zustandsverteilung sei ein exzeptioneller Zustand. Sobald man vielmehr ganz dem Zufalle überlassen die Geschwindigkeiten bald so, bald so unter den Molekülen verteilt, so werden bei weitem die meisten Verteilungsarten den Charakter der *Maxwell*'schen an sich tragen und nur verhältnismässig ausserordentlich wenige in bemerkbarer Weise davon abweichen. Dies ist eben die Ursache, warum der Wahrscheinlichkeit gemäss die *Maxwell*'sche Zustandsverteilung eintritt und sich durch enorm lange Zeit erhält.

Analoges findet man bei der Methode der kleinsten Quadrate. Die *Gauss*'sche Fehlerverteilung ist keineswegs eine exzeptionelle, die infolge besonderer Ursachen eintritt, sondern es führen vielmehr bei weitem die meisten Anordnungen der Elementarfehler zum *Gauss*schen Gesetze, und nur ganz wenige exzeptionelle Verteilungen der Elementarfehler führen auf wesentlich abweichende Fehlergesetze.

Das H-Theorem lässt sich bedeutend verallgemeinern und auf mechanisch viel komplizierter gebaute Systeme übertragen, wie wir zum Schlusse der Nr. 28 sehen werden. Es hat daher den Anschein, dass die Einseitigkeit des Verlaufes aller Naturvorgänge überhaupt darin begründet ist, dass die Zustände immer von unwahrscheinlicheren zu wahrscheinlicheren übergehen.

Die Beziehung zwischen Entropie und Wahrscheinlichkeit zeigt sich im *Gibbs*'schen Paradoxon[53]), dass die Entropie eines Gemisches zweier sehr ähnlicher Gase plötzlich viel grösser ist, wenn beide Gase vollständig gleich sind.

14. Einwendungen gegen die Anwendung der Statistik auf die Gastheorie. Die Beweise des *Maxwell*'schen Geschwindigkeitsverteilungsgesetzes sind keineswegs so aufzufassen, als ob sich aus den Bewegungsgleichungen der Mechanik allein beweisen liesse, dass sich der Zustand einer endlichen Zahl von Gasmolekülen, die sich in einem von absolut elastischen Wänden umschlossenen Raume befinden, wie immer ihr Anfangszustand beschaffen gewesen sein mag, mit mathematischer Notwendigkeit einem stationären Endzustande nähern müssten, der dann in alle Ewigkeit fortbesteht.

Dass dies nicht möglich ist, folgt, wie mehrmals hervorgehoben[54]) wurde, schon daraus, dass das Gas alle Zustände genau in umgekehrter Reihenfolge durchlaufen müsste, wenn in einem Zeitmomente die Richtungen der Geschwindigkeiten aller Moleküle umgekehrt würden, ohne Änderung ihrer Grösse.

Poincaré[55]) folgert es aus der vollkommenen Symmetrie der Bewegungsgleichungen der Mechanik, bezüglich der positiven und negativen Zeit, welche sie zur Erklärung eines einseitigen Verlaufes der Naturvorgänge ungeeignet mache.

Zum gleichen Resultate gelangt *Zermelo*[56]) durch die folgenden Betrachtungen:

Wie wir in Nr. 27 sehen werden, besagt der *Liouville*'sche Satz, dass, wenn unendlich viele mechanische Systeme von unendlich nahe

---

53) *Gibbs*, Thermodynam. Studien, Leipzig 1892, p. 196; *Wiedeburg*, Ann. Phys. Chem. 53 (1894), p. 684.

54) *Breton*, Mondes 2 (1875), p. 38; *Loschmidt*, Wien. Ber. (2) 73 (1876), p. 139; *Boltzmann*, Wien. Ber. (2) 75, 11. Januar 1877. Zahlreiche Briefe in Nature 51 vom 25. Okt. 1894 bis 18. April 1895, besonders *Burbury*, 22. Nov. 1894, *Boltzmann*, 28. Febr. 1895; *Culverwell*, Phil. mag. (5) 30, p. 59.

55) *Poincaré*, Paris C. R. 108 (1889), p. 550; Thermodynamique, p. 422.

56) *Zermelo*, Ann. Phys. Chem. 57 (1896), p. 485; 59 (1896), p. 793; Phys. Zeitschr. 1 (1900), p. 317; *Boltzmann*, Ann. Phys. Chem. 57 (1896), p. 773; 60 (1897), p 392.

liegenden Anfangsbedingungen ausgehen, das Produkt der Differentiale der Koordinaten und Momente, welches angiebt, zwischen welchen Grenzen diese eingeschlossen sind, seine Grösse mit der Zeit nicht ändert. Daraus schliesst *Poincaré* bei Behandlung gewisser mit dem Dreikörperprobleme in Verbindung stehender Fragen, dass, spezielle Fälle ausgenommen, ein beliebiges mechanisches System, welches sich so bewegt, dass alle seine Koordinaten und Momente stets innerhalb endlicher Grenzen liegen, in genügend langer Zeit immer wieder einmal beliebig nahe seinem Anfangszustande kommen muss, ferner dass dies in entsprechend langer Zeit zum zweiten Male u. s. w. geschehen muss[57]).

Diesen Satz verwendet *Zermelo*, um zu beweisen, dass sich ein System einer endlichen Zahl von Molekülen, die in einem starren unveränderlichen Gefäss eingeschlossen sind, überhaupt nicht einem stationären Endzustande nähern kann, sondern immer wieder periodisch dieselben Zustände durchlaufen muss.

So sehr diese Betrachtungen im Stande sind, den eigentlichen Sinn der Sätze der kinetischen Gastheorie in ein klares Licht zu setzen, so bilden sie doch keineswegs eine Widerlegung dieser Sätze, welche ja blosse Sätze der Wahrscheinlichkeitsrechnung sind. Dass ein abgeschlossenes System einer sehr grossen aber endlichen Zahl mechanischer Elemente, wenn die Bewegungsdauer desselben beliebig ausgedehnt wird, einmal wieder sehr unwahrscheinliche Zustände annehmen muss, ist keine Widerlegung der gastheoretischen Sätze, sondern folgt vielmehr aus diesen selbst, da für ein abgeschlossenes System einer endlichen Zahl materieller Punkte die Wahrscheinlichkeit, dass dasselbe einen beliebigen, vom Wärmegleichgewichte abweichenden Zustand annimmt, zwar enorm klein, aber niemals mathematisch gleich Null sein kann.

Der Zustand des Wärmegleichgewichtes zeichnet sich bloss dadurch aus, dass die bei weitem meisten Arten der Verteilung der lebendigen Kraft unter den mechanischen Elementen sich unter ihm subsumieren, während die anderen Zustände seltene, exzeptionelle sind. Nur aus diesem Grunde nähert sich, abgesehen von einzelnen Ausnahmen, jeder anfangs exzeptionelle Zustand, nach vor- und rückwärts verfolgt, dem des Wärmegleichgewichtes und verbleibt dann darin während einer enorm langen, aber nicht mathematisch unendlichen Zeit, wenn die Anzahl der mechanischen Elemente nicht mathematisch unendlich gross ist.

---

57) Vgl. *Boltzmann*, Wien. Ber. (2ᵃ) 106 (1897), p. 12.

In rein mathematischer Beziehung besteht also der vollste Einklang zwischen den Grundgleichungen der Gastheorie und dem von *Zermelo* entwickelten Satze, und letzterer könnte nur dann eine Widerlegung der Gastheorie bilden, wenn daraus folgen würde, dass z. B. eine Entmischung diffundierter Gase in beobachtbarer Zeit zu erwarten wäre.

Man darf sich aber nicht vorstellen, als ob aus *Zermelo*'s Theorie folgen würde, dass zwei diffundierende Gase sich etwa alle Tage ein paar mal mischen und wieder entmischen. Die Zeit, innerhalb welcher wieder eine beobachtbare Entmischung zu erwarten wäre, ist vielmehr so beruhigend gross, dass jede Möglichkeit der Beobachtung eines solchen Vorganges ausgeschlossen ist. Diese Zeit ist von der Grössenordnung derjenigen, innerhalb deren nach den Wahrscheinlichkeitsgesetzen durchschnittlich einmal zu erwarten wäre, dass alle Häuser einer grossen Stadt an demselben Tage in Brand geraten, und man würde sich täuschen, wenn man meinen würde, eine solche Unwahrscheinlichkeit sei praktisch von der Unmöglichkeit irgendwie verschieden[58]).

Theoretisch allerdings erfährt dadurch der zweite Hauptsatz (der Satz von der Irreversibilität der Naturvorgänge) eine besondere Beleuchtung. Man gewinnt hiervon, sowie von der Beziehung des H-Theorems zur zeitlichen Umkehrbarkeit aller mechanischen Vorgänge am besten eine Anschauung, wenn man mit *Boltzmann*[59]) die H-Kurve konstruiert, das heisst, wenn man die Zeit als Abszisse und die dazu gehörigen Werte der Grösse H für eine sehr grosse endliche Zahl abgeschlossener Gasmoleküle als Ordinaten aufträgt. Die Ordinaten dieser Kurve sind stets durch enorm lange Strecken fast genau gleich dem Minimumwert von H, nur enorm selten treten grössere Differenzen (Buckeln der H-Kurve) auf, und zwar ist jeder Buckel wieder enorm seltener, wenn er nur ein klein wenig grösser ist.

Wenn man daher von einem Werte von H ausgeht, der erheblich grösser als ein Minimumwert ist, so wird man sich höchstwahrscheinlich, sowohl wenn man in der Richtung der positiven als in der Richtung der negativen Seite fortschreitet, bald wieder einem Minimumwerte von H nähern, der dann enorm lange bestehen bleibt.

Will man sich die gesamte Welt unter diesem Bilde vorstellen, so kann man, wenn man die Dauer derselben sich beliebig lange vorstellt, annehmen, dass hier und da gewisse Partien derselben erheb-

58) Lord *Kelvin,* Edinb. Soc. 8 (1873), p. 325; Nature 9, p. 441.

59) *Boltzmann,* Math. Ann. 50 (1898), p. 325.

lich vom Wärmegleichgewichte entfernt sind. Während sie sich dann diesem nähern, geschehen für die Bewohner derselben alle Vorgänge irreversibel und es scheint denselben die positive und negative Zeitrichtung unterschieden, während sie es für die Welt als ganzes nicht ist. Die statistische Methode zeigt also, dass Irreversibilität der Vorgänge in einem gegenüber der ganzen Welt kleinen Teile derselben, bei speziellen Anfangsbedingungen auch in der ganzen Welt, mit der Symmetrie der mechanischen Gleichungen gegenüber der positiven und negativen Zeitrichtung sehr wohl verträglich ist. Ausführlich verbreiten sich hierüber *Bertrand* und *Poincaré* in ihren Büchern über Wahrscheinlichkeitsrechnung. Vgl. das Zitat 26).

C. Reibung, Wärmeleitung und Diffusion.

15. Verschiedene Mittelwerte[60]). Aus der Formel (18) folgt sofort für die Anzahl der Moleküle in der Volumeneinheit, für welche die Geschwindigkeit zwischen den Grenzen c und $c + dc$ liegt, der Ausdruck

$$(25)\qquad \varphi(c)\,dc = 4\pi A e^{-\frac{c^2}{\alpha^2}} c^2 dc.$$

Die Gesamtanzahl aller Moleküle in der Volumeneinheit aber ist

$$(25\text{a})\qquad n = \int_0^\infty \varphi(c)\,dc = A\sqrt{\frac{\pi^3}{\alpha^3}}.$$

Der Mittelwert irgend einer Potenz der Geschwindigkeit ist

$$(26)\qquad \overline{c^a} = \frac{1}{n}\int_0^\infty c^a \varphi(c)\,dc.$$

Der Mittelwert des Produktes dreier beliebiger Potenzen der Geschwindigkeitskomponenten aber ist

$$(27)\qquad \overline{\xi^a \eta^b \zeta^c} = \frac{1}{n}\int_0^\infty\int_0^\infty\int_0^\infty \xi^a \eta^b \zeta^c f(\xi\eta\zeta)\,d\xi\,d\eta\,d\zeta.$$

Nach Einsetzung der Werte (18) und (25) für die Funktionen φ und f können die Integrationen ohne Schwierigkeit ausgeführt werden. Es ergiebt sich, dass man nicht hat $\overline{c^2} = (\overline{c})^2$, ebensowenig $\overline{\xi^4}\cdot\overline{\eta^2} = \overline{\xi^2}\cdot\overline{\xi^2\eta^2}$ u. s. w. Das hier definierte Mittel ist das sogenannte

60) Vgl. ausser den Abhandlungen *Maxwell*'s und den Lehrbüchern: *Meyer,* Theoria gasorum, Breslau Dissert. 1866.

statistische, welches man erhält, wenn man für jedes zu einer bestimmten Zeit in der Volumeneinheit vorhandene Molekül den betreffenden Wert z. B. c^a bildet und aus allen diesen Werten das Mittel nimmt. Das *historische* Mittel dagegen ist dadurch definiert, dass man ein einziges Molekül während einer langen Zeit t betrachtet und für dasselbe das Integral

$$\frac{1}{t}\int_0^t c^a dt$$

bildet. Da sich durchschnittlich alle Moleküle gleich verhalten, so haben für den stationären Zustand beide Mittel denselben Wert.

Unter der wahrscheinlichsten Geschwindigkeit versteht man diejenige ($c = \alpha$), für welche die Funktion $\varphi(c)$ der Gleichung (25) den grössten Wert hat, und es verdient bemerkt zu werden, dass für diese Geschwindigkeit nicht auch der wahrscheinlichste Wert der lebendigen Kraft eintritt. Denn bei Berechnung der ersteren denkt man sich dc, bei Berechnung der letzteren aber dx konstant, wobei $x = \frac{1}{2}mc^2$ die lebendige Kraft des Moleküles ist. Die Anzahl der Moleküle, für welche die lebendige Kraft zwischen x und $x + dx$ liegt, wäre also

$$\frac{4\sqrt{2}\pi}{m\sqrt{m}} A e^{-\frac{2x}{m\alpha^2}} \sqrt{x}\, dx$$

und die wahrscheinlichste lebendige Kraft ist daher diejenige, für welche die Funktion

$$\sqrt{x} e^{-\frac{2x}{m\alpha^2}}$$

ein Maximum wird. Dies tritt für $x = \frac{1}{4}m\alpha^2$, daher $c = \frac{\alpha}{\sqrt{2}}$ ein.

Seien in demselben Gefässe zwei Systeme von Molekülen (Gasarten) vorhanden. Für das erste sei die Geschwindigkeitsverteilung durch die Formel (18), für das zweite durch eine analoge gegeben, in welcher an Stelle der Konstanten α und n (Gl. (25a)) andere, etwa β und n_1 treten. Dann findet *Maxwell*[61]) für die Anzahl der Molekülpaare in der Volumeneinheit, von denen das eine der ersten, das andere der zweiten Gasart angehört und für welche die Differenz der Geschwindigkeitskomponenten in der Abszissenrichtung zwischen u und $u + du$ liegt, den Ausdruck

$$\frac{n n_1}{\sqrt{\alpha^2 + \beta^2}\sqrt{\pi}} e^{\frac{u^2}{\alpha^2 + \beta^2}} du.$$

61) *Maxwell*, Papers 1, p. 382; Phil. mag. (4) 19 (1860), p. 24.

Daraus ergiebt sich für die mittlere relative Geschwindigkeit zwischen je einem Paare von Molekülen, von denen das eine der einen, das andere der anderen Gasart angehört, der Wert

$$\bar{r} = \sqrt{\bar{c}_1^2 + \bar{c}_2^2}, \tag{28}$$

wobei $\bar{c}_1$ die mittlere Geschwindigkeit eines Moleküles der ersten, $\bar{c}_2$ eines Moleküles der zweiten Gasart ist. Wenn beide Moleküle derselben Gasart angehören, so ist die mittlere relative Geschwindigkeit

$$\bar{r} = \bar{c}\sqrt{2}. \tag{29}$$

Für die Wahrscheinlichkeit, dass bei einem einfachen Gase für ein willkürlich herausgegriffenes Molekül die relative Geschwindigkeit zu einem gegebenen, die Geschwindigkeit c besitzenden Moleküle zwischen r und $r + dr$ liegt, findet *Maxwell*[62]) den Ausdruck

$$\frac{1}{\alpha\sqrt{\pi}}\,\frac{r}{c}\left(e^{-\frac{(r-c)^2}{\alpha^2}} - e^{-\frac{(r+c)^2}{\alpha^2}}\right)dr.$$

Durch Multiplikation mit r und Integration von $r = 0$ bis $r = \infty$ findet man für den Mittelwert der verschiedenen relativen Geschwindigkeiten, welche ein mit der Geschwindigkeit c im Gase bewegtes Molekül gegen die verschiedenen übrigen Moleküle des Gases hat, den Wert

$$\bar{r}_c = \frac{\alpha}{c\sqrt{\pi}}\,\psi\left(\frac{c}{\alpha}\right), \tag{30}$$

wobei

$$\psi(x) = xe^{-x^2} + \frac{1+2x^2}{x}\int_0^x e^{-y^2}dy \tag{31}$$

ist.

16. Die mittlere Weglänge. Diese für die Gastheorie so wichtige Grösse wurde zuerst von *Clausius*[63]) berechnet. Dieselbe lässt sich aber nur dann in einfacher Weise definieren, wenn man die Gasmoleküle als vollkommen elastische Kugeln betrachtet. Es bewege sich ein Molekül mit der fortwährend gleichen Geschwindigkeit c in einem Raume, in welchem sehr viele Moleküle von möglicherweise anderer Beschaffenheit, welche aber unter sich gleichartig sein sollen, unregelmässig verteilt sind. Letztere sollen alle ruhen, und es sollen von ihnen n auf die Volumeneinheit entfallen. Die Summe der Radien des bewegten und irgend eines der ruhenden Moleküle sei σ, der so-

62) *Maxwell,* Phil. mag. (4) 19, p. 26; Papers 1, p. 384.

63) *Clausius,* Ann. Phys. Chem. 105 (1858), p. 239; Phil. mag. (4) 17 (1859), p. 81; Ges. Abh. 2, p. 260.

genannte Radius der Abstandssphäre. Wir konstruieren um das Zentrum des bewegten Moleküles als Mittelpunkt eine Kugel vom Radius σ (die Abstandssphäre) und denken uns dieselbe mit dem Moleküle mitbewegt. Dann wird das bewegte Molekül in der Zeiteinheit durchschnittlich mit so vielen ruhenden zusammenstossen, als Mittelpunkte derselben in dem Raume liegen, den die vorangehende Halbkugelfläche der Abstandssphäre durchsetzt. Die Anzahl dieser Zusammenstösse ist:

$$\nu = \pi n \sigma^2 c. \tag{32}$$

Sind die anderen Moleküle, mit denen das eine zusammenstösst, ebenfalls bewegt, so ist für c die mittlere relative Geschwindigkeit $\bar{r}$ zu setzen, es wird also

$$\nu = \pi n \sigma^2 \bar{r}. \tag{33}$$

Da von einem Zusammenstosse bis zum nächsten durchschnittlich die Zeit $\frac{1}{\nu}$ vergeht, so ist das Mittel der Wege, welche der Mittelpunkt eines stets mit der Geschwindigkeit c bewegten Moleküles von einem bis zum nächsten Zusammenstosse zurücklegt (die mittlere Weglänge),

$$\lambda_c = \frac{c}{\nu} = \frac{c}{\pi n \sigma^2 \bar{r}_c}. \tag{34}$$

Wenn sich das Molekül mit wechselnder Geschwindigkeit bewegt, so ist die mittlere Weglänge

$$\lambda = \frac{\bar{c}}{\nu} = \frac{\bar{c}}{\pi n \sigma^2 \bar{r}}. \tag{35}$$

Clausius berechnet l. c. die mittlere Weglänge eines Moleküles eines einfachen Gases unter der Voraussetzung, dass sich alle Moleküle mit derselben Geschwindigkeit in allen möglichen Richtungen des Raumes bewegen. Da dann, wie man leicht findet, $\bar{r} = \frac{4}{3}\bar{c}$ ist, so folgt

$$\lambda = \frac{3}{4\pi n \sigma^2}.$$

Herrscht unter den Molekülen die *Maxwell*'sche Geschwindigkeitsverteilung, so ist nach Formel (29) $\bar{r} = \bar{c}\sqrt{2}$, daher

$$\lambda = \frac{1}{\sqrt{2}\pi n \sigma^2},$$

wie zuerst *Maxwell*[63a]) zeigte.

Bewegt sich ein Molekül in einem Gemische zweier Gase, so erhält man entsprechend kompliziertere Formeln, da dann sowohl die Zusammenstösse mit den Molekülen derselben als auch mit denen der übrigen Gasarten in Rechnung zu ziehen sind[63b]).

63a) *Maxwell,* Papers 1, p. 387; Phil. Mag. (4) 19 (1860), p. 28.

63b) *Maxwell* l. c. in Anm. 63a; *Boltzmann,* Gastheorie 1, p. 65 und 70.

Im bisherigen ist die mittlere Weglänge stets folgendermassen definiert worden: Man betrachtet das ganze Gas während einer längeren Zeit und nimmt auf allen Wegen, welche entweder alle oder gewisse hervorgehobene Moleküle desselben von je einem Zusammenstosse bis zum nächsten zurücklegen, das Mittel. Wir können es (vgl. Nr. **15**) als das historische oder vielleicht besser als das historisch-statistische bezeichnen. Als Beispiel, wie oft der Begriff des Mittels kein eindeutiger ist, seien noch zwei andere von *Tait*[64]) vorgeschlagene Definitionen der mittleren Weglänge erwähnt. Die erste geht dahin, dass man das Gas in einem bestimmten Zeitmomente betrachtet, für jedes Molekül desselben den Weg notiert, den es von dem diesem Zeitmomente nächstvorhergehenden bis zu dem zunächst auf ihn folgenden Zusammenstosse zurücklegt und aus allen diesen Wegen das Mittel nimmt (statistisches Mittel). Die zweite von *Tait* vorgeschlagene Definition geht dahin, dass man die mittlere Geschwindigkeit aller Moleküle mit der Zeit multipliziert, die im Mittel von einem Zusammenstosse bis zum nächsten vergeht. Die nach den beiden letzteren Methoden erhaltenen mittleren Weglängen sind von derselben Grössenordnung, wie die früher berechnete, nur der numerische Koeffizient ist ein wenig verschieden. Für die in der Gastheorie erforderlichen Entwickelungen ist wohl nur die ursprünglich angegebene Definition der mittleren Weglänge von Wichtigkeit.

Der Umstand, dass die Zeit, in welcher durchschnittlich der nächste Zusammenstoss eines Moleküles eintritt, dieselbe bleibt, ob das Molekül soeben zusammengestossen ist oder sich schon länger ohne Zusammenstoss bewegt, entspricht ganz der Thatsache, dass die Wahrscheinlichkeit, dass eine Lottonummer gezogen wird, dadurch nicht erhöht wird, wenn sie schon längere Zeit nicht gezogen wurde Analoges gilt für die Wahrscheinlichkeit des Zeitmomentes, in welchem ein Molekül den nächstvorhergehenden Zusammenstoss erfuhr [65]).

Es sei zu Anfang der Zeit n_0 die Gesamtanzahl der Moleküle eines Gases oder die Zahl derjenigen Moleküle, welche gewisse beschränkende Bedingungen erfüllen, und es sollen von diesen Molekülen in der Zeiteinheit ν mit anderen zum Zusammenstosse gelangen; ferner sei n die Zahl derjenigen dieser Moleküle, welche während einer gegebenen Zeit t noch nicht mit anderen zum Zusammenstosse gelangt sind. Dann ist [65a])

$$dn = -\nu\, dt, \quad n = n_0 e^{-\nu t}.$$

64) *Tait,* Edinb. Proc. 15 (1888), p. 225; Edinb. Trans. 33, p. 74.

65) *Clausius,* Gastheorie, p. 209; *Boltzmann,* Gastheorie 1, p. 71.

65a) *Clausius,* Gastheorie, p. 71.

Wir setzten bei Berechnung der mittleren Weglänge voraus, dass sich die Anzahl der Molekülmittelpunkte, welche sich in dem von der vorderen Hälfte der Abstandssphäre des bewegten Moleküles durchsetzten Raume Ω befinden, zur gesamten Anzahl der Moleküle des Gases verhält, wie das Volumen Ω zum gesamten Volumen V des Gases. Dies ist nicht mehr genau richtig, wenn die Summe der Abstandssphären aller Moleküle nicht gegenüber V verschwindet. Man muss dann vielmehr in der Proportion von V die Summe S der Abstandssphären aller Moleküle abziehen, von Ω dagegen muss die Summe T derjenigen Teile dieses Raumes, welche von Abstandssphären anderer Moleküle erfüllt sind, abgezogen werden. Der Quotient $\Omega - T : V - S$ giebt dann die Wahrscheinlichkeit, dass der Mittelpunkt eines Moleküles in dem Raume Ω liegt. Für die unter Berücksichtigung dieses Umstandes korrigierte mittlere Weglänge findet *Clausius* [66]) unter der Annahme, dass die Korrektion klein ist, den Ausdruck

$$\frac{\bar{c}}{n\pi\sigma^2\bar{r}}\left(1 - \frac{5}{12}\pi n \sigma^3\right).$$

Denselben Wert hat später *Jäger* [67]) auf anderem Wege gefunden. *Van der Waals* [68]), *Korteweg* [69]), *Meyer* [70]) fanden früher andere Werte. Vgl. auch *Kool* [71]), *Jeans* [72]).

Eine Korrektion der mittleren Weglänge, welche durch Berücksichtigung des Einflusses der das Gas umgebenden Wände bedingt ist, berechnet *Clausius* l. c. p. 66. Eine Korrektion wegen Einflusses der Kohäsionskräfte wurde von *Sutherland* [73]) berechnet. Die Korrektion der Formel für den Druck wegen endlicher Grösse der Moleküle und Kohäsionskräfte siehe Nr. **29**.

17. Maxwell's erste Berechnung des typischen Falles der inneren Reibung, Wärmeleitung und Diffusion. Die Berechnung dieser drei für die Beobachtung so wichtigen Vorgänge bildet ein Hauptobjekt der Gastheorie. Man begann mit der Berechnung der einfachsten zur Definition der betreffenden Naturkonstanten dienenden

---

66) *Clausius,* Gastheorie, p. 63.

67) *Jäger,* Wien Ber. 105 (1896), p. 97.

68) *van der Waals,* Continuität; vgl. auch *Kohnstamm,* Amsterd. Proc. 23, April 1904.

69) *Korteweg,* Arch. Néerl. 12 (1877), p. 13.

70) *Meyer,* Gastheorie, 2. Aufl., p. 78.

71) *Kool,* Soc. Vaudoise (3) 28 (1892), p. 211.

72) *Jeans,* Phil. mag. (6) 8 (1904), p. 700.

73) *Sutherland,* Phil. mag. (5) 36 (1893), p. 507.

Fälle (der einfachsten typischen Fälle). Diese wurde für alle drei in Rede stehenden Vorgänge zuerst von *Maxwell*[74]) durchgeführt, allerdings unter manchen die Rechnung vereinfachenden nicht mathematisch strengen Annahmen. *Maxwell* betrachtet zuerst den typischen Fall der inneren Reibung, welcher durch folgende Bedingungen bestimmt ist: In einem Gase habe jede der xy-Ebene parallele Schicht eine der Abszissenrichtung parallele sichtbare Geschwindigkeit u, welche eine lineare Funktion der z-Koordinate der betreffenden Schicht etwa gleich az ist. Er prüft jedes Molekül darauf, in welcher Schicht es das letzte Mal zum Zusammenstosse gelangte (von welcher Schicht es ausgesandt wurde), und in welcher Schicht es dann wieder zum Zusammenstosse gelangt. Er nimmt an, dass es immer dasjenige in der Abszissenrichtung geschätzte Bewegungsmoment von der ersteren Schicht zur letzteren überträgt, welches ihm zukäme, wenn es die sichtbare Geschwindigkeit u der ersteren Schicht hätte. Indem er die Rechnung so durchführt, als ob bei der Molekularbewegung alle Moleküle ihre mittlere Geschwindigkeit hätten, findet er für das gesamte durch eine der xy-Ebene parallele Ebene vom Flächeninhalte 1 hindurchgetragene Bewegungsmoment, welches durch a dividiert den Reibungskoeffizienten η liefert, denjenigen Wert, der mit unbedeutenden Modifikationen noch heute allgemein angenommen wird (vgl. Gleichung (38)).

Unter analogen Vereinfachungen berechnet *Maxwell* an derselben Stelle auch den Wärmeleitungskoeffizienten eines Gases und die Diffusion zweier Gase, sowohl die direkte als auch die durch eine poröse Scheidewand und eine enge Öffnung.

18. Andere Berechnungen des typischen Falles der Reibung. Derselbe Wert der Reibungskonstante, ebenfalls ohne Berücksichtigung der *Maxwell*'schen Geschwindigkeitsverteilung, wurde noch mehrmals[75]) nach einer der *Maxwell*'schen ähnlichen Methode berechnet, doch wurde, abgesehen von anderen Verschiedenheiten, meist nicht untersucht, in welcher Schicht jedes Molekül wieder zum Zusammenstosse gelangt, sondern es wurden blos alle durch eine bestimmte Fläche gehenden Moleküle auf die Schicht geprüft, von der sie ausgesandt wurden.

In einer späteren Berechnung von *O. E. Meyer*[76]), sowie nachher

74) *Maxwell,* Papers 1, p. 391; Phil. mag. (4) 19 (1860), p. 31.

75) *Stefan,* Wien Ber. (2) 65 (1872), p. 363; *Lang,* Wien Ber. (2) 64 (1871), p. 485; Ann. Phys. Chem. 145 (1872), p. 290; *O. E. Meyer,* Ann. Phys. Chem. 125 (1865), p. 589.

76) *O. E. Meyer,* Gastheorie, 1. Aufl., p. 320; 2. Aufl. 2, p. 102.

von *Boltzmann*[77]), *Tait*[78]), *Clausius*[79]) wurde dem Umstande, dass die Moleküle die verschiedensten Geschwindigkeiten haben, durch die Annahme Rechnung getragen, dass in jeder Schicht dieselbe Geschwindigkeitsverteilung herrscht, welche daselbst herrschen würde, wenn sich das ganze Gas mit der sichtbaren Geschwindigkeit dieser Schicht bewegen würde.

Mit einem ziemlich geringen Aufwande von Rechnung ergiebt sich das in den zitierten Abhandlungen gefundene Resultat nach der folgenden Methode[80]). Wir verstehen unter Q irgend eine Eigenschaft der Moleküle, deren Mittelwert $\overline{Q}$ für jedes Volumelement einer der xy-Ebene parallelen Schicht gleich sein und eine lineare Funktion von z etwa az sein soll. Wir betrachten in der xy-Ebene ein Stück vom Flächeninhalte Eins. Die Anzahl der Moleküle, welche in der Zeiteinheit durch dasselbe so hindurchgehen, dass ihre Geschwindigkeit zwischen den Grenzen c und $c+dc$ liegt und mit der positiven z-Axe einen Winkel bildet, der zwischen ϑ und $\vartheta+d\vartheta$ liegt, ist

$$d\nu = \frac{c}{2}\varphi(c)\,dc\sin\vartheta\,d\vartheta\,.$$

Dabei ist $\varphi(c)\,dc$ die Anzahl der Moleküle in der Volumeneinheit, deren Geschwindigkeit zwischen den oben definierten Grenzen liegt. Vorausgesetzt wird, dass bei Berechnung von $d\nu$ die für den Ruhezustand geltende Geschwindigkeitsverteilung an die Stelle der wirklichen gesetzt werden darf (vgl. Nr. **19**). Nach einer in Nr. **17** gemachten Bemerkung ist der mittlere Weg, den jedes der $d\nu$ Moleküle von seinem letzten Zusammenstosse bis zum Durchgange durch die xy-Ebene zurückgelegt hat, gleich der durch Formel (34) gegebenen Grösse λ_c. Dieser Zusammenstoss erfolgte daher durchschnittlich in einer Schicht mit der z-Koordinate $\lambda_c\cos\vartheta$, und wenn wir annehmen, dass jedes Molekül den dort herrschenden Wert von G durch die xy-Ebene trägt, so tragen die $d\nu$ Moleküle durch diese Ebene den Gesamtbetrag

$$a\lambda_c\cos\vartheta\,d\nu$$

dieser Grösse hindurch. Wenn wir alle Geschwindigkeiten gleichsetzen, so ist für $\varphi(c)\,dc$ die Gesamtzahl n der Moleküle in der Volumeneinheit zu setzen. Integriert man nach ϑ von 0 bis $\frac{\pi}{2}$ und beachtet, dass ein gleicher entgegengesetzt bezeichneter Betrag in der

77) *Boltzmann,* Wien Ber. (2) 84 (1881), p. 45.

78) *Tait,* Edinb. Trans. 33 (1867), p. 260.

79) *Clausius,* Gastheorie, p. 100.

80) *Boltzmann,* Gastheorie 1, p. 74.

entgegengesetzten Richtung hindurchgetragen wird, so ergiebt sich für die Gesamtmenge der Eigenschaft Q, welche in der Zeiteinheit durch die Flächeneinheit getragen wird, der Wert:

$$\Gamma = \tfrac{1}{3} a c \lambda n. \tag{36}$$

Berücksichtigt man dagegen das Vorkommen aller möglichen Geschwindigkeiten, so hat man auch noch nach c zu integrieren und erhält

$$\Gamma_1 = \tfrac{1}{3} a \int_0^\infty c \lambda_c \varphi(c)\, dc. \tag{37}$$

Setzt man für Q das in der Abszissenrichtung geschätzte Bewegungsmoment mu und für die mittlere Geschwindigkeitskomponente u in dieser Richtung az, so wird $\frac{\Gamma}{a}$ gleich der Reibungskonstante η und es folgt, wenn die Geschwindigkeiten aller Moleküle gleichgesetzt werden:

$$\eta = \tfrac{1}{3} c \lambda \varrho. \tag{38}$$

Wenn wir das *Maxwell*'sche Geschwindigkeitsverteilungsgesetz annehmen wollen, so haben wir in Formel (37) für $\varphi(c)$ den Wert (25) zu substituieren und erhalten

$$\eta = k \bar{c} \lambda \varrho, \tag{39}$$

wobei

$$k = \frac{1}{3} \sqrt{\frac{\pi}{2}} \int_0^\infty \frac{4x^3}{\psi(x)} e^{-x^2}\, dx. \tag{40}$$

$\psi(x)$ ist die in Nr. **17** durch Gleichung (31) definierte Funktion. Das in k vorkommende bestimmte Integral wurde von *Boltzmann*[81]) und *Tait*[82]) durch mechanische Quadraturen berechnet. Es ergiebt sich

$$k = 0{,}350271,$$

sodass die Werte (38) und (39) von η nur wenig verschieden sind. *O. E. Meyer* hat in der ersten Auflage seiner Gastheorie die Rechnung in etwas anderer Weise durchgeführt und ein etwas anders gebautes bestimmtes Integral erhalten; das von ihm in der zweiten Auflage, sowie von den anderen zitierten Autoren gefundene Integral aber ist mit dem in Gleichung (40) gegebenen identisch.

Schon *Boltzmann* hat l. c. betont, dass auch die Formel (39) für η keineswegs mathematisch exakt ist, da nach Gleichung (21) im

81) *Boltzmann,* Wien Ber. (2) 84 (1881), p. 45.

82) *Tait,* Edinb. Trans. 33 (1867), p. 277.

reibenden Gase eine von der *Maxwell*'schen etwas verschiedene Geschwindigkeitsverteilung herrschen muss und vermöge dieses Umstandes zum Reibungskoeffizienten Glieder hinzukommen, die von keiner geringeren Grössenordnung als die in Formel (39) berücksichtigten sind.

19. Andere Berechnung des typischen Falles der Wärmeleitung. Noch mannigfaltigere Resultate wurden bei Behandlung des typischen Falles der Wärmeleitung erhalten. *Clausius*[83]) hat denselben einer sehr umständlichen Rechnung unterzogen und dabei nachgewiesen, dass die ursprüngliche Formel *Maxwell*'s nicht exakt sein kann, da aus derselben ein Massentransport durch das wärmeleitende Gas folgen würde. Es sind jedoch auch weder die *Clausius*'sche noch die andern in dieser Nummer besprochenen Formeln exakt[84]). Andere Berechnungen des typischen Falles der Wärmeleitung wurden ausgeführt von *Stefan*[85]), *Lang*[86]), *Rühlmann*[87]), *O. E. Meyer*[88]), *Tait*[89]) u. s. w., wobei fast jedesmal ein anderer numerischer Koeffizient erhalten wurde. Die *Maxwell*'sche Geschwindigkeitsverteilung wird dabei von *Meyer* und *Tait* berücksichtigt, doch gilt von der Art und Weise dieser Berücksichtigung das bei der inneren Reibung Gesagte.

Die gleiche Formel für den Wärmeleitungskoeffizienten erhält man in sehr einfacher Weise aus den Gleichungen (36) und (37), wenn man an Stelle von G den gesamten Wärmeinhalt, also die gesamte Energie eines Moleküles einsetzt. Dass möglicherweise die Energie der inneren Bewegung sich in anderer Weise als die der progressiven beteiligt, wurde von *Boltzmann*[90]) diskutiert.

20. Vergleich mit der Erfahrung. Aus Formel (6) kann zunächst ie Quadratwurzel $\sqrt{\overline{c^2}}$ aus dem mittleren Geschwindigkeitsquadrate berechnet werden. Sie folgt für alle Gase beiläufig gleich der $1\frac{1}{2}$ fachen Schallgeschwindigkeit. Daraus folgt dann mittels des *Maxwell*'schen Geschwindigkeitsverteilungsgesetzes die mittlere Geschwindigkeit $\bar{c}$. Aus dem experimentell bestimmbaren Werte des Reibungskoeffizienten lässt sich nach Formel (39) die mittlere Weg-

83) *Clausius,* Ann. Phys. Chem. 115 (1862), p. 1 = Ges. Abh. 2, p. 276; Gastheorie, p. 105.

84) *Kirchhoff,* Vorles. über math. Phys.: Theorie der Wärme, p. 210.

85) *Stefan,* Wien Ber. 47^2 (1863), p. 81.

86) *v. Lang,* Wien Ber. 64 (1871), p. 485; 65 (1872), p. 415.

87) *Rühlmann,* Handb. d. mech. Wärmetheorie, p. 198.

88) *O. E. Meyer,* Gastheorie, 1. Aufl., p. 187 u. 188; 2. Aufl. 2, p. 122

89) *Tait,* Edinb. Trans. 33, p. 261.

90) *Boltzmann,* Wien Ber. 72^2 (1875), p. 427.

länge eines Moleküles berechnen. Sie ergiebt sich für Stickstoff beim Normalbarometerstand und 15° Celsius etwa gleich 0,00001 cm. Daraus kann der Durchmesser, also die Grösse eines Moleküles bestimmt werden, wenn man annimmt, dass sich die Moleküle in den tropfbaren Flüssigkeiten nahezu berühren, wenigstens sehr dicht gedrängt sind, wie dies *Loschmid*[91]), *Lothar Meyer*[92]), *Stoney*[93]), *Lord Kelvin*[94]), *Jeans*[95]) thun. Derselbe ergiebt sich für Stickstoff etwa gleich dem millionten Teil eines Millimeters. Diese Werte können dann wieder in die Formel für die Wärmeleitfähigkeit eingesetzt werden, wodurch sich ein mit der Erfahrung wenigstens qualitativ übereinstimmender Wert ergiebt. Aus den Formeln (38) und (39) folgt, dass der Reibungskoeffizient bei konstanter Temperatur von der Dichte unabhängig ist, und dasselbe folgt auch für die Wärmeleitungskonstante aus der für diese geltenden Formel. Beide Resultate überraschten *Maxwell* sehr, wurden jedoch später durch die Erfahrung bestätigt. Freilich können sie nicht bis zur Dichte Null gelten; hier wird die Übereinstimmung mit der Erfahrung dadurch hergestellt, dass für sehr kleine Dichten die Reibungs- und Wärmeleitungsgesetze eine Modifikation erfahren, indem im ersteren Falle erhebliche Gleitung, im letzteren ein Temperatursprung auftritt. Vgl. *Kundt* und *Warburg*[96]), sowie *Smoluchowski*[97]). Diese Autoren behandeln das Problem sowohl experimentell als auch theoretisch.

Sowohl die Reibungskonstante als auch die Wärmeleitungskonstante ergeben sich der Quadratwurzel aus der absoluten Temperatur proportional, und zwar ist dieses Resultat unabhängig von den Ungenauigkeiten der besprochenen Rechnung, sobald die Moleküle als undeformierbare vollkommen elastische Körper betrachtet werden, wie sich durch blosse Betrachtung der Dimensionen der betreffenden Grössen zeigen lässt. Die Erfahrung lehrt, dass beide Koeffizienten mit wachsender Temperatur rascher ansteigen. Dies kann aus der Annahme erklärt werden, dass die Moleküle nicht starr sind, sondern um so tiefer in einander eindringen, je heftiger sie auf einander stossen[98]).

---

91) *Loschmid,* Wien Ber. 52 (1865), p. 395.

92) *L. Meyer,* Ann. Chem. Pharm., 5. Suppl.-Bd. (1867), p. 129.

93) *Stoney,* Phil. Mag. (4) 46 (1873), p. 463; Pap. 2 p. 372.

94) *Kelvin,* Nature, März 1870; Sill. J. 5 (50), p. 38, 258; Rep. Brit. Ass. 84.

95) *Jeans,* Phil. mag. (6) 8 (1904), p. 692.

96) *Kundt* u. *Warburg,* Ann. Phys. Chem. 155 (1875), p. 337, 525; 156 (1875), p. 171.

97) *v. Smoluchowski,* Ann. Phys. Chem. 64 (1898), p. 101; Wien Ber. 108^{2a} (1899), p. 5.

98) *Stefan,* Wien Ber. 65^2 (1872), p. 339.

In der That zeigt sich ein anderes Gesetz der Abhängigkeit von der Temperatur, wenn man die Moleküle als sich abstossende Kraftzentra betrachtet (vgl. Nr. 25).

21. Andere Berechnung des typischen Falles der Diffusion. Die Rechnungen *Maxwell's* über den typischen Fall der Diffusion zweier Gase ohne poröse Scheidewände wurden von *Meyer*[99]) vervollständigt. Derselbe gelangt jedoch zu einer Veränderlichkeit der Diffusionskonstante, bei wechselndem Mischungsverhältnisse der Gase, welche jedenfalls weit grösser ist, als es die Experimente zulassen. *Tait*[100]) hat ebenfalls die Diffusion ohne poröse Scheidewände unter Berücksichtigung des *Maxwell*'schen Geschwindigkeitsverteilungsgesetzes untersucht.

Stefan[101]) stellte eine Theorie der Gasdiffusion ohne poröse Scheidewände auf, welche nur teilweise auf dem Boden der kinetischen Gastheorie steht, indem er den Satz, dass jedes Gas bei der Diffusion durch das andere einen Widerstand erfährt, welchen *Maxwell* aus seiner später zu besprechenden Theorie (Nr. 24) kinetisch begründet, einfach unbewiesen als Axiom hinstellt. Daraus ergiebt sich dann der Diffusionskoeffizient unabhängig vom Mischungsverhältnisse, wie es auch *Maxwell* in jener später zu betrachtenden Theorie findet. Aus einem ähnlichen Axiome entwickelt *Stefan* eine kinetische Theorie der Diffusion durch poröse Scheidewände. Eine Kritik der verschiedenen Theorien der Gasdiffusionen sowie eine Berechnung aus seinen Anschauungen giebt *Sutherland*[102]).

Unter der Voraussetzung, dass die Moleküle undeformierbare, vollkommen elastische Körperchen seien, ergiebt sich der Diffusionskoeffizient verkehrt proportional dem Gesamtdrucke, und direkt proportional der $^3/_2$ten Potenz der absoluten Temperatur. Erstere Konsequenz wurde durch die Erfahrung bestätigt. Auch der absolute Wert der Diffusionskonstante verschiedener Gaspaare, wie ihn die kinetische Gastheorie liefert, stimmt wenigstens beiläufig mit der Erfahrung.

Aus der Beziehung der Reibungs-, Wärmeleitungs- und Diffusionskonstanten chemisch zusammengesetzter Gase mit denen der Bestandteile lassen sich Schlüsse über die Volumina, Querschnitte und Durchmesser der Moleküle ziehen[103]).

99) *O. E. Meyer,* Gastheorie, 1. Aufl., p. 327; 2. Aufl., p. 116.

100) *Tait,* Edinb. Trans. 33 (1887), p. 266.

101) *Stefan,* Wien. Ber. 63^2 (1871), p. 63; 65^2 (1872), p. 323.

102) *Sutherland,* Phil. mag. (5) 38 (1894), p. 1.

103) *O. E. Meyer,* Gastheorie, 1. Aufl., § 104; 2. Aufl., § 119.

D. Zweite Theorie Maxwell's.

22. Spätere Theorie Maxwell's, welche die Moleküle als Kraftzentra auffasst. Von weit allgemeineren Gesichtspunkten ausgehend und in einer mathematisch viel befriedigenderen Form wurde die innere Reibung, Diffusion und Wärmeleitung der Gase in *Maxwell's* zweiter grosser gastheoretischer Arbeit[104]) behandelt. Ziemlich ausführliche Darstellungen dieser Behandlungsweise geben *Kirchhoff*[105]) und *Boltzmann*[106]). Hier werden nicht mehr bloss einzelne typische Fälle dieser Vorgänge ausgewählt, sondern es wird ganz allgemein ein Gas betrachtet, in welchem die sichtbare Bewegung, Dichte, Temperatur u. s. w. zu Anfang in beliebig gegebener Weise von Punkt zu Punkt variabel ist, und es werden die Bewegungsgleichungen, sowie die Gleichungen für die Veränderung der übrigen Bestimmungsstücke des Gases in diesem allgemeinen Falle aus der Gastheorie entwickelt. In ähnlicher allgemeiner Weise wird das Problem der Diffusion behandelt. Dabei werden freilich auch gewisse Grössen als klein gegenüber andern vernachlässigt, aber es werden die verschiedenen Ordnungen der Kleinheit streng mathematisch definiert und immer nachgewiesen, dass die vernachlässigten Grössen wirklich von höherer Ordnung der Kleinheit sind, als die beibehaltenen.

Natürlich legt *Maxwell* wieder die schon in Nr. **12** skizzierte Voraussetzung seinen Rechnungen zu Grunde, der vom Gase eingenommene Raum lasse sich in Volumelemente zerlegen, welche so klein sind, dass innerhalb derselben der sinnlich erkennbare Zustand des Gases (Temperatur, Strömung, Mischungsverhältnis u. s. w.) als konstant betrachtet werden kann, und dass doch jedes Volumelement ausserordentlich viele Moleküle enthält, welche die verschiedensten Geschwindigkeiten haben. Er bezeichnet mit Q irgend eine Funktion der drei Geschwindigkeitskomponenten ξ, η, ζ eines Moleküls. Er denkt sich den Mittelwert $\overline{Q}$ dieser Funktion für alle Moleküle eines Volumelementes gebildet und berechnet die gesamte Veränderung dieses Mittelwertes während eines Zeitdifferentials. Diese Veränderung setzt sich aus vier Teilen zusammen, 1. die infolge der sichtbaren Bewegung des Gases, 2. die infolge der etwaigen Wirksamkeit äusserer Kräfte, 3. die infolge der Zusammenstösse der Moleküle des Gases unter einander, 4. die infolge der Zusammenstösse mit den Molekülen anderer etwa in demselben Raume vorhandener Gase. Die Berech-

---

104) *Maxwell,* Phil. Trans. 157; Phil. Mag (4) 35, p. 129 = Papers 2, p. 26.

105) *Kirchhoff,* Vorles. üb. mathem. Physik: Theorie der Wärme, 13 u. d. folg. Vorles.

106) *Boltzmann,* Gastheorie 1, p. 180.

nung dieser Veränderungen wird in ähnlicher Weise durchgeführt wie in Nr. **12** bei Entwickelung der Gleichung (21) die Veränderung von f und H berechnet wurde. Die Ausdrücke für die Veränderungen infolge der 3. und 4. Ursache vereinfachen sich ausserordentlich, wenn man die Moleküle nicht als elastische Kugeln betrachtet (was wir das alte Wirkungsgesetz nennen wollen), sondern als Kraftzentra, welche sich mit einer der 5. Potenz der Entfernung verkehrt proportionalen Kraft abstossen, was das neue *Maxwell*'sche Wirkungsgesetz heissen soll. *Maxwell* führt als Hauptgrund für die Einführung dieser Annahme an, dass sie die Reibungskonstante nicht wie die alte Theorie der Quadratwurzel, sondern der ersten Potenz der absoluten Temperatur proportional liefert, was mit einigen experimentellen Resultaten *Maxwell*'s übereinstimmt. Das Resultat dieser Experimente wurde durch spätere Versuche anderer Physiker zwar nicht bestätigt, aber es ergab sich auch nicht eine Proportionalität mit der Quadratwurzel der absoluten Temperatur, sondern ein für verschiedene Gase in verschiedener Weise zwischen diesen beiden Grenzen liegendes Abhängigkeitsgesetz. Aus diesem Grunde dürfte die alte (freilich vielleicht anschaulichere) Vorstellung, dass sich die Moleküle wie elastische Kugeln verhalten, welche sicher auch nicht exakt das thatsächliche Verhalten der Moleküle ausdrückt, auch kaum eine wesentlich bessere Annäherung an die Wirklichkeit bieten als das neue *Maxwell*'sche Wirkungsgesetz. Letzteres hat aber vor allen andern Wirkungsgesetzen den Vorzug, dass sich unter seiner Annahme allein alle gastheoretischen Rechnungen leicht und bequem durchführen lassen.

Die Auffindung eines solchen Wirkungsgesetzes durch *Maxwell* ist aber um so wertvoller, als andere Wirkungsgesetze kaum qualitativ verschiedene numerische Resultate ergeben dürften.

Obwohl nach dem neuen *Maxwell*'schen Wirkungsgesetz die Abstossung zweier Moleküle selbst in beliebig grosser Entfernung nicht absolut gleich Null wird, so zeigt die Rechnung doch, dass nur, wenn sich zwei Moleküle ungewöhnlich nahe kommen, was wir einen Zusammenstoss nennen wollen, eine erhebliche Ablenkung von ihrer geradlinigen Bahn eintritt. Es findet dann eine gewöhnliche Zentralbewegung statt, deren Verlauf *Maxwell* leicht berechnet. Derselbe wird durch elliptische Funktionen dargestellt, deren zahlenmässige Auswertung jedoch nur zur Berechnung gewisser (hauptsächlich zweier) numerischer Konstanten[106a]) erforderlich ist; im übrigen spielen sie in der Theorie keine Rolle.

106a) Genauer als *Maxwell* berechnete *Nagaoka* diese beiden Konstanten Nature 69 (1903), p. 79.

23. Anwendung der Kugelfunktionen. Zur Klarlegung der *Maxwell*'schen Schlussweise mögen folgende Ausführungen dienen. Um Betrachtungen über das Verhalten von Gefässwänden zu umgehen, denken wir uns in einem unbegrenzten Raume ein einfaches Gas, auf welches keine äusseren Kräfte wirken. Die Geschwindigkeitsverteilung unter den Molekülen desselben soll nicht die dem Wärmegleichgewichte entsprechende sein, aber sie soll zu Anfang der Zeit und daher auch für alle folgenden Zeitpunkte an allen Stellen des Gases vollkommen gleich sein. Die in Nr. **12** eingeführte Funktion (f) soll also unabhängig von x, y, z, aber für $t = 0$ eine beliebig gegebene Funktion von ξ, η, ζ sein. Dann erfährt der Mittelwert $\overline{Q}$ der übrigens ebenfalls beliebig gegebenen oben mit Q bezeichneten Funktion durch die sichtbare Bewegung des Gases keine Veränderung, und es bleibt von den vier besprochenen Veränderungen, welche $\overline{Q}$ während einer unendlich kleinen Zeit δt erfährt, nur die infolge der Zusammenstösse der Moleküle, die mit $\delta \overline{Q}$ bezeichnet werden soll. *Maxwell* berechnet in den ersteren der zitierten Abhandlungen nur die Veränderungen, welche einige wenige ganz einfache Funktionen von ξ, η, ζ in diesem Falle erfahren. In der zitierten letzten Abhandlung über diesen Gegenstand aber behandelt er dieses Problem allgemein und gelangt zu folgenden Resultaten, welche natürlich nur für das von ihm angenommene Wirkungsgesetz der Moleküle giltig sind.

1) Wenn Q irgend eine ganze Kugelfunktion von ξ, η, ζ ist, so ist $\delta \overline{Q} / \delta t$ immer gleich dem negativen Produkte von $\overline{Q} - \overline{Q}_0$ und einem Koeffizienten, der für alle Kugelfunktionen gleicher Ordnung denselben Wert hat und den *Maxwell* den Modulus der Relaxationszeit für die betreffende Kugelfunktion nennt. $\overline{Q}_0$ ist dabei der dem Wärmegleichgewichte entsprechende Wert von $\overline{Q}$. Dasselbe gilt, wenn Q ein Produkt ist, dessen sämtliche Faktoren Kugelfunktionen sind, und auch wenn dazu noch ein Faktor tritt, der gleich einer ganzen Potenz von $\xi^2 + \eta^2 + \zeta^2$ ist.

2) Wenn Q eine andere ganze Funktion ist, so wird der Ausdruck für $\delta \overline{Q} / \delta t$ komplizierter und man findet ihn am einfachsten, indem man Q in eine Summe von Gliedern zerlegt, von denen jedes keinen andern Faktor als Kugelfunktionen oder eine Potenz von $\xi^2 + \eta^2 + \zeta^2$ enthält.

3) Der numerische Wert des Moduls der Relaxationszeit kann durch mechanische Quadraturen mittels der besprochenen elliptischen Integrale bestimmt werden, welche den Verlauf der Zentralbewegung beim Zusammenstosse zweier Moleküle bestimmen, und es ist die einzige in der ganzen Theorie vorkommende Grösse, welche von dieser Zentralbewegung abhängt.

Er ist stets enorm gross, so dass $\overline{Q}$ durch die Zusammenstösse jedes Mal ausserordentlich rasch dem Werte $\overline{Q}_0$ nahe gebracht wird. Wenn daher in einem Gase sichtbare Bewegungen, Wärmeleitung oder Diffusion stattfinden und sich die sichtbare Geschwindigkeit, die Temperatur oder das Mischungsverhältnis der Gase nicht enorm rapid von Punkt zu Punkt ändert, so wird stets der Mittelwert einer beliebigen Grösse Q nur wenig von $\overline{Q}_0$ entfernt sein, da er durch die Zusammenstösse fortwährend wieder sehr nahe an $\overline{Q}_0$ gebracht wird. Wenn später von sehr kleinen Gliedern und ihrer Grössenordnung gesprochen wird, so ist dieselbe immer in bezug auf Grössen von der Form $\overline{Q} - \overline{Q}_0$ zu verstehen.

24. Hydrodynamische Gleichungen ohne Reibung. *Maxwell* berechnet ferner die Veränderungen von $\overline{Q}$ infolge der sichtbaren Bewegung des Gases und infolge der Wirksamkeit äusserer Kräfte und erhält so die allgemeine Gleichung für die Veränderung dieser Grösse. Die Anwendungen ergeben sich durch Spezialisierung der Funktion Q.

Indem *Maxwell* zuerst für Q eine Konstante, etwa die Masse m eines Moleküls setzt, geht die besprochene allgemeine Gleichung über in die Gleichung, welche in der Hydrodynamik unter dem Namen der Kontinuitätsgleichung bekannt ist, und welche noch vollkommen streng ohne alle Vernachlässigung gilt. Mit ihrer Hilfe wird die allgemeine Gleichung etwas vereinfacht.

Hierauf setzt *Maxwell* Q gleich einer linearen Funktion von ξ, η, ζ, etwa gleich der in einer der Koordinatenrichtungen geschätzten Bewegungsgrösse $m\xi$, $m\eta$, $m\zeta$ eines Moleküls. Er erhält in dieser Weise für ein einfaches Gas nur die hydrostatischen Gleichungen, und zwar wieder ohne irgend welche Vernachlässigungen, für ein Gemisch zweier Gase aber die Grundgleichungen der Diffusion. Im letztern Falle jedoch treten Glieder von immer höher und höher werdender Grössenordnung in dem soeben definierten Sinne auf. Bleibt man bei den Gliedern erster Ordnung stehen, so findet man, dass die Anwesenheit des andern Gases bloss den Effekt hat, dass jedes Gas bei seinem Fortwandern einen der relativen Geschwindigkeit gegen das andere Gas proportionalen Widerstand erfährt. Hieraus folgen dann die gewöhnlichen Diffusionsgesetze. Der Diffusionskoeffizient ergiebt sich unabhängig vom Mischungsverhältnisse dem Gesamtdrucke verkehrt, dem Quadrate der absoluten Temperatur aber direkt proportional. Doch sind diese Gesetze nach der *Maxwell*'schen Theorie nur annäherungsweise richtig, da bei ihrer Entwickelung die Glieder höherer Ordnung vernachlässigt wurden.

Zu den hydrodynamischen Gleichungen gelangt *Maxwell*, indem er für Q quadratische Funktionen von ξ, η, ζ setzt. Um den Grund hiervon einzusehen, muss man bedenken, dass die sichtbare Geschwindigkeit eines Gases an irgend einer Stelle des Raumes nichts anderes ist, als die mittlere Geschwindigkeit der in einem daselbst konstruierten Volumelemente enthaltenen Moleküle. Die Beschleunigung der in einem Volumelemente enthaltenen Gasmasse wird, abgesehen von äusseren Kräften, in der gewöhnlichen Hydromechanik durch die Druckkräfte erzeugt, die von dem umgebenden Gase auf das betreffende Volumelement ausgeübt werden. Nach der Gastheorie aber kommt diese Beschleunigung dadurch zu Stande, dass die in das Volumelement neu eintretenden Moleküle durchschnittlich ein etwas anderes Bewegungsmoment besitzen als die daraus austretenden. Daher setzt die Gastheorie an die Stelle jeder der Druckkräfte $p_{xx}, p_{xy}, \ldots$, welche auf ein zur x-, y- oder z-Axe senkrechtes Flächenelement in einer der Koordinatenrichtungen pro Flächeneinheit wirken, das gesamte in der Zeiteinheit von den Molekülen durch die Flächeneinheit des betreffenden Flächenelements hindurchgetragene, in der betreffenden Koordinatenrichtung geschätzte Bewegungsmoment, wofür man leicht den Wert $\rho\overline{\xi^2}$, $\rho\overline{\xi\eta}$, ... findet[106b]), je nachdem die Normale zum Flächenelement und die Richtung, nach welcher das Bewegungsmoment geschätzt wird, beide mit der x-Axe, die eine mit der x-, die andere mit der y-Axe ... zusammenfallen. Unter ρ ist die Gasdichte zu verstehen. Daraus erklärt es sich, dass man die Bewegungsgleichungen für das Gas, welches jetzt wieder als ein einfaches zu betrachten ist, erhält, indem man in die allgemeine *Maxwell*'sche Gleichung für Q die ganzen Funktionen zweiten Grades $m\xi^2$, $m\xi\eta$, ... setzt. Behält man nur die Glieder der niedrigsten Grössenordnung bei, so ist, wie im ruhenden im Wärmegleichgewichte befindlichen Gase,

$$p_{xx} = p_{yy} = p_{zz}, \quad p_{xy} = p_{yz} = p_{zx} = 0,$$

und man erhält die gewöhnlichen hydrodynamischen Gleichungen ohne innere Reibung und es tritt jetzt für den im Innern des Gases herrschenden Druck derselbe Ausdruck auf, welcher in den Nrn. 2 und 5 für den Druck des Gases auf die Gefässwand gefunden wurde.

25. Hydrodynamische Gleichungen mit Reibung, Wärmeleitung und Diffusion. Behält man die Glieder von der nächst höheren

---

106b) $m\xi, m\eta, m\zeta$ sind ja die Bewegungsmomente eines Moleküls, $N\xi, N\eta, N\zeta$ die Zahl der in der Zeiteinheit durch die Flächeneinheit durchgehenden Moleküle, und nm ist $= \rho$.

Grössenordnung bei, so erhält man, wie *Maxwell* zeigt, die bezüglich der inneren Reibung korrigierten hydrodynamischen Gleichungen, wobei sich zwischen den beiden Konstanten der gleitenden und Kompressionsreibung, welche *Kirchhoff* mit μ und ν bezeichnet, die schon von *Stokes* angenommene Relation ergiebt. Da die Glieder, von welchen die Wärmeleitung abhängt, hierbei noch immer vernachlässigt sind, so ergiebt sich die Änderung des Druckes infolge der Ausdehnung hierbei so, wie es einer adiabatischen, nicht einer isothermen Ausdehnung entspricht. Der Wert des Reibungskoeffizienten ist also bedingt durch den Modul der Relaxationszeit für die Kugelfunktionen 2. Grades von ξ, η, ζ. Da nun diese den Grössen $p_{xx}, p_{xy}, \ldots$ proportional sind und für den Zustand der Ruhe die p mit gleichem Index gleich dem Drucke p sind, der dem ruhenden Gase zukommt, die p mit verschiedenem Index aber verschwinden, so kann jener Modul als die Geschwindigkeit betrachtet werden, mit welcher sich die Grössen

$$p_{xx} - p, \quad p_{yy} - p, \quad p_{zz} - p, \quad p_{xy}, p_{yz}, p_{zx}$$

infolge der Molekularbewegung der Grenze Null nähern würden, wenn sie nicht durch die Veränderlichkeit der sichtbaren Bewegung von Punkt zu Punkt wieder fortwährend von diesem Grenzwerte entfernt würden.

Wären keine Zusammenstösse vorhanden, so würden im unbegrenzt gedachten oder von einem exakt parallelepipedischen Gefässe umgrenzten Gase weder die Tangentialspannungen p_{xy}, p_{yz}, p_{zx} zum Werte Null herabsinken, noch die Normalspannungen sich untereinander ausgleichen. Das Gas würde daher die Eigenschaften eines festen Körpers, dem die elastische Nachwirkung fehlt, haben.

Erst indem man die Veränderungen der ganzen Funktion 3. Grades von ξ, η, ζ in Rechnung zieht, welche sich immer als klein höherer Ordnung gegenüber den bisher betrachteten Gliedern erweisen, gelangt man zu den Erscheinungen der Wärmeleitung, welche *Maxwell* in den ersteren Abhandlungen wieder nur so weit verfolgt, bis er zu den gewöhnlichen Gleichungen für die Wärmeleitung und zu dem Ausdrucke für die Wärmeleitungsfähigkeit gelangt. Ein kleiner Rechnungsfehler in den betreffenden Rechnungen wurde verbessert von *Boltzmann*[107]) und *Poincaré*[108]).

Alle so erhaltenen Fundamentalgleichungen erscheinen aber im Lichte der *Maxwell*'schen Theorie als blosse Annäherungsformeln. Würde man bei der Diffusion die Glieder höherer Ordnung berück-

107) *Boltzmann,* Wien. Ber. 66^2 (1872), p. 332; Gastheorie 1, p. 180.

108) *Poincaré,* Paris C. R. 116 (1893), p. 1020

sichtigen, so würde man nicht bloss Veränderlichkeit der Diffusionskoeffizienten, sondern auch, und zwar selbst für die Diffusion ohne poröse Scheidewände, sowohl Temperaturschwankungen als auch Unterschiede des Drucks nach verschiedenen Richtungen und an verschiedenen Stellen finden, welche *Maxwell* als thermische Effekte der Diffusion bespricht.

Wie die der innern Reibung entsprechenden Glieder als Korrektionsglieder der alten hydrodynamischen Gleichungen erscheinen, so würde man zu den ersteren weitere Korrektionsglieder erhalten, wenn man die Glieder von noch höherer Grössenordnung berücksichtigen würde. Hierbei würden sich aber natürlich die den hydrodynamischen Effekten und die der Wärmeleitung entstammenden Glieder nicht mehr von einander trennen lassen, gerade so, wie sich in der Theorie der elektrischen Schwingungen die elektrostatischen und elektrodynamischen Kräfte von einem gewissen Punkte an nicht mehr trennen lassen. Wie mit letzterer Theorie in der Elektrizitätslehre, so geht hier in der Gastheorie *Maxwell* über die Erfahrung hinaus und weist auf neue Experimente behufs Auffindung dieser Glieder hin.

In seiner letzten Abhandlung über diesen Gegenstand beschäftigt er sich eingehender mit diesen Gliedern und zwar hauptsächlich insofern sie beim Probleme der Wärmeleitung eine Rolle spielen. Es zeigt sich, dass im Wärme leitenden Gase der Druck weder nach allen Richtungen, noch an allen Stellen genau gleich ist und dass die Richtungen des grössten und kleinsten Druckes immer diejenigen sind, nach denen genommen der zweite Differentialquotient der Temperatur sein Maximum resp. Minimum hat. Diese Erscheinungen müssen in sehr verdünnten Gasen am meisten hervortreten und werden von *Maxwell* mit den Radiometererscheinungen in Beziehung gesetzt. Sie bewirken, dass kleine kältere oder heissere in demselben befindliche Körper scheinbare Fernkräfte auf einander ausüben und zwar zwei heissere Körper eine Abstossung, ebenso zwei kältere, ein heisserer und ein kälterer Körper aber eine Anziehung.

Maxwell findet unter der Annahme seines neuen Wirkungsgesetzes der Gasmoleküle zwar eine Beziehung zwischen der Reibungs- und Wärmeleitungskonstante, nicht aber zwischen diesen und dem Diffusionskoeffizienten zweier Gase. Letztere kann aber gewonnen werden, wenn man die Distanzen, in denen nach *Maxwell* die Abstossungskraft bemerkbar wird, mit dem in Beziehung setzt, was wir schon früher die Abstandssphären genannt haben[109]).

---

109) *Boltzmann,* Gastheorie 1, p. 201.

Wir sahen, dass *Maxwell* seine Resultate aus der allgemeinen Gleichung ableitete, welche er für die zeitliche Veränderung des Mittelwertes der von ihm mit Q bezeichneten Funktion aufstellte. Auf einem andern, zwar etwas weitschweifigeren, aber dafür sehr anschaulichen Wege gelangt *Boltzmann*[110]) zu den *Maxwell*'schen Resultaten, indem er die die Geschwindigkeitsverteilung bestimmende Funktion direkt aus der in Nr. **12** aufgestellten Gleichung berechnet. Gerade für das neue *Maxwell*'sche Wirkungsgesetz führt diese Gleichung in den Fällen der innern Reibung, Wärmeleitung usw. stets zu einer gut konvergenten Reihenentwicklung und ist einmal diese Funktion bestimmt, so reduziert sich die Lösung aller andern Aufgaben auf Quadraturen.

Boltzmann[111]) versucht auch nach derselben Methode die typischen Fälle der innern Reibung und Diffusion unter der Annahme, dass die Moleküle elastische Kugeln sind, exakt zu lösen, wird aber dabei auf sehr komplizierte, für die praktische Berechnung kaum brauchbare Reihenentwicklungen oder auf eine Differentialgleichung vierter Ordnung geführt, deren Koeffizienten transzendente Funktionen sind. Doch bestätigt sich, dass bei den in Nr. **18**, **19**, **20** und **21** erwähnten Berechnungsmethoden Glieder von derselben Grössenordnung wie die Ausschlag gebenden vernachlässigt werden.

In neuester Zeit endlich hat *Langevin*[111a]) gleichfalls im Anschluss an die geschilderte *Maxwell*'sche Methode das Diffusionsproblem in vollster Allgemeinheit behandelt; allerdings wiederum unter Annahme der Gültigkeit des *Maxwell*'schen Geschwindigkeitsverteilungsgesetzes (vgl. hierüber das in Nr. **18** Gesagte). Die Spezialisierung seines Resultates führt für den Fall des 5. Potenzgesetzes selbstverständlich auf das Resultat *Maxwell*'s; für den Fall aber, dass sich die Moleküle wie elastische Kugeln verhalten auf einen Wert, der sich als identisch erweist mit dem seiner Zeit von *Stefan*[111b]) gefundenen Werte des Diffusionskoeffizienten.

Eine allgemeine Ableitung der hydrodynamischen Gleichungen aus der Gastheorie ohne die spezielle Annahme des *Maxwell*'schen Wirkungsgesetzes der Moleküle wurde von *Lorentz*[112]) und *Natanson*[113])

110) *Boltzmann,* Wien. Ber. 66 (1872), p. 325; Gastheorie 1, p. 184.

111) *Boltzmann,* Wien. Ber. 81 (1880), p. 117; 84 (1881), p. 40, 1230; 86 (1882), p. 63; 88 (1883), p. 835.

111a) *Langevin,* Ann. chim. phys. (8) 5 (1905), p. 245.

111b) *Stefan,* Wien. Ber. 63^2 (1871), p. 63; 65^2 (1872), p. 350.

112) *Lorentz,* Arch. Néerl. 16, Febr. 1880; 17 (1882), p. 179.

113) *Natanson,* Krak. Anz. (1897), p. 155.

versucht. Hiermit ist zugleich die Schallgeschwindigkeit und die gesamte Theorie der Schallbewegung, des Mittelswiderstandes der Gase und alles ähnliche aus der Gastheorie abgeleitet, welche auch schon *Maxwell* implicite unter Voraussetzung seines neuen Wirkungsgesetzes der Moleküle erhält, da er ja zu den gewöhnlichen hydrodynamischen Gleichungen gelangt. Andere auf den Anschauungen der Gastheorie fussende Theorien der Schallbewegung, welche meist nur die Gewinnung des Wertes der Schallgeschwindigkeit zum Zwecke hatten, wurden schon oft versucht[114]). Theorien des Mittelswiderstands in Gasen wurden aus der Gastheorie abgeleitet von *Suslow*[115]) und *E. Töpler*[116]).

E. Intramolekularbewegung.

26. Notwendigkeit der Annahme intramolekularer Bewegungen. Wir gehen nun über zur Theorie der Molekularbewegungen, welche ausser der fortschreitenden Bewegungen des Schwerpunktes der Moleküle noch vorhanden sein können und welche man alle gemeiniglich unter dem Namen der inneren Molekularbewegungen oder der intramolekularen Bewegungen zusammenfasst.

Allgemeine Schlüsse auf die innere Energie der Moleküle wurden zuerst von *Clausius*[117]) aus dem Verhältnisse der spezifischen Wärmen der Gase gezogen.

Da die mittlere lebendige Kraft der fortschreitenden Bewegung der Moleküle nur von der Temperatur abhängt, so wird auch die bei einer unendlich kleinen Erwärmung auf deren Vermehrung verwendete Wärme dK nur von der Temperaturerhöhung dT abhängen. Ausser der fortschreitenden Bewegung können die Moleküle noch innere Bewegungen haben und es kann bei der Erwärmung auch die mittlere potentielle Energie, welche ihren Bestandteilen vermöge der Kräfte, welche sie zusammenhalten, zukommt, eine Vermehrung erfahren. Aber sowohl die durchschnittliche lebendige Kraft der inneren Bewegungen als auch der Durchschnittswert der potentiellen Energie

114) *Mulder,* Ann. Phys. Chem. 140 (1870), p. 288; *Hoorweg,* Arch. Néerl. 11 (1876), p. 131; *Roito,* Nuovo Cim. (3) 2, p. 42, 218; Acc. Lincei (3) 1 (1876), p. 762; *Preston,* Phil. Mag. (5) 3 (1877), p. 441; *Stefan,* Wien. Ber. 47², p. 87; *Mees,* Amsterdam Versl. 15 (1880), p. 32; vgl. auch die in Nr. **10** cit. Abhandl. *Waterston*'s.

115) *Suslow,* Russ. phys. chem. Ges. (4) 18 (1886), p. 79.

116) *E. Töpler,* Zur Ermittelung des Luftwiderstandes nach der kinetischen Theorie, Wien Gerold 1886, Exner Rep. 23, p. 162, Beibl. 11 (1887), p. 747.

117) *Clausius,* Ann. Phys. Chem. 100 (1857), p. 377; Phil. Mag. (4) 14 (1857), p. 124 = Ges. Abh. 2, p. 283.

wird ebenfalls nur von der Temperatur abhängen, da ja bei einer Ausdehnung des Gases ohne Temperaturänderung die Moleküle bloss weiter auseinanderrücken ohne anderweitige Modifikation ihrer Bewegung[118]).

Es sei bei der Temperaturerhöhung dT auf Vermehrung der gesamten progressiven und inneren kinetischen und potentiellen Energie die Wärme dU verwendet worden; dann stellt dU die gesamte Wärmezufuhr dar, welche erforderlich ist, um bei konstantem Volumen die Temperatur des Gases um dT zu erhöhen und muss die Form haben $f(T)dT$. Wird dagegen das Gas bei konstantem Drucke erwärmt, so kommt dazu noch die Wärme, welche zu der bei der Ausdehnung des Gases erforderlichen Leistung äusserer Arbeit verbraucht wird. Ist p der Druck auf die Flächeneinheit und dV die Volumvermehrung, so ist diese äussere Arbeitsleistung gleich $p\,dV$. Die dem Gase bei konstantem Drucke zugeführte Wärme ist also $f(T)\,dT + p\,dV$, wenn Wärme und Arbeit in gleichem Masse gemessen werden[118a]). Mechanisch ist dieser Wärmeverbrauch dadurch begründet, dass, sobald der Stempel in Bewegung begriffen ist, die Moleküle mit anderer Geschwindigkeit von ihm zurückprallen, als sie darauf treffen, welcher Vorgang von *Clausius*[119]) mathematisch behandelt wird.

Es hat dies zur Folge, dass die spezifische Wärme γ_p bei konstantem Drucke erheblich grösser ist, als die spezifische Wärme γ_v desselben Gases bei konstantem Volumen, und *Clausius* findet, indem

---

118) Dass die innere Energie eines Gases angenähert bloss von der Temperatur und nicht vom Volumen abhängt, wurde experimentell schon von *Gay-Lussac* bestätigt; vgl. Anhang zu *Mach*'s Prinzipien der Wärmelehre. Über die Versuche, welche die Abweichung von diesem Gesetz beweisen und deren mathematische Behandlung siehe: *Thomson* und *Joule*, Phil. Trans. 143 (1853), p. 357; 144 (1854), p. 321; 152 (1862), p. 579; *Joule*, Papers 2, p. 216; *Natanson*, Ann. Phys. Chem. 31 (1887), p. 502; 37 (1889), p. 341; *van der Waals*, Kontinuität, p. 114; Amsterdam Proc. (1900), p. 379; *Sutherland*, Phil. Mag. 22 (1886), p. 81; *Bouty*, Journ. d. phys. (2) 8 (1889), p. 20; *Schiller*, Ann. Phys. Chem. 40 (1890), p. 149; *Fireman*, Science 16 (1902), p. 285, 705.

118a) Aus diesen Formeln und der für das *Boyle-Charles*'sche Gesetz kann man leicht die Arbeit berechnen, welche ein ideales Gas liefert, wenn es bei einem *Carnot*'schen Kreisprozesse als Zwischenkörper verwendet wird. Es ergiebt sich, dass man mit der bekannten, auf dem zweiten Hauptsatze der mechanischen Wärmetheorie basierenden Lord *Kelvin*'schen Temperaturskala in Übereinstimmung bleibt, wenn man in der zu Anfang der Nr. **4** besprochenen Weise ein ideales Gas als thermometrische Substanz verwendet, vorausgesetzt, dass auf ein solches wie auf alle erfahrungsmässig gegebenen Naturkörper der zweite Hauptsatz der mechanischen Wärmetheorie anwendbar ist.

119) *Clausius*, Gastheorie, p. 29.

er die auseinandergesetzten Prinzipien der Rechnung unterzieht, die Relation

$$(8) \qquad \frac{dK}{dU} = \frac{3}{2}(x - 1) \cdots x = \frac{\gamma_p}{\gamma_v}.$$

Die Theorie dieser Relation wird auch von *Boltzmann*[120]) eingehend entwickelt.

In der citierten Abhandlung in den Ann. d. Phys. u. Chem. setzt *Clausius* voraus, dass das Verhältnis der Energie der progressiven Bewegung der Moleküle zu deren Gesamtenergie von der Temperatur unabhängig ist, wie es allerdings die direkte Berechnung des Wärmegleichgewichtes für die einfachsten mechanischen Modelle ergiebt, die man sich vom Bau der Moleküle machen kann (vgl. Schluss der Nr. 28). *Clausius* schreibt daher K und U statt dK und dU. Erst in seiner kinetischen Gastheorie[121]) verwendet er die letztere Schreibweise.

Falls jede innere Bewegung der Moleküle fehlt, hat man, wie *Clausius* ebenfalls bereits in der citierten Abhandlung bemerkt, $dU = dK$, daher $\varkappa = 1\frac{2}{3}$. Es war damals noch kein Gas bekannt, für welches das Verhältnis der spezifischen Wärmen diesen Wert hat. Später fand man jedoch experimentell in der Tat diesen Wert des $\varkappa$ für Quecksilberdampf und die neu entdeckten Edelgase, also gerade für die Gase, deren Moleküle auch aus chemischen Gründen für einatomig gehalten werden.

Es werde nun bei der Temperaturerhöhung dT auf Erhöhung der lebendigen Kraft der innern Bewegung der Moleküle die Energiemenge dJ, auf innere Arbeitsleistung gegen die die Moleküle zuzusammenhaltenden Kräfte die Energiemenge dP verwendet und man setze $dJ = i\,dK$, $dP = h\,dK$. Dann ergiebt sich

$$dU = dK + dH + dJ = (1 + h + i)\,dK,$$

und für das Verhältnis der spezifischen Wärmen erhält man den Ausdruck:

$$(20) \qquad \frac{\gamma_p}{\gamma_v} = \varkappa = 1 + \frac{2}{3(1 + h + i)}.$$

Die innere Bewegung der Moleküle wurde zuerst von *Maxwell*[122]) in dem speziellen Fall der Rechnung unterzogen, dass diese starre Körperchen sind, die während ihrer Bewegung um ihren Schwerpunkt

120) *Boltzmann*, Gastheorie, 1, § 8.

121) *Clausius*, Gastheorie, p. 36; vgl. auch *Cornelius*, Zeitschr. f. phys. Chem. 11 (1893), p. 403; *Boltzmann*, ebenda, p. 751.

122) *Maxwell*, Phil. Mag. (4) 20 (1860), p. 33 = Papers 1, p. 405.

rotieren. Er fand, dass dann die mittlere lebendige Kraft der Rotationsbewegung immer gleich der mittleren lebendigen Kraft der fortschreitenden Bewegung des Schwerpunktes, also in Formel (20) $h = 1$ ist. Da ferner wegen der Starrheit der Moleküle die Innenkräfte keine Arbeit leisten, so ist $i = 0$, daher $\varkappa = 1\frac{1}{3}$, was für die in der Natur am häufigsten vorkommenden Gase nicht mit der Erfahrung stimmt.

Boltzmann[123]) betrachtet die Moleküle als Aggregate materieller Punkte, welche durch Centralkräfte zusammengehalten werden, erhielt jedoch anfangs ebenfalls Resultate, welche nicht mit der Erfahrung übereinstimmten. Erst später wurde die betreffende Theorie von ihm selbst[124]) und *Maxwell*[125]) erweitert. Letzterer betrachtete die Moleküle allgemein als mechanische Systeme, deren Zustand durch beliebige verallgemeinerte (*Lagrange*'sche) Koordinaten bestimmt ist. In dieser allgemeinen Form zeigt die Theorie manche bemerkenswerte Übereinstimmungen mit der Erfahrung, wenngleich noch keineswegs alle Erscheinungen dieses Gebietes aufgeklärt sind.

27. Liouville's Satz. Die Grundlage dieser Theorie ist ein allgemeiner Satz über die mittlere lebendige Kraft der Bestandteile eines mechanischen Systems, welcher in inniger Beziehung zu einem Theoreme steht, das *Jacobi*[126]) beim Beweise des Theorems vom letzten Multiplikator entwickelt, welcher aber selbst wieder *Liouville* citiert.

Sei die Lage aller Teile eines beliebigen mechanischen Systemes durch n generalisierte Koordinaten $p_1, p_2, \ldots, p_n$ gegeben. Die dazu gehörigen Momente seien $q_1, q_2, \ldots, q_n$. Wenn die Werte dieser Variabeln zu Anfang der Zeit, also für $t = 0$ zwischen den Grenzen

$$(22)\quad P_1 \text{ und } P_1 + dP_1,\quad P_2 \text{ und } P_2 + dP_2, \ldots, Q_n \text{ und } Q_n + dQ_n$$

liegen, so sollen sie zu einer beliebigen spätern Zeit zwischen den Grenzen

$$(23)\quad p_1 \text{ und } p_1 + dp_1,\quad p_2 \text{ und } p_2 + dp_2, \ldots, q_n \text{ und } q_n + dq_n$$

liegen. Dann ist immer

$$(24)\qquad dp_1\, dp_2 \ldots dq_n = dP_1\, dP_2 \ldots dQ_n,$$

---

123) *Boltzmann,* Wien. Ber. 53 (1866), p. 209, 866; 63 (1871), p. 419.

124) *Boltzmann,* ebenda, 74 (1876), p. 553.

125) *Maxwell,* Cambr. Trans. 12 (1879), p. 547; Papers 2, p. 713; Beibl. 5, p. 403.

126) *Jacobi,* Vorles. über Dynamik, p. 93. Berlin 1866 und 1884.

oder es ist, wenn man $p_1, p_2, \ldots, q_n$ als Funktionen von t, P und Q ausdrückt, und in diesen Funktionen t als Konstante ansieht,

$$\sum \pm \frac{\partial p_1}{\partial P_1}, \frac{\partial p_2}{\partial P_2}, \ldots \frac{\partial q_n}{\partial Q_n} = 1. \tag{25}$$

Dies ist der angeführte *Liouville*'sche Satz. Derselbe wurde zuerst aus den Bewegungsgleichungen der Mechanik, von *Maxwell* jedoch l. c. in sehr eleganter Weise aus den *Hamilton*'schen partiellen Differentialgleichungen hergeleitet.

Aus dem *Liouville*'schen Satze ergeben sich die folgenden Konsequenzen. Es seien unendlich viele gleich beschaffene Systeme gegeben, deren Bewegung von den verschiedensten Anfangswerten der Koordinaten und Momente ausgeht. Zu Anfang der Zeit sei die Anzahl der Systeme, für welche die Werte der Koordinaten und Momente zwischen den Grenzen (23) liegt, gleich

$$f(p_1 p_2 \ldots p_n q_1 \ldots q_n)\, dp_1 dp_2 \ldots dp_n dq_1 \ldots dq_n.$$

Wenn dann f eine Funktion ist, welche während der Bewegung des Systems ihren Wert nicht verändert (eine Invariante), so bleibt die Zahl der Systeme, für welche die Werte der Koordinaten und Momente zwischen den Grenzen (23) liegen, zu allen folgenden Zeiten unveränderlich, die Geschwindigkeitsverteilung ist stationär. Diese Bedingung ist erfüllt, wenn f gleich der Energie eines Systems gesetzt wird. Mechanische Betrachtungen, welche von diesen Formeln ausgehen, bezeichnet *Gibbs* als statistische, weil sie nicht die Betrachtung einzelner Systeme, sondern ganzer Scharen von Systemen, die von den verschiedensten Anfangszuständen ausgehen können, zum Gegenstande haben[127]).

Weitere Konsequenzen erhält man, wenn man zudem statt der Momente $q_1, q_2, \ldots, q_n$ solche lineare Funktionen $r_1, r_2, \ldots, r_n$ derselben (Momentoide nach *Boltzmann*) einführt, dass sich die kinetische Energie des Systems auf $r_1^2 + r_2^2 + \cdots + r_n^2$ reduziert. Wir setzen der Einfachheit halber voraus, dass die lineare Substitution so gewählt ist, dass die Koeffizienten der r^2, welche gemeiniglich als von 1 verschieden angenommen werden, sämtlich gleich 1 werden. Dann folgt, dass der Mittelwert sämtlicher r^2 gleich ausfällt, der der gesamten kinetischen Energie also n mal so gross, als der jedes einzelnen r^2 ist. Dieser Satz muss auch für beliebige warme Körper gelten, wenn man annimmt, dass die betreffenden für dieselben berechneten Mittelwerte

---

127) *Gibbs*, Elementary principles in statistical mechanics (1902); *Bumstead*, Phil. Mag. (6) 7 (1904), p. 8; *van der Waals* jun., Rede 1903; Phys. Zeitschr. 4 (1903), p. 508.

nicht von der speziellen Beschaffenheit ihres jeweiligen Anfangszustandes und von der speziellen Natur der Einwirkung abhängen, die sie etwa von andern Körpern erfahren. Vorausgesetzt ist dabei natürlich, dass man sich die warmen Körper unter dem Bilde mechanischer Systeme denkt, deren Molekularzustand durch generalisierte Koordinaten charakterisiert werden kann.

28. Berechnung des Verhältnisses der Wärmekapazitäten aus dem Liouville'schen Satze. Speziell in der Theorie der Gase mit zusammengesetzten Molekülen kann mittels des angeführten *Liouville*schen Satzes zunächst eine Gleichung entwickelt werden, welche der in Nr. **9** für einatomige Gase entwickelten Gleichung (16) vollkommen analog ist, so dass sich also der in Nr. **11** entwickelte Determinantensatz als spezieller Fall des *Liouville*'schen Theorems erweist. Die Gasmoleküle werden dabei als beliebige mechanische Systeme betrachtet, deren Zustand und Lage im Raume durch n verallgemeinerte Koordinaten $p_1, p_2, \ldots, p_n$ charakterisiert werden kann. n heisst die Zahl der Freiheitsgrade. Die verallgemeinerten Koordinaten können immer so gewählt werden, dass die Koordinaten des Schwerpunkts eines Moleküls als 3 derselben figurieren. Die Summe der Quadrate der diesen drei Koordinaten entsprechenden Momentoide ist dann immer gleich der lebendigen Kraft der fortschreitenden Bewegung des betreffenden Moleküles.

Als Schlussresultat ergiebt sich, dass auch für Gase mit zusammengesetzten Molekülen der Mittelwert $\overline{r^2}$ des Quadrats jedes Momentoids gleich ausfallen mus. Da nun die mittlere lebendige Kraft der progressiven Bewegung gleich $3\overline{r^2}$, die gesamte mittlere kinetische Energie $n\overline{r^2}$ ist, so folgt $i = \frac{n}{3} - 1$ und daher

$$\varkappa = 1 + \frac{2}{n + 3h}.$$

Wenn die Moleküle als starre ausgedehnte Körper betrachtet werden, so ist $h = 0$. Sind dieselben vollkommene Kugeln, so ist $n = 3$. Es folgt also der schon von *Clausius* für Gase mit einatomigen Molekülen gefundene Wert $\varkappa = 1\frac{2}{3}$. Sind die Moleküle starre Rotationskörper, deren Gestalt von der Kugelgestalt verschieden ist, so hat man $n = 5$, daher $\varkappa = 1{,}4$. Sind es aber anders gestaltete starre Körper, so wird $n = 6$, $\varkappa = 1\frac{1}{3}$. Gerade diese Werte von $\varkappa$ ergiebt auch das Experiment für eine Reihe von Gasen, welche einen chemisch einfachen Bau haben. In diesen Fällen stimmt also ein so einfaches mechanisches Bild für die Beschaffenheit der Moleküle bereits gut mit der Erfahrung. In den übrigen Fällen, vielleicht auch in den betrachteten für sehr hohe Temperaturen tritt aber eine Veränderlichkeit von $\varkappa$ mit der Temperatur ein[128]), wahrscheinlich, weil da elektrische Schwingungen und Strahlungen der Moleküle in den Lichtäther, deren Natur uns noch gänzlich unbekannt ist, mit von Einfluss auf die spezifische Wärme sind. Einen Versuch, das Gleichgewicht der lebendigen Kraft zwischen Materie und Äther zu behandeln, macht *Jeans*[129]), [129a]).

Wenn daher auch die Übereinstimmung mit der Erfahrung sich nur auf einen Teil der beobachteten Werte erstreckt, so ist sie doch so auffallend[130]), dass kaum jemand, der den richtigen Blick für die gedankliche Wiedergabe der Naturerscheinungen hat, diese Übereinstimmung für rein zufällig halten, und der Gastheorie keine Förderung unseres Einblicks in die Naturerscheinungen zuschreiben wird.

Natürlich ist auch die Abweichung eines Gases von demjenigen Zustande, den wir den eines idealen genannt haben, von Einfluss auf das Verhältnis der beiden spezifischen Wärmen. Über die Berechnung dieses Einflusses nach der *van der Waals*'schen Formel vgl. *Boltzmann*[130a]).

Andere Theorien des Verhältnisses der beiden spezifischen Wärmen wurden aufgestellt von *A. Naumann*[131]), *Eddy*[132]), *Simon*[133]), *Violi*[134]), *Donnini*[135]), *J. J. Thomson*[136]), *Cellérier*[137]), *Staigmüller*[138]), *Richarz*[139]).

---

128) *Regnault*, Expér. 2, p. 128; *E. Wiedemann*, Ann. Phys. Chem. 157 (1876), p. 1; *Mallard* u. *Le Chatelier*, Paris C. R. 93 (1881), p. 1014, 1076; Beibl. 14, p. 364; *Vieille*, Paris C. R. 96 (1883), p. 1360; 98 (1884), p. 545, 601, 770, 852. Die experimentellen Ergebnisse werden ausführlicher behandelt in dem Artikel über die Zustandsgleichung.

129) *Jeans*, London Trans. Roy. Soc. 196 (1901), p. 397; Phil. Mag. (6) 10 (1905), p. 91; London Proc. Roy. Soc. 76 A (1905), p. 296; vgl. auch dessen Buch und die Anmerkungen zu p. 513; *Planck*, Arch. Néerl. Bosscha Jubelband (1901), p. 55; Ann. Phys. (4) 9 (1902), p. 629, und zahlreiche Abh. über elektrische Strahlung in den Berliner Akad.-Ber.; *van der Waals* jun., Inaug.-Diss. (1900) bei Kröber u. Bokels Amsterd., und mehrere Abh. in den Amsterd. Akad.-Ber. 1900 u. 1902.

129a) Die in jüngster Zeit entdeckten elektrischen Strahlungserscheinungen haben zur Hypothese geführt, dass die Gasmoleküle aus einer endlichen Zahl (tausenden) kleinerer Teilchen, den Elektronen, bestehen, die sich einzeln loslösen und streckenweise selbst wie Gasmoleküle bewegen. Die Hypothese erklärt die betreffenden Erscheinungen auffallend gut, gehört jedoch mehr in die Elektrizitätslehre (vgl. 2. Halbb., Art. *H. A. Lorentz,* V 14), weshalb hier nicht darauf eingegangen wird.

130) *Stoney*, London Proc. Roy. Soc. 58, p. 177; Nature 52, p. 286, 895.

130a) *Boltzmann*, Gastheorie 2, p. 53, sowie *Kamerlingh-Onnes* in dem Artikel über die Zustandsgleichung.

131) *Naumann*, Liebig's Ann. 142 (1867), p. 265; Phil. Mag. (4) 34 (1867), p. 205.

Über die in dieser und der vorigen Nummer entwickelte Theorie des Gleichgewichts der lebendigen Kraft giebt es eine reiche Litteratur. Lord *Kelvin*[140]) und *Burnside*[141]) berechneten spezielle Fälle, welche der Theorie widersprechen sollten und an die sich dann Kontroversen knüpften; *Rayleigh*[142]) behandelte den Gegenstand von einem etwas allgemeineren Gesichtspunkte. *Bryan*[143]) giebt eine übersichtliche Zusammenstellung. Ferner wurden ihre Beziehungen zu andern Theorien erörtert. Die zum zweiten Hauptsatze ergaben sich durch eine solche Erweiterung der Funktion H, dass dieselbe ohne Einbusse ihrer wesentlichsten Eigenschaften auf Gase mit mehratomigen Molekülen anwendbar wird[144]).

Durch Anwendung der statistischen Methode auf beliebige Körper (gewissermassen Behandlung derselben als sehr vielatomige Gasmoleküle) können mechanische Systeme aufgefunden werden, welche volle mechanische Analogie mit warmen Körpern zeigen[145]), nicht bloss teilweise wie die cyklischen Systeme *Helmholtz*'s. Zu allen aus dem zweiten Hauptsatze fliessenden Sätzen, z. B. denen über die thermodynamischen Potentiale, liefert die H-Funktion Analogien[146]). Endlich stimmt sowohl der für einatomige als auch der für mehratomige Gase geltende Wert der H-Funktion nicht bloss für den Zustand des Wärmegleichgewichtes mit der Entropie überein, sondern er zeigt analoge Eigenschaften auch für die Fälle der innern Reibung, Diffusion und

132) *Eddy,* Ohio Mech. Inst. (1883), p. 26.

133) *Simon,* Paris C. R. 83 (1876), p. 726.

134) *Violi,* Nuovo Cim. (3) 14 (1883), p. 183, 207; Acc. d. Lincei (3) 7 (1883).

135) *Donnini,* Nuovo Cim. (3) 6 (1879), p. 97.

136) *J. J. Thomson,* London Proc. Roy. Soc. 38 (1885), p. 464; 39 (1885), p. 23.

137) *Cellérier,* J. de math. (4) 7 (1891), p. 141.

138) *Staigmüller,* Ann. Phys. Chem. 66 (1898), p. 654.

139) *Richarz,* Ann. Phys. Chem. 48 (1893), p. 481.

140) Lord *Kelvin,* London Proc. Roy. Soc. 50 (1892), p. 79; Phil. Mag. (5) 33 (1892), p. 466; Nature 44 (1892), p. 355; Baltimore lectures, appendix B; *Boltzmann,* Münch. Ber. 22 (1892), p. 334; *Bryan,* Camb. Trans. 8 (1894), p. 250; *Burbury,* Phil. Trans. 183 (1892), p. 407.

141) *Burnside,* Edinb. Trans. (1887); *Boltzmann,* Berl. Ber. 52 (1888), p. 1395.

142) *Rayleigh,* Phil. Mag. (5) 33 (1892), p. 250; ebenda 49 (1900), p. 98; *Bryan,* Arch. Néerl. (2) 5 (1900), p. 279.

143) *Bryan,* Rep. Brit. Ass. Oxford 1894.

144) *Boltzmann,* Wien. Ber. (2) 66 (1872), p. 333; 95 (1887), p. 153; Gastheorie 2, Abschn. VII; *Lorentz,* Wien. Ber. 95 (1887), p. 115.

145) *Boltzmann,* Wien. Ber. 63 (1871), p. 397; 76 (1877), p. 373; 90 (1884), p. 231; J. f. Math. 100 (1886), p. 201; *Einstein,* Ann. Phys. 9 (1902), p. 417; 11 (1903), p. 170.

146) *van der Waals,* Amsterd. Versl. 3 (1895), p. 205.

Wärmeleitung. Er wurde in diesen Fällen von Lord *Rayleigh*[147]) als Dissipationsfunktion bezeichnet und leistet, abgesehen von seiner physikalischen Bedeutung, auch in rein mathematischer Hinsicht gute Dienste, indem er die Gewinnung der allgemeinen Gleichungen für diese Phänomene auf die Lösung einer Minimumaufgabe zu reduzieren gestattet[148]).

Aus den in voriger und dieser Nummer entwickelten Sätzen wurde endlich eine Theorie der Dissoziation der Gase abgeleitet, welche im Wesen mit der von *Gibbs* aus der allgemeinen Wärmetheorie hergeleiteten in Übereinstimmung steht, aber noch gewisse molekulare Eigenschaften zu berechnen gestattet[149]). Andere kinetische Theorien der Dissoziation gaben *Pfaundler*[150]), *Hicks*[151]), *Jäger*[152]).

F. Van der Waals Theorie.

29. Berücksichtigung der Ausdehnung der Moleküle. Der *Newton* für die Theorie der Abweichungen der Gase vom *Boyle-Charles*schen Gesetz war *van der Waals*[153]). Seine Theorie zerfällt in zwei Teile: erstens die Berücksichtigung des Umstandes, dass die Moleküle, welche als absolut elastische undeformierbare Kugeln betrachtet werden, nicht im mathematischen Sinne unendlich klein sind. Zweitens die Berücksichtigung der Anziehungskräfte, welche zwischen den Molekülen wirken, wenn die Entfernung ihrer Mittelpunkte grösser als ihr Durchmesser, aber doch noch klein gegenüber den Dimensionen des Gefässes ist.

Im ersten Teile wird folgende Aufgabe der analytischen Mechanik behandelt: In einem Gefässe bewegen sich sehr viele Kugeln von der erwähnten Beschaffenheit unregelmässig nach allen Richtungen. Ihr mittleres Geschwindigkeitsquadrat sei $\overline{c^2}$; p_d sei der scheinbare Druck auf die Flächeneinheit, v das Volumen, in welchem durchschnittlich so viele Kugeln enthalten sind, als auf die Masseneinheit gehen; das

147) *Rayleigh,* Rep. Brit. Ass. Aberdeen 1885, p. 911.

148) *Boltzmann,* Wien. Ber. 78 (1883), p. 861; Gastheorie 2, Abschn. VI; *Natanson,* Phil. Mag. (5) 39 (1895), p. 455; Paris C. R. 117 (1893), p. 539; Zeitschr. f. phys. Chem. 13 (1894), p. 437.

149) *Boltzmann,* Wien. Ber. 88 (1883), p. 861; 105 (1896), p. 695; Gastheorie 2, p. 193.

150) *Pfaundler,* Ann. Phys. Chem. 131 (1867), p. 55.

151) *Hicks,* Phil. Mag. (5) 3 (1877), p. 401.

152) *Jäger,* Wien. Ber. 100 (1891), p. 1182; 104 (1895), p. 671.

153) Siehe die eingangs cit. Lehrbücher.

von den Kugeln selbst erfüllte Volumen sei dabei ω, dann findet man leicht

$$p_d = c^2 f(v), \tag{41}$$

oder wenn man der Funktion $f(v)$ die Form giebt $\frac{1}{v-b}$, wobei im allgemeinen b wieder eine Funktion von v ist,

$$p_d = \frac{c^2}{v-b} \tag{42}$$

und es wird sich darum handeln, die Funktionen $f(v)$ oder b zu bestimmen.

Diese Aufgabe stellte sich schon *Daniel Bernoulli*[154]) und gelangte einfach zum Resultate $b = \omega$. *van der Waals* findet l. c. $b = 4\omega$, bemerkt jedoch selbst, dass b wachsen muss, wenn v nicht mehr gross gegen ω ist, dass also die Annahme der Konstanz von b nur eine angenähert richtige ist. Zu demselben Werte gelangten *Korteweg*[155]) und *O. E. Meyer*[156]), indem sie wie *van der Waals* bei ihrer Berechnung zunächst den Ausdruck für die mittlere Weglänge korrigierten. *Kool*[157]) giebt eine Kritik und Verallgemeinerungen. Den Rechnungen *Bernoulli*'s schliesst sich *Dühring*[158]) an. Schon *van der Waals* machte bei seinen Rechnungen vom *Clausius*'schen Virialsatze Gebrauch, ohne jedoch denselben überall konsequent anzuwenden. Die Notwendigkeit hiervon betonte zuerst *Maxwell*[159]), der auch schon eine neue Formel aufstellt, die aber offenbar infolge von Rechenfehlern falsch ist. Nach derselben Methode löste zuerst *H. A. Lorentz*[160]) das Problem in exakter und richtiger Weise. Er findet, dass $f(v)$ für grosse Werte des v in eine Reihe von der Form:

$$\frac{1}{v}\left(1 + \frac{C_1}{v} + \frac{C_2}{v^2} + \cdots\right) \tag{43}$$

entwickelt werden kann, wogegen es, wenn v gleich demjenigen Volumen ist, das die Moleküle bei dichtester Lagerung einnehmen, also etwa für

---

154) *D. Bernoulli*, Hydrodynamica, Argentorati 1738, p. 202.

155) *Korteweg*, Arch. Néerl. 2 (1875), p. 241; Ann. Phys. Chem. 12 (1881), p. 136.

156) *O. E. Meyer*, Gastheorie 2. Aufl., p. 326.

157) *Kool*, Soc. Vaudoise (3) 28 (1892), p. 1; (3) 30 (1894), p. 209; (4) 37 (1901), p. 383.

158) *Dühring*, Neue Grundgesetze zur rationellen Physik und Chemie, Leipzig 1878.

159) *Maxwell*, Nature 10 (1874), p. 477; Papers 2, p. 414.

160) *Lorentz*, Ann. Phys. Chem. 12 (1881), p. 127; *van der Waals*, Contin. 2. Aufl., 1, p. 55.

(44) $$v = \frac{3\sqrt{2}}{\pi}\,\omega = 1{,}45048\,\omega = \frac{3\sqrt{2}}{4\pi}\,b$$

unendlich wird. Für den Koeffizienten C_1 findet *Lorentz* den Wert $b = 4\,\omega$. Die *van der Waals*'sche Annahme $f(v) = \frac{1}{v-b}$ erfüllt also nur die zwei Bedingungen: erstens, dass sie für grosse v bis auf Glieder von der Grössenordnung $\frac{b^2}{v^2}$ mit $f(v)$ übereinstimmt und zweitens, dass sie für Werte des v von der Grössenordnung des b selbst unendlich wird. Diese rohe Nachbildung der wirklichen Form der Funktion $f(v)$ genügt schon, eine so frappante qualitative Übereinstimmung zwischen der *van der Waals*'schen Formel und der Erfahrung zu bewirken. Um die wahre Form von $f(v)$ zu erhalten, müsste man b gleich einer solchen Funktion von v setzen, welche für grosse Werte des v gegen die Grenze $4\,\omega$ konvergiert, mit abnehmendem Werte des v aber so abnimmt, dass sie für $v = \frac{3\sqrt{2}}{\pi}\,\omega$ gleich v wird. *Jäger*[161]) berechnete die Funktion $f(v)$, indem er aus der korrigierten Zeit, die im Mittel zwischen zwei Zusammenstössen vergeht, die Vermehrung der Bewegungsgrösse der Moleküle berechnet. Er fand die Resultate *Lorentz*' bestätigt und berechnete auch den Koeffizienten C_2. Es ergab sich

$$C_2 = \frac{5\,b^2}{8}.$$

Boltzmann[162]) bestätigte die *Jäger*'schen Rechnungen durch direkte Berechnung der Stösse an die Wand und der dieser mitgeteilten Bewegungsgrösse[163]) und ausserdem noch durch Berechnung des Druckes mittels der durch die H-Funktion dargestellten Wahrscheinlichkeitsgrösse[164]). *van der Waals* findet einen andern Wert für C_2.[165])

Der Koeffizient C_3 wurde zuerst von *van Laar*[166]), dann von *Boltzmann*[167]) berechnet. Beide Werte stimmen nicht überein. Über den Wert von C_2 und die mittlere Weglänge vergleiche auch *van der Waals* jun.[168]) und *Kohnstamm*[169]). *Van der Waals* behandelte dieselbe Aufgabe auch für Gasgemische[170]).

161) *Jäger*, Wien. Ber. 105^{2a} (1896), p. 15.

162) *Boltzmann*, Wien. Ber. 105 (1896), p. 695.

163) *Boltzmann*, Gastheorie 2, p. 148.

164) *Boltzmann*, Gastheorie 2, p. 174.

165) *van der Waals*, Continuität 1, 2. Aufl., p. 65.

166) *van Laar*, Amsterd. Proc. Roy. Acad. 1 (1899), p. 273; Arch. Teyler, (2) 6, 3me partie (1899), 7, 3me partie (1901).

167) *Boltzmann*, Amsterd. Proc. Roy. Acad. 1 (1899), p. 398; vgl. auch *Happel*, Gött. Nachr. 1905, Heft 3.

168) *Van der Waals* jun., Amsterd. Proc. Roy. Acad. 5, März (1902), p. 487.

Weitere Ausführungen hierzu bringt der Artikel von *Kamerlingh-Onnes* über die Zustandsgleichung.

30. Van der Waals'sche und andere Zustandsgleichungen. Der kinetische Druck p_d, den die Moleküle vermöge ihrer fortschreitenden Bewegung ausüben, hat das Gleichgewicht zu halten, erstens dem äusseren auf dem Gase lastenden Drucke p und zweitens dem Bestreben sich zusammenzuziehen, welches die Gasmasse vermöge der anziehenden Kräfte der Moleküle hat und welches die Oberflächenspannung p_i heisst. Diese letztere Grösse berechnet *van der Waals* nach einer der Kapillaritätstheorie von *Poisson* und *Laplace* nachgebildeten Weise.

Wenn die Wirkungssphäre der Molekularattraktion zwar klein gegen die Dimensionen des Gefässes, aber gross gegen den durchschnittlichen Abstand zweier Moleküle ist, so ist p_i von der Temperatur unabhängig und dem Quadrate des Volumens v der Masseneinheit verkehrt proportional. Es ist also

(45) $$p_i = \frac{a}{v^2}.$$

Wenn die letztere Bedingung nicht erfüllt ist, so erscheint a als Funktion der Temperatur[171]).

Van der Waals betrachtet a als konstant und erhält aus der Gleichung $p_d = p + p_i$ durch Substitution der Werte (42) und (45)

$$\left(p + \frac{a}{v^2}\right)(v - b) = c^2 A,$$

wobei A eine Konstante ist. Unter der Annahme, dass bei gleicher Temperatur die mittlere lebendige Kraft eines Moleküls für alle vollkommenen und unvollkommenen Gase dieselbe ist und bei Wahl eines idealen Gases als thermometrische Substanz, folgt also die definitive *van der Waals*'sche Formel

(46) $$\left(p + \frac{a}{v^2}\right)\left(v - b\right) = RT.$$

Genauere Angaben über dieses Gesetz, insbesondere auch nach der historischen und experimentellen Seite, bringt der Artikel von *Kamerlingh-Onnes* über die Zustandsgleichung. Hier mögen nur einige allgemeine Erläuterungen Platz finden.

---

169) *Kohnstamm*, Amsterd. Proc. Roy. Acad., Mai 1904.

170) l. c. und Amst. Akad. 23, Nov. 1898.

171) *Tumlirz*, Wien. Ber. 111 (1902), p. 524; *Bakker*, Zeitschr. f. phys. Chem. 14 (1894), p. 664. Die Betrachtung der Wirkung einer teilweisen Assoziation der Moleküle zu grösseren liefert ähnliche Formeln. *Jäger*, Wien. Ber. 101 (1892), p. 1675. Vgl. auch den Artikel von *Kamerlingh-Onnes* über die Zustandsgleichung.

Die Relation zwischen p und v, welche folgt, wenn man die Temperatur T konstant setzt, nennt man eine Isotherme. Wenn T grösser ist als eine bestimmte (die kritische) Temperatur, so nimmt p mit wachsendem v kontinuierlich ab. Dies gilt auch noch für die kritische Temperatur, für welche aber p bei einem gewissen v (dem kritischen Volumen) ein Maximum-Minimum hat, dessen Betrag der kritische Druck heisst. Für Temperaturen, die kleiner als die kritische sind, zeigt p mit wachsendem v zuerst ein Minimum und dann ein Maximum. Zwischen beiden wächst der Druck p mit wachsendem Volumen, was also, praktisch unmöglich, labilen Zuständen entspricht.

An Stelle dieser Zustände tritt tatsächlich ein Nebeneinanderbestehen der tropfbarflüssigen und dampfförmigen Phase, welches graphisch durch eine konstantem Drucke entsprechende Gerade dargestellt wird. Dieselbe ist nach *Maxwell* und *Clausius*[172]) in solcher Höhe zu ziehen, dass kein Widerspruch mit dem zweiten Hauptsatze eintritt, wenn ein Durchlaufen der labilen Zustände als möglich vorausgesetzt wird. Alles dies entspricht qualitativ dem wirklichen Verhalten der Gase, Dämpfe und Flüssigkeiten. Nur quantitativ zeigen sich Abweichungen, die sonst klein, aber in der Nähe des kritischen Punktes erheblich sind. Die Bestimmung der Grösse b aus den Abweichungen eines Gases vom *Boyle-Charles*'schen Gesetz liefert eine neue Methode zur Bestimmung der Grösse der Moleküle. Vergleiche die citierten Bücher von *van der Waals* und *Jeans*.

Drückt man Druck, Temperatur und Volumen als Vielfache der entsprechenden kritischen Grössen aus, so erhält man für jede Substanz drei Zahlen, zwischen denen eine, von der Natur der Substanz völlig unabhängige, Gleichung besteht. Diese heisst das Gesetz der korrespondierenden Zustände, welches in dem Artikel von *Kamerlingh-Onnes* über die Zustandsgleichung ausführlich behandelt werden wird.

Über die Anwendung der *van der Waals*'schen Formel auf die Berechnung des *Joule-Thomson*'schen Versuches vergleiche die Anmerkungen[118]) zu p. 543. Da die *van der Waals*'sche Formel die Kohäsionskräfte der Gasmoleküle liefert, so kann aus derselben auch die Verdampfungswärme berechnet werden[173]).

---

172) *Maxwell*, Nature März 1875; *Clausius*, Ann. Phys. Chem. 14 (1881), p. 279, 492. Über die kinetische Interpretation dieser Bedingung siehe *Kamerlingh-Onnes*, Arch. Néerl. 30 (1896), p. 128; *Boltzmann*, Gastheorie 2, p. 175; Verhandl. Ges. Naturf. u. Ärzte, Düsseldorf 74 (1898).

173) *Bakker*, Zeitschr f. phys. Chem. 18 (1895), p. 519. Vergl. auch *Stefan*, Ann. Phys. Chem. 29 (1886), p. 655.

Eine Formel für die Abweichung der Gase vom *Boyle-Charles*'schen Gesetze wurde schon von *Regnault* aufgestellt. Über diese und andere ältere Formeln sowie über Modifikationen des *van der Waals*'schen Gesetzes vergleiche *F. Roth*[174]) und *Guye*[175]); eine ausführliche Darstellung bringt der Artikel von *Kamerlingh-Onnes*.

Sutherland[176]) findet eine Zustandsgleichung unter Voraussetzung einer der vierten Potenz der Entfernung der Moleküle verkehrt proportionalen Anziehung, während *Bohl*[177]) eine der zweiten Potenz der Entfernung verkehrt proportionale Anziehung annimmt.

G. Verallgemeinerung der kinetischen Methoden.

31. Kinetische Theorie der tropfbaren Flüssigkeiten und festen Körper. Da die *van der Waals*'sche Formel ebenso das Verhalten der tropfbaren Flüssigkeiten wie das der Gase bestimmt, so ist in dieser bereits eine kinetische Theorie der tropfbaren Flüssigkeiten implizite enthalten. Von diesem Standpunkte ausgehend, hat zuerst *Kamerlingh-Onnes*[178]) eine spezielle Theorie der tropfbaren Flüssigkeiten ausgearbeitet, welche in dessen Artikel über die Zustandsgleichung dargestellt werden wird.

Eine Reihe von Abhandlungen widmet *Jäger*[179]) diesem Gegenstande. Derselbe geht von den beiden *Laplace*'schen Kapillaritätskonstanten und deren Veränderlichkeit mit der Temperatur, sowie von dem *Maxwell*'schen Geschwindigkeitsverteilungsgesetze aus, welches er in eigentümlicher Weise auf die Lostrennung der Dampfmoleküle von der Flüssigkeit anwendet. Er behandelt die Gesetze des Dampfdruckes, der Ausdehnung, innern Reibung, Wärmeleitung der tropfbaren Flüssigkeiten und anderes.

Eine mathematisch konsequente, aber von speziellen Vorstellungen ausgehende kinetische Theorie der Flüssigkeiten entwickelt *Voigt*[180]). Derselbe beschränkt sich nämlich auf ideale tropfbare Flüssigkeiten. Er nennt eine tropfbare Flüssigkeit ideal, wenn die Moleküle bei

---

174) *Roth*, Ann. Phys. Chem. 11 (1880), p. 1.

175) *Guye*, Chem. News 64 (1891), 281.

176) *Sutherland*, Phil. Mag. 22 (1888), p. 81; (5) 35 (1893), p. 211; (5) 39 (1895), p. 1.

177) *P. Bohl*, Ann. Phys. Chem. 36 (1889), p. 334.

178) *Kamerlingh-Onnes*, Amsterdam Acad. 1881; Arch. Néerl. 30 (1896), p. 101.

179) *Jäger*, Wien. Ber. 99 (1890), p. 860, 1028; Wien. Ber. 100 (1891), p. 245; 101 (1892), p. 920; 102 (1893), p. 254, 484; 110 (1901), p. 1142; Ann. Phys. Chem. 67 (1899), p. 894.

180) *Voigt*, Gött. Nachr. 1896 Heft 4, 1897 Heft 1.

unmittelbarer Berührung sich wie unendlich wenig deformierbare elastische Körperchen stossen und ausserdem eine Fernwirkung auf einander ausüben, welche zwar in endlicher Entfernung verschwindet, aber doch mit wachsender Entfernung so langsam abnimmt, dass für ihre Gesamtwirkung auf ein Molekül nicht die wenigen unmittelbar benachbarten Moleküle, sondern fast nur die in einem grösseren Umkreise liegenden in Betracht kommen. Ohne behaupten zu wollen, dass diese Annahme für wirkliche Flüssigkeiten unbedingt erlaubt sei, stellt sich *Voigt* bloss die Aufgabe, sie mathematisch konsequent durchzubilden und ihre teilweise Übereinstimmung mit der Erfahrung zu konstatieren. *Voigt* unterscheidet zwischen Flüssigkeiten mit einatomigen Molekülen und solchen, wo sich die Moleküle zu grösseren Aggregaten vereinigen. Er berechnet die Gesetze des Dampfdruckes, die Verdampfungswärme, spezifische Wärme, Kompressibilität, sowie auch die innere Reibung und Wärmeleitung.

Die kinetische Bedingung des Gleichgewichtes zwischen der verdampfenden Flüssigkeit und den darüberstehenden Dampfmolekülen wird sehr eingehend untersucht von *Dieterici*[181]). Speziell die Theorie der Kapillarität vom Standpunkte der *van der Waals*'schen Anschauungen wurde von diesem selbst[182]) und mehreren andern entwickelt[183]).

Auf einer andern Basis als der *van der Waals*'schen Theorie beruhen die kinetischen Theorien der Flüssigkeiten von *de Heen* und *Eddy*[184]). Ersterer unterscheidet die gasogenen und liquidogenen Moleküle, welche letztere weit zusammengesetzter sind. Er gelangt zu einer der siebenten Potenz der Entfernung verkehrt proportionalen Anziehung der Flüssigkeitsmoleküle; letzterer versucht verschiedene Anziehungsgesetze, Summen zweier Potenzen trigonometrischer Funktion u. s. w.

---

181) *Dieterici,* Ann. Phys. Chem. 66 (1898), p. 826.

182) *van der Waals,* Amsterdam Acad., Deel 1, Nr. 8 (1893); Zeitschr. f. phys. Chemie 13 (1894), p. 657.

183) *Stefan,* Ann. Phys. Chem. 29 (1886), p. 655; *Janet,* J. de phys. (2) 5 (1886), p. 328; *Eötvös,* Ann. Phys. Chem. 27 (1886), p. 448; *Delsaul,* Ann. Soc. sc. de Bruxelles 1887/88, 12, p. 18; *Sutherland,* Zeitschr. f. phys. Chemie 17 (1895), p. 536; *Bakker,* Zeitschr. f. phys. Chemie 28 (1899), p. 708; 34 (1900), p. 168; 48 (1904), p. 1; J. de phys. (3) 8 (1899), p. 545; (3) 9 (1900), p. 394; (4) 1 (1902), p. 105; (4) 2 (1903), p. 354; Ann. Phys. (4) 11 (1903), p. 207; *Rayleigh,* Phil. Mag. (5) 33 (1892), p. 209, 468.

184) *De Heen,* Ann. chim. phys. (6) 5 (1885), p. 83; *Eddy,* Ohio Proc. mech. Instit. 2 (1883), p. 82; vgl. auch *Konowaloff,* J. d. russ. phys.-chem. Ges. 18 (1) (1886), p. 395; *Stankewitsch,* Warschau Mem. Naturf. Ges. 1889—1890.

Eine Theorie der festen Körper versuchen *Slotte*[185]) und *Sutherland*[186]); auch *Mie*[187]) kommt auf die festen Körper und sogar deren elektrische Eigenschaften zu sprechen. Dynamische Modelle zur Darstellung der Eigenschaften fester Körper giebt Lord *Kelvin* in den Baltimore Lectures.

Die Theorie der Lösungen, welche wegen der Analogien der Gesetze für das Verhalten verdünnter Lösungen mit den Gasgesetzen in so engem Zusammenhange mit der Gastheorie stehen, wurden vom gastheoretischen Standpunkt behandelt von *Boltzmann*[188]) und *Lorentz*[189]). Auf einem mehr allgemeinen kinetischen Standpunkt stehen die Arbeiten von *Riecke*[190]), *Jäger*[191]), *Schenk*[192]). Den osmotischen Druck bestimmen durch die analoge Formel, wie sie *van der Waals* für den Gasdruck aufstellte, *Bredig*[193]), *Noyes*[194]), *Barmwater*[195]). Über die vielfach auf demselben Standpunkte, wie die Gastheorie, stehende Theorie der Elektronen vgl. Nr. **28** gegen Schluss.

185) *Slotte*, Helsingfors 1899, Förhandling. Finska Vet. Soc. (1901), 43.

186) *Sutherland*, Phil. Mag. (5) 32 (1891), p. 524.

187) *Mie*, Ann. Phys. (4) 11 (1903), p. 657; vgl. auch *Mousson*, Arch. sc. phys. (3) 2 (1879), p. 505.

188) *Boltzmann*, Zeitschr. f. phys. Chemie 6 (1891), p. 418; 7 (1891), p. 88.

189) *Lorentz*, Zeitschr. f. phys. Chemie 7 (1891), p. 36.

190) *Riecke*, Zeitschr. f. phys. Chemie 6 (1890), p. 565; Phil. Mag. (5) 32 (1891), p. 562).

191) *Jäger*, Wien Ber. 100^{2a} (1891), p. 493; 101^{2a} (1892), p. 400.

192) *Schenk*, Zeitschr. f. phys. Chemie 20 (1896), p. 141.

193) *Bredig*, Zeitschr. f. phys. Chemie 4 (1889), p. 444.

194) *Noyes*, Zeitschr. f. phys. Chemie 5 (1890), p. 53.

195) *Barmwater*, Zeitschr. f. phys. Chem. 28 (1899), p. 115.

(Abgeschlossen im Oktober 1905.)

V 9. KAPILLARITÄT.

VON

H. MINKOWSKI

IN GÖTTINGEN.

Inhaltsübersicht.

Litteratur.

Lehrbücher und Monographien.

Thomas Young, Essay on the cohesion of fluids, London Phil. Trans. Roy. Soc. 1805.

P. S. Laplace, Théorie de l'action capillaire, Supplément au livre dixième de la Mécanique céleste, Paris 1806; Supplément à la théorie de l'action capillaire, Paris 1807; letzteres auch in Blainville, J. de Phys. 2 (1806), p. 120; beides zusammen in Oeuvres 4, Paris 1845 und Oeuvres 4, Paris 1880; deutsch in Ann. Phys. 33 (1809).

C. Fr. Gauss, Principia generalia theoriae figurae fluidorum in statu aequilibrii, Comment. soc. reg. scient. Gotting. recent. 7 (1830), wiederabgedruckt in Werke 5, p. 29, Göttingen 1867, übersetzt von *R. H. Weber* in Ostwald's Klassiker d. exakten Wiss. Nr. 135, Leipzig 1903.

S. D. Poisson, Nouvelle théorie de l'action capillaire, Paris 1831; in einem kurzen Auszuge übersetzt von *Link,* in Ann. Phys. Chem. 25 (1832), p. 270; 27 (1833), p. 193.

E. Betti, Teoria della capillarità, Nuovo Cimento 25 (1867), p. 81, 225.

J. Plateau, Statique expérimentale et théorique des liquides soumis aux seules forces moléculaires, 2 Bde, Gand 1873.

J. C. Maxwell, Capillary action, Encycl. Brit. 1875 (9. Aufl.), wiederabgedruckt in Scientific papers 2, Cambridge 1890, p. 541.

J. W. Gibbs, Equilibrium of heterogeneous substances, Connecticut Acad. Trans. 3, New Haven 1876 und 1878, deutsch in: Thermodynamische Studien, übersetzt von W. Ostwald, Leipzig 1892, p. 66.

É. Mathieu, Théorie de la capillarité, Paris 1883.

J. D. van der Waals, Die Continuität des gasförmigen und flüssigen Zustandes, Leipzig 1881, 2. Aufl. 1. Teil, Leipzig 1899.

B. Weinstein, Untersuchungen über Capillarität, Ann. Phys. Chem. 27 (1886), p. 544.

J. D. van der Waals, Thermodynamische Theorie der Kapillarität unter Voraussetzung stetiger Dichteänderung, Verh. d. Kon. Ak. v. Wet. Amsterdam, Deel I, Nr. 8 (1893), übers. in Zeitschr. f. phys. Chem. 13 (1894), p. 657; Arch. Néerl. 28 (1894).

Fr. Neumann, Vorlesungen über die Theorie der Capillarität, herausg. von *A. Wangerin,* Leipzig 1894.

H. Poincaré, Capillarité (Leçons), Paris 1895.

Litteraturnachweis: *Domke,* Wiss. Abhandl. der kais. Normalaichungskommission, Berlin 1902, p. 81—99.

---

1. Kapillarität und Kohäsion. An den Grenzen einer Flüssigkeit gegen die sie umgebenden Medien äussert sich eine besondere Form der Energie, welche namentlich Gestalt und Lage der freien Grenzflächen beeinflusst, wie z. B. die Höhe des Ansteigens der Flüssigkeit in einer Kapillarröhre, und welche von diesem speziellen Phänomene her allgemein den Namen *Kapillarität* erhalten hat. Diese Energie ist sichtlich verknüpft mit dem, sei es nun diskontinuierlichen, sei es schnellen kontinuierlichen Wechsel des Zustandes über eine Trennungsfläche hinüber. Theoretisch wird sie entweder unmittelbar angesetzt mit einem Term, welcher dem Flächeninhalt der Trennungsfläche proportional ist, und wobei der Proportionalitätsfaktor eine *Spannung in der Oberfläche* angibt. Oder aber sie wird erklärt als die potentielle Energie von besonderen Anziehungskräften, welche zwischen allen Massenteilchen unter einander, jedoch mit wahrnehmbarem Betrage nur auf äusserst kleine Distanzen wirksam sind. Alsdann ist ein überwiegender Anteil dieser Energie dem Volumen der Flüssigkeit proportional, wobei der Proportionalitätsfaktor, negativ genommen, einen *Druck im Raume* angibt, den man die *Kohäsion* der Flüssigkeit nennt.

Es soll hier die erstere Auffassung der Kapillarität vorangestellt werden, welche dieser Energieform die Trennungsflächen als ausschliesslichen Sitz zuweist. Diese Auffassung erscheint hernach als ein mathematisch einfacher Grenzfall der anderen tieferen Auffassung, welche die ganzen Massen als Spielraum von Kohäsionskräften annimmt.

I. Kapillarität als Flächenenergie.

2. Oberflächenenergie und deren Variation. Eine Trennungsfläche zwischen einer Flüssigkeit A und einem zweiten Medium B ist verknüpft mit einer potentiellen Energie $T_{AB} F_{AB}$, wobei F_{AB} den Flächeninhalt der Fläche und T_{AB} eine von den beiderseits angrenzenden Medien abhängende Konstante ist. Dabei sind A und B homogen gedacht und sollen Änderungen von Temperatur und Dichte zunächst nicht in Betracht kommen. T_{AB} hat die Dimensionen $\frac{\text{erg}}{\text{cm}^2}$ und heisst *Oberflächenspannung* von A gegen B. Unter der Oberflächenspannung schlechthin versteht man für eine Flüssigkeit diejenige gegen ihren gesättigten Dampf, wovon die einer Trennungsfläche gegen Luft[1]) vielfach keine Verschiedenheit zeigt. Für Wasser gegen Luft ist

$$T = 74 \frac{\text{erg}}{\text{cm}^2} = 0{,}075 \frac{\text{gr Gewicht}}{\text{cm}},$$

für Quecksilber gegen Luft $T = 0{,}55$ gr Gewicht/cm, für Quecksilber gegen Wasser $T = 0{,}42$ gr Gewicht/cm.

Die Folgerungen aus dem Bestehen des Terms $T_{AB} F_{AB}$ in der Energie liessen sich am kürzesten darlegen auf Grund der Bemerkung, dass genau derselbe Ausdruck der Energie Platz greifen würde für eine unendlich dünne elastische Haut, welche die Trennungsfläche bedeckt, wenn in ihr überall eine konstante Spannung $= T_{AB}$ herrscht, d. h. jede in ihr angebrachte Schnittlinie an beiden Ufern einen von dem anderen fort gerichteten Zug T_{AB} auf die Längeneinheit erfährt. Diesen Vergleich von vorn herein einzuführen, hiesse aber, die Schwierigkeit, welche für die Theorie der Kapillarität in der Notwendigkeit der Annahme von Druckdiskontinuitäten trans-

1) Von einer Oberflächenspannung gegen eine gasförmige Phase kann, streng genommen, nur bei Flüssigkeiten die Rede sein, welche mit der gasförmigen Phase in chemischem Gleichgewicht koexistieren.

versal zu einer Trennungsfläche liegt, nicht beseitigen, sondern nur sie einem anderen Kapitel der Mechanik zuschieben. Um hinsichtlich der Voraussetzungen der Theorie Klarheit zu gewinnen, ist es deshalb notwendig, im wesentlichen den Gang von *Gauss* einzuhalten und den Einfluss des Terms TF der Energie auf Grund eines allgemeinen Prinzips der Mechanik zu verfolgen, wie des Prinzips, dass Gleichgewicht durch ein Minimum der potentiellen Energie oder, bei Berücksichtigung auch thermodynamischer Umstände, durch ein Minimum der Energie bei konstanter Entropie charakterisiert wird.

Hiernach muss vor allem die virtuelle Veränderlichkeit von TF betrachtet werden. *Gauss* hat, indem er bei diesem Anlasse überhaupt die Prinzipien für die Variation von Doppelintegralen mit veränderlichen Grenzen schuf, eine fundamentale Transformation für die Variation von TF entwickelt. Man kann sich allerdings, worauf auch *Gauss* beiläufig hinweist, das Resultat dieser Transformation durch infinitesimale Betrachtungen leicht plausibel machen, indem man eine beliebige unendlich kleine Verrückung einer Fläche in eine erste Verrückung, wobei jeder Punkt normal zur Fläche fortschreitet, und eine zweite Verrückung, wobei jeder Punkt tangential zur Fläche fortschreitet, zerlegt. Doch erscheint es angemessen, hier auch das eigentliche analytische Prinzip jener Umwandlung, welches in einer gewissen partiellen Integration besteht, anzugeben. In Anbetracht des Umstandes jedoch, dass die Variationsrechnung, namentlich in Hinsicht auf Probleme mit Nebenbedingungen, wie sie hier schliesslich vorliegen werden, noch keine allgemein anerkannte Darstellung besitzt, auf die sonst einfach zu verweisen wäre, mag es zur Durchsichtigkeit beitragen, wenn wir nur auf bekanntere Hilfsmittel der Integralrechnung rekurrieren.

Die Trennungsfläche F_{AB}, die wir uns berandet denken wollen, durchlaufe bei einer virtuellen Bewegung, während welcher der Parameter w von $w = 0$ an wächst, eine Schar von Flächen $F(w)$. Wir konstruieren auf jeder Fläche die zwei zueinander orthogonalen Scharen von Krümmungslinien und sodann zwei Flächenscharen $u_2 =$ const., $u_1 =$ const., welche aus den $F(w)$ gerade diese Krümmungslinien herausschneiden. Wir stellen uns der Einfachheit halber die Flächen $F(w)$ sämtlich als auseinanderliegend und derart vor, dass in dem von ihnen erfüllten Gebiete jedem Punkte sich hiernach Werte u_1, u_2, w eindeutig zuordnen. Die Richtungen von einem Punkte u_1, u_2, w aus, in denen nur u_1, nur u_2, nur w und zwar zunehmend variiert, sollen in Argumenten trigonometrischer Funktionen kurz durch u_1, u_2, w angedeutet werden, und n bedeute die *nach B hin gerichtete* Normale auf F(w); die u_1, u_2, n-Richtung sollen stets ein Rechtsschraubensystem wie die Koordinatenaxen x, y, z bilden (Fig. 1).

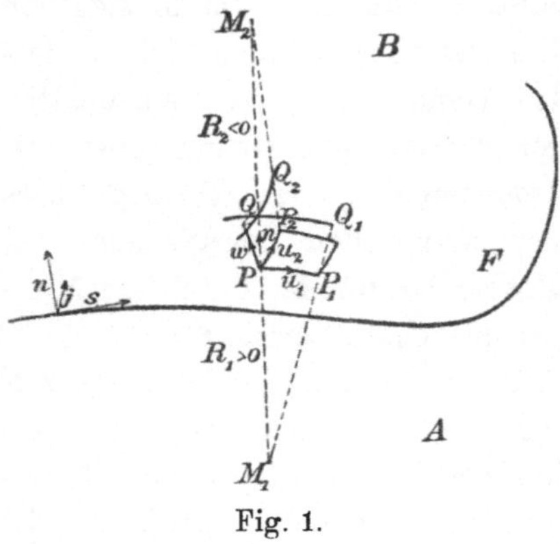

Fig. 1.

Die Berandung von F(w) wird durch eine Gleichung $u_2 = \chi(u_1, w)$ dargestellt sein, und da wir irgend eine Funktion von u_1 und w als einen neuen Parameter an Stelle von u_1 einführen können, so dürfen wir diese Gleichung als w nicht enthaltend: $u_2 = \chi(u_1)$ annehmen. Das Quadrat des Linienelements in dem von den F(w) erfüllten Gebiete wird sich

$$(1) \qquad ds^2 = dx^2 + dy^2 + dz^2$$
$$= L_1^2(du_1 - l_1 dw)^2 + L_2^2(du_2 - l_2 dw)^2 + N^2 dw^2$$

schreiben lassen, wobei $L_1 > 0$, $L_2 > 0$ und $\frac{N}{\cos(wn)} = L > 0$ sei, also N mit dem Vorzeichen von $\cos(wn)$ gerechnet werde. Nun ist

$$F = \iint L_1 L_2 du_1 du_2,$$

$$(2) \qquad \frac{dF}{dw} = \int\int \left(L_1 \frac{dL_2}{dw} + L_2 \frac{dL_1}{dw}\right) du_1 du_2,$$

wo das Doppelintegral sich über das Innere von $u_2 = \chi(u_1)$ erstreckt.

Der Ausdruck hier gestattet auf Grund der charakteristischen Eigenschaft der Krümmungskurven, dass die Normalen längs ihnen eine abwickelbare Fläche bilden, eine wichtige Umformung durch Produktintegration[2]). Zu einem Punkte $P(u_1, u_2, w)$ liegt auf der benachbarten Fläche F($w + dw$) in der kleinstmöglichen Distanz $Ndw = dn$, also auf der Normalen von F(w) der Punkt $Q(u_1 + l_1 dw, u_2 + l_2 dw, w + dw)$. Entsprechend liege normal über $P_1(u_1 + du_1, u_2, w)$ auf F($w + dw$) der Punkt Q_1; es sei M_1 der Krümmungsmittelpunkt der Krümmungslinie PP_1 auf F(w), also der Treffpunkt der Geraden PQ und P_1Q_1, R_1 der Krümmungsradius M_1P und zwar positiv, falls M_1P die Richtung n nach B hin hat, anderenfalls negativ. Man hat $PP_1 = L_1 du_1$. Aus der Ähnlichkeit der Dreiecke M_1PP_1, M_1QQ_1 und im Hinblick auf (1) folgt

2) Die zunächst folgende infinitesimale Betrachtung dient nur dazu, diese Eigenschaft der Krümmungslinien schnell in eine Formel umzusetzen.

$$\frac{PQ}{M_1 P} = \frac{QQ_1 - PP_1}{PP_1}, \quad \frac{dn}{R_1} = \frac{1}{L_1}\left(\frac{\partial L_1}{\partial n} dn + L_1 \frac{\partial l_1}{\partial u_1} dw\right),$$

d. i. nach Fortlassung des Faktors dw

$$\frac{N}{R_1} = \frac{1}{L_1}\left(\frac{\partial L_1}{\partial u_1} l_1 + \frac{\partial L_1}{\partial u_2} l_2 + \frac{\partial L_1}{\partial w} + L_1 \frac{\partial l_1}{\partial u_1}\right).$$

Eine entsprechende Relation gilt für den zweiten Hauptkrümmungsradius R_2 in P und durch Addition beider entsteht

$$N\left(\frac{1}{R_1} + \frac{1}{R_2}\right) L_1 L_2 = L_1 \frac{\partial L_2}{\partial w} + L_2 \frac{\partial L_1}{\partial w} + \frac{\partial L_1 L_2 l_1}{\partial u_1} + \frac{\partial L_1 L_2 l_2}{\partial u_2}.$$

Macht man hiervon in (2) Gebrauch und führt partielle Integrationen nach u_1 und u_2 aus, so ergibt sich

$$\frac{dF}{dw} = \int\limits_{(f)} N\left(\frac{1}{R_1} + \frac{1}{R_2}\right) df - \int\limits_{(s)} L_1 L_2 \left(l_1 \frac{du_2}{ds} - l_2 \frac{du_1}{ds}\right) ds,$$

darin bedeutet allgemein df das Flächenelement, ds das Randlinienelement von F(w) in positivem Umlauf um die Normale n. Bezeichnet man mit j die Richtung, die normal auf ds ins Innere der Fläche F(w) hineinführt (s. Fig. 1), so ist

$$L_1 \frac{du_1}{ds} = \cos(u_2 j), \quad L_2 \frac{du_2}{ds} = -\cos(u_1 j),$$

$$-L_1 l_1 = L \cos(u_1 w), \quad -L_2 l_2 = L \cos(u_2 w);$$

schreibt man noch $L \cos(wj) dw = dj$, so entsteht daher aus der letzten Gleichung die folgende Darstellung der ersten Ableitung der Kapillarenergie TF nach dem Variationsparameter w:

$$T\frac{dF}{dw} = T\int\limits_{(f)} \frac{dn}{dw}\left(\frac{1}{R_1} + \frac{1}{R_2}\right) df - T\int\limits_{(s)} \frac{dj}{dw} ds, \tag{3}$$

die insbesondere für $w = 0$ anzuwenden sein wird. Darin bedeuten dann die $dn = N dw$ für die Punkte der Trennungsfläche die zur Fläche normalen und die $dj = L \cos(wj) dw$ für die Punkte ihres Randes die in die Fläche fallenden, zum Rande normalen Komponenten der einem Zuwachs dw entsprechenden Verrückungen; hierauf fussend kann man sich die Transformation (3), wie schon oben angedeutet, unmittelbar geometrisch plausibel machen[2a]. $\frac{1}{2}\left(\frac{1}{R_1} + \frac{1}{R_2}\right)$ soll, wie die Vorzeichen von R_1 und R_2 oben festgelegt sind, die *mittlere Krümmung* der Stelle df *nach* B *hin* heissen.

2[a]) Wir haben im Übrigen die gebräuchlichen Zeichen δF, δw u. s. w. der ersten Variationen vermieden, um evident zu machen, dass es sich schließlich nur um Differentialquotienten im gewöhnlichen Sinne handelt.

Da in (3) die Parameter der Krümmungskurven wieder eliminiert sind, so ist diese Darstellung nicht an die anfänglich betreffs der Koordinaten u_1, u_2, w gemachte Beschränkung gebunden.

Die Volumina von A und B seien V_A, V_B, ihre Dichten ϱ_A, ϱ_B. Wir merken noch an, dass bei den fraglichen virtuellen Verrückungen die Volumina gemäss

$$\frac{dV_A}{dw} = \int\limits_{F_{AB}} \frac{dn}{dw} df, \quad \frac{dV_B}{dw} = -\int\limits_{F_{AB}} \frac{dn}{dw} df \tag{4}$$

variieren, ferner die potentielle Energie bezüglich der Schwerkraft für beide Medien zusammen die Ableitung nach w:

$$g(\varrho_A - \varrho_B)\int z \frac{dn}{dw} df \tag{5}$$

erfährt; dabei ist die z-Axe *vertikal nach oben* gedacht.

3. Differentialgleichung für eine freie Oberfläche. Die Trennungsfläche von A gegen B sei frei beweglich (B eine Flüssigkeit wie A oder ein Gas), und neben der Kapillarität komme nur noch die Schwere in Betracht. Stabiles Gleichgewicht des Systems wird durch ein Minimum der potentiellen Energie gegenüber allen virtuellen Verrückungen charakterisiert. Nun liegt aber eine Nebenbedingung in der Konstanz des Gesamtvolumens von A (oder von B, vgl. (4)) vor. Um dieser Nebenbedingung Rechnung zu tragen, ziehen wir die Regeln der Differentialrechnung für ein sogenanntes relatives Extremum heran.

Wir denken uns wieder die Trennungsfläche F_{AB} als das Element $w = 0$ einer beliebigen von einem Parameter w abhängenden Schar von Flächen $z = \psi(x, y, w)$, welche alle den Rand gemein haben mögen. Der Nebenbedingung würde allerdings, während w sich verändert, nicht mehr genügt werden. Denken wir uns aber noch eine beliebige zweite solche Schar von Flächen $z = \psi^*(x, y, w^*)$, welche wieder für $w^* = 0$ von der gegebenen Fläche ausgeht, und erweitern wir diese zwei einparametrigen Scharen irgendwie zu einer Flächenschar mit zwei Parametern $z = \psi(x, y, w, w^*)$, welche für $w^* = 0$ in die erste, für $w = 0$ in die zweite einparametrige Schar übergeht, so wird die Grösse des Volumens V_A bei den Flächen dieser allgemeineren Schar eine Funktion $V_A(w, w^*)$ der zwei Parameter sein, und innerhalb der zweiparametrigen Schar gibt uns diejenige einparametrige Schar, welche durch die Bedingung $V_A(w, w^*) = V_A(0, 0)$ ausgeschieden wird, jetzt eine tatsächliche virtuelle Bewegung der Trennungsfläche. Danach haben wir die Bedingung zu formulieren, dass unter allen Flächen der zweiparametrigen Schar, für welche $V_A(w, w^*) = V_A(0, 0)$ ist, die Fläche $w = 0$, $w^* = 0$ das Minimum der potentiellen Energie

$$E = T_{AB} F_{AB} + g \varrho_A \int_A z\,dv + g \varrho_B \int_B z\,dv$$

liefert; (die Bezeichnung hier ist so zu verstehen, dass dv in dem ersten Integral die Volumenelemente von A, in dem zweiten diejenigen von B durchläuft). Für dieses Extremum mit einer Nebenbedingung liefert nun die Differentialrechnung in bekannter Weise die zwei Gleichungen

$$\frac{\partial E}{\partial w} + \lambda_{AB} \frac{\partial V_A}{\partial w} = 0, \quad \frac{\partial E}{\partial w^*} + \lambda_{AB} \frac{\partial V_A}{\partial w^*} = 0 \quad (w = 0, w^* = 0)$$

mit einer geeigneten Konstante λ_{AB}. Die zweite Gleichung dient uns jetzt nur dazu, um zu erkennen, dass der Wert von λ_{AB} in keiner Weise von der beliebig angenommenen ersten Schar $z = \psi(x, y, w)$ abhängt, also für die Trennungsfläche F_{AB} an sich eine bestimmte Bedeutung hat; und bei ausdrücklicher Hinzunahme dieser Tatsache vertritt die erste Gleichung bereits das System der beiden. Danach muss (vgl. (3), (4), (5)) mit einer geeigneten Konstante λ_{AB}, die sich schliesslich aus dem Werte von V_A bestimmen wird, die Bedingung

$$\int_{\mathrm{F}_{AB}} N\left(T_{AB}\left(\frac{1}{R_1} + \frac{1}{R_2}\right) + g(\varrho_A - \varrho_B)z + \lambda_{AB}\right) df = 0$$

gelten. Dabei unterliegt vermöge der willkürlichen Wahl der Schar $\mathrm{F}(w)$ die Funktion $N = \frac{dn}{dw}$ auf der Fläche F_{AB} einzig der Beschränkung, dass sie durchweg stetig ist und am Rande gleich Null wird. Für N in diesem Umfange kann das vorstehende Integral nur dann beständig gleich Null ausfallen, wenn der Faktor von N an jeder Stelle innerhalb F_{AB} verschwindet, d. h. die Gestalt der freien Oberfläche muss der Differentialgleichung

$$T_{AB}\left(\frac{1}{R_1} + \frac{1}{R_2}\right) + g(\varrho_A - \varrho_B)z + \lambda_{AB} = 0 \tag{6}$$

genügen[3]).

Es kann F_{AB} auch aus mehreren getrennten Stücken bestehen und λ_{AB} hat für die verschiedenen Stücke denselben Wert.

Ein Minimum von E ist hier jedenfalls nur möglich, wenn $T_{AB} \geqq 0$ ist, da sonst durch ein Hin- und Herfalten der Trennungsfläche an ihrem Orte sich E beliebig verringern liesse.

3) *Laplace,* Supplément au livre X de la Méc. céleste, no. 4.

Es möge $\varrho_A \gtrless \varrho_B$ sein. Setzen wir

$$z_{AB} = -\frac{\lambda_{AB}}{g(\varrho_A - \varrho_B)},$$

so wird durch $z = z_{AB}$ eine bestimmte horizontale Ebene angewiesen, welche *Niveauebene* heissen soll. Verlegen wir $z = 0$ nach der Niveauebene, so folgt die Gleichung (6) in der Gestalt

$$(6\text{a}) \qquad T_{AB}\left(\frac{1}{R_1} + \frac{1}{R_2}\right) = -g(\varrho_A - \varrho_B)z.$$

Danach ist an jeder Stelle der Trennungsfläche aus der mittleren Krümmung nach B hin sofort auf die Lage der Niveauebene zu schliessen. *Ist $\varrho_A > \varrho_B$, so liegen die Stellen der Trennungsfläche, wo diese mittlere Krümmung positiv ist,* d. h. die Fläche nach B hin konvex-konvex oder konvex-konkav mit grösserem Betrage der ersteren Hauptkrümmung ist, *unterhalb der Niveauebene* und zwar um so tiefer darunter, je stärker jene mittlere Krümmung ist; *Stellen, wo diese Krümmung nach B hin negativ ist, liegen oberhalb der Niveauebene,* Stellen, wo sie Null ist, notwendig genau in Höhe dieser Ebene (Fig. 2).

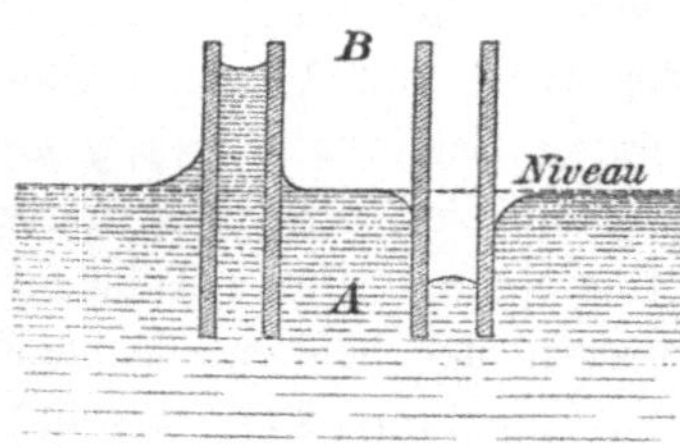

Fig. 2.

Insbesondere kann die Trennungsfläche asymptotisch eben nur in Höhe dieser Ebene sich gestalten, wodurch ihre Bezeichnung als Niveauebene begründet ist.

4. Randwinkel. Zur vollständigen Festlegung von F_{AB} sind ausser der Differentialgleichung (6) weitere Bedingungen für den Rand der Fläche dort, wo A und B an dritte Medien C grenzen, erforderlich.

Grenzen drei Flüssigkeiten A, B, C mit drei Trennungsflächen F_{AB}, F_{AC}, F_{BC}, in denen die Oberflächenspannungen T_{AB}, T_{AC}, T_{BC} herrschen, längs einer Kurve zusammen (Fig. 3), so würde zwar mit jedem virtuellen Bewegungszustand der Randkurve stets auch der entgegengesetzte Bewegungszustand für sie virtuell sein; immerhin wollen wir (weil hernach auch ein Fall von nicht in diesem Sinne umkehrbaren Verrückungen in Betracht kommt), zunächst nur von dem vorausgesetzten Gleichgewichtszustand an (nicht durch ihn hindurch) variieren, und wir denken uns eine von einem Parameter w $(\geqq 0)$

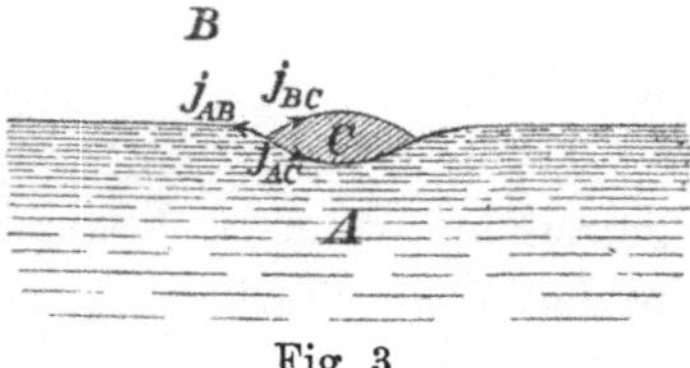

Fig. 3.

abhängende Schar von Lagen dieser Randkurve, mit den nämlichen Endpunkten, falls nicht die Kurve geschlossen ist, und von gewissen damit verbundenen Lagen der drei Trennungsflächen; dabei sollen diese stets gemeinsam an der Randkurve ansetzen, ihre sonstigen Randteile aber fest behalten und zugleich in ihren inneren Partien solche Deformationen erfahren, dass die ganzen Volumina von A, B, C unverändert bleiben. Um zum Ausdruck zu bringen, dass die Gesamtenergie E im Gleichgewichtszustand für $w = 0$ am kleinsten ist, haben wir dann in Anbetracht der erst einseitigen Variation bloß die Ungleichung

$$\frac{dE}{dw} \geqq 0 \quad (w = 0)$$

zu fordern. Da aber für die Trennungsflächen gemäss (6) bereits solche Gleichungen feststehen, dass die hierin als Flächenintegrale auftretenden Terme für sich Null sind, so zieht sich diese Ungleichung gemäss (3) zu

$$-\int L(T_{AB} \cos(wj_{AB}) + T_{AC} \cos(wj_{AC}) + T_{BC} \cos(wj_{BC}))ds \geqq 0$$

zusammen, wobei das Integral über die gegebene Lage der Randkurve zu erstrecken ist und an jedem Elemente ds unter w die Richtung, unter Ldw die Grösse der dem Zuwachs dw entsprechenden Verrückung des Randpunktes, unter j_{AB}, j_{AC}, j_{BC} die auf ds ins Innere der Flächen hin errichteten Normalen zu verstehen sind. Da die Funktion L hier beliebig gewählt werden kann, nur dass sie stetig und stets $\geqq 0$ ist und an den Endpunkten der Randkurve verschwindet, so folgt hieraus

$$(7) \qquad -T_{AB} \cos(wj_{AB}) - T_{AC} \cos(wj_{AC}) - T_{BC} \cos(wj_{BC}) \geqq 0$$

längs der ganzen Randkurve, und zwar noch für beliebige Richtungen w. Nun können wir aber mit jeder Richtung w die entgegengesetzte kombinieren, und ist daher das Zeichen $\geqq$ hier durch $=$ zu ersetzen. Hiernach müssen sich drei Vektoren von den Längen T_{AB}, T_{AC}, T_{BC} und den zu j_{AB}, j_{AC}, j_{BC} parallelen Richtungen zu einem geschlossenen Dreiecke aneinanderfügen[4]). Der Winkel $(j_{AB} j_{AC}) = \omega_A$ z. B. ist dann der von den zwei ersten Seiten in diesem Dreieck gebildete Aussenwinkel und hat hiernach längs der ganzen Randkurve einen konstanten aus den drei Spannungen folgenden Wert. Dieser Winkel ω_A heisst der *Randwinkel* von A gegen B und C.

Ein erstes Erfordernis für das angenommene Gleichgewicht ist

4) Diese Bedingung ist von *F. Neumann* aufgestellt und zuerst in der Dissertation von *Paul du Bois-Reymond* (Berlin 1859) veröffentlicht worden.

nun, dass aus den drei Längen T_{AB}, T_{AC}; T_{BC} überhaupt ein Dreieck zu bilden ist, d. h. dass von jenen drei Spannungen keine grösser als die Summe der beiden anderen ist. Ist jedoch etwa $T_{AB} > T_{AC} + T_{BC}$, so wird vielmehr C sich zwischen A und B ausziehen, eventuell zu einer dünnen Schicht mit zwei einander derart nahe liegenden Trennungsflächen gegen A und B, dass dadurch Umstände resultieren, die erst auf Grund der Annahme einer räumlichen Verteilung der Kapillarenergie genauer zu verfolgen sein werden.

Die Relation $T_{AB} > T_{AC} + T_{BC}$ für drei Medien dient als hinreichende Erklärung der mannigfachsten Kapillarphänomene[5]).

Nach den Beobachtungen von *Marangoni*[6]) ist in allen Fällen für zwei Flüssigkeiten die gegenseitige Oberflächenspannung kleiner als die Differenz ihrer Oberflächenspannungen gegen Luft[1]), hierbei also niemals jenes Dreieck von Spannungen realisierbar. Der Fall von Quecksilber und Wasser, den *Marangoni* als eine Ausnahme ansah, fügt sich dieser allgemeinen Regel[6a]). Wenn Wasser auf Quecksilber in einem Tropfen steht, so haften der Quecksilberoberfläche fremde Bestandteile an, die ihre Spannung herabsetzen[7]).

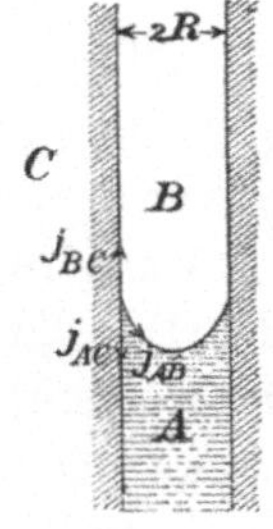

Fig. 4.

Stellt C einen festen Körper vor, so kann die Trefflinie von A, B, C nur auf der Oberfläche dieses frei verschoben werden, und erhalten wir die Relation (7) in dem entsprechenden beschränkteren Umfange, nämlich, wenn C keine Diskontinuität der Tangentialebene an der Randkurve hat (Fig. 4), einmal so, dass w mit j_{AC}, das andere Mal so, dass w mit j_{BC} zusammenfällt, und wir erschliessen damit

$$(8) \qquad \cos \omega_A = \frac{T_{BC} - T_{AC}}{T_{AB}},$$

---

5) Eine bis zur Gegenwart reichende Übersicht der Beobachtungsmethoden und -ergebnisse zur Kapillarität bringt der Artikel von *F. Pockels* im Handbuch der Physik, herausg. von *A. Winckelmann,* Bd. 1 (Breslau 1907).

6) *Marangoni*, Sull' espansione delle goccie di liquido galleggiante sulla superficie di altro liquido, Pavia 1865; Ann. Phys. Chem. 143 (1871), p. 348. Dieselbe Tatsache fanden *van der Mensbrugghe,* Mém. cour. de l'Acad. de Belg. 34 (1869); ferner *Lüdtge,* Ann. Phys. Chem. 137 (1869), p. 362.

6a) *Quincke*, Ann. Phys. Chem. 139 (1870), p. 66. Lord *Rayleigh*, Sc. papers 3, p. 562.

7) Das Ausbreiten eines Tropfens einer Flüssigkeit auf einer anderen Flüssigkeit geschieht jedesmal in charakteristischen Formen, die mit den Substanzen sehr mannigfaltig variieren, den *Tomlinson*schen Kohäsionsfiguren; vgl. darüber *O. Lehmann*, Molekularphysik 1 (Leipzig 1888), p. 260; *Paul du Bois-Reymond,* Ann. Phys. Chem. 139 (1870), p. 262.

wo ω_A wieder den Randwinkel $(j_{AB} j_{AC})$ von A gegen B und C bezeichnet[8]).

Diese Relation würde unmöglich sein, wenn der Quotient rechts dem Betrage nach > 1 (oder < -1) ausfällt. Im Falle $T_{BC} > T_{AC} + T_{AB}$ (es brauchten hier T_{AC}, T_{BC} nicht $\geqq 0$ zu sein) kommt dann Gleichgewicht dadurch zu Stande, dass sich die Flüssigkeit A am festen Körper C in einer selbst mikroskopisch nicht messbaren dünnen Schicht entlang zieht, C *benetzt*, wodurch an der zu bemerkenden Randlinie B beiderseits an A grenzt und daher eben nach dieser Formel (8), worin nun A statt C und $T_{AA} = 0$ zu nehmen ist, sich der Randwinkel von A gleich Null herausstellt.

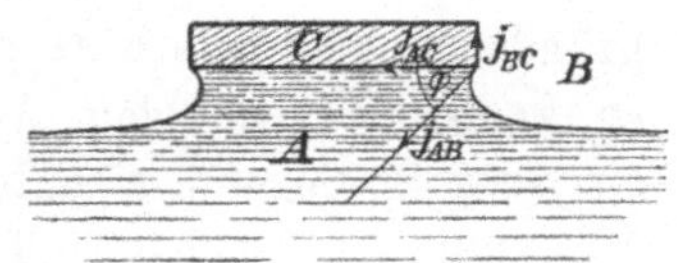

Fig. 5.

Hat die Wand des festen Körpers C an der Randkurve gerade eine Schneide, (ein Fall, wie er sich bei der Adhäsion einer Flüssigkeit an einem festen Körper leicht darbietet (Fig. 5)), so kommen zweierlei nicht entgegengesetzte Verschiebungen der Randkurve auf C in Betracht. Das Ergebnis ist dasselbe, als wenn man sich die Schneide als Grenze abgerundeter Formen denkt; man kommt zur Ungleichung (7) einmal so, dass darin w durch j_{AC}, aber j_{BC} durch die zu j_{AC} entgegengesetzte Richtung, das andere Mal so, dass darin w durch j_{BC}, aber j_{AC} durch die zu j_{BC} entgegengesetzte Richtung vertreten wird; man erhält demnach

$$-T_{AB} \cos(j_{AC} j_{AB}) - T_{AC} + T_{BC} \geqq 0,$$
$$-T_{AB} \cos(j_{BC} j_{AB}) + T_{AC} - T_{BC} \geqq 0,$$

d. h.

(9) $$(j_{AC} j_{AB}) \geqq \omega_A, \quad (j_{AB} j_{BC}) \geqq \pi - \omega_A,$$

wo ω_A den durch (8) bestimmten Winkel $\geqq 0$ und $\leqq \pi$ bedeutet. Aus beiden Relationen zusammen folgt

$$(j_{AC} j_{BC}) \geqq \pi.$$

Danach kann im Zustande des Gleichgewichts die Grenzlinie der freien Oberfläche niemals längs eines endlichen Stücks auf einer konkaven Schneide des festen Körpers liegen[9]).

8) *Quincke* (Ann. Phys. Chem. 137 (1869), p. 42) fand, dass längs einer auf Glas keilförmig aufgetragenen dünnen Silberschicht Wasser oder Quecksilber einen konstanten Randwinkel erst dort ergibt, wo die Dicke der Silberlamelle mindestens 50×10^{-7} cm beträgt.

9) *Gauss*, Principia generalia theoriae figurae fluidorum, art. 30.

Die Bedingungen für das Zusammentreffen von vier Flüssigkeiten in einem Punkte sind nunmehr ohne weiteres ersichtlich. Die Möglichkeit der Bildung einer neuen Trennungsfläche an einer Linie, längs der mehr als drei Flüssigkeiten zusammentreffen, erörterte *Gibbs*[10]).

5. Kapillardruck. Oberflächenspannung. Wollen wir den Begriff des Drucks in einer Flüssigkeit auch bei Erscheinungen der Kapillarität verwenden, so wird die Vorstellung notwendig, dass dieser Druck an einer Trennungsfläche zweier Flüssigkeiten im Allgemeinen sich diskontinuierlich ändert. Die Diskontinuitäten sind mit den Schwerpunkts- und Flächensätzen der Mechanik in Übereinstimmung zu bringen. Will man die Diskontinuitäten weiter begründen, ohne jedoch Hypothesen über Molekularkräfte einzuführen, so kann man von dem Ansatze ausgehen, dass in einer Flüssigkeit an jeder Stelle eine räumliche Energiedichte besteht, welche von der Massendichte daselbst und auch noch von den örtlichen Differentialquotienten der Massendichte abhängt. Man hat sodann einen Grenzübergang in der Weise zu vollziehen, dass die Differentialquotienten der Massendichte im Allgemeinen gleich Null gesetzt werden und nur an gewissen Flächen derart unendlich werden, dass dort die Massendichte einen konstanten Sprung erfährt. Der Begriff des Druckes entsteht dabei als der negativ genommene Differentialquotient der Energie einer Masse nach ihrem Volumen (Gl. (42) in Nr. **18**).

Der Kürze wegen begnügen wir uns hier mit folgenden mehr axiomatischen Festsetzungen: Innerhalb einer einzelnen Flüssigkeit A variiert der Druck stetig mit der Dichte, ist aber nur bis auf eine additive Konstante zu bestimmen; bei gewisser Verfügung über diese Konstante wollen wir von ihm als *kinetischem Druck* sprechen. Nun seien zwei verschiedene, der Schwere unterworfene Flüssigkeiten A und B durch eine horizontale Ebene $z = 0$ getrennt und eine jede derart beschaffen, dass in ihr Dichte und Temperatur überall nur von der Vertikalhöhe z abhängen. Alsdann erleidet der kinetische Druck beim Übergang von A nach B eine Diskontinuität, die wir als *Kohäsionssprung* bezeichnen wollen. Die bezügliche Abnahme des kinetischen Drucks von A nach B können wir in die Form $K_A - K_B$ setzen, so dass K_A nur von A, K_B nur von B abhängt.

Die Differenz $P_A - K_A = p_A$ soll dann der *hydrodynamische Druck* in A heissen; dieser Druck würde nun *an horizontalen Trennungsflächen keinerlei Diskontinuität* erfahren. In einer ruhenden Flüssigkeit A, in welcher die Dichte nahezu als konstant anzusehen

10) *Gibbs*, Equilibrium of heterogeneous substances, p. 453.

ist, variirt der Druck p_A derart, dass er abhängig von der Vertikalhöhe z allgemein den Ausdruck $p_0 - \varrho_A g z$ hat, wo p_0 eine Konstante ist.

Nun mögen zwei ruhende Flüssigkeiten A und B von verschiedener Dichte eine beliebige, der Differentialgleichung (6) entsprechende Trennungsfläche F_{AB} haben; wir bestimmen die Niveauebene dazu, wählen sie als Ebene $z = 0$ und denken uns andererseits in einem sehr weiten Gefässe ebenfalls A und B und beide durch eine horizontale Ebene und zwar genau in Höhe jener Niveauebene getrennt, und verbinden endlich die A beiderseits und die B beiderseits je durch eine kommunizierende Röhre (Fig. 6), so wird das Gleichgewicht nach der Gleichung (6a) bestehen bleiben. Ist nun p_0 der in jener horizontalen Trennungsfläche in A und B gleiche hydrostatische Druck, so ist dieser Druck in A in einer Höhe z gleich $p_A = p_0 - \varrho_A g z$ und in B in einer Höhe z gleich $p_B = p_0 - \varrho_B g z$. An einer beliebigen Stelle der Trennungsfläche F_{AB} findet daher gemäss (6a) eine Druckdiskontinität

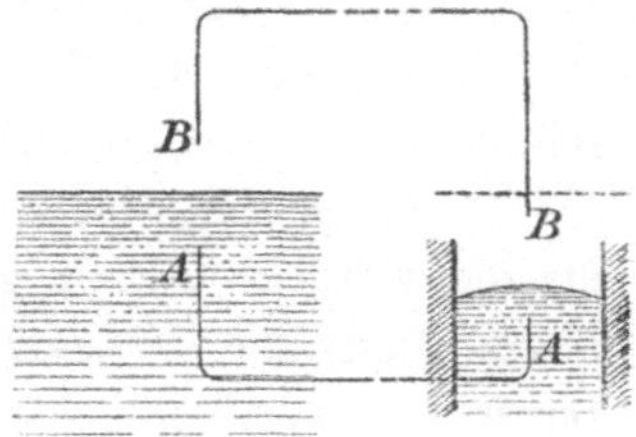

Fig. 6.

$$(10) \qquad p_A - p_B = -g(\varrho_A - \varrho_B) z = T_{AB}\left(\frac{1}{R_1} + \frac{1}{R_2}\right)$$

statt. Diese Differenz heisst der *Kapillardruck* an der Stelle in A.

Stellt B den gesättigten Dampf der Flüssigkeit A vor, so ist p_0 der Sättigungsdruck über einer ebenen Flüssigkeitsoberfläche, und würde dagegen p_B den Druck des im Gleichgewicht mit der Flüssigkeit befindlichen Dampfes über einer solchen Stelle der Flüssigkeit, welche nach dem Dampfe hin die mittlere Krümmung $\frac{1}{2}\left(\frac{1}{R_1} + \frac{1}{R_2}\right)$ zeigt, angeben; danach überwiegt der letztere Sättigungsdruck p_B um

$$\frac{\varrho_B}{\varrho_A - \varrho_B} T_{AB}\left(\frac{1}{R_1} + \frac{1}{R_2}\right)$$

den Druck p_0[11]. Es folgt daraus z. B. ein vermehrtes Verdampfungsbestreben kleinster Wassertröpfchen in der Luft, weil mit dem Gleich-

11) *W. Thomson*, Edinburgh Proc. Roy. Soc. 7 (1870), p. 63. — In einer Kapillarröhre vom Radius 0,00012 cm, in welcher Wasser 1300 cm steigt, würde der Gleichgewichtsdruck des Wasserdampfes um etwa $^1/_{1000}$ kleiner als der Wert dafür über der Niveauebene sein. Mit den durch die Relation (10) gegebenen Umständen hängt auch der Siedeverzug luftfreier Flüssigkeiten, ferner die Schwierigkeit der Bildung der ersten Bläschen bei der Elektrolyse zusammen.

gewichtsdruck des Dampfes über einer ebenen Wasseroberfläche noch nicht der Gleichgewichtsdruck über den Oberflächen der Tröpfchen erreicht ist.

Ist in dieser Weise einmal die Druckdiskontinuität des Kapillardrucks eingeführt, so würde das Bestehen der Trennungsflächenenergie nach dem Ausdrucke (3) ihrer Ableitung vollständig mit der weiteren Annahme zu erschöpfen sein, dass ausserdem an jedem Randelement der Trennungsfläche in ihr, normal gegen den Rand nach innen gerichtet, eine konstante Zugspannung $= T_{AB}$, auf die Längeneinheit der Randlinie berechnet, herrscht.

Indem nun die Formel (3) sich auch auf jeden beliebigen Ausschnitt aus der Trennungsfläche anwenden lässt, würden die Kapillardrucke längs der Fläche und diese Zugspannungen an ihrem Rande für die virtuelle Arbeit gleichbedeutend mit der Annahme sein, dass *überall innerhalb der Trennungsfläche eine konstante Spannung* $= T_{AB}$ herrscht. Aber sprechen wir in solcher Allgemeinheit von einer Spannung innerhalb der ganzen Fläche, so heisst dieses im Grunde nichts anderes als: Es besteht für die Trennungsfläche eine potentielle Energie $= T_{AB} F_{AB}$, wovon wir eben ausgegangen sind.

Auf diese Analogie einer Flüssigkeitsoberfläche mit einer elastischen Haut gründete *Thomas Young*[12]) eine vollständige Theorie der Kapillarphänomene, die allerdings durch Vermeidung mathematischer Symbole an Durchsichtigkeit einbüsste. Den Begriff der Oberflächenspannung einer Flüssigkeit hat *Segner*[13]) eingeführt.

6. Formen freier Oberflächen. Tropfen. Die Differentialgleichung einer freien Oberfläche kommt in Versuchen namentlich unter zweierlei speziellen Umständen in Betracht; nämlich es handelt sich meist entweder um Rotationsflächen um eine vertikale Axe oder aber um Zylinderflächen mit horizontalen Erzeugenden, wobei letztere Flächen auch noch als eine Approximation der ersteren bei grossem Querschnitt dienen.

Im Falle einer *Rotationsfläche um die z-Axe* sei für die Meridiankurve r der Abstand von der Axe, φ der Neigungswinkel der Tangente gegen die horizontale r-Axe (Fig. 7), also $\operatorname{tg}\varphi = dz/dr$, so ist die

---

12) *Th. Young,* Essay on the cohesion of fluids, Phil. Trans. Roy. Soc. London 1805. — Für die Würdigung der Leistung von *Young* vgl. Lord *Rayleigh,* Phil. Mag. 30 (1890), p. 285, 456 = Scientific papers 3, p. 397.

13) *Segner,* Comment. soc. reg. Gotting. 1 (1751), p. 301. — *Plateau* (Statique des liquides, chap. V) gibt eine bis 1869 geführte historische Übersicht über die Arbeiten zur Theorie der Oberflächenspannung. Mannigfache Belege zu dieser Theorie hat namentlich *Van der Mensbrugghe* beigebracht.

Krümmung der Kurve $-\frac{1}{R_1} = \frac{d\varphi}{(\cos\varphi)^{-1} dr}$ und die reziproke Länge der Normale $-\frac{1}{R_2} = \frac{\sin\varphi}{r}$, die Gleichung (6) geht also in

$$(11) \qquad T_{AB}\frac{d(r\sin\varphi)}{r\,dr} = \lambda_{AB} + g(\varrho_A - \varrho_B)z$$

über.

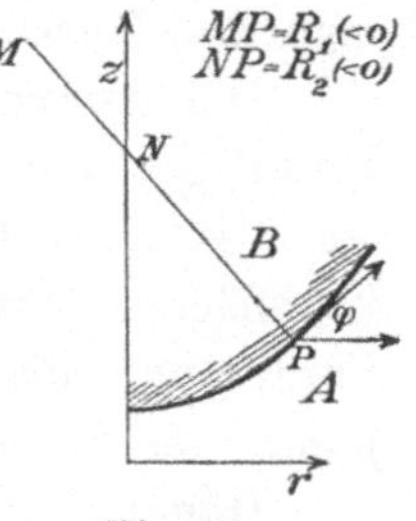

Fig. 7.

Zumeist handelt es sich um eine solche partikuläre Lösung dieser Gleichung, welche die Axe trifft und sie dann notwendig senkrecht durchsetzt, damit die Fläche sich an der Stelle regulär verhält. Diese Lösung hängt nur noch von einer Konstante ab, da $dz/dr = 0$ für $r = 0$ gefordert wird. Verlegt man den Koordinatenanfang in jenen Treffpunkt mit der Kurve, so bedeutet $2T_{AB}/\lambda_{AB}$ den Krümmungsradius daselbst und bei Wahl dieser Grösse als Längeneinheit hängt die Form der Kurve nur noch von *einem* Parameter ab, der die Relation zwischen dem vorgeschriebenen Werte des Randwinkels von A am Ende der Meridiankurve und dem Volumen von A vermitteln muss.

Laplace[14]) und in der Folge Lord *Kelvin*[15]) haben die Meridiankurve der kapillaren Rotationsfläche aus kleinen Kreisbögen mit stetig sich aneinanderreihenden Tangenten unter Berechnung der Krümmung am Anfange jedes Bogens gemäss der Gleichung (11) angenähert aufgebaut. *C. V. Boys*[16]) hat diese Methode besonders handlich gemacht, indem er die Kreisbögen durch eine feste Marke an einem (durchsichtig hergestellten) Lineal beschreibt, auf dem das Drehungszentrum sukzessive verändert wird, wodurch die Stetigkeit in den Tangenten der sukzessiven Kreisbögen gesichert wird. Zudem sind die Teilstriche des Lineals durch ihre reziproken Entfernungen von der festen Marke bezeichnet, an der selbst dann ∞ steht. *Bashforth*[17]) lieferte ausgedehntes Tabellenmaterial zu jener partikulären Lösung von (11). *C. Runge*[18]) nahm die Gleichung als Beispiel bei Darlegung einer numerischen Integrationsmethode für die Differentialgleichungen zweiter

14) *Laplace,* Connaissance des Temps, 1812.

15) *W. Thomson,* Capillary attraction, Proc. Roy. Inst. 11 (1886), aufgen. in Popular lectures and addresses 1, London 1889. Der Aufsatz enthält verschiedene Diagramme zur Illustrierung des Verfahrens. — *J. C. Schalkwijk,* Leiden Communic. No. 67 (1901).

16) *C. V. Boys,* Phil. Mag. (5) 36 (1893), p. 75.

17) *Bashforth* and *Adams,* An attempt to test the theories of capillary action, Cambridge 1883.

18) *C. Runge,* Math. Ann. 46 (1895), p. 167.

Ordnung. Eine im Bereiche $0 \leqq \varphi < \pi/2$ konvergente Entwicklung von z nach Potenzen von r für die Lösung von (11) behandelten *K. Lasswitz*[19]), *Th. Lohnstein*[20]). Allerhand Annäherungsformeln, bez. des Krümmungsradius für $r = 0$, des Maximalwertes von r u. s. w. findet man bei *Poisson*[21]), *Fr. Neumann*[22]), *A. König*[23]), *H. Siedentopf*[24]).

Die Formen eines Quecksilbertropfens auf einer horizontalen Unterlage, einer gegen eine Horizontalebene stossenden Luftblase, eines an einer Horizontalebene hängenden Wassertropfens sind Rotationsflächen, bestimmt durch die Differentialgleichung (11), durch die Forderung, die Axe zu treffen, durch den Randwinkel am Endpunkt der Meridiankurve und durch das vorliegende Volumen.

Hängt die Lösung der Gleichung (6) von y nicht ab, ist sie also eine *Zylinderfläche mit horizontalen Erzeugenden parallel der y-Axe*, so wird die Gleichung ihres vertikalen Querschnitts mit der xz-Ebene, wenn φ den Winkel der Tangente gegen die x-Axe, ds das Bogenelement bedeutet:

$$T_{AB}\frac{d\sin\varphi}{dx} = T_{AB}\frac{d\varphi}{ds} = \lambda_{AB} + g(\varrho_A - \varrho_B)z. \tag{12}$$

Es ist das die Gleichung der Gleichgewichtsform, die ein elastischer gleichförmiger unendlich dünner und ohne äussere Kräfte geradliniger Stab annimmt, wenn an den Enden zwei in die Richtung der positiven und negativen x-Axe fallende entgegengesetzt gleiche Kräfte und dazu die geeigneten Kräftepaare angreifen[25]). Die Differentiation von (12) nach s ergibt

$$T_{AB}\frac{d^2\varphi}{ds^2} = g(\varrho_A - \varrho_B)\sin\varphi,$$

und ist danach, $\varrho_A > \varrho_B$ angenommen, die Abhängigkeit des Winkels $\pi - \varphi$ von s dieselbe wie des Ausschlags eines gewöhnlichen mathematischen Pendels mit der Länge $\frac{T_{AB}}{\varrho_A - \varrho_B}$ von der Zeit. Wird $z = 0$ nach der Niveauebene gelegt, also $\lambda_{AB} = 0$ angenommen, so erhält man aus (12) durch Multiplikation mit $\operatorname{tg}\varphi\, dx = dz$ und Integration, entsprechend dem Integral der lebendigen Kraft in der Pendel-

19) *K. Lasswitz*, Inaug.-Diss. Breslau 1873.

20) *Th. Lohnstein*, Inaug.-Diss. Berlin 1891.

21) *Poisson*, Nouv. théor. de l'act. capill., Paris 1831.

22) *Fr. Neumann*, Vorl. über Capill. 1894.

23) *A. König*, Ann. Phys. Chem. 16 (1882), p. 10.

24) *H. Siedentopf*, Ann. Phys. Chem. 61 (1897), p. 235.

25) Vgl. z. B. *A. E. H. Love*, A treatise on the mathematical theory of elasticity 2 (Cambridge 1893), Arts. 227—229.

bewegung:

$$(13)\qquad T_{AB}(c - \cos\varphi) = g(\varrho_A - \varrho_B)\frac{z^2}{2}.$$

Darin ist die Integrationskonstante $c = 1$, wenn die Fläche sich asymptotisch an die Niveauebene heranzieht, und $c > 1$, wenn sie sonst eine horizontale Tangente hat; andererseits ist, wenn die Fläche einen Wendepunkt $\left(\frac{d\varphi}{ds} = 0\right)$ besitzt, notwendig $c < 1$.

Die Form eines an einer Horizontalebene hängenden zylindrischen Tropfens, wie er durch Austreten einer Flüssigkeit aus einem langen Spalt entstehen könnte, hat *Fr. Neumann*[26]) behandelt. Um über die Stabilität der Form zu entscheiden, haben wir das *Jacobi*sche Kriterium für ein Extremum in einem Variationsproblem heranzuholen. Benetzt A die Ebene und wird der Einfachheit halber $2\,T_{AB} : g(\varrho_A - \varrho_B)$ als Flächeneinheit eingeführt, so kommt hier das Variationsproblem darauf hinaus, in einem Intervalle $-x_0 \leqq x \leqq x_0$, *dessen Länge* $2x_0$ *ebenfalls noch gesucht wird,* eine an den Enden verschwindende stetige Funktion $z(x)$ derart zu bestimmen, dass

$$\int_{-x_0}^{x_0}\left(\sqrt{1 + \left(\frac{dz}{dx}\right)^2} - 1 - z^2\right)dx$$

zu einem *Minimum* wird, während $\int_{-x_0}^{x_0} z\,dx = J$ gegeben ist. In einer gewissen Tiefe $\frac{1}{2}z_0$ unter der Horizontalebene zeigt das tellerförmige Profil des Tropfens durch einen Wendepunkt die Niveauebene an und verläuft sodann gemäss (13) bis zum tiefsten Punkte als spiegelbildliche Fortsetzung am Wendepunkt, so dass z_0 die ganze Tiefe des Tropfens wird. Ist 2θ die Neigung der Wendetangente gegen die Horizontale und $\varkappa = \sin\theta$, so findet man auf Grund von (13):

$$z_0 = 2\sqrt{2}\varkappa, \qquad x_0 = \sqrt{2}(2E - K), \qquad J = x_0 z_0,$$

wo K und E die vollständigen elliptischen Integrale erster und zweiter Gattung vom Modul $\varkappa$ sind. Der Ausdruck $J = x_0 z_0$ hat ein Maximum ungefähr bei $\theta = 35^0\,32'$ mit $J = 2{,}606$. Nur wenn das Volumen des Tropfens auf die Längeneinheit des Spalts, J, unterhalb dieser Grösse liegt, gibt es überhaupt Tropfenformen, welche den Gleichungen des Problems entsprechen, und zwar dann eine breitere und weniger tiefe Form, wobei $\theta < 35^0\,32'$ ist, und eine schmälere tiefer herunterhängende, für welche diese stärkste Neigung gegen die Horizontale $> 35^0\,32'$ ist. Nur die erstere Form ist stabil.

26) *Fr. Neumann,* Vorl. über Capill., p. 117.

Dass für rotationsförmige hängende Tropfen die Verhältnisse analog liegen dürften, geht aus einem Experiment von Lord *Kelvin*[27]) hervor, wonach eine um einen horizontalen Metallring gespannte dünne Kautschukhaut, die durch Hinaufgiessen von Wasser in eine tropfenähnliche Form gedehnt wird, in einem gewissen Stadium der Füllung ruckweise eine Lage instabilen Gleichgewichts passiert.

Nach dem Abreissen eines Tropfens zieht sich der ausgezogene zurückschnellende Hals in einen oder mehrere kleinere Tropfen zusammen. Der Vorgang wird der Beobachtung zugänglicher, wenn die Tropfenbildung in einer nur wenig leichteren Flüssigkeit erfolgt, ist jedoch einer mathematischen Behandlung noch nicht unterzogen[28]).

7. Steighöhen. Die in einem Gefässe C senkrecht unterhalb der Trennungsfläche F_{AB}, von der Niveauebene $z = z_{AB}$ an gerechnet, stehende Masse von A überwiegt die dadurch verdrängte Masse von B um

$$
\begin{aligned}
(14)\qquad g(\varrho_A - \varrho_B)\int\limits_{\mathrm{F}_{AB}} (z - z_{AB}) \cos(nz)df &= -\,T_{AB}\int\limits_{\mathrm{F}_{AB}} \left(\frac{1}{R_1} + \frac{1}{R_2}\right)\cos(nz)df \\
&= -\,T_{AB}\int \cos(j_{AB}z)ds,
\end{aligned}
$$

wo letzteres Integral sich über den Rand von F_{AB} erstreckt. Die erste Umformung folgt aus (6), die zweite durch Anwendung der Formel (3) auf eine Parallelverschiebung der Fläche in der z-Richtung, wobei ihr Flächeninhalt sich nicht ändert. Steht die Gefässwand am Rande von F_{AB} überall vertikal, so ist hier $(j_{AB}z) = \pi - \omega_A$, unter ω_A den Randwinkel von A verstanden, und wird daher der letzte Ausdruck in (14) $= T_{AB}\cos\omega_A U$, wo U den Umfang der Randkurve bedeutet, insbesondere demnach positiv, Null oder negativ, je nachdem der Winkel ω_A spitz, ein rechter oder stumpf ist.

Stellt C eine vertikale Kapillarröhre mit kreisförmigem Querschnitte vom Radius R vor, so tritt in der Röhre ein Aufsteigen

27) *W. Thomson,* Popular lectures and addresses 1, London 1889, p. 38. — Daraus sind die Tropfenformen in Fig. 8 oben entnommen.

28) *G. Hagen,* Ann. Phys. Chem. 67 (1846), p. 1, 152; 77 (1849), p. 449. — *C. V. Boys,* Seifenblasen. Vorl. über Capill. Deutsche Übers. von G. Meyer, Leipzig 1893, p. 33, 65. — Die Beziehungen zwischen dem Durchmesser einer Röhre und dem Gewicht daraus abfallender Tropfen behandeln Lord *Rayleigh,* Phil. Mag. 48 (1899), p. 321 (Sc. papers 4, p. 415), *Th. Lohnstein,* Ann. Phys. Chem. 20 (1906), p. 237, p. 606. — *A. M. Worthington* and *R. S. Cole,* Impact with a liquid surface, London Phil. Trans. 189 (1897), p. 137.

oder eine Depression von Flüssigkeit ein (wir denken uns hier $\varrho_A > \varrho_B$ und B oberhalb A gelegen), je nachdem der Randwinkel von A spitz oder stumpf ist, im speziellen also ein Ansteigen, wenn A die Röhre benetzt. *Die mittlere Steighöhe* über der Querschnittsfläche der Röhre *ist* nach (14)

$$h_m = \frac{2\,T_{AB}\cos\omega_A}{g\,(\varrho_A - \varrho_B)\,R} = 2\,\frac{T_{BC} - T_{AC}}{g(\varrho_A - \varrho_B)R},$$

also *umgekehrt proportional dem Radius der Röhre*[29]). Der Meniskus lässt sich in erster Annäherung als eine Kugelfläche ansehen. Approximiert man ihn genauer als ein Rotationsellipsoid um die Röhrenaxe[30]), welches mit ihm im Randwinkel, in dem Krümmungsradius auf der Axe und im angehobenen Gewicht übereinstimmt, so folgt z. B., wenn A die Röhre benetzt, als Steighöhe auf der Axe

$$h = \frac{h_m}{1 + \frac{1}{3}\frac{R}{h_m}}.$$

Werden in einer Kapillarröhre mehrere die Wand nicht benetzende Flüssigkeiten A, B, B_1^* ... übereinander geschichtet, so ist das gesamte angehobene Gewicht das nämliche, als wenn sich über A nur B befände. Ein Einwand, den *Young* aus Beobachtungen gegen diese Schlussfolgerung und damit überhaupt gegen die Theorie von *Laplace* erheben zu müssen glaubte, wurde durch *Poisson*[31]) entkräftet.

Zwischen zwei parallelen vertikalen Platten ist zufolge (14) die mittlere Steighöhe halb so gross als in einer Kapillarröhre von einem

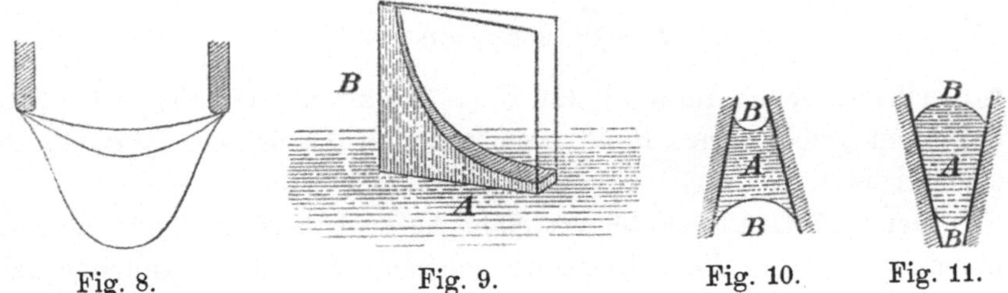

Fig. 8. Fig. 9. Fig. 10. Fig. 11.

Durchmesser gleich dem Abstand der Platten. Stehen die zwei vertikalen Platten mit geringer Keilöffnung gegeneinander, so steigt

---

29) Die Proportionalität der Steighöhe in einer Kapillarröhre mit dem Reziproken des Durchmessers scheint zuerst von *Borelli* (De motionibus naturalibus a gravitate pendentibus, Reggio 1670) ausgeführt zu sein; der Satz wird von manchen Autoren *Jurin* (Phil. Trans. 30 (1718)) zugeschrieben.

30) *Mathieu,* Capillarité, Paris 1883, p. 49.

31) *Poisson,* Nouv. théor. de l'act. capill., p. 141.

die Flüssigkeit an ihnen zu einer gleichseitigen Hyperbel empor (Fig. 9). In einer konischen Röhre kann unter Umständen ein Tropfen im Gleichgewicht sein bei spitzem Randwinkel, wenn die Röhre sich nach oben verjüngt (Fig. 10), oder bei stumpfem Randwinkel, wenn sie sich nach unten verjüngt (Fig. 11).

8. Kapillarauftrieb. Adhäsion. Der Körper C sei nur mit den Flüssigkeiten A und B in Berührung. Um den von C zur Erhaltung des Gleichgewichts gegen A und B zu leistenden Gegendruck in der Komponente $-P_w$ nach einer beliebigen Richtung w zu ermitteln, lassen wir C in dieser Richtung parallel mit sich verschiebbar sein. Wir nehmen sodann eine von einem Parameter w abhängende Schar von Verrückungen des Systems vor, wobei C in jener Richtung um die Längen w fortschreitet, die Partien F_{AC}, F_{BC}, also auch ihre gemeinsame Randlinie unverändert mitgehen, alle Grenzflächen in denen A und B an andere Medien als C anstossen, festbleiben, endlich F_{AB} noch sich derart deformiert, dass die Volumina V_A und V_B ungeändert bleiben. Wir können alsdann für die gesamte ins Spiel kommende Energie E, einschliesslich des Terms wP_w für den Gegendruck $-P_w$, die Relation $\frac{dE}{dw}=0$ ansetzen. Nun sind die Flächeninhalte von F_{AC}, F_{BC} unverändert, längs F_{AB} besteht die Differentialgleichung (6), zur Vereinfachung legen wir $z=0$ in die Niveauebene von A, B, haben also $\lambda_{AB}=0$. Im Hinblick auf (3) und (5) erhalten wir daher:

$$
\begin{aligned}
(15)\qquad P_w-\int_{\mathrm{F}_{AC}} g(\varrho_A-\varrho_C)z\cos(wn)\,df-\int_{\mathrm{F}_{BC}} g(\varrho_B-\varrho_C)z\cos(wn)\,df \\
-T_{AB}\int\cos(wj_{AB})\,ds=0,
\end{aligned}
$$

wo sich das erste Integral auf F_{AC}, das zweite auf F_{BC}, das dritte auf ihren gemeinsamen Rand bezieht und n die äussere Normale von C bezeichnet.

Der auf C ausgeübte vertikale Auftrieb berechnet sich hieraus, indem wir für w die z-Richtung nehmen. Hat die Trennungsfläche F_{AB} keine Begrenzung ausser ihrer Randlinie auf C, d. h. verläuft sie im Übrigen asymptotisch an die Niveauebene, so zeigt die bei (14) vorgenommene Transformation, dass der letzte Term in (15) alsdann $=g(\varrho_A-\varrho_B)V_{AB}$ wird, unter V_{AB} das unterhalb F_{AB} bis zur Niveauebene reichende Volumen verstanden (soweit F_{AB} unterhalb der Niveauebene verläuft, ist das dazwischenliegende Volumen in V_{AB} negativ einzurechnen). Von diesem Volumen entfalle der Anteil V auf das Medium A (Fig. 12, daselbst steht $\mathfrak{F}_{AB}$ anstatt F_{AB}). Andererseits werde C durch Fortführung der Niveauebene in einen unteren Teil vom Volumen $V_C^{(A)}$ und einen oberen Teil vom Volumen $V_C^{(B)}$ zerlegt, so werden der zweite und dritte Term in (16) bez.

$$-g(\varrho_A - \varrho_C)(V_C^{(A)} + V_{AB} - V), \quad -g(\varrho_B - \varrho_C)(V_C^{(B)} - V_{AB} + V)$$

und folgt demnach

$$(16) \quad P_z = g(\varrho_A - \varrho_C) V_C^{(A)} + g(\varrho_B - \varrho_C) V_C^{(B)} - g(\varrho_A - \varrho_B) V.$$

Die ersten zwei Terme bilden den hydrostatischen Auftrieb, falls die Trennungsfläche in die Niveauebene fiele, der dritte Term, der *kapillare Auftrieb* (bezw. negative Abtrieb) ist entgegengesetzt gleich dem infolge der Kapillarität über die Niveauebene gehobenen Flüssigkeitsgewicht. Hiernach kann bei *stumpfem* Randwinkel ω_A unter Umständen ein Körper auf einer Flüssigkeit von geringerem spezifischen Gewicht schwimmen.

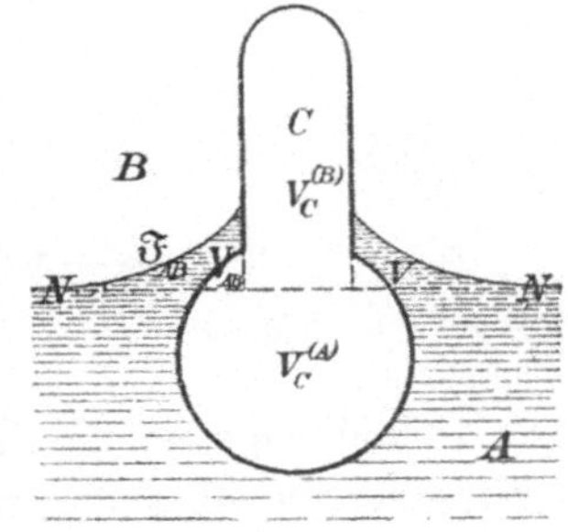

Fig. 12.

Wird eine kreisförmige Scheibe C auf eine weite horizontale Oberfläche von A in B gelegt (Fig. 5) und mit horizontal bleibender Basis, die stets ganz mit A in Berührung sei, kontinuierlich senkrecht gehoben, so entspricht die am Rande der Scheibe ansetzende freie Rotationsfläche wieder der Gleichung (11); die Meridiankurve verläuft asymptotisch an die Niveauebene, während der Randwinkel φ von A gegen die horizontale Basis der Scheibe kontinuierlich abnehmend zufolge der ersten Ungleichung (9) nur bis zu dem durch (8) bestimmten Werte ω_A heruntergehen kann, wobei dann die Flüssigkeit abreisst. Bei grossem Flächeninhalt S der Scheibe ergibt sich die maximale Höhe z_0 des Anhebens angenähert aus (13) für $c = 1$, $\varphi = \omega_A$ und zwar als unabhängig von S und folgt das dabei über die Niveauebene gehobene maximale Flüssigkeitsgewicht + dem Gewicht der Scheibe aus (16), indem dort $V_C^{(A)} = -z_0 S$ substituiert und $V = V_{AB}$ aus (14) mittelst $(j_{AB} z) = \frac{\pi}{2} + \omega_A$ berechnet wird.

Bei der Adhäsion zweier sehr nahe befindlicher gleicher horizontaler Platten, sie mögen etwa wieder kreisförmig vom Flächeninhalte S sein, vermöge einer zwischen ihnen befindlichen dünnen und sie *benetzenden* Flüssigkeitsschicht A vom Volumen V_A ist für die angenähert durch (12) bestimmte Meridiankurve die Höhe z, die wir von der oberen Fläche der Schicht rechnen, und damit auch $d\varphi/ds$ wenig veränderlich und daher die Kurve angenähert ein Halbkreis vom Durchmesser V_A/S (Fig. 13). Nach (12) befindet sich dann die Niveauebene in einer Höhe $z = -z_0$, die umgekehrt proportional diesem Werte ist. Aus (15) entsteht wieder genau die Relation (16), wobei $V_C^{(A)} = -Sz_0$, $V = 0$ einzusetzen ist, und folgt daraus der auf die obere Platte mitsamt ihrem Gewicht ausgeübte Zug nach unten, und zwar als proportional mit S^2/V_A. Bei kleinem V_A kann daher eine äusserst grosse Kraft zur Trennung der Platten nötig sein.

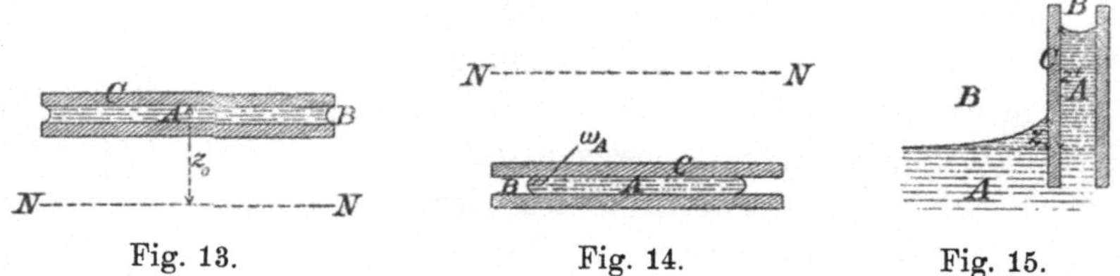

Fig. 13. Fig. 14. Fig. 15.

Sind dagegen die *Randwinkel* an den Platten *stumpf*, so liegt die Niveauebene über der Schicht, es richtet sich die Grösse der von A bedeckten Fläche der Platten nach dem Werte von V_A, und es ist ein entsprechender Druck auf die Platten nötig, um ihre Distanz zu verringern (Fig. 14).

Stellt C eine auf beiden Seiten gleich beschaffene vertikale, der yz-Ebene parallele Platte von einer sehr grossen Breite L vor, die in A und B eintaucht, wobei aber der Stand der Trennungsflächen F_{AB} beiderseits an C verschieden hoch sein kann (Fig. 15), so berechnet sich aus (15) die Summe der zwei Drucke P_x^- und P_x^+ in Richtung der x-Axe, welche die Platte links und rechts, auf der Seite der kleineren bzw. der grösseren x erfährt; die zwei Randintegrale heben sich auf, die Flächenintegrale bleiben nur für den einerseits von A, andererseits von B bedeckten Teil der Platte übrig. Steht A links bis zur Höhe z^-, rechts bis zur Höhe z^+ an der Platte, so resultiert als Gesamtdruck

$$P_x = g(\varrho_A - \varrho_B)\frac{(z+)^2 - (z-)^2}{2} L = T_{AB}(c^+ - c^-) L,$$

wenn für die Form der Fläche F_{AB} nach (13) links die Integrationskonstante c^-, rechts c^+ in Betracht kommt.

Tauchen jetzt zwei Platten C^- und C^+ von gleicher Breite L parallel zur yz-Ebene und sehr nahe zueinander ein und kommt für den Meniskus in der xz-Ebene zwischen ihnen die Integrationskonstante c in Betracht, während jenseits von ihnen die Flächen F_{AB} asymptotisch an die Niveauebene verlaufen mögen, also hier die betreffende Konstante den Wert 1 hat, so werden die Platten mit einer Kraft $T_{AB}(c - 1)L$ gegeneinander getrieben. Bildet nun A an beiden Platten spitze oder an beiden Platten stumpfe Winkel, so zeigt der

Meniskus in der xz-Ebene zwischen den Platten notwendig eine Stelle mit horizontaler Tangente und ist daher nach (13): $c > 1$, es findet also eine scheinbare Anziehung der Platten statt und zwar, da $c - 1$ nach (13) dem Quadrat der Steighöhe an jener Stelle proportional ist, angenähert umgekehrt proportional dem Quadrat des Abstandes der Platten. Bildet A an einer Platte spitze, an der anderen stumpfe Winkel, so entspricht einer gewissen Distanz der Platten ein labiles Gleichgewicht, das bei Annäherung der Platten (durch stärkere Krümmung des Meniskus) zu einer Anziehung, bei Entfernung zu einer Abstossung führt[32]).

9. Ausschaltung der Schwerkraft. Die Wirkung der Schwere auf die Gestalt der Trennungsfläche von A gegen B erscheint nach (6) ausgeschaltet, wenn $\varrho_A = \varrho_B$ ist, die beiden Flüssigkeiten also gleiche Dichte haben. Dieser Umstand, an den schon *Segner*[13]) gedacht hat, wurde von *Plateau*[33]) vielfältig benutzt, um reine Kapillarwirkungen zu studieren.

Ein Öltropfen, in eine gleich schwere Mischung von Wasser und Alkohol gebracht, nimmt nach (6) im Gleichgewicht die Figur einer Fläche konstanter mittlerer Krümmung an. Schwebt der Tropfen vollkommen frei, so zeigt er daher notwendig Kugelgestalt, denn die Kugel ist die einzige geschlossene singularitätenfreie Fläche von konstanter mittlerer Krümmung[34]). Ist die Oberfläche des Tropfens nicht allseitig geschlossen, sondern lehnt sie sich teilweise an eingetauchte Rotationskörper an, so mag sie sich als eine Rotationsfläche um die bezügliche Axe bilden. Sind nun auf einer beliebigen Normale der Meridiankurve dieser Fläche nacheinander (Fig. 16) P der Punkt der Kurve, M das Krümmungszentrum, N der Treffpunkt mit der Axe, also PM, PN die zwei Hauptkrümmungsradien der Rotationsfläche und ist endlich Q derart gelegen, dass $PNQM$ vier harmonische Punkte sind, also

$$\frac{1}{PM} + \frac{1}{PN} = \frac{2}{PQ}$$

ist, so muss nach (6) oder (11) die Länge PQ konstant ausfallen;

---

32) *Laplace*, Suppl. à la théor. de l'act. capill. (De l'attraction et de la répulsion apparente des petits corps qui nagent à la surface des fluides). — *Poisson*, Nouv. théor. de l'act. capill., chap. VI. — Allgemeinere Theoreme über Anziehung und Abstossung schwimmender Körper entwickelt *W. Voigt*, Kompendium der theor. Phys. 1, Leipzig 1895, p. 239.

33) *Plateau*, Mém. de l'Acad. de Belgique, 1843 bis 1868; Statique expérimentale et théorique des liquides (Gand 1873).

34) Vgl. *Liebmann*, Math. Ann. 53, p. 81.

das Spiegelbild Q^* von Q an der Axe liefert daher eine konstante Summe $PN + NQ^* = PQ$, während PN und NQ^* entgegengesetzt gleiche Neigung gegen die Axe zeigen. Lassen wir nun P die Meridiankurve beschreiben und konstruieren fortwährend in der dargelegten Weise N, Q, Q^*, so wird, weil PQ konstant ist, Q eine Parallelkurve zur Meridiankurve beschreiben, daher die Bewegung von Q stets normal zu NP und also die spiegelbildlich dazu an der Axe verlaufende Bewegung von Q^* stets normal auf NQ^* sein. Daraus ist ersichtlich, dass die Meridiankurve unserer Rotationsfläche durch den Brennpunkt P eines bestimmten Kegelschnittes erzeugt wird, den man ohne Gleiten auf der Rotationsaxe abrollen lässt, dessen anderer Brennpunkt Q^* und dessen doppelte große Axe PQ ist[35]).

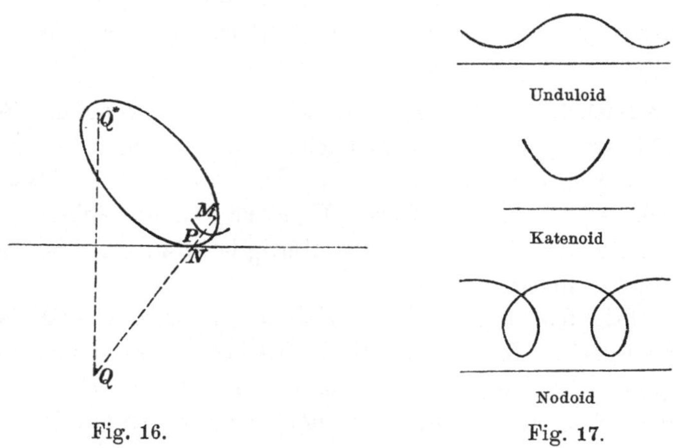

Fig. 16. Fig. 17.

Wird der Tropfen durch zwei mit den Zentren vertikal übereinander liegende horizontale Scheiben oder Ringe gestützt, so können durch Abänderung der Distanz dieser Stützen sowie der zwischen ihnen befindlichen Ölmasse die verschiedenen Formen dieser Rotationsflächen konstanter mittlerer Krümmung erzielt werden, das *Unduloid* in den Grenzen Kugel — Zylinder — Katenoid, das *Nodoid* in den Grenzen Katenoid — Kugel, welche bzw. einer rollenden Ellipse oder Hyperbel und den Grenzflächen Strecke, Kreis, Parabel entsprechen (Fig. 17). Dabei werden ausserhalb an den Ringen sich jedesmal noch Kugelkalotten von der nämlichen mittleren Krümmung wie der dazwischen befindliche Tropfen ansetzen. Das Katenoid ist hier eine

35) *Ch. Delaunay*, J. de math. (1) 6 (1841), p. 309. — Die Litteratur über die Flächen mittlerer Krümmung bis 1869 bespricht ausführlich *Plateau* (Statique des liquides 1, p. 131).

stabile Gleichgewichtsfigur, nämlich wirklich eine Fläche von kleinstem Flächeninhalt bei gegebener Grösse des zwischen den zwei Basiskreisflächen gehaltenen Volumens, nur so lange die Tangenten in den zwei Endpunkten der sie erzeugenden Meridiankurve ihren Schnittpunkt vor der Rotationsaxe finden[36]), und die Zylinderfläche ist in demselben Sinne stabil, nur so lange die Höhe des Zylinders nicht den Umfang des Querschnittes erreicht[37]).

Wird der freischwebende und eine Kugelgestalt bildende Öltropfen mit Hülfe einer in das Öl eingetauchten Scheibe in gleichförmige Rotation um eine Axe — etwa die z-Axe — gesetzt, so entsprechen wachsenden Werten der Winkelgeschwindigkeit ω der Rotation verschiedene Gestalten des Tropfens; er erscheint zuerst ellipsoidisch, vertieft sich oben und unten, endlich löst sich am Äquator ein Ring ab, der an der Rotation teilnimmt[38]). Denkt man sich, was freilich dem Versuche nur unzureichend entspricht, es rotiere nur der Tropfen A, nicht die umgebende Flüssigkeit B, und behandelt die Bewegung von mitrotierenden Koordinatenaxen aus unter Einführung des Potentials der Zentrifugalkräfte $-\frac{\omega^2}{2}\varrho_A\int\limits_A r^2 dv$, so erhält man (mit Bezeichnungen wie in (11)) als Gleichung für die Meridiankurve des rotierenden Tropfens:

$$T_{AB}\frac{d(r\sin\varphi)}{r\,dr} = \lambda_{AB} - \frac{\omega^2}{2}\varrho_A r^2 \qquad \left(\frac{dz}{dr} = \operatorname{tg}\varphi\right).$$

Hieraus bestimmt sich z als hyperelliptisches Integral in r vom Geschlecht 2 und kommt man je nach den Werten von ω auf sphäroidische oder ringförmige Flächen[39]). — Einen Vergleich der hier auftretenden Figuren mit den Gestalten gravitierender in stationärer Rotation befindlicher Flüssigkeitsmassen könnte man allenfalls zu Stande bringen, indem man von Fernkräften mit dem Ausdrucke $-k\frac{e^{-cr}}{r}$ $(c \geqq 0)$ als Potential für zwei Masseneinheiten in der Distanz r ausgeht, woraus einerseits Gravitation, andererseits Oberflächenspannung als die zwei Grenzfälle $c = 0$ und $c = \infty$ folgen.

10. Flüssigkeitshäute. Unter Umständen kann eine Flüssigkeit A in einem Medium B längere Zeit hindurch als eine dünne Haut mit zwei einander sehr nahen Trennungsflächen gegen B bestehen. Die

36) *L. Lindelöf* in *Moigno-Lindelöf,* Calcul des variations, Paris 1861, p. 209, 231. — *Poincaré,* Capillarité, p. 66.

37) *Plateau*, Statique des liquides 2, chap. IX. — *Poincaré*, Capillarité, p. 95.

38) *Plateau,* Mém. de l'acad. de Bruxelles 16 (1843).

39) *Beer*, Einl. in die math. Theorie der Elastizität u. Capillarität, Leipzig 1869.

Dauerhaftigkeit solcher Flüssigkeitshäute beruht nach *Plateau*[40]) auf einer vornehmlich nach den Grenzschichten hin hervortretenden gallertartigen Beschaffenheit (Oberflächenviskosität). Diese wieder erklärt sich durch eine andere Verteilung der stofflichen Bestandteile in den Oberflächenschichten als im Inneren der Haut, wodurch jene Schichten eher die Eigenschaften eines festen Körpers als einer Flüssigkeit haben[41]). In Häuten von sehr geringer Dicke wird dann ein Fliessen des Inneren zwischen den Oberflächenschichten ausserordentlich durch die innere Reibung der Flüssigkeit verzögert[42]) und dadurch eine Variation des gegenseitigen Abstandes der zwei Trennungsflächen sehr erschwert. Sind F_{AB}^-, F_{AB}^+ die Flächeninhalte der zwei Seiten der Haut, so ist alsdann zum Gleichgewicht der Haut das Minimum der potentiellen Energie

$$T_{AB}(F_{AB}^- + F_{AB}^+) + g(\varrho_A - \varrho_B)\int\limits_A z\,dv + g\varrho_B \int\limits_{A+B} z\,dv$$

ganz allein in Bezug auf solche virtuelle Verrückungen von A zu fordern, wobei die normalen Abstände der zwei Trennungsflächen ungeändert bleiben; denn andere Verrückungen sind als unausführbar anzusehen. Diese Forderung kommt nun, wenn noch die Dicke der Haut als verschwindend zu betrachten ist, im Hinblick auf (3), (4), (5) einfach darauf hinaus, dass für die Haut $2T_{AB}F_{AB}$ oder also F_{AB}, darunter die ganze Ausdehnung der Haut verstanden, ein Minimum sein soll. Wird z. B. ein Rahmen, irgendwie aufgebaut aus festen Drähten, beweglichen Fäden, als Stütze dienenden festen Oberflächen, in eine Seifenlösung getaucht, so spannt sich hiernach innerhalb der vorgeschriebenen festen und veränderlichen Grenzen die Seifenlösung in der Form einer *Minimalfläche* (Art. *von Lilienthal*, III D 5, p. 307) aus, und man trifft hier einen der seltenen Fälle an, dass ein rein mathematisches Gebiet aus einer verhältnismässig leichten Experimentierkunst die vielseitigste Anregung zu schöpfen vermocht hat.

Als Differentialgleichung für die Form der Haut erhält man

$$\frac{1}{R_1} + \frac{1}{R_2} = 0, \tag{17}$$

während für ihren Rand, soweit er nicht fest vorgeschrieben ist, die Bedingung resultiert, auf die dazu dargebotenen Flächen senkrecht

40) *Plateau*, Statique des liquides 2, chap. VII.

41) *Marangoni*, Nuovo Cimento (2) 5, 6 (1871/72); (3) 3 (1878). — Lord *Rayleigh*, Proc. Roy. Soc. 48 (1890), p. 127 (Sc. papers 3, p. 363).

42) Vgl. die bezüglichen Rechnungen bei *Gibbs*, Equilibrium of heterogeneous substances, p. 475.

aufzutreffen. Dabei können sich infolge der vorgeschriebenen Grenzbedingungen Kreuzungsstellen der Haut in ihrem Verlaufe als notwendig erweisen; in stabilem Gleichgewicht können aber niemals mehr als drei Lamellen längs einer Kurve und zwar dann immer nur unter gleichen Flächenwinkeln, also von 120°, zusammentreffen und höchstens vier, und zwar mit gleichen Raumwinkeln um einen Punkt herum ansetzen[43]). So bildet sich z. B. in dem Kantengerüst eines regulären Tetraeders eine Seifenhaut, bestehend aus sechs ebenen Lamellen, den sechs Dreiecken vom Schwerpunkt des Tetraeders aus nach den einzelnen Kanten, dagegen entsteht innerhalb des Kantengerüsts eines Würfels jedesmal eine Fläche, die nicht alle Symmetrien des Würfels übernimmt, sondern ein beliebiges Paar seiner Seitenflächen begünstigt (Fig. 18)[44]).

Es ist eine charakteristische Eigenschaft der Minimalflächen, dass ihre Abbildung durch parallele Normalen auf eine Kugelfläche eine konforme mit Umlegung der Winkel ist. Soll nun die Begrenzung der Minimalfläche ein gegebener geschlossener Streckenzug sein oder allgemeiner, soll sie stückweise in vorgeschriebenen Geraden oder Ebenen verlaufen, so müssen die Geraden Asymptotenkurven auf der Fläche werden und die Ebenen Krümmungskurven aus ihr herausschneiden, und jene sphärische Abbildung wird ein Kreisbogenpolygon von bekanntem Umriss. Die analytische Bestimmung der fraglichen Minimalfläche erfordert die konforme Abbildung dieses Polygons auf eine Halbebene, diese Abbildungsaufgabe hängt von einer linearen Differentialgleichung zweiter Ordnung mit rationalen Funktionen als Koeffizienten ab, und schliesslich soll man eine endliche Anzahl von Parametern, die in diese Gleichung eingehen, den Längen und Winkeln des gegebenen Rahmens entsprechend einrichten, worin transzendente Relationen liegen, deren Theorie erst in Spezialfällen zu befriedigendem Abschluss gebracht werden konnte[45]).

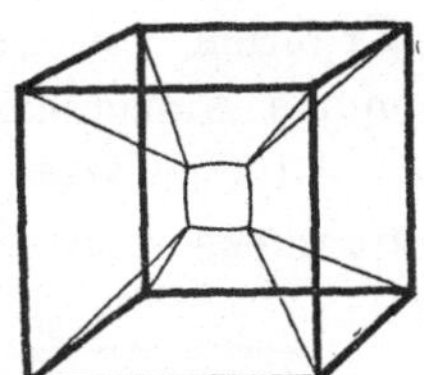
Fig. 18.

Plateau[33]) und in der Folge *H. A. Schwarz*[45]) haben eine Menge verschiedenartiger Minimalflächen (z. B. das Katenoid innerhalb zweier senkrecht übereinander gehaltener Kreisringe, eine Schraubenfläche innerhalb eines Glaszylinders zwischen zwei Erzeugenden) durch

43) *Lamarle*, Mém. de l'acad. de Belg. 35, 36. — *Plateau*, Statique des liquides 1, chap. V.

44) *Plateau*, l. c. p. 318.

45) Vgl. *H. A. Schwarz*, Gesammelte math. Abh. 1, Berlin 1890.

Seifenlamellen realisiert und zugleich die Grenzen ihres extremalen Charakters sowie die Umlagerungen bei eintretender Instabilität theoretisch wie experimentell festgestellt. — Innerhalb eines Drahtes, der in den sechs Kanten eines geraden, regelmässigen, sechsseitigen Prismas und den sie abwechselnd in der einen und der anderen Grundfläche verbindenden Seiten ausgespannt ist, bildet sich, falls die Prismenkanten im Verhältnis zu den Basisseiten hinreichend lang sind, eine Lamelle aus, die auf der Mittellinie des Prismas einer der zwei Grundflächen wesentlich näher liegt und die durch ein leichtes Schütteln in das Gegenbild in Bezug auf die andere Grundfläche überspringt; diese auffallende Erscheinung soll aber ganz allein auf die stets vorhandenen geringen Unvollkommenheiten der Modelle zu schieben sein.

Für die Stabilität einer Flüssigkeitshaut in einem festen Rahmen ist die Bedingung die, dass keine unendlich nahe Minimalfläche durch irgend ein auf der Fläche liegendes geschlossenes Kurvensystem möglich ist[46]). Für den Fall beweglicher Grenzen geben die allgemeinen Kriterien von *Hilbert*[47]) bezüglich des Vorhandenseins eines Extremums Aufschluss über die Stabilität.

Indem man geeignet verfährt, kann man innerhalb eines festen Rahmens auch Seifenlamellen einspannen, in denen vollständig geschlossene Flächen (Blasen) auftreten. (Zum Beispiel kann man innerhalb des Kantengerüsts eines Würfels eine Seifenhaut herstellen, welche aus einer innen schwebenden geschlossenen nach aussen gekrümmten Fläche mit den Symmetrien des Würfels und zwölf, deren Schneiden mit den entsprechenden Würfelkanten verbindenden trapezartigen, ebenen Lamellen besteht (Fig. 19)[48]).) Dabei enthält jede geschlossene Blase $B^{(i)}$ ein ganz bestimmtes Luftquantum bei irgend einem Volumen $V^{(i)}$ und irgend einem Druck $p^{(i)}$, und ist demgemäss zur potentiellen Energie des gesamten Systems jedesmal noch der entsprechende Term $-p^{(i)}V^{(i)}$ hinzuzufügen. Dadurch folgt dann für eine Seitenfläche der Blase, auf welche auf der anderen Seite ein Druck $p^{(h)}$ herrscht, in Anbetracht der zwei Trennungsflächen der Lamellen anstatt (17) allgemeiner und im Einklang mit (10):

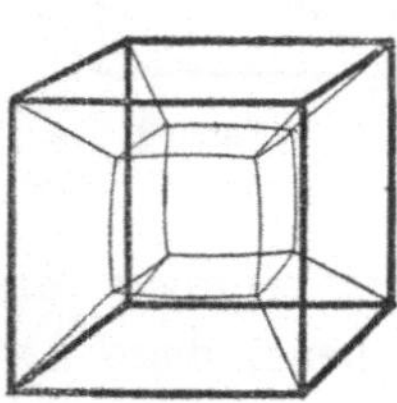
Fig. 19.

$$p^{(i)} - p^{(h)} = 2\,T_{AB}\left(\frac{1}{R_1} + \frac{1}{R_2}\right),$$

46) *H. A. Schwarz*, Acta soc. scient. Fennicae 15 (1885), p. 315 (Ges. math. Abh. 1, p. 223).

47) *Hilbert*, Gött. Nachr. 1905, p. 159.

48) *Plateau*, l. c. p. 361.

wo die Krümmungsradien positiv bei nach aussen konvexer Krümmung zu rechnen sind; zur Festlegung der $p^{(i)}$ dienen der Wert des äusseren Druckes sowie die Beträge der einzelnen eingeschlossenen Luftquanta. Die Randbedingungen beim Zusammentreffen dreier Flächen sind dieselben wie im früheren Falle nicht geschlossener Lamellen. So lassen sich z. B. mit Hülfe zweier fester Ringe wieder alle Formen des Unduloids und Nodoids, geschlossen durch angesetzte Kugelkalotten, erzielen. Eine einzelne freie Seifenblase hat notwendig Kugelgestalt und ist der Überdruck innen umgekehrt proportional ihrem Radius und der Proportionalitätsfaktor das Vierfache der Oberflächenspannung.

11. Stabilität einer Trennungsfläche. Für das stabile Gleichgewicht einer Trennungsfläche F_{AB}, die bereits der früher erörterten Bedingung $\frac{dE}{dw} = 0$ $(w = 0)$ in jeder von einem Parameter w abhängenden und durch sie hindurch führenden Schar von virtuellen Verrückungen entspricht, ist weiter der definit-positive Charakter der *zweiten Ableitung der potentiellen Energie nach dem Variationsparameter* w, d. i. die Ungleichung:

$$\frac{d^2E}{dw^2} > 0 \qquad \text{für } w = 0 \tag{18}$$

erforderlich. Nehmen wir an, der Rand von F_{AB} sei festzuhalten, sodass das Kurvenintegral in (3) fortfällt, so folgt durch Differentation nach w aus (3), (4), (5) im Hinblick auf (6):

$$\frac{d^2E}{dw^2} = \int\limits_{F_{AB}} N\left\{T_{AB}\frac{\partial}{\partial w}\left(\frac{1}{R_1} + \frac{1}{R_2}\right) + g(\varrho_A - \varrho_B)\frac{\partial z}{\partial w}\right\}df.$$

Fig. 20.

Hiervon sei eine spezielle Anwendung gemacht. Die Trennungsfläche falle in die Niveauebene $z = 0$. Die Flüssigkeit B befinde sich oberhalb A in einem nach unten offenen Gefässe, sei aber schwerer als A, also $\varrho_B > \varrho_A$ (Fig. 20). Hier ist für die variierten Flächen

$$z \equiv Nw \ (\mathrm{mod}\, w^2), \qquad \frac{\partial}{\partial w}\left(\frac{1}{R_1} + \frac{1}{R_2}\right) \equiv -\frac{\partial^2 N}{\partial x^2} - \frac{\partial^2 N}{\partial y^2} \ (\mathrm{mod}\, w),$$

(wobei durch das Zeichen $\equiv$ und den Zusatz (mod w^2) bzw. (mod w) eine Gleichheit bis auf Glieder von der Ordnung w^2 bez. w angedeutet werden soll), und kommt die Bedingung (18) auf

$$\int\limits_{F_{AB}} N\left\{-T_{AB}\left(\frac{\partial^2 N}{\partial x^2} + \frac{\partial^2 N}{\partial y^2}\right) - g(\varrho_B - \varrho_A)N\right\}df > 0 \tag{19}$$

hinaus, während die Konstanz des Volumens V_A die Gleichung

(20) $$\int\limits_{\mathrm{F}_{AB}} N df = 0$$

erfordert und ferner N am Rande von F_{AB} durchweg Null sein soll.

In einer mehr elementaren Ausführung sagt *Maxwell*[49]), der Integrand in (19) müsse durchweg $\geqq 0$ sein, was überhaupt niemals für den ganzen Umfang der hier zuzulassenden Funktionen N zu erzielen wäre.

Ist die Öffnung des Gefässes ein Kreis vom Radius R um den Nullpunkt, so trägt man der Bedingung des Verschwindens von $N(x, y)$ am Rande in allgemeinster Weise Rechnung durch den Ansatz:

$$N(r\cos\varphi,\ r\sin\varphi) = \sum_{m=0}^{\infty}\sum_{k=1}^{\infty} J_m\left(\frac{\lambda_{mk} r}{R}\right)(a_{mk}\cos m\varphi + b_{mk}\sin m\varphi),$$

worin $J_m(\lambda)$ die *Bessel*'sche Funktion erster Art von der Ordnung m und $\lambda_{m1}, \lambda_{m2}, \ldots$ ihre der Grösse nach geordneten positiven Nullstellen bedeuten[50]). Aus (19) entsteht dann

$$\frac{\pi}{2} R^2 \sum_{m=0}^{\infty}\sum_{k=1}^{\infty}\left(\frac{m^2\lambda_{mk}^2}{R^2} T_{AB} - g(\varrho_B - \varrho_A)\right)(J_{m+1}(\lambda_{mk}))^2(a_{mk}^2 + b_{mk}^2) > 0,$$

während aus (20) die Gleichung:

$$2\pi R^2 \sum_{k=1}^{\infty} \frac{J_1(\lambda_{0k})}{\lambda_{0k}} a_{0k} = 0$$

wird. Nach der Grössenfolge der λ_{mk} kommt die Forderung hier in der Tat auf das von *Maxwell* angegebene Kriterium für Stabilität hinaus, dass

$$R < \lambda_{11}\sqrt{\frac{T_{AB}}{g(\varrho_B - \varrho_A)}}$$

sein soll. Benetzt B die Gefässwand, so kann die obere Grenze hier $\frac{\lambda_{11}}{\sqrt{2}}\sqrt{h_m}$ geschrieben werden, wenn h_m die mittlere Steighöhe in einer Kapillarröhre vom Radius 1 ist (vgl. Nr. 7)[51]); die Konstante $\lambda_{11}/\sqrt{2}$ hat den Wert 2,709…

Ist die Öffnung des Gefässes ein Rechteck mit den Seiten a, b und $a \geqq b$, so wird für die Stabilität des Gleichgewichtes

---

49) *J. C. Maxwell,* Scientific papers 2, p. 585.

50) Vgl. Die part. Differentialgl. d. math. Physik, nach *Riemann*'s Vorl. neu bearbeitet von *H. Weber*, 2, p. 262; 1, p. 164.

51) Beobachtungen von *Duprez* (Mém. de l'Acad. de Belgique 26 (1851), 28 (1854)) sind in Übereinstimmung mit diesem theoretischen Ergebnisse.

$$t^2\left(\frac{4}{a^2}+\frac{1}{b^2}\right)T_{AB}-g(\varrho_B-\varrho_A)>0$$

erfordert, woraus zugleich für $a=\infty$ die entsprechende Bedingung in Bezug auf einen langen Spalt ersichtlich ist.

12. Kapillarschwingungen. Im Gleichgewichtszustand befinde sich A ganz unterhalb, B ganz oberhalb der Niveauebene $z=0$, und ihre *unbegrenzt* gedachte Trennungsfläche führe nunmehr unter Einfluss der Oberflächenspannung und der Schwere flache Schwingungen

$$z\equiv \varepsilon f(x,y,t) \pmod{\varepsilon^2}$$

aus, worin ε einen Parameter in gewisser Umgebung von 0 bedeutet. In A wie in B mögen Geschwindigkeitspotentiale $\equiv \varepsilon\varphi_A$ bez. $\equiv \varepsilon\varphi_B$ (mod ε^2) gelten, welche der *Laplace*'schen Differentialgleichung genügen und deren *negativ* genommene Differentialquotienten nach den Koordinaten die bezüglichen Geschwindigkeitskomponenten darstellen. An der Trennungsfläche haben wir einerseits für A, andererseits für B erstens die kinematische Forderung einer zur Fläche tangentialen Relativgeschwindigkeit, zweitens für den dort geltenden Druck $\equiv p_0+\varepsilon p_A$ bez. $\equiv p_0+\varepsilon p_B$ (mod ε^2) das Integral der lebendigen Kraft und bestimmt sich drittens die Druckdifferenz $\equiv \varepsilon(p_A-p_B)$ (mod ε^2) als Kapillardruck gemäss (10). Für $\lim\varepsilon=0$, d. h. für unendlich flache Wellen werden diese Beziehungen:

$$-\frac{\partial f}{\partial t}=\frac{\partial\varphi_A}{\partial z}=\frac{\partial\varphi_B}{\partial z},\quad \frac{p_A}{\varrho_A}=\frac{\partial\varphi_A}{\partial t}-gf,\quad \frac{p_B}{\varrho_B}=\frac{\partial\varphi_B}{\partial t}-gf,\ (z=0),$$

$$p_A-p_B=-T_{AB}\left(\frac{\partial^2 f}{\partial x^2}+\frac{\partial^2 f}{\partial y^2}\right).$$

Soll noch A für $\lim z=-\infty$, B für $\lim z=+\infty$ ruhen, so wird allen hier genannten Bedingungen in einer Weise, die zur additiven Konstruktion ihrer allgemeinen Auflösung hinreicht, durch den partikulären Ansatz:

$$f=\Re(e^{-i\sigma t}F(x,y)),\quad \varphi_A=\Re\left(-\frac{i\sigma}{k}e^{kz-i\sigma t}F\right),\quad \varphi_B=\Re\left(\frac{i\sigma}{k}e^{-kz-i\sigma t}F\right),$$

$$\frac{\partial^2 F}{\partial x^2}+\frac{\partial^2 F}{\partial y^2}+k^2F=0$$

genügt, worin σ, k reelle positive Konstanten sind, $\Re$ das Zeichen für den reellen Teil der dahinter aufgeführten Grösse ist und wo dann noch aus den letzten Relationen die Beziehung:

$$\left(\frac{\sigma}{k}\right)^2=\frac{\varrho_A-\varrho_B}{\varrho_A+\varrho_B}\frac{g}{k}+\frac{T_{AB}}{\varrho_A+\varrho_B}k \tag{21}$$

zwischen k und σ folgt.

Wellen, die von y nicht abhängen, folgen bei dem Ansatze $F = Ce^{ik(x-x_0)}$ und damit ist $\lambda = \frac{2\pi}{k}$ die Länge horizontal-zylindrischer, in einer Richtung fortschreitender oder auch stehender Wellen von der Schwingungszahl $\frac{\sigma}{2\pi}$. Diese Beziehung (21) haben Lord *Kelvin*[52]), ferner *Kolaček*[53]) gegeben; sie findet Anwendung auf die Fortpflanzung von Wellen einer unbegrenzten Wasserfläche unter der gemeinsamen Wirkung von Schwere und Kapillarität ohne Wind, ferner auf solche erzwungene stehende Kapillarschwingungen, bei denen die Knotenlinien als parallele Geraden gelten können[54]).

Der Gleichung (21) zufolge hat, $\varrho_A > \varrho_B$ vorausgesetzt, die Fortpflanzungsgeschwindigkeit $c = \frac{\sigma}{k}$ ein *Minimum* c_m bei einer gewissen Wellenlänge λ_m, mit welchen Grössen dann (21) sich

$$(21\text{a}) \qquad \frac{c^2}{c_m^2} = \frac{1}{2}\left(\frac{\lambda}{\lambda_m} + \frac{\lambda_m}{\lambda}\right)$$

schreibt. (In Fig. 21 ist die hierdurch bestimmte Kurve in λ und c nebst den Kurven $c^2/c_m^2 = \frac{1}{2}\lambda/\lambda_m$ und $c^2/c_m^2 = \frac{1}{2}\lambda_m/\lambda$ dargestellt, um die Wirkungen von Schwere und Kapillarität zu vergleichen.) Mit einem jeden Werte $c > c_m$ vertragen sich alsdann zweierlei Wellenlängen, eine kürzere $\lambda_1 < \lambda_m$ und eine längere $\lambda_2 > \lambda_m$, wobei die Quotienten $\frac{\lambda_1}{\lambda_m}$ und $\frac{\lambda_2}{\lambda_m}$ reziprok sind. Die Wellen mit $\lambda < \lambda_m$, bei denen in (21) der Term mit T_{AB} gegenüber demjenigen mit g überwiegt, bezeichnet Lord *Kelvin* als „ripples". Für Wasserwellen in Luft ist etwa $\lambda_m = 1{,}75$ cm, $c_m = 23{,}2\ \frac{\text{cm}}{\text{sec}}$.

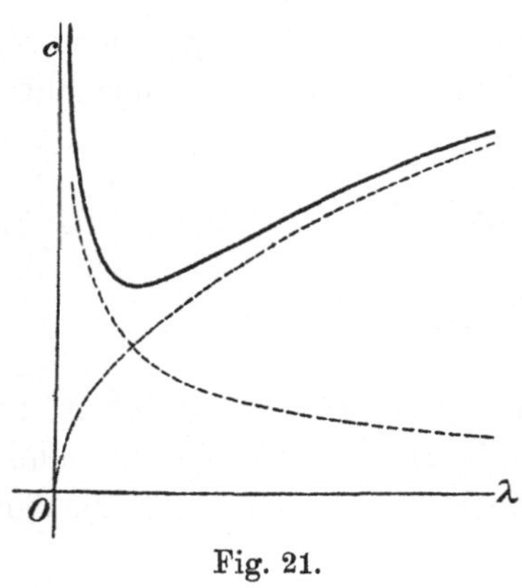

Fig. 21.

Lord *Kelvin* erörterte ferner den Einfluss des Windes auf die Geschwindigkeit von Wasserwellen. Hierbei wird die Annahme gemacht, dass die obere Flüssigkeit B für $\lim z = \infty$ mit einer gegebenen Geschwindigkeit u in Richtung der x-Axe fortschreitet. Bei der

52) *W. Thomson*, Phil. Mag. (4) 42 (1871), p. 368; Edinburgh Proc. Roy. Soc. 1870/71, p. 374.

53) *Kolaček*, Ann. Phys. Chem. 5 (1878), p. 425; 6 (1879), p. 616.

54) Vgl. die ausgedehnten Versuchsreihen von *L. Grunmach*, Wiss. Abh. d. kais. Normalaichungskommission, Berlin 1902, p. 101.

Wellenlänge λ sind alsdann zweierlei Fortpflanzungsgeschwindigkeiten

$$c_u = \frac{\varrho}{1+\varrho} u \pm \sqrt{c^2 - \frac{\varrho}{(1+\varrho)^2} u^2}, \qquad \left(\varrho = \frac{\varrho_B}{\varrho_A}\right)$$

möglich, wo c die durch (21a) bestimmte Geschwindigkeit für $u = 0$ ist. Ein imaginärer Wert der Quadratwurzel hier würde bedeuten, dass die unverändert als Ausgangspunkt zu nehmende komplexe Partikulärlösung nunmehr in ihrem reellen Teile Wellen mit beständig zunehmender Amplitude darstellt. Diese Instabilität kommt für sämtliche Wellenlängen nicht in Frage, sowie $u < \frac{1+\varrho}{\varrho^{\frac{1}{2}}} c_m$ ist.

Denkt man sich wieder A in horizontal-zylindrischer, von y nicht abhängender Bewegung derart, dass das von $z = 0$ wenig abweichende, im übrigen aber völlig willkürlich angesetzte Wellenprofil von A gleichförmig mit der Geschwindigkeit c in der x-Richtung fortschreitet und andererseits A für $z = -\infty$ ruht, so gewinnt man durch das Integral der lebendigen Kraft an der Oberfläche von A und andererseits den Kapillardruck eine Integralgleichung (*Fourier*'sches Integral), um das Wellenprofil gerade einer willkürlich angenommenen Verteilung des äusseren Druckes p_B an der Oberfläche anzupassen. Insbesondere wirkt eine mit einer Geschwindigkeit $c > c_m$ in der x-Richtung schwimmende zur y-Axe parallele Gerade, welche an ihrem Orte den Gesamtbetrag des Druckes auf die Längeneinheit um P vermehrt, während sonst der Druck p_B konstant sei, genau wie eine sprungweise Zunahme des Richtungskoeffizienten dz/dx des Wellenprofils um den Betrag $2P/T_{AB}$ und ruft in einiger Entfernung vor sich her einfach-harmonische Wellen von der Länge λ_1 ($< \lambda_m$), hinter sich von der Länge λ_2 ($> \lambda_m$) hervor. — Eine gegen ihre Fortschreitungsrichtung einen Winkel $\frac{\pi}{2} - \theta$ bildende Drucklinie wirkt dann, als wenn sie nur senkrecht gegen sich die Geschwindigkeit $c \cos \theta$ hat, woraus durch eine Integration nach θ sich die Wirkung eines gleichförmig mit der Geschwindigkeit c schwimmenden, druckvermehrend wirkenden Punktes berechnet und insbesondere sich zeigt, dass ein solcher eine keilförmige Wellenfront (man denke an das Bild von Schiffswellen) mit dem durch $c \cos \theta = c_m$ bestimmten Öffnungswinkel $2\left(\frac{\pi}{2} - \theta\right)$ vor sich hertreibt[54]).

Die Berücksichtigung der *inneren Reibung* wird für flache, in einer Richtung fortschreitende Wellen auf einer *reinen* Wasserober-

54) Lord *Rayleigh*, Proc. Lond. Math. Soc. 15 (1883), p. 69 (Sc. papers 2, p. 258).

fläche derart zu geschehen haben, dass an der Oberfläche die Schubspannung gleich Null angenommen, die Zugspannung dem Kapillardruck entsprechend berechnet wird. Ist μ der Reibungskoeffizient und $\nu = \mu/\varrho_A$, so findet man zu gegebener Wellenlänge λ anstatt der früheren Fortpflanzungsgeschwindigkeit c, wofern $\vartheta = 2\pi\nu/c\lambda$ klein ausfällt, (für Wasserwellen ist $\frac{2\pi\nu}{c_m} = 0{,}0048$ cm), eine modifizierte Wellengeschwindigkeit $= c(1 - \sqrt{2}\,\vartheta^{\frac{3}{2}})$, während zugleich die Amplituden einen Dämpfungsfaktor $e^{-\frac{8\pi^2\nu}{\lambda^2}t}$, also eine Relaxationszeit

$$\frac{\lambda^2}{8\pi^2\nu} \quad (= 0{,}712\, \lambda^2 \sec \text{ für Wasser})$$

aufweisen.

Die beruhigende Einwirkung von Öl auf Wasserwellen wird dadurch erklärt[56][57], dass zunächst infolge Überwiegens der Oberflächenspannung von Wasser gegen Luft über die Summe der zwei Oberflächenspannungen von Öl gegen Wasser und gegen Luft das Öl sich zu einer äusserst dünnen Haut auf dem Wasser auszieht und für die Oberflächenschicht mit der Beimengung von Öl dann elastische Eigenschaften zu Tage treten; ihre Spannung bleibt nicht länger konstant, sondern wächst, wenn die Dicke durch Streckung weiter zu reduzieren gesucht wird; dadurch wirkt sie gleichsam wie eine biegsame und schwer dehnbare Membran und hindert durch ihren Zug auf das darunter befindliche Wasser die freie Entfaltung und Fortpflanzung der Wellen. Infolgedessen ist, wenn man den Einfluss der inneren Reibung ermitteln will, nicht mehr, wie im Falle einer reinen Wasseroberfläche, mit der Grenzbedingung an der Oberfläche zu rechnen, dass dort die Schubspannung Null ist, sondern eher mit der anderen, dass dort die horizontale Geschwindigkeitskomponente Null sei[58]. Für diesen anderen extremen Fall ergibt sich eine gegen die vorhin betrachteten Umstände im Verhältnis $4\sqrt{2\vartheta} : 1$ kleinere Relaxationszeit.

Die kleinen Schwingungen einer Trennungsfläche von der Gestalt eines *Kreiszylinders* behandelte Lord *Rayleigh*[59], um von da aus die Stabilität der Flüssigkeitsstrahlen beurteilen zu können. Die Schwere

---

55) Vgl. *H. Lamb,* Hydrodynamics, 3rd ed., Cambridge 1906, p. 563.

56) *Reynolds,* Brit. Assoc. Rep. 1880 (Sc. papers 1, p. 409).

57) *Aitken,* Edinburgh Roy. Soc. Proc. 12 (1883), p. 56.

58) *H. Lamb,* Hydrodynamics, 3rd ed., Cambridge 1906, p. 570.

59) Lord *Rayleigh,* Lond. Proc. Math. Soc. 10 (1878), p. 4; Proc. Roy. Soc. 29 (1879), p. 71 (Sc. papers 1, p. 361, 377; Theory of sound, 2. ed. chapt. XX); in Phil. Mag. 34 (1892), p. 145 (Sc. papers 3, p. 585) wird noch der Einfluss der inneren Reibung der Flüssigkeit in Betracht gezogen.

wird nicht berücksichtigt. Es sei A innerhalb, B ausserhalb des Zylinders befindlich, R der Radius des Zylinders, seine Axe die z-Axe, und

$$r \equiv R + \varepsilon f(z, \theta, t) \, (\mathrm{mod}\ \varepsilon^2), \quad (x + iy = re^{i\theta}),$$

im lim $\varepsilon = 0$ seine Schwingungsgleichung. Wird der äussere Druck in B konstant angenommen, was damit gleichwertig ist, $\varrho_B = 0$ zu nehmen, so kann man für das Geschwindigkeitspotential in A den partikulären Ansatz

$$\varepsilon \Re(Ce^{i(kz - \sigma t + m\theta)} J_m(ikr)) \, (\mathrm{mod}\ \varepsilon^2)$$

machen, wobei J_m die *Bessel*'sche Funktion erster Art von der Ordnung m bedeutet, und man gelangt durch die kinematische Bedingung und andererseits die Druckgleichung an der Oberfläche zu der Relation

$$\sigma^2 = \frac{ikRJ_m'(ikR)}{J_m(ikR)} (k^2R^2 + m^2 - 1) \frac{T_{AB}}{\varrho_A R^3}.$$

Für $m = 0$ wird $\sigma^2 < 0$, falls $kR < 1$ ist, was den instabilen Charakter von Störungen bedeutet, deren Wellenlänge $2\pi/k$ den Umfang des Zylinders überschreitet. Die Instabilität wird infolge des Faktors $e^{|\sigma| t}$ in den Amplituden am grössten, wenn dabei $|\sigma|$ am grössten ausfällt, was auf $\frac{2\pi}{k} = 4{,}51 \times 2R$ hinführt, so dass für Schwellungen und Kontraktionen von dieser Wellenlänge die Tendenz des Strahls A zum Zerfallen in Tropfen am stärksten ist.

Nach ähnlichen Prinzipien behandelt Lord *Rayleigh*[60]) den Fall $\varrho_A = 0$, $\varrho_B > 0$, wobei sich als die Wellenlänge grösster Instabilität $\frac{2\pi}{k} = 6{,}48 \times 2R$ ergibt.

Das erste Ergebnis findet Anwendung auf das Zerfallen eines Wasserstrahls in Luft, das zweite auf das Zerreissen eines durch Wasser geschickten Luftstrahls. Die Schwingungen für $m = 2, 3, 4$ treten prädominierend hervor, wenn der Strahl aus einer Öffnung von elliptischer, dreieckiger, quadratischer Form austritt.

Die kleinen Schwingungen einer Trennungsfläche von der Gestalt einer *Kugel* erledigen sich ausgehend von dem gleichzeitigen Ansatze[61])[62])

$$\varphi_A = \Re\left(\frac{-C}{m} \frac{r^m}{R^m} Y_m(\theta, \psi) e^{-i\sigma t}\right), \quad \varphi_B = \Re\left(\frac{C}{m+1} \frac{R^{m+1}}{r^{m+1}} Y_m(\theta, \psi) e^{-i\sigma t}\right),$$

wobei der kinematischen Bedingung $\frac{d\varphi_A}{dr} = \frac{d\varphi_B}{dr}$ an der Oberfläche

60) Lord *Rayleigh,* Phil. Mag. (5) 34 (1892), p. 177 (Sc. papers 3, p. 594)

61) Lord *Rayleigh,* Proc. Roy. Soc. 29 (1879), p. 71 (Sc. papers 1, p 377).

62) *Webb,* Mess. of math. 9 (1880), p. 177.

Rechnung getragen ist; darin bedeuten r, θ, ψ Polarkoordinaten vom Kugelzentrum, $Y_m(\theta, \psi)$ die Kugelflächenfunktion m^{ter} Ordnung, R den Radius der Kugel. Es stellt sich alsdann

$$\sigma^2 = m(m+1)(m-1)(m+2)\frac{T_{AB}}{((m+1)\varrho_A + m\varrho_B)R^3}$$

heraus. Das Ergebnis findet Anwendung auf die Schwingungen eines Wassertropfens in Luft, einer Luftblase in Wasser; in abfallenden Tropfen treten durch ein Nachwirken des Abreissens der Tropfen noch die Schwingungen 3. Ordnung ($m = 3$) hervor[63]).

II. Kapillarität als räumlich verteilte Energie.

13. Die Hypothese der Kohäsionskräfte. Die Kapillaritätserscheinungen ergeben sich als notwendige Folgerungen aus einer Hypothese, wonach zwischen zwei materiellen Teilchen gleicher oder verschiedener Substanzen neben der Gravitation noch eine andere, nur von der Distanz abhängende Anziehungskraft in der Verbindungslinie wirksam ist, die man *Kohäsionskraft* nennt und deren Gesetz irgend welcher Art sein mag, nur dass sie mit wachsender Entfernung derart rasch abnimmt, dass sie bereits auf eine äusserst kleine, mikroskopisch nicht wahrnehmbare Distanz ganz ausser Betracht fällt.

Zunächst wurde das Ansteigen von Flüssigkeit in einer kapillaren Röhre allein mit einer von der Röhre auf die Flüssigkeit ausgeübten Anziehung erklärt, die nach der Unabhängigkeit der Erscheinung von der Dicke der Röhre nur von den der Wand nächstgelegenen Partikeln ausgehen konnte[64]). *Clairaut*[65]) erkannte es als notwendig, eine Anziehung der Flüssigkeitsteilchen unter einander mit in Rücksicht zu ziehen. *Laplace*[66]) konnte sodann eine vollständige Theorie der Kapillarität einzig mit der vorhin skizzierten Hypothese über die Kohäsionskräfte aufbauen.

Laplace berechnete für eine Flüssigkeitsmasse, deren Teile gemäss jener Hypothese kohärieren, in der Hauptsache das Potential der Kohäsionskräfte für eine Stelle der Oberfläche und fand es als eine lineare Funktion der mittleren Krümmung daselbst. Er betrachtete zunächst das Potential einer Kugel auf eine Stelle der Oberfläche, ging von da zum Potential eines durch zwei unendlich nahe Meridian-

---

63) *Lenard,* Ann. Phys. Chem. 30 (1887), p. 209.

64) *Hawkesbee,* London Trans. R. Soc. 26, 27 (1709—1713).

65) *Clairaut,* Traité sur la figure de la terre, Paris 1743, chap. X.

66) *Laplace,* Théorie de l'action capillaire.

schnitte der Kugel gebildeten Keiles über und approximierte endlich eine beliebige Flüssigkeitsoberfläche in der Nähe eines Punktes durch die dort aus den Krümmungskreisen der Normalschnitte erzeugte Fläche, d. i. ungefähr durch das Oskulationsparaboloid. Die Differentialgleichung einer freien Oberfläche erhielt er nunmehr aus dem Satze der Hydrostatik, wonach diese bei konstantem äusseren Drucke eine Fläche konstanten Potentials aller wirkenden Kräfte ist[66a]).

In einer zweiten Darstellung berechnete *Laplace*[67]) für eine Stelle der Flüssigkeitsoberfläche die tangentiale Komponente der gesamten dort ausgeübten Kohäsionskraft, wozu die Flächengleichung an der Stelle bis einschliesslich der Grössen 3ter Ordnung zu entwickeln ist, und erhielt die Gleichung der freien Oberfläche aus der Bedingung, dass an ihr die Resultante aus Kohäsion und Schwere stets normal zur Fläche steht. — Für die Konstanz des Randwinkels der Flüssigkeit an einem festen Körper hatte jedoch *Laplace* keinen Beweis, sondern zeigte nur, dass, wenn der Körper die Form von vertikalen Zylindern irgend welcher Querschnitte hat, der Mittelwert des Cosinus jenes Winkels längs der ganzen Randkurve stets auf die nämliche Konstante führen muss.

Diese Lücke in der *Laplace*'schen Theorie ergänzte *Gauss*[68]). Ausgehend von dem Prinzip der virtuellen Verrückungen für einen Gleichgewichtszustand formte *Gauss* dieses Prinzip zu der Forderung eines Minimums der potentiellen Energie um und betrachtete nunmehr die gesamte potentielle Energie der ins Spiel kommenden Kohäsionskräfte. Diese Energie erscheint in Form eines Doppel-Raumintegrals. Für jede Raumintegration lässt sich eine lineare ausführen, wobei ein Term proportional dem Volumen und ein zweiter proportional dem Flächeninhalt der Oberfläche besonders heraustreten, und von dem übrig bleibenden Doppel-Oberflächenintegral wies *Gauss* nach, dass bei der *Laplace*'schen Annahme über das Abnehmen der Kohäsionskraft die Vernachlässigung desselben geboten ist, insofern als verglichen mit der Distanz, auf die allein die Kohäsionskräfte in Betracht kommen, die Krümmungsradien der Oberfläche als unendlich gross, die Fläche

66a) Genauer gesagt, verfuhr *Laplace* so: er dachte sich in der Flüssigkeit einen unendlich schmalen Kanal gelegt, der am Anfang und Ende senkrecht gegen die Oberfläche einmündet, berechnete den durch die Kohäsionskräfte zu Stande kommenden Druck auf einen Querschnitt des Kanals und brachte endlich das „Prinzip des Gleichgewichts in Kanälen" zur Anwendung.

67) *Laplace,* Suppl. à la théorie de l'act. capill.

68) *Gauss,* Principia generalia, Göttingen 1830. — Selbstanzeige der Abh.: Gött. gel. Anz. 1829 (Werke 5, p. 287).

als nahezu eben gelten darf. Aus dem extremalen Charakter der potentiellen Energie entnahm sodann *Gauss* nach den Methoden der Variationsrechnung (ungefähr wie oben in Nr. 3 und 4 dargelegt ist) die Differentialgleichung für die freie Oberfläche, dann aber auch den Beweis für den *Laplace*'schen Satz vom konstanten Randwinkel.

14. Potentielle Energie der Kohäsion in einem Medium. Die von *Gauss* vorgenommene Transformation der Energie von Kohäsionskräften[69]) lässt sich gegenwärtig als eine zweimalige Anwendung des *Green*'schen Satzes darstellen.

Wir betrachten zunächst die Kohäsionsenergie innerhalb eines einzelnen homogenen Mediums A. Seine Dichte heisse ϱ; zwischen je zwei Volumenelementen dv, dv' von A an den Stellen x, y, z und x', y', z' im Abstande r wirke als Kohäsion eine Anziehungskraft $= \varrho^2 dv\, dv' \varphi(r)$, wo $\varphi(r)$ in später noch genau festzusetzender Weise mit zunehmendem r rapide nach Null sinken soll. Führt man

$$\int_r^\infty \varphi(r)\, dr = \psi(r), \quad \int_r^\infty r^2 \psi(r)\, dr = \chi(r)$$

ein, so lässt sich die gesamte potentielle Energie dieser Kohäsionskräfte für A:

$$(22) \quad -\tfrac{1}{2}\varrho^2 \iint \psi(r)\, dv\, dv'$$
$$= -\tfrac{1}{2}\varrho^2 \iint \left(\frac{\partial \chi}{\partial x'} \frac{\partial \frac{1}{r}}{\partial x'} + \frac{\partial \chi}{\partial y'} \frac{\partial \frac{1}{r}}{\partial y'} + \frac{\partial \chi}{\partial z'} \frac{\partial \frac{1}{r}}{\partial z'} \right) dv\, dv'$$

schreiben, wobei einerseits dv, andererseits dv' unabhängig von einander das ganze Volumen von A zu durchlaufen hat und der Faktor $\frac{1}{2}$ vorzusetzen ist, weil auf diese Weise jedes Paar von Elementen dv, dv' zweimal in Betracht kommt. Fassen wir zunächst die Integration nach dv' bei festgehaltenem dv ins Auge, so können wir den zweiten Ausdruck in (22) nach dem *Green*'schen Satze umformen, wobei wir die *Laplace*'sche Differentialgleichung für $1/r$ verwenden, aber infolge der Unstetigkeit von $1/r$ an der Stelle dv noch aus dem Integrationsraume für dv' eine kleine Kugel um dv auszuscheiden haben, deren Radius wir schliesslich nach Null konvergieren lassen. Bezeichnen wir mit df' (später auch mit df) ein Oberflächenelement von A, mit n' (und n) die äusseren Normalen dort, so transformiert sich nun-

69) Vereinfachte Darstellungen dieser Transformation gaben *Bertrand*, Journ. de math. (1) 13 (1848), p. 185; *Weinstein*, Ann. Phys. Chem. 27 (1886), p. 544. — *L. Boltzmann*, Ann. Phys. Chem. 141 (1870), p. 582 setzte Summationen über Moleküle an Stelle der Integrationen.

mehr (22) in:

$$-2\pi\varrho^2\chi(0)\int dv - \tfrac{1}{2}\varrho^2\int dv\int \chi(r)\frac{\partial \frac{1}{r}}{\partial n'}df'.$$

Im ersten Term hier ist $\int dv = V_A$ das gesamte Volumen von A. Im zweiten Term kehren wir die Integrationsfolgen um, führen

$$\int_r^\infty \chi(r)\,dr = \vartheta(r)$$

ein und beachten, dass r nur von den Differenzen $x - x'$, $y - y'$, $z - z'$ abhängt, ferner

$$\frac{\partial}{\partial n'}\left(\left(\frac{\partial r}{\partial x}\right)^2 + \left(\frac{\partial r}{\partial y}\right)^2 + \left(\frac{\partial r}{\partial z}\right)^2\right) = 0$$

ist. Wir können alsdann diesen zweiten Term

$$\tfrac{1}{2}\varrho^2\int df'\int\left(\frac{\partial \vartheta(r)\frac{\partial r}{\partial n'}}{\partial x}\frac{\partial \frac{1}{r}}{\partial x} + \frac{\partial \vartheta(r)\frac{\partial r}{\partial n'}}{\partial y}\frac{\partial \frac{1}{r}}{\partial y} + \frac{\partial \vartheta(r)\frac{\partial r}{\partial n'}}{\partial z}\frac{\partial \frac{1}{r}}{\partial z}\right)dv$$

schreiben und erhalten die Möglichkeit, ein zweites Mal bei der Integration nach dv die Formel für Produktintegration, den *Green*'schen Satz, in Anwendung zu bringen. Hier liegt die Unstetigkeit von $1/r$ jedesmal an einer Oberflächenstelle df' und ist deshalb aus dem Integrationsraume für dv nur der in den Bereich von A fallende Teil einer kleinen Kugel um diese Stelle auszuscheiden, d. i. hernach bei unendlich abnehmendem Radius der Kugel wesentlich eine Halbkugel, ausser an den Stellen, wo eine Schneide der Oberfläche von A vorhanden ist. Hiernach transformiert sich der letzte Ausdruck, indem noch $\int \frac{\partial r}{\partial n'}df$ über die Halbkugel ihre Projektion auf die Tangentialebene in df' darstellt, in

$$\tfrac{1}{2}\pi\varrho^2\vartheta(0)\int df' - \tfrac{1}{2}\varrho^2\int\int \frac{1}{r^2}\frac{\partial r}{\partial n}\frac{\partial r}{\partial n'}\vartheta(r)\,df\,df',$$

wo $\int df' = F$ den Flächeninhalt der Oberfläche von A bildet. Schreiben wir noch

$$K = 2\pi\varrho^2\chi(0), \quad H = \pi\varrho^2\vartheta(0), \tag{23}$$

so resultiert endlich der folgende Ausdruck für die Energie der Kohäsionskräfte innerhalb A:

$$E = -KV + \tfrac{1}{2}HF - \tfrac{1}{2}\varrho^2\int\int\frac{1}{r^2}\frac{\partial r}{\partial n}\frac{\partial r}{\partial n'}\vartheta(r)\,df\,df'. \tag{24}$$

Damit die Integrale für $\vartheta(r)$, $\chi(r)$, $\psi(r)$ einen Sinn haben, nehmen wir an, dass mit wachsendem r jedenfalls $r\chi(r)$, sodann $r^4\psi(r)$, $r^5\varphi(r)$

noch hinreichend stark nach Null konvergieren. Des weiteren nehmen wir an, dass für mikroskopisch messbare r schon $\varphi(r)$, $\psi(r)$, $\chi(r)$, $\vartheta(r)$ ausser Betracht fallen und erst bei weit stärkerer Annäherung des r an Null $\chi(r)$ und $\vartheta(r)$ endliche Grösse erlangen und dann bestimmten oberen Grenzen $\chi(0)$ und $\vartheta(0)$ zustreben; es ist hierfür notwendig und hinreichend, dass $r^3\psi(r)$ für $\lim r = 0$ nach Null konvergiert. Bezeichnet man als *Wirkungsradius* für die Kohäsionskräfte eine solche Grösse r_0, wofür eben noch $\vartheta(r_0)$ gegen $\vartheta(0)$ zu vernachlässigen ist, so ersieht man aus

$$\vartheta(0) - \vartheta(r_0) = \int_0^{r_0} \chi(r)\,dr < \chi(0) r_0,$$

dass $\frac{\vartheta(0)}{\chi(0)}$ eine äusserst kleine Länge, allenfalls von der Ordnung von r_0 sein wird.

Um das Doppel-Flächenintegral in (24) abzuschätzen, führen wir dort durch $\frac{df'}{r^2}\frac{\partial r}{\partial n'} = do'$ den körperlichen Winkel ein, unter dem das Element df' von der Stelle von df erscheint. Jenes Integral schreibt sich dann

$$(25) \qquad -\tfrac{1}{2}\varrho^2 \int df \int \frac{\partial r}{\partial n}\vartheta(r)\,do'.$$

Nun ist nur für kleine r ($< r_0$) der Faktor $\vartheta(r)$ von merklicher Grösse, und für solche $r < r_0$ andererseits ist $\partial r/\partial n$ angenähert $= r/R$, unter R den Krümmungsradius desjenigen Normalschnittes für die Stelle df, der durch df' führt, verstanden. Sind also die Krümmungsradien der Oberfläche von A überall als gegen r_0 äusserst gross zu betrachten, so erscheint die Vernachlässigung des Integrals hier geboten und reduziert sich damit der Ausdruck (24) auf

$$(26) \qquad E = -KV + \tfrac{1}{2}HF.$$

Ein Ausnahmefall wird statthaben, wenn die Oberfläche A eine Partie $\mathfrak{S}$ von endlicher Ausdehnung aufweist, zu der eine andere Partie $\mathfrak{S}'$ von ihr fortwährend in äusserst kleinen Abständen verläuft, wie z. B. wenn die Flüssigkeit sich in einer äusserst dünnen Schicht an einem festen Körper entlang zieht. Auch längs $\mathfrak{S}$ und $\mathfrak{S}'$ mögen die Krümmungsradien nicht unter eine gegen r_0 äusserst grosse Grenze sinken. Fasst man in dem Integral (25) ein Element df innerhalb $\mathfrak{S}$ mit der ganzen Partie $\mathfrak{S}'$ zusammen auf und fällt ein Lot von df auf $\mathfrak{S}'$, dessen Länge s sei, so kann in denselben Fehlergrenzen, wie sie vorhin galten, $\mathfrak{S}'$ als eine unbegrenzt ausgedehnte Ebene senkrecht auf dieses Lot betrachtet und, indem man $\frac{\partial r}{\partial n'} = \frac{s}{r} = \cos\gamma$ einführt, aus konzentrischen Ringen um das Lot, die von df in körperlichen Winkeln $2\pi \sin \gamma d\gamma$ erscheinen, aufgebaut werden; dazu kann wegen der annähernden Parallelität von df zu $\mathfrak{S}'$ der Faktor $\partial r/\partial n$ in (25) durch $\partial r/\partial n'$ ersetzt werden, wodurch für den betreffenden Anteil aus (25) sich ergibt

$$-\tfrac{1}{2}\varrho^2 df \int_0^{\frac{\pi}{2}} 2\pi \sin\gamma \cos\gamma\, \vartheta(r) d\gamma = -\pi\varrho^2 df \int_s^\infty \frac{s^2}{r^3}\vartheta(r) dr.$$

Wird nun

$$\theta(r) = 2r^2 \int_r^\infty \frac{\vartheta(r)}{r^3} dr = \vartheta(r) + r^2 \int_r^\infty \frac{\chi(r)}{r^2} dr$$

eingeführt, wobei $\theta(0) = \vartheta(0)$ ersichtlich ist, und beachtet man, dass im Doppelintegral (25) sowohl eine Kombination $\mathfrak{S}$, $\mathfrak{S}'$ wie $\mathfrak{S}'$, $\mathfrak{S}$ auftritt, so kommt schliesslich wegen der Flüssigkeitsschicht zwischen $\mathfrak{S}$ und $\mathfrak{S}'$ zum Ausdruck (26) der Energie noch der Zusatzterm

$$(27) \qquad -\pi\varrho^2 \int_{\mathfrak{S}} \theta(s) df,$$

über die ganze eine Seite $\mathfrak{S}$ der Schicht erstreckt, hinzu.

Für das Anziehungsgesetz mit folgendem Ausdrucke des Potentials[70])

$$(28) \qquad -\psi(r) = -k\frac{e^{-cr}}{r},$$

wobei k und c positive Konstanten sind, würde man erhalten:

$$\varphi(r) = k\frac{e^{-cr}}{r^2}(1 + cr),$$

$$\chi(r) = \frac{k}{c^2}e^{-cr}(1 + cr), \quad \vartheta(r) = \frac{2k}{c^3}e^{-cr}(1 + \tfrac{1}{2}cr), \quad \theta(r) = \frac{2k}{c^3}e^{-cr},$$

$$\chi(0) = \frac{k}{c^2}, \quad \vartheta(0) = \theta(0) = \frac{2k}{c^3}, \quad c = \frac{2\chi(0)}{\vartheta(0)} = \frac{K}{H}.$$

Wir berechnen noch das *Virial der Kohäsionskräfte.* (Unter dem Virial einer Kraft wird bekanntlich die halbe Arbeit der Kraft bei Verschiebung ihres Angriffspunktes nach dem Koordinatenanfange verstanden.) Für die zwei Kräfte, welche zwei Volumenelemente dv, dv' gegenseitig auf einander ausüben, ist die Summe der Viriale $\varrho^2\varphi(r) r\, dv\, dv'$. Das gesamte Virial der Flüssigkeit auf sich selbst wird daher

$$\tfrac{1}{4}\varrho^2 \iint r\varphi(r) dv\, dv'$$

und würde aus dem Ausdrucke (22) für die Energie hervorgehen,

70) *Van der Waals*, Zeitschr. f. physik. Chem. 13 (1894), p. 657.

wenn man $\psi(r)$ dort durch $-\frac{1}{2}r\varphi(r)$ ersetzt. Dabei würde dann an Stelle von $\chi(r)$ die Funktion

$$-\tfrac{1}{2}\int_r^\infty r^3\varphi(r)dr = -\tfrac{1}{2}r^3\psi(r) - \tfrac{3}{2}\int_r^\infty r^2\psi(r)dr = -\tfrac{1}{2}r^3\psi(r) - \tfrac{3}{2}\chi(r),$$

weiter an Stelle von $\vartheta(r)$ die Funktion

$$-\tfrac{1}{2}\int_r^\infty r^3\psi(r)dr - \tfrac{3}{2}\int_r^\infty \chi(r)dr = -\tfrac{1}{2}r\chi(r) - 2\vartheta(r)$$

zu treten haben und also die Rolle der Konstanten $\chi(0)$, $\vartheta(0)$ von $-\frac{3}{2}\chi(0)$, $-2\vartheta(0)$ übernommen werden. Der Formel (26) entsprechend resultiert dann als Ausdruck jenes Gesamtvirials:

(29) $$\tfrac{3}{2}KV - HF.$$

15. Potentielle Energie der Adhäsion zweier Medien. Grenzt A an ein zweites Medium B, so mögen zwischen den Teilchen von A und denen von B Anziehungskräfte wirksam sein, die hinsichtlich ihrer Abnahme mit der Distanz analogen Charakter tragen wie die Kohäsionskräfte innerhalb A, und die man hier im Falle verschiedener Substanzen wohl auch als *Adhäsionskräfte* bezeichnet. Die den Funktionen $\varphi(r)$, $\psi(r)$, $\chi(r)$, $\vartheta(r)$, $\theta(r)$ oben entsprechenden Funktionen für das neue Anziehungsgesetz mögen in derselben Weise unter Anfügung der unteren Indizes AB bezeichnet werden, während die früheren Funktionen den Index A erhalten mögen. Die gesamte Energie der Adhäsion von B auf A berechnet sich der Formel (22) analog mit

(30) $$-\varrho_A\varrho_B\int_B dv'\int_A \psi_{AB}(r)dv,$$

wo dv die Volumenelemente von A, dv' diejenigen von B zu durchlaufen hat. Ein Faktor $\frac{1}{2}$ ist jetzt nicht hinzuzusetzen, weil die Räume von A und B völlig getrennt sind. Der Ausdruck hier gestattet wieder die zwei entsprechenden Umformungen mittelst des *Green*'schen Satzes. Aber in der ersten Umformung, wobei etwa unter Festhaltung der einzelnen dv operiert werde, tritt kein Raumintegral besonders heraus, weil jetzt $1/r$ im Integrationsraume B keine Unstetigkeitsstelle hat, in der zweiten hernach kommt bei festgehaltenem Oberflächenelement df' von B eine Diskontinuität von $1/r$ im Integrationsraume A nur für solche Elemente df' in Betracht, die gerade der Trennungsfläche von A und B angehören, und hat alsdann für die um df' herum aus dem Integrationsraume A auszuscheidende kleine Halbkugel das Integral $\int \frac{\partial r}{\partial n'} df$ wegen der anders liegenden Normale n' entgegengesetzten

Wert wie oben. Infolge dieser Umstände erlangt endlich nach der wie oben vorzunehmenden Vernachlässigung die potentielle Energie der Adhäsion von B auf A den Ausdruck

$$(31) \qquad -\pi \varrho_A \varrho_B \vartheta_{AB}(0) F_{AB} = -H_{AB} F_{AB},$$

wo F_{AB} den Flächeninhalt der Trennungsfläche von A und B bezeichnet.

Nehmen wir jetzt den typischen Fall von drei zusammentreffenden Medien A, B, C an und bezeichnen ihre Volumina V, ihre Konstanten K und H mit den entsprechenden einzelnen Indizes, die Flächeninhalte ihrer Trennungsflächen und deren Konstanten H mit entsprechenden zwei Indizes, während ihre an weitere Medien angrenzenden Flächen hier nicht als veränderlich in Frage kommen sollen, so haben wir als veränderlichen Teil der potentiellen Energie der in ihnen wirkenden Anziehungskräfte:

$$(32) \quad \begin{aligned} &(\tfrac{1}{2}H_A + \tfrac{1}{2}H_B - H_{AB})F_{AB} + (\tfrac{1}{2}H_A + \tfrac{1}{2}H_C - H_{AC})F_{AC} \\ &+ (\tfrac{1}{2}H_B + \tfrac{1}{2}H_C - H_{BC})F_{BC} - K_A V_A - K_B V_B - K_C V_C. \end{aligned}$$

So lange die Volumina sich nicht ändern, kommen wir damit auf den Ansatz in Nr. 2 zurück, wobei die Oberflächenspannung zweier Medien A und B durch

$$(33) \qquad T_{AB} = \tfrac{1}{2}H_A + \tfrac{1}{2}H_B - H_{AB}$$

gegeben erscheint. Im Falle $\varrho_B = 0$ gesetzt werden kann, folgt einfach

$$T_{AB} = \tfrac{1}{2}H_A.$$

Stellt C einen festen Körper vor und darf $\varrho_B = 0$ gesetzt werden, so folgt für den Randwinkel ω_A von A am Körper gemäss Gl. (8):

$$(34) \qquad \cos \omega_A = \frac{2H_{AC} - H_A}{H_A};$$

der Winkel ω_A ist spitz oder stumpf und es findet demgemäss, falls C ein vertikaler Zylinder ist, ein Ansteigen oder eine Depression von A an C hinsichtlich der Niveauebene statt, je nachdem $2H_{AC} > H_A$ oder $< H_A$ ist (d. h. wenn man so sagen will, der Meniskus vom Körper eine mehr oder weniger als doppelt so starke Anziehung wie von der Flüssigkeit erfährt[65])).

Die Relation (34) ist unmöglich, wenn $H_{AC} > H_A$ ist. Nehmen wir jedoch an, dass alsdann sich die Flüssigkeit A noch in einer äusserst dünnen Schicht an einer Partie $\mathfrak{S}$ der Wand von C entlang zieht, und verstehen wir jetzt unter F_{AB}, F_{AC} nur die Flächeninhalte der betreffenden Trennungsflächen abgesehen von dieser Schicht, so würde im Hinblick auf (27) und auf die Relation $\vartheta(0) = \theta(0)$ zum Ausdrucke (32) in der gesamten Energie noch ein Term hinzutreten:

$$-\int\limits_{\mathfrak{S}}\left(H_{AC}\left(1-\frac{\theta_{AC}(s)}{\theta_{AC}(0)}\right)-H_A\left(1-\frac{\theta_A(s)}{\theta_A(0)}\right)\right)df,$$

erstreckt über die Fläche $\mathfrak{S}$, wobei s die Dicke der Schicht am Elemente df von $\mathfrak{S}$ bezeichnet. Bei geeignetem Kraftgesetz, z. B. dem in (28) angeführten, würde damit die Möglichkeit einer Verringerung der potentiellen Energie vermöge der Schicht vorliegen; also müsste dann wirklich eine solche Schicht (Benetzung der Wand) zu Stande kommen und dadurch am Rande der wahrnehmbaren Trennungsfläche der Randwinkel Null entstehen[71]).

16. Eingehen der Kohäsion in die Beziehung zwischen Dichte und Druck. Das Auftreten des Terms $-KV$ in der Energie einer Flüssigkeit A ist nach hydrodynamischen Prinzipien gleichbedeutend mit der Annahme, dass im Inneren von A neben dem sogenannten hydrostatischen Druck ein weiterer konstanter Druck K herrscht. Schreibt man $K = a\varrho_A^2$, so hängt a nur von dem Kraftgesetz $\varphi(r)$, nicht von der Dichte ϱ_A ab. Stellt man sich unter B den gesättigten Dampf der Flüssigkeit A vor, so hat daher eine Menge M der Substanz —, homogene kontinuierliche Massenverteilung bis zu den Grenzen und Unabhängigkeit des Kohäsionsgesetzes von der Temperatur angenommen (wegen allgemeinerer Vorstellungen siehe den Artikel V 10 von *Kamerlingh Onnes*) und vorausgesetzt auch, dass nicht etwa F/V gegen $1/r_0$ in Betracht kommt —, in flüssiger Phase die Energie $-K\frac{M}{\varrho_A} = -a\varrho_A M$, in dampfförmiger die Energie $-a\varrho_B^2\frac{M}{\varrho_B} = -a\varrho_B M$ und wird deshalb $a(\varrho_A - \varrho_B)$ als *die innere latente spezifische Verdampfungswärme* (siehe ebenfalls V 10) angesprochen[72]). (Die additive Konstante in der Energie war derart fixiert, dass der Wert Null für die Energie als obere Grenze bei Auflösung des Mediums in lauter unendlich weit voneinander entfernte Volumenelemente entsteht.)

In denjenigen Erscheinungen, welche bei konstantem Volumen vorgehen, kommt die Grösse K gar nicht zur Geltung, während doch der erste Term $-KV$ in der Energie den anderen $\frac{1}{2}HF$ ausserordentlich überwiegt. Aufschluss über die Grösse von K kann des-

71) *Gauss*, Principia generalia, art. 32.

72) *Dupré*, Théorie mécanique de la chaleur, 1869, p. 152.

halb nur von Vorgängen erwartet werden, die mit Änderungen der Dichte verknüpft sind, und *van der Waals*[73]) hatte deshalb die Idee, zunächst theoretisch das Eingehen dieser Grösse in die Beziehung zwischen Druck und Dichte bei konstanter Temperatur zu untersuchen. Der Ableitung dieser Beziehung legte *van der Waals* den Virialsatz von *Clausius* zu Grunde[74]). Der Satz kommt bei folgenden Anschauungen zustande: Die Materie ist nicht kontinuierlich verteilt, sondern besteht aus Molekülen; diese unterliegen neben den *Laplace*'schen Kohäsionskräften weiteren repulsiven Kräften (Zusammenstössen) und sind dadurch in nicht sichtbaren Bewegungen begriffen, und zwar dergestalt, dass man bei Vergleichung ihrer Bewegungszustände in irgend zwei Momenten t und $t + \tau$ sich angenähert vorstellen kann, die Teilchen hätten nur unter einander Ort und Bewegung gewechselt. Jedenfalls soll, wenn man den Mittelwert von der kinetischen Energie der progressiven Bewegung der Moleküle über den Zeitraum t bis $t + \tau$ bildet, gegen diesen Mittelwert der Differenzenquotient

$$\frac{1}{\tau}\left[\frac{1}{4}\frac{d\Sigma m(x^2+y^2+z^2)}{dt}\right]_t^{t+\tau}$$

schon bei verhältnismässig kleinem τ zu vernachlässigen sein; darin ist die Summe über alle Moleküle zu erstrecken und bedeuten m die Masse, x, y, z die Koordinaten des Schwerpunktes eines Moleküls. Eine partielle Integration transformiert nun diesen Mittelwert der Energie bei der angegebenen Vernachlässigung sofort in das mittlere Virial der in den Molekülen angreifenden Kräfte, über den Zeitraum t bis $t + \tau$. Nun ist nach den Prinzipien der Gastheorie jenes Mittel der Energie der progressiven Bewegung $\frac{3}{2}\frac{R}{M}\varrho V T$, wo R die universelle Gaskonstante, M das Molekulargewicht, ϱV die Gesamtmasse, T die absolute Temperatur der Flüssigkeit vorstellt. Das Virial der Kohäsionskräfte berechnet sich unter der Voraussetzung, dass der Wirkungsradius noch sehr gross gegen die Grösse der Moleküle ist, wie bei kontinuierlich homogen verteilter Masse und ist daher nach (29) gleich $\frac{3}{2}a\varrho^2 V$ zu setzen. Das mittlere Virial des auf die Oberfläche wirkenden konstanten Druckes p findet sich durch Zerlegung des Volumens in die Elementarpyramiden mit dem Nullpunkte als Spitze und den Oberflächenelementen als Grundflächen unmittelbar $= \frac{3}{2}pV$. Das mittlere Virial der repulsiven Kräfte berechnet sich nach den Methoden der Gas-

73) *Van der Waals*, Die Continuität des gasf. u. flüss. Zustandes, Leipzig 1881.

74) Vgl. auch *Maxwell*, Sc. papers 2, p. 407, 418; *H. A. Lorentz*, Boltzmann-Festschrift (1904), p. 721 (abgedr. in Abh. üb. theor. Phys. 1 (1906), p. 192).

theorie und lässt sich schreiben als ein Bruchteil $\frac{b\varrho}{1-b\varrho}$ der mittleren Energie der progressiven Bewegung, worin b annäherungsweise als konstant gilt und mit dem von den Räumen der Moleküle in einer Masseneinheit besetzten Raume in Verbindung gebracht wird (über die Abhängigkeit der Grösse b von Volumen und Temperatur siehe weiteres im Artikel *Kamerlingh Onnes* V 10). Damit resultiert endlich die *van der Waals*'sche Zustandsgleichung in der Form

$$p + a\varrho^2 = \frac{RT}{M}\frac{\varrho}{1-b\varrho}. \tag{35}$$

Aus beobachteten Daten berechnet sich auf Grund dieser Beziehung bei 0° und 1 Atm. Druck für Wasser $K = 10500$ Atm., für Äther $K = 1430$ Atm., während der Quotient H/K, der als Mass für den Wirkungsradius der Kohäsionskräfte dient, für Wasser $15 \cdot 10^{-9}$ cm, für Äther $29 \cdot 10^{-9}$ cm beträgt.

17. Theorien zur Vermeidung von Diskontinuitäten der Dichte. Der *Laplace*'schen Kapillaritätstheorie liegt die Annahme durchweg homogener Flüssigkeiten zu Grunde. *Poisson*[75]) führte aus, dass an den Grenzflächen einer Flüssigkeit eine rapide Änderung der Dichte statthaben müsse, und trug diesem Umstande Rechnung, zugleich in der Absicht, die Schwierigkeiten zu beheben, welche in der Annahme von Druckdiskontinuitäten an Trennungsflächen liegen. In der *Poisson*schen Theorie modifizieren sich nicht die Gleichungen für die Kapillaritätsphänomene, sondern nur die Bedeutung der zwei Konstanten K und H für das Gesetz der Kohäsionskräfte.

Maxwell[76]), Lord *Rayleigh*[77]), *van der Waals*[78]) verfolgten die Annahme einer stetigen Variation der Dichte an den Trennungsflächen in ihren weiteren Konsequenzen. Als einfachster Fall wird das Gleichgewicht einer Flüssigkeit A in Berührung mit ihrem gesättigten Dampfe B behandelt. Von der Schwere soll abgesehen werden. Der ganze Raum von Flüssigkeit und Dampf werde von Flächen, auf denen jedesmal die Dichtigkeit konstant ist, durchzogen; transversal zu diesen variiert der Wert der Dichtigkeit rapide innerhalb einer äusserst

---

75) *Poisson,* Nouvelle théorie de l'action capillaire. — Kritische Bemerkungen zur Theorie von *Poisson* lieferten *Minding,* Dove's Repert. d. Phys. Bd. 5; *J. Stahl,* Ann. Phys. Chem. **139** (1870), p. 239; *B. Weinstein,* Ann. Phys. Chem. **27** (1886), p. 544.

76) *Maxwell,* Capillary action (Sc. papers **2**, p. 541).

77) Lord *Rayleigh,* Phil. Mag. **33** (1892), p. 209 (Sc. Papers **3**, p. 513).

78) *van der Waals,* Zeitschr. f. phys. Chemie **13** (1894), p. 657; *H. Hulshof,* Ann. Phys. Chem. (4) **4** (1901), p. 165.

schmalen Schicht und kommt nach der einen wie nach der anderen Seite sehr bald bestimmten Grenzwerten ϱ_A bezw. ϱ_B nahe.

Für die vollständige Durchführung des durch hydrodynamische (oder thermodynamische) Prinzipien gelieferten Ansatzes hat sich ein spezielles Kraftgesetz der Kohäsion als hervorragend geeignet erwiesen[79]), das nun hier sogleich zu Grunde gelegt werde, nämlich das in (28) angeführte, wobei die Potentialfunktion für zwei Masseneinheiten in einer Entfernung r durch

$$-k\frac{e^{-cr}}{r}$$

dargestellt wird und k wie c positive Konstanten sind. Das von der gesamten Masse der Substanz (A und B) herrührende Potential auf eine Masseneinheit an einer Stelle x, y, z ist dann

$$\Psi(x, y, z) = -k\int \varrho' \frac{e^{-cr}}{r} dv',$$

wo das Integral sich über alle Volumenelemente dv' der Substanz erstreckt und r die Entfernung des Aufpunktes x, y, z vom Elemente dv' bezeichnet. Diese Funktion $\Psi(x, y, z)$ genügt nun im Raume der Substanz überall der Differentialgleichung

$$\Delta\Psi = \frac{\partial^2\Psi}{\partial x^2} + \frac{\partial^2\Psi}{\partial y^2} + \frac{\partial^2\Psi}{\partial z^2} = c^2\Psi + 4\pi k\varrho, \tag{36}$$

und auf Grund dieser Beziehung kann das vorliegende Kraftfeld anstatt als von Fernkräften herstammend auch als ein ursprünglich gegebener Spannungszustand in der Substanz folgendermassen beschrieben werden[80]). Es werde

$$\left(\frac{\partial\Psi}{\partial x}\right)^2 + \left(\frac{\partial\Psi}{\partial y}\right)^2 + \left(\frac{\partial\Psi}{\partial z}\right)^2 = \Phi^2,$$

$$\frac{1}{8\pi k}(c^2\Psi^2 - \Phi^2) = \Sigma_1, \quad \frac{1}{8\pi k}(c^2\Psi^2 + \Phi^2) = \Sigma_2$$

gesetzt; die Substanz erscheint von den gerichteten „Kraftlinien“, die senkrecht zu den Flächen $\Psi =$ const. von grösseren zu kleineren Werten von Ψ führen, durchzogen; an jeder Stelle herrscht in Richtung der dort durchlaufenden Kraftlinie und in der entgegengesetzten Richtung eine Zugspannung Σ_1, in allen Richtungen senkrecht dazu eine Zugspannung Σ_2, dergestalt, dass für jeden abgeschlossenen Teil I der Substanz sich die Komponenten und Drehungsmomente der von

79) *van der Waals,* l. c. p. 706.

80) *G. Bakker*, Zeitschr. f. phys. Chémie 48 (1904), p. 17.

dem übrigen Teil II auf I ausgeübten Kohäsionen genau wie aus der Verteilung dieser Spannungen auf der Oberfläche von I berechnen.

In einer sehr geringen Entfernung von der Übergangsschicht ist bereits nahezu Ψ konstant, Φ Null, und $\Sigma_1 = \Sigma_2$ erklären die frühere Kohäsion K, in der Übergangsschicht resultieren aus der Differenz $\Sigma_2 - \Sigma_1$ die Erscheinungen der Oberflächenspannung.

Nach hydrodynamischen Prinzipien ist für das Gleichgewicht des Systems Flüssigkeit und Dampf bei gleicher Temperatur erforderlich, dass das vollständige Differential

$$d\Psi = -\frac{d\Pi}{\varrho} \tag{37}$$

und darin Π eine nur von Dichte und Temperatur der Stelle abhängige Funktion ist, die als *thermischer Druck*[81]) angesprochen wird. Schreiben wir $\frac{2\pi k}{c^2} = a$, so ist nach (36) in einiger Entfernung von der Übergangsschicht, wo die Flüssigkeit homogen erscheint, $\Psi = -2a\varrho_A$, und wo der Dampf homogen erscheint, $\Psi = -2a\varrho_B$. Wir setzen allgemein $\Pi = p + a\varrho^2$ und nennen p den *hydrostatischen Druck*; nach beiden Seiten von der Schicht fort wird dann p sich einer und derselben Konstante p_0 nähern, dem äusseren Drucke, Sättigungsdrucke des Dampfes. Die Gleichung (36) schreibt sich noch im Hinblick auf (37):

$$\Delta\Psi = -c^2 \int\limits_{p_0, \varrho_A}^{p, \varrho} \frac{dp}{\varrho}. \tag{38}$$

Nunmehr wird angenommen, dass die Abhängigkeit des p von ϱ und der Temperatur auch in der Übergangsschicht durch eben dieselbe *van der Waals*'sche Formel (35) wie in den homogenen Phasen dargestellt wird, was freilich mehr an die Macht dieser Formel glauben heisst, als es in ihrer Ableitung eine Stütze fände. Die dadurch gegebene Kurve für p als Funktion des wachsenden Arguments $1/\varrho$ (siehe Artikel *Kamerlingh Onnes* V 10) verläuft in dem Intervalle $1/\varrho_A$ bis $1/\varrho_B$ zwischen den zwei Punkten $p_0, 1/\varrho_A$ und $p_0, 1/\varrho_B$ ab-, auf- und wieder absteigend, zuerst unterhalb der Geraden $p = p_0$ bis zu einem gewissen Treffpunkte mit ihr, hernach oberhalb derselben, und auf ihrem ersten unterhalb $p = p_0$ liegenden Stücke muss es offenbar einen bestimmten Punkt p_1, $1/\varrho_1$ geben, für den das bis dahin auf der Kurve genommene Integral

---

81) Diese Bezeichnung gebraucht *van der Waals;* für denselben Begriff sagt *H. A. Lorentz* (Z. f. physik. Chem. 7): kinetischer Druck.

$$-\int\limits_{p_0, \varrho_A}^{p_1, \varrho_1} \frac{dp}{\varrho} = 0$$

ist (Fig. 22). Für diese Stelle der Kurve ist dann nach (38): $\Delta \Psi = 0$.

Die der Wellenlinie ($\varrho_A > \varrho > \varrho_B$) entsprechenden Kombinationen p, $1/\varrho$ sind für homogene Phasen instabil, in der Übergangsschicht findet *van der Waals* sie nun stabil. Wird (37) auf einem Wege aus dem homogenen Inneren der Flüssigkeit nach dem homogenen Inneren des Dampfes integriert, so entsteht

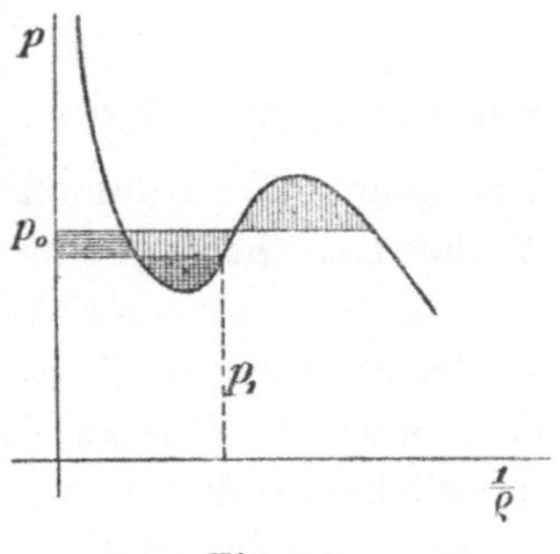

Fig. 22.

$$\int\limits_{p_0, \varrho_A}^{p_0, \varrho_B} \frac{dp}{\varrho} = 0$$

über jene Wellenlinie, genau die Formel, welche *Clausius* und *Maxwell* zur Bestimmung des Druckes p_0 des gesättigten Dampfes vermöge der Isotherme durch Anwendung des zweiten Hauptsatzes der Wärmetheorie auf labile Zustände aufgestellt haben.

Es mögen nun die Flächen konstanter Dichte speziell als eine Schar paralleler Ebenen $z =$ const. angenommen werden. Die Differentialgleichung (37) schreibt sich dann

$$\frac{d^2 \Psi}{dz^2} = c^2 \Psi + 4\pi k \varrho = c^2 \Psi - 4\pi k \frac{d\Pi}{d\Psi}$$

und liefert integriert

$$\left(\frac{d\Psi}{dz}\right)^2 = c^2 \Psi^2 - 8\pi k (p + a\varrho^2 - p_0).$$

Für $\varrho = \varrho_1$, $p = p_1$ geht $\frac{d^2\Psi}{dz^2}$ abnehmend durch Null hindurch, erlangt also $\frac{d\Psi}{dz} = \Phi(z)$ seinen grössten Wert $\Phi_1 = \sqrt{8\pi k (p_0 - p_1)}$; hierhin werde $z = 0$ gelegt. An Stelle der früheren Oberflächenspannung tritt jetzt

$$\tfrac{1}{2}\overline{H} = \int (\Sigma_2 - \Sigma_1)\, dz = \frac{1}{4\pi k} \int (\Phi(z))^2 dz,$$

auf der z-Axe aus der homogenen Flüssigkeit nach dem homogenen Dampfe genommen.

Die Kurve für $\Phi(z)$ als Funktion von z verläuft beiderseits von $z = 0$ sehr bald asymptotisch an die z-Axe. Wird sie durch das oberhalb der z-Axe liegende Stück einer sie im Scheitel berührenden Parabel $\Phi_1 - \Phi = \Phi_1 \left(\frac{z}{z_0}\right)^2$ und die links und rechts daran ansetzenden Stücke $z \leqq - z_0$ und $z_0 \leqq z$ der z-Axe bei gleichem Flächeninhalt über der z-Axe angenähert ersetzt, so folgt

$$\tfrac{1}{2}\overline{H} = \frac{8}{5}\frac{\sqrt{2\pi k(p_0 - p_1)}}{c^2},$$

während zugleich $2z_0 = \frac{15}{16}\frac{\frac{1}{2}\overline{H}}{p_0 - p_1}$ ungefähr als diejenige Dicke der Übergangsschicht aufzufassen wäre, innerhalb deren die inhomogenen Verhältnisse hervortreten.

In einer jüngsten Arbeit sucht *Bakker*[82]) durch seine Theorie die Beobachtungen von *Reinold* und *Rücker*[83]) zu erklären, welche fanden, dass Seifenlamellen an den dünnsten Stellen, die durch ein diskontinuierliches Auftreten von schwarzen Flecken gekennzeichnet sind, eine Dicke von rund 10^{-6} cm haben und unmittelbar daneben plötzlich auf eine Dicke von rund $5 \cdot 10^{-6}$ cm ansteigen.

Bakker berechnet daselbst die Konstante k

für Wasser $k = 7{,}53 \cdot 10^{23}$ bei $T = 325^0$,
für Äther $k = 1{,}54 \cdot 10^{23}$ bei $T = 125^0$.

18. Entropie und Massendichten einer Trennungsfläche. Wenn zwei aneinander grenzende Flüssigkeiten A und B sich im Gleichgewicht, auch in thermischer und chemischer Hinsicht, befinden und sie auch schon in sehr geringer Entfernung von der Trennungsfläche homogen erscheinen, wird doch eine jede in der unmittelbaren Nachbarschaft der Grenze durch den Einfluss der anderen verändert sein. *Gibbs*[84]) hat einen Ansatz entwickelt, um diesen Einflüssen Rechnung zu tragen, ohne irgend eine Hypothese bezüglich molekularer Anziehungskräfte zu machen. Die inhomogene Übergangsschicht zwischen A und B ist erfahrungsgemäss von äusserst geringer Dicke. Man wähle irgend einen Punkt in dieser Schicht und lege eine Fläche durch ihn und alle anderen Punkte in der Schicht, welche hinsichtlich der unmittelbar angrenzenden Materie entsprechend liegen; diese Fläche heisse *Teilungsfläche.* Die Wahl der Fläche ist noch einigermassen willkürlich; man wird annehmen können, dass man sie beliebig aus einer Schar sehr nahe gelegener Parallelflächen, welche die

---

82) *G. Bakker,* Zeitschr. f. phys. Chemie 51 (1905), p. 344.

83) Proc. Roy. Soc. 26 (1878), p. 334; Phil. Trans. 172 (1882), p. 447; Phil. Trans. 174 (1884), p. 645; Ann. Phys. Chem. 44 (1891), p. 778.

84) *Gibbs,* Equilibrium of heterogeneous substances, p. 380.

ganze Schicht ausfüllen, herausgreifen kann. Die in A, B und in der Übergangsschicht in Betracht kommenden Stoffverbindungen mögen sich aus den Stoffen $a, b, \ldots$ als *unabhängigen* Bestandteilen aufbauen lassen. Für das ganze aus A, B und der Übergangsschicht bestehende Gebilde sei U die gesamte innere Energie, S die gesamte Entropie und seien $M_a, M_b, \ldots$ die gesamten Massen von $a, b, \ldots$ Wir bezeichnen mit V', V'' die Volumina von A und B, gerechnet bis zur Teilungsfläche, mit F den Flächeninhalt der Teilungsfläche. Weiter seien $\mathrm{u}', \mathrm{s}', \varrho_a', \varrho_b', \ldots$ die räumlichen Dichten der Energie, Entropie bez. diejenigen der Bestandteile $a, b, \ldots$ im Raume von A dort, wo A homogen erscheint, und $\mathrm{u}'', \mathrm{s}'', \varrho_a'', \varrho_b'', \ldots$ die entsprechenden Dichten für B, wo B homogen erscheint. Die Quotienten aus den Differenzen

$$U - V'\mathrm{u}' - V''\mathrm{u}'', \quad S - V'\mathrm{s}' - V''\mathrm{s}'', \quad M_a - V'\varrho_a' - V''\varrho_a'', \ldots$$

durch den Flächeninhalt F endlich schreiben wir $\mathrm{u}, \mathrm{s}, \omega_a, \omega_b, \ldots$; diese Quotienten heissen die *Flächendichten der Energie, Entropie und der Massenbestandteile* für die Teilungsfläche zwischen A und B.

Es wird angenommen, dass u' eine Funktion der Argumente $\mathrm{s}', \varrho_a', \varrho_b', \ldots$, desgleichen u'' eine Funktion der Argumente $\mathrm{s}'', \varrho_a'', \varrho_b'', \ldots$ ist, und nunmehr die weitere Annahme eingeführt, dass auch u nur eine Funktion der Argumente $\mathrm{s}, \omega_a, \omega_b, \ldots$ ist (vgl. hierzu die am Anfange von Nr. **5** berührte allgemeine Auffassung der räumlichen Energiedichte), und es wird daraufhin die Charakterisierung des Gleichgewichtszustandes durch das thermodynamische Prinzip geleistet, dass U ein Minimum bei konstanten Werten von $S, M_a, M_b, \ldots$ ist. Dieser Ansatz, soweit er die homogenen Massen betrifft, ist bereits im Artikel *Bryan* V 3 Nr. **26** zur Sprache gekommen. Hier soll es sich nur darum handeln, die besonderen Konsequenzen, welche aus der neuen Annahme einer Übergangsschicht fliessen, zu verfolgen.

Entwickelt man das vollständige Differential

$$(39) \qquad d\mathrm{u} = T d\mathrm{s} + \mu_a d\omega_a + \mu_b d\omega_b + \cdots,$$

so ist T die Temperatur und $\mu_a, \mu_b, \ldots$ heissen die *Potentiale* für die Bestandteile der Übergangsschicht. Zum Gleichgewicht ist erforderlich, dass die Temperatur dieselbe wie in den angrenzenden homogenen Massen ist, weiter dass für jeden Bestandteil der Schicht, der auch in einer angrenzenden homogenen Masse vorkommt, das Potential das gleiche wie dort ist. Kommt ein Bestandteil nur in der Schicht vor, so ist für ihn dagegen die Flächendichte in der Schicht von vornherein angewiesen.

Aus (39) folgt

$$d(F\mathrm{u}) = Td(F\mathrm{s}) + \sigma dF + \mu_a d(F\omega_a) + \mu_b d(F\omega_b) + \cdots,$$

indem

$$(40) \qquad \sigma = \mathrm{u} - T\mathrm{s} - \mu_a\omega_a - \mu_b\omega_b - \cdots$$

gesetzt wird; σ ist nunmehr als die *Oberflächenspannung* in der Teilungsfläche anzusprechen, und es entsteht

$$(41) \qquad d\sigma = -\,\mathrm{s}\,dT - \omega_a d\mu_a - \omega_b d\mu_b - \cdots.$$

Eine Beziehung, welche u als Funktion von $\mathrm{s}, \omega_a, \omega_b, \ldots$ oder σ als Funktion von $\omega_a, \omega_b, \ldots$ gibt, wird als *Fundamentalgleichung* für die Teilungsfläche bezeichnet.

Analog hat man in der homogenen Masse A:

$$(42) \quad d(V'\mathrm{u}') = Td(V'\mathrm{s}') - p'dV' + \mu_a d(V'\varrho_a') + \mu_b d(V'\varrho_b') + \cdots,$$

$$-\,p' = \mathrm{u}' - T\mathrm{s}' - \mu_a\varrho_a' - \mu_b\varrho_b' - \cdots,$$

(und zwar mit den nämlichen Werten von T und von $\mu_a, \mu_b, \ldots$, soweit die betreffenden Bestandteile in A wirklich vorkommen), und die entsprechenden Beziehungen in der homogenen Masse B; dabei bedeuten dann p' und p'' den hydrostatischen Druck in A bzw. in B. Für die Gestalt der Teilungsfläche folgt, wie (10) gewonnen wurde:

$$(43) \qquad p' - p'' = \sigma\left(\frac{1}{R_1} + \frac{1}{R_2}\right).$$

Von der Schwere ist einstweilen abgesehen. Die Dichten $\mathrm{u}, \mathrm{s}, \omega_a, \omega_b, \ldots$ sind im allgemeinen noch abhängig von der Wahl der Teilungsfläche in der Schicht; im Falle einer ebenen Teilungsfläche ist jedoch der Wert σ von dieser Wahl unabhängig, wie sich leicht auf Grund von (43) ergibt.

Sind die unabhängigen Bestandteile $a, b, \ldots$ derart fixiert, dass nicht $\varrho_a' < 0$ sein kann und wird die homogene Phase A nur in Bezug auf ϱ_a' bei konstant gehaltenen $T, p', \varrho_b', \ldots$ abgeändert, so spricht das Verhalten der idealen Gase und verdünnten Lösungen dafür, dass $\varrho_a' \frac{d\mu_a}{d\varrho_a'}$ mit nach Null abnehmendem ϱ_a' einem bestimmten (und aus Stabilitätsrücksichten notwendig) positiven Grenzwerte zustrebt, dass mithin für sehr kleine Werte ϱ_a' das Potential μ_a wesentlich durch einen Ausdruck $K_a \log \varrho_a'$ dargestellt werden kann, worin K_a eine positive Funktion von $T, p', \varrho_b', \ldots$ bedeutet[85]). Die Gesamtmenge von a ist

$$M_a = V'\varrho_a' + V''\varrho_a'' + F\omega_a;$$

85) *Gibbs*, l. c. p. 194.

wenn nun weder M_a noch ϱ_a', ϱ_a'' negativ sein können, so kann bei kleinen Werten der räumlichen Dichten ϱ_a', ϱ_a'' die Flächendichte ω_a beliebig grosse positive, aber nur kleine negative Werte haben. Die Relation (41) zeigt nunmehr auf Grund der eben gemachten Ausführungen, dass eine geringe Beimengung eines Stoffes die zwischen zwei Medien bestehende Oberflächenspannung sehr stark vermindern, aber nicht sie beträchtlich vermehren kann. Ganz frisch gebildete Oberflächen lassen in der Regel eine Änderung der Oberflächenspannung nicht erkennen, insofern die Herstellung der statischen Oberflächendichte Zeit beansprucht[86]).

Bringt man auf eine reine Wasseroberfläche kleine Kampherstückchen, so löst sich der Kampher an den Berührungsstellen mit dem Wasser und wird dort die Oberflächenspannung herabgesetzt. Die Kampherpartikelchen geraten in lebhafte Bewegung dadurch, dass diese Änderung der Oberflächenspannung an verschiedenen Stellen in verschiedenem Masse geschieht[87]). Lord *Rayleigh*[88]) fand, dass die Bewegung des Kamphers erlischt, wenn die Wasseroberfläche durch eine Ölschicht, gleichgültig welcher Art, soweit verunreinigt wird, bis die Spannung eben auf den Betrag sinkt, den sie für Wasser, das mit Kampher gesättigt ist, erlangt, nämlich bis auf 53 erg/cm², d. i. 72% des Wertes 74 für reines Wasser. Diesen „Kampherpunkt" bringt bei Olivenöl eine Schicht von ungefähr 2×10^{-7} cm Dicke hervor. Lord *Rayleigh*[89]) hat den Einfluss noch geringerer Verunreinigungen des Wassers auf die Oberflächenspannung gemessen und fand, dass der Abfall der Spannung erst bei einer Ölschicht von etwa 1×10^{-7} cm mehr diskontinuierlich beginnt und nach Überschreitung des Kampherpunktes wieder träger wird.

Der Ansatz (39) gibt *Gibbs* insbesondere Gelegenheit zu mannigfachen Ausführungen über das Verhalten von Flüssigkeitshäuten.

Dieselben Prinzipien bringt *Gibbs* auch auf die Trennungsflächen einer Flüssigkeit gegen einen festen amorphen oder kristallinischen Körper in Anwendung. Bei Kristallen würde die Spannung σ an den begrenzenden Flächen noch eine Funktion der Stellung der Flächen im Kristall sein, und die Gestalt sehr kleiner, im Gleichgewicht mit der umgebenden Lösung stehender Kristalle würde

---

86) *A. Dupré,* Théorie mécanique de la chaleur, Paris 1869, p. 377; Lord *Rayleigh,* Proc. Roy. Soc. 47 (1890), p. 281 (Sc. papers 3, p. 341).

87) *Van der Mensbrugghe,* Mém. couronnés de l'acad. de Belg. 34 (1869).

88) Lord *Rayleigh,* Phil. Mag. 30 (1890) (Sc. papers 3, p. 383).

89) Lord *Rayleigh,* Proc. Roy. Soc. 47 (1890), p. 364 (Sc. papers 3, p. 347); *A. Pockels,* Nature 43 (1891), p. 437; 48 (1893), p. 153.

wesentlich durch die Bedingung bestimmt sein, dass die Summe $\Sigma \sigma F$ der Oberflächenenergien aller einzelnen Flächen ein Minimum in bezug auf das vorliegende Volumen ist.

Bei Rücksichtnahme auf die Schwere modifiziert sich infolge des Ansatzes (41) die frühere Bedingung (43) für die Gestalt der Trennungsfläche zu den Gleichungen:

$$p' - p'' = \sigma\left(\frac{1}{R_1} + \frac{1}{R_2}\right) + g\omega \cos(nz), \quad \frac{d\sigma}{dz} = g\omega,$$

wobei n die nach B hin gerichtete Normale, $\frac{1}{R_1} + \frac{1}{R_2}$ die mittlere Krümmung nach B hin und $\omega = \omega_a + \omega_b + \cdots$ die totale Massendichtigkeit an der variablen Stelle der Teilungsfläche bedeutet.

Die thermischen Beziehungen, zu denen der Ansatz (41) hinführt, waren bereits zuvor von *W. Thomson*[90]) durch Betrachtung geeigneter Kreisprozesse gewonnen worden. Um ein Beispiel zu geben, befinde sich eine ebene flüssige Lamelle A in gesättigtem Dampfe B. Die Teilungsfläche sei auf jeder Seite der Lamelle derart gelegt, dass die Oberflächendichte des einzigen vorhandenen Bestandteiles a. Null wird, dann folgt aus (41): $d\sigma = -\mathrm{s}\,dT$. Wird die Lamelle auseinander gezogen und leitet man den Vorgang isothermisch und ohne Kondensation, also bei festbleibendem Gesamtvolumen, so ist für die Einheit entstandener Fläche die zuzuführende Wärmemenge

$$Q = T\mathrm{s} = -T\frac{d\sigma}{dT} = -\frac{d\sigma}{d\log T}.$$

Leitet man dagegen den Vorgang adiabatisch und bei konstantem äusseren Druck p, so gehört zu p als Druck des gesättigten Dampfes eine festbleibende Verdampfungstemperatur T, und um diese aufrecht zu erhalten, muss sich für die Einheit entstandener Fläche eine Menge δ_a Dampf kondensieren, deren Betrag sich durch die Bedingung der Wärmezufuhr Null:

$$\mathrm{s} - \delta_a(\mathrm{s}'' - \mathrm{s}') = 0$$

ergibt. Dem entspricht eine Volumzunahme δ_a/ϱ_a' der Flüssigkeit und eine Volumabnahme δ_a/ϱ_a'' des Dampfes und ist danach zur Erhaltung des Druckes von aussen her für die Einheit entstandener Oberfläche die Arbeit

$$W = p\mathrm{s}\left[\frac{1}{\mathrm{s}'' - \mathrm{s}'}\left(\frac{1}{\varrho_a''} - \frac{1}{\varrho_a'}\right)\right]$$

zu leisten. Der hier in eckige Klammer gesetzte Ausdruck folgt aus

---

90) *W. Thomson*, Proc. Roy. Soc. 9 (1858), p. 255 oder Phil. Mag. (4) 17 (1859), p. 61; *van der Mensbrugghe*, Bull. de l'Acad. de Bruxelles 51 (1876), p. 769, 52 (1876), p. 21; *P. Duhem*, Ann. de l'éc. norm. sup. (3) 2 (1885), p. 207.

der Abhängigkeit zwischen Temperatur und Druck des gesättigten Dampfes als der Differentialquotient dT/dp (vgl. Artikel *Bryan* V 3 Gl. (138)) und es entsteht demnach

$$W = -p \frac{d\sigma}{dT} \frac{dT}{dp} = -\frac{d\sigma}{d \log p}.$$

Das Produkt aus σ in die $\frac{2}{3}$-te Potenz des Molekularvolumens M_v der Flüssigkeit (d. i. des Volumens einer Menge M Grammen, wenn M das Molekulargewicht bezeichnet), nennt *Ostwald molekulare Oberflächenenergie* der Flüssigkeit. Der Differentialquotient $-d(M_v^{\frac{2}{3}}\sigma)/dT$, (man könnte ihn *molekulare Oberflächenentropie* nennen), liegt für eine grosse Reihe von Flüssigkeiten nahe am Werte 2,1 erg/cm² grad[91]). Dieses merkwürdige, von *Eötvös*[92]) und von *Ramsay* und *Shields*[93]) experimentell festgestellte Gesetz (siehe darüber den Artikel *Kamerlingh Onnes* V 10) bietet eine Methode dar, das Molekulargewicht von Flüssigkeiten auf Grund von Kapillarkonstanten zu ermitteln.

Zu denjenigen Kapillaritätserscheinungen, deren Theorie sich auf den *Gibbs*'schen Ansatz (41) basieren lässt, gehört endlich die Abhängigkeit der Oberflächenspannung einer flüssigen Metallelektrode gegen einen Elektrolyten von der elektromotorischen Kraft ihrer Polarisation[94]).

---

91) Für Wasser, das hier zu den Ausnahmen gehört, liegt die molekulare Oberflächenentropie zwischen 0,9 und 1,2; danach ist für eine Wasserlamelle die oben besprochene latente Ausdehnungswärme nahezu gleich der halben zu ihrer Bildung gegen die Oberflächenspannung aufzuwendenden Arbeit ($Q = \frac{1}{2}\sigma$).

92) *Eötvös*, Ann. Phys. Chem. 27 (1886), p. 452.

93) *Ramsay* und *Shields*, Zeitschr. f. physik. Chem. 12 (1893), p. 433.

94) Für die Theorien in diesem experimentell reich durchforschten Kapitel der Elektrokapillarität vgl. *F. Krüger*, Gött. Nachr. 1904, p. 33; Jahrbuch d. Radioaktivität und Elektronik 2 (1904).

(Abgeschlossen im Herbst 1906.)

V 10. DIE ZUSTANDSGLEICHUNG.

VON

H. KAMERLINGH ONNES UND **W. H. KEESOM**

IN LEIDEN.

Inhaltsübersicht.

Dieser Artikel ist nicht in der Druckerei von B. G. Teubner sondern zur grösseren Bequemlichkeit der Autoren in der Leidener Officin von Ed. Ydo gesetzt und gedruckt. Der Leser wolle hiermit einige unvermeidliche Abweichungen in Schrift und Figuren von dem in der Encyklopädie sonst Herkömmlichen entschuldigen.

II. Thermische Zustandsgleichung für den fluiden Zustand.

a) Die Hauptzustandsgleichung von van der Waals, Historisches und Allgemeines.

15. Untersuchungen über die Eigenschaften von Gasen, Dämpfen und Flüssigkeiten vor *Andrews* und *van der Waals*.

16. *Andrews*' p, V-Diagramm der Isothermen von CO_2, kritischer Punkt Liquid-Gas.

17. Die Kontinuität des flüssigen und des gasförmigen Aggregatzustandes. Ableitung der heterogenen Gleichgewichte aus den homogenen.

18. Die Hauptzustandsgleichung von *van der Waals*.

19. Ableitung bekannter und Vorhersagung unbekannter Eigenschaften der Stoffe aus der *van der Waals*'schen Hauptzustandsgleichung.

20. Die Verflüssigung früher permanent genannter Gase.

21. Die Bedeutung der tiefen Temperaturen für die Zustandsgleichung.

22. Die p, V, T-Fläche für die qualitative Diskussion der Eigenschaften des Fluidgebietes. Nahezu invariante Funktionen.

23. Kontinuität oder Identität der fluiden Zustände?

24. Behauptete Unbestimmtheit gewisser fluider Zustände bei gegebenem p und T.

25. Die *van der Waals*'sche Hauptzustandsgleichung für binäre Gemische.

b) Van der Waals' Gesetz der korrespondirenden Zustände.

26. Die reduzirte thermische Zustandsgleichung.

27. Ableitung des Gesetzes der korrespondirenden Zustände aus dem Prinzip der mechanischen Ähnlichkeit.

28. Die affine Verwandtschaft der Fluidgebiete der p, V, T-Flächen.

29. Weitere Folgerungen aus der mechanischen Ähnlichkeit.

30. Bedingungen für die mechanische Ähnlichkeit stationär sich bewegender Molekülsysteme.

31. Die tieferen Gründe der stationären Ähnlichkeit verschiedener Stoffe.

32. Weitere Ausarbeitung des auf Grund des Korrespondenzgesetzes gewonnenen Bildes der molekularen Wirkungen.

c) Vergleichung des Korrespondenzgesetzes mit der Erfahrung.

33. Prüfung des Korrespondenzgesetzes durch affin transformirte, durch logarithmische und durch teilweise invariante Diagramme. Verwendung derselben zur Bestimmung der kritischen Grössen. Die Korrespondenz binärer Gemische.

34. Gruppen korrespondirender Stoffe.

35. Normale und assoziirte Stoffe.

36. Empirische reduzirte Zustandsgleichung für normale Stoffe.
37. Kriterien für die Ähnlichkeit und für die Assoziation.
38. Abweichungen von der Korrespondenz bei nicht assoziirten Stoffen; die Deviationsfunktionen.

d) Berücksichtigung der experimentellen Ergebnisse bei Versuchen zur Darstellung der in der van der Waals'schen Hauptzustandsgleichung eingeführten Grössen als Funktionen des Zustandes.

39. Extreme Zustandsgebiete.
40. Darstellung von b_W als Volumfunktion durch Berechnungen über die Stossfunktion harter Kugeln. 1e Modifikation von b_W.
41. Der kritische Virialquotient, der kritische Spannungs- und der kritische Dampfspannungsquotient.
42. Das p, T-Diagramm der Isopyknen. Abweichung der p, V, T-Fläche von einer Regelfläche.
43. Berücksichtigung der Freiheitsgrade im Molekül mittels der Zustandsgleichung des Moleküls nach *van der Waals*. 2e Modifikation von b_W.
44. Die Abweichung des zweiten Virialkoeffizienten von einer linearen Funktion der reziproken Temperatur.
45. Experimentelles über die Volumänderung der inneren Energie.
46. Die Ableitung der Zustandsgleichung aus der statistischen Mechanik.
47. Berücksichtigung der Vergrösserung der Stosszahl bei der Annahme *Boltzmann-van der Waals*'scher Kräfte. 3e Modifikation von b_W.
48. Berücksichtigung des Aufbaus des Kohäsionsdruckes aus *Boltzmann-van der Waals*'schen Kräften bei Konglomeratenbildung. Modifikation von a_W.
49. Berücksichtigung der Bildung von Konglomeraten bei der Berechnung der Stossfunktion. Modifikation von R_W.
50. Die Zustandsgleichung in der Nähe des kritischen Punktes Liquid-Gas.
51. Andere Formen der Zustandsgleichung.
52. Weitere Probleme der Kinetik der Gase mit Rücksicht auf die Zustandsgleichung.

III. Kalorische Grundgleichungen für den fluiden Zustand.

a) Formelles.

53. Bestimmung sämtlicher kalorischen Grössen durch die thermische Zustandsgleichung und eine kalorische Grundgleichung.
54. Umrechnung verschiedener experimenteller Daten auf γ_V und $\varkappa$ im *Avogadro*'schen Zustand mit Hülfe der thermischen Zustandsgleichung. Darstellung von γ_V und γ_p mit Hülfe des S, T- und des $S, \log T$- Diagramms. γ_v für Gemische im *Avogadro*'schen Zustand.

Litteratur.

Lehrbücher, Monographien und öfters zitirte Abhandlungen.

(Ausser den hier genannten sind im Text noch verschiedene Abhandlungen der hier angeführten Autoren zitirt.)

E. H. Amagat. [a]. Mémoires sur l'élasticité et la dilatabilité des fluides jusqu'aux très hautes pressions. Ann. chim. phys. (6) 29 (1893) p. 68—136, 505—576.

Th. Andrews. [a]. On the Continuity of the Gaseous and Liquid States of Matter. London Phil. Trans. 159 (1869) p. 575—590. — [b]. On the Gaseous State of Matter. London Phil. Trans. 166 (1876) p. 421—456. — Deutsche Übersetzung von [a] und [b] von *A. von Oettingen* und *K. Tsuruta* in *Ostwald*'s Klassiker Nr. 132.

D. Berthelot. [a]. Quelques remarques sur l'équation caractéristique des fluides. *Lorentz* vol. jubilaire, Arch. Néerl. (2) 5 (1902) p. 417—446. — [b]. Sur les thermomètres à gaz et sur la réduction de leurs indications à l'échelle absolue des températures. Trav. et Mém. du Bur. Internat. 13 (1907).

L. Boltzmann. [a]. Vorlesungen über Gastheorie. I. Leipzig 1896. — [b]. Id. II. Leipzig 1898.

A. Einstein. Die *Planck*'sche Theorie der Strahlung und die Theorie der spezifischen Wärme. Ann. d. Phys. (4) 22 (1907) p. 180, 800.

J. W. Gibbs. [a]. Graphical Methods in the Thermodynamics of Fluids. Connecticut Trans. 2 (1873) p. 309—342. — [b]. A Method of Geometrical Representation of the Thermodynamic Properties of Substances by means of Surfaces. Connecticut Trans. 2 (1873) p. 382—404. — [c]. On the Equilibrium of Heterogeneous Substances. Connecticut Trans. 3 (1875/77) p. 108—248 u. 343—524. — Wieder abgedruckt in The Scientific Papers. I. London 1906. — [d]. Diagrammes et Surfaces thermodynamiques. Scientia Nr. 22. Paris 1903. Französ. Übersetzung von [a] und [b] durch *G. Roy*, mit Einleitung von *B. Brunhes.* — Deutsche Übersetzung von [a], [b] und [c] von *W. Ostwald*, Leipzig 1902, unter dem Titel: Thermodynamische Studien. — [e]. Elementary Principles in Statistical Mechanics. Newyork/London 1902.

W. H. Keesom. [a]. Isothermen von Gemischen von Sauerstoff und Kohlensäure. Amsterdam Akad. Versl. Sept., Okt., Nov. 1903, Leiden Comm. Nr. 88 (1903), Diss. Amsterdam (Leiden) 1904, Arch. Néerl. (2) 12 p. 1—109. In den beiden letzten Veröffentlichungen wurden auch Leiden Comm. Nr. 75 (1901) und 79 (1902) teilweise aufgenommen. Wir zitiren mit [a] Leiden Comm. Nr. 88.

D. J. Korteweg. [a]. Über Faltenpunkte. Wien Sitz.-Ber. [2*a*] 98 (1889) p. 1154—1191; Arch. Néerl. 24 (1891) p. 57—98. Wir zitiren nach Arch. Néerl. — [b]. La théorie générale des plis et la surface ψ de *van der Waals* dans le cas de symmétrie. Arch. Néerl. 24 (1891) p. 295—368.

J. P. Kuenen. [a]. Mesures concernant la surface de *van der Waals* pour les mélanges d'acide carbonique et de chlorure de méthyle. Leiden Comm. Nr. 4 (1892), Diss. Leiden (1892), Arch. Néerl. 26 (1892) p. 354—422, ZS. physik. Chem. 11 (1893) p. 38—48. Wir zitiren mit [a] Arch. Néerl. — [b] Theorie der Verdampfung und Verflüssigung von Gemischen und der fraktionierten Destillation (*Bredig*'s Handbuch der angewandten physikalischen Chemie Bd. 4). Leipzig 1906. — [c]. Die Zustandsgleichung der Gase und Flüssigkeiten und die Kontinuitätstheorie. Braunschweig 1907.

J. J. van Laar. [a]. Évaluation de la deuxième correction sur la grandeur *b* de l'équation de M. *van der Waals*. Arch. Teyler (2) 6 (1899), p. 237—284. — [b]. Sur l'influence des corrections à la grandeur *b* dans l'équation d'état de M. *van der Waals*, sur les dates critiques d'un corps simple. Arch. Teyler (2) 7 (1901) p. 185—218. — [c]. Sur l'allure des courbes spinodales et des courbes de plissement. Arch. Néerl. (2) 10 (1905) p. 373—413, (2) 11 (1906) p. 224—238, (2) 12 (1907) p. 389—399. Übersetzt aus Amsterdam Akad. Versl. Dazu verschiedene Abhandlungen in Arch. Teyler. — [d]. Théorie générale de l'association de molécules semblables, et de la combinaison de molécules différentes. Arch. Teyler (2) 11 (1908), p. 235—331. — [e]. Sur l'état solide. Arch. Néerl. (2) 15 (1910), p. 1—56. Übersetzt aus Amsterdam Akad. Versl.

A. Leduc. [a]. Recherches sur les gaz, Paris 1898. Abgedruckt aus Ann. chim. phys. (7) 15 (1898) p. 5—114. — [b]. Nouvelles recherches sur les gaz. Paris 1899. Abgedruckt aus Ann. chim. phys. (7) 17 (1899) p. 173—196, 484—510.

Leiden Comm. siehe *Kamerlingh Onnes* [e].

E. Mathias. [a]. Sur la chaleur de vaporisation des gaz liquéfiés. Diss. Paris 1890. Ann. chim. phys. (6) 21 (1890), p. 69—144. — [b]. Remarques sur le théorème des états correspondants. Toulouse Ann. Fac. des Sc. 5 (1891) p. 1—24. — [c]. Sur la densité critique et le theorème des états correspondants. Toulouse Ann. Fac. des Sc. 6 (1892) p. 1—34. J. de phys. (3) 2 (1893) p. 5—22. — [d]. Sur l'étude calorimétrique complète des liquides saturés. Toulouse Ann. Fac. des Sc. 10 [2] E. (1896) p. 1—52. J. de phys. (3) 5 (1896) p. 381—394. — [e]. La constante *a* des diamètres rectilignes et les lois des états correspondants. Liège Mém. Soc. Roy. des Sc. 2 (1899). J. de phys. (3) 8 (1899) p. 407—413. — [f]. Id. 2e Mémoire. J. de phys. (4) 4 (1905) p. 77—91. — [g]. Le Point Critique des Corps Purs. Paris 1904.

J. C. Maxwell. [a]. Theory of Heat. New-Edition. London 1894.

W. Nernst. [a]. Über die Berechnung chemischer Gleichgewichte aus thermischen Messungen. Göttinger Nachrichten 1906. p. 1—40. — [b]. Experimental and Theoretical Applications of Thermodynamics to Chemistry, New-York 1907. — [c]. Theoretische Chemie. 6te Aufl. Stuttgart 1909.

H. Kamerlingh Onnes. [a]. Algemeene theorie der vloeistoffen. Amsterdam Akad. Verh. 21 (1881). Eerste stuk. — [b]. Id. Vervolg van het eerste stuk. — [c]. id. Tweede stuk. — [d]. Théorie générale de l'état fluide. Arch. Néerl. 30 (1897) p. 101—136. — [e]. Communications f. th. phys. Lab. Leiden. Diese Mitteilungen finden sich fast alle zuerst in Amsterdam Akad. Versl. Wir zitiren Nr. der Comm. und Jahreszahl.

W. Ostwald. [a]. Lehrbuch der allgemeinen Chemie. I. 2te Aufl. Leipzig 1891. — [b]. id. II. 1. 2te Aufl. Leipzig 1893. — [c]. id. II. 2. Leipzig 1896—1902.

M. Planck. [a]. Vorlesungen über Thermodynamik. 3te Aufl. Leipzig 1911. — [b]. Vorlesungen über die Theorie der Wärmestrahlung. Leipzig 1906. — [c]. Acht Vorlesungen über theoretische Physik. Leipzig 1910.

M. Reinganum. [a] Theorie und Aufstellung einer Zustandsgleichung. Diss. Göttingen 1899. – [b]. Über die molekulare Anziehung in schwach comprimirten Gasen. Vol. jub. *Lorentz*, Arch. Néerl. (2) 5 (1900) p. 574—582. — [c]. Zur Theorie der Zustandsgleichung schwach comprimirter Gase. Ann. d. Phys. (4) 6 (1901) p. 533—548. — [d]. Über die Theorie der Zustandsgleichung und der inneren Reibung der Gase. Physik. ZS. 2 (1901) p. 241—245. — [e]. Über Molekularkräfte und elektrische Ladungen der Moleküle. Ann. d. Phys. (4) 10 (1903)

p. 334—353. — [f]. Über Energie und spezifische Wärme in der Nähe der kritischen Temperatur. Ann. d. Phys. (4) 18 (1905) p. 1008—1019.

H. W. Bakhuis Roozeboom. [a]. Die heterogenen Gleichgewichte vom Standpunkte der Phasenlehre. I. Braunschweig 1901. — [b]. id. II. 1904. — [c]. Id. III. 1, bearbeitet von *F. A. H. Schreinemakers*, 1911.

G. Tammann. [a]. Kristallisieren und Schmelzen. Leipzig 1903.

James Thomson. [a]. Considerations on the Abrupt Change at Boiling or Condensation in reference to the Continuity of the Fluid State of Matter. London Proc. Roy. Soc. 20 (1871) p. 1—8.

J. D. van der Waals. [a]. Die Continuität des gasförmigen und flüssigen Zustandes. I. Diss. Leiden 1873. Deutsche Übersetzung, 2te Aufl., Leipzig 1899. — [b]. id. II. Übers. aus Amsterdam Akad. Versl. 1886 und folg. Leipzig 1900. — [c]. Thermodynamische Theorie der Kapillarität unter Voraussetzung stetiger Dichteänderung. Amsterdam Akad. Verh. (1ste Sectie) I No. 8 (1893); ZS. physik. Chemie 13 (1894) p. 657—725; Arch. Néerl. 28 (1895) p. 121—209. Wir zitiren die Seiten nach ZS. physik. Chem. — [d]. Lehrbuch der Thermodynamik, nach Vorlesungen von *J. D. van der Waals* bearbeitet von *Ph. A. Kohnstamm*. Leipzig-Amsterdam 1908. — [e]. Verschiedene Aufsätze Amsterdam Akad. Versl. Wir zitiren durch Jahreszahl und Monat z. B. [e] Juli 1903. — [f]. Die Zustandsgleichung. *Nobel*rede. Leipzig 1911. Chem. Weekblad 8 (1911) p. 69—82.

S. Young. [a]. On the Generalizations of *van der Waals* regarding Corresponding Temperatures, Pressures and Volumes. Phil. Mag. (5) 33 (1892) p. 153—185.— [b]. On the Determination of the Critical Volume. Phil. Mag. (5) 34 (1892) p. 503—507. — [c]. Note on the Generalizations of *van der Waals* etc. Phil. Mag. (5) 37 (1894) p. 1—8. — [d]. The Thermal Properties of Isopentane. London Proc. Phys. Soc. 13 (1895) p. 602—657. — [e]. The Vapour-pressures, Specific Volumes, Heats of Vaporisation, and Critical Constants of Thirty Pure Substances. Dublin Proc. Roy. Soc. [N. S.] 12 (1910) p. 374—443.

(Die Litteratur ist bis Ende 1908 vollständig berücksichtigt worden, nach 1908 konnte dieselbe nur teilweise eingetragen werden.)

Bezeichnungen.

Dieselben wie Enc. V 3, Art. *Bryan*, mit Ausnahme von x ... und X ... und von der Unterscheidung zwischen Grössen in kleiner und in kapitaler kursiver Schrift, z. B. v und V.

Weiter[1]:

Bezeichnung.	Bedeutung.
	Die angehängten Indizes bilden, wenn in stehender römischer Schrift gedruckt, die Anfangsbuchstaben eines die bezeichnete Grösse oder einen besondren Zustand charakterisirenden Stichwortes (Majuskel für Personennamen, sonst Minuskel), z. B. a_{W}, a_{d}, v_{k}, oder die chemische Formel des Stoffes, auf den sich die Grösse bezieht, z. B. b_{WHe}, Fussn. 337; wenn in kursiver römischer Schrift, deuten a, b auf die Komponenten (Nr. **1**c, **25**), die übrigen auf eine durch den Buchstaben gekennzeichnete Grösse, z. B. $\mathfrak{F}_{sv}$; wenn in griechischer Majuskel, deuten sie auf die zu Grunde gelegte Volumen- oder Masseneinheit.
A, B, C, D, E, F	Virialkoeffizienten Nr. **36**.
$B^{(p)}$, $C^{(p)}$	Koeffizienten der nach p entwickelten empirischen Zustandsgleichung Nr. **78**.
a_{d}, b_{d}, $\mathfrak{a}_{\mathrm{d}}$, $\mathfrak{b}_{\mathrm{d}}$	Konstanten des geraden Durchmessers von *Cailletet* und *Mathias* (Nr. **22**b und **26**a).
a_{W}, b_{W}	*Van der Waals*'sche Grössen, definirt Nr. **18**a.
$a_{\mathrm{W}aa}$, $a_{\mathrm{W}ab}$, $b_{\mathrm{W}aa}$, $b_{\mathrm{W}ab}$ u.s.w.	Id. Nr. **25**a.
$b_{\mathrm{W}1}$, $b_{\mathrm{W}2}$ u.s.w.	Koeffizienten der Entwicklung von b_{W} Nr. **30**b.
D_ρ	Ordinate der Mittellinie von *Cailletet* und *Mathias* Nr. **22**b, **85**.
f_{W}	Die Konstante der *van der Waals*'schen Dampfspannungsformel (Nr. **22**b).
G, L, S	Deuten auf Gas, Liquid, Solid Nr. **71**, **72**, **73**.
h_{P}	Das *Planck*'sche Wirkungselement, vergl. Fussn. 834.

1) Die Bezeichnungen, die nur vorkommen in der Nummer, in welcher ihre Definition gegeben wird, oder für welche im Text auf die Definition hingewiesen wird, sind hier nicht aufgenommen.

Indizes Γ, Θ, M, N	Grössen, in deren Definition die Volumen- oder Masseneinheit [siehe Einh. *b* [2])] eingeht, wird der (griechische) Buchstabe, welcher der gewählten Einheit entspricht, nur angehängt, wenn auf die Wahl der letzteren geachtet werden muss. So z.B. $a_{W\Gamma}$ wenn die von *van der Waals* eingeführte Kohäsionsgrösse a_W sich bezieht auf das Volumen eines Grammes.
K_1, K_2, K_3	Kritische Verhältniszahlen Fussn. 284.
K_4, K_5, K_6	Kritischer Virial-, Spannungs-, bezw. Dampfspannungsquotient Nr. **41***a*.
k_P	$= R_M/N$. Diese *Planck*'sche Konstante giebt mit $\frac{3}{2}\,T$ multiplizirt die mittlere kinetische Translationsenergie eines Moleküls bei der Temperatur T, vergl. Fussn. 174.
M	Molekulargewicht.
$[L]$, $[M]$, $[Z]$	Fundamentaleinheiten von Länge, Masse und Zeit Nr. **27**.
N	*Avogadro*'sche Zahl, vergl. Fussn. 173.
p_k, T_k, v_k	Auf den kritischen Zustand Liquid-Gas sich beziehende Grössen (Nr. **16***b*).
p_{koex}, T_{koex}	Koexistenzdruck, bzw. -temperatur Nr. **17***b*, **67***f*.
R, R_Γ, R_Θ, R_M, R_N	Die Gaskonstante. Die Indizes deuten die Volumeneinheit an [23]). So ist R_M die *molekulare Gaskonstante* (= R von Enc. V 3, Art. *Bryan*), R_Γ die *spezifische Gaskonstante* (= B von Enc. V 3, Art. *Bryan*).
R_W	Die Grösse R in der *van der Waals*'schen Hauptzustandsgleichung (Nr. **18***a*). Als Funktion von v und T betrachtet Nr. **30** u.f. (vergl. Nr. **18***c*, **22***d*).
T	Temperatur auf der absoluten oder *Kelvin*skala (Einh. *c*).
t	Temperatur auf der *Celsius*skala.
V, v, X, x u. s. w.	Wir bezeichnen das Volumen, den molekularen Gehalt u.s.w. einer homogenen Phase mit v, x u.s.w., einer Gewichtsmenge, die in verschiedene Phasen geteilt sein kann, mit V, X u.s.w.
v_{lim}, ρ_{lim}	Limitvolumen, bzw.-dichte Nr. **39***b*.
v_{liq}, v_{vap}, ρ_{liq}, ρ_{vap}, γ_{liq}, γ_{vap},	Volumen, Dichte, spezifische Wärme (γ'' bzw. γ' von Enc. V 3, Art. *Bryan*, Nr. **24**) der gesättigten Flüssigkeit, bzw. des gesättigten Dampfes.

2) Wir zitiren mit Einh. *a*, Einh. *b* u.s.w., den folgenden Abschnitt „Einheiten" unter *a*, unter *b* u s.w.

X, Y, x, y u.s.w.	Molekularer Gehalt (Nr. **1**c).
α, β	Allgemeine unabhängige Variabelen der *Gibbs*'schen Fundamentalgrössen (Nr. **10**a).
$\alpha_A, \varkappa_A$ u.s.w.	Ausdehnungskoeffizient, Verhältnis der spezifischen Wärmen bei konstantem p und v u.s.w., im *Avogrado*'schen Zustande, Nr. **39**a.
β_T	Isothermische Kompressibilität Nr. **86**f.
β_P	$= h_P/k_P$. Vergl. Fussn. 834.
$\gamma_V^{(cal)}, \gamma_v^{(cal)}, \gamma_p^{(cal)}$	Der Index $^{(cal)}$ deutet an dass die spezifische Wärme in Kalorien (siehe Einh. *d*) gemessen ist [599]).
η	Koeffizient der inneren Reibung Nr. **29**b.
Θ	Theoretisches Normalvolumen definirt in Einh. *b*.
λ_i	Innere Verdampfungswärme Nr. **87**d.
N	(als griechische Majuskel aufzufassen) Normalvolumen definirt in Einh. *b*.
$\rho_{norm} = \rho_{0^\circ C, p=1}$	Normaldichte Nr. **77**b, Einh. *b*.
$\Phi_s, \Phi_{s1}, \Phi_{s2}$ u.s.w.	Stossfunktion, Stosskoeffizienten Nr. **30**b.
ψ	Statt $\mathfrak{F}_{vTx}$ Nr. **66**, **67**, **68**.
ψ_σ	Freie Oberflächenenergie Nr. **29**a.
$\mathfrak{B}, \mathfrak{C}, \mathfrak{D}, \mathfrak{E}, \mathfrak{F}$	Reduzirte Virialkoeffizienten Nr. **36**.
$\mathfrak{D}_\rho$	Ordinate der reduzirten Mittellinie von *Cailletet* und *Mathias*, Nr. **26**a, **85**.
$\mathfrak{p}, \mathfrak{v}, \mathfrak{t}$	Reduzirte Grössen definirt Nr. **26**a.
$\mathfrak{p}_{koex}, \mathfrak{v}_{liq}, \mathfrak{v}_{vap}$ u. s. w.	Von $p_{koex}, v_{liq}, v_{vap}$ u. s. w. abgeleitete reduzirte Grössen Nr. **26**a.
$\mathfrak{F}, \mathfrak{F}_{\alpha\beta}$	Nicht näher spezifizirte *Gibbs*'sche Fundamentalgrösse (Nr. **10**a).
$\mathfrak{F}_{SV}, \mathfrak{F}_{sv}, \mathfrak{F}_{VT}, \mathfrak{F}_{vT}, \mathfrak{F}_{Sp}, \mathfrak{F}_{sp}, \mathfrak{F}_{pT}$	Die *Gibbs*'schen Fundamentalgrössen (Nr. **58**).

Einheiten [3]).

a) Vorschläge [4]) zur Einführung absoluter Einheiten sind auf diesem Gebiet noch nicht in die allgemeine Praxis durchgedrungen. Bei vielen Beobachtungen wird sogar der Druck noch gegeben in *lokalen Millimetern Quecksilberdruck* (bei 0° C) oder *lokalen Atmosphären* (760 mm) [5]). *Atmosphäre* ohne weiteres wird theoretisch definirt als der Druck letztgenannter Säule am Meeresspiegel bei 45° N. B. [6]). In der Definition der *normalen Atmosphäre* ist vom Comité International des Poids et Mesures zunächst die normale Intensität der Schwerkraft gleich der Intensität der Schwerkraft im Bureau International dividirt durch 1,0003322 angenommen [7]). Sodann wurde in dieselbe die normale Dichte (vergl. Fussn. 14) des Quecksilbers [8]) = 13,59593, und die normale Intensität der Schwere [9]) = 980,665 cm/sk^2 aufgenommen. Um die jetzt eingebürgerte internationale Temperaturskala (vergl. *c*)

---

3) Bei Rechnungen über die Zustandsgleichung kommen öfters die geringen Unterschiede von etwas verschieden gewählten Einheiten wesentlich in Betracht. So z. B. der Einfluss des Unterschiedes der Schwere an verschiedenen Orten auf die Bestimmungen der spezifischen Masse von Gasen, vergl. *Leduc* [a] p. 25, sowie die Abhängigkeit des Siedepunktes von der Definition der Atmosphäre [10]) [11]). (Vergl. auch Fussn. 915).

4) *H. Kamerlingh Onnes* [a] p. 6 (daselbst ist die m.kg.sk-Druckeinheit, vergl. Fussn. 19, benutzt). *M. Planck*, Ann. Phys. Chem. 32 (1887) p. 479. Für ein System *natürlicher Einheiten* vergl. *M. Planck*, Ann. d. Phys. (4) 1 (1900) p. 120.

5) In der Technik verwendet man noch die von der Atmosphäre wenig verschiedene Einheit 1 kg*/cm^2.

6) Die Reduktion eines an einem bestimmten Ort beobachteten Druckes auf nach der theoretischen Definition bestimmten Atmosphären ändert sich also wenn man für das Verhältnis der Schwerkraftsintensität am Ort zu der bei 45° N. B., die durch Angabe der geographischen Länge noch näher zu präzisiren wäre, durch weitere Untersuchungen über die Schwerkraft einen andern Wert findet.

7) Procès Verbaux du Comité Internat. des Poids et Mesures, 1887, p. 86. Sanktionirt durch die Erste Allgemeine Konferenz „des Poids et Mesures" [C. R. des Séances de la Première Conférence générale des Poids et Mesures (Trav. et Mém. du Bureau Internat. t. 12) p. 38].

8) Proc. Verb. du Comité Internat. etc. 1887 p. 86.

9) Proc. Verb. du Comité Internat. etc. 1901 p. 120; angenommen durch die Dritte Allgemeine Konferenz etc., C. R. des Séances de la Troisième Conf. gén. etc. (Trav. et Mém. etc. t. 12) p. 68 (vergl. Fussn. 10).

weiter strenge unverändert beibehalten zu können schlagen wir vor, an der ursprünglichen Sanktionirung[10]) (760 mm Quecksilber bei 0° C unter $g_{\text{norm}} = g_{\text{Bur. Int.}}$: 1,0003322) festzuhalten, und die in dieser Weise definirte Atmosphäre (vergl. auch Fussn. 15), welche als experimentelle Grundlage der Messungen brauchbar ist, *internationale Atmosphäre* zu nennen[11]) in Analogie mit der Bezeichnung anderer realisirbarer Einheiten.

Die cgs-Einheit des Druckes nennt man nach dem Vorschlag der „Commission chargée de l'étude des propositions relatives aux unités physiques du Congrès International de Physique, Paris 1900," *Barye*[12]). Die Megabarye, 10^6 cgs-Druckeinheiten, ist auch kurz *Megabar*[13]) genannt worden. Nimmt man die *Dichte*[14]) des Quecksilbers nach

---

10) Das Internat. Bureau blieb auch in Übereinstimmung mit dieser Sanktionirung und nicht mit dem Wortlaut von Procès Verbaux etc. (1887) p. 86, in dem die normale Dichte (vergl. Fussn. 14) des Quecksilbers nach *Regnault* = 13,59593 gesetzt wurde, indem dasselbe die Temperatur des Quecksilbers stets auf 0° C reduzirte, und nicht auf —0,°1 bzw. —0,°2 C, wie bei Festhaltung an dieser Dichte nach den Bestimmungen von *Marek*[15]) bzw. *Thiesen* und *Scheel*[15]) der Fall sein sollte. Würde man an jenem Wortlaut festhalten, so wären alle Drucke, wenn sie in normalen Atmosphären oder in Quecksilberhöhe angegeben sind, sowie alle Temperaturen auf der internationalen Skala, so weit sie sich auf die Angaben des Bureau Internat. stützen, einer wenn auch kleinen Korrektur unterworfen (vergl. *F. Kohlrausch*, Lehrbuch der praktischen Physik, 11te Aufl., Leipzig und Berlin 1910, p. 669). Dasselbe würde gelten, wenn man die Festsetzung der normalen Intensität der Schwere = 980,665 cm/sk² (Fussn. 9), die ohnehin mit der genannten Festsetzung der Ersten Konferenz nicht mehr verträglich ist, beibehalten würde (vergl. Fussn. 18).

11) Und dementsprechend *Siedepunkt* des Wassers die Temperatur, bei welcher es unter dem Druck einer internationalen Atmosphäre siedet. Neben dem Siedepunkt könnte mann weiterhin die Temperatur betrachten, bei welcher eine Flüssigkeit unter 1 Kilotor (vergl. Fussn. 19) siedet und die man *Kilotorpunkt* nennen könnte.

12) Travaux du Congrès Internat. de Phys., Paris 1900, t. 4, p. 63.

13) *Th. W. Richards* und *W. N. Stull*, ZS. physik. Chem. 49 (1904) p. 9; die Abkürzung zu *Bar*, von *V. Bjerknes* vorgeschlagen, siehe *V. W. Ekman*, Publications de Circonstance du Conseil perman. intern. pour l'explor. de la mer Nr. 43 (1908), p. 7, ist der Verwechslungsmöglichkeit mit Barye wegen, nicht zu empfehlen.

14) Masse der Substanz dividirt durch die Masse eines gleichen Volumens destillirten Wassers bei der Temperatur seiner grössten spezifischen Masse[16]). Die Definitionen von Dichte und spezifischer Masse[16]) sind in Anschluss an *Benoit*[17]) und *Guillaume* [Rev. gén. des Sc. 19 (1908) p. 262] genommen, im Gegensatz zu den früheren (Trav. Congr. Internat. de Phys. Paris 1900, t. 4, p. 61; *Guillaume*, Rapp. Congr. Internat. etc. 1900, t. 1, p. 99, siehe die ebenda p. 100 zugefügte Bemerkung), die noch Enc. V 1, Art. *Runge*, Nr. 8 beibehalten worden sind.

Thiesen und *Scheel*[15]) 13,59545, für die *spezifische Masse*[16]) des Wassers bei der Temperatur seiner grössten spezifischen Masse unter einer Atmosphäre 0,999973[17]), und die normale Intensität der Schwerkraft $g_{\text{norm}} = 980,625$ cm/sk^2 [18]), so wird die internationale Atmosphäre = $1,01321 \times 10^6$ Baryen. Unser p ist immer in internat. Atmosphären (weiter kurz Atmosphären) gemessen.

Für praktische Zwecke dürfte das m.kg.sk-System Vorteile vor dem cgs-System haben. Ein durch eine Quecksilbersäule an bestimmter Stelle (Bur. Intern. des Poids et Mesures) zu realisirender Druck der praktisch gleich 1 m.kg.sk-Druckeinheit ist, ist von der Commission der Association Internationale du froid in Analogie mit dem praktischen elektromagnetischen Maasssystem ein *internationales Centitorricelli*, abgekürzt *Centitor* genannt worden[19]).

b) Einige Beobachter geben in ml (Milliliter)[20]) das auf das Gramm als

---

15) *Thiesen* und *Scheel*, ZS. für Instrumentenk. 18 (1898) p. 138. *W. J. Marek*, Trav. et Mém. du Bureau Internat. 2 (1883), fand 13,5956. Im Wortlaut der Definition der internationalen Atmosphäre haben wir den Einfluss der Kompressibilität des Quecksilbers durch sein eigenes Gewicht aufgenommen entsprechend der Sachlage, dass es sich nur um das genaue Angeben eines realisirten Druckes handelt. Dieser Einfluss ist aber bei den bis jetzt in Betracht gezogenen Genauigkeitsgrenzen zu vernachlässigen.

16) Masse eines dm^3 der Substanz, gemessen in kg (Enc. V 1, Art. *Runge*, Nr. 5 und 7). Vergl. Fussn. 14.

17) *Benoit*, Trav. et Mém. du Bur. Internat. 14 (1910). Die spezifische Masse des Quecksilbers bei 0° C ist dann 13,5951.

18) Nach der Definition im Text (vergl. Fussn. 10) berechnet aus $g_{\text{Bur. Int.}} = 980,951$ (*Ch. Ed. Guillaume*, Rapport présenté à la Quatr. Conf. Gén. des Poids et Mesures, Paris 1907, p. 29). Vergl. Enc. V 1, Art. *Runge*, p. 7, Fussn. 4.

19) Bull. Ass. Internat. du froid 2 (1911) p. 38. Die Bezeichnung *Centitor* statt *Tor* ist gewählt um die Benennung der vielfach vorkommenden Drucke zu vereinfachen. Nach dieser Bezeichnung wäre z. B. ein Kilotor = 75,009 cm Quecksilber (vergl. *Guillaume* Fussn. 18) unter $g_{\text{norm}} = g_{\text{Bur. Int.}}$: 1,0003322, oder 74,984 cm im Bureau International, sowie im Bureau International: 1 mm Quecksilber = 1,3336 Tor, 0,001 mm wie in *Röntgen*röhren = 1,3336 Millitor. Nach dem jetzigen Stande der Wissenschaft wäre 1 Tor = 1 Kilobar, 1 Kubikmetercentitor = 1 Joule (vergl. Fussn. 20).

20) Da das Volumen von Gasen und Flüssigkeiten, an denen die genauen Messungen über die Zustandsgleichung bis jetzt hauptsächlich gemacht worden sind, durch auskalibriren des sie enthaltenden Gefässes ermittelt wird, behalten wir als absolute Volumeneinheit in diesem Art. das ml bei. Übrigens kommt nur bei einigen sehr genauen zur Zeit vorliegenden Beobachtungen der Unterschied zwischen ml und cm^3 (vergl. *a*) in Betracht (z. B. Fussn. 23).

Unsre Einheit des pv_Γ ist die Milli*literatmosphäre* = $1,01323 \times 10^6$ Erg; 1 Literatmosphäre = 1,01323 *dm*^{3}*-Megabarye* = 1,01323 *Kubikmetertor*[31]) [19]).

Masseneinheit (vergl. Enc. V 3, Art. *Bryan*, p. 73) bezogene *spezifische Volumen* v_Γ, oder die Dichte $\rho_\Gamma = v_\Gamma^{-1}$, andere das auf das Grammmolekül [21]) bezogene *Molekularvolumen* $v_M = Mv_\Gamma$. Für Gase ist, um beobachtete Volumina möglichst unabhängig von anderen Daten anzugeben, als Einheit das *Normalvolumen* [22]) N (als griechische Majuskel aufzufassen) sehr geeignet, d. h. jenes welches die untersuchte, sonst nicht festgesetzte, Menge bei 0° C und 1 Atm einnimmt. Wir schreiben das in dieser Einheit gemessene Volumen $v_N = v_\Gamma \varrho_{\Gamma, 0°C, p=1}$. Für Vergleichungen verschiedener Stoffe dagegen ist das *theoretische Normalvolumen* [23]), das Volumen Θ, welches die untersuchte Quantität einnehmen würde, wenn sie bei 0° C aus dem *Avogadro*'schen Zustande (Nr. **39***a*) nach dem *Boyle*'schen Gesetz auf 1 Atm gebracht gedacht wird, besser geeignet. Wir nennen das so gemessene Volumen v_Θ. Es ist $v_\Theta = v_N \mathrm{N}_\Theta$, $\mathrm{N}_\Theta = M \varrho^{-1}_{\Gamma, 0°C, p=1} \Theta_M^{-1}$ (siehe Fussn. 23).

c) Zu der Definition der absoluten oder *thermodynamischen* Tem-

---

21) Bei genauen Rechnungen wären die Atomgewichte anzugeben oder wenn dieselben der Tabelle, welche von der Internationalen Atomgewichtskommission festgestellt wird, entlehnt sind, die Jahreszahl beizufügen. Wir legen letzterer entsprechend den Atomgewichten O = 16 zu Grunde, H ist also 1,008 (1911), vergl. Enc. V 3, Art. *Bryan*, Nr. **22**.

Verschiedene Autoren bezeichnen das Grammmolekül mit *Mol*, und dementsprechend dessen Volumen, Wärmekapazität [30]) u.s.w. mit *Molvolumen*, *Molwärme* (vergl. Nr. **55***b*), u.s.w.

22) Diesen Namen finden wir in dieser Bedeutung zuerst bei *J. E. Verschaffelt*, Leiden Comm. Nr. 47 (1899) p. 12.

23) Im Gegensatz zu Normalvolumen bei *J. E. Verschaffelt*, Leiden Comm. Nr. 47 (1899) p. 12. Schon bei *Rankine*, Phil. Mag. (4) 2 (1851) p. 527, findet sich der Begriff als *theoretical density*. Auch schon benutzt von *Sarrau*, Paris C. R. 94 (1882) p. 639, 101 (1885) p. 941; *volume normal* bei *D. Berthelot* Paris C. R. 126 (1898) p. 1415; dem entspricht *Normaldensität* bei *van der Waals* [e] Nov. 1898 p. 258.

Das *Avogadro* könnte man das theoretische Volumen des Grammmoleküls bei 0° C und unter einem Kilotor (= Megabar, vergl. Fussn. 19) nennen.

Nach *D. Berthelot*, ZS. f. Elektrochemie, 1904, p. 621 ist das theoretische Normalvolumen eines Grammmoleküls Θ_M = 22412 ml. Dieselbe Zahl geben die Daten von *Kamerlingh Onnes* [e] Nr. 74 (1901) p. 5. Das Avogadro wird dann 22708 ml. Die *molekulare Gaskonstante* R_M (Nr. 18*a*, vergl. auch Fussn. 324) ist (*Berthelot* l. c., vergl. Enc. V 8, Art. *Boltzmann* und *Nabl*, Nr. 4) 82,07 Milliliteratmosphäre/1°K (vergl. *c*) [= 83,15 Litertor/1°K [20]) = 8,315 Clausius (vergl. *e*) = 1,985 cal/1°K (vergl. *d* und Fussn. 28)].

Das *thermodynamische Molekül* nach *Planck* [4]) = $1{,}2026 \times 10^{-8}$ Grammmolekül (vergl. Fussn. 21). Für dasselbe mit den Einheiten ml und Barye wird (vergl. Nr. 18) $R_\Pi = 1$.

peratur (Enc. V 3, Art. *Bryan*, Nr. **9**) ist näher hinzuzufügen, dass (vgl. Nr. **82**) *D. Berthelot*[24]) $T_{0^\circ C} = 273,^\circ 09$ findet. Wir werden den absoluten Temperaturgrad ein *Kelvingrad* nennen, und geben also z.B. den Siedepunkt des Wassers (vergl. Fussn. 11) auf der *Kelvinskala* mit 373,°09 K(elvin) an. Als *normale* oder *internationale Temperaturskala*[25]) ist angenommen die des Wasserstoffthermometers bei konstantem Volumen unter $\frac{1000}{760} = 1,3158$ Atm bei 0° C[26]). Die Abweichungen der Angaben von der absoluten Temperatur (siehe Nr. **82**) sind bei *diesem Thermometer* zwischen 0° und 100° C zu vernachlässigen. Über 200° C wird aus experimentellen Gründen auf Stickstoff übergegangen; bis 1000° C würde die Korrektion dieser Skala (bei $p_{0^\circ C} = 1,3$) nach Gl. (37) Nr. **36** nur 0°,4 erreichen[27]). Bei tiefen Temperaturen sind die Abweichungen der Angaben des Wasserstoffthermometers von der absoluten Temperatur nicht zu vernachlässigen. Es ist also wünschenswert, der Feststellung hinzuzufügen, dass für Temperaturen unter 0° C auf Helium übergegangen wird[31]).

d) Betreffs der Einheit des Wärmequantums, der Kalorie, ist hinzuzufügen (vergl. Enc. V 3, Art. *Bryan*, Nr. **2**), dass wir unsren Rechnungen[28]) die 15°-Kalorie (14°,5—15°,5 auf der internationalen Temperaturskala, das Wasser unter konstantem Druck = 1 Atm, bei Verhindrung oder Eliminirung von Verdampfung) zu Grunde legen.

Eine praktisch gleich der m.kg.sk-Wärmeeinheit (= 10^7 Erg) zu

---

24) *D. Berthelot.* ZS. f. Elektrochemie, 1904, p. 621.

25) Da der Normalzustand sich bezieht auf 0° C und 1 Atm (vergl. *b*), ziehen wir den Namen *internationale Temperaturskala* vor [*Kamerlingh Onnes* [e] Nr. 102*b* (1907), vergl. auch *Harker*, London Proc. Roy. Soc. A 78 (1906) p. 225, *Wiebe*, ZS. f. Instrumentenk. 28 (1908) p. 293].

26) Procès-Verbaux du Comité Internat. des Poids et Mesures, 1887, p. 85. Sanktionirt durch die Erste Allgemeine Konferenz, l. c. Fussn. 7. Vergl. Fussn. 10. Vergl. auch Enc. V 1, Art. *Runge*, Nr. 2.

27) Vergl. Nr. 82*a* und *D. Berthelot* [b] p. 102. Für die Strahlungsskala vergl. Enc. V 1, Art. *Runge*, Nr. 2.

28) Wir entlehnen für dieselben (vergl. Fussn. 600) dem Art. von *Scheel* und *Luther*, Elektrotechnische ZS. 29 (1908) p. 746, Verh. d. D. physik. Ges. 10 (1908) p. 584 (vergl. auch *Graetz*, *Winkelmann*'s Handbuch 2te Aufl. III p. 561), die spezifische Wärme des Wassers bei 15° C in Arbeitsmaass (Enc. V 3, Art. *Bryan*, Nr. **2**) $J = 4,188 \cdot 10^7$ [nach *Diesselhorst*, Elektrotechn. ZS. 1909 p. 337—339, wäre $4,187 \cdot 10^7$ vorzuziehen, der Ausschuss für Einheiten und Formelgrössen, Verh. d. D. physik. Ges. 12 (1910) p. 476, hat $4,189 \cdot 10^7$ angenommen].

setzende Wärmeeinheit definiren wir durch 1 cal = 4,188 *internationale Thermojoule* [29]).

e) Für die durch die Bestimmungen von *c* und *d* für Kelvingrad und Thermojoule mit Enc. V 3, Art. *Bryan*, Gl. (14) festgelegte Entropieeinheit (1 Thermojoule/1°K) [30]) ist der Name *Clausius*, für dieselbe pro Sekunde, die Einheit der Änderung der Entropie mit der Zeit, der Name *Carnot* vorgeschlagen [31]).

I. Allgemeines über thermodynamische Zustandsgleichungen und Diagramme.

a) Thermodynamische Zustandsgleichungen.

1. Bestimmung der thermodynamischen Grössen einer Phase [32]) durch ihre Komponenten und ihren Zustand. Bemerkungen über ihre Bestandteile und ihre Molekülarten. *a*) Wir beschränken uns zunächst [33]) auf die Betrachtung von mit der Zeit unveränderlichen [34]),

---

29) International, weil es als realisirte Einheit dienen soll um die Ergebnisse genauer Wärmemessungen möglichst unabhängig von anderen Daten anzugeben, Thermojoule im Gegensatz zu dem auf elektrischem Wege realisirten *internationalen Elektrojoule*. Es ist das internationale Thermojoule, bis spätere Messungen einen anderen Wert für *J* liefern (vergl. z.B. Fussn. 28 Schluss), gleich 10^{-2} dm^3-Megabarye, oder Fussn. 20 entsprechend 1 m^3-Centitor.

30) Die von *Th. W. Richards*, Proc. Amer. Acad. 36 (1901), p. 327, vorgeschlagene gleichdimensionale Einheit von Wärmekapazität, der *Mayer* (1 Joule/1 Grad), bezieht sich auf Temperaturdifferenzen, nicht auf absolute Temperaturen. Unter *Wärmekapazität* eines bestimmten Körpers verstehen wir die Wärmemenge, die nötig ist, um diesen Körper 1 Grad zu erwärmen. Um Zweideutigkeiten (vergl. Fussn. 599) zu vermeiden, wäre es besser, den Namen *Wärmungswert* des Körpers einzuführen.

31) *H. Kamerlingh Onnes*. Bull. Ass. Internat. du froid 2 (1911), p. 68. In Verbesserung des Rapp. 1er Congr. Internat. du froid (1908) t. 2, p. 439 von ihm gegebenen Vorschlags. Es wäre dem von der Commission der Ass. Internat. du froid [19]) gemachten Vorschlag entsprechend Centitor [19]), Kubikmeter [20]), Kelvingrad, Joule [wenn es sich um eine Wärmeeinheit handelt präziser Thermojoule [29])], Clausius, Carnot, das für die praktische Thermodynamik geeignete *internationale Maasssystem*.

32) Wir sprechen kurz von einer Phase auch in der Bedeutung des strengeren Ausdrucks: Stoff, der sich in einer Phase befindet.

33) Für den weiter von uns betrachteten Fall des gesättigten Gleichgewichts koexistirender Phasen siehe Nr. 3c, 7 u.s.w., für Betrachtungen über statistische Mechanik Nr. 46 (vergl. Fussn. 38).

34) Die Zeit, während welcher wir eine Phase betrachten, soll also noch klein sein, verglichen mit der Zeit, in welcher eine aus einer solchen Zahl von Atomen bestehende Menge, dass in deren Mittelwertseigenschaften die individuellen (generalisirten) Koordinaten und (generalisirten) Geschwindigkeiten der Atome nicht mehr bestimmend auftreten (vergl. Fussn. 38), eine merkliche Änderung erleiden kann (*J. J. Thomson*, Electricity and Matter, Westminster 1904, p. 103), gross aber verglichen mit der mittleren Zeit, die zwischen den aufeinanderfolgenden Zusammenstössen eines Moleküls mit anderen verläuft. Vergl. auch Fussn. 52.

ruhenden [35]), gleichtemperirten, von gerichteten Spannungen freien [36]), über Dimensionen, welche gross gegen die molekularen sind, sich homogen [37]) ausdehnenden, und allseitig homogen umringten *Phasen* [38]) und sehen ab von der allgemeinen Gravitation sowie von elektrischen und magnetischen Erscheinungen [39]). Der Wert der thermodynamischen Grössen für eine bestimmte Gewichtsmenge eines Stoffes in einer *homogen aequilibrirten* Phase wird dann erstens bestimmt durch die Anzahl und Art der *Gibbs*'schen *Komponenten* [40]) dieser Phase und, wenn die Zahl der Komponenten grösser als eins ist, durch den Gehalt des Gemisches an denselben, sodann durch den Zustand [38]), der bestimmt wird durch das Volumen und die Temperatur, zu welcher Angabe noch solche hinzugehören können, welche nötig sind, eine etwaige Mehrdeutigkeit aufzuheben, z.B. Angaben über den Kristallzustand.

Um über die Zahl der Komponenten der Phase zu entscheiden, hat man zu untersuchen, ob aus derselben durch andere [41]) als chemische Mittel in wechselnden Verhältnissen Stoffe von verschiedenen che-

---

35) Für die Thermodynamik bewegter Systeme entsprechend den Gleichungen der elektromagnetischen Theorie bewegter Körper, siehe *M. Planck*, Berlin Sitz.-Ber. 29 (1907), p. 542, Ann. d. Phys. (4) 26 (1908), p. 1, *F. Hasenöhrl*, Wien. Sitz.-Ber. [2a] 116 (1907), p. 1391, 117 (1908), p. 207, *A. Einstein*, Jahrb. d. Radioakt. u. Elektr. 4 (1907), p. 411, *F. Jüttner*, Ann. d. Phys. (4) 35 (1911), p. 145 (vergl. Nr. 3). Vergl. auch Fussn. 519.

36) Über die Beziehung der Gleichungen zwischen den gerichteten Spannungen und den entsprechenden *Deformationen* zu der Zustandsgleichung, siehe Fussn. 60.

37) Allerdings wird bei der Betrachtung von einigen für die Kenntnis der Zustandsgleichung wichtigen Erscheinungen die Kapillarität [934]) sowie auch die Gravitation [572]) berücksichtigt oder kommen durch die Molekularbewegung bedingte beobachtbare Inhomogenitäten in Betracht (Nr. 50).

38) Enc. V 3, Art. *Bryan*, Nr. 24 und 26 (siehe auch *J. W. Gibbs* [c] p. 152). Wir bestimmen die Phase nur durch die Mittelwerte über eine so grosse Zahl von Molekülen und über eine so lange (vergl. aber Fussn. 34) Zeit, dass dieselben als konstant angesehen werden können, betrachten also den *Makrozustand* (vergl. *M. Planck* [c] p. 47 u.f.), im Gegensatz zu dem *Mikrozustand*, in dessen Bestimmung die speziellen (generalisirten) Koordinaten und (generalisirten) Geschwindigkeiten der individuellen Moleküle in einem bestimmten Zeitmoment eingehen, und der die statistische Phase (Nr. 46c, vergl. auch Nr. 46a) bildet.

39) Bemerkt sei aber, dass jedem Stoff gleichgewichtsmässig immer Ionen oder Elektronen zugefügt sind. Von den, falls keine besondere Fürsorge getroffen ist, durch eine durchdringungskräftige, von radioaktiven Stoffen herrührende Strahlung bedingten zugefügten sehen wir aber ab.

40) Vergl. *J. W. Gibbs* [c] p. 117 u. f. Dieselben sind die unabhängig veränderlichen Bestandteile einer Phase, mit denen sich die andern, dem jeweiligen Zustand nach, in ein bestimmtes Gleichgewicht einstellen. Erläuterungen zur Wahl der Komponenten *H. W. Bakhuis Roozeboom* ZS. physik. Chem. 15 (1894), p. 145 und [a] p. 16.

41) Z.B. Diffusion oder Überführung in andere Phasenkomplexe (Fraktionirung).

mischen Eigenschaften, die *abtrennbaren Bestandteile* [42]), auszuscheiden sind, und zu sehen, wie dieselben in ihrer Gesamtheit bei den Bedingungen des Versuchs aus einer kleinst möglich angenommenen Zahl chemisch von einander unabhängiger Bestandteile [42]) oder Gruppen von Bestandteilen, welche eben die Komponenten sind, abgeleitet werden können. Ist die Zahl der Komponenten grösser als eins, so gehört die Phase einem zwei- oder mehr-komponentigen *Gemisch* (*Mischung*) an. (Vergl. auch Enc. V 3, Art. *Bryan*, Fussn. 75.)

b) Im Allgemeinen bleibt die Zahl der Komponenten eines Stoffes von stöchiometrisch unveränderlicher Zusammensetzung bei kontinuirlicher Überführung einer Phase in andere unter verschiedenen Versuchsbedingungen nicht dieselbe [43]) und noch weniger ist dies der Fall mit der Zahl der abtrennbaren Bestandteile, von welchen jeder wieder der Inbegriff verschiedener zu einem oder mehreren Bestandteilen gehörenden *Molekülarten* in bestimmten Verhältnissen zu einander sein kann.

Ein einkomponentiger Stoff, in dem keine Veranlassung ist, mehr als einen Bestandteil anzunehmen, kann unter kontinuirlicher Änderung der Phase bei der Überschreitung einer gewissen Temperaturgrenze in ein Gemisch verschiedener abtrennbarer Bestandteile übergehen [Beispiel Wasserdampf nach *Sainte-Claire-Deville* oberhalb 1000° C [44])]. Tritt der spezielle Fall ein, dass aus dem Gemisch die *Stammkomponente* und *derivirte Bestandteile* von derselben stöchiometrischen Zusammensetzung, aber anderen Eigenschaften bei geänderten Versuchsbedingungen abgetrennt werden können, so ist der ursprüngliche Stoff unter diesen Versuchsbedingungen teilweise *isomerisirt*, *polymerisirt* oder *depolymerisirt* (Beispiel Acetaldehyd). Es bilden beide letztgenannte Änderungen spezielle Fälle fortschreitender oder rückgehender *Dissoziation*.

Sind aus einer Phase keine verschiedenen Bestandteile abzutrennen, so kann dennoch in gewissen Fällen sicher gestellt werden, dass polymerisirte oder depolymerisirte Stoffe als weitere Bestandteile anzunehmen sind, deren Gleichgewicht sich so schnell einstellt [45]), dass die sich auf

---

42) Wir verwenden das Wort Bestandteil in seiner allgemeinen Bedeutung, beschränken diese also nicht wie *Bryan*, Enc. V 3 Nr. 26 (siehe auch *Bancroft*, The Phase Rule, Ithaca N. Y. 1897, p. 226, dessen Konstituenten auch denkbare Bestandteile umfassen).

43) Beispiele siehe *Bakhuis Roozeboom*, l. c. Fussn. 40.

44) Vergl. *W. Nernst* und *H. v. Wartenberg*, Göttinger Nachrichten, Math.-phys. Kl. 1905, p. 35.

45) Eine Spur eines Katalysators kann hierauf von Einfluss sein. *H. W. Bakhuis*

die Phase beziehenden thermodynamischen Grössen eindeutig durch die Angabe eines der Bestandteile neben Temperatur und Volumen bestimmt werden [so z.B. [46]) bei der Dissoziation von N_2O_4]. Auch diese Fälle gehören ebenso wie die vorher angeführten in die Chemie.

Wir schliessen alle solche Fälle aus und beschränken uns also bei den einkomponentigen Stoffen auf den Fall, dass die einkomponentige Phase nur einen Bestandteil enthält [47]).

Verschiedene Erscheinungen können veranlassen, auf weniger zwingende Gründe als für den letzten Fall angeführt werden können, bei einem einkomponentigen Stoff mit nur einem Bestandteil eine der Beimischung (vergl. Nr. **35***a*) eines polymeren Stoffes analoge, durch jeweilige Werte von Temperatur und Volumen vollständig bestimmte Beimischung von Molekülarten oder Gruppen von Molekülarten zu den gewöhnlichen Molekülarten oder Gruppen von Molekülarten anzunehmen (Beispiele Nr. **35***b*, vergl. Fussn. 340). Man hat dann einen *assoziirten* einkomponentigen Stoff (Nr. **35**) [48]).

c) Ausser mit der Klasse der Stoffe mit einer Komponente, speziell der Stoffe mit einem Bestandteil, die nach vielen Richtungen hin stark bearbeitet ist, werden wir uns mit der mit zwei Komponenten [49]), wenngleich dieselbe quantitativ kaum durchmustert ist, zu beschäftigen haben wegen der sich auf dieselben beziehenden wichtigen, vorzugsweise qualitativen Untersuchungen (Abschn. **IV***b*); die mit drei und mehr Komponenten [49]), die nur noch eben in Angriff genommen ist, werden wir nur ganz kurz berühren.

Den Gehalt eines Gemisches an den Komponenten geben wir durch die *molekularen Gehalte* [50]) x, y .... an, welche wir durch

---

Roozeboom [a] p. 54; Amsterdam Akad. Versl. Sept. 1902, p. 280; vergl auch *J. D van der Waals* [e] Okt. 1902.

46) Durch die den Dissoziationsgesetzen entsprechende Färbung. Vergl. weiter *J. W. Gibbs*, Amer. J. of Sc. (3) 18 (1879), p. 277, 371.

47) Siehe weiter den Artikel über Physikalische Chemie.

48) Bei den assoziirten Stoffen (Nr. **35**) werden die Gründe dieselben als solche aufzufassen der Zustandsgleichung oder Erscheinungen, die enge mit derselben zusammenhangen, entlehnt.

49) Die mit zwei Komponenten werden auch wohl *binäre*, die mit drei *ternäre Gemische* (*Mischungen*) genannt u.s.w. Für die Bedeutung der Untersuchung binärer Gemische mit kleinem Gehalt an einem der Komponenten für die experimentelle Bestimmung der Zustandsgleichung reiner einkomponentiger Stoffe vergl. Nr. **67***e*.

Die Untersuchung der binären Gemische ist unumgänglich für das Vorstudium der Zustandsgleichung der einkomponentigen Stoffe, sowohl der assoziirten (Nr. **69***c*), wie auch der nicht assoziirten wegen der immer anzunehmenden Konglomeratenbildung (Nr. **48**, **49**).

50) Zuerst *M. Planck* l. c. Fussn. 4. Man gibt auch wohl die *Konzentration*, d. h. den nach Gewichtsmengen berechneten Gehalt, an. Z.B. Enc. V 3, Art. *Bryan*, Nr. **26**, *Planck* [a] § 216. (Vergl. Fussn. 92.)

$$x = \frac{\frac{m_a}{M_a}}{\frac{m_a}{M_a} + \frac{m_b}{M_b} + \cdots}, \quad y = \frac{\frac{m_b}{M_b}}{\frac{m_a}{M_a} + \frac{m_b}{M_b} + \cdots} \quad \text{u.s.w.}, \qquad (1a)$$

wo m_a, m_b... die in dem Gemisch anwesenden Gewichtsmengen der Komponenten mit den Molekulargewichten M_a, M_b... vorstellen, definiren. Wir definiren weiter die *molekulare Gewichtsmenge des Gemisches* [51]) durch

$$M = M_a\, x + M_b\, y + \ldots \text{ u.s.w.} \qquad (1b)$$

2. Näheres über die Art des Gleichgewichts. *a*) Wir nennen in Ausführung von Enc. V 3, Art. *Bryan*, Nr. **17** eine Phase *lokal stabil* oder kurz *stabil*, wenn sie für alle kleinen Änderungen stabil ist, *relativ stabil* [52]) eine solche, die in ein stabiles System von demselben Volumen und derselben Energie mit grösserer Entropie (ein *mehr stabiles* System) übergehen kann, wenn diese Überführung in mehr stabile Zustände bei ungeänderter Temperatur entweder nur durch labile Zustände hindurch oder gar nicht durch Gleichgewichtszustände hindurch stattzufinden gedacht werden kann, *absolut stabil*, wenn sie sich in dem bei gegebener Energie und gegebenem Volumen am meisten stabilen Zustande befindet, *metastabil* [53]), wenn sie in ein mehr stabiles System stabil koexistirender Phasen (vergl. *b*) mit demselben Volumen und derselben Energie übergehen und ohne Überschreitung von labilen Zuständen in eine dieser Phasen übergeführt werden kann [54]) [55]) (vergl. auch Fussn. 160). Die Gren-

51) Entsprechend einer für jeden Gehalt gleichen Zahl von Molekülen.

52) Auf die Frage ob nach genügend langer Zeit, den Gesetzen der statistischen Mechanik gemäss (Nr. **46**), jede relativ stabile Phase in ein absolut stabiles System übergeht, gehen wir nicht ein. Für den Begriff „*faux équilibres*" von *Duhem*, welcher nach Ansicht der Ref. sich auf den des relativ stabilen Gleichgewichts zurückführen lässt, sei auf den Art. Physikalische Chemie verwiesen. Für einen möglichen Zusammenhang mit dem Verschwinden von Freiheitsgraden vergl. Fussn. 643. Für einen solchen mit der den inneren Zustand der Atome bedingenden *Corpusculartemperatur*, indem z.B. die hohe Corpusculartemperatur des H_2-Moleküls dasselbe für andere Moleküle, z.B. O_2, solange die *Molekular-* oder Corpusculartemperatur der letzteren noch nicht hoch genug ist, unangreifbar macht, vergl. *J. J. Thomson*, l. c. Fussn. 34, p. 101.

53) Diese Bezeichnung wurde eingeführt von *Ostwald* [b] p. 517.

54) Die Kennzeichnung einer Phase als metastabil hat sich denn auch immer auf eine bestimmte, in stabiler Koexistenz mit einer anderen mögliche Phase zu beziehen. Eine Phase kann zu gleicher Zeit stabil, metastabil mit Bezug auf eine Phase *a* oder mehrere Phasen *a*, *b*, ..., und relativ stabil mit Bezug auf ein oder mehrere Systeme oder Phasen *l*, *m*, ... sein. Man ziehe zur Erläuterung die *Gibbs*'schen Tangentialflächen und ihre Berührungsebenen (vergl. Fussn. 108) heran.

55) Metastabile Phasen, die nur bei Temperaturerhöhung entstehen können, nennt *F. M. Jaeger*, Chem. News 96 (1907), p. 100, *prostabile* Phasen.

zen der Temperatur und des Volumens, innerhalb welcher die verschiedenen Phasen bei unveränderter Zusammensetzung in diesen verschiedenen Arten des Gleichgewichts (vergl. auch Fussn. 101) sich befinden, bestimmen die *absolut stabilen*, *relativ stabilen* und *metastabilen* (Beispiel Nr. **17***c*) *Existenzgebiete.* Labile Gleichgewichtszustände, die bei unveränderter Zusammensetzung mit der Natur der Phase vereinbar sind, bilden das *labile Existenzgebiet* (Beispiel Nr. **17***c*). Die Existenzgebiete der verschiedenen Phasen eines Stoffes bilden zusammen das entsprechende *homogene Existenzgebiet* dieses Stoffes. Es wird durch Werte der Temperatur und des Volumens abgegrenzt, die im Allgemeinen verschieden sein werden je nachdem man für die Beurteilung, ob die Zusammensetzung der Phase sich ändert, die Existenz von Komponenten oder von Bestandteilen ins Auge fasst.

b) Die heterogenen Gleichgewichte von gesättigt *koexistirenden* (Enc. V 3, Art. *Bryan*, Nr. **24**) Phasen (vergl. Nr. **3***c*), welche Gleichgewichte *neutral* (Enc. V 3, Art. *Bryan*, Nr. **17**, vergl. auch Fussn. 101) sind, werden nach den gleichen Merkmalen wie die einzelne Phase (vergl. *a*) in lokal stabile, relativ stabile, absolut stabile unterschieden.

3. Thermische Zustandsgleichung, kalorische Grundgleichung und fundamentale Zustandsgleichungen. *a*) Die *thermische Zustandsgleichung für einen Stoff* [56]) [57]) nennen wir die Gleichung [58]), welche erlaubt, den Druck zu bestimmen, unter dem dieser Stoff mit bestimmten x, y, ... bei gegebenem Volumen, gegebener Temperatur und gegebenen etwaigen Kristallparametern in ruhenden (vergl. Fussn. 35), homogenen (vergl. Fussn. 176 und Fussn. 37), aequilibrirten Phasen bestehen kann, abgesehen von der Frage, ob dieser Gleichgewichtszustand experimentell erhalten bleiben kann oder nicht (vergl. *c*).

Eine *kalorische Grundgleichung* nennen wir eine solche, welche

---

56) Dem entsprechend nennen wir nach *van der Waals* [b] p. 51, [d] p. 3 *thermische Grössen* die, welche aus p, v, T aufzubauen sind, wie dp/dT, dv/dT u.s.w. und in welchen $\partial u/\partial T$ nicht eingeht. *Aus den thermischen Grössen ableitbare kalorische* sind z. B. isotherme Energiedifferenzen, latente Wärmen, Unterschiede verschiedener spezifischer Wärmen. Gleichungen für diese sowie für jene sind als Teile der Zustandsgleichung aufzufassen. Ist z. B. λ gegeben, so bedeutet dies, dass $dp/dT.\,(v'-v'')$ [Enc. V 3, Art. *Bryan*, Gl. (138)] bekannt ist.

57) Über den Beweis der Existenz einer solchen mit Hilfe der beiden Hauptsätze der Thermodynamik und gewisser auf elektromagnetische Vorgänge im Vakuum bezüglicher Tatsachen siehe *A. Byk*, Ann. d. Phys. (4) 19 (1906), p. **441**.

58) Wir verstehen hierunter auch einen etwaigen Komplex von Gleichungen, Nr. **51***b*, Nr. **48**, vergl. auch Fussn. 60.

für eine zusammenhängende, das ganze Temperaturgebiet durchlaufende Reihe von Zuständen eines einkomponentigen Stoffes die Energiedifferenzen mit einem Nullzustand anzugeben erlaubt. Eigentümlichkeiten derselben, durch welche sich verschiedene Stoffe unterscheiden, können (Nr. **43**) mit solchen der thermischen Zustandsgleichung in Beziehung gebracht werden. Es sind beide Gleichungen also nicht mehr, wie früher üblich, als voneinander unabhängig zu behandeln und werden für die Ableitung der thermischen Zustandsgleichung die Beziehungen der kalorischen Grundgleichung zu der Konstitution (Abschn. **II***b* und *d*, Nr. **57**) von besondrem Interesse.

Aus den kalorischen Grundgleichungen der Komponenten sind für alle Zustände eines eventuell mehrkomponentigen Stoffes, letzterenfalls unter der Nr. **54***e* erwähnten Voraussetzung (vergl. Nr. **66***b* und **53***c*), mit Hilfe der thermischen Zustandsgleichung (Nr. **54**) die Energiedifferenzen mit demselben als Ausgangspunkt gewählten Zustand, also die *kalorische Zustandsgleichung*, abzuleiten.

Die *fundamentalen Zustandsgleichungen*, abgekürzt *Fundamentalgleichungen*, von *Gibbs* werden aus der thermischen Zustandsgleichung und der kalorischen Grundgleichung gebildet und geben geeignete thermodynamische Grössen, jede als Funktion der dabei geeigneten unabhängigen Variabeln [59]), in der Weise, dass man aus einer solchen Funktion alle thermischen und kalorischen Grössen ableiten kann. Man kann (vergl. *c*) die Fundamentalgleichungen, wenn sie sich *über alle homogenen* Zustände desselben Stoffes erstrecken, als die *vollständigen* Zustandsgleichungen betrachten [60]).

b) Die thermische Zustandsgleichung für den fluiden Zustand normaler (Nr. **35***b*) einkomponentiger Stoffe bildet, dem Stande der molekulartheoretischen Forschung entsprechend, den Hauptgegenstand unsrer Betrachtungen (in Abschn. **II** und **VI**). Der fluide Zustand geht aber kontinuirlich in den glasigen über. Auch aus anderen Gesichtspunkten muss weiterhin bei dem Studium der Zustandsgleichung auf

59) *Gibbs* [c] p. **142**. Die vier ersten der dort p. **143** genannten 5 einander vollständig äquivalenten Arten von Gleichungen bestimmen je eine der Grössen $\mathfrak{F}_{sv}\ldots$, $\mathfrak{F}_{vT}\ldots$, $\mathfrak{F}_{sp}\ldots$, $\mathfrak{F}_{pT}\ldots$ Sind diese Grössen in den zugehörigen unabhängigen Variabeln explizite dargestellt, so nennen wir dieselben Fundamentalgrössen (vergl. Nr. **10***a*).

60) Für CO_2 findet sich Nr. **18***a* die Hauptzustandsgleichung von *van der Waals*, die (vergl. Nr. **18***c*) z. B. mit der Zustandsgleichung des Moleküls Nr. **43** zusammen annähernd die thermische Zustandsgleichung für das Fluidgebiet gibt; Nr. **56***a* weiter

die Eigenschaften des festen Zustandes geachtet werden (vergl. Nr. 5*c*). Um diesem Gedanken Ausdruck zu verleihen, haben wir die Flächendarstellungen der Fundamentalgleichungen für die einkomponentigen Stoffe (Nr. 8*a*), welche für die übersichtliche und heuristische Darstellung der Ergebnisse betreffs der kristallinischen Zustände in ihrer Beziehung zu denen für den fluiden und den glasigen Zustand recht geeignet sind, besonders berücksichtigt (Abschn. IV*a*).

c) Sind die homogenen Gleichgewichte durch die Zustandsgleichung (vergl. *a*) dargestellt, so können die heterogenen Gleichgewichte der betrachteten Stoffmenge in gesättigt koexistirenden (vergl. Nr. 2*b*) Phasen auf thermodynamischem Wege mit der Bedingung, dass $p, T, \mu_a \ldots.$ für sämtliche Phasen gleich sind, daraus abgeleitet werden. Für diejenigen Grössen, deren Gesamtwert die Summe der Werte für die einzelnen Phasen ist (Nr. 8*d*, 9*c*) [61]), kann der Wert dieser Grössen auch für alle Werte der unabhängigen Variabeln, für welche heterogene Gleichgewichte vorkommen, den von der Zustandsgleichung direkt gegebenen zugefügt werden.

4. Experimentelle und empirische Zustandsgleichungen. Von den meisten Stoffen ist nur ein kleiner Teil des Existenzgebietes experimentell durchforscht. Die Resultate bilden die *experimentelle* Zustandsgleichung. Einzelne Gruppen dieser Resultate sind gewöhnlich in empirischen, nur jene Gruppe umfassenden und die Fehler der experi-

---

eine kalorische Grundgleichung für dasselbe, und Nr. 72 endlich für die 4 jetzt bekannten Aggregatzustände dieses Stoffes die fundamentale u,s,v-Gleichung dargestellt durch die u,s,v-Fläche, welche, wenn derselben noch die Gleichungen, die für jeden kristallinischen Zustand die Verhältnisse der Längen in verschiedenen Richtungen im Kristall als Funktion von v und T darstellen, zugefügt sind, die vollständige Zustandsgleichung ergibt.

Indem wir die allgemeinen Beziehungen zwischen Deformationen und gerichteten Spannungen (vergl. Fussn. 36), wie gewöhnlich geschieht, noch zur Thermoelastizität rechnen (siehe Enc. V 3, Art. *Bryan*, Nr. 21), beschränken wir uns auf eine engere Auffassung als die von *Gibbs* [c] p. 362, bei dessen Auffassung der Zustandsgleichung auch die Deformationen als unabhängige Variabeln in die *Gibbs*'schen Fundamentalgleichungen eingehen. Es ist die *Gibbs*'sche Auffassung nicht nur umfassender, sondern auch rationeller, da jene Beziehungen mit der Zustandsgleichung für spannungsfreie Zustände einen zusammenhangenden Komplex von Gleichungen bilden, deren molekulartheoretische Interpretation nicht voneinander getrennt werden kann (vergl. Nr. 47*b*). Für den Zweck der Enzyklopädie scheint unsere Beschränkung aber vorläufig noch erwünscht.

61) Es setzt dies voraus, dass der Beitrag der Kapillarschicht vernachlässigt werden darf.

Für die Einstellung des heterogenen Gleichgewichts vergl. Fussn. 804 und Nr. 83*b*.

mentellen Bestimmung möglichst ausgleichenden (vergl. Fussn. 84) Einzelformeln niedergelegt. So findet man empirische Formeln für Ausdehnungskoeffizienten, latente Wärmen u.s.w. von verschiedenen Stoffen. Wenn man diesen Tatbestand, nötigenfalls durch Vermittelung thermodynamischer Formeln und mit Hülfe von weiterer Ausgleichung und Extrapolation ausserhalb des Gebietes der Beobachtung nach Analogie mit Beobachtungen von anderen Stoffen, vereint, so kann man zusammenfassende empirische Gleichungen verschiedener Art bekommen, die bei der Berechnung verschiedener thermodynamischer Grössen (vergl. Nr. **6**) Anwendung finden. Man kann in dieser Weise fortschreitend zu der *empirischen* fundamentalen Zustandsgleichung für einen Stoff auf Grund des gesamten Versuchsmaterials über denselben aufsteigen. Eine derartige einheitliche und rationelle Zusammenfassung verschiedenartiger, denselben Stoff betreffender experimenteller Einzelergebnisse ist sowohl für die Vergleichung von Theorie und Beobachtung einerseits, als für die Vergleichung der verschiedenen Stoffe andrerseits erwünscht. Sehr erleichtert wird sie, wenn man über geeignete, leicht zu handhabende, über ein grosses Gebiet für alle Stoffe anwendbare empirische thermische Zustandsgleichungen verfügt [62]), die sich für die verschiedenen Stoffe nur durch individuelle Parameter unterscheiden. *Kamerlingh Onnes* hat versucht, solche für den fluiden Zustand normaler (Nr. **35***b*) einkomponentiger Stoffe aufzustellen (vergl. Nr. **36**, für mehrkomponentige Nr. **66***c*). In verschiedenen Nrn. ist angedeutet, wie die Rechnungen mit einer den Beobachtungen entsprechenden Genauigkeit mit Hülfe von empirischen Zustandsgleichungen dieser besondren Form geführt werden können (Abschn. **VI**).

5. Molekulartheoretische Untersuchungen über die Zustandsgleichung. *a*) Als wichtigste Aufgabe der Untersuchung der Zustandsgleichung betrachten wir die Ableitung der fundamentalen Zustandsgleichung für verschiedene einkomponentige Stoffe aus Voraussetzungen über den atomistischen Mechanismus derselben, und die Verbesserung dieser Voraussetzungen auf Grund der Vergleichung von Rechnung und Beobachtung. Bei Voraussetzungen, die den auch auf anderen Gebieten gewonnenen Einsichten (vergl. Nr. **32**) Rechnung tragen, ist es aber klar, dass die Rechnung gleich auf unüberwindliche Schwierigkeiten führt.

---

62) Diese dürften zugleich bei der kritischen Bearbeitung der sehr ungleichwertigen Messungen von Wert sein.

Man muss also die Voraussetzungen möglichst vereinfachen, und wird dann bei verschiedenen Rechnungen zu verschiedenen vereinfachenden Vorstellungen geführt, sodass z.B. jene, aus welchen man die thermische Zustandsgleichung für den fluiden Zustand eines Stoffes ableitet, sich gewöhnlich nicht mehr decken mit jenen, welche man für die Ableitung der kalorischen Grundgleichung desselben braucht. Die kugelförmigen Moleküle, mit welchen bei der Ableitung der thermischen Zustandsgleichung im Allgemeinen operirt wird, sind schon, wenn es einen zweiatomigen Stoff gilt, ungeeignet für die Ableitung der kalorischen Grundgleichung und werden dann durch Rotationsellipsoide ersetzt. Derartige Unterschiede in den Vorstellungen, von denen man in zwei Teilen desselben Problems ausgeht, werden unzulässig, wenn es auf strenge Rechnung ankommt. Ebenso z.B. im Allgemeinen, wenn es sich um das Verknüpfen von aus den Voraussetzungen abzuleitenden Eigentümlichkeiten in der thermischen Zustandsgleichung mit solchen, welche die kalorische aufweist, handelt (Nr. **43**). Dennoch werden die gedachten Unterschiede ganz am Platz bleiben, wenn die weitere Vereinfachung der Vorstellung in dem einen Teil des Problems als ein Schritt in der Lösung dieses Teils betrachtet wird, bei welchem durch Mutmassung über das wahrscheinliche Resultat eine für die Bildung von Mittelwerten nötige aber unausführbare Berechnung in für den betrachteten Fall zulässiger Weise übersprungen wird. Beim oben angegebenen Teil des Problems, welches sich auf die Volumkorrektion in der thermischen Zustandsgleichung bezieht, dürfte dies bei der Ersetzung des Volumens des Ellipsoids durch jenes einer Kugel für nicht kompressibele Moleküle bei geringen Dichten der Fall sein. Bei der Schwierigkeit der vielen Teilprobleme, welche die meisten Fragen mitbringen, macht sich das Bedürfnis an richtigen Griffen fast überall geltend und ist der relative Mangel an strengen Rechnungen auf dem Gebiet der molekulartheoretischen Erklärung leicht zu verstehen.

Von strengen molekulartheoretischen Rechnungen ist bis jetzt überhaupt nur dann die Rede gewesen, wenn es sich um Ableitung derjenigen Gleichungen handelt, in welche die thermische und kalorische Zustandsgleichung im Grenzfall geringer Dichten übergehen. Das Problem geht dann ein in die „Kinetik der wenig komprimirten Gase", in welcher die Rechnungen nach den Grundsätzen der statistischen Mechanik (Nr. **46**) geführt werden und gewiss noch wohl weiter geführt werden können (Nr. **52**). Auch dann hat man aber bis jetzt vom Einfluss der mit den molekularen und intramolekularen Bewegungen verknüpften Strahlungserscheinungen für die Ableitung der thermischen Zustandsgleichung abgesehen (vergl. aber Nr. **43***d*), für die kalorische Grundgleichung sind für dessen Berücksichtigung nur noch die ersten Ansätze gemacht (vergl. Nr. **57***f*).

Sehr weit in dem Ausdenken einer Vereinfachung des vorgelegten Problems ist *van der Waals* (Nr. **18***a*) gegangen, als er die Berechnung des Einflusses der molekularen Anziehung durch die Berechnung des Kohäsionsdrucks ersetzte. Durch diesen Rechnungssprung gelang es ihm aber unter Berücksichtigung des Molekularvolumens, die kritischen Erscheinungen abzuleiten und damit zugleich die „Kinetik der komprimirten Gase und der Flüssigkeiten" zu schaffen. Wie im Anfang wird auch weiter der Weg in dieser Kinetik nur „gewissermassen durch Inspiration" [63]) zu finden sein. Denn auf diesem Gebiet scheint wohl nichts anderes möglich als durch Extrapolation oder durch Hypothesen, wie vorher genannt, die Lösung von den Teilproblemen, die hier zu vorläufig noch unausführbaren Rechnungen leiten, vorzugreifen. (Vergl. Nr. **18***a* und Abschn. **II***d*). Es sind in dieser Richtung schon erfolgreiche Ansätze zu verzeichnen. Dieselben finden ihre Rechtfertigung dann vor der Hand zwar nur in der Übereinstimmung des Resultats der weiteren Rechnung mit der Beobachtung. Wir halten es aber für wahrscheinlich, dass es einmal gelingen wird, dieselben als Bild der dann erhaltenen Lösung eines jetzt jedesmal noch mit Hülfe einer Hypothese eliminirten Teilproblems erscheinen zu lassen. So dürften der schöne qualitative Anschluss der *van der Waals*'schen Hauptzustandsgleichung mit konstanten a_{w}, b_{w} und R_{w} (Nr. **18***a*) in gewissen Zustandsgebieten, und die Erfolge, welche in Zustandsgebieten, wo dieselbe quantitativ abweicht, bei der Betrachtung von a_{w}, b_{w}, R_{w} als Funktion des Zustandes erhalten sind, daraus zu erklären sein, dass für jeden dieser Fälle die gewählte Darstellung mit dem, was eine strenge Anwendung der statistischen Mechanik für jenes Gebiet liefern würde, mehr oder weniger übereinstimmt. Abschn. **II***d* sucht dies möglichst hervorzuheben.

b) Zu dem merkwürdigsten auf dem Gebiet der Forschung der Zustandsgleichung gehört gewiss wohl das Zutreffen des *van der*

63) *L. Boltzmann* [b] p. 154.

Waals'schen Gesetzes der korrespondirenden Zustände für den fluiden Zustand [64]), weit über die Grenzen der Gültigkeit der Zustandsgleichung (Nr. **18**), aus welcher es ursprünglich abgeleitet wurde, hinaus. Indem man das Prinzip der mechanischen Ähnlichkeit heranzieht, lässt sich dieser Umstand erklären und kann man versuchen, Rückschlüsse auf gewisse Eigentümlichkeiten der stationären Prozesse, welche hier in Betracht kommen, zu machen (Nr. **31***b*, *c*). Wir haben jenes Gesetz in den Mittelpunkt unserer Betrachtungen gerückt (Abschn. **II***b*, **II***c*, **VI**). Von den Abweichungen haben wir diejenigen, die bei tiefen Temperaturen sich zeigen (Nr. **34***c*, **38***d*, **76***b*, **85***b*, **87***b*, **90***c*), besonders beachtet. Es scheinen die Zustandsgleichungen der nicht assoziirten Stoffe mit schrittweiser Deviation (Nr. **34**, **38**) auf weit abweichenden Verhältnisse für die Stoffe mit tiefen kritischen Temperaturen zu führen und dies weist wahrscheinlich auf eine Vereinfachung der Verhältnisse der Molekularwirkung bei denselben hin. Aus jenen Abweichungen wäre also der wichtige Schluss zu ziehen, dass die ersten weiteren Erfolge im Aufstellen einer quantitativ zutreffenden molekulartheoretischen Zustandsgleichung für den fluiden Zustand bei dem Studium der Stoffe mit tiefer kritischer Temperatur und besonders des extrem gestellten und dazu noch einatomigen Heliums zu erwarten sind (Nr. **21***c* und *d*). Dies wäre insbesondre auch der Fall, wenn die Vereinfachung in dem Aussterben von Schwingungen nach der Hypothese der elementaren Wirkungsquanten (Nr. **57***f*) bestehen würde.

c) Die einfacheren Vorstellungen, mit welchen man bei den Betrachtungen des fluiden Zustandes arbeitet, entfernen sich besonders von denjenigen, welche man über den Atommechanismus des festen Zustandes von anderer Seite bekommt (z.B. Nr. **74***c* und Fussn. 823). Speziell weist hier die wohl nicht zu umgehende Frage nach der Rolle freier und gebundener Elektronen, sowie die Berücksichtigung des Strahlungsgleichgewichts auf die Unmöglichkeit, weiterhin die Thermodynamik in der gewöhnlichen Weise abzugrenzen (Nr. **74**). Wir werden, um die gewöhnliche Abgrenzung möglichst wenig zu überschreiten, dem angrenzenden Gebiet nur die Vorstellung der

---

64) Dieses Gesetz ist, wie in Abschn. **II**c auseinandergesetzt wird, ein Annäherungsgesetz. Die übrig bleibenden Abweichungen sind aber in vielen Fällen so gering dass das Auffinden der reduzirten (Nr. **26**) Zustandsgleichung des einen Stoffes aus der eines andern als Korrektionsproblem (Nr. **38***g*) erscheint.

Planck'schen Vibratoren entlehnen, welche die kalorische und die thermische Zustandsgleichung bei den festen Stoffen aufs Engste verknüpft.

Das Studium der Zustandsgleichung des fluiden Zustandes lässt sich aber, wie in Nr. **3***b* hervorgehoben, nicht mehr von dem des festen Zustandes trennen. Zunächst wird letzteres also zu einer schrittweisen Verfeinerung der einfachen Bilder des Flüssigkeitzustandes drängen in der Richtung, welche dieselben für die Erklärung des festen Zustandes besser geeignet macht und zur Wiederholung der bisher geführten Rechnungen mit Berücksichtigung dieser Verfeinerungen. Umgekehrt sind die aus dem Studium des fluiden Zustandes gewonnenen Vorstellungen bei der Betrachtung des festen einzuführen. Wir haben diesen beiden Richtungen Ausdruck verliehen, indem wir versucht haben, so viel wie es uns möglich war, die *Boltzmann*'schen Haftprozesse (Nr. **31***b*) in die Darstellung einzuführen (Nr. **31**, **32**, **48***c*, **49***a*, **73***a*), auf die in verschiedenen Fällen sehr verschiedene Ausbildung derselben gemäss den Prinzipien der statistischen Mechanik hinzuweisen (vergl. Nr. **47***b*) und einfachere Bilder als der jedesmaligen Verteilung angepasste Mittelwertsvorstellungen zu erklären (Nr. **47***c*, **48***b*, **49***a*).

Der feste Zustand bietet seinerseits wieder ein Mittel zu sehr vereinfachten Problemen vorzudringen. Denn bei weitgehender Annäherung an den absoluten Nullpunkt gehen verschiedene die Zustandsgleichungen des festen Zustandes betreffende Probleme in solche über (vergl. Nr. **21***e*), welche sich auf Schwingungen kleiner Amplitude oder vereinzelter Teilchen beziehen (vergl. Nr. **74***e*). Es scheint also das Studium dieser Probleme bei tiefen Temperaturen in erster Reihe geeignet, um zur richtigen Wahl der zur Erklärung des fluiden Zustandes einzuführenden Bilder beizutragen.

6. Andere als molekulartheoretische Untersuchungen über die Zustandsgleichung. *a*) Durch Anwendung der thermodynamischen Formeln auf die Zustandsgleichung [65]) kann man über allerlei Eigenschaften und Prozesse, insbesondre über die heterogenen Gleichgewichte (vergl. Nr. **3***c*), in theoretisch strenger Weise Schlüsse ziehen, welche entweder für die Kenntnis dieser Eigenschaften oder Prozesse von Wich-

65) Über die zu verneinende Frage, ob die thermische Zustandsgleichung aus kalorischen Beziehungen oder energetisch abgeleitet werden kann, vergl. *J. D. van der Waals* [b] p. 51, [d] p. 3 und *Ph. Kohnstamm*, J. chim. phys. 3 (1905), p. 665.

tigkeit sind, oder umgekehrt durch ihre Vergleichung mit der Erfahrung über die Richtigkeit der benutzten Zustandsgleichung zu urteilen erlauben. Letzteres ist von unsrem Gesichtspunkt aus das wichtigere (vergl. Nr. **5***a*). Wenn man sich mit einer qualitativen Erklärung der Erscheinungen oder mit qualitativen Rückschlüssen begnügt, wird man dabei gewöhnlich eine einfache molekulartheoretische Zustandsgleichung benutzen. Vergl. z. B. Abschn. **IV**. Nach dem Muster der mit dieser angestellten Rechnungen werden dann vielfach die Verwertung der experimentellen Daten und die Bearbeitung der empirischen Zustandsgleichungen (Nr. **4**) geführt (vergl. Abschn. **VI**).

b) *Graphische Behandlung der Zustandsgleichung.* Bei den unter *a* genannten Untersuchungen werden öfters allerlei *graphische Vorstellungen*, Schaulinien, -kurven, -flächen verschiedener Art benutzt, die wir zusammen als thermodynamische *Diagramme* bezeichnen (vergl. Fussn. 68). Wie fruchtbar dieselben sein können [66]), beweisen die Folgen, welche sich an das Aufstellen des Diagrammes der Kohlensäureisothermen von *Andrews* (Nr. **17**, vergl. Nr. **18**) knüpften.

Die meiste Anwendung finden Diagramme qualitativer Art [67]) mit bisweilen weitgehender Extrapolation über das Beobachtungsgebiet hinaus gezeichnet.

Gehen die Energie und Entropie in die bestimmenden Grössen ein, so kommen der erste und zweite Hauptsatz besonders einfach zum Ausdruck, was vielleicht noch mehr als ihre Anschaulichkeit zu der vielfachen Anwendung dieser Diagramme führt. Von den Diagrammen dieser Art ist von besondrer Bedeutung die Fläche der freien Energie, mit welcher *van der Waals* die Gleichgewichtszustände koexistirender Phasen binärer Gemische abgeleitet hat (Abschn. **IV***b*). Weitere Diagramme dieser Art sind die übrigen Flächendarstellungen der *Gibbs*schen Fundamentalgrössen. Die allgemeinen Eigenschaften dieser Flächen, welche durch die eben genannte Anwendung auf die binären Gemische eine grosse Bedeutung bekommen haben, werden wir in

---

66) Augenfällig ist, dass dieselben auf die auszufüllenden Lücken in der Erfahrung hinweisen (z. B. Tafel I Nr. **36** und Abschn. **V**).

67) Wir sind, sowohl was die Beobachtungen als was die Bearbeitung derselben zum Zweck der Vergleichung mit der Theorie betrifft, noch weit davon entfernt, dass die qualitativen Diagramme nur noch als Erläuterungsbilder der in geeignete analytische Form gebrachten *empirisch exakten Darstellung* der experimentellen Ergebnisse und die Konstruktionen als die der Näherungsrechnung entsprechende graphische Lösung zu betrachten seien.

Abschn. **IVa** erläutern an der *Gibbs*'schen Energiefläche für einkomponentige Stoffe, deren Anwendung auf den festen Zustand wir schon Nr. **3b** erwähnten, und die sich in dieser Beziehung mit Rücksicht auf Abschn. **V** (vergl. Nr. **3b**) besonders empfahl.

Um die Ausführungen, welche wir über verschiedene Eigenschaften der Diagramme zu machen haben, unter einen gemeinsamen, sämtliche Eigenschaften derselben umfassenden Gesichtspunkt zu bringen, schicken wir eine allgemeine Behandlung der Diagramme in Abschn. **Ib** voraus.

b) Thermodynamische Diagramme [68]).

7. Ebene Diagramme für einkomponentige Stoffe [69]). *a*) Die von zwei unabhängigen Variabeln, als welche wir Temperatur und Volumen gewählt haben (vergl. Nr. **1**), bestimmten Zustände einer bestimmten (Gewichts-) Menge einer einkomponentigen Substanz in homogen aequilibrirten Phasen (Nr. **1a**) können sämtlich dargestellt werden durch die Punkte eines *ebenen* für diese (Gewichts-) Menge [70]) konstruirten Diagramms [71]); im Indikatordiagramm (Enc. V 3, Art. *Bryan*, Nr. **8**) sind als solche p und V als rechtwinklige Koordinaten gewählt (verschiedene andere Nr. **33a**, vergl. auch Nr. **76b** und **85a**). Gibt es mehrere homogene Zustände, die zu einem und demselben Wertepaar der unabhängigen Variabeln gehören, so sind die darstellenden Punkte aufzufassen als *verschiedenen* Blättern, die man *homogene Blätter* [72]) nennt, angehörend,

68) Einen Teil der allgemeinen Bemerkungen über die thermodynamischen Diagramme sowie der faltentheoretischen Betrachtungen verdanken wir der Freundlichkeit von Herrn *D. J. Korteweg*.

Um die Tragweite der in diesem Abschnitt gegebenen allgemeinen Betrachtungen deutlich zu machen, werden wir in den meisten Fällen auf die Diagramme, die in verschiedenen späteren Nrn. enthalten sind (für einkomponentige Stoffe sind dieselben ziemlich vollständig zitirt), verweisen.

69) Eine allgemeine Theorie hat *J. W. Gibbs* [a] gegeben.

70) Wenn es nötig ist, dieselbe zu bestimmen (vergl. Einh. *b*), gewöhnlich die Gewichtseinheit (vergl. Fussn. 92).

71) Man benennt die ebenen Diagramme nach den unabhängigen Variabeln, die Linien in denselben entweder nach der Grösse, die längs der Linie konstant bleibt, z.B. die ϑ-Linien im α, β-Diagramm (Nr. **8a**), oder nach den zwei Variabeln, z.B. die $\mathfrak{F}^{(\mathrm{I})}, \beta$-Kurven (Nr. **14a**), wobei zur unzweideutigen Bestimmung noch die konstant gehaltenen Grössen anzugeben wären. (Vergl. Nr. **16**, Nr. **8b** und Fussn. 78).

Auch schiefwinklige Diagramme werden benutzt, vergl. Fussn. 678.

72) Die Überlagerung hängt von der Wahl der Stoffe und des Diagrammes ab. So z.B. im p, V-Diagramm und dann auch, wie *Gibbs* [a] p. 334—337 beweist, in jedem Diagramm konstanten Maassstabes (siehe Fussn. 77) bei Stoffen, die wie Wasser bei der Abkühlung unter konstantem Druck ein Minimalvolumen besitzen. Hier hängen die beiden Blätter längs der Linie des Minimalvolumens zusammen.

in welchen man die Ebene des Diagramms spalten kann und die in gewissen Linien (oder Punkten) zusammenhängen.

Die *Stabilitätslinie* (vergl. Nr. **17***c*) teilt das homogene in das *homogen stabile* und *homogen labile* Gebiet (Nr. **2***a*).

In demselben Diagramm kann im Allgemeinen ein Punkt auch angeben, dass die gegebene Gewichtsmenge des Stoffes in einem gesättigten Komplex verschiedener koexistirender Phasen (Nr. **2***b*) bei den entsprechenden Werten der unabhängigen Variabeln den Raum *heterogen* ausfüllt, indem man die diesen *heterogenen Gleichgewichten* entsprechenden *heterogenen Blätter* den homogenen überlagert (ein einfaches Beispiel Nr. **16**).

Die Linien, mit welchen die homogenen und heterogenen Blätter zusammenhangen, sind, weil sie sämtliche koexistirende Phasen enthalten, die *Linien der koexistirenden Phasen.* Gewöhnlich werden dieselben *Grenzlinien* [154]) genannt (vergl. Nr. **16***b*), weil sie die *heterogenen Existenzgebiete*, die *zweiphasischen, dreiphasischen*, eventuell auch *mehrphasischen*, abgrenzen [73]). Jede Grenzlinie hat einen Zweig für die höhere, einen für die niedere Phase [158]) (Enc. V 3, Art. *Bryan*, Nr. **24**). Wenn diese beiden Zweige zusammenkommen und zugleich die höhere und niedere Phase gleich werden (vergl. Nr. **9***b*), so entspricht diesem Zustand ein *kritischer Punkt* (Beisp. Nr. **16***b*) [74]).

b) Die beim Durchlaufen eines Weges im Diagramm von der betrachteten Stoffmenge geleistete Arbeit $\int p\, dV$ und aufgenommene Wärme $\int dQ$ nennt *Gibbs* die Wärme und die Arbeit dieses Weges. Für jeden Zyklus ist $\left(\int\right) dQ = \left(\int\right) dW$ [Enc. V 3, Art. *Bryan*, Nr. 4 und Gl. (3)] [75]).

Ist in irgend einem Diagramm dA der je nach der Beschreibungsrichtung positiv oder negativ genommene Inhalt eines unendlich kleinen

---

In dem S, V-Diagramm [821]) findet in diesem Fall keine Überlagerung statt (Vergl. Fussn. 813 und Nr. **72***b*.)

73) Sind die Koordinaten des Diagramms Grössen, welche in beiden Phasen gleichen Wert haben [wie p, T, μ, Enc. V 3, Art. *Bryan*, Gl. (141)], so sind die zweiphasischen Gebiete Linien (die zwei Zweige jeder Grenzlinie fallen aufeinander, vergl. Nr. **42**, Fig. 17), die dreiphasischen Gebiete Punkte, in welchen sich diese Linien begegnen (Beisp. Nr. **71***b*).

74) In dem Fall von Fussn. 73 endet die zweiphasische Linie im Diagramm in einen Punkt; dieser Endpunkt ist ein kritischer Punkt (vergl. Nr. **42***b*).

75) Für ungeschlossene Wege siehe *Gibbs* [a] p. 315.

von einem Zyklus umschlossenen Flächenteils, $dQ = dW$ die Wärme dieses Zyklus, dann besteht zwischen diesen beiden Grössen ein bestimmtes Verhältnis $\frac{dA}{dW}$ [76]), das zwar im allgemeinen von Ort zu Ort wechselt, aber von der Gestalt und der Beschreibung des Zyklus unabhängig ist. Dieses Verhältnis, wenn die Wärme in Arbeitsmaass gemessen wird, nennt *Gibbs* den *Maassstab* des Diagramms [77]).

8. Thermodynamische Flächen für einkomponentige Stoffe. *a*) Zu jedem Punkt α, β des ebenen Diagramms kann man den Wert irgend einer thermodynamischen Funktion γ für die gewählte Stoffmenge in dem entsprechenden Zustand als dritte rechtwinklige Koordinate zuordnen. Die Funktion γ wird dann geometrisch von einer thermodynamischen Fläche dargestellt [78]). Auf dieser sind im allgemeinen (siehe *e*) im Raume übereinander liegende Teile zu unterscheiden, die den heterogenen und homogenen Blättern des ebenen Diagramms entsprechen und die nun im Allgemeinen nur längs den Grenzlinien zusammenhängen (z.B. die p, V, T-Fläche Nr. **22**, vergl. weiter Abschn. **IV** und **V**).

Denkt man sich auf einer solchen Fläche zwei Linienschaaren mit unabhängigen Funktionen $\delta(\alpha,\beta) =$ konst. und $\varepsilon(\alpha,\beta) =$ konst. als Parameter gezogen, so wird jeder Zustand auch bestimmt von den zwei im Punkte α, β sich schneidenden δ-, ε-Linien doppelter Krümmung (vergl. z.B. Nr. **63***b* und Nr. **66***d*). Sämtliche γ, δ, ε-Flächen und geradlinigen, geradlinig-krummlinigen oder krummlinigen ebenen δ, ε-Diagramme mit den darin verzeichneten Wegen kann man als durch

76) Analytischer Ausdruck für dA/dW *Gibbs* [a] p. 314.

77) Diagramme, in welchen dieses Verhältnis überall dasselbe ist, nennt *Gibbs* Diagramme mit *konstantem* Maassstab. Diagramme, in denen es örtlich veränderlich aber von der Beschaffenheit des Stoffes unabhängig ist, Diagramme *bestimmten* Maassstabes (z.B. das $\log p$, $\log v$-Diagramm, Nr. **33***a*, das S, $\log T$-Diagramm, Nr. **54***d*), in jedem anderen Falle heisst der Maassstab *unbestimmt*, z.B. das p, T-Diagramm (Nr. **42**) oder das S, V-Diagramm (vergl. Fussn. 90, Nr. **63***c*). So gibt z.B. für den *Carnot*'schen Kreisprozess in dem T, S-Diagramm (Nr. **54***d*) der Inhalt des Rechteckes $(T_2 - T_1)(S_2 - S_1)$ die Wärme des Zyklus und im entsprechenden Indikatordiagramm der Inhalt $(\int) p\,dV$ die Arbeit des Zyklus und ist deshalb in beiden Fällen der Maassstab konstant und gleich eins. Vergl. Fussn. 90. Näheres *J. W. Gibbs* [a], vergl. über die *Abbildung* Nr. **8***a*, Beispiele Nr. **59**, und Enc. V 5, Art. *Schröter*, Nr. **3**.

78) Wir benennen die thermodynamischen Flächen nach der dargestellten Funktion und den unabhängigen Variabeln, so γ, α, β-Fläche (vergl. aber Fussn. 107), die Linien auf denselben wie in den ebenen Diagrammen [71]).

Transformation (eventuell Projektion) aus einander hervorgegangen betrachten (siehe *f*, vergl. weiter Nr. **59**).

b) Die Anordnung von irgend welchen δ-, ε-, u.s.w. Linien um einen Punkt bleibt bei dieser Transformation ungeändert und ist also von der Wahl des Diagramms unabhängig. *Gibbs* [79]) hat die Anordnung der $S =$ konst., $T =$ konst., $V =$ konst., $p =$ konst. Linien um einen Punkt herum untersucht. Dieselbe hängt von dem Vorzeichen von $\partial p/\partial S$ auf den Linien $V =$ konst. ab und wird in Fig. 1 für $(\partial p/\partial S)_V > 0$ und Fig. 2 für $(\partial p/\partial S)_V < 0$, beide für stabile Zustände, gegeben [80]), wobei die Figuren qualitativ aufzufassen sind. Jene Richtung, nach welcher hin man von der Linie ausgehend die Fläche betreten muss, damit die Werte der längs der Linie konstanten Grösse wachsen, ist als *positive Seite* der Linien [81]) bezeichnet. An der Grenze des stabilen und des labilen Gebietes berühren *Isotherme* (Enc. V 3, Art. *Bryan*, Nr. 8) und *Isobare* [82]) ($p =$ konst., auch *Isopieste* genannt) einander [83]).

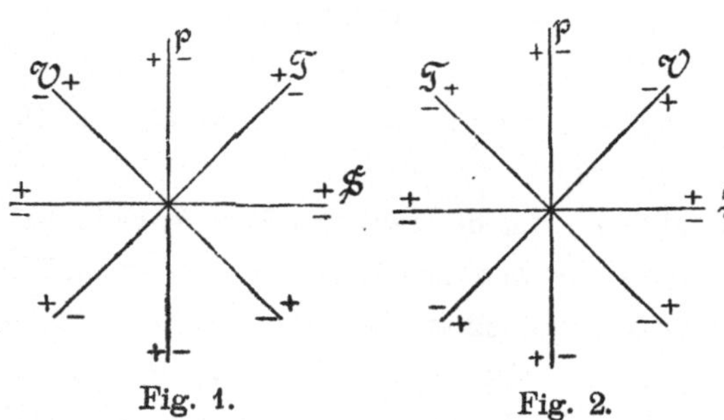

Fig. 1. Fig. 2.

c) Die Isothermen und Isobaren fallen im zweiphasischen Gebiet zusammen; wir nennen dieselben in diesem Gebiet nach einem Vorschlag von *Korteweg* die *Isophasen* [84]). Im mehrphasischen Gebiet können dieselben sich zu einer Fläche ausbreiten (z.B. Nr. **71***b*).

---

79) *J. W. Gibbs* [a] p. 339 u. f. Siehe daselbst für $(\partial p/\partial S)_V = 0$.

80) In gewissen Diagrammen hat man aber die durch Spiegelung aus denselben hervorgehenden anzuwenden, entsprechend der Betrachtung des Diagrammes von der entgegengesetzten Seite der Diagrammfläche, vergl. *J. W. Gibbs* [a] p. 341. Beispiele: Adiabaten und Isothermen im Indikatordiagramm und viele der weiteren Figuren, u. a. Fig. 27.

81) Die positive Seite einer Fläche werden wir ebenso wählen. Vergl. weiter Fussn. 84.

82) Dieser Name entspricht dem Vorschlag des wissenschaftlichen Ausschusses d. D. Physik Ges. [Verh. d. D. Physik. Ges. 5 (1903), p. 68].

83) Für den kritischen Punkt haben dieselben eine Berührung zweiter Ordnung. Ein Beispiel Nr. **18***b*.

84) Ihre Punkte (vergl. Fussn. 88) bestehen aus *denselben* zwei koexistirenden Phasen in wechselnden Mengenverhältnissen. Die koexistirenden Phasen bilden die Endpunkte der Isophase (vergl. auch Nr. **67***a*). Der *positive* Endpunkt entspricht der

d) Stellen die Koordinaten der Fläche Grössen dar, deren Werte in beiden Phasen gleich sind [wie p, T, μ, die *Intensitäten* [85]) des Systems, vergl. aber *e*], oder deren Gesamtwert die Summe der Werte in den einzelnen Phasen ist [wie V, S, U, $\mathfrak{F}_{VT}$, $\mathfrak{F}_{Sp}$, $\mathfrak{F}_{pT}$, die *Quantitäten* [85]) des Systems] [86]), so sind die Isophasen Geraden [87]). Die heterogenen Blätter des zweiphasischen Gebietes derartiger thermodynamischer Flächen sind Regelflächen (vergl. Nr. **22***a*).

Es stellen die Punkte der heterogenen Geraden, welche zwei, oder der heterogenen Dreiecksflächen, welche drei koexistirende Phasen [88]) auf den Grenzlinien verbinden, sämtliche heterogene Gleichgewichte dar, und zwar bestimmt ein heterogener Zustand (Punkt) als Schwerpunkt der in die Endpunkte gelegten relativen Massen der Phasen die Verteilung der Gewichtsmenge des Diagramms über dieselben bei dem gedachten Gleichgewicht [vergl. Nr. **16** und Nr. **60**, weiter Enc. V 3, Art. *Bryan*, Gl. (132) u. f.], während seine Koordinaten die demselben entsprechenden Funktionswerte für jene Gewichtsmenge angeben [89]).

e) Sind in einem ebenen Diagramm *beide* Koordinaten für zwei koexistirende Phasen gleich, dann reduzirt sich das ganze zweiphasische

---

höheren Phase (Nr. 7*a*). (Über Linien konstanter Teilung Fussn. 152). Die Linien $T =$ konst. u.s.w. im heterogenen Gebiet werden statt *heterogene Isothermen* auch wohl *empirische* (*van der Waals*, z.B. [a], p. 154), *wirkliche* [*Clausius*, Ann. Phys. Chem. **14** (1881), p. 279, im Gegensatz zu den *theoretischen* d. h. nicht im Ganzen realisirbaren, vergl. *Planck*, Ann. d. Phys. (4) 9 (1902), p. 630, = *homogenen*] oder *praktische* (*Kuenen* [b]) genannt. Wir behalten aber (Nr. **4**) die Bezeichnung empirisch für die Zusammenfassung der aus den Beobachtungen abgeleiteten von experimentellen Unzulänglichkeiten befreiten Daten, die sich also sowohl auf den homogenen [160]), wie auf den heterogenen Zustand beziehen können, vor. Es scheint unzweckmässig *experimentell* auf etwas anderes als reine Beobachtungstatsachen mit ihren Unzulänglichkeiten (vergl. z. B. Fussn. 150) anzuwenden.

85) *J. C. Maxwell* (1876), Phil. Mag. (6) 16 (1908), p. 818. *Brunhes*, Einleitung zu *Gibbs* [d], unterscheidet *variables de position* V, S, und *variables de tension*, p, T, die $\mathfrak{F}$'s; *H. le Chatelier*, J. de phys. (3) 3 (1894), p. 289, nennt die ersteren *capacité de puissance motrice*.

86) Enc. V 3, Art. *Bryan*, Nr. **24**. Für einen einkomponentigen Stoff in homogener Phase ist Enc. V 3, Art. *Bryan*, Nr. **26** gemäss für die Masseneinheit $\mu = \mathfrak{F}_{pT}$.

87) Vergl. aber für ein ebenes Diagramm Fussn. 73.

88) Punkte, welche den Zustand der koexistirenden Phasen darstellen. Wir kürzen überall in ähnlicher Weise ab.

89) Im Allgemeinen kann jeder Punkt der Dreiecksfläche oder geraden Linie eine Funktion darstellen, die für drei oder zwei Phasen additiv aus mit den Massen m', m'' und m''' proportionalen Grössen der einzelnen Phasen gebildet wird. So im heterogenen Gebiet z.B. $V = v'm' + v''m'' + v'''m'''$, $\mathfrak{F}_{pT} = \mu m' + \mu m'' + \mu m'''$ [Enc. V 3, Art. *Bryan*, Gl. (155)].

Gebiet auf einige Linien, die sich in Tripelpunkten (Nr. **71***b* und Enc. V 3, Art. *Bryan,* Nr. **25**) begegnen, welche letztere dann zusammen das dreiphasische Gebiet vergegenwärtigen [90]). Das dreiphasische Blatt einer zugeordneten thermodynamischen Fläche fällt in eine zur Ebene des Diagrammes senkrechte Gerade zusammen.

Ist die *dritte* Koordinate auch für beide Phasen gleich, so werden die zweiphasischen Blätter zu Linien, die dreiphasischen Blätter zu Punkten (Beispiel Nr. **72***a*).

f) Graphische Konstruktionen (Nr. **6***b*) mittels thermodynamischer Flächen können entweder an einem räumlichen materiellen Modell (Nr. **63**, **66**, **72**) ausgeführt werden, oder auch in vom Raumdiagramm abgeleiteten ebenen Diagrammen [*graphische Methode mittels des Modells* bzw. *in der Ebene* [91])].

9. Thermodynamische Diagramme auch für mehrkomponentige Stoffe. *a*) Für einen zweikomponentigen Stoff kann man die homogenen Blätter der in Nr. **8***a* betrachteten Flächen für dieselbe Gewichtsmenge [92]) nach x (Nr. **1***c*) als Parameter ordnen zu einem *Raumdiagramm.* Man kann aber hier auch zu thermodynamischen Flächen und ebenen Diagrammen gelangen, wenn man entweder eine der thermodynamischen Grössen oder die Grösse X als konstant und gegeben betrachtet (z.B. das V, X-Diagramm bei konstantem T, Nr. **66***d*) oder sich auf Abbildung gewisser Zustände (der koexistirenden Phasen) beschränkt, die eine

90) Dieses letztere Gebiet reduzirt sich in allen Diagrammen konstanten Maassstabes (Nr. **7***b*) auf einzelne Linien. Das geht schon daraus hervor, dass die Arbeit und also auch der Flächeninhalt eines jeden in diesem Gebiete vollzogenen Zyklus notwendig Null sein muss. Nur in Diagrammen mit veränderlichem Maassstabe, wo dieser über einen endlichen Flächenteil unendlich gross werden kann, ist eine vollkommenere Abbildung der dreiphasischen Zustände in einer zweifach dimensionirten Mannigfaltigkeit möglich, wie es der Abhängigkeit der dreiphasischen Zustände von *zwei* Parametern (den beiden Mengenverhältnissen) entspricht. Das V, S-Diagramm genügt dieser Anforderung (vergl. Nr. **72***a*).

91) *H. Kamerlingh Onnes* [e] Nr. 59 (1900). (Vergl. Nr. **66***a*.)

92) Gewöhnlich nimmt man dafür M (Nr. **1***c*). Bisweilen aber auch die Gewichtseinheit (vergl. Fussn. 70), nach welcher dann auch der Gehalt X u.s.w. an den einzelnen Komponenten gerechnet wird [80]). Für die graphischen Darstellungen macht dies auch bei der Vergleichung von Phasen verschiedener Zusammensetzung keinen wesentlichen Unterschied. Sind $A, B, C \dots P$ die Mengeneinheiten der Komponenten, $X, Y, \dots$ die Parameter mittels welcher wir ihre Massenverhältnisse in den Gemengen bestimmen, so beziehen sich alle thermodynamischen Grössen auf die Mengen $XA + YB + \dots + (1 - X - Y - \dots) P$. Änderung der Einheiten entspricht linearer Transformation (vergl. Nr. **10***a* und **66***b*) der graphischen Darstellung.

Mannigfaltigkeit ∞^2 bilden (z.B. die p, T, x-Fläche der koexistirenden Phasen, Nr. **67**b, vergl. auch Nr. **75**b). Und für drei und mehr Komponenten gelten natürlich ähnliche Betrachtungen (vergl. Nr. **69**).

b) Im Allgemeinen nennt man *kritische Zustände* oder *kritische Phasen* [93]) die Zustände, welche auftreten, wenn irgend zwei koexistirende Phasen durch Änderung eines Parameters identisch werden (vergl. Nr. **12**a).

In Nr. **16**b wird ein Beispiel eines kritischen Punktes (Nr. **7**a) für einen einkomponentigen Stoff gegeben. Der Eigenschaft, dass die durch denselben gehende Isotherme da einen Inflexionspunkt mit einer der V-Achse parallelen Tangente hat, entspricht bei den Gemischen der Punkt, den *van der Waals* [b] p. 10 *kritischen Punkt bei ungeänderter Zusammensetzung* (vergl. Fussn. 251) genannt hat, weil das Auftreten von zwei koexistirenden Phasen, die in diesem Punkte identisch werden, verlangen würde, dass die Zusammensetzung in jedem Volumenelement ungeändert gehalten wird. Nur in Ausnahmefällen (Nr. **67**b) ist dieser Punkt realisirbar (vergl. Nr. **25**b und **33**b).

Es gibt aber bei den Gemischen Fälle, wo der Unterschied eines koexistirenden Phasenpaares (nach v und x z.B.) durch irgend einen Parameter (z.B. p bei gegebenem T für die zweikomponentigen) gegeben wird und eine Änderung dieses Parameters diesen Unterschied zu Null macht (*van der Waals* [b] p. 11), vergl. Nr. **67**a. In einem solchen Fall bekommt man also eine im Allgemeinen (vergl. Nr. **68**a) realisirbare kritische Phase.

c) Da $X, Y \dots$ für einen Phasenkomplex additiv aus Grössen gebildet sind, die für die einzelne Phase gegeben und mit den in dieser Phase befindlichen Massen proportional sind, so gelten die Nr. **8**d aufgestellten Eigenschaften allgemein für isophasische Geraden und Dreiecksflächen in thermodynamischen Flächen und ebenen Diagrammen, welche Koordinaten aus den Grössenreihen $p, T, \mu_a, \mu_b \dots$ und $V, S, U, \mathfrak{F}_{pT}, \mathfrak{F}_{Sp}, \mathfrak{F}_{VT}, X, Y, \dots$ enthalten [94]).

10. Gibbs'sche Tangentialflächen. a) Ist die von der Fläche mit den unabhängigen Veränderlichen α und β dargestellte Funktion eine *Gibbs*'sche *Fundamentalgrösse* [95]) $\mathfrak{F}_{\alpha\beta\gamma\delta} \dots$, in welcher $\gamma, \delta \dots$ konstant

93) Siehe *J. W. Gibbs* [c] p. 187.

94) In besonderen Fällen fallen die Linien zu Punkten u.s.w. zusammen. Für etwaige isophasische Vielecke gilt ebenfalls die Schwerpunktsregel von Nr. **8**d, genügt aber nicht mehr allein zur Bestimmung der Verteilung der Gewichtsmenge über die Phasen.

95) Vergl. Enc. V 3, Art. *Bryan*, Nr. **16** und diesen Art. Nr. **3**a. *Gibbs* [59]) nennt $\mathfrak{F}_{SVXY\dots} = \varepsilon$, $\mathfrak{F}_{pTXY\dots} = \zeta$, $\mathfrak{F}_{VTXY\dots} = \psi$, $\mathfrak{F}_{SpXY\dots} = \chi$; *van der Waals*

gehalten werden, und sind α, β so gewählt, dass $\partial\mathfrak{F}/\partial\alpha$, $\partial\mathfrak{F}/\partial\beta$ für koexistirende Phasen gleich sind, während dies auch für die Grössen $\gamma, \delta \ldots$ selbst gilt, so haben koexistirende Phasen eine gemeinschaftliche Berührungsebene [96]), in welcher die isophasische Gerade oder das isophasische Dreieck, oder Vieleck liegt. Bei diesen Flächen berühren [97]) also die heterogenen Blätter die homogenen. Nach einem Vorschlage *Korteweg*'s nennen wir dieselben *Gibbs*'sche *Tangentialflächen* [98]). Es gibt weiter jede lineare Transformation einer Tangentialfläche wieder eine solche [99]).

Es gehören zu diesen Tangentialflächen die sehr wichtige *van der Waals*'sche $\mathfrak{F}_{vTx}$, x, v-Fläche (Nr. **66**) für zwei- und die *Gibbs*'sche $\mathfrak{F}_{pTxy}$, x, y-Fläche (Nr. **69**a) für dreikomponentige Stoffe, sowie die *Gibbs*'sche u, s, v-Fläche (Nr. **58**b). Alle diese haben einen Komplex von Eigenschaften gemein, was die Einführung eines besonderen Namens für diese Klasse von Flächen rechtfertigt.

b) Die Bedingung [100]) für die (lokale, vergl. Nr. **2**a) Stabilität des Gleichgewichtes einer homogenen Phase ist, dass die $\mathfrak{F}$-Tangentialfläche

---

benutzt dieselben Bezeichnungen, die man auch bei den Autoren, welche seine Theorien ausgearbeitet haben, findet. Vergl. weiter Nr. **58** und **58**.

96) *Cayley*, Cambridge and Dublin Math. J. 7 (1852), p. 166 = Math. Papers 2 p. 28, nennt den Berührungspunkt einer Ebene mit der Fläche *Node*, weil Doppelpunkt (node, Enc. III C 4, Art. *Berzolari*, Nr. **2**) der Schnittkurve der Berührungsebene und der Fläche (Enc. III C 2, Art. *Staude*, Nr. **13**), die zwei Berührungspunkte einer zweifachen Berührungsebene *node-couple*, jeden dieser Punkte *node-with-node* (wir nach *Korteweg* [b] p. 296 Konnode, Nr. **12**a), den Ort dieser Punkte *node-couple-curve* (wir Konnodalkurve, Nr. **12**a, vergl. Fussn. **113**).

97) Die isophasische Gerade wird auch wohl *Berührungssehne* genannt [*Hartman*, Leiden Comm. Suppl. Nr. 3 (1901)], von *van der Waals* [b] p. 100 *Nodengerade* (vergl. Fussn. 96).

98) Da man für dreikomponentige (vergl. Nr. **69**b für vierkomponentige) Stoffe die α, β auf 6 verschiedene Weisen aus s, v, x, y wählen kann, gibt es für diese Stoffe, ausser den durch lineare Transformation aus denselben abzuleitenden, 6 verschiedene Tangentialflächen, und zwar 1 $\mathfrak{F}_{sv\,\cdot\,\cdot}$- (die $\mathfrak{F}_{sv\partial\mathfrak{F}/\partial x\,\partial\mathfrak{F}/\partial y}$, s, v-Fläche), 2 $\mathfrak{F}_{vT\,\cdot\,\cdot}$- (die $\mathfrak{F}_{vT\partial\mathfrak{F}/\partial x\,y}$, v, y- und die $\mathfrak{F}_{vTx\partial\mathfrak{F}/\partial y}$, v, x-Fläche), 2 $\mathfrak{F}_{sp\,\cdot\,\cdot}$, 1 $\mathfrak{F}_{pT\,\cdot\,\cdot}$-Tangentialflächen; ebenso für zweikomponentige 1 $\mathfrak{F}_{sv\,\cdot}$- (die $\mathfrak{F}_{sv\partial\mathfrak{F}/\partial x}$, s, v-Fläche), 1 $\mathfrak{F}_{vT\,\cdot}$-, 1 $\mathfrak{F}_{sp\,\cdot}$-Tangentialflächen; endlich für einkomponentige Stoffe nur eine Tangentialfläche, nämlich eine $\mathfrak{F}_{sv}$-Fläche (die *Gibbs*'sche u,s,v-Fläche). Wir haben hierbei, weil wir die Flächen nach s, v, T, p ordneten, in den Indizes die Ordnung, in welcher $\alpha, \beta, \gamma, \delta \ldots$ geschrieben werden, so abgeändert, dass die zwei der Gruppe s, v, T, p angehörenden Grössen vorankommen, und, um die Schreibweise nicht allzu komplizirt zu machen, mit $\partial\mathfrak{F}/\partial x$ bzw. $\partial\mathfrak{F}/\partial y$ in den Indizes den Koeffizienten des dx bzw. dy angedeutet in dem vollständigen Differential [39]) einer anderen *Gibbs*'schen Fundamentalgrösse $\mathfrak{F}$ in der x bzw. y als geeignete unabhängige Variabele (Nr. **3**a) auftritt (vergl. Enc. V 3, Art. *Bryan*, Nr. **26**).

99) Vergl. *W. H. Keesom* in Leiden Comm. Nr. 81 (1902), p. 36, und Nr. **66**b.

100) *Gibbs* zeigt dies für die $\mathfrak{F}_{sv}$, s, v- und für die $\mathfrak{F}_{pTxy}$, x, y-Fläche; in ähnlicher Weise lässt dieses sich allgemein für irgend eine $\mathfrak{F}$-Tangentialfläche beweisen.

für dieselbe konvex nach der Seite der abnehmenden $\mathfrak{F}$ ist. Von verschiedenen homogenen und heterogenen Gleichgewichten ist, bei denselben Werten der unabhängigen Variabeln, dasjenige am meisten stabil (in absolut stabilem Gleichgewicht, Nr. 2) für welches $\mathfrak{F}$ den kleinsten Wert hat [101]).

11. Falten. *a*) Führt eine Zustandsgleichung auf labile Zustände, so sind dieselben nach Nr. **10***b* auf der Tangentialfläche durch die *Spinodalkurve* [102]) [103]) oder *Spinodale* (vergl. die gebrochene Linie der Figur 4), welche die Grenze zwischen den negativ und den positiv gekrümmten Teilen der Fläche bildet [104]), von den stabilen getrennt, und ist für letztere nach Nr. **10***b* die Tangentialfläche konvex nach der Seite der abnehmenden $\mathfrak{F}$. Es tritt eine *Falte* [120]) in der Fläche auf, die nach der Seite der abnehmenden $\mathfrak{F}$ von der berührenden heterogenen Regelfläche (Nr. **10***a*, ein Beispiel Nr. **60**) bedeckt wird.

Die Falten in den Tangentialflächen sind von besonderer Bedeutung

---

Einen sehr eleganten geometrischen Beweis für die u, s, v-Fläche, der sich auch unmittelbar auf den allgemeinen Fall übertragen lässt, gibt *Maxwell* [a] p. 200.

101) Ist ein Teil von $\mathfrak{F}$ eine mehrphasische Ebene (vergl. Nr. **2***b*) oder konvex bei Krümmung 0 (wie in einem kritischen Punkt, vergl. Nr. **60**), so werden die entsprechenden Gleichgewichte neutrale genannt.

102) So genannt, weil die Punkte derselben als *Spinoden* (Spitzen) in der Schnittkurve der Berührungsebene mit der Fläche auftreten (*Cayley*, Fussn. 96, vergl. *van der Waals* [d] p. 135). Weil in einer Spinode die Indikatrix eine Parabel, werden diese auch parabolische Punkte der Fläche genannt (*Salmon-Fiedler*, Anal. Geom. des Raumes II, 3te Aufl., Nr. 7; Enc. III D 1, 2, Art. *von Mangoldt*, Nr. **36**).

103) Oder Zweig der Spinodalkurve. Derselbe ist also identisch mit der Stabilitätslinie (Nr. 7*a*). Die *Flecnodalkurve*, d. h. der Ort der Punkte, die in der Schnittkurve ihrer Berührungsebene mit der Fläche als Flecnode (Doppelpunkt, in dem der eine Zweig der Kurve einen Inflexionspunkt hat) auftreten (*Cayley*, Fussn. 96), und in denen eine der Tangenten mit der Fläche eine Berührung 3ter Ordnung hat [*Salmon*, Cambridge and Dublin Math. J. 4 (1849), p. 258, vergl. *Salmon-Fiedler* l. c. Fussn. 102, Nr. 467], begegnen wir in der Thermodynamik nur in besonderen Fällen. Der kritische Punkt bei ungeänderter Zusammensetzung K (Nr. **9***b*) auf der *van der Waals*'schen $\mathfrak{F}_{vTx}$, x, v-Fläche, siehe Fig. 46 und 47, liegt auf derselben. Vergl. weiter Fussn. 685. In beiden Fällen ist die zum genannten Punkte der $\mathfrak{F}, \alpha, \beta$-Fläche gehörende Tangente 3ter Ordnung // der $\mathfrak{F}, \beta$-Ebene (Nr. **10***a*).

Im Faltenpunkt hat die Tangente an die Spinodale, Konnodale (Nr. **12***a*) und Flecnodale eine Berührung 3er Ordnung mit der Fläche. Die Spinodale wird berührend umhüllt (vergl. Nr. **12***a*) von der $\partial\mathfrak{F}/\partial\alpha$- und der $\partial\mathfrak{F}/\partial\beta$-(Nr. **10***a*) Linie (d. h. die Linie $\partial\mathfrak{F}/\partial\alpha$ oder $\partial\mathfrak{F}/\partial\beta =$ konstant, Fussn. 78), sowie von der $\mathfrak{F}^{(III)}$-Linie (in Nr. **14***c* angegeben).

104) Die punktirte Linie in Fig. 4 hat keinen andern Zweck, als die allgemeine Gestaltung der Fläche näher zu verdeutlichen.

geworden (Nr. **6***b*), seit *van der Waals* [b] gelehrt hat dieselben auf die Bestimmung der Gleichgewichtsbedingungen für koexistirende Phasen von Gemischen, zunächst binärer Gemische, anzuwenden (Nr. **66***a*).

b) Weist eine Tangentialfläche eine Falte auf, so kann man ihr als *Primitivfläche* [105]) eine *abgeleitete* oder *derivirte Fläche* [106]) in folgender Weise zuordnen. Während die Primitivfläche sich ausschliesslich auf sämtliche homogenen Zustände, welche sämtlichen homogenen Existenzgebieten des dargestellten Stoffes angehören, bezieht, stellt die abgeleitete Fläche dagegen die sämtlichen stabilen heterogenen Gleichgewichte in gesättigtem Komplexe koexistirender Phasen, welche sich den homogenen anschliessen, dar; sie besteht also aus den zwei und mehrphasischen Blättern (Nr. **8***d*), welche die Falten überdecken. Die *Fläche der zerstreuten Energie* [107]) beschränkt sich auf die Teile der Primitivfläche, welche sich als absolut stabile ergeben, und nimmt dabei weiter die Teile der abgeleiteten Fläche, die absolut stabilen Gleichgewichten entsprechen, auf [108]) [109]).

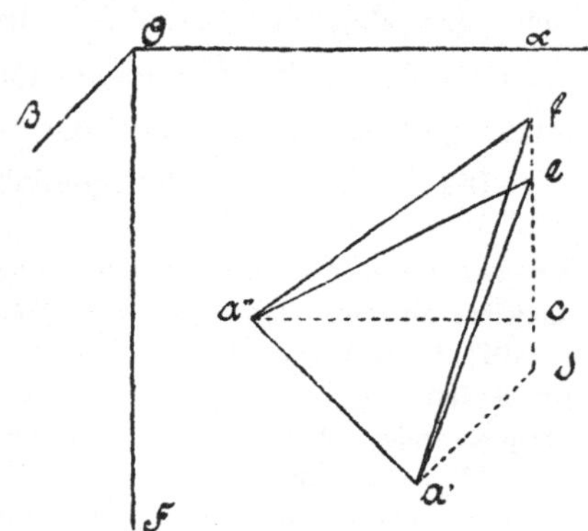

Fig. 3.

c) Da die Berührungsebene an die koexistirenden Phasen (α', β') und (α'', β'') auf einer $\mathfrak{F}$, α, β-Tangentialfläche sich bei dem Weiterrollen über

105) Manchmal hat man dazu Teile zu rechnen, die nach allen oder einigen Seiten in der + $\mathfrak{F}$-Richtung so schnell abfallen, dass man sie einfachheitshalber als isolirte Punkte oder Linien (Spitzen oder Kanten) behandeln kann. So z. B. Teile, welche festen Zuständen mit unveränderlichen x.... entsprechen (vergl. Nr. **75***a* und Fussn. 881).

106) *J. W. Gibbs* [b] p. 385.

107) *J. W. Gibbs* [b] p. 398, [c] p. 178. Sie wird (in einer von Fussn. 78 abweichenden Weise) Fläche der zerstreuten Energie genannt, weil sie Zustände darstellt, in denen die Energiezerstreuung (Enc. V 3, Art. *Bryan*, Nr. **15**), in so weit es innere Prozesse betrifft, zu Ende geführt ist. Dieses alles wird in Nr. **60** durch Figuren für den speziellen Fall der *Gibbs*'schen U, S, V-Fläche näher erläutert.

108) Hierbei fallen auch die den *relativ-stabilen neutralen* Gleichgewichten entsprechenden Teile aus. Die Konstruktion folgt gleich aus der Definition Nr. **10***a*. Man hat 1. an der Primitivfläche [mit zugehörenden Spitzen und Kanten [105])] alle mehrfachen Berührungsebenen zu legen und die zugehörigen Drei- und Vielecke zu konstruiren, jede dieser Ebenen von jeder Seite der erwähnten Drei- und Vielecke anfangend, über die Primitivfläche unter zweipunktiger Berührung fortrollen zu lassen, bis entweder die Ränder der Fläche oder ∞ erreicht sind, oder eine dritte oder mehrfache Berührung entsteht, oder endlich auch die beiden Berührungspunkte in einem

die Falte um die Isophase dreht, folgt nach Fig. 3 unmittelbar [110]), dass

$$(\alpha'-\alpha'')\, d\, \frac{\partial \mathfrak{F}_{\alpha\beta}}{\partial\alpha} = -\,(\beta'-\beta'')\, d\, \frac{\partial \mathfrak{F}_{\alpha\beta}}{\partial\beta}\,. \qquad (2)$$

Ein spezieller Fall dieser Gleichung ist die *Clapeyron-Clausius*'sche (siehe Nr. **61**) [111]).

12. Faltenpunkte. *a*) Ein kritischer Punkt (Nr. **9***b*) ist auf den Tangentialflächen ein *Faltenpunkt* (Beisp. Nr. **60, 67***a*) [112]). Für die rein mathematische Behandlung dieser Punkte verweisen wir auf die Arbeit von *Korteweg* [a]. Von den beiden dort angegebenen Arten kommt für die abgeleitete Fläche nur die erste in Betracht.

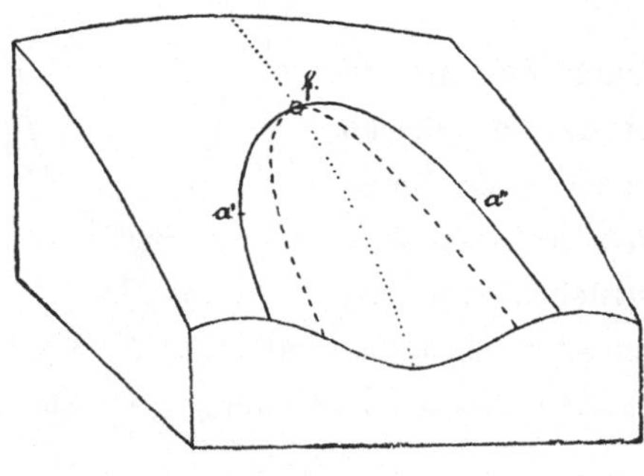

Fig. 4.

Fig. 4 gibt die Abbildung einer von einem Faltenpunkte dieser Art abgeschlossenen Falte (Nr. **60, 66, 68***a*). *a'* und *a''* sind *Konnoden* [96]), die zusammengehörenden Berührungspunkte der Fläche mit einer zwei-

einzigen Punkt der Fläche zusammenkommen, 2. zu untersuchen, ob noch weitere zweifache Berührungsebenen anzubringen sind, und diese abzurollen, 3. die Teile mit grösserem $\mathfrak{F}$ den entsprechenden mit kleinerem $\mathfrak{F}$ gegenüber fortzulassen.

109) Es lassen sich diese Definitionen leicht auf die thermodynamischen Flächen im Allgemeinen übertragen, wobei allerdings die derivirte Fläche zu Linien zusammenfallen kann (vergl. Nr. **14***c*).

110) In Fig. 3 ist df die der $\mathfrak{F}$-Achse parallele Gerade, welche die von den Konnoden $a'(\alpha',\beta')$ und $a''(\alpha'',\beta'')$ ausgehenden der β-, bezw. α-Achse parallele Geraden schneidet, $a'\,a''\,e$ und $a'\,a''\,f$ die zwei Berührungsebenen. Aus

$$d\,\frac{\partial\mathfrak{F}_{\alpha\beta}}{\partial\alpha} = -\frac{ef}{a''c} = -\frac{ef}{\alpha'-\alpha''}\,,\quad d\,\frac{\partial\mathfrak{F}_{\alpha\beta}}{\partial\beta} = \frac{ef}{a'd} = \frac{ef}{\beta'-\beta''}$$

folgt Gl. (2).

Für die analytische Ableitung hat man die Gleichung der Berührungsebene im Punkte (α',β') zu bilden, die zugleich durch (α'',β'') hindurchgeht, und die Bedingung dafür anzuschreiben, dass auch die benachbarte Berührungsebene durch dieselben Punkte (α',β'), (α'',β'') hindurchgeht.

111) Ein anderer Fall ist die wichtige *van der Waals*'sche Gl. **A** [b] p. 13 für binäre Mischungen [Nr. **67***a* Gl. (114)]. Fig. 3 gibt *Gibbs* [b] p. 387 für die *Clapeyron-Clausius*'sche Gleichung.

112) Von *D. J. Korteweg* [a] definirt als den Punkt, wo bei dem Fortrollen einer zweifach berührenden Ebene auf der Fläche die zwei Berührungspunkte zum Zusammenfallen kommen. Schon von *Gibbs* [b] p. 395 wurde darauf gewiesen, dass diese Punkte die kritischen Punkte bei einem einkomponentigen Stoff bezeichnen. *Maxwell* [a] p. 205 nannte sie auf Vorschlag von *Cayley tacnodal points* (vergl. Enc. III C 4, Art. *Berzolari*, Nr. **2** und Fussn. 11).

(bzw. mehr-)fach tangirenden Ebene. Die Gesamtheit der Punkte a', a'' bildet die *Konnodalkurve* oder *Konnodale* [113]). Im Faltenpunkte f berühren sich die Konnodalkurve und die Spinodalkurve (vergl. Fussn. 103).

b) Ausser den einfachen Faltenpunkten bespricht *Korteweg* [a] und [b] die Ausnahmepunkte erster Ordnung [114]). Unter diesen sind für die abgeleitete Fläche nur die beiden Arten der *homogenen Doppelfaltenpunkte* von Bedeutung [115]).

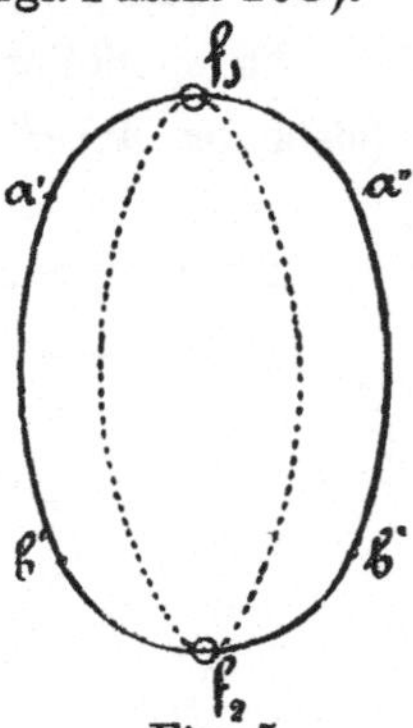

Fig. 5.

Dieselben unterscheiden sich durch die Art, in welcher man sie bei der Veränderung der Fläche entstanden denken kann. Das Auftreten eines *homogenen Doppelfaltenpunktes der ersten Art* auf einer veränderlichen Fläche bedingt das Entstehen oder Verschwinden einer von zwei Faltenpunkten abgeschlossenen Falte (Fig. 5) [116]), das eines *homogenen Doppelfaltenpunktes zweiter Art* dahingegen das

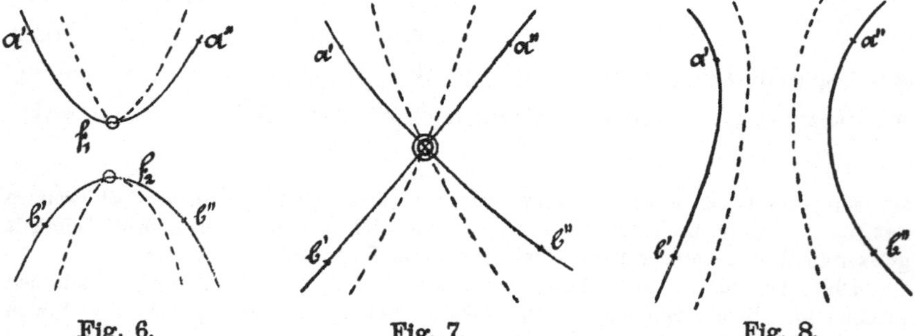

Fig. 6. Fig. 7. Fig. 8.

Zusammenfliessen zweier Falten oder die Teilung einer Falte, wie das durch die Figuren 6—8 oder 8—6 verdeutlicht wird, welche Figuren

113) *Van der Waals* nennt sie meistens *Binodale.*

114) Ausnahmepunkte (oder im Allgemeinen Ausnahmesingularitäten) erster Ordnung nennt *Korteweg* solche, deren Auftreten auf einer Fläche, deren Gleichung veränderliche Parameter enthält, nur eine einzige Bedingung zwischen diesen Parametern fordert.

115) Die Betrachtung *heterogener Doppelfaltenpunkte,* die im nicht absolut stabilen Teil der Primitivfläche auftreten, kann dazu dienen, um das Verhalten der Falten bei sich änderndem Parameter (z.B. T der *van der Waals*'schen $\mathfrak{F}_{vTx}$, v, x-Fläche), insbesondere das Auftreten *zusammengesetzter Falten,* besser verständlich zu machen (vergl. Fussn. 122): *van der Waals* [e] März 1907, p. 841 u. f., Mai 1907, p. 20 (vergl. Nr. 68*c*).

116) f_1 und f_2 sind die Faltenpunkte der neuentstandenen Falten; a' und a'', b' und b'' zusammengehörige Konnoden, die gebrochene Linie gibt die Spinodalkurve, im Innern dieser Kurve ist die Fläche negativ gekrümmt. Vergl. Nr. 68*c*.

sich auf die Gestaltung der Fläche vor, während und nach dem Auftreten eines solchen Doppelfaltenpunktes beziehen [117] [118].

13. **Faltentheoretische Betrachtungen.** *a*) *Korteweg* [b] [119]) teilt die Falten [120]) in drei Arten, von welchen aber nur zwei, die *geschlossenen Falten* (Fig. 5) und die ungeschlossenen *Ringfalten* (Fig. 9) [121]), für die

---

117) Wenn f_1 und f_2 derselben Falte angehören, entsteht eine Ringfalte (Nr. 13, Fig. 9).

118) Wie man sieht, kann in Fig. 8 ein ungestörtes Fortrollen der zweifachen Berührungsebene von dem Konnodenpaar (a', a'') zu dem Konnodenpaar (b', b'') stattfinden d. h. die koexistirenden Phasen (a', a'') können unter den Bedingungen, welche für jeden Punkt der Fläche erfüllt sein müssen (also für die *van der Waals*'sche $\mathfrak{F}_{VTX}$, V, X-Fläche bei konstanter Temperatur, bei der *Gibbs*'schen $\mathfrak{F}_{pTXY}$, X, Y-Fläche bei konstanter Temperatur und konstantem Druck), allmählich in die Phasen (b', b'') ohne Unterbrechung der Heterogenität übergehen, was bei Fig. 6 unmöglich ist. Das erste experimentelle Beispiel bei *Kuenen*, Leiden Comm. Nr. 16 (1895), vergl. Nr. 67*b*.

119) In dieser Arbeit behandelt *Korteweg* alle solche Ausnahmeerscheinungen [die Knotenpunkte, ohne Bedeutung für die Thermodynamik, später: Nieuw Archief voor Wisk. 18 (1891), p. 153] erster Ordnung, welche auf das Entstehen und Verschwinden, auf das Verhalten der Falten im Allgemeinen und der thermodynamisch wichtigen vielfachen Berührungsebenen einer veränderlichen Fläche (z.B. der *van der Waals*'schen $\mathfrak{F}vTx$, v, x-Fläche mit T) Einfluss haben können, insoweit nämlich als eine solche Fläche als eine punktallgemeine Fläche betrachtet werden kann. Dabei ist nun zu bemerken, dass dieses nicht bei allen *Gibbs*'schen Tangentialflächen der Fall ist. Wohl bei der *van der Waals*'schen $\mathfrak{F}vTx$, v, x-Fläche, nicht aber bei der *Gibbs*'schen $\mathfrak{F}pTxy$, x, y-Fläche. Infolge dessen können, wie uns vom Autor freundlichst mitgeteilt wurde, bei dieser letzteren Singularitäten sowie Ausnahmesingularitäten erster Ordnung auftreten, welche bei *Korteweg* [b] nicht angegeben sind; so z. B. können die zwei Seiten einer Falte sich zu durchschneiden anfangen, sodass unter Bildung von zwei Kehrkanten eine *dreiblättrige Falte* (*van der Waals* [e] Febr. 1902, p. 560) entsteht, oder es können zwei Blätter sich zu berühren anfangen (ohne einen kegelförmigen Knotenpunkt zu bilden), um bei weiterer Änderung der Parameter sich zu schneiden, wobei eine Ringfalte entstehen kann (vergl. *Gibbs* [c] p. 184, *van der Waals* [e] März 1902, p. 673), und das Alles ohne Auftreten von Singularitäten höherer Ordnung.

120) Die mathematische Definition einer Falte ist nicht ohne Schwierigkeit. Der übliche Begriff muss verallgemeinert und verschärft werden. Siehe *Korteweg* [a] p. 95. Als lehrreiches Beispiel gibt derselbe da den Fall von drei Kugeln; diesem könnte man den eines oder mehrerer Toroide an die Seite stellen. Nach *Korteweg* vergegenwärtigt jeder Zweig der Konnodalkurve, der sich wie in Fig. 5 verhält, eine geschlossene, jedes Paar wie in Fig. 9 (vergl. Fussn. 121) eine Ringfalte, die weitere Gestalt der Fläche möge dann sein wie sie wolle.

121) Hier sind a', a''; b', b''; c', c''; d', d'' Konnodenpaare; die doppelt berührende Ebene kehrt zuletzt in ihre ursprüngliche Lage zurück. Wenn die doppelt berührende Ebene von a' nach $b'\,d'$, und von a'' nach $b''\,d''$ rollte, hätte man zwei geschlossene Falten.

abgeleitete Fläche in Betracht kommen. Daneben kann es selbstverständlich auch vorkommen, dass eine Falte, ohne sich zu schliessen, nach ∞ geht oder die Ränder der Fläche erreicht.

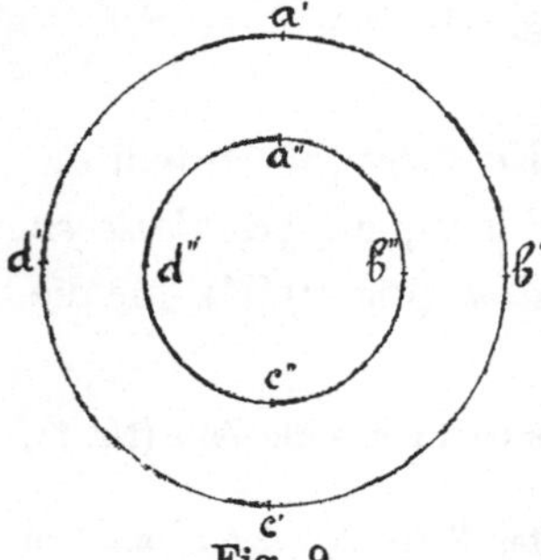

Fig. 9.

Von den Ausnahmeerscheinungen erster Ordnung erwähnen wir nur solche, die sich auf der Fläche der zerstreuten Energie (Nr. **11***b*) abspielen, weil sie die einzigen sind, die zur Bildung stabiler oder neutraler Zustände Veranlassung geben können [122]).

Von diesen verdeutlichen wir durch die Fig. 10—12 die Entstehung eines dreiphasischen Dreiecks dadurch, dass der Faltenpunkt f einer ersten Falte (a', a'') die Konnodalkurve (b', b'') (c', c'') einer zweiten Falte erreicht [123]). In Fig. 12 sind die Konnodalkurven streckenweise auf das metastabile und labile Gebiet übergetreten. Diese Teile sind punktirt [124]).

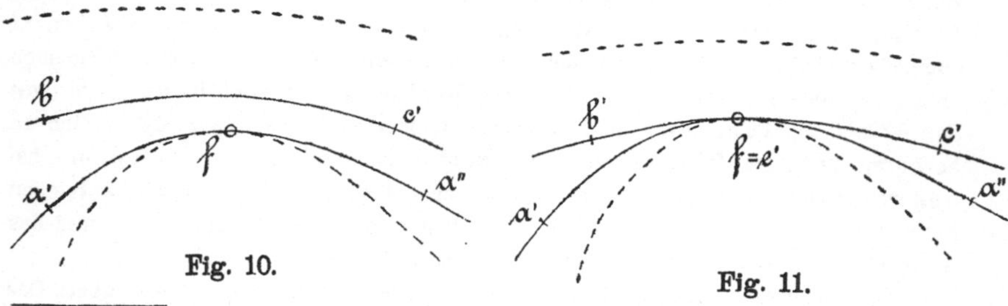

Fig. 10.

Fig. 11.

122) Dabei ist aber zu erwähnen, dass Ereignisse, die sich im metastabilen oder labilen Teil der Primitivfläche abgespielt haben, späterhin, d. h. bei fortgesetzter Änderung der Parameter, ihren Einfluss auf den stabilen Teilen fühlbar machen können (so z.B. beim Übergang von einer *Seitenfalte* in eine *Hauptfalte*, Nr. **68***a*, und umgekehrt, *Korteweg* [b] p. 315, *van der Waals* [e] März 1905, p. 625). Vergl. Fussn. 115.

123) Ausnahmeerscheinung 1er Ordnung, denn die Fig. 11 fordert zu ihrer Entstehung nur, dass die Berührungsebene des Faltenpunktes eine zweite Berührung mit der Fläche bekommt (im Punkt e'' der Figur).

124) Weiteres für dreiphasische Gebiete *Gibbs* [c] p. 181—182, *Korteweg* [b] p. 313—314, für das Auftreten einer vierfachen Berührungsebene *Gibbs* [c] p. 185—188 (dort vollständiger als *Korteweg* [b]).

Die Figur 12 erläutert zugleich den Satz, dass die Rückkehrpunkte (hier g'', h'') der einen Konnodalkurve $b''\,e'''\,h''\,g''\,e'''\,c''$ korrespondiren mit den Schnittpunkten der anderen und der (hier gebrochen gezeichneten) Spinodalkurve [125]. Auf die Einzelheiten in dem Teile $e'\,h'\,g'\,e''$ wird in der Figur nicht eingegangen (ein Beispiel Nr. **68***a*).

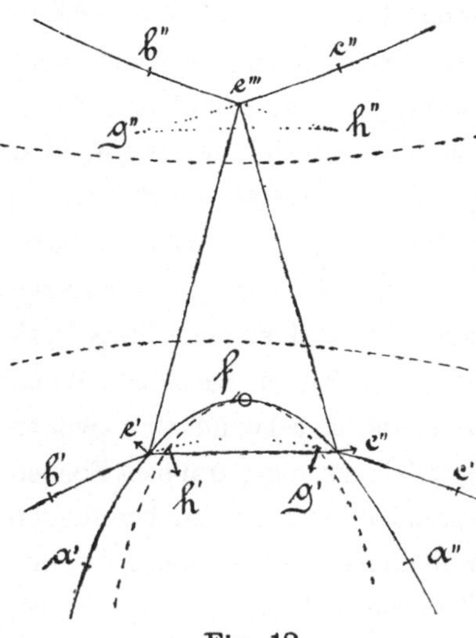

Fig. 12.

b) *Van der Waals* [126] hat an seiner $\mathfrak{F}_{vTx}$, v, x-Fläche gezeigt (vergl. Nr. **68***c*), wie aus dem Lauf der $\partial\mathfrak{F}/\partial\alpha$- und der $\partial\mathfrak{F}/\partial\beta$-Linien die Spinodalkurve als Ort der Berührungspunkte einer $\partial\mathfrak{F}/\partial\alpha$- mit einer $\partial\mathfrak{F}/\partial\beta$-Linie, und damit das Verhalten der Falten abzuleiten ist. Für die Konstruktion der Konnoden können dann die $\mathfrak{F}^{(III)}$-Linien (Nr. **14***c*) dienen [127] [128].

14. Gibbs'sche Tangentialkurven und Doppelpunktskurven. *a*) Aus einer Tangentialfläche $\mathfrak{F}$, α, β lassen sich Kurven ableiten, welche man *Gibbs*'sche *Tangentialkurven* nennen kann, indem man auf der Fläche eine Berührungsebene mit der konstanten Neigung $\partial\mathfrak{F}/\partial\alpha = \text{konst.}$ oder $\partial\mathfrak{F}/\partial\beta = \text{konst.}$ rollen lässt, welche dann zu gleicher Zeit über die Kurve

125) Weiter erläutern die Figuren die von *D. J. Korteweg* und *F. A. H. Schreinemakers*, Amsterdam Akad. Versl. Nov. 1911 [vergl. auch *J. P. Kuenen*, Amsterdam Akad. Versl. Okt. 1911 = Leiden Comm. Suppl. Nr. 22*a*] abgeleiteten Sätze, dass bei der Berührung von zwei Konnodalen im Faltenpunkt der einen (*f* in Fig. 11) diese beiden ihre Krümmung in derselben Richtung haben (für eine numerische Beziehung zwischen diesen und der Krümmung der berührenden Spinodale vergl. den zitirten Art. von *Korteweg* und *Schreinemakers*), und dass die Projektionen der zwei in einem Eckpunkt des Dreiphasendreiecks sich schneidenden Konnodalen entweder beide in die Projektion des Dreiecks hineinlaufen (z. B. in e' Fig. 12) oder beide ausserhalb derselben bleiben (wie in e''' Fig. 12).

126) *J. D. van der Waals* [e] Febr.-Sept. 1907, Juni 1908-April 1909, Nov. 1911.

127) Figuren: *H. Kamerlingh Onnes* [e] Nr. 59*a* (1900), vergl. Nr. **66***d*, auch Nr. **68***c*.

128) Man kann aber auch das *Maxwell*'sche Kriterium der Gleichheit von Flächenräumen (Nr. **17***b*) anwenden auf eine $\partial\mathfrak{F}/\partial\beta$-Linie in einem geradlinigen $\partial\mathfrak{F}/\partial\alpha$, α-Diagramm (*van der Waals* [e] Mai 1907, p. 20, Juni 1907, p. 149, vergl. Nr. **67***c*).

doppelter Krümmung $\partial\mathfrak{F}/\partial\alpha =$ konst., oder $\partial\mathfrak{F}/\partial\beta =$ konst. auf der Fläche rollt, und die Umhüllende der Spur dieser Ebene $\mathfrak{F}^{(I)} = \mathfrak{F} - \alpha\, \partial\mathfrak{F}/\partial\alpha$ oder $\mathfrak{F}^{(II)} = \mathfrak{F} - \beta\, \partial\mathfrak{F}/\partial\beta$ auf der $\mathfrak{F}, \beta$- oder $\mathfrak{F}, \alpha$-Koordinatenebene sucht (Beispiele das $\mathfrak{F}_{vT}$, v-Diagramm Nr. **60**, das $\mathfrak{F}_{sp}$, s-Diagramm Fussn. 678). Die koexistirenden Phasen, welche als Konnoden auf der Fläche gefunden werden, sind ebenfalls die Berührungspunkte der Ebene mit der Kurve $\partial\mathfrak{F}/\partial\alpha =$ konst. oder $\partial\mathfrak{F}/\partial\beta =$ konst. [129]); sie werden auch bestimmt durch die Berührungspunkte [130]) der an die $\mathfrak{F}^{(I)}, \beta$- oder $\mathfrak{F}^{(II)}, \alpha$-Kurve gezogenen Doppel- oder Mehrfachtangenten [131]). Ordnet man die $\mathfrak{F}^{(I)}, \beta$-Kurven nach dem Werte von $\partial\mathfrak{F}/\partial\alpha$, die $\mathfrak{F}^{(II)}, \alpha$-Kurven nach demjenigen von $\partial\mathfrak{F}/\partial\beta$ als dritter rechtwinkligen Koordinate, so bekommt man zwei zu der Tangentialfläche gehörende aus Tangentialkurven in parallelen Ebenen gebaute Flächen, auf welchen die koexistirenden Phasen dadurch gefunden werden, dass man die der einen der Koordinatenebenen parallelen *Doppeltangenten* zieht (Beispiele die $\mathfrak{F}_{vT}$, v, T-Fläche und die $\mathfrak{F}_{sp}$, s, p-Fläche, Nr. **58***b*). Die mehrphasischen Drei- oder Vielecke reduziren sich auf diesen Flächen immer zu einer Geraden. Das heterogene Blatt wird eine schiefe Regelfläche.

b) Die Bestimmung der koexistirenden Phasen ph' und ph'' durch die Doppeltangenten an die Tangentialkurven lässt sich allgemein schreiben [132]):

$$\int_{ph'}^{ph''} \left(\frac{\partial \left(\mathfrak{F}_{\alpha\beta} - \alpha \dfrac{\partial \mathfrak{F}_{\alpha\beta}}{\partial \alpha} \right)}{\partial \beta} \right)_{\frac{\partial \mathfrak{F}_{\alpha\beta}}{\partial\alpha} = \text{konst.}} d\beta = (\beta'' - \beta') \left[\left(\frac{\partial \left(\mathfrak{F}_{\alpha\beta} - \alpha \dfrac{\partial \mathfrak{F}_{\alpha\beta}}{\partial \alpha} \right)}{\partial \beta} \right)_{\frac{\partial \mathfrak{F}_{\alpha\beta}}{\partial\alpha} = \text{konst.}} \right]_{ph'=ph'} . \tag{3}$$

c) Sucht man (vergl. Fig. 23) die Abschnitte

$$\mathfrak{F}^{(III)} = \mathfrak{F} - \alpha \frac{\partial \mathfrak{F}}{\partial \alpha} - \beta \frac{\partial \mathfrak{F}}{\partial \beta} \tag{4}$$

---

129) Sie können auf der $\mathfrak{F}, \alpha, \beta$-Fläche als Schattenkurven erzeugt werden durch Licht, welches der $\mathfrak{F}, \alpha$- bzw. $\mathfrak{F}, \beta$-Ebene parallel und den Werten von $\partial\mathfrak{F}/\partial\alpha$ bzw. $\partial\mathfrak{F}/\partial\beta$ entsprechend geneigt ist.

130) Erstes Beispiel *Gibbs* [c] p. 178 (Fig. 1 ebenda). Auf die Konstruktion dieser Schlagschattenkurven führt *Brunhes*, Einleitung zu *Gibbs* [d], p. 9 die Notwendigkeit des Auftretens der Binome $\mathfrak{F} - \alpha\, \partial\mathfrak{F}/\partial\alpha$ zurück (vergl. Fussn. 679).

131) Die Stabilität einer homogenen Phase wird dadurch bedingt, dass die $\mathfrak{F}^{(I)}, \beta$- bezw. $\mathfrak{F}^{(II)}, \alpha$-Linie nach der Seite der abnehmenden $\mathfrak{F}$ konvex gekrümmt ist (vergl. Nr. **10***b*).

132) Verallgemeinertes *Maxwell*'sches Kriterium. Siehe Nr. **61**.

der Berührungsebene (für bestimmte $\partial\mathfrak{F}/\partial\alpha$, bzw. $\partial\mathfrak{F}/\partial\beta$) an der $\mathfrak{F}$, α, β-Fläche auf der $\mathfrak{F}$-Achse, so sind die $\partial\mathfrak{F}/\partial\alpha$-Linien [71]) im $\mathfrak{F}^{(III)}$, $\partial\mathfrak{F}/\partial\beta$-Diagramm und die $\partial\mathfrak{F}/\partial\beta$-Linien [71]) im $\mathfrak{F}^{(III)}$, $\partial\mathfrak{F}/\partial\alpha$-Diagramm Linien, welche für koexistirende Phasen einen Doppelpunkt aufweisen, und die man *Gibbs*'sche *Doppelpunktskurven* nennen kann (Beispiel das $\mathfrak{F}_{pT}$, p-Diagramm Fig. 28); die Doppelpunkte reihen sich zu doppelpunktigen Grenzlinien $\mathfrak{F}^{(III)} = f(\partial\mathfrak{F}/\partial\alpha)$ oder $\mathfrak{F}^{(III)} = f(\partial\mathfrak{F}/\partial\beta)$ aneinander [133]).

II. Thermische Zustandsgleichung für den fluiden Zustand [134]).

a) Die Hauptzustandsgleichung von van der Waals, Historisches und Allgemeines.

15. Untersuchungen über die Eigenschaften von Gasen, Dämpfen und Flüssigkeiten vor Andrews und van der Waals. Die Unterscheidung des gasförmigen und des tropfbar flüssigen Zustandes als zweier, obgleich durch das *Pascal*'sche Gesetz vereinter, dennoch wesentlich verschiedener, Aggregatzustände entstammt der Zeit, als der Unterschied zwischen den durch Druck wenig kompressibelen und durch Wärme wenig ausdehnbaren Flüssigkeiten und ihren gasigen Dämpfen, besonders aber zwischen ersteren und den Gasen, für welche die nach *Boyle* [135]) und *Charles* [136])

---

133) Dies entspricht der Eigenschaft, dass die $\mathfrak{F}^{(III)}$, $\partial\mathfrak{F}/\partial\alpha$, $\partial\mathfrak{F}/\partial\beta$- und die $\mathfrak{F}$, α, β-Fläche polarreziprok sind, sodass einer zweifachen Berührungsebene in der einen ein Doppelpunkt in der anderen entspricht (Nr. **59***b*).

Die heterogenen Blätter von $\mathfrak{F}^{(III)}$, $\partial\mathfrak{F}/\partial\alpha$, $\partial\mathfrak{F}/\partial\beta$ fallen zusammen zu Schnittlinien von den homogenen.

Der Spinodalen in $\mathfrak{F}$, α, β entspricht eine Kehrkante in $\mathfrak{F}^{(III)}$, $\partial\mathfrak{F}/\partial\alpha$, $\partial\mathfrak{F}/\partial\beta$, einem Faltenpunkt auf der $\mathfrak{F}$-Fläche der Endpunkt einer Schnittlinie von zwei Blättern von $\mathfrak{F}^{(III)}$, vergl. Nr. **61**, einem isophasischen Dreieck in $\mathfrak{F}$ der Schnittpunkt dreier stabiler Blätter, zugleich von drei Schnittlinien von $\mathfrak{F}^{(III)}$ (vergl. Nr. **71***b* und **72***a*). Beispiel die $\mathfrak{F}_{pT}$, p, T-Fläche Nr. **58***c*, vergl. auch Fig. 29.

134) Wir behandeln bis Nr. **25** nur einkomponentige Stoffe. Auch beschränken wir uns hier auf normale Stoffe (siehe Nr. **35**). Für assoziirte Stoffe vergl. Nr. **35***c*.

135) Siehe Enc. V 3, Art. *Bryan*, Fussn. 64.

136) Siehe Enc. V 3, Art. *Bryan*, Fussn. 65. *Amontons*, Paris. Mém. de l'Acad. 1699 (éd. Amsterdam 1706) p. 154 und 1702 (éd. Amsterdam 1707), p. 204, sprach schon auf Grund seiner Messungen für Luft den Satz aus, dass die Druckzunahme durch „denselben Wärmegrad" bei konstantem Volumen unabhängig ist vom Anfangsvolumen, aber proportional mit dem Anfangsdruck. *J. Dalton*, Manchester memoirs, vol. 5, part 2 (London 1802), p. 595; Gilb. Ann. Phys. 12 (1803), p. 310 und *Gay-Lussac*, Ann. de chim. 43 (1802), p. 137; Gilb. Ann. Phys. 12 (1803), p. 257, fanden fast gleichzeitig und unabhängig von einander, dass die verschiedenen Gase sich bei konstantem Volumen alle pro Grad gleich viel ausdehnen. Nach *Gay-Lussac*,

genannten idealen Gasgesetze [137]) aufgestellt waren, ein grundsätzlicher schien. Dieser Gegensatz ist mehr und mehr verwischt durch drei Gruppen hauptsächlich in der ersten Hälfte des vorigen Jahrhunderts gesammelter experimenteller Ergebnisse.

Zunächst durch die Versuche über die Eigenschaften der Flüssigkeiten, welche unter höherem Druck als dem atmosphärischen zum Sieden gebracht werden. Diese fanden einen vorläufigen Abschluss, als *Cagniard de la Tour* [138]) den nach ihm benannten *Cagniard de la Tour'schen Zustand* kennen lehrte, bei dem die Dichte der stark erhitzten Flüssigkeit (z. B. Äthyläther) bis zu der des gesättigten aber jedenfalls noch gasförmig zu nennenden Dampfes abnimmt und ihr Ausdehnungskoeffizient und ihre Kompressibilität sogar grösser als die eines gewöhnlichen Gases werden.

Weiter durch das *Verflüssigen mittels Druck* von Stoffen, die man vorher nur als Gase kannte, so zuerst des Ammoniaks durch *van Marum* [139]), dann des Chlors unter dem eigenen Entwickelungsdruck im geschlossenen Gefäss durch *Faraday* [140]) und der Kohlensäure in grossen Mengen nach demselben Prozess durch *Thilorier* [141]), dann wieder in der zweiten *Faraday*'schen Versuchsreihe [142]) das *Verflüssigen durch Abkühlung* mittels der nunmehr zur Verfügung stehenden festen Kohlensäure von fast allen damals zugänglichen Gasen, sodass nur noch H_2, N_2, O_2, CO, NO, CH_4 (und Luft) als „*permanent*" im Gegensatz zu jenen „*koerzibelen*" Gasen sich den vereinten Angriffen von Druck und damals erreichbarer Abkühlung entziehen konnten. Insbesondere war dabei die Beobachtung wichtig, dass verflüssigte Gase unter Umständen grosse Ausdehnbarkeit [141]) und Kompressibilität [143]) sowie den *Cagniard de la Tour*'schen Zustand zeigten [144]).

Ann. de chim. l. c. p. 157 hatte *Charles* schon 15 Jahre früher dieses Gesetz gefunden, aber es nie veröffentlicht.

137) Siehe Enc. V 3, Art. *Bryan*, Nr. 22.

138) *Cagniard de la Tour*. Ann. chim. phys. 21 (1822), p. 127 u. 178.

139) *M. van Marum*. Description de quelques appareils chimiques nouveaux ou perfectionnés de la Fondation Teylerienne et des expériences faites avec ces appareils. Haarlem, 1798; Gilb. Ann. Phys. 1 (1799), p. 145.

140) *M. Faraday*. London Phil. Trans. 1823, p. 160 u. 189.

141) *Thilorier*. Ann. chim. phys. 60 (1835), p. 427 u. 432.

142) *M. Faraday*. London Phil. Trans. 1845, p. 155. Für die Vorgeschichte dieser Methode vergl. weiter z.B. *W. L. Hardin*, Liquefaction of Gases, Newyork 1899.

143) *J. Natterer*. Wien Sitz.-Ber. 5 (1850), p. 351.

144) Am auffallendsten wird dieser Zustand in jenen an beiden Seiten zugeschmol-

Die dritte Gruppe der oben genannten Ergebnisse betrifft die Abweichungen vom *Boyle-Charles*'schen Gesetz. Insbesondere zeigten die Versuche *Natterer*'s [145]), dass unter einem Druck von 3600 Atm zusammengepresste Gase nur noch sehr wenig kompressibel sind, die genauen Messungen *Regnault*'s [146]) bewiesen andrerseits, dass die „*unvollkommenen*" Gase, also mit alleiniger Ausnahme des Wasserstoffs [147]) auch alle „permanenten" Gase, bei gewöhnlichen Drucken eine grössere Kompressibilität zeigen, als das *Boyle*'sche Gesetz erfordert, und in dieser Beziehung der verdichtbaren Kohlensäure verwandt sind [148]).

16. Andrews' *p, V*-Diagramm der Isothermen von CO_2, kritischer Punkt Liquid-Gas. *a*) Die drei in voriger Nr. geschilderten Richtungen der Forschung wurden vereint durch die bis auf weite Grenzen von Temperatur und Druck ausgedehnten Messungen von *Andrews* [a, b] an Kohlensäure. Dieselben erlaubten ihm ein einziges, alle die erforschten Erscheinungen umfassendes lichtvolles Diagramm zu konstruiren, welches, wie aus dieser und folgender Nr. hervorgehen wird, für die Aufklärung der Beziehungen von Flüssigkeiten und Gasen eine grosse Bedeutung gehabt hat (vergl. Nr. 6*b*).

b) In dem *Andrews*'schen Diagramm Fig. 13 [149]) (siehe auch Fig. 14)

---

zenen gläsernen, mit einer Teilung versehenen Röhren, welche teilweise mit Flüssigkeit oder verflüssigtem Gas gefüllt sind, zur Anschauung gebracht, die öfters (besonders in Frankreich) nach *Natterer*, besser aber nach *Cagniard de la Tour* benannt werden. So weit Ref. bekannt, hat *Natterer* nicht mit solchen Röhren gearbeitet.

145) *J. Natterer*. Ann. Phys. Chem. 62 (1844), p. 132; Wien Sitz.-Ber. 5 (1850), p. 351; 6 (1851), p. 557; 12 (1854), p. 199.

146) *V. Regnault*. Mém. de l'Inst. de France 21 (1847).

147) *Regnault* sagt l. c. Fussn. 146 p. 402 von diesem abnormen Verhalten des Wasserstoffs, vielleicht ironisch über den Begriff »vollkommene Gase« (vergl. *van der Waals*, [a] p. 80): „Si la loi de Mariotte était l'expression mathématique de l'état gazeux parfait, le gaz hydrogène constituerait un *fluide élastique plus que parfait*". Zu derselben Klasse gehören die damals nicht bekannten Gase Helium [334]) und Neon.

148) Eine vierte Gruppe, die Versuche von *Kelvin* und *Joule* (vergl. Enc. V 3, Art. *Bryan*, Nr. 23 und diesen Art. Nr. 90) — welche zeigen, dass die Energie der Gase mit wachsendem Volumen zunimmt — ist erst von *van der Waals* zur näheren Begründung der Annahme anziehender Kräfte zwischen Gasmolekülen in seiner Theorie der Kontinuität des flüssigen und des gasförmigen Aggregatzustandes herangezogen.

149) *Th. Andrews* [a] p. 583. Für die Herleitung der Drucke aus den *Andrews*'schen Ablesungen des Luftmanometers vergl. *C. G. Knott*, Nature 78 (1908) p. 262, Edinb. Proc. Roy. Soc. 30 (1909) p. 1 (mit Angabe der *Ostwald*'s Klassiker Nr. 132, p. 79 Anmerkung 5 angeführten Korrektion).

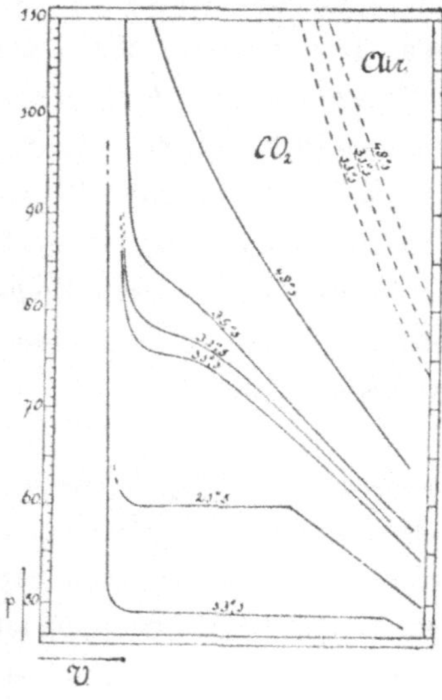

Fig. 13.

sind für CO_2 die Isothermen (Nr. 8*b*) gezogen. Dieselben zeigen bei den höheren Drucken die von *Natterer* hervorgehobene geringe Kompressibilität stark zusammengedrückter Gase (Nr. **15**). Bei den niedrigeren Drucken und den höheren Temperaturen ist die Kompressibilität grösser als den Hyperbeln (in der Fig. gestrichelt) des *Boyle-Charles*'schen Gesetzes entspricht, aber nur wenig. Bei 40° C wird diese Abweichung bei mittleren Drucken so gross, dass auch von einer angenäherten Gültigkeit jenes Gesetzes nicht mehr die Rede sein kann. Unter 31° C enden die Isothermen von der Gasseite aus in den Zustand des *gesättigten Dampfes*, *b*, *g* (Fig. 14), von der Flüssigkeitsseite aus in den Zustand der mit gesättigtem Dampf koexistirenden (siehe Nr. 7*a*) *gesättigten Flüssigkeit*, *a*, *f* (Fig. 14).

Die Isophase (Nr. 8*c*), zugleich heterogene Isotherme [84]) und heterogene Isobare (Nr. 8*b*), welche hier die isotherme Kondensation oder Verdampfung andeutet, z.B. *fg*, ist (Nr. 8*d*) eine horizontale Gerade [150]). Jeder Punkt, z.B. *s*, dieser Linie entspricht (Nr. 8*d*) je einer Gewichtsmenge der beiden homogen aequilibrirten Phasen Flüssigkeit und Dampf bei gleichem Druck und gleicher Temperatur, die im Verhältnis *gs* zu *fs* (Nr. 8*d*) auf die beiden Phasen verteilt ist [151]); der einzelne Punkt stellt

150) Die kleinen Abweichungen im *Andrews*'schen Diagramm können auf kleine, wirklich konstatirte Beimischungen bei der Kohlensäure zurückgeführt werden.

Wenn ein reiner Stoff mit einer geringen Quantität (Nr. 67*e*) einer einkomponentigen Beimischung verunreinigt ist, so ist die Isophase ein Zweig einer gleichseitigen Hyperbel (für den Fall, dass die Beimischung bei der Temperatur der Isophase ein Gas ist, bewiesen von *Kuenen* [c] p. 36), dessen eine Asymptote die Isophase des reinen Stoffes bildet; falls die Beimischung sehr viel flüchtiger oder sehr viel weniger flüchtig ist als die Hauptkomponente, fällt der Mittelpunkt der Hyperbel in den Flüssigkeits- bzw. Dampf-Endpunkt der Isophase des reinen Stoffes, was also im ersten Fall eine Abrundung der Isophase an der Flüssigkeits-, im zweiten an der Dampfseite ergibt (vergl. Nr. 67*e*). Die Form der Isophase im *Andrews*'schen Diagramm (Fig. 13) weist also auf eine flüchtige Beimischung (Luft).

151) Vergl. Nr. 7*a*. Zu bemerken ist, dass diese Phasen nicht in unmittelbarer Berührung koexistiren können, sondern nur vermittelst der Mitwirkung der (unendlich vielen) Schichten in nicht homogen aequilibrirten Phasen der Kapillarschicht,

auf diese Weise den gemeinschaftlichen Druck und die Summe der Volumina dieser beiden Teile in stabil koexistirenden Phasen [152]) dar.

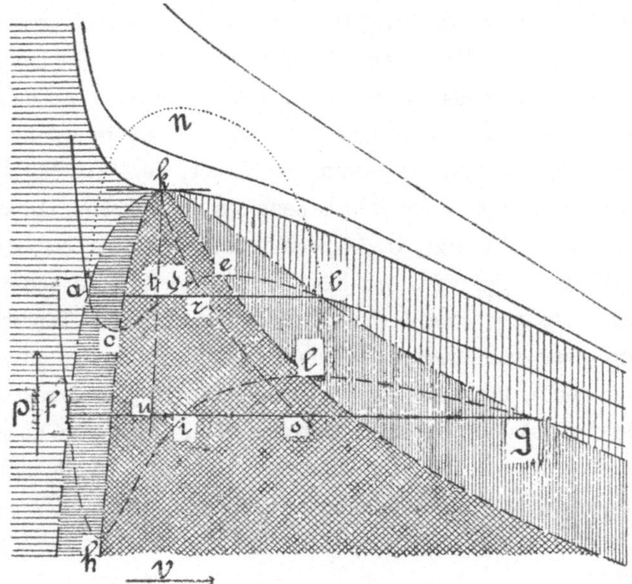

Fig. 14.

welche, wenn die Dicke der Kapillarschicht den molekularen Dimensionen gegenüber gross ist, was freilich nur in der unmittelbaren Nähe des kritischen Zustandes der Fall ist, den Zuständen *a c d e b* (Nr. 17*a*, vergl. Fussn. 176) entsprechen (vergl. *van der Waals* [c], vergl. auch Enc. V 9, Art. *Minkowski*, Nr. 17). Auf Grund der statischen Kapillaritätstheorie wurde etwas derartiges vermutet von *J. Thomson* [a] p. 7.

152) Vergl. Nr. 8*d*. Die *Isopsychren* [*Mathias*, J. de phys. (3) 9 (1900), p. 479, nennt dieselben *Linien konstanten Titers*] verbinden im heterogenen Blatt den Punkt *k* mit den Punkten *r*, *s*, welche die Linien *ab*, *fg* in gleichem Verhältnis teilen und einem selben Verhältnis der Mengen beider Phasen im heterogenen Gleichgewicht entsprechen [*Raveau*, J. de phys. (3) 1 (1892), p. 461]. Die *Linien konstanter Volumenteilung k t u* vereinen die Punkte *t*, *u*, mit konstantem Verhältnis der Volumina der koexistirenden Phasen [*Amagat*, J. de phys. (3) 1 (1892), p. 288]. Die in Fig. 14 gezeichneten *k r s* und *k t u* entsprechen beide dem Verhältnis 1 (*Amagat* l. c. findet diese Linie konstanter Volumenteilung bis $0{,}9\, T_k$ fast geradlinig), berühren einander in *k* (*Mathias* l. c.) und enden, vorausgesetzt, dass die beiden Zweige der Grenzlinie in *k* ohne Unstetigkeit der Krümmung in einander übergehen (vergl. Fussn. 155), daselbst unter endlichem Winkel mit der Grenzlinie [vergl. *Raveau* l. c.; Gl. (156) Nr. 86*b* gibt für $d\mathfrak{v}/d\mathfrak{t}$ längs *k r s* oder *k t u* 0,928 bei $\mathfrak{t} = 1$]. Für jedes andere Verhältnis enden die betreffenden Linien in *k* mit horizontaler Tangente. Vergl. auch *van der Waals* [d] p. 98 u. f., wo der Ort der Minimalvolumina und der Ort der Inflexionspunkte der Isopsychren diskutirt werden.

Die Linien $g\,k$ und $f\,k$, zu welchen [153]) die bei einer Temperatur koexistirenden Zustände f, g und a, b sich bei verschiedenen Temperaturen jederseits an einander schliessen, sind der Flüssigkeits- und der Dampfzweig der *Grenzlinie* [154]) *Liquid-Gas* (Nr. **7***a*), die sich im Punkte k begegnen, welcher den *Cagniard de la Tour*'schen Zustand vorstellt [155]). Die Isotherme hat hier einen Inflexionspunkt (vergl. Nr. **18***b*) mit einer der V-Achse parallelen Tangente, es gehört hierzu eine bestimmte Temperatur, die *kritische Temperatur* [156]) T_k, und ein bestimmter Druck, der *kritische Druck* p_k. Nach *Andrews* und *van der Waals* definiren diese beiden Grössen einen bestimmten Zustand (vergl. Nr. **24**), den man kurzweg den *kritischen* nennt (Nr. **9***b*). Wenn nötig, wird der jetzt betrachtete Zustand schärfer angedeutet als *kritischer Punkt Liquid-Gas.* Die kritische Temperatur hat noch diese gleich von *Andrews* betonte Bedeutung, dass man unter dieselbe hinabgehen muss, um ein Gas *kondensiren* zu können (vergl. Nr. **20**).

c) In Fig. 14 sind zu dem *Andrews*'schen Diagramm noch die von *J. Thomson* [a] gezogenen gestrichelten Linien $a\,c\,d\,e\,b$ und $f\,h\,i\,l\,g$ aufgenommen, über welche folgende Nr. näheres bringt. *Thomson* liess dadurch noch deutlicher hervortreten, dass die Isothermen eine einheitliche Schaar von Linien mit der Temperatur als Parameter bilden (vergl. Fussn. 812) und dass die Eigenschaften der Flüssigkeit in die des Gases stetig übergehen.

17. Die Kontinuität des flüssigen und des gasförmigen Aggregatzustandes. Ableitung der heterogenen Gleichgewichte aus den homogenen. *a*) Wenn man die Zustände auf einer die Endpunkte a, b einer heterogenen Isotherme in dem *Andrews*'schen Diagramm (Fig. 14) verbindenden, ganz ausserhalb der Grenzlinie verlaufenden Kurve $a\,n\,b$ in dem einen oder andern Sinn durchläuft, so wird ein Flüssigkeitzustand a durch eine Reihe von Zuständen hindurch, welche mit der

---

153) Wir bedienen uns weiter dieser schematischen Figur, statt der *Andrews*'schen.

154) *Van der Waals* [a] p. 135. *Sättigungskurve* (Enc. V 3, Art. *Bryan*, Nr. **24**).

155) Wir übergehen hier die (teilweise unklaren, teilweise widerrufenen) Vorstellungen von *J. Jamin*, Paris C. R. 96 (1883), p. 1448; 97 (1883), p. 10; J. de phys. (2) 2 (1883), p. 389; *H. Pellat*, J. de phys. (3) 1 (1892), p. 225; *R. v. Hirsch*, Ann. Phys. Chem. 69 (1899), p. 456, 837, vergl. Ann. d. Phys. (4) 1 (1900), p. 655, die eine Änderung des Diagrammes bei k bedingen würden. Vergl. *J. P. Kuenen* [c] p. 53, 54. Vergl. weiter Nr. **24** und **50**.

156) Von *Mendelejeff* [siehe z. B. Ann. Phys. Chem. 141 (1870), p. 618] *absolute Siedetemperatur* genannt.

Temperatur sich kontinuirlich deformirenden Isothermen oder Isothermenteilen angehören, in einen Gaszustand *b* kontinuirlich übergeführt oder umgekehrt, während dies entlang der heterogenen Isotherme mit Spaltung in zwei verschiedenen Phasen stattfindet. In diesem Sinne besteht nach *Andrews* Kontinuität des flüssigen und des gasförmigen Aggregatzustandes [157]) [158]). Tiefer geht die Auffassung von *van der Waals*, welche in der Schrift „die Continuität des gasförmigen und flüssigen Zustandes" [a] niedergelegt ist. In derselben wird die kinetische Theorie des gasförmigen und des flüssigen Aggregatzustandes auf gemeinsamer Grundlage entwickelt. Die Moleküle der Gase und der Flüssigkeiten werden als dieselben (Nr. **23**; vergl. auch Nr. **73***a*), und zwar als vollkommen elastische harte Kugeln betrachtet; für die Anziehungen, welche mit den Zusammenstössen der raumerfüllenden Moleküle die Abweichungen vom *Boyle-Charles*'schen Gesetz im Gaszustand und bei der Verflüssigung bewirken, werden keine andere Kräfte herangezogen als die, welche schon in der Kapillaritätstheorie (vergl. Enc. V 9, Art. *Minkowski*, Nr. **13**) angenommen werden müssen. Es ergibt sich (Nr. **18**) eine kontinuirliche Folge von mit der Natur des Stoffes verträglichen Gleichgewichtszuständen, durch welche hindurch die Flüssigkeit bei gleich bleibender Temperatur in Gas übergeführt werden kann. Diese vereinen den Flüssigkeits- und den Dampfzweig einer Isotherme wie in der Zeichnung von *J. Thomson* [a] durch ein Kurvenstück *a c d e b* (Fig. 14), welches also durch die Theorie von *van der Waals* die von *J. Thomson* (vergl. Fussn. 151) vermutete physikalische Bedeutung erlangt [159]).

---

157) Einwände gegen diese Auffassung sind nicht gemacht worden (vergl. Nr. **23**).

158) Während für die Grenzlinie die Unterscheidung zwischen Gas- oder Dampfzustand einerseits und Flüssigkeitzustand andrerseits bei niedrigen Temperaturen durch ihre spezifischen Eigenschaften (Nr. **15**), bei höheren Temperaturen durch das Prinzip der Kontinuität der Phase längs der Grenzlinie [*Kamerlingh Onnes* und *Keesom*, Leiden Comm. Suppl. Nr. 15 (1907), *Keesom* ibid. Suppl. Nr. 18*b* (1907)] (vergl. Nr. **7***a*), nach welchem eine Änderung im Charakter der Phase auf einem kontinuirlichen Zweig einer Grenzlinie nur in einem kritischen Punkte stattfinden kann, festliegt, so muss man, wenn man dieselbe Unterscheidung auch für nicht einer Grenzlinie angehörende Zustände durchführen will (vergl. dagegen *Kuenen* [b] p. 67), diese durch eine kontinuirliche Reihe von homogenen stabilen Zuständen hindurch, bei der eine Änderung des Aggregatzustandes nicht anzunehmen ist, in erstere Zustände überzuführen suchen. Für einkomponentige Stoffe führt am zweckmässigsten isothermische Expansion oder Kompression zum Ziel, vergl. Fussn. 162. Für binäre Gemische siehe *Kamerlingh Onnes* und *Keesom* l. c. (vergl. Fussn. 763).

159) Nach *G. Bakker*, Phil. Mag. (6) 15 (1908), p. 413, ist der Teil *cde* Ort der Minima der Kurven, die für verschiedene Krümmungen der Kapillarschicht das

Die durch letzteres Kurvenstück angegebenen Zustände sind nur teilweise stabil. Die Zustände *a—c* und *e—b* sind metastabil (vergl. Nr. **2***a*) [160]). Was die labilen Zustände zwischen *c* und *e* betrifft, sowie alle andern nicht experimentell realisirten Zustände auf dem *homogenen Zweig der theoretischen Isotherme a c d e b*, der die metastabilen und labilen Zustände umfasst, siehe Fussn. 151.

b) Zur Zeit, als *van der Waals* den Zweig *a c d e b* nach Nr. **18***a* zeichnete, war es noch nicht bekannt, dass dieser zu der Geraden *a b* in einfacher Beziehung steht. Wir können hier aber vorgreifen, um gleich allgemein anzugeben, wie die Beziehung der heterogenen zu den homogenen Gleichgewichtszuständen abgeleitet wird.

Wendet man die Gleichung $\left(\int\right) dQ = 0$ und also $\left(\int\right) p\,dV = 0$ des isothermischen Kreisprozesses (Enc. V 3, Art. *Bryan*, Nr. **8**, **12**) an auf den aus dem heterogenen und dem homogenen Zweig einer Isotherme gebildeten Zyklus, so ergibt sich die Gleichheit der Flächenräume $acd = deb$, also

$$\int_{v_{\text{liq}}}^{v_{\text{vap}}} p\,dv + p_{\text{koex}}\,(v_{\text{liq}} - v_{\text{vap}}) = 0. \qquad (5)$$

Die zu jeder Temperatur gehörende heterogene Isotherme kann nach diesem *Maxwell'schen Kriterium* [161]) in die Isotherme hinein gezeichnet

Mittel von den Drucken in der Kapillarschicht senkrecht und parallel derselben [176]) längs einer die beiden koexistirenden homogenen Phasen verbindenden Linie als Funktion von *v* darstellen.

160) Vergl. Nr. **60**. In der Tat sind Teile der Zweige *ac* und *be* verwirklicht: *ac* beim schon längst bekannten *Siedeverzug*, z. B. *L. Dufour*, Paris C. R. 53 (1861), p. 846, der in einem Oel-Chloroformgemisch schwebende Wassertropfen bei Atmosphärendruck bis 178° C erhitzen konnte. Dieser Siedeverzug kann bei isothermischer Druckvermindrung so weit gehen, dass, wie beim Haften von Quecksilber an der Spitze eines gut ausgekochten Barometers (vergl. Fussn. 797) und wohl am meisten ausgeprägt in den Versuchen von *Donny* [Ann. chim. phys. (3) 16 (1846), p. 167], und denen von *M. Berthelot* [Ann. chim. phys. (3) 30 (1850), p. 232], *Worthington* [London Phil. Trans. 183 (1893), p. 355], vergl. auch *J. Meyer*, ZS. f. Elektrochem. 17 (1911), p. 743, der *Druck negativ* wird (für die höchste Temperatur, bei der noch negativer Druck auftreten kann, berechnete *van der Waals* [a] p. 109: $^{27}/_{32}\,T_k$). Der Teil *be* ist, wie schon *van der Waals* [a] p. 98 bemerkte, verwirklicht im Dampfraum über einer konvexen Flüssigkeitsschicht und mehr ausgedehnt im von *J. Thomson* [a] vermuteten und von *Coulier* [J. pharm. chim. (4) 22 (1875), p. 165 und 254] zuerst bei adiabatischer Expansion eines von Staub und Ionen (Nr. **83***b*) freien gesättigten Dampfes (vergl. Nr. 88*c*) beobachteten *übersättigten Dampfe.*

161) *J. C. Maxwell.* Nature 11 (1875), p. 357. Derselbe Satz wurde von *R. Clau-*

werden, was p_{koex}, v_{vap} und v_{liq} bestimmt. In Nr. **61** wird bewiesen, dass diesen Werten ein stabiles Gleichgewicht der koexistirenden Phasen unter dem *Koexistenzdruck*, p_{koex}, der *Maximalspannkraft* der gesättigten Dämpfe, entspricht.

c) Das mit den Kurvenstücken $a\,c\,d\,e\,b$ ergänzte *Andrews*'sche Diagramm Fig. 14 besteht aus zwei übereinander liegenden Blättern (Nr. **7***a*). Dieselben hängen längs $f\,a\,k\,b\,g$ zusammen; das eine Blatt, welches zu dem homogenen Gebiet gehört und in jedem Punkt einer homogenen Ausbreitung der Gewichtsmenge entspricht, wird durch $h\,c\,k\,e\,l$, die Stabilitätslinie (Nr. **7***a*), in das homogen stabile und das homogen labile Gebiet geteilt, das erstere wiederum durch die Grenzlinie (Nr. **7***a*) in das absolut stabile und das homogen metastabile Gebiet [162]). Das zweite, dem heterogenen Gebiet entsprechende Blatt wird nach der Seite der höheren Temperaturen von der Grenzlinie begrenzt.

Nicht dargestellt ist, wie das Diagramm nach Aussen einerseits durch die Existenzgrenze des Stoffes, andrerseits durch den festen Aggregatzustand (vergl. Abschn. V) begrenzt wird.

18. Die Hauptzustandsgleichung von van der Waals. *a)* Sämtliche denkbaren homogenen fluiden Gleichgewichtszustände anzugeben, bezweckt die von *van der Waals* [a] auf Grund seiner kinetischen Theorie aufgestellte Zustandsgleichung

$$\left(p + \frac{a_w}{v^2}\right)(v - b_w) = R_w\, T. \tag{6}$$

Dieselbe enthält, neben der Grösse R_w aus der kinetischen Theorie der vollkommenen Gase (vergl. weiter unten) [174]) [163]), zwei für jeden Stoff individuelle Grössen a_w und b_w, die zunächst konstant gesetzt

sius, Ann. Phys. Chem. 9 (1880), p. 337, noch einmal abgeleitet. Eine Ableitung auf Grund von Wahrscheinlichkeitsbetrachtungen (vergl. Nr. **46**) gab *M. v. Smoluchowski*, Ann. d. Phys. (4) 25 (1908), p. 205.

162) Fussn. 158 entsprechend kann man definiren: Die Isotherme der kritischen Temperatur begrenzt das *Gasgebiet* nach der Seite der kleineren Temperaturen, weiter mit dem Flüssigkeitszweig der Stabilitätslinie das *Flüssigkeitsgebiet*, mit dem Dampfzweig derselben das *Dampfgebiet*. Die zwei metastabilen Gebiete entsprechen der *überhitzten Flüssigkeit* und dem *unterkühlten* oder übersättigten Dampf (siehe Fussn. 160). Jenseits (vergl. Nr. **16***b*) der Grenzlinie liegt das Gebiet der *ungesättigten Dämpfe* und der *komprimirten Flüssigkeiten*. Vergl. die verschieden schraffirten Teile der Fig. 14. Für die Definition von *Thiesen*, ZS. compr. u. fl. Gase 1 (1897), p. 86, und die Unterscheidung von *O. Lehmann*, Ann. d. Phys. (4) 22 (1907), p. 474, siehe *Kamerlingh Onnes* und *Keesom*, l. c. Fussn. 158. Die Definition *Boltzmann*'s [b] p. 45 umfasst nicht die metastabilen Zustände. Für *Tumlirz* siehe Fussn. 688.

wurden [163]). Zur Kennzeichnung dieser wichtigen Grössen [164]) sei angeführt, dass *van der Waals* seine Gleichung ableitet (vergl. Nr. **17**a), indem er das Virialgesetz [165]) anwendet auf das in stationärer Wärmebewegung befindliche System der Moleküle. Das Virial der Stosskräfte, welche vom Druck herrühren, ist $\frac{3}{2} p v$. Zur Berechnung des Virials der inneren Anziehungskräfte [166]) werden diese ersetzt durch einen auf die Oberfläche [167]) wirkenden Molekulardruck [168]), den *van der Waals*'schen *Kohäsionsdruck* [169]) K_w, der berechnet wird, indem man die anziehenden Massen der Moleküle nach *Laplace* als ein homogenes Kontinuum durch das Volumen v verbreitet denkt. Derselbe ergibt sich dann als proportional dem Dichtigkeitsquadrat, und es wird $K_w = \frac{a_w}{v^2}$ gesetzt (vergl. Enc. V 9, Art. *Minkowski*, Nr. **16**).

Wenn die Moleküle materielle Punkte wären, so wäre das Virial dieser beiden Drucke zusammen einfach der gesamten lebendigen Kraft derselben $\frac{3}{2} R_w T$ (siehe unten) gleichzusetzen. Der Faktor $\left.\frac{v}{v - b_w}\right|$ wurde von *van der Waals* als Korrektionsfaktor der lebendigen Kraft eingeführt, um die Raumerfüllung der von *van der Waals* als harte

163) Für eine allgemeinere Auffassung vergl. *c*.

164) Zahlenwerte nach Gl. (9) berechnet siehe *Kohnstamm*, *Landolt-Börnstein* physik. chem. Tabellen (1905), p. 187. Vergl. auch Nr. **38**c. Gl. (9) gibt zur Berechnung von b_{WN} [Gl. (7)] aus p_k und T_k eine Gleichung dritten Grades: *M. Altschul*, ZS. physik. Chem. 11 (1893), p. 577, *Ph. A. Guye* und *L. Friderich*, Arch. d. sc. phys. et. natur. (4) 9 (1900), p. 505. Letztere geben zur bequemeren Rechnung auch eine Näherungsformel. Eine andere wird unter Heranziehung einer geometrischen Konstruktion abgeleitet von *E. Haentzschel*, Ann. d. Phys. (4) 16 (1905), p. 565. *J. P. Kuenen*, Ann. d. Phys. (4) 17 (1905), p. 189, hebt aber die auch von *G. van Rij*, Diss. Amsterdam 1908, p. 39, benutzte einfache Methode nachfolgender Approximationen als schnell zum Ziel führend hervor.

165) *R. Clausius*, Ann. Phys. Chem. 141 (1870), p. 124 (vergl. Enc. IV 1, Art. *Voss*, Nr. **48** und IV 2, Art. *Timerding*, Nr. **28**).

166) *Boltzmann* [b] p. 2: *Waals*'sche Kohäsionskräfte.

167) Betrachtung einer Kapillarschicht von endlicher Dicke brachte *van der Waals* [c] nicht zu einer Änderung in dieser Annahme. Bei dieser ist eine als Grenze einer Phase (Nr. **1**a) aufzufassende Schnittfläche durch die Substanz durch eine vollkommen harte elastische anziehungslose Wand ersetzt gedacht.

168) Die Grösse K von *Laplace*, Méc. Cél. t. 4, 1844, p. 389. Werte für Wasser und Äther nach *van der Waals* [a] p. 175 siehe Enc. V 9, Art. *Minkowski*, Nr. **16**. Vergl. Fussn. 169.

169) Bevor man im Stande sein wird aus Versuchen über die Zugfestigkeit von Flüssigkeiten [*Donny*, *Berthelot*, *Worthington* l.c. Fussn. 160; *H. von Helmholtz*, Berlin Verh. Physik. Ges. 6 (1887), p. 16; *Leduc* und *Sacerdote*, J. de phys. (4) 1 (1902), p. 364] mehr als einen Wert den der Kohäsionsdruck übersteigen muss abzuleiten (*G. van der Mensbrugghe*, Bull. Classe des Sc. Acad. Roy. de Belg. 1907, p. 1020), ist eine nähere Untersuchung der Bedingungen, unter welchen das metastabile Gleichgewicht bestehen bleiben kann, nötig.

vollkommen elastische Kugeln gedachten (vergl. Nr. **5***a*) Moleküle und den Einfluss der hierdurch bedingten Stösse in Rechnung zu ziehen[170]). Derselbe wurde von *van der Waals* bei Ersetzung (vergl. oben) der Attraktionskräfte durch den Kohäsionsdruck aus bei geringen Dichten gültigen Betrachtungen über die Weglänge gewonnen und auf alle (vergl. aber Nr. **30***b*) Dichten extrapolirt (Nr. **5***a*), später, zuerst von *Lorentz* (näheres Nr. **40**) einer konsequenten Durchführung des Virialgesetzes mehr entsprechend auch aus dem Virial der Stosskräfte bei den Stössen der Moleküle unter sich, aber ebenfalls nur für kleine Dichten, abgeleitet[171]); b_W erscheint in beiden Fällen als das 4 fache der Raumerfüllung der Moleküle (im *Avogadro*'schen Zustand, Nr. **39***a*, siehe Nr. **40**) und wird von *van der Waals Kernvolumen*[172]) genannt[173]).

---

170) Ein Vorläufer der *van der Waals*'schen Gleichung ist die von *Hirn*, Théorie Mécanique de la Chaleur, Paris 1865 t. 1 : $(v-\psi)\,(p+K_W)=c\,(1+\alpha t)$, insofern dieselbe beabsichtigt auch Flüssigkeitzustände darzustellen, und das „*Volumen der Atome*" ψ und den „*inneren Druck*" (vergl. Fussn. 178 und Nr. **45***a*) K_W berücksichtigt. Dieselbe ist aber nicht kinetisch abgeleitet und da K_W nicht analytisch dargestellt ist, kann aus dieser Gleichung der kritische Zustand [vergl. Gl. (9)] nicht deduzirt werden.

171) Eine andere Ableitung siehe *Boltzmann* [b] p. 8; aus der statistischen Mechanik Nr. **46***b* und *c*. Bei der Berechnung von *van der Waals*, Arch. Néerl. **12** (1877), p. 200, [a] p. 45 u. f., wird zur Berechnung von Mittelwerten die Wahrscheinlichkeit der verschiedenen Geschwindigkeiten der Moleküle betrachtet. Die explizite Durchrechnung derselben ist aber für das Resultat nicht nötig. Erst wenn man die Auffassung des Kohäsionsdrucks fallen lässt, wird man mit Notwendigkeit auf das Gebiet der statistischen Mechanik geführt, vergl. Nr. **46***a*.

172) Von *Dupré*, Théorie mécanique de la chaleur, Paris 1869, wurde eine Zustandsgleichung für Gase aufgestellt $p\,(v+\beta)=C\left(\frac{1}{\alpha}+t\right)$. Aus leicht ersichtlichem Grunde nannte *Dupré* β das *Kovolumen*. Später ist besonders von französischen Autoren dieser Name auf die *van der Waals*'sche Grösse b_W übertragen. Für letztere ist der Name Kernvolumen mehr zu empfehlen; Kovolumen könnte man die Differenz von Kernvolumen und Limitvolumen (Nr. **43**) nennen (*Traube*, vergl. Fussn. 498, 868, nennt $v-b_W$ das molekulare Kovolumen; für die Bedeutung in der Ballistik vergl. Enc. IV 18, Art. *Cranz*, Nr. **8***c*).

173) Es war *van der Waals* [a] p. 118 durch Verbindung des von ihm gefundenen Wertes für b_W und der von *Maxwell* aus Reibungsversuchen abgeleiteten mittleren Weglänge möglich, die früheren Schätzungen durch eine Berechnung der Anzahl, N, der im Grammmolekül enthaltenen Moleküle, die wir nach *Perrin* (vergl. unten) die *Avogadro'sche Zahl* nennen werden (vergl. Enc. V 8, Art. *Boltzmann* und *Nabl*, Nr. **20**), zu ersetzen. Die Übereinstimmung der auf diesem, mit den auf anderen sehr verschiedenen Wegen [vergl. den zusammenfassenden Bericht von *E. Rutherford*, Brit. Ass. Rep. 1909; Physik. ZS. **10** (1909), p. 762] gefundenen Werte für jene Zahl hat schliesslich eine wertvolle quantitative Befestigung unserer Anschauungen über die molekulare Struktur der Materie und die molekulare Wärmebewegung gebracht (vergl. Fussn. 583 und 518). Letztere wird durch die *Brown*'sche Bewegung [wie besonders durch die Untersuchungen von *A. Einstein*, Ann. d. Phys. (4) **17** (1905), p. 549; (4) **19** (1906), p. 371, *M. v. Smoluchowski*, Ann. d. Phys. (4)

R_W ist dadurch definirt, dass $\frac{3}{2} R_W T$ die lebendige Kraft der fortschreitenden Bewegung der Moleküle darstellt, welche *van der Waals*, entsprechend seiner Annahme unveränderlicher Moleküle, in allen Zuständen bei derselben Temperatur gleich setzt [174]).

In der Form Gl. (6) der thermischen Zustandsgleichung ist die Volumeneinheit nicht spezifizirt. *Van der Waals* legte seiner Darstellung das Normalvolumen (Einh. *b*) als Einheit zu Grunde. Es ist dann, bei der *van der Waals*'schen Annahme unveränderlicher Moleküle, R_{WN} eine von den konstant vorausgesetzten a_{WN} und b_{WN} durch

$$R_{WN} T = (1 + a_{WN})\,(1 - b_{WN})\,(1 + \alpha_A\, t) \qquad (7)$$

abhängige Konstante [175]).

Gl. (6) und (7) vereint führen zur Form, in der *van der Waals* seine Zustandsgleichung gab und die wir seiner historischen Bedeutung wegen hier in den *van der Waals*'schen Bezeichnungen wiedergeben wollen:

$$\left(\mathrm{p} + \frac{\mathrm{a}}{\mathrm{v}^2}\right)(\mathrm{v} - \mathrm{b}) = (1 + \mathrm{a})\,(1 - \mathrm{b})\,(1 + \alpha\,\mathrm{t}).$$

21 (1906), p. 756, *J. Perrin*, Ann. chim. phys. (8) 18 (1909), p. 5, Physik. ZS. 11 (1910), p. 461, gezeigt wurde] in grossen Zügen in vergrössertem Maassstabe sichtbar gemacht. *Perrin* fand, Paris C. R. 152 (1911), p. 1380, aus der Untersuchung derselben $N = 6{,}85 \cdot 10^{23}$. Die Zahl der in 1 cm^3 im theoretischen Normalzustand [23]) enthaltenen Moleküle, die *Loschmidt'sche Zahl* (vergl. Enc. V 23, Art. *Wien*, Nr. 12), ist dann $3{,}06 \cdot 10^{19}$.

174) Die Annahme der Gleichheit der lebendigen Kraft der fortschreitenden Bewegung der Moleküle bei verschiedenen Dichten (und in dem flüssigen sowie in dem gasförmigen Zustand) und ihrer Proportionalität mit der Temperatur wurde von *van der Waals* in Übereinstimmung mit seiner oben angeführten Voraussetzung getroffen, nach der das Innere der Flüssigkeit sich nicht unterscheidet von dem eines Gases mit attraktionslosen Molekülen unter einem Druck gleich der Summe des äusseren Druckes und des Kohäsionsdruckes. Was die Proportionalität der lebendigen Kraft mit der Temperatur betrifft, so gab er der Annahme, dass dieselbe für die fortschreitende Bewegung gilt, den Vorzug vor derjenigen, nach welcher sie für die gesamte lebendige Kraft gelten würde (vergl. Nr. 46 und 57*f*).

Solange R_W als konstant betrachtet wird (vergl. Fussn. 163), ist sie mit R, der Gaskonstante (vergl. Enc. V 3, Art. *Bryan*, Nr. 22, diesen Art. „Bezeichnungen", den Zahlenwert Fussn. 23) identisch, und zwar ist nach der kinetischen Theorie der vollkommenen Gase $R_M T$ gleich der Zahl N (Fussn. 173) multiplizirt mit $^2/_3$ der mittleren lebendigen Kraft der fortschreitenden Bewegung eines Moleküls bei der Temperatur T. Wird $R_M/N = k_P$ gesetzt, so ist also $k_P T$ gleich $^2/_3$ der mittleren lebendigen Kraft der fortschreitenden Bewegung eines Moleküls bei der Temperatur T. Mit N nach *Perrin* [173]) und R_M nach Fussn. 23 ist $k_P = 1{,}21 \cdot 10^{-16}$ [Erg/1°K] (vergl. Fussn. 518).

175) Stellt man die *van der Waals*'sche Gleichung unter Beibehaltung der *Kelvin*skala (Einh. *c*) für andere Einheiten auf so findet man dementsprechend andere Werte für a_W, b_W und R_W. Misst man das Volumen v in dem theoretischen Normalvolumen (Einh. *b*) und den Druck in Atmosphären, so werden z.B. $a_{W\Theta}$, $b_{W\Theta}$ und $R_{W\Theta}$ (vergl. Fussn. 23):

$$a_{W\Theta} = \frac{a_{WN}}{(1 + a_{WN})^2\,(1 - b_{WN})^2}\,, \quad b_{W\Theta} = \frac{b_{WN}}{(1 + a_{WN})(1 - b_{WN})}\,, \quad R_{W\Theta} = \frac{1}{T_{0°C}}\,.$$

Schreibt man die Gleichung in der Form

$$p = \frac{R_w T}{v - b_w} - \frac{a_w}{v^2}, \text{ oder } p = P - K_w, \text{ mit } P = \frac{R_w T}{v - b_w}, \tag{8}$$

so zeigt sich der Druck [176]) als Differenz des *kinetischen Druckes* [177]), P, und des Kohäsionsdruckes [178]).

b) Für Werte des Parameters $T < T_k$ (kritische Temperatur) hat die Gleichung dritten Grades nach v drei reelle Wurzeln entsprechend den stabilen Flüssigkeit- und Dampfzuständen a und b (Fig. 14) und dem labilen Zustand d (Fig. 14), für $T > T_k$ nur eine.

Den kritischen Zustand bestimmte *van der Waals* mittels der Bedingung, dass die drei Wurzeln gleich werden. Dies gibt [179])

$$\left.\begin{array}{c} \text{für } a_w,\ b_w,\ R_w \text{ konstant} \\ p_k = \frac{1}{27}\frac{a_w}{b_w^2},\quad v_k = 3b_w,\quad R_w T_k = \frac{8}{27}\frac{a_w}{b_w}. \end{array}\right\} \tag{9}$$

176) Bei nicht homogener Stoffverteilung, wie in der Kapillarschicht, ist der Druck, der vom Stoff an der einen Seite einer kleinen ebenen Fläche auf den Stoff an der anderen Seite ausgeübt wird, abhängig von der Dichteänderung senkrecht zu dieser Fläche, und also auch von der Orientirung derselben [*Hulshof*, Diss. Amsterdam (Delft) 1900, *van der Waals* [d] p. 250, vergl. *L. S. Ornstein*, Amsterdam Akad. Versl. Dez. 1908; vergl. weiter *Fuchs*, Ann. d. Phys. (4) 21 (1906), p. 814 und verschiedene Arbeiten von *Bakker*, zusammengefasst in *G. Bakker*, Théorie de la Couche Capillaire Plane des Corps Purs, Paris 1911]. Der von Gl. (8) gelieferte Druck ist (Nr. 8*a*) der Druck, der bei homogener Stoffverteilung dem Volumen v bei der Temperatur T entspricht.

177) *H. A. Lorentz*, ZS. physik. Chem. 7 (1891), p. 39. *Van der Waals* [e] Jan. 1895, p. 212 verwendet für dieses Glied nach *Bakker* [ZS. physik. Chem. 13 (1894), p. 146] den Namen *thermischer Druck* (vergl. Enc. V 9, Art. *Minkowski* Nr. 17, wo dieser Name Verwendung findet; Ref. ziehen aber, vergl. auch *van der Waals* [d] p. 221, den Namen kinetischer Druck vor).

178) *Binnendruck* von *Ostwald* [a] p. 673, *I. Traube* Fussn. 868, *innere Druck* von *Boltzmann* [b] (vergl. Fussn. 170 und Nr. 45*a*). Der *Binnendruck* oder *innere Druck* von *Tammann* [ZS. physik. Chem. Bd. 14—21; Ueber die Beziehungen zwischen den inneren Kräften und Eigenschaften der Lösungen, Hamburg und Leipzig, 1907; Kristallisieren und Schmelzen, Leipzig 1903, p. 22] ist die Summe von Kohäsionsdruck und äusserem Druck, also gleich dem kinetischen Druck. Es ist wohl nicht zulässig, die Änderung, welche die Lösung eines bestimmten Stoffes in die Eigenschaften des Lösungsmittels hervorruft, ganz einer Änderung dieses Binnendruckes, also des Kohäsionsdruckes, zuzuschreiben, solange nicht nachgewiesen ist, dass dieselbe Änderung dieses Druckes für die Erklärung der Änderungen sämtlicher Eigenschaften genügt [vergl. *L. H. Siertsema*, Leiden Comm. Nr. 38 (1897)], was angesichts der Änderung des Kernvolumens, welche durch die Mischung bedingt sein wird (Nr. 25*a*), wohl nicht wahrscheinlich ist [vergl. auch *Lussana*, Nuov. Cim. (4) 2 (1895), p. 233, zitirt nach Beibl. 20, p. 345; *Winther*, ZS. physik. Chem. 60 (1907), p. 595].

Der Begriff des inneren Druckes bei *de Heen* [z.B. Bull. Acad. Roy. de Belg. (3) 27 (1894), p. 885] scheint Ref. zu unbestimmt, um darauf näher einzugehen.

179) *J. D. van der Waals* [a] p. 100.

Es ist die Erfüllung dieser Bedingung ein besonderer Fall von der Erfüllung der allgemeinen, dass im kritischen Zustand die Isotherme im p, V-Diagramm einen Inflexionspunkt mit einer der V-Achse parallelen Tangente hat [180]:

$$\left[\left(\frac{\partial p}{\partial v}\right)_T\right]_{T_k\, v_k} = 0, \quad \left[\left(\frac{\partial^2 p}{\partial v^2}\right)_T\right]_{T_k\, v_k} = 0, \qquad (10)$$

welche aus der Kontinuität des flüssigen und des gasförmigen Aggregatzustandes und der Existenz eines kritischen Punktes unabhängig von der spezielleren Form der Zustandsgleichung folgt. Gl. (9) folgt aus Gl. (6) mit Gl. (10).

c) Wie in Abschn. II ausführlich gezeigt wird, entspricht die Gl. (6) mit konstanten a_w, b_w und R_w den Erfahrungstatsachen nicht ganz [181]. Bei einer allgemeineren Auffassung werden dementsprechend a_w, b_w und R_w zu Funktionen von v und T abgeändert, die im extremen Fall des nahezu glasigen Zustandes (vergl. Nr. **47***b* und Fussn. 945) vielleicht sehr komplizirt sind und ganz abgeänderte Werte annehmen. Wir haben mit Rücksicht auf diese allgemeinere Auffassung Gl. (6) *die van der Waals'sche Hauptzustandsgleichung* genannt. Mit den Gleichungen, die a_w, b_w, R_w als Funktionen von v und T bestimmen (zuerst Nr. **30**, vergl. weiter Abschn. **II***d*), zu welchen für die Nähe des kritischen Punktes noch eine spezielle Gleichung (Nr. **50**) zuzufügen ist, bildet sie dann zusammen die thermische Zustandsgleichung (Nr. **3***a*).

19. Ableitung bekannter und Vorhersagung unbekannter Eigenschaften der Stoffe aus der van der Waals'schen Hauptzustandsgleichung. Das Studium von sämtlichen thermischen und aus thermischen ableitbaren kalorischen Eigenschaften (Nr. **3***a*, vergl. Fussn. 56) eines Stoffes im fluiden Zustand, die vorher unvermittelt da standen, hat, als dieselben von der *van der Waals*'schen Gleichung (6) zusammengefasst wurden, eine neue Grundlage bekommen, auf welcher es sich schnell entwickelt hat (vergl. auch Nr. **22***b*). Wäre Gl. (6) strenge richtig mit konstanten a_w, b_w, R_w, so würde man aus einer Gruppe von thermischen Eigenschaften in einem Gebiet (von Volumen und Temperatur) sämtliche Eigenschaften derselben Art in jedem andern

---

180) Die Bedingungen (10) sind wohl zuerst von *I. D. H. Dickson*, Phil. Mag. (5) 10 (1880), p. 40, zur Bestimmung des kritischen Punktes angewandt. Kurz nachher unabhängig von *H. Kamerlingh Onnes* [a] p. 12.

181) Sehr deutlich tritt dieses bei den Sättigungserscheinungen (z.B. Nr. **88***c*) hervor. Vergl. Fussn. 185.

Gebiet mit Hülfe der Hauptzustandsgleichung deduziren, nachdem man die aus der ersten Gruppe abgeleiteten Werte von a_W und b_W in die Zustandsgleichung eingeführt, und R_W Gl. (7) entlehnt hat [170]).

Besonders glücklich [182]) ist es für die Entwicklung der Theorie gewesen, dass *van der Waals*, als er für CO_2 aus *Regnault*'s Beobachtungen über die Spannungskoeffizienten und über die Abweichungen vom *Boyle*'schen Gesetz, welche Beobachtungen später als nicht richtig erkannt sind, a_W und b_W und mit Hülfe dieser (nach Nr. **18***b*) die kritischen Daten p_k, v_k, T_k berechnete, letztere mit den von *Andrews* beobachteten in befriedigender Übereinstimmung fand [183]). Ebenso dass er später, als er den kritischen Punkt von Äthylen berechnet hatte, diesen durch die eigene Beobachtung [184]) bestätigt fand.

Es hat sich zwar später herausgestellt, dass es (Nr. **18***c*) unmöglich ist, Werte von a_W, b_W und R_W zu finden, die für verschiedene Gebiete von v und T zugleich gelten, und dass man nur zu bestimmten Werten dieser Grössen kommen kann, wenn man sie auf einen bestimmten Zustand (und streng genommen dann noch nur auf bestimmte thermodynamische Grössen, vergl. Nr. **38***c*) bezieht. Man kann also mit konstanten a_W, b_W und R_W bei einer Rechnung wie die von *van der Waals* günstigenfalls nur eine angenäherte Übereinstimmung mit der Beobachtung erwarten, bei der die Genauigkeit des Resultats von der Wahl der beiden Gebiete des Diagrammes abhängt [185]) [186]). Wenn man aber dement-

182) Dies wird besonders hervorgehoben von *Weinstein*, Thermodynamik und Kinetik der Körper I, Braunschweig 1901, p. 419. Man sehe hierzu auch *van der Waals, Boltzmann* Festschrift 1904, p. 309. Vergl. Fussn. 185.

183) *J. D. van der Waals* [a] p. 102.

184) *J. D. van der Waals* [e] Mai 1880, p. 426. Ein anderes Beispiel guter Übereinstimmung Fussn. 201.

185) Im Falle des Äthylens fand *Kuenen* [c] p. 81, dass a_W und b_W, die die Isotherme bei 20° C recht gut darstellen, zu stark abweichenden Werten für die kritische Temperatur und den kritischen Druck führen.

Wenn quantitative Übereinstimmung in grösserer Annäherung erreicht ist, ist dies wohl besondern Umständen zuzuschreiben und ist dieselbe mit denselben a_W, b_W und R_W in entlegenen Gebieten nicht mehr zu erhalten. Bisweilen sind die quantitativen Abweichungen sehr gross, z. B. *Riecke*, Ann. Phys. Chem. 54 (1895), p. 739. Vergl. übrigens *van der Waals* [e] Juli 1903, p. 86. Über die Notwendigkeit der Änderung von R_W bei sehr tiefen Temperaturen vergl. Fussn. 945.

Das Gesetz der Änderung von a_W und b_W zu suchen wurde schon bald eine besondere Aufgabe für das kryogene Laboratorium in Leiden (vergl. Nr. **21***d* und Fussn. 49).

186) Gar nicht ist diese Übereinstimmung zu bekommen bei den assoziirten Stoffen, vergl. z. B. die Berechnung von *Hall* über a_W für Alkohol Fussn. 343. Vergl. auch Fussn. 513.

sprechend auch a_w, b_w, R_w als Funktionen des Zustandes (Nr. **18***c*) hat auffassen müssen, so ist es aber bei der Verbesserung und Erweiterung der experimentellen Resultate immer deutlicher geworden, dass die Hauptzustandsgleichung mit konstanten a_W, b_W, R_W für die qualitative Darstellung der Eigenschaften des fluiden Zustandes merkwürdig geeignet ist [187]). (Vergl. weiter Nr. **22**). Quantitativ ist überhaupt bis jetzt nur die Vorhersagung der Eigenschaften eines Stoffes aus denen eines andern möglich. Das Gesetz der übereinstimmenden Zustände (Nr. **26**), welches hierzu dient, ist merkwürdigerweise von *van der Waals* auch aus seiner Hauptzustandsgleichung mit konstanten a_W, b_W, R_W gefunden.

20. **Die Verflüssigung früher permanent genannter Gase.** *a*) Unter der schnell wachsenden Zahl von Tatsachen und Ergebnissen, welche in den Arbeiten von *Andrews* und *van der Waals* (Nr. **16—19**) ihren Ausgangspunkt finden, und bei deren Ermittelung die Theorie des letzteren Führerin war, ist die Verflüssigung früher permanent genannter Gase wohl eine der wichtigsten. Sie bildet das Gegenstück zu der mit grosser Anstrengung besonders von *Faraday* in der ersten Hälfte des vorigen Jahrhunderts zu Stande gebrachten Verflüssigung der koerziblen Gase (Nr. **15**).

Schon *van der Waals* [188]) berechnete aus den Beobachtungen von *Regnault* [146]), dass es bei der Verflüssigung der Luft darauf ankommen würde, dieselbe unter —158° C abzukühlen. Eine vorläufige Bestätigung dieser Ansicht folgte bald. Bei der adiabatischen Abkühlung in Folge plötzlicher Entspannung des stark zusammengedrückten O_2 (später auch N_2) beobachtete *Cailletet* [189]) vorübergehend Nebelbildung und *Pictet* [190]) sah beim Ausströmen von Sauerstoff, der durch im luftleeren Raum verdampfendes CO_2 [191]) (vergl. Nr. **15**) abgekühlt und stark komprimirt war, in der freien Luft einen Teil des Strahls sich ebenfalls vorübergehend, „*dynamisch*", verflüssigen [192]). Die bei der Abkühlung erreichte Temperatur blieb aber unbekannt.

---

187) Man könnte dies die erste Annäherung nennen. Siebe auch das Urteil *Boltzmann*'s [b] p. 13 und 154 und *D. Berthelot*'s [a].

188) *J. D. van der Waals* [a] p. 109.

189) *L. Cailletet*, Paris C. R. 85 (1877), p. 1213; ausführlicher Ann. chim. phys. (5) 15 (1878), p. 132.

190) *R. Pictet*, Paris C. R. 85 (1877), p. 1214; ausführlicher Arch. d. sc. phys. et natur. (nouv. pér.) 61 (1878), p. 16.

191) Bei fortwährendem Betrieb mit einer *Kaskade von Zyklen mit Verdampfern.*

192) *M. Berthelot.* Paris C. R. 85 (1877), p. 1271.

Sarrau[193]) berechnete später nach den Beobachtungen von *Amagat*[194]) für die kritische Temperatur des Sauerstoffs —105°,4 C. *Wroblewski* und *Olszewski*[195]) bedienten sich, um tiefere Temperaturen als diese zu erreichen, des von *Cailletet*[196]) als kräftiges Abkühlungsmittel eingeführten flüssigen Äthylens (Siedepunkt —104° C) und erreichten bei Verdampfung desselben im Luftleeren Temperaturen unter (vergl. Nr. **16***b*) der kritischen von O_2 (—119° C), sodann auch von N_2 (—146° C), sodass es endlich gelang, diese Gase und die Luft (sowie CH_4, CO, NO) „*statisch*" längere Zeit als Flüssigkeit in dem dickwandigen gläsernen Gefäss, in welchem dieselben verflüssigt waren, zu erhalten.

b) Die Verwendung der soeben genannten verflüssigten Gase, in freie Gefässe übergegossen, zu wissenschaftlichen Untersuchungen zwischen —164° C und —217° C (vergl. Nr. **21**), wurde in verschiedener Weise von *Olszewski*[197]), von *Dewar*[198]) bei Aufbewahrung des in grossen Mengen verflüssigten Gases in seinen *adiabatischen Behältern*, den für das Experimentiren bei tiefen Temperaturen sehr wichtigen, doppelwandigen, im evakuirten Hohlraum *versilberten Vakuumgläsern*[199]), und von *Kamerlingh Onnes*[200]) verfolgt.

c) Es hatte sich bald ergeben, dass die statische Verflüssigung

---

193) *E. Sarrau.* Paris C. R. 94 (1882), p. 639.

194) *E. H. Amagat.* Paris C. R. 91 (1880), p. 812. Diese gehören zu den ersten in der Beobachtungsreihe, durch welche *Amagat* (besonders [a]) die Versuche *Regnault's*[146]) und *Natterer's*[145]) ergänzt und wiederholt hat, und welche die Grundlage für die meisten Rechnungen über die Zustandsgleichung im Gebiet starker Kompressionen bilden.

195) *S. Wroblewski* und *K. Olszewski.* Paris C. R. 96 (1883), p. 1140.

196) *L. Cailletet.* Paris C. R. 94 (1882), p. 1224.

197) Bei möglichster Ausnutzung eines einmal hergestellten Versuchsquantums. *K. Olszewski.* Krakau Anz. Juni 1890, p. 176.

198) *J. Dewar.* Notices Roy. Inst. of Great Britain 14 (1893), p. 1.

199) Siehe betreffend Vakuumgläser auch *Weinhold*, Physik. Demonstrationen, Leipzig 1881, p. 479, und *d'Arsonval*, Paris C. R. 126 (1898), p. 1688.

200) Bei Einrichtung (vergl. Fussn. 221) eines (ohne Hülfe von Vakuumgläsern) *permanenten* Bades mittels fortwährender Wiederverflüssigung des Verdampfenden im kontinuirlichen Kaskadeprozess von Zyklen mit *regenerativen* Verdampfern, *H. Kamerlingh Onnes* [e] Nr. 14 (1894). Die Leidener Kaskade gab, so weit sie damals ausgeführt war, die Verfügung über Bäder für das ganze Gebiet von —23° C bis —200° C Bei derselben wurden schon auch für die spätere Verflüssigung des Heliums in Betracht kommende Fragen betreffs Kompression und Zirkulation in Zyklen unter Beibehaltung vollständiger Reinheit der zu verflüssigenden Gase gelöst.

des Wasserstoffs nicht mit Hülfe von Abkühlung durch Verdampfen der zuerst verflüssigten permanenten Gase (*b*) gelingen würde. Die kritische Temperatur des Wasserstoffs, welche *van der Waals* [188]) schon sehr niedrig geschätzt hatte, konnte nämlich von *Wroblewski* [201]) nach der mit Hülfe tiefer Temperaturen ermittelten Zustandsgleichung (vergl. Nr. **19**) auf —240°,4 C berechnet werden und wurde von *Olszewski* [202]) bei dynamischer (vergl. *a*) Verflüssigung auf —234°,5 C bestimmt [203]). Die statische Verflüssigung gelang denn auch erst, als *Dewar* [204]), nachdem er bei Vorversuchen derselben Art schon eine dynamische Verflüssigung erreicht hatte, eine geeignete *Regeneratorspirale mit Drosselventil* (Nr. **90***a*) in ein versilbertes Vakuumglas (siehe *b*) einschloss und durch dieselbe den auf hohen Druck gebrachten und von flüssiger Luft vorgekühlten Wasserstoff längere Zeit entspannen liess.

Es war diese Anwendung des *Joule-Kelvin*-Effektes (Nr. **90**) auf die Herstellung eines bei fortgesetztem Betrieb zu sehr grossen Werten anwachsenden Temperaturfalles bei einem Gas, welches sich oberhalb seiner kritischen Temperatur befindet, kurz vorher von *Linde* [205]) (vergl. Enc. V 5, Art. *Schröter*, Nr. **14**) erfunden [206]). Bei hochgespannter Luft von gewöhnlicher Temperatur hatte dieselbe sogar zur Verflüssigung ohne Vorkühlung geführt. Dass dieser Prozess sich auf den mit flüssiger Luft vorgekühlten Wasserstoff nach dem Ähnlichkeits-

---

201) *S. von Wroblewski*, Wien Sitz.-Ber. [2*a*] 97 (1888), p. 1321 (der Wasserstoff enthielt 1 % Verunreinigung, wahrscheinlich Luft); neuere Messungen von *J. C. Schalkwijk*, Leiden Comm. Nr. 70 (1901) geben mit der *van der Waals*'schen Hauptzustandsgleichung mit konstanten a_W, b_W, R_W : $T_k = 28°,5$ [Diss. Amsterdam (Leiden) 1902, p. 119].

202) *K. Olszewski*. Cracovie Bull. Intern. de l'Acad. des Sc. Juni 1895, p. 192; extrapolirend nach einem Platin-Widerstandsthermometer.

203) Später wurde von *Dewar* 29° K (B. A. Report 1902, p. 33 gibt 30° bis 32°, der Sonderabdruck, p. 31 : 29°), von *Olszewski*, Ann. d. Phys. (4) 17 (1905), p. 986, — 240°,8 C nach dem Wasserstoffthermometer (Nr. 82*a*) gefunden.

204) *J. Dewar*. Proc. Roy. Soc. 63 (Mai 1898), p. 256; ausführlicher Proc. Roy. Instit. of Great Britain, Meeting of Jan. 20, 1899. Für eine Übersicht der Arbeiten *Dewar*'s über die Eigenschaften der Stoffe bei tiefen Temperaturen vergl. *Miss Agnes M. Clerke*, Proc. Roy. Instit. of Great Britain, 1901, p. 699, *H. E. Armstrong*, ibid. 1908, p. 354. Vergl. in Beziehung auf Nr. **21***e* auch Nr. **74**.

205) *C. Linde*. Ann. Phys. Chem. (3) 57 (1896), p. 328. *Von Linde* hat hiermit zugleich die, andrerseits von *G. Claude* bei Anwendung von Entspannung mit äusserer Arbeitsleistung angebahnte Industrie der Trennung der Luft in ihre Bestandteile mit Hülfe tiefer Temperaturen geschaffen.

206) *Hampson* hat nach demselben Prinzip einen sehr geeigneten Apparat konstruirt. Nature 53 (1896), p. 515.

satz (vergl. Nr. **62**) übertragen lassen würde, hatte *Kamerlingh Onnes*[207]) abgeleitet.

Die Errungenschaft *Dewar*'s eröffnete (vergl. Fussn. 204) das Gebiet der Temperaturen von 20°,5 K [Siedepunkt [208])] bis 14° K [Schmelzpunkt des H_2 [208])], also 4 Mal tiefere als mit den vorher bezwungenen permanenten Gasen zu erreichen waren. Mit den „Wasserstofftemperaturen" fängt das Gebiet der tiefsten Temperaturen an, in welchem sich bei vielen Stoffen und Erscheinungen wichtige Eigentümlichkeiten zeigen (vergl. Nr. **21***c*). Der Anforderung, andauernd über Bäder von flüssigem Wasserstoff, deren Temperatur bis auf 0,01 Grad konstant bleibt, für Untersuchungen zu verfügen, wird mittels der von *Kamerlingh Onnes* in Anschluss an *b* ausgearbeiteten Methoden genügt [209]).

d) Die Verflüssigung des Heliums schien lange Zeit unerreichbar. Die Versuche von *Dewar* [210]) über plötzliche Expansion von mit gefrierendem Wasserstoff abgekühltem hochgespanntem Helium blieben ohne Erfolg. Er schätzte daher (durch Vergleichung mit Entspannungsversuchen an H_2) den oberen Wert für die kritische Temperatur des Heliums auf 9° K, später [211]) den Siedepunkt auf 5 bis 6° K.

---

207) *H. Kamerlingh Onnes* [e] Nr. 23 (1896). Derselbe zeigt dort auch die Vorteile der von ihm später (siehe Fussn. 209) angewandten Verdampfung der Luft im Luftleeren.

208) *J. Dewar*, Abstract Opening address B. A. 1902, p. 31; cf. *Travers, Senter* und *Jaquerod*, London Phil. Trans. A 200 (1902), p. 155, *H. Kamerlingh Onnes* und *C. Braak*, Leiden Comm. Nr. 95*e* (1906).

Die Einrichtung zur Verflüssigung des Wasserstoffs betreffend sind noch besonders zu erwähnen die Arbeiten von *Travers* (zusammengefasst in *M. W. Travers*, The Experimental Study of Gases, London 1901, Deutsche Übersetzung von *T. Estreicher*, Braunschweig 1905, Researches on the Attainment of Very Low Temperatures. Smithsonian Miscellaneous Collections 46, Washington 1904), und von *Olszewski*, Cracovie Bull. Acad. des Sc. Dez. 1902, p. 619; Mai 1903, p. 241; ZS. kompr. u. fl. Gase 14 (1911), p. 1.

209) *H. Kamerlingh Onnes* [e] Nr. 94 (1906). Die getroffene Einrichtung eines geschlossenen Zyklus für kontinuirlichen Betrieb (vergl. Fussn. 200) mit reinstem Gas (hier H_2) hat auch bei der Anwendung auf He die Verflüssigung des letzteren ermöglicht.

210) *J. Dewar*. Chem. News 84 (1901), p. 49 = London Proc. Roy. Soc. 68 (1901), p. 360. Die hohen Drucke sind wegen der erforderten engeren Röhren eben im Nachteil gewesen (vergl. Nr. **89***c*).

211) *J. Dewar*. Chem. News 90 (1904), p. 141. Paris C.R. 139 (1904), p. 421. Chem. News 94 (1906), p. 173. Auf Grund von dem Maass in dem die von ihm entdeckte für die Herstellung hochgradiger Vakua jetzt allgemein benutzte Eigenschaft der starken Absorption von Gasen in Kohle, die unterhalb ihrer kritischen Temperatur abgekühlt wird, bei tiefen Temperaturen auch dem Helium zukommt.

Olszewski fand aber ebenso wenig wie *Dewar* Verflüssigung bei weitgehender plötzlicher Expansion, obgleich er die erreichten Temperaturen bei seinen letzten Versuchen sogar auf 1°,7 K [212]) schätzt. [Vergl. die Erklärung in Nr. **89***c* [213])]. Über den kritischen Zustand war man also ganz im Unsicheren.

Kamerlingh Onnes fasste das Problem der Verflüssigung des Heliums an mit einer Bestimmung des kritischen Zustandes durch Messungen über die Isothermen bei möglichst tiefen Temperaturen, und ging dabei mit Hülfe der in *c* erwähnten Bäder von flüssigem Wasserstoff bis — 259° C hinab. Als die Arbeit bis — 217° C gekommen war [214]), entnahm er derselben unter Schätzung der Abweichung, die das Helium vom Gesetz der übereinstimmenden Zustände zeigen würde (Nr. **38**), als Werte für den kritischen Zustand des Heliums $T_k = 5°$ K und $p_k = 5$ bis 7 Atm, und konstruirte mit diesen Daten auf Grund seines Ähnlichkeitssatzes (Nr. **62***b*) und seines Wasserstoffzyklus [209]) einen diesen nachgebildeten Zyklus [200]) für Helium, mit welchem ihm die statische Verflüssigung des Gases gelang [215]), indem eine beschränkte Menge äusserst reinen [216]) Heliums in diesem Zyklus längere Zeit herumgeführt wurde. Das Gas wurde dabei auf 60 Atm komprimirt, bis zum Schmelzpunkt des Wasserstoffs abgekühlt und durch eine in einem *Dewar*'schen Glas eingeschlossene *Linde-Hampson*-Regeneratorspirale mit Drosselventil entspannt [217]).

Mit flüssigem Helium verfügt man jetzt über Temperaturen von

---

212) *K. Olszewski.* Krakau Anz. Juni 1896, p. 297, Math. Naturw. Cl. Juli 1905, p. 407, Ann. d. Phys. (4) 17 (1905), p. 994.

213) Versuche mit plötzlicher Expansion (vergl. Fussn. 1083) unter günstigeren Verhältnissen durch *Kamerlingh Onnes* [e] Nr. 105 (1908) führten zuerst (vergl. Fussn. 763) zu Täuschung, später zu nicht entscheidendem Resultat. Die Stufe der dynamischen Verflüssigung ist bei der Verflüssigung dieses Gases also eigentlich übersprungen.

214) *H. Kamerlingh Onnes* [e] Nr. 102*a* (1907).

215) Juli 1908. *H. Kamerlingh Onnes* [e] Nr. 108 (1908).

216) Ohne Anwendung der kontinuirlichen Zyklenmethode (vergl. Fussn. 200 und 209) wäre, bei der Schwierigkeit der Reinigung und damals auch der Beschaffung durch eigene Bereitung, an Erfolg nicht zu denken gewesen.

217) Wenn der kritische Druck des Heliums [2,75 Atm, *H. Kamerlingh Onnes* [e] Nr. 112 (1909); nach einer neueren Bestimmung 2,26 Atm, *H. Kamerlingh Onnes* [e] Nr. 124*b* (1911)] unterhalb einer Atmosphäre gelegen hätte, so hätte Verflüssigung unter atmosphärischem Druck stattfinden können, ohne dass ein Meniskus gesehen worden wäre (vergl. den horizontal schraffirten Teil von Fig. 14). Erst bei Drucken unterhalb 1 Atm wäre dann dieser aufgetreten.

4° K bis ungefähr 1°,5 K [*Kamerlingh Onnes* [1009]) schätzt die tiefste von ihm erhaltene Temperatur auf 1°,15 K]. Dieselben sind ungefähr 10 Mal tiefer als die, welche mit flüssigem Wasserstoff und 40 Mal tiefer als die, welche mit flüssigem Sauerstoff zu erreichen sind.

e) Die Frage, ob die Abweichung des Heliums von der *van der Waals*'schen Hauptzustandsgleichung mit den normalen Stoffen entsprechenden a_w, b_w, R_w und vom Gesetz der korrespondirenden Zustände so weit gehen würde, dass die dem Verflüssigungsversuch (*d*) zu Grunde liegenden Betrachtungen keine Anwendung mehr finden würden, war eine sehr spannende, als zu der bestehenden Unsicherheit (vergl. *d* und weiter Fussn. 763) über den kritischen Punkt sich die Tatsache fügte, dass bei der Wahl tiefer gelegener Isothermen bis — 217° C sich immer niedriger gelegene T_{kHe} ergeben hatten (Nr. 38, vergl. Fussn. 399). Wenn auch ein positiver Wert von a_w schon durch die bis — 217° C fortgesetzten Isothermenbestimmungen festgestellt schien [218]), so blieb es doch möglich, dass derselbe sich bei Benutzung noch tieferer Isothermen immer kleiner ergeben würde, und es brauchte T_{kHe} nicht viel unter 5° K zu sinken, um an die Grenze des von 14° K aus mit der Methode der Regeneratorspirale Erreichbaren zu kommen und auch den Wert der übrigen Betrachtungen in Frage zu stellen.

Kurz vor dem Verflüssigungsversuch konnte glücklich noch festgestellt werden, dass die Isothermen von — 252° C und — 259° C [219]) nur noch geringe Änderung in der Schätzung von T_{kHe} brachten und der Versuch also Aussicht bot. Erst die Verflüssigung des Heliums aber bewies, dass die Abweichung desselben von der *van der Waals*'schen Hauptzustandsgleichung mit den normalen Stoffen entsprechenden a_w, b_w, R_w innerhalb der Grenzen bleibt, welche für die qualitative Anwendbarkeit der letzteren in dem in Betracht kommenden Gebiet gelten, und dass das Helium wenn auch mit einem sehr kleinen Wert von a_w in dieser Beziehung sich den anderen Stoffen anschliesst. So konnte die Theorie von *van der Waals* auf diesem Gebiet bis zu Ende Führerin bleiben.

---

218) Dieses wurde bestätigt als *Dewar* (Juni 1908, Chem. News 98, p. 37) fand, dass der *Joule-Kelvin*-Prozess für He bei Wasserstofftemperaturen Abkühlung ergab. *Van der Waals* [e] Juni 1908, p. 145, wiederholte wenige Tage vor der Verflüssigung für Helium noch seinen früher (vergl. *c*) in Bezug auf Wasserstoff geäusserten Ausspruch: „Stoff wird wohl immer Anziehung zeigen müssen."

219) Nur noch teilweise publizirt. *H. Kamerlingh Onnes* [e] Nr. 102c (1908).

21. Die Bedeutung der tiefen Temperaturen für die Zustandsgleichung. *a*) Nr. **20** hat schon die Wechselwirkung gezeigt, welche bisher zwischen der schrittweisen Ausdehnung des zugänglichen Gebietes der tiefen Temperaturen und der jedesmal neu gewonnenen Kenntnis über die Zustandsgleichungen verschiedener Stoffe im fluiden Zustand bestand.

b) Mit Hülfe der tiefen Temperaturen sind alle Flüssigkeiten und Gase, mit nur einer Ausnahme, in den festen Zustand gebracht. Das Helium wurde nämlich bei Verdampfung unter 0,2 mm Druck [bei einer (vergl. Nr. **20***d*) auf etwa 1°,15 K geschätzten Temperatur] von *Kamerlingh Onnes* noch eine leicht bewegliche Flüssigkeit gefunden. Zunächst schien es selbstverständlich, auf Grund der Analogie (vergl. Nr. **29***b*) zu schliessen, dass bei noch tieferer Temperatur dasselbe in den festen, wenn auch nur in den glasig-amorphen (Nr. **70**) Zustand übergeht. Als aber beim Helium eine Maximumdichte aufgefunden wurde [1009]), ist diese Analogie weniger zwingend geworden.

Sieht man aber vom Helium ab, so hat die Untersuchung bei tiefen Temperaturen gezeigt, dass, der Hypothese, von welcher *Faraday* [140]) [142]) bei seiner Experimentaluntersuchung über die Gase ausging, entsprechend, die Zustandsgleichungen von allen Stoffen (insofern es die Existenzbedingungen erlauben) die den drei Aggregatzuständen entsprechenden Gebiete aufweisen [220]).

c) Für die Kenntnis der Zustandsgleichung sind auch weiter in erster Reihe Untersuchungen bei tiefen Temperaturen nötig. Die in Nr. **5***b* hervorgehobene Aneinanderreihung der Stoffe nach den kritischen Temperaturen in Bezug auf die Abweichungen vom Korrespondenzgesetz (Nr. **26**) beruht schon auf solche. Dieselbe hat bei dem vergleichenden Studium der Stoffe die Frage nach den Grenzen der Anwendbarkeit des Satzes der mechanischen Ähnlichkeit auf den fluiden und festen Zustand in den Vordergrund gebracht. Die bei höheren reduzirten Temperaturen hervortretende Anwendbarkeit, welche die Gültigkeit des Korrespondenzgesetzes bedingt, wird bei tiefen reduzirten Temperaturen und bei Stoffen mit tiefer kritischer Temperatur von Verhältnissen zurückgedrängt (Nr. **34***d*), deren Kenntnis neue Grundlagen für die Rechnungen über die Zustandsgleichung liefern wird. Besonders würde dies der Fall sein, wenn man dabei (vergl. Nr. **34***d*) zu einer Auflösung des Anziehungspotentials

---

220) Von *H. Moissan*, siehe Ann. chim. phys. (8) 8 (1906), p. 145, ist gezeigt, dass die festen Stoffe (soweit sie sich nicht zersetzen) alle in den fluiden Aggregatzustand übergehen.

des Moleküls in ein langsamer und ein schneller abfallendes geführt werden würde, und nur ersteres bei den Temperaturen des flüssigen Heliums übrig bliebe, oder wenn die Kompressibilität der Moleküle durch inneres Gefrieren gewisser Teile verschwinden würde (Aussterben von Schwingungen, Nr. **74**c, e, **43**d). In einem Wort, es werden Untersuchungen bei tiefen Temperaturen lehren müssen, wie die von dem Korrespondenzgesetz bedingten Eigenschaften in die vom *Nernst*'schen Wärmetheorem in der *Planck*'schen Formulirung (Nr. **74**e) zusammengefassten übergehen, und ob dies bei dem Helium vielleicht zum grössten Teil schon im Flüssigkeitszustande stattfindet.

d) Wie überhaupt die Abweichungen der empirischen Zustandsgleichungen für den fluiden Zustand von der *van der Waals*'schen Hauptzustandsgleichung mit konstanten a_W, b_W, R_W (Nr. **18**c) immer zu der Untersuchung von Stoffen mit der einfachsten Konstitution der Moleküle [221]), als den Voraussetzungen, aus welchen jene Gleichung abgeleitet ist, am meisten entsprechend, gedrängt haben, bleibt auch jetzt das Bedürfnis, Wasserstoff, Neon und Helium zu untersuchen und dabei bis an die tiefsten Temperaturen hinunterzugehen, ungeschwächt bestehen.

e) Die eben angebahnten Untersuchungen des festen Zustandes bei tiefen Temperaturen haben (Nr. **74**) in letzter Zeit eine ganz neue Einsicht in das Wesen desselben geöffnet. Zur Vertiefung dieser Einsicht wird eine vielseitige Fortsetzung jener zur Zeit vorwiegend noch die spezifische Wärme betreffender Arbeiten bei grossen Werten von $\beta_P \nu T^{-1}$ (Nr. **74**c) für Stoffe mit verschiedenen ν dringend gefordert. Auch zu der Ergründung des fluiden Zustandes wird diese Fortsetzung von Untersuchungen über den festen Zustand beitragen können. Denn nach Nr. **5**c ist weiterhin der feste Zustand bei dem Studium der Zustandsgleichung des fluiden Zustandes zu berücksichtigen (Dampfspannung Fussn. 945, Verdampfungswärme Nr. **87**c, spezifische Wärme Nr. **88**c, **56**b). Das Gebiet des festen Zustandes fällt aber für die am besten untersuchten fluiden Stoffe in das nunmehr für genaue Messungen zugänglich gewordene Gebiet der tiefen Temperaturen.

Andrerseits ist für die nach Nr. **5**c erwünschten Untersuchungen

---

221) Dieses zu ermöglichen war der Gedanke, der die Ausstattung eines physikalischen Instituts mit *Pictet*'schen Zyklen nötig erscheinen liess (*H. Kamerlingh Onnes*, Antrittsrede Leiden 1882, p. 32) und zur Einrichtung des kryogenen Laboratoriums in Leiden führte [200]). Die Leitung dieses Instituts wurde weiterhin von den im vorliegenden Artikel entwickelten Ansichten beherrscht, vergl. *H. Kamerlingh Onnes* [e] Nr. 14 (1894) und Fussn. 225 und 338.

des festen Zustandes bei Temperaturen nahe an dem absoluten Nullpunkt die Möglichkeit eröffnet. Denn für viele Stoffe dürfte in dem ziemlich leicht [209]) zu benutzenden Schmelzpunkt des Wasserstoffs schon der absolute Nullpunkt praktisch erreicht sein [222]).

f) Auf eine Eigentümlichkeit der Untersuchungen betreffs der Zustandsgleichung bei Stoffen mit tiefer kritischer Temperatur möge hier noch hingewiesen sein. Das zum Experimentiren geeignete Gebiet von reduzirter Temperatur (Nr. **26**) oberhalb 1 ist bei diesen Stoffen viel grösser als bei anderen. Und dann ist der kritische Druck dieser Stoffe gewöhnlich auch klein. Es kann also bei denselben ein viel grösseres Gebiet [223]) der reduzirten Zustandsgleichung untersucht werden als bei anderen, was für das Urteil über verschiedene Eigenschaften (vergl. Nr. **44**, **36** und Fussn. 370) von grösstem Wert ist [224]) [225]).

Dies alles lässt die nach Nr. **20** mit Hülfe der Zustandsgleichung erschlossenen tiefen Temperaturen nun wieder als ein mächtiges Hülfsmittel für das Studium der Zustandsgleichung erscheinen.

22. **Die** p, V, T-**Fläche** [226]) **für die qualitative Diskussion der**

---

222) Bei optischen Erscheinungen zeigt sich diese Ruhe des Gerüstes der Moleküle bei der Absorption der seltenen Erden mit und ohne Magnetfeld, vergl. *J. Becquerel* und *H. Kamerlingh Onnes*, Leiden Comm. Nr. 103 (1908), und bei der Phosphoreszenz der Uranylverbindungen, *H.* und *J. Becquerel* und *H. Kamerlingh Onnes*, Leiden Comm. Nr. 110 (1909), sowie der Erdalkaliphosphore, *P. Lenard*, *H. Kamerlingh Onnes* und *W. E. Pauli*, Leiden Comm. Nr. 111 (1909).

223) Für He $p_k = 2{,}26$ Atm [217]), 3000 Atm entspricht also 97000 Atm bei CO_2; für H_2 $T_k = 32°$ K, 200° C entspricht also 4000° C bei CO_2 (vergl. Fussn. **424**).

224) Eine ähnliche Bedeutung wie für das Erreichen hoher Werte der reduzirten Temperatur haben die tiefen Temperaturen für das Studium des Paramagnetismus, wo nach der Theorie von *Langevin*, Ann. chim. phys. (8) 5 (1905), p. 70, die Erscheinungen bestimmt werden durch $a_L = \frac{H}{T}$, wo H die magnetische Kraft ist, *H. Kamerlingh Onnes*, Bericht II. Internat. Kältekongress Wien 1910, Bd. 2, p. 1 = [e] Suppl. Nr. 21*b*.

225) Von der Untersuchung des Wasserstoffs und des Neons ist, weil dieselbe bei tiefen reduzirten Temperaturen ebenfalls im festen Zustand fortgesetzt werden kann, viel zu erwarten, besonders weil eine ausgedehnte Vergleichung mit denen für die „halbpermanenten" Gase (A, O_2, N_2 u.s.w.) möglich sein wird.

Weiteres über die wissenschaftliche Bedeutung der Untersuchungen bei tiefen Temperaturen und über die bei diesen zu unternehmenden Untersuchungen *H. Kamerlingh Onnes* [e] Suppl. Nr. 9 (1904), sowie spätere Communications und Rapp. 1er Congr. internat. du froid (1908) t. 2, p. 121 = [e] Suppl. Nr. 21*a*, p. 26.

226) *J. Thomson* [a], vergl. *Andrews*, Nature 4 (1871), p. 186, *A. Ritter*'s *Temperaturfläche*, Ann. Phys. Chem. 2 (1877), p. 273; 4 (1878), p. 550, *Volumenfläche*

Eigenschaften des Fluidgebietes. Nahezu invariante Funktionen. *a*) In Nr. **19** haben wir hervorgehoben, dass die *van der Waals*'sche Hauptzustandsgleichung mit konstanten a_w, b_w, R_w für die qualitative Diskussion des fluiden Zustandes recht geeignet ist. Dies gibt der mit Hülfe jener Gleichung konstruirten p, V, T-Fläche einen besonderen Wert.

Die p, V, T-Fläche für das Fluidgebiet hat zwei Blätter, die sich in der Grenzlinie schneiden. Das heterogene Blatt ist allgemein eine Regelfläche (Nr. 8*d*). Wenn man die p, V, T-Fläche nach Gl. (6) mit konstanten a_w, b_w und R_w konstruirt, so ist augenfällig auch das homogene Blatt eine Regelfläche. In dieser Hinsicht kommt die Vorstellung der Wirklichkeit besonders nahe. Denn obgleich, wie wir in Nr. **42** zeigen werden, die empirische Zustandsfläche diesen Charakter nicht hat, treten die Abweichungen erst hervor, wenn man die Linien gleichen Volumens über ein grosses Temperaturgebiet verfolgt oder von der Krümmung derselben stark beeinflusste Eigenschaften ins Auge fasst. Hierin liegt gewiss einer der Gründe, weshalb die mit konstanten a_w, b_w und R_w konstruirte Fläche unbeschadet ihrer äusserst einfachen Form den Charakter des fluiden Zustandes für die Beantwortung der Mehrheit der Fragen genügend richtig darstellt.

b) Diese qualitative Geeignetheit beruht weiter auf Folgendem. Durch Konstruktion der Grenzlinie nach dem *Maxwell*'schen Kriterium (Nr. **17***b*) ergibt sich aus Gl. (6) mit a_w, b_w, R_w konstant auf graphischem Wege [227]), teilweise auch durch Rechnung [228]):

$$D_\rho = \tfrac{1}{2}(\rho_{\mathrm{liq}} + \rho_{\mathrm{vap}}) \text{ angenähert} = a_d + b_d\, T, \tag{11}$$

wo a_d und b_d zwei Konstanten für jeden Stoff,

$$\log p_{\mathrm{koex}} \text{ angenähert} = f_w \frac{T - T_k}{T} + \log p_k, \tag{12}$$

wo f_w eine Konstante für jeden Stoff (welche für verschiedene Stoffe angenähert gleich ist, Nr. **26***a* und **84**),

$$\lambda_i = a_w\, (\rho_{\mathrm{liq}} - \rho_{\mathrm{vap}}). \tag{13}$$

Die erste Gleichung ist das Gesetz der *geraden Mittellinie* von *Cailletet*

---

von G. *Tammann* [a] p. **116** (siehe die auch den festen Zustand umfassende Darstellung der Fläche daselbst).

227) *H. Kamerlingh Onnes* [e] Nr. 66 (1900).

228) *J. D. van der Waals* [e] Juli 1903, p. 82.

und *Mathias* [229]), die zweite ist *die van der Waals'sche Dampfspannungsformel* [230]), die dritte gibt die Differenz des *van der Waals*'schen Ausdrucks für die potentielle Energie des Dampf- und des Flüssigkeitszustandes [231]), von welcher *Bakker* die Übereinstimmung der Form der Gleichung nach (wegen der Konstante vergl. aber Nr. **87***d* und *e*) mit Beobachtungen von *Cailletet* und *Mathias* angab [232]). Alle diese Gleichungen gelten qualitativ auch für die empirische Zustandsgleichung mit grosser Annäherung.

c) Im Lichte der in Nr. **19**, **20**, **21** geschilderten Erfolge, die mit Hülfe der *van der Waals*'schen Hauptzustandsgleichung erreicht sind, sowie des über letztere in der vorliegenden Nr. unter *a* und *b* angeführten, bleiben Diskussionen dieser Gleichung mit konstanten a_W, b_W und R_W für die Einsicht in die Erscheinungen von grossem Wert. Solche Diskussionen finden sich in den angeführten Schriften von *van der Waals* [a] und *Boltzmann* [b], sowie Nr. **63** [233]). Wir behandeln besondere Linien auf der p, V, T-Fläche Nr. **48***e* und Nr. **64***c* und besondere Punkte in Nr. **76***b* und Fussn. 706.

d) Die Grössen a_W, b_W, R_W, welche bei dem tieferen Studium der Zustandsgleichung (vergl. Abschn. **II***b* und **II***d*) als Funktionen von v und T aufgefasst werden, kann man dabei in zweierlei Weise behandeln. Man kann entweder von der denselben in Nr. **18***c* gegebenen Bedeutung ausgehen. Man kann dieselben aber auch als *nahezu invariante Funktionen* von thermodynamischen Grössen betrachten, die, falls die Hauptzustandsgleichung mit konstanten a_W, b_W, R_W strenge richtig wäre, auch strenge konstant sein würden. So z. B. a_W als $v^2 \left\{T\left(\frac{\partial p}{\partial T}\right)_v - p\right\} = -\left(\frac{\partial u}{\partial \rho}\right)_T$ (Nr. **45***a*), b_W als $v - R \,/\, \left(\frac{\partial s}{\partial v}\right)_T$ (vergl. Fussn. 174).

Ebenso kann man die in dieser Nr. *b* eingeführten Grössen b_d, f_W als durch Gl. (11) bzw. (12) bestimmte nahezu invariante Funktionen behandeln [234]).

229) *L. Cailletet* und *E. Mathias*. J. de phys. (2) 5 (1886), p. 549. Vergl. Nr. **85**.

230) *J. D. van der Waals* [a] p. 158. Vergl. Nr. **83**.

231) *J. D. van der Waals* [a] p. 32, siehe auch *H. Kamerlingh Onnes* [b] p. 11, wo λ gegeben wird.

232) *G. Bakker*. Diss. Amsterdam (Schiedam) 1888. Vergl. Nr. 87.

233) Auch Fussn. 160. Die der p, V, T-Fläche mit konstanten a_W, b_W, R_W entsprechenden *Gibbs*'schen Flächen haben für Diskussionen eine ähnliche Bedeutung (Nr. **63**).

234) Vergl. *J. D. van der Waals* [e] Mai 1910, p. 78.

23. Kontinuität oder Identität der fluiden Zustände? Kehren wir jetzt in dieser und der folgenden Nummer zu den Grundlagen der *van der Waals*'schen Hauptzustandsgleichung zurück. Man kann sie kennzeichnen, indem man sagt, dass sie auf der Annahme der Identität des gasförmigen und flüssigen Zustandes beruht. *Van der Waals* setzte nämlich bei seiner Ableitung nicht nur eine isothermisch-kontinuirliche Reihe von Gleichgewichtszuständen unter identischen Kräften (Nr. **17***a* und **18***a*) voraus, sondern auch, dass die Gasmoleküle bei grösserer Dichte des Stoffes unverändert bleiben und nicht beim Übergehen in den Flüssigkeitszustand alle zu grösseren *Konglomeraten* zusammenfallen, die Moleküle im Gaszustand und im Flüssigkeitszustand also identisch sind. Zum Kern der *van der Waals*'schen Vorstellungen gehört aber die Voraussetzung, dass gar keine Konglomeraten vorkommen, nicht notwendig. Bei Berücksichtigung eventueller Bildung von *komplexen Molekülen* aus einem Teil der einfachen (Änderung von R_w, vergl. Nr. **18***c*), welche *van der Waals* in seinen späteren Arbeiten ins Auge gefasst hat[235]), wird die *van der Waals*'sche Gleichung (entsprechend Nr. **18***c*) modifizirt, der Charakter der kontinuirlichen Reihe isothermischer Gleichgewichtszustände bleibt aber bestehen, wenn nur die Zahl der Konglomerate (vergl. Nr. **49**) bei derselben Temperatur eine kontinuirliche Funktion der Dichte ist (sei es sogar mit imaginären Zwischenzuständen, vergl. Fussn. 811, oder mit solchen, die statistisch, eventuell auf Grund der Anforderungen des Strahlungsgleichgewichtes, eine mit Unmöglichkeit gleichbedeutende Unwahrscheinlichkeit haben). Ebenso steht es mit den Änderungen, welche die Moleküle unter dem kinetischen Druck (vergl. Nr. **43**) und bei der gegenseitigen Annäherung erleiden können[236]). Da dann graduelle Änderungen entweder der Zahl der Konglomerate oder der Moleküle selbst oder beider mit Temperatur und Volumen auch innerhalb des Gaszustandes anzunehmen sind, kann man auch bei dieser erweiterten *van der Waals*'schen Auffassung des gasförmigen und des flüssigen Zustandes noch mit demselben Recht von der Identität der letzteren sprechen als von der Identität des gasförmigen Zustandes an und für sich[237]).

---

235) *J. D. van der Waals* [a] p. 179. Vergl. Nr. **49***c*.

236) Dieselben können, wie *van der Waals* [e] Juni 1903, p. 82, zeigte, Erscheinungen von derselben Art wie das Zusammenfallen von Molekülen hervorbringen.

237) Über Einwände, die sich meist an Betrachtungen über den kritischen Zustand knüpfen, vergl. Fussn. 239.

Die Annahme besonderer *liquidogener* und *gasogener* Moleküle (*de Heen*,

24. Behauptete Unbestimmtheit gewisser fluider Zustände bei gegebenem p und T. Dass das Volumen einer gegebenen Gewichtsmenge in homogenem Gleichgewicht bei gegebenem p und T, wenn auch mehrdeutig, doch jedenfalls bestimmt ist, ist ein grundsätzlicher Teil der *van der Waals*'schen Anschauungen. Nach *de Heen* [238]) wäre dasselbe aber in unmittelbarer Nähe vom kritischen Punkt auch noch — ob vorübergehend ist nicht klar ausgesprochen — abhängig von dem Verhältnis, in dem die Substanz vor der letzten Erwärmung bis über die kritische Temperatur in flüssiger und gasförmiger Phase geteilt war. Ref. scheinen die vorliegenden Untersuchungen [239]) ganz ungenügend, um Zweifel an der Richtigkeit der *van der Waals*'schen Anschauung zuzulassen. Dass eine gewisse Zeit notwendig ist, bevor sich der von *van der Waals* gedachte Gleichgewichtszustand in jedem Volumenelement für sich nach irgend einer Änderung einstellt, scheint à priori nicht zu bezweifeln, nur scheint diese Zeitdauer bei reinen und einer chemischen Zersetzung nicht unterliegenden Stoffen kleiner als die, welche notwendig ist, um Druck- und Temperaturgleichgewicht zwischen

---

vergl. Fussn. 238 und Fussn. 563), oder *Liquidonen* und *Gasonen* (*Traube*, vergl. Fussn. 498 und 1065), wird zwar von diesen Forschern notwendig geachtet für die Erklärung verschiedener Verhältnisse (für die experimentellen Grundlagen dieser Theorien vergl. aber Fussn. 239), ist aber nicht zu einer Zustandsgleichung ausgearbeitet. (Vergl. weiter Enc. V 8, Art. *Boltzmann* und *Nabl*, Nr. 31).

238) *P. de Heen.* Bull. Acad. Roy. de Belg. (3) 31 (1896), p. 147.

239) Für eine Übersicht derselben siehe *E. Mathias* [g] p. 19 u. f., *Winkelmann*'s Handbuch der Physik III 2te Aufl. Leipzig 1906, p. 837, *J. P. Kuenen* [c], *G. H. Fabius*, Diss. Leiden 1908, wozu noch zu erwähnen *F. B. Young*, Phil. Mag. (6) 20 (1910), p. 793. Die besonders charakteristischen Versuche von *Galitzine*, von *de Heen* und von *Teichner* wurden genügend widerlegt (*de Heen* gibt dies, Bull. Acad. Roy. de Belg. Classe d. Sc. 1907, p. 859, für reine Stoffe zu) von denen von *J. P. Kuenen*, Leiden Comm. Nr. 8 (1893), 11 (1894), von *H. Kamerlingh Onnes* [e] Nr. 68 (1901), und von demselben und *G. H. Fabius*, Leiden Comm. Nr. 98 (1907), vergl. auch *W. H. Keesom* [a] p. 50, indem die *abnormalen Erscheinungen beim kritischen Punkt* Temperaturunterschieden und nicht gleichgewichtsmässiger, erst durch lange dauernde Diffusion [nach *Gouy*, Paris C. R. 116 (1893), p. 1289, mehrere Tage, vergl. *P. Duhem*, Paris C. R. 134 (1902), p. 1272] sich ausgleichender Verteilung kleiner Quantitäten Beimischung [für den Einfluss dieser vergl. die Berechnungen von *J. E. Verschaffelt*, Leiden Comm. Suppl. Nr. 10 (1904), vergl. weiter Nr. 67e] zugeschrieben werden (vergl. Fussn. 572). Auch die von *W. P. Bradley*, *A. W. Browne* und *C. F. Hale*, Phys. Rev. 27 (1908), p. 90, beobachteten Erscheinungen sind hierauf zurückzubringen.

Nach den statistischen Betrachtungen Nr. 46 u. f. ist der Zustand streng genommen von der Molekülzahl abhängig, bei grosser Zahl aber nur äusserst wenig.

den verschiedenen Volumenelementen herzustellen [240]), so dass sie durch die Beobachtungen nicht festgestellt werden kann.

25. Die van der Waals'sche Hauptzustandsgleichung für binäre Gemische [241]). *a) Van der Waals* [242]) hat seine Zustandsgleichung erweitert für binäre Gemische. Für solche mit dem molekularen Gehalt x an der Komponente mit dem Molekulargewicht M_a, und $y = 1 - x$ an der Komponente mit dem Molekulargewicht M_b (Nr. **1**c), wird dieselbe [243]):

$$p = \frac{R_{w\Theta}\, T}{v_\Theta - b_{w\Theta x}} - \frac{a_{w\Theta x}}{v_\Theta^{\,2}} \tag{14}$$

mit $a_{w\Theta x} = a_{w\Theta aa}\, x^2 + 2a_{w\Theta ab}\, x\,(1-x) + a_{w\Theta bb}\,(1-x)^2$ (15)

und nach *Lorentz* [244])

$$b_{w\Theta x} = b_{w\Theta aa}\, x^2 + 2b_{w\Theta ab}\, x\,(1-x) + b_{w\Theta bb}\,(1-x)^2, \tag{16}$$

---

240) *E. Mathias*, J. de phys. (4) 2 (1903), p. 172, nimmt an, dass eine längere Zeit notwendig ist, um liquidogene in gasogene Moleküle zu dissoziiren. [Vergl. *Ph. Kohnstamm*, J. chim. phys. 3 (1905), p. 694]. Es würde demnach in die Änderung einer Phase eine *Reaktionszeit* zu konstatiren und Dampf und Flüssigkeit als *chemisch* verschiedene (vergl. *Nernst* [c] p. 38 und 286) Phasen, wie etwa allotrope Modifikationen, zu betrachten sein. Diese, nach Ansicht von Ref. notwendige, Konsequenz wird nicht gezogen. Von unseren Betrachtungen sind derartige Reaktionen ausgeschlossen.

241) Wir behandeln die Gemische (vergl. Nr. **1**c) nur insoweit sie für die Kenntnis der Zustandsgleichung und ihre graphische Behandlung bis jetzt in Betracht gezogen sind (vergl. Nr. **33**b, Abschn. **IV**b und Nr. **75**). Weiter sei für ternäre und quaternäre Gemische auf die Arbeiten *Schreinemakers'*, ZS. physik. Chemie **22** (1897) u.s.w., *H. W. Bakhuis Roozeboom* [c]; *J. D. van der Waals* [e] Febr.—Juni 1902, p. 544, 665, 862, 88, 224, vergl. auch *B. M. van Dalfsen*, Diss. Amsterdam 1906, verwiesen, für binäre Gemische weiter *J. D. van der Waals* [b] und viele Art. in Amst. Akad. Versl., vergl. auch Rapports congr. internat. de phys. Paris 1900, t. 1, p. 583, *J. P. Kuenen* [b], wohin wir auch für die sämtliche Litteratur verweisen, *H. W. Bakhuis Roozeboom* [b].

242) *J. D. van der Waals*, Théorie moléculaire d'une substance composée de deux matières différentes, Arch. Néerl. 24 (1890), p. 1. Aufgenommen in *van der Waals* [b].

243) Die Notwendigkeit, das theoretische Normalvolumen als Volumeneinheit zu Grunde zu legen, wurde betont von *J. E. Verschaffelt* [23]), vergl. auch *J. D. van der Waals* [b] p. 79 und diesen Art. Fussn. 4.

244) *H. A. Lorentz*, Ann. Phys. Chem. 12 (1881), p. 127. *H. Happel*, Ann. d. Phys. (4) 26 (1908), p. 95, berechnete für harte kugelförmige Moleküle und *van der Waals*'sche Kräfte (Nr. **30**d) den zweiten Stosskoeffizienten ϕ_{s2x} (Nr. **30**b, vergl. Nr. **40**a); *L. S. Ornstein*, Amsterdam Akad. Versl. Juni 1908, p. 107, kam zu demselben Resultat nach der *Gibbs*'schen Methode (Nr. **46**c); dieser Koeffizient wurde aber noch nicht geprüft.

wo die Grössen a_{wab}, b_{wab} sich auf die gegenseitige Wirkung der Moleküle beider Komponenten beziehen [245]), und $a_{waa}, \ldots. b_{wbb}$ die Grössen a_w, b_w für die Komponenten für sich darstellen [246]). Die Gleichung wurde in erster Reihe zur Ableitung (Nr. **3**c) der Koexistenzbedingungen (siehe hierfür Abschn. **IV**b) aufgestellt. Wir wollen hier nur die von der Gleichung unmittelbar dargestellten homogenen Zustände ins Auge fassen. *Van der Waals* hat dieselben später [247]) einer Untersuchung unterzogen und dabei aus der Zustandsgleichung ein paar Annäherungsgesetze abgeleitet, die er an den Messungen von *Kuenen*, *Verschaffelt* und *Quint* [248]) prüfte. Er leitete aus der Zustandsgleichung in erster Annaherung (Beschränkung in der Entwicklung nach v^{-1} auf das Glied mit Φ_{s1} Nr. **30**b) ab, dass die Abweichungen vom *Dalton*'schen Gesetze (Enc. V 3, Art. *Bryan*, Nr. **22**, V 8, Art. *Boltzmann* und *Nabl*, Nr. **4**): $p_a\left(\frac{v}{x}, T\right) + p_b\left(\frac{v}{1-x}, T\right) - p_x(v, T)$ (die *Druckkontraktion*, weil die Glieder p_a und p_b die Drucke der Komponenten bei den angegebenen Werten von Volumen und Temperatur, die *Partialdrucke*, p_x den Druck des Gemisches darstellt), denselben Verlauf und dieselbe Grössenordnung haben als die Abweichungen vom *Boyle*'schen Gesetz bei den Komponenten, sodann dass die von *Amagat* [249]) aufgestellte Regel: $x\, v_{a\,Tp} + (1-x)\, v_{b\,Tp} - v_{x\,Tp}$ (die *Volumkontraktion*) $= 0$, oder die von *van der Waals* selbst aufgestellte: $p_{x\,v\,T} = x\, p_{a\,v\,T} + (1-x)\, p_{b\,v\,T}$ (ein Stoff übt in einem Gemisch denselben Druck aus wie wenn die Moleküle der andern

245) Für harte Kugel wäre $2b^{1/3}_{w\Theta ab} = b^{1/3}_{w\Theta aa} + b^{1/3}_{w\Theta bb}$. Für qualitative Rechnungen wurde manchmal $2b_{w\Theta ab} = b_{w\Theta aa} + b_{w\Theta bb}$, daher $b_{w\Theta x} = b_{w\Theta aa}\, x + b_{w\Theta bb}\,(1-x)$, und $a^2_{w\Theta ab} = a_{w\Theta aa} \cdot a_{w\Theta bb}$ [*B. Galitzine*, Ann. Phys. Chem. 41 (1890). p. 770, *D. Berthelot*, Paris C. R. 126 (1898), p. 1703, 1857] gesetzt [vergl. auch *J. E. Verschaffelt*, Leiden Comm. Suppl. Nr. 11 (1906)]. Diese Beziehungen werden aber von der Erfahrung nicht verifizirt (vergl. *J. D. van der Waals*, Paris C. R. 126 (1898), p. 1856, und [e] Febr. 1907, p. 696).

246) In den *van der Waals*'schen und diesen direkt sich anschliessenden Arbeiten werden diese Grössen durch a_1 oder a_{11}, a_{12}, a_2 oder a_{22}, bzw. b_1 u.s.w., angegeben. Wir werden weiter abkürzen zu a_{waa} u.s.w.; ebenso wird $a_{w\Theta x}$ u. s. w. abgekürzt zu a_{wx}, b_{wx}, R_{wx}.

247) *J. D. van der Waals* [e] Nov., Dez. 1898, März 1899, p. 239, 281, 469, [b] p. 53—89.

248) *J. P. Kuenen* [a]. *J. E. Verschaffelt*, Leiden Comm. Nr. 45 (1898), 47 (1899); Diss. Leiden (Dordrecht) 1899. *N. Quint Gzn*, Amsterdam Akad. Versl. Juni 1899, p. 57; Diss. Amsterdam 1900. Vergl. *J. D. van der Waals* [b] p. 53.

249) *E. H. Amagat*. Paris C. R. 127 (1898), p. 88. v_a und v_b beziehen sich auf dieselbe Molekülzahl wie v_x, also $v_{x=1} = v_a$.

Komponente durch eigene Moleküle ersetzt wären), relativ beträchtlich kleinere Abweichungen von dem wirklichen Verhalten wie das *Dalton*'sche Gesetz aufweisen [250]).

b) Der von Gl. (10) bestimmte Punkt T_{kx}, p_{kx}, v_{kx} im Isothermendiagramm für Gemische, der kritische Punkt bei ungeänderter Zusammensetzung [251]) [Nr. **9***b*, für die Hauptzustandsgleichung mit von v und T unabhängigen a_{wx}, b_{wx} und R_{wx} werden T_{kx}, p_{kx}, v_{kx} durch Gl. (9) bestimmt mit a_{wx}, b_{wx}, R_{wx} [246]) statt a_w, b_w, R_w], fällt im Allgemeinen in das unstabile Gebiet und hat daher seine direkte experimentelle Bedeutung verloren [252]). Für dessen Bedeutung für das Gesetz korrespondirender Zustände vergl. Nr. **26***c*.

b) Van der Waals' Gesetz der korrespondirenden Zustände.

26. Die reduzirte thermische Zustandsgleichung. *a*) Indem *van der Waals* [253]) in Gl. (6) für einen einkomponentigen Stoff mit den kritischen Grössen p_k, T_k, v_k die durch

$$\mathfrak{p} = \frac{p}{p_k}, \quad \mathfrak{t} = \frac{T}{T_k}, \quad \mathfrak{v} = \frac{v}{v_k} \tag{17}$$

definirten [254]), von den gewählten p, v, T-Einheiten unabhangigen Grössen: *reduzirten Druck*, *reduzirte Temperatur* und *reduzirtes Volumen* einführte, erhielt er mit Gl. (9):

$$\left(\mathfrak{p} + \frac{3}{\mathfrak{v}^2}\right)(3\,\mathfrak{v} - 1) = 8\,\mathfrak{t}. \tag{18}$$

Es ergab sich seine *reduzirte Zustandsgleichung* also als unabhängig von der Natur des betreffenden Stoffes. Wenn man den Druck in Teilen des kritischen Druckes, das Volumen in Teilen des kritischen Volumens und die absolute Temperatur in Teilen der kritischen absoluten Temperatur ausdrückt, so wird nach dieser Ableitung die Zustands-

---

250) Für die weitere Diskussion vergl. *van der Waals* Fussn. 247. Vergl. auch *J. E. Verschaffelt*, Leiden Comm. Suppl. Nr. 13 (1906).

251) Kürzer: *isomignischer kritischer Punkt.* Auch wohl *kritischer Punkt für das homogene Gemisch*, von *J. P. Kuenen* [b] p. 75 *einheitlicher kritischer Punkt* genannt.

252) Eine Ausnahme vergl. *van der Waals* [a] p. 116/117. Vergl. Nr. **67***b*.

253) *J. D. van der Waals.* Onderzoekingen omtrent de overeenstemmende eigenschappen der normale verzadigden-damp- en vloeistoflijnen u.s.w. Over de coefficienten van uitzetting en van samendrukking u.s.w. Amsterdam Akad. Verh. 1880. Weiter [a] p. 137.

254) V entspricht in reduzirten Grössen $\mathfrak{V} = V/v_k$ (vergl. Nr. **64**).

Van der Waals wird zu dieser folgenreichen Substitution wohl dadurch gekommen sein, dass er die Zustände suchte, für welche die Abweichungen der verschiedenen Stoffe von seiner Zustandsgleichung Gl. (6) zu vergleichen wären, um Gesetzmässigkeiten zu zeigen (vergl. Fussn. 258).

gleichung für alle Körper dieselbe. Das den Stoffen Eigentümliche, das „Spezifische" ist aus der reduzirten Gleichung weggefallen [255]).

In ähnlicher Weise wie die reduzirten Werte der Zustandsgrössen p, v, T kann man auch *den reduzirten Wert* irgend einer homogen dimensionirten, einer *reduzirbaren*, Funktion derselben (oder der Differentiale und Integrale einer solchen Funktion derselben) bestimmen, indem man diese Funktion entweder aus $\mathfrak{p}$, $\mathfrak{v}$, $\mathfrak{t}$ bildet, oder die aus p, v, T gebildete Funktion durch eine gleich dimensionirte Form von p_k, v_k, T_k teilt. Für gleiche Werte von $\mathfrak{p}$, $\mathfrak{v}$, $\mathfrak{t}$ sind auch die reduzirten Werte von reduzirbaren Funktionen dieselben.

Zustände, für welche zwei den Zustand bestimmende reduzirte Grössen (z. B. $\mathfrak{t}$ und $\mathfrak{v}$, oder $\mathfrak{t}$ und $\mathfrak{p}$ wenn die Mehrdeutigkeit bei letzteren durch eine nähere Bestimmung gehoben ist) denselben Wert haben, nennt *van der Waals übereinstimmende* oder *korrespondirende* Zustände. Das *van der Waals*'sche Gesetz der korrespondirenden Zustände sagt aus, dass in *korrespondirenden Zuständen verschiedener Stoffe die Werte derselben reduzirten Funktionen der Zustandsgrössen gleich sind.* So z. B. bei gleichem $\mathfrak{t}$ und $\mathfrak{v}$: $\mathfrak{p}$, $\frac{1}{\mathfrak{p}}\frac{\partial \mathfrak{p}}{\partial \mathfrak{t}}$ [*reduzirter Spannungskoeffizient* [915])], $\frac{1}{\mathfrak{v}}\frac{\partial \mathfrak{v}}{\partial \mathfrak{t}}$ [*reduzirter Ausdehnungskoeffizient* [915]), vergl. Nr. **86***d*], $-\frac{1}{\mathfrak{v}}\frac{\partial \mathfrak{v}}{\partial \mathfrak{p}}$ (*reduzirte Kompressibilität*, vergl. Nr. **86***f*).

So ergibt sich aus dem *Maxwell*'schen Kriterium in reduzirten Grössen,

$$\int_{\mathfrak{v}_{\text{liq}}}^{\mathfrak{v}_{\text{vap}}} \mathfrak{p}\, d\mathfrak{v} + \mathfrak{p}_{\text{koex}} (\mathfrak{v}_{\text{liq}} - \mathfrak{v}_{\text{vap}}) = 0, \tag{19}$$

auf Gl. (18) angewendet, dass die *reduzirte Dichte des gesättigten Dampfes* (vergl. Nr. **86***b*), die *reduzirte Flüssigkeitsdichte* (vergl. Nr. **86***b*) und die *reduzirte Dampfspannung* (vergl. Nr. **84**), und weiter [nach Gl. (138) Enc. V 3, Art. *Bryan*] die *reduzirte Verdampfungswärme* $\mathfrak{l} = \frac{\lambda_\Gamma}{p_k v_{k\Gamma}}$ [256])

255) Vergl. Fussn. 270, und *J. D. van der Waals* [a] p. 137. Vergl. auch das von *van der Waals*, Deutsche Revue März 1904, Wetenschappelijke Bladen 1904, 2, p. 161, entworfene Bild der verschiedenen Stoffe als verschiedener Individuen eines selben Geschlechts. Ein anderes Bild *H. Kamerlingh Onnes* [e] Suppl. Nr. 9 (1904).

256) Von *van der Waals* [a] p. 147 gegeben in der Form: $\frac{\lambda_M}{T_k} = f_5\,(\mathfrak{t})$. Hiermit gleichbedeutend die von *Darzens* [690]) abgeleitete Beziehung: $\frac{\lambda_M}{T} = f_6\,(\mathfrak{t})$.

für alle Stoffe dieselbe Funktion der reduzirten Temperatur sind, also

$$\mathfrak{p}_{\text{koex}} = f_1(\mathfrak{t}), \; \mathfrak{v}_{\text{vap}} = f_2(\mathfrak{t}), \; \mathfrak{v}_{\text{liq}} = f_3(\mathfrak{t}), \; \mathfrak{l} = f_4(\mathfrak{t}) \tag{20}$$

und auch $\mathfrak{D}_\rho = \frac{1}{2}\left(\frac{1}{\mathfrak{v}_{\text{vap}}} + \frac{1}{\mathfrak{v}_{\text{liq}}}\right)$ angenähert $= \mathfrak{a}_d + \mathfrak{b}_d \,\mathfrak{t}$, (21)

sodass auch die *reduzirten Konstanten der Mittellinie* gleich sind, vergl. Gl. (11) und Nr. **85**.

b) Obgleich die Zustandsgleichung (6) mit konstanten a_w, b_w und R_w, wie *van der Waals* schon betonte (vergl. Nr. **30***b*), der Ableitung nach nicht mehr für $v < 2\,b_w$ oder $v < \frac{2}{3}\,v_k$ gültig sein kann, und dementsprechend auch bei der Vergleichung mit der Beobachtung (vergl. Nr. **19** und Abschn. **II***d*) ziemlich grosse Abweichungen aufgefunden wurden, fand *van der Waals* das aus derselben abgeleitete Gesetz der korrespondirenden Zustände weit ausserhalb des für die Anwendung von Gl. (6) mit konstanten a_w, b_w und R_w geeigneten Gebietes mit auffallender Annäherung bestätigt [257]) (vergl. Nr. **5***b*). Schreiben wir für irgend einen Stoff die genauere reduzirte Zustandsgleichung, nach welcher viele Forscher gesucht haben (vergl. Abschn. **II***d*), an Stelle von Gl. (18):

$$\mathfrak{p} = f(\mathfrak{v}, \mathfrak{t}), \tag{22}$$

so ist nach dem Korrespondenzgesetz diese Gleichung für alle [258]) Stoffe mit grosser Annäherung dieselbe. Sämtliche thermischen und aus der thermischen Zustandsgleichung ableitbaren kalorischen Eigenschaften [56]) [259]) der Stoffe sind in dieser Gleichung enthalten [260]). Man hat, um für irgend einen Stoff die individuellen Eigenschaften zu finden, nur mit den ihm eigenen Werten [261]) von T_k, p_k [oder aus diesen berechneten, wie v_k oder auch a_w und b_w nach Gl. (9)] von den nach Gl. (22) bestimmten reduzirten auf die nicht reduzirten Werte zurück zu gehen.

Wir haben gesehen (Nr. **19** und Nr. **22**), dass die empirische Zu-

---

257) *J. D. van der Waals* [a] Kap. XII und XIII. Über die Bedeutung des Gesetzes auch *E. Mathias*, Travaux récents sur la continuité des états gazeux et liquide et sur la notion généralisée d'états correspondants, Tours (Impr. Deslis Frères) und *J. Dewar*, B. A. Report 1902, p. 29.

258) Die Abweichung von Gl. (**18**) ist also für alle Stoffe annähernd dieselbe (vergl. Fussn. **254**). Für die Ausnahmen siehe Nr. **35**.

259) Diese hängen nicht wie γ_{vA} (vergl. Nr. **54** und **57**) von Änderungen in der inneren Energie der Moleküle im *Avogadro*'schen Zustand (Nr. **39***a*) ab.

260) „Es ist nicht ganz leicht, sich einen Begriff von, man möchte fast sagen, der Kühnheit dieser Gleichung zu machen" (*Nernst* [c] p. 225).

261) Wie diese Grössen auf Grund von Nr. **28***b* aus Teilen der Zustandsfläche gefunden werden siehe Nr. **33**.

standsgleichung der im fluiden Zustand vorkommenden Stoffe von der *van der Waals*'schen Hauptzustandsgleichung mit konstanten a_w, b_w, R_w qualitativ oder, wie man sagen kann, in erster Annäherung gegeben wird. Das Gesetz der übereinstimmenden Zustände gestattet in zweiter Annäherung für alle nicht assoziirten (Nr. **35**) Stoffe die thermischen Eigenschaften vorherzusagen oder m. a. W. ihre empirische Zustandsgleichung zu geben, wenn man die empirische Zustandsgleichung für einen kennt. Die Genauigkeit, mit welcher dies geschieht, ist für viele Stoffe überraschend gross. Dies hat gemacht, dass das Korrespondenzgesetz weiterhin die Grundlage für das vergleichende Studium der verschiedenen Stoffe geworden ist.

c) Später (vergl. Nr. **33***b*) hat sich noch herausgestellt, dass auch die binären Gemische in vielen Fällen unter das Korrespondenzgesetz gebracht werden können, entsprechend der Tatsache, dass die Anwendung derselben Transformation, welche von Gl. (6) zu Gl. (18) führt, auf Gl. (14) mit p_{kx}, T_{kx}, v_{kx} ebenfalls Gl. (18) ergibt.

27. Ableitung des Gesetzes der korrespondirenden Zustände aus dem Prinzip der mechanischen Ähnlichkeit [262]). *Kamerlingh Onnes* [263]) zeigte, dass die Gleichheit der reduzirten Zustandsgleichung verschiedener Stoffe mit Umgehung der Aufstellung der Zustandsgleichung selber abgeleitet werden kann auf Grund folgender Voraussetzungen:

1. die Moleküle der verschiedenen Stoffe sind gleichförmige, vollkommen harte, elastische Körper; 2. die Fernkräfte, welche sie ausüben, gehen von homologen Punkten aus und sind proportional derselben Funktion homologer Abstände von diesen; 3. die absolute Temperatur ist der mittleren lebendigen Kraft der fortschreitenden Bewegung der Moleküle proportional.

---

262) Vergl. Enc. IV 6, Art. *Stäckel*, Nr. 8. Für Anwendungen dieses Prinzips auf Hydrodynamik und Aerodynamik, bei denen aber nur die Ähnlichkeit molarer, nicht molekularer Ausbreitungen in Betracht gezogen ist, siehe z. B. *Smoluchowski*, Phil. Mag. (6) 7 (1904), p. 667; *Jouguet*, J. école polytechn. sér. 2, 10ième cah. (1905), p. 79, Paris C. R. 145 (1908), p. 475, 500. Bemerkt sei noch, dass es Andeutungen gibt, dass das Ähnlichkeitsprinzip auch auf den Magnetismus, sowie auf Systeme stationär sich bewegender Elektronen [*P. Weiss*, J. de phys. (4) 6 (1907), p. 661, Physik. ZS. 9 (1908), p. 358, *H. Kamerlingh Onnes* und *Alb. Perrier*, Leiden Comm. Nr. 124*a* (1911), *J. Becquerel* und *H. Kamerlingh Onnes*, Leiden Comm. Nr. 103 (1908), § 7, vergl. *H. Kamerlingh Onnes* [e] Suppl. Nr. 9 (1904), p. 26 u. f.], und demgemäss auf die *Zustandsgleichung der Elektronen*, auszudehnen ist.

263) *H. Kamerlingh Onnes* [a] p. 22, [d] p. 112.

Bei Betrachtungen über die mechanische Ähnlichkeit sind korrespondirende Massen bei zwei Stoffen proportional den Molekulargewichten, korrespondirende Längen proportional homologen Abständen in den Molekülen, korrespondirende Zeiten proportional denjenigen zu setzen, in welchen je zwei Moleküle bei diesen beiden Stoffen in homologe Stellung gebracht über eine homologe Strecke einander entgegen fallen würden. Auf diesen, jedem Stoff eigenen, seinen *spezifischen*, *Einheiten* kann man ein absolutes Maasssystem aufbauen. Korrespondirende Werte von irgend einer Grösse für zwei Stoffe sind die, welche, jede in dem dem Stoff eigenen, dem spezifischen Maasssystem gemessen, durch denselben Zahlenwert angegeben werden. *Mechanisch korrespondirende Zustände von stationär sich bewegenden Molekülschaaren* sind solche, bei welchen gleichzahlige Schaaren geometrisch ähnlicher Moleküle in korrespondirende Räume (dem Volumen der Moleküle proportional) gebracht werden, also *geometrisch stationär ähnlich* nach Maassgabe einer einzelnen Strecke geworden sind, die Moleküle korrespondirende Kräfte ausüben, und bei denen weiter, dadurch dass die mittleren Geschwindigkeiten auf korrespondirende Werte gebracht worden sind, auch die *mechanisch stationäre Ähnlichkeit* nach Maassgabe einer einzelnen Strecke und einer einzelnen Zeitlänge erreicht ist. Denken wir uns eine Schaar von n Molekülen mit dem Molekulargewicht 1, mit einer gewissen den Molekülen eigenen Fundamentallänge 1, und mit einer solchen Fundamentalzeit als Einheit gemessen, dass die Kräfte zwischen zwei Molekülen denselben die Beschleunigung 1 erteilen, wenn man sie auf einen gewissen l Mal grösseren Abstand als die Fundamentallänge gebracht hat, denken wir uns weiter diese Schaar in stationäre Bewegung von einer gegebenen mittleren lebendigen Kraft $T(\mathrm{I})$ gebracht in einem gegebenen Raum $V(\mathrm{I})$. Die Lösung des kinetischen Problems: den Druck zu berechnen, den diese Schaar auf die Wände ausübt, ist noch nicht gefunden, und ist gewiss nur schwer zu erhalten. Aber wäre sie als $p(\mathrm{I}) = f(V(\mathrm{I}), T(\mathrm{I}))$ gegeben, so finden wir aus dieser unmittelbar die Lösung desselben Problems für eine Schaar mit denselben Zahlen n und l, aber bestehend aus Molekülen mit den Massen M, der Fundamentallänge L und der Fundamentalzeit Z. Wird diese Schaar in $V(\mathrm{I})$ Raumeinheiten $[L^3]$ bei $T(\mathrm{I})$ Temperatureinheiten $[L^2 M Z^{-2}]$ gebracht, so ist der Druck $p(\mathrm{I})$ Druckeinheiten $[L^{-1} M Z^{-2}]$ [264]).

264) Wir deuten die auf die Grundeinheiten L, M, Z aufgebauten absoluten Einheiten mit ihren Dimensionsformeln an.

Für zwei natürliche Systeme von derselben Molekülzahl ergeben sich dementsprechend identische Zustandsgleichungen, wenn man die Volumina durch die korrespondirenden Einheiten $[L^3]$, die Temperaturen durch die korrespondirenden Einheiten $[L^2 M Z^{-2}]$, die Drucke durch die korrespondirenden Einheiten $[L^{-1} M Z^{-2}]$ misst [265]).

28. Die affine Verwandtschaft der Fluidgebiete der p, V, T-Flächen für die verschiedenen Stoffe ergibt sich unmittelbar, wenn man die mechanische Ähnlichkeit der Molekülsysteme annimmt.

a) Die auf die molekulare Gewichtsmenge sich beziehenden Flächen für zwei verschiedene, durch mechanisch ähnliche Molekülsysteme darstellbare Stoffe können durch lineare Vergrösserung in der Richtung der Koordinatenachsen in einander übergeführt werden. Von diesen Veränderungen sind der Ableitung nach nur zwei unabhängig. Denn die Masseneinheiten M sind durch die Molekulargewichte, d. h. die chemische Natur der Stoffe, festgelegt, wir können zur Abänderung der Flächen also nur über L und Z (Nr. **27**) verfügen, oder, was auf dasselbe hinauskommt, über $[L^3]$ und $[L^2 M Z^{-2}]$, sodass, wenn eine diesen entsprechende passende Veränderung nach V und T vorgenommen ist, diejenige nach p, welche die Flächen zum Zusammenfallen bringt, gegeben ist. Entsprechende Punkte auf den p, V, T-Flächen verschiedener Stoffe, welche den Bedingungen der Ähnlichkeit unterliegen, stellen übereinstimmende oder korrespondirende Zustände dieser Stoffe dar. Umgekehrt sind aus den Koordinaten irgend zweier korrespondirender Punkte, p_1, V_1, T_1 und p_2, V_2, T_2, welche an einer Eigenschaft, die bei der affinen Transformation ungeändert bleibt, zu erkennen sind, die Verhältniszahlen der Vergrösserung, die *Ähnlichkeitskoeffizienten*, abzuleiten, welche die Flächen zum Zusammenfallen bringen [266]).

Das einfachste Beispiel [267]) eines derartigen Punktes ist der kritische [auf Grund von Gl. (10)], die Ähnlichkeitskoeffizienten sind dann die Verhältnisse der kritischen Drucke, Volumina und Temperaturen, und die Zahlen, durch welche man Druck, Volumen und Temperatur zu

265) Dasselbe gilt natürlich, wenn man statt zweier korrespondirender Einheiten gleiche Vielfache derselben nimmt.

266) Nimmt man einen willkürlichen Punkt p_i, V_{Mi}, T_i der Fläche, so hat nach dieser Ableitung in den mit diesem übereinstimmenden Punkten bei allen Stoffen $\frac{p_i V_{Mi}}{T_i}$ denselben Wert.

267) *H. Kamerlingh Onnes* [a] p. 17, [d] p. 109.

teilen hat, um die p, V, T-Flächen verschiedener Stoffe auf denselben Maassstab zu reduziren und so zum Zusammenfallen zu bringen, sind dann der kritische Druck, das kritische Volumen und die kritische Temperatur [268]), und korrespondirende Zustände solche mit gleichen reduzirten Zustandsgrössen [269]). Die reduzirte Zustandsgleichung (Nr. **26***b*) ist also, wie das Korrespondenzgesetz aussagt, für alle den Bedingungen der Ähnlichkeit genügende Stoffe dieselbe.

Die weitgehende Gültigkeit des Korrespondenzgesetzes scheint darin zu wurzeln, dass die bei dieser Ableitung zu Grunde gelegte Ähnlichkeit nach Maassgabe einer einzelnen Strecke und einer einzelnen Zeit über ein grosses Gebiet für die hier in Betracht kommenden Fragen der Wirklichkeit genügend entspricht. Jener Gültigkeit wäre dann dadurch eine Grenze gesteckt, dass neben der einen Längen- oder Zeiteinheit auch eine andere für das Problem von Bedeutung wird.

b) Die Bemerkung, dass die affine Verwandtschaft der p, V, T-Flächen mit dem Gesetz der korrespondirenden Zustände äquivalent ist, wurde später noch in verschiedener Form wieder ausgesprochen.

So zeigt *L. Natanson* [270]), dass die Zustandsgleichungen aller dem Gesetz der korrespondirenden Zustände gehorchender Stoffe „das Spezifische verlieren werden, wenn man die Zustandsgrössen in den entsprechenden irgend zweier korrespondirender Punkte ausdrückt." Zu demselben Resultat kamen später *P. Curie* [271]), *Meslin* [272]) und *Amagat* [273]).

Meslin beweist weiter, in's Geometrische übersetzt, dass für die affine Verwandtschaft der Zustandsgleichungen genügt, dass dieselben, so lange p, v, T in nicht näher spezifizirten Einheiten ausgedrückt

268) Bei einer erweiterten Auffassung des Korrespondenzgesetzes (Nr. **38**) werden statt für das ganze Gebiet gültige Ähnlichkeitskoeffizienten Ähnlichkeitsfunktionen eingeführt. Für die kritischen Reduktionsgrössen, als diesen Ähnlichkeitsfunktionen entsprechende Funktionen von v und T aufgefasst, vergl. Nr. **38***b*.

269) *D. Berthelot*, J. de phys. (4) 2 (1903), p. 186, empfiehlt für Fragen, die Energie betreffend, der Einfachheit der Formeln wegen den Punkt im pv, p-Diagramm, wo die Kurve $pv = RT$ eine der pv-Achse parallele Tangente hat; *Kirstine Meijer* [383]) nimmt (um die Unsicherheit in der Bestimmung des kritischen Zustandes zu umgehen) den Dampf- oder den Flüssigkeitszustand, bei welchem $v_{\text{vap}} = 100\, v_{\text{liq}}$.

270) *L. Natanson*. Paris C. R. 109 (1889), p. 890; ZS. physik. Chem. 9 (1892), p. 26. Das Spezifische ist in die Maasse übergegangen (vergl. Fussn. 255).

271) *P. Curie*. Arch. d. sc. phys. et natur. (3) 26 (1891), p. 13.

272) *G. Meslin*. Paris C. R. 116 (1893), p. 135.

273) *E. H. Amagat*. Paris C. R. 124 (1897), p. 547; Rapp. Congr. intern. de phys. Paris 1900, t. 1, p. 551.

sind und sich auf eine nicht näher bestimmte Gewichtsmenge beziehen, nicht mehr als *drei* individuelle Konstanten enthalten. Dass hierbei von drei Konstanten die Rede ist, sagt nicht etwas Allgemeineres aus als die unter a gegebene kinetische Ableitung, welche nur *zwei* individuelle Konstanten für die affine Transformation der dort betrachteten Flächen zulässt. Denn die drei individuellen Konstanten, die für willkürliche der *Meslin*'schen Bedingung genügende Flächen existiren können, sind nicht unäbhangig, wenn die Flächen wirklich Zustandsgleichungen darstellen sollen, und also in dem *Avogadro*'schen Zustand (Nr. **39***a*) das *Avogadro*'sche Gesetz zu erfüllen haben. Durch die Beziehung $\frac{p_1 v_{M1}}{T_1} = \frac{p_2 v_{M2}}{T_2}$ bleiben bei gegebenen Stoffen nur zwei Verhältnisse zur Verfügung, wenn man die Zustandsfläche für die molekulare Menge des einen Stoffes in die entsprechende des andern affin transformiren will. Dem entspricht das oben unter a angeführte Resultat, dass bei ähnlichen Systemen neben der gemeinschaftlichen reduzirten Zustandsgleichung zwei für jeden Stoff individuelle Konstanten, wie a_W und b_W von *van der Waals*, das Verhalten der verschiedenen Stoffe von gegebenem, für den *Avogadro*'schen Zustand (Nr. **39***a*) geltenden Molekulargewicht nach dem Gesetz der korrespondirenden Zustände festlegen.

29. Weitere Folgerungen aus der mechanischen Ähnlichkeit[274].

a) Die freie Oberflächenenergie ψ_σ (entsprechend der Schreibweise $\mathfrak{F}_{VT} = \psi$, vergl. Fussn. 95 und Enc. V 3, Art. *Bryan*, p. 74, abgekürzt für freie Energie der Flächeneinheit, $\mathfrak{F}_{VT\sigma}$) der Grenzschicht zwischen der Flüssigkeit und der gesättigten Dampfphase, in die sich das System der Moleküle von Nr. **27** bei seiner stationären Bewegung behufs Erreichung der meist stabilen Bewegungsart unter gewissen Bedingungen teilt, ist durch die Daten dieses mechanischen Systems bedingt. Es gehört also die freie Oberflächenenergie (= Oberflächenspannung) zu den reduzirbaren Funktionen, welche unter das Gesetz der korrespondiren den Zustände fallen. In übereinstimmenden Zuständen besteht demnach das Verhältnis [275] [276]:

---

274) Folgerungen, welche Prozesse bei sich ändernder Temperatur oder Erscheinungen bei Gemischen betreffen, Nr. **62** und Abschn. **IV***b*.

275) Diese Beziehung wurde gleichzeitig von *van der Waals* [a] p. 176 und von

$$\psi_{\sigma_1} : \psi_{\sigma_2} = M_1 Z_1^{-2} : M_2 Z_2^{-2} = T_{k1} v_{Mk1}^{-2/3} : T_{k2} v_{Mk2}^{-2/3}. \quad (23)$$

Hiernach muss z. B. die Änderung der reduzirten Oberflächenspannung, $T_k^{-1} \psi_\sigma v_{Mk}^{2/3}$, mit der reduzirten Temperatur für alle Stoffe dieselbe sein oder auch die in der kinetischen Auffassung ebenfalls null-dimensionirte Grösse [277] $\frac{d}{dT}(\psi_\sigma v_{\mathrm{liq}\,M}^{2/3})$.

b) Wie die freie Oberflächenenergie ist auch der Koeffizient der inneren Reibung η unter den Voraussetzungen von Nr. **27** reduzirbar. Derselbe wird definirt als die bei laminarer Strömung (Enc. IV 15, Art. *Love*, Nr. **16**) pro Zeiteinheit durch die Flächeneinheit übergeführte Bewegungsgrösse, wenn der Geschwindigkeitsgradient senkrecht zu dieser Fläche 1 ist. Auf Grund dieser Definition folgt [278]:

$$\eta_1 : \eta_2 = M_1 L_1^{-1} Z_1^{-1} : M_2 L_2^{-1} Z_2^{-1} =$$
$$= M_1^{1/2} T_{k1}^{-1/6} p_{k1}^{2/3} : M_2^{1/2} T_{k2}^{-1/6} p_{k2}^{2/3}. \quad (24)$$

Kamerlingh Onnes [c] p. 6, [d] p. 134 aufgestellt. Von *van der Waals* wurde dieser Schluss (in der Form $\psi_{\sigma_1} : \psi_{\sigma_2} = T_{k_1}^{1/3} p_{k_1}^{2/3} : T_{k_2}^{1/3} p_{k_2}^{2/3}$) gezogen auf Grund von Betrachtungen über die Proportionalität des Radius der Wirkungssphäre mit dem der Moleküle. Eine neue Ableitung wurde von *van der Waals* [c], [d] p. 207 gegeben. Für die freie Oberflächenenergie wird daselbst mit Hülfe der Zustandsgleichung ein Ausdruck berechnet, welcher mit Berücksichtigung des Korrespondenzgesetzes zu übereinstimmenden Werten von ψ_σ führt.

276) Die von *Th. W. Richards* und *J. H. Mathews*, ZS. physik. Chem. 61 (1908), p. 449, gefundene Beziehung zwischen isothermischer Kompressibilität (Nr. **86***f*) und Oberflächenspannung verschiedener Stoffe: $\beta_T \psi_\sigma^{4/3} =$ konst., von der aber nicht deutlich ist, ob sie sich auf korrespondirende Temperaturen bezieht, deckt sich nicht mit dem Korrespondenzgesetz. Die *Cantor*'sche [Ann. Phys. Chem. 47 (1892), p. 422] Beziehung, dass das Verhältnis vom Temperaturkoeffizienten der Oberflächenspannung zum Ausdehnungskoeffizienten konstant sei, deckt sich nur damit, wenn man die Stoffe bei korrespondirenden Temperaturen vergleicht. Vergl. auch *Ter Gazarian* Fussn. 278.

277) In letzterer Form wurde die Reduzirbarkeit der freien Oberflächenenergie noch einmal durch ähnliche Betrachtungen, aber unabhängig, abgeleitet von *R. Eötvös*, Ann. Phys. Chem. 27 (1886), p. 448. Vergl. weiter Nr. **37***b* und Fussn. 378.

278) *H. Kamerlingh Onnes* [c] p. 8, [d] p. 134. Daselbst ebenfalls über molekulare Wärmeleitung.

Die Abhängigkeit der inneren Reibung (vergl. auch Fussn. 824) von Dichte und Temperatur (*thermokinetische* Zustandsgleichung) in der Nähe des kritischen Zustandes wurde von *E. Warburg* und *L. v. Babo*, Ann. Phys. Chem. 17 (1882), p. 390, die innere Reibung der Flüssigkeit (unter dem Druck des gesättigten Dampfes) als Funktion der Temperatur bis nahe an $\mathfrak{t} = 1$ von *L. M. J. Stoel*, Leiden Comm. Nr. 2 (1891), Diss. Leiden 1891, festgestellt. Die Beziehung (24) wurde geprüft von *M. de Haas*, Diss. Leiden 1894, Leiden Comm. Nr. 12 (1894), von *H. Kamerlingh Onnes*, ibid., und von *A. Heydweiller*, Ann. Phys. Chem. 59 (1896), p. 193. Einen Ansatz zur

30. Bedingungen für die mechanische Ähnlichkeit stationär sich bewegender Molekülsysteme. *a*) Die weitgehende Bedeutung des Korrespondenzgesetzes legt es nahe bei dem Studium, welches zu der Darstellung von a_w, b_w und R_w als Funktionen von v und T (vergl. Nr. **18***c* und Nr. **22***d*) führt, dieses Gesetz in erster Reihe zu berücksich-

---

Konstruktion der thermokinetischen Zustandsfläche macht *M. Brillouin*, Leçons sur la Viscosité des Liquides et des Gaz, 2e partie, Paris 1907, p. 130.

Nach *M. Reinganum* [d] entsprechen die Koeffizienten der inneren Reibung der unvollkommenen Gase in übereinstimmenden Zuständen in der Tat derselben Funktion von $\mathfrak{t}$ (vergl. Nr. 47*c*). Die reduzirte Konstante $c_B\ T_k^{-1}$ der von demselben gegebenen Formel [vergl. Nr. 47*c*, wegen einer für Stoffe mit tiefer kritischer Temperatur in Betracht kommenden Korrektur derselben vergl. *K. Rappenecker*, Diss. Freiburg i. Br. 1909, ZS. physik. Chem. 72 (1910), p. 695] ist, ebenso wie die reduzirte Konstante $c_S\ T_k^{-1}$ der Formel von *Sutherland* [Phil. Mag. (5) 36 (1893), p. 507 : η proportional $T^{1/2}(1 + c_S\ T^{-1})^{-1}$], wenn man ein ausgedehntes Gebiet der reduzirten Temperatur in Betracht zieht, wohl als Funktion von $\mathfrak{t}$ aufzufassen. Indessen machen die Messungen von *Bestelmeyer*, Ann. d. Phys. (4) 13 (1904), p. 944, des Koeffizienten der inneren Reibung von N_2 für $\mathfrak{t}$ etwa von 0,65 bis 4,5 [vergl. *K. Schmitt*, Ann. d. Phys. (4) 30 (1909), p. 393, dagegen *A. O. Rankine*, Phil. Mag. (6) 21 (1911), p. 45] nicht wahrscheinlich [vergl. auch *M. Reinganum*, Ann. d. Phys. (4) 28 (1909), p. 142], dass die abweichenden Werte, die für H_2 und He gefunden sind, ganz dieser Veränderlichkeit mit $\mathfrak{t}$ zuzuschreiben sind; es scheinen vielmehr diese Abweichungen der Nr. **84***c* behandelten Deviation der Zustandsgleichung für Stoffe mit tiefem T_k unterzuordnen zu sein.

A. Batschinski, ZS. physik. Chem. 37 (1901), p. 214, Moscou Bulletin de la Soc. Imp. des Nat. 16 (1902), p. 265, prüft die Ähnlichkeit für solche Flüssigkeiten, die seinem Gesetz des Viskositätsparameters ($E_\eta = \eta T^3$ = unabhängig von T) folgen, durch die Formel $\frac{M^{1/2}\ T_k{}^{7/2}}{E_\eta\ (M\ R_r)^{2/3}}$ = konstant, wo $M\ R_r$ die Molekularrefraktion ist. In ZS. physik. Chem. 75 (1911), p. 655 findet er die nicht aus der mechanischen Ähnlichkeit folgende Formel $\frac{T_k{}^{7/2}\ p_k{}^{1/2}}{E_\eta}$ = konst. besser erfüllt.

Die *molekulare innere Reibung* $\eta v_{\mathrm{liq\,M}}{}^{2/3}$, und *molekulare innere Reibungsarbeit* $\eta v_{\mathrm{liq\,M}}$ [*T. E. Thorpe* und *J. W. Rodger*, London Phil. Trans. A 185 (1894), p. 397; A 189 (1897), p. 71] sind nach Gl. (24) proportional $(M T_k)^{1/2}$ bzw. $(M T_k)^{1/2}\, v_{Mk}{}^{1/3}$. Die Temperaturen, bei denen $d\eta/dT$ für verschiedene Stoffe gleich wird (*Thorpe* und *Rodger* l.c.), sind nicht korrespondirende. *G. Ter Gazarian*, Paris C. R 153 (1911), p. 1071, vergleicht den Koeffizienten der inneren Reibung, sowie u. a. (vergl. Fussn. 1035, 1051) auch die kapillare Steighöhe und die freie Oberflächenenergie (vergl. *a*), verschiedener Flüssigkeiten bei gleichen $T_k - T$.

Aus vorliegender Fussn. ist für Nr. **37** zu entnehmen, wie die innere Reibung als Kriterium der Ähnlichkeit dienen kann.

Weiter sei für die innere Reibung verwiesen auf *M. Brillouin*, Leçons sur la Viscosité etc., 2 parties, Paris 1907, und den Art. von *Graetz*, *Winkelmann*'s Handbuch d. Phys. 2te Aufl.; vergl. auch *E. C. Bingham* und Frl. *J. P. Harrison*, ZS. physik. Chem. 66 (1909), p. 1, *M. Brillouin*, Ann. chim. phys. (8) 18 (1909), p. 197. Für dieselbe bei niedrigen Drucken: *M. Knudsen*, Ann. d. Phys. (4) 28 (1909), p. 75.

tigen. Halten wir zunächst fest an der strengen Gültigkeit desselben [279]), so müssen die soeben genannten Funktionen für verschiedene Stoffe übereinstimmende sein. Dies wird der Fall sein, solange die Voraussetzungen für die Ableitung der a_w, b_w und R_w bestimmenden Hülfsgleichungen bei der Zustandsgleichung den Annahmen, die wir der Ableitung des Korrespondenzgezetzes aus dem Prinzip der mechanischen Ähnlichkeit in Nr. **27** zu Grunde gelegt haben, genügen. Wir haben uns also die Frage zu stellen, in welcher Weise die *van der Waals*'schen Voraussetzungen, um das betrachtete mechanische System einem wirklichen Stoff besser entsprechen zu lassen, durch andere erweitert und ersetzt werden können, ohne mit den Bedingungen der mechanischen Ähnlichkeit in Streit zu kommen.

b) Zuerst sei aber noch bemerkt, dass schon auf Grund der Ableitung von Gl. (6) b_w vom Volumen abhängig sein muss. Die dieser Bemerkung entsprechende Auffassung von b_w als Volumfunktion, welche sich noch ganz innerhalb der Voraussetzungen von Nr. **27** und der näheren *van der Waals*'schen Voraussetzung, dass die anziehenden Kräfte durch ausschliesslich über die Oberfläche verteilte Kräfte, welche sich zu einem Kohäsionsdruck (Nr. **18***a*) zusammenfassen lassen [280]), bewegt, ist von *Kamerlingh Onnes* [a] p. 3 (1881) der Erweiterung von Gl. (6) zu Grunde gelegt. Derselbe betrachtete die von *van der Waals* wohl betonte aber ursprünglich bis $v = 2b_w$ herunter als in der Rechnung zu vernachlässigen betrachtete Veränderlichkeit von b_w mit v als Grund für die meist auffallenden Abweichungen zwischen der Hauptzustandsgleichung mit konstanten a_w, b_w und R_w und der Erfahrung und meinte, dass dieselbe deshalb in erster Reihe in die *van der Waals*'sche Rechnung zu berücksichtigen sei. Er denkt sich das Problem der Bewegung gleichförmiger, vollkommen elastischer, harter [kurz harter [281])] Moleküle allgemein gelöst und an Stelle des *van der Waals*'schen Korrektionsfaktors $\frac{v}{v-b_w}$ (vgl. Nr. **18***a*) mit konstantem b_w in die Hauptzustandsgleichung die aus dieser Lösung folgende *Stossfunktion* [282]):

279) Die Abweichungen vom Korrespondenzgesetz Abschn. IIc und VI.

280) Man denkt sich dabei eine die Moleküle einschliessende vollkommen harte elastische anziehungslose Wand (vergl. Fussn. 167).

281) Dies zur Unterscheidung von den in Nr. **43** eingeführten *van der Waals*'schen Molekülen mit innerer Beweglichkeit.

282) Was in diesem Artikel der übersichtlichen Darstellung wegen Stosskorrektionsfunktion genannt wird, wurde in der erwähnten Arbeit Stossfunktion genannt.

$$\varphi_s = \frac{v}{v - b_W} = 1 + \varphi_{s1} \cdot \frac{b_{WA}}{v} + \varphi_{s2} \cdot \left(\frac{b_{WA}}{v}\right)^2 + \ldots\ldots \tag{25}$$

eingeführt (wo b_{WA} der Wert von b_W im *Avogadro*'schen Zustand, Nr. **39***a*), welche nach diesen Voraussetzungen in übereinstimmenden Zuständen für alle Stoffe dieselbe sein muss [283]). Die Zustandsgleichung wird dann [174])

$$p = \frac{R\,T}{v}\,\varphi_s\left(\frac{b_{WA}}{v}\right) - \frac{a_W}{v^2} \tag{26}$$

oder mit Einführung einer *Stosskorrektionsfunktion* [282]) χ_s, welche für nicht zu grosse Dichten (solche bis etwa $2\,\rho_k$)

$$\chi_s = 1 + \chi_{s1} \cdot \left(\frac{b_{WA}}{v}\right)^2 + \chi_{s2} \cdot \left(\frac{b_{WA}}{v}\right)^3 + \ldots\ldots \tag{27}$$

zu setzen wäre,

$$p = \frac{R\,T}{(v - b_{WA})\,\chi_s\left(\frac{b_{WA}}{v}\right)} - \frac{a_W}{v^2}. \tag{28}$$

Mit Hülfe dieser Gleichung liess sich erklären, was aber durch Anwendung des Ähnlichkeitssatzes in ausgedehnterem Maasse (Nr. **27**) geschieht, dass die Gültigkeit des Korrespondenzgesetzes viel weiter reicht als die Anwendbarkeit von Gl. (6) mit konstanten a_W, b_W und R_W (vergl. Nr. **19**). Auch haben spätere Untersuchungen von *van der Waals* (Nr. **41***a* und Fussn. 463, vergl. auch Fussn. 284) ergeben, dass für ein den kritischen Punkt einschliessendes Zustandsgebiet der Einfluss der Änderung von b_W mit dem Volumen die anderen, welche zu Abweichungen von Gl. (6) mit konstanten a_W, b_W, R_W führen, überwiegt. Demzufolge kann man mit Gl. (28) und den zwei Gl. (10) (vergl. Fussn. 284) die Darstellung der kritischen Grössen in Vergleich mit der Hauptzustandsgleichung mit konstanten a_W, b_W, R_W sehr verbessern. Aber im Allgemeinen genügt Gl. (28) den Anforderungen einer quantitativen Richtigkeit nicht.

Wäre die richtige Deutung und Form der Zustandsgleichung mit Gl. (28) gefunden, so hätte man, insofern es nicht gelänge χ_s zu berechnen, diese Funktion bei jedesmal konstant gehaltenem v nur den Beobachtungen über zwei einzelne Isothermen eines bestimmten Stoffes zu entlehnen, um die Zustandsgleichung für alle (vergl. Nr. **42**

---

283) *H. Kamerlingh Onnes* [a] p. 5. Vergl. *J. D. van der Waals* [a] p. 150 unten. Das Volumen b_{WA} ist allgemein als ein näher zu bestimmendes Multiplum des Volumens, welches die Moleküle einnehmen, zu betrachten. Nur für Kugeln ist dafür 4 (vergl. Nr. 18*a*) abgeleitet

und **45**) zu bekommen. Dass letzteres aber nicht gelingen konnte (vergl. auch Nr. **42** und **45**), ist jetzt leicht zu zeigen.

Die empirische Form, welche χ_s [oder Φ_s in Gl. (26)] zugeschrieben werden muss, wäre nämlich den damals noch nicht aufgestellten Gl. (31)—(37) Nr. **36** zu entnehmen, in welchen das Beobachtungsmaterial zusammengefasst ist. Es zeigt sich dann, dass, wenn man aus denselben die mit T multiplizirte Volumfunktion heraushebt, eine komplizirte Funktion von v und T übrig bleibt.

Dieses der Veränderlichkeit von a_w allein zuzuschreiben, wäre ganz willkürlich. Es weist hin auf die Schwierigkeiten, welche mit den Voraussetzungen unveränderlicher Moleküle und eines *van der Waals*'schen Kohäsionsdruckes, die wir noch beibehalten haben, verbunden sind. Doch war es natürlich, diese Voraussetzungen zunächst als Grundlage der Rechnungen beizubehalten, und ist es gelungen, dann für Kugeln die Koeffizienten der ersten Glieder von Φ_s zu berechnen (siehe Nr. **40**). Gewöhnlich werden die Resultate in der Weise angegeben, dass man das Verhältnis k_s von b_w zu dessen Wert b_{wA} im *Avogadro*'schen Zustande bei derselben Temperatur (Nr. **39***a*) einführt, und

$$b_w = k_s\, b_{wA} = v\left(1 - \frac{1}{\Phi_s}\right) = b_{wA}\left[1 + b_{w1}\cdot\frac{b_{wA}}{v} + b_{w2}\cdot\left(\frac{b_{wA}}{v}\right)^2 + .\right] \quad (29)$$

setzt, also, weil bei der Voraussetzung harter Kugeln unter einem *van der Waals*'schen Kohäsionsdruck b_{w1} negativ ist, eine *Quasiverkleinerung der Moleküle* annimmt (siehe Nr. **40***a*). Wir behandeln diese Berechnungen in Nr. **40** und **41** und beschränken uns jetzt auf die Folgerung, welche in Bezug auf die in *a* aufgeworfene Frage aus Gl. (28) zu ziehen ist. Diese ist, dass die Gleichheit des *Quasiverkleinerungsverhältnisses* k_s und der *Quasiverkleinerungskoeffizienten* b_{w1} u. s. w. für verschiedene Stoffe bei dieser unter Annahme des *van der Waals*'schen Kohäsionsdruckes geführten Rechnung nur zu erhalten ist, wenn man sich an die erste Voraussetzung obiger Ableitung, die Formähnlichkeit der Moleküle, hält [284]).

---

284) Die Werte der *kritischen Verhältniszahlen* K_1, K_2, K_3 (vergl. *H. Kamerlingh Onnes* [d] p. 108 u. f., vergl. auch *J. D. van der Waals*, Fussn. 464), welche definirt werden durch

$$v_k = K_1\, b_{wf}\,, \quad p_k = K_2\, \frac{a_{wf}}{b^2_{wf}}\,, \quad R_{wf}\, T_k = K_3\, \frac{a_{wf}}{b_{wf}}\,, \quad (30)$$

wo f sich auf einen Fundamentalzustand (vergl. Nr. **38***b*) bezieht, werden aus dieser Rechnung bei den genannten Annahmen daher auch für alle Stoffe dieselben ge-

c) Verlässt man die Voraussetzung vollkommen harter Moleküle und nimmt man eine *elastische Verkleinerung der Moleküle* durch den kinetischen Druck an, so muss diese eine korrespondirende sein, wenn das Gesetz der übereinstimmenden Zustände gültig bleiben soll. Unter korrespondirender *Kompressibilität des Moleküls* ist zu verstehen, dass die von einem homologen Stoss in den stossenden Molekülen hervorgerufene Änderung bei zwei Stoffen ähnlich ist, und die dabei auftretenden Kräfte in einer festen mit dem Kohäsionsdruck zusammenhangenden Proportion stehen [285]).

Es wäre auch eine *Ausdehnung des Moleküls* unter der Wirkung anziehender Kräfte, die von sich nähernden oder in der Nähe angehäuften Molekülen herrühren, oder endlich durch teilweise Aufhebung der das Molekül zusammenhaltenden (elektrischen) Kräfte bei der Annäherung anderer Moleküle zulässig [286]), wenn diese Ausdehnung eine ähnliche ist [287]).

d) In dem unter *c* behandelten Falle wird b_W im Allgemeinen eine Funktion nicht nur von v, sondern auch von T. Dass im Allgemeinen auch a_W und R_W als Funktionen des Zustandes aufzufassen sind, ergibt sich auf theoretischem Wege sofort, wenn man auf den wirklichen Sachverhalt eingeht, an dessen Stelle *van der Waals* in Nr. 18*a* behufs Ableitung der Hauptzustandsgleichung attraktionslose Moleküle im Innern und den Kohäsionsdruck an der Oberfläche gesetzt hat. Dieser Sachverhalt ist von *van der Waals* in seiner Schrift [288]) nur skizzirt, aber doch im Prinzip klargelegt. Durch Berechnung des Radius der *molekularen*

---

funden. Die zwei Gleichungen (10) mit Gl. (28) kombinirt bestimmen diese Verhältniszahlen und zeigen (*H. Kamerlingh Onnes* l. c.), wie dieselben von $\left(\frac{\partial \chi_s}{\partial v}\right)_{Tk}$ und $\left(\frac{\partial^2 \chi_s}{\partial v^2}\right)_{Tk}$ abhängen, vergl. weiter Nr. 41*a* und Fussn. 459 und 499.

Lässt man die bei obiger Rechnung beibehaltene Voraussetzung der Formähnlichkeit fallen, so werden für verschiedene Klassen von Stoffen mit unter sich gleichförmigen Molekülen verschiedene K_1, K_2, K_3 gelten.

285) Dieses verlangt, dass die *Poisson*'sche Zahl für die verschiedenen Moleküle gleich angenommen werden sollte. Berücksichtigt man elastische Schwingungen in den elastischen Kugeln, so kommen Schwingungszeiten heraus, die in gleichem Verhältnis zu der mittleren Zeit zwischen zwei Zusammenstössen stehen sollten; da eine solche Proportionalität schwierig anzunehmen ist, erfordert die Bedingung der Korrespondenz, dass diese Schwingungszeiten auf die thermische Zustandsgleichung keinen Einfluss haben sollen (vergl. Fussn. 295).

286) Vergl. Fussn. 641 über die Verhinderung der Erstarrung der einzelnen Moleküle in den Metallzustand. Vergl. auch *Brillouin* Fussn. 344.

287) Kommen in verschiedenen Verhältnissen Ionen vor, oder gehen von diesen nicht korrespondirende Kräfte aus, so wird die Ähnlichkeit gestört.

288) *J. D. van der Waals* [a] p. 117, 118.

Wirkungssphäre findet *van der Waals* [a] p. 117, dass derselbe den Radius des Moleküls nicht viel überschreitet (vergl. Fussn. 378), und es wäre also statt von einem Kohäsionsdruck an der Oberfläche vielmehr von den bei der gegenseitigen Annäherung der Moleküle im Innern auftretenden Kräften mit beschränkter Wirkungssphäre auszugehen. Die Integrale, deren Summe das Virial des Kohäsionsdruckes ist, wären also nicht über Wirkungssphären zu nehmen, welche sich in jedem Augenblick übereinander lagern und gegen die Moleküle gross sind, sondern über meist nur teilweise übereinander greifende, um die Moleküle gelegte Schalen von einer den Radius des Moleküls nicht viel übertreffenden Dicke, welche wir *empfindliche Hüllen* nennen werden. Der einfachste Fall wäre, dass diese Kräfte als äquivalent mit einer von einem einzelnen Punkt in jedem kugelförmigen Molekül ausgeübten angesehen werden könnten. Die Wirkung solcher Kräfte ist besonders von *Boltzmann* [289]) studirt; wir werden dieselben daher *Boltzmann-van der Waals'sche Kräfte* nennen in Gegensatz zu solchen, deren Wirkungssphäre einen Radius hat, welcher viele Male grösser ist als der des Moleküls. Letzteren werden wir weiter kurz als *van der Waals'sche Kräfte* bezeichnen, weil dieselben als Grundlage für die Aufstellung des *van der Waals*'schen Kohäsionsdrucks gedient haben. Die auf eine derartige Auffassung gebaute Rechnung führt dazu, nicht nur b_W sondern auch a_W, unter Umständen (vergl. Nr. **47***a* und **49**) R_W, durch Funktionen von Volumen und Temperatur zu ersetzen [290]). Und die Voraussetzungen sind leicht so zu treffen, dass die Rechnung auf korrespondirende Funktionen führen wird. Auch Systeme, in denen *Boltzmann-van der Waals*'sche Kräfte wirken, fallen nämlich, unter Beibehaltung der zwei ersten Voraussetzungen von Nr. **27**, noch unter das Prinzip der mechanischen Ähnlichkeit, sogar wenn verschiedene Moleküle sich während kürzerer oder längerer Zeit zu Doppelmolekülen (oder Molekülen mit grösserer Komplexität) vereinen. Es müssen diese Kräfte bei homologen Stellungen der aufeinander wirkenden Moleküle in den zwei Stoffen sich zurückführen lassen auf homolog gerichtete Kräfte, welche an homologen Massen in homologen Punkten [291]) angreifen und in einer für jeden Fall bestimmten Proportion stehen. In diesem Fall wären z. B. der molekulare Gehalt (vergl. Nr. **1***c*) an gleich-

289) Insbesondere in seinem Buch [a] und [b]. *Boltzmann-van der Waals*'sche Kräfte findet man wieder bei *Einstein*, Fussn. 378.

290) *H. Kamerlingh Onnes* [a] p. 9.

291) Es könnten dies auch mehrere homologe Punkte in jedem Molekül sein.

zeitig anwesenden komplexen Molekülen oder Konglomeraten (Nr. **49**) oder die Wahrscheinlichkeit des Auftretens korrespondirender Dichteabweichungen (Nr. **50**) korrespondirende Funktionen von v und T. Ähnliche Bemerkungen könnten bezüglich b_w und a_w gemacht werden.

e) Es ist zu bemerken, dass die zwei ersten Voraussetzungen von Nr. **27** zusammen nicht die einzig möglichen sind, bei welchen dem Prinzip der Ähnlichkeit genügt wird und die gedachten Molekülsysteme korrespondirende Stoffe vorstellen können.

Die Moleküle können auch als materielle Punkte aufgefasst werden, wenn in dem Kraftgesetz eine lineare Grösse und nur eine einzelne solche vorkommt, wie z.B. in $F = \frac{a}{r^3}\left(1 - \frac{L^2}{r^2}\right)$ oder in einem von *van der Waals* aufgestellten Kraftgesetz [292]), nach welchem das Potential $P_w = -f\frac{e^{-\frac{r}{L}}}{r}$ (Enc. V 9, Art. *Minkowski*, Nr. **14** und **17**). Dieser linearen Grösse würde dann der Radius einer scheinbaren Raumerfüllung entsprechen. Vom Gesichtspunkt des Korrespondenzgesetzes würde also gegen die Einführung derartiger Kräfte behufs Ableitung der Gleichungen für a_w, b_w und R_w nichts einzuwenden sein.

f) Man kann die Betrachtungen unter *b, c, d, e* zusammenfassen und erweitern, indem man als Bedingungen für die von einer einzelnen Strecke und einer einzelnen Zeit bedingte mechanisch stationäre Ähnlichkeit stationär sich bewegender gleichzähliger Molekülsysteme, welchen die zur Ableitung der Funktionen a_w, b_w, R_w dienenden Voraussetzungen bei der angenommenen Gültigkeit des Korrespondenzgesetzes bei Anwendung auf verschiedene Stoffe zu genügen haben, die folgenden stellt:

1. Es müssen die zu vergleichenden Systeme geometrisch stationär ähnlich sein (vergl. Nr. **27**);

2. An homologen Punkten müssen sich proportionale Massen befinden;

3. Sämtliche Kräfte (Fernkräfte elektrischer and anderer Art, Stosskräfte, Elastizität der Moleküle) in homologen Punkten müssen homolog gerichtet sein und in fester Proportion stehen, weiter müssen dieselben in den Molekülen nur solche Deformationen hervorrufen, welche die geometrische Ähnlichkeit mit den entsprechenden Molekülen nicht stören (vergl. auch Fussn. 295);

---

292) *J. D. van der Waals* [c] p. 706, besonders auch Zusatz 5; [d] p. 207. Im Falle raumerfüllender harter elastischer Moleküle müsste diese lineare Grösse bei zwei Stoffen zugleich der molekularen Dimension proportional sein.

4. Die Temperatur muss aufgefasst werden können als eine und dieselbe Funktion der mittleren lebendigen Kraft einer homologen Masse.

g) Soll aber das zum Ableiten der Zustandsgleichung zu wählende System nicht nur dem Korrespondenzgesetz genügen, sondern auch ein zutreffendes Bild der Wirklichkeit liefern, so scheint es noch dahin spezialisirt werden zu müssen, dass die Moleküle jedes für sich einen bestimmten [man möchte zufügen von dem Zustand des Systems innerhalb der jetzigen Grenzen des Experimentirens (vergl. Nr. **39***c*) nur wenig beeinflussten] Raum erfüllen. Das Ersetzen eines Moleküls durch ein einziges *Boscovich*'sches Kraftzentrum ist nach *e* zwar zulässig, aber für die Deutung der mit dieser Raumerfüllung zusammenhangenden thermodynamischen Eigenschaften der Stoffe weniger geeignet als die Annahme raumerfüllender Atome. Nach dem *Kopp*'schen Gesetz (vergl. Nr. **86***g*), wenn es auf übereinstimmende Zustände bezogen wird [293]), sind nämlich die Molekularvolumina annähernd additiv aus gewissen den Atomen zuzuerkennenden Grössen aufzubauen, welche man Atomvolumina nennt. Die Raumerfüllung der Moleküle ist mit diesem Gesetz (besonders bei Berücksichtigung von Nr. **31***b*) leicht in Einklang zu bringen, wenn man den Atomen eine durch die Atomvolumina angegebene nahezu konstante Raumerfüllung zuschreibt. Dagegen ist nicht gezeigt, wie sich für ein, auf einen einzelnen Punkt des Moleküls sich beziehendes, Kraftgesetz (vergl. *e*) eine mit dem *Kopp*'schen Gesetz verträgliche Beziehung der Fundamentallängen L für verschiedene Moleküle ergäbe. Auch erfordert die spezifische Wärme mehratomiger Stoffe die Annahme von mehr als einem einzelnen Kraftzentrum im Molekül. Man hat also, wenn man ein Kraftgesetz der erwähnten Art einführen will, jedenfalls auf die Atome zurückzugehen, und zu berücksichtigen, dass dieselben sich, wenn sie als einatomige Moleküle auftreten, beim Zusammenstoss den anderen Molekülen ganz ähnlich betragen. Das den Atomen zuzuschreibende Kraftgesetz muss also auch mit einer innerhalb der Grenzen der Existenzbedingungen oder der experimentellen Grenzen nicht viel sich ändernden Raumerfüllung gleichbedeutend sein (vergl. Fussn. 337). Das ist aber nichts anderes als genau dasselbe mathematisch umschreiben was man aussagt wenn man den Atomen Raumerfüllung zuschreibt. Ob diese Raumerfüllung der Atome auf *Boscovich*'schen Kräften, die von Teilen derselben (zahlreiche Punkte der Oberfläche z. B.) ausgehen, zurückgeführt werden kann, können wir unentschieden lassen (vergl. Nr. **31***b*).

293) *J. D. van der Waals* [a] p. 151.

31. Die tieferen Gründe der stationären Ähnlichkeit verschiedener Stoffe. *a*) Von den in Nr. **30***f* aufgestellten und in Nr. **30***g* näher beschränkten Voraussetzungen, bei welchen die Rechnung zu mit dem Korrespondenzgesetz verträglichen Zustandsgleichungen führen wird, ist wohl die der geometrischen Ähnlichkeit nach Maassgabe einer einzelnen Strecke, also der Formähnlichkeit der Moleküle, auf Grund der aus den chemischen Eigenschaften abzuleitenden Struktur wenig wahrscheinlich. Bei den Gemischen ist die geometrisch stationäre Ähnlichkeit nach Maassgabe einer Strecke mit einem einkomponentigen Stoff ganz ausgeschlossen, auch wenn man eine Verteilung der Schwerpunkte zu Stande gebracht denkt, mit der man bei einem einkomponentigen Stoff mit formähnlichen Molekülen auf geometrische Ähnlichkeit kommen würde. Wenn man dennoch das Korrespondenzgesetz so vielfach bei einkomponentigen Stoffen mit nur einem Bestandteil (Nr. **1***b*) in grosser Annäherung und auch bei Gemischen (Nr. **26***c*, vergl. weiter Nr. **33***b*) bestätigt findet, so deutet dies darauf hin, dass es für die Korrespondenz der Zustandsgleichungen nur auf die *geometrische stationäre Ähnlichkeit von mittleren Strecken* ankommt. So lange für jedes System nur *eine einzelne* mittlere Strecke [294]), die man dann als Fundamentallänge L nehmen kann, für die Erscheinungen entscheidend ist, wird man das gegebene Molekülsystem für die Anwendung des Ähnlichkeitsprinzips wohl durch eines ersetzen dürfen, dessen Moleküle Kugeln sind mit einem dieser Strecke proportionalen Radius. Ähnliches wie von der einen Längengrösse L gilt von der *einen* Zeitgrösse Z, der Fundamentalzeit. Die *mechanische stationäre Ähnlichkeit* braucht also nur für mittlere Strecken und mittlere Zeitgrössen erfüllt zu sein [295]).

b) Aus dem soeben entwickelten Gesichtspunkt ist auch einzusehen, dass die *Boltzmann*'sche Auffassung [296]), dass die Moleküle nur mit ver-

---

294) Vergl. *E. Mathias*, Remarques sur la théorie générale des fluides. Toulouse Mém. de l'Acad. des Sc. etc. (10) 4 (1904), p. 306.

295) Schliesslich sei noch erwähnt, dass innerhalb des Moleküls mechanische Prozesse vorkommen können, welche für die Zustandsgleichung gar nicht (oder nur sekundär, wie z. B. die Ausdehnung oder die Kompressibilität des Moleküls bestimmend, vergl. Nr. **30**c und Nr. **43**) in Betracht kommen, und die also nicht (oder nur in ihren Folgen) ähnlich zu sein brauchen ohne dass deshalb die Korrespondenz beeinträchtigt wäre (vergl. Nr. **62**). Beispiele von Bewegungserscheinungen, die die Korrespondenz bei genügend niedrigen oder tiefen Temperaturen wohl beeinträchtigen, können Schwingungen, deren Energie wie die der *Planck*'schen Oszillatoren mit der Temperatur zusammenhängt, liefern (vergl. Nr. **43***d*).

296) *L. Boltzmann* [b] p. 177 u. f.

einzelten *empfindlichen Stellen*[297]) der Oberfläche an einander haften, unter verschiedenen Umständen mit der Korrespondenz verträgliche Resultate geben kann. Wir werden die ein Haften dieser Art bewirkenden Kräfte *Boltzmann'sche Kräfte* nennen, um dieselben von den Nr. **30***d* behandelten zu unterscheiden. Für die Annahme derselben spricht, dass dadurch die Molekularwirkungen unmittelbar auf die von den einzelnen Atomen ausgehenden Kräfte[298]) zurückgeführt werden. Die Wirkungssphäre der *Boltzmann*'schen Kräfte wird kleiner als das Molekül anzunehmen, also etwa der Raumerfüllung eines Atoms, oder noch besser der Wirkungssphäre einer Valenz, gleich zu setzen sein[299]).

Um mit dem Korrespondenzgesetz verträgliche Resultate zu geben, muss der Umstand, dass die *Boltzmann*'schen Kräfte nicht von homologen Punkten in den (verschieden gebauten) Molekülen ausgehen, der bei der beschränkten denselben zugeschriebenen Wirkungssphäre im Allgemeinen Schwierigkeiten erwarten lässt, nicht ins Gewicht fallen. Dies wird der Fall sein, wenn wir in übereinstimmenden Zuständen es einerseits mit Haftprozessen, andrerseits mit Stossprozessen zu tun haben, von denen wir folgendes voraussetzen dürfen: von den Haftprozessen, dass jeder, als mechanischer Einzelprozess betrachtet, den Bedingungen der mechanischen Ähnlichkeit mit dem korrespondirenden genügt, oder dass sie jedenfalls zu einem mittleren mechanischen Prozess vereint werden dürfen, bei dem (z.B. dadurch, dass nur die ausgelöste Energie in Betracht kommt) keine zweite mit der Fundamentallänge für verschiedene Stoffe in verschiedenem Verhältnis stehende Länge eingeführt wird, und sie also zur Bestimmung von Z benutzt werden können; von den Stossprozessen, dass dieselben auf dasselbe Z führen, oder was

297) *L. Boltzmann* [b] p. 178. Dieselben können über der Oberfläche beweglich sein, [b] p. 206. Vergl. weiter Fussn. 528.

298) Übereinstimmungen in diesen Kräften können vielleicht auch damit in Beziehung stehen, dass in dem Aufbau der verschiedenen Atome denselben gemeinsame aneinandergereihte Teile (vergl. Fussn. 309) eingehen.

299) Das Virial des Kohäsionsdrucks wäre nun nicht mehr auf Integrale über Schalen um die Moleküle (Nr. **30***d*) sondern nur auf atomartige oder sogar gegen das Atomvolumen kleine Räume, die am augenblicklichen Ort der Stösse auf Haftstellen beschränkt sind, die *empfindlichen Räume*, zurückzuführen.

Zu bemerken ist, dass, wenn die *Boltzmann*'schen Kräfte zur Bildung von Konglomeraten führen, welche längerer Zeit (als zwischen zwei Zusammenstössen) fortbestehen, dieselben nicht mehr in das für die Zustandsgleichung in Betracht kommende Virial eingehen, sondern als Atomkräfte im komplizirteren Molekül aufzufassen sind (vergl. *van der Waals* [a] p. 61, Nr. **47***a* und Fussn. 527).

In Molekülen wie H_2, O_2 scheint die Bindung der Atome durch diese Kräfte so stark zu sein, dass sie für die spezifische Wärme über ein gewisses Gebiet ebenso stark ist wie die von Teilen eines Atoms unter sich (vergl. Nr. **57***a*).

einfacher ist, dass dieselben wie zwischen vollkommen elastischen, harten Körpern vorgehen und dass in diesem Fall die Zeit, in der dieselben sich abspielen, vernachlässigt werden darf. Unter diesen Umständen wird dann L bestimmt durch die mittlere Dimension des Moleküls, an dessen Oberfläche die Stoss- und Haftprozesse zu Stande kommen, Z durch die Art des Haftprozesses [300]).

Diese *Boltzmann*'schen Kräfte scheinen uns in zweiter Annäherung ein sehr geeignetes, mit der in vielen Fällen zutreffenden ausgedehnten Gültigkeit des Korrespondenzgesetzes verträgliches, dieselbe begreiflich machendes Bild der in dem *van der Waals*'schen Kohäsionsdruck sich äussernden molekularen Wirkung zu geben. Dieses Bild trägt zugleich die Beschränkungen der Gültigkeit des Korrespondenzgesetzes (Nr. **38**) in sich, indem z. B. in verschiedenen Zustandsgebieten wegen Änderung in dem Verhältnis, in dem verschiedene Prozesse zu den Mittelwerten beitragen, verschiedene Werte von L und Z gelten können (vergl. Nr. **38**). Beim Hinuntergehen in der Temperatur können schliesslich z. B. die Werte von L und Z, die im Gaszustand oberhalb der kritischen Temperatur gelten und von den Eigentümlichkeiten der Bewegungen im Molekül wenig beeinflusst sind, ganz ersetzt werden durch neue, welche für den festen Zustand gelten und von den im Molekül vorgehenden Prozessen (Schwingungen z. B.) beherrscht werden.

c) Ohne Zweifel gehen in die *Boltzmann*'schen Kräfte elektrische Kräfte ein (vergl. Nr. **32***a*) [301]). Neben jenen wird man, sei es als Mittelwerte, auch wohl *Boltzmann-van der Waals*'sche, von denen die elektrische Natur nicht so unmittelbar feststeht, anzunehmen haben. Bei diesen müsste dann, damit dem Korrespondenzgesetz genügt wird, das Verhältnis der Längen, über welche die Kraft in einer gewissen Proportion verkleinert wird (vergl. Nr. **34***d*), zu dem von den Stossprozessen bestimmten L für die verschiedenen Stoffe dasselbe sein. Weiter müssten sie mit den *Boltzmann*'schen Kräften in der

---

300) Dass auch für die Masse bei Gemischen oft ein mittlerer Wert angegeben werden kann (vergl. Nr. **33***b*), ist vielleicht darauf zurückzuführen, dass dieselbe alsdann nur durch die kinetische Energie in das Problem eingeht.

301) Besondere Abweichungen wären z. B. von den im Sauerstoffmolekül kreisenden, die magnetischen Eigenschaften und vielleicht auch die Absorptionsbänder veranlassenden Elektronen zu erwarten.

In den Gemischen können die *Boltzmann*'schen Kräfte wohl ganz die Beziehung der Ähnlichkeit zu den *Boltzmann-van der Waals*'schen Mittelwerten verlieren. Dies gilt auch von etwaigen elektrischen Teilen der *Boltzmann*'schen Kräfte in diesem Fall.

Beziehung der Ähnlichkeit stehen. Für Kräfte elektrischer Art können Konstruktionen, die dieses ergeben, gefunden werden. Es ist aber zu erwarten, dass, sobald die *Boltzmann*'schen Kräfte sich nicht ganz im Mittelwerte zu *Boltzmann-van der Waals*'schen vereinen lassen, von diesen beiden Bedingungen keine erfüllt ist und dass dementsprechend dann, schon auf Grund der Formverschiedenheit, Abweichungen bei Stoffen, deren Moleküle sich der linearen Form nähern, von solchen, welche sich der Kugelform nähern, zu erwarten sind.

d) Dass auch noch Kräfte mit grösserem Wirkungsradius als die *Boltzmann-van der Waals*'schen zu der Kohäsion beitragen, scheint zweifelhaft.

32. **Weitere Ausarbeitung des auf Grund des Korrespondenzgesetzes gewonnenen Bildes der molekularen Wirkungen.** *a*) Man wäre geneigt, in der Analyse, welche das Virial der Attraktionskräfte in erster Annäherung auf dasjenige *Boltzmann-van der Waals*'scher Kräfte, in zweiter Annäherung auf dasjenige *Boltzmann*'scher Kräfte zurückführt und daneben das Virial der Stosskräfte beibehält, einen Schritt weiter zu gehen und schon jetzt sämtliche molekulare Wirkungen als ausschliesslich elektrischer Art anzusehen [302]), z. B. das Virial der Stosskräfte auf Begegnungen gleichnamiger elektrischer Quanten [303]), das der Haftprozesse auf solche ungleichnamiger oder auf Annäherung von Elektronen an dielektrisch polarisirbare Teile der Atome zurückzuführen. *Richarz* [304]) ist wohl der erste gewesen, der die *Helmholtz*'sche Valenzladung zu der Berechnung von Atomanziehungen benutzt hat. Später haben *J. J. Thomson* [305]), *Kelvin* [306]), *Lenard* [307]),

302) *W. Wien*. *Lorentz* vol. jubilaire, Arch. Néerl. (2) 5 (1900), p. 96; Ann. d. Phys. (4) 5 (1901), p. 501; vergl. Enc. V 14, Art. *Lorentz*, Nr. 65.

303) Nach *Jeans*, Phil. Mag. (6) 2 (1901), p. 421, besteht die äussere Schale der aus elektrischen Quanten gebildeten Atome aus gleichnamigen Quanten (vergl. Fussn. 311).

304) *F. Richarz*. Bonn Sitz.-Ber. 48 (1891), p. 18. Vergl. auch *R. A. Fessenden*, Chem. News 66 (1892), p. 206, 217.

305) *J. J. Thomson*. Phil. Mag. (6) 7 (1904), p. 237; Conduction of Electricity through Gases, Cambridge 1903, p. 535; Electricity and Matter, Westminster 1904, p. 90; Phil. Mag. (6) 11 (1906), p. 769; The Corpuscular Theory of Matter, London 1907. Siehe auch Phil. Mag. (5) 44 (1897), p. 293, *H. Nagaoka*, Tokyo Proceedings Physico-Math. Soc. 2 (1903/05), p. 92, 140, 240, 316, 335, Phil. Mag. (6) 7 (1904), p. 445, *Rayleigh*, Phil. Mag. (6) 11 (1906), p. 117, *Jeans*, ibid. p. 604, *G. A. Schott*, Phil. Mag. (6) 13 (1907), p. 189, *H. Pellat*, Paris C. R. 144 (1907), p. 480, 744, 969, *Th. Tommasina*, ibid. p. 746. Ein Atom kann auch als aus verschiedenen dem *Thomson*'schen Atombild entsprechenden Teilen aufgebaut gedacht werden.

306) *Kelvin*. *Bosscha* vol. jubilaire, Arch. Néerl. (2) 6 (1901), p. 834 = Phil.

Stark[308]) Bilder von elektrisch gebauten Atomen[309]) entworfen, die man dabei zu Hülfe ziehen möchte. Im Besonderen scheinen diese Bilder recht gut geeignet, um die Raumerfüllung des Atoms zu vereinen mit der Möglichkeit für schnell bewegte Elektronen[310]) es zu durchqueren.

Mag. (6) 3 (1902), p. 257 = Baltimore Lectures, London 1904, p. 541. Vergl. auch Phil. Mag. (6) 8 (1904), p. 528; (6) 10 (1905), p. 695; (6) 14 (1907), p. 317.

307) *P. Lenard.* Ann. d. Phys. (4) 12 (1903), p. 735; 15 (1904), p. 507. Mit Berücksichtigung von Valenzelektronen und besondrem Hinweis auf den Aufbau verschiedener Atome aus gemeinsamen *linear* angeordneten Elementen, *P. Lenard* Ann. d. Phys. (4) 31 (1910), p. 641.

308) *J. Stark*, Physik. ZS. 8 (1907), p. 881, versucht sogar zu zeigen, wie das positive Atomion aus nur negativen Quanten, allerdings unter Heranziehung einer dieselben in stabilen Bahnen zusammenhaltenden Kraft, aufgebaut gedacht werden könnte. Die Valenzelektronen, welche das [aus Archionen (*J. Stark*, Prinzipien der Atomdynamik, Leipzig 1910) aufgebaute] positive Atomion neutralisiren und die chemische Bindung vermitteln [vergl. auch *J. Stark*, Die Valenzlehre auf atomistisch elektrischer Basis, Jahrb. d. Rad. u. El. 5 (1908), p. 124, sowie *H. Kaufmann*, Physik. ZS. 9 (1908), p. 311], sollen bei ihrer Wiedervereinigung mit dem Atomion, wenn sie bei der Ionisation von diesem losgelöst waren, zur Emission der Bandenspektren Anlass geben: *Stark*, Physik. ZS. 9 (1908), p. 85, 356, *W. Steubing*, Ann. d. Phys. (4) 33 (1910), p. 553.

309) Das *Thomson*'sche[305]) Atom besteht aus einer grossen, später [*J. J. Thomson* (1906, vergl. Fussn. 305), *J. Bosler*, Paris C. R. 146 (1907), p. 686, vergl. *N. Campbell*, Cambridge Proc. Phil. Soc. 14 (1907), p. 287] dem Atomgewicht etwa gleich gefundenen Zahl negativer Quanten, welche sich inmitten einer oder rund um (vergl. Fussn. 310) eine, sie in stabilen, sei es auch quasipermanenten [*G. A. Schott*, Phil. Mag. (6) 15 (1908), p. 438, vergl. Fussn. 34] Bahnen zusammenhaltenden *kugelförmigen* positiven Ladung bewegen [vergl. auch *E. Rutherford*, Phil. Mag. (6) 21 (1911), p. 669, *J. W. Nicholson*, Phil. Mag. (6) 22 (1911), p. 864]; das *Lenard*'sche[307]) aus einer grossen Zahl mit einander zu *Dynamiden* verketteten positiven und negativen Teilchen, zwischen denen einige negative Quanten sich frei bewegen können. Diese Bilder werden u. A. auch geeignet gedacht, das Auftreten der Spektrallinienserien [vergl Fussn. 419; eine Übersicht gibt *E. E. Mogendorff*, Diss. Amsterdam (Borne) 1906] und nach *Nagaoka*[305]) auch der Spektralbanden (vergl. auch Fussn. 308) zu erklären. Eine Prüfung an den weiteren Tatsachen der Spektroskopie: *H. Crew*, Science N. S. 25 (1907), p. 1, Auszug: Nature 75 (1907), p. 353.

Besonders zielt auf jenes die Vorstellung von *Ritz* [Ann. d. Phys. (4) 25 (1908), p. 660, vergl. Fussn. 419], nach welcher die Atome aus *linear* (vergl. Fussn. 307) angeordneten magnetischen Elementen aufgebaut sind [vergl. auch *P. Weiss*, Paris C. R. 152 (1911), p. 585]. Solche Elemente sind vielleicht die von *P. Weiss*, Paris C. R. 152 (1911), p. 79, 187, Arch. sc. phys. et natur. (4) 31 (1911), p. 401, entdeckten Magnetonen. Für die Litteratur betreffs der weiteren Ausarbeitung eines Atommodells in Bezug auf Lichtemission und Absorption, Einfluss des magnetischen Feldes auf dieselben, lichtelektrischen Effekt, Radioaktivität, chemische Affinität, die sich meistens an das *Thomson*'sche Atom anknüpft und welche ausserhalb des Rahmens dieses Artikels fällt, vergl. Fussn. 305.

310) Eine homogene Raumerfüllung kann von einem schnell bewegten Teilchen

Bei verschiedenen Betrachtungen wird man auf die Annahme einer Hülle von Elektronen geführt (vergl. Fussn. 303 und Nr. 57b). Vielleicht werden bei höheren reduzirten Temperaturen abstossende Kräfte auch in grösserer Entfernung von der Oberfläche des Moleküls verursacht von einer solchen Hülle von Elektronen, die nahe an die Oberfläche des Moleküls (mit Ausnahme von einigen Stellen) treten oder aus dem Molekül hinausgeschleudert werden und bei der Rückkehr auf dasselbe gleichsam aufprallen [311]). In den *Boltzmann*'schen Kräften käme die Energieverminderung zur Äusserung, welche die Folge ist von örtlichen Verkettungen [vergl. *Stark* [308])] von positiven und negativen Teilen, die bei gegenseitiger sehr kurzdauernder und bei niedrigen Temperaturen bevorzugter Durchdringung dieser Hüllen auftreten werden [312]), wie z. B bei der Wirkung von Elektronen, die aus der positiven *Thomson*'schen [309]) Kugel des einen Atoms auf die positive Kugel eines andern übertreten. Es wären diese Verkettungen von derselben Art wie die, welche, länger anhaltend, im festen Zustand (vergl. Nr. **74** und **47b**) die Struktur bestimmen [313]). Auch die chemischen Kräfte scheinen (vergl. Nr. **47b**, besonders Fussn. 528) derselben Natur zu sein.

Doch ist es immer noch nicht bewiesen, dass man ohne besondere, von den elektrischen verschiedene Kräfte auskommen kann, sei es denn, dass dies diejenigen sind, welche in dem Atom den positiven Quanten ihr festes Gefüge oder die grosse Stabilität ihrer Bahn geben [314]) [315]),

---

hervorgebracht werden, L entspricht dann einer Weglänge, vergl. *W. Sutherland*, Phil. Mag. (6) 19 (1910), p. 1. Die Möglichkeit eines Durchgangs schneller α-Strahlen wird durch das *Lenard*'sche Bild einerseits, durch das von *Rutherford* [309]) und *Nicholson* [309]) modifizirte *Thomson*'sche Bild, in dem die positive Ladung ein gegen die Dimensionen der Elektronenbahnen kleines Volumen einnimmt, andrerseits, unmittelbar ausgedrückt.

311) *Amagat* ist für H_2 auf einen negativen Wert von $(\partial U/\partial v)_T$ geführt, J. de phys. (3) 3 (1894), p. 307, vergl. dazu Nr. **45a**. *Lenard* [Ann. d. Phys. (4) **12** (1903), p. 742; 17 (1905), p. 206, vergl. auch *A. Becker*, ibid. p. 469] schreibt dem H-Atom ein starkes elektrisches Feld zu. Eine derartige Hülle denkt sich *J. J. Thomson*, Phil. Mag. (6) **11** (1906), p. 774, als Strahlungsquelle.

312) Vergl. Emissivität durch Annäherung, *Lenard*, Ann. d. Phys. (4) **17** (1905), p. **244**.

313) Vergl. *M. Reinganum*, Ann. d. Phys. (4) 10 (1903), p. 347. Wegen der Ansichten von *Sutherland* vergl. *Kayser*, Handbuch der Spectroscopie II, Leipzig 1902, p. 603 und *Mie*, Beibl. 28 (1904), p. 1273, auch *A. Einstein*, Ann. d. Phys. (4) 34 (1911), p. 170.

314) Die in den radioaktiven Erscheinungen zum Vorschein tretende Atomenergie scheint ganz ohne Vermittlung mit der Wärmebewegung zu sein und sich am Strahlungsgleichgewicht nicht zu beteiligen, und spielt deshalb auch wohl keine Rolle in der Zustandsgleichung.

315) Kräfte von derselben Klasse wie diese dürften die sein, welche die negativen elektrischen Quanten innerhalb des ihnen zugewiesenen Volumens zusammen-

oder die Elektronen an der Oberfläche halten. *Reinganum* [316]) legt, indem er die molekularen Kräfte auf die gegenseitige Wirkung zweier Ionenpaare [317]) zurückführte, und auch die Möglichkeit, die Stosswirkungen der Moleküle aus elektrischen Kräften zu erklären, erwähnt, seiner Ableitung der Zustandsgleichung (Nr. **47***c*) dennoch das Eigenvolumen der Moleküle zu Grunde. Solange nicht verschiedene Atomwirkungen (z. B. die molekularen und die chemischen Anziehungen) zugleich auch quantitativ ausschliesslich durch eine und dieselbe Voraussetzung über die elektrischen Teile erklärt sind, geben die *Boltzmann*'schen, eventuell zu *Boltzmann - van der Waals*'schen erweiterten, Kräfte und raumerfüllenden Atome [318]) (vergl. Nr. **30***g*) wohl das den Tatsachen am besten entsprechende und von Hypothesen möglichst freie Bild der molekularen Wirkungen.

b) Bei Stoffen mit höheren kritischen Temperaturen scheinen die *Boltzmann*'schen Kräfte über die *Boltzmann-van der Waals*'schen im Mittel (über die verschiedenen Stellen der Oberfläche genommen) hervorzutreten und ein relativ schnelles Abfallen des Potentials, zugleich mit grösseren Werten desselben zur Folge zu haben. Dies könnte dem Umstande zugeschrieben werden, dass an bestimmten Stellen, vielleicht durch Bewegungen verschiedener Perioden in verschiedenen Stoffen, Elektronen mehr nach der Aussenfläche der Moleküle treten und dadurch die obengenannten Verkettungen in den Vordergrund bringen. Es dürfte dies weiter zu verwerten sein bei einer Erklärung für das Zusammentreffen grösserer Assoziationsbestrebung und grösserer Änderung von a_W bei Stoffen mit höheren kritischen Temperaturen, und dementsprechend für eine reihenweise auftretende Abweichung von dem Gesetz der korrespondirenden Zustände (vergl. weiter Nr. **34**).

c) Vergleichung des Korrespondenzgesetzes mit der Erfahrung.

33. Prüfung des Korrespondenzgesetzes durch affin transformirte, durch logarithmische [319]) und durch teilweise invariante Diagramme.

halten. Vergl. *W. Wien*, Verh. d. Ges. d. Naturf. u. Aerzte, 1905, 1, p. 35, Physik. ZS. 6 (1905), p. 806. Vergl. auch *T. Levi-Civita*, Paris C. R. 145 (1907), p. 417 und *H. Th. Wolff*, Ann. d. Phys. (4) 36 (1911), p. 1066. Für die Zustandsgleichung kommen letztere wegen der verschwindenden Dimension der Elektronen nicht in Betracht.

316) *M. Reinganum*, am strengsten [e]. Vergl. Nr. **48**.

317) Die Erklärung der Molekularkräfte durch Anziehung von je einem Ionenpaar, *Bipol*, für jedes Molekül, würde, um die Korrespondenz zu erzielen, einen Polabstand proportional dem molekularen Radius erfordern und Beziehungen zwischen a_W und b_W verlangen, die nicht zutreffen.

318) Vergl. auch Fussn. 419 und Fussn. 309.

319) Über logarithmische Diagramme, welche den Vorteil haben, für ideale Gase

Verwendung derselben zur Bestimmung der kritischen Grössen. Die Korrespondenz binärer Gemische. *a*) *Amagat*[320]) verglich die Isothermennetze im $p\,v$, p-Diagramm, indem er sie photographisch auf dieselbe Platte projizirte und die lineare Verkleinerung durch geeignete Neigung gegen die Projektionslinie bewirkte. *Raveau*[321]) benutzte am ersten die Eigenschaft, dass die Logarithmen korrespondirender Funktionen sich in korrespondirenden Zuständen nur durch eine additive Konstante unterscheiden, und brachte log p, log v-Diagramme der Isothermen zur Deckung. Es ist dazu eine Verschiebung nach den beiden Koordinatenachsen nötig [wie auch bei den *Kirstine Meyer*'schen aus log $(p-p_k)$, log $(T-T_k)$, log $(v-v_k)$ kombinirten (siehe Nr. **38***a*) Diagrammen]. Die zwei entsprechenden Komponenten dieser Verschiebung können dienen, um die Verhältnisse zweier kritischer Grössen z. B. p_k und T_k, oder v_k und p_k, bei den beiden Stoffen auch aus unvollständigen Diagrammen, und also wenn dieselben bei einem der Stoffe bekannt sind, die des zweiten Stoffes zu bestimmen[322]) (vergl. Nr. **38***d*).

Die Vorteile einer getrennten Bestimmung mittels je einer Verschiebung in der Richtung einer *einzigen* Koordinatenachse wurden von *Kamerlingh Onnes* und *Reinganum*[323]) mit Diagrammen erhalten, in denen für die eine Koordinate eine logarithmische Zustandsgrösse, für die andere eine Funktion gewählt wurde, die in dem spezifischen Maasssystem des betrachteten Stoffes (Nr. **27**) die Dimension Null hat, und also in übereinstimmenden Zuständen für alle Stoffe denselben Wert annimmt. Als solche sind Darstellungen von Isothermen im

---

verschiedene Grössen durch Geraden vorzustellen u. s. w. *Gibbs* [a] p. 321, 325. Dieselben enthalten log p, log V, log T, log S, log U. Vergl. Nr. **54***d*.

320) *E. H. Amagat.* Paris C. R. 123 (1896), p. 30. Die Genauigkeit des Verfahrens wird beanstandet von *Mathias*, J. de phys. (3) 8 (1899), p. 407.

321) *C. Raveau.* J. de phys. (3) 6 (1897), p. 432.

322) Die Bestimmung von kritischen Temperaturen, wie von Quecksilber (1000° K), Kupfer (3900° K), Gold (4300° K) von *Guldberg*, ZS. physik. Chem. 1 (1887), p. 231 [*Happel*, Ann. d. Phys. (4) 13 (1904), p. 340, findet dagegen für Hg: 1370° K, einen erheblich abweichenden Wert findet (vergl. Fussn. 1026 und 381) *P. Walden*, ZS. physik. Chem. 65 (1908), p. 167, 179], und der für die kosmische Physik wichtigen kritischen Temperatur von Eisen (nach Berichtigung für die krit. Temp. des Hg 3400° K) von *D. Kreichgauer*, Natur und Offenbarung 53 (1907), p. 362, 401, kann als Beispiel dieser Anwendung des Korrespondenzgesetzes angeführt werden. Es sind auch die Schätzungen von *Crookes*, Nature 72 (1905), p. 595, für Kohle: $T_k = 5800°$, $p_k = 2320$ Atm, hierauf zurückzuführen. Wegen der Anwendung auf feste Stoffe vergl. Nr. **74***g* und *h*. Vergl. auch die Vorausberechnung von T_k und p_k des He Nr. **20***d*.

323) *H. Kamerlingh Onnes* und *M. Reinganum.* Leiden Comm. Nr. 59*b* (1900).

$\frac{pv}{RT}$, log v- oder $\frac{pv}{RT}$, log p-Diagramm oder auch im log $\frac{pv}{RT}$, log v- oder log $\frac{pv}{RT}$, log p-Diagramm [324]), oder endlich von Isobaren oder Isochoren im $\frac{pv}{RT}$, log T- oder auch im log $\frac{pv}{RT}$, log T-Diagramm geeignet [325]).

b) Bei Gemischen können die Koexistenzbedingungen nicht wie bei einkomponentigen Stoffen direkt zur Prüfung der Korrespondenz (Nr. **26***a*, für die indirekte Prüfung dieser mittels der Koexistenzbedingungen vergl. weiter unten) und zur Ableitung von p_{kx}, v_{kx}, T_{kx} (Nr. **26***c*) herangezogen werden. Denn bei denselben korrespondiren die Koexistenzbedingungen nur in Ausnahmepunkten (Nr. **67***b*, Fussn. 747). Man ist bei Gemischen für diese Aufgaben also besonders auf die in *a* erwähnten Methoden angewiesen. Sie wurden für binäre Gemische ausgearbeitet und verwendet von *Kamerlingh Onnes* [326]), demselben und *Reinganum* [323]), *Verschaffelt* [327]), *Keesom* [324]), *Brinkman* [324]), *Schamhardt* [324]), *Dorsman* [324]). Es hat sich dabei ergeben, dass viele binäre Gemische das Gesetz der korrespondirenden Zustände etwa in derselben Annäherung befolgen wie die einkomponentigen Stoffe. Nach Nr. **31** besagt dieses, dass man auch in binären Gemischen, die als geometrisch einander nicht ähnlich zu betrachten sind, eine mittlere Strecke, eine mittlere Zeitgrösse und eine mittlere Masse [300]) angeben kann, von denen die Glieder der Virialgleichung in erster Linie ab-

---

324) Die Ausarbeitung findet man bei *W. H. Keesom* [a], und etwas ausführlicher Diss. Amsterdam (Leiden) 1904, Arch. Néerl. (2) 12 (1907), p. 1. Da $R_{M} = \Theta_{M} T_{0^\circ C}^{-1}$, $R_{\Theta} = T_{0^\circ C}^{-1}$ (Fussn. 175 und 174) für verschiedene Stoffe gleich sind, kann für die durch M und Θ angewiesenen Einheiten $\frac{pv_M}{T}$ bzw. $\frac{pv_\Theta}{T}$ statt $\frac{pv}{RT}$ genommen werden. Das log $\frac{pv_\Theta}{T}$, log v-Diagramm wurde auch verwendet von *C. H. Brinkman*, Diss. Amsterdam 1904, *H. C. Schamhardt*, Diss. Amsterdam 1908, *C. Dorsman*, Diss. Amsterdam (Edam) 1908. Wenn negative Drucke auftreten [160]) kann man die log. der absoluten Werte in die Diagramme einführen (vergl. Fussn. 396).

325) In den log pV, log V- bzw. log p-, und den log $\frac{pV}{RT}$, log V- bzw. log p-Diagrammen ist der kritische Punkt ein Inflexionspunkt der Isotherme, und sind die Isophasen Geraden, wie im p, V-Diagramm (Nr. **18***b*). Ein Vorteil der log $\frac{pv}{RT}$-Grössen ist dass dieselben erlauben einen Fehler im Normalvolumen (vergl. Einh. *b*) oder der Versuchsquantität zu entdecken.

326) *H. Kamerlingh Onnes* [e] Nr. 59*a* (1900).

327) *J. E. Verschaffelt*. Leiden Comm. Nr. 65 (1900).

hängig sind. Allerdings ist [328]), weil die Abweichungen von der Gleichförmigkeit zwischen verschiedenen Gemischen unter einander oder zwischen diesen und den Komponenten grösser sind als die zwischen einkomponentigen Stoffen, zu erwarten, dass die Gemische das Korrespondenzgesetz nicht in demselben Maass befolgen als die Komponenten. Tatsächlich leitete *Keesom* [329]) aus seinen Messungen an Gemischen von CO_2 und O_2 ab, dass die bei grösseren Dichten (vergl. Fussn. 330) in den Vordergrund tretenden Unterschiede zwischen den derselben reduzirten Temperatur entsprechenden reduzirten Isothermen der Gemische etwas grösser sind als zwischen denselben der Komponenten.

Es ist nun auch klar, wie die in *a* angegebenen Methoden für die binären Gemische verwendet werden können, um zu sehen, ob aus den Koexistenzbedingungen, welche selber, wie oben gesagt, im Allgemeinen nicht mit denen eines einkomponentigen Stoffes korrespondiren, darauf geschlossen werden kann, dass das Gemisch an und für sich dem Korrespondenzgesetz gehorcht. Man bedient sich zunächst jener Methoden zur Ableitung des kritischen Punktes bei ungeänderter Zusammensetzung p_{kx}, v_{kx}, T_{kx} (Nr. **25***b* und **9***b*, vergl. auch **38***d*). Mit diesen Daten konstruirt man mit Hilfe des Korrespondenzgesetzes die aus korrespondirenden $\mathfrak{F}_{vTx}$, v-Kurven aufgebauten $\mathfrak{F}_{vTx}$, v, x-Flächen. Mit diesen schreitet man zur Ableitung der Koexistenzbedingungen (Nr. **67**), die man dann mit der Erfahrung vergleichen kann [330]).

34. Gruppen korrespondirender Stoffe. *a*) Obgleich aus den in voriger Nummer und schon in Nr. **26** angeführten Untersuchungen von *van der Waals, Raveau, Amagat* hervorgeht, dass das Gesetz der korrespondirenden Zustände innerhalb sehr weiter Grenzen die Eigen-

---

328) *H. Kamerlingh Onnes* [e] Nr. 59*a* (1900), p. 8; vergl. denselben und *C. Zakrzewski*, Leiden Comm. Suppl Nr. 8 (1904), p. 8. Besonders stark kann die Abweichung von der Korrespondenz werden, wenn in a_{wab} stark hervortretende *Boltzmann*'sche Kräfte auftreten (vergl. Fussn. 713).

329) *W. H. Keesom* [a]. Zu demselben Ergebnis kamen *Brinkman* [324]) und *Schamhardt* [324]).

330) Dass *H. Kamerlingh Onnes* und *C. Zakrzewski*, Leiden Comm. Nr. 92 (1904), p. 19, B_x (vergl. Nr. **36**) für Gemische von CO_2 und CH_3Cl aus Kompressibilitätsbestimmungen (vergl. Fussn. 711) nach den aus *Kuenen*'s Isothermen abgeleiteten p_{kx}, T_{kx} korrespondirend fanden, ist dahin zu deuten, dass diese Gemische unter einander und mit CO_2 der Genauigkeit jener Bestimmungen entsprechend bis etwa zur kritischen Dichte korrespondiren (vergl. *Brinkman* Fussn. 329).

schaften einer grossen Zahl von Stoffen numerisch auffallend genau aufeinander zurückführt, ist es, wie erwähnt (Nr. **31**b), doch nicht als exaktes Naturgesetz aufzufassen. Verschiedene Stoffe zeigen bei Vergleichung verschiedene Abweichungen (Nr. **35** und **37**). Bleiben diese klein, so kann man die betreffenden Stoffe zu einer mehr oder weniger scharf begrenzten Gruppe zusammenfassen.

Aus der Ableitung der Korrespondenz auf Grund der mechanischen Ähnlichkeit war gleich der Schluss zu ziehen [331]), dass, um gute Annäherung zu erzielen, die Prüfung auf Moleküle zu beschränken wäre, die einander ähnlich gebaut seien und ähnliche Wirkungen ausüben. Nur dann wird (vergl. Nr. **31**) die Zurückführung der Vergleichung der Zustandsgleichungen verschiedener Stoffe auf die von Mittelwerten von L und Z gut gelingen. Dies lässt die Unterscheidung von Gruppen als naturgemäss erscheinen. In Anbetracht der Vorstellungen der Stereochemie besteht andrerseits alle Veranlassung, um in verschiedenen Gruppen von Stoffen auf Grund der individuellen konstitutionellen Unterschiede [332]) die Stoffe in Bezug auf die Abweichungen von der Ähnlichkeit in Reihen anzuordnen. Dieses ist z. B. der Fall, wenn jene Vorstellungen dazu führen eine fortschreitende Änderung von der kugelförmigen zur linearen, bei noch grösserer linearer Ausdehnung vielleicht wieder zusammengeknäuelten, Form anzunehmen (vergl. Nr. **31**c).

b) Weder die Auslesung der Gruppen, noch das Aneinanderreihen der Stoffe in Bezug auf ihre Abweichungen von der Korrespondenz ist aber bis jetzt einwandsfrei gelungen, und dies vielleicht, weil jedesmal nur auf eine einzelne Eigenschaft geachtet ist.

Young [c] unterschied auf Grund seiner Messungen über Dampfspannungen (Nr. **84**) und Dichten der gesättigten Flüssigkeit und Dampf (Nr. **86**) 4 solcher Gruppen [333]).

---

331) *H. Kamerlingh Onnes* [a] p. 11, [e] Nr. 23 (1896), p. 7. Vergl. *E. Mathias* und *H. Kamerlingh Onnes*, Leiden Comm. Nr. 117 (1911), p. 3. Es wurde dabei der hauptsächliche Grund der Abweichungen in der verschiedenen Form der Moleküle gesucht.

332) Vergl. das Bild Fussn. 255 und *H. Kamerlingh Onnes* [e] Suppl. Nr. 9 (1904), p. 18. Vergl. Nr. 84b und Fussn. 985.

333) Nämlich: I. Benzol und seine Halogenester, Äthyläther, die Paraffine: Pentan, Isopentan, Hexan, u.s.w., CCl_4, $SnCl_4$, zu denen *Kuenen* und *Robson*, Phil. Mag. (6) 3 (1902), p. 622, CO_2 fügen; II. verschiedene Fettsäure-Ester; III. Methyl-, Äthyl- und Propylalkohol, aber Methylalkohol merklich abweichend von den andern; IV. Essigsäure. Von diesen werden letztere zwei Gruppen zu den assoziirten Stoffen gerechnet (auch bei der Gruppe II vermutet *Young*, Brit. Ass. Rep. **1904**,

Nernst [334]) geht von der Betrachtung der Dampfspannungen aus. Es wären nach ihm die nicht assoziirten (Nr. **35**) Stoffe mit Rücksicht auf die Dampfspannungen (Nr. **84**) in einer Reihe nach zunehmendem Molekulargewicht einerseits und nach zunehmender Zahl der Atome im Molekül andrerseits zu ordnen [335]).

Mathias [336]) teilt die Stoffe auf Grund des Wertes des Richtungskoeffizienten der geraden Mittellinie in Serien dermassen ein, dass, wenn man die Stoffe in denselben nach ihren kritischen Temperaturen ordnet (vergl. *c*), in denselben die reduzirten Richtungskoeffizienten regelmässig ansteigen nach einem einfachen Gesetz, das für jede Serie einen charakteristischen Parameter zur Bestimmung der reduzirten Mittellinienneigung aufweist. Die durch Gleichheit derselben charakterisirten, und also in dieser Hinsicht dem Korrespondenzgesetz unterliegenden Gruppen enthalten so Stoffe aus verschiedenen Serien. Die Frage aber, in wie weit die in einer Serie zusammengefügten Stoffe auch in Bezug auf ihre anderen von der p, V, T-Fläche abhängigen [342]) Eigenschaften derselben Serie angehörend zu betrachten sind, ist noch eine offene, vergl. *e* [337]).

---

p. **492**, Assoziation). Die Gruppen von *Mathias* [c], [e] und [f], vergl. Fussn. 336, nach dem reduzirten Richtungskoeffizient der geraden Mittellinie (vergl. Nr. **85**) stimmen nicht mit diesen (vergl. *e*).

334) *W. Nernst* [a] p. 10. Vergl. auch *H. von Jüptner*, ZS. physik. Chem. 55 (1906), p. 738.

335) Vergl. auch *H. Happel*, Fussn. 988.

336) *E. Mathias* [g] p. 61, [f]. Vergl. Fussn. 1007.

337) *Ph. A. Guye*, J. de phys. (2) 9 (1890), p. 312, Arch. d. sc. phys. et natur. (3) 23 (1890), p. 204, bringt die Molekularrefraktion (vergl. Fussn. 278 und Fussn. **426**) mit dem Korrespondenzgesetz in Verbindung [vergl. auch *H. Happel*, Habilitationsschrift Tübingen (Leipzig) 1906, p. 31 Fussn. 1] und prüft die Konstanz von $\frac{MR_r p_k}{T_k} = f_{GU}$. Er fand die mehratomigen in dieser Beziehung einer Gruppe, die zweiatomigen O_2, N_2, CO einer andern Gruppe (aber mit Unterschieden von 30% zwischen den verschiedenen Gliedern der Gruppe) zugehörend, während nach *Kamerlingh Onnes* und *Keesom*, Leiden Comm. Suppl. Nr. 15 (1907), p. 20 Fussn. 1, auch die einatomigen A, Kr, X in Bezug auf die Molekularrefraktion (für andere Eigenschaften vergl. *Happel* Fussn. 988) eine (ebenfalls nicht enge begrenzte und etwa zwischen den beiden erstgenannten sich einordnende) Gruppe bilden [vergl. auch *G. Rudorf*, Phil. Mag. (6) 17 (1909), p. 805]. Eine Abschätzung des b_W für He [*Kamerlingh Onnes* und *Keesom*, Leiden Comm. Nr. 96*c* (1907), p. 23 Fussn. 1; neuere Bestimmungen des Brechungsindex von He, *K. Scheel* und *R. Schmidt*, Verh. d. D. physik. Ges. 10 (1908), p. 207, vergl. auch die Physik. ZS. 9 (1908), p. 923 angeführten Arbeiten, würden einen noch kleineren Wert ergeben] durch Vergleichung des Refraktionsvermögens mit dem des H_2, als noch keine Daten über deren gegenseitige Abweichung, noch über die Veränderlichkeit von $b_{W He}$ mit der Temperatur [vergl. jetzt *H. Kamerlingh Onnes* [e] Nr. 102*a* (1907), p. 8 und

c) Ref. möchten bei der Unterscheidung in Gruppen und bei der Aneinanderreihung der Stoffe innerhalb derselben sich auf systematische Abweichungen, die sich über das ganze Isothermennetz ausdehnen, stützen. Von diesem Gesichtspunkt aus sind die Abweichungen, die in den bis jetzt zwar auch noch nur spärlich vorliegenden Beobachtungen über die heterogenen Gleichgewichte längs der Liquid-Gaskonnodale von Stoffen mit tiefen kritischen Temperaturen hervortreten, und die sowohl bei den Betrachtungen von *Nernst*[334]) über Dampfspannungen, als bei denen von *Mathias*[336]) über die Konstante $\mathfrak{b}_d$ der geraden Mittellinie eine bedeutende Rolle spielen, ebenfalls als Ausdruck einer Eigenschaft des homogenen Gebietes zu betrachten. Es scheinen dieselben die mehr umfassende Schlussfolgerung zu rechtfertigen, dass (vergl. Nr. **84***b*, **85***b*) für Stoffe, bei denen Assoziation ausgeschlossen ist, jedenfalls die kritische Temperatur einen bedeutenden Einfluss[338]) auf das Verhalten des gesamten Isothermennetzes

---

Nr. 108 (1908), p. 22, wozu noch Nr. 119 (1911), p. 13] vorlagen, ergab für b_{WHe} dagegen einen zu kleinen Wert. Es scheinen sich die einatomigen Gase [von He bis Hg, vergl. dazu die Messungen von *C.* und *M. Cuthbertson*, z. B. Proc. Roy. Soc. A 84 (1910), p. 13] mit den zweiatomigen H_2, N_2, O_2 in einer Reihe nach den kritischen Temperaturen anordnen zu lassen. Ob die beträchtlichen Abweichungen von He und H_2 einerseits, von Hg andrerseits, von den anderen ganz einer solchen Abhängigkeit von der kritischen Temperatur (vergl. *c* und *d*), oder bzw. teilweise einer Änderung des Refraktionsvermögens bei höheren und bei niedrigen reduzirten Temperaturen [*Scheel*, Verh. d. D. physik. Ges. **9** (1907), p. **24**, findet dasselbe aber für H_2 von $\mathfrak{t} = 2{,}5$ bis $\mathfrak{t} = 10$ nahezu konstant] zugeschrieben werden muss, ist unentschieden.

Die Beziehung: f_{GU} ist dieselbe für verschiedene Stoffe, könnte dahin gedeutet werden, dass die elektrische Polarisirbarkeit (elektrisches Moment dividirt durch hervorrufende elektrische Kraft, Enz. V **14**, Art. *Lorentz*, Nr. **43***a*) pro Einheit des vom Molekül wirklich eingenommenen Volumens (vergl. Nr. **30***g*) für jene Stoffe dieselbe sei, welcher Beziehung z. B. das *Kelvin*'sche Atombild[306]), wie auch das *J. J. Thomson*'sche[309]) genügt [vergl. *H. A. Lorentz*, *van Bemmelen* Jubiläumbuch, den Helder 1910, Physik. ZS. 11 (1910), p. 1252]. Unterschiede von f_{GU} wären damit auf verschiedene Polarisirbarkeit zurückgeführt. Für die Beziehung der Dielektrizitätskonstanten zum Korrespondenzgesetz vergl. *H. Happel*, Habilitationsschrift Tübingen (Leipzig) 1906, p. 31.

338) Die Untersuchung der Stoffe mit tiefen kritischen Temperaturen gewinnt eine erhöhte Bedeutung, da eine derartige Abhängigkeit dazu beitragen dürfte [wie auch die Kenntnis von γ_{vAM} bei tiefen Temperaturen (Nr. **57**)], die verschiedenen Faktoren (vergl. Nr. **30** und **31**) der Abweichung von der Ähnlichkeit nach Form (Anordnungskompressibilität, siehe weiter), Kompressibilität oder Deformirbarkeit [vergl. *H. Kamerlingh Onnes* und *C. A. Crommelin*, Leiden Comm. Nr. 121*b* (1911)] der Moleküle, und nach Art der Haftprozesse, zu trennen und bei der Anordnung der Stoffe zu berücksichtigen.

In der eben zitirten Arbeit ist ein Beispiel der Darstellung der im Text genannten systematischen Abweichungen gegeben.

in Bezug auf das Korrespondenzgesetz ausübt [339]). Dem entspricht, dass auch die reduzirte Temperatur des *Boyle*-Punktes (Nr. **76***b*) höher zu sein scheint, je tiefer die kritische Temperatur des Stoffes ist. Vergl. weiter die kritischen Reduktionstemperaturen (Nr. **38***b*) des Wasserstoffs und des Heliums für die verschiedenen Isothermen derselben Nr. **38***d*. Vergl. auch Nr. **38***a*, **87***b*, **90***c* und Fussn. 337, 381, 452.

d) Es können die Abweichungen der Zustandsgleichungen verschiedener Stoffe von der Korrespondenz, in so weit sie nicht der Assoziation (Nr. **35**) zugeschrieben werden müssen, verschiedenen Ursachen zugeordnet werden, von denen wir schon die Abweichungen von der Formähnlichkeit nannten (Nr. **31***c*). Von der Kugelform abweichende Moleküle werden bei grösserer Dichte sich in einen anderen, eventuell kleineren Raum als demjenigen, der dem mittleren Radius der denselben im Gaszustand äquivalenten kugelförmigen Moleküle mit demselben Volumen entspricht, zusammendrängen lassen. Man kann diese Erscheinung als eine *Anordnungskompressibilität* solcher Moleküle kugelförmigen gegenüber betrachten. Weiter kommt eine nicht korrespondirende Distribution des mittleren Anziehungspotentials der Moleküle [ein verschiedenes Verhältnis der *Halbwertsstrecken* (Strecken, über welche das Potential auf die Hälfte herabfällt, vergl. Nr. **30***d*) zu dem Moleküldurchmesser, auf welches eine Formverschiedenheit gewiss einen grossen Einfluss hat], welche auch eine Verschiedenheit in der Zahl der zeitweise je zu einem Konglomerat zusammentretenden Moleküle, der *Konglomeratenkomplexität*, bei der Scheinassoziation (Nr. **49***c*), sowie in dem Grade der Scheinassoziation, d.h. der Anzahl der in Konglomeraten vereinten Moleküle im Verhältnis zu der gesamten Anzahl [vergl. auch die Erklärung der Gl. (87) in Nr. **48***f* Schluss] zur Folge haben kann, in Betracht. Zweitens eine nicht korrespondirende Kompressibilität der Moleküle (bzw. eine nicht korrespondirende Distribution des Abstossungspotentials, vergl. Nr. **32***a*). In dieser Beziehung wird sich die verschiedene Komplizirtheit des Moleküls (verschiedene Anzahl der Freiheitsgrade, Nr. **57***c*, **43**), und das nach Maassgabe der betreffenden Frequenz Hervortreten von Schwingungen im Molekül (Nr. **57***f*, **43***d*) ganz wesentlich bemerkbar machen. Wir möchten auf alle diese Umstände bei der Koordination der Zustandsgleichungen verschiedener Stoffe nach Ausschluss der assoziirten achten. Es könnte so eine (bei nicht korrespondirender Temperaturabhängigkeit nach tieferen Tempera-

339) Vergl. auch *J. P. Kuenen* [c] p. 142.

turen fortschreitende) kontinuirliche Deformation des Isothermennetzes für Stoffe mit tiefen kritischen Temperaturen (vergl. *c*), deren Moleküle von ähnlicher Form und Kompressibilität sind, besonders von dem Mangel an Ähnlichkeit des Anziehungspotentials bedingt werden. Bei der Vergleichung von Stoffen mit nicht viel verschiedenen kritischen Temperaturen wäre vielleicht mehr auf verschiedene Kompressibilität — auf Grund verschiedener Festigkeit der intramolekularen Bindungen nach Maassgabe verschiedener Frequenzen — einerseits, auf Formverschiedenheit, verschiedene Konglomeratenkomplexität und verschiedenen Grad der Scheinassoziation andrerseits, zu achten. Erstere müsste, wenn sie zu beachten ist, sich auch in der Molekularwärme γ_{vAM} (Nr. **43** und **57**) zurückfinden lassen.

e) Aus der kombinirten Wirkung der verschiedenen in *d* genannten Abweichungsgründe könnte hervorgehen, dass Stoffe, die jeder dieser Beziehungen an und für sich nach nicht korrespondiren, für bestimmte Eigenschaften (wie z. B. H_2 und Isopentan für die Konstante $\mathfrak{b}_d$ der geraden Mittellinie, *Mathias*, vergl. *b*) in derselben Gruppe oder Serie zusammentreffen, ohne dass dieses deshalb für andere Eigenschaften der Fall zu sein braucht.

35. Normale und assoziirte Stoffe. *a*) Da (Nr. **33***b*) das Gesetz der korrespondirenden Zustände in ähnlicher Weise wie für einfache Stoffe auch für das homogene Blatt der p, V, T-Fläche für Gemische mit ungeändertem Gehalt x gültig ist, so sind bei einem bestimmten Gehalt x bestimmte L_x, Z_x, M_x (vergl. Nr. **31** und für M_x Nr. **1***c*) anzunehmen.

Denkt man sich den Gehalt x von Temperatur und Dichte abhängig, so werden L_x, Z_x, M_x Funktionen derselben. Dieser Fall trifft zu bei Stoffen, welche sich polymerisiren oder depolymerisiren und daher (vergl. Nr. **1***b* und Fussn. 240) einen vom Zustand abhängigen Gehalt, $x = f(v, T)$, an dem nicht polymerisirten oder depolymerisirten Bestandteil haben[340]). Was das auf Grund des endgültigen Gleichgewichtes konstruirte homogene Blatt der p, V, T-Fläche eines derartigen Stoffes betrifft, so wird dieses in dem Gebiet wo $x = 1$ ist mit dem homogenen Blatt der p, V, T-Fläche eines Stoffes mit $x =$ konst. affin sein, im weiteren Gebiet aber aus der affinen durch eine stetige, von obiger

340) Wenn im unpolymerisirten Stoff sowohl wie im Polymer verschiedene Molekülarten (vergl. Nr. **1***b*) in bestimmten Verhältnissen anwesend sind (vergl. *b*), so haben alle jene Verhältnisse in dem Gemisch eine Änderung erfahren.

Funktion bestimmte Deformation erhalten werden können. Die Deformation des homogenen Blattes bedingt ebenfalls eine Änderung des heterogenen Blattes, und zwar kann so eine Änderung thermischer Grössen hervorgerufen werden, welche hineingreift in Gebiete von V und T, für die das homogene Blatt noch undeformirt ist [341]).

Derartige Unterschiede, wie die durch Polymerisation hervorgerufenen, bestehen aber auch zwischen den p, V, T-Flächen [342]) mancher Stoffe, in denen man nicht auf Grund physikalischer oder chemischer Erscheinungen die Anwesenheit polymerisirter oder depolymerisirter Bestandteile nachweisen kann. So z. B. zwischen den p, V, T-Flächen für Isopentan und für Wasser, und zwar zeigt die p, V, T-Fläche von Wasser der von Isopentan gegenüber den Charakter, welchen die p, V, T-Fläche eines sich polymerisirenden Stoffes gegenüber der eines sich nicht polymerisirenden Stoffes hat [343]).

Man setzt gewöhnlich als selbstverständlich voraus, dass bei solchen Stoffen, welche sich den polymerisirenden ähnlich verhalten, die Moleküle zu grösseren Komplexen zusammengefallen sind [und hat dabei dann wohl anzunehmen, dass verschiedene Arten in bestimmten Verhältnissen [340]) auftreten], zufolge eines Prozesses, den man *Assoziation* nennt und dem eine fortschreitende Änderung des Molekulargewichtes mit $\mathfrak{v}$ und $\mathfrak{t}$ entspricht. Es soll aber nicht übersehen werden, dass man für die Erklärung der Abweichungen von der Ähnlichkeit in derjenigen Grösse, wie sie bei diesen Stoffen vorkommen, nicht ausschliesslich auf die Assoziation angewiesen ist, sondern dass dieselben daneben wohl (vergl. Nr. **34*d***) hervorgerufen werden können durch eine mit $\mathfrak{v}$ und $\mathfrak{t}$ zusammenhangende aussergewöhnlich grosse Änderung des Volumens eines Einzelmoleküls (Kompressibilität, vergl. Nr. **30*c***, Änderung von b_W, vergl. Nr. **43**), oder durch eine aussergewöhnliche

---

341) So z. B. das Volum des gesättigten Dampfes, wenn die koexistirende Flüssigkeit assoziirt ist, vergl. Fig. 27 wenn der Flüssigkeitskamm steigt. Stoffe, deren Moleküle in koexistirenden Dampf- und Flüssigkeitszuständen gleich oder in gleichem Grade assoziirt sind, nennt *Batschinski*, ZS. physik. Chem. 40 (1902), p. 629, Moscou Bulletin de la Soc. Imp. der Nat. 17 (1903), p. 188, *orthomer*.

342) Dies fasst alle auf die thermische Zustandsgleichung zurückführbare Eigenschaften zusammen.

343) So weist der grosse Unterschied von a_W für Alkohol berechnet aus der Verdampfungswärme und aus der inneren isothermischen Ausdehnungsarbeit (vergl. Fussn. 513) der komprimirten Flüssigkeit, verglichen mit dem für Äther (*Hall*, *Boltzmann*-Festschrift 1904, p. 899, vergl. Fussn. 186) auf Assoziation von Alkohol im Flüssigkeitszustand.

Auslösung von Energie durch die Annäherung der Moleküle [vergl. Nr. **30**d, Änderung von a_w, vergl. Nr. **48** (vergl. Fussn. 343)] [344]), oder eine aussergewöhnliche Änderung der Konglomeratenkomplexität oder des Grades der Scheinassoziation (Nr. **49**c). Wir wollen die Stoffe, welche aus letzteren Gründen Abweichungen von der Ähnlichkeit zeigen, auch wenn diese Abweichungen so stark werden, dass sie einer ausgesprochenen Assoziation gleichen, als *ohne Assoziation deviirende Stoffe* unterscheiden und für die Stoffe, welche Abweichungen zeigen, die durch den der Polymerisation analogen Prozess hervorgerufen sind, den Namen *assoziirte Stoffe* reserviren [345]) [346]).

b) Je nachdem bei einem Stoffe weniger Grund zur Annahme eines Assoziationsprozesses (oder eines Deviationsprozesses) vorliegt, kann derselbe mit mehr Recht *normal* genannt werden. Welche Stoffe man *normale* nennen soll, bleibt also etwas unbestimmt, und der Begriff des *ganz normalen* Stoffes ein Grenzbegriff. Beispiele assoziirter Stoffe sind Wasser und Alkohol (vergl. Fussn. 333), Beispiele normaler Isopentan und Kohlensäure.

Was das Zusammentreten der Moleküle aus dem *Avogadro*'schen Zustand (Nr. **39**a) zu komplexen Molekülen oder Konglomeraten und besonders zu solchen, die der Scheinassoziation (Nr. **49**c) zuzuordnen sind, betrifft, so ist die Annahme, dass dies auch bei den normalen Stoffen geschieht, an und für sich (Nr. **30**) gar nicht unverträglich mit der mechanischen Ähnlichkeit der die normalen Stoffe bildenden Molekülsysteme, wenn dasselbe nur ein korrespondirendes ist. Es liegt daher auch kein Grund vor, dasselbe nicht bei allen normalen Stoffen anzunehmen (vergl. Nr. **23**, **48** und **49**) [559]). Der Bildung jener Konglomerate, welche man normale (oder physikalische) nennen könnte, steht als Assoziation eine weitergehende, die Ähnlichkeit in dem Sinne der chemischen Wirkung störende Bildung von weiteren oder grösseren, längere Zeit bestehenden komplexen Molekülen gegenüber. Die möglichst vollständige Abwesenheit über ein grosses Gebiet der Zustandsgleichung aller dieser, den chemischen ähnlichen Wirkungen [sowie auch der obenerwähnten (vergl. *a*), physikalisch

344) Es haben die assoziirten Stoffe meist eine grosse Dielektrizitätskonstante, vergl. *M. Brillouin*, Ann. chim. phys. (8) 7 (1906), p. 289.

345) Diese Definition, die Kapillarität und Reibung einschliesst, geht weiter als die auf Grund der thermischen Zustandsgleichung allein. Bei ohne Assoziation stark deviirenden Stoffen können die Abweichungen grösser werden als bei solchen mit schwacher Assoziation.

346) Assoziationsgrad siehe Nr. **37**b.

äquivalenten, der Ähnlichkeit auch nicht annähernd gehorchenden, aussergewöhnlich grossen (vergl. Nr. **34***d*) Änderungen von a_w und b_w] vereint die normalen Stoffe zu einer besonderen Klasse. Wir wollen mit Rücksicht auf die Eigentümlichkeiten der Stoffe mit tiefen kritischen Temperaturen statt des Begriffes der Gruppe normaler Stoffe den Begriff der *Reihe von normalen Stoffen* einführen, indem wir die normalen Stoffe als eine dem Korrespondenzgesetz, wenn man sich auf die nächstvorangehende und nächstfolgende beschränkt, am besten genügende mechanisch nahezu ähnliche Klasse von Stoffen, die im Ganzen aber nach einer Reihe fortschreitende Änderungen zeigt, auffassen.

Die Kriterien für die Unterscheidung der normalen Stoffe von den anderen, unserer Definition nach zugleich die für die mechanische Ähnlichkeit, behandeln wir Nr. **37**.

c) In verschiedenen Gebieten kann die Assoziation mehr oder weniger hervortreten; es kann daher auch wohl ein Stoff in einem bestimmten Gebiet (oberhalb einer bestimmten Temperatur) normal sein, während er in einem andern assoziirt ist, so ist z. B. Wasser oberhalb 230° C normal, unterhalb assoziirt gefunden [347]). Auch kann für eine bestimmte Reihe von Zuständen (für die der Assoziationsgrad, Nr. **37**, konstant bleibt) der Stoff sich als ein normaler verhalten [348]), z. B gesättigter Essigsäuredampf von $\mathfrak{t} = 0{,}97$ bis $\mathfrak{t} = 1$ (*Young* [c]), dessen Volumina z. B. wenigstens angenähert [349]) mit denen Fluorbenzols [333]) korrespondiren; Vergleichung mit dem Normalzustande, z. B. durch $\frac{p\,v_{\mathrm{Mk}}}{R_{\mathrm{M}}T}$, zeigt in diesem Fall die Assoziation [350]).

Wir berücksichtigen weiter in Anbetracht des für diesen Art. ver-

---

347) *J. J. van Laar*. ZS. physik. Chem. 31, *van 't Hoff*-Jubelb. (1899), p. 1; Amsterdam Akad. Versl. Jan. 1905, p. 582; für Wasserdampf vergl. auch *E. Bose*, ZS. für Elektrochemie 14 (1908), p. 269. Für Kräfte in a_{wab}, die den bei der Assoziation auftretenden ähnlich sind, siehe auch Fussn. 713.

348) Vergl. auch *Ph. A. Guye* und *A. Baud*, Arch. d. sc. phys. et natur. (4) 11 (1901), p. 541.

349) *Van der Waals* [e] Okt. 1902, p 391 achtet für gesättigten Essigsäuredampf das Auftreten eines Minimums des Assoziationsgrades für $\mathfrak{t}$ zwischen 0,8 und 0,9 möglich. *Van Laar* [351]) stellt dasselbe in die Nähe des kritischen Punktes.

350) Auch der Flüssigkeitszweig der Grenzlinie von Essigsäure korrespondirt angenähert mit dem von C_6H_5F, was entweder dem Umstande zugeschrieben werden kann, dass der Assoziationsgrad da wenig oder mit C_6H_5F korrespondirend variirt, oder dass die Assoziation auf das Volumen von Essigsäure im Flüssigkeitszustand nur einen geringen Einfluss ausübt.

fügbaren Raumes die assoziirten Stoffe, deren theoretische Behandlung noch in den ersten Anfängen ist [351]), nur in soweit dies für das Verständnis der normalen und der ohne Assoziation deviirenden unumgänglich ist.

d) Die Vergleichung der Stoffe untereinander in Bezug auf Korrespondenz, eventuell behufs Bildung der Nr. **34***a* genannten Gruppen, wird vereinfacht durch die Zurückführung der gegenseitigen Unterschiede auf die eines jeden einzelnen Stoffes mit einem Vergleichstypus. Es würden die einatomigen Stoffe, wenn genügende Beobachtungen über dieselben vorlägen, wohl am meisten zu empfehlen sein, um zusammen die Reihe [352]) von normalen Vergleichstypen, welche dem in *b* eingeführten Gedanken entspricht, zu bilden. Auf die Erweiterung des diesbezüglichen, zur Zeit vorliegenden und noch wenig ausgedehnten Beobachtungsmaterials wird in Leiden [353]) hingearbeitet.

Wir sind noch weit entfernt davon, dass jene möglichen, für das Verständnis der Zustandsgleichung unentbehrlichen Messungen ausgeführt wären (vergl. Nr. **34***c*), und haben uns zu den Stoffen, über welche einigermassen ausgedehnte Messungen vorliegen, zu wenden. Von diesen ist vorläufig keiner für sich allein geeignet, um als Typus eines normalen Stoffes zu dienen. Denn zusammenhangende Messungen über verschiedene Zustände, sowohl oberhalb der kritischen Temperatur, wie in der Nähe des kritischen Zustandes, im überhitzten und im gewöhnlichen Dampf- und Flüssigkeitszustand, und im stark komprimirten Zustand, liegen nur bei Äthyläther vor. Und bei diesem, leider auch wohl nicht ganz assoziationsfreien Stoff, ist das Gebiet der reduzirten Zustände nach oben hin immerhin sehr beschränkt (siehe Tafel I Nr. **36**) und sind die Beobachtungen teilweise nicht sehr genau.

---

351) Vergl. weiter *J. W. Gibbs* [c] p. 234 u. f., *J. D. van der Waals* [b] p. 27 u. f., [d] p. 159 u. f. und l. c. Fussn. 349, *J. J. van Laar* [d]. Auch Nr. **49**.

352) Auch *Nernst* [334]) weist darauf hin, dass Argon und Krypton nicht ganz korrespondiren in ihren Dampfspannungen. Vergl. *H. Happel*, Habilitationsschr. Tübingen (Leipzig) 1906, vergl. auch Fussn. 988 und 989.

353) Vergl. *H. Kamerlingh Onnes* [e] Suppl. Nr. 9 (1904). Als Vorbereitung waren daselbst schon früher die zweiatomigen Gase in Angriff genommen: *H. Kamerlingh Onnes* mit *H. H. F. Hyndman*, Leiden Comm. Nr. 69 (1901), 78 und 84 (1902); mit *C. Braak*, Leiden Comm. Nr. 97*a* (1906), 99*a*, 100 (1907). Jetzt sind die ersten Messungen über He: *H. Kamerlingh Onnes* [e] Nr. 102*a* (1907) und *c* (1908), 112 (1909), 119, 124*b* (1911), und über A: *H. Kamerlingh Onnes* mit *C. A. Crommelin*, Leiden Comm. Nr. 118*b* (1910), *C. A. Crommelin*, Leiden Comm. Nr. 115, 118*a* (1910), angestellt. Es hat die Verflüssigung des Heliums (Nr. **20***d*) für das einatomige Helium ein sehr ausgedehntes Gebiet der Zustandsgleichung genauen Messungen zugänglich gemacht (vergl. Fussn. 370).

36. Empirische reduzirte Zustandsgleichung für normale Stoffe. Aus Tafel *I* ist zu ersehen, dass die Beobachtungen sich bei den verschiedenen Stoffen mit Ausnahme von nur einigen jedesmal nur innerhalb enger (den gewöhnlichen Versuchsverhältnissen entsprechenden) Grenzen bewegen. Es sind daselbst in einem log $\mathfrak{p}\,\mathfrak{v}$, log $\mathfrak{v}$-Diagramm die Felder, welche einerseits den wichtigsten und genauesten, andrerseits den zur Ergänzung der empirischen Zustandsgleichung besonders geeigneten Beobachtungen entsprechen, angegeben [354]) [355]).

Ungeachtet der geringen Ausdehnung des Feldes für jeden einzelnen Stoff würde man doch, wenn das Gesetz der korrespondirenden Zustände für alle normalen Stoffe strenge gültig wäre, $\mathfrak{p} = f(\mathfrak{v}, \mathfrak{t})$, die reduzirte Zustandsgleichung [Gl. (22)], m. a. W. den Typus des normalen Körpers, auf Grund der Beobachtungen wohl zur Darstellung bringen können. Man hätte dazu die teilweise übereinander fallenden Gebiete für Stoffe, die im gemeinschaftlichen Gebiet als normal erkannt sind, an einander zu reihen [356]). Nun das Gesetz numerisch nicht exakt gilt und die systematischen Abweichungen der verschiedenen Stoffe von einander nicht bekannt sind, ist es nur möglich eine gewisse *mittlere Zustandsgleichung*

---

354) Das Diagramm ist mit $\mathfrak{v}$ konstruirt, vergl. dazu Fussn. 362. Es sind dargestellt die Beobachtungen von *Regnault* (CO_2, N_2, H_2) [146]), *Andrews* (CO_2) [a, b], *Amagat* ($C_4H_{10}O$, CO_2, O_2, N_2, H_2) [a], *Ramsay* und *Young* ($C_4H_{10}O$) [365]), *Young* (Isopentan) [d] [für den Dampf bei niedrigen Drucken siehe *Young* und *Thomas*, London Proc. Phys. Soc. 13 (1895), p. 658], *Leduc* [a], *Chappuis* (CO_2, N_2, H_2), Trav. et Mém. Bur. Intern. des Poids et Mes. t. 6 (1888), p. 1; t. 13 (1907), *Bestelmeyer* und *Valentiner* (N_2), Ann. d. Phys. (4) 15 (1904), p. 61, *Rayleigh* (H_2, N_2, O_2, CO_2), Phil. Trans. A 204 (1905), p. 351, *Keesom* (CO_2) [a], *Schalkwijk* (H_2), Leiden Comm. Nr. 70 (1901), *Kamerlingh Onnes* und *Hyndman* (O_2), Leiden Comm. Nr. 78 (1902), *Witkowski* (H_2), Krakau Anz. 1905, p. 305, *Kamerlingh Onnes* und *Braak* (H_2), Leiden Comm. Nr. 97*a* (1906), 100*a* (1907), *Kamerlingh Onnes* (He), [e] Nr. 102*a* und *c* (1907/08), Nr. 119, 124*b* (1911), *Kamerlingh Onnes* und *Crommelin* (A), Leiden Comm. Nr. 118*b* (1910), *Crommelin* (A), Leiden Comm. Nr. 115 und 118*a* (1910). Augenfällig ist z. B. das Bedürfnis an Beobachtungen bei hohen Drucken (vergl. Nr. **39*b***).

In diesem Diagramm treten einige Abweichungen vom Gesetz korrespondirender Zustände unmittelbar zum Vorschein, die erst in Nr. **38** weiter behandelt werden (vergl. Fussn. 355).

355) Es können durch andere Annahmen über die kritischen Grössen (vergl. auch Nr. **38**) der dargestellten Stoffe kleine Verschiebungen der Beobachtungsgebiete bedingt werden. Die Grenzlinie nach Isopentan ist gezogen, die nach He durch —·— dargestellt.

356) Vergl. *H. Kamerlingh Onnes* [e] Suppl. Nr. 9 (1904), p. 15.

Additional material from *Encyklopädie der Mathematischen Wissenschaften mit Einschluss ihrer Anwendungen,*
ISBN 978-3-663-15445-7, is available at http://extras.springer.com

durch Berücksichtigung möglichst vieler sorgfältiger Beobachtungen über normale Stoffe abzuleiten und in dieser Weise einen *fingirten Stoff* als mittleren Typus der normalen Stoffe aufzustellen.

In dieser Weise hat *Kamerlingh Onnes* [357]) das Aufstellen einer Zustandsgleichung behufs systematischer Zusammenfassung (vergl. Nr. **4**) und Diskussion des Beobachtungsmaterials [358]) und der Abweichungen von dem Gesetz der übereinstimmenden Zustände angefasst.

Ausgehend von der *van der Waals*'schen Hauptzustandsgleichung (Nr. **18***a* und Nr. **30***b*) denkt derselbe sich p nach Potenzen von $\frac{1}{v}$ und $\frac{1}{T}$ entwickelt. Die Glieder der unendlichen Reihe werden zusammengezogen zu einem nur innerhalb des Gebietes der Beobachtungen giltigen Polynom [359]):

$$pv = A\left\{1 + \frac{B}{v} + \frac{C}{v^2} + \frac{D}{v^4} + \frac{E}{v^6} + \frac{F}{v^8}\right\}, \tag{31}$$

welches so gewählt ist, dass die Koeffizienten sich über den grössten Teil des von den Beobachtungen umfassten Temperaturgebietes mit genügender Sicherheit bestimmen lassen [360]). Die Koeffizienten $A, B, \ldots.$ werden *Virialkoeffizienten* (vergl. Nr. **18***a*) genannt und als Polynome nach T dargestellt [361]); dabei ist (vergl. Nr. **18***a*), wenn durch geeignete

357) *H. Kamerlingh Onnes* [e] Nr. 71, 74 (1901).

358) Auch die theoretischen Zustandsgleichungen können behufs Vergleichung mit den Beobachtungen in diese Form gebracht werden. Vergl. die ersten Koeffizienten der Entwickelung der *van der Waals*'schen Hauptzustandsgleichung mit konstanten Koeffizienten Nr. **44***a*.

359) Wird v zu v_Θ spezialisirt (Einh. b), so werden dementsprechend die von den Einheiten abhängigen Grössen (vergl. Fussn. 175) A zu A_Θ, B zu B_Θ, u.s.w.

Wegen des Abbrechens der Reihe in Gl. (31) werden die Virialkoeffizienten $B, C \ldots.$ sich unterscheiden von den entsprechenden Koeffizienten in der unendlichen Reihe (vergl. Fussn. 358 und 360).

360) Die Koeffizienten können (auch mit kleinsten Quadraten berechnet) nur eine angenäherte Darstellung für ganz bestimmte Beobachtungen geben. Die getroffene Wahl entspricht einigermassen der Genauigkeit und dem Umfang des vorliegenden Beobachtungsmaterials.

Die Bezeichnungen sind hier etwas andere als in den unter Fussn. 357 angeführten Abhandlungen; dies ist besonders zu berücksichtigen bei den Zahlenwerten in Gl. (37). Es entsprechen diese den in den Leiden Comm. mit VII, 1 angedeuteten Koeffizienten.

361) Es sollen also in die Koeffizienten dieser Polynome die Koeffizienten aller empirischen Formeln für Ausdehnungskoeffizienten, Dampfspannungen, Dichten von gesättigtem Dampf und Flüssigkeit, Unterschiede der verschiedenen spezifischen Wärmen, latente Wärmen u. s. w. enthalten sein.

Experimente festgestellt worden ist, dass die *Avogadro*skala (Nr. **82***a*) mit der *Kelvin*skala zusammenfällt, was wir (vergl. Nr. **82***a*) voraussetzen werden,

$$A = RT \tag{32}$$

zu setzen.

Mit

$$K_4 = \frac{RT_k}{p_k v_k}, \tag{33}$$

vergl. Nr. **41**, wird die reduzirte Zustandsgleichung:

$$\mathfrak{p}\frac{\mathfrak{v}}{K_4} = \mathfrak{t}\left\{1 + \mathfrak{B}\frac{K_4}{\mathfrak{v}} + \mathfrak{C}\frac{K_4^2}{\mathfrak{v}^2} + \mathfrak{D}\frac{K_4^4}{\mathfrak{v}^4} + \mathfrak{E}\frac{K_4^6}{\mathfrak{v}^6} + \mathfrak{F}\frac{K_4^8}{\mathfrak{v}^8}\right\}, \tag{34}$$

wo $\mathfrak{B}$, $\mathfrak{C}$....., die *reduzirten Virialkoeffizienten* [362]), nach dem Muster

$$\mathfrak{B} = \mathfrak{b}_1 + \frac{\mathfrak{b}_2}{\mathfrak{t}} + \frac{\mathfrak{b}_3}{\mathfrak{t}^2} + \frac{\mathfrak{b}_4}{\mathfrak{t}^4} + \frac{\mathfrak{b}_5}{\mathfrak{t}^6} \tag{35}$$

und

$$\mathfrak{B} = \frac{p_k}{RT_k} B, \quad \mathfrak{C} = \frac{p_k^2}{R^2 T_k^2} C, \text{ u. s. w.} \tag{36}$$

gebildet sind [363]). Eine Darstellungsform [364]), welche sich bei den Beobachtungen von *Amagat* [a] über H_2, O_2, N_2, $C_4H_{10}O$, von *Ramsay* und *Young* [365]) über $C_4H_{10}O$ und von *Young* [d] über Isopentan möglichst anschliesst [366]), hat die Koeffizienten [367])

---

362) Diese sind nicht von den Einheiten abhängig (vergl. Fussn. 359). Die Einführung von K_4 in Gl. (34) hat den Zweck, die Beziehungen (36) unabhängig von der experimentell gegenüber p_k und T_k weniger verlässlichen Bestimmung von v_k zu machen. Für die Vergleichung von zwei Stoffen empfiehlt sich also auch das log $\mathfrak{p}K_4{}^{-1}\mathfrak{v}$, log $K_4{}^{-1}\mathfrak{v}$-Diagramm (vergl. Fussn. 354). Für K_4 wird in dieser Gl. die mit v_{kd} berechnete K_{4d} (vergl. Nr. **50***b* und Fussn. 453) benutzt.

363) Anwendungen dieser Gl.: Einh. *c*, Nr. **88***b*, *d*, **42***d*, Fussn. 574, 635 und **646**, Nr. **66***c*, **76**, **77**, **78**, **79**, **81**, **82**, **90***c*.

364) Zur Ableitung dieser Polynome aus den Isothermenbestimmungen werden zunächst für jede Isotherme an sich *individuelle Virialkoeffizienten* berechnet, diese sodann reduzirt, für die verschiedenen in Betracht gezogenen Stoffe aneinandergereiht und zuletzt zu Temperaturpolynomen ausgeglichen.

365) *W. Ramsay* und *S. Young*. London Phil. Trans. A 178 (1887), p. 57.

366) Der Wert der Koeffizienten hängt ab von der Wahl der Stoffe und der Verteilung der Beobachtungen (vergl. weiter im Text).

367) *H. Kamerlingh Onnes* [e] Suppl. Nr. 19 (1908), p. 18. Individuelle Virialkoeffizienten (vergl. Fussn. 364 und 360) für H_2: *H. Kamerlingh Onnes* und *C. Braak*, Leiden Comm. Nr. 100*a* und *b* (1907), für He: *H. Kamerlingh Onnes* [e] Nr. 102*a* (1907), für A: *H. Kamerlingh Onnes* und *C. A. Crommelin*, Leiden Comm. Nr. 118*b* (1910).

	1	2	3	4	5
$10^3\, \mathfrak{b}$	117,796	— 228,038	— 172,891	— 72,765	— 3,1718
$10^4\, \mathfrak{c}$	135,580	— 135,788	295,908	160,949	51,1090
$10^5\, \mathfrak{d}$	66,0235	— 19,9678	— 137,1572	55,8508	— 27,1218
$10^7\, \mathfrak{e}$	— 179,9908	648,5830	— 490,6830	97,9402	4,58195
$10^9\, \mathfrak{f}$	142,3482	— 547,2487	508,5362	— 127,7356	12,21046

(37)

Es ist wahrscheinlich, dass die Temperaturpolynome systematisch durch die Reihenfolge der gewählten Substanzen beeinflusst werden (ähnlich wie wenn man eine Kurve an Stelle einer Folge verschieden geneigter Geraden stellen würde). Doch sind dieselben vorläufig als die beste Darstellung der *mittleren empirischen reduzirten Zustandsgleichung* zu betrachten.

Bildet man derartige Formeln, welche nicht einen möglichst guten mittleren Anschluss an verschiedene Stoffe haben, sondern möglichst gut für das Beobachtungsgebiet eines einzelnen Stoffes sich diesem Stoff selbst und im weiteren Gebiet möglichst sich der mittleren Zustandsgleichung anschliessen, so findet man *spezielle empirische reduzirte Zustandsgleichungen* [368]), deren Differenz für normale Stoffe die Abweichungen von der Korrespondenz systematisch, wenn auch empirisch, darstellen.

Einen Übergang von den mittleren zu den speziellen bilden die *mittleren empirischen Zustandsgleichungen für spezielle Klassen*, z. B. die mittlere empirische reduzirte Zustandsgleichung für die einatomigen Stoffe [369]).

Insofern die Stoffe sich für die Bestimmung der aufeinanderfolgenden Koeffizienten nach den kritischen Temperaturen ordnen, nach welchen wieder systematische Unterschiede der Stoffe vorzukommen scheinen (Nr. **34***c*), wird der Einfluss des Umstandes, dass verschiedene Stoffe sich am Aufbau der mittleren reduzirten Zustandsgleichung (sei es der allgemeinen oder der einer Klasse) beteiligen, deutlich hervortreten und

368) *H. Kamerlingh Onnes* [e] Nr. 74 (1901) für CO_2 (neuerdings angewendet von *Worthing*, Fussn. 637, Nr. **89***a* und *d*, Fussn. 1123). Für H_2: *H. Kamerlingh Onnes*, siehe *J. P. Dalton*, Leiden Comm. Nr. 109*a* (1909), p. 9. Die speziellen empirischen Zustandsgleichungen sind angewiesen für die thermodynamische Umrechnung (Nr. **54***a*). Für die Vergleichung verschiedener Beobachtungsreihen mit einander genügt öfters schon die mittlere empirische Zustandsgleichung. Vergl. Fussn. 363.

369) *H. Kamerlingh Onnes* und *C. A. Crommelin*. Leiden Comm. Nr. 120*a* (1911). Es wird da auch gezeigt, wie man die Stoffe durch Vergleichung der Abweichungen der experimentellen Isothermen von Gl. (37) mit einander vergleichen kann. Vergl. auch Fussn. 920.

berührt (es ist hier selbstverständlich nur von angenäherter Berührung die Rede) jede spezielle Zustandsgleichung die mittlere nur in einem bestimmten Gebiet. Es ist die mittlere Zustandsgleichung dann gewissermassen die Umhüllende der reduzirten speziellen Zustandsgleichungen [370]).

37. Kriterien für die Ähnlichkeit und für die Assoziation. *a*) So lange man sich auf den Standpunkt stellen konnte [371]), dass die grösseren Abweichungen der Stoffe von dem Gesetz der übereinstimmenden Zustände auf Rechnung der Assoziation (Nr. **35**), die kleineren auf Rechnung restirender Ungleichheiten der Moleküle (vergl. Nr. **34***d*) zu setzen sind [372]), konnte man die Kriterien für die Abweichung von der Ähnlichkeit zugleich als solche für die Assoziation betrachten. Die neben der Assoziation in Nr. **34***d* angeführten Umstände können aber, wie besonders für Stoffe mit tiefer kritischer Temperatur der Fall zu sein scheint, Abweichungen von derselben Grösse als die Assoziation zu Folge haben. Es müsste also, bevor ein Kriterium für die Assoziation angewandt wird, ausgemacht werden, ob dasselbe eindeutig auf diesen Prozess hinweist. Vor der Hand scheint es nicht möglich, dieses von irgend einem der Kriterien, welche als solche aufgestellt sind, auszusagen (vergl. weiter *d*).

Die Kriterien für die Ähnlichkeit sind der Vergleichung der Zustandsgleichungen nach Gl. (22) oder den Beziehungen (20) und (21) in Nr. **26**, sowie (23) und (24) in Nr. **29** zu entnehmen.

b) Urteilt man nach der Grösse der Abweichungen, so ist die innere Reibung wohl das schärfste Kriterium, um über die Ähnlichkeit verschiedener Stoffe zu urteilen [373]). Man darf erwarten, dass es auch über einen der Gründe der Abweichung Aufklärung geben kann, denn Formunterschiede der Moleküle werden sich für die innere Reibung in gewissen Zustandsgebieten stark bemerkbar machen.

---

370) Hier leuchtet ein, wie erwünscht die Untersuchung der Zustandsgleichung desselben Stoffes über ein so grosses Gebiet der reduzirten Temperaturen und Drucke ist, wie das durch die Verflüssigung des Wasserstoffs und des Heliums (Nr. **20***c*, *d*) möglich geworden ist [vergl. Nr. **21***f* und weiter *H. Kamerlingh Onnes* [e] Suppl. Nr. 9 (1904)].

371) Vergl. *J. D. van der Waals*, Deutsche Revue, März 1904, Wetenschappelijke Bladen 1904, 2, p. 161.

372) Vergl. auch Fussn. 255.

373) Siehe über die verschiedenen Weisen, in der dieses geschehen ist, Fussn. **278**. Dieses Kriterium zeigt aber Abweichung, wo sonst gute Übereinstimmung besteht, sodass die Bildung der Mittelwerte für L und Z bei den Vorgängen der inneren Reibung in ganz anderer Weise als bei den thermischen Vorgängen zu Stande kommt. Vergl. *M. v. Smoluchowski*, Kosmos 35 (1910), p. 549.

Für die Erkenntnis anderer spezieller Gründe für die Abweichung von der Ähnlichkeit ist von den verschiedenen thermischen [vergl. Nr. **26**, besonders Gl. (20) und (21)], sowie kapillaren und Reibungsabweichungen keine prinzipiell den andern vorzuziehen. Das von *Eötvös* hervorgehobene Kriterium der Kapillarität [374]) wird, seit *Ramsay* und *Shields* [375]) dasselbe auf viele Stoffe anwendeten, als Kriterium für die Assoziation bevorzugt. Wir besprechen also zunächst dieses noch etwas ausführlicher.

Eötvös [277]) fand die Nr. **29***a* angeführte Grösse $\frac{d}{dT}\left(\psi_\sigma v_{\mathrm{liq\,M}}^{2/3}\right) = k_{\mathrm{E\ddot{o}}}$, welche für verschiedene Stoffe in übereinstimmenden Zuständen denselben Wert hat, in einem weiten Temperaturbereich konstant; was von *Ramsay* und *Shields* bis etwa $\mathfrak{t} = 0{,}95$ bestätigt wurde; und zwar ist nach diesen für viele Stoffe $k_{\mathrm{E\ddot{o}}} = 2{,}12$ [Erg/1° K] [376]) [377]). Das Zutreffen dieser Beziehung [378]) ist leicht zu konstatiren und dies spricht für die Anwendung derselben als Kriterium für die Ähnlichkeit. Wird der Grösse $\psi_\sigma v_{\mathrm{liq\,M}}^{2/3}$ der Name *freie Oberflächenenergie pro Molekül der Oberfläche* [379]) beigelegt, so kann dies an den Bau-

374) Dasselbe gilt nur für eine bestimmte Reihe von Zuständen: Flüssigkeit in Berührung mit gesättigtem Dampf und die benachbarten Zustände, welche unter Mitwirkung von Kapillarkräften im zweiphasischen Gleichgewicht bei gekrümmter (und zwar bei Vergleichung zweier Stoffe ähnlich gekrümmter) Trennungsfläche koexistiren können (vergl. Fussn. 400).

375) *W. Ramsay* und *J. Shields.* J. chem. soc. 63 (1893), p. 1089. ZS. physik. Chem. 12 (1893), p. 433.

376) Oder 0,212 Mikroclausius (Einh. *e*).

377) $\psi_\sigma = f(\mathfrak{t})$ wurde zuerst beinahe bis an die kritische Temperatur untersucht von *R. Eötvös* [277]), sodann mit Anschluss an sehr tiefe Temperaturen von *E. C. de Vries*, Leiden Comm. Nr. 6, Diss. Leiden 1893, vergl. auch *van der Waals* [c] p. 695 Fussn. 2, weiter von *Ramsay* und *Shields* [375]), sodann zur Prüfung des *van der Waals*'schen Gesetzes (*van der Waals* [c] p. 716, [d] p. 265)

$$\psi_\sigma = A\, T_k^{1/3}\, p_k^{2/3}\, (1-\mathfrak{t})^{3/2}$$

bis ganz nahe an $\mathfrak{t} = 1$ verfolgt von *J. E. Verschaffelt*, Leiden Comm. Nr. 18 (1895) und Nr. 28 (1896). Vergl. auch *D. A. Goldhammer*, ZS. physik. Chem. 71 (1910), p. 577.

378) *A. Einstein*, Ann. d. Phys. (4) 34 (1911), p. 165, führt die *Eötvös*'sche Beziehung auf Proportionalität zwischen der *Oberflächenenergie pro Molekül der Oberfläche* ($u_\sigma v_{\mathrm{liq\,M}}^{2/3}$) und der molekularen inneren Energie zurück, und leitet diese mit einem der Grössenordnung nach richtigen Proportionalitätsfaktor sodann ab aus der Annahme, dass die Attraktion eines Moleküls sich nur auf die unmittelbar angrenzenden Moleküle erstreckt (vergl. Nr. **30***d*).

379) Von *W. Ostwald* [a] p. 542 weniger geeignet *molekulare Oberflächenenergie* genannt. *Minkowski*, Enc. V 9, Nr. 18, hat für $d/dT\,(\psi_\sigma v_{\mathrm{liq\,M}}^{2/3})$ den Namen *molekulare Oberflächenentropie* vorgeschlagen. Es wäre aber besser den entsprechenden Namen *Oberflächenentropie pro Molekül der Oberfläche* für $v_{\mathrm{liq\,M}}^{2/3}\, d\psi_\sigma/dT$ zu reserviren.

derselben erinnern. Wenn aber *Ramsay* und *Shields* für den Fall, dass

$$k_{EÖ} = \frac{2,12}{x_R{}^{2/3}} \text{ [Erg/1° K]} \tag{38}$$

gefunden wird, auf das Vorliegen einer Flüssigkeit schliessen, in welcher die Moleküle aus Konglomeraten oder Komplexen von im Mittel je x_R einfachen chemischen Molekülen bestehen, also mit $\frac{M_R}{M} = x_R$ oder mit dem *Assoziationsgrad* x_R (wenn man will, dem Verhältnis der Molekülzahl im *Avogadro*'schen Zustand zu der durch die Assoziation verkleinerten entsprechenden Molekülkonglomeratenzahl), so darf diese Bestimmung nur als eine neue Hypothese angesehen werden [380]) [381]).

380) *J. D. van der Waals* [c] p. 714, wo der Assoziationsgrad in anderer Weise berechnet wird; vergl. auch *W. Ramsay*, ZS. physik. Chem. 15 (1894), p. 106 und *A. Batschinski*, ZS. physik. Chem. 75 (1911), p. 665. Vergl. auch *Ph. A. Guye*, J. chim. phys. 9 (1911), p. 505.

381) Übrigens haben spätere Messungen, *P. Dutoit* und *L. Friederich*, Arch. sc. phys. et nat. (4) 9 (1900), p. 105, *Ph. A. Guye* und *A. Baud*, Arch. sc. phys. et nat. (4) 11 (1901), p. 449, 537, *Mlle. I. Homfray* und *Ph. A. Guye*, J. chim. phys. 1 (1903), p. 505, an einer Anzahl komplizirter organischer Flüssigkeiten, bei denen aber zur Annahme von *Dissoziation* im Flüssigkeitszustand keine genügenden Gründe vorliegen, für $k_{EÖ}$ Werte ergeben, die beträchtlich grösser als 2,12 sind. Diese Daten, kombinirt mit denen von *E. C. C. Baly* und *F. G. Donnan*, J. chem. soc. 81 (1902), p. 907, von *B. D. Steele, D. Mc Intosh* und *E. H. Archibald*, London Phil. Trans. A 205 (1905), p. 99 und von *L Grunmach*, Physik. ZS. 7 (1906), p. 740, über verflüssigte Gase scheinen darauf hinzuweisen, dass auch betreffs $k_{EÖ}$ die Stoffe (mit für die komplizirtere kleinen mit der Konstitution zusammenhangenden Abweichungen) nach ihren kritischen Temperaturen aneinandergereiht werden können (vergl. Nr. **34c**), und es könnte dann als Kriterium für die Assoziation jedenfalls nur ein beträchtliches Austreten aus dieser Reihe gelten (vergl. aber diese Nr. *a*). *Dutoit* und *Friederich*, l. c. p. 128, ziehen als Kriterium dafür die Nichtkonstanz von $k_{EÖ}$ mit ändernder Temperatur [vergl. auch *G. Carrara* und *G. Ferrari*, Gazz. chim. ital. 36, 1 (1906), p. 419] vor. *P. Bogdan*, ZS. physik. Chem. 57 (1906), p. 349, sieht in der Abweichung von der *van der Waals*'schen Hauptzustandsgleichung mit konstanten a_W, b_W, R_W einen Grund, allen beobachteten Stoffen Assoziation zuzuschreiben (vergl. Fussn. 559), dessen Grad in einer nach $k_{EÖ}$ geordneten Reihe kontinuirlich zunehme; eine quantitative Verbindung zwischen den Unterschieden von $k_{EÖ}$ und den sonstigen Abweichungen von der genannten Zustandsgleichung wurde aber von diesem Forscher nicht festgestellt. Wegen der von *P. Walden*, ZS. physik. Chem. 65 (1908), p. 129, vergl. auch ZS. f. Elektrochem. 14 (1908), p. 713, angegebenen Kriterien für die Assoziation mittels der von ihm geprüften empirischen Beziehungen der Oberflächenspannung, deren verschiedene sich nicht decken mit dem Korrespondenzgesetz, vergl. die zitirten Arbeiten. Vergl. weiter auch Fussn. 278.

R. O. Herzog, ZS. f. Elektrochem. 14 (1908), p. 830, verbindet die *van der Waals*'sche Formel (Fussn. 377) mit der *Avenarius*'schen Ausdehnungsformel für die Flüssigkeit (Fussn. 1019) zu einer Beziehung $\log \psi_\sigma + \mu_H v_{liq} = \text{konst.}$ und prüft dann für verschiedene Stoffe die Proportionalität von μ_H mit ρ_k.

c) Zu den sehr empfindlichen Kriterien für die Ähnlichkeit gehört das der Dampfspannung. Für die Unterscheidung von normalen und assoziirten Stoffen wird es gewöhnlich in der Form von Gl. (12) angewandt und wird für assoziirte Stoffe [382])

$$f_{\mathrm{w}} > 2{,}9 \tag{39}$$

gesetzt.

$$f_{\mathrm{w}} = 2{,}9 \tag{40}$$

wie gewöhnlich für alle nicht assoziirte Stoffe zu setzen (Nr. **83***c*), wäre u. a. mit der Aneinanderreihung der Stoffe nach Nr. **35***b* nicht verträglich.

Dass auch bei kleinen Abweichungen von der Ähnlichkeit ziemlich grosse Abweichungen von der Korrespondenz der Dampfspannungen auftreten, kommt daher, dass einer kleinen Abweichung in $\mathfrak{v}$ durch die Anwendung der *Maxwell*'schen Konstruktion Gl. (19) bei niedrigen Werten von $\mathfrak{p}$ ein prozentisch grosser Fehler entsprechen kann. Eben diese Empfindlichkeit des Kriteriums der Dampfspannung für jede Abweichung macht die Brauchbarkeit dieses Kriteriums um die Assoziation von anderen die Abweichungen von der Ähnlichkeit beeinflussenden Umständen zu trennen, sehr fraglich.

Nach der Prüfung von *Mathias* (vergl. Nr. **85** und **34***b*) über den Wert der Konstante der geraden Mittellinie $\mathfrak{b}_{\mathrm{d}} = \frac{b_{\mathrm{d}}\, T_{\mathrm{k}}}{\rho_{\mathrm{k}}}$ [vergl. Gl. (11)] in der Gleichung (21) hat darauf der Wert der kritischen Temperatur einen so grossen Einfluss, dass eine Anwendung dieses Wertes als Kriterium an und für sich für die Assoziation verworfen werden muss.

d) Die verschiedenen thermischen Kriterien werden systematisch vereint in der Vergleichung (vergl. Fussn. 369) einzelner Stoffe mit der mittleren Zustandsgleichung (Nr. **36**). Diese Vergleichung kann, wenn die mittlere und die speziellen Zustandsgleichungen in weniger beschränktem Gebiet als bis jetzt (Nr. **36**) gegeben sein werden, zu einer übersichtlichen Darstellung sämtlicher Klassen von Abweichungen führen. Unter diesen wird es vielleicht gelingen, das von Assoziation allein herrührende Abweichungsbild herauszuheben. Man wird dabei besonders das spezielle Gebiet der Prüfungen bei den kleinen Dichten, für welche aus Gl. (34) allein $\mathfrak{B}$, nötigenfalls mit kleinen Korrektionen wegen $\mathfrak{C}$,

382) Als Kriterien, aus denen auf Assoziation (aber nicht umgekehrt) zu schliessen sei, verwendet *Ph. A. Guye*, Arch. sc. phys. et nat. (3) 31 (1894), p. 38, 164 (vergl. auch Fussn. 337), ausser diesem noch: den Wert von $K_{4\mathrm{d}}$ (Nr. **41**, vergl. Nr. **50***b*), die Krümmung der *Cailletet-Mathias*'schen Mittellinie (vergl. Nr. **85**), das Auftreten eines Maximums in der Verdampfungswärme (Fussn. 1048, vergl. Nr. **87***c*).

in Betracht kommt, und das jedenfalls für die Erkennung der von Assoziation freien Erscheinungen wichtig ist, zur Hilfe zu ziehen versuchen. In jenem Gebiet werden, weil da das Ersetzen der Moleküle durch Kugeln von mittlerem Radius auch für ganz anders gestaltete wohl erlaubt scheint, der Einfluss der Abweichung von der Formähnlichkeit und der mit dieser unmittelbar zusammenhangenden Eigenschaften (z. B. Anordnungskompressibilität, Nr. **34***d*) zurückgedrängt.

38. Abweichungen von der Korrespondenz bei nicht assoziirten Stoffen; die Deviationsfunktionen. *a*) *Kirstine Meyer* [383]) hat versucht, durch eine empirische Abänderung in der Fassung des Gesetzes der übereinstimmenden Zustände dasselbe numerisch zutreffender zu machen, indem die Temperaturen und das Volumen von einem anderen Nullpunkt ab gezählt [384]), dementprechend

$$\mathfrak{t}_{\text{MEY}} = \frac{T - T_{0\,\text{MEY}}}{T_k - T_{0\,\text{MEY}}}, \quad \mathfrak{v}_{\text{MEY}} = \frac{v - v_{0\,\text{MEY}}}{v_k - v_{0\,\text{MEY}}} \tag{41}$$

gesetzt werden, die p, v, T-Zustandsflächen also reduzirt werden, nachdem man dieselben ein wenig verschoben hat. Es ist deutlich, dass man in dieser Weise über *zwei* weitere *spezifische Konstanten* $T_{0\,\text{MEY}}$ und $v_{0\,\text{MEY}}$ verfügt, mit denen man ausser dem kritischen Punkte noch einen anderen Punkt auf der einen mit einem entsprechenden auf der anderen reduzirten Fläche zum Zusammenfallen bringen und also jedenfalls in dem zwischen beiden liegenden Gebiet näheren Anschluss erzielen kann. *Berthelot* [385]) kam zu demselben Resultat. Es kann die Betrachtung der Beziehung von $T_{0\,\text{MEY}}$ als Funktion von T_k wieder beitragen zu der in Nr. **34** betrachteten Aneinanderreihung der Stoffe [386]). Prüft man die Annahme aber mit Rücksicht auf eine empirisch richtige Darstellung der Abweichungen im ganzen Gebiet, so ergibt sich, dass dieselbe die Schwierigkeiten nicht hebt. Soll weiter das Gesetz der korrespondirenden Zustände nach der Einführung derartiger Änderungen nicht jede theoretische Bedeutung verlieren, so müssten für die Einführung der *Meyer*'schen Konstanten auch annehmbare Gründe bei-

---

383) *K. Meyer* geb. *Bjerrum*, Kon. Danske Vid. Selsk. Skr. Nat. Afd. (6) 9 (1899), p. 155; ZS. physik. Chem. 32 (1900), p. 1; 71 (1910), p. 325.

384) Vorschläge in dieser Richtung wurden schon erbracht von *M. Brillouin*, J. de phys. (3) 2 (1893), p. 113, und *C. Raveau*, Fussn. 321. Vergl. Fussn. 1025.

385) *D. Berthelot.* Paris C. R. 130 (1900), p. 713 und 131 (1900), p. 175.

386) So findet *K. Meyer* bei Vergleichung mit H_2, wofür $T_{0\,\text{MEY}} = 0$ gesetzt wird, für N_2 $T_{0\,\text{MEY}} = 0{,}19\, T_k$, für CO_2 $T_{0\,\text{MEY}} = 0{,}23\, T_k$, für Äther $T_{0\,\text{MEY}} = 0{,}29\, T_k$.

gebracht werden [387]). Ein solcher Grund könnte sein, dass die kritischen Konstanten durch einen sekundären Einfluss, welcher nicht dem Korrespondenzgesetz unterliegt, gefälscht [388]) wären, denn es ist dann formell eine Abänderung von der Art wie die von *Kirstine Meyer* gemachte zu erwarten. Es wären dann aber $T_{0\,\mathrm{MEY}}$ und $v_{0\,\mathrm{MEY}}$ nicht konstant, sondern als Funktionen von $\mathfrak{v}$ und $\mathfrak{t}$ anzunehmen [389]).

b) Abweichungen, welche durch Einführung derartiger Funktionen dargestellt werden können, und welche bei den nicht assoziirten Stoffen zu betrachten sind, wenn es sich z. B. um die Aneinanderreihung der normalen Stoffe (vergl. Nr. **35***b*) handelt, kann man in folgender Weise im Allgemeinen zum Ausdruck bringen.

Wir verstehen allgemein unter $\mathfrak{p}_\alpha$, $\mathfrak{v}_\alpha$, $\mathfrak{t}_\alpha$ Grössen, die aus p, v, T und p_k, v_k, T_k gebildet werden, und die wir α-reduzirten Druck, α-reduzirtes Volumen, α-reduzirte Temperatur nennen werden, unter $p_{\mathrm{kr}vT}$, $v_{\mathrm{kr}vT}$, $T_{\mathrm{kr}vT}$ [390]) Funktionen von v, T, welche bestimmt werden durch

$$p = \mathfrak{p}_\alpha\, p_{\mathrm{kr}vT}\,, \quad v = \mathfrak{v}_\alpha\, v_{\mathrm{kr}vT}\,, \quad T = \mathfrak{t}_\alpha\, T_{\mathrm{kr}vT}\,, \tag{42}$$

und nehmen an, dass die $\mathfrak{p}_\alpha$, $\mathfrak{v}_\alpha$, $\mathfrak{t}_\alpha$ so gebildet und die $p_{\mathrm{kr}vT}$, $v_{\mathrm{kr}vT}$, $T_{\mathrm{kr}vT}$ dementsprechend so bestimmt sind, dass die $\mathfrak{p}_\alpha$, $\mathfrak{v}_\alpha$, $\mathfrak{t}_\alpha$-Flächen (die α-reduzirten Flächen) für verschiedene Stoffe dieselben werden [391]).

Umgekehrt gehen wir von der α-reduzirten Zustandsfläche für einen als Vergleichstypus (Nr. **35***d*) gewählten Stoff zu der Zustandsfläche eines bestimmten Stoffes über, indem wir für jeden Zustand $\mathfrak{v}_\alpha$, $\mathfrak{t}_\alpha$ diesem Zustand entsprechende $p_{\mathrm{kr}\mathfrak{v}\mathfrak{t}}$, $v_{\mathrm{kr}\mathfrak{v}\mathfrak{t}}$, $T_{\mathrm{kr}\mathfrak{v}\mathfrak{t}}$ in Rechnung bringen.

Den Zustand $\mathfrak{v}_\alpha = 10$, $\mathfrak{t}_\alpha = 1$ [ein Zustand geringer Dichte [392]) bei, oder unmittelbar in der Nähe der kritischen Temperatur] wollen

387) Mit Rücksicht auf eine Vorstellung von $T_{0\,\mathrm{MEY}}$ als Verdampfungsgrenze vergl. Nr. **83***h*.

388) Vergl. Nr. **50***b* und Fussn. **574**. Immerhin gilt es dort viel kleinere Unterschiede als die von *Kirstine Meyer* eingeführten, vergl. Fussn. 386 und **574**.

389) Es könnte so z. B. eine Verschiedenheit in der Kompressibilität der Moleküle durch eine an der Stelle von $v_{0\,\mathrm{MEY}}$ tretende Funktion von $\mathfrak{v}$ und $\mathfrak{t}$ ausgedrückt werden (vergl. Fussn. 369).

390) Der Index kr deutet auf kritische Reduktions-, siehe weiter im Texte.

391) Wird eine Reihe von Zuständen, z. B. eine Kurve, auf der Zustandsfläche eines Stoffes mit der entsprechenden eines anderen Stoffes verglichen, so stellt sich die Frage, welche Zustandsgrösse dabei am geeignetsten als unabhängige Variabele zu wählen ist. Hierüber handelt z. B. Fussn. 985.

392) Bei dieser Dichte kommt bei der den Beobachtungen entsprechenden Genauigkeit in Gl. (31) das Glied mit C, aber nicht mehr dasselbe mit D in Betracht. Andere als Fundamentalzustand anzunehmende Zustände wären z. B. $\mathfrak{v} = 10$, $\mathfrak{t} = 2$, oder $\mathfrak{v} = 10^3$, $\mathfrak{t} = 1$ (vergl. Fussn. 398).

wir als *Fundamentalzustand* wählen; die Werte von $p_{\mathrm{kr}\mathfrak{vt}}$, $v_{\mathrm{kr}\mathfrak{vt}}$, $T_{\mathrm{kr}\mathfrak{vt}}$, welche diesem Zustand entsprechen, seien p_{krf}, v_{krf}, T_{krf}. Diese Werte, mit welchen man bei dem Fundamentalzustand aus der α-reduzirten Zustandsfläche zu der Zustandsfläche des untersuchten Stoffes übergeht, nennen wir die *Fundamentalwerte des kritischen Reduktionsdruckes, des kritischen Reduktionsvolumens*, und *der kritischen Reduktionstemperatur*, diejenigen mit welchen man dies bei irgend einem andern Zustand tut, $p_{\mathrm{kr}\mathfrak{vt}}$, $v_{\mathrm{kr}\mathfrak{vt}}$, $T_{\mathrm{kr}\mathfrak{vt}}$, die *kritischen Reduktionsgrössen* [393]) *für den jeweiligen Zustand*, endlich mögen als *Deviationsfunktionen* $\triangle_{p\mathfrak{vt}}$, $\triangle_{v\mathfrak{vt}}$, $\triangle_{T\mathfrak{vt}}$ die Verhältnisse von beiden bezeichnet werden, sodass z.B. $T_{\mathrm{kr}\mathfrak{vt}} = \triangle_{T\mathfrak{vt}}\, T_{\mathrm{krf}}$. Diese Deviationsfunktionen bestimmen also, wie man die Zustandsfläche des betreffenden Stoffes durch eine mit $\mathfrak{v}_\alpha$, $\mathfrak{t}_\alpha$ fortschreitende Deformation erhält aus der Zustandsfläche des Vergleichsstoffes, nachdem diese den Verhältnissen der Fundamentalwerte der kritischen Reduktionsgrössen, also den *fundamentalen Ähnlichkeitskoeffizienten* (Nr. 28*a*), entsprechend transformirt ist [394]) [395]).

Das Studium dieser Deviationsfunktionen wird wahrscheinlich zu der rationellen Klassifizirung der Stoffe nach der Korrespondenz (Nr. **34**) beitragen können, was für ein weiteres Vordringen in der Kenntnis des molekularen Baues und der molekularen Kräfte (Nr. **34***d*) wohl zunächst erwünscht wäre (vergl. Nr. **52**).

Als einen ersten Versuch zu einer geeigneten α-Zustandsfläche zu kommen, können wir die Aufstellung der Gl. (34) betrachten, indem wir $\mathfrak{v}$ und $\mathfrak{t}$ in derselben als $\mathfrak{v}_\alpha$ und $\mathfrak{t}_\alpha$ ansehen.

---

393) *A. Batschinski* [341]) führt in dieser Bedeutung *metakritische Grössen* ein [vergl. *H. Happel*, Physik. ZS. 6 (1905), p. 397]. Vergl. auch die *scheinbaren kritischen Daten* von *K. Drucker*, ZS. physik. Chem. 52 (1905), p. 641 (vergl. auch Fussn. 905).

394) Es stellen die Deviationsfunktionen also im *van der Waals*'schen Bilde (Fussn. 371, vergl. Fussn. 255) die persönlichen Unterschiede zwischen den verschiedenen Individuen des Geschlechts dar.

395) Wenden wir die allgemeinen Bestimmungen auf das *Meyer*'sche Verfahren an, so haben wir MEY statt α zu setzen und ebenso die weiteren Grössen mit diesem Index zu versehen. Das teilweise Zutreffen der *Meyer*'schen Abänderung hängt, wie die Ausführung der Rechnung ergibt, damit zusammen, dass die von den Deviationsfunktionen $\triangle_{T\mathfrak{vt}\mathrm{MEY}}$, $\triangle_{v\mathfrak{vt}\mathrm{MEY}}$ ($\triangle_{p\mathfrak{vt}\mathrm{MEY}} = 1$) gegebenen Deformationen der reduzirten Zustandsfläche, welche dieselbe mit der reduzirten typischen zum Zusammenfallen bringen, im Allgemeinen bei niedriger reduzirter Temperatur und grösserer reduzirter Dichte grösser zu nehmen sind. Im übrigen dürfte die Form, welche die Deviationsfunktionen der *Meyer*'schen Abänderung zufolge annehmen, nicht wahrscheinlich sein.

c) Wir wollen jetzt noch, indem wir bei einem anderen als dem soeben als typischen angenommenen Vergleichsstoff (β) in allen Zuständen dieselben kritischen Reduktionsgrössen anwenden und demgemäss $\mathfrak{v}_\alpha$ und $\mathfrak{t}_\alpha$ durch $\mathfrak{v}$ und $\mathfrak{t}$ nach Nr. **26** ersetzen, die Beziehung eines andern Stoffes (γ) auf diesen Vergleichsstoff durch *relative Deviationsfunktionen* (vergl. *d*) aus dem Gesichtspunkte betrachten, dass dieselben von Störungen in der mechanischen Ähnlichkeit bestimmt werden.

Solange jene Störungen klein sind, wird man bei der Vergleichung von irgend einem normalen Stoff mit dem Vergleichsstoff (β) zu jedem Zustand des letzteren noch einen in erster Annäherung ähnlichen Zustand des ersteren, sowie auch des als α-Typus angenommenen, aufgefunden denken können. Für verschiedene Zustände werden dem untersuchten Stoff aber in Vergleich mit den für den Stoff (β) in allen Zuständen unveränderlich gesetzten L und Z verschiedene Werte von $L_{(\gamma:\beta)}$ und $Z_{(\gamma:\beta)}$ beizulegen sein. Dem Fundamentalzustand $\mathfrak{t} = 1$, $\mathfrak{v} = 10$ des Vergleichsstoffes entsprechen besondere Werte, $L_{\mathrm{f}(\gamma:\beta)}$, $Z_{\mathrm{f}(\gamma:\beta)}$, für den untersuchten Stoff, Fundamentalwerte, aus welchen $T_{\mathrm{krf}(\gamma:\beta)}$, $p_{\mathrm{krf}(\gamma:\beta)}$ [mit welchen $v_{\mathrm{krf}(\gamma:\beta)}$ nach Gl. (33) durch $\frac{R T_{\mathrm{krf}(\gamma:\beta)}}{p_{\mathrm{krf}(\gamma:\beta)}\, v_{\mathrm{krf}(\gamma:\beta)}} = K_4$ (für die zu vergleichenden Stoffe alsdann gleich zu setzen) verbunden ist], so wie auch Fundamentalwerte für andere Grössen [z. B. für die sonst unbestimmt (vergl. Nr. **19**) bleibenden *van der Waals*'schen Grössen a_{w}, b_{w} die Fundamentalwerte $a_{\mathrm{wf}(\gamma:\beta)}$, $b_{\mathrm{wf}(\gamma:\beta)}$] zu berechnen sind. $L_{\mathfrak{v}\,\mathfrak{t}(\gamma:\beta)}$ und $Z_{\mathfrak{v}\,\mathfrak{t}(\gamma:\beta)}$ für irgend einen andern Zustand bestimmen dann $\triangle_{L\,\mathfrak{v}\,\mathfrak{t}(\gamma:\beta)} = \frac{L_{\mathfrak{v}\,\mathfrak{t}(\gamma:\beta)}}{L_{\mathrm{f}(\gamma:\beta)}}$, $\triangle_{Z\,\mathfrak{v}\,\mathfrak{t}(\gamma:\beta)} = \frac{Z_{\mathfrak{v}\,\mathfrak{t}(\gamma:\beta)}}{Z_{\mathrm{f}(\gamma:\beta)}}$, aus welchen wieder die relativen Deviationsfunktionen $\triangle_{p\,\mathfrak{v}\,\mathfrak{t}(\gamma:\beta)}$, $\triangle_{v\,\mathfrak{v}\,\mathfrak{t}(\gamma:\beta)}$, $\triangle_{T\,\mathfrak{v}\,\mathfrak{t}(\gamma:\beta)}$ leicht zu berechnen sind.

So einfach dies nun formell erscheint, so ist es vor der Hand doch nicht möglich, diese Bestimmung auf Grund der Beobachtungen für jeden Zustand des untersuchten Stoffes auszuführen.

d) Am leichtesten scheint noch die Bestimmung der Reduktionsgrössen für die Reduktion auf die am Schluss von *b* angenommene α-Zustandsfläche in einem Gebiet, für das in Gl. (34) die zwei reduzirten Virialkoeffizienten $\mathfrak{B}$ und $\mathfrak{C}$ maassgebend sind, z. B. in dem in *b* angenommenen Fundamentalzustand [392]. Als Kriterium, dass bei $\mathfrak{t} = 1$ und $\mathfrak{v} = 10$ die Deckung der Isothermennetze möglichst gut ist, kann man von der Übereinstimmung von Neigung und Krümmung der Isotherme mit Neigung und Krümmung der typischen für $\mathfrak{t} = 1$, $\mathfrak{v} = 10$, oder von der Übereinstimmung von Neigung und Divergenz mit der Temperatur der Isothermen mit Neigung und Divergenz mit der Temperatur der typischen bei $\mathfrak{t} = 1$, $\mathfrak{v} = 10$ ausgehen. Es seien im ersten Fall $\log B$ als Funktion von $\log T$, und $\log C$ als Funktion von $\log T$ in rechtwinkligen Koordinaten gezeichnet [396]). Die $\log B$, $\log T$-Kurve wird den Koordinatenachsen parallel auf die $\log \mathfrak{B}$, $\log \mathfrak{t}$-Kurve geschoben. Hierdurch ist die Verschiebung der $\log C$, $\log T$-Kurve auf die $\log \mathfrak{C}$, $\log \mathfrak{t}$-Kurve bestimmt [Gl. (36)]. Es seien nun diese beiden zusammenhangenden Verschiebungen [397]) so gewählt, dass die Schnittpunkte der $\log B$, $\log T$-Kurve und der $\log C$, $\log T$-Kurve zugleich auf $\mathfrak{t} = 1$ fallen. Im zweiten Fall sei die $\log B$, $\log T$-Kurve so zu verschieben, dass sie im Punkt $\mathfrak{t} = 1$ die $\log \mathfrak{B}$, $\log \mathfrak{t}$-Kurve berührt. Diese Konstruktionen entsprechen den genannten Kriterien, falls man $\frac{\partial \triangle_{v\mathfrak{v}\mathfrak{t}}}{\partial \mathfrak{v}}$ und $\frac{\partial \triangle_{v\mathfrak{v}\mathfrak{t}}}{\partial \mathfrak{t}}$ und ebenso $\frac{\partial \triangle_{T\mathfrak{v}\mathfrak{t}}}{\partial \mathfrak{v}}$ und $\frac{\partial \triangle_{T\mathfrak{v}\mathfrak{t}}}{\partial \mathfrak{t}}$ im Fundamentalzustand $= 0$ setzen darf, was wegen der Annahme, dass D vernachlässigt werden kann, wenn auch die Ableitungen nach T nicht störend einwirken, erlaubt ist, wozu für die zweite Methode noch hinzuzufügen ist, dass man für diese auch die nicht korrespondirenden Änderungen von C vernachlässigen könne (vergl. Fussn. 392). Gelangt man auf beide Weisen zu genügend übereinstimmenden Werten L und Z, so spricht dies für die Annahme, dass man in erster Annäherung ähnliche Zustände aufgefunden hat.

Dieselben Methoden sind unter denselben Voraussetzungen, für genügend grosse [398]) $\mathfrak{v}$, geeignet, die relativen Deviationsfunktionen, z. B. $\triangle_{T\mathfrak{v}\mathfrak{t}(He:H_2)}$, $\triangle_{p\mathfrak{v}\mathfrak{t}(He:H_2)}$, vergl. *c*, auch für andere Temperaturen als $\mathfrak{t} = 1$, oder, wenn die fundamentalen Ähnlichkeitskoeffizienten (vergl. *b*), weil Isothermen bei $\mathfrak{t} = 1$ nicht vorliegen, nicht bekannt sind, dagegen wohl T_k und p_k des einen Stoffes (im gewählten Beispiel H_2), die Ähnlichkeitskoeffizienten für das den reduzirten Beobachtungsgebieten der beiden zu vergleichenden Stoffe gemeinsame Gebiet, als Funktionen

396) Für negative Werte von B oder C vergl. Fussn. 399.

397) Wird $\log C$ im halben Maassstab nach demselben in die $\log B$, $\log T$-Figur eingezeichnet (vergl. Fig. 15), so führt, Gl. (36) entsprechend, *dieselbe* Verschiebung nach den beiden Koordinatenachsen für die $\log C$, $\log T$- und die $\log B$, $\log T$-Figur zum Ziel.

398) Die zweite Methode verlangt (und ist auch geeignet für) grössere $\mathfrak{v}$ als die erste. Eine dritte Methode operirt mit der Berührung der $\log C$, $\log T$-Kurve mit der $\log \mathfrak{C}$, $\log \mathfrak{t}$-Kurve.

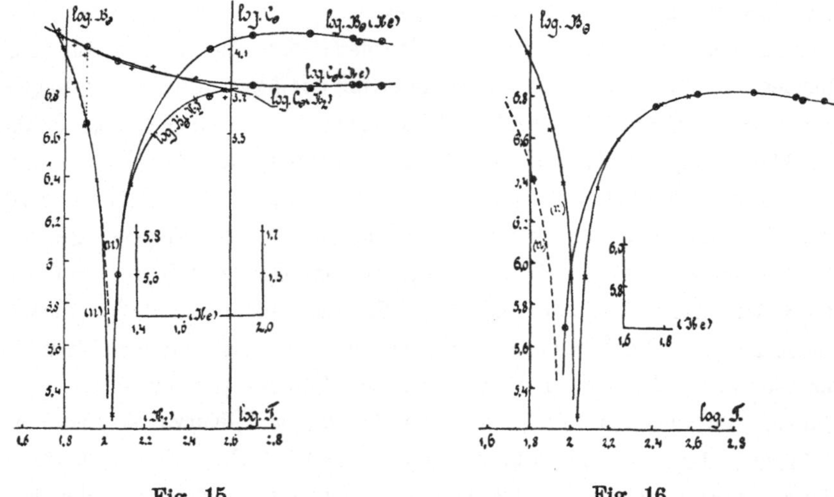

Fig. 15. Fig. 16.

von t zu bestimmen. Ein Beispiel hierfür geben Fig. 15 und 16 [399]).

Ein Beispiel der Anwendung dieser Methode für binäre Gemische

399) Es sind daselbst die von *Kamerlingh Onnes* und von demselben mit *Braak* aus ihren Isothermenbestimmungen [354]) berechneten individuellen Virialkoeffizienten [367]) des He und des H_2 (in den Fig. durch ⊕ bezw. × angegeben) benutzt, um die Ähnlichkeitskoeffizienten $\frac{T_{kr(He:H_2)}}{T_{kH_2}}$, u.s.w. zu bestimmen. Die (n)-Zweige stellen für negative B_Θ die log der absoluten Werte dar; für He lag für die Konstruktion dieser Zweige ausser der dem *Boyle*-Punkt entsprechenden Asymptote nur je ein Beobachtungspunkt vor; um die dadurch verursachte Unsicherheit anzudeuten sind diese Zweige für He gestrichelt gezeichnet. In Fig. 15 ist die Durchschneidung der $\log B_{\Theta H_2}$, $\log T$-Kurve mit der $\log B_{\Theta He}$, $\log T$-Kurve, sowie bei gleichem t der $\log C_{\Theta H_2}$, $\log T$-Kurve mit der $\log C_{\Theta He}$, $\log T$-Kurve für $t_{He} = -258{,}83$ erhalten, in Fig. 16 die Berührung der $\log B_{\Theta H_2}$, $\log T$-Kurve mit der $\log B_{\Theta He}$, $\log T$-Kurve für $t_{He} = -216{,}56$. Folgende Tabelle gibt die nach den angeführten Methoden erhaltenen Ähnlichkeitskoeffizienten für die in der ersten Kolumne enthaltenen Temperaturen des Heliums und (Fussn. 392 entsprechend) $\mathfrak{v}$ etwa = 10:

t_{He}	$\frac{T_{kr(He:H_2)}}{T_{kH_2}}$	$\frac{p_{kr(He:H_2)}}{p_{kH_2}}$	$T_{kr(He:H_2)}$	$p_{kr(He:H_2)}$
log B, $d \log B / d \log T$-Methode (Fig. 16)				
— 182,75° C	0,251	0,298	8,1° K	4,2 Atm
— 216,56	0,220	0,267	7,1	3,8
— 252,72	0,179	0,283	5,8	4,0
— 258,83	0,183	0,459	5,9	6,5
log B, log C-Methode (Fig. 15)				
— 252,72	0,176	0,384	5,7	5,5
— 258,83	0,178	0,380	5,7	5,4

Letztere Kolumnen geben die daraus berechneten kritischen Reduktionsgrössen

gibt *Keesom* [324]), der durch direktes Übereinanderschieben der log $\frac{pv_\Theta}{T}$, log v- und der log $\frac{pv_\Theta}{T}$, log p-Isothermen der von ihm untersuchten CO_2-O_2-Gemische (vergl. Nr. **33**b) in solcher Weise, dass die Deckung der Isothermennetze bei etwa $\mathfrak{v}$ = 10 möglichst gut war, *die Fundamentalwerte der kritischen Reduktionsgrössen bei ungeänderter Zusammensetzung* $p_{\mathrm{krf}x}$, $v_{\mathrm{krf}x}$, $T_{\mathrm{krf}x}$, bestimmte.

e) Stellt man sich die weitere Frage, wie aus den Beobachtungen ohne weitere Hypothesen als die behufs Aufstellung von $L_\mathfrak{f}$ und $Z_\mathfrak{f}$ gemachten auch ohne Beschränkung auf das in d betrachtete Gebiet $L_{\mathfrak{vt}}$, $Z_{\mathfrak{vt}}$, also die Deviationsfunktionen abzuleiten wären, so ergibt sich, dass dazu die Zustandsgleichung allein nicht ausreicht. Sogar nicht, wenn wir uns bei der Definition der nicht assoziirten Stoffe als solche mit unveränderlichem M auf zwei Funktionen $L_{\mathfrak{vt}}$ und $Z_{\mathfrak{vt}}$ beschränken (obgleich nach unseren Betrachtungen über Konglomeratenbildung, Nr. **30**d, **34**d, vergl. Nr. **49**, wegen des verschiedenen Grades der Scheinassoziation und der verschiedenen Konglomeratenkomplexität in derselben auch bei den normalen Stoffen eine dritte Funktion $M_{\mathfrak{vt}}$ wohl notwendig eingeführt werden müsste). Auch bei dieser Vereinfachung hat man doch schon eine zweite von p verschiedene und nicht auf p, v, T zurückführbare Grösse, welche dem Prinzip der Ähnlichkeit unterliegt und die als Funktion von $\mathfrak{v}$ und $\mathfrak{t}$ gegeben ist, heranzuziehen.

Wir finden diese (vergl. aber Nr. **37**b) in dem schon Nr. **29**b erwähnten Koeffizienten der inneren Reibung. Wenn wir annehmen, dass η =

---

von He in Bezug auf H_2, wenn für H_2 T_k und p_k = 32,3 bzw. 14,2 (vergl. Nr. **20**c) angenommen werden. Es ergibt sich also eine beträchtliche Änderung von $T_{\mathrm{kr(He:H_2)}}$ bei den höheren $\mathfrak{t}$, sodass für diese die relativen Deviationsfunktionen $\Delta_{T(\mathrm{He:H_2})}$ beträchtlich von 1 verschieden ausfallen werden. Eine entsprechende graphische Behandlung von H_2 in Bezug auf N_2 und O_2 [nach *Amagat* [354])] gibt für die mit dem Beobachtungsgebiet dieser Stoffe korrespondirenden Wasserstofftemperaturen (etwa $\mathfrak{t}$ = 1,7 bis 3,7) in Übereinstimmung mit dem nach Nr. **33**a erhaltenen Resultat von *Kamerlingh Onnes* und *Braak*, Leiden Comm. Nr. 97b (1907), p. 39, $T_{\mathrm{kr(H_2:N_2,O_2)}}$ = 43, wenn $T_{\mathrm{kN_2}}$ und $T_{\mathrm{kO_2}}$ = 127 bzw. 154,2 (*Olszewski*) gesetzt werden. Vergleicht man diesen Wert mit $T_{\mathrm{kH_2}}$ = 32,3 (*Olszewski*, Fussn. 203), so ergibt sich der Schluss, dass He in Bezug auf H_2 in demselben Sinn von der Korrespondenz abweicht als H_2 in Bezug auf N_2 und O_2. Für ein weiteres Vordringen in der Kenntnis der relativen Deviationsfunktionen dieser Stoffe sind mehr experimentelle Daten erforderlich.

Wie Fig. 16 und auch eine einfache Überlegung lehrt, ist die log B, d log B/d log T-Methode in der Nähe des *Boyle*-Punktes (Nr. **76**b) zur Bestimmung von p_{kr} ungeeignet.

$f(\mathfrak{v}, \mathfrak{t})$, also die thermokinetischen Zustandsgleichungen [278]), ebenso wie die thermischen Zustandsgleichungen für die untersuchten Stoffe gegeben sind (leider fehlen dieselben noch fast ganz), und weiter voraussetzen dürften, dass die Mittelwerte L, Z, um die es sich bei den Erscheinungen der inneren Reibung handelt, in erster Annäherung dieselben Änderungen mit $\mathfrak{v}$ und $\mathfrak{t}$ erleiden, wie diejenigen, welche für die Zustandsgleichung in Betracht kommen (vergl. aber Fussn. 373), so liessen sich aus den Gleichungen $p = f_p(v, t)$ und $\eta = f_\eta(v, t)$ die Funktionen $L_{\mathfrak{v}\mathfrak{t}}$ und $Z_{\mathfrak{v}\mathfrak{t}}$ bestimmen [400]).

f) Wenn das vorhergehende zeigt, dass es prinzipiell nicht unmöglich erscheint [401]), durch Kombination von Beobachtungsresultaten $L_{\mathfrak{v}\mathfrak{t}}$ und $Z_{\mathfrak{v}\mathfrak{t}}$ [402]) jedes für sich zu bestimmen, so zeigt es doch zu gleicher Zeit, dass dies nur möglich werden wird in Folge eines bis jetzt nicht ausgeführten Studiums der nach $\mathfrak{v}, \mathfrak{t}$ geordneten Abweichungen von molekularphysikalischen Eigenschaften verschiedener Stoffe, die ausserhalb der thermischen Zustandsgleichung liegen [403]).

g) Besonders erwünscht ist es für das Verständnis der beobachteten Abweichungen vom Gesetz der übereinstimmenden Zustände, die hier berührten Fragen unter gewissen vereinfachenden Voraussetzungen theoretisch in Angriff zu nehmen. Man wird sich zunächst die Frage stellen

400) Eine andere Gruppe von Erscheinungen, die nach Nr. **29** der Ähnlichkeit genügen, bietet die Kapillarität, dieselbe kann aber nur für ein sehr beschränktes Gebiet von $\mathfrak{v}$- und $\mathfrak{t}$-Werten zusammen mit der thermischen Zustandsgleichung Aufschluss über $L_{\mathfrak{v}\mathfrak{t}}$ und $Z_{\mathfrak{v}\mathfrak{t}}$ geben (vergl. Fussn. 374). Theoretisch kann dies sogar wohl erst geschehen, wenn auch berücksichtigt wird, dass es bei derselben Temperatur (wenn auch bei geringer Dampfdichte nur äusserst wenig) verschiedene Oberflächenspannungen gibt, je nachdem die Flüssigkeit bei verschiedener Krümmung der Oberfläche mit Dampf von verschiedener Dichte in Berührung ist. Auf andere Erscheinungen als Reibung und Kapillarität einzugehen, würde uns hier zu weit von unserem Gegenstand entfernen.

401) Vergl. *Mathias* [g] p. 64.

402) Wenn man berücksichtigt, dass bei den assoziirten Stoffen für den gesättigten Flüssigkeitszustand (Nr. **16***b*) L, M, Z besonders von $\mathfrak{t}$ abhängen werden, scheint es nicht unmöglich, aus p, η, und ψ_σ (Nr. **37***b*) $M_{\mathfrak{v}\mathfrak{t}}$ und also den Assoziationsgrad (Nr. **37***b*) an der Flüssigkeitsseite der Grenzlinie formell wenigstens abzuleiten.

403) *Batschinski* [393]) zeigt, wie man für orthomere [341]) Stoffe entlang der Grenzkurve aus der p, v, T-Fläche allein (vergl. Fussn. 402) die kritischen Reduktionsgrössen mitsammt $M_{\mathfrak{v}\mathfrak{t}}$, und daraus den Assoziationsgrad bestimmen kann. Die der Anwendung an Essigsäure zu Grunde liegende Voraussetzung, dass diese orthomer ist, wird von ihm aber nicht geprüft (vergl. Nr. **35***c*).

können, wie die verschiedenen Unterschiede in den Eigenschaften des Moleküls in Änderungen der Zustandsgleichung zum Ausdruck kommen werden. Mit dem Studium der Zustandsgleichung des Moleküls hat *van der Waals* (siehe Nr. **43**) den ersten Schritt in dieser Richtung gemacht.

Wenn nur geringe Unterschiede der Moleküle, also nur geringe Änderungen in den Mittelwerten L und Z betrachtet werden und die Deviationsfunktionen sich nicht weit von 1 entfernen, so bekommen diese Änderungen der Zustandsgleichung den Charakter von Korrektionen und die Bestimmung der Zustandsgleichung aus der bekannten eines typischen Stoffes (mit Molekülen von den einfachsten Eigenschaften), die eines *Korrektionsproblems.* Es wäre nicht unmöglich, dass letzteres sich für verschiedene Arten der Änderungen lösen liesse, während doch die Lösung des Hauptproblems (z. B. die Bestimmung der Zustandsgleichung eines einatomigen Stoffes) nur den experimentellen Bestimmungen entnommen werden könnte.

d) Berücksichtigung der experimentellen Ergebnisse bei Versuchen zur Darstellung der in der van der Waals'schen Hauptzustandsgleichung eingeführten Grössen als Funktionen des Zustandes [404]).

39. Extreme Zustandsgebiete. *a*) Alle aus theoretischen Betrachtungen bis jetzt (vergl. Fussn. 517) abgeleiteten Zustandsgleichungen stimmen hierin überein, dass dieselben bei kleinen Dichten auf die thermische Zustandsgleichung für ideale Gase führen. Dabei wird die Voraussetzung gemacht, dass die Moleküle auch bei äusserst geringen Dichten keine Zersetzung erleiden. Diese Voraussetzung kann nach den *Boltzmann*'schen Entwickelungen [405]), die sich zwar nur auf mehratomige Moleküle beziehen, aber bei den in Nr. **32** behandelten Ansichten über die Konstitution des Atoms sich auch auf einatomige übertragen lassen, nicht strenge erfüllt sein, und entspricht bei unendlich kleinen Dichten wohl bei keinem Stoff dem wirklichen Sachverhalt [406]), scheint aber nach den neueren Ver-

404) Für verschiedene Stoffe sind, wie wir sehen werden, verschiedene Funktionen einzuführen, denen wieder Abweichungen von dem Korrespondenzgesetz entsprechen. In Abschn. **VI** kommen verschiedene Abweichungen, die für die Abänderung der jetzt behandelten Grössen hier noch nicht herangezogen sind, speziell auch diejenigen von Stoffen mit tiefen kritischen Temperaturen, in Betracht (Nr. **84***b*, **85***b*, **87***b*, Fussn. 1121).

405) *Boltzmann* [b] Abschn. VI, in Übereinstimmung mit den Sätzen der Thermochemie.

406) Es sei denn, dass man darauf zu achten hat, dass im Innern des Moleküls, bzw. des Atoms die Gleichungen der Mechanik nicht mehr gelten, z. B. dass bei

suchen von *Rayleigh* [407]), *Thiesen* [408]), *Hering* [409]), *Scheel* und *Heuse* [410]), und wie auch die von *Knudsen* [411]) schliessen lassen, jedenfalls für viele Stoffe (entsprechend der hohen Dissoziationstemperatur, vergl. Fussn. 629) mit der jetzt bei den Beobachtungen erreichbaren Genauigkeit innerhalb dieses Gebietes gültig zu sein bis zu Drucken von 0,01 mm oder bis zu Dichten, wofür etwa $\mathfrak{v} = 10^7$.

Die zu dem entgegengesetzten Schluss führenden Versuche von *Bohr* [412]), *Baly* und *Ramsay* [413]), *Battelli* [414]) sind von den obengenannten genügend widerlegt und deren abweichende Ergebnisse auf Adsorption durch nicht ganz trockene Gefässwände zurückgeführt [415]).

Die Frage, ob die Zustandsgleichung bei den obengenannten kleinen Dichten auch bei äusserst tiefen Temperaturen noch mit der Gleichung der idealen Gase zusammenfällt, ist noch nicht durch Versuche entschieden (vergl. Nr. **82***a* und **36**, und Fussn. 517).

Das Zustandsgebiet, in welchem die Gleichung

$$pv_M = R_M T \tag{43}$$

(vergl. Nr. **18**) gilt, werden wir *den Avogadro'schen* [416]) *Zustand* nennen [417]).

---

tiefen Temperaturen die Schwingungen, deren kinetische Energie die Zersetzung hervorbringt, gänzlich aussterben (vergl. Nr. **74***c*).

407) *Rayleigh.* London Phil. Trans. A 196 (1901), p. 205.

408) *M. Thiesen.* Ann. d. Phys (4) 6 (1901), p. 280 (besonders auch wichtig für die Kritik der zum entgegengesetzten Schluss führenden Versuche).

409) *E. Hering.* Ann. d. Phys. (4) 21 (1906), p. 319.

410) *K. Scheel* und *W. Heuse.* Verh. d. D. physik. Ges. 10 (1908), p. 785.

411) *M. Knudsen.* Ann. d. Phys. (4) 28 (1909), p. 75, 999. Derselbe fand sogar bis 10^{-4} mm herunter mit einer Genauigkeit von einigen Prozenten eine Bestätigung.

412) *C. Bohr.* Ann. Phys. Chem. 27 (1886), p. 459.

413) *Baly* und *Ramsay.* Phil. Mag. (5) 38 (1894), p. 301.

414) *A. Battelli.* N. Cim. (5) 1 (1901), p. 5, 81. Ann. chim. phys. (7) 25 (1902), p. 308. Physik. ZS. 2 (1901), p. 409; 3 (1901), p. 17.

415) Über behauptete Abweichungen in demselben Sinne, welche sich bei der Bestimmung des Spannungskoeffizienten und des Molekulargewichts gezeigt hätten, vergl. Nr. **81***b* und Nr. **80***b*.

416) Der Satz, dass die Gase bei gleichem p und T im gleichen Volumen dieselbe Anzahl von Molekülen enthalten, ist zuerst von *Avogadro* [J. d. phys. par *Delametherie* 73 (1811), p. 58, *Ostwald*'s Klassiker Nr. 8] aufgestellt. Erst später und in einer für diesen Gegenstand weniger wichtigen Arbeit wurde dieser Satz auch aufgestellt von *Ampère* (Ann. d. chim. 1814, p. 43, *Ostwald*'s Kl. Nr. 8).

417) Zu unterscheiden einerseits vom idealen Gaszustand, in welchem auch γ_v = unabhängig von T gilt, andrerseits vom unendlich verdünnten Gaszustand wirklicher Gase, in dem die Moleküle, es sei denn, dass der Fussn. 406 erörterte Umstand eintritt, zersetzt sein werden. Es sollen auch im *Avogadro*'schen Zustand die Zusammenstösse noch häufig genug vorkommen, um das Momentoidengleichgewicht (Nr. **57***a*) zu bewirken. Falls die molekulare freie Weglänge gross ist gegen eine

b) Wenn man (vergl. Nr. **18***a*) annimmt, dass die Moleküle vollkommen harte, d. h. auch unter dem grössten Druck nur unendlich wenig deformirbare, elastische Kugeln sind, wird man theoretisch auf ein *Limitvolumen* ($v_{\text{lim}} = b_{\text{w lim}}$, vergl. Nr. **43**) geführt, das kleinste Volumen, zu welchem ein Stoff bei $p = \infty$ oder bei $T = 0$ zusammenfallen würde. Um die Beziehung desselben zu b_{wA} (vergl. Nr. **30***b*) anzugeben, wäre dementsprechend das Verhältnis k_s [Gl. (29)], das für $p = 0$ gleich 1 ist, für $p = \infty$ gleich $3\sqrt{2}/4\pi = 0{,}338$ zu setzen [418]). Zu der Vorstellung eines Limitvolumens kommt man auch, wenn man (vergl. Nr. **43**) das Molekül in Anbetracht der demselben zuzuschreibenden Kompressibilität als System gegen einander mehr oder weniger beweglicher kugelförmiger Atome mit den Eigenschaften der einfachen harten elastischen Moleküle auffasst, Atome, die wir in Gegensatz zu den in Nr. **32** erwähnten komplizirter gedachten kurz *van der Waals'sche Atome* nennen werden (vergl. Nr. **30***g*) [419]).

Auch aus den Beobachtungen hat man auf ein Limitvolumen schliessen wollen. Die in der mittleren empirischen Zustandsgleichung von Nr. **36** verarbeiteten Beobachtungen, welche auch die von *Amagat* [a] über den Flüssigkeitszustand von Äther unter hohen Drucken umfassen, würden sich zwar vielleicht mit $v_{\text{lim}} = 0$ vereinen lassen. Wenn man aber die Beobachtungen von *Amagat* [a] an verschiedenen Flüssigkeiten bei den höchsten Drucken (1000—3000 Atm und reduzirte Temperatur etwa $< 0{,}8$) für sich behandelt, kann man deutlich

---

oder mehrere Dimensionen des Gefässes, wie bei den Experimenten von *Knudsen*, Fussn. 411, Ann. d. Phys. (4) 32 (1910), p. 809, wird das Momentoidengleichgewicht durch die Wände oder eine an den Wänden adhärirende Gasschicht bewirkt.

418) Vergl. aber *J. D. van der Waals* [a] p. 181. Bei der grössten Flüssigkeitsdichte nach der *Mathias*'schen Regel (Fussn. 1003) ist der Abstand der Zentren zweier benachbarter Moleküle im Mittel 1,25 $\times$ dem Diameter dieser als Kugeln gedacht [wie aus $v_{\text{liq}} = {}^1/_3 v_k$, $v_k = 2{,}17\, b_{\text{wA}}$ (Fussn. 459), $v_{\text{lim}} = 0{,}338\, b_{\text{wA}}$ hervorgeht].

419) Elastische Atome, welche geeignet aufgebaut sein sollen, um die Spektra zu erklären, sind eingeführt von *F. Lindemann*, München Sitz.-Ber. 31 (1901), p. 441; 33 (1903), p. 27 [vergl. Nature 73 (1906), p. 392]. Vergl. *W. Ritz*, Ann. d. Phys. (4) 12 (1903), p. 264. Derselbe setzt später [309]) molekularmagnetische Kräfte an die Stelle der elastischen, wobei er durch eine spezielle Annahme über die Wirkung sowohl des molekularmagnetischen als eines äusseren magnetischen Feldes auf die Bewegung der Atome zu gleicher Zeit verschiedene experimentelle Ergebnisse den *Zeeman*-Effekt betreffend zu deuten versucht, vergl. *A. Cotton*, Rev. gén. des sc. 22 (1911), p. 597, vergl. aber *W. Voigt*, Ann. d. Phys. (4) 36 (1911), p. 873. Vergl. weiter Fussn. 309.

Für die *Richards*'sche Auffassung von kompressibelen Atomen siehe Fussn. 855.

auf ein v_{lim} kommen. *Guldberg*[420]) findet aus den eben angeführten Isothermen durch Extrapolation, entweder bei konstantem Druck bis zu $T = 0$, allerdings mit Vernachlässigung der Änderung der Ausdehnung bei tiefen Temperaturen, oder bei konstanter Temperatur bis zu $p = \infty$ die *Limitdichte* $\rho_{\text{lim}} = 3{,}75\, \rho_k$ [421]); *D. Berthelot*[422]) extrapolirt nach dem Gesetz der geraden Mittellinie (Nr. **85**) und findet $3{,}8\, \rho_k$, *van 't Hoff*[423]) $4\, \rho_k$ (vergl. Fussn. 1003).

Vielleicht wird noch deutlicher ein v_{lim} herauskommen, wenn man Beobachtungen in der Nähe des glasigen Zustandes heranzieht, denn am meisten empfiehlt sich die Annahme des Limitvolumens durch wahrscheinliche Eigenschaften des festen Zustandes bei $T = 0$ (vergl. Nr. **74***e*).

c) Bei den in *b* angeführten Extrapolationen ist nicht zu vergessen, dass das experimentell durchforschte Gebiet nur ein kleiner Bruchteil der nach $p = \infty$ und $T = 0$ hin denkbaren Zustände umfasst[424]). Wenn diese Extrapolationen also auch mit Recht zum Ausdruck bringen sollten, dass für das gesamte sich auf den fluiden Zustand beziehende Beobachtungsgebiet die Auffassung des Moleküls als aus *van der Waals'*schen Atomen gebaut sich mit der Zustandsgleichung (vergl. Nr. **30***g* und Nr. **43**) am besten verträgt und die Moleküle sowie die Flüssigkeit bei niedrigerem $\mathfrak{t}$ und grösserem $\mathfrak{p}$ zunächst einem Limitvolumen zustreben sollten, so können dieselben doch nicht lehren, ob dieses Limitvolumen bei Zuständen, die sich $\mathfrak{p} = \infty$ und $\mathfrak{t} = 0$ nähern, beibehalten bleibt. Um über die fundamentale Frage, ob das *van der Waals'*sche Bild der Atome, auch wenn man nur auf die Zustands-

---

420) *C. M. Guldberg.* ZS. anorg. Chem. 18 (1898), p. 87. *G. Tammann*, Gött. Nachr. 1911, p. 527, benutzt zur Konstruktion seiner für Drucke oberhalb 1000 Atm als hyperbolisches Paraboloid angesetzten Volumenfläche (vergl. Fussn. 226) dieselben Daten und setzt ebenfalls die durch Extrapolation erhaltenen Werte $v_{T=0}$ und $v_{p=\infty}$ einander gleich.

421) *J. D. van der Waals* [e] Mai 1910 weist auf die approximative Gleichheit von ρ_{lim}/ρ_k und K_{4d} (Nr. **41***a*). Vergl. auch Fussn. 418.

422) *D. Berthelot.* Paris C. R. 130 (1900), p. 713.

423) *J. H. van 't Hoff.* Vorlesungen über theoretische und physikalische Chemie, III, Braunschweig 1900, p. 20.

424) Durch die Verflüssigung des Wasserstoffs und des Heliums (Nr. **20***c* und *d*) ist das Gebiet, in welchem Versuche bei hohem $\mathfrak{p}$ und niedrigem $\mathfrak{t}$ (z. B. Wiederholung von Versuchen wie die von *Amagat* über CO_2 und $C_4H_{10}O$ mit anderen Stoffen bei niedrigem $\mathfrak{t}$ und Fortsetzung bis zu viel höheren $\mathfrak{p}$) ausgeführt werden können, bedeutend erweitert (vergl. Fussn. 223).

Wegen eines Beispiels von über das Beobachtungsgebiet hinaus mit Berücksichtigung des festen Zustandes extrapolirten Isothermen vgl. Nr. **73***a* und Fussn. 813.

gleichung achtet [425]), noch bei weiterer Analyse geeignet ist, zu entscheiden, sind weitere Versuche bei sehr hohen Drucken äusserst wichtig. Wir erachten es als wahrscheinlich, dass das Bild ungefähr richtig bleibt bis zu der Grenze, auf welche der auf ein Gas ausgeübte Druck steigen kann, bevor das mutmassliche Zusammenfliessen des druckausübenden Stoffes mit dem Gas zu einer einzigen Phase (vergl. Abschn. **IV***b* und Nr. **75**) stattfindet. In wie weit über dieser Grenze das Bild noch richtig bleibt, lässt sich kaum schätzen, und ob bei Drucken, wie dieselben von der allgemeinen Gravitation innerhalb kosmisch ausgedehnter Massen hervorgerufen werden können, die Atome die *van der Waals*'schen Raumerfüllungen beibehalten [426]) oder ob dieselben, wie bei den aus elektrischen Quanten aufgebauten (Nr. **32**) [427]) denkbar wäre, einander durchdringen oder zu einem kleinen, vielleicht der gewöhnlichen Raumerfüllung gegenüber sogar sehr kleinen [428]) Volumen zusammenfallen, bleibt unentschieden.

Innerhalb der Grenze unserer Experimente ist aber zunächst die Annahme eines Limitvolumens von der Art des Limitvolumens des festen Zustandes bei sehr tiefen Temperaturen auch für alle Temperaturen recht geeignet.

40. Darstellung von b_w als Volumfunktion durch Berechnungen über die Stossfunktion harter Kugeln. 1e Modifikation von b_w. *a*) Mit der Besprechung derjenigen Klasse von Untersuchungen, welche in enger Anknüpfung an kinetische Vorstellungen bei Festhaltung an den *van der Waals*'schen Grundanschauungen [429]) eine genauere Darstellung der Stossfunktion oder der Quasiverkleinerung der kugelför-

---

425) Für Durchquerung durch Elektronen vergl. Nr. **32***a*. Bei der Durchquerung durch α-Strahl-partikel dringt ein Atom in das durchquerte ein (vergl. Fussn. 310).

426) Die wichtigen Beziehungen dieser Atomvolumina, sowie der aus diesen abgeleiteten Limitvolumina der Moleküle $b_{W\,lim}$ (vergl. Nr. **43**) zu den optischen (und dielektrischen) Konstanten (vergl. Fussn. 337) fallen ausserhalb des Rahmens dieses Artikels.

427) Besonders wenn man die Raumerfüllung (vergl. Nr. **32***a*) der stabilen Bewegung von Teilchen zuschreibt, die in Bahnen von grossen Dimensionen in Vergleich zu den ihrigen kreisen (vergl. auch Fussn. 425).

428) Die nähere Erörterung gehört zu der Elektronentheorie (wegen der Frage nach dem Eigenvolumen der Elektronen vergl. Enc. V 14, Art. *Lorentz*, Nr. **24**, vergl. auch Fussn. 315).

429) Im Jahre 1891 ist ausführlich die Form der *van der Waals*'schen Hauptzustandsgleichung angegriffen von *Tait*, Nature 44, p. 546, 627; 45, p. 199, und verteidigt von *Rayleigh*, Nature 44, p. 498, 597; 45, p. 80 und *Korteweg*, Nature 45, p. 152, 277.

migen Moleküle bezweckt, machten wir Nr. **30** einen Anfang. Der Charakter des dort eingeführten Verhältnisses k_s (vergl. Nr. **30***b*) kann z. B. ausgedrückt werden, indem man [430]) in empirischer Weise $k_s = 1 - \vartheta_L e^{-\alpha_L \frac{v}{b_{WA}}}$ setzt [431]), wodurch eine Zustandsgleichung entsteht, die geeignet ist, eine individuelle Isotherme darzustellen [432]). Die Berechnungen der k_s bestimmenden Stossfunktion Φ_s oder der *Stosskoeffizienten* Φ_{s1}, Φ_{s2}, Φ_{s3} in Gl. (25), und der Quasiverkleinerungskoeffizienten b_{w1}, b_{w2} in Gl. (29), sind für die Kugel wirklich ausgeführt [433]). Es ist dabei die Abweichung erster Ordnung (Φ_{s2} bzw. b_{w1}) vom meisten Interesse (vergl. Nr. **52**), während Φ_{s1}, der Definition von b_{WA} entsprechend, immer $= 1$ ist. Zuerst hat *Jäger* [434]) die Möglichkeit des gleichzeitigen Zusammentreffens dreier Moleküle in Rechnung gebracht, derselbe fand $\Phi_{s2} = \frac{5}{8}$. Zu demselben Resultat kam *Boltzmann* [435]) bei strenger Anwendung der Virialgleichung auf harte Moleküle (Nr. **30***b*). *Van der Waals* [436]) berechnete den für

430) Diesen Ansatz machte *Kamerlingh Onnes*, siehe *J. J. van Laar* [b].

431) ϑ_L, α_L und b_{WA} sind hier als Funktionen der reduzirten Temperatur aufzufassen. Bemerkt sei, dass für CO_2 bei 40° C: $\vartheta_L = 0{,}9$, $\alpha_L = 1$, für H_2 bei 0° C: $\vartheta_L = 1{,}0$, $\alpha_L = 1{,}5$. Es war auszudrücken, dass ungefähr $b_{W\,lim} = 1/3\, b_{WA}$ (vergl. Nr. **39***b*).

432) Dieselbe wurde von *van Laar* [b] geprüft. Die Prüfung geschah bei CO_2 und H_2 je nur für eine Temperatur. Zu bemerken ist, dass bei den hier erwähnten nicht publizirten Berechnungen von *Kamerlingh Onnes*, um genauen Anschluss an die Beobachtungen zu bekommen, a_W in der *Clausius*'schen Weise (Nr. **48***e*) abgeändert und auch noch das *Clausius*'sche β_C (Nr. **48***e*) gleich einer Temperaturfunktion gesetzt wurde. Die Form der Gleichung wird dann so komplizirt und enthält so viele Konstanten, dass die in Nr. **36** aufgestellte derselben bei weitem vorzuziehen ist.

433) b_{WA} ist für harte Kugeln immer (vergl. Nr. **18***a*) das 4 fache des Volumens, welches die Moleküle ausfüllen. *O. E. Meyer*, Kinetische Theorie der Gase, Breslau 1877, p. 229, der $b_{WA} = 4\sqrt{2}$ Vol. des Molek. ableitete [diese Beziehung wurde auch von *Heilborn*, Ann. chim. phys. (6) 27 (1892), p. 352 befürwortet], nahm dies nach der Widerlegung *van der Waals*' Arch. Néerl. 12 (1877), p. 200 zurück. Der Meinung von *Guye*, Arch. d. sc. phys. et natur. (3) 31 (1894), p. 179, und *Young*, Trans. Chem. Soc. 1897, p. 452; Rep. Brit. Ass. 1898, p. 833, dass Einführung dieses Wertes in die *van der Waals*'sche Hauptzustandsgleichung mit konstanten a_W, b_W, R_W, einen den Beobachtungen mehr entsprechenden kritischen Virialquotienten (Nr. **41**) ergeben würde, ist nicht beizupflichten.

434) *G. Jäger.* Wien Sitz.-Ber. [2*a*] 105 (1896), p. 15, 97.

435) *L. Boltzmann.* Wien Sitz.-Ber. [2*a*] 105 (1896), p. 695 = Wiss. Abh. 3, p. 547, und [b] p. 152. Vergl. auch Enc. V 8, Art. *Boltzmann* und *Nabl*, Nr. **29**. Die weiter im Text erwähnte Abhängigkeit von T bei der Annahme zentraler abstossender Kräfte $f(r)$ insbesondere in der zuerst zitirten Arbeit p. 698 und [b] p. 157. Letzteres Problem gehört eigentlich zur statistischen Mechanik, vergl. Nr. **46***a*.

436) *J. D. van der Waals* [e] Okt. 1896, p. 150; [a] p. 65.

ein hartes kugelförmiges Molekül bei seiner Bewegung zwischen eben solchen Molekülen verfügbaren Raum in zweiter Annäherung auf $v-2\left(b_{WA}-\frac{17}{32}\frac{b_{WA}^2}{v}\right)$. *Boltzmann* [437]) leitete hieraus das *Jäger*'sche Resultat ab. Auch *van der Waals Jr.* [438]) kam hierzu auf anderem Wege [439]).

Bei der Annahme zentraler abstossender Kräfte $f(r) = Kr^{-5}$ statt harter Kugeln wurde b_{WA} von *Boltzmann* abhängig von der Temperatur (vergl. Nr. **42**) gefunden [435]).

b) Den ersten Ansatz, welcher zur Berechnung des zweiten Koeffizienten Φ_{s3} oder b_{w2} für harte Kugeln bei Beschränkung der Attraktionskräfte auf einen Kohäsionsdruck führte, hat *van der Waals* [440]) gegeben. *Van Laar* [441]) berechnete dazu das Volumen, welches gleichzeitig den Abstandssphären (Enc. V 8, Art. *Boltzmann* und *Nabl*, Nr. **16**) von drei Molekülen angehört, auf $2\,\beta_L\,\frac{b_{WA}^3}{v^2}$, mit $\beta_L = 0{,}0958$. *Boltzmann* [437]) fand weiter:

$$\Phi_{s2} = \frac{5}{8},\; \Phi_{s3} = \frac{1283}{8960} + \frac{3\,\beta_L}{2} = 0{,}2868, \tag{44}$$
$$b_{w1} = -\frac{3}{8},\; b_{w2} = -\frac{957}{8960} + \frac{3\,\beta_L}{2} = 0{,}0369.$$

Der Wert von Φ_{s3} wurde von *Happel* [442]) nach anderer Methode geprüft.

Eine halb empirische Vorstellung, die sich in den ersten Gliedern der Entwickelung dem theoretischen Wert anschliesst, wurde in verschiedener Weise gegeben.

So gab *van der Waals* [a] p. 180 als Stossfunktion:

$$\Phi_s = \frac{1 + k_W \frac{b_{WA}}{v}}{1-(1-k_W)\frac{b_{WA}}{v}}, \tag{45}$$

---

437) *L. Boltzmann.* Amsterdam Akad. Versl. März 1899, p. 477 = Wiss. Abh. 3, p. 658. Vergl. auch *J. D. van der Waals* [e] Apr. 1899, p. 537.

438) *J. D. van der Waals Jr.* Amsterdam Akad. Versl. Febr. 1903, p. 640.

439) Für binäre Gemische vergl. Fussn. **244**.

440) *J. D. van der Waals* [e] Okt. 1898, p. 160.

441) *J. J. van Laar.* Amsterdam Akad. Versl. Jan. 1899, p. 350; in extenso [a]. *J. Nabl*, Wien Sitz.-Ber. [2*a*] 120 (1911), p. 851, hat eine unabhängige Nachprüfung dieser schwierigen Rechnung angefangen.

442) *H. Happel.* Habilitationsschrift Tübingen (Leipzig) 1906 = Ann. d. Phys. (4) 21 (1906), p. 342.

welche Formel $\Phi_{s1} = 1$ und $v_{\text{lim}} = (1 - k_w)\, b_{wA}$ gibt. Brechen wir die Entwicklung von Φ_s mit Φ_{s2} ab, so entspricht $\Phi_{s2} = \frac{5}{8}$ dem Wert $k_w = \frac{3}{8}$ und wäre mit dieser Annäherung für k_w: $v_{\text{lim}} = \frac{5}{8} b_{wA}$, während bei kubischer Anordnung $v_{\text{lim}} = 0{,}477\, b_{wA}$, bei dichtstmöglicher Annäherung mit Aufhebung der Bewegung (Nr. **39***b*) $v_{\text{lim}} = 0{,}338\, b_{wA}$.

Geht man von Kugelmolekülen auf solche verschiedener Form über, so darf angenommen werden, dass k_w verschieden ausfallen wird, sodass sich durch Differenzen der Molekülformen Abweichungen von der Korrespondenz (vergl. Nr. **38**) schon auf Grund der Quasiverkleinerung bei Annahme eines Kohäsionsdruckes erklären lassen.

Um dem Werte von b_{w1} aus Gl. (44) zu genügen und den Wert $v_{\text{lim}} = \frac{1}{3} b_{wA}$ (nahezu gleich dem oben erörterten $0{,}338 b_{wA}$) zu bekommen, setzt *Boltzmann* [b] p. 153

$$\Phi_s = \frac{1 + \frac{2}{3}\frac{b_{wA}}{v} + \frac{7}{24}\frac{b_{wA}^2}{v^2}}{1 - \frac{1}{3}\frac{b_{wA}}{v}}; \tag{46}$$

weiter, indem nicht an dem Wert von b_{w1} festgehalten wird, einfacher zusammen mit *Mache* [443]) die vorher schon erwähnte Form von *van der Waals* Gl. (45) mit $k_w = \frac{2}{3}$. *Kohnstamm* [444]) schreibt

$$\Phi_s = 1 + \frac{b_{wA}}{v} \cdot \frac{1 - \frac{11}{8}\frac{b_{wA}}{v} + \ldots\ldots\ldots}{1 - 2\frac{b_{wA}}{v} + \frac{17}{16}\frac{b_{wA}^2}{v^2} + \ldots}, \tag{47}$$

indem er die Verminderung der Weglänge durch das Volumen der Moleküle und den Einfluss der gleichzeitigen Begegnung mehrerer Moleküle auf derselben nach *Clausius* [445]) berechnet. Die Koeffizienten von Zähler und Nenner hält derselbe für mehr konvergent als die Stosskoeffizienten.

443) *Boltzmann* und *Mache.* Ann. Phys. Chem. 68 (1899), p. 350 = *Boltzmann* Wiss. Abh. 3, p. 651.

444) *Ph. Kohnstamm.* Amsterdam Akad. Versl. April 1904, p. 948. Die Gleichung führt auf ein Limitvolumen [ebenso wie Gl. (45), (46)], J. chim. phys. 3 (1905), p. 706, vergl. Nr. **39***c*.

445) *R. Clausius.* Die kinetische Theorie der Gase. 2te Aufl., Braunschweig 1889—91, p. 60.

c) Das Zutreffen der Gl. (26) in gewissen Fällen kann man in der Weise deuten, dass die Annahmen kraftloser harter Moleküle und eines *van der Waals*'schen Kohäsionsdruckes in dem Gebiet, wo diese Formel gilt, den Tatsachen im grossen und ganzen entsprechen. Es können aber auch die Folgen der zwei Abweichungen von der Wirklichkeit, welche in diesen Annahmen enthalten sind, einander in dem betrachteten Gebiet nahezu aufheben. Wir wollen einen Fall anführen, in dem das Zutreffen von Gl. (26) wohl in letztgenannter Weise zu erklären sein wird.

Brinkman[446]) konnte durch Anwendung der Gl. (26) mit (29) bis zu b_{w3} für Luft bei 15°,7 C, *van Rij*[447]) für O_2 und H_2 bei 0° bis 200° C, ziemlich gute Übereinstimmung mit den *Amagat*'schen Beobachtungen erlangen. Dabei wurde für b_{w1} gute Übereinstimmung mit (44) gefunden, nicht aber für b_{w2} und b_{w3}. Man könnte nun einerseits diese Abweichung der nichtkugelförmigen Gestalt der Moleküle (vergl. *b*) zuschreiben [448]), und, indem man weiter von der Abweichung von der Kugelform absieht, andrerseits die Übereinstimmung von b_{w1} als Beweis für die obige Deutung ansehen wollen. Dieser verliert aber sein Gewicht, wenn man darauf achtet, dass, wie aus Nr. **41** und Nr. **42** hervorgeht, die Quasiverkleinerung, wenn auch in dem betrachteten Gebiet am wichtigsten, doch nicht allein in Betracht kommt [449]) [450]).

41. Der kritische Virialquotient, der kritische Spannungs- und der kritische Dampfspannungsquotient [451]). *a*) Mit den in Nr. **40** angegebenen Abänderungen hat man besonders auch gehofft, den sehr auffallenden quantitativen Unterschied des aus der *van der Waals*'schen Haupt-

446) *C. H. Brinkman*. Amsterdam Akad. Versl. Jan. 1904, p. 758.

447) *G. van Rij*. Diss. Amsterdam 1908.

448) Auch für diese Frage ist die experimentelle Untersuchung einatomiger Gase sehr wichtig, vergl. Fussn. 353. Vergl. weiter *H. Kamerlingh Onnes* und *C. A. Crommelin*, Leiden Comm. Nr. 118*b* (1910), 120*a* und 121*b* (1911).

449) Vergl. *J. D. van der Waals* [e] Sept. 1905, p. 252.

450) Dasselbe wäre besonders nach Nr. **45***a* zu bemerken zu dem Ergebnis von *Happel* [442]), der wenigstens für $\mathfrak{t} > 0{,}8$ die Dampfspannungskurve des Argons von *Ramsay* und *Travers*, London Phil. Trans. A 197 (1900), p. 47, mit ϕ_{s2} und ϕ_{s3} nach Gl. (44) in Übereinstimmung fand. Vergl. *C. A. Crommelin*, Leiden Comm. Nr. 115 (1910).

451) Das Verhältnis T_k/p_k, *Dewar* Phil. Mag. (5) 18 (1884), p. 210, wird von *Guye* [337]) *kritischer Koeffizient* genannt. Über dessen Beziehung zur Molekularrefraktion siehe Fussn. 337; dessen Beziehungen zu den Atomen zuzuschreibenden Parametern fallen ausserhalb des Rahmens dieses Artikels.

zustandsgleichung mit konstanten a_w, b_w, R_w für den *kritischen Virialquotienten* (vergl. Nr. **36**)

$$K_4 = \frac{R_{wA}\, T_k}{p_k\; v_k}$$

folgenden Wertes $\frac{8}{3}$ oder 2,67 mit dem aus den Beobachtungen folgenden, nicht für alle Stoffe gleichen [452]), aber doch immer höheren Wert, für CO_2 z. B. 3,61 [453]), zu berichtigen [454]). Die durch Rechnung (von *Jäger, Boltzmann*, Nr. **40**) gefundenen Glieder in Φ_s können aber, bei der Annahme, dass auch die weiteren Stosskoeffizienten in der Entwickelung Gl. (25) alle positiv sind, unter Beibehaltung von $\frac{a_w}{v^2}$, wie *Dieterici* [455]) gezeigt hat, den kritischen Virialquotienten höchstens auf 3 bringen [456]). *Van der Waals* [457]) zeigte zwar, dass $k_w < 1$ in Gl. (45) auf kleinere Werte von v_k führt als $k_w = 1$ und später [458]), indem er von Gl. (29) ausging, dass der *Boltzmann*'sche Wert für b_{w1} bei Weglassung der höheren Glieder für normale Stoffe mit nicht tiefer kritischer Temperatur (vergl. Fussn. 404) die richtige Zahl für K_4 liefert (vergl. Fussn. 559). Ebenso dass damit in roher Annäherung Übereinstimmung erhalten wird für K_1, K_2 und K_3 [284]), wenn der Fundamentalzustand [284]) im *Avogadro*'schen Zustand genommen wird [459]). Es ergibt sich dann aber ein zu

---

452) *P. Walden*, ZS. physik. Chem. 66 (1909), p. 385, findet für nicht assoziirte Stoffe $p_k\, v_{kdM}/T_k = 53{,}5/\log T_k + 0{,}004\, T_k$ (wegen v_{kd} vergl. Nr. **50***b*), was der Nr. **34***c* behandelten Aneinanderreihung der Stoffe nach den kritischen Temperaturen unterzuordnen ist.

453) Nach den Versuchen von *Amagat* [a]. v_k ist hier mittels des Gesetzes des geradlinigen Diameters (Nr. **85**) berechnet (vergl. Nr. **50** und Fussn. 576). *W. H. Keesom* [a] findet aus seinen Messungen über die experimentelle Zustandsgleichung des CO_2 mit v_k mittels des geradlinigen Diameters: $K_{4d} = 3{,}65$, wenn aber v_k durch die Beziehung $K_5 = K_6$ bei $T = T_k$ bestimmt wird (vergl. weiter im Text und Nr. **50***b*): $K_{4s} = 3{,}45$ ([a] p. 56), die mittlere reduzirte Zustandsgleichung (37) liefert $K_4 = 3{,}34$.

454) Vergl. *J. J. van Laar* [b].

455) *C. Dieterici.* Ann. Phys. Chem. 69 (1899), p. 685. *H. Happel*, Ann. d. Phys. (4) 13 (1904), p. 340.

456) Es ist dies in Übereinstimmung mit *D. Berthelot* [a] p. 442, der fand, dass Gl. (26) mit (44) die kritische Isotherme für $p < p_k$ nicht besser, für $p > p_k$ sogar schlechter darstellt als die Gleichung mit $\Phi_{s2} = \Phi_{s3} = 0$.

457) *J. D. van der Waals* [a] p. 181.

458) *J. D. van der Waals*, *Boltzmann*-Festschrift, 1904, p. 305.

459) Dabei ist merkwürdig, dass K_2 und K_3, in dieser Weise berechnet, annähernd gleich den in Gl. (9) angegebenen Werten bleiben, vergl. *J. D. van der Waals* [e] Mai 1910, wo dagegen für K_1 der Wert 2,17 abgeleitet wird (vergl. Fussn. 499). Vergl. auch *J. D. van der Waals* [e] März 1911.

hoher Wert für den *kritischen Spannungsquotienten* [460])

$$K_5 = \left[\frac{T}{p}\left(\frac{\partial p}{\partial T}\right)_v\right]_k. \tag{48}$$

Planck [461]) zeigte, dass dieser Wert auf thermodynamischen Gründen = dem *kritischen Dampfspannungsquotienten*

$$K_6 = \left(\frac{T}{p}\frac{d\,p_{\text{koex}}}{d\,T}\right)_k \tag{49}$$

sein muss. Letzterer wird ziemlich scharf von den Beobachtungen (vergl. Nr. **83**) für verschiedene normale Stoffe mit nicht tiefer kritischer Temperatur [462]) (vergl. *b*) gegeben zu 6,7, während der oben erwähnte *Boltzmann*'sche Wert für b_{w1} bei Nullsetzung der weiteren Quasiverkleinerungskoeffizienten auf 8 führt [458]). Die Berücksichtigung des *Boltzmann*'schen Wertes für b_{w2} hebt die Schwierigkeit nicht [458]). Andrerseits gibt die *van der Waals*'sche Hauptzustandsgleichung mit konstanten a_w, b_w, R_w für K_5 und K_6 den viel zu niedrigen Wert 4.

Aus dem Studium des Wertes, welchen man $\left(\frac{\partial^2 b_w}{\partial v^2}\right)_k$ zuzuschreiben hat, wenn man mit unveränderlichen a_w und R_w die experimentellen Werte von K_6 und K_4 erhalten will, vergl. Fussn. 499, zog *van der Waals* neuerdings [463]) den Schluss dass bei T_k von dem

---

460) Nach *C. Dieterici*, Ann. d. Phys. (4) 12 (1903), p. 144, ergeben die Beobachtungen die Beziehung $K_{5d} = 2\,K_{4d}$; *J. E. Mills*, J. phys. chem. 9 (1905), p. 406, findet dieselbe in Übereinstimmung mit einer *Crompton*'schen Beziehung für die Verdampfungswärme (Fussn. 1050). Vergl. Fussn. 464 und 1062.

Die Versuche, welche in erster Reihe die Aufhebung der Abweichung des aus der *van der Waals*'schen Hauptzustandsgleichung mit konstanten a_w, b_w, R_w folgenden Wertes für K_5 und K_6 von dem experimentellen beabsichtigen, gehen nicht wie die in dieser Nr. behandelten auf K_4 gerichteten Versuche von den Vorstellungen des *van der Waals*'schen Kohäsionsdruckes und harter Moleküle aus (vergl. Nr. **48*e*** und **43**).

461) *M. Planck*. Ann. Phys. Chem. 15 (1882), p. 457. *Van der Waals*, siehe Leiden Comm. Nr. 75 (1901), p. 8, leitete dies ab aus den Eigenschaften der *p, V, T*-Fläche. Als Kriterium für die Bestimmung des kritischen Zustandes im Diagramm der Isopyknen (Nr. **42**) zuerst benutzt von *Ramsay* und *Young*, Phil. mag. (5) 23 (1887), p. 457, später von *Cailletet* und *Colardeau*, J. de phys. (2) 10 (1891), p. 337. Den in der experimentellen Zustandsgleichung beobachteten Unterschied zwischen K_5 und K_6 behandeln wir in Nr. **50**.

462) *W. H. Keesom* [a] fand für CO_2 $K_6 = 6{,}712$.

463) *J. D. van der Waals* [e] März 1911. Die Scheinassoziation (Nr. **49*c***) hat auf die kritischen Grössen nur einen geringen Einfluss.

Für die Behandlung der Zustände in der Nähe des kritischen, besonders auch für die Ableitung der homogenen Gleichgewichte, wurde von *van der Waals* [c]

Avogadro'schen Zustande bis zu $v = v_k$ Gl. (29) durch

$$b_W = b_{WA} \left\{ 1 - \alpha \left(\frac{b_{WA}}{v} \right)^n \right\} \tag{50}$$

mit n etwa $= 4{,}34$ zu ersetzen wäre [464]), was nicht mit Gl. (44) übereinstimmt.

Man kann aus alledem schliessen, dass, wenigstens für die normalen Stoffe mit nicht tiefer kritischer Temperatur, in dem Dampf- und Flüssigkeitsgebiet jedenfalls auch andere Umstände als die Quasiverkleinerung harter Moleküle in Rechnung zu ziehen sind (vergl. Nr. **43**).

b) Dasselbe gilt, wie für Argon aus den Werten $K_{4s} = 3{,}283$ [465]) [453]) und $K_6 = 5{,}712$ [466]) zu schliessen ist, auch für die einatomigen Gase, bei denen man am ersten erwarten würde, mit Nr. **40** auszukommen.

42. **Das p, T-Diagramm der Isopyknen. Abweichung der p, v, T-Fläche von einer Regelfläche.** *a*) Der Wert des Spannungskoeffizienten wird dargestellt durch die Neigung der Linien gleichen Volumens auf der p, v, T-Fläche. Nach der *van der Waals*'schen Hauptzustandsgleichung mit konstanten a_W, b_W, R_W wären (Nr. **22***a*) diese Linien, welche man *isometrische Linien* [467]), *Isopleren* [468]), *Isopyknen* [469]) oder *Isochoren* [470]) nennt, Geraden. Durch Diskussion der *Regnault*'schen [146]) Bestimmungen von

---

p. 691 u. f., [d] p. 263, eine Reihenentwicklung der Zustandsgleichung in der Nähe des kritischen Punktes nach den Unterschieden von p, v, T mit p_k, v_k, T_k eingeführt, die auch von *van Laar*, z. B. ZS. physik. Chem. 11 (1893), p. 721 (vergl. auch Fussn. 1013) benutzt ist. Vergl. die Entwicklung von *J. E. Verschaffelt*, Leiden Comm. Nr. 81 (1901/02), Suppl. Nr. 6 (1903). Vergl. auch Nr. **50**.

464) Weiter fand *van der Waals* [e] März 1911 die Beziehungen: $\frac{K_{4d}^2}{K_6 - 1} = \frac{K_3^2}{K_2} = \frac{64}{27}$ (wie bei a_W, b_W und R_W konst.), $K_{4d}\, K_1$ nur wenig kleiner als 8, $(K_6 - 1)\, K_1^2$ nur wenig kleiner als 27 (welche beiden letzten Werte für a_W, b_W und R_W konst. gelten würden).

465) *H. Kamerlingh Onnes* und *C. A. Crommelin*, Leiden Comm. Nr. 120*a* (1911). Dabei war v_k aus $K_5 = K_6$ bestimmt (vergl. Nr. **50** und Fussn. 453). Entgegen der Meinung *Happel*'s, Ann. d. Phys. (4) 21 (1906), p. 366, sind die Isothermen des Argons also nicht mit den *Boltzmann*'schen ϕ_{s2} und ϕ_{s3} mit Weglassung der höheren Glieder übereinzubringen (vergl. *a* und Fussn. 466).

466) *C. A. Crommelin.* Leiden Comm. Nr. 115 (1910). *Happel* [465]) berechnet aus den *Boltzmann*'schen ϕ_{s2} und ϕ_{s3} mit Weglassung der höheren Glieder $K_6 = 5{,}17$.

467) *J. W. Gibbs* [a] p. 311.

468) *A. Ritter.* Ann. Phys. Chem. 3 (1878), p. 449.

469) *S. v. Wroblewski.* Wien. Sitz.-Ber. [2a] 94 (1886), p. 257. Dieser Name wurde vom wissenschaftlichen Ausschuss der D. Physik. Ges. [82]) bevorzugt.

470) *W. Ramsay* und *S. Young.* Phil. Mag. (5) 23 (1887), p. 437.

Spannungskoeffizienten [915]) schloss *van der Waals* [a] p. 74 auf eine Bestätigung (vergl. aber Nr. **81***c*). Dies spricht im Vorteil der Modifikation von b_w nach Nr. **40**, bei welcher die Isopyknen Geraden bleiben.

Die Frage ob im Allgemeinen [471]) [472])

$$p = \frac{RT}{v}\Phi_s(v)+\Phi_e(v), \text{ kürzer } p = P_s T + P_e, \tag{51}$$

$$\text{also } \left(\frac{\partial p}{\partial T}\right)_v = f(v), \text{ oder } \left(\frac{\partial^2 p}{\partial T^2}\right)_v = 0 \tag{52}$$

ist, hängt aufs engste zusammen mit der Frage, ob im Allgemeinen $\left(\frac{\partial \gamma_v}{\partial v}\right)_T = 0$ ist [473]). Wir behandeln letztere Frage, welche sonst in Abschnitt **III** zu erörtern wäre, deshalb auch gleich in dieser Nummer.

b) Sehen wir jetzt, was die Experimente über die Frage, ob die Isopyknen geradlinig sind, also Gl. (51) und (52) gelten oder nicht, gelehrt haben. Wiewohl schon die *Andrews*'schen Versuche [474]) ergaben, dass für $v > v_k$, $\left(\frac{\partial^2 p}{\partial T^2}\right)_v < 0$, ist jene Frage lange Zeit unentschieden geblieben. *Amagat* [475]) stellte Gl. (51) innerhalb gewisser Grenzen des

---

471) Von diesem Typus sind auch z. B. die von *Rose Innes*, Phil. Mag. (5) **44** (1897), p. 76, für Isopentan und von *Rose Innes* und *Young*, Phil. Mag. (5) **47** (1899), p. 353; **48** (1899), p. 213, für Pentan aufgestellten Gleichungen mit $\Phi_s = 1 + \frac{e}{v + k - gv^{-2}}$ und $\Phi_e = -\frac{1}{v(v+k)}$ (vergl. Nr. **47** und **48**).

472) Die Indizes in Φ_s (Nr. **30** *b*) und Φ_e, bzw. P_s, P_e, deuten auf Stoss- und Energiefunktion.

473) Siehe den Streit zwischen *Lévy* und *H. F. Weber*, *Boltzmann*, *de Saint Venant*, *Clausius*, *Massieu* in Paris C. R. 87 (1878). *Dupré*, Théorie mécanique de la chaleur, Paris 1869 [siehe auch *Massieu*, Paris C.R. 87 (1878), p. 731], hatte schon früher darauf hingewiesen, dass wegen $\left(\frac{\partial \gamma_v}{\partial v}\right)_T = T\left(\frac{\partial^2 p}{\partial T^2}\right)_v$, Enc. V 3, Art. *Bryan*, Gl. (92), $\left(\frac{\partial p}{\partial T}\right)_v = f(v)$ für alle Stoffe, bei denen $\left(\frac{\partial u}{\partial v}\right)_T = f(v)$, oder $\left(\frac{\partial \gamma_v}{\partial v}\right)_T = 0$. *Lévy*, Paris C. R. 87 (1878), p. 449 und 488, und später *Fitzgerald*, London Proc. Roy. Soc. 42 (1887), p. 50, fügten noch bei, dass dann Entropie und Energie als $f_1(T) + f_2(v)$ ausgedrückt werden können. Vergl. auch *M. Thiesen*, Ann. Phys. Chem. 63 (1897), p. 329. Weiter *A. Wassmuth*, Ann. d. Phys. (4) 30 (1909), p. 381.

474) *Th. Andrews* [b] p. 437.

475) Der Typus Gl. (51) ist wohl zuerst von *Amagat* Paris C. R. 94 (1882), p. 847 gebraucht. Vergl. auch *E. H. Amagat*, Paris C. R. 153 (1911), p. 852.

Dampf- und Gasgebietes als angenähert richtig hin. Ebenso *Ramsay* und *Young* [476]), indem sie jene Gleichung in ausgedehnter Weise prüften. Die Abweichungen, welche sie bei Essigsäure und Stickstoffperoxyd fanden, schreiben sie der Assoziation zu [477]) [478]).

Bei Flüssigkeiten unter hohen Drucken widersprechen die Resultate verschiedener Beobachter einander. *Barus* [479]) fand bei Drucken von 1000 bis 1500 Atm sehr bestimmte Krümmung, im Allgemeinen $\left(\frac{\partial^2 p}{\partial T^2}\right)_v < 0$ (bei Alkohol aber umgekehrt, vergl. unten). *Mack* [480]) schreibt die bei seinen Versuchen an Äthyläther vorkommenden Krümmungen Beobachtungsfehlern zu; zu bemerken ist aber, dass dieselben (in Gegensatz zu den *Barus*'schen Beobachtungen) der allgemeinen Regel folgen, die wohl zuerst von *Sydney Young* [d] auf Grund seiner genauen Bestimmungen an Isopentan klar ausgesprochen ist, dass nämlich

$$\left(\frac{\partial^2 p}{\partial T^2}\right)_{v < \text{ungefähr}\, v_k} > 0, \quad \left(\frac{\partial^2 p}{\partial T^2}\right)_{v > \text{ungefähr}\, v_k} < 0. \qquad (53)$$

Dieselbe Regel leitete *Keesom* [481]) unabhängig aus seinen Beobachtungen für CO_2 ab. Auch *Amagat*'s [a] Beobachtungen für H_2, N_2, O_2, C_2H_4, CO_2 stimmen mit derselben. Dasselbe ist der Fall mit *Amagat*'s Beobachtungen bei hohen Drucken im Flüssigkeitsgebiet bei Alkohol (vergl. aber Fussn. 343). Dagegen würde sich Äthyläther auch nach *Amagat* (vergl. oben bei *Barus* und dagegen *Mack*) umgekehrt verhalten [482]). Während genügend feststeht, dass das Verhalten im Gaszustand durch die *Young*'sche Regel wiedergegeben wird, ist also das Verhalten im Flüssigkeitszustand noch nicht sicher festgestellt.

---

476) *W. Ramsay* und *S. Young*. Phil. Mag. (5) 23 (1887), p. 435.

477) Ebenso Wasser, wohl mit Recht entgegen *Battelli*, Ann. chim. phys. (7) 3 (1894), p. 408, der nur wenige Punkte bestimmte.

478) Dementsprechend verteilt *P. T. Main*, B. A. Report 1888, p. 514, die Stoffe in zwei Klassen, je nachdem sie Gl. (51) befolgen oder nicht. Dennoch erachtete derselbe schon es nicht als unwahrscheinlich, dass weitere Untersuchungen lehren würden, dass die beiden Klassen Gl. (51) nicht genau, sondern nur in verschiedener Annäherung befolgen.

479) *C. Barus*. Phil. Mag. (5) 30 (1890), p. 338.

480) *E. Mack*. Paris C. R. 132 (1901), p. 1035.

481) *W. H. Keesom* [a] p. 54.

482) Vergl. auch die Berechnungen von γ_v für Äther von *J. P. Dalton*, Phil. Mag. (6) 13 (1907), p. 525, aus denen in diesem Gebiet $\left(\frac{\partial^2 p}{\partial T^2}\right)_v > 0$ folgt.

Bei sehr hohen Drucken (oberhalb einer mit der Temperatur veränderlichen Grenze von etwas mehr als 1000 Atm) leitet *Tammann*[420]) aus den *Amagat*'schen Beobachtungen an Flüssigkeiten (reduzirte Temperatur $< 0{,}8$) ab, dass dafür $\left(\frac{\partial^2 p}{\partial T^2}\right)_v = 0$.

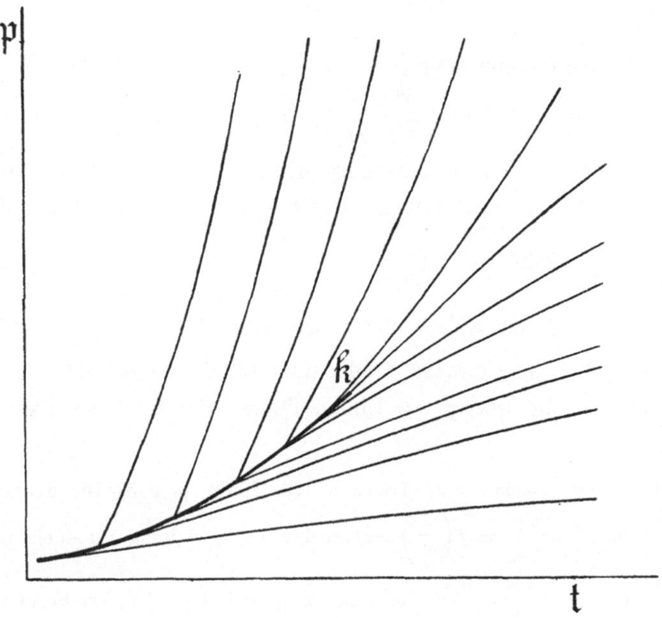

Fig. 17.

Fig. 17 stellt das nach den thermischen Beobachtungen der *Young*'schen Regel entsprechend konstruirte empirische p, T-Diagramm der Isopyknen schematisch dar[483]).

c) Ziehen wir jetzt die γ_v in Betracht. *Joly*[484]) fand bei Luft und CO_2 $\frac{\partial \gamma_v}{\partial v} < 0$ $(273 < T < 373$ und $v > v_k)$, bei H_2 $\frac{\partial \gamma_v}{\partial v} > 0$, und stellte

483) Nach einer freundlichen Mitteilung kam *van der Waals* auf Grund des Studiums der Konglomeratenbildung (vergl. Nr. **49**) zu der Ansicht, dass man in allen Isopyknen Teile positiver und negativer Krümmung in derselben Folge finden würde, wenn man dieselben in das nicht beobachtbare Gebiet verfolgen könnte.

484) *J. Joly*. London Phil. Trans. A 182 (1891), p. 73. Schon *Krajewitsch*, J. d. russ. phys.-chem. Ges. (1) 19 (1887), p. 1; zitirt nach Beibl. 11 (1887), p. 572, bemerkte, dass das Experiment $\left(\frac{\partial \gamma_v}{\partial v}\right)_T \gtrless 0$ gibt, und daher $\left(\frac{\partial^2 p}{\partial T^2}\right)_v \gtrless 0$.

bei späterer Wiederholung[485]) die Form der Funktion $\frac{\partial \gamma_v}{\partial v} = f\left(\frac{1}{v}\right)$ bei einigen Temperaturen fest. *Dieterici*[486]) untersuchte den Verlauf von γ_v bei CO_2 und Isopentan auch für $v < v_k$ und fand ein deutliches Maximum bei ungefähr v_k [487]). Die hier erörterten Resultate für CO_2 und Isopentan sind mit der in *b* behandelten *Young*'schen Regel in Übereinstimmung.

d) Die gestrichene Linie (- - - - - - - -) im $\mathfrak{p},\mathfrak{v}$-Diagramm Fig. 18 zeigt, wie die Grenze zwischen $\left(\frac{\partial^2 p}{\partial T^2}\right)_v > 0$ und < 0 zu erwarten wäre nach der mittleren empirischen Zustandsgleichung von Nr. **36**[488]). Nach höheren Temperaturen und kleinen Dichten geht dieser zufolge der Wert von $\left(\frac{\partial^2 p}{\partial T^2}\right)_v$ nach 0.

In Fig. 18 ist weiter die Verteilung des Zeichens von $\left(\frac{\partial^2 p}{\partial T^2}\right)_v$ auf Grund der angeführten Beobachtungen in verschiedenen Gebieten angegeben[489]); die gezogenen Linien deuten die in Betracht kommenden

---

485) *J. Joly.* London Phil. Trans. A 185 (1894), p. 943. Die Koeffizienten in der Entwicklung $\left(\frac{\partial \gamma_v}{\partial v}\right)_T = f\left(\frac{1}{v}\right)$ würden durch Vergleichung mit einer entsprechenden Entwicklung von $\left(\frac{\partial^2 p}{\partial T^2}\right)_v$ die Beziehung zwischen der *Kelvin*skala und der *Avogrado*skala (vergl. Nr. **82***a*) abzuleiten (was besonders für tiefe Temperaturen erwünscht wäre) erlauben. Wir setzen diese als zusammenfallend an (Nr. **82***a*).

486) *C. Dieterici.* Ann. d. Phys. (4) 12 (1903), p. 154. Vergl. *E. Mathias,* J. de phys. (4) 3 (1904), p. 939, (4) 4 (1905), p. 76 und *C. Dieterici,* J. de phys. (4) 4 (1905), p. 562. Die Messungen von *W. A. D. Rudge,* Cambridge Proc. Phil. Soc. 14 (1907), p. 85, an CO_2 sind wohl sehr unsicher.

487) Die Übereinstimmung dieses Resultates mit den Isothermenbestimmungen von *Young* an Isopentan wurde bestätigt von *M. Reinganum* [f] (vergl. Fussn. 608).

488) Dieselbe verläuft bei $v < v_k$, während dagegen *Reinganum* [f] in Übereinstimmung mit *Young* [d] bei etwa $\mathfrak{t} = 1$ Umkehr des Zeichens von $(\partial^2 p/\partial T^2)_v$ bei $v > v_k$ findet. Vergl. auch *G. Vogel,* Fussn. 513.

489) *M. Reinganum* [a] p. 43 ist der Meinung, dass für sehr kleine Volumen wieder $\left(\frac{\partial^2 p}{\partial T^2}\right)_v < 0$ auch für Temperaturen, die von der kritischen nicht viel verschieden sind. In der Fussn. 487 zitirten Arbeit findet er für Isopentan (*Young*) bei kleinem v zwar ein Maximum für $\left(\frac{\partial^2 p}{\partial T^2}\right)_v$ und bei kleinerem v schnelles Abnehmen, damit ist aber noch nicht sichergestellt, dass $\left(\frac{\partial^2 p}{\partial T^2}\right)_v < 0$ wird [vergl. hierzu *G. Vogel,* ZS. physik. Chem. 73 (1910), p. 465].

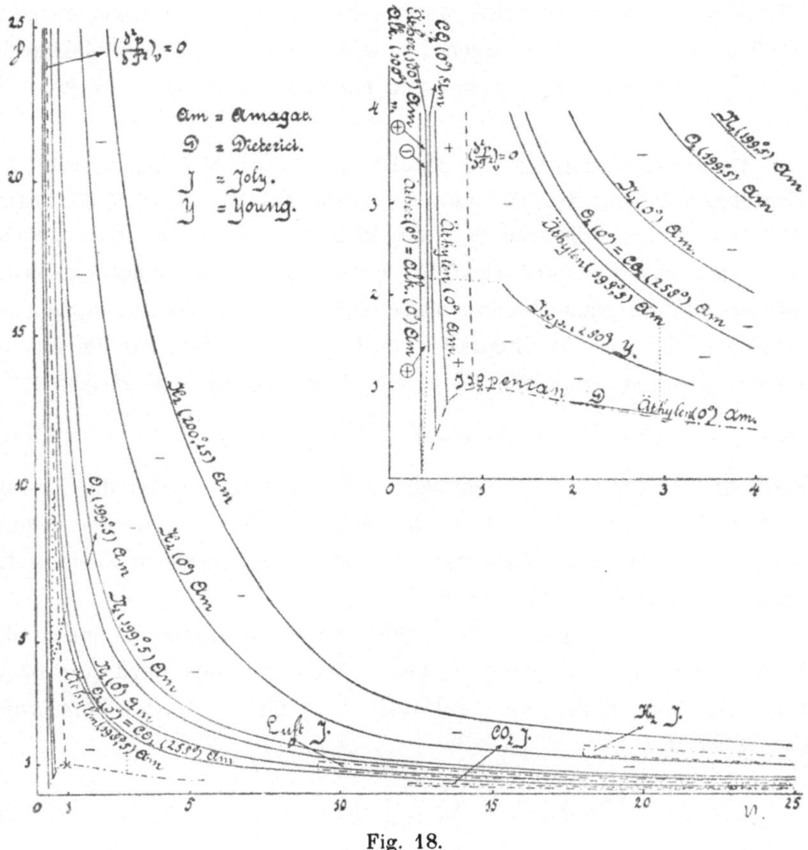

Fig. 18.

(durch punktirte Linien abgegrenzten) Isothermenbestimmungen [vergl. b [490])], die durch zwei benachbarte (bzw. zu einer zusammengefallene) Strich-Punkt-Linien (-·· -·· -·· -··) abgegrenzten Bezirke die Bestimmungen von γ_v an.

Da bei höheren reduzirten Temperaturen nach *Amagat* $\left(\frac{\partial^2 p}{\partial T^2}\right)_v < 0$, nach *Joly* > 0 wäre, so ist für Gl. (31) angenommen [491]) $\left(\frac{\partial^2 p}{\partial T^2}\right)_{v, T=\infty} = 0.$

e) Dass $\left(\frac{\partial^2 p}{\partial T^2}\right)_v = 0$, was der Fall sein würde, wenn die *van der Waals*'sche Hauptzustandsgleichung nur die in Nr. **40** behandelte

490) Nicht alle sind aufgenommen.

491) Es hätten sonst in Gl. (35) Glieder mit positiven Potenzen von $\mathfrak{t}$ vorkommen sollen.

Modifikation von b_w bedürfte, wäre wohl am ersten bei den einatomigen Stoffen, wie Quecksilber, Argon u. s. w. zu erwarten, deren Moleküle der *van der Waals*'schen Voraussetzung am nächsten kommen dürften [492]).

43. Berücksichtigung der Freiheitsgrade im Molekül mittels der Zustandsgleichung des Moleküls nach van der Waals. 2e Modifikation von b_W. *a*) Den grösseren Wert des kritischen Spannungsquotienten und teilweise auch den des kritischen Virialquotienten, verglichen mit den aus der *van der Waals*'schen Hauptzustandsgleichung mit konstanten a_w, b_w, R_w folgenden, hat *van der Waals* [493]) auch (vergl. Nr. **41***a*) auf die Zusammendrückbarkeit, m. a. W. die *reelle* Verkleinerung des Moleküls [494]) unter dem Einfluss des kinetischen Druckes $p + \frac{a_W}{v^2}$, zurückzuführen versucht. *Van der Waals* legt seinen Betrachtungen dabei die Beweglichkeit der Atome im Molekül zu Grunde, und zieht für die Bestimmung derselben den Wert von γ_{vM} im *Avogadro*'schen Zustand für verschiedene Stoffe heran (Nr. **57***c*).

Mit Hülfe der Theorie der zyklischen Bewegungen und indem die Wirkung der Atomanziehung $\alpha_W (b_W - b_{W\lim})$ gesetzt wird (für $b_{W\lim}$ vergl. Nr. **39***b*), findet *van der Waals* (l. c.) für *die Zustandsgleichung des Moleküls:*

$$\left\{p + \frac{a_W}{v^2} + \alpha_W (b_W - b_{W\lim})\right\} (b_W - b_{W\lim}) = f_z R_W T, \quad (54)$$

wo f_z eine Grösse ist, die zwischen 1 (für zweiatomige Stoffe) und 2

---

492) Es käme dabei ja die Nr. **43** zu behandelnde Kompressibilität nicht in Betracht. Nach Nr. **47***c* wird aber auch bei diesem einfachsten Molekülbau $(\partial^2 p/\partial T^2)_v = 0$ nicht genau erfüllt sein, wie denn auch *Kamerlingh Onnes* und *Crommelin* aus noch nicht publizirten Rechnungen an den Isothermen von Argon [354]) finden.

493) *J. D. van der Waals* [e] Febr., März und April 1901, p. 586, 614, 701.

494) Von *J. B. Goebel*, ZS. physik. Chem. 47 (1904), p. 471, wird, um mit dem Ansatz Fussn. 502 eine den Beobachtungen entsprechende Darstellung für N_2 und O_2 zu bekommen, $b_W = b_{WA} - \gamma_L p$ gesetzt (vergl. Fussn. 502, siehe weiter Fussn. 547).

N. Quint, Diss. Amsterdam 1900, *Schamhardt* [324]), und *Dorsman* [324]) berechnen a_W für T_k aus Gl. (9) und finden dann für diese und benachbarte Temperaturen b_W zunehmend bei höherem *p*. Es ist dies wohl als ein Hinweis aufzufassen, dass a_W nicht richtig gewählt ist (vergl. Fussn. 499, und *van der Waals* [e] März 1901, p. 621) oder dass a_W als Volumfunktion angesehen werden muss (vergl. Fussn. 543).

liegt und u. A. von der Zahl der Atome und der Beweglichkeit derselben (Zahl der Freiheitsgrade), bei drei- und mehratomigen aber auch vom jeweiligen Zustand [495]) abhängt. Unter Einführung von b_{WA} (Nr. **30**b) kommt

$$\frac{b_W - b_{W\lim}}{v - b_W} = f_z \left\{1 - \left(\frac{b_W - b_{W\lim}}{b_{WA} - b_{W\lim}}\right)^2\right\} = f_z(1 - z^2). \qquad (55)$$

b_W und v gehen zugleich über in $b_{W\lim}$, $\left(\frac{\partial b_W}{\partial v}\right)_T$ steigt von 0 bei $v = \infty$ bis $\frac{f_z}{1+f_z}$ bei $v = b_{W\lim}$ [496]) [497]).

b) Die Gleichung (55) ist von *van der Waals* [493]) [495]) allgemein diskutirt worden [498]). Um für normale Stoffe mit nicht tiefer kritischer Temperatur den richtigen Wert der K_4 und K_5 (Nr. **41**a) zu erhalten, wäre α_W proportional T zu setzen [499]) ($b_{W\lim}$ unabhängig von T), was

495) *J. D. van der Waals. Bosscha* vol. jubilaire, Arch. Néerl. (2) 6 (1901), p. 47. Hier finden sich auch die komplizirten Gleichungen für dreiatomige Moleküle.

496) Über die Beziehungen von $b_{W\lim}$ zu den optischen Grössen vergl. Fussn. 426.

497) *H. Moulin*, J. de phys. (4) 6 (1907), p. 111, bringt die Zustandsgleichung des Moleküls dadurch in Rechnung, dass er dem kinetischen Druck noch ein Glied $CT\,(v - b_W)^{-3}$ zufügt: es ist dann aber b_W noch eine unbestimmte Funktion von v und T.

498) Zu einer ähnlichen Anschauung über das Volumen des Moleküls, wie sie in der *van der Waals*'schen Zustandsgleichung desselben ausgedrückt ist, gelangte schon früher *I. Traube* auf Grund von spekulativen chemischen Rechnungen, optischen und elektrischen Beziehungen. Auf p. 70 seiner Schrift „Ueber den Raum der Atome", Stuttgart 1899, sagt derselbe: „Die Vermutung liegt nahe, dass das atomare Covolumen durch die Affinität (bei einatomigen Elementen durch die Kohäsion) nach demselben Gesetze beeinflusst wird, als das molekulare Covolumen der Gase, Flüssigkeiten und festen Stoffe durch die Kohäsion, dass das Gesetz von *Boyle* auch für die Anziehungen der Atome Giltigkeit hat". Für eine Übersicht über *Traube*'s zahlreiche Schriften sei verwiesen auf die *Boltzmann*-Festschrift 1904, p. 430 und Jahrb. d. Radioakt. und Elektronik 3 (1907), p. 168, 184; vergl. auch Ann. d. Phys. (4) 22 (1907), p. 519, Physik. ZS. 10 (1909), p. 667. Es möge, da aus den Betrachtungen dieses Forschers keine Folgerungen in mathematischer Weise abgeleitet werden (wie z. B. die Beziehung zwischen f_z und $\varkappa$ bei *van der Waals*), dieser Hinweis auf dieselben hier genügen. Vergl. auch Nr. **74**g.

499) *Van der Waals* [493]) findet aus seiner Hauptzustandsgleichung mit a_W und R_W unabhängig von v und T, b_W unabhängig von T: $K_4 = \frac{8}{3}\frac{(1 - \alpha_k - \beta_k)^2}{1 - \alpha_k - 4\beta_k}$,

$$K_5 = 4\,\frac{1 - \alpha_k - \beta_k}{1 - \alpha_k - 4\beta_k},\ \text{wo}\ \alpha_k = \left(\frac{db_W}{dv}\right)_k,\ \beta_k = -\left[\frac{v - b_W}{2}\,\frac{d^2 b_W}{dv^2}\left(1 - \frac{db_W}{dv}\right)^{-1}\right]_k.$$

Diese Gleichungen können auch dazu dienen, aus den experimentellen Werten von

einschliesst, dass die Moleküle, obgleich kompressibel, als nicht ausdehnbar durch die Wärme zu betrachten sind. Auch in andrer Hinsicht leistet die Gleichung dann Vieles. *Van der Waals* [500]) zeigt, dass bei Berücksichtigung der Zustandsgleichung des Moleküls in der Dampfspannungsformel Gl. (12) für niedere t der richtige Wert von f_W (vergl. Nr. **83**f) gefunden wird. Auch für den Ausdehnungskoeffizienten und die Kompressibilität der Flüssigkeit bei niedrigem t findet er alsdann richtige Werte (vergl. Nr. **86**e und f). Indem *van der Waals* die Zustandsgleichung des Moleküls auch benutzt, um $\varkappa_A$ abzuleiten, bringt er eine vorher fehlende Verbindung zwischen den kalorischen und den thermischen Eigenschaften (vergl. Nr. **3**a und **5**a), sodass der Unterschied verschiedener Gruppen (Nr. **34**), und verschiedener Individuen in den Gruppen (ibid.) nicht nur unmittelbar durch Verschiedenheiten in f_z gedeutet, sondern auch zu den Unterschieden in $\varkappa_A$ oder in der Änderung von $\varkappa_A$ mit der Temperatur (Nr. **55**, **56**, **57**) in Beziehung gebracht werden kann [501]).

c) Es wird aber bei α_W proportional T wieder b_W eine reine Volumfunktion [502]), und es bleiben die Isopyknen (entgegen Nr. **42**) Geraden. Insbesondere ist dann auch die Erklärung für die Änderung der Kompressibilität und des Spannungskoeffizienten der Gase und Dämpfe bei geringen Dichten mit T (Nr. **44**) ausgeschlossen.

Zu diesen Schwierigkeiten kommt erstens, dass die Quasiverkleinerung (Nr. **40**) nicht in Rechnung gebracht ist. Weiter, dass wahrscheinlich noch andere Umstände als die bis jetzt berücksichtigten in Betracht zu

---

K_4 und K_5 unter den genannten Voraussetzungen $\left(\frac{db_W}{dv}\right)_k$ und $\left(\frac{d^2b_W}{dv^2}\right)_k$ abzuleiten (vergl. Fussn. **284**). Aus p_k und T_k folgen dann weiter a_W und b_{Wk}. Dabei zeigen sich die erste und dritte von Gl. (9) mit b_{Wk} noch annähernd erfüllt (vergl. Nr. **41**a), in der zweiten nähert sich der Koeffizient an 2 (vergl. Fussn. 459).

500) *J. D. van der Waals* [e] Juni 1903, p. 82.

501) Eine besonders grosse Zusammendrückbarkeit des Moleküls kann zu Erscheinungen, die der Assoziation analog sind, Anlass geben (vergl. Nr. **35**a).

502) Einer der bei α_W proportional T angenommenen Freiheitsgrade (vergl. Fussn. 660) ist schwer zu erklären.

J. J. van Laar, Amsterdam Akad. Versl. März 1903, p. 713, der die Gleichungen (54) und (55) prüfte für H_2 (*Amagat*) bei 0°, 100°, 200° C, fand α_W unabhängig von der Temperatur aber $b_{W\,\lim}$ bei steigender Temperatur abnehmend. Er findet dann $b_W = b_{WA} - \gamma_L p$ mit $\gamma_{LN} = 10^{-7}$ unabhängig von T. Bei konstant gehaltenem a_W ergibt sich hier ein bedeutend kleinerer Wert für die Kompressibilität des Moleküls als mit der von *Goebel* [547]) angesetzten Proportionalität von a_W mit $(1 - \beta v^{-1})^{-2}$, die z. B. für N_2 $\gamma_{LN} = 13 \cdot 10^{-7}$ verlangt (vergl. Fussn. **494**).

ziehen sind (Nr. **47**a). Man darf also aus der unter b gefundenen Übereinstimmung nicht auf die Richtigkeit der Voraussetzungen schliessen.

d) Aus dem Gesichtspunkt der neueren Theorie der spezifischen Wärme von *Einstein* und *Nernst* (Nr. **74**c und **57**f) wird die Intensität der von *van der Waals* betrachteten zyklischen Bewegungen (Atombewegungen, die, weil derselbe, vergl. Nr. **57**c, Rotationen ausschliesst, als Schwingungen von Vibratoren im Molekül aufzufassen sind) durch das Strahlungsgleichgewicht nach der *Planck*'schen Formel bestimmt (vergl. Nr. **57**) und ist sie bei tiefer Temperatur $= 0$. Es wird die Anzahl der Freiheitsgrade mit der Temperatur in einer durch die Frequenz der Vibratoren bestimmten Weise zunehmen und die in letzteren aufgenommene Energie innerhalb eines gewissen Temperaturgebietes viel schneller wie die Temperatur ansteigen können. Dies wird in der Zustandsgleichung sowie in der spezifischen Wärme zum Vorschein treten, und zwar, wie sich nach dieser Anschauung erwarten lässt, für verschiedene Stoffe, den verschiedenen Frequenzen entsprechend, in verschiedener Weise.

44. Die Abweichung des zweiten Virialkoeffizienten von einer linearen Funktion der reziproken Temperatur. a) Es kommt hier besonders dasjenige Gebiet in Betracht, in welchem die Zustandsgleichung

$$pv = A\left(1 + \frac{B}{v} + \frac{C}{v^2}\right) \quad ^{503)} \tag{56}$$

und mit grosser Annäherung [besonders nach einer der mittleren empirischen Zustandsgleichung (37) entnommenen Korrektion $\Delta_{pv}^{(\mathfrak{C})} = ACv^{-2}$, sodass $[pv]_{\mathrm{korr}\,\mathfrak{C}} = pv - \Delta_{pv}^{(\mathfrak{C})}$]

$$[pv]_{\mathrm{korr}\,\mathfrak{C}} = A\left(1 + \frac{B}{v}\right), \quad ^{504)} \tag{57}$$

503) Die von *Regnault*, Mém. de l'Inst. de France **21** (1847), p. **419**, angewandte empirische Formel ist auf diese zurückzuführen. *M. Thiesen*, Ann. Phys. Chem. **24** (1885), p. 467, hat die Koeffizienten B und C aus den Bestimmungen *Regnault*'s berechnet, sie stimmen ziemlich mit den aus der mittleren reduzirten Zustandsgleichung (37) abgeleiteten.

504) Dieselbe ist des genauen Anschlusses wegen einer Entwickelung nach p mit derselben Anzahl Glieder vorzuziehen. Für Rechnungen, bei denen v auf das theoretische Normalvolumen bezogen werden muss, ist, wenn dieses nicht gegeben ist, die Umrechnung auf eine Formel nach p [*H. Kamerlingh Onnes* und *C. Zakrzewski*, Leiden Comm. Nr. 92 (1904)] manchmal vorteilhaft (vergl. Nr. **78**a). Schon *von Wroblewski*, Wien Sitz.-Ber. [2a] 97 (1888), p. 1321, gebrauchte eine drei-

$$\text{reduzirt also } \mathfrak{p}\,\mathfrak{v} = K_4\,\mathfrak{t}\left(1 + K_4\,\frac{\mathfrak{B}}{\mathfrak{v}} + K_4{}^2\,\frac{\mathfrak{C}}{\mathfrak{v}^2}\right) \tag{58}$$

$$\text{oder } [\mathfrak{p}\,\mathfrak{v}]_{\text{korr}\mathfrak{C}} = K_4\,\mathfrak{t}\left(1 + K_4\,\frac{\mathfrak{B}}{\mathfrak{v}}\right) \tag{59}$$

geschrieben werden darf. Nach der *van der Waals*'schen Hauptzustandsgleichung mit konstanten a_{w}, b_{w}, R_{w}, wäre

$$\mathfrak{B} = \frac{1}{8} - \frac{27}{64}\,\mathfrak{t}^{-1}\,,\quad \mathfrak{C} = \frac{1}{64} \tag{60}$$

zu setzen. Die Geradlinigkeit der Isopkynen, welche jene Gleichung (nach Nr. **42**) mit konstanten a_{w}, b_{w}, R_{w} (und auch noch mit b_{w} von Nr. **40** und **43***b*) ergibt, offenbart sich in dem jetzt betrachteten Gebiet also darin, dass $\mathfrak{B}$ eine lineare Funktion der reziproken Temperatur wird.

b) Die Frage, ob dies der Fall ist, lässt sich nur entscheiden durch Abweichungen, welche $p\,v$ gegenüber unbedeutend sind, und deren Unsicherheiten in B stark vergrössert auftreten. Glücklicherweise sind aber diese Abweichungen sehr genau zu bestimmen. Da nun dieselben mit der Art, in der die Moleküle bei ihrer gegenseitigen Annäherung, bei der *planetarischen Wechselwirkung* [505]) von zweien, ausserhalb der Wirkungssphäre (vergl. Nr. **30***d*) der andern, sich verhalten, aufs engste zusammenhangen müssen, so sind sehr genaue Untersuchungen über B (oder $\mathfrak{B}$) für die Ansichten über die Moleküle und deren Kräfte von höchster Wichtigkeit [506]).

Was die Versuche bis jetzt über $\mathfrak{B}$ lehren, ist in erster Annäherung niedergelegt in der mittleren reduzirten Zustandsgleichung (37). Dass dieselbe, obgleich hauptsächlich auf *Amagat*'sche (vergl. Nr. **36**) Beobachtungen (also meistens nur bis $p = 50$ Atm herunter gehende Drucke) fussend, mit der von *Leduc* [507]) aus den von ihm und *Sacerdote*

---

gliedrige Entwickelung von $p\,v$ nach p. Weiter *O. Knoblauch*, *R. Linde* und *H. Klebe*, Mitt. ü. Forschungsarb. Heft 21 (1905), Sonderabdr. p. 20. Auf zwei Glieder beschränkten sich *O. Tumlirz*, Wien Sitz.-Ber. [2a] 108 (1899), p. 1058, *M. Thiesen*, Ann. d. Phys. (4) 9 (1902), p. 80, *A. Bestelmeyer* und *S. Valentiner* [384]).

505) *M. Reinganum* [d], [c].

506) Die Bedeutung, welche die Bestimmung von B in dieser Richtung hat, übertrifft vielleicht noch die von *Rayleigh*, London Proc. Roy. Soc. 73 (1904), p. 153, betonte Bedeutung für die Bestimmung des Molekulargewichts (vergl. Nr. **78**).

507) *A. Leduc* [a] p. 81 (vergl. Nr. **54***b*), vergl. auch die Fussn. 889 zitirte Arbeit. Auch die Entwickelung von B nach T durch *Rose Innes*, Phil. Mag. (6) 2 (1901), p. 130, stimmt befriedigend mit der mittleren reduzirten Zustandsgleichung.

gemachten Kompressibilitätsbestimmungen (vergl. Fussn. 902) abgeleiteten Formel nach t, so wie der vereinfachten von *D. Berthelot* [903]) im grossen und ganzen stimmt, stellt die Tatsache wohl ausser Zweifel, dass $\mathfrak{B}$ nicht [508]) eine lineare, sondern Gl. (37) entsprechend eine ziemlich komplizirte Funktion der reziproken Temperatur ist (vergl. Abschn. **VI A** *b*) [509]).

c) Man kann natürlich versuchen, die *van der Waals*'sche Gleichung (54) mit diesem Resultat zu versöhnen, indem man in den Betrachtungen der vorigen Nr. a_w nicht proportional der Temperatur annimmt oder $b_{w\,\lim}$ mit derselben veränderlich setzt. Mit diesen Annahmen, die nur für diesen Zweck zu machen wären (auch die von Nr. **43***b* haben keinen theoretischen Hintergrund), gibt man aber (Nr. **43***b*) die (freilich durch Nr. **43***c* in Bedeutung verminderte) Ableitung der richtigen Werte von K_4 und K_5 preis. Jedenfalls ist es (vergl. Nr. **47**) angezeigt, auch die Auflösung des Kohäsionsdrucks in *Boltzmann-van der Waals*'sche Kräfte (Nr. **30***d*) zu Hülfe zu ziehen.

45. Experimentelles über die Änderung der inneren Energie mit dem Volumen. *a*) Dass die *van der Waals*'schen Voraussetzungen bezüglich der zwischen den Molekülen wirkenden Kräfte (Nr. **18***a*) für verschiedene Gebiete abzuändern sind, geht am direktesten hervor aus der Betrachtung der Änderung der inneren Energie mit dem Volumen für Fälle, in denen die Kompressibilität der Moleküle (Nr. **43**) nicht besonders in den Vordergrund tritt. Nach der *van der Waals*'schen Hauptzustandsgleichung mit konstanten a_w, b_w, R_w wäre

$$\left(\frac{\partial u}{\partial v}\right)_T = T\left(\frac{\partial p}{\partial T}\right)_v - p = \frac{a_w}{v^2}. \tag{61}$$

Wenn nur auf die Quasiverkleinerung der Moleküle (Nr. **40**) zu achten ist, bleibt dies der Fall; ebenfalls wenn die Kompressibilität der Moleküle nach Nr. **43***b* zu nehmen ist.

---

508) Dies zeigt auch die aus ganz anderen Erscheinungen hergeleitete Zustandsgleichung in Fussn. 543.

509) Der Einfluss der *Adsorption* an den Gefässwänden dürfte bei niedrigen t von Einfluss werden auf den experimentellen Wert von B; in welchem Maasse muss noch durch genaue systematische Kompressibilitätsbestimmungen bei stark geändertem Verhältnis von Oberfläche und Volumen, bei denen auch auf die Beschaffenheit der Oberflächenschicht geachtet werden soll wie bei den Versuchen von *Scheel* und *Heuse* [410]), weiter quantitativ festgestellt werden (vergl. Nr. **39***a*).

Die Grösse $T\left(\frac{\partial p}{\partial T}\right)_v - p$ ist nun von *Amagat* [510]), der dieselbe den *inneren Druck* [511]) heisst, untersucht. Er fand dieselbe bei CO_2 und C_2H_4 bis zu 1000 Atm und zwischen 0° und 200° C nur wenig veränderlich mit T (vergl. Nr. **42***b*); bei O_2 und N_2 nimmt dieselbe mit abnehmendem v bis zu einem Maximum zu, um darauf wieder abzunehmen [512]); bei H_2 wird $T\left(\frac{\partial p}{\partial T}\right)_v - p$ sogar beträchtlich negativ (vergl. Fussn. 311). Letzteres Resultat ist mit den der Ableitung der *van der Waals*'schen Hauptzustandsgleichung mit konstanten a_w, b_w, R_w gleichwie der Modifikation von Nr. **40** zu Grunde liegenden Voraussetzungen einer scharfen Trennung der Anziehungs- und der nur beim Stoss auftretenden repulsiven Kräfte bei Unveränderlichkeit des Moleküls nicht zu vereinen; dasselbe gilt für die Ersetzung des harten Moleküls durch gegen einander bewegliche einander anziehende harte Atome in Nr. **43**.

Die Messungen *Amagat*'s über den Flüssigkeitszustand bei sehr hohen Drucken ergeben für die untersuchte Grösse eine reine Temperaturfunktion (vergl. die Zustandsgleichung von *Tumlirz* Nr. **86***f*).

Reinganum [513]) untersuchte in ähnlicher Weise die (nach Nr. **22** als nahezu invariant zu betrachtende) Funktion

510) *E. H. Amagat.* J. de phys. (3) 3 (1894), p. 307.

511) Die Funktion $T\left(\frac{\partial p}{\partial T}\right)_v - p$ ist aus den Isothermen im u, v-Diagramm (Nr. **68c**) unmittelbar abzuleiten, vergl. das experimentelle Diagramm für Wasser von *Dieterici*, Fussn. 699. Was den Begriff des inneren Druckes betrifft vergl. Fussn. 170 und 178. In Paris C. R. 142 (1906), p. 371, nennt *Amagat* den Druck $RT/v - p$, der dem äusseren Druck p zugefügt werden muss, um ein ideales Gas bis zu v zusammenzudrücken, auch inneren Druck, später, Paris C. R. 153 (1911), p. 851, zur Unterscheidung *totalen inneren Druck. Amagat* (vergl. Fussn. 512) findet letzteren für grosse Volumina umgekehrt proportional v^2, was mit Gl. (31) in Übereinstimmung ist. Für Binnendruck vergl. Fussn. 178.

512) Vergl. weiter *E. H. Amagat*, Paris C. R. 148 (1909), p. 1135, 1359; 153 (1911), p. 851; *A. Leduc*, Paris C. R. 148 (1909), p. 1391. Dass *Amagat* $T\left(\frac{\partial p}{\partial T}\right)_v - p$ bei grossen Volumina v^2 umgekehrt proportional findet, ist in Übereinstimmung mit Gl. (31). Für die Abhängigkeit von der Temperatur vergl. auch noch *A. Leduc*, Paris C. R. 153 (1911), p. 179. In letztgenannter Arbeit wird für einige Gase, deren Moleküle ähnlich konstituirt sind (folglich eine gleiche Anzahl Atome im Molekül haben), $T\left(\frac{\partial p}{\partial T}\right)_v - p$ in korrespondirenden Temperaturen bei gleichem mittleren Molekularabstande dem Quadrate des Molekulargewichts proportional gefunden.

513) *M. Reinganum* [a], [f]. Eine empirische Darstellung von a_R für Isopentan mit Heranziehung von Beobachtungen von Verdampfungswärme und spezifischer Wärme gibt *G. Vogel*, ZS. physik. Chem. 73 (1910), p. 429, vergl. *M. Reinganum*,

$$a_{\mathrm{R}} = v^2 \left\{ T \left(\frac{\partial p}{\partial T} \right)_v - p \right\}, \tag{62}$$

die mit der Energie durch $a_{\mathrm{R}} = -\left(\frac{\partial u}{\partial \rho}\right)_T$ zusammenhängt und deren Änderung mit der Temperatur durch $\left(\frac{\partial a_{\mathrm{R}}}{\partial T}\right)_v = -\left(\frac{\partial \gamma_v}{\partial \rho}\right)_T = v^2\, T \left(\frac{\partial^2 p}{\partial T^2}\right)_v$ aus Nr. **42** hervorgeht. Bei T unweit von T_{k} (z. B. $\mathfrak{t} = 1{,}03$) nimmt a_{R} bei kleiner werdendem v bis zu einem Minimum ab, und nimmt dann wieder zu. Es ist $a_{\mathrm{R\,min}} = 0{,}5\ a_{\mathrm{RA}}$ (a_{R} im *Avogadro*'schen Zustand, Nr. **39**a) bei $v = 0{,}75\ v_{\mathrm{k}}$. Bei höheren $\mathfrak{t}$ (permanenten Gasen) ist a_{R} bei $v > v_{\mathrm{k}}$ ziemlich konstant (vergl. Fussn. 512) und nimmt dann bei den Drucken, bis zu denen *Amagat* seine Beobachtungen anstellte, erst langsam und dann rascher ab. Beim H_2 wird a_{R} bei diesen höheren Drucken, wie aus dem oben bei der Betrachtung von $(\partial u/\partial v)_T$ angeführten unmittelbar folgt, negativ. Dieses Verhalten verdient besondere Aufmerksamkeit weil Konglomeratenbildung (Nr. **49**) bei hohen Werten von $\mathfrak{t}$ wohl nicht in Betracht kommt.

b) Für die Grenzlinie gilt

$$\int_{v_{\mathrm{liq}}}^{v_{\mathrm{vap}}} \left\{ T \left(\frac{\partial p}{\partial T} \right)_v - p \right\} dv = \left(T \frac{d p_{\mathrm{koex}}}{dT} - p_{\mathrm{koex}} \right) (v_{\mathrm{vap}} - v_{\mathrm{liq}}) = u_{\mathrm{vap}} - u_{\mathrm{liq}}. \tag{63}$$

Nach der *van der Waals*'schen Hauptzustandsgleichung mit konstanten a_{W}, b_{W}, R_{W} wäre dieses gleich $a_{\mathrm{W}} \left(\frac{1}{v_{\mathrm{liq}}} - \frac{1}{v_{\mathrm{vap}}} \right)$, also

$$\left(T \frac{dp_{\mathrm{koex}}}{dT} - p_{\mathrm{koex}} \right) v_{\mathrm{liq}}\, v_{\mathrm{vap}} = a_{\mathrm{W}} = \mathrm{konst.}, \tag{64}$$

oder

$$\left(\mathfrak{t} \frac{d\mathfrak{p}_{\mathrm{koex}}}{d\mathfrak{t}} - \mathfrak{p}_{\mathrm{koex}} \right) \mathfrak{v}_{\mathrm{liq}}\, \mathfrak{v}_{\mathrm{vap}} = \mathrm{konst.} = K_6 - 1. \tag{65a}$$

Die Beobachtungen ergeben dieses aber nicht. *Van der Waals* [514]) findet für C_6H_5F u. s. w. nach den Messungen von *Young*, und ebenso *van Rij* [447]) für CO_2 nach den Messungen von *Cailletet* und *Mathias*, *Amagat*, *Keesom* bis etwa $\mathfrak{t} = 0{,}93$:

Physik. ZS. 11 (1910), p. 735 (vergl. Fussn. 554). Die von *Hall* [343]) für Alkohol und Äther nach den Beobachtungen *Amagat*'s [vergl. auch *A. W. Smith*, Proc. Amer. Acad. of Arts and Sc. 42 (1907), p. 421] studirte Funktion $a_{\mathrm{H}} = v^2 (\alpha_p\, e_T\, T - p)$ ist dieselbe wie a_{R} (vergl. weiter Fussn. 343 und Fussn. 186).

514) *J. D. van der Waals*, siehe *van Rij*, l. c. Fussn. 447, p. 62.

$$\left(\mathfrak{t}\,\frac{d\mathfrak{p}_{\text{koex}}}{d\mathfrak{t}} - \mathfrak{p}_{\text{koex}}\right)\mathfrak{v}_{\text{liq}}\,\mathfrak{v}_{\text{vap}} = \mathfrak{a}_{\text{vR}} = (K_6 - 1)\left(1 + \sqrt{1-\mathfrak{t}}\right), \quad (65b)$$

van der Waals [421]) wiederum für Äther nach *Ramsay* und *Young* bis $\mathfrak{t} = 0{,}68$ hinunter

$$\mathfrak{a}_{\text{vR}} = (K_6 - 1)\left\{1 + \sqrt{1-\mathfrak{t}} - \tfrac{1}{2}(1-\mathfrak{t})\right\}. \quad (65c)$$

Er [515]) schliesst, dass eine Abhängigkeit von a_w oder b_w von der Temperatur allein diese Änderung nicht geben kann.

c) Die empirische Zustandsgleichung Gl. (31) gibt

$$a_R = -R\left(\frac{dB}{dT^{-1}} + \frac{1}{v}\frac{dC}{dT^{-1}} + \ldots\right). \quad (66)$$

Das Studium von a_R ist also sehr geeignet als eine zweite Methode (vergl. Nr. **44**), die Temperaturabhängigkeit der ersten Virialkoeffizienten aus den Isothermenbestimmungen abzuleiten. Versuche bei kleinen Dichten (vergl. Nr. **44**) geben durch $a_{RA} = -R\,{}^{dB}/_{dT^{-1}}$ gleich die Temperaturabhängigkeit von B, Versuche bei etwas grösseren Dichten (z.B. etwa 4 bis 20 Atm für CO_2 bei gewöhnlicher Temperatur) sind geeignet, die zweite Annäherung (vergl. Nr. **52**) und also ${}^{dC}/_{dT^{-1}}$ zu liefern. Es kann dazu

$$\mathfrak{a}_{\text{vR}} = K_4^2\left(\frac{d\mathfrak{B}}{d\mathfrak{t}^{-1}} + K_4\,\frac{d\mathfrak{C}}{d\mathfrak{t}^{-1}}\,\frac{\mathfrak{v}_{\text{vap}}^{-1} + \mathfrak{v}_{\text{liq}}^{-1}}{2} + \ldots\right) \quad (67)$$

auch in Betracht gezogen werden.

Umgekehrt kann aus den Werten, welche die empirische Zustandsgleichung (37) für $\mathfrak{B}$ und $\mathfrak{C}$ ergeben, wie in Nr. **44***c* geschlossen werden, dass das Kraftfeld, in welchem die Moleküle im Innern des Stoffes sich bewegen, nicht von homogener, sondern von körniger Struktur ist. Wir werden sehen, dass auch die in dieser Nummer angeführten Tatsachen sich dadurch jedenfalls teilweise erklären lassen.

46. Die Ableitung der Zustandsgleichung aus der statistischen Mechanik. *a*) Nr. **42**, **44** und **45** zufolge werden wir in den folgenden Nummern von unseren Voraussetzungen die in Nr. **40** und **43** noch beibehaltene fallen lassen, dass die anziehenden Kräfte sich im Innern des Stoffes heben. Wir fassen dabei erst den Fall ins Auge, dass die anziehenden Kräfte der Moleküle als *Boltzmann-van der Waals*'sche Kräfte

---

515) Siehe *van der Waals* bei *van Rij*, Fussn. **447**, p. **74—84**, und Fussn. **421**. Er schreibt diese Temperaturabhängigkeit von $\mathfrak{a}_{\text{vR}}$ der in Nr. **48** und **49** zu behandelnden Scheinassoziation zu.

aufgefasst werden können, die an die Schwerpunkte der Moleküle angreifen, die Richtung der Verbindungslinie derselben haben und nur eine Funktion derer Abstände sind, und dass auch die Stosskräfte denselben Voraussetzungen unterliegen. Bei den bezüglichen Rechnungen kommt die Verteilung der Moleküle unter dem Einfluss der gegenseitigen Kräfte wesentlich in Betracht, und ist man deshalb auf die Berechnung der Wahrscheinlichkeit einer bestimmten Verteilung der Moleküle über den ihnen zugewiesenen Raum bzw. auf die Abzählung der einer entsprechenden Bedingung unterliegenden Fälle aus der Gesamtzahl der möglichen Fälle angewiesen. Die Grundlage für diese Rechnungen bildet ein von *Boltzmann* aufgestellter Satz, den wir erst in der Form, zu der sie für die Anwendung auf diesen Fall zu spezialisiren ist, hinschreiben wollen. Es brauchen in diesem Fall, um die Virialgleichung anwenden zu können, nur die Geschwindigkeiten und die Abstände der Schwerpunkte der Moleküle bekannt zu sein. Erstere werden durch das *Maxwell*'sche Geschwindigkeitsverteilungsgesetz beherrscht. Um über die Lage der Schwerpunkte etwas auszusagen, betrachten wir die verschiedenen *Schwerpunktsdistributionen*, die bei einem durch Energie und Volumen bestimmten Zustand möglich sind. Wir verteilen das Volumen in bestimmte Volumenelemente $d\omega_1$, $d\omega_2 \ldots\ldots d\omega_k$, deren jedes noch viele Molekülschwerpunkte enthalten kann, aber dennoch so zu dimensioniren ist, dass die Änderungen des Potentials der Kraftwirkungen der Moleküle innerhalb derselben vernachlässigt werden können. Den Fall, dass z. B. der Schwerpunkt des

1. Moleküls innerhalb eines bestimmten Volumenelements $d\omega_i$,
2. „ „ „ „ „ $d\omega_j$ u. s. w.

liegt, nennen wir eine *individuell-bestimmte Distribution der Schwerpunkte.* Der erwähnte *Boltzmann*'sche Satz [516]) sagt nun aus, dass die Wahrscheinlichkeit einer solchen individuell-bestimmten Distribution der Schwerpunkte proportional

$$e^{-\frac{u_\omega}{k_P T}} d\omega_i \, d\omega_j \ldots\ldots \tag{68}$$

ist, wo u_ω die totale potentielle Energie des Systems in Bezug auf die gegenseitigen Kraftwirkungen zwischen den Molekülen vorstellt.

516) *L. Boltzmann*, Wien Sitz.-Ber. 105 (1896), p. 695 = Wiss. Abh. 3, p. 547. *Z. J. de Langen*, Diss. Groningen 1907, leitete aus diesem eine mit der Gleichheit des thermodynamischen Potentials übereinstimmende Gleichgewichtsbedingung zwischen koexistirenden Dampf- und Flüssigkeitsphasen ab, vergl. *Boltzmann* [b] § 60.

Aus diesem *Boltzmann*'schen Satz lässt sich unter den angeführten Voraussetzungen bezüglich der gegenseitigen Kräfte ableiten, wieviel Molekülpaare in einem System von Molekülen im als wahrscheinlichsten Zustand aufgefassten Gleichgewichtszustand vorkommen, deren Schwerpunktsabstand zwischen zwei gegebenen, gegen den mittleren Schwerpunktsabstand angrenzender Moleküle und gegen den Abstand, über welche die gegenseitigen Kräfte eine merkliche Änderung aufweisen, nur wenig differirenden Grenzen liegt. Dabei sind die Volumenelemente $d\omega_1 \ldots.$ jede als eine Gesamtheit von Schalen geringer Dicke um die Moleküle anzunehmen, und zwar um jedes Molekül eine das ganze Molekül einschliessende, so lange die Fälle, in denen mehr als zwei Moleküle Kräfte auf einander ausüben, gegen die, wobei in der Wirkungssphäre eines Moleküls nur ein anderes Molekül vorkommt, vernachlässigt werden können. Die Ableitung der Zustandsgleichung ist dann so zu führen, dass bei Berücksichtigung der Anzahl der aufeinander wirkenden Molekülpaare die verschiedenen Glieder der Virialgleichung berechnet werden. Will man auch bei weiterer Annäherung die Fälle, in denen zwei oder mehr Moleküle in der Wirkungssphäre eines anderen Moleküls liegen, berücksichtigen, so ist das Problem in analoger Weise zu behandeln.

Die Berechnung wird beträchtlich komplizirter, wenn die Moleküle *Boltzmann*'sche Kräfte auf einander ausüben und auch die Stosskräfte nicht mehr den oben angeführten vereinfachenden Bedingungen unterliegen. Dieselben gründen sich dann, wie erwähnt, auf einen allgemeineren von *Boltzmann* aufgestellten Satz. Zu dessen Formulirung ziehen wir jetzt mit *Boltzmann* ganz allgemein zur Bestimmung eines augenblicklichen Zustandes (eines Mikrozustandes, vergl. Fussn. 38) eines Systems von Molekülen auch die Schwerpunktsgeschwindigkeiten der Moleküle, weiter die Koordinaten, welche die Richtung von im Molekül fest angebrachten Koordinatenachsen bestimmen, sowie die bezüglichen Rotationsgeschwindigkeiten und schliesslich die (generalisirten) inneren Koordinaten und die bezüglichen Bewegungsmomente der Moleküle in Betracht und definiren allgemein als *Mikrokomplexion* den Fall, dass z. B. die Koordinaten (q) und Momente (p) des 1. Moleküls liegen zwischen den Grenzen

$$q_{1i} \text{ und } q_{1i} + dq_{1i}\,,\; q_{2i} \text{ und } q_{2i} + dq_{2i} \ldots\ldots,$$
$$p_{1i} \text{ und } p_{1i} + dp_{1i}\,,\; p_{2i} \text{ und } p_{2i} + dp_{2i} \ldots\ldots,$$

jene des 2. ten Moleküls zwischen den Grenzen

$$q_{1j} \text{ und } q_{1j} + dq_{1j}\,,\; q_{2j} \text{ u. s. w.}$$

Dabei sind die *Mikrodifferentiale* (*Planck* [c] p. 59) dq_{1i}, $dq_{2i} \ldots$, $dq_{1j} \ldots$ so klein zu wählen, dass die angedeutete Angabe der Verteilung der Moleküle nach generalisirten Koordinaten und Momenten in der Mikrokomplexion genügt, um auch alle generalisirten Kräfte eindeutig als zwischen Grenzen liegend, deren Differenz für das betrachtete Problem zu vernachlässigen ist, zu bestimmen. Wir setzen weiter voraus, dass die verschiedenen Elemente $dq_{1i}\, dq_{2i} \ldots\; dp_{1i}\, dp_{2i} \ldots$ der sich auf die Koordinaten q und die Bewegungsmomente p beziehenden Mannigfaltigkeit, die *Mikroelemente*, gleich gross sind.

Wir fassen jetzt die Zustände des Molekülsystems ins Auge, die durch gewisse Bedingungen bestimmt sind, welche je nach dem speziellen Problem verschieden zu formuliren sind, im Allgemeinen so, dass die Zahlen der Moleküle oder der Gruppen von Molekülen, für welche z. B. gewisse Koordinaten, gegenseitige Abstände oder Orientirungen, Bewegungsmomente, relative Geschwindigkeiten der Moleküle zwischen vorgeschriebenen Grenzen liegen, gegeben sind. Diese Bedingungen sollen dermassen formulirt und die Grenzen so gewählt sein, dass die oben angedeutete Angabe der Zahlen der Moleküle u. s. w. genügt, um den Zustand für einen *Makrobeobachter* (*Planck* [c] p. 46 u. f.), insoweit es die Beantwortung des behandelten Problems erfordert, für den Augenblick, für den jene Zahlen gegeben sind, eindeutig zu bestimmen. Dabei geht jedenfalls die Individualität der einzelnen Moleküle in diese Bestimmung nicht ein. Es sollen die Grenzen weiter so angenommen werden, dass der durch sie bestimmte Makrozustand [38]) durch eine sehr grosse Zahl Mikrokomplexionen realisirt werden kann. Die Gesamtheit dieser Mikrokomplexionen nennen wir eine *nicht-individuell-bestimmte Makrokomplexion.*

Der erwähnte allgemeine *Boltzmann*'sche *Satz* ist nun so zu formuliren, dass jede Mikrokomplexion eine gleiche Wahrscheinlichkeit [517])

---

517) Es ist hier und weiter immer die *Wahrscheinlichkeit a priori* (vergl. Enc. I D 1, Art. *Czuber*) gemeint. Um mit der gewöhnlichen Definition der Wahrscheinlichkeit als einer Zahl zwischen 0 und 1 völlig in Übereinstimmung zu sein, sollten wir durch die als sehr gross anzunehmende und als immer konstant zu betrachtende Zahl der im Ganzen möglichen Mikrokomplexionen, welche z.B. alle möglichen Werte des Volumens und der Energie umfassen sollen, dividiren. Wir sehen von dieser Konstante als für unsere Betrachtungen völlig belanglos ab. Die *Wahrscheinlichkeit a posteriori* (vergl. Enc. I D 1, Art. *Czuber*), dass der Zustand eines Systems bei gegebener Energie und gegebenem Volumen einer bestimmten Makrokomplexion entspricht, und die dadurch erhalten wird, dass man die Zahl der Mikrokomplexionen die in der Makrokomplexion enthalten sind, dividirt durch die Zahl der bei gegebener Energie und gegebenem Volumen überhaupt möglichen Mikrokomplexionen, geht in unsere Betrachtungen nicht ein (vergl. *M. Planck*

hat. Daraus folgt sogleich, dass *die Wahrscheinlichkeit einer nicht-individuell-bestimmten Makrokomplexion* proportional oder, falls man von einem willkürlichen konstanten Multiplikanden absieht, *gleich der Anzahl der Mikrokomplexionen* zu setzen *ist*, die in der nicht-individuell-bestimmten Makrokomplexion enthalten sind.

Zur Berechnung jener Zahl ist es in vielen Fällen angewiesen, erst die Zahl der Mikrokomplexionen zu berechnen, die in einer *individuell-bestimmten Makrokomplexion* enthalten sind. Die Definition der letzteren ergibt sich aus der der nicht-individuell-bestimmten Makrokomplexion dadurch, dass die Individualität der einzelnen Moleküle in die Bestimmung des Zustandes eingeht. Die Berechnung der Zahl der Mikrokomplexionen, die in einer individuell-bestimmten Makrokomplexion enthalten sind, ist für jedes spezielle Problem für sich zu führen. Diese ist dann, um die Zahl der in der nicht-individuell-bestimmten Makrokomplexion enthaltenen Mikrokomplexionen zu bekommen, noch zu multipliziren mit der Zahl der individuell-bestimmten Makrokomplexionen, die in der nicht-individuell-bestimmten Makrokomplexion enthalten sind. Letztere Zahl, die allgemein auf einfache Weise mittels der Permuta-

---

[b] § 137). Diese Bemerkung fällt ins Gewicht, wenn man Zustände bei verschiedener Energie oder bei verschiedenem Volumen mit einander vergleicht [vergl. *H. A. Lorentz*, Physik. ZS. 11 (1910), p. 1254].

Die *Planck*'sche Hypothese des elementaren Wirkungsquantums (Nr. 57*f*) lässt sich in diese Betrachtungen einführen, vergl. *M. Planck* [c] p. 88 u. f., als die von *A. Sommerfeld*, Physik. ZS. 12 (1911), p. 1057, besonders hervorgehobene Hypothese der endlichen Zustandsbereiche. Dieselbe verteilt die sich auf einen Oszillator beziehende Phasenebene (vergl. *c*) in elementare elliptische Ringe einer gewissen endlichen Grösse, und setzt die innerhalb dieser Ringe dargestellten Zustände als nicht unterscheidbar an (man fasst dabei die Zeitmittelwerte ins Auge). Diese Ringe sind für diesen Fall als die Mikroelemente, denen die gleiche Wahrscheinlichkeit zukommt, anzusehen.

Eine Verwertung der von *Sommerfeld* (vergl. die eben zitirte Arbeit) auch auf nicht periodische Bewegungen übertragenen Hypothese des elementaren Wirkungsquantums auf die Probleme der Zustandsgleichung, anders als bei der Betrachtung von Vibrations- und Rotationsfreiheitsgraden (Nr. 57*f*), liegt nicht vor. Man könnte sich vorstellen, dass bei ganz tiefen Temperaturen die Dauer eines Zusammenstosses soweit verlängert wird, dass dieselbe bei Dichten, bei denen bei höheren Temperaturen der *Avogrado*'sche Zustand verwirklicht ist, gegen die mittlere freie Zeit zwischen zwei aufeinanderfolgenden Zusammenstössen nicht mehr zu vernachlässigen ist. Weil experimentelle Ergebnisse, die hierfür einen Beleg geben könnten, bis jetzt aber ausstehen, werden wir diese Möglichkeit weiter nicht berücksichtigen. Auch was die für die Zustandsgleichung in Betracht kommenden Rotations- und Vibrationsfreiheitsgrade betrifft, werden wir in dieser Nummer an der Gültigkeit des aus den *Hamilton*'schen Gleichungen folgenden *Liouville*'schen Satzes, auf dem der *Boltzmann*'sche Ansatz der gleichen Wahrscheinlichkeit der Mikrokomplexionen beruht, festhalten.

tionsrechnung erhalten wird, definiren wir als das *Permutabilitätsmaass* der Makrokomplexion.

Aus dem Ergebnis für die Wahrscheinlichkeit einer nicht-individuell-bestimmten Makrokomplexion ist für ein nach aussen abgeschlossenes System von Molekülen, so *bei gegebener Energie und gegebenem Volumen*, abzuleiten, für welche der nicht-individuell-bestimmten Makrokomplexionen die Wahrscheinlichkeit einen Maximalwert hat. *Boltzmann* setzt nun allgemein an, dass die für diese Makrokomplexion gefundene Verteilung der Moleküle nach den zur Bestimmung der Makrokomplexion dienenden Koordinaten u. s. w. im makroskopischen Sinne einen Gleichgewichtszustand des Molekülsystems bestimmt. Tatsächlich ist es *Boltzmann* für einige spezialisirte Fälle gelungen, mittels der H-Funktion (*Boltzmann* [a] § 5) zu beweisen, dass die Stösse der Moleküle, wenn gewisse Bedingungen (der molekularen Ungeordnetheit, vergl. Fussn. 521), auf die wir nicht eingehen können, erfüllt sind, dahin gehen, das System in wahrscheinlichere Zustände überzuführen, wenn es sich noch nicht in einem Gleichgewichtszustand befindet.

Weiter lässt sich aus der Verteilung der Moleküle in der nicht-individuell-bestimmten Makrokomplexion, der eine maximale Wahrscheinlichkeit zukommt, die Verteilung der Moleküle im entsprechenden Gleichgewichtszustand je nach einer gewissen Zahl bestimmter Koordinaten, relativer Abstände oder Orientirungen u. s. w. ermitteln, indem man über die übrigen Koordinaten oder Momente integrirt. Die Ableitung der Zustandsgleichung ist dann weiter so zu führen, dass mit Berücksichtigung der so gefundenen Verteilung der Moleküle im Gleichgewichtszustand die verschiedenen Glieder der Virialgleichung berechnet werden. Die Behandlung in den Nrn. **47**, **48**, **49** entspricht dieser Darstellung. Wenn wir weiter in diesem Art. von einer Berechnung anführen, dass sie mittels des *Boltzmann*'schen *Verteilungsgesetzes* geführt oder zu führen ist, so verstehen wir darunter die oben skizzirte Berechnungsweise.

Die Ableitung der Zustandsgleichung kann aber auch auf direktere Weise bei Umgehung der Virialgleichung geführt werden, indem man von der von *Boltzmann* aufgedeckten Beziehung zwischen der Entropie eines Systems und seiner Zustandswahrscheinlichkeit ausgeht, auf die auch die *Gibbs*'sche Darstellung (vergl. *c*) zurückgeführt werden kann (vergl. *d*). Wir behandeln diese Methoden hier (in *b* und *c*), weil dieselben bei weiterer Ausarbeitung auch zur Lösung der hier betrachteten Probleme der Zustandsgleichung führen können, in einigen einfachen Fällen (vergl. *b* und *c*) in erster Annäherung auch schon geführt haben und bemerken hier nur noch, dass auch die oben angeführten *Boltzmann*'schen Verteilungssätze in der *Boltzmann*'schen Beziehung zwischen Entropie und Zustandswahrscheinlichkeit enthalten sind. Dementsprechend fassen wir alle in dieser Nummer skizzirten Rechnungen, die im Grunde genommen allgemein durch die Abzählung von gewissen Bedingungen unterliegenden Fällen (Mikrokomplexionen, statistische Phasen vergl. *c*) charakterisirt werden, als zur *statistischen Mechanik* gehörend auf, dabei den Begriff der statistischen Mechanik etwas allgemeiner fassend als dies von *Maxwell* und *Gibbs*, vergl. Enc. V 8, Art. *Boltzmann* und *Nabl*, Nr. **27**, getan ist.

b) Die von *Boltzmann* [a] § 8 und 6 aufgestellte Beziehung zwischen Entropie und Zustandswahrscheinlichkeit geht dahin, dass die Entropieen verschiedener nicht-individuell-bestimmter Makrokomplexionen, die mittels derselben Grenzen für die Koordinaten u. s. w. (vergl. *a*) charakterisirt sind, mit Fortlassung einer willkürlichen additiven Konstante den Logarithmen der in *a* definirten Wahrscheinlichkeiten, W, derselben, proportional sind.

Für die nicht-individuell-bestimmte Makrokomplexion, die dem Gleichgewichtszustand entspricht und die in *a* als diejenige charakterisirt wurde, welche die grösste Wahrscheinlichkeit W hat, ist dann bei gegebener Energie und gegebenem Volumen die so definirte Entropie maximal.

In dem einfachen Fall, in dem die Zahl der Mikrokomplexionen in jeder individuell-bestimmten Makrokomplexion dieselbe ist wie bei der Ableitung der Zustandsgleichung für Moleküle, von denen man die Attraktion und die Ausdehnung vernachlässigt, wird die Entropie bei Fortlassung einer additiven Konstante einfach proportional dem Logarithmus des Permutabilitätsmaasses der Makrokomplexion.

Setzen wir mit Fortlassung einer willkürlichen additiven Konstante allgemein (für eine Definition von W, die der in *a* gegebenen äquivalent ist, vergl. *d*):

$$S = k_P \ln W, \tag{69}$$

wo $k_P = R_M/N$ (vergl. Fussn. 173 und 174) [518]), so findet man für

518) *M. Planck* [b] p. 162 leitet aus den Messungen der Wärmestrahlung den Wert $k_P = 1{,}346 \cdot 10^{-16}$ [Erg/1° K] ab, dessen Übereinstimmung mit der von *Perrin*, vergl. Fussn. 174, aus Beobachtungen der *Brown*'schen Bewegung gefundenen Zahl eine quantitative Befestigung der heutigen Anschauungen über

die Entropie in dem Gleichgewichtszustand eines Gases mit Molekülen, von denen man die Ausdehnung und die Attraktion vernachlässigt, eine Funktion von v und T, die mit der aus der thermodynamischen Definition folgenden, vergl. Enc. V 3, Art. *Bryan*, Gl. (113), identisch ist.

Mit diesem Ansatz, welchen wir *das Boltzmann'sche Entropieprinzip* nennen werden, hat *Boltzmann* eine Definition der Entropie gegeben, die auch für Zustände, die keine Gleichgewichtszustände sind, geeignet ist.

Die in dieser Weise bei speziellen Voraussetzungen über die Moleküle und deren Kraftwirkungen geführte Berechnung der Entropie S im Gleichgewichtszustand bei gegebener Energie und gegebenem Volumen führt direkt auf die entsprechende fundamentale Zustandsgleichung, aus der sowohl die spezifische Wärme wie auch die thermische Zustandsgleichung unmittelbar folgt.

Mittels der Berechnung von W auf Grund der in a angeführten Definition leitete *Boltzmann* [b] § 61 für ein System harter elastischer Kugeln bei Annahme eines *van der Waals*'schen Kohäsionsdruckes die Entropie ab und aus dieser auf thermodynamischer Weise den Druck, dabei die Stossfunktion bis zu Φ_{s2} (siehe den Wert Nr. **40**b) entwickelnd. *Planck* [519]) nennt die Gleichung, welche S als Funktion von U und V (vergl. Nr. 58a) darstellt, die *kanonische Zustandsgleichung*, leitet dieselbe ebenfalls für harte elastische Kugeln und einen *van der Waals*'schen Kohäsionsdruck in der *Boltzmann*'schen Weise ab und erhält daraus, nur die Glieder erster Ordnung in $^b/_v$ berücksichtigend,

$$\Phi_s = -\frac{v}{2b_{WA}} \ln\left(1 - \frac{2b_{WA}}{v}\right), \tag{70}$$

welche bis zur genannten Grössenordnung mit Gl. (6) übereinstimmt. Einige weitere Anwendungen dieser Methode zur Ableitung der Zustandsgleichung werden demnächst in Amsterdam Akad. Versl. gegeben werden.

---

letztere Erscheinungen einerseits, über die Anwendbarheit des *Boltzmann*'schen Ansatzes Gl. (69) auf die Probleme der Wärmestrahlung andrerseits liefert (vergl. Fussn. 173).

519) *M. Planck*, Berlin Sitz.-Ber. 32 (1908), p. 633.

F. Jüttner, Ann. d. Phys. (4) 34 (1911), p. 856, leitet die kanonische Zustandsgleichung für ein Gas mit attraktions- und ausbreitungslosen Molekülen auf Grund der Relativtheorie ab (vergl. Fussn. 35). Für die zu verwirklichenden Temperaturen fällt das Resultat mit dem der *Newton*'schen Mechanik zusammen. Vergl. weiter *F. Jüttner*, Ann. d. Phys. (4) 35 (1911), p. 145, *W. H. Westphal*, Verh. d. D. physik. Ges. 13 (1911), p. 590, *A. Weber*, Verh. d. D. physik. Ges. 13 (1911), p. 695, 974.

c) Die von *Boltzmann* und von *Maxwell* gegründete [520]), besonders von *Gibbs* [e] ausgearbeitete Darstellung kennzeichnet sich durch die Betrachtung eines Stoffes in einem bestimmten Zustande als eines Individuums aus einer grossen Anzahl von einander unabhängiger Systeme, einer *Gesamtheit von Systemen. Boltzmann* [b] § 26 hatte insbesondere eine unendliche Anzahl mechanischer Systeme, alle von gleicher Natur und denselben Bewegungsgleichungen unterworfen, aber jedes von verschiedenen Anfangswerten ausgehend, die jedoch der Bedingung unterliegen, dass die verschiedenen Systeme alle dieselbe totale Energie haben, der Betrachtung unterzogen. Wenn weiter die Verteilung der Systeme nach den generalisirten Koordinaten und Momenten so ist, dass dieselbe mit der Zeit sich nicht ändert, so hat man eine Gesamtheit, die von *Boltzmann* [b] p. 89 *Ergode* genannt worden ist. *Boltzmann* leitete für solche Gesamtheiten gewisse Mittelwertsätze bezüglich der den verschiedenen *Momentoiden* (Enc. V 8, Art. *Boltzmann* und *Nabl,* Nr. **27**) entsprechenden kinetischen Energie (vergl. Nr. **57***a*) ab, die er dann als gültig ansetzte für Körper, die sich im Wärmegleichgewicht befinden ([b] p. 102).

Gibbs [e] fasst besonders die auch schon von *Boltzmann* studirten, und von diesem *Holoden* genannten, *kanonischen Gesamtheiten* ins Auge. Bei diesen wird die Verteilung der Systeme nach den generalisirten Koordinaten und Momenten $q_1 \ldots\ldots q_n$, $p_1 \ldots\ldots p_n$, welche zusammen die *statistische Phase* bestimmen, bei gegebenen *äusseren Koordinaten* (in dem von uns betrachteten Fall, in dem das System durch T und V bestimmt ist, das Volumen) durch die Formel

$$e^{\frac{\psi_G - \varepsilon}{\theta_G}} \, dp_1 \ldots dp_n \, dq_1 \ldots dq_n \tag{71}$$

charakterisirt, wo wir in diesen *Gibbs*'schen Betrachtungen durch ε die totale Energie (kinetische + potentielle) des Systems als Funktion von $p_1 \ldots\ldots q_n$ vorstellen, und θ_G und ψ_G Konstanten für die kanonische Systemgesamtheit sind. *Gibbs* macht bei dem Studium dieser Gesamtheiten eine ausgiebige Anwendung der Vorstellungen der mehrdimensionalen Geometrie, indem er jede statistische Phase durch einen Punkt in einer $2n$-dimensionalen Mannigfaltigkeit darstellt. Ein System beschreibt dann bei seiner

520) *L. Boltzmann.* Wien Sitz.-Ber. 63 (1871), p. 679 = Wiss. Abh. 1, p. 259. J. f. d. reine u. angew. Math. 98 (1884), p. 68 = Wiss. Abh. 3, p. 122. *J. C. Maxwell.* Cambridge Phil. Soc. Trans. 12 (1879), p. 547 = Scient. pap. 2, p. 713.

Bewegung eine Bahn in der *Phasenmannigfaltigkeit.* Gl. (71) gibt für jedes Element in der Phasenmannigfaltigkeit die *Phasendichte.* Aus dem *Liouville*'schen Satz (Enc. V 8, Art. *Boltzmann* und *Nabl,* Nr. **27**) wird leicht bewiesen, dass die Phasendichte sich mit der Zeit nicht ändert, die Gesamtheit also in *statistischem Gleichgewicht* ist, wenn die Phasendichte als Funktion der Energie allein vorgestellt werden kann, wie das bei der kanonischen Verteilung der Fall ist.

Bei seiner Untersuchung fand *Gibbs*, dass für verschiedene Mittelwerte einer kanonischen Gesamtheit Sätze aufgestellt werden können, die mit den thermodynamischen Sätzen für beliebige Körper vollkommen übereinstimmen. Es sind dann θ_G (*Modul der kanonischen Gesamtheit*), bzw. ψ_G (*statistische freie Energie* $\mathfrak{F}_{VTG}$) der Temperatur, bzw. freien Energie analog.

Die kanonische Gesamtheit ist dementsprechend als eine Gesamtheit von Systemen *mit gegebenem Volumen und gegebener Temperatur* aufzufassen.

Zu einer mit der Ergode von *Boltzmann* übereinstimmenden Gesamtheit von Systemen gelangt *Gibbs* dadurch, dass er eine Gesamtheit betrachtet, bei der die Systeme in der Phasenmannigfaltigkeit zwischen zwei Flächen ($2n-1$-dimensionalen Mannigfaltigkeiten), die durch zwei Werte ε' und ε'' für die totale Energie charakterisirt sind, eingeschlossen und da mit konstanter Dichte verteilt sind, und dann die zwei einschliessenden Flächen sich bis zum Zusammenfallen einander nähern lässt. Eine so erhaltene Gesamtheit, die auch in statistischem Gleichgewicht ist, nennt er eine *mikrokanonische.*

Lorentz [521]) fügt den *Gibbs*'schen Betrachtungen die Annahme hinzu, jeder Körper, an dem wir einen Gleichgewichtszustand beobachten, habe dieselben messbaren Eigenschaften wie ein beliebig aus einer geeigneten (die Anzahl Freiheitsgrade n jedes Systems sehr gross vorausgesetzt) kanonisch oder mikrokanonisch verteilten Systemgesamtheit herausgegriffenes System [nach *Ornstein* [522]): das in einer Systemmenge *am meisten vorkommende* System, genauere Definition siehe ebenda] [523]), und gelangt

---

521) *H. A. Lorentz.* Abhandlungen I, Leipzig und Berlin, 1906, p. 287. Diese Annahme entspricht der *Boltzmann*'schen der molekularen Ungeordnetheit (vergl. *a*). Vergl. auch *L. Boltzmann* [b] § 35.

522) *L. S. Ornstein.* Diss. Leiden, 1908.

523) Dieses gilt soweit man nicht, wie z. B. Nr. **50**, im System die Abweichungen von dem wahrscheinlichsten Zustande studirt. Man hat in diesem Fall anzunehmen, dass die Werte der messbaren Eigenschaften in einem wirklichen System

damit zum Beweise, dass das kanonische Verteilungsgesetz nicht allein die Grundgesetze der Kinetik: das *Maxwell*'sche Geschwindigkeitsverteilungsgesetz, sowie das *Boltzmann*'sche Verteilungsgesetz für mehratomige Moleküle unter der Wirkung äusserer Kräfte umfasst, sondern auch zum Entropieprinzip der Thermodynamik führt [524]).

Die *Gibbs*'sche Methode der statistischen Mechanik wurde von *Ornstein* [521]) zur Ableitung der Zustandsgleichung angewandt. Diese erfolgt, indem der Druck eines Gases gleich dem Mittelwert des Druckes in einer kanonisch verteilten Menge von aus den Molekülen gebildeten Systemen gesetzt wird, aus

$$p = -\frac{\partial \psi_G}{\partial v}, \text{ wo } e^{-\frac{\psi_G}{\theta_G}} = \int^{\text{alle Phasen.}} e^{-\frac{\varepsilon}{\theta_G}} dp_1 \ldots\ldots dq_n. \quad (72)$$

Er löste dieses Problem 1. bis zu Φ_{s2} (Nr. **40**b) in Gl. (25) für vollkommen elastische harte (Nr. **30**b) kugelförmige Moleküle mit einem *van der Waals*'schen Kohäsionsdruck (Nr. **18**a), 2. leitete er b_w und a_w in erster Annäherung ab für ebensolche Moleküle und *Boltzmann-van der Waals*'sche Attraktionskräfte (Nr. **30**d), siehe Nr. **47**c.

d) Die *Gibbs*'sche Methode (*c*) führt allgemein für ein System mit sehr viel Freiheitsgraden zu denselben Resultaten wie die *Boltzmann*'sche (*a* und *b*). Bei einer kanonischen Gesamtheit solcher Systeme liegt nämlich die überaus grosse Mehrheit derselben zwischen zwei sehr dicht benachbarten Flächen (vergl. *c*) ε und $\varepsilon + d\varepsilon$ in der Phasenmannigfaltigkeit, und zwar in diesem Gebiet mit konstanter Dichte verteilt, sodass die Mittelwerte für die kanonische Gesamtheit dieselben werden wie für die entsprechende mikrokanonische (*c*). Wie *Lorentz* [525]) zeigt, ist nun wieder die Betrachtung einer mikrokanonischen Gesamtheit der *Boltzmann*'schen Methode äquivalent. *Lorentz* [526]) gewinnt so aus der Theorie der mikrokanonischen Gesamt-

---

unter gegebenen Bedingungen gleich den Mittelwerten derselben in der entsprechenden Gesamtheit sind.

524) Nach *A. Wassmuth*, Wien. Sitz.-Ber. [2*a*] 117 (1908), p. 1253, soll der Gleichgewichtssatz für die kinetische Energie zweier sich berührender Systeme, zwischen denen kein Energieübergang stattfindet, auf die kanonische Verteilung führen.

525) *H. A. Lorentz.* Physik. ZS. 11 (1910), p. 1257.

526) Den Vorlesungen des Herrn *Lorentz* entnommen, vergl. *J. W. Gibbs* [e] p. 179. Vergl. auch *A. Einstein*, Ann. d. Phys. (4) 11 (1903), p. 170, *P. Debije*, Ann. d. Phys. (4) 33 (1910), p. 441.

Auch die von *Boltzmann*, vergl. Beibl. 5 (1881), p. 403 = Wiss. Abh. 2,

heiten eine der *Gibbs*'schen Darstellung entlehnte Deutung des der *Boltzmann*'schen Methode zu Grunde liegenden Begriffes der Wahrscheinlichkeit eines Zustandes (eines Makrozustandes, entsprechend einer nicht-individuell-bestimmten Makrokomplexion, vergl. *b* und *a*), indem er

$$W d\varepsilon = \int_{d\varepsilon} dp_1 \ldots . dp_n . dq_1 \ldots . dq_n \tag{73}$$

setzt, wo das Integral das Volumen jenes Teiles der von den Flächen ε und $\varepsilon + d\varepsilon$ begrenzten Schicht der Phasenmannigfaltigkeit darstellt, der Phasen entspricht, die dem betreffenden Zustand unterzuordnen sind.

47. Berücksichtigung der Vergrösserung der Stosszahl bei der Annahme Boltzmann-van der Waals'scher Kräfte. 3e Modifikation von b_W. *a*) Im Allgemeinen lässt sich, wenn man Nr. **46***a* entsprechend die Voraussetzung fallen lässt, dass die anziehenden Kräfte sich im Innern des Stoffes heben, aussagen, dass die Moleküle längs gekrümmter Bahnen zum Stoss gelangen, die Bewegungen in der Nähe von einander beschleunigt sind, und den Prinzipien der statistischen Mechanik (Nr. **46**) gemäss [besonders Gl. (68)] kleinere Abstände der Moleküle relativ mehr wahrscheinlich sind. Es sind dann b_W und a_W im Allgemeinen notwendig als Funktionen von v und T zu setzen. Ob dieses auch mit R_W (vergl. Nr. **18***a*) der Fall ist oder nicht, hängt davon ab, ob man die sich genäherten, bzw. Zentralbahnen um einander beschreibenden Moleküle als Doppel- bzw. mehrfachen Molekülen (Konglomeraten) angehörend auffasst und also das Virial ihrer gegenseitigen Attraktionskräfte in die Zustandsgleichung des Konglomerats, welches dann als ein zusammendrückbares Molekül (Nr. **43**) zu betrachten ist, eingehen lässt, oder ob man dabei bleibt, die einfachen Moleküle ins Auge zu fassen und das Attraktionsvirial der obengenannten Moleküle in die Hauptzustandsgleichung

---

p. 582, stammende, von *Einstein*, Physik. ZS. 10 (1909), p. 187, wieder besonders hervorgehobene Definition der Wahrscheinlichkeit des Zustandes mittels einer *Zeitgesamtheit* führt zu denselben Resultaten wie die Betrachtung einer mikrokanonischen Gesamtheit. Vergl. weiter *P. Hertz*, Ann. d. Phys. (4) 33 (1910), p. 225, 537, Amsterdam Akad. Versl. Dez. 1910, p. 824, *L. S. Ornstein*, Amsterdam Akad. Versl. Dez. 1910, p. 809, Jan. 1911, p. 947, Sept. 1911, p. 243, *J. D. van der Waals Jr.*, Ann. d. Phys. (4) 35 (1911), p. 185.

Wegen der Frage, ob sich das statistische Gleichgewicht einstellt, vergl. *J. Kroò*, Ann. d. Phys. (4) 34 (1911), p. 907, *F. Hasenöhrl*, Wien Sitz.-Ber. [2a] 120 (1911), p. 923.

aufnimmt (vergl. Fussn. 299 und weiter Nr. **49**) [527]). Bei den zu referirenden Arbeiten, welche unter den Gesichtspunkt der Auflösung des Kohäsionsdruckes in *Boltzmann-van der Waals*'sche und *Boltzmann*'sche Kräfte gebracht werden können, wird die entsprechende Änderung der Zustandsgleichung meistenfalls in eine (oder zwei) dieser Grössen verlegt; dem entspricht die Einteilung unter dieser und den beiden folgenden Nrn. **48** und **49**.

b) Es wird für die Verlegung der Änderungen in b_w und a_w besonders dann Grund sein, wenn beim Annähern der Moleküle unter gewissen Verhältnissen für ein Umkreisen eine geringe Wahrscheinlichkeit sich ergibt, für Änderung von R_w, wenn das umgekehrte der Fall ist; dabei geht dann der Fall einer langdauernden Umkreisung langsam in den zusammendrückbarer mehrfacher Moleküle mit veränderlichem b_w über. Geschieht die Umkreisung in der Weise, dass pendelnde Bewegungen der Moleküle gegen einander in den Vordergrund treten, oder zwei Stellen der beiden Moleküle innig verbunden bleiben, so nähert man sich dem Fall chemischer Verbindung [528]) (vergl. Nr. **49***a*) und,

---

527) Man kann in der Analyse behufs Anwendung des Virialsatzes verschiedene Stufen unterscheiden, je nachdem man eventuelle Konglomerate, nur einfache Moleküle, Atome, oder schliesslich die die Atome aufbauenden kleineren Teilchen (Dynamiden oder Elektronen, Nr. **32**) den Rechnungen zu Grunde legt. Je nachdem man in dieser Analyse tiefer geht, treten in der Virialgleichung an beiden Seiten neue Glieder auf (Bewegungsenergie der Moleküle im Konglomerat, der Atome im Molekül, ..., Virial der Kräfte zwischen den Molekülen des Konglomerats, der Atome des Moleküls, ...), die stets einander gleich sind (vergl. *van der Waals* [a] p. 61).

528) Aus der Übereinstimmung der Grössenordnung von chemischer Energie und Verdampfungswärme, wie z. B. der molekularen Bildungswärme von H_2O (gasförmig) bei 0° C: 58100 cal nach *Berthelot* und *Matignon*, Ann. chim. phys. (6) 30 (1893), p. 553, und der molekularen Verdampfungswärme des H_2O bei 0° C: 10700 cal nach *Dieterici*, Ann. Phys. Chem. 37 (1885), p. 494, kann man schliessen, dass die chemischen Kräfte desselben Ursprungs sind als die Kohäsionskräfte (vergl. *Stark*, Fussn. 308). Andere Beispiele liefert die Vergleichung der Dissoziationswärmen von J_2 und N_2O_4, vergl. *Boltzmann* [b] p. 194, mit ihren Verdampfungswärmen, vergl. *Landolt-Börnstein*'s Physik. Chem. Tabellen 3te Aufl., p. 474. Vergl. auch Fussn. 713 für grössere in a_{wab} auftretende *Boltzmann*'sche Kräfte neben zu *Boltzmann-van der Waals*'schen Kräften sich mittelwertlich zusammenfassenden Kräften.

Die Haftprozesse mittels empfindlicher Stellen der Oberfläche hat *Boltzmann* nur auf die Erklärung der chemischen Erscheinungen angewandt, und zwar um das Nichtzusammenfallen zu Konglomeraten von viel grösserer Komplexität zu erklären, während letzteres bei grösserer Dichte mit der Annahme von empfindlichen Hüllen nicht zu umgehen ist, vergl. *Boltzmann* [b] § 73. Wir haben gemeint, diese Auffassung auf die Molekularkräfte ausdehnen zu dürfen, und fassen also die Molekularkräfte als durch *Boltzmann*'sche Haftprozesse bedingt auf, welche mit den Haftprozessen, die

wenn die Erscheinung zu gleicher Zeit an verschiedenen Seiten des Moleküls auftritt und sich auf mehrere benachbarte Moleküle zugleich erstreckt, der Wirkungen, welche die vielleicht sperrige Struktur des festen Zustandes zur Folge haben (vergl. Nr. **32**a) und in letzterem Zustand bei sehr tiefen Temperaturen nach dem *Planck-Einstein*'schen Gesetz (Nr. **74**c) die Teile eines ganzen Körpers wie zu einem einzigen Atom vereinen. In dem Falle, dass sich in dieser Weise schon im Flüssigkeitszustand Andeutungen des festen Zustandes bemerkbar machen, wird die Ausführung der Rechnung zeigen, dass unter den Prozessen, welche die Kompressibilität beherrschen, langsam solche in den Vordergrund treten, welche zu gleicher Zeit eine Formelastizität bedingen. Fassen wir jetzt wieder das Fluidgebiet im Allgemeinen ins Auge, so können sich bei verschiedenen Verhältnissen die Bedingungen für das Auftreten oder Vorherrschen von Umkreisung in verschiedenem Maasse bei verschiedener Komplexität der Konglomerate (Nr. **34**d) entwickeln und es können folglich in verschiedenen Zustandsgebieten in verschiedenen Verhältnissen Änderungen von a_w, b_w und R_w bedingt werden.

Die Anzahl und die Art der Umkreisungen und der Zusammenhaftungen[529]) stehen ganz unter dem *Boltzmann*'schen Verteilungsgesetz (Nr. **46**a), wenn dieses, wo nötig, auch für Prozesse, bei denen die Gleichungen der Mechanik nicht mehr gelten (vergl. Fussn. 406 und 517) verallgemeinert gedacht ist. Nur dieses Verteilungsgesetz kann darüber entscheiden ob man in a_w, b_w oder R_w die Hauptänderung zu verlegen hat. Wenn wir also R_w eine Änderung zuschreiben, so schliesst dies ein, dass angenommen wird, dass die Ausrechnung auf Grund dieses Gesetzes[530]) in irgend einer Weise eine Bevorzugung von Umkreisen oder Zusammenhaften ergeben würde. Das *Boltzmann*'sche Gesetz lässt jedenfalls die Möglichkeit offen, dass

in der chemischen Bindung zur Äusserung kommen, identischen Ursprungs sind. Diese Auffassung, die also den Angriffspunkt der Molekularkräfte in die Valenzstellen und etwaigen denselben analogen Stellen lokalisirt, geht weiter als die von *E.* und *M. Bose*, ZS. physik. Chem. 69 (1909), p. 52, welche den Angriffspunkt der Molekularkräfte zwar in den einzelnen Atomen des Moleküls lokalisirt, aber dieselben in Bezug auf die Atome wieder als den *Boltzmann-van der Waals*'schen Kräften analog auffasst. In der Litteratur finden wir ausser in letztgenannter Arbeit nur die Zurückführung auf vom Molekül ausgehende *Boltzmann-van der Waals*'sche Kräfte, welche also eine Krafthülle um das ganze Molekül herum voraussetzen, erwähnt.

529) Dies gilt sogar von dem Aufbau des Moleküls aus den Atomen zufolge der zwischen denselben wirkenden und von den Molekularkräften nicht grundsätzlich verschiedenen Kräften.

530) Vergl. *L. S. Ornstein*, Fussn. 522, p. 74.

in gewissen Gebieten entweder a_w, b_w, oder R_w mit seiner Änderung in den Vordergrund tritt, sowie auch dass die Änderungen von den drei Grössen oder von zweien einander in der Weise heben, dass man mit der Annahme, dass eine von diesen oder zwei oder alle drei konstant sind, auskommt. Aus dem hier etwas ausführlicher erörterten Ergebnis der statistischen Mechanik, dass b_W und a_W, und bei Annahme von Konglomeratenbildung auch R_w, zugleich vom *Boltzmann*'schen Verteilungsgesetze beherrscht werden, beruht auch unsere in Nr. **5**a ausgesprochene Ansicht, dass empirisch gelungene Ansätze sich durch Ausrechnung auf Grund der statistischen Mechanik erklären lassen werden; insbesondere auch, dass wir die Gültigkeit des Korrespondenzgesetzes innerhalb weiter Grenzen erklären durch die Ähnlichkeit von Mittelwerten innerhalb gewisser Gebiete (Nr. **31**).

c) Wir gehen jetzt von dem allgemeinen Bilde über zu den Fällen, in welchen die Rechnung auf Grund der Annahme *Boltzmann-van der Waals*'scher Kräfte geführt oder versucht oder durch empirische Ansätze vorweggenommen ist und betrachten zuerst den Vorgang, wenn Umkreisungen, obgleich dieselben in gewisser Zahl wohl nach dem *Boltzmann*'schen Gesetz anwesend sein werden, nicht in den Vordergrund treten.

Schon *Lorentz* [531]) hatte den Umstand, dass die Wirkungssphäre eines Moleküls nicht mit andern Molekülen gleichmässig gefüllt angenommen werden kann und demgemäss die anziehenden Kräfte sich im Innern des Gases nicht in jedem Augenblick heben, in Betracht gezogen und darauf hingewiesen, dass dieser Umstand nicht nur auf die Berechnung des Attraktionsvirials (vergl. Nr. **48**), sondern auch auf das repulsive Virial einen Einfluss [532]) haben muss.

---

531) *H. A. Lorentz.* Ann. Phys. Chem. **12** (1881), p. **135** = Abhandlungen I, p. **121**.

532) *Sutherland* [278]) war der erste, der diesen berechnete, indem er die Vergrösserung der Stosszahl durch die Attraktionskräfte in Betracht zog und dabei annahm, dass die gegenseitigen Beschleunigungen eine grössere mittlere Geschwindigkeit unmittelbar vor dem Stoss und so auch eine entsprechende Vergrösserung des Stossvirials bedingen. Er findet (vergl. Fussn. 278)

$$\phi_S = 1 + \left(1 + c_S T^{-1}\right)^{3/2} \frac{b_S}{v - b_S}. \tag{74}$$

Reinganum [a] wandte dazu das *Boltzmann*'sche Verteilungsgesetz [in der Form von Gl. (68)] an und erhielt mit dem Kraftgesetz Kr^{-q} wo $q > 4$ (vergl. Nr. **48**d) eine Zustandsgleichung, welche er in die *Jäger*'sche (Wien. Sitz.-Ber. [2a] 105 (1896), p. 15) Form

Für das Virial der Stosskräfte bei geringen Dichten findet *Reinganum* [533]) mit Hülfe des *Boltzmann*'schen Verteilungsgesetzes (Nr. **46**a) einen Wert, der zu der Stossfunktion (Nr. **30**b)

$$\Phi_s = 1 + \frac{b_R}{v} e^{\frac{c_B}{T}}, \tag{77}$$

führt, wo wir c_B die *Boltzmann*'sche Konstante nennen werden, sodass

$$pv = RT + \frac{RT\, b_R\, e^{\frac{c_B}{T}} - a(T)}{v}, \tag{78}$$

in welcher Formel $a(T)$ aus dem Virial der anziehenden Kräfte zu berechnen ist (Nr. **48**f). Die Ersetzung der einfachen Stossfunktion der *van der Waals*'schen Hauptzustandsgleichung mit konstantem b_W durch diese neue *Reinganum*'sche, welche auf (vergl. Nr. **36**)

$$B = b_R\, e^{\frac{c_B}{T}} - \frac{a(T)}{RT}, \quad \mathfrak{B} = \mathfrak{b}_R\, e^{\frac{\mathfrak{c}_B}{\mathfrak{t}}} - f(\mathfrak{t}) \tag{79}$$

und

$$b_W = b_R\, e^{\frac{c_B}{T}} \tag{80}$$

führt, lässt auf eine Änderung der für die Reibung in Betracht kom-

---

$$\left(p + \frac{a_J}{v^2}\right)(v - b_J)^4 = RTv^3 \tag{75}$$

bringt unter Einführung komplizirter Funktionen von Temperatur und Volumen a_J und b_J (daselbst p. 102). Nach der Prüfung von *D. Berthelot* [a] stimmt diese Gleichung nicht mit den Beobachtungen bei etwa $\mathfrak{t} = 0{,}5$, und ebenfalls nicht bei hohen Drucken.

Bei dieser ersten *Reinganum*'schen Berechnung (vergl. weiter im Text und Fussn. 533), wie bei der *Sutherland*'schen, wurde noch eine Vergrösserung der mittleren kinetischen Energie durch die Beschleunigungen vor dem Stoss angenommen. Nach den *Boltzmann*'schen und den *Gibbs*'schen Betrachtungen (Nr. **46**a und c) aber wird das mittlere Geschwindigkeitsquadrat auch durch innere Kräfte nicht geändert, und bedingt dieser Umstand also keine Vergrösserung des Stossvirials. Es ist deshalb der Exponent $^3/_2$ in Gl. (74) als nicht richtig zu betrachten, wie aus Vergleichung mit Gl. (77), die für genügend hohe T übergeht in

$$\Phi_S = 1 + \left(1 + c_B\, T^{-1}\right)\frac{b_R}{v}, \tag{76}$$

hervorgeht (der Unterschied im Nenner ist, weil von zweiter Ordnung in b/v, hier nicht wesentlich).

Reinganum nahm seine erste Berechnung teilweise zurück, [b]. Vergl. *J. J. van Laar* [b] p. 212.

533) *M. Reinganum* [c] und Ann. d. Phys. (4) 6 (1901), p. 549.

menden Dimension der Moleküle schliessen, die mit den Beobachtungen über die Änderung der aus der Reibung sich ergebenden mittleren Weglänge mit der Temperatur recht gut verträglich ist [534]). *Reinganum* hat bei den Berechnungen, welche dies zeigten, c_B für verschiedene Stoffe nach dem Gesetz der übereinstimmenden Zustände gewählt, welches sich auch in den Koeffizienten der inneren Reibung bestätigt (vergl. Nr. **29***b*).

Dieselbe Gleichung (78) erhielt *Ornstein* (Nr. **46***c*) nach der *Gibbs*'schen Methode der statistischen Mechanik.

d) Die angeführten Ergebnisse der Berücksichtigung der Vergrösserung der Stosszahl bei der Annahme *Boltzmann-van der Waals*'scher Kräfte sind noch nur in wenigen Fällen mit Beobachtungsresultaten verglichen. *De Langen* [516]) kombinirte die Hauptzustandsgleichung (6) mit Gl. (80) und [535]) Φ_{s2} aus Gl. (44), indem er c_B der inneren Reibung entlehnte, und weiter mit Gl. (86) aus Nr. **48** und fand dann einen zu kleinen Wert für $\left(\frac{\partial p}{\partial T}\right)_v$, sodass er die sich für $\left(\frac{\partial p}{\partial T}\right)_v$ ergebende Formel in empirischer Weise abändern musste, um Übereinstimmung mit den Beobachtungsresultaten zu erhalten. Auch die Kombination von der Hauptzustandsgleichung (6) mit Gl. (80) und Gl. (47) und weiter mit (86) aus Nr. **48** stimmt nicht für $\left(\frac{\partial p}{\partial T}\right)_v$. *Braak* [536]) leitete aus den von *Kamerlingh Onnes* und ihm bestimmten Wasserstoffisothermen [354]) Werte von b_W ab, die sich an Gl. (79) erst anpassen lassen, wenn dabei c_B von dem aus Reibungsexperimenten hervorgegangenen Werte verschieden angenommen wird.

Jedenfalls wäre es unbefriedigend (siehe auch Nr. **47***a*), wenn man bei der Annahme harter Moleküle und der Voraussetzung, dass Konglomerate nur nebenbei vorkommen, die Auflösung des Kohäsionsdruckes in *Boltzmann-van der Waals*'schen Kräften nur bei der Berechnung des Stossvirials, nicht aber bei der Berechnung des Attraktionsvirials berücksichtigen würde.

48. Berücksichtigung des Aufbaus des Kohäsionsdruckes aus Boltzmann-van der Waals'schen Kräften bei Konglomeratenbildung. Modifikation von a_W. *a*) Für das Attraktionsvirial wird die Annahme

534) *M. Reinganum* [d], [e].

535) In wiefern dieses erlaubt ist, würde erst eine nähere Berechnung des zweiten Stosskoeffizienten Φ_{s_2} auf Grund des *Boltzmann*'schen Verteilungsgesetzes bei *Boltzmann-van der Waals*'schen Kräften ergeben (vergl. Nr. **52**).

536) *C. Braak.* Diss. Leiden 1908.

Boltzmann-van der Waals'scher Kräfte (Nr. **30***d*) oder, bei weiterer Analyse, *Boltzmann*'scher Kräfte (vergl. Fussn. 528), im Allgemeinen auf verwickeltere Volum- und Temperaturfunktionen führen, wie es auch durch die experimentellen Ergebnisse von Nr. **45** verlangt wird.

b) Nur in besonderen Fällen wird für diese (vergl. Nr. **47***b*) auch das *Boltzmann*'sche Verteilungsgesetz auf ein nahezu konstantes a_w führen; ein solcher Fall ist der, dass das Kräftepotential (vergl. Nr. **34***d*), von dem Zentrum des Moleküls aus gerechnet, ausserhalb des von b_w bestimmten Volumens des Moleküls sich zuerst nicht sehr schnell ändert, und die Moleküle in so geringen Abstand von einander gebracht sind, dass über den Weg, den eines derselben zwischen den benachbarten ablegt, die Änderungen dieses Potentials nur gering sind [537]).

c) Als Grundlage einer Theorie der Kohäsionskräfte, die für den allgemeinen Fall nötig ist, wird man wohl die Annahme elektrischer Wirkungen zu bevorzugen haben, deren Vorteile in Nr. **31** (vergl. auch Nr. **32**) besprochen sind.

Aus den Berechnungen von *van der Waals Jr.* [538]), der das *Boltzmann*'sche Verteilungsgesetz (Nr. **46***a*) auf die Richtung der als elektrische Bipole gedachten Moleküle anwendet, lässt sich auf eine Temperaturabhängigkeit des Attraktionsvirials schliessen [539]). Man erhält dafür eine unendliche Reihe mit T^{-1} im ersten Glied, wenn das elektrische Moment des Bipols konstant angenommen wird. *Rayleigh* [540]) kommt zu einem ähnlichen Schluss aus allgemeinen Dimensionsbetrachtungen. Dass man so zu einer von empirischer Seite wiederholt (vergl. Fussn. 543) eingeführten Temperaturabhängigkeit des a_w kommt (vergl. *e*), gibt jener Annahme eine wichtige Stütze. Auch für die Erklärung des Einflusses tiefer Temperaturen auf die Abweichungen von der Ähnlichkeit scheint diese Annahme wichtig.

d) Ist man in dieser Richtung noch wenig über allgemeine Gesichtspunkte hinausgekommen, und ist für die Darstellung von a_w kein fester

---

537) Bei denselben Stoffen in geringer Dichte wird aber wieder das *Boltzmann*'sche Verteilungsgesetz ein veränderliches a_w bedingen (vergl. *f*).

538) *J. D. van der Waals Jr.* Amsterdam Akad. Versl. Mai 1900, p. 46, Juni, Okt. 1908, p. 130, 391.

539) Vergl. Fussn. 317. *Reinganum* [e] hatte die Moleküle bei ihrer gegenseitigen Annäherung einfachheitshalber als gleich gerichtet angenommen [vergl. Fussn. 823 und *Nagaoka* Fussn. 305; vergl. auch *M. Reinganum,* Physik. ZS. 12 (1911), p. 670].

540) *Rayleigh.* Phil. Mag. (6) 9 (1905), p. 494. Vergl. *S. H. Burbury,* Phil. Mag. (6) 10 (1905), p. 33.

Halt gewonnen, so haben die verschiedenen Versuche, welche gemacht worden sind, um aus den experimentellen Daten ein bestimmtes Abstandsgesetz für die als *van der Waals*'sche oder *Boltzmann-van der Waals*'sche Kraft aufgefasste Molekularattraktion abzuleiten, bis jetzt noch weniger Erfolg gehabt. Es ist dabei hauptsächlich nur zum Ausdruck gebracht, dass, damit sämtliche Eigenschaften der Phase von der Masse derselben unabhängig werden (die Dimensionen gross gegen die molekularen vorausgesetzt, Nr. **1***a*), das Attraktionsgesetz eine genügend schnelle Abnahme bei zunehmendem Abstand aufweisen muss. Dieses wird erreicht, wenn man, wie *van der Waals* [292]), das Potential $P_W = -f r^{-1} e^{-\frac{r}{L}}$ setzt. Bei $F = Kr^{-q}$ muss dazu [541]) $q > 4$ sein. Die Annahme von elektrischen Bipolen, deren Richtung durch das *Boltzmann*'sche Verteilungsgesetz beherrscht wird (vergl. *c*), genügt ebenfalls jener Forderung [542]).

---

541) Vergl. *M. Reinganum* [a] p. 69 und Fussn. 532.

542) Dagegen nicht die von *P. Bohl*, Ann. Phys. Chem. 36 (1889), p. 334, *B. Galitzine*, ZS. physik. Chem. 4 (1889), p. 417, Ann. Phys. Chem. 41 (1890), p. 781, befürwortete Kraftfunktion $F = Kr^{-2}$. *G. Bakker*, Ann. d. Phys. (4) 11 (1903), p. 207, meint, dass die dieser Kraftfunktion anhaftende Schwierigkeit durch die Anordnung der Moleküle rings um das anziehende Molekül nach dem *Boltzmann*'schen Verteilungsgesetz gehoben wird; dieses wird jedenfalls bei grosser Dichte oder bei hoher Temperatur nicht der Fall sein. *J. E. Mills*, J. phys. chem. 6 (1902), p. 209; 8 (1904), p. 383, 593; 9 (1905), p. 402; 10 (1906), p. 1; 11 (1907), p. 132, 594; 13 (1909), p. 512; 15 (1911), p. 417, J. Amer. Chem. Soc. 31 (1909), p. 1099, Phil. Mag. (6) 20 (1910), p. 629; 22 (1911), p. 84, schliesst aus λ_i: $(\rho_{\text{liq}}^{1/3} - \rho_{\text{vap}}^{1/3})$ = konst. (vergl. Fussn. 1060) ebenfalls auf $F = Kr^{-2}$. Um dann aber die spezifische Energie unabhängig von der totalen Masse zu bekommen, muss er eine nicht näher bestimmte Schirmwirkung der Moleküle für die Molekularattraktion annehmen, von der er dann wieder den Einfluss auf die Energie nicht in Betracht zieht.

W. Sutherland, Phil. Mag. (5) 22 (1886), p. 81; (5) 35 (1893), p. 211, schliesst daraus, dass er aus den *Joule-Kelvin*'schen Experimenten (Nr. **90**) die Energieänderung, aus den *Ramsay* und *Young*'schen Bestimmungen das Attraktionsvirial, $-v\,\Phi_e(v)$ (Nr. **42***a*), proportional v^{-1} findet, auf $q = 4$, wobei Abweichungen von $\Phi_e(v)$ proportional v^{-2} einem Glied r^{-6} zugeschrieben werden. Es gibt aber jedes Attraktionsgesetz, in dem ein Glied r^{-q} vorkommt, für das nicht $q > 4$, zu der obengenannten Schwierigkeit Anlass, dass der Einfluss weiter entfernter Massen auf die Energie nicht verschwindet [vergl. die Hypothese von *Sutherland* zur Vermeidung dieser Schwierigkeit Phil. Mag. (5) 35 (1893), p. 251]. Vergl. weiter *E. H. Amagat*, Paris C. R. 148 (1909), p. 1135; 153 (1911), p. 851, *R. D. Kleeman*, Phil. Mag. (6) 19 (1910), p. 783; 20 (1910), p. 665, 905; 21 (1911), p. 83, 325, 535; 22 (1911), p. 355, 566; *A. Leduc*, Paris C. R. 153 (1911), p. 179 (vergl. Fussn. 512).

In verschiedenen dieser Arbeiten wird bei der Berechnung der inneren Arbeit bei Expansion eines Gases oder einer Flüssigkeit aus einem bestimmten Abstands-

Bei den Versuchen, die man gemacht hat, um für den fluiden Zustand ein Abstandsgesetz für die als *van der Waals*'sche oder *Boltzmann-van der Waals*'sche aufgefasste Molekularkräfte aufzustellen, hat man die Frage, ob, was für den fluiden Zustand abgeleitet wurde, auch für den festen Zustand (vergl. Nr. **74**) passt, bis jetzt nur ausnahmsweise (vergl. Fussn. 539 und 823) gestellt.

e) Die Vorschläge zur Modifikation von a_W sind in der Hauptsache nur empirisch begründet. *Clausius* [543]) hat in Anschluss an allgemeine Überlegungen über Konglomeratenbildung als empirische Darstellung

$$a_W = a_C \left(1 + \frac{\beta_C}{v}\right)^{-2} \theta_C \text{ und für } CO_2\ \theta_C = \frac{1}{T} \tag{81}$$

gewählt. *Sarrau* [544]) hat $\theta_C = e^{-rT}$ gesetzt und *van der Waals*, um eine weniger starke Zunahme von a_W bei niedriger Temperatur zu bekommen und zugleich das Gesetz der übereinstimmenden Zustände zum Ausdruck zu bringen (bei $\beta_C = 0$),

$$\theta_C = e^{\frac{T_k - T}{T_k}}. \tag{82}$$

gesetz für die zwischen den Molekülen wirkenden Kräfte die Abstandsänderung je zweier aufeinander wirkender Kraftzentren gleich der Änderung der linearen Dimension bei gleichförmiger Volumenänderung angenommen und also von dem Einfluss der molekularen Bewegung abgesehen; dieses wird aber bei *Boltzmann-van der Waals*'schen Kräften, und besonders bei *Boltzmann*'schen Kräften nicht erlaubt sein.

543) *R. Clausius.* Ann. Phys. Chem. 9 (1880), p. 337. Vergl. Fussn. 945 und 1010. Vergl. auch Fussn. 553. Diese Zustandsgleichung wurde zur Darstellung ihrer Isothermenbestimmungen angenommen von *J. P. Kuenen* [a], *H. C. Schamhardt*, Fussn. 324, *C. Dorsman*, ebenda (vergl. Fussn. 494). Für das Gebiet ihrer Messungen kann mittels derselben eine ziemlich gute Übereinstimmung erhalten werden, ausserhalb desselben aber nicht (vergl. weiter die Prüfung *Berthelot*'s [a]). Wie *Reinganum* [f] p. 1013 bemerkt, gibt Gl. (81) $\partial^2 p/\partial T^2 < 0$ für jedes v (vergl. Nr. **42***b*), und a_R zugleich mit v abnehmend, aber kein Minimum (vergl. Nr. **45***a*).

Ein Vorläufer der *Clausius*'schen Modifikation ist die Zustandsgleichung von *Rankine*, $pv = RT - \frac{a}{Tv}$, siehe *Joule* und *Thomson*, London Phil. Trans. 144 (1854), p. 337, und die mit derselben in erster Annäherung übereinstimmenden von *Joule* und *Thomson* [London Phil. Trans. 152 (1862), p. 579]. Dieselbe gibt aber nicht den kritischen Punkt und nicht die Flüssigkeit. Vergl. auch die Ableitung einer nicht weiter geprüften Zustandsgleichung aus den Ergebnissen der *Joule-Kelvin*'schen Experimente (Nr. **90**) und γ_{pA} = konst. (Nr. **54**, **55**, **56**): *M. Planck*, [a] p. 132.

544) *E. Sarrau.* Paris C. R. 101 (1885), p. 941 u. s. w.; 110 (1890), p. 880. *Von Wroblewski*, Wien Sitz.-Ber. [2*a*] 97 (1888), p. 1359, setzt dabei $\beta_C = 0$.

Später suchte *Clausius*[545]) eine bessere Annäherung zu erhalten, indem er setzte $\theta_C = AT^{1-n} - BT$, *Battelli*[546]) endlich $\theta_C = m\,T^{-\mu} - n\,T^{\nu}$. (83)

Was den Faktor $\left(1 + \frac{\beta_C}{v}\right)^{-2}$ betrifft, wird angegeben, dass die Ausführung der Berechnungen[547]) für bestimmte Kraftgesetze vielmehr auf $\left(1 - \frac{\beta}{v}\right)^{-2}$ führt[548]). *Schiller*[549]) findet

$$a_W = a_0 \frac{1 + \mu p}{T\left(1 + \frac{\beta}{v}\right)^2} \text{ (bei } b_W = \gamma T) \tag{84}$$

geeignet, um die *E. Natanson*'schen[550]) Versuche über den *Joule-Kelvin*-Effekt (Nr. **90**) wiederzugeben[551]). Aus der eingehenden Prüfung *D. Berthelot*'s [a], welche sich speziell auf die Linien pv = minimum bei T = konst., $pv = RT$[552]), und die besonderen Linien für den *Joule-Kelvin*-Effekt (Nr. **90**) bezieht, folgt aber, dass sämtliche Modifi-

---

545) *R. Clausius.* Ann. Phys. Chem. 14 (1881), p. 279 und 692.

546) *A. Battelli.* Ann. chim. phys. (6) 25 (1892), p. 38 u.s.w. bis (7) 9 (1896), p. 409.

547) Vergl. auch *J. B. Goebel*, ZS. physik. Chem. 47 (1904), p. 471; 49 (1904), p. 129. Die Möglichkeit die Molekülanziehung auf gewisse den zusammentretenden Atomen zuzuschreibende Parameter zurückzuführen, vergl. *J. B. Goebel*, ZS. physik. Chem. 50 (1905), p. 238, würde die Annahme der Wesensgleichheit der *Boltzmann-van der Waals*'schen und *Boltzmann*'schen Kräfte (vergl. Nr. **31** und Fussn. 528) stützen. Diese Zurückführung fällt weiter ausserhalb des Rahmens dieses Art.

548) *O. Tumlirz*, Wien Sitz.-Ber. [2a] 111 (1902), p. 524, findet aus seinen Rechnungen auf Grund der Füllung des Attraktionsraumes mit diskreten Molekülen $a_W = K\left(1 - \sqrt[3]{\frac{bT^2}{4\sqrt{2}\,v^2}}\right)$, mit einem der Prüfung an den Experimentalergebnissen für CS_2 entnommenem K: für $T > 273°$: $\frac{A - B(T-273)^2}{T^{0,3}}$, für $T < 273°$: $\frac{A}{T^{0,3}}$. Für die Behauptung von *Tumlirz*: die Stabilitätsbedingungen führen bei Annahme der *van der Waals*'schen Form für den Kohäsionsdruck auf einen Widerspruch mit der Gleichheit des Druckes in koexistenten Phasen, vergl. Fussn. 688.

549) *N. Schiller.* Ann. Phys. Chem. 40 (1890), p. 149.

550) *E. Natanson.* Ann. Phys. Chem. 31 (1887), p. 502.

551) *D. Berthelot*, Paris C. R. 130 (1900), p. 69 u. 713, kam empirisch auf $a_W = \frac{a}{1 + 2l\frac{b}{v} + m\frac{b^2}{v^2}}$. *Dieterici*, Ann. Phys. Chem. 69 (1899), p. 685, setzte $a_W = av^{1/3}$ (vergl. auch Fussn. 590).

552) *A. Batschinski*, Ann. d. Phys. (4) 19 (1906), p. 307, nennt diese Zustände *orthometrische*, und findet die Linie im ρ, T-Diagramm für Äthyläther gerade. Für die Linie $(\partial^2 p/\partial v^2)_T = 0$ vergl. *H. C. Schamhardt*, Diss. Amsterdam 1908, p. 62 u. f.

kationen für quantitative Darstellung des Sachverhaltes unbrauchbar sind [553]) [554]).

f) Es sind nur noch wenig Berechnungen des Einflusses, den die Verteilung der Moleküle über den ihnen zugewiesenen Raum nach den in Nr. **46** angeführten Prinzipien auf das Attraktionsvirial hat, durchgeführt.

Wir erwähnen erst die *Smoluchowski*'schen [555]) Rechnungen über die *Schwarmbildung* (vergl. auch Nr. **50**), bei denen die von den Prinzipien der statistischen Mechanik beherrschten zufälligen Unterschiede der Dichte in den Wirkungssphären der verschiedenen Moleküle bei Annahme *van der Waals*'scher Kräfte berücksichtigt werden. Er kommt zu der Form

$$a_W = a_0 \left[1 + \frac{b_{SM}}{\rho + \varepsilon \rho^2 + \xi \rho^3 - \gamma \rho^2 T^{-1}} \right], \qquad (85)$$

wo b_{SM}, ε, ξ, γ Konstanten sind.

Die explizite Ausführung der Berechnung des Attraktionsvirials (vergl. auch Fussn. 562) bei Berücksichtigung der Verteilung der Moleküle unter dem Einfluss der als *Boltzmann-van der Waals*'sche Kräfte aufgefassten Attraktionskräfte nach Nr. **46** ist bis jetzt auf kleine Dichten beschränkt geblieben. Dieselben könnten an den Koeffizienten $\mathfrak{B}$ der mittleren reduzirten empirischen Zustandsgleichung geprüft werden. *Reinganum* [533]) findet für kleine Dichten mit dem Kraftgesetz Kr^{-q} mit $q > 4$ (vergl. *d* und Fussn. 532) das Attraktionsvirial $\frac{a(T)}{v}$ [Gl. (78)] mit

$$a(T) = \frac{R\, b_R\, c_B\, (q-1)}{q-4} \left\{ 1 + \frac{q-4}{2q-5} \frac{c_B}{T} + \frac{(q-4)\, c_B^2}{2!\,(3q-6)\, T^2} + \frac{(q-4)\, c_B^3}{3!\,(4q-7)\, T^3} + \dots \right\}. \qquad (86)$$

Ornstein [556]) behandelt dieses Problem nach der *Gibbs*'schen Methode

553) Für Gl. (81) schon von *D. J. Korteweg*, Ann. Phys. Chem. 12 (1881), p. 135, nachgewiesen.

554) Eine auf Grund der Untersuchung von a_R (Nr. **45**) aufgestellte Zustandsgleichung gibt *G. Vogel*, Fussn. 513.

555) *M. von Smoluchowski. Boltzmann*-Festschrift 1904, p. 626. *S. H. Burbury*, Phil. Mag. (6) 2 (1901), p. 403, deutete die Notwendigkeit, die Schwarmbildung zu berücksichtigen, an. Die Form von *Boltzmann* und *Mache* (Nr. **49***b*) ist formell eine Änderung von a_W bei ungeändertem R_W.

556) *L. S. Ornstein*. Diss. Leiden 1908, p. 73.

der statistischen Mechanik und kommt zu einem gleichen Resultat (vergl. Nr. **46***c* und **47***c*). Es wäre interessant zu wissen, in wie weit die Rechnungen von *Reinganum* über die Zustandsgleichung schwach komprimirter Gase (vergl. Nr. **44***b*) eine Stütze für die von ihm abgeleitete Temperaturfunktion geben. Vergl. weiter Nr. **47***d*.

Von *van der Waals* [557]) wird (vergl. Nr. **45***b*) der Einfluss der Konglomeratenbildung, dem er auch durch eine Modifikation von R_{w} (vergl. Nr. **47***b*), also eine *Scheinassoziation*, Rechnung trägt (Nr. **49**), in a_{w} berücksichtigt, indem

$$a_{\mathrm{w}} = a_{\mathrm{w}0} \left\{1 - (1 - k_{\mathrm{a}})\, x\right\}^2 \tag{87}$$

gesetzt wird, wo $k_{\mathrm{a}} < 1$, wahrscheinlich unweit von 0,5, und x die relative Zahl der als einfach gezählten Moleküle, die zu komplexen Molekülen zusammengetreten sind (vergl. Nr. **49***c*), vorstellt. Dies entspricht der Annahme, dass a_{w} durch Aneinanderlagerung der Moleküle vermindert wird, indem die zu einander gekehrten Teile der Moleküle nicht oder nur abgeschwächt nach aussen zur Wirkung kommen, z. B. dadurch, dass dieselben dem Auftreten von Haftprozessen (vergl. Nr. **31***b*) mit anderen Molekülen nicht zugänglich sind.

49. Berücksichtigung der Bildung von Konglomeraten bei der Berechnung der Stossfunktion. Modifikation von R_{w}. *a*) Wir kommen jetzt zu den Fällen (vergl. Nr. **47***a* und *b*), in denen das *Boltzmann*sche Verteilungsgesetz (Nr. **46***a*), wenn man die Rechnung durchführen könnte, lehren würde, dass bei dem Zusammentreffen zwei Moleküle relativ häufig einige Zeit nahezu geschlossene Bahnen um einander beschreiben, bzw. eines in der Nähe eines anderen verbleibt, sodass sie als ein Doppelmolekül (vergl. Nr. **35**), oder dass verschiedene Moleküle während kurzer Zeit einander aüsserst nahe sind, sodass sie als mehrfache Moleküle aufgefasst werden können. Es ist besonders Grund vorhanden, vorübergehende Konglomeratenbildung ins Auge zu fassen, wenn in dem mittleren zur Wirkung kommenden Attraktionspotential rund um ein Molekül, das im Allgemeinen als aus verschiedenen Teilen bestehend aufgefasst werden kann (vergl. Nr. **31***c*), der

557) *J. D. van der Waals*, Fussn. 421. In [e] Okt. 1910 beweist derselbe, dass die Annahme eines Kohäsionsdruckes gleich $\frac{a}{v^{\mu}}$ mit konstanten a und μ nicht die richtige Form für $\mathfrak{a}_{\mathrm{vR}}$ (Nr. **45***b*) gibt.

den *Boltzmann-van der Waals*'schen Kräften zuzuschreibende Teil überwiegt. Man könnte diesen Fällen die *van der Waals*'sche Scheinassoziation zuordnen, während bei dem Überwiegen des zweiten Teiles des Anziehungspotentials, jenes der *Boltzmann*'schen Kräfte, von der zu den chemischen Wirkungen übergehenden (vergl. Nr. **47***b*) Assoziation [558]) zu sprechen wäre [559]).

b) Man kann diese Doppel- oder mehrfachen Moleküle (vergl. *a*) als einem in Dissoziation begriffenen Stoff angehörend betrachten und die nach der Berechnung auf dieser Grundlage augenblicklich anwesende Zahl derselben bei der Angabe von R_W für den jetzt als Gemisch (vergl. Abschn. **IV***b*) aufgefassten Stoff berücksichtigen [560]). In dieser Weise kam *Natanson* [561]) zu der Gleichung

$$pv = RT\left(1 - \frac{a_{NAT}Te^{\frac{m_{NAT}}{T}}}{v} + \frac{b_{NAT}}{Tv^2}\right) \tag{88}$$

für nicht sehr grosse Dichten. Für grössere wäre dieselbe durch sehr komplizirte Glieder zu ergänzen. Sie stimmt aber auch bei niedrigen Drucken nicht recht gut.

Zu der Form $p = RT\,(v - b_{BM})^{-1} - A_{BM}\,(v - b_{BM})^{-2}$ gelangten bei kleinen Dichten *Boltzmann* und *Mache* [562]), und zwar setzen sie mit Vernachlässigung der Quasiverkleinerung (Nr. **30***b*) $b_{BM} =$ konst.; die Gleichung gibt dann aber nicht nur keinen kritischen Punkt, sondern auch keine Flüssigkeit; um diese zu erhalten, muss dann die Bildung von Konglomeraten, welche auf höhere Potenzen von $(v - b_{BM})^{-1}$ führen, angenommen werden [563]).

---

558) Vergl. für diese Nr. **35**c und Fussn. 351.

559) Weil aber jedenfalls die Quasiverkleinerung (Nr. **40**) in Rechnung gezogen werden soll, so gehen *P. Bogdan*, ZS. physik. Chem. 57 (1907), p. 349, vergl. Fussn. 381, der jede Abweichung von der *van der Waals*'schen Hauptzustandsgleichung mit konstanten a_W, b_W, R_W auf Rechnung der Assoziation schreibt, und *H. v. Jüptner*, ZS. physik. Chem. 63 (1908), p. 579, besonders 64 (1908), p. 709, der dasselbe für die Abweichung, welche K_4 von $^8/_3$ zeigt (Nr. **41***a*), tut [vergl. *J. J. van Laar*, Arch. Teyler (2) 11 (1908), p. 267, 276], zu weit, wenn sie aus jenen Abweichungen den zwingenden Schluss ziehen wollen, dass jede Flüssigkeit als polymerisirt angesehen werden soll (vergl. Nr. **35***b*).

560) Vergl. *Drucker*, Nr. **51***a*.

561) *L. Natanson*. Diss. Dorpat 1887; Ann. Phys. Chem. 33 (1888), p. 683.

562) *Boltzmann* und *Mache*. Cambridge Trans. Phil. Soc. 18 (1899), p. 91 = *Boltzmann* Wiss. Abh. 3, p. 654.

563) Von *G. Jäger*, Wien. Sitz.-Ber. 101 (1892), p. 925, vergl. Enc. V 8, Art. *Boltzmann* und *Nabl*, Nr. **31**, wird angenommen, dass der Flüssigkeitszustand einfach durch

c) *Van der Waals*[564]) und *Swart*[565]) haben die als Dissoziationsproblem gefasste Bestimmung der Zahl von Komplexen von zwei Molekülen allgemeiner behandelt für den Fall, dass man die weiteren Kräfte zu einem Kohäsionsdruck zusammenfassen kann und die Moleküle harte (Nr. **30***b*) sind. Die gefundene Lösung ist für kleine Dichten wohl anwendbar.

In Ausführung der *van der Waals*'schen Anschauungen über die Scheinassoziation (vergl. Nr. **48***f* und **23**) behandelt *van Rij*[566]) dasselbe Problem weiter. Merkwürdig ist, dass in Übereinstimmung mit *van der Waals*[567]) aus vorliegenden Bestimmungen der Grenzlinie und aus den *Amagat*'schen Isothermen für CO_2 Bildung von Konglomeraten aus mehr als zwei Molekülen zugleich gefunden wird.

Bei der weiteren Entwicklung der Zustandsgleichung auf Grund dieser Anschauungen, bei der a_W nach Gl. (87) und

$$R_W = R_{W0} \left\{ 1 - \frac{n-1}{n} x \right\} \tag{89}$$

angesetzt werden, und nach Nr. **69***c* eine Beziehung zwischen x (vergl. Nr. **48***f*) und v und T abgeleitet wird, findet *van der Waals*[568])

Zusammenballen der Moleküle mittels *Boltzmann*'scher Kräfte entsteht, sodass die Zahl der komplexen Moleküle jedesmal mit $pv_M = R_{JM}(1 + \alpha t)$ und die mittlere Geschwindigkeit u_J derselben mit $M_J u_J{}^2 = Mu^2$ aus M und u im *Avogadro*'schen Zustand gefunden werden. Diese Vorstellung von übereinander rollenden, tropfenartigen [*H. Mache*, Wien. Sitz.-Ber. [2*a*] 110 (1901), p. 176; 111 (1902), p. 382] Kugelhaufen von Hunderten Molekülen ist wohl zuerst von *de Heen* [Bull. de l'Acad. roy. de Belgique (3) 27 (1894), p. 885] ausgedacht. Anknüpfung an eine weiter ausgearbeitete Theorie besteht nicht. In *Winkelmann*'s Handbuch der Physik III 2te Aufl., Leipzig 1906, p. 711, kommt *Jäger* durch Betrachtung der Änderung von R_W infolge von Komplexbildung und Einführung von b_W zur *van der Waals*'schen Hauptzustandsgleichung. Für eine besondere Zustandsgleichung für Flüssigkeiten vergl. Fussn. 587.

564) *J. D. van der Waals* [b] p. 29.

565) *A. J. Swart*, ZS. physik. Chem. 7 (1891), p. 120. Diss. Amsterdam 1890.

566) *G. van Rij*, Diss. Amsterdam 1908, p. 85.

567) Siehe bei *G. van Rij*, Diss. Amsterdam 1908, p. 82.

568) *J. D. van der Waals* [e] Mai 1910 p. 78. Vergl. weiter [e] Okt. 1910, p. 549, März, April 1911, p. 1310, 1458. Dabei wird vorläufig der Einfluss der Konglomeratenbildung auf b_W nicht mit in Betracht gezogen. *J. J. van Laar*, Amsterdam Akad. Versl. Sept. 1911, p. 367, verlegt dagegen jenen Einfluss in R_W und b_W und lässt a_W ungeändert. Dabei nimmt er in der Umgegend des kritischen Punktes die Konglomerate als aus 2 bis 3 Molekülen bestehend an (vergl. Fussn. 569). Vergl. Fussn. 1013.

(vergl. auch Fussn. 463) sogar die Zahl der zu einem Konglomerat zusammentretenden Moleküle grösser als sieben (vergl. Nr. **86***a*) [569]).

50. **Die Zustandsgleichung in der Nähe des kritischen Punktes Liquid-Gas.** *a*) Da bei der Annäherung an den kritischen Punkt Liquid-Gas die von den *Boltzmann-Gibbs*'schen Prinzipien (Nr. **46**) beherrschten Dichteunterschiede (Schwarmbildung Nr. **48***f*), der bis ∞ ansteigenden Zusammendrückbarkeit der Substanz wegen, besonders hervortreten, ist zu erwarten, dass bei der Entwicklung der Zustandsgleichung für die Umgebung des kritischen Punktes nach jenen Prinzipien Glieder auftreten werden, die mit der grossen Zusammendrückbarkeit in der Nähe des kritischen Punktes zusammenhängen. Diese Glieder werden wahrscheinlich durch die Art der Abweichung der Zusammendrückbarkeit in dem kritischen Gebiet (∞ im kritischen Punkt und von diesem aus, soweit sie das realisirbare homogene Gebiet betrifft, allseitig schnell abfallend) für dasselbe eine besondere Bedeutung erlangen, während sie für benachbarte Gebiete nicht mehr in Betracht kommen. Während eine allmählige Verschiebung oder Verzerrung, die sich durch das ganze Diagramm durchzieht, wie z. B. eine kontinuirliche Änderung von a_W, b_W oder R_W, sich experimentell nicht besonders zeigen würde, werden die betreffenden Glieder in der Zustandsgleichung in der Nähe des kritischen Punktes demgemäss zum Schluss führen können, dass die Eigenschaften in diesem Gebiet in beobachtbarer Weise abweichen von den Eigenschaften, die man durch Interpolation zwischen Zuständen, die um den kritischen herumliegen, aber weiter von ihm entfernt bleiben, erwarten sollte [570]).

b) In der Tat scheint nach *Kamerlingh Onnes* und *Keesom* [571]) aus den vorliegenden genauesten Messungen in der Nähe des kritischen

569) Es könnten diese aus mehreren Molekülen bestehenden Konglomerate, die vielleicht sperrige Struktur haben, den Übergang in den festen Aggregatzustand vorbereiten und schliesslich (vergl. Nr. **47***b*) bewirken, während die an bestimmte empfindliche Stellen (*Boltzmann* [b] Abschn. VI) gebundene, im Gegensatz zu der oben behandelten als chemisch zu betrachtende Assoziation (Nr. **35**) dagegen in Konglomeratenbildung aus nur wenigen (z. B. zwei) Molekülen bestehen könnte.

570) Dieser Fall würde z. B. eintreten, wenn die betreffenden Glieder eine Form hätten wie

$$p_{st} = -\{m_{10}(v-v_k) + m_{01}(T-T_k) \ldots\ldots\}\, e^{-n_{20}(v-v_k)^2 - n_{02}(T-T_k)^2}$$

571) *H. Kamerlingh Onnes* und *W. H. Keesom*. Leiden Comm. Nr. 104*a* (1908).

Punktes hervorzugehen, dass dieser Schluss von den Tatsachen bestätigt wird. Man hat dann zu unterscheiden zwischen der von den experimentellen Unzulänglichkeiten befreiten (vergl. Fussn. 84) *Zustandsgleichung in der Nähe des kritischen Punktes* [572]) und der Zustandsgleichung, die z.B. nach Nr. **36** aus Isothermenbestimmungen, die den kritischen Punkt umfassen, aber sich nicht zu dicht demselben nähern, abgeleitet wird, und die von *Kamerlingh Onnes* und *Keesom* [571]) die *spezielle ungestörte Zustandsgleichung* genannt wird. Der Unterschied zwischen diesen beiden ist dann die *Störungsfunktion in der Zustandsgleichung in der Nähe des kritischen Punktes* [573]).

Dass eine solche Störungsfunktion vermutlich existirt, wurde abgeleitet aus:

α. dem Unterschied der aus der empirischen Zustandsgleichung (Nr. **36**) berechneten kritischen Daten und den experimentellen [574]);

---

572) Es wird dabei vorausgesetzt, dass die einkomponentige Substanz in thermodynamischem Gleichgewicht ist und keinen andern äussern Kräften als dem äussern Druck unterliegt (vergl. Nr. **1***a*), sodass Einflüsse, wie die von Temperaturunterschieden, von kleinen Quantitäten Beimischung und besonders von nicht gleichgewichtsmässiger Verteilung derselben (vergl. Fussn. 239), von Gravitation [*Gouy*, Paris C. R. 115 (1892), p. 720, 116 (1893), p. 1289, *J. P. Kuenen*, Leiden Comm. Nr. 17 (1895), *W. H. Keesom* [a] p. 51, *G. H. Fabius*, Diss. Leiden 1908, p. 86, bei Anwesenheit einer geringen Quantität Beimischung Fussn. 728], von Kapillarität, von Adsorption der Gefässwände, eliminirt oder berücksichtigt sind (vergl. *van der Waals* [e] Juni 1903, p. 106).

573) Von experimenteller Seite treten noch Störungen, die verursacht sein können durch Beimischungen, die chemisch eine eigene Existenz führen können, welche zu entfernen es aber nicht möglich gewesen ist, und welche immer in bestimmten Quantitäten auftreten, in die Störungsfunktion ein, so lange die Natur und die Quantität dieser Beimischungen nicht bekannt sind (vergl. weiter Leiden Comm. Nr. 104*a*, p. 5).

574) *H. Kamerlingh Onnes* und Frl. *T. C. Jolles*, Leiden Comm. Suppl. Nr. 14 (1907), p. 5, berechneten aus der speziellen empirischen reduzirten Zustandsgleichung für CO_2 (Fussn. 368) nach Gl. (10) für den kritischen Punkt in dieser ungestörten Zustandsgleichung:

$$\mathfrak{t}_{k.\text{ungest.}} = 1{,}010595, \quad \mathfrak{v}_{k.\text{ungest.}} = 1{,}0379, \quad \mathfrak{p}_{k.\text{ungest.}} = 1{,}06566.$$

Die beträchtliche Verschiebung des kritischen Punktes, welche man hier findet, wird von einer relativ geringen Neigungsveränderung der Isothermen in diesem Gebiete hervorgerufen.

Eine derartige Abweichung im Isothermendiagramm zeigte sich schon *H. Kamerlingh Onnes* [e] Nr. 74 (1901), p. 15, vergl. auch *A. Batschinski*, Ann. d. Phys. (4) 19 (1906), p. 330 und für die *Keesom*'schen CO_2-Isothermen Leiden Comm. Nr. 104*a* (1908), p. 6. Es ist indessen die Möglichkeit zu berücksichtigen, dass eine Störung, wie sie hier hervortritt, dadurch bedingt sein könnte, dass die empirische Zustands-

β. der Ungleichheit, welche die genauesten bis jetzt vorliegenden Messungen ergeben zwischen K_5 und K_6 (Nr. **41**a), wenn K_5 aus Isothermbestimmungen oberhalb T_k, K_6 aus der Dampfspannungskurve abgeleitet wird [575]); während

γ) in den Dampfspannungskurven, und vielleicht auch in dem Sättigungsvolumen, für CO_2 und CH_3Cl einige $\frac{1}{10}{}^\circ$ unter T_k Andeutungen einer Störung vorliegen [576]).

Aus dem unter β gefundenen folgt, dass man mittels der *Planck*schen Beziehung (Nr. **41**a)

$$\left[\left(\frac{\partial p}{\partial T}\right)_v\right]_{v_k\, T_k} = \left[\frac{dp_{\text{koex}}}{dT}\right]_{T_k} \tag{90}$$

ein anderes v_k ableitet als mittels des Gesetzes der geraden Mittellinie aus den Volumina der gesättigten Flüssigkeit und des gesättigten Dampfes gefunden wird. Wir werden das erstere [577]) v_{ks}, das letztere v_{kd} nennen,

---

gleichung mit der beschränkten Zahl Virialkoeffizienten von Nr. **36** nicht im Stande sei, den von den experimentellen Unzulänglichkeiten befreiten Isothermen in der Nähe des kritischen Punktes zu folgen.

575) Aus den Messungen für CO_2 von *Amagat* folgt: $K_{5d} = 7{,}3$, $K_6 = 6{,}5$ [*W. H. Keesom*, Leiden Comm. Nr. 75 (1901), p. 9], aus denen von *Keesom* [a]: $K_{5d} = 7{,}12$, $K_6 = 6{,}71$ (Leiden Comm. Nr. 104*a*, p. 7). Einen gleichartigen Unterschied fanden *Brinkman*, Diss. Amsterdam 1904, für CO_2 und CH_3Cl, und *Mills*, J. phys. chem 8 (1904), p. 594, 635, vergl. 9 (1905), p. 402, für Äthyläther (Messungen von *Ramsay* und *Young*), Isopentan und normales Pentan (*Young*). Es liegt hier jedenfalls ein Verhalten vor, das auf eine Störung in der Zustandsgleichung, sie möge den in a erwähnten Dichteunterschieden zuzuschreiben sein oder nicht, hinweist. Vergl. auch Fussn. 577. Die Messungen an Argon, *C. A. Crommelin*, Leiden Comm. Nr. 118*a* (1910), p. 6, scheinen anzudeuten, dass für diesen Stoff der Unterschied zwischen K_{5d} und K_6 kleiner ist.

576) Siehe weiter Leiden Comm. Nr. 104*a*. Aus der Vergleichung der Messungen von *Keesom* mit denen von *Kamerlingh Onnes* und *Fabius* an CO_2 würde z. B. eine Krümmung des *Cailletet*- und *Mathias*'schen Durchmessers (Nr. **85**) in der unmittelbaren Nähe des kritischen Punktes hervorgehen (vergl. die eben zitirte Arbeit, p. 10). Dieses findet eine weitere experimentelle Bestätigung durch die Beobachtungen an SO_2 von *E. Cardoso*, Paris C. R. 153 (1911), p. 257. Dagegen ist hervorzuheben, dass aus den sehr sorgfältigen Messungen von *Young* an Isopentan eine Störung, wie unter γ erwähnt (vergl. aber Fussn. 575), nicht hervorgeht.

577) Dieses wurde von *Keesom* [a] als kritisches Reduktionsvolumen (vergl. Nr. **38**b) der Vergleichung von binären Gemischen mit einem einkomponentigen Stoff nach dem Gesetz der übereinstimmenden Zustände zu Grunde gelegt, um dadurch den Einfluss der durch β angezeigten Störung, die bei Gemischen im Faltenpunkt, also in einem nur ausnahmsweise (Nr. **67**b) mit dem kritischen Punkt des einkomponentigen Stoffes korrespondirenden Zustande zu erwarten ist, zu elimi-

und dementsprechend z. B. $K_{5s} = K_6$ und K_{5d}, K_{4s} und K_{4d} (vergl. Fussn. 453) unterscheiden.

Wie für K_{4d} und K_6 (Nr. **41***a* und *b*) für verschiedene Stoffe verschiedene Werte gefunden werden, so wird auch die Störungsfunktion für verschiedene Stoffe verschieden sein [575]), und dürfte diese sowie auch die verschiedenen Werte von $T_{o\,MEY}$ und $v_{o\,MEY}$ (vergl. Nr. **38***a* und Fussn. 386) in Beziehung stehen zu den entsprechenden Werten von f_{wk} (Nr. **83**, **84**).

c) Eine in der Nähe des kritischen Punktes auftretende Erscheinung ist die zuerst von *Avenarius* [578]) erwähnte *kritische Opaleszenz*. Von den vorliegenden Erklärungsversuchen für die dadurch angezeigten Dichteunterschiede von *Konowalow* [579]) (Kondensation um Kerne, vergl. Fussn. 937), *Donnan* [580]) (Bildung von kleinen Flüssigkeitstropfen, weil diese noch eine positive Oberflächenspannung haben sollten bei

---

niren. Dabei wurde angenommen, dass für den einkomponentigen Stoff die Störung in p_k und T_k in erster Annäherung zu vernachlässigen sei. Die weitere Untersuchung der Störungsfunktion soll hierüber näheres lehren.

578) *M. Avenarius*. Ann. Phys. Chem. 151 (1874), p. 306. Vergl. weiter für einkomponentige Stoffe: *A. Nadeschdin*, *Exner*'s Repertorium 23 (1887), p. 633; *M. Altschul*, ZS. physik. Chem. 11 (1893), p. 579; *K. v. Wesendonck*, Naturw. Rundschau 9 (1894), p. 209, 22 (1907), p. 145, ZS. physik. Chem. 15 (1894), p. 262; *W. Ramsay*, ZS. physik. Chem. 14 (1894), p. 486; *P. Villard*, Ann. chim phys. (7) 10 (1897), p. 408; *W. H. Keesom* [a] p. 51; *M. W. Travers* und *F. L. Usher*, London Proc. Roy. Soc. A 78 (1906), p. 247; *S. Young*, London Proc. Roy. Soc. A 78 (1906), p. 262; *H. Kamerlingh Onnes* und *G. H. Fabius*, Leiden Comm. Nr. 98 (1907); *F. B. Young*, Phil. Mag. (6) 20 (1910), p. 793; *E. Cardoso*, J. chim. phys. 9 (1911), p. 769. Die von *Bradley*, *Browne* und *Hale*, Phys. Rev. 19 (1904), p. 258, 26 (1908), p. 470, studirte Erscheinung wird wohl Temperaturunterschieden zuzuschreiben sein, die durch Dichteschwingungen hervorgerufen werden.

579) *D. Konowalow*. Ann. d. Phys. (4) 10 (1903), p. 360. Diese Arbeit betrifft zwar die Opaleszenz in Flüssigkeitsgemischen nahe am kritischen Trennungspunkt (Nr. **68***a*), zu bemerken ist aber, dass das Verhalten hier, sowie beim Faltenpunkt der Gas-Liquid-Falte (Nr. **67**) für binäre Gemische, dasselbe ist als bei einkomponentigen Stoffen beim kritischen Punkt Gas-Liquid. Vergl. hierüber, sowie auch über ternäre Gemische, weiter *S. v. Wroblewski*, Ann. Phys. Chem. 26 (1885), p. 144; *J. P. Kuenen* [a] p. 375, Diss. Leiden 1892, p. 21; *W. H. Keesom* [a] p. 57; *F. Guthrie*, Phil. Mag. (5) 18 (1884), p. 30, 497, 504; *V. Rothmund*, ZS. physik. Chem. 26 (1898), p. 433; 63 (1908), p. 54, Löslichkeit und Löslichkeitsbeeinflussung (*Bredig*'s Handbuch der angewandten physikalischen Chemie Bd. 7) Leipzig 1907, p. 76; *J. Friedländer*, ZS. physik. Chem. 38 (1901), p. 385; *W. Ostwald* [c] p. 684; *F. A. H. Schreinemakers*, ZS. physik. Chem. 29 (1890), p. 585; *J. Timmermans*, ZS. physik. Chem. 58 (1907), p. 129, Amsterdam Akad. Versl. Okt. 1910; *W. v. Lepkowski*, ZS. physik. Chem. 75 (1910), p. 608.

580) *F. G. Donnan*. Chem. News 90 (1904), p. 139. Vergl. Fussn. 582.

Temperaturen, bei denen grössere Tropfen nicht mehr stabil sind), und *von Smoluchowski* [581]) [durch die Wärmebewegung bedingte, von den *Boltzmann-Gibbs*'schen Prinzipien (Nr. **46**) beherrschte Dichteunterschiede, vergl. *a*], wird der letzte durch die spektrophotometrischen Messungen von *Kamerlingh Onnes* und *Keesom* [582]) als wahrscheinlich richtig hervorgehoben [583]).

d) Es bleibt noch übrig, wenn möglich aus der Annahme der *Smoluchowski*'schen Dichteunterschiede (*c*), welche durch die grosse Zusammendrückbarkeit in der Nähe des kritischen Punktes (*a*) besonders in den Vordergrund treten, eine Störungsfunktion abzuleiten und zu untersuchen, ob die in *b* α, β, γ, erwähnten Abweichungen dieser Störungsfunktion unterzubringen und so mit der in *c* behandelten Opaleszenz in Zusammenhang zu bringen sind [584]).

---

581) *M. v. Smoluchowski*. Ann. d. Phys. (4) 25 (1908), p. 205. Einen ersten Versuch zur kinetischen Erklärung der kritischen Opaleszenz gab *Küster*, Lehrbuch der physik. Chemie, p. 1907 (zitirt nach *F. B. Young*, Fussn. 578).

582) *H. Kamerlingh Onnes* und *W. H. Keesom*. Leiden Comm. Nr. 104*b* (1908). Die Intensität des zerstreuten Lichtes wird (mit Ausnahme eines unmittelbar an T_k heranliegenden Gebietes) mit $T - T_k$ annähernd umgekehrt proportional gefunden (vergl. auch die Messungen von *F. B. Young*, Fussn. 578); es folgt hieraus die mittlere Dichteabweichung annäherend umgekehrt proportional $(T - T_k)^{1/2}$, was mit der *Smoluchowski*'schen Annahme stimmt. Dieselbe Beziehung prüfte *Wo. Ostwald*, Ann. d. Phys. (4) 36 (1911), p. 848, für Flüssigkeitsgemische in der Nähe des kritischen Trennungspunktes. Ebenfalls fanden *Kamerlingh Onnes* und *Keesom* bei einer vorläufigen Messung des Absolutwertes der Intensität des zerstreuten Lichtes, wenigstens der Grössenordnung nach, Übereinstimmung. Dazu wurde die absolute Intensität des zerstreuten Lichtes auf Grund jener Annahme abgeleitet von *W. H. Keesom*, Leiden Comm. Nr. 104*b* (1908), p. 27 Fussn. 1, Ann. d. Phys. (4) 35 (1911), p. 591 [dabei wurde der in letzter Arbeit p. 598 Fussn. 2 erörterten neuen Berechnung die *Perrin*'sche Zahl $N = 7{,}05 \cdot 10^{23}$, Physik. ZS. 11 (1910), p. 461, zu Grunde gelegt, vergl. die neuere von *Perrin* gegebene Zahl Fussn. 173]. Eine andere Ableitung gab *A. Einstein*, Ann. d. Phys. (4) 33 (1910), p. 1275. Es ist als wahrscheinlich zu betrachten, dass die *Donnan*'schen Tröpfchen sich auf denselben Grund wie die *Smoluchowski*'schen Dichteunterschiede zurückführen lassen, und dass daher die Ausarbeitung der *Donnan*'schen Hypothese zu denselben quantitativen Verhältnissen führen sollte [vergl. *V. Rothmund*, ZS. physik. Chem. 63 (1908), p. 54; *K. v. Wesendonck*, Verh. d. D. physik. Ges. 10 (1908), p. 483].

583) Es dürfte diese Erscheinung, deren weitere experimentelle und theoretische Untersuchung erwünscht ist, vergl. *W. H. Keesom*, Ann. d. Phys. (4) 35 (1911), p. 591, eine sehr anschauliche Befestigung der Ansichten über die molekulare Bewegung (vergl. Fussn. 173) darstellen.

584) Auf Grund dieser Dichteunterschiede reiht *Wo. Ostwald* [582]) die einkomponentigen Stoffe in der Nähe des kritischen Punktes Liquid-Gas in der Klasse der *Isodispersoide* ein.

Nach *K. v. Wesendonck*, Fussn. 578 und 582, soll der Übergang vom heterogenen zum homogenen Gleichgewicht, wenn bei konstanter kritischer Dichte die

51. Andre Formen der Zustandsgleichung. *a*) Die vorigen Nummern haben uns für die Zustandsgleichung schon auf Beispiele einer Reihe, von der nur einige Glieder berücksichtigt werden, geführt (vergl. Nr. **40***b*, **46***c*, **47***c*, **48***f*, **49***b*). Zu dieser Form, und sich am nächsten an *Natanson* (vergl. Nr. **49***b*) anschliessend, gehört die von *Drucker* [585]) gegebene Gleichung, die als eine Entwicklung von pv/RT in eine Reihe nach v^{-1} (vergl. Nr. **36**) aufgefasst werden kann.

b) *Sutherland* [586]) lässt den Gedanken, dass eine einzelne Gleichung den Flüssigkeits- und den Gaszustand umfassen soll (vergl. Nr. **23**), fallen und gibt für die Bezirke $v > v_k$, v angenähert $= v_k$, $v < v_k$, eine *suprakritische*, *circumkritische* und *infrakritische* Gleichung, erstens für elementare, zweitens für mehr komplizirte Stoffe, dann für Äthylen noch wieder eine Intermediärform an. Es ist ganz gut denkbar, dass in einem Gebiete Funktionen praktisch Null werden, die in einem anderen Gebiete die Eigenschaften beherrschen (vergl. Nr. **47***b*), oder dass, auch bei Identität des Mechanismus, die z. B. durch dieselben Differentialgleichungen ausgedrückt wäre, in verschiedenen Gebieten die Integrale durch verschiedene Funktionen dargestellt werden [587]). Solche Gleichungen müssen dann an den Grenzen kontinuirlich sich anschliessen lassen, da sie sonst zu Resultaten führen, die schon qualitativ unrichtig sind. Die Gleichungen von *Sutherland* genügen dieser Forderung nicht; dieselben bieten also nur die Möglichkeit eines empirischen Anschlusses, wenn man sich mit den Rechnungen innerhalb eines bestimmten Gebietes hält, und stehen in dieser Beziehung schon in der Darstellung von p hinter den empirischen von Nr. **36** zurück [588]).

Was hier von den *Sutherland*'schen Gleichungen gesagt ist, dürfte von den empirischen Änderungen, so z. B. von a_w (Nr. **48***e*), im Allgemeinen behauptet werden. Wenn nur richtige Darstellung, aber über das

---

kritische Temperatur überschritten wird, nicht schroff, sondern kontinuirlich stattfinden. In der Tat könnten die die Opaleszenz hervorrufenden Dichteunterschiede hierzu führen. Jedenfalls ist aber der diesen Übergang darstellende *Wesendonck*'sche *Nebelzustand* auf ein Temperaturintervall, das nach *Kamerlingh Onnes* und *Fabius*, Leiden Comm. Nr. 98 (1907), p. 18, kleiner als 0,002 Grad ist, beschränkt.

585) *K. Drucker*, ZS. physik. Chem. 68 (1909), p. 616.

586) *W. Sutherland*, Phil. Mag. (5) 35 (1893), p. 211.

587) Auch *G. Jäger* leitet, siehe *Winkelmann*'s Handbuch der Physik III 2te Aufl. Leipzig 1906, p. 716, für den Flüssigkeitszustand eine besondre Gleichung ab (vergl. Fussn. 563). Vergl. *G. Tammann*, Fussn. 420, für das Gebiet hoher Drucke.

588) So auch die von *A. Keindorf*, Die Zustandsgleichung der Dämpfe, Flüssigkeiten und Gase, Leipzig 1906.

ganze Gebiet der Beobachtungen, verlangt wird, möchten die andren Gleichungen, welche vorgeschlagen sind, alle zurückstehen hinter den mittleren empirischen Gleichungen von Nr. **36**, die auch den *van der Waals*'schen Grundgedanken der Identität des flüssigen und gasförmigen Zustandes (Nr. **23**) und das Gesetz der korrespondirenden Zustände zum Ausdruck bringen, und deren quantitative Richtigkeit so weit reicht wie letzteres Gesetz selbst [589]) [590]). Die erwähnten Gleichungen von Nr. **36** sind aber andrerseits, wo es auf Verständnis der Zustandsgleichung ankommt, jeder Gleichung unterlegen, welche, sie möge denn quantitativ unrichtig sein, aus bestimmten, wenn auch (Nr. **5***a*) mit weitgehender Vereinfachung der Wirklichkeit gewählten Voraussetzungen strenge abgeleitet ist [591]).

52. **Weitere Probleme der Kinetik der Gase mit Rücksicht auf die Zustandsgleichung.** Die öfters grossen Abweichungen, welche zwischen strenge abgeleiteten Gleichungen (vergl. Nr. **51***b* Schluss) und den die Beobachtungen zusammenfassenden empirischen Gleichungen bestehen bleiben, werden unablässig dazu auffordern, neue scharf formulirte Voraussetzungen auszudenken, welche geeignet sind, zu theoretischen Gleichungen zu führen, die in besserer Übereinstimmung mit den empirischen sind als die jetzigen. Man wird bei der Behandlung derselben, das Beispiel von *van*

---

589) Eine Formel [*Amagat*, J. de phys. (3) 8 (1899), p. 353], welche die Eigenschaften der Kohlensäure innerhalb des Gebietes der Versuche von *Amagat* darstellt, enthält 10 Konstanten, ist aber der Form nach für Rechnungen weniger leicht zu handhaben als die von Nr. **36**.

590) Erwähnt seien noch die Gleichungen von *Dieterici*, Ann. Phys. Chem. 69 (1899), p. 703, Ann. d. Phys. (4) 5 (1901), p. 51, welche letztere als nicht genügend von *Keesom*, Leiden Comm. Nr. 75 (1901), p. 10, erwiesen ist [vergl. *C. Dieterici*, Ann. d. Phys. (4) 35 (1911), p. 222 u. f.]. Vergl. auch *Thorkell Thorkelsson*, Physik. ZS. 12 (1911), p. 633. Weiter *Berthelot* Paris C. R. 130 (1900), p. 118 mit $b_w = b_{wk}\,[1 + 0{,}3\,(t - 1)]$ und p. 565 mit $b_w = b_{wk} \cdot e^{0{,}475\,(t-1) \,+\, 0{,}300\,(t-1)^2}$ für das Flüssigkeitsgebiet bis $p = 20\,p_k$.

Vergl. *J. E. Verschaffelt*, Leiden Comm. Nr. 55 (1900), und später allgemeiner, Arch. Néerl. (2) 6 (1901), p. 650, für die Nähe des kritischen Punktes.

Siehe auch *Walter*, die Durchdringlichkeit zweier Moleküle, Ann. Phys. Chem. 16 (1882), p. 500. *Ch. Antoine*, Paris C. R. 110 (1890), p. 632, 112 (1891), p. 284. *Brillouin*, J. de phys. (3) 2 (1893), p. 113. *A. Batschinski*, Ann. d. Phys. (4) 19 (1906), p. 310. Für das assoziirte Wasser noch *Starkweather*, Sill. J. (4) 7 (1899), p. 129.

Für *Weinstein* sei auf dessen Lehrbuch, Thermodynamik und Kinetik der Körper, Braunschweig 1901—1908, verwiesen.

591) Vergl. *Boltzmann*'s Bemerkungen über die Notwendigkeit, die Rechnungen auf Grund bestimmter Vorstellungen exakt durchzuführen, *Boltzmann* [b] p. 4.

der Waals befolgend, der einmal die Quasiverkleinerung, ein anderes Mal die Scheinassoziation, ein anderes Mal die Kompressibilität des Moleküls für sich behandelt, jedesmal wohl nur einen Umstand in Rechnung ziehen. Verschiedene derartige Probleme gehen aus der Darstellung der vorigen Nummern naturgemäss hervor und wurden teilweise schon ausdrücklich angedeutet.

Als eine Aufgabe, die in dieser Hinsicht zunächst in Betracht kommen dürfte, wäre die theoretische Behandlung der zweiten Annäherung in der Zustandsgleichung mittels der *Boltzmann-Gibbs*'schen Prinzipien (Nr. **46**) für harte kugelförmige Moleküle und *Boltzmann-van der Waals*'sche Kräfte, welche Behandlung zur Kenntnis des dritten Virialkoeffizienten nach diesen Voraussetzungen führen würde (vergl. Nr. **47***d*, besonders Fussn. 535, Nr. **48***f*), hervorzuheben. Es können dann die Messungen bei nicht zu kleiner Dichte (für CO_2 z. B. bei etwa 4—20 Atm und gewöhnlicher Temperatur, vergl. Nr. **45***c* und Nr. **44***b*) zur Prüfung der Voraussetzungen herangezogen werden [592]).

Auf demselben Gebiet wäre noch bei der ersten Annäherung die Beziehung zur inneren Reibung auf derselben Grundlage durchzumustern, weiter der Einfluss einer ellipsoidischen Form der Moleküle, sowie der eines verschiedenen Verhaltens der Potentialhalbwertsstrecken (Nr. **34***d*) mit der Temperatur nachzuspüren.

Andrerseits wäre es erwünscht, die Theorie der *van der Waals*'schen Grössen a_w (Nr. **48***c*) und b_w (Fussn. 337, Nr. **43**) sowie R_w (Nr. **49**) auf Grund der elektrischen Theorie (Nr. **32**) mit Berücksichtigung der Konglomeratenbildung weiter auszuführen und mit dem Experiment zu vergleichen [593]).

Schliesslich dürfte der Einfluss der Temperatur auf die Energie von Vibratorbewegungen, welche die Kompressibilität der Moleküle entsprechend den verschiedenen inneren Freiheitsgraden derselben zur Folge haben, in Betracht gezogen und durch Deviationsfunktionen in Anschluss an die Theorie der spezifischen Wärme (Nr. **57**) zum Ausdruck gebracht werden.

---

592) Es bekommen dadurch Experimente in diesem Gebiet, die nach Nr. **36** Tafel I nur spärlich vorliegen, eine erhöhte Bedeutung.

593) Die Berechnung des besondren Einflusses der Schwarmbildung, die vielleicht zu der Störungsfunktion in der Nähe des kritischen Punktes führen könnte (Nr. **50***d*), erscheint schon als ein nach den *Boltzmann-Gibbs*'schen Prinzipien (Nr. **46**) zu behandelndes Korrektionsproblem der ungestörten Zustandsgleichung.

Natürlich wird man hierbei wünschen, von der Zustandsgleichung der einatomigen Stoffe als einfachstem Fall ausgehend (für Helium könnte aber nach Fussn. 517 bei ganz tiefen Temperaturen der Einfluss der Stossdauer Komplikationen bedingen), die komplizirteren Zustandsgleichungen aufzubauen.

Erst wenn derartiges vorliegt, scheint es, dass man an eine rationelle Anordnung der Stoffe bezüglich ihres Verhaltens zum Korrespondenzgesetz (vergl. Nr. **34***d* und Nr. **38**) in Verbindung mit den Eigenschaften hinsichtlich Bau und Wirkung der Moleküle (vergl. Nr. **31**) denken könnte.

III. Kalorische Grundgleichungen für den fluiden Zustand.

a) Formelles.

53. **Bestimmung sämtlicher kalorischen Grössen durch die thermische Zustandsgleichung und eine kalorische Grundgleichung.** *a*) Um die Werte von S, U, $\mathfrak{F}_{VT}$, $\mathfrak{F}_{Sp}$, $\mathfrak{F}_{pT}$ und irgend einer weiteren kalorischen Grösse mit Hülfe der Formeln der allgemeinen Thermodynamik, Enc. V 3, Art. *Bryan*, Nr. **16**, angeben zu können, genügt, wenn man die *van der Waals*'sche Auffassung der Kontinuität längs einer Isotherme zu Grunde legt [594]), die Kenntnis der thermischen Zustandsgleichung einerseits und einer jener Funktionen S, U, $\mathfrak{F}_{VT}$, $\mathfrak{F}_{Sp}$, $\mathfrak{F}_{pT}$ in einem Zustand für jede Temperatur, also entlang einer das ganze in Betracht kommende Temperaturgebiet durchlaufenden Linie in einem Zustandsdiagramm, z. B. auf der p, V, T-Fläche, andrerseits. Der Einfachheit der Darstellung halber denken wir U entlang einer isometrischen Linie $V = V_0$ gegeben. Für das ganze Fluidgebiet gilt dann (T_0 ein bestimmter Wert von T):

$$U_{TV_0} = U_{T_0V_0} + \int_{T_0}^{T} \gamma_{V_0}\, dT\,, \quad U = U_{TV_0} + \int_{V_0}^{V} \left\{ T\left(\frac{\partial p}{\partial T}\right)_V - p \right\} dV, \quad (91)$$

594) Wenn man diese Annahme nicht macht, so komplizirt sich die Sache. Es genügt aber dann, wenn man ausser der kalorischen Grundgleichung (Nr. **3**) für eine das ganze Temperaturgebiet im homogenen stabilen Gebiet durchlaufende Linie, unabhängig von der thermischen Zustandsgleichung noch die Gleichung der beiden Zweige der Grenzlinie, oder die Energie für eine um den kritischen Punkt im homogen stabilen Gebiet bis zu den in Betracht kommenden Temperaturen herumgehende Linie (bzw. für jede solche Temperatur den Energieunterschied von je einem Punkt des flüssigen und des gasförmigen Zustandes), kennt.

(γ_{V_0} der Wert von γ_V für V_0, also eine reine Temperaturfunktion), welches Integral immer (bei unserer Annahme sogar auch für labile Zustände) ausgeführt werden kann.

Eine Vereinfachung gibt die nähere Bestimmung, dass das Volumen V_0 in den *Avogadro*'schen Zustand gelegt wird. γ_{V_0} wird dann $\gamma_{v\mathrm{A}}$, dessen Wert aus Nr. **54**a hervorgeht.

In ähnlicher Weise wird gefunden:

$$S_{TV_0} = S_{T_0V_0} + \int\limits_{T_0}^{T} \frac{\gamma_{V_0}}{T} dT, \quad S = S_{TV_0} + \int\limits_{V_0}^{V} \left(\frac{\partial p}{\partial T}\right)_V dV, \tag{92}$$

und sind auch $\mathfrak{F}_{VT}$, $\mathfrak{F}_{Sp}$, $\mathfrak{F}_{pT}$ für jeden Zustand zu berechnen (vergl. Nr. **58**a).

b) Gleiche Werte der Entropie und der *Gibbs*'schen Fundamentalgrössen (Nr. **10**) für verschiedene Zustände werden vereint durch die *Isenergen*, U (oder $\mathfrak{F}_{SV}$) = konst., die *Isentropen*, S = konst., (auch Adiabaten, Enc. V 3, Art. *Bryan*, Nr. 8, genannt), die *Isodynamen* $\mathfrak{F}_{VT}$ = konst.[595]), die *Isopotentialen*, $\mathfrak{F}_{pT}$ = konst., und die *Isenthalpen*, $\mathfrak{F}_{Sp}$ = konst.[596]) [597]).

Die durch diese Gleichungen dargestellten Linien finden bei der graphischen Behandlung verschiedener Prozesse Verwendung (vergl. Nr. **63**, **64**, **89**, **90**).

c) Für Gemische ist nach dem *Gibbs*'schen Satze[598]), dass für Gase im *Avogadro*'schen Zustand, die bei der Mischung in diesem Zustande keine Wärmewirkung zeigen, U und S sich additiv zusammensetzen aus den betreffenden Werten, die für die Komponenten gelten würden, wenn jede in der im Gemisch vorhandenen Quantität bei T_0 in dem vom Gemisch eingenommenen Volumen allein anwesend wäre,

$$U_{T_0 v_0 \mathrm{A}} = 0 \text{ unabhängig von } x, y \ldots \tag{93}$$

und

$$S_{T_0 v_0 \mathrm{AM}} = -R_{\mathrm{M}} \{x \ln x + y \ln y + \ldots\ldots\} \tag{94}$$

zu setzen (vergl. Nr. **1**c), wobei $U_{aT_0v_0\mathrm{A}} = U_{bT_0v_0\mathrm{A}} = 0$ und $S_{aT_0v_0\mathrm{A}} = S_{bT_0v_0\mathrm{A}} = 0$ angenommen werden (vergl. Nr. **66**b) und $_{v_0\mathrm{A}}$ bedeutet,

595) Isodynamen werden auch wohl die Linien gleicher Energie genannt. Es dürfte zu empfehlen sein, diesen Namen für die Linien gleicher freier Energie zu reserviren.

596) *J. W. Gibbs* [a] p. 311. Der Name Isenthalpe wurde von *Kamerlingh Onnes* vorgeschlagen (vergl. Fussn. 670).

597) Für diese Linien auf der Energiefläche vergl. Nr. **63**c.

598) *J. W. Gibbs* [c] p. 218. Vergl. Enc. V 3, Art. *Bryan*, Nr. **22**.

dass v_0 im *Avogadro*'schen Zustande genommen wird. Es ist dementsprechend für dieselben in Gl. (91) und (92) γ_{V_0} für V_0 im *Avogadro*'schen Zustand Nr. **54***e* zu entlehnen und Gl. (92) mit dem Beitrag Gl. (94) zu addiren.

54. Umrechnung verschiedener experimenteller Daten auf γ_v und $\varkappa$ im Avogadro'schen Zustand mit Hülfe der thermischen Zustandsgleichung. Darstellung von γ_V und γ_p mit Hülfe des S, T- und des S, log T-Diagramms. γ_v für Gemische im Avogadro'schen Zustand. *a*) Die in den Formeln von Nr. **53** einzuführende Grösse $\gamma_{v\mathrm{A}}$ sowie den Wert von $\varkappa$ im *Avogadro*'schen Zustand, $\varkappa_\mathrm{A}$, findet man, wenn experimentelle Bestimmungen von $\gamma_V^{(\mathrm{cal})}$, $\gamma_p^{(\mathrm{cal})}$ oder $\varkappa$ [599]) vorliegen, mit Hülfe der thermischen Zustandsgleichung und

$$\gamma_p^{(\mathrm{cal})} = \gamma_v^{(\mathrm{cal})} - \frac{J_\gamma T}{M} \frac{\left(\frac{\partial p}{\partial T}\right)_v^2}{\left(\frac{\partial p}{\partial v_\Theta}\right)_T}$$

$$\gamma_{p\mathrm{A}}^{(\mathrm{cal})} = \gamma_p^{(\mathrm{cal})} + \frac{J_\gamma T}{M} \int_{p_\mathrm{A}}^{p} \left(\frac{\partial^2 v_\Theta}{\partial T^2}\right)_p dp \tag{95}$$

$$\gamma_{v\mathrm{A}}^{(\mathrm{cal})} = \gamma_v^{(\mathrm{cal})} - \frac{J_\gamma T}{M} \int_{v_\mathrm{A}}^{v} \left(\frac{\partial^2 p}{\partial T^2}\right)_v d v_\Theta \quad {}^{600)},$$

mit welchen man auch verschiedene experimentelle Werte auf einander zurückführen kann.

---

599) Nur die *mittleren spezifischen Wärmen* $\frac{1}{T_2 - T_1} \int_{T_1}^{T_2} \gamma_v^{(\mathrm{cal})}\, d\,T = \overset{T_1 - T_2}{\gamma_v^{(\mathrm{cal})}}$ und ebenso $\overset{T_1 - T_2}{\gamma_p^{(\mathrm{cal})}}$ und $\varkappa$ sind der experimentellen Bestimmung direkt zugänglich. Die spezifische Wärme wird bisweilen auch Wärmekapazität genannt (vergl. Fussn. 30).

600) Nach den Gl. (100), (93) und (92) von Enc. V 3, Art. *Bryan*, unseren Bestimmungen über die Einheiten (Einh., besonders Einh. *d*). $J_\gamma = \left(\frac{1{,}01321}{0{,}999973} \times 10^6\, \Theta_\mathrm{M}\right) J^{-1}$ $= 542{,}2$, welche wir die *Mayer'sche Zahl* nennen werden (vergl. Einh. *a*, Fussn. 23, und Enc. V 3, Art. *Bryan*, Nr. **2** mit $J = 4{,}188 \times 10^7$ nach Fussn. 28). $M(\varkappa_\mathrm{A} - 1)\gamma_{v\mathrm{A}}^{(\mathrm{cal})} = \alpha_\mathrm{A} J_\gamma$ [Enc. V 3, Art. *Bryan*, Gl. (111)] gibt eine Kontrolbeziehung zwischen Gasdichte, Molekulargewicht und absoluter Temperatur einerseits und $\gamma_{v\mathrm{A}}$, $\varkappa_\mathrm{A}$, J (spezifische Wärme des Wassers in absolutem Maass, vergl. Enc. V 3, Art. *Bryan*, Nr. **2**) andrerseits. p_A, bzw. v_A in Gl. (95) bezeichnen irgend einen Druck, bzw. ein Volumen im *Avogadro*'schen Zustande.

Hat man die spezielle empirische Zustandsgleichung (Nr. **36**) für den betrachteten Stoff, so lassen sich die Rechnungen alle genau ausführen (vergl. Fussn. 604). Die graphische Behandlung bekannter Isothermen [601]) leistet dasselbe, ist aber nicht so scharf als diese Rechnungen. Ist das spezielle Zustandspolynom noch nicht aufgestellt, so ermöglicht die mittlere reduzirte Zustandsgleichung (Nr. **36**) die angenäherten Rechnungen bei normalen Stoffen [602]).

b) Die Rechnungen vereinfachen sich sehr, wenn die Dichten so klein sind, dass von der empirischen Zustandsgleichung nach Nr. **36** nur noch das zweite und dritte Glied mitgenommen zu werden brauchen. Dieselben decken sich dann mit den für Gase von nahezu normaler Dichte aufgestellten Rechnungen von *Leduc* [603]). Im Falle von Gasen von nahezu normaler Dichte werden die Korrektionen so klein [604]), dass dieselben nicht grösser als die Unsicherheiten in der Bestimmung von $\gamma_{v\mathrm{A}}$ sind [605]), sodass man annäherend einfach $\gamma_{v\mathrm{A}} = \gamma_{v(p=1)}$, $\gamma_{p\mathrm{A}} = \gamma_{p(p=1)}$ setzen darf.

c) Über die Abweichung des Wertes von $\gamma_v - \gamma_{v\mathrm{A}}$ vom Wert Null, der z. B. nach der *van der Waals*'schen Hauptzustandsgleichung mit konstanten a_{W}, b_{W}, R_{W} zu erwarten wäre, haben wir schon Nr. **42** gehandelt.

Ein Bild von den Änderungen von γ_p [606]) nach den in *a* ge-

---

601) *Joule* und *Thomson*, London Phil. Trans. 144 (1854), p. 321. *M. Margules*, Über die spezifische Wärme komprimirter Kohlensäure, Wien. Sitz.-Ber. [2*a*] 97 (1888), p. 1385, wendet die *Andrews*'schen Isothermen an. *Amagat*, Paris C. R. 121 (1895), p. 863; 122 (1896), p. 66, 120; 130 (1900), p. 1443, seine eigene Beobachtungen. *Witkowski*, Fussn. 607, ebenso. *M. Reinganum* [f] p. 1016, die *Young*'schen Isothermen von Isopentan. *A. Wigand*, Marburg Sitz.-Ber. Febr. 1907, prüfte direkt Gl. (93) von Enc. V 3, Art. *Bryan*, an den Messungen von *Lussana* (Fussn. 621).

602) Um $\gamma_{v\mathrm{A}}$, $\gamma_{p\mathrm{A}}$ oder $\varkappa_{\mathrm{A}}$ zu berechnen, wenn die Beobachtungen von γ_v, γ_p und $\varkappa$ nach $\frac{1}{v}$ oder p entwickelt gegeben sind, braucht man nur auf $\frac{1}{v} = 0$ oder $p = 0$ zu extrapoliren (vergl. Fussn. 621 und 625).

603) *A. Leduc* [b] pp. 27—46, vergl. Nr. **44***b*. Weiter Paris C. R. 153 (1911), p. 51.

604) Dieselben finden sich angegeben bei *Leduc*, vergl. Fussn. 603. Siehe auch *Kamerlingh Onnes* und *Happel*, Leiden Comm. Nr. 86 (1903), p. 21. Für CO_2 bei 0° C und 1 Atm weicht $\gamma_p - \gamma_v$ nach Gl. (37) + 3,6 °/₀ von dem Wert im *Avogadro*'schen Zustand ab.

605) Vergl. auch *S. R. Cook*, Phys. Rev. 22 (1906), p. 115.

606) Die Kenntnis derselben ist wichtig für die Behandlung des adiabatisch isenthalpischen Prozesses (Nr. **90**). *M. Planck* [a] p. 131, leitet umgekehrt aus letzterem eine Differentialgleichung für γ_p ab.

gebenen Formeln gibt unter der Voraussetzung von γ_{vA} = konst. (Nr. **55**) Fig. 19 [607] [608] [609].

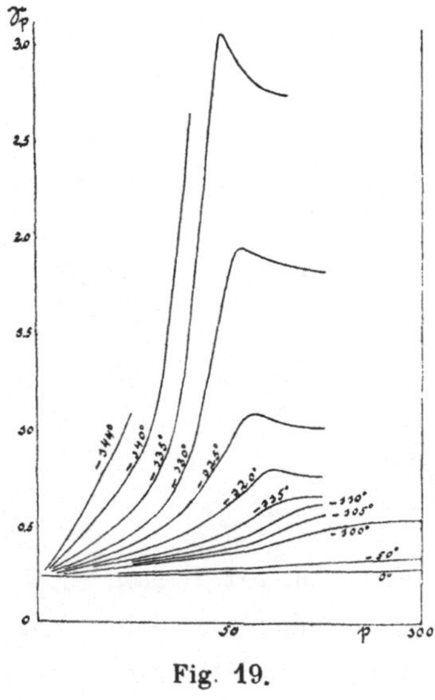

Fig. 19.

d) Zur Darstellung der Änderungen von γ_V und γ_p bei verschiedenen Dichten mit der Temperatur ist das S, T- oder das S, log T-Diagramm am besten geeignet [610]. In Fig. 20 werden die Isopyknen im S, T-Diagramm zu beiden Seiten der Grenzlinie für Stoffe mit $\varkappa_A = 1{,}41$ gegeben [611] [612]. Für den *Avogadro*'schen Zustand bei γ_{vA} = konst. (Enc. V 3, Art. *Bryan*, Nr. **22**) werden dieselben logarithmische Kurven. Im S, log T-Diagramm werden die spezifischen Wärmen höchst einfach durch die Tangente des Neigungswinkels der Linie p = konst. [612] für γ_p und der

607) *A. Witkowski*, Cracovie Bull. Acad. d. Sc. 1895, p. 290, für Luft entlehnt. Vergl. die Messungen von *P. P. Koch*, Ann. d. Phys. (4) 26 (1908), p. 551, 27 (1908), p. 311 und von *K. Scheel* und *W. Heuse*, Physik. ZS. 12 (1911), p. 1074. Die Isobaren im γ_p, T-Diagramm für Stickstoffdampf zeichnet *R. Plank*, Physik. ZS. 11 (1910), p. 633; für Wasserdampf: *O. Knoblauch* und *M. Jakob*, Mitt. ü. Forschungsarb. Heft 35 und 36 (1906), p. 109, *O. Knoblauch* und *Hilde Mollier*, München Sitz.-Ber. 1910, p. 3, ZS. d. Ver. d. Ing. 1911, p. 665, vergl. dazu *H. Levy*, Verh. d. D. physik. Ges. 13 (1911), p. 926.

608) Für eine Isotherme im γ_v, v-Diagramm nach Gl. (95) siehe die Berechnung von *M. Reinganum* [f] p. 1016 (vergl. Fussn. 487). Für $\varkappa$ als Funktion von von T und p für CO_2: *A. G. Worthing*, Fussn. 637.

609) Berechnungen nach der *van der Waals*'schen Hauptzustandsgleichung mit konstanten a_W, b_W, R_W geben *van der Waals* [a] p. 127, 131, [d] p. 53, *Boltzmann* [b] p. 53, *W. P. Boynton*, Phys. Rev. 12 (1901), p. 353, *J. P. Dalton*, Phil. Mag. (6) 13 (1907), p. 525, *P. P. Koch*, München Akad. Abh. [2] 23 (1907), p. 379, mit $b = f(v)$ *van der Waals* [d] p. 60. Vergl. weiter *Boltzmann* [b] p. 171.

610) Die Vorteile des S, T- und des S, log T-Diagramms sind von *Gibbs* [a] auseinandergesetzt. (Vergl. auch Nr. **6***b*, Fussn. 77 und Nr. **59***a*).

611) Nach der *van der Waals*'schen Hauptzustandsgleichung (6) mit konstanten a_W, b_W, R_W. Die gestrichene Linie in Fig. 21 gibt schematisch und extrapolirt die experimentelle.

612) Die Isobaren in der Nähe des kritischen Zustandes sind ausführlicher Enc. V 5, Art. *Schröter*, Nr. **7** abgebildet nach *Mollier*, ZS. f. Kälteindustrie 3 (1896), p. 65, der die *Clausius*'sche Zustandsgleichung (81) mit θ_C = konst. und für β_C eine Volumfunktion zu Grunde legte. Eine genauere Darstellung werden

Linie $V =$ konst. für γ_V mit der log T-Achse gegeben [613]) [Fig. 21, Isopyknen für Stoffe mit $\varkappa_A = 1{,}41$ oder $\gamma_{vAM}^{(cal)} = 4{,}84$ [611])].

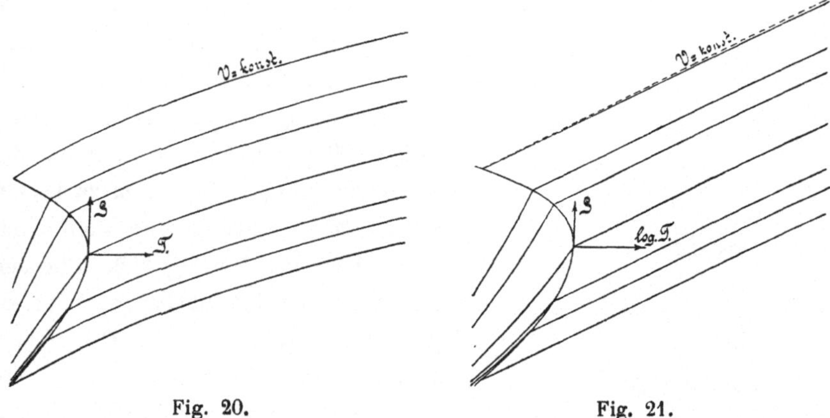

Fig. 20. Fig. 21.

e) Für vollkommene Gase wäre nach Enc. V 3, Art. *Bryan*, Nr. **22** die spezifische Wärme eines Gemisches, in dem keine chemischen Wirkungen auftreten, linear durch die Molekularwärmen der Komponenten und die molekularen Gehalte gegeben [614]). Inzwischen ist es aber als möglich zu betrachten, dass die bei den Zusammenstössen zur Geltung kommenden Struktureigenschaften (wie die Zusammendrückbarkeit und Zerlegbarkeit, Nr. **43**, **55**, **56**) des Moleküls, die den Wert und die Temperaturabhängigkeit von γ_v beeinflussen (und die z. B. bei Cl_2, Br_2, J_2 einen von dem der andren zweiatomigen Gasen abweichenden Wert des $\varkappa_A$ hervorrufen) bei den im *Avogadro*'schen Zustand immerhin noch das Momentoidengleichgewicht (vergl. Nr. **57***a*) für die fortschreitende und im Allgemeinen auch für die drehende Bewegung realisirenden Zusammenstössen (vergl. Fussn. 417) mit den Molekülen der andren Komponente (wie z. B. H_2) in andrer Weise zur Wirkung kommen als bei den Zusammenstössen mit den eigenen Molekülen. Es wäre dann im *Avogadro*'schen Zustande der Zusammenhang zwischen spezifischer Wärme und Zusammensetzung weniger einfach. Das Experiment muss hier entscheiden. Die Messungen von *Kapp* [615]) an Gemischen von

---

Rechnungen nach der speziellen empirischen Zustandsgleichung (vergl. Fussn. 646) ergeben.

613) Im S, T-Diagramm wird γ durch die Subtangente dargestellt, Enc. V 5, Art. *Schröter*, Nr. **8**.

614) Vergl. *F. Richarz*, Ann. d. Phys. (4) 19 (1906), p. 639.

615) *J. Kapp.* Diss. Marburg 1907.

CO_2 mit O_2 oder mit A haben Abweichungen von einer linearen Beziehung von γ_{vAM} zu den molekularen Gehalten nicht ergeben. So lange abweichende Ergebnisse nicht vorliegen, werden wir daher (vergl. Nr. **1**c, **53**c und **66**b):

$$\gamma_{vAMxy..} = \{M_a x + M_b y + \dots\} \gamma_{vAxy..} = M_a x \gamma_{vAa} + M_b y \gamma_{vAb} + .. \quad (96)$$

annehmen (vergl. auch Fussn. 623).

b) Experimentelles [616]).

55. **Experimentelle Ergebnisse über die Temperaturabhängigkeit von γ_{vA} für schwer zerlegbare Moleküle.** *a*) Schon ihre Bedeutung für die Aufstellung der kalorischen Grundgleichung behufs der Ableitung der Entropie und der *Gibbs*'schen Fundamentalgrössen (Nr. **53**, vergl. Nr. **58**) erfordert eine Betrachtung der experimentellen Resultate über die Werte und die Temperaturabhängigkeit von γ_{vA}, bezw. γ_{pA} oder $\varkappa_A$, welche letztere durch Gl. (111) von Enc. V 3, Art. *Bryan*, sogleich auf γ_{vA} schliessen lassen. Um so mehr ist diese erwünscht wegen der wichtigen, schon in Nr. **5** und Nr. **43**b angedeuteten Beziehungen zwischen der kalorischen und der thermischen Zustandsgleichung, welche der über Struktur und innere Bewegungen der Moleküle (vergl. auch Enc. V 8, Art. *Boltzmann* und *Nabl*, Nr. **28**) durch die spezifische Wärme zu erhaltende Aufklärung eine grosse Bedeutung auch für die thermische Zustandsgleichung geben. In letzter Zeit ist das Studium dieser Fragen durch *Einstein* in eine neue Bahn gelenkt und ist die Bestimmung der Schwingungszahlen, welche nach dieser Theorie die Moleküle charakterisiren, besonders von *Nernst* und seinen Mitarbeitern zur Hand genommen. Vergl. weiter Nr. **57.**

b) Für einatomige Stoffe wurde die Erwartung bestätigt, dass γ_{vA}, γ_{pA} und $\varkappa_A$ von der Temperatur unabhängig oder jedenfalls mit ihr äusserst wenig veränderlich sind [617]). Entsprechend der Vorstellung, dass die zugeführte Wärme ganz in die lebendige Kraft der Fortbewegung der Moleküle

---

616) Für das wenige Experimentelle über die Abhängigkeit der spezifischen Wärme von Gemischen vom molekularen Gehalt vergl. Nr. **54**e.

617) Für $\varkappa_A$ von Argon zwischen 0° und 100° C bestätigt von *O. Niemeyer*, Diss. Halle 1902. Später für γ_{vA} bis 2300° C von *M. Pier*, ZS. f. Elektrochemie 15 (1909), p. 536. Für Quecksilber vergl. *A. Kundt* und *E. Warburg*, Ann. Phys. Chem. 157 (1876), p. 353.

umgesetzt wird, ergab sich weiter für diese Stoffe $\frac{3}{2}\, pv_A = \gamma_{vA}\, T$, also (vergl. Fussn. 600 und 21) *die Molekularwärme bei konstantem Volumen* im *Avogadro*'schen Zustande

$$\gamma_{vAM}^{(cal)} = \frac{3}{2}\, R_M^{(cal)} = \frac{3}{2}\, \alpha_A\, J_\gamma = 2{,}979.\ ^{618)} \tag{97}$$

c) *α*. Gehen wir zu den schwer zerlegbaren zweiatomigen Molekülen über, so hat *Regnault*[619]) bei $\gamma_{p\,(p=1)}$ (Nr. **54***b*) zwischen 0° und 200° C für H_2 keine Änderung mit der Temperatur bemerken können. Dem entspricht, dass *Holborn* und *Henning*[620]) dieselbe bei N_2 bis 1400° C nur sehr gering finden, nämlich $\overset{0-t}{\gamma_p} = \gamma_{p.0^\circ C}\,(1 + 0{,}00008\, t)$.

Auch aus den Versuchen von *Lussana*[621]) von 0° bis 170° C und zwischen 30 und 150 Atm würde für Luft nur eine Zunahme mit 1,3°/₀ pro 100 Grad folgen. Weiter ist hiermit in Übereinstimmung, dass *Kundt*[622]) und *Wüllner*[623]) keine Änderung von $\varkappa$ bei Luft feststellen konnten. Dass diese Änderung auch bei tiefen Temperaturen gering bleibt, kann aus den Beobachtungen von *Witkowski*[624]) über γ_p von

---

618) Weiter, vergl. Fussn. 173 und 174, ist für einatomige Stoffe $\gamma_{vAM} = \frac{3}{2}\, Nk\mathrm{p}$. Für den Zahlenwert von $R_M^{(cal)}$ vergl. Fussn. 23.

619) *V. Regnault.* Mém. de l'Ac. d. Sc. de l'Inst. 26 (1862), p. 1.

620) *L. Holborn* und *F. Henning.* Ann. d. Phys. (4) 23 (1907), p. 809. *L. Holborn* und *L. Austin,* Wiss. Abh. d. Phys. Techn. Reichsanst. 4 (1905), p. 133, hatten für N_2, O_2 (und Luft) $\overset{0-t}{\gamma_p} = \gamma_{p.0^\circ C}\,(1 + 0{,}00004\, t)$ gefunden. Die Genauigkeit der Messungen lässt aber nicht zu, auf eine Abweichung von linearer Temperaturabhängigkeit bei N_2 mit Sicherheit zu schliessen (vergl. Nr. **56***a*).

621) *S. Lussana.* Nuovo Cimento (3) 36 (1894), p. 5, 70, 130, (4) 1 (1895), p. 327, (4) 3 (1896), p. 92, (4) 6 (1897), p. 81, (4) 7 (1898), p. 365, Atti del R. Inst. Veneto (7) 8 (1897), p. 1018, vergl. auch Nuovo Cimento (5) 16 (1908), p 456. Derselbe gibt γ_p nach $p-1$ entwickelt. Es wären die Koeffizienten mittels Gl. (95) in Nr. **54***a* und der speziellen empirischen Zustandsgleichung zu kontroliren.

622) *A. Kundt.* Ann. Phys. Chem. 135 (1868), p. 527.

623) *A. Wüllner.* Lehrbuch der Experimentalphysik III, 4te Aufl., Leipzig 1885, p. 523 [verbessert nach *Strecker,* Ann. Phys. Chem. 13 (1881), p. 28]. Luft gehört zu den Gemischen, vergl. für diese Nr. **54***e*. Die von *E. H. Stevens,* Ann. d. Phys. (4) 7 (1902), p. 285, in $\varkappa$ für Luft gefundene grosse Abnahme bei 950° C ist von *A. Kalähne,* Ann. d. Phys. (4) 11 (1903), p. 225, nicht bestätigt worden; *O. Buckendahl,* Diss. Heidelberg 1906, fand ebenfalls bis 1000° C eine kleinere Abnahme (0,56 %), vergl. auch *R. Fürstenau,* Fussn. 636.

624) *A. Witkowski.* Cracovie Bull. Acad. d. Sc. März 1895, p. 290. Vergl. auch die neueren Ergebnisse von *Scheel* und *Heuse,* Fussn. 607.

Luft und von *Valentiner* [625]) über $\varkappa$ von Stickstoff [626]) geschlossen werden.

Alle diese Bestimmungen ergeben Werte für γ_{vAM}, die nur wenig abweichen von $\frac{5}{2} \alpha_A J\gamma = 4{,}962$. Für H_2 bei niedrigen Temperaturen siehe γ.

β. Die sehr hohen Temperaturen, welche bei der indirekten Bestimmung [627]) von γ_v durch Entzündung von Gasgemischen im geschlossenen Gefäss und Messung des bei der Explosion auftretenden Druckes erreicht werden, haben vorläufig noch wenig Bedeutung für die Zustandsgleichung [628]). Doch ist es wichtig, dass die Explosionsversuche nur eine kleine, regelmässige Änderung von γ_{vA} und $\varkappa_A$ ergeben. *M. Berthelot* [627]) schloss aus denselben zuerst darauf, dass γ_v sich mit der Temperatur ändert, *Mallard* und *le Chatelier* [629]) fanden dann für

625) *S. Valentiner.* Münch. Ber. 33 (1903), p. 691, Ann. d. Phys. (4) 15 (1904), p. 74. Die Resultate sind nach p entwickelt. Für höhere Temperaturen vergl. ZS. f. Instrumentenk. 26 (1906), p. 114.

626) Für Luft vergl. auch *S. R. Cook*, Phys. Rev. 23 (1906), p. 212 und *P. P. Koch*, Fussn. 607.

627) *R. Bunsen*, Ann. Phys. Chem. 131 (1867), p. 161, wandte dieses Verfahren unter der Voraussetzung $d\gamma_v/dT = 0$ zuerst an, um den Dissoziationsgrad der Verbrennungsprodukte bei der Verbrennungstemperatur zu bestimmen. *M. Berthelot*, Ann. Sc. de l'éc. norm. sup. (2) 6 (1877), supplément p. 94, berichtigte die Interpretation der Versuche. Die Änderung von γ_v mit T wurde vorhergesagt von *P. de Heen*, Mém. cour. Acad. R. des Sc. etc. Belgique 36 (1884), p. 1. Vergl. Fussn. 629.

628) *J. H. Jeans*, The Dynamical Theory of Gases, Cambridge 1904, bringt die Änderung von γ_v mit T bei Glühtemperatur in Verbindung mit der Ausstrahlung, vergl. *Boltzmann* [b] p. 131 und weiter Nr. 57*d*. *H. Nagaoka*, Tokyo Proc. Math.-Phys. Soc. 2 (1905), p. 338, bemerkt, dass die vermehrten inneren Bewegungen im Molekül sich auch in einer Änderung des Brechungsindex mit T äussern.

629) *E. Mallard* und *H. le Chatelier.* Paris C. R. 93 (1881), p. 962, 1014, ausführlich Ann. des Mines (8) 4 (1883), p. 274. Ihre Resultate setzen voraus, dass CO_2 und H_2O unterhalb 1800° C nicht dissoziirt sind, wie sie aus der Abkühlungskurve schlossen, und was im wesentlichen von den Dissoziationsbestimmungen von *W. Nernst* und *H. v. Wartenberg*, Gött. Nachr. 1905, p. 35 (H_2O), 64 (CO_2), *H. v. Wartenberg*, Verh. d. D. phys. Ges. 8 (1906), p. 97 (H_2O), *L. Löwenstein*, ZS. physik. Chem. 54 (1906), p. 707 (CO_2), 715 (H_2O), vergl. auch *F. Emich*, Monatshefte für Chemie 26 (1905), p. 505, 1011 (zitirt nach Chem. Centralbl. 1905 II, p. 314, 1238), bestätigt wurde. Die obige Formel wird gegeben in Séances de la Soc. Franç. de Phys. 1888, p. 308. *Vieille*, Paris C. R. 96 (1883), p. 1218, 1358, und *M. Berthelot* und *Vieille*, Paris C. R. 98 (1884), p. 773, 852, fanden bei den noch höheren, durch Verbrennung mit Cyangas erreichbaren Temperaturen (3000° bis 4000°) die Dissoziation immer noch relativ klein, die Zunahme von γ_v noch stärker. Dem entgegen *Clerk*, J. Soc. of Chem. Industr. 5 (1886), p. 11, *E. Meyer*, Physik. ZS. 1 (1899),

$H_2, N_2, O_2 \quad \overset{0-t(\mathrm{cal})}{\gamma_{vAM}} = 4{,}8 + 0{,}0006\,t$, welches Resultat von *Langen* [630]) bestätigt wurde.

Auch die Bestimmungen von *Nernst* und seinen Mitarbeitern nach der Explosionsmethode haben die kleine regelmässige Veränderung von γ_{vA} mit der Temperatur für die schwer zerlegbaren Gase hervorgehen lassen: nach *Pier* [631]) ist in naher Übereinstimmung mit dem von *Holborn* und *Henning* für N_2 gefundenen Resultat

$$\text{für } N_2, O_2 \quad \overset{0^\circ-t(\mathrm{cal})}{\gamma_{vAM}} = 4{,}9 + 0{,}00045\,t,$$

$$\text{für } H_2 \quad \overset{0^\circ-t(\mathrm{cal})}{\gamma_{vAM}} = 4{,}7 + 0{,}00045\,t,$$

dementsprechend

$$\begin{aligned} &\text{für } N_2, O_2 \quad \gamma_{vAM}^{(\mathrm{cal})} = 4{,}9 + 0{,}0009\,t, \\ &\text{für } H_2 \quad \gamma_{vAM}^{(\mathrm{cal})} = 4{,}7 + 0{,}0009\,t. \end{aligned} \tag{98}$$

Dem Wert für 0° C entsprechen nach Nr. **57***a* ziemlich genau 5 Freiheitsgrade.

γ. Auffallend ist in Gl. (98), dass der Wert von $\gamma_{vAM}^{(\mathrm{cal})}$ bei 0° C etwas unter $\frac{5}{2} R_M^{(\mathrm{cal})} = 4{,}96$ bleibt. Bei H_2 ist dies besonders der Fall. Dies hat die Frage [643]) nahegelegt, ob der H_2 bei dem Siedepunkt desselben vielleicht schon deutlich in der Richtung der einatomigen

---

p. 146 und *A. Fliegner*, Vierteljahrschr. d. Naturf. Ges. Zürich **44** (1899), p. 192, 45 (1900), p. 137, letztere mit Rücksicht auf die Theorie der Gasmotoren, für welche die ganze Frage (vergl. Enc. V 5, Art. *Schröter*, Nr. **18**) von grosser Bedeutung ist. Die von *Berthelot* aufgefundene, besonders von *H. B. Dixon*, London Phil. Trans. A 200 (1903), p. 315 studirte, *Explosionswelle*, sowie die von *H. Finkh* und *W. Nernst*, ZS. anorg. Chem. 45 (1905), p. 116 und 126, studirte *Stabilität endothermer Verbindungen bei hoher Temperatur* [vergl. auch *W. Nernst*, Physikalisch-chemische Betrachtungen über den Verbrennungsprozess in Gasmotoren, Berlin 1905 (aus ZS. d. Ver. d. Ing.), für das Nachbrennen vergl. *D. Clerk*, London Proc. Roy. Soc. (A) 77 (1906), p. 500] bilden Komplikationen, welche den Schluss auf γ_v aus diesen indirekten Bestimmungen erschweren.

630) *A. Langen.* ZS. d. Ver. d. Ing. 47 (1903), p. 622. Hier auch eine ausführliche Litteraturübersicht. Von besondrer Wichtigkeit ist, dass *Langen* die sehr brisanten Gemische, vergl. Schluss von Fussn. 629, bei der Ableitung von γ_v ausser Betracht liess.

631) *M. Pier*, Fussn. 617 und ZS. f. Elektrochemie 16 (1910), p. 897.

Gase abweicht. Wird dieses gefunden, dann wäre dies ein Grund um mit *Nernst* die *Einstein*'sche Theorie auch auf die Rotationsbewegungen anzuwenden (vergl. Nr. **57**f).

Le Chatelier [640]) (vergl. Nr. **56**b) extrapolirt die Formel von *Mallard* und *le Chatelier* (vergl. β) bis $T = 0$ und findet dann für diese Gase die Molekularwärme bei konstantem Druck dem *Dulong* und *Petit*'schen Gesetz etwa entsprechend $\gamma_{pAM}^{(cal)} = 6{,}8$. Es ist aber sehr die Frage, ob man nach $0°$ K extrapoliren darf. Der Vorstellung der *Einstein*'schen Vibratoren (Nr. **57**f) nach ist die Extrapolation nur erlaubt für Temperaturen, die sich $0°$ K nicht sehr nähern.

d) Den elementaren Gasen N_2, O_2, H_2 schliessen sich [632]) (auch was die nach *le Chatelier* (c γ) auf $T = 0$ extrapolirte Molekularwärme, über die wir in Nr. **56**b näher handeln, betrifft) CO und HCl an. Siehe für Cl_2, Br_2, J_2 Nr. **56**c.

56. **Experimentelle Ergebnisse über die Temperaturabhängigkeit von γ_{vA} für leichter zerlegbare Moleküle.** a) α. Für CO_2 ist ein Anstieg von γ_p mit der Temperatur von $0°$ bis $200°$ C schon von *Regnault* [619]) bemerkt, diese wurde bestätigt von *E. Wiedemann* [633]), der ebenfalls einen deutlichen Anstieg von γ_p bei C_2H_4, NH_3 und verschiedenen Dämpfen fand. *Holborn* und *Henning* [620]) leiten aus den *Holborn*- und *Austin*'schen [620]) Messungen, die bis $800°$ C, und den ihrigen, die bis $1400°$ C fortgesetzt waren, für CO_2, in guter Übereinstimmung mit dem *Wiedemann*'schen Resultat,

$$\overset{0°-t\ (cal)}{\gamma_p} = 0{,}2010 + 0{,}0000\,742\ t - 0{,}0_7\,18\ t^2 \text{ ab,}$$

$$\text{was } \gamma_{vAM}^{(cal)} = 6{,}86 + 6{,}53 \cdot 10^{-3}\, t - 2{,}37 \cdot 10^{-6}\, t^2 \text{ entspricht.} \tag{99}$$

Über γ_v bei grossen Dichten zwischen $0°$ und $100°$ C liegen Ver-

632) *E. Mallard* und *H. le Chatelier*, Fussn. 629, *M. Pier*, Fussn. 631, *W. Nernst*, ZS. f. Elektrochemie 17 (1911), p. 265.

633) *E. Wiedemann.* Ann. Phys. Chem. 157 (1876), p. 1; 2 (1877), p. 195. Aus seinen Versuchen schloss *Wiedemann* schon, dass die beobachtete Änderung von γ_p nicht Abweichungen vom *Boyle-Charles*'schen Gesetze zugeschrieben werden konnten [dass die Korrektionen dafür klein sind vergl. Nr. **54**b, vergl. auch *E. Natanson*, Ann. Phys. Chem. 31 (1887), p. 522]. Weiteres Material sowie Litteratur über Gase und Dämpfe *Landolt-Börnstein*'s Phys. Chem. Tabelle.

suche [634]) von *Joly* (vergl. Nr. **42**) vor. Dieselben erlauben zwar das Zeichen von $d\gamma_{vA}/dT$ abzuleiten, nicht aber dessen Wert festzustellen [635]). Eine numerische Bestätigung des *Holborn* und *Henning*'schen Resultats durch direkten Versuch gibt aber die von *Wüllner* [623]) gefundene Änderung von $\varkappa_{0^\circ C} = 1{,}3113$ zu $\varkappa_{100^\circ C} = 1{,}2843$ bei CO_2 [636]) [637]).

β. Gewissermassen befriedigend ist auch die Übereinstimmung mit den indirekten Bestimmungen durch Explosionsversuche von *Langen* [630]), welche, ebenso wie die von *le Chatelier* und *Mallard* [629]) und von *Berthelot* und *Vieille* [629]) in das Dissoziationsgebiet hineinreichend, eine anfangs ebenfalls noch nahezu lineare Änderung von γ_{vA} mit der Temperatur bei den zusammengesetzten Gasen [CO_2 und H_2O [638])], die aber bei diesen viel stärker ist als bei den zweiatomigen (H_2, N_2, O_2), ergeben.

In jüngster Zeit fanden diese Ergebnisse eine Bestätigung durch die von *Nernst* und seinen Mitarbeitern [639]) ausgeführten Messungen; *Pier* [631]) fand aus Explosionsversuchen

$$\begin{aligned} &\text{für } CO_2 \text{ und } SO_2 \text{ bis } 2000^\circ\ C: \\ &\gamma_{vAM}^{(cal)} = 6{,}800 + 6{,}6\cdot 10^{-3}\, t - 2{,}85\cdot 10^{-6}\, t^2 + 0{,}4\cdot 10^{-9}\, t^3, \\ &\text{für } H_2O \text{ bis } 2350^\circ\ C: \qquad\qquad (100) \\ &\gamma_{vAM}^{(cal)} = 6{,}065 + 1{,}0\cdot 10^{-3}\, t + 0{,}8\cdot 10^{-9}\, t^3. \end{aligned}$$

---

634) Bei den Versuchen von *H. B. Dixon* und *F. W. Rixon* über CO_2 (bis 400° C), Manchester Mem. and Proc. of the Litt. and Phil. Soc. **45** (1900), p. II, fehlt leider die Angabe des Druckes.

635) Die Versuche von *Lussana* [621]), die auf die Abhängigkeit von γ_p von p gerichtet waren, geben für die Temperaturabhängigkeit von γ_{pA} keine sicheren Resultate.

636) Eine fast gleiche Abnahme fand *Valentiner*, ZS. f. Instrumentenk. **26** (1906), p. 114. Dagegen fand *Buckendahl* [623]) eine viel kleinere Abnahme (0,54 % zwischen 0° und 1000° C), *R. Fürstenau*, Ann. d. Phys. (4) 27 (1908), p. 735 dagegen wieder 3,5 % zwischen 0° und 500° C.

637) Extrapolation auf den *Avogadro*'schen Zustand der von *A. G. Worthing*, Phys. Rev. 32 (1911), p. 243, bei 10—60 Atm bestimmten Werte von $\varkappa$ für CO_2 (vergl. Fussn. 368 und Nr. **89a**) geben ebenfalls eine Bestätigung.

638) Für H_2O vergl. *O. Knoblauch* und *M. Jakob*, München Sitz.-Ber. 1905, p. 441, vergl. auch Fussn. 607, *L. Holborn* und *F. Henning*, Fussn. 620, *O. Knoblauch* und *Hilde Mollier*, Fussn. 607 und *Pier*, weiter im Text. Vergl. auch *W. Nernst*, Verh. d. D. physik. Ges. 12 (1910), p. 565. Für Berechnung unter Heranziehung der thermischen Zustandsgleichung (vergl. Nr. **54b**) von $\varkappa$ aus Verdampfungswärmen, spezifischen Wärmen der Flüssigkeit und Dampfdrucken vergl. *A. Leduc*, Paris C. R. 153 (1911), p. 51. Für die Ableitung von spezifischen Wärmen aus Drosselversuchen vergl. Fussn. 1103.

639) Vergl. auch die Messungen von γ_{pA} und $\varkappa_A$ an verschiedenen Gasen und Dämpfen von *R. Thibaut*, Ann. d. Phys. (4) 35 (1911), p. 347.

Es geht also nach α und β die Molekularwärme von CO_2, SO_2, H_2O bei gewöhnlichen und höheren Temperaturen deutlich über $3\,R_M^{(cal)} = 5{,}96$ hinaus, sodass (vergl. Nr. **57**) ausser für die der fortschreitenden und dreien Rotationsbewegungen entsprechenden Momentoide noch Energie für innere Bewegungen verfügbar ist. Und dies wird um so deutlicher, je leichter zerlegbar die Verbindung ist (vergl. die Diskussion der Ergebnisse für CO_2 durch *Bjerrum* Fussn. 651).

b) Über den Wert, den γ_{vAM} bei sehr tiefen Temperaturen für diese Stoffe annimmt, ist man ganz im unklaren (vergl. Nr. **55***c*γ).

Nach *le Chatelier* [640]), der die Resultate von *Mallard* und ihm bis $T = 0$ extrapolirt (vergl. Nr. **55***c*γ), wäre die Molekularwärme bei $T = 0$ auch für die zusammengesetzten Stoffe H_2O und CO_2 dieselbe wie für H_2, O_2 u.s.w. Dagegen schloss *Nernst* [641]) aus seiner Darstellung der Dampfspannungskurven (Nr. **83***i*) behufs Anwendung seines Wärmetheorems (Nr. **83***i*, vergl. auch Fussn. 953), dass bei $T = 0$ für jedes Gas $\gamma_{pAM}^{(cal)}$ 3,5 cal grösser sei als die Molekularwärme seines flüssigen oder festen Kondensationsproduktes, was, wenn man für den festen und flüssigen Aggregatzustand den Limitwert der Atomwärme bei $T = 0$ für alle Atome gleich, und zwar 1,5 ansetzen dürfte, $\gamma_{pAM}^{(cal)} = 3{,}5 + n \cdot 1{,}5$ (n = Zahl der Atome im Molekül) ergeben würde. Es wäre dann also bei $T = 0$ $\gamma_{vAM}^{(cal)} = (n + 1) \cdot 1{,}5$. Zwar stimmt sowohl die Extrapolation der von *Holborn* und *Henning* in Nr. **55***c*α, und dieser Nr. *a*α für H_2O, erhaltenen Resultate, als der Ergebnisse von *Pier* (Nr. **55***c*β, dieser Nr. *a*β) für H_2, N_2, O_2, H_2O [642]) mit dieser Regel. CO_2 und SO_2 scheinen aber eine Mittelstellung zwischen den drei- und den zweiatomigen einzunehmen, nach den Messungen von *Pier* sogar sich den zweiatomigen zu nähern (vergl. weiter Fussn. 661). Dieses entnimmt jener Regel, deren Ableitung übrigens nach Fussn. 642 auch hinfällig geworden ist, ihre experimentelle Basis.

---

640) *H. le Chatelier*. Paris C. R. 104 (1887), p. 1780; ZS. physik. Chem. 1 (1887), p. 456; vergl. auch Séances de la Soc. franç. de phys. 1888, p. 326.

641) *W. Nernst* [a] p. 12, [b] p. 62.

642) Die *Mallard*- und *le Chatelier*'schen Resultate hatten für H_2O und CO_2 einen zu grossen Temperaturkoeffizient.

Zu bemerken ist, dass bei der *Planck*'schen Formulirung des *Nernst*'schen Wärmetheorems (Nr. **74***e*) die spezifische Wärme des Kondensats bei $T = 0$ Null wird und also die Formel nicht $\gamma_{pAM}^{(cal)} = 3{,}5 + n \cdot 1{,}5$, sondern einfach $= 3{,}5$ zu setzen wäre.

Wie in Nr. **55**$c\gamma$ bemerkt wurde, ist nach den jetzigen Ansichten die Extrapolation bis $T = 0$ für die inneren Bewegungen auch nicht erlaubt. *Nernst* erachtet es jetzt [643]) bei Ausbreitung der *Einstein*'schen Ansichten (Nr. **74**c) über die spezifische Wärme nicht nur auf die Vibrationsenergie, sondern auch auf die Rotationsenergie (vergl. Nr. **57**f) der Gasmoleküle für wahrscheinlich, dass für alle Gase bei $T = 0$, entsprechend dem schon oberhalb $T = 0$ Aussterben der Vibrations- und der Rotationsbewegungen, $\gamma_{vAM}^{(cal)}$ für mehratomige Moleküle noch weiter als auf $(n + 1) \cdot 1{,}5$, und zwar auf 2,98 (Nr. **55**b) herabgesunken ist [644]).

c) Den zusammengesetzten Stoffen schliessen sich, was den Wert von $\gamma_{vAM}^{(cal)}$ betrifft, auch Cl_2, Br_2, J_2 an, in Bezug auf die Temperaturabhängigkeit reihen sie sich den schwer zerlegbaren (Nr. **55**c) an [645]).

d) Das bei niedrigen reduzirten Temperaturen für die spezifische Wärme der mehr zusammengesetzten Stoffe im flüssigen Zustande vorliegende reiche Beobachtungsmaterial wird seiner Zeit recht geeignet werden, um mit Hülfe der Zustandsgleichung auf γ_{vA} umgerechnet oder jedenfalls mit demselben verknüpft zu werden [646]). Vorläufig kann aber

---

643) *W. Nernst.* ZS. f. Elektrochemie 17 (1911), p. 265. Nach *Nernst* kommen die Schwingungen der Atome von Gasen wie H_2, O_2, u. s. w. gegen einander erst bei sehr hohen Temperaturen in Betracht.

644) Bestimmungen bei tiefen Temperaturen müssen hier eine Entscheidung bringen. Für H_2 liegt schon (vergl. auch Nr. **55**$c\gamma$) eine experimentelle Andeutung vor: *A. Eucken*, Physik. ZS. 12 (1911), p. 1101.

645) *K. Strecker.* Ann. Phys. Chem. 13 (1881), p. 20, 17 (1882), p. 85. Die direkten Bestimmungen von γ_v für Cl_2 von *M. Pier*, ZS. physik. Chem. 62 (1908), p. 385 ergeben dasselbe (bei der Umrechnung auf γ_{vA} unterhalb 300° C muss die Assoziation im Dampfzustand in Rechnung gezogen werden; diese genügt nach den betreffenden Messungen und Rechnungen *Pier*'s aber nicht, um den Unterschied von diesen und den andern zweiatomigen Gasen zu erklären). Für diese Gase würde also die Extrapolation der bisherigen Messungen nicht mit der früheren *Nernst*'schen Regel $\gamma_{vAM} = (n + 1) \cdot 1{,}5$ für $T = 0$ (vergl. *b*) stimmen.

646) Derartige Rechnungen finden sich bei *Kamerlingh Onnes* und *Happel*, Leiden Comm. Nr. 86 (1903), p. 21. In dieser Weise wären auch das Material Fussn. 633 sowie die von *M. A. v. Reiss*, Ann. Phys. Chem. 13 (1881), p. 447, *R. Schiff*, Lieb. Ann. 234 (1886), p. 300, und *A. Nadeschdin*, Rep. d. Phys. 20 (1884), p. 441, gefundenen Regelmässigkeiten zu bearbeiten. Mit Hülfe der *Clausius*'schen Zustandsgleichung (Nr. **48**e) für Äthyläther rechnete *H. C. Los*, Diss. ('s Gravenhage) Leiden 1897.

Von experimentellen Bestimmungen bei den in *d* betrachteten Flüssigkeiten sind besonders Kompressibilitätsmessungen erwünscht, um das vorliegende Versuchsmaterial für Berechnung von γ_{vA} verwerten zu können.

davon noch nicht viel für die Kenntnis von γ_{vA} erwartet werden. Denn die Rechnungen setzen eine genauere Kenntnis der empirischen Zustandsgleichung voraus, als uns für die meisten in Betracht kommenden Stoffe zur Verfügung steht.

Die oben angeführten Versuche machen es wahrscheinlich, dass für die elementaren und die wenig zusammengesetzten Gase γ_{vA} auch für $t < 1$ sich nur wenig mit der Temperatur ändert. Besonders gilt dies für die stark gebundenen, bei welchen die Änderung in erster Annäherung wohl linear gesetzt werden darf (vergl. Fussn. 620 und diese Nr. *a*). Dann wären für jene Stoffe die spezifischen Wärmen der Flüssigkeit (vergl. auch Nr. 88) wegen der Unzulänglichkeit der thermischen Bestimmungen vor der Hand mehr geeignet, um bei der Aufstellung empirischer Zustandsgleichungen zu dienen, als umgekehrt letztere, um aus γ_v im Flüssigkeitszustand γ_{vA} abzuleiten.

Mehr Erfolg kann für die Ableitung der Temperaturabhängigkeit von γ_{vA} aus Messungen der spezifischen Wärme im Flüssigkeitszustand bei den mehr zusammengesetzten und leichter zerlegbaren Stoffen erwartet werden wegen der entsprechenden grösseren Veränderlichkeit von γ_{vA} mit der Temperatur, die eine Folge der grösseren Teilnahme der inneren Energie der Moleküle an der spezifischen Wärme ist, und besonders wird dies der Fall, wenn die thermischen Daten für diese Stoffe in solcher Genauigkeit vorliegen, als dies für Isopentan z. B. der Fall ist. So konnte *Dieterici*[647]) für diesen Stoff aus seinen[486]) im heterogenen Gebiet dicht an der Flüssigkeitsseite der Grenzlinie ausgeführten kalorimetrischen Messungen mittels der Isothermenbestimmungen von *Young*[354]) für 0° bis 180° C Werte von γ_{vA} ableiten, die durch

$$\gamma_{vAM}^{(cal)} = 21,84 + 0,1029\, t \tag{101}$$

dargestellt werden können.

e) Verschiedene dieser Stoffe legen den Wunsch nahe, ein klares Bild von der Beziehung der Änderung der spezifischen Wärme der Flüssigkeit zu der Änderung der inneren Reibung zu haben. Denn eine sehr grosse Zunahme der letzteren führt die Flüssigkeit in den glasigen Zustand über und bringt uns in das Gebiet, auf welches die *Einstein-Nernst*'sche Theorie der spezifischen Wärme (vergl. Nr. **74***c*) anwendbar ist.

---

647) *C. Dieterici*, Ann. d. Phys. (4) 35 (1911), p. 220.

c) Molekulartheoretisches.

57. Die Bedeutung der Molekularwärme bei konstantem Volumen im Avogadro'schen Zustande für die Kenntnis der Struktur der Moleküle. *a*) Die Werte von $\gamma_{v\mathrm{AM}}$ geben wohl [648]) das einfachste Kriterium, um zu entscheiden, in welchem Maasse das Molekül geeignet ist, Rotationsenergie und Energie innerer Verschiebungen, welche letztere nach Nr. **43** in die Zustandsgleichung des Moleküls [649]) eingeht, aufzunehmen [650]). Nach dem *Maxwell-Boltzmann*'schen Theorem der Gleichheit der Mittelwerte der den verschiedenen Momentoiden (vergl. Nr. **46***c*) entfallenden Teile der kinetischen Energie (vergl. aber *e* und *f*), dem Theorem der *gleichen Verteilung der kinetischen Energie* (equipartition of energy), entspricht nämlich jedem Freiheitsgrad entweder der fortschreitenden oder der rotirenden Bewegung des Moleküls oder der inneren Bewegungen in demselben in $\gamma_{v\mathrm{AM}}^{(\mathrm{cal})}$ ein Beitrag $\frac{1}{2}\ R_{\mathrm{M}}^{(\mathrm{cal})} = 0{,}993$ (vergl. Nr. **55***b*). Dazu kommt noch für die Vermehrung der potentiellen Energie für jeden Freiheitsgrad, dem eine Bewegung entspricht, bei welcher (quasi-) elastische Kräfte hervorgerufen werden, die z. B. der Abweichung aus einem Gleichgewichtszustand proportional sind, ebenfalls jedesmal ein gewisser Beitrag [651]). Aus den Studien *Boltzmann*'s [b], der besonders den

---

648) Bei Temperaturen, bei denen das Gas im *Avogadro*'schen Zustand nicht in Dissoziation begriffen ist.

649) Für die Wichtigkeit der Verbindung zwischen der spezifischen Wärme und der Zustandsgleichung in Bezug auf das Korrespondenzgesetz vergl. Nr. **48***b*. Vergl. weiter Nr. **65**.

650) In einer Zeit, welche nicht gross ist gegen die, welche bei der Bestimmung der spezifischen Wärmen in Betracht kommt und in welcher sich andere Gleichgewichte von fortschreitender und innerer Energie (vergl. *d* und Fussn. 658) herstellen könnten.

651) Dieser Beitrag wird unabhängig von der Temperatur, und zwar für jeden entsprechenden Freiheitsgrad $\frac{1}{2} R_{\mathrm{M}}^{(\mathrm{cal})}$, wenn die potentielle Energie als eine Summe von quadratischen Gliedern aller oder einiger Koordinaten geschrieben werden kann und die lebendige Kraft, als quadratische Funktion der Momentoide ausgedrückt, diese Koordinaten nicht enthält. Letztere Bedingung, die der allgemeinen Berechnung von *Boltzmann* [b] p. 132 oben zu Grunde liegt, aber da nicht erwähnt wird, ist im Falle eines Moleküls, das aus zwei materiellen Punkten oder aus zwei zentral gebauten glatten Kugeln bestehend gedacht wird, welche bei einer bestimmten

Wert von $\varkappa_A$ [652]) an diesen theoretischen Ergebnissen prüfte, ging gleich hervor, dass die für die spezifische Wärme zur Wirkung gelangende Zahl der Freiheitsgrade kleiner ist, als wenn die Drehungen der Moleküle mit in Rechnung gebracht werden müssen und die Atome im Molekül beweglich angenommen werden. Dies zwingt bei Festhalten an dem Theorem der gleichen Verteilung der kinetischen Energie dazu, anzunehmen, dass in fest gebundenen Molekülen der in Nr. **55**c und der in Nr. **56**a, c und d behandelten Stoffe bei gewöhnlichen Temperaturen entweder gewisse Rotationen der ponderabelen Massen oder gewisse relative Atomverrückungen nicht durch den Stoss zu Stande kommen oder geändert werden [653]). Wir behandeln dieses näher in b und d.

b) Von grosser Bedeutung für das Bild, welches man sich von den molekularen Wirkungen bildet, ist es geworden, dass *Boltzmann*, um den Wert $\varkappa_A = 1{,}667$ für die einatomigen Gase zu erklären, vorauszusetzen hatte, dass die Atome derselben keine Rotationsenergie aus der Stosswirkung aufnehmen können und dieselben demgemäss als vollkommen harte und glatte Kugeln aufgefasst werden müssten. Dementsprechend wären die zweiatomigen Moleküle als harte und glatte Rotationskörper zu betrachten.

Das in Nr. **31** entwickelte und in Nr. **32** näher elektrisch ausgearbeitete Bild eines Atoms macht es aber unwahrscheinlich, dass die Kraftwirkung eines Atoms in der Nähe eines andern die Symmetrie

---

Entfernung r_0 keine Kraft, bei einer grösseren eine Anziehung, bei einer kleineren eine Abstossung, jedesmal proportional der Entfernungsänderung $r - r_0$, auf einander ausüben, *Boltzmann* [b] p. 132 unten, nicht erfüllt. Der dieser potentiellen Energie entsprechende Beitrag in $\gamma_{vAM}^{(cal)}$ ist denn auch in Abhängigkeit von dem Grad der Festigkeit der Bindung mehr oder weniger mit der Temperatur veränderlich und variirt im Allgemeinen zwischen $\frac{1}{2} R_M^{(cal)}$ und $\frac{3}{2} R_M^{(cal)}$. Wegen der diesen beiden Grenzwerten entsprechenden Bilder des Moleküls vergl. *Kelvin*, Fussn. 665.

Auch bei rotirender Bewegung anders gebaut gedachter Moleküle ist auf die entsprechende potentielle Energie zu achten, wenn das rotirende Molekül nicht als ideelles starres Gebilde anzusehen ist und die Rotation an dem Wärmegleichgewicht teilnimmt. Diese Energie käme aber nach *N. Bjerrum*, ZS. f. Elektrochemie **17** (1911), p. 731, nur bei sehr loser Bindung der Atome im Molekül in Betracht.

652) Wir gehen auf das vergleichende Studium dieses Parameters nicht weiter ein, als für die Kenntnis der Zustandsgleichung im Allgemeinen notwendig ist. (Vergl. aber die allgemeine Bemerkung in Fussn. 661).

653) Bei zweiatomigen findet man z. B. 5 statt 6 Freiheitsgrade.

einer Kugel hat und dass die verschiedenen Teile der Oberfläche desselben dann dieselben Wirkungen ausüben. Dass es dennoch doch nicht zur Teilnahme der Drehungen an dem Momentoidengleichgewicht kommt, kann man dadurch erklären, dass die Teile der Atome, die man sich ausserhalb des Schwerpunktes zu denken hat, wenn man sich nicht auf die Angabe ihrer Koordinaten in dem mathematischen Ausdruck für die Kraftwirkung beschränken will, dieselben sind als die, deren Freiheitsgrade das Strahlungsgleichgewicht mit dem Äther vermitteln. Denn auch für letztere muss (vergl. d und f) angenommen werden, dass sie sich nicht an dem Momentoidengleichgewicht beteiligen. Ref. möchten, um dem Bild, zu dem wir in Nr. **31** und **32** gelangten, die entsprechenden Züge beizufügen, sodass es in der jetzt betrachteten Beziehung für zwei- und mehratomige Moleküle sowohl wie für einatomige zulässig wird, annehmen, dass die beim Stoss wirkenden anziehenden und abstossenden Teile frei um den Schwerpunkt des Atoms drehbare (eventuell aus schnell um das Zentrum des Atoms sich herumbewegenden Teilchen bestehende) Hüllen bilden; bei chemischer Bindung behielte jedes Atom seine (vielleicht mehrfache) Hülle, was z. B. unter den gleich näher zu erörternden Voraussetzungen bei zweiatomigen Molekülen das Auftreten von Momenten von Bewegungsgrössen durch den Stoss in zwei Ebenen möglich macht. Was die Bindung der Hüllen aneinander betrifft, wären zwei Fälle zu unterscheiden. Erstens dass die Bindung derselben Art ist wie die der Teile der Hülle eines Atoms unter sich, sodass für die Momentoidverteilung das Molekül als nicht kugelförmiges Atom mit zwei oder drei verschiedenen Trägheitsachsen zu betrachten ist. Zweitens dass die Bindung der Hüllen durch Prozesse gelockert wird, welche gegenseitige Bewegung der Hüllen hervorrufen und derselben Art sind (vergl. d und f) als die, welche in den Hüllen des Atoms eines einatomigen Stoffes auftreten, wenn eine Änderung der Strahlung eine Änderung der fortschreitenden Bewegung zur Folge hat.

Es ist, um dieses Bild zutreffend zu machen, anzunehmen, dass die den Stoss auffangenden Teile im Atom auf einander so starke Kräfte ausüben, dass die Störung der Bewegung der einzelnen Teile sich auf alle derselben Art in so kurzer Zeit fortpflanzt und gleichmässig verteilt, dass der Schwerpunkt der Atome der Wirkung jener Teile, bevor dies stattgefunden hat, noch nicht merkbar Folge geleistet hat, weiter dass von allen den Teilen, welche die Hülle bilden, nur auf den Schwerpunkt des Atoms eine Wirkung ausgeübt wird [654]), und dass diese Wirkung stark genug ist, um eine merkliche Verrückung der Hülle gegen den Schwerpunkt, es sei denn beim Einstellen des Strahlungsgleichgewichtes, zu verhindern. Jene Teilchen, welche den Stoss auffangen, wären dann, der weiteren Spezialisirung des Bildes in Nr. **32** nach, die negativen Elektronen, deren äusserste durch ihre Abstossung eine Hülle um das Zentrum des Atoms bilden, welche in verschwindend kleiner Zeit eine gemeinschaftliche, den Schwerpunkt des Atoms als zentralen Stoss angreifende Bewegung erhalten würde [655]).

Die innere Bewegung der Hülle müsste nur für die Strahlung in Betracht kommen, die Schwingungen von ganzen Hüllen gegen einander wären weiterhin einer Dämpfung unterlegen [656]), derselben Art wie die, welche bei der Absorption von strahlender Energie [657]) in einem einatomigen Stoffe sich zeigt. Das *atomfeste* Zusammentreten mehrerer Hüllen würde verschiedene Freiheitsgrade innerhalb der gemeinsamen Hülle von der Teilnahme am Momentoidengleichgewicht ausschliessen [658]).

---

654) Bei dem *Thomson*'schen Bild [309]) ist dies von selbst der Fall, weil die negativen Quanten die positiven Kugeln nur in ihrem Zentrum angreifen. Es würde nicht gelten für Atome, die aus mehreren *Thomson*'schen Kugeln bestehen, vergl. Fussn. 305.

655) Die Strahlung wird den negativen Elektronen zugeschrieben, vergl. Fussn. 311 und 303.

656) Dass dieselben einen Einfluss bekommen, indem ihre lebendige Kraft für die der Moleküle in Betracht kommt, geschieht erst bei höheren Temperaturen (vergl. diese Nr. *d* und Fussn. 628). Es folgt erst intramolekulare Strahlung bei festgebundenen, intraatomare und intramolekulare bei lose gebundenen Molekülen, wenn die lebendige Kraft der besprochenen Teile anfängt in Betracht zu kommen. Es kann schliesslich die lebendige Kraft der Elektronen je der eines Gasmoleküls gleich werden.

657) Dass die für die Vergrösserung der inneren Strahlungsenergie eines Gases zu verwendende Energie bei nicht zu hohen Temperaturen und zu kleinen Drucken verschwindend klein ist, findet *Planck*, Berlin Sitz.-Ber. 29 (1907), p. 543. Ebenso *Einstein* (Nr. **74***c*) für die Resonatoren, welche die Strahlung für genügend kleine Frequenzen (etwa $\lambda > 4{,}8\ \mu$ bei $T = 300$) vermitteln (vergl. Nr. **74***c*).

658) Das Bild lässt sich mit Fussn. 661 gut vereinen.

Änderungen von $\varkappa_A$ nach einem geeigneten Gesetz für die Lockerung atomfester Bindungen mit T entsprechen relative Bewegung verschiedener Teile der Gesamthülle gegen einander und relative Verrückung der Atome in Folge der Hüllenbewegungen. Nach *Jeans*, The Dynamical Theory of Gases, Cambridge 1904, wäre die Dämpfung der die Lichtausstrahlung bewirkenden Bewegungen so stark, andrerseits die Übertragung der lebendigen Kraft der Bewegungen der Schwerpunkte des Moleküls oder der Atome, bzw. deren Rotationen, auf jene so langsam [vergl.

c) Die von der Theorie der zyklischen Bewegung ausgehenden Berechnungen von *van der Waals* [493]) führen bei gegeneinander beweglichen Atomen auf andere, den Beobachtungen besser entsprechende Beziehungen von $\varkappa_A$ zu der Anzahl der Atome als die von *Boltzmann* [659]). Die der Mechanik entlehnten Grundlagen der Rechnungen von *van der Waals* und *Boltzmann* sind aber dieselben. Es ist dieser Unterschied denn auch darauf zurückzuführen, dass *van der Waals* annimmt, dass die zwei- und mehratomigen Moleküle beim Stoss nicht in Drehung gebracht werden können, indem er bei der Aufstellung der gesamten lebendigen Kraft des Moleküls nur ganz bestimmte Bewegungen der Atome innerhalb des Moleküls gegen einander in Betracht zieht [660]). Dieses schliesst eine neue, nicht ausgesprochene Hypothese ein, die nach *e* nicht mit der gewöhnlichen Mechanik zu vereinen ist.

d) In dem vorigen ist schon betont, dass nicht alle Freiheitsgrade sich immer an der spezifischen Wärme beteiligen. Man hat am Molekül im Allgemeinen zu unterscheiden: Freiheitsgrade, die sowohl am Wärmegleichgewicht sich beteiligen als für die Zustandsgleichung bestimmend sind, solche die für die Zustandsgleichung ohne Interesse sind, und solche die sich nicht am Wärmegleichgewicht beteiligen (vergl. Fussn. 664).

F. Hasenöhrl, Wien Sitz.-Ber. [2*a*] 119 (1910), p. 1327], dass die lebendige Kraft derselben für die spezifische Wärme als verschwindend klein angesehen werden kann, während die in der zur Bestimmung von γ verwendeten Zeit (vergl. Fussn. 650) auf jene Bewegungen übertragene lebendige Kraft ebenfalls ausser Betracht gelassen werden kann, oder nur soweit in Betracht kommt, dass dadurch für harte Moleküle (Kugel, Rotationskörper u. s. w.) eine kleine Änderung der von *Boltzmann* abgeleiteten Werte (Fussn. 661) hervorgerufen werden kann.

659) Bei einem zweiatomigen Gas findet *van der Waals* [e] März 1901, p. 599, z. B. für $\varkappa_A$ den Wert $^7/_5$, der mit der Beobachtung, die im Mittel 1,41 bei 0° C, vergl. Gl. (98), gibt, übereinstimmt, während *Boltzmann* [b] p. 132 bei einem solchen mit gegeneinander beweglichen Atomen $^9/_7$ findet.

Erwähnt sei noch, dass *van der Waals* für H_3N die Konstitution H_3 als Stern um N als Schwerpunkt findet.

660) Für zweiatomige Moleküle, wenn α_W (Nr. **43***a*) = konst. gesetzt wird, nur radiale Bewegungen der Atome, wenn α_W proportional T (Nr. **43***b*), soll dazu noch *eine* Bewegung senkrecht zur Verbindungslinie angenommen werden; für dreiatomige siehe *van der Waals* [e] April 1901, p. 615 und 618. Vergl. auch *H. Staigmüller*, Ann. Phys. Chem. 65 (1898), p. 655.

Die Annahmen sind an und für sich unverträglich mit derjenigen *van der Waals*'scher Atome (Nr. **39***b*), und auch mit der unter *b* angegebenen Auffassung sind sie im Allgemeinen nicht zu vereinigen.

Wie wir in Nr. **55** und **56** gesehen haben, ergeben die Experimente auf zweierlei Weise weitere Abweichungen von dem nach *a* auf Grund des Theorems der gleichen Verteilung der kinetischen Energie, wenn für die potentielle Energie die in Fussn. 651 formulirte Bedingung erfüllt ist, anzunehmenden einfachen Verhalten: erstens wird, wenn man nur auf Bestimmungen bei gewöhnlicher Temperatur achtet, in vielen Fällen γ_{vAM} nicht als ganzes Vielfaches von $\frac{1}{2} R_M$ gefunden, sodann ist auch die aus Nr. **55** und **56** sich ausser für die einatomigen Moleküle ergebende Veränderung von $\varkappa_A$ mit der Temperatur, die im Allgemeinen bei den mehr zusammengesetzten Molekülen stärker in den Vordergrund tritt [661]) als bei den einfacher zusammengesetzten [662]), nicht im Einklang mit einer vollständigen Beteiligung eines jeden Freiheitsgrades, die sich bei der genannten Voraussetzung bezüglich der potentiellen Energie in diesen ganzen Vielfachen aussprechen würde. *Boltzmann* [663]) bringt letzteres in Verbindung mit Eigentümlichkeiten der Freiheitsgrade der inneren Bewegungen, die bei höheren Temperaturen die Ausstrahlung vermitteln. Für diese denkt er sich [663]), dass bei den nicht hohen Temperaturen die für das Einsetzen des Momentoidengleichgewichts nötige Zeit gross ist gegen die für eine Bestimmung der spezifischen Wärme erforderte (vergl. *Jeans* Fussn. 658). Es sollte dann bei den Zwischen-

---

661) Man wäre geneigt, dies der grösseren Nähe der Dissoziationstemperatur zuzuschreiben. Andrerseits dürfte, wenn man von dem in *f* zu behandelnden absieht, die Vermutung naheliegen, dass bei Extrapolation nach $T = 0$ für $\varkappa_A$ ein Grenzwert erreicht wird, der entweder 1,66 oder 1,40 oder 1,33 [vollkommene Kugeln (A, He), zwei unverrückbar verbundene Kugeln, Rotationskörper (H_2, O_2, N_2, CO), starrer Körper willkürlicher Form (*Boltzmann* [b] p. 129)] ist. Wenn nach *le Chatelier* (Nr. **56***b*) für CO_2 (für H_2O vergl. Nr. **56***b*) derselbe Limitwert als für H_2 gefunden werden sollte (vergl. Fussn. **644**), so dürfte dies für eine Konstitution CO.O (Hüllen mit gemeinsamer Rotationsachse) sprechen. (Ähnliches für SO_2 nach *Pier*, Nr. **56***b*). Wenngleich CO_2 nicht ganz der *le Chatelier*'schen Annahme zu entsprechen scheint, so wäre doch eine Konstitution CO.O mit den neueren Messungen (besonders nach *f*) in Einklang zu bringen, wenn man nur die Bindung von CO durch das Eintreten des zweiten O als etwas gelockert annehmen würde (vergl. *Stark* Fussn. 308). Vergl. dagegen die Extrapolation von *Nernst* Nr. **56***b*, die er auf Grund seiner Dampfspannungsformel mit der spezifischen Wärme des festen Zustandes in Verbindung stellt, und weiter die jüngere auf Grund der *Einstein-Nernst*'schen Theorie der spezifischen Wärme ebenda.

662) Dem entsprechend wären die leichter zerlegbaren Moleküle mehr kompressibel, die schwer zerlegbaren mehr als starre Körper zu betrachten.

663) *Boltzmann* [b] p. 131.

temperaturen der experimentell beobachtete Wert von $\varkappa_A$ von der Beobachtungsdauer abhängig gefunden werden [663], wofür experimentelle Belege aber ausstehen [664]. Auch die Annahme, dass für die potentielle Energie die obengenannte (in Fussn. 651 formulirte) Voraussetzung nicht erfüllt ist, kann z. B. für ein zweiatomiges Gas die kontinuirliche Zunahme [siehe Gl. (98)] von γ_{vAM} von $\frac{5}{2} R_M$ ab nicht erklären.

e) Der in *a* erörterten *Boltzmann*'schen Theorie hat sich *Kelvin* [665] schroff gegenübergestellt, indem er einige Fälle von Bewegung materieller Punkte vorführte, in denen er das Theorem der gleichen Verteilung der kinetischen Energie nicht erfüllt fand und demgemäss dieses Theorem als ungültig ansah [666]. Einerseits haben aber die theoretischen Ausführungen nach den Methoden der statistischen Mechanik (Nr. **46**), besonders die Arbeit von *Gibbs* [e], klar zum Vorschein gebracht, dass jedem System, das den *Hamilton*'schen Gleichungen der Mechanik unterliegt, wenn nur die Zahl der Freiheitsgrade wie bei einem System von Molekülen, mit dem wir physikalisch zu experimentiren im Stande sind, genügend gross ist, was seine Mittelwerte betrifft, dem Theorem der gleichen Verteilung der kinetischen Energie unterworfen ist. Andrerseits haben die Beobachtungen der *Brown*'schen Bewegung (vergl. Fussn. 173) eine experimentelle Bestätigung jenes Theorems, besonders auch was die Verteilung der kinetischen Energie zwischen Rotationsbewegung und Translationsbewegung multimolekularer Teilchen betrifft [667], erbracht.

f) Die in *d* erörterten Schwierigkeiten zwingen dennoch dazu, das Theorem der gleichen Verteilung der kinetischen Energie bei den für die

---

664) *J. J. Thomson*, Electricity and Matter, Westminster 1904, p. 105, postulirt, dass die die Strahlung bzw. Absorption vermittelnden Bewegungen der Teilchen im Molekül [309] sich an der gleichen Verteilung der kinetischen Energie nicht beteiligen, indem er zwischen der Corpusculartemperatur (mittlere Energie dieser Bewegungen, Fussn. 52, vergl. die *subsidiären Temperaturen* von *Jeans*, Fussn. 658) und der Molekulartemperatur (Fussn. 52) keine Wechselwirkung voraussetzt. Vergl. aber *P. Lenard*, Ann. d. Phys. (4) 17 (1905), p. 243 Fussn. 3. Vergl. auch den Einfluss der Temperatur auf Absorption, *J. Becquerel* und *H. Kamerlingh Onnes*, Leiden Comm. Nr. 103 (1908).

665) Lord *Kelvin*, Baltimore Lectures, London 1904, Appendix B.

666) Vergl. Enc. V 8, Art. *Boltzmann* und *Nabl*, Nr. 28 und weiter *W. Peddie*, Edinburgh Proc. Roy. Soc. 26 (1906), p. 130, 27 (1907), p. 181, *P. Ehrenfest*, Edinburgh Proc. Roy. Soc. 27 (1907), p. 195, *M. Brillouin*, J. de phys. (4) 6 (1907), p. 32.

667) *J. Perrin*, C. R. 149 (1909), p. 549, Physik. ZS. 11 (1910), p. 470.

spezifische Wärme in Betracht kommenden Prozessen fallen zu lassen [668]) und laufen in dieser Richtung zusammen mit den Schwierigkeiten, die sich in der Strahlungstheorie ergeben, wenn man bei der Ableitung einer Strahlungsformel an der Gültigkeit der *Maxwell-Lorentz*'schen Grundgleichungen des elektromagnetischen Feldes einerseits und an der gleichen Verteilung der kinetischen Energie im emittirenden Körper andrerseits festhält [669]). Dem entspricht, dass im Bild, welches wir in *b* entwickelten, die Prozesse, welche den Übergang einer atomfesten Verbindung in einer Bindung, bei welcher Beteiligung an dem Wärmegleichgewicht möglich wird, bewirken, derselben Art gesetzt sind wie die, welche die Beteiligung des Atoms eines einatomigen Stoffes an dem Strahlungsgleichgewicht beherrschen. Dass diese Prozesse ausserhalb der gewöhnlichen Mechanik und Elektrodynamik stehen, ist durch die Einführung des *Planck*'schen *elementaren Wirkungsquantums* klar geworden, welche die Schwierigkeiten in der Strahlungstheorie, wenn man von der Deutung dieses Quantums absieht, aufhebt, und dasselbe für die Theorie der spezifischen Wärme leistet. Der freie Austausch von Energie zwischen den verschiedenen Freiheitsgraden wird nämlich bei dieser Auffassung dadurch beschränkt, dass das Molekül, was seine Vibrationsfreiheitsgrade betrifft, nach Art der *Planck*'schen Resonatoren nur im Stande ist, eine ganze Zahl von ihrer Frequenz an Grösse proportionalen *Energieelementen* auszutauschen (vergl. Fussn. 833). Diese Anwendung wurde zuerst von *Einstein* auf die festen Stoffe gemacht (Nr. **74***c*) und ist sodann von *Nernst* [643]) auf die Gase übertragen. Da die spezifische Wärme des Fluidzustandes mit der des glasigen Zustandes

---

668) Vergl. *M. Planck*, J. de phys. (5) 1 (1911), p. 345. Die Ausführungen *Boltzmann*'s (diese Nr. *e*) und besonders *Jean*'s [658]) gingen praktisch schon dahin, jenem Theorem seine Gültigkeit zu entnehmen. Wir weisen hier schon auf die bald zu erwartende Veröffentlichung der Beratungen des Kongresses *Solvay*, der im November 1911 in Brüssel tagte und sich mit den Schwierigkeiten, welche auf die Quantentheorie geführt haben, sowie mit der weiteren Anwendung dieser Theorie beschäftigte.

669) *H. A. Lorentz*, Nuovo Cim. (5) 16 (1908), p. 5, Physik. ZS. 9 (1908), p. 562, vergl. Physik. ZS. 11 (1910), p. 1234, *O. Lummer* und *E. Pringsheim*, Physik. ZS. 9 (1908), p. 449, *J. H. Jeans*, Physik. ZS. 9 (1908), p. 853, Phil. Mag. (6) 17 (1909), p. 229, 20 (1910), p. 943, *W. Ritz*, Physik. ZS. 9 (1908), p. 903, 10 (1909), p. 224, *A. Einstein*, Physik. ZS. 10 (1909), p. 185, *W. Ritz* und *A. Einstein*, Physik. ZS. 10 (1909), p. 323, *J. D. van der Waals Jr.*, Amsterdam Akad. Versl. Jan. 1909, p. 659, *M. Planck*, Ann. d. Phys. (4) 31 (1910), p. 758, *W. Peddie*, Phil. Mag. (6) 22 (1911), p. 663. Vergl. auch Enc. V 23, Art. *Wien*, Nr. **7** und **13**.

(vergl. Nr. **56***e*) kontinuirlich zusammenhängt, kann man jedenfalls nicht umhin, das im glasigen Zustand für die Bewegung der Vibratoren in dem Molekül anzunehmende Strahlungsgleichgewicht auch auf die Bewegung nach den inneren Freiheitsgraden in dem Molekül, wenn sich dieses im Fluid- (speziell auch in dem gasförmigen) Zustand befindet, anzuwenden. Eine Diskussion der experimentellen Ergebnisse für Gase (Nr. **55** und **56**) auf Grund dieser Anschauungen hat *Bjerrum* [651]) gegeben.

Nernst ist aber zu gleicher Zeit weiter gegangen, indem er annimmt, dass auch die Drehung des Moleküls nicht mehr durch die gewöhnliche Mechanik beherrscht wird, sondern dem *Planck*'schen Gesetz nach Maassgabe der Tourenzahl unterworfen ist. Die Entscheidung über diese Ansicht, bei welcher die Schwierigkeit, welche durch den Mangel an Symmetrie bei der Kraftwirkung der Atome bei Annäherung an einander verursacht wird, gehoben sein würde, die aber nicht zugleich an anderen Erscheinungen beurteilt werden kann, kann nur durch das Experiment gebracht werden, und die Rechnung ergibt, dass dieses nur bei H_2 unmittelbare Resultate verspricht (Nr. **55***c*γ).

IV. Die Fundamentalgleichungen für den fluiden Zustand.

a) Die Fundamentalgleichungen für normale einkomponentige Stoffe.

58. **Die Gibbs'schen Fundamentalgleichungen. Darstellung derselben durch die Gibbs'schen Fundamentalflächen. Ableitung der thermischen und kalorischen Eigenschaften einer Phase aus denselben.** *a*) Mit Hülfe der thermischen Zustandsgleichung (Abschn. **II**) und der kalorischen Grundgleichung (Abschn. **III**) lassen sich jetzt die *Gibbs*'schen Fundamentalgleichungen (Nr. **3***a*) bilden. Wenn das Studium jener beiden Hülfsgleichungen, sowie der Beziehung des festen zu dem fluiden Zustand weiter vorgeschritten sein wird, werden die Fundamentalgleichungen gewiss eine grössere Rolle für das Verständnis der thermodynamischen Erscheinungen spielen als bis jetzt. Insbesondere dürfte die thermische Zustandsgleichung, jetzt noch der Mittelpunkt der molekulartheoretischen Betrachtungen, weiterhin, wie dies bei der Behandlung derselben nach den Methoden der statistischen Mechanik schon der Fall wird, nur als eine abgeleitete Gleichung erscheinen, die aus einer die Eigenschaften, insbesondere die Entropie des betreffenden Systems

mehr unmittelbar ausdrückenden Fundamentalgleichung hervorgeht. Bis jetzt dienen die Fundamentalgleichungen einkomponentiger Stoffe hauptsächlich zum Zweck graphischer übersichtlicher Darstellung und Behandlung des fluiden und festen Zustandes. Dementsprechend wollen wir uns darauf beschränken, die Fundamentalgleichungen in algebraischer Form aufzustellen für den Fall, dass als thermische Zustandsgleichung die *van der Waals*'sche Hauptzustandsgleichung mit konstanten a_W, b_W, R_W und als kalorische Grundgleichung die einfache Form $\gamma_{vA} =$ konst. gilt, und weiter nur auf die graphische Behandlung der Fundamentalgleichungen eingehen.

Die Fundamentalgleichungen ergeben sich (vergl. Nr. **53**a) für den gedachten Fall aus

$$\left.\begin{aligned} u &= K_u + \gamma_{vA}\,T - \frac{a_W}{v}, \\ s &= K_s + \gamma_{vA}\ln T + R_W \ln(v - b_W), \\ \mathfrak{F}_{vT} &= K_u - T K_s + \gamma_{vA}(T - T\ln T) - R_W T \ln(v - b_W) - \frac{a_W}{v}, \\ \mathfrak{F}_{sp} &= K_u + \gamma_{vA}\,T + R_W T \frac{v}{v - b_W} - \frac{2\,a_W}{v}, \\ \mathfrak{F}_{pT} &= K_u - TK_s + \gamma_{vA}(T - T\ln T) + R_W T \frac{v}{v - b_W} \\ &\qquad - R_W T \ln(v - b_W) - \frac{2\,a_W}{v}, \end{aligned}\right\} \quad (102)$$

$$\text{wo } K_u = u_{v_0 T_0} - \gamma_{vA}\,T_0 + \frac{a_W}{v_0}, \qquad K_s = s_{v_0 T_0} - \gamma_{vA}\ln T_0 - R_W \ln(v_0 - b_W). \quad (103)$$

Von den Fundamentalgrössen ist in Gl. (102) nur $\mathfrak{F}_{vT}$ in den gehörigen, jedesmal durch die an $\mathfrak{F}$ angehängten Indizes angezeigten, unabhängigen Variabeln (Nr. **3**a und Fussn. 59) explizite gegeben. Die für die explizite Aufstellung der anderen Fundamentalgleichungen nötige Elimination gelingt in endlicher Form nur für $\mathfrak{F}_{sv} = u$, und zwar gibt sie für diese

$$u = K_u + \gamma_{vA}\, e^{\frac{s - K_s}{\gamma_{vA}}} (v - b_W)^{-(\varkappa_A - 1)}. \quad (104)$$

b) Die *Fundamentalflächen* stellen U als Funktion von S und V (*Energiefläche*, vergl. Tafel II Fig. 31, 32 und 33), $\mathfrak{F}_{VT}$ als Funktion von V und T (*Arbeitsfläche, Fläche der freien Energie*), $\mathfrak{F}_{Sp}$ als Funktion von S und p [*Enthalpiefläche* [670])], $\mathfrak{F}_{pT}$ als Funktion von p und T (*Potentialfläche*, vergl. Fig. 29) dar [671]).

Die wichtigste von diesen ist die Energiefläche, die auch wohl kurzweg *die Gibbs'sche Fläche* genannt wird. Ihre Gleichung ist für den Fall, dass die *van der Waals*'sche Hauptzustandsgleichung mit konstanten a_W, b_W, R_W, und $\gamma_{vA} =$ konst. gelten, in Gl. (104) gegeben. Sie hat den Vorteil, dass sie einblättrig und eine ihrer senkrechten Projektionen das wichtige S, V-Diagramm [672]) ist, weiter ist es die einzige *Gibbs*sche Tangentialfläche für einen einkomponentigen Stoff (Nr. **8**, **10** und Fussn. 98) [673]).

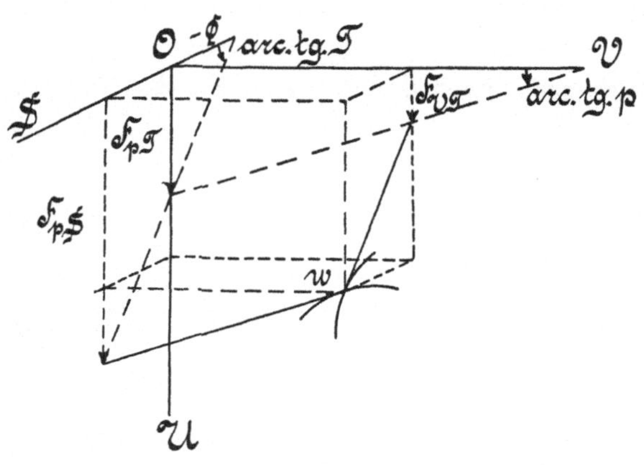

Fig. 22.

Von den 8 thermodynamischen Grössen $V, S, U, p, T, \mathfrak{F}_{VT}, \mathfrak{F}_{Sp}, \mathfrak{F}_{pT}$, werden die drei ersten für jeden Zustand unmittelbar durch die Koordinaten der Fläche gegeben. Auch die andern fünf sind an derselben einfach abzulesen. Fig. 22 bringt die dazu dienende Konstruktion, welche den Gleichungen in Enc. V 3, Art. *Bryan*, Nr. **16** entspricht, zum Ausdruck [674]) [675]).

670) Für $\mathfrak{F}_{Sp}$ wurde von *Kamerlingh Onnes* [Leiden Comm. Nr. 109 (1909), p. 3 Fussn. 2] der Namen *Enthalpie* vorgeschlagen (vergl. Fussn. 596). In der technischen Thermodynamik findet man die Namen *Wärmeinhalt für gleichen* (besser *konstanten*) *Druck*, *R. Mollier*, ZS. d. Ver. d. Ingenieure 48 (1904), p. 271, und *Erzeugungswärme für konstanten Druck*, Enc. V 5, Art. *Schröter*.

671) Was den Nutzen derselben betrifft, siehe Nr. **6b**, weiter Nr. **58** und Enc. V 3, Art. *Bryan*, Nr. **16**.

672) Siehe Fussn. 72 und 77. Weiter *Gibbs* [a] p. 330 und Fussn. 90.

673) *Planck* [519]) sieht S als Funktion von U und V (Nr. **46b**) als die allgemeinste Zustandsgleichung an, weil U und V (entgegen p und T) für jede bestimmte Stoffmenge, auch wenn dieselbe nicht eine nach Nr. **1a** definirte Phase, oder einen Komplex derselben, bildet, definirt ist.

674) Vergl. *van der Waals* [d] p. 112. Eine entsprechende graphische Ableitung von $\mathfrak{F}_{pT}$ bei *Maxwell* [a] p. 199, *G. Mouret*, J. de phys. (2) 10 (1891), p. 253.

675) Die Figuren sind hier schematisch gezeichnet. Für die numerisch exakte Darstellung siehe Nr. **63**, *D. Goldhammer*, Moskau Abh. d. Univ., 1884, Beibl. 10

Die an den Punkt w gelegte Tangentialebene gibt durch die Neigung der der S, U-Ebene parallelen Tangente gegen die S, V-Ebene T, durch die der U, V-Ebene parallelen Tangente gegen die S, V-Ebene p. Die U-Ordinaten der Schnittpunkte der ersten Tangente mit der U, V-, der zweiten mit der U, S-Ebene, und der

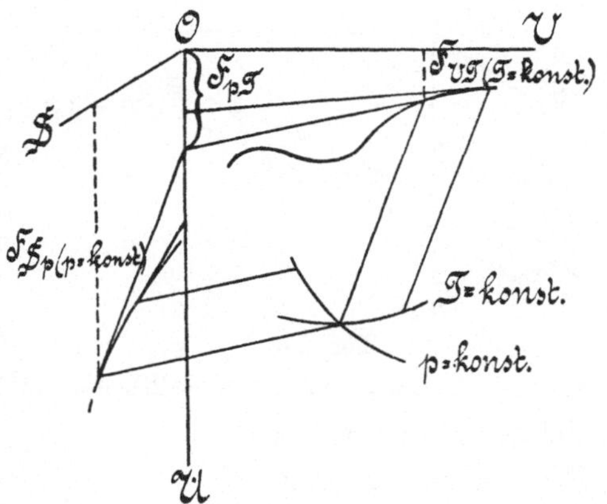

Fig. 23.

Berührungsebene mit der U-Achse geben $\mathfrak{F}_{VT}$, $\mathfrak{F}_{Sp}$, $\mathfrak{F}_{pT}$. Die Beziehungen $\mathfrak{F}_{VT} = U - TS$, $\mathfrak{F}_{Sp} = U + pV$ und $\mathfrak{F}_{pT} = U + pV - TS$ sind in der Figur unmittelbar abzulesen. Die von *Planck* [676]) benutzte Funktion $\Phi = -\mathfrak{F}_{pT}/T$ ebenfalls. Fig. 23 bringt einen kleinen Teil einer Isotherme sowie einer Isobare zur Anschauung [675]); beide sind Schattenlinien für Licht, welches der U, S- oder U, V-Ebene parallel einfällt in der T oder p entsprechenden Neigung. Es sind weiter zwei aufeinander folgende Tangenten aus jedem Bündel sowie eine $\mathfrak{F}_{VT}, V$-Isotherme in der U, V-, und eine $\mathfrak{F}_{Sp}, S$-Isobare in der U, S-Ebene gezogen. Man entnimmt der Figur sogleich (vergl. Enc. V 3, Art. *Bryan*, Nr. **16**)

$$\begin{aligned}
\mathfrak{F}_{VT\,(T=\text{konst.})} &= \int\limits_{T=\text{konst.}} -p\,dV, & \mathfrak{F}_{pT\,(T=\text{konst.})} &= \int\limits_{T=\text{konst.}} V\,dp, \\
\mathfrak{F}_{Sp\,(p=\text{konst.})} &= \int\limits_{p=\text{konst.}} T\,dS, & \mathfrak{F}_{pT\,(p=\text{konst.})} &= -\int\limits_{p=\text{konst.}} S\,dT.
\end{aligned} \tag{105}$$

---

p. 333, und auch *W. P. Boynton*, Phys. Review 11 (1900), p. 291 und 20 (1905), p. 259, der verschiedene Durchschnitte der Fundamentalflächen, nach der *van der Waals*'schen Hauptzustandsgleichung mit konstanten a_W, b_W, R_W berechnet, vorführt.

Für die Diagramme ist der Nullpunkt der Entropie (vergl. Nr. **58**) immer so genommen, dass für die betrachteten Zustände S positiv ist. Für Berechnungen in Verbindung mit dem Gesetz korrespondirender Zustände werden am einfachsten U und S im kritischen Punkt $= 0$ gesetzt (vergl. Fussn. 697). Wenn man sich den experimentellen Daten für kleine Dichten und gewöhnlicher Temperatur möglichst eng anschliessen will, ist es besser, als Nullpunkt den Normalzustand, bzw. den theoretischen Normalzustand zu wählen. Vergl. für einen anderen Nullpunkt Nr. **74e**.

676) *M. Planck*. Ann. Phys. Chem. **32** (1887), p. 469, [a] p. 116. Diese Funktion wurde auch schon eingeführt von *F. Massieu*, Paris C. R. 69 (1869), p. 858, zugleich mit der Funktion $-\dfrac{\mathfrak{F}_{VT}}{T}$, aber später [Mém. présentés à l'Acad. des Sciences

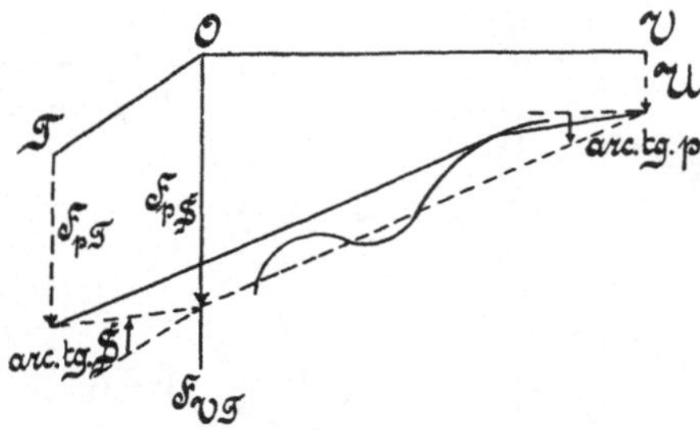

Fig. 24.

Da die Fläche in w (Fig. 22) konvex gegen die abnehmenden U gezeichnet ist, entspricht w nach Nr. **10b** einem stabilen homogenen Gleichgewicht; d in Fig. 27 stellt ein labiles vor

c) In ähnlicher Weise wie bei der Energiefläche werden auf den anderen Fundamentalflächen diejenigen der Grössen S, V, p, T, welche nicht zu den Koordinaten gehören, durch die erste und zweite Tangente gegeben, entspricht der Abschnitt der Berührungsebene jener Fundamentalgrösse, in deren Darstellung die Koordinaten nicht eingehen, und die zwei andern Abschnitte den restirenden Fundamentalgrössen (U ist als $\mathfrak{F}_{SV}$ zu bezeichnen, Enc. V 3, Art. *Bryan*, Nr. **16**).

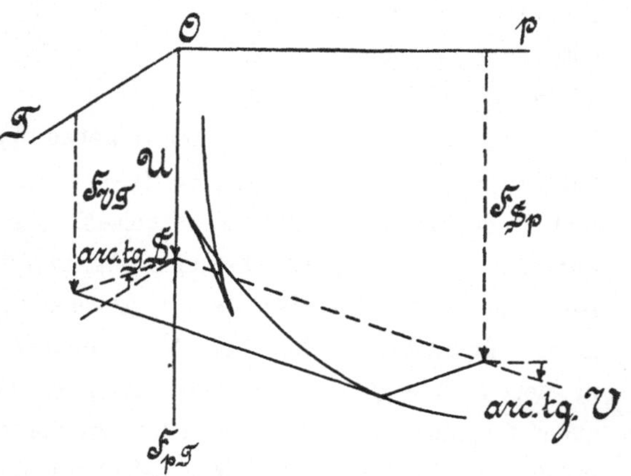

Fig. 25.

Fig. 24, 25, 26 geben dies an. Auch sind aus diesen Figuren Integralformeln, welche Gl. (105) entsprechen, zu entnehmen [675]).

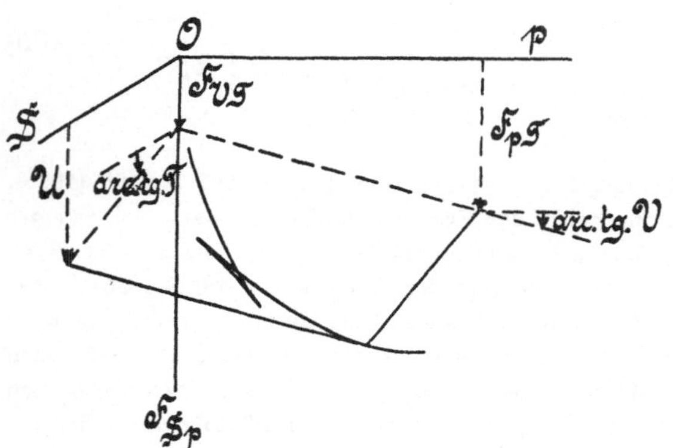

Fig. 26.

Die Krümmung der Isopyknen der Energiefläche oder der Arbeitsfläche steht in Beziehung zu γ_V, die der Isobaren der Enthalpiefläche oder der Potentialfläche zu γ_p.

22 (1876)] auf einen Vorschlag *Bertrand*'s von ihm verlassen für die zu einfacheren Formeln führenden Funktionen — $\mathfrak{F}_{VT}$ und — $\mathfrak{F}_{pT}$.

59. Beziehung der Fundamentalflächen, sowie der aus denselben abgeleiteten ebenen Diagramme unter einander. *a*) Diese Beziehungen sind in Nr. 8 allgemein für verwandte graphische Darstellungen angegeben. Man hat, um auf diesen speziellen Fall überzugehen, dort für α, für β und für γ je eine der Grössen p, V, T, S, U, $\mathfrak{F}_{VT}$, $\mathfrak{F}_{Sp}$, $\mathfrak{F}_{pT}$ gewählt zu denken. Zeichnen wir z. B. auf die Energiefläche das doppeltkrummlinige Netz *a*) der T- und der S-, *b*) der p- und der V-Linien [677]) und zeichnen darin den *Carnot*'schen Kreisprozess, projiziren das Netz und die Zeichnung *a*) auf die U, S-, *b*) auf die U, V-Ebene, transformiren dann die krummlinig-geradlinigen Diagramme *a*) in ein rechtwinkliges T, S-, *b*) in ein rechtwinkliges p, V-Diagramm, so gibt *a*) das Rechteck (vergl. Fussn. 77), welches die im Prozess verbrauchte Wärme, *b*) das bekannte im Allgemeinen krummlinige Viereck, welches im Indikatordiagramm die Arbeit vorstellt [678]).

Im Allgemeinen kann man sich auf der U, S, V-Fläche leicht orientiren über den Lauf von irgend einer der obigen 8 Linien α = konst. in einem aus zwei andern β = konst., γ = konst. gebildeten rechtwinkligen Diagramm.

b) Weiter ist auch aus Nr. **58** zu ersehen, wie man durch Deformation der Energiefläche die $\mathfrak{F}_{VT}$-, $\mathfrak{F}_{Sp}$-, $\mathfrak{F}_{pT}$-Flächen erhalten kann. Für die $\mathfrak{F}_{VT}$-Fläche ist dies sehr einfach. Ähnlich erhält man die $\mathfrak{F}_{pT}$- aus der $\mathfrak{F}_{Sp}$-Fläche. Da im Fluidgebiet im Allgemeinen zu demselben Druck drei Volumina gehören und die $\mathfrak{F}_{pT}$- und $\mathfrak{F}_{Sp}$-Flächen (vergl. Fig. 27) dreiblättrig sind, ist die Deformation der U- oder der $\mathfrak{F}_{VT}$-Fläche in eine der $\mathfrak{F}_{pT}$- oder $\mathfrak{F}_{Sp}$-Flächen eine sehr komplizirte. Einfacher ist die Beziehung durch homographische Transformation der Polarreziproken in Bezug auf eine Kugel von $\mathfrak{F}_{pT}$ zu U, und von $\mathfrak{F}_{Sp}$ zu $\mathfrak{F}_{VT}$, sodass einem Punkt in dem einen Gebilde eine Ebene in dem andren entspricht, einer zweifachen Berührungsebene ein Doppelpunkt, einer zweifachen Tangente wieder eine zweifache Tangente (vergl. Nr. **14***c*), wie aus den Fig. 23, 24, 25, 26 in Nr. **58** einleuchtet [679]).

677) Es sind dies nach Fussn. 71 die Linien T = konst. u.s.w.

678) Für das dritte für die Technik wichtige ebene, das *Mollier*'sche $\mathfrak{F}_{Sp}$, S-Diagramm vergl. Enc. V 5, Art. *Schröter*, Nr. **6**. Dieses Diagramm wird auch schiefwinklig genommen, um übersichtlich zu sein, *R. Mollier*, Fussn. 670.

679) *Brunhes*, Einleitung zu *Gibbs* [d], p. 12. Nach *G. H. Bryan*, Thermodynamics, Leipzig 1907, p. 95, bekommt man aus der U, S, V-Fläche die $\mathfrak{F}_{VT}, V, T$-,

60. Die Liquid-Gas-Falte in der Energiefläche. Der stabile Teil der Energiefläche fällt, weil konvex nach der negativen Seite der U, in Fig. 27

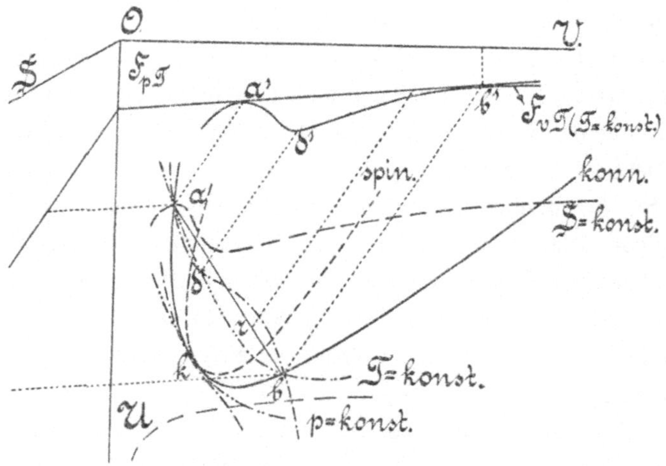

Fig. 27.

nach vorn (+ Seite der S) und nach der U, S-Ebene (Seite der kleinen V) ab; dem entspricht der Lauf der Isentropen (— — — —). In Fig. 27 (vergl. Tafel II Fig. 31, 32 und 33) stellen a und b koexistirende Flüssigkeit und Dampf vor. Dieselben gehören (Nr. 7*a*) den Zweigen der Grenzlinie (*gr* in Fig. 28) an, welche zugleich (Nr. **12***a*) die Zweige der Konnodale *konn* sind. Die gemeinschaftliche Berührungsebene entspricht (Fig. 22) den zusammengehörenden p_{koex} und T und dem gemeinsamen $\mathfrak{F}_{pT}$ (Nr. 8*d* und Fig. 27). Die Gerade (Nr. 8*d*) $a\,b$ ist die Isophase, eine der Linien der heterogenen Regelfläche, welche dem heterogenen Blatt der p, V, T-Fläche (Nr. **22**, 8*a* und **17***c*) entspricht. Verkleinert man, der Isophase entlang gehend, V, so nimmt die Menge der Flüssigkeit (Nr. 8*d* und Nr. **16***b*) im Verhältnis zu der des Dampfes zu wie *br* zu *ra*.

Die homogene Isotherme (nach *van der Waals*) $a\,d\,b$ liegt überall unter dieser Regelfläche und geht durch labile Zustände d (vergl. Nr. **16**, Fig. 14); dieselben sind durch die Spinodale *spin*, die also auch Stabili-

---

bzw. $\mathfrak{F}_{pT}$, p, T-Fläche als Polarreziproke in Bezug auf einen parabolischen Zylinder bezw. ein Rotationsparaboloid. Vergl. auch *G. Mouret*, J. de phys. (2) 10 (1891), p. 265. Wie man aus einer Fundamentalfläche $\mathfrak{F}$ eine zweite bekommt, indem man statt der Variabele α (insofern dies S oder V ist) $\partial\mathfrak{F}_{\alpha\beta}/\partial\alpha$ als Variabele einführt, oder umgekehrt in einem der beiden Potentiale bei $\partial\mathfrak{F}/\partial\alpha$ = konst. ($\mathfrak{F}_{Sp}$ oder $\mathfrak{F}_{pT}$, Enc. V 3, Art. *Bryan*, Nr. **16**) statt $\partial\mathfrak{F}/\partial\alpha$ (p oder T) ein α (S oder V) als Variabele einführt, daselbst p. 7. Vergl. Nr. **14***a* und Fussn. 130.

tätslinie ist (Nr. **7**a, **17**c und Fig. 14), abgegrenzt von den metastabilen und stabilen. Die Gestalt der entsprechenden Falte (Nr. **11**) zwischen dem gasförmigen und dem flüssigen Zustand wird näher gezeigt von der $a\,d\,b$ entsprechenden Isotherme $a'\,d'\,b'$ im $\mathfrak{F}_{VT}$, V-Diagramm; k zeigt den kritischen Punkt (Nr. **9**b und **16**), Faltenpunkt (Nr. **12**) der Liquid-Gasfalte.

Die Isobare $p_{\text{koex}\,T}$ schneidet (vergl. Nr. **16**) dreimal die Isotherme T[680]). In k sieht man Isotherme und Isobare, indem sie einander durchschneiden, sich nach Gl. (10) und zugleich die Konnodale (und Spinodale) berühren (vergl. Fussn. 103 und Nr. **8**b).

61. **Das Maxwell'sche Kriterium für die gesättigte Koexistenz zweier Phasen.** In der vorigen Nummer wurde ausgegangen von der Bedingung, dass die bei T gesättigt koexistirenden Phasen a und b

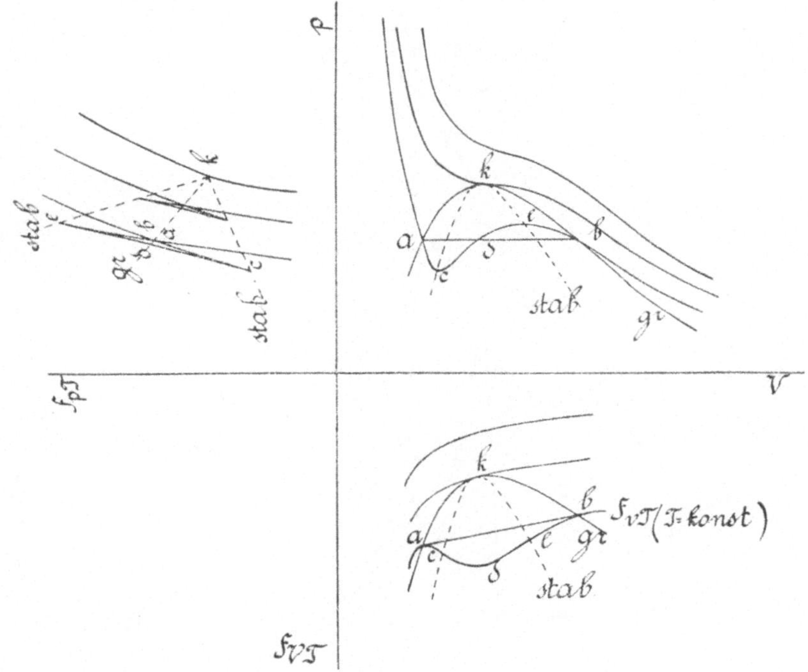

Fig. 28.

Konnoden für die T entsprechend geneigte Ebene doppelter Berührung sind. Dieselben, Flüssigkeit und Dampf (v_{liq} und v_{vap}), entsprechen aber,

680) Die Isothermen und Isobaren gehen über den Kamm, der dem Flüssigkeitszustand entspricht. Näheres über den Bau des Flüssigkeitskammes Nr. **63**.

Fig. 27, auch den Berührungspunkten der T entsprechend auf der U, V-Ebene geneigten Ebene mit der Isotherme T als Raumkurve (Nr. **59***a*), und weiter den Berührungspunkten a' und b' der an die Isotherme im $\mathfrak{F}_{VT}$, V-Diagramm (vergl. Fig. 28) gezogenen Doppeltangente. $\mathfrak{F}_{vT}$ ist nämlich eine *Gibbs*'sche Tangentialkurve (Nr. **14**). Es folgt aus Fig. 28 und der Integralformel (105) sogleich

$$\mathfrak{F}_{vT\text{liq}} - \mathfrak{F}_{vT\text{vap}} = \int_{v_{\text{vap}}}^{v_{\text{liq}}} - p\, dv_{T=\text{konst.}} = p_{\text{koex}}\,(v_{\text{vap}} - v_{\text{liq}}). \tag{106}$$

Es ist diese Gl. ein besonderer Fall der Gl. (3). Dieselbe stellt das schon Nr. **17***b* behandelte *Maxwell*'sche Kriterium vor.

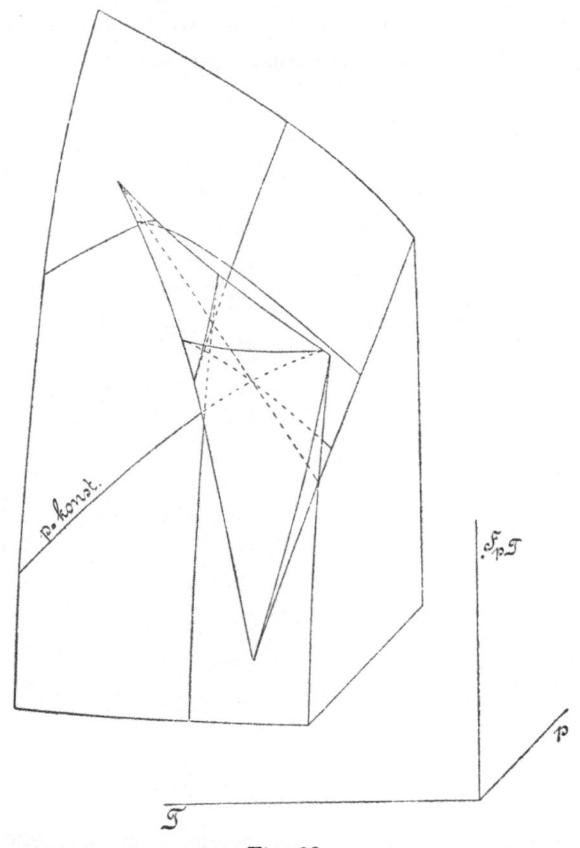

Fig. 29.

Setzt man in der Gl. (2) und in Fig. 3 $\alpha = s$, $\beta = v$, so kommt

$$s_{\text{vap}} - s_{\text{liq}} = \frac{dp_{\text{koex}}}{dT}(v_{\text{vap}} - v_{\text{liq}}) \text{ oder } \lambda = T\,\frac{dp_{\text{koex}}}{dT}(v_{\text{vap}} - v_{\text{liq}}), \tag{107}$$

die *Clapeyron-Clausius*'sche Gleichung [681]) für die gesättigte Liquid-Gaskoexistenz.

Wir betrachten jetzt noch die graphische Darstellung dieser Koexistenz mit Hülfe des thermodynamischen Potentials (Abschnittes $\mathfrak{F}_{pT}$ Fig. 22). Nach Nr. **14***c*, wo $\mathfrak{F} = \mathfrak{F}_{sv}$, $\alpha = s$, $\beta = v$, also $\mathfrak{F}^{(III)} = \mathfrak{F}_{pT}$ zu setzen, werden die Isothermen im $\mathfrak{F}_{pT}$, p-Diagramm für die koexistirenden Phasen einen Doppelpunkt (Fig. 25 und 28) aufweisen. Ebenso steht es mit den Isobaren im $\mathfrak{F}_{pT}$, T-Diagramm. Die $\mathfrak{F}_{pT}, p, T$-Fläche wird mit den Isobaren in Fig. 29 (vergl. Fussn. 133) dargestellt [682]) [683]). gr in Fig. 28 gibt die Grenzlinie; zu dieser ist das heterogene Gebiet im $\mathfrak{F}_{pT}$, p-Diagramm zusammengefallen (Nr. 8*e*); sie endet da im kritischen Punkt k, die Projektion der Grenzlinie auf der $\mathfrak{F}_{pT}$-Fläche auf die p, T-Ebene gibt die *Dampfspannungslinie im p, T-Diagramme* [684]) (vergl. Fig. 17). Figur 28 [685]) [686]) [687]) erläutert die Bildung von Gl. (106), und den Zusammenhang des $\mathfrak{F}_{pT}$, p und des $\mathfrak{F}_{VT}$, V-Diagrammes, sowie deren Beziehung zum Gleichgewicht zweier Phasen [688]).

62. Die thermodynamische Ähnlichkeit verschiedener Stoffe. Anwendung auf die Verflüssigung des Wasserstoffs und des Heliums.

a) Bei den in Nr. **31** angestellten Betrachtungen über die mechanische

---

681) Enc. V 3, Art. *Bryan*, Gl. (138) und Fussn. 31.

682) Diese Fläche wurde schon gezeichnet von *P. Duhem*, Trav. et Mém. des Fac. de Lille 1 (1891), 5ième mémoire, p. 82.

683) Fig. 28 und Fig. 29 unterscheiden sich dadurch, dass in letzterer im kritischen Punkt k $s = 0$ angenommen ist (vergl. Fussn. 675), in der ersteren behufs der Deutlichkeit der Zeichnung für das dargestellte Gebiet überall $s > 0$.

684) Vergl. das p, T-Diagramm der Isopyknen (Nr. **42**); bei der Durchschneidung einer v-Linie mit der Grenz(Dampfspannungs)linie liest man die zu v als v_{vap} oder v_{liq} gehörende T_{koex} und p_{koex} ab.

685) Der kritische Punkt ist ein Punkt der Flecnodale, nicht aber der Spinodale, auf der $\mathfrak{F}_{vT}, v, T$-Fläche, und also kein Faltenpunkt (Nr. **12**) für diese Fläche, die nicht eine Tangentialfläche, sondern eine aus Tangentialkurven (Nr. **14**) gebaute Fläche ist.

686) Die Punkte c und e sind Rückkehrpunkte im $\mathfrak{F}_{pT}$, p-Diagramm.

687) Der kritische Punkt auf der $\mathfrak{F}_{pT}, p, T$-Fläche hat sehr eigentümliche Eigenschaften. Vergl. Enc. III D 1, 2, Art. *von Mangoldt*, p. 41.

688) *stab* ist die Stabilitätslinie, entsprechend *spin* von Fig. 27. Die Betrachtungen von *Tumlirz*, Wien Sitz.-Ber. [2*a*] 114 (1905), p. 167, vergl. Fussn. 548, über die Stabilität der Phase für adiabatische u. s. w. Zustandsänderungen, sind unvollständig, weil nicht auf alle Änderungen, die innerhalb einer Phase, der keine Wärme zu- bzw. abgeführt wird, möglich sind, Rücksicht genommen wird.

Ähnlichkeit haben wir schon Moleküle in's Auge gefasst, in deren Innerm mechanische Vorgänge stattfinden [295]). Für die thermische Zustandsgleichung kommen diejenigen, welche die Ansammlung von Energie im Molekül bei steigender Temperatur nach Maassgabe der $\varkappa_A$ bestimmenden Freiheitsgrade betreffen, nur indirekt in Betracht, in so weit mit denselben nur die, gegen die durch Unterschiede in $\varkappa_A$ bedingten kleinen Abweichungen verschiedener normaler Stoffe vom Korrespondenzgesetze (vergl. Nr. **43** und Nr. **38**, sowie Nr. **57**) zusammenhangen (vergl. für diese Nr. **65**). Sehen wir von letzteren ab, so ist also die Wärmetönung bei korrespondirenden isothermischen Prozessen eine korrespondirende, obgleich die gedachten und relativ bedeutenden Vorgänge im Molekül dies nicht sind. Anders ist es bei Prozessen mit sich ändernder Temperatur. Den Vorgängen im Molekül bei dieser Änderung entspricht bei korrespondirenden Änderungen eine Wärmemenge, welche im Allgemeinen nicht korrespondirend ist. Nur in dem Fall, dass das Verhältnis der gesammten Energiezunahme des Moleküls zu derjenigen der fortschreitenden Bewegung, also $\varkappa_A$, für die zu vergleichenden Stoffe denselben Wert hat, werden alle korrespondirend eingeleiteten und unter korrespondirenden äusseren Bedingungen fortgesetzten, kurz *korrespondirend geleiteten*, thermodynamischen Prozesse korrespondirend verlaufen. So z. B. die korrespondirend geleiteten adiabatischen. *Normale Stoffe mit demselben* $\varkappa_A$ (weniger streng: derselben Anzahl von Freiheitsgraden im Molekül) sind [689]) *nicht nur thermisch sondern auch thermodynamisch ähnlich*, d. h. korrespondirenden Wegen auf der p, V, T-Fläche entsprechen gleiche Entropieänderungen (Dimension nach $[L\,Z\,M]$ Null, wenn die Temperatur als lebendige Kraft gemessen wird) und korrespondirende Änderungen der Energie [690]). Auf den reduzirten Energieflächen bilden sich korrespondirend geleitete Prozesse durch dieselben Linien ab.

Da der *Joule-Kelvin*-Effekt (Nr. **64***c*, **90**) bei kleinen Drucken (Nr. **90***c*) bei gewöhnlicher Temperatur für H_2 positiv, für andere zweiatomige Gase negativ ist, folgt [689]) aus diesem Satz bei jenen Drucken ein

---

689) *H. Kamerlingh Onnes* [e] Nr. **23** (1896), p. 6 (wie schon in Nr. **20***c* erwähnt und in Fussn. **207** zitirt).

690) Auch abgeleitet von *G. Darzens*, Paris C. R. **123** (1896), p. 940, vergl. Fussn. 256.

Inversionspunkt [691]) dieses Effektes für diese letzteren sowie auch für H_2 [692]).

b) Es ergibt sich [689]) weiter, dass man nach diesem Satz die Anwendbarkeit von Apparaten für die Verflüssigung eines schwer zu verflüssigenden Gases angenähert studiren kann mit leichter zu handhabenden Gasen. Man hat dazu den Apparat zusammen mit dem speisenden Gas, d. h. zusammen mit dem eingeführten System von Molekülen, als ein einziges dem Ähnlichkeitssatz unterliegendes System aufzufassen, welches man mit einem andern korrespondirenden vergleicht [693]). Wenn es z. B. gelingen soll, mit einem Apparat flüssigen Wasserstoff zu sammeln, so muss in einem korrespondirenden Apparat [694]) in einer korrespondirenden Zeit eine korrespondirende Menge von flüssigem Stickstoff sich sammeln, wenn man in den Apparat bei korrespondirender Temperatur eine korrespondirende Menge von diesem Gase unter korrespondirendem Druck einführt.

Vorversuche dieser Art waren es, die bei der Einrichtung des Wasserstoffzyklus (Nr. **20***c*) von *Kamerlingh Onnes* gemacht wurden. Auch *Dewar* (Nr. **20***c*) war bei seinen Versuchen, die zuerst zur Verflüssigung des Wasserstoffs führten, in dieser Richtung von dem *van der Waals*'schen Korrespondenzgesetz inspirirt [695]).

Bei der Verflüssigung des Heliums (Nr. **20***d*) wurde wiederum nach dem soeben entwickelten Satz verfahren, indem als Ausgangspunkt für

---

691) Der in dieser Weise vorhergesagte Punkt war schon zu finden in den *van der Waals*'schen Formeln [a] p. 123. Vergl. auch die spätere Arbeit Fussn. 705.

692) Eine Abkühlung für H_2, aber bei Expansion von 110 Atm ins Vakuum, wurde zuerst von *Olszewski* beobachtet, Krakau Anzeiger, 1901, p. 453, Ann. d. Phys. (4) 7 (1902), p. 818. Vergl. Nr. **90***a* für die Frage, ob diese Versuche sich tatsächlich auf den *Joule-Kelvin*-Prozess beziehen.

693) Unter dem Ähnlichkeitssatz fallen auch die sehr komplizirten turbulenten Bewegungen, die, wie z. B. bei dem Wärmeaustausch in einer *Hampson*spirale (Nr. **20***c*), für das Ergebnis sehr wichtig sein können. Man wird in anderer Hinsicht aber die Betrachtungen gewöhnlich durch geeignete Annahmen vereinfachen. So wird man z. B. bei einer kupfernen Regeneratorspirale die Leitung der Wand in der Länge $= 0$, in der seitlichen Richtung $= \infty$ setzen.

694) Von korrespondirenden Dimensionen mit korrespondirender Wärmeleitung und weiter adiabatisch geschützt.

Bei den weiter im Text genannten Versuchen wurde der Stickstoff dem Sauerstoff vorgezogen wegen der mit letzterem bei Kompression auf 200 Atm bei Anwesenheit von Oel in den Pumpen zu befürchtenden Explosionen.

695) Vergl. *J. Dewar*, Paris C. R. 126 (1898), p. 1408, Abstract opening address B. A. 1902, p. 27.

die Einrichtung des Heliumzyklus die Erfahrungen mit dem eben erwähnten Wasserstoffzyklus dienten. Aus denselben war zu schliessen, dass es genügen würde, mit der Vorkühlung des Gases bis in die Nähe seines *Boyle*-Punktes (Nr. **76***b*), ungefähr das dreifache seiner kritischen Temperatur, zu gehen, um noch Flüssigkeit zu bekommen. Zwar bezogen diese Erfahrungen sich auf ein zweiatomiges Gas, da aber ein einatomiges, wenn kein anderer Unterschied als der von $\varkappa_A$ zwischen beiden besteht, leichter verflüssigt wird als ein zweiatomiges, war die einfache Übertragung auf das Helium, als wäre es zweiatomig, zum Vorteil des Versuchs. Für die Feststellung der Ähnlichkeitskoeffizienten (Nr. **38**) dienten (vergl. Nr. **20***d*) Vergleichungen von Isothermen von H_2 und He (Nr. **38**), insbesondere die Bestimmung des vorhin genannten *Boyle*-Punktes, dessen Temperatur nach dem *van der Waals*'schen Korrespondenzgesetz der kritischen proportional ist, und welcher sich als mit Hülfe von ins Vakuum verdampfendem flüssigem Wasserstoff erreichbar herausstellt.

63. **Die reduzirten Energieflächen für normale Stoffe. Bau des Flüssigkeitskammes der Energiefläche**[696]. *a*) Während, abgesehen von den Deviationsfunktionen (Nr. **38**), für sämtliche normalen Stoffe die gleiche reduzirte thermische Zustandsgleichung gilt, ordnen dieselben sich in Bezug auf die Fundamentalgleichungen in verschiedene Gruppen, von denen jede durch einen eigenen Wert von $\varkappa_A$ charakterisirt ist. Jede Gruppe hat dann, abgesehen von den Deviationsfunktionen und von den Änderungen von $\varkappa_A$ mit der Temperatur, eigene Fundamentalgleichungen und eigene Fundamentalflächen, deren Bau mit dem entsprechenden der andern Gruppen in einfacher Weise zusammenhängt. Die Energieflächen für die durch verschiedene Werte von $\varkappa_A$ charakterisirten Gruppen zeigen neben diesem Zusammenhang recht auffallend die Unterschiede der Fundamentalflächen für verschiedene Gruppen, in welchen sich das verschiedene thermodynamische Verhalten derselben ausspricht.

b) Setzen wir (vergl. Nr. **58***a*) für die verschiedenen Stoffe zur Vereinfachung $d\varkappa_A/dT = 0$ und entsprechend Gl. (51) auch noch $\mathfrak{p} = \mathfrak{P}_s\,\mathfrak{t} + \mathfrak{P}_e$, wo $\mathfrak{P}_s$ und $\mathfrak{P}_e$ die reduzirten P_s und P_e von Nr. **42** sind, zählen wir die Energie und Entropie vom kritischen Punkte als

696) *H. Kamerlingh Onnes* [e] Nr. 66 (1900).

TAFEL II.

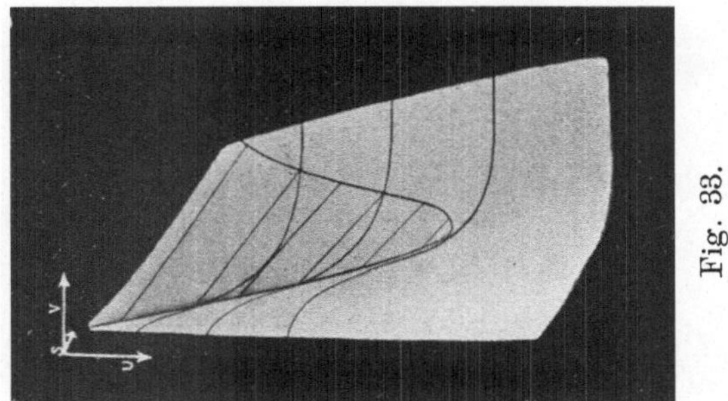

Fig. 33.

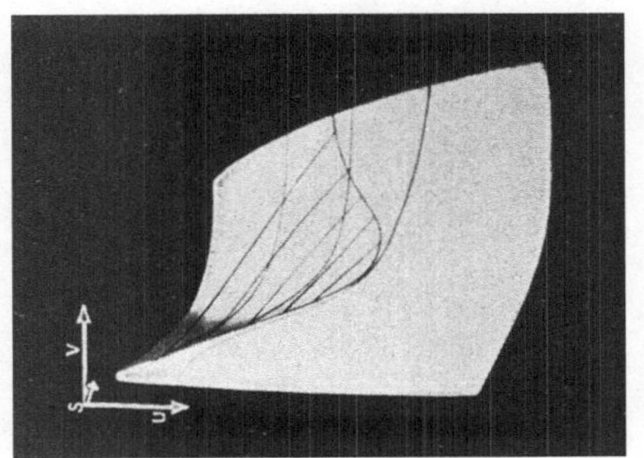

Fig. 32.

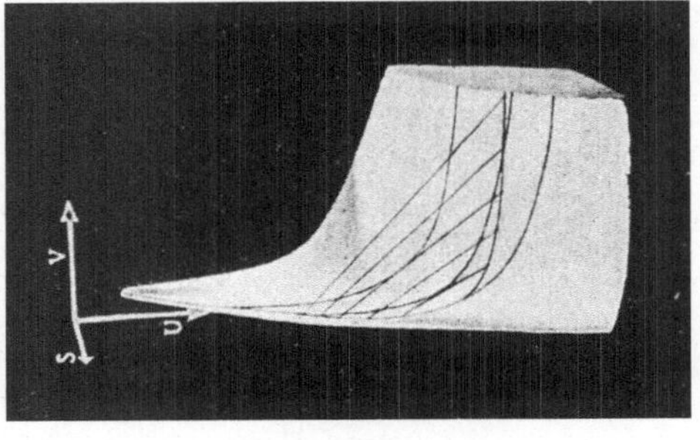

Fig. 31.

Nullpunkt (Nr. **53**) ab [697]), während nach Nr. **26** $\mathfrak{u} = u\,(p_{\rm k}\, v_{\rm k})^{-1}$ die reduzirte Energie, und $\mathfrak{s} = T_{\rm k}\, s\, (p_{\rm k}\, v_{\rm k})^{-1} = K_4\, sR^{-1}$ (also für verschiedene korrespondirende Stoffe in gleich verkleinertem Maassstab) die reduzirte Entropie darstellt, so erhalten wir die reduzirten *Gibbs*'schen Flächen für verschiedene Stoffe, indem wir entsprechend

$$\mathfrak{u} = \mathfrak{u}_1 + \mathfrak{u}_2 \text{ und } \mathfrak{s} = \mathfrak{s}_1 + \mathfrak{s}_2 \tag{108}$$

die *für alle gleiche Isothermen-Raumkurve*

$$\mathfrak{u}_1 = -\int_1^{\mathfrak{v}} \mathfrak{p}_{\rm e}\, d\mathfrak{v}, \quad \mathfrak{s}_1 = \int_1^{\mathfrak{v}} \mathfrak{p}_{\rm s}\, d\mathfrak{v} \tag{109}$$

an der von $\varkappa_{\rm A}$ bestimmten logarithmischen *Leitlinie*

$$\mathfrak{u}_2 = \frac{K_4}{\varkappa_{\rm A}-1}(\mathfrak{t} - 1), \quad \mathfrak{s}_2 = \frac{K_4}{\varkappa_{\rm A}-1} \ln \mathfrak{t} \tag{110}$$

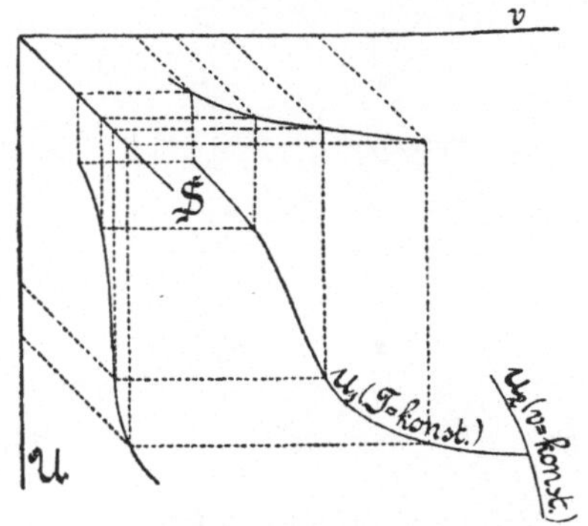

Fig. 30.

verschieben. Fig. 30 zeigt schematisch diese Konstruktion. In Tafel II Fig. 31, 32 und 33 sind die Flächen [698]) abgebildet, welche man erhält, wenn man für $\mathfrak{p}$ die spezielle *van der Waals*'sche Form Gl. (18) nimmt, also

$$\mathfrak{u}_1 = 3 - \frac{3}{\mathfrak{v}}, \quad \mathfrak{s}_1 = K_4 \ln \frac{3\mathfrak{v} - 1}{2}, \quad K_4 = \frac{8}{3} \tag{111}$$

697) Entsprechend der Bemerkung von *H. A. Lorentz*, siehe *H. Kamerlingh Onnes* [e] Nr. 23 (1896), p. 6 Fussn. 1. Allgemeiner könnte man von irgend welchen korrespondirenden Nullpunkten abzählen. Vergl. Fussn. 675.

Die Entropie, von einem korrespondirenden Nullpunkt aus gerechnet, hat als nach [*L M Z*] nicht dimensionirte Grösse (vergl. Nr. **62**) für korrespondirende Zustände bei verschiedenen einander thermodynamisch ähnlichen (Nr. **62**) Stoffen gleichen Wert.

698) Dargestellt ist der Teil in der Nähe des kritischen Zustandes. Auf den Flächen sind gezeichnet: in Fig. 31 die reduzirten Isothermen für $\mathfrak{t} = 1$, $\mathfrak{t} = 0{,}8$ und $\mathfrak{t} = 0{,}5$, in Fig. 32 und 33 dieselben für $\mathfrak{t} = 1$, $\mathfrak{t} = 0{,}9$ und $\mathfrak{t} = 0{,}8$.

setzt (vergl. Nr. **26**), und zwar bezieht sich Fig. 31 auf Stoffe mit $\varkappa_A = 1{,}66$, Fig. 32 auf solche mit $\varkappa_A = 1{,}20$, Fig. 33 auf solche mit $\varkappa_A = 1{,}06$.

c) Das Flüssigkeitsgebiet tritt, wie aus den Figuren deutlich, als ein Kamm auf der Fläche hervor. Dies trägt viel dazu bei, die *Gibbs*'sche Fläche zur anschaulichen und zusammenfassenden Darstellung sämtlicher

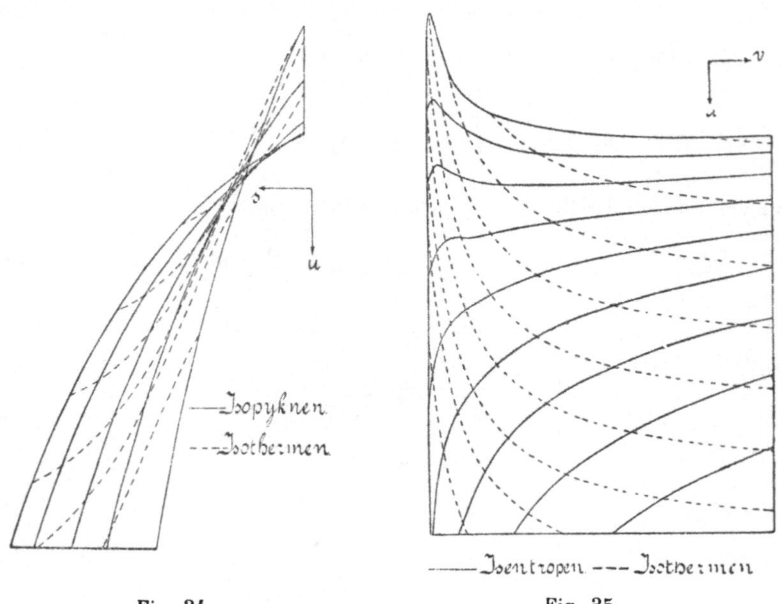

Fig. 34. Fig. 35.

thermischen und kalorischen Eigenschaften des Fluidzustandes, sowie der Beziehung desselben zu dem festen Zustand besonders geeignet zu machen. (Vergl. weiter folgende Nr. *a*).

Der Flüssigkeitskamm wird bei niedrigen Temperaturen sehr scharf; dies entspricht (vergl. Nr. 58*b*) der starken Druckänderung, welche schon eine kleine Zusammendrückung der Flüssigkeit erfordert. In Fig. 32 und 33 Tafel II sieht man die Isothermen, welche sich (vergl. Fig. 34 mit Fig. 32) nach *b* bei der Verschiebung an der Leitlinie zu dem Kamm aneinander reihen, über den Kamm laufen. Fig. 34, 35 und 36 erläutern den Bau der Fläche (für

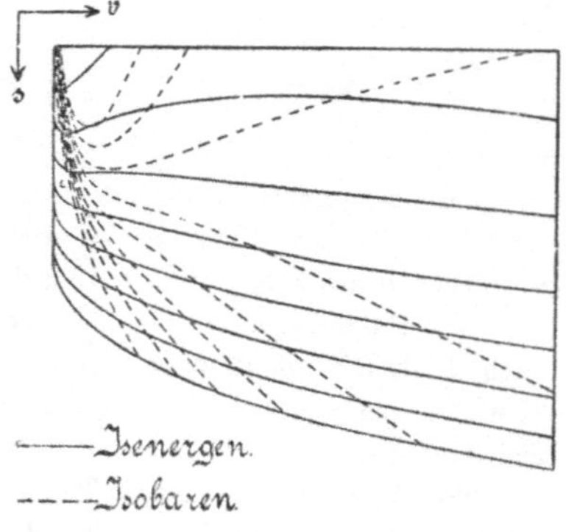

Fig. 36.

$\varkappa_A = 1{,}41$) näher durch die Isopyknen und Isothermen im s, u-, die Isentropen und Isothermen [699]) im u, v- (Fussn. 511), und die Isenergen und Isobaren im s, v-Diagramm; die Konnodalen behandeln wir in folgender Nummer.

64. Die Konnodale auf der Energiefläche. *a*) Durch das charakteristische Hervortreten des Flüssigkeitskammes sind die *Gibbs*'schen Flächen bei ihrer theoretischen Bedeutung wie gemacht für die graphische Behandlung verschiedener Prozesse, welche aus dem Gas- oder dem Dampfzustand in den flüssigen führen, z. B. der Erscheinungen, welche von dem Vorzeichen der spezifischen Wärme des gesättigten Dampfes (*b*) abhängen, und des isenthalpischen Prozesses (*c*), wenn dieser zur teilweisen Verflüssigung eines über seinem kritischen Punkt sich befindenden komprimirten Gases führt. Die besondere Gestalt dieser Flächen für verschiedene Werte von $\varkappa_A$ kommt dabei am schärfsten zum Ausdruck in der Konnodale.

Der Konstruktion der Konnodale auf der *Gibbs*'schen Fläche mittels einer rollenden Glasplatte (graphische Methode mittels des Modells, Nr. 8*f*) ist, weil direkt an einer Isotherme auszuführen [700]), eine graphische Methode in der Ebene (Nr. 8*f*) vorzuziehen. *Kamerlingh Onnes* [696]) benutzte dazu das $\mathfrak{F}_{VT}$, V-Diagramm (Fig. 28) [701]), und fand dabei als Folgen (vergl. aber Nr. **83***c*) der *van der Waals*'schen Hauptzustandsgleichung mit konstanten a_w, b_w, R_w: die *van der Waals*'sche Dampfspannungsformel (Nr. **22***b*, vergl. weiter Nr. **83** und **84**), das Gesetz der geraden Mittellinie (Nr. **22***b*, vergl. weiter Nr. **85**) und für $\mathfrak{v}_{vap}^{-1}$ als Funktion von $\mathfrak{t}$ eine Parabel (vergl. weiter Nr. **86**). In Fig. 37 sind die so erhaltenen $\mathfrak{v}$-Werte auf der kritischen Isotherme (- - -) durch die entsprechenden $\mathfrak{t}$ angegeben. Man hat, um die in Gl. (108) und (109) angedeutete Konstruktion auszuführen, die Punkte dann nur noch dem Werte von $\mathfrak{s}_2$ entsprechend an ihre Stelle zu schieben, um die Konnodalen für die verschiedenen $\varkappa_A$ zu erhalten.

699) Experimentell für Wasser dargestellt von *C. Dieterici*, Verh. d. D. physik. Ges. 6 (1904), p. 228, Ann. d. Phys. (4) 16 (1905), p. 907. Vergl. auch *A. Schükarew*, ZS. physik. Chem. 55 (1906), p. 99.

700) Für mehrkomponentige Stoffe vergl. aber Nr. **66***a*.

701) Es wurde dabei nach einer, auch bei andren derartigen Konstruktionen zu verwendenden Methode sukzessiver Annäherungen verfahren (siehe die zitirte Arbeit).

b) Für die weitere Diskussion der Form der Konnodale benutzte *Kamerlingh Onnes* für $\mathfrak{t} > 0{,}75$ Fig. 37, welche nach den Gl. (110) und (111) den entsprechenden Teil der Konnodalen im $\mathfrak{S}$, $\mathfrak{V}$-Diagramm gibt, für niedrigere Werte von $\mathfrak{t}$ das für diese besser geeignete $\mathfrak{U}$, $\mathfrak{S}$-Diagramm, Fig. 38. Der Verlauf der Verdampfungswärme ist den Diagrammen sogleich zu entnehmen (vergl. weiter Nr. **87**), wenn die $\mathfrak{t}$-Werte auf der Konnodale angegeben sind, wie es in diesen Figuren der Fall ist. Ebenso der Verlauf der spezifischen Wärmen von gesättigter

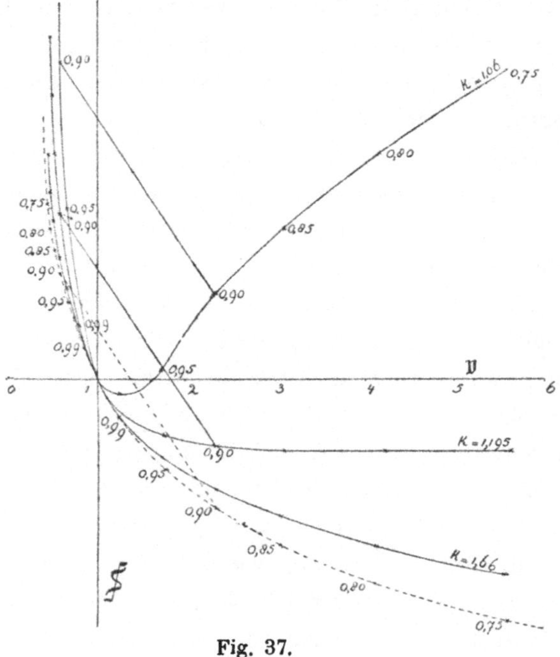

Fig. 37.

Flüssigkeit und Dampf, γ_{liq}, γ_{vap}. Man findet, wenn nötigenfalls die Liquid-Gaskonnodale nach ihrer Durchschneidung mit der Solid-Gaskonnodale (Nr. **71**, vergl. Nr. **70**) genügend fortgesetzt gedacht wird, γ_{vap} in der Nähe von $\mathfrak{t} = 1$ und bei niedrigen $\mathfrak{t}$ stets negativ, bei grösserem $\varkappa_A$ dasselbe über das ganze Gebiet, bei kleinerem $\varkappa_A$ zwei Umkehrpunkte [702]), zwischen denen γ_{vap} positiv [703]). In Fig. 78 gibt die Kurve *v. d. W.*

702) Auf Grund von Enc. V, Art. *Bryan*, Gl. (139) und Messungen der Verdampfungswärme wurden zwei Umkehrpunkte als möglich vorhergesagt von *E. Mathias* [a], experimentell an SO_2 konstatirt von demselben [d] (vergl. dazu Fig. 78).

703) Aus $\gamma_{\text{vap}} = \gamma_v + T \left(\frac{\partial p}{\partial T}\right)_v \frac{dv_{\text{vap}}}{dT}$ leitet man bei der Voraussetzung, dass $\gamma_{vA} =$ konst., ab, dass das Maximum von γ_{vap} für verschiedene dem Korrespondenzgesetz unterliegende Stoffe bei derselben reduzirten Temperatur liege (vergl. Nr. **88***b*);

die Temperaturen der Umkehrpunkte von γ_{vap} für verschiedene $\varkappa_A$, berechnet nach den Gl. (110) und (111)[704]. Die Diskussion siehe Nr. **88**.

c) Unter den Prozessen, welche aus dem Dampf- oder Gaszustand in den Flüssigkeitszustand führen, ist der isenthalpische Prozess, wenn derselbe zur teilweisen Verflüssigung eines über seinem kritischen Punkt sich befindenden komprimirten Gases führt, besonders wichtig. Für die Konstruktion der Isenthalpen (Nr. **53***b*) ist das u, v-Diagramm geeignet, dieselben ergeben sich als Ort der Berührungspunkte der Isentropen mit Tangenten aus einem Punkt der Achse $v = 0$. Fig. 39 zeigt die Isenthalpen aus Fig. 35 abgeleitet, zusammen mit den Isobaren und der Konnodale. Auf dieser Figur ist also der *Joule-Kelvin*-Effekt (Enc. V 3, Art. *Bryan*, Nr. **23**, vergl. weiter diesen Art. Nr. **90**) zu verfolgen. Es gehört hierzu das Isothermennetz, welches man Fig. 35 entnehmen und Fig. 39 überlagern kann. Die Isenthalpen im p, T-Diagramm wären hieraus durch Transformation des krummlinigen Netzes der p, T-Kurven in ein gradliniges und rechteckiges zu erhalten.

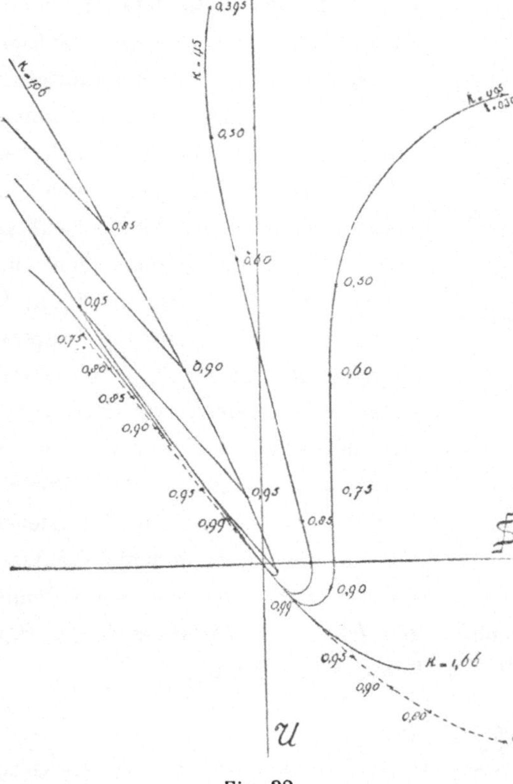

Fig. 38.

für die *van der Waals*'sche Hauptzustandsgleichung mit konstanten a_W, b_W, R_W und γ_{vA} = konst. also bei der reduzirten Temperatur des Scheitels der Kurve der Umkehrpunkte *v. d. W.* in Fig. 78, $\mathfrak{t} = 0{,}72$ (vergl. Nr. 88).

704) *H. Kamerlingh Onnes*, Fussn. 696. *J. P. Dalton*, Phil. Mag. (6) 13 (1907), p. 536. Die Angabe *van der Waals* [d] p. 70, dass nur Umkehrpunkte für $\varkappa < 19/17$ vorkommen, sowie die Fig. 22 ebenda, sind nicht in Übereinstimmung mit der *van der Waals*'schen Hauptzustandsgleichung mit konstanten a_W, b_W, R_W und $\varkappa_A$ = konst.

Auf die Gasverflüssigung bezieht sich der Fall, dass die Isenthalpen mit der Konnodale zum Schnitt kommen.

Wenn man, wie soeben angedeutet, die Isothermen von Fig. 35 über die Isenthalpen von Fig. 39 legt, so zeigt sich, dass unter gewissen Umständen durch eine isenthalpische Ausdehnung eine Temperaturerhöhung, in andern Fällen eine Temperaturerniedrigung erfolgt. Nach *van der Waals* [705]) ist das Gebiet, in dem eine unendlich kleine isenthalpische Druckerniedrigung eine entsprechende Abkühlung gibt, im p, T-Diagramm nach höheren p begrenzt durch die *Kurve der Inversionspunkte* des *Joule-Kelvin*-Effektes *für unendlich kleine Druckunterschiede*, abgekürzt *die Kurve der differenziellen Inversionspunkte* [706]). Ebenso ist das Gebiet, in dem eine isenthalpische Expansion bis ins Vakuum Abkühlung gibt, begrenzt durch die *Kurve der Inversionsdrucke für Expansion ins Vakuum* [692]) [707]). Vergl. weiter Nr. **90.**

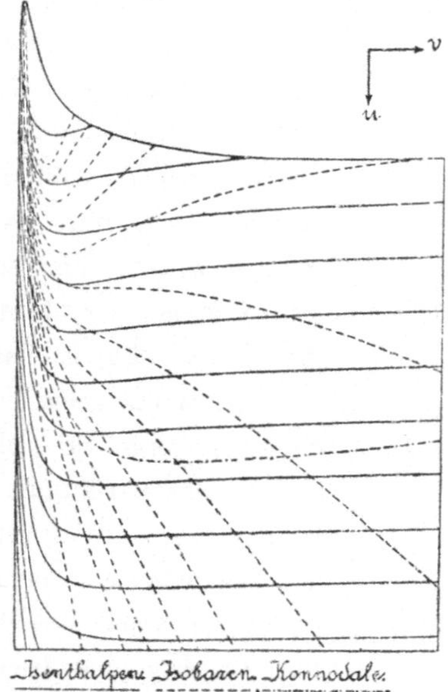

Fig. 39.

705) *J. D. van der Waals* [e] Jan. 1900.

706) Dieselbe schneidet nach der *van der Waals*'schen Hauptzustandsgleichung mit konstanten a_W, b_W, R_W, die $\mathfrak{t}$-Achse ($\mathfrak{p} = 0$) bei $\mathfrak{t} = 27/4$, was die höchste Inversionstemperatur ist. Bei niedrigen $\mathfrak{t}$ endet sie von der Flüssigkeitsseite aus in der Dampfspannungslinie (vergl. Fussn. 707). Ein experimenteller Hinweis auf die Existenz der Kurve der differenziellen Inversionspunkte (wobei aber zu beachten ist, dass die Expansion durch einen Reduzirhahn nur unter speziellen Bedingungen den *Joule-Kelvin*-Effekt richtig liefert, vergl. Nr. **90***a* und Fussn. 1107) als Ort der für die Abkühlung günstigsten Anfangsdrucke, *H. Kamerlingh Onnes* [e] Nr. 108 (1908), p. 18. Vergl. *J. E. Lilienfeld*, ZS. f. kompr. u. fl. Gase 13 (1911), p. 189. Vergl. auch *E. Vogel*, Diss. München (Berlin) 1910, p. 50 und *C. Linde*, ZS. f. d. ges. Kälteindustrie 18 (1911), p. 136.

707) Diese beiden Kurven wurden nach der *van der Waals*'schen Hauptzustandsgleichung mit konstanten a_W, b_W, R_W gezeichnet [die erste auch schon von *A. W. Porter*, Phil. Mag. (6) 11 (1906), p. 554] von *J. D. Hamilton Dickson*, Phil. Mag. (6) 15 (1908), p. 126. Entgegen p. 139 von demselben ist zu bemerken, dass die von ihm gezeichneten Kurven nicht, wie tatsächlich die von *A. Witkowski*, Cracovie Bull. Acad. d. Sc. Juli 1898, p. 282, und die auf Grund der *van der Waals*'schen

65. Die Darstellung der Abweichungen von der Korrespondenz der Energieflächen. Bis jetzt haben wir (Fig. 31—39) nur durch Annahme der thermischen Zustandsgleichung und der kalorischen Grundgleichung nach Nr. **58***a* schematisirte Figuren betrachtet. Die der Wirklichkeit entsprechenden reduzirten *Gibbs*'schen Flächen für normale Stoffe im Fluidgebiet, welche mit Hülfe der reduzirten speziellen empirischen Zustandsgleichungen (Nr. **36**) und mit dem experimentellen γ_{vA} nach Nr. **55** und **56** konstruirt werden, unterscheiden sich, vergl. Nr. **68**, 1. durch Differenzen der Leitkurve, die nicht nur mit dem Wert (wie in Nr. **63** allein berücksichtigt wurde), sondern auch mit der Änderung von $\varkappa_A$ mit der Temperatur zusammenhangen, 2. durch Differenzen der, jetzt als sich mit der Temperatur kontinuirlich ändernd aufzufassenden, beschreibenden Kurve, die mit den Deviationsfunktionen (Nr. **38**) zusammenhangen und bei den verschiedenen Stoffen für jede Temperatur im Allgemeinen etwas verschieden sind.

Die von *van der Waals* auf Grund der Kompressibilität des Moleküls (Nr. **43***b*) gebrachte Verbindung zwischen $\varkappa_A$ und Eigentümlichkeiten der thermischen Zustandsgleichung (vergl. auch Nr. **57***c*) wird also hier einen Zusammenhang zwischen den unter 1. und 2. genannten Differenzen bedingen, die besonders im Lichte der *Einstein-Nernst*'schen Untersuchungen (vergl. Nr. **43***d* und **57***f*) wichtig geworden ist.

Man kann eine Darstellung der unter 2. genannten, also nur von der thermischen Zustandsgleichung abhängigen Differenzen für sich, bekommen, indem man die jetzt mit der Temperatur sich etwas verändernden Isothermen im $\mathfrak{u}_1, \mathfrak{s}_1, \mathfrak{v}$-Diagramm (Nr. **63***b*) von einer für alle Stoffe fest angenommenen reduzirten Leitlinie aus darstellt. Es sind dann diese Flächen besonders geeignet, die aus den Deviationsfunktionen (Nr. **38**) hervorgehenden Abweichungen von der Korrespondenz (Abschnitt **VI B**) der Dampfspannungen, Dampf- bzw. Flüssigkeitsdichten, des *Cailletet-* und *Mathias*'schen Durchmessers, der Verdampfungswärmen, sowie der isothermen Unterschiede in den spezifischen Wärmen zusammenzufassen und in dem Formunterschied der in dieser Weise erhaltenen Konnodalen sehr deutlich zur Anschauung zu bringen. Der Nr. **34***c* behandelte Einfluss der kritischen Temperatur auf das Verhalten zum Korrespondenzgesetz würde hier dadurch zum Ausdruck

---

Hauptzustandsgleichung mit konstanten a_W, b_W und R_W und $\gamma_{vA} =$ konst. von *A. Fliegner*, Zürich Vierteljahrsschr. naturf. Ges. 55 (1910), p. 203, gezeichneten, Isenthalpen darstellen.

kommen, dass die Flächen und ihre Konnodalen eine nach der kritischen Temperatur fortschreitende Deformation aufweisen.

Statt dieser reduzirten Flächen und dieser reduzirten Konnodalen kann man auch die Flächen selbst in einer Flächenschaar und die Konnodalen selbst mit (behufs Angabe der Temperaturen) den Leitlinien, welche für jeden Stoff der angenommenen gemeinsamen reduzirten entsprechen, in einer Konnodalenschaar darstellen. Dieselben zeigen dann, abgesehen von den den Werten von p_k und T_k entsprechenden Dilatationen, ebenfalls eine nach der kritischen Temperatur fortschreitende Deformation.

b) Thermodynamische Flächen für mehrkomponentige und für assoziirte Stoffe.

66. Die van der Waals'sche ψ-Fläche für binäre Gemische. *a*) Nachdem *van der Waals* durch seine Theorie der binären Gemische [242]) die Bedeutung der graphischen Behandlung der Koexistenzbedingungen verschiedener Phasen mittels der $\mathfrak{F}_{vTx}$, v, x-Fläche (weiter abgekürzt zu ψ-Fläche) hervorgehoben hat, sind diese graphischen Methoden mittels des Modells (Nr. **8***f*) für die Behandlung der mehrkomponentigen Stoffe von besondrer Wichtigkeit geworden. In der Tat sind die *Gibbs*'schen Tangentialflächen (Nr. **10**) besonders geeignet, für die mehrkomponentigen Stoffe das Kontinuitätsprinzip zum Ausdruck zu bringen, indem sie die manchmal verwickelten Verhältnisse besonders klar vor Augen führen (vergl. Nr. **6***b*). Für die zahlenmässige Ableitung der Koexistenzbedingungen aus der Zustandsgleichung ist sogar das realisirte Modell ein im Allgemeinen fast unumgängliches Hilfsmittel [708]) (für einkomponentige Stoffe reichen Konstruktionen an ebenen Kurven aus, vergl. Nr. **64***a*). Und weil die Koexistenzbedingungen für die Prüfung der Zustandsgleichung ein sehr scharfes Kriterium geben, werden die Flächendarstellungen für die Kenntnis derselben, und besonders für Aufklärung über die Bedeutung von a_{wab} und b_{wab} (Nr. **25** und Fussn. 246) mehr und mehr an Bedeutung gewinnen.

b) Von den Tangentialflächen für zweikomponentige Stoffe [98]) kommt vor allen die *van der Waals*'sche ψ-Fläche in Betracht [709]), deren

708) Für graphische Methoden in der Ebene vergl. Nr. **67***c*. Die zu ihrer Anwendung nötigen Kurven verlangen aber, wenn nicht vom Modell abgeleitet, verwickelte Rechnungen.

709) Weil sie als Projektion das für die Beurteilung der koexistirenden Phasen wichtige v, x-Diagramm liefert.

Wichtigkeit durch die im Folgenden öfters zu erwähnenden Arbeiten *Kuenen*'s hervortrat. Ihre Gleichung wird aus Nr. **53***a* und *c*, Nr. **1***c*, mit γ_{vAMx} nach Nr. **54***e* abgeleitet [710]) zu:

$$\psi_M = \int_{T_0}^{T} \gamma_{v_0\,AM\,x}\, dT - T\int_{T_0}^{T} \frac{\gamma_{v_0 AMx}}{T}\, dT + R_M T \left\{(1-x)\ln(1-x) + \right.$$

$$\left. + x \ln x \right\} - \int_{v_{0M}}^{v_M} p_x\, dv_M\,, \tag{112}$$

indem vorausgesetzt wird, dass der Nullzustand für U und S für beide Komponenten bei T_0, v_0 gewählt wird (Nr. **53***c*). Die Temperaturintegrale von Gl. (112) stellen bei der Annahme Gl. (96) eine lineare Funktion von x dar, ihre Fortlassung bildet eine lineare Transformation der ψ-Fläche und bedingt also nach Nr. **10***a* keine Änderung der Konstruktion der koexistirenden Phasen. Wir verstehen weiter unter ψ_M die rechte Seite von Gl. (112) mit eventuell jedesmaliger Fortlassung von linearen Funktionen von x, und unter ψ die entsprechende Grösse für eine nicht festgesetzte Quantität des Gemisches.

c) Die ψ-Fläche einer bestimmten Temperatur T für die Gemische eines bestimmten Stoffepaares kann nach *b* konstruirt werden, wenn die Zustandsgleichung dieser Gemische für T gegeben ist, z. B. durch B, C. . . von Gl. (31) als Funktionen von x [711]). Für die qualitative Diskussion (vergl. Nr. **22**) wird manchmal die *van der Waals*'sche Hauptzustandsgleichung mit a_w, b_w, R_w unabhängig von v und T zu Grunde gelegt (vergl. auch Fussn. 245). Bei Anwendung, der gewünschten Genauigkeit entsprechend, des Gesetzes übereinstimmender Zustände (vergl. Nr. **33***b*) ergibt sich die ψ-Fläche aus der Kenntnis

710) *J. D. van der Waals* [b] p. 9, 93.

711) Als ein erster Schritt zur Bestimmung dieser x-Funktionen sind die Kompressibilitätsbestimmungen bei Dichten, bei denen das Glied mit C nicht in Betracht kommt oder nach dem Gesetz korrespondirender Zustände auskorrigirt werden kann (vergl. Nr. **44***a*), zu betrachten, wie die für Gemische von CO_2 und O_2 von *W. H. Keesom* [a] p. 27, von CO_2 und CH_3Cl von *H. Kamerlingh Onnes* und *C. Zakrzewski*, Leiden Comm. Nr. 92 (1904), p. 19 (vergl. auch Fussn. 330). Dass dieselben in erster Annäherung eine Funktion zweiten Grades in x liefern, wäre als eine Bestätigung von Gl. (15) und (16) anzusehen (vergl. aber Fussn. 713). Bestimmungen, wie die von *U. Lala*, Toulouse Ann. de la Fac. des Sc. 5 G (1891), bei etwas höheren Drucken (vergl. Nr. **52**), wären dann geeignet, C als Funktion von x zu ergeben.

von p_{kx} und T_{kx} (Nr. **26***c*) und der reduzirten Zustandsgleichung für die reduzirten Temperaturen $\mathfrak{t}_x = T/T_{kx}$, indem z. B. aus Gl. (112) mit Fortlassung nach b:

$$\frac{\psi_M}{R_M T} = (1-x) \ln (1-x) + x \ln x - \frac{1}{K_4 \mathfrak{t}_x} \int_{\mathfrak{v}_0}^{\mathfrak{v}} \mathfrak{p}_{\mathfrak{t}_x} d\mathfrak{v} + \ln \frac{p_{kx}}{T_{kx}} \quad (113)$$

abgeleitet und zur Darstellung gebracht wird [712] [713].

Tafel III Fig. 40—42 stellen so konstruirte ψ-Flächen für Gemische von CO_2 und CH_3Cl vor, und zwar Fig. 40 bei 100° C (vergl. Fussn. 726), Fig. 41 bei 9,°5 C, Fig. 42 bei —25° C. Fig. 43—45 Tafel IV ebenso für Gemische von C_2H_6 und N_2O bei 5°, 20° und 26° C [714].

---

712) *H. Kamerlingh Onnes* und *C. Zakrzewski*, Leiden Comm. Suppl. Nr. 8 (1904).

713) In nächstfolgender Annäherung sollten die Deviationsfunktionen (Nr. **38**) in Rechnung gebracht werden. Die Fundamentalwerte der kritischen Reduktionsgrössen bei ungeänderter Zusammensetzung (Nr. **38***d*) als Funktion von x siehe *W. H. Keesom* [a] p. 71. Es wären aus diesen die Fundamentalwerte a_{wfx} und b_{wfx} (Nr. **38***c*) abzuleiten und mit a_{wfaa} u. s. w. (Nr. **25**) in Verbindung zu bringen. Die für v_{kfx} gefundene Funktion dritten Grades gibt eine weitere Annäherung als Gl. (16). Vergl. hierzu auch *H. Kamerlingh Onnes* und *M. Reinganum*, Leiden Comm. Nr. 59*b* (1900), p. 32, *C. H. Brinkman*. Diss. Amsterdam 1904, p. 74. Auch die Abweichungen von B_x von einer Funktion zweiten Grades: *W. H. Keesom* [a] p. 27, *H. Kamerlingh Onnes* und *C. Zakrzewski*, Leiden Comm. Nr. 92 (1904), p. 19, vergl. Fussn. 711, sind hiermit in Übereinstimmung.

Betreffs a_{wab} wäre zu bemerken, dass unter Umständen dasselbe viel grösser als a_{waa} und a_{wbb} werden kann. Solche Fälle dürften Lösungen von HCl und von NH_3 in Wasser darstellen. *Van der Waals* findet in derartigen Fällen (einer freundlichen Mitteilung nach) alle Veranlassung, um a_{wab} in zwei Teile zu spalten, einen stärkeren und einen schwächeren, die verschiedene Gesetze befolgen. Dies stimmt mit unserer Auffassung in Nr. **31***b*, **32**, dass neben *Boltzmann-van der Waals*'schen auch *Boltzmann*'sche Kräfte auftreten können (vergl. Fussn. 328), von denen letztere den Kräften, welche die Assoziation bedingen, ähnlich sind (vergl. Fussn. 347). Die Verteilung in diese beiden Teile wird nach Nr. **47***b* zu fassen sein (vergl. Fussn. 528).

714) Die Fläche Fig. 40 wurde von *H. Kamerlingh Onnes* [e] Nr. 59*a* (1900) nach Messungen von *J. P. Kuenen* [a] modellirt, vergl. auch denselben und *M. Reinganum*, Comm. Leiden Nr. 59*b* (1900), Fig. 41 von *Ch. M. A. Hartman*, Leiden Comm. Nr. **64** (1900), mit der Zustandsgleichung nach Gl. (81) und θ_C nach (82) zum Vergleich mit Messungen von ihm selbst, Leiden Comm. Nr. 43 (1898), Fig. 42 von *H. Kamerlingh Onnes* und *C. Zakrzewski*, Fussn. 712, nach Gl. (113) und (34), Fig. 43—45 von *H. Kamerlingh Onnes* und Frl. *T. C. Jolles*, Leiden Comm. Suppl. Nr. 14 (1907) nach Messungen von *J. P. Kuenen*, Leiden Comm. Nr. 16 (1895), Phil. Mag. (5) 40 (1895), p. 173.

TAFEL III.

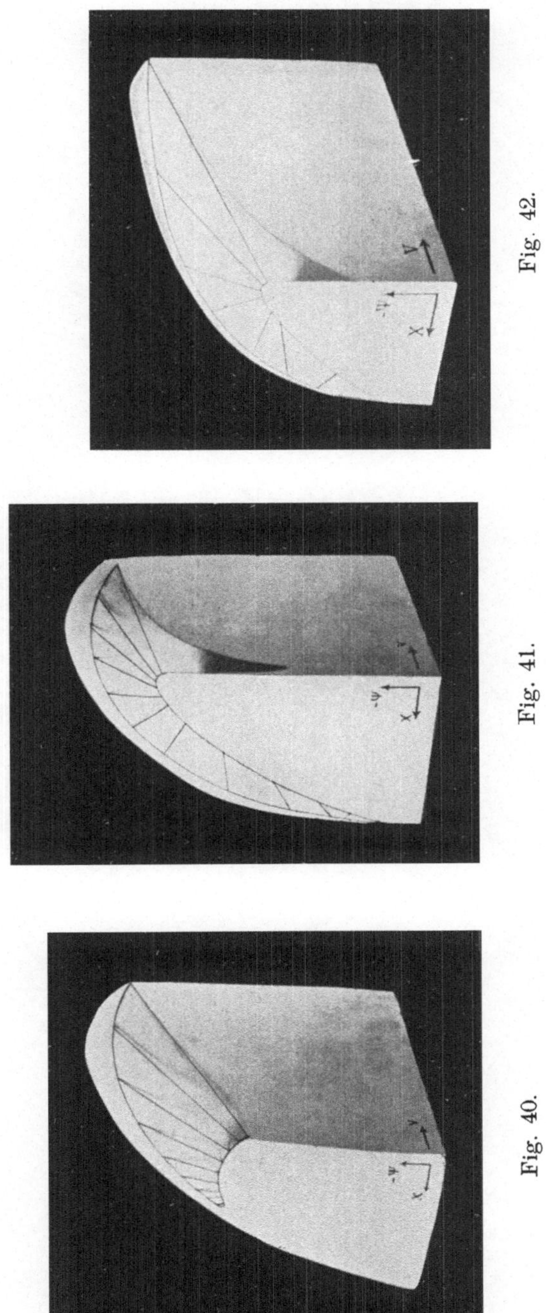

Fig. 42.

Fig. 41.

Fig. 40.

TAFEL IV.

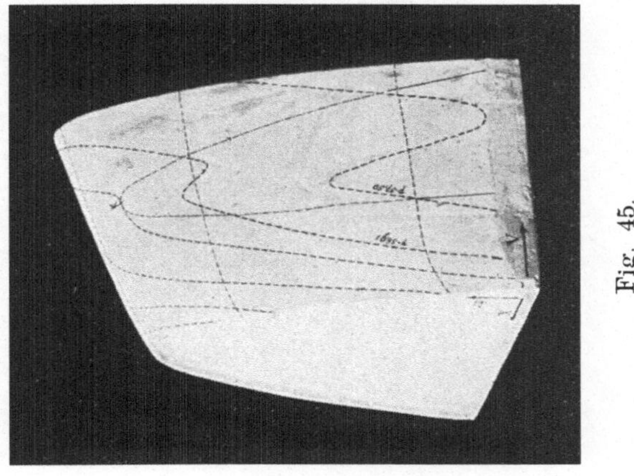

Fig. 45.

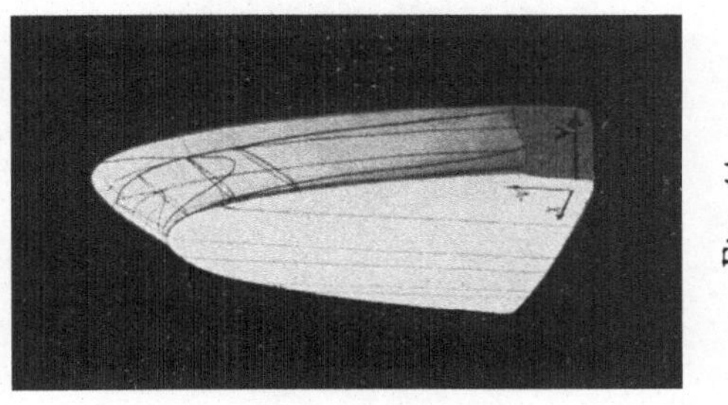

Fig. 44.

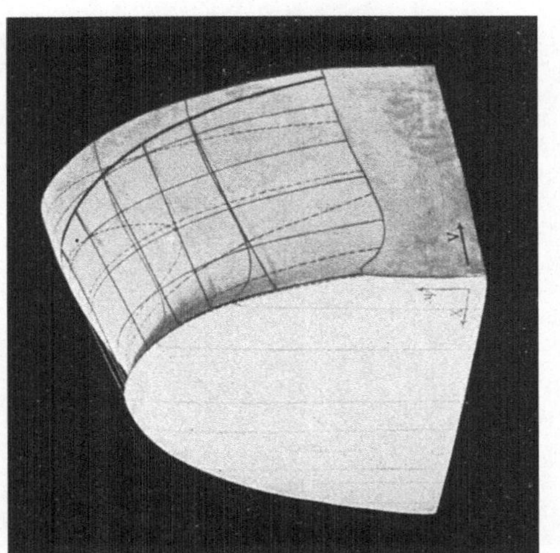

Fig. 43.

d) Die Gestalt der Isopyknen und der *Isomignen* [715]) (x = konst.) ist an den Flächen (Tafel III und IV Fig. 40—45) deutlich. Fig. 46 gibt

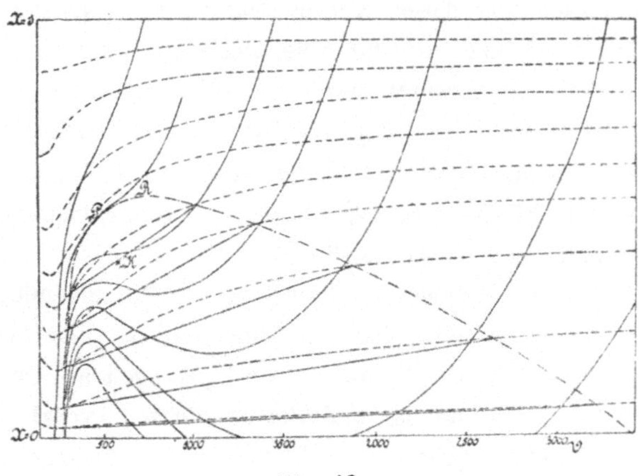

Fig. 46.

die Isobaren und die *Substitutionspotentialkurven* oder abgekürzt *Substitutionskurven* [716]) : $\frac{\partial \psi}{\partial x}$ [nach der *van der Waals*'schen Bezeichnungs-

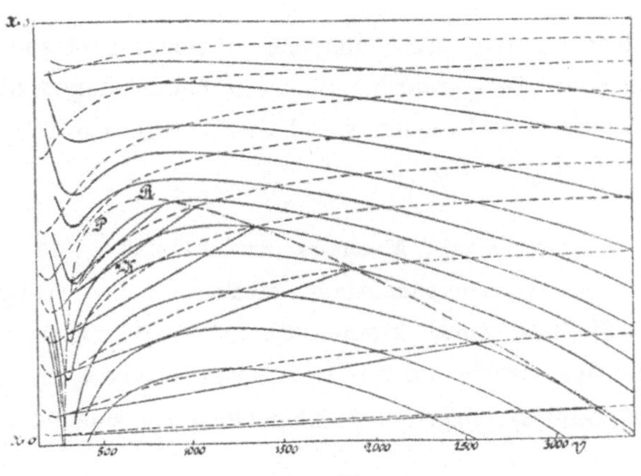

Fig. 47.

weise [717]) $= q$] = konst. (- - - - -), Fig. 47 dazu die *Potentialkurven der zweiten Komponente* (vergl. Nr. **67***a*), abgekürzt *Potentialkurven* [716]):

715) *H. Kamerlingh Onnes* und *W. H. Keesom*, Leiden Comm. Nr. 96*b* (1906), p. 13.

716) *H. Kamerlingh Onnes* [e] Nr. 59*a* (1900), p. 15 und 16.

717) *J. D. van der Waals* [e] Dez. 1906, p. 542.

$\psi_M - x\frac{\partial \psi_M}{\partial x} - v_M \frac{\partial \psi_M}{\partial v_M} = M_b\, \mu_b =$ konst. (v ist in 100 000sten Teilen des theoretischen Normalvolumens angegeben).

Die Eigenschaften dieser Kurven wurden von *van der Waals* [126]) eingehend diskutirt und für die Ableitung allgemeiner Sätze über den Verlauf der Falten angewandt (vergl. Nr. **13**b und weiter Nr. **68**c).

Im Isobarendiagramm (Fig. 46) wird der kritische Punkt K bei ungeänderter Zusammensetzung (Nr. **9**b, vergl. auch Fussn. 251) für die Temperatur der Fläche gegeben durch den Inflexionspunkt mit einer der $\mathfrak{v}$-Achse parallelen Tangente [718]).

Man findet die Konnoden als zwei oder mehr zusammengehörende Punkte, in denen dieselbe Isobare, Substitutions- und Potentialkurve zusammenkommen [719]). Die Spinodale wird gefunden als Ort der Berührungspunkte von Substitutions- und Potentialkurven (vergl. Nr. **13**b).

e) Nach Gl. (113) geht eine ψ-Fläche in die für eine andere Temperatur über, indem man die (für jedes T von entsprechenden $\mathfrak{t}_0$ und $\mathfrak{t}_1$ begrenzte) den reduzirten Temperaturen $\mathfrak{t}_x$ entsprechende Kurvenschaar

$$-\frac{1}{K_4\,\mathfrak{t}_x}\int_{\mathfrak{v}_0}^{\mathfrak{v}} \mathfrak{p}_{\mathfrak{t}_x}\, d\mathfrak{v} \text{ über die Leitlinie } (1-x)\ln(1-x) + x\ln x + \ln\frac{p_{kx}}{T_{kx}}$$

herüberschiebt [720]). Die Vergleichung der auf einander folgenden ψ-Flächen für verschiedene Temperaturen führt zu Betrachtungen über das Entstehen und das Verschwinden von Falten, vergl. *Korteweg* [a, b] und diesen Art. Nr. **11**, **12**, **13**.

67. Van der Waals' Methode zur Ableitung der heterogenen Gleichgewichte zweikomponentiger Stoffe [721]). Die Querfalte in der ψ-Fläche. Einfluss einer kleinen Quantität Beimischung zu einem einkomponentigen Stoffe auf die Koexistenzbedingungen. *a*). Die Fig. 40, 41, 42 Tafel III zeigen die Entwicklung bei sinkender Temperatur

718) Die Lage von K bestimmt x_{KT}, analog die von P und R x_{PT} und x_{RT}, d. h. den Gehalt, für welchen bei bestimmter Temperatur das Gemisch die Eigenschaft des Punktes K, P oder R aufweist.

719) Vergl. Nr. **13**b. Eine andre Konstruktion vergl. Fussn. 128 und Nr. **67**c.

720) Vergl. *H. Kamerlingh Onnes* und *C. Zakrzewski*, Leiden Comm. Suppl. Nr. 8 (1904), p. 10.

721) Angesichts des für diesen Artikel vorgesehenen Raumes müssen wir uns auf die Anführung der wichtigsten Begriffe der *van der Waals*'schen Theorie der binären Gemische beschränken. Die sehr einseitige Wahl von dem, was ausser diesem weiter

einer *Querfalte* in der ψ-Fläche. Es gibt diese durch die Berührungspunkte der doppeltberührenden Ebenen (siehe in der Fig. die Berührungssehnen, Fussn. 97, oder Isophasen, Nr. 8c) die koexistirenden Gas- und Flüssigkeitsphasen.

Die Berührungsebene schneidet (vergl. Fig. 48 und Fussn. 724) auf den beiden Achsen $x = 1$, $v = 0$, und $x = 0$, $v = 0$ der ψ_M-Fläche (Nr. **66**b) Stücke ab, die gleich $M_a \mu_a$ bzw. $M_b \mu_b$ sind, wo μ_a und μ_b die Potentiale der Komponenten (Enc. V 3, Art. *Bryan*, Nr. **26**) vorstellen (vergl. Nr. **66**d). Aus Gl. (2) mit $\mathfrak{F}_{pT} = \zeta$ [95]) für $\mathfrak{F}_{\alpha\beta}$ folgt die *van der Waals*'sche Gleichung [722])

$$\left\{\frac{v'-v''}{x'-x''} - \left(\frac{\partial v'}{\partial x'}\right)_{pT}\right\} \frac{dp}{dx'} = \left(\frac{\partial^2 \zeta'}{\partial x'^2}\right)_{pT}$$

bzw. (114)

$$\left\{\frac{v'-v''}{x'-x''} - \left(\frac{\partial v''}{\partial x''}\right)_{pT}\right\} \frac{dp}{dx''} = \left(\frac{\partial^2 \zeta''}{\partial x''^2}\right)_{pT},$$

welche die Änderung der sich auf das Zweiphasengleichgewicht beziehenden Grössen p und x' bzw. x'' bei der Temperatur T [723]) angibt.

Die Entwicklung der Falte wird auch gezeigt von den Isobaren im $\mathfrak{F}_{pTx}$, x-Diagramm für $T =$ konst., Fig. 48 (schematisch) [724]). Fig. 49 (schematisch) zeigt in der v, x-Projektion das Ausbreiten der Querfalte bei fallender Temperatur [725]).

P, Fig. 46 und 47, ist der Faltenpunkt der Querfalte in der

---

hervorgehoben wird, obgleich es vom Gesichtspunkte dieser Theorie für sich in Wichtigkeit öfters weit hinter anderem zurücksteht, wurde bestimmt durch das Verlangen, wenn möglich alles anzuführen, was sich direkt auf die quantitative (hier graphische) Prüfung der Zustandsgleichung zum Anbahnen von Rückschlüssen auf a_{wab} und b_{wab} bezieht. Für die eingehendere Behandlung verweisen wir auf *J. D. van der Waals* [b], *J. P. Kuenen* [b], *H. W. Bakhuis Roozeboom* [b].

722) *J. D. van der Waals* [b] p. 13 Gl. A.

723) Für die von *Duhem* [731]) zuerst abgeleitete Gleichung, in welcher auch T veränderlich gedacht wird, vergl. Fussn. 731.

724) Vergl. *J. D. van der Waals* [e] Febr., März 1902, *J. P. Kuenen* [b] p. 29. Die Figur besteht (Nr. 14a) aus den Umhüllenden der Spuren der Berührungsebenen an den Punkten der Isobaren auf einer ψ-Fläche.

725) Dass der Flüssigkeitszweig der die Seite $x = 1$ erreichenden Konnodale von der Geraden in der Richtung der kleineren v abweicht, deutet auf die Kontraktion bei der Mischung der Flüssigkeiten (vergl. Fussn. 741). Die Kurve XXXX ist der Ort der Faltenpunkte.

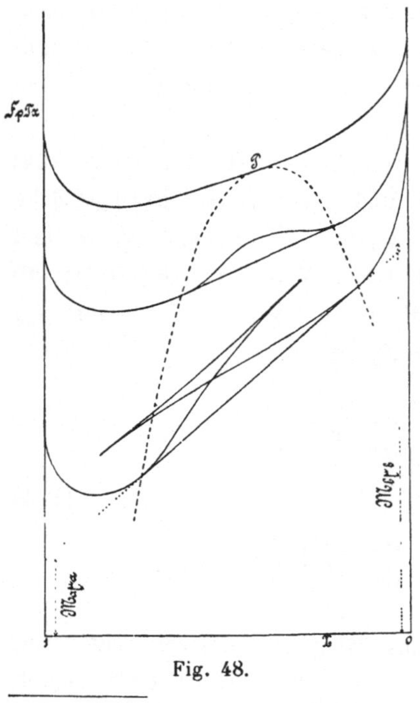

Fig. 48.

ψ-Fläche Nr. **12**) [726], in diesem Punkt werden die koexistirenden Phasen identisch und gehen also in eine kritische Phase (vergl. Nr. **9***b*) über [727].

Die isomignische (Nr. **66***d*) Kondensation verläuft bei der in Fig. 46 und 47 verwendeten Bezeichnungsweise für $x < x_P$ normal, für $x_P < x < x_R$ dagegen ist sie *retrograde*, wie *Kuenen* [728]) aus der *van der Waals*'schen ψ-Fläche ableitete, siehe Fig. 50 (schematisch), wo $BC : AC$ (vergl. Nr. **8***d*) das Verhältnis der Zahlen der molekularen Gewichtsmengen (Nr. **1***c*) in der Flüssigkeits- und Dampfphase gibt [729]), für $x > x_R$ hat keine Kondensation statt. Man nennt R den *kritischen Berührungspunkt* [730]).

726) In Leiden Comm. Nr. 59*b* (1900), *H. Kamerlingh Onnes* und *M. Reinganum*, wird der Teil einer ψ-Fläche in der Nähe des Faltenpunktes der Querfalte besonders dargestellt.

727) Die freie Oberflächenenergie wird in dem Faltenpunkt Null. Dementsprechend fand *Kundt*, Berl. Sitz.-Ber. Okt. 1880, p. 812, dass die kapillare Steighöhe einer Flüssigkeit durch Hineinpressen einer zweiten, bei der Versuchstemperatur im Gaszustand sich befindenden Komponente verkleinert wird. Hieraus schloss er auf die Möglichkeit, eine Flüssigkeit durch Hineinpressen eines Gases in den *Cagniard de la Tour*'schen Zustand (Nr. **16***b*) überzuführen, welcher Prozess von *A. van Eldik*, Leiden Comm. Nr. 39 (1897), der die Steighöhenmessungen bis an den Faltenpunkt fortsetzte, gedeutet wurde als die Bestimmung des der Versuchstemperatur entsprechenden Faltenpunktsdruckes. Fälle, in denen dieses nicht zu realisiren sein wird, diskutirten *H. Kamerlingh Onnes* und *W. H. Keesom*, Leiden Comm. Suppl. Nr. 16 (1907), p. 6 Fussn. 1.

728) *J. P. Kuenen* [a] p. 379, wo auch die experimentelle Verifizirung. Für den Einfluss der Gravitation vergl. *J. P. Kuenen*, Leiden Comm. Nr. 17 (1895), *W. H. Keesom* [a] p. 76 (vergl. Fussn. 572).

729) Die Ableitung des Verhältnisses zwischen den Volumina der Flüssigkeits- und der Dampfphase vergl. *J. D. van der Waals* [b] p. 128, *J. E. Verschaffelt*, Arch. Néerl. (2) 12 (1907), p. 225, Leiden Comm. Suppl. Nr. 19, p. 12, die graphische Darstellung experimenteller Ergebnisse: *J. E. Verschaffelt*, Leiden Comm. Nr. 45 (1898), *W. H. Keesom* [a], vergl. auch *F. Caubet*, Liquefaction des Mélanges Gazeux, Paris 1901, Pl. I Fig. 2 und 3, ZS. physik. Chem. 40 (1902), p. 304.

730) *J. P. Kuenen* [b] p. 61 nennt denselben den *zweiten* oder *höheren kritischen Punkt*, der Faltenpunkt ist dann der *erste kritische Punkt*.

b) Die Koexistenzbedingungen bei den verschiedenen Temperaturen werden besonders klar dargestellt durch *die p, T, x-Fläche der koexistirenden Phasen* [731]. Figur 51 [732] gibt mit den Dampfspannungslinien der Komponenten die verschiedenen isomignischen Durchschnitte

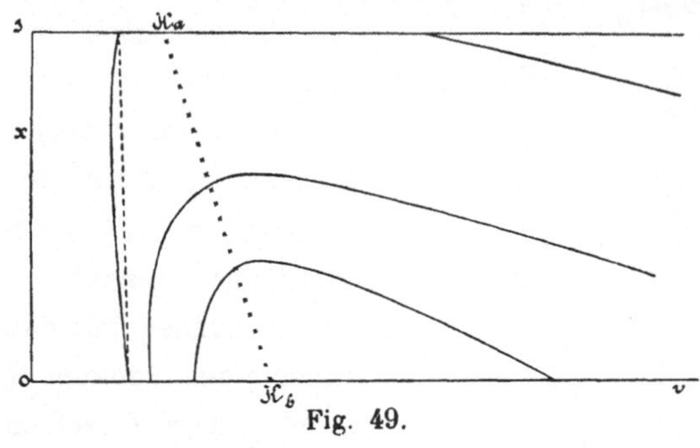

Fig. 49.

(x = konst.) [733]. Fig. 52 (schematisch) gibt die zugehörigen Durchschnitte T = konst., also die Isothermen im p, x-Diagramm [734], Fig. 53 (schematisch) die zugehörigen Durchschnitte p = konst., die Isobaren im T, x-Diagramm [735].

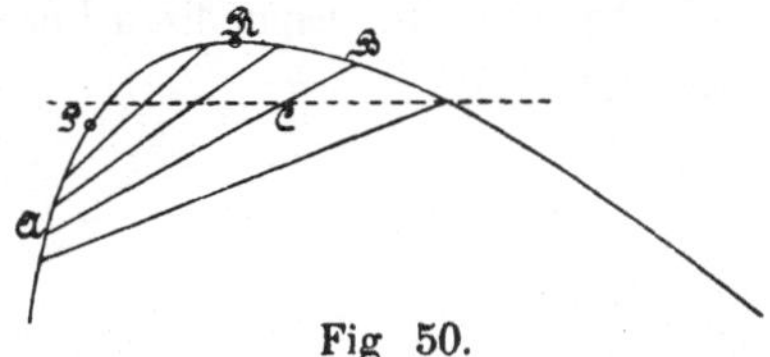

Fig 50.

731) *P. Duhem*, Thermodynamique et chimie, Paris 1902, nennt dieselbe *die Grenzfläche* und unterscheidet die den Flüssigkeits-, bzw. den Dampfphasen entsprechenden Blätter als *surface d'ébullition*, bzw. *de rosée*. Ihre Differentialgleichung: *P. Duhem*, Trav. et Mém. Fac. de Lille 3 (1894) Mém. No. 13 p. 53, *J. D. van der Waals* [b] p. 108, vergl. Fussn. 111. Eine Zeichnung der Fläche *H. W. Bakhuis Roozeboom* [b] p. 80. Vergl. auch Nr. 75*a*.

Die p, T, x-Fläche ist nur eine graphische Darstellung einer von zwei Variabeln abhängenden Grösse (p, T oder x). Die *Gibbs*'schen Fundamentalflächen dagegen schliessen thermodynamische Beziehungen ein (vergl. Nr. 6*b*). Dementsprechend dient die p, T, x-Fläche nur zur Darstellung, die $\mathfrak{F}_{vTx}$, v, x-Fläche aber zur Ableitung der Koexistenzbedingungen (vergl. Fussn. 882).

732) *J. P. Kuenen*, Leiden Comm. Nr. 13 (1894), für Gemische von CO_2 und CH_3Cl entlehnt. Vergl. *F. Caubet*, Fussn. 729.

733) Diese Isomignen sind besonders geeignet, daran den Temperaturbereich der retrograden Kondensation (Unterschied der Abszissen von P und R) für jedes Gemisch abzulesen.

734) An diesen wie an den in Fig. 53 dargestellten Kurven [735] ist die Zusammensetzung der koexistirenden Phasen einfach abzulesen. Vergl. für diese Kurven, auch für mehr verwickelte Fälle, besonders *H. W. Bakhuis Roozeboom* [b]. Von den in Fig. 52 gezeichneten Isothermen im p, x-Diagramm bringt der Flüssigkeitszweig der unteren (niedrigere Temperatur) die Mischung in allen Verhältnissen zweier Flüssigkeiten, jener der oberen die Gasabsorption zum Ausdruck. Ein dem letzteren analoger für den Fall, dass $p_{x=0} = 0$ gesetzt werden kann, würde durch den sich der Tangente für $x = 0$ an denselben anschliessenden Teil das *Henry*'sche Gesetz (vergl. dazu *J. P. Kuenen* [b]) zur Darstellung bringen.

735) Die beiden Zweige dieser Kurven bilden die für die Theorie der Destillation wichtigen *Siedepunkts-* bzw. *Kondensationskurven*, vergl. *J. P. Kuenen* [b] Vergl. auch Fussn. 734.

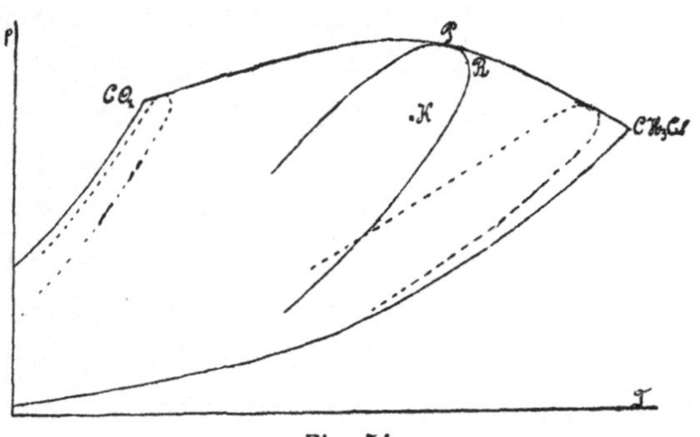

Fig. 51.

K gibt in Fig. 51 für die gezogene Isomigne den kritischen Punkt bei ungeänderter Zusammensetzung (Nr. **66***d*) an. Aus der Vergleichung verschiedener Isomignen mit den zugehörigen Punkten K erhellt, dass dieselben nicht ähnlich sind und also die Koexistenzbedingungen binärer Gemische nicht korrespondiren (vergl. Nr. **33***b*) [736]).

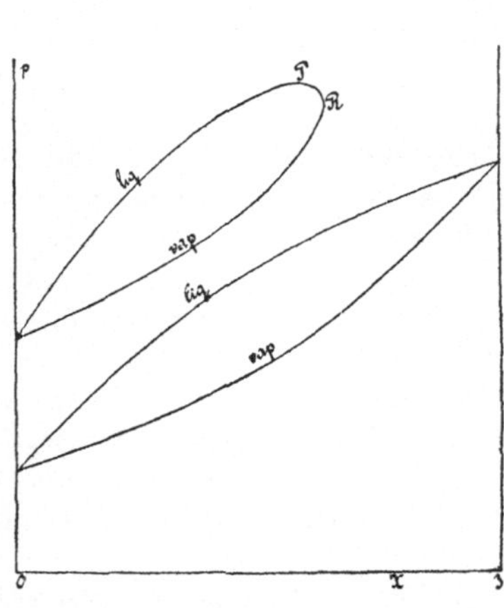

Fig. 52.

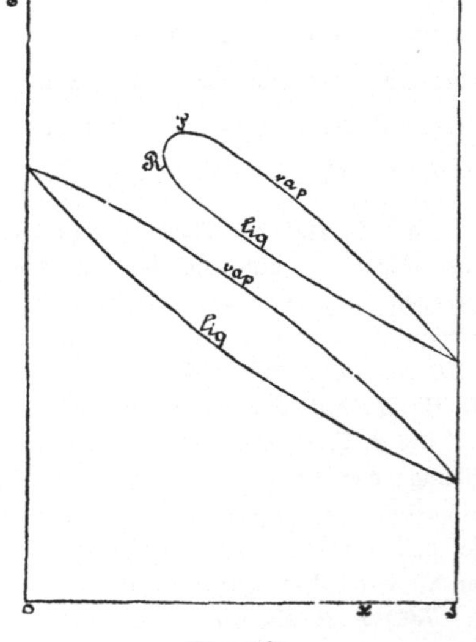

Fig. 53.

Die Enveloppe der Isomignen im p, T-Diagramm ist *die Faltenpunktskurve* [737]). Die der Querfalte entsprechende Faltenpunktskurve [738]) kann entweder die kritischen Punkte der beiden Komponenten stetig nach fortschreitender Temperatur verlaufend verbinden, oder ein Temperaturminimum oder -Maximum zeigen [739]). *Hartman* [740]) unterscheidet

736) Dasselbe gilt für Gemische von mehr als zwei Komponenten (Nr. **69**).

737) Abgekürzt für *Faltenpunktskurve im p, T-Diagramm.*

738) Allgemeines über den Verlauf der Faltenpunktskurve *J. D. van der Waals* [e] Nov. 1897.

739) Für verwickeltere Faltenpunktskurven vergl. Nr. **68***a*.

740) *Ch. M. A. Hartman,* Diss. Leiden (1899), J. phys. chem. 5 (1901), p. 425, Leiden Comm. Suppl. Nr. 3.

nach dieser Eigenschaft *Gemische des ersten*, *zweiten* und *dritten Typus*. Fig. 43—45 Tafel IV stellen die ψ-Fläche für den zweiten Typus dar, Fig. 54 ist dazu das p, T-Diagramm der koexistirenden Phasen. Fig. 55 lässt das Zusammenziehen der Falte bei wachsender Temperatur sehen[741]). Bei Temperaturen unterhalb der *Minimalfaltenpunktstemperatur* überspannt die Querfalte die ganze ψ-Fläche, bei derselben teilt sie sich, indem ein homogener Doppelfaltenpunkt zweiter Art (Nr. **12b**) auftritt, in zwei Falten. Im Allgemeinen ist in der einen dieser Falten die relative Lage von P und R, was v betrifft, wie in Fig. 46 und 47 und P_1 und R_1 in Fig. 56, in der andren $v_P > v_R$, siehe P_2 und R_2 in Fig. 56 [742]). Demgemäss unterscheidet *Kuenen* die *retrograde Kondensation* als *erster* und *zweiter Art*[743]). In Fig. 54[744]) werden die Isomignen ausser durch die Faltenpunktskurve noch durch die Kurve CB umhüllt; es ist dieses *die Kurve der Maximaldampfspannungen*, sie endet, die Faltenpunktskurve berührend, in B, wo für das betreffende Gemisch

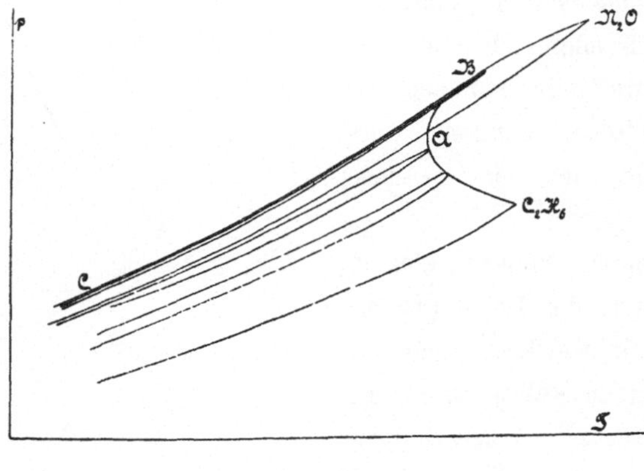

Fig. 54

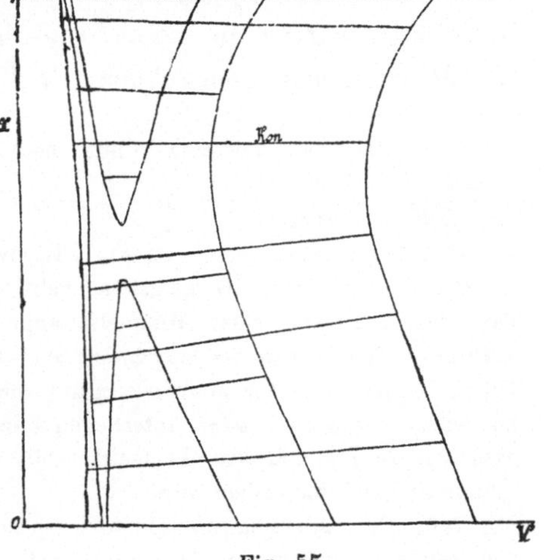

Fig. 55.

741) *H. Kamerlingh Onnes* und Frl. *T. C. Jolles*, Leiden Comm. Suppl. Nr. 14 (1907) für Gemische von C_2H_6 und N_2O entnommen. Der Flüssigkeitszweig der Konnodale deutet für diese Gemische auf Ausdehnung bei der Mischung der betreffenden Flüssigkeiten (vergl. Fussn. 725).

742) In dieser Fig. ist ein Teil der in zweien auseinandergefallenen Falte von Fig. 55 vergrössert und schematisch dargestellt.

743) Vergl. weiter *J. P. Kuenen* [b] p. 60 und 64. Vergl. auch Fussn. 746.

744) Für die p, X- und T, X-Diagramme vergl. *J. P. Kuenen* [b] p. 86 und 93.

Faltenpunkt, kritischer Berührungspunkt und kritischer Punkt bei ungeänderter Zusammensetzung zusammenfallen [745]). Bei den Maximaldampfspannungen ist die Kondensation isobarisch und sind die koexistirenden Phasen isomignische [746]). Die betreffende Isophase, die wir die *Konowalow*'sche nennen werden, *Kon.* in Fig. 55, ist der V-Achse parallel [747]).

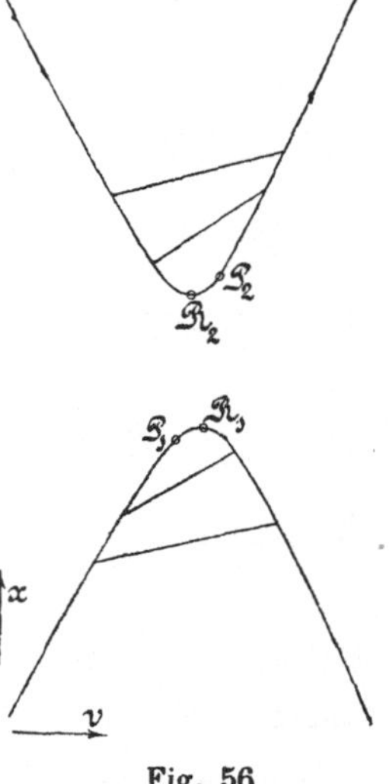

Fig. 56.

c) Die koexistirenden Phasen können durch eine Konstruktion in der Ebene (Nr. 8*f*, vergl. Nr. **66***a*) ermittelt werden (auch für die Nr. **68** zu behandelnden Fälle), indem sie z. B. nach *Kamerlingh Onnes* [748]) den Doppelpunkten der Potentialkurven (Nr. **66***d*) in einem p, q (Nr. **66***d*)-Diagramm entsprechen, oder nach *van der Waals* [128]), indem man auf die Substitutionskurven in einem p, v-Diagramm die *Maxwell*'sche Konstruktion (Nr. **17***b*) anwendet [749]).

745) Da der kritische Punkt bei ungeänderter Zusammensetzung, wegen $\frac{\partial^2\psi}{\partial v^2}\frac{\partial^2\psi}{\partial x^2}-\left(\frac{\partial^2\psi}{\partial x\,\partial v}\right)^2 \leqq 0$ für $\frac{\partial^2\psi}{\partial v^2}=0$, nicht innerhalb des homogen stabilen Gebietes liegen kann (in B von Fig. 54, sowie für $x=0$ und $x=1$, liegt derselbe an der Grenze dieses Gebietes), so geht aus dem p, T-Diagramm sogleich hervor, dass das Auftreten einer Minimalfaltenpunktstemperatur auch *ein Minimum der kritischen Temperatur bei ungeänderter Zusammensetzung* bedingt. *Van der Waals* [b] p. 20 leitete unter Zugrundelegung von Gl. (14), (15) und (16) die Bedingung ab, welcher a_{wab} und b_{wab} unterliegen müssen, damit letzteres auftritt, und zeigte, dass, wie in Fig. 54, dasselbe meistenteils mit der Erscheinung von Maximaldampfspannung zusammengehen wird.

746) Für *Maximalfaltenpunktstemperatur* und *Minimaldampfspannung*, die viel seltener vorkommen als die umgekehrten Erscheinungen, verweisen wir auf *J. P. Kuenen* [b] p. 90.

747) *D. Konowalow.* Ann. Phys. Chem. 14 (1881), p. 49. Für die *Konowalow*'sche Isophase gilt das *Maxwell*'sche Kriterium, und sind dementsprechend, in der Annäherung, mit welcher das Korrespondenzgesetz für Gemische gilt (vergl. Nr. **33***b*), p_{koex}, v_{vap}, v_{liq} korrespondirende Grössen, sodass dieselben jener Annäherung entsprechend dazu dienen können, p_{kx}, v_{kx}, T_{kx} für dieses spezielle x zu bestimmen (vergl. Nr. **33***b*).

748) *H. Kamerlingh Onnes* [e] Nr. 59*a* (1900).

749) Annäherungskonstruktionen an der Querfalte, besonders auch für Temperaturen, die beträchtlich unter der kritischen der Komponenten liegen, vergl. *H. Kamerlingh Onnes* und *C. Zakrewski*, Leiden Comm. Suppl. Nr. 8 (1904), denselben und Frl. *T. C. Jolles*, Leiden Comm. Suppl. Nr. 14 (1907).

d) Die analytische explizite Ableitung der Koexistenzbedingungen steht im Allgemeinen aus. Nur ist man annäherungsweise in zwei Richtungen weiter gekommen. Erstens ist die explizite Gleichung jenes Teiles des Flüssigkeitsblattes der p, T, x-Fläche der koexistirenden Phasen, für den die koexistirenden Dampfphasen sich im *Avogadro*'schen Zustande befinden, abgeleitet [750]). Gl. (114) gibt dann bei Vernachlässigung des Flüssigkeitsvolumens für T = konst. die Formel [751])

$$\frac{1}{p}\,\frac{dp}{dx_{\text{vap}}} = \frac{x_{\text{vap}} - x_{\text{liq}}}{x_{\text{vap}}\,(1 - x_{\text{vap}})} \qquad (115)$$

(vergl. weiter *f*).

e) Andrerseits ist die Frage der koexistirenden Phasen in erster Annäherung behandelt für kleine x (oder $1-x$); sind in erster Annäherung die thermischen Zustandsgleichungen der Gemische mit kleinem x als mit der thermischen Zustandsgleichung der Komponente $x=0$ korrespondirend anzusetzen, so lassen sich alle Koexistenzbedingungen jener Gemische in erster Annäherung nach x ausdrücken mittels der thermischen Zustandsgleichung dieser Komponente und der zwei Grössen $(dT_{kx}/dx)_{x=0}$ und $(dp_{kx}/dx)_{x=0}$, und analoges gilt für kleines $1-x$ [752]). Die für diesen Fall ausgeführten Rechnungen sind von Bedeutung für die Aufklärung über die abnormalen Erscheinungen in der Nähe des kritischen Punktes Liquid-Gas eines einkomponentigen Stoffes [239]) und für die Ableitung der Zustandsgleichung einer beschwerlich rein zu bekommenden einkomponentigen Substanz aus Messungen an einer nicht ganz reinen (vergl. Fussn. 49 und 239) [753]) und wurden die betreffenden Leidener Arbeiten [752]) teilweise auch bestimmt durch die geplante Anwen-

750) Wir verweisen auf *J. D. van der Waals* [b] p. 146 u. f., *J. P. Kuenen* [b] p. 45, 117 u. f.

751) *J. D. van der Waals* [b] p. 137. Formeln, die wesentlich mit dieser übereinstimmen, wurden abgeleitet von *P. Duhem*, Ann. de l'Ec. norm. sup. (3) 4 (1887), p. 9, 6 (1889), p. 153, *M. Margules*, Wien Sitz.-Ber. [2*a*] 104 (1895), p. 1243, *R. A. Lehfeldt*, Phil. Mag. (5) 40 (1895), p. 397.

752) *J. D. van der Waals* [e] Mai, Juni 1895, Sept. 1905, p. 230, 240, 249, *W. H. Keesom*, Leiden Comm. Nr. 75 (1901), 79 (1902), [a], *J. E. Verschaffelt*, Leiden Comm. Nr. 81 (1902), Suppl. Nr. 6 (1903), vergl. auch Suppl. Nr. 7 (1903), *D. J. Korteweg*, Amsterdam Akad. Versl. Jan. 1903.

753) Anwendung auf Messungsergebnisse von *Kuenen* an Äthan: *W. H. Keesom*, Leiden Comm. Nr. 79 (1902), auf eigenen an CO_2: [a]. Die da gegebenen Formeln ermöglichen an der Dampfdrucksteigerung bei der isothermischen Kondensation den Gehalt an Beimischung zu beurteilen. Vergl. auch Fussn. 756.

dung auf die Korrektion experimenteller Zustandsgleichungen der Edelgase, von denen gefürchtet wurde, dass dieselben nicht rein darzustellen wären [754] [755]).

f) Sind die beiden vereinfachenden Annahmen von *d* und *e* zugleich erfüllt, so ergibt sich die Theorie der *verdünnten Lösungen.* Für diesen Fall geht Gl. (115) über in

$$\frac{p_{\text{koex}, x_{\text{vap}}, x_{\text{liq}}, T} - p_{\text{koex}, x_{\text{vap}} = x_{\text{liq}} = 0, T}}{p_{\text{koex}, x_{\text{vap}} = x_{\text{liq}} = 0, T}} = x_{\text{vap}} - x_{\text{liq}}, \tag{116}$$

die *Planck*'sche [756]) Formel für die *Dampfspannungserniedrigung* verdünnter Lösungen, aus der mit der *Clapeyron-Clausius*'schen Formel für die Hauptkomponente

$$T_{\text{koex}, x_{\text{vap}}, x_{\text{liq}}, p} - T_{\text{koex}, x_{\text{vap}} = x_{\text{liq}} = 0, p} = \frac{x_{\text{liq}} - x_{\text{vap}}}{\left(\frac{\lambda}{RT^2_{\text{koex}}}\right)_{x_{\text{vap}} = x_{\text{liq}} = 0, p}} \tag{117}$$

für die *Siedepunktserhöhung* folgt [756]).

Wir können nun den Fall denken, dass an der einen Seite der Fläche die Flüssigkeit schon in den glasigen Zustand übergeht, und werden so durch unsere Betrachtungen zum Fall der Lösung eines glasig festen Körpers in einer Flüssigkeit geführt, den wir sowie den Fall der Lösung eines kristallinischen Körpers analog Abschn. V behandeln. Wir beschränken uns hier auf den Teil der Fläche, welcher dem gewöhnlichen fluiden Gleichgewichtszustand ganz nahe dem der

754) Vergl. die Anwendung auf Argon von *C. A. Crommelin*, Leiden Comm. Nr. 115 (1910), Diss. Leiden 1910.

755) Die Messungen *Verschaffelt*'s, Leiden Comm. Nr. 45 (1898), 47 (1899) beziehen sich auf den Fall, dass bei grosser Differenz der kritischen Temperaturen der beiden Komponenten bei einer Temperatur, die noch wenig unterhalb der höchsten jener kritischen Temperaturen ist, die Falte noch kaum auf der ψ-Fläche zum Vorschein tritt. Ein andrer Fall ist der, dass die Falte an der einen Seite schon eine äusserst grosse Ausdehnung hat, wie bei den Versuchen mit Heliumgemischen mit sehr wenig Wasserstoff beim Schmelzpunkt des letzteren. Noch weiter geht z. B. Quecksilber in Berührung mit Wasserstoff. Doch ist an der Lösung des Wasserstoffs in Quecksilber nach der Theorie wohl nicht zu zweifeln. Dieser Fall gehört schon zu den in *f* behandelten.

756) *M. Planck.* ZS. physik. Chem. 2 (1888), p. 405. Der *Nernst'sche Verteilungssatz*, *W. Nernst*, ZS. physik. Chem. 8 (1891), p. 110, [c] p. 490, gibt für die hier behandelten Fälle die Beziehung $x_{\text{liq}} : x_{\text{vap}} =$ konst. bei gegebenem *T*. Vergl. *W. H. Keesom*, Leiden Comm. Nr. 79 (1902), p. 5 u. f., für den Wert dieses Verhältnisses für die in *e* behandelten Fälle (vergl. Fussn. 753).

reinen Flüssigkeit entspricht, unter der Voraussetzung, dass $x_{\text{vap}} = 0$. Dann folgen aus Gl. (116) und (117) die *van 't Hoff*'schen Dampfspannungserniedrigungs- und Siedepunktserhöhungsgesetze, auf welche auch die Einführung des osmotischen Drucks führt[757] [758]. Für die Erforschung der Zustandsgleichung haben die hier erwähnten Erscheinungen, in welchen alles spezifische der Stoffe bis auf die molekulare Menge wegfällt, auch nur insofern Bedeutung, als dieselben benutzt sind, um auf das Molekulargewicht der Komponente, dessen Konzentration in der Dampfphase Null ist, also auf dessen R_w bei sehr niedriger reduzirter Temperatur (im festen Zustand) zu schliessen.

68. Die Längsfalte u.s.w. der ψ-Fläche für den fluiden Zustand[759]. *a*) Schon bei der ersten Aufstellung seiner Theorie zog *van der Waals* ein komplizirteres Verhalten der Falten in der ψ-Fläche in Betracht, indem er, vergl. das schematische Modell *van der Waals* [b] p. 23, ausser der Querfalte (Nr. **67**) eine in der Hauptsache der v-Achse parallel nach der Seite der kleinen Werte von v verlaufende *Längsfalte* annahm. Es bedingt diese die Koexistenz zweier Flüssigkeitsphasen bei *beschränkter Mischbarkeit* der Komponenten im flüssigen Zustande und kann mit der Querfalte zum dreiphasischen Gleichgewicht führen (vergl. Nr. **13***a*). Angesichts des für diesen Artikel vorgesehenen Raumes[721]) verweisen wir für dieselbe auf die Arbeiten von *van der Waals*, *Kuenen*, *van Laar*[760]. Nur stellen wir in Fig. 57

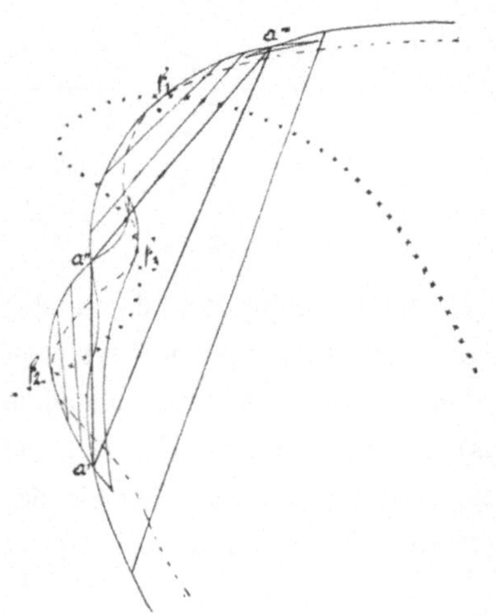

Fig. 57.

757) *J. H. van 't Hoff*. ZS. physik. Chem. 1 (1887), p. 481.

758) Das Sinken des Druckes durch die Lösung eines nichtflüchtigen Stoffes ergibt sich unmittelbar aus dem Steigen des Potentialabschnittes, wenn man die Berührungsebene für diesen Fall von der Seite $x = 0$ auf die $\mathfrak{F}v\tau x$-Fläche übergehen lässt.

759) Die Berücksichtigung der festen Phasen vergl. Nr. **75**.

760) *J. D. van der Waals* [b], vergl. auch Fussn. 122, *J. P. Kuenen* [b], *J. J. van Laar* [c], auch Amsterdam Akad. Versl. 1905 Jan. p. 573, März p. 660, 685, Mai p. 14, Dez. p. 582, 1906 Sept. p. 227, Arch. Teyler (2) 9 (1905), p. 369, (2) 10

(schematisch) das Heraustreten einer *Seitenfalte* mit Faltenpunkt f_2 aus der Querfalte als *Hauptfalte* dar. Es ist × × × × die Faltenpunktskurve im x, v-Diagramm (vergl. Nr. **67***b*), - - - - die Spinodale und $a'a''a'''$ das isophasische Dreieck (Nr. **8***d*) für die Temperatur T, f_3 ist ein *verborgener* (nicht realisirbarer) *Faltenpunkt* [115]).

Die Gestalt der Faltenpunktskurve und das Auftreten der Dreiphasengleichgewichte werden, wie *van der Waals* bei seinen allgemeinen

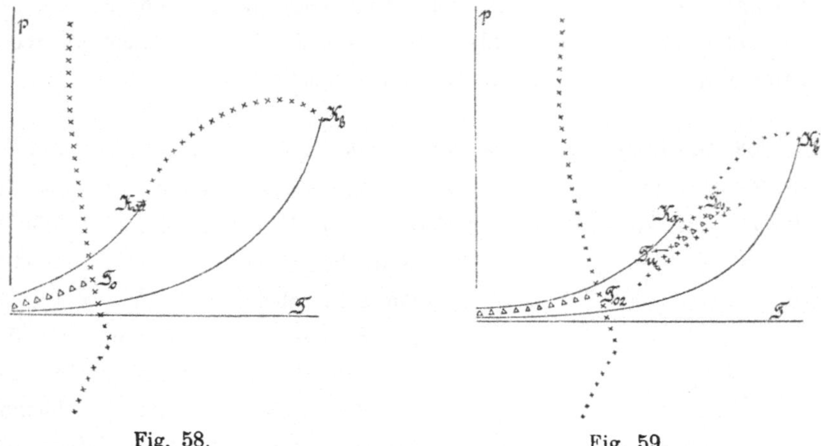

Fig. 58. Fig. 59.

Untersuchungen gezeigt hat (vergl. *c*), stark beeinflusst durch den Wert der Grösse $l_{\mathrm{w}} = a^2_{\mathrm{w}ab} - a_{\mathrm{w}aa}\, a_{\mathrm{w}bb}$. Je nach dessen Wert zeigt sich eine grosse Verschiedenheit von Fällen, die nach c zu behandeln sind. Um ein Beispiel für den Einfluss der Verhältnisse $T_{\mathrm{k}a}/T_{\mathrm{k}b}$ und $p_{\mathrm{k}a}/p_{\mathrm{k}b}$ zu geben, wollen wir uns Fälle denken, in denen $l_{\mathrm{w}} = 0$ [245]). Fig. 58, 59 und 60 (schematisch) stellen nach *van Laar* [760]) einige Typen

---

(1905), p. 19, (1906), p. 109, (2) 11 (1907), p. 51. Auch *J. Timmermans*, Diss. Bruxelles 1911.

Die Fig. 12, vergl. auch *Kuenen* [b] p. 147, kann annähernd zur Erläuterung des dreiphasischen Gleichgewichts von Gemischen von Äther und Wasser dienen. $b''e'''c''$ wäre die Projektion auf der x, v-Ebene des Dampfzweiges der Konnodale der ψ-Fläche, deren x-Achse parallel den Zeilen und deren v-Achse senkrecht zu den Zeilen des Textes laufen. $b''b'$ stellen die Koexistenz von Dampf mit der einen Flüssigkeit (z. B. feuchtem Äther), $c''c'$ die Koexistenz von Dampf mit der andern Flüssigkeit (z. B. ätherhaltendem Wasser), $a'a''$ die Koexistenz zwischen zwei Flüssigkeitsphasen dar. $e'e''e'''$ ist das Dreiphasendreieck. Der Faltenpunkt f liegt im metastabilen Gebiet. Ist die Konnodale $a'e'fe''a''$ auch an der anderen, den kleinen v entsprechenden Seite geschlossen, so ergibt sich die Möglichkeit der *Mischung von Flüssigkeiten durch Druck*, was *van der Waals* bei genügend hohem Druck immer möglich meint.

von Faltenpunktskurven[761]) für diesen speziellen Fall dar, wenn auch $2\,b_{wab} - b_{waa} - b_{wbb} = 0$ angenommen wird[245]). × × × × ist die Faltenpunktskurve (Nr. **67**b), △ △ △ △ die *Dreiphasenkurve*. Die Punkte T stellen *kritische Trennungspunkte*[762]) dar, und zwar T_0 ein *oberer*, T_u ein *unterer kritischer Trennungspunkt*. In diesen Punkten geht das dreiphasische Gleichgewicht in ein zweiphasisches über, indem zwei der Phasen (in Fig. 58 und 60, sowie in T_{02} von Fig. 59 zwei Flüssigkeitsphasen) in einer kritischen identisch werden (vergl. Fussn. 579).

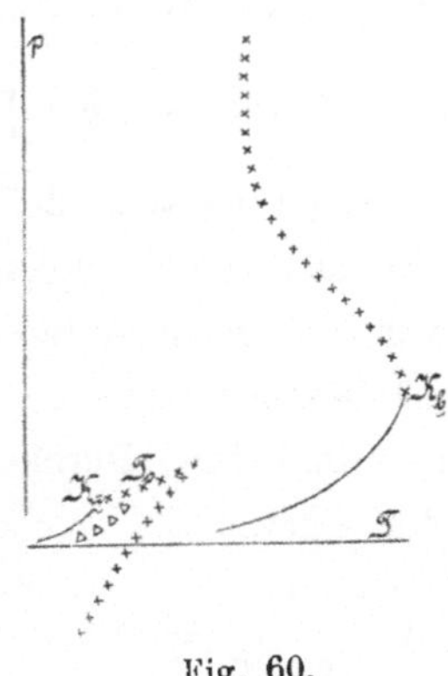

Fig. 60.

b) Bei grossem Unterschied der kritischen Temperaturen und schwacher gegenseitiger Anziehung (a_{wab}) der Moleküle der Komponenten wird in gewissen Fällen eine von der Seite $x = 0$ nach der Seite $v = b_{wx}$ *schief überlaufende Falte* auftreten. Auf dieser kann, wenn $b_{w\Gamma b} < b_{w\Gamma a}$, eine *barotropische Berührungssehne* (b in der schematischen Fig. 61) die Koexistenz zwischen einer Gas- und einer Flüssigkeitsphase gleicher Dichte anzeigen, sodass bei Überschreiten des betreffenden Druckes die beiden Phasen unter dem Einfluss der Schwere und bei Aufhebung von hemmenden kapillaren u. s. w. Wirkungen ihren Platz gegenseitig wechseln[763]).

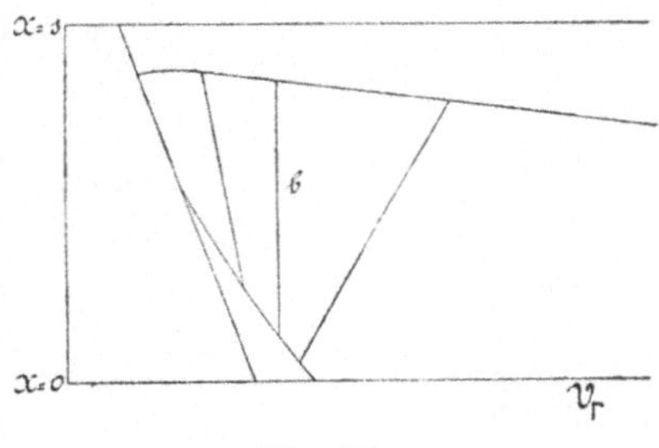

Fig. 61.

---

761) Durch T_0, bzw. T_0 und T_u, abgegrenzte Teile dieser Faltenpunktskurven gehören dem nicht absolut stabilen Gebiet an.

762) Vergl. *J. P. Kuenen* [b] p. 153. In einem solchen Punkt trennen sich zwei Zweige von Konnodalen auf der ψ-Fläche bei wachsender oder abnehmender Temperatur von einander in der durch Fig. 10—12 erläuterten Weise. *Orme Masson*, ZS. physik. Chem. 7 (1891), p. 500, nannte denselben einen *kritischen Lösungspunkt*. *E. H. Büchner*, Diss. Amsterdam 1905, führte den Namen *kritischer Endpunkt* an.

763) Das Sinken der Gasphase in der Flüssigkeitsphase wurde von *H. Kamerlingh Onnes* [e] Nr. 96a (1906) beobachtet an einem Gemisch von He und H_2. Wir verweisen weiter auf *H. Kamerlingh Onnes* und *W. H. Keesom*, Leiden Comm. Nr. 96b (1906), Suppl. Nr. 15, 16 (1907), *W. H. Keesom*, Leiden Comm. Nr. 96c (1906/07), Suppl. Nr. 18b (1907), *J. J. van Laar*, Amsterdam Akad. Versl. Juni 1905, April

c) *Van der Waals* [126]) hat in einer Reihe von Abhandlungen die Eigenschaften der Isobaren [Fig. 62 gibt nach *van der Waals* [764]) ein allgemeines Isobarendiagramm, aus welchem $\left(\frac{\partial^2 a_{wx}}{\partial x^2}\text{ ist } > 0 \text{ vorausgesetzt}\right)$ für ein gegebenes Stoffpaar bei gegebenem T das v, x-Diagramm der Isobaren durch Ausschneiden eines entsprechenden horizontalen Streifens zu erhalten ist], Substitutions- und Potentialkurven eingehend untersucht, und gezeigt, wie man aus denselben und besonders aus der relativen Lage und bzw. Durchschneidung der Kurven

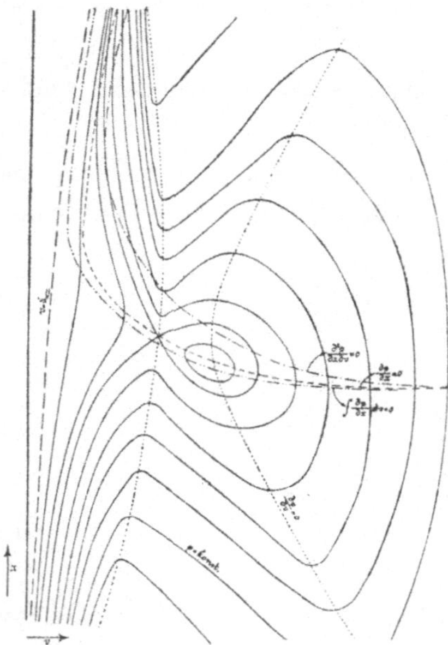

Fig 62.

$$\frac{\partial^2 \psi}{\partial v^2} = 0, \quad \frac{\partial^2 \psi}{\partial x\, \partial v} = 0,$$

$$\frac{\partial^2 \psi}{\partial x^2} = 0, \quad \int\limits_v^\infty \left(\frac{\partial p}{\partial x}\right)_{vT} dv = 0 \text{ u.s.w.}$$

ganz allgemeine Schlüsse über den Verlauf der Spinodal-, Konnodal- und Faltenpunktskurven, über das Auftreten homogener und heterogener Doppelfaltenpunkte (Nr. **12**b), realisirbarer und verborgener (a) Faltenpunkte u. s. w. ableiten, und z. B. mit dem Verhalten von a_{wx} und b_{wx} als Funktionen von x, oder, wenn wir speziell Gl. (15) und (16) annehmen, von a_{wab}, b_{wab} zu a_{waa} u. s. w. in Verbindung bringen kann (vergl. auch Nr. **13**b). Es wäre so möglich, umgekehrt aus Experi-

---

1907, vergl. auch *J. D. van der Waals* [e] Dez. 1906. Schwimmen eines festen Körpers (H_2) in einem Gasgemisch (He und H_2): *H. Kamerlingh Onnes* bei dem in Fussn. 213 erwähnten Versuch. Es liegt Grund vor, beim Auftreten dieser schief überlaufenden Falte unter gewissen Bedingungen *beschränkte Mischbarkeit im Gaszustande* zu erwarten, vergl. Fussn. 158.

764) *J. D. van der Waals* [e] Febr. 1907; vergl. *H. Kamerlingh Onnes* und Frl. *T. C. Jolles*, Leiden Comm. Suppl. Nr. 14 (1907) Pl. II und III, Fig. 3. Vergl. dazu auch *Ph. Kohnstamm*, Amsterdam Akad. Versl. Jan., Febr., April 1909.

Van der Waals wurde bei dieser Untersuchung auf die Möglichkeit *doppelter retrograder Kondensation* geführt [e] März 1909, p. 856. Vergl dazu *Ph. Kohnstamm* und *J. Chr. Reeders*, Amsterdam Akad. Versl. April 1909, p. 1036, Sept. 1911, p. 359.

menten über Mischbarkeit im flüssigen Zustande und über die Änderung jener Mischbarkeit mit Druck und Temperatur Schlüsse über $a_{W\,ab}$ und $b_{W\,ab}$ zu ziehen.

Nach dieser Theorie wurde an der Hand der vorliegenden Experimente [763]) der mutmassliche Lauf der Faltenpunktskurve für Gemische von He und H_2 von *van der Waals* [765]) in Fig. 63 schematisch dargestellt.

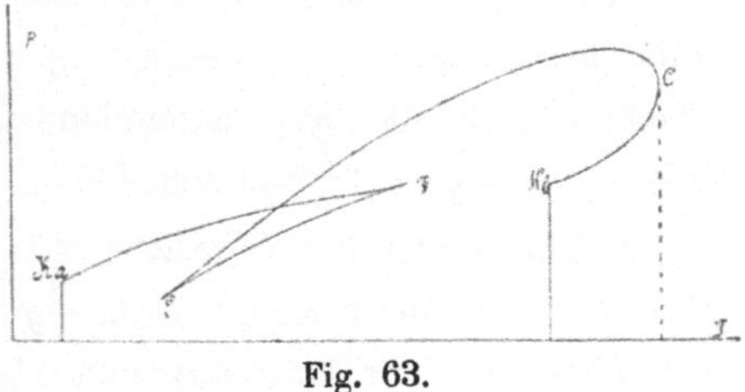

Fig. 63.

69. Ternäre und quaternäre Gemische. Thermodynamische Flächen für assoziirte Stoffe [766]). *a*) Für die dreikomponentigen Stoffe oder ternären Gemische [767]) kommt von den *Gibbs*'schen Tangentialflächen [98]) hauptsächlich nur die *Gibbs*'sche $\mathfrak{F}_{pTxy}$, x, y-Fläche (abgekürzt die ζ-Fläche) in Anwendung. Die Zusammensetzung einer Phase, gegeben durch die molekularen Gehalte $x, y, 1-x-y$ an den Komponenten A, B, C, wird nach *Gibbs* [768]) durch einen Punkt in einem gleichseitigen Dreieck angegeben (Fig. 64). Es gibt dann die ζ-Fläche [769]) durch ihre mehrfachen Berührungsebenen die bei bestimmten p und T koexistirenden Phasen, deren Zusammenset-

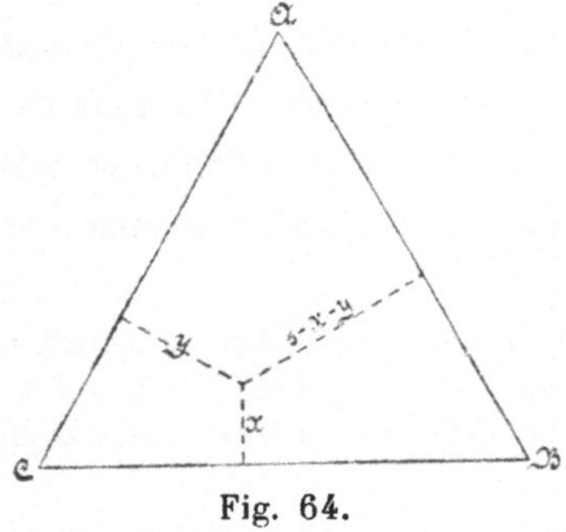

Fig. 64.

765) *J. D. van der Waals* [e] Sept. 1907, Fig. 28. *E* und *F* sind heterogene Doppelfaltenpunkte, *C* ist ein homogener Doppelfaltenpunkt der ersten Art (Nr. **12***b*). Vergl. mit dieser Fig. *H. Kamerlingh Onnes* und *W. H. Keesom*, Leiden Comm. Suppl. Nr. 16 (1907) Fig. 5, in der die Maximumfaltenpunktstemperatur (*C* in Fig. 63) nicht auftritt.

766) Vergl. Fussn. 241 und Nr. **35***c*.

767) Es sind diese besonders eingehend sowohl nach theoretischer wie nach experimenteller Seite untersucht von *F. A. H. Schreinemakers.* Wir verweisen hierfür auf die Originalarbeiten ZS. physik. Chem. 22 (1897) u. s. w. und *H. W. Bakhuis Roozeboom* [c].

768) *J. W. Gibbs* [c] p. 176. *Bakhuis Roozeboom*, ZS. physik. Chem. 12 (1893), p. 359, und *van der Waals* [e] Febr. 1902, p. 556 verwenden ein gleichschenkliges rechtwinkliges Dreieck. Eine andere Darstellung: *van Rijn van Alkemade*, ZS. physik. Chem. 11 (1893), p. 306.

769) Es tritt in der ζ-Fläche für einen gewissen Temperaturbereich eine dreiblättrige Falte [119]) auf, die aber in der Nähe des Faltenpunktes dieselben Eigenschaften

zung in der x, y-Projektion durch die Projektion der Konnodalkurven mit den Nodengeraden angegeben werden kann [770]).

Da die Zustandsgleichung eines ternären Gemisches in erster Annäherung [771]) nur vom paarweise gegenseitigen Verhalten der Moleküle (a_{wab}, a_{wbc}, . ., b_{wab}, . . .) abhängig ist, so ist die $\mathfrak{F}_{pTxy}$, x, y-Fläche durch die $\mathfrak{F}_{pT}$ darstellenden Kurven in den Ebenen $x = 0$, $y = 0$, $x + y = 1$, bestimmt [772]).

b) Für quaternäre Gemische, für die der molekulare Gehalt an den Komponenten durch $x, y, z, 1-x-y-z$ angegeben wird, kann man sich zur Ableitung der koexistirenden Phasen *Gibbs*'scher Tangentialflächen bedienen wie z. B. jedesmal bei gegebenen p, T und $\partial\mathfrak{F}/\partial z$ einer $\mathfrak{F}_{pTxy\,\partial\mathfrak{F}/\partial z}$, x, y-Fläche (vergl. Fussn. 98) [773]).

Sämtliche Koexistenzbedingungen bei p, T dagegen können abgeleitet werden mittels eines *Gibbs*'schen *Tangentialraumes*, der in der 4-dimensionalen Mannigfaltigkeit $\mathfrak{F}_{pTxyz}$ als Funktion von x, y, z, welche analog Fig. 64 durch die Punkte innerhalb eines regelmässigen Tetraeders angegeben werden, darstellt. Die die koexistirenden Phasen anweisenden Konnoden [774]) bilden in der 4-dimensionalen Mannigfaltigkeit eine *Konnodalfläche*, deren Projektion im x, y, z-Tetraeder die *x, y, z-Projektion der Konnodalfläche* gibt. Der Zusammenhang der

hat wie die Falte in der ψ-Fläche für binäre Gemische, und daher zu denselben kritischen Erscheinungen wie dort führt (*van der Waals* [e] Febr. 1902, p. 559, vergl. *J. P. Kuenen* [b] p. 216). Vergl. für die ζ-Fläche auch *W. Ostwald* [c] p. 1003.

770) Für die p, x, y-Flächen der koexistirenden Phasen bei konstantem T vergl. auch *W. Ostwald* [c] p. 988, *B. M. van Dalfsen*, Diss. Amsterdam 1906.

771) Dieses gilt aber jedenfalls nur, solange Stösse zwischen mehr als zwei Molekülen und Anwesenheit von mehreren Molekülen in der Wirkungssphäre eines Moleküls nicht in Betracht kommen. Über den Einfluss dieser Umstände ist bis jetzt nichts bekannt.

772) Vergl. *J. D. van der Waals* [e] Sept. 1902, p. 285 über das Auftreten eines Minimums der kritischen Temperatur bei ungeänderter Zusammensetzung bei ternären Gemischen. Bei mehrkomponentigen: *B. M. van Dalfsen*, Amsterdam Akad. Versl. Juni 1904, p. 167.

773) Es ist dieses analog der Konstruktion der koexistirenden Phasen für binäre Gemische mittels Doppeltangenten an den *Gibbs*'schen Tangentialkurven (Nr. 14) $q =$ konst. (Substitutionskurven Nr. 66*d*) im $\psi - qx, v$-Diagramm, vergl. weiter die Anwendung der *Maxwell*'schen Konstruktion auf die Substitutionskurven im p, v-Diagramm Nr. 67*c*.

774) Berührungspunkte eines den *Gibbs*'schen Tangentialraum zwei- (oder mehr-) fach berührenden ebenen Raumes.

verschiedene Phasen darstellenden Blätter derselben kann durch *kritische Kurven* ermittelt werden [775]).

c) Assoziirte Stoffe, in denen zwei [776]) Molekülarten (Nr. **1***b*) auftreten, sind als binäre Gemische aufzufassen, bei denen aber die Komponenten in einander übergehen bis $\mathfrak{F}_{VT}$ bei gegebenen T und V minimal wird. Es kommt also von der $\mathfrak{F}_{vT}$, v, x-Fläche für T nur die Schattenkurve [129]) für der x-Achse paralleles Licht in Betracht [777]). Das thermodynamische Verhalten des assoziirten Stoffes wird über das ganze Temperaturgebiet durch den Komplex dieser Schattenkurven gegeben [778]).

Ordnet man die auf der $\mathfrak{F}_{vT}$, v-Ebene durch der x-Achse paralleles Licht gebildeten Schlagschattenkurven [130]) nach T, so bekommt man eine aus *Gibbs*'schen Tangentialkurven (Nr. **14**) aufgebaute $\mathfrak{F}_{vT}$, v, T-Fläche für einen assoziirten Stoff, die sich bei niedrigen und hohen Werten von T den $\mathfrak{F}_{vT}$-Flächen der beiden Molekülarten anschliesst. Zu derselben kommt man auf andre Weise als Enveloppe der $\mathfrak{F}_{vTx}$, v, T-Flächen für konstant gehaltenes x. In ähnlicher Weise kann eine *Gibbs*'sche $\mathfrak{F}_{sv}$-Fläche [779]), im Allgemeinen eine $\mathfrak{F}_{\alpha\beta}$-Fläche [780]) (Nr. **10***a*), für einen assozirten Stoff gebildet werden.

V. Ergänzung der Energiefläche durch die Teile, welche den festen Zuständen entsprechen.

70. Der glasig-amorphe [781]) Zustand. *a*) Der in Nr. **3***b* angegebenen und in Nr. **47***b* entwickelten Auffassung entsprechend können die

775) Vergl. weiter *F. A. H. Schreinemakers*, Amsterdam Akad. Versl. Jan. 1907, p. 580, April 1908, p. 843, ZS. physik. Chem. 59 (1907), p. 641. Die Verallgemeinerung dieser Darstellungen für mehrkomponentige Systeme ist einleuchtend.

776) Wir beschränken uns in dieser Darstellung auf die Annahme zweier Molekülarten. Die Verallgemeinerung für mehrere Molekülarten (vergl. Fussn. 340) ist im Allgemeinen nach *b* zu führen.

777) Es muss hier die lineare x-Funktion (Nr. **66***b*) in Rechnung gezogen werden, vergl. *van der Waals* [b] p. 28.

778) *J. D. van der Waals* [b] p. 28.

779) Vergl. weiter *H. Kamerlingh Onnes* [e] Nr. **66**, p. **14**, die *Gibbs*'sche Fläche für Wasser denselben und *H. Happel*, Leiden Comm. Nr. 86 (1903), für mögliche barotropische (Nr. **68***b*) Erscheinungen für einen assoziirten Stoff *H. Kamerlingh Onnes* und *W. H. Keesom*, Leiden Comm. Suppl. Nr. 15 (1907), p. 8, *W. H. Keesom*, Leiden Comm. Suppl. Nr. 18*b* (1907).

780) *G. Mouret*. J. de phys. (2) 10 (1891), p. 253. Die Zusammensetzung der Phasen muss bei diesen Flächen an den auf denselben gezogenen Isomignen abgelesen werden.

781) Vergl. *G. Tammann* [a] p. 4 und Nr. **78**, auch *H. Kamerlingh Onnes*

Zustandsgleichungen für den fluiden und für den festen Zustand nicht mehr unabhängig von einander ergründet werden. Die Ansätze, welche bisher für die Erklärung des festen Zustandes gemacht sind (Nr. **74**), genügen nicht, um die Zustandsgleichung des fluiden Zustandes zu einer auch die festen Zustände umfassenden zu erweitern. Wir dürfen aber davon ausgehen, dass die thermische Zustandsgleichung für den festen Zustand jedenfalls aus der entsprechenden *Gibbs*'schen Fundamentalfläche abgeleitet werden kann. Die Behandlung der Prozesse, die den festen Zustand bedingen (Nr. **47***b*), nach den Prinzipien der statistischen Mechanik, führt sogar notwendig dazu, zuerst die entsprechende *Gibbs*'sche Fundamentalgleichung aufzustellen (vergl. Nr. **58***a*) [782]). Demgemäss bringen wir die Behandlung derselben unter dem Gesichtspunkt, die *Gibbs*'schen Fundamentalflächen für den fluiden Zustand zu solchen zu ergänzen, welche sämtliche Aggregatzustände umfassen. Wir erlangen in dieser Weise zugleich die übersichtlichste Darstellung der Beziehungen zwischen dem fluiden und den verschiedenen festen Zuständen.

b) Bei sinkender reduzirter Temperatur nimmt die Viskosität der Flüssigkeiten stark zu, bei vielen setzt sich dieses soweit fort, dass dieselben durch einen syrupartigen Zustand kontinuirlich in einen glasig-amorphen übergehen, nämlich einen solchen, der, wenn man ihn einer gerichteten Spannung [783]) unterhalb einer gewissen Grenze (der Bruchgrenze) aussetzt,

---

und *H. Happel*, Leiden Comm. Nr. 86 (1903), p. 12. Auf den *kolloidal-amorphen* Zustand von einfachen Körpern und Gemischen wird hier nicht eingegangen. Bei demselben spielt die Kapillarität eine bedeutende Rolle. Siehe für Kolloide: *Zsigmondy*, Zur Erkenntniss der Kolloide, Jena 1905; *A. Müller*, Allgem. Chemie der Kolloide (*Bredig's* Handbuch der angew. physik. Chemie Bd. 8), Leipzig 1907; und die Kolloid-Zeitschrift.

782) Zwar ist die Behandlung der statistischen Mechanik hier mit Hülfe der Gleichgewichtsgesetze der molekularen Schwingungen (Nr. **57***f*) zu ergänzen, denn letztere gehen in die Ableitung der spezifischen Wärme ein (Nr. **74**c) und Eigentümlichkeiten der letzteren sind mit solchen der Zustandsgleichung (vergl. Nr. **43***d*) innig verknüpft.

Eine Fundamentalgleichung, bei welcher nicht zugleich das Entstehen Nr. **47***b* gemäss (vergl. Nr. **74***a*) der Elastizität für gerichtete Spannungen hervortritt, kann nur als eine rohe Skizze der anzustrebenden betrachtet werden. Wir müssen uns aber auf die von gerichteten Spannungen freien Zustände beschränken (vergl. Fussn. 60).

783) Für in alle Richtungen gleiche (hydrostatische) Zusammendrückung ist das Nachgeben für den festen Zustand gleich wie für den liquiden, wenn überhaupt auftretend, jedenfalls bei den bis jetzt erreichten Drucken noch nicht konstatirt. Bei unilateraler Zusammendrückung kann der kristallinische (Nr. **71**) Stoff nach *W. Spring*, Recueil des trav. chim. des Pays-Bas et de la Belgique 23 (1904), p. 1, 187, teil-

eine Formänderung erleidet, die ganz oder teilweise als eine elastische Formänderung anzusehen ist, d. h. eine solche, welche bei Aufhebung der Spannung nach einer endlichen Zeit mit einer durch eine *Extinktionszeit* bestimmten Geschwindigkeit (entweder anfangs mit gedämpft periodischer Bewegung oder von Anfang an gleich aperiodisch) wieder abstirbt [784]). Teilweise kann er auch noch mit einer sehr grossen inneren Reibung [785]) der Spannung nachgeben [786]) [787]). Mit dem kontinuirlichen

---

weise übergehen in einen mit kleinerer innerer Reibung behafteten *pseudo-liquiden* Zustand [vergl. auch *G. F. Beilby*, Phil. Mag. (6) 8 (1904), p. 258], wobei die Dichte nach Zurückkehr zum Nulldruck meistens kleiner geworden ist (vergl. Fussn. 787).

784) Für die Litteratur über elastische Nachwirkung verweisen wir auf *Chwolson*, Lehrbuch der Physik I, p. 752, *Guillaume*, Rapports etc. Paris 1900 t. 1, p. 432, *A. Joffé*, Ann. d. Phys. (4) 20 (1906), p. 919.

785) Für die innere Reibung plastischer und fester Körper verweisen wir auf *Winkelmann*'s Handbuch der Physik I 2, Leipzig 1908, p. 1394, 1410.

786) Ob bei glasig-amorphen Stoffen immer ein teilweises Nachgeben stattfindet und daher für diese eine Elastizitätsgrenze nicht existirt oder umgekehrt, ist nicht sichergestellt. *Th. Schwedoff* [788]) meint, dass sogar bei einer Gelatinelösung, deren Rigidität er angibt als $1{,}8 \times 10^{-12} \times$ die des Stahls, das Nachgeben erst anfängt, wenn die Deformation eine gewisse Grenze überschreitet, sodass für kleinere Deformationen die genannte Lösung vollkommen elastisch sei (vergl. aber Fussn. 788). Man siehe auch die Versuche von *C. Rohloff* und *Shinjo*, Physik. ZS. 8 (1907), p. 442, über die Grenze zwischen dem festen und dem flüssigen Zustand bei Gelatinelösungen, vergl. auch *R. Reiger*, Physik. ZS. 8 (1907), p. 537, und die Versuche von *A. O. Rankine*, Phil. Mag. (6) 11 (1906), p. 447, über die Abnahme der Torsionskraft in denselben.

787) Die Grösse der inneren Reibung (vergl. Fussn. 824) wird bedingen, ob ein regelmässiges Fliessen längs Stromlinien zur Beobachtung kommt oder ob das Nachgeben sich nur noch in dem Überbleiben einer geringen permanenten Deformation äussert. Ob bei vollkommen homogenen glasig-amorphen Stoffen diese permanente Deformation den Gesetzen des Fliessens entsprechend mit der Zeit, während welcher die deformirende Kraft gewirkt hat, proportional ansteigt, oder ob dieselbe einem gewissen Grenzwert zustrebt, oder vielleicht bei denselben gar nicht auftritt, ist nicht entschieden.

Feste homogen kristallisirte Körper (Kristalle, Nr. 71) können einer gerichteten Spannung ohne Verlust des kontinuirlichen Zusammenhangs durch Gleiten längs Gleitflächen in eine andere Gleichgewichtslage hinein permanent nachgeben. *O. Faust* und *G. Tammann*, ZS. physik. Chem. 75 (1910), p. 108, nehmen dafür eine Elastizitätsgrenze als unteren Wert der nötigen Spannung an. Dagegen nimmt *W. Voigt*, Lehrbuch der Kristallphysik, Leipzig und Berlin 1910, p. 192, als Folge jeder Einwirkung einer gerichteten Spannung eine permanente Deformation an.

Der Anfang des Nachgebens mikrokristallinischer Stoffe [Metalle, vergl. auch *G. Massol* und *A. Faucon*, Paris C. R. 153 (1911), p. 268, über Fettsäuren], die aus kleinen Kristallen in einer amorphen Masse eingebettet bestehen, geschieht nach *O. Faust* und *G. Tammann* l. c., der verschiedenen Festigkeit jener Modifikationen entsprechend, entweder dadurch, dass die Kristalle längs ihren Gleitflächen in andere Gleichgewichtslagen gleiten, oder dadurch, dass die amorphe Masse nach-

Anwachsen der Viskosität[788]) und Rigidität geht eine kontinuirliche Änderung sämtlicher thermodynamischen Grössen zusammen, es lässt sich demzufolge der glasige Zustand als eine kontinuirliche Fortsetzung des Liquidkammes (vergl. Nr. **63**) auf der Energiefläche darstellen[789]). Dieser Kamm bleibt durch eine Falte mit dem entsprechenden zugehörigen Dampfgebiet zusammenhangen[790]). Die Liq.-Gaskonnodale setzt sich dabei

---

gibt. Vergl. auch *G. Tammann*, Gött. Nachr. 1911, p. 181. *E. Rasch*, Berlin Sitz.-Ber. 1908, p. 210, will das Fliessen der festen Körper (Metalle) durch die Annahme erklären, dass im Material eine zähflüssige Phase mit einer festen in Berührung steht, welche jede in die andere übergehen kann (vergl. Fussn. 783). Siehe über das Fliessen fester Körper noch *Spring*, Rapports etc. Paris 1900, t. 1, p. 402, *A. von Obermayer*, Wien Sitz.-Ber. [2*a*] 113 (1904), p. 511, *R. Threlfall*, J. chem. soc. 93 (1908), p. 1333, *E. N. da C. Andrade*, Physik. ZS. 11 (1910), p. 709. Bei den eigentlichen Gläsern ist aber das Fliessen nicht konstatirt.

788) Die Fluidität (das Reziproke der Viskosität) wird auch aufgefasst als bedingt durch die *Relaxation* von rigiden Deformationen: *Poisson*, J. école polytechn. t. 13, 20ième cah. (1829), p. 1, *G. G. Stokes*, Cambr. Phil. Trans. 8 (1849), p. 312, *J. C. Maxwell*, Phil. Mag. (4) 35 (1868), p. 133. Ob die Versuche über die Doppelbrechung des Lichtes in bewegten Flüssigkeiten [*J. C. Maxwell*, Proc. Roy. Soc. 22 (1873), p. 46; *A. Kundt*, Ann. Phys. Chem. 13 (1881), p. 110; *G. de Metz*, Ann. Phys. Chem. 35 (1888), p. 497, Paris C. R. 134 (1902), p. 1353, 136 (1903), p. 604, La double réfraction accidentelle dans les liquides, Paris 1906] sowie in deformirten halbflüssigen (plastischen) Körpern (*Mach*, optisch-akustische Versuche, Prag 1873, p. 25), oder die Torsionsversuche von *Th. Schwedoff*, J. de phys. (2) 8 (1889), p. 341, Rapports congrès intern. de phys. Paris 1900 t. 1, p. 478 [siehe auch J. de phys. (3) 1 (1892), p. 49 über die *Kundt*'schen Versuche mit Kollodium; und die Versuche von *L. Lauer* und *G. Tammann*, ZS. physik. Chem. 63 (1908), p. 141, und von *O. Faust* und *G. Tammann*, ZS. physik. Chem. 71 (1910), p. 51, über Verschiebungselastizität bei Flüssigkeiten] das Auftreten und in einer messbaren Zeit Relaxiren rigider Deformationen in Flüssigkeiten [die Theorie der Bewegung dieser *plastiko-visköser* Körper wurde besonders ausgearbeitet von *L. Natanson*, Cracovie Bull. de l'Acad. des Sc. 1901, p. 97, 161; 1902, p. 19, 488, 494; 1904, p. 1, *Natanson—Zaremba* ibid. 1903/04 passim, *C. Zakrzewski* ibid. 1902, p. 235, 1904, p. 50] anzeigen, und demnach den Übergang von sehr grossen Relaxationszeiten der festen Körper zu den sehr kleinen der Flüssigkeiten aufweisen, oder ob jene der Relaxation zugeschriebenen Erscheinungen der optisch nicht-homogenen Struktur der Versuchskörper (Kolloide): *C. Zakrzewski* und *C. Kraft*, Cracovie Bull. de l'Acad. des Sc. (1905), p. 506, zuzuschreiben sind, bleibe noch dahingestellt.

789) Ob bei denselben p und T mehrere glasig-amorphe Zustände den Bedingungen des Gleichgewichts entsprechen können, ist nicht sichergestellt (vergl. *Bakhuis Roozeboom* [a] p. 181 und *Ostwald* [c] p. 456). Für die Limitdichte ohne Druck bei $T = 0$ vergl. Nr. **39*b***.

790) Es ist keine Erscheinung bekannt, wodurch der Konnodale Gas-Glasigamorph und mit dieser der betreffenden Falte nach niedrigen Temperaturen hin an der Gasseite eine Grenze gestellt wird (vergl. Fussn. 801). Der dem glasig-amorphen Zustand entsprechende Zweig dagegen wird, wie die ganze Energiefläche an dieser

kontinuirlich bis zu unmerkbaren Dampfdichten fort (vergl. Nr. **71***b*). Umgekehrt sind viele keine merkbare Dampfspannung zeigende amorphe feste Stoffe bei steigender Temperatur kontinuirlich in Flüssigkeit überzuführen, dieselben sind als in einem glasigen Zustand sich befindend aufzufassen.

71. **Der kristallinische Zustand.** *a*) In anderen Fällen [791]) tritt aber bei Erniedrigung der Temperatur [792]) plötzlich [793]) Übergang in den kristallinischen Zustand ein, die *Solidifikation*, während umgekehrt das Schmelzen der einmal gebildeten Kristalle bei derselben Temperatur stattfindet. Wie *James Thomson* [794]) zeigte, muss dies strenger so ausgesprochen werden, dass für jede Temperatur ein bestimmter Schmelzdruck für die gesättigte Koexistenz von Kristall und Flüssigkeit besteht [795]).

Die Zustände der Flüssigkeit, welche dem jeweiligen Schmelzdruck

---

Seite (vergl. Nr. **73***e*), nach den *Nernst-Planck*'schen Anschauungen (Nr. **74***e*) bei einem endlichen Wert von *s* zu Ende kommen. Ob man die Isothermen durch die Falte hindurch, ohne dass dieselben durch nicht als möglich denkbare Zustandsgebiete abgebrochen werden, verfolgen kann, bleibt dahingestellt (vergl. Nr. **23** und Fussn. 811).

791) Ob alle Stoffe entweder in den glasigen oder in den kristallinischen Zustand übergehen, ist durch die Eigenschaften des flüssigen Heliums, insbesondere durch das Auftreten eines Maximums der Dichte (vergl. Nr. **21***b*), wieder in Frage gestellt. Vergl. weiter Fussn. 814.

792) Die Temperatur, bei welcher dies geschieht, ist bei vielen Stoffen ungefähr $^2/_5$ (etwa 0,3—0,5) der kritischen Temperatur Liquid-Gas. Bei Stoffen mit tiefer kritischer Temperatur dürfte jener Bruchteil durchschnittlich etwas grösser sein als bei solchen mit höherer kritischer Temperatur.

793) *G. Quincke*, Proc. Roy. Soc. A 78 (1906), p. 60 [vergl. auch das Autoreferat Fortschr. d. Phys. 62, 1 (1906), p. **195**], und verschiedene Artikel in Ann. d. Phys., nimmt für einen bestimmten Temperaturbereich beim Übergang vom kristallinisch festen in den flüssigen Zustand das Vorhandensein von ölartigen sichtbaren oder unsichtbaren Schaumwänden an.

794) *J. Thomson*, Edinb. Phil. Trans. 16 part 5 (1849), p. 575; experimentell am ersten an Wasser konstatirt von *Kelvin*, Phil. Mag. (3) 37 (1850), p. 123.

795) Kristallographisch verschiedene Kristallflächen an demselben Kristall (und auch Kanten und Ecken) haben bei derselben Temperatur einen verschiedenen Schmelzdruck: *R. Schenck*, Centralblatt f. Min., Geol. und Pal. 1900, p. 313; *P. Pawlow*, ZS. f. Krist. 40 (1904/1905), p. 189, 555, 42 (1906), p. 120. [Die von *Pawlow* entwickelte thermodynamische Kristalltheorie wird wohl unberechtigt von *F. Pockels*, Centralblatt f. Min., Geol. und Pal. 1907, p. 737, vergl. *Keesom*, Beibl. 30 (1906), p. 1179, bestritten]. Auch der Dampfdruck ist für verschiedenartige Kristallflächen desselben Kristalls nicht derselbe, vergl. *P. Pawlow*, ZS.

und der jeweiligen Schmelztemperatur entsprechen, reihen sich auf dem uns schon bekannten Teil der Energiefläche (Nr. **63**) zu einer Linie aneinander, welche wir als Teil einer Grenzlinie aufzufassen haben. Ist für *eine* Temperatur auch noch die *Schmelzwärme*, und die Dichte des Kristalls durch v_{sol}, für weitere Temperaturen die Dichte und die spezifische Wärme beide im Sättigungszustand (vergl. Enc. V 3, Art. *Bryan*, Nr. **24**) gegeben, so lassen sich die darauffolgenden Sättigungszustände des Kristalls in dem *u, s, v*-Diagramm als eine Linie, Teil des Solidzweiges der Grenzlinie S L, *der Schmelzlinie*, darstellen [796]). Die Isophasen bilden zusammen einen Teil des S L-Blattes der derivirten (Nr. **11***b*) Fläche, welche die Grenzlinien und in dem Liquidzweig der S L-Grenzlinie zugleich den Flüssigkeitskamm berührt. Es lassen sich aber noch andere homogen-aequilibrirte Zustände des Kristalles angeben als der S-Zweig der S L-Grenzlinie. Auf Grund der Kompressibilität des Kristalles ergänzt dieser S-Zweig sich zunächst nach den kleinen Werten von *v* mit einem bald steil abfallenden Flächenstreifen, auf dem die derivirte Fläche wie auf einer Kante (vergl. Fussn. 105) berührend aufliegt. Dann können wir nach der Seite der grösseren Werte von *v* Zustände der Kristalle realisiren oder wenigstens realisirt denken [797]),

---

f. Krist. 40 (1904), p. 205. Vergl. Fussn. 934. Es entspricht also jeder Kristallform ein Kamm der *u, s, v*-Fläche.

Es setzt dies voraus, dass Gleichgewicht *unendlich* ausgedehnter Flächen mit Dampf oder Flüssigkeit möglich ist. Wegen des Auftretens von Kanten und Ecken wird das Gleichgewicht eine Krümmung der Flächen bedingen (vergl. *J. W. Gibbs* [c] p. 494). Auch könnte die Frage aufgeworfen werden, ob nicht für jede Kristallform eine *Limitgrösse* bei Gleichgewicht mit Flüssigkeit (und eine andere Limitgrösse bei Gleichgewicht mit Dampf) existire. Es ist jedenfalls auffallend, dass nicht Kristalle in jeder Grösse vorkommen. Vergl. dazu *J. W. Retgers*, ZS. physik. Chem. 9 (1892), p. 278, *G. Wulff*, ZS. f. Krist. 34 (1901), p. 462. Käme einem Kristall gleichgewichtsmässig eine gewisse Grösse zu, so wären die vorigen Betrachtungen hinfällig.

796) Die von *G. Tammann* [a] p. 55 aufgestellte Regel, dass bei gleichen *p* und *T* die glasig-amorphen Silikate durchweg reaktionsfähiger sind als die kristallinischen, besagt also, dass bei gleichen *p* und *T* die Berührungsebene am S-Kamm (vergl. weiter im Text) durchweg höher (in der Richtung von $-U$) liegt als die an der glasig-amorphen Fortsetzung des L-Kammes.

797) Wenn nach *G. Tammann* [a] p. 93 Kristalle sich überhaupt nicht überhitzen lassen sollten, eine metastabile Fortsetzung des S-Kammes unter dem fundamentalen Dreieck SLG (vergl. *b*) also nicht zu realisiren sein sollte, so würde dieser Teil der Energiefläche wenigstens nicht die einfache Form bezw. Bedeutung haben können wie der entsprechende Teil des Liquidkammes. *Bakhuis Roozeboom* [a] p. 64, ist dagegen andrer Meinung. Vergl. auch die Beobachtungen von *F. M. Jaeger*,

welchen auch der obere nach der Flüssigkeitsseite abfallende Streifen des Kammes entspricht, sodass die S L-Grenzlinie als eine Konnodale auf der mit einem alleinstehenden Kamme ergänzten Energiefläche aufzufassen ist. Es lassen sich dieselben Betrachtungen über das Rollen der Berührungsebene über diese S L-Konnodale [deren einer Zweig auf dem L-, deren anderer auf dem S-Kamm[798]) liegt] anstellen wie bei der Konnodale der L G-Falte.

b) Können die drei Phasen wie bei CO_2 zugleich bestehen, so gibt es einen Druck und eine Temperatur, den *Tripelpunkt* (vergl. Enc. V 3, Art. *Bryan*, Nr. **25**), dem auf der Energiefläche ein dreiphasisches Dreieck entspricht[799]). Im Falle, dass nur ein S_1-Zustand bekannt ist, ist dies das *fundamentale Dreieck*[800]), dem sich die S_1 L- und L G-Blätter berührend anschliessen. In diesem Falle ist auch noch ein S_1 G-Blatt der derivirten Fläche zu realisiren, indem man von der S_1 G-Seite des dreiphasischen Dreiecks aus über die S_1- und G-Kämme die Berührungsebene weiter rollt. Es setzt sich auch dieses Blatt (vergl.

Amsterdam Akad. Versl. Okt. 1906, p. 345. *A. L. Day* und *E. T. Allen*, ZS. physik. Chem. 54 (1906), p. 1, schliessen aus ihren Bestimmungen der Schmelzpunkte der Feldspate, dass Kristalle von Albit und Orthoklas sich überhitzen lassen. Die von ihnen oberhalb der Schmelztemperatur realisirten Zustände stellen aber keine mit der Zeit unveränderlichen (Nr. 1*a*) Phasen dar [vergl. *G. Tammann*, ZS. physik. Chem. 68 (1909), p. 257]. Vergl. weiter *W. Ostwald* [a] p. 994, *A. Berthoud*, J. chim. phys. 8 (1910), p. 337.

Dass der S-Kamm einen metastabilen Teil an der Seite der grösseren Werte von *v* hat, geht wohl am besten aus der Möglichkeit einer allseitigen Tension hervor; sonst würde z. B. das Haften des Quecksilbers[160]) bei Anwesenheit eines sogar kleinen Teiles einer kristallinischen Substanz unmöglich sein (Gleiches gilt für den glasig-amorphen Zustand).

In der Schlussfolgerung von *P. Pawlow*, ZS. physik. Chem. 65 (1908), p. 30, die grösseren Kristallfragmente seien in einem gewissen Temperaturbereich überhitzt gegen die kleineren, wird das Wort „überhitzt" in andrem Sinne als hier verwendet: die von ihm realisirten Phasen stellen durch *v* und *T* charakterisirte Zustände dar, die in genügend grossen Dimensionen, sodass die Form und Grösse der Oberfläche nicht in Betracht kommen (vergl. Nr. 1*a*), stabil sind.

798) Nach *G. Tammann* [a] p. 70, ist die Kompressibilität des Kristalls immer kleiner als die seiner Schmelze; dieses sagt aus, dass der S-Kamm schärfer ist als der L-Kamm.

799) Manchmal wird der Druck des Tripelpunktes einfach Schmelzdruck, sogar der Tripelpunkt einfach Schmelzpunkt genannt (vergl. *F. Kohlrausch*, Lehrbuch der praktischen Physik, 11te Aufl., Leipzig und Berlin 1910, p. 173). Es ist dies, wenn man Verwirrung vermeiden will, nicht zu empfehlen.

800) Vergl. *J. W. Gibbs* [b] p. 394.

Nr. **70***b*) bis nach unmerkbaren Dichten fort [801]). Fig. 65 zeigt die beiden Kämme von grossen Werten von V aus gesehen. Die verschiedene Krümmung derselben entspricht dem Unterschied der spezifischen Wärmen (vergl. Nr. **58***c*); b liegt auf dem S_1-, c auf dem G-Teil. Von bc aus rollt die Berührungsebene nach den — S das S_1G-Blatt ab. In dieser Weise wird die *Sublimationslinie* (*Rauhfrostlinie*) beschrieben. Stellt man die Änderung von p mit T entlang der LG-, LS_1-, S_1G-Konnodalen im p, T-Diagramm [802]) vor (Projektion der Kanten der $\mathfrak{F}_{pT}$-Fläche auf die p, T-Ebene), so kommt man auf Fig. 5, Enc. V 3, Art. *Bryan*, Nr. **25**.

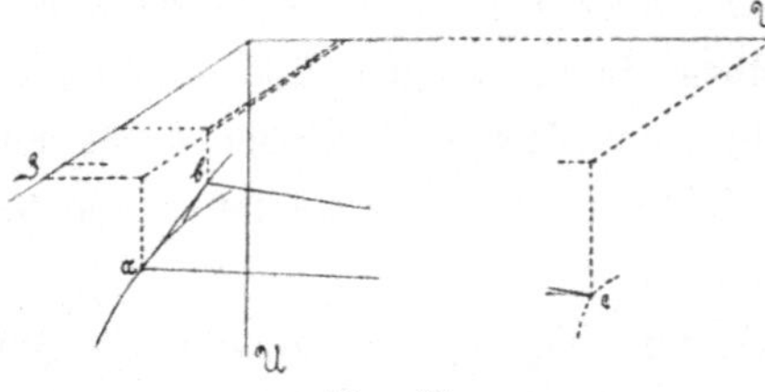

Fig. 65.

72. Mehrere Kristallzustände. *a*) *Tammann* [a] p. 100 hat gezeigt, dass viele Stoffe, von denen bis jetzt nur eine kristallinische Aggregatsform bekannt war, durch höheren Druck in andere kristallinische Aggregatsformen übergehen. Besonders nach diesen Versuchen darf man annehmen, dass die Fähigkeit in verschiedenen Kristallformen aufzutreten, *Polymorfie*, eine allen [803]) Stoffen gemeinsame Eigenschaft [804]) ist. Fig. 66 Tafel V zeigt

801) *F. Krafft* und *L. Bergfeld*, Ber. d. D. chem. Ges. 38 (1905), p. 254, fanden Cd bei 156,5° C, K bei 90° C noch verdampfend. Nach *C. Zenghelis*, ZS. physik. Chem. 50 (1905), p. 219, wäre die Existenz des Dampfdrucks z. B. von schwerschmelzbaren Metalloxyden, wie CuO u. s. w., bei gewöhnlicher Temperatur noch nachzuweisen. Wiewohl aus Extrapolation der Gl. (**143**) (vergl. Fussn. **953**) wohl geschlossen werden dürfte, dass bei niedrigen $\mathfrak{t}$ der Dampfdruck sehr rasch abnimmt [*K. Scheel*, Physik. ZS. 6 (1905), p. 867, vergl. auch *Keesom*, Leiden Comm. Nr. 94*f* (1906), p. 60, *W. Nernst*, Verh. d. D. physik. Ges. 20 (1910), p. 569], so scheinen diese Versuche das Bestehen einer von $\mathfrak{t} = 0$ verschiedenen schroffen *Verdampfungsgrenze* (Nr. **83***h*) wohl wenig wahrscheinlich zu machen (vergl. Fussn. 790). Auch der Umstand, dass bei tiefer Temperatur das Aussterben der molekularen Schwingungen im festen (eventuell amorphen) Zustand (Nr. **74***c*) in die Koexistenzbedingungen hineinspielt, scheint das Auftreten einer solchen Verdampfungsgrenze nicht herbeizuführen.

802) Über die Bedeutung der durch den Tripelpunkt hindurch verlängerten *virtuellen* p, T-Kurven sehe man *H. W. Bakhuis Roozeboom* [a] p. 96.

803) Ausnahmen könnten durch besonders einfachen Bau bedingt sein (vergl. übrigens Helium Nr. **21***b*).

804) Nach *O. Lehmann*, Molekularphysik I, Leipzig 1888 (zitirt nach Beibl. 13, p. 251), unterscheidet man *Enantiotropie* und *Monotropie*. Im ersten Fall existirt ein absolut stabiler Tripelpunkt $S_1\,S_2\,G$, die den beiden Kristallformen entsprechenden Blätter der $\mathfrak{F}_{pT}$, p, T-Fläche hangen dann durch eine stabile Umwandlungslinie

TAFEL V.

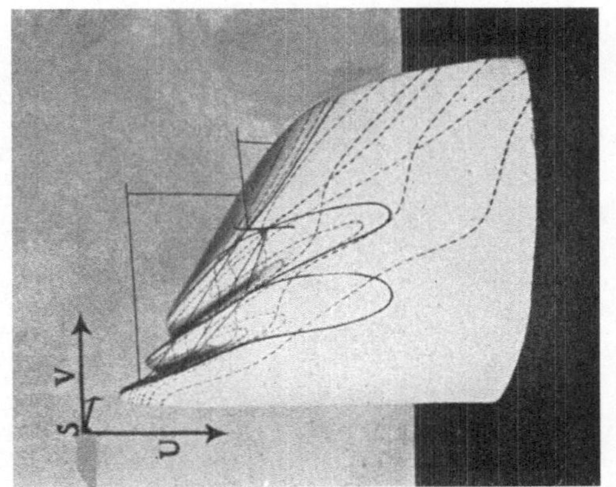

Fig. 67.

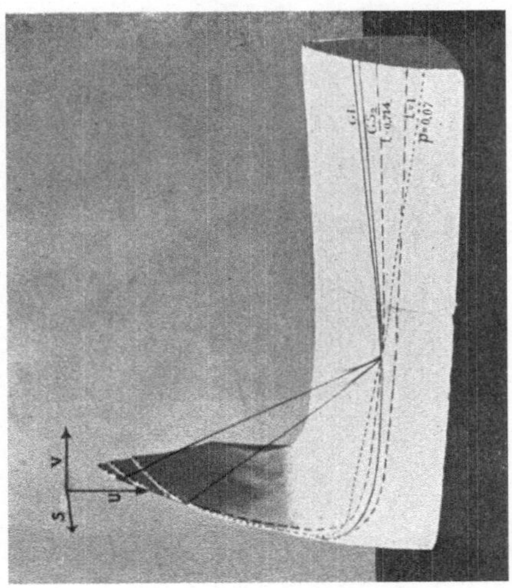

Fig. 66.

den experimentell durchforschten Teil der *Gibbs*'schen Energiefläche für den Fall von CO_2 [805]), von dem zwei kristallinische Formen bekannt sind. Es existirt also ausser S_1 noch ein zweiter S_2-Kamm. Fig. 67 Tafel V gibt die drei Kämme in besonders nach V stark vergrössertem Maassstab, Fig. 68 dieselben in Projektion auf die S, V-Ebene (für die kontinuirliche Verbindung der S- und L-Kämme vergl. Nr. **73***a*, für das Enden der S_1-, S_2- und L-Kämme nach der Seite der abnehmenden S Fussn. 790 und Nr. **73***e*). Von den vier dreiphasischen Dreiecken, welche bei zwei festen Aggregatsformen des Stoffes möglich sind (vergl. Enc. V 3, Art. *Bryan*, Nr. **25**), sind bei CO_2 zwei *absolut stabil* [805]). Von diesen zeigt Fig. 66 $G\,L\,S_2$, Fig. 67 und 68 $S_1\,S_2\,L$ und einen Teil von $LS_2\,G$. Das Dreieck $G\,S_1\,L$, sowie $S_1\,S_2\,G$ ist relativ stabil nach Fussn. 108.

(siehe weiter im Text) derart zusammen, dass bei gegebenem Druck oberhalb der Umwandlungstemperatur die eine, unterhalb derselben die andre Form absolut stabil ist. Bei Monotropie existirt kein absolut stabiler Tripelpunkt $S_1\,S_2\,G$, dementsprechend ist auch die Umwandlungskurve $S_1\,S_2$, wenn überhaupt existirend, wenigstens für ein bestimmtes Druckgebiet, nur relativ stabil. Vergl. Fig. 71 (Enantiotropie) und Fig. 70 (Monotropie, für Drucke unterhalb dessen von O_4 ist stets S_1 nur relativ stabil; besteht kein stabiler Tripelpunkt von S_1 mit S_2, vergl. Fig. 43 von *Bakhuis Roozeboom* [a], so ist S_2 über das ganze Gebiet relativ stabil). Für ausführlichere Besprechung dieses Gegenstandes verweisen wir auf *H. W. Bakhuis Roozeboom* [a] p. 109 u. f.

Ein bestimmtes Maass der relativen Stabilität von zwei verschiedenen Aggregatsformen gegen einander ist schwer zu geben. Beiderseits der Umwandlungstemperatur vergrössert sich nämlich wohl stets die treibende Kraft jeder Umwandlung, für diese könnte der Unterschied in $\mathfrak{F}_{pT}$ als ein Maass angesehen werden, vergl. *G. Tammann*, Gött. Nachr. **1911**, p. 325; bei Temperaturerniedrigung nehmen aber auch alle hemmenden Wirkungen stark zu, und deren Grösse wechselt mit den Umständen (*H. W. Bakhuis Roozeboom* [a] p. 123). Dies ist so zu sagen eine Erweiterung der Auffassung über das Maximum der Kristallisationsgeschwindigkeit. (Siehe *Bakhuis Roozeboom* [a] p. 79). Nach *Tammann* [a] p. 156 wäre die Anzahl der *Kristallisationskerne*, die bei sinkender Temperatur unterhalb der Schmelztemperatur ebenfalls ein Maximum zeigt, ein umgekehrtes Maass der Stabilität. [Dieses Maximum ergibt sich wohl infolge des Umstandes, dass bei sinkender Temperatur die grössere Wahrscheinlichkeit (vergl. die Wahrscheinlichkeit von örtlichen Verdichtungen Nr. **48***f*), dass Moleküle, die unter für die Bildung von Kristallisationszentren geeigneten Bedingungen zusammentreffen, zur stabilen Existenz dieser Zentren Anlass geben, mehr und mehr aufgehoben wird durch die abnehmende Wahrscheinlichkeit eines derartigen Zusammentreffens infolge der geringeren Beweglichkeit].

805) *H. Kamerlingh Onnes* und *H. Happel*, Leiden Comm. Nr. 86 (1903). Das Existiren von zwei kristallinischen Modifikationen wurde den Beobachtungen von *G. Tammann*, Ann. Phys. Chem. 68 (1899), p. 553, [a] p. 296, entnommen. Die Polymorfie des CO_2 wird jetzt von *G. Tammann*, Gött. Nachr. 1911, p. 357, angezweifelt (vergl. Fussn. 807).

Die U, S, V-Fläche und auch schon das S, V-Diagramm ist besonders geeignet, den Unterschied und die Beziehungen zwischen den verschiedenen Modifikationen zum Ausdruck zu bringen. Die experimentellen Bedingungen nach p und T, nach welchen sich die Zustände und Gleichgewichte realisiren lassen, treten besser hervor in der p, T-Projektion der $\mathfrak{F}_{pT}$-Fläche. Fig. 69 zeigt nach den früheren Beobachtungen *Tammann*'s [805]) den der abgeleiteten (Nr. **11***b*) U, S, V-Fläche entsprechenden Teil dieser Projektion für CO_2. Man nennt die Konnodalen bei zwei festen Aggregatzuständen *Umwandlungslinien*;

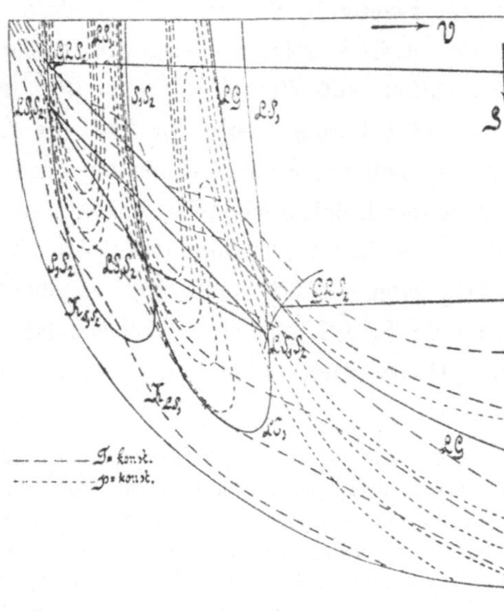

Fig. 68.

diese begrenzen also mit der Schmelz- und der Sublimationslinie (Nr. **71***a* und *b*) die Gebiete der verschiedenen festen Zustände. Fig. 70 (schematisch) gibt auch die letztgenannten Linien in p, T-Projektion (vergl. Fig. 42 von *Bakhuis Roozeboom* [a]). Dieselben schneiden sich (Nr. **14***c*) in den Tripelpunkten (vergl. Enc. V 3, Art. *Bryan*, Nr. **25**). Die Ebene der Diagramme wird in verschiedene Zustandsgebiete geteilt; die Namen derselben sind in der Figur durch Buchstaben angedeutet. Man kann die Umwandlungslinie fortsetzen, entsprechend dem Weiterrollen der Berührungsebene auf der u, s, v-Fläche an der Lage des dreiphasischen Dreiecks vorbei in metastabile Lagen hinein. Die Berührungsebene der u, s, v-Fläche rollt dann auf einem Teil eines Kammes, der sich unter der abgeleiteten

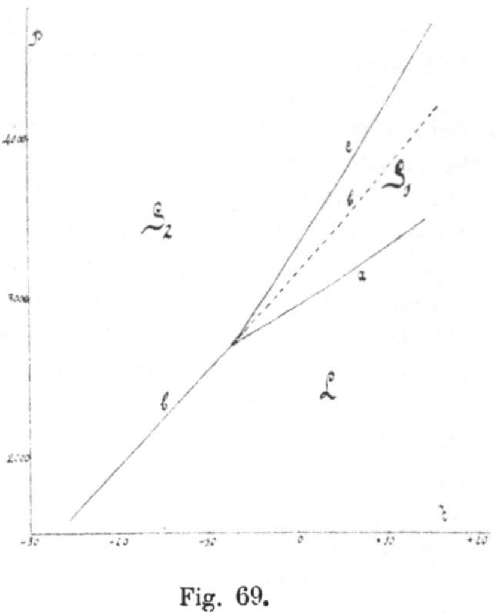

Fig. 69.

Fläche senkt. Diese Verlängerung der Schnittlinie zweier Blätter der $\mathfrak{F}_{pT}$-Fläche in die Teile hinein, welche dem nicht zur abgeleiteten Fläche gehörenden Teil der Primitivfläche entsprechen (vergl. Fussn. 108), ist in unseren Figuren gestrichelt (vergl. Fussn. 802). Die Zustandsgebiete setzen sich bis zu diesen Linien metastabil fort [806]).

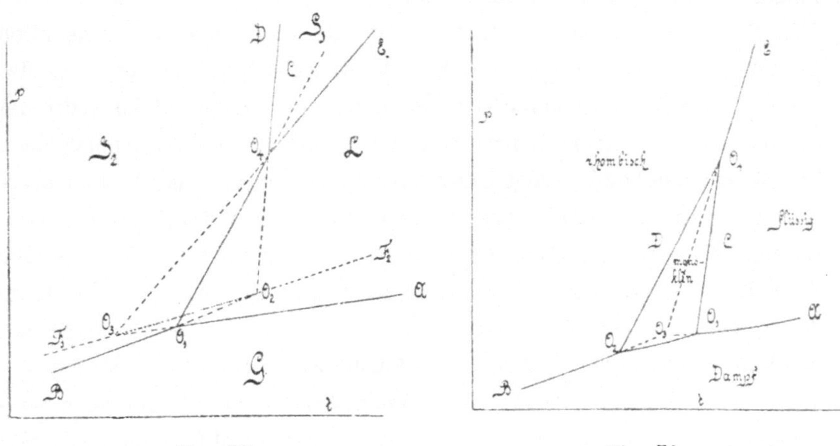

Fig. 70. Fig. 71.

Ähnliche p, T-Diagramme, wie Fig. 69 für CO_2 gibt, kann man für andere Fälle entwerfen. Im Allgemeinen wird die Diagrammebene von Systemen von Umwandlungslinien durchschnitten, welche sich in Tripelpunkten schneiden und die Ebene der Diagramme in Zustandsgebiete teilen. Bei einigen Stoffen werden dieselben sehr komplizirt; dies weiter zu verfolgen, würde uns zu weit in das Gebiet des Studiums der individuellen Eigenschaften verschiedener Stoffe führen [807]). Wir geben noch die *Bakhuis Roozeboom* [a] entlehnte Fig. 71, welche sich auf

---

806) Wir haben hier im ebenen p, T-Diagramm also eine Übereinanderlagerung (vergl. Fussn. 72) von stabilen und metastabilen Blättern.

807) Eine Übersicht davon gibt *Bakhuis Roozeboom* [a].

G. Tammann, Gött. Nachr 1911, p. 325, teilt die verschiedenen Kristallformen eines Stoffes in Gruppen ein, derart, dass die $\mathfrak{F}_{pT}$-Fläche der verschiedenen Individuen einer Gruppe über ihr ganzes Existenzgebiet sich nicht schneiden; dieselben zeigen also keine Umwandlungskurven. Die $\mathfrak{F}_{pT}$-Flächen von Individuen verschiedener Gruppen können einander schneiden, und diese also Umwandlungslinien mit einander bilden. Weiter findet *Tammann*, vergl. auch ZS. f. Elektrochem. 16 (1910), p. 717, die Existenz verschiedener Gruppen mit dem Auftreten von Assoziation in dem Flüssigkeitszustand verknüpft und folgert daraus, dass die Elemente der Raumgitter verschiedener Individuen derselben Gruppe aus denselben, diejenigen verschiedener

Schwefel bezieht [808]). Auf Grund der Richtung der Umwandlungslinien in dieser Figur sagte *Bakhuis Roozeboom* den Tripelpunkt O_4 vorher, der dann von *Tammann* gefunden wurde.

b) Ausser den in *a* behandelten Umwandlungen unter Bedingungen, bei denen beide Phasen koexistiren können, sind auch Umwandlungen unter andren Bedingungen, von weniger zu mehr stabilen (Nr. 2) Zuständen zu betrachten. Die Umwandlungen bei konstanten p und T werden im p, T-Diagramm bei gleich bleibender Lage des vorstellenden Punktes durch das Übergehen von einem auf das andre der einander überlagernden Blätter (Fussn. 72, vergl. Fussn. 806) angegeben. Im Allgemeinen tritt bei einer Umwandlung eine Änderung des Volumens Δv und der Entropie Δs auf. Diese Änderungen sind Funktionen der Temperatur und des Druckes. Nach *Tammann* gibt es nun in der p, T-Projektion zwei Linien, auf welchen Δv, bezw. Δs gleich Null ist. Er nennt diese Kurven *neutrale Kurven* (zur Unterscheidung von den Nr. 89c erwähnten kann man nötigenfalls hinzufügen: *für die Umwandlung kristallinisch-amorph*, bzw. *kristallinisch-kristallinisch*) und eine Umwandlung, bei welcher eine dieser Bedingungen erfüllt ist, eine *neutrale Umwandlung* [809]). Die neutrale Kurve $\Delta v = 0$ schneidet nach *Tammann*

Gruppen aus verschiedenen Molekülarten bestehen. Enantiotropie [804]) wäre demnach nur bei im Flüssigkeitszustand assoziirten Stoffen möglich. Andrerseits wird bei nicht assoziirten Stoffen nur die Möglichkeit von Monotropie [804]) angenommen.

808) Die Figur bezieht sich nur auf die *Mitscherlich*'schen α- und β-Schwefel-Modifikationen. Wenn, wie *R. Brauns*, Neues Jahrbuch f. Min. u.s.w., Beilage-Band 13 (1899—1901), p. 39, vergl. *H. W. Bakhuis Roozeboom* [a] p. 181, annimmt, acht verschiedene kristallisirte Formen existiren, so wird die vollständige Figur für Schwefel besonders komplizirt sein (vergl. auch Fussn. 789). Dazu kommt noch, dass im fluiden Zustande *dynamische Isomerie* (*chemische Metamerie* nach *K. Schaum*, Habilitationsschr. Marburg 1897) von S_λ und S_μ [*A. Smith* und *W. B. Holmes*, ZS. physik. Chem. 54 (1905), p. 257] mit bei nicht zu hohen Temperaturen geringer Reaktionsgeschwindigkeit auftritt. Wir verweisen hierfür auf *H. R. Kruyt*, Diss. Utrecht 1908, ZS. physik. Chem. 64 (1908), p. 513, wohin auch für die frühere Litteratur dieses Gegenstandes verwiesen sei, 65 (1909), p. 486, 67 (1909), p. 321, *A. Wigand*, ZS. physik. Chem. 63 (1908), p. 273, 65 (1909), p. 442, 72 (1910), p. 752, 75 (1910), p. 235, Ann. d. Phys. (4) 29 (1909), p. 1—64, *L. Rotinjanz*, ZS. physik. Chem. 62 (1908), p. 609, *G. Quincke*, Ann. d. Phys. (4) 26 (1908), p. 625, *A. Smits*, Amsterdam Akad. Versl. Sept. 1911, p. 231, *A. Smits* und *H. L. de Leeuw*, ibid. p. 400.

809) Wenn man einen amorphen Stoff erwärmt, so kann eine *Entglasung* eintreten (*Tammann* [a] p. 49 u. f.). Dieses Kristallisiren tritt nach ihm ein bei einer Temperatur, bei der die Dichten des amorphen und des kristallisirten Stoffes einander gleich sind, und ist dann eine neutrale Umwandlung. Der Übergang des durchsichtigen, wohl mikrokristallinischen, also pseudoglasigen Sauerstoffs in den un-

(vergl. Nr. **73***b*) die Schmelzkurve in den Punkten der höchsten (ein solcher Punkt wurde von *Tammann* in der Schmelzkurve von Glaubersalz konstatirt, vergl aber Fussn. 822) und eventuell der niedrigsten Temperatur. Die neutrale Kurve $\Delta s = 0$ ebenso in den Punkten des grössten und niedrigsten Druckes (*Tammann* [a] p. 26 u. f., p. 32; siehe über die Form der Schmelzlinie Nr. **73**).

73. **Die Ergänzung der experimentellen Fundamentalfläche durch Extrapolation. Die Frage der Kontinuität des kristallinischen und des fluiden, bzw. glasigen Aggregatzustandes.** *a*) Bis jetzt sind nur bestimmte Teile der SG-, bezw. SL-Konnodalen des Solidkammes, sowie ein kleiner Teil der beiden Abhänge desselben experimentell erforscht worden. Aus der Übereinstimmung, die im grossen und ganzen besteht zwischen Ausdehnung, Zusammendrückbarkeit, spezifischer Wärme, u. s. w. des festen und des flüssigen Zustandes, folgt, dass der feste Kamm etwa dieselbe Form haben muss wie der Flüssigkeitskamm. Es liegt dann auf der Hand, anzunehmen, dass die Fortsetzung der Isothermen nach den grösseren *v*'s auf dem festen Kamm in derselben Weise gebildet ist wie auf dem Liquidkamm, und dass der experimentell festgelegte Isothermenteil auf dem Solidkamm mit dem Liquid-Gasteil derselben Isotherme durch einen kontinuirlichen, metastabile und eventuell [alsdann von einer Spinodale [810]) begrenzten] labile Zwischenzustände [811]) dar-

---

durchsichtigen kristallinischen scheint von einer Volumänderung begleitet zu sein, vergl. *H. Kamerlingh Onnes* und *Alb. Perrier*, Leiden Comm. Nr. 122*a* (1911), p. 9 Fussn. 1.

810) Dass die hier angeführte Vorstellung über den Bau der Solid- und Liquid (amorph)-Kämme und deren kontinuirliche Verbindung nicht mit dem Verhältnis zwischen dem Temperaturbereich der möglichen Unterkühlung (vergl. Fussn. 804) der Flüssigkeit (amorph) und dem von *C. Barus*, Amer. J. of Sc. (3) 42 (1891), p. 125, beobachteten Druckbereich des Kristallisationsverzuges bei isothermer Zusammendrückung verträglich sein sollte, wurde von *Bakhuis Roozeboom* [a] p. 77 nicht mit Recht geschlossen. Der diesem Teile der Spinodale auf der Energiefläche entsprechende Teil der Stabilitätslinie im p, T-Diagramm wird von höheren nach niedrigeren Drucken gehend sich von der Schmelzkurve abneigen, könnte sogar bei tieferer Temperatur ein Druckminimum zeigen, um bei noch tieferer Temperatur nach unendlich hohen oder jedenfalls die experimentell realisirbaren überschreitenden Drucken zu verlaufen, entsprechend der Aussage *Tammann*'s, Gött. Nachr. 1911, p. 240, „die Isotherme einer Flüssigkeit sei, wenn nur das spontane Kristallisationsvermögen der Flüssigkeit gering sei, bis zu beliebig hohen Drucken zu verfolgen."

811) Es ist mit dem Kontinuitätsprinzip sogar noch sehr gut verträglich, dass bestimmte Zwischenzustände imaginäre Werte der Energie geben würden und also nicht realisirt gedacht werden können (vergl. Nr. **23**).

stellenden Kurvenzug verbunden werden kann [812]). Für das Entstehen eines festen Kammes ist dann nur eine geringfügige, einer Änderung in b_w entsprechende (vergl. Nr. **74***g*), am deutlichsten in der s, v-Projektion hervortretende Änderung im Gebiet der kleinen v's der *van der Waals*'schen Isothermen, die in Nr. **63** schon den Liquidkamm auftreten liessen, nötig [813]). Es bedingt diese Vorstellung eine Fortsetzung des Solidkammes nach der Seite der $+ s$, bis derselbe sich bei den höheren T's im allseitig konvexen Teil der Fläche auflöst. Es endet dann die Solid-Liquid-Falte in einen Faltenpunkt, der als kritischer Punkt Solid-Liquid aufzufassen ist [814]).

Wir werden so durch einfache Extrapolation der experimentellen Tatsachen auf die Möglichkeit eines kontinuirlichen Überganges zwischen kristallisirten und flüssigen (amorphen) Zuständen geführt, welche Möglichkeit von *Ostwald* [c] p. 389, 432, *Poynting* [815]), *Planck* [816]) und gestützt auf die angeführten Gründe von *Kamerlingh Onnes* und *Happel* [813]) angenommen wurde. Diese Möglichkeit wurde von *Tammann* [a] und auch von *Bakhuis Roozeboom* [a] p. 80 verneint. Nach denselben ist der kristallinische Zustand ein von dem fluiden im Grunde verschiedener. Es ist aber zu bemerken, dass es mit unseren molekularkinetischen Vorstellungen sehr gut vereinbar ist [817]), dass die Eigen-

---

812) Es ist dies das Analogon zum Ziehen der Verbindungskurve für Liquid-Gas durch *J. Thomson* (Nr. **16***c*), ist hiervon aber verschieden, insoweit *Thomson* vom Bestehen des kritischen Punktes Liquid-Gas ausgehen konnte, während hier aus der angenommenen Form der Isothermen zum kritischen Punkt Solid-Liquid bzw. Solid-Gas geschlossen wird.

813) Vergl. weiter *H. Kamerlingh Onnes* und *H. Happel*, Leiden Comm. Nr. 86 (1903).

814) Es könnte der Solidkamm sich in der Richtung von $+ s$ soweit fortsetzen, dass die Solid-Liquid-Falte entweder ganz unter der derivirten Fläche Solid-Gas bleibt, oder bei den höheren Werten von T wieder darunter verschwindet. In diesem Fall würde ein stabiler kritischer Punkt Solid-Gas auftreten, und würde man bei Verflüssigungsversuchen (wie entsprechend dieser Auffassung irrtümlich von *Kamerlingh Onnes* einen Augenblick beim Helium vermutet wurde, vergl. Fussn. 213) zuerst auf den festen Zustand geführt werden. Dass dieses nie beobachtet wurde, muss besondren Bedingungen der möglichen Änderungen von a_W und b_W bei kleinen Werten von v entsprechen.

815) *J. H. Poynting*. Phil. Mag. (5) 12 (1881), p. 32.

816) *M. Planck*. Ann. Phys. Chem. 15 (1882), p. 446. Vorl. über Thermodynamik, Leipzig 1897, p. 18, 152, [a] p. 20, 166. Vergl. weiter *P. P. von Weimarn*, Kolloid ZS. 6 (1910), p. 307, *P. Pawlow*, ZS. physik. Chem. 76 (1911), p. 450.

817) *O. Lehmann*, Ann. d. Phys (4) 20 (1906), p. 77 u. f., 22 (1907), p. 469 u. f. bestreitet die Kontinuität zwischen kristallisirt und flüssig auf Grund der Existenz

schaften des kristallisirten Zustandes lediglich durch die entsprechenden Werte von v und T bedingt werden, indem bei dichterer Annäherung der Moleküle dieselben durch die dann in den Vordergrund tretenden *Boltzmann*'schen Kräfte (vergl. Nr. **47***b*) den Prinzipien der statistischen Mechanik (Nr. **46**), eventuell auch dem *Planck-Einstein*'schen Gleichgewichtsgesetze der molekularen Schwingungen gemäss mehr oder weniger regelmässig gerichtet und geordnet, bezw. durch den kinetischen Druck (vergl. Nr. **43**) in bestimmten Richtungen zusammengedrückt werden. Bei zunehmendem T werden dann diese von dem *Boltzmann*'schen Verteilungsgesetz (Nr. **46***a*) beherrschten mittlere Vorzugsorientation und -Anordnung, bezw. -Zusammendrückung durch die zunehmende Bewegungsenergie verwischt, wobei es schliesslich sehr gut möglich ist, dass für die Eigenschaften der betreffenden Zustände die Unterschiede nach verschiedenen Richtungen gegen die Unterschiede nach v und T (bzw. s) allmählich ganz in den Hintergrund treten und vielleicht sogar schon verschwunden sind, bevor letztere Null werden [818] [819]).

---

der flüssigen (fliessenden) Kristalle bzw. der [vergl. *G. Friedel* und *F. Grandjean*, Paris C. R. 151 (1910), p. 988 und *O. Lehmann*, Heidelberg Sitz.-Ber. 1911, 22, auch *H. Pick*, ZS. physik. Chem. 77 (1911), p. 577] anistropen Flüssigkeiten. Er will den Flüssigkeitsmolekülen andere Eigenschaften zuschreiben wie den Molekülen des kristallisirten Zustandes. *F. M. Jaeger*, Amsterdam Akad. Versl., Okt. 1906, p. 345 u. f., Nov., p. 389 u. f., Febr. 1907, p. 721, adoptirt diese Annahme (p. 348), aber nimmt sie als sehr gut vereinigbar mit dem Kontinuitätsprinzipe an. Ob also die flüssigen Kristalle den direkten Beweis geliefert haben, dass ein kontinuirlicher Übergang zwischen kristallisirt und flüssig möglich sei, bleibe noch dahingestellt. Jedenfalls hat ihre Existenz gezeigt, dass anisotrope Körper in allen denkbaren Graden von Festigkeit auftreten können. Man wird sich vorstellen müssen, dass in anisotropen Flüssigkeiten das *Boltzmann*'sche Verteilungsgesetz die Bildung von Gruppen gerichteter Moleküle bedingt von solcher Grösse und in solcher Zahl, dass die Erscheinungen der Doppelbrechung wahrzunehmen sind, dass bei isotropen Flüssigkeiten hingegen die entsprechenden Gruppen zu klein oder in zu geringer Zahl sind. Es liegt ausserhalb des Rahmens dieses Artikels, auf diesen Gegenstand tiefer einzugehen; wir verweisen daher auf *O. Lehmann*, Flüssige Kristalle, Leipzig 1904, *D. Vorländer*, Chem. Ber. 41 (1908), p. 2033, *H. W. Bakhuis Roozeboom* [a] p. 142 u. f., *E. Bose*, Physik. ZS. 8 (1907), p. 513, 9 (1908), p. 708, 10 (1909), p. 32, 230, 12 (1911), p. 60, *R. Schenck*, Kristallinische Flüssigkeiten und flüssige Kristalle, Leipzig 1905, und die oben erwähnten Arbeiten von *Lehmann* und *Jaeger*. Nach *P. P. von Weimarn*, Kolloid ZS. 3 (1908), p. 168, wäre jede Substanz in den kristallinisch-flüssigen Zustand zu bringen.

818) In dieser Weise wäre z.B. das Übergehen eines Raumgitters in das andere, wie es der kontinuirliche Übergang $S_1 S_2$ erfordert, zu erklären.

819) Vergl. auch *M. Thiesen*, Verh. d. D. physik. Ges. 10 (1908), p. 414.

b) Die Fig. 67 und 68 (Nr. **72**) erläutern die Gestalt der ergänzten Energiefläche nach *Kamerlingh Onnes* und *Happel* [813]). Es sind K_{LS1} der kritische Punkt LS_1, $K_{S1\,S2}$ der kritische Punkt $S_1\,S_2$, für den ganz analoge Betrachtungen wie in *a* für den kontinuirlichen Übergang S L angestellt werden können.

Tammann [a] denkt sich die experimentelle Zustandsfläche fortgesetzt, bis das der Flüssigkeit und das dem Kristall entsprechende Blatt der p, v, T- bzw. der p, T, s-Fläche sich in einer Linie, deren p, T-Projektion die neutrale Kurve $\Delta v = 0$ bzw. $\Delta s = 0$ (vergl. Nr. **72***b*) ist, schneiden [820]). Statt bei dieser Extrapolation die Schmelzkurve im p, T-Diagramm in einen kritischen Punkt enden zu lassen, schreibt er derselben eine geschlossene Form zu mit der p- bzw. T-Achse parallelen Tangenten in den Schnittpunkten mit den neutralen Kurven, oder eine, die aus dieser geschlossenen Kurve durch Fortlassung eines $T < 0$ entsprechenden Abschnittes hervorgeht. Nach *Bakhuis Roozeboom* [a] p. 93, der ebenfalls den kontinuirlichen Übergang kristallisirt-flüssig (amorph) verneint, und ebenso nach *van Laar* [869]) wäre nur letzterer Fall realisirbar. Fig. 72 gibt schematisch das entsprechende allgemeinste S, V-Diagramm nach *Tammann*. Es stellen bc, de, fg die den Schnittpunkten der neutralen Kurven mit der Schmelzkurve im p, T-Diagramm entsprechenden neutralen Umwandlungen dar.

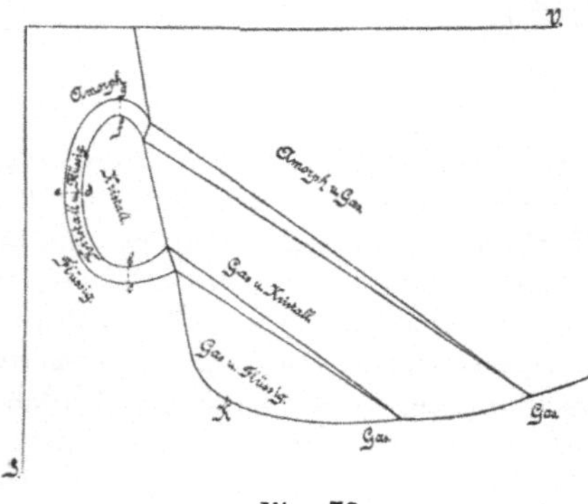

Fig. 72.

Gegen die Hypothese *Tammann*'s spricht sofort, dass er die Schmelzlinie des schon im Flüssigkeitszustande mit Volumzunahme assoziirten [821]) Wassers verbindet mit der Schmelzlinie von im Flüssigkeitszustande nicht assoziirten Stoffen, es sei denn, dass ein Grund aufgefunden würde, wodurch, auch wenn Assoziation nicht notwendig vorliegt, bei hohen Drucken die zur Kristallisation führende Richtung und Anordnung der Moleküle ein grösseres Volumen bedingt.

c) Aus der ringförmigen Gestalt des Solid-Kammes in dem allge-

---

820) *G. Tammann* [a] p. 117.

821) Für die ergänzte Energiefläche des Wassers vergl. *H. Kamerlingh Onnes* und *H. Happel* Fussn. 813. Vergl. auch *G. Tammann*, ZS. anorg. Chem. 63 (1909), p. 285, ZS. physik. Chem. 72 (1910), p. 609, Gött. Nachr. 1911, p. 335.

meinsten Falle nach *Tammann*, würde weiter hervorgehen, dass es einen zweiten Tripelpunkt bei niedriger Temperatur geben könnte, wo die Schmelzung von Wärmeentbindung begleitet ist. Dieser Punkt soll bei so niedriger Temperatur liegen, dass die Flüssigkeit dort die Eigenschaften eines amorphen Stoffes hat. Ein solcher zweiter Tripelpunkt ist aber niemals beobachtet worden; gleichfalls ist die Wahrscheinlichkeit des Auftretens negativer Schmelzwärmen, welche aus *Tammann*'s allgemeinster Figur hervorgehen würde, sehr gering (vergl. *Bakhuis Roozeboom* [a] p. 92).

d) Da die *Tammann*'sche Hypothese der geschlossenen Schmelzkurve oder des Endens derselben in der p-Achse ebenfalls auf Extrapolation ausserhalb des erforschten Gebietes beruht [822]) und die Unmöglichkeit der Existenz eines kritischen Punktes fest-flüssig oder fest-gasig keineswegs erwiesen ist (vergl. *Bakhuis Roozeboom* [a] p. 83), so hat die einfachere Hypothese der Möglichkeit des kontinuirlichen Übergangs (vergl. Nr. **74***g*) wohl grössere Wahrscheinlichkeit.

e) Achtet man darauf, dass für den glasig-amorphen wie für die kristallinischen Zustände die Entropie nach der *Planck*'schen Formulirung des *Nernst*'schen Wärmetheorems (Nr. **74***e*) bei tiefer Temperatur einem endlichen Grenzwert zustrebt, so muss man der Energiefläche nach der Seite der $-S$ bei den kleinen Werten von v eine entsprechende Grenze zuschreiben. Zieht man dabei weiter den Umstand, dass schon oberhalb $T = 0$ $\gamma_v = 0$ wird (Nr. **74***c*), in Betracht, so folgt, dass die Isothermen, für welche dieses gilt, jene Grenze berührend zusammenkommen.

74. Theoretische Ansätze über die Zustandsgleichung für den festen Zustand. *a*) Die verschiedenen vorliegenden Ansätze [823]) zu einer Theorie des festen Aggregatzustandes beziehen sich im Allgemeinen

822) Der von *Tammann* beobachtete angebliche neutrale Punkt von Glaubersalz bezieht sich nicht auf einen Stoff mit nur einem Bestandteil (Nr. **1***b*), da Glaubersalz beim Schmelzen sich teilweise spaltet in wasserfreies Na_2SO_4 und Wasser.

823) Für die älteren molekulartheoretischen Begründungsansätze der Elastizitätstheorie, bei denen die Moleküle als ruhende ausdehnungslose Kraftzentra angenommen wurden, vergl. Enc. IV 23, Art. *Müller* und *Timpe*; für die elastische Nachwirkung vergl. Fussn. 784. Vergl. auch *M. Reinganum*, Ann. d. Phys. (4) 10 (1903), p. 334, 354, welcher das Aufwecken einer Gegenkraft durch eine Zugkraft dadurch erklärt, dass die mit positiven und negativen Ladungen behafteten Moleküle sich derart richten, dass in der Zugrichtung ungleichnamige Ladungen

auf spezielle Eigenschaften des festen Stoffes. Dieselben werfen bis jetzt kein Licht auf die Beziehung der Formfestigkeit zu der Kohäsion im fluiden Zustand [824]). Auch nicht auf die Frage, wie bei Molekülen, deren Potential nach bestimmten Kugelfunktionen entwickelt werden kann [825]), das Bevorzugen eines speziellen Raumgitters für die Anordnung der Moleküle aus dem *Boltzmann*'schen Verteilungsgesetz (Nr. **46**a) bei Vergleichung des wiederum nach Kugelfunktionen entwickelten gesamten Potentials für verschiedene Gitter hervorgeht.

Mehrere theoretische Betrachtungen haben sich angeknüpft an das Gesetz von *Dulong* und *Petit*, dass das Produkt aus Atomgewicht und spezifischer Wärme bei konstantem Volumen konstant = ungefähr 6 ist. *Boltzmann* [826]) leitete dieses Gesetz ab, indem er die Kraft, welche das Atom nach seiner Gleichgewichtslage zurücktreibt, proportional der Entfernung aus derselben setzt, so dass die auf die innere Arbeitsleistung verwendete Wärmemenge gleich der auf Erhöhung der mittleren kinetischen Energie verwendeten ist. Nur für feste Körper, die das *Dulong*- und *Petit*'sche Gesetz befolgen, soll die genannte Proportionalität gelten. *Richarz* [827]) zeigte näher, dass das Gesetz von *Dulong*

---

einander zugewandt werden (vergl. Fussn. 539). Sind alle Moleküle auf diese Weise völlig gerichtet, so ist die Festigkeitsgrenze erreicht (vergl. Nr. **32**). Diese Ausführung von *Reinganum* bringt eine Beziehung zwischen der Theorie des festen Zustandes und seiner wichtigen Erklärung der Kohäsionskraft durch die Anziehung molekularer Bipole, deren Bedeutung wir in Nr. **32** und **48**c erörterten. Vergl. auch *W. Sutherland*, Phil. Mag. (6) 7 (1904), p. 417.

A. Dupré, Théorie mécanique de la chaleur, Paris 1869, p. 147 u. f., leitete aus einer molekulartheoretischen Betrachtung die Beziehung

$$\alpha_v\, T = \text{konst.}\, \beta_T\, \rho^2$$

ab zwischen dem Ausdehnungskoeffizienten, dem Kompressibilitätskoeffizienten und der Dichte.

824) Die Theorie, welche diese Beziehung auf Grund des *Boltzmann*'schen Verteilungsgesetzes ableiten wird, wird wahrscheinlich auch die innere Reibung der fluiden [278]), der glasig-amorphen und der kristallisirten [785]) [787]) Zustände umfassen.

825) Vergl. *W. Voigt*, Lehrbuch der Kristallphysik, Leipzig und Berlin 1910, p. 616.

826) *L. Boltzmann*, Wien Sitz.-Ber. [2] 63 (1871), p. 712 = Abh. I, p. 288. *H. Staigmüller*, Ann. Phys. Chem. 65 (1898), p. 670. *C. Puschl*, Wien Sitz.-Ber. [2*a*] 112 (1903), p. 1230, will den ganzen Wärmeinhalt eines festen Körpers der zwischen den Molekülen befindlichen Strahlungsenergie zuschreiben.

827) *F. Richarz*, Ann. Phys. Chem. 48 (1893), p. 708, 67 (1899), p. 702; *Limpricht* Festschrift, Greifswald 1900; ZS. anorg. Chemie 58 (1908), p. 356, 59 (1908), p. 146; Marburg Sitz.-Ber. 1905, p. 100; 1906, p. 187. Auch findet *Richarz* einen Zusammenhang zwischen der Abweichung vom Gesetz von *Dulong* und *Petit* und der

und *Petit* in aller Strenge erfüllt sein soll, wenn nur die Verrückungen des Atoms aus der Gleichgewichtslage klein sind gegen die Abstände von den benachbarten Atomen. Dementsprechend lassen die Abweichungen von jenem Gesetze, sowie die Abhängigkeit der spezifischen Wärme von der Temperatur, die sich besonders bei C, Si und B, wie *H. F. Weber* [828]), und für C auch *Dewar* [828]) konstatirten, aber in weiteren Temperaturintervallen auch bei den andren Elementen erheblich geltend macht [829]), sich daraus erklären, dass diese Bedingung bei weitem nicht erfüllt ist. *Richarz* nimmt dann bei seinen Ableitungen das nächste Glied in der Entwickelung des Potentials der das Atom an seine Gleichgewichtslage bindenden Kräfte in die Betrachtungen auf. Es ergibt sich die schon von *Lothar Meyer* [830]) gefundene Regel, dass die Abweichungen vom Gesetz von *Dulong* und *Petit* besonders in den Vordergrund treten, wenn kleines Atomvolumen und kleines Atomgewicht zusammentreffen.

b) Bei diesen Betrachtungen ist von einer Drehung der Moleküle

---

Neigung zur Komplexbildung, z. B. in dem Sinn, dass Elemente, die in verschiedenen allotropischen Zuständen vorkommen, die grössten Abweichungen aufweisen, und zwar dass die Modifikationen mit kleinerem spezifischem Volumen auch kleinere spezifische Wärme haben, was *A. Wigand*, Ann. d. Phys. (4) 22 (1907), p. 64, *P. Oberhoffer*, Diss. Aachen 1907, experimentell bestätigten, oder dass dieselben, wie schon *H. F. Weber* (Fussn. 828) fand, grössere Änderung der spezifischen Wärme mit T zeigen. Einen ähnlichen Einfluss des Bearbeitungszustandes des Metalls fand *W. Schlett*, Ann. d. Phys. (4) 26 (1908), p. 201. Vergl. weiter noch *A. Wigand*, Physik. ZS. 8 (1907), p. 344, *U. Behn*, Fussn. 838, *F. Streintz*, Ann. d. Phys. (4) 8 (1902), p. 847 (Zusammenhang zwischen den Abweichungen vom *Dulong* und *Petit*'schen Gesetz und dem Temperaturkoeffizienten des elektrischen Widerstandes, vergl. Fussn. 262 und 846), *M. Thiesen*, Verh. d. D. phys. Ges. 10 (1908), p. 410 (Ableitung einer Zustandsgleichung für Metalle mit Hülfe der von *Grüneisen*, Fussn. 856, gefundenen experimentellen Beziehung zwischen α_p und γ_v, vergl. aber ebenda p. 604), *O. Richter*, Diss. Marburg 1908. Für eine Ausführung eines Unterteils der *Richarz*'schen Ableitung siehe *H. Happel*, Ann. d. Phys. (4) 13 (1904), p. 340, vergl. *A. Wigand*, Ann. d. Phys. (4) 22 (1907), p. 65 Fussn. 4.

828) *H. F. Weber*. Phil. Mag. (4) 44 (1872), p. 251, Ann. Phys. Chem. 154 (1875), p. 367, 553. *J. Dewar*, Phil. Mag. (4) 44 (1872), p. 461. Die Atomwärme von C in Form von Diamant und Graphit bei tiefen Temperaturen: *J. Dewar*, Proc. Roy. Inst. March 25, 1904, Proc. Roy. Soc. A 76 (1905), p. 325. Die Bestimmungen der spezifischen Wärme des Diamants von *H. F. Weber* und von *Dewar* sind Ausgangspunkt einer weiteren Gruppe von Folgerungen geworden (vergl. *c*).

829) Dass dadurch die Tragweite des *Dulong*- und *Petit*'schen Gesetzes beeinträchtigt wird, wurde besonders betont von *R. Laemmel*, Ann. d. Phys. (4) 16 (1905), p. 551.

830) *Lothar Meyer*. Moderne Theorien der Chemie, Breslau 1884, p. 167.

(Atome) abgesehen. *Weiss*[831]) macht bei seiner Theorie der spezifischen Wärme der ferromagnetischen Stoffe die Annahme, dass die die Abhängigkeit der Magnetisirung von der Temperatur bedingenden Bewegungen drehende (wenn auch vielleicht nur pendelnde) sind, die, abgesehen von den Drehmomenten, welche durch das molekulare Feld hervorgerufen werden, ebenso frei sind wie in einem Gas. Die durch das *Boltzmann*'sche Verteilungsgesetz (Nr. **46***a*) beherrschten, bei Temperaturerhöhung wachsenden Orientirungsabweichungen der Elektronenbahnen im Molekül gegen das molekulare Feld bedingen einen messbaren Aufwand von Energie und daher einen grösseren Wert der spezifischen Wärme, die sich durch eine plötzliche Verminderung derselben beim Austreten aus dem spontan magnetischen Zustande kund gibt.

c) *Einstein*[832]) fasst die Wärmebewegung der kristallisirten und amorphen festen Stoffe als Schwingungen von Vibratoren auf, die, wie die von *Planck* in seiner Strahlungstheorie[833]) eingeführten Resonatoren, die Energie nur in einer ganzen Zahl ihrer Eigenfrequenz proportionaler Elemente aufnehmen bzw. abgeben können (vergl. Nr. **57***f*). Er setzt dementsprechend

$$u = 3\,R\,\Sigma \frac{\beta_P\,\nu}{e^{\frac{\beta_P\,\nu}{T}} - 1}; \tag{118}$$

Σ bezieht sich auf die verschiedenen Arten von im Molekül anwesenden Vibratoren, deren Eigenfrequenz (Zahl der Schwingungen in 1 sk) $\nu_1, \nu_2 \ldots$ ist, während β_P mit dem *Planck*'schen Wirkungselement[834])

831) *P. Weiss.* Paris C. R. 145 (1907), p. 1417. Physik. ZS. 9 (1908), p. 358. *P. Weiss* und *P. N. Beck.* J. de phys. (4) 7 (1908), p. 249.

832) *A. Einstein.* Ann. d. Phys. (4) 22 (1907), p. 180, *M. Thiesen,* Verh. d. D. physik. Ges. 10 (1908), p. 947. Vergl. *P. Rohland,* Physik. ZS. 7 (1906), p. 832.

833) *M. Planck.* Ann. d. Phys. (4) 1 (1900), p. 69, [b]. Die neuere Hypothese *Planck*'s, Verh. d. D. physik. Ges. 13 (1911), p. 138, Berlin Sitz.-Ber. Juli 1911, p. 723, dass nur die Emission, nicht die Absorption quantenhaft stattfindet, bringt in die Ergebnisse für die spezifische Wärme keine Änderung.

834) Nach *M. Planck* [b] p. 161, folgt aus der Konstanten des *Wien*'schen Verschiebungsgesetzes $\beta_P = 4{,}86 \cdot 10^{-11}$. Hieraus und aus dem in Fussn. 174 gegebenen Wert für k_P ergibt sich das *Planck*'sche Wirkungselement zu $h_P = 5{,}88 \cdot 10^{-27}$ [Erg. sk].

Die Bezeichnung Frequenz für Zahl der Schwingungen in 1 sk ist gewählt in Übereinstimmung mit dem Vorschlag des Ausschusses für Einheiten und Formelgrössen, Verh. d. D. physik. Ges. 11 (1909), p. 552.

h_P durch $\beta_P = h_P/k_P$ (vergl. Fussn. 174) zusammenhängt. Die spezifische Wärme

$$\gamma_v = 3\,R\,\Sigma \frac{\left(\frac{\beta_P\,\nu}{T}\right)^2 e^{\frac{\beta_P\,\nu}{T}}}{\left(e^{\frac{\beta_P\,\nu}{T}} - 1\right)^2} \tag{119}$$

wird dann für Vibratoren mit genügend kleiner Eigenfrequenz (bei $T = 300$ etwa Wellenlänge $> 48\,\mu$, also weit im Ultrarot) mit dem *Dulong*- und *Petit*'schen Gesetz für Elemente, dem *Neumann-Kopp*'schen für Verbindungen in Übereinstimmung gefunden; für grössere Eigenfrequenzen (Wellenlänge zwischen $48\,\mu$ und $4{,}8\,\mu$ bei $T = 300$) ergibt sich eine bestimmte Temperaturabhängigkeit, die bei Annahme einer [entweder aus der Strahlung bzw. der Absorption nachweisbaren oder nicht auf dieser Weise nachweisbaren[835])] Eigenfrequenz bei $11\,\mu$ mit den Beobachtungen von *H. F. Weber*[828]) über die spezifische Wärme von Diamant etwa oberhalb $-50°$ C gut stimmt; Vibratoren mit noch grösseren Frequenzen z. B. Verschiebungselektronen in Isolatoren mit Frequenzen im Ultraviolet tragen zu der spezifischen Wärme bei diesen Werten von T nicht merklich bei[836]).

Man hat versucht, für Elemente mit der Annahme einer einzigen Frequenz in Gl. (119) auszukommen[837]). Für niedrigere Temperaturen

---

835) *A. Einstein.* Ann. d. Phys. (4) 22 (1907), p. 800. *O. Reinkober*, Diss. Berlin (Leipzig) 1910, fand für Diamant keine selektive Reflexion zwischen 1 und 19 μ, sodass für diesen Stoff die für die spezifische Wärme anzunehmenden Vibratoren im Ganzen als nicht geladen angenommen werden müssen. Auffallend schön ist die Bestätigung der die spezifische Wärme [nach Gl. (120)] bestimmenden Eigenfrequenz bei Sylvin (vergl. *W. Nernst* und *F. A. Lindemann*, Fussn. 839) durch die auf optischem Wege von *H. Rubens* und *H. Hollnagel*, Berlin Sitz.-Ber. 1910, p. 26, Verh. d. D. physik. Ges. 12 (1910), p. 83, *H. Hollnagel*, Diss. Berlin 1910, gemessenen.

836) Zu einer anderen Formel für γ_v gelangte *M. Reinganum*, Physik. ZS. 10 (1909), p. 351.

837) *O. Sackur*, Ann. d. Phys. (4) 34 (1911), p. 455, führt den Begriff des *idealen festen Körpers* für einen dieser Annahme entsprechenden ein. Für denselben wäre

$$\mathfrak{F}_{vT} = 3\,RT \ln\left(1 - e^{\frac{\beta_P\,\nu}{T}}\right)$$

die einfachste fundamentale Zustandsgleichung. Vergl. auch *F. Jüttner*, ZS. f.

(z. B. —180° C) stimmt dann aber die *Einstein*'sche Formel nicht gut mit den Beobachtungsresultaten von *Dewar* [828]) über die spezifische Wärme des Diamants, indem sie viel zu kleine γ gibt und dasselbe zeigte sich beim Hinuntergehen bis dicht an die Siedetemperatur des Wasserstoffs heran für verschiedene Metalle [838]) [839]). Diesem entspricht, dass nach *Nernst* und *Lindemann* [840])

$$\gamma_v = \frac{3R}{2}\left\{\frac{\left(\frac{\beta_P \nu}{T}\right)^2 e^{\frac{\beta_P \nu}{T}}}{\left(e^{\frac{\beta_P \nu}{T}} - 1\right)^2} + \frac{\left(\frac{\beta_P \nu}{2T}\right)^2 e^{\frac{\beta_P \nu}{2T}}}{\left(e^{\frac{\beta_P \nu}{2T}} - 1\right)^2}\right\} \tag{120}$$

für viele Elemente eine gute Darstellung gibt [841]) [842]).

Elektrochem. 17 (1911), p. 139. Die von *Sackur* ebenda gegebene Beweisführung für das *Nernst*'sche Wärmetheorem (Nr. 83*i*) ist nicht zwingend.

838) Vergl. besonders die Messungen von *W. Nernst*, *F. Koref* und *F. A. Lindemann*, Berlin Sitz.-Ber. 1910, p. 247, *W. Nernst*, ibid. p. 262, 306, Ann. d. Phys. (4) 36 (1911), p. 395, *F. Pollitzer*, ZS. f. Elektrochem. 17 (1911), p. 5, *F. Koref*, Ann. d. Phys. (4) 36 (1911), p. 49. Von diesen heben wir als die interessanteste Messung die von *Nernst* hervor, welche dem *Dewar*'schen Resultat, dass die mittlere spezifische Wärme des Diamants zwischen —180° und —252° C sehr gering ist, hinzufügte, dass sie bei —230° C schon verschwindet. Vergl. weiter die Messungen der spezifischen Wärmen bei tiefen Temperaturen von *U. Behn*, Ann. Phys. Chem. 66 (1898), p. 237; Ann. d. Phys. (4) 1 (1900), p. 257, *Dewar*, Fussn. 828, vergl. Fussn. 849, *A. Wigand*, Ann. d. Phys. (4) 22 (1907), p. 64 u. 99, *Th. W. Richards* und *F. G. Jackson*, ZS. physik. Chem. 70 (1910), p. 414, *H. Schimpff*, Diss. Göttingen (Leipzig) 1909.

839) *A. Einstein*, Ann. d. Phys. (4) 35 (1911), p. 679, führt dieses darauf zurück, dass in Gl. (118) nur diejenige Energie des Resonators berücksichtigt wird, welche von Schwingungen herrührt, die sehr nahe den Eigenschwingungen des Vibrators entsprechen. Der Dämpfung desselben wegen kann aber auch Energie von Schwingungen andrer Frequenz aufgenommen werden, was besonders bei niedrigen Temperaturen in Betracht kommen würde. Schwer wiegende Bedenkungen gegen diese *Einstein*'sche Auffassung erhoben aber *Nernst* und *Lindemann*, ZS. f. Elektrochem. 17 (1911), p. 817, *H. Rubens*, vergl. die Beratungen des Kongresses *Solvay*, Fussn. 668. Vergl. Fussn. 841.

840) *W. Nernst* und *F. A. Lindemann*. Berlin Sitz.-Ber. 1911, p. 494. Auch für einige Verbindungen, für welche die den verschiedenen Atomen entsprechenden Eigenfrequenzen einander genügend nahe sind, wie bei K Cl, Na Cl, K Br, kommt man mit einer Frequenz in Gl. (120) aus. Von den Elementen erfordern Schwefel und Graphit die Annahme mehrerer Eigenfrequenzen.

841) Die Frequenz der Vibratoren, wenn ungedämpft schwingend gedacht, sollte dann nach *Einstein* (vergl. Fussn. 839) zwischen ν und $\frac{\nu}{2}$ liegen. *Nernst* und *Linde-*

Die Eigenfrequenzen, die hier in Betracht kommen, können teilweise nach *Einstein* [832]) optisch ermittelt werden. Nachdem *Madelung* [843]) eine Beziehung zwischen den optischen Frequenzen und den elastischen Eigenschaften aufgefunden hatte, indem er die Frequenz longitudinaler elastischer Schwingungen mit der halben Wellenlänge gleich dem Molekülabstand der in der Dispersionstheorie angenommenen Frequenz gleich fand, wies *Einstein* [844]) nach, dass man die die spezifische Wärme darstellende Frequenz auch angenähert aus der Betrachtung der Schwingungen des Moleküls unter der Anziehung der benachbarten [378]) mit Heranziehung des Wertes der Kompressibilität bekommen kann. *Linde-*

---

mann [840]) deuten das zweite Glied in der Klammer dahin, dass das schwingende Molekül die potentielle Energie in halb so grossen Quanten aufnimmt als die kinetische. *Rubens* [839]) denkt sich z. B. bei NaCl ausser den Schwingungen der elektrisch geladenen Atome Na und Cl noch Schwingungen des neutralen Moleküls NaCl. Bei Elementen würde man dann auch Schwingungen von Atomgruppen annehmen müssen. Nach *Kamerlingh Onnes*, Beratungen des Kongresses *Solvay*, Fussn. 668, wäre zu untersuchen, ob nicht der Molekularverband Schwingungen zweierlei Art von benachbarten Molekülen zulässt, etwa in derselben Weise wie beim bei elastischen Schwingungen vorherrschenden grosszahligen Molekularverband die transversalen und die longitudinalen Schwingungen. Wegen noch einer anderen Auffassung vergl. *Lindemann*, dieselben Beratungen.

842) *A. Magnus* und *F. A. Lindemann*, ZS. für Elektrochemie 16 (1910), p. 269, fassen den Wert von $\gamma p - \gamma v$ [vergl. *F. Pollitzer*, ZS. f. Elektrochem 17 (1911), p. 9 Fussn. 2, *W. Nernst*, Ann. d. Phys. (4) 36 (1911), p. 425] und den eventuellen Einfluss der Leitungselektronen in ein nur bei hohen Temperaturen in Betracht kommendes additives Glied $a\,T^{3/2}$ zusammen. Die Versuche von *O. Richter* liessen keinen Einfluss der Leitungselektronen auf die spezifische Wärme eines Metalles erkennen. Bei niedrigen Temperaturen wird ein solcher Einfluss dennoch von *Thiesen* [832]) als denkbar erachtet, wodurch bei denselben γ etwa proportional T^3 werden sollte. *J. Koenigsberger*, ZS. f. Elektrochem. 17 (1911), p. 289, ist der Meinung, dass die freien Elektronen die Atomwärme der Metalle bei hohen Temperaturen von 6 auf 9 bringen. Vergl. weiter die Annahme von *Jeans*, Phil. Mag. (6) 17 (1909), p. 773, welche die spezifische Wärme fast ganz den freien Elektronen bzw. der Energie zuschreibt, die nötig ist, um dieselben loszulösen. Der völlig analoge Verlauf der spezifischen Wärme für Leiter und Nichtleiter, wenigstens bei nicht hohen Temperaturen, spricht aber gegen die Annahme, dass den Leitungselektronen bei jenen Temperaturen ein beträchtlicher Teil der spezifischen Wärme zukommt.

843) *E. Madelung*. Gött. Nachr. 1909, p. 100. Vergl. auch Gött. Nachr. 1910, p. 43, Physik. ZS. 11 (1910), p. 898.

844) *A. Einstein*. Ann. d. Phys. (4) 34 (1911), p. 170. k_E in Gl. (121) für die Darstellung von γ_v mittels *einer* Frequenz in Gl. (119) ist $2{,}8 \cdot 10^7$. Für den Einfluss des Druckes auf die Eigenfrequenz vergl. *E. Grüneisen*, ZS. f. Elektrochem. 17 (1911), p. 737.

mann [845]) bringt die Eigenfrequenz mit der Schmelztemperatur T_s, dem Molekulargewicht und dem Molekularvolumen in Beziehung [846]). In

$$\nu = k_E\, \beta_T^{-1/2} M^{-1/2} v_M^{1/6} = k_L\, T_s^{1/2} M^{-1/2} v_M^{-1/3} \qquad (121)$$

sind die *Einstein*'sche und die *Lindemann*'sche Beziehung vereinigt.

d) Ein ähnliches *Verschwinden von Freiheitsgraden*, wie sich in der *Einstein*'schen Theorie (*c*) den Eigenfrequenzen entsprechend ergibt, folgt auch aus der Annahme, dass bei tiefer Temperatur eine atomfeste (Nr. **57***b*) Bindung zwischen den verschiedenen Atomen auftrete, die schliesslich bis zur Agglomeration des ganzen Körpers zu *einem* atomfesten Molekül bei $T = 0$ gehen könnte (vergl. Fussn. 836).

e) Bei der ersten Aufstellung seines Wärmetheorems (vergl. Nr. **83***i*) nahm *Nernst* [847]) an, dass bei sehr tiefer Temperatur die Atomwärme im flüssigen (glasig-amorphen) Aggregatzustande und in den verschiedenen allotropischen kristallisirten Zuständen denselben Wert hat (für den gasförmigen Zustand vergl. Nr. **56***b*), und auch unabhängig von der Natur der andern Elemente, mit denen das Atom verbunden ist, was dem *Neumann-Kopp*'schen Gesetz entsprechen würde. Er setzte behufs Ableitung der chemischen Konstante (Nr. **83***i*) die Atomwärme bei $T = 0$ für alle Elemente gleich, und zwar 1,5 (vergl. Nr. **56***b* und Fussn. 661). Neuerdings bringt aber *Nernst* [848]) sein Wärmetheorem mit der *Einstein*'schen Theorie (vergl. *c*) in Verbindung, nach der bei tiefen Temperaturen im Wärmegleichgewicht die Atome nur in geringer Zahl in Schwingung versetzt werden, und daher die spezifische Wärme bei tiefen Temperaturen asymptotisch Null zustrebt [849]).

---

845) *F. A. Lindemann.* Physik. ZS. 11 (1910), p. 609. Vergl. auch *A. Stein*, Physik. ZS. 11 (1910), p. 1209. Für die Darstellung von γ_v durch Gl. (120) wird von *Nernst* und *Lindemann* [840]) $k_L = 2{,}80 \cdot 10^{12}$ gefunden.

846) Für eine Beziehung zur Abhängigkeit des elektrischen Widerstandes von der Temperatur vergl. *H. Kamerlingh Onnes* [e] Nr. 119 (1911), *W. Nernst*, Berlin Sitz.-Ber. 1911, p. 306, *F. A. Lindemann*, ibid. p. 316. Bei der Wahl der Frequenz des Quecksilbers, welche zur Vorhersagung des Verschwindens des Widerstandes desselben im Gebiet der Heliumtemperaturen führte, ging *Kamerlingh Onnes* davon aus, dass seinem Ähnlichkeitssatz entsprechend ν^{-1} proportional der in Nr. **27** eingeführten, einem jedem Stoff eigenen Zeiteinheit ist, vergl. *H. Kamerlingh Onnes* [e] Nr. 123 (1911), p. 7 Fussn. 2, wo derselbe auch hervorhebt, dass er sich einfach der schon vorliegenden *Lindemann*'schen Formel hätte bedienen können.

847) *W. Nernst* [b] p. 121.

848) *W. Nernst* [c] p. 700. J. chim. phys. 8 (1910), p. 228. Vergl. weiter *W. Nernst*, Physik. ZS. 12 (1911), p. 976.

849) Dabei wird dann bei Anwendung auf den flüssigen Zustand die Temperatur so tief gedacht werden müssen, dass derselbe in den glasig-amorphen Zustand über-

Dieser bei tiefen Temperaturen geringen Zahl der schwingenden Atome würde weiter entsprechen, dass bei tiefer Temperatur auch der Ausdehnungskoeffizient [850]) von amorphen oder kristallisirten Substanzen der Null zustrebt (vergl. *f*, vergl. auch *Thiesen* Fussn. 832). Aus Gl. (156) Enc. V 3, Art. *Bryan*, folgt dann, dass s bei $T=0$ vom Druck unabhängig ist. Kombinirt mit dem *Nernst*'schen Wärmetheorem in der ursprünglichen Fassung, nach der die Entropie in verschiedenen festen, bzw. glasig-amorphen Aggregatsformen bei gleichem Druck und $T=0$ gleich sei (Nr. **83***i*), und dem experimentellen Ergebnis über das Verschwinden der spezifischen Wärme bei tiefer Temperatur führt dieses zu der von *Planck* [851]) gegebenen erweiterten Fassung des *Nernst*'schen Wärmetheorems, nach der bei $T=0$ die Entropie unabhängig vom Druck und vom Aggregatzustand der Substanz (gasförmig ausgeschlossen) einen bestimmten endlichen Wert annimmt, der dann als geeigneter Nullpunkt für dieselbe anzusehen ist [852]).

f) Was die thermische Zustandsgleichung betrifft, so hat, ausgehend von denselben Annahmen wie *Richarz* (vergl. *a*), *Mie* [853]) eine kinetische

---

gegangen ist. Die Tatsache dass, wie *Dewar*, Proc. Roy. Inst. March 25, 1904, fand, die spezifische Wärme des flüssigen H_2 gleich der des in Palladium okkludirten ist, liegt dann also ausserhalb des Gültigkeitsbereichs der dem *Nernst*'schen Wärmetheorem zu Grunde liegenden Annahme betreffs der spezifischen Wärme.

850) *W. Nernst*. J. chim. phys. 8 (1910), p. 228. Physik. ZS. 12 (1911), p. 976. Aus dem obengenannten additiven Verhalten der spezifischen Wärme und der *Grüneisen*'schen Beziehung (vergl. *f*) würde folgen, dass der Ausdehnungskoeffizient bei $T=0$ auch eine rein additive Eigenschaft ist, vergl. *Nernst* [b] p. 122.

851) *M. Planck* [a] p. 266.

852) Das *Nernst*'sche Wärmetheorem, schon in der ursprünglichen Fassung, ermöglicht es, durch die Gleichung

$$\lambda_{\text{umw koex}} = T_{\text{koex}} \int_0^{T_{\text{koex}}} \frac{1}{T} \left(\frac{\partial \lambda_{\text{umw}}}{\partial T}\right)_p dT$$

die Temperatur T_{koex}, bei der die betrachteten festen bzw. glasig-amorphen Phasen (z.B. monokliner und rhombischer Schwefel, vergl. *W. Nernst* [c] p. 703, *M. Planck*, Fussn. 851) unter dem Druck p koexistiren können, aus Messungen der Umwandlungswärme λ_{umw} zwischen $T=0$ und T_{koex}, oder wenn $\gamma_p'' - \gamma_p'$ statt $\left(\frac{\partial \lambda_{\text{umw}}}{\partial T}\right)_p$ geschrieben wird, die Umwandlungswärme bei der Koexistenztemperatur aus Messungen der spezifischen Wärmen zu berechnen.

853) *G. Mie*. Ann. d. Phys. (4) 11 (1903), p. 657. Vergleiche auch *K. F. Slotte*, Öfv. Finsk. Vet. Soc. Förh. 35 (1892), p. 16, 38 (1896), p. 64, Acta Soc. scient. Fenn. 26 (1900), Nr. 5, 40 (1911) Nr. 8, Öf. Finska Vet. Soc. Förh. 53 (1910) Nr. 1,

Theorie der einatomigen Körper entwickelt, in welcher u. A. aus dem *Clausius*'schen Virialsatze und bei Annahme eines *van der Waals*'schen Kohäsionsdrucks als angenäherte Zustandsgleichung für die festen einatomigen Körper die Gleichung

$$pv = \frac{r+2}{2} R\,T + \frac{r}{3} b_{\mathrm{MIE}}\, v^{-\frac{r}{3}} - a_{\mathrm{W}}\, v^{-1} \tag{122}$$

abgeleitet wird. Dabei ist das Potential der elastischen Abstossungskraft der Atome der r^{ten} Potenz des Abstandes umgekehrt proportional gesetzt. *Mie* leitet aus Gl. (122) die Beziehung

$$\alpha_p\, \beta_T^{-1}\, v = \frac{r+2}{2} R \tag{123}$$

ab [854]), findet dieselbe für viele Metalle annähernd erfüllt, wenn für die Metalle, welche der Theorie am besten folgen, $r = 5$ angenommen wird [855]). Auch *Grüneisen*, nachdem er früher [856]) experimentell für

der theoretisch verschiedene Eigenschaften der Metalle (z. B. Wärmedruck und Elastizität) ableitet, wie auch *W. Sutherland*, Phil. Mag. (5) 32 (1891), p. 215 u. 524, welcher ebenfalls mögliche Änderungen der Moleküle mit der Temperatur in Betracht zu nehmen versucht.

Gl. (122) beansprucht nur Gültigkeit für solche Temperaturen, bei denen $\gamma_v = 3\,R$ (vergl. *c*). Eine Weiterentwicklung dieser Theorie für Temperaturen, bei denen dieses nicht mehr gilt, zugleich eine Verknüpfung mit den *Einstein-Nernst*'schen Vorstellungen (vergl. *c*) gibt *E. Grüneisen*, Verh. d. D. physik. Ges. 13 (1911), p. 836, Physik. ZS. 12 (1911), p. 1023. Derselbe ersetzt dabei das Glied $\frac{r+2}{2} RT$ in Gl. (122) durch $\frac{r+2}{6} \int_0^T \gamma_v\, dT$, findet a_{W} für Elemente mit sehr verschiedenem Atomgewicht relativ wenig verschieden und leitet bei der weiteren Annahme, dass die relative Ausdehnung vom absoluten Nullpunkt bis zum Schmelzpunkt für verschiedene einatomige Stoffe gleich ist, eine angenäherte Beziehung zwischen der Änderung des Schmelzpunktes durch Druck und der Kompressibilität ab.

854) Dieselbe ergibt sich schon aus der allgemeinen Form

$$pv = \frac{r+2}{2} RT + f(v).$$

855) Im Gegensatz zu der *van der Waals*'schen Auffassung (Atomkerne und freie Räume um die Kerne) denkt *Th. W. Richards*, Proc. Am. Soc. of Arts and Sc. 37 (1901), p. 1 und 397, 38 (1902), p. 293, 39 (1904), p. 581 = ZS. physik. Chem. 49 (1904), p. 15, sich die Atome als aneinanderschliessende zusammendrückbare Kraft-

Metalle α_p/γ_v nahezu unabhängig von T gefunden hatte, findet[857]) eine Gl. (123) entsprechende Beziehung zwischen $\alpha_v = v\alpha_p/\beta_T$ und γ_v angenähert erfüllt.

Die weiteren Beobachtungen und Rechnungen *Grüneisen*'s [858]) über den Ausdehnungskoeffizienten bei tiefen Temperaturen weisen tatsächlich in der in *e* erörterten Richtung, dass nämlich dieser Koeffizient für tiefe Temperaturen sehr klein wird. Andrerseits kann für Temperaturen, bei denen $\gamma_p - \gamma_v$ nicht in Betracht kommt (vergl. Fussn. 842), die experimentell bestätigte Beziehung $\alpha_p/\gamma_v =$ unabhängig von der Temperatur (vergl. oben) ganz aus dieser der *Planck*'schen Erweiterung des *Nernst*'schen Wärmetheorems entsprechenden Annahme über das Verschwinden von α_v bei $T = 0$ und aus Gl. (120) für γ_v abgeleitet werden [859]). Weitere experimentelle Bestimmungen sind erwünscht, um zu einer genaueren Kenntnis der schon von *Nernst* [b] p. VIII vermuteten Gesetzmässigkeiten bei tiefen Temperaturen in Anschliessung an das *Nernst*'sche Wärmetheorem zu kommen. Siehe weiter für Untersuchungen von Elastizität, Kohäsion, Dilatation bei tiefen Temperaturen: *Dewar* [860]), *Travers, Senter* und *Jaquerod* [865]), *Kamerlingh Onnes*

---

felder, die zwei attraktive, etwas unbestimmt definirte Eigenschaften besitzen, chemische Affinität und Gravitation (= Kohäsion), „welche in irgend einer reziproken Verwandschaft zu einander stehen". Zur Prüfung seiner Theorie sind wertvolle experimentelle Untersuchungen gemacht von *Richards* und *W. N. Stull, F. N. Brink, F. Bonnet Jr., J. H. Matthews*, ZS. physik. Chem. 61 (1907), p. 77, 100, 171, 183, 449.

Eine Theorie von *W. Barlow* und *W. J. Pope*, J. Chem. Soc. 89 (1906), p. 1675, 91 (1907), p. 1150, 93 (1908), p. 1528, 97 (1910), p. 2308, vergl. *W. J. Pope*, Nature 84 (1910), p. 187, trachtet durch dichte Aufeinanderpackung von Kugeln, deren jede einem Atom zugeordnet ist, und deren Radius mit der Valenz zusammenhängt, bestimmte kristallographische Eigenschaften zu erklären, und setzt ebenfalls das Atomvolumen variabel.

856) *E. Grüneisen*. Ann. d. Phys. (4) 26 (1908), p. 211, 33 (1910), p. 65.

857) *E. Grüneisen*. Ann. d. Phys. (4) 26 (1908), p. 393. Vergl. aber *M. Thiesen*, Fussn. 832, wozu *E. Grüneisen*, Fussn. 858.

858) *E. Grüneisen*. Ann. d. Phys. (4) 33 (1910), p. 33. Verh. d. D. physik. Ges. 13 (1911), p. 426, 491. Vergl. auch Fussn. 853. Auf die beschleunigte Abnahme des Ausdehnungskoeffizienten des Platins bei tiefen Temperaturen wurde zuerst hingewiesen von *H. Kamerlingh Onnes* und *J. Clay*, Fussn. 865.

859) Vergl. *E. Grüneisen*, Fussn. 844. Beim Auftreten mehrerer Eigenfrequenzen (vergl. Fussn. 840) würde jene Beziehung nicht mehr gelten. Die bis in flüssigem Wasserstoff ausgedehnten Messungen der Ausdehnungskoeffizienten einiger Metalle durch *Ch. L. Lindemann*, Physik. ZS. 12 (1911), p. 1197, geben eine Bestätigung der *Grüneisen*'schen Beziehung.

860) *J. Dewar*. London Proc. Roy. Soc. 70 (1902), p. 237.

und *Heuse*[865]), sowie denselben und *Clay*[865]), *Scheel*[861]), *Scheel* und *Heuse*[862]), *Henning*[863]), *Kamerlingh Onnes* und *Braak*[864]), u.s.w.[866]).

g) Die Begründung einer thermischen Zustandsgleichung für alle drei Aggregatzustände[867]) hängt selbstverständlich auf das engste zusammen mit der Kontinuitätsfrage (vergl. Nr. **73**, **32***a* und **47***b*) und wird von den Prinzipien der statistischen Mechanik (Nr. **46**), eventuell mit Heranziehung der Gleichgewichtsgesetze der molekularen Schwingungen (vergl. *c* und *e* und Fussn. 517) beherrscht (vergl. Nr. **70***a*). Siehe auch die in Fussn. 827 genannte Arbeit von *Thiesen* sowie die von *Mie*[853]) und *Sutherland*[853]). Man kann bei passender Bestimmung der Funktionen a_w, b_w, und R_w die *van der Waals*'sche Hauptzustandsgleichung auch auf die verschiedenen festen Aggregatzustände anwenden. *Kamerlingh Onnes* und *Happel*[813]) haben den wesentlichen Unterschied dieser Zustände in Hinsicht auf die Dichte gesucht in einer weiteren unter dem *Boltzmann*'schen Verteilungsgesetz (Nr. **46***a*) stehenden Volumänderung des Moleküls von ähnlicher Art wie die, welche in Nr. **43** eingeführt wurde, und deren Bedeutung für die Bildung des Solidkammes in Nr. **73***a* angegeben wurde. Es kommt Ref. nicht unwahrscheinlich vor, dass eine derartige Volumänderung näher in dem Aussterben von Schwingungen begründet ist von derselben Art, wie in Nr. **43***d* erwähnt wurde.

Bei der von *Traube*[868]) gemachten Anwendung der *van der Waals*'-

---

861) *K. Scheel.* Verh. d. D. physik. Ges. 9 (1907), p. 3 u. 717.

862) *K. Scheel* und *W. Heuse.* Verh. d. D. physik. Ges. 9 (1907), p. 449.

863) *F. Henning.* Ann. d. Phys. (4) 22 (1907), p. 631.

864) *H. Kamerlingh Onnes* und *C. Braak.* Leiden Comm. Nr. 106 (1908).

865) *M. W. Travers, G. Senter* und *A. Jaquerod,* Phil. Trans. A 200 (1902), p. 138. *H. Kamerlingh Onnes* und *W. Heuse.* Leiden Comm. Nr. 85 (1903). *H. Kamerlingh Onnes* und *J. Clay.* Leiden Comm. Nr. 95*b* (1906) und Suppl. Nr. 17 (1907).

866) *H. G. Dorsey,* Phys. Rev. 25 (1907), p. 88, 27 (1908), p. 1, 30 (1910), p. 271. *E. Cohen* und *J. Olie Jr.*, Leiden Comm. Nr. 113 (1909). Weiter noch über Wärmeleitfähigkeit *Ch. H. Lees,* Phil. Trans. A 208 (1908), p. 381, *A. Eucken,* Ann. d. Phys. (4) 34 (1911), p. 185, Physik. ZS. 12 (1911), p. 1005, über innere Reibung der Metalle *C. E. Guye* und *V. Freedericks,* Arch. sc. phys. et nat. (4) 26 (1908), p. 679, 29 (1910), p. 49, 261, *C. E. Guye* und *H. Schapper,* Arch. sc. phys. et nat. (4) 30 (1910), p. 133.

867) Schon *C. M. Guldberg*[322]) bemerkte, dass die wahre Zustandsgleichung, die nicht unwahrscheinlich aus einer unendlichen Reihe bestehe, die drei Aggregatzustände umfassen soll.

868) *I. Traube,* ZS. anorg. Chem. 34 (1903), p. 413, Jahrb. f. Radioakt. u. Elektronik 3 (1907), p. 168, Verh. d. D. physik. Ges. 11 (1909), p. 231, vergl.

schen Hauptzustandsgleichung auf den festen Zustand wird (vergl. Nr. **86**h) dieselbe mit besonderen, dem festen Zustand eigenen Konstanten a_w, b_w und R_w zur Berechnung dieser Grössen aus einem Volumen und dem dazu gehörenden Ausdehnungskoeffizienten unter 1 Atm einfach

$$\frac{a_w}{v^2} = \frac{R_w T}{v - b_w} \tag{124}$$

geschrieben. Die Verdampfungswärme wird dann für einige Metalle mit $\frac{a_w}{v} + R_w T$ stimmend gefunden. In roher Annäherung stimmt mit jenem Ansatz auch die von *Traube* gefundene angenäherte Beziehung (vergl. Nr. **86**h), dass für verschiedene Metalle bei derselben Temperatur

$$\frac{a_w}{v^2} \cdot \sqrt{v \beta_T} = \text{konst.} \tag{125}$$

Bei der geringen Änderung von v der wahrscheinlich grossen von $v - b_w$ gegenüber scheint es nicht möglich aus den Versuchen auf die Richtigkeit der Darstellung des Kohäsionsdrucks bei konstanten a_w, b_w, R_w zu schliessen.

Van Laar [869]) hat eine Theorie des Festwerdens auf Grund der Annahme von Assoziation gegeben. Diese Theorie beruht ebenso wie die obengenannte graphische Darstellung von *Kamerlingh Onnes* und *Happel* darauf, dass eine Änderung von b_w angenommen wird. Der Betrag dieser Änderung unter verschiedenen Umständen wird auf Grund der Vorstellung, dass dieselbe durch die Assoziation ausgelöst wird, berechnet und eingehend diskutirt.

h) Während seit der theoretischen Ableitung des Gesetzes der korrespondirenden Zustände von *van der Waals* (vergl. Nr. **26**) schon viele Untersuchungen vorliegen, welche sich auf dieses Gesetz, insoweit es fluide Phasen anbelangt, beziehen (Abschn. **II**b, c), sind nur noch wenige Versuche gemacht, auch den festen Zustand in dem Gesetz zu umfassen. Eine erste Andeutung finden wir in der zuerst von *de*

---

auch Fussn. 498. *Traube*'s Begründung der Aussage, dass der kubische Ausdehnungskoeffizient des Kovolumens [172]) $\frac{1}{273}$ ist, unterliegt nach *C. Benedicks*, ZS. anorg. Chem. 47 (1905), p. 455, sehr ernsten Bedenken. Tatsächlich wird dieselbe erst einigermassen gestützt durch die anderen im Text genannten Anwendungen von *Traube*.

869) *J. J. van Laar*, Amsterdam Akad. Versl. Febr. 1909—Mai 1911, p. 828, 956, 27, 97, 405, 675, 3, [e].

Heen[870]), später von *Lémeray*[871]) aufgefundenen Beziehung, dass das Produkt der Schmelztemperatur und des Ausdehnungskoeffizienten (bei gewöhnlicher Temperatur genommen) für verschiedene Stoffe, wie *de Heen* fand innerhalb verschiedener Gruppen, dasselbe ist oder in der von *Carnelley*[872]) ausgesprochenen allgemeinen Regel, dass, je niedriger der Schmelzpunkt eines Elementes, desto grösser sein Ausdehnungskoeffizient ist. Nach *Wiebe*[873]) ist das mit der Schmelztemperatur multiplizirte Produkt der Molekularwärme und des Ausdehnungskoeffizienten (beide bei gewöhnlicher Temperatur genommen) für verschiedene Stoffe dasselbe. Daraus geht mit Hilfe des für die betrachteten Stoffe bei der genannten Temperatur gültigen Gesetzes von *Dulong* und *Petit* der *de Heen*'sche Satz hervor. *Walden*[874]) findet die molekulare Schmelzwärme, dividirt durch die Schmelztemperatur, konstant (vergl. Nr. **87***b*). Man kann dies Alles dadurch ausdrücken, dass die Schmelzpunkte, somit auch gleiche Fraktionen derselben, übereinstimmende Temperaturen des festen Zustandes sind[875]).

Die Betrachtung der durch die *Einstein-Nernst*'sche Theorie der spezifischen Wärme in den Vordergrund des Interesses gerückten molekularen Eigenfrequenzen ergibt, dass in Gebieten, in denen Abweichungen vom *Dulong-Petit*'schen Gesetz merklich werden, die Gültigkeit des Korrespondenzgesetzes an die Bedingung gebunden ist, dass in der Bestimmung dieser Zustände nur *eine* Zeitgrösse eingeht, und diese also auch jene Frequenzen bestimmt. Die Schätzung der Eigenfrequenz des Quecksilbers, die für das elektrische Leitvermögen in Betracht kommt, durch *Kamerlingh Onnes*[846]), sowie die von ihm[876]) gegebene Ableitung der *Lindemann*'schen Formel Gl. (121) beruhen auf der Annahme, dass dieses der Fall ist.

Wenn zwei Stoffe auch im festen Zustande dem Gesetze der korrespondirenden Zustände unterliegen[877]), so werden bei korrespondirender

870) *P. de Heen.* Bruxelles Bull. de l'Acad. des Sc. (2) 41 (1876), p. 1019.

871) *Lémeray*, Paris C. R. 131 (1900), p. 1291.

872) *Th. Carnelley.* Ber. d. D. chem. Ges. 11 (1878), p. 2289; 12 (1879), p. 439. Auch *J. v. Panayef*, Ann. d. Phys. (4) 18 (1905), p. 210.

873) Siehe *H. F. Wiebe*, Verh. d. D. physik. Ges. 8 (1906), p. 91.

874) *P. Walden.* ZS. f. Elektrochem. 14 (1908), p. 713.

875) Auch von *V. Kourbatow*, J. chim. phys. 6 (1908), p. 337, und *W. Broniewski*, J. chim. phys. 4 (1906), p. 285, 5 (1907), p. 57 u. 609, ausgesprochen.

876) *H. Kamerlingh Onnes* [e] Nr. 123 (1911), p. 8. Vergl. auch *A. Einstein*, Fussn. 839.

877) Eine Anwendung, bei welcher übereinstimmende Zustände für den festen Zustand auch als solche für den Fluidzustand angesehen werden, ist die Voraus-

spezifischer Wärme auch ihre reduzirten vervollständigten *Gibbs*'schen Energieflächen (vergl. Nr. **63** und **72**a) einander gleich sein[878]). Abweichungen dieser Flächen untereinander gehen ebenso zusammen mit Unterschieden in den reduzirten Isothermen. Wenn man ohne Zweifel auch höhere Virialkoeffizienten als in Nr. **36** herbeiziehen muss, so wird man die verschiedenen Stoffe in allen drei Aggregatzuständen wahrscheinlich doch wohl durch dasselbe Isothermpolynom vorstellen können. Abweichungen des Gesetzes der übereinstimmenden Zustände werden sich vielleicht dann auch zeigen in Unterschieden zwischen den reduzirten Virialkoeffizienten von niedriger Ordnung, und die Abweichungen der Stoffe im fluiden Zustand werden dann schon empirisch in Verbindung gebracht werden können mit den Eigentümlichkeiten des festen Zustandes (vergl. Nr. **47**b und Fussn. 878). In der Theorie werden diese Abweichungen sich vielleicht auch als dadurch beherrscht herausstellen, dass an Stelle der für die Bestimmung der übereinstimmenden Zustände im fluiden Zustand maassgebenden Zeitgrösse Z die für den festen Zustand charakteristische Zeitgrösse Z' (vergl. oben und Fussn. 846) hervortritt.

75. **Berücksichtigung der festen Phasen in den Fundamentalflächen für Gemische.** a) Zur Ableitung der Koexistenzbedingungen binärer Gemische[879]) bei Temperaturen, bei denen feste Phasen auftreten können, ist wieder die *van der Waals*'sche $\mathfrak{F}_{vTx}$, x, v-Fläche am meisten geeignet[880]). Am leichtesten übersehbar ist der Fall, dass nur eine feste Phase auftritt; dabei trifft es sehr häufig zu, dass die mit andren koexistirende feste Phase insoweit nachweisbar aus nur einer Komponente besteht. Die $\mathfrak{F}_{vTx}$, v, x-Fläche für T hat dann an den Solidteil der $\mathfrak{F}_{vT}$-Isotherme dieser Komponente anschliessend eine Solidspitze, die, besonders in der x-Richtung äusserst schnell abfallend, dennoch Nr. **73** entsprechend als mit dem Liquidkamm kontinuirlich verbunden aufzufassen sein wird[881]). Es tritt dabei die Möglichkeit einer vier-

---

berechnung des kritischen Punktes Gas-Liquid aus Eigenschaften des festen Zustandes Fussn. 322.

878) Siehe *H. Kamerlingh Onnes* und *H. Happel*, Leiden Comm. Nr. 86 (1903).

879) Wir werden uns auf diese beschränken. Wie für mehrkomponentige Stoffe zu verallgemeinern ist, ist durch Vergleichung mit Nr. **69** einleuchtend.

880) *J. D. van der Waals* [e] Okt., Nov. 1903, vergl. weiter die v, x-Diagramme: *H. W. Bakhuis Roozeboom* [b] p. 359 u. f., *A. Smits*, Amsterdam Akad. Versl. Dez. 1903, Juni 1904, *J. P. Kuenen* [b] p. 184.

881) Eine wenn auch äusserst geringe Löslichkeit auch in der festen Phase wird wohl immer angenommen werden müssen. Dennoch wird in vielen Fällen

punktigen Berührungsebene auf, entweder bei beschränkter Mischbarkeit im flüssigen Zustande (Nr. 68*a*) die Koexistenz von einer Gas-, zwei Flüssigkeits- und einer festen Phase darstellend, oder wenn zwei den beiden Komponenten entsprechende Solidspitzen auftreten, von einer Gas-, einer Flüssigkeits- und zwei festen Phasen.

Bakhuis Roozeboom, [b] Tafel I und II, hat die Koexistenzbedingungen binärer Gemische, auch für Temperaturen, bei denen feste Phasen auftreten, in einem p, T, x-Modell zur Darstellung gebracht[882]; dabei wurde angenommen, dass in den $\mathfrak{F}_{vTx}$-Flächen nur die zwei den Komponenten entsprechenden Solidspitzen auftreten, dass die Komponenten im flüssigen Zustande unbeschränkt mischbar sind, und dass bei den Faltenpunktstemperaturen Liquid-Gas feste Phasen nicht auftreten. Der vierfachen Berührungsebene entspricht in dieser Figur der *Quadrupelpunkt.* Das Zusammentreten von festen Phasen mit den kritischen Erscheinungen Liquid-Gas behandelte zuerst *Smits*[883]).

Es können die Verhältnisse sehr verwickelt werden, besonders wenn auch die verschiedenen allotropischen Zustände sowie das Auftreten von festen Lösungen, Mischkristallen oder Verbindungen zwischen den Komponenten (z. B. Kristallwasser u. s. w.) in Betracht gezogen werden. Auf diese Verhältnisse, an denen sich die neuere Metallographie anknüpft, weiter einzugehen verbietet der für diesen Art. vorgesehene Raum.

b) *Van Laar*[884]) leitete aus $\mathfrak{F}_{pTx}$ unter Zugrundelegung der *van der Waals*'schen Hauptzustandsgleichung, Gl. (14), für binäre Gemische, die Gleichung der *Schmelzkurve* im T, x-Diagramm (für p = konst.) ab für den Fall, dass nur die eine Komponente als feste Phase auftritt.

---

davon abgesehen werden können und der Solidkamm der $\mathfrak{F}_{vTx}$, v, x-Fläche für T als eine isolirte Spitze (Fussn. 105) behandelt werden können.

882) Es sind diese Figuren zum Klassifiziren und Übersehen der Experimentalergebnisse, besonders bei sich ändernder Temperatur, sehr geeignet (vergl. Nr. 67*b*). Zur Ableitung der besondren Verhältnisse wird man aber immer zu den Fundamentalflächen zurückgreifen müssen (vergl. *van der Waals* Fussn. 880, vergl. auch Fussn. 731).

883) *A. Smits.* Amsterdam Akad. Versl. Sept., Dez. 1903, Juni 1904, Sept. 1909. *H. W. Bakhuis Roozeboom* und *E. H. Büchner*, Amsterdam Akad. Versl. Jan. 1905. *F. E. C. Scheffer*, Amsterdam Akad. Versl. Juni 1910.

884) *J. J. van Laar*, Amsterdam Akad. Versl. Dez. 1902, Jan. 1903, Jan. 1904, vergl. auch *H. W. Bakhuis Roozeboom* [b] p. 274.

VI. Kontrolirung der thermischen Zustandsgleichung und des Gesetzes korrespondirender Zustände für das Fluidgebiet bei speziellen Zuständen und Prozessen.

A. Untersuchungen über die thermische Zustandsgleichung in der Nähe der Normaldichte.

76. Die thermische Zustandsgleichung in der Nähe der Normaldichte. *a*) Nachdem wir im Vorigen ein allgemeines Bild der Untersuchung über die Zustandsgleichung entwickelt haben, erübrigt es noch, dasjenige zusammenzustellen, was verschiedene Gruppen von Forschungen über die Gesetze verschiedener vereinzelter Zustände und Zustandsgebiete festgestellt haben. Die Kenntnis dieser Gesetze war bei denselben das eine Mal eigenes Ziel, ein anderes Mal wurde sie für die Beurteilung der Tragweite des Gesetzes der übereinstimmenden Zustände verwendet. Meistens überschreitet die Genauigkeit, mit welcher in dieser Weise gewisse Stellen oder Linien auf der Zustandsfläche ermittelt sind oder ermittelt werden könnten, die, welche im Allgemeinen bei den Untersuchungen über diese Fläche erreicht wird, in einzelnen Fällen übertrifft sie dieselbe sogar bedeutend. Daher kommen die Resultate, insoweit dieselben nicht in der mittleren empirischen Zustandsgleichung verwertet sind, hauptsächlich für die Bestimmung der speziellen empirischen Zustandsgleichungen [also der speziellen Werte von A, B, C, D, E, F in Gl. (31), und zwar besonders von A und B] sowie deren Unterschiede für verschiedene Stoffe[885]) in Betracht. Wenn auch von den Ergebnissen, welche wir im Auge haben, für die Kontrolirung molekulartheoretisch abgeleiteter Zustandsgleichungen Gebrauch gemacht werden kann, so ist man mit dem Anschluss der Theorie an die Beobachtung noch so wenig vorgeschritten, dass zunächst für diese Prüfung die mittlere empirische Zustandsgleichung im Allgemeinen genügen könnte. Wir werden die verschiedenen im Folgenden zu behandelnden Untersuchungen über vereinzelte oder zusammenhangende Zustände denn auch von dem oben angegebenen Gesichtspunkte aus betrachten und, wo die betreffenden Gesetze es erlauben, dieselben möglichst explizite in M, T [diese Grösse hängt durch Gl. (32) unter der da erwähnten Voraussetzung mit A zusammen], B und C ausdrücken.

---

885) Diese könnten weiter zur Kontrolirung der Behandlung eines nach Nr. 38*g* gefassten Korrektionsproblems Anwendung finden.

In erster Reihe sind nun hervorzuheben die Untersuchungen über die Gase und Dämpfe einkomponentiger Stoffe (vergl. Fussn. 711 für Gemische) in der Nähe der Normaldichte. Diese sind teilweise grundlegend für die Bestimmung der Temperaturskala, auf die sich wie die ganze Thermodynamik so auch die Zustandsgleichung bezieht. Andrerseits sind sie bisweilen unumgänglich, um das Molekulargewicht (ebenfalls eine der Grundlagen für die Rechnungen über die Zustandsgleichung) festzustellen. Sie haben weiter, besonders wenn wir die Nähe der Normaldichte nicht zu enge begrenzen (*b*), eine besondere Bedeutung für die Vergleichung von Rechnung und Erfahrung für Zustände, in welchen der Zusammenstoss zweier Moleküle durch die Anwesenheit der andren nur wenig beeinflusst wird (nahezu planetarische Wechselwirkung, siehe Nr. **44***b*), was um so wichtiger ist, als dieser Fall der Rechnung leicht zugänglich scheint (vergl. Nr. **5***a* und **52**).

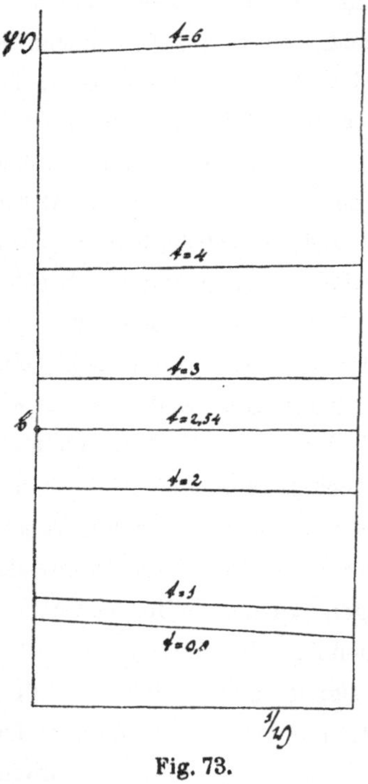

Fig. 73.

b) Unter Untersuchungen über die thermische Zustandsgleichung in der Nähe der Normaldichte verstehen wir diejenigen, welche sich einerseits von Untersuchungen im *Avogadro*'schen Zustande (Nr. **39***a*), andrerseits von solchen in Zuständen, bei denen das Glied mit C in Gl. (56) eine bedeutende Rolle erlangt, abheben. Dieselben sind daher besonders geeignet, auf die Eigenschaften des *Avogadro*'schen Zustandes durch Extrapolation zu schliessen oder über den Virialkoeffizienten B, eventuell nach Nr. **44***a* wegen C korrigirt, Aufklärung zu bringen. Fig. 73 zeigt die den verschiedenen Werten von B entsprechende Abweichung vom *Boyle*'schen Gesetz im $\mathfrak{p}\mathfrak{v}$, $\frac{1}{\mathfrak{v}}$-Diagramm nach Gl. (37) [886]. Bei $\mathfrak{t} = 2{,}54$ (dem Punkt *b*, Fig. 73,

886) Die Figur wurde deutlichkeitshalben bis $\frac{1}{\mathfrak{v}} = 0{,}1$ fortgesetzt, d. h. beträchtlich über das Gebiet, in welchem das Glied mit C vernachlässigt werden kann, hinaus.

welchen wir den *Boyle-Punkt* nennen werden) wechselt das Zeichen jener Abweichung (vergl. Fussn. 552). *D. Berthelot* [887]) gibt nach *Leduc* [a] die reduzirte *Boyle-Temperatur* zu 2,9 (vergl. Fussn. 902), nach *Chappuis* [888]) für N_2 2,4, *Leduc* neuerdings [889]) 2,56. Dagegen findet man für Wasserstoff [890]) den *Boyle*-Punkt bei $\mathfrak{t} = 3{,}3$, für Helium wahrscheinlich bei $\mathfrak{t}$ etwa 3,8. Die reduzirte Temperatur des *Boyle*-Punktes scheint also desto höher zu sein, je niedriger T_k ist (vergl. Nr. **34***c*) [891]).

c) Während Gl. (6) bei konstanten a_w, b_w, R_w erfordert, dass B eine lineare Funktion der reziproken Temperatur ist, ist dies nach Nr. **44** in Wirklichkeit nicht der Fall. Wir werden daher die Rechnungen über die quantitativen Resultate für Zustände in der Nähe der Normaldichte auf die empirische Zustandsgleichung beziehen und in dieselben $\mathfrak{b}_1$, $\mathfrak{b}_2$, $\mathfrak{b}_3$, $\mathfrak{b}_4$, $\mathfrak{b}_5$ von Gl. (35) einführen. Als solche Rechnungen behandlen wir zunächst die Bestimmung des Molekulargewichts von Gasen und Dämpfen aus der Gasdichte und der Kompressibilität (Nr. **77**—**80**) und die Reduktion der Skala des Gasthermometers (vergl. Einh. *c*) auf die *Kelvin*skala (Nr. **81** und **82**). Für den *Joule-Kelvin*-Effekt in der Nähe der Normaldichte vergl. Nr. **90***c*.

d) Wenngleich in den Formeln der in *c* genannten Nummern B nur in Korrektionsgliedern auftritt, so ist derselbe doch, wie in Nr. **44***b* hervorgehoben wurde, experimentell recht genau zu bestimmen. Mit Hülfe der mittleren Werte von B und C in Nr. **36** ist sogleich zu ersehen, in welchem Gebiet der Dichte bei einem bestimmten Stoff bei bestimmter Temperatur die betreffende Erscheinung verfolgt werden muss, um die beste Bestimmung von B zu bekommen und zu entscheiden, welches die zu erreichende Genauigkeit ist.

---

887) *D. Berthelot* [a] p. 433, [b] p. 44. *De Heen* und *Dwelshauvers-Dery*, Bull. Ac. R. de Belg. (3) 28 (1894), p. 46, fanden, aber durch starke Extrapolation, aus den CO_2-Isothermen von *Amagat* 2,98.

888) *P. Chappuis*. Trav. et. Mém. Bur. Internat. 13 (1907).

889) *A. Leduc*. Ann. chim. phys. (8) 19 (1910), p. 441.

890) Für Wasserstoff vergl. *H. Kamerlingh Onnes* und *C. Braak*, Leiden Comm. Nr. 100*a* (1907). Für Helium vergl. *H. Kamerlingh Onnes* [e] Nr. 102*c* (1908). Für die Angaben im Text ist für H_2 $T_k = 32$, für He $T_k = 5{,}25$ angenommen.

891) Nach *van der Waals*, [e] April 1901, p. 705, wäre aus der reduzirten *Boyle*-Temperatur ein Schluss über die Änderung von b_W mit der Temperatur zu ziehen. Die *van der Waals*'sche Hauptzustandsgleichung mit konstanten a_W, b_W, R_W gibt den *Boyle*-Punkt bei $\mathfrak{t} = 3^3/_8$.

a) Bestimmung der Molekulargewichte von Gasen und Dämpfen.

77. Korrektion der Normaldichte auf die theoretische Normaldichte. *a*) Schon aus den *van der Waals*'schen Grundanschauungen [892]) folgt unmittelbar, dass das *Avogadro*'sche Gesetz bei den Gasen und Dämpfen in nahezu normaler Dichte erst zur Geltung kommt, nachdem an demselben eine der Zustandsgleichung zu entnehmende Korrektion angebracht ist [893]). Diese Korrektion wurde zuerst experimentell berücksichtigt von *Leduc* [894]), sodann teilweise mit Hilfe der in Nr. 18 gegebenen *van der Waals*'schen Hauptzustandsgleichung, Gl. (6), mit konstanten a_W, b_W, R_W von *D. Berthelot* [895]) berechnet und angewandt und von *van der Waals* [896]) allgemein aus Gl. (6) mit konstanten a_W, b_W, R_W entwickelt und für $p = \frac{1}{76}$ näher diskutirt.

Kennt man das Molekulargewicht und bei gegebener Gasdichte also auch diese Korrektion, so wird dieselbe Rückschlüsse auf den Wert von B in dem betreffenden speziellen Zustand erlauben. Andrerseits schaffen aber die nachfolgenden Entwicklungen die Möglichkeit, das Molekulargewicht mit Hilfe der Zustandsgleichung selbst abzuleiten. Unsere Darstellung entspricht unmittelbar dieser Seite der Frage.

b) Die empirische Zustandsgleichung vereinfacht sich für die hier in Betracht kommenden Dichten (vergl. Nr. **76***b*) jedenfalls zu der Gl. (56). Die *Normaldichte* $\rho_{\Gamma_{\text{norm}}} = v^{-1}_{\Gamma 0^\circ \mathrm{C}\, p=1}$ ist dann mit der zu M proportionalen Grösse $M\Theta_M^{-1}$ (vergl. Einh. *b* und besonders Fussn. 23), welche man *theoretische Normaldichte* $\rho_{\Gamma_{\text{th norm}}}$ nennen kann, verbunden durch [vergl. Gl. (56) auf v_N (Einh. *b*) bezogen, vergl. Fussn. 359]:

$$\rho_{\Gamma \text{th norm}} = \rho_{\Gamma \text{norm}} \mathrm{N}_\Theta = \rho_{\Gamma \text{norm}} (1 + B_{\mathrm{N}0^\circ \mathrm{C}} + C_{\mathrm{N}0^\circ \mathrm{C}}). \qquad (126)$$

78. Ausdruck für die theoretische Normaldichte auf Grund von Dichtigkeits- und Kompressibilitätsbestimmungen. *a*) Um die Beziehung von ρ in der Nähe der Normaldichte zu der theoretischen Normaldichte anzugeben, kann man Gl. (56) nach p entwickeln [897]). Mit

892) Wie von *H. Kamerlingh Onnes* [a] p. 7 zuerst ausgesprochen wurde.

893) Vergl. *Rayleigh*, London Proc. Roy. Soc. 50 (1892), p. 448.

894) *A. Leduc*. Paris C. R. 125 (1897), p. 299; [a] p. 55.

895) *D. Berthelot*, Paris C. R. 126 (1898), p. 954, 1030, 1415, 1501; J. de phys. (3) 8 (1898), p. 263. Vergl. Paris C. R. 144 (1907), p. 77.

896) *J. D. van der Waals* [e] Nov. 1898, [a] p. 85.

897) *H. Kamerlingh Onnes* und *C. Zakrzewski*, Leiden Comm. Nr. 92 (1904).

$$B^{(p)} = BA^{-1},\ C^{(p)} = (C-B^2)\,A^{-2} \tag{127}$$

ist [504]) $pv = A\,\{1 + B^{(p)}\,p + C^{(p)}\,p^2\}$, (128)

sodass die von *Regnault* eingeführte und von *Leduc* [a] und *D. Berthelot* [895]) benutzte, aus *einer* Kompressibilitätsbestimmung sich experimentell ergebende Grösse

$$\mathscr{E} = p_2 v_2/p_1 v_1 - 1 = \mathscr{B}_{p_1}^{p_2}\,(p_2 - p_1) \tag{129}$$

und die also ebenfalls aus *einer* Kompressibilitätsbestimmung sich ergebende Grösse

$$\mathscr{B}_{p_1}^{p_2} = B^{(p)} + C^{(p)}\,(p_1 + p_2) - B^{(p)2}\,p_1 \tag{130}$$

ist. Es wird $p\,v_M = p\,\rho_\Gamma^{-1}\,M = A_\Theta\,\Theta_M\,(1 + \Delta)$, wo (131)

$$\Delta = B^{(p)}p + C^{(p)}p^2 = p\,\mathscr{B}_{p_1}^{p_2} + p\left\{\left(\mathscr{B}_{p_1}^{p_2}\right)^2 p_1 + C^{(p)}\{p-(p_1+p_2)\}\right\}. \tag{132}$$

Es sind also drei Bestimmungen, z. B. eine Dichte [898]) ρ_Γ und zwei Kompressibilitäten $\mathscr{E}$ notwendig um M zu finden oder umgekehrt B zu kontroliren mit M und ρ_Γ, wenn α_A (vergl. Nr. 82*b*) und Θ_M anderweitig bekannt sind. Θ_M erhält man aus drei entsprechenden Operationen mit einem Gas (O_2), dessen M man den Atomgewichten zu Grunde legt (vergl. Einh. *b*).

b) Kann man in der empirischen Zustandsgleichung (z. B. auf Grund des Korrespondenzgesetzes) C bei ρ_{norm} vernachlässigen [899]), so vereinfacht sich Gl. (56) zu Gl. (57), und dementsprechend Gl. (132), sodass eine ρ_Γ- und eine $\mathscr{E}$-Bestimmung genügt. Bei einer geforderten Genauigkeit von 10^{-4} in M, welcher in B bei gewöhnlicher Temperatur z. B. eine Genauigkeit von 14 °/₀ bei H_2, von 1,4 °/₀ bei CO_2 (bei 100° C eine von 0,2 °/₀ bei Isopentan) entspricht, muss dazu bei 0° C $\mathfrak{t}$ etwa 1,8 oder höher sein [900]).

898) Eine Übersicht über die neueren Gasdichtebestimmungen: *Ph. A. Guye*, J. chim. phys. 5 (1907), p. 203, der mit seinen Schülern viele Anwendungen derselben auf die genaue Bestimmung des Atomgewichts gemacht hat (vergl. Fussn. 909).

899) Durch Vergleichung von $C^{(p)}$ mit C findet man, wie *D. Berthelot*, Paris C. R. 144 (1907), p. 269, 145 (1907), p. 317, besonders betont, Gl. (57) bis zu grösseren Dichten gültig als die entsprechende Entwicklung nach p. Vergl. Fussn. 504.

900) Es ist die Tatsache, dass *Guye*, Paris C. R. 144 (1907), p. 976, Θ_M mit T_k regelmässig veränderlich findet, nicht auf Vernachlässigung von $C^{(p)}$ zurückzuführen. Bevor ein Grund angeführt wird, Θ_M mit T_k zu verknüpfen, ist es nicht zulässig, Θ_M einer Extrapolation nach $T_k = 0$ zu entnehmen. Vergl. weiter *Guye*, Paris C. R. 144 (1907), p. 1360, 145 (1907), p. 1164, 1330.

79. Anwendung des Korrespondenzgesetzes. *a*) Muss das Molekulargewicht eines Stoffes aus seinen Zustandsgrössen abgeleitet werden (Nr. **77**), so kann man unmittelbar, aber nur mit der dem Korrespondenzgesetze entsprechenden Annäherung, $M : M'$ zweier Stoffe finden durch das Verhältnis $\rho_\Gamma : \rho'_\Gamma$ in korrespondirenden Zuständen (Nr. **26**), und so, wenn man sich mit dieser Genauigkeit zufrieden gibt, die Kompressibilitätsbestimmungen umgehen [901]).

b) Mit derselben Genauigkeit kann man zu demselben Zweck auch B und C einem gemeinschaftlichen mittleren $\mathfrak{B}$ und $\mathfrak{C}$ als Funktion von $\mathfrak{t}$ für alle normalen Stoffe (Nr. **36**) entlehnen. Die Bestimmungen von $\mathcal{A}$ von *Leduc* [902]) kommen darauf hinaus. Eine einfache Formel für $\mathfrak{B}$ gab *D. Berthelot* [903]). Beide decken sich nahezu (vergl. Nr. **76***b*) mit unserem $\mathfrak{B}$ (und $\mathfrak{C}$). Dasselbe gilt für die von *Leduc* [889]) neuerdings gegebenen Formeln in Bezug auf $\mathfrak{B}^{(\mathfrak{p})}$ und $\mathfrak{C}^{(\mathfrak{p})}$.

c) Der Gl. (6) zufolge wäre [904])

$$M \rho_{\Gamma_{\mathrm{norm}}}^{-1} (1 + a_{\mathrm{WN}}) (1 - b_{\mathrm{WN}}) = \Theta_{\mathrm{M}}. \tag{133}$$

Formal kann man diese Beziehung beibehalten, wenn man wie in Nr. **38***c* a_{W} und b_{W} als Funktionen von $\mathfrak{t}$ und $\mathfrak{v}$ (oder $\mathfrak{p}$) auffasst [905]) [906]).

---

901) *A. Leduc*, Fussn. 894, und *Ph. A. Guye*, Paris C. R. **140** (1905), p. **1386.**

902) Die von *A. Leduc* und *P. Sacerdote*, Paris C. R. 125 (1897), p. 297, *Leduc* [a] p. 60, im Anschluss an die Entwickelung $\mathcal{E} = a_{\mathrm{L}}(p_2 - p_1) + b_{\mathrm{L}}(p_2 - p_1)^2$ (die Versuche von *Leduc* und *Sacerdote* geben den Wert von b_{L} nur sehr unsicher) eingeführte Grösse $\mathcal{A}_{\mathfrak{p}} = \left[\frac{1}{pv}\left(\frac{\partial pv}{\partial p}\right)_T\right]_{\mathfrak{p}}$ findet sich bei *H. Kamerlingh Onnes* und *C. Zakrzewski*, Fussn. 897, ausgedrückt in den Virialkoeffizienten A, B, C (siehe aber Fussn. 360), welche nach Gl. (36) und (35) Funktionen von $\mathfrak{t}$ sind. Nach *Leduc* ist $\mathcal{A}_{\mathfrak{p}}$ eine ziemlich komplizirte Funktion von $\mathfrak{t}$, welche abgeleitet wurde aus Kompressibilitätsbestimmungen bei einer grossen Zahl von Gasen. Diese Funktion ist hiermit auf die mittlere reduzirte Zustandsgleichung Gl. (34) wohl genügend zurückgeführt.

903) *D. Berthelot* [b] p. 31. Vergl. Paris C. R. **144** (1907), p. 194, wo auch eine Kritik auf die Rechnungen *Guye*'s, Fussn. 906.

904) *J. D. van der Waals* [a] p. 85.

905) Die Änderung von a_{W} und b_{W} mit $\mathfrak{v}$ und $\mathfrak{t}$ ist besonders zu beachten, wenn man für assoziirte Stoffe a_{WN} und b_{WN} für Gl. (**133**) aus p_{k} und T_{k} ableiten wollte, vergl. *Ph. A. Guye*, J. chim. phys. 8 (1910), p. 222. In seiner früheren Arbeit [a] unterschied *Leduc* auf Grund der Vergleichung von $\mathfrak{B}^{(\mathfrak{p})}$ und $\mathfrak{C}^{(\mathfrak{p})}$ verschiedene Gruppen von Stoffen (Nr. **34**), entsprechend dem Umstande, dass nur in diesen Gruppen die Änderungen von a_{W} und b_{W} mit $\mathfrak{v}$ und $\mathfrak{t}$ korrespondirende sind. In der neueren Arbeit [889]) liessen dieselben sich aber zurückbringen zu einer Gruppe von normalen Stoffen und zu einigen isolirten deviirenden Stoffen, die sich, was die unter-

d) Wenn Dichtebestimmungen bei genügend hohen reduzirten Temperaturen [907]) zulässig sind, haben diese den Vorteil, dass die Kompressibilitätskorrektion Δ (Nr. 78) bei demselben Druck viel kleiner wird als bei niedrigem $\mathfrak{t}$. Δ wird nämlich bei hohen Temperaturen (vergl. Nr. 78 und 36) proportional $\mathfrak{t}^{-1}$ und fällt bei genügend hohem $\mathfrak{t}$ fort.

80. Vergleichung der physikalischen mit den chemischen Bestimmungen. *a*) Die nach Nr. 78*b* bei Vernachlässigung von C von *D. Berthelot* [895]) mit $\mathscr{E}$-Bestimmungen (Nr. 78) von *Leduc* und *Sacerdote* [902]), ebenso von *Rayleigh* [908]) mit eigenen $\mathscr{E}$-Bestimmungen aus ebenfalls eigenen $\rho_{\mathfrak{r}_{norm}}$ abgeleiteten M für H_2, N_2, CO mit Beziehung auf O_2, stimmen vortrefflich mit den auf chemischem Weg gefundenen, was N_2 betrifft, nachdem das Atomgewicht von *Stas* durch *Guye* [909]) u. A. berichtigt ist. Dies verbürgt schon, dass auch die Verwendung der Bestimmungen von $\rho_{\mathfrak{r}_{norm}}$ zur Ableitung der Werte von B gerechtfertigt ist, was man auch durch Übereinstimmung der auf diese Weise mit den durch Kompressibilitätsbestimmungen erhaltenen Werten, z. B. für CO_2 [910]), bestätigt findet.

---

suchten Grössen betrifft, als durch Einführung eines scheinbaren kritischen Druckes (vergl. Nr. 38*b* und Fussn. 393) auf die ersteren reduzirbar herausstellen.

906) Es ist dies nicht, wie *Guye*, Paris C. R. 138 (1904), p. 1213, 140 (1905), p. 1241, J. chim. phys. 3 (1905), p. 321, meint, eine unabhängige Methode, sondern nur eine andre Rechnungsweise nach denselben Daten wie *b*. Vergl. auch Fussn. 903.

907) *A. Jaquerod* und *F. L. Perrot*, Paris C. R. 140 (1905), p. 1542. *Guye* nennt diese die Methode der hohen Temperaturen. Vergl. *D. Berthelot*, Fussn. 909. Vergl. weiter die Übersicht von *Ph. A. Guye*, J. chim. phys. 6 (1908), p. 769, wo noch zwei von *Baume* stammende Methoden und eine von *Guye* zur Ableitung des Molekulargewichts angeführt werden.

908) Lord *Rayleigh*. London Proc. Roy. Soc. 73 (1904), p. 153; ZS. physik. Chemie 52 (1905), p. 705. Die betreffenden Dichtebestimmungen brachten *Rayleigh* auf die Spur des Argons.

909) *Ph. A. Guye* und *S. Bogdan*, J. chim. phys. 3 (1905), p. 537; *A. Jaquerod* und *S. Bogdan* ibid. p. 562; *R. W. Gray*, Proc. Chem. Soc. 21 (1905), p. 156, J. Chem. Soc. 89 (1906), p. 1173. Übersicht: *Ph. A. Guye*, Paris Bull. Soc. chim. (3) 33 (1905), p. I = Arch. sc. phys. et nat. (4) 20, p. 231, 351, und J. chim. phys. 4 (1906), p. 174. Vergl. *Ph. A. Guye* und seine Mitarbeiter, Genève Mém. Soc. de phys. et d'hist. natur. 35 (1907), p. 547, und *Th. W. Richards*, J. chim. phys. 6 (1908), p. 92. Vergl. auch *D. Berthelot*, Paris C. R. 145 (1907), p. 65, 180.

910) Man findet für CO_2 aus $\rho_{\mathfrak{r}_{norm}}$ nach *Guye* [898]) und dem Ausdehnungskoeffizienten zwischen 0° C und 20° C nach *Chappuis* [927]) mit einer Korrektion für $C^{(p)}$ nach Gl. (37): $B^{(p)}_{20^\circ C} = -0{,}00552$, während die Kompressibilitätsbestimmungen von *Keesom*, [a] p. 23, ebenfalls für $C^{(p)}$ korrigirt [vergl. *H. Kamerlingh Onnes* und *C. Zakrzewski*, Leiden Comm. Nr. 92 (1904), p. 18] $B^{(p)}_{20^\circ C} = -0{,}00561$ geben.

b) Besonders erwähnt seien noch die von *Ramsay* und *Steele* [911]) gemachten Versuche mit Dämpfen (Fig. 74 gibt z. B. $p\,v$ als Funktion von p für Toluol bei 129,°6 C), aus welchen sie folgern, dass die Dichtebestimmung ungeeignet ist, um M zu finden. Denn wenn letztere Folgerung richtig wäre, so würden die Betrachtungen der vorigen Nummern und dieser Nr. *a* ihren Boden verlieren. Für eine richtige Beurteilung der Resultate von *Ramsay* und *Steele* ist aber nicht zu übersehen: α) dass nach Nr. **78*b*** nach Gl. (132) gerechnet werden muss und Vernachlässigung von C hier nicht erlaubt ist, β) dass die Reduktion für die Temperatur nach der Sauerstoffskala gemacht ist, aber mit α_A zu geschehen hätte, γ) dass nicht aufgeklärte systematische (vielleicht auch auf Adsorption, vergl. Nr. **39*a***, beruhende) Unterschiede zwischen den Bestimmungen bei kleineren und denjenigen bei grösseren Dichten bestehen [912]). Was die *Ramsay* und *Steele*'schen Bestimmungen bei grösseren Dichten für sich betrifft, hat *Reinganum* [913]) gezeigt, wie man mit Berücksichtigung von B auf bessere M kommt, und dies durch eigene Messungen bei Vernachlässigung von C bestätigt. Nach Ref. wäre mit Rücksicht auf das eben unter γ) angeführte bei Dampfdichtebestimmungen immer darauf zu achten, dass man auch C zu berücksichtigen hat, und wäre, wenn man nicht nach Nr. **78*a*** drei Bestimmungen vornimmt, die Korrektion für C nötigenfalls der mittleren empirischen Zustandsgleichung zu entnehmen. Mehr zu empfehlen ist es aber drei Bestimmungen zu machen, was dann in vielen Fällen

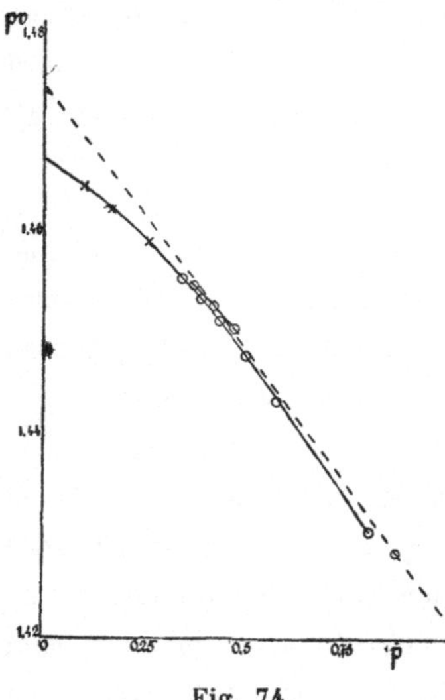

Fig. 74.

911) *W. Ramsay* und *B. D. Steele.* Phil. Mag. (6) 6 (1903), p. 492.

912) Dem entspricht die von *Ramsay* und *Steele* befolgte, in Fig. 74 durch die gezogene Kurve angedeutete Extrapolation, welche von dem Gedanken ausgeht, dass die Isothermen bei abnehmender Dichte sich nach der Druckachse biegen. Die Erwartung von *Ramsay* und *Steele*, dass das Ende der Isotherme der p-Achse parallel ist, steht mit Gl. (128) in offenbarem Widerspruch. Die gestrichelte Linie gibt das richtige M. Vergl. auch *Ph. A. Guye*, Paris C. R. 145 (1907), p. 1330 und besonders *A. Leduc*, Paris C. R. 148 (1909), p. 832 und Fussn. 889.

913) *M. Reinganum.* ZS. physik. Chemie 48 (1904), p. 697; Verh. d. D. physik. Ges. 7 (1905), p. 75.

auch erlauben wird, den Druck zu steigern, bei einer der Bestimmungen unter Umständen z. B. bis auf 2 Atm.

c) Zu besonders grossen Werten von B gehören die *abnormen Dampfdichten*. Insoweit dieselben nicht mit der Assoziation (Nr. **35** und **69***c*) oder mit Polymerisationen (Nr. **1***b*) zusammenhangen, sind diese auf Gl. (131) zurückzuführen. Gl. (132) lässt beträchtliche Werte von Δ zu [914]).

b) Reduktion des Gasthermometers auf die Kelvinskala.

81. Spannungs- und Ausdehnungskoeffizient. *a*) Bei thermometrischen Bestimmungen spielt der Unterschied des *mittleren Spannungskoeffizienten* [915]) zwischen zwei Temperaturen: $\overset{t_1-t_2}{\alpha_v} = \frac{1}{p_1}\left(\frac{p_2-p_1}{t_2-t_1}\right)$, und des *mittleren Ausdehnungskoeffizienten* [915]) zwischen zwei Temperaturen: $\overset{t_1-t_2}{\alpha_p} = \frac{1}{v_1}\left(\frac{v_2-v_1}{t_2-t_1}\right)$ von dem Wert für den *Avogadro*'schen Zustand $\left(\frac{\alpha_A}{1+\alpha_A t_1} = \frac{1}{T_1}\right)$ eine grosse Rolle. In diesen Unterschieden sowie in den Abweichungen der Gasthermometerskalen bei konstantem Volumen und bei konstantem Druck von der *Kelvin*skala (Nr. **82**) kommt besonders die Änderung von $\mathfrak{B}$ mit der reduzirten Temperatur zum Ausdruck.

Dies zeigt sich bei dem zu einer gegebenen Dichte gehörenden absoluten Spannungskoeffizienten, der nach der *van der Waals*'schen Hauptzustandsgleichung (Nr. **18**) mit konstanten a_W, b_W, R_W, wie im Allgemeinen, so auch bei thermometrischen Gasdichten d. h. in der Nähe der Normaldichte, unabhängig von der Temperatur $= \frac{R_W}{v-b_W}$ sein würde. Wir haben aber schon Nr. **42** gesehen, dass die Sache durch die Veränderlichkeit von a_W, b_W und R_W nicht so einfach liegt.

---

914) Nach *van der Waals* (vergl. Nr. **77***a*) bis 2 %. Vergl. auch Nr. **86***a*.

915) Wir nennen $\left(\frac{\partial p}{\partial t}\right)_v$ bzw. $\left(\frac{\partial v}{\partial t}\right)_p$ den *absoluten Spannungs-* bzw. *Ausdehnungskoeffizienten*, $\frac{1}{p}\left(\frac{\partial p}{\partial t}\right)_v = \overset{t}{\alpha}_v$ bzw. $\frac{1}{v}\left(\frac{\partial v}{\partial t}\right)_p = \overset{t}{\alpha}_p$ den *relativen* oder *kurz Spannungs-* bzw. *Ausdehnungskoeffizienten*. Der direkten Beobachtung sind nur die mittleren Spannungs- und Ausdehnungskoeffizienten zugänglich. Auf den Einfluss der Definition der Atmosphäre (vergl. Fussn. 3) machte *D. Mendelejeff*, Ber. d. chem. Ges. 10 (1877), p. 81, aufmerksam.

b) Die empirische Zustandsgleichung (31) gibt [916]):

$$\left(\overset{0°C-t}{\alpha_v} - \alpha_A\right) t = (1 + \alpha_A\, t)\left[(B_t - B_{0°C})\, p_{0°C} + \right.$$

$$\left. + \left\{C_t - C_{0°C} - 2\, B_{0°C}(B_t - B_{0°C})\right\} p_{0°C}^{\,2} \ldots \right]. \quad (134)$$

Dass bei sinkendem $p_{0°C}$ dieser Unterschied Null zustrebt, folgerte *Regnault* [146]) aus seinen Versuchen. Die entgegengesetzten Resultate der Versuche *Melander*'s [917]) für H_2 sind durch die entsprechenden Beobachtungen von *Chappuis* [918]) für N_2 genügend widerlegt

c) Aus Gl. (35) und (36) ergibt sich behufs der ersten Annäherung von $\overset{0°C-t}{\alpha_v} - \alpha_A$:

$$B_t - B_{0°C} = \frac{RT_k^{\,2}}{p_k}\left\{\mathfrak{b}_2\left(\frac{1}{T} - \frac{1}{T_{0°C}}\right) + \mathfrak{b}_3\, T_k\left(\frac{1}{T^2} - \frac{1}{T_{0°C}^2}\right) \ldots\right\}. \quad (135)$$

Man findet aus dieser Formel für verschiedene Gase bei demselben T im Allgemeinen [919]) eine um so kleinere Differenz, je kleiner T_k ist. Bei H_2 und He ist dementsprechend der Unterschied nur sehr gering [920]). Bei

---

916) *Leduc* [a] p. 94 u. f. leitete entsprechende Formeln ab, um aus seinem $\mathfrak{Ap}$ mit Berücksichtigung von b_L (Fussn. 902) Spannungs- und Ausdehnungskoeffizienten für verschiedene Gase zu berechnen. Vergl. die neueren Berechnungen von *A. Leduc*, Paris C. R. 148 (1909), p. 1173.

917) *G. Melander.* Ann. Phys. Chem. 47 (1892), p. 135, vergl. *Boltzmann*-Festschrift 1904, p. 789, Acta Soc. Scient. Fenn. 33 Nr. 10 (1905).

918) Versuche von *Chappuis*, Trav. et Mém. Bur. Intern. 6 (1888), 13 (1907), sowie die Arbeiten von *D. Berthelot* [b], *Callendar*, Phil. Mag. (5) 48 (1899), p. 540, (6) 5 (1903), p. 48, *Travers*, *Senter* und *Jaquerod*, London Phil. Trans. A 200 (1903), p. 105, sind besprochen in den Arbeiten von *Kamerlingh Onnes* und *Boudin*, Leiden Comm. Nr. 60 (1900), *Kamerlingh Onnes* und *Braak*, Leiden Comm. Nr. 97*b*, 101*b* (1907), und *Kamerlingh Onnes* [e] Nr. 102*b* (1907). Für neue Bestimmungen von Spannungskoeffizienten siehe weiter: *Jaquerod* und *Perrot*, Paris C.R. 138 (1904), p. 1032, *Jaquerod* und *Scheuer*, Paris C.R. 140 (1905), p. 1384, *Makower* und *Noble*, London Proc. Roy. Soc. 72 (1903), p. 379, *J. Lebedeff*, J. de phys. (3) 10 (1901), p. 157, *A. Leduc* [a] p. 100.

919) Es kann aber bei nicht viel verschiedenen Werten von T_k durch p_k ein Unterschied in andrer Richtung bedingt werden.

920) In Leiden Comm. Nr. 102*b* (1907) hat *Kamerlingh Onnes* für He $\overset{0°-100°C}{\alpha_v}$ bei $p_{0°C} = 1{,}3$ aus den individuellen Virialkoeffizienten berechnet. Es ist dieser Wert mit der Vergleichung von dem H_2- und dem He-Thermometer durch *Travers*, *Senter* und *Jaquerod* [918]) in Übereinstimmung zu bringen. Dass für He bei $p_{0°C} = 1{,}3$ $\overset{0°-100°C}{\alpha_v} - \alpha_A$, in Übereinstimmung mit dem Wert von $B_t - B_{0°C}$, negativ gefunden wird, sagt aus, dass, um Anschluss

so grossem $\mathfrak{v}$, dass in Gl. (31) das Glied mit C (vergl. Nr. 78*b*) u. s. w., und so hohem $\mathfrak{t}$, dass in $\mathfrak{B}$ die Glieder $\mathfrak{b}_2$ u. s. w. nicht mehr in Betracht kommen, ist der Spannungskoeffizient unabhängig von der Temperatur. *Regnault*[146]) schloss, dass dieses bei seinen Gasthermometern mit H_2, Luft, CO_2 der Fall sei, nicht aber für SO_2, dessen abweichendes Verhalten jedoch von *van der Waals* [a] p. 70 durch Adsorption erklärt wurde. Aus den Versuchen von *Chappuis*[918]) mit H_2, N_2, CO_2 geht aber hervor, dass die Unabhängigkeit von der Temperatur nur annähernd stattfindet.

d) Betrachtet man den Spannungskoeffizienten bei derselben Temperatur, aber bei verschiedenen Dichten[921]), so deutet der Verlauf des Spannungskoeffizienten in der Nähe der Normaldichte nach Gl. (134) schon auf das von *Amagat*[922]) aus seinen Versuchen mit H_2 bei viel grösseren Dichten gefolgerte Verhalten, dass nämlich der Spannungskoeffizient anfänglich mit $p_{0^\circ C}$ zunimmt, nachher aber ein Maximum erreicht, um dann wieder abzunehmen.

e) Für den mittleren Ausdehnungskoeffizienten (vergl. *a*) können analoge Betrachtungen, wie für den Spannungskoeffizienten gegeben sind, angestellt werden. In erster Annäherung gibt die empirische Zustandsgleichung (vergl. Nr. 78*a*):

$$\left(\overset{0^\circ C-t}{\alpha_p} - \alpha_A\right) t = p\left(\overset{(p)}{B_t} - \overset{(p)}{B_{0^\circ C}}\right)\left(1+\alpha_A t\right) = p\left\{B_t - B_{0^\circ C}(1+\alpha_A t)\right\}. \quad (136)$$

---

der mittleren reduzirten Zustandsgleichung an He für 0° und 100° C zu bekommen, $\mathfrak{b}_2$, $\mathfrak{b}_3$ u.s.w. [vergl. Gl. (37)] für diesen Stoff nicht alle negativ bleiben können. Wenn Gl. (37) sich auch für diese Werte von $\mathfrak{t}$ als den zwei- und mehratomigen Stoffen angeschlossen zeigen würde [vergl. für H_2 aber auch schon Leiden Comm. Nr. 109*a* (1909), p. 9], so dürfte die sich hier zeigende Deviation der einatomigen darauf hinweisen, dass die Moleküle der ersten in Vergleich mit denen der letzten Stoffe eine gewisse Ausdehnung mit der Temperatur zeigen, eine Lockerung, welche auch durch das Anwachsen ihrer spezifischen Wärme γ_{vA} mit der Temperatur angezeigt wird (Nr. 55 und 56) und mit derselben vielleicht in numerische Beziehung zu setzen wäre. Die einatomigen würden dann nicht in der allgemeinen reduzirten Zustandsgleichung aufgenommen werden können, sondern eine Klasse für sich beanspruchen (vergl. Nr. 36).

921) Die Temperaturbestimmungen unter dem Siedepunkt des Heliums geschehen bei Dichten, die weniger als $^1/_3$ der Normaldichte sind. Der Druck ist dann nur noch etwa 2 mm.

922) *E. H. Amagat*, Rapp. Congr. intern. de Phys. Paris 1900 t. 1, p. 551, Phil. Mag. (6) 2 (1901), p. 651. Bei H_2 fand er sogar, dass der Spannungskoeffizient, nachdem das Maximum passirt ist, wieder den Wert, welchen er bei niedrigen Drucken hat, zurückbekommt, wenn nämlich der Ausdruck $T\left(\frac{\partial p}{\partial T}\right)_v - p$ (vergl. Nr. 45*a*) wieder durch den Nullwert geht.

Bei sinkendem p strebt auch dieser Unterschied nach Null, sodass $\alpha_{pA} = \alpha_{vA}$. Aus Gl. (136) und (134) ergibt sich in erster Annäherung die für die Beurteilung von B anwendbare Gleichung

$$\overset{0^\circ\mathrm{C}-t}{\alpha_v} - \overset{0^\circ\mathrm{C}-t}{\alpha_p} = B_t\, \alpha_{\mathrm{A}}\, p_{0^\circ\mathrm{C}}, \tag{137}$$

in welcher Gleichung α_p für den Druck $p_{0^\circ\mathrm{C}}$, der in der Bestimmung von α_v als Druck bei 0° C eingeht, zu nehmen ist.

Da meistens das Gasthermometer mit konstantem Volumen (Nr. **82**) benutzt wird, liegen Bestimmungen der Ausdehnungskoeffizienten in geringerer Zahl als solche der Spannungskoeffizienten vor. Es seien genannt die von *Chappuis* (vergl. Fussn. 918). Vergl. ebenfalls die Bestimmungen von *Regnault* [146]) und die Arbeit von *Buckingham* [923]).

82. Die absolute Temperatur und der absolute Nullpunkt. *a*) Die Bestimmung der absoluten Temperaturskala, eine für die Rechnungen der vorigen Nummern nötige Grundlage, beruht teilweise ebenfalls auf der Anwendung der Zustandsgleichung, indem die Korrektionen an der direkten Angabe der Gasthermometer mit konstantem Volumen oder Druck (Enc. V 3, Art *Bryan*, Nr. **22**), um dieselbe auf absolute Temperatur (vergl. Enc. V 3, Art. *Bryan*, Nr **22** und **9**) zu reduziren, teilweise (oder, bei der später in dieser Nr. erörterten Annahme, ganz) nach Nr. **81** angebracht werden können. Wir werden diese Korrektion zerlegen in die Korrektion des gewöhnlichen Gasthermometers auf die Skala, welche für ein Gasthermometer mit Gas gelten würde, welches sich in dem *Avogadro*'schen Zustande befindet, und in die Korrektion, welche von dieser Skala, welche man die *Avogadroskala* nennen könnte, auf die Skala der absoluten Temperatur führt, die wir die *Kelvin*skala genannt haben.

Zur Bestimmung der letzteren Korrektion können mit dem Thermometergas angestellte Messungen des *Joule-Kelvin*-Effektes (Nr. **90**) herangezogen werden [924]), indem aus Gl. (173), in der T auf die *Kelvin*-

923) *E. Buckingham.* Bull. Bureau Standards (1907), p. 237.

924) Vergl. die Arbeiten von *J. P. Joule* und *W. Thomson*, Phil. Mag. (4) 4 (1852), p. 481, London Phil. Trans. 143 (1853), p. 357, 145 (1854), p. 321, 152 (1862), p. 579, *J. Rose-Innes*, Phil. Mag. (5) 45 (1898), p. 227, (5) 50 (1900), p. 251, (6) 2 (1901), p. 130, (6) 6 (1903), p. 353, (6) 15 (1908), p. 301, *H. Pellat*, Paris C. R. 136 (1903), p. 809, *R. A. Lehfeldt*, Nature 67 (1903), p. 550, Chem. News 87 (1903), p. 177, *H. L. Callendar*, Phil. Mag. (6) 5 (1903), p. 48 (vergl. Fussn. 918), *E. Buckingham*, Fussn. 923. Für die Temperaturmessung mittels der Verdampfungswärme vergl. *F. Henning*, Verh. d. D. physik. Ges. 13 (1911), p. 645. In diesen

skala bezogen werden muss, was nötigenfalls durch $T_{(K)}$ angegeben werden soll, und aus Gl. (128) mit Gl. (32), in der T sich auf die *Avogadro*skala bezieht, was wir nötigenfalls durch $T_{(A)}$ angeben werden, in erster Annäherung als Beziehung zwischen jenen beiden Temperaturskalen die Gleichung

$$d \ln T_{(K)} = d \ln T_{(A)} \cdot \left[1 + p \left\{ \frac{dB^{(p)}}{d \ln T_{(A)}} - \frac{\gamma_{p(A)}}{R T_{(A)}} \left(\frac{d T_{(A)}}{dp} \right)_{\mathfrak{J}_{sp}=\text{konst}} \right\} \right] \tag{138}$$

abgeleitet wird. Die vorliegenden experimentellen Bestimmungen des *Joule-Kelvin*-Effektes (Nr. **90**a) haben einen Unterschied zwischen der *Kelvin*skala und der *Avogadro*skala über das von denselben umfasste Temperaturgebiet nicht ergeben. Für hohe Temperaturen wird die Übereinstimmung beider Skalen innerhalb der bis jetzt erreichten Genauigkeitsgrenzen dargetan durch die Übereinstimmung zwischen der auf Strahlungsmessungen fussenden Temperaturskala [27]) und der *Avogadro*skala. Bei tiefen Temperaturen steht der Realisirung der *Kelvin*skala durch Bestimmungen des *Joule-Kelvin*-Effektes die auch bei anderen Temperaturen schwer wiegende Schwierigkeit der Verwirklichung desselben als isenthalpischen Prozesses entgegen [925]). Man wird denselben in diesem Gebiet z. B. Bestimmungen von $\gamma_{v(A)}$ für das Thermometergas bei verschiedenen Drucken, die mittels Gl. (92) Enc. V 3, Art. *Bryan*, oder Bestimmungen von λ (vergl. Fussn. 924), die mittels Gl. (138) Enc. V 3, Art. *Bryan*, die Korrektion von der *Avogadro*skala auf die *Kelvin*skala zu berechnen erlauben, vorziehen. Wir haben mit Rücksicht auf die Tatsache, dass entgegengesetzte Ergebnisse nicht vorliegen, diese Korrektion Null gesetzt.

Die Korrektion des Gasthermometers mit konstantem Volumen [926]) (vergl. Einh. c) auf die *Avogadro*skala, bei jener Annahme zugleich die Kor-

---

Arbeiten wird sogleich die Gesamtkorrektion von Gasthermometerskala auf *Kelvin*skala behandelt, vergl. auch *M. Planck* [a] p. 132.

925) Vergl. wegen dieser Schwierigkeiten *J. P. Dalton*, Fussn. 1095 (vergl. Fussn. 1107).

Auf die Frage, wie die *Kelvin*skala zu realisiren ist für Temperaturen, bei welchen die Dampfspannung des Heliums zu gering geworden ist, um eine Anwendung als Thermometergas zu ermöglichen, obgleich dieselbe sich bei dem Studium der Zustandsgleichung des festen Zustandes in diesem Gebiet stellen wird, gehen wir in diesem Artikel nicht ein.

926) Wie die entsprechende Korrektion für das Gasthermometer bei konstantem Druck abzuleiten ist, ist einleuchtend. Wir beschäftigen uns weiter nur mit demselben bei konstantem Volumen.

rektion auf die *Kelvin*skala $t_{(K)} - t_{gas\,v}$, als $t_{gas\,v} = \frac{p - p_{0^\circ C}}{p_{100^\circ C} - p_{0^\circ C}} \cdot 100$, ergibt sich in erster Annäherung zu $t_{(A)} - t_{gas\,v} =$

$$\frac{p_{0^\circ C}\, t}{\alpha_A\, A_{0^\circ C}} \left\{ \frac{B_{100^\circ C}(1+\alpha_A \cdot 100) - B_{0^\circ C}}{100} - \frac{B_t(1+\alpha_A\, t) - B_{0^\circ C}}{t} \right\}. \quad (139)$$

D. Berthelot [b] legte seinen Berechnungen z. B. der Korrektionen des internationalen Wasserstoffthermometers (Einh. *c*) auf die *Kelvin*skala seine Formel für $\mathfrak{B}$ (vergl. Nr. **79*b***) zu Grunde, die er mit den Kompressibilitätsbestimmungen nahe der Normaldichte für verschiedene Gase nach dem Korrespondenzgesetz und besonders mit den genauen Messungen von *Chappuis* [927]) über H_2-, N_2- und CO_2-Thermometer als übereinstimmend nachwies. *Kamerlingh Onnes* und *Braak* [928]) verwendeten dazu die aus ihren Isothermenbestimmungen [354]) hervorgegangenen individuellen Virialkoeffizienten [367]), was die Feststellung dieser Korrektionen für die tiefen Temperaturen bis -217° C ohne Extrapolation gestattete [929]).

b) Gl. (134) bzw. (136) geben an, wie aus Bestimmungen von Spannungs- bzw. Ausdehnungskoeffizienten α_A abgeleitet werden kann, entweder aus Bestimmungen von α_v oder α_p bei verschiedenem (Anfangs-) Druck durch Extrapolation bis zum Druck 0, oder aus Bestimmungen bei einem Druck und Hinzuziehen von B_t und $B_{0^\circ C}$ (wenn nötig C_t und $C_{0^\circ C}$) aus Kompressibilitätsbestimmungen. Erstere Methode liefert aus Bestimmungen des Spannungskoeffizienten von N_2 durch *Chappuis* und *Harker* [930]) $\alpha_A = 0{,}00366178$. *D. Berthelot* [b] fand nach der zweiten aus Bestimmungen von Spannungs-, bzw. Ausdehnungskoeffizienten und Kompressibilität von N_2 sowie aus solchen von H_2 in einem Hartglasreservoir [931]) durch *Chappuis* [927]) $\alpha_A = 0{,}00366180$. Wir runden ab zu $\alpha_A = 0{,}0036618$ und setzen dementsprechend 0° C $= 273^\circ{,}09$ K (Einh. *c*), welche Zahl *Berthelot* auch mit den Bestimmungen des *Joule-Kelvin*-

---

927) *P. Chappuis.* Trav. et Mém. Bur. internat. 13 (1907).

928) *H. Kamerlingh Onnes* und *C. Braak.* Leiden Comm. Nr. 101*b* (1907). Für das internationale He-Thermometer: *H. Kamerlingh Onnes* [e] Nr. 102*b* (1907).

929) Gl. (37) ist an diese Bestimmungen noch nicht angeschlossen und gibt dementsprechend etwas verschiedene Werte, vergl. *H. Kamerlingh Onnes* und *C. Braak*, Leiden Comm. Nr. 97*b* (1907).

930) *P. Chappuis* und *J. Harker.* Trav. et Mém. Bur. internat. 12 (1902).

931) Die Bestimmungen an H_2 in einem Platiniridiumreservoir lieferten etwas abweichende Werte. Vergl. auch *E. H. Amagat*, Paris C. R. 153 (1911), p. 854.

Effektes in Übereinstimmung fand und *Kamerlingh Onnes* und *Braak*[932]) mit ihren *B*-Werten aus dem *Kamerlingh Onnes* und *Boudin*'schen[933]) Spannungskoeffizienten von H_2 ableiteten.

B. Ausführungen zur Liquid-Gas-Konnodale und ihrer unmittelbaren Umgebung.

83. Die Dampfspannungsformeln. *a*) Die Liquid-Gas-Konnodale (vergl. Nr. **60** und **61**) bietet ein sehr scharfes Mittel, um die Richtigkeit der *Gibbs*'schen Fläche entlang einer Linie zu prüfen. Kleine Formunterschiede dieser Fläche zeigen sich im Allgemeinen sogleich durch bedeutende Änderungen der Kurve. Man hat guten Grund, zu erwarten, dass eine thermische Zustandsgleichung, welche für die auf der Konnodale liegenden Dichten den richtigen Wert von p liefert, und die weiter auf den *Avogadro*'schen Zustand führt und nahezu geradlinige Isopyknen im p, T-Diagramm gibt (vergl. Nr. **42**), bei höheren Temperaturen jedenfalls annähernd der Wirklichkeit entsprechen wird. So ist denn auch die Form, welche *Clausius* a_w gab (Nr. **48**e), gewählt, damit die Konnodale richtig herauskommt. Wir vereinen im Folgenden die Untersuchungen verschiedener Art, welche sich auf die Liquid-Gas-Konnodale beziehen. Auf viele Ergebnisse wurde bei den Betrachtungen der vorigen Abschnitte schon hingewiesen.

b) Der Gleichgewichtsdruck Liquid-Gas für ebene[934]) Trennungsflächen, *Maximumdampfspannung*, kurz *Dampfspannung*, stellt sich nur ein, wenn Flüssigkeit mit einer ebenen Fläche anwesend ist. Ist dies nicht der Fall, so wird der metastabile Zustand[935]) bei bestimmter

932) *H. Kamerlingh Onnes* und *G. Braak*, Leiden Comm. Nr. 101*b* (1907), besonders p. 14 Fussn. 2.

933) *H. Kamerlingh Onnes* und *M. Boudin*. Leiden Comm. Nr. 60 (1900).

934) Für den Gleichgewichtsdruck bei gekrümmten Flächen siehe Enc. V 9, Art. *Minkowski*, Nr. 5 (vergl. auch Fussn. 160). *O. Lehmann*, Physik ZS. 7 (1906), p. 392, sieht in der Erfahrung, dass z. B. Tröpfchen ungleicher Grösse während längerer Zeit nebeneinander bestehen bleiben können, einen Widerspruch gegen den *Kelvin*'schen Satz der Abhängigheit des Gleichgewichtsdruckes von der Oberflächenkrümmung. Man soll dabei aber nicht übersehen, dass solche Tröpfchen trotz verschiedener Krümmung ihrer verschiedenen Dichte wegen mit demselben Dampf in Druckgleichgewicht sein können und dass daher, wiewohl die Unterschiede des thermodynamischen Potentials dahin wirken müssen, dass schliesslich die kleineren Tropfen in die grösseren aufgenommen werden, dieses eine sehr viel längere Zeit beanspruchen wird als das Überdestilliren, wenn im Dampf Druckunterschiede existiren. Vergl. auch Fussn. 795.

935) Vergl. Fussn. 160.

Übersättigung [936]) nur aufgehoben durch die Anwesenheit von bestimmten *Kernen* [937]).

Dass die Dampfspannung nur durch die Temperatur bedingt wird [938]), ist bezweifelt von *Wüllner* und *Grotrian* [939]) sowie von *Battelli* [940]), aber festgestellt durch die Versuche von *Young* [941]), *Tammann* [942]) und *Julius* [943]) [vergl. *Kohnstamm* [944])].

---

936) *C. T. R. Wilson* siehe Fussn. 937.

937) Staub im weitesten Sinne: *J. Aitken*, Edinb. Trans. Roy. Soc. 30 (1880), p. 337, vergl. ibid. 39 (1897), p. 15; *J. Kiessling*, Gött. Nachrichten 1884, p. 122. Vergl. *Mme. Curie*, Paris C. R. 145 (1907), p. 1145, 147 (1908), p. 379; sowie *J. Kiessling*, Marburg Sitz.-Ber. 1904, p. 87; 1905, p. 49; *E. Barkow*, Diss. Marburg 1906, Ann. d. Phys. (4) 23 (1907), p. 317; *E. Pringal*, Ann. d. Phys. (4) 26 (1908), p. 727; *F. Richarz*, Marburg Sitz.-Ber. 1908, p. 78; *G. Leithäuser* und *R. Pohl*, Verh. d. D. physik. Ges. 10 (1908), p. 249, 420; *P. Lenard* und *C. Ramsauer*, Heidelberg Sitz.-Ber. 1911, 24.

Ionen: *R. von Helmholtz* und *F. Richarz*, Ann. Phys. Chem. 40 (1890), p. 161; *C. T. R. Wilson*, London Phil. Trans. A 189 (1897), p. 265, 192 (1899), p. 403, 193 (1900), p. 289, Proc. Roy. Instit. Great Britain 17 (1904), p. 458 [*regenähnliche* Kondensation von Wasser bei vierfacher (durch Expansion hervorgerufener) Übersättigung bei Anwesenheit negativer, bei sechsfacher Übersättigung bei Anwesenheit positiver Ionen [Anwendung dieses Unterschieds auf die Theorie der atmosphärischen Elektrizität *J. J. Thomson*, Phil. Mag. (5) 46 (1898), p. 533], *wolkenähnliche* Kondensation bei achtfacher Übersättigung; Kondensation von andren Dämpfen als Wasser, die leichter auf positive Ionen stattfindet: *F. G. Donnan*, Phil. Mag. (6) 3 (1902), p. 305, *K. Przibram*, Physik. ZS. 8 (1907), p. 561, Wien Sitz.-Ber. [2*a*] 118 (1909), p. 331, *T. H. Laby*, London Phil. Trans. A 208 (1908), p. 445]. Anwendung auf die Zählung der Ionen siehe: *J. J. Thomson*, Conduction of Electricity through Gases, Cambridge 1903, p. 121.

Das Verhalten der verschiedenen Arten von Kernen (*Nuclei*), welches die zahlreichen Versuche von *C. Barus* zeigen, ist noch nicht ganz aufgeklärt [Phys. Review 22 (1906), p. 82; Smithson. Contrib. 34 (1905); The Nucleation of the Uncontaminated Atmosphere, Washington 1906; Condensation of Vapor as induced by Nuclei and Ions, Washington 1907; vergl. auch Nature 68 (1903), p. 548 und 69 (1903), p. 103, 74 (1906), p. 619].

938) Vergl. Fussn. 1014.

939) *A. Wüllner* und *O. Grotrian*. Ann. Phys. Chem. 11 (1880), p. 545.

940) *A. Battelli*. Ann. chim. phys. (6) 25 (1892), p. 38.

941) *S. Young*. Phil. Mag. (5) 38 (1894), p. 569; Nature 73 (1906), p. 599; J. chim. phys. 4 (1906), p. 425. Auch *Ramsay* und *Young*, Phil. Mag. (5) 37 (1894), p. 217.

942) *G. Tammann*. Mém. Acad. Sc. St. Pétersb. (7) 35 (1887) Nr. 9, p. 17, ebenso wie *Julius* [943]), fand eine Vergrösserung des Dampfdruckes bei der Kondensation bei unreinen Stoffen (vergl. Fussn. 150 und Nr. 67*e*), welche nach Reinigung verschwand.

943) *V. A. Julius*. Amsterdam Akad. Versl. Jan. 1897.

944) *Ph. A. Kohnstamm*. Diss. Amsterdam 1901, p. 121 u. f.

c) Die Rechnungen um p_{koex} als $f(T)$ aus der Zustandsgleichung mit Hülfe des *Maxwell*'schen Kriteriums Gl. (5) zu finden [945]) (vergl. *e*), führten nicht auf explizite Gleichungen. Es liegt auf der Hand, die Resultate in derselben Weise als experimentelle Tatsachen, also durch empirische Formeln, zusammenzufassen (vergl. *g*).

Wenn man [227]) aus der *van der Waals*'schen Hauptzustandsgleichung mit konstanten a_w, b_w, R_w graphisch das Dampfspannungsgesetz ableitet, findet man dasselbe annäherend [946]) durch die in Gl. (12) niedergelegte *van der Waals*'sche Dampfspannungsformel wiedergegeben, wobei f_w den Wert $f_{wh} = 1{,}5$ hat (für Briggische Logarithmen) [947]). Der experimentelle Mittelwert für normale Stoffe mit mittleren kritischen Temperaturen (vergl. Nr. **37***c*) [948]) ist $f_{we} = 2{,}9$ (vergl. *f*).

---

945) Solche Rechnungen sind für die *Clausius*'sche Zustandsgleichung Gl. (81) ausgeführt von *M. Planck*, Ann. Phys Chem. 13 (1881), p. 535, *R. Clausius*, Ann. Phys. Chem. 14 (1881), p. 279, 692, *J. J. van Laar*, ZS. physik. Chem. 11 (1893), p. 433. Für $\theta_C = 1$ und $\beta_C = 0$ (Nr. **48***e*) können dieselben auf die *van der Waals*'sche Gl. (6) mit konstanten a_W, b_W, R_W angewendet werden. *H. Hilton*, Phil. Mag. (6) 1 (1901), p. 579, (6) 2 (1901), p. 108, *P. Ritter*, Wien Sitz.-Ber. [2*a*] 111 (1902), p. 1046 und *J. P. Dalton*, Phil. Mag. (6) 13 (1907), p. 517 operirten mit der reduzirten *van der Waals*'schen Gl. (18). *F. G. Donnan*, Nature 52 (1895), p. 619, zeigte, wie man aus der *van der Waals*'schen Hauptzustandsgleichung mit konstanten a_W, b_W, R_W durch Benutzung der Gleichung für die gerade Mittellinie, welches Verfahren also eine Annäherung einschliesst (vergl. Fussn. 955), eine explizite Gleichung erhalten kann.

Für niedrige reduzirte Temperatur folgt nach *J. D. van der Waals* [e] Juni 1903, vergl. *M. Planck* [a] p. 277, durch Anwendung des *Maxwell*'schen Kriteriums aus der *van der Waals*'schen Hauptzustandsgleichung mit konstanten a_W, b_W, R_W die Gl. (140) mit $a_{RW} = \log 27\, p_k$ und $b_{RW} = -27/8\; T_k \cdot M_{\text{brigg.}}$ Achtet man aber darauf, dass bei tiefen Temperaturen R_W für den flüssigen bzw. glasig-amorphen Zustand wegen anwachsender Assoziation (vergl. Nr. **49**) sich der Null nähert, sodass statt $\gamma_{\text{liq}} - \gamma_{vA} = 0$, wie der *van der Waals*'schen Hauptzustandsgleichung mit konstanten a_W, b_W, R_W entspricht, etwa $\gamma_{\text{liq}} - \gamma_{vA} = c_0 + c_1 T$ (vergl. Fussn. 953) zu setzen ist, so ergeben sich das logarithmische und das mit T proportionale Glied in Gl. (146).

946) Die Annäherung des aus der *van der Waals*'schen Hauptzustandsgleichung mit konstanten a_W, b_W, R_W abgeleiteten Dampfspannungsgesetzes an Gl. (12) ist aber weniger gut als die Annäherung, die z. B. die Beobachtungen an CO_2 an dieselbe ergeben, vergl. *J. P. Kuenen* [b] p. 101.

947) Der Index h deutet auf die Hauptzustandsgleichung. Beim kritischen Punkt ergibt sich strenge $f_{Wh} = 1{,}74$ (vergl. Nr. **41***a*). *J. J. van Laar*, Arch. Teyler (2) 9 (1905), p. 413, findet bei etwa $\mathfrak{t} = 0{,}5$ mit Zuhilfenahme des *Cailletet-Mathias*'schen Satzes (Nr. **85**) $f_W = f_{W_0}(1 - \frac{1}{4}\mathfrak{t})$. Vergl. auch *J. P. Dalton*, Fussn. 945. Für tiefe Temperaturen vergl. Fussn. 945.

948) *H. v. Jüptner*, ZS. physik. Chem. 55 (1906), p. 738, 60 (1907), p. 101, 63 (1908), p. 355 [vergl. auch *H. Kamerlingh Onnes* und *W. H. Keesom*, Leiden

d) An Stelle von Gl. (5) kann zur Ableitung des Dampfspannungsgesetzes jede andere Fassung der thermodynamischen Gleichgewichtsgesetze herangezogen werden, z. B. die Gleichheit der thermodynamischen Potentiale [949]). Auf letztere führt die kinetische Theorie der Verdampfung [950]). *Van der Waals* [951]) zeigte, dass dieselbe eigentlich eine kinetische Theorie der Gleichheit der thermodynamischen Potentiale $\mathfrak{F}_{pT}$ in Dampf und Flüssigkeit ist. Es wird nämlich die Zahl der aus jeder Phase in die andere eindringenden Moleküle auf Grund des *Maxwell-Boltzmann*'schen Geschwindigkeits- und Dichteverteilungsgesetzes berechnet. Die Gleichsetzung dieser Zahlen, aus welcher dann weiter die Dampfspannungsformel folgt, ergibt dieselbe Gleichung wie die Gleichsetzung der $\mathfrak{F}_{pT}$.

e) Man hat die Kenntnis der Zustandsgleichung im metastabilen und labilen Gebiet umgangen, indem man [952]) die Zustandsgleichungen der Flüssigkeit und des Dampfes [953]) mit dem Satz

---

Comm. Nr. 104*a* (1908), p. 8 Fussn. 3] findet in f_W (bei nicht korrespondirendem T) ein Minimum (vergl. Fussn. 947). Für Argon ergibt sich eine Abnahme von f_W bei abnehmendem T: *H. Kamerlingh Onnes* und *C. A. Crommelin*, Leiden Comm. Nr. 120*a* (1911), für Helium: *H. Kamerlingh Onnes* [e] Nr. 119 (1911), 124*a* (1911), sogar eine Abnahme von $f_{Wk} = 1{,}95$ auf $f_W = 0{,}9$ bei tiefer Temperatur. Dagegen ergeben die Beobachtungen von *Keesom* [971]) und die von *Brinkman* [971]) für CO_2 sowie die von letzterem für CH_3Cl eine Zunahme von f_W bei von T_k aus abnehmendem T (vergl. aber wieder f_W für CO_2 nach den Beobachtungen von *Amagat* und von *Kuenen* und *Robson*, *Kuenen* [c] p. 101); ebenso, aber weniger ausgeprägt, die von *Ramsay* und *Young* [365]) für Äthyläther. Statt der von *v. Jüptner* gegebenen verwickelten Darstellung von f_W wäre eine Entwicklung nach T^{-1} nach dem Muster von Gl. (144) und (145) vorzuziehen.

949) *E. Riecke*, Ann. Phys. Chem. 53 (1894), p. 379, wandte dies auf die *van der Waals*'sche Hauptzustandsgleichung (6) mit konstanten a_W, b_W, R_W an.

950) Von *H. Kamerlingh Onnes* [b] p. 1, [d] p. 115; später von *W. Voigt*, Gött. Nachr. 1896, p. 341 und 1897, p. 261, *C. Dieterici*, Ann. Phys. Chem. 66 (1898), p. 826.

951) *J. D. van der Waals* [e] Jan. 1895.

952) *J. W. Gibbs* [c] p. 213. *L. Graetz*, ZS. für Math. und Phys. 49 (1903), p. 289. *W. Voigt*, Thermodynamik, Leipzig 1904, Bd. 2, p. 60.

953) Für den Dampf: $p\,v_{vap} = RT$, für die Flüssigkeit $v_{liq} =$ konst. und gegen v_{vap} zu vernachlässigen (welche Annahmen für genügend niedrige Werte von $\mathfrak{t}$ gelten) und weiter $\gamma_{liq} - \gamma_{vA}$ (vergl. Nr. 88 und 54) $=$ konst. Man kommt hiermit zu Gl. (143), in der dann aber die Koeffizienten für niedrige Werte von $\mathfrak{t}$ ausgedrückt sind in γ_{liq}, γ_{vA}, R und λ_i bei einer bestimmten Temperatur, wodurch die empirische Gl. (143) eine theoretische Bedeutung gewinnt (besonders betont von *Kraevitch*, Fussn. 954, vergl. auch *J. Bertrand*, Thermodynamique, Paris 1887, p. 92). Behufs Erweiterung dieser Gleichung könnte man für jene Grössen empirische Formeln, wie $p v_{vap} = R\,T\,\left\{1 + B^{(p)}\,p + \ldots\right\}$ (vergl. Nr. 78), $v_{liq} = v_0\,(1 + \alpha_1\,t + \ldots)$ (vergl. Nr. 86*c*), $\gamma_{liq} - \gamma_{vA} = c_0 + c_1\,t \ldots$ (vergl. Fussn.

der Gleichheit der thermodynamischen Potentiale [954]) verbunden hat.

Setzt man an Stelle des thermodynamischen Gleichgewichtsgesetzes oder eines mit diesem aequivalenten kinetischen Prinzips einerseits [955]) oder an Stelle der Zustandsgleichung andrerseits [956]) eine Beziehung zwischen thermischen [955]) oder zwischen thermischen und aus thermischen ableitbaren kalorischen Grössen (vergl. Fussn. 56) [956]), so muss zuerst bewiesen werden, dass diese mit den thermodynamischen Prinzipien bzw. der Zustandsgleichung allgemein verträglich ist [957]) bzw. müssen die Grenzen der Gültigkeit der Ableitung angegeben werden.

f) Der in *c* gefundene Unterschied zwischen f_{wh} und f_{we} kann nach *van der Waals* [958]) erklärt werden durch die Variabilität von b_{w}, welche durch die Zustandsgleichung des Moleküls (Nr. **43**) ausgedrückt wird. Dies wird bestätigt durch die von *van der Waals* für etwa $\mathfrak{t} < 0{,}6$ mit der einigermaassen empirischen Annahme $f_{\mathrm{z}} = 1$ und verschiedenen Vernachlässigungen durchgeführte Rechnung, welche nahezu $f_{\mathrm{w}} = 2{,}9$ ergibt [959]). Man kommt dabei wegen $f_{\mathrm{z}} = 1$ zu der

---

945) anwenden. *Graetz* [952]) entnahm $B^{(p)}$ der *van der Waals*'schen Hauptzustandsgleichung mit konstanten a_{W}, b_{W}, R_{W} und setzte $v_{\mathrm{liq}} =$ konst., aber nicht zu vernachlässigen gegen v_{vap}. Eine andre Erweiterung gibt *Gibbs* Fussn. 952. Für *Nernst* vergl. weiter *i*.

954) Statt dessen hat man auch die *Clapeyron-Clausius*'sche Gl. (107) oder mit dieser aequivalenten benutzt. So: *W. J. M. Rankine*, Phil. Mag. (4) 31 (1866), p. 199. *H. Hertz*, Ann. Phys. Chem. 17 (1882), p. 193. *G. Kirchhoff*, Vorles. über die Theorie der Wärme, Leipzig 1894, p. 95. *K. D. Kraevitch*, Phil. Mag. (5) 37 (1894), p. 38.

955) *Donnan* [945]) ersetzt das thermodynamische Gleichgewichtsprinzip durch den Satz der geraden Mittellinie (Nr. 85). Es ist dies für die Fälle, wo derselbe mit der Zustandsgleichung stimmt, wie im Falle der *van der Waals*'schen Hauptzustandsgleichung mit konstanten a_{W}, b_{W}, R_{W}, erlaubt, doch ist die Bestimmung von v_{liq} mit Hülfe einer empirischen Dampfspannungsformel viel genauer als die umgekehrte Bestimmung von p aus v_{liq}, auf welche jenes Verfahren bei niedrigem $\mathfrak{t}$ führt.

956) Man hat z. B. gesetzt (vergl. Nr. 87*a*) $\lambda = \lambda_{0^\circ \mathrm{C}} - l\,t$ [dies gibt mit den v_{liq} und v_{vap} betreffenden Annahmen von Fussn. 953 die Gl. (143), mit $l = 0$ Gl. (140)]. So *A. Dupré*, Ann. chim. phys. (4) 3 (1864), p. 76; Théorie mécanique de la Chaleur, Paris 1869, p. 97. *Van der Waals*, Diss. Leiden 1873, p. 122. *U. Dühring*, Ann. Phys. Chem. 52 (1894), p. 576, erweiterte die λ betreffende Annahme zu Gl. (162). Für *Nernst* vergl. *i*.

957) Wenn *Bakker*, ZS. physik. Chem. 18 (1895), p. 654, behufs Ableitung der Dampfspannungsformel neben der Zustandsgleichung und der *Clapeyron-Clausius*'schen Gleichung noch den Satz der geraden Mittellinie (Nr. 85) annimmt, so ist diese Notwendigkeit besonders dringend.

958) *J. D. van der Waals* [e] Juni 1903.

959) Da in der Nähe von T_{k} für normale Stoffe mit nicht tiefer kritischer

Vorstellung, dass die Moleküle im Flüssigkeitszustande ungefähr die Hälfte des Kernvolumens im Gaszustande ausfüllen. Es ist aber der Unterschied zwischen f_{wh} und f_{we} wohl nicht ausschliesslich auf die Variabilität von b_w zurückführen, da auch die Bildung von Konglomeraten in Betracht kommt (vergl. Nr. **48** und **49**), wie auch aus den Betrachtungen von *van der Waals* über die Scheinassoziation hervorgeht [960]).

g) Von den empirischen Formeln [961]) (vergl. für die Konstanten Nr. **84**) erwähnen wir neben der von *August* [962])-*Rankine* [963])-*van der Waals* [vergl. Gl. (12) und Fussn. 945]:

$$\log p_{\text{koex}} = a_{\text{RW}} + b_{\text{RW}}\, T^{-1}, \tag{140}$$

die von *Biot* [964]): $\log p_{\text{koex}} = a + b\,\beta^{(t-t_0)} + c\,\gamma^{(t-t_0)}$, (141)

„ „ *Roche-Antoine* [965]): $\log p_{\text{koex}} = a + b\,(t+e)^{-1}$, (142)

„ „ *Kirchhoff-Rankine-Dupré* [966]): $\log p_{\text{koex}} = a + b\,T^{-1} + c\log T$, (143)

„ „ *Wrede-Rankine-Keesom* [967]): $\log p_{\text{koex}} = a_{\text{RK}} + b_{\text{RK}}\,T^{-1} + c_{\text{RK}}\,T^{-2}$, (144)

Temperatur auch $f_W = 2{,}9$ gefunden wird (*van der Waals* [e] April 1901, p. 703), ist es wahrscheinlich, dass die Hauptzustandsgleichung Gl. (6) mit Gl. (**54**) über das ganze Gebiet mit genügender Annäherung die Dampfspannungsformel für jene Stoffe liefert.

960) Vergl. Nr. **45***b*, und für Beziehungen zwischen $f_{\text{wk}} \cdot M_{\text{brigg}}^{-1} = K_6$ zu anderen Grössen Fussn. **464**.

961) Siehe weiter *Winkelmann*'s Handbuch der Physik III (zweite Auflage) p. 949; *Chwolson*, Lehrbuch der Physik III, Braunschweig 1905, p. 733. *K. Tsuruta*, J. de phys. (3) 2 (1893), p 272, fand $p_{\text{koex}} = a + bT + cT^2$ für CO_2 zwischen 0° C und T_k geeignet. Vergl. noch *Ph. A Guye*, ZS. physik. Chem. 56 (1906), p. 461 und *A. Keindorff*, Fussn. 588.

962) *E. F. August*, Ann. Phys. Chem. 13 (1828), p. 122; *Wrede* (Fussn. 967); *F. Strehlke*, Ann. Phys. Chem. 58 (1843), p. 334; *Holtzmann*, Ann. Phys. Chem. Ergbd. 2 (1848), p. 183.

963) *W. J. M. Rankine*. Edinb. New Phil. Journ. 1849, Misc. Scientif. Papers, London 1881, p. 1. Weiter Phil. Mag. 1854; Papers p. 410. *O. Pilling*, Physik. ZS. 10 (1909), p. 162, findet für einige Stoffe über ein nicht sehr ausgedehntes Temperaturgebiet $\log p_{\text{koex}} = a + bT^{-3/2}$ geeignet.

964) *Biot*. Connaissance des Temps 1839, Additions p. 19; 1844, Add. p. 3.

965) *Roche*, siehe Mém. de l'Inst. 10 (1831), p. 227. *Ch. Antoine*. Paris C. R. 107 (1888), p. 681, 778, 836, Ann. chim. phys. (6) 22 (1891), p. 281.

966) *G. Kirchhoff*, Ann. Phys. Chem. 104 (1858), p. 612. *Rankine* Fussn. 954. *Dupré* Fussn. 956.

967) *F. v. Wrede*, Ann. Phys. Chem. 53 (1841), p. 225. *Rankine* Fussn. 963. *W. H. Keesom* [a].

und die von *Rankine-Bose* [968]): $\log p_{\text{koex}} = a_{\text{RB}} + b_{\text{RB}} T^{-1} + c_{\text{RB}} T^{-2} + d_{\text{RB}} T^{-3}$ [969]). (145)

Gl. (140) und (143) sind an theoretische Ableitungen (Fussn. 227, 945, 953, 956) angeschlossen worden. Man kann das Auftreten des Gliedes mit $\log T$ mit einer linearen Änderung von $\gamma_{\text{liq}} - \gamma_{v\text{A}}$ [945]) [953]) in Beziehung bringen. Wenn sich eine beschleunigte Änderung zeigt, so kommt noch das der Temperatur proportionale Glied von *Nernst* hinzu (siehe *i* und Fussn. 945).

Gl. (141) wurde von *Regnault* [970]) zur Darstellung seiner Messungen benutzt.

Gl. (144) und (145) schliessen sich als nächste Schritte in der Entwickelung nach T^{-1} bei Gl. (140) an (vergl Nr. **84***a*, Fussn. 986) [971]).

h) Gl. (142) führt auf eine von $T = 0$ verschiedene *Verdampfungsgrenze* [972]), (141) auf gar keine, weil (140), (143), (144) und (145) nur für $T = 0$ eine Dampfspannung 0 geben. Wiewohl bei tiefen Temperaturen die Dampfspannung äusserst klein (bei $\mathfrak{t} = 0{,}2$ für Hg etwa $\mathfrak{p} = 10^{-9}$) wird, scheint doch eine von $T = 0$ verschiedene schroffe Verdampfungsgrenze nicht zu bestehen (vergl. Fussn. 790). Vergl. für tiefe Temperaturen auch *i*.

i) Die Messungen der Dampfdrucke bis zu tiefen Temperaturen haben eine besondere Bedeutung bekommen, seitdem *Nernst* [973])

---

968) *Rankine* Fussn. 963. *E. Bose.* Physik. ZS. 8 (1907), p. 944 (vergl. auch Fussn. 986). Es zeigt sich diese der *Nernst*'schen (vergl. *i*) mit gleicher Konstantenzahl bei höheren Temperaturen bis zur kritischen überlegen.

969) Statt von Gl. (140) ausgehend durch Weiterentwicklung des zweiten Gliedes in eine Potenzreihe, wie durch Gl. (144) und (145) geschieht, näheren Anschluss an die Beobachtungsresultate zu bekommen, kann man diesen auch durch eine entsprechende Weiterentwicklung des ersten Gliedes jener Gleichung erzielen. Tatsächlich fand *I. W. Cederberg*, ZS. physik. Chem. 77 (1911), p. 707, dass Hinzufügung von einem mit $\log^2 p$ proportionalen Glied einen guten Anschluss bewirkt.

970) *Biot*, Connaissance des Temps 1844, Add. p. 3, *Regnault*, Mém. de l'Inst. 21 (1847), p. 592; 26 (1862), p. 647. Diese Gleichung wurde ebenfalls sehr ausführlich geprüft von *S. Young*, Dublin Proc. Roy. Soc. 12 (1910), p. 374.

971) Nach *Keesom* [a] p. 53 kann für CO_2, nach *Brinkman*, Diss. Amsterdam (1904), p. 40 ebenfalls für CH_3Cl, in der Nähe von $\mathfrak{t} = 1$ in Gl. (144) statt der dritten Konstante c_{RK}, $-b_{\text{RK}}$ geschrieben werden (vergl. Fussn. 982). Gl. (144) wurde auch benutzt von *C. A. Crommelin*, Leiden Comm. Nr. 115 (1910), für Argon.

972) *J. A. Groshans*, Ann. Phys. Chem. 104 (1858), p. 651. *E. Dühring*, Neue Grundgesetze zur rationellen Physik und Chemie, Leipzig 1878, p. 88.

973) *W. Nernst* [a], Berlin Sitz.-Ber. 52 (1906), p. 933, [b], vergl. auch [c] p. 699.

sein neues *Wärmetheorem* aufgestellt hat, welches die Tatsache, dass bei nicht zu hohen Temperaturen die Änderung der freien Energie $\mathfrak{F}_{VT}'' - \mathfrak{F}_{VT}'$ bei einer chemischen Reaktion oder einer Aggregatsänderung zwischen kondensirten (kristallinischen oder glasig-amorphen) Stoffen von der Energieänderung $\mathfrak{F}_{SV}'' - \mathfrak{F}_{SV}'$ relativ nicht viel verschieden ist, dahin interpretirt, dass bei $T = 0$ für eine solche $S'' - S' = 0$ ist [974] [975]). Aus diesem Wärmetheorem ergibt sich das Gesetz, nach dem das chemische Gleichgewicht in homogenen gasförmigen Systemen kleiner Dichte oder in verdünnten Lösungen bestimmt ist durch die Reaktionswärme als Funktion der Temperatur und einer jedem [976]) der reagirenden Stoffe eigenen, aus der Dampfdruckkurve zu ermittelnden *chemischen Konstante. Nernst* leitet seine Dampfdruckformel [977]) [978])

$$\log p_{\mathrm{koex}} = -\frac{\lambda_0}{4{,}571\, T} + 1{,}75 \log T - \frac{\varepsilon_{\mathrm{NE}}}{4{,}571} T + C_{\mathrm{NE}}, \qquad (146)$$

in der λ_0 die bis $T = 0$ extrapolirte Verdampfungswärme, $\varepsilon_{\mathrm{NE}}$ eine aus der Verdampfungswärme oder den spezifischen Wärmen zu bestimmende, C_{NE} die chemische Konstante ist, ab aus Gl. (107) mit

$$\lambda = (\lambda_0 + 3{,}5\, T - \varepsilon_{\mathrm{NE}} T^2)\,(1 - p_{\mathrm{koex}}/p_{\mathrm{k}}), \qquad (147)$$

wo er für $T = 0$ provisorisch (vergl. Nr. **74***e*) $d\lambda/dT = \gamma_{p\mathrm{A}} - \gamma_{\mathrm{kond}} = 3{,}5$ (Nr. **56***b*) annimmt, und [979])

$$p_{\mathrm{koex}}\,(v_{\mathrm{vap}} - v_{\mathrm{kond}}) = RT\,(1 - p_{\mathrm{koex}}/p_{\mathrm{k}}). \qquad (148)$$

---

974) Nach *S. Arrhenius*, Rev. gén. des sc. 22 (1911), p. 261, wäre $S''-S'$ nicht exakt $= 0$, aber klein gegen den entsprechenden Unterschied bei nicht kondensirten Systemen.

975) Vergl. Nr. **74***e* die von *Planck* gegebene erweiterte Fassung, nach der S bei $T = 0$ unabhängig vom Zustand des kondensirten Systems ist.

976) Die Stoffe, die zugleich im kondensirten Zustand als Bodenkörper anwesend sind, fallen hierbei aus, vergl. *Nernst*, Fussn. 973.

977) Vergl. auch die Ableitung in Fussn. 945; aus dieser geht hervor, dass die Konstante $\varepsilon_{\mathrm{NE}}$ mit dem Anwachsen des Assoziationsgrades der Flüssigkeit nach tiefen Temperaturen hin zusammenhängt. Vergl. noch *M. Planck* [a] p. 275.

978) Vergl. *R. Naumann*, Diss. Berlin 1907, *E. Falck*, Physik. ZS. 9 (1908), p. 433 (festes und flüssiges CO_2). Dass Gl. (140) über ein grosses Temperaturgebiet annähernd zutrifft, ist nach *Nernst* einer teilweisen Kompensation der Glieder mit T und $\log T$ zuzuschreiben.

979) Es wird hier bei den in Betracht kommenden niedrigen Temperaturen der Unterschied zwischen v_{sol} und v_{liq} gegen v_{vap} vernachlässigt.

Die Ermittlung von C_{NE} für verschiedene Stoffe ergab dann angenähert die Beziehungen $C_{NE} = 1,1\, f_{we}$ (vergl. *c*) und $= 0,14\, \lambda_M / T_{koex\, p=1}$ (vergl. Nr. 87*b*).

84. Korrespondenz der Dampfspannungsformeln. Siedepunktsregeln. *a*) Das Korrespondenzgesetz verlangt zwischen den individuellen Werten der Konstanten bei verschiedenen Stoffen in den Dampfspannungsformeln von Nr. 83*g* und *i* solche Beziehungen, dass Gl. (20) entsprechend die reduzirten Gleichungen für alle jenem Gesetze unterliegende Stoffe dieselben werden. Es wäre, der stufenweisen Entwicklung[980]) vom kritischen Punkt aus entsprechend, nach den Gl. (140), (144) und (145)[981])

$$\text{nach } van\ der\ Waals: \log \mathfrak{p}_{koex} = \mathfrak{f}_{wk}\,(1 - \mathfrak{t}^{-1}), \tag{149}$$

$$\text{nach } Keesom\,^{982)}: \log \mathfrak{p}_{koex} = \mathfrak{f}_{Kk}\,(1 - \mathfrak{t}^{-1}) + \mathfrak{g}_{Kk}\,(1 - \mathfrak{t}^{-1})^2, \tag{150}$$

$$\text{nach } Bose\,^{983)}: \log \mathfrak{p}_{koex} = \mathfrak{f}_{Bk}\,(1 - \mathfrak{t}^{-1}) + \mathfrak{g}_{Bk}\,(1 - \mathfrak{t}^{-1})^2 + \\ + \mathfrak{h}_{Bk}\,(1 - \mathfrak{t}^{-1})^3. \tag{151}$$

Die *Nernst*'sche Formel (146), wenn bis zu T_k gültig vorausgesetzt[984]), gibt:

$$\log \mathfrak{p}_{koex} = \mathfrak{k}_{NE} \log \mathfrak{t} + \mathfrak{e}_{NE}\,(1 - \mathfrak{t}) + \mathfrak{f}_{NE}\,(1 - \mathfrak{t}^{-1}). \tag{152}$$

b) Die in vielen Fällen zutreffende Anwendbarkeit des Korrespondenzgesetzes ist (vergl. Nr. 37) besonders durch die ausgedehnten und genauen Messungen von *Young*[985]) bewiesen, welche Messungen eben-

---

980) Für die Ableitung aus der empirischen reduzirten Zustandsgleichung (mit eventueller Berücksichtigung der Deviationsfunktionen, Nr. 38, und der Störungsfunktion, Nr. 50) wäre diese zuerst nach $\mathfrak{v} - 1$ und $\mathfrak{t}^{-1} - 1$ zu entwickeln, und dann auf die so erhaltene Gleichung das *Maxwell*'sche Kriterium anzuwenden [vergl. *J. E. Verschaffelt*, Leiden Comm. Nr. 81 (1902), p. 5].

981) Für die Vergleichung von Gl. (143) mit dem Korrespondenzgesetz siehe *Graetz*, *Winkelmann*'s Handbuch der Physik, 2te Aufl. III, p. 958, nach Rechnungen von *Juliusburger*, Ann. d. Phys. (4) 3 (1900), p. 618.

982) Fussn. 971 entsprechend für CO_2 und CH_3Cl in der Nähe von T_k: $\log \mathfrak{p}_{koex} = \mathfrak{f}_{wk}\,(1 - \mathfrak{t}^{-1})\, \mathfrak{t}^{-1}$ (vergl. Fussn. 987). Für die unmittelbare Nähe von T_k vergl. Nr. 50*bγ*.

983) Die Koeffizienten der *Bose*'schen Gleichung wurden nicht nach der Korrespondenz geprüft.

984) Vergl. Fussn. 968 und *Nernst* [a] p. 15.

985) *S. Young* [a], [b] (vergl. *J. D. van der Waals Jr.*, Amst. Akad. Versl. Nov. 1896, p. 248) für verschiedene Stoffe, u. A. Halogenester und Benzol, *S. Young* und *G. L. Thomas* J. Chem. Soc. 63 (1893), p. 1191 sodann für verschiedene

falls die Abweichungen von demselben klargelegt haben [986]) (vergl. Nr. **34**b). *Nernst* [973]) findet für die verschiedenen nicht assoziirten Stoffe $\mathfrak{k}_{NE} = 1{,}75$ (seine in Nr. **56**b und **74**e erwähnte Annahme betreffs der spezifischen Wärme bei $T = 0$ entspricht diesem Ergebnis, vergl. aber die jüngeren Ergebnisse bezüglich γ ebenda), weiter $\mathfrak{e}_{NE} : \mathfrak{f}_{NE} =$ konst. [987]), $\mathfrak{f}_{NE}$ dann aber, Nr. **34**b entsprechend, einerseits mit dem Molekulargewicht, anderseits mit der Atomzahl variirend [988]).

Der in Nr. **65** erwähnten nach der kritischen Temperatur fortschrei-

---

Ester (siehe auch *Young* [c]). Dieselben nehmen Fluorbenzol zum Ausgangspunkt, entnehmen T_k und p_k der direkten Beobachtung und v_k einer Extrapolation nach der geraden Mittellinie (Nr. **85**). Nach *Young* wäre $\mathfrak{p}_{koex}$ besser geeignet zur Charakterisirung von übereinstimmenden Zuständen als $\mathfrak{t}_{koex}$ (vergl. Nr. **86**b). Es ergibt sich, nach $\mathfrak{p}_{koex}$ geordnet, $\mathfrak{v}_{liq}$ in ausgezeichneter Übereinstimmung, $\mathfrak{t}_{koex}$ nicht so gut und ebenfalls $\mathfrak{v}_{vap}$ nicht. *Young* und *Thomas* l. c. finden eine systematische Änderung von $\mathfrak{t}_{koex}$ für bestimmte $\mathfrak{p}_{koex}$ in homologen Reihen. So findet *Young* Rep. Brit. Ass. 1898, p. 831 bei den von ihm untersuchten normalen Stoffen $\mathfrak{t}_{koex}$ mit höherem Molekulargewicht grösser; für die drei normalen Paraffine: Pentan, Hexan und Heptan, und dazu CCl_4 und $SnCl_4$ $\mathfrak{v}_{liq}$ kleiner, $\mathfrak{v}_{vap}$ grösser mit höherem Molekulargewicht. *Young* [d] wies dann noch eine vortreffliche Übereinstimmung des Benzols mit Isopentan nach.

986) *Ph. A. Guye*, Arch. sc. phys. et nat. (3) 31 (1894), p. 170, 463, benutzt, wie zuerst *van der Waals* [a] p. 158, f_W als Kriterium der Ähnlichkeit (vergl. Nr. **37**c), besonders um assoziirte Stoffe zu unterscheiden. Bei letzteren wie Wasser, Äthylalkohol, trifft nach *Nernst* auch die Fussn. 978 erwähnte angenäherte Kompensation zu, aber ist $\mathfrak{f}_{NE}$ sehr verschieden. *Starkweather*, Amer. J. of Sc. (4) 7 (1899), p. 139, wandte schon für Wasser die Formel $\log p_{koex} = a + bT^{-1} + cT^{-2} + dT^{-3}$ an (vergl. Nr. **83**g). [Vergl. auch *Ekholm*, Ark. f. Mat., Astron. och Fysik 4 (1908) Nr. 29, zitirt nach Fortschr. d. Phys. 64, 2, p. 568].

987) Nach *Nernst* [a] ist $\mathfrak{f}_{NE} : \mathfrak{e}_{NE} = 2{,}36$. Die aus Gl. (**152**) hervorgehende Beziehung $K_6 = \mathfrak{k}_{NE} + (\mathfrak{f}_{NE} - \mathfrak{e}_{NE})\, \overset{-1}{M}_{brigg}$ geht dann mit $\mathfrak{k}_{NE} = 1{,}75$ über in $K_6 = 1{,}75 + 0{,}576\, \mathfrak{f}_{NE} \overset{-1}{M}_{brigg}$, wodurch $\mathfrak{f}_{NE}$ bzw. $\mathfrak{e}_{NE}$ mit den *van der Waals*'schen Regeln für K_6 [991]) verknüpft sind. Man findet dann weiter für Stoffe mit kleinem $\mathfrak{f}_{NE}$ und demnach kleinem K_6 $\mathfrak{g}_K > 0$ und $\mathfrak{f}_W$ von T_k nach kleinerem T abnehmend, für solche mit grösserem K_6 $\mathfrak{g}_K < 0$ und $\mathfrak{f}_W$ von T_k nach kleinerem T anfangs zunehmend (vergl. Fussn. 982), später durch ein Maximum hindurchgehend. Es stimmt dieses im Allgemeinen mit den in Fussn. 948 erwähnten Messungsergebnissen, nicht aber mit den Angaben *von Jüptner*'s ebenda. Vergl. *E. C. Bingham*, J. Amer. Chem. Soc. 28 (1906), p. 717, für das Studium der individuellen $\mathfrak{f}_{NE}$ nach den Atomen zuzuschreibenden Parametern. *Nernst* [a] gibt für H_2 $\mathfrak{f}_{NE} = 1{,}65$, für CO_2 2,94. In den Verschiedenheiten der Werte von $\mathfrak{f}_{NE}$ äussern sich die verschiedenen Werte von λ_0, ε_{NE} und C_{NE} (Nr. **88**i) für verschiedene Stoffe.

988) Nach *Happel*, Physik. ZS. 8 (1907), p. 204, wären die Stoffe in Bezug auf ihre Dampfdruckkurven in drei Gruppen (Nr. **34**a), die der ein-, der zwei-, und der mehratomigen einzuteilen. Vergl. Fussn. 989.

tenden Deformation der Energieflächen werden nach T_k zu ordnende Veränderungen der Koeffizienten $\mathfrak{f}_{wk}$, bezw. $\mathfrak{f}_{Kk}$, $\mathfrak{g}_{Kk}$, oder $\mathfrak{f}_{Bk}$, $\mathfrak{g}_{Bk}$, $\mathfrak{h}_{Bk}$, entsprechen. Vergl. für $\mathfrak{f}_{wk}$ z. B. die Werte dieser Grösse für He und A [989]) mit denen für N_2, O_2 und weiter für Stoffe mit mittleren kritischen Temperaturen [990]) [991]) (vergl. für die Beziehung zu dem Gesetz der mechanischen Ähnlichkeit Nr. **34**c und **37**c und zu dem *Nernst*'schen Wärmetheorem Nr. **83**i).

c) Nach dem Korrespondenzgesetz, bzw. mit Hilfe von Deviationsfunktionen (vergl. Nr. **38**) wären auch die zahlreichen Siedepunktsregelmässigkeiten [992]) zu behandeln und auf Regelmässigkeiten in den individuellen kritischen Parametern bzw. der Deviationsfunktionen zurückzuführen. Dies fällt ausserhalb des Rahmens dieses Artikels

---

989) Für He und A siehe Fussn. **948**. Die Einteilung von Fussn. 988 (vergl. Nr. **36**) wird bei grösser Verschiedenheit der kritischen Temperaturen durch den Einfluss der letzteren überwogen (vergl. Nr. **85**b und Fussn. 399). Für $\mathfrak{g}_K$ vergl. Fussn. 987.

990) Siehe *J. P. Kuenen* [c] p. 142.

991) Für die von *van der Waals* neuerdings gegebenen Beziehungen der mit $\mathfrak{f}_{wk} = f_{wk}$ unmittelbar zusammenhangenden (vergl. Fussn. 960) Grösse K_6 zu anderen sich auf den kritischen Punkt Liquid-Gas beziehenden Grössen vergl. Fussn. 464, für die von *van der Waals* eingeführte, eine Beziehung zwischen $\mathfrak{p}_{koex}$, $\mathfrak{v}_{liq}$ und $\mathfrak{v}_{vap}$ ergebende Funktion $\mathfrak{a}_{vR}$ Nr. **45**b.

992) *Van der Waals* [a] p. 149 zeigte, dass die *Dühring*'sche [siehe Ann. Phys. Chem. 11 (1880), p. 163, weiter Ann. Phys. Chem. 52 (1894), p. 556 und *E. Colot* Paris C. R. 114 (1892), p. 653] Beziehung zwischen Siedetemperaturen, die demselben Druck für verschiedene Stoffe angehören, $T_{koex\ p} = q\, T'_{koex\ p} + r$ aus Gl. (20) folgt, wenn $p_k = p'_k$. Die *Ramsay*- und *Young*'sche [Phil. Mag. (5) 21 (1886), p. 33, 135, vergl. *Young* [b] p. 510, *Young* und *Thomas*, J. Chem. Soc. 63 (1893), p. 1258, *Young*, Brit. Ass. Rep. 1904, p. 494, *Ramsay* und *Travers*, London Phil. Trans. A 197 (1901), p. 68] Beziehung: $T^{-1}_{koex\ p} = q\, T'^{-1}_{koex\ p} + r$ [mit $r = 0$ für verwandte Stoffe, was schon *J. A. Groshans*, Ann. Phys. Chem. 78 (1849), p. 112, vergl. Ann. Phys. Chem. 60 (1897), p. 169, für alle Stoffe als gültig meinte] wurde von *Ayrton* und *Perry* [Phil. Mag. (5) 21 (1886), p. 255], *J. D. Everett* [Phil. Mag. (6) 4 (1902), p. 335, vergl. auch *A. W. Porter*, Phil. Mag. (6) 13 (1907), p. 724] auf Gl. (140), von *S. A. Moss* [Phys. Rev. 16 (1903), p. 356, vergl. 25 (1907), p. 453, 26 (1908), p. 439] auf Gl. (144) mit einer festen Beziehung zwischen den Koeffizienten zurückgeführt [vergl. *G. Bakker*, Diss. Amsterdam (Schiedam) 1888, p. 17]. Vergl. weiter die im nächsten Absatz dieser Fussn. zitirte Arbeit von *Young*, und *G. Urbain* und *C. Scal*, Paris C. R. 152 (1911), p. 769.

Für das *Kopp*'sche Gesetz der Siedepunktsregelmässigkeiten in homologen Reihen vergl. *Ostwald* [a], p. 325 u. f., *Young*, Brit. Ass. Rep. 1904, p. 488, Phil. Mag. (6) 9 (1905), p. 1, *H. Ramage*, Nature 69 (1904), p. 527.

85. Cailletet und Mathias' Gesetz der geraden Mittellinie. *a*) Dieses Gesetz [993]) wurde gefunden durch die Darstellung der Grenzlinie im ρ, T-Diagramm [siehe Fig. 75 [994])]. Die Kurve ist einer Parabel ähnlich [995]) und hat, der linearen angenäherten Beziehung Gl. (11) zwischen $\frac{1}{2}(\rho_{\text{liq}} + \rho_{\text{vap}})$ und T entsprechend, eine nahezu *gerade Mittellinie*. Wir schicken die Behandlung dieser der Behandlung der Dichten der Flüssigkeit und des Dampfes an und für sich (Nr. **86**) voraus [996]).

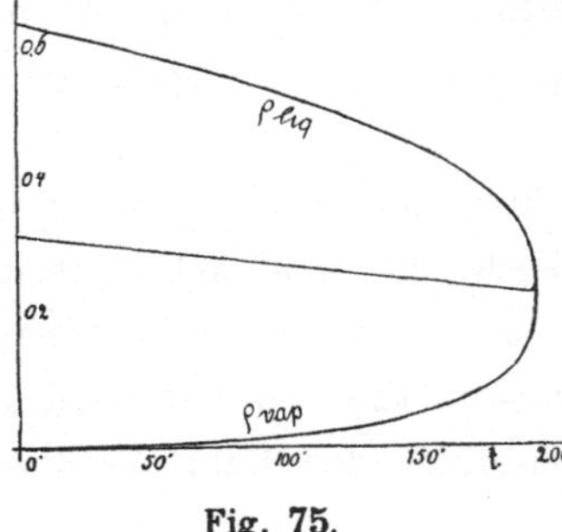

Fig. 75.

Besonders genau fand *Young* [997]) das Gesetz der geraden Mittellinie bei n. Pentan erfüllt. In reduzirter Form ist [998]):

$$\mathfrak{D}_\rho = \frac{1}{2}\left(\frac{1}{\mathfrak{v}_{\text{liq}}} + \frac{1}{\mathfrak{v}_{\text{vap}}}\right) = 1 + 0{,}9280\,(1 - \mathfrak{t}). \qquad (153)$$

---

993) *L. Cailletet* und *E. Mathias*, J. de phys. (2) 5 (1886), p. 549 und (2) 6 (1887), p. 414 für $\mathfrak{t}$ etwa 0,99 bis etwa 0,8. Bestätigung durch *E. Mathias* [b] und [c], und durch *S. Young* [b], [d] p. 635, Fussn. 994 (n. Pentan, bis 0,05 Grad unter T_k), J. Chem. Soc. 73 (1898), p. 675 (n. Heptan); *S. Young* und *G. L. Thomas*, Phil. Mag. (5) 34 (1892), p. 507, J. Chem. Soc. 63 (1893), p. 1191 (vergl. Fussn. 985), ibid. 67 (1895), p. 1071 (n. Hexan); eine Übersicht: *S. Young*, Rep. Brit. Ass. 1898, p. 831; *Amagat*, Paris C. R. 114 (1892), p. 1093, 1322; *Battelli*, siehe Fussn. 995; *E. Mathias* und *H. Kamerlingh Onnes*, Leiden Comm. Nr. 117 (1911) (0_2).

994) Für n. Pentan den Daten *Young*'s, J. Chem. Soc. 71 (1897), p. 446, entlehnt.

995) *Mathias* [b] gibt für Flüssigkeit und Dampf zwei verschiedene Parabelzweige, die im kritischen Punkt zusammenkommen (wenn $A = 0{,}78\,B$):

$$\rho_{\text{liq}} = A\,(\mathfrak{t} - 0{,}569 + 1{,}655\sqrt{1-\mathfrak{t}}),$$
$$\rho_{\text{vap}} = B\,(1 - \mathfrak{t} - 1{,}124\sqrt{1-\mathfrak{t}} + 0{,}579^2),$$

gültig für etwa $1 > \mathfrak{t} > 0{,}8$, und bemerkt, dass öfters A und B dem Werte von ρ_k proportional sind, wie das Korrespondenzgesetz erfordert (vergl. Nr. **86**). Widerlegung einer Einwendung von *A. Battelli*, Mem. dell' Acad. di Torino (2) 45 (1895), p. 235, der die Formel für ρ_{liq} für $\mathfrak{t} < 0{,}8$ anwendet: *Mathias*, Nuovo Cimento (4) 9 (1899), p. 327. Eine bessere Formel für die Grenzlinie siehe Nr. **86***b*. Für die Anwendung der geraden Mittellinie zur Bestimmung von v_{liq} bei niedrigem $\mathfrak{t}$ vergl. Nr. **86***c*.

996) Experimentell lässt sich auch direkt die Summe der Dichten der Flüssigkeit und des Dampfes ermitteln, vergl. *E. Mathias* und *H. Kamerlingh Onnes* Fussn. 993.

997) *S. Young*. Phil. Mag. (5) 50 (1900), p. 291.

998) Nach der Rechnung von *Keesom*, Leiden Comm. Nr. 79 (1902), für Pentan über das ganze Beobachtungsgebiet (zwischen $\mathfrak{t} = 0{,}68$ und $\mathfrak{t} = 0{,}996$) bis auf 0,2 % genau, vergl. Fussn. 1013.

Die Differenz in den reduzirten experimentellen Zustandsgleichungen verschiedener Stoffe spricht sich, wie im Allgemeinen in der Grenzlinie (oder Liquid-Gas-Konnodale), so auch in der Mittellinie aus. Die Abweichungen von der linearen Beziehung werden bei den normalen Stoffen im Allgemeinen erst unter $\mathfrak{t} = 0{,}8$ (etwas über dem gewöhnlichen Siedepunkt) beträchtlich [999]. Um den komplizirteren Fällen Rechnung zu tragen, sprechen *Mathias* [c] und *Young* [1000] dann von einer *krummen Mittellinie*:

$$D_\rho = \frac{1}{2}(\rho_{\text{liq}} + \rho_{\text{vap}}) = a_{\text{d}} + b_{\text{d}}\, T + c_{\text{d}}\, T^2 \quad ^{1001}). \qquad (154)$$

Bei Stoffen mit mehr abweichenden experimentellen Zustandsgleichungen, wie z. B. den assoziirten [1002], wäre diesem Polynom behufs genauer Darstellung z. B. noch $d_{\text{d}}\, T^3$ zuzufügen.

b) Nach dem Korrespondenzgesetz (Nr. **26***a*) sind die Koeffizienten $\mathfrak{a}_{\text{d}}$ und $\mathfrak{b}_{\text{d}}$ in der Gleichung für das Mittel der reduzirten Dichten, Gl. (21), die, da für $\mathfrak{t} = 1 : \mathfrak{D}_\rho = 1$, in:

$$\mathfrak{D}_\rho \text{ angenähert } = 1 - \mathfrak{b}_{\text{d}}\,(1 - \mathfrak{t}), \qquad (155)$$

übergeht, für alle Stoffe dieselben [1003] [1004]. *Mathias* (vergl. Nr. **37***c*)

999) Für die unmittelbare Nähe von T_k vergl. Fussn. 576.

1000) *S. Young* [b], weiter Fussn. 997 und J. Chem. Soc. 77 (1900), p. 1145. *Young* und *Fortey*. J. Chem. Soc. 75 (1899), p. 873, 77 (1900), p. 1126.

1001) Vergl. Nr. **86***c*. Bei der Berechnung ist ρ_{vap} mit Vernachlässigung von B und C der Zustandsgl. (56) bestimmt. Es wäre dies leicht mit Gl. (132) zu korrigiren.

1002) Z. B. die ersten Alkohole der Fettreihe, *Young*, Fussn. 997. Vergl. *Ph. A. Guye*, Arch. sc. phys. et nat. (3) 31 (1894), p. 38.

1003) Da für viele normale Stoffe mit mittleren kritischen Temperaturen $\mathfrak{b}_{\text{d}}$ angenähert $= -1$ (vergl. *a*), wird $\mathfrak{D}_\rho$ angenähert $= 2 - \mathfrak{t}$. Hieraus folgt für $\mathfrak{t} < 0{,}7 : \rho_k = \frac{\rho_{\text{liq}}\,\mathfrak{t}}{2(2-\mathfrak{t})}$; für $\mathfrak{t} = 0{,}5$ wird $\rho_k = \frac{1}{3}\rho_{\text{liq}}$: die Regel des *Drittels der Dichte* von *Mathias* [c] (vergl. Fussn. 1008, und für $\mathfrak{t} = 0$ Nr. **39***b*).

D. Berthelot, Paris C.R. 128 (1899), p. 606, verbindet diese Gleichung mit Gl. (33) unter Rücksichtnahme auf Einh. *b* und Fussn. **23**, setzt $K_4 = 3{,}6$ und kommt so zu $M = 11{,}4\,\frac{T_k}{p_k}\cdot\frac{\rho_{\text{liq}}\mathfrak{t}}{2-\mathfrak{t}}$, welche Formel er gibt zur Bestimmung des *Molekulargewichts der Flüssigkeit*. Die Werte $K_4 = 3{,}6$ und $-\mathfrak{b}_{\text{d}} = 1$ (mit $\mathfrak{c}_{\text{d}} = 0$) schliessen aber schon ein, dass der Stoff zwischen dem untersuchten Zustand und dem kritischen nicht assoziirt ist (vergl. Nr. **35**) und keine tiefe kritische Temperatur hat (vergl. Nr. **41** und diese Nr. *b*).

1004) Eine andre Beziehung zwischen $\mathfrak{v}_{\text{vap}}$ und $\mathfrak{v}_{\text{liq}}$, in welcher auch $\mathfrak{p}_{\text{koex}}$ eingeht, vergl. *E. Haigh*, Phil. Mag. (6) 16 (1908), p. 201; für den Zusammenhang zwischen den geringen Abweichungen von jener Beziehung mit dem Wert von $\mathfrak{c}_{\text{d}}$ (vergl. *c*) siehe die Bemerkung *Young*'s, Phil. Mag. (6) 16 (1908), p. 222.

hat diese Formel zur Prüfung des Korrespondenzgesetzes herangezogen [1005]). Es ergeben sich auch bei normalen Stoffen mit mittleren kritischen Temperaturen bisweilen nicht geringe Abweichungen vom reduzirten *Richtungskoeffizienten der Mittellinie* $-\mathfrak{b}_d = 0{,}93$ (vergl. *a*) [1006]). Beträchtlich fand *Mathias* [1007]) die Abweichungen bei Stoffen mit tiefem T_k. Es lassen sich diese im Allgemeinen in Bezug auf $\mathfrak{b}_d$ nach abnehmendem T_k ordnen (vergl. Nr. **34***c*). Für H_2 findet *Mathias* [1008]) $-\mathfrak{b}_d = 0{,}23$, für He *Kamerlingh Onnes* [1009]) 0,255. Es gewinnen durch diese Abweichungen weitere Beobachtungen bei tiefen Temperaturen die in Nr. **21***c* und *d* erwähnte erhöhte Bedeutung (vergl. weiter Nr. **34***c*).

c) *Young* [997]) hat für die von ihm untersuchten Stoffe [333]) einen innigen Zusammenhang der Krümmung und der Richtung der Mittellinie mit dem aus derselben durch Extrapolation bis auf die kritische Temperatur erhaltenen Wert v_{kd} (Nr. **50***b*) gefunden. Wird nämlich der invariante (vergl. Nr. **33***a*) kritische Virialquotient (vergl. Nr. **41**) K_{4d} mit v_{kd} berechnet, so ergibt sich in $\mathfrak{D}_\rho = \mathfrak{a}_d + \mathfrak{b}_d\,\mathfrak{t} + \mathfrak{c}_d\,\mathfrak{t}^2$ als jedesmal (mit nur vereinzelten Ausnahmen) zusammengehörend:

$$-\mathfrak{b}_d < 0{,}93\,, \quad K_{4d} < 3{,}77\,, \quad \mathfrak{c}_d > 0$$

$$-\mathfrak{b}_d = 0{,}93\,, \quad K_{4d} = 3{,}77\,, \quad \mathfrak{c}_d = 0 \qquad \text{(n. Pentan)}$$

$$-\mathfrak{b}_d > 0{,}93\,, \quad K_{4d} > 3{,}77\,, \quad \mathfrak{c}_d < 0.$$

Den Ergebnissen für O_2 von *Mathias* und *Kamerlingh Onnes* [993]) entsprechend scheinen für tiefe Temperaturen die zu $\mathfrak{c}_d = 0$ gehörenden

---

1005) *E. Mathias* [c], [e], [f], *S. Young* [b]. *G. Ter Gazarian* [278]) vergleicht die Ordinate der geraden Mittellinie für verschiedene Stoffe bei gleichen Werten von $T - T_k$ (vergl. Fussn. 1035 und 1051).

1006) Systematische Änderung von $-\mathfrak{b}_d$ in homologen Reihen, z. B. für zehn der niedrigeren Fettsäureester der Paraffinreihe von 0,997 bis 1,090: *Young* und *Thomas*, J. Chem. Soc. 63 (1893), p. 1255.

1007) *E. Mathias*, Paris C. R. 139 (1904), p. 359, [f], verteilt die Stoffe in (dem Korrespondenzgesetz entsprechende) Gruppen mit konstantem $\mathfrak{b}_d$ und in (nicht aus chemisch nahe verwandten Stoffen bestehende) Serien mit $\mathfrak{b}_d\,T_k^{-1/2} =$ konstant (zu einer solchen Serie gehören z. B. Isopentan, Wasserstoff, n. Pentan, n. Hexan). Siehe weiter Nr. **34***b*.

1008) *E. Mathias.* Rapp. 1ier Congr. intern. du froid, Paris 1908, II, p. 145. Für He schätzte er sogar $-\mathfrak{b}_d$ auf 0,1. Die Regel des Drittels der Dichte [1005]) geht dann beim Annäheren an $-\mathfrak{b}_d = 0$ über in eine *der halben Dichte.*

1009) *H. Kamerlingh Onnes* [e] Nr. 119 (1911). Das beim He auftretende Maximum in der Flüssigkeitsdichte (Nr. **21***b*) führt eine entsprechende Krümmung der Mittellinie herbei.

Grössen — $\mathfrak{b}_d$ und K_{4d} sich nach kleineren Werten zu verschieben.

d) Gelingt es für eine Zustandsgleichung zu zeigen, dass dieselbe angenähert eine gerade Mittellinie aufweist, so gibt die Vergleichung der letzteren mit der beobachteten ein recht bequemes Mittel zur Beurteilung der Zustandsgleichung. Analytisch braucht diese gerade Mittellinie nicht aus der Zustandsgleichung hergeleitet werden zu können, da ja das Gesetz der geraden Mittellinie ein empirisches ist [1010]).

86. Grenzlinie, Dichte des gesättigten Dampfes, Dichte, isobare Ausdehnung und isothermische Kompressibilität der Flüssigkeit. *a*) Bei der Behandlung des Gesetzes der geraden Mittellinie (Nr. 85) haben wir die Dichte des gesättigten Dampfes und der gesättigten Flüssigkeit als bekannt angenommen. Wir gehen jetzt auf diese Grössen an und für sich näher ein.

Die Bestimmung der Dichte des gesättigten Dampfes bietet viele experimentelle Schwierigkeiten. Es empfiehlt sich daher [1011]) die in-

---

1010) So fand *Kamerlingh Onnes* (vergl. Nr. **22***b*, **64***a*) graphisch, dass die *van der Waals*'sche Hauptzustandsgleichung mit konstanten a_W, b_W, R_W angenähert eine gerade Mittellinie hat [der reduzirte Richtungskoeffizient ergab sich aber (vergl. *b*) zwischen $\mathfrak{t} = 1$ und $\mathfrak{t} = 0{,}8$ im Mittel zu 0,40, zwischen $\mathfrak{t} = 1$ und $\mathfrak{t} = 0{,}5$ im Mittel zu 0,47]. Auch *J. P. Dalton*, Phil. Mag. (6) 13 (1907), p. 517, und *J. J. van Laar*, Amsterdam Akad. Versl. Okt., Nov. 1911 (wo auch eine Entwicklung der Ordinate der reduzirten Mittellinie, $\mathfrak{D}_\rho$, nach Potenzen von $1 - \mathfrak{t}$ auf Grund der *van der Waals*'schen Hauptzustandsgleichung mit konstanten a_W, b_W, R_W gegeben wird, vergl. Fussn. 1013) fanden rechnerisch keine grosse Abweichung von der Geradlinigkeit. Es dürfte der *Clausius*'schen Gl. (81) auf Grund der guten Übereinstimmung mit CO_2 auch ein geradliniger Diameter zukommen. Dagegen findet *Bakker* [957]) für die in Gl. (82) angegebene Form von a_W Abweichung (vergl. Nr. **86***f*). *A. Batschinsky*, ZS. physik. Chem. 41 (1902), p. 741, findet das Gesetz der geraden Mittellinie aus der *van der Waals*'schen Hauptzustandsgleichung mit konstanten a_W, b_W, R_W in Verbindung mit dem *Maxwell*'schen Kriterium Gl. (5) und der Dampfspannungsformel Gl. (143) (vergl. hierzu Fussn. 957). Für die Anwendungen des Satzes der geraden Mittellinie zur Ableitung einer Dampfspannungsformel siehe Nr. **83***e*.

1011) Man kann dies die *isothermische Methode* nennen. *Ramsay* und *Young*, London Phil. Trans. 177 (1886), p. 152, *Young* [d] p. 619, [e], und *Battelli*, Ann. chim. phys. (6) 25 (1892), p. 72, ersetzen die im Text angeführte Benutzung von $B(p)$ und $C(p)$ durch graphische Extrapolation. Eine annähernde Darstellung gibt z. B. die *Rankine-Bose*'sche Dampfspannungsformel (145), eingeführt in Gl. (56):

$$\log v_{\text{vap}} = \log A - a_{RB} - b_{RB}\, T^{-1} - c_{RB}\, T^{-2} - d_{RB}\, T^{-3} + M_{\text{brigg}} \left\{ B v_{\text{vap}}^{-1} + \left(C - \frac{B^2}{2} \right) v_{\text{vap}}^{-2} \right\},$$

wenn die a_{RB}, b_{RB}, c_{RB}, d_{RB} als mit der mittleren empirischen Zustandsgl. (31) in Übereinstimmung aufgefasst werden. *Young*, J. de phys. (4) 8 (1909), p. 5, findet, dass in der Nähe von 1 Atm $\log v_{\text{vap}} + \alpha_Y \log p_{\text{koex}} + A_Y = 0$, wo direkte Bestimmung aus nahezu gesättigten Zuständen bei bekanntem p_{koex} mittels der Zustandsgleichung mit Berücksichtigung von $B^{(p)}$ und $C^{(p)}$ in Gl. (128) (bis zu etwa $\mathfrak{t} = 0{,}9$), sei es dass diese durch zwei Messungen bestimmt (vergl. Nr. 78*a*) oder der empirischen Zustandsgleichung, eventuell der mittleren, entnommen werden. (Über die Kondensationserscheinungen vergl. Nr. **83***b*.)

Van der Waals [1012]) leitet in Anlehnung an seine Rechnungen über die Scheinassoziation (Nr. **49***c*) aus den Messungen *Young*'s [1011]) über die Dichte des gesättigten Dampfes die Zahl der Konglomerate in demselben ab und findet z. B. für Äthyläther bei Zusammentreten von jedesmal 9 Molekülen zu einem Konglomerat die Zahl der zusammengetretenen Moleküle (Nr. **48***f*) bei $\mathfrak{t} = 0{,}58$ zu $x = 0{,}023$, bei $\mathfrak{t} = 1$ zu $x = 0{,}16$.

b) Die reduzirte Grenzlinie wird für n. Pentan (vergl. Nr. **85***a*) bis zu $\mathfrak{t} = 0{,}7$ hinunter (wenigstens was $\mathfrak{v}_{\text{liq}}$ betrifft befriedigend) dargestellt [1013]) durch [1014]):

α_Y und A_Y Konstanten sind, eine gute Darstellung gibt. *Nernst* [973]) findet von niedrigen Temperaturen an bis $\mathfrak{t} = 0{,}85$ Gl. (148) geeignet. *G. Zeuner*, Technische Thermodynamik, Bd. 2, 3te Aufl. Leipzig 1890, p. 36, fand für Wasserdampf bis zu 14 Atm die Beziehung zwischen v_{vap} und p_{koex} genügend genau durch eine polytropische Kurve (Enc. V 5, Art. *Schröter*, Nr. 5) darstellbar.

1012) *J. D. van der Waals* [e] April 1911.

1013) *W. H. Keesom*, Leiden Comm. Nr. 79 (1902), p. 11, einer Form folgend, welche *J. E. Verschaffelt*, Leiden Comm. Nr. 28 (1896), p. 13 und Nr. 55 (1900), p. 4, zuerst versuchte. Diese Formel gibt $\rho_{\text{liq}} - \rho_{\text{vap}}$ bis auf 1,5 %, ρ_{liq} bis auf 0,5 % genau; der Dampfzweig zeigt bedeutende Abweichungen, bis $\mathfrak{t} = 0{,}95$ hinunter aber $< 2\,\%$. Eine Zustandsgleichung, die in erster Annäherung diese Formel liefert, gibt *J. E. Verschaffelt*, Arch. Néerl. (2) 9 (1904), p. 125. Vergl. auch Nr. 87*a* wegen der aus Gl. (156) folgenden Entwicklung für die Verdampfungswärme. Aus der *van der Waals*'schen Hauptzustandsgleichung mit konstanten a_W, b_W, R_W abgeleitete Werte für $\mathfrak{v}_{\text{liq}}$ und $\mathfrak{v}_{\text{vap}}$ finden sich bei *J. P. Dalton*, Fussn. 1010. Vergl. auch *H. v. Jüptner*, ZS. physik. Chem. 63 (1908), p. 355, 73 (1910), p. 173, 343, wo in der Entwicklung nach Potenzen von $(1 - \mathfrak{t})^{1/2}$ das nächstfolgende Glied berücksichtigt wird. Weiter *D. A. Goldhammer*, ZS. physik Chem. 71 (1910), p. 577. Gl. (156) wurde für Argon mit etwas veränderten Werten der Konstanten geprüft von *C. A. Crommelin*, Leiden Comm. Nr. 118*a* (1910).

J. J. van Laar [1010]) entwickelt auf Grund der *van der Waals*'schen Hauptzustandsgleichung mit konstanten a_W, b_W, R_W $\mathfrak{v}_{\text{liq}}^{-1}$ und $\mathfrak{v}_{\text{vap}}^{-1}$ nach Potenzen von $(1 - \mathfrak{t})^{1/2}$ und setzt diese Entwicklung bis zu $(1 - \mathfrak{t})^{5/2}$ fort. In Amst. Akad. Versl. Nov. 1911 gibt er auch die ersten Glieder dieser Entwicklung bei Annahme von Assoziation (vergl. Fussn. 568).

1014) Für die Frage, ob v_{liq} und v_{vap} durch T allein bedingt sind, vergl. Nr. **83***b*, siehe Nr. **24**.

$$\mathfrak{v}_{\text{liq}}^{-1} = \mathfrak{D}_\rho + 1{,}8893\,(1-\mathfrak{t})^{0{,}3327}, \quad \mathfrak{v}_{\text{vap}}^{-1} = \mathfrak{D}_\rho - 1{,}8893\,(1-\mathfrak{t})^{0{,}3327}. \quad (156)$$

Für andre normale Stoffe mit mittleren kritischen Temperaturen gilt bis auf die kleinen Abweichungen vom Korrespondenzgesetz dasselbe.

Die Abweichungen von der Korrespondenz kommen, wie *Young* [a] hervorgehoben hat, weniger zum Ausdruck, wenn man die ρ_{vap} und ρ_{liq} bei korrespondirenden Drucken vergleicht, als wenn man dies bei korrespondirenden Temperaturen tut (vergl. Fussn. 985); dem entspricht, dass *Kirstine Meyer* (vergl. Nr. **38**a), um den reduzirten Druck zu berechnen, p_k ungeändert gelassen hat, dagegen $\mathfrak{t}$ korrigirt hat zu $\mathfrak{t}_{\text{MEY}}$ [1015]. Es sind weiter die Abweichungen im ρ_{vap}-Zweig grösser als im ρ_{liq}-Zweig [1016].

Zur Ableitung einer Gleichung für die Grenzkurve kombinirt *van der Waals* [421] das *Cailletet-Mathias*'sche Gesetz der geraden Mittellinie Gl. (155) mit der im ersten Teil von Gl. (65b) gegebenen Definition von $\mathfrak{a}_{\text{vR}}$ und mit Gl. (149) (vergl. Fussn. 991 und 960) und findet so:

$$\mathfrak{v}^{-2} - 2\left\{1 - \mathfrak{b}_{\text{d}}\,(1-\mathfrak{t})\right\}\mathfrak{v}^{-1} + \frac{1}{\mathfrak{a}_{\text{vR}}}\,(K_6\,\mathfrak{t}^{-1} - 1)\,\mathfrak{p}_{\text{koex}} = 0, \quad (157)$$

aus welcher $\mathfrak{v}_{\text{liq}}$ und $\mathfrak{v}_{\text{vap}}$ bei gegebenem $\mathfrak{t}$ und dadurch bestimmtem $\mathfrak{p}_{\text{koex}}$ als die zwei Wurzeln dieser Gleichung in $\mathfrak{v}$ folgen.

Weiter findet derselbe annäherend in der Nähe von $\mathfrak{t} = 1$

$$(\mathfrak{v}_{\text{liq}}^{-1} - \mathfrak{v}_{\text{vap}}^{-1})^2 = 4\left\{\sqrt{1-\mathfrak{t}} + K_6\,(1-\mathfrak{t})\right\}. \quad (158)$$

Damit werden auch die Abweichungen von der Korrespondenz von $\mathfrak{v}_{\text{liq}}$ und $\mathfrak{v}_{\text{vap}}$ mit Unterschieden in $\mathfrak{b}_{\text{d}}$ (Nr. **85**b) und K_6 oder $\mathfrak{f}_{\text{wk}}$ (Nr. **84**) in Beziehung gebracht.

c) Die Änderung der Flüssigkeitsdichte ρ_{liq} mit der Temperatur [1017] folgt aus der Gleichung für die Mittellinie (Nr. **85**) bei niedrigem $\mathfrak{t}$ mit einer leicht zu berechnenden Korrektion für ρ_{vap}. Der Formel $D_\rho = a_{\text{d}} + b_{\text{d}}\,t + c_{\text{d}}\,t^2 + d_{\text{d}}\,t^3$ von Nr. **85**a entspricht daher sehr nahe bei nicht zu grossem $\mathfrak{t}$: $\dfrac{v_{\text{liq}}}{v_0} = \dfrac{1}{1 - k_1\,t + k_2\,t^2 + k_3\,t^3}$. Mit $k_3 = 0$ wird sie zur *Grimaldi*'schen [1018], und wenn auch noch $k_2 = 0$ gesetzt

1015) Nach der in Nr. **88** entwickelten Anschauung wären beide als mit Abweichungen belastet zu betrachten.

1016) Nach *S. Young* ist daher v_{vap} besonders geeignet, ebenso wie K_4, vergl. Nr. **41**, die verschiedenen Gruppen zu charakterisiren (vergl. Fussn. 333).

1017) Siehe die Tabellen von *Landolt-Börnstein-Meyerhoffer*.

1018) *G. P. Grimaldi*, ZS. physik. Chem. **1** (1887), p. 550; **2** (1888), p. 374; J. de phys. (2) 7 (1888), p. 72.

wird, zu der *Mendelejeff*'schen [1019]) Ausdehnungsformel: $\frac{v}{v_0} = \frac{1}{1 - k_{ME}\, t}$, in welcher k_{ME} der *Ausdehnungsmodulus* genannt wird. Bei der Genauigkeit [1020]), mit welcher die Ausdehnung der Flüssigkeiten mit Rücksicht auf thermometrische Fragen, auf die chemisch wichtigen Volumbeziehungen und auf die Prüfung der Mittellinie studirt ist, reicht diese Formel ohne k_2 und k_3 aber nur in besonderen Fällen aus. Die Koeffizienten des *Ausdehnungspolynoms* (für Ausdehnungskoeffizient siehe Nr. 81), welches bei kleinerem t Anwendung findet und bisweilen zu [1021])

$$v = v_0\,(1 + \alpha_1\, t + \alpha_2\, t^2 + \alpha_3\, t^3 + \alpha_4\, t^4) \tag{159}$$

ausgedehnt wird um die genaue Darstellung zu erzielen (das Polynom für die *Flüssigkeit unter dem Sättigungsdruck* wäre bei entsprechender Genauigkeit zu unterscheiden von dem *bei konstantem Druck*), genügen nur ausnahmsweise der Beziehung [1022]): $\alpha_2 = \alpha_1{}^2$, $\alpha_3 = \alpha_1{}^3$, $\alpha_4 = \alpha_1{}^4$, welche für die ersten Glieder gefunden wird, wenn man die *Mendelejeff*'sche Form in einer Reihe nach ganzen positiven Potenzen von t entwickelt. So ist auch die Formel $v = v_0\, e^{\alpha t}$, mit welcher *Bosscha* [1023]) die *Regnault*'schen Beobachtungen der Ausdehnung des

---

1019) *D. Mendelejeff*, Ann. chim. phys. (6) 2 (1884), p. 271, J. Chem. Soc. 45 (1884), p. 126. Derselbe weist darauf hin, dass *Groshans* 1853, *Waterston*, *Potter* 1863, u. A. (vergl. Fortschr. der Phys.) schon ähnliche Formeln vorschlugen. Aus derselben ist abgeleitet die *Dichtigkeitsregel* von *Thorpe* und *Rücker*, vergl. Fussn. 1026. Die *Mendelejeff*'sche (aus der geraden Mittellinie mit Vernachlässigung von ρ_{vap} folgende) Formel gibt mit der *van der Waals*'schen Beziehung $u = \frac{a_W}{v}$ (vergl. Nr. 22b) und a_W = konst. eine lineare Temperaturbeziehung für λ (vergl. Fussn. 1044).

Avenarius, Bull. de St. Petersb. 24 (1878), p. 525 setzt: $v = a + b \log (T_k - T)$, *Rankine*, Ed. New Phil. Journ. Oct. 1849, Papers p. 13: $\log v = a\, T - b + c T^{-1}$.

1020) Die Genauigkeit, welche insbesondere bei den metrologischen Untersuchungen erreicht ist, hat vorläufig noch wenig Wert für das Studium der Zustandsgleichung, weil dieselbe nur an sehr vereinzelte, meist nicht korrespondirende Stellen für die betreffenden Stoffe fällt.

1021) Die Beobachtungen von *Kopp* und *Pierre* sind nach dieser Gleichung mit $\alpha_4 = 0$ dargestellt, die neueren Beobachtungen über Wasser (*Scheel*, *Chappuis*, *Landesen*) und über einige Flüssigkeiten bei höherem Druck (*Hirn*) durch das Polynom mit α_4. *Wiebe* berechnete sogar für einige Flüssigkeiten α_5. Für die Litteratur vergl. Fussn. 1017.

1022) Allerdings bedingt das Abbrechen der Potenzentwicklung, der Genauigkeitsgrenze der experimentellen Ergebnisse entsprechend, einen gewissen Spielraum besonders in den Koeffizienten der höheren Potenzen.

1023) *J. Bosscha.* Ann. Phys. Chem. Ergbd. 5 (1871), p. 276.

Quecksilbers[1024]) auffallend genau wiedergab [dieselbe erfordert, wenn die Reihe unbegrenzt fortgesetzt wird[1022]), $\alpha_2 = \frac{1}{2}\alpha_1{}^2$, $\alpha_3 = \frac{1}{6}\alpha_1{}^3$, $\alpha_4 = \frac{1}{24}\alpha_1{}^4$], eine Ausnahmeformel.

d) Was bezüglich der Korrespondenz der Mittellinie bemerkt wurde, lässt sich sogleich auf die reduzirten Ausdehnungsformeln:

$$\mathfrak{v} = \mathfrak{v}_0 + \mathfrak{v}_1 \mathfrak{t} + \mathfrak{v}_2 \mathfrak{t}^2 + \mathfrak{v}_3 \mathfrak{t}^3 + \ldots \tag{160}$$

übertragen[1025]). Die Umrechnung der Formeln (159) für verschiedene Stoffe mit Hülfe dieser Gleichung[1026]) auf einander bildete eine der ersten Bestätigungen des Korrespondenzgesetzes.

e) Eine theoretische Ableitung des Ausdehnungsgesetzes ist bis jetzt nicht gelungen[1027]). Am nächsten kommt derselben ein skizzen-

1024) Die neueren Bestimmungen (*Chappuis*, *Thiesen*, *Scheel* und *Sell*, siehe Fussn. 1017) stimmen nicht mit dieser Beziehung (vergl. aber Fussn. 1022).

1025) Die Abweichungen von der Korrespondenz, welche sich in Nr. **85***b* und *c* durch verschiedene Werte von $\mathfrak{b}_d$ und $\mathfrak{c}_d$ kund gaben, können auch darin Ausdruck finden, dass nach *K. Schaposchnikow*, ZS. physik. Chemie 51 (1905), p. **542**, $\frac{\rho_T + a_{SCH}}{\rho_k + a_{SCH}} = \phi\left(\frac{T + c_{SCH}}{T_k + c_{SCH}}\right)$, wo ϕ eine für alle Stoffe gleiche Funktion ist, wodurch also das Korrespondenzgesetz in der in Nr. **88** behandelten *Kirstine Meyer*'schen Weise korrigirt ist, indem man den Temperaturen und Dichten einen für jeden Stoff individuellen Betrag beifügt [vergl. *C. Forch*, Physik. ZS. 6 (1905), p. 633]. Ebenso verfahren *Mallet* und *Friderich*, Arch. sc. phys. et nat. (4) 14 (1902), p. 50, bei ihrer Abänderung der Formel von *Avenarius*[1019]), welche auch darauf hinaus kommt, dass man der kritischen Temperatur bei verschiedenen Stoffen einen verschiedenen Betrag zufügt.

1026) *Van der Waals* [a] p. 161. Durch Kombination der *van der Waals*'schen Beziehung: $\frac{1}{v_t}\frac{dv_t}{dt} \cdot T_k = f(t)$ mit der *Mendelejeff* schen Formel folgt die Dichtigkeitsregel von *Thorpe* und *Rücker*, J. Chem. Soc. 45 (1884), p. 135: $\frac{\rho_t}{\rho_0} = \frac{a T_k - T}{a T_k - 273}$, welche von *Guye* und *Jordan*, Bull. Soc. Chim. Paris (3) 15 (1896), p. 306, mit der Annahme $\mathfrak{t}_{koex\ p=1} = 0{,}645$ umgesetzt wurde in: $\frac{\rho_t}{\rho_0} = \frac{b T_{koex\ p=1} - T}{b T_{koex\ p=1} - T_0}$, wo im Allgemeinen $b = 3{,}09$, genauer b abhängig von der chemischen Konstitution. *Mathias*, J. de phys. (3) 8 (1899), p. 407, leitete die *Thorpe* und *Rücker*'sche Regel, die zur Berechnung von T_k aus ρ_t Anwendung finden kann (vergl. dazu auch *D. A. Goldhammer*, Fussn. 1013), aus dem Gesetz der geraden Mittellinie ab und brachte den Koeffizienten a mit $\mathfrak{b}_d$ in Verbindung. *P. Walden*, ZS. physik. Chem. 65 (1908), p. 129, findet den Ausdehnungsmodul, dem Korrespondenzgesetz entsprechend, T_k umgekehrt proportional.

1027) Die theoretischen Betrachtungen von *Heilborn*, ZS. physik. Chem. 7 (1891), p. 367, stehen nicht in genügendem Zusammenhang mit denen für andre Gebiete des fluiden Zustandes, um hier berücksichtigt zu werden. Auch schliessen dieselben empirische Annahmen ein. Die Betrachtungen von *de Heen*, La Chaleur, Lüttich

mässiger Versuch von *van der Waals* [1028]) bei Berücksichtigung der Zustandsgleichung des Moleküls, der wohl eine genauere Ausführung zuliesse. *Van der Waals* setzt dabei der Einfachkeit halber einigermassen empirisch $f_z = 1$ und $b_{wA} = 2\, b_{w\lim}$ (siehe Nr. **43**). Die Grösse $(b_{w\mathrm{liq}} - b_{w\lim})(b_{wA} - b_{w\lim})^{-1} = z$ wird dann zur bestimmenden Grösse; *van der Waals* findet für niedrige Temperaturen annähernd: $\frac{T}{v}\frac{dv}{dT} = \frac{2z}{1-z}$ und so für Äthyläther bei $t = 0{,}615$ $z = 0{,}143$ und $\frac{1}{v}\frac{dv}{dT} = 0{,}00146$ statt experimentell $0{,}00151$.

f) Dass auf Grund der in *e* genannten Voraussetzungen richtige Werte für die *isothermische Kompressibilität* [1029]) $\beta_T = -\frac{1}{v}\left(\frac{\partial v}{\partial p}\right)_T$ durch Rechnungen der in *e* beschriebenen Art gefunden werden können, ist von *van der Waals* [1028]) wahrscheinlich gemacht. In derselben Arbeit zeigt *van der Waals*, dass seine Modifikation für a_w : Gl. (82), zusammen mit Berücksichtigung der Zustandsgleichung des Moleküls nicht verträglich ist mit der gefundenen Ausdehnung und demgemäss $a_w =$ konst. zu setzen wäre [1030]). Andrerseits findet *van der Waals* [1031]) $\frac{dv_{\mathrm{liq}}}{\beta_{T\mathrm{liq}}} = -\frac{dv_{\mathrm{vap}}}{\beta_{T\mathrm{vap}}}$, und weil sich diese Beziehung aus $\frac{f(T)}{v^2}$ als Kohäsionsdruck ergibt, dürfte im Flüssigkeitszustand die Einführung der Zustandsgleichung des Moleküls in die weiter unveränderte Hauptzustandsgleichung den Tatsachen am besten entsprechen. Aus diesem Gesichtspunkt lässt sich auch die von *Tumlirz* [1032]) gefundene überra-

---

1894, p. 164, sind mit den von uns angestellten nicht in Zusammenhang zu bringen. *Luther*, ZS. physik. Chemie 12 (1893), p. 524, sucht die *Mendelejeff*'sche Formel mit der Gl. (51) in Beziehung zu bringen. *Konowalow*, J. der Russ. phys. chem. Ges. (8) 18 (1887), p. 395 (zitirt nach dem Ref. Beibl.), benutzt zur Ableitung dieser Formel die *de Heen*'sche Hypothese, dass die (innere und äussere) Ausdehnungsarbeit unabhängig von der Temperatur sei.

Dies alles sind scheinbare theoretische Ableitungen, in denen empirische Beziehungen in ein theoretisches Kleid eingeführt werden.

1028) *J. D. van der Waals* [e] Juni 1903.

1029) Gesetze für dieselbe bei *E. H. Amagat*, Rapp. Congr. Intern. Paris 1900, 1, p. 551.

1030) Die *Clausius*'sche Annahme θ_C betreffend [Gl. (81)] würde wohl noch grössere Abweichungen ergeben.

1031) *J. D. van der Waals*, Arch. Néerl. (2) 5 (1902), p. 407.

1032) *O. Tumlirz*, Wien. Sitz.-Ber. [2*a*] 109 (1900), p. 837, 110 (1901), p. 437.

schende Bestätigung für den Flüssigkeitszustand von $(p + K_T)$ $(v - b_{wlim}) = RT$, bei welcher in der Hauptzustandsgleichung von *van der Waals* $\frac{a_w}{v^2}$ durch $K_T = f(T)$ ersetzt ist und b_{wlim} das den darzustellenden Kompressibilitätsbeobachtungen entlehnte Limitvolumen (Nr. **39***b*, mit T nur sehr wenig veränderlich) wäre, erklären, und folgt unmittelbar, dass diese Beziehung nur in einem beschränkten Gebiet (vergl. die Beobachtungen van *Amagat* Nr. **36**, vergl. auch Nr. **45***a*) gültig ist.

g) Die ausführlichen und genau erforschten Volumbeziehungen, insbesondere dass *Kopp*'sche Gesetz [1033]) (vergl. Nr. **30***g*), welche auf korrespondirende Zustände [1034]), wo möglich mit Berücksichtigung von Deviationsfunktionen (Nr. **38**) umzurechnen wären [1035]), fallen als Studium der individuellen Parameter ausserhalb des Rahmens dieses Artikels.

h) *Van der Waals* [1036]) leitet aus der Hauptzustandsgleichung, Gl. (6), mit konstanten a_w, b_w, R_w, indem für den Flüssigkeitszustand p gegen K_w (Nr. **18***a*) vernachlässigt und $v—b_w$ durch v ersetzt wird, für denselben die angenäherte Gleichung

$$K_w^2 \, v\beta_T = RT \tag{161}$$

Für hohe Drucke vergl. auch *G. Tammann*, Fussn. 420. Für die Zustandsgleichung im Gaszustand vergl. Fussn. 548.

1033) Vergl. *Ostwald* [a] p. 356 u. f., *Young*, Fussn. 992. Auch *G. le Bas*, Phil. Mag. (6) 14 (1907), p. 324.

1034) Als solcher kommt zunächst der kritische Zustand in Betracht. Vergl. die Regelmässigkeiten in den nach der Formel in Fussn. 1003 berechneten Werten von ρ_k: *Mathias* [c].

1035) *Van der Waals* [a] p. 150 weist schon darauf hin, dass man für die Vergleichung verschiedener Stoffe statt den gewöhnlich zu Grunde gelegten Siedepunkt besser gleichem reduzirtem Druck entsprechende Temperaturen nehmen würde. Es geht so z. B. die von *Groshans*, Ann. Phys. Chem. 6 (1879), p. 119, angegebene, für bestimmte Gruppen von Stoffen [nämlich nach Gl. (20) wenn $p_k = p'_k$] gültige Beziehung $\frac{\rho_{liq\ p=1}}{\rho'_{liq\ p=1}} = \frac{M}{M'} \cdot \frac{T'_{koex\ p=1}}{T_{koex\ p=1}}$ über in eine dem Korrespondenzgesetz entsprechende. Ebenso die von *P. Walden*, ZS. physik. Chem. 66 (1909), p. 385, mit $\mathfrak{t}_{koex\ p=1} = 0{,}659$ (vergl. Fussn. 1026) gefundene Beziehung $\mathfrak{v}^{-1}_{liq\ p=1} = 2{,}67$. Vergl. auch *G. Ter Gazarian*, J. chim. phys. 4 (1906), p. 140, 6 (1908), p. 492, 7 (1909), p. 273, wo die Glieder homologer Reihen, und Paris C. R. 153 (1911), p. 871, wo auch nicht homologen Reihen angehörende Stoffe bei gleichen Werten von $T_k - T$ untersucht werden. Für die Umrechnung der Volumina auf den absoluten Nullpunkt vergl. Nr. **39***b*.

1036) *J. D. van der Waals*. Diss. Leiden 1873, p. 99.

ab[1037]). Eine Gleichung dieser Form kann nach *Traube* (vergl. Nr. 74g) auch auf den Metallzustand angewendet werden[1038]).

87. **Die Verdampfungswärme.** *a*) Die Verdampfungswärme[1039]) kann im *s*, *v*- oder im *u*, *s*-Diagramm der Konnodale, wenn bei den verschiedenen Temperaturen die Konnoden angegeben sind (Fig. 37 und 38), sofort abgelesen werden[1040]). Fig 76 stellt die Abhängigkeit derselben von T für einen normalen Stoff dar[1041]) [1042]).

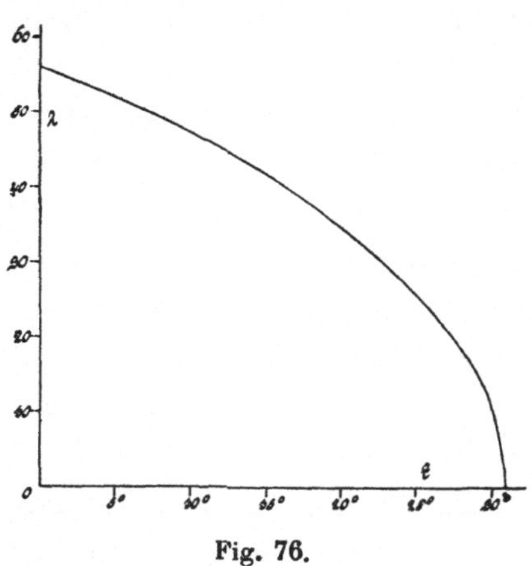

Fig. 76.

Regnault[1043]) fasste seine Beobachtungsresultate in Formeln der Art

$$\lambda = \lambda_{0^\circ C} + l_1 t + l_2 t^2 \quad (162)$$

1037) Vergl. auch *W. C. Röntgen* und *J. Schneider*, Ann. Phys. Chem. 29 (1886), p. 213.

1038) Die Konstante der *Traube*'schen Gl. (125) ist aber etwa dreimal so gross, als Gl. (161) entspricht.

1039) Wenn genügend genaue Messungen dieser Grösse nicht vorliegen, wird dieselbe meistens mittels der *Clapeyron-Clausius*'schen Gleichung, Gl. (107), aus Messungen von p_{koex}, v_{vap} und v_{liq} abgeleitet. Für viele Fälle kann beim Siedepunkt Gl. (107) genügend genau durch $\lambda = RT^2\, d \ln p_{\text{koex}}/dT$ ersetzt werden. *Nernst* [c] p. 64 integrirt dieselbe zwischen zwei nicht viel verschiedenen Temperaturen T_1 und T_2, indem er dabei λ konst. ansetzt, zu $\lambda = \frac{RT_1T_2}{T_2 - T_1} \ln \frac{p_{\text{koex}_2}}{p_{\text{koex}_1}}$.

Für die Bedeutung der Messungen von λ bei tiefen Temperaturen für die Festlegung der absoluten Temperaturskala vergl. Nr. 82*a*.

1040) Vergl. *C. Dieterici*, Ann. d. Phys. (4) 25 (1908), p. 569, und Fussn. 699.

1041) *E. Mathias* [a] für CO_2 entlehnt.

1042) Den Einfluss von Oberflächenkrümmung auf Verdampfungswärme: *Boullevigue*, J. de phys. (3) 5 (1896), p. 159, von elektrischer Ladung: *Fontaine*, J. de phys. (3) 6 (1897), p. 16.

1043) *V. Regnault*. Mém. de l'Inst. 21 (1847), p. 635, 26 (1862), p. 761, 37 II (1870), p. 925, Ann. chim. phys. (4) 24 (1871), p. 375. Vergl. *E. Mathias* [a]. *Regnault* beobachtete direkt *die Gesamtwärme* des Dampfes $\int_0^t \gamma_{\text{liq}}\, dt + \lambda$ und brauchte also zur Ableitung von λ die Kenntnis von γ_{liq}, die seinerzeit nicht einwandsfrei war, vergl. besonders auch *J. Bosscha*, Amsterdam Akad. Versl. April 1893. Seine Beobachtungen sind später wiederholt durch genauere Formeln als die von *Regnault* selbst gegebenen dargestellt. So für Wasser von *Starkweather*, Amer.

zusammen[1044]. Die Tatsache[1045]), dass bei T_k ausser $\lambda = 0$ auch $\frac{d\lambda}{dT} = -\infty$, wurde berücksichtigt in der Formel von *Cailletet* und *Mathias*[1046])

$$\lambda^2 = l_1 (T_k - T) - l_2 (T_k - T)^2. \tag{163}$$

Diese Formel ist jedoch von den Autoren nur für höhere reduzirte Temperaturen bestimmt, auf niedrige T extrapolirt würde dieselbe z. B. für CO_2 ein Maximum geben. Letzterem Verlauf widerspricht, dass *Kuenen* und *Robson*[1047]) nicht nur kein Maximum[1048]), sondern sogar bei niedrigen Temperaturen wieder ein stärkeres nach oben Wenden der Kurve fanden.

Die von *Thiesen*[1049]) aufgestellte Gleichung

$$\lambda = l (T_k - T)^{1/3} \tag{164}$$

kann als erstes Glied in der Entwicklung in der Umgebung von T_k aus Gl. (156) abgeleitet werden[1050]).

J. of Sc. (4) 7 (1899), p. 13 [vergl. auch Fussn. 1049 und *Arthur W. Smith*, Phys. Rev. 25 (1907), p. 144].

1044) Für mittlere Temperaturen ist (vergl. Fig. 76) über ein ziemlich ausgedehntes Temperaturgebiet λ als linear von T abhängig zu betrachten, vergl. Fussn. 1019. *O. Pilling*, Physik. ZS. 10 (1909), p. 162 fand über ein beschränktes Temperaturgebiet $\lambda T^{1/2} =$ konst.

1045) Dieselbe folgt nach Gl. (107) aus der entsprechenden Eigenschaft von $v_{vap} - v_{liq}$, die (vergl. Nr. 24 und 86*b*) genügend begründet ist, wodurch die Einwände von *Traube*, Ann. d. Phys. (4) 5 (1901), p. 548, 8 (1902), p. 267, Physik. ZS. 4 (1902), p. 569, vergl. auch *Mathias*, J. de phys. (4) 4 (1905), p. 733, Paris C. R. 140 (1905), p. 1174, hinfällig werden.

1046) *L. Cailletet* und *E. Mathias*. J. de phys. (2) 5 (1886), p. 549, (2) 6 (1887), p. 414, Paris C. R. 102 (1886), p. 1202, 104 (1887), p. 1563. Die Entwicklung von $v_{vap} - v_{liq}$ nach Potenzen von $(T_k - T)^{1/2}$ (vergl. Fussn. 1013) gibt in die *Clapeyron-Clausius*'sche Gleichung eingeführt eine Entwicklung von λ ebenfalls nach Potenzen von $(T_k - T)^{1/2}$.

1047) *J. P. Kuenen* und *W. G. Robson*. Phil. Mag. (6) 3 (1902), p. 622.

1048) Dagegen kann bei Stoffen, die im Flüssigkeitszustand mehr als im Dampfzustand assoziirt sind (vergl. Nr. 35c), weil bei denselben die Dissoziationswärme in die Verdampfungswärme eingeht, vergl. *Ph. A. Guye*, Arch. sc. phys. et nat. (3) 31 (1894), p. 38, ein Maximum auftreten: *W. Ramsay* und *S. Young*, J. chem. soc. 49 (1886), p. 790 für Essigsäure (vergl. Fussn. 1051), *K. Tsuruta*, Phil. Mag. (5) 35 (1893), p. 435 für HCl. Vergl. Fussn. 382. Vergl. auch c.

1049) *M. Thiesen*. Verh. d. physik. Ges. Berlin 16 (1897), p. 80. Nach Gl. (20) ist $l_M T_k^{-2/3}$ für korrespondirende Stoffe gleich, und zwar findet *Thiesen* dafür 20. Für Wasser vergl. auch *F. Henning*, Ann. d. Phys. (4) 21 (1906), p. 849.

1050) *H. Crompton*, London Proc. Chem. Soc. 17 (1901), p. 61, findet annäherend $\lambda = 2 RT \ln \frac{v_{vap}}{v_{liq}}$ (vergl. Fussn. 460); *Mills*, J. phys. chem. 8 (1904), p. 593,

b) *Die Trouton'sche Regel* [1051]) $\frac{\lambda_{M\,p=1}}{T_{\mathrm{koex}\,p=1}}$ = konst. für verschiedene, dementsprechend in Gruppen zu ordnende Stoffe, ist als aus dem Korrespondenzgesetz Gl. (20), vergl. Fussn. 256, hervorgehend anzusehen, wenn man mit *Guldberg* [1052]) annimmt, dass der Einfluss des Unterschieds der Siedetemperaturen von korrespondirenden Temperaturen zu vernachlässigen ist, was nur der Fall sein wird, wenn die kritischen Drucke nicht zu verschieden sind.

Nernst [1053]) findet die *Trouton*'sche Konstante regelmässig mit der Siedetemperatur variirend und gibt als *revidirte Regel von Trouton:*

$$\frac{\lambda_{M\,p=1}}{T_{\mathrm{koex}\,p=1}} = 9{,}5 \log T_{\mathrm{koex}\,p=1} - 0{,}007\; T_{\mathrm{koex}\,p=1}. \qquad (165)$$

---

prüft diese Beziehung, findet bei niedrigen t aber beträchtliche Abweichungen (vergl. Fussn. 1062). *W. C. McC. Lewis*, Phil. Mag. (6) 22 (1911), p. 268, prüft die Beziehung $\lambda = T\alpha_{p\mathrm{liq}}/\rho_{\mathrm{liq}}\,\beta_{T\mathrm{liq}}$ für verschiedene nicht assoziirte Stoffe.

1051) *F. Trouton*, Phil. Mag. (5) 18 (1884), p. 54. Geprüft von *R. Schiff*, *Liebig's* Ann. 234 (1886), p. 338, *Miss D. Marshall* und *W. Ramsay*, Phil. Mag. (5) 41 (1896), p. 38, *D. Marshall*, Paris C. R. 122 (1896), p. 1333, *I. Traube*, Berlin Ber. 30 (1897), p. 265, 31 (1898), p. 1562, *L. Kahlenberg*, J. phys. chem. 5 (1901), p. 215, 284, *W. Kurbatoff*, Chemiker Ztg. 26 (1902), p. 780, J. d. russ. phys. chem. Ges. 35 (1903), p. 319 (referirt Chem. Zentralbl. 1903, 2, p. 323), ZS. physik. Chem. 43 (1903), p. 104, *J. Campbell Brown*, J. chem. soc. 83 (1903), p. 987, 87 (1905), p. 265, 89 (1906), p. 311, und besonders von *W. Louguinine*, Paris C. R. 119 (1894), p. 601, 645, 121 (1895), p. 556, 128 (1899), p. 366, 132 (1901), p. 88, Ann. chim. phys. (7) 7 (1896), p. 251, (7) 13 (1898), p. 289, (7) 26 (1902), p. 228, (7) 27 (1902), p. 105, und von *C. E. Linebarger*, Amer. J. of Sc. (3) 49 (1895), p. 380: Mittelwert der *Trouton*'schen Konstante 20,7; höhere Werte bei Alkoholen, Wasser, Azeton werden Dissoziation während der Verdampfung zugeschrieben, niedrige Werte bei Ameisensäure, Essigsäure einem Assoziationszustande, der bei der Verdampfung sich nicht überwiegend ändert, und der sich auch durch abnorme Dampfdichte zeigt. Es gehen im Allgemeinen mit diesen Abweichungen solche vom Temperaturkoeffizienten des Diameters (Nr. 85) und der molekularen Oberflächenenergie (Nr. 87*b*) zusammen, vergl. *Ph. A. Guye*, Arch. sc. phys. et nat. (3) 31 (1894), p. 38, *Louguinine*, l. c. Für eine Ausdehnung auf Dissoziationswärme vergl. *H. le Chatelier*, Paris C. R. 104 (1887), p. 356, *C. Matignon*, Paris C. R. 128 (1899), p. 103, *de Forcrand*, Paris C. R. 132 (1901), p. 879, *A. Bouzat*, Ann. chim. phys. (8) 4 (1905), p. 145, vergl. dazu *Nernst*, Fussn. 973. Vergl. auch *A. Findlay*, ZS. physik. Chem. 41 (1902), p. 28. *G. Ter Gazarian*, Paris C. R. 153 (1911), p 871, 1071, vergleicht die Verdampfungswärmen verschiedener Stoffe bei gleichen Werten von $T_k - T$.

1052) *C. M. Guldberg*. ZS. physik. Chem. 5 (1890), p. 374.

1053) *W. Nernst* [c] p. 279. Vergl. auch *E. C. Bingham*, J. Amer. Chem. Soc. 28 (1906), p. 723. Eine andre Beziehung, in der p_k und T_k des Stoffes eingehen, gibt *I. W. Cederberg*, ZS. physik. Chem. 77 (1911), p. 498.

In soweit der Einfluss des Unterschiedes von $T_{\text{koex}\ p=1}$ von übereinstimmenden Temperaturen auf den Wert von λ vernachlässigt werden kann und $T_{\text{koex}\ p=1}$ also als übereinstimmende Temperaturen anzusehen sind[1054]), gibt dieses wieder eine Abweichung vom Korrespondenzgesetz, die als eine Funktion von T_k aufgefasst werden kann (vergl. Nr. **65** und **34***c*).

Darzens[1055]) findet $\frac{\lambda_M}{T}$ gruppenweise annähernd als dieselbe Funktion von $\mathfrak{t}$, und zwar die entsprechende Kurve von T_k mit vertikaler Tangente einer Parabel ähnlich anfangend, bei etwa $\mathfrak{t} = 0{,}75$ einen Wendepunkt aufweisend und dann weiter sehr sanft nach oben gekrümmt[1056]) [1057]).

c) Wir haben die von *Nernst* für nicht zu hohen Werte von $\mathfrak{t}$ in Beziehung zu seinem Wärmetheorem aufgestellte Formel für λ ihrer Bedeutung für die Dampfspannungsformel wegen schon in Nr. **83***i* behandelt. Nach derselben würde bei niedrigen Werten von T, und zwar solchen, bei denen γ_{kond} beträchtlich abgenommen hat (Nr. **74***c*), λ mit wachsendem T zunehmen und also ein Maximum von λ auftreten (vergl. *a*)[1058]).

d) Es setzt sich λ aus der *inneren Verdampfungswärme* λ_i und der *äusseren Verdampfungsarbeit* $\lambda_e = p_{\text{koex}}\,(v_{\text{vap}} - v_{\text{liq}})$ zusammen. Letztere ist 0 bei T_k, erreicht ein Maximum, nach *van der Waals* für

---

1054) Sogar H_2 gibt für $\mathfrak{t}_{\text{koex}\ p=1}$ keinen sehr abweichenden Wert. Für H_2 ergeben die Messungen der Verdampfungswärme $\lambda_M/T_{\text{koex}\ p=1} = 11{,}0$: *W. H. Keesom*, Hand. Ned. Nat. en Geneesk. Congr. 1911, p. 181.

1055) *G. Darzens*, Paris C. R. 124 (1897), p. 610, vergl. Fussn. 256 und Fussn. 690. Vergl. auch Nr. **65**. Die von *Linebarger*[1051]) geprüfte *le Chatelier*'sche Formel $\frac{\lambda_M}{T} + 2 \log p_{\text{koex}} = \text{konst}$ für verschiedene Stoffe und bei verschiedenen Temperaturen, entspricht nur der Korrespondenz wenn p_k nicht zuviel verschieden ist. Ebenso die *Ramsay*- und *Young*'schen [Phil. Mag. (5) 20 (1885), p. 515, 21 (1886), p. 33, 135, 22 (1886), p. 33] Beziehungen: $\frac{\lambda_M}{v_{\text{vap}} - v_{\text{liq}}}$ beim Siedepunkt = konst., welche dann dem *van der Waals*'schen Satze $\frac{\lambda_M}{p(v_{\text{vap}} - v_{\text{liq}})} = f\,(\mathfrak{t})$ entspricht, und $\left(\frac{\lambda}{v_{\text{vap}} - v_{\text{liq}}}\right)_{p_1} : \left(\frac{\lambda}{v_{\text{vap}} - v_{\text{liq}}}\right)_{p_2} = \text{konst.}$ für verschiedene Stoffe bei denselben p_1 und p_2. Vergl. auch *S. A. Moss*, Phys. Rev. 25 (1907), p. 453.

1056) Die grösseren Divergenzen beim Annäheren an den Schmelzpunkt wären der Assoziation zuzuschreiben.

1057) *D. Tyrer*, Phil. Mag. (6) 20 (1910), p. 522, prüft die Beziehung $\lambda_M\, v_{\text{liq M}}^{-1/3} = \text{konst.}$ für verschiedene Stoffe beim Siedepunkt.

1058) Eine Andeutung für dieses Verhalten liegt bei Helium vor.

verschiedene Stoffe bei demselben t, und zwar 0,77 nach *Dieterici*[1059]), und kann von etwa $t = 0{,}5$ ab gleich RT gesetzt werden.

In der Beziehung

$$\lambda_i = A_B\,(\rho_{liq} - \rho_{vap}) \tag{166}$$

wurde von *Bakker*[1060]) und *Mathias*[1061]) A_B annähernd konstant gefunden. Es kann aber nach Nr. **47**, **48**, **49** nicht $A_B = a_W - T\frac{\partial a_W}{\partial T}$, wie folgen würde, wenn b_W und R_W unabhängig von T, $a_W - T\frac{\partial a_W}{\partial T}$ unabhängig von v wären, viel weniger $A_B = a_W$ [Gl. (13)] gesetzt werden (vergl. *e*)[1062]).

Eine der *Trouton*'schen Regel für die totale Verdampfungswärme analoge, für die innere Verdampfungswärme: $\frac{\lambda_{iM}}{T_{koex\ p=1}} =$ konst. wurde ausgesprochen von *de Heen*[1063])[1064]).

e) Die *van der Waals*'sche Hauptzustandsgleichung mit konstanten a_W, b_W, R_W liefert Werte für λ, die etwa $^2/_3$ der wirklichen sind[1065]).

1059) *C. Dieterici*. Ann. d. Phys. (4) 6 (1901), p. 861. *S. Meyer*, Ann. d. Phys. (4) 7 (1902), p. 937, Wien. Sitz.-Ber. [2 *a*] 111 (1902), p. 305, und *P. Ritter*, Wien Sitz.-Ber. [2 *a*] 111 (1902), p. 1046, finden 0,70 aus der *van der Waals*'schen Hauptzustandsgleichung mit konstanten a_W, b_W, R_W.

1060) *G. Bakker*, Fussn. 232, ZS. physik. Chem. 12 (1893), p. 670. Eine andre Beziehung vergl. *Mills*, Fussn. 542. *A. Batschinski*, Ann. d. Phys. (4) 14 (1904), p. 307, fand angenähert über ein beschränktes Temperaturgebiet $\lambda_i : (\rho^2_{liq} - \rho^2_{vap}) =$ konst. Vergl. auch *R. D. Kleeman*, Phil. Mag. (6) 20 (1910), p. 665 und *Thorkell Thorkelsson*, Physik. ZS. 12 (1911), p. 633. *W. Steinhaus*, Diss. Kiel 1910, findet $\lambda_i = A_s\,(\rho_{liq} - \rho_{vap}) + B_s\,(T_k - T)$.

1061) *E. Mathias* [a]. Vergl. auch *A. Schukarew*, Fussn. 699.

1062) *Dieterici*, Fussn. 1040, Ann. d. Phys. (4) 35 (1911), p. 220, findet $\lambda_i = c\,RT\ln\frac{v_{vap}}{v_{liq}}$, wo c nach dem Korrespondenzgesetz für verschiedene Stoffe gleich ist. Derselbe bringt in letztgenannter Arbeit c mit K_{4d} (Nr. **41**) und der *Dieterici*'schen Beziehung Fussn. **460** in Verbindung. Vergl. auch *A. Richter*, Diss. Rostock 1908, *J. E. Mills*, J. Amer. Chem. Soc. 31 (1909), p. 1099; Phil. Mag. (6) 22 (1911), p. 84.

1063) *P. de Heen*. Bull. Acad. des Sc. Belgique (3) 9 (1885), p. 281. Vergl. auch *Pagliani*, Atti della R. Ac. dei Lincei (5) 3 (1894), p. 69.

1064) Für die *Stefan*'sche Theorie vergl. *J. P. Kuenen* [c] p. 124.

1065) *G. N. Lewis*. ZS. physik. Chem. 32 (1900), p. 364. *I. Traube*, Ann. d. Phys. (4) 8 (1902), p. 267, vergl. Fussn. 237. *W. Nernst* [c] p. 242. Vergl. auch *D. Konowaloff*, ZS. physik. Chem. 1 (1887), p. 39. *A. Batschinsky*, ZS. physik. Chem. 43 (1903), p. 369, geht aus von der *Clausius*'schen Modifikation Gl. (81), *W. Sutherland*, Phil. Mag. (5) 35 (1893), p. 211, 40 (1895), p. 1, 46 (1898), p. 345, von seiner eigenen, Nr. **51***b*.

Van der Waals[1066]) zeigt, dass die Annahme $a_w = f(T)$ allein, und ebenso $b_w = f\ (T)$ allein keine Verbesserung geben. Aus der Tatsache, dass die Einführung der Zustandsgleichung des Moleküls (Nr. **43**) in die Hauptzustandsgleichung für $\mathfrak{t} < 0{,}6$ annähernd richtige Werte für p_{koex} gibt (Nr. **83***f*), kann man schliessen, dass für $\mathfrak{t} < 0{,}6$ auch die Verdampfungswärme durch die in dieser Weise erweiterte Zustandsgleichung annähernd richtig wiedergegeben wird.

88. Die spezifischen Wärmen der gesättigten Flüssigkeit und des gesättigten Dampfes. *a*) *Mathias* [d] fand bei seiner *vollständigen kalorimetrischen Untersuchung* (Bestimmung von λ, λ_i, γ_{liq} und γ_{vap})

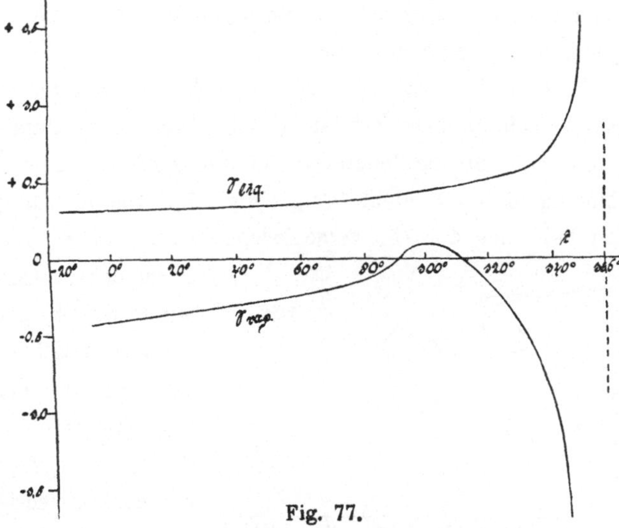

Fig. 77.

von SO_2 die in Fig. 77 dargestellte Abhängigkeit von γ_{liq} und γ_{vap} von T. Aus

$$\gamma_{\text{sat}} = \gamma_v + T\left(\frac{\partial p}{\partial T}\right)_v \frac{d\,v_{\text{sat}}}{dT} \tag{167}$$

(γ_{sat} bzw. $v_{\text{sat}} = \gamma$ bzw. v für gesättigte Flüssigkeit oder Dampf) ergibt sich sogleich $\gamma_{\text{liq}} = \infty$ bei $T = T_k$ [1067]), ebenso $\gamma_{\text{vap}} = -\infty$

1066) *J. D. van der Waals* [d] p. 76 u. f.

1067) Bewiesen von *Raveau*, J. de phys. (3) 1 (1892), p. 461. Vergl. *P. Duhem*, J. de phys. (3) 1 (1892), p. 470. Vergl. auch *H. Monnory*, J. de phys. (4) 5 (1906), p. 421.

bei $T = T_k$ [1067]), und zwar ist $\lim \gamma_{vap}/\gamma_{liq} = -1$ bei $T = T_k$ [1068]). Es ist stets $\gamma_{liq} - \gamma_{vap} > 0$, und zwar ist, wie *Mathias* [a] tatsächlich fand, Enc. V 3, Art. *Bryan*, Gl. (139) entsprechend, $(\gamma_{liq} - \gamma_{vap}) T =$ konst. in dem Gebiet, wo in Gl. (162) $l_2 = 0$ gesetzt werden kann. Bei den tiefen Temperaturen, bei denen der Flüssigkeitszustand in den glasig-amorphen Zustand übergeht, wird γ_{liq} sich der spezifischen Wärme (mit genügender Annäherung γ_v) dieses Zustandes (Nr. **74***e*) kontinuirlich anschliessen müssen.

b) Die in Fig. 77 dargestellten Kurven, wenn in übereinstimmendem Maassstabe gezeichnet, verschieben sich nach dem Korrespondenzgesetz, und wenn von der verschiedenen Abhängigkeit von $\varkappa_A$ von der Temperatur (Nr. **55, 56**) abgesehen wird, für verschiedene Werte von $\varkappa_A$ einfach in vertikalem Sinn; es gehen so die verschiedenen Fälle, die Nr. **64***b* diskutirt wurden, in einander über.

c) Wie besonders *van der Waals* [1069]) klar machte, bedingt das, wie derselbe zeigte, eng mit dem Wert von $\varkappa$ zusammenhangende Zeichen von γ_{vap}, ob die Isentrope mit wachsendem v in das heterogene Gebiet hineingeht oder nicht (vergl. Fig. 37). Die Ableitung der verschiedenen Fälle aus der für verschiedene Werte von $\varkappa_A$ verschiedenen Form der Konnodale haben wir in Nr. **64***b* gegeben. Von den zwei möglichen *Umkehrpunkten des Zeichens von* γ_{vap} (Nr. **64***b*) wurden für $CHCl_3$ und C_6H_6 diejenigen, welche den niedrigeren Temperaturen entsprechen, durch *Cazin* [1070]) experimentell gefunden. Beide durch *Mathias* [702]) für SO_2 (Fig. 77). Fig. 78 gibt für die verschiedenen Werte von $\varkappa_A$ die Werte von t für die Umkehrpunkte, und zwar sind die experimentellen Punkte für SO_2, $CHCl_3$, C_6H_6 durch × angegeben [1071]). Die Kurve D_{exp} ist den auf die Bestim-

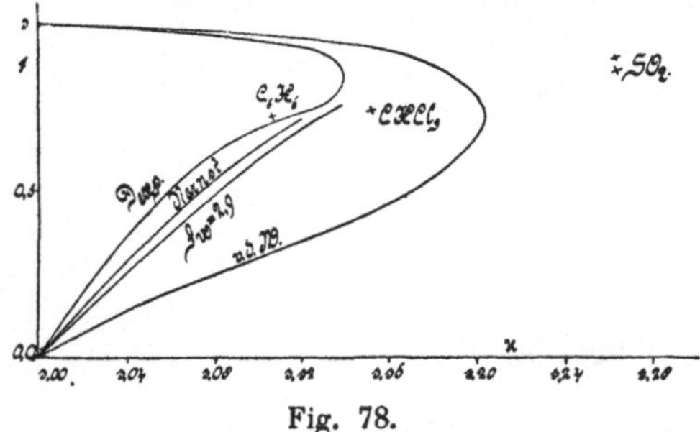

Fig. 78.

1068) *Raveau* Fussn. 1067, vergl. *Duhem* Fussn. 1067. Vergl. auch *J. J. van Laar*, ZS. physik. Chem. 11 (1893), p. 721.

1069) *J. D. van der Waals*, Amsterd. Akad. Versl. en Meded. (2) 12 (1878), p. 169, [d] p. 71, 72. Vergl. auch *Raveau* Fussn. 1067.

1070) *Cazin*. Paris C. R. 62 (1866), p. 56. Ann. chim. phys. (4) 14 (1868), p. 374.

1071) Es sind immerhin die Werte von $\varkappa_A$ nicht sehr sicher.

mungen von *Dieterici* [1072]) fussenden Rechnungen *Dalton's* [1073]) entlehnt, die Kurve *v. d. W.* der *van der Waals*'schen Hauptzustandsgleichung mit konstanten a_w, b_w, R_w (Nr. **64***b*) [1074]).

Man findet bei solchen Werten von $\mathfrak{t}$, bei denen der Dampf sich im *Avogadro*'schen Zustand (Nr. **39***a*) befindet:

$$\gamma_{\text{vap}} = \gamma_{p\text{A}} - RT \frac{d \ln p_{\text{koex}}}{dT}, \tag{168}$$

den Umkehrpunkt bei diesen Werten von T also bei

$$\frac{\varkappa_{\text{A}}}{\varkappa_{\text{A}} - 1} = \frac{d \ln p_{\text{koex}}}{dT}. \tag{169}$$

Kamerlingh Onnes [696]) benutzte bei seiner in dieser Art geführten Berechnung dieser Umkehrpunkte die aus der *van der Waals*'schen Hauptzustandsgleichung mit konstanten a_w, b_w, R_w abgeleitete Dampfspannungsformel Gl. (12) mit $f_{wh} = 1{,}5$ (Nr. **83***c*); dieselben werden sich bis etwa $\mathfrak{t} = 0{,}5$ der Kurve *v. d. W.* in Fig. 78 anschliessen. Dargestellt sind noch die Kurve $f_w = 2{,}9$, die mit Gl. (12) und dem experimentellen Wert $f_{we} = 2{,}9$ berechnet ist, und die sich aus der *Nernst*'schen Dampfspannungsformel Gl. (146) ergebende Kurve *Nernst.*

Für höhere Werte von $\varkappa_{\text{A}}$ bleibt also in Fig. 77 die γ_{vap}-Kurve ganz unterhalb der T-Achse [1075]) [1076]).

C. Die adiabatischen Prozesse.

89. Der isentropische Prozess. Die adiabatische Expansion ohne äussere Arbeitsleistung. *a*) Wir wollen schliesslich noch die Beziehung der bei der Untersuchung der adiabatischen Prozesse zu erhaltenden Ergebnisse zu dem Studium der Zustandsgleichung erörtern. *Van der Waals* [1077]) leitete für den reversiblen adiabatischen oder isentropischen

---

1072) *C. Dieterici.* Ann. d. Phys. (4) 12 (1903), p. 154.

1073) *J. P. Dalton,* Fussn. 704. Die, nicht mit dem Korrespondenzgesetz zusammenfallende, *Dalton*'sche Annahme über $\gamma_v/\gamma_{v\text{A}}$ wird das Resultat wohl nicht überwiegend beeinflusst haben.

1074) Ebenfalls nach Rechnungen *Dalton*'s, Fussn. 1073.

1075) Fig. 78 beleuchtet auch deutlich, dass die Umkehrpunkte für γ_{vap} für Stoffe mit verschiedenen Werten von $\varkappa_{\text{A}}$ bei verschiedenen Werten von $\mathfrak{t}$ gefunden werden, entgegen der Annahme *Natanson*'s [ZS. physik. Chem. 17 (1895), p. 267].

1076) Für die Zeichnung und Diskussion der isopsychrischen [152]) γ-Kurven siehe *E. Mathias,* J. de phys. (4) 7 (1908), p. 618, 8 (1909), p. 888.

1077) *J. D. van der Waals* [a] p. 131, [d] p. 44.

Prozess aus seiner Hauptzustandsgleichung mit konstanten a_W, b_W, R_W und $\varkappa_A =$ konst. die Gleichung

$$\left(p + \frac{a_W}{v^2}\right)\left(v - b_W\right)^{\varkappa_A} = \text{konst.} \tag{170}$$

ab, die für den *Avogadro*'schen Zustand in die *Poisson*'sche [1078]) Gleichung

$$p\, v^{\varkappa_A} = \text{konst.} \tag{171}$$

[Enc. V 3. Art. *Bryan*, Gl. (112)] übergeht. Letztere gibt für die verschiedenen Werte von $\varkappa_A$ ein System von Polytropen (Enc. V 5, Art. *Schröter*, Nr. 5).

Perman, *Ramsay* und *Rose-Innes* [1079]) fanden in empirischer Weise aus ihren Bestimmungen der Schallgeschwindigkeit in Ätherdampf und mit Gl. (51) für die Gleichung der Isentrope

$$p\, v^{11/9} = k_s - \frac{B_s}{v^{4/9}} + \frac{C_s}{v^{10/9}} + \frac{D_s}{v^{16/9}}, \tag{172}$$

in der B_s u. s. w. Konstanten sind und k_s ein die verschiedenen Isentropen charakterisirender Parameter ist. Es wäre diese Gleichung unter Heranziehung der thermischen Zustandsgleichung zur Ableitung der kalorischen Grundgleichung zu verwenden. Eine derartige Anwendung macht *Worthing* [1080]), indem er aus Messungen der Druckänderung bei isentropischer Expansion oder Kompression von CO_2, dabei die entsprechende isothermische Druckänderung der empirischen Zustandsgleichung Gl. (31) entlehnend, mittels Enc. V 3, Art. *Bryan*, Gl. (75) $\varkappa$ ableitet (vergl. Fussn. 368 und 637).

b) Die Bestimmungen der Temperaturänderung bei isentropischer Expansion von Flüssigkeiten [1081]) haben zur Kontrolirung der Zustandsgleichung noch keine Anwendung gefunden.

1078) *Poisson.* Ann. chim. phys. 23 (1823), p. 1. *G. Moreau*, Paris C. R. 133 (1901), p. 732, benutzte zur Ableitung der Gleichung der Isentrope die *Mallard-* und *le Chatelier*'schen Resultate für γ_v (Nr. **55c** β) und setzte $p\,v = p_0\, v_0\, (1 + \alpha t + \beta t^2)$, durch den letzten Ansatz in das Gebiet der Dissoziation bei höheren Temperaturen [629]) vordringend.

1079) *E. P. Perman, W. Ramsay* und *J. Rose-Innes.* London Phil. Trans. A 189 (1897), p. 167.

1080) *A. G. Worthing.* Phys. Rev. 32 (1911), p. 243, 33 (1911), p. 217.

1081) *J. P. Joule*, London Phil. Trans. 149 (1859), p. 133. *H. G. Creelman* und *J. Crocket*, Edinb. Proc. Roy. Soc. 13 (1885), p. 311. *C. I. Burton* und *W. Marshall*, London Proc. Roy. Soc. 50 (1891), p. 130. Vergl. auch die Bestimmungen von *Perman, Ramsay* und *Rose-Innes* [1079]) an flüssigem Äthyläther.

c) Es ist das S, V-Diagramm, wenn darin die Konnodale mit den Isophasen (Fig. 37), und im homogenen Gebiet das Netz der Isothermen und Isobaren verzeichnet sind, besonders geeignet zur Darstellung, wie die Isentropen in das heterogene Gebiet eintreten und verlaufen [1082]). Diese Verhältnisse sind von besondrer Wichtigkeit für die Frage, ob und von welchem Druck ausgehend bei einer gegebenen Temperatur durch adiabatische Expansion die Verflüssigung früher permanent genannter Gase (Nr. **20**) möglich ist. Man muss hierbei achten auf die seitens der Wände des Gefässes, in dem sich das expandirende Gas befindet, zugeführte Wärme, welche eine Ablenkung der den Prozess vorstellenden Linie von der Isentrope nach der Seite der $+S$ bedingt. Diese kann so weit gehen, dass es gar nicht zum Schneiden mit der Grenzlinie kommt [1083]).

Die Frage, ob bei isentropischer Expansion eines Gemenges von Flüssigkeit und Dampf Kondensation oder Verdampfung eintritt, wird durch die Art der Durchschneidung von Isentrope und Isopsychre [152]) beantwortet [1084]). Nach *Natanson* [1084]) nennt man *neutrale Kurve* (zur Unterscheidung von den Nr. **72***b* eingeführten kann man hinzufügen: *für die isentropische Expansion eines Gemenges von Dampf und Flüssigkeit*) den Ort der Berührungspunkte von Isentropen und Isopsychren, wo also eine elementare isentropische Expansion isopsychrisch vorgeht.

d) *Gay-Lussac* [1085]) und *Joule* [1086]) schlossen aus ihren Versuchen, dass beim Überströmen von Gas aus einem Gefäss in einen mit demselben verbundenen leeren Raum, der Wärmeverlust des im Gefäss übrig bleibenden Gases gleich der Wärmeentwicklung in dem

---

1082) Ein Beispiel der Behandlung für ein Gemisch (Luft mit Wasser) und Darstellung in einem log p, log T-Diagramm: *H. Hertz*, Meteorol. ZS. 1 (1884), p. 421, Gesammelte Werke I, p. 320, vergl. *W. Voigt*, Thermodynamik II, Leipzig 1904, p. 92.

1083) Diese Ablenkung erklärt, dass der Versuch von *Olszewski*, Fussn. 212, sowie der mit grösserer Weite des Expansionsrohres bei geringerem Drucke angestellte ähnliche von *Kamerlingh Onnes*, Fussn. 213, durch adiabatische Expansion das He zu verflüssigen, erfolglos waren.

1084) *Raveau*, J. de phys. (3) 1 (1892), p. 461. Weiter *L. Natanson*, ZS. physik. Chem. 17 (1895), p. 267, *E. Mathias*, J. de phys. (3) 7 (1898), p. 397, (4) 7 (1908), p. 618.

1085) *Gay-Lussac*, Mém. d'Arcueil 1 (1807), wieder abgedruckt in *Mach*, Prinzipien der Wärmelehre, Leipzig 1896, p. 461.

1086) *J. P. Joule*. Phil. Mag. (3) 26 (1845), p. 369.

in den leeren Raum hineinströmenden Gas ist (Enc. V 3, Art. *Bryan*, Fussn. 65). Hieraus würde folgen, dass die Expansion ohne äussere Arbeitsleistung zugleich isothermisch und adiabatisch geführt werden könnte. *Cazin*[1087]), der dieselbe adiabatisch leitete[1088]), fand aber für CO_2 eine Temperaturerniedrigung, die er mit der *Rankine*'schen Zustandsgleichung[543]) und den *Regnault*'schen Kompressibilitäts- und Ausdehnungsbestimmungen in ziemlicher Übereinstimmung fand. Rechnungen über die adiabatische Expansion ohne äussere Arbeitsleistung (*freie Expansion*) auf Grund der empirischen Zustandsgleichung (Nr. **36**) gab *Worthing*[1089]), dabei für Luft experimentelle Werte von $\varkappa$ nach *Koch*[607]), für CO_2 von ihm selbst bestimmte (vergl. *a*) benutzend. Besonders aber ist die Expansion mit äusserer Arbeitsleistung, wie der adiabatisch isenthalpische Prozess, der *Joule-Kelvin*-Prozess (vergl. Nr. **64***c*), zur Prüfung der Zustandsgleichung herangezogen. Wir gehen auf diesen in Nr. **90** weiter ein.

90. Der Joule-Kelvin-Prozess. *a*) Nachdem *Gay-Lussac* und besonders *Joule* (Nr. **89***d*) eine Abhängigkeit der inneren Energie eines Gases von v nicht gefunden hatten (vergl. Enc. V 3, Art. *Bryan*, Nr. **22**), wurde zur empfindlicheren Prüfung jener Abhängigkeit die isenthalpisch (Nr. **53***b*) adiabatische Expansion[1090]) vorgeschlagen von *Kelvin*[1091]) und ausgeführt von *Joule* und demselben[1092]) mit H_2, N_2, O_2, Luft, CO_2, zwischen 0° und 100° C und mit Anfangsdrucken bis zu 6 Atm. Ausser diesen Versuchen sind noch zu erwähnen die Messungen von *E. Natanson*[1093]) und von *Kester*[1094])

1087) *A. Cazin*. Ann. chim. phys. (4) 19 (1870), p. 5.

1088) Indem er den Druckunterschied zwischen zwei mit einem Gas (H_2, CO_2, Luft) gefüllten Behältern sich adiabatisch ausgleichen liess, und den Enddruck beobachtete, gleich nachdem die Strömungsgeschwindigkeiten dissipirt waren.

1089) *A. G. Worthing*. Phys. Rev. 32 (1911), p. 245, 33 (1911), p. 217.

1090) *H. L. Callendar*, Phil. Mag. (6) 5 (1903), p. 50, nennt dieselbe im Gegensatz zu der adiabatischen reversiblen oder isentropischen "adiathermal".

1091) *W. Thomson*. Edinb. Trans. Roy. Soc. 20 (1853), p. 289.

1092) *J. P. Joule* und *W. Thomson*. Phil. Mag. (4) 4 (1852), p. 481; London Phil. Trans. 143 (1853), p. 357, 144 (1854), p. 321; Report B. A. 1861, Trans. of the Sections p. 83; London Phil. Trans. 152 (1862), p. 579.

1093) *E. Natanson*. Ann. Phys. Chem. 31 (1887), p. 502.

1094) *F. E. Kester*. Physik. ZS. 6 (1904), p. 44. Phys. Rev. 21 (1905), p. 260. Vergl. auch noch die Versuche von *W. A. D. Rudge*, Phil. Mag. (6) 18 (1909), p. 159, Cambridge Proc. Phil. Soc. 16, I (1911), p. 48.

mit CO_2, die von *J. P. Dalton* [1095]) und von *Bradley* und *Hale* [1096]) mit Luft, von *E. Vogel* [1097]) mit Luft und O_2, die von *Hirn* [1098]), *Grindley* [1099]), *Griessmann* [1100]), *Peake* [1101]) und *Dodge* [1102]) mit H_2O [1103]) [1104]).

Die Versuche von *Olszewski* [1105]) über die Inversionspunkte des *Joule-Kelvin*-Effektes (Nr. **64***c*) können nach den Ausführungen von *Hamilton Dickson* [707]) [1106]) und besonders den Experimenten *Dalton*'s [1107]) nicht einwandfrei als solche betrachtet werden.

Wegen der Anwendung des *Joule-Kelvin*-Prozesses in *Linde*'s Methode (Nr. **20***c*) zur Verflüssigung von Gasen [1108]) vergl. Nr. **20.**

1095) *J. P. Dalton.* Leiden Comm. Nr. 109*c* (1909).

1096) *W. P. Bradley* und *C. F. Hale.* Phys. Rev. 29 (1909), p. 258. Bei diesen Versuchen wurde aber nicht bewiesen, dass die Expansion tatsächlich isenthalpisch vorging (vergl. Fussn. 1107).

1097) *E. Vogel.* München Sitz.-Ber. 1909, Abh. 1. Diss. München (Berlin) 1910. Vergl. auch *C. v. Linde*, Fussn. 1108.

1098) *G. A. Hirn.* Théorie mécanique de la chaleur, 2te Aufl. 1865, p. 179.

1099) *J. H. Grindley.* London Phil. Trans. A 194 (1900), p. 1.

1100) *A. Griessmann.* ZS. des Ver. d. Ingen. 47 (1903), p. 1852, 1880.

1101) *A. H. Peake.* London Proc. Roy. Soc. A 76 (1905), p. 185.

1102) *Dodge.* J. Amer. Soc. Mech. Engs. 28 (1907), p. 1265, 30 (1908), p. 1227.

1103) Bei diesen Versuchen wurde Wasserdampf durch Austreten aus einer engen Öffnung *gedrosselt*; an den Isenthalpen (vergl. aber Fussn. 1107) im p, T-Diagramm, den *Drosselkurven*, kann, wenn der Wert von $\mathfrak{F}_{sp}$ für jede bekannt ist, durch $(\partial \mathfrak{F}_{sp} / \partial T)_p = \gamma_p$ letztere Grösse abgelesen werden (vergl. Fussn. 638). Falls man von einem Gemenge von Dampf und Wasser ausgeht, kann aus der Endtemperatur der anfängliche Wassergehalt abgeleitet werden: *Drosselkalorimeter*, *Osborne Reynolds*, Manchester Mem. and Proc. Litt. and Phil. Soc. 41 (1896) Nr. 3.

1104) *Regnault*, Mém. de l'Inst. 37 II, p. 579, Paris C. R. 69 (1869), p. 780, leitete die Expansion isotherm [Enc. V 3, Art. *Bryan*, Nr. **23**, Vorgang a, der neuerdings wieder von *E. Buckingham*, Phil. Mag. (6) 6 (1903), p. 518, empfohlen ist] und bekam nur nach Überwindung vieler Schwierigkeiten Resultate, die mit denen der isenthalpisch adiabatischen Expansion in Übereinstimmung sind, vergl. auch *E. Buckingham*, Nature 76 (1907), p. 493.

1105) *K. Olszewski.* Ann. d. Phys. (6) 7 (1902), p. 818. Phil. Mag. (6) 13 (1907), p. 722.

1106) Vergl. auch *W. Peddie*, Edinb. Proc. Roy. Soc. 28 (1908), p. 394.

1107) Nachdem *Joule* und *Kelvin* mit Expansion durch eine enge Öffnung keine befriedigenden Resultate bekommen hatten, sahen sie einen Watteproppfen im Expansionsrohr vor. *J. P. Dalton* [1095]) zeigte, dass man unter gewissen Bedingungen auch mit einem Reduzirhahn den richtigen *Joule-Kelvin*-Effekt bekommen kann.

1108) Vergl. auch *C. v. Linde*, ZS. f. d. ges. Kälteindustrie 18 (1911), p. 132. Nach der *van der Waals*'schen Hauptzustandsgleichung mit konstanten a_W, b_W, R_W ist es mit diesem *Linde*-Prozess noch möglich, von $T = {}^{27}/_4\, T_k$ ab zur Verflüssigung zu gelangen.

b) Aus den in *a* erwähnten Messungen geht tatsächlich eine Abhängigkeit der inneren Energie eines Gases von v hervor, wie dieselbe in der Abweichung der experimentellen Zustandsgleichung von der eines vollkommenen Gases (Enc. V 3, Art. *Bryan*, Nr. **22**) zum Ausdruck kommt. Schon die *Joule-Kelvin*'schen Resultate ergaben dieses. Dieselben sind mancherseits zur Kontrolirung von Zustandsgleichungen herangezogen. So von *Joule* und *Kelvin* selbst (Fussn. 543, vergl. auch *Planck* ebenda), *van der Waals* [1109]), der mit seiner Hauptzustandsgleichung mit konstanten a_w, b_w, R_w Übereinstimmung für Luft bei 17° C, weniger aber [1110]) für 90° C und nicht für CO_2 fand, *Sutherland* [1111]), *L. Natanson* [1112]) (vergl. Nr. **49***b*), *Bouty* [1113]), *Schiller* (Nr. **48***e*), *Leduc* (vergl. Fussn. 1118), *Nakamura* [1114]), *Bevan* [1115]), *Porter* [1116]) [1117]). Der Ableitung einer für ein grosses p, T-Gebiet als gültig anzusetzenden Zustandsgleichung mittels des *Joule-Kelvin*-Effektes, der zur Kontrolirung zwar ein empfindliches Kriterium darstellt, steht zur Zeit die geringe Ausdehnung des experimentell erforschten p, T-Gebietes desselben entgegen.

c) Für die *differenzielle* isenthalpisch adiabatische Expansion, oder den differenziellen *Joule-Kelvin*-Effekt (Nr. **64***c*) gilt die Gleichung

$$d\,T\,(\mathfrak{F}_{sp} = \text{konst.}) = -\frac{1}{\gamma_p}\left\{v - T\left(\frac{\partial v}{\partial T}\right)_p\right\} d\,p. \qquad (173)$$

Wegen der Diskussion auf Grund der *van der Waals*'schen Hauptzustandsgleichung mit konstanten a_w, b^w, R_w siehe Nr. **64***c*.

1109) *J. D. van der Waals* [a] p. 123.

1110) *Leduc* [b] p. 51 meint diese Beobachtung unrichtig.

1111) *W. Sutherland.* Phil. Mag. (5) 22 (1886), p. 81

1112) *L. Natanson.* Diss. Dorpat 1887, p. 42.

1113) *E. Bouty*, J. de phys. (2) 8 (1889), p. 20, fand, dass sich für CO_2 die *Clausius*'sche Gl. (81) besser den *Joule-Kelvin*'schen Resultaten anschliesse als die *van der Waals*'sche Hauptzustandsgleichung mit konstanten a_W, b_W, R_W. Wie auch *J. Rose-Innes*, Phil. Mag. (5) 48 (1899), p. 286, bemerkt, ist, entgegen der Meinung von *E. F. J. Love*, Phil. Mag. (5) 48 (1899), p. 106, $(\partial U/\partial v)_T$ nicht ohne weitere Daten aus $(\partial T/\partial p)_{\mathfrak{F}_{sp}}$ abzuleiten.

1114) *S. Nakamura.* Referat J. de phys. (4) 2 (1903), p. 704.

1115) *P. V. Bevan.* Cambridge Proc. Phil. Soc. 12 (1903), p. 127.

1116) *A. W. Porter.* Phil. Mag. (6) 11 (1906), p. 554.

1117) Für besondere Linien und Punkte des *Joule-Kelvin*-Effektes vergl. auch *D. Berthelot*, Nr. **48***e*.

In erster Annäherung [1118]) für kleine p gibt die empirische Zustandsgleichung in der Form (128):

$$d\,T\,(\mathfrak{F}_{sp} = \text{konst.}) = \frac{1}{\gamma_{pA}}\,A\,T\frac{dB^{(p)}}{dT}\,d\,p. \tag{174}$$

Dabei ist, wie bei der weiteren Diskussion, Nr. **82***a* entsprechend, die *Avogadro*skala als mit der *Kelvin*skala zusammenfallend angenommen [1119]).

Aus Gl. (174) geht hervor, dass auch in dem *Avogadro*'schen Zustande $(\partial T/\partial p)_{\mathfrak{F}_{sp}}$ nicht $= 0$ ist, ausser für einen solchen Wert von T, für den $dB^{(p)}/dT = 0$ oder nach Gl. (127):

$$B - T\frac{d\,B}{d\,T} = 0. \tag{175}$$

Die Inversionstemperatur des *Joule-Kelvin*-Effektes im *Avogadro*schen Zustande ist also (für die Vorhersagung der Inversion für H_2 vergl. Nr. **62***a*) eine korrespondirende. Gl (37) gibt für dieselbe $\mathfrak{t} = 4{,}8$ (vergl. für die *van der Waals*'sche Hauptzustandsgleichung mit konstanten a_w, b_w, R_w Fussn. 706). *Dalton* [1120]) findet aus speziellen Virialkoeffizienten für H_2, die den Isothermen von *Kamerlingh Onnes* und *Braak* [354]) angeschlossen sind, $\mathfrak{t} = 6{,}9$ [1121]).

Aus Gl. (173) folgt, entsprechend dem in Nr. **62***a* für die Korrespondenz thermodynamischer Prozesse abgeleiteten Satze, unmittelbar, dass nur Gase mit gleichem $\varkappa_A$ für korrespondirende Druckänderungen auch korrespondirende Temperaturänderungen zeigen werden [1122]).

In zweiter Annäherung und nach p integrirt, aber die auftretende Temperaturänderung noch so klein vorausgezetzt, dass die Virialkoeffi-

---

1118) Rechnungen auf Grund seines $\mathcal{A}_{\mathfrak{p}}$ (vergl. Fussn. 902 und Fussn. 916): *Leduc* [b] p. 47 u. f.

1119) Gl. (138) entsprechend ist die experimentelle Bestätigung von Gl. (174) als ein Kriterium für die Gültigkeit jener Annahme anzusehen (vergl. weiter Nr. **82***a*).

1120) *J. P. Dalton*. Leiden Comm. Nr. 109*a* (1909).

1121) Es zeigt sich hier wieder (vergl. z. B. Nr. **76***b*, und weiter Nr. **34***c* u.s.w., zuletzt Nr. **87***b*) die Abweichung zwischen H_2 einerseits und N_2 und O_2 andrerseits in dem Unterschied zwischen der speziellen Zustandsgleichung für H_2 und der mittleren empirischen Zustandsgleichung (37), die in diesem Gebiet vom Anschluss an O_2 und N_2 zu demjenigen an H_2 übergeht.

1122) Vergl. *E. Buckingham*, Fussn. 923, und auch *H. N. Davis*, Phys. Rev. 26 (1908), p. 407.

zienten und ihre Ableitungen sowie γ_{pA} dabei als konstant angesehen werden können, ist [1123]):

$$T_2 - T_1\ (\mathfrak{F}_{sp} = \text{konst.}) = \frac{1}{\gamma_{pA}}\left(T\frac{dB}{dT} - B\right)(p_2 - p_1) +$$

$$\frac{1}{2A\gamma_{pA}}\left\{T\frac{dC}{dT} - 2C - \left(T\frac{dB}{dT} - B\right)\left(2B - \frac{1}{\gamma_{pA}}T\frac{d^2B}{dT^2}\right)\right\}(p_2^2 - p_1^2). \quad (176)$$

Hiermit wäre z. B. die von *E. Vogel* [1097]) beobachtete Abhängigkeit des *Joule-Kelvin*-Effektes vom Druck zu vergleichen.

Für kleine p nach T^{-1} entwickelend kommt

$$T_2 - T_1\ (\mathfrak{F}_{sp} = \text{konst.}) = -\frac{\alpha_A T_k}{\gamma_{pA} p_k}\left\{\mathfrak{b}_1 + \frac{2\mathfrak{b}_2}{\mathfrak{t}} + \frac{3\mathfrak{b}_3}{\mathfrak{t}^2} + \frac{5\mathfrak{b}_4}{\mathfrak{t}^4} + \frac{7\mathfrak{b}_5}{\mathfrak{t}^6}\right\}.$$

$$(p_2 - p_1), \quad . \quad . \quad . \quad . \quad (177)$$

in der noch γ_{pA} als mit T relativ wenig veränderlich (Nr. **55** und **56**) anzusehen ist. Diese Gleichung umfasst die Temperaturabhängigkeit $\alpha T^{-1} - \beta$, die *van der Waals* [1109]) (auch *Love*, Fussn. 1113) aus seiner Hauptzustandsgleichung mit konstanten a_w, b_w, R_w ableitet (vergl. Nr. **44**), sowie $\alpha T^{-2} - \beta$, die *Love* [1113]) aus der *Clausius*'schen Gl. (81) ableitet, und den empirischen Ansatz von *Rose-Innes* [1124]) $\Sigma \frac{\alpha_n}{T^n}$ (vergl. Fussn. 507) [1125]).

Wegen der Verwendung des *Joule-Kelvin*-Effektes für die Ableitung der absoluten Temperaturskala vergl. Nr. **82***a*.

d) Wir wollen hiermit die Behandlung spezieller Zustände bzw. Zustandsgebiete und spezieller Prozesse sowie derer Verwertung für die Kenntnis der

---

1123) Vergl. die Formeln *Dalton*'s, Fussn. 1120, wobei Fussn. 360 zu beachten ist. In Gl. (176) ist auch die Änderung von γ_p mit p aufgenommen (vergl. Nr. **54***c*). Diese wirkt dahin, den Unterschieden zwischen der von *Dalton*, Fussn. 1095, beobachteten und der von ihm mittels der den Isothermen *Amagat*'s angeschlossenen individuellen Virialkoeffizienten berechneten Abkühlung für Luft bei den höheren Drucken noch einen kleinen Beitrag hinzuzufügen, wie auch aus Fig 19 unmittelbar hervorgeht. Vergl. auch die Rechnungen für den differenziellen *Joule-Kelvin*-Effekt auf Grund der in Nr. **89***d* erwähnten Daten von *Worthing* [1089]).

1124) *J. Rose-Innes.* Phil. Mag (5) 45 (1898), p. 227, (6) 2 (1901), p. 130.

1125) Für den *Joule-Kelvin*-Effekt für Gemische vergl. *J. P. Joule* und *W. Thomson*, London Phil. Trans. 152 (1862), p. 579, *W. Sutherland*, Phil. Mag. (5) 22 (1886), p. 81, *E. Bouty*, J. de phys. (2) 8 (1889), p. 20, sowie die Rechnungen *Witkowski*'s [707]) und die Bestimmungen von *Joule* und *Kelvin* [1092]), *Dalton* [1095]), *Bradley* und *Hale* [1096]) und *E. Vogel* [1097]) an Luft.

Zustandsgleichung abschliessen. Zunächst scheint eine Fortführung der in diesem Abschnitt behandelten Untersuchungen zu einer genaueren Kenntnis der empirischen Zustandsgleichung und zum Ausarbeiten der Bilder, die in Nr. **31** und **34** behandelt sind, führen zu können. Es werden durch dieselben jedenfalls wichtige Linien über die ganze Zustandsfläche festgelegt. Eine systematische Fortführung der in **A** behandelten Untersuchungen dürfte die Lösung verschiedener der in Nr. **52** genannten Probleme näherrücken. Als besonders vielversprechend dürfte die in Nr. **3***a* und **58***a* angegebene Richtung, die auf eine Verknüpfung der Betrachtungen über kalorische und thermische Eigenschaften hinweist, mit Berücksichtigung der Gesetze der molekularen Schwingungen (Nr. **74***c*, *e*, *f*, vergl. auch Nr. **43***d* und **57***f*) in Betracht kommen.

(Abgeschlossen Dezember 1911).

V 11. PHYSIKALISCHE UND ELEKTROCHEMIE.

Von

K. F. HERZFELD

IN MÜNCHEN.

Inhaltsübersicht.

22. Diffusion.
23. Hydrate in Lösungen.
24. Reaktionsgeschwindigkeit in Lösungen.

IV. Heterogene Gleichgewichte.

a) Systeme mit einer Komponente.

25. Allgemeines Verhalten.
26. Allotrope Umwandlungen und Schmelzen.
27. Verdampfen.
28. Schmelz- und Verdampfungsgeschwindigkeit.

b) Systeme mit mehreren Komponenten.

29. Der osmotische Druck.
30. Die kinetische Bedeutung des osmotischen Druckes.
31. Gefrierpunktserniedrigung.
32. Siedepunktserhöhung, Dampfdruckerniedrigung.
33. Allgemeiner Zusammenhang der besprochenen Größen.
34. Löslichkeit von Gasen.
35. *Nernst*scher Verteilungssatz.
36. Löslichkeit fester Körper konstanter Zusammensetzung.
37. Die Kristallisationsgeschwindigkeit aus Lösungen.
38. Schmelzpunkt von dissoziierenden Verbindungen (Hydraten).
39. Schmelzen unter dem Lösungsmittel.
40. Feste Lösungen und Mischkristalle.
41. Zustandsdiagramme und thermische Analyse.
42. Spezialausführungen hierzu (Metallographie).
43. Chemische Gleichgewichte zwischen einer festen und einer gasförmigen Phase.
44. Chemische Umsetzungen zwischen zwei festen und einer gasförmigen Phase mit zwei Komponenten.
45. Reaktionsgeschwindigkeit in heterogenen Systemen.

V. Elektrochemie.

46. Die Bewegungsgleichungen der Ionen. Diffusionspotentiale.
47. Zusammenhang zwischen elektrischer und gesamter Energie.
48. Umkehrbare Elektroden I. Art. *Nernst*sche Formel.
49. Anwendungen.
    a) Konzentrationselemente.
    b) Zwei verschiedene Metallelektroden.
50. Gemischte Elektroden.
51. Gaselektroden.
52. Oxydations- und Reduktionspotentiale.
53. Chemisches Gleichgewicht und Potentiale der ganzen Kette.
54. Berechnung der E.M.K. aus anderen Größen, konzentrierte Lösungen.
55. Das Elektronengleichgewicht.
56. Die Einstellungsgeschwindigkeit der Potentiale.
57. Elektrolyse.
58. Polarisation.
59. Die Polarisationskapazität.
60. Zusammenfassung.

Literatur.

Lehrbücher und Monographien.*)

I. Allgemeine Lehrbücher und solche zu Abschnitt I.

W. Nernst, Theoretische Chemie vom Standpunkt der Avogadroschen Regel und der Thermodynamik, Braunschweig 1. Aufl. 1893, 7. Aufl. 1913.

W. Ostwald, Lehrbuch der allgemeinen Chemie, Leipzig 1. Aufl. 1884, 2. Aufl. 1891—1910.

W. Gibbs, Thermodynamische Studien, herausgegeben von *W. Ostwald,* Leipzig 1892. Zuerst erschienen in Trans. Connect. Ac. 3 (1876), p. 108, (1878), p. 343, auch in The scientific papers of *J. W. Gibbs,* Bd. 1, London u. New York 1906, p. 55ff. Zitiert wird nach der erstgenannten Ausgabe.

J. H. van t'Hoff, Études de dynamique chimique, Amsterdam 1884, 2. Aufl. Studien zur chemischen Dynamik, deutsch von *E. Cohen,* Leipzig u. Amsterdam 1896.

— Vorlesungen über theoretische und physikalische Chemie, Braunschweig 1898. 2. Aufl. 1901—1903.

P. Duhem, Le potentiel thermodynamique, Paris 1886.

— Introduction à la mécanique chimique, Gent 1893.

— Traité élémentaire de mécanique chimique, 4 Bd., Paris 1897—1899.

— Thermodynamique et chimie, Paris, 1. Aufl. 1902, 2. Aufl. 1910.

K. Jellinek, Lehrbuch der physikalischen Chemie, Stuttgart, I. Bd. 1914, II. Bd. 1915.

J. J. van Laar, Lehrbuch der mathemathischen Chemie, Leipzig 1901.

— Sechs Vorträge über das thermodynamische Potential, Braunschweig 1906.

E. Cohen u. *W. Schut,* Piezochemie, Leipzig 1919.

M. Planck, Vorlesungen über Thermodynamik, 1. Aufl. Leipzig 1897, 5. Aufl. Leipzig 1917.

J. D. van der Waals-Ph. Kohnstamm, Lehrbuch der Thermodynamik, Leipzig 1. Bd. 1908, 2. Bd. 1912.

W. Nernst, Die theoretischen und experimentellen Grundlagen des neuen Wärmesatzes, Halle 1918.

F. Pollitzer, Die Berechnung chemischer Affinitäten nach dem Nernstschen Wärmetheorem, Sammlung chem. u. chem.-techn. Vorträge Bd. 17. Stuttgart 1912.

Zu Abschnitt II.

K. Jellinek, Physikalische Chemie der Gasreaktionen, Leipzig 1913.

J. P. Kuenen, Die Eigenschaften der Gase (Handbuch der Allgem. Chemie III), Leipzig 1919.

Zu Abschnitt III.

Zu b) *G. Tammann,* Über die Beziehungen zwischen den inneren Kräften und Eigenschaften der Lösungen, Leipzig u. Hamburg 1907.

Zu c) die zu Abschnitt V genannten Lehrbücher.

F. Kohlrausch u. *L. Holborn,* Das Leitvermögen der Elektrolyte. Leipzig 1898.

*) Formeln des Encyklopädieartikels V 3 werden in der Form (*Bryan* 159) zitiert, wobei 159 die Formelnummer bedeutet.

Zu d) *P. Sabatier,* Die Katalyse in der organischen Chemie, Leipzig 1914.
G. Woker, Die Katalyse, die chemische Analyse, Bd. XI u. XII, Stuttgart 1910 u. 1915.

Zu Abschnitt IV.

H. W. B. Roozeboom, Die heterogenen Gleichgewichte vom Standpunkt der Phasenlehre, Braunschweig I 1901, II_1 1904, II_2 von *E. H. Büchner,* II_3 von *A. H. W. Aten* 1918, III von *F. Schreinemakers* 1913.
A. Findlay, Einführung in die Phasenlehre, Bredigs Handbuch der angew. phys. Chemie VI, Leipzig 1907.
Zu a) *G. Tammann,* Kristallisieren und Schmelzen, Leipzig 1903.
Zu b) *A. Findlay,* Der osmotische Druck, Dresden 1914.
V. Rothmund, Löslichkeit und Löslichkeitsbeeinflussung, Leipzig 1907 (Bredigs Handbuch VII).
R. Ruer, Metallographie in elementarer Darstellung, Hamburg 1907.
R. Schenk, Physikalische Chemie der Metalle, Halle 1909.
G. Tammann, Lehrbuch der Metallographie, Leipzig u. Hamburg 1914.
C. H. Desch, Metallographie, Leipzig 1914 (Bredigs Handbuch XII).

Zu Abschnitt V.

S. Arrhenius, Lehrbuch der Elektrochemie, Leipzig 1901.
M. Le Blanc, Lehrbuch der Elektrochemie, Leipzig, 1. Aufl. 1895, 7. Aufl. 1920.
F. Foerster, Elektrochemie wässeriger Lösungen, in Bredigs Handbuch der angew. phys. Chemie, Leipzig, 1. Aufl. 1905, 2. Aufl. 1915.
R. Lorenz u. *F. Kaufler,* Elektrochemie geschmolzener Salze, Bredigs Handbuch XI, Leipzig 1909.
J. J. van Laar, Lehrbuch der theoretischen Elektrochemie, Leipzig u. Amsterdam 1907.
Historisch: *W. Ostwald,* Elektrochemie, Leipzig 1896.

Bezeichnungen.

Alle Größen beziehen sich auf Mol, wenn nicht ausdrücklich etwas anderes gesagt ist.

U Energieinhalt.
$\mathfrak{U} = U_2 - U_1$ Energiedifferenz.
Q Wärmemenge.
A äußere Arbeit.
γ_v, γ_p spezifische Wärme bei konstantem Volumen (Druck).
V Volumen, $\mathfrak{V} = \Delta V$ Volumenänderung.
p Druck.
π osmotischer Druck.
C Konzentration in $\frac{\text{Mol}}{\text{cm}^3}$.
π_0 in der Elektrochemie Lösungstension.
C_0 die zur Lösungstension gehörende Konzentration $C_0 = \frac{\pi_0}{RT}$.
n Mol- oder Molekelzahl.
N Zahl der Moleküle im Mol (*Loschmidt*sche Zahl) $6{,}06 \cdot 10^{23}$.
n fach normal ist eine Lösung, die n Mol gelöste Substanz im Liter enthält.

$\chi = \mathfrak{U} + pV$ Wärmefunktion bei konstantem Druck.
S Entropie.
$\psi = N\psi' = U - TS$ freie Energie.
$\zeta = U - TS + pV$ zweites thermodynamisches Potential.
T absolute Temperatur.
k *Boltzmann*sche Konstante $1{,}372 \cdot 10^{-16} \frac{\text{erg}}{\text{Grad}}$.
$R = kN$ Gaskonstante $= 8{,}3186 \cdot 10^{7} \frac{\text{erg}}{\text{Grad}}$.
h *Planck*sche Konstante $6{,}55 \cdot 10^{-27}$ erg sec.
m Masse eines Moleküls.
M Molekulargewicht $= mN$.
ε Dielektrizitätskonstante.
F Äquivalentladung $= 96494$ *Coulomb*.
u, v Beweglichkeit unter der Kraft $\frac{1\ \text{Volt}}{\text{cm}}$.
D Diffusionskonstante.
φ elektrisches Potential.
E Klemmenspannung.

Begrenzung des Stoffes.

Im folgenden Artikel sind mit Rücksicht auf die Raumbegrenzung nur diejenigen Fragen besprochen, die sich als Anwendungen der thermodynamischen und statistischen Gesetze auf physikalisch-chemische Dinge behandeln lassen. Der Zusammenhang von Eigenschaften und chemischer Konstitution der Körper sowie die Frage der zwischen den Molekülen und Atomen herrschenden Kräfte ist nicht berücksichtigt, ebenso wurde auf die Besprechung der Adsorptionserscheinungen und der Photochemie verzichtet.

Es wurde viel Gewicht darauf gelegt, thermodynamisch abgeleitete Formeln statistisch verständlich zu machen und so eindringlich zu zeigen, daß Thermodynamik und Statistik nur zwei formal verschiedene Betrachtungsweisen desselben Vorgangs sind. Als thermodynamische Methode wurde im Zwang der Raumbeschränkung die der thermodynamischen Potentiale gewählt, durch die sich die Beweise am kürzesten geben lassen, trotz der Vorteile der Methode der Kreisprozesse.

Auf den Vergleich der allgemeinen Gesetze mit der Erfahrung wurde überall eingegangen, nicht aber auf die Untersuchung der Eigenschaften spezieller Systeme.

Die ausländische Literatur der letzten Jahre ist dem Referenten nur teilweise zugänglich gewesen.

I. Allgemeine thermodynamische und statistische Gesetze.

1. Erster und zweiter Hauptsatz. *I. Hauptsatz.* Die Energie U ist eine Größe, die durch den Zustand des betrachteten Systems eindeutig gegeben ist. Führen wir unser System aus dem Zustand 1 in den Zustand 2 über, so ist die Energiedifferenz

$$U_2 - U_1 = Q + A,$$

wo Q die zugeführte Wärmemenge, A die aufgewendete Arbeit ist. Von unserem jetzigen Standpunkt aus ist nur die Differenz $U_2 - U_1$ definiert, Zustände, die sich nicht ineinander überführen lassen, sind in bezug auf ihre Energie miteinander nicht vergleichbar.

Bei Prozessen unter konstantem Druck p_0 ist $A = -p_0(V_2 - V_1)$, also $Q_p = (U + p_0 V)_2 - (U + p_0 V)_1$. Die Größe Q_p nennt man die Wärmetönung bei konstantem Druck, die Größe $\chi = U + p_0 V$ die Wärmefunktion bei konstantem Druck.[1])

Weiter ist selbstverständlich

$$(1) \qquad (U_2 - U_1)_T = (U_2 - U_1)_{T_0} + \int_{T_0}^{T} \left(\frac{dU_2}{dT} - \frac{dU_1}{dT}\right) dT,$$

und wenn, wie gewöhnlich bei konstantem Volumen $A = 0$, $U_2 - U_1 = Q_v$ ist,

$$Q_{vT} = Q_{vT_0} + \int_{T_0}^{T} (\gamma_{v_2} - \gamma_{v_1})\, dT,$$

(1a)

ebenso
$$Q_{pT} = Q_{pT_0} + \int_{T_0}^{T} (\gamma_{p_2} - \gamma_{p_1})\, dT.^{2)}$$

Wir machen für U folgende Voraussetzung: Es soll U für ein homogenes System von der gewöhnlich benützten Größenordnung in eine gut konvergente Reihe entwickelbar sein, deren erstes Glied proportional dem Volumen, aber unabhängig von seiner Form und von der Umgebung, deren zweites Glied proportional der Oberfläche, aber unabhängig von der Form und von der weiteren Umgebung der Oberfläche ist, usw.

Diese Annahme wird stets gemacht, konnte aber bisher nur in einzelnen Fällen bewiesen werden. In dieser Annahme steckt, daß die Volumenenergie (das erste Glied der Reihe) additiv ist. Das zweite Glied gibt Anlaß zu den Kapillarerscheinungen.

II. Hauptsatz. Die Thermodynamik sagt aus, daß eine weitere eindeutige Funktion des Zustandes die Entropie S ist. Die Differenz

1) *Gibbs*, p. 110; *Bryan*, p. 74.

2) *G. Kirchhoff*, Pogg. Ann. 103 (1858), p. 203; *Bryan* 68 u. 69.

der Entropien der Zustände 1 und 2 ist

(2) $$S_2 - S_1 = \int_1^2 \frac{\delta Q}{T} = \int_1^2 \frac{d\,U + p\,d\,V}{T}\text{[3]},$$

wenn δQ die bei *reversiblem* Übergang zugeführte Wärmemenge ist. Auch die Entropien zweier Zustände lassen sich nur vergleichen, wenn die beiden Zustände reversibel ineinander überführbar sind.

Über die Entropie machen wir die gleiche Annahme der Entwickelbarkeit wie über die Energie.

Aus Gleichung (2) ergibt sich für homogene, einheitliche Körper

(2a) $$S = \int^T \frac{\gamma_p}{T}\,d\,T + f_1(p) = \int^T \frac{\gamma_v}{T}\,d\,T + f_2(V),$$

wo f_1, f_2 noch vom Bezugszustand und den Mengen, nicht aber von T abhängen.

2. Allgemeines über Gleichgewichte. Unsere Aufgabe wird im allgemeinen die Betrachtung von Gleichgewichten sein. Wir untersuchen ein System, das aus (einem oder mehreren) homogenen Teilen (Phasen) besteht, die einzeln so ausgedehnt sind, daß wir uns mit dem ersten Glied unserer Reihenentwicklung begnügen können. Jede Phase kann auch mehrere unabhängige Bestandteile enthalten.

Dann ist es wesentlich, ob die Phasen direkt aneinandergrenzen oder ob die Trennungsflächen die Eigenschaften halbdurchlässiger Wände haben. Im letzteren Fall seien etwa A die Stoffe, für die die Wand durchlässig ist, B diejenigen, für welche sie es nicht ist. Die Undurchlässigkeit besteht darin, daß die Einstellung des Gleichgewichtes von B auf beiden Seiten viel länger dauert als bei A, nicht aber etwa darin, daß im Gleichgewicht B auf der einen Seite der Wand in viel größerer Menge vorhanden ist als auf der anderen.[4]) Bei Vorhandensein solcher halbdurchlässiger Wände stellen wir unsere Betrachtungen zu einem Zeitpunkt an, wo sich für A das Gleichgewicht schon hergestellt hat, für B aber nicht. Mit ähnlichen Abstraktionen von künstlich herabgesetzten Teilreaktionsgeschwindigkeiten

---

3) *Bryan* 13.

4) In einem Gas, das nur Moleküle durchläßt, deren Normalgeschwindigkeit über einer gewissen Grenze liegt, vermindert ein Potentialfeld zwar die absolute pro Zeiteinheit durchtretende Gasmenge, nicht aber ihr Verhältnis zur Gleichgewichtsmenge, also auch nicht die Einstellzeit, hat daher nicht die Eigenschaften einer solchen Wand, wohl aber genügen zwei entgegengesetzte solche Felder. Auch materielle Wände können wir als zwei entgegengesetzte Potentialfelder idealisieren. Vgl. *K. F. Herzfeld,* Ann. Phys. 56 (1918), p. 133.

müssen wir noch öfter arbeiten, wenn sie sich auch im Gegensatz zu den hälbdurchlässigen Wänden nicht realisieren lassen.

Jedenfalls aber nehmen wir an, daß für den Stoff A die Gleichgewichtsformeln anzuwenden sind, obwohl sich das ganze System noch nicht im Gleichgewicht befindet.[5]) Eine Arbeitsfähigkeit des Systems kann natürlich nur von dem nicht im Gleichgewicht befindlichen B herrühren.

Nun lehrt die Thermodynamik, daß jedenfalls überall gleiche Temperatur[6]) und in den Phasen, die nicht durch halbdurchlässige Wände getrennt sind, auch gleicher Druck herrschen muß.

Sind ferner zwei Bestandteile mit einem dritten im Gleichgewicht, so sind sie es auch untereinander.

Für die Ableitung der weiteren Bedingungen sind in der physikalischen Chemie im wesentlichen drei Methoden üblich:

Die erste Methode, die von *Horstmann* eingeführt ist, betrachtet die Entropie. Wir führen δn_a Mol der Substanz a aus dem Zustand 1 in den Zustand 2 isotherm über. Die Entropie des Zustandes 1 sei S_1, die des Zustandes 2 sei S_2. Dann entspricht dieser Überführung eine Änderung der Gesamtentropie

$$\delta n_a \left(\frac{\partial S_2}{\partial n_a} - \frac{\partial S_1}{\partial n_a}\right).$$

$\frac{\partial S_2}{\partial n_a}$ ist hier eine Funktion der Konzentration C_{2a} von a im Zustand 2, von T und anderen Variabeln, die bei der Umsetzung ungeändert bleiben, entsprechend ist $\frac{\partial S_1}{\partial n_a}$ eine Funktion von C_{1a}. Bei reinen Stoffen und auch bei Mischungen von idealen Gasen sind die $\frac{\partial S}{\partial n}$ die „spezifischen Entropien“, bezogen auf ein Mol.

Wenn der Übergang isotherm und reversibel erfolgt, ist die Entropieänderung $\frac{\delta Q}{T}$, wo δQ die Wärmetönung des Prozesses bedeutet. Die so entstehende Gleichung zwischen $\frac{\partial S}{\partial n}\delta n$ und δQ, als Gleichung für die C aufgefaßt, ergibt die Gleichgewichtsbedingung für den Stoff a. Es ist nämlich klar, daß die C Gleichgewichtskonzentrationen sein müssen, wenn der Übergang reversibel erfolgen soll. Dies gilt sowohl für chemische Umsetzungen innerhalb einer Phase, wie für Übergänge aus einer Phase in die andere.

---

5) Das ist z. B. der Fall, wenn etwa Wasser bei gewöhnlicher Temperatur in Berührung mit Wasserdampf und merkbaren Mengen Wasserstoff und Sauerstoff steht. Siehe *P. H. J. Hoenen*, Z. f. ph. Ch. 82 (1913), p. 695.

6) *Bryan*, p. 141.

Wenn wir nun eine Theorie der spezifischen Wärmen und die Zustandsgleichung haben, lassen sich auf Grund von Formel (2) die Entropien, bezogen auf eine bestimmte Konzentration und Temperatur usw. der gleichen Phase und Substanz, angeben. Wollen wir darüber hinaus den Übergang aus einer Phase oder Substanz in die andere berechnen, so bleibt in unserer Gleichung eine Konstante, nämlich die Entropiedifferenz der Bezugszustände, unbestimmt (sie ist natürlich überhaupt nur durch unsere Gleichung definiert), solange wir keine Theorie dieses Überganges haben.

Verstehen wir unter $\sum$ eine algebraische Summation, bei welcher jede Größe für entstehende Körper positiv, für verschwindende negativ zu rechnen ist, so wird die Entropieänderung

$$\sum \frac{\partial S}{\partial n}\delta n.$$

Führen wir den Prozeß bei konstantem Druck, so gilt als Verallgemeinerung von (1a) ($T_0 = 0$)

$$\delta Q_{p,T} = \delta Q_{p,0} + \sum \frac{\partial}{\partial n}\int_0^T \gamma_p dT \delta n.$$

Also wird (vgl. (2a))

$$\sum \frac{\partial}{\partial n} f_1(p)\delta n + \sum \frac{\partial}{\partial n}\int^T \frac{\gamma_p}{T} dT\delta n = \frac{\delta Q_{p,0}}{T} + \frac{1}{T}\sum \frac{\partial}{\partial n}\int_0^T \gamma_p dT\delta n$$

oder
$$\sum \frac{\partial}{\partial n} f_1(p)\delta n = \frac{\delta Q_{p,0}}{T} - \int^T \frac{dT}{T^2}\sum \frac{\partial}{\partial n}\int_0^T \gamma_p dT\delta n + \text{konst.}$$

und entsprechend

$$\sum \frac{\partial}{\partial n} f_2(V)\delta n = \frac{\delta Q_{v,0}}{T} - \int^T \frac{dT}{T^2}\sum \frac{\partial}{\partial n}\int_0^T \gamma_v dT\delta n + \text{konst.}$$

Die unteren Grenzen der Integrale sind nicht festgelegt.

Die zweite Methode (*van t'Hoff, Nernst*) pflegt von der Betrachtung isothermischer reversibler Kreisprozesse auszugehen, bei deren Durchlaufung im ganzen die Arbeit Null geleistet wird. Man hat nun den Kreisprozeß so zu führen, daß die Arbeit während der Durchlaufung des einen Teils nur bekannte Größen enthält, wogegen im übrigen Teil die Größen auftreten (z. B. Dampfdruck, elektromotorische Kraft), die man kennen lernen will. Aus der Gleichung, die ausdrückt, daß die Summe beider Teile Null ist, lassen sich die gewünschten Größen berechnen. Beispiele hierfür sind: Um den Dampfdruck einer Lösung zu finden, entfernt man die gelöste Substanz mittelst einer semipermeablen Wand (Arbeit aus dem osmotischen Druck, vgl. Nr. 29, berechenbar), verdampft das reine Lösungsmittel (Arbeit $-RT$), dehnt den Dampf isotherm auf den Dampfdruck der Lösung, wobei sich die Arbeit in diesem (gesuchten) Druck und dem des reinen Lösungsmittels ausdrücken läßt, und kondensiert in die Lösung (Arbeit $+RT$).

Oder man berechnet das Elektrodenpotential E, indem man die dem Durchgang einer bestimmten Elektrizitätsmenge de entsprechende Umsetzung erst unter Leistung osmotischer Arbeit vor sich gehen läßt und dann durch Hindurchsenden von $-de$ (aufgewendete Arbeit $+Ede$) rückgängig macht.

Wie in diesen Beispielen sucht man allgemein isotherme Volumenänderungen und Destillationen einzuführen, da sie besonders leicht berechenbar sind. Daher tritt immer wieder der osmotische oder der Dampfdruck auf.

Ähnlich wie bei der ersten Methode ist auch hier in allen Formeln der uns aus der Erfahrung bekannte Gleichgewichtsdruck eines bestimmten Normalzustandes (z. B. Dampfdruck des reinen Lösungsmittels, Lösungstension) enthalten, zu dessen Berechnung die Kenntnis der Entropiekonstanten erforderlich wäre.

Für die Arbeit eines isotherm reversiblen Prozesses gilt bei konstantem Volumen (*Bryan* 162)

$$A - \mathfrak{U} = T\left(\frac{\partial A}{\partial T}\right)_v. \tag{3}$$

Da die Temperaturabhängigkeit von $\mathfrak{U}$, der Gesamtenergieänderung, sich aus den spezifischen Wärmen berechnen läßt, gibt die Integration

$$A = -T\int\frac{\mathfrak{U}}{T^2}dT + bT. \tag{3a}$$

In b stecken wieder die Entropiekonstanten der entstehenden und verschwindenden Stoffe.

Hierbei ist A gleich der Änderung der freien Energie $\Delta\psi$. Arbeitet man bei konstantem Druck statt bei konstantem Volumen, so tritt[7]) an Stelle von ψ das zweite thermodynamische Potential ζ und an Stelle von (3)

$$\Delta\zeta - (\mathfrak{U} + p\,\Delta V) = T\frac{\partial\Delta\zeta}{\partial T}. \tag{3b}$$

Die Betrachtung der Kreisprozesse ist sehr anschaulich, wurde aber hier im Interesse der Kürze nicht gewählt.

Die dritte Methode, die von *W. Gibbs* eingeführt und dann besonders von *Riecke, Planck* sowie der neueren holländischen Schule (*van der Waals, Backhuis Roozeboom, van Laar*) weitergeführt wurde, beruht auf der Anwendung des thermodynamischen Potentials. Es

7) Vgl. z. B. *R. Lorenz* u. *M. Katayama*, Z. f. ph. Ch. 62 (1908), p. 119.

sei im Gesamtsystem Druck und Temperatur gegeben, die zu verwendende Gleichgewichtsfunktion ist daher[8])

$$\zeta = U + pV - TS = -\Phi T.$$

Sie ist noch Funktion der Mengen der unabhängigen Bestandteile in den verschiedenen Phasen; die Gesamtmenge jedes Bestandteiles ist natürlich fest. Da U, V, S sich aus den Teilgrößen für jede Phase additiv zusammensetzen, ist dies auch für ζ (bzw. Φ) der Fall. Die Gleichgewichtsbedingung wird[8a]) (die Striche bezeichnen die Phase, die Indizes den Stoff)

$$\begin{aligned} 0 = \delta\zeta = -T\delta\Phi = \frac{\partial\zeta'}{\partial n_1'}\delta n_1' + \frac{\partial\zeta'}{\partial n_2'}\delta n_2' + \cdots \\ + \frac{\partial\zeta''}{\partial n_1''}\delta n_1'' + \frac{\partial\zeta''}{\partial n_2''}\delta n_2'' + \cdots \\ + \cdots . \end{aligned} \tag{4}$$

mit den Nebenbedingungen für $k = 1, 2 \ldots$

$$\delta n_k' + \delta n_k'' + \cdots = 0. \tag{4'}$$

Die Größe $\frac{\partial\zeta^{(s)}}{\partial n_r^{(s)}} = \frac{\partial\zeta}{\partial n_r^{(s)}}$ bezeichnet man mit $\mu_r^{(s)}$ und nennt sie das chemische Potential des Stoffes r in der s^{ten} Phase.[9]) Aus (4) und (4') folgt als Gleichgewichtsbedingung

$$\begin{aligned} \mu_1' = \mu_1'' = \cdots \\ \mu_2' = \mu_2'' = \cdots \\ \cdots\cdots \end{aligned} \tag{5}$$

Da ζ eine homogene Funktion erster Ordnung in den Massen ist, sind die μ nullter Ordnung, und es gilt (*Bryan* 146)

$$\zeta = \sum_r \mu_r n_r.$$

Für μ findet man folgende Formeln, in denen die als Indizes stehenden Größen beim Differenzieren konstant zu halten sind:

(5') $\mu = \left(\frac{\partial U}{\partial n}\right)_{S,V} = \left(\frac{\partial \psi}{\partial n}\right)_{T,V} = \left(\frac{\partial \zeta}{\partial n}\right)_{T,p}$ (*Bryan* 144 Vorzeichenfehler! 150).

Seien nun nicht mehr alle Bestandteile unabhängig, sondern etwa der Stoff 3 aus 1 und 2 nach der chemischen Formel $a(1) + b(2) = c(3)$ zusammensetzbar, so bleibt (4) unverändert, dagegen tritt

8) *Bryan*, p. 105. Bei halbdurchlässigen Wänden kann der Druck der einzelnen Phasen verschieden sein. An Stelle von pV tritt dann die entsprechende Summe. Φ ist die von *Planck* eingeführte thermodynamische Funktion.

8a) Wir beziehen alles auf Mol statt auf die Masseneinheit.

9) *Bryan*, p. 141. *J. J. van Laar* hat in zahlreichen Arbeiten in der Z. f. ph. Ch. von Bd. 15 an die chem.-phys. Anwendungen des Potentials dargestellt.

als Nebenbedingung statt (4')

$$\delta n_1' + \delta n_1'' + \cdots + \frac{a}{c}\,\delta n_3' + \frac{a}{c}\,\delta n_3'' + \cdots = 0,$$

$$\delta n_2' + \delta n_2'' + \cdots + \frac{b}{c}\,\delta n_3' + \frac{b}{c}\,\delta n_3'' + \cdots = 0.$$

Die Gleichungen (5) bleiben erhalten, nur tritt noch als Bedingung für das Gleichgewicht zwischen 1, 2 und 3 hinzu

$$a\mu_1^{(s)} + b\mu_2^{(s)} = c\mu_3^{(s)}. \tag{6}$$

Oft ist es nützlich, die Energie in zwei Teile zu teilen, deren einer der gewöhnliche thermodynamische (vom Wärmeinhalt und inneren Kräften herrührende) ist, während der andere von äußeren z. B. Schwere- oder elektrischen Kräften herstammt, die ein den Mengen proportionales Potential $\sum \Omega n$ besitzen, aber keinen Beitrag zur Entropie liefern. Dann teilen sich auch die Größen μ entsprechend, und man pflegt nur die auf den thermodynamischen Teil bezüglichen Summanden als chemische Potentiale μ zu bezeichnen. Die Gleichgewichtsbedingungen lauten dann:

$$\mu_r^{(s)} + \Omega_r^{(s)} = \mu_r^{(q)} + \Omega_r^{(q)}. \tag{7}$$

Aus der Definitionsgleichung für μ, nämlich

$$\mu_r^{(s)} = \frac{\partial \zeta}{\partial n_r^{(s)}} = \frac{\partial (U + pV - TS)}{\partial n_r^{(s)}}$$

wird, wenn wir für $U + pV = \chi$ und S ihre Werte nach (1a) und (2a) einsetzen,

$$\mu_r^{(s)} = \frac{\partial}{\partial n_r^{(s)}} \left\{ \chi_{p, T=0} + \int_0^T \gamma_p dT - T \int^T \frac{\gamma_p}{T} dT - T f_1(p) \right\} \tag{8}$$

$$= T \frac{\partial}{\partial n_r^{(s)}} \left\{ \frac{\chi_{p, T=0}}{T} - \int^T \frac{dT}{T^2} \int_0^T \gamma_p \, dT - f_1(p) + \text{konst.} \right\}.$$

In den p. 954 erwähnten Fällen, wo sich Energie und Entropie aus den mit den Mengen multiplizierten spezifischen Größen additiv zusammensetzen, tritt an Stelle der Differentiation Ersatz aller Größen durch die spezifischen. In den Größen μ treten zwei unbestimmte Konstante auf, eine von der Energie, die zweite, mit T multipliziert, von der Entropie herrührend.

Nun sehen wir aber, daß die nach der ersten Methode abgeleitete Gleichgewichtsbedingung sich nur dadurch von (8) unterscheidet, daß die einzelnen Glieder der Summe auf verschiedenen Seiten der Gleichung stehen. In der Tat können wir die auf isotherme

Zustandsänderungen angewandte Gleichung (2) offenbar so schreiben

$$\frac{\partial S''}{\partial n''} - \frac{\partial S'}{\partial n'} = \frac{1}{T}\left[\frac{\partial (U+pV)''}{\partial n} - \frac{\partial (U+pV)'}{\partial n'}\right]$$

oder $$\frac{\partial (TS-U-pV)''}{\partial n''} = \frac{\partial (TS-U-pV)'}{\partial n'} \quad \text{oder} \quad \mu'' = \mu'.$$

Das gleiche sehen wir an Gleichung (3b) unter Berücksichtigung von *Bryan* 152.

Die Potentiale hängen bei konstantem Druck und gegebener Temperatur nur von der Zusammensetzung, nicht von den absoluten Massen der Phasen ab. Führt man die Molenbrüche

$$(9) \quad x_1 = \frac{n_1}{\sum_r n_r}, \quad x_2 = \frac{n_2}{\sum_r n_r}, \quad x_m = 1 - x_1 - x_2 - \cdots - x_{m-1} = \frac{n_m}{\sum_r n_r},$$

ein, wo die n die Molzahlen sind, so wird die Gleichung *Bryan* 159

$$(10) \quad (1-x_k)\frac{\partial \mu_i}{\partial x_k} - \sum_{s \neq i,k} \frac{\partial \mu_i}{\partial x_s} x_s = (1-x_i)\frac{\partial \mu_k}{\partial x_i} - \sum_{s \neq i,k} \frac{\partial \mu_k}{\partial x_s} x_s$$

$$(i = 1, 2 \ldots, k = 1, 2 \ldots).$$

3. Abhängigkeit des Gleichgewichtes von Druck und Temperatur. Phasen gleicher Zusammensetzung. a) *Abhängigkeit von Druck und Temperatur.* Wenn ein *beliebiges* System gegeben ist, so lautet die Gleichgewichtsbedingung

$$(4) \quad \sum_{i,k} \mu_i^{(k)} \delta n_i^{(k)} = 0.$$

Das ist eine Gleichung zwischen p, T und den n. Ändern wir T, p um dT, dp, so ändern sich auch die n um dn; diese Änderungen erhält man aus

$$(11) \quad 0 = d\Big(\sum_{i,k} \mu_i^{(k)} \delta n_i^{(k)}\Big) = dT \sum_{i,k} \frac{\partial \mu_i^k}{\partial T} \delta n_i^{(k)} + dp \sum_{i,k} \frac{\partial \mu_i^{(k)}}{\partial p} \delta n_i^{(k)}$$
$$+ \sum_{i,k} \sum_r \frac{\partial \mu_i^{(k)}}{\partial n_r^k} \delta n_i^{(k)} dn_r^{(k)}$$

oder mit Einführung der entsprechenden Wärmetönung

$$\frac{\delta Q}{T} = -\sum \frac{\partial \mu_i^{(k)}}{\partial T} \delta n_i^{(k)} \qquad (\textit{Bryan } 157)$$

und Volumenänderung

$$\delta V = \sum \frac{\partial \mu_i^{(k)}}{\partial p} \delta n_i^{(k)} \qquad (\textit{Bryan } 158)^{10)}$$

$$(12) \quad -\frac{\delta Q}{T} dT + \delta V dp + \sum_{i,k} \sum_r \frac{\partial \mu_i^{(k)}}{\partial n_r^{(k)}} \delta n_i^{(k)} dn_r^{(k)} = 0.$$

Hier bedeuten also δQ, δV die zugeführte Wärmemenge und Volumen-

10) *M. Planck,* Vorlesungen über Thermodynamik, 1. Aufl. Leipzig 1897, p. 176.

änderung beim virtuellen Umsatz $\delta n_i^{(k)}$, während dT und dp die Änderungen von T und p sind, die einer Änderung der Zusammensetzung der Phasen $dn_r^{(k)}$ im Gleichgewicht entsprechen.

Bei konstanter Zusammensetzung der Phasen ist $dn = 0$, also (*Bryan* 89)

$$\frac{1}{T}\frac{\delta Q}{\delta V} = \frac{dp}{dT}. \tag{13}$$

Dies ist identisch mit der Gleichung von *Clausius-Clapeyron* (*Bryan* 138)

$$\frac{dp}{dT} = \frac{1}{T}\frac{Q}{v' - v''}. \tag{13a}$$

Aus der Gleichung (12) folgen die Sätze von *van t'Hoff* und *Braun-Le Chatelier*[11]), daß *bei Temperaturerhöhung das Gleichgewicht sich so verschiebt, daß Wärme absorbiert wird, bei Druckerhöhung so, daß das Volumen kleiner wird.* Denn da $\frac{\partial \mu_i}{\partial n_i} > 0$ (wegen der Stabilität, *Bryan* Nr. 17), so hat $\frac{\delta Q}{\delta n}$ das gleiche bzw. $\frac{\delta V}{\delta n}$ das entgegengesetzte Zeichen wie dn.

b) *Phasen gleicher Zusammensetzung.*[11a]) Es seien zwei Stoffe in zwei Phasen gegeben. Man nehme zwei einfachste virtuelle Umsetzungen vor:

1. $\delta n_1' = -\delta n_1'', \quad \delta n_2' = \delta n_2'' = 0,$
2. $\delta n_2' = -\delta n_2'', \quad \delta n_1' = \delta n_1'' = 0.$

Aus Gleich. (12) erhält man:

$$1. \quad -\frac{\delta Q_1}{\delta n_1'}\frac{dT}{T} + \frac{\delta V_1}{\delta n_1'}dp + dn_1'\frac{\partial \mu_1'}{\partial n_1'} - dn_1''\frac{\partial \mu_1''}{\partial n_1''} + dn_2'\frac{\partial \mu_1'}{\partial n_2'} - dn_2''\frac{\partial \mu_1''}{\partial n_2''} = 0,$$

$$2. \quad -\frac{\delta Q_2}{\delta n_2'}\frac{dT}{T} + \frac{\delta V_2}{\delta n_2'}dp + dn_1'\frac{\partial \mu_2'}{\partial n_1'} - dn_1''\frac{\partial \mu_2''}{\partial n_1''} + dn_2'\frac{\partial \mu_2'}{\partial n_2'} - dn_2''\frac{\partial \mu_2''}{\partial n_2''} = 0.$$

Führen wir den Molenbruch $x = \frac{n_1}{n_1 + n_2}$ ein und berücksichtigen, daß μ nur von x, nicht aber von den n einzeln abhängt, so wird

$$-\frac{\delta Q_1}{\delta n_1'}\frac{dT}{T} + \frac{\delta V_1}{\delta n_1'}dp + \frac{\partial \mu_1'}{\partial x'}dx' - \frac{\partial \mu_1''}{\partial x''}dx'' = 0,$$

$$-\frac{\delta Q_2}{\delta n_2'}\frac{dT}{T} + \frac{\delta V_2}{\delta n_2'}dp + \frac{\partial \mu_2'}{\partial x'}dx' - \frac{\partial \mu_2''}{\partial x''}dx'' = 0.$$

---

11) *J. Moutier*, Bull. de la Soc. Philomath. (7) 1 (1877), p. 39; *G. Robin*, ebd. (7) 4 (1879), p. 24; *J. W. Gibbs*, l. c. p. 36, 144, 146, 202; *J. H. van t'Hoff*, Études de dynamique chimique, Amsterdam 1884; *H. Le Chatelier*, Paris C. R. 99 (1884), p. 786; 100 (1885), p. 50, 441; Recherches experimentales et théoriques sur les équilibres chimiques, Paris 1888, p. 48, 210; *F. Braun*, Wied. Ann. 33 (1888), p. 337; Z. f. ph. Ch. 1 (1887), p. 269. Die übliche Anwendung des „*Braun-Le Chatelier*schen Prinzips" kritisiert *P. Ehrenfest*, Z. f. ph. Ch. 77 (1911), p. 227.

11a) *W. Gibbs*, Thermodynamische Studien, p. 118; *D. Konowalow*, Wied. Ann. 14 (1881), p. 34.

Schreiben wir noch

$$\frac{\delta Q_1}{\delta n_1'} = \Delta Q_1, \quad \frac{\delta Q_2}{\delta n_2'} = \Delta Q_2, \quad \frac{\delta V_1}{\delta n_1'} = \Delta V_1, \quad \frac{\delta V_2}{\delta n_2'} = \Delta V_2$$

(das sind also die Wärmetönungen und Volumenänderungen beim Übertritt von ein Mol 1 bzw. 2 in die andere Phase) und berücksichtigen als Spezialfall von (10)

$$x\frac{\partial \mu_1}{\partial x} + (1 - x)\frac{\partial \mu_2}{\partial x} = 0, \tag{10'}$$

so können wir auflösen und erhalten:

$$\begin{aligned} dx' &= \frac{1-x'}{(x''-x')\frac{\partial \mu_1'}{\partial x'}}\Big\{(\Delta Q_2(1 - x'') + \Delta Q_1 x'')\frac{dT}{T} \\ &\qquad - (\Delta V_2(1 - x'') + \Delta V_1 x'')\,dp\Big\}, \\ dx'' &= \frac{1-x''}{(x''-x')}\frac{1}{\frac{\partial \mu_1''}{\partial x''}}\Big\{(\Delta Q_2(1 - x') + \Delta Q_1 x')\frac{dT}{T} \\ &\qquad - (\Delta V_2(1 - x') + \Delta V_1 x')\,dp\Big\}. \end{aligned} \tag{14}$$

D. h., wenn die Zusammensetzung beider Phasen gleich wird ($x'' = x'$), *wird* T *bei konstantem* p *bzw.* p *bei konstantem* T *ein Extremwert.*

Für die im Nenner vorkommenden Größen $\frac{\partial \mu_1}{\partial x}$ kann man natürlich unter Einführung des mit μ gleichen Potentials der mit dem Stoff im Gleichgewicht befindlichen Dampfphase schreiben

$$\frac{\partial \mu_1}{\partial x} = RT\frac{\partial \lg p_1}{dx},$$

wo p_1 der Dampfdruck des Stoffes 1 ist.

4. Nernstsches Wärmetheorem. Wir haben im vorhergehenden gesehen, daß wir aus der Kenntnis der spezifischen Wärmen und der Zustandsgleichung, die uns durch Messungen oder durch die Theorie bekannt sein mögen, alle thermodynamisch wichtigen Größen berechnen können, wenn wir sie auf einen Normalzustand beziehen, der durch bloße Temperatur- oder Volumenänderung erreichbar ist. Bei Übergängen in eine andere Phase oder Substanzumwandlung geht dann in unsere Gleichungen eine Konstante ein, die der Entropieänderung beim Übergang aus dem Bezugszustand der einen Phase (Modifikation usw.) in den Bezugszustand der neuen Phase entspricht. Diese Entropieänderung ist nicht anders zu definieren als durch eben jenen reversibel gedachten Übergang. Soll sie allgemeineren Charakter haben, so kann sie nur durch eine allgemeine Theorie oder einen allgemeinen, aus der Erfahrung abstrahierten Satz gegeben werden.

Auf dem letzteren Wege löst folgender von *Nernst*[12]) gegebener Satz das Problem für eine große Gruppe von Fällen:

Bei allen Änderungen, die an reinen kondensierten (d. h. festen oder flüssigen) Stoffen beim absoluten Nullpunkt vor sich gehen, ist die Entropieänderung Null.

Dieser Satz geht sogar über die oben gestellte Aufgabe hinaus, indem er auch über Änderungen innerhalb derselben Modifikation, d. h. über die Zustandsgleichung beim absoluten Nullpunkt, Aussagen macht.

Sei die Entropieänderung beim Übergang aus dem ersten in den zweiten Zustand nach (2a)

$$S'' - S' = \int^{T} \frac{\gamma_v''}{T} dT - \int^{T} \frac{\gamma_v'}{T} dT + f_2''(V'') - f_2'(V'). \tag{15}$$

Die Differenz soll bei $T = 0$ Null werden, also

$$0 = \int^{0} \frac{\gamma_v''}{T} dT - \int^{0} \frac{\gamma_v'}{T} dT + f_2''(V'') - f_2'(V').$$

Das von (15) subtrahiert, ergibt

$$S'' - S' = \int_0^T \frac{\gamma_v'' - \gamma_v'}{T} dT \tag{16}$$

oder

$$S'' = \int_0^T \frac{\gamma_v''}{T} dT + a, \qquad S' = \int_0^T \frac{\gamma_v'}{T} dT + a. \tag{16'}$$

Die Konstante a kann nur Größen enthalten, die in allen Zuständen, in die der Körper übergehen kann, gleich sind, und kann als bedeutungslos weggelassen werden. Wenn allerdings das Integral an der unteren Grenze unendlich würde, so müßte a gleich ∞ gewählt werden, um der Entropie bei endlichen Temperaturen endliche Werte zu geben. Tatsächlich bleibt das Integral endlich, wenn die spezifischen Wärmen reiner kondensierter Stoffe für $T = 0$ in hinreichendem Maße verschwinden. Das haben aber die nach der Veröffentlichung *Nernsts* besonders im *Nernst*schen Institut angestellten Untersuchungen durchweg bestätigt. Das gleiche Resultat ergibt die Quantentheorie. So konnte *Planck*[13]) dem *Nernst*schen Satz folgende erweiterte Fassung geben:

---

12) *W. Nernst,* Nachr. d. Ges. d. Wiss. in Göttingen, Math.-phys. Kl. 1906, p. 1; Berlin Ber. 1906, p. 933.

13) *M. Planck,* Phys. Z. 13 (1912), p. 165; Ber. d. D. chem. Ges. 45 (1912), p. 5.

Beim absoluten Nullpunkt ist die Entropie aller reinen kondensierten Stoffe null.

An Stelle von $S = \int_0^T \frac{\gamma_v}{T} dT$ können wir natürlich ebensogut $S = \int_0^T \frac{\gamma_p}{T} dT$ benützen.[14])

In der freien Energie ψ ist nach der *Planck*schen Formulierung das mit T proportionale Glied TS_0, das auch bei der Integration von (3) auftrat, zu streichen. Aus $S = \left(\frac{\partial \psi}{\partial T}\right)_v$ folgt $\left(\frac{\partial \psi}{\partial T}\right)_{v, T=0} = 0$, aus $\left(\frac{\partial U}{\partial T}\right)_v = \gamma_v$ und dem Verschwinden der γ_v folgt $\left(\frac{\partial U}{\partial T}\right)_{v, T=0} = 0$. Somit ergibt sich auch:

Beim absoluten Nullpunkt ist für alle reinen kondensierten Stoffe

(17) $$\left(\frac{\partial \psi}{\partial T}\right)_v = \left(\frac{\partial U}{\partial T}\right)_v = 0.$$

Dies ist zugleich die ursprüngliche *Nernstsche Fassung* seines Theorems, wenn man unter ψ die Differenz der freien Energie, unter U die Differenz der Gesamtenergie bei einer chemischen Umsetzung versteht. Umgekehrt folgt aus (17) die *Planck*sche Formulierung des Satzes.

---

14) Diese Gleichungen ergeben zusammen $\int_0^T \frac{\gamma_p - \gamma_v}{T} dT = 0$. Hier ist zu bemerken, daß γ_p und γ_v sich während der Integration nicht auf den gleichen Zustand beziehen, sondern nur an der oberen Grenze. Dort ist in γ_v das Volumen einzusetzen, das zu dem in γ_p auftretenden Druck gehört. Diese Größen bleiben jeweils konstant (V in γ_v, p in γ_p), gehören aber bei anderen Temperaturen als der oberen Grenze nicht zusammen. Es ist daher auch nicht, wie bei zusammengehörigen Zuständen, stets $\gamma_p > \gamma_v$.

Um nun die vorangehende Gleichung als Identität zu erkennen, bezeichnen wir die obere Grenze mit ϑ und differenzieren nach ihr bei festgehaltenem p. Dann wird

$$\frac{\gamma_p}{\vartheta} = \frac{\gamma_v}{\vartheta} + \int_0^\vartheta \frac{1}{T}\left(\frac{\partial \gamma_v}{\partial \vartheta}\right)_p dT = \frac{\gamma_v}{\vartheta} + \int_0^\vartheta \frac{1}{T}\left(\frac{\partial \gamma_v}{\partial V}\right)_T \left(\frac{\partial V}{\partial \vartheta}\right)_p dT.$$

$\frac{\partial V}{\partial \vartheta}$ enthält T nicht, ferner ist nach *Bryan* 92 $\left(\frac{\partial \gamma_v}{\partial V}\right)_T = T\left(\frac{\partial^2 p}{\partial T^2}\right)_v$. Also ist

$$\gamma_p = \gamma_v + \vartheta \left(\frac{\partial V}{\partial \vartheta}\right)_p \int_0^\vartheta \left(\frac{\partial^2 p}{\partial T^2}\right)_v dT = \gamma_v + \vartheta \left(\frac{\partial V}{\partial \vartheta}\right)_p \left[\left(\frac{\partial p}{\partial T}\right)_{v, T=\vartheta} - \left(\frac{\partial p}{\partial T}\right)_{v, T=0}\right].$$

Das letzte Glied verschwindet nach (19), die dann übrigbleibende Gleichung ergibt sich aus *Bryan* 71 und 89.

Auch in der Funktion ζ und in den damit zusammenhängenden Potentialen wird alles Wichtige bestimmt; insbesondere nehmen die Formeln (8) und (5′) die Gestalt an

$$
\begin{aligned}
\mu_r^{(s)} &= \frac{\partial \zeta}{\partial n_r^{(s)}} = \frac{\partial}{\partial n_r^{(s)}} \cdot \left\{ \chi_{p,T=0} - T \int_0^T \frac{dT}{T^2} \int_0^T \gamma_p \, dT \right\}_p \\
&= \frac{\partial \psi}{\partial n_r^{(s)}} = \frac{\partial}{\partial n_r^{(s)}} \left\{ U_{v,T=0} - T \int_0^T \frac{dT}{T^2} \int_0^T \gamma_v \, dT \right\}_v .
\end{aligned}
\tag{18}
$$

Die einzige unbestimmte Konstante, die noch in ζ wie in ψ steht, ist der Absolutwert der Gesamtenergie, der für unsere Zwecke bedeutungslos ist.

Eine Reihe von Aussagen ergeben sich aus dem *Nernst*schen Theorem für Veränderungen innerhalb der gleichen Phase bei $T = 0$, Aussagen, welche die Zustandsgleichung betreffen.

Aus $\left(\frac{\partial S}{\partial V}\right)_T = \left(\frac{\partial p}{\partial T}\right)_v$ (*Bryan* 89) folgt

$$\frac{1}{p} \left(\frac{\partial p}{\partial T}\right)_{v,T=0} = 0, \tag{19}$$

also das *Verschwinden des Spannungskoeffizienten.*

$\left(\frac{\partial S}{\partial p}\right)_T = -\left(\frac{\partial V}{d T}\right)_p$ (*Bryan* 90) ergibt ebenso das *Verschwinden des Ausdehnungskoeffizienten*

$$\frac{1}{V} \left(\frac{\partial V}{\partial T}\right)_{p,T=0} = 0. \tag{19a}$$

Auch für andere Eigenschaften (Thermoelektrizität, Magnetismus) gilt ähnliches.[15])

Um alle Umwandlungen berechnen zu können, müssen wir nur noch die Entropieänderung bei der Verwandlung des untersuchten Körpers in den kondensierten Zustand kennen. Für Gase reicht die Kenntnis des Dampfdruckes aus, um die unbekannte Konstante zu berechnen. Aus dem Dampfdrucke können wir die Entropie des Gases, bezogen auf den festen Stoff, berechnen, das *Nernst*sche Theorem ergibt dann die Entropieänderung bei weiterer Verwandlung des festen Stoffes. Wie wir weiter sehen werden, ist die theoretische Berechnung des Dampfdruckes für Gase gelungen und damit deren Entropie bekannt, bei Lösungen liegen für die entsprechende Berechnung der Löslichkeit erst vorläufige Ansätze vor.

Nernst war auf sein Theorem durch die Erkenntnis geführt worden, daß für Reaktionen zwischen reinen kondensierten Stoffen oft $\Delta\psi = \Delta U$, also $T \Delta S$ klein ist. Er und nach ihm andere Forscher

15) *W. Nernst,* Die Grundlagen des neuen Wärmesatzes, Kap. XV.

versuchten später, das Theorem thermodynamisch unter der Voraussetzung zu beweisen, daß für $T = 0$ die spezifischen Wärmen verschwinden.

Die *Nernst*sche Schlußfolgerung[16]) baut sich auf zwei Sätzen auf

1. Die Erreichung des absoluten Nullpunktes unter endlicher Arbeitsleistung widerspricht dem zweiten Hauptsatz.

2. Bei verschwindender spezifischer Wärme wäre der absolute Nullpunkt erreichbar, wenn das *Nernst*sche Theorem nicht gilt.

Der zweite Punkt ist leicht nachzuweisen. Bei reversiblen adiabatischen Prozessen ist

$$\Delta S = \left(\frac{\partial S}{\partial T}\right)_v \Delta T + \left(\frac{\partial S}{\partial V}\right)_T \Delta V = 0;$$

andererseits ist nach *Bryan* 98 $\frac{\gamma_v}{T} = \left(\frac{\partial S}{\partial T}\right)_v$, daher

$$\Delta T = -\frac{\frac{\partial S}{\partial V}}{\frac{\gamma_v}{T}} \Delta V.$$

Damit bei genügend tiefer Temperatur nicht ein endliches ΔV eine endliche Abkühlung ΔT hervorruft, muß $\frac{\partial S}{\partial V}$ klein gegen $\frac{\gamma_v}{T}$ sein; das gleiche gilt, wenn ein anderer Abkühlungsvorgang statt der adiabatischen Ausdehnung gewählt wird.

Dagegen ist der Satz 1 nicht unbestritten.

Polanyi[17]) gibt folgenden Beweis des Theorems: Da $\int_0^T \frac{\gamma}{T} dT$ bei verschwindendem $\gamma_{T=0}$ endlich bleibt, kann man durch Abkühlung einem Körper nur eine endliche Entropiemenge entziehen. Man verknüpfe nun in wiederholter Aufeinanderfolge adiabatische Ausdehnung und isotherme Verdichtung. Dabei wird die Entropie dauernd vermindert. Wenn man den Vorgang beliebig lange fortsetzen kann, muß man in ein Gebiet kommen, wo keine merkliche Entropie dem Körper mehr entzogen werden kann, wo also die Entropie während der isothermen Verdichtung konstant bleibt. *Einstein*[18]) leugnet die allgemeine Möglichkeit, den Vorgang beliebig fortzusetzen.

In Beschränkung auf Volumenänderungen läßt sich der Beweis folgendermaßen führen: In der Gleichung $\frac{\partial S}{\partial V} = \frac{\frac{dU}{\partial V} + p}{T}$ wird beim

16) *W. Nernst,* Berlin Ber. 1912, p. 134, Die Grundlagen usw., Kap. VII.

17) *M. Polanyi,* Verh. d. D. ph. Ges. 16 (1914), p. 333; 17 (1915), p. 350.

18) Briefliche Mitteilung an *Polanyi,* l. c. 17 (1915), p. 350.

absoluten Nullpunkt der Zähler Null, da dann die Kräfte infolge der verschwindenden kinetischen Energie rein statisch sind; um also den Wert des Bruches zu erhalten, hat man Zähler und Nenner zu differenzieren, also

$$\left(\frac{\partial S}{\partial V}\right)_{T=0} = \left(\frac{\partial^2 U}{\partial T \partial V}\right)_{T=0} + \left(\frac{\partial p}{\partial T}\right)_{T=0} = \left(\frac{\partial \gamma_v}{\partial V}\right)_{T=0} + \left(\frac{\partial p}{\partial T}\right)_{T=0}.$$

Bryan 100 ergibt

$$\frac{\partial p}{\partial T} = \sqrt{-\frac{\gamma_p - \gamma_v}{T}\frac{\partial p}{\partial V}} = \sqrt{\frac{\gamma_p - \gamma_v}{T}\frac{\partial^2 U}{\partial V^2}}.$$

Daher $$\left(\frac{\partial S}{\partial V}\right)_{T=0} = \left(\frac{\partial \gamma_v}{\partial V}\right)_{T=0} + \sqrt{\frac{\gamma_p - \gamma_v}{T}\left(\frac{\partial^2 U}{\partial V^2}\right)_{T=0}}.$$

Da $\frac{\partial^2 U}{\partial V^2}$ unmöglich unendlich werden kann[19]), so verschwindet $\frac{\partial S}{\partial V}$ bei hinreichend starkem Verschwinden von γ_p und γ_v.

5. Statistische Deutung der thermodynamischen Formeln. a) *Die Bedingungen des statistischen Gleichgewichts.* Im folgenden wollen wir eine statistische Deutung der abgeleiteten Formeln geben, ohne uns auf die schwierigen prinzipiellen Fragen der Statistik einzulassen, für die Art. IV 32 von *P.* u. *T. Ehrenfest* einzusehen ist.

Wir betrachten ein aus N Molekülen zusammengesetztes System.

Den Zustand eines Moleküls wollen wir durch einen Bildpunkt im sogenannten „μ-Raum" darstellen. Dessen Koordinaten seien die Lagenkoordinaten des Moleküls und (unter Abänderung der *Ehrenfest*schen Definition) seine Energie. Der μ-Raum sei irgendwie in Zellen, die wir fortlaufend mit $r = 0, 1 \ldots$ numerieren, geteilt, so daß jeder Zelle eine bestimmte mittlere Energie E_r des Moleküls und eine Lage innerhalb eines bestimmten Bereiches im dreidimensionalen Raum zukommt. Die Werte E_r hängen von den äußeren Umständen ab, die durch eine Reihe von Parametern a_i (Schwerefeld, Lage eines Stempels, elektrische Felder usw.) vollständig definiert seien.

Der Lage eines Moleküls in einer bestimmten Zelle kommt eine Wahrscheinlichkeit a priori G_r zu, wobei G_r (außer evtl. von r) nur von der Natur des Systems abhängt. Im Fall der klassischen, stetigen Theorie und punktförmiger Teilchen ist die Größe $G = \Delta V \int_E^{E+\Delta E} dp\, dq\, dr$ bei beliebigen Zellen (ΔV dreidimensionales Volumen, $p\,q\,r$ Momente), in der Quantentheorie bei fest vorgegebenen Zellen $= h^3$ in sogenannten nichtentarteten Problemen, bei entarteten nicht allgemein angebbar.

19) Das ergäbe unendlich kleine Kompressibilität!

Die Zahl der Teilbereiche im dreidimensionalen Raum setzen wir[20]) für reine kondensierte Stoffe der Teilchenzahl proportional (jedes Teilchen nimmt sozusagen seinen Zellenanteil mit), für Gase und Lösungen von der Teilchenzahl unabhängig, aber dem Volumen proportional.

Ein „individueller“ Zustand ist nun bekannt, wenn von jedem Molekül die Lage im μ-Raum bekannt ist. Liegen in der r^{ten} Zelle Nw_r Moleküle, so ist die relative Wahrscheinlichkeit

$$\prod_r (G_r^{Nw_r}).$$

Doch sind unsere makroskopischen Beobachtungen nur dadurch beeinflußt, *wie viele*, nicht *welche* Teilchen in jeder Zelle liegen. Eine Verteilung, die angibt, daß irgend Nw_r Teilchen in der r^{ten} Zelle liegen, läßt sich durch $\frac{N!}{\Pi(Nw_r!)}$ verschiedene, aber gleichwahrscheinliche individuelle Zustände herstellen, ihre Wahrscheinlichkeit ist

$$W = \frac{N!\,\Pi(G^{Nw_r})}{\Pi(Nw_r!)}.$$

Unter allen Verteilungen ist nun eine die wahrscheinlichste, und zwar ist sie, wenn man den w_r auch nur einen kleinen Spielraum läßt, im allgemeinen auch so überwiegend wahrscheinlich, daß man bloß mit ihr zu rechnen braucht. Der Bequemlichkeit halber bildet man lg W, benützt die *Stirling*sche Annäherungsformel und sucht das Maximum von

$$\text{(20)} \qquad \begin{aligned} \lg W &= -\sum \left(Nw_r \lg \frac{Nw_r}{G_r}\right) + \sum Nw_r + N \log N - N \\ &= -\sum Nw_r \lg \frac{w_r}{G_r} \end{aligned}$$

unter Festhaltung der Nebenbedingungen

$$\text{(21)} \qquad 1 = \sum w_r.$$

$$\text{(22)} \qquad U = N \sum E_r w_r,$$

Bezeichnen $\frac{\psi'}{\Theta}$ und Θ zwei noch unbekannte Funktionen der äußeren Parameter, so erhält man

$$\text{(23)} \qquad \lg w_r = \lg G_r + \frac{\psi' - E_r}{\Theta}, \quad w_r = G_r e^{\frac{\psi' - E_r}{\Theta}}.$$

---

20) In Wirklichkeit ist das wohl durch die Berücksichtigung der gegenseitigen Energie der Teilchen zu ersetzen (mündliche Bemerkung von Herrn *W. Pauli*).

Einsetzen in (21), (22) ergibt

$$e^{-\frac{\psi'}{\Theta}} = \sum G_r e^{-\frac{E_r}{\Theta}}, \tag{21a}$$

$$U = N \sum G_r E_r e^{\frac{\psi' - E_r}{\Theta}} = -\Theta^2 \frac{\partial}{\partial \Theta} \frac{\psi'}{\Theta} N. \tag{22a}$$

Zur Erkenntnis der Bedeutung von Θ betrachten wir zwei Systeme, jedes in der wahrscheinlichsten Verteilung, die aber untereinander verschiedene Werte der Parameter und damit der E_r haben. Nach Vereinigung in einem System[21]) wird sich dann und nur dann an der Verteilung nichts ändern, wenn sie schon vorher gleiches Θ hatten, wie eine einfache Rechnung zeigt. Mit Rücksicht auf die Temperaturdefinition als Gleichgewichtsbedingung folgt, daß Θ nur eine Funktion der Temperatur, nicht der Parameter oder der Systemnatur ist. Wir müssen nun die Temperatur*skala* suchen. Dazu bilden wir die äußere Arbeit an einem Teilchen bei Änderung eines Parameters, sie ist δE_r. Die Gesamtarbeit ist daher

$$N \delta A = N \sum w_r \delta E_r = N \frac{\sum G_r e^{-\frac{E_r}{\Theta}} \delta E_r}{\sum G_r e^{-\frac{E_r}{\Theta}}},$$

oder, mit Rücksicht auf (21a),

$$N \delta A = N(\delta \psi')_\Theta.$$

Da Θ nur Funktion von T ist, gilt auch

$$N \delta A = N(\delta \psi')_T.$$

Diese Gleichung weist auf die Definition der freien Energie durch die isotherme Arbeitsleistung hin, so daß $\psi = N\psi'$ die freie Energie wird. Aus dem Vergleich der *Gibbs-Helmholtz*schen Gleichung (3) $U = -T^2 \frac{\partial}{\partial T} \frac{\psi}{T}$, die wir als Definition der Temperaturskala ansehen können, mit (22a) folgt dann

$$\Theta = kT. \tag{24}$$

Die zugeführte Wärme ist statistisch definiert:

$$\begin{aligned} \delta Q &= N\left(\delta \frac{U}{N} - \delta A\right) \\ &= N\left(\sum \delta w_r E_r + \sum w_r \delta E_r - \sum w_r \delta E_r\right) = N \sum E_r \delta w_r. \end{aligned} \tag{25}$$

Die Wärmemenge δQ ist hiernach diejenige Energie, die bei den erforderlichen Umordnungen δw_r der Teilchen aufgenommen werden muß. Solche werden nötig, um die Verteilung für den neuen Zustand zur wahrscheinlichsten zu machen.

---

21) Vereinigung bedeutet, daß nur die Summe der Energien vorgegeben ist.

Hierbei zeigt Formel (25), daß δQ desto größer ist, je mehr die hohen Energien in der Teilchenzahl bevorzugt werden. Insbesondere kommt bei der Temperaturerhöhung die Wärmeaufnahme (die die spezifische Wärme bestimmt) dadurch zustande, daß sich mit steigendem T die Zahl der Teilchen mit großer Energie erhöht.[22])

Um auch die Entropie statistisch zu definieren, bilden wir nach (22) und (23)

$$\frac{U}{N} = \sum_r E_r w_r, \qquad -\lg \frac{w_r}{G_r} = \frac{E_r - \psi'}{kT}.$$

Also

$$\frac{U}{NkT} = -\sum_r w_r \lg \frac{w_r}{G_r} + \frac{\psi'}{kT} \sum_r w_r = -\sum_r w_r \lg \frac{w_r}{G_r} + \frac{\psi'}{kT}.$$

Daher

$$(26) \quad S = \frac{U - \psi}{T} = Nk\left(\frac{U}{NkT} - \frac{\psi'}{kT}\right) = -Nk\sum_r w_r \lg \frac{w_r}{G_r} = k \lg W,$$

wie es nach *Boltzmann* sein muß.

b) *Die für die verschiedenen Körper charakteristischen statistischen Eigenschaften und ihr Zusammenhang mit dem Nernstschen Theorem.* Wir haben nun zu untersuchen, auf welchen Zustand als Normalzustand (26) bezogen ist, d. h. wann $\lg W$ Null wird. Hierzu unterscheiden wir folgende Fälle:

I. *Reiner fester Körper* mit Gültigkeit der Quantentheorie.

Die Lage jedes Moleküls ist bei $T = 0$ so weit festgelegt, daß nur Vertauschungen unter den n Volumenelementen des dreidimensionalen Raumes stattfinden können. Ihre Zahl ist

$$\frac{N!}{\left(\frac{N}{n}!\right)^n}, \qquad W = \frac{N!}{\left(\frac{N}{n}!\right)^n} G_0^N,$$

wo $G_0 = \frac{1}{n}$ das „relative Gewicht" eines solchen Volumenelementes ist. Bildet man $\lg W$, so ist dies in der hier gebrauchten Näherung Null, es gilt also das *Nernst*sche Theorem, und zwar deshalb, weil (infolge der Quantentheorie) jedes Teilchen nur eine ganz bestimmte Energie haben kann und infolge der Eigenschaften der festen Körper nur eine einzige Raumanordnung möglich ist.

II. *Ideales Gas oder verdünnte Lösung ohne äußeres Kraftfeld.*

Das Molekül kann verschiedene Lagen mit einer Wahrscheinlichkeit annehmen, die von der Anwesenheit anderer Moleküle unabhängig ist. Jeder Zelle entspricht ein mittlerer Energiewert E_r und ein drei-

22) Für das *Nernst*sche Theorem ist wesentlich, daß bei reinen kondensierten Stoffen die zugeführte Wärme in der Nähe von $T = 0$ von höherer Ordnung Null wird, weil bis auf eine verschwindend kleine Teilchenzahl alles in den Zellen kleinster Energie sitzt.

dimensionales Volumenelement ΔV_m, doch ist dessen Besetzung (im Gegensatz zum festen Körper) nicht von vornherein gegeben.[23]) Wir bezeichnen eine solche Zelle durch die Indizes r, m. Wählen wir alle ΔV_m gleich groß $= \Delta V$, so sind alle „Gewichte" G_{rm} mit gleichem m gleich $= G_r$ und alle w_{rm} mit gleichem m untereinander gleich, d. h. es sitzen in jedem Volumenelement gleichviel Teilchen, und auch ihre Energieverteilung ist gleich. Die Gesamtzahl der Teilchen im Energiegebiet r wird

$$w_r = \sum_m w_{rm} = \frac{V}{\Delta V} w_{rm} = \frac{V}{\Delta V} G_r e^{\frac{\psi' - E_r}{kT}},$$

da $\frac{V}{\Delta V}$ die Zahl der Volumenelemente ist.

Gleichung (21) schreibt sich jetzt

$$(27) \qquad e^{-\frac{\psi'}{kT}} = \sum_r \sum_m G_r e^{-\frac{E_r}{kT}} = \frac{V}{\Delta V} \sum_r G_r e^{-\frac{E_r}{kT}}.$$

Damit wird nach (26) und (27) mit $R = kN$

$$(28) \quad S = k \lg W = \frac{U - N\psi'}{T} = \frac{U}{T} - R \lg \frac{\Delta V}{\sum G_r e^{-\frac{E_r}{kT}}} + R \lg V.$$

Dieser Entropieausdruck wird bei $T = 0$ infolge des Gliedes $R \lg V$ nicht von V unabhängig, gehorcht also nicht dem *Nernst*schen Theorem, andererseits ist gerade das Glied $R \lg V$, das dadurch zustande kommt, daß alle möglichen individuellen Raumanordnungen als gleichwahrscheinlich betrachtet werden, für das Gas charakteristisch. Es ergibt sich nämlich nach *Bryan* 89 die Zustandsgleichung der idealen Gase

$$\left(\frac{\partial S}{\partial V}\right)_T = \frac{R}{V} = \left(\frac{\partial p}{\partial T}\right)_v, \qquad pV = RT,$$

wenn die ersten beiden Glieder von V unabhängig sind, sonst kommen noch *van der Waals*sche Zusatzglieder hinzu.

Im folgenden Abschnitt III werden wir dann sehen, daß und warum die obige Betrachtung ungültig wird und daher das Glied $R \lg V$ mit sinkender Temperatur doch verschwindet.

---

23) Den Unterschied beider Fälle sieht man am deutlichsten beim Vergleich reiner Kristalle und kristallisierter fester Lösungen (Mischkristalle). Man trenne zu diesem Zweck die Energiestatistik von der Anordnungsstatistik und betrachte nur letztere. Stehen den N Molekülen a Plätze zur Verfügung, so ist die Zahl der möglichen Vertauschungen $\frac{a!}{(a-N)!}$. Für $a \gg N$ (verdünnte Lösung) wird dieser Ausdruck a^N also proportional V^N, für $a = N$ (reiner Kristall) dagegen gleich $N!$

Nun haben wir noch die Entropiekonstante, bezogen auf den festen Stoff beim absoluten Nullpunkt zu berechnen.

Das wurde zuerst von *Sackur* und *Tetrode* ausgeführt[24]), indem sie die Zahlengröße G_{rm} wie bei festen Körpern $= h^3$ annahmen und den gleichen Vorgang wie bei I. benutzten, doch dürfte die Methode nicht einwandfrei sein, im Gegensatz zu einer zweiten[25]), welche direkt vom Gleichgewicht zwischen Gas und Kondensat ausgeht und auf dem Vergleich der „Gesamtwahrscheinlichkeit" von Gas und festem Körper (siehe c) und Nr. 27) beruht. Man erhält so für einatomige Gase

$$(29)\qquad S = -R\log C + \gamma_v \log T + R\log\frac{(2\pi m k)^{\frac{3}{2}}}{N h^3} + \frac{5}{2}R.$$

Bei mehratomigen Gasen kommen noch Glieder dazu (Nr. 7), die von der Rotation und den Schwingungen der Gasmoleküle herrühren, so bei zweiatomigen mit Rotation allein

$$(30)\qquad R\lg T + R + R\lg\frac{8\pi^2 k i}{h^2}\qquad (i \text{ Trägheitsmoment}).$$

III. *Übergang vom Gemenge zur Lösung.*

Wir haben nun zu untersuchen[26]), ob der Summand $R\lg V$ in (28), bzw. der Faktor V in (27) für kleine T nicht mehr auftritt. Nach der Ableitung dieser Formeln folgt er daraus[23]), daß jede einzelne Anordnung gleichwahrscheinlich, ihre Zahl aber proportional V^N ist. Wenn nun die verschiedenen Anordnungen verschiedene Energien haben (was sich am ehesten bei festen Lösungen bemerkbar machen wird), so wird die erstere Voraussetzung ihre Gültigkeit verlieren; je größer die Energie einer Anordnung ist, desto seltener wird sie. Der mittlere Zustand besteht nicht mehr aus zahlreichen gleichhäufigen individuellen Anordnungen, sondern bei sinkender Temperatur scheiden immer mehr Anordnungen praktisch aus. Ist die Temperatur genügend tief geworden, so sind zwei Fälle zu unterscheiden:

1. Es gibt nur eine Anordnung kleinster Energie.

Dann bleibt diese praktisch allein übrig, wir haben die gleichen Verhältnisse wie beim reinen festen Körper, bei genügend tiefer Temperatur ist alles festgelegt, das *Nernst*sche Theorem gilt.

2. Es gibt mehrere Anordnungen kleinster Energie.

---

24) *O. Sackur,* Nernstfestschrift 1912, p. 405, Ann. Phys. 40 (1913), p. 67 (seine Formel weicht von (29) um R ab); *H. Tetrode,* Ann. Phys. 38 (1912), p. 434; 39 (1912), p. 255; *P. Ehrenfest* u. *V. Tikal,* Amst. Proc. 23 (1920), p. 162.

25) *O. Stern,* Phys. Z. 14 (1913), p. 629; Z. f. El. 25 (1919), p. 66; *H. Tetrode,* Amst. Proc. 17 (1915), p. 1167.

26) *O. Stern,* Ann. Phys. 49 (1916), p. 823.

Diese treten dann gleich oft auf, das *Nernst*sche Theorem gilt nicht, weil bei der Mischung der beiden reinen Komponenten an Stelle *einer* Anordnung mehrere treten können, also eine Entropievermehrung eintritt. Doch ist dieser Fall sehr unwahrscheinlich, weil auch der geringste Energieunterschied bei $T = 0$ merkbar wird.

In Formeln drückt sich das eben Gesagte nach *Stern* folgendermaßen aus. Die Häufigkeit einer Anordung ist, wie eine einfache Betrachtung lehrt (vgl. auch den folgenden Abschnitt c)) $\sim e^{-\frac{\psi}{RT}}$, wo ψ die freie Energie der Anordnung ist. Die mittlere freie Energie des Zustandes $\overline{\psi}$ erhält man aus den freien Energien der Anordnungen, die ihn zusammensetzen, zu

$$-\overline{\psi} = RT \lg\left(\sum e^{-\frac{\psi}{RT}}\right).$$

Solange T genügend groß ist, sind die Unterschiede der ψ zu vernachlässigen, man kann sie durch ψ_0 ersetzen und findet

$$\overline{\psi} = \psi_0 - RT \lg Z.$$

Hier bedeutet Z die Zahl der Anordnungen, sie wird bezogen auf 1 Mol des gelösten Stoffes

$$-\lg Z = N \lg \frac{N}{a} + N\left(\frac{a-N}{a} \lg \frac{a-N}{a}\right),$$

wo a wieder die Zahl der Plätze bedeutet, also $\frac{N}{a} \sim C \sim \frac{1}{V}$ ist. Der zweite Summand stellt die Änderung der Entropie des Lösungsmittels dar, vgl. Nr. **10**.

Bei $T = 0$ bleibt dagegen in der Summe nur das Glied $e^{-\frac{\psi_{\min}}{RT}}$ übrig, die Zahl der Plätze ist verschwunden.

IV. *Beispiel hierzu.*

Bei sinkender Temperatur laufen vier Einflüsse nebeneinander, die wir am Beispiel des osmotischen Druckes, Nr. **29**, erläutern wollen.

Erstens nimmt die Diffusionsgeschwindigkeit ab. Solange sie groß ist, wechseln die verschiedenen Anordnungen sehr schnell, der Druck ist (zeitlich und örtlich) sehr gleichmäßig. Mit sinkender Diffusionsgeschwindigkeit wird er immer unregelmäßiger, da jeder Zustand länger erhalten bleibt. Es werden also merkbare Zeiten vorkommen, wo kein Druck ausgeübt wird (kein gelöstes Molekül ist an der Wand), dann wieder solche, wo er sehr stark (wenn auch wohl experimentell kaum bestimmbar) ist, weil gelöste Moleküle dauernd gegen die Wand schwingen. Zuletzt wird die Diffusion so langsam werden, daß während unserer Messungen sich praktisch überhaupt nichts ändert, der Körper sich also praktisch wie ein Gemenge verhält. Gemittelt über unendlich lange Zeiten behält er aber die Eigenschaft der homogenen Lösung.[27])

Zweitens nimmt die Heftigkeit der einzelnen Stöße ab, das gibt mit Punkt 1 zusammen die Abnahme des osmotischen Druckes proportional T.

Drittens nimmt nicht nur die Geschwindigkeit ab, mit der die Zustände ineinander übergehen, sondern es tritt auch die am Ende von III besprochene Annäherung an eine einzige Anordnung auf, die den Druck weiter herabsetzt.

Viertens kann die Quantentheorie den Druckabfall weiter beschleunigen.[28])

c) *Anwendungen auf das chemische Gleichgewicht.* Wir können mit *Einstein*[29]) schon Formel (23) als chemische Gleichgewichtsbedingung auffassen, indem wir die Moleküle verschiedenen Energieinhaltes als chemisch verschieden betrachten. In dieser Auffassung besteht jede Stoffgruppe des Systems nur aus einer Zustandszelle.

Haben wir aber zwei wirkliche Stoffgruppen (Phasen, chemische Verbindungen) 1 und 2, so besteht jede aus einer bestimmten Gruppe von Zellen des μ-Raumes. Das Verhältnis der Teilchenzahlen in den Gruppen 1 und 2 wird sich nach (23) verhalten wie

$$\sum_1 w_r : \sum_2 w_r = \sum_1 G_r e^{-\frac{E_r}{kT}} : \sum_2 G_r e^{-\frac{E_r}{kT}}. \tag{23'}$$

Als Maß für diese Summen können wir die Teilchenzahl n_0 benutzen, die unser System in eine Probezelle vom „Gewicht" 1 entsenden würde. Wir legen dieser Probezelle die Energie 0 bei, d. h. wir zählen unsere E_r von dem Energieniveau dieser Zelle aus. Im Falle eines Gases ist die fragliche Teilchenzahl nach (27)

$$n_0 = N \frac{1}{\sum G_r e^{-\frac{E_r}{kT}}} \cdot \frac{\Delta V}{V}, \tag{31}$$

im Fall des festen Körpers nach I. mit $n = \frac{N}{\Delta V}$

$$n_0 = N \frac{1}{\sum G_r e^{-\frac{E_r}{kT}}} \frac{1}{n} = \frac{1}{\sum G_r e^{-\frac{E_r}{kT}}} \Delta V. \tag{32}$$

27) Experimentelle Nachweise dafür, wie bei sinkender Diffusionsgeschwindigkeit ein Körper sich aus dem Zustand der Lösung praktisch in ein Gemenge verwandelt, in dem für unsere Messungen die Lösungsgesetze nicht gelten, weil die Messung zu schnell erfolgt, s. bei *G. Tammann,* Z. f. anorg. Ch. 107 (1919), p. 7, 144, 150.

28) Ganz befriedigend sind diese Betrachtungen hier und noch mehr beim Dampfdruck u. ä. Erscheinungen noch nicht.

Also erweist sich beidemal n_0 umgekehrt proportional zu den in (23′) vorkommenden Summen.

Sollen nun zwei Körper 1 und 2 im Gleichgewicht sein, so müssen sie die gleiche Teilchenzahl in eine beide verbindende Probezelle entsenden. Anderenfalls würde ein Ausgleichstrom durch dieselbe hindurchgehen. Die Gleichgewichtsbedingung lautet also

$$n_{01} = n_{02}.$$

Nun überzeugt man sich leicht durch Vergleich der Formeln (31), (32) mit (27) und (18), daß $RT \lg \frac{n_0}{N}$ identisch mit ψ, beziehungsweise in diesem Fall (reiner Stoff) mit μ ist.[30][31]) Die Gleichheit der chemischen Potentiale als Gleichgewichtsbedingung ist so statistisch gedeutet. Wir verstehen nun auch den Sinn der in (18) auftretenden Integrale $\int_0^T \frac{dT}{T^2} \int_0^T \gamma_v dT$. Sie stammen aus dem Ausdruck $\lg \frac{\sum G_r e^{-\frac{E_r - E_0}{kT}}}{G_0}$ und bedeuten, daß mit steigender Temperatur die „Gesamtwahrscheinlichkeit“ des Zustandes steigt. Allerdings haben wir diese Bedeutung nur für die reinen kondensierten Stoffe und für Gase bewiesen.

Hierbei ist noch folgendes wichtig. Im klassischen Fall können wir die Summe $\sum G_r e^{-\frac{E_r}{kT}}$, die hier in ein Integral ausartet, in drei Faktoren zerlegen: 1. Den Faktor $e^{-\frac{E_0}{kT}}$, 2. einen Faktor, der von der kinetischen Energie herrührt und für 3 Freiheitsgrade stets $\sqrt{2\pi mkT}^3$ ist. Ihm entspricht die spezifische Wärme $\frac{3}{2}R$, 3. einen Faktor, der von dem im Mittel zur Verfügung stehenden dreidimensionalen Raum herrührt. Er ist z. B. beim Gas ohne Schwerefeld V, beim monochromatischen Resonator pro Molekül das „mittlere Schwingungs-

29) *A. Einstein,* Verh. d. D. ph. Ges. 16 (1914), p. 820; s. auch *L. Natanson,* Z. f. ph. Ch. 14 (1894), p. 151; *W. Schottky,* Würzburger Habilitationsschrift 1920, Ann. Ph. 62 (1920), p. 113; *K. Herzfeld,* Z. f. ph. Ch. 95 (1920), p. 139.

30) Also $R \lg \frac{n_0}{N}$ identisch mit *Plancks* $-\frac{\partial \Phi}{\partial m}$.

31) Wir haben hierbei konstantes Volumen vorausgesetzt, wobei $\mu = \frac{\partial \psi}{\partial n}$. Zur Erzeugung konstanten Druckes denken wir uns unser System von einer idealen elastischen Hülle umgeben, deren potentielle elastische Energie pV, also für jedes Teilchen $\frac{pV}{N}$, dem System zugerechnet werden muß. Man hat dann in allen Formeln E_r durch $E_r + \frac{pV}{N}$ zu ersetzen, in (21a) tritt an Stelle von ψ $\zeta = \psi + pV$, μ wird $\frac{\partial \zeta}{\partial n}$, wie es sein muß.

volumen" $\bar{v} = \frac{1}{(2\pi\nu)^3}\sqrt{\frac{2\pi k T}{m}}^3$. Je nachdem, ob er mit der Temperatur zunimmt oder von ihr unabhängig ist, gibt es noch eine von der potentiellen Energie (die an der Veränderung dieses mittleren Volumens schuld ist) herrührende spezifische Wärme

$$\gamma' = R\frac{\partial}{\partial T}\left(T^2\frac{\partial}{\partial T}\lg\bar{v}\right).$$

Gibt es nun Quanten, so bleiben bei hoher Temperatur die Verhältnisse ganz ungeändert (bis auf einen Faktor $e^{-\frac{\Sigma h\nu}{2kT}}$, der evtl. durch Nullpunktsenergie zu kompensieren ist[59])), d. h. bei genügend großen Summen ist die Art und Feinheit der Unterteilung gleichgültig. Bei tieferen Temperaturen ist die Trennung in die Faktoren 2 und 3 nicht mehr zulässig, das so erhaltene „mittlere Phasenvolumen" zieht sich weniger stark als nach der klassischen Theorie zusammen, bis es bei ganz tiefen T (sobald die spezifische Wärme Null geworden ist) seine Minimalgröße h pro Freiheitsgrad angenommen hat, während es nach der klassischen Theorie 0 würde. Aus solchen Betrachtungen sind die Gleichgewichtsverhältnisse gut zu übersehen.[31a])

6. Allgemeines über Reaktionsgeschwindigkeit.[32]) Der Umstand, daß die chemischen Reaktionen mit endlicher Geschwindigkeit vor sich gehen, beweist nach *van t'Hoff*[33]), daß zum Eintritt der Reaktion die Moleküle Bedingungen erfüllen müssen, die nicht bei allen gleichzeitig vorhanden sind. Je nach der Zahl der Moleküle, die dieser kritischen Bedingung gleichzeitig genügen müssen, damit eine einzelne Umsetzung stattfindet, unterscheidet man mono-, bi-, tri ... molekulare Reaktionen. Im ersten Fall ist für den Eintritt der Reaktion nur der Zustand des reagierenden Moleküls selbst maßgebend, dann lautet die Gleichung für die Konzentration des verschwindenden Stoffes

$$-\frac{dC}{dt} = kC. \tag{33}$$

Hierbei ist k eine Funktion von p und T, eventuell auch des Mediums. Daraus ergibt sich aber, daß diese Beziehung nur bei Gasen und verdünnten Lösungen (auch heterogenen Umsetzungen) strenge Gültigkeit hat, während bei konzentrierten Lösungen die Reaktionsgeschwindigkeit zwar nicht vom Zustand, wohl aber von der Anwesenheit anderer Moleküle des gleichen Stoffes beeinflußt sein wird, was eine Abhängigkeit des k von C bedeutet, die die Reaktionsordnung

31a) *K. F. Herzfeld*, Phys. Z. 22 (1921), p. 186.

32) Zusammenfassende Berichte von *M. Trautz*, Z. f. El. 18 (1912), p. 908; 19 (1913), p. 133.

33) *J. H. van t'Hoff*, Études de dyn. chim., Amsterdam 1884, p. 187.

verwischt. Einen solchen Einfluß wird man gegebenenfalls unter die „katalytischen" rechnen.

Die Integration der obigen Gleichung („des radioaktiven Zerfalls"), nach der für ein Molekül die Wahrscheinlichkeit, sich im nächsten Moment umzusetzen, unabhängig davon ist, wie lange es schon unzerfallen vorhanden ist, ergibt

$$C = C_0 e^{-kt}. \tag{34}$$

Ist für den Eintritt der Reaktion nötig, daß die kritischen Bedingungen an zwei Molekülen der Stoffe 1 und 2 gleichzeitig erfüllt sind, so gehorcht dieselbe der bimolekularen Gleichung

$$-\frac{dC_1}{dt} = k C_1 C_2 = -\frac{dC_2}{dt}, \tag{35}$$

bzw. wenn nur ein Stoff da ist (z. B. $J + J = J_2$), der Gleichung

$$-\frac{dC}{dt} = k C^2 \tag{35'}$$

usw. Über die Methoden, praktisch die Ordnung einer Reaktion zu erkennen, vgl. *Ostwald*, Lehrb. d. allg. Ch., 2. Aufl., Leipzig 1896 II_2, p. 233 ff.

Für den Gesamtverlauf einer Reaktion ist aber nicht nur die eben besprochene einseitige Geschwindigkeit maßgebend, sondern es setzt sofort auch eine Rückbildung der neu entstandenen Stoffe ein. Die wirklich gemessene Geschwindigkeit ist die Differenz der Geschwindigkeiten von Reaktion und Gegenreaktion. Handle es sich um die Umsetzung

$$a_1 A_1 + a_3 A_2 \longrightarrow a_3 A_3 + a_4 A_4,$$

dann ist die Gesamtgeschwindigkeit

$$-a_1 \frac{dC_1}{dt} = -a_2 \frac{dC_2}{dt} = a_3 \frac{dC_3}{dt} = a_4 \frac{dC_4}{dt} = k' C_1^{a_1} C_2^{a_2} - k'' C_3^{a_3} C_4^{a_4}. \tag{35}$$

Im Gleichgewicht sind die linken Seiten 0, man erhält so das *Guldberg-Waagesche Massenwirkungsgesetz*[43]) (Nr. **12**):

$$\frac{C_1^{a_1} C_2^{a_2}}{C_3^{a_3} C_4^{a_4}} = \frac{k''}{k'} = K. \tag{36}$$

Hierzu sind einige Bemerkungen zu machen:

1. K ist thermodynamisch bestimmt, k' und k'' einzeln nicht.

2. Wenn man vom Gleichgewicht noch weit entfernt ist, kann man die Gegenreaktion oft vernachlässigen.

3. Bei konzentrierten Lösungen gilt (36) oft nicht mehr (vgl. Nr. **12**). Daraus folgt die frühere Bemerkung über die Abhängigkeit der k von C.

4. Aus der Gleichgewichtsformel kann man nicht ohne weiteres auf die Ordnung der Reaktion schließen, da die erstere auch richtig bleibt, wenn man sie zu einer beliebigen (ganzen oder gebrochenen) Potenz erhebt.

5. Weitere Komplikationen ergeben sich aus den jetzt zu besprechenden Folge- und Nebenreaktionen.

Die Reaktion verläuft häufig nicht in einem Schritt aus dem Anfangs- in den Endzustand. Dann ergeben sich ebenso viele Geschwindigkeitsgleichungen als Schritte. Die Integration dieser simultanen Differentialgleichungen ist oft in Strenge undurchführbar[34]), läßt sich aber vereinfachen, wenn ein Schritt merklich langsamer verläuft als die übrigen. Dann ist er allein für die Geschwindigkeit der Gesamtreaktion maßgebend; die vorausgehenden schnellen Reaktionen lassen sich dann als Gleichgewichte unter Vernachlässigung der Störung, die durch den Ablauf der erwähnten langsamen Umsetzung erfolgt, berechnen; die so gefundenen Gleichgewichtskonzentrationen werden in die Geschwindigkeit der maßgebenden, langsam ablaufenden Reaktion eingesetzt, während für die noch nachfolgenden schnellen Schritte ebenfalls sofortige Einstellung des Gleichgewichtes mit den Endprodukten der langsam verlaufenden Reaktion sich ergibt. Aus der Ordnung der Gesamtreaktion, ausgedrückt in den Konzentrationen der Anfangsstoffe, läßt sich dann manchmal erkennen, welches die langsame Reaktion ist. So folgerten *Bodenstein* und *Lind*[35]) daraus, daß die Bromwasserstoffbildung proportional $C_{H_2}\sqrt{C_{Br_2}}$ ging: die langsame Umsetzung müsse der Reaktion $H_2 + Br$ entsprechen, da im Gleichgewicht $C_{Br} = K\sqrt{C_{Br_2}}$ ist.[36])

Häufig stehen einer Reaktion mehrere Wege zur Verfügung.

Ist die Geschwindigkeit der verschiedenen Wege merkbar verschieden, so kommt praktisch nur der Weg mit der größten Geschwindigkeit in Betracht. Welcher das ist, hängt von der Temperatur ab, aber auch von den Konzentrationen. Es können so in verschiedenen Konzentrationsgebieten ganz verschiedene Reaktionsordnungen überwiegen. Geht man von Bedingungen aus, die weit ab vom

---

34) Siehe z. B. *F. Jüttner*, Z. f. ph. Ch. 77 (1911), p. 735; *R. Wegscheider*, Z. f. ph. Ch. 30 (1899), p. 593; 35 (1900), p. 513.

35) *M. Bodenstein* u. *S. C. Lind*, Z. f. ph. Ch. 57 (1907), p. 168.

36) Beispiele für diese und die folgenden Erörterungen siehe: *M. Trautz*, Z. f. anorg. Ch. 104 (1918), p. 164; *K. F. Herzfeld*, Ann. Phys. 59 (1919), p. 635; *J. Christiansen*, Kgl. Danske Vid. selskab. Math. fys. Medd. I (1919), Nr. 14; *J. H. van t'Hoff*, Studien z. chem. Dynamik, 2. Aufl. Leipzig 1896, p. 109; *L. T. Reicher*, Rec. trav. chim. 4 (1885), p. 347.

Gleichgewicht liegen, und nähert sich diesem allmählich, so können neben der ursprünglich überwiegenden Teilreaktion andere merkbar werden. Auf jedem einzelnen Wege entspricht nun der Reaktion eine Gegenreaktion, die im Gleichgewicht ihr gleich wird. Jede Reaktion muß im Gleichgewicht mit ihrer Gegenreaktion, ganz ohne Berücksichtigung der auf anderen Wegen laufenden Vorgänge, die gleiche thermodynamische Gleichgewichtsbedingung liefern.[37]) Geht man nach der anderen Seite über das Gleichgewicht hinaus, so ist die Sachlage ganz entsprechend. Es muß aber die dann überwiegende Reaktion nicht gerade die Gegenreaktion der auf der anderen Seite überwiegenden Reaktion sein (wenigstens ist dies bisher nicht bewiesen), so daß die weitab vom Gleichgewicht experimentell gefundenen Reaktionen und Gegenreaktionen nicht durch das Massenwirkungsgesetz nach (35), (36) verknüpft zu sein brauchen.

Es ist frühzeitig aufgefallen, wie selten Reaktionen höherer Ordnung auftreten[38]); oft zeigen sich niedrigere Ordnungen als erwartet. Das rührt wohl daher, daß das gleichzeitige Eintreten der kritischen Bedingungen an mehreren Molekülen sehr selten ist, seltener als das Eintreten an und für sich weniger häufiger Bedingungen an wenig Molekülen, d. h., es ist die Geschwindigkeit von Reaktionen niederer Ordnung meist größer als die der von vornherein erwarteten höherer Ordnung, so daß nur die ersteren experimentell gefunden werden.[39]) Wahrscheinlichkeitsüberlegungen dieser Art haben *Trautz* zu seinem Stoßdauersatz geführt, nach welchem das Zusammentreffen von drei oder mehr Gasmolekülen so unwahrscheinlich ist, daß in Gasen nur mono- oder bimolekulare Umsetzungen auftreten und daß solche von scheinbar höherer Ordnung durch überlagerte Gleichgewichte, wie vorher besprochen, zu erklären wären.

Den den Gleichungen (33), (34) zugrunde liegenden Gedanken hatte schon *C. F. Wenzel* und *C. L. Berthollet*[40]) ausgesprochen. Für homogene monomolekulare Vorgänge in Lösung stellte *Wilhelmy*[41]) die Gleichung vollständig auf. Die bimolekulare Formel wurde zuerst

---

37) S. jedoch *R. Wegscheider,* Z. f. ph. Ch. 39 (1902), p. 257.

38) Die erste trimolekulare *A. A. Noyes,* Z. f. ph. Ch. 16 (1895), p. 546; s. auch *A. A. Noyes* u. *R. S. Wason,* Z. f. ph. Ch. 22 (1897), p. 210.

39) *M. Trautz,* Z. f. El. 22 (1916), p. 104; *J. H. van t'Hoff*, Studien zur chem. Dyn. 1898, p. 197.

40) *C. F. Wenzel,* Lehre von der chemischen Verwandtschaft der Körper, Dresden 1777, p. 28f.; *C. L. Berthollet,* Essai de statique chimique I, p. 409, Paris 1803.

41) *L. Wilhelmy,* Pogg. Ann. 81 (1850), p. 413, 499; Ostwalds Klassiker 29, Leipzig 1891.

von *Berthelot* in einem nicht geeigneten Fall, dann richtig von *Harcourt* und *Esson*[42]) angewandt. Schließlich haben *Guldberg* und *Waage*[43]) die abschließenden Formeln gebracht und vor allem den Zusammenhang mit den Gleichgewichten hervorgehoben.

Die Geschwindigkeit der meisten Reaktionen nimmt mit steigender Temperatur stark zu[44]), und zwar steigt sie oft bei Temperaturerhöhung um 10° auf das Doppelte bis Dreifache. Die Thermodynamik gibt keine Angaben über die Geschwindigkeitskonstanten und ihre Temperaturabhängigkeit, sie lehrt nur

$$(37)\quad \lg k'' - \lg k' = \lg K, \quad \frac{d}{dT}\lg k'' - \frac{d}{dt}\lg k' = \frac{d}{dT}\lg K = -\frac{Q}{RT^2}.$$

Man kann daher für $k^{(i)} = k', k''$ den Ansatz versuchen[45])

$$(38)\qquad \lg k^{(i)} = -\frac{q_i}{RT} + BT + C,$$

unter welche Form sich eine Reihe von Formeln unterbringen lassen.[46])

Arrhenius[47]) hat die vorliegenden Verhältnisse durch die Annahme gedeutet, daß nur ein Teil der Molekeln, die „aktiven", reaktionsfähig seien. Deren Zahl soll mit T zunehmen, und zwar geschieht dies nach einer Formel der Form (38), in der dann q_i die Wärmetönung bei der Verwandlung der inaktiven in aktive Molekeln, die „Aktivierungswärme"[48]), bedeutet. Eine Reaktion geht unter sonst gleichen Umständen desto langsamer, je höher die letztere Größe ist. *M. Trautz*[48]) hat anfangs gemeint, daß die Aktivierungswärme für alle Reaktionen, an denen eine Substanz teilnehmen kann, die gleiche ist (die aktiven Bestandteile sollten Atome sein), doch steht jetzt wohl fest, daß es auch von der Reaktion, d. h. vom Endprodukt, abhängt, unter welchen Bedingungen ein Molekül aktiv ist. Jedenfalls kann die aktive Substanz ein eigenes chemisches Zwischenprodukt oder auch der ursprüngliche Stoff unter bestimmten Bedingungen sein.

---

42) *D. Berthelot*, Ann. chim. phys. (3) 66 (1862), p. 110; *Harcourt* u. *Esson*, Phil. Trans. p. 193 (1866), p. 117 (1867).

43) *C. M. Guldberg* u. *P. Waage*, Études sur les affinités chimiques, Christiania 1867; J. f. prakt. Ch. (2) 19 (1879), p. 69.

44) Ausnahmen: *R. J. Strutt*, Proc. Roy. Soc. A. 86 (1912), p. 262; *A. Skrabal*, Z. f. El. 21 (1915), p. 461; *M. Bodenstein*, Z. f. El. 16 (1910), p. 876; 24 (1918), p. 183; *F. Foerster* u. *J. Blich*, Z. f. angew. Ch. 23 (1910), p. 2017.

45) *J. H. van t'Hoff*, Studien zur chem. Dyn., Amsterdam 1896, p. 127.

46) *D. Berthelot*, Ann. Chim. Phys. (3) 66 (1862), p. 110; *D. M. Kooy*, Z. f. ph. Ch. 12 (1893), p. 155; dagegen *A. V. Harcourt*, Chem. News 105 (1912), p. 246.

47) *S. Arrhenius*, Z. f. ph. Ch. 4 (1889), p. 226; siehe auch *H. Euler*, Z. f. ph. Ch. 36 (1901), p. 641; *C. Kullgren*, Z. f. ph. Ch. 43 (1903), p. 701.

48) *M. Trautz*, Z. f. El. 15 (1909), p. 692, Z. f. ph. Ch. 66 (1909), p. 496; siehe auch *E. Briner*, Paris C. R. 157 (1913), p. 281.

Für die Druckabhängigkeit läßt sich eine ähnliche Beziehung aufstellen.

Es sind von mehreren Forschern Ansätze gemacht worden, um allgemeine Formeln zur Berechnung der Reaktionsgeschwindigkeiten anzugeben.

Van der Waals[49]) und nach ihm andere zeigen durch Ausrechnung bestimmter Fälle, daß die Geschwindigkeit zahlreicher Einzelvorgänge mit dem Potential μ durch die Formel zusammenhängt:

$$k = f(T) e^{-\frac{\mu}{RT}}. \tag{39}$$

Marcellin hat darauf hingewiesen, daß für Reaktion und Gegenreaktion dieselbe Funktion f gelten müsse, da die Gleichgewichtsbedingung $\mu_1 = \mu_2$ das Gleichwerden der Geschwindigkeit der beiden entgegengesetzten Reaktionen bedingt. Er setzt als Geschwindigkeit des Gesamtvorganges an:

$$f_1(T) e^{\frac{\mu_1}{RT}} - f_2(T) e^{-\frac{\mu_2}{RT}}, \quad f_1(T) = f_2(T). \tag{40}$$

In einer weiteren Arbeit[50]) deutet er diese Formel statistisch. Es ist die Wahrscheinlichkeit beispielsweise des Zustandes 1, der durch eine Grenzfläche G im Phasenraum von einem zweiten Zustand getrennt wird, nach (31), (32) $e^{-\frac{\mu_1}{RT}}$. Die Zahl der Systemteilchen, die nach der klassischen statistischen Mechanik in der Zeiteinheit die Fläche G durchschreiten, daher

$$f(T) e^{-\frac{\mu_1}{RT}} = e^{-\frac{\mu_1}{RT}} \int_G e^{-\frac{E}{RT}} \left(\sum_i \dot{q}_i \, dq_1 \ldots dq_n\right), \tag{41}$$

wo q die Koordinaten und Impulse bedeutet. Ähnliche Betrachtungen unter Beschränkung auf Gase hat *A. March*[51]) entwickelt.

Perrin[52]) hat eine allgemeine Theorie aufgestellt, nach der Umwandlungen nur unter Absorption oder Emission von Licht stattfinden.

---

49) *J. D. van der Waals*, Versl. Kon. Ac. v. Wet. Amst. III (1895), p. 205; *Z. J. de Langen*, Diss. Groningen 1907; *Ph. Kohnstamm*, ebd. XIX (1911), p. 864; *Ph. Kohnstamm* u. *F. E. C. Scheffer*, ebd. XIX (1911), p. 878; *van der Waals-Kohnstamm*, Lehrb. der Thermodynamik, Leipzig 1908, 1. Bd. p. 155; 1912, 2. Bd. p. 103; *R. Marcellin*, Paris C. R. 151 (1910), p. 1052; 158 (1914), p. 116; J. chim. phys. 9 (1911), p. 399.

50) *R. Marcellin*, Paris C. R. 158 (1914), p. 407; Ann. chim. phys. (9) 3 (1915), p. 120, 185.

51) *A. March*, Phys. Z. 18 (1917), p. 53.

52) *J. Perrin*, Ann. de phys. (9) 11 (1919), p. 1.

II. Homogene Gasgleichgewichte.

7. Thermodynamische Potentiale von Gasen und Gasmischungen.

a) *Entropie und Potential eines vollkommenen Gases.* Die Entropie eines vollkommenen Gases ist nach *Bryan* 113, wenn wir zulassen, daß γ_v von T abhängt

$$S = \int^{T} \frac{\gamma_v}{T} dT - R \lg C + S^0, \tag{42}$$

wo S^0 die in (29), (30) angegebene Konstante, die Entropiekonstante, bedeutet.

Hierbei ist im Integral die untere Grenze weggelassen, um anzudeuten, daß jener Wert des Integrals zu nehmen ist, der für konstante γ in $\gamma \lg T$ übergeht. Die Formel gibt die Entropie bezogen auf den festen Körper beim absoluten Nullpunkt. Würde man auch eine untere Grenze T_0 einführen, so gäbe das Integral die Entropiedifferenz zwischen T und T_0 für das Gas, und man müßte den Wert der integrierten Funktion bei T_0 mit entgegengesetztem Vorzeichen wieder einführen (wobei er herausfiele), um die Entropiedifferenz gegen den festen Körper zu bilden.

Statistisch bedeutet das im wesentlichen, daß es auf das Verhältnis des Phasenvolumens des Gases bei T zu dem des festen Körpers bei 0^0 ($= h^{3N}$) ankommt, wobei also das Phasenvolumen des Gases bei 0^0 nicht eingeht. — *Das Phasenvolumen des Gases bei $T > 0$ können wir angeben, ohne auf eine eventuelle Entartung Rücksicht nehmen zu müssen* (s. Nr. 5 gegen Ende).

Die Größe γ_v besteht nun aus mehreren Teilen. Bei ganz tiefer Temperatur ist (vgl. Encykl. V 10, Nr. **55, 56, 57**)[53]) nur die Energie der fortschreitenden Bewegung merklich, das Gas verhält sich einatomig, im Integral tritt nur das der fortschreitenden Bewegung entsprechende $\gamma_v = \frac{3}{2} R$ und die Entropiekonstante $S_1{}^0$ der Formel (29) auf. Dann kommt ein Gebiet, wo die *Rotationsbewegung* einsetzt; hier fehlt noch der mathematische Ausdruck für γ_v, nur bei H_2 könnte man zahlenmäßig integrieren. Hat die spezifische Wärme den Wert $\gamma_v = \frac{5}{2} R$ erreicht, so kann man diesen im Integral einsetzen und erhält $\frac{5}{2} R \lg T$, muß aber zu $S_1{}^0$ den von der Rotation herrührenden Wert (30) hinzusetzen. Bei noch höheren T wiederholt sich Ähnliches für die anderen Freiheitsgrade.

Bei *Nernst* tritt S^0 in der Verbindung $\frac{1}{2,30}\left(\lg R - 1 - \frac{\gamma_v}{R} + \frac{S^0}{R}\right)$ auf, die er als *„chemische Konstante“* bezeichnet und auf Atmosphären

53) S. *W. Nernst,* Die Grundlagen usw., p. 58f.

und *Brigg*sche Logarithmen bezieht.[54]) Für einatomige Gase ist ihr theoretischer Wert[55]) in diesen Einheiten $-1{,}608\,(-1{,}587)+\frac{3}{2}\lg^{10} M$, bzw. die entsprechende Größe in absoluten Einheiten und natürlichen Logarithmen $10{,}12+\frac{3}{2}\lg M$ (dann fällt $\frac{1}{2{,}30}$ fort).

Zur Zeit der Aufstellung seines Theorems, als die Kenntnis des Verlaufs der spezifischen Wärmen noch gering war und man die Entropiekonstanten noch nicht theoretisch berechnen konnte, hat *Nernst*[12]) eine Näherungsformel für kleine T gegeben, die auch heute noch öfters benützt wird. Er setzt nämlich

$$\gamma_v = 3{,}5+\beta T+\cdots$$

und daher

$$S = 3{,}5\ln T+\beta T-R\ln C+S'. \tag{43}$$

S' ist auf Grund des Theorems für jedes Gas eine bestimmte Größe, hat aber keine absolute Bedeutung, sondern ist so zu wählen, daß der Erfahrung möglichst gut genügt wird. *Nernst* hat festgestellt, daß die entsprechende *„konventionelle" chemische Konstante*

$$\frac{1}{2{,}30}\left(\lg R-1-\frac{3{,}5}{R}+\frac{S'}{R}\right)$$

angenähert 0,14 der *Trouton*schen Konstanten (Nr. 27) und weiter $\sim 1{,}1\,a$ ist, wobei a die Größe in der *Berthelot*schen Zustandsgleichung

$$\lg\frac{\pi_0}{p}=a\left(\frac{\vartheta_0}{T}-1\right)$$

bedeutet. Doch hebt er selbst den zufälligen Charakter dieser Tatsachen hervor, der sich aus den unrichtigen Dimensionen ergibt.

Das gleiche läßt sich gegen die von *Cederberg*[56]) angegebene Formel einwenden.

Endlich hat *M. Trautz*[57]) aus seiner Theorie der Reaktionsgeschwindigkeiten für die chemische Konstante einen anderen Wert berechnet.

Für das chemische Potential des Gases erhält man

$$\begin{aligned} \mu &= U-TS+pV \\ &= U_0+\int_0^T\gamma_v\,dT-T\left(\int^T\frac{\gamma_v}{T}\,dT-R\lg C+S^0\right)+RT \\ &= \mu^0+RT\lg C. \end{aligned} \tag{44}$$

---

54) Zahlenwerte bei *A. Langen*, Z. f. El. 25 (1919), p. 25.

55) *O. Stern*, Z. f. El. 25 (1919), p. 66.

56) *J. W. Cederberg*, Thermodynamische Berechnung chemischer Affinitäten, Diss. Upsala 1916.

57) *M. Trautz*, Z. f. anorg. Ch. 102 (1918), p. 81.

b) *Thermodynamik von Gemischen idealer Gase* (siehe auch V 3, Nr. 22). *Gibbssches Paradoxon.* Zur thermodynamischen Behandlung von Gasgemischen müssen wir zwei Erfahrungssätze heranziehen.

1. Wenn wir zwei Gase ohne äußere Arbeitsleistung sich vermischen lassen (z. B. durch Diffusion), wird keine Wärme entwickelt oder aufgenommen. Daher hängt der Energieinhalt (der ja nicht vom Volumen abhängt) auch nicht von der Zumischung eines fremden Gases ab.

2. Wenn wir zwei Räume betrachten, deren einer vom Gase 1, der andere von einem Gemisch der Gase 1 und 2 erfüllt ist und die durch eine nur für 1 durchlässige Wand getrennt werden, so lehrt die Erfahrung, daß Gleichgewicht für 1 herrscht, wenn seine Konzentration in beiden Räumen gleich ist. Die Potentiale des reinen Gases 1 und des Gases 1 im Gemisch sind also dann gleich, wenn die Konzentrationen (und Temperaturen) gleich sind, es hängen folglich Energie und Potential und daher auch Entropie und freie Energie eines idealen Gases nur von seiner eigenen (Temperatur und) Konzentration ab.

Da bei der Diffusion zweier auch noch so ähnlicher Gase stets Konzentrationsänderung eintritt, entspricht ihr eine Entropievermehrung, die bloß von den Mengen und Rauminhalten abhängt; beim Zusammenbringen zweier gleich konzentrierter Mengen desselben Gases dagegen bleibt die Entropie konstant, da dies auch für die Konzentration gilt (*Gibbs*sches Paradoxon).

Diese Resultate folgen sofort aus der statistischen Betrachtung, da erstens die Zahl der Anordnungen der Moleküle 1 durch das Hinzubringen der fremden Moleküle 2 nicht geändert wird, also nur von der Zahl der Moleküle 1 und dem Volumen abhängt, zweitens es für die statistische Betrachtung kein mehr oder weniger ähnlich, sondern nur ein gleich oder verschieden gibt.

8. Homogene Gasgleichgewichte.[58]) a) *Reaktionsisotherme.* In einem Gasgemisch sei eine chemische Umsetzung möglich, bei der a_1 Moleküle A_1, a_2 Moleküle $A_2 \ldots$ zu b_1 Molekülen B_1 usw. zusammentreten können.

Die Gleichgewichtsbedingung lautet

$$a_1 \mu_{A_1} + a_2 \mu_{A_2} + \cdots = b_1 \mu_{B_1} + b_2 \mu_{B_2} + \cdots \tag{45}$$

Wenn wir $\mu = \mu^0 + RT \lg C$ schreiben, so wird dies

$$RT\left(\sum a \lg C_A - \sum b \lg C_B\right) = \sum b \mu_B^0 - \sum a \mu_A^0$$

58) Literatur zu dieser und den folgenden Nummern siehe bei *K. Jellinek*, Die physik. Chemie der Gasreaktionen; neuere Arbeiten s. Anm. 64 u. 67 sowie *M. Trautz* u. *V. P. Dalal*, Z. f. anorg. Ch. 110 (1920), p. 1.

oder

(46) $$\frac{C_{A_1}^{a_1} C_{A_2}^{a_2} C_{A_3}^{a_3} \cdots}{C_{B_1}^{b_1} C_{B_2}^{b_2} \cdots} = K_v \text{ (Massenwirkungsgesetz)}$$

(46a) $$\lg K_v = \frac{\sum b\mu_B^0 - \sum a\mu_A^0}{RT}.$$

Man kann an Stelle der Konzentration auch die Partialdrucke einführen und schreiben

(46') $$\frac{p_{A_1}^{a_1} p_{A_2}^{a_2} p_{A_3}^{a_3} \cdots}{p_{B_1}^{b_1} p_{B_2}^{b_2} \cdots} = K_p$$

(46a') $$\lg K_p = \lg K_v + \lg RT \sum (a - b).$$

Endlich kann man die prozentische Zusammensetzung $x_r = \frac{p_r}{p}$ einführen, wobei p den Gesamtdruck bedeutet, und erhält dann

(47) $$\frac{x_{A_1}^{a_1} x_{A_2}^{a_2}}{x_{B_1}^{b_1} x_{B_2}^{b_2}} p^{\Sigma(a-b)} = K_p.$$

Man sieht, daß das Gleichgewicht vom Druck unabhängig ist, wenn $\sum (a - b) = 0$, also auf beiden Seiten der Umsatzgleichung gleich viel Moleküle stehen. Ist $\sum a > \sum b$, so nimmt bei Kompression der Nenner zu (der Zähler ab), d. h. *es erfolgt bei Kompression stets jene Umsetzung, die Volumenverminderung bewirkt.*[11])

Eine Dissoziation wird bei Druckverminderung vollständiger.

b) *Reaktionsisochore.* Aus (46a), (46a') erhält man durch partielles Differentiieren nach T

(48) $$\frac{\partial}{\partial T} (\ln K_v)_v = -\frac{\mathfrak{U}}{RT^2},$$

(48') $$\frac{\partial}{\partial T} (\ln K_p)_p = -\frac{\mathfrak{U} + p\mathfrak{V}}{RT^2}.$$

Hier ist $\mathfrak{U} = \sum (b\,U_B - a\,U_A)$ die Energieänderung und zugleich negative Wärmetönung Q bei konstantem Volumen, $\mathfrak{V} = \frac{RT}{p} \sum (b - a)$ die Volumenänderung bei konstantem Druck. $\mathfrak{U} + p\mathfrak{V}$ ist also die negative Wärmetönung bei konstantem Druck.

Bei Temperaturerhöhung werden nach (46), (48) *diejenigen Produkte begünstigt, die unter Wärmebindung entstehen* (analog dem Satz über den Druckeinfluß), so daß bei hohen Temperaturen hauptsächlich endotherme, bei tiefen exotherme Verbindungen stabil sein werden.

Integration der Gleichungen (48), (48') ergibt natürlich wieder (46a), (46a'), aber mit unbekannten Integrationskonstanten. Die Kenntnis der γ und U genügt also zur Ableitung der Temperaturabhängigkeit der Gleichgewichtskonstanten, nicht aber ihres absoluten Wertes.

c) *Anwendung des Nernstschen Wärmetheorems.* Das *Nernst*sche Theorem liefert uns nun auch die Konstanten.

Die chemischen Konstanten geben uns die Entropie, gerechnet von dem festen Zustand des gleichen Körpers beim absoluten Nullpunkt. Aber dadurch, daß wir wissen, daß sich in diesem Zustand die Entropie bei einer Umwandlung, etwa $A + B \rightarrow AB$, nicht ändert, geben sie uns darüber hinaus auch die Entropie des Gasgemenges $A + B$, bezogen auf festes AB beim absoluten Nullpunkt. Oder anders ausgedrückt: Wir kennen den Potentialunterschied einerseits des Gasgemenges $A + B$ gegen festes A und B als getrennte Bodenkörper, andererseits des Gases AB gegen den festen Bodenkörper AB. Um den Potentialunterschied des Gasgemenges $A + B$ und des Gases AB kennen zu lernen, brauchen wir noch die Kenntnis des Potentialunterschiedes von festem, reinen AB gegen festes $A + B$. Das *Nernst*sche Theorem zeigt nun, daß dieser beim absoluten Nullpunkt gleich $\mathfrak{U}_0'$, der Energiedifferenz $AB_{\text{fest}} - A_{\text{fest}} - B_{\text{fest}}$ ist.

So findet man für das Gleichgewicht $A + B \rightarrow AB$, wenn die spezifische Wärme von AB bei konstantem Volumen $\frac{7}{2}R$ ist[59]):

$$(49) \qquad \frac{C_A \cdot C_B}{C_{AB}} = \frac{\nu}{d^2 N}\sqrt{\frac{m_A m_B}{m_{AB}\, 8\pi k T}}\, e^{-\frac{Q_0}{RT}}.$$

Hier ist ν die Schwingungszahl der Atome im Molekül gegeneinander, d ihr Abstand. Ist die Temperatur so niedrig, daß die Schwingung fehlt, also $\gamma_v = \frac{5}{2}R$, so gilt

$$(49') \qquad \frac{C_A \cdot C_B}{C_{AB}} = \frac{1}{d^2 N h}\sqrt{\frac{m_A m_B}{m_{AB} \cdot 8\pi}} \cdot kT\, e^{-\frac{Q_0}{RT}}.$$

Nernst[12])[60]) hat seine Näherungsformel (43) auch auf die vorliegenden Gasgleichgewichte angewandt. Man erhält dann z. B.

$$(50) \qquad \lg K_p = -\frac{Q_0}{RT} + \frac{3{,}5}{R}\lg T \sum(a - b) + \frac{T}{R}\sum(a\beta_A - b\beta_B)$$
$$+ 2{,}30 \sum(a\Gamma_A' - b\Gamma_B'),$$

wo Γ' die im Anschluß an (43) definierten „konventionellen" chemischen Konstanten bedeuten.

Auf Grund dieser und der genauen Formel sind zahlreiche Reaktionen berechnet und in Einklang mit den Messungen befunden worden.[61])

59) *O. Stern*, Ann. Phys. 44 (1914), p 497.

60) *W. Nernst*, Z. f. El. 15 (1909), p. 546.

61) Außer der bei *Jellinek* und der oben angeführten Literatur siehe noch *W. Nernst*, Berl. Ber. 1909, p. 247, Z. f. El. 22 (1916), p. 185; *O. Brill*, Z. f. ph.

d) *Statistische Bedeutung*[61a]) *und allgemeine Diskussion.* Zu den abgeleiteten Formeln kann man auch folgendermaßen kommen. Es liege wieder der einfache Fall der Dissoziation vor. Dann vergleiche man nach Nr. **5** c die Raumteile, die einem Partikel A zur Verfügung stehen, wenn es frei ist, mit jenen, die ihm zur Verfügung stehen, wenn es mit einem Atom B zum Molekül zusammentritt. Hierzu kommen noch Faktoren, die davon herrühren, daß die relative Häufigkeit der verschiedenen Zellen im μ Raum sich mit der Temperatur verschieden stark ändert, was sich in verschiedener spezifischer Wärme äußert. Ein solcher Faktor ist z. B. im einatomigen Gas $\sqrt{2\pi m k T^3}$ (s. Nr. **5** gegen Ende). Endlich tritt noch eine e-Potenz hinzu, die die Wärmetönung für $T = 0$ enthält.

Die Zahl der freien und gebundenen Atome A ist den so erhaltenen Wahrscheinlichkeiten proportional. So erhält man wieder (49).[59])

Man kann in jenen Gebieten, wo γ_0 temperaturunabhängig ist, schreiben

$$K_c = e^{\Sigma(a\Gamma_A - b\Gamma_B)}\, T^{\Sigma a\gamma_A - b\gamma_B}\, e^{-\frac{Q_0}{RT}},$$

welche Formel von *Gibbs*[62]) stammt, nur ist bei ihm die Konstante noch nicht gedeutet. Die letzte e-Potenz rührt von der Arbeit her, die jedes einzelne Molekül beim Übergang aus dem einen in den andern Zustand leisten muß. Wenn $\sum a = \sum b$ ist, dann ist häufig dieses Glied allein entscheidend, da die Größenordnung aller γ und Γ ähnlich ist. Dagegen ist bei $\sum a \lessgtr \sum b$ das Gleichgewicht nach der Seite der größeren Summe verschoben, *entgegen dem Berthelotschen Prinzip.* Der Faktor mit T tritt (bei genügend hoher Temperatur) ganz allgemein (auch bei heterogenen Gleichgewichten) dann und nur dann auf, wenn die spezifische Wärme der entstandenen Stoffe von der der verschwundenen verschieden ist. Er rührt daher, daß die für die spezifischen Wärmen entscheidenden Summen (Integrale) über $G_r e^{-\frac{E_r}{kT}}$ verschieden sind und sich daher die Wahrscheinlichkeiten mit der Temperatur verschieden ändern. Die Konstante endlich ist wesentlich durch die Differenz der Entropiekonstanten und γ bestimmt.

Ch. 57 (1907), p. 721; *H. v. Wartenberg,* Z. f. ph. Ch. 61 (1908), p. 366, Z. f. El. 20 (1914), p. 443; *H. Budde,* Z. f. anorg. Ch. 78 (1912), p. 169; *W. Siegel,* Z. f. ph. Ch. 87 (1914), p. 641; *A. Langen,* Z. f. El. 25 (1919), p. 25.

61a) S. auch *L. Boltzmann,* Vorlesungen über Gastheorie, 2. Bd., Leipzig 1898, p. 177f., auch Anm. 24).

62) *J. W. Gibbs,* l. c. p. 203.

9. Reaktionsgeschwindigkeit in Gasen.[63]) Die Zahl derjenigen Gasreaktionen, die ohne Einfluß der Gefäßwände gut meßbar verlaufen, ist nicht sehr groß, die meisten neueren Messungen stammen von *M. Bodenstein* und seinen Schülern.

Es ist bisher nur eine *monomolekulare Reaktion*, nämlich der Zerfall von PH_3, gemessen[64]), bei den sonst gemessenen Umsetzungen höherer Ordnung ist stets mindestens ein zusammengesetztes Molekül beteiligt. Die Geschwindigkeit nimmt mit der Temperatur stark zu.

Schon in den ersten *kinetischen Ableitungen* des Dissoziationsgleichgewichtes stecken auch Formeln für die Geschwindigkeit. *Jäger*[65]) nimmt an, daß zwei Atome nur dann zu Molekülen zusammentreten können, wenn ihre relative Geschwindigkeit unter einer Grenze liegt, während Zerfall eintritt, wenn die Energie des Moleküls genügend groß ist. Das gibt unter Umständen negative Temperaturkoeffizienten der Geschwindigkeit. *Goldschmidt* und *Krüger*[66]) gehen von der monomolekularen Reaktion aus, ersterer nimmt an, daß alle Moleküle, deren Energie eine bestimmte Grenze übersteigt, mit konstanter Geschwindigkeit zerfallen, während *Krüger* diese der fortschreitenden Geschwindigkeit der Atome, also $\sqrt{T}$ proportional setzt. Bimolekular wird nur die Vereinigung von Atomen betrachtet, wobei jeder Zusammenstoß Verbindung ergibt.

Trautz[67]) hat zahlreiche theoretische und experimentelle hierher gehörige Arbeiten veröffentlicht. Sein leitender Gedanke ist, daß die Geschwindigkeit eines Vorgangs nur von den Ausgangsstoffen bedingt ist, was sich kaum aufrechterhalten läßt; sie hängt auch vom Vorgang ab.

Für die bimolekularen Prozesse setzt er die Geschwindigkeit gleich der Stoßzahl der aktiven Moleküle, deren Bruchteil $e^{-\frac{q}{RT}}$ be-

63) Literatur siehe bei *K. Jellinek*, Phys. Chem. der Gasreaktionen. Leipzig 1913, p. 711f. Ferner Anm. 44, 64, 67; *K. Sachtleben*, Diss. Hannover 1915.

64) *M. Trautz* u. *D. S. Bhandarkar*, Z. f. anorg. Ch. 107 (1919), p. 95.

65) *L. Natanson*, Wied. Ann. 38 (1889); p. 288; *G. Jäger*, Wien. Ber. 100 (1891), p. 1182; 104 (1895), p 671; *Z. Klemensiewicz*, Bull. Ac. Krakau 1914, p. 312.

66) *H. Goldschmidt*, Phys. Z. 10 (1909), p. 206, 421; *F. Krüger*, Gött. Nachr. 1908, p. 318.

67) *M. Trautz*, Z. f. El. 15 (1909), p. 692; 18 (1912), p. 513; 18 (1912), p. 908; 21 (1915), p. 118; 22 (1916), p. 104; 25 (1919), p. 4; Z. f. ph. Ch. 66 (1909), p. 496; 68 (1910), p. 295, 637, 76 (1911), p. 129; Ber. Heidelberger Ak. Abt. A, 1915, 2. Abh.; 1917, 3. Abh.; Z. f. anorg. Ch. 88 (1914), p. 285; 93 (1915), p. 177; 95 (1916), p. 79; 96 (1916), p. 1; 97 (1917), p. 113, 127, 241; 102 (1917), p. 81, 149; 104 (1918), p. 169. In seiner letzten Arbeit, Z. f. Phys. 2 (1920), p. 117, 296, nimmt auch *Trautz* unseren Standpunkt ein.

trage (q Aktivierungswärme). Auch den monomolekularen Zerfall setzt er proportional der Stoßzahl der gebundenen Atome gegeneinander, doch scheinen alle Ansätze für diesen Fall wegen des unbekannten Quantenmechanismus derzeit zwecklos. Eine große Rolle spielt in seinen Arbeiten die Diskussion des Einflusses der spezifischen Wärme.

Der Stand des Problems ist nun folgender: Bei *bimolekularen* Reaktionen ist jedenfalls die Geschwindigkeit gleich der *Stoßzahl* der *aktiven* Moleküle, evtl. multipliziert mit einem „sterischen Faktor" der Größenordnung 1, der wohl von den geometrischen Verhältnissen abhängt und nötig ist, um nach (36) den richtigen Wert für die thermodynamische Gleichgewichtskonstante zu erhalten. Die Hauptaufgabe liegt in der Beantwortung der Frage, wann ein Teilchen aktiv ist, wobei wieder die *Aktivierungswärme* der hauptsächlich bestimmende Faktor ist. Unter der Annahme des Gleichgewichts zwischen aktiven und nicht aktiven Teilchen ist

$$\lg \frac{C_A}{C_\iota} = -\frac{q}{RT} + \int^T \frac{\gamma_A - \gamma_\iota}{RT}\, dT + 2{,}30\,(\Gamma_A - \Gamma_\iota) \tag{51}$$

(Γ chem. Konstante).

Hierbei können wir folgende Fälle unterscheiden:

Bei Stößen von Atomen untereinander werden allgemein alle Stöße als wirksam angenommen, wenn überhaupt Verbindung eintritt, was bei exothermen Reaktionen der Fall ist. Doch wäre es immerhin bei hohen T ($RT > Q$) möglich, daß dies nicht mehr richtig wäre. Dann würde die Bildungsgeschwindigkeit abnehmen. Messungen liegen nicht vor.[68])

Trifft ein Atom mit einem Molekül zusammen, und wird bei der Bildung der neuen Verbindung Wärme frei, so wollen wir annehmen, daß wieder jeder Stoß zur Vereinigung führt. Diese Annahme wurde von *Nernst*[69]) zur Deutung gewisser photochemischer Beobachtungen gemacht und hat sich auch weiterhin bewährt.

Auch hat *Langmuir* gezeigt[70]), daß sich Wolframdampf bei jedem Auftreffen auf ein Stickstoffmolekül mit ihm zu WN_2 vereinigt.

Ist die Verbindung endotherm, so ist die Annahme plausibel[71]),

68) Vielleicht mit Ausnahme von $2N \rightleftarrows N_2$, *R. J. Strutt,* Proc. Roy. Soc. 86 (1912), p. 262, auch *J. Langmuir* meint das Bestehen von H Atomen annehmen zu müssen, dieselben scheinen aber an der Wand adsorbiert zu sein, J. Am. Chem. Soc. 34 (1912), p. 1310; s. auch *A. Koenig,* Z. f. El. 21 (1915), p. 267.

69) *W. Nernst,* Z. f. El. 24 (1918), p. 335.

70) *J. Langmuir,* J. Am. Chem. Soc. 35 (1913), p. 931.

71) *K. Herzfeld,* Z. f. El. 25 (1919), p. 301; Ann. Phys. 59 (1919), p. 635. Diese Annahme ist mit der vorherigen insofern verknüpft, als beim Auftreten

daß nur die Stöße zur Vereinigung führen, bei denen die kinetische Energie hinreicht, die (negative) Bildungswärme zu liefern. Hierbei kann entweder die gegenseitige Gesamtgeschwindigkeit oder nur die in der Zentralenrichtung in Betracht kommen. Der Bruchteil der wirksamen Stöße ist entsprechend $\left(1+\frac{Q}{RT}\right)e^{-\frac{Q}{RT}}$ oder $e^{-\frac{Q}{RT}}$. Auf Grund dieser Annahmen hat sich die Bromwasserstoffbildung gut erklären lassen.[71a])

Wenn zwei Moleküle zusammentreffen, ist nur bekannt, daß bei exothermen Reaktionen ein kleiner Bruchteil, der stark mit der Temperatur zunimmt, zur Verbindung führt.[72])

Bei *monomolekularen Zerfällen* läßt sich nachträglich aus der Annahme über die Bildungsgeschwindigkeit des Moleküls aus den Atomen und der Gleichgewichtsformel die Zerfallsgeschwindigkeit ableiten[71])[72a])

$$-\frac{dC}{dT}=C\cdot\frac{s^2}{d^2}\frac{kT}{h}P,$$

wo s die Radiensumme der Atome beim Stoß, d ihren Abstand im Molekül und $P=\left(1-e^{-\frac{h\nu}{kT}}\right)e^{-\frac{Q}{RT}}$ den Bruchteil der Moleküle bedeutet, deren Energie gleich der Bildungswärme Q ist. (Hier ist vorausgesetzt, daß der Rotation die spez. Wärme R zukommt.)

Nun ist noch der *Einfluß der Rotations- und Schwingungsbestandteile der spezifischen Wärmen* zu besprechen, der nach (18) und (46a) in der Gleichgewichtskonstanten in der Form

$$e^{-\int\limits_0^T\frac{dT}{RT^2}\int\limits_0^T dT(\gamma_1-\gamma_2)} \tag{52}$$

steckt. Aus (31), (32) folgt, daß $e^{+\int\limits_0^T\frac{dT}{RT^2}\int\limits_0^T dT\gamma}$ die Zunahme der Gesamtwahrscheinlichkeit des betreffenden Zustandes bedeutet.

Das Auftreten der spezifischen Wärmen bedeutet also eine Zunahme der Geschwindigkeit eines Vorganges mit der Abnahme der Wahrscheinlichkeit des Ausgangsstoffes oder der Zunahme der Wahrscheinlichkeit des Endstoffes; welches von beiden eintritt, läßt sich

einer Aktivierungswärme >0 im ersteren Fall auch hier die Aktivierungswärme um den gleichen Betrag zu erhöhen ist.

71a) Siehe auch *J. Christiansen*, Kgl. Danskes Vid. sels. Math. fys. Medd. I (1919), p. 14.

72) *M. Bodenstein*, Z. f. ph. Ch. 29 (1899), p. 295; *R. J. Strutt*, Proc. Roy. Soc. 87 (1912), Nr. 302.

72a) Siehe auch *E. K. Rideal*, Phil. Mag. 40 (1920), p. 461.

thermodynamisch nicht entscheiden, da ja nur das Verhältnis der Geschwindigkeit von Reaktion und Gegenreaktion feststeht. Zahlenmäßige Diskussion ergibt für solche Vorgänge, bei denen ein Atom mit einem Molekül reagiert und der eine Elementarvorgang exotherm, der andere endotherm ist, daß vermutlich beide Einflüsse gleichzeitig auf den endothermen Vorgang und nur auf diesen wirken, was sich so deuten läßt, daß ein bestimmter *innerer Zustand des reagierenden Moleküls* nur in einen bestimmten Zustand des neuen Moleküls übergehen kann. Bei gewöhnlicher Temperatur ändert dies die Zahlenwerte der Reaktionsgeschwindigkeit in der Größenordnung nicht.

Etwas anders als in den besprochenen Arbeiten geht *Polanyi*[73]) bei der Berechnung der HBr-Bildung vor, indem er die Geschwindigkeiten proportional der Gesamtwahrscheinlichkeit im Gleichgewicht setzt (vgl. Nr. 5). Seine Endformeln sind praktisch die gleichen wie in der Anm. 71 zitierten Arbeit.

Doch liegt hier noch eine prinzipielle Schwierigkeit vor, nämlich die Frage, woher das Molekül die zum Zerfall nötige *Energie* nimmt. Daß es zum Zerfall *nicht* durch die *Stöße* anderer Moleküle *angeregt* wird, folgt aus der Unabhängigkeit der Zerfallsgeschwindigkeit vom Zusatz fremder Gase. Doch könnte es immerhin die Energie durch Stöße erhalten. Nun kann man durch Verdünnen stets die Zahl der Stöße gegenüber der aus der monomolekularen Formel folgenden Zahl der Zersetzungen beliebig herabsetzen. Dann müßte also bei genügender Verdünnung stets eine Abweichung vom monomolekularen Gesetz auftreten, weil nicht mehr genug Energie nachgeliefert wird. *Polanyi*[74]) glaubte zeigen zu können, daß das nicht der Fall ist, und schloß zuerst daraus, daß die Energie durch Strahlung geliefert wird. Doch scheint dieser Ausweg auf Schwierigkeiten und Widersprüche zu führen.[75])

Endlich sei erwähnt, daß manche Reaktionen nur in Anwesenheit von Wasserdampf (oder bestimmter anderer Gase) mit merkbarer Geschwindigkeit gehen; die Erklärung dürfte in der Bildung von Zwischenprodukten liegen.[76])

---

73) *M. Polanyi*, Z. f. El. 26 (1920), p. 49, 228, 231; Z. f. Phys. 2 (1920), p. 90.

74) *M. Polanyi*, Z. f. Phys. 1 (1920), p. 337.

75) *W. M. C. Lewis*, Phil. Mag. 39 (1920), p. 26; *M. Polanyi*, Z. f. Phys. 3 (1920), p. 31.

76) *H. Dixon*, J. Chem. Soc. 49 (1886), p. 94; *H. B. Baker*, Proc. Chem. Soc. 1893, p. 129, J. Chem. Soc. 65 (1894), p. 611.

III. Homogene Lösungsgleichgewichte.

a) Das Potential von Lösungen. Gleichgewichte neutraler Moleküle.

10. Verdünnte Lösungen. Betrachten wir eine homogene Substanz, in welcher *ein Bestandteil in überwiegender Menge* vorhanden ist, so nennen wir diesen das Lösungsmittel, die andern die gelösten Stoffe, das ganze eine verdünnte Lösung. In der Volumeneinheit seien n_0 Mol des Lösungsmittels, $n_1 \ldots$ der gelösten Stoffe enthalten. Wir bilden die Größe $\frac{V}{n_0}$ und nehmen an, daß sie nach den kleinen Größen $\frac{n_1}{n_0}$ in eine Reihe entwickelbar ist. Diese Reihe brechen wir nach dem *linearen* Gliede ab. Dies bedeutet, daß wir nur die Wirkungen der gelösten Stoffe auf das Lösungsmittel, nicht die der gelösten Stoffe aufeinander beibehalten, denn diese wären proportional $\frac{n_1}{n_0}\frac{n_2}{n_0}$. Bis zu welchen Mengenverhältnissen das erlaubt ist, kann nur die Erfahrung lehren, andererseits kann man aus der Gültigkeitsgrenze der so abgeleiteten Gesetze die Entfernung entnehmen, auf welche gelöste Moleküle noch merkbar aufeinander wirken.[77]) Unter diesen Annahmen ist

$$(53) \quad \frac{V}{n_0} = v_0 + v_1 \frac{n_1}{n_0} + \cdots \quad \text{oder} \quad V = v_0 n_0 + v_1 n_1 + v_2 n_2 + \cdots$$

Wir wollen jetzt die ζ-Funktion der Mischung, bezogen auf die reinen festen Komponenten beim absoluten Nullpunkt, berechnen. Dazu bestimmen wir zuerst die Änderung von ζ, wenn wir die ganze Lösung L durch Volumenvergrößerung (Druckverminderung) isotherm in ein Gemisch idealer Gase G überführen. Es ist

$$\begin{aligned}
\zeta_L - \zeta_G &= U_L - U_G - T(S_L - S_G) + (pV)_L - (pV)_G \\
&= U_L - U_G - T\int_G^L \frac{dU + p\,dV}{T} + (pV)_L - (pV)_G \\
&= (pV)_L - (pV)_G - \int_G^L p\,dV = \int_G^L V\,dp \\
&= n_0 \int_G^L v_0\,dp + n_1 \int_G^L v_1\,dp + \cdots
\end{aligned}$$

---

77) Setzt man die Grenze für Salzlösungen zu 1-facher Normalität $\left(\frac{n_1}{n_0} = 18 \cdot 10^{-3}\right)$ so wird der Abstand $1{,}2 \cdot 10^{-7}$ cm.

Andererseits ist nach (44), bezogen auf die reinen kondensierten Substanzen,

$$\zeta_G = n_0\left(\zeta_0^0 + RT\lg\frac{n_0}{V_G}\right) + n_1\left(\zeta_1^0 + RT\lg\frac{n_1}{V_G}\right) + \cdots$$

$$= n_0\left(\zeta_0^0 + RT\lg\frac{p_G}{RT} + RT\lg x_0\right)$$

$$+ n_1\left(\zeta_1^0 + RT\lg\frac{p_G}{RT} + RT\lg x_1\right) + \cdots,$$

wo die $x_0, x_1 \ldots$ die Molenbrüche bedeuten[78]) und $V_G = (n_0 + n_1 + \cdots)\frac{RT}{p_G}$ gesetzt ist. Also

(54) $$\zeta_L = n_0(\mu_0^0 + RT\lg x_0) + n_1(\mu_1^0 + RT\lg x_1) + \cdots,$$

wo μ_r^0 folgende Abkürzung bedeutet:

(55) $$\mu_r^0 = \zeta_r^0 + RT\log\frac{p_G}{RT} + \int_G^L v_r dp.$$

Aus (54) und (5′) folgt

(56) $$\mu_r = \mu_r^0 + RT\lg x_r,$$

wofür man oft bei den gelösten Komponenten 1, 2, ... mit genügender Genauigkeit unter Einführung der Volumenkonzentrationen C schreiben kann:

(57) $$\mu_r = \mu_r^0 + RT\log v_0 + RT\log C_r.$$

Aus[79])

$$-T^2\left(\frac{\partial}{\partial T}\frac{\zeta}{T}\right)_p = U + pV$$

folgt wegen (54)

(58) $$-(U + pV) = n_0 T^2\frac{\partial}{\partial T}\frac{\mu_0^0}{T} + n_1 T^2\frac{\partial}{\partial T}\frac{\mu_1^0}{T} + \cdots,$$

ein in den n linearer Ausdruck. Man erhält also aus der Annahme einer linearen Abhängigkeit des Volumens von n die gleiche Abhängigkeit für $U + pV$ und daher auch für U

(59)[80]) $$\begin{cases} U = u_0 n_0 + u_1 n_1 + \cdots \\ u_r + p\,v_r = -T^2\left(\frac{\partial}{\partial T}\frac{\mu_r^0}{T}\right)_p. \end{cases}$$

Aus der Additivität von U und V folgt, daß beim Mischen zweier verdünnter Lösungen die Energieänderung (Verdünnungswärme) und Volumendilatation Null sind. Die Formeln (außer (57)) gelten, so

78) Siehe V 10, 1 c) sowie die „Bezeichnungen".

79) Einfach durch Einsetzen von ζ abzuleiten.

80) Es ist also $u_0 n_0$ die Energie des *reinen* Lösungsmittels, die in n_0 Mol Lösungsmittel enthalten ist. Die u_1 enthalten nicht etwa nur die Energiewerte des *gelösten* Stoffes, sondern auch die Energieänderungen, die die Lösungsmittelmoleküle erlitten haben.

lange und so genau (53) gilt, also evtl. auch dann noch, wenn man nicht mehr $\frac{n_1}{n_0 + n_1}$ durch $\frac{n_1}{n_0}$ ersetzen kann.[81][81a])

11. Konzentrierte Lösungen. Zur Erklärung der Abweichungen konzentrierter Lösungen von den obigen Gleichungen wurden zahlreiche Formeln gegeben, anfangs meist als Verallgemeinerung der *van der Waals*schen[82]); so setzten einige Forscher[83]) für den osmotischen Druck $\frac{RT}{v-b}$. *Van der Waals* selbst gab eine allgemeinere Formel für beliebige Gemische, von denen die hier betrachteten mäßig konzentrierten Lösungen einen Spezialfall bilden (s. Encykl. V 10, Nr. **25**, **66**, **67**).[84]) Ähnliche Formeln gab auch *Barmwater.*[85])

F. Dolezalek[86]) setzt für beliebige binäre Gemische ebenso wie für verdünnte Lösungen $\mu_1 = \mu_1^0 + RT \lg x$, $\mu_2 = \mu_2^0 + RT \log (1 - x)$ und führt alle Abweichungen auf Assoziationen zurück, doch scheint die Formel aus theoretischen Gründen unwahrscheinlich, da ein bestimmtes Molekül von einem gleichen wohl durch andere Kräfte festgehalten wird als von einem Molekül der anderen Komponente. Nur bei einem Gemenge chemisch ähnlicher Flüssigkeiten werden die Unterschiede nicht groß sein. Streng gilt das Gesetz bei zwar gleichen aber „gekennzeichneten" Molekülen.

Besonders veranlaßt durch die Abweichungen der starken Elektrolyte (Nr. **16**b), haben *Jahn* und *Nernst*[87]) die Theorie systematisch durch Berücksichtigung höherer Glieder erweitert, was auf das Potential übertragen dem folgenden Ansatz entspricht:

---

81) Die Auffindung der Gesetze stammt von *van t'Hoff, Planck* und *Gibbs,* s. Anm. 100, 294, 295, 296. Die obige Ableitung schließt sich an die von *Planck* an, mit einer von *van der Waals* in seinem Lehrbuche gegebenen Abänderung.

81a) Die gleichen Überlegungen gelten für Stoffe, die an einer Fläche adsorbiert sind. Ist so wenig adsorbiert, daß nur ein kleiner Teil der Fläche bedeckt ist, so daß sich benachbarte adsorbierte Moleküle nicht beeinflussen, so ist alles dem Fall der verdünnten Lösung analog und es gilt (56). Rein thermodynamisch läßt sich nicht unterscheiden, ob Adsorption oder Lösung in der Oberflächenschicht stattfindet.

82) *G. Bredig,* Z. f. ph. Ch. 4 (1889), p. 444.

83) *A. A. Noyes,* Z. f. ph. Ch. 5 (1890), p. 53; *O. Sackur,* Z. f. ph. Ch. 70 (1910), p. 477.

84) Siehe auch *O. Stern,* Diss. Breslau 1912, Z. f. ph. Ch. 81 (1913), p. 441.

85) *F. Barmwater,* Z. f. ph. Ch. 28 (1899), p. 424.

86) *F. Dolezalek,* Z. f ph. Ch. 64 (1908), p. 727; 71 (1910), p. 191; 83 (1913), p. 40, 45; 93 (1919), p 585; auch *G. N. Lewis,* Z. f. ph. Ch. 61 (1908), p. 129; *L. Gay,* Paris C. R. 151 (1910), p. 612, 754.

87) *H. Jahn,* Z. f. ph. Ch. 37 (1901), p. 490; 38 (1901), p. 125; 41 (1902); p. 257; 50 (1905), p, 129; *W. Nernst,* Z. f. ph. Ch. 38 (1901), p. 484.

$$(60)\quad \frac{\zeta}{n_0} = [\mu_0^0 + RT \lg(1 - (x_1 + x_2 + x_3))] + \frac{n_1}{n_0}(\mu_1^0 + RT \lg x_1)$$
$$+ \frac{n_2}{n_0}(\mu_2^0 + RT \lg x_2) + \cdots + \frac{n_1^{\,2}}{n_0^{\,2}} \mu_{11}(p, T) + \frac{n_1 n_2}{n_0^{\,2}} \mu_{12}(p, T) + \cdots$$

Erfahrungsgemäß zeigt sich, daß man die Wirkung neutraler Moleküle aufeinander meist vernachlässigen kann (keine Beeinflussung der gegenseitigen Löslichkeit von Nichtelektrolyten). An Stelle der Formel $\frac{C_2^{\,2}}{C_1} = K$ (61′) tritt dann z. B.

$$\frac{C_2^{\,2}}{C_1} = k e^{\frac{n_1 - n_2}{n_0} \frac{2}{RT}(\mu_{12} + \mu_{13}) + \frac{n_1}{n_0} \frac{2}{RT}(\mu_{22} + \mu_{23} + \mu_{33})},$$

wo der erste Summand die Wirkung der Ionen 2 und 3 auf die neutralen Moleküle 1, der zweite die gegenseitige Einwirkung der Ionen ausdrückt.

G. Tammann[88]) hat gezeigt, daß sich Lösungen in vieler Beziehung so verhalten, wie das *reine Lösungsmittel unter* einem um einen gewissen Zusatzdruck ΔK *höheren Druck.* Hierbei ist ΔK im großen ganzen der jeweiligen Konzentration proportional, wobei unter Konzentration $m = \frac{\text{Gramm Gelöstes}}{100\text{ g Lösungsmittel}}$ verstanden ist. Im besonderen fallen für starke Elektrolyte in Wasser die Quotienten $\beta = \frac{\Delta K}{m}$ etwas mit steigender Konzentration in dem Intervall von 0,2fach normaler bis 5fach normaler Lösung, was möglicherweise mit der Nichtberücksichtigung der Dissoziation zusammenhängt (zur Entscheidung hierüber reicht die Genauigkeit nicht aus). Bei schlecht leitenden Lösungen ist β konstant oder steigt etwas mit m. Bei einzelnen starken Elektrolyten steigt β erst nach einem Minimum an. Mit der Temperatur nimmt β meist zu (zwischen $+5^0$ und 40^0 der Größenordnung nach um 10—30%), bleibt aber auch bei manchen Salzen konstant, sehr selten nimmt β ab. Bei Alkoholen ist die Zunahme abnorm hoch. Elektrolyte und Nichtelektrolyte haben β Werte der gleichen Größenordnung, und zwar schwankt $\beta \frac{M}{10}$ (d. h. ΔK für eine einfach normale Lösung) zwischen 46 (C_2H_5OH) und 1675 (K_3PO_4) Atmosphären. Für Salze scheint sich s aus spezifischen Werten für das Anion und das Kation additiv zusammenzusetzen. Für Lösungen in Alkohol, Äther, Schwefelkohlenstoff und Aceton gilt ähnliches, nur scheint β weniger stark von T abzuhängen als bei wässeriger Lösung,

88) Zusammengefaßt bei *G. Tammann,* Über die Beziehungen zwischen den inneren Kräften und den Eigenschaften der Lösungen, Hamburg u. Leipzig 1907. Dort auch die Zitate für das experimentelle Material.

außerdem nehmen die $\beta \frac{M}{10}$ gewöhnlich mit zunehmendem Molekulargewicht des Lösungsmittels ab. CH_3OH und C_2H_5OH haben bei kleinen Konzentrationen in H_2O negative ΔK.

Die Tatsachen, aus denen *Tammann* auf die Größe von β schließt, sind folgende:

Die Wärmeausdehnung des Wassers nimmt mit steigendem Druck zu, ebenso die der Lösungen mit der Konzentration. Die V, T Kurve zeigt ein Minimum, das mit steigendem p zu niederen Temperaturen rückt, flacher wird und endlich ganz verschwindet. Die V, T Kurven einer Lösung in der Umgebung des Minimums decken sich mit denen des Wassers unter dem Druck ΔK. Bei höheren Temperaturen treten für konzentrierte Lösungen stärkere Abweichungen auf.

Andere Lösungsmittel zeigen unter höherem Druck kleinere Wärmeausdehnung (auch Wasser über 50^0 verhält sich so), entsprechend nimmt die Wärmeausdehnung von Lösungen in ihnen mit der Konzentration ab.

Die Kompressibilität $-\frac{1}{V}\frac{\partial V}{\partial p}$ ist bei Lösungen unter dem Druck p die gleiche wie beim Lösungsmittel unter dem Druck $p + \Delta K$.

Die Zähigkeit als Funktion des Druckes hat ein Minimum, das mit steigender Temperatur zu kleineren Drucken rückt und flacher wird. Die Zähigkeit von Salzlösungen verschiedener Konzentration sinkt oder steigt mit dem Druck, je nachdem der Wert von $p + \Delta K$ noch vor oder schon jenseits des Minimums liegt. Beim Vergleich der Zähigkeit verschieden konzentrierter Lösungen findet man allerdings keine genaue Übereinstimmung mit der Kurve des Wassers, weil die Zähigkeit des gelösten Stoffes hinzukommt. Infolge des Einflusses auf die Zähigkeit beeinflußt der Druck ΔK auch die Ionenbeweglichkeiten. Das optische Drehungsvermögen von Rohrzucker wird durch Konzentrationsänderung und Zusatz fremder Salze geändert, welche Änderung dem entsprechenden Einfluß äußeren Druckes parallel geht, wenn sich auch nicht entscheiden läßt, ob sie nur dadurch bedingt wird.

Wichtig sind folgende Punkte: Die *spezifische Wärme von Lösungen* ist oft kleiner als die des darin enthaltenen reinen Wassers. Das rührt davon her, daß bei zunehmendem Druck die spezifische Wärme des Wassers nach *Bryan* 93 $\frac{\partial \gamma_p}{\partial p} = - T\left(\frac{\partial^2 v}{\partial T^2}\right)_p$ abnimmt. Es ist also die spezifische Wärme der Lösung

$$\gamma_{p=0} = n_0\left(\gamma_{0,p=0} + \int_0^{\Delta K} \frac{\partial \gamma_{0,p}}{\partial p} dp\right) + n_1 \gamma_1,$$

oder, wenn die Lösung genügend verdünnt ist,

$$\gamma_{p=0} = n_0 \gamma_{0,p=0} + n_1 \left(\gamma_1 - T \frac{\partial^2 v_0}{\partial T^2} \beta \frac{100\, M_1}{M_0}\right).$$

Die scheinbare spezifische Wärme des gelösten Stoffes rührt also großenteils von der Änderung der Eigenschaften des Lösungsmittels durch die Auflösung her. *Tammann* setzt für γ_1 bei einatomigen Ionen $\frac{3}{2} R$, bei mehratomigen $\frac{3}{2}$ mal die Molekularwärme des festen Stoffes, doch spielt γ_1 eine verhältnismässig kleine Rolle. Die Übereinstimmung ist im allgemeinen befriedigend, bei manchen Stoffen sind aber noch recht große Differenzen vorhanden, meist in dem Sinn, daß der Druckeinfluß zu groß angesetzt ist.

Endlich hat *Tammann* die Volumenänderungen beim Verdünnen untersucht.

12. Homogene Lösungsgleichgewichte. Für chemische Gleichgewichte zwischen gelösten Stoffen, die der Umsetzung

$$a_1 A_1 + a_2 A_2 + \cdots = b_1 B_1 + \cdots$$

unterliegen, gilt

$$(6') \qquad a_1 \mu_{A_1} + a_2 \mu_{A_2} + \cdots = b_1 \mu_{B_1} + \cdots,$$

oder nach Gleichung (56), wenn wie dort die x die Molenbrüche der gelösten Stoffe bedeuten,

$$(61) \qquad \frac{x_{A_1}^{a_1} x_{A_2}^{a_2} \cdots}{x_{B_1}^{b_1} \cdots} = K.$$

Für K gilt

$$(62) \qquad -RT \lg K = a_1 \mu_{A_1}^0 + a_2 \mu_{A_2}^0 + \cdots - b_1 \mu_{B_1}^0 - \cdots$$

Aus (59) folgt wie bei Gasen die Gleichung der Reaktionsisotherme

$$(63) \qquad \frac{\partial \lg K}{\partial T} = + \frac{\Delta Q}{RT^2},$$

wo ΔQ die Wärmetönung bei der Verwandlung von a_1 Mol A_1, a_2 Mol $A_2 \ldots$ in b_1 Mol B_1 bedeutet, also gleich $a_1(u + pv)_{A_1} + a_2(u + pv)_{A_2} + \cdots - b_1(u + pv)_{B_1} \ldots$ ist. Nach *Bryan* (158) haben wir andererseits

$$\frac{\partial \lg K}{\partial p} = - \frac{\Delta V}{RT},$$

wo ΔV die entsprechende Volumenänderung ist. Es gelten also insbesondere auch hier die gleichen Sätze von *Moutier* und *Robin*[11]) wie bei Gasen (Nr. 3 und 8).

Die Theorie ist hier aber deshalb von der Vollständigkeit wie bei Gasreaktionen weit entfernt, weil sich die Abhängigkeit der μ^0 von T und den Eigenschaften der Substanzen noch gar nicht angeben läßt; dazu würde eine Kenntnis des Temperaturverlaufs der γ und der chemischen Konstanten gehören.

Beteiligt sich das Lösungsmittel mit l Molekülen am Gleichgewicht, so können wir $l\mu_0$ mit $RT \lg K$ zusammenziehen, da wir ja Größen von der Ordnung x neben $\lg x$ im allgemeinen vernachlässigt haben und $l\mu_0$ nur um solche Größen von einer Konstanten sich unterscheidet. Daher ist an der Form der Gleichung (61) eine Beteiligung des Lösungsmittels nicht zu erkennen. Infolge dieser Genauigkeitsgrenze können wir auch wie in (57) die Molenbrüche x durch die Volumenkonzentration C ersetzen und finden

$$(61') \qquad \frac{C_{A_1}^{a_1} C_{A_2}^{a_2} \cdots}{C_{B_1}^{b_1} \cdots} = \left(\frac{1}{V_0}\right)^{a_1 + a_2 - b_1} K = K'.$$

Man erkennt aus (61), daß bei Verdünnung die Seite der Gleichung, für die die Summe der beteiligten Molzahlen die größere ist, begünstigt wird (vgl. Nr. 8). Man sieht andererseits, daß, wenn sich eine Verbindung mit dem Lösungsmittel bildet, deren relative Menge von der Verdünnung unabhängig ist.

Es sind sehr zahlreiche hierher gehörige Fälle durchgemessen und in guter Übereinstimmung mit den Formeln gefunden worden.[89]

Wenn die Stoffe $A, B \ldots$ *ohne Lösungsmittel* direkt gemischt werden, so werden die Konzentrationen so groß, daß unsere Ableitung hinfällig ist. Ein Kunstgriff, solche Fälle doch berechenbar zu machen, besteht darin, den einen reagierenden Stoff in großem Überschuß zu nehmen.[90] Dann kann man sein Potential (nahe) konstant setzen[91] und die anderen Stoffe als in ihm verdünnt gelöst auffassen.

Im allgemeinen Fall beliebiger Mischungsverhältnisse läßt sich noch keine Formel angeben. Auch sind die vorliegenden Messungen nicht sehr zahlreich.[92] Doch haben sich einige Fälle gefunden[90][93], wo auch bei hohen Konzentrationen die einfache Formel (61′) recht gut gültig bleibt, also die Theorie von *Dolezalek* (Nr. **11**) stimmt;

89) Z. B. *J. H. Jellet,* Trans. Ir. Ac. 25 (1875), p. 371, Ostw. Klass. Nr. 163; *A. A. Jakowkin,* Z. f. ph. Ch. 13 (1894), p. 539.

90) *W. Nernst,* Z. f. ph. Ch. 11 (1893), p. 345; *W. Nernst* u. *C. Hohmann,* Z. f. ph. Ch. 11 (1893), p. 352; *D. Konowalow*, Z. f. ph. Ch. 1 (1887), p. 63; 2 (1888), p. 6, 380.

91) Genauer $\mu_0 + RT \lg$ des Dampfdruckes.

92) *J. Wislicenus,* Dekanatsschrift, Leipzig 1890; *F. W. Küster,* Z. f. ph. Ch. 18 (1895), p. 161; *W. Perkin,* J. Chem. Soc. 61 (1892), p. 800; 65 (1894), p. 815; *K. H. Meyer,* Hab.-Schr. München 1911.

93) *D. Berthelot* u. *L. Péan de St. Gilles,* Ann. chim. phys. (3) 65 (1862), p. 385; 66 (1862), p. 5; 68 (1863), p. 225; *J. H. van t'Hoff,* Ber. d. D. chem. Ges. 10 (1877), p. 669; *N. Menschutkin,* Ann. chim. phys. (5) 20 (1880), p. 289; 23 (1881), p. 14; 30 (1883), p. 81; *A. Zaitschek,* Z. f. ph. Ch. 24 (1897), p. 1.

die Gültigkeit von (61) ist natürlich ebenso wie die Geradlinigkeit der Dampfdruckkurve daran gebunden, daß (56) auch noch auf konzentrierte Lösungen angewendet werden kann.

Über Assoziation s. Enzykl. V 10, Nr. **35**, **37**, **69**.

b) Ionengleichgewichte.

13. Elektrolytische Dissoziationstheorie. *Grothuss*[94]) meinte, die elektrolytische Leitung fände so statt, daß sich die Moleküle wie eine Kette aneinanderreihen und unter dem Einfluß der elektrischen Kraft ihre Bestandteile gegenseitig austauschen. Gegen diese Vorstellung sprach, daß schon die kleinsten elektrischen Kräfte reichen, um Stromdurchgang zu erzielen. *Clausius*[95]) nahm daher an, daß die den Strom leitenden Bestandteile, die Ionen, auch ohne Stromdurchgang zeitweise frei sein müßten, welche Hypothese *Williamson*[96]) zur Erklärung chemischer Vorgänge schon ausgesprochen hatte. Allerdings führte *Clausius* seine Annahme nur schüchtern durch, um den Einwänden der Chemiker auszuweichen, indem er meinte, daß nur ganz wenige Ionen für kurze Zeit frei zu sein brauchten. Einen großen Fortschritt brachte *Arrhenius*. Er hob hervor[97]), daß die Leitfähigkeit mit der chemischen Aktivität parallel gehe, und schrieb beide der Betätigung von „*aktiven*" Molekeln zu; und zwar sollten die einfachen Molekeln aktiv sein, während die nicht aktiven komplex sein sollten. Diese Anregung griff *Ostwald*[98]) auf und wies experimentell an zahlreichen Beispielen die geforderte Übereinstimmung von Leitfähigkeit und chemischer Aktivität nach. Inzwischen hatte *van t'Hoff*[99]) seine Lösungstheorie aufgestellt. Hierbei zeigte es sich, daß gerade bei Salzen und Säuren die berechneten Molekelzahlen hinter den beobachteten wesentlich zurückbleiben. Dem trug *van t'Hoff* rein formal durch Einführung eines Koeffizienten i Rechnung, der das Verhältnis der beobachteten zur berechneten Zahl darstellt. Fast gleichzeitig hatte *Planck*[100]) die gleichen Formeln abgeleitet und war auf denselben Umstand aufmerksam geworden. Er schrieb ihn, geleitet durch die analogen Verhält-

94) *Ch. J. D. v. Grothuss,* Ann. de chim. 58 (1806), p. 54, vorher 1805 zu Rom und 1806 zu Mitau erschienen.

95) *R. Clausius,* Pogg. Ann. 101 (1857), p. 338.

96) *A. Williamson,* Liebigs Ann. 77 (1851), p. 37.

97) *S. Arrhenius,* Bijh. till K. Sv. Vet. Ak. Handl. 8 (1884), Nr. 13 u. 14.

98) *W. Ostwald,* J. f. prakt. Ch. 30 (1884), p. 93, 225; 31 (1885), p. 433.

99) *J. H. van t'Hoff,* Kgl. Sv. Vet. Ak. Handl. 21 (1886), Nr. 17, siehe auch Anm. 294.

100) *M. Planck,* Wied. Ann. 32 (1887), p. 462; Z. f. ph. Ch. 1 (1887), p. 577; 2 (1888), p. 405.

nisse bei Gasen, sofort einer Dissoziation zu, ohne aber auf die Art derselben näher einzugehen. Doch übte diese Ansicht keinen Einfluß auf die Meinungen der Chemiker aus. Da tat *Arrhenius*[101]) den entscheidenden Schritt, indem er die Spaltung der Moleküle in Ionen, welche für die Stromleitung und die chemische Aktivität verantwortlich sein sollten, annahm und die durch diese Spaltung erfolgte Vermehrung der Molekelzahlen aus *van t'Hoffs* i berechnete. Die Dissoziationshypothese fand anfangs den heftigsten Widerstand bei den Chemikern, der sich gleichzeitig auch gegen die *van t'Hoff*schen Anschauungen richtete.[102])

14. Verdünnungsgesetz und Löslichkeitsbeeinflussung. a) *Allgemeines.* Wir schreiben den Ionen mit *Arrhenius* die gleiche Form des Potentials zu wie neutralen Molekülen. Zerfällt ein Molekül M in a_1 positive und a_2 negative Ionen, so gilt

$$(6'') \quad \mu_M^0 + RT \lg x_M = a_1(\mu_1^0 + RT \lg x_1) + a_2(\mu_2^0 + RT \lg x_2)$$

$$(61'') \quad \frac{x_1^{a_1} x_2^{a_2}}{x_M} = K.$$

Ferner ist

$$\frac{x_1}{a_1} = \frac{x_2}{a_2}.$$

Je größer die Verdünnung, desto mehr zerfällt nach (61″).

Den Bruchteil der zerfallenden Moleküle bezeichnet man als *Dissoziationsgrad* α

$$(64) \quad \alpha = \frac{\frac{x_1}{a_1}}{\frac{x_1}{a_1} + x_M} = \frac{\frac{x_2}{a_2}}{\frac{x_2}{a_2} + x_M}.$$

Nun bedeute v das Volumen der Lösung in Litern, welches 1 Mol des unzerfallen gedachten Elektrolyten enthält, n_0 die entsprechende Molzahl des Lösungsmittels (Molekulargewicht M_0, Dichte s). Dann ist bei genügender Verdünnung

$$n_0 M_0 = vs \cdot 1000$$

$$\frac{1}{n_0} = x_M + \frac{x_1}{a_1},$$

also

$$(64') \quad x_M + \frac{x_1}{a_1} = \frac{x_M}{1-\alpha} = \frac{1}{v}\frac{M_0}{s} \cdot \frac{1}{1000}.$$

Wir setzen nun $a_1 = a_2 = 1$, d. h. wir nehmen an, daß der Zerfall

---

101) *S. Arrhenius*, 6. Circ. Brit. Ass. Com. f. El. May. 1887; Z. f. ph. Ch. 1 (1887), p. 632.

102) Siehe die Literatur zu Nr. 29.

nur in je ein positives und negatives Ion stattfindet. Dann ergibt Einsetzen von (64), (64') in (61') $\left(\text{mit der Abkürzung } K' = 1000 K \frac{s}{M_0}\right)$ das *Ostwaldsche Verdünnungsgesetz*[103])

$$(65) \qquad \frac{\alpha^2}{1-\alpha} = K'v.$$

Für kleine α ist der Nenner nahe konstant, der Dissoziationsgrad also proportional $\sqrt{v}$, für große α kann der Zähler durch 1 ersetzt werden, der unzerfallene Bruchteil wird umgekehrt proportional v.

Die Konzentration des unzersetzten Salzes hängt nur von dem *Produkt der Ionenkonzentrationen* ab; wird jene konstant gehalten (etwa durch Sättigung der Lösung über festem Salz), so muß auch dieses Produkt konstant bleiben (*Löslichkeitsprodukt*).

Bei Substanzen, die *in mehrere Ionen* zerfallen können, besonders also bei mehrbasischen Säuren und sauren Salzen, geht der Prozeß stufenweise vor sich; die Gleichgewichte der aufeinanderfolgenden Dissoziationsstufen sind unabhängig voneinander zu behandeln. Im allgemeinen ist bei schwach dissoziierten Stoffen die Konstante der zweiten Dissoziationsstufe (also bei Säuren die für das zweite Wasserstoffion, bei sauren Salzen die für das Wasserstoffion) wesentlich kleiner als die der ersten Stufe, so daß man sie meist nicht direkt bestimmen kann; doch gelingt dies[104]), indem man die Wasserstoffionenkonzentration des sauren Salzes mißt, die sich nahe unabhängig von der Konzentration desselben ergibt. Häufig wird bei schwachen mehrbasigen Säuren die zweite Dissoziation merkbar, wenn die erste etwa 50% erreicht hat, was sich durch ein Steigen der Konstanten bei weiterer Verdünnung anzeigt. In homologen Reihen erniedrigen diejenigen Einflüsse die zweite Dissoziationskonstante, welche die erste erhöhen.

Die *Dissoziationswärme*, die bei der Dissoziation verbraucht wird, folgt aus

$$\frac{\partial \lg K}{\partial T} = \frac{\Delta Q}{R T^2}.$$

Sie ergibt sich[105]) für die meisten schwachen Elektrolyte als negativ (was einer Abnahme von α mit steigendem T entspricht) und von der Größenordnung einiger hundert bis tausend kleiner Kalorien. Mit

103) *W. Ostwald*, Lehrb. d. allgem. Chemie, 1. Aufl. Leipzig 1887, 2, p. 723.

104) *A. A. Noyes*, Z. f. ph. Ch. 11 (1893), p. 495; *W. A. Smith*, Z. f. ph. Ch. 25 (1898), p. 144; *R. Wegscheider*, Wr. Monatsh. f. Ch. 23 (1902), p. 599; 26 (1905), p. 1235.

105) *S. Arrhenius*, Z. f. ph. Ch. 4 (1889), p. 96; 9 (1892), p. 339; *H. Jahn*, Z. f. ph. Ch. 16 (1895), p. 72; *H. Euler*, Z. f. ph. Ch. 21 (1896), p. 257; *R. Schaller*, Z. f. ph. Ch. 25 (1898), p. 497.

steigender Temperatur nimmt sie algebraisch stark ab, doch kommen auch Maxima und Minima vor. Eine zahlenmäßige Diskussion dieses Verlaufs fehlt noch vollständig.

Für *nicht gelöste* dissoziierende Substanzen[106]) (z. B. flüssiges Ammoniak oder geschmolzene Salze) gilt bei geringer Dissoziation als Spezialfall von (61″) die Gleichung

$$\frac{x_1^{\alpha_1} x_2^{\alpha_2}}{1 - x_1 - x_2} = K;$$

was bei höherer Dissoziation an deren Stelle tritt, läßt sich nicht sagen, auch fehlen die Mittel, in diesem Falle die Dissoziation zu bestimmen. Die Dissoziationswärme ist meist positiv.

b) *Gemische von Salzen ohne gemeinsames Ion.* Mischen wir zwei Lösungen verschiedener Salze, so stellen sich in der Lösung für jede mögliche Kombination Gleichgewichte ein. Ist die Lösung so verdünnt, daß keine merklichen Mengen undissoziierten Salzes vorhanden sind, also nur die Ionen, so ist es gleichgültig, in welcher paarweisen Kombination diese in der ursprünglichen Salzlösung vorhanden waren. Es tritt beim Mischen keine Wärmeentwicklung ein (Gesetz der Thermoneutralität)[107]).

Ist die Konzentration einer Molekülart A fest vorgeschrieben (gesättigte Lösung), so ändert Hinzufügen *eines fremden Salzes* weder daran noch an den Ionenkonzentrationen etwas (bis auf den Aussalzeffekt, Nr. **36** d). Wohl aber steigt die *Gesamtmenge* des in Lösung befindlichen Salzes A, wenn sich neue wenig dissoziierende *Komplexe* bilden. Setzt man etwa zu einer über festem Bodenkörper gesättigten AgBr-Lösung Ammoniak, so löst sich festes AgBr auf, weil sich in der Lösung das komplexe Ion $Ag(NH_3)_2^+$ bildet, das sehr wenig in Ag^+ und NH_3 dissoziiert ist. Erst bis sich so viel komplexes Ion gebildet hat, daß die durch die gesättigte AgBr-Lösung vorgeschriebene Ag^+-Konzentration auch mit dem Komplex im Gleichgewicht steht, ist wieder Gleichgewicht eingetreten.

Aus solchen Komplexen kann das Ion nur in der Form von Salzen ausgefällt werden, deren Löslichkeitsprodukt so klein ist, daß es durch die mit dem Komplex im Gleichgewicht stehende Konzentration des einfachen Ions überschritten wird (im obigen Beispiel wird Ag^+ durch J^- ausgefällt, da das Löslichkeitsprodukt von AgJ bei merklichen J^--Konzentrationen durch jene Ag^+-Konzentration überschritten wird, die mit $Ag(NH_3)_2^+$ im Gleichgewicht ist).

---

106) *F. Kohlrausch* und *A. Heydweiller,* Z. f. ph. Ch. 14 (1894), p. 317; *K. Frenzel,* Z. f. El. 6 (1899), p. 477, 485.

107) *W. Ostwald,* Z. f. ph. Ch. 3 (1889), p. 588.

c) *Beeinflussung durch Salze mit gemeinsamem Ion, isohydrische Lösungen.*[108]) Wir sahen, daß die Dissoziationsverhältnisse eines Salzes AB durch das *Ionenkonzentrationsprodukt* $C_A C_B$ bestimmt wird. Dieses kann auch verändert werden durch Zusatz eines anderen Salzes $A'B$, das dasselbe Ion B enthält. Denn für das Ionengleichgewicht kommt jetzt die *Gesamtmenge von* B in Betracht und da diese steigt, muß sich ein Teil von A mit B zu unzersetztem AB vereinigen. *Durch Zusatz eines gleichionigen Salzes wird daher die Dissoziation zurückgedrängt,* und zwar desto mehr, je mehr von dem gemeinsamen Ion hinzukommt. So kann man den Dissoziationsgrad einer schwachen Säure dadurch herabsetzen, daß man ein weitgehend dissoziiertes Neutralsalz mit dem gleichen Anion zusetzt (*Abstumpfen* einer Säure). Durch Messung des Unterschiedes der übergeführten Salzmengen bei Stromdurchgang vor und nach der Mischung zweier Salze kann man, wenn auch ungenau, auf den Unterschied in der Änderung des Dissoziationsgrades schließen.[109]).

War vor dem Zusatz die Konzentration von AB so groß, daß die Lösung gesättigt war, hatte also $C_A C_B$ den Wert des Löslichkeitsproduktes, so wird dieses *durch Zusatz von* $A'B$ überschritten und es *muß festes* AB *ausfallen.*

Bei Fällungen werden diese desto vollständiger, je mehr Fällungsmittel zugesetzt wird.[110]) (Fällt man z. B. $AgNO_3$ mit KCl, so bleibt desto weniger Ag-Ion in Lösung, je höher die Konzentration von Cl^- wird, abgesehen von Komplexbildung.)

Arrhenius hat untersucht[111]), wann beim Mischen beliebiger Volumina v und V zweier Lösungen mit einem gemeinsamen Ion keine Änderung des Dissoziationsgrades auftritt (isohydrische Lösungen) Er findet, daß dies dann der Fall ist, wenn in beiden das gemeinsame Ion die gleiche Konzentration hat, denn dann bleibt, wenn

---

108) *A. A. Noyes,* Z. f. ph. Ch. 9 (1892), p. 602; 27 (1898), p. 267; *A. A. Noyes* u. *D. Schwartz,* Z. f. ph. Ch. 27 (1898), p. 279.

109) *A. Schrader,* Z. f. El. 3 (1897), p. 498; *K. Hopfgartner,* Z. f. ph. Ch. 25 (1898), p. 115; *H. Hoffmeister,* Z. f. ph. Ch. 27 (1898), p. 345.

110) *S. Arrhenius,* Z. f. ph. Ch. 2 (1888), p. 284; 5 (1890), p. 1; *W. Nernst,* Z. f. ph. Ch. 4 (1889), p. 372; *A. A. Noyes,* Z. f. ph. Ch. 6 (1890), p. 241; 9 (1893), p. 602; *C. Hoitsema,* Z. f. ph. Ch. 20 (1896), p. 272; *F. Barmwater,* Z. f. ph. Ch. 45 (1903), p. 557. Ausführliche Anwendungen bei *W. Ostwald,* Die wissenschaftl. Grundlagen der anal. Chemie, 6. Aufl., Dresden u. Leipzig 1917.

111) *S. Arrhenius,* Z. f. ph. Ch. 5 (1890), p. 1, nach Messungen von *C. Bender,* Wied. Ann. 22 (1884), p. 179; 31 (1887), p. 872; *S. Arrhenius,* Wied. Ann. 30 (1887), p. 51; *H. Wolf,* Z. f. ph. Ch. 40 (1902), p. 222; *A. J. Wakemann,* Z. f. ph. Ch. 15 (1894), p. 159.

keine Umsetzung eintritt, beim Mischen diese Konzentration konstant, während die Konzentration des anderen Ions C_1 und die des unzersetzten Salzes C_M die Werte $\frac{C_1 v}{v+V}$, $\frac{C_M v}{v+V}$ annehmen, so daß den Gleichgewichtsbedingungen weiter genügt wird. Entsprechendes gilt für die zweite Lösung.

Infolge der überwiegenden Ionenbeweglichkeit des H^+ haben isohydrische Säuren nahe gleiche Leitfähigkeit Λ.[112]) Die Isohydrie bleibt auch noch bei solchen Konzentrationen bestehen[113]), bei welchen man eine Gültigkeit der Formeln nicht mehr erwarten kann. Abweichungen deuten auf chemische Reaktionen. (Solche sind auch dann zu vermuten, wenn geringere Gefrierpunktserniedrigungen auftreten, als erwartet werden.[114]))

15. Mitwirkung des Lösungsmittels. Hydrolyse. Im Wasser besteht das Gleichgewicht (bei Konstantsetzung des Wasserpotentials)

$$C_{H^+} \cdot C_{OH^-} = K_{H_2O} = 0{,}6 \cdot 10^{-14}. \quad (66)$$ [115])

Bei einer Säurelösung in Wasser ist die H^+ Konzentration durch die Säure gegeben und nimmt einen wesentlich größeren Wert an als in reinem Wasser. C_{OH^-} stellt sich dementsprechend kleiner ein, umgekehrt ist es bei Basen. Beim Neutralisieren von vollständig dissoziierten Basen und Säuren, die ein vollständig dissoziiertes Neutralsalz geben, ist der einzige Vorgang der (infolge der Kleinheit von K_{H_2O} praktisch vollständige) Zusammentritt von H^+ und OH^- zu undissoziiertem H_2O, die freiwerdende Neutralisationswärme ist gleich der Dissoziationswärme Q_{H_2O} des Wassers, muß also bei allen Säuren und Basen, die obigen Bedingungen genügen, gleich sein. Sonst tritt noch die bei der Änderung des Dissoziationsgrades auftretende Wärmemenge hinzu.[116]) Ist z. B. nur die Base nicht ganz dissoziiert, so ist

$$Q = Q_{H_2O} - Q_B(1-\alpha).$$

Es gibt nun Ionen, welche mit einem der Ionen des Lösungsmittels Verbindungen mit ähnlich kleiner oder noch geringerer Dis-

112) *S. Arrhenius,* Z. f. ph. Ch. 31 (1899), p. 197.

113) *R. Hofmann,* Z. f. ph. Ch. 45 (1903), p. 584; 51 (1905), p. 59.

114) *M. Le Blanc* u. *A. A. Noyes,* Z. f. ph. Ch. 6 (1890), p. 385.

115) *W. Nernst,* Z. f. ph. Ch. 14 (1894), p. 155; *S. Arrhenius,* Z. f. ph. Ch. 11 (1893), p. 805; *J. Wijs,* Z. f. ph. Ch. 12 (1893), p. 514; *F. Kohlrausch* u. *A. Heydweiller,* Wied. Ann. 53 (1894), p. 209; *A. Heydweiller,* Ann. d. Ph. 28 (1909), p. 503.

116) S. z. B. *S. Arrhenius,* Z. f. ph. Ch. 4 (1889), p. 96; 9 (1892), p. 339.

soziationskonstante als der des Wassers bilden.[117]) Dann tritt die sogenannte *Hydrolyse* ein, das andere Ion des Wassers tritt im Überschuß auf, die Lösung reagiert nicht neutral. Es sei unter S das Säureanion, unter B das Kation verstanden. Dann gelten die Gleichgewichtsformeln

$$C_{\mathrm{H}^+} C_{S^-} = K' C_{S\mathrm{H}}, \qquad (67\,\mathrm{a}) \qquad C_{\mathrm{OH}^-} C_{B^+} = K'' C_{B\mathrm{OH}}. \qquad (67\,\mathrm{b})$$

Ist $K'' < K_{\mathrm{H_2O}} > K'$, so ist in der Lösung wesentlich das unzersetzte Hydroxyd und die unzersetzte Säure nebeneinander vorhanden. Ist $K' C_{B\mathrm{OH}} < K_{\mathrm{H_2O}} < K' C_{S\mathrm{H}}$ (starke Säure, sehr schwache Base), so ist C_{H^+} groß, weil C_{OH^-} durch das Gleichgewicht (67b) klein gehalten wird, während das Gleichgewicht (67a) nur das (klein bleibende) $C_{S\mathrm{H}}$ bestimmt. Die Lösung reagiert dann sauer (z. B. $\mathrm{BiCl_3} + 3\,\mathrm{H_2O} = \mathrm{Bi(OH)_3} + 3\,\mathrm{H^+} + 3\,\mathrm{Cl^-}$).

Wie *Pfeiffer* gezeigt hat, ändert auch die veränderte Auffassung *Werners*[118]) über den chemischen Vorgang bei der Hydrolyse (67) nicht.

Ganz Analoges tritt auch bei anderen Lösungsmitteln ein (Alkoholyse).[119])

16. Schwache und starke Elektrolyte. a) *Schwache Elektrolyte.* Beim Vergleich mit der Erfahrung hat es sich herausgestellt, daß ein wesentlicher Unterschied zwischen schwachen und starken Elektrolyten besteht. Erstere, d. h. solche, welche erst bei großen Verdünnungen merklich dissoziiert sind, gehorchen den theoretischen Formeln. Wenn man nach der Gleichung von *Arrhenius* und *Ostwald* bei verschiedenen Verdünnungen die Dissoziationskonstante berechnet, findet man sie tatsächlich gut konstant.[120]) Allerdings zeigen sich manchmal bei sehr großen Verdünnungen Abweichungen, sei es ein Ansteigen oder das Auftreten von Minimis oder Maximis. Doch kann

117) *J. Walker,* Z. f. ph. Ch. 32 (1900), p. 137; *J. Shields,* Z. f. ph. Ch. 12 (1893), p. 167; *H. Lundén,* J. chim. phys. 5 (1907), p. 145; *J. Lundberg,* Z. f. ph. Ch. 69 (1909), p. 442; *A. A. Noyes, Y. Kato* u. *R. B. Sosman,* Z. f. ph. Ch. 73 (1910), p. 1; *Th. Madsen,* Z. f. ph. Ch. 36 (1901), p. 290.

118) *A. Werner,* Neuere Anschauungen auf dem Gebiete der anorganischen Chemie, p. 232, 2. Aufl. Braunschweig 1913. *P. Pfeiffer,* Ber. d. D. chem. Ges. 40 IV (1907), p. 4036.

119) *H. Goldschmidt,* Z. f. El. 22 (1916), p. 11.

120) *W. Ostwald,* Z. f. ph. Ch. 2 (1888), p. 270; 3 (1889), p. 241, 369; *H. G. Bethmann,* Z. f. ph. Ch. 5 (1890), p. 385; *R. Bader,* Z. f. ph. Ch. 6 (1890), p. 289; *P. Walden,* Z. f. ph. Ch. 8 (1891), p. 433; 10 (1892), p. 563, 638; *F. P. Ebersbach,* Z. f. ph. Ch. 11 (1893), p. 609; *G. Bredig,* Z. f. ph. Ch. 13 (1894), p. 289; *E. Franke,* Z. f. ph. Ch. 16 (1895), p. 463; *E. Bauer,* Z f. ph. Ch. 56 (1906), p. 215.

dies auf Unsicherheiten der Bestimmung zurückzuführen sein, da man von den gemessenen Werten auf unendliche Verdünnungen extrapolieren und die Eigenleitfähigkeit des Lösungsmittels abziehen muß. Kleine Fehler hierbei fallen für die Rechnung stark ins Gewicht.[121]) Die aus der Leitfähigkeit bestimmten Dissoziationsgrade stimmen mit den nach den anderen Methoden (Nr. **21**) gemessenen gut überein.[122])

b) *Starke Elektrolyte.*[123]) Ganz anders liegt es bei starken Elektrolyten, die schon bei geringer Verdünnung weitgehend dissoziiert sind. Berechnet man hier die Dissoziationskonstante, so findet man stets eine sehr starke Abnahme derselben mit steigender Verdünnung.[124]) Auch stimmen die nach der Leitfähigkeitsmethode berechneten Dissoziationen meist ungefähr, aber durchaus nicht genau mit den aus den Gefrier- usw. Methoden berechneten.[125]) Endlich zeigt sich ein starker Einfluß von Neutralsalzen auf die Löslichkeit (s. Nr. **34**, **36**) und das Potential von Ketten.[126]) Auch findet sich eine Wirkung von Neutralsalzen in Fällen, wo sie nicht erwartet wird, z. B. bei Katalysen (Nr. **24**).

Man hat versucht, den tatsächlichen Gang der Dissoziation durch eine Reihe von Interpolationsformeln darzustellen, von denen einige im folgenden zusammengestellt sind (die Indizes J und M weisen auf Ionen und Salzmoleküle hin, die Größen D und ϱ sind Konstante, v bedeutet das in Nr. **14**a definierte Volumen):

$$K = \frac{\alpha^2}{(1-\alpha)\sqrt{v}} \quad {}^{127)},$$

$$K = \frac{\alpha^3}{(1-\alpha)^2 v}, \qquad K' = \frac{C_J^{\frac{3}{2}}}{C_M} \quad {}^{128)},$$

---

121) S. z. B. *R. Lorenz,* Z. f. anorg. Ch. 108 (1919), p. 81, 191.

122) *S. Arrhenius,* Z. f. ph. Ch. 1 (1887), p. 632; *J. H. van t'Hoff* u. *L. Reicher,* Z. f. ph. Ch. 3 (1889), p. 198; *H. C. Jones,* Z. f. ph. Ch. 12 (1893), p. 623; *R. Abegg,* Z. f. ph. Ch. 20 (1896), p. 207; *M. Wildermann,* Z. f. ph. Ch. 15 (1894), p. 337; *R. Wegscheider,* Wr. Monatsh. f. Ch. 23 (1902), p. 317.

123) Zusammenfassungen und Literatur: *K. Drucker,* Die Anomalie der starken Elektrolyte, Stuttgart 1905; *J. R. Partington,* J. Chem. Soc. 97 (1910), p. 1158; *A. Sachanow,* Z. f. El. 20 (1914), p. 529; *N. Dhar,* Z. f. El. 22 (1916), p. 245; s. ferner z. B. *A. A. Noyes* u. *W. D. Coolidge,* Z. f. ph. Ch. 46 (1903), p. 323; *W. Roth,* Z. f. ph. Ch. 42 (1903), p. 228; *B. Schapire,* Z. f. ph. Ch. 49 (1904), p. 513.

124) Allerdings ist auch bei starken Elektrolyten manchmal gute Übereinstimmung behauptet worden; s. *W. Ostwald,* Z. f. ph. Ch. 3 (1889), p. 170, 241, 369.

125) S. *A. A. Noyes* u. *K. G. Falk,* J. Am. Chem. Soc. 34 (1912), p. 485.

126) Z. B. *G. Poma,* Z. f. ph. Ch. 87 (1914), p. 196; 88 (1914), p. 671.

127) *M. Rudolphi,* Z. f. ph. Ch. 17 (1895), p. 385.

128) *J. H. van t'Hoff,* Z. f. ph. Ch. 18 (1895), p. 300.

$$K = \frac{\alpha^n}{(1-\alpha)\sqrt{v}}\ ^{129}), \qquad K = \frac{\alpha^n v}{1-\alpha}\quad 1{,}4 < n < 1{,}9\ ^{130}),$$

$$K = \frac{\alpha^n}{1-\alpha} v^{1-n}, \qquad K' = \frac{C_J^n}{C_M}\quad 1{,}36 < n < 1{,}55\ ^{131}),$$

$$K = \frac{\alpha^2}{v + \alpha\varrho}\ ^{132}), \qquad K = \frac{\alpha^2}{(1-\alpha)v} - D\left(\frac{\alpha}{v}\right)^m.\ ^{133})$$

Die ersten drei sind häufig benützt und stimmen in vielen Fällen besser als das *Ostwald*sche Verdünnungsgesetz (65), reichen aber ebenfalls nicht immer aus.

Die beiden ersten hat man durch Annahme von Komplexbildung sei es der Ionen, sei es der unzersetzten Moleküle zu deuten versucht.

Andererseits hat man angenommen, daß sich die Dissoziation nicht aus den Leitfähigkeiten berechnen lasse oder daß die Ionen selbst eine dissoziierende Wirkung ausüben.[134])

So hat *P. Walden*[135]) die Dielektrizitätskonstante schwach leitender Lösungen (gute Elektrolyte in schwach ionisierenden Medien) untersucht und eine starke Zunahme derselben mit der Konzentration gefunden, und zwar eine desto größere, je besser die Leitfähigkeit ist (daß leichter dissoziierbare Salze eine größere Dielektrizitätskonstante haben, ist leicht erklärlich, da diese ja den Widerstand des Moleküls gegen elektrische Deformation mißt). Diese Wirkung wird sowohl den neutralen Molekülen als auch den Ionen zugeschrieben. Infolge des großen Einflusses der Dielektrizitätskonstante der Umgebung auf die Dissoziation (Nr. **17**) glaubt nun *Walden* dadurch die Abweichungen von (65) (und eventuell auch den Gang der Leitfähigkeit, Nr. **20**) erklären zu können, daß mit steigender Konzentration die Dielektrizitätskonstante der Lösung und damit die Dissoziationskonstante zunimmt. Natürlich sollte auch die Dissoziationskonstante des Lösungsmittels selbst zunehmen.

Doch haben *Bain* und *Coleman*[136]) keine Zunahme des Ionisationsgrades von Wasser durch Salzzusatz feststellen können. Auch scheint es unwahrscheinlich, daß dieser Effekt bei wässerigen Lösungen viel

129) *F. Kohlrausch,* Berl. Ber. 1900, p. 1002; Z. f. El. 13 (1907), p. 333.

130) *L. Storch,* Z. f. ph. Ch. 19 (1896), p. 13.

131) *W. D. Bancroft,* Z. f. ph. Ch. 31 (1899), p. 188.

132) *J. Larmor,* Mem. Manch. Phil. Soc. 52 (1908), p. 33, 53.

133) *Ch. Kraus* u. *W. Bray,* J. Am. Chem. Soc. 35 (1913), p. 1315.

134) S. z. B. *Ch. Kraus,* Z. f. El. 20 (1914), p. 524; *A. Sachanow,* Z. f. El. 20 (1914), p. 529; s. auch *H. Euler,* Z. f. ph. Ch. 29 (1899), p. 603.

135) *P. Walden,* Bull. Ac. St. Pétersb. 6 (1912), p. 305, 1955.

136) *J. H. Mc Bain* u. *F. Coleman,* nach Nature 102 (1919), p. 432.

ausmachen kann, denn bei verdünnten Lösungen wird die Erhöhung der an und für sich hohen Dielektrizitätskonstante des Wassers kaum genügend groß sein, um den Dissoziationsgrad merklich zu ändern.

Einen wesentlichen Fortschritt brachte der experimentelle Beweis, daß bei immer weiter getriebener Verdünnung die Abweichungen vom *Ostwald*schen Gesetz schließlich verschwinden: nach *Arrhenius* für kleinere Konzentrationen als $2 \cdot 10^{-4}$ normal, nach *Washburn* und *Weiland* für $2—7 \cdot 10^{-5}$ normale KCl-Lösungen, wobei $\frac{\alpha^2}{1-\alpha} = 0{,}02\, v$.[137])

Man mußte also vermuten, daß bei Ionen die Gesetze verdünnter Lösungen als Grenzgesetze gelten, aber früher als bei neutralen Molekülen ihre Gültigkeit verlieren.

Bezüglich der Lösungen der üblichen Konzentrationen liegt ein Versuch von *Jahn* und *Nernst*[87]) vor, ihre früher genannten Formeln (60) anzuwenden.

Erfolg brachte erst die Berücksichtigung der *elektrischen Kräfte* zwischen den Ionen. Unter der Annahme, daß die Dichte der Ionen eines Vorzeichens durch die Anwesenheit anderer nicht beeinflußt wird, haben *Türin, Malmström* und *Kjellin*[138]) Ansätze gemacht, wobei sie so rechnen, daß sie in die mittlere potentielle Energie den mittleren Abstand einsetzen (was unrichtig ist, die richtige Art zu rechnen s. *Debye*[139])). Es ergibt sich hierbei das Gesetz von *Walden* (ε = Dielektrizitätskonstante)

$$\alpha = f(\varepsilon \sqrt[3]{v}) \quad \text{(Nr. 17)}. \tag{75}$$

Erst *Milner*[140]) führt die Rechnung konsequent durch unter Berücksichtigung des Umstandes, daß nach dem *Boltzmann*schen $e^{-\frac{\chi}{kT}}$ Satz (Encykl. V 10, Nr. **46**) entgegengesetzt geladene Ionen im Mittel einen kleineren Abstand haben als gleichgeladene. Er berechnet das gegenseitige, von den elektrostatischen Kräften herrührende Virial (Encykl. IV 1, Nr. **48**; IV 2, Nr. **28**; V 10, Nr. **18**) der Ionen, das bei *Coulomb*schen Kräften identisch ist mit der negativen potentiellen Energie U (d. h. der Arbeit, die nötig ist, um die Ionen in unend-

137) *S. Arrhenius*, Medd. K. Vet. Nobelinstitut 2 (1913), 42; *E. W. Washburn*, J. Am. Chem. Soc. 40 (1918), p. 106, 122, 150; *H. J. Weiland*, ebenda 40 (1918), p. 131.

138) *Vl. v. Türin*, Z. f. ph. Ch. 34 (1900), p. 403; 36 (1901), p. 524; *R. Malmström*, Z. f. El. 11 (1905), p. 797; *E. Baur*, Z. f. El. 11 (1905), p. 936; 12 (1906), p. 725; *F. A. Kjellin*, Z. f. ph. Ch. 77 (1911), p. 192.

139) *P. Debye*, Phys. Z. 21 (1920), p. 178.

140) *S. R. Milner*, Phil. Mag. 23 (1912), p. 551; 25 (1913), p. 743.

liche Entfernung zu bringen) und daher aus der *Boltzmann*schen Funktion χ durch Mittelung erhalten wird.

Milner findet hierfür bei gleichwertigen Ionen (N = *Loschmidt*sche Zahl pro Mol, ε = Dielektrizitätskonstante, e = Ionenladung)

$$\frac{U}{N} = \left(\frac{8\pi N}{3} C\right)^{\frac{1}{3}} \frac{e^2}{\varepsilon} \Phi\left[\left(\frac{8\pi}{3} N \frac{Ce^6}{\varepsilon^3 (kT)^3}\right)^{\frac{1}{3}}\right]. \tag{68}$$

Φ läßt sich nur für kleine Argumentwerte geschlossen darstellen und wird dann

$$\sim \sqrt{\frac{\pi}{2\varepsilon k T}}\, e \left(\frac{8\pi N}{3} C\right)^{\frac{1}{6}}. \tag{69}$$ [140a]

Diese Energie gibt ein Zusatzpotential zu (57)

$$\Delta\mu = T \int_{\infty}^{T} \left(\frac{U}{T^2} dT\right)_v = RT \int_0^x dx\, \Phi(x), \tag{70}$$

was sich bei Konzentrationen von 10^{-4} bis 10^{-1} normal durch

$$\Delta\mu = -1{,}62 \sqrt{\frac{C}{T}} \text{ cal.} \tag{71}$$

angenähert darstellen läßt.[142]) Aus $\Delta\mu$ folgen dann (Nr. **33**) alle anderen Eigenschaften der Lösung. Die Gefrierpunktserniedrigungen lassen sich ohne weitere Konstante gut darstellen.

Milner[141]) hat auch den Einfluß der elektrischen Kräfte auf die Beweglichkeit untersucht, ein Problem, das schon von *P. Hertz*[189]) behandelt wurde und Abnahme der Beweglichkeit mit steigender Konzentration ergeben hatte (Nr. **19**).

Im Anschluß an diese Untersuchungen vertritt *N. Bjerrum*[142]) die Ansicht, daß *die starken Elektrolyte vollständig dissoziiert* sind. Der bisher angenommene Wert von $\alpha < 1$ sei vorgetäuscht, und zwar bei Leitfähigkeitsmessungen (vgl. Nr. **18**) durch den Effekt von *Hertz*, der einen (allerdings theoretisch noch nicht berechenbaren) „*Leitfähigkeitskoeffizienten*" $f_A < 1$ ergebe.

Ebenso erklärt die Untersuchung von *Milner* folgende Abweichungen von dem Verhalten neutraler Moleküle: Bei den Potentialmessungen an Ketten das Auftreten eines „*Aktivitätskoeffizienten*" f_a,

$$RT \lg f_a = \Delta\mu, \tag{72}$$

140a) Bei *Milner* steht $\sqrt{\frac{3}{2}\pi}$, doch sind seine Zahlen mit obiger Formel gerechnet.

141) *S. R. Milner,* Phil. Mag. 35 (1918), p. 214, 352.

142) *N. Bjerrum,* Z. f. El. 24 (1918), p. 321; Z. f. anorg. Ch. 109 (1920), p. 275. Dies hat *Sutherland* (Anm. 188) schon früher für *alle* Elektrolyte behauptet.

bei den Gefrierpunkts- usw. Messungen das Auftreten eines „osmotischen“ Koeffizienten f_0, definiert durch das Lösungsmittelpotential (vgl. (56))

$$\mu^0 + RT f_0 \lg(1 - x), \tag{73}$$

der mit f_a durch

$$f_0 + x\frac{\partial f_0}{\partial x} = 1 + x\frac{\partial \lg f_a}{\partial x} \tag{74}$$

nach (72) und (10′) verknüpft ist.

Auch die „*Neutralsalz*wirkung“ (vgl. Nr. **36**) läßt sich entsprechend aufklären.

J. C. Ghosh[143]) rechnet weniger korrekt als *Milner*. Er betrachtet die Lösung als ein Ionengitter, wie es der entsprechende Salzkristall ist. Für die Leitfähigkeit kommen nur die Ionen in Betracht, deren kinetische Energie größer als die potentielle Gitterenergie U ist, so daß sie sich aus dem Gitter losreißen können (tatsächlich fehlt da wohl ein Zahlenfaktor). Aus der potentiellen Energie des Gitters folgt wieder das Zusatzpotential $\Delta\mu = T\int_{\infty}^{T}\frac{U}{T^2}\,dT$. Beim NaCl-Typus wird $U = \frac{Ne^2}{2\varepsilon}\sqrt[3]{2CN}$ gesetzt, also $\Delta\mu = -U$.

Die Leitfähigkeit ergibt sich durch Multiplikation des Wertes, der ohne elektrostatische Kräfte auftreten würde, mit $e^{-\frac{U}{RT}}$.

17. Einfluß des Lösungsmittels auf die Dissoziation. Es war schon früh aufgefallen, daß gerade das Wasser, das ja noch in mancher anderen Beziehung eine Sonderstellung einnimmt, so stark ionisierend wirkt, aber bald zeigten sich auch andere Flüssigkeiten wirksam. *Dutoit* und *Aston*[143a]) meinten, daß das Lösungsmittel, um eine starke ionisierende Wirkung auszuüben, stark assoziiert sein müßte. *Brühl*[144]) führte diese Wirkung auf das Vorhandensein ungesättigter Valenzen (besonders von Sauerstoff, Schwefel oder Stickstoff) im Molekül des Lösungsmittels zurück. *Thomson* und *Nernst*[145]) wiesen darauf hin, daß eine große *Dielektrizitätskonstante* ε günstig wirken müßte, da sie die Kraft zwischen den getrennten Ionen auf den Bruchteil $\frac{1}{\varepsilon}$

143) *J. C. Ghosh*, J. Chem. Soc. 113 (1918), p. 449, 627, 707.

143a) *P. Dutoit* u. *E. Aston*, Paris C. R. 125 (1897), p. 240; *P. Dutoit* u. *L. Friderich*, Bull. Soc. Chim. Paris (3) 19 (1898), p. 321.

144) *J. W. Brühl*, Z. f. ph. Ch. 27 (1898), p. 319; 30 (1899), p. 3.

145) *J. J. Thomson*, Phil. Mag. (5) 36 (1893), p. 320; *W. Nernst*, Z. f. ph. Ch. 13 (1894), p 531.

herabsetzt. *Brillouin*[146]) hat diese Wirkung sehr ausführlich diskutiert, indem er annahm, daß das Ion in einer kugelförmigen Höhlung innerhalb des kontinuierlichen Lösungsmittels sitze. Er zeigte, daß dann ohne thermische Agitation ein Zerfall nicht möglich sei (da auch die größte Dielektrizitätskonstante die Dissoziationswärme nicht negativ machen kann), daß aber bei Vorhandensein derselben der *Zerfall wesentlich erleichtert* wird und zwar desto mehr, je näher die Ladung an der Wand der Höhlung sitzt. *Walden*[147]) hat nun systematisch einen Elektrolyt, das Tetraäthylammoniumjodid $(C_2H_5)_4NJ$ (und einige andere) in zahlreichen organischen Lösungsmitteln untersucht und die *Thomson-Nernst*sche Regel durchaus bestätigt gefunden, während die beiden anderen oben erwähnten Voraussetzungen nicht eintrafen (übrigens ist es sehr leicht möglich, daß Assoziation, ungesättigte Valenzen und große Dielektrizitätskonstante häufig parallel gehen).

Walden zeigt außerdem, daß für diejenigen Verdünnungen in verschiedenen Lösungsmitteln, bei welchen die aus der Leitfähigkeit gefundenen Dissoziationsgrade gleich sind, folgende Formel gilt:

$$\varepsilon \sqrt[3]{v} = \text{konst}, \tag{75}$$

so daß man, wenn die Abhängigkeit der Dissoziation von dem die Verdünnung messenden Volumen v (Nr. **14** a) in einem Lösungsmittel bekannt ist, diese Abhängigkeit für jedes andere berechnen kann.

Außer den von *Walden* untersuchten organischen Lösungsmitteln sind auch zahlreiche anorganische untersucht worden, so flüssiges Ammoniak[148]), flüssiges SO_2 [149]). Hier liegen manchmal komplizierte Verhältnisse vor, die wohl auf chemische Reaktionen zwischen Gelöstem und Lösungsmittel zurückzuführen sind.[150])[151])

Der Einfluß von Zusätzen von Nichtelektrolyten ist sehr häufig durch Bestimmung der Leitfähigkeit untersucht worden. Derselbe teilt sich in einen Einfluß auf die Fluidität und in einen solchen auf

146) *M. Brillouin,* Ann. chim. phys. (8) 7, (1906), p. 289.

147) *P. Walden,* Z. f. ph. Ch. 54 (1906), p. 129; Bull. Ac. St. Pétersb. 7_2 (1913), p. 907, 987, 1075; s. auch *G. Carrara,* Elektrochemie nichtwässeriger Lösungen, Stuttgart 1908 (Sammlung Ahrens).

148) *H. P. Cady,* J. Phys. Chem. 1 (1897), p. 707; *E. C. Franklin* u. *Ch. A. Kraus,* Am. Ch. J. 23 (1900), p. 277.

149) *P. Walden* u. *M. Centnerszwer,* Z. f. ph. Ch. 39 (1902), p. 513.

150) Daß solche für die Ionisation nötig sind, haben *L. Kahlenberg* u. *H. Schlundt,* J. Phys. Chem. 6 (1902), p. 447, angenommen.

151) Für weitere Fälle s. *P. Walden,* Z. f. ph. Ch. 43 (1903), p. 385; *L. Bruner* u. *A. Galecki,* Z. f. ph. Ch. 84 (1913), p. 513.

die Dissoziation. *Arrhenius*[152]) fand bei Alkoholzusatz eine Verminderung der letzteren (was mit der Abnahme von ε gut übereinstimmt), bei Zusatz von Ammoniak[153]) zeigte sich erst Verstärkung, dann Verminderung. Andererseits fand *Wildermann*[154]) und *Osaka*[155]) keinerlei Einfluß auf die Dissoziation, bestimmt aus Gefrierpunktmessungen.

c) Geschwindigkeit und Größe der Ionen.

18. Elektrizitätsleitung in Elektrolyten, Überführungszahl. Eine Lösung enthalte im Kubikzentimeter C_1 Mol positive ν_1-wertige und C_2 Mol negative ν_2-wertige Ionen. Das Salzmolekül zerfalle in a_1 positive und a_2 negative Ionen, so daß wegen der elektrischen Neutralität $\nu_1 a_1 = \nu_2 a_2$ gilt. Sei C die Konzentration, die das Salz hätte, wenn es nicht zerfiele. Diese hängt mit dem Dissoziationsgrad α und den Ionenkonzentrationen $C_1 C_2$ folgendermaßen zusammen

$$\alpha C = \frac{C_1}{a_1} = \frac{C_2}{a_2}.$$

Die Geschwindigkeit, welche die positiven Ionen beim Potentialgefälle ein Volt pro cm annehmen, sei u, die der negativen v. Dann ist der Strom, den beide Ionenarten bei 1 Volt pro cm transportieren,

$$J = (C_1 \nu_1 u + C_2 \nu_2 v) F. \tag{76}$$

Man bezeichnet die Leitfähigkeit dividiert durch $\nu_1 a_1 C = \nu_2 a_2 C$ als äquivalente Leitfähigkeit Λ und erhält also

$$\Lambda = \alpha(u + v) F. \tag{77}$$

Geht die Elektrizitätsmenge $F = 96494$ Coulomb durch die Lösung, so werden an der Kathode $\frac{1}{\nu_1}$ gr Mol Ionen ausgeschieden. Zugewandert ist aber die Menge $\frac{1}{\nu_1}\frac{u}{u+v}$, da der Bruchteil $\frac{u}{u+v}$ des Stromes von den positiven Ionen getragen wird. Infolgedessen ist an der Kathode eine Verarmung um $\frac{1}{\nu_1}\frac{v}{u+v}$ Mol eingetreten. Entsprechend sind an der Anode nur $\frac{1}{\nu_2}\frac{v}{u+v}$ Mol zugewandert, wodurch dort eine Verminderung der Konzentration um $\frac{1}{\nu_2}\frac{u}{u+v}$ erfolgt ist. Die Zahlen

$$\mathfrak{n}_+ = \frac{u}{u+v}, \quad 1 - \mathfrak{n}_+ = \frac{v}{u+v} = \mathfrak{n}_- \tag{78}$$

152) *S. Arrhenius*, Z. f. ph. Ch. 9 (1892), p. 487; ferner: *A. J. Wakemann*, Z. f. ph. Ch. 11 (1893), p. 49; *R. J. Holland*, Wied. Ann. 50 (1893), p. 261; *N. Zelinsky* u. *S. Krapiwin*, Z. f. ph. Ch. 21 (1896), p. 35; *E. Cohen*, Z. f. ph. Ch. 25 (1898), p. 1; *W. Roth*, Z. f. ph. Ch. 42 (1903), p. 209.

153) *A. Hantzsch*, Z. f. anorg. Ch. 25 (1900), p. 332.

154) *M. Wildermann*, Z. f. ph. Ch. 46 (1903), p. 43.

155) *Y. Osaka*, Z. f. ph. Ch. 41 (1902), p. 560.

nennt man die *Überführungszahlen* des Kations und Anions. Schon *Hittorf*[156]) hat diese Verhältnisse klar erkannt. Auf die Diskussion der Abhängigkeit der Überführungszahlen von äußeren Umständen[157]) gehen wir nach der Diskussion der entsprechenden Abhängigkeit der Ionenbeweglichkeiten u, v ein. Die tatsächlich durch Konzentrationsänderung der Elektrolyten gemessenen Überführungszahlen, die man auch als *Hittorf*sche Überführungszahlen $\mathfrak{n}_H$ bezeichnet, werden aber mit den „wahren" Überführungszahlen $\mathfrak{n}_w$ dann nicht übereinstimmen, wenn ungleiche Hydratation eintritt, d. h. wenn die Ionen ungleiche Mengen des Lösungsmittels gebunden mit sich führen; wenn in einem Mol Elektrolyt die Kationen um b Mol Wasser mehr mit sich führen, als die Anionen, so besteht folgende Beziehung:

$$\mathfrak{n}_H = \mathfrak{n}_w - Cb. \tag{79}$$

Bei unendlicher Verdünnung ($C = 0$) stimmen hiernach die $\mathfrak{n}_H$ mit den $\mathfrak{n}_w$ überein. Auf diesem Wege haben *Riesenfeld* und *Reinhold*[158]) die Größe b zu bestimmen gesucht, indem sie die Neigung der Kurve maßen, welche die Überführungszahl als Funktion der Konzentration beschreibt. Ähnlich hatte vorher schon *Bousfield*[159]) die Abhängigkeit der Ionenbeweglichkeit von der Konzentration benützt, um den Radius des wandernden Komplexes Ionenkern plus Wasserhülle als Funktion der Konzentration zu bestimmen, doch sind die Grundlagen seiner Rechnung recht unsicher.

Eine sichere Methode zur Bestimmung von b stammt von *Nernst*[160]) und seinen Schülern und beruht darauf, daß man zur Lösung eine kleine Menge eines Nichtelektrolyten zusetzt; wenn Wasser übergeführt wird, so nimmt dadurch die Konzentration des Nichtelektrolyten dort ab, wohin die größere Wassermenge gewandert ist. Natürlich besteht die zweite Möglichkeit, daß statt des Wassers der zugesetzte Nichtelektrolyt an die Ionen gebunden und übergeführt wird, man muß sich daher überzeugen, daß die scheinbar übergeführte Wassermenge

156) *W. Hittorf,* Pogg. Ann. 89 (1853), p. 176; 98 (1856), p. 1; 103 (1858), p. 1; 106 (1859), p. 337, 513.

157) Aus Überführungsmessungen lassen sich auch Schlüsse auf die Zusammensetzung komplexer Ionen ziehen, s. *A. A. Noyes,* Z. f. ph. Ch. 36 (1901), p. 63; *R. Kremann,* Z. f. anorg. Ch. 33 (1903), p. 87; *J. W. Mc Bain,* Z. f. El. 11 (1905), p. 215; *C. Drucker,* Z. f. El. 19 (1913), p. 797; *R. Lorenz* u. *J. Posen,* Z. f. anorg. Ch. 95 (1916), p. 340.

158) *E. Riesenfeld* u. *B. Reinhold,* Z. f. ph. Ch. 66 (1909), p. 672.

159) *W. R. Bousfield,* Z. f. ph. Ch. 53 (1905), p. 257.

160) *W. Nernst,* Gött. Nachr. 1900, p. 68; *H. Lotmar,* ebenda, p. 70; *C. C. Garrard* u. *E. Oppermann,* ebenda, p. 86. Wie diese Versuche nach der neueren Auffassung der Hydrate (Nr. **23**) zu deuten sind, ist noch nicht geklärt.

von der Art des zugesetzten Nichtelektrolyten unabhängig ist. Solche Bestimmungen wurden von *Morgan* und *Kanolt*, sowie von *Lobry de Bruyn*[161]) ausgeführt, doch ohne die erwähnten Vorsichtsmaßregeln, später von *Buchböck*[162]) und *Washburn*[163]). Diese Autoren geben Tabellen an, nach denen sich die Hydratation des Kations bestimmen läßt, wenn man für die von Chlor eine bestimmte Zahl einsetzt. Endlich hat *Remy*[164]) versucht, die Wasserüberführung direkt zu messen, indem er zwischen die Elektroden eine Gallertschicht legte, doch stört hier die unbekannte Elektroendosmose.

19. Ionenbeweglichkeit. Durch die Untersuchungen von *Kohlrausch* war gezeigt, daß sich mit zunehmender Verdünnung die Leitfähigkeit einer bestimmten Grenze näherte. Nach der Dissoziationstheorie ist bei sehr großer Verdünnung der gesamte Elektrolyt in Ionen zerfallen, also $\alpha = 1$. Die äquivalente Leitfähigkeit wird dann $(u + v)F$ und aus dem *Kohlrausch*schen Befund folgt, daß auch die Ionenbeweglichkeiten von der Verdünnung unabhängig werden. Die Leitfähigkeit gibt die Summe der Ionenbeweglichkeiten, die Überführungszahl (bei unendlicher Verdünnung) ihr Verhältnis, man kann also die Absolutwerte einzeln bestimmen.[165])[166])[167])

Sie betragen[168]) z. B. für K $6{,}65 \cdot 10^{-4} \frac{\text{cm}^2}{\text{Volt sec}}$, für H $32{,}6 \cdot 10^{-4} \frac{\text{cm}^2}{\text{Volt sec}}$. Ebenso wie für das Wasserstoffion ist auch der Wert für das Hydroxylion auffallend groß. Man hat diese großen Werte entweder damit zu erklären gesucht, daß diese Ionen nicht hydratisiert seien; oder darauf hingewiesen, daß es gerade die Ionen des Lösungsmittels seien, daher ihre Fortbewegung ähnlich erfolgen könnte, wie es die alte Theorie von *Grotthus* annahm, indem ein Wasserstoffion an ein

---

161) *J. L. R. Morgan* u. *C. W. Kanolt,* Z. f. ph. Ch. 48 (1904), p. 365; *C. A. Lobry de Bruyn,* Rec. trav. chim. 22 (1903), p. 430.

162) *G. Buchböck,* Z. f. ph. Ch. 55 (1906), p. 563.

163) *E. W. Washburn,* Z. f. ph. Ch. 66 (1909), p. 513.

164) *H. Remy,* Z. f. ph. Ch. 89 (1915), p. 529. Die theoretischen Betrachtungen, ebenda, p. 467, scheinen mir doch zu unsicher.

165) Zuerst *F. Kohlrausch,* Wied. Ann. 6 (1879), p. 199 ff.

166) Ältere Messungen bei *F. Kohlrausch,* Z. f. El. 13 (1907), p. 333; *A. Heydweiller,* Z. f. ph. Ch. 89 (1915), p. 281.

167) Neuere Literatur bei *G. v. Hevesy,* Jahrb. f. Rad. u. El. 13 (1916), p. 271; *E. Rona,* Z. f. ph. Ch. 95 (1920), p. 62.

168) Nach *M. Le Blanc,* Lehrbuch der Elektrochemie, 6. Aufl., p. 106.

169) *W. Sutherland,* Phil. Mag. (6) 3 (1902), p. 161; *S. Tijmstra Bz.,* Z. f. ph. Ch. 49 (1904), p. 345; *H. Daneel,* Z. f. El. 11 (1905), p. 125, 249; *A. Hantzsch* u. *K. S. Caldwell,* Z. f. ph. Ch. 58 (1907), p. 575; *K. Frycz* u. *St. Tolloczko,* Chem. Zentralbl. I (1913), p. 91.

Wassermolekül anprallt und dieses auf der anderen Seite sein eigenes Wasserstoffion weitergibt, das Ion also den Durchmesser des Moleküls gleichsam überspringt.[169]) *Lorenz*[170]) hat diese Auffassung dadurch zu stützen gesucht, daß er zeigte, daß bei geschmolzenen Salzen die Ionen des Salzes selbst schneller wandern als fremde Ionen.[171])

Kohlrausch[172]) maß auch die *Temperaturabhängigkeit* der Beweglichkeiten und fand, daß dieselbe der Größenordnung nach bei allen Ionen die gleiche ist und mit dem *Temperaturkoeffizienten der inneren Reibung von Wasser übereinstimmt.* Doch ist der Temperaturkoeffizient bei den Ionen mit größerer Beweglichkeit kleiner, so daß sich mit steigender Temperatur die Unterschiede der Beweglichkeiten verwischen, dies haben besonders Messungen von *Noyes* bis zu 300^0 bestätigt.[173]) Das hat zur Folge, daß die Überführungszahlen sich mit steigender Temperatur dem Werte $\frac{1}{2}$ nähern. *Kohlrausch* konnte die Temperaturabhängigkeit der Beweglichkeiten u durch die quadratische Formel

$$(80)\qquad u = u_{18}[1 + \alpha(t - 18) + 0{,}0163(\alpha - 0{,}0174)(t - 18)^2]$$

gut ausdrücken, andererseits den Temperaturkoeffizienten α verschiedener Ionen in Abhängigkeit von der Beweglichkeit durch

$$(80')\qquad \alpha = 0{,}03536 - 0{,}000329\,u + 0{,}0000018\,u^2.$$

Aus den Formeln (80) und (80') scheint ein Verschwinden von u für etwa -35^0 zu folgen.[174]) Der Umstand, daß der Temperaturkoeffizient so nahe mit dem der inneren Reibung des Wassers übereinstimmt, wurde von *Kohlrausch* durch die Annahme erklärt, daß die Ionen mit einer Wasserhülle umgeben sind, also die Reibung von Wasser an Wasser erfolgt.[175])

Der Zusammenhang mit der inneren Reibung wurde schon früh untersucht. Ein großer Teil dieser früheren Arbeiten ist deshalb nicht brauchbar, weil sie den Einfluß der Dissoziation übersehen

---

170) *R. Lorenz,* Z. f. ph. Ch. 79 (1912), p. 63; 82 (1913), p. 613.

171) Dagegen *P. Walden,* Z. f. El. 26 (1920), p. 72; *G. v. Hevesy,* Z. f. El. 27 (1921), p. 21.

172) *F. Kohlrausch,* Berl. Ber. 1901, p. 1026; 1902, p. 572; Z. f. El. 14 (1908), p. 129.

173) *A. A. Noyes, A. C. Melcher, H. C. Cooper, G. W. Eastman,* Z. f. ph. Ch. 70 (1910), p. 335.

174) Tatsächlich stimmt das nicht, die Leitfähigkeit verschwindet asymptotisch beim absoluten Nullpunkt. *J. Kunz,* Diss. Zürich 1902; Z. f. ph. Ch. 42 (1903), p. 591; *P. Walden,* Z. f. ph. Ch. 73 (1910), p. 257.

175) Entsprechend in Alkohol *D. N. Bhattacharyya* u. *N. Dhar,* Amst. Proc. 18 (1915), p. 373.

haben. Vielmehr sind nur die Leitfähigkeiten Λ_∞ bei unendlicher Verdünnung zu benutzen. Meistens wird die Änderung der Leitfähigkeit durch Zusatz von anderen Nichtelektrolyten zu Wasser beobachtet und mit der inneren Reibung verglichen. *Arrhenius*[176]) fand bei Lösungsmittelgemischen ein Parallelgehen der Leitfähigkeit mit der Reibung der Gemische.

So zeigte *Massoulier*[177]), daß bei Glyzerinzusatz zu Wasser die Leitfähigkeit umgekehrt proportional der inneren Reibung sich ändert.[178]) Endlich hat *Walden*[179]) die Beweglichkeit der Ionen seines Normalelektrolyten, des in Nr. **17** genannten Tetraäthylammoniumjodids $(C_2H_5)_4NJ$, in zahlreichen Lösungsmitteln untersucht und gefunden, daß die *Grenzleitfähigkeiten in ihnen umgekehrt proportional der inneren Reibung* η sind und daß die Proportionalitätskonstante auch von der Temperatur unabhängig ist. Es gilt nämlich

$$\Lambda_\infty \eta = 0{,}700 \tag{81}$$

für alle Lösungsmittel (mit Ausnahme von Glykoll und Wasser).

Daß die umgekehrte Proportionalität mit der inneren Reibung nicht für alle Elektrolyte gilt, zeigen Untersuchungen von *Jones* und seinen Schülern[180]) an Lösungsmittelgemischen, nach denen zwar die Leitfähigkeit zahlreicher Salze in Gemischen von organischen Lösungsmitteln als Funktion des Mischungsverhältnisses Minima aufweisen, welche den Maximis der Kurven der inneren Reibung parallelgehen, aber einzelne Salze, wie z. B. Lithiumsalze diese Minima nicht haben. Das wird von den Autoren auf den geänderten Ionenradius geschoben, womit man auch die Nichtübereinstimmung der Temperaturkoeffizienten von Beweglichkeit und Reibung erklären kann.

Die Abhängigkeit der Beweglichkeit vom Aufbau der Ionen hat zuerst *Ostwald*[181]), dann ausführlich *Bredig*[182]) an zahlreichen organischen Ionen studiert. Er findet, daß bei analoger Zusammensetzung

---

176) *S. Arrhenius*, Z. f. ph. Ch. 9 (1892), p. 487; *R. J. Holland*, Wied. Ann. 50 (1893), p. 261; *N. Strindberg*, Z. f. ph. Ch. 14 (1894), p. 161.

177) *P. Massoulier*, Paris C. R. 130 (1900), p. 773.

178) S. auch *F. Krüger*, Z. f. El. 22 (1916), p. 445; *H. Krumreich*, ebenda, p. 446.

179) *P. Walden*, Z. f. ph. Ch. 55 (1906), p. 207; Bull. Ac. St. Pétersb. 1913, p. 559; s. auch *R. O. Herzog*, Z. f. El. 16 (1910), p. 1003.

180) *H. C. Jones*, *O. F. Lindsay* u. *C. G. Caroll*, Z. f. ph. Ch. 56 (1906), p. 129; *H. C. Jones*, *E. C. Bingham*, *L. Mc. Master*, Z. f. ph. Ch. 57 (1907), p. 193, 257; s. auch *N. Zelinsky* u. *S. Krapiwin*, ebenda 21 (1896), p. 35; *E. Cohen*, ebenda 25 (1898), p. 1.

181) *W. Ostwald*, Z. f. ph. Ch. 2 (1888), p. 840.

182) *G. Bredig*, Z. f. ph. Ch. 13 (1894), p. 191.

die Beweglichkeit mit steigender Atomzahl abnimmt, und daß im allgemeinen die Ersetzung eines leichteren durch ein schwereres Atom ebenso wirkt (nur bei Ersetzung von O durch S tritt das Gegenteil ein). Ferner sind im übrigen ähnliche Ionen desto beweglicher, je symmetrischer sie gebaut sind.

Wegscheider[183]) hat darauf hingewiesen, daß bei organischen Ionen mit gleicher Atomzahl und Wertigkeit die Beweglichkeit recht ähnlich ist; wenn man die entsprechenden Mittelwerte bildet, steigen sie mit der Atomzahl, und wenn man die Mittelwerte durch die Wertigkeit dividiert (also die Beweglichkeit für die Einheit der Kraft bildet), dann ist diese für die einwertigen Ionen im allgemeinen etwas, aber nicht viel größer als für die zweiwertigen, für diese wieder größer als für die dreiwertigen.

Lorenz[184]) hat von der *Stokes*schen Formel

$$u = \frac{v_1 e}{6 \pi \eta r} \tag{82}$$

ausgehend den Rauminhalt der Ionen berechnet, und mit dem Volumen, das das entsprechende Radikal in einer „benachbarten" Verbindung einnimmt, verglichen, er findet bei zahlreichen organischen Kationen und bei den einwertigen Anionen für das Verhältnis dieser beiden Größen, die *Raumerfüllungszahl*, Werte zwischen 1/4,5 bis 1/1,3, während nach *van der Waals* (Erklärung seiner Größe b) der Wert 1/4, bei möglichst dichter Packung 1/1,35 auftreten sollte. Weiter zeigt er, daß der Radius r, der aus Formel (82) folgt, mit der Zahl der Atome im Ion durch eine lineare Gleichung verbunden ist, die für Zahlen zwischen 12 und 50 Atomen gültig bleibt. Daraus wäre zu schließen, daß diese großen organischen Ionen nicht mehr merklich hydratisiert sind. In der benachbarten Verbindung dagegen ist das Ionen*volumen* dieser Zahl direkt proportional.

Hevesy[185]) lenkt die Aufmerksamkeit darauf, daß die Beweglichkeit der Ionen im Mittel von der gleichen Größenordnung ist wie die recht großer Teilchen, wie z. B. von Kolloiden oder Gasblasen. Da bei letzteren die Beweglichkeit proportional dem Potential des Kolloidteilchens ist, d. h. dem Verhältnis $\frac{\text{Ladung}}{\text{Radius}}$ und die gleiche Größe,

---

183) *R. Wegscheider*, Monatsh. 23 (1902), p. 604.

184) *R. Lorenz*, Z. f. ph. Ch. 73 (1910), p. 252; *R. Lorenz* u. *J. Posen*, Z. f. anorg. Ch. 94 (1916), p. 265; *R. Lorenz*, Z. f. anorg. Ch. 105 (1919), p. 175; Z. f. El. 26 (1920), p. 424.

185) *G. v. Hevesy*, Jahrb. f. Rad. u. El. 11 (1914), p. 419; 13 (1916), p. 271; Z. f. Kolloidchemie 21 (1917), p. 129.

wenn auch mit einem anderen Zahlenkoeffizienten, auch bei den Ionen auftritt, so nimmt er an, daß sich zur Erhaltung der Stabilität bei jedem Teilchen der gleiche Potentialwert (in Wasser ca. 70 Millivolt) einzustellen sucht, bei den Kolloidteilchen mit vorgegebener Größe durch Einstellung der Ladung, bei den Ionen mit vorgegebener Ladung dadurch, daß sich der richtige Radius durch Wasseranlagerung herstellt. Nur bei denjenigen organischen Ionen, die schon an und für sich zu groß sind (wie bei den von *Lorenz* betrachteten), kann der hiernach richtige Wert nicht erreicht werden, so daß ihre Beweglichkeit geringer ist, als erwartet. Er zeigt auch, daß bei anorganischen Ionen, die in verschiedener Wertigkeit auftreten, die Beweglichkeiten gleich sind. Jedenfalls ist aber, wie all diese Betrachtungen lehren, die Beweglichkeit (auf die Krafteinheit bezogen) von einfachen mehrwertigen Ionen umgekehrt proportional der Wertigkeit, bei komplizierten von ihr nahe unabhängig.

Walden[186]) hat die Formel (82) für eine Reihe organischer Ionen geprüft und gut bestätigt gefunden, er schließt, daß diese daher nicht hydratisiert sind, und kann durch Anwendung von (82) auf Salze vom Typus NaCl die Hydratation berechnen; er findet für das Natrium $3\frac{1}{2}$ Mol Wasser.

Born[187]) hat den Umstand, daß das Alkalimetall mit dem kleinsten Atomvolumen (Li) sich am langsamsten bewegt, folgendermaßen gedeutet: Die Wassermolekeln sind Dipole, die ihre Achsen auf das Ion richten, aber infolge ihrer gegenseitigen Reibung etwas zurückbleiben, was eine bremsende, der inneren Reibung proportionale Kraft ergibt. Dieser Widerstand folgt der *Stokes*schen Formel mit einem „scheinbaren Radius", der für große Kugeln gleich dem wirklichen ist (da dann die gewöhnliche Reibung überwiegt), dann zu einem Minimum geht und zuletzt mit abnehmendem wahren Radius, z. B. bei Li, wieder steigt (da bei den kleinen Ionen die Felder sehr intensiv sind).

Früher hatte *Sutherland*[188]) eine elektrische Reibung angenommen, die aus zwei Teilen bestehen sollte, einem von der gegenseitigen Einwirkung der Ionen herrührenden (der also dem sogleich zu besprechenden *Hertz*effekt entspricht) und einem von der elektrischen Arbeit am Lösungsmittel herrührenden. Er konnte mit seiner Formel den Gang der Leitfähigkeit bei starken Elektrolyten gut erklären, wenn er vollständige Dissoziation annahm (vgl. Nr. **16**), er erweiterte diese Annahme aber wohl unberechtigterweise auf *alle* Elektrolyte.

186) *P. Walden,* Z. f. El. 26 (1920), p. 65.

187) *M. Born,* Z. f. Phys. 1 (1920), p. 221; Z. f. El. 26 (1920), p. 401.

188) *W. Sutherland,* Phil. Mag (6) 14 (1907), p. 1.

P. Hertz[189]) hat den gegenseitigen Einfluß der Ionen auf die Leitfähigkeit bestimmt, indem er die Formeln für die Verteilung ansetzte und löste. Es ergibt sich mit zunehmender Konzentration eine Abnahme der Leitfähigkeit, die mit der Erfahrung (unter der Annahme $\alpha = 1$) recht gut stimmt, wenn man die Konstanten passend wählt, doch lassen sich diese noch nicht vorherberechnen.

d) Vermischte Probleme der Lösungstheorie.

20. Die Bruttoleitfähigkeit. Die Leitfähigkeit bei unvollkommener Dissoziation selbst ist eine ziemlich komplizierte Größe, da sie sowohl von der Dissoziation als auch von den Ionenbeweglichkeiten abhängt. Zahlreiche Messungen der Leitfähigkeit sind daher für direkte theoretische Betrachtungen nicht brauchbar. In Abhängigkeit von der Konzentration kann die Leitfähigkeit Maxima oder Minima zeigen[190]) (und zwar nach *Walden* stets erst ein Maximum, dann ein Minimum), was auf die entgegengesetzte Änderung von α und den Beweglichkeiten zurückzuführen ist. Doch nimmt bei genügender Verdünnung die Äquivalentleitfähigkeit mit wachsender Verdünnung stets zu, Komplikationen können durch Polymerisierung oder auch durch chemische Reaktionen mit dem Lösungsmittel hervorgerufen werden.[191]) Für die Abhängigkeit von der Temperatur hat, wie erwähnt, schon *Kohlrausch* bequeme Rechenformeln gegeben. Da der Dissoziationsgrad mit steigender Temperatur meist abnimmt, die Beweglichkeit dagegen zunimmt, können auch bei steigender Temperatur Maxima auftreten, worauf *Arrhenius*[192]) hingewiesen hat. Er stellt die Temperaturabhängigkeit durch folgende dreikonstantige Formel dar: $\Lambda = Ae^{-Bt}(1 + at)$. In neuerer Zeit sind die Messungen bis zu ziemlich hohen Temperaturen ausgedehnt worden.[193])[173]) In der Nähe der kritischen Temperatur nimmt die Leitfähigkeit sehr stark

---

189) *P. Hertz*, Ann. d. Phys. 37 (1912), p. 1; *K. Schellenberg*, Ann. d. Phys. 47 (1915), p. 81; *R. Lorenz*, Z. f. anorg. Ch. 113 (1920), p. 135; *R. Lorenz* und *P. Osswald*, ebenda 114 (1920), p. 209.

190) Z. B. *A. Saposchnikow*, Z. f. ph. Ch. 49 (1904), p. 697; 51 (1905), p. 609; *P. Walden*, Bull. Ac. St. Pétersb. 7_2 (1913), p. 1075; ferner ein Referat von *A. Sachanow*, Z. f. El. 20 (1914), p. 529.

191) *B. D. Steele*, *D. Mac Intosh* u. *E. H. Archibald*, Z. f. ph. Ch. 55 (1906), p. 150; *L. Kahlenberg* u. *O. E. Ruhoff*, J. Phys. Chem. 7 (1903), p. 254; *P. Düllberg*, Z. f. ph. Ch. 45 (1903), p. 129; *S. Tijmstra Bz.*, Z. f. ph. Ch. 49 (1904), p. 345.

192) *S. Arrhenius*, Z. f. ph. Ch. 4 (1889), p. 96.

193) *F. Exner* u. *G. Goldschmiedt*, Wied. Ann. 6 (1879), p. 73; *P. Sack*, Wied. Ann. 43 (1891), p. 212; *A. A. Noyes* u. *W. D. Coolidge*, Z. f. ph. Ch. 46 (1903), p. 323.

ab[194]), um über derselben in den verschwindenden Wert für den Dampf überzugehen. Bei sehr tiefen Temperaturen geht die Leitfähigkeit asymptotisch zu Null, beim Durchschreiten des Schmelzpunktes zeigt sich in unterkühlten Flüssigkeiten keinerlei Unstetigkeit.[174])

Ostwald[195]) hat empirisch eine Regel gefunden, welche zur Bestimmung der unbekannten Wertigkeiten von Ionen dienen kann; es ist nämlich die Leitfähigkeit bei einer bestimmten Verdünnung darstellbar durch $\Lambda = \Lambda_\infty - \nu_1 \nu_2 f$, wo f nur von der Verdünnung abhängt.

21. Methoden zur Bestimmung der Dissoziation. 1. Aus der Formel für die elektrische Leitfähigkeit (77) folgerte *Arrhenius*[101]) für den Dissoziationsgrad α, der das Verhältnis der zerfallenen zu den unzerfallenen Molekeln angibt

(83) $$\alpha = \frac{\Lambda}{\Lambda_\infty}.$$

Da die Beweglichkeiten bei mäßiger Verdünnung evtl. noch von der Konzentration abhängen, wurde diese Formel in

(83') $$\alpha = \frac{\Lambda \eta}{\Lambda_\infty \eta_\infty}$$ [196])

korrigiert.

2. Gefrierpunkt- bzw. Siedepunktbestimmungen (Nr. **31, 32**). Aus dem *van t'Hoff*schen Koeffizienten i folgt α nach der Formel $\alpha = \frac{i-1}{a-1}$ (a Zahl der aus 1 Molekel entstehenden Ionen). Leider ist bei großen Verdünnungen die Genauigkeit der Messung wesentlich geringer als bei der Leitfähigkeitsmethode.

3. Die Methode des Verteilungsgleichgewichtes: Jede Substanz verteilt sich zwischen zwei nicht mischbare Lösungsmittel mit einem konstanten Verteilungskoeffizienten (Nr. **35**). Haben wir in dem einen Lösungsmittel keine Ionisation, so geht relativ desto mehr Substanz (Gesamtmenge der zerfallenen und der unzerfallenen) in das andere, je größer die Ionisation ist. Man bestimmt daher das Teilungsverhältnis der Gesamtmengen bei wachsenden Verdünnungen.[197])

---

194) *P. Walden* u. *M. Centnerszwer*, Z. f. ph. Ch. 39 (1902), p. 513; *A. Hagenbach*, Ann. d. Phys. 5 (1901), p. 276.

195) *W. Ostwald*, Z. f. ph. Ch. 1 (1887), p. 97.

196) *W. Ostwald*, Z. f. ph. Ch. 2 (1888), p. 270; *W. Sutherland*, Phil. Mag. (6) 3 (1902), p. 161; *L. Pissarjewsky* u. *N. Lemcke*, Z. f. ph. Ch. 52 (1905), p. 479.

197) *A. Hantzsch* u. *F. Sebaldt*, Z. f. ph. Ch. 30 (1899), p. 258; die dort aus der Temperaturabhängigkeit gezogenen Schlüsse sind wohl nicht berechtigt. *V. Rothmund* u. *K. Drucker*, Z. f. ph. Ch. 46 (1903), p. 827.

4. Berechnung aus der Löslichkeitsänderung, die durch den Zusatz eines anderen Stoffes mit gemeinsamem Ion hervorgerufen wird[198]) (Nr. **14c**).

5. Chemische Reaktionsgeschwindigkeiten, die proportional der Konzentration des zu untersuchenden Ions sind (z. B. Verseifung von Estern durch Säuren) (Nr. **24**).

6. Direkte Bestimmung der Ionenmenge durch bequeme äußere Mittel, z. B. Farbtöne von Indikatoren.[199])

7. Aus den Potentialen von Ketten nach der *Nernst*schen Formel.[200])

Die Methode Nr. 3 bestimmt direkt das Potential der unzersetzten Substanz, die Methoden 6 und 7 das der Ionen, die Methode 2 das des Lösungsmittels, welches mit dem des gelösten Stoffes nach Gleich. (10) zusammenhängt, während die Methoden 1 und 5 nicht direkt chemische Potentiale festlegen (da es sich nicht um Gleichgewichtsmessungen handelt) und Methode 4 das Potential der Ionen mit dem der undissoziierten Moleküle vergleicht.

22. Diffusion. a) *Nichtelektrolyte in Lösungen.* Die Diffusion in Lösungen war schon *Parrot*[201]) bekannt, wurde zuerst von *Graham*[202]) ausführlich experimentell untersucht und von *Fick*[203]) der strengen mathematischen Behandlung zugänglich gemacht, indem er aus der Analogie mit der Wärmeleitung die nach ihm benannte Gleichung aufstellte:

$$\frac{\partial C}{\partial t} = D \Delta C \quad \left(\Delta = \frac{\partial^2}{\partial x^2} + \frac{\partial^2}{\partial y^2} + \frac{\partial^2}{\partial z^2}\right). \tag{84}$$

Sie ist die Kontinuitätsgleichung (Encykl. IV 15, Nr. 7)

$$\frac{\partial C}{\partial t} = \operatorname{div} C\mathfrak{v} \quad \text{mit} \quad \mathfrak{v} = \frac{D}{C} \operatorname{grad} C. \tag{85}$$

Nernst[204]) hat die Ableitung dieser Gleichung geändert, indem er den osmotischen Druck einführte als die Kraft, die den gelösten Stoff im Sinn der Gleichung

---

198) Z. B. *N. Dhar* u. *A. K. Datta*, Z. f. El. 19 (1913), p. 407.

199) *V. H. Veley*, Z. f. ph. Ch. 57 (1907), p. 147; Trans. Chem. Soc. 91 (1907), p. 153; 93 (1908), p. 652, 2114; *E. Salm*, Z. f. ph. Ch. 63 (1908), p. 83.

200) Nr. (49a), s. z. B. *K. Drucker*, Z. f. El. 19 (1913), p. 797.

201) *G. F. Parrot*, Gilb. Ann. 51 (1815), p. 300.

202) *Th. Graham*, Lieb. Ann. 77 (1851), p. 56, 129; 80 (1851), p. 197.

203) *A. Fick*, Pogg. Ann. 94 (1855), p. 59. Weitere ältere Literatur *Ostwald*, Lehrbuch.

204) *W. Nernst*, Z. f. ph. Ch. 2 (1888), p. 613. Vgl. *A. Einstein*, Ann. d. Phys. 17 (1905), p. 549; 19 (1906), p. 371; *P. Debye*, Anm. 408a sowie eine kinetische Deutung von E. *Riecke*, Z. f. ph. Ch. 6 (1890), p. 564.

$$C\mathfrak{v} = \mathrm{k}\,\mathrm{grad}\,\pi \tag{86}$$

antreibt, was für

$$\pi = RTC \qquad \mathrm{k}RT = D \tag{87}$$

mit (84) übereinstimmt. Äußere Kräfte treten einfach zu $\mathrm{grad}\,\pi$ hinzu.

Die tiefste Erkenntnis der Diffusion gewinnen wir aber erst aus den Arbeiten *Einsteins* und *Smoluchowskis*[205]), die zeigten, daß die Zusammenfassung der *Brown*schen Bewegungen aller Einzelteilchen gerade zu der Gleichung (84) führt. Hierbei ist das Wesentliche, daß in genügend verdünnter Lösung für ein bestimmtes Teilchen die Wahrscheinlichkeit einer bestimmten Geschwindigkeit (*ohne äußere Kräfte*) in allen Richtungen gleich groß ist, unabhängig davon, wo die anderen Teilchen liegen. Daher ist die Anzahl der Teilchen, die in *einer* Richtung wandern, proportional C, der Überschuß der Teilchen, die in einer Richtung wandern, über die in entgegengesetzter Richtung gehenden proportional $\mathrm{grad}\,C$. Die mittlere Wanderungsgeschwindigkeit eines einzelnen Teilchens hängt dabei weder von der Richtung noch von C ab.

Die Einführung des osmotischen Druckes darf nicht zu dem Mißverständnis führen, als ob er auf das einzelne Teilchen als wirkliche Kraft wirken würde. Der osmotische Druck ist nur ein anderer Ausdruck für die Gesamtwirkung der *Brown*schen Bewegung, und hat für ein einzelnes Teilchen keine Bedeutung. Seine Einführung hat folgenden Sinn: Denken wir uns in der Lösung ein Volumenelement durch halbdurchlässige bewegliche Wände abgegrenzt, so wirken auf diese Wände wirklich die Kräfte, wie sie in (87) formuliert sind; das Volumenelement würde sich also nach (86) bewegen, wenn die Wände dem Druck frei nachgeben können.

Die Benutzung des osmotischen Druckes setzt daher voraus, daß die Diffusion im Groben durch solche Wände nicht geändert würde.

Bei dieser statistischen Auffassung des Vorganges hat es auch einen Sinn, nach der Geschwindigkeit des „Kopfes" der Diffusion zu fragen (die nach der Differentialgleichung unendlich wäre), d. h. nach der Zeit, die das *erste* Teilchen im Mittel braucht, um eine gegebene Entfernung zu erreichen.[206])

Bezüglich der Diffusionskonstante hat *Euler*[207]) aus Versuchen gefunden, daß sie häufig (im gleichen Lösungsmittel) proportional

205) *A. Einstein,* Ann. d. Ph. 17 (1905), p. 549; *M. v. Smoluchowski,* Phys. Z. 17 (1916), p. 557, 585.

206) *Ph. Frank,* Phys. Z. 19 (1918), p. 516; *H. Bauer,* Phys. Z. 20 (1919), p. 339.

207) *H. Euler,* Wied. Ann. 63 (1897), p. 273.

der Quadratwurzel aus dem Molekulargewicht ist, *Herzog*[208]) hat gezeigt, daß sie proportional der dritten Wurzel des Verhältnisses von Molekularvolumen und Dichte ist. Beim Wechsel des Lösungsmittels soll sie umgekehrt proportional der inneren Reibung sein, was sich aus der Anwendung der *Stokes*schen Formel auf die Molekularbewegung ableiten läßt.

b) *Elektrolyte.* *Nernst*[204]) hat die gleichen Prinzipien auf Elektrolyte angewandt, wobei jedes Ion seine eigene Diffusionsgeschwindigkeit hat. Das würde zu einer Trennung der Ionen und damit zu einer elektrischen Kraft führen, welche das schnellere Ion zurückhält, das langsamere beschleunigt, bis gerade beide die gleiche Geschwindigkeit haben. Natürlich stellt sich dieser stationäre Zustand unmeßbar schnell ein.

Die Bewegungsgleichung der Ionen findet sich in Nr. **46**. Führt man die Bedingung gleichschneller Wanderung beider Ionen ein und eliminiert die elektrische Kraft, so ergibt sich für ein binäres Salz mit gleichwertigen Ionen

$$\frac{1}{D} = \frac{1}{2RT}\left(\frac{1}{u} + \frac{1}{v}\right). \tag{88}$$

Diese Gleichung ist gut bestätigt.

Bei nicht vollständiger Dissoziation ist auch der Anteil der undissoziierten Moleküle zu berücksichtigen.[209])

In Salzgemischen wird die Auflösung der Gleichungen schwieriger, doch hat *Arrhenius* gezeigt, daß bei einem binären Salze die Diffusion des schnelleren Ions durch Zusatz eines Salzes, das auch das andere Ion enthält, beschleunigt wird.[210])

c) *In festen Körpern.* Auch in festen Körpern ist Diffusion vorhanden. *Colson* und *Campbell*[211]) zeigten, daß Kohlenstoff sowie Oxysulfide durch glühendes Eisen wandern können. *W. Spring*[212]) wies nach, daß Zylinder aus verschiedenem Metall aneinandergepreßt bei

208) *R. O. Herzog,* Z. f. El. **16** (1910), p. 1003; *A. Einstein,* Ann. d. Phys. 17 (1905), p. 549; 19 (1906), p. 289; *P. Walden,* Z. f. El. 12 (1906), p. 77; 26 (1920); p. 65; *L. W. Öholm,* Z. f. ph. Ch. 50 (1904), p. 309.

209) Siehe z. B. *J. J. v. Laar,* Lehrb. d. Elektrochemie, p. 92.

210) *W. Nernst,* l. c.; *J. J. v. Laar,* l. c. p. 112 f.; *S. Arrhenius,* Z. f. ph. Ch. 10 (1892), p. 51.

211) *A. Colson,* Paris C. R. 93 (1881), p. 1074; 94 (1882), p. 26; *J. Violle,* Paris C. R. 94 (1882), p. 28; *E. D. Campbell,* Am. Chem. J. 18 (1896), p. 707.

212) *W. Spring,* Z. f. ph. Ch. 15 (1894), p. 65; *W. C. Roberts Austen,* Phil. Trans. 187 A (1896), p. 383; *E. Warburg,* Ann. d. Phys. 40 (1913), p. 327; *G. Schulze,* Ann. d. Phys. 40 (1913), p. 335.

höherer Temperatur verschweißen und ineinander diffundieren. Die ausführlichsten Versuche hat *Roberts-Austen* angestellt.

Ferner gehört die den Metallographen bekannte Tatsache hierher, daß Mischkristalle, die bei der allmählichen Abscheidung aus der Schmelze eine schichtenweise sich ändernde Konzentration aufweisen, diese bei genügend langsamen Arbeiten ausgleichen (Temperung). Hierbei ist bemerkenswert, bei wie tiefen Temperaturen die Diffusion noch merklich ist, um dann bei einer relativ kleinen Temperaturerniedrigung praktisch zu verschwinden.[213]) *Masing* hat die elektrische Widerstandsänderung eines aus abwechselnden Schichten zweier Metalle bestehenden Leiters bei allmählicher Vermischung verfolgt.[214]) Endlich hat *Hevesy* die Methode der radioaktiven Indikatoren angewandt.[214a])

Die Möglichkeit der Diffusion folgt auch aus der Ionenleitung in Kristallen. Da in festen Lösungen die gleichen thermodynamischen Gesetze gelten wie in flüssigen, also auch der gleiche osmotische Druck herrscht, liegt die Langsamkeit der Diffusion nur an der Größe der inneren Reibung, die aber mit steigender Temperatur rasch abnimmt.

23. Hydrate in Lösungen.[215]) Vor Aufstellung der *van t'Hoff*schen Lösungstheorie waren sehr häufig stöchiometrisch definierte chemische Verbindungen zwischen Lösungsmittel und Gelöstem angenommen worden. Unmittelbar nach *van t'Hoff*s Veröffentlichung hielt man oft das Auftreten solcher Verbindungen für unvereinbar mit dessen Anschauungen, erst später wurde man sich allgemein darüber klar, daß die Theorie nur die Unabhängigkeit der gelösten Moleküle in ihrer Bewegung untereinander fordert, während über die Mitnahme von Lösungsmittel nichts ausgesagt wird. Die Annahme von Verbindungen zwischen Lösungsmittel und Gelöstem gewinnt wieder Boden, doch meist in der Form, daß eine mit zunehmender Entfernung vom gelösten Molekül lockerer werdende Vereinigung, nicht aber eine stöchiometrisch definierte Verbindung angenommen wird.

Die Methoden der Untersuchung stützen sich auf folgende Erscheinungen:

213) Siehe besonders z. B. *G. Tammann*, Z. f. anorg. Ch. 107 (1919), z. B. p. 60, 67, 151, 195, 197 ff.

214) *G. Masing*, Z. f. anorg. Ch. 62 (1909), p. 265.

214a) *G. v. Hevesy*, Z. f. Phys. 2 (1920), p. 148.

215) Vgl. die Zusammenfassungen von *E. W. Washburn*, Jahrb. f. Rad. u. El. 5 (1908), p. 493; 6 (1909), p. 69; *E. Baur*, Von den Hydraten in wässeriger Lösung, Stuttgart 1903 (Sammlung Ahrens VIII); *N. Dhar*, Z. f. El. 20 (1914), p. 57 mit Nachträgen von *K. Drucker*.

I. Auf Abweichungen der in Nr. **29**—**32** besprochenen Erscheinungen bei konzentrierten Lösungen vom *van t'Hoff*schen Gesetz, die alle auf die Abweichungen des Potentials der Flüssigkeit von der Form (56) $\mu^0 + RT \lg(1 - x)$ zurückzuführen sind. Sie werden so gedeutet, daß die Zahl der Flüssigkeitsmolekeln um die Zahl der hydratisierten zu verkleinern, also x zu vergrößern ist. Diese besonders von *H. C. Jones* und seinen Schülern[216]) angestellten Untersuchungen setzen aber voraus, daß die Gesetze der verdünnten Lösungen bei beliebiger Konzentration noch gelten. Jeder auf diese Abweichungen sich stützende Schluß muß irgendein Gesetz für „vollkommene" konzentrierte Lösungen voraussetzen, z. B. das von *Dolezalek* und *Lewis* (Nr. **11**), wie es *Washburn*[215]) tut.

II. Auf den Aussalzeffekt, eine Löslichkeitsverminderung durch zugesetztes indifferentes Salz, der als Verminderung des Wassers, das zur Auflösung zur Verfügung steht, gedeutet wird[217]), aber auch auf Wirkung des Binnendrucks (Nr. **11**) oder gegenseitiger Einwirkung des Gelösten geschoben wird.[218]) Jetzt wird man die Nr. **16** angeführten Umstände, die einen direkten Einfluß der Ionen auf das Potential des gelösten Stoffes bedeuten, als maßgebend ansehen.

III. Darauf, daß die Löslichkeits-Temperaturkurve mit dem festen Hydrat als Bodenkörper eine desto flachere Form zeigt, je stärker das Hydrat in Lösung dissoziiert ist (Nr. **38**).

IV. Auf die Abweichungen physikalischer Eigenschaften von der Mischungsregel.[219]) Die Kurven, welche Dichte, Wärmeausdehnung, Viskosität als Funktion der Zusammensetzung geben, weisen oft Maxima oder Minima auf, die durch das Auftreten von Verbindungen erklärt werden. Knicke sind meist durch experimentelle Fehler vorgetäuscht.

Die spezifische Wärme von Lösungen (vgl. Nr. **11**) ist oft kleiner als die Summe bei beiden Bestandteilen, was schon *Berthelot* auf Bindung eines Teils des Wassers zurückgeführt hatte.[220])

V. Farbänderungen[221]) an Cu- und Co-Salzen durch Zusatz in-

---

216) *H. C. Jones*, Publ. Carn. Inst. Nr. 60 und zahlreiche Arbeiten im J. Am. Chem. Soc., s. ferner *C. Poma*, Z. f. ph. Ch. 87 (1914), p. 196; 88 (1914), p. 671.

217) *V. Rothmund*, Z. f. ph. Ch. 33 (1900), p. 413.

218) *H. Euler*, Z. f. ph. Ch. 31 (1899), p. 360; *G. Geffken*, Z. f. ph. Ch. 49 (1904), p. 287; *M. Levin*, Z. f. ph. Ch. 55 (1906), p. 530.

219) Literatur s. bei *Washburn*, l. c.

220) *D. Berthelot*, Mech. chimique I, p. 508, II, p. 174 (Paris 1879).

221) *P. Vaillant*, Ann. chim. phys. (7) 28 (1903), p. 213; *G. N. Lewis*, Z. f. ph. Ch. 52 (1905), p. 224; 56 (1906), p. 223; *V. Kohlschütter*, Ber. d. D. chem. Ges. 37 (1904), p. 1168; ferner Referat über eigene Arbeiten mit Literaturangaben *H. C. Jones*, Z. f. El. 20 (1914), p. 552.

differenter Salze, die eine spezifische Wirksamkeit ausüben, welche als Änderung des Wasserpotentials gedeutet wird. Diese läuft parallel der in I. besprochenen.

VI. Auf Bestimmungen des Teilchenradius. Soweit diese auf der Beweglichkeit der Ionen beruhen, sind sie in Nr. **19** besprochen. *Einstein*[222]) gibt eine Formel, die die Viskosität einer Lösung mit dem Volumen der gelösten Moleküle verknüpft, und findet bei Zucker, daß das hydratisierte Zuckermolekül das vierfache Volumen desselben Moleküls im festen Zustand einnimmt.

VII. Auf die direkte Messung der mitgeführten Wassermengen durch Überführungsbestimmungen (Nr. **18**).

VIII. Auf chemische Gründe. Die *Werner*sche Theorie[223]) verlangt in Analogie mit Ammoniakverbindungen eine Bindung von (meist 6) Wassermolekülen an die Metallatome, wodurch das negative Radikal in die zweite Sphäre gedrängt und „ionogen" gebunden wird. Auch *Abegg, Bodländer*[224]) und *Euler*[219]) führen chemische Gründe für die Hydratisierung an.

24. Reaktionsgeschwindigkeit in Lösungen.[32]) Für homogene Flüssigkeiten liegt ein sehr großes Material an Messungen vor, so gehört ein großer Teil der früher Nr. **6** zitierten Arbeiten hierher.

Wie bei den Gleichgewichten schon bemerkt wurde, zeigen auch hier die Versuche von *Berthelot* und *L. Péan de St. Gilles*[93]) Anschluß an die Theorie in einem Gebiet, wo man die Gültigkeit der Gesetze verdünnter Lösungen nicht mehr erwarten sollte.

Die Theorie ist noch wenig entwickelt. *Smoluchowski*[225]) hat gezeigt, daß es in einer Lösung von der Konzentration C_1 der Teilchen 1 und C_2 der Teilchen 2 in der Sekunde

$$C_1 C_2 (D_1 + D_2) N^2 4\pi a \tag{90}$$

mal vorkommt, daß ein Teilchen 1 sich einem Teilchen 2 auf die Entfernung a nähert, wo D der Diffusionskoeffizient ist, der bei großen Teilchen, für welche die *Stokes*sche Formel gilt, nach (82) und (86) gleich $\frac{kT}{6\pi\eta r}$ ist. In Übereinstimmung damit stünde, daß *Schilow* und *Pudofkin*[226]) die Reaktionsgeschwindigkeit proportional $\frac{1}{\eta}$ fanden. Meist

222) *A. Einstein*, Ann. d. Phys. 19 (1906), p. 289.

223) *A. Werner*, Z. f. anorg. Ch. 3 (1893), p. 294. Neuere Anschauungen auf dem Gebiet der anorg. Chemie, Braunschweig (2. Aufl. 1913).

224) *R. Abegg* u. *G. Bodländer*, Z. f. anorg. Ch. 20 (1899), p. 453.

225) *M. v. Smoluchowski*, Z. f. ph. Ch. 92 (1918), p. 129; s. auch *M. Trautz*, Z. f. anorg. Ch. 106 (1919), p. 149.

226) *N. Schilow* u. *A. Pudofkin*, Z. f. El. 16 (1910), p. 125; *G. Buchböck*, Z. f. ph. Ch. 23 (1897), p. 123; 34 (1900), p. 229.

wird aber dies durch den anderweitigen Einfluß des Mediums verdeckt.

Nun entsteht wieder die Frage, welcher Bruchteil dieser „Zusammenstöße" wirksam ist (vgl. Nr. 9).

Für den Reaktionsverlauf von Ionen meßbarer Konzentration untereinander hat bisher nie eine merkliche Zeitdauer festgestellt werden können[227]), so daß wir annehmen können, daß in diesem Fall praktisch alle Stöße zur Vereinigung führen. So hat sich die allgemeine Anschauung gebildet, daß *Ionenreaktionen stets unendlich schnell verlaufen.* Haben wir aber nur eine sehr kleine Ionenkonzentration, so kann der Umsatz doch endliche Zeit dauern. Andererseits behauptet die Ionentheorie durchaus nicht, daß dies nur für Ionenreaktionen zutrifft, es könnten auch andere Reaktionen ähnliche Geschwindigkeiten haben[228]), wenn die „Aktivierungswärme" genügend klein ist. Daraus folgt, daß es nicht berechtigt wäre, aus einer solchen Tatsache mit *Kahlenberg*[229]) Einwände gegen die Ionentheorie zu erheben. Übrigens wird auch die Richtigkeit der experimentellen Befunde *Kahlenbergs* bestritten.[230])

Andererseits sind Fälle bekannt, daß die Anlagerung von Ionen an neutrale Teilchen Zeit braucht.[231])[232])

Das gleiche gilt für den Zerfall komplexer Ionen (vgl. Nr. 58b, chemische Polarisation).

Die Temperaturabhängigkeit der Reaktionsgeschwindigkeit k läßt sich meist durch die Formel von *Arrhenius*[47]) $\ln k = -\frac{q}{RT} + B$ gut darstellen; *Halban*[233]) hat hervorgehoben, daß monomolekulare Reaktionen im allgemeinen größeres q haben als polymolekulare.

Mit steigendem Druck findet sich sowohl Ab- wie Zunahme der Reaktionsgeschwindigkeit.[234])

227) Z. B. *C. Benedicks*, Z. f. ph. Ch. 70 (1910), p. 12; *G. Kornfeld,* Monatshefte 36 (1915), p. 941.

228) S. z. B. *M. Le Blanc,* Lehrb. d. Elektrochemie, 6. Aufl., p. 127; *F. Haber*[405]).

229) *L. Kahlenberg*, J. Phys. Chem. 6 (1902), p. 1; *J. L. Sammis,* ebenda 10 (1906), p. 593; *C. B. Gates,* ebenda 15 (1911), p. 97.

230) *H. C. Allen,* Kansas Un. Sc. Bull. 1905; *H. P. Cady* u. *H. O. Lichtenwalter,* J. Am. Chem. Soc. 35 (1913), p. 1434.

231) Siehe z. B. *A. Thiel,* Ber. d. D. chem. Ges. 46 (1913), p. 241, 867; *A. Thiel* u. *R. Strohecker,* ebenda 47 (1914), p. 1061.

232) *D. Vorländer* u. *W. Strube,* ebenda 46 (1913), p. 172; *D. Vorländer,* ebenda, p. 181; *L. Pusch,* Z. f. El. 22 (1916), p. 206, 293; *A. Thiel,* ebenda, p. 423.

233) *A. v. Halban,* Ber. d. D. chem. Ges. 41 (1908), p. 2417; Z. f. ph. Ch. 67 (1909), p. 129.

234) Zuerst festgestellt durch *W. Röntgen,* Wied. Ann. 45 (1892), p. 98. Weitere Literatur bei *E. Cohen* u. *W. Schut,* Piezochemie, Leipzig 1919.

Nun wird oft die Geschwindigkeit einer Reaktion durch fremde Stoffe, die sich mit den umgesetzten Stoffen nicht in stöchiometrischem Verhältnis umsetzen, stark beeinflußt. Eine solche Beeinflussung nennt man *Katalyse*. (Diese Definition stammt von *Bredig*, der Name von *Berzelius*; ein großer Teil der Klarstellung von *Ostwald*).[235])

Eine besondere Klasse dieser Wirkung ist der *Einfluß des Lösungsmittels*, der zuerst ausführlich von *Menschutkin*, dann von zahlreichen anderen Forschern untersucht wurde, ohne geklärt worden zu sein.[236])

Van t'Hoff hat angegeben, wie man den gleichgewichtsverschiebenden Einfluß des Mediums von der Wirkung trennen kann, die auf Reaktion und Gegenreaktion gleich stark wirkt, indem man durch die Löslichkeit dividiert, doch hat *Halban* gezeigt, daß dies nicht eindeutig ist und nichts vereinfacht.[237])

Zur Erklärung dieses Einflusses liegen zwei Möglichkeiten vor: Es können sich Verbindungen mit dem Medium als Zwischenprodukte bilden, oder es kann auch ein direkter Einfluß des Mediums auf A vorliegen in der Art, wie Wasser die Dissoziationswärme verkleinert.[145])

Von den eigentlichen Katalysen[238]) ist eine der wichtigsten die durch H^+-Ionen, wie sie z. B. bei der Esterbildung auftritt. Anfangs schien es, als ob die katalytische Wirkung der Konzentration der H^+-Ionen streng proportional wäre. Genauere Untersuchungen[239]) zeigten aber, daß dies weder bei den aus der *Ostwald*schen Gleichung oder der Leitfähigkeit bei Änderung der Säurekonzentration zu erwartenden Werten der H^+-Konzentration galt, noch beim Zusatz eines Neutralsalzes, welches stets die Wirkung erhöht, wenn es nicht das Säureanion enthält.

235) Für die historische Entwicklung sehe man *G. Woker*, Die Katalyse, Bd. 1, Stuttgart 1910.

236) *N. Menschutkin*, Z. f. ph. Ch. 1 (1887), p. 611; 6 (1890), p. 41; *O. Dimroth*, Lieb. Ann. 335 (1904), p. 1; 377 (1910), p. 127; *St. Bugarszky*, Z. f. ph. Ch. 71 (1910), p. 705; *J. H. van t'Hoff*, Vorlesungen über phys. Chem., Braunschweig 1901, I, p. 214ff.

237) *H. v. Halban*, Z. f. ph. Ch. 84 (1913), p. 129.

238) Zusammenfassend *W. Ostwald*, Z. f. El. 7 (1901), p. 995; *E. Abel*, Z. f. El. 19 (1913), p. 933 (dort sehr viel Literatur); *G. Woker*, Die Katalyse, Stuttgart 1910 u. 1915; *P. Sabatier*, Die Katalyse, Leipzig 1914 (hauptsächlich eigene Arbeiten).

239) *S. Arrhenius*, Z. f. ph. Ch. 4 (1889), p. 236; *H. Goldschmidt* u. *O. Udby*, Z. f. ph. Ch. 60 (1907), p. 728 (die in dieser Arbeit abgeleiteten Formeln scheinen mir nicht korrekt); 70 (1910), p. 627; *H. Goldschmidt* u. *A. Thuesen*, Z. f. ph. Ch. 81 (1913), p. 30, *W. S. Millar*, Z. f. ph. Ch. 85 (1913), p. 129; *H. Braune*, ebenda p. 170; weitere Literatur bei *E. Abel*, Anm. 238.

Beide Resultate führten zu der Annahme, daß auch den unzersetzten Salz- und Säuremolekülen eine katalytische Wirkung zukommt, so daß sich die Reaktionsgeschwindigkeit in der Form darstellt:

$$k = k_0 + k_H C_{H^+} + k_M C_M.$$

Snethlage[240]) glaubte nun beweisen zu können, daß $\frac{k_M}{k_H}$ eine für die katalysierende Säure charakteristische Zahl unabhängig von der Reaktion sei und mit der Stärke der Säure selbst wachse. Bei Salzsäure in Wasser ergibt sich die Wirkung sogar proportional der Bruttokonzentration ($k_M = k_H$) also unabhängig vom berechneten Dissoziationsgrad. Diese Umstände führten *Snethlage* zur Leugnung der Dissoziationshypothese.

Doch scheint die neuere Auffassung der starken Elektrolyte die Schwierigkeiten zu heben, da nach ihr die bisher berechneten Dissoziationsgrade nicht die wahren sind. Überschlagsrechnungen von *Bjerrum*[142]) sprechen dafür, daß die Katalyse der wahren H^+-Ionen-Konzentration gut proportional ist, so daß man keine Wirkung der undissoziierten Moleküle anzunehmen braucht.

In ähnlicher Weise wie H^+ verhält sich auch OH^-.

Während aber die bisher genannten Katalysatoren auf zahlreiche Reaktionen wirken, gibt es auch Fälle, wo spezifische Wirkungen vorliegen. So hat *Fajans*[241]) gezeigt, daß optisch aktive Stoffe die Reaktionsgeschwindigkeit zweier entgegengesetzt drehender Isomeren verschieden beeinflussen.

Außer den bisher besprochenen „positiven“ Katalysatoren gibt es auch „negative“, die die Geschwindigkeit herabsetzen; ihre Wirkung wird auf Vernichtung sonst anwesender positiver zurückgeführt.[242])

Als Erklärung für die Wirkung dieser Stoffe gewinnt die Ansicht immer mehr Boden, daß der Katalysator mit den reagierenden Stoffen Zwischenprodukte bildet und auf dem neuen Weg die Geschwindigkeit größer ist.[243])

Der strenge Beweis für die Richtigkeit dieser Erklärung ist zwar nicht sehr oft erbracht (für die Esterbildung unter dem Einfluß von

240) *H. C. S. Snethlage*, Z. f. ph. Ch. 85 (1913), p. 211; 90 (1915), p. 1, 139.

241) *K. Fajans*, Z. f. ph. Ch. 73 (1910), p. 25.

242) *S. L. Bigelow*, Z. f. ph. Ch. 26 (1898), p. 493; *A. Titoff*, Z. f. ph. Ch. 45 (1903), p. 641; *H. Lachs*, Z. f. ph. Ch. 73 (1910), p. 291.

243) Zuerst *Clément* u. *Désormes*, Ann. chim. phys. 59 (1806), p. 329. Sie wird auch von *Abel* und besonders *Sabatier*, Anm. 238, vertreten.

H^+ hat *Goldschmidt* die Bildung von $H^+C_2H_5OH$ angenommen), sie gilt heute aber als sehr wahrscheinlich.[244])

Es kann auch vorkommen, daß der Katalysator einer der Ausgangsstoffe selbst ist oder im Verlauf der Reaktion entsteht (Autokatalyse).[245]) Im ersten Fall nimmt die Reaktionsgeschwindigkeit schneller mit der Zeit ab als gewöhnlich, im zweiten Fall ist sie anfangs, wo der katalytische Stoff nicht in merklicher Menge vorhanden ist, sehr klein, um dann sehr schnell, oft scheinbar plötzlich, zuzunehmen. Dieses Verhalten ist schon lange bekannt, es tritt z. B. beim Auflösen der Metalle in HNO_3 ein, wobei HNO_2 katalysiert.

IV. Heterogene Gleichgewichte.[246])

a) Systeme mit einer Komponente.

25. Allgemeines Verhalten. a) *Eine Phase.* Bei einer einzigen Phase haben wir *zwei Freiheitsgrade*, können also zwei Bestimmungsstücke, z. B. p und T oder p und V oder V und T frei wählen, das dritte dieser Stücke ist dann durch die Zustandsgleichung bestimmt, ebenso sind alle Bildungen von Doppelmolekülen usw. nach den Gesetzen der Nr. **12** zu berechnen.

b) *Zwei Phasen.* Hier ist *ein Freiheitsgrad* vorhanden (univariantes System), wir können p oder T oder V vorgeben, alles andere ist dann bestimmt. Man pflegt das graphisch durch Kurven (p, T-Kurve, p, V-Kurve, V, T-Kurve, häufig die erste, z. B. Fig. 1) darzustellen.

Nimmt man beliebige p, T-Werte, so werden sie im allgemeinen nicht auf der Umwandlungskurve liegen, es ist also nur eine be-

244) Siehe die in Anm. 239 erwähnten Arbeiten von *Goldschmidt,* dann zahlreiche Untersuchungen von *J. Stieglitz* und seinen Schülern einerseits, *S. Acree* und seinen Schülern andererseits im J. Am. Chem. Soc., etwa 1908—1914, ferner von *A. Kailan,* Monatsh. f. Chem., von 1908 an.

245) Formeln bei *W. Ostwald,* Lehrb. d. allg. Ch., 2. Aufl. Leipzig 1896, II_2, p. 263 f.; *E. Millon,* Ann. Chim. Phys. (3) 6 (1842), p. 73; *P. Henry,* Z. f. ph. Ch. 10 (1892), p. 96; *U. Collan,* Z. f. ph. Ch. 10 (1892), p. 130; *N. Schilow,* Z. f. ph. Ch. 42 (1903), p. 641; 46 (1903), p. 777; *F. Meinecke,* Diss. Leipzig 1905; *H. v. Halban* u. *A. Kirsch,* Z. f. ph. Ch. 82 (1913), p. 325; *H. v. Halban* u. *W. Hecht,* Z. f. El. 24 (1918), p. 65.

246) Die Ableitung der Phasenregel Encykl. V 3, Nr. **26**, s. auch V 10, Nr. **1**, Neuere Fragen *R. Wegscheider,* Z. f. ph. Ch. 43 (1903), p. 89, 93, 376; 45 (1903), p. 496, 697; 47 (1904), p. 740; 49 (1904), p. 229; 50 (1904), p. 357; 52 (1905), p. 171; *A. Byk,* Z. f. ph. Ch. 45 (1903), p. 465; 47 (1904), p. 223; 49 (1904), p. 233; *W. Nernst,* Z. f. ph. Ch. 43 (1903), p. 113; 49 (1904), p. 232; *J. J. van Laar,* Z. f. ph. Ch. 43 (1903), p. 741; 47 (1904), p. 228; *J. D. van der Waals,* Lehrbuch, II. Bd. 1912, p 27 ff., 44 ff.

stimmte Phase möglich. Man befindet sich in der graphischen Darstellung im *Gebiet* einer Phase. Erreicht man bei einer Veränderung der Koordinaten die Grenzkurve, so tritt auch die zweite Phase auf.

Hält man nun T unter Koexistenz beider Phasen konstant, so ändert sich auch p nicht, man bleibt im selben Punkt der Kurve so lange, bis eine Phase verschwindet; bei Wärmezufuhr oder Volumenänderung ändern sich nur die Massen der Phasen. (Vollständiges heterogenes Gleichgewicht nach *Roozeboom*; es liegt stets vor, wenn die Zahl der Phasen die der Komponenten um 1 übertrifft.) Erst wenn eine Phase vollständig verschwunden ist, bewirkt eine weitere Wärmezufuhr (Volumenänderung) eine Änderung von $T(p)$, man verläßt die Grenzkurve und tritt in das Gebiet der übrig gebliebenen Phase.

Eine solche Grenzkurve scheidet also das Gebiet zweier Phasen, sie kann ins Unendliche gehen, kann aber auch durch das Auftreten einer neuen Phase (Tripelpunkt, siehe d)) begrenzt sein, kann endlich in einem „kritischen Punkt" enden, wo die beiden Phasen identisch werden.

c) *Überschreitungserscheinungen.* Bei vorsichtiger Vornahme der Veränderung gelingt es, die Grenzkurve zu überschreiten, ohne daß die zweite Phase sofort auftritt; diese Erscheinung ist schon lange bekannt. Setzt man eine Spur[247]) der zu erwartenden Phase zu („*impfen*"), so wird dadurch die Verzögerung aufgehoben. Bei genügender Überschreitung erfolgt das Auftreten der neuen Phase meist von selbst und zwar in der Form von „Keimen", von denen aus dann die Umwandlung wie beim „Impfen" regelmäßig fortschreitet. *Ostwald*[248]) hielt es für sehr wahrscheinlich, daß im ersteren Gebiet, dem „metastabilen" Gebiet, niemals, im zweiten, dem „labilen", stets von selbst die Umwandlung eintritt. Doch haben neuere Untersuchungen[249]) gezeigt, daß allgemein das Auftreten der Keime nur durch wahrscheinlichkeitstheoretische Gesichtspunkte geregelt wird, im metastabilen Gebiet wird die mittlere Zeit für ihr erstes Auftreten sehr groß. Hierbei zeigen sich merkwürdige Einflüsse der Oberfläche, auch ganz fremde Körper können anregend wirken. Mechanische Mittel befördern

---

247) *W. Ostwald*, Z. f. ph. Ch. 22 (1897), p. 289.

248) *W. Ostwald*, Lehrbuch, 2. Aufl. Bd. II_2, p. 349, 432.

249) Entsprechend kinetischen Vorstellungen *L. Pfaundler*, Wien. Ber. 72 (1875), p. 61; 73 (1876), p. 707; *L. C. de Coppet*, Ann. Chim. Phys. (5) 6 (1875), p. 275; (8) 10 (1907), p. 457; *N. Stücker*, Wien. Ber. 114 IIa (1905), p. 1389; *P. Othmer*, Z. f. anorg. Ch. 91 (1915), p. 209; *G. Kornfeld*, Monatshefte 37 (1916), p. 609. Ansätze zu einer Theorie *M. v. Smoluchowski*, Ann. d. Phys. 25 (1908), p. 205; *W. J. Jones* u. *J. R. Partington*, Z. f. ph. Ch. 88 (1914), p. 291.

den Eintritt der Umwandlung ebenfalls; so wurde die Stärke des Stoßes gemessen[250]), der unterkühlte Flüssigkeiten zur Kristallisation bringt. Diese Stärke nimmt bei abnehmender Unterkühlung schnell zu.

Die Überschreitungserscheinungen lassen sich nur beim Übergang aus dem festen in den flüssigen oder gasförmigen Zustand nicht realisieren.[251])

Bei Umwandlungen solcher Körper, bei welchen mehr als zwei Phasen möglich sind, soll der Prozeß nach *Ostwald*[252]) nicht direkt von der unbeständigsten zur beständigsten führen, sondern es sollen der Reihe nach auch alle Zwischenstoffe auftreten (z. B. übersättigter H_2O-Dampf unter $0^0 \rightarrow$ unterkühltes Wasser $\rightarrow$ Eis).

Zahlreiche Körper kommen in verschiedenen, „allotropen" Modifikationen vor. Hierbei kann zwischen den beiden Phasen eine stabile Grenzkurve der vorherbetrachteten Art liegen. Solche nennt man nach *Lehmann*[253]) enantiotrop. Es kann aber auch die eine Phase nirgends stabil und nur beim Übergang aus einem Zustand in den anderen als Zwischenzustand erreicht[252]) und infolge zu geringer Umwandlungsgeschwindigkeit bemerkbar werden Solche Stoffe heißen monotrop[253]), weil sie nur von einer Seite her erreichbar sind.

d) *Tripelpunkt. Allgemeines über Lage der Grenzkurven im p, T-Diagramm.* Bei drei Phasen bleibt keine Freiheit übrig, sie sind nur bei einem Punkt koexistent, dem Tripelpunkt. Über diesen siehe Encykl. V 3, Nr. 25.

Die Neigungen der dort zusammentreffenden Grenzkurven hängen von den Umwandlungswärmen und Volumenänderungen ab. Da für Verdampfung δQ und δV stets > 0, liegt nach (13) das Gasgebiet stets rechts unten (Fig. 1). Ferner ist die Volumenänderung bei der Verdampfung δV_{LG} stets groß gegen δV_{SL}, die Volumenänderung beim Schmelzen, und daher

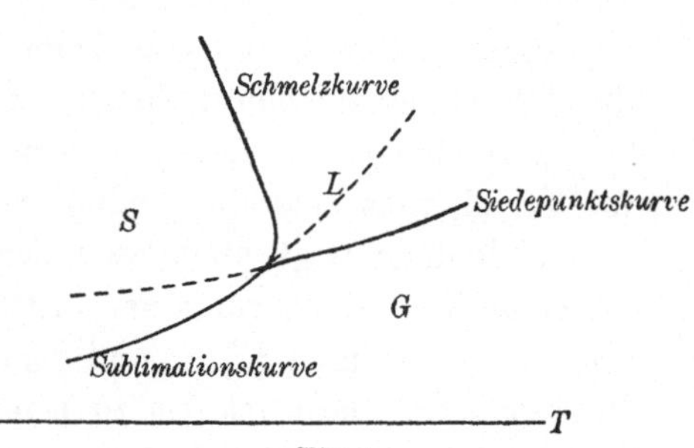

Fig. 1.

250) *S. W. Young*, J. Am. Chem. Soc. 33 (1911), p. 148.

251) Während des Schmelzens gelingt es allerdings, durch starke Wärmezufuhr eine Überhitzung des Kristalls zu erreichen, nicht aber sie dauernd aufrecht zu erhalten wie die Unterkühlung einer Flüssigkeit. Vgl. *G. Tammann*, Z. f. ph. Ch. 68 (1910), p. 257; *A. L. Day* u. *E. T. Allen*, Z. f. ph. Ch. 54 (1906), p. 1; *H. Leitmeier*, Z. f. anorg. Ch. 81 (1913), p. 209. Vielleicht handelt es sich auch in den Anm. 358 erwähnten Erscheinungen um Überschreitungseffekte.

252) *W. Ostwald*, Lehrbuch II_2, p. 445.

253) *O. Lehmann*, Molekularphysik, Braunschweig 1888.

$\left(\frac{\delta Q}{\delta V}\right)_{SL} \geqslant \left(\frac{\delta Q}{\delta V}\right)_{LG}$, wenn nicht die Verdampfungswärme sehr groß gegen die Schmelzwärme ist. Somit verläuft die Schmelzkurve steiler als die Verdampfungskurve.

Man sieht auch leicht, daß die flüssige Phase rechts von der festen liegt, solange die Schmelzwärme positiv ist.

Wir fragen nun, wie sich ein System im Tripelpunkt bei Wärmezufuhr bei konstantem Volumen oder Volumenänderung verhält.

A) Bei Wärmezufuhr: Eine der drei Phasen hat im Tripelpunkt ein Temperatur$^{\text{maximum}}_{\text{minimum}}$. Sie wird bei Wärme$^{\text{entzug}}_{\text{zufuhr}}$ aus den beiden anderen entstehen, beim entgegengesetzten Prozeß sich in sie verwandeln. Solange alle drei Phasen noch vorhanden sind, bleibt p, V, T konstant. Sind nur mehr zwei da, so wird (bei unverändertem p und T) eine in die andere übergehen.

B) Bei Volumenänderung: Hier liegen die Verhältnisse analog, nur gibt es bei Vorhandensein der Gasphase keine Phase mit Druckmaximum (wenn der obenerwähnte Fall ausgeschlossen wird, daß die Verdampfungswärme sehr groß ist). Die Phase mit Druckminimum wandelt sich bei Volumenvergrößerung in die beiden anderen um. Sind nur mehr zwei Phasen da, so geht man bei adiabatischem Arbeiten auf der entsprechenden Grenzkurve weiter, bis eine Phase verbraucht ist, während man beim isothermen Prozeß bei den Werten des Tripelpunktes bleibt, bis nur mehr eine Phase übrig bleibt.

Das Mengenverhältnis, in dem die beiden Phasen aus der dritten im Tripelpunkt entstehen, hängt von den Werten δQ und δV ab.

Jedenfalls liegt stets zwischen zwei stabilen Kurvenstücken die metastabile Verlängerung der dritten Kurve (vgl. Fig. 5, Encykl. V 3, Nr. 25). Aus dieser Figur und dem Zusammenhang (Nr. 27) zwischen Potential und Gasdruck ist zu ersehen, daß die instabile Form stets den höheren Dampfdruck hat, also z. B. die unterkühlte Flüssigkeit einen höheren als der Kristall. Da sich die Kurven im Tripelpunkt schneiden, und in ihm die Dampfdruckkurve des instabilen Zustandes bei Temperaturerhöhung ins stabile Gebiet übergeht, muß sie das kleinere $\frac{dp}{dT}$ haben.

Gibt es mehrere feste Modifikationen, so besitzen nicht mehr alle Phasen gegenseitig direkte stabile Grenzkurven. Wohl aber kann man infolge der langsamen Umwandlungsgeschwindigkeit oft die Phasen in metastabiles Gebiet bringen und so zu metastabilen Schmelzkurven und Tripelpunkten gelangen. So kann man metastabiles Schmelzen von rhombischem Schwefel erzielen. Im zugehörigen metastabilen

Tripelpunkt sind rhombischer, flüssiger und dampfförmiger Schwefel gegenseitig stabil, dagegen in bezug auf monoklinen unstabil.

Bei monotropen Stoffen liegt die Dampfdruckkurve der metastabilen Form dauernd über der der stabilen festen und flüssigen und weiter links. Daraus folgt, daß der Tripelpunkt: instabile Form, flüssige und gasförmige Phase tiefer liegen muß als bei der stabilen Form. Er ist infolge geringer Umwandlungsgeschwindigkeit oft erreichbar. *Ostwald*[254]) und *Schaum*[255]) nehmen an, daß die Dampfdruckkurve der instabilen Form den metastabilen Teil der Dampfdruckkurve der stabilen Form oberhalb der Kurve der Schmelze schneidet, so daß ein infolge vorher eintretenden Schmelzens unerreichbarer Umwandlungspunkt vorliegt (Fig. 2).

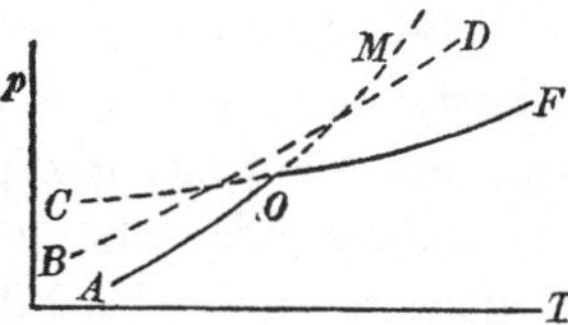

Fig. 2.
AOM Dampfdruckkurve der stabilen Phase; *BMD* Dampfdruckkurve der metastabilen Phase; *COF* Dampfdruckkurve der flüssigen Phase; *O* Schmelzpunkt; *M* metastabiler Umwandlungspunkt.

26. Allotrope Umwandlungen und Schmelzen. a) *Allotrope Umwandlungen.* Die Grenzkurve im p, T Diagramm pflegt sehr steil zu verlaufen (da in (13) $|\delta Q| \gg |\delta V|$), so daß einer großen Druckänderung nur eine kleine Temperaturänderung entspricht. Man kann daher von einer „Umwandlungstemperatur bei gewöhnlichem Druck" sprechen, oberhalb welcher die eine, unterhalb welcher die andere Form stabil ist. Die Umwandlungsgeschwindigkeit ist im allgemeinen klein, so daß Überschreitungen leicht möglich sind[256]); Zugabe der stabilen Phase beschleunigt manchmal die Verwandlung.

Für den Umwandlungspunkt gilt

$$\mu_1 = \mu_2 \tag{91}$$

oder nach dem *Nernst*schen Theorem[257]):

$$U_1 - U_2 = T\int_0^T \frac{dT}{T^2}\int_0^T [(\gamma_p)_1 - (\gamma_p)_2]\,dT + p(V_2 - V_1). \tag{91'}$$

b) *Schmelzen.* Die reinen Körper treten gewöhnlich nur in einer isotropen flüssigen Phase auf. Doch haben *Reinitzer*[258]) und besonders

254) *W. Ostwald,* Z. f. ph. Ch. 22 (1897), p. 313.

255) *K. Schaum,* Lieb. Ann. 300 (1898), p. 215.

256) Siehe besonders zahlreiche Untersuchungen von *E. Cohen* mit seinen Schülern, Z. f. ph. Ch. von Bd. 30 an.

257) *W. Nernst,* Gött. Nachr. 1906, p. 1; Berl. Ber. 1910, p. 262; Z. f. ph. Ch. 83 (1913), p. 546; *F. Pollitzer,* Das Nernstsche Wärmetheorem, p. 134 (Stuttgart 1912); *J. N. Brönsted,* Z. f. ph. Ch. 88 (1914), p. 479; *E. Baur, K. Sichling* u. *E. Schenker,* Z. f. anorg. Ch. 92 (1915), p. 313.

258) *F. Reinitzer,* Monatsh. f. Ch. 9 (1888), p. 421.

O. Lehmann[259]) für viele Stoffe eine weitere anisotrope flüssige Phase (flüssige Kristalle) aufgefunden. Ihre Natur ist noch nicht geklärt. *Lehmann* nimmt an, daß die Anisotropie den Molekülen, die in dieser Phase von denen in der isotropen verschieden sein sollen, zukommt. Jedenfalls hat sich kein Raumgitter nachweisen lassen.[260])

Bei Abkühlung erfolgt der Übergang zum festen Körper dann scharf, wenn dieser kristallinisch ist, aber kontinuierlich, wenn es sich um amorphe, glasige Stoffe handelt. Diese werden daher häufig als flüssig mit sehr hoher Viskosität betrachtet.[261]) Der wirkliche Gegensatz wäre: kristallisiert — amorph-flüssig. Zwei verschiedene amorphe Zustände wären also als zwei verschiedene flüssige isotrope Phasen aufzufassen.[262])

Für das Schmelzen gelten die gleichen thermodynamischen Formeln (13), (91), (91′) wie im vorigen Abschnitt. Da bei gewöhnlichem Druck die Schmelzwärme > 0 ist, ist, falls beim Schmelzen Volumenzunahme eintritt, $\frac{dp}{dT} > 0$, d. h. der Schmelzpunkt steigt mit dem Druck.

Nach *Tammann*[263]) krümmen sich nun die Schmelzkurven bei hohen Drucken gegen die p-Achse, was wesentlich durch Abnahme von δV verursacht ist; er schließt, daß dies bis $\delta V = 0$ geht, welchem Punkt eine maximale Schmelztemperatur entspricht, daß dann δQ zu Null abnimmt (maximaler Schmelzdruck) und endlich die Kurve sich schließt.

Im Gegensatz hierzu wird nach *Ostwald, Poynting, Planck, K. Onnes* und *Happel* δQ und δV gleichzeitig Null, was einem „kritischen Punkt" entspricht. Näheres und Zitate s. Encykl. V 10, Nr. 73.

Crompton[264]) hat die Regel aufgestellt, daß für Metalle $\frac{Q}{T_s} \sim 4{,}8$ ist (Q Schmelzwärme in Kal., T_s Schmelztemperatur), *P. Walden*[265]) hat dies dahin erweitert, daß für zahlreiche andere Körper $\frac{Q}{T_s} \sim 13$.

259) *O. Lehmann*, Z. f. ph. Ch. 4 (1889), p. 462 sowie zahlreiche andere Arbeiten. Literatur bei *O. Lehmann*, Ann. d. Phys. 48 (1915), p. 177, 725.

260) S. auch Encykl. V 10, Nr. 73, Anm. 817. *J. St. van der Lingen*, Verh. d. Deutsch. phys. Ges. 15 (1913), p. 913.

261) Encykl. V 10, Nr. 70.

262) Encykl. V 10, Nr. 70, Anm. 789.

263) *G. Tammann*, Z. f. ph. Ch. 21 (1896), p. 17; Wied. Ann. 62 (1897), p. 280; 66 (1898), p. 473; 67 (1899), p. 871; 68 (1899), p. 553, 629; Ann. d. Phys. 1 (1900), p. 275; 2 (1900), p. 1; 3 (1900), p. 161; 36 (1911), p. 1027; Krystallisieren und Schmelzen 1903.

264) *H. Crompton*, J. Chem. Soc. 67 (1895), p. 315; 71 (1897), p. 929; Chem. News 88 (1903), p. 237.

265) *P. Walden*, Z. f. El. 14 (1908), p. 713.

Nach einer Zusammenstellung von *Tamman*[266]) gilt das zwar nicht allgemein, aber doch für 65 Körper unter 175, wenn man statt 13 die Werte 11 bis 16 zuläßt.

Tammann denkt sich die Schmelzwärme in folgende Teile zerlegt: 1. Die Arbeit gegen den äußeren Druck; sie ist sehr klein. 2. Die Arbeit gegen den inneren Druck (die Anziehungskräfte), die bei isothermer Kompression auf die Dichte der anderen Phase zu leisten ist. 3. Die Arbeit, die bei unverändertem Volumen zum Überführen der im Raumgitter geordneten Moleküle in Unordnung zu leisten ist. 4. Die Arbeit, die daher rührt, daß die flüssigen Moleküle mehr Freiheitsgrade haben. 5. Evtl. Assoziationswärme. 1. und 2. ist berechenbar, sie sind nur kleine Teile der gesamten Wärmetönung, dasselbe ist seiner Ansicht nach bei 3. der Fall; 4. schiebt er den Hauptanteil zu.[267])

Weitere Regelmäßigkeiten s. Encykl. V 10, Nr. 75.

An theoretischen Ansätzen liegt folgendes vor: *F. A. Lindemann*[268]) nimmt, anknüpfend an einen Gedanken von *G. Mie*, an, daß beim Schmelzpunkt die schwingenden Moleküle aneinanderstoßen. Ist die Raumerfüllung der Atome $(1-\varrho)^3$, der Mittelpunktsabstand $=\sqrt[3]{\frac{V}{N}}$, die Frequenz ν, so wird $kT_s - \frac{h\nu}{2} = \pi^2\nu^2 m\varrho^2\sqrt[3]{\frac{V^2}{N^2}}$. Streicht man nun $\frac{h\nu}{2}$, sei es wegen seiner Kleinheit, sei es wegen des Auftretens von Nullpunktsenergie, so wird die gesuchte Schmelztemperatur für einatomige Stoffe

$$(92)\qquad T_s = \frac{\pi^2\varrho^2}{R} M \left(\frac{V}{N}\right)^{\frac{2}{3}} \nu_s^2 \sim \frac{\nu_0^2 M}{4\cdot 10^{24}} \cdot V_s^{\frac{2}{3}},$$

wo ν_0 die Frequenz bei kleinem T, der Zahlfaktor empirisch ist. In diesen Zahlenfaktor ist auch ϱ mit hineingezogen, indem es als universell vorausgesetzt wird. Dies stimmt mit der Erfahrung ganz gut, wie *Grüneisen*[269]) zeigt, der die gleiche Formel ableitet.

S. Ratnowsky[270]) setzt für die Entropie des geschmolzenen und festen Körpers die gleiche aus der Quantentheorie gefundene Formel, aber mit verschiedenem ν, und berechnet aus ihrer Differenz die Schmelzwärme. Er erhält bei zahlreichen Stoffen gute Übereinstim-

266) *G. Tammann,* Z. f. ph. Ch. 85 (1913), p. 273.

267) Er muß gleich $\int(\gamma_v - \gamma_v')\,dT$ sein, doch ist diese Größe nicht berechenbar, da γ_v für die Flüssigkeit unbekannt ist.

268) *F. A. Lindemann,* Phys. Z. 11 (1910), p. 609; *G. Mie,* Ann. d. Phys. 11 (1903), p. 657.

269) *E. Grüneisen,* Ann. d. Phys. 39 (1912), p. 257.

270) *S. Ratnowsky,* Verh. d. Deutsch. phys. Ges. 16 (1914), p. 1033.

mung mit der Erfahrung, wenn er bei einatomigen $\frac{\nu_{\text{fest}}}{\nu_{\text{fl.}}} \sim 1{,}3$—$1{,}5$, bei mehratomigen 1,58—1,8 setzt.

27. Verdampfen. Die allgemeinen Verhältnisse liegen wie im vorigen Abschnitt. Die Gleichgewichtsbedingung lautet

$$(5'') \qquad \mu_{\text{Gas}} = \mu_{\text{kond.}}$$

Wenn es sich um einen reinen[271]) Bodenkörper handelt, ist nach (18)

$$\mu_{\text{kond.}} = U_{0\,\text{kond.}} - T\int_0^T \frac{dT}{T^2}\int_0^T \gamma_{p\,\text{kond.}}\, dT + p\, V_{\text{kond.}},$$

wobei man das letzte Glied gewöhnlich vernachlässigen kann.

Ist der Dampf ein vollkommenes Gas[272]), so ist nach (44) bei konstantem γ_v

$$\mu_{\text{Gas}} = U_{0G} + \gamma_{vG} T - \gamma_{vG} \lg T + RT \log C - TS^0 + RT,$$

und es folgt aus (5″) die Gleichgewichtskonzentration C

$$(93) \qquad C = e^{\frac{S^0 - \gamma_{vG} - R}{R}}\, e^{\frac{\gamma_{vG}}{R} \lg T - \frac{1}{R}\int_0^T \frac{dT}{T^2}\int_0^T \gamma_{p\,\text{kond.}}\, dT}\, e^{-\frac{Q_0}{RT}}$$

Für die Diskussion dieser Gleichung gilt das gleiche wie in Nr. 8: Die letzte e Potenz enthält die Verdampfungswärme $Q_0 = U_{0G} - U_{0\,\text{kond.}}$ für $T = 0$, der übrige von T abhängige Faktor den Einfluß der verschiedenen spezifischen Wärmen, der von T unabhängige erste Faktor die chemische Konstante. Dieselbe Gleichung (ohne die Kenntnis der Konstanten) ergibt auch die Integration von (13a).

(93) dient bei zahlreichen Stoffen zur experimentellen Bestimmung von S^0.[273]) *Nernst* hat seine Näherungsgleichung (43) benützt und bei tiefen Temperaturen $\gamma_{\mu\,\text{kond.}}$ vernachlässigt.

Über weitere Dampfdruckformeln s. Encykl. V 10, Nr. 83.

Ist der Bodenkörper kristallisiert und der Dampf einatomig, so ergibt statistische Rechnung einen theoretischen Wert von S^0 unter der Annahme, daß bei hohen T die klassische Theorie richtig ist.

271) rein bedeutet hier, daß nur eine Molekülart vorhanden sein darf.

272) Ist ein gesättigter Dampf bei bestimmtem T ein vollkommenes Gas, so ist er es auch bei kleineren T, da der Einfluß der Dichteabnahme überwiegt.

273) *O. Brill*, Ann. d. Phys. 21 (1906), p. 170; *R. Naumann*, Diss. Berlin 1907; *E. Falck*, Phys. Z. 9 (1908), p. 433; *J. Barker*, Z. f. ph. Ch. 71 (1910), p. 235; *W. Nernst*, Verh. d. D. phys. Ges. 13 (1910), p. 565; *C. F. Mündel*, Z. f. ph. Ch. 85 (1913), p. 435; *v. Kohner* u. *P. Winternitz*, Phys. Z. 15 (1914), p. 393, 645; *A. C. Egerton*, Phil. Mag. 39 (1920), p. 1; ferner die in den Anm. 24, 25, 54, 276, 287 genannten Arbeiten. Für die Berechnung s. *H. v. Sanden*, Z. f. anorg. Ch. 109 (1919), p. 126.

Dazu gehen wir folgendermaßen vor[24])[274])[25]): Wir haben die „mittleren Phasenvolumina" (s. Nr. 5 gegen Ende)

$$\iiint dx\,dy\,dz \iiint_{-\infty}^{\infty} dp\,dq\,dr\, e^{-\frac{E}{kT}} \qquad (x, y, z \text{ Koordinaten})$$

für den festen Körper und das Gas zu vergleichen. In das obige Integral verwandelt sich ja bei hohen Temperaturen die Summe in (32).

Der feste Körper habe ein Spektrum mit den Frequenzen ν_1, $\nu_2, \ldots$ Dann ergibt eine leichte Rechnung für das mittlere Phasenvolumen eines jeden der n Moleküle des festen Stoffes

$$(94) \qquad n\left(\frac{kT}{\tilde{\nu}}\right)^3.$$

$\tilde{\nu} = \sqrt[3n]{\prod_i \nu_i}$ ist das geometrische Mittel der Frequenzen, der Faktor n tritt auf, weil für jedes Molekül des Körpers alle n Plätze zur Verfügung stehen.[275]) Zweitens ergibt sich für das Gas entsprechend

$$(2\pi m k T)^{\frac{3}{2}} V.$$

Das ist noch mit $e^{-\frac{U_0}{RT}}$ zu multiplizieren, wo U_0 die statische Übertrittsarbeit ist.

Das Verhältnis der Zahl der Gasmoleküle CVN zu n, der Zahl der festen, ist daher

$$(95) \qquad \frac{CVN}{n} = \frac{(2\pi m k T)^{\frac{3}{2}} V e^{-\frac{U_0}{RT}}}{n\left(\frac{kT}{\tilde{\nu}}\right)^3}, \quad C = \left(\frac{2\pi m}{kT}\right)^{\frac{3}{2}} \frac{\tilde{\nu}^3}{N} e^{-\frac{U_0}{RT}}.$$

Man sieht hier sehr schön, warum die Zahl n der festen Moleküle herausfällt. Hätten wir die Vertauschbarkeit der n Plätze nicht berücksichtigt, so wäre der Dampfdruck proportional zu n, also zur Masse des festen Körpers, herausgekommen.

Setzt man den Wert von $\gamma_{\text{kond.}}$ in die thermodynamische Formel (93) ein, so ergibt sich volle Übereinstimmung mit dieser statistischen mit Ausnahme des Umstandes, daß thermodynamisch $Q_0 + \frac{1}{2}\sum h\nu$ statt U_0 auftritt. Dies kann man entweder mit *Stern* dahin erklären, daß es Nullpunktsenergien $\frac{1}{2}\sum h\nu = U_0 - Q_0$ gibt, oder damit, daß die klassische Theorie auch im Gebiet hoher Temperaturen nur bis

274) *G. Mie*, Ann. d. Phys. 11 (1903), p. 657.

275) Eigentlich sind diese Plätze schon bei der Integration über $dx\,dy\,dz$ von $-\infty$ bis ∞ mitgerechnet, aber mit verschwindendem Gewicht infolge der hohen Energie, die der angenommenen Elongation zukommt. Da aber das lineare Kraftgesetz nicht soweit gilt, sondern bei Annäherung an einen anderen (leeren) Platz die Energie wieder abnimmt, wird näherungsweise so gerechnet.

auf Energiegrößen von der Ordnung $h\nu$ ausschließlich genau ist, ebenso wie die Energie der Wärmebewegung danach stets um $\frac{1}{2}h\nu$ hinter kT zurückbleibt.

Der Vergleich der Phasenvolumina ist der sicherste Weg zur Berechnung von S^0 für einatomige Gase.

Kinetische Theorien der Verdampfung s. Encykl. V 8, Nr. **31**, Regeln, die über den Zusammenhang von Verdampfungswärme und Kapillarkonstante bestehen, s. Encykl. V 10, Nr. **87**.

Für die sogenannte *Trouton*sche Regel $\frac{Q}{T} = 33$ (Encykl. V 10, Nr. **87**) hat *Nernst*[276]) gezeigt, daß sie nur bei mittleren T gilt. Eine entsprechende Regel[277]) ist für die Sublimation aufgestellt worden, sowie auch für die ähnlichen Gesetzen gehorchenden Gleichgewichte, in denen eine feste Phase sich unter Gasabgabe in eine andere verwandelt (Nr. **44**). Sie ist nach *Nernst*[278]) folgendermaßen zu erklären: Bei genügend tiefen Temperaturen können wir die Entropie der festen Phasen vernachlässigen. Dann gilt mit der Näherungsformel (43) für $p = 1$ Atmosphäre

$$(96) \qquad \frac{Q}{4{,}57\,T} = 1{,}75 \lg^{10} T + \Gamma'.$$

Das ergibt für Prozesse mit jenen Gasen, deren konventionelle chemische Konstante Γ' in der Nähe von 3 und deren Siede(Dissoziations-)temperatur in einem mittleren Bereich liegt, $\frac{Q}{T} \sim 34$, während die Regel 32—34 verlangt. *Winternitz*[279]) hat gezeigt, daß sie bei sehr hohen und sehr tiefen Temperaturen versagt.

Polymerisation. Die Formeln dieser Nr. gelten nur, wenn bloß eine Molekelart vorhanden ist, während (13a) stets gilt.

Bei der Anwesenheit komplexer Moleküle werden diese infolge ihres meist kleineren Dampfdruckes im Dampf seltener sein als in der Flüssigkeit. Man kann die Zusammensetzung des Dampfes aus seiner Dichte, diejenige der Flüssigkeit aus der Oberflächenspannung (Encykl. V 10, Nr. **37**) ableiten. Ferner kann durch die Komplexbildung die Verdampfungswärme bei einer gewissen Temperatur ein Maximum haben. Ist die Umwandlungsgeschwindigkeit klein genug, so verhält sich die Substanz wie eine Mischung, bei isothermer Kom-

---

276) *W. Nernst,* Gött. Nachr. 1906, p. 1.

277) *H. Le Chatelier,* Paris C. R. 104 (1887), p. 356; *C. de Matignon,* Paris C. R. 128 (1899), p. 103; *de Forcrand,* Ann. chim. phys. (7) 28 (1903), p. 384 u. 531.

278) *W. Nernst,* Theor. Chem., 7. Aufl. 1913, p. 294, 746.

279) *P. Winternitz,* Phys. Z. 15 (1914), p. 397.

pression bleibt der Druck nach Einsetzen der Kondensation anfangs nicht konstant. All dies hat *Ramsay*[280]) z. B. an Essigsäure nachgewiesen.

28. Schmelz- und Verdampfungsgeschwindigkeit. a) *Schmelzgeschwindigkeit.*[281]) Im allgemeinen hängt die Schmelzgeschwindigkeit nur von der zugeführten Wärmemenge ab, doch gelingt es bei manchen Substanzen, so viel Wärme zuzuführen, daß der Kristall überhitzt wird und eine spezifische Schmelzgeschwindigkeit zutage tritt.

Wenn wir umgekehrt eine Kristallfläche in einer unterkühlten Schmelze haben, so hängt auch hier die Geschwindigkeit der Kristallisation vom Wärmefluß und daher von der Unterkühlung ab. Haben wir z. B. die Schmelze in einem engen Rohr, so kristallisiert anfangs nicht alles aus, sondern es bleiben Flüssigkeitsfäden zwischen den Kristallnadeln bestehen, weil die in der Nachbarschaft entwickelte Schmelzwärme die Kristallisation hindert. Die Kristallisationsgeschwindigkeit nimmt mit wachsender Unterkühlung zu und wird bei etwa 15—20° Unterkühlung oft konstant. Bei noch größerer Unterkühlung, wenn keine Flüssigkeitsfäden mehr da sind, nimmt die Kristallisationsgeschwindigkeit mit wachsender Unterkühlung wieder ab (analog einer Reaktionsgeschwindigkeit, Nr. 6). Manchmal entfällt der konstante Bereich und wird durch ein Maximum ersetzt.

In einer unterkühlten Schmelze ohne Berührung mit fertigen Kristallen tritt das Festwerden an diskreten Punkten (Kernen) ein, deren Zahl proportional der Menge der Schmelze und der Zeit ist, mit sinkender Temperatur anfangs steigt, dann aber ein Maximum erreicht (das stets tiefer liegt als das obenerwähnte Maximum der Kristallisationsgeschwindigkeit) und bei noch tieferer Unterkühlung wieder abnimmt. Man kann das so deuten, daß die Unterkühlung an sich die Kernbildung befördert, die bei tieferer Temperatur zunehmende Viskosität ihr aber entgegenwirkt. Die einzelnen Kerne wachsen dann nach den vorhin festgestellten Regeln weiter.

Arbeitet man in Temperaturbereichen mit wenig Kernen und großer Kristallisationsgeschwindigkeit, so hat der feste Körper ein grobkörniges Gefüge, bei vielen Kernen, die nicht Zeit zum Wachsen hatten, ein feinkristallinisches.

---

280) *W. Ramsay,* Z. f. ph. Ch. 15 (1894), p. 106.

281) *G. Tammann,* Z. f. ph. Ch. 23 (1897), p. 326; 24 (1897), p. 152; 25 (1898), p. 441; 26 (1898), p. 307; 28 (1899), p. 96; 29 (1899), p. 51; 68 (1910), p. 257; 81 (1913), p. 171. Kristallisieren und Schmelzen, Lehrb. d. Metallographie s. Literaturverzeichnis; siehe auch *J. Perrin,* Soc. franç. de Phys. 289 (1909), p. 3.

Wenn mehrere Modifikationen existieren, treten in der Schmelze gleichzeitig Kerne aller auf (dagegen *Ostwald*[252]).

Die ganze Erscheinung zeigt Unregelmäßigkeiten; so scheint die Oberfläche und die Anwesenheit fremden Staubes eine Rolle zu spielen, ebenso die Vorbehandlung.[249])

Zusätze zur Schmelze ändern die Kristallisationsgeschwindigkeit stark.

E. v. Pickardt zeigte, daß die maximale Kristallisationsgeschwindigkeit G_c in der verunreinigten und G_0 in der reinen Substanz sich häufig so darstellen lassen:

$$G_0 - G_c = k\sqrt{C},$$

wobei k für verschiedene Substanzen nahe gleich ist. *Dreyer* bestritt diese Formel und erklärte den Effekt damit, daß sich das Maximum der Kristallisationsgeschwindigkeit mit C verschiebt, doch wies *Freundlich* nach, daß bei Stoffen mit breitem Maximum, wo dies nicht zur Geltung kommt, folgende Formel gut gilt:

$$G_0 - G_c = k C^{\frac{1}{n}}; \qquad \left(\frac{1}{3} < \frac{1}{n} < \frac{2}{3}\right).$$

Die Form dieses Ausdrucks weist auf Adsorption hin.[282])

b) *Verdampfungsgeschwindigkeit.* Implizite stecken in den kinetischen Theorien der Verdampfung (Encykl. V 8, Nr. **31**) auch Formeln über die Geschwindigkeit des Vorganges. So wird stets angenommen, daß an einer Fläche der gleichen Substanz jedes auftreffende Molekül kondensiert wird, welche Zahl sich pro Sekunde und cm^2 zu

$$(97) \qquad CN\sqrt{\frac{RT}{2\pi M}}$$

ergibt. Eine gleich große Zahl wird im Gleichgewicht verdampfen. Wäre diese Annahme unrichtig, so wäre noch der Faktor $1 - \alpha$ hinzuzufügen, wo α den Reflexionskoeffizienten bedeutet.

Die Verdampfungsgeschwindigkeit wurde von *Knudsen*[283]) an Hg in hohem Vakuum direkt bestimmt. Es ergab sich bei ganz reiner Oberfläche (97) als erfüllt, aber schon Spuren von Verunreinigungen setzten die Verdampfungsgeschwindigkeit stark herab; an Hg bestätigte *K. Bennewitz*[283a]) dieses Resultat, während an Cd sich die Oberfläche nicht genügend reinigen ließ, um $1 - \alpha$ über 0,65 zu bringen.

---

282) *E. v. Pickardt,* Z. f. ph. Ch. 42 (1902), p. 17; *F. Dreyer,* Z. f. ph. Ch. 48 (1904), p. 467; *M. Padoa* u. *D. Galeati,* Gazz. chim. it. 35 I (1905), p. 181; *H. Freundlich,* Z. f. ph. Ch. 75 (1911), p. 245; *H. Freundlich* u. *E. Posnjak,* Z. f. ph. Ch. 79 (1912), p. 168.

283) *M. Knudsen,* Ann. d. Phys. 47 (1915), p. 697; 50 (1916), p. 472.

283a) *K. Bennewitz,* Ann. d. Phys. 59 (1919), p. 193.

Marcellin[284]) benutzte organische Flüssigkeiten und fand $1-\alpha$ zu etwa $\frac{1}{10}$; bei steigender Temperatur nahm es zu.

Andere Arbeiten bestimmen $1-\alpha$ bei der Kondensation. Hierbei ergibt sich als ziemlich sicher, daß an neu entstandenen, also reinen Oberflächen des gleichen Metalls $1-\alpha=1$ ist. Das bewiesen *Knudsen* (zweite Arbeit[283])) sowie *Wood*[285]) dadurch, daß Blenden, die in einem „eindimensionalen Gasstrahl" (ein Gas in so hohem Vakuum, daß praktisch keine Zusammenstöße zwischen den Molekülen vorkommen) eingesetzt wurden, ein scharfes Abbild gaben, so daß offenbar der Metallspiegel alle auffallenden Moleküle festhält. Benutzt man dagegen eine fremde Auffangefläche[283])[285])[286]), so wird zwar unterhalb einer „kritischen Temperatur", die im allgemeinen mit dem Siedepunkt des untersuchten Dampfes (also mit den Kräften, die die Dampfmoleküle ausüben) steigt, von der Wand alles festgehalten, oberhalb dieser Temperatur aber nur ein kleiner Bruchteil (ob es sich geradezu um einen Sprung handelt, steht noch nicht fest). Die Größe dieses Bruchteils scheint von der Natur der Auffangfläche abzuhängen[286]) (für Hg Dampf bei Au größer als bei Fe, Glas). Außerdem fand *Knudsen*[283]), daß schon niedergeschlagene Moleküle durch neu auftreffende wieder vertrieben werden können (Durchlöcherung des Belages).

Im Gegensatz hierzu ist *Langmuir*[287]) der Meinung, daß beim Auftreffen eines Metalldampfmoleküls auf *jede reine Metalloberfläche* $1-\alpha=1$ ist. Er stützt sich auf Versuche über Schattenwirkung und die Geschwindigkeit heterogener Reaktionen (Nr. **45**) und erklärt die abweichenden Resultate *Woods* durch nachträgliche Verdampfung. Auch wenn ein *H_2-Molekül* auf eine reine Metalloberfläche trifft, soll es stets haften bleiben, nicht aber, wenn dieselbe schon von Gasmolekülen bedeckt ist, was auf Verminderung der Anziehung zurückgeführt wird. Er leitet auch für $1-\alpha$ Formeln ab. Es ist darauf hinzuweisen, daß einerseits seine Versuche wohl unter der kritischen Temperatur angestellt sind, andererseits die anderen Experimentatoren vielleicht nicht genügend die adsorbierten Gashäute beachtet haben.

Planck[288]) hat auf Grund von (97) und der theoretischen Formel für den Dampfdruck die Zahl der mit der Geschwindigkeit $\mathfrak{v}$ im

---

284) *R. Marcellin*, Paris C. R. 158 (1914), p. 1674.

285) *R. W. Wood*, Phil. Mag. (6) 30 (1915), p. 300; (6) 32 (1916), p. 364.

286) *J. Weyßenhoff*, Ann. d. Phys. 58 (1919), p. 505.

287) *J. Langmuir*, Phys. Z. 14 (1913), p. 1273; Phys. Rev. (2) 8 (1916), p. 149.

288) *M. Planck*, Vorträge über die kinetische Theorie der Materie und Elektrizität, Leipzig 1914, p. 10ff.

Kegel $d\Omega$ verdampfenden Atome pro Flächeneinheit zu

(98) $$\frac{m^3 \mathfrak{v}^3}{h^3} e^{-\frac{\frac{m}{2}\mathfrak{v}^2 + Q}{kT} - 1} d\mathfrak{v} \cos\vartheta \, d\Omega$$

berechnet und auch hierfür eine Ableitung skizziert, nach der (98) gleich ist der Zahl der Moleküle mit einer Energie zwischen $(n-1)h\nu$ und $nh\nu (nh\nu = Q)$ dividiert durch die Zeit des Aufenthalts in diesem Energieintervall; für diese setzt er $h\nu$ dividiert durch die Strahlungsintensität der Frequenz. Die Formel hat den verlangten Charakter. Andere Annahmen macht *Bennewitz.*[288a])

Die beim *Verdampfen* ins Vakuum erhaltene Dampfmenge ist aber viel größer als die verdampfende Menge *in Gegenwart eines fremden Gases.* Dann kehren viele Moleküle sofort wieder zur Flüssigkeit zurück, das Ganze ist ein Diffusionsproblem[289]) (Verdunstung), Nr. 45. Erst wenn der Dampfdruck dem äußeren gleich ist, steigt bei Anwesenheit von Luft- oder Dampfblasen infolge der vergrößerten Oberfläche die Geschwindigkeit stark an (Sieden). Bei Abwesenheit der Blasen tritt infolge des höheren Dampfdrucks von Hohlräumen Siedeverzug ein.

b) Systeme mit mehreren Komponenten.

29. Der osmotische Druck. Es stehe ein reines Lösungsmittel unter dem Druck p mit einer verdünnten Lösung unter dem Druck p' durch eine Wand hindurch in Berührung, die nur das reine Lösungsmittel durchläßt (semipermeable Wand).

Wir unterscheiden zwischen dem Potential des reinen Lösungsmittels $\mu_0^r(p, T)$ und dem des Lösungsmittels in der Lösung, das nach (56)

(56') $$\mu_0^0(p', T) + RT \lg(1-x)$$

beträgt. Da für $x = 0$ das reine Lösungsmittel vorliegt, muß $\mu_0^0(p', T)$ identisch mit $\mu_0^r(p', T)$ sein.

Die Gleichgewichtsbedingung an der Membran erfordert für das Lösungsmittel Gleichheit der Potentiale auf beiden Seiten der Membran

(99) $$\mu_0^r(p, T) = \mu_0^r(p', T) + RT \lg(1-x)$$
$$\equiv \mu_0^r(p, T) + (p' - p)\frac{\partial \mu_0^r}{\partial p} + RT \lg(1-x)$$

oder nach *Bryan* 158

(100) $$(p' - p) v_0 = - RT \lg(1-x).$$

---

289) *J. Stefan,* Wien. Ber. (math.-naturw. Kl. Abt. II) 68 (1873), p. 385; 98 (1889), p. 1418.

Hier ist v_0 das Volumen von 1 Mol Lösungsmittel, V in (101) das der Lösung $= v_0 n_0 + v_1 n_1$ (53), n_1 die Molzahl des Gelösten.

Der Druck, der auf die Lösung ausgeübt werden muß, um Gleichgewicht zu haben, ist um den *osmotischen Druck* π höher als der im reinen Lösungsmittel vorhandene:

$$(101) \qquad \pi = p' - p = \frac{RT}{v_0} x + \cdots = \frac{RT}{V} n_1 + \cdots.$$

Der osmotische Druck gehorcht also angenähert dem *Boyle-Mariotte*schen Gesetz.

Schon Abbé *Nollet*[290]) hatte bemerkt, daß Wasser von außen in ein dicht mit einer Schweinsblase abgeschlossenes Gefäß mit Weingeistlösung eintrat. Weitere Versuche stammen von *Parrot*, *R. Dutrochet*, *K. Vierodt*, *Th. Graham* und *M. Traube*[291]), der Membranen aus Ferrozyankupfer einführte. Die Erscheinung hat für die Physiologen Interesse, da sich zeigte, daß in einer Flüssigkeit mit höherem osmotischen Druck als das Protoplasma sich dieses von der Zellwand loslöst. Das gibt neben den gewöhnlichen Methoden ein weiteres Mittel zur Messung dieses Druckes.[292]) Die ersten präzisen Messungen stammen von *W. Pfeffer*[293]) und wurden mit einer Ferrozyankupfermembran in Tonzellen ausgeführt. Auf sie gestützt, wesentlich aber ausgehend vom *Henry*schen Gesetz (Nr. **34**) und den Messungen von *Raoult* nebst dem Zusammenhang zwischen osmotischem Druck und Siedepunktserhöhung bzw. Gefrierpunktserniedrigung (Nr. **33**), hat *van t'Hoff*[294]) Formel (101) abgeleitet, nahezu gleichzeitig *M. Planck*[295]) und etwas später *W. Gibbs*[296]) auf einem dem hier verfolgten ähnlichen Weg.

Gegen die Theorie des osmotischen Druckes, die in der Diskussion mit der Dissoziationstheorie verknüpft wurde, erhoben sich zahl-

---

290) *J. A. Nollet*, Recherches sur les causes du bouillonement des liquides, Paris 1748. Für die historische Entwicklung s. *P. Walden*, Bull. Ac. St. Pétersb. 6 (1912), p. 453.

291) *R. Dutrochet*, Ann. chim. phys. 35 (1827), p. 393; 37 (1828), p. 191; 49 (1832), p. 411; 51 (1832), p. 159, *G. F. Parrot*, Dorpat 1802; *K. Vierordt*, Pogg. Ann. (3) 73 (1848), p. 519; *Th. Graham*, Phil. Trans. 144 (1854), p. 177; *M. Traube*, Zentralbl. f. med. Wissen 1864, Nr. 39; Arch. f. Anat. u. wiss. Med. 87 u. 129 (1867).

292) *H. de Vries*, Z. f. ph. Ch. 2 (1888), p. 415.

293) *W. Pfeffer*, Osmotische Untersuchungen, Leipzig 1877 (Engelmann).

294) *J. H. van t'Hoff*, Z. f. ph. Ch. 1 (1887). p. 481; Kongl. Sv. Vet. Ak. 21 (1886), Nr. 17; Arch. Neerl. 20 (1885), p. 239; Rec. trav. chim. 4 (1885), p. 424; Ostwalds Klassiker 110, Leipzig 1900.

295) *M. Planck*, Z. f. ph. Ch. 6 (1890), p. 187, s. auch Anm. 100.

296) *J. W. Gibbs*, Nature 55 (1897), p. 461.

reiche Einwände besonders gefühlsmäßiger Natur, die hauptsächlich durch die anfängliche Meinung verstärkt wurden, daß die Theorie Verbindungen zwischen den gelösten Molekülen und denen des Lösungsmittels verbiete.[297]) Es wurde auch versucht, den osmotischen Druck auf Änderung der Beweglichkeit der Flüssigkeitsmoleküle[298]) und auf Oberflächenspannung[299]) zurückzuführen. Die thermodynamische Argumentation machte auf die Gegner anfangs keinen Eindruck, nur *Campbell*[300]) erklärte sich konsequenterweise gegen die Anwendbarkeit der Thermodynamik überhaupt. Indessen waren besonders von *H. N. Morse*[301]) und seinen Mitarbeitern sowie durch *Earl of Berkeley* und *E. J. G. Hartley*[302]) weitere direkte Messungen an Rohrzucker mit 3—5% Genauigkeit durchgeführt worden. Diese Versuche ergeben, daß bis zu Konzentrationen von 0,2 $\frac{\text{Mol}}{\text{Liter}}$ und bei Temperaturen von 0—60° Celsius die Formel (101) innerhalb der Versuchsfehler stimmt. Weiter ergibt sich, daß bei höheren Konzentrationen, bis zu etwa 0,8 normal die Formel

$$(101') \qquad \pi = \frac{RT}{v_0}\frac{n_1}{n_0} \qquad (\textit{Raoult-Beckmann-Morse})$$

besser stimmt als die Formel

$$(101'') \qquad \pi = \frac{RTn_1}{V} = \frac{RTn_1}{v_0 n_0 + v_1 n_1} \qquad (\textit{Arrhenius})$$

(10% gegen 25% Abweichung). Natürlich liegt das schon außerhalb unserer Theorie, in der Abweichungen von der Größe x, wie sie zwischen diesen beiden Formeln bestehen, vernachlässigt sind.

Neuerliche Messungen von *L. Kahlenberg*[303]) an Gummimembranen ergaben dagegen Abweichungen von der Theorie, die ihn zur Bestreitung derselben veranlaßten; *Cohen* und *Commelin*[304]) bestätigten

---

297) Siehe Z. f. ph. Ch. 7 (1891), p. 378 (*Sp. U. Pickering, W. Ramsay, Gladstone, H. E. Armstrong, J. Walker, Fitzgerald, O. Lodge, W. Ostwald, J. H. van t'Hoff, W. N. Shaw*); Nature 55 (1896/97), *H. E. Armstrong* p. 78, *J. W. Gibbs*, p. 461, *E. F. Herroun* p. 152, *Kelvin* p. 272, *J. Larmor* p. 545, *O. J. Lodge* p. 150, *Sp. U. Pickering* p. 223, *J. H. Poynting* p. 33; *W. C. D. Whetham* p. 151, 606; Nature 74 (1906), *H. E. Armstrong* p. 79, *Earl of Berkeley* u. *E. G. J. Hartley* p. 54, 245, *L. Kahlenberg* p. 222, *W. C. D. Whetham* p. 54, 102, 295.

298) *J. H. Poynting*, Phil. Mag. (5) 42 (1896), p. 289.

299) *J. Traube*, Phil. Mag. (6) 8 (1904), p. 158, 704.

300) *N. R. Campbell*, Nature 74 (1906), p. 79.

301) Am. Chem. J. 26 (1901), p. 80 und die folgenden Jahre.

302) Lord *Berkeley* u. *E. G. J. Hartley*, Proc. Roy. Soc. 82 A (1909), p. 271 Phil. Trans. Ac. 206 (1906), p. 481; 209 (1909), p. 177, 319.

303) *L. Kahlenberg*, J. Phys. Chem. 10 (1906), p. 141; 13 (1909), p. 93.

304) *E. Cohen* u. *J. W. Commelin*, Z. f. ph. Ch. 64 (1908), p. 1.

seine Messungen. Doch wies *Antropoff*[305]) darauf hin, daß hierbei das Gleichgewicht nicht erreicht wurde, da die Maximaldrucke nicht konstant blieben, sondern absanken, so daß trotz der nachgewiesenen geringen Durchlässigkeit der Membran für den gelösten Stoff die Membran wahrscheinlich deshalb ungeeignet sei, weil es auf das Verhältnis der Durchlässigkeiten für den gelösten Stoff und das Lösungsmittel ankomme.

30. Die kinetische Bedeutung des osmotischen Druckes. Die Gleichung (101) hat natürlich wegen ihrer Ähnlichkeit mit der Gasgleichung zu einer kinetischen Deutung herausgefordert, auf die schon *van t'Hoff*[294]) hingewiesen hat, die dann von zahlreichen Forschern behandelt[306]), aber sehr häufig auch beanstandet worden ist.[307]) Wegen der Bedeutung der Sache sei näher darauf eingegangen, und zwar hauptsächlich im Anschluß an *H. A. Lorentz* und die letztzitierte Arbeit von *Jäger*.

Der Druck, den eine Flüssigkeit auf der einen Seite einer beliebigen Fläche ausübt, rührt von der pro Zeiteinheit durch die Stöße übertragenen Bewegungsgröße her. Wir nennen ihn den thermischen Druck, an einer Grenze ist er gleich dem äußeren Druck und heißt dann thermischer Grenzdruck. Im Innern der Flüssigkeit ist der thermische Druck um den Kohäsionsdruck[308]) (innerer Druck bei *Jäger*), der die Flüssigkeit nach innen zieht, größer als der Grenzdruck. Bei Volumenänderung ändert sich der Kohäsionsdruck wenig, der thermische Druck (innerer Druck bei *Tammann*) sehr stark.

Betrachten wir das Gleichgewicht an einer semipermeablen Membran, an der das Lösungsmittel im Gleichgewicht sein soll und die so beschaffen ist, daß in ihrer unmittelbaren Nähe die Moleküle des gelösten Stoffes keine mittlere Kraft erfahren, ebenso wie im Inneren der Lösung. Dann wird die Konzentration der gelösten Moleküle bis zu einer Referenzfläche, die um den Radius der Moleküle von der

305) *A. v. Antropoff*, Z. f. ph. Ch. 76 (1911), p. 721.

306) *L. Boltzmann*, Z. f. ph. Ch. 6 (1890), p. 474; 7 (1891), p. 88; Ges. Abh. III, p. 386, 395; *H. A. Lorentz*, Z. f. ph. Ch. 7 (1891), p. 36; Arch. neerl. 25 (1892), p. 107; Ges. Abh. I, p. 175; *E. Riecke*, Z. f. ph. Ch. 6 (1891), p. 564; *O. Stern*, Diss. Breslau 1912; Z. f. ph. Ch. 81 (1913), p. 441; *G. Jäger*, Ann. d. Phys. 41 (1913), p. 854; Wien. Ber. 122 (1913), p. 979; Z. f. ph. Ch. 93 (1917), p. 275; *P. Lenard*, Sitzber. Heidelberg Ak. Abt. A 1914, Abh. Nr. 27, 28; *P. Ehrenfest*, Ann. d. Phys. 48 (1915), p. 369; *K. Jellinek*, Z. f. ph. Ch. 92 (1917), p. 169; *F. Tinker*, Phil. Mag. 33 (1917), p. 428.

307) Z. B. *L. Meyer*, Z. f. ph. Ch. 5 (1890), p. 23.

308) S. zahlreiche Arbeiten von *G. Bakker* in der Z. f. ph. Ch., dann Encykl. V 10, Nr. 18, 48.

Membran absteht, die gleiche sein wie in der Lösung. Ein Teil der Unklarheit rührt nun daher, daß man den thermischen Druck auf zwei Weisen betrachten kann. Nach der ersten Methode wird er in einen von n_0 und einen von n_1 herrührenden Teil zerlegt, die als thermische Partialdrucke bezeichnet werden, einzeln aber nur unter speziellen Annahmen (z. B. Gültigkeit der *van der Waals*schen Theorie) berechenbar sind. Nach der anderen Methode zerlegt man die Drucke bzw. die ihnen entsprechenden pro Zeiteinheit durch die Oberfläche transportierten Bewegungsgrößen, in einen Teil, der von der Durchquerung der Referenzfläche durch Mittelpunkte von Lösungsmittelmolekülen herrührt, und einen zweiten Teil, der vom Stoß der Molekülmittelpunkte des Gelösten auf die Fläche stammt. Dieser ist von *Jäger* im Anschluß an *E. Riecke* berechnet und zu $\frac{RTn_1}{V}$ gefunden worden, wenn die gelösten Moleküle *aufeinander* nicht merkbar wirken. Diesem Druckanteil ist oft der thermische Partialdruck irrtümlich gleichgesetzt worden. Daß letzterer um so viel größer ist, rührt von den Zusammenstößen der gelösten Teilchen mit denen des Lösungsmittels her, die jedesmal ein Weiterspringen der Bewegungsgröße um den Durchmesser eines Lösungsmittelmoleküls zur Folge hat („Förderung der Bewegungsgröße“). Doch ist diese Wirkung für den Druck *auf die Membran* gleichgültig, da ja Lösungsmittelmoleküle glatt durch sie hindurchgehen. Die bei dieser zweiten Zerlegung erhaltenen Teildrucke sind die thermischen *Grenzdrucke* an der Membran. Damit Gleichgewicht herrscht, müssen die thermischen Grenzdrucke des Lösungsmittels, die die Zahl der auftreffenden Moleküle bestimmen, auf beiden Membranseiten gleich sein.

Besteht zwischen gelösten und Lösungsmittelmolekülen keine Anziehung, so sind die Kohäsionsdrucke und daher auch die thermischen Drucke des Lösungsmittels im reinen Mittel und in der Lösung gleich, folglich auch die thermischen Grenzdrucke des Lösungsmittels auf die Stempel, die den Gesamtdruck regulieren; in der Lösung kommt noch der thermische Grenzdruck des Gelösten (gleich dem osmotischen Druck) hinzu, so daß der äußere Druck um den osmotischen Druck höher ist als im reinen Lösungsmittel.

Führen wir nun Anziehungskräfte zwischen gelöstem Stoff und Lösungsmittel ein, wie es nötig ist, um Verdampfen des Gelösten zu verhindern, so bleibt trotzdem an der Membran die Dichte der gelösten Moleküle gleichmäßig bis an die Membran, weil das Lösungsmittel auf beiden Seiten der Membran sie gleich stark anzieht. Außerdem geschieht zweierlei: Erstens *erhöht* sich in der Lösung der *Ko-*

häsionsdruck des Lösungsmittels infolge der Anziehung der gelösten Moleküle und damit auch der innere thermische Druck desselben um eine Größe K_{12} (erhöhter Binnendruck, siehe Nr. **11**). Dies hat keinen Einfluß auf den äußeren Druck, da auch am Stempel der Kohäsionsdruck um die gleiche Größe wächst, also der thermische Grenzdruck, der gleich dem inneren thermischen Druck weniger dem Kohäsionsdruck ist, unverändert bleibt. Zweitens werden aber am Stempel die *gelösten* Moleküle entgegen ihrer Wärmebewegung nach innen gezogen, so daß ihr thermischer Grenzdruck am Stempel sinkt, dieser Zug nach innen verursacht aber einen gleich großen Druck auf die Lösungsmittelmoleküle nach außen[309]), d. h. eine Verminderung des Kohäsionsdruckes und daher eine *Vermehrung des thermischen Grenzdruckes des Lösungsmittels*, der, wie man leicht zeigen kann, gerade so groß ist, wie die Verminderung des thermischen Grenzdruckes der gelösten Moleküle. Die Anziehung hat also zur Folge, daß der Druck, der ohne sie von den *gelösten* Molekülen ausgeübt wurde, nun von den *Lösungsmittel*molekülen übernommen wird. — Entlasten wir den Stempel nach Abschließen der Membran, so dehnt sich die Lösung, bis der Gesamtdruck gleich dem neuen äußeren Druck ist. In diesem Zustand wird an der Gefäßwand natürlich der osmotische Druck nicht verspürt, aber die ganze Lösung befindet sich gegenüber den Verhältnissen, in welchen sie mit dem reinen Lösungsmittel im Gleichgewicht ist, in gedehntem Zustand[310]), hervorgerufen durch den Druck der gelösten Moleküle auf die Kapillarschicht.

Bringen wir daher eine Lösung mit dem reinen Lösungsmittel unter dem *gleichen* äußeren Druck durch Vermittlung halbdurchlässiger Wände in Berührung, *so dringt das letztere infolge des geringeren thermischen Grenzdrucks* des Lösungsmittels in der Lösung *in diese ein*; dieser geringere Wert des Grenzdrucks aber ist von den Stößen der gelösten Moleküle gegen die Kapillarschicht verursacht, so daß wir das Einströmen durch den Druck des gelösten Stoffes auf die bewegliche Oberfläche der Lösung anschaulich deuten können (an der Membran werden diese Stöße von der Membran statt von der Kapillarschicht aufgenommen). Die Anziehungskräfte spielen daher nur insofern eine Rolle, als sie die gelösten Moleküle am Verdampfen aus der freien Oberfläche hindern (vgl. *Ehrenfest*, l. c.[306])), ihr Betrag

309) Dieser Druck nach außen ist kein statischer Effekt (wenn die gelösten Moleküle im Gleichgewicht festgehalten würden, würde er nicht eintreten), sondern rührt davon her, daß die gelösten Moleküle in ihrer Wärmebewegung vor Erreichung der Oberfläche zur Umkehr gezwungen werden.

310) *G. A. Hulett*, Z. f. ph. Ch. 42 (1903), p. 353.

ist gleichgültig, weil sie allerdings, je stärker sie sind, desto mehr den gelösten Stoff nach innen ziehen, aber nach dem Satz von Wirkung und Gegenwirkung dafür das Lösungsmittel den entstehenden Fehlbetrag des Druckes übernimmt.

Durch ganz ähnliche Betrachtungen sieht man, daß es für die Gesamtwirkung gleichgültig ist (was auch die Thermodynamik verlangt), welches der Mechanismus der Wand ist, ob eine einfache Siebwirkung oder eine teilweise Löslichkeit des Lösungsmittels in derselben (was auf Einführung von Kräften zwischen letzterem und der Wand hinauskommt). Man sehe auch die Untersuchungen von *Bartell* und *Tinker* über die Porengröße und Struktur der Membranen. *Bartell* fand unter Umständen negative Osmose, die er auf elektrische (elektrosmotische) Effekte an der Membran zurückführt.[311])

Die Dampfdruckerniedrigung ist nach *Lorentz* auf die über die Oberfläche hinausgreifenden Anziehungskräfte der gelösten Moleküle zurückzuführen.

31. Gefrierpunktserniedrigung. Es war das Potential des Lösungsmittels in der Lösung nach (56′)

$$\mu_0^{(L)} = \mu_0^0(p, T) + RT \lg(1 - x). \tag{102}$$

Wir fragen, bei welcher Temperatur es mit dem reinen gefrorenen Lösungsmittel S beim Druck p im Gleichgewicht ist. Ist der Gefrierpunkt des reinen Lösungsmittels T_0, so gilt

$$\mu_0^{(S)}(p, T_0) = \mu_0^0(p, T_0). \tag{91''}$$

Für die Lösung lautet die Gleichgewichtsbedingung bei Temperaturen T' in der Nähe von T_0

$$\mu_0^{(S)}(p, T') = \mu_0^{(L)}(p, T') = \mu_0^0(p, T') + RT' \lg(1 - x)$$

oder

$$\frac{\partial \mu_0^{(S)}}{\partial T}(T' - T_0) = \frac{\partial \mu_0^0}{\partial T}(T' - T_0) + RT' \lg(1 - x). \tag{103}$$

Nun ist $\frac{\partial \mu_0^{(S)}}{\partial T} - \frac{\partial \mu_0^0}{\partial T} = \frac{Q}{T_0}$ (*Bryan* 157), wenn $+ Q$ die Schmelzwärme des reinen Lösungsmittels pro Mol ist, also

$$\frac{T' - T_0}{T_0} = - \frac{RT' n_1}{Q(n_0 + n_1)}. \tag{104}$$

Diese Gefrierpunktserniedrigung ist also unabhängig von der Art des gelösten Körpers; durch Beobachtung derselben läßt sich seine Mol-

311) *G. Tammann*, Z. f. ph. Ch. 10 (1892), p. 255; *F. E. Bartell*, J. phys. chem. 15 (1911), p. 659; 16 (1912), p. 318; J. Am. Chem. Soc. 36 (1914), p. 646; *F. E. Bartell* u. *C. D. Hocker*, ebenda 38 (1916), p. 1029, 1036; *F. Tinker*, Proc. Roy. Soc. 92 A (1916), p. 357; *T. Hamburger*, Z. f. ph. Ch. 92 (1916), p. 385.

zahl n_1 und daher sein Molekulargewicht bestimmen, es sind hierfür zahlreiche Apparate ausgearbeitet. Dagegen läßt sich über den Molekularzustand der Flüssigkeit nichts aussagen, da bei genügender Verdünnung nur die Schmelzwärme Qn_0 der wirklich in der Lösung enthaltenen Lösungsmittelmenge auftritt. $\frac{RT_0^2}{Qn_0}$ ist für Wasser zu $1{,}859 \frac{\text{Grad Liter}}{\text{Mol}}$ berechnet.

Die Tatsache einer der Salzkonzentration proportionalen Gefrierpunktserniedrigung hatte schon *Ch. Blagden*[312]) entdeckt, sie wurde von *Despretz* und *Fr. Rüdorff* unabhängig untersucht. *L. C. de Coppet*[313]) zeigte dann, daß sie bei gleicher molarer Konzentration vom Gelösten unabhängig ist, was *Paterno* und *Nasini* bestätigten. *F. M. Raoult*[314]) variierte die Versuchsbedingungen weitgehend und gewann besonders durch Verwendung organischer Substanzen einfache Resultate, während die seiner Vorgänger bei Verwendung von Salzen durch Dissoziation oft entstellt waren. Er fand auch die Parallelität mit der Siedepunktserhöhung experimentell, die *Guldberg* acht Jahre früher theoretisch abgeleitet hatte (s. Nr. **33**). Aus seinen Messungen glaubte er den Schluß ziehen zu dürfen, daß für verschiedene Lösungsmittel die Siedepunktserhöhung ihrer molaren Konzentration umgekehrt proportional, sonst aber vom Lösungsmittel unabhängig sei. Diese letztere Aussage steht mit der Formel in Widerspruch und stimmt auch nicht mit der Erfahrung, wie *Eykman*[315]) nachher zeigte. Formel (104) wurde von *van t'Hoff* auf Grund seiner Untersuchungen über den osmotischen Druck abgeleitet.[294]) Seitdem hat sich eine Präzisionskryoskopie entwickelt.[316])

---

312) *Ch. Blagden*, Phil. Trans. 78 (1788), p. 277; Ostwalds Klassiker 56, Leipzig 1894; *C. M. Despretz*, Paris C. R. 2 (1837), p. 19; Pogg. Ann. (2) 41 (1837), p. 492; *Fr. Rüdorff*, Pogg. Ann. (2) 114 (1861), p. 63; 116 (1862), p. 55; 122 (1864), p. 337; 145 (1872), p. 599.

313) *L. C de Coppet*, Ann. chim. phys. (4) 23 (1871), p. 366; 25 (1872), p. 502; 26 (1872), p. 98; *E. Paterno* u. *R. Nasini*, Ber. d. Deutsch. chem. Ges. 19 (1886), p. 2527.

314) *F. M. Raoult*, Paris C. R. 87 (1878), p. 167; Ann. chim. phys. (5) 20 (1880), p. 217; 28 (1883), p. 133; (6) 2 (1884), p. 66, 93, 99, 115; 4 (1885), p. 401; 8 (1886), p. 289, 317; J. d. phys. (2) 3 (1884), p. 16; 5 (1886), p. 65; Cryoscopie, Scientia Nr. 13, Paris 1901.

315) *J. F. Eykman*, Z. f. ph. Ch. 3 (1889), p. 203; 4 (1889), p. 497.

316) *H. C. Jones*, Z. f. ph. Ch. 11 (1893), p. 111, 529; 12 (1893), p. 623; 18 (1895), p. 283; Phil. Mag. (5) 36 (1893), p. 465, *M. Nernst* u. *R. Abegg*, Z. f. ph. Ch. 15 (1894), p. 681; *R. Abegg*, Z. f. ph. Ch. 20 (1896), p. 207; *H. Hausrath*, Ann. d. Phys. 9 (1902), p. 322; *W. Nernst* u. *H. Hausrath*, Ann. d. Phys. (4) 17 (1905), p. 1018; *E. H. Loomis*, Diss. Straßburg 1894 Wied. Ann. (3) 51 (1894),

An experimentellen Ergebnissen über die Gültigkeit von (104) ist folgendes anzuführen: Die Resultate an Rohrzucker ergeben Proportionalität mit der Konzentration von unendlicher Verdünnung bis zu solcher von 0,03 $\frac{\text{Mol}}{\text{Liter}}$ auf 1%, ob man mit *Raoult-Beckmann* $\frac{n_1}{n_0}$ oder mit *Arrhenius* $\frac{n_1 v_0}{V}$ schreibt (der Unterschied beider Ausdrücke geht über die Genauigkeit unserer Entwicklungen hinaus). Die Konstante ist hierbei 1,86. Bei einer Reihe von Alkoholen, Aceton, Acetamid, Chloralhydrat, Salizin und Glyzerin stimmt die Abhängigkeit bis etwa 0,2 $\frac{\text{Mol}}{\text{Liter}}$ auf 1%. Die Konstante liegt hierbei zwischen 1,83 und 1,885 gegen 1,859 berechnet. Bei höheren Rohrzuckerkonzentrationen nimmt die Abweichung zu, sie beträgt bei 0,8 $\frac{\text{Mol}}{\text{Liter}}$, je nachdem man $\frac{n_1 v_0}{V}$ oder $\frac{n_1}{n_0}$ setzt, 30 oder 10%. Schließlich sei erwähnt, daß *G. Tammann*[317]) sowie *Heycock* und *Neville* auch Amalgame untersucht haben und hierbei das gelöste Metall meist einatomig fanden, wenn auch die Fehler ziemlich groß waren.

32. Siedepunktserhöhung, Dampfdruckerniedrigung. Formell genau gleich wie die Gefrierpunktserniedrigung läßt sich die Siedepunktserhöhung ableiten, indem man an Stelle des Potentials der festen Phase $\mu^{(S)}$ das des Dampfes $\mu^{(G)}$ setzt. Nur ist jetzt $\frac{\partial \mu^{(G)}}{\partial T} - \frac{\partial \mu_0^0}{\partial T} = -\frac{Q}{T_0}$, wo Q die (positive) Verdampfungswärme bedeutet. Also gilt

$$\frac{T' - T_0}{T_0} = \frac{R T'}{Q n_0} n_1, \tag{105}$$

wobei die Diskussion genau so zu führen ist wie bisher. An Stelle der Temperaturdifferenz bei gleichem Dampfdruck kann man auch nach der Druckdifferenz bei gleicher Temperatur fragen, d. h. nach dem Dampfdruck der Lösung bei T_0. Er folgt aus der *Clausius-Clapeyron*schen Gleichung (13a)

$$\Delta p = \frac{Q}{V_G - V_L} \frac{\Delta T}{T},$$

---

p. 500; 57 (1896), p. 514; Z. f. ph. Ch. 32 (1900), p. 578; 37 (1901), p. 407; *P. B. Lewis*, Z. f. ph. Ch. 15 (1894), p. 365; *M. Wildermann*, Z. f. ph. Ch. 15 (1894), p. 337; 19 (1896), p. 63; 25 (1898), p. 699; 30 (1899), p. 508, 577; *H. Hausrath*, Ann. d. Phys. (4) 9 (1902), p. 543; *T. G. Bedford*, Proc. Roy. Soc. 83 A (1910), p. 454; *Th. W. Richards*, Z. f. ph. Ch. 44 (1903), p. 563; *F. Flügel*, Diss. Berlin 1911; Z. f. ph. Ch. 79 (1912), p. 577.

317) *G. Tammann*, Z. f. ph. Ch. 3 (1889), p. 441; *C. T. Heycock* u. *F. H. Neville*, J. of Chem. Soc. 55 (1889), p. 666; 57 (1890), p. 376.

indem man für ΔT gemäß (105) $\frac{RT^2}{Q}\frac{n_1}{n_0}$ und für den Nenner (unter Vernachlässigung von V_L) $V_G \sim \frac{RT}{p}$ setzt

$$(106) \qquad \frac{\Delta p}{p} = \frac{n_1}{n_0},$$

wobei aus dem Ansatz $\mu^{(G)} = \mu^{(L)}$ folgt, daß sowohl n_0 als auch Q sich auf solche Mengen Lösungsmittel beziehen, denen *im Dampf* 1 Mol entspricht, so daß auch hier auf den Molekularzustand des Lösungsmittels keine Schlüsse gezogen werden können.

Die anfänglichen Messungen der Siedepunktserhöhung haben kein Gesetz ergeben.[318]) *Prinsep*, der wie *Gay-Lussac* die relative Dampfdruckerniedrigung untersuchte, fand sie gemäß (106) von T unabhängig, *v. Babo*[319]) und *Wüllner* bestätigten das und erkannten die Proportionalität mit der Menge des gelösten Salzes. Die Vermutung, daß bei gleicher Molzahl des Gelösten die Dampfdruckerniedrigung gleich sei, wurde von *W. Ostwald* und *G. Tammann*[320]) ausgesprochen.

Raoult[321]) hat dann wieder durch seine systematischen Untersuchungen den Fortschritt erzielt, daß er die bei den Elektrolyten auftretenden Unregelmäßigkeiten vermeiden lehrte. Er stellte empirisch die nach ihm benannte Formel (106) auf. Die Übereinstimmung mit der Erfahrung[322]) liegt bei Rohrzucker bis 0,15 normal innerhalb der Fehlergrenzen (3%) und ist auch bei höheren Drucken für (106) besser als bei Ersatz von n_0 durch $\frac{V}{v_0}$.

van t'Hoff hat dann in seiner mehrfach zitierten Arbeit[294]) Formel (106) theoretisch erhalten, während (105) durch *Arrhenius*[323])

318) *M. Faraday*, Ann. chim. phys. (3) 20 (1822), p. 320; *T. Griffiths*, J. of Science 18 (1825), p. 89; Pogg. Ann. 2 (1824), p. 227; *J. Legrand*, Ann. chim. phys. (2) 59 (1835), p. 423; *J. Gay-Lussac*, Ann. chim. phys. 20 (1822), p. 325. In *Baumgartners* Naturlehre, 3. Aufl. Supplementband, Wien 1831, findet sich eine Tabelle von *Gay-Lussac*, deren Original ich nicht auffinden konnte, dort ist auch *Prinsep* erwähnt.

319) *L. v. Babo*, Über die Spannkraft des Wasserdampfes in Salzlösungen, Freiburg 1847. *A. Wüllner*, Diss. 1856; Pogg. Ann 103 (1858), p. 529; 105 (1858), p. 85; 110 (1860), p. 564; bestätigt von *R. Emden*, Wied. Ann. 31 (1887), p. 145.

320) *W. Ostwald*, Lehrb. d. allg. Chem., 1. Aufl. Leipzig 1884; *G. Tammann*, Wied. Ann. 24 (1885), p. 523; 36 (1889), p. 692.

321) *F. M. Raoult*, Paris C. R. 103 (1886), p. 1125; 104 (1887), p. 976, 1430; 107 (1888), p. 442; Z. f. ph. Ch. 2 (1888), p. 353; Ann. chim. phys. (6) 15 (1888), p. 375; 20 (1890), p. 297; Tonometrie, Sammlung Scientia Nr. 8, Paris 1900.

322) *C. Dieterici*, Wied. Ann. (3) 50 (1893), p. 47; 62 (1897), p. 616; 67 (1899), p. 859; *H. Seiferheld*, Diss. Tübingen 1911; *A. Smits*, Z. f. ph. Ch. 39 (1902), p. 386.

323) *S. Arrhenius*, Z. f. ph. Ch. 4 (1889), p. 550.

abgeleitet wurde. Die Messungen über Siedepunktserhöhung wurden besonders von *Raoult*[324]) und *E. Beckmann*[325]) durchgeführt. Die Experimente ergeben für die Größe $\frac{\Delta T \cdot n_0}{n_1}$ (welche die molekulare Siedepunktserhöhung in *Raoult-Beckmann*scher Zählung heißt) bis $0{,}2\,n$ Lösungen verschiedener Stoffe Konstanz auf $1{,}5\,\%$. Auch daß ihr Wert nach (105) $\frac{R T_0^2}{Q}$ ist, bestätigt sich im Temperaturintervall von 18—100° innerhalb der Meßgenauigkeit.[326]) Bei hohen Konzentrationen $\left(\text{bis } 3\ \frac{\text{Mol}}{\text{Liter}}\right)$ Rohrzucker sind die Abweichungen von der Konstanz in *Raoult-Beckmann*scher Zählung noch relativ gering.

Bekanntlich wird die Methode häufig zu Molekulargewichtsbestimmungen benutzt. Sie ist auch auf Amalgame angewendet worden.[327])

33. Allgemeiner Zusammenhang der besprochenen Größen.[328]) Auch wenn man in einer verdünnten Lösung die Formel für das Potential des Lösungsmittels nicht kennt, läßt sich ein Zusammenhang zwischen den drei behandelten Erscheinungen angeben. Sei das unbekannte Potential

$$\mu_0^{(L)} = \mu_0^0 + \Delta\mu, \tag{107}$$

so finden wir den osmotischen Druck wie in Nr. **29** aus

$$0 = \frac{\partial \mu_0^0}{\partial p}\pi + \Delta\mu \quad \text{zu} \quad \pi = -\frac{\Delta\mu}{v_0}, \tag{108}$$

die Gefrierpunktserniedrigung aus

$$(T' - T_0)\frac{\partial \mu^{(S)}}{\partial T} = \frac{\partial \mu_0^0}{\partial T}(T' - T_0) + \Delta\mu \quad \text{zu} \quad T' - T_0 = \frac{RT}{Q}\Delta\mu \tag{109}$$

und die Dampfdruckerniedrigung aus

$$\mu^{0(G)} + RT \lg p = \mu_0^0(p),$$

und
$$\mu^{0(G)} + RT \lg p' = \mu_0^0(p) + \frac{\partial \mu_0^0(p)}{\partial p}(p' - p) + \Delta\mu$$

$$\text{zu} \quad RT \lg \frac{p}{p'} = -v_0(p' - p) - \Delta\mu = v_0\pi \tag{110}$$

unter Vernachlässigung von $p - p'$ neben π.

---

324) *F. M. Raoult,* Paris C. R. 87 (1878), p. 167; 122 (1896), p. 1175; J. de phys. (2) 8 (1889), p. 1; Tonometrie, s. Anm. 321. Siehe z. B. *B. F. Lovelace, J. C. W. Frazer* und *E. Miller,* die für KCl von 0,2 bis 2 Mol die gleiche mol. Dampfdruckerniedrigung nach *Raoult* fanden, J. Am. Chem. Soc. 38 (1916), p. 515.

325) *E. Beckmann,* Z. f. ph. Ch. 3 (1889), p. 603 und folgende.

326) *E. Beckmann* und *O. Liesche,* Z. f. ph. Ch. 88 (1914), p. 23; *K. Drucker,* Z. f. ph. Ch. 74 (1910), p. 612.

327) *W. Ramsay,* J. Chem. Soc. 55 (1889), p. 521.

328) *C. Guldberg,* Paris C. R. 70 (1870), p. 1349; *F. M. Raoult,* Paris C. R. 87 (1878), p. 167.

Hieraus läßt sich $\Delta\mu$ eliminieren und umgekehrt, wenn eine der Größen experimentell gegeben ist, $\Delta\mu$ berechnen.

Bei höheren Konzentrationen kann man die Entwicklung über die ersten Glieder hinaus treiben und erhält die richtigen Formeln, wenn man in (108) und (110) $\frac{\partial \mu_0^0}{\partial p} = v_0$ durch

$$\frac{\partial \mu_0^0}{\partial p} + \frac{1}{2}\frac{\partial^2 \mu_0^0}{\partial p^2}(p' - p_0) + \cdots = v_0\left(1 + \frac{1}{2}\varkappa\pi\right)$$

ersetzt ($\varkappa$ Kompressibilität), in (109) Q durch $Q + \frac{1}{2}\frac{\partial Q}{\partial T}(T' - T_0) + \cdots$

34. Löslichkeit von Gasen. Wenn in der zweiten Phase der gelöste Stoff als Gas vorhanden ist, so lautet die Gleichgewichtsbedingung

$$(111) \qquad \mu_2^0 + RT \lg C_2 = \mu_1^0 + RT \lg x = \mu_1'^0 + RT \lg C_1.$$

Hier bezieht sich 1 auf die flüssige, 2 auf die Gasphase, C sind Volumenkonzentrationen, C_1 also $\frac{n_1}{V}$. Aus (111) folgt

$$\frac{C_2}{C_1} = e^{\frac{\mu_1'^0 - \mu_2^0}{RT}} = K$$

(d. h. von C_1, C_2 unabhängig).

Dieses Gesetz wurde schon 1803 von *W. Henry* entdeckt.[329]) Es folgt statistisch sofort aus der Annahme, daß die Bewegung der Moleküle sowohl im Gas wie in der Lösung voneinander unabhängig erfolgt, denn dann ist das Verhältnis der Aufenthaltszeiten eines Moleküls in Gas und Lösung und daher auch das der Molekülzahlen konstant.[330]) — Man kann in Umkehrung unserer Darstellung von diesem Gesetz ausgehend für das Potential des Gelösten Formel (56) und daraus nach (10′) für das Potential des Lösungsmittels Formel (56′) gewinnen, woraus die in Nr. **29—33** behandelten Erscheinungen folgen. Diesen Weg hat *van t'Hoff*[294]) (unter Benutzung von Kreisprozessen statt des Potentials) bei seiner Ableitung der Gesetze verdünnter Lösungen eingeschlagen.

K nennt man nach *Ostwald* die Löslichkeit, während *R. Bunsen*[331]), von dem die ersten ausführlichen Messungen stammen, $K\frac{273}{T}$ als *Absorptionskoeffizient* definiert hatte. Führt man den Gasdruck $p = C_2 RT$ ein, so kann man ohne die Vernachlässigung, die im Ersatz von x

329) *W. Henry*, Phil. Trans. 1803, p. 29, 274; Gilb. Ann. 20 (1805), p. 147.

330) *J. W. Gibbs*, Nature 55 (1897), p. 461.

331) *R. Bunsen*, Lieb. Ann. 93 (1855), p. 1; Gasometrische Methoden, Braunschweig, 1. Aufl. 1857.

durch C_1 liegt (s. Formel (57)), schreiben

$$\frac{x}{p} = K',$$

wo K' eine in demselben Sinne wie K konstante Größe ist.

Es ist, wenn Q die entwickelte Lösungswärme bedeutet,

$$\left(\frac{\partial \lg K'}{\partial T}\right)_p = -\frac{Q}{RT^2}. \tag{112}$$

Zahlreiche Untersuchungen haben die Abhängigkeit des K von der Temperatur zum Gegenstand. Während anfangs die Meinung galt, K nehme stets mit wachsendem T ab, zeigte *Chr. Bohr*[332]), daß H_2 in Wasser bei 60° ein Minimum hat. Gleiches wurde dann auch bei anderen Gasen gefunden.[333])

Zur Darstellung wurden Interpolationsformeln gegeben. So setzt *L. W. Winkler*[334]) $\frac{K(T)-K(T_0)}{K(T_0)} = \frac{\eta(T)-\eta(T_0)}{\eta(T_0)} \frac{\sqrt[3]{M}}{k}$, wo η der Reibungskoeffizient des Wassers, M das Molekulargewicht des Gases und k für einatomige Gase $\sim 4{,}5$, für zweiatomige $\sim 3{,}8$ usf. ist. *M. Trautz* und *H. Henning*[335]) haben gezeigt, daß das Gesetz für die Temperaturabhängigkeit nicht genau genug gilt, daß aber bemerkenswerterweise $\frac{d \lg K}{dT} \frac{1}{\sqrt[3]{M}}$ für Molekulargewichte 2—160 und K Werte zwischen 0,06 und 1300 nicht stark schwankt. *Chr. Bohr* l. c.[332]) hat die Temperaturabhängigkeit bis in die Nähe des Löslichkeitsminimums durch $K(T-n) = \varkappa$ (n und $\varkappa$ Konstante) ausgedrückt. *St. Meyer*[336]) stellt die Löslichkeit zahlreicher Gase in verschiedenen Lösungsmitteln durch $K = A + Be^{-\nu T}$ gut dar, wo A, B, ν Konstante sind und ν vom Gas fast unabhängig, für verschiedene Lösungsmittel der Temperaturdifferenz Siedepunkt — Schmelzpunkt nahe umgekehrt proportional ist.

Ebenso gut stimmt die Formel von *G. Jäger*[337]), der aus kinetischen Betrachtungen $K = e^{-\frac{A}{RT}}$ ableitet und $A = A_0\{1 + at(1-bt)^2\}$ setzt. Hier sind t Celsiusgrade, b erweist sich für verschiedene Gase

332) *Chr. Bohr,* Wied. Ann. 62 (1897), p. 644.

333) *T. Estreicher,* Z. f. ph. Ch. 31 (1899), p. 176; s. auch *R. Bunsen,* l. c.[331]); *E. Wiedemann,* Wied. Ann. 17 (1882), p. 349; *A. Naccari* u. *S. Paggliani,* Nuov. Cim. (3) 7 (1880), p. 71; *M. Kofler,* Wien. Ber. 121 (1912), p. 2169; 122 (1913), p. 1461, 1473; *G. Hofbauer,* Wien. Ber. 123 (1914), p. 2001.

334) *L. W. Winkler,* Z. f. ph. Ch. 9 (1892), p. 171; 55 (1906), p. 346; *A. Rex,* Z. f. ph. Ch. 55 (1906), p. 355.

335) *M. Trautz* u. *H. Henning,* Z. f. ph. Ch. 57 (1907), p. 251.

336) *St. Meyer,* Wien. Ber. 122 (1913), p. 1281.

337) *G. Jäger,* Wien. Ber. 124 (1915), p. 287.

als nicht sehr verschieden und nahe gleich dem Temperaturkoeffizienten der Oberflächenspannung.

G. Just[338]) hat die Löslichkeit von H_2, N_2, CO, CO_2 in zahlreichen organischen Flüssigkeiten untersucht; hierbei zeigt sich ein gewisses Parallelgehen der Löslichkeiten für alle vier Gase, doch ist eine Proportionalität nur für N_2 und CO vorhanden, vielleicht auf Grund des gleichen Molekulargewichts. Bei Flüssigkeitsgemischen konnte *F. W. Skirrow*[339]) die Löslichkeit manchmal aus der Mischungsregel berechnen, doch fanden sich auch Paare (Alkohol — Wasser, H_2SO_4 — Wasser) mit ausgesprochenem Minimum bei einem gewissen Mischungsverhältnis. Ungefähr an derselben Stelle besteht stets auch Maximum der Oberflächenspannung.

Die Auflösung eines Salzes vermindert im allgemeinen die Lösungsfähigkeit eines Gases sowie die eines anderen Nichtelektrolyten (Aussalzen).

Ein tieferer Einblick wird sich wohl erst erzielen lassen, wenn man den Einfluß der Lösungswärme und der multiplikativen Konstante in $K = K_\infty e^{-\frac{Q}{RT}}$ (die mit der Entropiekonstante zusammenhängt) getrennt diskutiert.

35. Nernstscher Verteilungssatz.[340]) Ganz analog Nr. **34** haben wir bei zwei verdünnten Lösungen mit gemeinsamem Gelöstem gleiches Potential des gelösten Stoffes in den Phasen 1 und 2

$$\mu_1^0 + RT \lg x_1 = \mu_2^0 + RT \lg x_2, \tag{113}$$

$$\frac{x_1}{x_2} = K', \tag{114}$$

wo die x Molenbrüche sind. Hier ist also der Verteilungskoeffizient K' von der Konzentration unabhängig.

Bei partieller Differentiation nach T erhalten wir

$$\frac{\partial \lg K'}{\partial T} = -\frac{Q_1 - Q_2}{RT^2}. \tag{115}$$

In dissoziierten Lösungen hat jedes Ion seinen eigenen Teilungskoeffizienten, d. h. in Abwesenheit elektrostatischer Kräfte wäre das Konzentrationsverhältnis zwischen beiden Phasen für die beiden Ionen

338) *G. Just*, Z. f. ph. Ch. 37 (1901), p. 342; siehe auch *J. Langmuir*, J. Am. Chem. Soc. 41 (1919), p. 1543.

339) *F. W. Skirrow*, Z. f. ph. Ch. 41 (1903), p. 139; *A. Christoff*, Z. f. ph. Ch. 53 (1905), p. 321; 55 (1906), p. 622; siehe schon bei *O. Müller*, Wied. Ann. 37 (1889), p. 24; *O. Lubarsch*, Wied. Ann. 37 (1889), p. 524; *C Müller*, Z. f. ph. Ch. 81 (1913), p. 483.

340) *W. Nernst*, Z. f. ph. Ch. 8 (1891), p. 110.

verschieden. Da aber äquivalente Mengen der Ionen beider Vorzeichen in jeder Phase auftreten müssen, bilden sich elektrische Phasengrenzkräfte mit der Potentialdifferenz φ aus, so daß

$$K_+ e^{-\frac{\nu\varphi F}{RT}} = K_- e^{+\frac{\nu\varphi F}{RT}} \tag{116}$$

ist. Hierüber wird in Nr. **46, 53** noch näher gesprochen. Für die Bezeichnungen siehe Nr. **46**.

Wie stets beziehen sich unsere Formeln auf unveränderte Moleküle. Treten daneben Umsetzungen ein, so ist die Verteilung der Gesamtmenge des Salzes auf die Phasen natürlich eine andere, und man kann die Abhängigkeit der Gesamtmenge des Salzes in einer Phase von der Konzentration der anderen Phase zur Erforschung der Umsetzung benutzen[341]); es läßt sich daher auch eine Vergleichung der Molekulargewichte in den Phasen ausführen.[342])[340])

36. Löslichkeit fester Körper konstanter Zusammensetzung. a) *Abhängigkeit von Temperatur und Druck.* Es liege der Stoff 1 als Bodenkörper s neben einem flüssigen Gemisch L von 1 und 2 vor. Dann muß in bezug auf 1 an der Grenzfläche Gleichgewicht herrschen

$$\mu_1^{(s)}(T) = \mu_1^{(L)}(p, T, x). \tag{117}$$

Um die Abhängigkeit der Löslichkeit (d. h. des Molenbruches x des Stoffes 1 in der gesättigten Lösung) von p und T kennen zu lernen, benutzen wir (12), beachten, daß im Bodenkörper $x_1^{(s)} = 1$, $x_2^{(s)} = 0$, also $dn_1^{(s)} = dn_2^{(s)} = 0$ ist, andererseits die Menge des Stoffes 2 konstant, also $dn_2^{(L)} = 0$, und führen endlich statt der Differentiation nach n eine solche nach x, welche Größe die Zusammensetzung vollständig charakterisiert, ein. So erhalten wir

$$+\delta V dp - \frac{\delta Q}{T} dT + dx \frac{\partial \mu_1^{(L)}}{\partial x} \delta n_1^{(L)} = 0. \tag{118}$$

Bei konstantem p wird die Gleichung der Löslichkeits-(d. h. x, T)Kurve

$$\frac{dx}{dT} = + \frac{\frac{\delta Q}{\delta n_1}}{T \frac{\partial \mu_1^{(L)}}{\partial x}}. \tag{119}$$

Da $\frac{\partial \mu_1^{(L)}}{\partial x} > 0$ (Stabilitätsbedingung), hat $\frac{dx}{dT}$ das Vorzeichen der auf-

---

341) *W. S. Hendrixson*, Z. f. anorg. Ch. 13 (1897), p. 73; *M. Roloff*, Z. f. ph. Ch. 13 (1894), p. 341; *A. A. Jakowkin*, Z. f. ph. Ch. 13 (1894), p. 539; 18 (1895), p. 585; 20 (1896), p. 19; 29 (1899), p. 613; Ber. deutsch. Chem. Ges. 30 (1897), p. 518.

342) *D. Berthelot* u. *E. Jungfleisch*, Ann. chim. phys. (4) 26 (1872), p. 396; *D. Berthelot*, ebenda p. 408.

genommenen Lösungswärme $\frac{\delta Q}{\delta n_1}$, die meist positiv ist. (119) wird besonders einfach, wenn einer der Stoffe in großem Überschuß ist.

α) Am oberen Ende der Löslichkeitskurve (x nahe 1) haben wir eine verdünnte Lösung von 2 in geschmolzenem 1. Dann erhält man $\mu_1^{(L)}$ nach (56'); nur ist zu beachten, daß sich dort x auf den Stoff 2, hier auf 1 bezieht, also

$$\mu_1^{(L)} = \mu_1^0 + RT \lg x,$$

(119) wird dann

$$\frac{dx}{dT} = + \frac{\delta Q}{\delta n_1} \frac{x}{RT^2}, \quad x \text{ nahe } 1. \tag{120}$$

$\frac{\delta Q}{\delta n_1}$ bedeutet hier die Schmelzwärme von 1, dessen Schmelzpunkt durch den Zusatz des Stoffes 2 um dT erniedrigt ist. Tatsächlich fällt obige Gleichung mit (104) zusammen.

β) Am unteren Ende der Löslichkeitskurve (x sehr klein) haben wir eine verdünnte Lösung von 1 in 2, es ist nach (56)

$$\mu_1^{(L)} = \mu_1'^0 + RT \lg x,$$

und (119) hat die Form

$$\frac{d \lg x}{dT} = + \frac{\delta Q}{\delta n_1} \frac{1}{RT^2} \text{[294][343]}, \tag{121}$$

oder bei angenäherter Konstanz von $\frac{\delta Q}{\delta n_1}$, das jetzt die aufgenommene Lösungswärme von 1 in 2 ist,

$$\lg x = - \frac{\delta Q}{\delta n_1} \frac{1}{RT} + \text{konst.}$$

Hat das dazwischen liegende Stück eine aufrechte **S**-Form, so muß an den Stellen mit vertikaler Tangente nach (119) $\frac{\partial \mu}{\partial x} = 0$ sein und dann negativ werden, was der Stabilitätsbedingung widerspricht, d. h. es teilt sich die flüssige Phase in mehrere (Fig. 3), siehe Nr. **39**.

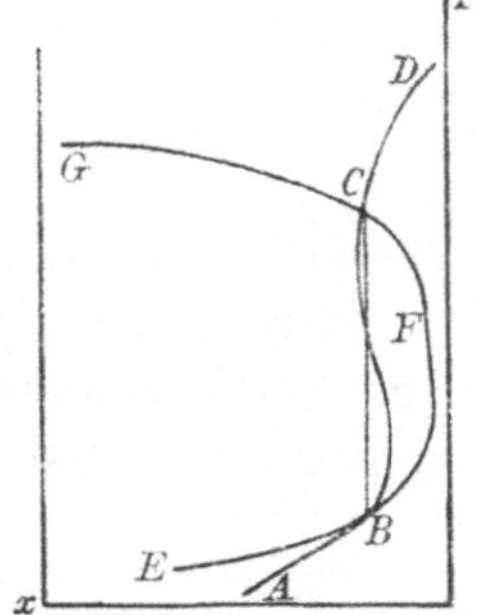

Fig. 3.
ABCD Löslichkeitskurve der festen Phase; *EBFCG* Kurve der gegenseitigen Löslichkeit der beiden flüssigen Phasen; *BC* Kurve des Gleichgewichtes zwischen allen Phasen.

γ) Mit sinkender Temperatur sinkt aber auch das Potential von 2 in der Lösung, bis es den Wert $\mu_2^{(s)}$ erreicht hat. Dann scheidet sich also neben festem 1 auch festes 2 ab, es gelten dann

---

343) *H. Le Chatelier*, Paris C. R. 100 (1885), p. 50, 441, geprüft und bestätigt von *G. v. Marseveen*, Z. f. ph. Ch. 25 (1898), p. 384, Ref. über die Diss. Zürich 1897; *E. v. Stackelberg*, ebenda 26 (1898), p. 533; *A. A. Noyes* u. *V. Sammet*, Z. f. p. Ch. 43 (1903), p. 513 mit Berücksichtigung der bei Elektrolyten nötigen Änderungen; *J. Schröder*, Z. f. ph. Ch. 11 (1893), p. 449; *M. Étard*, Ann. chim. phys. (3) 2 (1894), p. 503, gibt Temperatur-Löslichkeitskurven.

folgende Gleichungen:

$$(122)\qquad \begin{aligned} \mu_1^{(s)} &= \mu_1^0 + RT_0 \lg x_0 \\ \mu_2^{(s)} &= \mu_2^0 + RT_0 \lg(1 - x_0). \end{aligned}$$

Diese bestimmen T_0 und x_0, diejenige Temperatur und Konzentration, bei welcher Lösung neben beiden festen Phasen bestehen kann. Diese Werte sind natürlich von p abhängig, wenn auch nur so wenig[344]), daß man darauf meist keine Rücksicht nimmt. Den Punkt T_0, x_0 nennt man kryohydratischen oder *eutektischen Punkt*, den Bodenkörper Kryohydrat oder Eutektikum.

Eine Lösung dieser Konzentration *gefriert* also *mit konstanter Zusammensetzung* wie ein einheitlicher Körper. Man hielt den Bodenkörper, der beide Stoffe im Verhältnis $\frac{x}{1-x}$ enthält, daher anfangs für eine Verbindung.[345]) *L. Pfaundler*[346]) hat diese Verhältnisse klar erkannt, sie sind dann von *Guldberg* ausführlich besprochen und noch öfters geprüft worden.

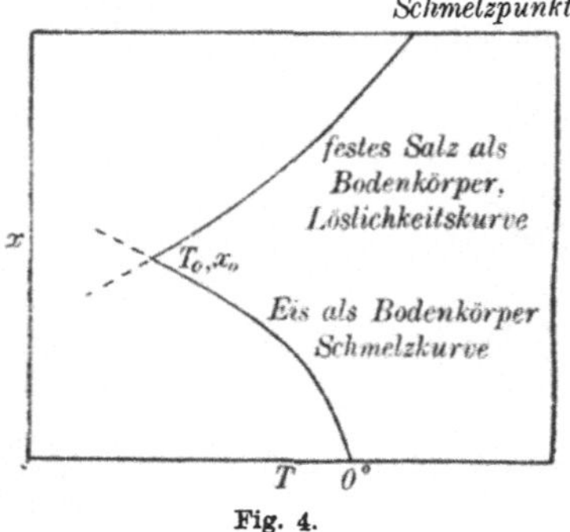

Fig. 4.

Stabile Gleichgewichte von noch höherer Konzentration an 2 als im kryohydratischen Punkt hat man, wenn der Stoff 2 statt des Stoffes 1 den Bodenkörper bildet; die beiden Löslichkeitslinien schneiden sich im Punkt T_0, x_0, doch kann man die erste natürlich durch Unterkühlung, die zweite durch Übersättigung fortsetzen (Fig. 4).

Bezüglich der *Übersättigungserscheinungen* gilt das gleiche wie bezüglich Überkaltung (Nr. **25** c). Sie haben schon sehr früh die Aufmerksamkeit auf sich gelenkt, als ihr Entdecker kann *Lowitz* gelten.[347])

344) Bei Hinzunahme der Dampfphase erhalten wir einen Quadrupelpunkt, wo auch p fest gegeben ist. Von hier geht die Linie (p, $T_0 x_0$) ab, und zwar zu steigenden Drucken; da 1 Atm. meist über dem Quadrupelpunkt liegt, kann man bei normalem Druck meist dieses Gebiet erreichen.

345) *F. Guthrie,* Phil. Mag. (4) 49 (1875), p. 1, 206, 366; 50 (1875), p. 266, 354, 446; (5) 1 (1876), p. 49; 2 (1876), p. 211.

346) *L. Pfaundler,* Münch. Naturf.-Vers., Ber. deutsch. Chem. Ges. 10 (1877), p. 2223; *C. Guldberg,* Ostwalds Klass. 139, p. 27; *H. Offer,* Wien. Ber. 81 (1880), p. 1058; *M. Roloff,* Z. f. ph. Ch. 17 (1895), p. 325; *A. Dahms,* Wied. Ann. 54 (1895), p. 486; 64 (1898), p. 507; *A. Miolati,* Z. f. ph. Ch. 9 (1892), p. 649.

347) *J. T. Lowitz,* Crells chem. Ann. 1 (1795), p. 3; *Ch. Violette,* Paris C. R. 60 (1865), p. 831, 973; Ann. Éc. Norm. 3 (1866), p. 205; *D. Gernez,* Paris C. R. 60 (1865), p. 833, 1027; 61 (1865), p. 71, 289; Ann. Éc. Norm. 3 (1866), p. 167; L'Institut (2) 3 (1875), p. 228; *P. E. Lecoq de Boisbaudran,* Paris C. R. 63 (1866),

Den Nachweis, daß das Auskristallisieren an Spuren von Kristallen des gelösten Stoffes ansetzt, erbrachten *Violette* und *Gernez*, daß isomorphe Stoffe ebenso wirken, zeigten dieser und *Lecoq de Boisbaudran*. *Ostwald* bestimmte die wirksame Minimalmenge.[247])

Hinsichtlich der Lösungswärme $\frac{\delta Q_1}{\delta n_1}$ ist zu beachten, daß bei konzentrierten Lösungen verschiedene Größen unter diesem Namen verstanden werden. Man unterscheidet[348]):

1) Die *erste Lösungswärme*, die beim Auflösen von 1 Mol in einer unendlichen Menge Lösungsmittel entwickelt wird.
2) Die *intermediäre Lösungswärme*, die beim Auflösen von 1 Mol in einer Lösung von bestimmter Konzentration entwickelt wird. Sie hängt von der Konzentration ab und unterscheidet sich von 1) um die Verdünnungswärme, die beim Verdünnen auf die Konzentration Null entsteht.
3) Ist die Lösung gesättigt, so wird 2) zur *letzten Lösungswärme*. Diese Größe tritt in (119)—(121) auf.
4) Löst man in so viel Lösungsmittel, daß gerade eine gesättigte Lösung entsteht, so wird die *integrale Lösungswärme* entwickelt, die sich aus 2) durch Integration berechnet.

Die Abhängigkeit der Löslichkeit vom Druck folgt sofort aus (118) zu[349])

$$\frac{dx}{dp} = -\frac{\delta V}{\delta n_1} \frac{1}{\frac{\partial \mu_1^{(L)}}{\partial x}}. \tag{123}$$

Die Löslichkeit steigt also mit p, wenn beim Lösen Kontraktion eintritt, da $\frac{\partial \mu}{\partial x} > 0$.

b) *Abhängigkeit vom Bodenkörper.*[350]) Da $\mu^{(s)}$ bei verschiedenen polymorphen Formen verschieden ist, gilt das auch für die Löslichkeit, und zwar ist die stabilere Form, die das kleinere Potential hat, schwerer löslich (122). Beim Umwandlungspunkt schneiden sich die Löslichkeitskurven, und es ist nach (119)

---

p. 95; Ann. chim. phys. (4) 9 (1866), p. 173. Weitere Literatur bei *W. Ostwald*, Lehrbuch, 2. Aufl. II_2, p. 705—784.

348) *H. W. B. Roozeboom*, Rec. trav. chim. 5 (1886), p. 335; *Ch. M. van Deventer* u. *H. J. van de Stadt*, Z. f. ph. Ch. 9 (1892), p. 43.

349) Literatur siehe bei *E. Cohen* u. *W. Schut*, Piezochemie, Leipzig 1919.

350) *J. Walker*, Z. f. ph. Ch. 5 (1890), p. 193; *V. Rothmund*, Z. f. ph. Ch. 26 (1898), p. 484; *W. Ostwald*, Z. f. ph. Ch. 18 (1895), p. 159; 29 (1899), p. 170; 34 (1900), p. 495; *G. A. Hulett*, ebenda 37 (1901), p. 385; 47 (1904), p. 357; *K. Schick*, ebenda 42 (1903), p. 155; *J. H. van t'Hoff*, Vorlesungen 2 (1899), p. 129.

$$(124)\qquad \frac{dx}{dT}-\frac{dx'}{dT}=+\frac{1}{T\frac{\partial \mu_1^{(L)}}{\partial x}}\left(\frac{\delta Q}{\delta n_1}\right)-\frac{1}{T\frac{\partial \mu_1^{(L)}}{\partial x}}\left(\frac{\delta Q}{\delta n_1}\right)'.$$

Nun ist $\frac{\delta Q-\delta Q'}{\delta n_1}$ gleich der Umwandlungswärme W. Also beim Umwandlungspunkt u allgemein

$$\frac{dx}{dT}-\frac{dx'}{dT}=+\frac{W}{T_u}\frac{1}{\frac{\partial \mu_1^{(L)}}{\partial x_u}}.$$

Andererseits ist im Gebiet der verdünnten Lösungen, wie durch Integration und Differenzbildung aus (121) folgt, $\ln\frac{x}{x'}=-\frac{W}{RT}+$ konst., also unabhängig vom Lösungsmittel.

Auch die *Korngröße* ist von Einfluß auf die Löslichkeit; bei kleinen Körnern ($< 2\,\mu$) ist diese merkbar größer.

c) *Allgemeine Formeln und Regelmäßigkeiten. A. Findlay*[351]) hat als angenähert für viele Stoffe gültig folgende Formel gegeben:

$$\frac{T}{T'}=a+bT.$$

Hier sind T und T' Temperaturen, bei welchen die zwei zu vergleichenden Stoffe gleiche Löslichkeit haben.

Nach *Nordenskjöld*[352]) gilt häufig mit großer Genauigkeit für die Volumenkonzentration C der gesättigten Lösung

$$\lg C=-a+bT+cT^2.$$

Bei Isotopen sind nach *Fajans*[353]) die Löslichkeiten innerhalb der Versuchsfehler gleich.

Carnelley[354]) hat gefunden, daß bei Isomeren dasjenige mit dem niederen Schmelzpunkt leichter löslich ist und ein ähnlicher Satz wie bei polymorphen Formen (Verhältnis der Löslichkeit unabhängig vom Lösungsmittel, siehe b)) auch hier gilt.

Würde man die Entropie gelöster Stoffe, d. h. den ganzen Verlauf der spezifischen Wärmen und die Entropiekonstante, kennen, so könnte man (bei verdünnten Lösungen) die Löslichkeit auf Grund des *Nernst*schen Theorems genau so berechnen wie die Dampfdrucke von

351) *A. Findlay,* Z. f. ph. Ch. 41 (1902), p. 28; 42 (1903), p. 100.

352) *A. E. Nordenskjöld,* Pogg. Ann. 136 (1869), p. 309.

353) *K. Fajans* u. *J. Fischler,* Z. f. anorg. Ch. 95 (1916), p. 284; *K. Fajans* u. *M. Lembert,* ebenda, p. 297.

354) *Th. Carnelley,* Phil. Mag. (5) 13 (1882), p. 180; *Th. Carnelley* u. *A. Thomson,* J. Chem. Soc. 53 (1888), p. 782. Dagegen *J. Walker* u. *J. K. Wood,* ebenda 73 (1898), p. 618; *A. F. Holleman,* Rec. trav. chim. 17 (1898), p. 249; 22 (1903), p. 273.

Gasen. Der einzige Versuch, der hierzu bei Elektrolyten unter der Annahme, daß gelöste einatomige Ionen sich ganz gleich wie Gase verhalten, gemacht wurde, führt zu Resultaten (vgl. Nr. **48**), die sogar in der Größenordnung ganz falsch sind. Die theoretische Berechnung würde die Kenntnis der Kräfte zwischen den Molekülen von Lösungsmittel und Gelöstem erfordern, doch sind auch dann noch die mathematischen Schwierigkeiten sehr groß.

d) *Gemische, Löslichkeitsbeeinflussung, Neutralsalzwirkung.* Über die Löslichkeit in Gemischen, bzw. die Löslichkeitsbeeinflussung liegen zahlreiche Untersuchungen vor.[355]) *Rothmund* und *Nernst*[356]) haben nachgewiesen, daß allgemein, wenn ein Körper die Löslichkeit des anderen erniedrigt, auch der Zusatz des zweiten die des ersten vermindert. Es folgt dies einfach wieder aus (10).

Zusatz von Salzen setzt die Löslichkeit von Nichtelektrolyten meist herab, und zwar ist dieser „Aussalzeffekt" häufig unabhängig von dem Nichtelektrolyt. Auch die Löslichkeit anderer Salze wird durch diesen Zusatz gemindert. Als Erklärung wird Wasserbindung durch Hydratbildung, Erhöhung des Binnendruckes usw. angenommen.

Inwieweit der Effekt durch die direkte gegenseitige Einwirkung der Ionen bedingt ist (Nr. **16**), ist noch nicht streng untersucht.

37. Die Kristallisationsgeschwindigkeit aus Lösungen. Nach der Theorie von *Nernst-Brunner* (Nr. **45**) wäre zu erwarten, daß die Auflösungs- und Kristallisationsgeschwindigkeit (A.-G. und K.-G.) durch die Diffusion an die Grenzfläche bestimmt ist und bei gleicher Abweichung vom Sättigungszustand nach der einen oder anderen Seite diese beiden Größen A.-G. und K.-G. gleich werden. Diese Voraussetzung hat sich oft bestätigt.[357]) (Allerdings scheint es auch hier Verzögerungen zu geben, die katalytisch beseitigt werden können.[358]))

355) *H. Schiff*, Lieb. Ann. 118 (1861), p. 362; Z. f. ph. Ch. 23 (1897), p. 355; *A. Gerardin*, Ann. chim. phys. (9) 5 (1865), p. 129; *G. Bodländer*, Z. f. ph. Ch. 7 (1891), p. 308; *C. Scheibler*, Ber. Deutsch. Chem. Ges. 5 (1872), p. 343; *C. A. Lobry de Bruyn*, Z. f. ph. Ch. 10 (1892), p. 782; *F. A. Holleman* u. *C. A. Antusch*, Rec. trav. chim. 13 (1894), p. 277; *L. Bruner*, Z. f ph. Ch. 26 (1898), p. 145; *E. Boedtker*, ebenda 22 (1897), p. 505; *D. Strömholm*, ebenda 44 (1903), p. 63, 721.

356) *V. Rothmund*, Z. f. El. 7 (1901), p. 675; *W. Nernst*, Z. f. ph. Ch. 38 (1902), p. 487.

357) *G. Andrejew*, Z. f. Kryst. 43 (1907), p. 39; *L. Bruner* u. *St. Tolloczko*, Z. f. ph. Ch. 35 (1900), p. 283; 56 (1908), p. 58; Z. f. anorg. Ch. 28 (1900), p. 314; 35 (1903), p. 23; *Ch. Leenhardt*, Paris C. R. 141 (1905), p. 188.

358) *K. Drucker*, Z. f. ph. Ch. 36 (1901), p. 173; Z. f. anorg. Ch. 29 (1902), p. 459.

Doch hat *Marc*[359]) gezeigt, daß bei genügend intensiver Rührung sich Kristalle finden lassen, wo dies nicht mehr gilt.

In einer ersten Gruppe, die langsam kristallisierende Stoffe enthält, zeigt sich, daß (bei über 300 $\frac{\text{Umdrehungen}}{\text{Minute}}$ des Rührers) die K.-G. größer (bis zu 10mal) ist als die A.-G. Die erstere wird nur über 17° C. durch eine Reaktionsgleichung erster Ordnung, unterhalb 13° durch eine solche zweiter Ordnung bestimmt; doch gilt das nicht in der ersten Zeit, wo der Vorgang schneller ist. Der Temperaturkoeffizient ist im ersten Fall ~ 2, im zweiten $\sim 1{,}5$. Ferner zeigt sich, daß Zusatz von Stoffen, die adsorbiert werden, die A.-G. nicht, dagegen die K.-G. stark beeinflussen, und zwar so, daß dieselbe scheinbar bei einer von 0 verschiedenen Übersättigung zum Stillstand kommt. Für die Abhängigkeit von der Konzentration des adsorbierten Stoffes (meist Farbstoffen) gilt bei mäßigen C für die Kristallisationsgeschwindigkeit die Gleichung (Nr. 28a) $\lg \frac{G_0}{G_C} = kC^{\frac{1}{n}}$, die für kleine C in die Gleichung von *Freundlich*[282]) übergeht. Für große C hängt die K.-G. (ebenso wie die adsorbierte Menge) nicht mehr von C ab. Die Löslichkeit soll durch den Farbstoffzusatz nicht verändert werden.

In der zweiten Gruppe (schnell kristallisierende Stoffe, hier sind natürlich höhere Rührgeschwindigkeiten nötig) findet sich ohne Zusatz oft Gleichheit von K.-G. und A.-G., bei Zusatz von Farbstoffen wird außer der K.-G. auch die A.-G. etwas herabgesetzt, im übrigen läßt sich der schnellere Vorgang bei Beginn der Kristallisation nicht nachweisen.

Aus diesen Ergebnissen schließt *Marc* auf die Existenz einer Eigengeschwindigkeit der Kristallisation. Besonders wichtig scheint der Umstand ungleicher K.-G. und A.-G. als Einwand gegen die dynamische Auffassung des Gleichgewichts (Nr. 6). Direkte Messungen der Geschwindigkeit, mit der Salz und Lösung Moleküle austauschen, hat *Hevesy* gemacht.[359a])

---

359) *R. Marc*, Z. f. ph. Ch. **61** (1908), p. 385; **67** (1909), p. 470; **73** (1910), p. 685; **75** (1911), p. 710; **79** (1912), p. 71; Z. f. El. **16** (1910), p. 201; **17** (1911), p. 134; **18** (1912), p. 161; *R. Marc* u. *W. Wenk*, Z. f. ph. Ch. **68** (1910), p. 104; *W. Wenk*, Z. f. Kryst. **47** (1910), p. 124; *M. Le Blanc* u. *W. Schmandt*, Z. f. ph. Ch. **77** (1911), p. 614; *M. Le Blanc*, Z. f. ph. Ch. **86** (1914), p. 334; dagegen *C. L. Wagner*, Z. f. ph. Ch. **71** (1910), p. 401; Z. f. El. **17** (1911), p. 125, 989; *J. H. Walton* u. *A. Brann*, J. Am. Chem. Soc. **38** (1916), p. 317, 1161, die auch bei schwach absorbierbaren Stoffen starke Hemmungen finden und sie auf Hydratbildung zurückführen.

359a) *G. v. Hevesy* u. *E. Róna*, Z. f. ph. Ch. **89** (1915), p. 294.

38. Schmelzpunkt von dissoziierenden Verbindungen (Hydraten). Etwas komplizierter als in Nr. 36 liegen die Verhältnisse bei Verbindungen, die beim Schmelzen teilweise nach der Formel (vgl. p. 957 unten) $c(3) = a(1) + b(2)$ dissoziieren. Es sei der Molenbruch von 1 in der Schmelze x_1, der von 2 x_2, der von 3 also $1 - x_1 - x_2$.

Dann haben wir die allgemeine Gleichung (12), in der wir $dp = 0$ setzen, auf zwei Teilgleichgewichte anzuwenden. (Wir lassen der Bequemlichkeit halber an den μ den Index L weg.)

a) Auf das Gleichgewicht von 3 zwischen Schmelze und Bodenkörper:

$$(125) \qquad -\frac{\delta Q_1}{\delta n_3}\frac{dT}{T} + dn_1\frac{\partial \mu_3}{\partial n_1} + dn_2\frac{\partial \mu_3}{\partial n_2} + dn_3\frac{\partial \mu_3}{\partial n_3} = 0$$

oder nach Einführung von x_1 und x_2 statt der n

$$(125') \qquad -\frac{\delta Q_1}{\delta n_3}\frac{dT}{T} + \frac{\partial \mu_3}{\partial x_1}dx_1 + \frac{\partial \mu_3}{\partial x_2}dx_2 = 0.$$

b) Die Anwendung auf das Gleichgewicht zwischen 3, 1 und 2 in der Schmelze ergibt bei einer virtuellen Umsetzung, die einer Verwandlung von $c\delta n$ Mol 3 in $a\delta n$ Mol (1) + $b\delta n$ Mol 2 entspricht,

$$(125'') \qquad -\frac{\delta Q_2}{\delta n}\frac{dT}{T} + dn_1\left(a\frac{\partial \mu_1}{\partial n_1} + b\frac{\partial \mu_2}{\partial n_1} - c\frac{\partial \mu_3}{\partial n_1}\right)$$
$$+ dn_2\left(a\frac{\partial \mu_1}{\partial n_2} + b\frac{\partial \mu_2}{\partial n_2} - c\frac{\partial \mu_3}{\partial n_2}\right) + dn_3\left(a\frac{\partial \mu_1}{\partial n_3} + b\frac{\partial \mu_2}{\partial n_3} - c\frac{\partial \mu_3}{\partial n_3}\right) = 0$$

oder nach Einführung der Molenbrüche

$$(125''') \qquad -\frac{\delta Q_2}{\delta n}\frac{dT}{T} + \frac{\partial}{\partial x_1}(a\mu_1 + b\mu_2 - c\mu_3)\,dx_1$$
$$+ \frac{\partial}{\partial x_2}(a\mu_1 + b\mu_2 - c\mu_3)\,dx_2 = 0.$$

Auflösung von (125') und (125''') nach dx_1 ergibt

$$(126) \quad dx_1 = -\frac{dT}{T}\,\frac{\frac{\partial(a\mu_1 + b\mu_2 - c\mu_3)}{\partial x_2}\frac{\delta Q_1}{\delta n_3} - \frac{\partial \mu_3}{\partial x_2}\frac{\delta Q_2}{\delta n}}{\frac{\partial \mu_3}{\partial x_2}\frac{\partial(a\mu_1 + b\mu_2 - c\mu_3)}{\partial x_1} - \frac{\partial \mu_3}{\partial x_1}\frac{\partial(a\mu_1 + b\mu_2 - c\mu_3)}{\partial x_2}}.$$

Es sei nun 3 so wenig dissoziiert, daß wir die Gesetze verdünnter Lösungen auf 1 und 2 anwenden können, so daß die von der Zusammensetzung abhängigen Teile von μ_1, μ_2, μ_3 gleich $RT\lg x_1$, $RT\lg x_2$, $RT\lg(1 - x_1 - x_2)$ werden. Das ergibt

$$(127) \quad dx_1 = +\frac{dT}{RT^2}\,\frac{(1 - x_1 - x_2)\,b x_1\frac{\delta Q_1}{\delta n_3} + c x_1 x_2\left(\frac{\delta Q_1}{\delta n_3} + \frac{1}{c}\frac{\delta Q_2}{\delta n}\right)}{a x_2 - b x_1}.$$

Für $a x_2 = b x_1$ wird $\frac{dT}{dx} = 0$; dann hat die Flüssigkeit die Bruttozusammensetzung des Bodenkörpers und ergibt ein Maximum der Temperaturkurve (Nr. **3**b). Setzen wir eine merkliche Menge 1 zu, so daß $b x_1 \gg a x_2$, so gibt Vernachlässigung von x_2 neben x_1

$$(128) \qquad d x_1 = - \frac{dT}{RT^2}(1 - x_1) \frac{\delta Q_1}{\delta n_3}.$$

Das ist die gleiche Formel wie beim Zusatz eines fremden Stoffes (Nr. **31**), entsprechend der gewöhnlichen Gefrierpunktserniedrigung. Beim Zusatz von (1) wird allerdings durch Zusammentritt von 1 und 2 zu 3 das Gleichgewicht verschoben (Nr. **14**), doch reicht dies nicht, um die große zugesetzte Menge von 1 merkbar zu vermindern. Setzt man dagegen nur so *kleine Mengen* von 1 zu, daß nicht mehr $b x_1 \gg a x_2$ ist, so vermindert die Gleichgewichtsverschiebung die Menge von 1 so stark, daß (prozentisch) merkbar weniger freies 1 übrigbleibt, als der ursprünglich vorhandenen Menge + der neuzugesetzten entspricht; die Gefrierpunktserniedrigung ist kleiner, als man nach (128) erwarten sollte, *die Kurve krümmt sich gegen das Maximum* zu. Entsprechendes gilt für die andere Seite (Überschuß von 2). Aus der *Stärke der Krümmung* kann man auf den *Dissoziationsgrad* schließen. Wäre 3 gar nicht dissoziiert, so würden die beiden Kurven der Gefrierpunktserniedrigung durch 1 und 2 unabhängig voneinander geradlinig verlaufen und sich in einem Winkel treffen.

Diese „rückläufigen" Lösungskurven wurden zuerst von *Ordway* entdeckt, dann von *Pfaundler* und *Schnegg* untersucht, endlich von *Roozeboom* erklärt.[360])

Es kann also hier der Bodenkörper 3 mit zwei verschiedenen Lösungen bei der gleichen Temperatur im Gleichgewicht sein, einer an 1 reicheren als er selbst (Gefrierpunktserniedrigung durch 1) und einer an 2 reicheren (Gefrierpunktserniedrigung durch 2). Diese bei-

360) *J. M. Ordway*, Sill. J. (2) 27 (1859), p. 16; *L. Pfaundler* u. *E. Schnegg*, Wien. Ber. 71 (1875), p. 351; *H. W. B. Roozeboom*, Z. f. ph. Ch. 2 (1888), p. 449; 4 (1889), p. 31; 10 (1892), p. 477; *H. Le Chatelier*, Paris C. R. 108 (1889), p. 565, 801, 1015; *H. W. B. Roozeboom*, Paris C. R. 108 (1889), p. 744, 1013; *J. H. van t'Hoff* u. *H. M. Dawson*, Z. f. ph. Ch. 22 (1897), p. 598; *J. H. van t'Hoff*, Vorlesungen I, p. 66; *W. Stortenbeker*, Z. f. ph. Ch. 10 (1892), p. 194; *F. A. Lidbury*, Z. f. ph. Ch. 39 (1902), p. 453; *F. W. Küster* u. *R. Kremann*, Z. f. anorg. Ch. 41 (1904), p. 34; *R. Kremann*, Wien. Monatsh. f. Ch. 25 (1904), p. 1215; *J. D. van der Waals-Kohnstamm*, Lehrbuch der Thermodynamik II (Leipzig 1912), p. 624; *W. Bray*, Z. f. ph. Ch. 80 (1912), p. 251, 378; *O. Sackur*, Z. f. ph. Ch. 80 (1912), p. 254, 380; *P. H. J. Hoenen*, Z. f. ph. Ch. 83 (1913), p. 513; *G. N. Lewis*, Z. f. ph. Ch. 61 (1908), p. 158.

den selbst sind natürlich nur in bezug auf 3 im Gleichgewicht, nicht aber in bezug auf 1 und 2.

Die Schmelz- bzw. Löslichkeitskurve eines Hydrats kann von der eines anderen (evtl. des Anhydrids) in einem Tripelpunkt geschnitten werden. Geschieht dies so, daß die beiden Kurven im stabilen Teil einen spitzen Winkel bilden (vgl. Fig. 7, die in Nr. 42 erklärt wird), dann ist das Maximum vorhanden, der Schnittpunkt ist ein eutektischer Punkt, die Zusammensetzung der Schmelze liegt zwischen der der beiden festen Phasen.

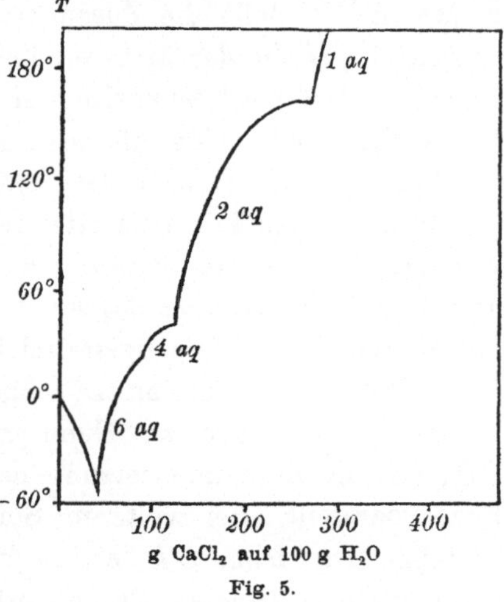

Fig. 5.

Ist dagegen der Winkel stumpf (Fig. 5), so kann sich das Minimum im stabilen Gebiet nicht ausbilden, die Zusammensetzung der Lösung und die der einen Phase schließen die Zusammensetzung der anderen Phase zwischen sich ein, oder mit anderen Worten, das an Lösungsmittel reichere Hydrat schmilzt unter Abscheidung der anderen festen Phase.

Goldschmidt[361]) hat gezeigt, welchen Einfluß der Zusatz eines fremden Stoffes in kleiner Menge auf die Löslichkeit von Hydraten hat. Sei 1 das Lösungsmittel, 2 das um a Moleküle desselben reichere, 3 das ärmere Hydrat. Dann ist in der Lösung

$$\mu_3 + a\mu_1 = \mu_2.$$

μ_2 ist durch das Potential des festen Hydrats (Bodenkörper) festgelegt, *durch Zusatz des fremden Stoffes* sinkt nach (56') das Potential μ_1 des Lösungsmittels, daher muß μ_3 und damit die dissoziierte Menge steigen. Hierdurch *steigt* aber *die Gesamtmenge* des Salzes in Lösung (denn die von 2 ist konstant).

39. Schmelzen unter dem Lösungsmittel[362]) (Fig. 3). Besondere Erscheinungen treten ein, wenn der Stoff unter dem Lösungsmittel zu einer zweiten flüssigen Phase schmilzt, die sich also mit dem Lösungsmittel nicht unbeschränkt mischt (über diesen Gegenstand Encykl. V 10,

361) *H. Goldschmidt*, Z. f. ph. Ch. 17 (1895), p. 145. Nach *R. Löwenherz*, Z. f. ph. Ch. 18 (1895), p. 70 zeigen sich Komplikationen.

362) *V. Rothmund*, Z. f. ph. Ch. 26 (1898), p. 484; *W. Alexejew*, Wied. Ann. 28 (1886), p. 305.

Nr. 68). Es findet das nicht beim gewöhnlichen Schmelzpunkt statt, sondern derselbe ist durch das Lösungsmittel erniedrigt. Ist alles geschmolzen, so läßt sich die Gleichgewichtskurve der beiden flüssigen Phasen durch Überkaltung auch in das metastabile Gebiet fortsetzen. F ist der kritische Punkt, wo beide Phasen identisch werden, die Kurve EBF stellt die Zusammensetzung der an Lösungsmittel reicheren, FCG die der ärmeren Phase als Funktion von T dar. In B schneidet EF die Lösungslinie AB des festen Salzes, dort sind also festes Salz und beide flüssigen Phasen in Gleichgewicht. Wärmezufuhr ergibt Schmelzen des festen Stoffes unter gleichzeitiger Umwandlung der an Lösungsmittel reicheren Phase in die andere. Dabei wandert der die Gesamtzusammensetzung der beiden flüssigen Phasen darstellende Punkt bei konstanter Temperatur von B nach C (da die Menge der an Lösungsmittel ärmeren Phase zunimmt), bis alles Lösungsmittel in der an Lösungsmittel ärmeren Phase ist und die andere verschwunden ist. Dann erreicht unsere Gerade in C die Kurve CG, die die Zusammensetzung der jetzt allein vorhandenen flüssigen Phase darstellt. Bei weiterem Sinken der Temperatur ändert sich das Gleichgewicht längs CD, es ist fester Stoff in Berührung mit der an Lösungsmittel ärmeren Phase vorhanden.

Doch ist es auch möglich, wie *Alexejew* gefunden hat, daß die Löslichkeitskurve des festen Stoffes die Gleichgewichtskurve der beiden flüssigen Phasen nicht schneidet, weil sie bei höheren Temperaturen verläuft, d. h. es verläuft $ABCD$ rechts von EFG.

40. Feste Lösungen und Mischkristalle. Veranlaßt durch die Beobachtung von zu geringen Gefrierpunktserniedrigungen hat *van t'Hoff*[363]) die Annahme ausgesprochen, daß in solchen Fällen nicht das reine Lösungsmittel, sondern eine gemischte Phase auskristalliesiere, die thermodynamisch ebenso wie eine flüssige Lösung zu behandeln sei. Daß in diesem Fall die Gefrierpunktserniedrigung herabgesetzt wird, folgt aus (14).

Ebenso verlieren alle Aussagen, die wir für reine kondensierte Stoffe im Gegensatz zu anderen Phasen gemacht haben, ihre Gültigkeit; wir haben es vielmehr mit Lösungen zu tun, für die die gleichen Gesetze gelten wie für flüssige Lösungen, wenn das Gleichgewicht sich einstellt, was allerdings infolge der Langsamkeit der Diffusion bei normaler Temperatur (Nr. 22) unter den gewöhnlichen Mes-

---

363) *J. H. van t'Hoff*, Z. f. ph. Ch. 5 (1890), p. 322; siehe auch *J. F. Eykman*, Z. f. ph. Ch. 4 (1889), p. 497; *A. Horstmann*, Z. f. ph. Ch. 6 (1890), p. 1.

sungsbedingungen oft nicht der Fall ist. In solchen Fällen[364]) würden uns die Messungen Eigenschaften von Gemengen, nicht von Lösungen zeigen, die sich mit der Zeit ändern würden, und erst die Mittelung über unendlich lange Zeit wird uns die Lösungsgesetze erkennen lassen. Daß aber bei genügend schneller Diffusion die Gesetze der Lösungen (Nr. **10**f.) auch auf feste Stoffe anwendbar sind, lehren die Überlegungen in Nr. **5**.

Der wichtigste und zugleich typische Fall fester Lösungen ist die Bildung von Mischkristallen. *E. Mitscherlich*[365]) hat schon 1819 gezeigt, daß bei vielen chemisch ähnlichen Körpern eine große Ähnlichkeit der Kristallform auftritt, die wohl auf sehr ähnliche Raumgitter zurückzuführen ist (Isomorphie). Solche Stoffe können gemeinsam kristallisieren (Mischkristalle). Es gibt zwar auch einige Fälle, wo die Mischkristallbildung bei verschiedener Kristallform eintritt, doch kann man annehmen, daß dann der eine Stoff in zwei Formen auftreten kann (Dimorphie), deren eine mit dem anderen Stoff isomorph, für sich allein aber instabil ist und nur durch die Anwesenheit des anderen Stoffes stabilisiert wird (Isodimorphie).

Die Atome der beiden Substanzen könnten nun auf die Raumgitterplätze *regellos verteilt* sein oder auch mit bestimmter Anordnung. Hierüber kann die Röntgenstrahlanalyse (Encykl. V 24) prinzipiell Aufschluß geben, und zwar scheint das Experiment für die erste Alternative zu sprechen.[366]) Doch meint *Tammann*[364]), daß dies nur für solche Mischkristalle gelte, die keine merkliche Diffusion besitzen, während bei höheren Temperaturen abgeschiedene und dann sehr langsam gekühlte Stücke bestmögliche Durchmischung in Zusammenhang mit der nötigen Symmetrie zeigen werden (es werden jedenfalls auch die Nr. **5**[26]) besprochenen Umstände eine Rolle spielen). Mit diesen Annahmen deutet er dann seine Versuche über „*Resistenzgrenzen*". Ein AgAu-Kristall z. B. wird nur dann von HNO_3 angegriffen, wenn weniger als $\frac{4}{8}$ Molenbrüche Au darin sind, weil nur dann ein vollständiges Herauslösen des Ag, das sonst von Au geschützt wird, stattfinden kann. Zweiwertige Agentien (Na_2S) wirken nur bei weniger als $\frac{2}{8}$ Au, da sie an zwei Ag-Atomen gleichzeitig angreifen müssen. Er beschreibt und deutet auch die Löslichkeit und das Eindringen von H_2 in Pd.

---

364) *G. Tammann*, Z. f. anorg. Ch. 107 (1919), p. 1.

365) *E. Mitscherlich*, Berl. Ber. 1819, p. 427; s. auch *J. W. Retgers*, Z. f. ph. Ch. 4 (1889), p. 593; 5 (1890), p. 436; ferner *A. Arzruni*, in *Graham-Otto*, Lehrb. d. phys. u. theor. Chemie, Bd. 1_3, 3. Aufl., Braunschweig 1898.

366) *M. v. Laue*, Ann. d. Phys. 56 (1918), p. 497; *L. Vegard* u. *H. Schjelderup*, Phys. Z. 18 (1917), p. 93.

Die beiden Stoffe können in beliebiger Menge mischbar sein (*Mischungsreihe ohne Mischungslücke*) oder sie können *zwei gesättigte Mischkristalle* bilden, die miteinander im Gleichgewicht stehen und zwischen denen eine Mischungslücke besteht.

Die verschiedenen Eigenschaften der Mischkristalle, die, wie erwähnt, thermodynamisch die gleichen sind wie die von Lösungen, sind besonders von italienischen Forschern[367]), dann von Metallographen untersucht worden. Das wesentliche ist, daß *durch die Auflösung* von 1 in 2 sowohl *das Potential* von 2 gegenüber reinem 2 *sinkt* (und zwar mit steigender Konzentration von 1), als auch das des gelösten 1 kleiner ist als das von reinem 1, desto mehr, je verdünnter es ist. Bei weiterem Zusatz von 1 hat der an 1 gesättigte Kristall das gleiche Potential von 1 und 2 wie der an 2 gesättigte Kristall auf der anderen Seite der Mischungslücke. Entsprechend dieser Potentialherabsetzung ist auch das Potential anderer mit dem Mischkristall im Gleichgewicht stehender Phasen kleiner, so der Dampfdruck (Nr. **44**) von Salzhydratmischkristallen.[368]) Ähnlich beruht auch das Mitfällen von Radioelementen mit anderen Niederschlägen weit unterhalb der Sättigungsgrenze[369]) der Lösung auf Bildung von Adsorptionsschichten (Anm. 81a), denn die für das Mitfällen maßgebende Bedingung, daß das Radioelement mit dem betreffenden Anion ein schwerlösliches Salz geben muß, bedeutet wohl eine große Wärmetönung bei der Adsorption, also hohe Adsorbierbarkeit an der festen Phase.

41. Zustandsdiagramme und thermische Analyse. a) *Darstellung in Diagrammen.* Die Zustände binärer Systeme pflegt man in Diagrammen darzustellen, deren Ordinatenachse T, deren Abszissenachse der Molenbruch des Bestandteiles B im Gesamtsystem ist, so daß links bei $x = 0$ reines A, rechts bei $x = 100\%$ reines B steht. Von der Abhängigkeit von p darf man absehen. Dann zeichnet man für das Gleichgewicht zweier beliebig herausgegriffener Phasen 1 und 2 die beiden Kurven ein, die die Zusammensetzung der Phasen 1 und 2 darstellen. Durch sie zerfällt das Diagramm in solche Gebiete, die homogenen Systemen entsprechen, und in solche, die heterogenen entsprechen.

367) S. z. B. *G. Bruni*, Feste Lösungen und Isomorphismus, Leipzig 1908.

368) *R. Hollmann*, Z. f. ph. Ch. 37 (1901), p. 193.

369) *K. Fajans* u. *P. Beer*, Ber. Deutsch. Chem. Ges. 46 (1913), p. 3486; *K. Fajans* u. *F. Richter*, ebenda 48 (1915), p. 700; *K. Fajans* u. *K. v. Beckerath*, Z. f. ph. Ch. 97 (1921), p. 478; *F. Paneth*, Phys. Z. 15 (1914), p. 924; Jahrb. f. Rad. u. El. 11 (1915), p. 463: s. auch *F. Mylius* u. *O. Fromm*, Ber. Deutsch. Chem. Ges. 27 (1894), p. 630.

Die letzteren liegen *zwischen* den Kurven der beiden Phasen, die sie zusammensetzen, da der Gesamtmolenbruch zwischen den Werten liegen muß, die den beiden Teilphasen zukommen. In diesem Gebiet erhält man die relative Menge der beiden Phasen folgendermaßen: Man legt durch den Punkt, der das Gesamtsystem darstellt (x_0, T_0), eine Horizontale $(T = T_0)$, die die beiden Phasenkurven in zwei Punkten x_1 und x_2 schneidet; diese geben die Zusammensetzung der Phasen an, die bei T_0 im Gleichgewicht sind. Dann ist $\frac{x_2 - x_0}{x_0 - x_1}$ das Verhältnis der Menge von 1 zu 2, wie sofort aus der Bedeutung von x_0 folgt.

b) *Beispiel hierzu* (Fig. 8). Es stelle die obere Kurve die Zusammensetzung der Schmelze (Erstarrungskurve) dar, die untere die Zusammensetzung der Mischkristalle (Schmelzkurve), wobei so langsam gearbeitet werde, daß letztere durch Diffusion stets homogen bleiben.

Kühlen wir von der Schmelze $x = x_0$ ausgehend ab, so bleibt die Gesamtzusammensetzung dauernd x_0, wir gehen daher auf einer vertikalen Geraden zu immer kleinerem T. Die Schmelze bleibt homogen, bis wir die Erstarrungskurve im Punkt $a = x_0$ schneiden; in diesem Moment scheiden sich die ersten Kristalle der Zusammensetzung b ab. Bei weiterem Abkühlen bleibt die Zusammensetzung des Gesamtsystems x_0, die der Schmelze geht auf der Erstarrungskurve weiter, etwa bis x_2, die gleichzeitige Zusammensetzung des Bodenkörpers ist x_1, entsprechend hat die Menge des letzteren zugenommen, so daß das Mengenverhältnis zur Schmelze $\frac{x_2 - x_0}{x_0 - x_1}$ ist. Schneiden wir endlich die Schmelzkurve in d, so hat der Bodenkörper die Zusammensetzung x_0, die letzten Reste der Schmelze die Zusammensetzung c.

Die Strecke $a - d$, innerhalb welcher das System bei dauernd sinkender Temperatur erstarrt, heißt das *Kristallisationsintervall*.

c) *Verhalten im eutektischen Punkt und in Extremwerten.* In einem eutektischen Punkt (Nr. **36**) hat die Schmelze eine genau definierte Zusammensetzung, nicht aber der Bodenkörper, da das Gleichgewicht durch Vermehren der Menge einer reinen festen Komponente nicht geändert wird. Die Gesamtzusammensetzung des Bodenkörpers kann daher irgendeinen Wert zwischen den reinen festen Komponenten haben, die Schmelzkurve ist dort eine Horizontale durch den eutektischen Punkt der Erstarrungskurve (Fig. 6). — In Maximis oder Minimis müssen sich Erstarrungs- und Schmelzkurve berühren (Nr. **3** b).

d) *Thermische Analyse.* Ein wichtiges Hilfsmittel zur Erkenntnis der Verhältnisse bietet die von *Tammann*[370]) ausgebaute *thermische Analyse*, d. h. die Verfolgung des Temperaturverlaufs bei langsamer Abkühlung (oder Erwärmung). Solange kein Übergang aus einer Phase in die andere stattfindet, haben wir einen regelmäßigen Gang der Temperatur; findet der Übergang in die andere Phase statt, so zeigt die Kurve einen *Knick*, der von der Umwandlungswärme herrührt. Hinter dem Knick sinkt die Temperaturkurve weiter, aber infolge der Wärmeentwicklung weniger schnell als ohne Umwandlung. Bei denjenigen Umwandlungen, bei denen die Temperatur konstant bleibt, wo also die Umwandlung wie bei einem einheitlichen Körper stattfindet (Eutektikum oder reine Verbindung), ist die Erstarrungskurve horizontal (eutektischer Haltepunkt), bis alles erstarrt ist. Es schließt sich also an den abfallenden Ast, sobald die Schmelze diese dem Eutektikum entsprechende Zusammensetzung erreicht hat und daher einheitlich erstarrt, das für Eutektika charakteristische horizontale Stück an. Je näher die Konzentration der Ausgangsschmelze der eutektischen liegt, desto früher tritt das ein, desto länger ist daher die „eutektische Zeit". Durch graphische Extrapolation von beiden Seiten her läßt sich so die Konzentration im Eutektikum feststellen.

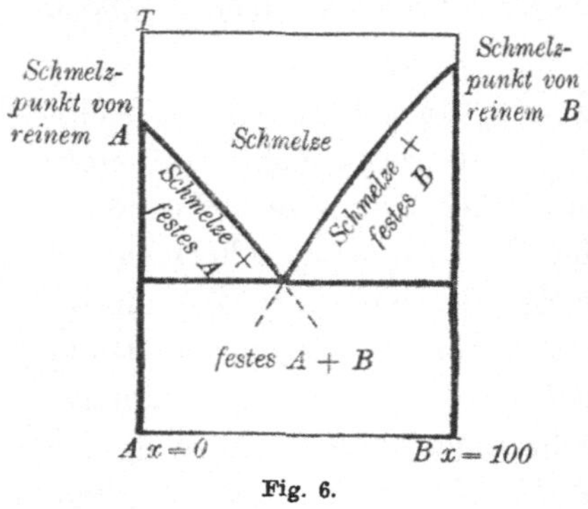

Fig. 6.

42. Spezialausführungen hierzu (Metallographie).[371]) a) *Keine Mischkristalle und keine Verbindungen* (Fig. 6). Als feste Phasen treten die beiden reinen Stoffe auf, die Schmelzkurven sind die beiden vertikalen $x = 0$, $x = 100$, dazu kommt die Horizontale durch den eutektischen Punkt. Das Eutektikum ist zwar keine eigene Phase, hat aber doch eigene Struktur (ein fein lamellares Gefüge), so daß man evtl. durch den eutektischen Punkt eine Vertikale nach unten ziehen kann, links von welcher Eutektikum $+ A$, rechts von der Eutektikum $+ B$ sich abscheidet.

b) *Keine Mischkristalle, aber Verbindungen* (Fig. 7). Bei der Kon-

370) *G. Tammann*, Z. f. anorg. Ch. 37 (1903), p. 303; 45 (1905), p. 24; 47 (1905), p. 289.

371) Außer den Lehrbüchern der Metallographie s. z. B. *R. Ruer*, Phys. Z. 20 (1919), p. 64; 21 (1920), p. 16, 51, 74, 102, 129. Die Systematik zuerst bei *H. W. B. Roozeboom*, Z. f. ph. Ch. 30 (1899), p. 385.

zentration der Verbindung hat die Erstarrungskurve ein Maximum (Nr. 38). Links und rechts von diesem sind die Verhältnisse ganz so wie oben, es gibt einen eutektischen Punkt der Verbindung mit A, einen eutektischen Punkt der Verbindung mit B. Über die gegenseitige Höhe dieser beiden Punkte läßt sich nichts Allgemeines sagen. Die Schmelzkurven sind die Vertikalen durch reines A, reines B und die Verbindung.

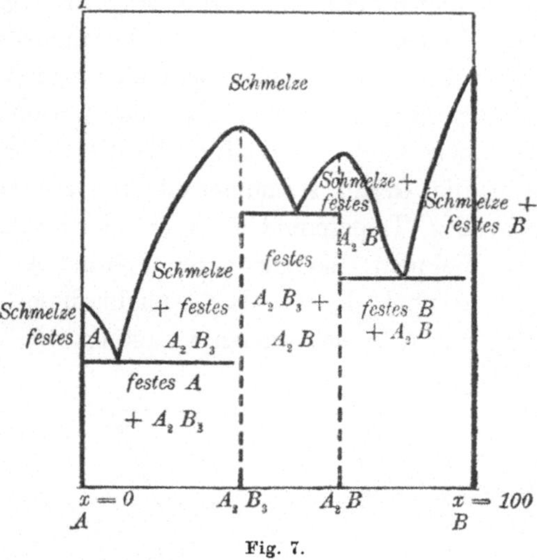

Fig. 7.

Liegen mehrere Verbindungen vor, so können entweder alle Erstarrungskurven derselben voll ausgebildet sein und einfach nebeneinanderliegen (Fig. 7, wo die Verbindungen A_2B_3 und A_2B angenommen sind) — dann gibt es für je zwei in ihrer Zusammensetzung benachbarte Verbindungen einen eutektischen Punkt, und jede Verbindung schmilzt „unzersetzt“ (d. h. ohne Abscheidung einer anderen *festen* Phase) — oder aber dieselben schneiden sich schon, bevor das eine Maximum voll ausgebildet ist (Nr. 38) — dann gibt es nur einen *Knick*punkt, an welchem beide festen Phasen mit der Lösung im Gleichgewicht sind.

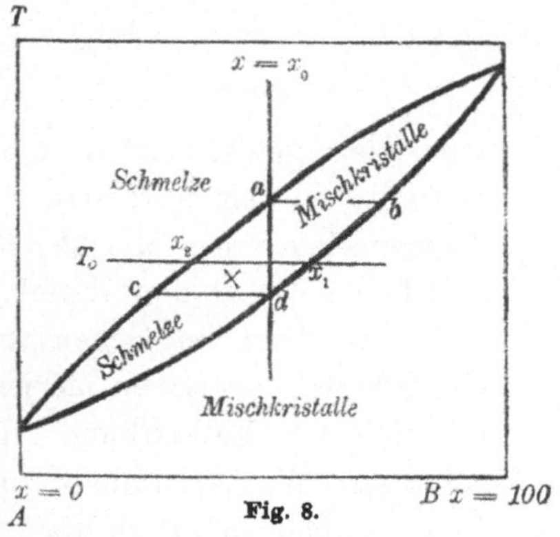

Fig. 8.

c) *Mischkristalle, unbeschränkte Mischbarkeit.* Hier liegen die Verhältnisse wie beim Dampfdruck vollkommen mischbarer Flüssigkeiten (Encykl. V 10, Nr. 67). Die Kurven können monoton verlaufen (Fig. 8, Typus I nach *Roozeboom*), Maxima (Typus II), Wendetangenten (Ia) und Minima (Typus III) haben. Der letztere Fall unterscheidet sich vom Eutektikum experimentell durch das Fehlen der eutektischen Horizontalen.

d) *Mischkristalle mit Mischungslücke* (Fig. 9 u. 10). Typus IV. Die Mischkristalle α haben, im Falle sie an B gesättigt sind, eine Konzentration, die mit der Temperatur leicht variiert (meist zunimmt). Bei größeren Mengen von B in der festen Phase haben wir ein Gemenge von Mischkristallen $\alpha + \beta$ mit steigenden Mengen von β, je größer x wird, bis wir zu den an A gesättigten Mischkristallen β kommen.

Die Kurve, die die Zusammensetzung der Schmelze angibt, läuft kontinuierlich so wie AC in Fig. 9, solange wir nur Kristalle α haben, während sich die Zusammensetzung der Mischkristalle α längs AD ändert. Beim Auftreten von β neben α haben wir einen Tripelpunkt, hier bleibt die Zusammensetzung der Lösung konstant C, wie wir auch die relative Menge von $\alpha + \beta$ wählen, d. h. wie wir auch die Gesamtzusammensetzung der festen Phase (bei der Temperatur des Tripelpunktes) durch horizontale Verschiebung nach rechts annehmen, solange nur überhaupt α noch da ist. Erst sobald diese Phase verschwunden ist, steigt die

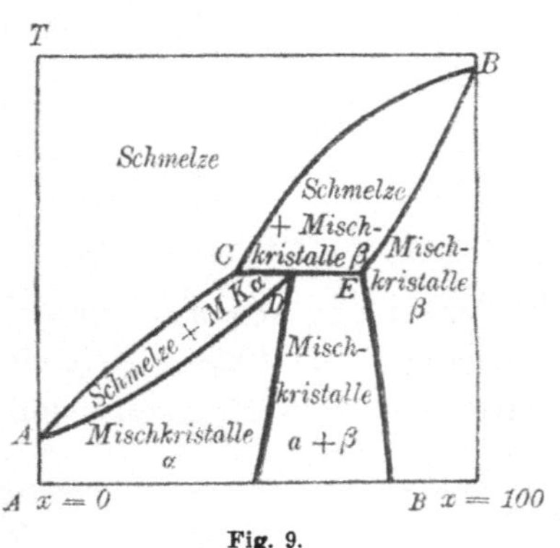

Fig. 9.

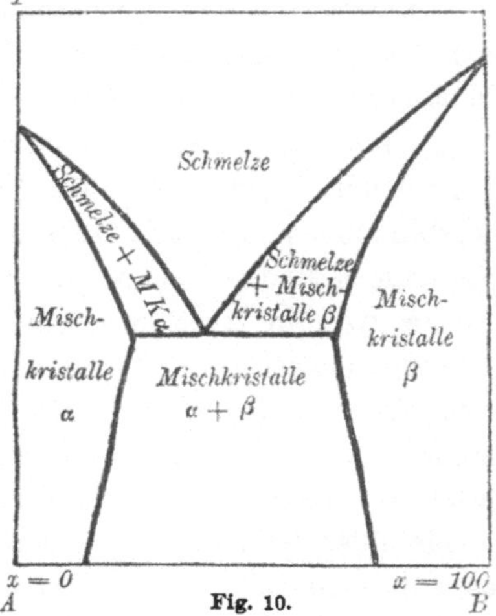

Fig. 10.

neue Gleichgewichtskurve, die ein Gleichgewicht der Schmelze mit β darstellt, mit einem Knick weiter auf (CB), während EB die Zusammensetzung der Mischkristalle β angibt.

Typus V hat den Zipfel CA der Kurve hinaufgehoben (Fig. 10) (d. h. hier liegt im Gegensatz zum Typus IV die Zusammensetzung der Schmelze zwischen derjenigen der Mischkristalle α und β), so daß sich ein Eutektikum bildet. Am eutektischen Punkt sind die *gesättigten* Mischkristalle α und β gleichzeitig mit der Schmelze im Gleichgewicht, natürlich aber nicht ungesättigte. Die eutektische Horizontale geht daher nur bis zu den Sättigungskonzentrationen.

Außerdem können auch noch Maxima oder Minima auftreten, ferner Verbindungen, die mit den reinen Stoffen und untereinander Mischkristalle geben. Auch die Schmelze kann in zwei Phasen zerfallen, wenn beschränkte Mischbarkeit der flüssigen Phase besteht. Endlich können die festen Phasen beim weiteren Abkühlen Umwandlungen erleiden, was einfach eine weitere Gliederung des Diagramms in seinem unteren Teil bedeutet.

Für diese Dinge muß ebenso wie für die Behandlung der Systeme höherer Ordnung auf die zitierten Lehrbücher, ferner *Ostwald* II_3, verwiesen werden.

Die Verhältnisse bei der Verdampfung und Kondensation binärer Gemische sind ganz ähnlich; man vgl. hierfür Encykl. V 10, Nr. **67**.

43. Chemische Umsetzungen zwischen einer festen und einer gasförmigen Phase. Ein System, das zwei unabhängige Bestandteile in einer festen und einer gasförmigen Phase enthält, hat 2 Freiheitsgrade, man kann also zwei der drei Größen T, p und Zusammensetzung des Gases frei wählen.

Dabei sind zwei Fälle möglich: 1. Zwei Gase treten mit den Molekülzahlen a_1 und a_2 zum festen Körper zusammen ($NH_3 + HCl = NH_4Cl$). Die Gleichgewichtsbedingung lautet:

$$(129)\quad a_1\mu_1 + a_2\mu_2 = \mu^{(s)},\quad RT\lg C_1^{a_1} C_2^{a_2} = \mu^{(s)} - (a_1\mu_1^0 + a_2\mu_2^0).$$

Bei konstantem T ist noch $C_1 : C_2$ variabel; je größer C_1, desto kleiner C_2.[372]) Sind die Gase in äquivalenten Mengen vorhanden, so verhält sich das System wie ein einkomponentiges.[246])

2. Das Gas verbindet sich mit dem festen Körper zum anderen Gas ($O_2 + C = CO_2$):

$$(130)\quad a_1\mu_1 = \mu^{(s)} + a_2\mu_2,\quad RT\lg\frac{C_1^{a_1}}{C_2^{a_2}} = \mu^{(s)} - (a_1\mu_1^0 - a_2\mu_2^0).$$

Wenn C_1 steigt, steigt auch C_2; ist $a_1 > a_2$, so liegt das Reaktionsgleichgewicht für höheren Druck bei größerem C_2 und kleinerem C_1.

Man kann das Gleichgewicht auch in zwei Teile zerlegen: a) Heterogenes Gleichgewicht zwischen festem Körper und seinem unzersetzten Dampf, b) homogenes Gleichgewicht zwischen den drei Gasen. Diese von *Nernst* bevorzugte Betrachtung empfiehlt sich durch ihre Anschaulichkeit. Wenn der Druck des unzersetzten Dampfes merklich ist, so ändert sich die Druckabhängigkeit in leicht ersichtlicher Weise.

Diese Verhältnisse wurden zuerst von *Horstmann* und *Gibbs* theoretisch gefunden, dann besonders von *Isambert* experimentell bestätigt.[373]) Sie haben auch große praktische Bedeutung, da z. B. die Verbrennung fester Stoffe hergehört.

---

372) Siehe jedoch die noch unaufgeklärte Beobachtung von *R. Abegg,* Z. f. ph. Ch. 61 (1908), p. 455; 63 (1908), p. 623; *F. M. G. Johnson,* ebenda 61 (1908), p. 457; *A. Smits* u. *F. E. C. Scheffer,* ebenda 65 (1909), p. 70; *R. Wegscheider,* ebenda 65 (1908), p. 97; 75 (1911), p. 369; *F. E. C. Scheffer,* ebenda 72 (1910), p. 451; s. jedoch *A. Smith* u. *R. H. Lombard,* J. Am. Chem. Soc. 37 (1915), p. 38.

373) *A. Horstmann,* Ber. d. Deutsch. chem. Ges. 2 (1869), p. 137; 4 (1871), p. 635; Lieb. Ann. Suppl. 8 (1870), p. 112; 170 (1873), p. 192; *F. Isambert,* Paris

Das *Nernst*sche Theorem gestattet die vollständige Berechnung der Gleichgewichte. Es ist nach Einsetzen von (18) und (44) in (129)

$$(131)\quad \lg C_1^{a_1} C_2^{a_2} = -\frac{Q_0}{RT} + \frac{1}{R}(a_1\gamma_{1v} + a_2\gamma_{2v}) \lg T - \frac{1}{R}\int_0^T \frac{dT}{T^2}\int_0^T \gamma_s dT$$
$$+ a_1 \frac{S_1^0 - \gamma_{1p}}{R} + a_2 \frac{S_2^0 - \gamma_{2p}}{R},$$

wo S^0 die Entropiekonstanten, Q_0 die Wärmetönung bei $T = 0$ bedeutet. Im Fall 2 ist einfach a_2 negativ zu rechnen.

Die Gleichung ist an zahlreichen Fällen geprüft und hat stets zur Übereinstimmung geführt.[374])

44. Chemische Umsetzungen zwischen zwei festen und einer gasförmigen Phase mit zwei Komponenten. Das System ist univariant, bei gegebenem T (oder p) ist alles festgelegt, natürlich unabhängig von der Menge des festen Stoffes. Wegen der Häufigkeit des Vorkommens [Dampfdruck von kristallwasserhaltigen Salzen, Dissoziation ($CaO + CO_2 = CaCO_3$), Oxydation ($Me + nO_2 = MeO_{2n}$)] hat diese Gruppe früh die Aufmerksamkeit auf sich gelenkt, die Konstanz des Zersetzungsdruckes wurde schon 1844 von *Mitscherlich* ausgesprochen, dann von *Debray* auf Grund ungenügender Versuche neuerlich behauptet, aber von anderen bekämpft. Für kristallwasserhaltige Stoffe wurde der Satz dann von *Pareau,* für $CaCO_3$ von *Le Chatelier* experimentell bewiesen. Seitdem wurden zahlreiche andere Untersuchungen ausgeführt.[375]) Die Thermodynamik wurde von *A. Horstmann*[373]) und unabhängig von *Peslin* und *Montier* auf den Vorgang angewandt, die zeigten, daß wie bei der gewöhnlichen Verdampfung die *Clausius-Clapeyron*sche Gleichung gilt. Diese letztere wurde zuerst von *Frowein* geprüft.[376])

C. R. 92 (1881), p. 919; 94 (1882), p. 958; 95 (1882), p. 1355; 96 (1883), p. 340, 643, 708; *A. Naumann,* Lieb. Ann. 160 (1871), p. 1; *J. Walker* u. *J. S. Lumsden,* J. Chem. Soc. 71 (1897), p. 428. Weitere Literatur siehe bei *K. Jellinek,* Phys. Chemie der Gasreaktionen, Leipzig 1913.

374) *W. Nernst,* Gött. Nachr. 1906, p. 1; *H. v. Wartenberg,* Z. f. anorg. Ch. 52 (1907), p. 299; Z. f. ph. Ch. 61 (1908), p. 366; 67 (1909), p. 446; Z. f. El. 18 (1912), p. 658; *F. Pollitzer,* Z. f. anorg. Ch. 64 (1909), p. 121; *F. Koref,* Z. f. anorg. Ch. 66 (1910), p. 73.

375) *E. Mitscherlich,* Lehrbuch der Chemie I, 4. Aufl., Berlin 1844, p. 565; *H. Debray,* Paris C. R. 64 (1867), p. 603; 66 (1868), p. 194; *H. Le Chatelier,* Paris C. R. 102 (1886), p. 1243; *A. H. Pareau,* Wied. Ann. 1 (1877), p. 39; *J. L. Andreae,* Z. f. ph. Ch. 7 (1891), p. 241.

376) *Peslin,* Ann. chim. phys. 24 (1871), p. 208; *J. Moutier,* Paris C. R. 72 (1871), p. 759; *P. C. F. Frowein,* Z. f. ph. Ch. 1 (1887), p. 5.

Es gilt die Gleichgewichtsbedingung

$$(132)\qquad \mu_2^{(s)} + (a_1 - a_2)(\mu^0 + RT \lg C) = \mu_1^{(s)},$$

wo a_1 die Molekülzahl des Gases in der Phase 1, a_2 in der Phase 2 ist. Wie man sieht, hängt C von den Potentialen der *beiden* festen Phasen ab; haben wir z. B. Glaubersalz $Na_2SO_4 \cdot 10\,H_2O$ einmal neben $Na_2SO_4 \cdot 7\,H_2O$, andererseits neben wasserfreiem Salz, so ist in beiden Fällen die Dampfdruckkurve ganz verschieden.

Bei drei Hydraten mit a_1, a_2, a_3 Wassermolekülen gilt, wie aus (132) sofort folgt, für die drei jetzt möglichen Kombinationen der festen Hydrate $C_{12}^{a_1-a_2} C_{23}^{a_2-a_3} = C_{13}^{a_1-a_3}$, wo die unteren Indizes die gleichzeitig vorhandenen Phasen angeben.

Ist dagegen nur eine feste Phase vorhanden, so ist das System bivariant, es ist kein festes p bei gegebenem T vorgeschrieben. Wenn p_0 der Gleichgewichtsdruck der Kohlensäure über $CaCO_3 + CaO$ ist, so kann über $CaCO_3$ ohne CaO Kohlensäure bei beliebigem $p > p_0$ vorhanden sein, über CaO ohne $CaCO_3$ bei beliebigem $p < p_0$.[377]) Doch scheint der Druck p_0 auch überschreitbar zu sein. Diese Übersättigung wird durch einen Keim der anderen festen Phase aufgehoben, dessen Wirkung von Punkt zu Punkt allmählich fortzuschreiten scheint.[378]) [368])

Auch auf (132) läßt sich das *Nernst*sche Theorem ohne weiteres anwenden und ergibt

$$(133)\qquad (a_1 - a_2) \lg C = -\frac{Q_0}{RT} + (a_1 - a_2)\frac{\gamma_p}{R} \lg T + \frac{1}{R}\int_0^T \frac{dT}{T^2}\int_0^T (\gamma_2 - \gamma_1)\,dT + (a_1 - a_2)\frac{S^0 - \gamma_p}{R} + \frac{p(V_1 - V_2)}{RT},$$

wobei das letzte Glied meist zu vernachlässigen ist.

Häufig wird auch die *Nernst*sche Näherungsformel (43) benutzt und dann (133) für $a_1 - a_2 = 1$ geschrieben:

$$(134)\qquad \lg^{10} p = -\frac{Q_0}{4{,}51\,T} + 1{,}75 \lg^{10} T + \Gamma_1'.$$

---

377) *W. Ostwald,* Lehrb. 2. Aufl. II_2, p. 539. Diese Verhältnisse sind zuerst von *H. W. B. Roozeboom,* Rec. trav. chim. 4 (1886), p. 108, 355; 8 (1889), p. 55; Z. f. ph. Ch. 4 (1889), p. 41 klar ausgesprochen worden.

378) *C. Pape,* Pogg. Ann. 124 (1865), p. 329; *M. Faraday,* Experimentaluntersuchungen über Elektrizität (1833), § 656, deutsch Berlin 1889, p. 175; Ostwalds Klass. 87, p. 33; *D. Gernez,* Paris C. R. 78 (1874), p. 68; *C. v. Hauer,* Jahrb. d. k. k. geol. Reichsanstalt 1877, p. 63. Man sehe auch die Theorie der Verwitterungsgeschwindigkeit bei *Ch. Boulanger* u. *G. Urbain,* Paris C. R. 155 (1912), p. 1246; 156 (1913), p. 135.

Hier ist erstens $\frac{\gamma_p}{R}\lg T + \frac{S^0-\gamma_p}{R} + \lg R$ durch $1{,}75 \lg T + 2{,}30\, I_1'$ ersetzt, was wenig ausmacht. Zweitens ist aber das Integral vernachlässigt, was bei tiefen Temperaturen, für die *Nernst* ursprünglich seine Näherung angewandt wissen wollte, exakt ist. Später wurde die Formel aber besonders bei hohen T angewandt, wobei der Fehler merklich wird.

Im übrigen hat sich das Gesetz (133) bei den sehr zahlreichen Prüfungen gut bestätigt.[379])

Nach dem gleichen Schema erhält man die Gleichgewichtsbedingung zwischen beliebig vielen Gasen und festen Körpern zu

$$(135) \qquad \sum \lg C = \frac{1}{RT}\left(-\sum \mu^0 + \sum \mu^{(s)}\right),$$

wo μ_0 aus (43), (44), $\mu^{(s)}$ aus (18) einzusetzen ist.

Entsprechend (Nr. **26**a) kann man durch Nullsetzen der Potentialdifferenz von festen Phasen die Umwandlungstemperatur erhalten.

45. Reaktionsgeschwindigkeit in heterogenen Systemen. Bei den heterogenen Reaktionen hat man die Geschwindigkeit zu unterscheiden, mit der sich a) das eigentliche Gleichgewicht an der Grenzfläche einstellt und b) die Geschwindigkeit, mit der die Grenzfläche durch Diffusion mit der übrigen Masse ins Gleichgewicht kommt. Normalerweise ist nun nach *Noyes* und *Whitney*[380]) sowie *Nernst*[381]) die letztere Geschwindigkeit die allein in Betracht kommende, nur in Ausnahmefällen, wo entweder die Diffusion stark beschleunigt oder die Oberflächenreaktion durch Verdünnung sehr verlangsamt ist, läßt sich die andere Geschwindigkeit bestimmen.

Endlich kommen auch Fälle vor, wo der heterogenen Reaktion eine so langsame Reaktion in der einen homogenen Phase vorgeschaltet ist, daß die Diffusionsgeschwindigkeit nichts ausmacht, sondern die homogene Reaktion die Gesamtgeschwindigkeit bestimmt. Hierher gehören einige heterogene Gasreaktionen.[382])

a) *Die Geschwindigkeit der Oberflächenreaktion. J. Langmuir*[383]) hat die Oxydation glühenden Wolframs bei so tiefen Drucken untersucht, daß die Sauerstoffmolekeln direkt von der Glashülle kommend

379) *O. Brill,* Z. f. ph. Ch. 57 (1907), p. 721; *H. Schottky,* Z. f. ph. Ch. 64 (1908), p. 415; *A. Siggel,* Z. f. El. 19 (1913), p. 340; *W. Nernst,* Berl. Ber. 1910, p. 262.

380) *A. A. Noyes* u. *W. R. Whitney,* Z. f. ph. Ch. 23 (1897), p. 689.

381) *W. Nernst,* Z. f. ph. Ch. 47 (1904), p. 52.

382) *M. Bodenstein* u. *W. Karo,* Z. f. ph. Ch. 75 (1911), p. 30.

383) *J. Langmuir,* J. Am. Chem. Soc. 35 (1913), p. 105; Z. f. anorg. Ch. 85 (1914), p. 261; Phys. Rev. 8 (1916), p. 156.

ohne weiteren Zusammenstoß, also ohne Hemmung durch Diffusion, auf das Metall treffen. Dann kommt der Gastemperatur, die gegen die des Metalls sehr klein ist, kein Einfluß zu. Der Bruchteil ε der zur Verbindung führenden Stöße steigt mit der Temperatur des Drahtes nach der empirischen Gleichung an $\lg \varepsilon = \lg 0{,}85 + \frac{1}{2} \lg T - \frac{12820}{T_{\text{Draht}}}$; das gibt $\varepsilon = 3.10^{-4}$ für $T = 1070$, $\varepsilon = 0{,}15$ für 2770^0.

Strutt[384]) zeigt, daß in manchen Reaktionen jeder Stoß einer Molekel gegen die Oberfläche, in anderen nur ein kleiner Bruchteil wirksam ist.

Auch die chemische Polarisation (Nr. 58 b) hat man teilweise auf zu langsame Gleichgewichtseinstellung an der Oberfläche zurückgeführt.

b) *Diffusionsgeschwindigkeit.* Im allgemeinen ist aber der Diffusionsvorgang der langsamer verlaufende Teil.

Im stationären Zustand diffundiert ein Stoff mit der Diffusionskonstante D durch eine Schicht der Dicke δ, an deren einen Grenze die Konzentration C, an der anderen die Konzentration C_0 herrscht mit der Geschwindigkeit (Nr. 22)

$$\frac{D}{\delta}(C - C_0). \tag{136}$$

Hierbei kann es sich entweder um die Wegführung des Endproduktes handeln, wobei die Anfangsstoffe in konstanter Menge vorhanden sind, z. B. um die Auflösung eines Kristalls (s. auch Nr. 37), wobei C_0 die Sättigungskonzentration am Kristall, C die (bestimmte) Konzentration in der Lösung ist, oder um das Herandiffundieren der Ausgangsstoffe, z. B. des H^+-Ions bei der Auflösung von Metallen, wobei dann C wieder den Wert in der Lösung, C_0 die diesmal praktisch verschwindende Gleichgewichtskonzentration des H^+ am Metall ist.

Die äußeren Verhältnisse bei der Diffusion können verschieden sein. Bei heterogenen Gasreaktionen müssen die Ausgangsstoffe manchmal durch eine allmählich dicker werdende Schicht der Endprodukte diffundieren.

Die beim Rühren einer Lösung eintretende Bewegung stellt man durch das vereinfachte Schema dar, daß an der Grenzfläche eine Schicht, deren Dicke mit steigender Stärke des Rührens abnimmt („ungerührte Schicht"), nicht mit bewegt wird und allein den Diffusionsprozeß bestimmt, während außerhalb derselben die Konzentration C_0 herrscht. Die Rührung ist also notwendig, um definierte Verhältnisse zu haben.

---

384) *R. J. Strutt,* Proc. Roy. Soc. 87 A (1912), p. 302.

Aus diesen Annahmen folgt (K ist eine Konstante)

$$\frac{dC}{dt} = K\,O(C_0 - C), \tag{137}$$

wo O die Oberfläche, C_0 die Gleichgewichtskonzentration bedeutet. Diese Gleichung war für monomolekulare Reaktionen schon von *Guldberg* und *Waage*[43]) aufgestellt, dann von *Hurter, Boguski* und *Spring*[385]) verwendet, endlich durch *Noyes* und *Whitney*[380]) nach ausführlicher Prüfung im obigen Sinne gedeutet. *Nernst*[381]) hat dann die Deutung auf alle heterogenen Reaktionen ausgedehnt. Die Gleichung hat sich bei zahlreichen Fällen gut bewährt.[386]) Wenn die Größe der Oberfläche sich während der Reaktion ändert, kann die Integration von (137) Schwierigkeiten machen.[387])

Bei neuentstehenden Niederschlägen kann auch die Übersättigung eine Rolle spielen.[388])

Wenn eine homogene Reaktion an einer Phasengrenze durch die Anwesenheit derselben beschleunigt wird, so spricht man von heterogener Katalyse. Diese Katalyse spielt eine große Rolle in zahlreichen Gasreaktionen, die praktisch nur an der Gefäßwand vor sich gehen, was sich darin äußert, daß die Umsatzgeschwindigkeit von dem Verhältnis Volumen zu Oberfläche abhängt.

Die Wirksamkeit des Katalysators läßt sich in verschiedener Weise deuten.

Erstens bewirkt schon die erhöhte Dichte der reagierenden Substanzen in der Adsorptionsschicht eine Vergrößerung der Geschwindigkeit.

Zweitens ist auch, wie bei den homogenen Katalysen (Nr. **24**), Bildung von Zwischenverbindungen möglich.[389])

Drittens kann der Katalysator als Medium mit erhöhter Reak-

385) *F. Hurter,* Chem. News 22 (1870), p. 193; *J. G. Boguski,* Ber. d. D. chem. Ges. 9 (1876), p. 1646; *W. Spring,* Z. f. ph. Ch. 2 (1888), p. 13.

386) *E. Brunner,* Z. f. ph. Ch. 47 (1904), p. 56; weitere Literatur bei *H. Heymann,* Z. f. ph. Ch. 81 (1913), p. 204; *M. Bodenstein* u. *C. G. Fink,* Z. f. ph. Ch. 60 (1907), p. 1, 46; *G. Tammann,* Z. f. anorg. Ch. 111 (1920), p. 78; Gött. Nachr. 1919, p. 225; *R. G. v. Name* u. *R. S. Bosworth,* Z. f. anorg. Ch. 74 (1912), p. 1.

387) S. auch *F. Jüttner,* Z. f. ph. Ch. 65 (1909), p. 595; *J. Boselli,* Paris C. R. 152 (1911), p. 256, 374, 602.

388) S. jedoch *A. Findlay,* Z. f. ph. Ch. 34 (1900), p. 428; 82 (1913), p. 743; *K. Jablczynski,* Z. f. ph. Ch. 82 (1913), p. 115.

389) Hierfür würde die Beobachtung von *G. v. Elissafoff,* Z. f. El. 21 (1915), p. 352 sprechen, daß die Katalyse an Glas durch Zusatz von Schwermetallsalzen, die auch als homogene Katalysatoren der betreffenden Reaktion (H_2O_2 Zersetzung) wirken, verstärkt wird, und zwar ungefähr proportional der adsorbierten Salzmenge.

tionsgeschwindigkeit wirken. Dies könnte z. B. so zustande kommen, daß die „aktive" Form in größerer Menge oder überhaupt eine andere aktive Form gebildet wird. Bei dem so stark katalytisch wirkenden Pt ist es wahrscheinlich, daß die Gase in ihm als Atome gelöst sind (im Gegensatz zu Lösungen in Quarz z. B.[390]); man könnte dies auf die hohe Dielektrizitätskonstante von Pt zurückführen. Doch haben *Willstätter*[390a]) und *Hofmann* nachgewiesen, daß zur Hydrierung organischer Substanzen das Pt Sauerstoff enthalten muß. Sie schließen daher auf eine Wasserstoffverbindung eines Platinoxyds als Zwischenverbindung.

Bei diesen Betrachtungen ist es gleichgültig, ob die Vorgänge im Metall oder an seiner Oberfläche vor sich gehen; einer verdünnten Lösung im ersten Fall entspricht es im zweiten Falle, wenn nur ein Bruchteil der Metalloberfläche bedeckt ist.[391])

Hier sei die merkwürdige Tatsache erwähnt, daß manche Körper als „Gift" wirken, indem kleine Mengen den Katalysator unwirksam machen. Man kann die Deutung versuchen, daß sie die Oberfläche besetzen.

Auch bei katalysierten Reaktionen kann die Diffusions-(Okklusions)geschwindigkeit oder die Geschwindigkeit der homogenen Reaktion maßgebend sein.[392])

V. Elektrochemie.

46. Die Bewegungsgleichungen der Ionen. Diffusionspotentiale. Bei den elektrolytischen Lösungen ist die Bewegung der Materie mit Verschiebungen der Elektrizität (vgl. Nr. **18** ff.) unlösbar verknüpft. Infolgedessen treten bei den Umsetzungen, an denen sich Ionen beteiligen, häufig elektrische Kräfte auf.

Wir müssen diesmal mit der Betrachtung von Nichtgleichgewichtszuständen beginnen, um die von der Diffusion herrührenden Potentialdifferenzen, die bei fast allen Ketten auftreten, berechnen zu können. Die folgende Theorie behandelt also den Mechanismus von Diffusionspotentialen.

390) *A. Jaquerod* u. *St. Przemyski*, Arch. sc. phys. nat. (4) 34 (1912), p. 255.

390a) *R. Willstätter* u. *D. Jacquet*, Ber. d. D. chem. Ges. 51 (1918), p. 767; *R. Willstätter* u. *E. Waldschmidt-Leitz*, ebenda 54 (1921), p. 113; *K. A. Hofmann* u. *L. Zipfel*, ebenda 53 (1920), p. 298; s. auch *K. A Hofmann* u. *R. Ebert*, ebenda 49 (1916), p. 2369.

391) *J. Langmuir*, J. Am. Chem. 38 (1916), p. 1145; Z. f. El. 26 (1920), p. 197.

392) Siehe z. B. *J. Eggert*, Z. f. El. 20 (1914), p. 370; 21 (1915), p. 349

Die Bewegungsgleichung der Ionen wurde zuerst von *Nernst*[393]) aufgestellt und ihre Integration zur Berechnung der Potentiale zwischen zwei Lösungen benützt, dann wurde diese Rechnung von *Planck*[394]) erweitert.

Es seien in einer wässerigen Lösung eine Reihe von Kationen und Anionen der Konzentration C_1^+, C_2^+ C_1^-, C_2^- gelöst, deren Wertigkeiten $\nu_1^+ \dots$ betrage. Ihre Beweglichkeiten (Geschwindigkeit bei der Kraft 1) $l_1^+ \dots$ seien von den Konzentrationen unabhängig, ferner sei die Dissoziation vollständig, endlich soll der osmotische Druck $\pi = CRT$ sein. Diese Bedingungen sind nur bei hinreichender Verdünnung erfüllt.

Dann wirkt auf die Ionen einer beliebigen Art pro Volumeneinheit in der x Richtung die osmotische Kraft $-\frac{\partial \pi}{\partial x}$ und die elektrische $-\nu CF\frac{\partial \varphi}{\partial x}$ (da νCF die Ladung der Volumeneinheit ist). Es wandern daher in der Zeiteinheit durch 1 cm² in der x-Richtung[395])

$$-l\left(RT\frac{\partial C}{\partial x} + C\nu F\frac{\partial \varphi}{\partial x}\right) = J \text{ Ionen.} \tag{138}$$

Sie tragen den elektrischen Strom

$$-\nu Fl\left(RT\frac{\partial C}{\partial x} + C\nu F\frac{\partial \varphi}{\partial x}\right). \tag{139}$$

Die Zunahme der Ionenzahl in der Volumeneinheit ist nach (138)

$$N\frac{\partial C}{\partial t} = l\frac{\partial}{\partial x}\left(RT\frac{\partial C}{\partial x} + C\nu F\frac{\partial \varphi}{\partial x}\right) + \text{entsprechende Glieder mit } y \text{ und } z. \tag{140}$$

Für die Anionen gilt die entsprechende Gleichung mit $-F$. Hierzu kommt die *Poisson*sche Gleichung für φ. Die elektrische Dichte wird

$$\varrho = F\sum(\nu^+C^+ - \nu^-C^-). \tag{141}$$

also die *Poisson*sche Gleichung

$$\varepsilon\Delta\varphi = -4\pi\varrho = -4\pi F\sum(\nu^+C^+ - \nu^-C^-) \tag{142}$$

(Encykl. V 13, Nr. **11**, **12**). Hier bedeutet ε die Dielektrizitätskonstante.

393) *W. Nernst*, Z. f. ph. Ch. 4 (1889), p. 129.

394) *M. Planck*, Wied. Ann. 39 (1890), p. 161; 40 (1890), p. 561.

395) Das Glied $RT\frac{\partial C}{\partial x}$ gibt kinetisch die infolge der *Brown*schen Bewegung nach der Richtung kleinerer Konzentration stärker stattfindende Wanderung. S. auch Nr. **22**. F ist oben in gewöhnlichen elektrostatischen Einheiten gemessen, $l = \frac{u}{\nu F}$.

Betrachtet man stationäre Zustände $\left(\frac{\partial}{\partial t} = 0\right)$ und nimmt an, daß alles nur von x abhängt, so gibt Integration von (140)

(143) $$-\frac{i_1}{\nu_1 F} = l_1 \left(RT \frac{\partial C_1}{\partial x} \underset{(-)}{+} C_1 \nu_1 F \frac{\partial \varphi_1}{\partial x}\right).$$

Hier ist i_1 der Teil der Stromdichte, der vom Ion 1 getragen wird; das obere Zeichen gilt bei positiven, das untere bei negativen Ionen.

Die weitere Integration wollen wir für den Fall durchführen, daß alle Ionen die gleiche Wertigkeit ν haben. $\Delta\varphi$ wird meist in (142) nicht sehr groß und daher infolge der Größe von F der Klammerausdruck sehr klein sein. *Nernst* und *Planck* setzen daher die freien Ladungen überall null

(144) $$\sum \nu^+ C^+ = \sum \nu^- C^-.$$

Ferner denkt man sich zwei homogene Lösungen a und b, in welche die Elektroden tauchen. Zwischen beiden Lösungen bildet sich eine dünne stationäre Übergangsschicht aus.

Die Integration führt im allgemeinen zu transzendenten Gleichungen. Nur falls beide Lösungen a und b denselben Elektrolyten, aber in verschiedener Konzentration enthalten, ergibt sich das einfache Resultat

(145) $$\varphi_b - \varphi_a = \frac{RT}{\nu F}(1 - 2\mathfrak{n}) \lg \frac{C_b}{C_a},$$

wobei

(146) $$1 - 2\mathfrak{n} = -\frac{l^+ - l^-}{l^+ + l^-}$$

und $\mathfrak{n}$ nach Nr. **18** die Überführungszahl bedeutet.

Hat man zwei verschiedene Elektrolyte verschiedener Konzentration, so kann man das zwischen ihnen herrschende Diffusionspotential durch Hinzufügen eines dritten im Überschuß vermindern. Das Diffusionspotential wird dann angenähert

(147) $$\varphi_b - \varphi_a = \frac{RT}{\nu F} \frac{(l_1^+ - l_1^-)C_1 - (l_2^+ - l_2^-)C_2}{(l_3^+ + l_3^-)C_3},$$

so daß man durch genügend große Werte von C_3 die schon an sich kleinen Potentialdifferenzen weiter herabdrücken kann; von diesem Kunstgriff wird experimentell oft Gebrauch gemacht. Eine andere Methode besteht in der Zwischenschaltung einer konzentrierten Chlorkaliumlösung, deren beide Ionen nahe die gleiche Beweglichkeit haben.[396])

---

396) Erweiterung der Theorie bei *K. Johnson*, Ann. d. Phys. 14 (1904), p. 995; *P. Henderson*, Z. f. ph. Ch 59 (1907), p. 118; 63 (1908), p. 325; *H. Pleijel*, Z. f. ph. Ch. 72 (1910), p. 1; *K. H. A. Melander*, Z. f. ph. Ch. 90 (1915), p. 59; *J. M. Lovén*, Z. f. ph. Ch. 20 (1896), p. 593; *J. Guyot*, J. chim. phys. 6 (1908), p. 424.

Die Formeln sind durch die Erfahrung gut bestätigt.[397])

Jedenfalls sind die Potentialdifferenzen $\varphi_b - \varphi_a$ meist nur von der Größenordnung einiger Millivolt. Sie treten nur auf, solange die Diffusion dauert; sobald sich überall Gleichgewicht eingestellt hat, verschwinden sie.

Auch durch Bewegung der Lösungen können Potentialdifferenzen entstehen.[398])

47. Zusammenhang zwischen elektrischer und gesamter Energie. Es sei eine vollständige Kette gegeben, an deren Klemmen die Potentialdifferenz E herrsche. Nun passiere die Elektrizitätsmenge de die Kette und bewirke in ihr bestimmte chemische Umsetzungen. Es gibt Fälle, in denen beim Durchgang von $-de$ diese Umsetzungen gerade rückgängig gemacht werden. Dann spricht man von umkehrbaren Ketten oder Ketten mit umkehrbaren Elektroden. Zugleich zeigt sich, daß E während des Stromdurchganges nicht verändert wird, wenn nur die Stromstärke klein genug ist. Deshalb heißen solche Elektroden auch unpolarisierbar. Dann können wir das System als im Gleichgewicht, die Vorgänge als *reversibel* betrachten. Bei solchen umkehrbaren Ketten dürfen natürlich keine Gase verloren gehen oder dergleichen. Wenn keine andere als die elektrische Arbeit geleistet wird, ist die äußere Arbeit $E de$, beim Durchtritt von F Coulomb FE. Anfangs setzte *W. Thomson* und *Helmholtz*[399]) diese Arbeit gleich der Änderung der Gesamtenergie. Dies bewährte sich am *Daniell*-Element (Messungen von *Joule*, Berechnung durch *Thomson*) und an mehreren anderen von *J. Thomsen*[400]) untersuchten.

Spätere Untersuchungen von *Helmholtz*[401]), *F. Braun* und *Gibbs*

---

397) *Nernst* bei *Planck*[394]); *W. Negbauer*, Wied. Ann. 44 (1891), p. 737; *W. Nernst* u. *R. Pauli*, Wied. Ann. 45 (1892), p. 353; *O. F. Tower*, Z. f. ph. Ch. 20 (1896), p. 198; *St. Bugarsky*, Z. f. anorg. Ch. 14 (1897), p. 150; *R. Abegg* u. *E. Bose*, Z. f. ph. Ch. 30 (1899), p. 545; *O. Sackur*, Z. f. ph. Ch. 38 (1901), p. 129; 39 (1902), p. 364; *L. Sauer*, Z. f. ph. Ch. 47 (1904), p. 146; *N. Bjerrum*, Z. f. ph. Ch. 53 (1905), p. 428; *G. N. Lewis* u. *L. W. Sargent*, J. Am. Chem. Soc. 31 (1909), p. 363.

398) *E. Bouty*, J. de phys. (1) 9 (1880), p. 232; *J. Pionchon*, Paris C. R. 153 (1911), p. 47; 154 (1912), p. 865; *St. Procopiu*, Paris C. R. 164 (1915), p. 492; *R. C. Tolman*, *Earl W. Osgerby* u. *T. D. Stewart*, J. Am. Chem. Soc. 36 (1914), p. 466.

399) *W. Thomson*, Phil. Mag. 2 (1851), p. 429; *H. v. Helmholtz*, Über die Erhaltung der Kraft, Berlin 1847, Ges. Abh. I, p. 50.

400) *J. Thomsen*, Wied. Ann. 11 (1880), p. 246.

401) *H. v. Helmholtz*, Berl. Ber. 2/II. 1882, Ges. Abh. II, p. 958; *F. Braun*, Wied. Ann. 5 (1878), p. 182; 16 (1882), p. 561; 17 (1882), p. 593; *J. M. Raoult*, Ann. chim. phys. (4) 4 (1865), p. 392; *E. Edlund*, Pogg. Ann. 159 (1876), p. 420;

führten erst zum richtigen Resultat. Da $dA = Ede$ ist, gilt bei isothermer Anordnung die Gleichgewichtsbedingung (*Bryan* 42) $\delta\psi - \delta A = \delta\psi - E\delta e = 0$ und daher (Encykl. V 3, Nr. 27)

$$FE - T\frac{\partial FE}{\partial T} = \mathfrak{U}, \tag{148}$$

wo $\mathfrak{U}$ die Energieänderung bedeutet, die denjenigen Umsetzungen entspricht, welche mit dem Durchgang der Elektrizitätsmenge F verknüpft sind.

Von $\mathfrak{U}$ wird der Teil FE in elektrische Energie verwandelt, während $T\frac{\partial FE}{\partial T} = Q$ eine von außen zur Konstanthaltung von T aufgenommene bzw. abgegebene Wärmemenge bedeutet (sekundäre Wärme). Es kann auch $\mathfrak{U} = 0$ sein, wie bei den im folgenden besprochenen Konzentrationsketten. Dann ist $FE =$ Const. T. Über die Integration gilt ganz wie bei (3), daß sie sich bei Kenntnis der Temperaturabhängigkeit von $\mathfrak{U}$, d. h. der spezifischen Wärmen, durchführen läßt, daß aber wieder unbestimmte Integrationskonstanten, nämlich die Entropiekonstanten, auftreten.

Messungen, welche die in (148) auftretenden Größen gaben, lagen schon vor und wurden zur Prüfung noch zahlreich angestellt.[402]) Während sich in den ersten Arbeiten infolge der Schwierigkeit der Messungen nur ein Parallelgehen mit der Theorie ergab, zeigte sich später gute Übereinstimmung (die also im wesentlichen die Reversibilität der Vorgänge beweist).

Man kann die Gleichung (148) nach *Ostwald*[403]) auch auf eine *einzelne Elektrode* anwenden und erhält dann aus den gemessenen Werten des Einzelpotentials und seines Temperaturkoeffizienten die „*Ionisationswärme*" des Elementes, aus dem die Elektrode besteht.

Genauere Diskussion zeigt[4]), daß diese „Ionisationswärme" die Ar-

---

W. Gibbs, Trans. Conn. Ak. III (1878), p. 343; Am. J. of Science III 16 (1878), p. 441; Thermodyn. Studien, p. 388 ff.

402) Außer den schon in Anm. 400) genannten: *P. A. Favre*, Paris C. R. 63 (1866), p. 369; 66 (1868), p. 252; *S. Czapski*, Wied. Ann. 21 (1884), p. 209; *A. Gockel*, Wied. Ann. 24 (1885), p. 618; *H. Jahn*, Wied. Ann. 28 (1886), p. 21 u. 491; 50 (1893), p. 189; 63 (1897), p. 44; *E. Levay*, Wied. Ann. 42 (1891), p. 103; *W. Hittorf*, Z. f. ph. Ch. 10 (1892), p. 593; *A. Overbeck* u. *J. Edler*, Wied. Ann. 42 (1891), p. 209; *C. R. A. Wright*, Phil. Mag. (5) 9—19 (1880—1886); *F. Streintz*, Wied. Ann. 49 (1893), p. 564; *F. Dolezalek*, Wied. Ann. 65 (1898), p. 894; *St. Bugarszky*, Z. f. anorg. Ch. 14 (1897), p. 145; *E. Cohen*, Z. f. ph. Ch. 34 (1900), p. 62 u. 612; 60 (1907), p. 706.

403) *W. Ostwald*, Lehrb. d. allg. Ch., 2. Aufl. II_1 (1893), p. 953; Z. f. ph. Ch. 11 (1893), p. 501. Siehe auch *E. Bouty*, J. de phys. 8 (1879), p. 341; 9 (1880), p. 229 u. 306.

beit ist, die beim Überführen eines Ions aus dem Metall in die Lösung beim Potential 0 zu leisten ist, vermehrt um die halbe Arbeit, die bei der Zerlegung des Atoms in Ion und freies Elektron im Metall erforderlich ist. Die andere Hälfte dieser Arbeit bildet den Beitrag des einen Metalls zu der *Peltierwärme* an der Berührungsstelle der beiden Metalle.

48. Umkehrbare Elektroden I. Art. Nernstsche Formel. Es tauche eine reine, einfache Metallelektrode in eine Lösung, die das ihr entsprechende ν wertige Ion als Kation enthält. Eine solche Elektrode ist umkehrbar (umkehrbare Elektrode erster Art). Das chemische Potential der positiven Ionen in der Elektrode sei $\mu_+^{(M)}$, in der Lösung $\mu_+^{(L)}$, das Potential der elektrischen Kräfte $E\nu F$. (Das Vorzeichen von E ist das der Ladung der Elektrode.) Dann lautet die Gleichgewichtsbedingung

$$\mu_+^{(M)} - \mu_+^{(L)} = -E\nu F, \tag{149}$$

und da in der Elektrode zwischen positiven Ionen, Elektronen (mit dem Potential $\mu_{\mathrm{El}}^{(M)}$) und Metallatomen (mit dem Potential $\mu_{\mathrm{A}}^{(M)}$) Gleichgewicht bestehen muß:

$$\mu_+^{(M)} = \mu_{\mathrm{A}}^{(M)} - \mu_{\mathrm{El}}^{(M)}. \tag{150}$$

Nun wollen wir annehmen, daß die Konzentration der Ionen so klein sei, daß für sie die Gesetze der *verdünnten Lösungen* gelten. Also ist

$$\mu_+^{(L)} = \mu_+^{0(L)} + RT \lg C$$

$$-E\nu F = \mu_+^{(M)} - \mu_+^{0(L)} - RT \lg C. \tag{151}$$

Setzt man

$$\mu_+^{(M)} - \mu_+^{0(L)} = RT \lg C_0, \tag{152}$$

den osmotischen Druck $\pi = RTC$,

$$\pi_0 = RTC_0, \tag{153}$$

so kann man schreiben

$$-E = \frac{RT}{\nu F} \lg \frac{C_0}{C} = \frac{RT}{\nu F} \lg \frac{\pi_0}{\pi}. \tag{154}$$

Das ist die von *Nernst* im Jahre 1889 abgeleitete Formel.[393]) Rechnet man E in Volt, so wird $\frac{R}{F} = 8{,}61 \cdot 10^{-5}$ oder für $T = 18^0$ Celsius und Verwendung *Briggs*scher Logarithmen $0{,}43 \cdot \frac{RT}{F} = 0{,}05771$ Volt.

Die Deutung von *Nernst* ist nun folgende. Damit $E = 0$ wird, muß $\pi = \pi_0$ sein. Dann ist die Elektrode mit der Lösung im Gleichgewicht. Wir können den Ionen in der Elektrode eine „*Lösungstension*“ zuschreiben, die entgegengesetzt gleich dem für $E = 0$ herrschenden osmotischen Druck π_0 ist. Ist der Druck in der Lösung größer, so schlagen sich Ionen nieder, wodurch die Elektrode positiv geladen wird, bis die elektrische Abstoßung der geladenen Elektrode das weitere Niederschlagen verhindert. Zur Ladung der Platte reichen so geringe Ionenmengen, daß sich dadurch die Konzentration der Lösung nicht merklich ändert.[404])

Ist umgekehrt $\pi < \pi_0$, so überwiegt die Lösungstension, die Elektrode gibt Ionen ab und wird negativ.

Das Potential läßt sich also kontinuierlich durch Änderung der Konzentration variieren. Allerdings kann man für gewöhnlich den Wert des Potentials nicht sehr stark beeinflussen, da er ziemlich unempfindlich ist (Änderung von C im Verhältnis 1 : 1000 ändert E um $\frac{3 \times 0{,}0577}{\nu} = \frac{0{,}173}{\nu}$ Volt), doch kann man durch Anwendung von Komplexsalzen bei Silber oder Kupfer die Konzentration sehr herabdrücken. *Haber* bestreitet allerdings, daß so kleine Konzentrationen noch potentialbestimmend wirken, und nimmt eine direkte Wirkung der Komplexionen an.[405])

Bei den sogenannten elektropositiven Metallen, etwa Zink, kann man dagegen C nicht so groß machen, daß es z. B. gegen Wasserstoff negativ würde.

Die hier vorangestellte *Nernst*sche Ableitung der Gleichung (155) ist thermodynamischer Natur.

Dieselbe Gleichung läßt sich statistisch folgendermaßen deuten. Schreiben wir die Formel

$$(154') \qquad \frac{C_0}{C} = e^{-\frac{E\nu F}{RT}},$$

so nimmt sie die Form des sogenannten *Bolzmannschen* $e^{-h\chi}$*-Theorems* an, das im Wesen mit der Barometerformel identisch ist (Nr. 5). Wir könnten uns nun mit dem Metall eine Schicht Lösung ohne elektrische Kräfte in Berührung denken, in der die Gleichgewichtskonzentration C_0 herrscht; diese Schicht grenzt an die Lösung mit einer Trennungsfläche, an der die Potentialdifferenz E besteht, bei deren Durchschreiten die Ionen also die Arbeit $= E\nu F$ gewinnen. Dann gilt für ein Gas und daher auch für die Lösung Gleichung (154').

Diese Betrachtung wird mehr als eine bloße Veranschaulichung der Bedeutung der *Nernst*schen Formel, wenn wir uns den *Potentialabfall* über eine *endliche Strecke in der Lösung* verteilt denken. Bleibt dann C_0 klein genug zur Anwendung der Theorie der verdünnten

---

404) *F. Krüger*, Z. f. ph. Ch. 35 (1900), p. 18.

405) *F. Haber*, Z. f. El. 10 (1904), p. 433 u. 773; *G. Bodländer*, ebenda p. 604; *R. Abegg*, ebenda p. 607; *H. Daneel*, ebenda p. 609.

Lösungen und greifen von der Elektrode nur elektrische Kräfte in die Lösung über, so läßt sich die Potentialverteilung berechnen.[406][406a]) Das Potential ändert sich allmählich von der Elektrode bis in die Lösung hinein, ebenso die Konzentration, wobei beide auch für jeden Punkt der Übergangsschicht durch (154') verknüpft bleiben.

Endlich und drittens erhält man die *Nernst*sche Formel auch auf kinetischem Wege, wenn man in den Ionenbewegungsgleichungen (138) den Massenstrom $J = 0$ setzt, als Bedingung dafür, daß die Diffusion die elektrische Strömung kompensiert, oder was dasselbe ist, daß der osmotische Druck den elektrischen Kräften das Gleichgewicht hält.

Wir sehen an der letzten Ableitung, daß die *Nernst*sche Formel eigentlich nur für die Ionen gilt, die keinen Strom transportieren (vgl. Nr. 58 a)[407]), da die andern irreversibel *Joule*sche Wärme entwickeln.

Die in der Formel auftretenden Konzentrationen sind die der *freien* Ionen. Sind Komplexionen mit dem Lösungsmittel H_2O gebildet, so gilt

$$\mu_+^{(L)} + x\mu_{H_2O} = \mu_{\text{komplex}}^{(L)}; \tag{155}$$

sind auch die Komplexionen genügend verdünnt (Nr. **12**), so steht ihre Zahl zu der der freien Ionen in einem konstanten Verhältnis $1 : k$, so daß

$$C = k\,C_{\text{komplex}} = \frac{k}{k+1}\,C_{\text{gesamt}}. \tag{156}$$

Es gilt also auch

$$-E = \frac{RT}{\nu F}\lg\frac{C_0'}{C_{\text{komplex}}} = \frac{RT}{\nu F}\lg\frac{C_0''}{C_{\text{gesamt}}} \tag{157}$$

mit

$$C_0' = \frac{C_0}{k},\quad C_0'' = \frac{k+1}{k}\,C_0,$$

so daß man aus Gleichgewichtsmessungen Komplexbildung nicht entdecken kann, solange C nicht anderweitig bekannt ist.

49. Anwendungen. a) *Konzentrationselemente.* Wir stellen nun folgende Kette zusammen: Metall $\underset{1}{|}$ Lösung C_1 $\underset{3}{|}$ Lösung C_2 $\underset{2}{|}$ Metall. Die beiden Elektroden sind gleich, auch die Lösungen unterscheiden sich nur durch die Konzentrationen. Es herrschen die Potentialdifferenzen,

406) *D. L. Chapman*, Phil. Mag. 25 (1913), p. 475.

406a) *K. F. Herzfeld*, Phys. Z. 21 (1920), p. 28, 61.

407) Analog den obigen drei Ableitungen kann man auch die Barometerformel auf 3 formal verschiedenen Wegen finden, nämlich 1. thermodynamisch, 2. statistisch durch Aufsuchen der wahrscheinlichsten Verteilung bei gegebener Gesamtenergie und 3. kinetisch durch Berechnung der einen Querschnitt passierenden Molekülzahl.

von links nach rechts gerechnet: An der Stelle 1: $-E_1 = \frac{RT}{\nu F} \lg \frac{C_0}{C_1}$, an der Stelle 2: $-E_2 = \frac{RT}{\nu F} \lg \frac{C_0}{C_2}$, dazu in 3 das Flüssigkeitspotential (145) $E_3 = \frac{RT}{\nu F}(1 - 2\mathfrak{n}) \lg \frac{C_1}{C_2}$, also in Summe

$$(158) \qquad E = \frac{2\mathfrak{n} RT}{\nu F} \lg \frac{C_1}{C_2}.$$

Abgesehen von $\mathfrak{n}$, ist die rechte Seite von (158) vom Metall unabhängig. Fließt ein Strom, so sucht er die Konzentrationen auszugleichen, an der Elektrode, welche in die verdünntere Lösung taucht, gehen also Ionen in Lösung. Chemische Umsätze finden nicht statt, die elektrische Energie stammt aus der osmotischen Arbeit, die vom Konzentrationsausgleich herrührt.

Die Formel hat sich an zahlreichen Messungen bestätigt.[408])

Sie läßt sich auch benützen, um unbekannte Konzentrationen (z. B. bei Komplexsalzen) zu bestimmen (vgl. Nr. **21**).

Eine kinetische Theorie, die unsere Gleichungen (158) auf Grund der *Brown*schen Bewegung[395]) ableitet, hat *Debye* gegeben.[408a])

Man kann (158) auch direkt durch Betrachtung der Arbeitsleistung in der ganzen Kette thermodynamisch ableiten, ohne auf die Potentiale an den einzelnen Grenzflächen einzugehen, indem man beachtet, daß beim Durchgang von *F*. *Coulomb* je $\frac{\mathfrak{n}}{\nu}$ Kationen und Anionen aus der konzentrierteren in die verdünntere Lösung übergehen.

b) *Zwei verschiedene Metallelektroden.* Die betrachtete Kette sei folgendermaßen zusammengesetzt:

Metall 1 $\underset{1}{|}$ Salzlösung von Metall 1, C_1 $\underset{3}{|}$ Salzlösung von Metall 2, C_2 $\underset{2}{|}$ Metall 2.

Das Diffusionspotential an der Stelle 3 wollen wir der Bequemlichkeit halber hier und auch weiterhin durch einen der in Nr. **46** erwähnten Kunstgriffe ausgeschaltet denken. Sonst ist es einfach zu addieren.

408) *W. Nernst*, l. c.; *A. Ogg*, Z. f. ph. Ch. 27 (1898), p. 285; *F. Dolezalek*, Z. f. ph. Ch. 26 (1898), p. 321; *G. Preuner*, ebenda 42 (1903), p. 50; Unabhängigkeit vom Anion: *B. Neumann*, Z. f. ph. Ch. 14 (1894), p. 193; Methylalkohol als Lösungsmittel: *C. Dempwolff*, Phys. Z. 5 (1904), p. 637. In geschmolzenen Salzen als Lösungsmittel (oft nur bei geringen Konzentrationen gut): *A. Roshdestwensky* u. *W. C. Mc. Lewis*, J. Chem. Soc. 99 (1911), p. 2138; 101 (1912), p. 2094; *J. M. Bell* u. *A. L. Feild*, J. Am. Chem. Soc. 35 (1913), p. 715; *Cl. Gordon*, Z. f. ph. Ch. 28 (1899), p. 302; *H. M. Goodwin* u. *H. A. Wentworth*, Phys. Rev. 24 (1907), p. 77; *O. Sackur*, Z. f. ph. Ch. 83 (1913), p. 305.

408a) *P. Debye*, Phys. Z. 18 (1917), p. 144.

Dann herrscht an der ersten Grenzfläche das Potential $-\frac{R'T}{\nu_1}\lg\frac{C_{01}}{C_1}$, an der zweiten $-\frac{RT}{\nu_2}\lg\frac{C_{02}}{C_2}$, wo C_{01}, C_{02} die zu den Metallen 1 und 2 im Sinne der Gl. (152) zugehörigen Größen C_0 bedeuten. Hierzu kommt noch die Potentialdifferenz E_{12} an der Berührungsstelle beider Metalle außerhalb der Kette, doch pflegt man sie wegen ihrer Kleinheit nicht zu berücksichtigen. Es gilt exakt nach (149) und (150) für das Ionengleichgewicht in 1 und 2 und das Elektronengleichgewicht an der Kontaktstelle 12

$$(149')\quad \begin{cases} E_1 = \frac{1}{\nu_1 F}(\mu^{(L)}_{1+} - \mu^{(M)}_{1+}) = \frac{1}{\nu_1 F}(\mu^{(L)}_{1+} + \nu_1 \mu^{(M)}_{1\,El} - \mu^{(M)}_{1\,A}), \\ E_2 = \frac{1}{\nu_2 F}(\mu^{(L)}_{2+} - \mu^{(M)}_{2+}) = \frac{1}{\nu_2 F}(\mu^{(L)}_{2+} + \nu_2 \mu^{(M)}_{2\,El} - \mu^{(M)}_{2\,A}), \\ E_{12} = \frac{1}{F}(\mu^{(M)}_{2\,El} - \mu^{(M)}_{1\,El}). \end{cases}$$

Also

$$(149'')\quad -E = E_1 - E_2 + E_{12} = \frac{1}{\nu_1 F}(\mu^{(L)}_{1+} - \mu^{(M)}_{1\,A}) - \frac{1}{\nu_2 F}(\mu^{(L)}_{2\,F} - \mu^{(M)}_{2\,A}).$$

Es sind also aus Gleichung (149″) die auf die Elektronen bezüglichen Glieder verschwunden, bzw. an Stelle der Ionenpotentiale im Metall die Atompotentiale getreten. Das ist auch zu verlangen, denn beim virtuellen Umsatz an einer Elektrode allein sind die den abgegebenen (aufgenommenen) Ionen äquivalenten Elektronen in der Elektrode überschüssig (fehlen dort), während für die ganze Kette sich das gerade kompensiert und die Übertrittsarbeit aus der einen in die andere Elektrode das Kontaktpotential liefert, das in (149″) nicht explizite auftritt. Überhaupt beziehen sich alle thermodynamischen Formeln stets auf eine vollständige Kette und da auch alle Messungen sich auf solche beziehen, sind auch die Kontaktpotentiale richtig berücksichtigt.

Zur Angabe der sogenannten Normalpotentiale pflegt man als die eine Elektrode nach dem Vorschlag von *Nernst*[409]) eine sogenannte Normalwasserstoffelektrode zu benutzen und setzt ihr Potential Null. Dem Potential von Metallen, die gegenüber einer solchen sich in normaler Lösung ihrer Salze negativ laden, gibt man das negative Vorzeichen.[409a]) Sie haben also einen stärkeren Lösungsdruck als die Wasserstoffelektrode. Man nennt sie auch unedle oder elektropositive Metalle (letzteres, da sie ein besonders starkes Bestreben haben,

409) *W. Nernst*, Z. f. El. 7 (1900), p. 253. Für den Bau einer solchen Elektrode sehe man die zitierten Lehrbücher.

409a) Nach *R. Luther*. Doch wird auch das entgegengesetzte Vorzeichen benutzt.

positive Ionen zu bilden).[410] An Stelle des angegebenen Nullpunktes ist auch die Normalkalomelelektrode nach *Ostwald* in Gebrauch.[409b])

Über die Frage, welches Potential diesen Elektroden wirklich zukommt, welcher Wert also zu den so gemessenen zu addieren ist, um den wahren zu bekommen, vgl. die zitierten Lehrbücher von *Le Blanc, Förster* usw.

Die gewöhnlichen Normalpotentiale gelten nur bei dicken Schichten der Elektroden. Besteht die Elektrode aus einem auf Platin niedergeschlagenen anderen Metall, so nähert sich unterhalb einer Dicke von einigen $\mu\mu$ das Potential dem des Platins.[411]) Jedenfalls hängt das mit einer Änderung der Haftintensität und damit der Größe $\mathfrak{U}$ (Nr. **54**) zusammen. Ist nur mehr ein Teil der Oberfläche bedeckt, so haben wir das Verhalten einer Legierungselektrode (Nr. **50**), wobei es thermodynamisch gleichgültig ist, ob es sich wirklich um eine feste Lösung oder um einen Teil einer Molekularschicht handelt (Nr. **10**).

Auch aus zwei Elektroden des gleichen Metalls in verschiedenen Zuständen 1 und 2 läßt sich eine Kette zusammenstellen. Tauchen sie in die gleiche Lösung, so ist

$$(159) \qquad + \nu F E = \mu_{1A} - \mu_{2A} = R T \lg \frac{C_{01}}{C_{02}},$$

die instabilere Form mit höherem Potential geht in die stabilere über. Endlich entstehen Potentialunterschiede, wenn sich die beiden Elektroden unter verschiedenem Druck oder auf verschiedenen Höhen befinden.[412])

Zur direkten *Berechnung der Potentiale aus thermodynamischen Daten* wären, da die Größen μ der reinen festen Elektroden aus dem *Nernst*schen Theorem bekannt sind, nur noch die der Lösungen nötig. Nun kann man sehr wahrscheinlich machen, daß die Ladung der

---

409b) *W. Ostwald,* Lehrb. d. allg. Ch., 1. Aufl. Leipzig 1888, 2. Bd. p. 947.

410) Für Isotope haben *G. v. Hevesy* u. *F. Paneth,* Wien. Ber. 124 (1915), p. 381 bis auf weniger als 10^{-4} Volt gleiche Werte gefunden.

411) *A. Overbeck,* Wied. Ann. 31 (1887), p. 337; *K. Schreber,* Wied. Ann. 36 (1889), p. 662; *J. Koenigsberger* u. *W. J. Müller,* Phys. Z. 6 (1905), p. 844; 7 (1906), p. 796.

412) *Th. Descoudres,* Wied. Ann. 49 (1893), p. 284; 57 (1896), p. 232; *R. R. Ramsey,* Phys. Rev. 13 (1901), p. 1. Bei reinem Eisen unter Zug konnte keine Änderung nachgewiesen werden. *Th. W. Richards* u. *G. E. Behr,* Z. f. ph. Ch. 58 (1907), p. 301. Formeln hierfür bei *P. Duhem,* Le potentiel thermodynamique, 1886, p. 117; *H. Gibault,* Paris C. R. 113 (1891), p. 465; Lum. el. 42 (1891), p. 7, 63, 174, 226; *R. Gans,* Ann. d. Phys. 6 (1901), p. 315; siehe auch *R. Colley,* Pogg. Ann. 157 (1876), p. 370 u. 624; *E. Bichat* u. *R. Blondlot,* J. d. Phys. (2) 2 (1883), p. 503; *G. Gore,* Phil. Mag. 35 (1893), p. 97; negativ: *H. Wild,* Pogg. Ann. 125 (1865), p. 119.

Ionen ihre Entropie nicht verändert.[413]) Es gilt also nur die Entropie beliebiger Lösungen zu berechnen. Der erste Ansatz von *Planck*[414]) hat noch keine Prüfung erlaubt, da die spezifischen Wärmen von Lösungen bei tiefen Temperaturen unbekannt sind. *Herzfeld*[4]) nimmt an, daß Lösungen die gleiche Entropie haben wie der Gaszustand bei gleicher Konzentration. Dabei ergeben sich Gruppen von Elementen, die untereinander gleiche, aber bis in die Zehntelvolt gehende Unterschiede gegen die Messung ergeben, z. B. Zn, Cu^+, Cu^{++} oder Ag, Tl, Pb. Ferner ergeben sich die Gruppen als identisch mit den Gruppen der Beweglichkeit.

50. Gemischte Elektroden. Bisher haben wir einfache Elektroden betrachtet. Nun bestehe die Elektrode aus zwei Metallen und tauche in eine Lösung beider Ionen. Dann sind nach *Ostwald* folgende Fälle möglich.

I. Die beiden Metalle bilden ein *mechanisches Gemenge.* Dann muß sich an beiden Bestandteilen das gleiche Potential einstellen, sonst bilden sich Lokalströme, bis Gleichgewicht eintritt. Es muß dann gelten[415])

$$-E = \frac{RT}{\nu_1 F} \lg \frac{C_{01}}{C_1} = \frac{RT}{\nu_2 F} \lg \frac{C_{02}}{C_2}. \tag{160}$$

Da im allgemeinen C_{01} und C_{02} sehr verschieden sind, wird dies auch bei den C der Fall sein. Sei etwa $C_{01} > C_{02}$, also 2 das edlere. Dann wird, da C_1 nicht sehr wachsen kann, C_2 sehr klein werden müssen, d. h. es wird das edlere Metall fast vollständig niedergeschlagen. Tauchen wir unsere Elektrode in eine Lösung des Ions 1 allein, so werden anfangs die Lokalströme eine sehr geringe Menge von 2 in Lösung bringen müssen, bis die durch (160) geforderte Konzentration C_2 erreicht ist; dabei ändert die äquivalente abgeschiedene Menge des Ions 1 die große Konzentration C_1 nicht merklich. Umgekehrt muß in einer Lösung von 2 fast alles niedergeschlagen werden. Es bestimmt also praktisch das unedlere Metall das Potential.

II. Bildet sich eine *Legierung*, so liegen die Verhältnisse ganz ähnlich, nur sind die Werte der $\mu_A^{(M)}$ (d. h. der dadurch nach (150), (152) bestimmten Lösungstensionen) nicht mehr die gleichen wie im massiven Metall. Handelt es sich um eine verdünnte Lösung des einen Metalls (1) im anderen, so kann man[416])

413) *W. Nernst,* Die Grundlagen des neuen Wärmesatzes, Halle 1918, p. 154; *K. F. Herzfeld,* Ann. d. Phys. 51 (1916), p. 261.

414) *M. Planck,* Thermodynamik, Leipzig 1917, p. 281.

415) *W. Nernst,* Z. f. ph. Ch. 22 (1897), p. 539.

416) Die Arbeit von *W. Ramsay,* Z. f. ph. Ch. 3 (1889), p. 359 hat gezeigt, daß die in Quecksilber gelösten Metalle einatomig sind.

(161) $\mu_{1A}^{(M)} = \mu_{1A}^{0(M)} + RT \lg C_{1A}$, d. h. $C_{01} = K C_{1A}$ (K von C_{1A} unabhängig) setzen, während der Wert von $\mu_{2A}^{(M)}$ fast der gleiche bleibt wie beim reinen Metall. Die Bedingung (160) wird dann

$$(162) \qquad -E = \frac{1}{\nu_1 F}\left(\mu_{1A}^{0(M)} - \mu_{1+}^{0(L)} + RT \lg \frac{C_{1A}}{C_1} - \nu_1 \mu_{El}^{(M)}\right)$$
$$= \frac{1}{\nu_2 F}\left(\mu_{2A}^{\prime(M)} - \nu_2 \mu_{El}^{(M)} - \mu_{2+}^{0(L)} - RT \lg C_2\right).$$

Sei 2 Quecksilber, 1 *unedler als Quecksilber*. Wenn trotz der Lösung die Stellung des Metalls in der Spannungsreihe gegen Quecksilber nicht geändert wird, also $\mu_{1A}^{0(M)} + RT \lg C_{1A} > \mu_{2A}^{(M)}$ bleibt, so bestimmt wieder 1 das Potential.

Wir können so eine *Konzentrationskette aus zwei Amalgamen* des gleichen Metalls in der gleichen Lösung zusammenstellen, deren EMK.

$$(163) \qquad +E = \frac{RT}{\nu F} \lg \frac{C_{1A}}{C_{2A}}$$ [417])

ist. Der Strom sucht wieder die Konzentrationen auszugleichen.

Jedenfalls ist aber wichtig, daß wir durch genügende Verdünnung jedes Metall beliebig edel machen können.

Ist ein *edles Metall* in Quecksilber gelöst, so arbeitet die Kette als Konzentrationskette in bezug auf Quecksilber.

Im allgemeinen kann man

$$\mu_{1A}^{(M)} = \mu_{1A}^{0(M)} + RT \lg x, \qquad \mu_{2A}^{(M)} = \mu_{2A}^{0(M)} + RT \lg (1-x)$$

setzen und in grober Näherung $\mu_{1A}^{0(M)}$, $\mu_{2A}^{0(M)}$ von x unabhängig machen Ist $\nu_1 = \nu_2 = \nu$, so wird mit $RT \lg K_1 = \mu_{1A}^{0(M)} - \mu_{1+}^{0(L)}$ und entsprechender Bedeutung von K_2

$$(164) \qquad -E = \frac{RT}{\nu F} \lg \frac{K_1 K_2}{K_2 C_1 + K_1 C_2},$$

also entsteht für $K_1 = K_2$, d. h. *sehr ähnliche Metalle*, die *Nernst*sche Formel mit $C_1 + C_2$, der Gesamtkonzentration.[409])[418])

In der Elektrode selbst stellt sich jedenfalls außer dem Gleichgewicht für das erste Metall ein solches für das zweite

$$\mu_{2A}^{(M)} = \mu_{2+}^{(M)} + \nu_2 \mu_{El}^{(M)}$$

ein. Wenn durch dieses zweite Gleichgewicht μ_{El} abgeändert wird, ändert sich auch das Kontaktpotential im Vergleich zum reinen Metall 1.

---

417) *Th. W. Richards* u. *G. S. Forbes*, Z. f. ph. Ch. 58 (1907), p. 683; *Th. W. Richards*, *J. H. Wilson* u. *R. Garrod Thomas*, Z. f. ph. Ch. 72 (1910), p. 129; ferner *Th. W. Richards* u. *G. Lewis*, Z. f. ph. Ch. 28 (1898), p. 1; *N. v. Türin*, Z. f. ph. Ch. 5 (1890), p. 340; 7 (1891), p. 221; *G. Meyer*, Z. f. ph. Ch. 7 (1891), p. 477; Wied. Ann. 40 (1890), p. 244.

418) *G. v. Hevesy* u. *F. Paneth*, Wien. Ber. 123 IIa (1914), p. 1909; Phys. Z. 15 (1914), p. 797; *K. Fajans*, Phys. Z. 15 (1914), p. 935.

III Es bilde sich eine *Verbindung*, dann kommen drei Ionenarten im Metall und der Lösung vor, nämlich die der Komponenten und die der Verbindung. Zwischen diesen gilt die Dissoziationsgleichung. Besteht bezüglich der erstgenannten beiden Ionen Gleichgewicht, so auch für das dritte, wie man beim Hinschreiben der Potentialgleichung sofort sieht. Ausführliche Diskussion der Verhältnisse, die infolge begrenzter Löslichkeit der beiden Metalle eintreten können, findet man im angeführten Lehrbuch von *van Laar*, p. 231 f.[419])

Bei all diesen Überlegungen ist vorausgesetzt, daß genügende Diffusion die Gültigkeit der Lösungsgesetze ermöglicht, vgl. Nr. **40**.[364])

51. Gaselektroden. a) *Die elektromotorische Wirksamkeit von Gasen.* Auch Gase, sowohl Kationen bildende (H_2) als auch Anionenbildner (O_2, die Halogene) können sich elektromotorisch betätigen.[420]) Wenn man ihre wässerigen Lösungen, im Gleichgewicht mit Gas von 1 Atmosphäre, zu einer Kette zusammenstellen würde, würde diese aber nicht wirken. Der Grund liegt in viel zu langsamer Nachlieferung der Ionen, die wohl auf dem Umweg über freie Atome erfolgt.[421]) Die einzige Möglichkeit, eine schnellere Einstellung des Gleichgewichts zu erreichen, liegt darin, das Gas in einem Medium zu lösen, wo das Gleichgewicht viel stärker von der Seite der Moleküle nach der Seite der Atome und Ionen verschoben ist, denn dann ist auch die *Einstellungsgeschwindigkeit* hinreichend. Als solche Medien genügen nun für Wasserstoff Metalle, besonders Platin und Palladium, für die Anionenbildner neben diesen auch Kohle, die bei Wasserstoff unwirksam bleibt.[422]) Es scheint ziemlich sicher, daß der Wasserstoff in den Platinmetallen größtenteils in Atome zerfallen ist und diese mit dem

419) Weitere theoretische Arbeiten *W. Reinders*, Z. f. ph. Ch. 42 (1903), p. 225; 54 (1906), p. 609; *J. J. van Laar*, Amst. Ak. 1903, p. 558; Arch. Neerl. (2) 8 (1903), p. 296; *F. Haber*, Z. f. El. 8 (1902), p. 541; experimentell: *M. Herschkowitsch*, Z. f. ph. Ch. 27 (1898), p. 123; *A. Ogg*, Z. f. ph. Ch. 27 (1898), p. 285; *W. Jäger*, Wied. Ann. 65 (1898), p. 106; *H. Bijl*, Z. f. ph. Ch. 41 (1902), p. 641; *E. S. Shepherd*, J. ph. Ch. 7 (1903), p. 15; *M. Sack*, Z. f. anorg. Ch. 34 (1903), p. 286; *N. Puschin*, Z. f. anorg. Ch. 56 (1908), p. 1; *H. P. Cady*, J. ph. Ch. 2 (1898), p. 551; 3 (1899), p. 95; *A. Schoeller*, Z. f. El. 5 (1899), p. 259; *S. Lindeck*, Wied. Ann. 35 (1888), p. 311, ferner die in Anm. 364 genannte Arbeit.

420) *W. R. Grove*, Phil. Mag. (3) 14 (1839), p. 127.

421) Wie weit man vom Gleichgewicht entfernt ist, erkennt man an der Betrachtung der kleinen Wasserstoffdichte, die mit Wasserdampf im Gleichgewicht ist.

422) *A. Nobis*, Diss. Dresden 1909. Es scheint plausibel, daß im Gleichgewicht Wasserstoffion (Halogenatom) + Elektron $\leftrightarrows$ Wasserstoffatom (Halogenion) die rechte Seite bevorzugt ist, also die Ionenbildung bei den Anionenbildner leichter erfolgt.

Metalle eine Legierung bilden (Nr. 45).[422a]) Wir haben dann die gleichen Verhältnisse wie bei den gemischten Elektroden, nur daß noch das Gleichgewicht in der Wasserstoff-Platin-Elektrode

$$(165)\quad 2\mu_{\mathrm{H}^+}^{(M)} + 2\mu_{El}^{(M)} = 2\mu_{\mathrm{H}}^{(M)} = \mu_{\mathrm{H}_2}^{(M)} = \mu_{\mathrm{H}_2}^{(G)} \equiv \mu_{\mathrm{H}_2}^{0(G)} + RT \lg C_{\mathrm{H}_2}$$

hinzukommt. Die ersten beiden Gleichungen bestimmen die Gleichgewichte

$$2\,\mathrm{H}^+ + 2 \text{ Elektronen} \rightleftarrows 2\,\mathrm{H} \rightleftarrows \mathrm{H}_2 \text{ in der Elektrode,}$$

die letzte Gleichung das Gleichgewicht

$$\mathrm{H}_2 \text{ in der Elektrode gelöst} \rightleftarrows \mathrm{H}_2 \text{ im Gas.}$$

Daher wird das Potential für die Grenze wässerige Lösung gegen Elektrode

$$(166)\quad FE = \mu_{\mathrm{H}^+}^{(L)} - \mu_{\mathrm{H}^+}^{(M)} = -RT \lg \frac{K\sqrt{C_{\mathrm{H}_2}}}{C_{\mathrm{H}^\cdot}}; \quad RT \lg K = \tfrac{1}{2}\mu_{\mathrm{H}_2}^{0(G)} - \mu_{\mathrm{H}^+}^{0(L)};$$

ganz entsprechende Formeln, nur mit entgegengesetztem Vorzeichen, gelten für die Anionen bildenden Gase.

b) *Verzögerte Einstellung des Gleichgewichtes bei verschiedenen Herstellungsarten der Gasbeladung.* Allerdings stellt sich der Gleichgewichtszustand auch an Platinelektroden äußerst langsam her. Der Grund kann sowohl physikalischer Natur (langsame Diffusion) als auch chemischer (Langsamkeit der Bildung und des Zerfalls der Verbindung) sein; in Wirklichkeit werden wohl beide Umstände zusammenwirken. Die Verzögerung geht beim Sauerstoff so weit, daß es nicht möglich ist, Gleichgewichtswerte zu messen. Entwickelt man das Gas an der Elektrode elektrolytisch, so sammelt sich infolge der Langsamkeit des Vorganges im stationären Zustand mehr Gas in der Elektrode an, als unter Atmosphärendruck im Gleichgewicht wäre und es tritt die sogenannte *Überspannung* auf, die vom Material und, der Oberflächenbeschaffenheit der Elektrode abhängt. Die Eindringungstiefe (Adsorptionsvolumen[462a])) läßt sich aus der Dicke der Elektrode schätzen, von der ab die Überspannung konstant ist.[424]) Nur an platiniertem Platin ist die Überspannung null. Nach dem Aufhören der elektrolytischen Gasentwicklung geht die Überspannung

422a) Dagegen spricht der von *Willstätter*[390a]) u. a. geführte Nachweis der Notwendigkeit des Sauerstoffs bei der Katalyse von Hydrierungen dafür, daß dort und infolgedessen wohl auch hier der Wasserstoff durch eine Wasserstoffverbindung eines Platinoxyds übertragen wird. Formel (166) ist natürlich vom Mechanismus unabhängig, wenn nur die Wasserstoffverbindung einen kleinen Bruchteil des Oxyds ausmacht.

423) *J. N. Pring*, Z. f. El. 19 (1913), p. 255.

zurück, doch ändert sich z. B. bei O_2 das Potential noch nach Wochen. Bei 300° dagegen geht die Einstellung ohne Störung vor sich.[424])

Für Messungen der Überspannung siehe die unten zitierten Arbeiten.[425])[426])

H. G. Möller[426]) hat gezeigt, daß die Überspannung der Oberflächenspannung parallel geht, und schloß daraus, daß an die Elektrode eine Haut von verdichtetem Gas anschließt, deren Druck die Überspannung entspricht und deren „Einsturz" irreversibel erfolgt. *Foerster*[427]) hat dagegen eingewandt, daß bei dieser Erklärung der Überspannung in der Schicht unwahrscheinlich hohe Drucke (bis 10^{40} atm.) herrschen müßten.

c) *Gaskonzentrationsketten.* Man kann aus Gaselektroden ganz wie bei den Amalgamen Konzentrationsketten herstellen, für die die Formel gilt:

$$E = \pm \frac{RT}{2\nu F} \lg \frac{C_1}{C_2}, \tag{167}$$

wo die C die Gaskonzentrationen bedeuten, positives oder negatives Vorzeichen sich auf Kationen oder Anionen bildende Gase beziehen und der Nenner 2 von der Zweiatomigkeit herrührt.

Die Formeln (166) und (167) sind oft geprüft[428]), doch ist nur an H_2-Elektroden die Übereinstimmung stets gut.

Da in wässerigen Lösungen stets H^+ und OH^- Ionen vorhanden sind, werden sich alle Metallelektroden im Gleichgewicht nach den für gemischte Elektroden gültigen Gesetzen mit Wasserstoff und Sauerstoff beladen. Man kann sie dann stets als Wasserstoff- oder Sauerstoffelektroden berechnen.

---

424) *F. Haber*, Z. f. El. 12 (1906), p. 415; *F. Haber* u. *F. Fleischmann*, Z. f. anorg. Ch. 51 (1906), p. 245; *F. Haber* u. *G. W. A. Foster*, Z. f. anorg. Ch. 51 (1906), p. 289.

425) *E. Pirani*, Wied. Ann. 21 (1884), p. 64; *W. A. Caspari*, Z. f. ph. Ch. 30 (1899), p. 89; *E. Müller*, Z. f. anorg. Ch. 26 (1900), p. 1; *A. Coehn* u. *K. Dannenberg*, Z. f. ph. Ch. 38 (1901), p. 609; *A. Thiel* u. *E. Breuning*, Z. f. anorg. Ch. 83 (1913), p. 329.

426) *H. G. Möller*, Ann. d. Phys. 25 (1908), p. 725; Z. f. ph. Ch. 65 (1909), p. 226.

427) *F. Foerster*, Lehrbuch, 2. Aufl., p. 279.

428) *F. Smale*, Z. f. ph. Ch. 14 (1894), p. 577; 16 (1895), p. 562; *L. Glaser*, Z. f. El. 4 (1897), p. 355, 373, 424; *V. Czepinski*, Z. f. anorg. Ch. 30 (1902), p. 1; *E. Bose*, Z. f. ph. Ch. 34 (1900), p. 701; 38 (1901), p. 1 u. 28; *E. Müller*, Z. f. ph. Ch. 40 (1902), p. 158; *Th. Wulf*, Z. f. ph. Ch. 48 (1904), p. 87; *J. Macintosh* nach *Jahn*, Lehrbuch d. El., p. 387. Ältere Literatur bei *Bose* l. c. *N. E. Loomis* u. *S. F. Acree*, J. Am. Chem. Soc. 38 (1916), p. 2391.

52. Oxydations- und Reduktionspotentiale. Einige Elemente vermögen mehrere verschiedenwertige Ionen zu bilden (Eisen Fe^{++} und Fe^{+++}, Kupfer Cu^{+} und Cu^{++}, Quecksilber Hg_2^{++} und Hg^{++}). Wir können z. B. eine Kupferelektrode als gemischte Elektrode aus Cu^{+} und Cu^{++} auffassen, in der Gleichgewicht zwischen den einwertigen Ionen Cu^{+} und ihren Dissoziationsprodukten, nämlich den zweiwertigen Ionen und den Elektronen, besteht:

$$\mu_{+}^{(M)} = \mu_{++}^{(M)} + \mu_{El}^{(M)}.$$

Betrachtet man die einzelnen Ionenarten für sich, so gilt nach (154) für das Potential an der Elektrode

$$(168) \qquad E_1 = -\frac{RT}{\nu_1 F}\lg\frac{C_{01}}{C_1}, \quad E_2 = -\frac{RT}{\nu_2 F}\ln\frac{C_{02}}{C_2},$$

wo C_{01}, C_{02} die jeder Ionenart entsprechenden Größen sind. An der Metallelektrode als einer gemischten Elektrode müssen sich nach (160) *die Konzentrationen so einstellen, daß* $E_1 = E_2$ *wird,* also

$$(169) \qquad \frac{RT}{\nu_1 F}\ln\frac{C_{01}}{C_1} = \frac{RT}{\nu_2 F}\ln\frac{C_{02}}{C_2}.$$

Durch die Konzentration eines Ions ist das Potential und damit auch die Konzentration des anderen gegeben. Tauchen wir aber in eine Lösung, die die beiden Ionen *in beliebigem Verhältnis* enthält (nicht in dem Gleichgewichtsverhältnis (169)), *eine Platinelektrode* statt einer Kupferelektrode, so scheidet sich auf ihr eine bestimmte Menge Cu aus, und diese Menge (und damit das Potential) kann sich so einstellen, daß das Konzentrationsverhältnis bestehen bleibt. Nehmen wir an, daß das Verhältnis der Lösungstensionen $C_{01}(x)$ von Cu^{+} und $C_{02}(x)$ von Cu^{++} unabhängig sei von der Menge x des abgeschiedenen Kupfers, also

$$(169') \quad C_{01}(x) : C_{02}(x) = K_1 : K_2, \quad C_{01}(x) = K_1 f(x), \quad C_{02}(x) = K_2 f(x),$$

wo f eine unbekannte Funktion ist, so sind die Gleichgewichtspotentiale nach (168)

$$(170) \qquad E_{Pt} = -\frac{RT}{\nu_1 F}\lg\frac{K_1 f}{C_1} = -\frac{RT}{\nu_2 F}\lg\frac{K_2 f}{C_2},$$

Elimination von f ergibt

$$(171) \qquad E_{Pt} = -\frac{RT}{F}\,\frac{1}{\nu_2 - \nu_1}\lg\frac{K_2}{K_1}\frac{C_1}{C_2}.$$

Die Formel wurde gut bestätigt.[429]) Wenn man Strom mit dem Platin

429) *R. Peters,* Z. f. ph. Ch. **26** (1898), p. 193; *K. Schaum,* Sitzber. Nat. Ges. Marburg 1898, Nr. 7, p. 137; Z. f. El. 5 (1899), p. 316; *C. Fredenhagen,* Z. f. anorg. Ch. **29** (1902), p. 396; *R. Abegg* u. *J. F. Spencer,* Z. f. anorg. Ch. **44** (1905), p. 379; *W. Maitland,* Z. f. El. 12 (1906), p. 263; *R. Luther* u. *A. C. Michie,* Z. f. El. 14 (1908), p. 826.

als Kathode durchschickt, also das Potential von Pt negativer macht, steigt die Menge des niederwertigen Ions, wobei der Mechanismus vielleicht der ist[430]), daß durch die Doppelschicht die hochwertigen Ionen am Austritt aus der Elektrode stärker gehindert werden als die niederwertigen. Einen Prozeß, bei dem die positive Ladung eines Ions steigt, nennt man in übertragenem Sinn Oxydation, den umgekehrten Vorgang Reduktion.

Luther[431]) hat darauf hingewiesen, daß die Arbeit die gleiche sein muß, ob man das Metall direkt in das Ion 2 überführt oder auf dem Umweg über 1. Daher gilt

$$(171') \quad FE_1\nu_1 + FE_{\text{Pt}}(\nu_2 - \nu_1) = FE_2\nu_2, \quad E_2 = \frac{E_1\nu_1 + E_{\text{Pt}}(\nu_2 - \nu_1)}{\nu_2}.$$

E_2 liegt also stets zwischen E_1 und E_{Pt}.

Beziehung (171) wurde von *Luther* und *Wilson*[431]) sowie von *Immerwahr*[432]) geprüft.

Taucht man in eine Lösung, die etwa einen Kupferstab in Cupriionen (und natürlich damit nach (169) in Gleichgewicht befindlichen Cuproionen) enthält, eine Platinelektrode, so stellt sich an ihr das Potential (171) ein, nur gilt jetzt zwischen C_1 und C_2 die Gleichgewichtsbeziehung (169) für die Cu-Ionen. Aus (169') folgt $\frac{K_1}{K_2} = \frac{C_{01}}{C_{02}}$, wobei C_{01} und C_{02} die in (168) gemeinten Werte für massives Kupfer sind; hieraus und aus (169) und (171) findet man leicht $E = E_1 = E_2$, die Platinelektrode nimmt das Potential des Kupferstabes an.[433]) Das ist auch selbstverständlich, sonst würde beim Schließen der Kette ein Strom fließen, der die Pt-Elektrode mit einer massiven Kupferschicht bedecken würde. Diese schon von *Luther* gefundene Potentialübertragung wurde von *Fr. Fischer*[434]) eingehend untersucht.

In einer wässerigen Lösung sind stets auch H^+ und OH^- Ionen vorhanden. Es werden daher, um beim Beispiel der Cu-Ionen zu

---

430) Doch hat *Hevesy* nachgewiesen, daß in der Lösung direkt Ladungstausch zwischen den verschiedenwertigen Ionen erfolgt; *G. v. Hevesy* u. *L. Zechmeister*, Z. f. El. 26 (1920), p. 151.

431) *R. Luther*, Z. f. ph. Ch. 34 (1900), p. 488; 36 (1901), p. 385.

432) *Cl. Immerwahr*, Z. f. anorg. Ch. 24 (1900), p. 269.

433) Das beweist andererseits, daß $K_1 f$ bzw. $K_2 f$ auch bei so kleinen abgeschiedenen Mengen, daß kein Überzug entsteht, den gleichen Wert wie für massives Metall annehmen kann. Es scheidet sich eben soviel aus, daß diese Beziehung besteht, sonst kann die Elektrode nicht gleichzeitig mit C_1 und C_2 im Gleichgewicht sein.

434) *Fr. Fischer*, Z. f. ph. Ch. 52 (1905), p. 55.

bleiben, auch Reaktionen nach folgenden Gleichungen erfolgen:

$$\text{a)}\ 2\,Cu^+ + 2\,H^+ \leftrightarrows 2\,Cu^{++} + H_2$$

$$\text{b)}\ 2\,Cu^+ + \frac{O_2}{2} + H_2O \leftrightarrows 2\,Cu^{++} + 2\,HO^-.$$

Entsprechend der Wasserstoffionenkonzentration und dem Potential der Platinelektrode wird sich diese mit Wasserstoff beladen, und zwar wird das chemische Potential des Wasserstoffs gerade der Umsetzung a) entsprechen, wie das Hinschreiben der Gleichgewichtsbedingung und des Elektrodenpotentials sofort zeigt. Das gleiche gilt für die Sauerstoffreaktion b). *Nernst*[435]) hat daher angenommen, daß das Potential solcher Oxydations-(Reduktions)elektroden durch Abscheidung von H (O) aus der Lösung zustande kommt. Natürlich führt diese Auffassung zum gleichen Resultat für das Gleichgewichtspotential und gibt nur einen anderen Mechanismus der Potentialeinstellung. *Foerster*[437]) macht indessen den Einwand, daß Formel (171) auch in nichtwässerigen Lösungen (Pyridin) gilt.[436])

Außer den eben besprochenen gibt es noch andere Möglichkeiten[438])[439])[442]), bei denen Oxydations- oder Reduktionsprozesse sich elektromotorisch betätigen. In diesen Fällen dürfte es das einfachste sein, die eben beschriebene *Wasserstoff*-, bzw. *Sauerstoffbeladung* als den primären Vorgang anzusehen. Daß sie tatsächlich eintritt, haben *Nernst* und *Lessing* dadurch gezeigt[435]), daß das Gas von der beladenen Seite eines dünnen Palladiumbleches nach der anderen durchdiffundierte.

Solche Vorgänge gehen anfangs offenbar in der ganzen Lösung vor sich, zwar irreversibel (da das gebildete H_2 weggeht) aber sehr langsam. An der Elektrode kann sich der Vorgang dauernd abspielen, weil dort die gebildeten OH^- durch die Umsetzung

---

435) *W. Nernst* u. *A. Lessing*, Gött. Ber. 1902, p. 146; vgl. *G. Bredig*, Maandblatt v. Nat. 1894.

436) *R. Abegg* u. *J. Neustadt*, Z. f. El. 15 (1909), p. 264; Diskussion Z. f. El. 16 (1910), p. 520.

437) *F. Foerster* in seinem Lehrbuch, 2. Aufl., p. 175.

438) *W. D. Bancroft*, Z. f. ph. Ch. 10 (1892), p. 387; *W. Nernst* u. *O. Sand*, Z. f. ph. Ch. 48 (1904), p. 601; *C. J. Thatcher*, Z. f. ph. Ch. 47 (1904), p. 641; *O. Flaschner*, Monatshefte 28 (1907), p. 209; *Fr. Haber*, Z. f. ph. Ch. 32 (1900), p. 193; *R. Ruß*, Z. f. ph. Ch. 44 (1903), p. 641; *W. Löb*, Z. f. ph. Ch. 34 (1900), p. 641 schreibt den Metallionen den Hauptanteil an der Potentialbildung zu. *W. Löb* u. *R. Moore*, Z. f. ph. Ch. 47 (1904), p. 418 und *J. Tafel*, Z. f. ph. Ch. 34 (1900), p. 187 nehmen eine Wirkung der Ionen an der Elektrodenoberfläche an.

439) *O. F. Tower*, Z. f. ph. Ch. 18 (1895), p. 17.

$2\,OH^- \rightarrow \frac{1}{2}O_2 + H_2O$ unter elektrischer Arbeitsleistung verschwinden können.

Unter je höherem Druck der entwickelte Wasserstoff (Sauerstoff) steht, je niedriger (höher) also das Potential ist, desto stärker ist das Reduktions-(Oxydations)mittel.[438])

Ist das Potential höher als das der Sauerstoffelektrode, d. h. ist das Oxydationsmittel mit O_2 von höherem als Atmosphärendruck im Gleichgewicht, so entwickelt es von selbst O_2.

Häufig werden verschiedene Reaktionswege nebeneinander möglich sein, die aber alle zum gleichen Resultat führen, da im Gleichgewicht die chemischen Potentiale gleich sind und nur diese in die EMK. eingehen.

53. Chemisches Gleichgewicht und Potentiale der ganzen Kette. Die zuletzt besprochenen Erscheinungen lassen sich auch durch Formeln beschreiben, mit denen *van t'Hoff* 1886 die Potentiale in Zusammenhang mit den Abweichungen vom Gleichgewicht gebracht hat.[294]) Wir müssen nun die ganze Kette betrachten, ohne die Potentialdifferenzen zu lokalisieren. Mit dem Durchgang der Elektrizitätsmenge F sei der Umsatz verknüpft

$$a_1 A_1 + a_2 A_2 + \cdots \rightarrow b_1 B_1 + b_2 B_2 + \cdots,$$

dann lautet die Gleichgewichtsbedingung

$$(172)\qquad a_1 \mu_{A_1} + a_2 \mu_{A_2} + \cdots - b_1 \mu_{B_1} - b_2 \mu_{B_2} - \cdots = EF.$$

Kann man den gleichen Umsatz (bei anderer Anordnung) erzielen, ohne daß elektrische Arbeit geleistet wird, so treten im Gleichgewicht andere Konzentrationen auf, für die man eine Beziehung erhält, wenn man $E = 0$ setzt, nämlich

$$(173)\qquad a_1 \mu'_{A_1} + a_2 \mu'_{A_2} + \cdots - b_1 \mu'_{B_1} - b_2 \mu'_{B_2} - \cdots = 0.$$

Subtrahiert man das von (172), so fallen alle Glieder, die sich auf reine kondensierte Stoffe beziehen, weg, da für sie $\mu = \mu'$ ist; wir denken uns diese Glieder also im folgenden weg. Sind im übrigen nur verdünnte Lösungen vorhanden, so ist

$$(174)\qquad \mu - \mu' = RT \lg \frac{C}{C'},$$

wo die C' nach (173) zueinandergehörige Gleichgewichtskonstanten sind. Es wird also

$$(175)\qquad EF = RT(a_1 \lg C_{A_1} + a_2 \lg C_{A_2} + \cdots - b_1 \lg C_{B_1} - \cdots) \\ - RT(a_1 \lg C'_{A_1} + a_2 \lg C'_{A_2} + \cdots - b_1 \lg C'_{B_1} - \cdots),$$

oder, da die Gleichgewichtsgleichung nach Nr. **12** $\frac{C'^{a_1}_{A_1} C'^{a_2}_{A_2}}{C'^{b_1}_{B_1} C'^{b_2}_{B_2}} = K$ lautet,

$$(176) \qquad EF = RT\left(\lg \frac{C^{a_1}_{A_1} C^{a_2}_{A_2}}{C^{b_1}_{B_1} C^{b_2}_{B_2}} - \lg K\right).$$

Es mögen z. B. zwei Zn-Elektroden in zwei sich berührende Lösungen eines Zinksalzes in Wasser und Phenol tauchen. Im *Verteilungsgleichgewicht* (Nr. **35**) gilt die Gleichung $\frac{C_1'}{C_2'} = K$; Ketten, in denen dieses Gleichgewicht erreicht ist, haben also die EMK. null.[440]) Außerhalb des Verteilungsgleichgewichtes gilt nach (176)

$$(177) \qquad E = + \frac{RT}{2F} \lg \frac{C_1}{C_2 K}.$$

Ähnlich verhält sich das System[441])

$$Ag \mid AgCl_{\text{fest}} \mid AgCl_{\text{gesättigt}} \mid Ag.$$

Auch hier ist wegen der Sättigung ($C = C'$) die EMK. null. Daran ändert sich auch nichts, wenn wir zu der gesättigten AgCl-Lösung noch Cl^--Ion im Überschuß (Konzentration C) setzen, so daß $C_{Ag} C_{Cl} = K$ (Nr. **14**) bleibt. Da an der rechten Ag-Elektrode das Potential $-\frac{RT}{F} \lg \frac{C_{0\,Ag}}{C_{Ag}}$ (Nr. **48**) herrscht, ist das Potential *an der mit festem* AgCl *bedeckten* linken Ag-*Elektrode*

$$(178) \qquad -\frac{RT}{F} \lg \frac{C_{0\,Ag}}{C_{Ag}} = -\frac{RT}{F} \lg \frac{C_{Cl} C_{0\,Ag}}{K};$$

eine solche Elektrode ist *für das Anion* Cl^- *umkehrbar* (umkehrbare Elektrode II. Art).

Ein komplizierterer Fall ist

$$Tl \mid TlCl_{\text{fest}} \mid KCl \mid KSCN \mid TlSCN_{\text{fest}} \mid Tl.$$ [442])

Die Umsetzung geht nach der Gleichung

$$TlCl_{\text{fest}} + KSCN \rightarrow TlSCN_{\text{fest}} + KCl.$$

---

440) *R. Luther*, Z. f. ph. Ch. 19 (1896), p. 529, dort auch experimentelle Bestätigungen; ferner *E. Abel*, Z. f. ph. Ch. 56 (1906), p. 612.

441) *F. Haber*, Ann. d. Phys. 26 (1908), p. 927.

442) *C. Knüpfer*, Z. f. ph. Ch. 26 (1898), p. 255. Weitere Beispiele: *A. Findlay*, Z. f. ph. Ch. 34 (1900), p. 409; *F. Haber* u. *R. Ruß*, Z. f. ph. Ch. 47 (1904), p. 257; *V. Rothmund*, Z. f. ph. Ch. 31 (1899), p. 69; *G. N. Lewis*, Z. f. ph. Ch. 55 (1906), p. 465; *A. J. Allmand*, Z. f. El. 16 (1910), p. 254; *O. Sackur* u. *E. Fritzmann*, Z. f. El. 15 (1909), p. 842; *R. Luther* u. *V. Sammet*, Z. f. El. 11 (1905), p. 293; *R. Abegg*, Z. f. El. 13 (1907), p. 440; *P. P. Fedotieff*, Z. f. anorg. Ch. 69 (1910), p. 22; *K. Jellinek*, Z. f. El. 17 (1911), p. 157; *L. Kovach*, Z. f. ph. Ch. 80 (1912), p. 107; *V. Sammet*, Z. f. ph. Ch. 53 (1905), p. 641; *J. N. Brönsted* Z. f. ph. Ch. 65 (1909), p. 84, 744.

Im Gleichgewicht wäre bei gesättigtem TlCl, TlSCN

$$C'_{\mathrm{Tl}} C'_{\mathrm{Cl}} = K_1, \quad C'_{\mathrm{Tl}} C'_{\mathrm{SCN}} = K_2, \quad \text{also} \quad \frac{C'_{\mathrm{SCN}}}{C'_{\mathrm{Cl}}} = \frac{K_2}{K_1} = K,$$

welche Zahl sich aus der Löslichkeit direkt bestimmen läßt. Dann wird

$$E = \frac{RT}{F}\left(-\lg K + \lg \frac{C_{\mathrm{SCN}}}{C_{\mathrm{Cl}}}\right). \tag{179}$$

Den Umstand, daß beim Gleichgewicht $E = 0$ wird, kann man zur Bestimmung von Umwandlungspunkten benutzen, indem man etwa folgende Kette bildet:

Zn | $ZnSO_4$ mit $ZnSO_4 \cdot 7$ aq als Bodenkörper |

$ZnSO_4$ mit $ZnSO_4 \cdot 6$ aq als Bodenkörper | Zn

und die Änderung von E mit der Temperatur beobachtet.[443])

54. Berechnung der EMK. aus anderen Größen, konzentrierte Lösungen. Endlich haben wir eine Reihe von Fällen zu besprechen, in denen man ohne Rücksicht darauf, ob die Lösungen verdünnt sind, die EMK. aus anderen Größen zu bestimmen sucht und die Ionenkonzentrationen nicht einführt.

a) Bei *gesättigten* Lösungen mit festem Bodenkörper finden alle Umsetzungen nur zwischen reinen kondensierten Stoffen statt, das *Nernst*sche Theorem gestattet die vollständige Berechnung der chemischen Potentialdifferenzen aus der Wärmetönung und den spezifischen Wärmen (Gleich. (18))

$$E_{\mathrm{ges.}} F = \sum \mu = U_0 - \int_0^T \frac{dT}{T^2} \int_0^T \sum \frac{\gamma}{\nu}\, dT + p \sum \frac{V}{\nu}. \tag{180}$$

Hier ist also die in (176) aus der Erfahrung zu bestimmende Gleichgewichtskonstante K aus dem *Nernstschen Theorem* berechnet.

Sind die gesättigten Lösungen genügend verdünnt, so gestattet die Kenntnis ihrer Konzentration $C_{\mathrm{ges.}}$ den Übergang zu beliebigen Konzentrationen C mittelst

$$E - E_{\mathrm{ges.}} = \sum \frac{RT}{\nu F} \lg \frac{C}{C_{\mathrm{ges.}}}.$$

Die theoretische Berechnung der Löslichkeit erfordert wieder Kenntnis der Entropie der Lösung und führt auf diesem Umweg zur gleichen Formel wie die direkte Rechnung. Gleichung (180) ist an zahlreichen Beispielen geprüft und stets sehr gut bestätigt.[444])

443) *E. Cohen,* Z. f. ph. Ch. 14 (1894), p. 53; 34 (1900), p. 179; *E. Cohen* u. *G. Bredig,* Z. f. ph. Ch. 14 (1894), p. 535; *J. H. van t'Hoff, E. Cohen, G. Bredig,* Z. f. ph. Ch. 16 (1895), p. 453.

444) *W. Nernst,* Berl. Ber. 1909, p. 247; *F. Halla,* Z. f. El. 14 (1908), p. 411; 17 (1911), p. 179; *W. Nernst,* Z. f. El. 16 (1910), p. 517; *A. Magnus,* Z. f. El. 16

b) Der zweite Fall betrifft Reaktionsprodukte mit *merklichem Dampfdruck.* Untersuchen wir z. B. die Kette $H_2 \mid HCl \mid Cl_2$, so hat die Salzsäure über ihrer wässerigen Lösung eine gewisse Konzentration C_{HCl} und diese ist im Geichgewicht mit (sehr kleinen) Konzentrationen C'_{H_2} von H_2 und C'_{Cl_2} von Chlor. Es ist dann in unserer Formel (175) für die C zu setzen C_{H_2}, C_{Cl_2}, C_{HCl}, für die C' entsprechend C'_{H_2}, C'_{Cl_2}, $C'_{HCl} = C_{HCl}$; das ergibt

$$(181) \qquad E = \frac{RT}{2F} \lg \frac{C_{H_2} C_{Cl_2}}{C'_{H_2} C'_{Cl_2}}.$$

Nun kann man die C'_{H_2} und C'_{Cl_2} auch nach den theoretischen Formeln berechnen[445]), die aus dem *Nernst*schen Theorem folgen. Somit ist E bekannt, wenn man C'_{HCl}, die Dichte des HCl dampfes über der Lösung, kennt.

Eine ganz analoge Formel gilt für die Knallgaskette, nämlich

$$(181') \qquad E = \frac{RT}{4F} \lg \frac{C^2_{H_2} C_{O_2}}{C'^2_{H_2} C'_{O_2}}.$$

Da die Konzentrationen C' sich ebenso wie vorher finden lassen, kommt man auf diesem Wege zu einem einwandfreien Wert für die Sauerstoffelektrode, die sonst der direkten Ermittlung große Schwierigkeiten in den Weg setzt.

c) Die dritte Gruppe bilden reine Konzentrationsketten beliebiger Konzentrationen, die schon *Helmholtz*[446]) der Berechnung zugänglich machte, indem er sie als Konzentrationskette in bezug auf Wasser ansah.

Bei einem Konzentrationselement (Nr. **49**a) werden beim Durchgang der Elektrizitätsmenge νF n_- Mol Salz aus der Umgebung der Kathode zur Anode geschafft, abgesehen davon, daß Metall ohne Arbeit oder Energieänderung von der Anode zur Kathode geht. n_- ist die Überführungszahl des Anions und kann von der Konzentration abhängen. Dasselbe Resultat können wir auch erreichen, wenn wir die entsprechende Wassermenge in umgekehrter Richtung bewegen. Sei die Menge Wasser, die auf ein Mol Elektrolyt kommt, in Molen

---

(1910), p. 273; *F. Pollitzer,* Z. f. El. 17 (1911), p. 5; 19 (1913), p. 513; *U. Fischer,* Z. f. anorg. Ch. 78 (1912), p. 41; *L. Wolff,* Diss. Berlin 1913; Z. f. El. 20 (1914), p. 19; *H. Braune* u. *F. Koref,* Z. f. anorg. Ch. 87 (1914), p. 175.

445) *M. Bodenstein* u. *A. Geiger,* Z. f. ph. Ch. 49 (1904), p. 70; *W. Nernst* u. *H. v. Wartenberg,* Z. f. ph. Ch. 56 (1906), p. 534; *R. Wegscheider,* Z. f. ph. Ch. 79 (1912), p. 223.

446) *H. v. Helmholtz,* Berl. Monatsber. 26./XI. 1877; Wied. Ann. 3 (1878), p. 201; Ges. Abh I. p 840; Berl. Ber. 27./VII. 1882; Ges. Abh. II, p. 979.

ausgedrückt $\mathfrak{m}(C)$, dann ist die Gleichgewichtsbedingung

$$\nu F dE = \mathfrak{n}_- \mathfrak{m}(C)\, d\mu_{H_2O},$$

(182) $$\nu F E = \int_{Ka}^{A} \mathfrak{n}_- \mathfrak{m}(C)\, d\mu_{H_2O},$$

zu integrieren von der Kathode zur Anode. Nun ist das Wasser dauernd mit seinem Dampf im Gleichgewicht, es gilt also

$$\mu_{H_2O} = \mu_{\text{Dampf}}.$$

Es ist aber nach (*Bryan* 158) für konstantes T

(183) $$d\mu_{\text{Dampf}} = v_0 dp.$$

Führen wir das in (182) ein, so erhalten wir die Formel von *Helmholtz*.

Setzt man andererseits die Werte für verdünnte Lösungen ein, so wird man wieder auf die *Nernst*sche Formel (158) zurückgeführt. *Jahn*[447]) hat dabei in der Entwicklung das quadratische Glied der Konzentrationen beibehalten.

Helmholtz konnte seine Formel an Messungen von *J. Moser*[448]) prüfen und bestätigen. Auch *Dolezalek*[449]) hat die Akkumulatoren nach dieser Formel berechnet.

55. Das Elektronengleichgewicht. Betrachten wir eine Kette

$$\text{Metall 1} \underset{\text{I}}{|} \text{Ionen 1} \underset{\text{III}}{|} \text{Ionen 2} \underset{\text{II}}{|} \text{Metall 2}$$

so wissen wir, daß in bezug auf die positiven Ionen an den Grenzen I und II Gleichgewicht herrscht. Das folgt daraus, daß sich bei Änderung der Zahl der positiven Ionen sehr schnell die Gleichgewichtsbedingung (Nr. 48)

$$-\nu_1 F E_1 = \mu_{1+}^{(M)} - \mu_{1+}^{(L)}, \quad -\nu_2 F E_2 = \mu_{2+}^{(M)} - \mu_{2+}^{(L)}$$

einstellt. An III herrscht kein Gleichgewicht. Das in III bestehende Flüssigkeitspotential, das mit dem Gleichgewicht nichts zu tun hat, wollen wir uns durch eines der in Nr. 46 angegebenen Mittel unterdrückt denken.

Im Innern jeder einzelnen Elektrode wird nun zwischen positiven Ionen und Elektronen einerseits, neutralen Atomen andererseits, Gleichgewicht herrschen. Wir haben nun noch zu betrachten, inwieweit für die beiden letztgenannten Bestandteile sich das Gleichgewicht herstellt.

Zwischen zwei Metallen herrscht bei direkter Berührung Elektronengleichgewicht, wenn ihre Potentialdifferenz gegeneinander das

447) *H. Jahn,* Grundriß der Elektrochemie 1905, p. 345.

448) *J. Moser,* Wied. Ann. 3 (1878), p. 216; 14 (1881), p. 62.

449) *F. Dolezalek,* Wied. Ann. 65 (1898), p. 894.

Kontaktpotential E_{12} beträgt. Da es für das Gleichgewicht gleichgültig sein muß, ob sich die beiden Metalle direkt oder durch Vermittlung zweier Lösungen berühren, so folgt, daß nur dann *zwischen beiden Elektroden Elektronengleichgewicht* herrscht, wenn

$$E_1 - E_2 = - E_{12} \tag{184}$$

also *die gesamte EMK.* (Nr. **49** b) *gleich null* ist. Da dies im allgemeinen nicht der Fall ist, besteht für gewöhnlich kein Elektronengleichgewicht. Das Resultat der Überlegung ist auch sehr einleuchtend, denn beim Schließen der Kette ist es gerade der Umstand, daß die Elektronen nicht im Gleichgewicht sind, der einen arbeitsliefernden Strom fließen läßt.

Wir müssen jetzt fragen, an welcher der drei Grenzflächen I, II, III sich das Gleichgewicht nicht einstellt. Es scheint sehr unwahrscheinlich, daß es nur die Grenze III ist; denn diese ist für Elektronen in keiner Weise ausgezeichnet, auch müßten sich dann in manchen Fällen in den Lösungen merkliche Elektronenmengen befinden, die sich optisch bemerkbar machen würden. Wir kommen also zu dem Schluß, *daß die Elektrodenoberflächen für Elektronen praktisch undurchlässig* sind.

Was die Atome betrifft, so haben wir für sie die Gleichgewichtseinstellung an der Elektrodenoberfläche zwischen Metall und Lösung und die Gleichgewichtseinstellung zwischen Atomen, Ionen und Elektronen in Lösung. Da die Elektronen in der Lösung, wie eben besprochen, nicht im Gleichgewicht sind, muß offenbar einer der beiden angeführten Prozesse nicht genügend rasch gehen.

In einem System, in dem für alle verschiebbaren Bestandteile Gleichgewicht herrscht, gilt die Spannungsreihe; in ihm kann ohne Temperaturdifferenzen kein Strom entstehen.

Auch wenn die üblichen Vorstellungen über die Elektronenleitung in Metallen falsch wären, würde sich an diesen Betrachtungen nichts ändern. Der genauere Leitungsmechanismus hätte wohl nur Einfluß auf die speziellere Form der Größe $\mu_{El}^{(M)}$, von der wir nirgends Gebrauch machen.

56. Die Einstellungsgeschwindigkeit der Potentiale. Tauchen wir eine Metallelektrode in eine Lösung ihres Salzes, so wird sich wegen der geringen Ionenmenge[404]), die zur Aufladung nötig ist, das Potential praktisch sofort einstellen.

Wenn wir dagegen eine Elektrode in eine fremde Lösung tauchen, so muß sich erst die gemischte Elektrode (Nr. **50**) bilden (wenn auch nur an der Oberfläche), die Gleichgewicht ermöglicht. Hierüber liegen keine systematischen Untersuchungen vor. Anhaltspunkte geben die Untersuchungen von *F. Fischer* über Potentialübertragung[434]) sowie Arbeiten von *G. v. Hevesy*[450]), der fand, daß z. B. in einer 10^{-4} normalen $Pb(NO_3)_2$ Lösung in 1 Minute etwa eine molekulare Schicht einer Bleielektrode ausgetauscht wird. Jedenfalls können wir aber sagen, daß, wenn man an einer Elektrode einen Teil der Lösung durch eine andere von gleichen Eigenschaften (Isotope) ersetzt[418]), sich das Potential nicht ändern wird, da die in der Zeiteinheit in Lösung gehende und abgeschiedene Ionenzahl sich nicht ändert.

57. **Elektrolyse.** Schließen wir eine Kette, bestehend aus einer Salzlösung und Elektroden aus dem Material der Kationen und Anionen, durch einen Stromkreis, in den eine elektromotorische Kraft entgegengesetzt gleich der der Kette eingeschaltet ist, so herrscht Gleichgewicht. Erhöhen wir die EMK. nur um weniges, so geht die chemische Umsetung in der dem freiwilligen Verlauf entgegengesetzten Richtung. Die hierzu erforderliche „*Zersetzungsspannung*" ist also gleich dem Potential der Kette.[451])

So haben alle Sauerstoffsäuren die gleiche Zersetzungspannung[452]) 1,68 Volt (infolge der Überspannung höher als die Knallgaskette).

Wir betrachten eine elektrolytische Zelle, d. h. eine Salzlösung, in die wir zwei unangreifbare mit einer äußeren EMK. verbundene Elektroden eintauchen, und untersuchen die Zunahme des Stromes bei Zunahme der angelegten EMK. von 0 an. Dann geht im ersten Moment ein Strom durch die Zelle, während sich die Elektrolysenprodukte an den Elektroden abscheiden. Es bilden sich also *gemischte Elektroden* (Nr. **50**). Ist die äußere EMK. kleiner als die Zersetzungsspannung, so hört der Strom auf, sobald die Elektroden jenen Zustand erreicht haben, in dem die EMK. der Kette gleich der angelegten EMK. ist. Da aber aus äußeren Gründen (Wegdiffusion der Elektrolysenprodukte) dieser Zustand meist nicht erhalten bleibt, so fließt dauernd ein schwacher Strom, der die Verluste ergänzt (*Reststrom*). So bleibt es bis zur Zersetzungsspannung. Da bei dieser die gemischte Elektrode mit einer massiven Schicht des abzuscheidenden Metalls bedeckt ist (bzw. das Gas den Partialdruck des äußeren Gases erreicht hat), so erfolgt von da ab eine glatte Elektrolyse.

---

450) *G. v. Hevesy,* Wien. Ber. 124, math.-nat. Kl. Abt. IIa (1915), p. 131.

451) *M. Le Blanc,* Z. f. ph. Ch. 12 (1893), p. 333. Ausführliche Besprechung der Erscheinungen bei *F. Foerster,* Elektrochemie.

452) *M. Le Blanc,* Z. f. ph. Ch. 8 (1891), p. 299

Oberhalb der Zersetzungsspannung müßte nunmehr der Strom linear mit der Spannung steigen (wenn der Widerstand konstant ist), da zur konstanten Zersetzungsspannung nur der *Ohm*sche Spannungsabfall hinzukommt. Das ist aber nicht der Fall, die Stromspannungskurven sind nach oben konvex; wenn man die Zelle schnell wechselnd mit der äußeren EMK. und einem Spannungsmesser verbindet, zeigt sie höhere Potentiale als im Gleichgewicht, sie ist „polarisiert“ (Nr. **58**).

Elektrolysieren wir statt einer einfachen Salzlösung eine *gemischte*, so wird bei einigermaßen verschiedenem Normalpotential das unedle Metall in sehr geringer Menge in der gemischten Elektrode vorhanden sein, also das edlere sich fast rein abscheiden. Nur wenn die Ionen des edleren in sehr geringer Konzentration vorhanden sind (was sich durch Anwendung von Komplexsalzen erreichen läßt), kann man das unedlere in beträchtlicher Menge zur Abscheidung zwingen. Ein anderes Mittel besteht in der Erhöhung der Stromdichte und damit der Polarisation (des unedlen Ions). Da in wässerigen Lösungen stets H^+ vorhanden ist, könnte man eigentlich (bei gleicher Ionenkonzentration) nur Metalle abscheiden, die edler als H_2 sind. Doch gestattet die Überspannung (Nr. **51**) weiter zu kommen.

Die Struktur des abgeschiedenen Metalls hängt von den äußeren Umständen ab, kleine Stromdichte gibt dichtes Gefüge.

58. Polarisation.[453]) a) *Konzentrationspolarisation.* Wir betrachten eine Metallkathode 1 (z. B. Hg) in einer Lösung ihres Salzes (z. B. Hg_2SO_4), die noch ein weiteres Ion 2 eines unedleren Metalls (z. B. Mg^{++}) enthalten möge. Dann wird (Nr. **18, 46**) ein Teil des Stromes durch Zuführung von Kationen 1 und 2, ein Teil durch Abtransport von Anionen übertragen. An der Elektrodenoberfläche wird der ganze Strom von den Ionen 1 vermittelt, nachdem sich die sehr geringe zum Gleichgewicht nötige Ionenmenge 2 im ersten Moment an der Elektrode abgeschieden hat (Nr. **50**). Infolgedessen findet in der Nähe der Kathode eine *Anreicherung von* 2, eine *Verarmung an Anion und Kation* 1 statt; diese Prozesse dauern so lange, bis die osmotischen Kräfte den elektrischen das Gleichgewicht halten (Nr. **46, 48**). Die Anhäufung des Kations 2 und die Verarmung am Anion bewirkt einen Überschuß an positiver Ladung in der Lösung und damit eine Verstärkung der Doppelschicht, also eine Vergrößerung von $-E$. Für das Kation 2 und das Anion gilt dann

$$(185) \qquad -\frac{RT}{F\nu_-}\ln\frac{C_{i-}}{C_{a-}} = E = +\frac{RT}{F\nu_2}\lg\frac{C_{i2}}{C_{a2}},$$

453) Siehe den zusammenfassenden Vortrag von *F. Krüger*, Z. f. El. 16 (1910), p. 522.

wobei sich der Index i auf das Innere der Lösung, der Index a auf die Elektrodenoberfläche bezieht. Integriert man die Bewegungsgleichung (140)—(143) für das Ion 1 unter Vernachlässigung des Potentialgefälles neben dem Diffusionsgefälle für den Fall gleicher Wertigkeit ν aller Ionen $\nu = \nu_1 = \nu_2 = \nu_-$, so findet man in erster Näherung für die Stromdichte folgende Formel, wenn D die Diffusionskonstante, δ die Dicke der Diffusionsschicht ist:

(186) $$i = \frac{D}{\nu F} \cdot \frac{C_{i1} - C_{a1}}{\delta}.$$

δ kann fest, etwa durch eine Kapillare, vorgegeben sein oder durch äußere Umstände, z. B. Bewegen der Lösung, definiert werden. Eine Berücksichtigung der in der Nähe der Elektrode bestehenden Raumladungen gibt (praktisch meist bedeutungslose) Korrekturglieder.[406a]) Die Formel wurde zuerst von *Salomon*[454]) auf Grund der Überlegungen *Jahns*[455]) mitgeteilt, später von *Cottrell*[456]) aus anderen Überlegungen abgeleitet und mehrfach geprüft.[457]) Der Strom setzt erst ein, wenn $E > E_0 = \frac{RT}{F\nu} \lg \frac{C_{i1}}{C_{a1}}$, also größer als die Zersetzungsspannung ist, hängt nach einer e-Potenz von der Polarisationsspannung ab und nähert sich für $E = \infty$ einem Grenzwert. *Jahn* hatte schon früher eine solche Formel für i gegeben.[458])

Unterbrechen wir den Polarisationsstrom und schließen die Kette kurz, so wirkt sie als Konzentrationselement in bezug auf das Anion und das Ion 2 (nicht in bezug auf das Ion 1, da dessen Konzentration an der Elektrode C_{a1} konstant die Sättigungskonzentration C_{01} ist).

Die Differenz $E - E_0$ leistet also in bezug auf Anion und Ion 2 osmotische Arbeit, während sie in bezug auf Ion 1 *Ohm*scher Spannungsabfall ist (dieser ist infolge der geringen Konzentration des Ions 1, das allein den Strom überträgt, sehr groß, vgl. Nr. **18**).

b) *Chemische Polarisation.* Doch reicht diese Erklärung oft nicht aus, wie die von *Le Blanc*[459]) durch den Oszillographen auch bei genügend großer Ionenkonzentration oft nachgewiesene Polarisation, die gleichzeitig an Anode und Kathode auftritt, zeigt. In einer Reihe von

---

454) *E. Salomon,* Z. f. ph. Ch. 25 (1898), p. 365; 24 (1897), p. 55.

455) *H. Jahn,* Grundriß d. Elektrochemie 1905, p. 417.

456) *F. G. Cottrell,* Z. f. ph. Ch. 42 (1903), p. 385.

457) *E. Brunner,* Z. f. ph. Ch. 47 (1904), p. 56; *F. Weigert,* Z. f. ph. Ch. 60 (1907), p. 513; *U. Grassi,* Z. f. ph. Ch. 44 (1903), p. 460; *W. Nernst* u. *E. Merriam,* Z. f. ph. Ch. 53 (1905), p. 235; *A. Eucken,* Z. f. ph. Ch. 59 (1907), p. 72.

458) *H. Jahn* u. *O. Schönrock,* Z. f. ph. Ch. 16 (1895), p. 45.

459) *M. Le Blanc,* Abh. d. Deutsch. Bunsen-Ges. Nr. 3, Halle 1910.

Fällen, wie bei der Elektrolyse komplexer Salze, kann man ohne weiteres zur Erklärung eine zu langsame Nachbildung des abgeschiedenen Ions anführen (z. B. bei dem Vorgang $Cu(CN)_2^- \rightarrow Cu^+ + 2\,CN^-$).[460])

Aber auch bei scheinbar einfachen Ionen ist zu bedenken, daß sie wahrscheinlich mit dem Lösungsmittel *Komplexe* bilden, so daß man die Umsetzung $M^+ + x\,H_2O \leftrightarrows (M\,x\,H_2O)^+$ als langsam verlaufend ansehen kann.[461]) Auch das gibt wieder Anhäufungen der Komplexionen und daher indirekt Konzentrationspolarisation.

Es ist auch die Ansicht ausgesprochen worden[462]), daß die anodische Auflösung eines Metalles nicht durch direkten Übertritt der Metallionen in die Lösung vor sich geht, sondern durch primäre Abscheidung des Anions, das sich dann rein chemisch mit dem Elektrodenmetall verbindet. Doch scheint die kinetische Auffassung für einen direkten Austritt der Metallionen zu sprechen.

c) *Langsame Vorgänge in Gaselektroden* (Nr. **51**). Die bisherigen Polarisationsursachen lagen in der Lösung, sie können aber auch in der Elektrode liegen. Das ist besonders bei Gasen der Fall, wo die schon Nr. **51** erwähnte *Überspannung* eintritt. Die Gasionen treten aus der Lösung in das Metall der Elektrode ein und verwandeln sich in Atome, die Vereinigung dieser Atome zu Molekülen und ihr Austritt aus der Elektrode in das Gas geht aber langsam vor sich (siehe dagegen Anm. 422a); als Grund sind physikalische Vorgänge (Diffusion) oder eher chemische (Legierungs- bzw. Verbindungsbildung) anzusehen.

Die Legierung ist im Gleichgewicht mit nur geringen Konzentrationen gelöster freier Moleküle und bildet diese daher langsam nach. Bei größerer Stromdichte werden so viel Gasatome in das Metall geschafft, daß mehr Legierung gebildet wird als zerfällt, daher steigt deren Menge bis zu einem stationären Zustand, in dem mehr vorhanden ist, als mit Gas von Atmosphärendruck im Gleichgewicht wäre. Infolgedessen ist auch das Potential entsprechend höher. Die Aufnahmsfähigkeit einer Elektrode hängt von ihrer Oberflächenbeschaffenheit ab, die selbst durch den Vorgang wieder verändert wird. Das Volumen im Metall, das für die Gasaufnahme frei ist (Adsorp-

---

460) *M. Le Blanc* u. *K. Schick*, Z. f. ph. Ch. 46 (1903), p. 213; Z. f. El. 9 (1903), p. 636.

461) *G. Mie*, Ann. d. Phys. 33 (1910), p. 381.

462) *O. Sackur*, Z. f. El. 10 (1904), p. 841; *E. Schoch* u. *C. P. Randolph*, J. ph. Ch. 14 (1910), p. 719; *F. Haber* u. *J. Zawadzki*, Z. f. ph. Ch. 78 (1911), p. 228. Hier wird an der Grenzfläche: festes $AgSO_4$ | Ag starke anodische Polarisation nachgewiesen.

tionsvolumen[462a])) hängt von der schon vorhandenen Legierungsmenge ab. Infolge der Langsamkeit des Zerfalls klingt die Polarisation nach dem Ausschalten des polarisierenden Stromes nur allmählich ab, auch entwickelt die Elektrode noch nachträglich Gas. Über die gebildeten Verbindungen liegen besonders bei Sauerstoff zahlreiche Untersuchungen vor.[463])

Ähnliche Erscheinungen treten auf, wenn die Gasbeladung indirekt durch einen langsamen chemischen Prozeß geliefert wird (z. B. bei Reduktionen[464])). *Haber* hat für diese Fälle die Gleichung $E = \alpha \frac{RT}{F\nu} \lg \frac{i}{C} + \text{konst.}$ gegeben, wo der Erfahrungskoeffizient $\alpha < 1$, i der Strom, C die Konzentration des maßgebenden Stoffes ist.

d) *Passivität.* Bei den Metallen der Eisengruppe Fe, Ni, Co und der Platingruppe Pt, Jr sowie Cr und Pd, schwächer bei V, Nb, Mo, W, Ru tritt die schon von *J. Keir*, dann von *Wetzlar*, *Fechner* und *Schönbein*[465]) gefundene und neuerdings oft untersuchte[466]) Erscheinung ein, daß unter bestimmten Bedingungen, wie z. B. Behandlung mit Salpetersäure, das Metall edler erscheint als gewöhnlich. Dies äußert sich darin, daß das Metall von Säuren nicht angegriffen wird und als Anode nicht in Lösung geht, sondern O_2 entwickelt. Die gleichen Metalle zeigen aber auch Verzögerungen (hohe Polarisationen) bei kathodischer Abscheidung. Vor allem scheint Sauerstoffbeladung passivierende Wirkung zu haben, also die anodische Auflösung zu hemmen. Bei Verminderung der Sauerstoffbeladung geht dieser passive Zustand wieder verloren, am schnellsten „aktivierend" wirkt Wasserstoffbeladung, ja diese erschwert so-

---

462a) *D. Reichinstein*, Die Eigenschaften d. Adsorptionsvolumens, Zürich 1916.

463) *L. Wöhler*, Z. f. anorg. Ch. 40 (1904), p. 423; Z. f. El. 15 (1909), p. 769; *L. Wöhler* u. *W. Frey*, Z. f. El. 15 (1909), p. 129; *G. Grube*, Z. f. El. 16 (1910), p. 621.

464) *F. Haber*, Z. f. ph. Ch. 32 (1900), p. 193; *R. Ruß*, Z. f. ph. Ch. 44 (1903), p. 641; *F. Haber* u. *R. Ruß*, Z. f. ph. Ch. 47 (1904), p. 257.

465) *J. Keir*, Phil. Trans. 80 (1790), p. 359; *G. Wetzlar*, Schweiggers Journ. f. Chem. Phys. 49 (1827), p. 470; 55 (1829), p. 206; *G. Fechner*, ebenda 53 (1828), p. 141; *F. Schönbein*, Phil. Mag. 9 (1836), p. 53, 259; 10 (1837), p. 172; Pogg. Ann. 37 (1836), p. 390, 590; 38 (1836), p. 444, 492; *M. Faraday*, Phil. Mag. 9 (1836), p. 57, 122; 10 (1837), p. 175.

466) Zusammenfassend: *C. Fredenhagen*, Z. f. ph. Ch. 63 (1908), p. 1; *F. Foerster*, Abhandl. d. Deutsch. Bunsen-Ges. Nr. 2, Halle 1909; Z. f. El. 16 (1910), p. 980; 17 (1911), p. 877; Elektrochemie, *D. Reichinstein*, Z. f. El. Bd. 15 bis 21; *E. Grave*, Jahrb. f. Rad. u. El. 8 (1911), p. 91; Diskussion: Trans. Faraday Soc. 9 (1914), p. 203; *C. W. Benett* u. *W. S. Burnham*, Z. f. El. 22 (1916), p. 377.

gar die kathodische Abscheidung und macht das Potential unedler. Ebenso wirkt eine Beimischung von Zink zum abgeschiedenen Metall.[467]).

Faraday[465]) führte diese Erscheinung auf eine schützende *Oxydhaut* zurück, doch zeigte die optische Untersuchung[468]) keine Unterschiede nach der Passivierung, auch ist z. B. bei Ni kein unlösliches Oxyd mit passenden Eigenschaften bekannt. *Le Blanc*[469]) erklärt die Passivität durch die unter b) besprochene Bildung von *Ionenhydraten*, die hier besonders langsam erfolgen soll. Eine verbreitete Ansicht nimmt als Grund die Bildung von *Sauerstoffverbindungen*(*legierungen*) in der Elektrode an[470]), die als „negative Katalysatoren" für den an sich trägen Übergang in Ionen wirken sollen, ohne daß diese Wirkung sich näher erklären ließe. Für diese Deutung spricht eine Reihe experimenteller Tatsachen.

Vielleicht könnte man annehmen, daß diese Oxyde mit dem freien Elektrodenmetall feste Lösungen bilden und so das chemische Potential des Metalls herabsetzen, in passivem Zustand wäre nur sehr wenig freies Metall vorhanden.[471]) Andere Forscher erklären den passiven Zustand als normalen, dem gegenüber Wasserstoff zur Aktivierung nötig ist.[472])

Allerdings gibt es auch Fälle, wo tatsächlich Oxydhäute auftreten (mechanische Passivität)[473]), ja, manche Metalle, wie Alumi-

---

467) *Th. Richards* u. *G. E. Behr*, Z. f. ph. Ch. 58 (1907), p. 301; *R. Schildbach*, Z. f. El. 16 (1910), p. 967; *M. Schade*, Diss. Dresden 1912; *H. W. Toepffer*, Z. f. El. 6 (1899), p. 342; *F. W. Küster*, Z. f. El. 7 (1900), p. 257; 7 (1901), p. 688; *E. P. Schoch* u. *A. Hirsch*, J. Am. Chem. Soc. 29 (1907), p. 314; *W. Treadwell*, Diss. Zürich 1909; *W. v. Escher*, Diss. Dresden 1911.

468) *W. Hittorf*, Z. f. ph. Ch. 34 (1900), p. 385; *W. J. Müller* u. *J. Koenigsberger*, Z. f. El. 13 (1907), p. 659; 15 (1909), p. 742.

469) *M. Le Blanc*, Lehrbuch p. 306.

470) *W. Muthmann* u. *F. Fraunberger*, Münch. Ber. 34 (1904), p. 201; *Fredenhagen*, l. c. Anm. 466; *E. P. Schoch* u. *C. P. Randolph*, Anm. 462; *F. Foerster*, l. c.; *F. Flade*, Z. f. ph. Ch. 76 (1911), p. 513; *Fredenhagen*, l. c. und schon Z. f. ph. Ch. 43 (1903), p. 1 scheint die Wirkung der Gasbeladung der einer Gashaut gleichzusetzen.

471) *D. Reichinstein*, Z. f. El. 16 (1910), p. 916; 19 (1913), p. 520. Doch nimmt *Reichinstein* noch einen langsam verlaufenden chemischen Prozeß an.

472) *E. Grave*, Z. f. ph. Ch. 77 (1911), p. 513, *W. Rathert*, Z. f. ph. Ch. 86 (1914), p. 567; *F. Foerster*, l. c.

473) *F. Haber* u. *F. Goldschmidt*, Z. f. El. 12 (1906), p. 49; *K. Elbs* u. *R. Nübling*, Z. f. El. 9 (1903), p. 776; *W. J. Müller*, Z. f. El. 15 (1909), p. 696; *H. Goldschmidt* u. *M. Eckart*, Z. f. ph. Ch. 56 (1906), p. 385; *E. Müller*, Z. f. El. 13 (1907), p. 133; *C. Sprent*, Diss. Dresden 1910; *R. Goebel*, Diss. Dresden 1912.

nium[474]), überziehen sich mit gut isolierenden sperrenden Schichten, was man zum Bau von Gleichrichterzellen benutzt.

e) *Annahme verzögerter Einstellung von Ionengleichgewichten.* Man könnte ferner an eine verzögerte Einstellung des Gleichgewichts Ion + Elektronen $\rightleftarrows$ Atom innerhalb des Metalles denken[475]) oder an eine Verschiebung in der Art, daß höherwertige Ionen in größerer Zahl auftreten[476]), endlich an eine Zusammenballung der Atome zu größeren Komplexen.[477]) Doch ist man bisher gewöhnt, Elektronenvorgänge im Metall als sehr schnell verlaufend anzusehen, auch dürften sich Änderungen im Elektronen- oder Ionengehalt optisch zeigen. Die letzte Annahme erscheint nach den jetzigen Kenntnissen über den Kristallbau unwahrscheinlich.

Endlich ist eine zu langsame Einstellung des Gleichgewichtes Ion im Metall $\longrightarrow$ Ion gelöst möglich, die auf eine zu langsame Nachlieferung solcher Ionen zurückzuführen wäre, die genügende Energie haben, um in Lösung zu gehen.

59. Polarisationskapazität. Schickt man in eine Zelle Strom, so steigt die Gegenkraft der Zelle, und wenn die angelegte EMK. unterhalb der Zersetzungsspannung liegt, so geht nach kurzer Zeit nur mehr der schwache Reststrom durch. Vernachlässigt man diesen, so verhält sich die Zelle wie ein Kondensator, der nach Kurzschluß unter Absinken der EMK. Elektrizität abgibt. Diese von *F. Kohlrausch*[478]) vertretene Ansicht würde bei Anschalten von Wechselstrom ein der Frequenz proportionales Verhältnis von Strom und Spannung und eine Phasendifferenz ϑ von 90^0 ergeben, die Zelle verhält sich also wie ein Kondensator konstanter Kapazität $\mathfrak{K}$. Hierbei bilden die Produkte der Elektrolyse die der Polarisation entsprechenden neuen Ladungen der Doppelschicht.

Doch zeigten sich die Resultate nicht in Übereinstimmung mit der Erfahrung.[479]) *E. Warburg*[480]) nahm daher an, daß die Produkte

474) *H. Buff*, Lieb. Ann. 102 (1857), p. 265; *G. Schulze*, zahlreiche Arbeiten in den Ann. d. Phys., seit 1906, Bd. 21; *L. Graetz*, Wied. Ann. 62 (1897), p. 323.

475) *A. Smits* u. *A. H. W. Aten*, Z. f. ph. Ch. 92 (1916), p, 1.

476) *A. Finkelstein* u. *F. Krüger*, Z. f. ph. Ch. 39 (1902), p. 107; *W. J. Müller*, Z. f. El. 10 (1904), p. 518; 11 (1905), p. 755, 823; Z. f. ph. Ch. 48 (1904), p. 577; *A. Smits*, Z. f. ph. Ch. 88 (1914), p. 743; *A. Smits* u. *A. H. W. Aten*, Z. f. ph. Ch. 90 (1915), p. 723.

477) *M. Le Blanc*, Lehrbuch p. 301; *D. Reichinstein*, Z. f. El. 16 (1910), p. 916.

478) *F. Kohlrausch*, Pogg. Ann. 148 (1873), p. 143.

479) *M. Wien*, Wied. Ann. 58 (1896), p. 37; Ann. d. Phys. 8 (1902), p. 372; *F. Orlich*, Diss. Berlin 1896.

480) *E. Warburg*, Wied. Ann. 67 (1899), p. 493.

der Elektrolyse wieder abdiffundieren. Dann ergibt sich die Kapazität umgekehrt proportional der Wurzel aus der Frequenz. Die Phasenverschiebung wird gleich 45°; sie äußert sich in einer scheinbaren Widerstandsvermehrung.[479]) Weiter ist die Kapazität von der Stromstärke abhängig, nur bei sehr kleiner Stromstärke wird sie konstant (Initialkapazität).[481]) Die Stromstärke muß desto kleiner sein, je kleiner sich die Kapazität ergibt. Endlich wurden beide Theorien vereinigt.[482])

Es ergibt sich, daß für kleine Konzentrationen die Formel der „Ladungsstromtheorie" von *Kohlrausch*, bei großen der „Leitungsstromtheorie" von *Warburg* gehorcht. $\mathfrak{K}$ ergibt sich zu etwa 7 Mikrofarad. Bei langsam verlaufender Dissoziation ändern sich die Verhältnisse.[483])

60. Zusammenfassung. In dem Gegenstand dieses Artikels, welcher die Anwendung der Thermodynamik und Statistik auf die physikalisch-chemischen Erscheinungen zum Inhalt hat, lassen sich die Gleichgewichtsverhältnisse *bei Gasen und festen Stoffen* fast vollständig übersehen. Bei *verdünnten Lösungen* ist dagegen nur die Abhängigkeit der Eigenschaften von der *Konzentration* gut, die von der Temperatur nur ungefähr bekannt, dagegen fehlt die Berechenbarkeit der absoluten Größen, was auf der *Unkenntnis der spezifischen Wärmen* beruht. Eine der dringendsten Aufgaben ist es, diese Lücke auszufüllen. Als nächstes schließt sich das *Problem der konzentrierten Lösungen* an, wobei für den Fall mäßig konzentrierter Elektrolytlösungen ein Anfang gemacht ist. Hieran anknüpfend wäre die Natur des flüssigen Zustandes, also der *Schmelzvorgang*, zu behandeln. Das dritte große Problem ist die Frage nach der theoretischen Vorausberechnung von *Reaktionsgeschwindigkeiten*.

In der *Elektrochemie* sind die Gleichgewichtsbedingungen in genau dem gleichen Bereich bekannt, wie es soeben bei den chemischen Gleichgewichten angegeben ist. Mit der Frage der Geschwindigkeiten hängt hier die Behandlung einer Reihe von Fällen zusammen, deren Mechanismus aufzuklären ist, so vor allem die *Passivität* der Reaktionen mancher Metalle.

Die Entwicklung der Photochemie haben wir hier nicht berührt.

---

481) *E. Neumann*, Wied. Ann. 67 (1899), p. 500.

482) *E. Warburg*, Drudes Ann. 6 (1901), p. 125; *F. Krüger*, Z. f. ph. Ch. 45 (1903), p. 1; Ann. d. Phys. 21 (1906), p. 701.

483) *F. Krüger*, l. c.; *M. Le Blanc* u. *K. Schick*, Z. f. ph. Ch. 46 (1903), p. 213; *D. Reichinstein*, Z. f. El. 15 (1909), p. 913.

Ein großes Kapitel, in welchem gerade die allerletzte Zeit verheißungsvolle Erfolge erzielt hat, das wir aber in unserer Darstellung ganz unberücksichtigt ließen, ist die Frage nach der Natur der zwischen den Atomen sowie zwischen den Molekülen herrschenden Kräfte. Hier läßt sich hoffen, daß es in absehbarer Zeit gelingen wird, Größen wie Wärmetönung, spezifische Wärme, Dichte, die wir als experimentell gegeben ansehen mußten, von vornherein zu berechnen.

(Abgeschlossen Ende 1920.)

Band Heft

ENCYKLOPÄDIE
DER
MATHEMATISCHEN WISSENSCHAFTEN

MIT EINSCHLUSS IHRER ANWENDUNGEN.

HERAUSGEGEBEN
IM AUFTRAGE DER AKADEMIEN DER WISSENSCHAFTEN
ZU GÖTTINGEN, LEIPZIG, MÜNCHEN UND WIEN
SOWIE UNTER MITWIRKUNG ZAHLREICHER FACHGENOSSEN.

IN SIEBEN BÄNDEN.

BAND I: ARITHMETIK U. ALGEBRA, IN 2 TEILEN . . . . . RED. VON W. FR. MEYER IN KÖNIGSBERG.
— II: ANALYSIS, IN 3 TEILEN . . . . . H. BURKHARDT IN MÜNCHEN UND W. WIRTINGER IN WIEN.
— III: GEOMETRIE, IN 3 TEILEN. . . . . W. FR. MEYER IN KÖNIGSBERG.
— IV: MECHANIK, IN 4 TEILBÄNDEN . . F. KLEIN IN GÖTTINGEN UND C. H. MÜLLER IN HANNOVER.
— V: PHYSIK, IN 3 TEILEN . . . . A. SOMMERFELD IN MÜNCHEN.
— VI, 1: GEODÄSIE UND GEOPHYSIK . . PH. FURTWÄNGLER IN BONN UND E. WIECHERT IN GÖTTINGEN.
— VI, 2: ASTRONOMIE . . . . K. SCHWARZSCHILD IN POTSDAM.
— VII: GESCHICHTE, PHILOSOPHIE, DIDAKTIK (IN VORBEREITUNG).

LEIPZIG,
DRUCK UND VERLAG VON B. G. TEUBNER.

Band V, 1 Heft 6

ENCYKLOPÄDIE
DER
MATHEMATISCHEN WISSENSCHAFTEN
MIT EINSCHLUSS IHRER ANWENDUNGEN.

HERAUSGEGEBEN
IM AUFTRAGE DER AKADEMIEN DER WISSENSCHAFTEN ZU BERLIN, GÖTTINGEN, HEIDELBERG, LEIPZIG, MÜNCHEN UND WIEN SOWIE UNTER MITWIRKUNG ZAHLREICHER FACHGENOSSEN.

IN SECHS BÄNDEN.

BAND I: ARITHMETIK UND ALGEBRA, IN 2 TEILEN	RED. VON W. FR. MEYER IN KÖNIGSBERG.
— II: ANALYSIS, IN 3 TEILEN	H. BURKHARDT † (1896–1914), W. WIRTINGER (1905–1912) IN WIEN, R. FRICKE IN BRAUNSCHWEIG UND E. HILB IN WÜRZBURG.
— III: GEOMETRIE, IN 3 TEILEN	W. FR. MEYER IN KÖNIGSBERG UND H. MOHRMANN IN BASEL.
— IV: MECHANIK, IN 4 TEILBÄNDEN.	F. KLEIN † (1896—1925) UND C. H. MÜLLER IN HANNOVER.
— V: PHYSIK, IN 3 TEILEN	A. SOMMERFELD IN MÜNCHEN.
— VI, 1: GEODÄSIE UND GEOPHYSIK	PH. FURTWÄNGLER IN WIEN UND E. WIECHERT (1899–1905) IN GÖTTINGEN.
— VI, 2: ASTRONOMIE, IN 2 TEILBÄNDEN	K. SCHWARZSCHILD † (1904–1916) UND S. OPPENHEIM IN WIEN.

VERLAG UND DRUCK VON B. G. TEUBNER IN LEIPZIG UND BERLIN